One- and Three-Letter Symbols for the Amino Acids[a]

A	Ala	Alanine
B	Asx	Asparagine or aspartic acid
C	Cys	Cysteine
D	Asp	Aspartic acid
E	Glu	Glutamic acid
F	Phe	Phenylalanine
G	Gly	Glycine
H	His	Histidine
I	Ile	Isoleucine
K	Lys	Lysine
L	Leu	Leucine
M	Met	Methionine
N	Asn	Asparagine
P	Pro	Proline
Q	Gln	Glutamine
R	Arg	Arginine
S	Ser	Serine
T	Thr	Threonine
V	Val	Valine
W	Trp	Tryptophan
Y	Tyr	Tyrosine
Z	Glx	Glutamine or glutamic acid

[a]The one-letter symbol for an undetermined or nonstandard amino acid is X.

Thermodynamic Constants and Conversion Factors

***Joule* (J)**
$1\ \text{J} = 1\ \text{kg·m}^2\text{·s}^{-2}$ $1\ \text{J} = 1\ \text{C·V}$ (coulomb volt)
$1\ \text{J} = 1\ \text{N·m}$ (newton meter)

***Calorie* (cal)**
1 cal heats 1 g of H_2O from 14.5 to 15.5°C
1 cal = 4.184 J

***Large calorie* (Cal)**
1 Cal = 1 kcal 1 Cal = 4184 J

Avogadro's number (N)
$N = 6.0221 \times 10^{23}\ \text{molecules·mol}^{-1}$

***Coulomb* (C)**
$1\ \text{C} = 6.241 \times 10^{18}$ electron charges

***Faraday* ($\mathcal{F}$)**
$1\ \mathcal{F} = N$ electron charges
$1\ \mathcal{F} = 96{,}485\ \text{C·mol}^{-1} = 96{,}485\ \text{J·V}^{-1}\text{·mol}^{-1}$

***Kelvin temperature scale* (K)**
0 K = absolute zero 273.15 K = 0°C

Boltzmann constant (k_B)
$k_B = 1.3807 \times 10^{-23}\ \text{J·K}^{-1}$

Gas constant (R)
$R = Nk_B$ $R = 1.9872\ \text{cal·K}^{-1}\text{·mol}^{-1}$
$R = 8.3145\ \text{J·K}^{-1}\text{·mol}^{-1}$ $R = 0.08206\ \text{L·atm·K}^{-1}\text{·mol}^{-1}$

The Standard Genetic Code

First Position (5′ end)	*Second Position*				*Third Position (3′ end)*
	U	C	A	G	
U	UUU Phe	UCU Ser	UAU Tyr	UGU Cys	U
	UUC Phe	UCC Ser	UAC Tyr	UGC Cys	C
	UUA Leu	UCA Ser	UAA Stop	UGA Stop	A
	UUG Leu	UCG Ser	UAG Stop	UGG Trp	G
C	CUU Leu	CCU Pro	CAU His	CGU Arg	U
	CUC Leu	CCC Pro	CAC His	CGC Arg	C
	CUA Leu	CCA Pro	CAA Gln	CGA Arg	A
	CUG Leu	CCG Pro	CAG Gln	CGG Arg	G
A	AUU Ile	ACU Thr	AAU Asn	AGU Ser	U
	AUC Ile	ACC Thr	AAC Asn	AGC Ser	C
	AUA Ile	ACA Thr	AAA Lys	AGA Arg	A
	AUG Met[a]	ACG Thr	AAG Lys	AGG Arg	G
G	GUU Val	GCU Ala	GAU Asp	GGU Gly	U
	GUC Val	GCC Ala	GAC Asp	GGC Gly	C
	GUA Val	GCA Ala	GAA Glu	GGA Gly	A
	GUG Val	GCG Ala	GAG Glu	GGG Gly	G

[a]AUG forms part of the initiation signal as well as coding for internal Met residues.

DONALD VOET · JUDITH G. VOET · CHARLOTTE W. PRATT

Fundamentals of Biochemistry

Life At The Molecular Level

5th Edition

Voet

생화학의 기초

분자 수준에서의 삶

제5판

생화학교재연구회 옮김

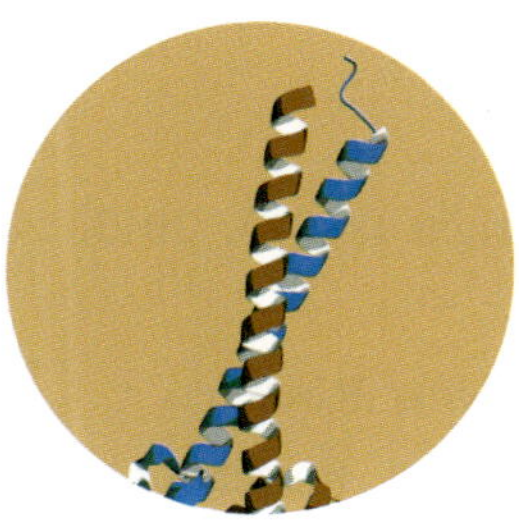

WILEY 자유아카데미

저자 서문

생화학은 더 이상 특수 과목이 아니며 현대의 생물학과 화학 전공자를 위한 필수 지식의 일부이다. 또한 의학 교육에서도 생화학적 원리를 이해하는 것이 점점 더 중요해지고 있다. 이 교재의 개정판을 준비하면서 우리는 **"학생들에게 생화학의 확고한 기초와 기존 지식을 활용할 수 있는 문제 해결 능력을 제공할 수 있을 것인가?"**라는 질문을 던졌다. 이에 우리는 일반적인 생화학 교과 과정의 기대를 충족시키는 것보다는 생물 화학을 화학의 기초와 연결하고 생화학이 사람의 건강과 질병을 설명할 수 있는 방법을 탐색하는 것이 더 중요하다는 결론을 내렸다. 또한 학생들에게 미래에 과학적, 임상적 난관을 해결하는 데 필요한 실용적인 기량을 개발할 수 있는 기회를 제공하려고 하였다. 생화학의 기초 제5판은 계속해서 기초 원리에 집중하는 한편, 학생들의 이해를 돕기 위해 새로운 도구를 활용하였다. 학생들이 끊임없는 질문을 통해 배울 수 있다고 믿기 때문에 이번 개정판은 확충된 연습 문제, 본문 내에 추가된 질문, 평가를 위한 광범위한 온라인 자료들을 제공한다. 이전 판과 마찬가지로 학생들에게 완전하고 명확하면서 적절한 교재를 제공할 수 있도록 노력하였다.

제5판의 새로운 내용

생화학의 기초 제5판에서는 생화학의 커다란 발전을 고려해 프리온 질병, 트랜스 지방, 막 전달체, 신호 전달 경로, 미토콘드리아의 호흡 복합체, 광합성, 질소 고정, 핵산 합성, 염색질 구조, DNA 복제, 전사, 단백질 합성의 원리에 대한 새로운 정보를 추가하였다. 차세대 DNA 염기 서열 분석 기법, 초저온 전자 현미경, 대사체학, CRISPR–Cas9 시스템을 사용한 유전체 편집, 유전자 조절에서 비암호화 RNA의 역할을 포함해 복잡한 시스템을 학습하기 위한 새로운 실험적 접근법을 도입하였다. 또한 최근의 연구 결과를 반영하기 위해서 여러 종류의 인체 질병과 약리 작용 인자에 대한 설명을 보충하였다.

교육학적 요소

제4판과 마찬가지로 본문의 교육학적 요소를 상당히 고려하였고, 학생들의 학습을 돕기 위한 새로운 요소를 세밀하게 조정하고 추가하는 데 집중하였다. 이번 제5판에서 반영된 교육적인 개선 사항은 다음과 같다.

- **GATEWAY CONCEPT**. 진화, 거대 분자 구조/기능, 물질/에너지 이동과 항상성과 같은 최신 생화학을 뒷받침하는 일반적인 개념을 요약한 짧은 설명을 여백에 추가하였다. 이러한 내용은 학생들이 다른 교과 과정에서 접한 것들과 관련하여 새로운 정보를 습득할 때 이해력을 높이는 데 도움이 된다.

> **GATEWAY CONCEPT 자유 에너지 변화**
> 어떠한 추진력 또는 반응물을 평형으로 밀어내는 힘과 관련해 반응에 대한 자유 에너지 변화(ΔG)를 생각해 볼 수 있다. 자유 에너지 변화가 더 클수록 반응이 평형에서 더 멀어지고 반응이 지속되려는 경향이 더 강해진다. 물론 평형에 이르면 반응물은 변화가 완전히 없는 상태가 되고 ΔG는 0이 된다.

> **GATEWAY CONCEPT 항정 상태**
> 많은 반응이 거의 평형 상태에 있지만 전체적인 대사 경로(세포의 전체적인 대사)는 절대로 평형에 도달하지 못한다. 그 이유는 물질과 에너지가 지속적으로 시스템으로 들어가고 나가는 항정 상태에 있기 때문이다. 대사 경로는 평형에 도달하기 위해 시도하는 것처럼 진행되지만(르샤틀리에 원리) 새로운 반응물이 계속해서 들어오고 생성물이 축적되지 않기 때문에 평형에 도달할 수 없다.

- **재구성되고 확충된 연습 문제**. 각 장의 끝에 나온 연습 문제를 두 가지 범주로 나누어 학생과 교수가 더 낮은 수준과 더 높은 수준의 학습자 참여도를 더 잘 평가할 수 있다. 학생들은 이러한 연습 문제를 통해 기본적인 개념의 이해를 점검하고 이를 직접적인 문제 해결에 적용할 수 있다. 도전 질문에서는 서로 다른 주제를 연결지어 생각할 수 있는 더 발전된 기량/능력이 요구된다. 제5판에는 제4판보다 26% 증가한 1,000개 가량의 연습 문제가 나온다. 대부분은 동일한 또는 관련된 주제를 다루는 연속적인 한 쌍의 연습 문제로 구성되어 있다. 빨리 찾아볼 수 있도록 홀수 번호의 연습 문제 해답을 부록에 제시하였다(www.wiley.com/college/voet). 짝수와 홀수 번호의 연습 문제 해답은 Student Companion to Accompany Fundamentals of Biochemistry, Fifth Edition에 있다.

아트워크

학생들이 생화학 도식, 그림, 과정을 이해하고 해석할 수 있어야 생화학의 큰 그림과 세부 내용을 모두 이해할 수 있다. 명확성을 높이기 위해 새로운 삽화를 디자인하고 기존의 그림을 수정하였다. 또한 학생들이 본문과 함께 시각적 요소를 사용하는 데 도움이 되는 여러 가지 독보적인 기능을 사용해 시각적 학습자의 요구를 충족시켰다.

- **그림 연습 문제**. 학생들이 여러 가지 이미지와 데이터를 해석할 수 있는 능력을 높이고 관련 내용을 완전히 습득하고 더 잘 이해할 수 있도록 그림 설명의 끝에 연습 문제를 추가하였다.
- **분자 그래픽**. 많은 그림이 최신 분자 그래픽으로 대체되었다. 이러한 새 그림은 더 자세하고 분명하여 이해하기 쉽다. 많은 경우에 있어서 더 높은 해상도의 대분자 모형으로 이어진 또는 새로운 기계적

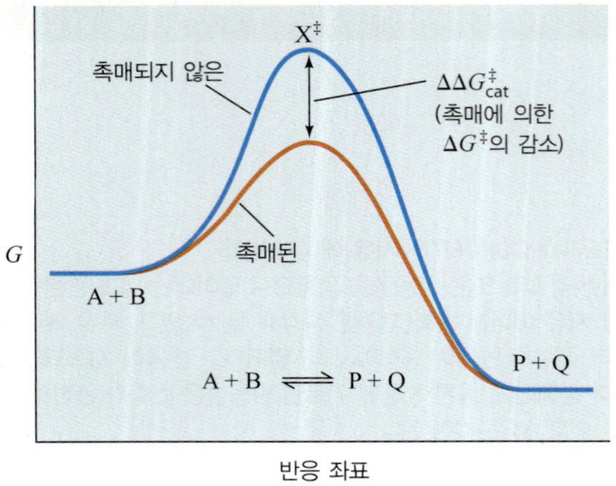

그림 11-7 반응의 전이 상태 도표에 대한 촉매의 영향 여기에서 $\Delta\Delta G^{\ddagger}_{cat} = \Delta G^{\ddagger}$(비촉매) $- \Delta G^{\ddagger}$(촉매)이다.

? 촉매는 $\Delta G_{reaction}$에 영향을 미치는가?

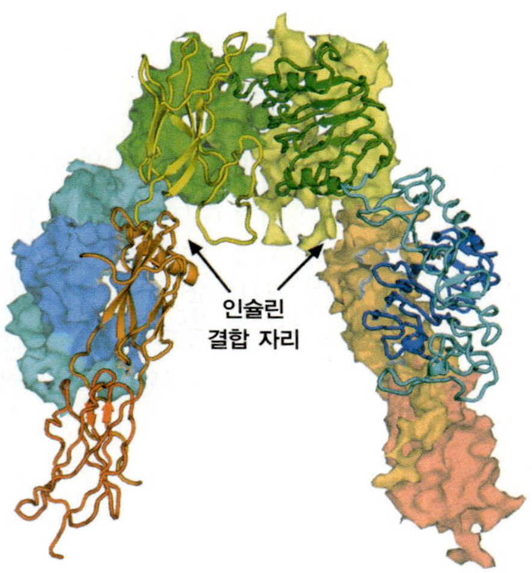

그림 13-4 인슐린 수용체 ectodomain의 X선 구조 αβ의 기본 단위체 중 하나를 N 말단 영역 파란색부터 C 말단 영역 빨간색까지 연속적으로 무지개색 순서로 칠해진 6개 영역을 가진 리본 형태로 표시하였다. 다른 기본 단위체는 동일한 색으로 칠해진 표면 도표로 나타내었다. β 소단위체는 대부분의 주황색과 모든 빨간색 영역들로 구성되어 있다. 단백질은 원형질막을 아래쪽으로 두 겹으로 접어지는 축을 수직으로 하여 나타내었다. 온전한 수용체에서는 단일 막횡단 나선이 각 β 소단위체를 C 말단 세포질 PTK 영역과 연결시켜 준다. [Based on an X-ray structure by Michael Weiss, Case Western Reserve University; and Michael Lawrence, Walter and Eliza Hall Institute of Medical Research, Victoria, Australia. PDBid 3LOH.]

특성을 밝혀낸 최신 분자 시각화 기술의 발전을 반영하였다.

전통적인 교육학적 장점

제5판은 이전 발행판에 나온 성공적인 교육학적 요소가 그대로 들어 있다. 예를 들면 다음과 같다.

- **핵심 개념.** 각 단원의 처음에 해당 단원의 중요한 내용을 잘 정의해서 학생들이 각 단원의 중요한 요점이나 개념을 더 잘 이해하도록 하였다.
- **흐름도.** 시각적으로 구별되는 이러한 삽화는 그림과 설명 문구를 함께 사용해 중요한 생화학 과정을 잘 보여 준다. 학생들에게 이야기 형식으로 정보를 제공해서 자세한 내용을 무작정 외우는 것이 아니라 주요 원리를 더 잘 이해하도록 돕는다.
- **확인 연습 문제.** 각 단원의 마지막에 여러 개의 연습 문제가 나와 있어 학생들이 그 단원의 주요 개념을 잘 습득했는지 확인할 수 있다. 해답이 별도로 나오지 않기 때문에 내용을 더 잘 이해하기 위해 학생들이 해당 단원을 다시 살펴보도록 만들어서 신뢰도와 학생 중심의 학습 능력을 높인다.
- **주요 문장.** 시각적으로 잘 구별할 수 있도록 이탤릭체로 나타내었다.
- **개요 그림.** 많은 대사 과정에 대해 개요 그림이 나온다.

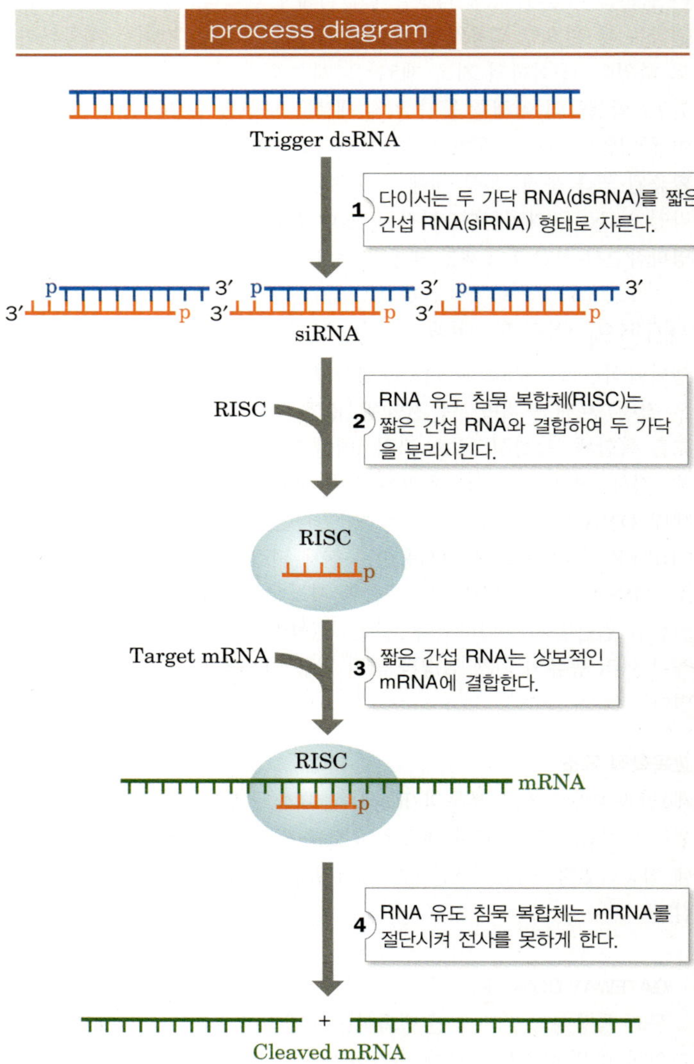

그림 28-37 RNA 방해 메커니즘 ATP는 Dicer 촉매에 의한 RNA의 절단과 RISC에 있는 나선 분해 효소에 의한 이중 가닥 RNA의 풀기에 필요하다. 종에 따라 mRNA가 완전히 분해되지 않을 수도 있다.

? 왜 RNAi가 유전자의 '침묵'을 위한 기전인지 설명하시오.

- **상세한 효소 기전 그림.** 본문 전반에 걸쳐 나온다.
- **화학적 원리에 대한 검토.** 열역학과 평형, 화학 반응 속도론, 산화-환원 반응을 포함한 생화학적 현상의 기초를 다룬다.
- **계산 실례.** 학생들이 어떻게 주요 공식을 실제 데이터에 적용할 수 있는지 보여 준다.

예시 계산 10-1

Ca^{2+} 이온이 소포체[Ca^{2+}]=1 mM)에서 세포질[Ca^{2+}]=0.1 μM)로 이동될 때 $\Delta G<0$임을 보이시오(단, $\Delta\Psi=0$으로 가정한다).

세포질은 **안쪽**, 소포체는 **바깥쪽**이다.

$$\Delta G = RT\ln\frac{[Ca^{2+}]_{in}}{[Ca^{2+}]_{out}}$$
$$= RT\ln\frac{10^{-7}}{10^{-3}}$$
$$= RT(-9.2)$$

따라서 ΔG는 음의 값이다.

- **주제 설명 글상자.** 해양 산성화(글상자 2-1), 폴리케타이드 합성을 통한 복합 분자의 생성(글상자 20-3), 장내 미생물(글상자 22-1) 같이 기초 생화학을 넘어선 분야에 대해 설명한다.

  건강 및 질병과 관련된 생화학. 질병의 분자 기전과 그 치료에 초점을 두고 임상에서 생화학이 갖는 중요성을 설명한다.

  생화학의 관점. 본문의 흐름을 원활하게 만들어 주는 보충 자료를 제공한다. 학생들이 생화학의 실험 방법과 실제 응용을 이해할 수 있도록 자료를 따로 정리하였다.

  발견의 역사. 다양한 분야를 소개하고 학생들이 현대 생화학에 기여한 주요 인물과 과학적 문제를 간략하게 살펴볼 수 있도록 하였다.
- **헤르메스의 지팡이.** 의학, 보건 또는 약물과 관련된 주제의 내용을 강조 표시한다. 당뇨병, 신경 변성 질환과 같은 일반적인 질병뿐만 아니라 생화학의 흥미로운 측면을 보여 주는 덜 알려진 주제도 포함한다.
- **단원 요약 주요 단원.** 제목별로 분류하여 학생들이 각 단원의 가장 중요한 내용에 집중할 수 있다.
- **주요 용어 목록.** 각 장의 끝에 주요 용어 목록이 나온다.
- **참고 자료 목록.** 각 장마다 사용하기 편하게 구성된 참고 자료 목록이 나온다.

구성

제4판과 마찬가지로 본문의 1장과 2장에서는 생명의 기원, 진화, 열역학, 물의 특성, 산-염기 화학 반응을 소개한다. 3장에서는 뉴클레오타이드와 핵산을 다룬다. 이러한 분자의 구조와 기능에 대한 이해가 단백질의 진화와 대사에 대한 차후의 학습에서 밑바탕이 되기 때문이다.

4~7장에서는 아미노산 화학 반응, 단백질 구조와 서열 분석 방법, 2~4차 단백질 구조, 단백질 접힘과 안정성, 헤모글로빈 구조와 기능의 관계, 근육 단백질, 항체에 대해 설명한다. 8장(탄수화물), 9장(지질과 생체막), 10장(막 수송)에서는 생명체의 기본적인 분자를 다룬다.

11~13장에서는 단백질의 작용을 다룬다. 먼저 11장에서는 효소 기전을 소개하고, 12장에서는 효소 반응 속도론, 억제제의 효과, 효소 조절을 논의한다. 계속해서 13장에서는 신호 전달 경로의 구성 요소를 설명한다.

그 다음 대사에 대해 다룬다. 14장에서는 대사 경로, "고에너지" 화합물의 열역학, 산화-환원 화학 반응의 개요를 설명한다.

15~17장에서는 학생들이 개개의 효소가 어떻게 반응을 촉진하는지, 어떻게 함께 작용해서 복잡한 생화학적 반응을 일으키는지 이해할 수 있도록 중심적인 대사 경로(예를 들어 해당 작용, 당원 대사, 구연산 회로)에 대해 설명한다. 18장(전자 이송과 산화 인산화)과 19장(광합성)에서는 에너지 획득 경로를 주로 다룬다. 모든 경로에 대해 자세히 다루지는 않지만 그중에서도 지질(20장), 아미노산(21장), 뉴클레오타이드(23장)와 관련된 경로에 대해 자세히 다룬다. 주요 효소 반응에 있어서 관심 대상인 화학 반응 또는 조절의 중요성을 다룬다. 22장에서는 포유류의 장기 분화와 대사 조절에 대해 다룬다.

이후 여섯 장에서 핵산의 생화학에 대해 설명한다. 먼저 핵산의 대사(23장), DNA의 구조와 단백질과의 반응(24장)에 대해 소개한다. 25~27장에서는 DNA 복제, 전사, 번역의 과정에 대해 다루고 이러한 과정을 수행할 수 있는 RNA와 단백질 분자의 기능에 대해 중점적으로 설명한다. 28장에서는 히스톤 코드를 포함한 유전자 발현 조절에 대한 다양한 기전, 전사 인자의 역할, 암과 발달에 대한 관련성을 다룬다.

차례

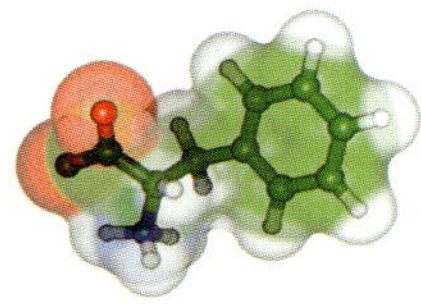

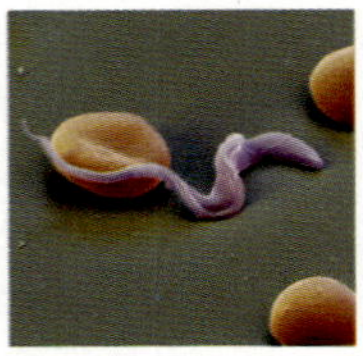

16 글리코젠 대사와 글루코스 신생 합성 577

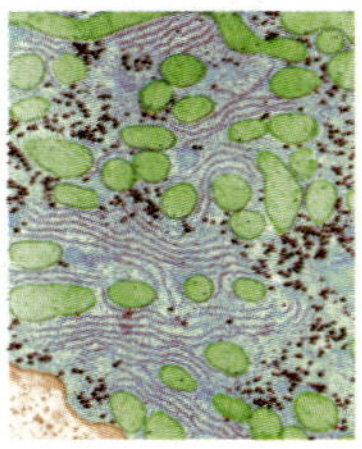

17 시트르산 회로 615

18 전자 운반과 산화성 인산화 649

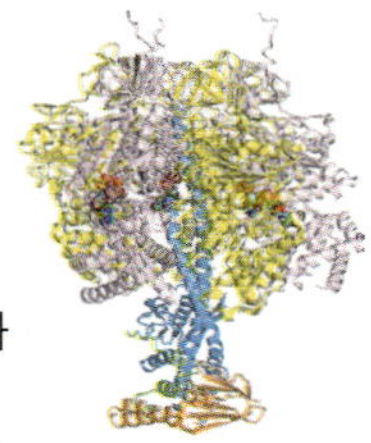

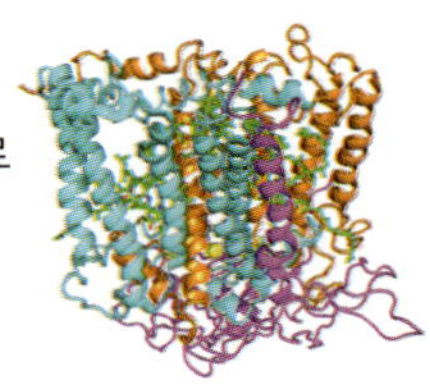

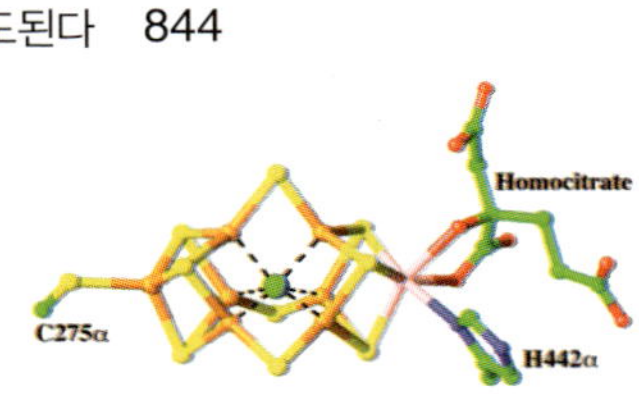
Homocitrate
C275α
H442α

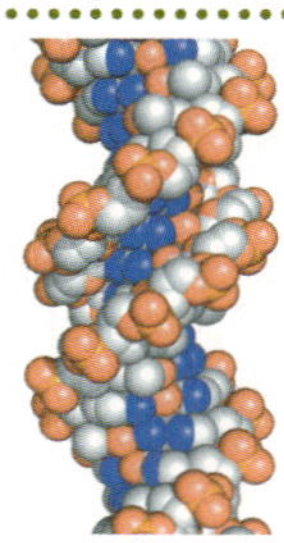
B-DNA

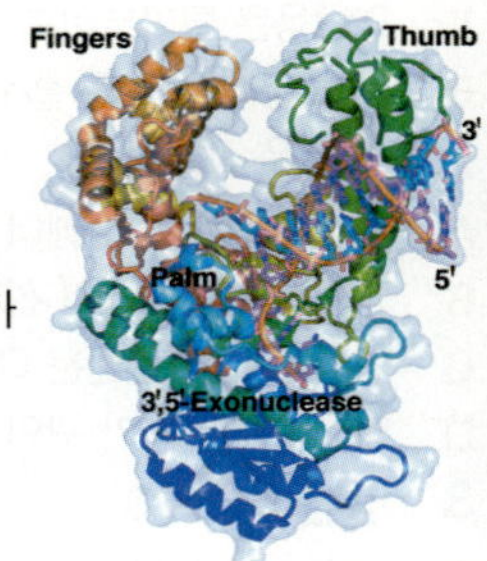

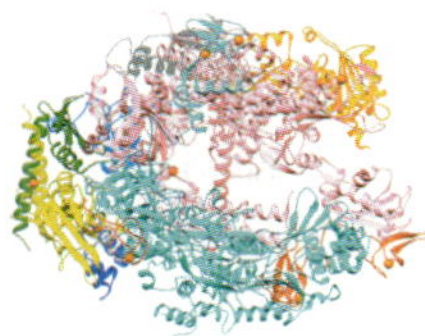

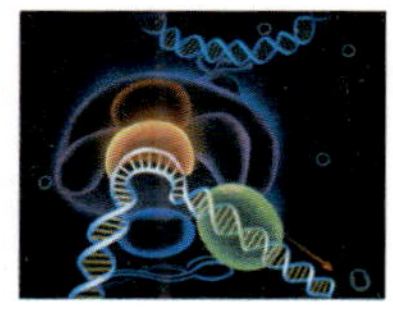

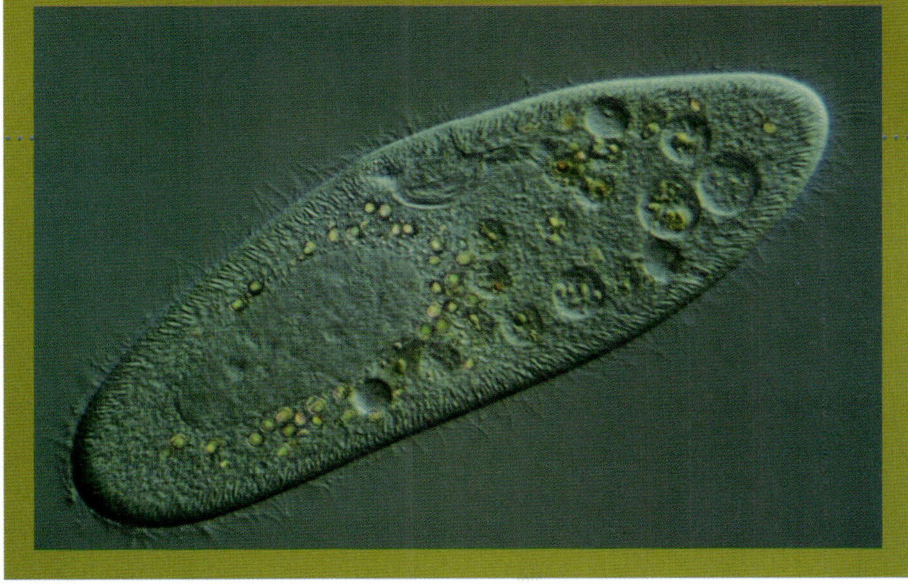

M. I. Walker/Science Source Images

이 짚신벌레(*Paramecium*)를 구성하는 구조와 그 안에서 일어나는 과정들은 화학적 관점으로 설명될 수 있다. 모든 세포는 에너지를 얻고, 성장하고, 교신을 하고, 번식하기 위하여 비슷한 유형의 거대 분자들을 함유하며 비슷한 반응들을 수행한다.

CHAPTER 1

생명의 화학 서론

생화학은 말 그대로 생명 현상을 화학적인 연구 방법을 사용하여 설명하려는 연구 분야이다. 생화학은 세포생물학, 유전학, 면역학, 미생물학, 약학, 생리학을 비롯한 다른 학문들과 겹치기는 하지만, 주로 다음과 같은 몇 가지 주제에 집중하고 있다.

1. 생물학적 분자들의 화학 구조와 3차원 구조는 어떤 모습인가?
2. 생물학적 분자들은 서로 어떻게 작용하는가?
3. 세포는 생물학적 분자들을 어떻게 합성하고 분해하는가?
4. 세포는 에너지를 어떻게 보존하고 이용하는가?
5. 생물학적 분자들을 조직화하고 그들의 활성을 조직화하는 메커니즘은 무엇인가?
6. 유전 정보는 어떻게 저장되고, 전달되고, 발현되는가?

생화학은 다른 현대 과학들과 마찬가지로 사람의 감각으로 접근할 수 없는 계의 구조와 작동을 분석하기 위하여 정교한 기기들에 의존하고 있다. 생화학자들은 생물학적 물질들을 분리하고, 정량하고, 분석하기 위한 화학자의 도구에 더해서 생물의 진화 역사, 대사계, 개별 분자들을 조사하여 주제의 독특한 생물학적 측면을 이용하고 있다. 생화학은 분명히 인간 건강 문제를 포함하고 있을 뿐 아니라, 생화학이 밝힌 자연계 현상으로부터 우리는 생명이라고 하는 특이하고 신비한 조건을 이해할 수 있다. 이 서론적인 장에서는 화학적 진화, 서로 다른 세포 유형, 열역학의 기본 원리를 포함하는 화학과 생물학의 몇 가지 측면을 살펴볼 것이다. 이것은 이 책의 전반에서 반복하여 등장하는 몇 가지 주제를 생화학의 맥락에서 도입하는 데 도움이 될 것이다.

1 생명의 기원

주요 개념

- 생물학적 분자는 제한된 수의 원소들로 만들어진다.
- 작용기와 결합은 서로 다른 생체 분자 유형의 특징이 된다.
- 화학적 진화 동안 간단한 화합물들이 축합하여 더 복잡한 분자와 중합체를 생성하였다.
- 자기 복제하는 분자들은 자연 선택의 대상이 되었을 것이다.

모든 생명체는 유전 정보가 암호화되고 발현되는 방법, 생물학적 분자들이 만들어지고 에너지를 얻기 위해서 분해되는 방법과 같은 어떤 생화학적 특징들을 공통으로 가지고 있다. 현대 생물들의 유전적, 생화학적 통일성은 그것들이 단일 선조로부터 유래하였다는 것을 암시한다. 생명이 처음에 어떻게 발생하였는지 상세하게 설명하는 것은 불가능하지만, 고생물학적 연구와 실험실 연구에서 생명의 기원에 대한 몇 가지 통찰력을 얻을 수 있다.

A 생물학적 분자는 무기물로부터 생겨났다

생명체는 비교적 적은 종류의 원소들로 구성되어 있다(**표 1-1**). 예를 들면 C, H, O, N, P, Ca, S가 인체의 건조 중량에서 ~97%를 차지한다(사람과 대부분의 생물에서 ~70%는 물이다). 생물은 B, F, Al, Si, V, Cr, Mn, Fe, Co, Ni, Cu, Zn, As, Se, Br, Mo, Cd, I, W를 비롯한 미량의 많은 다른 원소도 포함하고 있지만, 모든 생물이 이런 물질을 이용하는 것은 아니다.

표 1.1 인체에 가장 풍부한 원소[a]

원소	건조 중량(%)
C	61.7
N	11.0
O	9.3
H	5.7
Ca	5.0
P	3.3
K	1.3
S	1.0
Cl	0.7
Na	0.7
Mg	0.3

[a]Frieden, E., *Sci. Am.* **227**(1), 54–55(1972)에 따라서 계산함.

가장 오래된 생명의 화석 증거는 약 35억 년 된 것이다(**그림 1-1**). 그에 앞서는, 약 46억 년 전 지구가 형성되면서 시작한 **선생물 시대**(**prebiotic era**)는 직접적 기록이 전혀 남아 있지 않지만, 과학자들은 10억 년 동안 생명체를 발생시킨 화학 반응들을 실험실에서 재현할 수 있다.

초기 지구의 대기는 아마도 H_2O, N_2, CO_2 같은 작고 간단한 화합물들과 소량의 CH_4와 NH_3로 구성되었을 것이다. 1920년대에 오파린(Alexander Oparin)과 홀데인(J. B. S. Holdane)은 태양의 자외선과 번갯불 방전이 원시 대기의 분자들이 반응하여 간단한 **유기 화합물**(**organic compound**, 탄소를 함유하는 화합물)을 형성하는 원인이 되었다고 독립적으로 제안하였다. 이 과정은 1953년에 밀러(Stanley Miller)와 유리(Harold Urey)가 재현하였는데, 그들은 H_2O, CH_4, NH_3, H_2의 혼합물에 일주일 동안 전기 방전을 하였다. 그 결과 생긴 용액에는 몇 가지 아미노산(단백질의 구

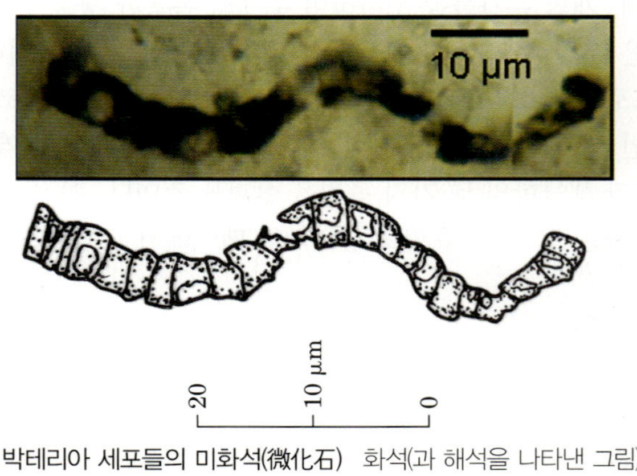

그림 1-1 섬유상 박테리아 세포들의 미화석(微化石) 화석(과 해석을 나타낸 그림)은 호주 서부에 있는 약 34억 년 된 암석에서 얻은 것이다.

성 성분)과 생화학적으로 중요한 다른 것들을 비롯한 수용성 유기 화합물들이 포함되어 있었다.

최초의 생물학적 분자들이 어두운 심해에서 전혀 다른 방법으로 생성되었다고 제안하는 몇몇 과학자들은 밀러-유리 실험에서 출발 물질로 사용한 기체의 조성에 관한 주요한 가정에 도전을 하였다. 대양저의 열수공이 해수에 있는 간단한 화합물들로부터 아미노산들과 다른 작은 유기 분자들을 형성하는 데 유리한 조건을 제공하였을 수도 있다. 열수공은 400°C 정도로 고온에서 금속 황화물 용액을 내뿜고 있다(**그림 1-2**).

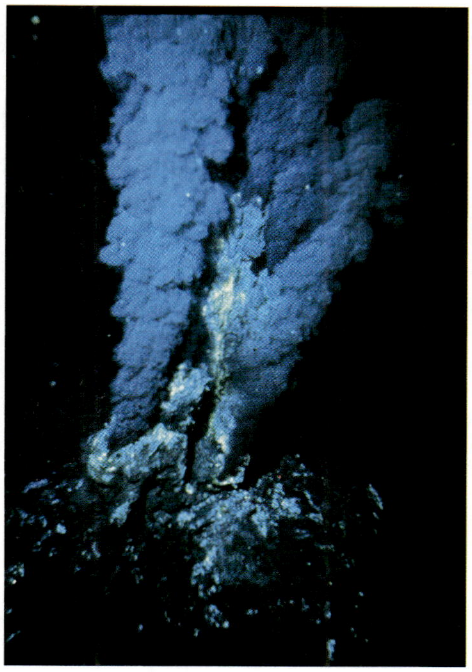

그림 1-2 열수공 이렇게 형성된 대양저를 '검은 굴뚝'이라고 하는데, 이는 그곳에서 방출되는 과열된 물에 녹은 금속 황화물이 훨씬 차가운 해수를 만나면서 침전하기 때문이다.

초기 유기 분자들은 그 기원이 무엇이든지 간에 매우 다양한 생물학적 분자들의 선구 물질이 되었다. 이것들은 조성과 화학적 반응성에 따라 여러 가지 방법으로 분류될 수 있다. 유기 화학자에게 친숙한 **작용기(functional group**, 반응 부분)와 그들 사이의 **결합(linkage**, 화학 결합의 배열)을 살펴보는 것은 결국 이런 특징이 생물학적 활성을 결정하기 때문에 도움이 될 것이다. 생물학적 분자에서 흔하게 나타나는 몇몇 작용기와 결합들을 **표 1-2**에 나타내었다.

B 간단한 분자들로부터 복잡한 자기 복제계가 진화하였다

화학적 진화 동안 간단한 유기 화합물은 축합하여 더 복잡한 분자를 형성하거나 끝과 끝이 연결되어 반복된 단위를 가진 **중합체(polymer)**가 된다. **축합 반응(condensation reaction)**에서는 물을 구성하는 원소들이 빠져나온다. 따라서 간단한 화합물이 안정한 중합체를 형성하려면 축합 속도가 **가수 분해(hydrolysis**, 물을 구성하는 원소들을 첨가하여 쪼갬, **그림 1-3**) 속도보다 빨라야 한다. 선생물적 환경에서 점토와 같은 무기물들은 중합 반응을 촉매하고 물로부터 반응 생성물을 격리하는 역할을 하였을 수 있다. 선생물적 거대 분자의 크기와 조성은 출발 물질인 작은 분자들의 이용 가능성, 그것들이 결합하는 효율성, 분해에 대한 저항성에 의해서 제한을 받았을 것이다. 중요한 생물학적 중합체와 개별 단위(**단량체, monomer**)를 **표 1-3**에 나타내었다.

> GATEWAY CONCEPT
> **작용기(functional group)**
> 서로 다른 부류의 생물학적 분자들은 서로 다른 유형의 작용기와 결합들로 특징지어진다. 한 생물학적 분자가 여러 작용기를 가질 수도 있다.

분명히 **다른 작용기들을 단일한 큰 분자 안에 결합시키면 그 분자의 화학적 반응성이 다양해진다.** 이에 따라서 간단한 분자들이 도달할 수 없는 화학적 능력을 나타낼 수 있다(의외로 나타나는 성질에 대한 이 원리는 '전체는 부분의 합보다 크다'고 표현할 수 있다). **상보 배열(complementary arrangement)**된 작용기가 있는 별개의 거대 분자들은 서로 결합하여(**그림 1-4**) 더 광범위한 작용을 할 수 있는 더 복잡한 분

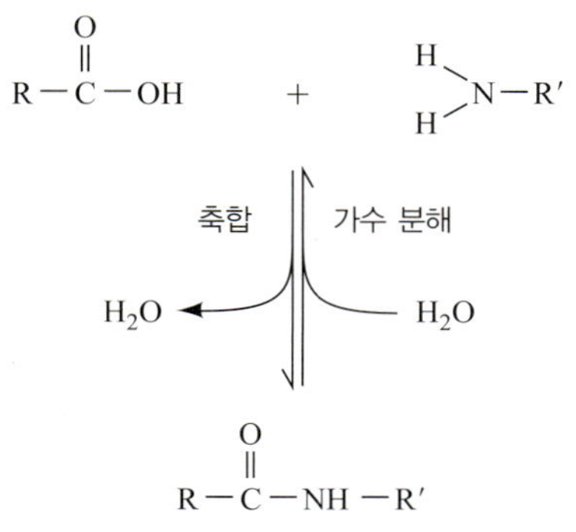

그림 1-3 카복실산과 아민과의 반응 축합 반응 동안 물을 구성하는 원소들이 방출된다. 역과정인 가수 분해 반응에서는 물이 첨가되어 아마이드 결합을 분해한다. 생체계에서 축합 반응은 자유롭게 가역적이지는 않다.

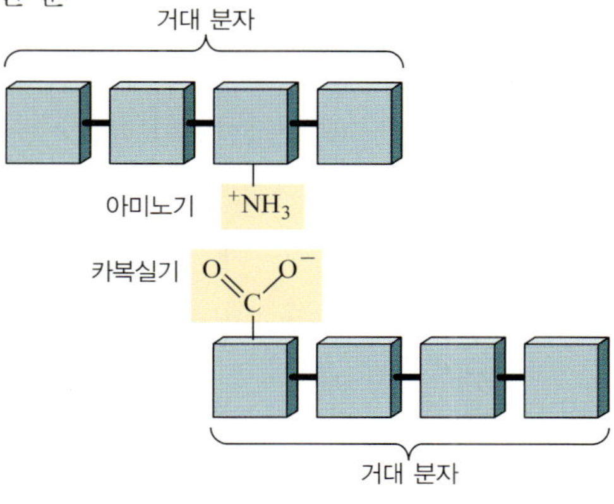

그림 1-4 상보적 분자들의 결합 양으로 하전된 아미노기는 음으로 하전된 카복실기와 정전기적으로 상호작용을 한다.

표 1.2 생화학에서 흔한 작용기와 결합

화합물 이름	구조[a]	작용기 또는 결합
아민[b]	RNH_2 또는 $R\overset{+}{N}H_3$ R_2NH 또는 $R_2\overset{+}{N}H_2$ R_3N 또는 $R_3\overset{+}{N}H$	$-N\langle$ 또는 $-\overset{+\,\vert}{\underset{\vert}{N}}-$ (아미노기)
알코올	ROH	—OH (하이드록실기)
싸이올	RSH	—SH (설프하이드릴기)
에터	ROR	—O— (에터 결합)
알데하이드	$R-\overset{O}{\overset{\Vert}{C}}-H$	$-\overset{O}{\overset{\Vert}{C}}-$ (카보닐기)
케톤	$R-\overset{O}{\overset{\Vert}{C}}-R$	$-\overset{O}{\overset{\Vert}{C}}-$ (카보닐기)
카복실산[b]	$R-\overset{O}{\overset{\Vert}{C}}-OH$ 또는 $R-\overset{O}{\overset{\Vert}{C}}-O^-$	$-\overset{O}{\overset{\Vert}{C}}-OH$ (카복실기) 또는 $-\overset{O}{\overset{\Vert}{C}}-O^-$ (카복실산 이온기)
에스터	$R-\overset{O}{\overset{\Vert}{C}}-OR$	$-\overset{O}{\overset{\Vert}{C}}-O-$ (에스터 결합) $R-\overset{O}{\overset{\Vert}{C}}-$ (아실기)[c]
싸이오에스터	$R-\overset{O}{\overset{\Vert}{C}}-SR$	$-\overset{O}{\overset{\Vert}{C}}-S-$ (싸이오에스터 결합) $R-\overset{O}{\overset{\Vert}{C}}-$ (아실기)[c]
아마이드	$R-\overset{O}{\overset{\Vert}{C}}-NH_2$ $R-\overset{O}{\overset{\Vert}{C}}-NHR$ $R-\overset{O}{\overset{\Vert}{C}}-NR_2$	$-\overset{O}{\overset{\Vert}{C}}-N\langle$ (아미도기) $R-\overset{O}{\overset{\Vert}{C}}-$ (아실기)[c]
이민(시프 염기)[b]	$R{=}NH$ 또는 $R{=}\overset{+}{N}H_2$ $R{=}NR$ 또는 $R{=}\overset{+}{N}HR$	$\rangle C{=}N-$ 또는 $\rangle C{=}\overset{+}{N}\langle$ (이미노기)
이황화물	R—S—S—R	—S—S— (이황화 결합)
인산 에스터[b]	$R-O-\underset{OH}{\underset{\vert}{\overset{O}{\overset{\Vert}{P}}}}-O^-$	$-\underset{OH}{\underset{\vert}{\overset{O}{\overset{\Vert}{P}}}}-O^-$ (포스포릴기)
이인산 에스터[b]	$R-O-\underset{O^-}{\underset{\vert}{\overset{O}{\overset{\Vert}{P}}}}-O-\underset{OH}{\underset{\vert}{\overset{O}{\overset{\Vert}{P}}}}-O^-$	$-\underset{O^-}{\underset{\vert}{\overset{O}{\overset{\Vert}{P}}}}-O-\underset{OH}{\underset{\vert}{\overset{O}{\overset{\Vert}{P}}}}-O^-$ (인산 무수물기)
인산 다이에스터[b]	$R-O-\underset{O^-}{\underset{\vert}{\overset{O}{\overset{\Vert}{P}}}}-O-R$	$-O-\underset{O^-}{\underset{\vert}{\overset{O}{\overset{\Vert}{P}}}}-O-$ (포스포다이에스터 결합)

[a]R은 탄소를 함유한 모든 원자단을 나타낸다. 한 개 이상의 R기를 갖는 분자에서 원자단은 같거나 다를 수 있다.
[b]생리적 조건에서 이 원자단은 이온화되기 때문에 양전하 또는 음전하를 가진다.
[c]탄소 이외의 원소에 결합하였을 때

? 구조를 나타내는 열을 가리고 왼쪽에 적힌 각 화합물을 그려 보라. 작용기나 결합에 대해서도 같은 방법으로 해보라.

표 1.3 중요한 생물학적 중합체와 그 성분 단량체

중합체	단량체
단백질(폴리펩타이드)	아미노산
핵산(폴리뉴클레오타이드)	뉴클레오타이드
다당류(복잡한 탄수화물)	단당류(단순한 탄수화물)

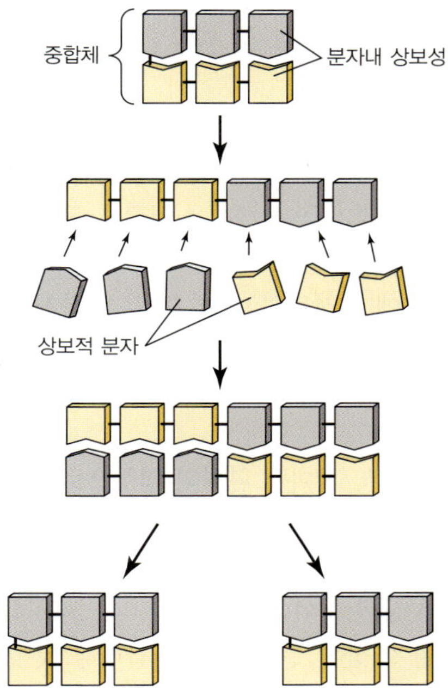

그림 1-5 상보성을 통한 복제 이 간단한 경우에서 한 중합체는 상보적 분자의 조립을 위한 주형으로 작용한다. 상보적 분자는 분자내 상보성 때문에 원래 분자의 정확한 복사물이다.

? 이 중합체에서 공유 결합과 비공유 상호 작용을 구별하라.

자 조합체를 등장시킬 수 있다.

상보적 작용기들 사이의 특이한 짝짓기로, 짝 중의 어느 하나가 다른 것의 배열을 결정할 수 있다. **거대 분자는 그러한 상보성으로 더 작은 상보적 단위들로부터 새로운 분자의 조립을 지시하여 복제하거나 자신을 복사할 수 있게 된다.** 분자내 상보성을 가지는 간단한 중합체의 복제를 그림 1-5에 나타내었다. 유사한 현상이 DNA 작용에서도 나타나게 된다. DNA에서 한 가닥의 염기 서열(예: A-C-G-T)은 짝을 이루는 가닥의 염기 서열(예: T-G-C-A)을 확실하게 지정한다. DNA가 복제할 때 두 가닥은 분리되어 상보적 딸가닥의 합성을 지시한다. 또한 DNA를 RNA로 전사하는 원칙과 RNA를 단백질로 번역하는 원칙도 상보성이다.

화학적 진화에서 중요한 순간은 마구잡이로 형성된 분자들로 된 계로부터 분자들이 조직화되고 특이하게 복제되는 계로 전환하는 때였다. 일단 거대 분자가 자신을 영속시키는 능력을 얻자 원시 환경에는 가장 잘 생존하고 번식할 수 있는 분자가 풍부해졌을 것이다. 최초의 복제계는 분명히 약간 엉성하였으며 자손 분자들은 그 부모 분자에 불완전하게 상보적이었을 것이다. 시간이 지남에 따라 **자연 선택(natural selection)**은 자신을 더 정확하게 복사하는 분자들을 더 선호하게 되었을 것이다.

체크 포인트

- 거의 모든 생물학적 분자에 존재하는 네 가지 원소는 무엇인가?
- 화학적 진화의 중요한 단계들을 요약하시오.
- 간단한 축합 반응과 가수 분해 반응을 그리시오.
- 자기 복제를 하는 분자의 발달에 왜 상보성이 필요한지 설명하시오.

2 세포 구조

주요 개념

- 세포의 구획화는 반응 물질의 지역적 고농도를 유지시켜서 효율성을 높여 준다.
- 대사 경로는 분자를 합성하고 에너지를 발생하도록 진화하였다.
- 가장 간단한 세포는 원핵세포이다.
- 진핵세포는 핵을 비롯한 여러 가지 막으로 싸인 세포 소기관이 특징이다.
- 생명의 계통수는 박테리아, 고세균, 진핵생물의 세 가지 영역을 포함한다.
- 진화는 개체들 중에 마구잡이로 발생하는 변이에 작용하는 자연 선택으로 일어난다.

지금까지 설명한 유형의 계들은 원시 지구의 다른 모든 구성 성분들과 이용 가능한 자원들을 위하여 경쟁해야 하였을 것이다. 어떤 종류의 경계에 의하여 격리되고 보호를 받는 계는 선택적 이점을 얻었을 것이다. 그런 경계들이 처음에 어떻게 등장하였는지 또는 경계가 무엇으로 되어 있었는지는 분명하지 않다. 한 가지 이론은 막으로 된 **소포**(**vesicle**, 유체로 채워진 주머니)가 처음에 부착되었고 그 후 자기 복제계를 감싸게 되었다는 것이다. 이런 소포들이 최초의 세포가 되었을 것이다.

A 세포는 대사 반응을 수행한다

구획화(**compartmentation**)의 이점은 몇 가지가 있다. 적대적 환경의 영향으로부터 약간의 보호를 받을 뿐 아니라 닫힌 계는 확산할 수 있는 구성 성분들의 농도를 부분적으로 높게 유지할 수 있다. 더 농도가 높은 물질들은 더 쉽게 반응할 수 있으며 중합 반응이나 다른 유형의 화학 반응에서 효율이 향상될 것이다.

내용물을 보호하는 막으로 둘러싸인 칸은 점차 조성이 주위와 매우 달라질 것이다. 오늘날의 세포는 세포 외부에는 있더라도 매우 소량으로 존재하는 이온, 작은 분자, 큰 분자 응집체를 높은 농도로 포함하고 있다. 예를 들면 **대장균**[***Escherichia coli***(***E. coli***)] 세포는 3000~6000가지의 화합물의 분자 수백만 개를 포함하고 있다(**그림 1-6**). 전형적인 동물 세포는 100,000가지의 다른 유형의 분자들을 포함하고 있다.

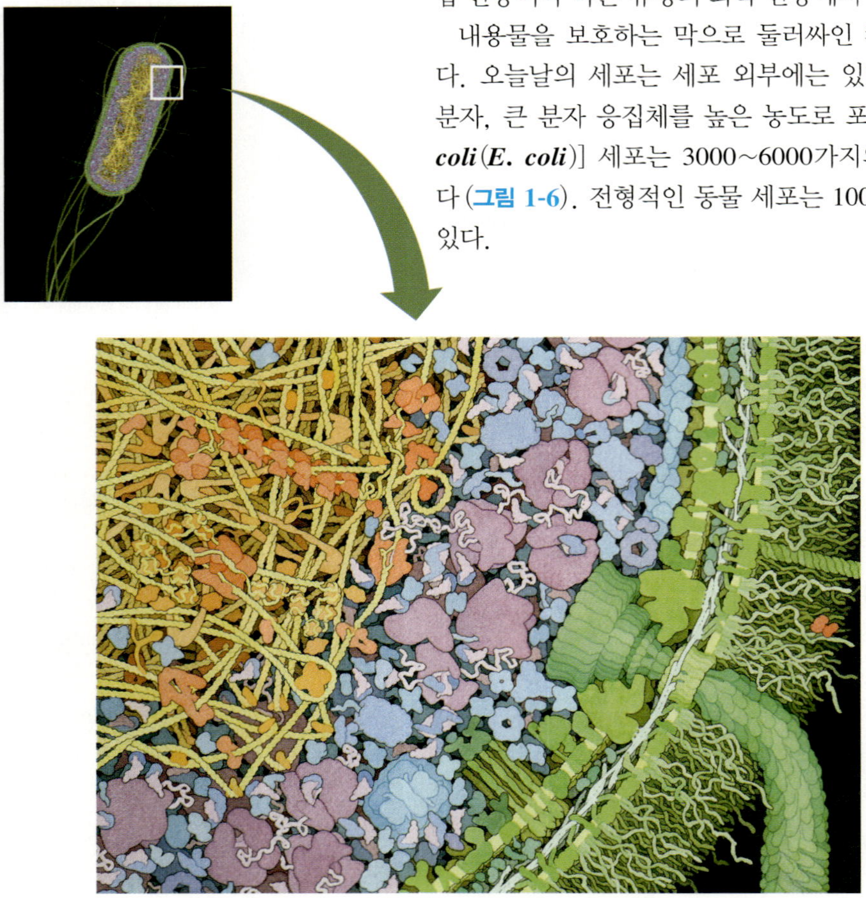

그림 1-6 대장균 세포의 단면도 세포질에는 거대 분자가 채워져 있다. 이 확대도(~1,000,000×)에서 각 원자는 구별하기에는 너무 작다. 그림 오른쪽의 녹색 구조물에는 편모 부분과 함께 내막과 외막 성분이 포함되어 있다. 세포 내부에서 여러 가지 단백질은 청색으로, 리보솜은 보라색으로 나타내었다. 금색과 주황색 구조물은 각각 DNA와 DNA에 결합한 단백질을 나타낸다. 세포에서 세포질의 나머지 공간은 물과 더 작은 분자들로 복잡할 것이다. [Goodsell, D.S., *The Machinery of Life* (2nd ed.), Springer (2009). 허가를 받아 복제함.]

초기 세포들은 구성 물질의 공급을 환경에 의존하였다. 원시 수프에서 필수적 성분들 중 몇몇이 적어지자, 자연 선택은 더 간단하지만 더 풍부한 **선구 물질**(**precursor**)로부터 필요한 화합물을 합성하는 메커니즘인 **대사 경로**(**metabolic pathway**)를 발달시킨 생물들을 선호하였다. 초기의 대사 반응들은 무기 환경에서 선택한 금속이나 점토 **촉매**(**catalyst**)를 이용하였을 것이다. 실제로 금속 이온들은 아직도 현대 세포에서 많은 화학 반응의 중심에 있다. 몇몇 촉매는 적당한 작용기를 가진 중합된 분자로부터 등장하였을 것이다.

일반적으로 생합성 반응에는 에너지가 필요하다. 따라서 최초의 세포 반응들도 에너지원이 필요하였다. 선생물적 환경에 이미 존재하던 에너지가 풍부한 물질들이 결국 고갈되고 이것은 에너지를 생산하는 대사 경로의 발달을 촉진하였을 것이다. 예를 들면 광합성은 실제적으로 무한한 에너지 공급원인 태양을 이용하기 위하여 비교적 초기에 진화하였다. 그러나 광합성에 의해 H_2O로부터 생성된 O_2가 축적되면(지금의 대기는 약 21%가 O_2이다), 이것은 산소가 거의 없는 대기에 적응된 성활을 하던 생물에게는 새로운 도전이 된다. 결국 생물들은 대사를 조절하여 산화적 손상을 피할 뿐 아니라 산화적 대사에 O_2를 이용할 수 있게 되었다. 산화적 대사는 무산소성 대사보다 훨씬 더 효율적인 형태의 에너지 대사이다. 고대 생명의 흔적을 일부 현대 생물의 무산소성 대사에서 찾아볼 수 있다.

생물학적 분자를 합성하고, 통제된 방식으로 에너지를 보존하거나 이용하고, 보호 구획 안에서 복제하는 대사 전략을 발달시킨 초기 생물들은 더 광범위한 서식지로 퍼져갈 수 있었다. 서로 다른 외부 조건에 세포가 적응하여 결국 오늘날의 종의 다양성이 생겨났다. 다세포 생물에서 개별적 세포의 특수화로 분화된 세포 집단들이 함께 작용할 수 있게 되었다.

B 원핵세포와 진핵세포의 두 가지 유형의 세포가 존재한다

현대의 모든 생물들은 똑같은 형태 단위인 세포에 기반을 두고 있다. 세포에는 크게 두 종류가 있다. **진핵세포**(**eukaryote**, 그리스어로 *eu*는 진짜, *karyon*은 핵심을 의미함)는 막으로 둘러싸인 **핵**(**nucleus**) 안에 DNA를 가지고 있으며, **원핵세포**(**prokaryote**, 그리스어로 *pro*는 앞을 의미함)는 핵을 가지고 있지 않다. **여러 형태의 박테리아를 구성하는 원핵세포는 비교적 간단한 구조를 가지며, 거의 모두 단세포이다(박테리아는 독립된 세포들의 섬유 형태나 군체를 형성할 수 있음). 단세포뿐 아니라 다세포인 진핵생물은 원핵생물보다 훨씬 더 복잡하다**[**바이러스**(**virus**)는 세포보다 훨씬 더 간단한 것이며 숙주 세포 외부에서 번식할 수 있는 대사 장치가 없기 때문에 생물로 분류되지 않는다].

원핵생물은 지구 상에서 가장 수가 많고 광범위하게 존재하는 생물이다. 이것은 그것들이 다양하고 흔히 고도로 적응된 대사를 매우 다양한 서식지에 적당하게 일치시킬 수 있기 때문이다. 원핵생물의 크기는 1~10 μm이고 구형(cocci), 막대형(bacilli), 나선으로 감긴형(spirilla)의 기본적 세 가지 모양(그림 1-7) 중 한 가지를 가지고 있다. 흔히 방어용 세포벽으로 둘러싸여 있는 바깥쪽 세포막을 제외하면 거의 모든 원핵세포에는 세포막이 없다. 그러나 원핵세포의 **세포질**(**cytoplasm**, 세포 내용물)은 결코 균일한 혼합물이 아니다. 세포질에서 서로 다른 부분은 서로 다른 대사 기능을 수행한다고 생각된다(그림 1-6). 가장 잘 알려진 원핵생물은 대장균으로서 길이가 2 μm이고 폭이 1 μm인 막대형 박테리아이며, 포유류의 대장에 살고 있다.

그림 1-7 몇 가지 원핵생물의 척도 그림

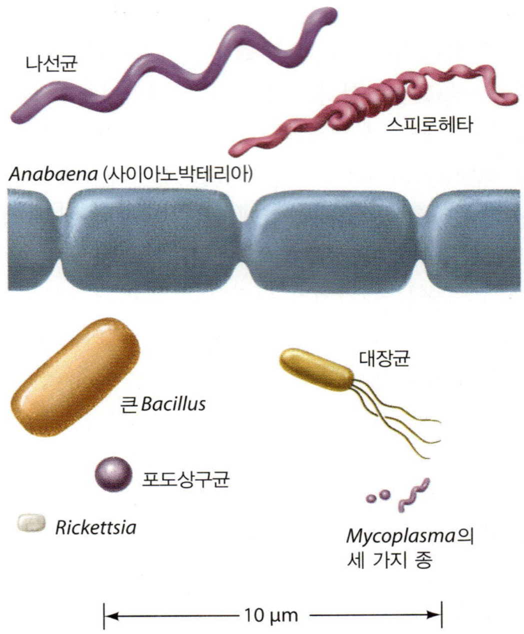

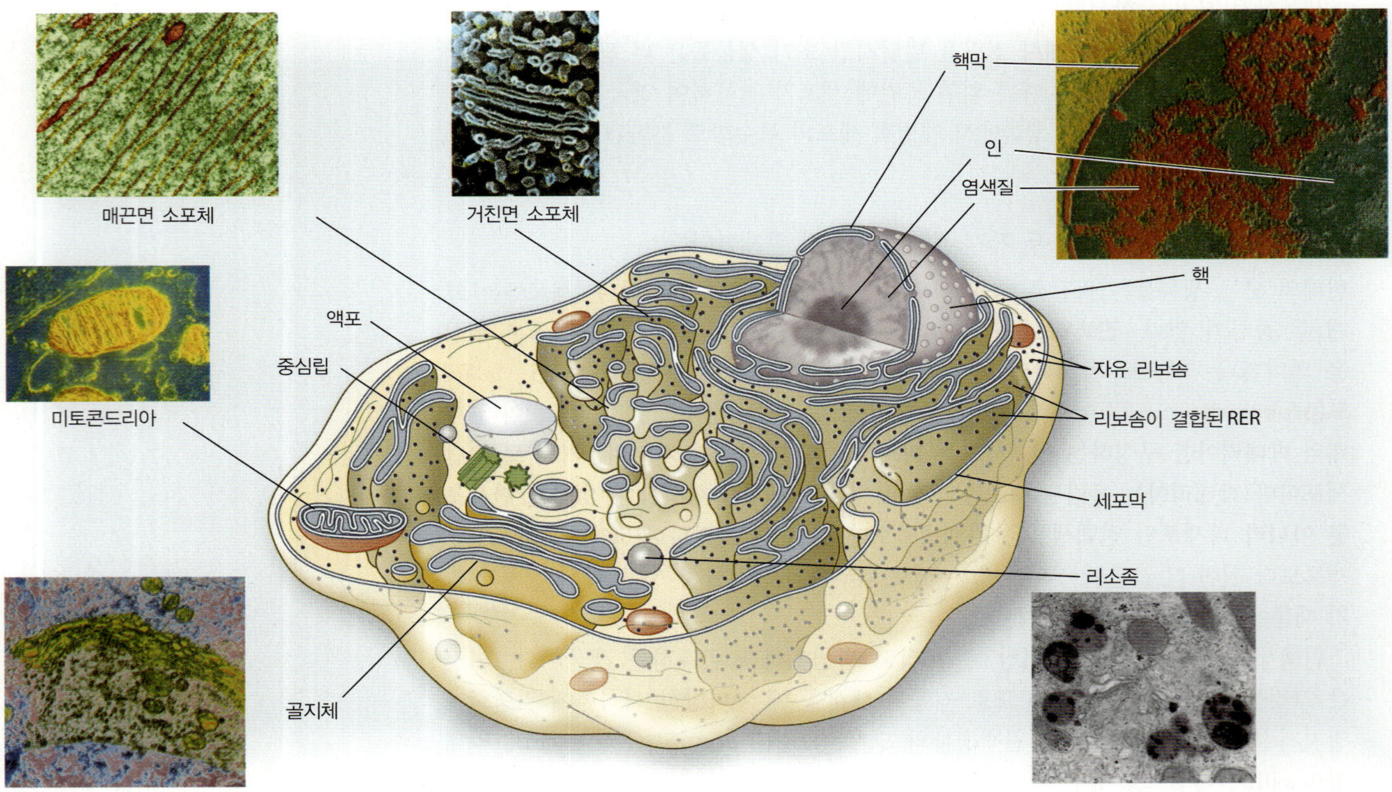

그림 1-8 대표적인 동물 세포와 그 세포 소기관들의 전자 현미경 사진 막으로 둘러싸인 세포 소기관에는 핵, 소포체, 리소좀, 퍼옥시솜(나타내지 않음), 미토콘드리아, 액포, 골지체가 있다. 핵은 염색질(DNA와 단백질의 복합체)과 인(리보솜이 합성되는 자리)을 포함하고 있다. 거친면 소포체에는 리보솜이 부착되어 있으나 매끈면 소포체에는 부착되어 있지 않다. 한 쌍의 중심립이 세포 골격 원소들의 조직화를 돕는다. 대표적인 식물 세포는 주로 바깥쪽 세포벽과 세포액 안의 엽록체가 있는 것이 다르다. [매끈면 소포체 © Dennis Kunkel Microscopy, INc./Phototake; 핵: 거친면 소포체 © Pietro M. Motta & Tomonori Naguro/Photo Researchers Inc.; 핵 © Taktoff-RM, CNRI/Photo Researchers; 미토콘드리아 © CNRI/Photo Researchers; 골지체 © Secchi-Lecaque/Roussel-UCLAF/CNRI/Photo Researchers; 리소좀 © Biophoto Associates/Photo Researchers.]

? 표시를 가리고 이 진핵세포 부분들의 이름을 말하라.

진핵세포는 일반적으로 지름이 10~100 μm이며, 따라서 대표적인 원핵세포의 천 배에서 백만 배 정도의 부피를 가진다. 그러나 크기뿐 아니라 막으로 둘러싸인 **세포 소기관(organelle)**이 풍부하다는 것이 진핵세포의 특징을 가장 잘 나타낸다(그림 1-8). 진핵세포에는 핵 이외에도 많은 세포 성분을 합성하는 자리인 **소포체(endoplasmic reticulum)**가 있으며, 소포체의 일부는 그 다음에 **골지체(golgi apparatus)**로 변형된다. 거의 모든 진핵세포에서 산소성 대사의 많은 부분은 **미토콘드리아(mitochondria)**에서 일어나며, 광합성 세포는 **엽록체(chloroplast)**를 함유하고 있다. **리소좀(lysosome)**과 **퍼옥시솜(peroxisome)** 같은 다른 세포 소기관들도 특수한 기능을 수행한다. 식물 세포에서 두드러진 **액포(vacuole)**는 흔히 저장 창고로서 작용한다. **세포액(cytosol**, 세포질에서 막으로 둘러싸인 세포 소기관을 제외한 것)은 **세포 골격(cytoskeleton)**에 의해 조직화된다. 세포 골격은 세포가 모양을 갖추고 이동할 수 있는 능력을 주는 섬유들이 광범위하게 배열된 것이다.

진핵세포를 구획화하고 있는 여러 가지 세포 소기관들은 원핵세포에는 거의 없는 수준의 복잡성을 나타낸다. 그럼에도 원핵세포는 많은 점에서 진핵세포보다 더 효율적이다. 원핵세포는 단순성과 소형화의 이점을 이용하고 있다. 그들은 이용할 수 있는 영양분이 극심하게 변화하는 곳에서도 빠른 성장 속도로 생태적 지위를 차지할 수 있다. 대조적으로 원핵세포보다 더 크고 더 느리게 성장하게 하는 진핵서포의 복잡성은 제한된 자원을 가진 안정된 환경에서 경쟁적 이점을 준다. 따라서 원핵세포를 진핵세포와 비교하여 진화적으로 더 원시적이라고 생각하는 것은 잘못된 것이다. 두 가지 유형의 생물은 모두 각각의 생활 유형에 잘 적응된 것이다.

C 분자 자료는 생물의 세 가지 영역을 밝혀 준다

모든 원핵생물은 핵을 가지지 않았다는 것에 기반을 두고 단일 범주로 묶는 것은 대사적 다양성과 진화 역사를 이해하기 어렵게 만드는 것이다. 반대로 진핵생물의 눈에 띄는 형태적 다양성(예를 들어 아메바, 참나무, 사람 사이의 해부학적 차이를 생각해 보라)은 세포 수준에서의 근본적 유사성을 감추는 것이다. 전체적인 형태에 근거를 두고 있는 전통적인 분류 구조[**분류학(taxonomy)**은 생물 분류의 과학이다]는 진화 역사(**계통발생학, phylogeny**)에 의해서 밝혀진 생물들 사이의 실제 상관관계를 설명하는 데 불충분하다.

생물학적 분류 구조 중 번식이나 발달 전략에 기반을 둔 구조가 단지 성체의 형태에 기반을 둔 구조보다는 더 정확하게 진화 역사를 반영하고 있다. 그러나 **계통분류학적 관계는 서로 다른 생물들에서 얻은 중합 분자(RNA, DNA, 단백질)를 비교하여 가장 잘 유추할 수 있다.** 예를 들면 워즈(Carl Woese)는 RNA를 분석하여 모든 생물을 세 영역으로 분류할 수 있었다(그림 1-9). **고세균[archaea, 고대 박테리아(archaebacteria)**라고도 함]은 다른 원핵생물[**박테리아(bacteria), 진정박테리아(eubacteria)**라고도 함]과는 연관관계가 먼 원핵생물 집단이다. 두 가지 집단 사이의 연관관계는 두 집단과 **진핵생물(eukarya)**과의 연관관계만큼이나 멀다. 고세균은 **메타노젠(methanogen**, CH_4를 생산함), **호염성 박테리아(halobacteria**, 진한 염 농도에서 살아감), **호열성 생물(thermophile**, 뜨거운 온천에서 살아감)과 같은 몇몇 특이한 생물들을 포함하고 있다. 워즈의 그림에서 가지치기 유형은 서로 다른 형태를 가지는 생물들의 다양성을 나타낸다(각 가지점은 공통 선조를 가리킨다). 또 세 영역 구조는 동물, 식물, 균류가 모든 생명 형태 중 단지 작은 부분만을 차지한다는 것을 보여 준다. 그런 계통수는 현재로부터 6억 년 전 생명의 단편적 기록인 화석 기록

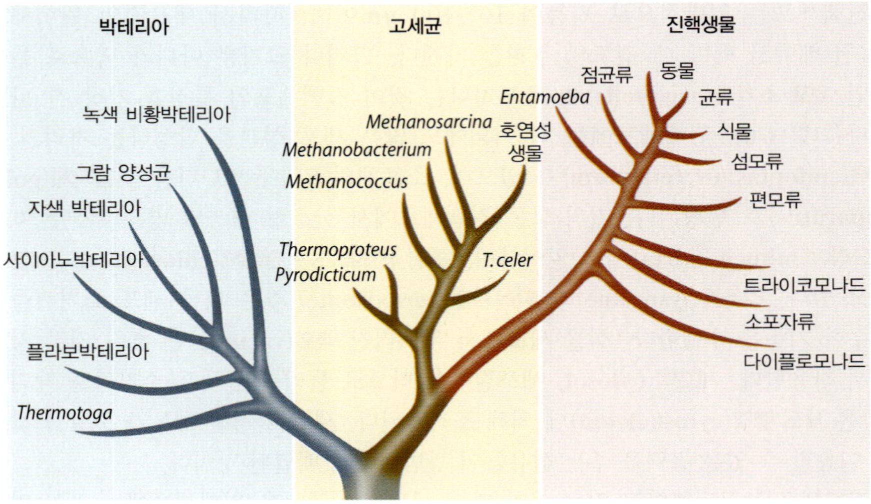

그림 1-9 생물의 세 가지 영역을 보여 주는 계통수 가지는 공통 선조로부터 분기한 유형을 나타낸다. 고세균은 진정박테리아처럼 원핵생물이지만, 진핵생물과 몇 가지 특징을 공유한다. [Wheelis, M. L., Kandler, O., and Woese, C. R., Proc. Natl. Acad. Sci. **89**, 2931(1992)에 따라서]

자료 1-1 발견의 경로 마굴리스와 내부 공생설

린 마굴리스(Lynn Margulis, 1938~2011) 시카고에서 성장하여 16세에 시카고 대학에 입학한 마굴리스는 작가가 되려고 하였다. 그녀는 필수 과목인 과학을 수강하다가 완두콩의 유전 실험을 설명하는 멘델(Gregor Mendel)의 논문을 읽으면서 갑자기 생물학에 대한 흥미를 가지게 되었다. 마굴리스는 매디슨 대학과 버클리 대학에서 공부를 계속하여 1963년에 박사 학위를 받았다. 그녀는 세포 구조에 대한 조심스러운 생각에서부터 진핵세포가 여러 가지 원핵세포들을 포함하는 일련의 내부 공생(endosymbiotic) 사건들로부터 기원하였다는 가설을 내놓게 되었다. **내부**(*endo*)는 한 세포가 다른 세포의 내부에 거주하게 되었다는 것을 의미한다. 이 아이디어는 그 당시(1967년)에는 터무니없다고 여겨졌지만, 그 후 마굴리스의 여러 아이디어들은 광범위하게 인정을 받게 되었다.

미토콘드리아의 기원을 설명하기 위한 내부 공생은 미토콘드리아와 박테리아가 크기, 모양, 세포학적 염색이 유사하다는 것을 깨달은 월린(Ivan Wallin)에 의해 1927년에 제안되었다. 월린의 가설은 너무 기상천외하다고 여겨져서 폐기되었으며 마굴리스가 다시 받아들일 때까지 무시를 당했었다. 1960년대에는 이미 미토콘드리아(와 엽록체)가 DNA를 포함하며 분열에 의해 번식하다는 사실을 비롯하여, 그것들에 대하여 훨씬 더 많은 것들이 알려지게 되었다. 마굴리스는 각 세포 소기관의 기원에 대하여 집중하지 않았으며 오히려 또 다른 박테리아의 잔재인 중심립을 포함하는 전체 진핵세포의 기원을 찾으려고 하였다. 그녀의 논문, "유사 분열하는 세포들의 기원에 대하여"는 처음에는 몇몇 학술지에서 거절을 당하였지만 마침내 *Journal of Theoretical Biology*에서 받아들여졌다. 복잡한 진핵세포가 상호 의존적인 원핵세포들의 협력에 의해 생겨날 수 있다는 개념은 진화가 일련의 작은 단계들로 일어난다는 그 당시 널리 퍼진 생각과 양립할 수 없었다. 그 당시의 진화론은 마굴리스가 제안한 세포와 그 유전 물질들의 극적인 합병에 대해 인정할 여지가 전혀 없었다. 그럼에도 솔직한 마굴리스는 계속 주장을 하였으며 1981년에 그녀가 "세포 진화에서의 공생"을 발간할 때는 이미 많은 생물학 사회가 이에 동조하였다.

미토콘드리아는 산소를 호흡하는 박테리아의 후손이며, 엽록체는 원래 광합성 박테리아였다는 마굴리스 이론의 두 가지 중요한 주장은 거의 보편적으로 인정받고 있다. 그러나 진핵세포의 세포질이 고박테리아 세포의 유물이라는 아이디어는 여전히 몇몇 생물학자들에 의해서 의심을 받고 있다. 마굴리스는 섬모와 편모, 눈의 감광 세포 같은 감각 구조들이 자유롭게 살아가던 스피로헤타 박테리아의 후손이라는 네 번째 아이디어를 지지해 주는 증거들을 수집하고 있다. 미토콘드리아 같은 세포 소기관이 분리되어 배양될 수 있다는, 마굴리스의 처음의 예측은 아직 실현되지 못하고 있다. 그러나 세포 소기관들과 핵 사이의 유전 물질 이동에 대한 풍부한 증거들이 존재하며 이것은 마굴리스의 내부 공생설과 일치한다. 실제로 현재의 진화에 대한 이론들은 작은 마구잡이 돌연변이 이외에도 마굴리스가 예측한 것과 같은 생물체들 사이의 유전 물질 이동을 변화의 동인으로서 포함하고 있다.

아마도 마굴리스는 박테리아 내부 공생에 대한 연구의 연장으로서 많은 서로 다른 유형의 생물체들 사이의 상호작용뿐 아니라 물리적 환경과의 상호작용이 하나의 자기 조절계를 구성한다는 것을 인식하게 되었을 것이다. 이런 생각은 러브럭(James Lovelock)이 제안한, 전체 지구를 하나의 생물체로 생각하는 가이아 가설의 일부이다(가이아는 그리스의 지구의 여신 이름이다). 그러나 마굴리스는 가이아에 기반을 둔 현대 신화를 만들려는 사람들은 참을 수가 없었다. 그녀는 진실을 찾기 위하여 과학적 도구를 이용하고 추론하는 것의 중요성에 대해서는 단호하였으며 인류가 지구의 중심이라는 대중적 믿음에 화를 냈다. 마굴리스는 인류 생존이 폐기물을 재활용하고, 수질을 정화하고, 산소를 발생하는 박테리아와 우리의 관계에 달려 있다고 이해하고 있다. 우리는 수십억 년 동안 그것들과 함께, 때때로는 내부 공생적으로 진화하고 있다.

Sagan, L., On the origin of mitosing cells, *J. Theor. Biol.* **14**, 255–274 (1967).

에 의해서 보충된다(다세포 생물은 약 7억~9억 년 전에 등장하였다).

박테리아와 진핵생물의 차이가 너무 크기 때문에 진핵생물이 고도로 발달된 원핵생물에서 나온 것 같지는 않다. 오히려 최초의 진핵생물은 아마도 고박테리아와 진정박테리아의 결합에서 진화하였을 것이다. 진핵세포의 유전 물질은 고박테리아에서 유래하였다는 것을 암시하는 특징을 포함하고 있다. 또 오늘날 진핵세포에 있는 미토콘드리아와 엽록체는 크기와 모양이 박테리아와 유사하며, 두 가지 세포 소기관 모두 자신들의 유전 물질과 단백질 합성 기구를 가지고 있다. 마굴리스가 제안한 대로는 미토콘드리아와 엽록체는 자유롭게 살아가던 박테리아가 원시 진핵세포와 **공생(symbiotic)**(서로에게 이익이 되는) 관계를 형성하여 진화하였다(자료 1-1). 실제로 미토콘드리아나 엽록체가 없는 어떤 진핵세포는 영구적으로 공생 박테리아를 포함하고 있다.

D 생물체는 계속 진화한다

우선생물 진화를 안내하던 자연 선택은 계속하여 생물의 진화를 이끈다. 도킨스(Richard Dawkins)는 진화를 우연에 의해서 복잡한 것을 만들 수 있게 된 시계공에 비유하였다. 물론 그런 비유는 복잡한 생물이 등장한 막대한 시간과 점진적이고 시행착오적인 방법을 표현하지는 못한다. 화학적 손상이나 복제 과정에서 유전적 실수의 결과로서 작은 **돌연변이(mutation**, 개체의 유전 물질의 변화)들이 마구잡이로 일어난다. **개체의 생존 기회를 높여 주는 돌연변이는 그 돌연변이가 다음 세대로 전달될 가능성을 높여 준다.** 이익이 되는 돌연변이는 집단 전체에 빠르게 퍼지는 경향이 있으며, 해로운 변화는 그것을 가지는 생물과 함께 죽어 없어지는 경향이 있다.

1860년대에 다윈(Charles Darwin)에 의해서 최초로 체계화된 자연 선택에 의한 진화 이론은 관찰과 실험을 통하여 확고해졌다. 따라서 진화의 원리에 대해 흔히 잘못 이해하고 있는 몇 가지 점을 강조할 필요가 있다.

1. **진화는 특별한 목적을 향한 방향을 가진 것이 아니다.** 진화는 지배적인 조건에서 번식하는 생물의 능력에 영향을 주는 마구잡이 변화에 의하여 진행된다. 환경에 잘 적응된 생물은 조건들이 변화하면 잘 살아갈 수도 있고 그렇지 않을 수도 있다.
2. **개체들 사이의 변이는** 생물체가 예기치 않은 변화에 적응하게 해 준다. 이것은 유전적으로 균일한 집단(예: 옥수수 농작물)은 단 한 가지 도전(예: 곰팡이 잎마름병)에도 매우 공격을 받기 쉬운 이유 중의 한 가지이다. 더 불균일한 집단은 재난에 저항하고 회복하는 수단을 더 많이 갖고 있다.
3. **과거가 미래를 결정한다.** 새로운 구조와 대사 기능은 이미 존재하는 요소들로부터 등장한다. 예를 들면 곤충의 날개는 자발적으로 갑자기 돋아나지 않으며, 작은 열교환 구조들로부터 점차적으로 발달한 것으로 보인다.
4. **진화가 복잡성만을 향해서 진행하고 있지 않더라도 진화는 진행 중이다.** 인간 중심의 견해가 인간을 진화 구조의 정점으로 놓았지만, 생명의 다양성을 간단하게 훑어보더라도 더 간단한 종들이 죽어 없어지거나 진화를 멈추지 않았다는 것을 알 수 있다.

체크 포인트

- 구획화와 대사 경로의 선택적 이점을 설명하시오.
- 원핵세포와 진핵세포의 차이를 논의하시오.
- 진핵세포의 중요한 세포 소기관들과 그 기능에 대한 표를 작성하시오.
- 분자 서열에 기반을 둔 분류학이 형태에 기반을 둔 것보다 더 정확한 이유를 설명하시오.
- 원핵세포는 세 가지 영역 중 어느 것인가? 어떤 영역이 진핵세포와 가장 유사한가?
- 개체 변이가 진화를 일으키는 방법을 설명하시오.
- 진화적 변화가 과거에 의해서 제약을 받지만 그 변화를 예측하기는 불가능한 이유는 무엇인가?

3 열역학

주요 개념

- 에너지는 보존되어야 하지만 다른 형태를 취할 수 있다.
- 대부분의 생화학계에서 엔탈피는 열과 같다.
- 계의 무질서도를 나타내는 엔트로피는 증가하는 경향이 있다.
- 어떤 과정에 대한 자유 에너지 변화는 엔탈피 변화와 엔트로피 변화에 의해서 결정된다.
- 자발적 과정은 자유 에너지가 감소하면 일어날 수 있다.
- 반응에 대한 자유 에너지 변화는 온도와 반응물 및 생성물의 농도와 화학량론으로부터 계산될 수 있다.
- 생화학자는 표준 상태 조건을 온도 25°C, 압력 1기압, pH 7.0으로 정의한다.
- 생물체는 비평형이며, 끊임없이 물질과 에너지를 주위와 교환하는 열린 계이다.
- 효소는 열역학적으로 유리한 반응의 속도를 증가시킨다.

이동, 성장, 번식 같은 생물들의 정상적 활동에는 거의 일정한 에너지의 유입이 필요하다. 생물은 심지어 휴식 중에도 생화학 장치의 상당한 부분을 에너지의 획득과 활용에 사용하고 있다. 에너지의 연구와 물질에 대한 에너지의 효과를 다루는 것이 **열역학(thermodynamics)**의 범주이다. 생체계는 열역학 분석에서 몇 가지 실제적인 문제를 제시하고 있기는 하지만 **생명은 열역학 법칙을 따른다.** 열역학을 이해하는 것은 생화학 반응 같은 특별한 과정을 설명하는 데 뿐 아니라 그 과정이 실제로 일어날지, 즉 **자발적(spontaneous)** 과정인지를 예측하는 데도 중요하다. 우리는 열역학의 기본적 법칙들을 살펴보는 것으로 시작하여 그것과 화학 반응과의 연관도 살펴볼 것이다. 마지막으로 생물학적 계가 열역학 법칙들을 다루는 방법도 살펴볼 것이다.

A 열역학 제1법칙에 의하면 에너지는 보존된다

열역학에서 **계(system)**는 반응 용기나 생물처럼 관심을 가지고 있는 우주의 부분으로 정의된다. 우주의 나머지 부분을 **주위(surroundings)**라고 한다. 계는 일정한 양의 **에너지(energy, U)**를 가지고 있다. **열역학 제1법칙에 의하면 에너지는 보존된다.** 에너지는 창조되거나 소멸될 수 없다. 그러나 계가 변화를 하면 그 에너지의 일부는 일을 하는 데 이용된다. 계의 에너지 변화는 계가 주위로부터 흡수한 **열(heat, q)**과 계가 주위에 한 **일(work, w)**의 차이로서 정의된다. 그리스 문자 Δ는 변화를 나타낸다.

$$\Delta U = U_{\text{최종}} - U_{\text{초기}} = q - w \qquad [1\text{-}1]$$

열은 무질서한 분자 운동을 반영하는 것이고, 일은 조직화된 운동과 결합한 것이다. 일은 힘과 운동한 거리의 곱으로 정의된다. 힘은 한 질량이 다른 질량에 나타내는 중력, 기체가 나타내는 팽창력, 용수철이나 근섬유가 나타내는 장력, 한 전하가 다른 전하에 나타내는 전기력, 마찰과 점성의 분산력을 비롯한 많은 다른 형태로 나타난다. 에너지는 다른 종류의 일을 하는 데 사용될 수 있기 때문에 때때로 에너지가 역학 에너지, 전기 에너지, 화학 에너지 같은 다른 형태를 취한다고 말하는 것이 편리하며 이런 것은 모두 생물계와 연관이 있다.

대부분의 생물학적 과정은 일정한 압력에서 일어난다. 그런 조건에서 기체의 팽창에 의한 일(압력–부피 일)은 $P\Delta V$이다. 따라서 새로운 열역학적 양인 **엔탈**

피(**enthalpy**, H로 나타냄)를 정의하는 것이 편리하다.

$$H = U + PV \tag{1-2}$$

계가 일정한 압력에서 변화한다면,

$$\Delta H = \Delta U + P\Delta V = q_P - w + P\Delta V \tag{1-3}$$

여기에서 q_P는 일정한 압력에서의 열로 정의된다. 이 계에서 $w = P\Delta V$이므로,

$$\Delta H = q_P - P\Delta V + P\Delta V = q_P \tag{1-4}$$

다시 말해서 엔탈피 변화는 열과 같다. 더욱이 대부분의 생화학 반응에서 부피 변화는 중요하지 않으며($P\Delta V \approx 0$), 따라서 ΔU와 ΔH의 차이는 무시할 만하며, 반응계의 에너지 변화는 그 엔탈피 변화와 같아진다. 에너지, 열, 일과 마찬가지로 엔탈피는 줄 단위로 쓴다. 흔히 사용하는 단위들과 생화학 상수와 그밖의 기호는 자료 1-2에 실어놓았다.

열역학은 과정의 자발성을 나타내는 데 유용하다. **자발적 과정**(**spontaneous process**)은 계의 외부로부터 추가적인 에너지 유입이 없이 일어난다(열역학적 자발성은 그 과정이 얼마나 빠르게 일어나는지와 전혀 상관이 없다). 그러나 열역학 제1법칙은 그 자체만으로는 과정이 자발적인지, 아닌지를 결정할 수 없다. 서로 온도가 다른 두 물체를 가져와 접촉시켰다고 생각해 보자. 열은 더 온도가 높은 물체에서 더 낮은 물체로 자발적으로 흐르고 그 역으로는 흐르지 않는다. 그러나 두 물체의 에너지의 합은 변화하지 않기 때문에 두 과정이 모두 열역학 제1법칙에 어긋나지 않는다. 따라서 자발성에는 추가적인 기준이 필요하다.

B 열역학 제2법칙에 의하면 엔트로피는 증가하는 경향이 있다

열역학 제2법칙에 의하면 자발적 과정의 특성은 질서에서 무질서로 전환되는 것이다. 여기에서 무질서는 에너지적으로 동등한 방법으로 계의 성분들을 배열하는 방법

자료 1-2 생화학의 전망 생화학 기호

현대 생화학은 일반적으로 국제단위계(SI)를 사용하며, 여기에는 여러 가지 열역학과 다른 측정들을 위한 미터(m), 킬로그램(kg), 초(s)와 그것들에서 유도되는 단위들이 포함된다. 다음 표에는 흔히 사용되는 생화학적 단위들, 몇 가지 유용한 생화학 상수, 몇 가지 전환 인자들을 실었다.

단위

에너지, 열, 일	줄(J)	$kg \cdot m^2 \cdot s^{-2}$ 또는 $C \cdot V$
전위	볼트(V)	$J \cdot C^{-1}$

단위 접두어

메가(M)	10^6	나노(n)	10^{-9}
킬로(k)	10^3	피코(p)	10^{-12}
밀리(m)	10^{-3}	펨토(f)	10^{-15}
마이크로(μ)	10^{-6}	아토(a)	10^{-18}

전환

옹스트롬(Å)	10^{-10} m
칼로리(cal)	4.184 J
켈빈(K)	섭씨 온도(°C) + 273.15

상수

아보가드로수(N)	6.0221×10^{23}개 분자$\cdot mol^{-1}$
쿨롬(C)	6.241×10^{18} 전하
패러데이(F)	96,485 $C \cdot mol^{-1}$ 또는 96,485 $J \cdot V^{-1} \cdot mol^{-1}$
기체 상수(R)	8.3145 $J \cdot K^{-1} \cdot mol^{-1}$
볼츠만 상수(k_B)	1.3807×10^{-23} $J \cdot K^{-1}$ (R/N)
플랑크 상수(h)	6.6261×10^{-34} $J \cdot s$

이 책에서는 입자의 분자량을 **돌턴**(D) 단위로 표시한다. 돌턴은 ^{12}C 원자 질량의 1/12로 정의된다(1000 D = 1**킬로돌턴**, kD). 생화학자들은 **분자량**(**molecular weight**)이라는 용어도 사용하는데, 이것은 단위가 없는 양으로서 ^{12}C 원자 질량의 1/12과 비교한 비로 정의된다. 기호로는 M_r(상대 분자량)을 사용한다.

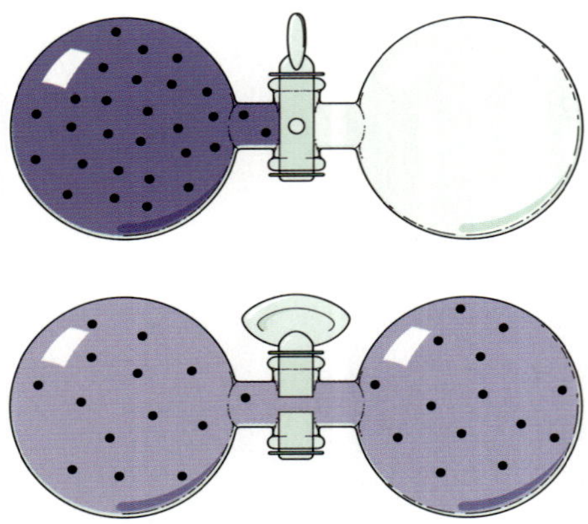

그림 1-10 엔트로피의 보기 (*a*)에서 기체는 같은 크기의 두 구 중 왼쪽 구를 채우고 있으며, 따라서 엔트로피는 낮다. (*b*)에서와 같이 콕이 열리면, 기체 분자들이 앞뒤로 확산하면서 두 구 사이를 오가고 결국 공평하게 각 구에 절반씩 분포되어 엔트로피가 증가한다.

? 콕이 열리면 이 계의 전체 열량은 변화할까?

의 수 W이다. 질서 있는 계보다 무질서한 계를 배열하는 방법이 더 많음을 기억하라. 좀 더 구체적으로, 부피가 똑같은 두 개의 구로 이루어진, 한 구에는 이상 기체 분자가 들어 있는 계를 생각해 보자(**그림 1-10**). 구를 연결하는 콕을 열면, 분자들은 마구잡이이지만 같은 수로 양쪽 구에 분배된다. 각 기체 분자는 왼쪽 구에 존재할 확률이 50%이며, 따라서 그것들이 두 구에 마구잡이로 분포되는 방법은 2^N가지의 동등한 방법이 있다. 여기에서 N은 기체 분자의 수이며, N이 100처럼 아주 작더라도 2^N은 천문학적으로 거대한 수가 된다. 각 구에 같은 수의 기체 분자가 있는 것은 어떤 운동 법칙의 결과가 아니다. 그것은 분자들의 다른 분포 확률이 월등하게 작기 때문이다. 따라서 왼쪽 구에 있는 배열의 에너지와 엔탈피가 분자들이 공평하게 분배되는 경우의 에너지와 엔탈피와 정확히 같다고 하더라도 계의 모든 분자가 자발적으로 왼쪽 구로 향하는 (초기 조건 $W=1$에서) 확률은 0이다. 마찬가지로 수영장으로 뛰어드는 수영자의 역학 에너지(일)가 물을 가열하지만(분자들의 마구잡이 운동을 증가시키지만), 반대로 수영자를 둘러싸고 있는 물 분자들의 조직화된 운동에 의해서 수영자가 물 밖으로 튕겨 나오는 것은 결코 관찰된 적이 없다. 그런 튕겨 나오는 과정이 생기더라도 그것은 어떤 운동 법칙에도 위배되지 않는다.

흔히 W는 너무 커서 불편하기 때문에 계의 무질서 정도는 **엔트로피**(**entropy**, S로 나타냄)로 나타낸다.

$$S = k_B \ln W \qquad [1\text{-}5]$$

여기에서 k_B는 **볼츠만 상수**(**Boltzmann constant**)이다. S의 단위는 $J \cdot K^{-1}$이다(켈빈 단위로 나타내는 절대 온도가 인자 중의 하나인데, 엔트로피는 온도에 따라 변하기 때문이다. 예를 들면 계는 온도가 증가함에 따라서 더 무질서해진다). 계의 가장 그럴듯한 배열은 W의 값을 최대로 하는 것이며, 따라서 S도 최대가 된다. 그러므로 **그림 1-10**에 나타낸 것과 같은 과정이 자발적 과정이라면, 전체 에너지와 엔탈피의 변화(ΔU와 ΔH)는 0이지만 엔트로피 변화(ΔS)는 0보다 커야 한다. 즉 최종 상태를 동등하게 배열하는 방법의 수가 초기 상태를 동등하게 배열하는 방법의 수보다 더 커야 한다. 더욱이

$$\Delta S_{계} + \Delta S_{주위} = \Delta S_{우주} > 0 \qquad [1\text{-}6]$$

이기 때문에 **모든 과정은 우주의 엔트로피, 즉 무질서도를 증가시킨다.**

화학적 계와 생물학적 계에서 그 성분들의 동등한 모든 배열의 수(W)를 세어서 계의 엔트로피를 결정하는 것은 불가능하지는 않더라도 실용적이지 않다. 그러나 생물계에서 전형적인 일정한 온도 조건에서 적용되는, 엔트로피와 전적으로 같은 표현이 있다. 자발적 반응에 대하여,

$$\Delta S \geq \frac{q}{T} \qquad [1\text{-}7]$$

따라서 과정에서 엔트로피의 변화는 열을 측정함으로써 실험적으로 결정될 수 있다.

C 자유 에너지 변화가 과정의 자발성을 결정한다

어떤 과정의 자발성은 계의 엔트로피 변화에 관한 지식만으로는 예측할 수 없다. 예를 들면 2몰의 H_2와 1몰의 O_2를 전기 방전으로 반응시키면 2몰의 H_2O가 생긴다. 그

러나 2분자의 물은 각각 3개의 원자들이 모여서 만들어지므로 처음 3분자의 이원자 분자들보다 더 질서가 있다. 따라서 이 반응은 계의 엔트로피가 감소하면서 일어난다.

그러면 자발적 과정에 대한 열역학적 기준은 무엇일까? 식 1-4와 1-7에 의하면 일정한 온도와 압력에서

$$\Delta S \geq \frac{q_r}{T} = \frac{\Delta H}{T} \qquad [1\text{-}8]$$

따라서

$$\Delta H - T\Delta S \leq 0 \qquad [1\text{-}9]$$

이것이 자발성에 관한 참 기준이며, 1878년에 깁스(J. Willard Gibbs)에 의해 만들어졌다. 그는 **깁스 자유 에너지(Gibbs free energy, *G*,** 흔히 간단히 **자유 에너지**라고 함)를 다음과 같이 정의하였다.

$$G = H - TS \qquad [1\text{-}10]$$

과정에서 자유 에너지 변화는 ΔG이다. 따라서 일정한 온도와 압력에서 자발적 과정은 다음과 같다.

$$\boxed{\Delta G = \Delta H - T\Delta S < 0} \qquad [1\text{-}11]$$

그러한 과정을 **자유 에너지 감소(exergonic)** 과정이라고 한다. 양의 ΔG 값($\Delta G > 0$)을 갖는 과정은 자발적이 아니며 **자유 에너지 증가(endergonic)** 과정이라고 한다. 어떤 과정이 자유 에너지 감소 과정이라면, 그 과정의 역은 자유 에너지 증가 과정이 되고, 그 반대도 마찬가지로 성립한다. 따라서 과정의 ΔG 값은 그 과정이 적힌 대로 자발적으로 일어날 수 있는지를 나타낸다(예시 계산 1-1 참조). 정반응과 역반응이 정확하게 균형을 이루고 있는, 즉 **평형(equilibrium)**에 있는 과정은 $\Delta G = 0$이다. 과정이 $\Delta G \approx 0$으로 일어나면 그 계는 과정 내내 평형을 유지하며 **가역적(reversible)**이라고 한다. 과정이 $\Delta G \neq 0$으로 일어나면 **비가역적(irreversible)**이라고 한다. $\Delta G < 0$인 비가역적 과정은 **유리하거나** 자발적으로 일어나지만 $\Delta G > 0$인 비가역적 과정은 **불리하다**.

엔탈피의 증가($\Delta H > 0$)를 수반하는 과정은 엔트로피의 변화가 충분히 양이면($\Delta S > 0$) 자발적으로 진행될 수 있다(표 1-4). 역으로 엔트로피의 감소($\Delta S < 0$)를 수반하는 과정은 엔탈피의 변화가 충분히 음이면($\Delta H < 0$) 진행될 수 있다. **ΔG의 값이 큰 음의 값이라고 해서 화학 반응과 같은 과정이 측정할 만한 속도로 진행할 것이라고 확신할 수 없다**는 것이 매우 중요하다. **속도는 반응의 상세한 반응 메커니즘에 따라서 달라지며 이것은 ΔG와는 관계가 없다**(11-2절).

에너지, 엔탈피, 엔트로피와 마찬가지로 자유 에너지도 **상태 함수(state function)**이다. 다시 말해서, 그 값들이 계가 어떻게 그 상태에 도달했는지에 관계없이 계의 현재의 상태나 성질에만 의존한다는 것이다. 따라서 **계의 초기 상태와 최종 상태 사이에 발생한 엔탈피와 엔트로피의 단계적 변화들을 무시하고 초기 상태와 최종 상태만을 고려하여 열역학적 측정들이 이루어질 수 있다.** 예를 들면 동시에 일어나는 수많은 다른 화학 반응들 때문에 **생물에서** 글루코스와 O_2 사이의 반응에 대한 에너지 변화를 직접 측정하는 것은 불가능하다. 그러나 ΔG는 초기 상태와 최종 상태에만 의

표 1.4 ΔH와 ΔS의 부호에 따른 반응 자발성(ΔG의 부호)의 변화

ΔH	ΔS	$\Delta G = \Delta H - T\Delta S$
−	+	반응은 엔탈피 측면에서도 유리하고(발열 반응) 엔트로피 측면에서도 유리하다. 모든 온도에서 자발적(자유 에너지 감소)이다.
−	−	반응은 엔탈피 측면에서는 유리하지만 엔트로피 측면에서는 반대이다. $T = \Delta H/S$ **이하의** 온도에서만 자발적이다.
+	+	반응은 엔탈피 측면에서는 불리하지만(흡열 반응) 엔트로피 측면에서는 유리하다. $T = \Delta H/S$ **이상의** 온도에서만 자발적이다.
+	−	반응은 엔탈피 측면에서도 불리하고 엔트로피 측면에서도 불리하다. 모든 온도에서 비자발적(자유 에너지 증가)이다.

예시 계산 1-1

반응계의 초기 상태와 최종 상태의 엔탈피와 엔트로피 값을 다음 표에 나타내었다.

	$H(J \cdot mol^{-1})$	$S(J \cdot K^{-1} \cdot mol^{-1})$
초기 상태(반응 전)	54,000	22
최종 상태(반응 후)	60,000	43

a. 이 반응에 대한 엔탈피와 엔트로피 변화를 계산하시오.

b. 온도가 4°C일 때 이 반응의 자유 에너지 변화를 계산하시오.

c. 이 반응은 37°C에서 자발적인가?

---

a. $\Delta H = H_{최종} - H_{초기} = 60,000\ J \cdot mol^{-1} - 54,000\ J \cdot mol^{-1} = 6000\ J \cdot mol^{-1}$

$\Delta S = S_{최종} - S_{초기} = 43\ J \cdot K^{-1} \cdot mol^{-1} - 22\ J \cdot K^{-1} \cdot mol^{-1} = 21\ J \cdot K^{-1} \cdot mol^{-1}$

b. 먼저 온도를 °C에서 K로 전환: 4 + 273 = 277 K. 다음에 식 1-11을 이용한다.

$$\Delta G = \Delta H - T\Delta S$$

$$\Delta G = (6000\ J \cdot mol^{-1}) - (277K)(21\ J \cdot K^{-1} \cdot mol^{-1})$$
$$= 6000\ J \cdot mol^{-1} - 5820\ J \cdot mol^{-1} = 180\ J \cdot mol^{-1}$$

ΔG 값이 0보다 크기 때문에, 이것은 4°C에서 자유 에너지 증가(비자발적) 반응이다.

c. 온도를 °C에서 K로 전환: 37 + 273 = 310 K.

$$\Delta G = \Delta H - T\Delta S$$

$$\Delta G = (6000\ J \cdot mol^{-1}) - (310\ K)(21\ J \cdot K^{-1} \cdot mol^{-1})$$
$$= 6000\ J \cdot mol^{-1} - 6510\ J \cdot mol^{-1} = -510\ J \cdot mol^{-1}$$

ΔG 값이 0보다 작기 때문에 이것은 37°C에서 자발적(자유 에너지 감소) 반응이다.

존하기 때문에 글루코스의 연소는 생체 내에서 얻어지는 것과 똑같은 출발 물질(글루코스와 O_2)과 최종 생성물(CO_2와 H_2O)을 이용하여 다른 편리한 장치로 분석할 수 있다. 계가 초기 상태로 되돌아오는 비가역적 순환 과정을 진행할 수 있으며, 이 계에 대해서 $\Delta G = 0$이다. 그러나 이 과정은 주의의 엔트로피(무질서도) 증가를 수반하므로 우주에 대하여 $\Delta G < 0$이다.

열(q)과 일(w)은 상태 함수가 아니라는 점을 유의하라. 그 이유는 식 1-1이 나타내는 것처럼 열과 일은 상호 전환할 수 있는 에너지 형태이며 이 두 가지 양의 변화는 계의 상태 변화를 포함하는 경로를 변화시키기 때문이다. 따라서 계의 열량이나 일

량을 나타내는 것은 적당하지 않다(마찬가지로 당신의 은행 계좌의 돈을 일정한 수의 100원 짜리와 500원 짜리 동전으로만 나타내는 것은 적당하지 않다).

D 자유 에너지 변화는 평형 농도로부터 계산될 수 있다

물질의 엔트로피(무질서)는 부피가 커지면 증가한다. 예를 들면 이용이 가능한 모든 부피를 차지하고 있는 기체 분자들의 집합은 엔트로피를 최대로 만든다. 마찬가지로 용해된 분자들은 용액 부피 전체에 균일하게 분포한다. 따라서 엔트로피는 농도의 함수가 된다.

엔트로피가 농도에 따라 변한다면 자유 에너지도 변해야 한다. 그러므로 **화학 반응의 자유 에너지 변화는 반응물과 생성물 모두의 농도에 따라 달라진다.** 이 현상은 많은 생화학 반응이 반응물과 생성물의 상대적 농도에 따라서 어느 한 방향으로 작동하기 때문에 중요한 의미를 갖는다.

평형 상수는 ΔG와 관련이 있다. 자유 에너지, 엔탈피, 엔트로피의 변화량(ΔG, ΔH, ΔS)은 측정할 수 있지만 그 절댓값(G, H, S)은 측정할 수 없다. 서로 다른 물질들에 대하여 이런 변화량을 비교하려면 어떤 **표준 상태(standard state)**에 대하여 상대적인 값으로 나타내는 것이 필요하다(우리가 임의로 높이 0이라고 정한 해수면을 기준으로 어떤 지점의 고도를 나타내는 것과 같다). 아래에서 표준 상태 규약에 대하여 논의할 것이다.

물질 A의 농도와 자유 에너지 사이의 관계는 대략 다음과 같다.

$$\overline{G}_{\mathrm{A}} = \overline{G}^{\circ}_{\mathrm{A}} + RT\ln[\mathrm{A}] \qquad [1\text{-}12]$$

여기에서 $\overline{G}_{\mathrm{A}}$를 A의 **부분 몰 자유 에너지(partial molar free energy)** 또는 **화학 퍼텐셜(chemical potential)**이라고 하며, $\overline{G}^{\circ}_{\mathrm{A}}$는 표준 상태에서의 A의 부분 몰 자유 에너지이고, R은 기체 상수이며, [A]는 A의 몰농도이다. 따라서 다음의 일반적 반응에 대하여

$$a\mathrm{A} + b\mathrm{B} \rightleftharpoons c\mathrm{C} + d\mathrm{D}$$

자유 에너지 변화는

$$\Delta G = c\overline{G}_{\mathrm{C}} + d\overline{G}_{\mathrm{D}} - a\overline{G}_{\mathrm{A}} - b\overline{G}_{\mathrm{B}} \qquad [1\text{-}13]$$

그리고

$$\Delta G^{\circ} = c\overline{G}^{\circ}_{\mathrm{C}} + d\overline{G}^{\circ}_{\mathrm{D}} - a\overline{G}^{\circ}_{\mathrm{A}} - b\overline{G}^{\circ}_{\mathrm{B}} \qquad [1\text{-}14]$$

자유 에너지는 더할 수 있으며 반응의 자유 에너지 변화는 생성물의 자유 에너지 합에서 반응물의 자유 에너지의 합을 뺀 것이기 때문이다. 이 관계를 식 1-12에 대입하면,

$$\Delta G = \Delta G^{\circ} + RT\ln\left(\frac{[\mathrm{C}]^{c}[\mathrm{D}]^{d}}{[\mathrm{A}]^{a}[\mathrm{B}]^{b}}\right) \qquad [1\text{-}15]$$

여기에서 ΔG°는 모든 반응물과 생성물이 표준 상태(아래 참조)에 있을 때 반응의 자유 에너지 변화이다. 따라서 반응의 자유 에너지 변화에 대한 식은 (1) 일어나는 반응에만 의존하는 상수항과 (2) 반응물과 생성물의 농도, 반응의 화학량론, 온도에

의존하는 변수항의 두 부분으로 이루어진다.

평형에 있는 반응에서는 정반응의 자유 에너지 변화가 역반응의 자유 에너지 변화와 정확하게 균형을 이루기 때문에 **알짜** 변화가 없다. 따라서 $\Delta G = 0$이고, 식 1-15는 다음과 같이 된다.

$$\boxed{\Delta G° = -RT \ln K_{eq}} \qquad [1\text{-}16]$$

여기에서 K_{eq}는 친숙한 반응의 **평형 상수(equilibrium constant)**이다.

$$K_{eq} = \frac{[C]_{eq}^{c}[D]_{eq}^{d}}{[A]_{eq}^{a}[B]_{eq}^{b}} = e^{-\Delta G°/RT} \qquad [1\text{-}17]$$

아래 첨자 'eq'는 평형에서의 반응물과 생성물의 농도를 나타낸다(평형 조건은 보통 상황의 문맥에서 명확하므로 보통 평형 농도는 이런 아래 첨자가 없이도 나타낸다). 따라서 **반응의 평형 상수는 표준 자유 에너지 데이터로부터 계산할 수 있고, 그 역으로도 할 수 있다**(예시 계산 1-2 참조). 반응에 대한 실제 자유 에너지 변화는 표준 자유 에너지 변화($\Delta G°'$)와 반응물 및 생성물의 실제 농도로부터 구할 수 있다(예시 계산 1-3 참조).

예시 계산 1-2

어떤 반응 A → B의 표준 자유 에너지 변화가 $-15.0\ \text{kJ·mol}^{-1}$이다. 25°C에서 이 반응의 평형 상수는 얼마인가?

$\Delta G°$를 알고 있기 때문에 식 1-17을 사용하여 계산할 수 있다. 온도를 25°C(298 K)라고 가정하면

$$K_{eq} = e^{-\Delta G°/RT}$$
$$= e^{-(-15{,}000\ \text{J·mol}^{-1})/(8.314\ \text{J·mol}^{-1}\text{·K}^{-1})(298\ \text{K})}$$
$$= e^{6.05}$$
$$= 426$$

예시 계산 1-3

예시 계산 1-2의 자료를 이용하여 [A] = 10 mM, [B] = 0.1 mM일 때, 37°C에서 반응 A → B에 대한 실제 자유 에너지 변화를 구하시오.

식 1-15를 이용하고, 농도의 단위가 리터당 몰수임을 기억하라.

$$\Delta G = \Delta G° + RT \ln \frac{[B]}{[A]}$$
$$\Delta G = -15{,}000\ \text{J·mol}^{-1} + (8.314\ \text{J mol}^{-1}\text{·K}^{-1})(37 + 273\ \text{K}) \ln(0.0001/0.01)$$
$$= -15{,}000\ \text{J·mol}^{-1} - 11{,}900\ \text{J·mol}^{-1}$$
$$= -26{,}900\ \text{J·mol}^{-1}$$

식 1-15부터 1-17까지는 과정에서 반응물이 평형 농도에서 과잉으로 존재할 때 알짜 반응은 과잉 반응물이 생성물로 전환되어 평형이 이루어질 때까지 정반응 쪽으로 진행할 것이라는 것을 나타낸다. 역으로 생성물이 과잉이면 알짜 반응은 역방향으로 진행한다. 따라서 **르샤틀리에 원리(Le Châtelier's principle)**가 나타내듯이, **평형에서 벗어남은 계를 평형으로 복원하려고 하는 과정을 촉진한다.** 많은 대사 과정은 세포에서 자유롭게 가역적이며, 반응물과 생성물이 첨가되거나 제거됨에 따라 반응 방향이 이동할 수 있다. 그러나 세포는 몇 가지 대사적 이유 때문에 한쪽 방향($\Delta G < 0$인)으로만 진행하여 평형 값에서 멀리 떨어진 반응물과 생성물 농도를 유지할 수 있다.

K는 온도에 의존한다. 평형 상수가 온도에 따라 변화하는 것은 식 1-11을 식 1-16에 대입하고 재배열하면 얻어진다.

$$\ln K_{eq} = \frac{-\Delta H°}{R}\left(\frac{1}{T}\right) + \frac{\Delta S°}{R} \qquad [1\text{-}18]$$

여기에서 $H°$과 $S°$은 표준 상태의 엔탈피와 엔트로피를 나타낸다. 식 1-18은 직선

방정식인 $y = mx + b$의 형태이다. **판트호프 작도(van't Hoff plot)**로 알려진 $\ln K_{eq}$ 대 $1/T$을 작도하면 둘 이상의 다른 온도에서 측정한 K_{eq}로부터 $\Delta H°$과 $\Delta S°$의 값(그리고 $\Delta G°$)을 결정할 수 있다. 이런 방법은 직접적으로 열계량법(과정의 열 q_P를 측정함)으로 ΔH와 ΔS를 측정하는 것보다 흔히 더 실용적이다.

생화학자들은 표준 상태 규약을 정하였다. 물리화학에서 사용되는 규약에 따르면, 용질이 25°C, 1기압에서 **활동도(activity)** 1을 가질 때 표준 상태에 있다고 한다(물질의 활동도는 무한히 묽은 용액보다 더 진한 농도에서 나타나는 비이상적 행동을 보정한 농도이다).

대부분의 생화학 반응에서 반응물과 생성물의 농도는 보통 매우 낮아서 (밀리몰 이하의 차수) 활동도가 몰농도와 거의 같다. 더욱이 생화학 반응은 거의 중성 pH에서 일어나기 때문에 생화학자들은 조금 다른 **생화학적 표준 상태(biochemical standard state)** 규약을 채택하였다.

1. 순수한 물은 농도가 비록 55.5 M이지만 활동도는 1로 정한다. 이렇게 하면 묽은 용액에서 반응물로서 물을 포함하는 반응에서 $[H_2O]$ 항을 무시할 수 있기 때문에 반응에 대한 자유 에너지 식이 간단해진다. 간단히 말해서 $[H_2O]$ 항은 평형 상수 값 안으로 편입된다.
2. 생리적으로 의미가 있는 pH 7에서 수소 이온(H^+)의 활동도를 1로 정한다. 따라서 생화학적 표준 상태는 물리화학적 표준 상태인 pH 0($[H^+] = 1$ M)이 아니라 pH 7.0(중성 pH, $[H^+] = 10^{-7}$ M)이다. 많은 생물학적 물질은 pH=0에서 불안정하다.
3. 산-염기 반응을 할 수 있는 물질의 표준 상태는 pH 7에서 자연적으로 존재하는 이온 혼합물의 전체 농도를 이용하여 정의된다. 대조적으로 물리화학의 규약은 그것이 pH 0에서 실제로 존재하든지, 존재하지 않든지 순수한 종만을 나타낸다. 생화학 규약의 이점은 대부분의 생물학적 분자들처럼 여러 이온 상태로 존재하는 물질의 전체 농도를 측정하는 것이 이온종들 중 한 가지의 농도를 측정하는 것보다 보통 더 쉽다는 것이다. **그러나 산이나 염기의 이온 조성은 pH에 따라 변화하기 때문에 생화학적 규약에 따라서 계산한 표준 자유 에너지는 pH 7에서만 유효하다.**

GATEWAY CONCEPT 반응의 방향
반응물과 생성물의 농도뿐 아니라 그 반응의 표준 자유 에너지 변화에 따라서도 달라지는 반응의 자유 에너지 변화가 그 과정이 정방향으로 진행할지, 역방향으로 진행할지를 결정한다. 생성물 첨가나 반응물 제거가 반응을 반대 방향으로 진행시킬 수 있다.

생화학 규약에서 반응의 표준 자유 에너지 변화는, 물리화학의 표준 자유 에너지 변화인 $\Delta G°$와 구별하기 위하여 관습적으로 $\Delta G°'$로 나타낸다. 반응이 H_2O, H^+, 또는 이온화할 수 있는 종을 포함하지 않는다면 $\Delta G°' = \Delta G°$가 된다.

E 생명은 열역학 법칙을 따른다

한때 많은 과학자들은 고유한 복잡성과 질서를 가진 생명은 어떻게든 열역학 법칙들을 벗어난다고 믿었다. 그러나 살아 있는 동물에 대한 정교한 측정 결과는 제1법칙이 예측한 에너지 보존과 일치하였다. 불행하게도 제2법칙의 실험적 확인은 실제적으로 할 수 없는데, 그것은 생물을 그 구성 분자들로 분해해야 하는데, 그렇게 하면 비가역적인 죽음에 이르게 될 것이기 때문이다. 결론적으로 단지 생명체의 엔트로피는 그것이 분해되어 생기는 생성물의 엔트로피보다 더 작다고 주장할 수 있다. **그러나 계(생물)는 주위를 더 무질서하게 하는 대가로 질서를 가질 수 있기 때문에 생명이 지속한다.** 다시 말해서, 제2법칙이 필요로 하는 것처럼 계에 주위를 더한 것의 전체 엔트로피는 증가한다. 생물은 소비하는 영양분들을 무질서하게(분해) 만들어 질서를 달성한다. 따라서 **식품의 엔트로피 함량은 에너지 함량만큼 중요하다.**

생물체는 열린 계이다. 고전 열역학은 주로 **고립계(isolated system**, 물질이나 에너지를 주위와 교환할 수 없는 계)나 **닫힌 계(closed system**, 주위와 에너지만 교환할 수 있는 계)에서의 가역적 과정에 적용된다. 고립계는 필연적으로 평형에 도달한다. 예를 들면 반응물이 과잉으로 존재하면 평형에 도달할 때까지($\Delta G=0$) 정반응이 역반응보다 더 빠르게 진행할 것이다. 평형을 이룬 점에서 정반응과 역반응은 서로 정확하게 균형을 이룬다. 대조적으로 물질과 에너지를 주위와 모두 교환할 수 있는 **열린 계(open system)**는 물질과 에너지의 흐름이 멈춘 후에야 평형에 도달할 수 있다.

영양분을 섭취하고 노폐물을 방출하고 일과 열을 발생하는 생물체는 열린 계이며 따라서 결코 평형에 도달할 수 없다. 생물체는 끊임없이 높은 엔탈피와 낮은 엔트로피의 영양분을 소화하여 낮은 엔탈피와 높은 엔트로피의 노폐물로 전환한다. 이 과정에서 나오는 자유 에너지는 생명의 특성인 고도의 조직화를 만드는 세포 활동의 동력이 된다. 이 과정이 중단되면 계는 결국 평형에 도달하고 이것은 생명체에게는 죽음과 같은 뜻이다. 열린 계에서 일어나는 에너지 흐름의 예를 **그림 1-11**에 나타내었다. 식물은 광합성을 통해서 지구 상 생명의 일차적 에너지원인 태양에서 오는 복사 에너지를 탄수화물과 다른 유기 물질의 화학 에너지로 전환한다. 그것을 섭취하는 식물이나 동물은 이 물질들을 대사하여 생체 분자의 합성, 세포내 이온 농도의 유지, 세포의 운동 같은 기능에 필요한 동력을 얻는다.

생물체는 정류 상태를 유지한다. 평형에 있지 않은 계에서라도 물질과 에너지는 열역학 법칙에 따라서 흐른다. 예를 들면 물질은 고농도 지역에서 저농도 지역으로 이동하는 경향이 있다. 이 때문에 혈액은 O_2가 풍부한 폐에서 O_2를 흡수하고, O_2가 적은 조직에서 그것을 내놓는다.

생체계는 **정류 상태(steady state)**에 있는 것이 특징이다. 이것은 계 안에서 모든 흐름이 일정하여 계가 **항상성(homeostasis**, 시간에 따라서 변화하지 않는다)을 유지한다는 것을 의미한다. 대사 항상성의 예를 들면 포유류의 혈중 글루코스 수준이 배부

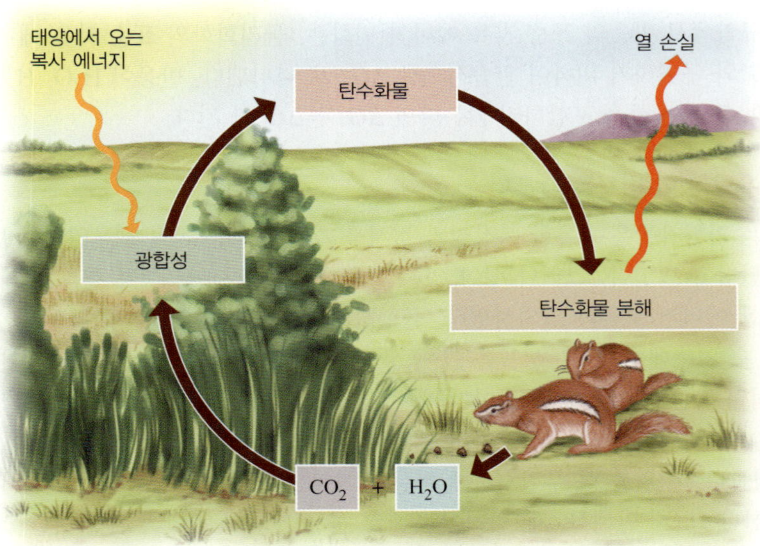

그림 1-11 생물권의 에너지 흐름 식물은 태양의 복사 에너지를 이용하여 CO_2와 H_2O로부터 탄수화물을 합성한다. 그것을 섭취하는 식물이나 동물은 결국 탄수화물을 대사하여 그것에 저장된 자유 에너지를 방출하게 대사하여 결국 환경으로 CO_2와 H_2O를 돌려준다.

르거나 배고플 동안 일정한 범위 안에서 호르몬에 의해 유지되는 것이 있다(22-2절). 생물권의 에너지 흐름(그림 1-11)은 정류 상태에 있는 계의 한 예이다. 정류 상태로부터 약간의 혼란이 생기면 계를 정류 상태로 복귀시키려는 흐름의 변화가 생긴다. 모든 생체계에서 에너지 흐름은 항상 '내리막'($\Delta G<0$)이다. 또 자연은 본질적으로 흩어지는 성질이 있어서 생화학적 과정에서 얻는 자유 에너지는 결코 전체량이 아니며, 일부 에너지를 항상 주위에 잃게 된다.

효소는 생화학 반응을 촉매한다. 생물의 거의 모든 분자 성분들은 서로 반응할 수 있으며 이런 반응들 중 많은 것이 열역학적으로 유리하다(자발적이다). 그러나 생물에서 모든 가능한 반응들 중 일부만이 실제로 의미 있는 정도로 일어난다. 알게 되는 바와 같이(11-2절), 특별한 반응의 속도는 초기 상태와 최종 상태 사이의 자유 에너지 차이뿐 아니라 반응물이 생성물로 전환되는 실제 경로에 따라 결정된다. 생물은 반응의 ΔG에 영향을 주지 않고 자신은 실제 변화되지 않으면서 반응이 평형에 도달하는 속도를 증가시키는 물질인 **촉매(catalyst)**를 이용한다. 생물학적 촉매를 **효소(enzyme)**라고 하는데, 대부분은 단백질이다[RNA 촉매는 **리보자임(ribozyme)**이라고도 한다].

효소는 반응물이나 생성물과 물리적 상호작용을 통해 한 가지를 다른 것으로 전환하는 더 유리한 경로를 제공하여 생화학 반응 속도를 빠르게 한다. 효소는 반응물이 생산적으로 상호작용할 수 있는 가능성을 높여 주어서 반응 속도를 증가시킨다. 그러나 효소는 ΔG 값이 양인 반응을 촉진할 수는 없다.

여러 가지 효소가 모든 세포에서 에너지의 흐름에 관여한다. 자유 에너지는 수확되거나 저장되거나 세포의 일을 수행함에 따라서 다른 분자들로 전달될 수 있다. 또 자유 에너지를 화학 결합에 저장될 수 있는 것으로 생각하고 싶지만, 화학 에너지는 생물과 진화를 통해서 갖추어진 생화학적 기구의 필요에 따라서 열, 전기적 일, 역학적 일로 변환될 수 있다.

체크 포인트

- 에너지(U), 열(q), 일(w) 사이의 관계를 요약하시오.
- 열역학 제1법칙과 제2법칙을 나타내시오.
- 장식장을 나타내는 비유를 이용하여 낮은 엔트로피나 높은 엔트로피를 가진 계를 설명하시오.
- 엔탈피 변화(ΔH)와 엔트로피(ΔS) 변화가 모두 반응의 자발성을 결정하는 이유를 설명하시오.
- 과정의 속도와 그것의 열역학적 자발성 사이에는 어떤 관계가 있는가?
- 평형에 있는 반응의 자유 에너지 변화는 어떠한가?
- $\Delta G°$와 K_{eq}의 관계를 나타내는 식을 쓰시오.
- ΔG, $\Delta G°$, 반응물과 생성물의 농도의 관계를 나타내는 식을 쓰시오.
- 생화학자들은 용질의 표준 상태를 어떻게 정의하는지 설명하시오. 왜 생화학자와 화학자는 서로 다른 규약을 사용하는가?
- 생물체가 정류 상태를 유지하면서도 평형에 도달하는 것을 피하는 방법을 설명하시오.
- 효소는 반응의 속도와 자유 에너지 변화에 어떻게 영향을 미치는가?

요약

1 생명의 기원

- 생명의 기원 모형들은 생물이 결국 중합하여 자신을 복제할 수 있는 더 복잡한 분자를 형성할 수 있는 간단한 유기 분자로부터 발생하였다고 가정하고 있다.

2 세포 구조

- 구획화로부터 생물학적 분자들을 합성하고 에너지를 발생하기 위한 대사 반응들을 발달시킨 세포가 발생하였다.
- 모든 세포는 원핵세포나 진핵세포 중 한 가지이다. 진핵세포는 막으로 둘러싸인 여러 가지 세포 소기관을 포함하고 있다.
- 계통발생학적 증거에 의해서 생물은 고세균, 박테리아, 진핵생물의 세 영역으로 나뉜다.
- 자연 선택은 종의 진화를 결정한다.

3 열역학

- 열역학 제1법칙(에너지는 보존된다)과 제2법칙(자발적 과정은 우주의 엔트로피를 증가시킨다)은 생화학적 과정에 적용된다. 과정의 자발성은 자유 에너지 변화($\Delta G = \Delta H - T\Delta S$)에 의해서 결정된다. 자발적 과정은 $\Delta G<0$이고 비자발적 과정은 $\Delta G>0$이다.
- 과정의 평형 상수는 그 과정의 표준 자유 에너지 변화와 관련된다.
- 생물은 정류 상태를 유지하는 열린 계이다(항상성).

주요 용어

D
G
$\overline{G}^{\circ}_{A}$
$\overline{G}_{A}$
H
k_B
kD
q
q_P
S
U
w
W
가수 분해(hydrolysis)
가역 과정(reversible process)
결합(linkage)
계(system)
계통발생학(phylogeny)
고립계(isolated system)
고세균(archaea)
골지체(golgi apparatus)
공생(symbiosis)
구획화(compartmentation)
단량체(monomer)
닫힌 계(closed system)
대사 경로(metabolic pathway)
돌연변이(mutation)
르샤틀리에 원리(Le Châtelier's principle)
리소좀(lysosome)
메타노젠(methanogen)
미토콘드리아(mitochondria)
바이러스(virus)
박테리아(bacteria)
복제(replication)
분류학(taxonomy)
분자량(molecular weight, M_r)
비가역 과정(irreversible process)
비선호 과정(unfavorable process)
상태 함수(state function)
생체 내(*in vivo*)
선구 물질(precursor)
선생물 시대(prebiotic era)
선호 과정(favorable process)
세포 골격(cytoskeleton)
세포 소기관(organelle)
세포액(cytosol)
세포질(cytoplasm)
소포(vesicle)
소포체(endoplasmic reticulum)
액포(vacuole)
열린 계(open system)
열역학(thermodynamics)
엽록체(chloroplast)
원핵세포(prokaryote)
유기 화합물(organic compound)
자발적 과정(spontaneous process)
자연 선택(natural selection)
자유 에너지 감소(exergonic)
자유 에너지 증가(endergonic)
작용기(functional group)
정류 상태(steady state)
주위(surroundings)
중합체(polymer)
진정박테리아(eubacteria)
진핵생물(eukarya)
진핵세포(eukaryote)
촉매(catalyst)
축합 반응(condensation reaction)
판트호프 작도(van't Hoff plot)
퍼옥시솜(peroxisome)
평형(equilibrium)
평형 상수(equilibrium constant)
표준 상태(standard state)
항상성(homeostasis)
핵(nucleus)
호열성 생물(thermophile)
호염성 박테리아(halobacteria)
활성도(activity)
효소(enzyme)

문제

연습 문제

1. 표 1-3의 작용기 중 분자에 양전하를 주는 것은 어떤 것인가? 또 분자에 음전하를 주는 것은 어떤 것인가?

2. 다음 화합물에서 원으로 나타낸 부분의 작용기와 결합은 각각 무엇인지 밝히시오.

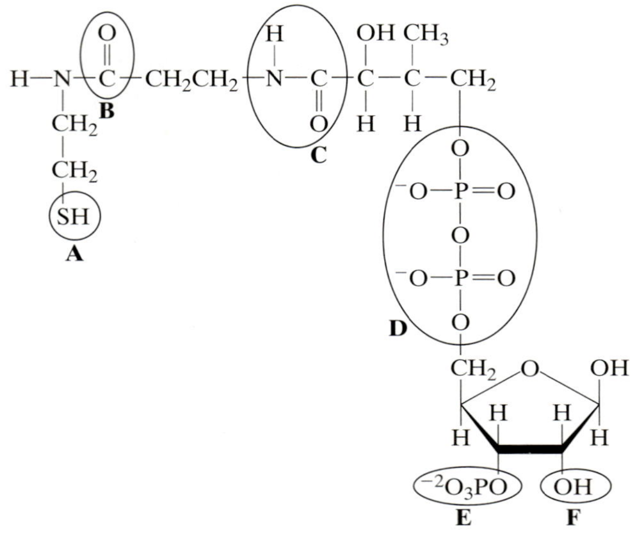

3. 축합 반응과 가수 분해 반응 중에서 엔트로피의 증가가 특징인 것은 어느 반응인가?

4. 지름이 약 0.1~0.3 mm인 박테리아 *Thiomargarita namibiensis* 는 사람의 눈에 보인다. 이것의 크기를 전형적인 원핵세포의 크기와 비교하면 어떠한가? 이것의 크기를 전형적인 진핵세포의 크기와 비교하면 어떠한가?

5. 분자 결합 순서 자료에 의하면 진핵생물 집단은 어떤 원핵생물 집단에 더 밀접하게 연관되어 있는가?

6. (a) 0°C의 물과 0°C의 얼음 중 어느 것이 더 큰 엔트로피를 갖는가?

(b) −5°C와 −50°C의 얼음에서 엔트로피의 차이가 있다면 어떤 차이가 있는가?

7. 다음 과정에서 엔트로피는 증가하는가, 감소하는가?

(a) $N_2 + 3\ H_2 \rightarrow 2\ NH_3$

(b) $H_2N-\overset{\overset{\displaystyle O}{\|}}{C}-NH_2 \quad + \quad H_2O \longrightarrow CO_2 \quad + \quad 2\ NH_3$

요소

(c)

(d)

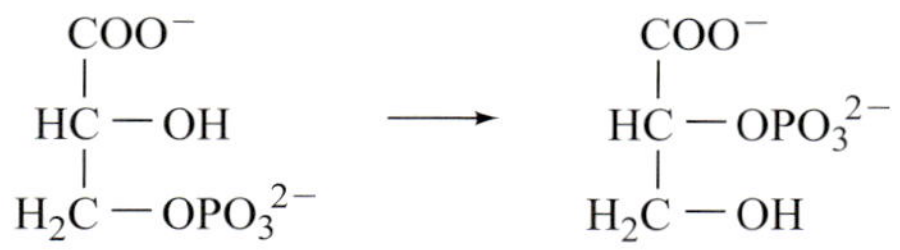

3-포스포글리세르산 **2-포스포글리세르산**

8. 계의 엔트로피는 감소하고 엔탈피는 증가하는 과정이 일어날 수 있는가?

9. 다음 진술이 참인지, 거짓인지를 표시하시오.
(a) 반응이 정반응이나 역반응 중 어느 한쪽으로 진행할 수 있으면 자발적이다.
(b) 자발적 과정은 항상 빠르게 일어난다.
(c) 비자발적 반응은 역방향으로 자발적으로 진행할 것이다.
(d) 자발적 과정은 엔트로피가 크게 감소하면 일어날 수 있다.

10. $\Delta H = 15$ kJ이고 $\Delta S = 50\ \text{J}\cdot\text{K}^{-1}\cdot\text{mol}^{-1}$인 반응을 생각해 보자. (a) 10°C에서, (b) 80°C에서 반응은 각각 자발적인가?

11. 298 K에서 반응 A → B에 대한 엔탈피 변화는 $-7\ \text{kJ}\cdot\text{mol}^{-1}$이고 엔트로피 변화는 $-25\ \text{J}\cdot\text{K}^{-1}\cdot\text{mol}^{-1}$이다. 이 반응은 자발적인가? 자발적이 아니라면, 반응을 자발적으로 만들기 위하여 온도를 올려 주어야 하는가, 낮춰 주어야 하는가?

12. $\text{A}+\text{B} \rightleftharpoons \text{C}$ 반응이 평형에 있을 때, 반응물의 농도가 [A]=2 mM, [B]=3 mM, [C]=9 mM이다. 이 반응에 대한 표준 자유 에너지 변화는 얼마인가?

13. 25°C에서 $\text{A}+\text{B} \rightleftharpoons \text{C}+\text{D}$ 반응에 대한 $\Delta G^{\circ\prime}$를 계산하시오. 평형 농도는 [A]=10 μM, [B]=15 μM, [C]=3 μM, [D]=5 μM이다. 이 반응은 표준 상태에서 자유 에너지 감소 반응인가, 자유 에너지 증가 반응인가?

14. pH 7.0과 25°C에서 다음 반응의 평형 상수를 계산하시오. ($\Delta G^{\circ\prime} = -20.9\ \text{kJ}\cdot\text{mol}^{-1}$이다.)

글루코스-1-인산 + H_2O → 글루코스 + $H_2PO_4^-$

15. 다음 이성질화 반응에 대한 $\Delta G^{\circ\prime}$는 $-7.1\ \text{kJ}\cdot\text{mol}^{-1}$이다. 25°C에서 [G6P]에 대한 [G1P]의 비를 구하시오.

글루코스-1-인산(G1P) $\rightleftharpoons$ 글루코스-6-인산(G6P)

도전 질문

16. 세포막이 세포질과 외부 환경 사이의 절대적 장벽이 아닌 이유는 무엇인가?

17. *T. amibiensis* 세포(문제 4 참조)에서 커다란 중심 액포가 대부분의 부피를 차지한다. 과학자들이 박테리아 세포가 액포를 가진 것을 발견하고 놀란 이유는 무엇인가?

18. 지름이 1 μm인 구형 박테리아가 특수한 단백질 두 분자를 포함하고 있다. 이 단백질의 몰농도는 얼마인가?

19. 문제 18의 세포에서 내부 글루코스 농도가 1.0 mM이라면, 세포에는 몇 개의 글루코스 분자가 있는가?

20. 반응물 A가 생성물 B로 전환될 때 엔탈피 변화는 $7\ \text{kJ}\cdot\text{mol}^{-1}$이고, 엔탈피 변화는 $20\ \text{J}\cdot\text{K}^{-1}\cdot\text{mol}^{-1}$이다. 반응은 어느 온도 이상에서 자발적이 되는가?

21. 반응 Q → R에 대한 평형 상수는 25이다.
(a) 50 μM의 Q를 50 μM의 R과 혼합하면 반응은 어느 쪽으로 진행할까? 더 많은 Q가 생성될까, 더 많은 R이 생성될까?
(b) Q와 R의 평형 농도를 계산하시오.

22. 어떤 반응의 K_{eq}가 10°C에서 100이고, 30°C에서 $K_{eq}=10$이다. 반응 동안 엔탈피는 증가하는가, 감소하는가?

23. 두 생화학 반응이 $T_1=298$ K에서 같은 $K_{eq}=5\times10^8$을 갖는다. 그러나 반응 1의 $\Delta H^\circ = -28\ \text{kJ}\cdot\text{mol}^{-1}$이고, 반응 2의 $\Delta H^\circ = +28\ \text{kJ}\cdot\text{mol}^{-1}$이다. 두 반응은 같은 반응물을 이용한다. 당신의 실험실 동료가 반응 온도를 낮추어서 반응 1보다는 반응 2를 통해서 더 많은 반응물이 진행하게 할 수 있다고 제안하였다. 이 전략은 작용할 것인가? 그 이유는 무엇인가? K_2/K_1의 값을 1에서 10으로 변화시키려면 온도를 얼마나 올리거나 내려야 하는가?

참고 문헌

생명의 기원과 진화

Anet, F.A.L., The place of metabolism in the origin of life, *Curr. Opin. Chem. Biol.* **8**, 654–659 (2004). [자기 복제계 또는 촉매 중합체의 세트로서 생명이 생겨났다는 여러 가설들에 대하여 논의하고 있다.]

Bada, J.L. and Lazcano, A., Prebiotic soup—revisiting the Miller experiment, *Science* **300**, 745–756 (2003).

McNichol, J., Primordial soup, fool's gold, and spontaneous generation, *Biochem. Mol. Biol. Ed.* **36**, 255–261 (2008). [생명의 기원에 대한 연구의 이론, 역사, 철학에 대하여 간단하게 소개하고 있다.]

Nisbet, E.G. and Sleep, N.H., The habitat and nature of early life, *Nature* **409**, 1083–1091 (2001). [생명이 열수공에서 기원하였을 가능성을 비롯한 초기 지구와 생명의 기원에 관한 가정들을 설명하고 있다.]

세포

Reece, J.B., Urry, L.A., Cail, M.L., and Wasserman, S.A., *Campbell Biology* (10th ed.), Benjamin/Cummings (2014). [이 책과 다른 일반생물학 교과서들은 원핵세포와 진핵세포의 구조에 대하여 상세하게 설명하고 있다.]

DeLong, E.F. and Pace, N.R., Environmental diversity of bacteria and archaea, Syst. *Biol.* **593**, 470–478 (2001). [세 영역으로 미생물을 분류하는 몇 가지 문제에 대하여 설명하고 있다.]

Goodsell, D.S. *The Machinery of Life* (2nd ed.) Springer (2009).

Lodish, H., Berk, A., Kaiser, C.A., Krieger, M., Bretscher A., Ploegh, H., Amon, A., and Scott, M.P., *Molecular Cell Biology* (7th ed.), W.H. Freeman (2012). [이 책과 다른 세포생물학 교과서들은 세포 구조에 대한 철저한 총론을 제공한다.]

열역학

Kuriyan, J., Konforti, B., and Wemmer, D., *The Molecules of Life. Physical and Chemical Principles*, Chapters 6–10, Garland Science (2013).

Tinoco, I., Jr., Sauer, K., Wang, J.C., Puglisi, J.C., Harbison, G., and Rovnyak, D., *Physical Chemistry. Principles and Applications in Biological Sciences* (5th ed.), Chapters 2–4, Prentice-Hall (2014). [대부분의 물리화학 교과서들은 열역학을 어느 정도 상세하고 다루고 있다.]

van Holde, K.E., Johnson, W.C., and Hu, P.S., *Principles of Physical Chemistry* (2nd ed.), Chapters 2 and 3, Prentice-Hall (2006).

CHAPTER 2

물

Kuttelvaserova Stuchelova/Shutterstock

잎의 표면에 있는 물은 물 분자들 사이의 수소 결합에 의해서 생기는 물 분자의 응집력으로 인해 작은 구형을 형성한다. 그런 약한 결합도 생물학적 분자의 구조와 기능에서 중심적 역할을 한다.

생명의 화학에 대한 모든 연구는 물의 연구를 포함해야 한다. 생물학적 분자들과 그것이 수행하는 반응들은 수용성 환경과 관련지어 잘 이해할 수 있다. 생물들은 대부분 물로 만들어졌을 뿐 아니라(인체 질량의 약 70%는 물이다), 이 '푸른 혹성'에서 물로 둘러싸여 있다. 물은 이렇게 풍부할 뿐 아니라 다음과 같은 이유 때문에 생화학에서 중심이 된다.

1. 거의 모든 생물학적 분자들은 주위를 둘러싸고 있는 물의 물리적 성질과 화학적 성질에 대응하여 그것들의 모양(이에 따라서 기능도)을 정한다.
2. 대부분의 생화학 반응의 용매는 물이다. 대사 반응의 반응물과 생성물, 영양분뿐 아니라 노폐물도 물에 의존하여 세포 내부에서, 그리고 세포 사이에서 운반된다.
3. 물 자체가 생명을 지탱하는 많은 화학 반응에 적극적으로 참여한다. 물의 이온 성분인 H^+와 OH^-는 흔히 진정한 반응물이다. 실제로 생물학적 분자에 있는 많은 작용기들의 반응성은 주위 용매의 H^+와 OH^-의 상대적 농도에 따라 달라진다.

일생을 수용성 환경에서 보내는 해양생물에서 방어용 피부로 수분이 풍부한 내부를 보호해야 하는 육상 생물에 이르기까지 모든 생물은 물이 필요하다. 121°C에 이르는 온천과 수백 미터 지하의 암석 틈새에 이르기까지, 물이 있는 곳이면 어디에서나 생물을 찾아볼 수 있는 것은 놀라운 일이 아니다. 건조하게 생존하는 생물들은 씨앗이나 포자처럼 휴면 상태를 취하여 생존하고 있다.

생화학적 관점에서 물을 연구하려면 물의 물리적 성질, 용매로서의 능력, 물의 화학적 행동(즉 수용성 산과 염기의 성질)에 대한 조사가 필요하다.

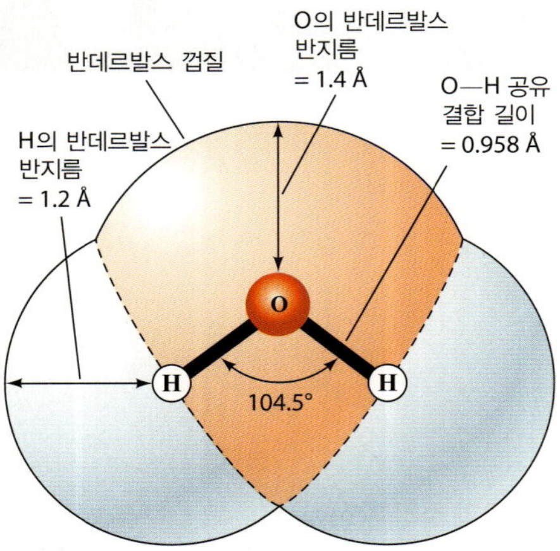

(a)

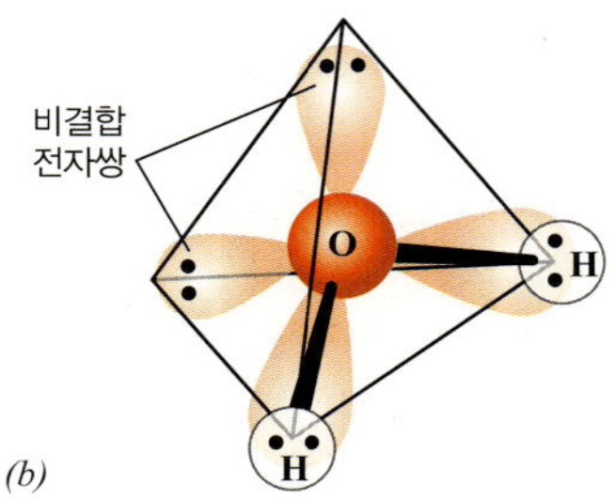

(b)

그림 2-1 물 분자의 구조 (*a*) 그림자가 진한 외곽선은 분자의 유효 '표면'인 반데르발스 껍질을 나타낸다. (*b*) 산소 원자의 sp^3 오비탈은 사면체 모양으로 배열된다. 두 오비탈은 비결합 전자쌍을 포함하고 있다.

? 물 분자에서 전자가 풍부한 영역과 전자가 부족한 영역을 찾아보라.

1 물의 물리적 성질

주요 개념

- 극성인 물 분자는 다른 분자와 수소 결합을 형성할 수 있다.
- 얼음에서 물 분자는 결정 배열 형태로 수소 결합을 하고 있지만, 액체 물에서는 불규칙한 그물 구조 형태로 빠르게 분해되고 재형성된다.
- 생체 분자에 작용하는 인력에는 이온 상호작용, 수소 결합, 반데르발스 상호작용이 있다.
- 극성 물질과 이온 결합 물질은 물에 녹는다.
- 소수성 효과에 의해 무극성 작용기들이 배제되는 것은 물 분자가 엔트로피를 최대화하는 방법으로 설명할 수 있다.
- 양쪽성 물질은 친수성기를 물에 노출시키고 소수성기를 가리기 위하여 마이셀이나 두 겹층을 형성한다.
- 분자들은 투과할 수 있는 막을 가로질러서 고농도 영역에서 저농도 영역으로 확산한다.
- 투석에서 용질은 반투막을 가로질러서 고농도 영역에서 저농도 영역으로 확산한다.

물의 무색, 무취, 무미한 성질은 생물에 근본적으로 중요하다. 물은 우리 감각에는 온화하게 생각되지만 반응성이 없는 것이 아니다. 물은 비슷한 크기의 분자들 중에서 독특한 물리적 성질 때문에 용매로서 비길 데 없이 강하다. 또 용매로서 제한되기는 하지만 생물학적 분자들의 구조 및 기능과 중요한 관련이 있다.

A 물은 극성 분자이다

물 분자는 산소 원자와 결합한 두 개의 수소 원자로 구성된다. O—H 결합 길이는 0.958 Å(1 Å$=10^{-10}$ m)이고 세 원자가 이루는 각은 104.5°이다(**그림 2-1**). 수소 원자들은 직선으로 배열되어 있지 않은데, 이는 산소 원자의 sp^3 혼성 오비탈이 대략 사면체의 네 모서리로 뻗어 있기 때문이다. 수소 원자들이 사면체의 두 모서리를 차지하고, 산소 원자의 비결합 전자쌍들이 나머지 두 모서리를 차지한다(메테인 CH_4 같은 완전한 정사면체 분자에서 결합각은 109.5°이다. 물의 결합각이 정확한 정사면체 각으로부터 벗어나는 것은 C—H 결합을 형성하는, 덜 가까이 있는 전자쌍들 사이의 반발에 비해 물의 고립 전자쌍 오비탈에 있는 전자쌍 사이의 반발력이 더 크기 때문이다).

물 분자는 수소 결합을 형성한다. 물 분자의 기하학적 구조는 생체계와 깊은 관련을 가지고 있다. 물은 **극성 분자**(**polar molecule**)이다. 즉 비공유 전자쌍을 가진 산소 원자는 $-0.66e$의 부분 음전하(δ^-)를 가지고, 수소 원자들은 각각 $+0.33e$의 부분 양전하(δ^+)를 가진다. 여기에서 e는 전자의 전하를 나타낸다. 물 분자의 쌍극자들 사이의 정전기적 인력은 물 자체의 성질과 생화학적 용매로서의 역할에 매우 중요하다. 물 분자들은 가까이 있으며, 한 물 분자의 O—H 결합의 양성 말단이 다른 물 분자의 음성 말단의 전자쌍을 향하도록 스스로 배열된다. 그 결과 생기는 방향성을 가진 분자간 회합을 **수소 결합**(**hydrogen bond**)이라고 한다(**그림 2-2**).

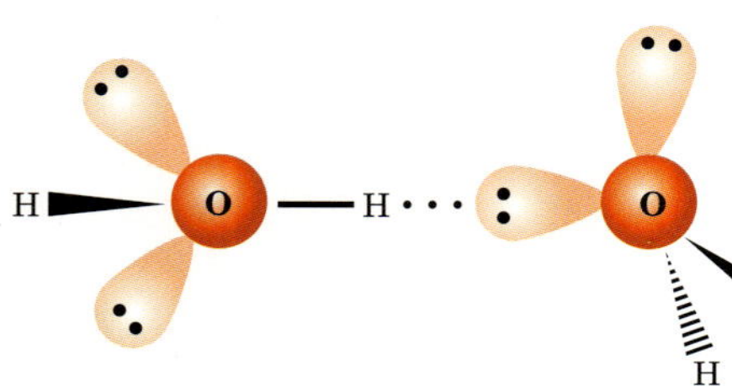

그림 2-2 물의 수소 결합 수소 결합을 점선으로 나타내었다. 상호작용의 세기는 한 분자의 O—H 결합이 다른 물 분자의 고립 전자쌍 전자구름을 똑바로 향할 때 최대가 된다.

일반적으로 수소 결합은 D—H⋯A로 나타내는데, 여기에서 D—H는 O—H, N—H와 같은 약산성 '주개' 원자단이며, A는 O, N과 같은 약염기성 고립 전자쌍 '받개' 원자이다. 수소 결합은 계산된 **반데르발스 거리**(**van der Waals distance**, 결합하지 않은 두 원자들 사이의 가장 가까운 접근 거리)보다 최소한 0.5 Å이 더 짧

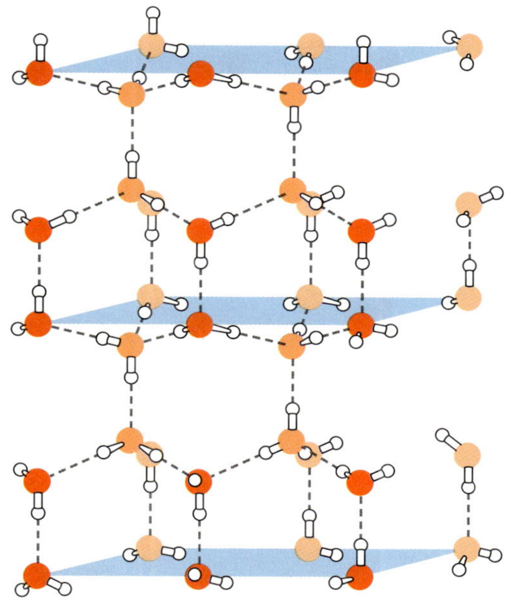

그림 2-3 **얼음의 구조** 각 물 분자는 4개의 다른 물 분자와 사면체 모양으로 상호작용하고 있다. 산소 원자는 빨간색으로, 수소 원자는 흰색으로 나타내었다. 수소 결합은 점선으로 나타내었다. [Pauling, L., The Nature of the Chemical Bond (3rd ed.), p.465, Cornell University Press (1960)에 따라]

? 적절한 수소 결합을 가진 물 분자들을 추가로 그려서 얼음 결정을 확장시켜 보라.

은 H···A 거리가 구조적 특징이다. 예를 들면 물에서 O···H 수소 결합의 길이는 ~1.8 Å으로, 해당하는 반데르발스 거리 2.6 Å보다 더 짧다. 대부분의 경우 C−H 원자단은 극성이 부족하기 때문에(C와 H 원자는 거의 같은 전기 음성도를 가짐) 수소 결합에 참여하지 않는다.

단일 물 분자는 '주개'가 될 수 있는 2개의 수소 원자와 '받개'로 작용할 수 있는 2개의 비공유 전자쌍을 포함하고 있어서 각 분자는 다른 물 분자들과 최대 4개의 수소 결합을 할 수 있다. 각 수소 결합의 에너지(~20 kJ·mol^{-1})는 비교적 작지만(예를 들면 O−H 공유 결합은 460 kJ·mol^{-1}), 시료 물에 있는 막대한 수소 결합의 수가 특이한 성질의 핵심이다.

얼음은 수소 결합한 물 분자들의 결정이다. 얼음의 구조는 많은 수소 결합이 축적된 힘의 두드러진 예를 보여 준다. X선과 중성자 회절 연구로 얼음 속의 물 분자들이 특이하게 열린 구조로 배열되어 있다는 것이 알려졌다. 각 물 분자는 수소 결합을 하고 있는 4개의 최근접 이웃에 의하여 사면체 모양으로 둘러싸여 있다(그림 2-3). 물은 열린 구조로 인해 얼면 팽창하는 매우 드문 물질 중의 하나이다(0°C에서 액체 물의 밀도는 1.00 g·mL^{-1}이지만, 얼음의 밀도는 0.92 g·mL^{-1}이다).

물이 얼면 팽창하는 것은 지구 상의 생명에게 중대한 영향을 주었다. 물이 얼면 수축한다고 가정하면 얼음의 밀도가 물의 밀도보다 더 커진다. 그러면 얼음이 뜨지 않고 호수나 대양 바닥에 가라앉을 것이다. 이 얼음은 따뜻한 기후일 때 얇은 표면층의 액체를 제외하면 태양으로부터 단열되어서 영구히 얼어붙은 고체가 될 것이다(적도 지방일지라도 심해의 물 온도는 최대 밀도를 나타내는 온도인 4°C에 가깝다). 따라서 지구는 영구적 빙하 시대에 갇힐 것이며 생명은 결코 발생하지 못하였을 것이다.

> **GATEWAY CONCEPT 분자의 성질**
> 물이나 다른 분자 같은 물질의 성질을 나타낼 때 우리는 실제로 많은 분자들의 평균 성질을 나타낸다. 대부분의 생화학적 방법들은 개별 분자의 성질을 평가할 수 없다.

얼음이 녹으면 수소 결합을 하고 있는 물 분자들의 엄격한 사면체 배열이 붕괴되지만, 액체 상태에서도 물 분자 사이에 수소 결합이 있다. [물의 승화 엔탈피(고체를 기체로 전환하는 데 필요한 Δ*H*)는 47 kJ·mol^{-1}이며, 이 중 ~6 kJ·mol^{-1}만 기체 물 분자의 운동 에너지에 기여한다. 따라서 물의 6 kJ·mol^{-1}의 융해 엔탈피(고체를 액체로 전환하는 데 필요한 Δ*H*)는 물의 분자간 수소 결합을 모두 분해하는 데 필요한 에너지의 (6×100)/(47−6)=15%이다(기체 물 분자는 1기압에서 상당한 분자간 인력을 나타내기에는 너무 멀리 떨어져 있다).] 실제로 물의 끓는점(100°C)은 메테인의 끓는점(−164°C)보다 264°C가 더 높다. 메테인은 물과 거의 분자량이 같지만 수소 결합을 할 수 없는 물질이다(비슷한 분자간 회합을 하고 같은 분자량을 가진 물질들은 비슷한 온도에서 끓을 것이다). 이들과 물의 큰 표면 장력 같은 다른 현상들은 분자간 수소 결합으로부터 생성된 액체 물의 특별히 커다란 내부 응집력을 나타낸다.

액체 물의 구조는 불규칙하다. 각각의 액체 물 분자는 10^{-12}초마다 한 번씩 재배열을 하며 이런 물 분자의 순간적 배열을 찾아낼 수 있는 실험 기술은 거의 없다. 이론적 사

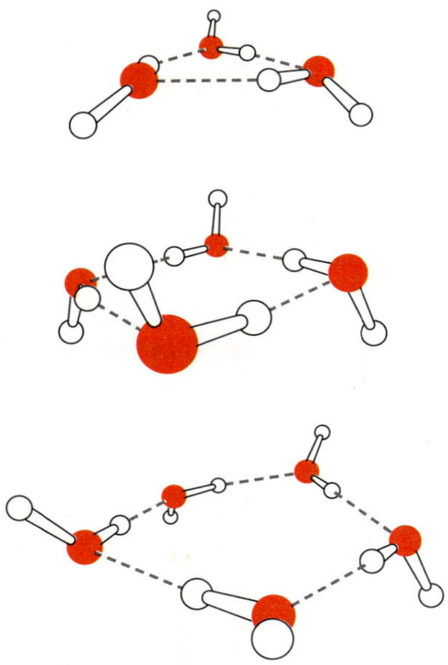

그림 2-4 물 분자의 고리 3, 4, 5개의 분자를 포함하는 이 모형들은 이론적 예측과 분광학 자료에 근거를 두고 있다. [Liu, K., Cruzan, J.D., and Saykally, R.J., Science 271, 929 (1996)에 따라]

고와 분광학적 증거에 의하면 액체 물에서 분자들은 얼음에서처럼 각각 3.4개의 최근접 이웃들과 수소 결합을 하고 있다. 그러나 수소 결합은 뒤틀려서 결합한 분자들의 그물 구조는 불규칙하고 가변적이다. 예를 들면 얼음의 특징인 육원자 고리(그림 2-3)와 대조적으로 물에서 수소 결합한 분자들은 흔히 3개에서 7개 원자의 고리로 존재한다(그림 2-4). 더욱이 이런 그물 구조는 계속하여 대략 2×10^{-11}초마다 분해되고 재형성된다. **따라서 액체 물은 빠르게 불규칙적으로 움직이는, 수소 결합을 한 H_2O 분자들의 3차원 그물 구조로 구성되어 있다.** 얼음의 융해와 승화에 필요한 ΔH는 모두 양의 값이고 $\Delta G=\Delta H-T\Delta S$는 자발적 과정에 대하여 음이기 때문에(1-3C절) 이런 과정을 유도하는 것은 ΔS의 증가(즉 물 분자의 무질서화)이다.

수소 결합과 다른 약한 상호작용들은 생물학적 분자에 영향을 준다. 생화학자들은 화학 구조를 결정하는 강한 공유 결합뿐 아니라 비교적 온화한 물리적 조건에서 작용하는 약한 힘에도 관심을 둔다. 대부분의 생물학적 분자의 구조는 많은 개별적인 약한 상호작용의 집합적 영향으로 결정된다. 생화학자가 관심을 두는 약한 정전기적 힘에는 이온 상호작용, 수소 결합, 반데르발스 힘이 포함되어 있다.

유전 상수(dielectric constant) D인 매질에서 거리 r 만큼 떨어진 두 전하 q_1과 q_2의 결합 에너지는 **쿨롱 법칙(Coulomb's law)**으로 주어진다.

$$U = \frac{kq_1q_2}{Dr} \qquad \text{(식 2-1)}$$

여기에서 비례 상수 $k=9.0\times10^9\,\mathrm{J\cdot m\cdot C^{-2}}$이다. 유전 상수는 매질의 극성에 따라서 변하며, 진공에서는 1(정의에 의해), 탄화수소에서는 1.5~3, 물에서는 78.5이다. 일반적으로 전하를 띤 두 원자단 사이의 상호작용의 세기(즉 관심 있는 매질에서 그것들을 완전히 분리하는 데 필요한 에너지)는 공유 결합의 에너지보다 작지만 수소 결합의 에너지보다는 더 크다(표 2-1).

중성 분자들 사이의 비공유 결합성 회합을 총체적으로 **반데르발스 힘(van der Waals force)**이라고 하며, 영구 쌍극자나 유도 쌍극자 사이의 정전기적 상호작용에서 생겨난다(수소 결합은 특별한 종류의 쌍극자 상호작용이다). 카보닐기 같은 영구 쌍극자 사이의 상호작용(그림 2-5a)은 이온 상호작용보다 훨씬 약

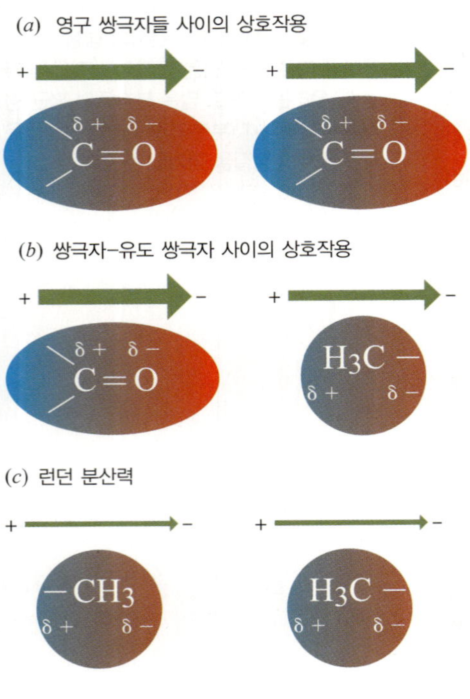

그림 2-5 쌍극자-쌍극자 상호작용 각 쌍극자의 세기를 화살표의 굵기로 나타내었다. (*a*) 영구 쌍극자들 사이의 상호작용, (*b*) 쌍극자-유도 쌍극자 사이의 상호작용, (*c*) 런던 분산력

표 2.1 생체 분자의 결합 에너지

결합 유형	예	전형적인 결합 에너지 ($\mathrm{kJ\cdot mol^{-1}}$)
공유 결합	O—H	460
	C—H	414
	C—C	348
비공유 결합		
이온 상호작용	$-\mathrm{COO^-}\cdots{}^+\mathrm{H_3N}-$	86
반데르발스 힘		
수소 결합	$-\mathrm{O-H\cdots O}<$	20
쌍극자-쌍극자 상호작용	$>\mathrm{C=O}\cdots>\mathrm{C=O}$	9.3
런던 분산력	$-\mathrm{CH_2}-\mathrm{H}\cdots\mathrm{H}-\mathrm{CH_2}-$	0.3

하다. 또 영구 쌍극자는 전하 분포를 정전기적으로 변화시켜서 이웃한 원자단에 쌍극자를 유도한다(**그림 2-5*b***). 그런 쌍극자–유도 쌍극자 상호작용은 일반적으로 쌍극자–쌍극자 상호작용보다 훨씬 약하다.

어느 순간에 무극성 분자는 전자의 빠르고 불규칙적인 운동의 결과로 작고, 마구잡이로 배향된 쌍극자를 가진다. 이런 순간적 쌍극자 모멘트는 이웃한 원자단의 전자를 분극화할 수 있어서(**그림 2-5*c***) 원자단들이 서로 끌린다. 이런 **런던 분산력**(**London dispersion force**)은 매우 약하고, 거리가 멀어지면(r^{-6}처럼) 급속하게 감소하므로 가까이 접촉하고 있는 원자단들에 대해서만 의미가 있다. 그럼에도 분산력은 그 내부에 많은 조밀하게 쌓인 원자단을 가진 생물학적 분자들의 구조를 결정하는 데 매우 중요하다(다른 형태의 비공유 결합성 상호작용은 전기 음성도가 서로 다른 원자들 사이에서만 생기지만, 런던 분산력은 모든 원자들 사이에서 생긴다는 점을 유의하라).

GATEWAY CONCEPT 분자간 상호작용 (Intermolecular Interaction)
생물계에서 공유 결합은 분자들 안에서 원자들을 결합하지만 이온 상호작용, 수소 결합, 그밖에 반데르발스 상호작용과 같은 비공유 결합성 힘들은 그런 분자들이 서로 '인식하거나' 상호작용을 하는 방법을 결정한다.

B 친수성 물질은 물에 녹는다

용해도는 용질 입자들 사이의 상호작용보다 더 강하게 용매가 용질과 상호작용하는 능력이다. 물은 '보편적 용매'로 불린다. 이 말은 말 그대로 옳지는 않지만 물은 확실히 여러 가지 유형의 물질을 녹이며 다른 어떤 용매보다도 더 많은 양을 녹인다. 특히 물은 극성으로 인해 **친수성**[**hydrophilic**, 그리스어: *hydro*(물) + *philos*(좋아한다)]인 극성 물질과 이온성 물질에 매우 좋은 용매이다. 반면에 무극성 물질은 물에 거의 녹지 않으며('기름은 물과 섞이지 않음'), 따라서 **소수성**[**hydrophobic**, 그리스어: *phobos*(두려움)]이다. 그러나 무극성 물질은 CCl_4와 헥세인 같은 무극성 용매에 녹는다. 이런 것을 간단하게 '같은 것끼리 녹인다'로 나타낼 수 있다.

NaCl 같은 염은 왜 물에 녹을까? 물과 같은 극성 용매는 반대 전하를 가진 이온(Na^+와 Cl^-처럼) 사이의 인력을 약화시켜서 이온을 떨어지게 할 수 있다(유전 상수가 작은 무극성 용매에서 반대 전하를 가진 이온들은 고체 염을 만들 정도로 서로 강하게 당겨서 합쳐진다.) 물과 같은 극성 용매 안에 있는 이온은 반대 전하를 가진 용매의 말단을 끌어당긴다(**그림 2-6**). 이렇게 하여 이온은 한 겹 이상의 동심원으로 배향된 용매 분자들로 둘러싸이게 된다. 이런 이온을 **용매화되었다**(**solvated**)고 하며, 용매가 물이면 **수화되었다**(**hydrated**)고 한다.

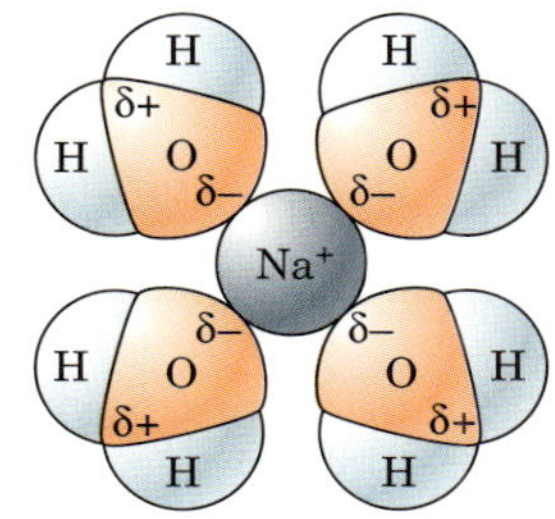

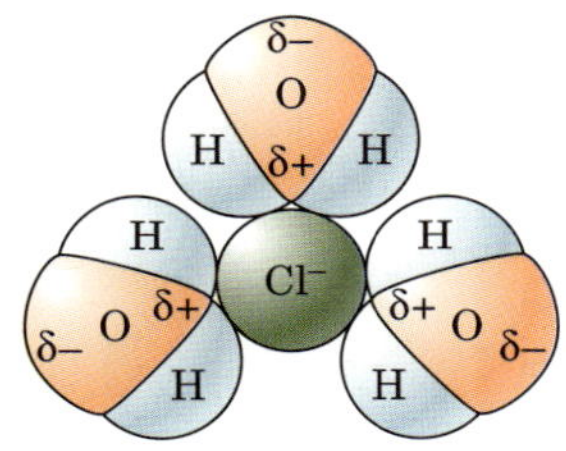

그림 2-6 이온의 용매화 둘러싸고 있는 물 분자들의 쌍극자는 이온의 전하에 따라 배향된다. 한 층의 용매 분자들만을 나타내었다. 그러나 이 그림은 과장된 것이며, 용액에서 물 분자의 빠른 요동은 결합한 이온들 주위의 부분적 질서화만 만든다.

이온 주위에 있는 수화 껍질의 물 분자들은 이온의 수화에 관여하지 않은 물 분자들보다 더 느리게 이동한다. 전체 물에서 수소 결합을 분해하는 에너지 비용은 작은데, 그와 동시에 또 다른 수소 결합이 형성될 것이기 때문이다. 비교적 질서를 가진 수화 껍질의 물 분자들에서 그 비용은 더 크다. 또 반응성 원자단이 다른 원자단에 접근하기 위해서는 **수화된 물**(**water of hydration**)(수화 껍질에 있는 분자들)을 벗겨내야 하기 때문에 수화의 에너지론은 화학 반응에서도 중요하다.

전하를 띠지 않은 극성 분자의 결합 쌍극자는 이온성 물질이 물에 녹는 것과 같은 이유로 극성 분자를 수용액에 용해한다. 극성 물질과 이온성 물질은 **그림 2-7**에 나타낸 것처럼 하이드록실기(OH), 카보닐기(C=O), 카복실산 이온(COO^-), 암모늄 이온(NH_3^+) 같은 물과 수소 결합을 형성할 수 있는 작용기를 가지면 용해도가 증가한다. 실제로 단백질, 핵산, 탄수화물 같은 수용성 생체 분자들은 바로 그런 원자단들로 가득 차 있다. 대조적으로 무극성 물질은 수소 결합 주개와 받개 원자단을 가지고 있지 않다.

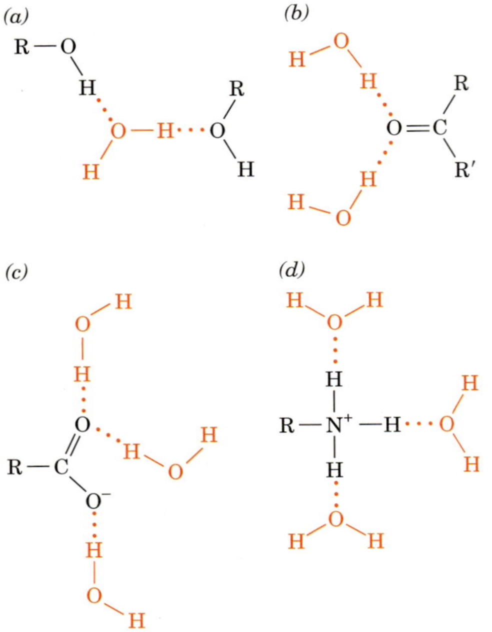

그림 2-7 작용기에 의한 수소 결합 물은 (*a*) 하이드록실기, (*b*) 케토기, (*c*) 카복실산 이온, (*d*) 암모늄 이온과 수소 결합을 형성한다.

? 수소 결합 주개와 받개를 찾아보라.

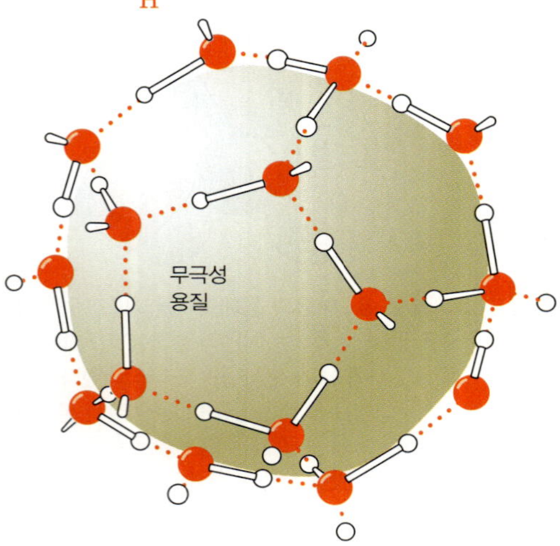

그림 2-8 무극성 용질 주위에 있는 물 분자들의 배향 수소 결합의 수를 최대로 하기 위하여 물 분자들은 용질 주위에 '바구니'를 형성한다. 점선은 수소 결합을 나타낸다.

C 무극성 물질은 소수성 효과로 물에서 서로 응집한다

무극성 물질을 수용액에 넣으면 녹지 않고 물에 의해서 밀려난다. **물이 소수성 분자와 접촉을 최소화하려는 경향을 소수성 효과(hydrophobic effect)라고 한다.** 단백질, 핵산, 세포막 같은 많은 커다란 분자들과 분자 응집체들은 최소한 부분적으로 소수성 효과에 대응하여 모양을 취한다.

무극성 분자가 수용액에서 무극성 용매로 이동하는 열역학을 생각해 보자. 모든 경우에 자유 에너지 변화는 음이며, 이것은 그런 이동이 자발적 과정이라는 것을 나타낸다(표 2-2). 흥미롭게도 이런 이동 과정은 흡열 과정(양의 ΔH)이거나 등온 과정($\Delta H = 0$)이다. 즉 무극성 분자가 물에 녹는 것은 무극성 매질에 녹는 것처럼 엔탈피에서는 거의 같을 정도로 유리하다. 대조적으로 엔트로피 변화($-T\Delta S$로 표현된)는 모든 경우에 큰 음의 값을 가진다. 명백히 수용성 매질에서 무극성 매질로 탄화수소가 이동하는 것은 엔트로피에 의하여 추진된다(즉 자유 에너지 변화는 대부분 엔트로피 변화 때문이다).

엔트로피 또는 '무질서도'는 계의 질서도를 측정한 것이다(1-3B절). 무극성 분자가 수용액을 떠날 때 엔트로피가 증가한다면 그 분자가 물로 들어갈 때는 엔트로피가 감소해야 한다. 무극성 분자가 물에 의하여 용매화될 때 이런 엔트로피 감소는 이론적 결론이 아니라 실험적 관찰이다. 그러나 엔트로피 변화가 탄화수소의 형태 변화만을 반영하기에는 너무 크다. 그러므로 엔트로피 변화는 주로 물 자체에서 어떤 종류의 질서화로부터 생겨야 한다. 이 질서화의 본질은 무엇일까?

액체 물 분자들의 광범위한 수소 결합 그물 구조는 무극성기가 들어오면 파괴된다. 무극성기는 수소 결합의 주개나 받개로 작용할 수 없으므로 무극성기가 차지한 동공 표면의 물 분자들은 다른 분자들과 보통의 방법으로는 수소 결합을 할 수 없다. 이런 표면의 물 분자들은 수소 결합 능력을 최대로 하기 위하여 동공을 가두는, 수소 결합으로 된 그물 구조를 형성하도록 자체적으로 배향한다(그림 2-8). 이 배향으로 물 구조의 질서화가 이루어진다. 무극성기의 표면 주위에

표 2.2 25°C에서 탄화수소가 물에서 무극성 용매로 이동하기 위한 열역학적 변화

과정	ΔH (kJ·mol^{-1})	$-T\Delta S$ (kJ·mol^{-1})	ΔG (kJ·mol^{-1})
H_2O 속의 CH_4 $\rightleftharpoons$ C_6H_6 속의 CH_4	11.7	−22.6	−10.9
H_2O 속의 CH_4 $\rightleftharpoons$ CCl_4 속의 CH_4	10.5	−22.6	−12.1
H_2O 속의 C_2H_6 $\rightleftharpoons$ 벤젠 속의 C_2H_6	9.2	−25.1	−15.9
H_2O 속의 C_2H_4 $\rightleftharpoons$ 벤젠 속의 C_2H_4	6.7	−18.8	−12.1
H_2O 속의 C_2H_2 $\rightleftharpoons$ 벤젠 속의 C_2H_2	0.8	−8.8	−8.0
H_2O 속의 벤젠 $\rightleftharpoons$ 액체 벤젠[a]	0.0	−17.2	−17.2
H_2O 속의 톨루엔 $\rightleftharpoons$ 액체 톨루엔[a]	0.0	−20.0	−20.0

[a]18°C에서 측정한 자료

출처: Kauzmann, W., *Adv. Protein Chem.* **14**, 39 (1959).

물 분자가 수소 결합을 형성할 수 있는 방법의 수는 그것들이 물만 있을 때 수소 결합을 형성할 수 있는 방법의 수보다 더 적다. 물 분자는 여전히 같은 수의 수소 결합을 할 수 있지만, 그렇게 하기 위해서는 회전과 병진 자유의 일부를 포기해야 한다.

불행하게도 액체 물의 기본 구조는 항상 불규칙적으로 변화하는 성질 때문에 이 질서화 과정을 상세하게 설명할 수 없다. 한 모형은 그림 2-8에 그려진 바와 같이, 물이 무극성기 주위에 얼음처럼 수소 결합으로 된 '바구니'를 형성한다고 제안하고 있다. 바구니의 물 분자들은 다른 물 분자들과 사면체 모양으로 수소 결합을 하고, 물 분자들의 질서화는 무극성 용질의 첫 번째 수화 껍질을 넘어서서 여러 층으로 연장된다.

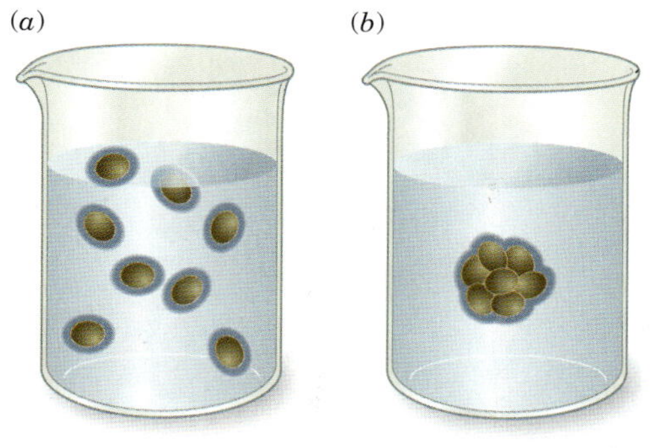

그림 2-9 **물에서 무극성 분자들의 응집** (*a*) 수화하는 물 분자들(진한 파란색)이 수소 결합을 형성할 정도로 자유롭지 못하기 때문에 분산된 무극성 분자들(갈색)의 개별적 수화는 계의 엔트로피를 감소시킨다. (*b*) 분산된 용질 분자들을 수화시키는 데 필요한 물 분자보다 응집된 용질을 수화시키는 데 필요한 물 분자가 적기 때문에 무극성 분자의 응집은 계의 엔트로피를 증가시킨다. 이 엔트로피의 증가는 물에서 무극성 물질의 자발적 응집을 설명할 수 있다.

? 무극성 물질의 응집을 '소수성 결합'의 결과로 나타내는 것이 부적절한 이유를 설명하라.

주위 물 분자들의 질서화에 의해서 생긴, 무극성 물질의 수화에 대한 불리한 자유에너지는 무극성 물질이 수용액 상으로부터 배제되려는 알짜 결과를 나타낸다. 이것은 무극성 분자의 응집체를 포함하는 동공의 표면적이 이런 각 분자들이 개별적으로 차지하는 동공들의 표면적의 합보다 작기 때문이다(그림 2-9). **따라서 무극성기들의 응집은 동공의 표면적으로 최소화하여 전체 계의 엔트로피를 최대화한다.** 어떤 의미에서, 무극성기는 수용액 상으로부터 밀려나온다.

친양쪽성체는 마이셀과 두겹층을 형성한다. **대부분의 생물학적 분자들은 극성(또는 전하를 띤)과 무극성 부분을 모두 가지므로 친수성인 동시에 소수성이다.** 예를 들면 지방산 이온(비누, 그림 2-10) 같은 그런 분자들을 **친양쪽성(amphiphilic)** 또는 **양쪽성(amphipathic)**이라고 한다. 친양쪽성 분자는 수용성 용매와 어떻게 상호 작용을 할까? 물은 친양쪽성 분자의 친수성 부분을 수화하는 경향이 있지만, 또 소수성 부분을 밀어내는 경향도 있다. 따라서 친양쪽성 물질은 구조적으로 질서를 가진 응집체를 형성하는 경향이 있다. 예를 들면 **마이셀(micelle)**은 구 표면에서 친수성기들이 수용성 용매와 상호작용을 하는 반면, 중심에서 소수성기들이 서로 결합하여 용매로부터 멀어질 수 있도록 수천 개까지의 친양쪽성 분자들이 배열된 구이다(그림 2-11*a*). 물론 그림 2-11*a*에 나타낸 모형은 매우 간략하게 그린 것이며, 모든 소수성기들이 마이셀의 중심을 차지하는 것은 기하학적으로 불가능하다. 대신에 친양쪽성 분자들은 대부분의 소수성기를 묻고 친수성기를 노출되게 남겨놓는 덜 조직화된 형태로 쌓인다(그림 2-12).

다른 방법으로서 친양쪽성 분자들은 스스로 배열하여 극성기가 수용액 상쪽으로 향한 **두겹층(bilayer)** 막이나 소포를 형성할 수도 있다(그림 2-11*b*). 응집체는 마이셀과 두겹층 모두에서 물의 소수성 원자단을 밀어내려는 경향인

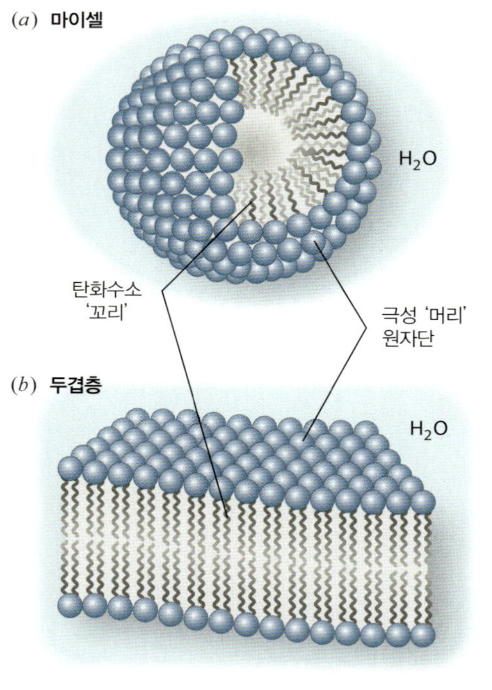

그림 2-11 **마이셀과 두겹층의 구조** 수용액에서 친양쪽성 분자의 극성 머리 원자단은 수화되지만 무극성 꼬리는 물에서 밀려나와서 응집한다. (*a*) 마이셀은 구형 응집체이다. (*b*) 두겹층은 평면 응집체로 확장한다.

$$CH_3CH_2CH_2CH_2CH_2CH_2CH_2CH_2CH_2CH_2CH_2CH_2CH_2CH_2CH_2-\overset{\displaystyle O}{\overset{\|}{C}}-O^-$$

팔미트산 ($C_{15}H_{31}COO^-$)

$$CH_3CH_2CH_2CH_2CH_2CH_2CH_2CH_2-\overset{\displaystyle H}{\overset{|}{C}}=\overset{\displaystyle H}{\overset{|}{C}}-CH_2CH_2CH_2CH_2CH_2CH_2CH_2-\overset{\displaystyle O}{\overset{\|}{C}}-O^-$$

올레산 ($C_{17}H_{33}COO^-$)

그림 2-10 **지방산 음이온(비누)** 팔미트산과 올레산은 친양쪽성 화합물이다. 각각은 극성인 카복실산기와 무극성인 긴 탄화수소 사슬을 가진다.

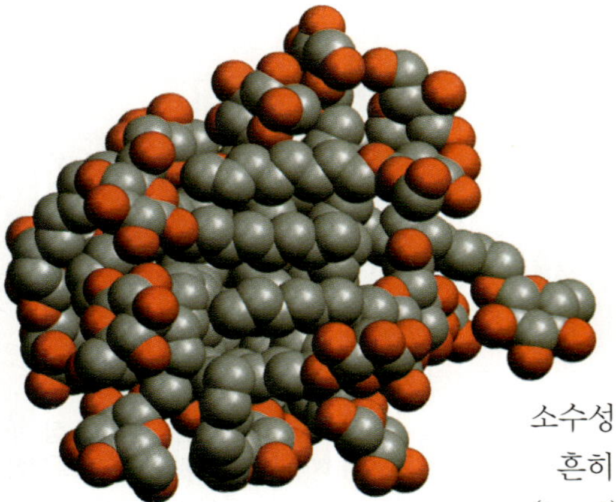

그림 2-12 마이셀의 모형 컴퓨터에 의해서 만들어진 마이셀 모형에서 옥틸 글루코사이드(당으로 된 머리 원자단을 가진 팔탄소 사슬) 분자 20개를 공간 채움 모형으로 나타내었다. 글루코사이드의 극성 O 원자는 빨간색으로, C 원자는 회색으로 나타냈다. 간결성을 위하여 H 원자는 생략하였다. 컴퓨터 모의실험에 의하면 그런 마이셀은 (그림 2-11*a*에 나타낸 대칭 응집물과는 다른) 순간마다 소수성 꼬리 부분들이 마이셀 표면에 노출되게 소수성 옥틸기가 불규칙한 방법으로 쌓이는, 빠르게 불규칙적으로 변하는 구조이다. [Michael Garavito and Shelagh Ferguson-Miller, Michigan State University 제공]

소수성 효과에 의해서 안정화된다.

흔히 소수성 효과로 생기는 결과를 소수성 힘 또는 소수성 '결합'이라고 한다. **결합(bond)**이란 용어는 두 물질 사이의 분명한 방향성을 가지는 관계를 내포하지만, 소수성 효과는 무극성기에서 간접적으로 작용하며 방향성도 가지지 않는다. 물에서 밀려난 무극성기들의 집합에 어떤 상호 인력이 있을 것이라고 생각하기 쉽지만, 그들의 밀려남은 주로 둘러싸고 있는 물 분자들의 엔트로피의 작용이며 그들 사이의 어떤 '소수성 힘' 때문이 아니다(무극성기 사이의 런던 분산력은 비교적 약하다).

D 물은 삼투에 의해 이동하고 용질은 확산에 의해 이동한다

세포 내부와 다세포 생물의 세포 주위에 있는 유체는 작은 무기 이온에서부터 거대한 분자 응집물에 이르기까지 광범위하게 용해된 물질로 가득 차 있다. 이런 용질들의 농도는 물의 **총괄성(colligative property)**에 영향을 준다. 총괄성은 용해된 물질의 화학적 성질보다는 농도에 의존하는 물리적 성질이다. 예를 들면 용질은 물 분자들이 얼음으로 결정화하거나 용액에서 기체상으로 빠져나가는 것을 어렵게 만들어서 물의 어는점을 낮추고 끓는점을 높인다.

삼투압도 총괄성이다. 용질은 투과하지 못하고 물 분자만 투과할 수 있는 반투막으로 순수한 물과 용액을 분리시켜 놓으면, 물은 막 양쪽의 농도를 같게 만들기 위하여 용액 쪽으로 이동한다. **삼투(osmosis)**는 농도가 높은 지역(여기에서는 순수한 물)에서 상대적으로 농도가 낮은 지역(녹은 용질을 함유한 물)으로 용매가 이동하는 것이다.

용액의 **삼투압(osmotic pressure)**은 물의 유입을 막기 위하여 용액에 가해야 하는 압력이다. 이것은 용질의 농도에 비례한다(그림 2-13). 1 M의 용액에 대하여 삼투압은 22.4 atm이다. 세포에서 삼투압이 관련된 것을 생각해 보자. 세포는 본질적으로

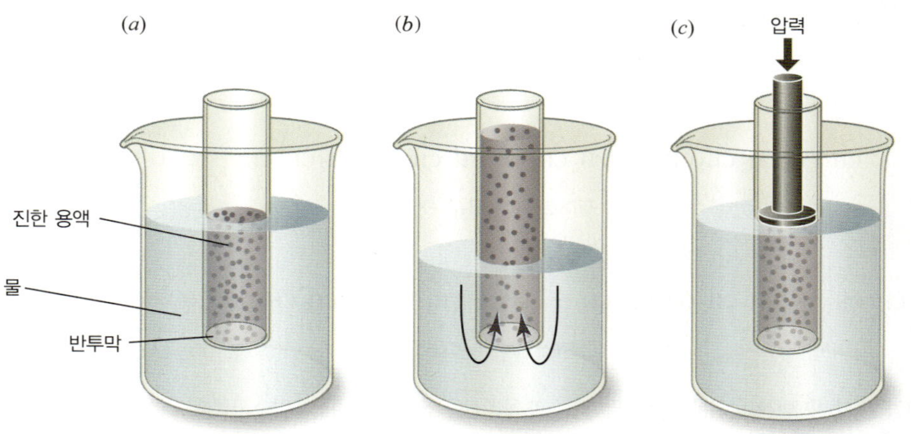

그림 2-13 삼투압 (*a*) 물이 투과하는 막이 진한 농도의 관과 순수한 물을 분리한다. (*b*) 삼투에 의해서 물이 용액 안으로 들어감에 따라서 관의 용액 높이는 증가한다. (*c*) 물의 유입을 막는 압력이 삼투압이다(1 M 용액에 대하여 22.4 atm).

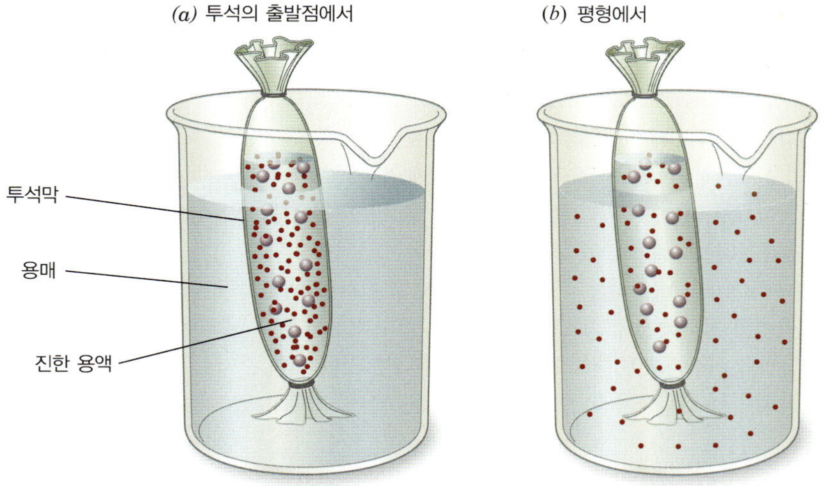

그림 2-14 투석 (a) 진한 용액이 투석막(그림에서 양쪽 끝을 묶은 관)으로 많은 양의 용매와 분리된다. 작은 분자만이 막의 구멍을 통해서 확산할 수 있다. (b) 평형에서 작은 분자의 농도는 막의 양쪽에서 거의 같지만 거대 분자들은 투석 주머니 안에 남아 있다.

? 그림 (a)에서 물 분자와 작은 용질들의 확산 방향을 화살표로 나타내라.

수용액의 반투과성 주머니이다. 물의 삼투 유입은 약한 막을 터뜨리므로 이것을 최소로 하기 위하여 많은 동물 세포들은 비슷한 삼투압을 가진 용액으로 둘러싸여 있다(따라서 물의 알짜 흐름이 없다). 대부분의 식물과 박테리아에서 이용되는 또 다른 전략은, 안에서 생기는 삼투압을 견딜 수 있는 단단한 세포벽으로 세포를 둘러싸는 것이다.

수용액과 물을 물과 용질 모두를 투과하는 막으로 분리하면 물이 안으로 들어가는 것처럼 용질이 용액 밖으로 빠져나온다. 분자들은 막 양쪽의 용질의 농도가 같아질 때까지 마구잡이로 이동하거나 **확산한다(diffuse)**. 농도가 같아지는 시점에서 평형에 도달한다. 즉 더 이상 물과 용질의 **알짜** 흐름이 일어나지 않는다(분자들이 막을 통하여 계속하여 이동하지만 양쪽 방향의 속도가 같다). 용질이 고농도 지역에서 저농도 지역으로 확산하려는 경향(농도 기울기를 감소시킴)은 기체 분자가 고압 지역에서 저압 지역으로 알짜 이동하는 것과 비슷하다(그림 1-10). 두 가지 과정 모두 엔트로피의 증가를 가져오기 때문에 열역학적으로 유리하다.

용질의 확산은 **투석(dialysis)**이라는 실험 기술의 근거가 된다. 이 과정에서 투석막의 구멍보다 크기가 작은 분자는 시료와 대량 용액 사이에서 평형에 도달할 때까지 자유롭게 교환된다(그림 2-14). 더 큰 물질은 막을 건너갈 수 없고, 있던 곳에 남는다. 투석은 단백질이나 핵산 같은 큰 분자를 더 작은 분자로부터 분리하는 데 특히 유용하다. 작은 용질과 물은 시료와 주위의 매질 사이를 자유롭게 이동하기 때문에 시료 매질을 다른 용액으로 교환하면 투석이 여러 번 반복될 수 있다.

신장이 제대로 기능을 하지 못하는 사람은 혈액을 펌프질하여 반투막이 설치된 기계를 통과시키는 투석 절차를 밟아야 한다. 혈액이 막의 한쪽을 따라 흐르면 투석액이라는 유체가 막의 다른 쪽에서 반대 방향으로 흐른다. 이 역류하는 배열은 두 용액 사이의 농도 차이를 최대화하여 요소와 크레아틴 같은 폐기물(혈액에 고농도로 존재)이 막을 통과하여 투석액(저농도)으로 효율적으로 확산되게 해준다. 과잉의 물도 삼투에 의하여 투석액으로 이동하여 제거될 수 있다. '세척된' 혈액은 다시 환자에게 돌아간다. 투석액을 만드는 데 초순수한 물이 필요하고 장기간에 걸쳐서 환자의 염과 물 균형을 추적 관찰해야 하는 점이 임상 투석의 문제이다.

체크 포인트

- 물 분자의 모양을 그리고, 부분 양전하와 부분 음전하를 가진 말단을 표시하시오.
- 얼음과 물의 구조를 수소 결합의 수와 기하 구조 측면에서 비교하시오.
- 표 1-2에 나열한 작용기 중에서 수소 결합 주개로 작용할 수 있는 것은 어느 것인가? 또 수소 결합 받개로 작용할 수 있는 것은 어느 것인가?
- 공유 결합, 이온 상호작용, 반데르발스 상호작용(수소 결합, 쌍극자-쌍극자 상호작용, 런던 분산력)의 성질과 상대적 세기를 비교하시오.
- 극성과 소수성 사이에는 어떤 관련이 있는가?
- 극성 물질은 물에 녹지만 무극성 물질은 물에 녹지 않는 이유를 설명하시오.
- 소수성 효과에서 엔트로피의 역할은 무엇인가?
- 친양쪽성 물질이 물에서 마이셀이나 두겹층을 형성하는 이유를 설명하시오.
- 삼투와 확산은 어떻게 다른가? 투석 동안 어떤 과정이 일어나는가?
- 세포가 순수한 물에 놓이거나 고농도 용액에 놓일 때 생기는 삼투 문제에 대하여 설명하시오.

2 물의 화학적 성질

주요 개념

- 물 분자는 H^+와 OH^-로 해리하며 해리 상수는 10^{-14}이다.
- 용액의 산도는 pH 값으로 표시하며 pH = $-\log[H^+]$이다.
- 산은 양성자를 내놓을 수 있는 화합물이고, 염기는 양성자를 받을 수 있는 화합물이다.
- 해리 상수는 산의 세기에 따라 변한다.
- 헨더슨–하셀바흐 식은 약산 용액의 pH를 pK 및 산과 그 짝염기의 농도와 연관시켜 준다.
- 적정 곡선은 용액에서 산과 그 짝염기의 농도가 비슷하면 그 용액은 산이나 염기가 첨가되더라도 pH 변화에 대해 완충 작용을 한다는 것을 보여 준다.
- 많은 생물학적 분자들은 이온화할 수 있는 원자단을 가지고 있어서 pH의 변화에 민감하다.

물은 세포의 수동적 성분이거나 세포 외부 환경에 불과한 것은 아니다. 물은 물리적 성질을 이용하여 다른 물질의 용해도를 정해 준다. 마찬가지로 물의 화학적 성질은 용액에서 다른 분자의 행동을 정해 준다.

A 물은 이온화하여 H^+와 OH^-를 생성한다

물은 매우 조금 이온화하는 경향을 가진 중성 분자이다. 이 이온화를 다음과 같이 나타낸다.

$$H_2O \rightleftharpoons H^+ + OH^-$$

실제로 용액에는 자유 양성자(H^+) 같은 것은 존재하지 않는다. 오히려 양성자는 **하이드로늄 이온(hydronium ion**, H_3O^+)으로서 물 분자와 회합하고 있다. 양성자와 물 분자 뭉치의 회합으로 $H_5O_2^+$, $H_7O_3^+$ 등의 화학식을 가진 구조들이 등장한다. 그러나 우리는 흔히 이런 이온들을 간단하게 나타내기 위하여 H^+로 나타낸다. 물 이온화의 다른 생성물은 **수산화 이온(hydroxide ion**, OH^-)이다.

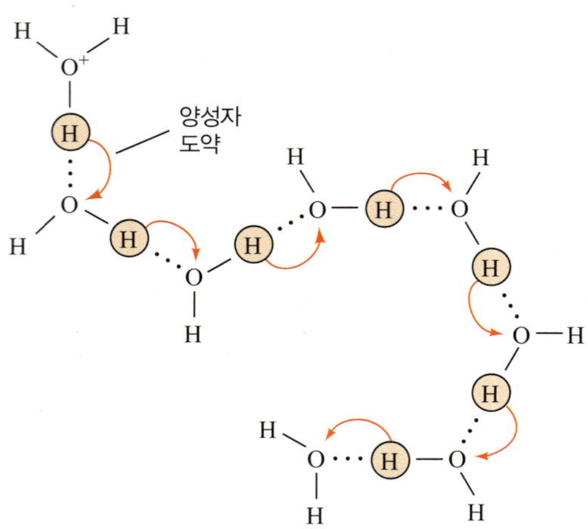

그림 2-15 양성자 도약 양성자 도약은 직접적인 분자 이동보다 더 빠르게 일어나므로 하이드로늄 이온(그리고 수산화 이온)의 높은 이온 이동성을 설명할 수 있다.

? 수산화 이온 도약을 보여 주는 유사한 그림을 그려 보라.

하이드로늄 이온의 양성자는 다른 물 분자로 빠르게 도약할 수 있으며 그 다음에 또 다른 분자로 도약할 수 있다(그림 2-15). 이런 이유 때문에 용액에서 H^+와 OH^-는 수화된 물을 가진 채 매질인 물을 통과하여 이동하는 다른 이온보다 이동성이 훨씬 더 크다. **또 양성자 도약(proton jumping) 때문에 산–염기 반응은 수용액에서 일어나는 반응들 중에서 가장 빠른 반응이 된다.**

물의 이온화(해리)는 모체 물질의 농도가 분모에, 해리된 생성물의 농도가 분자에 있는 평형식으로 나타낼 수 있다.

$$K = \frac{[H^+][OH^-]}{[H_2O]} \qquad [2\text{-}2]$$

K는 **해리 상수(dissociation constant)**이다(여기와 이 책 전체에서 [ ] 안의 양은 그 물질의 몰농도를 나타낸다. 많은 경우에 이것은 활동도와 거의 같다. 1-3D절). 해리되지 않은 H_2O의 농도($[H_2O]$)는 성분 이온들의 농도보다 훨씬 더 크므로 일정하다고 생각할 수 있으며 K에 포함시키면 물의 이온화 식이 나온다.

$$K_w = [H^+][OH^-] \qquad [2\text{-}3]$$

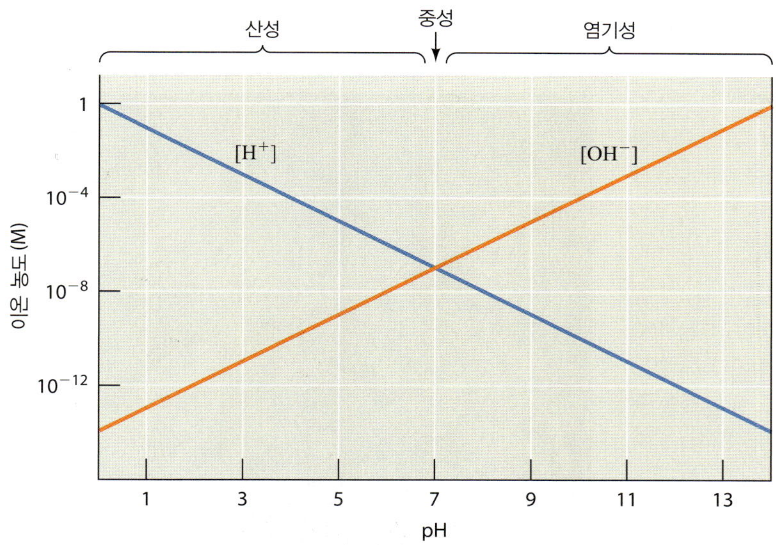

그림 2-16 **pH와 물의 H^+ 및 OH^- 농도 사이의 관계** $[H^+]$와 $[OH^-]$의 곱은 상수(10^{-14})이고, $[H^+]$와 $[OH^-]$는 반비례한다. 상대적으로 H^+가 더 많은 용액은 산성이고(pH<7), 상대적으로 OH^-가 더 많은 용액은 염기성(pH>7)이며, $[H^+]=[OH^-]=10^{-7}$ M인 용액은 중성(pH = 7)이다. 이온 농도는 로그 척도라는 것을 주의하라.

물의 이온화 상수의 값 K_w는 25°C에서 10^{-14} M^2이다.

순수한 물은 같은 양의 H^+와 OH^-를 포함하므로 $[H^+]=[OH^-]=(K_w)^{1/2}=10^{-7}$ M이다. $[H^+]$와 $[OH^-]$는 식 2-3과 같이 반비례 관계이므로 $[H^+]$가 10^{-7} M보다 크면 $[OH^-]$는 그만큼 작아지며 그 역도 성립한다. $[H^+]=10^{-7}$ M인 용액을 **중성(neutral)**이라고 하고, $[H^+]>10^{-7}$ M인 용액을 **산성(acidic)**, $[H^+]<10^{-7}$ M인 용액을 **염기성(basic)**이라고 한다. 대부분의 생리적 용액은 수소 이온 농도가 중성에 가깝다. 예를 들면 사람의 혈액은 보통 $[H^+]=4.0\times10^{-8}$ M로서 약간 염기성이다.

대부분 용액의 $[H^+]$ 값은 작아서 비교하기가 불편하다. 더 실용적인 양은 1909년에 쇠렌센(Søren Sørensen)이 고안한 **pH**이다.

$$pH = -\log[H^+] = \log\frac{1}{[H^+]} \qquad [2\text{-}4]$$

pH가 클수록 H^+ 농도는 낮아지고, pH가 작을수록 H^+ 농도는 높아진다(**그림 2-16**). 순수한 물의 pH는 7.0이고, 산성 용액은 pH<7이고, 염기성 용액은 pH>7이다(예시 계산 2-1 참조). 용액에서 pH 1 단위가 다르면 $[H^+]$는 10배가 다르다. 몇 가지 흔한 물질의 pH 값을 **표 2-3**에 나타내었다.

B 산과 염기는 pH를 변화시킨다

물에서 생긴 H^+와 OH^-는 우리가 이 책의 뒷부분에서 만나게 될 생화학 반응들의 기본이 된다. 예를 들면 단백질과 핵산 같은 생물학적 분자들은 카복실기와 아미노기 같은 산이나 염기로 작용할 수 있는 많은 작용기를 가지고 있다. 이런 분자들은 주위의 수용액 매질의 pH에 영향을 주고, 또 그것들의 구조와 반응성은 주위 pH의 영향을 받는다. 따라서 산-염기 화학을 이해하는 것은 많은 분자들의 생화학적 역할을 이해하는 데 필수적이다. 자료 2-1은 해양의 산성화가 해양 생물에 미치는 영향을 설명해 준다.

표 2.3 몇 가지 흔한 물질의 pH 값

물질	pH
1 M NaOH	14
가정용 암모니아	12
바닷물	8
혈액	7.4
우유	7
침	6.6
토마토 주스	4.4
식초	3
위액	1.5
1M HCl	0

예시 계산 2-1

1.0리터의 순수한 물에 1.0×10^{-4}몰의 H^+ (HCl로)를 넣었다. 용액의 최종 pH를 구하시오.

순수한 물은 pH가 7이므로 $[H^+]=10^{-7}$ M이다. 첨가된 H^+는 1.0×10^{-4} M 농도이므로 이미 존재하는 $[H^+]$를 능가한다. 따라서 전체 $[H^+]$는 1.0×10^{-4} M이고, pH는 $-\log[H^+]$와 같으므로 $-\log(1.0\times10^{-4})=4$이다.

자료 2-1 생화학의 전망 해양 산성화의 결과

인류에 의한 대기 중 이산화 탄소의 증가는 지구 온난화를 통해 기후 변화에 영향을 주고 있으며 지구의 해양 화학에도 영향을 주고 있다. 대기의 CO_2는 물에 녹은 후 물과 반응하여 탄산을 생성하며, 이것은 즉시 양성자와 탄산수소 이온으로 해리된다.

$$CO_2 + H_2O \rightleftharpoons H_2CO_3 \rightleftharpoons H^+ + HCO_3^-$$

이산화 탄소로부터 생성된 탄산에 의해서 수소 이온이 첨가되면 pH가 감소한다. 현재 지구 해양은 약간 염기성으로 pH는 약 8.0이다. 다음 100년 동안에 걸쳐서 해양 pH는 약 7.8로 낮아질 것으로 예측된다. 해양은 CO_2 '싱크'로 작용하며 대기 중 CO_2의 증가를 완화시키는 데 도움을 주지만, 해양 환경의 산도 증가로 새로운 환경에 적응해야 하는 생물들은 커다란 도전에 직면하게 된다.

연체동물, 여러 가지 산호, 몇몇 플랑크톤을 비롯한 다양한 해양생물들은 탄산 칼슘($CaCO_3$)으로 된 보호용 껍데기를 만들기 위하여 용해된 탄산 이온을 이용한다. 그런데 탄산 이온은 H^+와 결합하여 탄산수소 이온을 형성할 수 있다.

$$CO_3^{2-} + H^+ \rightleftharpoons HCO_3^-$$

따라서 해양의 산도 증가는 탄산 이온의 이용 가능성을 감소시켜 껍데기를 만드는 생물들의 성장을 느리게 만든다. 실제로 실험 결과, 산성 조건에서는 성게와 산호 같은 생물에서 칼슘화가 감소된다는 것이 알려졌다. 해양 산성화는 탄산에 기반을 둔 현존하는 산호초를 용해시킬 수도 있다. 산호초는 종들이 다양한 생태계이며 해양 먹이 사슬의 중요한 성분이다.

$$CaCO_3 + H^+ \rightleftharpoons HCO_3^- + Ca^{2+}$$

흥미롭게도 껍데기를 만드는 모든 생물이 고농도의 CO_2에 같은 방법으로 반응하지는 않는다. 석회비늘편모류(coccolithophore, 탄산 칼슘 판으로 둘러싸인 단세포 진핵생물, 그림 참조)를 이용한 실험 결과에서 어떤 조건에서는 오히려 CO_2 증가가 실제로 칼슘화를 증가시키는 데 기여하는 탄산수소염을 증가시키는 것으로 나타났다.

STEVE GSCHMEISSNER / Photolibrary

$$Ca^{2+} + 2\ HCO_3^- \longrightarrow CaCO_3 + CO_2 + H_2O$$

이런 결과는 해양 생물에 대한 증가된 CO_2의 충격은 pH 감소의 단순한 문제가 아닐 수 있으며 용해된 CO_2, HCO_3^-, CO_3^{2-}를 비롯한 모든 탄소종들의 상대적 양이 나타내는 더 복잡한 작용일 수도 있다는 것을 제시한다.

산은 양성자를 내놓을 수 있다. 1923년에 브뢴스테드(Johannes Brønsted)와 로우리(Thomas Lowry)가 제안한 더 일반적인 정의에 의하면 **산은 양성자를 내놓을 수 있는 물질이고, 염기는 양성자를 받아들일 수 있는 물질이다.** 브뢴스테드-로우리 정의에 따르면 산-염기 반응은 다음과 같이 적을 수 있다.

$$HA + H_2O \rightleftharpoons H_3O^+ + A^-$$

GATEWAY CONCEPT 산-염기 화학
산은 염기(양성자 받개)가 존재할 때만 산(양성자 주개)으로 작용할 수 있으며 염기의 경우도 마찬가지이다. 산은 짝염기를 가져야 하며 염기는 짝산을 가져야 한다. 평형식에서 반응물이 빠졌다면 그것은 물이나 그 짝이온들(H_3O^+ 또는 OH^-)이라고 가정한다.

산(HA)은 염기(H_2O)와 반응하여 산의 **짝염기(conjugate base**, A^-)와 염기의 **짝산(conjugate acid**, H_3O^+)을 형성한다. 따라서 아세트산 이온(CH_3COO^-)은 아세트산(CH_3COOH)의 짝염기이며, 암모늄 이온(NH_4^+)은 암모니아(NH_3)의 짝산이다. 산-염기 반응은 흔히 H_2O가 참여하고 있지만 다음과 같이 간단하게 나타낸다.

$$HA \rightleftharpoons H^+ + A^-$$

염기성 물질 B에 대한 다른 방식의 표현은 다음과 같다.

$$HB^+ \rightleftharpoons H^+ + B$$

산의 세기는 해리 상수로 나타낸다. 산-염기 반응의 평형 상수는 '반응물' 농도를 분모에, '생성물' 농도를 분자에 표시하는 해리 상수로 나타낸다.

표 2.4 25°C에서 몇 가지 산의 해리 상수와 p*K* 값

산	*K*	p*K*
옥살산	5.37×10^{-2}	1.27 (pK_1)
H_3PO_4	7.08×10^{-3}	2.15 (pK_1)
폼산	1.78×10^{-4}	3.75
석신산	6.17×10^{-5}	4.21 (pK_1)
옥살산 이온	5.37×10^{-5}	4.27 (pK_2)
아세트산	1.74×10^{-5}	4.76
석신산 이온	2.29×10^{-6}	5.64 (pK_2)
2-(*N*-모폴리노)에테인설폰산(MES)	8.13×10^{-7}	6.09
H_2CO_3	4.47×10^{-7}	6.35 (pK_1)[a]
피페라진-*N*,*N*′-비스(2-에테인설폰산)(PIPES)	1.74×10^{-7}	6.76
$H_2PO_4^-$	1.51×10^{-7}	6.82 (pK_2)
3-(*N*-모폴리노)프로페인설폰산(MOPS)	7.08×10^{-8}	7.15
N-2-하이드록시에틸피페라진-*N*′-2-에테인설폰산(HEPES)	3.39×10^{-8}	7.47
트리스(하이드록시메틸)아미노메테인(Tris)	8.32×10^{-9}	8.08
붕산	5.75×10^{-10}	9.24
NH_4^+	5.62×10^{-10}	9.25
글라이신(아미노기)	1.66×10^{-10}	9.78
HCO_3^-	4.68×10^{-11}	10.33 (pK_2)
피페리딘	7.58×10^{-12}	11.12
HPO_4^{2-}	4.17×10^{-13}	12.38 (pK_3)

[a]p*K* 값은 전체 반응 $CO_2 + H_2O \rightleftharpoons H_2CO_3 \rightleftharpoons H^+ + HCO_3^-$에 대한 것임. 자료 2-2를 참조

출처: Dawson, R.M.C., Elliott, D.C., Elliott, W.H., and Jones, K.M., *Data for Biochemical Research* (3rd ed.), pp. 424–425, Oxford Science Publications (1986); *and* Good, N.E., Winget, G.D., Winter, W., Connolly, T.N., Izawa, S., and Singh, R.M.M., *Biochemistry* **5**, 467 (1966).

? 여기에 나타낸 물질 중 어느 것이 가장 강한 산인가?

$$K = \frac{[H_3O^+][A^-]}{[HA][H_2O]} \qquad [2\text{-}5]$$

묽은 농도에서 물의 농도는 거의 상수인 55.5 M($1000\ g\cdot L^{-1}/18.015\ g\cdot mol^{-1} = 55.5$ M)이다. 따라서 관습적으로 $[H_2O]$ 항은 해리 상수와 결합되어 다음 형태가 된다.

$$K_a = K[H_2O] = \frac{[H^+][A^-]}{[HA]} \qquad [2\text{-}6]$$

그러나 간단히 나타내기 위하여 앞으로 아래 첨자 '*a*'를 생략할 것이다.

몇 가지 흔한 산의 해리 상수를 **표 2-4**에 나타내었다. 산 해리 상수는 $[H^+]$ 값처럼 때로 다루기가 어렵기 때문에 다음 식과 같이 **p*K*** 값으로 전환한다.

$$pK = -\log K \qquad [2\text{-}7]$$

이것은 식 2-4와 비슷하다.

산은 상대적 세기, 즉 물에 양성자를 전달하는 능력에 따라 분류할 수 있다. 표 2-4에는 수용액에서 부분적으로만 이온화하기 때문에($K<1$) **약산(weak acid)**이라고 하

는 산들이 실려 있다. $HClO_4$, HNO_3, HCl 같이 흔히 무기산이라고 하는 것 중 많은 것은 **강산(strong acid)**이다($K \gg 1$). 강산은 그들의 모든 양성자를 H_2O로 빠르게 전달하기 때문에 **수용액에서 안정하게 존재할 수 있는 가장 강산은 H_3O^+이다.** 마찬가지로 **수용액에서 OH^-보다 더 센 염기는 존재하지 않는다.** 생물계에서 일어나는 거의 모든 산-염기 반응들은 H_3O^+(그리고 OH^-)와 약산(그리고 그것의 짝염기)을 포함하고 있다.

용액의 pH는 약산과 약염기의 상대적 농도에 의해서 결정된다. 용액의 pH와, 산과 그 짝염기 농도 사이의 관계는 쉽게 유도할 수 있다. 식 2-6을 재배열하면

$$[H^+] = K\frac{[HA]}{[A^-]} \quad [2\text{-}8]$$

각 항의 음의 로그를 취하면(그리고 식 2-4, 즉 $pH = -\log[H^+]$라고 하면), 다음과 같이 된다.

$$pH = -\log K + \log\frac{[A^-]}{[HA]} \quad [2\text{-}9]$$

$-\log K$를 pK로 치환하면(식 2-7),

$$\boxed{pH = pK + \log\frac{[A^-]}{[HA]}} \quad [2\text{-}10]$$

이 관계를 **헨더슨-하셀바흐 식(Henderson-Hasselbalch equation)**이라고 한다. **산(HA)과 짝염기(A^-)의 몰농도가 같으면 $\log([A^-]/[HA]) = \log 1 = 0$이므로 용액의 pH는 산의 p$K$와 값이 같다.** 헨더슨-하셀바흐 식은 예를 들면 알려진 양의 약산과 그 짝염기를 포함하는 용액의 pH 계산(예시 계산 2-2 참조)과 같은 계산에 매우 유용하다. 그러나 헨더슨-하셀바흐 식은 물 자체의 이온화는 고려하지 않으므로 강산이나 강염기 용액의 pH를 계산하는 데는 유용하지 않다. 예를 들면 강산 1 M 용액에서 $[H^+] = 1$ M이고 pH는 0이다. 강염기 1 M 용액에서 $[OH^-] = 1$ M이고, 따라서 $[H^+] = [OH^-]/K_w = 1 \times 10^{-14}$ M이므로 pH는 14이다.

예시 계산 2-2

5 M 아세트산 10 mL와 1 M 아세트산 소듐 10 mL를 포함하는 2 L 용액의 pH를 계산하시오.

먼저 모든 농도를 리터당 몰농도 단위를 사용하여 산과 그 짝염기의 농도를 구한다.

아세트산: (0.01 L)(5 M)/(2 L)
= 0.025 M

아세트산 소듐: (0.01 M)(1 M)/(2 L)
= 0.005 M

산과 짝염기의 농도를 헨더슨-하셀바흐 식에 대입한다. 아세트산의 pK 값을 표 2-4에서 찾는다.

pH = pK + log
([아세트산 이온]/[아세트산])

pH = 4.76 + log(0.005/0.025)

pH = 4.76 − 0.70

pH = 4.06

C 완충 용액은 pH 변화를 억제한다

1 L의 순수한 물에 1 M HCl 0.01 mL를 넣으면 물의 pH는 7에서 5로 변하는데, 이것은 $[H^+]$ 농도가 100배 증가한 것을 나타낸다. 그런 커다란 pH 변화는 대부분의 생물학적 계들에서 감당할 수 없는데, 이는 pH의 작은 변화조차도 생물학적 분자들의 구조와 기능에 극적인 영향을 주기 때문이다. 따라서 비교적 일정한 pH를 유지하는 것은 생체계에 매우 중요하다. 이것이 어떻게 가능한지 알아보기 위하여 강염기로 약산을 적정하는 것을 생각해 보자.

그림 2-17은 OH^-를 첨가함에 따라 아세트산, $H_2PO_4^-$, 암모늄 이온(NH_4^+) 용액의 pH가 변하는 것을 보여주고 있다. 이런 것과 같은 **적정 곡선(titration curve)**은 실험적 관찰이나 곡선을 따라서 점들을 계산하는 헨더슨-하셀바흐 식을 이용하여 작성할 수 있다(예시 계산 2-3 참조). OH^-가 HA와 반응할 때 생성물은 A^-와 물이다.

$$HA + OH^- \rightleftharpoons A^- + H_2O$$

그림 2-17의 적정 곡선에 관한 몇 가지 상세한 점을 알아야 한다.

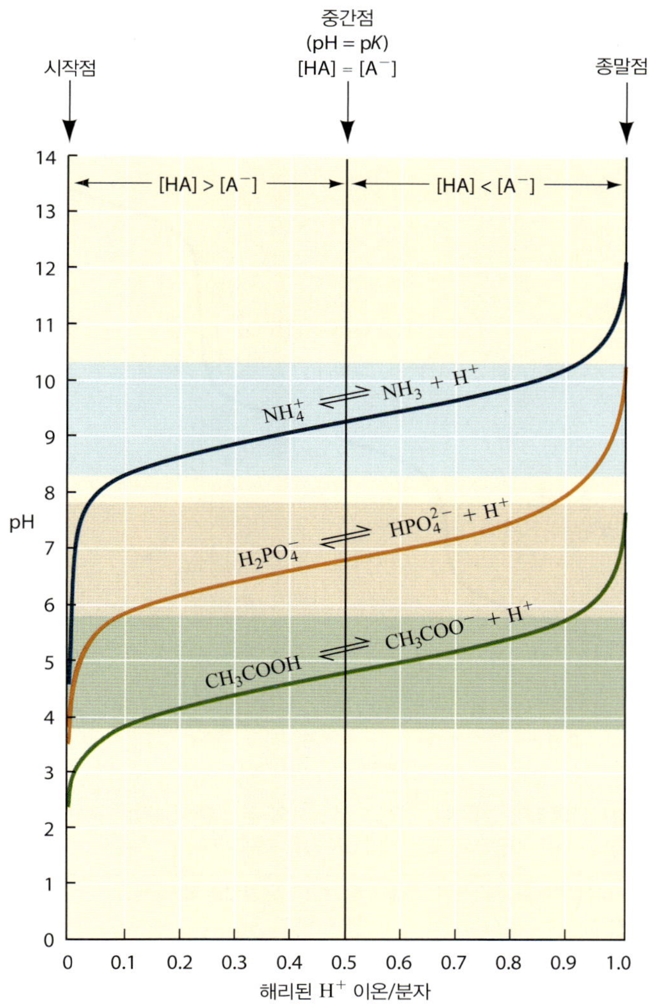

그림 2-17 아세트산, 인산, 암모니아의 적정 곡선 시작점에서는 산 형태가 우세하다. 강한 염기(예: NaOH)가 첨가됨에 따라 산은 그 짝염기로 전환된다. pH = p*K*인 적정의 중간점에서 산과 짝염기의 농도는 같다. 종말점(당량점)에서는 짝염기가 우세하고 첨가된 OH^-의 총량은 시작할 때 존재하던 산의 양과 같다. 색으로 표시한 띠 부분은 해당하는 용액이 완충 용액으로 작용할 수 있는 pH 범위를 나타낸다.

? 각 산의 p*K*는 대략적으로 얼마인가?

1. 곡선들은 비슷한 모양을 하고 있지만 pH 축을 따라 수직으로 이동되어 있다.
2. 각 적정의 중간점에서 pH는 값으로는 해당하는 산의 p*K*와 같다. 즉 이 점에서 $[HA] = [A^-]$이다.
3. 각 적정 곡선의 기울기는 양끝보다는 중간점 부근에서 훨씬 완만하다. $[HA] \approx [A^-]$**일 때 용액의 pH는 강염기나 강산의 첨가에 비교적 민감하지 않다.** 산-염기 **완충 용액(buffer)**이라고 하는 그런 용액은 소량의 첨가된 H^+나 OH^-가 각각 A^-나 HA와 반응하여 $\log([A^-]/[HA])$의 값을 크게 변화시키지 않기 때문에 pH 변화를 막는다.

H_3PO_4나 H_2CO_3와 같이 한 개 이상의 양성자를 잃을 수 있거나 한 번 이상의 이온화를 할 수 있는 물질을 **다양성자산(polyprotic acid)**이라고 한다. 그림 2-18에 나타낸 H_3PO_4와 같은 그런 분자들의 적정 곡선은 아세트산 같은 일양성자산의 적정 곡선보다 더 복잡하다. 다양성자산에는 이온화 단계마다 한 개씩 여러 개의 p*K* 값이 있다. 예를 들면 H_3PO_4에서는 한 개의 양성자 해리에서 생기는 이온 전하가 정전기적으로 추가적 양성자 해리를 억제하기 때문에 해당하는 p*K* 값이 증가되어 세 개의 해리 상수가 있다. 같은 방법으로 한 개 이상의 이온화할 수 있는 원자단을 가지는 분자에는 각 원자단에 대하여 구별된 p*K* 값이 있다. 서로 다른 p*K* 값을 가진, 여러 개의 이온

예시 계산 2-3

0.100 M 폼산과 0.100 M 폼산 소듐을 함유하는 1 L 용액에 5.00 M NaOH를 1.00 mL 첨가하기 전과 후의 pH를 계산하시오. NaOH를 1 L의 순수한 물에 첨가한다면 pH 변화는 얼마인가?

표 2-4에 따르면 폼산의 pK는 3.75이다. [폼산]=[폼산 이온]이므로 헨더슨-하셀바흐 식의 log([A⁻]/[HA]) 항은 0이고 pH = pK = 3.75이다. 1.00 mL의 NaOH를 넣어도 용액의 부피는 크게 변화하지 않으므로 [NaOH]는 (0.00100 L)(5.00 M)/(1.00 L) = 0.00500 M이다.

NaOH는 강염기이므로 완전히 해리하여 $[OH^-] = [NaOH] = 0.00500$ M이다. 이 OH^-는 폼산과 반응하여 폼산 이온과 H_2O를 생성한다. 따라서 폼산의 농도는 감소하고, 폼산 이온의 농도는 0.00500 M 증가한다.

새로운 폼산의 농도는 0.100 M − 0.00500 M = 0.095 M이고, 새로운 폼산 이온의 농도는 0.100 M + 0.00500 M = 0.105 M이다. 이 값들을 헨더슨-하셀바흐 식에 대입하면,

pH = pK + log([폼산 이온]/[폼산])

pH = 3.75 + log(0.105/0.095)

pH = 3.75 + 0.044

pH = 3.79

폼산 완충계가 존재하지 않으면 $[H^+]$와 pH는 직접 K_w로부터 구할 수 있다. $K_w = [H^+][OH^-] = 10^{-14}$이므로

$$[H^+] = \frac{10^{-14}}{[OH^-]} = \frac{10^{-14}}{(0.005)}$$

$$= 2 \times 10^{-12}\ \text{M}$$

$$\text{pH} = -\log[H^+] = -\log(2 \times 10^{-12}) = 11.7$$

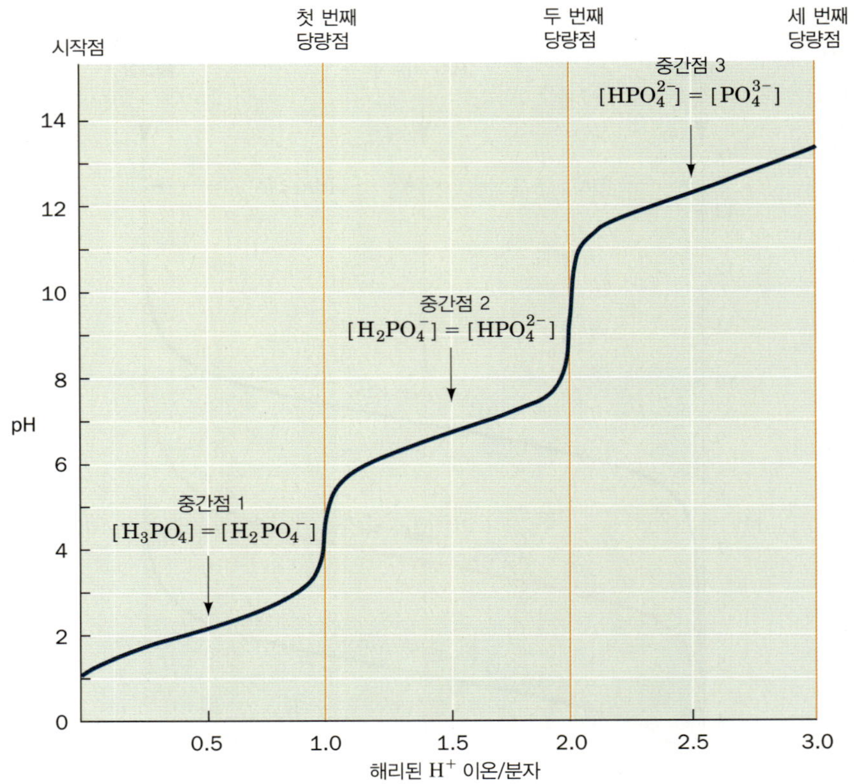

그림 2-18 다양성자산의 적정 H_3PO_4 적정의 첫 번째와 두 번째 당량점은 곡선의 가파른 부분에 있다. 각 단계에서 중간점의 pH는 해당하는 이온화의 pK 값을 제공한다.

? 다양성자산인 석신산의 적정 곡선을 그리고, 중간점과 당량점을 표지하라.

화할 수 있는 원자단을 가진 생체 분자에서 여러 해리 사건은 분명한 '평탄부'가 없는 적정 곡선을 만들 수 있다.

세포 내와 세포 간에 있는 생물학적 유체는 완충 작용을 잘 한다. 예를 들면 건강한 사람이 가진 혈액의 pH는 pH 7.4±0.05에 가깝게 통제되고 있다(자료 2-2 참조). 대부분의 생물학적 유체에 있는 인산과 탄산수소 이온은 이 범위의 pK를 가지기 때문에 중요한 완충 용액 물질이다(표 2-4). 더욱이 단백질과 일부 지질은 물론 작은 수많은 유기 분자 같은 생체 분자들은 생리학적 pH 범위에서 효과적으로 작용하는 완충 용액의 성분인 여러 가지 산-염기 원자단을 가지고 있다.

생체 분자의 성질이 용액의 산도에 따라 변화한다는 개념은 20세기 전까지도 완전히 밝혀지지 못하였다. 많은 초기의 생물학적 실험들은 시료의 산도를 통제하지 않고 수행되어 흔히 결과가 재현성이 좋지 않았다. 오늘날 생화학 재료들은 천연으로 존재하는 생물학적 유체들의 성질을 모방하여 관습적으로 완충을 시킨다. 완충 용액으로 사용할 수 있는 수많은 합성 화합물이 발달하였다. 그중 몇 가지를 표 2-4에 나타내었다. 이런 약산의 **완충 용량(buffering capacity**, 산이나 염기를 첨가할 때 pH 변화에 저항하는 능력)은 pH = pK 일 때 최대이다. 약산의 완충 범위는 그것의 pK 값의 1 pH 단위 안이라는 것을 기억하면 도움이 된다(예: 그림 2-17에서 색으로 나타낸 영역). 이 범위를 넘어서면 [A⁻]/[HA]>10이 되고, 용액의 pH는 넣어준 강염기에 따라 빠르게 변화한다. 마찬가지로 pK가 pH를 1 단위 이상 벗어나면 강산을 넣어주어도 완충 용액은 능력을 잃는다.

자료 2-2 건강과 질병의 생화학 혈액 완충계

탄산수소 이온은 사람의 혈액에서 가장 중요한 완충 화합물이다. 단백질과 유기산을 포함하는 다른 완충제들은 훨씬 낮은 농도로 존재한다. 혈액의 완충 용량은 주로 두 가지 평형에 따라 변화한다. (1) 혈액에 녹은 기체 CO_2와 다음 반응에 의해 생성된 탄산 사이의 평형

$$CO_2 + H_2O \rightleftharpoons H_2CO_3$$

(2) 탄산과 H^+의 해리에 의해 생성된 탄산수소 이온 사이의 평형

$$H_2CO_3 \rightleftharpoons H^+ + HCO_3^-$$

이 연속된 두 반응의 전체 pK는 6.35이다(HCO_3^-가 CO_3^{2-}로 더 해리되는 것, pK=10.33은 생리적 pH에서 의미가 없다).

대사에서 생성되는 H^+ 때문에 혈액의 pH가 떨어지면 탄산수소 이온-탄산 평형은 탄산 쪽으로 더 이동한다. 동시에 탄산은 물을 잃고 CO_2가 되고, 이것은 폐에서 기체 CO_2로 방출된다. 역으로 혈액의 pH가 높아지면 상대적으로 더 많은 HCO_3^-가 생성된다. 호흡이 조절되어 폐에 있는 CO_2를 혈액으로 다시 넣어 탄산으로 전환한다. 이런 방법으로 거의 일정한 수소 이온 농도가 유지된다. 신장도 HCO_3^-와 NH_4^+를 배출하여 산-염기 균형을 유지하는 역할을 한다.

혈액 완충계가 교란되어 pH가 7.1로 낮아지면 **산증(acidosis)**, pH가 7.6으로 높아지면 **알칼리증(alkalosis)**이라는 병이 생긴다('정상'값 7.4에서 0.05 단위 이하로 변하는 것은 그리 중요하지 않다). 예를 들면 CO_2를 효율적으로 버출하지 못하는 폐부전증은 호흡성 산증을 일으킬 수 있다. 과호흡은 CO_2의 배출을 가속하여 호흡성 알칼리증을 일으킬 수 있다. 식품에 있는 선구 물질로부터 유기산이 과도하게 생산되거나 운동하는 동안 젖산 수치가 갑자기 변화되거나, 조절되지 못한 **당뇨병(diabetes**, 22-4B절)은 대사성 산증이 생길 수 있다.

산-염기 불균형은 그 원인이 되는 생리적 문제를 교정하는 것이 가장 좋은 완화 방법이다. 간단히 말해서, 산증은 흔히 $NaHCO_3$를 정맥으로 주사하여 치료한다. 알칼리증은 치료가 더 힘들다. 대사성 알칼리증은 때때로 KCl이나 NaCl에 반응하며(추가된 Cl^-가 신장이 H^+를 배출하는 데 도움을 준다), 호흡성 알칼리증은 CO_2가 풍부한 공기를 호흡하면 좋아질 수 있다.

실험실에서는 완충할 용액의 원하는 pH에 따라 완충 화합물을 선택한다. 대표적으로 화합물의 산성형과 그것의 용해성 염 중 한 가지를 원하는 pH를 얻는 데 필요한 (거의 같은) 몰 비로 녹이고, pH 미터를 이용하여 강한 산이나 염기로 용액을 적정하면서 세밀하게 조절한다(예시 계산 2-4 참조).

예시 계산 2-4

10 mM 붕산 소듐 용액 600 mL를 pH 9.45로 유지하기 위해서 2.0 M 붕산 용액을 몇 밀리리터 첨가해야 하는가?

헨더슨-하셀바흐 식을 재배열하여 $[A^-]/[HA]$ 항을 구한다.

$$pH = pK + \log\frac{[A^-]}{[HA]}$$

$$\log\frac{[A^-]}{[HA]} = pH - pK$$

$$\frac{[A^-]}{[HA]} = \log^{(pH-pK)}$$

알려진 pK 값(표 2-4에서)을 대입하고 pH를 구한다.

$$\frac{[A^-]}{[HA]} = 10^{(9.45-9.24)} = 10^{0.21} = 1.62$$

출발 용액은 $(0.6\ L)(0.01\ mol \cdot L^{-1})=0.006$ mol의 붕산염(A^-)을 함유한다. 필요한 붕산(HA) 양은 0.006 mol/1.62=0.0037 mol이다. 진한 붕산이 2.0 M이기 때문에 첨가될 붕산의 부피는 $(0.0037\ mol)/(2.0\ mol \cdot L^{-1}) = 0.0019$ L, 즉 1.9 mL이다.

체크 포인트

- 물 이온화의 생성물은 무엇인가? 그것들의 농도는 어떻게 연관되어 있는가?
- K_w가 10^{-10} 또는 10^{-20}이라면 물의 pH는 얼마인가?
- H^+ 또는 OH^-의 농도로부터 pH를 계산하는 방법을 설명하시오.
- **산**과 **염기**를 정의하시오.
- 산의 세기와 pK 값 사이의 관계는 무엇인가?
- 약산 또는 약염기 용액의 pH를 계산하는 것이 강산 또는 강염기 용액의 pH를 계산하는 것보다 더 복잡한 이유는 무엇인지 설명하시오.
- 일양성자산과 다양성자산의 적정 곡선을 그리고, 각 부분들에 대하여 표지를 붙이라.
- 산과 염기의 첨가에 대하여 pH 변화를 억제하려면 완충 용액은 어떤 성분을 포함해야 하는가?
- 생체 분자를 완충 용액에서 유지하는 것이 중요한 이유는 무엇인가?

요약

1 물의 물리적 성질

- 물은 모든 생물에 필수적이다.
- 물 분자는 두 개의 H 원자를 내놓고 두 개의 비공유 전자쌍을 받개로 사용할 수 있기 때문에 다른 분자들과 수소 결합을 형성할 수 있다.
- 액체 물은 각각이 이웃한 물 분자와 수소 결합을 네 개까지 형성하는 물 분자들의 불규칙한 그물 구조이다.
- 이온과 극성 분자 같은 친수성 물질은 물에 쉽게 녹는다.
- 소수성 효과는 물이 무극성 물질과의 접촉을 최소화하려는 경향이다.
- 물 분자는 삼투에 의해서 고농도 영역에서 저농도 영역으로 이동한다. 용질은 확산에 의해서 고농도 영역에서 저농도 영역으로 이동한다.

2 물의 화학적 성질

- 물은 H^+(하이드로늄 이온 H_3O^+를 나타냄)와 OH^-로 이온화한다.
- 용액의 H^+ 농도는 pH 값으로 표시한다. 산성 용액에서는 pH<7, 염기성 용액에서는 pH>7, 중성 용액에서는 pH=7이다.
- 산은 양성자를 내놓고 염기는 양성자를 받아들인다. 산의 세기는 그 pK 값으로 표시한다.
- 헨더슨–하셀바흐 식은 용액의 pH와 산의 pK, 산과 그 짝염기의 농도를 관련짓는다.
- 완충된 용액은 완충 종의 pK에서 1 pH 단위 안에서 pH의 변화에 저항한다.

주요 용어

K_w
pH
pK
강산(strong acid)
극성(polar)
다양성자산(polyprotic acid)
두겹층(bilayer)
런던 분산력(London dispersion force)
마이셀(micelle)
산(acid)
산성 용액(acidic solution)
산증(acidosis)
삼투(osmosis)
삼투압(osmotic pressure)
소수성(hydrophobic)
소수성 효과(hydrophobic effect)
수산화 이온(hydroxide ion)
수소 결합(hydrogen bond)
수화(hydration)
수화된 물(water of hydration)
알칼리증(alkalosis)
약산(weak acid)
양쪽성(amphipathic)
양성자 도약(proton jumping)
염기(base)
염기성 용액(basic solution)
완충 용량(buffering capacity)
완충 용액(buffer)
용매화(solvation)
적정 곡선(titration curve)
중성 용액(neutral solution)
짝산(conjugate acid)
짝염기(conjugate base)
총괄성(colligative properties)
친수성(hydrophilic)
친양쪽성(amphiphilic)
투석(dialysis)
반데르발스 거리(van der Waals distance)
반데르발스 힘(van der Waals force)
하이드로늄 이온(hydronium ion)
해리 상수(dissociation constant)
헨더슨–하셀바흐 식 (Henderson – Hasselbalch equation)
확산(diffusion)

문제

연습 문제

1. 다음 분자들에서 수소 결합의 주개와 받개를 찾으시오.

(a)
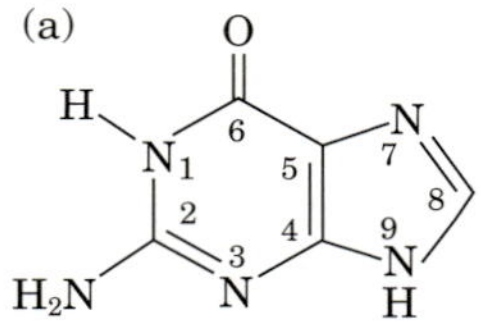

(b)
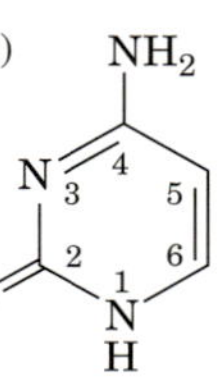

(c)
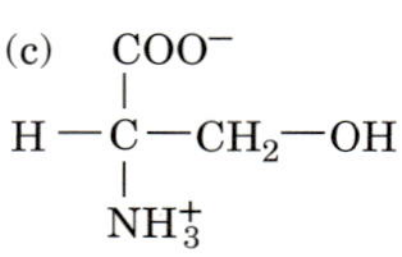

2. 다음 화합물을 물에 대한 용해도의 순으로 나열하시오.

(a) $H_3C-CH_2-O-CH_3$

(b)
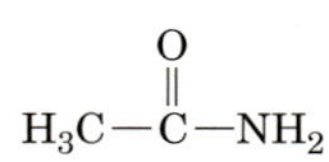

(c)
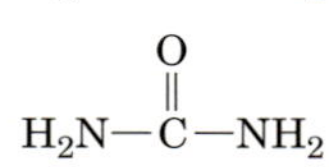

(d) $H_3C-CH_2-CH_3$

(e)
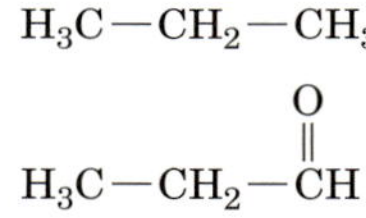

3. 한 숟가락이 약 18 mL라고 가정하면, 물 한 숟가락에는 대략 몇 개의 H_2O 분자가 들어 있겠는가?

4. 대장균 세포 하나에는 2.6×10^8개의 이온이 들어 있는데, 이는 세포 질량의 1%를 이루며, 각 이온의 평균 분자량은 40 g이다.

(a) 세포의 질량은 대략 얼마인가?

(b) 같은 세포에 탄수화물 분자 약 2×10^8개가 들어 있다. 탄수화물 분자의 평균 분자량은 150 $g\cdot mol^{-1}$이다. 탄수화물은 세포 질량의 약 몇 퍼센트인가?

(c) 대장균 DNA의 분자량은 약 5.6×10^9 $g\cdot mol^{-1}$이고, 이것은 세포 질량의 약 0.6%에 해당한다. 세포에 들어 있는 DNA 분자는 몇 개인가?

5. 팔미트산 마이셀을 함유하는 물에서 다음 물질들은 어디에 분포하겠는가?

(a) $^+H_3N-CH_2-COO^-$ (b) $^+H_3N-(CH_2)_{11}-COO^-$

6. 팔미트산 마이셀을 함유한 물에서 다음 물질 부분은 어디에 존재하는가?

(a) $H_3C-(CH_2)_{11}-COO^-$ (b) $H_3C-(CH_2)_{11}-CH_3$

7. 순수한 물을 담은 투석 주머니를 바닷물이 들어 있는 비커에 넣으면 어떤 현상이 일어날지 설명하시오. 투석막이 물을 투과시키지만 용질을 투과시키지 않는다면 어떤 현상이 일어나겠는가?

8. 적혈구의 내부 염 농도는 ~150 mM이다. 적혈구 세포를 500 mM 염의 비커에 넣는다. (a) 세포막이 물에는 투과성이지만 이온에는 불투과성이라면, 삼투의 측면에서 적혈구에는 어떤 일이 일어날까? (b) 막이 이온에 투과성이라면 용질은 세포의 안쪽으로 이동하는가, 바깥쪽으로 이동하는가?

9. 다음 산들의 짝염기의 구조를 그리시오.

(a)
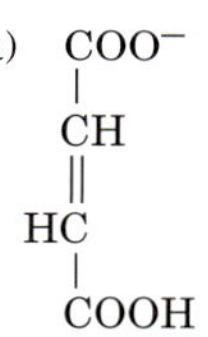

(b)
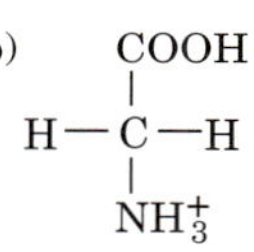

10. 다음 산들의 짝염기의 구조를 그리시오.

(a)
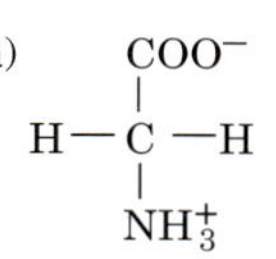

(b)
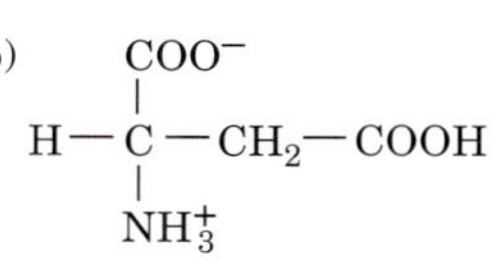

11. pH 4, 8, 11에서 우세한 암모니아의 이온 종들의 구조를 나타내시오.

12. pH 4, 8, 11에서 우세한 인산의 이온 종들의 구조를 나타내시오.

13. 순수한 물에 1 mM HCl 용액 50 mL를 넣은 200 mL 용액의 pH를 구하시오.

14. 다음을 각각 포함하는 1 L 용액의 pH를 구하시오. (a) 5 M NaOH 10 mL, (b) 100 mM 글라이신 10 mL와 5 M HCl 20 mL, (c) 2 M 아세트산 10 mL와 아세트산 소듐 (화학식량 82 $g\cdot mol^{-1}$) 5 g

15. 2.0 M K_2HPO_4 50 mL와 2.0 M KH_2PO_4 25 mL를 섞어서 용액을 만들었다. 이 용액을 최종 부피 200 mL로 묽혔다. 최종 용액의 pH는 얼마인가?

16. 0.1 M HA와 0.2 M A^-를 포함하는 용액의 pH가 6.5라면, 약산 HA의 pK는 얼마인가?

17. (a) 어느 순간에 pH 7.0의 순수한 물 1 L에서 이온화하는 물 분자의 수는 몇 개인가? (b) 이 수는 전체 물 분자의 몇 퍼센트인가?

18. (a) pH 5에서 인산과 석신산 중 어느 것이 더 좋은 완충 용액인가?

(b) pH 9에서 암모니아와 피페리딘 중 어느 것이 더 좋은 완충 용액인가?

(c) pH 7.5에서 HEPES와 Tris 중 어느 것이 더 좋은 완충 용액인가?

도전 질문

19. NaCl 같은 염 결정이 벤젠(C_6H_6)에서는 그대로 있지만 물에서는 이온으로 해리하는 이유를 쿨롱 법칙(식 2-1)을 이용하여 설명하시오.

20. HEPES의 해리에 대한 표준 자유 에너지 변화를 계산하시오.

21. 어떤 C—H기는 약한 수소 결합을 형성할 수 있다. C가 N 옆에 위치하면 그런 기는 수소 결합 주개가 될 것 같은 이유는 무엇인가?

22. 새로 왁스칠을 한 자동차 표면에서 물은 왜 거의 구형을 형성하는가? 깨끗한 자동차 앞 유리창에서 물은 왜 구형이 아닌가?

23. 여러 가지 식품은 상하지(미생물 번식) 않도록 냉장 보관해야 한다. 꿀(무게로 약 82%의 탄수화물)에는 실온에서도 미생물이 번식하지 않는 이유를 설명하시오.

24. 0.5 M NaCl 용액에 들어 있는 단백질 시료가 5 mL 있다. 단백질/염 시료를 투석 주머니 안에 넣고(그림 2-14) 이것을 증류수가 들어 있는 큰 비커에 넣었다. 시료에서 될 수 있는 대로 많은 NaCl을 제거하는 것이 목표라면, 다음 중 어느 것이 보다 효과적인가? (1) 투석 주머니를 4 L의 증류수에 12시간 동안 넣는다. (2) 주머니를 1 L의 증류수에 6시간 동안 넣은 후 다시 다른 증류수에 6시간 동안 넣는다.

25. 신장병 환자에서는 흔히 대사성 산증이 생긴다. 그런 환자가 투석을 한다면 투석액에는 혈액보다 더 높은 탄산수소 소듐이 포함된다. 이렇게 할 때 환자가 얻는 이점을 설명하시오.

26. 신장은 혈액에서 암모니아를 제거하는 기능을 한다. 암모니아의 pK 값에 근거하여 볼 때, 혈액 중에 우세한 암모니아 분자 형태는 무엇인가? 이 분자는 쉽게 신장 세포의 소수성 지질막을 확산할 수 있을까?

27. 대리석은 주로 탄산 칼슘($CaCO_3$)으로 이루어져 있다. 대리석 판 위에 토마토 주스를 쏟으면 표면이 파인다. 어떤 일이 일어나는지 화학적으로 설명하시오.

28. 빠르게 성장하는 *Burkholderia* 박테리아는 정상적으로는 폐기물로서 암모니아를 생성한다. 암모니아가 축적되면 옥살산을 동시에 생성할 수 없는 돌연변이 박테리아가 죽는다. 정상적 *Burkholderia* 박테리아 세포가 죽음을 피하는 방법을 설명하시오.

29. 용액이 pH 6.0이고 전체 용질 농도가 50 mM이 되려면 1 L의 물에 석신산 소듐(화학식량 140 g·mol^{-1})과 석신산 다이소듐(화학식량 162 g·mol^{-1})을 몇 그램씩 넣어야 하는가?

30. 100 mM 인산 용액 100 mL를 pH 4에서 9로 조절하려고 할 때 넣어야 하는 5 M NaOH 용액의 부피를 계산하시오.

31. 4°C에서 단백질을 정제하는 데 이용할 pH 7.5의 완충 용액이 필요하다. pK 8.08, $\Delta H°=50$ kJ·mol^{-1}인 Tris가 선택되었다. 25°C에서 0.01 M, pH 7.5인 Tris 완충 용액을 조심스럽게 만든 후 냉장고에 넣어 정제 온도로 온도 평형을 이루게 하였다. 온도 평형이 이루어진 완충 용액의 pH를 측정하니 8.1로 증가되어 있었다. 이 증가의 이유를 설명하시오. 이 문제를 어떻게 해결하겠는가?

32. 글라이신 염산염($Cl^-H_3N^+CH_2COOH$)은 카복실기와 암모늄기를 포함하는 이양성자산이어서 아미노산으로 불린다. 이것은 흔히 생화학적 완충 용액으로 이용된다.
   (a) 카복실기와 암모늄기의 양성자 중에서 어느 것이 더 낮은 pH에서 해리할 것으로 예상되는가?
   (b) $Cl^-H_3N^+CH_2COOH$의 첫 번째와 두 번째 양성자의 해리를 나타내는 화학 반응식을 적으시오.
   (c) 0.01 M $Cl^-H_3N^+CH_2COOH$와 1차 해리된 종 0.02 M을 포함하는 용액의 pH=2.65이다. 이 해리의 pK는 얼마인가?
   (d) 그림 2-18과 비슷한 형태로 이 이양성자산의 적정 곡선을 그려보시오.

참고 문헌

Finney, J.L., Water? What's so special about it? *Philos. Trans. R. Soc. London B Biol. Sci.* **29**, 1145 – 1163 (2004). [Includes discussions of the structure of water molecules, hydrogen bonding, structures of ice and liquid water, and how these relate to biological function.]

Gerstein, M. and Levitt, M., Simulating water and the molecules of life, *Sci. Am.* **279**(11), 101 – 105 (1998). [Describes the structure of water and how water interacts with other molecules.]

Good, N.E., Winget, G.D., Winter, W., Connolly, T.N., Izawa, S., and Singh, R.M.M., Hydrogen ion buffers for biological research, *Biochemistry* **5**, 467 – 477 (1966). [A classic paper on laboratory buffers.]

Halperin, M.L., Goldstein, M.B., and Kamel, K., *Fluid, Electrolyte, and Acid – Base Physiology: A Problem–Based Approach* (4th ed.),
Saunders – Elsevier (2010). [Includes extensive problem sets with explanations of basic science as well as clinical effects of acid–base disorders.]

Jeffrey, G.A. and Saenger, W., *Hydrogen Bonding in Biological Structures*, Chapters 1, 2, and 21, Springer (1994). [Reviews hydrogen bond chemistry and its importance in small molecules and macromolecules.]

Lynden–Bell, R.M., Morris, S.C., Barrow, J.D., Finney, J.L., and Harper, C.L., Jr., *Water and Life: The Unique Properties of H_2O*, CRC Press (2010).

Segel, I.H., *Biochemical Calculations* (2nd ed.), Chapter 1, Wiley (1976). [An intermediate level discussion of acid – base equilibria with worked–out problems.]

Tanford, C., *The Hydrophobic Effect: Formation of Micelles and Biological Membranes* (2nd ed.), Chapters 5 and 6, Wiley – Interscience (1980). [Discusses the structures of water and micelles.]

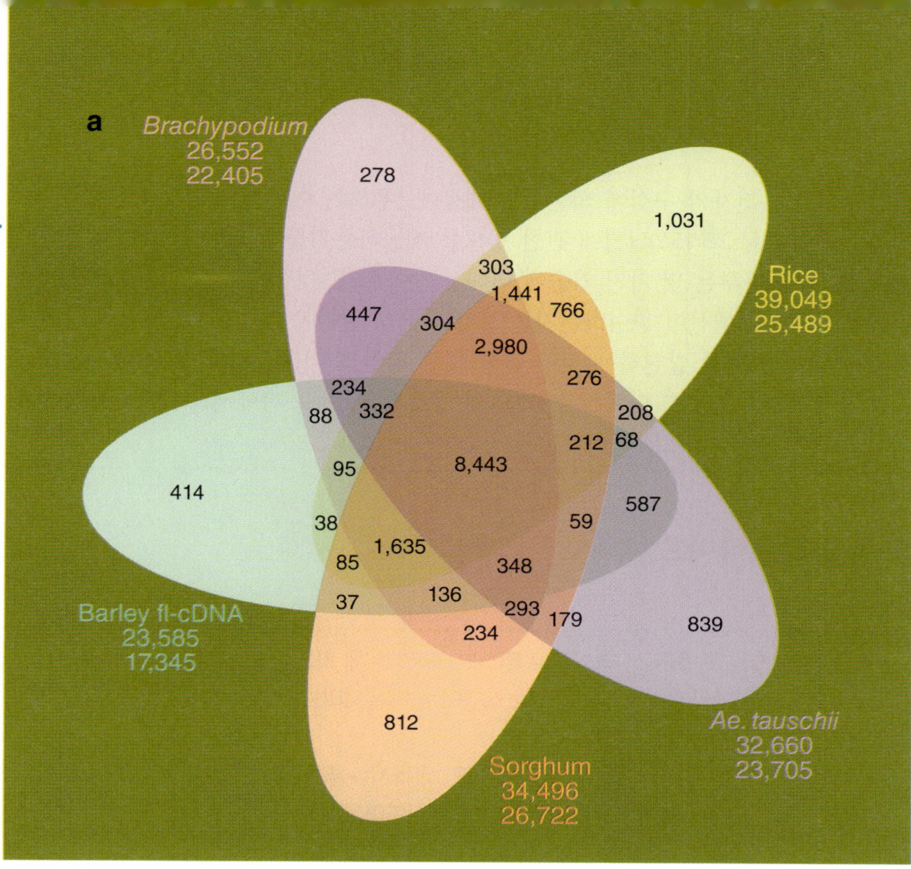

Jizeng Jia et al., *Nature*, **496**, 91–95 (04 April 2013), doi:10.10138/nature/2028

다섯 종류의 곡물에 의해 공유되는 유전자군은 중첩된 형태로 묘사되어 있다. 시료의 DNA에 있는 유전자를 식별함으로써, 연구자들은 공통된 유전적 성질을 가지고 있거나 유기체에 고유한 기능을 제공하는 유전자의 특성을 파악할 수 있다.

CHAPTER 3

뉴클레오타이드, 핵산, 유전 정보

유기체는 생활 양식과 거시적인 형태에서 확실히 차이가 있음에도 불구하고 분자 수준에서 매우 유사함을 나타낸다. 모든 세포들의 구조와 대사 작용의 활성은 아미노산, 탄수화물, 지질, 뉴클레오타이드와 이들의 고분자 형태를 포함하는 공통적인 분자에 의존한다. 각 화합물은 화학적인 구성, 다른 분자들과의 상호작용, 생리적인 기능에 의해서 설명될 수 있다. 여기서는 생체 물질인 **뉴클레오타이드(nucleotide)**와 이들의 중합체인 **핵산(nucleic acid)**에 대해서 논의를 시작한다.

뉴클레오타이드는 거의 모든 면에서 세포의 활동에 포함된다. 그들은 특별히 산화-환원 반응, 에너지 전이, 세포 내 신호 전달, 생합성 반응에 참여한다. 그들의 중합체인 핵산 DNA와 RNA는 유전 정보의 번역과 저장에 가장 중요한 물질이다. 뉴클레오타이드와 핵산은 또한 세포의 구조와 촉매의 기능들을 수행한다. 어떤 다른 분자들은 이런 다양한 기능과 그중에서 생명에 필수적인 많은 기능에 관계되지 않는다.

진화론자들의 가설은 뉴클레오타이드의 출현이 주위로부터 에너지를 얻고 저장할 수 있거나, 무엇보다 중요한 자신들을 복제할 수 있는 미생물의 진화를 가능하게 하였다는 것이다. 비록 초기 생명체의 화학적이고 생물학적인 상세함은 추측이지만, 우리가 알고 있는 생명은 뉴클레오타이드와 핵산의 화학과 연관된 풀리지 않는 것이다.

이 장에서는 뉴클레오타이드 및 핵산인 DNA와 RNA의 구조를 간단히 알아본다. 또한 어떻게 이런 분자들의 화학이 뉴클레오타이드 서열의 형태로 생물학적인 정보를 전달할 수 있는지를 알아본다. 이런 정보는 RNA를 얻기 위한 DNA 조각의 전사 과정과 또 단백질을 생성하는 번역 과정에 의해서 표현된다. 세포의 구조와 기능은 극단적으로 유전자의 구성에 의존하기 때문에, 우리는 어떻게 유전체 DNA 서열이 진화, 신진대사, 그리고 질병에 관한 정보를 제공하는지를 논의한다. 끝으로 실험실에서 DNA를 다루는 몇 가지 기술에 대해서 알아본다. 뒷장에서 신진대사 과정에 뉴클레오타이드와 핵산이 관여하는지를 보다 자세히 살펴볼 것이다. 저장된 핵산의 역할과 유전적 정보를 발현하는 것에 관한 몇몇 장들의 서문으로서, 24장에서는 핵산 구조에 대한 추가 정보, 단백질과 DNA의 상호작용, 세포 속에서의 DNA 포장에 관하여 다루게 된다.

1 뉴클레오타이드

주요 개념

- 뉴클레오타이드의 질소성 염기들은 두 가지 퓨린과 세 가지 피리미딘으로 구성된다.
- 뉴클레오타이드는 질소성 염기, 리보스당이나 데옥시리보스당, 하나 이상의 인산기로 구성된다.
- DNA는 아데닌, 구아닌, 사이토신, 타이민 데옥시뉴클레오타이드인 반면, RNA는 아데닌, 구아닌, 사이토신, 유라실 뉴클레오타이드이다.

뉴클레오타이드는 구조적으로 상당히 다양하여 어디에나 존재하는 분자들이다. **뉴클레오타이드에는 일반적으로 8종류가 있으며, 각각은 적어도 하나의 인산기가 붙어 있는 당과 결합한 질소 성분의 염기(base)로 이루어져 있다.** 뉴클레오타이드의 염기는 **퓨린(purine)**이나 **피리미딘(pyrimidine)**의 구조 유도체로, 평면이며 방향성이고 이종 원자 고리 분자이다(비록 이들 유기 화합물들로부터 생체 내에서 합성되지는 않지만).

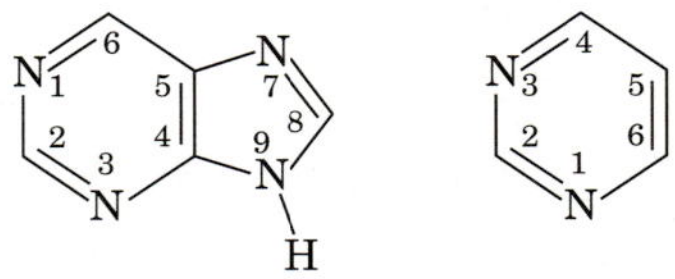

퓨린 피리미딘

가장 일반적인 퓨린은 **아데닌(adenine, A)**과 **구아닌(guanine, G)**이고, 주요 피리미딘은 **사이토신(cytosine, C)**, **유라실(uracil, U)**, **타이민(thymine, T)**이다. 퓨린은 오탄당(pentose)의 N9 원자와 결합을 형성하는 반면, 피리미딘은 동일한 당의 N1 원자와 결합을 형성한다(표 3-1).

리보뉴클레오타이드(ribonucleotide)에서 오탄당은 **리보스(ribose)**인 반면에, **데옥시리보뉴클레오타이드[deoxyribonucleotide, 또는 데옥시뉴클레오타이드(deoxynucleotide)]**에서 당은 **2′-데옥시리보스**(즉 2′ 탄소에 하이드록실기가 없다)이다.

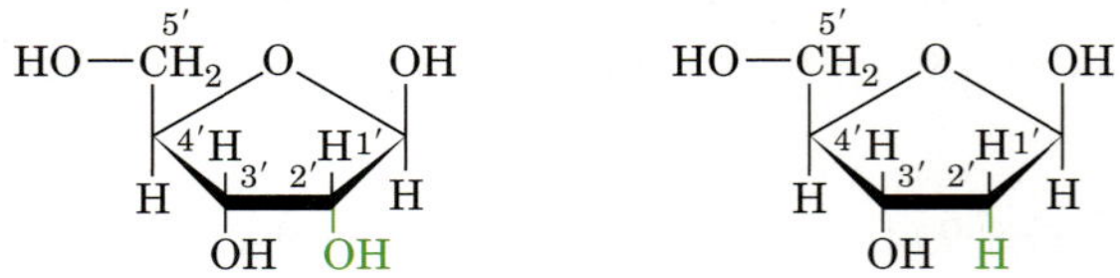

리보스 데옥시리보스

프라임(′)이 붙은 번호는 오탄당의 원자에 해당되고, '프라임이 없는 번호'는 질소를 가진 염기의 원자를 나타낸다.

표 3.1 핵산 염기, 뉴클레오사이드, 뉴클레오타이드의 명명과 약어

염기 화학식	염기 (X = H)	뉴클레오사이드 (X = 리보스[a])	뉴클레오타이드[b] (X = 리보스 인산[a])
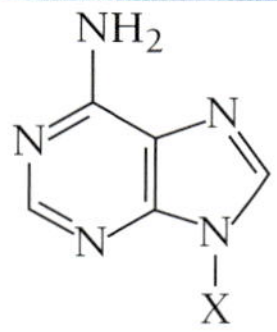	Adenine Ade A	Adenosine Ado A	Adenylic acid Adenosine monophosphate AMP
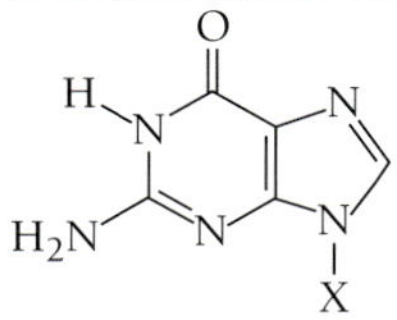	Guanine Gua G	Guanosine Guo G	Guanylic acid Guanosine monophosphate GMP
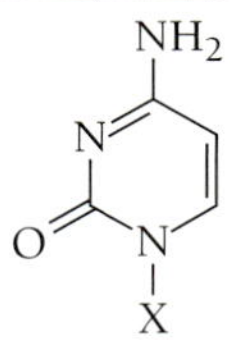	Cytosine Cyt C	Cytidine Cyd C	Cytidylic acid Cytidine monophosphate CMP
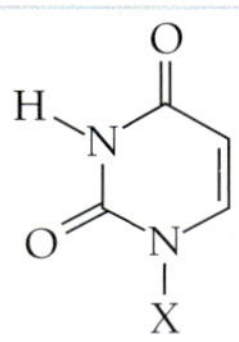	Uracil Ura U	Uridine Urd U	Uridylic acid Uridine monophosphate UMP
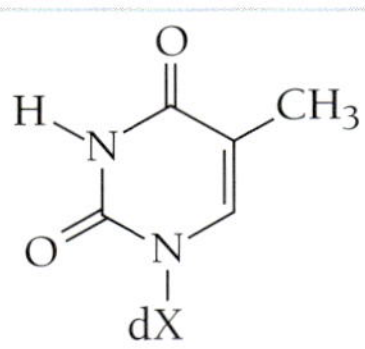	Thymine Thy T	Deoxythymidine dThd dT	Deoxythymidylic acid Deoxythymidine monophosphate dTMP

[a]DNA에서 자주 보는 리보스 대신에 2′-데옥시리보스 단위체가 존재할 때 '데옥시' 또는 'd'라는 접두어가 포함된다. 예를 들면 아데닌 데옥시뉴클레오사이드는 데옥시아데노신 또는 dA이다. 그러나 RNA에서 거의 볼 수 없는 타이민을 포함하는 물질에서 접두어는 불필요하여 제거해도 된다. 리보스 단위체의 존재는 접두어 '리보'를 명확히 포함한다.

[b]뉴클레오타이드에서 인산기의 위치는 3′-AMP나 5′-GMP에서 보듯이 명확히 표시된다.

? 표를 보지 말고, 각 염기와 그에 해당하는 뉴클레오사이드의 이름을 쓰라.

리보뉴클레오타이드 또는 데옥시리보뉴클레오타이드에서 하나 이상의 인산기가 오탄당의 C3′ 또는 C5′ 원자와 결합하여 각각 3′-뉴클레오타이드나 5′-뉴클레오타이드를 형성한다(**그림 3-1**). 인산기가 없을 때는 그 화합물을 **뉴클레오사이드(nucleoside)**라고 한다. 따라서 5′-뉴클레오타이드는 뉴클레오사이드-5′-일인산이라고 한다. 뉴클레오타이드는 C5′ 위치에 종종 한 개에서 세 개의 인산기를 가지는데, 이것을 일인산 뉴클레오사이드, 이인산 뉴클레오타이드, 삼인산 뉴클레오타이드라고 한다.

(a)

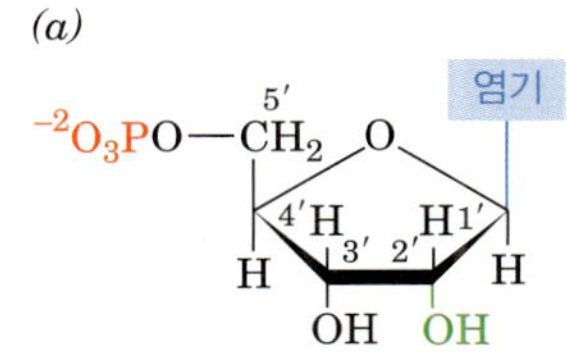

5′-Ribonucleotide

(b)

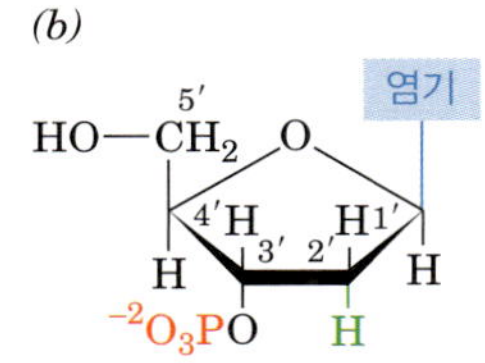

3′-Deoxynucleotide

그림 3-1 뉴클레오타이드의 화학 구조 *(a)* 5′-리보뉴클레오타이드, *(b)* 3′-데옥시뉴클레오타이드. 퓨린이나 피리미딘 염기는 오탄당의 C′과 결합하고 적어도 한 개의 인산(**적색**)이 또한 붙게 된다. 뉴클레오사이드는 염기와 오탄당으로만 구성된다.

? 뉴클레오사이드와 뉴클레오타이드의 순전하를 비교하라.

표 3-1에 공통의 염기, 뉴클레오사이드, 뉴클레오타이드의 구조, 명명 및 약어를 제시하였다. 리보뉴클레오타이드는 **RNA(ribonucleic acid)**의 구성 성분인 반면, 데옥시뉴클레오타이드는 **DNA(deoxyribonucleic acid)**의 구성 성분이다. 아데닌, 구아닌, 사이토신은 뉴클레오타이드와 데옥시뉴클레오타이드 모두에 존재한다(8개 뉴클레오타이드 중에서 6개에서). 그러나 유라실은 리보뉴클레오타이드에서, 타이민은 데옥시뉴클레오타이드에서 발견된다. 자유 뉴클레오타이드, 즉 음이온 형태는 세포에서 보통 양이온인 Mg^{2+}와 결합되어 있다.

뉴클레오타이드는 대사 반응에 참여한다. 세포에서 대다수의 뉴클레오타이드는 고분자 형태인 DNA나 RNA로 발견되며, 그들의 중요한 기능은 정보 저장과 정보 전달이다. 그러나 자유 뉴클레오타이드와 그들의 유도체는 유전 정보의 관리와 관계없는 매우 다양한 대사 작용의 기능을 수행한다.

아마 가장 잘 알려진 뉴클레오타이드는 **아데노신 삼인산(adenosine triphosphate, ATP)**으로 아데닌, 리보스, 삼인산기를 가진 뉴클레오타이드이다. 종종 ATP는 에너지 저장 분자로 잘못 생각된다. 그러나 정확하게 말하면 에너지 운반체 또는 에너지 전달 물질이다. 광합성 또는 탄수화물과 지방 같은 대사 과정의 연료의 절단 과정에서 **아데노신 이인산(adenosine diphosphate, ADP)**으로부터 ATP가 생성된다.

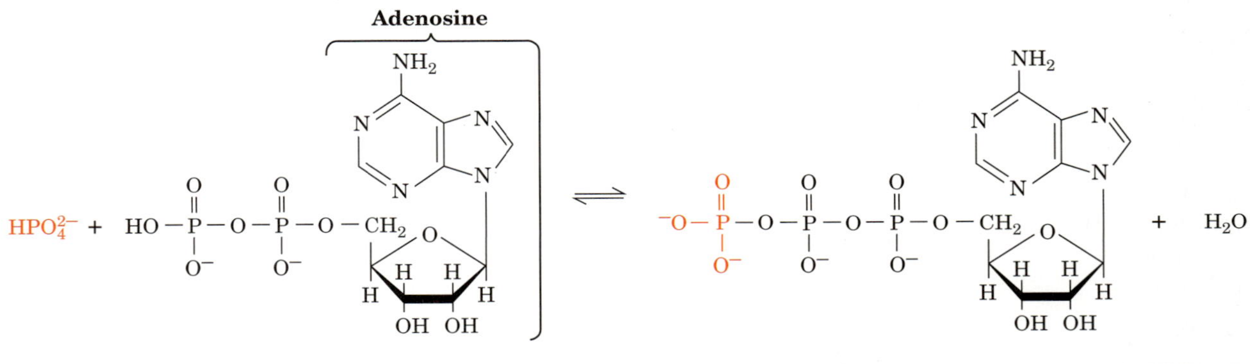

ATP는 세포 속으로 확산되어 생합성, 이온 운반, 세포 이동과 같은 다른 세포 내의 일에 에너지를 공급한다. ATP의 화학 퍼텐셜 에너지가 ATP에서 한 개 또는 두 개의 인산기를 다른 분자에 전이하는 것을 가능하게 한다. 이 과정이 앞 반응의 역과정, 즉 ATP를 ADP로 가수 분해하는 과정을 나타낸다(뒷장에서 보듯이, 세포에서 ATP와 ADP 사이의 상호 전환은 자유롭게 가역적으로 일어나지 않고 자유 인산기도 ATP로부터 직접적으로 거의 유리되지 않는다). 일상에서 세포 내 활동에 참여하는 ATP의 정도는 계산에 의하면 세포 내의 ATP 농도가 비교적 적당할 때(~5 mM), 사람은 보통 매일 자신의 무게에 해당하는 ATP 양을 재활용한다.

뉴클레오타이드 유도체들은 다양한 대사 과정에 관여한다. 예를 들면 식물에서 전분의 합성은 ADP–글루코스(그림 3-2)로부터 반복되는 글루코스 단위체의 첨가로 진행된다. 뒷장에서 보듯이 다른 뉴클레오타이드 유도체들은 산화–환원 반응을 수행하는 반응기를 가지고 있다. 글루코스처럼 작은 분자이거나 다른 뉴클레오타이드가 결합된 반응기들은 일인산기나 이인산기를 통하여 뉴클레오타이드에 연결되어 있다.

체크 포인트

- 핵산에서 퓨린과 피리미딘을 확인하라.
- 아데닌과 아데노신 그리고 아데닐레이트의 구조 그리기를 연습하라.
- 삼인산 리보뉴클레오사이드와 일인산 데옥시리보뉴클레오사이드의 화학적 차이를 묘사하라.

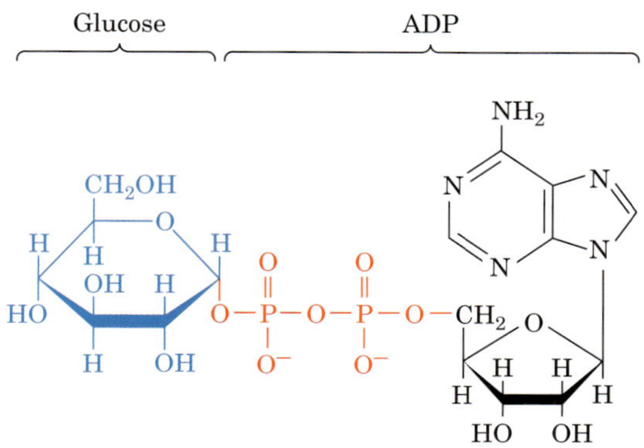

그림 3-2 ADP-글루코스 이 뉴클레오타이드 유도체에서 글루코스(파란색)는 이인산기(빨간색)에 의하여 아데노신(검은색)에 결합된다.

? 축합 반응의 결과로 형성된 결합을 표시하라.

2 핵산 구조의 소개

주요 개념

- 포스포다이에스터 결합은 DNA와 RNA에서 뉴클레오타이드 잔기를 연결한다.
- 이중 가닥 DNA에서 두 개의 반대 방향 뉴클레오타이드 가닥들이 서로 감겨져서 반대 가닥의 염기와 서로 수소 결합한다.
- RNA 분자는 보통 단일 가닥이며 가닥 내에서 염기쌍을 형성하기도 한다.

뉴클레오타이드는 우리에게 잘 알려진 RNA와 DNA 같은 고분자를 형성하기 위하여 서로 연결된다. 이 절에서는 이러한 핵산의 일반적인 특징을 설명한다. 핵산 구조는 24장에서 더 자세히 생각해 볼 것이다.

A 핵산은 뉴클레오타이드 중합체이다

핵산은 뉴클레오타이드 가닥으로서 인산에 의해서 이웃하는 리보스 단위체의 3′과 5′ 위치를 연결한다(그림 3-3). 이런 **폴리뉴클레오타이드(polynucleotide)**의 인산은 산성이므로, 세포 내 pH에서 핵산은 다가 음이온이다. 각 뉴클레오타이드 사이의 결합은 **포스포다이에스터 결합(phosphodiester bond)**으로 알려져 있는데, 이것은 인산이 두 개의 리보스 단위체에 에스터화되었기 때문이다. 폴리뉴클레오타이드를 형성하는 각 뉴클레오타이드는 **뉴클레오타이드 잔기(nucleotide residue)**라고 한다. 마지막 잔기의 C5′에 다른 뉴클레오타이드가 연결되지 않으면 **5′ 말단(5′ end)**이라고 하고, C3′에 다른 뉴클레오타이드가 연결되지 않으면 **3′ 말단(3′ end)**이라고 한다. 관습적으로 핵산에서 뉴클레오타이드 잔기의 서열은 왼쪽에서 오른쪽으로 그리고, 5′에서 3′으로 표기한다.

핵산과 같은 중합체의 성질은 각 단위, 즉 **단량체(monomer)**와 매우 다르다. 중합체의 크기가 **이합체(dimer)**, **삼합체(trimer)**, **사합체(tetramer)** 그리고 계속해서 **소중합체(oligomer)**로 증가하면서 전하량과 용해도와 같은 물리적 성질이 변할 것이다. 이와 더불어 **다른 잔기로부터 생성된 중합체는 그 성분 단량체와는 다른 성질을 가진다–그래서 잔기들의 서열에 의해서 중합체는 정보를 함유하고 있다.**

(a)

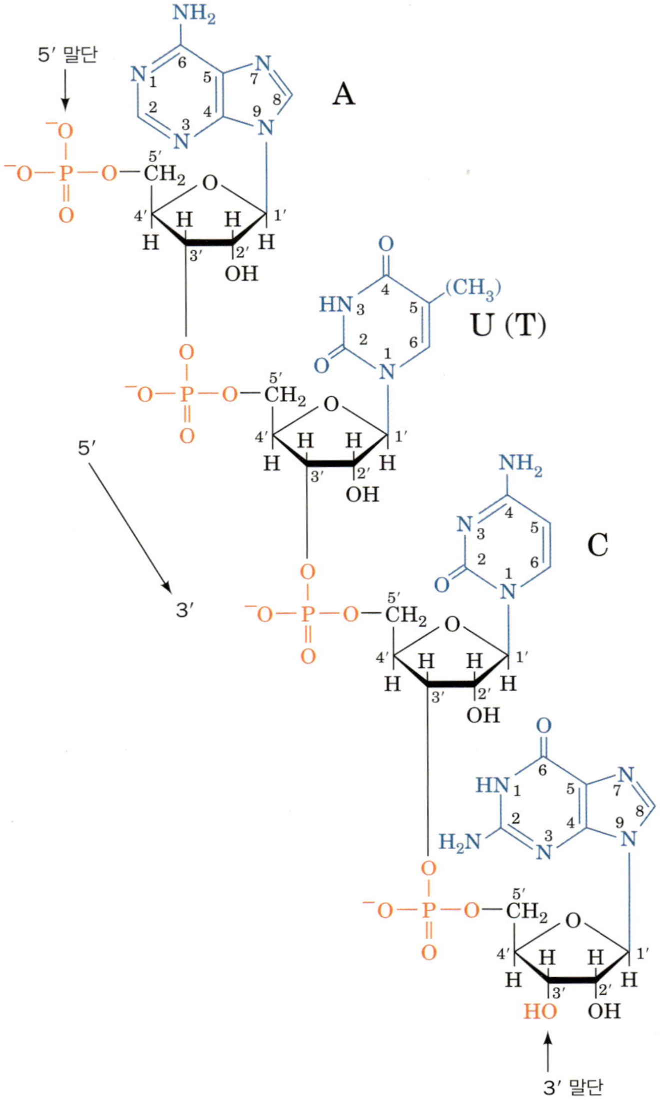

(b)

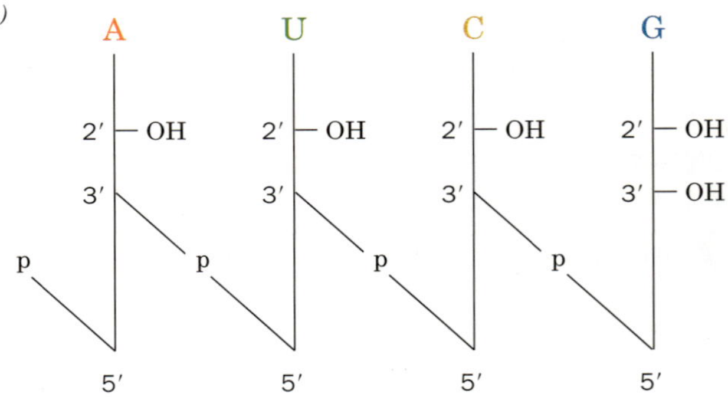

그림 3-3 핵산의 화학구조 (*a*) 테트라리보뉴클레오타이드 아데니릴-3′,5′-유리디릴-3′,5′-사이티디릴-3′,5′-구아닐레이트를 나타낸다. 당 원자들은 염기의 원자들과 구별하기 위하여 프라임(′)으로 표시하였다. 관습적으로 폴리뉴클레오타이드 서열은 왼쪽에 5′과 오른쪽에 3′으로 쓰여진다. 그래서 왼쪽에서 오른쪽으로 읽고 포스포다이에스터 결합은 5′→ 3′ 방향으로 이웃하는 리보스당들을 결합한다. 여기서 나타낸 서열을 축약하여 표시하면 pApUpCpG 혹은 pAUCG이다(뉴클레오사이드 왼쪽에 'p'는 5′ 인산기를 나타낸다). 이에 해당되는 데옥시테트라뉴클레오타이드는 2′-OH 대신에 H, 유라실(U) 대신에 타이민(T)으로 치환된다. (*b*) pAUCG의 도식적 표시. 수직의 선은 리보스당, 결합된 염기는 한 글자, 그리고 p를 가진 대각선은 포스포다이에스터 결합을 나타낸다. 리보스당에서 원자의 번호는 생략될 수 있다. d(pATCG)는 2′-OH기가 없고 U 대신에 T로 치환된 것이 다르다.

샤가프 규칙은 DNA 염기 조성을 설명한다. 비록 전형적인 RNA 분자들의 뉴클레오타이드 조성에 대한 규칙은 없지만, DNA의 경우는 아데닌과 타이민이 동일한 개수이며 (A=T) 구아닌과 사이토신도 동일한 개수(G=C)이다. 1940년 후반에 DNA 조성 분석을 위한 정량법이 샤가프(Erwin Chargaff)에 의해 고안되어, 이러한 관계를 **샤가프 규칙(Chargaff 's rule)**이라고 한다.

DNA의 염기 조성은 여러 생물체에서 광범위하다. 여러 박테리아에서 ~25에서 75몰% G+C 범위이다. 그러나 관련된 종들에서 더 크거나 혹은 더 작은 비율 값을 갖는다. 예를 들면 포유류에서 G+C가 39~46%이다. 그 당시에는 샤갸프 규칙이 중요하게 인식되지 않았지만, 지금은 샤가프 규칙이 DNA 이중 가닥의 구조적인 기초라는 것을 알고 있다.

B DNA는 이중 가닥을 형성한다

1953년에 왓슨(James Watson)과 크릭(Francis Crick)에 의한 DNA 구조의 결정은 현대 분자생물학의 태동의 신호라고 말한다. DNA의 **왓슨-크릭 구조(Watson-Crick structure)**는 생명의 중심 분자 모형을 제시했으며, 유전의 분자 메커니즘을 제시하

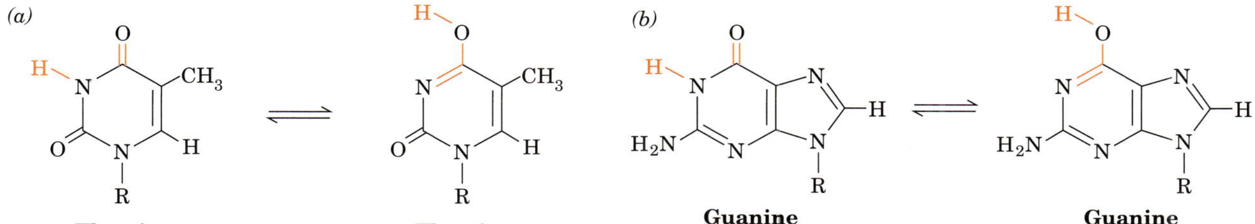

그림 3-4 **염기들의 토토머형** (*a*) 타이민, (*b*) 구아닌의 가능한 몇 가지 토토머형을 나타낸 것이다. 사이토신과 아데닌은 동일한 양성자 이동이 이루어진다.

? 아데닌과 사이토신의 토토머형을 그려라.

였다. 과학의 큰 업적 가운데 하나인 왓슨과 크릭의 업적은 샤가프 규칙에 두 가지 증거, 즉 염기의 올바른 토토머형과 DNA가 꼬인 분자라는 사실에 기초한 것이다.

핵산의 퓨린과 피리미딘 염기는 다른 토토머형[**토토머(tautomer)**는 쉽게 수소 위치가 다른 이성질체로 변화한다, **그림 3-4**]이라고 추측될 수 있다. 그림 3-3에서 보듯이 X선, NMR, 분광학 실험에서 압도적으로 핵산의 염기들은 케토 토토머형이었다. 그러나 이것은 1953년에 일반적으로 인정되지 않았다. 우세한 토토머형에 관한 정보는, 작은 유기 분자의 X선 구조 전문가이며 왓슨과 크릭의 연구실 동료인 도노휴(Jerry Donohue)가 제시하였다.

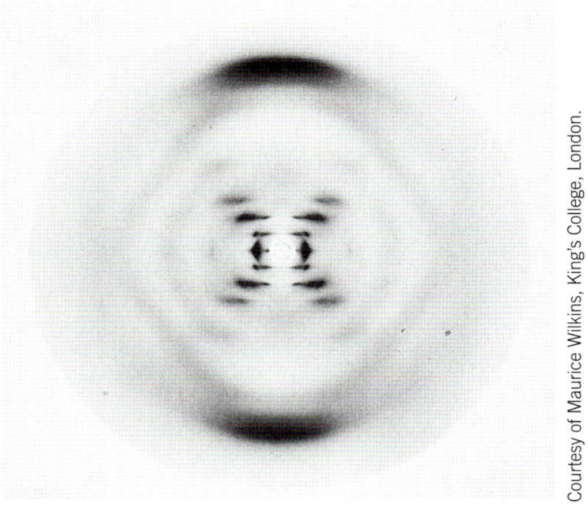

그림 3-5 **수직으로 배향된 DNA의 X선 회절 사진** 프랭클린이 찍은 이 사진은 왓슨-크릭 구조를 밝혀내는 데 핵심적인 증거를 제공하였다. 중심의 X 모양의 패턴은 나선형을 나타내고 위, 아래의 짙은 검은색의 호(arc)는 쌓여진 염기들의 간격을 나타낸다.

DNA가 나선형 분자라는 증거는 프랭클린(Rosalind Franklin)이 찍은 DNA의 X선 회절 사진이다(**그림 3-5**). X선 결정학자인 크릭은 이 사진에서 다음 사실을 추론하였다. (a) DNA는 나선형 분자이고 (b) 평면의 방향족 염기들은 DNA 축에 평행하게 적층을 형성한다.

샤가프 규칙과 제한된 구조 정보는 DNA 구조에 대한 실마리를 거의 제공하지 못하였다. 왓슨과 크릭의 모형은 대부분 그들의 상상과 모형 연구에서 나왔다. 그러나 왓슨-크릭 모형은 발표된 이후에 그것의 간결함과 명확한 생물학적인 타당성으로 인해서 빠르게 받아들여졌다. 비록 모형의 세목에 수정이 있었으나, 나중의 연구에 의해서 왓슨-크릭 모형이 전반적으로 정확하다는 것이 확인되었다.

왓슨-크릭 모형은 다음의 중요한 특색이 있다(**그림 3-6**).

1. 두 개의 폴리뉴클레오타이드 사슬은 **이중 나선(double helix)**을 형성하기 위하여 동일한 축 주위를 감는다.
2. DNA의 두 가닥은 **역평행(antiparallel**, 서로 반대 방향으로 향한다)이지만, 각각은 오른쪽으로 감겨진 나선형이다(오른쪽과 왼쪽으로 감겨진 나선형 사이의 차이는 **그림 3-7**에서 보여 준다).
3. 염기는 나선의 중앙에 채워지고, 당-인산 사슬은 하전된 인산기들 사이의 반발을 최소화하기 위하여 바깥쪽에 위치한다. 이중 나선의 표면은 다른 깊이의 두 개의 고랑(groove)이다. 즉 **큰 고랑(major groove)**과 **작은 고랑(minor groove)**이다.
4. 각 염기는 평면 **염기쌍(base pair)**을 형성하도록 반대편 가닥의 염기와 수소 결합을 한다. 왓슨-크릭 구조는 2종의 염기쌍만이 가능하다. 각 아데닌 잔기는

GATEWAY CONCEPT
비공유성 상호작용
폴리뉴클레오타이드 사슬에서의 뉴클레오타이드의 서열은 공유 결합에 의해 결정된다. 하지만 매우 약한 수소 결합은 염기쌍 형성을 통해 한 가닥과 다른 가닥이 상호작용한다.

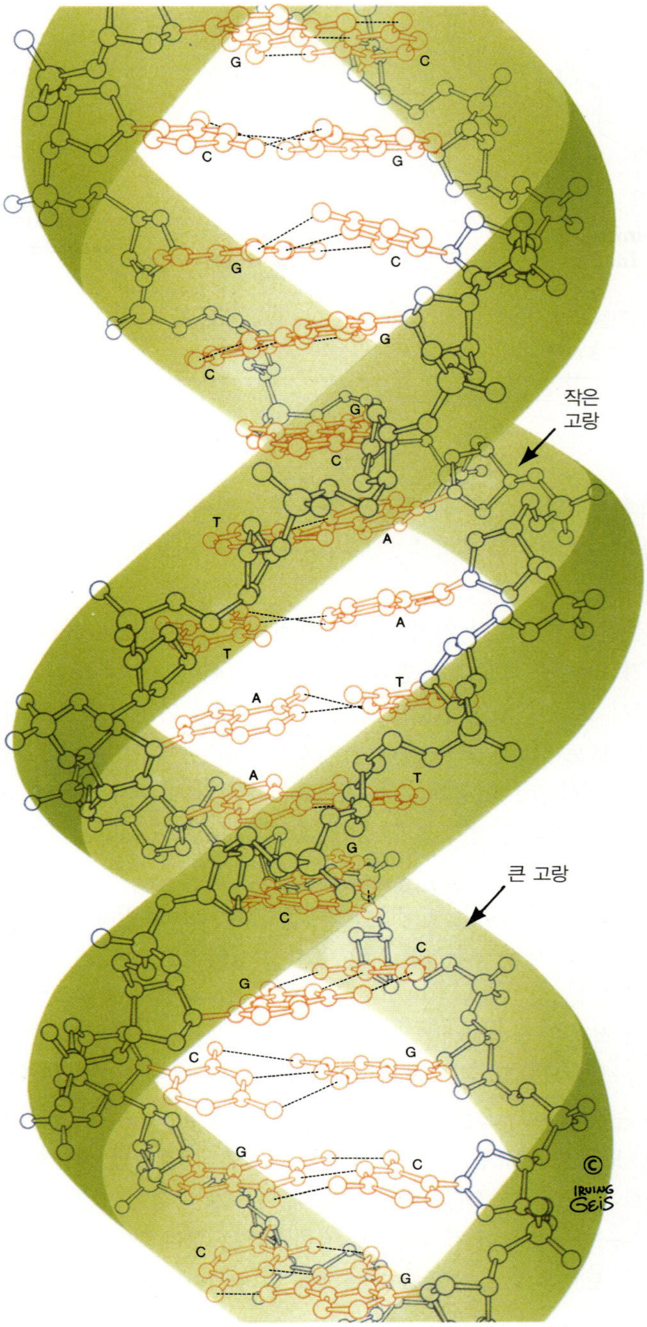

그림 3-6 DNA의 3차원 구조 반복적인 나선형은 디커슨(Richard Dickerson)과 드류(Horace Drew)에 의해서 결정된 서로 상보적인 12합체 d(CGCGAATTCGCG)의 구조에 기초한다. 공-막대 모형에서 관찰 방향은 나선형 축에 수직이다. 당과 인산 골격(녹색 리본의 윤곽이 그려진 파란색)이 분자의 주위를 감싼다. 염기(빨간색)는 중심을 채우는 수소 결합의 쌍을 형성한다. H 원자는 그림을 명확하게 나타내기 위하여 생략하였다. 두 가닥들은 서로 반대 방향으로 향한다[Illustration, Irving Geis. Image from the Irving Geis Collection/Howard Hughes Medical Institute. Rights owned by HHMI. Reproduction by permission only.].

그림 3-7 왼쪽과 오른쪽으로 도는 나선형 그림 각 경우에 엄지손가락이 나선의 위 방향으로 향할 때 손가락들이 나선형 회전 방향으로 감긴다. 나선이 뒤집어져도 방향은 유지된다.

타이민 잔기 그리고 이와 반대의 경우, 각 구아닌 잔기와 사이토신 잔기 그리고 그 반대의 경우만 쌍을 이룬다(그림 3-8). **상보 염기 짝지음(complementary base pairing)** 현상과 같은 이런 수소 결합 상호작용은 이중 나선의 특이 결합을 이루게 한다.

왓슨-크릭 구조는 반대편 가닥이 상보 염기 서열을 가졌다면, 어떤 폴리뉴클레오타이드 가닥의 염기 서열도 수용할 수 있다. 이것은 샤가프 규칙의 이유를 바로 설명한다. **무엇보다도 각 DNA 가닥은 상보 가닥의 합성에 주형(template)으로 작용할 수 있어서 유전적인 정보가 어느 가닥의 염기 서열에 암호화된다는 것을 암시한다.**

대부분의 DNA 분자는 거대하다. 대부분의 DNA 분자들은 세포의 유전 정보의 저장소로

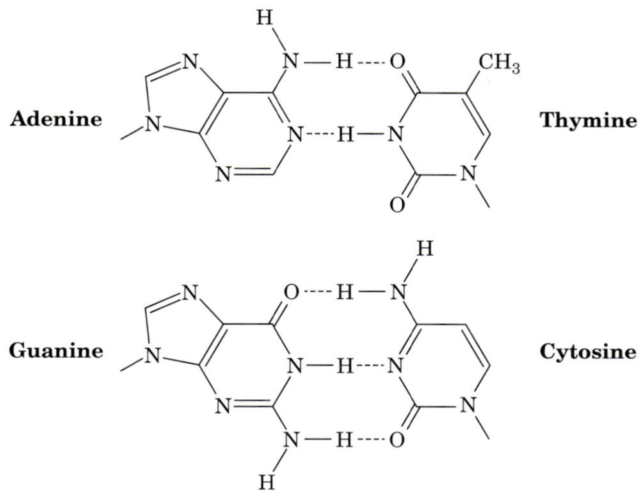

그림 3-8 DNA의 상보 염기쌍 한 가닥의 아데닌은 다른 가닥의 타이민과 독특한 수소 결합(점선)에 의해 쌍을 이룬다. 마찬가지로 구아닌은 사이토신과 쌍을 이룬다. 폴리펩타이드 사슬 사이의 이러한 염기쌍은 DNA의 이중 가닥의 원인이다.

? 그림 3-3*a*에 제시된 핵산에 상보적인 서열을 5′에서 3′으로의 순서로 표시하라.

서 역할을 할 수 있도록 매우 크다. 물론, 어떤 생물의 독특한 DNA 내용물인 **유전체**(**genome**)는 몇 개의 **염색체**(**chromosome**)[그리스어: *chromos* (색깔)+*soma* (본체)] 중에 위치하며 각각의 염색체는 개별적인 DNA 분자를 갖는다. 많은 생물들은 **이배체**(**diploid**), 즉 그들이 각각 부모로부터 받은 두 개의 동일한 염색체를 갖는다. 그들의 독특한 [반수체(**haploid**)] DNA의 내용물은 그들의 전체 DNA의 절반이다. 예를 들면 인간은 이배체 생물로서 세포당 46개의 염색체를 가지며, 그래서 반수체의 수는 23개이다.

DNA 분자들은 거대한 크기 때문에 염기쌍(base pairs, **bp**)의 수 또는 **수천의 염기쌍 수**(**kilobase pairs**, **kb**)로 표시한다. 자연에서 얻어지는 DNA는 작은 DNA를 가진, 길이가 ~5 kb인 바이러스에서, 거대한 포유류의 염색체에서 250,000 kb 이상까지 길이가 매우 다양하다. DNA 분자는 길고 굳었지만 완전히 고정되어 있지는 않다. 24장에서 알게 되겠지만 DNA 분자가 세포 내에 놓여질 때 이중 나선은 꼬이거나 고리 모양을 형성한다. 이와 더불어 뉴클레오타이드 서열에 따라 DNA가 약간 다

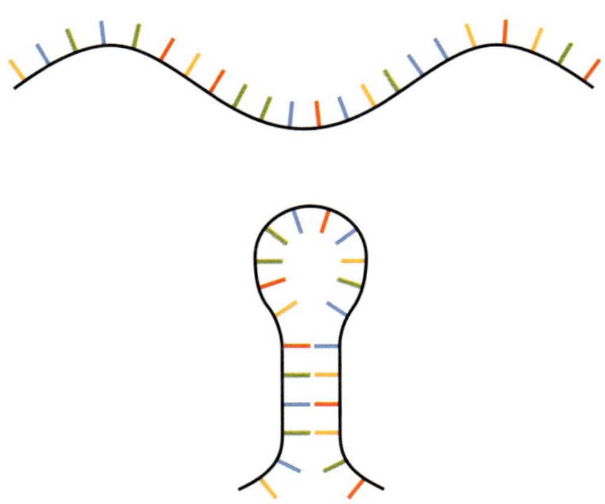

그림 3-9 머리핀 구조 형성 RNA 가닥 내에서 상보적인 서열들 간에 염기쌍 형성은 폴리뉴클레오타이드 그 자체로 접힐 수 있게 한다.

른 꼬임형들을 채택하기도 한다. 마지막으로 다른 세포 내 성분들의 존재에 따라서 심하게 굽거나 두 가닥들이 부분적으로 풀어지기도 한다.

체크 포인트

- 그림 3-3*a*를 지침으로 이용하여 완전한 삼인산 뉴클레오사이드가 폴리뉴클레오타이드 사슬에 포함되기 전과 후의 구조를 그리시오. 만약 새롭게 형성된 포스포다이에스터 결합이 가수 분해된다면 어떠한 구조가 될 것인지 그리시오.
- 샤가프 법칙의 구조적 근거를 설명하시오.
- 3차원 컴퓨터 모형을 이용하여 다음의 구조적 특징을 확인하시오.
  1) 각각의 가닥의 3′과 5′ 말단
  2) 원자들이 당-인산 뼈대를 형성하는 것
  3) 큰 고랑과 작은 고랑
  4) 몇몇의 염기쌍에서의 염기들
  5) A-T와 G-C 염기쌍에서 수소 결합에 참여하는 원자들
- DNA와 RNA의 구조적 차이를 나열하시오.

C RNA는 단일 가닥 핵산이다.

어떤 바이러스들의 유전 물질에서 주로 보듯이 단일 가닥의 DNA는 매우 드물다. 대조적으로 RNA는 주로 단일 가닥으로 존재하며, 보통 느슨하게 펼쳐진 구조보다 밀집된 구조를 취한다(어떤 바이러스들은 이중 가닥의 RNA가 유전 물질이다). RNA 가닥은-DNA 가닥과 동일하나 2′-OH기와 타이민 대신에 유라실로 치환된 것을 제외하면- 상보적인 RNA 혹은 DNA 가닥과 염기쌍을 형성한다. 예견되듯이, A는 U(또는 T), G는 C와 쌍을 이룬다. 염기쌍이 종종 한 분자 내에서 일어나면 **머리핀(stem-loop)** 구조(그림 3-9)를 발생시키거나 또는 loop가 서로 상호작용하여 더욱 복잡한 구조들이 생긴다.

단일 가닥의 RNA 분자들이 취할 가능성이 있는 뒤얽힌 구조들은 RNA가 유전 정보를 보관하고 전달하는 것 이상의 기능이 있다는 부가적인 증거이다. 많은 연구들을 통하여 어떤 RNA 분자들은 독특하게 작은 유기 분자들과 결합하므로 이들의 반응에 촉매로 작용할 수 있다는 것을 확인하였다. 이런 발견들은 **생명에 필수적인 많은 과정들이 작은 뉴클레오타이드의 화학적 다기능성을 통하여 시작한다**는 이론을 실질적으로 지지한다(**RNA 세계**로 알려진 상황). 우리는 추가적으로 24-2C절에서 RNA의 구조와 기능을 알아볼 것이다.

3 핵산 기능의 개요

주요 개념

- DNA는 뉴클레오타이드 염기 서열 순서로 유전 정보를 함유하고 있다.
- DNA의 뉴클레오타이드 서열은 전령 RNA의 뉴클레오타이드 서열로 전사되어 아미노산의 서열인 단백질로 번역된다.

DNA는 모든 세포와 바이러스에서 유전 정보를 운반한다. DNA의 생물학적인 기능이 밝혀진 것은 멘델의 유전 법칙이 발견되고 75년이 지난 후였다. 지금도 유전 정보가 어떻게 발현되고 미래 세대에 전달되는지에 대해서 상세하게는 알지 못한다.

멘델의 완두콩 실험에서 밝혀진 내용은 각 식물이 각각의 부모로부터 하나씩 유전된 한 쌍의 인자[factor, 지금은 **유전자(gene)**라고 불린다]를 갖는다는 것이다. 그러나 1866년에 보고된 멘델의 유전 이론은 해부학이나 생리학 측면에서 유전 이론의 이해에 기초를 제공하지도 못한 당대의 사람들에 의해서 완전히 무시당했다. 결국에는 유전자가 염색체의 한 부분이란 가설이 세워짐에 따라 유전 연구가 매우 가속화되었다.

A DNA는 유전 정보를 지닌다

1940년대까지는 유전 물질로서 충분히 복잡한 유일한 물질이 단백질이었기 때문에 유전자들이 단백질로 이루어져 있다고 일반적으로 여겨졌다. 1869년에 미셰르(Friedrich Miescher)가 처음으로 분리한 핵산들은 단조롭고 반복적인 뉴클레오타이드의 서열로 여겨져서 유전 정보를 전달하는 후보 물질로 고려되지 않았다.

에이버리(Oswald Avery), 맥리오드(Colin MacLeod), 맥카티(Maclyn McCarty)

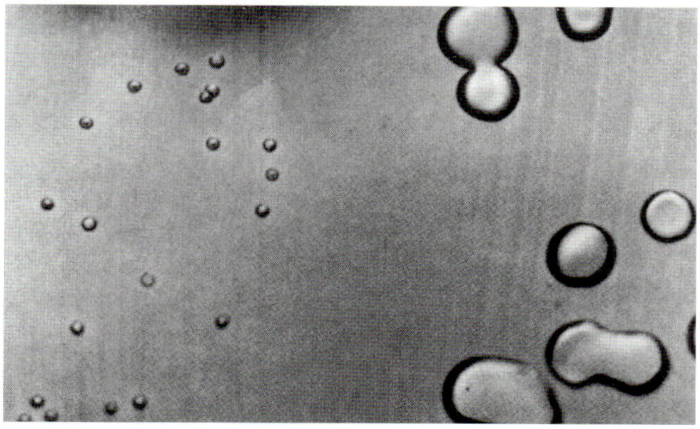

그림 3-10 형질 전환된 뉴모코시(pneumococci) 큰 콜로니들은 독성의 형질에서 추출된 DNA에 의해서 비병원성 뉴모코시(작은 콜로니)로 형질 전환된 독성 뉴모코시이다. 우리는 지금 비병원성 균주에서 이 DNA가 결함이 있는 유전자를 포함한 것을 알 수 있다. [From Avery, O.T., MacLeod, C.M., and McCarty, M., *J. Exp. Med.* **79**, 153 (1944). Copyright © 1944 by Rockefeller University Press.]

의 노력에 의해서 DNA가 유전 정보를 지닌다는 사실이 입증되었다. 1944년에 끝난 그들의 실험은 *Diplococcus pneumoniae*라는 독성(병원성) 박테리아에서 단백질이 포함되지 않게 분리한 DNA가 병원성이 없는 박테리아를 병원성 박테리아로 **형질 전환된(transformed**, 영구적으로 변화된) 물질이라는 것을 보여 주었다(그림 3-10). 에이버리의 발견은 처음에는 회의적이었으나 샤가프에게 영향을 주어서 그의 규칙은 연속적으로 DNA의 구조와 기능에 이르는 모델이 된다.

이중 가닥 혹은 복식의 DNA 특성은 **복제(replication)**를 가능하게 한다. 세포 분리가 일어날 때 각 DNA 가닥은 그와 상보적인 가닥과 합쳐지는 데 주형으로 작용한다(그림 3-11). 결과적으로 모든 자식 세포는 완전한 DNA 분자를 갖는다(혹은 유전체가 하나 이상의 염색체인 생물체에서 DNA 분자의 완전한 조합). 각 DNA 분자의 한 가닥은 부모의 것이고, 다른 가닥은 딸의 것이다. 딸가닥은 부모의 염기들과 수소 결합하는 뉴클레오타이드를 단계적으로 중합화하여 합성된다. 복제의 메커니즘 원리는 간단하지만 세포 내에서 상당히 복잡한데, 이것은 25장에서 알게 되듯이 효과적이고 정확하게 진행되기 위해서 많은 세포 내 인자들이 필요하다.

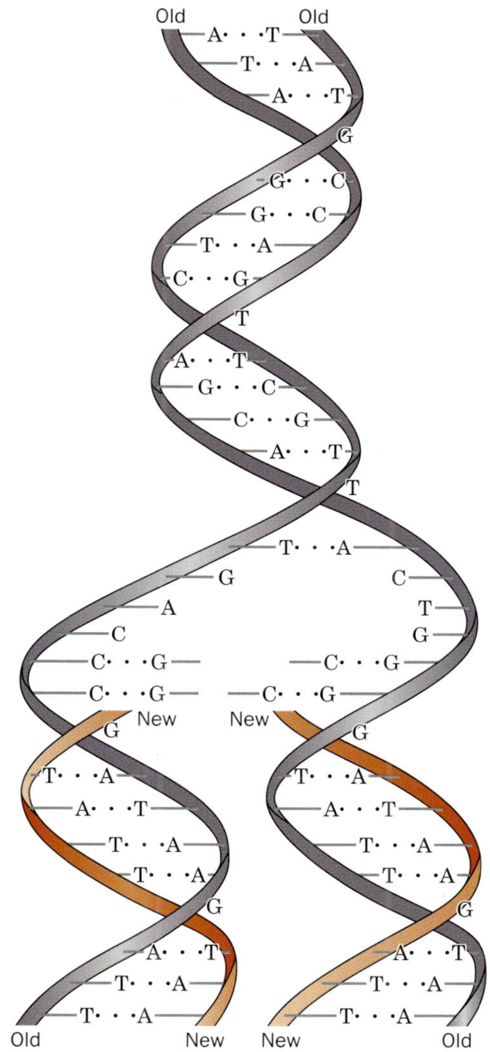

그림 3-11 DNA 복제 각 부모 DNA의 가닥(빨간색)은 상보적인 딸가닥(녹색)의 합성에 대한 주형으로 작용한다. 그러므로 결과적으로 이중 가닥 분자는 동일하다.

? DNA 복제 시 어떤 종류의 결합이나 상호작용이 형성되는가?

B 유전자는 단백질 합성을 지시한다

뉴클레오타이드의 서열이 어떻게 생물의 특성을 조절할까? 하는 의문에 답하는 데 얼마의 시간이 걸렸다. 1940년에 비들(George Beadle)과 타툼(Edward Tatum)은 *Neurospora crassa* 곰팡이 실험에서 **유전자와 효소 사이의 독특한 관계인 하나의 유전자-하나의 효소 이론을 확인하였다.** 비들과 타툼은 X선 복사에 의해 생성된 다양한 돌연변이 *Neurospora*는 성장하기 위해서 부가적인 영양분이 필요하다는 것을 보여 주었다. 아마도 복사선에 손상된 세포의 자식들이 영양분의 합성에 필요한 특정 효소가 결핍되었기 때문이다.

DNA와 효소(거의 대부분이 단백질이다)를 연결하는 것은 RNA이다. **DNA의 유전자는 DNA에 상보적인 RNA 분자를 생산하도록 전사(transcription)된다. RNA 염기 서열은 번역(translation)을 통하여 그에 상응하는 아미노산 서열을 가진 단백질을 형성한다**(그림 3-12). 이런 생물학적인 정보의 전달은 1958년에 크릭이 체계화한 **분자 생물학의 중심 이론(central dogma of molecular biology)**으로 정리된다.

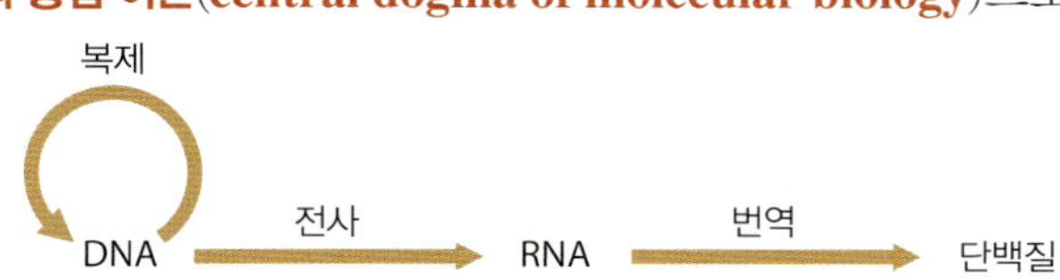

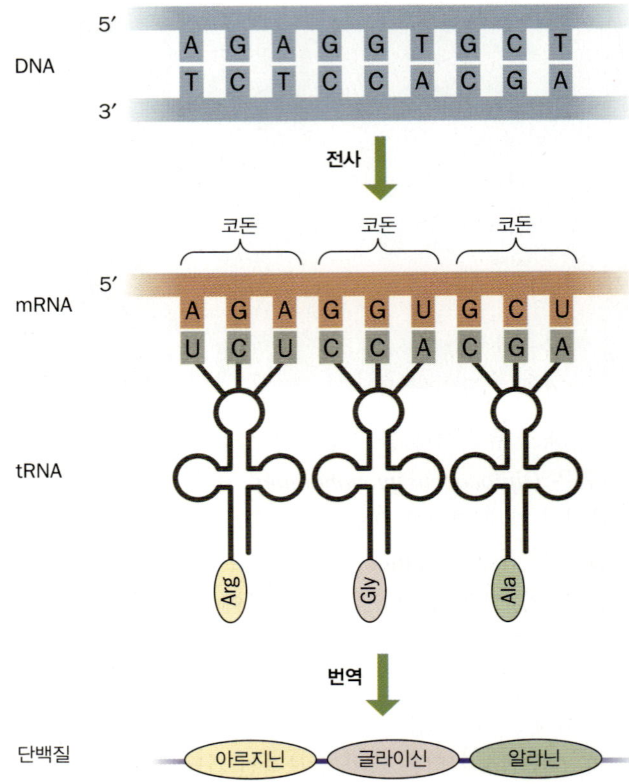

그림 3-12 전사와 번역 한 가닥의 DNA가 전령 RNA(mRNA) 합성을 지시한다. 전사된 RNA의 염기 서열은 DNA 가닥의 것과 상보적이다. **코돈**(codon)이라는 세 개의 뉴클레오타이드 조각과 상보적인 염기쌍 형성에 의해서 mRNA와 운반 RNA(tRNA) 분자가 정렬될 때 그 정보가 번역된다. 각 tRNA는 특정한 아미노산을 지니고 있다. 이런 아미노산들은 단백질을 형성하기 위하여 결합된다. 그러므로 DNA에서 염기 서열은 단백질에서 아미노산의 서열을 특징짓는다.

? DNA에서 돌연변이로 인해 한 개의 뉴클레오타이드가 바뀌면 어떤 일이 일어나겠는가?

이 도식에서 화살표는 유전적 정보의 흐름을 나타낸다. DNA는 새로운 DNA 분자를 생산하여 그 자신의 복제를 지시한다. DNA는 RNA로 전사된다. 그리고 RNA는 단백질로 번역된다.

DNA의 딸(새로 합성되는)가닥이 부모 가닥의 염기와 수소 결합하는 자유 삼인산 데옥시뉴클레오사이드로부터 합성되듯이, RNA 가닥들도 유전자의 한 가닥 DNA와 상보적으로 염기들과 수소 결합하는 삼인산 리보뉴클레오사이드로부터 합성된다(전사 단계는 26장에 상세히 설명되어 있다). 단백질의 암호를 가진 유전자에 대응되는 RNA[**전령 RNA**(**messenger RNA**) 또는 **mRNA**라고 한다]는 그 자체가 주로 RNA[**리보솜 RNA**(**ribosomal RNA**, **rRNA**)]로 이루어진 기관인 **리보솜**(**ribosome**)

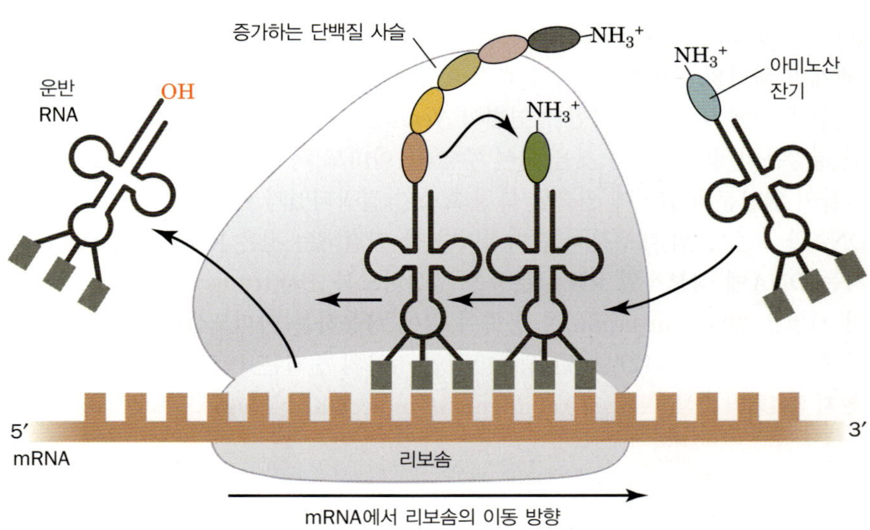

그림 3-13 번역 아미노산이 결합된 tRNA 분자들은 mRNA의 상보적인 세 개의 뉴클레오타이드(코돈)에 결합한다. 리보솜이 tRNA와 mRNA를 정렬시켜서 단백질 사슬을 생산하도록 아미노산을 연결하는 촉매 반응을 수행한다. 새로운 아미노산이 부가될 때 앞의 tRNA는 제거되고 리보솜은 mRNA를 따라서 앞으로 나아간다.

으로 간다. 이 리보솜에서 mRNA의 세 개의 뉴클레오타이드가 **운반 RNA(transfer RNA)**, 즉 **tRNA**라고 하는 작은 RNA 분자에 있는 세 개의 상보적인 뉴클레오타이드와 짝을 짓는다(그림 3-13). 각 tRNA에는 그에 대응되는 아미노산이 결합되어 있다. 리보솜은 단백질의 단량체인 아미노산을 연결한다(단백질의 합성은 27장에서 상세히 설명한다). tRNA 분자가 mRNA에 결합하는 순서대로 합성 중인 단백질 사슬에 아미노산들을 부가한다. mRNA의 뉴클레오타이드의 서열은 유전자의 뉴클레오타이드의 서열이 그대로 반영된 것이기 때문에 DNA가 단백질의 합성을 지시하는 것이다. 생물의 유전 물질의 변화[**돌연변이(mutation)**]는 다른 구조와 기능의 단백질로서 확인된다. 이어지는 내용과 책속의 또 다른 부분에서 소개되는 기술들을 사용하여, 연구자들은 생물체의 DNA에 암호화된 모든 정보의 카탈로그를 만들 수 있다. 유전체의 크기, 구조, 유전자 내용에 대한 연구는 **유전체학(genomics)**으로 알려져 있다. 유사한 내용으로서 **전사체학(transcriptomics)**은 특정한 환경하에서 DNA로부터 전사되는 mRNA 분자들의 집합 또는 **전사체(transcriptome)**에 초점을 맞춘 **유전자 발현(gene expression)** 연구를 말한다. 최종적으로 **단백질체학(proteomics)**은 전사와 번역의 결과로 생성된 단백질(단백질 유전 정보)에 대한 연구이다. 생물체의 유전체는 평생 동안 본질적으로 변경되지 않지만, 그 전사체 및 단백질체는 조직의 다른 유형, 발달 단계 및 환경 조건에서 크게 변화할 수 있다.

> **GATEWAY CONCEPT**
> **중심 원리**
> 세포의 핵은 일종의 지휘본부라고 생각할 수 있지만, 세포의 나머지에게 정보를 모두 전달하지는 않는다. 대신에 중심 원리는 우리에게 DNA 형태의 유전 정보가 상대적으로 비활성적이고 쉽게 복제나 전사 작업을 통해 복사될 수 있음을 상기시키고 있다.

체크 포인트

- 왜 이중 가닥형의 DNA는 세포가 분열할 때 유전 정보를 복사하고 전달하는 것과 관련이 있는지 설명하시오.
- 중심 원리의 각 단계를 요약하시오. 각 단계에서 RNA는 어떠한 역할을 하는가?

4 핵산 서열

주요 개념

- 실험실에서 핵산은 제한 효소에 의해서 특정 서열로 절단할 수 있다.
- 핵산 조각은 전기 이동에 의해서 크기별로 분리된다.
- 사슬 종결법에서 DNA 합성 효소는 임의로 종결된 DNA 조각을 생성한다. 그리고 종결된 연속적인 뉴클레오타이드로부터 원래 DNA의 서열을 알 수 있다.
- 사람의 유전체는 대략 ~21,000개의 유전자로서 30억 개 뉴클레오타이드의 1.2% 정도이다.
- 서열의 차이는 진화적인 변화를 나타낸다.

대부분 단백질의 구조와 기능에 관한 지식은 단백질 그 자체로부터 얻어진 정보가 아니라 그들의 유전자로부터 간접적으로 얻어진 정보에 의존한다. **핵산에서 뉴클레오타이드의 서열을 결정할 수 있는 능력은 그들 단백질의 아미노산 서열뿐만 아니라 어느 정도 그들 단백질의 구조와 기능을 추론하는 것을 가능하게 하였다. 핵산의 염기 서열 결정은 유전자들의 조절에 관한 정보도 드러낸다.** RNA로 전사되지 않는 유전자의 부분들이 실제로 어떤 유전자가 얼마나 자주 전사되고 번역되는지, 즉 발현되는지에 영향을 줄 수 있다. 지금까지 알려지지 않은 부분의 염기 서열을 밝히려는 노력은 새로운 유전자들과 조절 인자들을 발견하게 하기도 하였다. **필요한 양을 얻지 못해서 불가능하던 단백질 연구가 핵산의 염기 서열을 통하여 복제되고 수정되고 발현될 수 있다.** 이 절에서는 어떻게 서열을 결정하고 그 서열은 어떤 정보를 나타내는지 등에 관해서 설명한다. 다음 절에서는 여러 가지 목적을 위해서 분리된 핵산을 다루는 것에 대해서 논의한다.

다음은 다른 단량체로 구성된 어떤 중합체의 서열을 결정하기 위한 전체적인 전략이다.

GCACUUGA
↓ 뱀독 포스포다이에스터레이스
GCACUUGA
GCACUUG
GCACUU
GCACU
GCAC
GCA
GC + 모노뉴클레오타이드

그림 3-14 비특이적 효소를 이용한 올리고뉴클레오타이드의 서열 결정 올리고뉴클레오타이드는 뱀독 포스포다이에스터레이스(Snake venom phosphodiesterase)에 의해 올리고뉴클레오타이드의 3′ 말단으로부터 뉴클레오타이드 잔기 사이의 포스포다이에스터 결합을 깨면서 부분적으로 소화된다. 결과물은 모든 길이의 조각들의 혼합물이며, 이는 분리된다. 한 개의 뉴클레오타이드 길이 차이를 보이는 조각들의 쌍에 있는 염기의 구성을 비교하는 것은 더 큰 조각의 3′ 말단의 뉴클레오타이드의 정체를 밝힌다. 각각의 조각들의 쌍들의 분석은 원래의 올리고뉴클레오타이드의 서열을 밝혀 낸다.

1. 중합체를 서열을 결정하기에 충분한 정도로 작은 조각으로 절단한다.
2. 각 조각에서 잔기의 서열을 결정한다.
3. 첫 단계에서 절단점이 중첩되는 일련의 조각들이 생성되도록 앞의 방법으로 절단을 반복하여 원래 중합체에서 조각의 순서를 결정한다.

RNA 서열을 결정하는 데 비특이적 효소를 사용하여 비교적 작은 조각을 만들어서 그 조각들의 조성은 어떤 조각에서 이쪽 혹은 저쪽 끝의 뉴클레오타이드를 선택적으로 절단하는 효소의 부분 절단에 의해서 결정하였다(그림 3-14). 이렇게 RNA 서열을 결정하는 것은 지루하고 시간을 많이 소비한다. 이 방법을 사용해서 홀리(Robert Holley)는 76개의 잔기로 된 tRNA 분자의 서열을 결정하는 데 7년이 걸렸다.

1975년 이후에 핵산의 서열 결정 기술에 큰 진전이 있었다. 이런 큰 진보는 특정 위치를 절단하는 효소의 발견과 빠른 DNA 서열 결정 기술의 개발에 의해서 가능하게 되었다. 대부분의 특정 DNA는 한 개의 유전체로 존재하기 때문에 대부분의 서열 결정 프로젝트에서는 클로닝 기술을 이용하여 DNA의 조각들을 증폭하는 방법을 이용한다(3-5절).

A 제한 핵산 내부 분해 효소는 특정한 염기 서열의 DNA를 절단한다

많은 박테리아들은 **제한-변형 시스템(restriction-modification system)**에 의해서 **박테리오파지(bacteriophage**, 박테리아에 특이적인 바이러스)에 의한 감염에 저항할 수 있다. 박테리아는 **변형 메틸레이스(modification methylase)**에 의한 반응으로 메틸기(—CH_3)를 자신의 DNA 특정 서열에 부가하여 어떤 뉴클레오타이드를 수정한다. **제한 핵산 내부 분해 효소(restriction endonuclease)**는 메틸레이스가 인식한 것과 같은 뉴클레오타이드 서열을 인식하며 적어도 두 가닥 중에서 한 가닥도 변형되지 않은 DNA를 절단한다[**핵산 내부 분해 효소(endonuclease)**는 폴리뉴클레오타이드 가닥 내의 핵산을 절단한다. **핵산 말단 분해 효소(exonuclease)**는 말단 잔기들 중에서 하나를 제거하여 핵산을 절단한다]. 이 시스템은 메틸화에 의해서 수정되지 않은 인식 부위를 가진 외부에서 감염된 DNA(파지)를 파괴한다. 합성된 후 짧은 시간 동안에 딸가닥은 메틸화되지 않았지만 그와 짝을 이루는 부모 가닥이 이미 변형된 상태이기 때문에 숙주 DNA는 항상 적어도 반은 메틸화되어 있다(그래서 제한 효소에 의한 절단에서 보호된다).

II형 제한 핵산 내부 분해 효소들은 특별히 실험실에서 유용하다. 이런 효소들은 그들의 대응되는 변형 메틸레이스들이 인식하는 4~8개 염기 서열 내에서 DNA를 절단한다(I형과 III형 제한 핵산 내부 분해 효소들은 그들의 인식 부위 이외에서 DNA를 절단한다). 270개가 넘는 인식 부위를 가진 11,000개 이상의 II형 제한 효소들이 알려졌다. 많이 사용되는 제한 효소 중에서 일부를 표 3-2에 나열하였다. 제한 효소는 첫 글자는 속(genus), 그리고 두 글자는 이것을 생산하는 박테리아 종, 다음으로 항원형 혹은 균주, 그리고 박테리아가 한 가지 이상의 제한 효소를 가지면 로마 숫자를 붙였다. 예를 들면 EcoRI 제한 효소는 대장균 균주 RY13으로부터 생산된다.

흥미롭게 대부분의 II형 제한 핵산 내부 분해 효소들은 회문식 DNA 서열을 인식하고 절단한다. **회문식(palindrome)**이란 앞으로나 뒤로 같게 읽혀지는 단어나 구이다. 두 가지 예가 'refer'와 'Madam'이다. 회문식 DNA 조각에서 뉴클레오타이드의 서열은 각 가닥에서 같아서 그런 조각을 2중 대칭이라고 한다(그림 3-15). 대부분의 제한 효소들은 두 가닥의 DNA를 엇갈린 위치로 절단하여 서로 상보적인 단일 가닥

표 3.2 몇 가지 제한 효소의 인식 및 절단 부위

효소	인식 서열[a]	미생물
AluI	AG↓CT	*Arthrobacter luteus*
BamHI	G↓GATCC	*Bacillus amyloliquefaciens* H
BglII	A↓GATCT	*Bacillus globigii*
EcoRI	G↓AATTC	*Escherichia coli* RY13
EcoRII	↓CC($^{A}_{T}$)GG	*Escherichia coli* R245
EcoRV	GAT↓ATC	*Escherichia coli* J62 pLG74
HaeII	RGCGC↓Y	*Haemophilus aegyptius*
HaeIII	GG↓CC	*Haemophilus aegyptius*
HindIII	A↓AGCTT	*Haemophilus influenzae* R_d
HpaII	C↓CGG	*Haemophilus parainfluenzae*
MspI	C↓CGG	*Moraxella* species
PstI	CTGCA↓G	*Providencia stuartii* 164
PvuII	CAG↓CTG	*Proteus vulgaris*
SalI	G↓TCGAC	*Streptomyces albus* G
TaqI	T↓CGA	*Thermus aquaticus*
XhoI	C↓TCGAG	*Xanthomonas holcicola*

[a]인식 서열이 생략되어 5′에서 3′의 방향으로 한 가닥의 서열만 주어져 있다. 절단 부위는 화살표(↓)로 나타내었다. R, Y는 각각 퓨린 뉴클레오타이드, 피리미딘 뉴클레오타이드를 나타낸다.
출처: Roberts, R.J. and Macelis, D., REBASE—the restriction enzyme database, http://rebase.neb.com.

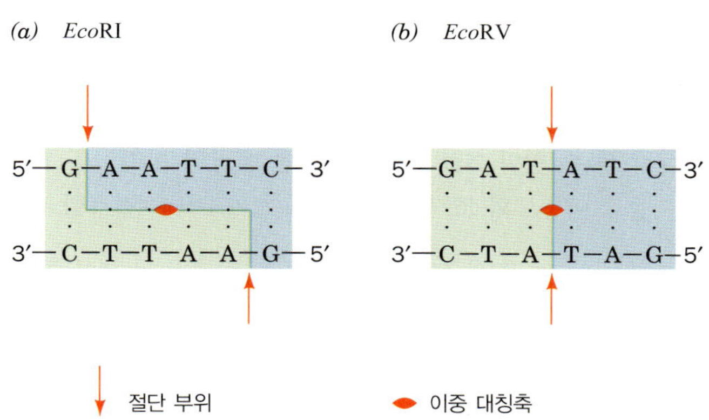

그림 3-15 **제한 효소 절단 부위들** II형 제한 효소에 대한 인식 서열은 회문식, 즉 2중 대칭축을 가진 서열이다. (*a*) 점착성 말단을 가진 DNA 조각을 생성하는 EcoRI 인식 부위. (*b*) 무딘 말단 조각을 생성하는 EcoRV 인식 부위

이 튀어나온 DNA 조각을 생성한다. 이런 **점착성 말단(sticky end)**을 가진 조각들은 동일한 제한 효소로 절단된 다른 조각과 염기쌍을 이루어 결합될 수 있다. 어떤 제한 효소는 대칭축에서 두 가닥을 절단하여 절단된 조각의 말단이 완전한 염기쌍을 이룬 **무딘 말단(blunt end)** 조각을 생산한다.

B 전기 이동은 핵산을 크기에 따라 분리한다

DNA 분자를 제한 핵산 내부 분해 효소로 처리하면 크기에 따라서 분리가 가능한 크기가 정해진 일련의 조각들이 생성된다. **젤 전기 이동법(gel electrophoresis)**은 보통 분리를 위해서 사용된다. 원칙적으로 전하를 가진 분자가 전기장에서 전체 전하 밀도, 크기, 모양에 비례해서 이동한다. 비교적 균일한 조성을 가진 분자(핵산과 같은)는 모양과 전하 밀도가 일정하므로 속도는 기본적으로 크기에 의존한다. 전기 이

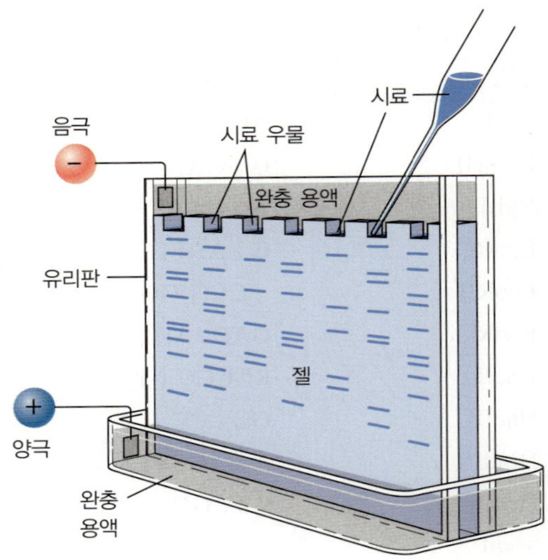

그림 3-16 젤 전기 이동법 장치 시료들을 젤의 위쪽에 있는 홈에 가하고 나란히 전기 이동한다. DNA와 같이 음전하를 가진 분자들은 가해진 전기장에 대해 +극 방향으로 젤을 통해 이동한다. 작은 분자일수록 빨리 이동하기 때문에 각 레인(lane)에서 분자들은 크기에 따라 분리된다. 전기 이동 이후에 분리된 분자들은 염색이나 형광으로 볼 수 있다.

? 시료가 양으로 하전된 분자를 포함하면 어떤 일이 일어나는가?

동은 **아가로스(agarose**, 느슨한 그물망 형태의 탄수화물 중합체) 혹은 **폴리아크릴아마이드(polyacrylamide**, 단단한 가교 결합된 합성 중합체)로 만든 젤 같은 매트릭스(matrix)에서 실험한다. 젤은 두 개의 유리판(**그림 3-16**) 사이나 좁은 모세관 안쪽에 고정된다(5-2D절). 분리되는 분자는 젤의 한쪽 끝에 가해져서 전기장 영향하에서 매트릭스의 구멍을 통해 이동한다. 작은 분자들은 매우 빠르게 젤 사이를 이동하므로 주어진 시간에 멀리 이동한다.

전기 이동에 이어서 분리된 분자들은 적합한 기술인 DNA에 강하게 결합하는 염료의 부가 혹은 방사능 표지에 의해서 젤에서 보여 준다. 사용된 젤의 크기와 시각화 기술에 따라서 나노그램 이하의 시료도 전기 이동으로 분리되고 검출된다. 몇 가지 시료가 동시에 전기 이동할 수 있다. 예로서 DNA 시료를 다른 제한 효소로 절단한 조각들을 나란히 볼 수 있다(**그림 3-17**). 다양한 조각의 크기들은 크기를 알고 있는 조각의 전기 이동적 이동도와 조각들의 이동도를 비교하여 결정할 수 있다.

C 전형적인 DNA 서열 결정은 사슬 종결법을 사용한다

최근 몇 년까지 DNA의 서열을 결정하는 데 가장 넓게 사용되는 기법은 생어(Fredrick Sanger)가 고안한 **사슬 종결법(chain termination method**)이었다. 이 과정의 첫 단계는 단일 폴리뉴클레오타이드 가닥을 얻는 것이다. 상보적인 DNA 가닥은 염기 사이의 수소 결합을 파괴하는 열에 의해서 분리된다. 다음으로 각각 4개의 뉴클레오타이드에 해당하는 위치에서 종결된 폴리뉴클레오타이드 조각들이 생성된다. 마지막으로 각 조각들이 분리되고 검출된다.

사슬 종결법은 DNA 중합 효소를 사용한다. 사슬 종결법[**다이데옥시법(dideoxy method**)으로도 불린다]은 서열이 결정되는 단일 가닥의 DNA의 상보적인 가닥을 합성하는 데 대장균 효소를 사용한다. 효소는 **DNA 중합 효소 I(DNA polymerase I**)의 조각으로

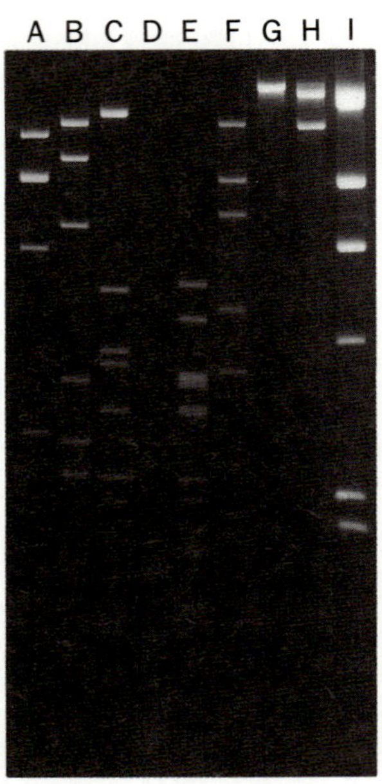

그림 3-17 제한 효소 절단 전기 이동도 플라스미드 pAgK84가 다음의 제한 효소에 의해서 절단되었다. (A) BamHI, (B) PstI, (C) BglII, (D) HaeIII, (E) HincII, (F) SacI, (G) XbaI, (H) HpaI. 레인I는 기준으로 HindIII로 절단된 박테리오파지 λ를 포함하고 있는데, 각 조각들은 이미 크기가 잘 알려져 있다. 각 레인에 절단된 조각들은 검은 배경에 형광으로 볼 수 있게 하였다.

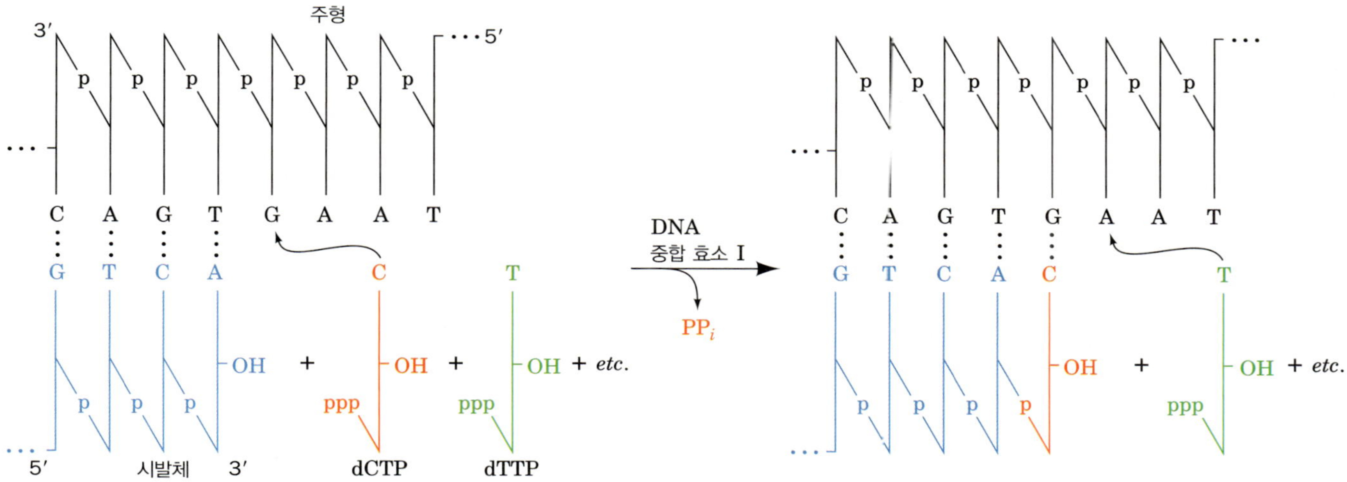

그림 3-18 **DNA 중합 효소 I의 작용** 주형으로 DNA 한 가닥을 사용하여 단계적으로 효소는 상보적인 뉴클레오타이드를 부가하여 시발체를 연장시킨다. 도입되는 뉴클레오타이드는 주형 가닥에 있는 염기들과 쌍을 이루어 5′→3′ 방향으로 연장되는 폴리뉴클레오타이드 가닥에 연결된다. 중합 효소 촉매 반응은 연장되는 가닥에 자유 3′-OH기가 필요하다. **파이로인산**($O_3P-O-PO_3^{4-}$, PP_i)은 각 뉴클레오타이드가 첨가될 때마다 유리된다.

? DNA 중합 효소 반응에서의 기질과 생성물을 나열하라.

서 박테리아 DNA의 복제에 참여하는 효소 중의 하나이다(25-2A절). DNA 중합 효소 I은 단일 가닥 DNA를 주형으로 사용하여 네 가지 삼인산 데옥시뉴클레오사이드(**dNTP**), 즉 dATP, dCTP, dGTP, dTTP를 5′ → 3′ 방향으로 연장되는 상보적인 폴리뉴클레오타이드 사슬을 꾸민다(그림 3-18).

DNA 중합 효소 I은 순차적으로 폴리뉴클레오타이드의 3′ 말단에 데옥시뉴클레오타이드를 부가한다. 그러므로 복제가 시작되려면 주형 DNA의 3′ 말단에 상보적인 짧은 폴리뉴클레오타이드[**시발체**(**primer**)]가 존재하여 새로운 가닥의 5′ 말단이 된다. 서열을 결정하는 DNA가 제한 효소 조각이라면, 일상적으로 제한 효소 부위에서 시작해서 끝난다. 그러므로 시발체는 제한 효소 절단 부위 염기 서열을 가진 짧은 DNA 조각이다.

DNA 합성은 특정 염기에서 종결된다. 사슬 종결 기술(그림 3-19)에서 서열을 결정하는 DNA는 중합 반응을 위하여 DNA 중합 효소, 적당한 시발체, 4가지 dNTP **기질**(**substrate**, 효소 반응에서 반응물)과 반응한다. 반응 혼합물의 주요 성분은 적은 양의 **삼인산 2′, 3′-다이데옥시뉴클레오사이드**(**2′, 3′-dideoxynucleoside triphosphate, ddNTP**)인데,

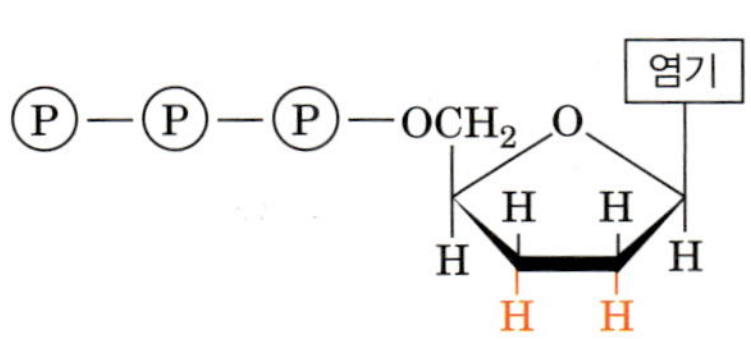

2′,3′-Dideoxynucleoside triphosphate

이것은 데옥시뉴클레오사이드의 3′-OH기가 없다. **다이데옥시 유사체가 해당하는 정상 뉴클레오타이드 자리를 대신하여 합성되는 폴리뉴클레오타이드에 결합되면, 다음 뉴클레오타이드의 부가에 필요한 자유 3′-OH가 없기 때문에 사슬의 증가는 멈춘다.**

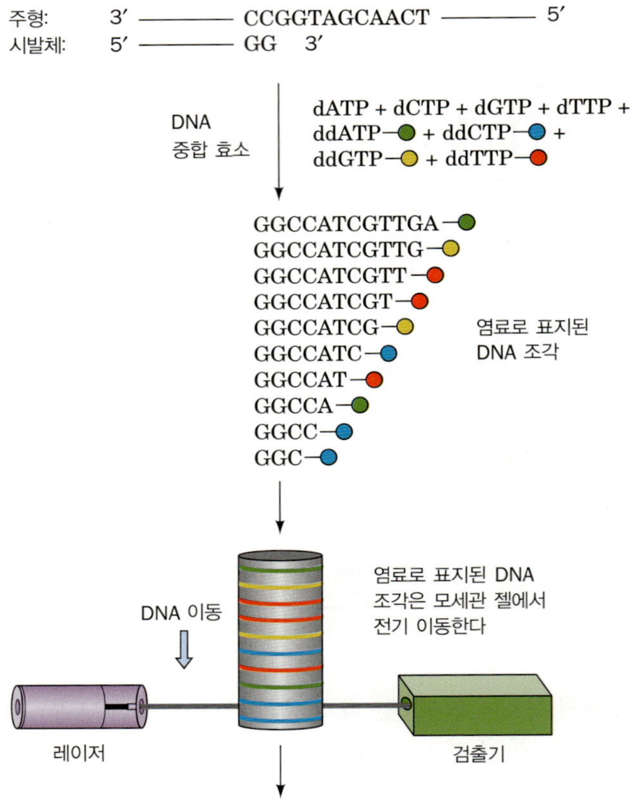

그림 3-19 **DNA 염기 서열 결정의 사슬 종결법** 반응 혼합물 각각에 염기 서열을 결정할 단일 가닥의 DNA(주형), 시발체, 4가지의 삼인산 데옥시뉴클레오사이드(dATP), 4가지 삼인산 다이데옥시뉴클레오사이드(ddATP) 중 하나를 포함한다. DNA 중합 효소의 작용에 의한 시발체의 연장은 다이데옥시뉴클레오타이드로 종결된 DNA 가닥을 생성한다. 혼합물들은 크기에 따라 모세관에서 젤 전기 이동을 통해 분리된다. 각 폴리뉴클레오타이드가 검출기를 통과하면 3′ 말단의 뉴클레오타이드가 레이저로 유도된 형광에 따라 판독된다.

아주 적은 양의 ddNTP를 사용하면 일련의 끝이 짧은 사슬이 생성되는데, 여기서 각각의 사슬은 상보적인 염기가 채워진 위치 중에서 한곳에 다이데옥시 유사체가 결합될 때 합성이 종결된다. 각 ddNTP에 다른 색의 형광 '꼬리표'를 붙이면 중합 효소에 의한 생성물들이 쉽게 감지된다. 젤 전기 이동 장치는 새로 합성된 DNA 조각을 뉴클레오타이드 한 개의 차이에 따라 분리한다. 따라서 복제된 가닥의 서열이 젤로부터 바로 읽혀진다. 사슬 종결법으로 얻은 서열은 실험에 사용된 DNA 가닥과 상보적임을 주목하라.

사슬 종결법을 사용하는 가장 앞선 서열 결정 장치는 각 DNA 조각이 모세관 전기 이동 튜브의 끝부분을 통과하면 바로 확인이 가능하여 그림과 같이 서열이 연속적인 피크의 형식을 갖는다(**그림 3-20**). 시료 준비와 자료 분석이 완전 자동이며, 한 번의

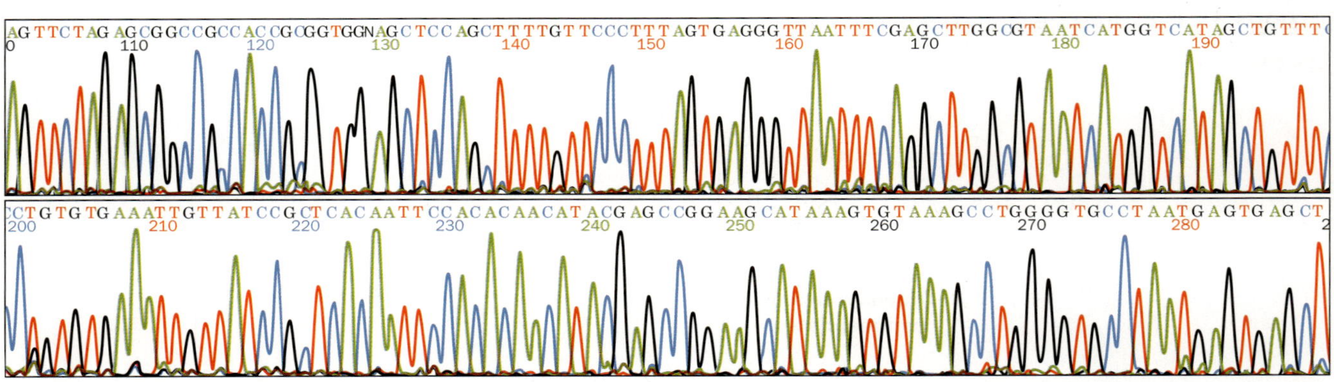

그림 3-20 **DNA 염기 서열 자료** 4가지 색 곡선의 각각은 다이데옥시뉴클레오타이드 중에서 한 가지를 포함한 전기 이동 조각의 패턴을 나타낸다. 녹색, 적색, 검은색, 청색은 각각 ddATP, ddTTP, ddGTP, ddCTP에 해당된다. 각 올리고뉴클레오타이드의 3′ 말단 염기는 그 젤 띠의 형광에 의해서 확인된다. 여기서 읽혀진 이 부분은 서열을 결정하는 DNA 조각에서 100~290개의 뉴클레오타이드에 해당된다. [Courtesy of Mark Adams, The Institute for Genomic Research, Rockville, Maryland.]

온전한 DNA
5′–ACTCGGAGTAACGCTATGAAGCATTCGCATTTGTCGAGTCT–3′

ACTCGGAGTAACG 조각 1
TAACGCTATGAAGCATT 조각 2
AGCATTCGCATTTG 조각 3
ATTCGCATTTGTCGAGTCT 조각 4

그림 3-21 **DNA의 근원으로부터 서열이 결정된 조각들의 순서는 겹치는 것들의 서열에 맞춤으로 이루어진다.** 따라서 조각 1의 3′ 말단과 조각 2의 5′ 말단이 일치하고, 또한 조각 2의 3′ 말단과 조각 3의 5′ 말단이 일치한다.

실험으로 뉴클레오타이드 1000개까지의 DNA 서열을 얻을 수 있다. 이런 시스템은 384개의 모세관으로 이루어져 있어 384개 DNA 단편의 서열을 동시에 알 수 있다.

서열 결정이 이루어진 많은 결과들은 원래의 긴 DNA에 올바르게 배열되어야 한다. 그림 3-21에서 도식적으로 나타낸 것과 같이 겹치는 DNA 서열을 비교하여 수행한다. 겹치는 DNA 단편들 세트는 별도로 서로 다른 서열 특이성을 보이는 최소 두 가지의 제한 효소로 절단하여 만든다. 대안으로서 단편들은 이중 가닥 DNA 용액을 **초음파(sonication)**라고 불리는 고주파의 음파에 의해 DNA의 무작위 위치에 기계적인 절단으로 생성될 수 있다. 심지어 상대적으로 작은 염색체들(대장균의 유전체는 4600 kb, 평균 인간의 염색체는 ~125,000 kb의 크기)에서도 조합은 고도의 연산 집약적 과정이다. 게다가 사슬 종결 방법은 0.1% 이하의 오류율을 보인다(125,000 kb의 염색체에서 125,000번의 오류로 이어진다). 이러한 오류를 줄이기 위해서 DNA는 독립적으로 여러 번에 걸쳐(대개 최소 10배의 반복) 서열 결정되어야 한다.

D 차세대 서열 결정 기술은 대규모로 병렬화되어 있다

DNA 서열 결정 정보의 가치는, 특히 전체 유전체의 서열 결정을 통해 얻어진 거대한 데이터는 비용, 속도, 정확도 사이의 다양한 절충을 이루는 소위 차세대 서열 결정 기술의 개발을 촉진시켰다. 사슬 종결법과 같이 다수의 새로운 방법들은 상보적인 가닥의 합성을 지시하는 DNA 주형 가닥의 특성을 이용하였다[이 절차는 **합성에 의한 서열 결정(sequencing by synthesis)**으로 알려져 있다]. 그러나 이러한 방법들은 동시에 수십만 개의 다른 판독물을 결정할 수 있다. 즉 이들은 대규모 병렬 서열 결정 반응을 수행한다. 몇몇 DNA 서열 결정 기술 중 두 가지가 아래에 기술되어 있다.

파이로시퀀싱(pyrosequencing, 454 Life Sciences, Inc. 회사에서 제조된 장비를 사용한다. **454 sequencing**이라고도 알려져 있음)에서는 서열 결정이 되어야 하는 DNA의 조각들을 희석 상태로 미세한 플라스틱 구슬에 더 이상 DNA 분자들이 구슬에 부착되지 않도록 고정시킨다. 그 다음 각각의 구슬에 있는 DNA는 3-5C절에서 기술된 과정을 변형한 것에 의해 여러 배 복제(증폭)된다. 그리고 구슬들은 우물(Well) 하나당 한 개의 구슬을 갖는 광섬유 슬라이드의 우물에 담긴다. 시발체와 DNA 중합 효소가 추가되고 그 다음 dNTP가 도입된다. 만약 DNA 중합 효소가 자라나는 DNA 가닥에 뉴클레오타이드를 추가하면 파이로인산(PP_i)이 방출되고 빛을 발생하는 반딧불이 효소 **루시퍼레이스(luciferase)**가 참여하는 화학적 반응이 진행된다. 각 네 가지 dNTP 용액이 고정된 DNA 주형을 가로질러 잇따라 씻겨지고, 검출기는 어떤 특정 dNTP로 인하여 빛이 발생하였는지를 기록한다. 이 과정을 반복함으로써 주형 가닥에 상보적인 뉴클레오타이드의 서열이 추정될 수 있다. 파이로시퀀싱은 700개의 뉴클레오타이드까지 정확하게 확인 가능하며, 이는 사슬 종결법보다 짧다. 각 광섬유 슬라이드에는 수많은 Well이 있으므로 ~100만 개의 주형들이 동시에 서열 결정될 수 있다. 결과적으로 파이로시퀀싱 시스템은 가장 진보한 사슬 종결법 서열 결정 시스템보다 ~1000배 빠르다.

일루미나시퀀싱(Illumina sequencing, Illumina, Inc.회사에서 제조된 장비를 사용함)은 합성에 의한 서열 결정 방법이라고도 한다. 수많은 DNA의 단편들이 유리판에 부착되고 수백만 개의 동일한 DNA 분자 클러스터를 형성하며 증폭된다. 그것들의 서열을 결정하려면 네 가지의 각각 다른 형광 작용기와 화학적으로 3′ 위치가 보호된 dNTP들을 포함한 용액을 판 위로 흘려서 각각의 시발체 가닥에 DNA 중합 효소에 의해 하나의 뉴클레오타이드가 추가된다. 반응하지 못한 dNTP들은 씻겨나가고 형광이 부착된 시발체 가닥들은 레이저에 의해 들뜨고 디지털 카메라를 이용하여 그것들의 형광의 색에 따라 확인한다(그림 3-22). 형광과 3′ 위치를 보호하는 작용기는 화학적으로 제거되고 합성하고 확인하는 사이클이 반복된다. 일루미나 시스템은 사슬 종결법과 파이로시퀀싱법보다 현저하게 짧은 30~300개의 뉴클레오타이드를 정확하게 측정할 수 있다. 하지만 한 번에 최대 30억 개의 판독이 가능하다.

몇몇의 다른 높은 처리율을 가진 DNA 서열 결정 기술들은 사용되거나 개발 중이다. 아마도 이러한 방법들 중 가장 흥미로운 것은 단일 가닥의 DNA가 막의 나노구멍(nanopore, 분자 크기의 기공)을 전기 이동적으로 통과하고 DNA의 서열이 각기 다른 염기들이 통과할 때마다 시시각각 바뀌는 기공의 전기적 성질에 의해 확인되는 것이다. 단일 분자 기술과 같은 것이 충분히 신뢰성 있으면 DNA의 서열을 초나 분 단위로 밝혀낼 수 있을 것이다(앞서 말한 방법들에서 필요한 시간이나 날짜의 단위 대신). 그리고 무한한 길이의 판독물을 얻을 수 있을 것이다. 더욱이 DNA는 서열 결정되기 전에 증폭될 필요가 없을 것이고 비싼 효소와 시약의 필요성이 제거된다. 그리고 긴 길이의 판독 덕분에 조각들을 염색체로 조합하는 데 계산하는 수고를 상당히 줄일 것이다.

데이터베이스에 뉴클레오타이드 서열들을 저장한다. 크고 작은 서열 결정 과제의 결과는 GenBank와 같은 온라인 데이터베이스(Bioinfomatics Project 1을 보라)에 일반적으로 모아진다. 2015년 현재 450억 개의 서열을 나타내는 1조 2천억 개의 뉴클레오타이드가 저장되었고, 그 숫자는 18개월마다 두 배가 되고 있다.

핵산 서열 결정은 이제 너무 일상적으로 수행되므로 단백질의 아미노산 서열(5-3절)을 직접적으로 결정하는 것은 해당 유전자의 염기 서열로부터 결정하는 것에 비

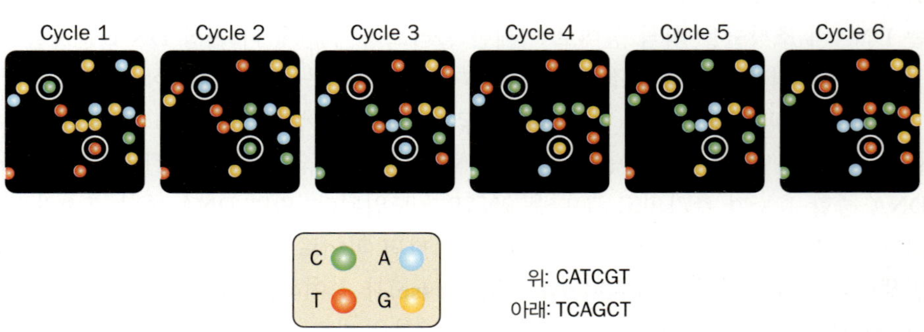

그림 3-22 일루미나 DNA 시퀀싱 장치에서의 연속적인 6개 사이클의 구성도 서로 다른 뉴클레오타이드 유도체(C, A, T, G) 각각은 각기 다른 형광을 낸다. [Reprinted by permission from Macmillan Publishers Ltd: *Nature Reviews Genetics*, Vol. 11, No. 1, 31-46, Copyright (2009).]

자료 3-1 발견의 과정

콜린스와 낭포성 섬유증

콜린스(Francis S. Collins, 1950~) 20세기 중반에 이르러 몇 가지 인간 질병의 분자 수준의 원리를 이해하게 되었다. 예를 들면 낫 모양 적혈구 빈혈증(7-1E절)은 비정상적인 헤모글로빈 단백질이 원인인 것으로 알려졌다. 낫 모양 적혈구 헤모글로빈의 연구는 헤모글로빈 유전자의 돌연변이라는 근본적인 유전 결함을 보여 주었다. 그래서 다른 질병들에 대해서 잘못된 유전자를 추적하는 것이 가능한 것 같았다. 그러나 많은 유전적인 질병들에 대해서 잘 알려진 증상을 가진 것들도 어떤 잘못된 단백질을 확인할 수 없었다. 그런 질병의 하나가 낭포성 섬유증으로, 통풍을 차단하고 박테리아 성장의 이상적인 환경을 만들어주는 진한 점액을 분비하는 것이다. 낭포성 섬유증은 북유럽에서 태어나는 2500명 중 1명이 발생하여 회복이 어려운 폐 손상으로 인해 성인기 초기에 죽음에 이르는 가장 흔한 유전 질병이다. 낭포성 섬유증의 분자 수준의 결함을 확인하는 것은 그 질병을 더 잘 이해할 수 있고 더 효과적인 치료를 설계할 수 있게 한다고 여겨진다.

콜린스는 물리화학으로 박사를 받고 나서 분자생물학 대변혁에 참가하기 위해서 의대로 진학하였다. 콜린스는 의사이자 과학자로서 낭포성 섬유증을 포함한 특정 유전자에 바로 이용하기 위하여 큰 길이의 DNA를 분석하는 방법을 개발하였다. 콜린스와 그의 연구원은 질병을 가진 개인들(두 개의 결함 유전자를 가진)과 자각 증상이 없는 보유자들(한 개는 정상적이나 다른 한 개는 결함 유전자)의 가족 구성원들의 DNA를 분석하여 낭포성 섬유증 유전자가 7번 염색체의 긴 팔에 위치하는 것으로 정하였다. 점점 더 그들은 많은 포유동물에서 존재하는 DNA 조각, 즉 필수적인 유전자를 보유하는 것으로 여겨진 조각에 가깝게 접근하였다. 마침내 1989년에 낭포성 섬유증 유전자가 확인되었다. 콜린스는 다른 분자 수준의 정보 없이 유전적인 결함을 확인할 수 있는 가능성을 증명하였다.

낭포성 섬유증 유전자를 갖고 있으면 암호화된 단백질의 가능한 구조와 기능을 추론하는 것은 비교적 간단한 과정이며, 이 단백질은 염화 이온에 대한 세포막 통로로 판명되었다. 단백질은 정상적으로 기능을 할 때 세포 밖으로 분비하는 이온의 조성과 점도를 조절하는 데 도움이 된다. 낭포성 섬유증 유전자의 발견은 또한 보유자들이 유전적인 상담을 이용하도록 보유자들을 확인하는 검사를 디자인하는 것이 가능하게 되었다.

낭포성 섬유증 유전자에 관한 콜린스의 연구를 통하여, 그리고 신경섬유종과 헌팅턴(Huntington) 질병을 일으키는 유전자들의 탐색 동안에, 그는 분자 유전학이라는 새로운 과학의 윤리적 영향에 대해서 유념하였다. 콜린스는 유전 정보의 비밀을 보호하는 적극적인 옹호자였다. 동시에 그런 정보가 가능한 치료에 이용되어야 한다는 생각을 갖고 있었다. 그는 인간 유전체 프로젝트의 책임자로서 재직 기간에 결과들을 연구자들에게 제공하였고, 분자 유전학에 기초한 새로운 치료에 도움이 될지 모르는 각 개인들에게 자유롭게 즉시 접근할 수 있게 하겠다는 약속을 하였다.

Riordan, J.R., Rommens, J.M., Kerem, B.-S., Alon, N., Rozmahel, R., Grzelczak, Z., Zielensky, J., Lok, S., Plavsic, N., Chou, J.-L., Drumm, M.L., Iannuzzi, M.C., Collins, F.S., and Tsui, L.-C., Identification of the cystic fibrosis gene: Cloning and characterization of complementary DNA, *Science* **245**, 1066-1073 (1989).

해 시간이 훨씬 많이 소요된다. 사실 핵산 서열 결정은 아직 확인되지 않은 유전자에 의한 생성물의 연구에서 매우 유용하다. 유전자의 서열 결정이 될 수 있다면, 미지의 단백질이 갖는 기능을 특정 유전자의 생성물의 특성이 알려진 유전자의 염기 서열을 비교하여 추정할 수 있다(자료 3-1 참조).

E 전체 유전체 염기 서열이 결정된다

대량의 염기 서열 결정 기술의 출현은 유전체 전체의 염기 서열 결정의 꿈을 이루게 하였다. 그러나 미생물의 유전체에서 모든 DNA의 염기 서열을 결정하는 데 중요한 기술적인 장애는 DNA 그 자체의 서열을 결정하는 것이 아니라, 서열이 결정된 수만에서 수천만 개의 조각들을(유전체의 크기에 따라서) 인접한 덩어리와 조합하고 그들에게 올바른 염색체 위치를 배정하는 것이다. 이렇게 하기 위해서 자동화된 서열 결정 실험 계획과 수학적으로 세련된 컴퓨터 알고리즘의 개발이 필요하다.

첫 번째 결정된 완전한 유전체 서열은 *Haemophilus influenza*라는 박테리아로서 1995년에 벤터(Craig Venter)에 의해서 발표되었다. 2015년 중엽에 인간, 동물, 식물, 곰팡이류, 인간 병원균 그리고 실험실 생물(표 3-3)을 포함해 2,200종의 진핵생물체 뿐만 아니라, 33,000종이 넘는(더 많은 수의 서열이 결정 중) 원핵세포 생물의 유전체의 서열이 보고되었다. 우리의 가까운 동족인 네안데르탈인, 털 맘모스를 포함한 몇몇의 멸종된 생물들의 유전체 서열 결정이 되었다.

범유전체학적 서열 결정(metagenomic sequencing)에서, 다수의 생물의 DNA 서열은 하나의 데이터 세트로 분석되었다. 이 접근법은 바다의 환경, 토양, 그리고 동물

표 3.3 서열이 결정된 유전체

생물	유전체 크기(kb)	염색체 수
Mycoplasma genitalium (인간 기생충)	580	1
Rickettsia prowazekii (미토콘드리아의 추정 동족)	1,112	1
Haemophilus influenza (인간 병원체)	1,830	1
Escherichia coli (인간 공생생물)	4,639	1
Saccharomyces cerevisiae (빵 효모)	12,070	16
Plasmodium falciparum (말라리아를 일으키는 원충)	23,000	14
Caenorhabditis elegans (선충)	97,000	6
Arabidopsis thaliana (쌍떡잎식물)	119,200	5
Drosophila melanogaster (초파리)	180,000	4
Oryza sativa (쌀)	389,000	12
Danio rerio [제브라피시(열대어)]	1,700,000	25
Gallus gallus (닭)	1,200,000	40
Mus musculus (쥐)	2,500,000	20
Homo sapiens	3,038,000	23

? 유전체의 크기와 염색체 수의 관계성에 대해 알아보라.

의 소화 기관에 서식하는 미생물과 같이 복잡한 상호 의존성 미생물을 특성화하는 데 사용된다. 이러한 많은 종의 군집들은 개별적으로 배양되거나 서열 결정될 수 없다(단지 1% 정도의 현존하는 미생물들이 실험실에서 배양되었다고 예상된다). 범유전체학적 서열 자료는 전체적인 유전자의 수를 나타내고 군집의 자체적인 대사 능력을 나타낸다. 예를 들어 인간의 내장에 살고 있는 1000종의 박테리아에서 3백만 개가 넘는 유전자가 미생물의 범유전체학적 분석을 통해 확인되었다. 이것은 **미생물군 유전체(microbiome)**라고 불리운다. 이는 100조 개가 넘는 세포(인간의 몸을 구성하는 것보다 훨씬 더 많은 세포들)들로 구성된 것들로서, 소화 기관에서 인간이 분해할 수 없는 특정한 탄수화물을 분해하고 특정 바이타민을 공급하고, 면역계의 촉진을 돕는다. 대부분의 사람들이 대략 60개의 내장 미생물을 공통적으로 공유하는 반면에, 큰 차이는 체중이 다르듯이 대사의 다양함과 관계가 있다. 또한 일반적인 장내 미생물은 **염증성 장질환(inflammatory bowel disease)**과 같은 특정 질병과 연관이 있다.

사람의 유전체는 비교적 유전자 수가 적다. 30억 개의 뉴클레오타이드의 인간 유전체 서열의 결정은 두 그룹으로 한쪽은 벤터가, 다른 쪽은 콜린스(자료 3-1), 랜더(Eric Lander), 설스톤(John Sulston)이 이끈 수백 명의 과학자들이 포함된 거대한 사업이다. 13년의 열성적인 노력 이후에 인간 유전체 서열의 '대략적인 초안'이 2001년 초에 발표되었고, 2004년에 유전체의 99%에 달하는 '완성된' 서열이 보고되었다. 비록 중요성이 충분히 인식되려면 다년의 노력이 필요한 것 같지만, 이런 깜짝 놀랄만한 성취는 생화학과 의학 모두의 연구 방법에 혁명을 약속한다. 그럼에도 불구하고 다수의 중요한 결론들이 벌써 다음과 같이 도출되었다.

1. 대략 인간 유전체의 반 정도는 다양한 형태의 반복되는 서열로 구성되어 있다.
2. 유전체의 80%가 RNA로 전사된다.
3. 적어도 유전체의 1.2%만 단백질의 암호를 지니고 있다.
4. 인간 유전체는 이전에 추론에 기초한 예측인 ~35,000에서 140,000개의 단백질 암호를 가진 유전자[**open reading frame**(**ORF**)라고도 함]라기보다 단지 ~21,000개의 ORF를 나타낸다. 이것은 효모의 ~6000 ORF, 초파리의 ~13,000, 선충 벌레의 19,000, 속씨식물의 ~26,000과 비교된다(우리의 현재 불완전한 ORF를 인식하는 능력이 향상되면 이 숫자는 확실히 바뀌겠지만).
5. 사람의 단백질 중 작은 비율만이 척추동물에서 독특하다. 대부분은 모든 생명체에서는 아니지만 다른 동물에도 존재한다.
6. 임의로 선택된 두 개의 인간 유전체는 평균적으로 1,000개당 1개만 뉴클레오타이드가 다른데, 이것은 어떤 두 사람이 유전적으로 ~99.9% 동일할 것이라는 의미이다.

하등 생물(무척추생물)과 비교해서 사람(척추동물)이 확실히 더욱 복잡한 것은 척추동물이 암호화한 ORF의 크지 않은 수에 기인하는 것 같지 않다. 오히려 척추동물의 단백질은 무척추동물의 단백질보다 더욱 복잡하다. 즉 척추동물의 단백질은 무척추동물의 단백질보다 더 많은 도메인(모듈, module)을 가지는 경향이 있고 이런 모듈은 종종 더 **차별적인 유전자 이어맞추기**(**alternative gene splicing**, 어떤 주어진 유전자 사본이 번역될 때 다른 단백질을 얻기 위하여 다양한 방법으로 과정이 진행되는 절차, 26-3B절)를 통하여 발현된다. 그러므로 많은 척추동물 유전자들은 비록 유사하지만 몇 가지 다른 단백질을 암호화한다.

F 진화는 돌연변이 염기 서열에 기인한다

핵산의 염기 서열 결정 기술의 가장 풍요로운 보상 중 하나는 진화의 메커니즘에 관한 정보를 제공하는 것이다. 규칙적인 3차원 구조와 정연한 복제 과정과 같은 화학적, 물리적인 DNA 성질은 유전 정보가 비교적 정적이라는 인상을 남긴다. 사실 **DNA는 유전적 정보가 바뀌는 변화를 겪는 동적인 분자이다.** 예를 들면 DNA 복제 과정에서 염기들이 잘못 짝지어지면 딸가닥에 **점 돌연변이**(**point mutation**)라고 하는 오류가 생길 수 있다. 돌연변이는 또한 화학적 또는 방사선에 의한 DNA 손상의 결과이다. 유전 정보에서 더욱 광범위한 변화는 잘못된 **재조합**(**recombination**, 염색체 사이의 DNA 교환)과 염색체들 사이와 염색체 내에서, 그리고 어떤 경우는 한 생물에서 다른 생물로 유전자들의 **전이**(**transposition**)에 의해서 야기된다. DNA에 모든 이런 변화들은 자연적인 선택에 미숙한 물질을 제공한다. 돌연변이 유전자가 전사되고 전령 RNA가 차례로 번역될 때 결과적으로 생성된 단백질은 개인에게 이익을 주

그림 3-23 옥수수와 테오신트 표현형에서의 큰 차이에도 불구하고–옥수수(아래)는 수백 개의 씹기 쉬운 낟알들이 있으나 테오신트(위)는 씹기 어려운 딱딱한 낟알이 몇 개 있다– 이런 식물들은 몇 개의 유전자에서만 다르다. 옥수수의 조상은 낟알들이 많이 노출된 테오신트의 돌연변이 형태라고 믿어진다. [(위) Courtesy John Doebley, University of Wisconsin; (아래) Marek Mnich/Stockphoto.]

는 특성을 가질지 모른다. 이익이 되는 변화는 대대로 이어져서 그 종의 기준이 되는 유전적인 성질의 일부가 된다. 물론 종이 진화하면서 단순하지도 점진적이지도 않은 많은 변화가 일어난다.

다른 생물들에서 유사한 유전자들의 염기 서열을 비교함으로 계통발생학적인 관계가 나타날 수 있다. 두 종들에 해당되는 유전자들 사이에서 차이 나는 뉴클레오타이드 수가 대략적으로 두 종들이 진화를 통하여 나누어진 정도를 나타낸다. 모든 생물체에 존재하는 rRNA 서열에 따라 고세균과 박테리아로의 원핵생물의 재편성(1-2C절)은 서열 분석의 영향을 보여 준다.

핵산의 서열 결정은 **표현형(phenotype**, 물리적인 특성)에서 다른 종들이 그럼에도 불구하고 분자 수준에서 매우 유사하다는 것을 나타낸다. 예를 들면 사람과 침팬지는 DNA를 99% 공유한다. 옥수수와 추정되는 그 조상인 테오신트(teosinte)의 연구에서, 씨의 성장을 결정하는 소수의 유전자들에서만 차이가 난다는 것을 암시한다(테오신트 씨는 먹을 수 없는 껍질에 싸여 있다, 그림 3-23).

DNA에서 작은 돌연변이들이 비교적 큰 진화적인 변화의 원인이 된다. 유전 정보의 특성을 고려해 볼 때 이것은 그렇게 놀라운 일만은 아니다. 단백질을 암호화하지 않은 유전자 조각에서 돌연변이는 전사 단계의 시기에 영향을 주는 세포 내 인자들의 결합을 방해할지 모른다. RNA에 대해서 암호화된 유전자에서 돌연변이는 번역 단계의 효율에 영향을 주는 인자들의 결합을 방해할지 모른다. 비록 유전자의 작은 재배열이라도 새로운 종의 출현이 되는 전체 성장 과정을 파괴할 수 있다. 대부분 급격한 변화들은 각각의 적응력의 감소나 번식 불능이 될 높은 가능성에도 불구하고 유전 정보의 급격한 변화에 대한 수용력은 화석의 기록과 일치한다. 의아하게도 급격한 유전적인 변화가 부분적으로 원인인 화석의 기록의 불연속성은 자연의 선택에 따른다는 다윈(Charles Darwin)의 진화론의 적대자를 한때 지지하였다.

염기 서열 변이는 사람의 질병과 관련이 있을 수 있다. 낭포성 섬유증(자료 3-1)과 같은 단일 유전자 질병과 같이 매우 드문 경우도 있지만, 거의 5000개 유전자가 다양한 사람의 질병과 연관되어 있다. 대부분의 질병은 여러 개의 유전자 사이 상호작용과 환경적인 요인들에 의한 결과이다. 그럼에 불구하고 유전체학(genomics)의 발전이 유전적인 정보가 사람의 건강과 병 취약성에 어떻게 영향을 주는지에 대하여 이해를 더 잘 할 수 있게 한다. 주목할 만한 성공의 두 영역은 치료 가능한 유전 질환에 대한 신생아 선별 및 열성의 유전적인 결합을 지닌 사람을 확인하는 것이다. 즉 그들은 겉

표 3.4 유전 질병

질병	증상
Ataxia telangiectasia	운동 제어 능력 상실, 면역 결핍, 암 발생 증가
Beta thalassemia	심한 빈혈, 성장 저하
Galactosemia	정신 장애, 장기 손상
Niemann–Pick disease	학습 장애, 근육간 협조 결여, 지질 축적
Tay–Sachs disease	학습 장애, 근육간 협조 결여, 3세에 사망
Usher syndrome	벙어리 및 점진적 시력 상실

으론 정상적이지만 한 복사본의 결함 유전자를 가지며, 이는 자녀에게 전달될 수 있다. 임상적인 시험은 수백 개의 이런 단일 유전자 결함을 검출할 수 있다(표 3-4). 이런 예비적인 결과로 더 많은 부모가 유전자의 상태를 알게 됨으로써 질병을 가지고 태어나는 아이들이 없어진다.

차세대 서열 결정 기술들은 완전한 인간의 유전체의 서열 결정을 약 1000달러에 가까운 비용으로 며칠 안에 가능하게 하였고, 비용도 다음 몇 년 안에 크게 감소할 것으로 예상된다. 하지만 일루미나 서열 결정 시스템(Illumina Sequencing System)에 의해 결정된 50~300개의 뉴클레오타이드는 신뢰할 수 있는 큰 염색체의 서열로 결정하기에 너무 짧다. 오히려 상대적으로 짧은 판독물들을 알려진 서열의 인간 유전체와 비교하여, 다른 개개인의 염색체들 사이에 서열 차이는 쉽게 결정된다. 이것은 2015년 중반까지 수천만의 인간 유전체의 전체 염기 서열 결정을 가능하게 했고 그 수는 빠르게 증가하였다.

다양한 인간 유전체들 사이에서 대부분의 차이는 **단일 뉴클레오타이드 다형 현상**(**single-nucleotide polymorphism**, **SNP**), DNA 서열이 한 뉴클레오타이드 위치에서 개인들 사이에 차이가 있는 경우)에 의해 생긴다. 그러나 단일 뉴클레오타이드와 어떤 DNA 구역에서 삽입 및 삭제가 발생한다. 대략 천만 개의 단일 뉴클레오타이드 다형 현상이 분류되었다.

예를 들면 암과 2형 당뇨병과 같은 복잡한 질환이 있거나 없는 수천 개의 조직 시료를 포함하는 연구에서, 연구진은 이러한 다수의 SNP가 이러한 위험성을 증가시킨다고 확인했다. 이 일에 대한 지속적인 연구 결과는 질병과 연관된 각각의 유전적 변이가 일반적으로 단지 몇 %의 발병 위험을 증가시킨다는 것이다. 따라서 특정 질병이 진행될 수 있는 개인의 가능성은 어떤 변종이 존재하는지에 대한 복잡한 함수 관계이다. 또한 질병 위험 인자의 단지 일부(5~20%로 추정)만이 확인된 것으로 추정된다. 그러므로 몇몇의 상업적인 기업들이 개인들에게 부분적으로 유전체 서열 결정 서비스를 제공하지만, 유전학적 정보가 효과적인 질병 예방 또는 치료법으로 효과적으로 해석될 수 있을 때까지 '개인 유전체'의 실용적인 가치는 상당히 제한적이다.

우리의 인간 생물학과 질병에 대한 지식을 크게 확장시키는 것 외에, 인간 유전체의 서열을 비교하는 것은 인간이 어떻게 진화했는지, 그리고 그들의 이주의 패턴에 대한 전례 없는 통찰력을 제공한다. 예를 들어 네안데르탈인은 약 4만 년 전에 멸종된 유럽과 중동에 살고 있는 유인원의 아종이었다. 네안데르탈인의 뼈에서 얻은 DNA 조각들은 Svante Paabo에 의해 그것들의 유전체 서열이 결정되었다. 이것은 오늘날의 아프리카인을 제외한 유럽인들과 아시아인들의 유전체가 네안데르탈인의 1~4% 양의 동일한 유전자를 가지고 있고, 이는 네안데르탈인의 증증증조부도와 비슷한 유전자를 갖고 있다는 것이다. 겉보기에 현대의 인간은 아프리카에서 중동을 경유해서 세계의 나머지 지역으로 이주했다(화석 증거는 네안데르탈인이 유럽과 중동을 정복했다는 것을 보여 준다. 반면에 현대의 인류는 약 10만 년 전에 아프리카에서 건너왔다). 2010년에 시베리아에 있는 Denisova 동굴에서 발견된 41,000년된 손가락 뼈의 유전체 분석은 Denisovans라는 이름의 두 번째로 멸종된 유인원의 존재를 보여 주었다. 그들은 또한 현대인들과 섞였다. 하지만 흥미롭게도 오직 현재의 동남 아시아와 오세아니아를 차지하고 있는 인구의 조상들과 교배하였다.

체크 포인트

- 제한 효소들이 어떻게 점착성 말단이나 무딘 말단을 생성하는지 설명하시오.
- 왜 가장 작은 DNA 조각들이 전기 이동하는 동안 가장 먼 곳으로 이동하는가?
- 다이데옥시 DNA 서열 결정법에서 사용되는 반응 혼합물의 모든 구성 요소를 나열하고 그것들의 사용 목적을 설명하시오.
- 차세대 서열 결정 기술의 방법론에 대해 설명하시오.
- 인간 유전체의 크기와 유전자에 관해 알려진 내용을 간략하게 설명하시오.
- DNA의 돌연변이를 통하여 어떻게 진화가 이루어지는지 설명하시오.

5 DNA 조작

주요 개념

- DNA의 단편들은 숙주 생물 내에서 복제되고 재생산될 수 있다.
- DNA 라이브러리는 특정 유전자를 찾아 가려낼 수 있는 복제된 DNA 단편들의 모음이다.
- 중합 연쇄 반응은 연속적으로 상보적인 가닥을 합성하여 DNA 단편을 증폭한다.
- 재조합 DNA 기술은 유전자 변형 생물의 생산 또는 단백질 발현 조절에 관여하는 유전자의 조작에 사용될 수 있다.

핵산의 서열 결정 이후에 생체 내 · 외(시험관과 살아 있는 시스템에서)에서 DNA를 다루는 기술은 생화학, 세포 생물학, 유전학에 급격한 발전을 가져왔다. 많은 경우에 이런 **재조합 DNA 기술(recombinant DNA technology)**로 인해 특정한 DNA를 분리하고 연구에 충분한 양을 준비하는 것이 가능하게 되었다. 대장균으로부터 길이가 1000 bp인 염색체 DNA를 분리한다고 하자. 세포를 $\sim 10^{10}$ 세포수 · mL^{-1}의 밀도까지 배양한 10 L 세포 배양액은 단지 ~0.1 mg의 필요한 DNA를 보유하는데, 이것은 전통적인 분리 기술(5-2절과 24-3절)을 사용하여 나머지 DNA로부터 분리하는 것이 거의 불가능하였다. **분자 클로닝(molecular cloning) 혹은 유전 공학(genetic engineering)이라고 불리는 재조합 DNA 기술이 특정한 DNA 서열을 변경하고 증폭하고 분리하는 것이 가능하게 한다.**

A 클로닝된 DNA는 증폭된 복사본이다

다음의 방법은 어떤 DNA 조각을 증폭하고 얻는 데 사용된다.

1. 제한 효소, PCR(3-5C절), 화학적 합성으로 적당한 크기의 DNA 조각을 만든다.
2. 그 조각은 **벡터(vector)**로 알려진, 즉 DNA 복제를 지시하는 데 필요한 염기 서열을 가진 다른 분자에 결합된다.
3. 벡터–관심 있는 DNA를 가진–는 세포 내로 도입되어 복제된다.
4. 원하는 DNA가 들어 있는 세포를 확인하거나 선택한다.

클로닝(cloning)은 단일 조상에서 다수의 동일 생물체를 생산하는 것이다. **클론(clone)**이란 말은 관심 있는 DNA를 운반하는 벡터를 보유한 세포 더미 혹은 DNA 그 자체를 가리킨다. 대장균이나 효모와 같은 적당한 숙주생물에서 많은 양의 끼워 넣은 DNA를 생산할 수 있다.

클론된 DNA를 분리하여 염기 서열을 결정할 수 있다(3-4절). 그 대신에 만약 클

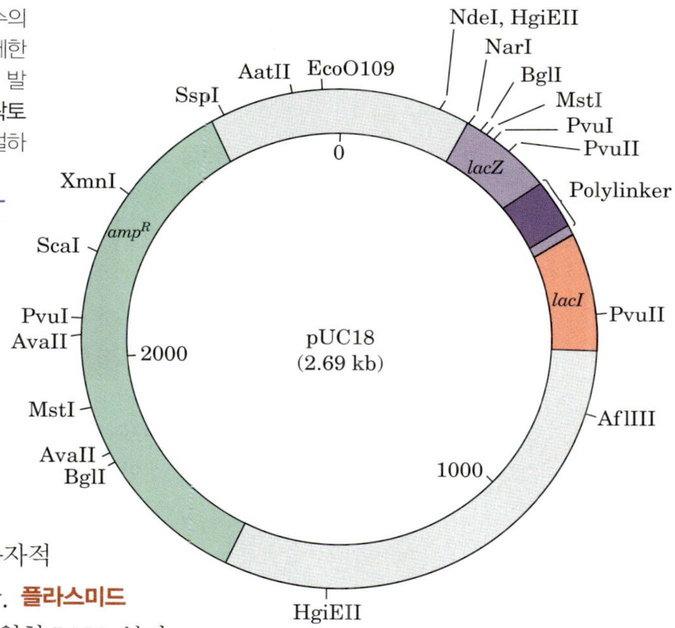

그림 3-24 pUC18 플라스미드 이 그림에서 보듯이 원형의 플라스미드는 다수의 제한 효소 부위들로서 이 플라스미드의 다른 곳에서 존재하지 않는 13개의 제한 효소 부위들을 보유한 **폴리링커**(polylinker) 서열을 가진다. 이 플라스미드에서 발현되는 3개의 유전자는 항생제 **엠피실린**(ampicillin)의 저항성인 *amp*^{R}, **β-갈락토스 가수 분해 효소**(β-galactosidase)의 암호를 가진 *lacZ*, *lacZ* 발현을 조절하는 인자의 암호를 가진 *lacI*(28-2A절에서 설명)이다.

? 엠피실린에 대한 숙주세포의 저항성에 영향이 없이, 유전체를 삽입하는 데 사용되는 제한 효소는 무엇인가?

론된 유전자가 RNA나 단백질 합성을 위해서 적당한 위치의 조절 염기 서열에 인접하다면, 숙주는 그 유전자에 해당하는 RNA와 단백질을 대량으로 생산한다. 그래서 클로닝은 다른 연구를 위한 물질(핵산과 단백질)을 공급하고 또한 조절된 상황에서 유전자 발현을 연구하기 위한 방법을 제공한다.

클로닝 벡터(cloning vector)는 외부 DNA를 지니고 있다. 작고 독자적으로 복제하는 다양한 DNA 분자들이 클로닝 벡터로 사용된다. **플라스미드(plasmid)**는 박테리아나 효모에서 발견되는 1~200 kb 길이의 원형 DNA 분자이다. 플라스미드는 분자 기생충으로 여겨질 수 있지만, 많은 경우에 숙주 세포가 없는 항생제 저항성과 같은 기능으로 숙주를 이롭게 한다.

어떤 형태의 플라스미드는 세포당 한 개 혹은 몇 개가 존재하며 박테리아 염색체가 복제될 때 복제된다. 그러나 클로닝에 사용된 플라스미드는 세포당 수백 개가 존재하여 세포가 2,000~3,000개 복사본을 보유할 때까지 복제가 유도된다(거의 세포 총 DNA의 반에 해당하는). 실험실에서 이용할 목적으로 만들어진 플라스미드는 비교적 작고 쉽게 복제되고, 하나 이상의 항생제에 저항성의 유전자들을 가지고 외부의 DNA가 쉽게 삽입될 수 있게 많은 수의 제한 효소 부위를 보유한다. 플라스미드 벡터들은 길이가 ~10 kb 이상이 아닌 DNA 조각을 클로닝하는 데 사용된다. 대장균 플라스미드인 **pUC18**(그림 3-24)은 대표적인 클로닝 벡터이다('pUC'는 plasmid-Universal Cloning을 나타낸다).

박테리오파지 λ(그림 3-25)는 DNA가 16 kb까지 삽입되는 대안의 클로닝 벡터이다. 48.5 kb 파지 유전체의 가운데 1/3은 감염에 필요하지 않아서 같은 크기의 외부 DNA에 교환될 수 있다. 결과적으로 **재조합(recombinant)** 혹은 **키메라(chimera**, 신화적인 괴물로 사자 머리에 염소 몸에 뱀의 꼬리)가 숙주 세포로 도입될 수 있는 파지 입자들에 포장된다. 파지 벡터를 사용하는 한 가지 장점은 재조합 DNA가 분리가 쉬운 형태로 대량으로 생산된다는 것이다. 곤충 세포를 감염시키는 **바큘로바이러스(Baculovirus)**는 유사하게 곤충 세포 배양액에서 클로닝에 사용된다.

더 큰 DNA 조각−수백 킬로 염기쌍들−은 **인공적인 박테리아 염색체(bacterial artificial chromosome, BAC)** 혹은 **인공적인 효모 염색체(yeast artificial chromosome, YAC)**로 알려진 큰 벡터에 클로닝된다. YAC는 효모 세포의 분열 과정에 정상적인 복제와 분리에 필요한 모든 염색체의 구조

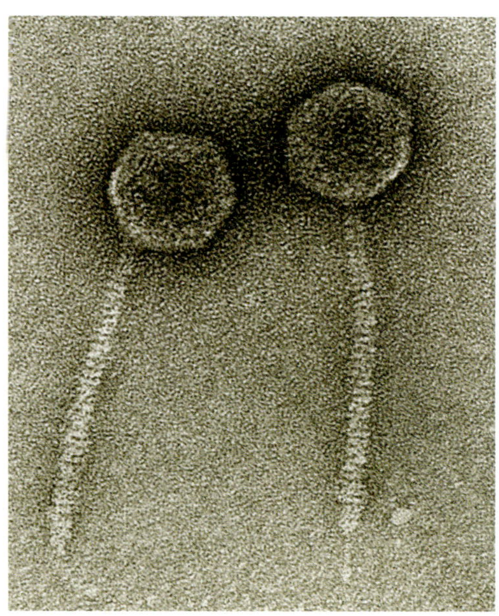

Courtesy of Michael Wurtz/University of Basel, Switzerland/Science Source Images

그림 3-25 박테리오파지 λ 파지 감염에서 파지 입자의 '머리'에 위치한 DNA는 박테리아 세포로 삽입되어 ~100배 정도 복제되어 자식(progeny) 파지를 형성하기 위하여 포장된다. [Courtesy of Michael Wurtz/University of Basel, Switzerland/Science Source Images]

를 가진 선형의 DNA 분자이다. BAC는 대장균에서 복제되며 대략 세포당 하나씩 유지되고, 일반적으로 긴 DNA를 복제하는 원형의 플라스미드에서 얻었다(성질들은 실제 염색체와 유사하다).

연결 효소는 두 DNA 조각을 접합한다. 클로닝되는 DNA 조각은 종종 제한 핵산 내부 분해 효소의 절단을 통하여 얻어진다. 대부분의 제한 효소들은 DNA를 절단하여 점착성 말단이 된다(3-4A절). 그래서 메르츠(Janet Mertz)와 데이비스(Ron Davis)가 1972년에 처음 증명한 것 같이, **제한 효소로 절단된 조각은 같은 제한 효소를 사용해서 자른 클로닝 벡터에 삽입될 수 있다**(그림 3-26). 두 DNA의 상보적인 말단들이 염기쌍을 형성하여 **서냉복원(anneal)** 당–인산 골격은 **DNA 연결 효소(DNA ligase)**의 작용에 의해서 공유 결합으로 **접합되거나** 이어맞춰진다(박테리오파지에서 생산된 연결 효소는 또한 무딘 말단의 제한 효소 조각도 접합한다). 재조합 DNA를 구축하기 위해서 제한 효소를 사용하는 가장 큰 장점은 삽입된 DNA를 나중에 같은 제한 효소를 사용하여 절단함으로써 클로닝 벡터에서 정확하게 제거할 수 있다는 것이다.

선택은 클론된 DNA의 존재를 확인한다. 박테리아 숙주에서의 키메라 플라스미드의 발현은 1973년에 보이어(Herbert Boyer)와 코헨(Stanley Cohen)에 의해서 처음으로 증명되었다. 숙주 박테리아는 두 가지가 섞여 있을 때 플라스미드를 취할 수 있지만 벡터는 박테리아 숙주에서 단지 ~0.1%의 효율로 영원히 정착한다(형질 전환). 그러나 하나의 형질 전환된 세포는 무한히 증식되어 많은 양의 재조합 DNA를 생산한다. 박테리아 세포는 전형적으로 각각이 하나의 세포에서 얻어지는 콜로니를 볼 수 있도록 낮은 밀도에서 반고체 배양 배지에 펼쳐둔다.

형질 전환되고 적당히 구축된 벡터를 가진 숙주 생물만을 선택하는 것이 필요하다. 플라스미드 형질 전환의 경우에 선택은 항생제 그리고/혹은 발색성(색깔을 내는) 물질들의 사용을 통하여 가능하다. 예를 들면 pUC18 플라스미드(그림 3-24 참조)에서 *lacZ* 유전자는 β-갈락토스 가수 분해 효소의 유전 암호를 가지고 있어서 **X-gal**이라는 무색의 화합물을 절단하여 푸른색의 물질로 만든다.

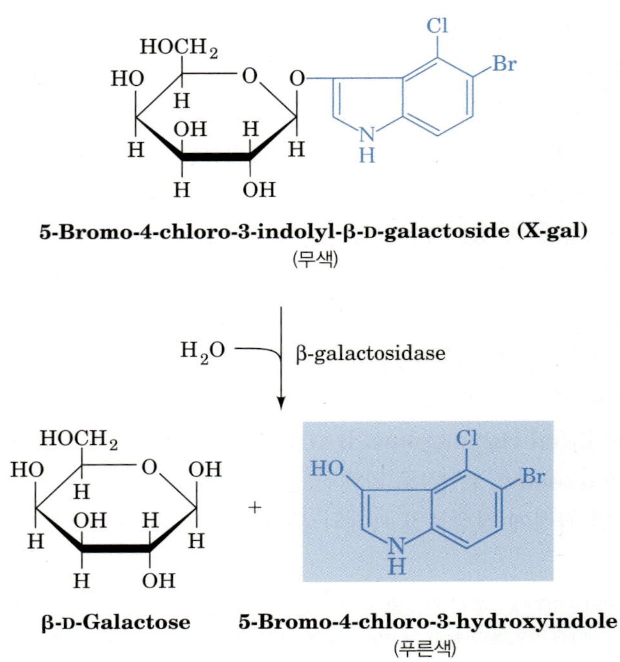

process diagram

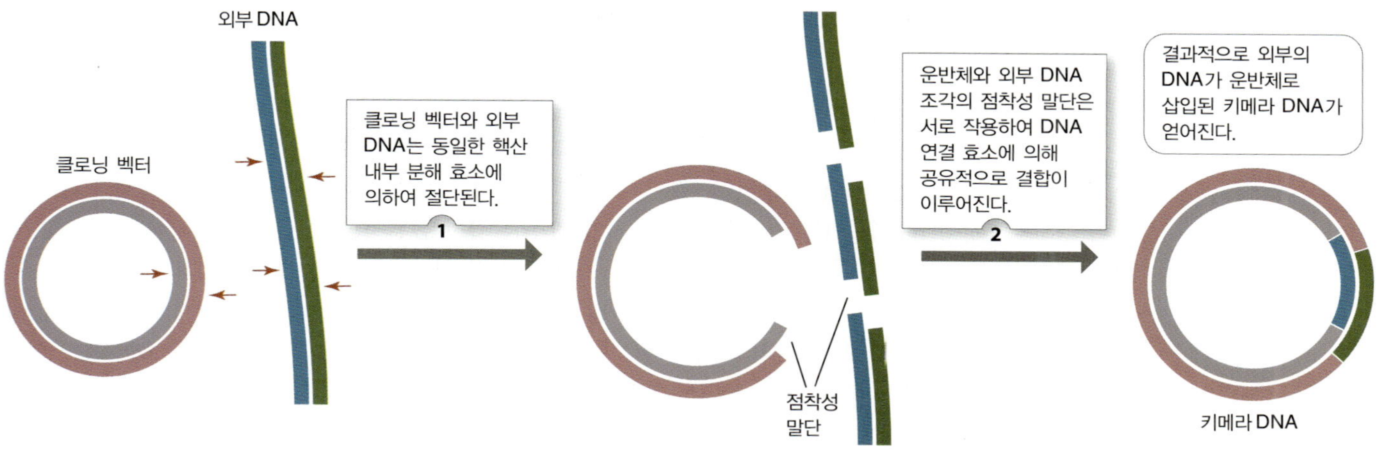

그림 3-26 재조합 DNA 분자의 구축

? 무딘 말단 DNA 단편을 만드는 제한 효소를 사용할 경우 이 방법은 작동할 것인가?

변경된 것이 없는 pUC18 플라스미드로 형질 전환된 *E. coli* 세포는 청색의 콜로니를 형성한다. 그러나 외부 DNA가 들어 있는 플라스미드가 폴리링커(polylinker) 부위에 삽입되면 콜로니들은 무색인데, 이것은 삽입된 DNA로 인해서 *lacZ* 유전자의 단백질 유전 암호가 방해되어 기능을 가진 β-갈락토스 가수 분해 효소의 생산이 없기 때문이다. 어떤 플라스미드를 취하지 못한 박테리아는 β-갈락토스 가수 분해 효소가 없기 때문에 역시 무색이나 이런 세포들은 배양액 속에 항생제 엠프실린을 가

process diagram

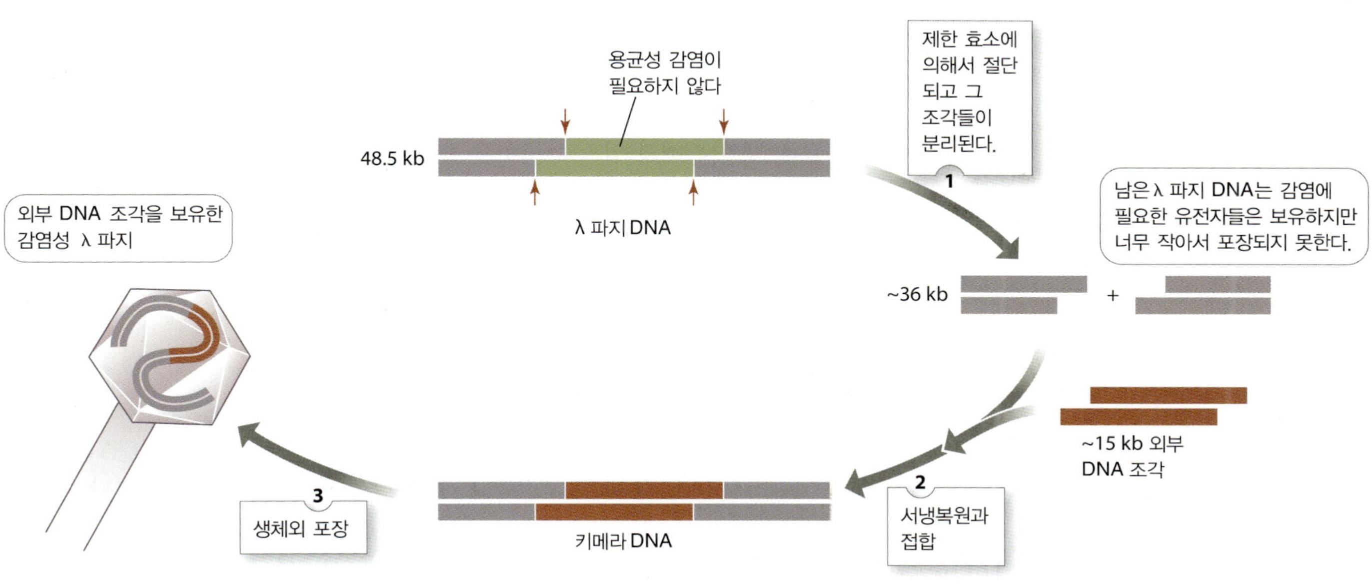

그림 3-27 박테리오파지 λ를 이용한 클로닝 파지 유전체의 불필요한 부분을 제거하여 외부의 DNA 조각이 삽입되게 한다. 삽입된 DNA가 적당한 크기라면 감염이 가능한 파지 입자로 포장된다.

하여 배제가 가능하다(플라스미드는 엠프실린 저항성 유전자인 amp^R을 포함하고 있다). 그래서 성공적으로 형질 전환된 세포들은 엠프실린 존재하에서 무색의 콜로니를 형성한다. amp^R와 같은 유전자들은 **선택적 표지자(selectable marker)**라고 한다.

유전 공학적으로 조작된 박테리오파지 λ 벡터는 파지 유전체의 1/3인 중앙의 불필요한 곳에 제한 효소 부위를 갖는다. 이 부위는 외부 DNA에 치환될 수 있으나 그 길이가 48.5 kb 야생형 λ 유전체(**그림 3-27**)의 75~105%까지면 키메라 DNA는 파지 입자들에 포장된다. 결과적으로 외부의 DNA 삽입에 실패한 λ 파지 벡터는 증식할 수 없는데, 이런 벡터는 크기가 너무 작아서 감염이 가능한 파지 입자들을 형성할 수 없기 때문이다. 물론 감염이 가능한 파지 입자들의 생성이 결과적으로 성장하는 박테리아 콜로니가 되게 하지 않고 숙주 박테리아를 보유한 배양 접시에 박테리아 세포가 용해된(파괴된) 부위, 즉 **용균 반점(plaque)**이 형성된다. 재조합 DNA는—지금은 더욱 증폭된—용균 반점에서 파지 입자로부터 얻을 수 있다.

B DNA 라이브러리는 클론된 DNA의 집합이다

특별한 DNA 조각을 클론하기 위해서는 우선 순수한 형태로 얻어야 한다. 이런 작업은 예를 들면 사람의 1 kb DNA 조각은 30억 bp 인간 유전체의 0.00003%에 해당된다는 것이 고려되어야 한다. 물론 특별한 DNA 조각을 확인하려면 그 뉴클레오타이드 서열이나 그 단백질 생성물에 관한 것을 알아야 한다. 실제로 특정한 DNA 조각을 확인하고 클론하는 것이 관심 있는 DNA가 포함된 생물체의 모든 DNA를 클론하고 나서 관심 있는 염기 서열을 가진 클론을 확인하는 것보다 더 어렵다.

유전체 라이브러리는 생물의 모든 DNA이다. 어떤 생물체로부터 클론된 모든 DNA 조각들 세트를 **유전체 라이브러리(genomic library)**라고 한다. 유전체 라이브러리는 **무차별적인 클로닝(shotgun cloning)**으로 알려진 과정에 의해서 만들어진다. 생물의 염색체 DNA는 분리하여 클론 가능한 조각으로 절단하고 클로닝 벡터에 삽입된다. DNA는 보통 완전한 절단보다 부분적인 절단으로 조각을 내어 유전체 라이브러리가 생물체의 모든 유전자를 대표하고 절단 부위를 갖는다. 용액 상태의 DNA는 또한 기계적으로 빠르게 저어줌으로 조각낼 수 있다.

유전자와 비교해서 큰 크기의 유전체에서 무차별적인 클로닝 방법은 확률의 법칙을 따른다. 원하는 염기 서열이 적어도 유전체 라이브러리에서 한 번 정도 나오도록 높은 확률을 갖기 위해서 임의로 준비된 클론되는 조각들의 수는 다음과 같이 계산된다. N개의 클론으로 된 한 세트가 생물 유전체에 대해서 bp로 비율이 f인 조각을 갖는 확률 P는

$$P = 1 - (1 - f)^N \qquad [3\text{-}1]$$

결과적으로

$$N = \log(1-P)/\log(1 - f) \qquad [3\text{-}2]$$

그러므로 길이가 평균 10 kb인 조각이 $P = 0.99$가 되기 위해서는 4600 kb 대장균 염색체에 대해서 $N = 2116$이다(예시 계산 3-1 참조). 그러므로 큰 길이의 조각을 가진 BAC- 혹은 YAC-에 기초한 유전체 라이브러리는 큰 유전체로부터 주어진 유전자 조각을 얻는 데 필요한 노력을 매우 줄여 준다. 필요한 DNA를 가진 BAC-나 YAC-에 기초한 클론이 확인된 이후에(다음 참조) 큰 삽입된 DNA는 더 조각을 내어

예시 계산 3-1

99%에 가깝게 특정 10 kb 조각을 얻기 위해서는 *Drosophila*로부터 몇 개의 클론이 필요한가?

식 3-2와 표 3-3에서의 *Drosophila*의 크기를 이용하라.

여기서 $f = 10\ \text{kb}/180{,}000\ \text{kb} = 5.56 \times 10^{-5}$이다.

$$N = \log(1 - P)/\log(1 - f) = \frac{\log(1 - 0.99)}{\log(1 - 5.56 \times 10^{-5})} = -2/(-2.413 \times 10^{-5}) = 83{,}000$$

다시 클론하여(**subclone**) 목표 DNA를 분리한다.

cDNA 라이브러리는 발현된 전체 유전자들이다. 다른 형태의 DNA 라이브러리는 특별한 세포로부터 발현되는 염기 서열만을 함유하고 있다. 그런 **cDNA 라이브러리**(**cDNA library**)는 세포의 모든 mRNA를 분리하여 구축되며 **역전사 효소**(**reverse transcriptase**)라는 특별한 형태의 DNA 중합 효소를 사용하여 DNA로 복사한다. 이것은 RNA 주형에서 DNA를 합성한다(자료 25-2). **상보 DNA**(**complementary DNA, cDNA**) 분자들은 그때 cDNA 라이브러리를 형성하기 위하여 클로닝 벡터로 삽입된다. cDNA 라이브러리는 각가의 다른 cDNA가 슬라이드의 특정 위치에 고정되는 **DNA 마이크로어레이**(**DNA 칩**)[**DNA microarray (DNA chip)**]의 구축에도 사용될 수 있다. DNA 칩은 생물학적 표본에 있는 mRNA의 존재를 검출할 수 있다(만일 mRNA가 존재한다면 그것의 상보적인 cDNA에 결합할 것이다, 14-4C절). 세포의 mRNA들의 전체 집합에 대응하는 DNA는 **진유전체**(**exome**)이라고 알려져 있다[그와 반대로 **전사체**(**transcriptome**)는 세포의 모든 RNA들에 대응하는 것을 의미한다]. 인간의 진유전체는 유전체 (~30,000 kb)의 1% 정도에 불과하다. 하지만 85%에 가까운 질병을 일으키는 돌연변이를 포함한다. 따라서 수십만 개의 인간 진유전체는 유전적 질환을 특성화하기 위하여 서열 결정이 이루어졌다.

라이브러리에서 특정 유전자를 검사한다. 필요한 수의 클론이 얻어지면 유전체 라이브러리는 필요한 유전자의 존재를 **검사해야** 한다. 이것이 **콜로니**(**colony**) 혹은 **제자리 혼성법**(***in situ* hybridization**)이라고 알려진 과정을 실행한다(*in situ*, 제자리에서 그림 3-28). 검사할 효모 콜로니, 박테리아 콜로니, 파지 용균 반점은 원 평판접시에서 나이트로셀룰로스(nitrocellulose) 필터로 사본판 제작 과정에 의해서 옮겨진다(사본판 제작은 콜로니를 다른 배양액의 평판으로 옮길 때도 사용된다). 다음으로 필터를 NaOH로 처리하여 세포나 파지를 파괴시켜 단일 가닥의 DNA가 나이트로셀룰로스에 결합된다. 필터는 DNA가 그 자리에 고정되도록 건조하고 표지된 **탐침**(**probe**)과 함께 배양한다. 탐침은 짧은 DNA 또는 RNA 조각으로, 이것의 염기 서열은 관심 있는 DNA 부분에 상보적이다. 결합되지 않은 탐침을 씻은 후에 나이트로셀룰로스에 탐침의 존재를 사용된 표지에 적합한 기술에 의하여 검출된다[다시 말해서 방사능 탐침에 대해서 **방사선 자동 사진법**(**autoradiography**)이라는 과정에 따라 X선 필름에 노출, 형광 탐침에 대해서 적당한 파장으로 투광]. 원하는 유전자를 가진 콜로니 혹은 반점이 탐침에 결합하고, 따라서 검출된다. 이에 해당되는 클론은 원 평판에서 회수될 수 있다. 이 기술을 사용하여 ~일백만 클론인 인간 유전체 라이브러리에서 한 개의 특별한 DNA 조각의 존재를 쉽게 검사할 수 있다.

유전자의 서열이 알려지지 않은 어떤 유전자에 대한 탐침을 선택할 때에는 약간의 예술적 재능이 요구된다. 분리하는 데 충분한 양이 생산된다면 해당되는 mRNA가 그런 일들을 수행하는 데 사용될 수 있다. 다른 방법으로 유전자에 해당하는 단백질의 아미노산 서열을 알고 있다면, 추론된 유전자의 염기 서열을 가진 조각에 상보적

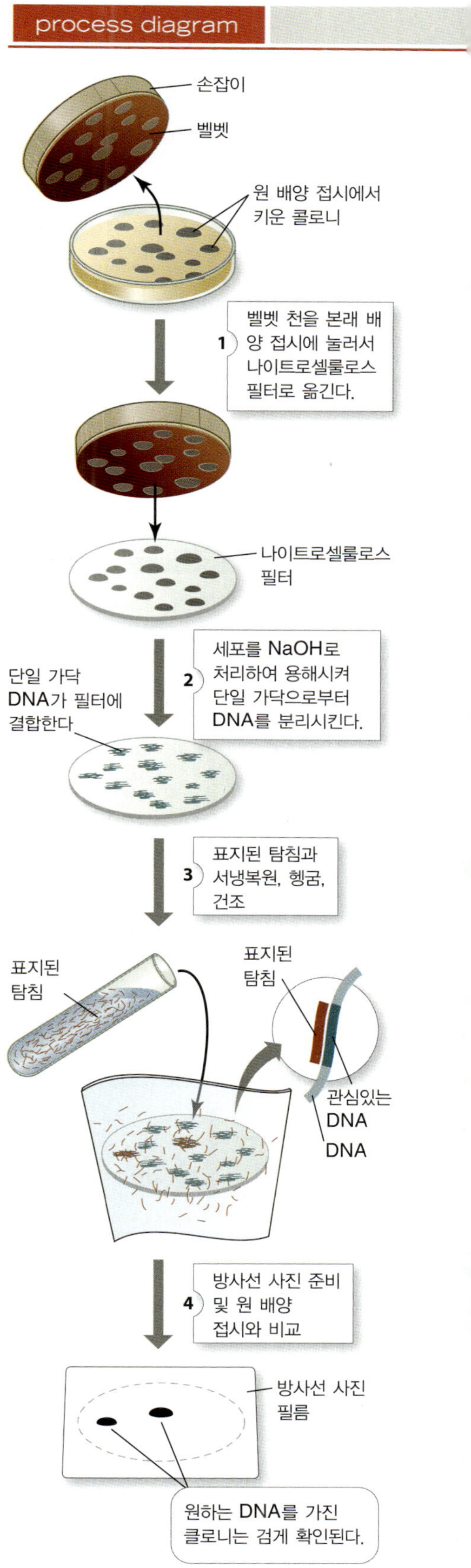

그림 3-28 콜로니(제자리) 혼성법 콜로니들은 '원(master)' 배양 접시에서 그대로 본을 뜨는 사본판 제작에 의해 옮겨진다. 관심 있는 DNA를 함유한 콜로니는 특정한 탐침에 결합함으로써 확인된다. 여기서 건조된 필터 위에 X선 필름을 놓아두면 결합된 것들이 검출된다. 원 접시와 필터의 콜로니들은 같은 자리이기 때문에 필요한 콜로니는 쉽게 회수된다.

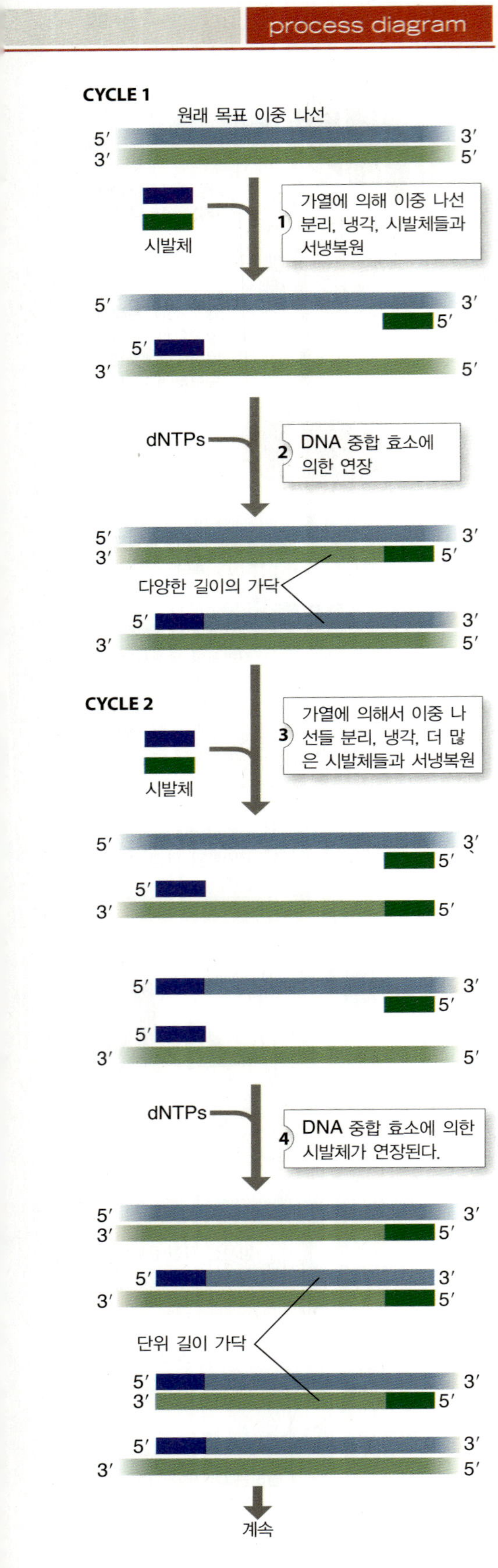

인 여러 가지 합성 올리고뉴클레오타이드 혼합물이 탐침이다. 유전적으로 이미 질병 유전자와 연계된 것으로 알려진 이웃 표지자, 즉 반복적인 DNA 서열에 대한 탐침을 사용하여 몇 가지 질병 관련 유전자가 분리되었다.

C DNA는 중합 효소 연쇄 반응에 의해 증폭된다

비록 분자 클로닝 기술이 현대 생화학 연구에 없어서는 안 되겠지만 **중합 효소 연쇄 반응(polymerase chain reaction, PCR)**은 특정한 DNA를 증폭시키는 데 빠르고 편리한 방법이다. 6 kb까지 조각은 1985년 멀리스(Kary Mullis)가 고안한 이 기술에 의해서 증폭될 수 있다. **PCR에서 DNA 시료는 단일 가닥으로 분리되고 DNA 중합 효소, dNTP, 그리고 염기 서열이 흥미로운 DNA 조각의 측면에 위치하는 두 가지 올리고뉴클레오타이드 시발체들과 배양한다. 시발체들은 DNA 중합 효소가 목표로 하는 DNA의 상보적인 가닥을 합성하게 한다**(그림 3-29). 각 과정이 목표로 하는 DNA 양을 두 배 되게 하는 다수의 반복 과정에서 단 한 개의 유전자 정도의 적은 양에서 출발하여 DNA를 증폭한다. 각 과정에서 DNA의 두 가닥은 열에 의해서 분리되어 시발체들이 DNA에서 상보적인 조각에 붙어서 DNA 중합 효소가 상보적인 가닥을 합성하게 한다. **Taq 중합 효소(Taq polymerase)**와 같은 열에 안정한 DNA 중합 효소는 75°C에서 자라는 *Thermus aquaticus*라는 박테리아에서 분리된다. 그래서 각 사이클의 가열 과정 이후에 새로운 효소의 첨가가 필요 없다(열은 대부분의 효소들을 비활성화시킨다). 그래서 충분한 양의 시발체와 dNTP가 존재하면 PCR은 순환적으로 온도를 변화하며 실행된다.

20회의 PCR은 매우 정확하게 백만($\sim 2^{20}$) 배에 가까운 목표 염기 서열의 양을 증가시킨다. 정말로 PCR은 10^5개의 세포 중에서 한 개의 세포에 존재하는 목표 DNA를 증폭할 수 있다. 그래서 이 방법은 사전에 DNA 분리 없이 사용된다. 증폭된 DNA는 염기 서열을 결정하거나 클로닝에 사용할 수 있다.

PCR 증폭은 꼭 필요한 장비가 되었다. 임상적으로 감염 질환의 진단에 사용되고 암으로 진행되는 돌연변이와 같은 드문 병리적인 검사에 사용된다. 법의학적으로 한 개의 머리카락이나 정자로부터 PCR에 의해서 증폭하여 제공자를 확인하는 데(자료 3-2)에 사용될 수 있다. 전통적으로 ABO 혈액형 분석에는 동전 크기의 혈액 방울이 필요하다. PCR은 핀의 머리 크기의 생체 액으로 효과적이다. 대부분의 법정은 지금 개인의 정확한 감정을 위해서 지문처럼 DNA 염기 서열을 고려하고 있다. 왜냐하면 두 사람이 동일한 긴 DNA의 염기 서열을 공유하는 경우는 백만 이상 중 하나 정도이기 때문이다. 몇몇 경우에 PCR의 결과를 토대로 무죄가 확인되어 감옥에서 석방된 죄수는 PCR에 의해서 정의가 회복되었다–심지어 범행 현장 증거가 수집된 수 년 이후에.

D 재조합 DNA 기술은 실제적으로 다양하게 응용된다

DNA를 다루는 능력은 향상된 기능을 가지거나 유전적인 결함을 고친 단백질을 얻기 위하여 유전자들을 변화시키고 발현시킨다.

그림 3-29 중합 효소 연쇄 반응(PCR) 두 번째 사이클 후 매 사이클마다 일정한 길이의 가닥수가 두 배가 된다. 어떤 유전자의 각 말단에 특이적 시발체를 선택하면 그 유전자는 백만 배 이상 증폭된다.

? PCR에서 왜 열에 안정적인 중합 효소를 사용하는가?

클론된 유전자는 발현될 수 있다. 모자라거나 새로운 단백질의 대량 생산은 상대적으로 박테리아 단백질들에 대해서 간단하다. 클론된 유전자는 **발현 벡터(expression vector)**에 삽입되는데, 이 플라스미드(plasmid)는 알맞게 위치한 전사 및 번역 조절 서열을 보유한다. 관심 있는 단백질 생산은 숙주의 총 세포 내 단백질의 30%에 달한다. 그렇게 유전 공학적으로 조작된 생물들은 **과잉 생산자(overproducer)**라고 한다. 박테리아 세포들은 종종 필요 없고 독성(박테리아에)인 단백질을 불용성 세포 함유물로서 격리하는데 이는 때때로 단백질 분리 작업을 간단하게 한다.

박테리아는 단백질의 암호인 염기 서열을 가진 재조합 DNA가 박테리아의 전사와 번역 조절 서열을 포함하고 있으면 진핵세포의 단백질도 생산할 수 있다. 박테리아에서 진핵세포 단백질의 생산에는 또한 다른 문제가 있다. 예를 들면 많은 진핵 유전자들은 크고 또한 전사되어서 번역 단계 전에 제거되는 다양한 길이의 뉴클레오타이드(**인트론, intron**)를 보유하고 있다(26-3A절). 박테리아는 인트론을 제거하는 장치가 없다. 덧붙여서 많은 진핵 단백질들은 번역 단계 이후에 탄수화물을 부가하거나 다른 반응들에 의하여 변경된다. 이런 문제들은 효모나 배양된 곤충 또는 동물 세포처럼 진핵 숙주에서 성장하는 발현 벡터를 사용하여 극복될 수 있다.

표 3-5는 의학이나 농업적인 용도로 생산된 몇 가지 재조합 단백질을 나타낸 것이다. 이런 단백질의 분리는 많은 경우에 사람 혹은 동물 조직에서 직접적으로 윤리적으로나 실용적으로 실행하기 어렵다. 발현 시스템은 조직 시료로부터 바이러스나 다른 병원균에 의한 오염의 위험을 최소화하는 동시에, 단백질을 효과적으로 대량 분리할 수 있게 한다.

지정된 위치 돌연변이 유전자의 분리 이후에 암호화된 단백질의 아미노산 서열을 바꾸기 위하여 뉴클레오타이드 서열을 변경할 수 있다. **지정된 위치 돌연변이(site-directed mutagenesis)**라는 이 기술은 스미스(*Michael Smith*)가 개척한 것으로, **자연적인 진화의 과정을 모방하며 실험실에서 분석하는 단백질에서 특정한 아미노산의 구조적이고 기능적인 역할에 관한 예측이 이루어지게 한다.**

합성 올리고뉴클레오타이드는 지정된 위치 돌연변이를 통해 특정적으로 유전자를 변화시키는 데 필요하다. 필요한 염기 변화를 제외하고 관심 있는 유전자의 부분과 동일한 염기 서열의 올리고뉴클레오타이드는 유전자의 복제를 실행하는 데 사용된다. 단지 약간의 잘못 짝지은 염기쌍들뿐이라면 뉴클레오타이드는 해당하는 **야생형(wild-type**, 자연에 존재하는) 서열과 상호작용한다. 시발체라고 불리는 올리고뉴클레오타이드의 연장은 DNA 중합 효소에 의해서 원하는 변화된 유전자를 생성한다

표 3.5 유전 공학 기술에 의해 생산된 몇 가지 단백질

단백질	용도
사람의 인슐린	당뇨병의 처치
사람의 성장 호르몬	내분비 관련 장애의 치료
조혈 호르몬	적혈구 세포의 생산 유도
콜로니 촉진 인자	백혈구의 생산과 활성화
응고 인자 IX와 X	혈전 장애(혈우병) 치료
조직형 플라스미노젠 활성화 인자	심장 마비와 뇌졸중 후 혈전 용해
소 성장 호르몬	우유 생산
B형 간염 표면 항원	B형 감염에 대한 접종

자료 3-2 생화학 전망

DNA 지문법

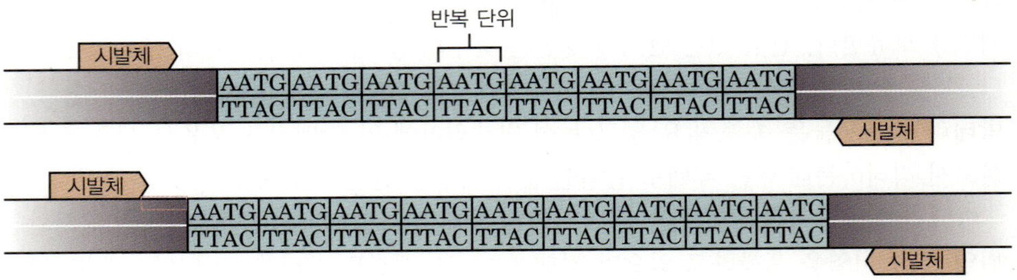

법의학적 DNA 검사는 DNA 서열의 변이나 각 개인이 지니는 **다형성**(**polymorphism**)을 이용한다. 많은 유전적 다양성은 어떤 기능적인 결과가 아니라 반복적인 DNA 부위에 일어나지만, 그렇다고 유전 정보를 가진 부위는 아니다(만약 그 부분들이 질병과 관련된 유전자 가까이에 위치한다면, 그 부위는 유전자를 추적하고 확인하는 데 사용될 수 있다). **현대 DNA 지문법**(**DNA fingerprinting**)은 PCR로 증폭한 시료에서 유전 정보가 없는 반복적인 DNA 서열 부위를 검사한다. 사람의 유전체에는 나란히 반복되는 DNA 서열이 존재하며, 2개에서 7개 사이의 반복적인 염기쌍이 다양하게 존재하는데, 이를 **짧은 종열 반복**(**short tandem repeat, STR**)이라고 한다. 법의학적으로 가장 많이 사용하는 STR은 4개의 뉴클레오타이드 반복이다. 특정한 부위에서 반복되는 횟수는 가족 혹은 개인 사이에서 차이가 난다. 어떤 특정 부위에 반복되는 횟수가 다른 것을 **대립 유전자**(**allele**)라고 하며, 각 개인은 두 개의 대립 유전자를 갖는데, 하나는 아버지로부터, 하나는 어머니로부터 받은 것이다(위 그림 참조).

DNA 지문 작업의 첫 번째 단계는 PCR이므로 아주 적은 양의 DNA (~1 ng)만 필요하다. 반복되는 염기쌍 부위의 DNA 서열에 상보적인 시발체를 사용하여 STR 부위를 PCR로 증폭한다.

증폭된 DNA는 전기 이동으로 분리하여 각 시발체에 붙여진 형광 꼬리표에 의해서 확인된다. STR은 길이가 작아서 (~ 500 bp) 네 개의 염기쌍 반복에서 차이가 나는 DNA 조각이라도 쉽게 구별된다. 각 STR에 대한 표기는 반복 단위에 반복 횟수로 나타낸다. 법의학 용도로 선택하는 STR 부위는 일반적으로 7~30가지 대립 유전자이다.

오른쪽 예에서 위쪽 자료는 표준 전기 이동도로서 크기에 따른 형광의 세기를 나타낸 것이다(하나의 세트로 13~23까지 대립 유전자로서 각각의 반복 횟수가 알려진 것이다). 아래쪽 자료는 시험한 시료로서 두 개의 대립 유전자이며 반복 횟수가 각각 16회, 18회이다. 몇 가지의 STR은 적당한 시발체에 각기 다른 색의 형광을 부착하여 동시에 분석이 가능하다.

두 사람 사이에서 DNA 지문이 같을 가능성은 검사한 STR 부위의 수와 각 부위에서 대립 유전자의 수에 의존한다. 예를 들면 어떤 부위에서 한 쌍의 대립 유전자가 동일할 확률은 10%(1/10)이고, 다른 부위에서 한 쌍의 대립 유전자가 동일할 확률은 5%(1/20)이어서, 두 사람이 동일한 형질을 가질 확률은 1/200(1/10 × 1/20)이다. 다양한 부위의 STR을 검사하므로 우연히 동일한 DNA 지문을 가질 확률이 매우 작아진다.

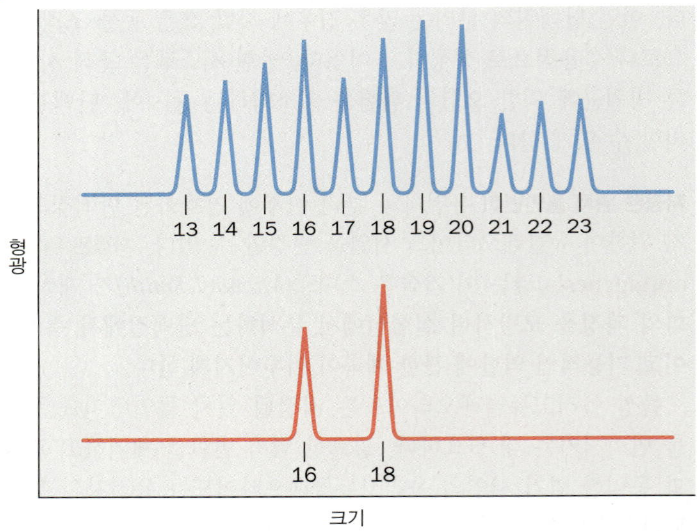

(**그림 3-30**). 변화된 유전자는 적당한 벡터로 삽입될 수 있다. 돌연변이된 시발체는 PCR에 의해서 변화된 유전자를 생산하는 데에도 사용될 수 있다.

유전자 이식 생물은 외부 유전자를 보유한다. 여러 가지 목적으로 단백질보다 오히려 원래의 생물을 목적에 맞추는 것을 선호한다—진정한 유전 공학. 다른 생물의 유전자를 발현하는 다세포 생물들은 **유전자 이식**(**transgenic**)되었다고 하며, 이식된 외부 유전자는 **이식 유전자**(**transgene**)라고 한다.

이식 유전자는 영구히, 즉 유전되는 변화에 대하여 안정하게 생물의 초기 세포로 융합되어야 한다. 쥐의 경우에 필요한 변화의 특성을 가진 클론된 DNA를 수정란에 미세 주입하고 이것을 대리모의 자궁벽에 착상시킴으로 실행된다. 잘 알려진 유전자 이식 쥐의 예는 여분의 성장 호르몬 유전자를 보유하고 있다(**그림 3-31**).

유전자 이식 농장 동물들도 또한 개발되었다. 적은 사료로 빨리 성장하거나 특별

process diagram

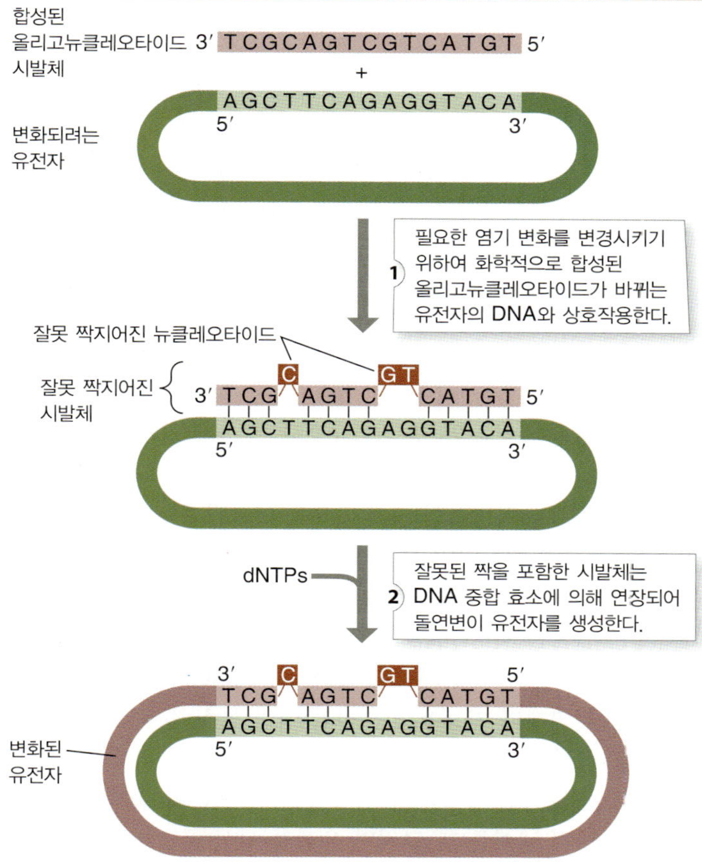

그림 3-30 지정된 위치 돌연변이 변화된 유전자는 증폭되거나 발현되거나 혹은 돌연변이 생물체를 생성하기 위하여 적당한 클로닝 벡터로 삽입될 수 있다.

한 질병에 저항성이 있는 동물이 되도록 동물의 유전자들이 맞춰졌다. 어떤 농장 동물들은 의학적으로 유용한 단백질이 우유로 분비되도록 조작되었다. 그렇게 우유에서 그런 물질을 얻는 것은 박테리아 배양액에서 같은 물질을 생산하는 것보다 비용면에서 더욱 효과적이다.

가장 성공적인 유전자 이식 생물의 하나는 식물을 먹는 곤충에 독성이 있는 단백질을 생산하도록 유전적으로 변형된 옥수수이다(그러나 척추동물에 해가 없는). 그 독소는 토양 미생물인 *Bacillus thuringiensis*에 의해서 합성된다. 그 독성 유전자는 옥수수에 클론되었는데, 이것은 화학 살충제가 도저히 접근할 수 없는 옥수수 안에서 거의 일생을 보내는 중요한 해충인 유럽 옥수수 벌레로부터 보호하기 위하여 그런 독성 유전자가 옥수수에 클론되었다. 미국에서 널리 재배하는 'Bt corn'이란 옥수수는 그런 독성 물질에 대한 수요가 매우 줄었다.

유전자 이식 식물은 또한 더 좋은 영양분을 가지도록 조작되었다. 예를 들면 과학자들이 **β-카로틴**(**바이타민 A**의 전구체인 주황색 색소)이란 물질을 합성하는 데 필요한 효소의 암호를 가진 외부 유전자와 철을 저장하는 단백질인 **페리틴**(**ferritin**) 유전자로 쌀을 개발하였다. '황금 쌀'이라 불리는 유전자 변형 쌀(그림 3-32)은 바이타민 A 결핍(4억 명을 괴롭히는)과 철 부족(대략 지구 인구의 30%가 철 결핍으로 고통을 당한다)을 완화시키는 데 도움이 된다. 다른 유전자 이식 식물들을 예로 들자면 냉해

그림 3-31 유전자 이식 쥐 왼쪽의 거대한 생쥐(mouse)는 시궁쥐(rat)의 성장 호르몬 유전자가 포함된 DNA를 미세 주입한 수정 난자에서 키워졌다. 이 쥐는 거의 오른쪽의 정상적인 쥐 무게의 2배이다. [Courtesy of Ralph Brinster, University of Pennsylvania.]

그림 3-32 황금 쌀 왼쪽의 흰색 쌀들은 야생형이다. 오른쪽의 쌀들은 3배의 철을 저장하고 황색을 내는 β-카로틴을 합성하도록 조작되었다. [Courtesy Ingo Potrykus.]

에 강한 딸기, 느리게 익는 토마토, 빠르게 숙성되는 과수, 가뭄 · 높은 염도 · 병원성 바이러스 · 제초제(원하는 작물에 영향을 주지 않고 잡초를 없애는 데만 사용될 수 있는)에 강한 작물, 다량의 바이오 연료를 생산할 수 있는 식물이 있다.

현재 유전자 변형, 즉 'GM' 식품들이 유해할 것이라는 대중들의 의심은 특히 유럽에서 널리 퍼져 있다. 그러나 상당한 소비자 경험뿐만 아니라 광범위한 연구가 GM 식품에 의한 해로운 영향들을 드러내는 데 실패하였다(자료 3-3).

유전자 이식 생물은 유전자 발현에 대한 우리의 이해를 매우 향상시켰다. 결함이 있는 유전자를 보유하도록 조작되거나 혹은 전적으로 어떤 유전자가 없는[소위 **유전자 녹아웃(gene knockout)**] 동물들은 또한 사람 질병들에 대한 실험 모델로 제공된다.

유전적인 결함은 교정된다. **유전자 치료(gene therapy)**는 치료 효과를 내기 위하여 각 개인의 세포들에 새로운 유전 물질을 전이하는 것이다. 비록 아직은 초보적인 이 기술의 잠재적인 이득은 크지만 극복해야 할 실질적인 장애물이 많다. 예를 들면 사람에게 유전자를 직접적으로 이식할 때 보통 이용되는 레트로바이러스 벡터(RNA 보유 바이러스)는 치명적인 면역 반응을 일으킬 수 있다.

현재까지 성공적인 유전자 치료의 첫 사례는 SCID-X1으로 알려진, **중증 복합성 면역 결핍증(severe combinded immunodeficiency disease, SCID)**을 가진 어린이에게서 일어났는데, 이는 치료 없이 치명적인 감염을 막기 위하여 살균된 환경에 고립시켜야 하는 병이다. SCID-X1은 **γc 사이토카인 수용체(γc cytokine receptor)**, 즉 적당한 면역계의 기능에 필수적인 이런 물질의 유전자 결핍에 의해서 발병한다. 골수세포(백혈구 세포의 전구체)가 SCID-X1 환자의 몸에서 제거된다. 그래서 정상적인 γc 사이토카인 수용체 유전자를 지닌 벡터와 함께 골수세포를 배양하여 그 환자의 몸에 다시 넣어준다. 그러면 유전자 이식 골수세포는 면역계 기능을 회복한다. 하지만 바이러스 매개체가 무작위로 유전체에 통합되어 있기 때문에, 이식 유전자의 위

체크 포인트

- 생체 내 및 체외에서 주어진 DNA를 증폭하는 데 필요한 단계를 요약하시오.
- pUC18, 박테리오파지 λ, BAC와 같은 클로닝 벡터의 속성을 비교하시오.
- 유전자 재조합 DNA 분자를 형성하는 데 필요한 효소의 활성을 설명하시오.
- 클로닝 벡터가 일반적으로 선택적 표지자를 포함하는 이유를 설명하시오.

자료 3-3 생화학 전망 재조합 DNA 기술의 윤리적인 측면

1970년대 초에는 유전 공학이 논의될 때 제안된 실험에 대한 안전에 관하여 거의 알려지지 않았다. 상당한 토론 이후에 그런 실험에 대한 일시적 중지 기간에 재조합 DNA 연구에 관한 규제가 생겼다. 그 규칙들은 명확하게 위험한 실험이다(즉 디프테리아 독성 유전자를 대장균에 이식, 이것은 사람의 공생자를 지독한 병원체로 바꾼다). 다른 예방책은 독성의 생물체들이 주위 환경에 유출되는 사고에 대한 위험에 관한 제한이다. 예를 들면 많은 벡터들은 특별한 영양분을 필요로 하는 숙주 생물에서 클론되어야 한다. 이런 생물들은 실험실 밖에서 살아남을 수 없기 때문이다.

재조합 DNA 기술의 증명된 가치는 거의 모든 초기 반대자들을 잠잠하게 하였다. 확실히 AIDS를 일으키는 바이러스와 같은 병원체들은 클로닝하지 않고 연구하는 것은 가능하지 않았다. 지금까지 재조합에 의한 유전적인 대재앙이 없어도 재조합 생물들이 환경에 불리하게 작용하지 않는다는 보장이 없다. 그럼에도 불구하고 유전 공학자에 의해서 사용되는 기술들은 자연에서 사용되는 것들을 모방한 것이다(돌연변이와 선별). 그래서 자연적이고 인공적인 생물체들은 근본적으로 유사하다. 어떤 경우에 사람들은 벌써 수천 년 동안 재조합 DNA 실험을 이끄는 다수의 동일한 목적을 위하여 식물과 동물을 키워 왔다.

새로운 유전 공학 기술들이 가능하게 됨에 따라 다른 윤리적으로 고려해야 할 것들에 직면한다. 박테리아에서 생산된 인간 성장 호르몬은 지금은 비정상적으로 키가 작은 어린이들의 키를 키우는 데 처방된다. 그러나 소문에 의하면 어떤 사람들이 사용했듯이 그들의 키와 힘을 키우기 위하여 운동선수들이 이런 단백질을 사용하도록 허락되어야 하는가? 만약 개발된다면 낫 모양 적혈구 빈혈증(7-1E절)과 레쉬-니한(Lesch-Nyhan) 증후군(23-1D절)과 같은 그런 유전적인 결함들을 치료하는 유전자 치료의 이용에 대하여 어떤 누구도 이의를 제기하지 않는다. 그러나 만약 운동 능력과 지능과 같은 복합적인 특성을 변경하는 것이 가능하게 된다면, 어느 변화들이 바람직하다고 생각되며, 그리고 그렇게 할지는 누가 결정하는가? 유전자 치료는 단지 각 개인의 결함만을 교정하거나 이어지는 세대들에게 그 결함이 유전되지 않도록 각 개인의 생식세포의 유전자들을 바꾸는 데 사용되어야 하는가? 만약 각 개인의 유전자 구성을 결정하는 것이 쉬워지면 이런 정보가 교육이나 고용 기회, 건강보험에 대한 지원자들을 평가하는 데 사용되어야 하는가? 이런 수수께끼들이 이런 것들을 다루는 **생명 윤리(bioethics)**라는 철학의 한 분야가 생겨나게 한다.

치는 다른 유전자들의 발현에 영향을 미칠 수 있고, 암을 유발할 수 있다. 최소한 두 아이들은 SCID-X1에 대한 유전자 요법의 결과로 **백혈병(leukemia**, 백혈구 세포암) 이 진행되었다.

보기 드문 형태의 실명인 **레버 선천성 흑내장(Leber's congenital amaurosis)**, 막 수송 단백질에 결함이 생겨 뇌에 피해를 주는 **X 연관 부신 백질 이영양증(X-linked adrenoleukodystrophy)**, 심각한 빈혈의 종류인 베타 지중해 빈혈(β-thalassemia), 그리고 면역 결핍 질환인 **비스코트 알드리치 증후군(Wiskott-Aldrich syndrome)**을 포함한 몇몇 다른 유전적 질병들은 유사한 기술에 의해 치료가 되었다. 마찬가지로 유전적으로 암환자의 면역 체계 세포에게 암세포를 공격하게 하는 것은 일반적인 치료법으로 효과를 보이지 않는 특정 암을 제거하는 상당한 가능성을 보였다.

- DNA 라이브러리는 무엇이며, 특정 유전자에 대해 어떻게 선별할 수 있는가?
- 전통적 클로닝 기술에 비해 PCR의 이점은 무엇인가?
- 원핵생물 숙주 세포에서 진핵생물 유전자를 발현할 때의 어려움은 무엇인가?
- 박테리아 세포에서 변이된 단백질을 생산하기 위해 지정된 위치 돌연변이를 어떻게 사용할 수 있는지 설명하시오.
- 유전자 치료를 위한 유전자 조작과 형질 전환 유기체를 생산하기 위한 유전자 조작은 어떠한 차이가 있는가?

요약

1 뉴클레오타이드

- 뉴클레오타이드는 적어도 한 개의 인산기가 붙은 리보스당에 연결된 퓨린이나 피리미딘으로 이루어져 있다. RNA는 리보뉴클레오타이드로 이루어진다. DNA는 데옥시뉴클레오타이드(2′-데옥시리보스를 가진)로 되어 있다.

2 핵산 구조의 소개

- DNA에서 두 개의 평행인 뉴클레오타이드 사슬들은 이중 나선에서 포스포다이에스터 결합으로 연결되어 있다. 서로 마주보는 가닥의 염기들은 짝을 이룬다. A와 T, G와 C
- RNA와 같은 단일 가닥 핵산들은 머리핀 구조를 가질 수 있다.

3 핵산 기능의 개요

- DNA는 뉴클레오타이드 서열에 유전 정보를 지닌다. DNA가 복제될 때 각 가닥은 상보 가닥의 합성에 주형으로 작용한다.
- 분자생물학의 중심 이론에 따라 유전자 DNA 한 가닥이 mRNA로 전사된다. 이때 RNA는 리보솜에 결합된 mRNA와 염기쌍을 이루는 tRNA 분자에 결합된 아미노산의 정해진 첨가 순서에 의해서 단백질로 번역된다.

4 핵산 서열

- DNA의 특정한 염기를 인식하는 제한 핵산 내부 분해 효소는 DNA 분자를 특정한 위치에서 절단하는 데 사용된다.
- 젤 전기 이동법은 DNA 조각들을 분리하고 크기를 측정하는 데 사용된다.
- DNA 염기 서열 결정의 사슬 종결법에서 어떤 DNA 가닥의 뉴클레오타이드 서열은 네 가지 뉴클레오타이드 각각의 다이데옥시 유사물로 종결되는 상보적인 폴리뉴클레오타이드를 효소에 의해서 합성하여 결정된다. 증가하는 폴리뉴클레오타이드 조각들의 크기는 원래 염기 서열을 파악하기 위하여 전기 이동에 의하여 분리된다.
- 파이로시퀀싱과 일루미나시퀀싱과 같은 차세대 DNA 서열 결정 방법들은 매우 병렬적이고 그에 따라 사슬 종결법보다 매우 빠르지만 읽는 길이의 정밀도가 떨어지는 단점이 있다.
- DNA에 돌연변이와 다른 변화들은 생물체들의 진화에 대한 기초이다.

5 DNA 조작

- 분자 클로닝에서 외부 DNA 조각은 숙주세포에서 증폭을 위하여 벡터에 삽입된다. 형질 전환된 세포들은 선택적 표지자에 의해서 확인된다.
- 유전체 라이브러리는 어떤 생물체의 모든 DNA를 지니고 있다. 특별한 DNA 서열을 가진 클론들은 선별적 과정에 의해서 확인된다.
- 중합 효소 연쇄 반응은 선택된 DNA 서열을 증폭한다.
- 재조합 DNA 방법은 야생형 혹은 세포나 생물체에서 선택적으로 돌연변이된 단백질을 생산하는 데 사용된다.

주요 용어

3′ 말단(3′ end)
5′ 말단 (5′ end)
bp(염기쌍, base pair)
cDNA 라이브러리(cDNA library)
ddNTP(dideoxynucleoside triphosphate)
DNA(deoxyribonucleic acid)
DNA 지문법 (DNA fingerprinting)
dNTP(deoxynucleoside triphosphate)
kb(kilobase pair)
ORF(open reading frame)
RNA(ribonucleic acid)
rRNA(ribosomal RNA)
과잉 생산자 (overproducer)
뉴클레오사이드(nucleoside)
뉴클레오타이드(nucleotide)
뉴클레오타이드 잔기 (nucleotide residue)
다형성(polymorphism)
단량체(monomer)
단백질체학(proteomics)

단일 뉴클레오타이드 다형 현상(single-nucleotide polymorphism, SNP),
대립 유전자(allele)
리보솜(ribosome)
머리핀(stem – loop)
무딘 말단(blunt end)
무차별적인 클로닝(shotgun cloning)
미생물군 유전체(microbiome)
박테리오파지(bacteriophage)
반수체(haploid)
발현 벡터(expression vector)
방사선 사진법 (autoradiography)
번역(translation)
범유전체학적 서열 결정 (metagenomic sequencing)
벡터(vector)
변형 메틸레이스(modification methylase)
복제(replication)
분자 생물학의 중심 이론 (central dogma of molecular biology)
사슬 종결법 (chain termination method)
사합체(tetramer)
삼합체(trimer)
상보 DNA(complementary DNA, cDNA)
상보 염기 짝지음 (complementary base pairing)
샤가프 규칙(Chargaff's rule)
서냉복원(anneal)
선택적 표지자(selectable marker)
소중합체(oligomer)
시발체(primer)
야생형(wild type)
역전사 효소(reverse transcriptase)
역평행(antiparallel)
염색체(chromosome)
용균 반점(plaque)
운반 RNA(transfer RNA, tRNA)
유전자(gene)
유전자 녹아웃(gene knockout)]
유전자 발현(gene expression)
유전자 이식 생물(transgenic organism)
유전자 치료(gene therapy)
유전체(genome)
유전체 라이브러리(genomic library)
유전체학(genomics)
이배체(diploid)
이식 유전자(transgene)
이중 나선(double helix)
이합체(dimer)
인공적인 박테리아 염색체(bacterial artificial chromosome, BAC)
인공적인 효모 염색체(yeast artificial chromosome, YAC)
인트론(intron)
일루미나시퀀싱(Illumina sequencing)
작은 고랑(minor groove)
재조합(recombination)
재조합 DNA(recombinant DNA)
재조합 DNA 기술 (recombinant DNA technology)
전령 RNA(messenger RNA, mRNA)
전사(transcription)
전사체(transcriptome)
전사체학(transcriptomics)
전이(transposition)
점 돌연변이(point mutation)
점착성 말단(sticky end)
제한 변형 시스템(restriction-modification system)
제한 핵산 내부 분해 효소 (restriction endonuclease)
젤 전기 이동법(gel electrophoresis)
중합 효소 연쇄 반응 (polymerase chain reaction, PCR)
지정된 위치 돌연변이(site-directed mutagenesis)
진유전체(exome)
짧은 종열 반복(short tandem repeat, STR)
차별적인 유전자 이어맞추기(alternative gene splicing)
초음파(sonication)
콜로니(제자리) 혼성법(colony (in situ) hybridization
큰 고랑(major groove)
클로닝(cloning)
클론(clone)
탐침(probe)
토토머(tautomer)
파이로시퀀싱 (pyrosequencing)
포스포다이에스터 결합 (phosphodiester bond)
표현형(phenotype)
플라스미드(plasmid)
합성에 의한 서열 결정 (sequencing by synthesis)
핵산(nucleic acid)
핵산 내부 분해 효소 (endonuclease)
핵산 말단 분해 효소 (exonuclease)
형질 전환(transformation)
회문식(palindrome)

문제

연습 문제

1. 다음 뉴클레오타이드를 명명하시오.

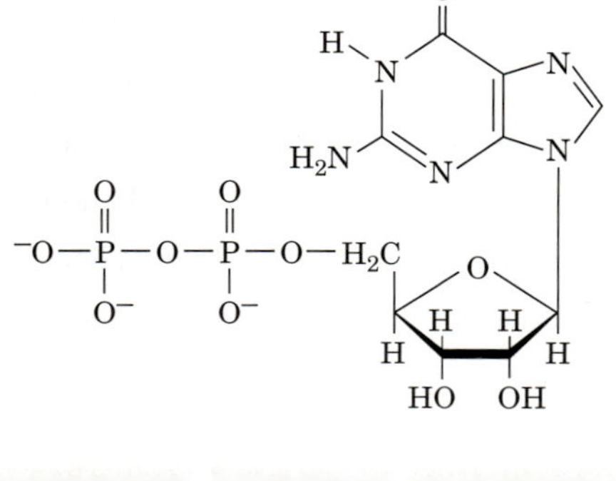

2. 다음 뉴클레오타이드를 명명하시오.

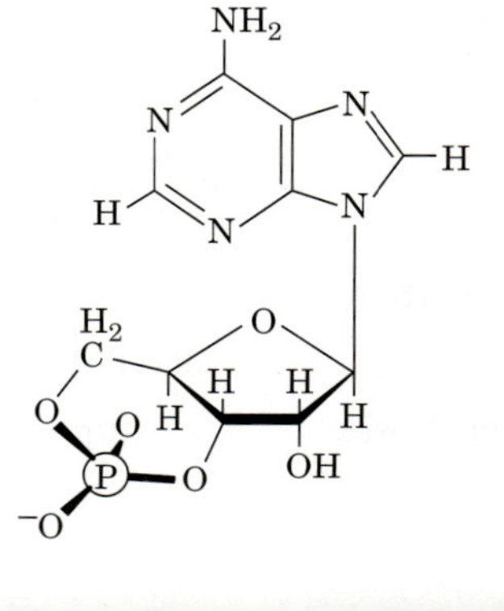

3. 많은 생물체에서 DNA가 메틸화에 의해서 수정된다. 5-메틸사이토신의 구조를 그리시오. 이 염기는 비활성 DNA에서 높은 빈도 수로 생성되는 염기이다.
4. 사이토신을 비스황산으로 처리하면 아미노기가 카보닐기로 치환된다. 이 변형된 염기에 대해 설명하시오.
5. 카이네이스는 뉴클레오사이드 삼인산에서 인산기를 전이하는 효소이다. 다음 중 카이네이스에 의한 촉매 반응으로 타당한 것은 어느 것인가?
(a) ATP + GDP → ADP + GTP
(b) ATP + GMP → AMP + GTP
6. 카이네이스는 뉴클레오사이드 삼인산에서 인산기를 전이하는 효소이다. 다음 중 카이네이스에 의한 촉매 반응으로 타당한 것은 어느 것인가?
(a) ADP + CMP → AMP + CDP
(b) AMP + ATP → 2ADP
7. 45,000 kb 반수체 유전체를 가진 배수체 생물은 G 염기를 21% 보유한다. 이 생물의 각 세포의 DNA에서 A, C, G, T의 수를 계산하시오.
8. 20개 염기쌍을 가진 DNA 조각은 7개의 구아닌 잔기를 포함한다. 이 조각에 아데닌 잔기는 몇 개가 있는가? 이 조각에 유라실 잔기는 몇 개가 있는가?
9. pH>11에서 DNA 분자의 가닥들이 더욱 쉽게 분리되는 이유는 무엇인가?
10. NaCl 농도가 증가하면 두 가닥의 DNA가 떨어지는 온도가 증가하는 이유를 설명하시오.
11. 효소는 면역 결핍 바이러스(AIDS를 유발하는 HIV)로부터 RNA를 주형으로 사용하여 DNA를 합성할 수 있다. 이 효소의 활성은 크릭(Crick)의 기본 원리에 어떻게 모순되는지를 설명하시오.
12. 다음의 각 경우에 네 가지의 다른 뉴클레오타이드를 포함하는 핵산들에 의해서 이론적으로 몇 개의 다른 아미노산이 암호화될 수 있는가? (a) 각 뉴클레오타이드가 하나의 아미노산에 대한 암호를 가진다면, (b) 두 개의 연속적인 뉴클레오타이드의 서열이 하나의 아미노산에 대한 암호를 가진다면, (c) 3개의 연속적인 뉴클레오타이드의 서열이 하나의 아미노산에 대한 암호를 가진다면, (d) 4개의 연속적인 뉴클레오타이드의 서열이 하나의 아미노산에 대한 암호를 가진다면
13. 인간의 유전체는 수천 개 서열의 작은 ORF를 포함한 것으로 알려져 있다. 이것은 약 30개의 아미노산을 암호화한다. 이러한 단백질을 암호화하기 위하여 최소한으로 필요한 뉴클레오타이드의 개수는 얼마인가?
14. 평균적으로 몇 개의 뉴클레오타이드에 의한 유전체가 두 호모사피엔스를 구분할 수 있는가?
15. 제한 효소 TaqI에 대한 인식 서열이 T↓CGA이다. 다음의 DNA 서열을 가진 TaqI 반응의 생성물을 나타내시오.

5′-ACGTCGAATC-3′
3′-TGCAGCTTAG-5′

16. 표 3-2의 자료를 사용하여 (a) 무딘 말단을 생성하는 효소, (b) 같은 서열을 인식하고 절단하는 효소(**isoschizomer**), (c) 동일한 점착성 말단을 생성하는 제한 효소를 확인하시오.
17. 녹조(*Ostreococcus tauri*)의 13 Mb 유전체는 ~8000개 유전자를 보유하고 있다. 이 유전자를 대장균의 ~4300개 유전자, 애기장대(*A. thaliana*)의 ~25,500개 유전자와 유전자 밀도를 비교하시오.
18. 외부의 DNA가 pUC18의 폴리링커 부위에 삽입되어 대장균 세포에 이식된다면 재조합 클론을 어떻게 선택하는지를 설명하시오.
19. pUC18의 도식(그림 3-24)을 참조하여 유전자를 삽입할 때 숙주 세포에 의한 β-갈락토스 가수 분해 효소의 생성이 방해가 될 수 있는 제한 효소가 무엇인지 설명하시오.
20. pUC18의 도식(그림 3-24)을 참조하여 유전자를 삽입할 때 엠피실린 저항과 숙주 세포에 의한 β-갈락토스 분해 효소의 생성을 방해하지 않으려면 어떤 제한 효소를 이용해야 하는지 설명하시오.
21. 주어진 생물체에서 cDNA 라이브러리보다 유전체의 라이브러리가 더 큰 이유는 무엇인가?
22. 같은 생물체 내의 다른 세포 형태에서 얻어진 cDNA가 왜 서로 다른가?

도전 질문

23. 일부 RNA 분자들은 아데노신 잔기의 N6 자리의 메틸화를 통하여 공유 결합적으로 수정된다. 수정된 뉴클레오사이드의 구조를 그리시오.
24. 문제 23에서 묘사된 수정된 뉴클레오사이드의 경우, 왓슨-크릭 염기쌍 형성이 가능한지 보이시오.
25. 아데닌의 토토머형을 그리시오.
26. 사이토신의 토토머형을 그리시오.
27. 아데닌의 N1의 p*K*값은 3.64인데, 구아닌의 N1의 경우 9.50이다. 왜 이러한 차이가 나는지 설명하시오.
28. 문제 27에서의 답을 활용하여 사이토신과 유라실에 있는 N3의 상대적 값을 밝히시오.
29. 아데닌 유도체인 하이포잔틴(hypoxanthine)은 사이토신과 염기쌍을 이룰 수 있다. 이런 염기쌍의 구조를 나타내시오.

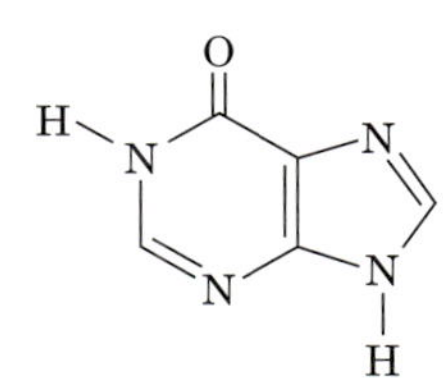

하이포잔틴

30. 하이포잔틴은 아데닌과도 수소 결합을 한다. 이런 염기쌍의 구조를 나타내시오.
31. (a) 너무 적은 양의 ddNTP가 부가될 때, (b) 너무 많은 양의 ddNTP가 부가될 때, 사슬 종결법에 의한 서열 결정 과정의 결과에 대하여 설명하시오.
32. 다음과 같은 환경에서 사슬 종결법을 이용한 염기 서열 결정에

미치는 영향을 설명하시오. (a) 너무 적은 양의 시발체가 존재할 때, (b) 너무 많은 양의 시발체가 존재할 때

33. *C. elegans*(표 3-3)의 5 kb 조각을 얻기 위하여 확률이 0.99일 때, 몇 개의 클론이 필요한가를 계산하시오.

34. 쥐 DNA의 250 kb 조각을 효소의 인공 염색체에 클로닝하려고 한다. 만약 쥐의 전체 유전체에 해당하는 5000개의 유사한 크기인 클론을 얻었다면, 원하는 DNA가 클로닝되었는지 어떻게 확인할 수 있는가?

35. 다음의 각 경우에 PCR 실험의 가능한 결과를 설명하시오. (a) 한 가지 시발체가 부적절하게 반응 혼합물에서 빠졌다. (b) 한 가지 시발체가 출발 DNA 시료의 몇 부분에서 상보적이다.

36. 다음의 각 경우에 PCR 실험의 가능한 결과를 설명하시오. (a) 출발 시료가 1개의 복사본만 존재하는데, 목표 DNA 서열의 한 가닥이 끊겨 있다. (b) 출발 시료가 1개의 복사본만 존재하는데, 목표 DNA 서열의 두 가닥이 끊겨 있다.

37. PCR에 의해서 다음의 DNA 서열을 증폭하는 데 사용될 수 있는 두 개의 12-잔기 시발체의 서열을 쓰시오.

ATAGGCATAGGCCCATATGGCATAAGGCTTTATAATAT-
GCGATAGGCGCTGGTCAG

38. 사건 현장의 혈흔과 4명의 용의자의 혈액 시료를 세 곳의 STR인 D3S1358, vWA, FGA를 형광 시발체를 사용하여 PCR로 분석하였다. 그 결과인 전기 이동 결과가 오른쪽에 있다. 각 피크 밑의 숫자는 상대적인 형광 단위에서 대립 유전자(위 박스)와 피크의 높이(아래 박스)를 나타낸다.

(a) 모든 사람은 각 염색체에 대한 2개의 복사본을 가지므로 각 유전자의 두 개의 대립 유전자를 가진다. 그러면 어떤 곳에서 단지 하나의 대립 유전자를 나타내는 것에 대하여 설명하시오.

(b) 사건 현장의 혈흔은 어떤 용의자의 것인가?

(c) 용의자를 단지 3개의 STR의 하나로 범인이라고 확인할 수 있는가?

(d) 4번 용의자와 1번 용의자에서 얻어진 DNA 양에서 어떤 결론을 얻을 수 있는가?

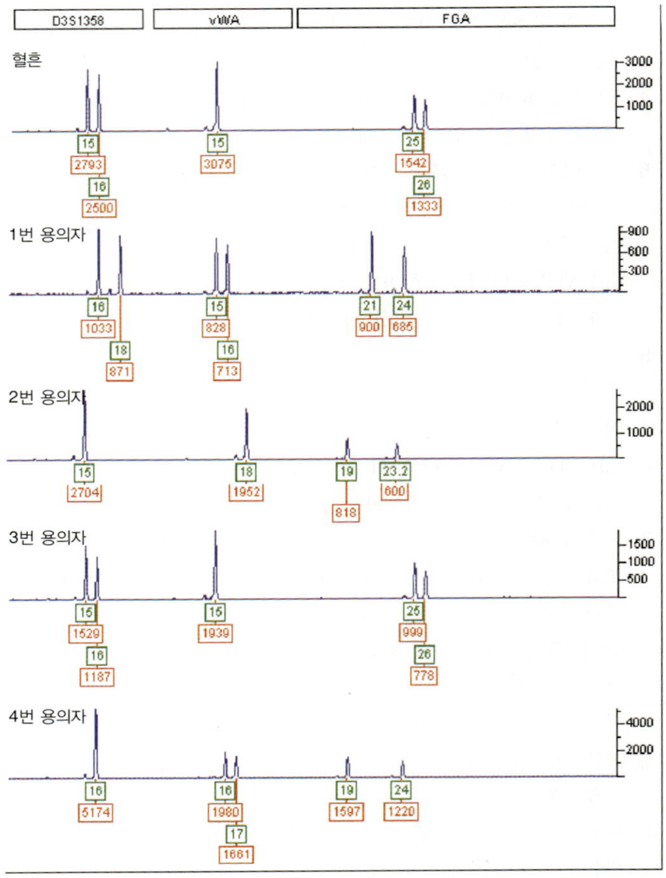

[From Thompson, W.C., Ford, S., Doom, T., Raymer, M., and Krane, D.E., Evaluating forensic DNA evidence: Essential elements of a competent defense review, *The Champion* **27**, 16–25 (2003). Reprinted by permission of the National Association of Criminal Defense Lawyers.] [문제 38에 대한 그림]

참고 문헌

DNA 구조와 기능

Bloomfield, V.A., Crothers, D.M., and Tinoco, I., Jr., *Nucleic Acids. Structures, Properties, and Functions*, University Science Books (2000).

Dickerson, R.E., DNA structure from A to Z, *Methods Enzymol.* **211**, 67–111 (1992). [Describes the various crystallographic forms of DNA.]

Thieffry, D., Forty years under the central dogma, *Trends Biochem. Sci.* **23**, 312–316 (1998). [Traces the origins, acceptance, and shortcomings of the idea that nucleic acids contain biological information.]

Watson, J.D. and Crick, F.H.C., Molecular structure of nucleic acids, *Nature* **171**, 737–738 (1953); *and* Genetical implications of the structure of deoxyribonucleic acid, *Nature* **171**, 964–967 (1953). [The seminal papers that are widely held to mark the origin of modern molecular biology.]

DNA 서열

Brown, S.M. (Ed.), *Next-Generation DNA Sequencing Informatics*, Cold Spring Harbor Laboratory Press (2013).

Galperin, M.Y., Rigden, D.J., and Fernández–Suárez, X.M., The 2015 *Nucleic Acids Research* database issue and online molecular biology database collection, *Nucleic Acids Res.* **43**, Database issue D1 – D8 (2015). [This annually updated article describes 1537 databases covering various aspects of molecular biology, biochemistry, and genetics. Additional articles in the same issue provide more information on individual databases. Freely available at http://nar.oxfordjournals.org.]

International Human Genome Sequencing Consortium, Initial sequencing and analysis of the human genome, *Nature* **409**, 860 – 921 (2001); *and* Venter, J.C., *et al.*, The sequence of the human genome, *Science* **291**, 1304 – 1351 (2001). [These and other papers in the same issues of *Nature* and *Science* describe the data that constitute the draft sequence of the human genome and discuss how this information can be used in understanding biological function, evolution, and human health.]

International Human Genome Sequencing Consortium, Finishing the euchromatic sequence of the human genome, *Nature* **431**, 931 – 945 (2004). [Describes the "finished" version of the human genome sequence.]

Lander, E.S., Initial impact of the sequencing of the human genome, *Nature* **470**, 187 – 197 (2011).

Mardis, E.R., Next–generation sequencing platforms, *Annu. Rev. Analyt. Chem.* **6**, 287 – 303 (2013).

DNA 재조합 기술

Ausubel, F.M., Brent, R., Kingston, R.E., Moore, D.D., Seidman, J.G., Smith, J.A., and Struhl, K., *Short Protocols in Molecular Biology* (5th ed.), Wiley (2002). [A two–volume set.]

Pingoud, A., Fuxreiter, M., Pingoud, V., and Wende, W., Type II restriction endonucleases: structure and mechanism, *Cell. Mol. Life Sci.* **62**, 685 – 707 (2005). [Includes an overview of different types of restriction enzymes.]

Green, M.R. and Sambrook, J., *Molecular Cloning. A Laboratory Manual* (4th ed.), Cold Spring Harbor Laboratory (2012). [A three–volume "bible" of laboratory protocols with accompanying background explanations.]

Watson, J.D., Meyers, R.M., Caudy, A.A., and Witkowski, J.A., *Recombinant DNA. Genes and Genomes—A Short Course* (3rd ed.), Freeman (2007). [An exposition of the methods, findings, and results of recombinant DNA technology and research.]

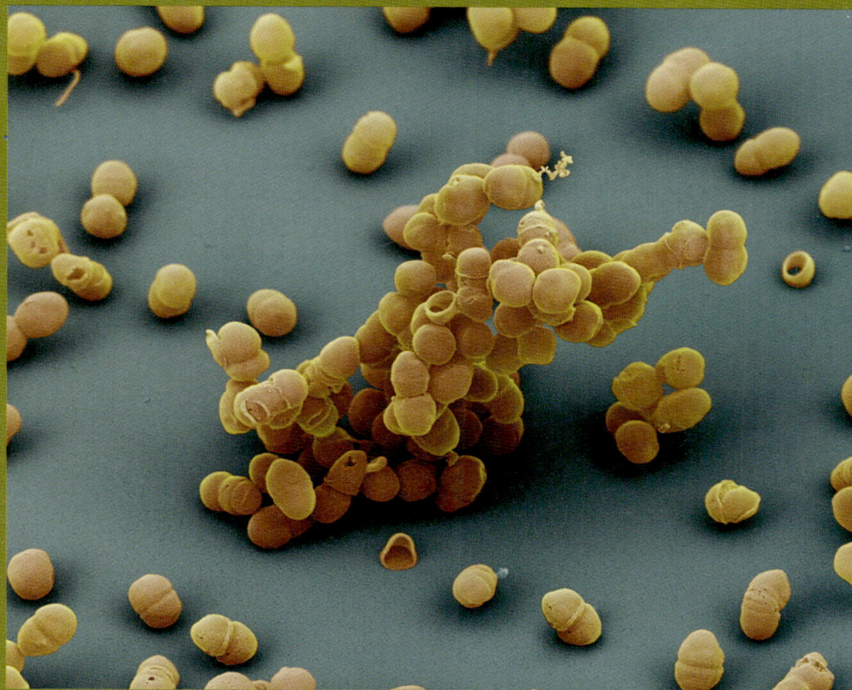

Eye of Science/Science Source Images

사람의 피부에서 자라는 표피 포도상 구균(Staphylococcus epidermidis)은 아미노산인 글루탐산의 긴 사슬로 연결되어 있다. 이로 인해 정상적으로 피부 표면에 생기는 세포외 염 농도의 변화로부터 세균이 보호된다.

CHAPTER 4

아미노산

19세기 초, 과학자들은 처음 영양소에 관심을 가지기 시작하면서 질소를 함유한 물질이 동물의 생존에 필수적이라는 것을 발견하였다. 1839년에 스웨덴의 화학자 베르셀리우스(Jacob Berzelius)는 이런 부류의 화합물에 **단백질[protein**, 그리스어: *proteios*(primary)]이라는 이름을 붙였다. 아미노산은 이미 1830년에 처음 추출되었지만, 당시의 생리화학자들은 단백질이 아미노산이라는 작은 성분으로 이루어져 있다는 것을 알지 못하였다. 사실, 단백질을 비롯한 식물로부터 얻을 수 있는 물질들은 오랫동안 통째로 동물 조직에 흡수된다고 믿어져 왔다. 이런 잘못된 개념은 소화 과정이 밝혀짐으로써 없어졌다. 흡수된 단백질이 아미노산을 포함한 작은 화합물로 분해된다는 것이 밝혀진 후, 과학자들은 그런 물질의 영양학적인 특성에 주목하기 시작하였다(자료 4-1).

단백질과 아미노산에 관한 현대의 연구는 19세기와 20세기 초의 실험에 영향을 많이 받았다. 오늘날 우리는 질소를 함유한 아미노산이 생명체에 필수적인 물질이고, 단백질의 구성 성분이라는 것을 안다. 생화학에서 아미노산이 핵심적 역할을 한다는 것은 아마 잘 알려졌을 것이다. 몇몇 아미노산은 지구의 역사에서 일찍 등장한 유기화합물 중 하나일 것으로 여겨진다(1-1A절). 오래되고 광범위한 분자로서의 아미노산은 진화를 통해 생태계에서 다양한 목적으로 채택되었다. 이 단원에서는 아미노산의 일반적인 구조, 화학적 특성, 입체 구조에 대한 논의로 시작하여, 몇몇 관련된 화합물의 구조와 기능을 간략히 요약하는 것으로 끝마칠 것이다.

자료 4-1 발견의 경로 **로즈와 트레오닌의 발견**

로즈(William C. Rose, 1887~1985)가 단백질을 구성하는 아미노산 성분을 확인한 것은 동물 영양학 분야에서 대단한 과학적 도전이었다. 20세기 초반, **생리화학자**(이때까지 생화학자라는 용어는 사용되지 않았다)들은 모든 음식물이 적합한 영양을 제공하지 않는다는 것을 발견하였다. 예를 들어 옥수수 단백질 제인(zein)으로만 질소를 섭취한 쥐는 그들의 식단에 아미노산 트립토판이나 라이신이 첨가되지 않으면, 성장에 실패하였다. 당시의 대사 과정에 관한 지식은 실험을 통해 수집한 정보, 즉 실험체(사람을 포함하여)에 음식물을 주입하면 다양한 화합물로 이루어진 소변으로 배출된다는 정도였다. 이러한 실험 결과, 한 화합물이 다른 화합물로 전환될 수는 있지만, 영양물이 통째로 전환되지는 않는다는 생각에는 변함이 없었다.

일리노이 대학교에서 로즈는 질소 화합물의 대사 관계를 해독하는 영양학 연구에 열중하였다. 다른 모든 것들 중에서 영양과 쥐의 성장에 관한 연구는, 퓨린과 피리미딘은 아미노산으로부터 유도되었으나 이 화합물들이 소화 아미노산을 대체할 수 없다는 것을 밝히는 데 도움이 되었다.

로즈는 각 아미노산의 영양학적 요구량을 측정하기 위해 단백질을 가수 분해하여 그 구성 성분인 아미노산을 얻은 후, 선택적으로 특정 아미노산을 제거하였다. 그는 자신의 초기 실험 중 하나에서 우유 단백질인 카세인(casein)의 가수 분해물로부터 아르지닌과 히스티딘을 제거하였다. 이 조제물을 주입한 쥐는 음식물에 히스티딘을 다시 첨가하지 않는 한, 몸무게가 줄었다. 그러나 아르지닌은 다시 첨가해도 히스티딘만큼 명확한 효과가 없었다. 로즈는 이 결과를 바탕으로 즉시 모든 아미노산의 작용을 조사하게 되었다. 이후 유사한 실험 접근을 통하여 시스테인, 히스티딘, 트립토판이 다른 아미노산으로 대체될 수 없다고 정의하였다.

로즈는 단백질을 가수 분해하여 얻는 제조로부터 순수 아미노산의 혼합으로 분야를 옮겼다. 19개의 알려진 아미노산 중 13개는 정제가 가능하고, 나머지 6개는 합성이 가능하였다. 하지만 질소의 유일한 공급원으로 이들 19개의 아미노산을 주입한 쥐는 몸무게가 줄었다. 순수 아미노산의 비율이 최적이 아니라는 가능성은 있었지만, 로즈는 자신의 아미노산 혼합물에는 없지만 자연적으로 생기는 단백질과 그 가수 분해물에는 존재하는 다른 필수 아미노산이 있을 것이라고 결론을 내렸다.

이후 몇 년간의 노력 끝에 마침내 빠진 아미노산을 추출하는 데 성공하였다. 1935년에 출간된 논문에 따르면, 로즈는 이 아미노산을 다른 19개의 아미노산과 함께 쥐에 주입하여 쥐 성장을 도왔다는 것을 보였다. 이로써 20번째이자 마지막인 아미노산 트레오닌이 발견되었다.

다음 20년 동안의 확장된 실험 결과 단백질에서 발견되는 20개의 아미노산 중 10개의 아미노산이 영양학적으로 필수적이고, 따라서 이들 중 하나를 제거하면 실험체들은 성장에 실패하고 결국 죽음에 이르게 된다는 것을 알게 되었다. 나머지 10개의 아미노산은 체내에서 적정량 합성이 가능하기 때문에 '비필수 아미노산'이라고 여겨진다.

로즈의 다음 작업은 졸업생들을 실험군으로 하여 인체에서 아미노산을 필요로 한다는 것을 증명하는 일이었다. 건강한 신체에 어떤 아미노산이, 얼마나 필요한가를 알게 됨으로써 서로 다른 음식물 속 단백질의 잠재적인 영양가를 구하는 것이 가능하게 되었다. 결과적으로, 이런 발견물들은 정맥 내 주사에 사용되는 공식을 유도하는 데 도움이 되었다.

McCoy, R.H., Meyer, C.E., and Rose, W.C., Feeding experiments with mixtures of highly purified amino acids. VIII. Isolation and identification of a new essential amino acid, *J. Biol. Chem.* **112**, 283–302 (1935). [Freely available at http://www.jbc.org.]

1 아미노산의 구조

주요 개념

- 20개 표준 아미노산은 공통 구조를 공유하지만 곁사슬이 다르다.
- 펩타이드 결합은 폴리펩타이드에 존재하는 아미노산 잔기를 연결한다.
- 몇 가지 아미노산 곁사슬은 p*K* 값이 다양한 이온화할 수 있는 기를 가진다.

생각할 수 있는 모든 자원으로부터 얻은 많은 수의 단백질 분석을 통해 **모든 단백질은 20개의 '표준(*standard*)' 아미노산으로 이루어져 있음**이 밝혀졌다. 모든 단백질이 20개의 아미노산 전부를 가지고 있지는 않지만, 그렇지 않은 경우에도 20개의 아미노산 대부분을 가진다.

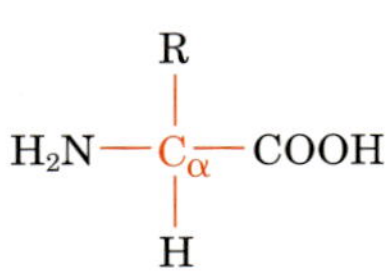

그림 4-1 **α**-아미노산의 일반적인 구조 R기로 20개의 표준 아미노산을 구별한다.

? 이 구조에서 작용기를 확인하라.

보통 아미노산은 **α-아미노산**으로 알려져 있는데, 그 이유는 카복실기(—COOH, **그림 4-1**) 옆의 탄소, 즉 **α 탄소** 원자에 1차 아미노기(—NH_2)를 치환기로 가지고 있기 때문이다. 통일성을 위해 프롤린(proline)을 α-아미노산으로 분류하지만, 유일하게 2차 아미노기(—NH—)를 가지는 프롤린은 예외이다. 20개의 표준 아미노산은 곁사슬(**R기**)의 구조가 서로 다르다. **표 4-1**에 20개의 표준 아미노산의 이름과 온전한 화학 구조를 나타내었다.

표 4-1 단백질에 있는 '표준' 아미노산의 공유 구조와 약어, 존재비, 이온화기의 pK 값

이름, 세 글자 부호, 한 글자 부호	구조식[a]	잔기 질량(D)[b]	단백질에서 평균 존재율(%)[c]	pK_1 α-COOH[d]	pK_2 $\alpha\text{-}NH_3^+$[d]	pK_R 곁사슬[d]
무극성 곁사슬을 가진 아미노산						
Glycine Gly G	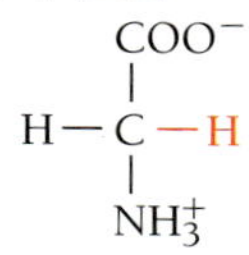	57.0	7.1	2.35	9.78	
Alanine Ala A	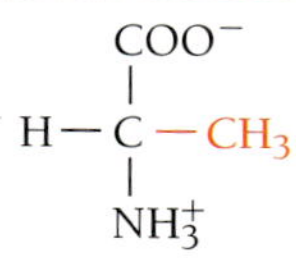	71.1	8.2	2.35	9.87	
Valine Val V	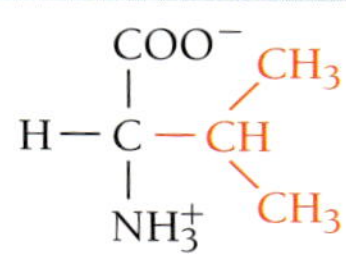	99.1	6.9	2.29	9.74	
Leucine Leu L	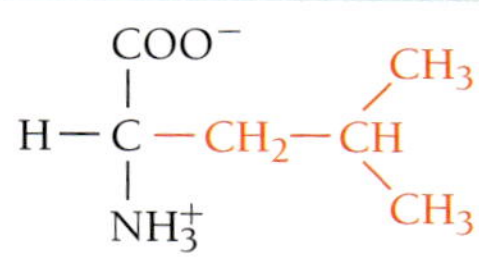	113.2	9.7	2.33	9.74	
Isoleucine Ile I	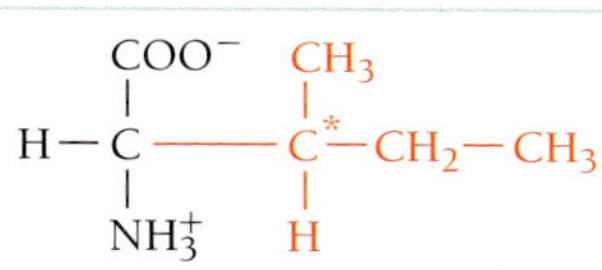	113.2	6.0	2.32	9.76	
Methionine Met M	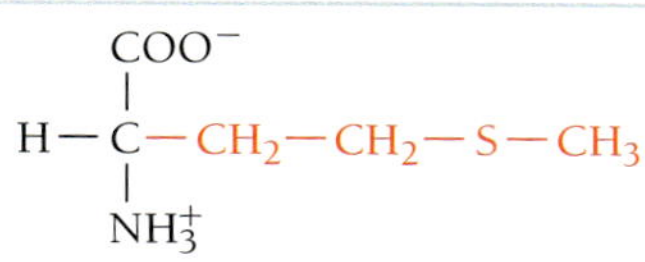	131.2	2.4	2.13	9.28	
Proline Pro P	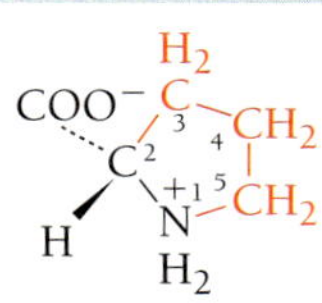	97.1	4.7	1.95	10.64	
Phenylalanine Phe F	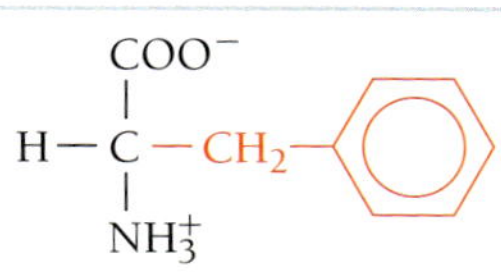	147.2	3.9	2.20	9.31	
Tryptophan Trp W	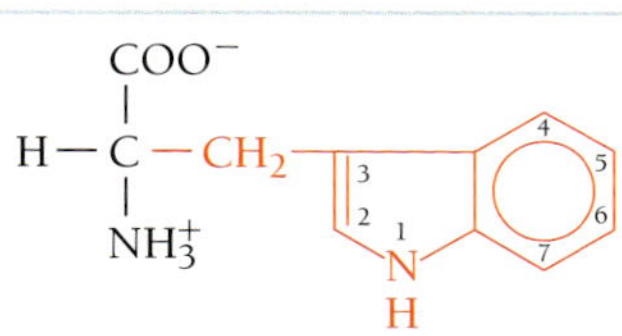	186.2	1.1	2.46	9.41	

[a]나타낸 이온화 형태는 잔기 질량이 중성 화합물이라고 하더라도 pH 7.0에서 우세하게 존재하는 형태이다(히스티딘은 예외[f]). C_α 원자와 별 모양으로 표시한 원자는 피셔(Fischer) 투영도(4-2절)에 따라 나타낸 카이랄 중심이다. 헤테로 고리는 표준 번호 매김법으로 하였다.

[b]잔기 질량은 중성 잔기를 나타낸다. 모체 아미노산의 분자 질량은 H_2O 질량인 18.0 D를 잔기 질량에 더하여 구한다. 곁사슬 질량은 잔기 질량으로부터 펩타이드기의 질량인 56.0 D를 빼서 구한다.

[c]2013–13판 완성된 SWISS–PROT database (http://www.expasy.ch/sprot/relnotes/relstat.html)의 평균 아미노산 조성. 개별 단백질들은 이 같은 양으로부터 큰 오차를 보일 수도 있다.

[d]Data from Dawson, R.M.C, Elliott, D.C., Elliott, W.H., and Jones, K.M., *Data for Biochemical Research* (3rd ed.), pp. 1–31, Oxford Science Publications (1986).

표 4-1 계속

이름, 세 글자 부호, 한 글자 부호	구조식[a]	잔기 질량(D)[b]	단백질에서 평균 존재율(%)[c]	pK_1 α-COOH[d]	pK_2 α-NH_3^{+}[d]	pK_R 곁사슬[d]
전하를 띠지 않는 극성 곁사슬을 가진 아미노산						
Serine Ser S	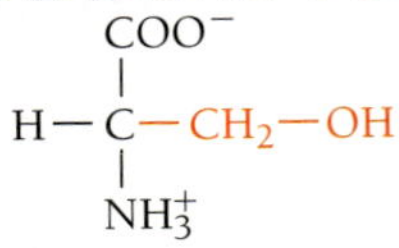	87.1	6.6	2.19	9.21	
Threonine Thr T	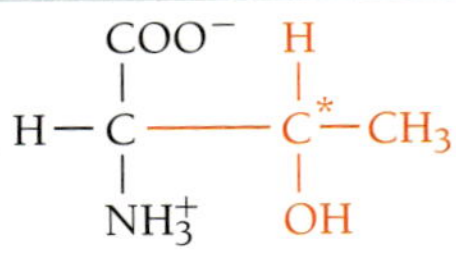	101.1	5.3	2.09	9.10	
Asparagine[e] Asn N	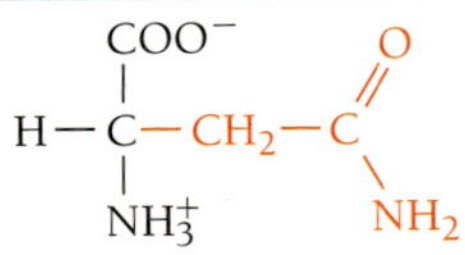	114.1	4.1	2.14	8.72	
Glutamine[e] Gln Q	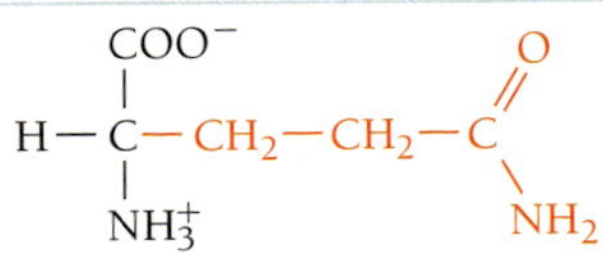	128.1	3.9	2.17	9.13	
Tyrosine Tyr Y	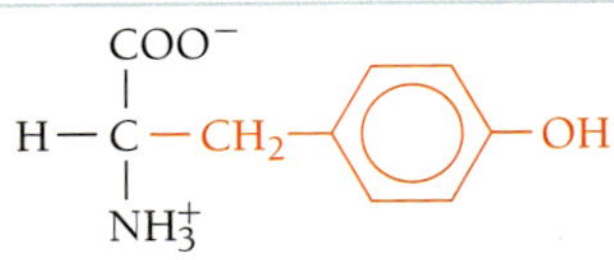	163.2	2.9	2.20	9.21	10.46 (phenol)
Cysteine Cys C	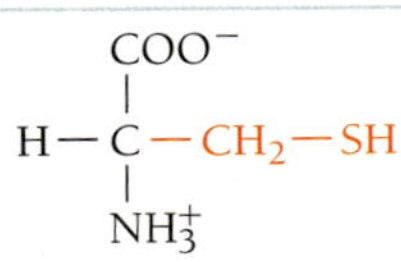	103.1	1.4	1.92	10.70	8.37 (sulfhydryl)
전하를 띤 극성 곁사슬을 가진 아미노산						
Lysine Lys K	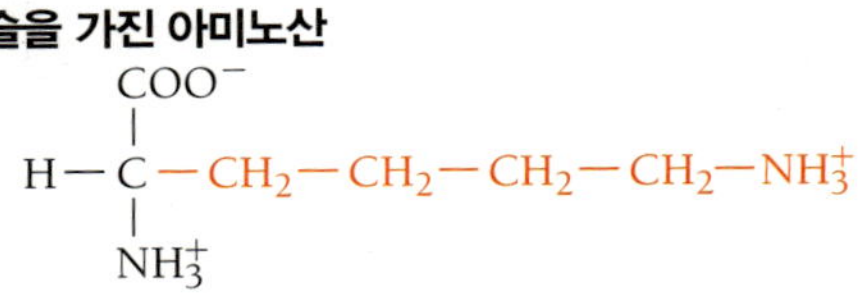	128.2	5.9	2.16	9.06	10.54 (ε-NH_3^+)
Arginine Arg R	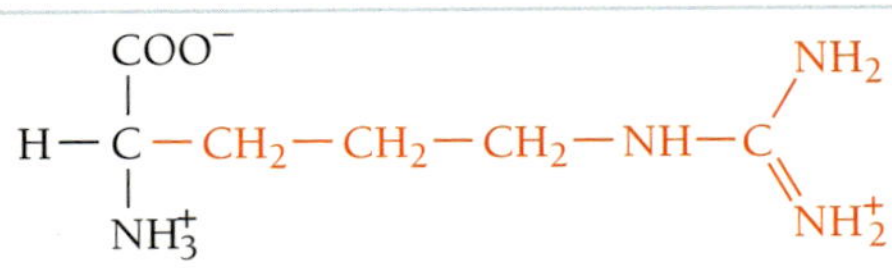	156.2	5.5	1.82	8.99	12.48 (guanidino)
Histidine[f] His H	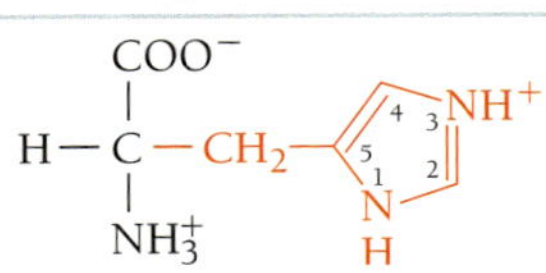	137.1	2.3	1.80	9.33	6.04 (imidazole)
Aspartic acid[e] Asp D	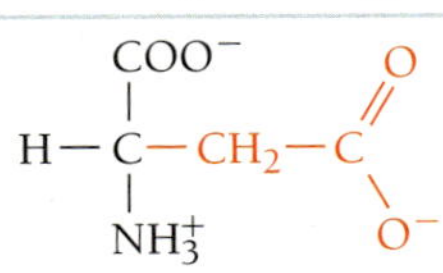	115.1	5.4	1.99	9.90	3.90 (β-COOH)
Glutamic acid[e] Glu E	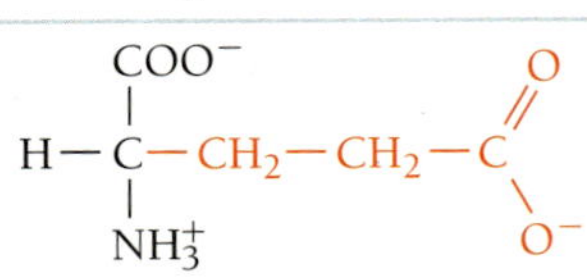	129.1	6.8	2.10	9.47	4.07 (γ-COOH)

[e]아스파라진 또는 아스파트산에 대한 세 글자와 한 글자 부호는 Asx와 B이고, 글루타민 또는 글루탐산은 Glx와 Z이다. 결정되지 않았거나 '비표준' 아미노산의 한 글자 부호는 X이다.

[f]pH 7.0에서 히스티딘은 pK_R이 7.0에 가깝기 때문에 중성과 양성자화된 두 가지 형태로 존재한다.

A 아미노산은 쌍극성 이온이다

아미노산의 아미노기와 카복실기는 쉽게 이온화한다. 카복실기의 pK(표 4-1에서 pK_1으로 나타낸다) 값은 대략 2.2 정도이고, α-아미노기의 pK(pK_2) 값은 9.4에 가깝다. **생리학적 pH(~7.4)에서 아미노기가 먼저 이온화되고, 카복실기는 짝염기(카복실산) 형태가 된다**(그림 4-2). 따라서 아미노산은 산과 염기 모두로 작용할 수 있다. 표 4-1에 이온화할 수 있는 기를 가진 7개 아미노산의 곁사슬 pK(pK_R) 값을 나열하였다.

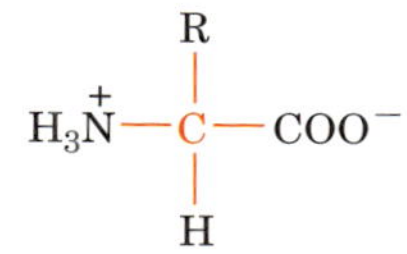

그림 4-2 쌍극성 아미노산 생리적 pH에서 아미노기는 양성자화되고 카복실기는 탈양성자화된다.

반대되는 극성으로 하전된 기를 함유한 아미노산과 같은 분자를 **쯔비터 이온(zwitterion)** 또는 **쌍극성 이온(dipolar ion)**이라고 한다. 다른 이온 결합 화합물과 마찬가지로 아미노산은 무극성 용매보다 극성 용매에 더 쉽게 용해된다. 앞으로 배우겠지만 곁사슬의 이온적 특성은 자유 아미노산이나 단백질 속 아미노산의 생리학적 및 화학적인 성질에 영향을 미친다.

B 펩타이드 결합은 아미노산을 연결한다

아미노산은 서로 결합하여 사슬을 형성할 수 있다. 이 과정을 그림 4-3에서와 같이 **축합 반응(condensation reaction**, 물 분자가 빠져나가면서 형성되는 결합)으로 나타낼 수 있다. CO—NH 연결, 즉 아마이드 연결의 결과를 **펩타이드 결합(peptide bond)**이라고 한다.

두 개의 아미노산 단위로 구성된 중합체를 **다이펩타이드(dipeptide)**, 세 개로 구성된 것은 **트라이펩타이드(tripeptide)**, 3~10개까지는 **올리고펩타이드(oligopeptide)**, 이보다 많은 경우에는 **폴리펩타이드(polypeptide)**라고 한다. 그러나 가끔 이런 물질들을 간단히 '펩타이드(peptide)'라고 하기도 한다. 펩타이드에 결합된 후의 각 아미노산(단량체)을 아미노산 **잔기(residue)**라고 한다.

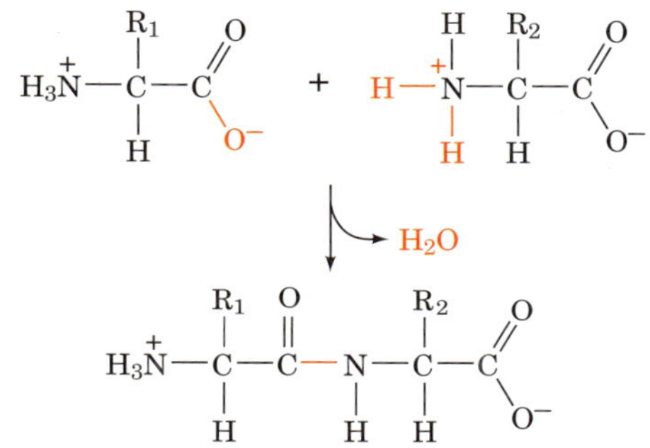

그림 4-3 두 개의 아미노산 축합 물 분자를 제거함으로써 CO—NH 결합을 생성하여 다이펩타이드를 만든다. 펩타이드 결합은 붉은색으로 나타내었다. 자유 아미노기를 가진 잔기를 펩타이드의 N 말단이라고 하고, 자유 카복실기를 가진 잔기를 C 말단이라고 한다.

? 세 번째 아미노산의 축합으로 생긴 트라이펩타이드의 구조를 그려라.

폴리펩타이드는 가지를 친 형태이기보다는 선형 중합체이다. 이것은 각 아미느산 잔기가 두 개의 펩타이드 결합에 관여하고, 이웃 분자에 머리부터 꼬리(head-to-tail) 형태로 연결되어 있기 때문이다. 폴리펩타이드 양쪽 끝의 잔기는 각각 하나의 펩타이드 결합에만 참여한다. 자유 아미노기를 가진 잔기(그림 4-3에서와 같이 국제 협약에 따라 왼쪽의 잔기)는 **아미노 말단(amino terminus)**, 혹은 **N 말단(N-terminus)**이라고 한다. 자유 카복실기를 가진 잔기(오른쪽)는 **카복실 말단(carboxyl terminus)**, 혹은 **C 말단(C-terminus)**이라고 한다.

단백질은 한 개 이상의 폴리펩타이드 사슬로 이루어진 분자이다. 다음 장에서 살펴보겠지만 **폴리펩타이드의 길이와 아미노산 서열의 다양성은 단백질의 형태와 생화학적 기능의 분화에 기여하였다.**

> **GATEWAY CONCEPT 분자 가시화**
> 아미노산과 작은 생체 분자들의 2차원 표시는 원자들의 결합 배열을 나타낸다. 그러나 C, N, P, S 원자의 공유 결합이 가끔씩 사면체의 모서리로 향하기 때문에 그런 원자들을 가진 분자들은 3차원 구조를 가지게 되고, 각 원자의 전자들, 즉 결합 전자쌍과 비결합 전자쌍은 각 원자의 핵 주위에 있는 구름으로 나타낸다면, 분자는 고체 물체로 나타낼 수 있다. 그래서 구조식, 공과 막대 모형, 공간 채움 모형은 같은 분자 구조의 다른 점을 강조한다.

C 아미노산 곁사슬은 무극성이거나 극성이고, 전하를 가진다

20개의 표준 아미노산을 가장 효과적으로 분류시키는 방법은 곁사슬의 극성에 따라 분류하는 것이다. 가장 일반적인 분류법에 따르면 크게 (1) 무극성 R기를 가진 아미노산, (2) 전하를 띠지 않는 극성 R기를 가진 아미노산, (2) 전하를 띤 극성 R기를 가진 아미노산의 세 종류가 있다.

무극성 아미노산 곁사슬은 형태와 크기가 다양하다. 9개의 아미노산이 무극성 잔기를 가지는 것으로 분류되었다. 이러한 아미노산의 3차원 구조를 그림 4-4에 나타내었다. **글라이신(glycine)**은 가장 작은 곁사슬, H 원자를 가진다. **알라닌(alanine)**, **발린(valine)**,

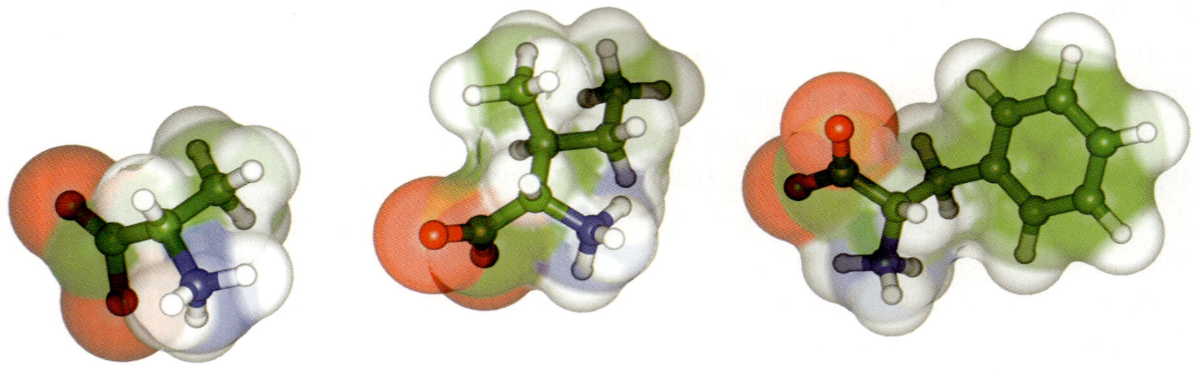

Alanine Isoleucine Phenylalanine

그림 4-4 무극성 곁사슬을 가진 몇 가지 아미노산 아미노산들은 투명한 공간 채움 모형에 묻혀 있는 공과 막대 모형으로 나타내었다. 형태에 따라 C 녹색, H 흰색, N 파란색, O 붉은색으로 나타내었다.

루신(leucine), **아이소루신(isoleucine)**은 알라닌의 메틸기로부터 루신과 아이소루신의 뷰틸 이성질체기(isomeric butyl group)까지 다양한 크기의 지방족 탄화수소 곁사슬을 가진다. **메싸이오닌(methionine)**은 *n*-뷰틸(butyl)기와 여러 가지 면에서 물리적 특성이 유사한 싸이오에터(thioether) 곁사슬을 가진다(C와 S는 전기 음성도가 거의 같고, S는 메틸렌기와 크기가 거의 같다). **프롤린(proline)**은 고리형 피롤리딘(cyclic pyrrolidine) 곁사슬을 가진다. **페닐알라닌(phenylalanine**, 페닐 부분을 가진)과 **트립토판(tryptophan**, 인돌기를 가진)은 무극성뿐만 아니라 크기가 큰 것으로 특징되는 방향족 잔기를 가진다.

전하를 띠지 않는 극성 곁사슬은 하이드록실(hydroxyl)기, 아마이드(amide)기, 싸이올(thiol)기를 가진다. 일반적으로 6개의 아미노산이 전하를 띠지 않은 극성 곁사슬을 가지는 것으로 분류된다(표 4-1과 그림 4-5). **세린(serine)**과 **트레오닌(threonine)**은 서로 다른 크기의 하이드록실 R기를 가진다. **아스파라진(asparagine)**과 **글루타민(glutamine)**은 서로 다른 크기의 아마이드 함유 곁사슬을 가진다. **타이로신(tyrosine)**은 페닐기(페닐알라닌과 트립토판과 같이 방향족이다)를 가진다. **시스테인(cysteine)**은 20개의 아미노산 중에서 유일하게 싸이올기를 가진다. 이 싸이올기는 다른 시스테인의 싸이올기와 산화 반응을 하여 이황화 결합을 형성할 수 있다(그림 4-6).

> **GATEWAY CONCEPT 작용기와 분자 행동**
> 모든 아미노산을 특징하는 아미노기와 카복실기 이외에 어떤 아미노산들은 산-염기 기를 가진 곁사슬을 가진다. 이같은 작용기의 양성자화와 탈양성자화는 곁사슬이 이온 전하를 가질지를 결정한다. 결과적으로 곁사슬은 산이나 염기로 화학 반응에 참여할 수 있고 이들의 이온화 상태는 물에 대한 용해성과 전하를 가지거나 극성인 작용기와 정전기적 상호작용을 하는 능력을 결정한다.

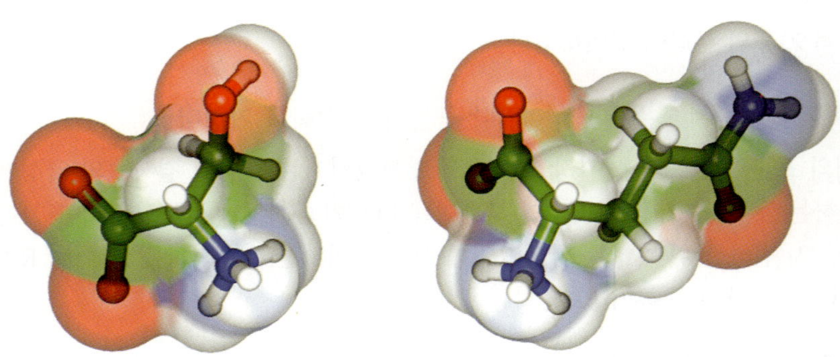

Serine Glutamine

그림 4-5 전하를 띠지 않는 극성 곁사슬을 가진 몇 가지 아미노산 그림 4-4처럼 원자와 색을 나타내었다. 곁사슬에 전기 음성적인 원자의 존재를 주목하라.

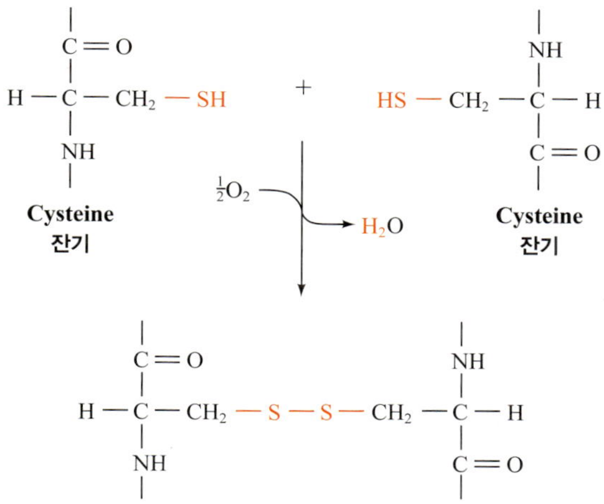

그림 4-6 이황화 결합된 시스테인 잔기 두 개의 싸이올기가 산화될 때 이황화 결합이 생성된다.

전하를 띤 극성 곁사슬은 (+)전하 또는 (−)전하를 가진다. 5개의 아미노산이 전하를 띠는 곁사슬을 가진다(표 4-1과 그림 4-7). 이 기초 아미노산의 곁사슬은 생리학적 pH에서 (+) 전하를 띤다. **라이신**(**lysine**)은 뷰틸암모늄(butylammonium) 곁사슬을 가지고, **아르지닌**(**arginine**)은 구아니디노(guanidino)기를 가진다. 표 4-1에서 보여지듯이, **히스티딘**(**histidine**)은 이미다졸륨 부분(imidazolium moiety)을 가진다. pK 값이 6.04인 히스티딘만이 생리학적 pH 영역에서 쉽게 이온화된다는 것을 명심하라. 그 결과 단백질은 중성과 양성자화된 형태 모두가 될 수 있다. 사실 히스티딘 곁사슬의 양성자화–탈양성자화 반응이 수많은 효소 반응 메커니즘의 특징이다.

아미노산의 곁사슬 **아스파트산**(**aspartic acid**)과 **글루탐산**(**glutamic acid**)은 pH 3에서 음전하를 띤다. 이들을 이온 상태에서 **아스파트산염**(**aspartate**)과 **글루탐산염**(**glutamate**)이라고 부르기도 한다. 아스파라진과 글루타민은 각각 아스파트산과 글루탐산의 아마이드이다.

20개의 아미노산을 크게 세 종류로 분류한 것은 약간 임의적이다. 예를 들어 아미노산 중 가장 작은 글라이신과 알라닌, 헤테로 고리를 가진 트립토판은 하전되지 않은 극성 아미노산으로도 분류될 수 있을 것이다. 유사하게, 이온화되는 곁사슬을 가진 타이로신과 시스테인은 높은 pH 값에서 전하를 띠는 극성 아미노산으로 생각할 수 있을 것이다. 사실, 시스테인의 탈양성자화된 곁사슬(황 음이온 S^-를 함유한)은 다양한 효소에서 나타나고, 이것은 화학 반응에 관여한다.

특정 아미노산을 어느 부류로 구분하는 것은 단지 아미노산 하나의 특징에 따른 것이 아니라 폴리펩타이드에 속하였을 때의 역할에 따른 것이다. 대부분의 폴리펩타이드 구조는 극성과 이온성 곁사슬에서는 수화되려는 경향, 무극성 곁사슬에서는 물 이외의 것들과 상호작용하려는 경향에 따른다. 폴리펩타이드의 이런 특성은 소수성 작용(2-1C절)이라고 한다. 앞으로 배우게 되겠지만, 아미노산 곁사슬의 화학적 성질과 물리적 성질은 폴리펩타이드의 화학적 반응성을 좌우하기도 한다. 20개의 아미노산의 다양한 극성, 산도, 방향성, 크기, 구조적 유연성, 교차 결합능, 수소 결합 능력, 다른 것들과의 반응성 등을 연구하는 것은 가치 있는 일이다.

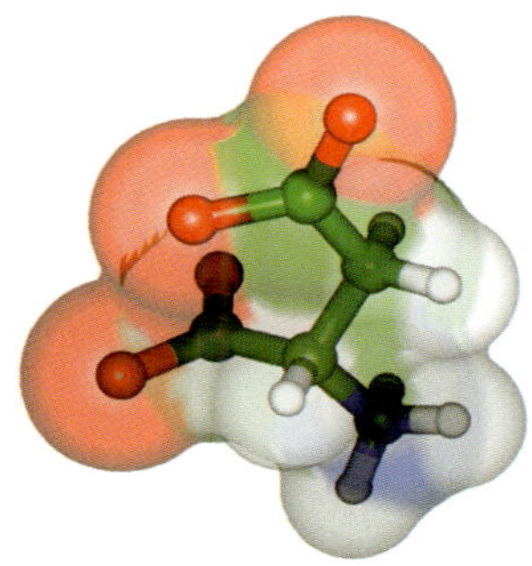

Aspartate

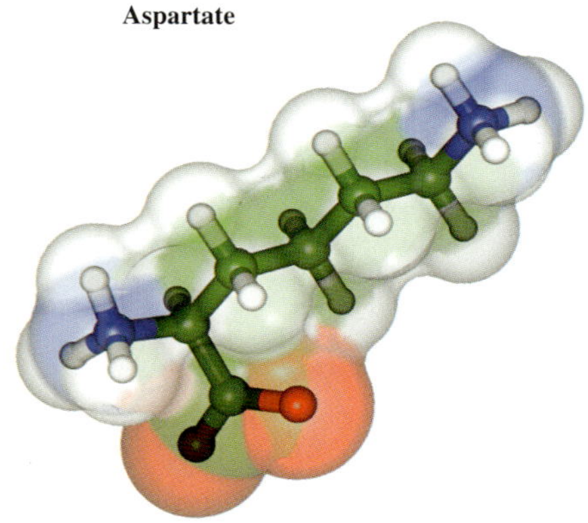

Lysine

그림 4-7 전하를 띤 극성 곁사슬을 가진 몇 가지 아미노산 그림 4-4처럼 원자와 색을 나타내었다.

D 이온화하는 기의 pK 값은 인접기에 의존한다

α-아미노산은 두 개, 혹은 이온화할 수 있는 곁사슬을 가진 경우 세 개의 산–염기 기를 가진다. 아주 낮은 pH에서 이들 기는 완전히 양성자화되고, 아주 높은 pH

> **예시 계산 4-1**
>
> 아스파트산의 등전점을 계산하시오.
>
> 중성에서 α-카복실기는 탈양성자화되고 α-아미노기는 양성자화된다. α-카복실기의 양성자화와 β-카복실기의 탈양성자화는 둘 다 전하를 가진 것을 만든다. 그러므로 이들 기의 pK 값(1.99와 3.90, 표 4-1 참조)은 식 4-1에 사용된다.
>
> $pI = (pK_i + pK_j)/2$
> $= (1.99 + 3.90)/2 = 2.94$

에서 이들 기는 탈양성자화된다. 중간 pH에서 산성기는 비양성자화되고, 염기는 양성자화된다. 그래서 글라이신의 경우 pH 2.35(카복실산의 pK_a 값) 이하에서 $^+H_3NCH_2COOH$ 형태가 우세하게 존재한다. pH 2.35 이상에서 카복실산은 이온화되고 아미노기는 대부분 양성자화($^+H_3NCH_2COO^-$)된다. pH 9.78(아미노기의 pK_a 값) 이상에서 $H_2NCH_2COO^-$ 형태가 우세하다. **수용액에서 완전한 중성(H_2NCH_2COOH) 형태는 극히 일부만 존재함**을 명심하라.

분자가 전하를 띠지 않을 때의 pH를 **등전점(isoelectronic point, p*I*)**이라고 한다. α-아미노산의 경우, 다음과 같다.

$$pI = \frac{1}{2}(pK_i + pK_j) \qquad [4\text{-}1]$$

여기서 K_i와 K_j는 중성 분자를 포함한 두 이온의 해리 상수이다. 글라이신과 같은 모노아미노산(monoamino acid)과 모노카복실산(monocarboxylic acid)의 경우 K_i와 K_j는 K_1과 K_2를 나타낸다. 그러나 아스파트산과 글루탐산의 경우 K_i와 K_j는 K_1과 K_R이고 아르지닌, 히스티딘, 라이신의 K_i와 K_j는 K_R과 K_2이다(예시 계산 4-1 참조).

물론 폴리펩타이드 사슬 내의 아미노 잔기는 이온화할 수 있는 자유 α-아미노기와 α-카복실기를 가지고 있지 않다(이 기들은 펩타이드 결합에 관여한다, 그림 4-3). 더욱이 N 말단과 C 말단을 포함한 모든 이온화할 수 있는 기의 pK 값은 표 4-1에 열거한 자유 아미노산의 pK 값과 다를 수 있다. 예를 들면 펼쳐진 단백질의 α-카복실기의 pK 값의 범위는 3.5~4.0이다. 자유 아미노산에서 pK 값은 더욱 낮다. NH_3^+기는 COOH기보다 COO^-를 정전기적으로 더 안정화시킨다. 유사하게, 단백질에서 α-아미노기의 pK 값은 7.5~8.5이다. 인접한 카복실기의 전자 당김 효과 때문에 암모늄기가 탈양성자화되기 어려우므로 자유 아미노산의 pK 값은 더욱 높다. 접힌 폴리펩타이드 사슬의 3차원 구조는 극성 곁사슬과 N 말단과 C 말단을 더 가깝게 할 것이다. 이 잔기들 사이의 정전기적 상호작용의 결과, 이들의 pK 값은 자유 아미노산에 대응하는 값으로부터 몇 단위의 pH까지 올라갈 것이다. 이러한 이유로 많은 이온화기의 pK 값의 함수인 폴리펩타이드의 p*I* 값은 예측이 쉽지 않고 실험적으로 결정한다.

E 아미노산 이름은 단축된다

표 4-1에 주어진 20개의 표준 아미노산의 세 글자 약어는 생화학에서 널리 사용된다. 이러한 약어의 대부분은 각 아미노산 이름의 첫 세 글자를 딴 것이고, 표기된 대로 읽힌다. **Glx**란 기호는 Glu나 Gln을 나타내고, 유사하게 **Asx**는 Asp나 Asn을 나타낸다. 이 모호한 기호는 실험 결과에 따른 것이다. Asn과 Gln은 가끔 단백질로부터 이들을 추출할 때 사용되는 산성이나 염기성 환경에서 쉽게 Asp와 Glu로 수화된다. 특별한 주의가 없으면 탐지된 Glu가 Glu인지 Gln인지, 탐지된 Asp가 Asp인지 Asn인지를 구별하는 것이 불가능하다.

아미노산의 한 글자 기호도 표 4-1에 주어졌다. 좀 더 압축된 이 기호는 몇몇 유사한 단백질의 아미노산 서열을 비교할 때 가끔씩 사용된다. 한 글자 기호는 대체로 아미노산 이름의 첫글자임을 명심하라. 하지만 첫 머리가 같은 잔기들의 경우 존재량이 더 풍부한 쪽이 이 법칙을 따른다.

폴리펩타이드 내의 아미노산 잔기의 명명법은 원래의 명칭에서 끝의 **-ine**을 **-yl**로 바꿔 주면 된다. 폴리펩타이드 사슬은 N 말단에서 시작하여 C 말단 쪽으로 진행하

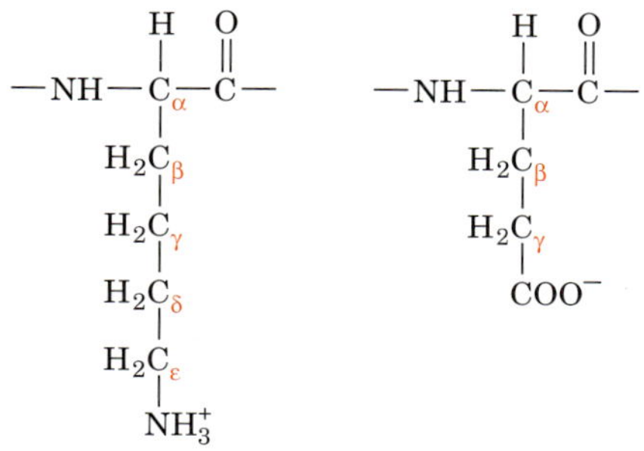

Lys Glu

그림 4-8 아미노산의 그리스어 명명법 카보닐기에 인접한 탄소를 시작으로 탄소 원자들은 그리스 알파벳 순서로 명명한다.

는 것으로 설명한다. C 말단의 아미노산은 본래의 명칭을 사용한다. 따라서 다음의 화합물

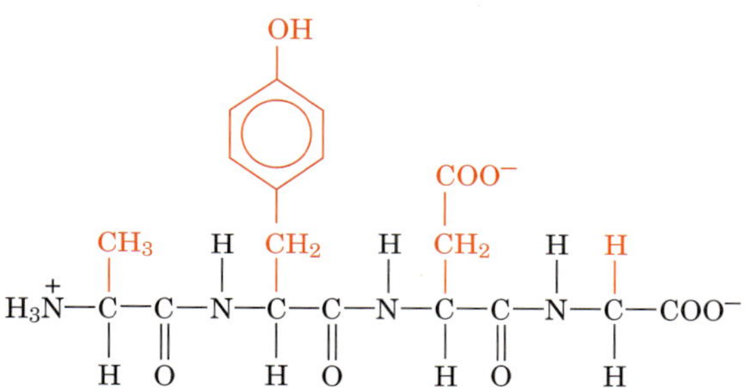

Ala — Tyr — Asp — Gly

은 알라닐타이로실아스파틸글라이신(alanyltyrosylaspartylglycine)이라고 한다. 확실히 폴리펩타이드 사슬의 이런 명칭은 잔기가 조금만 더 늘어나도 굉장히 성가실 것이다. 위의 테트라펩타이드는 세 글자 약어를 사용하여 Ala-Tyr-Asp-Gly로 표현할 수도 있고, 한 글자 약어를 사용하여 AYDG라고 표현할 수도 있다.

아미노산 곁사슬의 여러 원자들은 가끔 펩타이드 카보닐기부터 차례로 그리스 알파벳으로 된 서열에 따라 이름지어지기도 한다. 따라서 **그림 4-8**에 나타낸 것같이 Lys 잔기는 ε-아미노기로, Glu 잔기는 γ-카복실기라고 할 수 있다. 하지만 불행히도 이런 표기법은 몇몇 아미노산에서는 모호할 수 있다. 결과적으로 유기 분자의 표준 숫자 표시법(standard numbering scheme)이 사용되기도 한다(헤테로 고리 곁사슬에 대해서는 표 4-1에 나타내었다).

체크 포인트

- 일반적인 아미노산 구조를 그리고, α 탄소와 치환기를 결정하시오.
- 20개 표준 아미노산 구조를 그리고, 한 글자 약어와 세 글자 약자를 나타내시오.
- Cys-Gly-Asn 트라이펩타이드를 그리시오. 펩타이드 결합, N 말단과 C 말단을 확인하고, 중성 pH에서 펩타이드의 알짜 전하를 결정하시오.
- 극성, 구조, 작용기 형태, 산-염기 성질에 따라 20개 아미노산을 분류하시오.
- 왜 자유 아미노산과 폴리펩타이드 내 아미노산 잔기 간의 이온화할 수 있는 기의 p*K* 값이 다른가?

2 입체 화학

주요 개념

- 아미노산과 많은 생물학적인 화합물들은 그 배치가 피셔 투영도에 의해 묘사될 수 있는 카이랄 화합물이다.
- 단백질에 있는 모든 아미노산들은 L 입체 화학 배치를 가진다.

폴리펩타이드로부터 추출된 아미노산 중 글라이신을 제외한 모든 아미노산들은 **광학적으로 활성(optically active)**이다. 이 말은 이들이 편광면을 회전시킨다는 뜻이다.

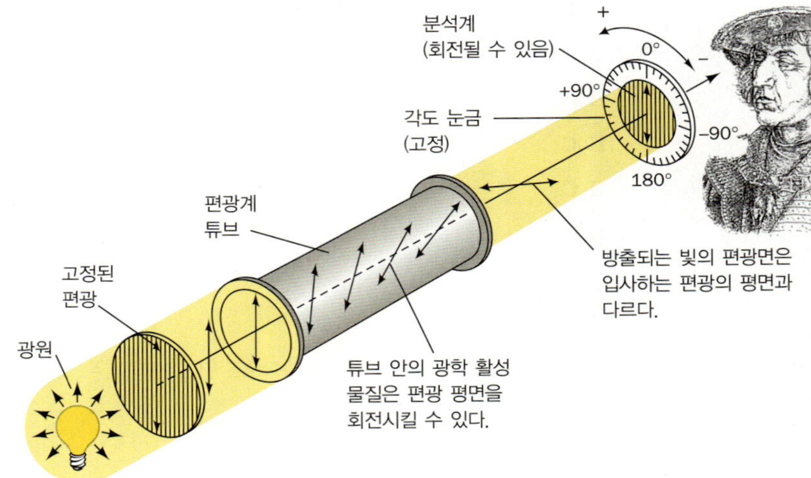

그림 4-9 **편광계 그림** 이 장치는 편광 회전 정도를 측정하는 데 이용된다.

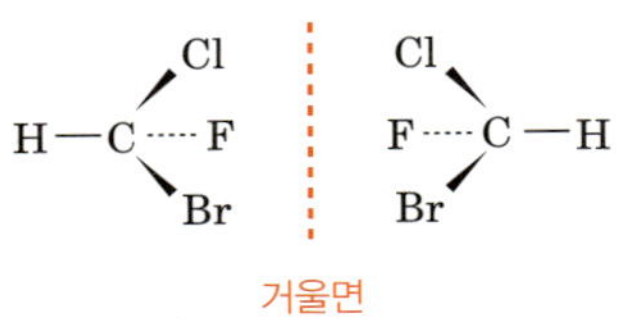

그림 4-10 **플루오로클로로브로모메테인(fluorochlorobromomethane)의 두 가지 입체 이성질체** 4개의 치환기는 중심 탄소 원자 주위에 정사면체 모양으로 배열된다. 점선은 치환기가 종이 면 뒤에 있음을 나타내고, 쐐기 모양의 선은 종이 면 상단에, 가는 선은 종이 면에 있음을 나타낸다. 입체 이성질체와 연관된 거울면은 수직 점선으로 나타내었다.

회전 방향과 회전각은 **편광계(polarimeter)**를 사용하여 측정할 수 있다(그림 4-9).

광학적으로 활성화된 분자들은 비대칭이다. 왼손이 거울상인 오른손과 완전히 겹쳐지지 않는 것처럼, 이들 분자들도 자신의 거울상과 완전히 겹쳐지지 않는다. 이런 사실은 4개의 서로 다른 잔기를 가지는 사면체형 탄소(tetrahedral carbon) 원자를 가진 물질의 특징이다. 예를 들어 그림 4-10에 그려진 두 분자들은 거울상이므로 겹쳐지지 않는다. 이런 분자의 중심 탄소를 **비대칭 중심(asymmetric center)** 또는 **카이랄 중심(chiral center)**이라고 하며, **카이랄성(chirality**, 그리스어: *cheir*, 손)을 가졌다고 말한다. 글라이신을 제외한 아미노산의 C_α 원자는 비대칭 중심이다. 글라이신의 C_α 원자에는 2개의 H 원자가 결합되어 있어 거울상과 완전히 겹쳐지고, 따라서 광학적으로 활성화되지 않는다. 아미노산 외에도 많은 분자들이 한 개 이상의 카이랄 중심을 가진다.

카이랄 중심은 거울상 이성질체를 만든다. 분자들 중 자신의 거울상과 완전히 겹쳐지지 않는 것을 **거울상 이성질체(enantiomer)**라고 한다. 이런 분자들은 여러 가지 기술을 사용하여도 물리적 · 화학적으로 구분이 불가능하다. **예를 들어 평면 편광된 빛이나 카이랄 중심을 가진 또 다른 반응물에 의해 비대칭적으로 시도(*probe*)되었을 때만, 구분이 가능하고 다르게 조작될 수 있다.**

불행히도 분자의 구조와 편광면을 회전하는 각이나 방향 사이의 관계는 명확히 밝혀지지 않았다. 예를 들어 단백질로부터 추출된 루신은 편광에서 10.4° 왼쪽으로 회전하고, 아르지닌은 편광에서 12.5° 오른쪽으로 회전한다(이 화합물들의 광학 이성질체는 같은 각도로 회전하지만, 방향은 반대이다). 분자의 구조로부터 선광을 예측하거나 선광 측정으로부터 카이랄 중심 주위의 화학 작용기의 **절대 배치(absolute configuration)**, 즉 공간적 배열을 유도하는 것은 아직 불가능하다.

피셔법이 비대칭 중심의 배치를 설명한다. 생화학자들은 카이랄 분자들의 형태의 차이를 설명하기 위해 보통 **피셔법(Fischer convention)**을 사용한다. 이 방법에서는 비대칭 중심 주변의 작용기의 배치는 한 개의 비대칭 중심을 가진 분자인 **글리세르알데하이드(glyceraldehyde)**와 비교된다. 1891년에 피셔(Emil Fischer)는 글리세르알데하이드의 공간 이성질체(spatial isomer), 즉 **입체 이성질체(stereoisomer)**는 D-글리세르알데하이드와 L-글리세르알데하이드로 나타낼 수 있다고 제안하였다(그림 4-11). 두 가지 형태의 글리세르알데하이드 중 접두사 L(작은 대문자를 사용해야 함을 명심하라)은 편광 방향을 왼쪽(그리스어: *levo*, 왼쪽)으로 회전함을 나타내고, 접두사 D는 오른쪽(그리스어: *dextro*, 오른쪽)으로 회전함을 뜻한다. 피셔는 그림 4-11의 왼쪽과 오른쪽 구조가 실제로 왼쪽 회전인지 오른쪽 회전인지 알지 못한 채 각각의 구조물에 접두사를 붙였다. 1949년에 이르러서야 피셔의 추측이 옳았다는 것을 실험적으로 증명할 수 있었다.

피셔는 **피셔 투영도(Fischer projection)**로 알려진 분자 배치를 나타내는 약식법도 제안하였다. 이것 역시 그림 4-11에 나타나 있다. 이 방법에 따르면, 수평 결합은 면 위쪽으로 돌출되어 있고, 수직 결합은 면 아래로 돌출되어 있다.

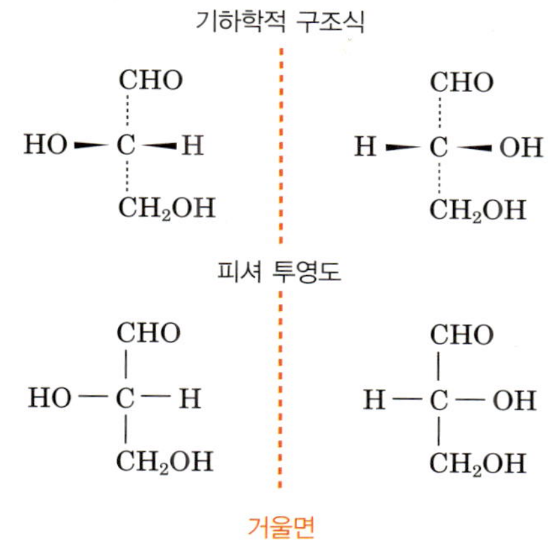

L-Glyceraldehyde D-Glyceraldehyde

그림 4-11 **피셔법** 글리세르알데하이드의 입체 이성질체를 기하학적 구조식(위)과 피셔 투영도(아래)로 나타내었다. 피셔 투영도에서 수평선은 페이지 위로 뻗은 결합을 나타내고, 수직선은 페이지 아래로 뻗은 결합을 나타낸다(어떤 피셔 투영도는 중심 카이랄 탄소 원자는 나타내지 않는다).

? 알라닌의 두 개 이성질체의 피셔 투영도를 그리거나 두 개의 이성질체가 겹쳐질 수 없는 거울상인지를 증명하는 데 분자 모형 키트를 사용하라.

어떤 카이랄 중심이라도 주변의 작용기의 배치는 글리세르알데하이드의 작용기를 화학적으로 전환시킴으로써 글리세르알데하이드의 작용기의 배치와 관련지을 수 있다. α-아미노산의 경우 C_α 원자 주변의 아미노기, 카복실기, R기, H기는 각각 글리세르알데하이드의 하이드록실기, 알데하이드기, CH_2OH기, H기와 유사하다.

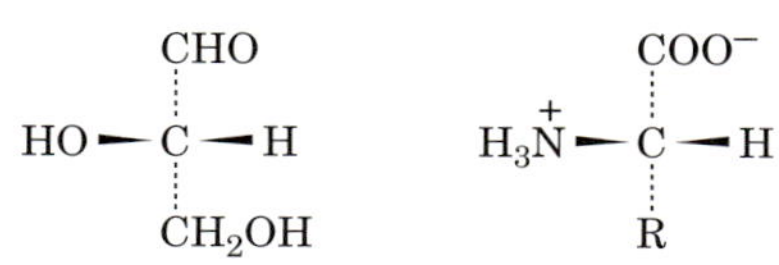

L-Glyceraldehyde L-α-Amino acid

따라서 L-글리세르알데하이드와 L-α-아미노산은 같은 **상대 배치(relative configuration)**를 갖는다고 한다. **단백질로부터 얻을 수 있는 모든 아미노산은 L 입체 화학 배치이다.** 즉 이들 모두는 자신의 C_α 원자 주변에 같은 유사 구조를 갖는다. 물론 아미노산의 L이나 D 부호가 편광면을 회전하는 방향을 가리키지는 않는다. 많은 L-아미노산이 오른쪽 회전을 하기도 한다.

피셔법은 몇 가지 단점을 가지고 있고, 다수의 비대칭 중심을 가지는 분자에 특히 취약하다. 각 비대칭 중심은 두 가지 배치를 가질 수 있고, 따라서 n개의 카이랄 중심을 가지는 분자는 서로 다른 2^n개의 입체 이성질체를 가진다. 예를 들어 트레오닌과 아이소루신은 각각 두 개의 카이랄 탄소 원자를 가지고, 따라서 4개의 입체 이성질체를 가지거나 두 쌍의 거울상 이성질체를 가진다(L형의 거울상 이성질체는 D형이다). 대부분의 경우, 피셔법으로 생화학 분자에 관한 적절한 설명을 할 수 있다. 하지만 생화학자들은 때때로 더 정밀한 명명법을 사용하기도 한다(자료 4-2 참조).

생명체는 카이랄 분자에 기초한다. **라셈 혼합물(racemic mixture**, 각 거울상 이성질체를 같은 양으로 함유하는)을 만드는 카이랄 분자의 일반적인 화학 합성을 고려해 보라. 순수한 비대칭 분자를 얻기 위해, 카이랄 과정이 도입되어야 한다. 생명체의 가장 놀라운 특성 중 하나는 광학적으로 활성화된 분자의 생성이다. **생합성 과정은 순수한 입체 이성질체를 거의 일정하게 생성한다.** 단백질의 아미노산 잔기 모두가 L형을 취한다는 사실이 이 현상의 한 예이다. 나아가 대부분의 생체 분자가 카이랄성이기 때문에 주어진 분자(하나의 거울상 이성질체 형태로 존재하는)는 다른 화합물과 결합하거나 반응할 때 하나의 거울상 이성질체와만 작용할 것이다. 예를 들어 특정 L-아미노산과 반응하는 L-아미노산 잔기로 이루어진 단백질은 그 아미노산의 D형과는 쉽게 반응하지 않는다. 반대로 D-아미노산 잔기로 이루어진 다른 동일 합성 단백질은 그에 대응하는 D-아미노산과만 쉽게 반응한다.

자료 4-2 생화학 전망 *RS* 체계

한 개 이상의 비대칭 중심을 가지는 분자의 배열을 나타내는 확실한 방법이 1956년에 칸(Robert Cahn), 잉골드(Christopher Ingold), 프렐로그(Vladimir Prelog)에 의해 고안되었다. CIP(Cahn-Ingold-Prelog), 또는 *RS* 체계라고 불리는 이 체계에서 카이랄 중심 주변의 4개의 작용기는 임의적이긴 하지만 특이한 방법으로 순위가 매겨진다. 즉 원자 번호가 큰 원자가 원자 번호가 작은 원자들보다 상위 서열이 된다(예: $-OH$가 $-CH_3$보다 상위 서열이다). 만일 치환기의 첫 번째 원자가 같다면, 카이랄 중심 주변의 원자에 의해 우선 순위가 결정된다(예: $-CH_2OH$가 $-CH_3$보다 우위를 차지한다). 몇몇 일반적인 작용기의 순위는 아래와 같다.

$$SH > OH > NH_2 > COOH > CHO > CH_2OH > C_6H_5 > CH_3 > H$$

서열화된 기를 각각 W, X, Y, Z로 나타내고, 이때 이들의 순위는 W > X > Y > Z 순이다. 카이랄 중심의 배열을 표현하기 위해, 시점은 카이랄 중심에서 Z기(우선 순위가 가장 낮은) 방향으로 보는 것으로 한다. 카이랄 중심의 W→X→Y의 배열이 시계 방향이면, 이 배열은 *R*(라틴어: *rectus*, 오른쪽)로 표기한다. 만일 W→X→Y의 배열이 반시계 방향이면 이 배열은 *S*(라틴어: *sinistrus*, 왼쪽)로 표기한다.

L-글리세르알데하이드는 (*S*)-글리세르알데하이드이다. 왜냐하면 H 원자(점선)를 카이랄 C 원자(큰 원) 뒤로 위치시켰을 때 순위가 높은 세 작용기가 반시계 방향으로 배열되어 있기 때문이다.

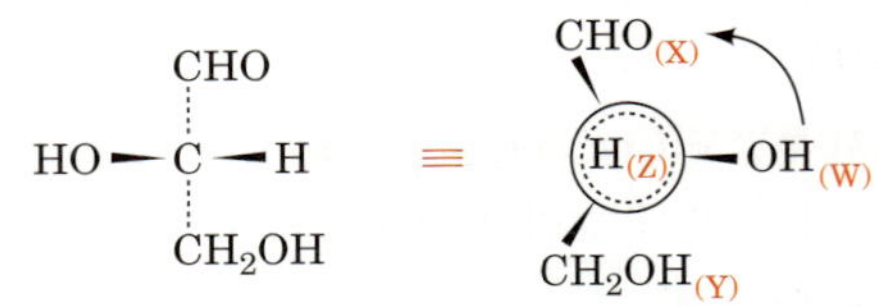

L-Glyceraldehyde **(*S*)-Glyceraldehyde**

시스테인을 제외한 단백질 속 L-아미노산은 모두 (*S*)-아미노산이다. 시스테인은 (*R*)-시스테인인데, 이것은 그 곁사슬 S의 우선 순위가 증가하기 때문이다. 다른 관련 화합물에서도 피셔의 DL법으로 나타낸 것들이 *RS* 체계에서는 다르게 표현될 수도 있다. *RS* 체계는 비대칭 중심을 여러 개 가지는 화합물의 카이랄성을 나타내는 데 유용하다. 따라서 L-트레오닌은 (2*S*, 3*R*)-트레오닌으로 불리기도 한다.

D-아미노산 잔기는 상대적으로 작은(20개 이하의 잔기) 박테리아 폴리펩타이드의 구성 성분이다. 이런 폴리펩타이드는 박테리아 세포벽(8-3B절)의 구성 성분으로 가장 널리 분포할 것으로 여겨진다. 세포벽 속에 D-아미노산이 존재하면, 세포벽은 다른 개체가 박테리아를 소화시키기 위해 분비하는 **펩타이드 가수 분해 효소(peptidase**, 펩타이드 결합을 가수 분해하는 효소)의 공격에 덜 민감하게 된다. 마찬가지로 D-아미노산은 많은 박테리아성 항생제의 구성 요소이다. D-아미노산을 함유하는 펩타이드 대부분은 mRNA가 L-아미노산이 부착된 tRNA에 의해 리보솜에서 전사되는(27장), 일반적인 단백질 합성 과정으로 합성되지 않는다. 대신, D-아미노산은 특정 박테리아 효소의 작용에 의해 직접 결합한다.

의약품 산업에서도 생명체의 입체 화학은 중요하다. **두 개의 거울상 이성질체 중 하나만 생물학적 활성이 있음에도 불구하고, 많은 약품들은 라셈 혼합물 형태로 합성된다.** 대부분의 경우, 거울상 이성질체는 생물학적으로 무해하고, 따라서 활성화되는 대응물(counterpart)과 함께 포장된다. 예를 들어 항염제인 **이부프로펜(ibuprofen)**의 경우, 두 개의 거울상 이성질체 중 하나만 생리학적 활성을 가지므로 위 내용은 사실이다(**그림 4-12**). 때때로 유용하게 사용되는 약물 중에서 활성화되지 않는 거울상 이성질체가 해로운 효과를 나타내는 것들도 있는데, 이러한 것들은 라셈 혼합물로부터 제거되어야 한다. 이러한 것들 중 가장 충격적인 예는 **탈리도마이드**

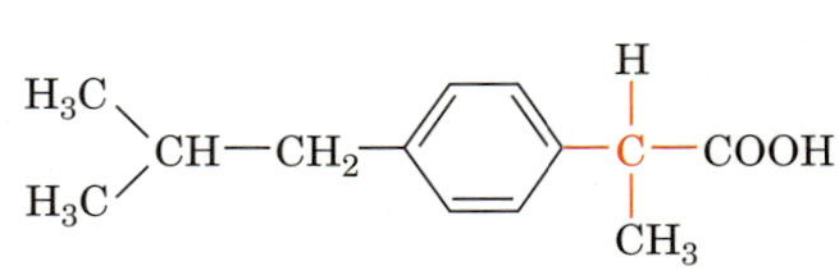

Ibuprofen

그림 4-12 이부프로펜 나타낸 입체 이성질체만이 항염 작용을 한다. 카이랄 탄소는 붉은색으로 나타내었다.

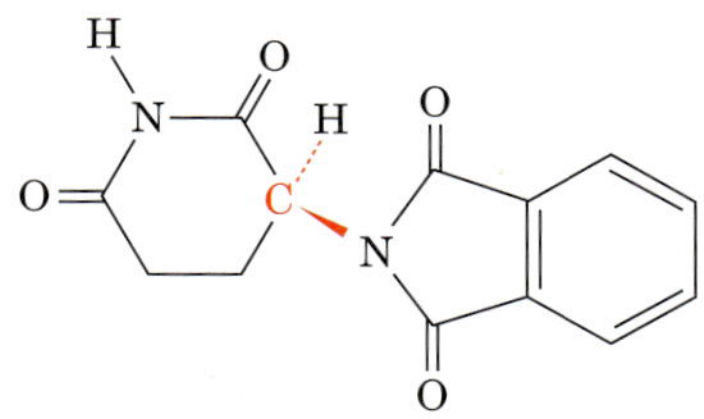

Thalidomide

그림 4-13 탈리도마이드 이 약은 1960년대 초까지 유럽에서 진정제로 널리 사용되었다. 사용되는 양에 동일한 양으로 존재하는 비활성 입체 이성질체를 임신 첫 3개월 때 복용하게 되면 태아에 선천적 결함을 일으킨다. 탈리도마이드는 이 기간 동안 일어나는 메스꺼움(아침병)을 경감시키기 위하여 처방하곤 하였다. 그러나 최근에는 탈리도마이드가 면역계 암 **다발성 골수종**(**multiple myeloma**)의 치료에 효과적인 약물이라는 것이 밝혀졌다.

(**thalidomide**, 그림 4-13)이다. 이 약품은 순한 진정제인데, 이것의 거울상 이성질체는 심각한 출산 장애를 일으킨다. 비활성 약품 거울상 이성질체의 예상치 못한 문제점으로 인한 이유 등으로, **카이랄 유기 합성**(**chiral organic synthesis**)은 제약 화학의 연구 분야로 활성화되었다.

체크 포인트

- 왜 글라이신을 제외한 모든 아미노산은 카이랄성인가?
- 표 4-1에 있는 아미노산의 카이랄 탄소를 밝히시오.
- 어떻게 피셔법이 카이랄 분자의 절대 배치를 나타내는지를 설명하시오.
- 왜 효소는 단지 하나의 입체 이성질체를 포함하는 화학 반응을 촉매하는지 설명하시오.

3 아미노산 유도체

주요 개념

- 단백질에 있는 아미노산 잔기의 곁사슬은 공유적으로 변형될 수 있다.
- 몇몇 아미노산과 아미노산 유도체들은 호르몬이나 조절 분자로 작용한다.

20개의 표준 아미노산만이 생물학적 체계에서 발생하는 유일한 아미노산은 아니다. 가끔은 '비표준' 아미노산 잔기가 단백질과 생물학적 활성도가 있는 펩타이드의 중요한 구성 성분이다. 참고로 많은 아미노산들이 폴리펩타이드의 구성 성분이 아닌, 독립적이고 다양한 생물학적 역할을 한다.

A 단백질 곁사슬은 변형될 수도 있다

우리가 알고 있는 모든 생명체(27-1절)에서 거의 같은 '보편적' 유전자 코드는 표 4-1에 열거한 20개의 표준 아미노산만을 의미한다. 그럼에도 불구하고, 그림 4-14에 나타낸 것과 같은 몇몇 아미노산은 특정 단백질의 구성 성분이 되기도 한다. **거의 모든 경우에, 이런 희귀한 아미노산은 폴리펩타이드 사슬이 합성된 후 아미노산 잔기의 특이한 변형에 의해 만들어진다.**

아미노산의 변형 중 하나는, 특정 아미노산 곁사슬에 작은 화학 작용기의 첨가이다. 수산화 반응, 메틸화 반응, 아세틸화 반응, 카복실화 반응, 인산화 반응이 그것이다. 지질, 탄화수소 복합체와 같은 보다 큰 작용기가 특정 단백질의 특정 아미노산에 부착된다. 폴리펩타이드의 N 말단과 C 말단의 자유 아미노기와 카복실기도 화학적으로 변형이 가능하다. 반드시 필요한 단백질이 아니라면, 이런 변형은 단백질의 기능에 중요한 영향을 미친다. 때때로 몇 개의 아미노산 곁사슬이 함께 결합하여 새로운 구조를 형성하기도 한다(자료 4-3).

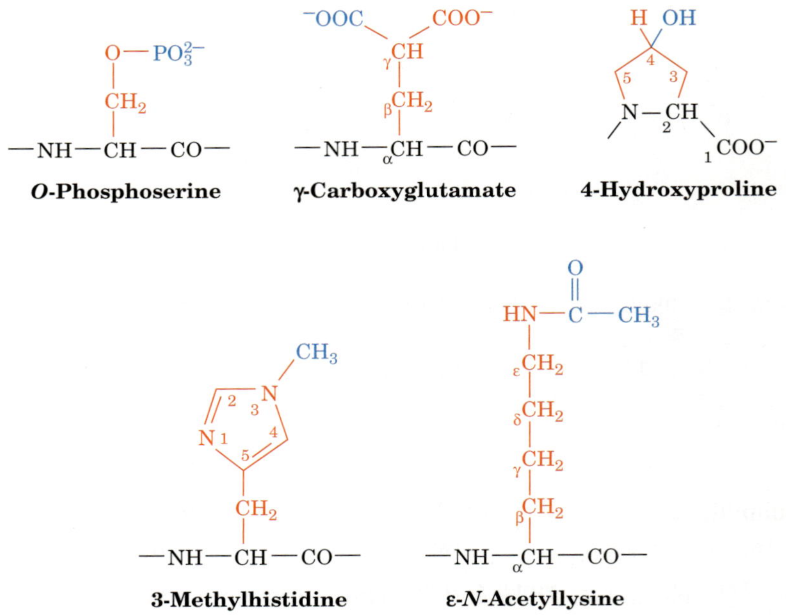

그림 4-14 단백질에 존재하는 몇 가지 변형된 아미노산 잔기들 이들 잔기의 곁사슬들은 폴리펩타이드가 합성된 후에 20개 표준 아미노산 중에서 하나로부터 유도되었다. 표준 R기는 붉은색, 변형된 기는 파란색으로 나타내었다.

? 각 변형이 모체 아미노산의 극성을 어떻게 변화시키는지 설명하라.

B 몇 가지 아미노산은 생물학적인 활성을 가진다

20개의 표준 아미노산은 일반적인 세포 합성과 퇴행 과정 중에 다른 아미노산이나 그와 관련된 화합물들에 의해 놀랄 만큼 많은 수의 화학적 변형을 경험한다. 몇몇 경우에는 아미노산 대사의 중간 물질이 단순히 20개 표준 아미노산의 전구 물질이나 대사 산물의 용도 외의 기능을 가질 때도 있다. 나아가 많은 아미노산들이 단지 폴리펩타이드의 잔기로 사용되기 위해 합성되는 것이 아니라 독자적인 기능을 가진다. 다수의 생명체에서 질소를 아미노기(21-2A절) 형태로 운반하기 위해 특정 아미노산을 사용한다. 아미노산은 산화되어 에너지를 생산하기 위한 대사 과정의 연료로 사용되기도 한다(21-4절). 더욱이 아미노산과 그들의 유도체들은 가끔씩 세포간 대화의 화학 전달자로 작용한다(그림 4-15). 예를 들어 글라이신, **γ-아미노뷰티르산(γ-aminobutyric acid, GABA**; 글루타민 탈카복실화 반응 산물), **도파민(dopamine**, 타이로신 유도체)은 **신경 전달 물질(neurotransmitter)**이다. 신경 전달 물질은 신경세포에서 분비되어 그 끝에 위치한 것들의 행동을 변화시킨다. **히스타민(histamine**, 히스티딘의 탈카복실화 반응 산물)은 알레르기 반응의 잠재적인 국소

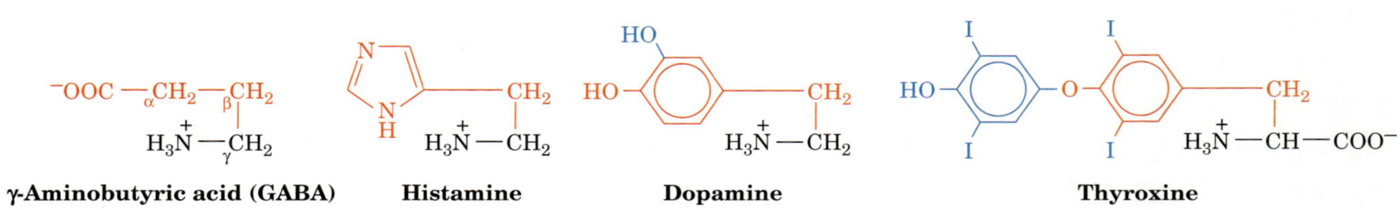

그림 4-15 생물학적으로 활성을 가지는 아미노산 유도체 모체 아미노산의 남은 부분은 검은색과 붉은색으로, 부가적인 작용기는 파란색으로 나타내었다.

자료 4-3 생화학의 전망 초록 형광 단백질

유전공학자들은 가끔 단백질-암호화 유전자를 '리포터 유전자'- 예를 들어 염색되는 반응 생성물을 생성하는 효소의 유전자 -에 연결한다. 화합물의 염색 정도는 기술자 유전자의 발현 정도를 측정하는 데 유용하다. 가장 유용한 리포터 유전자 중 하나는 **초록 형광 단백질(green fluorescent protein, GFP)**을 암호화하는 유전자이다. 생물 발광 해파리 *Aequorea victoria*로부터 추출한 이 단백질은 자외선이나 푸른 빛(400 nm)을 비추었을 때 508 nm(초록빛)의 파장으로 형광 빛을 낸다.

초록 형광 단백질은 무독성이고 자체 형광이다. 즉 다른 형광 단백질 같이 기질이나 작은 분자의 도움 없이 발광한다. 결과적으로 초록 형광 단백질이 다른 유전자와 연결되었을 때, 혼합 유전자의 발현 정도는 형광 현미경에 의해 비침윤적으로 측정이 가능하다.

초록 형광 단백질은 238개의 아미노산 잔기로 구성되어 있다. 빛을 내는 기는 3개의 연속된 기인 Ser, Tyr, Gly에 의해 유도된다. 단백질이 합성된 후, 세 아미노산은 자발적으로 고리화하고 산화된다. Tyr의 $C_\alpha—C_\beta$ 결합이 산화되고 물 분자가 빠져나가 이중 결합이 된 후, Ser의 카보닐 C 원자는 Gly로부터 제공된 아미노 N 원자와 공유 결합을 형성한다. 이 결과물은 단백질에 형광 특성을 부여하는 콘쥬게이션 이중 결합을 가진다.

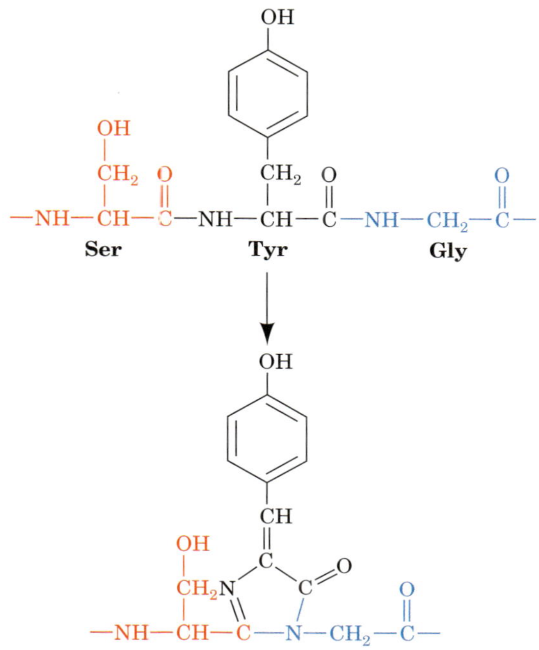

초록 형광 단백질의 형광 발색단

아마도 Ser과 Gly 사이의 고리화 반응은 급속히 일어날 것이고, Tyr 곁사슬의 산화는 형광 물질 생성의 속도 제한 단계일 것이다. 유전공학은 형광 강도를 높이고 방출된 빛의 파장을 다른 색으로 변화시키는 부위 특이 돌연변이를 도입함으로써, 두 개 이상의 서로 다른 유전자의 발현을 동시에 관찰할 수 있게 되었다.

Dr. Kevin Raskoff

중개자이다. **티록신(thyroxine**, 타이로신의 또 다른 유도체)은 일반적으로 척추 대사를 자극하는 아이오딘을 함유한 갑상샘 호르몬이다.

단지 몇 개의 아미노산 잔기만 함유한 다수의 펩타이드는 호르몬이나 다른 조절 인자로서 중요한 생리학적 기능을 가진다. 어디에나 존재하는 것 중 하나인 **글루타싸이온(glutathione)**이라고 하는 트라이펩타이드는 세포 대사에서 중요한 역할을 한다. 글루타싸이온은 Glu-Cys-Gly로 이루어진 펩타이드이며, 글루탐산 곁사슬의 γ-카복실기가 Cys 잔기의 아미노기와 **아이소펩타이드 결합(isopeptide bond)**을 한다(이렇게 부르는 이유는 펩타이드 결합이 두 아미노산의 α-카복실기와 α-아미노기 사이의 아마이드 결합으로 이루어지기 때문이다). 이러한 두 개의 트라이펩타이드(약어로 **GSH**)는 자신의 SH기의 산화를 통해 **글루타싸이온 이황화물(glutathione disulfide, GSSG)**이라고 하는 이황화 연결 구조로 된 이합체를 형성하게 된다.

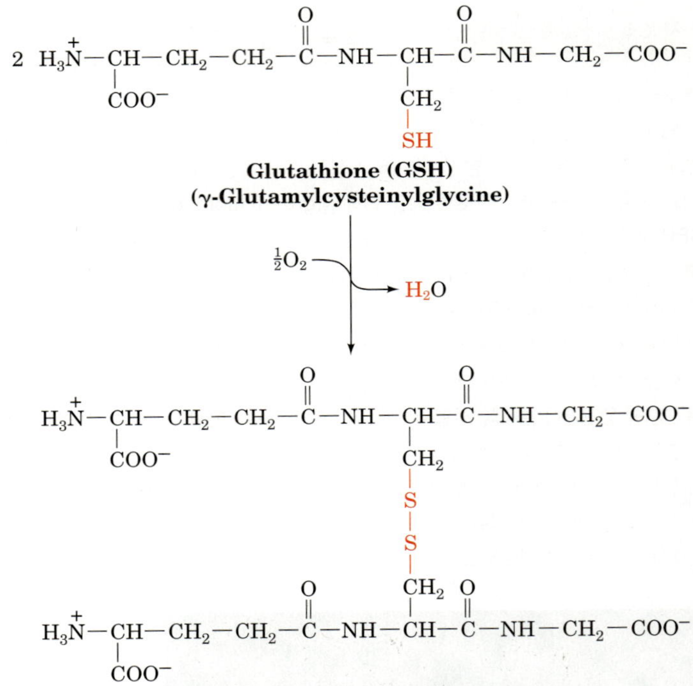

Glutathione (GSH)
(γ-Glutamylcysteinylglycine)

Glutathione disulfide (GSSG)

GSH에서 GSSG로의 산화는 다른 화합물의 환원(위 그림에서 O_2)을 동반하기 때문에 글루타싸이온은 잠재적인 세포 손상을 불러일으킬 불활성 산화 화합물을 돕는다.

$$2\ \mathrm{GSH} + X_{\text{산화형}} \rightarrow \mathrm{GSSG} + X_{\text{환원형}}$$

이후 GSH는 독자적 환원 반응을 통해 반드시 복구되어야 한다.

체크 포인트

- 단백질에서 아미노산의 공유적인 변형 형태를 밝히시오.
- 그림 4-14와 4-15를 참조하여 모체 아미노산과 화학 변형 형태를 각각 밝히시오.
- 아미노산 유도체들의 기능을 설명하시오.

요약

1 아미노산의 구조

- 중성 pH에서 아미노산의 아미노기는 양성자화되고 카복실기는 이온화된다.
- 단백질은 펩타이드 결합에 의하여 연결된 아미노산의 중합체이다.
- 20개 표준 아미노산은 무극성(Gly, Ala, Val, Leu, Ile, Met, Pro, Phe, Trp), 전하를 띠지 않는 극성(Ser, Thr, Asn, Gln, Tyr, Cys), 전하를 띠는 극성(Lys, Arg, His, Asp, Glu)으로 분류된다.
- 아미노산에서 이온화할 수 있는 작용기의 p*K* 값은 이웃 작용기에 영향을 받으며, 아미노산이 폴리펩타이드의 한 부분이 될 때 변화되기도 한다.

2 입체 화학

- 아미노산은 카이랄 분자이다. 단백질에서는 L-아미노산만 발견된다(몇 가지 박테리아 펩타이드는 D-아미노산을 가진다).

3 아미노산 유도체

- 아미노산이 폴리펩타이드의 성분으로 된 이후에 공유적으로 변형되기도 한다.
- 개개의 아미노산과 유도체들은 다양한 생리 기능을 가진다.

주요 용어

α-아미노산(α-amino acid)
α 탄소(α carbon)
Cahn-Ingold-Prelog(*RS*) 체계 (system)
C 말단(C-terminus)
N 말단(N-terminus)
p*I*
R기(R group)
거울상 이성질체(enantiomer)
광학 활성(optical activity)
다이펩타이드(dipeptide)
단백질(protein)
라셈 혼합물(racemic mixture)
신경 전달 물질 (neurotransmitter)
아이소펩타이드 결

합(isopeptide bond)
올리고펩타이드(oligopeptide)
우선성(dextrorotatory)
입체 이성질체(stereoisomer)
잔기(residue)
절대 배치(absolute configuration)
좌선성(levorotatory)
쯔비터 이온(zwitterion)
축합 반응(condensation reaction)
카이랄성(chirality)
카이랄 중심(chiral center)
트라이펩타이드(tripeptide)
펩타이드 가수 분해 효소(peptidase)
펩타이드 결합(peptide bond)
편광계(polarimeter)
폴리펩타이드(polypeptide)
피셔법(Fischer convension)
피셔 투영도(Fischer projection)

문제

연습 문제

1. 하나의 메틸기나 메틸렌기에 의하여 구별되는 아미노산들을 결정하시오.

2. 5탄소 아미노산인 글루타메이트는 5개 탄소 사슬을 가지는 3개 아미노산의 전구 물질이다. 이들 아미노산을 밝히시오.

3. 20개 표준 아미노산은 α-아미노산이다. 자연에서는 어떤 종류의 β-아미노산도 발견된다. β-알라닌(3-아미노-*n*-프로피오네이트)의 구조를 그리시오.

4. 타우린(taurine: 2-aminoethanesulfonic acid)은 종종 아미노산으로 불린다.

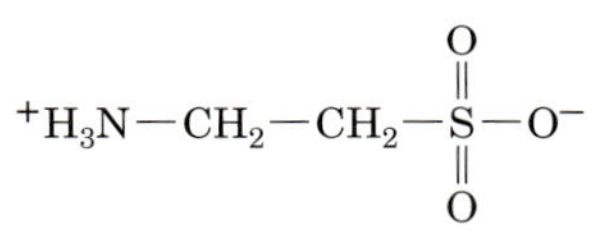

(a) 왜 이런 말이 틀렸는지 설명하시오. (b) 타우린은 20개 표준 아미노산 중에서 어느 아미노산으로부터 유래되었는가? 일어난 화학 변화를 설명하시오.

5. pH 7.0에서 다이펩타이드 Asp-His를 그리시오.

6. Aln, Gly, His, Lys, Val을 가지는 가능한 펜타펩타이드 수를 계산하시오.

7. 아스파라진에서 수소 결합 주개와 받개를 결정하시오.

8. 몇몇 단백질에서 세린의 잔기는 이온화한다. 아스파트산 잔기가 근처에 있으면 왜 이온화가 더 잘 되는지를 설명하시오.

9. (a) pH 1.0, (b) pH 3.0, (c) pH 6.0, (d) pH 11.0에서 Asp가 우세하게 존재하는 형태의 알짜 전하를 결정하시오.

10. (a) pH 1.0, (b) pH 5.0, (c) pH 10.5, (d) pH 13.5에서 Arg가 우세하게 존재하는 형태의 알짜 전하를 결정하시오.

11. 다음 물질들은 카이랄인가, 비카이랄인가? (a) 장갑, (b) 테니스공, (c) 나사, (d) 이 페이지, (e) 눈조각, (f) 원형 계단, (g) 신발

12. 다음 화합물에서 카이랄 탄소를 동그라미로 표시하시오.

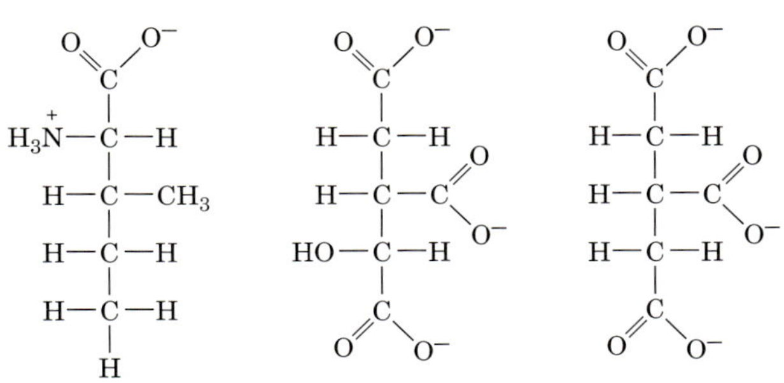

13. 어떤 아미노산은 α-케토산으로 알려진 유기산의 케토기(C=O)를 아미노기($C-NH_3^+$)로 치환하여 합성된다. 이런 식으로 아래의 α-케토산으로부터 만들어지는 아미노산을 결정하시오.

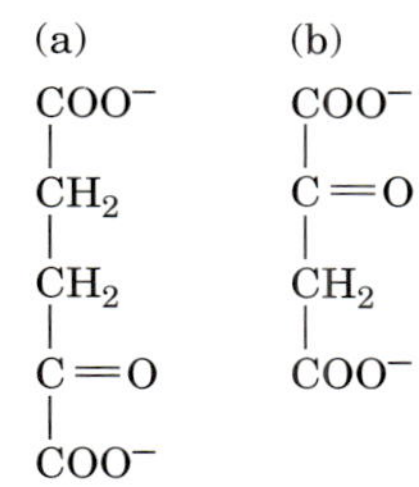

14. 파킨슨병 환자에게 L-DOPA(3,4-다이하이드록시페닐알라닌)를 투여한다. L-DOPA의 탈탄산화에 의해 만들어지는 신경 전달 물질은 무엇인가?

15. 폴리펩타이드의 글루타민 잔기는 탈아마이드화, 즉 아마이드기가 카복실기로 치환되는 반응이 일어날 수 있다. 글루타민이 탈아마이드화될 때 어떤 아미노산이 생성되는가?

16. 어떤 호르몬의 신호 경로는 단백질의 타이로신 잔기의 인산화 결과이다. 인산 타이로신 곁사슬의 구조를 그리시오.

17. 아이소펩타이드 결합을 만들 수 있는 곁사슬이 있는 아미노산은 무엇인가?

18. Lys와 Ala이 아이소펩타이드 결합으로 연결된 구조를 그리시오.

19. 어떤 박테리아는 글루탐산 잔기의 아미노기와 인접한 잔기의 γ-카복실기가 축합한 중합체인 poly-γ-글루탐산을 만든다. 이 같은 중합체의 반복 구조를 그리시오.

20. 란싸이오닌은 두 개의 알라닌이 싸이오에터(−S−) 결합에 의하여 β 탄소들이 연결된 비표준 아미노산이다. 란싸이오닌의 구조를 그리시오.

도전 질문

21. 아미노산 중에서 타이로신은 물에 거의 녹지 않는다. 타이로신 잔기의 수가 일정하다고 가정하면, 타이로신만을 포함하는 폴리펩타이드인 poly(Tyr)는 잘 녹을 것인가, 더 녹지 않을 것인가?

22. (a) 알라닌만 포함하는 트라이펩타이드는 중성 pH에서 알짜 전하가 얼마인가? (b) 트라이펩타이드가 가수 분해되면 음전하 수와 양전하 수는 얼마인가?

23. (a) Ala, (b) His, (c) Glu의 p*I*를 계산하시오.

24. Ser-His의 p*I* 값을 예측하시오. 왜 이 값은 단지 추정치인가?

25. 펩타이드 ATLDAK를 그리시오. (a) 근사적인 p*I* 값을 계산하시오. (b) pH 7.0에서 알짜 전하는 무엇인가?

26. 인슐린 단백질은 A와 B 사슬이라고 하는 두 개의 폴리펩타이드로 구성되어 있다. 여러 개체에서 인슐린은 분리되었고 결합 서열이 밝혀졌다. 사람과 오리의 인슐린은 아래에 보여진 것처럼 6개의 아미노산을 제외하고는 동일한 아미노산 결합 서열을 가진다. 사람 인슐린의 p*I*는 오리 인슐린의 p*I*보다 낮을 것인가, 높을 것인가?

아미노산 잔기	A8	A9	A10	B1	B2	B27
사람	Thr	Ser	Ile	Phe	Val	Thr
오리	Glu	Asn	Pro	Ala	Ala	Ser

27. 트레오닌의 네 가지 입체 이성질체를 피셔 투영도로 그리시오.

28. Gly에서 두 개의 $C_\alpha H$ 원자는 전카이랄(prochiral)이라고 한다. 이는 이 중 하나가 다른 기로 대체되면 C_α가 카이랄이 되기 때문이다. Gly의 피셔 투영도를 그리고, D-Ala를 만들기 위하여 어느 H가 CH_3로 치환되어야 하는지 밝히시오.

29. 박테리아가 만든 항생제인 gramicidin A는 Na^+와 K^+ 이온이 세포막을 통하여 확산되게 하는 통로를 만들게 하여 세포를 죽인다. 이와 같은 펩타이드는 D-와 L-아미노산으로 구성되어 있다. gramicidin A에서 5개 아미노산의 결합 순서는 R-Gly-L-Ala-D-Leu-L-Ala-D-Val-R′이다. 각각의 수직 결합에 올바른 작용기를 추가하여 피셔 투영도를 완성하시오.

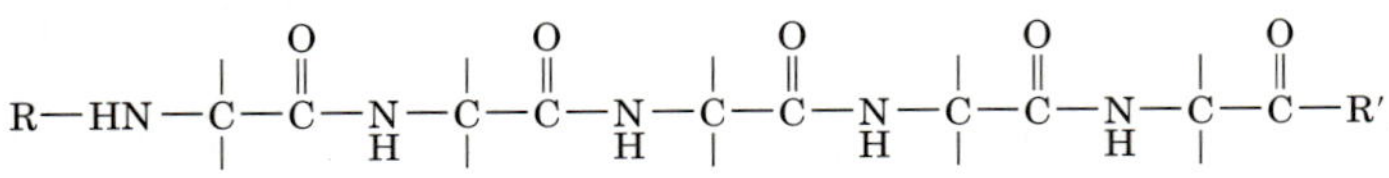

30. *RS* 체계를 사용하여 아이소루신(표 4-1에 나타낸 것처럼)을 나타내시오.

31. 아래 화합물로부터 합성할 수 있는 아미노산을 결정하시오.

(a)

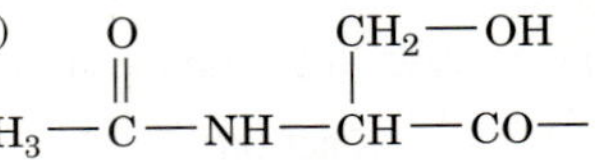

(b)

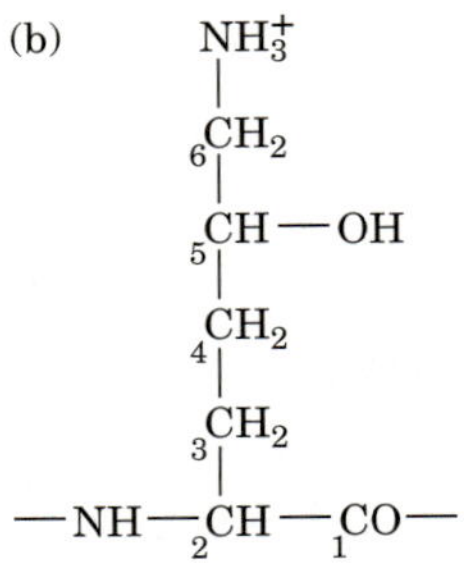

(c)

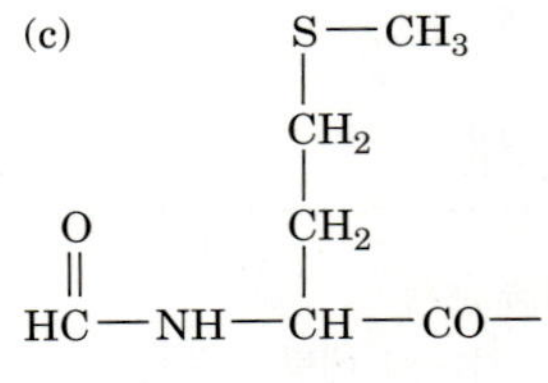

32. 변형된 아미노산 잔기를 포함하는 펩타이드의 p*I*에 그림 4-14에 있는 아미노산 변형이 어떻게 영향을 미치는지 설명하시오.

33. 카르노신으로 알려진 다이펩타이드인 β-알라닐 히스티딘의 구조를 그리시오.

34. (a) pH 3, (b) pH 5, (c) pH 7, (d) pH 9에서 카르노신의 대략적인 전하는 무엇인가?

참고 문헌

Barrett, G.C. and Elmore, D.T., *Amino Acids and Peptides*, Cambridge University Press (2001). [화학 반응성에 대한 고찰과 분석학적 성질에 대한 정보와 함께 표준 아미노산의 구조를 포함하고 있다.]

Lamzin, V.S., Dauter, Z. and Wilson, K.S. How nature deals with stereoisomer, *Curr. Opin. Struct. Biol.* **5**, 830–836 (1995). [D-아미노산으로 합성한 단백질에 대하여 논의하고 있다.]

Solomons, G. and Fryhle, C., *Organic Chemistry* (7th ed.), Chapter 5, Wiley (2000). [카이랄성에 대한 논의. 대부분 유기화학 교재는 유사한 물질을 포함하고 있다.]

©aleksandar kamasi/Fotolia

고생물학자들은 양이나 염소와 같은 종들을 동정하기 위해 고대 동물의 뼈에 들어 있는 단백질을 분석하는 데 질량 분석법과 같은 기술들을 이용하며, 초기 인류의 농사법에 대한 결론들을 얻어낸다. PCR과 달리, 질량 분석법은 분석을 위해 온전한 상태의 거대 분자를 필요로 하지 않으며 오염에 민감하지 않다.

CHAPTER 5

단백질: 1차 구조

단백질은 생물학적 과정에서 중심적인 역할을 한다. 세포 대사로 정의되는 대부분의 분자 변환은 단백질 촉매에 의해 이루어진다. 일반적인 단백질의 역할뿐 아니라, 세포 안팎의 상태와 세포 구성 성분의 정보를 제공하기도 한다. 게다가 단백질은 세포의 필수 구조 성분이기도 하다. 다른 분자의 수송, 일반적인 메커니즘, 전기 화학적 힘과 같은 알려진 단백질의 기능은 수천 가지이다. 또한 아직 그 기능이 완전히 규명되지 않은 단백질도 수천 가지이다.

단백질의 구조를 이해하는 것은 주어진 단백질의 기능을 알기 위한 중요한 열쇠 중 하나이다. 단백질은 핵산(3-2절), 다당류(8-2절)와 같은 대다수의 생물학적 중합체처럼 작은 단위체의 중합체이다. 그러나 단백질은 많은 핵산들과는 다르게 균일하거나 규칙적인 구조를 갖고 있지 않다. 이것은 단백질을 만드는 20종의 아미노산 잔기의 화학적, 물리적 성질이 매우 다르기 때문이다(4-1C절). 이 아미노산들의 서열은 이 장에서 설명되는 것과 같이, 직접적으로 분석하거나 DNA 배열(3-4절)로부터 간접적으로 분석할 수 있다. 두 경우 모두 아미노산 서열에 대한 정보, 다른 단백질과의 관계, 단백질의 화학적 물리적 성질과 같은 생체 내에서의 작용 메커니즘을 알 수 있게 해 준다. 다양한 단백질 구조의 간단한 소개 후에 정제, 분리, 아미노산 잔기의 서열을 결정하는 과정과 알려져 있는 단백질의 진화에 대해 알아볼 것이다.

1 폴리펩타이드의 다양성

주요 개념

- 이론적으로 폴리펩타이드 사슬의 크기와 구성은 제한되어 있지 않다.
- 세포에서, 단백질 합성의 효율성과 기능적 구조 내에서 접힌 폴리펩타이드는 많은 잠재적인 다양성이 제한되어 있다.

단백질은 모든 고분자들처럼 구성에 따라 1차, 2차, 3차, 4차 구조로 나타낼 수 있다. **단백질의 1차 구조(primary structure)는 폴리펩타이드 사슬이나 하나 이상의 폴**

리펩타이드로 구성된 아미노산의 배열로 이루어져 있다. 아미노산 서열의 예가 **그림 5-1**에 주어져 있다. 각 잔기는 펩타이드 결합(그림 4-3)을 통해 이웃 잔기들과 연결되어 있다. 2차, 3차, 4차처럼 높은 수준의 단백질은 접힌 폴리펩타이드 사슬의 삼차원적 모양이며 다음 장에서 설명될 것이다.

단백질은 유전자에 있는 뉴클레오타이드의 서열에 의해 특정한 순서로 아미노산의 단계적 고분자화를 통해 **생체 내에서** 합성된다. 선형 중합체(DNA)와 다른 중합체(폴리펩타이드) 사이의 관계를 통해 생명 시스템을 설명하고, 이를 다른 분자에 적용하여 정보를 끌어내는 데 사용하기도 한다.

폴리펩타이드의 이론적 가능성은 무한하다. 폴리펩타이드 사슬에 있는 각 아미노산 잔기들은 20개의 다른 선택을 통해 많은 수의 다른 단백질 분자를 만들어 낼 수 있다. n개의 잔기를 갖는 단백질은 20^n개의 서열을 가질 수 있다. 단일 폴리펩타이드 사슬은 100개의 잔기를 가지는 상대적으로 작은 단백질 분자이다. 이 정도 길이의 폴리펩타이드 사슬의 수는 $20^{100} \approx 1.27 \times 10^{130}$개 정도 있으며, 이는 우주에 있는 원자들의 수(9×10^{78})보다 훨씬 많은 개수이다. 명확하게 진화는 그 분율이 다른 폴리펩타이드들의 어마어마한 수를 나타낸다고 하더라도 이론적으로 매우 작은 분율이다.

실질적으로 폴리펩타이드는 크기와 조성이 제한되어 있다. 일반적으로 단백질은 적어도 40개 정도의 잔기를 포함한다. 이보다 작은 폴리펩타이드는 간단히 **펩타이드(peptide)**라고 한다. 알려진 가장 큰 폴리펩타이드 사슬인 **타이틴(titin)**은 35,213개의 잔기를 포함하며, 이 거대한 단백질(3906 kD)은 근육 섬유의 반복적 구조 배열을 돕는 단백질이다(7-2A절). 그러나 **대부분의 폴리펩타이드는 100~1000개의 아미노산 잔기를 포함하고 있다**(**표 5-1**). **다중 소단위체 단백질(multisubunit protein)**은 **소단위체(subunit)**라고 하는 동일하거나 다른 여러 개의 사슬을 포함한다. 어떤 단백질들은 두 개 이상의 사슬로 인해 단일 펩타이드가 되기도 하는데, **인슐린(insulin)**이 그러한 단백질이다(그림 5-1).

대부분의 폴리펩타이드가 나타나는 크기의 범위는 여러 생화학적 과정의 최적화를 나타낸다.

1. 폴리펩타이드가 특정한 작용을 할 수 있게 분리된 안정한 상태의 접힌 사슬은 최소한 40개의 잔기를 가진다.
2. 1000개가 넘은 잔기를 갖는 폴리펩타이드는 단백질 합성의 효율성에 제한을 받는다. 폴리펩타이드가 길수록(그리고 일치하는 mRNA가 길수록), 전사와 번역을 하면서 실수가 많아진다.

게다가, 폴리펩타이드는 크기에 있어서 제한뿐 아니라 아미노산 구성에 있어서도 많은 제약을 받는다.

단백질 내에서 20개의 표준 아미노산은 동일한 빈도로 존재하지 않는다(표 4-1에

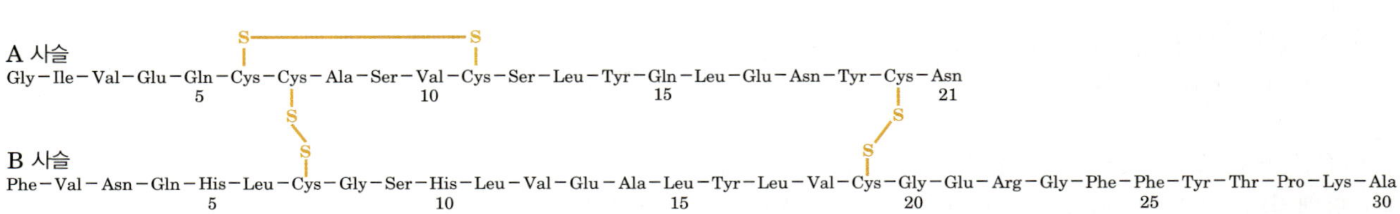

그림 5-1 **소 인슐린의 1차 구조** 사슬 속과 사슬 사이의 이황화 결합을 주의 깊게 보라.

표 5.1 여러 단백질의 조성

단백질	아미노산 잔기	소단위체	단백질 분자량(D)
단백질 가수 분해 효소 억제제 III(조롱박)	30	1	3,427
사이토크롬 *c*(인간)	104	1	11,617
마이오글로빈(말)	153	1	16,951
인터페론-γ(토끼)	288	2	33,842
코리스미산 자리옮김 효소(고초균)	381	3	43,551
삼탄당 인산 이성질화 효소(대장균)	510	2	53,944
헤모글로빈(인간)	574	4	61,986
RNA 중합 효소(박테리오파지 T7)	883	1	98,885
뉴클레오사이드 이인산 카이네이스 (*Dictyostelium discoideum*)	930	6	100,764
피루브산 탈카복실 효소(효모)	2,252	4	245,456
글루타민 합성 효소(대장균)	5,616	12	621,264
타이틴(인간)	35,213	1	3,906,488

평균적으로 존재하는 각각의 아미노산 잔기의 목록 참조). 예를 들어 단백질에서 가장 빈번히 나타나는 아미노산은 Leu, Ala, Gly, Glu, Val, Ser이며 Trp, Cys, Met, His는 드물게 나타난다.

각각의 아미노산 잔기들은 위치에 따라서 성질에 영향을 주기 때문에 화학적, 물리적 성질이 다르다. 특히 폴리펩타이드 사슬의 3차원적 모양은 여러 가지 잔기들 사이의 분자간 힘의 결과로 나타난다. 일반적으로 단백질의 소수성 잔기들은 물과 접촉을 피하기 위해 내부에 뭉쳐져 있는 반면에, 단백질의 표면에는 친수성 곁사슬이 존재하는 경향이 있다.

개별 단백질의 특성은 아미노산의 조성보다는 배열에 더 영향을 받는다. 많은 단백질들은 아미노산 잔기 이외의 것들을 포함하고 있다. 이들은 특정 유기물들과 공유 결합을 하거나 Zn^{2+}, Ca^{2+}와 같은 금속 이온들과 비공유 결합을 한 복합체로 형성되어 있으며, 인산염이나 탄수화물과 같은 작용기가 붙음으로써 공유 결합의 성질이 변형되기도 한다.

체크 포인트

- 왜 폴리펩타이드는 다양한 서열을 가지는지를 설명하시오.
- 폴리펩타이드의 크기와 구성에 제한을 주는 요인이 무엇인지 쓰시오.

2 단백질 정제와 분석

주요 개념

- 정제되는 동안 단백질의 안정성은 pH, 온도와 같은 환경 요인에 의해 영향을 받는다.
- 정제되는 동안 단백질의 양은 단백질의 화학적 성질, 결합성에 기초를 두고 분석한다.
- 단백질의 독특한 구조와 화학은 다른 분자로부터 분리하는 데 좋은 장점이다.
- 염 농도를 증가하면서 분리하는 '염석'(침전)법은 단백질의 서로 다른 용해도를 이용한다.
- 단백질의 이온 전하, 극성, 크기, 리간드 결합력은 크로마토그래피에 영향을 준다.
- 젤 전기 이동과 그것의 다양성은 단백질을 전하, 크기, 등전점에 따라 분리할 수 있다.
- 고분자와 큰 집합체는 크기와 형태에 따라서 초원심 분리기를 이용하여 분리할 수 있다.

정제는 고분자들을 연구하기 위해 필수적인 과정이지만 쉽지가 않다. 일반적인 정제는 약 98%의 순도로 조직을 0.1% 미만의 무게로 건조시킨 물질을 말한다. 대부분의 합성 화학자들은 이 정도의 정제를 하는 데 매우 어려워한다. 이 절에서는 정제를 통한 단백질과 다른 고분자 물질들을 분리하여 확인하는 일반적인 기법들을 소개할 것이다. 이러한 방법들은 대부분의 핵산이나 다른 종류의 생물학적 분자에 변형하여 사용할 수 있다.

A 단백질 정제는 전략이 필요하다

초기의 단백질의 대부분이 그 양이 많아 분리하기 쉬워 연구가 많이 되었지만 소량으로 존재하는 단백질의 경우는 정제가 매우 어렵다. 예를 들어 적혈구 질량의 약 1/3을 차지하는 헤모글로빈은 오래전부터 가장 많이 연구된 단백질이다. 대부분의 효소는 모든 종에서 기본 대사 작용을 촉매하거나 유전 정보를 나타낸다. 이런 이유로 대장균이나 효모(제빵용 이스트)와 같이 얻기 쉬운 미생물이나 가축의 조직에서 단백질을 추출한다.

분자의 클로닝 기술(3-5절)의 발전은 부모 생명체로부터 대부분의 단백질 암호화 유전자들을 분리할 수 있도록 하였다. 이는 미생물의 전체 세포 단백질의 최대 40% 정도까지 복제할 수 있게 되었다(그림 5-2). 일반적으로 부모 생명체로부터 소량의 단백질을 얻는 것보다 복제된 단백질을 더 쉽게 분리하고 많이 얻을 수 있게 되었다.

단백질이나 다른 생물학적 분자들을 분리하기 위한 첫 단계는 이들을 세포에서 꺼내 용액으로 옮기는 것이다. 세포 내의 함유물을 꺼내기 위해서는 기계적인 분쇄가 필요하다. 세포 분해를 위한 대부분의 과정은 분쇄하거나 간 후에 녹지 않는 입자들을 제거하기 위하여 여과나 원심 분리 과정을 거친다. 만약 얻고자 하는 단백질이 막 지질에 밀접하게 붙어 있다면 지질을 녹이고 단백질을 회수하기 위하여 계면 활성제나 유기 용매가 사용된다.

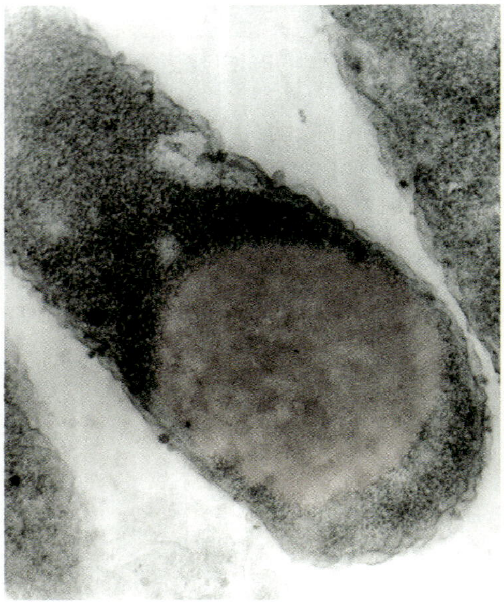

Courtesy of Teruhiko Beppu, Nikon University, Japan

그림 5-2 함유체. 함유체(inclusion body) 내에 많은 양의 이질 단백질을 생산하도록 된 유전 공학적 유기체. 이 전자 현미경 사진은 대장균 세포 내에 있는 단백질 프로카이모신(prochymosin)의 함유체이다.

단백질의 안정화는 pH, 온도, 그밖의 조건들에 의해 영향을 받는다. 단백질은 원래 환경에서 분리되는 순간부터 단백질을 손상시킬 수 있는 많은 시약에 노출된다. 이러한 영향들은 정제 과정의 모든 단계에서 주의깊게 통제되어야 한다. 다음과 같은 요인들을 고려해야 한다.

1. **pH** 물질이 안정하게 존재할 수 있는 pH 범위의 완충 용액에서 일반적으로 녹아 있어야 한다.(완충은 2-2C절에서 설명되었다). 그렇게 하지 않으면 **변성**(**denaturation**, 구조적 파괴)되거나 화학적 분해의 원인이 될 수 있다.
2. **온도** 단백질의 열안정성은 다양하다. 일부 단백질은 낮은 온도에서 변성되지만, 대부분의 단백질은 높은 온도에서 변성이 일어나며, 어떤 경우에는 열안정성을 나타내는 온도보다 더 고온에서 변성되기도 한다. 일반적으로 단백질 정제는 0°C 근처에서 한다.
3. **분해 효소의 존재** 원하는 분자를 얻기 위해 조직이 파쇄할 때 단백질을 분해하는 효소도 함께 방출되는데, 핵산을 분해시키는 **핵산 가수 분해 효소**(**nuclease**)와 **단백질 분해 효소**(**protease**)가 이에 속한다. 분해 효소는 이들이 비활성화되는 온도, pH의 조절(관심 있는 단백질에 영향을 주지 않는 조건에서) 또는 이들의 작용을 저하시키는 화합물을 첨가하여 단백질을 보호할 수 있다.
4. **표면 흡착** 많은 단백질들은 공기-물의 계면 또는 유리나 플라스틱 표면과 접촉

하여 변성된다. 단백질 용액은 변성을 최소화하도록 조절하고, 농축하여 보관한다.

5. **장기간 보관** 위에 나열된 모든 요인을 고려하여 정제된 단백질 시료가 안전하게 유지되도록 보관해야 하는데, 이때 느린 산화나 미생물 오염과 같은 과정을 방지해야 한다. 단백질 용액은 보통 질소나 아르곤 기체(~21% O_2를 포함하는 공기보다) 또는 −80°C나 −196°C(액체 질소 온도)에서 얼려서 보관한다.

단백질은 분석으로 정량된다. 한 물질을 정량적으로 검출하기 위해서는 몇몇 방법들이 필요하다. 이때 **분석(assay)**은 얻고자 하는 단백질에 대하여 높은 감도를 가지며 사용하기 편리한 것이(특히 정제 과정의 모든 과정에서 반복적으로 사용된다면) 필요하다.

생성물 형성 속도는 효소의 존재량에 비례하므로 검출이 쉬운 생성물의 반응을 촉매시키는 효소의 경우 가장 직접적인 단백질 분석 방법이 될 수 있다. 이 분석법에 사용하기 위해 색이나 형광 생성물을 갖는 물질들이 개발되었다. 또한 효소를 이용하여 물질을 분석할 수 없다면 쉽게 정량을 할 수 있도록 다른 효소로 대체해야 하는데, 이를 **결합된 효소 반응(coupled enzyme reaction)**이라고 한다. 효소를 이용하여 분석할 수 없다면 특이적 결합력이나 생리 활성을 통해 단백질을 검출하는 방법이 있다.

면역 화학적 과정은 가장 좋은 분석 방법 중 하나이다. **면역 분석(immunoassay)**은 외부 물질[**항원(antigen)**]의 침입에 대응하여 동물의 면역계에서 생성되는 단백질인 **항체(antibody)**를 사용한다. 면역성이 있는 동물의 혈청이나 항체를 생성하는 세포를 배양하여 얻어진 항체는 단백질 항원에 특이적으로 결합한다.

혼합물에 있는 단백질은 그 대응 항체에 결합하여 검출된다. **방사 면역 분석(radioimmunoassay, RIA)**이라고 알려진 방법에서 단백질은 방사능으로 표지된 표준 물질이 항체에 경쟁적으로 결합하는 정도에 의하여 간접적으로 검출된다. **효소 결합 면역 흡착 분석(ELISA, enzyme-linked immunosorbent assay)**으로 알려진 방법은 많은 변수를 가지며, 그중의 하나가 그림 5-3에 설명되어 있다.

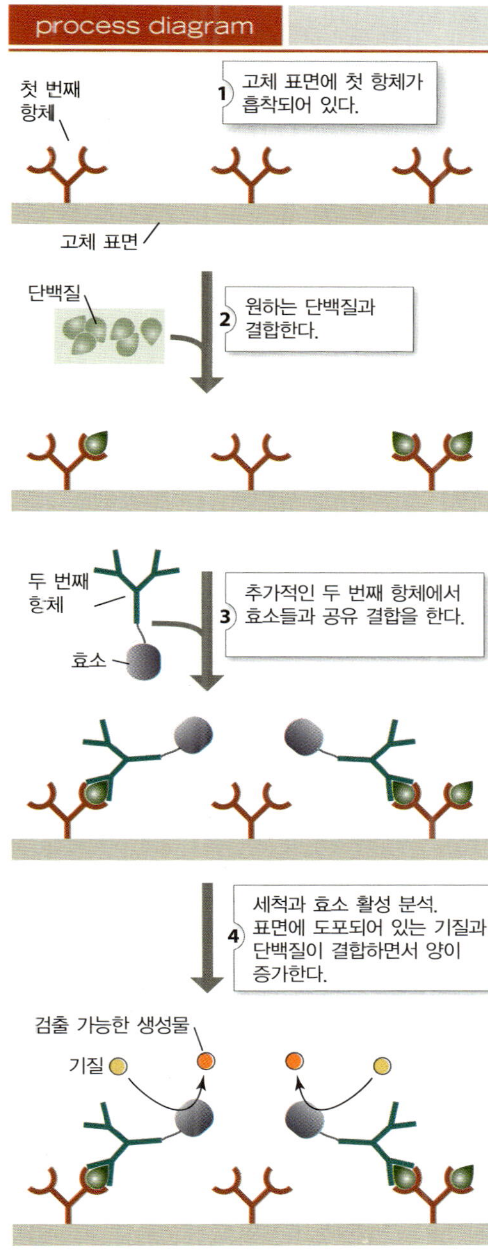

그림 5-3 효소 결합 면역 흡착 분석 (1) 관심 단백질에 대한 항체는 폴리스타이렌과 같은 불활성 고체에 흡착화되어 있다. (2) 측정할 용액을 항체로 도포된 표면에 적용한다. 항체는 특정 단백질에 결합하고 그외 단백질들은 세척을 통해 제거된다. (3) 단백질-항체 복합체는 효소가 부착된 두 번째 단백질과 특이적인 항체에 반응한다. (4) 두 번째 항체-효소 복합체의 결합은 효소 활성도 분석에 의해 측정된다. 생성물로 전환된 기질의 양은 존재하는 단백질의 양을 나타낸다.

? 두 번째 항체가 효소와 결합하지 않고 형광기나 방사성 동위 원소를 가졌다면 관심 단백질은 어떻게 분석하는가?

단백질 농도는 분광법으로 측정할 수 있다. 용액 내에 존재하는 기질의 농도는 **흡광도 분광법(absorbance spectroscopy)**으로 측정할 수 있다. 빛을 흡수하는 용질을 포함하는 용액은 **비어-람버트 법칙(Beer-Lambert law)**에 따라,

$$A = \log\left(\frac{I_0}{I}\right) = \varepsilon cl \qquad [5\text{-}1]$$

여기서 A는 용질의 **흡광도[absorbance**, 또는 용질의 **광학 밀도(optical density)**], I_0는 주어진 파장 λ에서 입사광의 세기이며, I는 λ에서 투과된 세기, ε는 **몰흡광 계수(molar absorptivity)**, c는 몰농도, l은 빛을 통과한 cm 단위의 길이이다. ε의 값은 λ에 따라 다양하며, λ에 대한 A 또는 ε의 그래프를 **흡수 스펙트럼(absorption spectrum)**이라고 한다. 어떤 물질에 대해 ε값을 안다면 그 농도는 분광학적으로 측정할 수 있다.

방향족 곁사슬(Phe, Trp, Tyr)은 스펙트럼 영역에서 특히 큰 흡광 계수(ε를

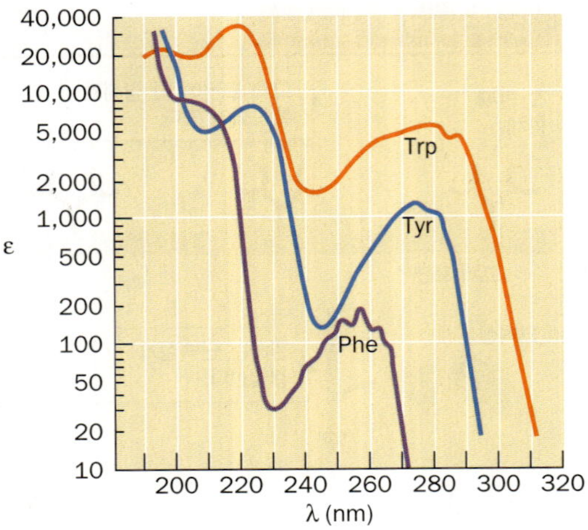

그림 5-4 **페닐알라닌, 트립토판, 타이로신의 UV 흡수 스펙트럼** 각각의 방향족 아미노산의 경우 몰흡광 계수(ε은 c를 mol · L^{-1}로 나타낼 때)는 log 단위로 표현되었다. [Weflaufer, D.B., Adv. Prot. Chem. 7, 310(1962)에 따라]

? 왜 단백질의 흡수가 단백질의 아미노산 조성에 따라 달라지는지 설명하라.

mol · L^{-1}로 나타낼 때 수만에 달함, **그림 5-4**)를 가지기 때문에 폴리펩타이드는 UV 스펙트럼 영역(λ = 200~400 nn)에서 강하게 흡수한다. 그러나 폴리펩타이드는 가시광선(λ = 400~800 nm)을 흡수하지 않으며, 따라서 이들은 색을 갖지 않는다. 그런데 단백질이 가시광선 영역에서 흡수하는 **발색단(chromophore)**을 가진다면, 이는 단백질이 포함된 혼합물에서 단백질 존재 확인을 위하여 분석에 쓰일 수 있다.

정제는 순차적인 방법이다. 단백질은 **분류 절차(fractionation procedure)**에 의해 정제된다. 각각의 독립적인 단계에서 물리 화학적 성질을 이용하여 물질로부터 원하는 단백질을 분리한다. 이런 방법이 단백질의 손실을 최소화하는 것은 아니지만, **원하는 물질만 남고 나머지는 선택적으로 제거할 수 있게 해 준다.**

단백질을 정제하는 각 단계에서 여러 가지가 선택 가능하다. 예술품처럼 시행착오를 반복하며 완성할 수 있으나, 그전에 원하는 단백질을 제대로 분리하기 위해서는 어느 정도의 지식이 필요하다. **표 5-2**에 있는 단백질의 특징을 통해 분리 과정을 알아보도록 한다.

표 5.2 단백질 분리 과정

단백질 특징	분리 과정
용해도	염석
이온 전하	이온 교환 크로마토그래피 전기 이동법 등전 집중
극성	소수성 인력 크로마토그래피
크기	젤거르기 크로마토그래피 SDS-PAGE
결합 특이성	친화 크로마토그래피

B 염석은 용해도에 의해 단백질을 분리한다

단백질은 다양한 전하를 가진 작용기를 가지고 있기 때문에, 단백질의 용해도는 용해되어 있는 염의 농도, 용매의 극성도, pH, 온도에 의존한다. 이런 변수는 용액에 용해되어 있는 동안 임의의 단백질이 선택적으로 침전되도록 조절할 수 있다.

저농도에서 단백질의 용해도는 염을 가할 때 증가한다. 이런 현상을 **염용(salting in)**이라고 한다. 첨가되는 이온들에 의해 단백질은 전하가 약해지고 각 단백질 간의 인력이 약화된다(응집이나 침전이 된다). 그러나 더 많은 염(특히 황산염)을 첨가하게 되면 단백질의 용해도는 다시 감소한다. 이 **염석(salting out)** 효과는 일차적으로는 용매 분자들에 대한 첨가된 염 이온과 다른 용해된 용질 사이의 경쟁의 결과이다. 매우 높은 염 농도에서 첨가된 이온의 대부분은 단백질이 포함된 용매가 다른 물질을 용해하도록 한다.

여러 단백질들이 다른 염 농도에서 침전되기 때문에 염석은 가장 많이 사용되는 단백질 정제 과정 중의 기본이다. 단백질이 포함된 혼합물의 농도를 단백질이 침전되기 전 농도로 조절하면 원하는 단백질 외의 물질들을 제거해 준다(**그림 5-5**). 그리고 여과나 원심 분리로 침전된 단백질을 제거한 후, 원하는 단백질이 침전되도록 남은 액의 염 농도를 증가한다. 이런 과정은 단백질의 농도를 높여 준다. 황산 암모늄

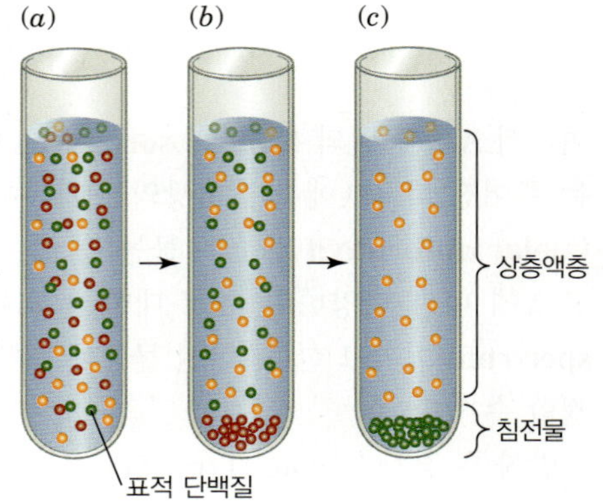

그림 5-5 **염석에 의한 분할** (*a*) 선택된 염을, 보통 황산 암모늄을 사용하여 원하는 단백질이 석출되기 직전의 농도가 되도록 고분자 용액에 가한다. (*b*) 원심 분리한 후에 원하지 않는 침전된 단백질(붉은색)을 버리고, 원하는 단백질(초록색)이 염석되기에 충분한 농도가 되도록 상층액에 더 많은 염을 가한다. (*c*) 두 번째 원심 분리 후에 단백질은 침전물로서 회수되며, 상층액은 버린다.

$(NH_4)_2SO_4$은 높은 용해도(0°C에서 물에 3.9 M)로 인해 이온 세기를 증가시킬 수 있으므로 단백질 염석에서 가장 일반적으로 사용되는 시약이다. 단백질은 알짜 전하가 0일 때 용해도가 가장 작기 때문에 pH는 원하는 단백질의 등전점(p*I*)을 피해 적절하게 조절한다. 몇 가지 단백질의 p*I*를 **표 5-3**에 나열하였다.

> **GATEWAY CONCEPT 분자 행동**
> 개별 분자들의 정확한 전하와 구조는 또 다른 동일한 분자들의 집단 내에서도 다양하다. 예를 들어 산-염기 그룹은 양성자화된 형태와 비양성자화된 형태 사이에서 평형 상태로 존재하며, 결합된 원자들의 진동과 회전 운동은 거대 분자들이 다수의 미묘하게 다른 형태들을 취할 수 있다는 것을 의미한다. 분자를 분리하기 위한 기술들은 이러한 이유로 분자 집단의 일반적인 화학적, 물리적인 성질에 기반을 두고 있는 것이다.

C 크로마토그래피는 고정상과 이동상 간의 상호작용을 수반한다

크로마토그래피[**chromatography**, 그리스어: *chroma*(색) + *graphein*(쓰다)]는 고체 흡착제를 이용하여 식물 색소를 분리한 츠베트(Mikhail Tswett)에 의해 1903년에 발견되었다. 현재 대부분의 크로마토그래피 과정에서 혼합물에서 물질을 분리하기 위해 액체('이동'상)에 녹이고 다공성 고체 기질('고정'상)로 채워진 관을 통해 침투시킨다. 용질이 관을 통하여 흐를 때 고정상과 상호작용에 의해 천천히 내려오게 된다. 이때 지연시키는 힘은 각 용질의 성질에 의존하며, 관이 충분히 길면 물질마다 각기 다른 이동 속도에 의해 분리될 것이다. 단백질 정제에 가장 유용한 크로마토그래피 방법들은 단백질과 고정상 사이의 상호작용의 성질에 따라 분류되어 있다.

표 5.3 일반적인 단백질의 등전점

단백질	p*I*
펩신(암탉)	<1.0
난백 알부민(암탉)	4.6
혈청 알부민(사람)	4.9
트로포마이오신	5.1
인슐린(소)	5.4
피브리노겐(사람)	5.8
γ-글로불린(사람)	6.6
콜라젠	6.6
마이오글로빈(말)	7.0
헤모글로빈(사람)	7.1
리보핵산 분해 효소 A(소)	9.4
사이토크롬 *c*(말)	10.6
히스톤(소)	10.8
라이소자임(암탉)	11.0
샐민(연어)	12.1

초기 크로마토그래피의 방법 중 하나로 고정상으로 거름종이 띠를 사용하여 분리하는 종이 크로마토그래피(paper chromatography)가 있으며, 현재는 관 크로마토그래피의 경우 셀룰로스, 아가로스, 덱스트란(모든 탄수화물 중합체)들의 유도체나 폴리아크릴아마이드나 실리카와 같은 합성 물질을 사용한다. **고성능 액체 크로마토그래피**(**high performance liquid chromatography, HPLC**)는 정밀 시료, 고압에서(5000 psi까지) 조절되는 유속, 크로마토그래피 물질이 단일층으로 도포되어 가공된 3~300 μm의 유리나 플라스틱 입자로 된 크로마토그래피 매질, 온라인 시료 검출 능력을 갖춘 자동화된 시스템으로 되어 있다. 이러한 HPLC는 속도, 분리능, 분리의 재현성을 획기적으로 증가시켰으며, 분리를 여러 번 반복하거나 회수보다는 분석의 목적으로 사용할 때 특히 더 유용하다.

이온 교환 크로마토그래피는 양이온과 음이온을 분리한다. **이온 교환 크로마토그래피**(**ion exchange chromatography**)에서는 전하를 가진 분자가 기질에 고정되어 반대 전하를 가진 작용기와 결합한다. 음이온은 **음이온 교환기**(**anion exchanger**)에 있는 양이온기와 결합하고, 양이온은 **양이온 교환기**(**cation exchanger**)에 있는 음이온기와 결합한다. 가장 많이 사용되는 음이온 교환기는 **다이에틸아미노에틸**(**diethylaminoethyl, DEAE**)기에 붙은 기질이고, 가장 많이 사용되는 양이온 교환기는 **카복시메틸**(**carboxymethyl, CM**)기를 가지고 있는 기질이다.

DEAE: 매트릭스$-CH_2-CH_2-NH(CH_2CH_3)^{2+}$
CM: 매트릭스$-CH_2-COO^-$

단백질과 양전하와 음전하 모두를 가지고 있는 다른 **여러 자리 전해질 이온**(**polyelectrolyte**, 다중 이온성 고분자)들은 양이온 교환기와 음이온 교환기 모두에 결합할 수 있다. **특정 단백질의 결합 친화도는 이온 교환기에 결합하는 단백질과 경쟁하는 다른 이온의 존재, 단백질의 알짜 전하에 영향을 주는 용액의 pH에 의존한다.**

분리될 단백질은 적절한 pH와 염 농도를 가지는 완충 용액에 용해시켜 이온 교환기를 담고 있는 관에 주입한다. 이때 관은 사용할 완충 용액으로 세척한다(**그림 5-6**). 관이 세척될 때 이온 교환기에 상대적으로 낮은 친화도를 가지는 단백질은 높은 친

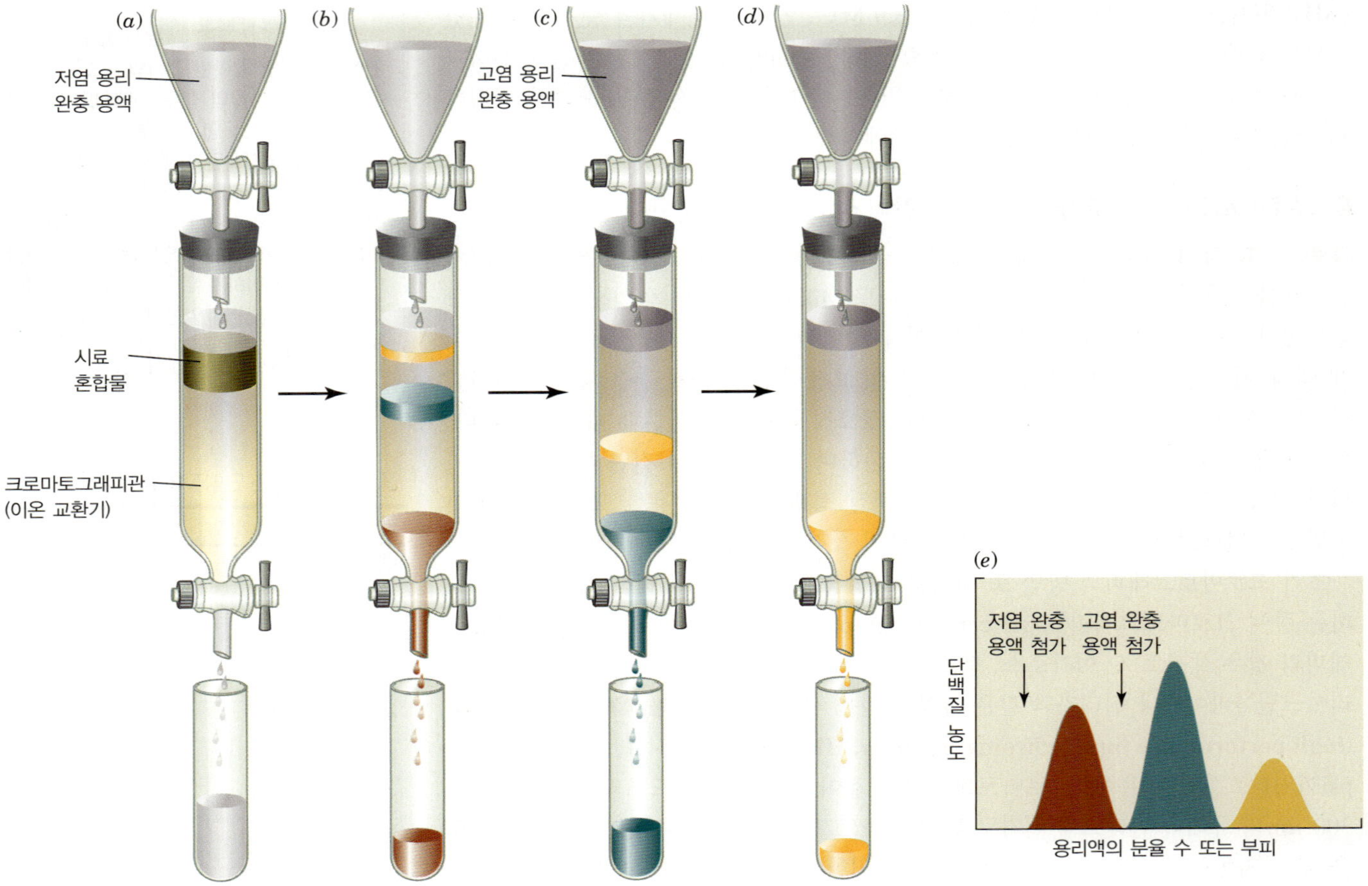

그림 5-6 이온 교환 크로마토그래피 관의 음영 부분은 이온 교환기를 나타내며, 색을 나타내는 부분은 단백질이다. (*a*) 소량의 완충 용액에 녹아 있는 단백질 혼합물을 관에 있는 매트릭스의 상단에 적용한다. (*b*) 용출을 진행함에 따라 단백질은 교환기에 대하여 다른 친화성의 결과로서 불연속 띠로 분리된다. 그림에서 첫 번째 단백질(붉은색)은 관을 통해 흐르고 갈라진 부분으로 분리된다. 다른 단백질은 관의 상단 부분에 남아 있다. (*c*, *d*) 용출액에 있는 염 농도는 남아 있는 단백질이 용출됨에 따라 증가된다. (*e*) 관으로부터 나온 단백질 혼합물의 용출 다이어그램.

? 묽은 단백질 용액을 농축시키기 위해 어떻게 이온 교환을 할 수 있는가?

화도로 결합하는 단백질보다 빠르게 관 속을 이동한다. 관에서 빠져나오는 용액은 일정한 분율로 모인다. 이온 교환기에 강하게 결합하는 단백질은 더 높은 염 농도를 가지는, **용리액(eluant)**이라고 하는 용액이나 단백질과의 결합력을 감소시키는 pH를 적용하여 **용출(elution**, 관을 통하여 세척하는)할 수 있다. 대부분의 경우, 분리는 용리액의 염 농도를 서서히 증가시키거나 용출 과정 동안의 pH 변화에 의해 강화된다. 관에 모인 용출액은 280 nm에서 흡광도를 측정하여 단백질의 존재를 추적할 수 있다. 용출된 부분에서 더 정확한 분석을 통해 원하는 단백질을 조사한다.

소수성 상호작용 크로마토그래피는 무극성 분자를 정제한다. 단백질과 크로마토그래피 기질 사이의 소수성 상호작용은 단백질을 정제하기 위하여 사용될 수 있다. **소수성 상호작용 크로마토그래피(hydrophobic interaction chromatography)**에서 기질 물질은 옥틸기나 페닐기로 치환되어 있다. 높은 염 농도에서 단백질 표면에 있는 무극성기는 소수성기와 '상호작용'하며, 두 작용기 모두 극성 용매에 의해 배제된다(소수성 효과는 증가하는 이온 세기에 의해 증가된다). 용출액은 보통 점차 감소하는 염 농도(소수성 상호작용을 교란하는), 계면 활성제의 증가하는 농도 또는 pH의 변화를 주는 수용성 완충 용액으로 사용한다.

젤거르기 크로마토그래피는 크기에 따라 분자를 분리한다. **젤거르기 크로마토그래피(gel filtration chromatography)**[**크기 배제(size chromatography)**, **분자 크로마토그래피(molecular sieve chromatography)**로도 불림]에서 분자들은 크기나 모양에 따라 분리된다. 고정상은 상대적으로 좁은 크기의 구멍을 가진 젤 구슬로 이루어졌다. 구멍의 크기는 젤 기질의 고분자 사이의 교차 연결된 정도에 따라서 결정된다. 여러 가지 크기의 분자 수용액이 '분자체'를 담고 있는 관을 통과하면 그 구멍을 통과하기에 너무 큰 분자는 구멍들을 통과하기에 너무 큰 분자들은 젤 구슬 내부의 용매 부피로부터 차단된다. 이러한 큰 분자들은 구멍들을 통과하는 작은 분자들보다 더 빠르게 컬럼을 따라서 가로지른다(그림 5-7). 젤거르기는 젤에 있는 구멍의 크기가 다양하기 때문에 분자들의 크기에 따라 분리하는 데 사용할 수 있다. 작은 구멍을 지나는(즉 더 작은 용출액에 있는) 큰 분자는 젤의 내부에서 작은 분자보다 더 빠르게 빠진다.

분자들이 비슷한 모양이라고 가정하면, 특정한 구멍 크기에 의해 분리되는 분자의 크기 범위 내에서 물질의 상대적 용출 부피와 분자 질량의 로그 사이에는 선형 관계가 있다. 하나의 젤거르기 관에 분자량이 알려진 여러 단백질로 보정을 하게 되면, 미지 단백질의 질량을 용출 위치에 따라 계산할 수 있다.

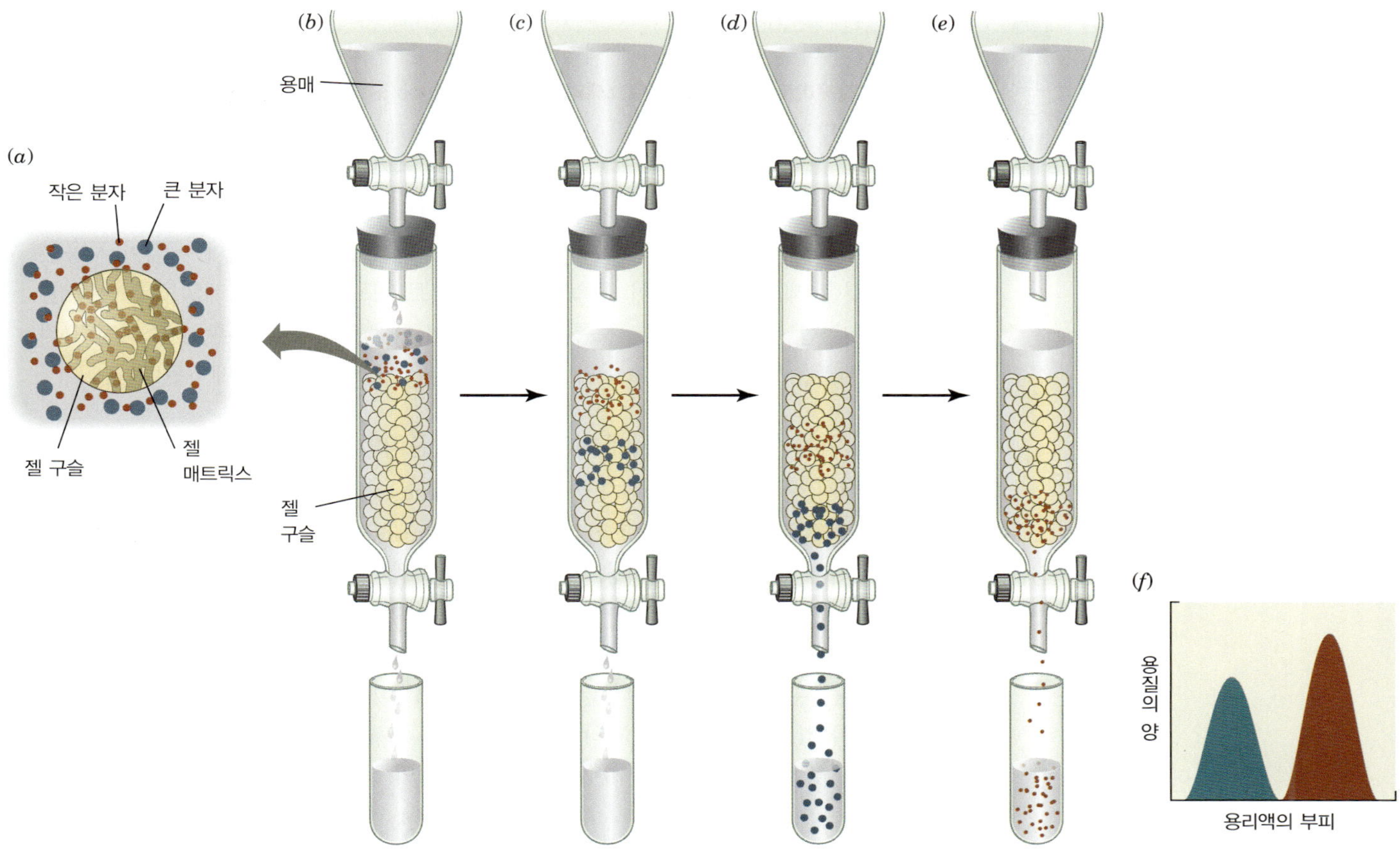

그림 5-7 젤거르기 크로마토그래피 (*a*) 젤 구슬은 내부 용매 공간을 둘러싼 젤 매트릭스(파형 실선)로 구성되어 있다. 작은 분자(붉은 점)들은 젤 구슬의 내부 공간을 자유롭게 들어올 수 있다. 큰 분자(푸른 점)들은 젤 구멍을 통과할 수 없다. (*b*) 시료 용액을 관의 상단에 넣는다(젤 구슬은 갈색 구로 표시되었다). (*c*) 작은 분자들은 젤을 통과하고 큰 분자들은 젤로부터 배제되는 것보다 더 서서히 관을 이동한다. (*d,e*) 큰 분자들이 우선 용출되고 부분으로 모여진다. 작은 분자들은 더 많은 양의 용매를 지나야 한다. (*f*) 두 혼합물의 완전한 분리를 나타내는 용출 다이어그램, 즉 크로마토그램.

? 단백질 용액에서 젤거르기를 통해 어떻게 염 농도를 감소시킬 수 있는가?

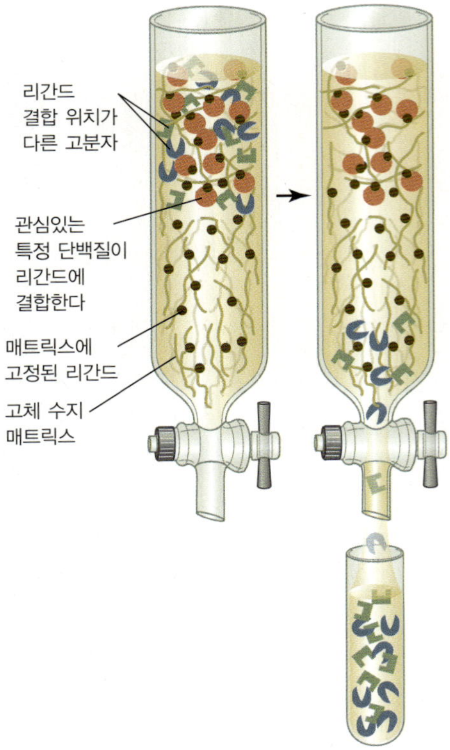

그림 5-8 친화 크로마토그래피 리간드(검은색)는 크로마토그래피 매트릭스에 공유 결합하여 고정화된다. 주황색, 파란색, 초록색은 고분자에 있는 리간드 결합 위치를 나타낸다. 특정 분자(주황색의 원형 형태)만 리간드에 선택적으로 결합한다. 다른 성분들은 관을 통해 세척된다.

친화 크로마토그래피는 특이적인 결합의 성질을 이용한다. 많은 단백질은 특정 분자와 강하게 결합하는 비공유 결합성을 가진다. 이런 성질은 **친화 크로마토그래피(affinity chromatography)**로(그림 5-8), 단백질을 정제하는 데 사용될 수 있다. 이 방법에서 원하는 단백질(예를 들면 효소 기질의 비반응성 유사체)에 특이적으로 결합하는 한 분자[**리간드(ligand)**]를 그 내부 매트릭스에 공유 결합으로 부착시킨다. **혼합 용액이 이러한 크로마토그래피 물질을 통과할 때, 다른 물질들은 완충 용액으로 채워진 관을 그냥 통과하지만 원하는 단백질은 고정된 리간드에 결합한다.** 이후 원하는 단백질은 매트릭스로부터 단백질을 나오게 하는 용출 조건으로 바꾸어 회수할 수 있다. 친화 크로마토그래피의 큰 장점은 다른 크로마토그래피 방법에서 사용되는 단백질 사이의 물리 화학적 성질의 작은 차이보다는 원하는 단백질의 독특한 생화학적 성질을 활용하는 능력이다. 그래서 한 특정 단백질에 대한 친화 크로마토그래피의 분리 능력은 때로는 다른 크로마토그래피 방법보다 더 우수하다.

친화 크로마토그래피 관은 크로마토그래피 매트릭스에 작은 분자나 단백질을 화학적으로 결합하여 만들 수 있다. **면역 친화 크로마토그래피(immunoaffinity chromatography)**에서 항체는 단백질을 정제하기 위하여 매트릭스에 부착된다. 모든 경우에 리간드는 원하는 단백질을 잡기에 충분한 정도로 높은 친화도를 가져야 하지만, 단백질 결과물들이 변성되지 않고 방출되는 것을 방지할 만큼 친화도가 높지 않아야 한다. 일부 단백질은 고농도의 자유 리간드를 포함하는 용액이나 pH나 이온 세기가 다른 용액으로 관을 세척하여 용출시킬 수 있다.

금속 킬레이트 친화 크로마토그래피(metal chelate affinity chromatography)에서 Zn^{2+}나 Ni^{2+}와 같은 2가 금속 이온이 크로마토그래피 매트릭스에 붙어 금속과 킬레이트되는 작용기(예를 들어 다중 His 곁사슬)를 가진 단백질이 붙어 있게 하도록 한다. DNA 재조합 기술(3-5절)은 **히스티딘 꼬리(His-Tag)**로 알려진 6개의 연속적인 His 잔기를 분리하고자 하는 폴리펩타이드의 N 말단이나 C 말단에 매달아 사용한다. 이것은 재조합 단백질이 금속 킬레이트 크로마토그래피로 정제되도록 하는 금속 이온 결합 자리를 만든다. 보통 pH를 바꾸어 단백질이 용출된 후, 히스티딘 꼬리 $(His)_6$ 배열은 단백질 분해 효소의 작용으로 본래의 단백질로부터 제거된다.

D 전기 이동은 전하와 크기에 따라 분자들을 분리한다

전기장에서 이온의 이동인 전기 이동(electrophoresis)은 3-4B절에서 설명되었다. 단백질의 **폴리아크릴아마이드 젤 전기 이동(polyacrylamide gel electrophoresis, PAGE)**에서 **분자의 분리는 전기 이동 이동성(전하)과 젤거르기(크기와 모양)에 기초하기 때문에,** 통상적으로 특유의 구멍 크기를 가지는 아가로스나 폴리아크릴아마이드에서 시행된다. 그러나 전기 이동은 더 작은 분자의 전기 이동성이 같은 전하 밀도를 가진 더 큰 분자의 이동성보다 더 크다는 점에서 젤거르기와 다르다. 젤의 pH는 충분히 높아서(보통 약 pH 9) 거의 모든 단백질이 알짜 음전하를 가지고 전류가 흐를 때 양극으로 이동하게 한다. 비슷한 크기와 전하의 분자들은 젤을 통하여 띠 형태로 이동한다.

전기 이동 후에 분리된 띠들은 젤을 단백질에 강하게 결합한 색소 용액에 담그는 것과 같은 적절한 방법으로 젤에서 띠를 보이게 할 것이다. 시료에 있는 단백질이 방사성이면 그 젤을 건조시킨 후 X선 필름 용지 위에 고정시킨다. 잠시 후에 그 필름은 현상되고, 완성된 **방사선 자동 사진(autoradiograph)**은 필름을 검게 하여 방사성 성분의 위치를 나타낼 것이다. 관심 단백질에 대한 항체를 구할 수 있다면 많은 다

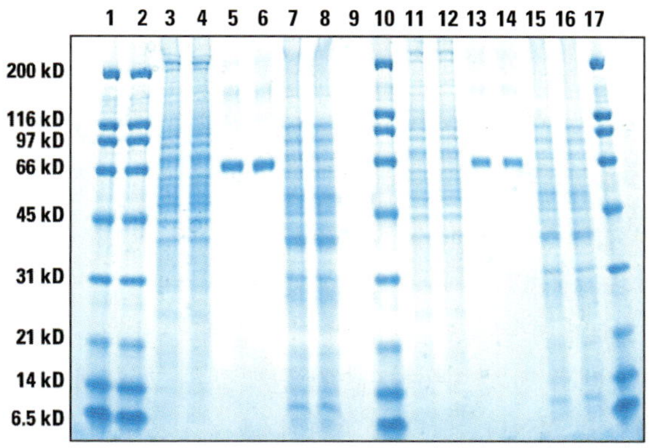

그림 5-9 SDS-PAGE 단백질 시료들은 위부터 바닥까지 단백질을 드러나게 염색되는 폴리아크릴아마이드 판에 위부터 바닥까지 평행한 길로 전기 이동된다. 1, 2, 10, 17번 길은 분자 질량들이 왼쪽에 표시되어 있는 표준 분자량을 포함한다. [Image courtesy of Thermo Scientifi c Pierce Protein Research Products.]

른 단백질이 있는 젤에서 이 단백질을 선택적으로 검출하는 데 사용할 수 있다. 이 과정을 ELISA(그림 5-3)와 비슷한 **면역 블러팅(immunoblotting)** 또는 **웨스턴 블러팅(Western blotting)**이라고 한다. 젤의 크기나 사용되는 시각화하는 방법에 따라 단백질이 나노그램보다 적게 포함된 시료를 분리할 수 있고, 젤 전기 이동 방법으로 검출된다.

SDS-PAGE는 질량에 의해 단백질을 분리한다. 폴리아크릴아마이드 젤 전기 이동(polyacrylamide gel electrophoresis, PAGE)의 한 유형에서 계면 활성제인 황산 도데실 소듐(sodium dodecyl sulfate, SDS)은 단백질을 변성하는 데 사용된다.

$$[CH_3—(CH_2)_{10}O—CH_2—O—SO_3^-]\ Na^+$$

SDS와 같은 친양쪽성 분자(2-1C절)는 일반적으로 단백질을 안정화하는 소수성 인력을 방해한다. 단백질은 SDS가 있을 때 막대 모양을 하고 있다고 추정된다. 더구나 단백질 1 g당 1.4 g의 비율로 SDS가 있을 때(약 아미노산 잔기 2개당 SDS 1개) 대부분의 단백질은 SDS와 결합한다. SDS에 의한 큰 음전하는 단백질 고유 전하를 가리게 된다. 그 알짜 효과로 SDS 처리된 단백질들은 비슷한 모습과 전하 대 질량비를 갖는다. 그래서 **SDS-PAGE는 젤거르기 효과에 의해 분자 질량에 따라 순수하게 단백질을 분리해 낸다.** **그림 5-9**는 SDS-PAGE의 분리능과 재현성의 예이다.

SDS-PAGE에서 단백질의 상대적인 이동성은 분자량의 로그값을 이용하면 거의 직선형으로 변한다(**그림 5-10**). 결과적으로 단백질의 분자량은 관심 단백질의 분자량을 포함하는 알려진 분자량이 있는 여러 '표지자' 단백질과 함께 전기 이동을 하여 5~10%의 정확도로 결정할 수 있다. SDS는 폴리펩타이드 사이의 비공유 결합성 상호작용을 못하게 하기 때문에, SDS-PAGE는 다중 소단위체 단백질의 소단위체의 분자량을 알 수 있게 한다. 소단위체가 이황화 결합에 의해 연결되어 있는 가능성은 그러한 결합을 깨는 **2-머캅토에탄올(2-mercapto ethanol**, $HSCH_2CH_2OH$)과 같은 환원제가 있는 경우나 없는 경우(5-3A절)를 나눈 SDS-PAGE를 위한 시료를 준비하여 검사할 수 있다.

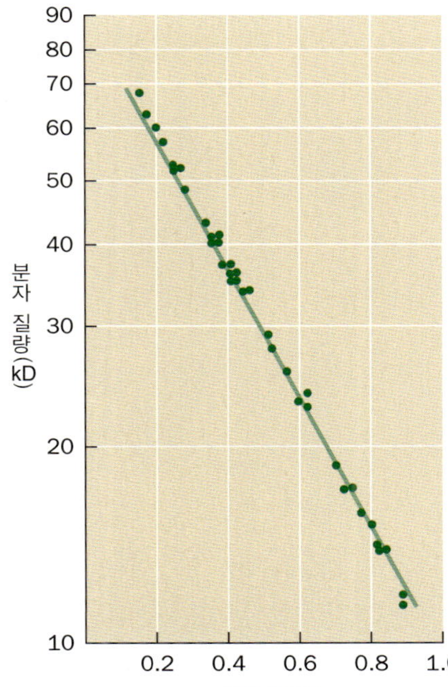

그림 5-10 SDS-PAGE에서 단백질의 분자량과 전기 이동도 사이의 로그 관계 11~70 kD 범위의 37개 단백질의 질량이 좌표로 표시되었다. [Webber, K와 Osborn, M., j. *Biol. Chem.* **244**, 4406(1969) 제공]

? 상대 이동도가 0.5인 단백질의 대략적인 질량은 무엇인가?

모세관 전기 이동은 하전된 분자들을 빠르게 분리한다. 여러 가지 형태의 젤 전기 이동은 전하를 가진 분자들을 분리하는 데 매우 효과적이지만, 몇 시간이나 걸리고 정량하거나 자동화하기가 어렵다. 이러한 단점은 전기 이동을 매우 얇은 모세관(안지름이 20~100 μm)에서 전기 이동하는 기술인 **모세관 전기 이동(capillary electrophoresis, CE)**을 사용하여 극복할 수 있다. 이러한 얇은 모세관은 열을 빠르게 발산하고 몇 시간을 몇 분으로 감소시키는 매우 높은 전기장을 사용할 수 있게 한다. CE 기술은 매우 높은 분리능을 가지며, 자동으로 시료를 주입하며, 온라인 시료 검출을 하는 HPLC와 같은 방법으로 자동화할 수 있다. CE는 매우 적은 양의 물질을 분리할 수 있기 때문에 분석용 기구로 사용하기에 큰 제약이 있다.

2차원 전기 이동은 복잡한 혼합 단백질을 분석한다. 단백질은 양쪽 극성의 하전된 작용기를 가지고 있고, 따라서 전기장에서 움직이지 않는 점인 등전점 p*I*를 가진다. **단백질 혼합물을 양극으로부터 음극으로 pH가 매끄럽게 증가하는 안정적인 pH 기울기를 가지는 용액이나 젤로 전기 이동하면, 각 단백질은 그 p*I*에 상응하는 pH 기울기에서 한 위치로 이동할 것이다.** 단백질 분자가 그 위치로부터 확산하면 알짜 전하는 다른 pH 영역으로 움직임에 따라 변하며, 그에 따르는 전기 이동 힘은 등전점 위치로 다시 돌아오게 한다. 단백질 각 종은 p*I* 근처에서 얇은 띠로 초점화된다. 이런 형태의 전기 이동을 **등전 집중(isoelectric focusing, IEF)**이라고 한다.

IEF는 SDS-PAGE와 결합하여 **2차원(2D) 젤 전기 이동(two-dimensional gel electrophoresis)**이라고 하는 매우 강력한 2차원적 분리 방법을 가능하게 한다. 우선 단백질의 시료는 한쪽 방향으로 IEF를 수행하고 분리된 단백질은 그 직각 방향으로 다시 SDS-PAGE를 한다. 이 방법으로 각 단백질을 나타내는 정렬된 점들이 얻어진다(**그림 5-11**). 한 개의 2차원적 전기 이동 그림에 단백질이 5000개까지 관찰된다.

2차원 젤 전기 이동은 세포에 들어 있는 단백질의 정량화, 편재화, 변형, 상호작용, 활성도의 모든 것을 분류하는 것을 포함하는 연구 분야인 **단백질체학(proteomics)**을 위한 중요한 도구이다. 착색된 2D 젤에 있는 각 단백질 점들은 벗겨지고 탈색되며, 확인 또는/그리고 특성 규명을 위하여 젤 분절로부터 용출된 단백질로 실험한다. 2D 전자 이동으로 분리된 단백질 점들은 주사되고 디지털화된 후에 컴퓨터에 의해 분석된다. 시료에 있는 단백질 점들의 위치와 세기에서의 변화를 검출하려는 시료는 다른 조직이나 다른 배양 조건에서 얻어진다. 많은 참고 2D 젤들을 http://world-2dpage.expasy.org/repository/에 실려 있는 웹 접근이 가능한 데이터베이스에서 이런 목적으로 공개적으로 얻을 수 있다. 이런 데이터베이스에는 여러 가지 유기체나 조직의 2D 젤의 영상들이 있고, 그것의 성분 단백질의 많은 것을 확인할 수 있다. 그것들 사용에 대한 설명은 생물정보학 프로젝트 2에 있다.

E 초원심 분리법은 질량에 따라 거대 분자들을 분리한다

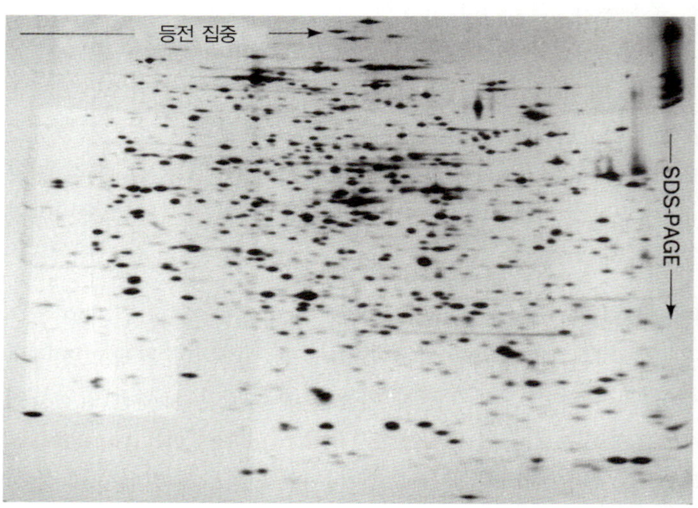

Courtesy of Patrick O'Farrell, University of California at San Francisco

그림 5-11 이차원 젤 전기 이동 이 예에서 ^{14}C-아미노산으로 표지된 대장균 단백질은 등전 집중(수평 방향)한 뒤에 SDS-PAGE(수직 방향)하였다. 1000개가 넘는 점들이 보인 방사선 자동 사진에 분리되어 있다.

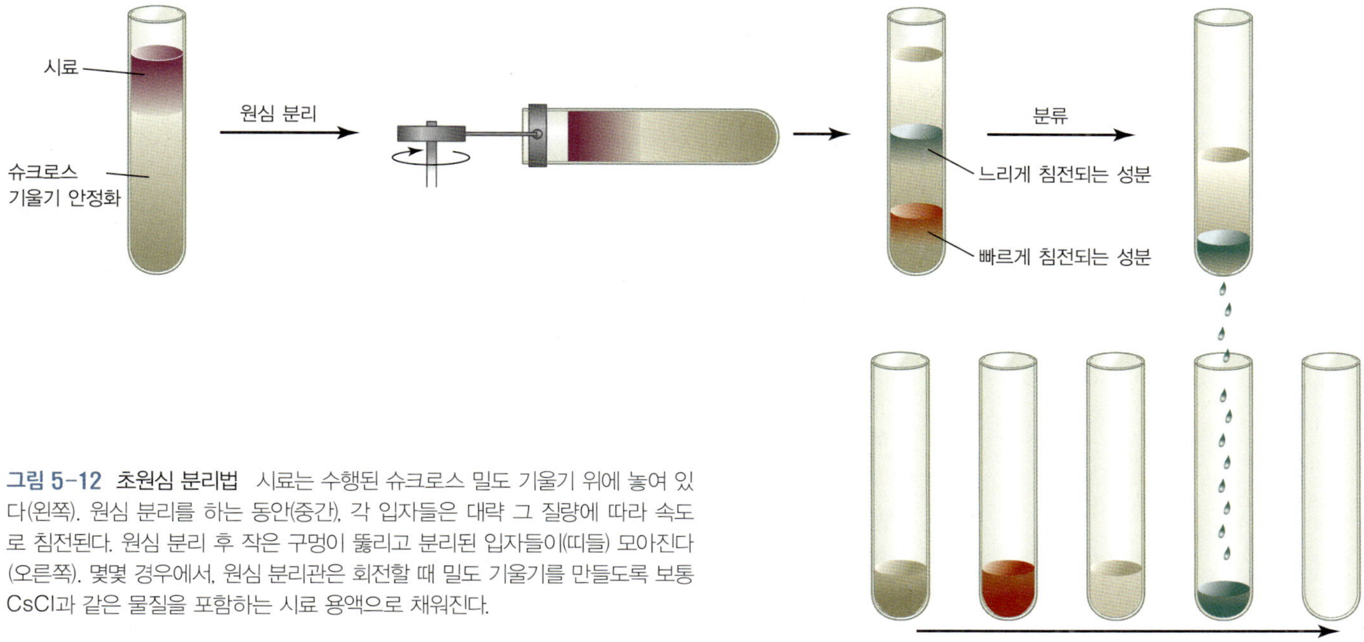

그림 5-12 초원심 분리법 시료는 수행된 슈크로스 밀도 기울기 위에 놓여 있다(왼쪽). 원심 분리를 하는 동안(중간), 각 입자들은 대략 그 질량에 따라 속도로 침전된다. 원심 분리 후 작은 구멍이 뚫리고 분리된 입자들이(띠들) 모아진다(오른쪽). 몇몇 경우에서, 원심 분리관은 회전할 때 밀도 기울기를 만들도록 보통 CsCl과 같은 물질을 포함하는 시료 용액으로 채워진다.

용액에 있는 거대 분자는 무작위의 열(브라운) 운동으로 인해 용액 내 분자가 균일하게 분포하기 때문에 중력에 의해서 침전이 되지 않는다. **매우 큰 가속 회전을 하였을 때만이 고분자가 물속의 모래 알갱이들과 같이 침강하기 시작한다.**

1923년경에 스웨덴의 생화학자인 스베드베리(Svedberg)에 의해 개발된 **초원심 분리기(ultracentrifuge)**는 1,000,000 g 이상의 원심력 장을 만들기 위하여 100,000 rpm 정도의 회전 속도를 만든다. 스베드베리는 이 기기를 사용하여, 단백질은 균일한 조성을 가지는 거대 분자이고 많은 단백질들이 소단위체를 포함한다는 것을 처음으로 보여 주었다.

한 입자가 초원심 분리기에서 침전하는 속도는 그 질량(용액의 밀도와 입자의 고양도 침강 속도에 영향을 준다)**과 관련이 있다.** 단백질의 침강 계수(원심력 단위당 침강 속도)는 보통 **Svedbergs(S)**로 알려진 10^{-13} s 단위로 표현된다. 분자의 질량과 침강 계수의 관계는 선형이 아니다. 따라서 침강 계수의 값들은 더해지지 않는다. 단백질의 침강 계수는 1S에서 약 50S의 범위에 있고, 바이러스는 40S에서 1000S의 범위에 있다. 미토콘드리아와 같은 소세포계 입자들은 수만의 침강 계수를 갖는다.

오늘날 초원심 분리기는 분석용 기구로는 거의 사용하지 않지만, 거대 분자를 작게 나누는 데는 유용하다. 일반적으로, 침강법은 용액의 밀도가 원심 분리관의 위부터 아래로 증가하는 비활성 물질 용액에서 일어난다. 이러한 **밀도 기울기(density gradient)**는 거대 분자 시료의 가장 윗부분에서 원심 분리관이 채워지면서 슈크로스 용액층의 밀도 감소로 인해 발생된다. 원심 분리 동안에 각각의 거대 분자 종들은 그것들의 침강 계수에 의해 결정된 속도로 기울기를 이루며 이동하고 그 뒤에 다른 구역으로부터 분리된 구역으로 이동한다(**그림 5-12**). 원심 분리 후에 분리관에는 분리된 거대 분자를 포함하는 부분들을 모으기 위한 구멍이 생기게 된다. 그 대신에, 시료는 CsCl과 같이 높은 회전 속도에서 생성되는 고중력장 아래에서 밀도 기울기를 형성하는 빽빽하고 빠르게 확산하는 물질이 상대적으로 농축된 용액에 용해된다. 시료 구성 성분은 용액의 밀도와 같은 위치에서 띠를 형성한다.

체크 포인트

- 단백질을 정제하는 동안 제한되어야 할 환경적 요건들은 무엇인가?
- 흡광도 분광학 또는 분석법에 의해 단백질이 어떻게 검출되는지 설명하시오.
- 단백질 분류법에서 염석법은 어떻게 사용되는지 설명하시오.
- 단백질을 정제하거나 농도를 결정하는 데 항체가 어떻게 유용한지 설명하시오.
- 이온 교환, 소수성 상호작용, 젤거르기 장치, 친화 크로마토그래피에 의한 단백질 분리 원리를 설명하시오.
- 젤 전기 이동, SDS-PAGE, 2D 젤 전기 이동의 과정을 묘사하시오.
- 초원심 분리법으로 얻을 수 있는 정보의 종류는 무엇인가?

3 단백질 서열

주요 개념

- 단백질이 배열되기 위해서는 중복되는 부분들의 집단에서 쪼개진 독립된 폴리펩타이드로 분리되어야 한다.
- 아미노산 서열은 한 번에 하나씩 N 말단 위치를 제거하는 에드먼 분해법에 의해 결정된다.
- 질량 분석법은 기체상 단백질 부분들의 질량 대 전하 비율로부터 아미노산 서열을 알아낼 수 있다.
- 단백질 서열 데이터는 온라인 데이터베이스에 저장되어 있다.

우선 순수한 단백질 시료가 얻어지면, 다양한 용도로 사용될 수 있다. 하지만 이전에 그 단백질의 특성이 밝혀지지 않았다면, 다음 단계는 주로 단백질의 아미노산 서열을 결정하는 것이다. 단백질 서열은 1953년에 생어(Frederick Sanger)가 처음으로 소의 인슐린 단백질의 서열을 밝힘으로써 알려졌다. 그것 때문에 단백질은 특징적인 공유 결합 구조를 가지고 있다는 것을 결정적으로 확립하게 되었다(자료 5-1). 그 이후로 추가적으로 많은 단백질의 서열이 알려지고, 더욱 많은 단백질의 서열을 그들의 DNA 서열로부터 얻을 수 있게 되었다. 통틀어서, 거의 160억 개의 아미노산 잔기들로 구성되는 약 5000만 개의 폴리펩타이드의 아미노산 서열이 현재 알려져 있다. 그와 같은 정보는 아래와 같은 이유로 유용하다.

1. 단백질의 아미노산 서열에 대한 지식은 삼차원적 구조를 결정하기 위하여 필수적이고 작용의 분자 메커니즘을 이해하기 위하여 중요한 것이다.
2. 다른 종에서 얻은 유사 단백질들 사이의 서열 비교는 단백질 작용에 대한 규칙성을 제시하고, 단백질과 그것을 만드는 유기체들 사이의 진화론적 관계를 나타낸다.
3. 많은 유전병들은 단백질의 아미노산이 바뀌는 결과인 돌연변이가 원인이다. 아미노산 서열 분석은 진단 검사와 효과적인 치료의 발전을 돕는다.

생어에 의한 인슐린의 51개 잔기(그림 5-1)의 서열 결정에는 약 10년이 걸렸고, ~100 g의 단백질이 필요하였다. 그 후 1차 구조 결정을 위한 과정은 정밀하고 자동화된 기기의 개발로 대부분의 단백질들은 수 마이크로그램의 시료만을 사용하여 수 시간 또는 수일 내에 서열이 확인된다. 사용된 기술에 관계없이, 단백질 서열을 위한 기본 시도는 생어가 개발한 과정과 비슷하다. **단백질은 각자 서열 확인이 될 수 있을 정도로 충분히 작은 분절로 절단되어야 하며, 본질적인 단백질의 1차 구조는 겹친 분절의 배열로부터 재조합된다**(**그림 5-13**). 3-4C절에서 보듯이, 그런 과정은 DNA의 서열 결정에도 사용된다.

A 첫 번째 단계는 소단위체들을 분리하는 것이다

한 단백질의 완전한 아미노산 서열은 각각의 소단위체 서열을 포함하므로 배열 결정을 시작하기 전에 소단위체들을 분리하고 확인해야 한다.

N 말단 분석은 다른 종류의 소단위체의 수를 나타낸다. 각 폴리펩타이드(화학적으로 봉쇄되어 있지 않다면)는 한 N 말단 잔기를 가진다. **이 '말단기'의 확인은 한 단백질에 있는 화학적으로 별개의 폴리펩타이드의 수를 확인하게 한다.** 예를 들어 인슐린은 동

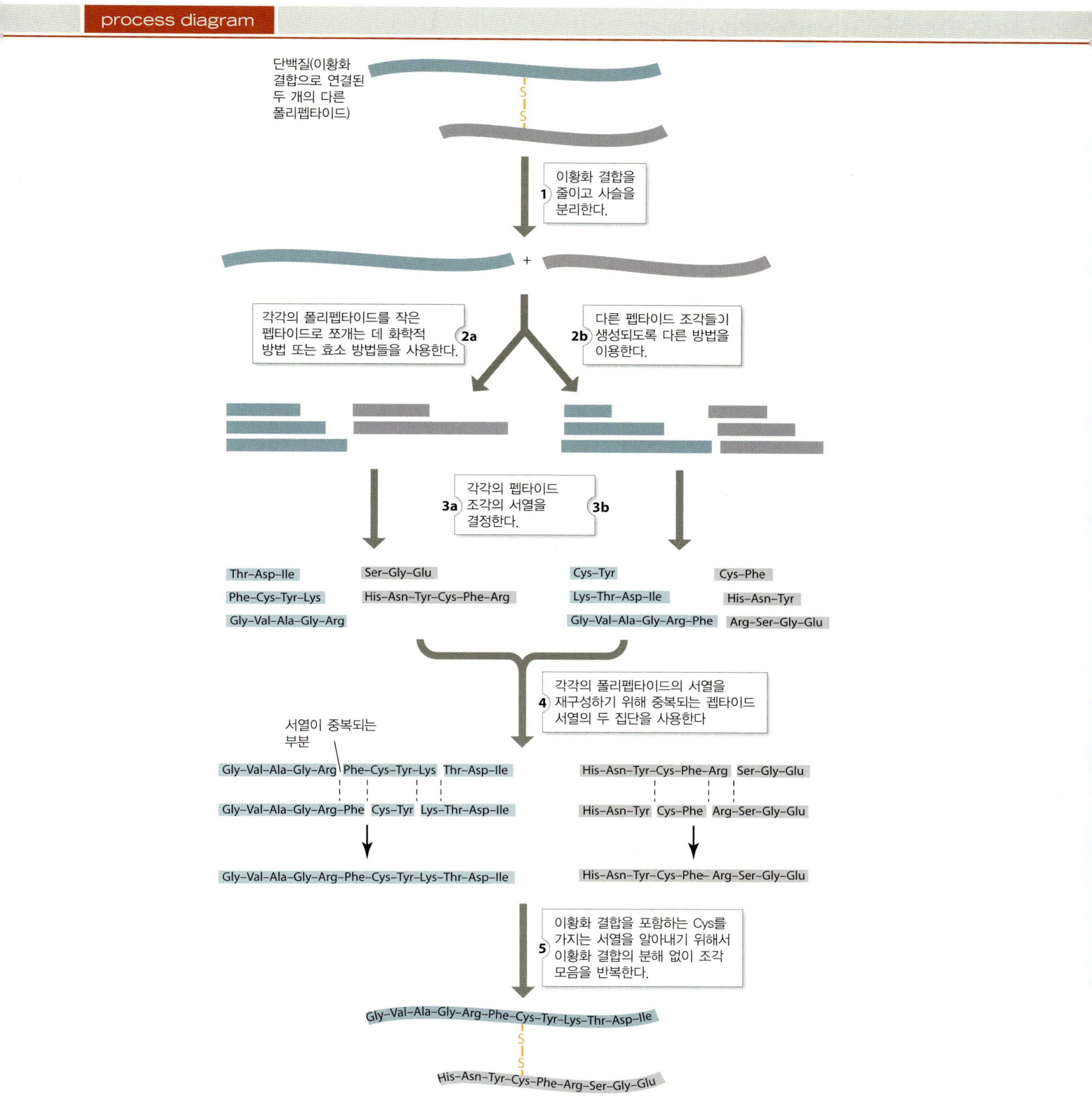

그림 5-13 단백질 서열 결정의 개략

자료 5-1 발견의 경로 생어와 단백질 서열 분석

생어(Frederick Sanger, 1918~) 한때 많은 생화학자들은 단백질이 여러 가지 크기, 모양, 조성을 가진 무정형의 '콜로이드'라고 믿었다. 이런 관점은 단백질 아미노산들의 각 종의 수 결정이 가능해진 1940년대에 광범위하게 폐기되었다. 그러나 이러한 아미노산들이 연결된 순서에 대해서 아무것도 알려지지 않았다. 사실 회의론자들은 여전히 단백질이 유일한 서열을 가지는지 의심하고 있다. 한 그럴듯한 이론으로, 단백질은 아마도 짧은 단편들이 모아진 관련된 분자들의 집단이란 것이다. 어떤 연구들은 상대적인 화학량론을 기재하는 규칙과 단백질에 있는 여러 가지 아미노산의 간격을 설명하기까지 하였다.

1940년대에는 아미노산을 분리하는 크로마토그래피 기술의 발전과 **닌하이드린(ninhydrin)** 시약 사용의 결과로 아미노산 분석의 정확성이 향상되기 시작하였다. 닌하이드린은 아미노산을 화학적으로 정량하도록(이전의 방법은 복잡한 생물학적 분석을 사용하였다) 아미노산과 색을 가지는 첨가물을 형성하는 시약이다. 1943년에 단백질 배열에 대한 연구를 시작한 생어는 고전적인 유기 화학과 함께 이러한 새로운 방법을 사용하였다. 생어는 한 단백질의 배열을 실제적으로 확인하는 연구에 착수하지는 못하였다. 그의 첫 번째 실험은 폴리펩타이드의 N 말단기에 상응하는 아미노기와 같은 자유 아미노기를 정량화하는 더 좋은 방법을 고안하도록 연구하였다.

생어는 어떤 펩타이드 결합도 절단하지 않고 말단 아미노기에 노란색의 다이나이트로페닐(dinitrophenyl, DNP) 유도체를 만드는 2,4-다이나이트로플루오로벤젠이라고 하는 시약을 사용하였다.

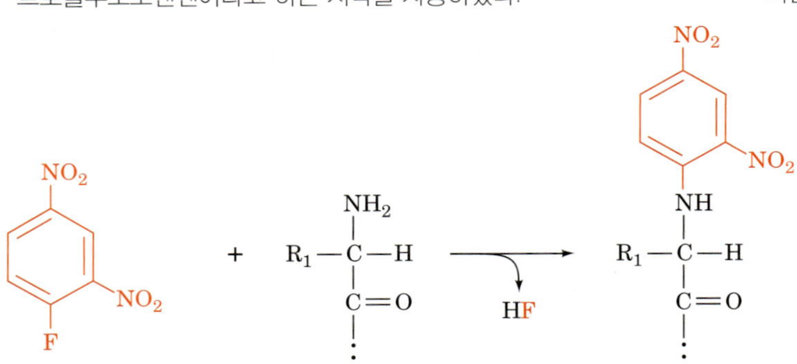

2,4-Dinitrofluoro-benzene (DNFB) **Polypeptide** **DNP-Polypeptide**

단백질이 그 펩타이드 결합을 절단하도록 연속적으로 가수 분해될 때, N 말단 아미노산은 DNP 표지를 유지하고 있으며, 가수 분해 생성물이 크로마토그래피로 분리되었을 때 확인될 수 있다. 생어는 어떤 DNP-아미노산 유도체는 가수 분해되는 동안에 불안정하다는 것을 발견하였고, 결국 이 과정은 짧게 되었다. 생어는 오랜 가수 분해 시간과 짧은 가수 분해 시간의 결과를 비교하여, 본래의 펩타이드 결합을 가진 다이펩타이드나 다른 작은 펩타이드에 해당하는 노란 점들을 발견하였다. 그리고 그는 그 다이펩타이드를 분리하였고,두 번째 잔기를 확인하였다. 생어의 천재성은 불완전하게 가수 분해된 단백질로부터 겹쳐 있는 작은 펩타이드의 서열을 결정함에 따라 본래의 단백질의 서열이 결정될 수 있다는 것을 인지하였다.

기본 원리가 단백질 서열을 위한 확고한 실험실적 방법이 되도록 수많은 연구들이 필요하였다. 생어는 가장 작은 단백질로 알려진 인슐린을 연구 주제로 선택하였다. 인슐린은 두 폴리펩타이드 사슬(A와 B로 불리는)에 51개의 아미노산을 포함하고 있다. B 사슬에 있는 30개 잔기의 서열은 1951년에 완성되었고, 사슬 A의(21개 잔기) 서열은 1953년에 완성되었다. 두 사슬은 이황화 결합으로 연결되었기 때문에, 생어는 또 이 결합의 분해를 위한 적정한 방법을 발견하기 위하여 노력하였고, 본래 단백질에 있는 그 위치를 확인하였으며, 이 일을 1955년에 완성하였다.

생어는 유기 화학에서의 (절단과 유도체화 반응) 지식과 반응 생성물을 분리하고 확인하는 분석적 방법의 발전을 결합한 십 년에 걸친 업적으로 1958년에 노벨상을 받았다(그는 핵산 서열의 사슬 종결법(3-4C절)의 발견으로 두 번째 노벨상을 받았다). 생어의 명민함의 증거는 폴리펩타이드와 핵산의 배열을 결정하기 위한 그의 기본 시도가 아직 널리 사용되고 있다는 것이다.

1955년 인슐린의 서열에 관한 논문은 회의론자들에게 한 개의 단백질은 한 단일한 아미노산 배열을 가진다는 것을 납득하게 하였다. 또한 생어의 연구는 단백질의 아미노산 배열이, 1953년에 구조가 밝혀진 분자인 DNA의 서열과 관련 있는 유전 정보의 존재를 생각하게 하는 데 도움을 주었다.

Sanger, F., Sequences, sequences, sequences, Annu. Rev. Biochem. 57, 1–28(1988). [단백질 서열 결정의 초기 어려움을 회고하는 과학적 자서전]

Sanger, F., Thomson, E.O.P., and Kitai, R., The amide groups of insulin, Biochem. J. **59**, 509–518(1955)

일하지 않은 두 폴리펩타이드 사슬의 수와 같은 것을 나타내는 동일한 양의 N 말단 잔기인 Gly와 Phe를 가지고 있다.

한 폴리펩타이드의 N 말단은 여러 가지 방법으로 확인될 수 있다. 형광 화합물인 **5-다이메틸아미노-1-나프탈렌설포닐 클로라이드(5-dimethylamino-1-naphthalenesulfonyl chloride, dansyl chloride)**는 덴실화된 폴리펩타이드를 생성하도록 1차 아민과 반응한다(**그림 5-14**). 고온에서 산 용액으로 덴실화된 폴리펩타이드를 처리하여 그 펩타이드 결합을 가수 분해한다. 이 과정은 크로마토그래피로 다

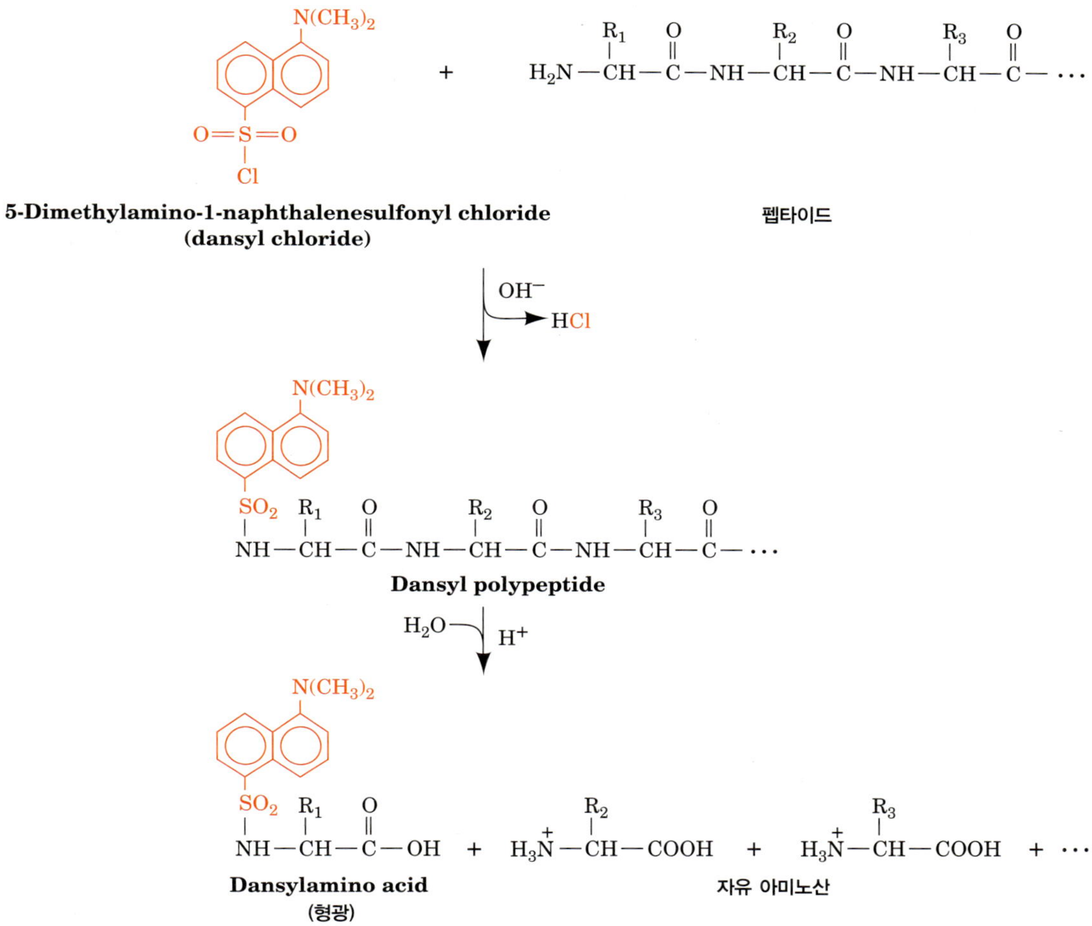

그림 5-14 **덴실 염화 반응** 1차 아민과 덴실 염화물의 반응은 말단기의 분석에 사용된다.

른 아미노산으로부터 분리되고, 강한 노란색 형광으로부터 확인되는 덴실화된 N 말단 잔기를 자유롭게 만들다. 또한 폴리펩타이드의 N 말단으로부터 한 번에 한 개의 아미노산을 분리하는 과정인 에드먼 분해의 첫 번째 과정을 하여 N 말단 잔기를 확인할 수 있다(5-3C절). 단백질의 SDS-PAGE(5-2D절)는 또한 다른 소단위체의 수를 알려 준다.

폴리펩타이드의 사이와 내부에 있는 이황화 결합은 절단된다. Cys 잔기 사이의 이황화 결합은 폴리펩타이드 사슬을–이황화 결합되어 있다면–분리하기 위하여 그리고 폴리펩타이드 사슬이 완전히 선형이라는 것을 확실히 하기 위하여(이황화 결합으로 '묶여져(knotted)' 있는 폴리펩타이드에 있는 잔기들은 서열 결정을 하기 위한 모든 효소와 사약들에게 접근하지 못한다) 절단되어야 한다. 이황화 결합은 이들을 2-머캅토에탄올이나 다른 **머캅탄**(**mercaptan**, —SH기를 포함하는 화합물)으로 처리하여 환원적으로 절단된다.

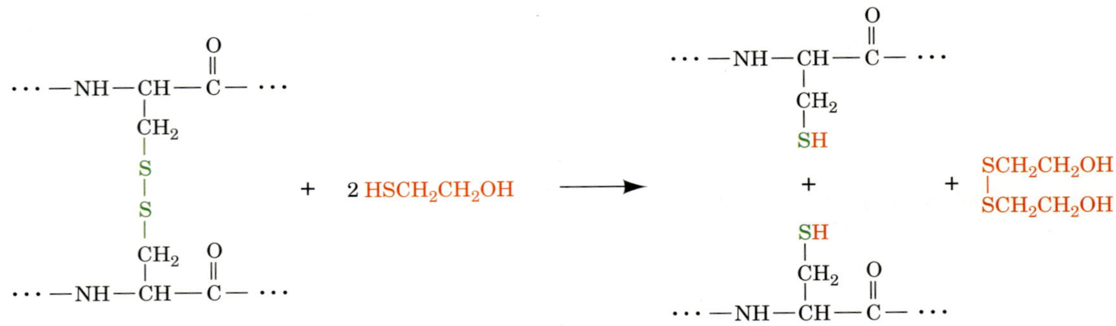

Cystine　　2-Mercaptoethanol　　Cysteine

생성된 자유 설프하이드릴기는 O_2에 의한 산화 과정을 통해 이황화 결합의 재생성을 막도록, 보통 **아이오도아세테이트(iodoacetate)**를 사용하여 알킬화시킨다.

$$\text{Cys}-\text{CH}_2-\text{SH} + \text{ICH}_2\text{COO}^- \longrightarrow \text{Cys}-\text{CH}_2-\text{S}-\text{CH}_2\text{COO}^- + \text{HI}$$

Cysteine　　Iodoacetate　　*S*-Carboxymethylcysteine (CM-Cys)

B 폴리펩타이드의 사슬은 쪼개진다

25~100개의 잔기보다 긴 폴리펩타이드는 직접적으로 서열화되지 못하기 때문에, 효소를 이용하거나 화학적으로 서열화되기 충분히 작은 특정한 조각들로 쪼개져야 한다. 다양한 **펩타이드 내부 분해 효소[endopeptidase**, N 또는 C 말단의 가수 분해를 촉매화하는 **펩타이드 말단 분해 효소(exopeptidase)**와는 반대로 체내 펩타이드 결합의 가수 분해를 촉매화하는 효소]는 폴리펩타이드를 조각내는 것으로 사용될 수 있다. 펩타이드 내부 분해 효소와 펩타이드 말단 분해 효소[합쳐서 **단백질 가수 분해 효소(protease)**라고 한다]는 모두 끊어지기 쉬운 펩타이드 결합(즉 잘려지는 결합, 표 5-4)에 붙어 있는 잔기들에 결사슬이 반드시 필요하다. 소화 효소 **트립신(trypsin)**은

표 5.4 여러 가지 펩타이드 내부 분해 효소의 특이성

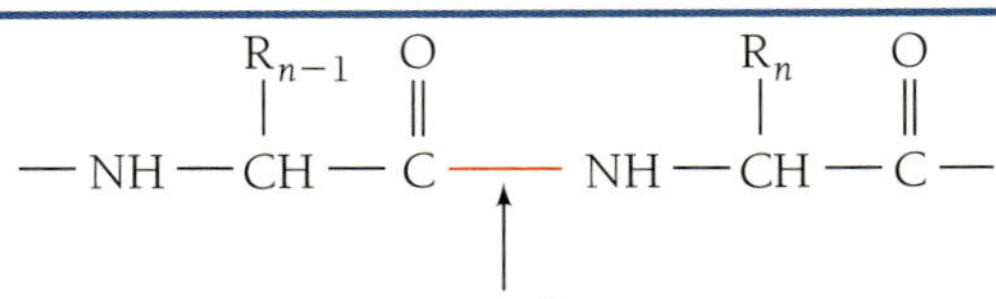

Scissile peptide bond

효소	출처	특이성	비고
트립신	소 췌장	R_{n-1} = 양전하를 띠는 잔기: Arg, Lys; $R_n \neq$ Pro	매우 특이적
카이모트립신	소 췌장	R_{n-1} = 크기가 큰 소수성의 잔기: Phe, Trp, Tyr; $R_n \neq$ Pro	R_{n-1} = Asn, His, Met, Leu에 대해 더 느리게 절단
엘라스테이스	소 췌장	R_{n-1} = 크기가 작은 중성의 잔기: Ala, Gly, Ser, Val; $R_n \neq$ Pro	
서몰리신	*Bacillus thermoproteolyticus*	R_n = Ile, Met, Phe, Trp, Tyr, Val; $R_{n-1} \neq$ Pro	가끔 R_n = Ala, Asp, His, Thr에서 절단, 열 안정적
펩신	소 위점막	R_n = Leu, Phe, Trp, Tyr; $R_{n-1} \neq$ Pro	그 외의 것들; 상당히 비특이적, 최적 pH = 2
펩타이드 내부 분해 효소 V8	황색포도상구균	R_{n-1} = Glu	

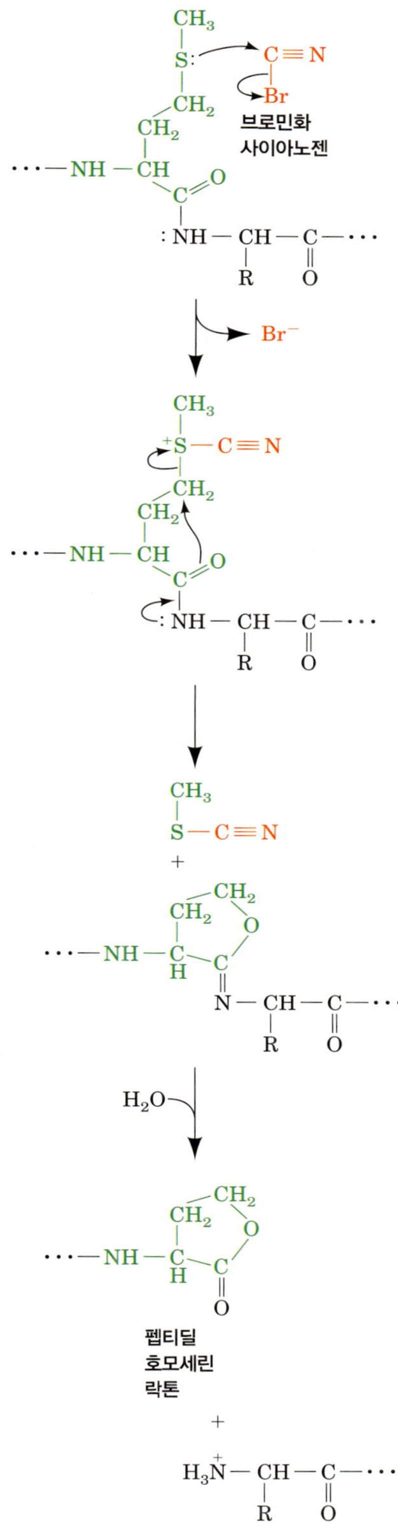

그림 5-15 폴리펩타이드의 브로민화 사이아노젠 절단 CNBr은 Met 잔기와 C 말단 끝에 있는 펩타이드 결합을 절단하도록 특이적으로 반응한다. 새로 생성된 C 말단 잔기는 펩티딜 호모세린 락톤(peptidyl homoserine lactone)으로 알려진 고리 구조를 생성한다.

매우 큰 특이성을 가지며, 펩타이드를 절단하는 데 사용되는 펩타이드 내부 분해 효소 중 가장 유용한 무기이다. 이것은 이웃 잔기가 Pro이 아니라면, 양전하를 가진 잔기 Arg와 Lys의 C 방향(카복시 말단 쪽)에 있는 펩타이드 결합을 절단한다.

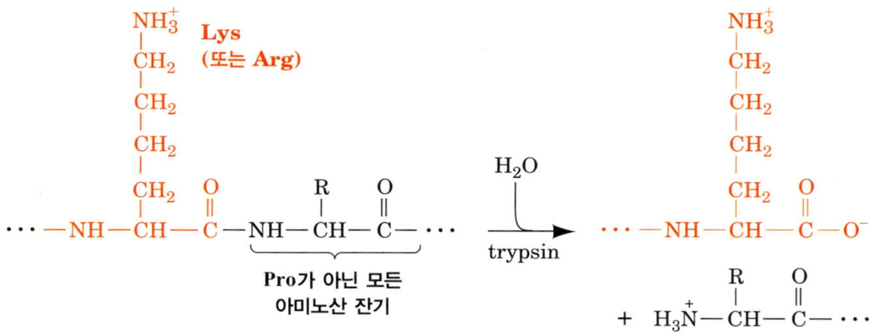

표 5-4에 있는 다른 펩타이드 내부 분해 효소들은 트립신보다는 넓은 곁사슬 특이성을 보이며 종종 겹친 배열을 가지는 펩타이드 조각을 만든다. 그러나 반응 조건 조절과 반응 시간 제한에 의한 **제한 단백질 가수 분해(limited proteolysis)**를 통해, 이 낮은 특이성을 가지는 펩타이드 내부 분해 효소들을 불연속적이고 겹치지 않은 조각들의 집단을 생성할 수 있다. 여러 가지 화학 시약들이 특정한 잔기들의 펩타이드 결합을 절단할 수 있다. 이들 중 가장 유용한 **브로민화 사이아노젠(cyanogen bromide, CNBr)**는 Met 잔기의 C 쪽을 절단한다(그림 5-15).

C 에드먼 분해는 펩타이드의 N 말단 아미노산 잔기를 제거한다

특이적인 분열 반응을 통하여 생성된 펩타이드 조각이 분리되면 아미노산 서열은 결정될 수 있다. 이것은 **에드먼 분해(Edman degradation)**의 반복적인 순환 과정을 통하여 이루어진다. 이 과정(발명자인 Perh Edman의 이름을 따라 명명)에서 **페닐아이소싸이오사이아네이트[phenylisothiocyanate, PITC; 에드먼 시약(Edman's reagent)** 으로도 알려짐]는 온화한 염기적인 조건에서 폴리펩타이드의 N 말단 아미노기와 반응하여 **페닐싸이오카바밀(phenylthiocarbamyl, PTC)** 첨가 생성물을 형성한다(그림 5-16). 이 생성물에 다른 펩타이드 결합은 가수 분해하지 않고 N 말단 잔기는 싸이아졸리온 유도체로서 절단하는 무수 **트라이플루오로아세트산(trifluoroacetic acid)**을 처리한다. 그 때문에 에드먼 분해는 펩타이드 사슬의 나머지는 그대로 남기고 N 말단 아미노산 잔기를 방출한다. 싸이아졸리온-아미노산은 선택적으로 유기 용매로 추출되고, 산 용액으로 처리로 인해 더 안정한 **페닐싸이오하이단토인(phenylthiohydantoin, PTH)**으로 바뀐다. 이 PTH-아미노산은 후에 크로마토그래피로 확인된다. 그래서 **폴리펩타이드를 에드먼 분해의 반복적인 순차 진행과 모든 순차 진행 후에 새로 나온 PTH-아미노산을 확인하여 N 말단으로부터 안쪽으로 폴리펩타이드 사슬의 아미노산 서열을 결정하는 것이 가능하다.**

에드먼 분해 기술은 자동화되었고 정교해졌고, 시간과 시료를 크게 절약하는 결과가 되었다. 현대적인 기기에서 펩타이드 시료는 유리 섬유 종이의 판 위에서 건조되고, 정확히 측정된 양의 시약을 투입하고, 생성물은 계획된 간격에서 아르곤 흐름에

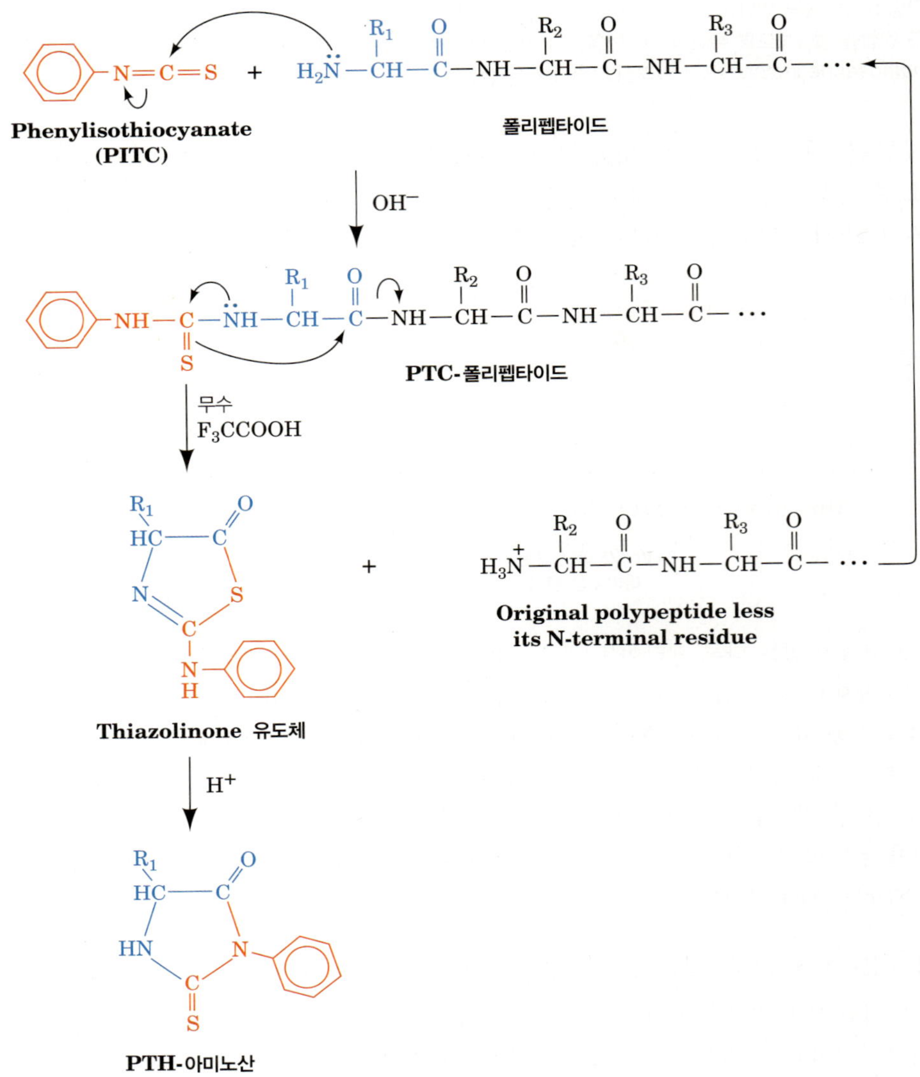

그림 5-16 에드먼 분해 반응은 각각 다른 조건이 필요한 3단계로 일어난다. 그래서 아미노산 잔기들은 조절된 순차 진행 형식으로 폴리펩타이드의 N 말단으로부터 순서에 따라 제거될 수 있다.

? 많은 단백질들은 N 말단에 아세틸기를 포함한다. 이것이 어떻게 에드먼 분해 과정에 관여하는가?

서 증기로 제거된다. 100개의 잔기까지는 불완전 반응, 부반응, 펩타이드의 손실 등의 축적된 영향이 아미노산 확인을 더 신뢰할 수 없게 만들기 전에 확인할 수 있다. 피코몰보다 더 적은 양의 PTH-아미노산을 검출하고 확인할 수 있기 때문에 5~10 pmol까지 적은 양($<0.1\ \mu g$, 볼 수 없을 정도의 적은 양)의 펩타이드의 서열 분석을 할 수 있다.

D 펩타이드는 질량 분석법에 의해 배열이 결정될 수 있다

질량 분석법(mass spectrometry)은 폴리펩타이드의 특성을 규명하고, 아미노산 서열을 결정하기 위한 중요한 기술로 알려져 있다. 질량 분석법은 기체 상태에서 이온들을 질량 대 전하(m/z, 여기서 m은 이온의 질량, z는 전하) 비로 정확히 측정한다. 1985년까지 단백질과 핵산과 같은 거대 분자는 질량 분석기로 분석할 수 없었다. 그 이유는 거대 분자를 기체 상태의 이온으로 만들기 위해 열을 이용해 증기화한 뒤 전자 충돌을 이용한 이온화 과정에서 거대 분자가 파괴되기 때문이다.

더 새로운 방법들은 이 단점을 보완하는 데 역점을 두었다. 예를 들어 **전기 분무 이온화(electrospray ionization, ESI)** 방법의 경우, 펩타이드 같은 거대 분자 용액에

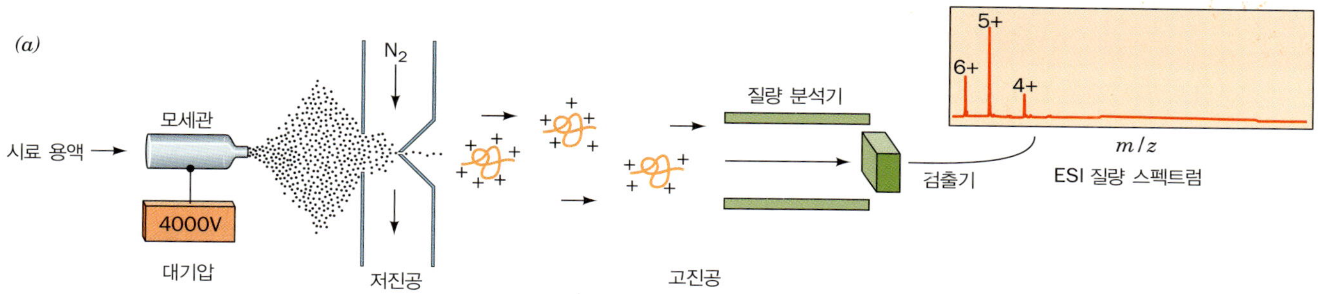

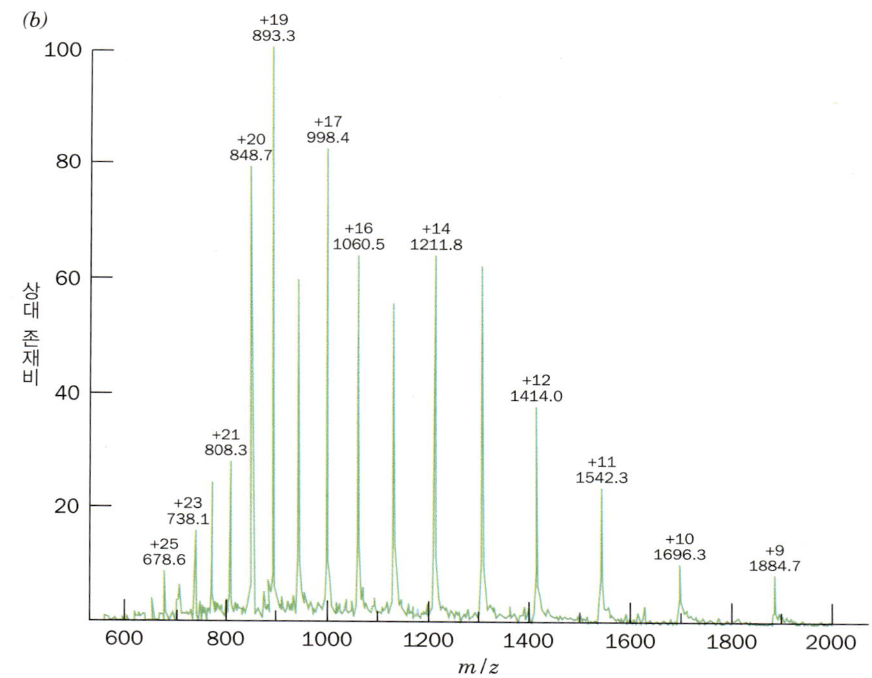

그림 5-17 전기 분무 이온화 질량 분석법(ESI) (*a*) 건조된 N_2 기체는 관심의 대상이 되는 단백질을 포함하고 있는 하전된 방울들로부터 용매의 증발을 촉진하며, Arg와 Lys 잔기들의 양성자 첨가에 의해 전하를 띠는 기체상의 이온들을 남기게 된다. 그러면 질량 분석기는 그 이온들의 질량 대 전하 비를 결정짓는다. 얻어진 질량 스펙트럼은 단일 이온 전하와 한 개의 양성자 질량에 의해 차이가 나는 이온들에 해당하는 일련의 피크로 구성되어 있다. [After Fitzgerald, M.C. and Siuzdak, G., *Chem. Biol.* 3, 708 (1996).] (*b*) 말 심장 **아포마이오글로빈**(**apomyoglobin**, Fe 이온이 결여되어 있는 마이오글로빈)의 ESI 질량 스펙트럼. 대부분의 피크에서 측정된 *m/z* 비와 추론된 전하가 표시되어 있다. 이 스펙트럼에 의해 제공된 데이터는 원래 분자의 질량이 계산되는 것을 허용한다(예시 계산 5-1을 참고하라). [After Yates, J.R., *Methods Enzymol.* 271, 353 (1996).]

서 용매를 빠르게 증발시켜 높은 전하를 가진 방울을 형성한 다음, 이들을 높은 전압(~4000 V)으로 가는 모세관에서 분사시키는 방법이다(**그림 5-17*a***). 이 방법은 보통 킬로돌턴당 +0.5에서 +0.2 범위에서 이온 전하를 갖는 기체 상태의 거대 분자를 만든다. 그 전하는 Arg나 Lys 같은 염기성 곁사슬의 양성자화를 통해 얻어진다. 그 이온들은 바로 ~0.01%의 정확도로 그들의 m/z 값을 측정하는 질량 분석기로 들어간다(**그림 5-17*b***). 이 방법은 결과적으로 다른 방법보다 이온의 z값을 훨씬 더 정확하게 측정할 수 있다(예시 계산 5-1 참조).

질량 분석법은 단백질을 확인하는 데 이용될 수 있다. 예를 들어 **단백질 질량 지문 감식**(**protein mass fingerprinting**)이라는 이름으로 알려진 기술에서, 미확인된 단백질(예: 2D 젤 전기 이동도에서의 한 지점으로부터 추출된, 그림 5-11)은 5-3B절에 기술되어 있는 바와 같이 정의된 조각들로 절단되며, 이들의 질량이 결정된다. 알려져 있는 서열들의 단백질 데이터베이스의 구성원들은 이론적으로 같은 절단 방법이 시행되고, 이 결과로 생성된 펩타이드들의 질량이 계산된다. 실험에 의한 질량 세트와 이론상의 질량 세트 간의 일치를 통해 단백질을 확인할 수 있다.

짧은 폴리펩타이드(<25개의 잔기)는 직렬 질량 분석기(**그림 5-18**, 두 질량 분석기가 연속적으로 연결됨)로 직접 배열을 결정할 수 있다. 첫 번째 질량 분석기는 관심 있는 펩타이드 이온을 불순물과 다른 질량을 가지는 펩타이드 이온들로부터 선별하

예시 계산 5-1

결손 마이오글로빈과 같은 ESI 스펙트럼(그림 5-17*b*)은 $(M+nH)^{n+}$ 이온의 m/z 비에 상응하는 피크들을 포함하고 있다. 이 질량 스펙트럼에서 두 연속 피크는 1414.0과 1542.3의 m/z 비로 측정되었다. 본래 결손 마이오글로빈 분자의 분자량이 얼마이며, 그것을 표 5-1에 주어진 값들과 어떻게 비교하며, 이 피크들을 만드는 이온의 전하는 얼마인가?

첫 번째 피크($p_1=1414.0$)는 전하 z와 질량 $M+z$인 이온에서 생긴다. 여기서 M은 원래 단백질의 분자량이다. 그리고 양성자 한 개가 적은 이웃한 피크($p_2=1542.3$)는 $z-1$ 전하와 $M+z-1$의 질량을 갖는다. 그러므로 이 p_1과 p_2 이온들에 대한 m/z 비는 아래와 같이 나타낼 수 있다.

$$p_1 = (M + z)/z$$
$$p_2 = (M + z - 1)/(z - 1)$$

이들 두 일차원 식으로 미지수인 M과 z를 풀 수 있다. M을 풀기 위한 첫 번째 식은

$$M = z(p_1 - 1)$$

그리고 이 결과를 두 번째 식에 대입한다.

$$p_2 = \frac{z(p_1 - 1) + z - 1}{z - 1} = \frac{zp_1 - 1}{z - 1}$$

$$zp_2 - p_2 = zp_1 - 1$$
$$z = (p_2 - 1)/(p_2 - p_1)$$
$$M = (p_2 - 1)/(p_1 - 1)/(p_2 - p_1)$$

p_1과 p_2 값을 대입하면

$$M = (1542.3 - 1)(1414.0 - 1)/(1542.3 - 1414.0) = 16,975\text{D}$$

이 값은 표 5-1에 주어진 말 결손 마이오글로빈의 값인 16,951 D보다 0.14% 더 크다. 이온 1의 전하는

$$z = (1542.3 - 1)/(1542.3 - 1414.0) = +12$$

결국 이온 2의 이온 전하는

$12 - 1 = +11$이다.

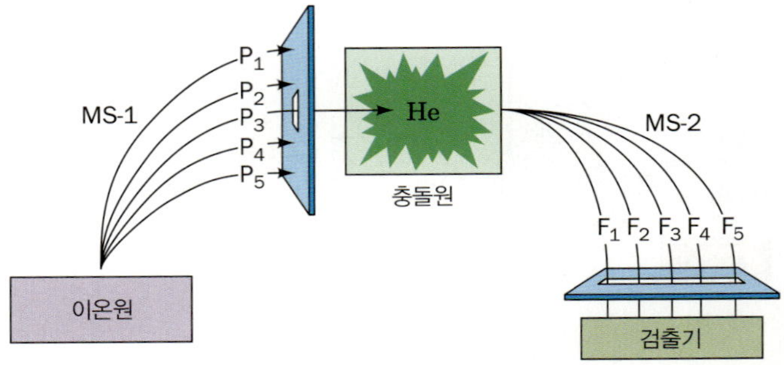

그림 5-18 펩타이드 서열을 결정하는 직렬 질량 분석기 전기 분무 이온화(ESI) 질량 분석기는 서열이 결정될 단백질로부터 P_1, P_2 등으로 표시된 기체 상태의 펩타이드 이온을 만든다. 이 펩타이드들은 첫 번째 질량 분석기(MS-1)에 의해 m/z 값에 따라 분리되고 기체 상태 펩타이드 이온 중 하나(여기서는 P_3)는 바로 헬륨 원자와 충돌하는 충돌관으로 들어가게 된다. 이 과정은 펩타이드를 조각(F_1, F_2 등)으로 분해시키고 바로 두 번째 질량 분석기로 들어가 그들의 m/z를 결정하게 된다. [After Biemann, K. and Scoble, H.A., *Science* **237**, 992 (1987).]

고 분리하는 기능을 한다. 선별된 펩타이드 이온은 헬륨과 같은 화학적으로 불활성 원자들이 존재하는 관을 지나가면서 이들과 충돌하게 된다. 이를 통해 펩타이드 이온에 주어지는 에너지는 여러 펩타이드 결합 중에 한 부분을 우선적으로 분해하여 기존의 이온 하나당 한 개 또는 두 개의 전하를 가진 조각을 생성하게 된다. 이렇게 생성된 많은 전하 조각들의 분자량은 두 번째 질량 분석기에 의해 결정된다.

많은 수의 조각들과 분자량을 비교하여 분자량과 그에 상응하는 아미노산의 잔기들의 성질을 결정할 수 있다. 질량 비교 과정의 전산화는 시간을 줄여주고 짧은 폴리펩타이드의 서열을 결정하는 시간을 단지 몇 분으로 단축시킨다(에드먼 분해 1회전은 1시간이 소요된다). 데이터베이스에 있는 알려진 서열의 펩타이드 질량 스펙트럼을 측정된 질량 스펙트럼과 전산 비교를 통해서 이 과정의 신뢰성은 증가하였다. 그러나 질량 분석기는 질량이 같은 이성질체 잔기인 Ile와 Leu를 구분하지 못하고, 분자 질량이 겨우 0.036D 차이가 나는 Gln과 Lys를 확실하게 구분하지 못한다. 질량 분석기는 화학적으로 차단된 N 말단을 가지는 펩타이드의 서열을 결정하거나 인산화 반응이나 글루코스화 반응 같은 번역 후 수정 과정을 특정화할 수 있다.

E 재구성된 단백질 서열들은 데이터 베이터베이스에 저장된다

각 펩타이드 조각의 서열이 결정된 후 원래의 폴리펩타이드 순서를 명확히 해야 한다. 이는 다른 특이성을 가지는 시약을 이용하여 두 번째로 단백질을 분해하는 과정을 진행한 후 펩타이드 조각들의 겹쳐진 부분의 아미노산 서열을 비교하여 얻을 수 있다(그림 5-13). DNA 서열을 읽는 것도 유사하게 시행된다(3-4C절).

아미노산 서열 분석의 마지막 단계는 만일 이황화 결합(있다면)의 위치를 결정하는 것이다. 이는 각각 한 개의 Cys를 포함하는 펩타이드 조각 쌍을 얻기 위해서 이황화 결합을 갖는 단백질 시료를 절단해서 얻을 수 있다. 이황화 결합으로 연결된 폴리펩타이드 조각을 분리한 후에 이황화 결합은 분리되고 알킬화되면서 두 개의 펩타이드 서열이 결정된다(5-3A절, **그림 5-19**). 폴리펩타이드 조각의 여러 쌍은 단백질의 서열을 비교하여 그 성질을 알 수 있고 이황화 결합의 위치도 결정할 수 있다.

표 5.5 주 단백질과 DNA 서열 자료 은행의 인터넷 주소

단백질 서열을 포함하는 자료 은행
Data Banks Containing Protein Sequences
ExPASy Proteomics Server: http://expasy.org/
Protein Information Resource (PIR): http://pir.georgetown.edu/
UniProt: http://www.uniprot.org/
Data Banks Containing Gene Sequences
GenBank: http://www.ncbi.nlm.nih.gov/genbank/
European Bioinformatics Institute (EBI): http://www.ebi.ac.uk
GenomeNet: http://www.genome.jp/

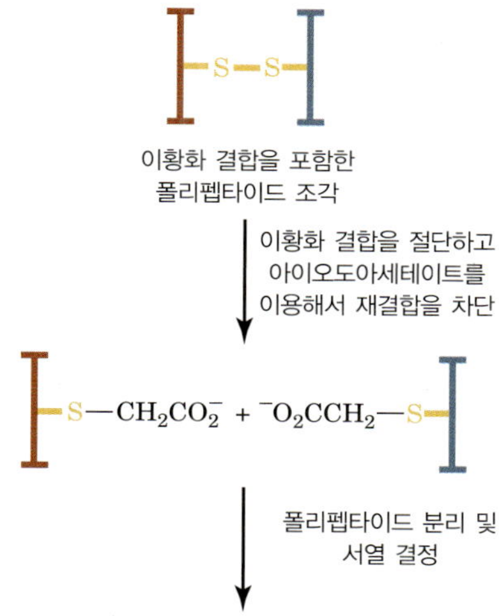

그림 5-19 이황화 결합의 위치 결정

서열은 데이터베이스에 기록되어 있다. 단백질의 아미노산 서열이 결정된 이후에 이 정보는 일반적으로 공공 데이터베이스에 저장된다. DNA 서열은 물론 단백질의 데이터베이스는 인터넷을 통해서 접근할 수 있다(표 5-5). 데이터베이스 사이의 전자적 연결은 서열의 정보를 빠르게 업데이트하고 교차적으로 확인할 수 있다.

대부분 서열 데이터베이스는 비슷한 규칙을 갖는다. 예를 들어 단백질에 그것의 중요한 정보를 포함하는 ID 코드(예: HUMAN 또는 ECOLI)를 부여할 수 있다. ID 코드는 수납 번호가 되고 만약 ID 코드가 변경된 경우에도 데이터베이스에서 해당 물질을 확인할 수 있다(예: 그림 5-20 참조). 이는 이황화 결합의 번역 후 수정 및 결합 부위에 해당하는 단백질의 기능(알려진), 서열 및 특징에 해당하는 설명을 포함하고 있다. 이후 (PubMed에 연결되어 있는) 관련 문헌 목록을 종료하고 다른 데이터베이스에 연결한다.

적당한 소프트웨어(데이터베이스에서 공개적으로 얻을 수 있는)를 갖춘 연구자는 다양한 생명체에서 비슷한 서열과 단백질을 찾기 위해서 데이터베이스를 검색할 수 있다. 짧은 펩타이드 조각의 서열의 경우, 모체 단백질이나 다른 종에 상동체를 '찾아내기'에 충분하다(Bioinformatics Projects 참조).

단백질 서열은 핵산 서열에 의해 알려지지 않은 단백질 구조에 대한 정보를 주기

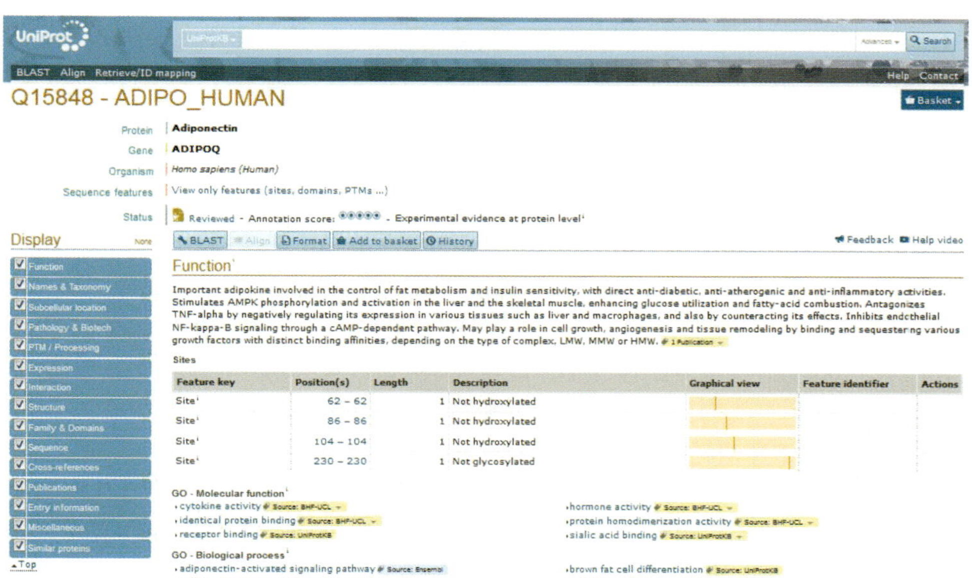

그림 5-20 Uniprot 항목의 시작 부분 지방 조직에 의한 신진대사를 조절하는 데 도움이 되는 단백질인 **아디포넥틴(adiponectin)**의 정보를 제공한다(22-3B절). 단백질의 전체적인 정보는 참고 문헌뿐만 아니라 단백질의 서열을 포함한다. [*Nucleic Acids Res.* 43, D204–D212 (2015). UniProtKB/Swiss-Prot entry Q15848]

체크 포인트

- 단백질의 서열을 결정하는 데 관련된 단계들을 요약해 보시오.
- 왜 단백질의 N 말단 잔기를 확인하는 것이 중요한가?
- 에드만 분해법보다 질량 분석법에 의한 펩타이드 서열 결정의 몇 가지 장점들로는 어떤 것이 있는가?
- 왜 서열을 결정하기 위해서 긴 폴리펩타이드들이 최소 두 개의 서로 다른 세트의 펩타이드 절편으로 끊어져야 하는지 설명해 보시오.
- 단백질 서열 데이터베이스로부터 어떠한 종류의 정보를 검색할 수 있는가?

때문에, 아미노산의 서열 정보는 이에 상응하는 유전자의 핵산 서열을 알고 있을 때 매우 가치가 있다(3-4절). 예를 들어 선형의 단백질 서열은 단백질에서 이황화 결합의 위치를 나타낸다. 게다가 많은 단백질들이 합성 이후에 변형된다. 어떤 잔기는 '성숙한' 단백질을 생성하기 위해서 잘리게 된다(그림 5-1에 보이는 인슐린은 실제로 작은 2개의 사슬 형태로 분해되어 84개 잔기를 가지는 폴리펩타이드로 합성되었다). 아미노산의 곁사슬은 탄수화물, 인산기, 아세틸기를 더해서 변형될 수 있다. 또한 이런 변형의 일부는 특정한 아미노산 서열에서 일어나서 핵산 서열에서 확인할 수 있다. 또 실제로 단백질의 서열을 통해 변형 여부와 어디서 변형이 일어났는지를 확인할 수 있다. 반대로, 유전자 서열은 대응하는 단백질 서열의 모호성들을 제거하기 위하여 사용될 수 있다.

4 단백질 진화

주요 개념

- 서열 비교는 단백질들 간의 진화적인 관계를 밝힌다.
- 단백질 군은 단백질의 도메인을 암호화하는 유전자의 복제 및 다양성에 의해 진화한다.
- 진화의 속도는 단백질에 따라 다양하다.

유기체의 유전적 물질은 모든 단백질의 아미노산 서열을 서술한 것이므로 임의의 돌연변이에 의한 유전자 변형은 단백질의 1차 구조를 바꿀 수 있다. 단백질에서의 돌연변이는 모체가 재생성하여 생존할 확률이 어느 정도 증가할 경우, 또는 적어도 감소하지 않을 때에 번식한다. 많은 돌연변이들은 유독하거나 치명적인 효과에 의해 빠르게 죽는다. 그러나 돌연변이는 드문 경우에 그 숙주의 적응 능력을 향상시킨다. 이것이 **자연 선택(natural selection)**에 의한 **진화(evolution)**의 핵심이다.

A 단백질 서열들은 진화론적인 관계를 밝힌다

서로 관련되어 있는 종의 단백질 1차 구조는 서로 밀접하게 닮았다. 거의 모든 진핵세포 생물에서 발견되는 단백질인 **사이토크롬 *c*(cytochrome *c*)**를 생각해 보자. 사이토크롬 *c*는 150억 년과 20억 년 전 사이에 생명체가 호흡을 할 수 있도록 현재의 형태로 진화했다고 알려진 미토콘드리아 전자 전달계의 중요 단백질이다(18-2절). 마골리쉬(Emanuel Margoliash), 스미스(Emil Smith) 등이 효모로부터 인간까지 다양한 범위의 100가지가 넘는 진핵세포종에서 사이토크롬 *c*의 아미노산 서열을 규명하였다. 다른 종들로부터 얻은 사이토크롬 *c*는 104~112개의 잔기를 가지는 단일 폴리펩타이드이다. 이들 단백질의 38개 서열은 수직으로 정렬된 잔기들 사이의 유사성을 나타나게 하기 위하여 표 5-6에 정리하였다(그 잔기들은 그 물리적 성질에 따라 색코드화되었다). 그 정렬된 서열(표 5-6의 바닥선)을 살펴보면 모든 종에서 38개 위치에서(>100 서열의 완전한 조합에서 23개 위치) 같은 아미노산이 있는 것을 알 수 있다. 남은 위치의 대부분은 다른 생물체들에서 화학적으로 비슷한 잔기들이 차지한다. 서열의 8개 위치에서만 6개 이상의 다른 잔기들을 수용할 수 있다.

진화론에 의하면, 관련된 종들은 같은 조상으로부터 진화되며, 마찬가지로 그 단백질들의 각각을 특징하는 유전자들은 그 조상에 있는 상응하는 유전자로부터 진화하였다. 조상의 사이토크롬 *c*의 서열은 현재 존재하는 단백질의 서열을 조사하여 간

표 5.6 38종[a]으로부터 나온 사이토크롬 *c*의 아미노산 서열

분류	종	−9 … −1	1–43
포유류	Human, chimpanzee	a	GDVEKGKKIFIMKCSQCHTVEKGGKHKTGPNLHGLFGRKTGQA
	Rhesus monkey	a	GDVEKGKKIFIMKCSQCHTVEKGGKHKTGPNLHGLFGRKTGQA
	Horse	a	GDVEKGKKIFVQKCAQCHTVEKGGKHKTGPNLHGLFGRKTGQA
	Donkey	a	GDVEKGKKIFVQKCAQCHTVEKGGKHKTGPNLHGLFGRKTGQA
	Cow, pig, sheep	a	GDVEKGKKIFVQKCAQCHTVEKGGKHKTGPNLHGLFGRKTGQA
	Dog	a	GDVEKGKKIFVQKCAQCHTVEKGGKHKTGPNLHGLFGRKTGQA
	Rabbit	a	GDVEKGKKIFVQKCAQCHTVEKGGKHKTGPNLHGLFGRKTGQA
	California gray whale	a	GDVEKGKKIFVQKCAQCHTVEKGGKHKTGPNLHGLFGRKTGQA
	Great gray kangaroo	a	GDVEKGKKIFVQKCAQCHTVEKGGKHKTGPNINGIFGRKTGQA
그 밖의 척추동물	Chicken, turkey	a	GDIEKGKKIFVQKCSQCHTVEKGGKHKTGPNLHGLFGRKTGQA
	Pigeon	a	GDIEKGKKIFVQKCSQCHTVEKGGKHKTGPNLHGLFGRKTGQA
	Pekin duck	a	GDVEKGKKIFVQKCSQCHTVEKGGKHKTGPNLHGLFGRKTGQA
	Snapping turtle	a	GDVEKGKKIFVQKCAQCHTVEKGGKHKTGPNLNGLIGRKTGQA
	Rattlesnake	a	GDVEKGKKIFTMKCSQCHTVEKGGKHKTGPNLHGLFGRKTGQA
	Bullfrog	a	GDVEKGKKIFVQKCAQCHTCEKGGKHKVGPNLYGLIGRKTGQA
	Tuna	a	GDVAKGKKTFVQKCAQCHTVENGGKHKVGPNLWGLFGRKTGQA
	Dogfish	a	GDVEKGKKVFVQKCAQCHTVENGGKHKTGPNLSGLFGRKTGQA
곤충류	*Samia cynthia* (a moth)	hGVPA	GNAENGKKIFVQRCAQCHTVEAGGKHKVGPNLHGFYGRKTGQA
	Tobacco hornworm moth	hGVpA	GNADNGKKIFVQRCAQCHTVEAGGKHKVGPNLHGFFGRKTGQA
	Screwworm fly	hGVPA	GDVEKGKKIFVQRCAQCHTVEAGGKHKVGPNLHGLFGRKTGQA
	Drosophila (fruit fly)	hGVPA	GDVEKGKKLFVQRCAQCHTVEAGGKHKVGPNLHGLIGRKTGQA
균류	Baker's yeast	hTEFKA	GSAKKGATLFKTRCLQCHTVEKGGPHKVGPNLHGIFGRHSGQA
	Candida krusei (a yeast)	hPAPFEQ	GSAKKGATLFKTRCAQCHTIEAGGPHKVGPNLHGIFSRHSGQA
	Neurospora crassa (a mold)	hGFSA	GDSKKGANLFKTRCAQCHTLEEGGGNKIGPALHGLFGRKTGSV
고등 식물	Wheat germ	aASFSEAPP	GNPDAGAKIFKTKCAQCHTVDAGAGHKQGPNLHGLFGRQSGTT
	Buckwheat seed	aATFSEAPP	GNIKSGEKIFKTKCAQCHTVEKGAGHKQGPNLNGLFGRQSGTT
	Sunflower seed	aASFAEAPP	GDPTTGAKIFKTKCAQCHTVEKGAGHKQGPNLNGLFGRQSGTT
	Mung bean	aASFBEAPP	GBSKSGEKIFKTKCAQCHTVDKGAGHKQGPNLNGLFGRQSGTT
	Cauliflower	aASFBEAPP	GBSKAGEKIFKTKCAQCHTVDKGAGHKQGPNLNGLFGRQSGTT
	Pumpkin	aASFBEAPP	GBSKAGEKIFKTKCAQCHTVDKGAGHKQGPNLNGLFGRQSGTT
	Sesame seed	aASFBEAPP	GBVKSGEKIFKTKCAQCHTVDKGAGHKQGPNLNGLFGRQSGTT
	Castor bean	aASFBEAPP	GBVKAGEKIFKTKCAQCHTVEKGAGHKQGPNLNGLFGRQSGTT
	Cottonseed	aASFZEAPP	GBAKAGEKIFKTKCAQCHTVDKGAGHKQGPNLNGLFGRQSGTT
	Abutilon seed	aASFZEAPP	GBAKAGEKIFKTKCAQCHTVEKGAGHKQGPNLNGLFGRQSGTT
다른 아미노산의 개수			1 3 5 5 5 1 3 3 4 1 4 3 2 1 3 1 1 1 1 4 2 4 1 2 3 2 1 4 1 1 2 1 5 1 3 3 2 1 3 2 1 3 3

[a]아미노산 곁사슬은 불변 잔기나 보존적 치환 잔기는 단일 색의 수직 띠로 확인되도록 그 극성도 특징에 따라 음영 처리되었다. 사슬에 있는 문자 a는 N 말단 아미노기가 아세틸화된 것을 나타내고, h는 아세틸기가 없는 것을 나타낸다.

출처: After Dickerson, R.E., *Sci. Am.* 226(4); 58–72 (1972), with corrections from Dickerson, R.E., and Timkovich, R., *in* Boyer, P.D. (Ed.), *The Enzymes* (3rd ed.), Vol. 11, pp. 421–422, Academic Press (1975). Illustration, Irving Geis. Image from the Irving Geis Collection/Howard Hughes Medical Institute. Rights owned by HHMI. Reproduction by permission only.

? 사람과 붉은털 원숭이의 서열은 어떻게 다른가? 붉은털 원숭이와 말의 서열은 어떻게 다른가?

접적으로만 얻을 수 있다.

서열 비교는 단백질 구조와 작용에 대한 정보를 준다. 일반적으로 **동종 단백질(homologous protein, 진화적으로 관련 있는 단백질)의 일차 구조의 비교는 단백질의 어느 잔기가 그 작용에서 핵심적이며, 어느 것이 덜 중요한가, 그리고 어느 것이 덜 독특한 작용을 하는가**를 나타낸다. 관련이 있는 단백질의 아미노산 서열이 특정한 위치에서 동일한 잔기를 찾는 것은 **불변 잔기(invariant residue)**의 화학적, 구조적 성질이 그 단백질의 어떤 필수적인 기능에 유일하게 맞다는 것을 의미한다. 예를 들어 그것의 곁사슬은 다른 분자를 결합하거나 촉매 반응에 참여하기 위해 필요한 것이다. 다른 아미노산 위치는 곁사슬 위치에 대해 덜 엄격하기 때문에 비슷한 특성을 갖는 잔기(예: Asp 또는 Glu, Ser 또는 Thr 등)로 채울 수 있다. 이러한 위치들은 **보존적 치**

표 5.6 (계속)

분류	생물	아미노산 서열 (위치 44–104; 45, 50, 55, … 100, 104)
포유류	Human, chimpanzee	PGYSYTAANKNKGIIWGEDTLMEYLENPKKYIPGTKMIFVGIKKKEERADLIAYLKKATNE
	Rhesus monkey	PGYSYTAANKNKGIIWGEDTLMEYLENPKKYIPGTKMIFVGIKKKEERADLIAYLKKAANE
	Horse	PGFTYTDANKNKGITWKEETLMEYLENPKKYIPGTKMIFAGIKKKTEREDLIAYLKKATNE
	Donkey	PGFSYTDANKNKGITWKEETLMEYLENPKKYIPGTKMIFAGIKKKTEREDLIAYLKKATNE
	Cow, pig, sheep	PGFSYTDANKNKGITWGEETLMEYLENPKKYIPGTKMIFAGIKKKGEREDLIAYLKKATNE
	Dog	PGFSYTDANKNKGITWGEETLMEYLENPKKYIPGTKMIFAGIKKTGERADLIAYLKKATKE
	Rabbit	VGFSYTDANKNKGITWGEDTLMEYLENPKKYIPGTKMIFAGIKKKDERADLIAYLKKATNE
	California gray whale	VGFSYTDANKNKGITWGEETLMEYLENPKKYIPGTKMIFAGIKKKGERADLIAYLKKATNE
	Great gray kangaroo	PGFTYTDANKNKGIIWGEDTLMEYLENPKKYIPGTKMIFAGIKKKGERADLIAYLKKATNE
그 밖의 척추동물	Chicken, turkey	EGFSYTDANKNKGITWGEDTLMEYLENPKKYIPGTKMIFAGIKKKSERVDLIAYLKDATSK
	Pigeon	EGFSYTDANKNKGITWGEDTLMEYLENPKKYIPGTKMIFAGIKKKAERADLIAYLKQATAK
	Pekin duck	EGFSYTDANKNKGITWGEDTLMEYLENPKKYIPGTKMIFAGIKKKSERADLIAYLKDATAK
	Snapping turtle	EGFSYTEANKNKGITWGEETLMEYLENPKKYIPGTKMIFAGIKKKAERADLIAYLKDATSK
	Rattlesnake	VGYSYTAANKNKGIIWGDDTLMEYLENPKKYIPGTKMVFTGLSKKKERTNLIAYLKEKTAA
	Bullfrog	AGFSYTDANKNKGITWGEDTLMEYLENPKKYIPGTKMIFAGIKKKGERQDLIAYLKSACSK
	Tuna	EGYSYTDANKSKGIVWNNDTLMEYLENPKKYIPGTKMIFAGIKKKGERQDLVAYLKSATS-
	Dogfish	QGFSYTDANKSKGITWQQETLRIYLENPKKYIPGTKMIFAGLKKKSERQDLIAYLKKTAAS
곤충류	*Samia cynthia* (a moth)	PGFSYSNANKAKGITWGDDTLFEYLENPKKYIPGTKMVFAGLKKANERADLIAYLKESTK-
	Tobacco hornworm moth	PGFSYSNANKAKGITWQDDTLFEYLENPKKYIPGTKMVFAGLKKANERADLIAYLKQATK-
	Screwworm fly	AGFAYTNANKAKGITWQDDTLFEYLENPKKYIPGTKMIFAGLKKPNERGDLIAYLKSATK-
	Drosophila (fruit fly)	AGFAYTNANKAKGITWQDDTLFEYLENPKKYIPGTKMIFAGLKKPNERGDLIAYLKSATK-
균류	Baker's yeast	QGYSYTDANIKKNVLWDENNMSEYLTNPXKYIPGTKMAFGGLKKEKDRNDLITYLKKACE-
	Candida krusei (a yeast)	QGYSYTDANKRAGVEWAEPTMSDYLENPXKYIPGTKMAFGGLKKAKDRNDLVTYMLEASK-
	Neurospora crassa (a mold)	DGYAYTDANKQKGITWDENTLFEYLENPXKYIPGTKMAFGGLKKDKDRNDIITFMKEATA-
고등 식물	Wheat germ	AGYSYSAANKNKAVEWEENTLYDYLLNPXKYIPGTKMVFPGLXKPQDRADLIAYLKKATSS
	Buckwheat seed	AGYSYSAANKNKAVTWGEDTLYEYLLNPXKYIPGTKMVFPGLXKPQERADLIAYLKDSTE-
	Sunflower seed	AGYSYSAANKNMAVIWEENTLYDYLENPXKYIPGTKMVFPGLXKPQERADLIAYLKTSTA-
	Mung bean	AGYSYSTANKNMAVIWEEKTLYDYLENPXKYIPGTKMVFPGLXKPQDRADLIAYLKESTA-
	Cauliflower	AGYSYSAANKNKAVEWEEKTLYDYLENPXKYIPGTKMVFPGLXKPQDRADLIAYLKEATA-
	Pumpkin	PGYSYSAANKNRAVIWEEKTLYDYLENPXKYIPGTKMVFPGLXKPQDRADLIAYLKEATA-
	Sesame seed	PGYSYSAANKNMAVIWGENTLYDYLENPXKYIPGTKMVFPGLXKPQERADLIAYLKEATA-
	Castor bean	AGYSYSAANKNMAVQWGENTLYAYLENPXKYIPGTKMVFPGLXKPQDRADLIAYLKEATA-
	Cottonseed	AGYSYSAANKNMAVQWGENTLYDYLENPXKYIPGTKMVFPGLXKPQDRADLIAYLKESTA-
	Abutilon seed	PGYSYSAANKNMAVNWGENTLYDYLENPXKYIPGTKMVFPGLXKPQDRADLIAYLKESTA-
	다른 아미노산의 개수	6 1 2 3 1 2 5 1 1 2 6 4 3 2 7 1 7 4 5 2 2 5 4 1 1 3 1 1 1 1 1 1 1 1 1 1 1 3 1 5 1 2 2 1 6 9 2 1 7 2 2 2 2 2 2 2 6 4 4 5 4

친수성, 산성: D Asp E Glu

친수성, 염기성: H His K Lys R Arg X TrimethylLys

극성, 비전하: B Asn or Asp G Gly N Asn Q Gln S Ser T Thr W Trp Y Tyr Z Gln or Glu

소수성: A Ala C Cys F Phe I Ile L Leu M Met P Pro V Val

환(conservatively substitution)되었다고 한다. 한편, 특정한 아미노산 위치에 많은 다른 아미노산 잔기들을 허용하는 것은 그 위치에 있는 기능의 필요 조건이 보다 비특이성이라고 할 수 있다. 그런 위치를 **초가변(hypervariable)**되었다고 한다.

왜 사이토크롬 *c*(오래되고 가장 중요한 단백질)가 모든 종에서 동일하지 않은가? 단백질이 그 기능에 잘 적응하여 지속적인 진화를 하더라도 생리학적 개선에 영향을 주지 않는다. 실제로 돌연변이 과정의 임의의 성질은 단백질의 기능에 심각한 영향을 주지 않는 방향으로 변화가 일어나고, 이런 과정을 **중성 표류(neutral drift)**라고 한다(물론 해로운 돌연변이는 자연 선택을 통하여 빠르게 제거될 것이다). 과가변성 잔기들은 분명히 중성 표류에 특징적으로 따른다.

계통수는 진화 역사를 묘사한다. 진화적인 관계에 대한 광범위한 결론은 동종 단백질의 아미노산 서열(또는 이에 해당하는 DNA 서열)의 비교로 정리될 수 있다는 것이다. 진화적 차이를 받아들이기 위한 가장 간단한 방법은 단백질 사이의 아미노산 차이를 비교하는 것이다. 예를 들어 표 5-6에 있는 자료는 영장류의 사이토크롬 c는 곤충의 사이토크롬 c보다 다른 포유류의 사이토크롬 c와 거의 비슷하다는 것을 나타낸다(포유류 사이의 8~12개 차이, 포유류와 곤충 사이의 26~31개 차이). 비슷하게 균류의 사이토크롬 c는 곤충(41~47개 차이)이나 식물(47~54개 차이), 포유류(45~51개 차이)와 매우 다르다. 이런 차이로 인해 고전적인 분류에서 주로 분자의 특성이 아닌 형태학에 따라 분류된다.

단백질을 생산하는 생명체들 사이의 조상의 관계를 나타내는 그림인 **계통수**(**phylogenetic tree**)를 만들기 위하여 동종 단백질의 서열을 컴퓨터로 분석할 수 있다. 사이토크롬 c의 계통수가 **그림 5-21**에 있다. 비슷한 나무들은 다른 단백질을 만든다. 나무의 각 분기점은 그 위에 있는 모든 생명체들의 추정상의 공통 조상을 나타낸다. 분기점 사이의 거리는 단백질의 100개 잔기당 아미노산 차이의 수로서 표현되

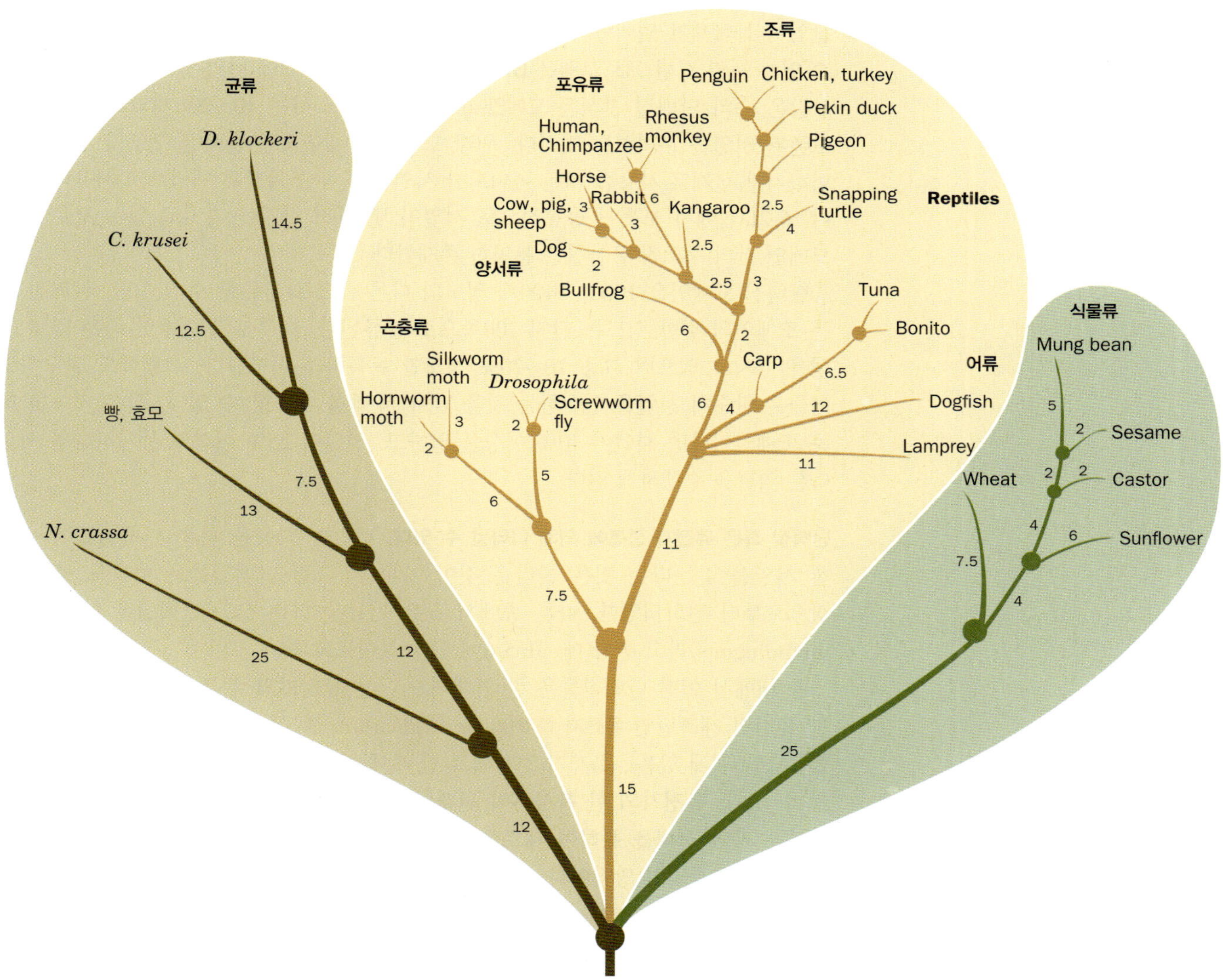

그림 5-21 사이토크롬 c의 계통수 각 분기점은 그 위에 연결된 종들의 조상 생명체를 나타낸다. 각 분기 옆의 수는 종들 사이 또는 붙어 있는 분기점의 사이토크롬 c 사이의 100개 잔기당 추론된 차이의 수를 나타낸다. 기존의 생물체들은 오직 계통수의 주변에 위치하고 있음을 주목하라. [After Dayhoff, M.O., Park, C.M., and McLaughlin, P.J., *in* Dayhoff, M.O. (Ed.), *Atlas of Protein Sequence and Structure*, *p.* 8, National Biomedical Research Foundation (1972).]

었다. 이런 계통수는 거시적인 분류를 제공하기보다는 다양한 종의 관련성의 정도를 보다 정량적인 측정으로 제시한다.

사이토크롬 *c*를 생산하는 공통 조상과 모든 현대적 사이토크롬 *c*에서 최저점까지의 진화적 거리는 거의 동일하다. 그러므로 '저급' 생명체는 역사상 초기에 나타나거나 더 진화하여 없어진 생명 형태를 표현한 것은 아니다. 그림 5-21에 포함된 모든 종의 사이토크롬 *c*는 '원시적'이든 또는 '진보적'이든 대략 같은 정도로 진화되었다.

B 단백질은 유전자나 유전자 단편의 복제에 의해 진화한다

단백질 진화의 특성화와 관련된 단백질의 데이터베이스를 만들기 위한 노력은 1960년대에 데이호프(Margaret Dayhoff)에 의해 시작되었다. 이후 약 500만 개 이상의 단백질 서열은 DNA 서열 분석 프로젝트(sequencing project)의 목록에 올랐다. 이 프로젝트는 서열 사이의 유사성을 찾기 위해 수학적으로 정교한 컴퓨터 알고리즘의 개발로 이어졌다. 이러한 프로토콜은 아미노산 서열이 20% 정도 동일한 아미노산 서열을 포함한 단백질 간의 유사성을 찾아 낼 수 있고, 다양한 길이에서 일부 서열의 삽입이나 삭제가 일어난 단백질 간의 유사성도 찾아낼 수 있다. 공개적으로 사용할 수 있는 서열 정렬 프로그램은 Bioinformatics Project 2에 나와 있다.

많은 수의 단백질 분석은 **도메인(domain)**이라고 하는 40~200개의 잔기 부분의 보존된 서열을 분석하는 것이다. 원래 도메인은 개별적인 단백질 구조의 부분을 의미하지만 실제로 사용할 때는 아미노산 서열을 포함한 확장된 개념으로 사용되고 있다. 6-2D절에서 보듯이 공통적으로 서열이 몇 가지 잔기를 가지고 있는 경우에 두 도메인 간의 구조적 유사성은 분명히 존재한다.

단백질 도메인은 1000~1400개 정도의 다른 족으로 분류할 수 있지만, 알려진 모든 도메인의 절반 정도는 단지 200족으로 분류된다. 대부분의 단백질 족은 몇몇 구성을 가지고 있으며 그중 10~20% 정도만 독특하게 나타난다. 그럼에도 불구하고 이들은 단순히 서열을 인식하는 것을 넘어 각 족을 대표할 수 있다. 같은 기능을 하는 도메인이라면 서열이 40% 이상 동일하고, 서열이 25% 이하로 동일하다면 서로 다른 역할을 수행하게 된다.

단백질 족은 유전자 중복에 의해 나타날 수 있다. 비슷한 작용을 하는 단백질들이 비슷한 서열을 갖는다는 것은 놀라운 것이 아니다. 그런 단백질들은 아마도 공통 조상으로부터 진화되었다. 다른 종에서 같은 기능을 하는 상동 단백질은 **이종 상동체(orthologous)**라고 한다(예: 표 5-6에 있는 사이토크롬 *c*).

종 내에서 어떤 단백질들은 한 염색체가 근본 유전자의 두 복사본을 만드는 이상한 유전적 재조합인 **유전자 복제(gene duplication)**를 통해 만들어진다(유전적 재조합은 25-6절에 있음). 복제가 진행되고 난 후에 시간이 지남에 따라 돌연변이가 발생할 수 있다. **유전자의 한 복사본이 원래의 단백질의 합성을 계속 하는 동안 다른 복사본은 자연 선택을 통하여 새로운 작용을 진화하기 때문에 유전자 복제는 진화에 특별하게 효과적인 방식이다.** 복제를 통해 유도된 독립적으로 진화하는 두 개의 유전자를 **동종 상동체(paralogous)**라고 한다. 원핵생물에서는 단백질 도메인의 약 60%가 중복되어 있다. 많은 진핵생물에서는 90%까지, 사람에서는 98%까지 도메인이 중복되어 있다.

단백질의 **글로빈(globin)**족은 유전자 복제를 통한 진화의 매우 좋은 예를 보여 준다. 허파(또는 아가미나 피부)로부터 조직으로 O_2를 운반하는 **헤모글로빈(hemoglobin)**

은 소단위체 $\alpha_2\beta_2$ 조성(즉 두 개의 α 폴리펩타이드와 두 개의 β 폴리펩타이드)을 갖는 사합체이다. α와 β 소단위체의 서열은 서로 비슷하며, 근육 조직을 통하여 산소의 확산을 촉진하는 단백질 **마이오글로빈(myoglobin)**의 서열과 비슷하다(헤모글로빈과 마이오글로빈은 7장에서 더 자세히 설명된다). 원시 글로빈은 아마도 산소 저장 단백질과 같은 간단한 기능을 하였을 것이다. 유전자 복제는 글로빈 하나를 단량체인 헤모글로빈 α 사슬로 진화하도록 하였다. α 사슬 유전자의 복제는 β 사슬을 동종 상동체 유전자가 일어나도록 하였다. 글로빈족의 다른 것들은 치명적인 헤모글로빈에, $\alpha_2\gamma_2$ 사합체, β 같은 γ 사슬, 그리고 $\zeta_2\varepsilon_2$ 헤모글로빈으로서 배아 발생 초기에 함께 나타나는 β 같은 ε 사슬과, α 같은 ζ 사슬을 포함한다. 영장류는 비교적으로 최근에 복제된 글로빈인 성인 헤모글로빈의 적은 요소(~1%)로 보이는 β 같은 δ 사슬을 포함한다. 비록 $\alpha_2\delta_2$ 헤모글로빈의 독특한 작용은 알려지지 않았지만 아마도 결국 진화된 것일 것이다. 글로빈족의 멤버들의 계보가 그림 5-22에 있다. 인간 유전체 역시 표현되지 않은 글로빈 유전자의 유물을 포함하고 있다. 이런 **유사 유전자(pseudogene)**들은 단백질 진화의 마지막으로 생각된다. 유전자 복제가 일어나고 나면, 복제가 일어나지 않은 유전자는 새로운 기능을 가질 수 있게 한정된 시간 내에 진화할 수 있다. 이는 돌연변이에 의해 불활성화되기 전에 숙주에 선택적인 이점을 제공하는데, 이를 유사 유전자라고 한다.

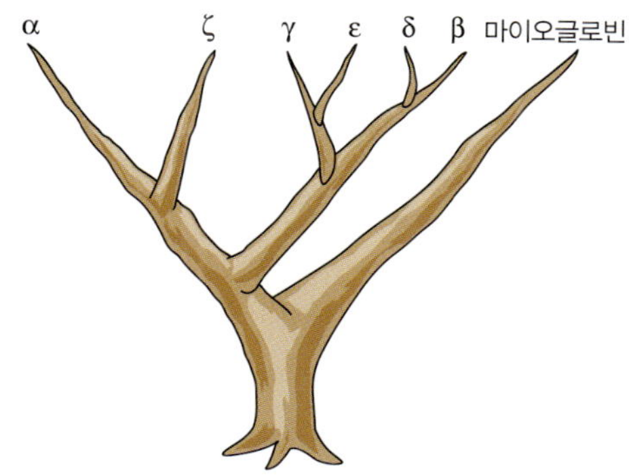

그림 5-22 글로빈 족의 계보 각 분기점은 유전자 복제의 사건을 나타낸다. 마이오글로빈은 단일 사슬 단백질이다. 그리스 문자로 식별되는 글로빈들은 헤모글로빈의 소단위체들이다.

서열의 불일치 정도의 변화 오래 전 기록에 따르면 이종 상동체 단백질 간의 서열의 차이는 새로운 종이 생길 때마다 달라져 왔다. 단백질의 선형 부분은 지질 시대에 거쳐 일정한 속도로 변성이 있었다는 것을 시사한다. 하지만 진화의 속도는 단백질마다 다르다(그림 5-23). 이는 단백질을 특정하는 DNA의 변성 속도가 다른 것을 의미하는 것이 아니라 **돌연변이가 단백질의 범위에 포함되는 속도가 다르다는** 것을 의미한다.

단백질의 진화 속도에 크게 영향을 주는 것은 단백질의 기능을 변화시키는 아미노산의 영향이다. 예를 들어 그림 5-23을 보면 진핵생물의 DNA에 결합하고 있는 **히스톤 H4(histone H4)**는 매우 오래 보존된 단백질이다(12억 년 전에 나누어진 완두콩이나 소에 존재하는 히스톤 H4 종류는 그들이 가지는 102개 잔기의 보존적인 변화에 의해 달라진다). 분명히 히스톤 H4는 세포내 DNA 쌓임에 미세한 변화를 주고

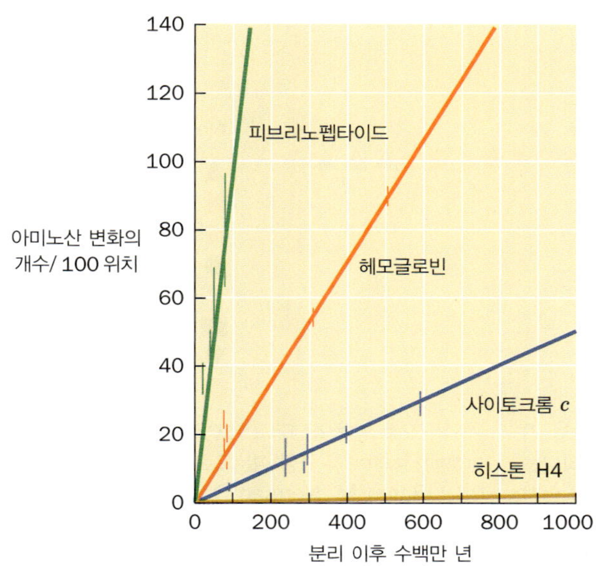

그림 5-23 4가지 단백질의 진화 속도 이 그래프는 계통수가 분리되는 지점의 양측에 있는 단백질에 다양한 아미노산 잔기 대(VS) 공통된 조상에서 분리되어 나온 이후의 지질학적 기록에 따른 시간을 의미한다. [그림 Irving Geis/Geis Archive Trust. 저작권 Howard Hughes Medical Institute]

이는 어떠한 돌연변이도 일어날 수 없게 한다. 사이토크롬 *c*는 히스톤 H4에 비해 돌연변이가 일어날 수 있으며 몇 가지 다른 단백질에 결합하고 있는 비교적 작은 단백질이다. 따라서 아미노산 서열에서 어떠한 변화든 일어나기 위해서는 결합하고 있는 부분과 호환이 있어야 한다(또는 사이토크롬 *c*가 변한 경우 이에 대응하는 동시에 변화해야 한다). 표면에 있는 잔기가 쉽게 다른 아미노산으로 치환될 수 있는 자유롭게 떠다니는 분자인 헤모글로빈은 히스톤 H4 또는 사이토크롬 *c*의 선택적 압력을 덜 받는다. **피브리노펩타이드(fibrinopeptide)**는 혈액 응고를 유도하기 위해 척추동물의 단백질 **피브리노겐(fibrinogen)**에서 절단되는 ∼20개 잔기의 조각이다(자료 11-4). 만약 이를 제거한다면 그들의 아미노산 서열을 유지하기 위해 약간의 선택적 압력을 받게 된다.

단백질 진화의 속도는 단백질 구조의 안정성에 달려 있다. 예를 들어 돌연변이 형태로 합성된 폴리펩타이드 사슬은 단백질의 기능을 나타내는 3D 모양으로 접히면서 이들이 정상적으로 작용하게 되면 다른 세포의 생존에 영향을 주게 된다. 이런 돌연변이는 단백질에 있어서 매우 치명적이다. 돌연변이가 높은 수준으로 생성되게 되면 단백질의 접힘 과정에 있어서 접혀지지 않은 단백질이 많아질 것이다. 사실 매우 발현이 잘 되는 단백질의 유전자는 거의 발현되지 않는 단백질의 유전자보다 천천히 진화한다고 알려져 있다.

단백질 내에서 돌연변이적 변화는 생물 간의 모든 진화적 변화를 고려하지 않는다. 단백질의 발현을 제어하는 DNA 서열(26, 27, 28장 참조)도 변이의 대상이 된다. 변이의 대상이 되는 서열을 어디서, 언제, 얼마나 많이 형성할지를 조절할 수 있다. 그리고 인간과 침팬지의 단백질은 평균 >99% 동일하다(그들의 사이토크롬 *c*는 동일하다). 그들은 종들의 해부학적 행동의 차이가 매우 커서 다른 과로 분류한다.

많은 단백질들은 다른 단백질에서 발생하는 도메인을 포함한다. 유전자 복제는 새로운 단백질을 생성하는 유일한 메커니즘은 아니다. 단백질 서열의 분석으로 다양한 단백질, 특히 진핵생물의 40∼100개의 아미노산 잔기의 서열 모티프 또는 도메인 모자이크임이 밝혀져 왔다. 이러한 도메인은 동일한 유기체의 몇몇 단백질에서 발생하며, 주어진 단백질 내에 여러 번 반복될 수 있다(**그림 5-24*a***). 예를 들면 혈액 응고에 관여하는 대부분의 단백질들은 작은 도메인이 세트로 구성되어 있다(**그림 5-24*b***). 상동 도메인 사이의 서열 동일성은 각 도메인이 독립적으로 진화하기 때문에 불완전하다.

그림 5-24 다중 도메인 단백질의 형성 각 모양은 어떤 서열 변동을 가지고 같은 단백질 내에서나 여러 관련된 단백질 내에서 여러 번 나타나는 40∼100개 잔기들의 단편을 나타낸다. (*a*) 세포 외 기질의 ∼500 kD 단백질인 **피브로넥틴(fibronectin)**은 대부분 3종류의 반복적인 기본 단위로 구성되어 있다. (*b*) 혈액 응고에 관여하는 일부 단백질들은 기본 단위의 작은 집단으로 만들어진다(표피 성장 인자 영역은 **표피 성장 인자(epidermal growth factor)**의 구성 성분으로서 처음 발견되었기 때문에 그렇게 명명되었다). [Baron, M., Norman, D.G.,와 Campbell, ID., *Trends Biochem. Sci.* 16, 14(1991).]

개별 도메인의 기능은 항상 알려져 있는 것은 아니다. 일부는 특정 화학 반응을 촉매하거나 특정 분자와의 결합과 같은 분리된 활동을 갖도록 나타나지만, 나머지는 단지 다른 도메인의 간격 띄우개이거나 발판이다.

우리는 25-6C절에서 어떻게 단백질 도메인을 암호화하는 유전자 조각이 복사되는지, 그리고 새로운 유전자를 생성하도록 암호화된 단백질과 새로운 서열을 유전자의 다른 위치에 삽입하는 것을 볼 수 있다. 같은 도메인 끌림은 새로운 기능의 진화에 의한 유전자의 완전한 복제보다 훨씬 빠른 방법이다. 그럼에도 불구하고 두 메커니즘은 단백질의 진화에 중요한 역할을 하였다.

체크 포인트

- 어떻게 단백질의 기능에 필수적인 아미노산 잔기를 밝혀서 서열을 비교할 수 있는가?
- 표 5-6을 이용하여 몇몇 불변, 보존, 변이 위치를 식별하라. 아미노산의 어떤 종류에서 보존적인 위치를 나타내는가?
- 어떻게 동종 단백질의 아미노산의 차이의 수가 계통을 구성하는 데 사용되는지 설명하시오.
- 이종 상동성 단백질, 유사 단백질과 다양한 위치의 단백질의 기원을 설명하시오.
- 왜 서로 다른 단백질들은 다른 비율로 진화하여 나타나는가?

요약

1 폴리펩타이드의 다양성

- 단백질의 특징은 그 성분 폴리펩타이드의 크기와 서열에 크게 의존한다.

2 단백질 정제와 분석

- 단백질 정제 시 pH와 온도, 단백질을 정량화하는 수단을 조절할 필요가 있다.
- 분류 절차는 용해도, 전하, 극성, 크기, 결합 특이성을 기초로 단백질을 정제하기 위해 사용된다.
- 용해도의 차이는 단백질을 농축하고 탈염에 의한 정제가 가능하다.
- 크로마토그래피는 수용성 매트릭스를 통한 이동의 속도에 의해 그 수용성 물질의 분리, 전하(이온 교환 크로마토그래피), 소수성(소수성 상호작용 크로마토그래피), 크기(젤거르기 크로마토그래피), 결합 특이성(친화 크로마토그래피) 분자를 정제하기 위한 기술이다. 결합과 용출은 종종 염의 농도와 pH에 의존한다.
- 전기 이동은 전하와 크기에 의해 분자를 분리한다. SDS-PAGE는 주로 그들의 크기로 분리한다. 2D 전기 이동은 수천의 단백질을 분석할 수 있다.
- 초원심 분리기에서 거대 분자의 침전량은 질량과 관련이 있다.

3 단백질 서열

- 단백질 서열의 분석은 다른 소단위체의 수, 이황화 결합의 분해를 결정하기 위해 말단 작용기의 분석으로 시작한다.
- 폴리펩타이드는 에드먼 분해에 의해서 N 말단에서 잔기가 제거되는데 한 번에 하나씩 적합한 조각으로 하나씩 절단된다. 펩타이드들은 질량 분석기로 서열을 결정할 수 있다.
- 단백질의 서열은 겹쳐지는 펩타이드 단편 서열과 이황화 결합의 위치에 대한 정보로부터 재구성된다. 수많은 단백질의 서열은 공개 데이터베이스에 보관되어 있다.

4 단백질 진화

- 단백질은 1차 구조의 변화를 통해 진화한다. 단백질 서열은 계통수를 구성하는 필수 아미노산 잔기를 확인하기 위해 비교될 수 있다.
- 새로운 단백질은 특정 유전자 또는 유전자 단편 복제의 결과로서 그들의 차이가 발생한다.

주요 용어

2차원 젤 전기 이동 [two-dimensional gel electrophoresis]
ELISA(효소 결합 면역 흡착 분석)
ESI
HPLC
등전 집중(IEF)
폴리아크릴아마이드 젤 전기 이동(PAGE)
RIA(방사 면역 측정법)
SDS-PAGE
Svedberg(S)
결합된 효소 반응(coupled enzymatic reaction)
계통수(phylogenetic tree)
고성능 액체 크로마토그래피(HPLC)
금속 킬레이트 친화 크로마토그래피(metal chelate affinity chromatography)
다중 소단위체 단백질(multisubunit protein)
단백질 분해 효소(protease)
단백질 질량 지문 감식(protein mass fingerprinting)
단백질체학(proteomics)
도메인(domain)
동종 단백질(homologous protein)
리간드(ligand)
머캅탄(mercaptan)

면역 검정(immunoassay)
면역 블러팅(웨스턴 블러팅) [immunoblotting(western blotting)]
면역 친화 크로마토그래피 (immunoaffinity chromatography)
모세관 전기 이동(capillary electrophoresis)
밀도 기울기(density gradient)
발색단(chromophore)
방사능 자동 사진 촬영 (autoradiography)
변성(denaturation)
보존적 치환(conservative substitution)
분류 절차(fractionation procedure)
분석(assay)
불변 잔기(invariant residue)
비어–람버트 법칙(Beer–Lambert law)
소단위체(subunit)
소수성 상호작용 크로마토그래피 (hydrophobic interaction chromatography)
양이온 교환기(cation exchanger)
에드먼 분해(Edman degradation)
여러 자리 전해질 이온 (polyelectrolyte)
염석(salting out)
염용(salting in)
용리액(eluant)
용출(elution)
유사 유전자(pseudogene)
유전자 복제(gene duplication)
음이온 교환기(anion exchanger)
이온 교환 크로마토그래피(ion exchange chromatography)
이종 상동성 단백질 (orthologous protein)
1차 구조(primary structure)
전기 분무 이온화(ESI)
젤거르기 크로마토그래피(gel filtration chromatography)
질량 분석기(mass spectroscopy)
초가변 잔기(hypervariable residue)
초원심 분리 (ultracentrifugation)
친화 크로마토그래피(affinity chromatography)
크로마토그래피 (chromatography)
펩타이드(peptide)
펩타이드 내부 분해 효소 (endopeptidase)
펩타이드 말단 분해 효소 (exopeptidase)
제한 단백질 가수 분해(limited proteolysis)
항원(antigen)
항체(antibody)
핵산 가수 분해 효소(nuclease)
흡광도(absorbance, A)
흡광 계수(absorptivity, ε)

문제

연습 문제

1. 초기 생명체는 작은 펩타이드를 구성할 때 단지 8개의 아미노산을 사용했다고 가정되어 왔다. 8개의 아미노산으로부터 만들어질 수 있는 10개의 펩타이드 잔기는 몇 개나 되는가?
2. 인슐린(그림 5-1)의 이황화 결합을 깨고 머캅토에탄올로 처리한 후 머캅토에탄올이 제거된 경우에 그 이황화 결합을 다시 형성할 수 있도록 하고, 두 개의 폴리펩타이드 사슬이 서로 결합될 수 있는 다른 방법은 몇 가지인가?
3. 다음 중 어느 펩타이드가 280 nm에서 더 큰 흡광도를 가지는가?
   A. Gln–Leu–Glu–Phe–Thr–Leu–Asp–Gly–Tyr
   B. Ser–Val–Trp–Asp–Phe–Gly–Tyr–Trp–Ala
4. 단백질 X는 280 nm에서 흡수율이 0.4 $mL \cdot mg^{-1} \cdot cm^{-1}$이다. 2.0 $mg \cdot mL^{-1}$의 용액인 단백질 X의 280 mn에서의 흡광도는 얼마인가?(빛의 경로는 1 cm로 가정한다.)
5. pH가 7.0인 용액에서 염석에 의해 단백질 Q($pI = 5.0$)를 정제하는 데 황산 암모늄을 사용한다. 침전하는 단백질 Q의 양을 최대화하기 위해서는 혼합물의 pH를 어떻게 조정해야 하는가?
6. 크리오(한랭)글로불린혈증을 가진 개인들의 혈액은 대부분의 혈액 단백질과는 대조적으로 주로 면역 글로불린과 같은 단백질을 포함하고 있으며, 이는 낮은 온도에서 덜 용해된다. 왜 크리오글로불린혈증의 두드러진 증상으로 피부에서 혈관들과 주변 세포들이 손상되는 것인지 설명해 보시오.
7. (a) 아미노산 Arg, His, Leu은 pH가 6.0인 카복시메틸 관에서 어떤 순서로 분리되겠는가? (b) Glu, Lys, Val은 pH가 8.0인 다이에틸아미노에틸 관에서 어떤 순서로 분리되겠는가?
8. 카복시메틸기를 포함하는 관을 사용하여 어떻게 혈청 알부민 및 리보핵산 분해 효소 A를 분리하는지 설명하시오(표 5-3 참조).
9. 어떤 단백질이 젤거르기를 했을 때 90 kD의 겉보기 분자량을 가졌고 2-머캅토에탄올이 존재하거나 없을 때 SDS-PAGE로 확인 시 60 kD를 갖는지 설명하시오. 어느 분자량 측정법이 더 정확한가?
10. 다음 정보로부터 단백질의 소단위체의 성분을 결정하시오.
    젤거르기에 의한 분자량: 200 kD
    SDS-PAGE에 의한 분자량: 100 kD
    2-머캅토에탄올 존재 시 SDS-PAGE에 의한 분자량 40 kD와 60 kD
11. 단백질이 0.1 M NaCl을 포함하는 용액에서 초원심 분리를 할 때는 침강 계수가 2.6 S이고, 1 M NaCl을 포함하는 용액에서는 침강 계수가 4.3 S인 이유를 설명하시오.
12. 어떤 단백질은 젤거르기 크로마토그래피에 의해 800 kD인 겉보기 질량을 가지지만, SDS-PAGE에서는 200 kD에 상응하는 위치에서 단일 띠로 나타난다. 초원심 분리에서 단백질의 침강 계수는 200 kD 또는 800 kD에 상응하는 침강 계수를 나타낼 것인가?

13. 하나의 폴리펩타이드를 염화 댄실로 처리한 후 완전히 산 가수분해하면 여러 개의 댄실화된 아미노산을 얻는 이유를 설명하시오.

14. (a) 초파리, (b) 제빵용 효모, (c) 밀 병원균으로부터 얻은 사이토크롬 *c*를 에드먼 분해하여 얻은 첫 번째 잔기는 무엇인가?(표 5-6 참조)

15. 펜타펩타이드가 NNKNN의 서열을 가지고 있다(아미노산들을 나타내기 위해 한 문자의 기호를 이용하였다). 질량 분석법으로 결정된 것처럼 3개의 유효숫자로 이 펩타이드의 질량을 계산하시오.

16. 문제 15의 펩타이드가 이중 질량 분석법에 의해 서열이 결정되었다. 이 방법에 의해서 얻어진 펩타이드 절편들의 예상되는 질량은 얼마인가?

17. 지정된 위치 돌연변이 실험에서 Gly는 Val에 잘 치환되지만, Val은 Gly에 잘 치환되지 않는 이유를 설명하시오.

18. 아래에는 각기 다른 유기체로부터 마이오글로빈에 있는 B 나선의 처음 10개 잔기들의 목록이 있다.

위치	1	2	3	4	5	6	7	8	9	10
사람	D	I	P	G	H	G	Q	E	V	L
닭	D	I	A	G	H	G	H	E	V	L
악어	K	L	P	E	H	G	H	E	V	I
거북이	D	L	S	A	H	G	Q	E	V	I
참치	D	Y	T	T	M	G	G	L	V	L
잉어	D	F	E	G	T	G	G	E	V	L

이 정보를 바탕으로 할 때 (a) 치환이 잘 되지 않는 위치, (b) 보존 치환이 되는 위치, (c) 높은 변환의 위치는 무엇인가?

19. 다음 부분적인 서열을 보고 집단의 상동 단백질에 대한 계통수를 그리시오.

단백질 A	T	L	A	D	K	A	I	S	L	H	D	S
단백질 B	T	L	G	D	K	A	V	S	I	H	E	S
단백질 C	T	L	A	D	K	A	I	S	V	H	D	S

20. 문제 19의 데이터에 따른 다른 계통수를 그리시오.

도전 질문

21. 단백질의 더 농축된 용액을 준비하기 위해 어떻게 염석을 이용할 것인지 설명해 보시오.

22. 2 M의 황산 암모늄 용액에 용해된 단백질을 정제하려고 한다. 높은 염 농도에서 침전물이 다른 단백질을 제거하기 위해 원심분리한 후에는 세포 배양 시스템에서 표적 단백질의 활성을 분석하기 위해 상층액을 회수한다.

(a) 상층액을 배양할 때 세포가 죽는 이유를 설명하시오.

(b) 문제를 해결하기 위해 어떤 절차를 수행할 수 있는가?(힌트: 2-1D절 참조)

23. 아미노산 구성이 다음과 같은 세 단백질의 혼합물로부터 단백질 1을 정제하려면 어떤 분리 과정을 사용하여야 하는가?

1. 25% Ala, 20% Gly, 20% Ser, 10% Ile, 10% Val, 5% Asn, 5% Gln, 5% Pro
2. 30% Gln, 25% Glu, 20% Lys, 15% Ser, 10% Cys
3. 25% Asn, 20% Gly, 20% Asp, 20% Ser, 10% Lys, 5% Tyr

세 단백질은 모두 크기와 p*I*가 비슷하고 단백질 1에 대한 항체를 구할 수 없다.

24. 표 5-1을 참조하여 다음을 완성하시오. (a) 용출 부피 대 280 nm에서의 흡광도 그래프에서 인간 사이토크롬 *c* 및 박테리오파지 T7의 RNA 중합 효소를 함유하는 혼합물의 젤거르기 결과에 대해 각 피크를 그리시오. (b) 이동 방향을 나타내는 동일한 단백질 혼합물의 SDS-PAGE의 결과를 각 띠별로 그리시오.

25. 정제 표는 단백질의 수율과 정제를 추적하는 데 자주 이용된다. 비활성(specific activity)은 주어진 단계에서 얻어진 관심의 대상이 되는 단백질 양(μmol 또는 효소 단위)을 단백질 총량(mg)으로 나눈 비율이다. 이 경우에 관심의 대상이 되는 단백질은 Mb이다. 수율은 주어진 단계에서 얻어진 관심의 대상이 되는 단백질 양(μmol 또는 효소 단위)을 조 추출물에 존재하는 원래의 양으로 나눈 비율이며, 보통 100을 곱하여 퍼센트 수율로 변환한다. 정제도는 정제된 단백질의 비활성 대 조 추출물의 비활성 비율이다.

(a) 아래의 정제 표, 비활성의 빈 셀의 정제도에 대한 % 수율을 계산하시오.

(b) DEAE 또는 친화 크로마토그래피에서 Mb의 가장 큰 손실이 일어나는 단계는?

(c) Mb의 정제 단계를 하는 가장 큰 이유는?

(d) 만약 정제를 하기 원한다면 어떤 기술을 선택하겠는가?

26. 골격근의 50 mL 천연 추출물은 mL당 단백질이 32 mg 포함되어 있다. 추출물의 10 μL는 분당 0.14 μmol로 결과물을 생성하는 반응을 촉매한다. 추출물을 10 mL에 용해하고 20%와 40% 사이의 포화 황산 암모늄 침전을 분획한다. 이 용액은 50 mg/mL의 단백질을 포함한다. 이 분획된 것의 10 μL를 0.65 uL/min의 속도로 반응을 촉매한다.

(a) 정제도는 얼마인가? (b)정제된 부분에서 회수된 효소의 %수율은 얼마인가?

문제 25에 대한 정제 표

단계	총 단백질(mg)	Mb (μmol)	비활성 (μmol Mb/mg 총 단백질)	% 수율	정제도
1. 조 추출물	1550	0.75		100	1
2. DEAE-셀룰로스 크로마토그래피	550	0.35			
3. 친화 크로마토그래피	5.0	0.28			

27. 다음 펩타이드들을 작은 조각으로 절단해야 한다. 표 5-4에 실린 단백질 분해 효소들 중 어느 것이 가장 많은 조각을 만드는가? 가장 적은 것은?

NMTQGRCKPVNTFVHEPLVDVQNVCFKE

28. 다음의 조성을 갖는 폴리펩타이드의 서열을 결정하려고 한다.

1 Ala 4 Arg 2 Asn 3 Asp 4 Cys 3 Gly 1 Gln 4 Glu
1 His 1 Lys 1 Met 1 Phe 2 Pro 4 Ser 2 Tyr 1 Trp

(a) CNBr로 폴리펩타이드를 절단하면 예상되는 최대 펩타이드의 수는 얼마인가?

(b) 카이모트립신으로 폴리펩타이드를 절단하면 예상되는 최대 펩타이드의 수는 얼마인가?

(c) 폴리펩타이드의 분석은 자유 설프하이드릴기가 없다는 것을 확인하였다. 이황화 결합이 몇 개 존재할까?

(d) 서로 다른 이황화 결합의 배열은 몇 개가 가능할까?

29. 단백질의 전기 분무 이온화 질량 분석법(ESI-MS)은 충전된 그들의 질량 대 전하비(m/z)에 따른 양으로 하전된 이온을 생성하고 그것들을 분리하는 것을 포함한다.

(a) 어떤 현상이 단백질의 다른 입자에 서로 다른 양의 전하를 발생하는가?

(b) 다음은 흰자의 라이소자임(HEWL) 아미노산 조성(사슬당 잔기의 수)이다.

P 2	Y 3	N 14	H 1
D 7	M 2	L 8	E 2
C 8	R 11	G 12	F 3
A 12	I 6	K 6	V 6
S 10	W 6	T 7	Q 3

무엇이 라이소자임 이온에 존재할 수 있는 최대의 양전하를 띠고 있는가?

30. (a) 다음 ESI-MS 스펙트럼에서 HEWL의 피크(5,6)을 얻었다. HEWL의 분자량을 계산하시오(예시 계산 5-1 참조).

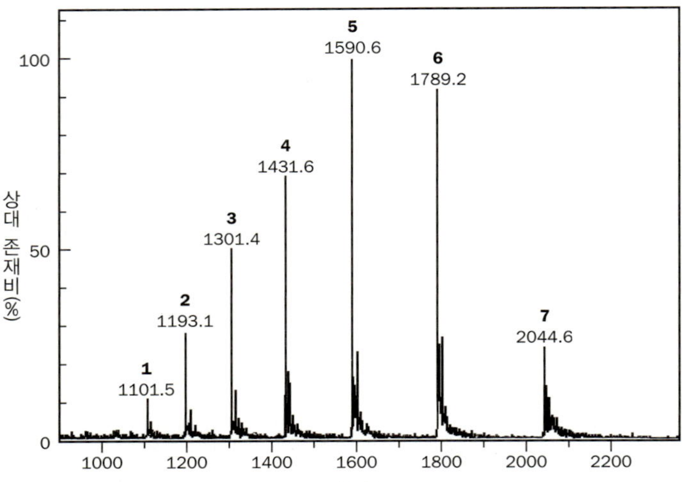

[http://www.astbury.leeds.ac.uk/facil/MStut/mstutorial.htm. Published by A.E. Ashcroft, Astbury Centre for Structural Molecular Biology, University of Leeds (2000)]

(b) 피크 5를 만드는 이온의 전하는 무엇인가?

31. 짧은 펩타이드 서열을 결정하고자 한다. 트립신을 이용한 분할로 Leu–Glu, Gly–Tyr–Asn–Arg, Gln–Ala–Phe–Val–Lys의 배열을 갖는 세 개의 작은 펩타이드를 얻었다. 카이모트립신으로 처리하여 Gln–Ala–Phe, Asn–Arg–Leu–Glu와 Val–Lys–Gly–Tyr의 세 개의 펩타이드를 얻었다. 원래 단백질의 배열은 무엇인가?

32. CNBr과 카이모트립신으로 폴리펩타이드를 절단하여 아래의 아미노산 서열의 조각을 만들었다. 원래 단백질의 서열은 무엇인가?

CNBr 처리

1. Arg–Ala–Tyr–Gly–Asn
2. Leu–Phe–Met
3. Asp–Met

카이모트립신

4. Met–Arg–Ala–Tyr
5. Asp–Met–Leu–Phe
6. Gly–Asn

33. 어떤 폴리펩타이드를 2-머캅토에탄올로 처리하여 2개의 폴리펩타이드를 얻었다.

1. Ala–Val–Cys–Arg–Thr–Gly–Cys–Lys–Asn–Phe–Leu
2. Tyr–Lys–Cys–Phe–Arg–His–Thr–Lys–Cys–Ser

원래의 폴리펩타이드를 트립신으로 처리하여 아래의 아미노산 구성을 가지는 조각들을 얻었다.

3. (Ala, Arg, Cys_2, Ser, Val)
4. (Arg, Cys_2, Gly, Lys, Thr, Phe)
5. (Asn, Leu, Phe)
6. (His, Lys, Thr)
7. (Lys, Tyr)

원래의 폴리펩타이드에 있는 이황화 결합의 위치를 밝히시오.

34. 겨자 식물로부터 얻은 단백질 분해 효소 저해제의 가벼운 사슬의 서열을 결정하려고 한다. 트립신과 카이모트립신으로 그 사슬을 절단하여 아래의 조각들을 얻었다. 그 가벼운 사슬의 서열은?

카이모트립신

1. Leu–His–Lys–Gln–Ala–Asn–Gln–Ser–Gly–Gly–Gly–Pro–Ser
2. Gln–Gln–Ala–Gln–His–Leu–Arg–Ala–Cys–Gln–Gln–Trp
3. Arg–Ile–Pro–Lys–Cys–Arg–Lys–Phe

트립신

4. Arg
5. Ala–Cys–Gln–Gln–Trp–Leu–His–Lys
6. Cys–Arg
7. Gln–Ala–Asn–Gln–Ser–Gly–Gly–Gly–Pro–Ser
8. Phe–Gln–Gln–Ala–Gln–His–Leu–Arg
9. Ile–Pro–Lys
10. Lys

참고 문헌

단백질 정제

Boyer, R.F., *Biochemistry Laboratory: Modern Theory and Techniques*, (2nd ed.), Benjamin Cummings(2012).

Burgess, R.R and Deutsche, M.P. (Eds.), *Guide to Protein Purification* (2nd ed.), *Methods Enzymol.* **463**(2009).

Janson,J.-c.(Ed.), *Protein Purification: Principles, High Resolution Methods, and Applications*(3rd ed.), Wiley (2011). [다양한 크로마토그래피와 전기 이동 분리 기술에 대해 상세히 논의되어 있다.]

Ninfa, A.J., Ballou, D.P., and Benore, M., *Fundamental Laboratory Approaches for Biochemistry and Biotechnology* (2nd ed.), Wiley (2010).

Simpson, R.J., Adams, P.D., and Golemis, E.A. (Eds.), *Basic Methods in Protein Purification and Anaylsis. A Laboratory Manual*, Cold Spring Harbor Laboratory Press(2009).

Tanford, C. and Reynolds, J., *Nature's Robots: A history of Proteins*, Oxford University Press(2001). [몇 가지 초기에 발견된 단백질의 성질과, 단백질의 정제 및 분석과 관련된 것에 대한 설명]

단백질 서열

Aebersold, R. and Mann, M., Mass spectrometry−based proteomics, *Nature* **422**, 198−207 (2003). [Describes some of the methods of mass spectrometric analysis of proteins as well as current and potential applications.]

Findlay, J.B.C and Geisow, M.J. (Eds.), *Protein Sequencing. A practical Apprach*, IRL Press(1989).

Fernández−Suárez, X.M., Rigden, D.J., and Galperin, M.Y. The 2015 *Nucleic Acids Research* database issue and online database collection. *Nucleic Acids Res.* **43**, Database issue D1 − D8 (2015). [This and other articles in the Database Issue describe the features and potential uses of various protein and DNA sequence databases. Freely available at http://nar.oxfordjournals.org/.]

Steen, H. and Mann, M., The abc's (and xyz's) of peptide sequencing, *Nature Rev. Mol. Cell. Biol.* **5**, 699 − 711 (2004). [A review of mass spectrometry−based proteomics.]

단백질 진화

Baxevanis, A.D. and Ouellette, B.F.F. (Eds.), *BIoinformationc, A Parctica Guide to the Analysis of Genes and Proteins* (3rd ed.), Wiley Interscience (2005)

Doolittle, R.F., Feng, D.-F., Tsang, S., Cho, G., and Little, E., Determining divergence times of the major kingdoms of living organisms with a protein clock, *Science* 271, 470−477 (1996). [Demonstrates how protein sequences can be used to draw phlogenetic trees.]

Kuriyan, J., Konforti, B., and Wemmer, D., *The Molecules of Life. Physical and Chemical Principles*, Chap. 5, Garland Science (2013).

Lesk, A.M., *Introduction to Bioinformatics* (3rd ed.), Oxford University Press (2014)

Mount, D.W., *Bioninformatics: Sequence and Genome Analysis* (2nd ed.) Cold Spring Harbor Laboratory Press (2004).

Pal, C., Papp, B., and Lercher, M.J., An intergrated view of protein evolution, *Nature Reviews Genetics* 7, 337−348 (2006). [Discusses some of the factors that contribute to the variable rate of evolution amon proteins, including protein dispensability and expression level.]

Olga Khoroshunova/iStockphoto

쇠푸른펭귄(Eudyptula minor)의 깃이 푸른 이유는 푸른색의 색소 분자가 존재하기 때문이 아니라 베타 케라틴 단백질의 평행 다발에 의해 빛이 산란되기 때문이다.

CHAPTER 6

단백질: 3차원 구조

1 2차 구조
- **A** 선형의 폴리펩타이드기가 폴리펩타이드의 형태를 결정한다
- **B** 가장 일반적이며 규칙적인 2차 구조는 α 나선과 β 병풍이다
- **C** 섬유상 단백질은 반복적인 2차 구조를 포함한다
- **D** 대부분의 단백질은 반복되지 않는 구조를 갖고 있다

2 3차 구조
- **A** 대부분의 단백질 구조는 X선 결정학, 핵자기 공명, 저온 전자 현미경법으로 결정된다
- **B** 곁사슬 위치는 극성에 따라 다양하다
- **C** 3차 구조는 2차 구조의 조합으로 이루어진다
- **D** 구조는 서열보다 보존성이 높다
- **E** 구조 생물정보학은 보관, 시각화, 그리고 단백질 구조 비교를 위한 정보를 제공한다

3 4차 구조와 대칭

4 단백질의 안정성
- **A** 단백질은 몇몇 힘에 의해서 안정화된다
- **B** 단백질은 변성 및 복원될 수 있다
- **C** 단백질은 동적이다

5 단백질의 포개짐
- **A** 단백질은 포개짐 경로를 따른다
- **B** 분자 샤페론은 단백질 포개짐을 도와준다
- **C** 단백질 포개짐의 오류는 질병을 야기한다

오랫동안 단백질은 무질서한 구조를 가진 콜로이드이며, 결정화된 일부 단백질에서 발견되는 효소 활성은 반응성이 없는 단백질 운반체에 포함되어 있는 미확인 물질에 의한 결과로 간주되어 왔다. 1934년에 버널(J. D. Bernal)과 호지킨(Dorothy Crowfoot Hodgkin)은 **펩신(pepsin)** 단백질의 결정에 X선을 조사하면 독특한 회절 패턴이 만들어진다는 것을 보여 주었다. 이 결과는 펩신이 무질서한 콜로이드가 아니라 원자들이 질서 있게 배치되어, 크지만 독특한 구조를 가진 분자임을 보여 주는 최초의 증거를 제시하였다.

비교적 작은 단백질도 수천 개의 원자를 포함하고 있지만, 대부분의 원자는 공간의 특정 위치에 존재하고 있다. 1958년에는 켄드류(John Kendrew)의 연구팀에 의해 향유고래 마이오글로빈(myoglobin) 단백질의 X선 구조가 처음으로 발표되었다. 불과 5년 후에 왓슨(James Watson)과 크릭(Francis Crick)이 단순하면서 질서정연한 DNA 구조를 밝혀내기는 하였지만, 그 당시에 단백질 화학자들은 매우 복잡하고, 얼핏 보기에 아무런 규칙성이 없어 보이는 마이오글로빈의 구조에 대해 당혹스러운 반응을 보였다. 사실 단백질의 다양한 생물학적 기능을 생각해 보면 그러한 불규칙성은 필연적인 것이라고 생각할 수도 있다. 그러나 지금까지 밝혀진 거의 110,000개의 단백질 구조를 비교해 보면 단백질들이 놀라울 정도의 구조적인 규칙성을 가지고 있다는 사실이 드러난다.

5-1절에서 본 것처럼, 단백질의 1차 구조는 아미노산의 배열이다. 단백질의 구조에 대해 언급할 때는 관례적으로 다음과 같은 세 단계의 구조를 다루게 된다.

- **2차 구조(secondary structure)**는 단백질의 한 제한된 영역에서 폴리펩타이드

뼈대 원자의 공간적인 배열을 가리키며, 그 곁사슬의 배치는 여기에 포함되지 않는다.

- **3차 구조(tertiary structure)**는 곁사슬을 포함한 전체 폴리펩타이드의 3차원 구조를 가리킨다.
- 많은 단백질은 두 개 이상의 폴리펩타이드 사슬로 구성되어 있는데, 이들을 대개 소단위체(subunit)라고 한다. 단백질의 **4차 구조(quaternary structure)**는 이들 단위체의 공간적인 배열을 가리킨다.

단백질 구조의 네 단계는 **그림 6-1**에 요약되어 있다.

이 장에서는 각 단계를 보여 주는 단백질 구조의 예와 함께, 2차 구조에서 4차 구조까지를 다루게 될 것이다. 그리고 단백질의 포개짐과 단백질의 포개진 구조를 안정하게 만드는 힘에 대해서도 살펴볼 예정이다.

1 2차 구조

주요 개념

- 폴리펩타이드의 평면 특성이 폴리펩타이드 사슬 배치의 유연성을 결정한다.
- α 나선과 β 병풍 구조는 폴리펩타이드 사슬의 ψ와 ϕ 각도를 한정짓고 수소 결합을 형성한다.
- 섬유상 단백질은 규칙적인 2차 구조로 긴 펼쳐진 형태를 취하며 α 케라틴이나 삼중 나선의 콜라젠과 같은 꼬인 코일 형태를 형성한다.
- 모든 폴리펩타이드 부분이 α 나선과 β 병풍 같은 2차 구조를 형성하는 것은 아니다.

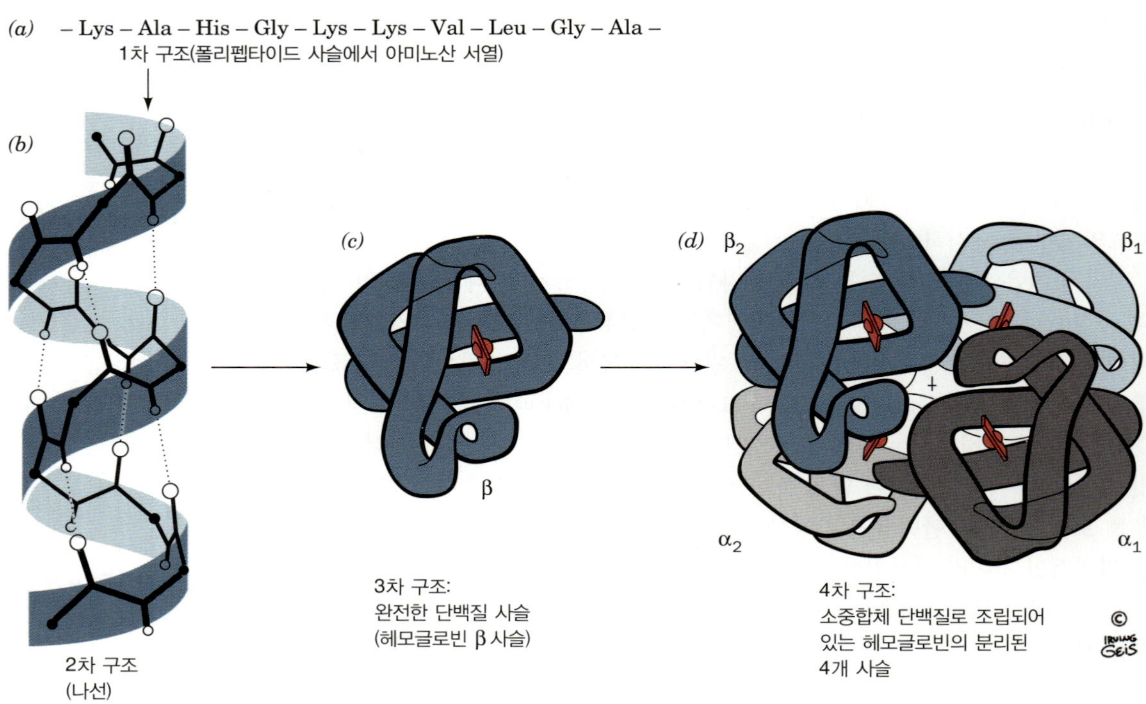

그림 6-1 단백질 구조의 단계 (*a*) 1차 구조, (*b*) 2차 구조, (*c*) 3차 구조, (*d*) 4차 구조. [Irving Geis Geis 그림. Howard Hughes Medical Institute의 Irving Geis 컬렉션에서 인용. Rights owned by HHMI. Reproduction by permission only.]

단백질 2차 구조는 나선, 병풍 구조, 회전과 같은 규칙적인 폴리펩타이드 사슬의 포개짐 패턴을 의미한다. 그러나 이 기본적인 구조적 요소들에 대해 살펴보기 전에, 먼저 구조 결정의 원리로 작용하는 펩타이드기의 기하학적 특성을 고려해야 한다.

A 선형의 폴리펩타이드기가 폴리펩타이드의 형태를 결정한다

4-1B절에서 살펴본 것처럼 폴리펩타이드는 아미노산 잔기가 아마이드(펩타이드) 결합으로 연결된 고분자이다. 1930년대부터 1940년대에 걸쳐 폴링(Linus Pauling)과 코리(Robert Corey)는 폴리펩타이드 사슬에 어떤 구조적인 제한이 있는지 알기 위해 몇 가지 아미노산과 다이펩타이드의 X선 구조를 결정하였다. 그 결과, **펩타이드 결합이 약 40%의 이중 결합 성질을 갖도록 하는 공명 구조로 인해 펩타이드기(peptide group)는 고정된 평면 구조**를 갖는다는 것을 알게 되었다.

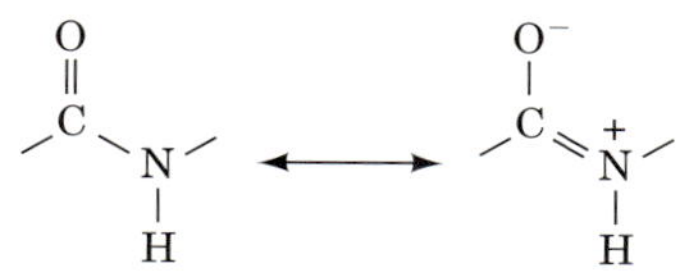

이와 같은 가설은 펩타이드기의 C—N 결합 길이는 N—C_α 결합 길이에 비해 0.13 Å 만큼 짧으며, 반면에 C=O 결합은 알데하이드나 케톤의 C=O 결합에 비해 0.02 Å 만큼 길다는 사실에 의해서도 확인된다. 평면 구조는 π 결합의 겹침을 최대가 되도록 하는데, 바로 그것 때문에 펩타이드기가 고정된 구조를 갖게 되는 것이다.

펩타이드기의 대부분은 이웃하고 있는 C_α 원자가 그들을 연결하는 펩타이드 결합의 반대쪽에 있는 **트랜스 형태(trans conformation)**로 되어 있다(그림 6-2). 이웃하고 있는 C_α 원자가 그들을 연결하는 펩타이드 결합의 같은 쪽에 있는 **시스 형태(cis conformation)**는 트랜스 형태에 비해 8 kJ/mol 정도 더 불안정한데, 그 이유는 이웃하고 있는 곁사슬들이 입체 장애를 일으키기 때문이다. 그러나 Pro 잔기에 연결된 펩타이드 결합에서는 이와 같은 입체 장애가 줄어들어, **단백질에 존재하는 Pro 잔기의 약 10%는 시스 형태로 연결**되어 있다.

펩타이드기들 사이의 비틀림 각도가 폴리펩타이드 사슬의 형태를 결정한다. 단백질의 **뼈대(backbone)** 또는 **주사슬(main chain)**은 곁사슬을 제외한, 펩타이드 결합에 참여하는 원자들만을 포함한다. 뼈대는 고정된 펩타이드기 평면이 차례로 연결된 상태로 그려진다(그림 6-3). 따라서 **뼈대의 형태는 각 잔기와 C_α—N 결합(ϕ)과 C_α—C 결합(ψ)의 비틀림 각도(torsion angle, 이면각(dihedral angle) 또는 회전각이라고도 함)로 표현할 수 있다**(그림 6-4). ψ와 ϕ 각도는 모두 폴리펩타이드 사슬이 완전히 펼쳐진 형태로 되어 있을 때를 180°로 하고 C_α 입장에서 시계 방향으로 회전할 때 각도

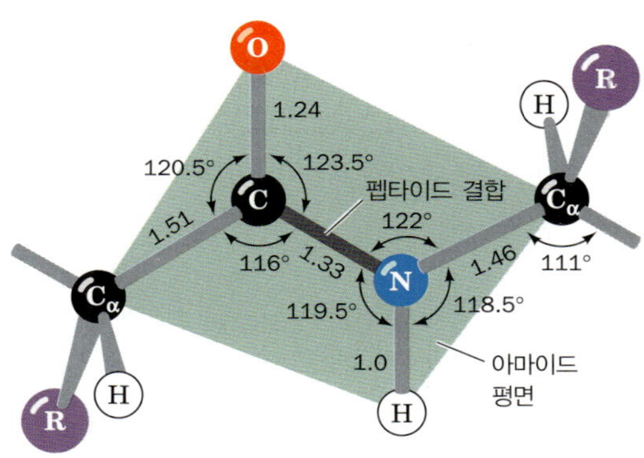

그림 6-2 트랜스 펩타이드기 결합 길이(Å)와 각도(°)는 X선 구조로부터 얻은 것이다. [After Marsh, R.E and Donohue, J., *Adv. Protein Chem.* 22, 249 (1967).]

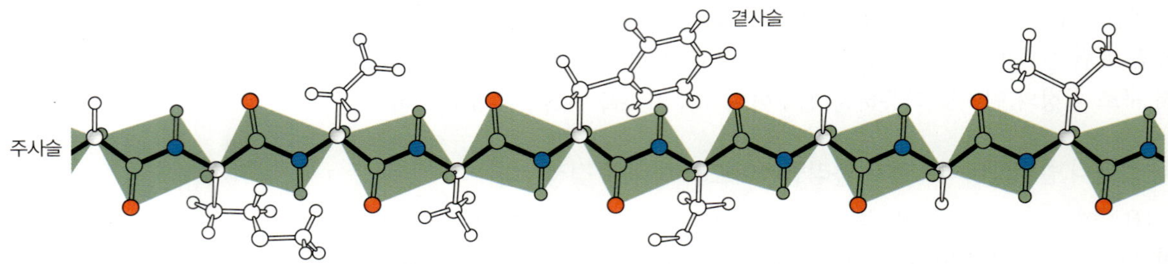

그림 6-3 펼쳐진 형태의 폴리펩타이드 평면 펩타이드기가 이어져 뼈대를 이루는 것을 볼 수 있다. [Illustration, Irving Geis. Image from the Irving Geis Collection/Howard Hughes Medical Institute. Rights owned by HHMI. Reproduction by permission only.]

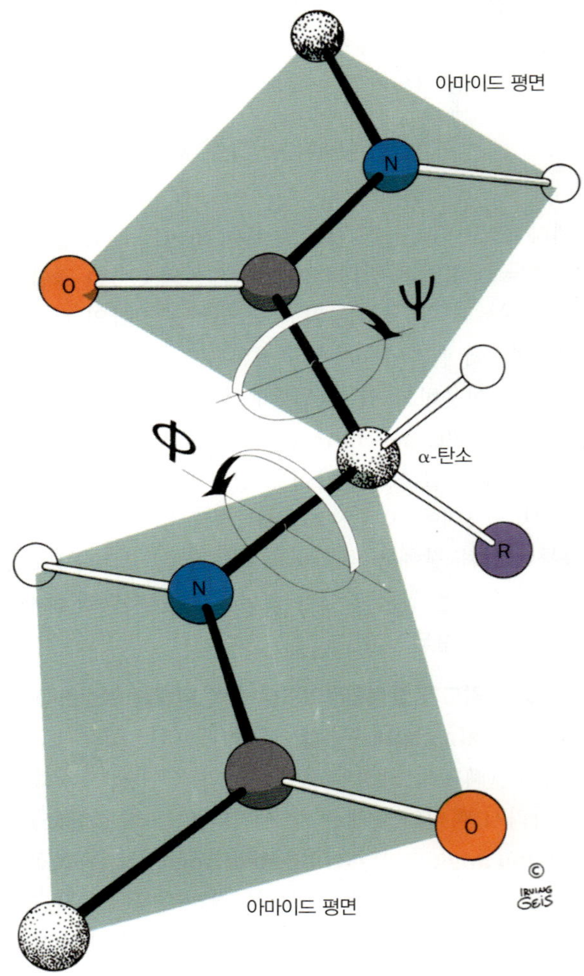

그림 6-4 폴리펩타이드 뼈대의 비틀림 각도 두 개의 평면 펩타이드기를 나타내었다. C_α—N 결합(ϕ로 측정됨)과 C_α—C 결합(ψ)에서만 비교적 자유로운 회전이 가능하다. 여기에 제시된 형태에서 ϕ와 ψ 모두 180°이며, C_α 쪽에서 볼 때 시계 방향으로 회전하면 각도가 증가한다. [Illustration, Irving Geis. Image from the Irving Geis collection/Howard Hughes Medical Institute. Rights owned by HHMI. Reproduction by permission only.]

가 증가하는 것으로 정의된다.

형태의 자유도, 즉 폴리펩타이드 사슬의 비틀림 각도는 입체적인 제한을 받는다. C_α—N 결합과 C_α—C 결합을 중심으로 회전할 때 두 각도(**ψ**와 **ϕ** 각도)의 특정 조합에서는 아마이드의 수소, 카보닐기의 산소, 또는 이웃 잔기에 있는 C_α의 치환기들이 서로 충돌하게 된다(예: **그림 6-5**). 긴 폴리펩타이드의 경

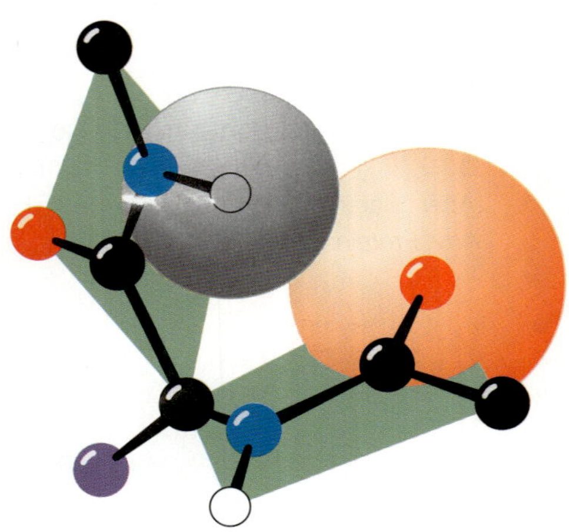

그림 6-5 이웃 펩타이드기 사이의 입체 장애 회전으로 인하여 한 잔기의 아마이드 수소가 이웃의 카보닐 산소와 반데르발스 거리 이상으로 가까이 접근한 형태가 되었다. [Irving Geis 그림. Howard Hughes Medical Institute의 Irving Geis 컬렉션에서 인용. Rights owned by HHMI. Reproduction by permission only.]

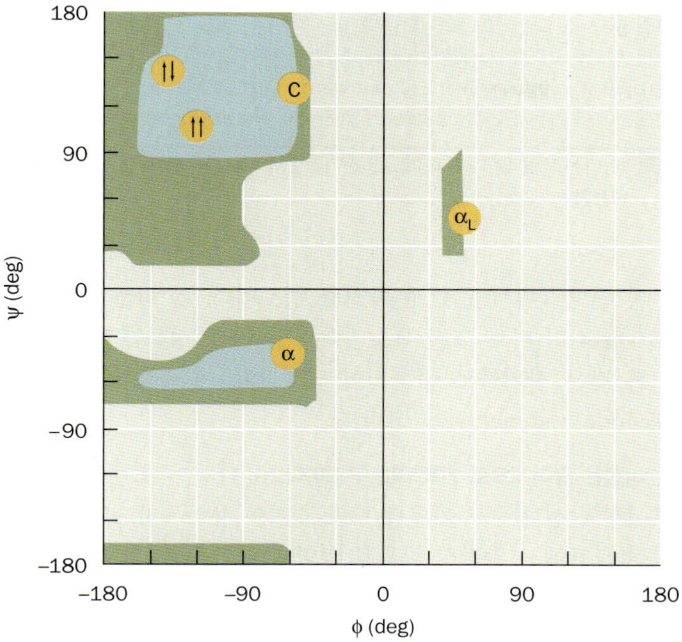

그림 6-6 라마찬드란 도표 푸른색 부분은 Gly과 Pro을 제외한 모든 잔기에 입체적으로 허용된 ψ와 ϕ 각도를 나타낸다. 초록색 부분은 약간 장애가 있지만 가능한 ψ와 ϕ 각도를 가리킨다. 노란색 원은 2차 구조의 구조 각들을 나타내었다. α: 오른손 방향, α 나선; ↑↑, 평행 β 병풍; ↑↓, 역평행 β 병풍; C, 콜라젠 나선; α_L, 왼손 방향 α 나선

우 특정 형태의 아미노산 서열에서는 멀리 떨어져 있는 잔기들 사이에 충돌이 있을 수도 있다.

라마찬드란 도표는 폴리펩타이드의 허용된 구조를 제시한다. 입체적으로 허용된 ψ와 ϕ 각도를 계산하는 것도 가능하다. 그림 6-5의 예와 같이 입체적으로 금지된 형태의 ψ와 ϕ 각도에서는 원자들이 반데르발스 거리(결합하지 않은 원자들이 가장 가깝게 접촉하였을 때의 거리)보다 더 가깝게 위치하게 된다. 라마찬드란(G. N. Ramachandran)은 이러한 정보를 정리하여 **라마찬드란 도표**(**Ramachandran diagram**, 그림 6-6)를 만들었으며, 그의 이름에서 유래하였다.

라마찬드란 도표에서 대부분의 영역, 즉 대부분의 ϕ와 ψ 각도의 조합은 폴리펩타이드 사슬의 금지된 형태에 해당된다. 오직 세 군데의 작은 영역만 대부분의 잔기가 취할 수 있는 각도를 포함하고 있다. 실제로 정확한 단백질 구조에서 관찰된 ϕ와 ψ 각도는 거의 항상 이 허용된 영역에 들어 있다. 그러나 몇 가지 중요한 예외가 존재한다.

1. Pro의 고리형 곁사슬은 ϕ 각도를 −60° 근처로 제한하기 때문에 Pro은 구조적으로 가장 독특한 형태를 갖는 잔기이다.
2. C_β 원자가 없는 유일한 잔기인 Gly은 어떤 다른 아미노산보다도 입체적인 장애가 적다. 따라서 라마찬드란 도표에서 허용된 ψ와 ϕ 각도의 영역이 더 넓다. 폴리펩타이드 내의 다른 잔기에서는 금지된 형태가 Gly 잔기에서는 허용되기도 한다.

B 가장 일반적이며 규칙적인 2차 구조는 α 나선과 β 병풍이다

단백질 2차 구조 가운데 일부 요소는 매우 일반적이어서 아미노산 서열이 상당히

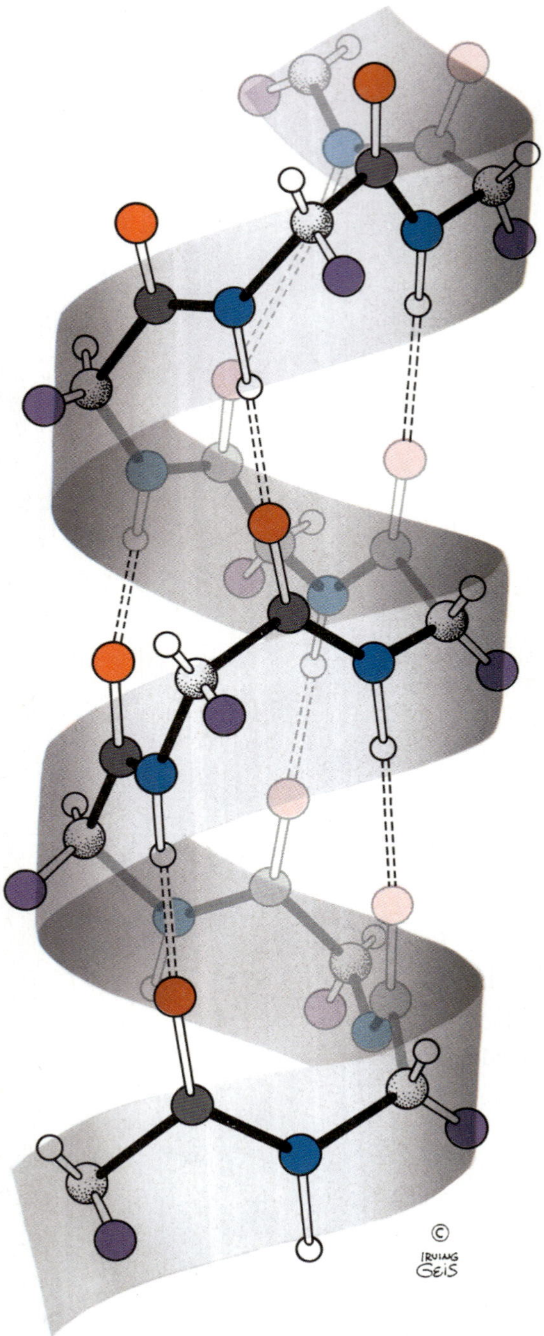

그림 6-7 α 나선 이 오른손 방향 나선 형태는 3.6개 잔기마다 한 바퀴를 회전한다. 점선은 폴리펩타이드 사슬을 따라 네 잔기 떨어진 C=O기와 N—H기 사이의 수소 결합을 나타낸다. [Irving Geis 그림. Howard Hughes Medical Institute의 Irving Geis 컬렉션에서 인용. Rights owned by HHMI. Reproduction by permission only.]

? 이 나선 내에 몇 개의 아미노산 잔기가 존재하는가? 몇 개의 사슬 내 수소 결합이 존재하는가?

다른 단백질에서도 쉽게 확인될 정도이다. **α 나선(α helix)**과 **β 병풍(β sheet)**이 바로 그런 요소인데, 이들은 일정하게 반복되는 ψ와 φ 각도를 갖는 잔기들로 구성되어 있기 때문에 **규칙적인 2차 구조(regular secondary structure)**라고 한다.

α 나선은 규칙적으로 반복되는 구조이다. α 나선 구조는 폴리펩타이드로 이루어진 나선형 구조 가운데 수소 결합이 용이하며 ψ와 φ 각도가 라마찬드란 도표에서 완전히 허용된 영역에 들어올 수 있는 유일한 구조이다. 1951년에 폴링이 모형을 만들어 그 구조를 발견한 사건은 구조 생화학에서 기념비적인 사건 가운데 하나이다(자료 6-1).

α 나선(그림 6-7)은 오른손 방향, 즉 오른손 엄지가 나선이 가는 방향을 가리키도록 하였을 때 나머지 손가락이 구부러지는 방향이다(그림 3-7). 나선은 한 바퀴 회전하는 데 3.6개의 잔기가 필요하고, **피치(pitch**, 한 나선에서 한번 회전한 다음 나선 사이의 수직 거리)는 5.4 Å이다. 단백질에서 발견되는 α 나선은 평균 약 12개 잔기로 이루어져 있는데, 이는 세 바퀴 정도를 회전하는 길이에 해당하며, 약 18 Å이 된다.

α 나선에서 뼈대의 수소 결합은 *n*번째 잔기의 C=O 결합이 나선의 축과 평행하게 (*n* + 4)번째 잔기의 N—H기를 향하는 방식으로 형성되어 있다. 그 결과 N···O 거리는 수소 결합의 최적 거리인 2.8 Å을 유지하여 강한 수소 결합을 가능하게 한다. 아미노산의 곁사슬은 나선의 바깥 아래쪽을 향하게 되어(그림 6-8), 곁사슬과 폴리펩타이드 사슬 사이에, 그리고 곁사슬들 사이의 입체적인 간섭을 피하도록 되어 있다.

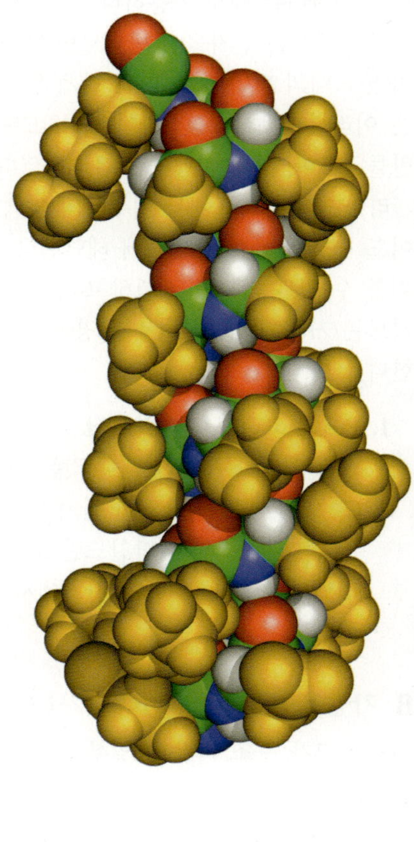

그림 6-8 α 나선의 공간 채움 모형 뼈대 원자들은 원자에 따라 다른 색으로 되어 있다. C는 초록색, N은 파란색, O는 빨간색, H는 흰색이다. 금색으로 표시된 곁사슬은 나선에서 밖을 향하고 있다. α 나선은 향유고래 마이오글로빈의 한 부분이다. [Based on an X-ray structure by Ilme Schlichting, Max Planck Institut für Molekulare Physiologie, Dortmund, Germany. PDBid 1A6M (for the definition of "PDBid" see Section 6–2E).]

자료 6-1 발견의 과정

폴링과 구조 생화학

폴링(Linus Pauling, 1901~1994) 두 개의 노벨상을 단독 수여한 유일한 사람인 폴링은 20세기 화학에서 독보적인 존재일 뿐만 아니라 모든 시대에 걸쳐 가장 위대한 과학자들 가운데 한 사람이다. 그는 1922년에 Oregon Agricultural College(지금은 Oregon State University)에서 화학공학 학사 학위를 받았고, 1925년에 나중에 그가 연구자로서 오랜 시간을 보낸 California Institute of Technology에서 화학 박사 학위를 받았다.

폴링의 긴 연구 인생에서 주된 주제는 분자의 구조와 화학 결합의 성질에 대한 연구였다. 그의 연구는 그 당시 최신 기술이었던 X선 결정학을 사용하여 단순한 광물이나 무기염의 구조를 결정하는 것으로부터 시작되었다. 그 당시에는 위상 문제(phase problem, 자료 7-2절)를 해결하는 방법을 몰랐기 때문에 시행착오를 거듭한 후에야 X선 구조를 결정할 수 있었다. 결과적으로 그 방법으로 연구할 수 있는 물질은 소수의 원자로 구성되고 대칭성이 매우 높은 것들, 즉 각 원자마다 3차원 좌표를 결정하기보다는 적은 변수로도 전체 원자의 3차원적인 좌표를 묘사할 수 있는 것들로 한정되었다. 폴링은 분자에서 각 원자의 위치는 일정한 원자 지름과 결합 길이, 그리고 결합각에 의해 결정된다는 사실을 깨닫고, 이 정보들을 이용하여 분자 구조에 대해 경험을 근거로 한 추측을 시도하게 되었다. 이 방법은 훨씬 더 복잡한 구조를 가진 물질을 연구할 수 있게 해주었다.

그의 두 번째 업적은 1931년 당시로는 아직 미성숙 분야였던 양자 역학을 화학에 도입하여 화학자들이 분자를 보는 관점을 혁명적으로 바꿔 놓은 것이다. 폴링은 오비탈 혼성화(orbital hybridization), 전자쌍 결합, 공명 등의 이론을 공식화하여 공유 결합의 특성을 설명하는 데 사용하였다. 이 업적은 1938년에 "The Nature of Chemical Bond"라는 제목으로 발표되어 큰 영향력을 끼쳤다.

1930년대 중반 폴링의 관심 분야가 생화학으로 바뀌었다. 그는 동료인 코리(Robert Corey)와 몇 가지 아미노산과 다이펩타이드의 X선 구조를 결정하였다. 당시에는 작은 분자의 X선 구조를 결정하기 위해서도 손으로 수많은 계산을 해야 했기 때문에 일 년 정도 집중적인 연구가 필요하였다(전자계산기가 발명되기 전이다). 그럼에도 불구하고 그들은 이 연구를 통해 펩타이드 결합이 평면 구조로 되어 있다는 결론을 내릴 수 있었고, 폴링은 공명 구조의 개념을 사용하여 이 결론을 설명할 수 있었다(6-1A절). 이뿐만 아니라 고분자 구조의 유지에는 수소 결합이 핵심적인 역할을 한다는 사실도 발견하였다.

1940년대에 폴리펩타이드가 특정 형태를 선호하는지 확인하기 위한 연구가 실패를 거듭하였다. 그리고 1948년 옥스퍼드 대학을 방문한 기간에 그는 감기에 걸려 침대에 누워 있었다. 그는 탐정 소설과 공상 과학 소설을 읽다가 지쳐 다시 단백질로 관심을 돌렸다. 폴리펩타이드를 그린 그림을 여러 가지 방법으로 접어보다가 α 나선 구조에 착안하였고, 곧 α 케라틴 단백질의 결정 구조(6-1C절)를 통해 그 존재를 확인할 수 있었다. 이 연구는 1951년에 보고되었고, 그 해 후반부에 폴링과 코리는 평행 및 역평행 β 병풍 구조를 제안하였다. 이와 같은 본질을 꿰뚫는 통찰로 폴링은 단백질의 실제 결정 구조에서 α 나선과 β 병풍이 확인되기도 전인 1954년에 노벨 화학상을 받았다. 단백질에서 이들의 존재가 확인된 것은 그로부터 5~10년이 지난 후이다.

폴링은 그 외에도 생화학 분야에 수많은 선구적인 업적을 남겼는데, 가장 주목할 만한 것들은 헤모글로빈 헴(heme)기의 전기적인 상태가 산소의 결합으로 바뀐다는 것(7-1A절), 포유류의 헤모글로빈은 $\alpha_2\beta_2$ 상태의 사합체라는 것(7-1B절), 단백질의 변성은 폴리펩타이드 사슬의 구조가 풀리기 때문이라는 것, 낫세포 빈혈증은 정상적인 성인 헤모글로빈 β 사슬의 돌연변이 때문이라는 것(이는 최초로 규명된 분자 질병임. 7-1E절), 항원-항체 상호작용에서 분자적인 상보성이 중요한 역할을 한다는 것(7-3B절)과 효소들이 기질의 전이 상태에 결합하여 반응을 촉진시킨다는 것(11-3E절), 서로 다른 생물체에서 동일한 기능을 하는 단백질의 서열을 비교하면 진화에 대한 정보를 얻을 수 있다는 것(5-4절) 등이다.

폴링은 또한 활발하고 지적인 자극을 주는 강사로서 여러 해 동안 일반화학을 강의하였다[이 책의 저자 중 한 사람 (DV)은 그 강의를 듣는 특권을 누렸었다. 그가 쓴 교과서 "General Chemistry"는 일반 화학을 원자물리와 분자 구조의 관점에서 가르치도록 함으로써 혁신을 일으켰다. 일반적인 내용을 다루고 있는 책임에도 불구하고 내용의 상당 부분이 저자가 직접 밝혀 낸 내용으로 채워져 있다는 것은 놀라운 일이다. 폴링이 앉은 자리에서 그 교재의 각 장을 받아쓰도록 하였다는 사실은 그가 얼마나 놀라울 정도로 화학을 파악하고 있었는지 잘 보여 준다.

1940년대 말 폴링은 핵전쟁이 인류에 얼마나 엄청난 재앙을 가져올 수 있는지 그 위험성을 깨닫고 지상 핵폭탄 실험으로 인한 낙진이 결국 수천 명의 사람에게 암을 일으킬 수 있다는 것을 추정하였다. 그래서 그는 대중을 대상으로 핵폭탄 실험과 핵전쟁의 위험성을 알리는 캠페인을 시작하였다. 그 당시 미국의 정치적인 분위기는 폴링을 위험 인물로 취급하여 여권을 취소할 정도였다(그리고 그가 첫 번째 노벨상을 받기 위해 스웨덴으로 출국하기 2주 전에야 회복시켜 주었다). 그럼에도 불구하고 폴링은 캠페인을 계속하였고, 1962년 첫 번째 핵실험 금지 조약에 사인을 하게 되면서 그 활동이 절정에 달하였다. 이 노력으로 인하여 그는 1962년에 노벨 평화상을 수상하였다.

폴링은 과학을 진리의 추구로 보았으며, 여기에는 정치와 사회적인 대의도 포함되어 있었다. 말년에 그는 정분자 치료법(orthomolecular medicine, 몸의 분자 성분을 영양으로 조절하는 의학)을 보급하기 위해 활발하게 활동하였다. 그는 바이타민을 대량으로 복용하면 암을 비롯하여 많은 질병을 고칠 수 있다고 믿었다. 이 개념의 가장 좋은 예로, 그는 바이타민 C를 많이 먹으면 감기를 예방하거나 증상을 완화시킬 수 있다고 주장하였는데, 아직 의학적인 증거는 불충분하지만 지금도 수많은 사람이 이 권고를 따르고 있다. 그러나 폴링은 자신의 권고를 스스로 실천한 결과 1994년에 93세의 나이로 세상을 떠날 때까지 건강을 유지하였다는 점을 주목할 필요가 있다.

나선의 내부는 원자들이 반데르발스 접촉을 하고 있을 정도로 꽉 채워져 있다.

β 병풍은 확장된 사슬에서 형성된다. 폴링이 α 나선 구조를 제안한 해인 1951년에 폴링

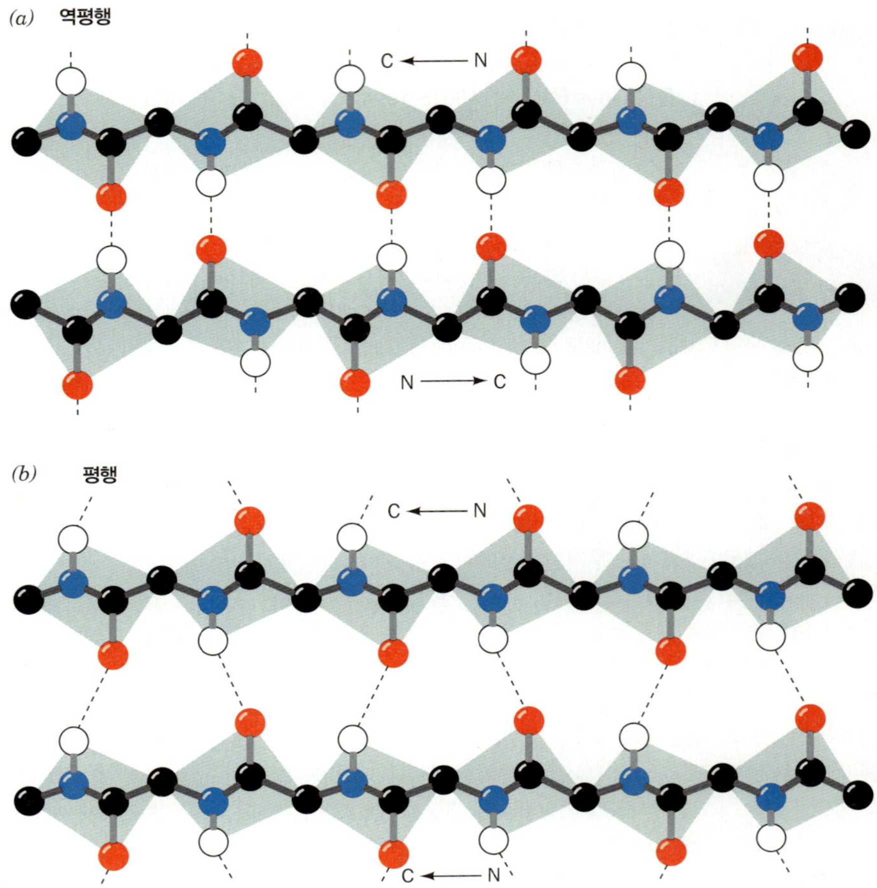

그림 6-9 **β 병풍** 점선은 폴리펩타이드 사슬들 사이의 수소 결합을 나타낸다. 명백하게 보이도록 하기 위해 곁사슬은 그리지 않았다. (*a*) 역평행 β 병풍, (*b*) 평행 β 병풍 [Irving Geis 그림. Howard Hughes Medical Institute의 Irving Geis 컬렉션에서 인용. Rights owned by HHMI. Reproduction by permission only.]

과 코리는 β 병풍이라는 또 다른 폴리펩타이드 2차 구조가 존재할 것이라는 가설을 제시하였다. α 나선과 마찬가지로 β 병풍 역시 폴리펩타이드 뼈대의 수소 결합 형성 능력을 최대한으로 활용한다. 그러나 α 나선과 다르게, **β 병풍에서는 수소 결합이 한 사슬 내에서 이루어지는 것이 아니라 이웃 사슬 사이에 이루어진다.**

병풍 구조에는 두 가지 형태가 있다.

1. **역평행 β 병풍(antiparallel β sheet)**에서는 수소 결합으로 서로 붙잡고 있는 이웃 사슬들이 반대 방향으로 진행한다(**그림 6-9*a***).
2. **평행 β 병풍(parallel β sheet)**에서는 수소 결합으로 서로 붙잡고 있는 이웃 사슬들이 같은 방향으로 진행한다(**그림 6-9*b***).

이러한 β 구조에서 최적의 수소 결합을 형성할 때의 형태는 그림 6-3에 있는 것과 같은 완전히 펼쳐진 폴리펩타이드와는 조금 다르다. 즉 이들은 접혀진(pleated) 형태를 가지고 있으며(**그림 6-10**), 그 형태 때문에 '접혀진 종이(pleated sheet)'로 불리기도 한다. β 병풍 폴리펩타이드 사슬에서 이웃 곁사슬은 서로 반대쪽 면을 향하고 있어 한 면에서 두 곁사슬 사이의 거리는 7.0 Å이다.

단백질에서 β 병풍은 2개에서 최대 22개까지의 폴리펩타이드 가닥을 포함하고 있으며, 평균 가닥의 수는 6개이다. 각 가닥은 15개 잔기까지 포함하고 있으며, 평균 잔기 수는 6개이다. **그림 6-11**은 7가닥으로 구성된 역평행 β 병풍 구조의 예를 보여준다.

5가닥 이하로 구성된 평행 β 병풍은 드물다. 이 사실은 평행 β 병풍이 역평행 β

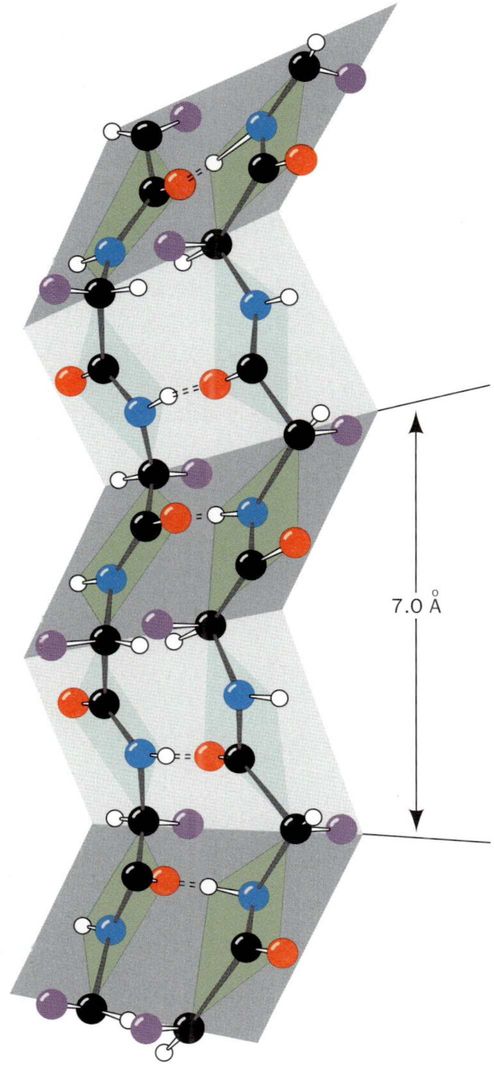

그림 6-10 β 병풍의 접혀진 형태 점선은 수소 결합을 나타낸다. 곁사슬(보라색)은 같은 가닥 내에서는 교대로 판의 반대쪽 면으로 뻗어 있으며, 이웃 사슬 사이에서는 같은 주기로 같은 방향을 향하고 있다. [Irving Geis 그림. Howard Hughes Medical Institute의 Irving Geis 컬렉션에서 인용. Rights owned by HHMI. Reproduction by permission only.]

? β 병풍에는 몇 개의 아미노산이 존재하는가? 사슬 간에 몇 개의 수소 결합이 존재하는가?

병풍보다 불안정하다는 것을 암시하는데, 그 이유는 역평행 β 병풍에 비해 평행 β 병풍의 수소 결합이 뒤틀려 있기 때문이다(그림 6-9). 평행과 역평행 β 가닥이 섞인 β 병풍도 자주 찾아볼 수 있다.

폴리펩타이드 가닥의 관점에서 보면 β 병풍은 거의 예외 없이 오른손 방향으로 휘어져 있다(**그림 6-12**). 형태에 따른 에너지 계산 결과에 의하면 이러한 휘어짐은 펼쳐진 폴리펩타이드 사슬에서 L-아미노산 잔기들 사이의 상호작용 때문임을 알 수 있다. 이 휘어짐은 가닥들 사이의 수소 결합을 뒤틀리게 만들어 약화시킨다. 특정 β 병풍의 기하학적 형태는 폴리펩타이드 사슬의 형태에 따른 에너지를 최대화하고 수소 결합을 유지하려는 두 경향이 절충된 결과이다.

β 병풍에서 폴리펩타이드 가닥의 **위상 배열(topology)**은 매우 복잡할 수 있다. 두 역평행 가닥은 작은 고리로 연결될 수도 있지만(**그림 6-13*a***), 이웃한 두 평행 가닥의 연결 부분이 β 병풍 면을 벗어난 교차 연결일 수도 있다(그림

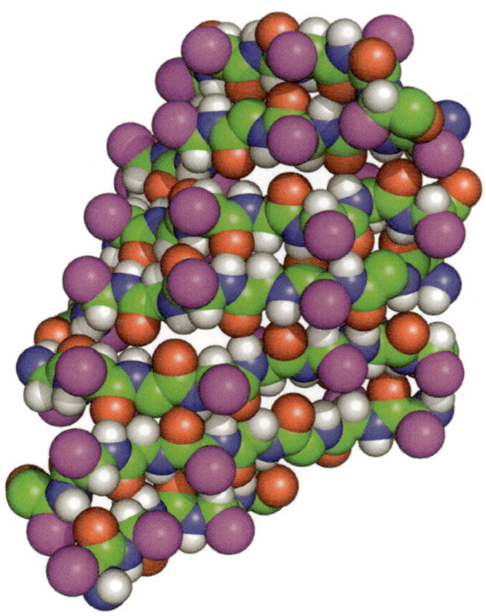

그림 6-11 β 병풍의 공간 채움 모형 뼈대는 원자 종류에 따라 다른 색으로 나타내었다. C 초록색, N 파란색, O 빨간색, H 흰색이며, R기는 큰 자홍색 구이다. 이 7가닥 역평행 β 병풍 구조는 콩 단백질인 콘카나발린 A의 구조로부터 얻은 것이다. [Based on an X-ray structure by Gerald Edelman, The Rockerfeller University. PDBid 2CNA]

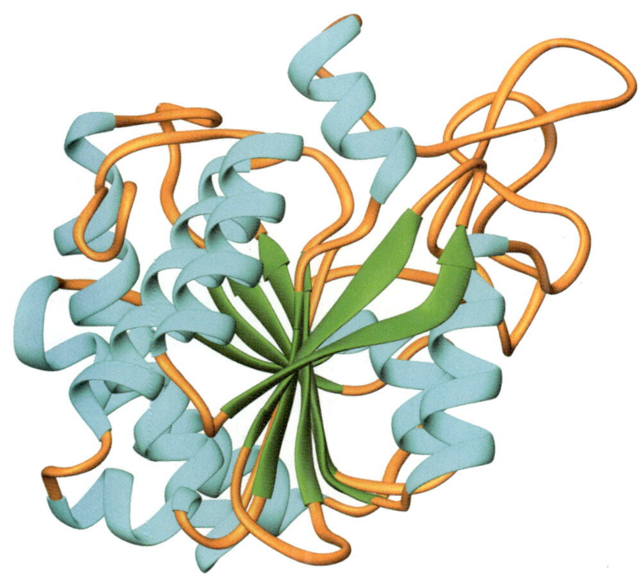

그림 6-12 소의 효소인 카복시펩타이드 가수 분해 효소 A의 X선 구조 폴리펩타이드 뼈대는 리본으로 나타냈으며, α 나선은 청록색 코일로, β 병풍은 C 말단을 향하는 초록색 화살표로 나타냈다. 나머지 부분은 주황색으로 표시하였다. 곁사슬은 표시하지 않았다. 8가닥의 β 병풍이 오른쪽으로 휘어진 안장 모양의 표면을 형성한다. [Based on an X-ray structure by William Lipscomb, Harvard University. PDBid 3CPA.]

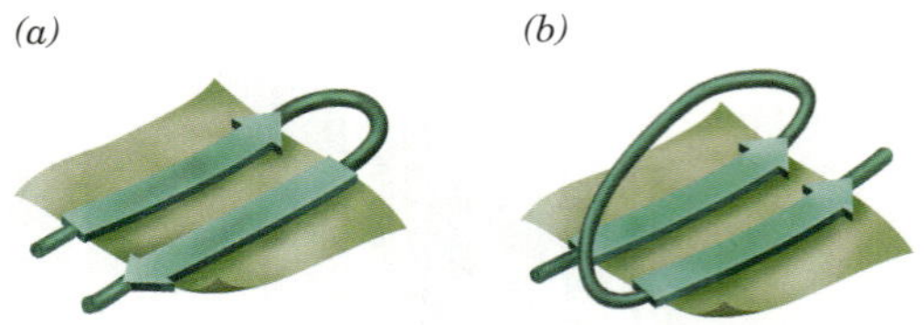

그림 6-13 β 병풍에서 이웃 가닥들 사이의 연결 (*a*) 역평행 가닥들은 작은 고리로 연결될 수 있다. (*b*) 평행 가닥의 연결에는 더 긴 교차 연결이 필요하다. 이 교차 연결은 위에서 보여진 바와 같이 거의 항상 오른손 방향을 가지고 있는데, 이것이 β 병풍 구조 고유의 오른손 방향 휘어짐을 더 수월하게 하기 때문이다. [After Richardson, J. S., *Adv. Protein Chem.* 34, 196 (1981).]

6-13*b*). 어느 경우에나 연결 부분은 넓게 퍼져 있을 수 있고 나선을 포함할 수도 있다(예: 그림 6-12).

회전은 2차 구조의 단위체들을 연결한다. α 나선이나 β 병풍과 같은 규칙적인 2차 구조 부분은 대개 급격히 방향을 바꾸는 폴리펩타이드 사슬로 연결된다. **역회전(reverse turn)**이나 **β 굽힘(β bend**, 역평형 β 병풍은 이웃 가닥과의 연결로 붙여진 이름, 그림 6-13*a*)은 거의 대부분의 단백질에서 나타난다. 그들은 2개 혹은 3개의 아미노산으로 연결된 펩타이드 단위체로 180° 뒤집혀지는 차이에 의해 I형과 II형으로 구분되며, 일반적으로 네 개의 연속적인 아미노산 잔기의 배열과 관계가 있다(**그림 6-14**). 비록 이러한 이상적인 구조의 차이는 수소 결합을 방해하기도 하지만, 두 형태 모두 수소 결합에 의해서 안정화된다. II형 회전에 있어서 잔기 2의 산소 원자가 잔기 3의 C_β 원자와 부딪히기 때문에 잔기 3은 대개 Gly이 된다. 두 형태 모두 잔기 2는 Pro인 경우가 많다. Pro은 역회전의 요구 조건에 맞는 형태를 취하기 쉽기 때문이다. 잔기 2의 경우 두 회전은 가끔 Pro으로 채워지는데, 이것은 구조상의 요구로 예상하고 있다.

C 섬유상 단백질은 반복적인 2차 구조를 포함한다

전통적으로 단백질은 전체적인 형태에 따라 **섬유상(fibrous)**과 **구형(globular)**으로 분류된다. 이 구분법은 원자 수준에서 단백질 구조가 연구되기 이전부터 시작되었기 때문에 꽉 채워진 구형 부분과 길게 펼쳐진 섬유상 부분을 모두 가진 단백질에는 적용할 수 없다. 그럼에도 불구하고 이러한 구분은 섬유상 단백질의 성질을 설명하는 데 도움이 된다. 섬유상 단백질들 가운데는 생물체에서 방어, 연결, 또는 지지 역할을 하는 것들이 많다. 여기에서 다룰 잘 알려진 두 단백질, 즉 케라틴과 콜라젠은 길이가 매우 길고, 주로 한 가지 종류의 2차 구조로 이루어져 있어서 구조적 요소의 흥미로운 예가 된다.

α 케라틴은 꼬인 코일 구조이다. 케라틴(keratin)은 고등동물에서 발견되며 기계적인 강도가 높고 화학적인 반응성이 낮은 단백질이다. 각질로 된 바깥층과 그 부속 부분인

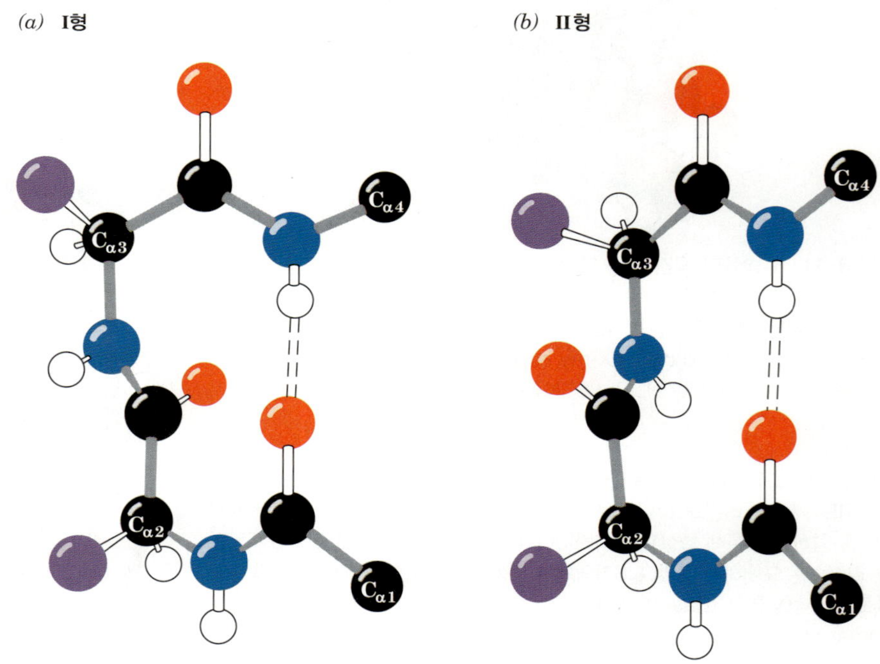

그림 6-14 폴리펩타이드 사슬 내 역회전 점선은 수소 결합을 나타낸 것이다. (*a*) I형, (*b*) II형[Illustration, Irving Geis, Image from the Irving Geis Collection/Howard Hughs Medical Institute. Right owned by HHMI. Reproduction by permission only.]

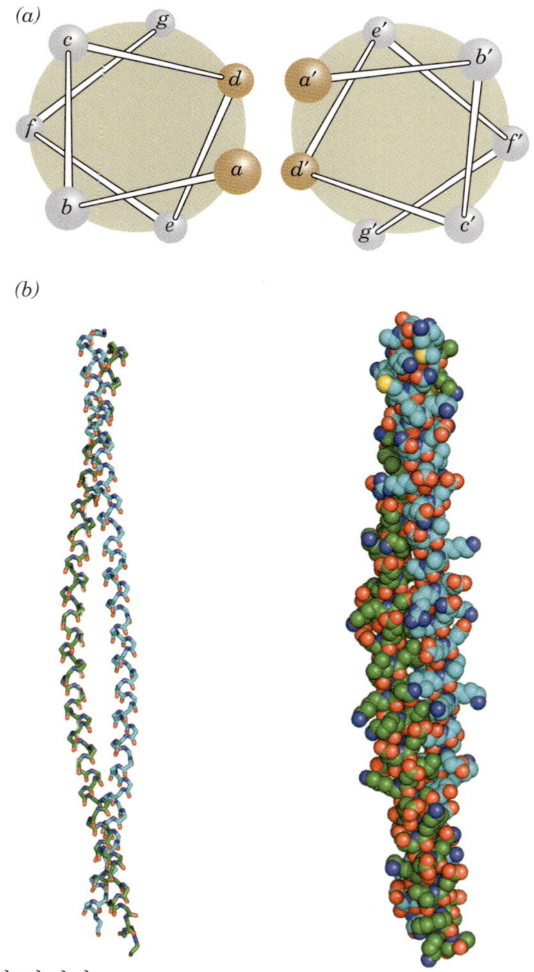

그림 6-15 **꼬인 코일** (*a*) 코일 축을 따라 위에서 보면 무극성 잔기들이 α 나선의 한 측면을 따라 있는 것을 볼 수 있다. 이 나선의 아미노산 서열은 *a-b-c-d-e-f-g*의 패턴을 거의 반복하고 있는데, 여기에서 *a*와 *d*는 주로 무극성 잔기가 있다. [After McLachlan, A.D. and Stewart, M., *J. Mol. Biol.* **98**, 295 (1975).] (*b*) 막대 형태(왼쪽)와 공간 채움 형태(오른쪽)로 나타낸 폴리펩타이드 뼈대를 옆에서 본 그림. C는 녹색, 다른 사슬의 C는 청록색으로 표시하였으며, N은 파란색, O는 빨간색, S는 노란색으로 표시하였다. N 말단이 위로 향하고, 81개의 잔기를 갖는 사슬은 평행하게 위치하고 있다. 공간 채움 모형에서 두 폴리펩타이드의 곁사슬이 서로 접촉하는 것을 주목하라. 이 꼬인 코일 구조는 근육의 일부분인 트로포마이오신 단백질이다. [Based on X-ray structure by Carolyn Cohen, Brandeis University. PDBid 1IC2]

? 어떤 아미노산들이 꼬인 코일 구조를 보이지 않을 것이라 예측할 수 있는가?

머리카락, 뿔, 손톱, 발톱, 깃털 등의 주성분이다. 케라틴은 포유류에서 발견되는 α 케라틴과, 새와 파충류에서 발견되는 β 케라틴의 두 종류로 나누어진다. 인간에게는 50종의 변형된 형태의 케라틴이 있는데, 이들은 조직 특이적으로 발현된다.

α 케라틴의 X선 회절 패턴은 α 나선의 것과 비슷하다(α 케라틴이라는 이름이 여기에서 유래되었다). 그러나 α 케라틴 회절 패턴에서 나타나는 간격은 5.1 Å으로, α 나선의 피치에 해당하는 5.4 Å과 조금 다르다. **이런 차이가 생기는 이유는 각각 α 나선 구조를 가진 두 개의 케라틴 폴리펩타이드가 왼손 나선 방향으로 서로 감겨 있기 때문이다.** 따라서 각 α 나선의 5.4 Å 피치가 케라틴 축을 따라 약간 기울어지면서 5.1 Å 간격으로 변형된다. 이와 같이 α 나선 자체가 다시 나선형으로 감겨 있기 때문에 이 형태를 **꼬인 코일(coiled coil)** 구조라고 한다.

α 케라틴의 꼬인 코일 형태는 그 1차 구조로부터 비롯된다. 각 폴리펩타이드 사슬 중앙의 약 310개 아미노산 잔기 부분은 7개 잔기로 구성된 *a-b-c-d-e-f-g* 방식의 반복으로 되어 있다. 여기에서 *a*와 *d*의 자리는 무극성 잔기가 주로 차지한다. α 나선의 1회전당 3.6개의 잔기가 필요하기 때문에, *a*와 *d* 잔기는 α 나선의 한 면에 나란히 한 줄로 배열된다(**그림 6-15*a***). 그리고 한 나선을 따라 형성된 소수성 띠가 다른 나선의 소수성 띠와 소수성 인력으로 결합한다. α 케라틴 1회전에 필요한 3.5개 아미노산 잔기는 원래 α 나선의 3.6개 잔기보다 약간 작기 때문에 두 케라틴 나선은 서로에 대해 18° 정도 기울어져 꼬인 코일 형태를 이룬다(**그림 6-15*b***). 꼬인 코일 구조는 꼭 섬유상 단백질이 아니더라도 많은 단백질들에서 발견된다.

α 케라틴의 더 높은 차원의 구조는 아직 완전히 밝혀지지 않았다. 각 폴리펩타이드의 N 말단과 C 말단은 두 개의 꼬인 코일이 프로토필라멘트(protofilament)라는 이합체로 조립되는 것을 돕는다. 그리고 이것이 두 개 다시 모여 원섬유(protofibril)를 형성한다(**그림 6-16**). 네 개의 원섬유가 미세 섬유(microfibril)를 구성하고, 미세 섬유들이 모여 거대 섬유

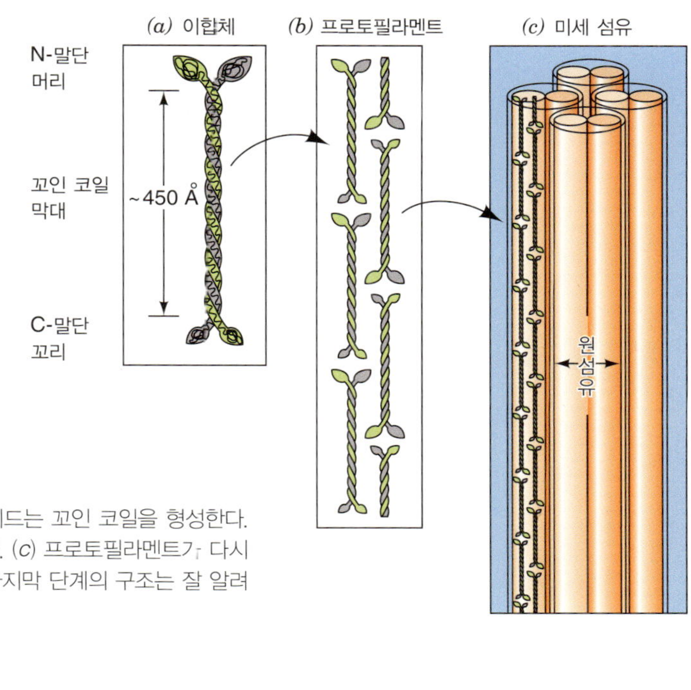

그림 6-16 **더 높은 차원의 α 케라틴 구조** (*a*) 두 개의 케라틴 폴리펩타이드는 꼬인 코일을 형성한다. (*b*) 프로토필라멘트는 두 개의 꼬인 코일이 엇갈려 배열됨으로써 형성된다. (*c*) 프로토필라멘트가 다시 이합체를 만들어 원섬유가 되고, 원섬유 네 개가 모여 미세 섬유가 된다. 마지막 단계의 구조는 잘 알려져 있지 않다.

(macrofibril)를 구성한다. 포유류의 털은 평행하게 배열된 거대 섬유로 채워진 죽은 세포층으로 이루어져 있다.

α 케라틴에는 Cys 잔기가 많아 이웃 폴리펩타이드 사슬과 이황화 결합을 통한 가교 결합을 형성한다. α 케라틴은 S의 함량에 따라 '단단한' 케라틴과 '부드러운' 케라틴으로 분류되기도 한다. 털, 뿔, 손톱 등에 있는 단단한 케라틴은 많은 이황화 결합으로 형태를 유지하기 때문에 피부에 있는 케라틴만큼 유연하지 않다. 이황화 결합은 머캅탄(mercaptan) 화합물을 이용한 환원 반응을 통해 끊어질 수 있다(5-3A절). 또한 머리카락을 동일한 방법으로 처리한 후에 말아서 모양을 만들고 다시 산화시키면 새로운 모양대로 이황화 결합이 다시 형성되어 '파마(permanent wave)'를 할 수 있다. 물론 같은 과정을 거쳐 곱슬곱슬한 머리카락을 곧게 펼 수도 있다.

머리카락이나 양모가 탄력이 있는 이유는 이들을 잡아당겼을 때 풀린 나선이 다시 원상태로 돌아가려는 경향 때문이다. 그러나 이황화 결합이 일부 끊어지는 경우에는 케라틴 섬유가 원래 길이의 두 배까지 늘어날 수도 있다. 이 상태에서 폴리펩타이드 사슬은 β 병풍 형태를 갖는다. 깃털에 있는 것과 같은 β 케라틴은 자연 상태에서 β 유사 구조를 갖는다.

콜라젠은 삼중 나선 구조이다. 다세포 생물에 있는 **콜라젠(collagen)**은 척추동물에서 가장 풍부한 단백질이다. 강하고 물에 녹지 않는 콜라젠 섬유는 뼈, 치아, 연골, 힘줄, 그리고 피부와 혈관의 섬유상 기질 등에서 스트레스를 지탱하는 주요 성분이다. 한 개의 콜라젠은 세 개의 폴리펩타이드 사슬로 이루어져 있다. 포유류는 최소한 유전적으로 구별되는 사슬이 46종류가 있으며, 같은 개개인의 서로 다른 조직에서 최소 28종류의 콜라젠이 형성된다. 제1형이라고 불리는 가장 흔한 콜라젠은 두 개의 α_1(I) 사슬과 한 개의 α_2(I) 사슬로 되어 있다. 그 분자량은 약 285 kDa이고, 폭은 약 14 Å이며, 길이는 약 3000 Å이다.

콜라젠은 독특한 아미노산 조성을 가지고 있다. 즉 콜라젠의 아미노산 잔기는 거의 3분의 1이 Gly이고, 15~30% 정도는 Pro이며, **4-하이드록시프롤릴(4-hydroxyprolyl, Hyp)**, **3-하이드록시프롤릴(3-hydroxyprolyl)**, **5-하이드록시라이실(5-hydroxylysyl, Hyl)**도 나타나기는 하지만 그 양이 적다.

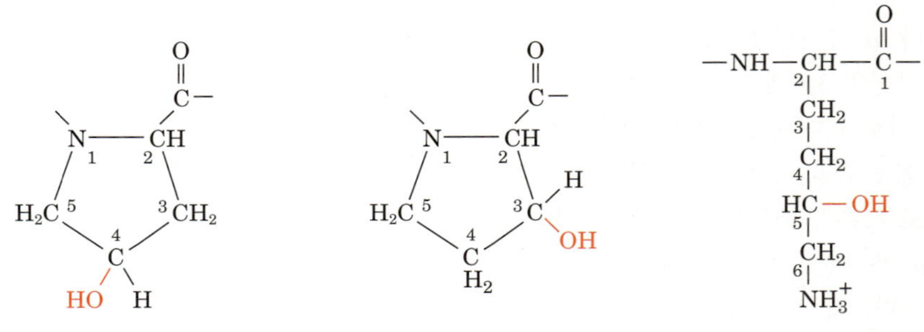

4-Hydroxyprolyl residue (Hyp)　3-Hydroxyprolyl residue　5-Hydroxylysyl residue (Hyl)

이러한 비표준 아미노산들은 콜라젠 폴리펩타이드가 합성된 후 형성된다. 예를 들어 Pro 잔기는 [**프롤릴 하이드록실화 효소(prolyl hydroxylase)**]의 작용을 통해 Hyp로 변형된다. 이 효소의 활성에는 **아스코브산(ascorbic acid, 바이타민 C)**이 필요하다. 바이타민 C 섭취가 부족하면 **괴혈병(scurvy)**에 걸린다(자료 6-2).

자료 26-2 건강과 질병의 생화학 콜라젠 관련 질병

일부 콜라젠 질병은 음식물 섭취에 원인이 있다. 바이타민 C 결핍에 의한 괴혈병에서는 프롤릴 하이드록실화 효소가 바이타민 C를 필요로 하기 때문에 Hyp가 제대로 만들어지지 않는다. 따라서 바이타민 C 결핍 상태에서는 새로 합성된 콜라젠이 섬유를 제대로 형성하지 못해 피부 손상, 혈관 약화, 상처 치유 지연 등의 증상을 나타내고, 결국에는 사망에 이를 수도 있다. 오랫동안 신선한 음식을 먹지 못하고 항해를 해야 하는 선원들에게 괴혈병은 흔한 질병이었다. 유명한 항해가인 제임스 쿡 선장은 영국 해군의 식단에 라임(lime)을 도입함으로써 괴혈병을 물리친 공로로 영국 선원들 사이에서 'limely'라는 애칭으로 불린다.

라티리즘(lathyrism)이라는 질병은 라이실 산화 효소(lysyl oxidase) 활성을 특이적으로 억제하는 화합물을 포함하는 *Lathyrus oJoratus*라는 단맛이 나는 콩을 정기적으로 섭취할 때 발생한다. 라이실 산화 효소 활성이 억제되면 콜라젠 섬유들 사이의 결합이 줄어들어 뼈, 관절, 큰 혈관 등에 심각한 이상이 발생한다.

희귀하기는 하지만 유전적인 콜라젠 질환도 몇 가지 알려져 있다. 대부분 인간 조직에서 구조적인 역할을 담당하는 제1형 콜라젠의 돌연변이는 대개 **골생성 부전증**(osteogenesis imperfecta, 뼈가 부러지기 쉬운 질병)을 일으킨다. 이 질병의 심각성은 돌연변이의 위치나 종류에 따라 달라지는데, 단 한 개의 아미노산만 바뀌어도 치명적인 결과를 낳을 수 있다. 예를 들어 그림 6-18에서 보여 주는 모형 폴리펩타이드에 있는 중앙의 Gly → Ala 치환은 많은 원자들로 복잡한 콜라젠 나선 내부에 영향을 미쳐 나선을 뒤틀리게 만든다. 그 결과 각 Ala(원래는 Gly이었던)의 뼈대 N—H와 이웃 사슬에 있는 Pro의 카보닐 산소 사이의 수소 결합이 파괴되어 콜라젠 구조의 안정성이 낮아진다. 돌연변이는 콜라젠 분자의 구조에 영향을 미칠 수도 있고 섬유를 형성하는 방식에 영향을 줄 수도 있다. 이러한 돌연변이는 우성으로 작용하는 경향이 있는데, 그 이유는 정상적인 사슬이 존재하는 상태에서도 돌연변이 사슬이 삼중 나선의 포개짐이나 섬유 형성에 영향을 미치기 때문이다.

특정 형태의 콜라젠이 부족하게 합성되거나, 라이실 산화 효소와 라이실 하이드록실화 효소와 같은 콜라젠 가공 효소의 활성이 비정상적으로 됨으로써 발생하는 콜라젠 질병들도 많다. 최소한 10가지의 서로 다른 콜라젠 결핍증을 포함하는 **엘러스–단로스 증후군**(Ehlers-Danlos syndrome)은 관절이나 피부가 고무처럼 잘 늘어나는 특징을 나타낸다. 서커스단에서 유명하였던 '인도 고무 사람'이 바로 이 병에 걸렸었다.

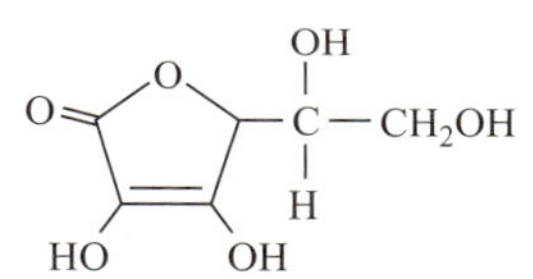

아스코브산 (바이타민 C)

전형적인 콜라젠 폴리펩타이드의 아미노산 서열은 약 1000개 정도의 잔기에 걸쳐 Gly-X-Y이 계속 반복되는 형식으로 되어 있다. 여기에서 X는 Pro인 경우가 많고, Y는 Hyp인 경우가 많다. Y 위치에는 Hyl이 나타나기도 한다. 콜라젠의 Pro 잔기는 α 나선 형성을 저해한다(Pro 잔기는 α 나선 뼈대의 형태를 취할 수 없으며 뼈대에 N—H기가 없어 그림 6-7과 같은 나선 내의 수소 결합을 형성할 수 없다). **그 대신 콜라젠 폴리펩타이드는 1회전에 세 잔기가 필요한 왼손 나선 형태를 취한다. 그리고 평행한 세 개의 사슬이 밧줄과 같이 오른손 방향으로 부드럽게 감겨 콜라젠 분자의 삼중 나선 구조를 형성한다**(**그림 6-17**).

이 콜라젠 모형은 브로드스키(Varvara Brodsky)와 베르만(Helen Berman)이 콜라젠 유사 폴리펩타이드의 X선 구조를 밝혀냄으로써 확인되었다. 각 폴리펩타이드 사슬은 세 잔기마다 한 번씩 삼중 나선의 중앙을 통과하게 되는데, 이곳은 여러 원자들로 채워져서 Gly의 곁사슬만 수용할 수 있다. 이와 같은 사실은 콜라젠 폴리펩타이드 사슬의 아미노산 서열에서 왜 모든 세 번째 잔기는 항상 Gly이어야 하는지 잘 설명해 준다. 세 개의 폴리펩타이드 사슬은 Gly, X, Y 잔기가 삼중 나선축을 따라 각각 정해진 위치에 나타날 수 있도록 엇갈려 있다(**그림 6-18*a***). 펩타이드기의 방향은 각 Gly의 N—H가 이웃 사슬에 있는 X(Pro)의 카보닐 산소와 강력한 수소 결합을 형

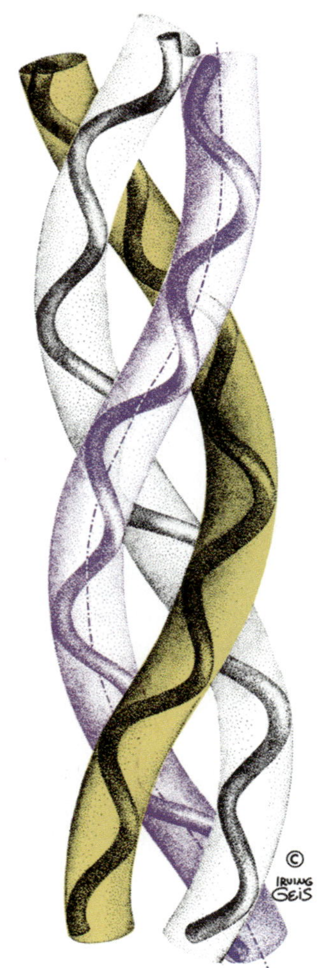

그림 6-17 콜라젠의 삼중 나선 왼손 방향 폴리펩타이드 나선들이 서로 감겨 오른손 방향 초나선 구조를 만든다. [Illustration, Irving Geis. Image from the Iving Geis Collection/Howard Hughes Medical Institute. Rights owned by HHMI. Reproduction by permission only.]

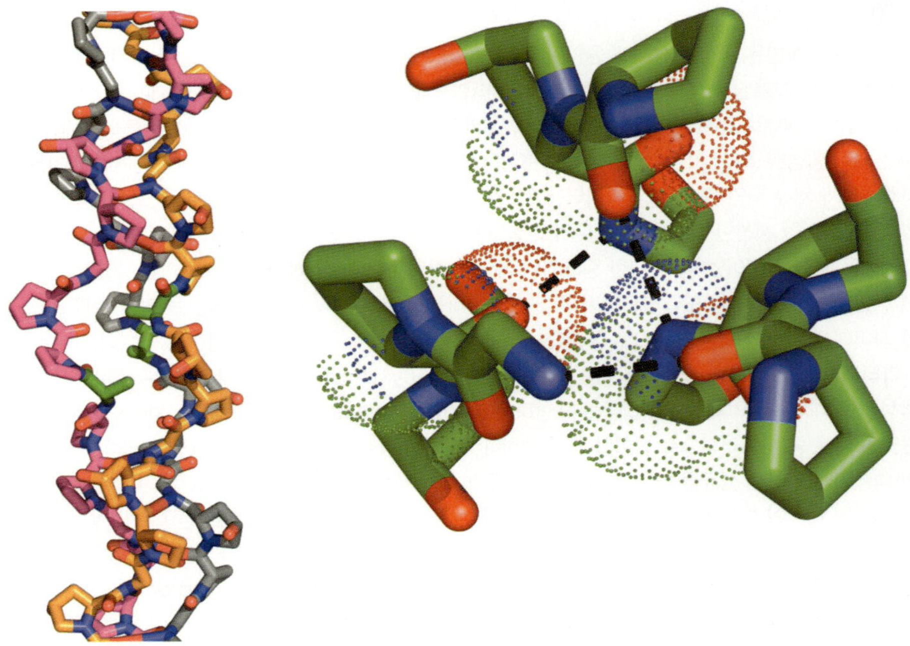

그림 6-18 콜라겐 모형 펩타이드의 구조 여기 제시된(Pro-Hyp-Gly)$_{10}$의 X선 구조에서는 각 펩타이드의 다섯 번째 Gly이 Ala으로 대체되었다. (*a*) 삼중 나선의 중앙 부분에 대한 막대 모형. N 말단이 위로 향하게 하였음. 세 사슬의 C 원자를 각각 주황색, 자홍색, 회색으로 표시하였고, 세 사슬 모두 N과 O 원자는 파란색과 빨간색으로 표시하였다. Gly을 부피가 더 큰 Ala(C 원자를 초록색으로 표시)으로 치환하였을 때 삼중 나선이 뒤틀리는 것을 주목하라. (*b*) N 말단으로부터 나선 축을 따라 아래로 보고 있는 이 그림은 사슬들 사이의 수소 결합을 보여 준다. 각 사슬의 세 개의 연속된 잔기를 막대 모형으로 나타내었다(C 원자 초록색). 수소 결합은 Gly의 N 원자에서 이웃 사슬에 있는 Pro의 O 원자로 연결된 점선으로 나타내었다. 점들은 각 사슬에서 중심 잔기에 있는 뼈대 원자의 반데르발스 표면이다. 삼중 나선 축을 따라 원자들이 빽빽하게 들어 차 있는 것을 주목하라. [Based on an X-ray structure by Helen Berman, Rutgers University, and Barbara Brodsky, UMDNJ–Robert Wood Johnson Medical School. PDBid 1CAG.]

성하도록 되어 있다(**그림 6-18*b***). 부피가 크고 유연성이 없는 Pro과 Hyp 잔기는 전체 구조를 단단하게 만들어 준다.

콜라겐의 꽉 채워진, 단단한 삼중 나선 구조는 그 독특한 인장력의 원인이 된다. 콜라겐에는 인장력을 가해도 감겨 있는 삼중 나선이 잘 풀리지 않는데, 그 이유는 삼중 나선을 구성하는 각 사슬이 반대 방향으로 꼬여 있기 때문이다(그림 6-17). 케라틴(그림 6-16)과 같은 다른 단백질뿐만 아니라 고급 밧줄들 역시 각 단계마다 서로 반대 방향으로 꼬여 있다.

조직에 따라 몇 가지 종류의 콜라겐 분자가 꾸러미나 판 형태로 모여 느슨한 그물 구조 또는 두꺼운 섬유 구조를 형성한다. 섬유 구조에 있는 콜라겐 분자들은 서로 엇갈린 형태로 배열되어 삼중 나선들이 밀접하게 접촉함으로써 만들어지는 소수성 인력에 의해 안정화된다. 콜라겐은 또한 교차 결합을 형성하여 물에 잘 녹지 않게 된다. 콜라겐에는 거의 Cys 잔기가 없기 때문에 이 교차 결합은 케라틴에서와 같은 이황화 결합이 아니라 **그림 6-19**에서 보는 것과 같이 Lys과 His 곁사슬에 의한 것이다. 대신에 최대 4개의 Lys, Hyl, His 곁사슬들이 **히스티디노데하이드로하이드록시메로데스모신(histidinodehydrohydroxymerodesmosine)**과 같은 화합물을 형성하기 위해 공유 가교 결합(covalently cross-linked)으로 연결된다.

이 교차 결합 과정에 관여하는 유일한 효소는 Lys 잔기를 알데하이드인 **알리신(allysine)**으로 전환시키는 **라이실 산화 효소(lysyl oxidase)**이다. 이 교차 결합은 무작위로 형성되는 것이 아니고 콜라겐 분자의 N 말단과 C 말단 근처에 많이 형성되는 경향을 볼 수 있다. 특정 조직에서의 교차 결합 정도는 나이가 들수록 높아진다. 늙은 짐승 고기가 어린 짐승 고기보다 더 질긴 것도 이 때문이다.

Courtesy of Jerome Gross, Massachusetts General Hospital

그림 6-19 피부 콜라겐 섬유의 전자 현미경 사진

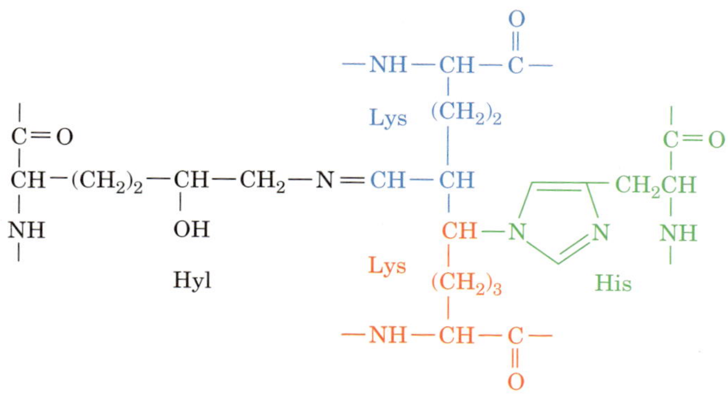

Histidinodehydrohydroxy-merodesmosine

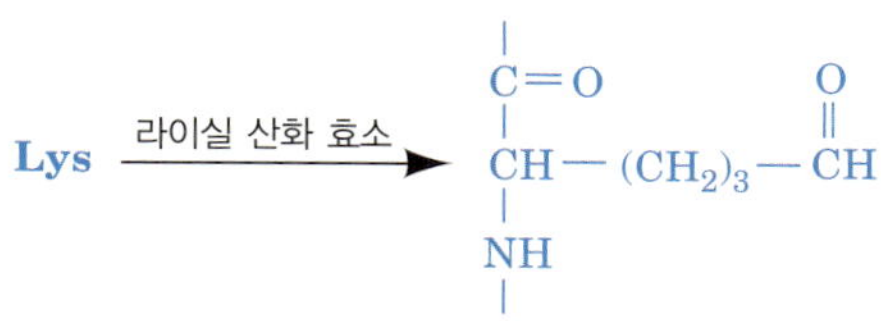

Allysine

D 대부분의 단백질은 반복되지 않는 구조를 갖고 있다

대부분의 단백질은 구형 단백질인데, 이들은 앞에서 설명한 섬유상 단백질과는 달리 α 나선이나 β 병풍을 비롯한 몇 가지 규칙적인 2차 구조를 포함할 수 있다. 또한 단백질의 상당한 부분은 규칙성이 없거나 독특한 구조로 되어 있다. 연속된 잔기들의 ψ와 φ 값에 유사성이 없는 폴리펩타이드 부분을 코일(coils)이라고 부르기도 한다. 그러나 이 용어를 용액 중에서 **변성(denature**, 완전히 풀려)되어 완전히 무질서하게 움직이고 있는 단백질의 형태를 가리키는 **불규칙 코일(random coil)**이라는 말과 혼동해서는 안 된다. **자연 상태(native, 접힌 상태)의 단백질에서 반복성이 없는 구조가 α 나선이나 β 병풍에 비해 결코 무질서하지는 않다. 그 부분은 단지 구조의 규칙성이 없어서 묘사하기가 어려울 뿐이다.**

서열은 2차 구조에 영향을 준다. 포개진 전체 단백질 구조의 영향이나 아미노산 서열의 차이로 인하여 2차 구조 요소의 정상적인 구조가 뒤틀릴 수 있다. 예를 들어 α 나선의 처음과 끝 부분은 이상적인 구조로부터 벗어나는 경우가 많다. 또한 β 병풍에서 폴리펩타이드 가닥이 이웃 가닥과 수소 결합을 하지 않고 있는 '잉여(extra)' 잔기를 가지고 있어 **β 팽창(β bulge)**이라고 하는 뒤틀린 구조를 만들 수 있다.

아미노산 조성이나 서열에 여러 가지 제한(5-1절)이 존재하는 이유는 단백질 3차원 구조에 있는 형태적인 제한 때문이다. 예를 들어 Pro 잔기는 α 나선이나 β 병풍에서 비틀림을 만든다. 그리고 Ile나 Tyr과 같이 부피가 큰 곁사슬이 연속되어 있을 때 입체적인 충돌이 α 나선을 불안정하게 만들기도 한다.

쵸우(Peter Chou)와 파스만(Gerald Fasman)은 α 나선이나 β 병풍에서 한 잔기가 나타나는 경향(propensity) *P*를 분석하였다(**표 6-1**). 그들은 또한 어떤 잔기는 특정 2차 구조에서는 자주 나타나면서 다른 2차 구조는 파괴되는 경향이 있다는 것을 발견하였다. 이러한 자료는 아미노산 서열이 알려진 단백질의 2차 구조를 예측하는 데 유용하다.

α 나선이나 β 병풍 밖에 어떤 잔기가 존재할 확률 역시 전혀 예측 불가능한 것은

아니다. 예를 들어 α 나선은 Asn과 Gln 같은 잔기 사이에 있는 경우가 많다. 이 잔기들의 곁사슬은 α 나선의 마지막 네 개 잔기 가운데 한 개의 수소 결합을 형성하는데, 이를 **나선 모자 씌우기(helix capping)**라고 한다. α 나선의 각 끝에 있는 네 개 잔기는 나선 내에서 이웃 뼈대 부분과 완전히 수소 결합을 형성하지 않는다는 것을 기억하라(그림 6-7).

체크 포인트

- 단백질의 기본적인 네 가지 구조를 기술하시오. 모든 단백질들이 1차에서 4차의 모든 구조를 포함하고 있는가?
- 그림 6-3을 보지 말고, 폴리펩타이드의 뼈대 구조를 그려 보시오.
- 왜 폴리펩타이드 결합의 구조적 자유도가 제한되는지 설명하시오.
- α 나선과 평행 및 역평행 β 병풍 구조의 특징을 요약하시오.
- 카복실펩타이드 가수 분해 효소 A(그림 6-12)에서 α 나선과 β 병풍의 수를 세어 보시오.
- 섬유상 단백질은 머리카락과 뼈에 어떠한 특성을 부여할까?
- 꼬인 코일과 왼손 방향 삼중 나선을 형성하는 데 필요한 아미노산 서열의 특성을 기술하시오.
- 규칙적인 2차 구조와 불규칙적인 2차 구조는 무엇으로 구분되는가?

표 6-1 α 나선과 β 병풍 형태에서 아미노산 잔기들의 출현 빈도

잔기	P_α	P_β
Ala	1.42	0.83
Arg	0.98	0.93
Asn	0.67	0.89
Asp	1.01	0.54
Cys	0.70	1.19
Gln	1.11	1.10
Glu	1.51	0.37
Gly	0.57	0.75
His	1.00	0.87
Ile	1.08	1.60
Leu	1.21	1.30
Lys	1.16	0.74
Met	1.45	1.05
Phe	1.13	1.38
Pro	0.57	0.55
Ser	0.77	0.75
Thr	0.83	1.19
Trp	1.08	1.37
Tyr	0.69	1.47
Val	1.06	1.70

출처: Chou, P.Y. and Fasman, G.D., *Annu. Rev. Biochem.* **47**, 258 (1978).

2 3차 구조

주요 개념

- X선 결정학, NMR 분광법, 저온 전자 현미경법은 단백질의 원자 위치를 결정하는 데 사용된다.
- 무극성 잔기는 단백질 내부에 존재하는 경향이 있고, 극성 잔기는 외부에 존재하는 경향이 있다.
- 단백질의 3차 구조는 2차 구조 요소로 구성되는데, 2차 구조는 모티프와 영역의 형태를 갖추고 있다.
- 전체적으로, 단백질의 구조는 단백질의 서열보다 더 보존된다.
- 생물 정보학 데이터베이스는 거대 분자 구조 좌표를 저장한다. 소프트웨어는 단백질의 시각화를 가능하게 하고 그들의 구조적인 특징을 비교할 수 있게 한다.

단백질의 3차 구조는 2차 구조의 포개짐을 묘사하며, 곁사슬을 포함하여 단백질 각 원자의 3차원적인 위치를 정해 준다. 이러한 정보들은 인터넷을 통하여 쉽게 접근할 수 있도록 하였으며, 단백질을 분석하고 비교할 수 있는 데이터베이스에 저장되어 있다. 단백질 구조의 공통적인 특징들을 살펴보면 단백질의 기능과 진화론적인 기원에 대해 많은 정보를 얻을 수 있다.

A 대부분의 단백질 구조는 X선 결정학, 핵자기 공명, 저온 전자 현미경법으로 결정된다

X선 결정학은 **분자의 형태를 직접 보는 기술이다.** X선을 이용하는 이유는 물체의 위치를 결정하는 데 있어서 불확실성이 그것을 관찰하는 데 사용하는 파동의 파장과 거의 비슷하다는 광학적인 원리 때문이다(공유 결합 길이와 분자 구조 결정에 사용되는 X선의 파장은 모두 약 1.5Å 정도이다. 가시광선의 파장은 최소한 4000 Å 이상이기 때문에 광학 현미경으로는 개별 분자를 볼 수 없다). 그러나 X선 렌즈가 없기 때문에 X선 현미경을 만들 수는 없다. 대신 구조를 연구할 분자의 결정(그림 6-20)에 X선을 조사하여 얻어지는 **회절 패턴(diffraction pattern)**을 검출기나 (요즘은 잘 사용되지 않지만) 사진 필름(그림 6-21)으로 얻어 분석한다. 이 회절 패턴은 결정에서 규칙적으로 반복되는 원자의 위치를 반영한다. 구조 연구에 사용되는 X선은 실험실의 X선 발생 장치를 이용할 수 있지만, 요즘은 훨씬 더 강한 X선을 얻을 수 있는 입자 가속기인 **싱크로트론(synchrotron)**의 이용이 늘고 있다. 그러면 회절 패턴의 강도(필름에서 점의 검은 정도)에 대한 자료를 수학적으로 처리하여 결정 구조의 3차원적인 형상을 얻을 수 있다. 여기에서는 단백질의 X선 결정 구조에 관련된 몇 가지 특별한 문제를 다루도록 한다.

X선은 물질에 있는 핵과는 상호 작용을 하지 않고 오직 전자와만 상호 작용을 한다. 따라서 X선 구조는 연구하고자 하는 물질의 **전자 밀도(electron density)** 영상인

Courtesy of Wayne Hendrikson, Columbia University

(a) (b)

그림 6-20 단백질 결정 (*a*) 해양 벌레(Siphonosoma pasteurianum)로부터 추출한 아지도메트마이오헤메리트린(Azidomet-myohemerythrin). 이러한 결정들이 색깔을 띠고 있는 이유는 이 단백질들이 빛을 흡수하는 원자단을 가지고 있기 때문이다. 그런 원자단이 없으면 단백질은 일반적으로 색깔을 나타내지 않는다.

셈이다. 이러한 **전자 밀도 지도(electron density map)**는 컴퓨터 그래픽을 이용하여 **등고선(contour)**으로 나타내기도 하는데, 지도의 등고선이 같은 고도를 연결한 것처럼, 이 등고선은 전자 밀도 수준이 같은 부분을 연결한 것이다. 그림 6-22는 단백질의 전자 밀도 지도의 일부를 표시하였다.

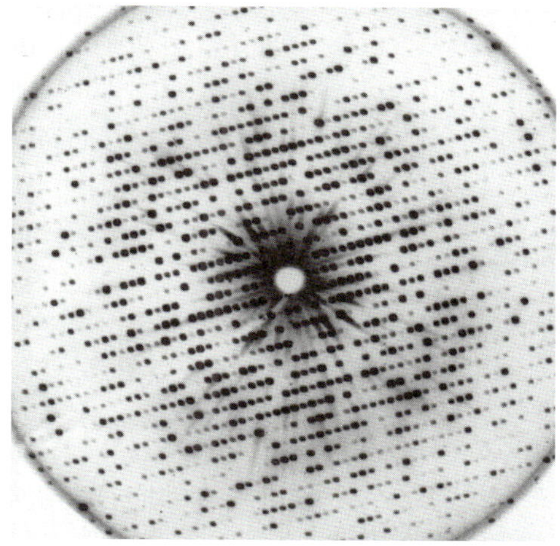

Courtesy of John Kendrew, Cambridge University

그림 6-21 향유고래 마이오글로빈 결정의 X선 회절 사진 회절 패턴에서의 진한 정도(각 점의 검은 정도)는 결정의 전자 밀도, 즉 모든 원자들의 위치를 나타낸다. 이 사진은 약 25,000개의 회절 피크로 이루어진 3차원 회절 패턴으로부터 얻어진 2차원 절편을 나타낸다.

대부분의 단백질 구조는 원자 수준 해상도보다 낮다. 단백질 결정에 있는 분자는 다른 결정에서와 마찬가지로 규칙적으로 반복되는 3차원 격자에 배열되어 있다. 그러나 단백질 결정은 다른 유기 분자 및 무기 분자와는 달리 수많은 물 분자에 의해 수화되어 있다. 결정에서 물이 차지하는 부피는 40~60% 정도이다. 단백질 결정의 구조적인 완전성을 유지하기 위해서는 물이 포함된 용매를 사용할 수밖에 없다. 왜냐하면 자연적인 상태의 단백질에서도 구조적인 완전성을 위해서는 물이 반드시 필요하기 때문이다(6-4절).

단백질 결정에는 이처럼 물이 많이 포함되어 있기 때문에 NaCl이나 글라이신과 같은 작은 분자들이 딱딱한 결정을 만드는 것과는 달리 부드러운 젤리 같은 상태가 된다. 단백질 결정에 있는 분자는 대개 1 Å 이상의 무질서도를 가지게 되고, 그 결과 얻어진 전자 밀도 지도로는 세부적인 부분에 대한 정확한 정보를 얻을 수 없게 된다. 이는 단백질 결정으로부터 얻을 수 있는 해상도를 제한하는 요인이 된다. 단백질에 따라 질서도가 높은 것도 있고, 낮은 것도 있어서 단백질 결정의 해상도는 1.5~3.0 Å 수준이다.

전자 밀도 지도는 원자 위치에 대한 정보로 해석되어야 하기 때문에 구조의 정확성, 심지어는 구조 분석 가능성까지도 결정의 해상도 한계에 의해 좌우된다. 실제로 단백질이나 다른 고분자의 X선 결정 구조를 연구하는 데 중요한 제한 요인이 바로 충분히 해상도가 높은 결정을 얻을 수 없다는 점이다. 그림 6-23은 전자 밀도 지도의 질(초점이 명확한 정도)이 해상도 한계에 의해 달라지는 것을 보여 준다. 6 Å 해상도에서는 다이케토피페라진(diketopiperazine)의 크기를 가진 분자의 존재를 확인하기 어렵다. 2.0 Å 해상도에서는 분자 전체의 모양은 비교적 명확하지만 개별 원자는 구별할 수 없다. 대략 결합 길이에 해당하는 1.5 Å 해상도에서는 각 원자가 어느 정도 구별된다. 1.1 Å에서는 원자가 뚜렷하게 구별된다.

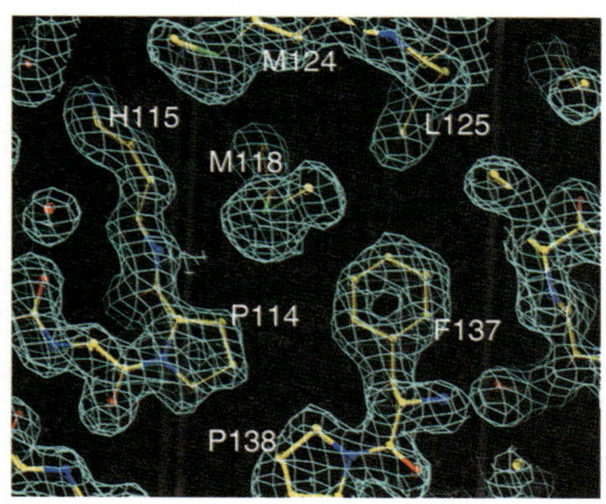

Courtesy of Xinhua Ji, National Cancer Institute, Frederick, Maryland

그림 6-22 단백질의 부분적인 구조에서 1.5 Å 해상도의 전자 밀도를 3차원 등고선으로 나타낸 그림 한 개의 등고선만 청록색으로 나타냈고, 폴리펩타이드의 원자들은 서로 다른 색의 공-막대 모형으로 나타내었다. C는 노란색, N은 파란색, O는 빨간색이다. 물 분자는 빨간색 구로 나타내었다.

대부분의 단백질 결정 구조에서는 전자 밀도 지도가 각 원자의 위치를 뚜렷하게 나타낼 수 있을 정도로 해상도가 높지 못하다(예: 그림 6-23). 그럼에도 불구하고 폴리펩타이드 뼈대의 뚜렷한 형태를 통해 곁사슬의 위치와 방향을 추정할 수 있다(예: 그림 6-22). 그러나 Leu, Ile, Thr, Val과 같이 크기와 모양이 유사한 곁사슬들은 명확한 구별이 어려울 때도 있기 때문에(전자가 하나밖에 없는 수소 원자는 해상도가

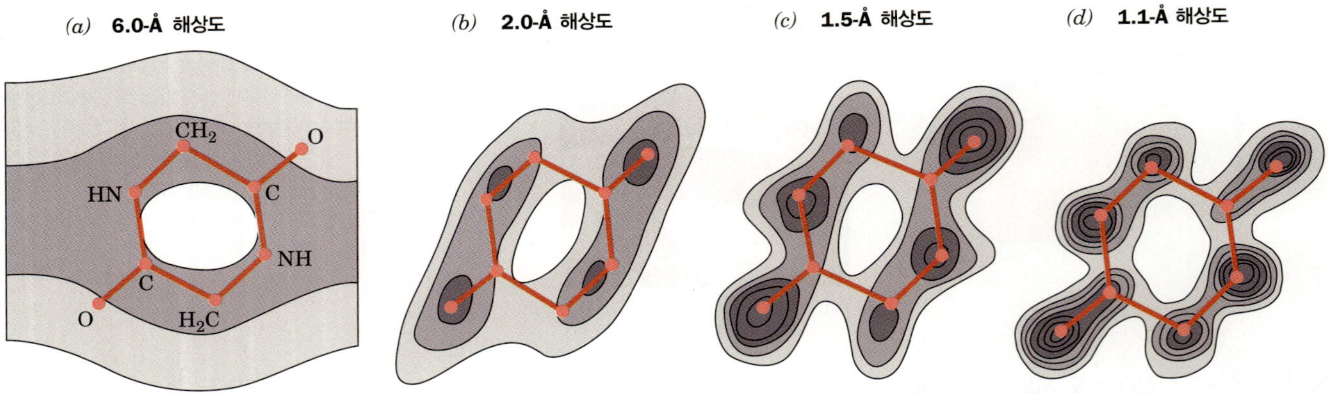

그림 6-23 **서로 다른 해상도로 그린 다이케토피페라진의 전자 밀도 지도** 수소 원자는 전자 밀도가 낮아서 이 그림에는 나타나지 않는다. [After Hodgkin, D.C., Nature 188, 455 (1960).]

~1.2 Å 이하인 소수의 구조에서만 확인할 수 있다) 단백질 구조는 전자 밀도 지도만으로는 결정할 수 없다. 대신 단백질의 1차 구조 정보, 즉 아미노산 서열 정보를 전자 밀도 지도에 맞추어야 한다. 다음으로 수학적인 처리를 통해 결정 구조에서 원자 위치의 불확실성을 0.1 Å 이내로 줄일 수 있다.

대부분의 결정 상태의 단백질은 자연적인 구조를 유지하고 있다. 결정 상태의 단백질 구조와 기능을 유지할 수 있는 용액 상태에서의 구형 단백질 구조는 어떤 관계를 가지고 있을까? **결정 상태의 단백질 구조가 용액에 있는 단백질 구조와 거의 동일하다는 몇 가지 증거가 있다.**

1. 결정에 있는 단백질 분자는 이웃 단백질 분자와 접촉하고 있는 작은 부분을 제외하고 대부분의 표면은 결정화 용매에 덮여 있기 때문에 용액에 있는 것이나 마찬가지이다.
2. 동일한 단백질의 서로 다른 결정형들을 분석하거나 결정 구조를 용액 상의 구조(NMR을 통해 밝혀진, 아래 설명 참조)와 비교한 여러 경우에서, 분자들은 실질적으로 동일한 구조를 갖는다. 이를 통해 결정을 형성하도록 하는 힘이 단백질 분자의 구조에 큰 영향을 미치지 않는다는 것을 명백하게 알 수 있다.
3. 많은 효소들이 결정 상태에서 촉매 활성이 있다. 효소의 촉매 활성은 결합과 촉매 작용과 관련된 작용기들의 상대적인 위치에 매우 민감하게 영향을 받기 때문에(11장), 결정 상태에서 활성을 지니고 있는 효소는 용액에서의 형태와 거의 동일한 형태로 되어 있다.

NMR에 의하여 단백질 구조는 결정될 수 있다. **핵자기 공명(nuclear magnetic resonance, NMR)**은 ^{1}H, ^{2}H, ^{13}C, ^{15}N, ^{31}P와 같은 특정 원자의 핵이 자기장 안에 위치할 때, 라디오 주파수의 복사 에너지를 흡수하는 것인데, 주파수는 각 핵의 종류, 전기적 환경, 핵 주변의 상호 작용에 의해 달라질 수 있다. 주로 에른스트(Richard Ernst)와 뷔트리히(Kurt wuthrich)에 의해 1980년대 중반부터 NMR 기술이 발전하여 수용액 상에서 구형 단백질의 3차원 구조를 결정할 수 있게 되었다.

작은 단백질에서도 수백 개 이상의 수소가 존재하므로, 전통적인 NMR(1차원)에서는 무수히 많은 피크들로 넘쳐나게 된다. **2차원(2D) NMR 분광학(NMR spectroscopy)** 기술이 개발되면서 수용액에 있는 작은 구형 단백질의 3차원 구조를 결정하는 것이 가능하게 되었다. NMR은 아미노산 서열을 알고 있는 단백질

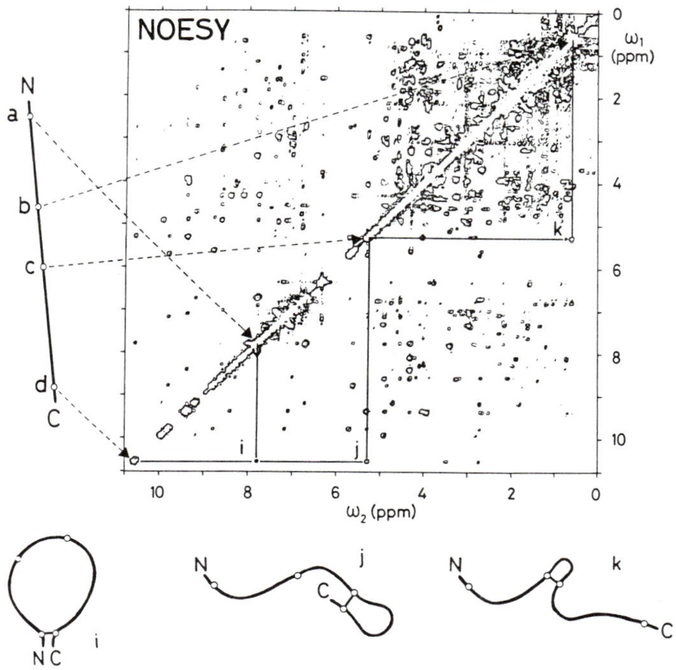

그림 6-24 단백질의 NOESY 스펙트럼 일반적인 1차원 NMR 스펙트럼을 등고선과 함께 나타내었다. 작은 단백질의 경우에도 너무 많은 피크들이 복잡하게 겹쳐 있어서 직접적인 해석이 불가능하다. 교차 피크(cross peak)라고 불리는 대각선을 벗어난 피크들은 공간에서 5 Å 이내 거리에 있는 두 양성자의 상호 작용으로 나타난다. 이 피크들을 지나는 수직선과 수평선이 대각선과 만나는 지점에는 이 피크들의 1차원 NMR 피크가 존재한다[핵 오버하우저 효과(NOE)]. 스펙트럼 왼쪽의 선을 N 말단과 C 말단을 N과 C로 표시한 펼쳐진 폴리펩타이드라고 하고, 여기에 있는 네 양성자 a~d의 위치를 작은 원으로 표시하였다. 그리고 이들 양성자에 의한 대각선 NMR 피크를 점선 화살표로 표시하였다. 그러면 두 개의 대각선 피크를 지나는 수평선과 수직선이 교차하는 지점에 있는 i, j, k와 같은 교차 피크들은 해당 양성자들 사이의 NOE를 나타내며, 두 양성자가 5 Å 이내 거리에 있음을 의미한다. 스펙트럼 아래에 있는 세 개의 고리 구조를 통해 이러한 거리 관계를 나타내었다. 폴리펩타이드에서 두 양성자 사이의 거리 관계를 지정하기 위해서는 그들이 만드는 NMR 피크와 폴리펩타이드 사슬에서 그들의 위치를 알아야 한다. 물론 이를 위해서는 폴리펩타이드의 아미노산 서열을 사전에 알고 있어야 한다. [After Wntherich, K., Science 243, 45 (1989).]

에서 5Å 이내로 떨어진 특정 수소 원자들 사이의 거리를 측정한다. 상관 분광법(correlation spectroscopy, COSY)은 예를 들어 아미노산의 N이나 C_α(ϕ 각도 반발력)와 결합한 H가 같은, 공유 결합하는 한 개 혹은 두 개의 원자의 거리를 제공한다. 핵 오버하우저 효과 분광법(Nuclear Overhauser Effect spectroscopy, NOESY)은 **그림 6-24**와 같이 비록 아미노산 서열이 멀리 떨어져 있어도, 공간상 가까이 위치한 수소들의 정보를 제공한다.

이 거리와 다른 기하학적인 수치들, 예를 들면 공유 결합 길이와 각도, 작용기의 평면성, 카이랄성, 반데르발스 반지름 등을 종합하여 단백질의 3차원 구조를 계산한다. 그러나 양성자 사이의 거리는 정확하지 않기 때문에 단일 구조로 결정하는 것은 어렵고, 대신 조금씩 달라지는 여러 구조들의 종합체로 입체 구조의 정보를 얻고 있다. 결과적으로, 단백질(또는 다른 거대 분자)의 NMR 구조는 제한들을 충족시키는 대표적인 구조들을 나타내고 있는 셈이다(**그림 6-25**). 이와 같은 구조 다발의 견고함은 2~ 2.5Å 정도의 분해능을 갖는 X선 결정 구조와 비교되는 알려진 구조의 정확도에 대한 척도임과 동시에, 단백질이 나타내는 구조적 변동을 의미한다(6-4A절). 30 kD보다 큰 단백질의 2차 양성자 NMR 스펙트럼은 교차되는 피크들로 가득 차 있어서 해석할 수 없었다. 이러한 문제는 다중 차원 NMR 기술(이러한 피크들을 3차원이나 4차원으로 퍼뜨리는)의 발전으로 완화되었다. 다중 차원 NMR

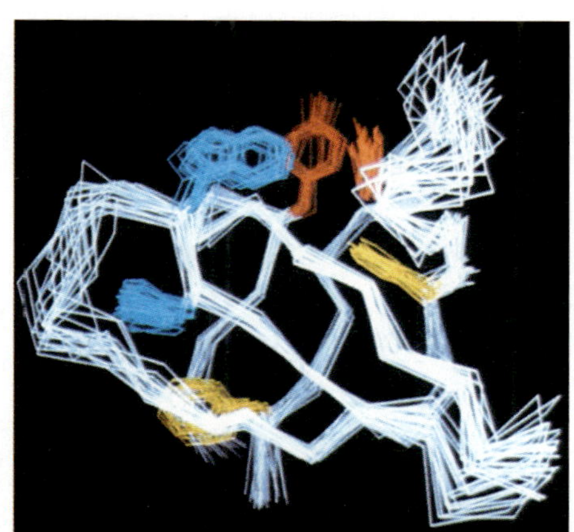

Courtesy Stuart Schrieber, Harvard University

그림 6-25 단백질의 NMR 구조 그림은 Src 단백질의 SH3 영역(13-2B절)을 이루는 64개 잔기 폴리펩타이드를 20개의 겹쳐진 구조로 나타낸 것이다. 이 그림은 2D와 3D NMR 스펙트럼과 일치하는 20개의 구조를 겹쳐 놓은 것이다. 각 구조는 무작위로 만들어 낸 서로 다른 시작 구조로부터 계산한 것이다. C_α 원자의 연결로 나타낸 폴리펩타이드 뼈대는 흰색으로 표시되었고 Phe, Tyr, Trp 곁사슬은 각각 노란색, 빨간색, 파란색으로 표시하였다. 세 가닥짜리 역평행 β 병풍 두 개가 샌드위치 모양을 만들도록 폴리펩타이드 뼈대가 포개진 것을 볼 수 있다.

? 왜 단백질 구조의 어떤 부분들은 다른 부분들보다 더 큰 변동성을 나타내는지 설명하라.

기술에서는 단백질의 특정한 잔기를 유전 공학 기술을 통해서 ^{15}N과 ^{13}C로 바꾼다(자연적으로 더 많이 존재하지만 NMR에서 비활성인 ^{14}N과 ^{12}C를 대체). 현존하는 NMR을 이용한 방법들은 질량이 100 kD보다 크지 않은 거대 분자들만 분석할 수 있다는 한계가 있지만, 최근 들어 기술의 진보로 인해서 1000 kD 이상까지도 한계치가 증가할 수 있을 것으로 예상된다.

현재까지 약 12,000개의 단백질과 DNA의 NMR 구조가 밝혀졌다. 단백질의 X선 결정 구조와 NMR 구조가 모두 알려진 경우, 그들 사이에는 구조적 차이점이 거의 없는 것으로 나타나는데, 이것은 결정화에 의해서 생기는 단백질의 구조 변동이 없음을 의미한다. 게다가 NMR은 짧은 시간 범위에서 움직임을 감지할 수 있기 때문에, 단백질의 포개짐과 역학을 연구하는 데에 쓰일 수 있다(6-4, 6-5절).

저온 전자 현미경법은 거대 분자 구조를 즉시 보여 준다. 파동–입자 이중성에서 설명되는 것처럼 전자들은 다른 입자들과 같이 파동성을 가지고 있다. 파동성은 파장이 λ, 플랑크 상수가 h, 입자의 질량이 m, 입자의 속도가 v일 때 $\lambda = h/mv$을 만족함을 의미한다. 따라서 충분히 높은 에너지($E = 1/2mv^2$)를 가진 전자살은 분자를 원자 수준의 분해능으로 볼 수 있을만큼 작은 파장을 가질 것이다(어떤 물체의 위치를 결정하는 데에 있어서의 불확정성이 그것을 관찰하기 위해 사용되는 파장과 근사적으로 일치한다는 것을 상기해 보라). 그러나 기존의 전자 현미경법에서 시료들은 완전히 수분이 제거되어야 했고(전자살이 이동하기 위하여 초진공 상태를 유지하기 위해), 이것은 생물 분자의 구조를 크게 왜곡했다. 이것이 **저온 전자 현미경법[cryo-electron microscopy, cryo-EM**; 그리스어: *kryos*(차디찬)]의 발전을 이끌었다. 이는 수화된 시료를 거의 액체 질소와 같은 온도(−196°C)로 급속(몇 밀리초 단위) 냉각시켜 시료 안의 물이 결정화(시료를 파괴할 수도 있는)될 시간적 여유를 없게 하여 유리 같은 상태를 유지하도록 한다. 결과적으로 시료는 수화된 상태로 남으면서 그 고유한 구조도 유지한다. 전자 현미경의 기술적, 이론적 발전이 진행되면서 최근 몇 년간 리보솜과 같은 큰 분자 복합체를 거의 원자 수준의 분해능(3.0 Å)을 가지고 즉시 시각화할 수 있게 되었다. 따라서 저온 전자 현미경법은 결정화가 어렵거나 너무 커서 NMR로 볼 수 없는, 부서지기 쉽거나 유연한 복합체의 구조를 잘 밝혀낼 수 있을 것으로 기대한다.

GATEWAY CONCEPT 분자 시각화
단백질의 리본 도표는 단백질의 폴리펩타이드 주사슬의 전체적인 포개짐 양식을 나타내지만 그 곁사슬은 무시한다. 한 단백질은 보통 수천 개의 원자를 갖고 있다. 그러나 사실상 C, N, O, S 원자보다 더 많은 수소 원자들은 공–막대 모형이나 공간 채움 모형에서 드물게 묘사된다. 각 원자의 가장 바깥쪽 전자 껍질이 그 표면을 결정하기 때문에, 단백질은 고체 물질이다.

단백질 구조는 다양한 방식으로 표현된다. 단백질에는 원자의 수가 너무 많기 때문에 작은 유기 분자에서 사용하는 모형으로 나타내는 것이 어렵다. 단백질의 모든 원자를 공–막대 모형(그림 6-7과 6-10)으로 나타내면 너무 혼란스럽고, 공간 채움 모형(그림 6-8과 6-11)으로 나타내면 단백질 내부의 자세한 것은 알 수 없게 된다. 따라서 컴퓨터를 이용하거나 예술적인 연출을 통해 만든 분석(그림 6-12)이 단백질 구조를 나타내는 데 더 유용할 수 있다. 폴리펩타이드 사슬의 진행 방향은 C_α 원자를 따라 그릴 수도 있고, 나선 구조를 나선 리본이나 원통으로, β 병풍 구조를 N 말단과 C 말단을 표시하는 평평한 화살표 세트로 나타낼 수도 있다.

B 곁사슬 위치는 극성에 따라 다양하다

켄드루(Kendrew)가 마이오글로빈의 구조를 밝혀낸 이후 거의 110,000개에 달하는 단백질 구조가 보고되었다. 그 가운데 똑같은 것은 한 개도 없지만, 놀라울 정도의 구조적 일관성을 볼 수 있다. 구형 단백질의 1차 구조에는 섬유형 단백질에서 볼 수 있는 것과 같은 규칙적인 형태를 만들어 내는 반복된 서열은 없다. 그러나 **구형 단백질에서 아미노산의 곁사슬은 그들의 극성을 따라 공간에 배열되어 있다.**

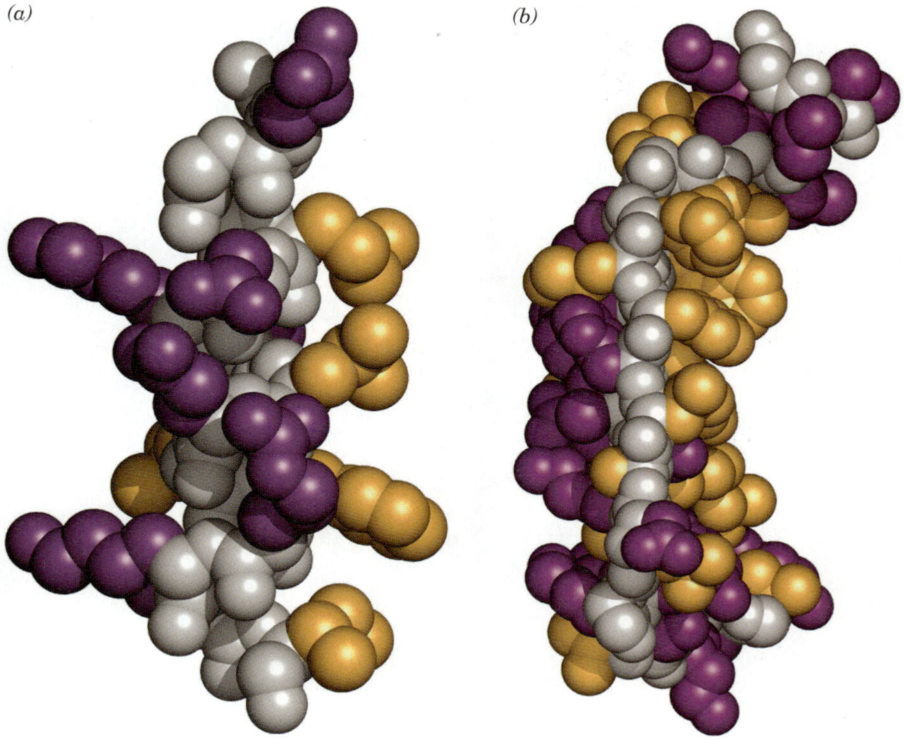

그림 6-26 α 나선과 β 병풍에서 곁사슬의 위치 이 공간 채움 모형에서 주사슬은 회색, 무극성 곁사슬은 금색, 극성 곁사슬은 보라색으로 나타내었다. (*a*) 향유고래 마이오글로빈의 α 나선. 무극성 곁사슬이 주로 한 측면에만 있는 것을 볼 수 있다. (*b*) 콘카나발린 A의 역평행 β 병풍을 옆에서 본 그림. 이 판의 오른쪽 면은 단백질 내부를 향하고 왼쪽 면은 외부와 접하고 있다.[Based on X-ray structures by Ilme Schlichting, Max Planck Institut für Molekulare Physiologie, Dortmund, Germany, and Gerald Edelman, The Rockfeller University. PDBids 1A6M and 2CNA.]

1. Val, Leu, Ile, Met, Phe 등 무극성 잔기들은 용매인 물을 피해 대부분 단백질 내부에 분포한다. 이와 같은 분포를 촉진하는 소수성 인력이 주로 단백질 3차원 구조 형성을 추진하는 추진력이 된다.
2. Arg, His, Lys, Asp, Glu 등 전하를 갖는 극성기들은 대부분 단백질 표면에 위치하여 물과 접촉하고 있다. 그 이유는 단백질 내부의 소수성 환경에 이온을 넣으면 불안정하게 되기 때문이다.
3. Ser, Thr, Asn, Gln, Tyr 등 전하가 없는 극성기는 주로 단백질 표면에 있지만 내부에서도 발견된다. 단백질 내부에 있을 때는 거의 다른 작용기와 수소 결합을 하고 있다. 어떤 의미에서 수소 결합을 하면 그들의 극성이 상쇄되기 때문이다. 이는 폴리펩타이드 뼈대의 경우에도 마찬가지이다.

곁사슬 분포에 대한 이런 원리는 전체 단백질(**그림 6-27**)에서뿐만 아니라 2차 구조(**그림 6-26**)에서도 적용된다. 극성 곁사슬은 바깥쪽을 향하여 단백질의 표면을 형성하고, 무극성 곁사슬은 안쪽을 향하여 단백질 내부를 차지하는 경향을 보여 준다. 회전과 고리같은 구조도 2차 구조에 포함되는데, 대부분 단백질의 표면에 존재한다.

대부분의 단백질은 매우 조밀하여, 작은 유기 분자 결정을 원자들이 채우는 것보다 더 빽빽하다. 그럼에도 불구하고, 단백질 곁사슬의 원자들은 예외 없이 낮은 에너지 상태로 배열되어 있다. 분명히 내부 곁사슬은 풍부한 분자 간 인력에도 불구하고 유연한 형태를 가지고 있다. 꽉 채워진 단백질 내부는 대개 물을 배척한다. 물 분자가 내부에 존재할 때는 수소 결합을 할 수 있는 특정 위치에 있거나 두 개의 수소 결합을 할 수 있는 작용기들 사이에 다리 역할을 하는 경우가 많다.

C 3차 구조는 2차 구조의 조합으로 이루어진다

특정한 3차 구조를 갖고 있는 구형 단백질은 2차 구조 요소들의 조합으로 이루어진

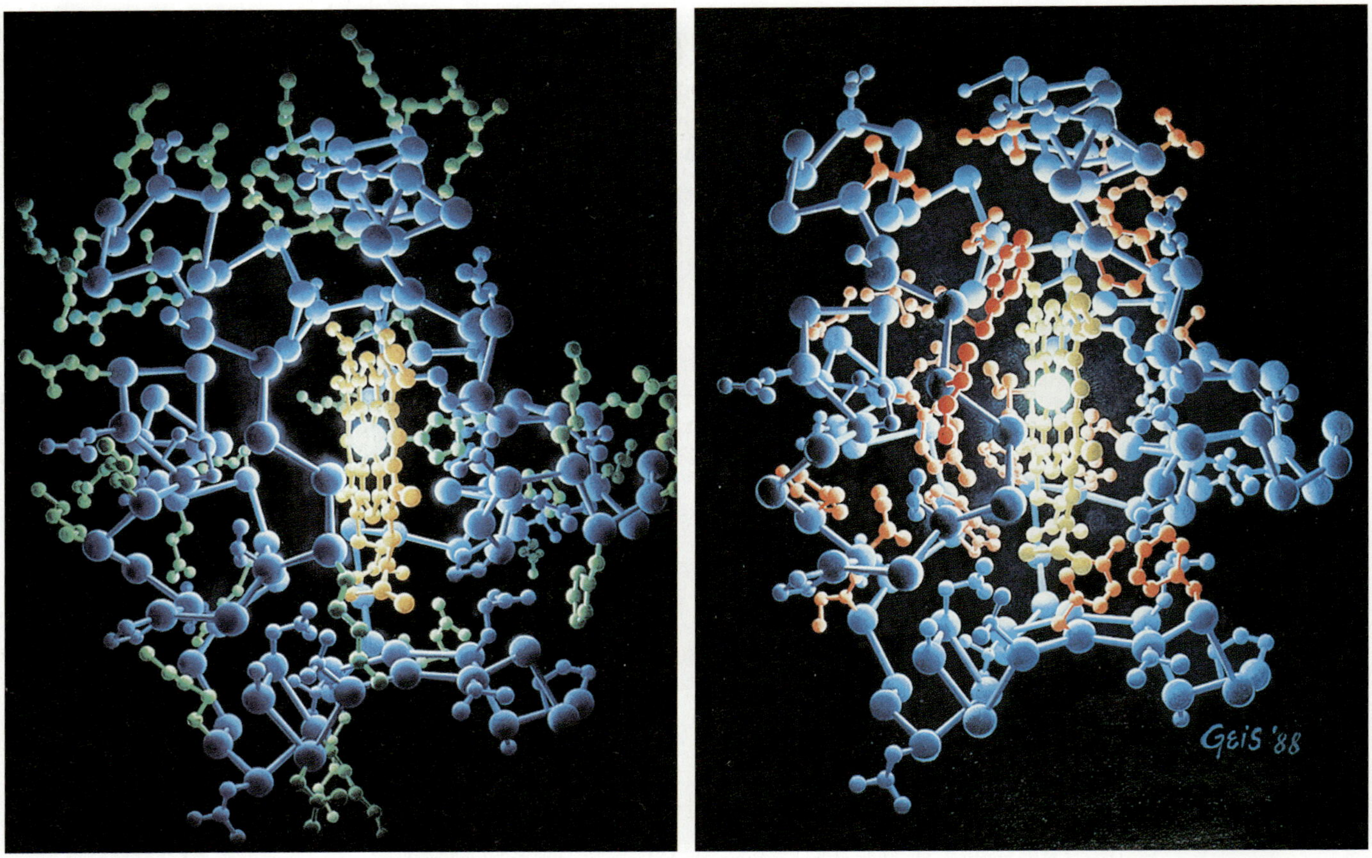

(a) (b)

그림 6-27 말 심장의 사이토크롬 *c* 구조에서 곁사슬의 분포 디커슨(Richard Dickerson)에 의해 결정된 X선 구조에 근거한 이 그림은 헴(heme)기에 있는 중앙의 철 원자로부터 불빛을 비추는 형식으로 그려졌다. 수소 원자들은 나타내지 않았다. (*a*)에서는 친수성 곁사슬을 초록색으로 표시하였고, (*b*)에서는 소수성 곁사슬을 주황색으로 나타내었다.

다. α 나선과 β 병풍의 비율과 그들이 연결된 순서는 단백질 구조의 분류와 분석에 유익한 정보를 제공한다.

특정 2차 구조의 조합은 모티프를 형성한다. 서로 상관이 없는 구형 단백질들에서 2차 구조의 요소들이 특정 그룹으로 발견되는 경우가 많은데, 이것을 **초2차 구조**(**supersecondary structure**) 또는 **모티프**(**motif**)라고 한다.

1. 가장 흔한 형태의 초2차 구조는 α 나선이 두 개의 평행 β 병풍 가닥을 연결하는 **βαβ 모티프**(**βαβ motif**, **그림 6-28*a***)이다.
2. 자주 발견되는 초2차 구조로는 **β 머리핀**(**β hairpin**) 모티프가 있는데, 이는 짧은 역회전으로 연결된 역평행 가닥들로 이루어져 있다(**그림 6-28*b***).
3. **αα 모티프**(**αα motif**)에서는 두 개의 연속된 α 나선이 비스듬히 반대 방향을 향한다. 그 결과 두 나선의 곁사슬들이 서로 얽혀 열역학적으로 안정한 접촉을 할 수 있다(**그림 6-28*c***). α 케라틴이나 트로포마이신과 같이 감겨 있는 꼬인 코일 형태로 안정화된다. 그러나 여기에서는 나선들이 역평행이 아니라 평행으로 위치하고 있다(그림 6-15*b*).
4. **그리스 열쇠 모티프**(**Greek key motif**, **그림 6-28*d***, 고대 그리스의 문양, 삽입 사진)에서는 β 머리핀이 포개져서 네 가닥으로 구성된 역평행 β 병풍을 형성한다.

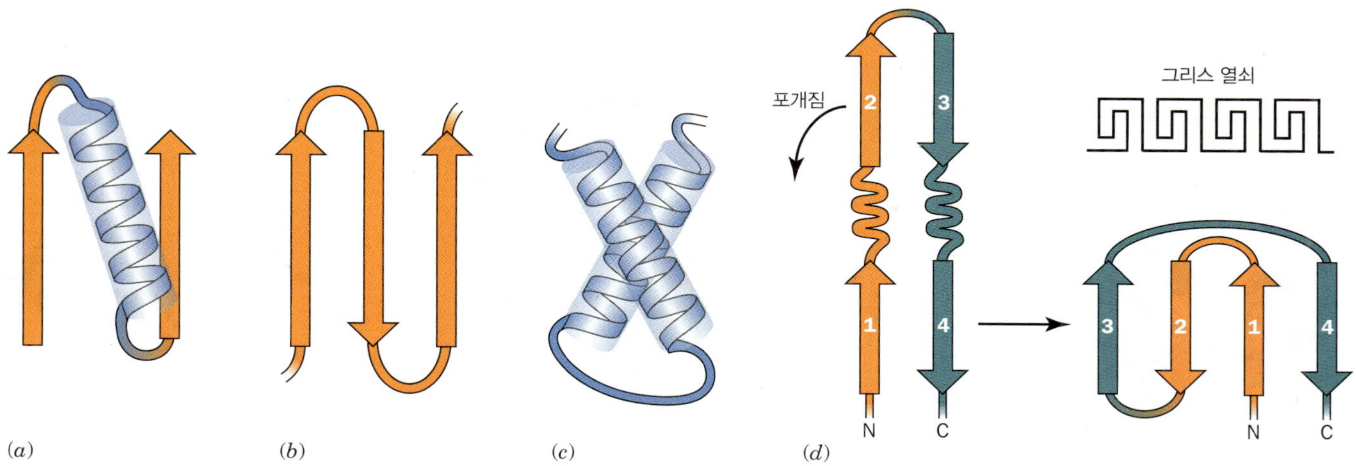

그림 6-28 초2차 구조의 간략한 그림 (*a*) βαβ 모티프, (*b*) β 머리핀 모티프, (*c*) αα 모티프, (d) 그리스 열쇠 모티프 등의 그림을 보면 β 머리핀 포개짐을 통해 이런 구조가 어떻게 만들어지는지 볼 수 있다. 펩타이드 뼈대를 리본 형태로 나타냈으며, β 가닥은 N 말단으로부터 C 말단을 향하는 화살표로 나타내었고, α 나선은 원통으로 표시하였다.

대부분의 단백질은 α, β, α/β로 분류할 수 있다. 주된 2차 구조는 서로 다른 구형 단백질들에서 다양한 비율과 조합으로 나타난다. 대장균 **사이토크롬** b_{562}(**cytochrome** b_{562}, 그림 6-29*a*)와 같은 단백질은 오직 α 나선과 이 나선들을 연결하는 부분으로만 이루어져 **α 단백질(α protein)**로 분류된다. 반면에 **면역 글로불린 포개짐(immunoglobulin fold**, 그림 6-29*b*)과 같은 단백질은 α 나선은 없고 주로 β 병풍으로 이루어져 있어 **β 단백질(β protein)**로 일컫는다. 그러나 상어(dogfish)의 **젖산 탈수소 효소(lactate dehydrogenase**, 그림 6-29*c*)나 카복실펩타이드 가수 분해 효소 A(그림 6-12)와 같은 대부분의 단백질은 **α/β 단백질(α/β protein)**의 2차 구조를 모두 포함하고 있다(α 나선은 평균 약 31%이고, β 병풍은 평균 약 28%이다).

α, β 혹은 α/β로 분류된 단백질은 각각의 2차 구조가 연결된 형태에 따라서 하위 그룹으로 세분된다. 예를 들어 넓게 펼쳐진 β 병풍이 둥글게 말아지는 형태는 **β 원통(β barrel)**을 형성한다. 8가닥으로 구성된 3개의 다른 종류의 β 원통을 그림 6-30에 나타내었다. 이 중 두 개의 구조(그림 6-30*a*,*b*)는 여러 개의 β 머리핀으로 구성되어 있다. **α/β 원통(α/β barrel**, 그림 6-30*c*)은 βαβ 모티프의 합쳐진 조합으로 간주되며, 단백질 내에서 α/β로 분류된다.

큰 폴리펩타이드는 영역을 형성한다. 약 200개 이상의 잔기를 포함하는 폴리펩타이드는 **도메인(domain)**이라고 불리는 두 개 이상의 구형 집합체를 형성하여 단백질이 두 개 이상 여러 개의 잎을 가지고 있는 것처럼 보이는 경우가 많다. 예를 들어 **글리세르알데하이드-3-인산 탈수소 효소(glyceraldehyde-3-phosphate dehydrogenase)**의 각 단위체는 두 개의 뚜렷한 도메인을 가지고 있다(그림 6-31). 대부분의 도메인은 40~200개 정도의 아미노산 잔기로 구성되어 있으며, 평균 지름은 약 25 Å이다. 이 장에 제시된 여러 단백질 구조를 살펴보면, 도메인들이 두 층 이상의 2차 구조 요소로 구성된 것을 알 수 있다. 도메인의 소수성 핵심부를 수용성 환경으로부터 숨기기 위해서는 최소한 두 개의 층이 필요하다는 것을 명확히 알 수 있다. 따라서 40개 잔기보다 짧은 폴리펩타이드들은 용액 상에서 안정한 구조를 형성하지 않는 성향이 강하다. 반면에 200개 잔기가 넘는 도메인들은 매우 느린 접힘 구조를 형성한다. 폴리펩타이드 사슬은 도메인 내에서 앞뒤로 진행하면서 포개지지만 이웃 도메인과는 단

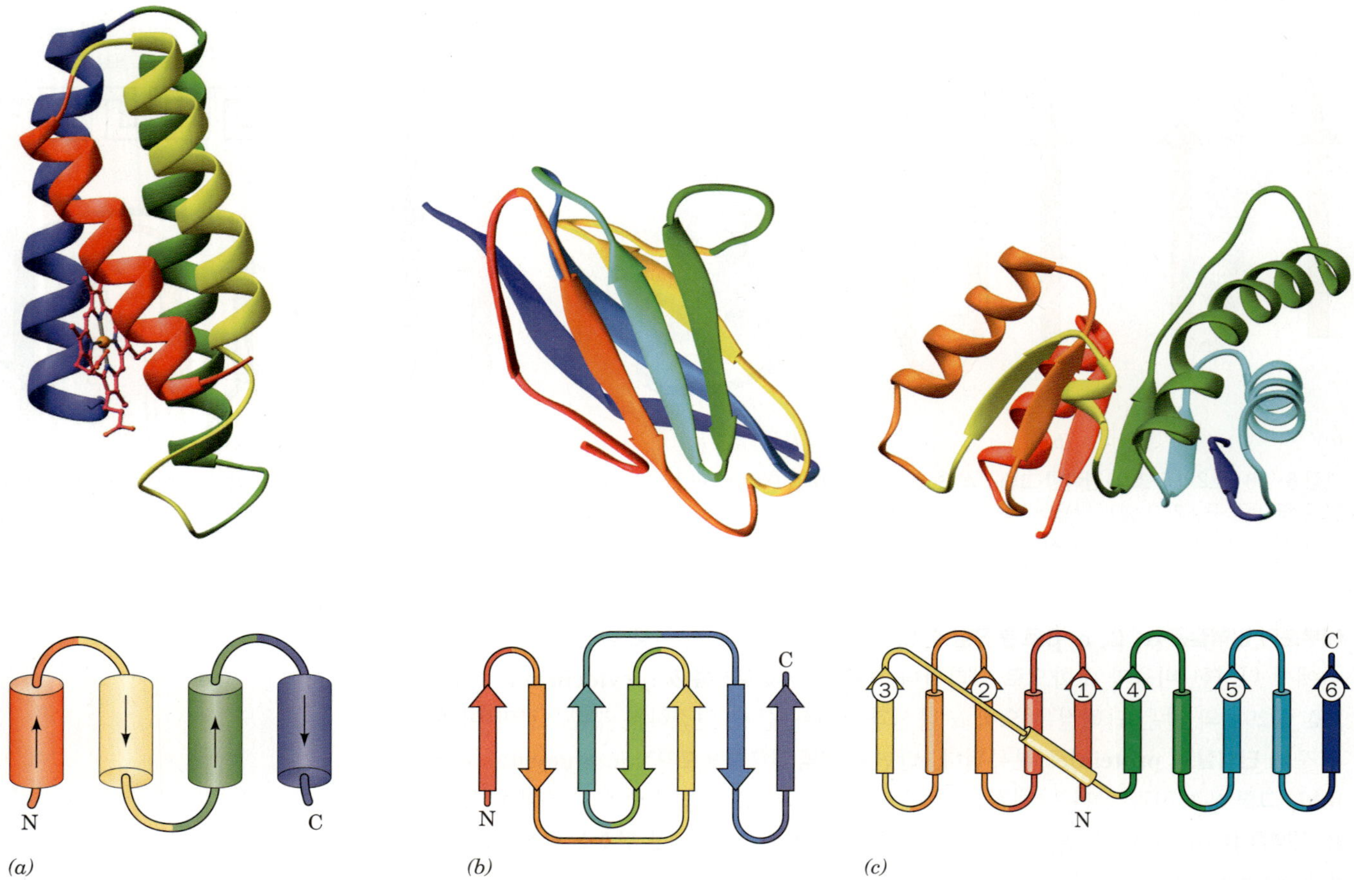

그림 6-29 몇 가지 단백질 구조의 예 각 단백질의 펩타이드 뼈대를 리본 형태로 나타냈으며, β 가닥은 N 말단으로부터 C 말단을 향하는 화살표로 나타내었다. 폴리펩타이드 사슬의 색깔은 N 말단에서 시작하여 C 말단까지 무지개색, 즉 빨간색부터 파란색으로 색칠하였다. 각 그림 밑에는 나선(원통으로 나타냄)과 β 가닥(화살표로 나타냄)의 연결성을 보여 주는 공간 배열 도표가 있다. (*a*) 106개 아미노산으로 이루어진 대장균 사이토크롬 b_{562}의 X선 구조로서 위–아래–위–아래 방식으로 배열된 네 개의 나선 묶음 구조이다. 여기에 결합된 헴기는 공–막대 모형으로 나타내었고, C는 자홍색, N은 파란색, O는 빨간색, Fe는 주황색으로 표시하였다. (*b*) 사람 면역 글로불린 Fab New 부분 가운데 N 말단 영역(103개 잔기)의 구조는 면역 글로불린 포개짐을 보여 준다. 폴리펩타이드 사슬이 세 가닥 또는 네 가닥짜리 역평행 β 병풍의 샌드위치처럼 포개져 있다. (*c*) 상어의 젖산 탈수소 효소 N 말단 영역(163개 잔기)의 X선 구조. 여기에는 6가닥 평행 β 병풍이 포함되어 있는데, β 가닥들은 모두 α 나선으로 연결되어 있고, 이 α 나선들은 그 양쪽의 β 가닥에 대해 오른손 방향으로 휘어져 있다. [Based on X-ray structures by (*a*) F. Scott Matthews, Washington University School of Medicine; (*b*) Roberto Poljak, The Johns Hopkins school of Medicine; and (*c*) Michael Rossmann, Purdue University. PDBids (*a*) 256B, (*b*) 7FAB, and (*c*) 6LDH.]

? 위상학 도표를 숙지하고 각각의 단백질 구조를 그리는 연습을 해 보라.

한두 개의 폴리펩타이드 사슬을 통해 연결된다. **결과적으로, 대부분의 도메인들은 구조적으로 독립되어 있어서 작은 구형 단백질과 같은 특성을 갖는다.** 그럼에도 불구하고, 한 단백질의 각 도메인은 서로 밀접하게 접촉하고 있어서 단백질의 도메인 구조가 반드시 명백하게 구별되어 보이지는 않고, 전체적으로 한 개의 구형 집합체로 보인다.

도메인은 흔히 작은 분자와 결합하는 것과 같은 특별한 기능을 갖는다. 예를 들어 그림 6-31과 같이, 다이뉴클레오타이드 NAD^+(nicotinamide adenine dinucleotide,

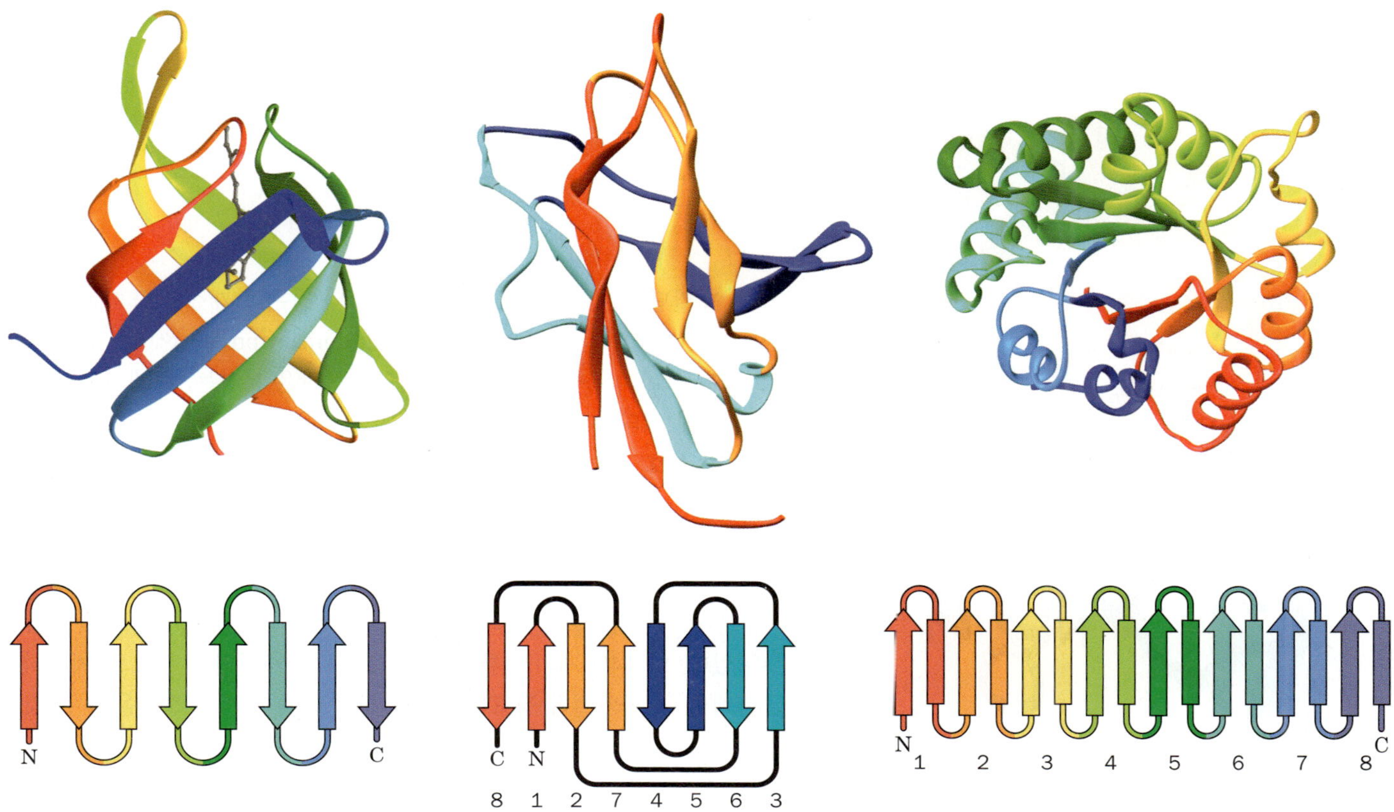

(a) *(b)* *(c)*

그림 6-30 **β 원통의 X선 구조** 각 폴리펩타이드를 색깔과 함께 그렸으며, 그 밑에는 그림 6-29의 설명과 같은 방식으로 배열 구조 도표를 제시하였다. (*a*) 사람 **레티놀 결합 단백질**(retinol binding protein)에는 8가닥의 상하 교대 β 원통이 있다. 여기에는 전체 182개 잔기 가운데 1~142번만 나타내었다. 각 β 가닥은 위에서 보았을 때 시계 방향으로 이웃 가닥과 짧은 고리로 연결되어 있다. 단백질에 결합된 레티놀 분자는 회색의 공-막대 모형으로 나타내었다. (*b*) *Flavobacterium meningosepticum*의 펩타이드-N^4-(*N*-아세틸-β-D-글루코사미닐) 아스파라진 아미데이스 F의 구조(전체 340개 잔기 가운데 1~140개 잔기). 네 개의 β 머리핀 절편이 말려서 8가닥의 β 원통을 형성한다. 여기에서 각 β 머리핀 절편에 있는 두 β 가닥은 같은 색으로 표시하였다. 가닥 1과 8(N 말단과 C 말단)은 빨간색, 가닥 2와 7은 주황색, 가닥 3과 6은 자홍색, 가닥 4와 5는 파란색으로 나타내었다. **젤리 롤**(jelly role) 또는 **스위스 롤**(Swiss role) 원통으로 알려진 이 모티프의 이름은 가닥의 배열이 마치 페스트리 빵처럼 말려 있다고 해서 붙여진 것이다. (*c*) 닭 근육 **삼탄당 인산 이성질화 효소**(triose phosphate isomerase, TIM; 247개 잔기)는 β 가닥과 α 나선이 교대로 8번 반복되는데, 그 가운데 평행 β 가닥들은 내부 원통을 만들고 그 외부에 8개의 평행 α 나선들이 외부 원통을 만들어 이른바 αβ 원통을 형성한다. 단백질은 대략 α/β 원통 축을 중심으로 하여 나타냈다. α/β 원통은 사실은 βαβ 모티프가 차례로 연결되어 만들어진 것이다. [Based on X-ray structures by (a) T. Alwyn Jones, Biomedical Center, Uppsala, Sweden; (b) Patrick Van Roey, New York State Department of Health, Albany, New York; and (c) David Phillips, Oxford University, Oxford, U.K. PDBids (a) 1RBP, (b) 1PNG, and (C) 1TIM.]

? 위상학 도표를 숙지하고 각각의 단백질 구조를 그리는 연습을 해 보라.

그림 11-4)는 글리세르알데하이드-3-인산 탈수소 효소(glyceraldehyde-3-phosphate degydrogenase)의 N 말단 도메인과 결합한다. 로스만(Micheal Rossmann)은 β 가닥 모양 평행 병풍과 α 나선으로 연결된 βαβαβ 단위가 대개 뉴클레오타이드 결합 자리로 작용하는 경우가 있다는 것을 보여 주었다. 두 개의 βαβαβ 단위가 결합하여 **다이뉴클레오타이드 결합 포개짐(dinucleotide-binding fold)**이라고 알려진 도메인이나, **로스만 포개짐(Rossmann fold)**을 형성한다. 글리세르알데하이드-3-인산 탈수소소

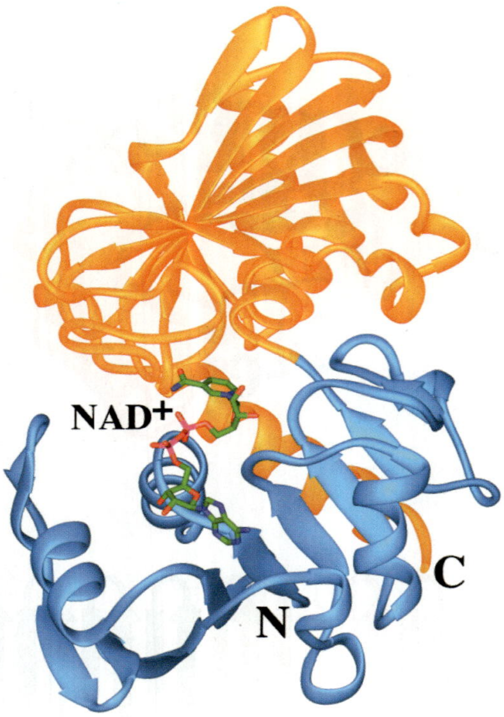

그림 6-31 **두 도메인을 가진 글리세르알데하이드-3-인산 탈수소 효소** N 말단 도메인(밝은 파란색)은 NAD^+(막대 모양으로 나타냈으며 원자 종류에 따라 C는 초록색, N은 파란색, O는 빨간색, P는 청록색)와 결합하며, C 말단 도메인(주황색)은 글리세르알데하이드-3-인산(나타내지 않았음)과 결합한다. [Based on an X-ray structure by Alan Wonacott, Imperial College, London, U.K. PDBid 1GD1.] See Interactive Exercise 2.

? 각 도메인 내의 초2차 구조를 찾으라.

효소의 N 말단 도메인은 젖산 탈수소 효소와 같은 포개짐을 포함한다(그림 6-29*c*). 여러 도메인을 갖는 단백질(multidomain protein)에서, 결합 자리는 도메인 사이의 틈에 위치하기도 한다. 즉 작은 분자는 두 개의 도메인에 있는 작용기에 의해 결합되어 있다. 이러한 경우에, 영역 사이에서 상대적으로 유연한 상호 결합(공유 결합)을 단백질과 작은 분자 사이에 유도한다.

D 구조는 서열보다 보존성이 높다

지금까지 밝혀진 수천 개의 단백질 구조와 더 많은 수의 단백질 도메인들은 폴리펩타이드 사슬의 포개짐 모양을 따라 군(family)으로 그룹화할 수 있다. 약 1400개의 다른 단백질 도메인군이 존재할 것으로 예상되지만, 단백질 구조의 절반 정도는 약 200개의 다른 포개짐 경향을 보일 것으로 예측하고 있다. 5-4B절에 나타낸 것과 마찬가지로, 도메인은 단백질 진화의 가장 기본적인 단위이다. 그러나 구조가 밝혀진 단백질 수가 급격히 늘어감에 따라 진화론적 가능성은 점점 줄어들었다. 즉 (1) 도메인들은 안정한 단백질 모양을 형성할 수 있고, (2) 아미노산의 결실, 치환, 첨가 등을 수용하여 진화적인 변화에 더 잘 견딜 수 있으며, (3) 필요한 생물학적 기능을 발휘할 수 있는 능력을 갖도록 형성되고 유지되었다는 것이다.

유사한 아미노산 서열을 가진 폴리펩타이드는 유사한 형태의 뼈대를 갖는 경향이 있다. 특히 진화적인 연관성이 있는 유사한 기능을 하는 단백질은 더욱 그렇다. 예를 들어 서로 다른 종의 사이토크롬 *c*가 매우 유사한 아미노산 서열(표 5-6)과 3차원 구조를 가지고 있다.

사이토크롬 *c*는 진핵세포에만 있지만 원핵세포에도 유사한 기능(전자 전달)을 하는 ***c*형 사이토크롬**(***c*-type cytochrome**)이라는 단백질이 있다. 서로 다른 종의 *c*형 사이토크롬은 아미노산 서열의 유사성이 낮고 진핵세포의 사이토크롬 *c*와도 아미노산 서열이 많이 다르다. 그러나 X선 구조의 유사성은 명백하게 확인할 수 있으며, 특히 폴리펩타이드 사슬의 포개짐과 단백질 내부에 곁사슬의 채움은 매우 유사하다(그림 6-32). *c*형 사이토크롬들 사이에 가장 큰 구조적인 차이점은 표면에 있는 다양한 폴리펩타이드 고리들이다. *c*형 사이토크롬의 서열은 매우 다양해서 X선 구조 없이는 수학적으로 매우 정교한 컴퓨터 프로그램을 사용해야만 적절하게 정렬할 수 있다. 이와 같은 사실들을 보면 **진화 과정에서 아미노산 서열이 보존된 것이 아니라 구조적이고 기능적인 요소들이 보존된 것을 알 수 있다.**

E 구조 생물정보학은 보관, 시각화, 그리고 단백질 구조 비교를 위한 정보를 제공한다

X선 결정학이나 NMR 분광학, 그리고 다른 특정 기술로 얻어진 자료는 분자를 구성하는 각 원자의 3차원 좌표를 담고 있다. 뉴클레오타이드나 단백질 아미노산 서열 정

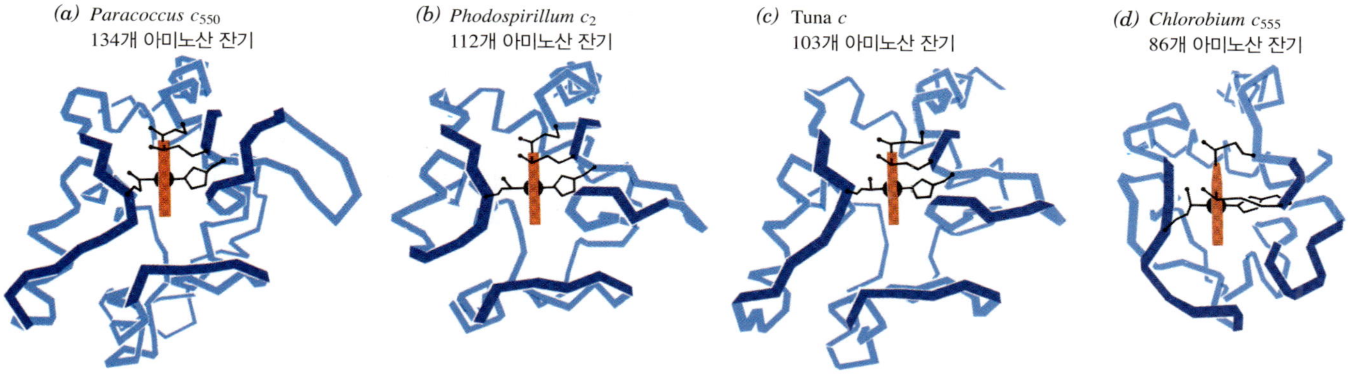

그림 6-32 ***c*형 사이토크롬의 3차원 구조** 각 단백질의 헴기(빨간색)의 모서리가 보이도록 방향을 일치시켜서 폴리펩타이드 뼈대(파란색)의 구조를 그렸다. 헴기를 단백질에 연결시키는 Cys, Met, His 곁사슬도 함께 나타내었다. (*a*) *Paracoccus denitrificans*의 사이토크롬 c_{550}, (*b*) *Rhodospirillum rubrum*의 사이토크롬 c_2(112개 잔기), (*c*) 참치의 사이토크롬 *c*, (*d*) *Chlorobium limicola*의 사이토크롬 c_{555} [Irving Geis 그림. Howard Hughes Medical Institute의 Irving Geis 수집에서 인용. Rights owned by HHMI Reproduction by permission only.]

보와 마찬가지로 이러한 구조적인 정보도 쉽게 저장하거나 나타내거나 비교하는 것이 가능하다(3-4절과 5-3절). **생물정보학(bioinformatics)**은 분자 서열이나 구조에 대한 방대한 양의 정보를 다루는 분야로서 빠른 속도로 성장하고 있다. **구조 생물정보학(structural bioinformatics)**은 생물정보학의 한 분야로서 고분자 구조를 나타내고 비교하는 것을 다룬다. 생물정보학 프로젝트 3의 표 6-2에서 기술한 바와 같이, 많은 데이터베이스와 분석 방법이 구조 생물정보학에서 사용되고 있다.

단백질 자료 은행에 구조 정보들이 담겨져 있다. 단백질 자료 은행(Protein Data Bank, PDB)에는 지금까지 구조가 밝혀진 단백질, 핵산, 탄화수소를 포함한 120,000개 이상의 거대 분자 구조의 원자 좌표 자료가 저장되어 있다. 실제로 거대 분자 구조에

표 6-2 구조 생물정보학 인터넷 주소

구조 데이터베이스
Protein Data Bank (PDB): http://www.rcsb.org/
Nucleic Acid Database: http://ndbserver.rutgers.edu/
Molecular Modeling Database (MMDB): http://www.ncbi.nlm.nih.gov/Structure/MMDB/docs/mmdb_search.html
Most Representative NMR Structure in an Ensemble: http://www.ebi.ac.uk/pdbe/nmr/olderado/
분자 그래픽 프로그램
Cn3D: http://www.ncbi.nlm.nih.gov/Structure/CN3D/cn3d.shtml
FirstGlance: http://molvis.sdsc.edu/fgij/index.htm
Jmol: http://jmol.sourceforge.net/
KiNG: http://kinemage.biochem.duke.edu/software/king.php
Proteopedia: http://www.proteopedia.org/
Swiss-Pdb Viewer (DeepView): http://spdbv.vital-it.ch/
구조 분류 알고리즘
CATH (*C*lass, *A*rchitecture, *T*opology, and *H*omologous superfamily): http://www.cathdb.info/
CE (*C*ombinatorial *E*xtension of optimal pathway): http://cl.sdsc.edu/jfatcatserver/
Pfam (protein families): http://pfam.sanger.ac.uk/ or http://pfam.janelia.org/
SCOP (*S*tructural *C*lassifi cation *O*f *P*roteins): http://scop.mrc-lmb.cam.ac.uk/scop/
VAST (*V*ector *A*lignment *S*earch *T*ool): http://www.ncbi.nlm.nih.gov/Structure/VAST/vast.shtml

관한 논문을 싣는 거의 대부분의 저널들에서 구조의 좌표 자료를 PDB에 저장하도록 요구한다.

독립적으로 결정된 각 구조는 PDB에서 네 글자로 된 분류 번호(**PDBid**)를 받게 된다. 예를 들어 향유고래 마이오글로빈의 PDBid는 1MBO이다. 각 자료 파일의 첫 부분은 먼저 거대 분자를 확인할 수 있는 정보, 거대 분자의 출처(거대 분자를 얻은 생물체), 구조를 결정한 저자, 그리고 관련된 핵심 논문 등을 담고 있다. 그리고 구조가 결정된 방법의 개요가 정확도를 나타내는 지표와 함께 제시되어 있고, 구조의 각 사슬의 서열과 함께 HET(heterogen) 그룹에 대한 설명과 화학식도 정리되어 있다. HET라는 것은 단백질이나 핵산에 결합되어 있는 유기 분자, 금속 이온, 물 분자나 변형된 아미노산(예: Hyp)과 같이 '표준' 아미노산이나 뉴클레오타이드가 아닌 분자 그룹들을 가리킨다. 구조에서 2차 구조 요소의 위치와 이황화 결합에 대한 정보 역시 이 자료에 포함되어 있다.

PDB 파일의 대부분은 일련의 줄로 구성되어 있는데, 각 줄은 구조에서 각 원자의 3차원(x, y, z) 좌표가 옹스트롬 단위로 나타나 있다. 각 원자는 일련번호와 원자 이름(예를 들면 아미노산 잔기에서 카보닐기의 C와 O 원자는 C와 O로, C_α와 G_β 원자는 CA와 CB로)으로 확인할 수 있다. NMR로 결정된 구조의 PDB 파일에는 구조 결정에서 계산된 가능한 모든 구조들의 자료가 포함되어 있다(이 좌표들 가운데 가장 가능성이 높은 구조 자료는 다른 데이터베이스에서 얻을 수 있다. 표 6-2 참조).

특정 PDB 파일은 PDBid를 가지고 찾을 수 있지만, PDBid를 모른다면 단백질 이름, 출처, 저자, 구조 결정에 사용된 방법 등을 가지고 검색할 수도 있다. PDB에서 특정 거대 분자를 선택하면 처음에는 요약 페이지가 나오는데, 여기에는 좌표 파일을 보여 줄 것인지 다운로드할 것인지, 구조를 기하학적 특성이나 서열에 따라 분류할 것인지 아니면 분석할 것인지 등 조건들이 제시되어 있다. **핵산 데이터베이스(Nucleic Acid Database, NDB)**는 핵산을 포함하는 구조의 원자 좌표 자료들을 저장하고 있다. 이 좌표 파일들은 PDB 파일과 기본적으로 동일한 형식으로 되어 있다.

분자 그래픽 프로그램은 3차원으로 고분자를 표현한다. 거대 분자 구조로부터 가장 많은 정보를 얻을 수 있는 방법은 분자 그래픽 프로그램을 사용하는 것이다. 이런 프로그램은 사용자가 대화식으로 거대 분자를 회전시킴으로써 3차원 구조를 잘 파악할 수 있게 해 줄 뿐만 아니라 거대 분자를 입체적으로 볼 수도 있게 해 준다. 거의 모든 분자 그래픽 프로그램의 자료 입력은 PDB 파일을 사용한다. 여기에서 설명하는 프로그램들은 표 6-2에 있는 웹 주소에서 다운로드할 수 있으며, 일부는 프로그램 사용 방법에 대한 설명도 제공해 준다.

Jmol은 애플릿과 독립적인 프로그램 형태로 이용할 수 있으며 사용자가 선택한 거대 분자를 와이어 프레임, 공–막대, 뼈대, 공간 채움, 카툰 등의 형태로 다양한 색깔과 모양으로 표현할 수 있다. 아래의 웹사이트를 통하여 연습을 해 볼 수 있다(http://www.wiley.com/college/voet/). **FirstGlance**는 Jmol을 이용하여 거대 분자를 사용자 중심으로 표현한다. **KiNG**는 웹 베이스와 독립적인 프로그램 형태로 **Kinemages**라고 불리는 형태로 표현된다. Jmol보다 좀 더 저가 중심적인 환경을 제공한다. Deep View라고도 불리는 **Swiss-PDB Viewer**는 분자 구조를 보여 주는 것 외에 기본적인 모형 빌딩 기능, 유사 모델링 기능, 에너지 최소화 기능, 다중 서열 정렬 기능 등을 제공한다. Swiss-Pdb Viewer의 한 가지 장점은 사용자가 둘 이상의 구조 모형이나 모형의 일부를 겹쳐서 볼 수 있다는 점이다. **Proteopedia**는 단백질과 다른 거대 분자의 3차원 연계 백과사전으로 Wikipedia 형태이며, Jmol을 뷰어로 사용한다.

구조 비교는 진화와의 연계성을 나타낸다. 대부분의 단백질은 다른 단백질들과 구조적인 연관성을 가지고 있다. **실제로 진화 과정에서 단백질의 아미노산 서열보다는 구조가 더 잘 보존되는 경향을 볼 수 있다.** 다음에 나오는 컴퓨터 프로그램들은 단백질 구조의 분류와 비교를 도와 준다. 이 프로그램들은 각자의 웹 주소나 PDB를 통해 직접 접속할 수 있다. 이 프로그램들을 이용한 연구를 통해 단백질 기능에 대한 통찰력을 얻을 수 있고, 아미노산 서열로는 명백하게 나타나지 않는 진화적으로 먼 연관성을 발견할 수 있고, 구조 예측을 위한 독특한 포개짐의 라이브러리를 만들 수 있으며, 왜 한 형태의 구조가 다른 형태의 구조보다 더 선호되는지에 대한 정보 등을 얻을 수 있다.

1. ***CATH***(*C*lass, *A*rchitecture, *T*opology, *H*omologous superfamily의 약자)는 그 이름이 의미하는 것처럼 단백질을 네 단계의 구조적 체계에 따라 분류한다. (1) 가장 높은 단계인 'Class'는 단백질의 전체 2차 구조를 기준으로 'Mainly α', 'Mainly β', α/β', 그리고 'Few Secondary Structure'의 네 가지 카테고리로 분류한다. (2) 'Architecture'는 연결성과는 관계없이 전체적인 2차 구조의 배열을 묘사한 것이다. (3) 'Topology'는 전체적인 모양과 함께 2차 구조의 연결성을 나타낸다. (4) 'Homologous Superfamily'는 선택된 단백질과 유사한 구조를 가진(공통 조상을 가진) 단백질들이다.
2. ***CE***(*C*ombinatorial *E*xtension of optimal path의 약자)는 사용자가 정한 기하학적 기준을 따라 조회를 의뢰한 구조와 구조적으로 정렬될 수 있는 모든 단백질을 PDB에서 검색해 준다. 이들 단백질의 아미노산 서열을 서열이 아니라 구조를 기준으로 정렬할 수도 있다. CE는 이와 같은 방식으로 선택된 두 단백질의 정렬을 최적화하여 보여 준다.
3. **Pfam**(*P*rotein *fam*ily의 약자)는 약 12,000개의 Pfam family라고 불리는 단백질 영역의 서열 정렬을 포함하고 있으며, 구조와 서열 정보에 기준하여 단백질의 영역을 유기적으로 분리하고, Pfam family의 계통수를 조사하여 단백질 영역을 다른 종으로 확장시켜 검사한다.
4. ***SCOP***(*S*tructural *C*lassification *O*f *P*roteins)는 연결성을 기준으로 단백질을 분류하되 다음과 같은 여섯 단계의 체계를 사용한다. Class[all-α, all-β, α/β, Fold(2차 구조 요소의 배열이 유사한 그룹들), Superfamily(구조적인 기준과 기능적인 면을 기준으로 하여 진화적으로 먼 연관성을 나타냄), Family(구조뿐만 아니라 서열을 기준으로 하여 진화적으로 가까운 연관성을 나타냄), Protdn, Species. SCOP는 사용자로 하여금 체계적인 조직을 보여 주는 나무를 따라 가며 정보를 찾을 수 있게 해 주고, 특정 가지에서 알려진 단백질 멤버들을 제시해 준다.
5. ***VAST***(*V*ector *A*lignment *S*earch *T*ool)은 National Center for Biotechnology Information(NCBI)의 Entrez 시스템의 구성 요소로서, 조사 대상 단백질과 구조적으로 유사한 단백질, 즉 '구조적인 이웃(structure neighbors)'의 목록을 제시한다. VAST 시스템은 NCBI에서 만든 **분자 모형화 데이터베이스(Molecular Modeling Database, MMDB)**를 사용하는데, 이 데이터베이스에서는 분자가 원자 좌표로 표현되는 것이 아니라 PDB 좌표로부터 유도한 연결성 그래프로

표현된다. VAST는 **Cn3D**(MMDB 파일을 디스플레이해 주는 분자 그래픽 프로그램으로서 다양한 컴퓨터 플랫폼에 사용할 수 있도록 공개되어 있음)를 이용하여 조사 대상 단백질을 최대 5개의 다른 단백질 구조와 겹쳐 단백질의 4차 겹칩을 디스플레이해 준다. VAST는 또한 조사 대상 단백질과 서열이 유사한 단백질 목록을 제시한다.

체크 포인트

- 단백질의 구조를 결정할 때 사용하는 X선 결정학, NMR 분광법, 저온 전자 현미경법의 상대적인 장점과 단점을 나열하시오.
- 단백질 3차 구조 결정에 있어서 아미노산 서열을 왜 알아야 하지 설명하시오.
- 회전과 고리는 왜 대부분 단백질의 표면에서 발생하는가?
- 어떤 곁사슬이 주로 단백질의 표면에 존재하는가? 또 내부에 존재하는가?
- 일반적인 단백질의 구조적인 모티프를 기술하시오.
- 단백질 도메인은 왜 최소 40개 아미노산으로 구성되어 있는가?
- 왜 단백질의 서열이 구조보다 더 빠르게 진화했는지 설명하시오.
- PDB 파일이 제공하는 정보 유형에 대해 요약하시오.
- 단백질 서열과 더불어 왜 단백질 구조를 비교하는 것이 더 유용한가?

3 4차 구조와 대칭

주요 개념

- 몇몇의 단백질은 일반적으로 대칭적 배열인 소단위체를 다수 포함하고 있다.

많은 단백질들, 특히 분자량이 100 kDa 이상인 단백질들은 하나 이상의 폴리펩타이드 사슬로 구성되어 있다. **이러한 폴리펩타이드 소단위체들은 특별한 배열로 조립되어 있다.** 이 소단위체들의 공간적인 배열을 단백질의 4차 구조라고 한다.

여러 소단위체로 이루어진 단백질들이 많은 것에는 몇 가지 이유가 있다. 콜라젠 섬유와 같이 거대한 단백질 조립체의 경우, 거대한 폴리펩타이드 사슬을 합성하는 것보다 소단위체들을 조립하는 것이 더 유리한 것은 건물을 지을 때 미리 만들어진 부품들을 조립하는 것이 유리한 것과 같다. 결함이 있을 경우 잘못된 소단위체만 교체하면 된다. 제작과 조립을 서로 다른 위치에서 할 수 있다. 소수의 소단위체에 대한 유전 정보만 있으면 전체 단백질 구조를 규정할 수 있다. 효소의 경우에는 단백질의 크기가 클수록 반응에 필요한 작용기를 정확한 3차원적 장소에 위치시킬 수 있다. **동일한 소단위체를 조립하여 효소의 크기를 키우면 각 소단위체가 활성 자리를 가질 수 있기 때문에 폴리펩타이드 사슬의 길이를 길게 하는 것보다 유리하다. 더 중요한 것은 많은 효소가 소단위체로 구성됨으로써 활성을 조절할 수 있는 구조적 기반을 마련한다는 점이다**(7-1D절과 12-3절).

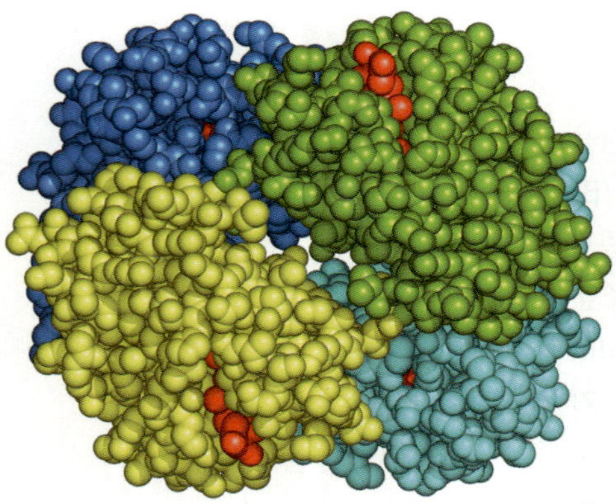

그림 6-33 헤모글로빈의 4차 구조 이 공간채움 모형에서 α_1, α_2, β_1, β_2 소단위체는 각각 노란색, 초록색, 청록색, 파란색으로 표시되었다. 헴기는 빨간색이다. [Based on an X-ray structure by Max Perutz, MRC Laboratory of Molecular Biology, Cambridge, U. K. PDBid 2DHB.]

? 기본 단위체 하나에 동그라미를 그리라.

소단위체는 대부분 비공유 결합으로 연결된다. 여러 소단위체를 가진 단백질은 동일한 폴리펩타이드 사슬로 구성될 수도 있고, 서로 다른 폴리펩타이드 사슬로 구성될 수도 있다. 예를 들어 헤모글로빈 소단위체 구성은 $\alpha_2\beta_2$로 되어 있다(그림 6-33). 둘 이상의 소단위체를 가진 단백질을 **소중합체**(**oligomer**)라고 하고, 그 동일한 단위를 **기본 단위체**(**protomer**)라고 한다. 기본 단위체는 한 개의 폴리펩타이드일 수도 있고 서로 다른 몇 개의 폴리펩타이드가 모인 것일 수도 있다. 따라서 헤모글로빈은 $\alpha\beta$ 기본 단위체의 이합체이다.

소단위체들이 서로 접촉하는 부위는 단일 소단위체로 이루어진 단백질의 내부와 유사하다. 이 내부는 꽉 채워진 무극성 곁사슬들과 폴리펩타이드 뼈대와 곁사슬에 의한 수소 결합 그리고 때로는 사슬 사이의 이황화 결합 등으로 이루어져 있다. 그러나 생체 내에서 해리되는 소단위체들의 접촉 부위는 영구적으로 접촉하고 있는 부분보다 소수성이 낮다.

소단위체들은 대칭으로 배열되어 있다. 대부분의 소중합체 단백질에서 기본 단위체들은 대칭으로 배열되어 있다. 즉 각 기본 단위체는 소중합체에서 기하학적으로 동일한 위치를 차지하고 있다. 그러나 단백질들은 거울상으로 배열될 수는 없다. 거울상으로 배열되기 위해서는 L 잔기가 D 잔기로 전환되어야 하기 때문이다. 따라서 **단백질**

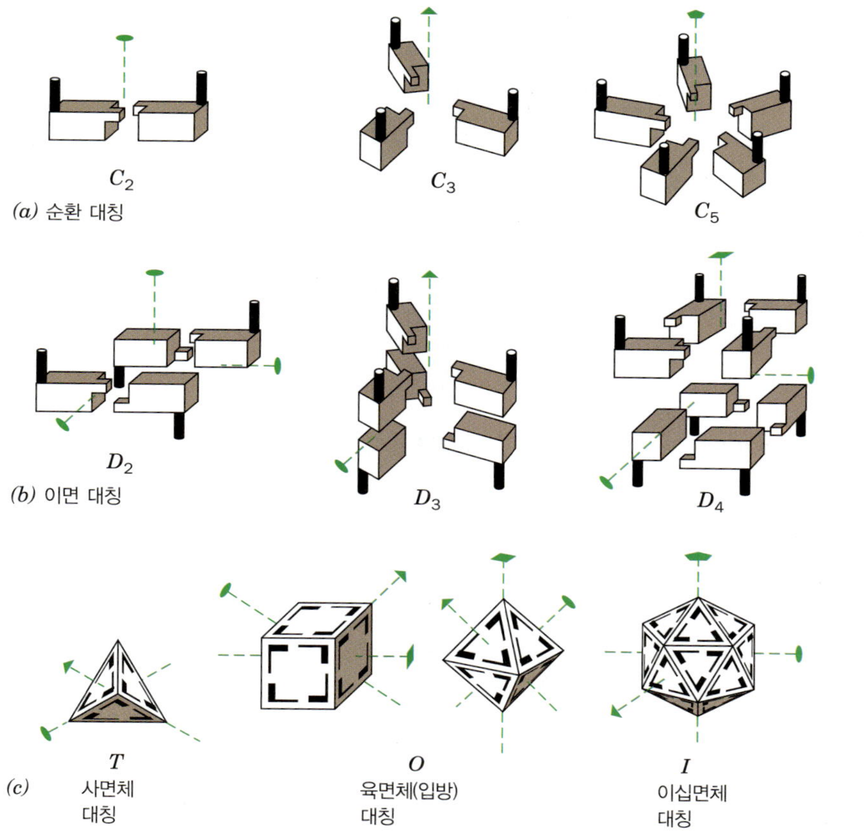

그림 6-34 소중합체 단백질의 몇 가지 대칭 형식 초록색 점선 끝에 있는 타원형, 삼각형, 사각형, 오각형은 각각 각 물체의 이회전, 삼회전, 사회전, 오회전 대칭축을 나타낸다. (*a*) 순환 대칭 조립, (*b*) 이면 대칭 조립. 이 물체에서 한 개의 회전축은 다른 회전축과 수직 관계이다. (*c*) 사면체, 육면체, 이십면체의 회전 대칭을 가진 배열 [Irving Geis 그림. Howard Hughes Medical Institute의 Irving Geis 수집에서 인용. Rights owned by HHMI. Reproduction by permission only.]

들의 배열은 회전 대칭(rotational symmetry)으로만 가능하다.

회전 대칭의 가장 단순한 형태인 **순환 대칭(cyclic symmetry)**에서는 기본 단위체들이 한 개의 회전축을 중심으로 배열되어 있다(그림 6-34*a*). 이회전, 삼회전, *n*회전 대칭축을 가리켜 각각 C_2, C_3, C_n 대칭을 가지고 있다고 말한다. C_2 대칭이 가장 흔하게 발견되고, 그 이상은 비교적 찾아보기 어렵다.

좀 더 복잡한 형태의 회전 대칭인 **이면 대칭(dihedral symmetry, D_n)**은 *n*회전 대칭축이 이회전 대칭축과 직각으로 만날 때 만들어진다(그림 6-34*b*). D_n 대칭을 가진 소중합체는 2*n*개의 기본 단위체로 구성되어 가장 일반적인 형태로는 D_2이 나타난다.

다른 가능한 회전 대칭으로는 사면체, 육면체, 이십면체 등이 있다(그림 6-34*c*). 일부 여러 효소로 이루어진 복합체나 구형 바이러스들이 이런 방식으로 조립된다.

체크 포인트

- 단백질에서 다양한 소단위체의 장점을 나열하시오.
- 왜 단백질은 거울상 대칭일 수 없는가?

4 단백질의 안정성

주요 개념

- 단백질 안정성은 주로 소수성 영향에 의존하며, 두 번째는 정전기적 상호작용에 의존한다.
- 변성된 단백질은 복원될 수 있다.
- 단백질 구조는 유연성이 있으며 잘못 포개진 부분을 포함할 수 있다.

믿기 어렵겠지만, 열역학적인 측정 결과에 의하면 **자연 상태의 단백질은 생리적인 조건에서 약간 안정할 뿐이다.** 단백질을 변성시키는 데 필요한 에너지는 아미노산

표 6-3 아미노산 곁사슬의 소수성 계수

곁사슬	소수성 계수
Ile	4.5
Val	4.2
Leu	3.8
Phe	2.8
Cys	2.5
Met	1.9
Ala	1.8
Gly	−0.4
Thr	−0.7
Ser	−0.8
Trp	−0.9
Tyr	−1.3
Pro	−1.6
HIs	−3.2
Glu	−3.5
Gln	−3.5
Asp	−3.5
Asn	−3.5
Lys	−3.9
Arg	−4.5

출처: Kyte, J. and Doolittle, RP., *J. Mol. Biol.* **157**, 110 (1982).

한 개당 약 0.4 $kJ \cdot mol^{-1}$이기 때문에 100개의 잔기로 구성된 자연 상태의 단백질이라고 해도 변성된 상태에 비해 40 $kJ \cdot mol^{-1}$ 정도 안정할 뿐이다(수소 결합 한 개를 끊는 데도 약 20 $kJ \cdot mol^{-1}$의 에너지가 필요한 것과 비교해 보라). 소수성 인력, 정전기적 인력, 수소 결합 등 단백질에 있는 다양한 비공유 결합성 상호작용들을 모두 합하면 단백질 분자 1몰당 수천 kJ은 될 것이다. 즉 단백질 구조는 반대 작용을 하는 힘들 사이의 미묘한 균형의 결과로 얻어진 것이다.

A 단백질은 몇몇 힘에 의해서 안정화된다

단백질 구조는 주로 소수성 인력에 의해 지배되고, 극성 인력들과 다른 결합이 조금씩 작용한다.

소수성 효과가 단백질 안정화에 가장 큰 역할을 한다. 무극성 물질들이 물과의 접촉을 최소화하도록 해 주는 소수성 인력(2-1C절)은 자연 상태 단백질 구조를 결정하는 가장 중요한 요인이다. 무극성 곁사슬들이 단백질 내부로 모여드는 것은 물 분자의 엔트로피 증가에 의해 이루어진다. 무극성 곁사슬들이 내부로 모이지 않고 노출되어 있으면 물 분자들이 소수성 작용기들을 질서정연한 '새장 구조'로 둘러싸 엔트로피가 감소하게 된다. 단백질에서 각 아미노산 잔기의 소수성 경향을 **소수성 계수**(**hydropathy index**)로 나타낼 수 있다(**표 6-3**). 곁사슬의 소수성 계수가 클수록 단백질 내부에서 발견될 확률이 높고, 반대로 낮으면 표면에서 발견될 확률이 높다. 따라서 소수성 계수는 폴리펩타이드 사슬에서 어떤 부분이 단백질 내부에 있고 어떤 부분이 표면에 있을지 판단할 수 있는 좋은 척도가 된다(**그림 6-35**).

자리 특이적 돌연변이(site-directed mutagenesis) 실험을 통해 내부의 각 잔기를 여러 다른 잔기들로 바꿔본 결과, 단백질의 안정성에 가장 큰 영향을 미치는 요소는 치환된 잔기의 소수성 정도, 입체적인 적합성, 그리고 곁사슬의 부피 순으로 나타났다.

정전기적 인력도 단백질의 안정화에 기여한다. 자연 상태 단백질의 꽉 채워진 내부에서 반데르발스 인력은 상대적으로 약하기는 하지만(2-1A) 중요한 안정화 요인으로 작용한다. 이 힘은 가까운 거리에서만 작용하며, 사슬의 포개짐이 풀린 상태에서는 작용하지 않기 때문이다.

놀랍게도 **단백질 구조에서 중심적인 역할을 하는 수소 결합은 단백질의 안정성에 별로 기여하는 것이 없다.** 왜냐하면 수소 결합을 하는 작용기들은 사슬의 포개짐이

GATEWAY CONCEPT 소수성 효과
산소나 질소 원자를 포함하여 전하를 띠거나 극성인 작용기와 달리, 탄화수소가 많은 분자단은 극성이 없고 끌어당기거나 반발하는 힘을 강하게 겪지 않는다. 이런 무리들은 소수성 효과로 뭉치는 경향이 있는데, 그것은 주변 물 분자들의 엔트로피를 최대화한다. 포개진 폴리펩타이드 구조의 중심과 같이 무극성 물질들이 가까이 있을 때에만 끌어당기는 약한 힘이 생긴다(반데르발스 상호작용).

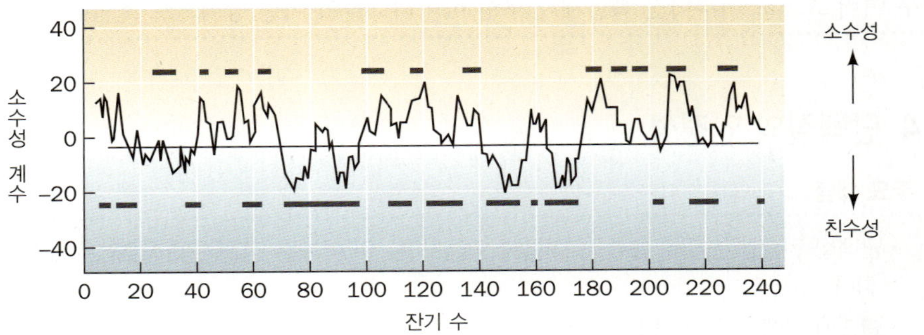

그림 6-35 소 카이모트립신(bovine chymotrypsin)의 소수성 계수 그래프 잔기의 번호를 x축으로 하여 9개의 연속된 잔기의 소수성 계수의 합을 그렸다. 소수성 계수가 큰 양의 값을 갖는 부분은 소수성 부분이고, 큰 음의 값을 갖는 부분은 친수성 부분이다. 위에 표시된 막대는 X선 결정 구조에 의해 단백질의 내부에 있는 것으로 밝혀진 부분을 가리키고, 아래 막대는 외부에 있는 부분을 가리킨다. [After Kyte, J. and Doolittle, R.F., *J.* Mol. Biol. **157**, 111 (1982).]

풀린 상태에서도 물 분자와 수소 결합을 하기 때문이다. 따라서 수소 결합이 단백질 안정성에 기여하는 정도는 자연 상태에서의 수소 결합 에너지와 사슬이 풀린 상태에서의 수소 결합 에너지의 작은 차이일 뿐이다(자리 특이적 돌연변이 실험으로 평가한 바에 의하면 $-2\sim8\ \text{kJ}\cdot\text{mol}^{-1}$ 정도이다). 그럼에도 불구하고, 수소 결합은 여전히 단백질 구조를 결정하는 중요한 요소인데, 이는 수소 결합 형성이 방해되도록 단백질 사슬이 포개질 경우 수소 결합에 의해 얻을 수 있는 안정화 에너지를 얻을 수 없기 때문이다. 따라서 수소 결합은 소수성 인력에 의해 안정화될 수 있는 상대적으로 적은 수의 형태들 가운데 독특한 자연 구조를 '선택'하도록 함으로써 3차원 구조를 정밀 조정하는 역할을 한다.

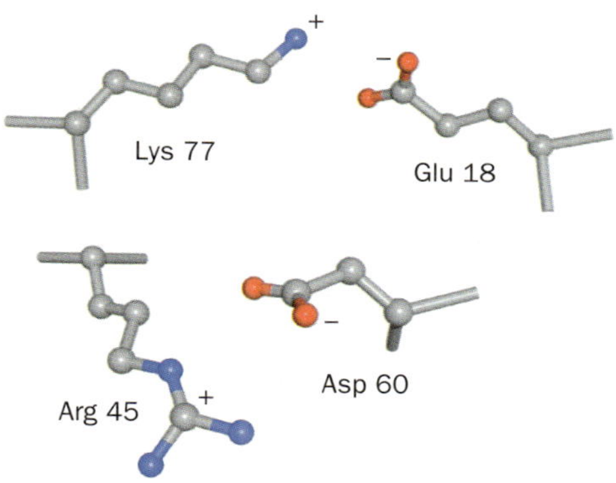

그림 6-36 마이오글로빈에서 이온쌍의 예 각 경우에 아미노산 서열상으로는 멀리 떨어진 잔기의 곁사슬들이 이온쌍을 형성함으로써 가까이 접근해 있다.

서로 반대 전하를 갖는 단백질 작용기들(예: Lys과 Asp)의 결합은 **이온쌍(ion pair)** 또는 **염다리(salt bridge)**로 알려져 있다. 단백질에서 전하를 갖는 잔기의 75% 정도는 주로 단백질 표면에 위치하면서 이온쌍을 형성한다(**그림 6-36**). 이온쌍에서 두 반대 전하가 잡아당기는 정전기적 인력은 매우 강하지만 이 인력이 단백질 안정성에 큰 기여를 하지는 않는다. 왜냐하면 이온쌍 형성에 의한 자유 에너지 변화가 이온쌍 형성으로 인한(곁사슬의 위치가 고정됨으로써) 엔트로피 감소와 용매화 에너지의 상실을 상쇄하고 남을 만큼 크지 못하기 때문이다. 유사한 단백질들 사이에 이온쌍들이 잘 보존되지 않는 현상도 이런 측면을 반영하는 것이다.

세포 외부 단백질에서의 이황화 결합 교차 결합 폴리펩타이드 사슬 내부 또는 폴리펩타이드 사슬들 사이에 있는 이황화 결합(그림 4-6)은 단백질이 자연 구조로 포개질 때 형성된다. 어떤 폴리펩타이드의 Cys 잔기를 화학적으로 변형시키거나 돌연변이를 통해 다른 아미노산으로 치환해도 완전히 활성이 있는 자연 상태로 포개질 수 있는 것을 보면 이황화 결합이 필수적인 안정화 요소는 아닌 것으로 보인다. 그러나 폴리펩타이드 사슬이 펼쳐진 상태에서 자연 상태로 포개질 때 뼈대를 특정한 포개진 상태로 '잠그는 데' 중요한 역할을 할 수는 있다.

세포질은 환원 조건이기 때문에 세포 내부의 단백질에는 이황화 결합이 드물다. 대부분의 이황화 결합은 세포 외부로 분비되어 좀 더 산화 조건에 노출된 단백질에 나타난다. 상대적으로 거친 세포 외부의 환경(예: 조절되지 않는 온도와 pH 등)에서는 이황화 결합에 의한 추가적인 구조적 제한이 더 필요할 것으로 생각된다.

금속 이온은 조그만 도메인을 안정화시킨다. 금속 이온은 단백질 내부 교차 결합에 관여한다. 예를 들어 핵산에 결합하는 단백질 가운데에는 **아연 손가락(zinc finger)**이라고 하는 최소한 10가지 이상의 모티프가 있다. 이 구조는 한 개 또는 두 개의 Zn^{2+} 이온과, 그 이온을 둘러싸고 있는 25~60개 정도의 잔기로 구성된다. 이온들은 Cys, His, 그리고 때로는 Asp나 Glu의 곁사슬과 정사면체 구조로 배위 결합을 하고 있다(**그림 6-37**). Zn^{2+}

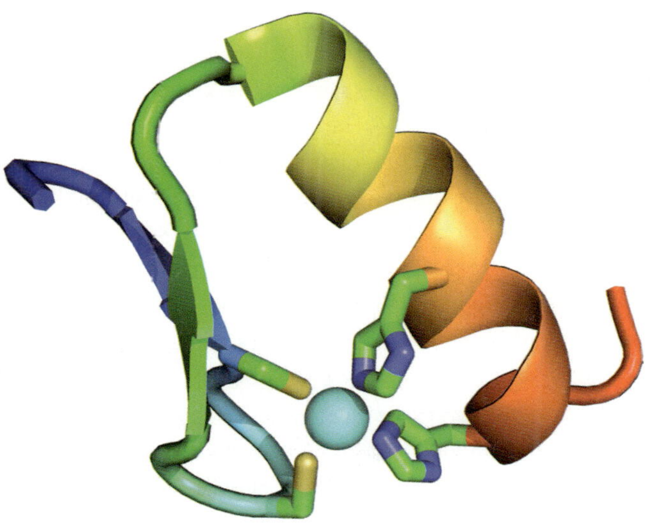

그림 6-37 DNA 결합 단백질인 Zif268의 아연 손가락 모티프의 X선 구조 폴리펩타이드 사슬은 리본 형태와 무지개색의 순서대로 N 말단(푸른색)에서 C 말단(빨간색)을 나타내었다. Cys 잔기와 His 잔기는 Zn^{2+} 이온(청록색 구)과 정사면체의 리간드 형태로 결합하였고, C는 녹색, N은 파란색, S는 노란색으로 표시하였다. [Based on an X-ray structure by Carl Pabo, MIT, PDBid 1ZAA.]

이온은 비교적 작은 폴리펩타이드 사슬이 핵산과 결합할 수 있는 안정한 구조로 포개지도록 도와 준다. 아연은 세포내 단백질의 구조 유지에 적합한 다음과 같은 특성을 가지고 있다. 즉 아연은 채워진 *d* 전자 껍질을 가지고 있어 다양한 리간드(예: 황, 질소, 산소 등)와 강하게 결합할 수 있다. 이뿐만 아니라 아연은 한 가지의 안정한 산화 상태를 가지고 있어(구리나 철과 달리) 세포에서 산화-환원 반응을 하지 않는다.

B 단백질은 변성 및 복원될 수 있다

자연 상태 단백질 구조의 안정성이 그렇게 높지 않기 때문에 그 구조를 유지하는 약한 힘들의 균형이 깨지면 단백질은 쉽게 변성된다. 단백질을 변성시키는 요인이나 물질은 다음과 같다.

1. 단백질을 가열하면 광학 활성(4-2절), 점도, 자외선 흡수 등 단백질의 형태에 민감한 특성이 좁은 온도 범위에서 갑자기 변한다. 이와 같은 급격한 전이는 전체 폴리펩타이드가 **협동적(cooperatively)**으로, 즉 동시에 풀리거나 녹는다는 것을 의미한다. 대부분 단백질의 녹는점은 100°C보다 훨씬 낮다. 그러나 호열성 박테리아의 단백질들은 예외이다(**자료 6-3**).
2. pH 변화는 단백질 곁사슬의 이온화 상태가 달라지게 만들어 단백질 전하 분포와 수소 결합 능력을 변화시킨다.
3. 단백질의 무극성 잔기에 세제가 결합하면 단백질 구조 유지에 필요한 소수성 인력을 방해한다.
4. 농도가 5~10 M 정도인 구아니디늄 이온이나 요소와 같은 **붕괴제(chaotropic agent)**는 가장 흔히 사용되는 단백질 변성제이다. 붕괴제로는 무극성 물질이 물에 잘 녹게 해 주는 이온이나 작은 유기 분자이다. 이 물질들이 단백질을 잘 변

자료 6-3 생화학 전망

열에 안정한 단백질들

초호열성 세균(hyperthermophile)으로 알려진 어떤 종의 박테리아는 거의 100°C 가까운 온도에서 자란다. 이들은 뜨거운 온천, 해저의 뜨거운 물 분출구 근처에 서식하는데, 그 가운데 가장 극단적인 경우인 *Pyrolobus fumarii*라는 고세균은 113°C에서도 증식할 수 있다. 이 생물체들은 **저온 세균(mesophile**, '보통' 온도에서 사는 생물체)과 동일한 대사 경로를 많이 가지고 있다. 그러나 대부분의 저온 세균 단백질들은 초호열성 세균이 사는 조건에서는 변성되어 버린다. 초호열성 단백질들이 이렇게 열에 안정하게 된 구조적 요인은 무엇일까?

특정 호열성 단백질과 그 단백질에 해당하는 저온 단백질의 열에 대한 안정성 차이는 약 100 kJ · mol^{-1}을 넘지 않는데, 이는 비공유 결합성 상호 작용 몇 개를 합한 정도일 뿐이다. 이런 이유로 인하여 호열성 단백질과 저온 단백질의 X선 구조를 비교해 보아도 어떤 결정적인 차이점을 발견하기는 어렵다. 이 두 종류의 단백질이 2차 구조에서 약간의 차이를 보여주기는 하지만, 그 정도의 차이는 서로 다른 종의 저온 단백질들 사이에서도 발견되는 정도이다. 그러나 일부 호열성 단백질의 표면을 보면 염다리가 매우 풍부하여 이들 가운데 많은 수가 최대 18개의 곁사슬까지 연결되는 치밀한 그물 구조를 형성하도록 배열되어 있다.

염다리가 단백질을 안정화시킨다는 개념은 염다리가 단백질 안정화에 기여하는 바가 별로 없다는 결론(6-4A절)과 상충되는 것처럼 보인다. 이 모순을 해결하는 열쇠는 **내열성 단백질의 염다리는 그물 구조를 만든다는 점에 있다.** 이미 형성된 이온쌍에 전하를 띤 세 번째 그룹이 또 하나의 정전기적 인력을 형성할 때 얻는 자유 에너지는 처음 두 그룹이 이온쌍을 형성할 때 얻는 자유 에너지와 거의 비슷하다. 반면에 세 번째 그룹이 또 하나의 이온쌍을 형성하기 위해 용매를 제거할 때 상실되는 자유 에너지는 처음 두 그룹이 이온쌍을 형성하면서 용매 제거로 상실되는 에너지에 비하면 절반 정도이다. 물론 이런 상황은 네 번째, 다섯 번째 등 추가 염다리가 형성될 때도 마찬가지이다.

모든 호열성 단백질이 염다리가 많이 형성되는 것은 아니다. 이런 단백질 구조들을 조사해 보면 이 단백질들을 안정화시키는 요인은 작은 효과들인데, 그 가운데 가장 중요한 것들을 꼽아보면 단백질의 소수성 핵심부 크기의 증가, 도메인이나 소단위체들 사이 접촉 면적의 증가, 원자들이 더욱 치밀하게 채워진 결과 나타나는 면적 대 부피비의 감소 등을 들 수 있다.

초호열성 세균과 저온 세균의 단백질이 구조적으로 유사하며, 동일한 기능을 수행한다는 사실은 **저온 세균 단백질의 안정성이 결코 극대화되어 있는 것은 아니라는 것을 의미하고, 더 나아가서 대부분의 단백질이 생리적인 조건에서 최소한으로 안정하게 되는 것(아미노산 잔기당 약 0.4 kJ · mol^{-1})이 진화적 측면에서 필수적인 요소임을 의미한다.** 아마도 안정성이 지나치면 생리적인 기능을 수행하는 데 필요한 구조적인 유연성을 상실할 수 있을 것이다.

성시킬 수 있는 이유는 이들이 소수성 인력을 깨뜨릴 수 있는 능력을 가지고 있기 때문이다. 그러나 그 메커니즘은 아직 잘 알려져 있지 않다.

구아니디늄 이온　　　　요소

많은 변성된 단백질은 복원될 수 있다. 1957년에 앤핀슨(Christian Anfinsen)은 **리보핵산 가수 분해 효소 A(ribonuclease A, RNase A)**를 이용한 정교한 실험을 통해 단백질의 변성이 가역적이라는 사실을 보여 주었다. RNase A는 124개 잔기를 포함하는 한 개의 폴리펩타이드 사슬로 구성되어 있다. 먼저 2-머캅토에탄올(2-mercaptoethanol)을 포함하는 8 M 요소 용액에서 RNase A 단백질 사슬을 완전히 변성시키고, 네 개의 이황화 결합도 환원 반응으로 끊어주었다. 투석으로 요소와 환원제를 제거하고, pH 8에서 용액을 O_2에 노출시켰을 때(SH기를 산화시켜 이황화 결합을 형성하도록 하는 조건) 단백질이 100% 활성을 회복하였고, 자연 상태의 RNase A와 물리적으로도 구별할 수 없었다(**그림 6-38**). 이는 단백질이 자발적으로 **복원(renature)**된 것을 의미한다.

process diagram

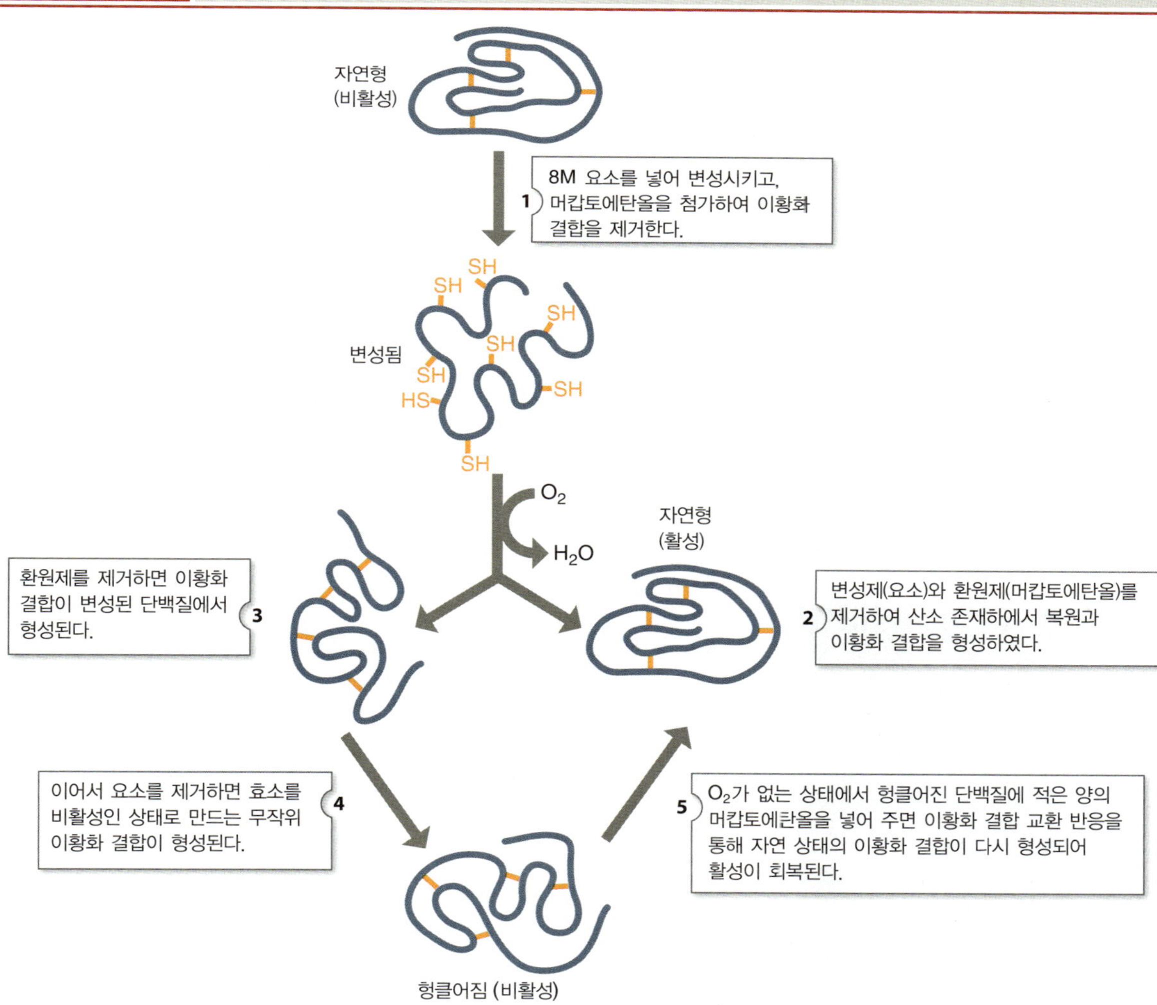

그림 6-38 RNase A의 변성과 복원 폴리펩타이드는 파란색 선으로, 이황화 결합은 노란색으로 표시하였다.

RNase A의 복원을 위해서는 네 개의 이황화 결합이 형성되어야 한다. 8개의 Cys 잔기 가운데 한 개는 자신의 올바른 짝을 만나 이황화 결합을 형성할 확률이 1/7이다. 그리고 남은 6개 잔기 가운데 한 개는 자신의 올바른 짝을 만나 이황화 결합을 형성할 확률이 1/5이다. 이런 식으로 계산하면 무작위로 반응시켰을 때 RNase A에서 네 개의 이황화 결합이 올바르게 형성될 확률은 다음과 같이 된다.

$$\frac{1}{7} \times \frac{1}{5} \times \frac{1}{3} \times \frac{1}{1} = \frac{1}{105}$$

여기서 분명히 알 수 있는 것은 복원 조건에서 이황화 결합이 무작위로 형성되는 것이 아니라는 사실이다. 만약 무작위로 형성된다면 다시 포개짐 단백질 가운데 단 1%만 활성을 갖게 될 것이다. 실제로 8 M 요소가 존재하는 상태에서 RNase A를 산화시킴으로써 무작위 코일 상태에서 이황화 결합이 형성되도록 하면, 예상대로 RNase A의 활성이 1%만 회복된다(그림 6-38의 3~4단계). 이렇게 '헝클어진' 단백질에 약간의 2-머캅토에탄올을 넣어 주면 잘못 형성된 이황화 결합이 끊어지고 적절한 결합이 형성된다. **앤핀슨의 실험은 단백질이 생리적인 조건에서 자연 상태 구조로 포개지는 과정이 자발적이라는 것을 보여 준다. 이는 또한 단백질의 1차 구조가 3차원 구조 형성을 지시한다는 것을 의미한다.**

C 단백질은 동적이다

단백질을 안정화시키는 힘이 크고, 흔히 단백질 구조를 매우 정적인 방식으로 묘사하기 때문에 단백질이 고정된 딱딱한 구조를 가지고 있을 것으로 오해하기 쉽다. 사실 단백질은 유연하여 구조가 빠른 속도로 변하는 분자이며, 이러한 구조적인 유동성은 기능에 매우 중요하다. 개별 곁사슬이나 한 도메인, 심지어는 소단위체까지도 분자 내의 무질서한 움직임이나 작은 분자의 결합과 같은 신호에 반응하여 수 옹스트롬을 움직일 수 있다. Lys과 같이 긴 곁사슬이나 N 말단 또는 C 말단과 같이 그들을 붙잡는 힘이 약한 부분은 용액 내에서 더 잘 움직일 수 있다.

카플러스(Martin Karplus)의 이론적인 계산에 따르면, 단백질의 자연적인 구조는 동일한 안정성을 가지고 있으면서 상호 전환할 수 있는 여러 구조들의 집합체일 가능성이 높다(**그림 6-39**). 단백질 구조에 최대 약 2 Å까지 변화를 가져올 수 있는 이러한 구조의 유연성 또는 단백질의 **호흡(breathing)**으로 인하여 작은 분자가 단백질의 내부를 출입하기도 한다. 단백질의 구조적 유연성은 동적 평형에 있어서 두 가지의 안정성을 포함하는데, pH 및 산화 상태와 같은 세포 조건의 변화와 결합 상대의 존재가 있을 경우에 나타난다.

단백질은 포개짐이 없는 부분을 포함한다. 30개 이상의 긴 폴리펩타이드나 단백질 전체는 자연 상태하에서 규정된 구조를 보이지 않는 경우가 있다. 그러한 **고유의 부정형 단백질(intrinsically disordered protein)**은 극성이나 전하를 띤(Gln, Ser, Pro, Glu, Lys, Gly, Ala) 잔기들이 많고, 잔기 크기가 큰 소수성군(Val, Leu, Ile, Met, Phe, Trp, Try)이 결여된 경우 발견된다. 서열 분석 결과 약 33%의 진핵세포 단백질에서 길고 부정형인 부분이 나타나며, 원핵세포 단백질에서는 매우 드물게 관찰된다. 놀랄 것도 없이, 선척적인 불규칙 배열을 예측하

Courtesy Martin Karplus, Harvard University

그림 6-39 마이오글로빈의 분자 동역학 5×10^{-12}초 간격으로 계산한 단백질의 스냅 사진들을 겹쳐 놓았다. 뼈대는 파란색, 헴기는 노란색, 헴기를 단백질과 연결하는 His 곁사슬은 주황색으로 나타내었다.

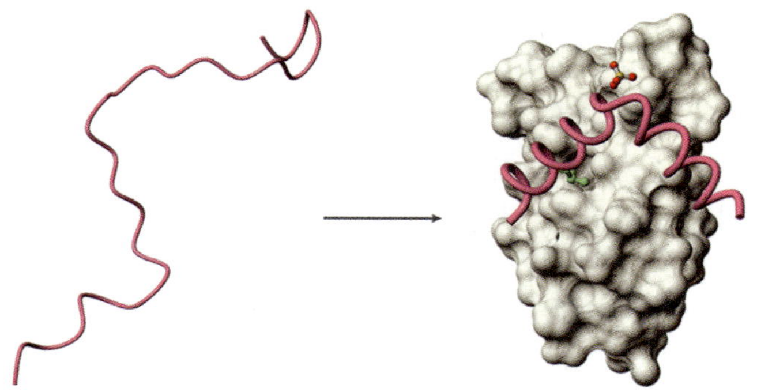

그림 6-40 CREB 영역에 있어서 구조적 변화 CREB의 카이네이스 유도 도메인의 뼈대는 분홍색으로 표현되었다. 용액 내에서는 무정형 구조를 갖고 있으며 (왼쪽), KID-결합 영역의 중합체를 형성함과 동시에 두 개의 수직 나선을 형성한다(수용성 접촉면은 회색으로 오른쪽에 표시하였다). KID 잔기 Ser 133은 공유 결합성으로 인산기에 결합하고, Leu 144는 공-막대 모형으로 표시하였다. C는 녹색, O는 빨간색, P는 노란색으로 표시하였다. [Courtesy of Peter Wright Scripps Research Institute, La Jolla, California PDBid 1KDX.]

도록 고안된 프로그램들은 서열 데이터베이스의 폴리펩타이드들이 구조 데이터베이스의 폴리펩타이드들보다 선천적인 불규칙을 더 많이 포함하고 있음을 나타낸다. 또한 질병과 연관된 단백질들은 불규칙적인 부분이 많을 것으로 예상된다. 일반적으로 규칙적 배열의 단백질들은 촉매 작용, 운송 과정, 구조적 기능에 크게 연관되어 있는 반면에, 선천적으로 불규칙한 배열을 가진 단백질들은 신호와 조절 작용에 참여하는 경향이 있다.

대부분의 고유의 부정형 단백질은 다른 물질과 결합할 경우 특이한 2차나 3차 구조로 변화한다. 예를 들어 잘 알려진 전사 인자 단백질인 **CREB(cyclic AMP response element-binding protein)**는 결합하지 않은 상태에서 용액 내 부정형을 띠지만, CREB-결합 단백질과 상호 결합을 할 경우 적절한 모양을 취한다(**그림 6-40**). 명백하게, 증가된 유연성과 부정형 성격을 띤 단백질 부분들은 결합을 이룰 때 상대적으로 감추어진 부분이 감소한다. 구조를 이루는 구형 단백질이 약 2배에서 3배 정도 비정형적 단백질보다 더 큰 구조를 이루어야 같은 크기의 결합 부위를 형성할 수 있고, 이러한 비정형 단백질을 이용함으로써 유전적인 경제성을 확보하고, 세포 내부의 혼잡성을 감소시킬 수 있다.

체크 포인트

- 콜라젠이나 케라틴과 같은 단백질의 소수성 계수 그래프에 대해서 기술하시오.
- 단백질을 안정화시키는 힘에 대해 기술하고 상대적으로 중요한 순위를 정하시오.
- 앤핀슨의 RNase A의 실험 결과를 요약하시오.
- 단백질이나 단백질의 조각이 덜 확정된 2차나 3차 구조를 갖는 것이 유리하겠는가?

5 단백질의 포개짐

주요 개념

- 포개진 단백질은 높은 에너지와 높은 엔트로피에서 낮은 에너지와 낮은 엔트로피로 가는 경로를 따른다.
- 단백질 이황화 이성질화 효소는 이황화 결합 형성을 촉진한다.
- 다양한 분자 샤페론은 ATP 의존성 결합-방출 반응 경로를 통해 단백질의 포개짐을 돕는다.
- 아밀로이드 질병은 단백질의 잘못된 포개짐으로부터 야기된다.
- 잘못 포개진 단백질은 확장된 β 구조를 포함하는 원섬유를 형성한다.

단백질의 안정성과 복원에 대한 연구에 의하면 단백질의 포개짐이 주로 단백질 내부를 차지하는 잔기들에 의해 주도된다는 것을 알 수 있다. 그러나 단백질은 과연 **어떻게** 자연 상태의 구조로 포개지는 것일까? 혹시 단백질이 정확한 구조에 도달할 때까지 무작위로 모든 가능한 형태들을 시도할 것이라고 생각할 수도 있다. 그러나 레빈탈(Cyrus Levinthal)의 계산에 의하면 그것이 불가능하다는 것을 확실히 알 수 있다. n개의 잔기로 구성된 단백질은 2^n개의 뒤틀림 각 ψ와 ϕ를 가지는데, 각각은 세 가지 안정한 형태를 가지고 있다. 그렇다면 단백질은 3^{2n}, 즉 약 10^n개의 가능한 형태를

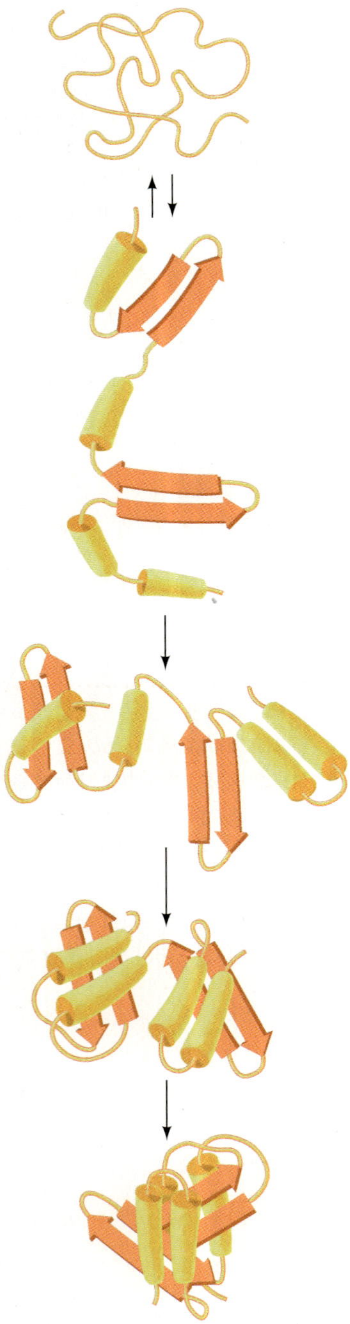

그림 6-41 가상적인 단백질 포개짐 경로 두 영역을 가진 단백질이 일방적인 경로로 포개지는 것을 보여 준다. [After Goldberg, M.E., *Trends Biochem.* Sci. **10**, 389 (1985).]

가질 수 있다(여기에서는 곁사슬은 무시하였기 때문에 실제로는 이보다 훨씬 더 많을 것이다). 만약 단백질이 새로운 형태를 시도하는 데 10^{-13}초가 걸린다면(단일 결합의 방향이 바뀌는 시간), 한 단백질이 모든 가능한 형태를 시도하는 데 걸리는 시간 t(단위는 초)는 다음의 식으로 계산할 수 있다.

$$t = \frac{10^n}{10^{13}}$$

이 식으로 계산해 보면 100개의 잔기를 갖는 작은 단백질이라도 t는 10^{87}초가 되어 우주의 나이(137억 년=4.3×10^{17}초)보다 훨씬 더 긴 시간이 된다. 당연히 단백질의 포개짐은 이것보다 훨씬 빠르다.

A 단백질은 포개짐 경로를 따른다

실험에 의하면 많은 단백질이 불과 수 초 이내에 자연 상태 구조로 포개지는 것으로 보인다. 그 이유는 **단백질이 무작위로 가능한 구조들을 시도하는 것이 아니라 지정된 경로를 따라 포개지기 때문이다.** 이와 같이 단백질이 포개질 때 안정성이 급격히 증가하면서(즉 자유 에너지가 급격히 감소하면서) 포개짐을 일방적인 과정이 되게 한다. 포개짐 과정에 대한 가상적인 경로를 **그림 6-41**에 도표로 나타내었다.

실험적인 증거들은 단백질 포개짐이 지역적인 2차 구조(α 나선이나 β 병풍)의 형성으로부터 시작된다는 것을 보여 준다. 초기 단계는 극히 빨라서 작은 단백질의 경우 포개짐이 시작되면 2차 구조가 5 ms 이내에 나타난다. 자연 상태 단백질이 꽉 채워진 소수성 핵심부를 가지고 있기 때문에 단백질 포개짐의 추진력은 **소수성 붕괴(hydrophobic collapse)**일 것으로 생각된다. 이렇게 붕괴된 상태는 **용해된 덩어리(molten globule)**로 알려져 있는데, 이 상태에서 2차 구조는 자연 상태 구조와 비슷하게 형성되어 있지만 3차원 구조는 아직 별로 형성되지 않았다. 이론적인 연구에 의하면, 폴리펩타이드 사슬을 포개는 데 나선이나 병풍 구조가 간결한 방법이기 때문에 이들이 먼저 부분적으로 형성된다.

다음 5~1000 ms 사이에 2차 구조가 안정화되면서 3차 구조가 형성되기 시작한다. 이 중간 단계에서 자연 상태와 비슷한 요소들이 소영역의 형태로 만들어지지만, 아직 영역을 형성하도록 제자리를 찾지는 못한다. 다음 수 초 사이에, 작은 단일 도메인 단백질들이 나타나는 포개짐의 마지막 단계에서는 단백질이 일련의 복잡한 움직임을 계속하며, 곁사슬이 더 안정한 상태로 채워지고, 수소 결합을 형성하는 한편 소수성 핵심부로부터 남아 있는 물 분자를 밀어낸다.

도메인이나 소단위체가 여러 개인 단백질에서는 각 단위가 비슷한 방식으로 조립되면서 최종적인 3차 또는 4차 구조의 완성에 필요한 약간의 형태 조정을 하게 된다. **이와 같이 단백질은 작고 지엽적인 구조 요소들이 먼저 만들어지고, 이들이 합쳐져 더 큰 요소를 만든 후 이들이 또 합쳐져 더 큰 요소를 만드는 순차적인 방식으로 포개진다.**

변성과 마찬가지로 포개짐도 작은 구조적 요소가 추가적인 구조 형성을 촉진하는 협동적인 과정인 것으로 보인다. 단백질이 포개질 때는 반드시 에너지와 엔트로피가 높은 상태에서 에너지와 엔트로피가 낮은 상태로 진행해야 한다. **그림 6-42**의 도표로 표현된 이와 같은 에너지 엔트로피 관계를 **포개짐 깔때기(folding funnel)**라고 한다.

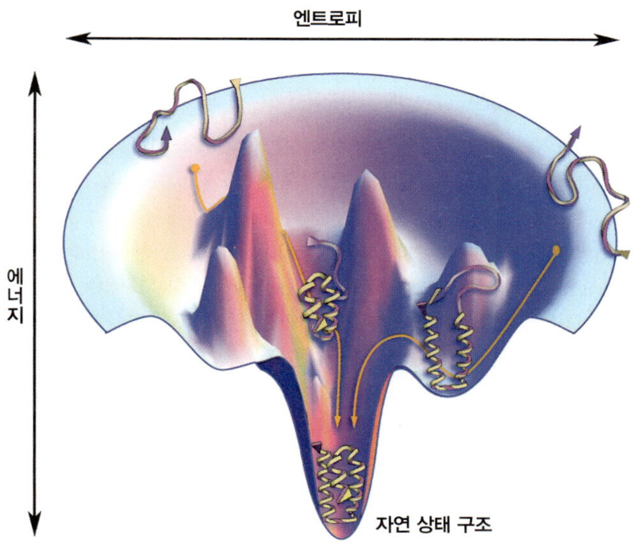

그림 6-42 단백질 포개짐의 에너지-엔트로피 도표 포개짐 깔때기(folding funnel)의 표면은 폴리펩타이드가 특정한 구조와 일치하는 각 점에서 가질 수 있는 모든 구조를 보여 준다. 각 점의 높이는 그 구조의 에너지를 나타내고, 그 에너지에서 깔때기의 폭은 폴리펩타이드의 엔트로피(그 에너지에서 나타낼 수 있는 서로 다른 구조의 숫자)를 나타낸다. 포개지지 않은 폴리펩타이드는 높은 에너지, 높은 엔트로피를 가진(넓은) 정렬되지 않은 상태에서부터 낮은 에너지, 낮은 엔트로피를 가진(좁은) 원래의 구조로 나아간다. 포개짐이 다중의 궤도로 일어날 수 있다는 것에 주목하라(화살표). 각각은 에너지 지표의 가장 꼭대기에 있는 서로 다른 포개지지 않은 구조에서 시작한다. 그것은 높은 에너지를 가진, 부분적으로 포개진 구조를 많이 가지고 있을 것이고(오류적 에너지 최솟값을 나타냄) 낮은 에너지, 원래의 구조는 거의 가지고 있지 않을 것이다(전반적인 에너지 최솟값). [Courtesy of Ken Dill, Stony Brook University.]

포개지지 않은 폴리펩타이드의 가능한 형태는 매우 많지만(높은 엔트로피) 포개짐이 진행되면서 가능한 형태가 점점 줄어들기 때문에 엔트로피와 에너지가 모두 감소한다. 이 에너지-엔트로피 도표는 매끈한 골짜기가 아니라 들쑥날쑥하다. 중간에 있는 작은 골짜기들은 일시적으로 머무르는 형태를 나타낸다. 이 형태에서 무작위로 발생하는 열에 의한 활성화 또는 분자 샤페론의 작용(6-5B절)을 통해 에너지 장벽을 넘어 더 낮은 에너지의 형태로 진행한다. **분명히 단백질들은 안정한 자연 상태 구조뿐만 아니라 효과적인 포개짐 과정을 갖도록 진화되었다.**

단백질의 아미노산 서열과 3차원 구조의 관계를 결정하는 규칙을 밝혀내기 위해서는 단백질을 안정하게 하는 힘에 대한 지식뿐만 아니라 단백질 포개짐 과정에 대한 이해도 반드시 필요하다. 이러한 정보들은 아직까지 아미노산 서열만 알려진 수십만 종류의 단백질 구조를 예측하는 데 유용한 도구가 될 것이다(자료 6-4).

자료 6-4 생화학의 전망 단백질 구조의 예측과 단백질 디자인

약 5천만 개의 폴리펩타이드 서열이 알려진 반면에, 규명된 단백질 구조는 약 110,000개에 불과하다. 결과적으로 아미노산 서열로부터 단백질 구조를 예측하기 위해서는 견고한 기술 개발이 필요하다. 이것은 대단히 어려운 과제이기는 하지만 단백질 기능을 이해하고, 단백질 아미노산 서열의 변형으로 인한 질병을 규명하고, 단백질의 구조나 기능을 변화시킬 수 있는 약을 디자인할 수 있게 되는 등 그 기대 효과는 매우 크다고 할 수 있다.

단백질 구조 예측에 사용되는 몇 가지 접근법이 있다. 가장 간단하고 믿을 만한 방법인 **상동성 모형화**(**homology modeling**)에서는 모형화에 이은 에너지 최소화 방법을 사용하면서 연구 대상 아미노산 서열을 구조가 알려진 상동 단백질과 함께 정렬한다. 물론 정렬할 때는 아미노산 치환이나, 첨가, 손실 등의 차이를 보상해 주어야 한다. 이 방법으로는 구조가 알려진 단백질과 아미노산 서열 상동성이 25%만 되어도 신뢰할 만한 모형을 만들 수 있다. 그러나 물론 상동성이 높을수록 정확도는 높아진다. 새롭게 떠오르는 분야인 **구조 유전체학**(**structural genomics**)은 모든 대표적인 단백질 도메인의 X선 구조를 결정함으로써 이 구조 예측 기술의 범위를 확장하려는 데 그 목적이 있다. 구조적인 유사성을 파악하기만 하면 비록 완전한 구조 예측을 할 수 없을지라도 단백질의 기능을 알아내는 열쇠가 될 수 있다.

연관성이 먼 단백질들은 아미노산 서열로는 명백한 유사성을 확인할 수 없을 정도로 갈라졌을지라도 구조는 유사할 수 있다. **Threading**은 구조를 알고 있는 단백질과의 일치성을 확인함으로써, 구조를 모르는 단백질의 구조를 결정하려는 컴퓨터 기술이다. 이 방법에서는 구조가 알려진 단백질의 뼈대를 따라 미지의 단백질 잔기들을 위치시켜(threading하여) 미지 단백질의 곁사슬이 그 배열에서 안정한지를 결정한다. 이 방법은 고무적인 결과들을 보여 주고 있기는 하지만 아직 신뢰할 수 있는 정도는 아니다.

쵸우(Chou)와 파스만(Fasman)에 의해 연구된 α 나선과 β 병풍의 경향(표 6-1)과 같은 통계적인 정보에 근거한 실험적인 방법은 단백질 2차 구조를 예측하는 데 어느 정도의 성공을 거두었다. 이 방법의 가장 큰 단점은 폴리펩타이드에서 특정 잔기가 2차 구조를 형성하는 경향에 이웃 잔기가 강한 영향을 미칠 수도 있다는 점이다.

(a) (b)

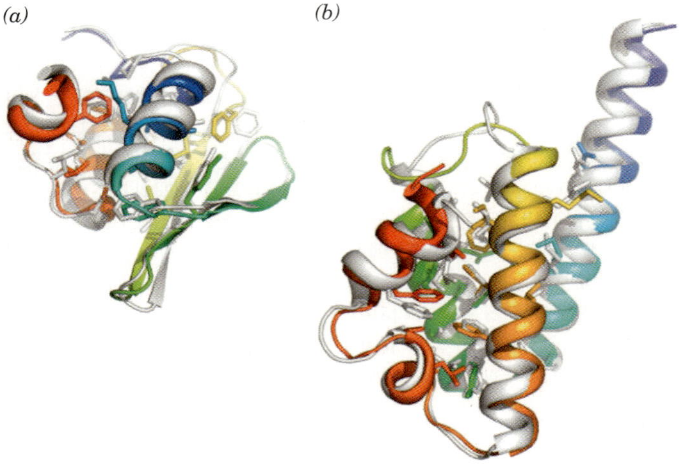

단백질의 자연 상태 구조는 궁극적으로 아미노산 서열에 의존하기 때문에 이론적으로는 화학적, 물리적인 성질들(예: 각 아미노산 잔기의 소수성, 크기, 수소 결합 형성 경향, 전하 등)만을 근거로 하여 단백질 구조를 예측할 수 있다. 이러한 순이론적(*ab initio*, '처음부터'라는 뜻임) 방법 중 가장 성공적인 프로그램은 **로제타**(Rosetta) 프로그램으로 베이커(David Baker)에 의해서 고안되었다. 이 프로그램을 만족시키기 위하여 Rosetta@home으로 알려진 약 100,000대의 컴퓨터들이 500,000시간 이상의 작업 시간 동안 하나의 구조를 제공한다. (*a*)와 (*b*)에는 두 개의 성공적인 예측 단백질의 구조를 표현해 주었다. 예상되는 모형(회색)을 X선 실험을 통해서 얻어진 단백질과 겹친 무지개 색깔로 표현하였으며, N 말단은 파란색, C 말단은 빨간색으로 표현하였고, 중심 잔기 사슬은 막대 모양으로 표시하였다.

단백질 디자인(protein design) 예측의 반대 과정에 해당하는 단백질 디자인은 단백질의 포개짐과 안정성에 대한 정보를 제공해 준다. 단백질 디자인은 단순한 β 병풍 샌드위치나 네 개의 α 나선 묶음과 같은 기본 구조로부터 시작할 수 있다. 이 경우 이러한 구조를 만들 수 있는 아미노산 서열을 디자인하는 것으로부터 시작한다. 다음으로 디자인된 폴리펩타이드를 화학적으로 또는 생물학적으로 합성하여 구조를 결정한다. 다행스럽게, 단백질의 포개짐은 각 잔기보다는 연속된 아미노산 서열들에 의해 결정되기 때문에 폴리펩타이드를 디자인하는 데 있어서 어느 정도의 오류를 수용할 수 있는 것으로 보인다. 실험적인 결과들을 보면 단백질 디자인에서 가장 어려운 점은 폴리펩타이드가 원하는 형태로 포개지도록 하는 것이 아니라 원하지 않는 다른 형태로 포개지지 못하도록 하는 것이다. 이런 점을 볼 때 과학은 자연을 따라가지 못한다.

메이요(Stephen Mayo)에 의해 이루어진 최초의 성공적인 de novo('아무 것도 없는 상태에서 시작하여'라는 뜻) 단백질 디자인은 아연 손가락을 모방한 뼈대 형태를 갖는 28개짜리 잔기 ββα 모티프였지만(그림 6-37), 이 단백질에는 안정화를 위한 금속 이온이 없었다. 디자인을 위한 계산 과정에서는, 곁사슬과 뼈대 원자들의 상호작용을 고려하여 모든 가능한 아미노산 서열을 검색한 후, 곁사슬의 유연성을 고려하여 각 곁사슬의 모든 허용된 뒤틀림 각도 세트를 테스트하였다. 시험한 아미노산 서열의 수는 1.9×10^{27}으로 제한하였는데, 여기에서 가능한 형태는 1.1×10^{62} 종류나 된다. 이러한 디자인 과정으로 최적화된 28개 잔기를 얻어 화학적으로 합성한 후 NMR로 구조를 결정하였다. 디자인된 단백질인 FSD-1은 예측된 구조와 실제 구조가 매우 유사하고, 뼈대 구조(파란색)는 이미 알려진 아연 손가락 모티프(빨간색)와 겹쳐서 표현하였다. FSD-1은 크기가 비교적 작은데도 불구하고 독특한 안정한 구조로 포개져 단백질 디자인 기술의 역량을 과시하였다.

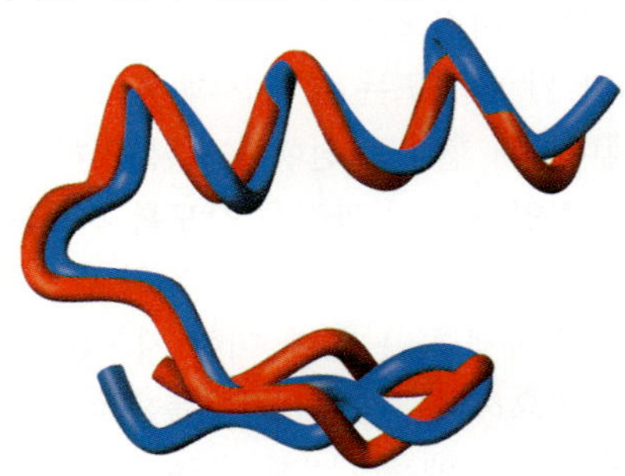

[Figures courtsy of Gautam Dantas, Washington Universit Scholl of Medicine; PDBids 1 WHZ and 2HH6; and Stephen Mayo, California Institute of Technology.]

단백질 이황화 결합 이성질화 효소는 단백질 포개짐 과정에 관여한다. 시험관 내에서는 비록 조건을 최적화시켜 주어도 단백질 포개짐 과정이 **생체내**에서보다 느리게 일어나는 경우가 많다. 그 한 가지 이유는 포개짐 과정에서 자연 상태 단백질에 존재하지 않는 이황화 결합이 형성될 수 있는데, 이 결합이 이황화 결합 교환 과정을 통해 서서히 자연 상태의 이황화 결합으로 전환되기 때문이다. **단백질 이황화 결합 이성질화 효소**(**protein disulfide isomerase, PDI**)는 바로 이 과정을 촉진하는 효소이다. 실제로 앤핀슨은 RNase A가 시험관에서보다 생체내에서 훨씬 더 빠르게 포개진다는 사실에 착안하여 이 효소를 발견하였다.

PDI는 포개지지 않은 다양한 폴리펩타이드의 표면에 있는 소수성 패치에 결합한다. 환원된(SH기가 있는) PDI에 있는 Cys—SH기가 폴리펩타이드의 이황화 결합에 반응하여 한 SH기와 새로운 이황화 결합을 형성하고 나머지 한 개의 SH기는 남겨 놓는다(**그림 6-43*a***). 폴리펩타이드의 자발적인 포개짐을 통해 폴리펩타이드의 다른 이황화 결합이 접근하면 남아 있던 SH기가 이 이황화 결합에 반응한다. 그러면

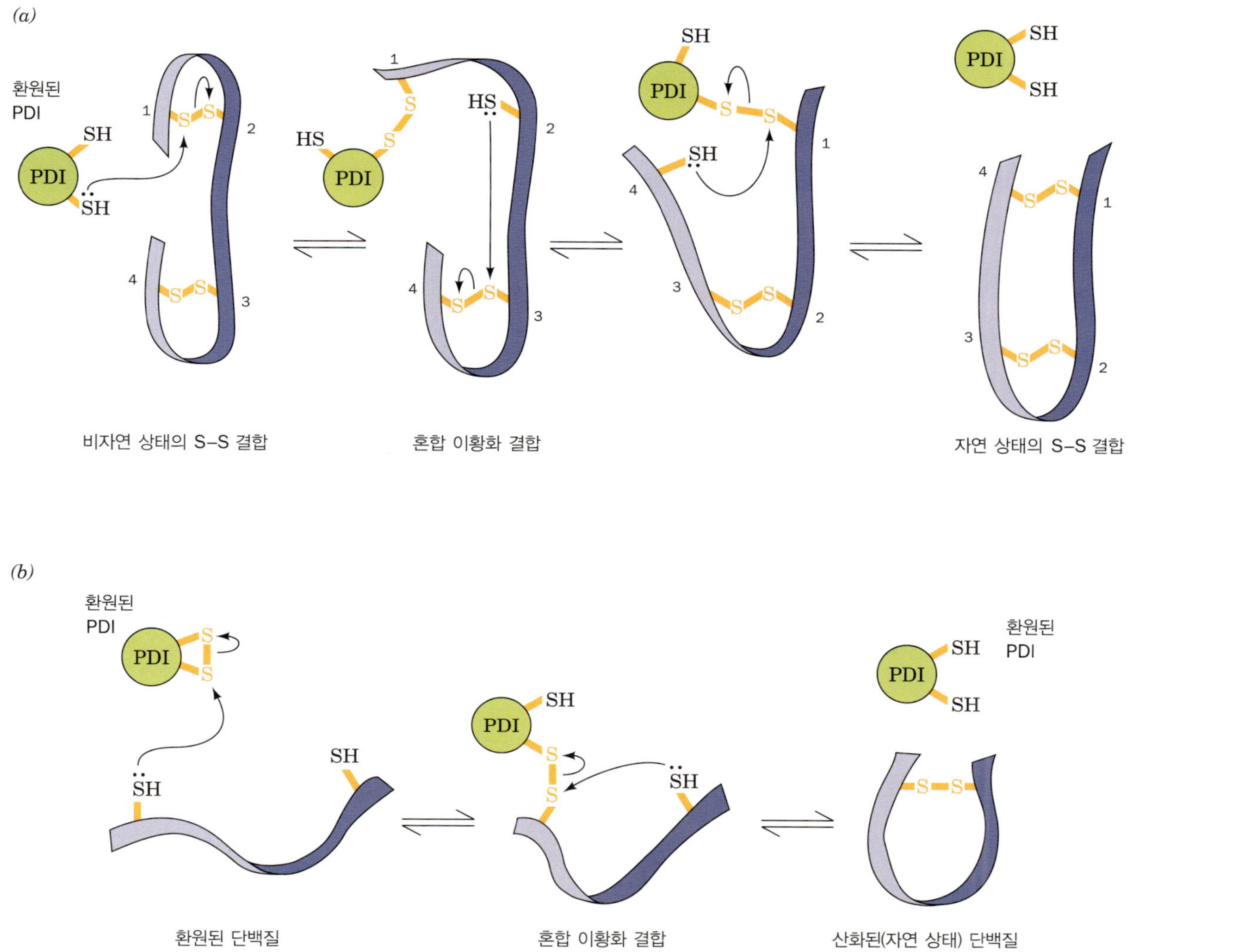

그림 6-43 **단백질 이황화 결합 이성질화 효소의 작용 메커니즘** (*a*) 환원된(SH기가 있는) PDI는 잘못 형성된 이황화 결합의 교환 반응을 촉진하여 재배열함으로써 자연 상태의 이황화 결합을 형성한다. (*b*) 산화된(이황화 결합을 포함하는) PDI는 혼합 이황화 결합의 형성을 통해 이황화 결합 형성의 시작을 촉진할 수 있다. 그러면 환원된 PDI는 세포의 산화제와 반응하여 산화된 PDI로 되돌아간다.

이 반응에서 방출된 SH기가 동일한 과정을 반복하여 자연 상태의 이황화 결합만 포함하는 폴리펩타이드가 될 때까지 계속 한다. 모든 과정이 완료되면 PDI는 방출되어 처음 상태로 돌아간다.

산화된(이황화 결합을 포함하는) PDI 역시 비슷한 메커니즘으로 폴리펩타이드 이황화 결합 형성의 시작을 촉진할 수 있다(**그림 6-43*b***). 이 경우에는 반응의 결과 만들어진 환원된 PDI가 새로운 반응을 시작하기 위해서는 세포의 산화제에 의해 산화되어야 한다.

B 분자 샤페론은 단백질 포개짐을 도와 준다

단백질은 합성되는 동시에 포개지기 시작하기 때문에 시험관에서 변성된 단백질을 복원하는 것은 사실 생체내에서의 단백질 포개짐을 모방하는 것이 될 수 없다. 이뿐만 아니라 생체내에서는 다른 단백질들이 극히 높은 농도로 존재하여 상호작용을 하기 쉬운 조건에서 단백질이 포개져야 한다. **분자 샤페론(molecular chaperone)은 아직 포개지지 않은 단백질에 결합하여 노출된 소수성 부위의 부적절한 상호작용을 막**

아 준다. 이 부적절한 상호 작용은 폴리펩타이드의 덩어리나 침전 형성뿐만 아니라 잘못된 단백질 포개짐의 원인이 될 수 있다. 이러한 점은 여러 도메인이나 소단위체로 이루어진 단백질의 경우에 특히 더 중요한데, 왜냐하면 각 구성 요소가 제대로 포개져야만 구성 요소들 사이의 조립이 적절하게 이루어질 수 있기 때문이다. 분자 샤페론은 또한 잘못 포개진 단백질이 자연 상태의 구조로 다시 포개지도록 도와 주기도 한다.

많은 분자 샤페론들은 처음에는 온도가 상승할 때 합성 속도가 증가한다는 점으로 인하여 **열충격 단백질(heat shock protein, Hsp)**로 알려졌었다. 아마 열에 의해 변성된 단백질을 회복시키거나 환경적인 스트레스 상황에서 단백질이 잘못 포개지지 않도록 하기 위해서는 또 다른 샤페론 단백질이 더 필요할 것이다.

세포는 여러 가지의 분자 샤페론을 갖는다. 원핵세포와 진핵세포에 있는 분자 샤페론군은 다음과 같다.

1. **Hsp70** 단백질은 원핵세포와 진핵세포 모두에서 잘 보존된 70 kD의 단량체 단백질이다. Hsp70 샤페론은 **보조 샤페론(cochaperone)** 단백질인 **Hsp40**과 함께 작용하는데, 새로운 단백질이 합성될 때, 폴리펩타이드의 포개짐을 용이하게 하고, 단백질의 변성과 뭉침을 저해한다. Hsp70의 또 한 가지 기능은 단백질이 막을 통과할 수 있도록 포개짐을 풀어주었다가(9-4D절) 막을 통과한 후에 다시 포개지도록 돕는 것이다.
2. **개시 인자(trigger factor)**는 리보솜과 결합된 원핵세포 내 존재하는 샤페론 단백질로 리보솜에서 발현될 때부터 폴리펩타이드의 뭉침을 방지한다(27-5A절). 개시 인자와 Hsp70은 원핵세포의 단백질이 접하는 첫 번째 샤페론이다. 그 후 부분적으로 포개진 대부분의 단백질들은 완벽한 포개짐 과정을 수행하기 위하여 다른 샤페론의 간섭을 받지 않는다. 진핵세포의 경우 개시 인자는 존재하지 않지만, 다른 조그만 단백질들이 이러한 기능을 수행한다.
3. **샤페로닌(chaperonin)**은 진핵세포와 원핵세포에서 크고, 다양하며, 새장과 같은 복합체를 형성한다. 적절히 포개지지 않은 단백질에 결합하여, 내부 공간의 재포개짐을 유도한다.
4. 진핵세포에 존재하는 90 kD의 **Hsp90** 단백질은 세포 신호 체계에 존재하는 단백질의 포개짐에 주로 관여한다(13장). 진핵세포 내에서 6%로 가장 많은 양을 차지하는 단백질인 Hsp90은 심한 스트레스 환경하에서 단백질을 안정화시켜 주는 역할을 수행한다.

대부분의 샤페론은 ATP를 필요로 한다. 모든 샤페론 단백질들은 포개지지 않거나 덩어리진 단백질에서 용매에 노출된 소수성 부위에 결합하였다가 놓아 주는 과정을 반복함으로써 올바른 포개짐을 촉진한다. 샤페론 결합에 의한 분자내, 분자간 응집체의 붕괴는 기질이 방출된 후에도 단백질이 포개짐을 유지하도록 한다. 대부분의 경우 이런 결합-방출 과정은 기질 단백질이 원래의 상태에 도달하기 전까지 수차례 반복된다. 원래 상태의 기질 단백질은 샤페론이 결합하기 위해 드러난 소수성 표면을 더 이상 갖고 있지 않다.

많은 분자 샤페론은 **ATP 가수 분해 효소(ATPase)**, 즉 다음 식과 같이 ATP(아데노신 삼인산, adenosine triphosphate)를 ADP와 P_i(무기 인산 이온)로 분해하는 효소이다.

$$ATP + H_2O \rightarrow ADP + P_i$$

샤페론의 ATP 집합체는 포개지지 않았거나 응집된 기질 단백질에 결합한다. 반면에 ADP 집합체는 그것들을 방출한다. ATP 가수 분해로부터 얻어지는 유리한 자유 에너지 변화를 추진력으로 삼아 결합-방출 순환을 반복할 수 있다.

GroEL/ES 샤페론은 단백질이 포개지는 곳에서 장벽 구조를 형성한다. 가장 잘 알려진 대장균의 샤페로닌들은 **GroEL**과 **GroES**로 불린다. GroEL-GroES-$(ADP)_7$ 복합체(**그림 6-44**)의 X선 구조는 Arthur Horwich와 시글러(Paul Sigler)에 의하여 결정되었는데, 549개 잔기로 구성된 14개의 동일한 GroEL 단백질이 두 겹의 고리를 만드는데, 각 고리는 7개의 소단위체가 C_7 대칭으로 배열되어 있다. 두 개의 GroEL 원은 약 45 Å이며 두꺼운 벽을 가진 고리 모양으로 되어 있다. 중앙 통로는 두 개의 방으로 나누어져 여기에서 부분적으로 포개진 단백질이 자연 상태 구조로 포개지게 된다(그림 6-44*c*). GroEL 고리와 GroES 칠합체가 접촉하는데, 이것을 시스 고리라고 하고, 반대 방향의 GroEL 고리와의 접촉은 트랜스 고리라고 한다.

ATP 결합과 가수 분해가 GroEL/ES의 형태 변화를 촉진한다. 각 GroEL 소단위체는 ATP의 결합 자리를 가지고 있어 ADP와 P_i를 생성한다. 시스 고리 각 소단위체에 결합한 ATP들이 가수 분해되어 P_i를 배출시키고, 시스 고리의 형태가 바뀌면서 시스 고리의 내부 공간이 거의 85,000 Å^{3}에서 175,000 Å^{3}으로 두 배로 확장된다(그림 6-44에서 보는 바와 같이 시스 고리가 7개의 ATP를 ADP로 가수 분해시킨다). 그림 6-44에 있는 구조에서 이렇게 커진 공간은 부분적으로 포개진 상태의 단백질을 최소한 70 kD까지 수용할 수 있다. **GroEL의 7개 소단위체는 모두 일제히 작용한다. 즉 이 소단위체들은 기계적으로 연결되어 있어 그들의 형태는 반드시 동시에 변하도록 되어 있다.**

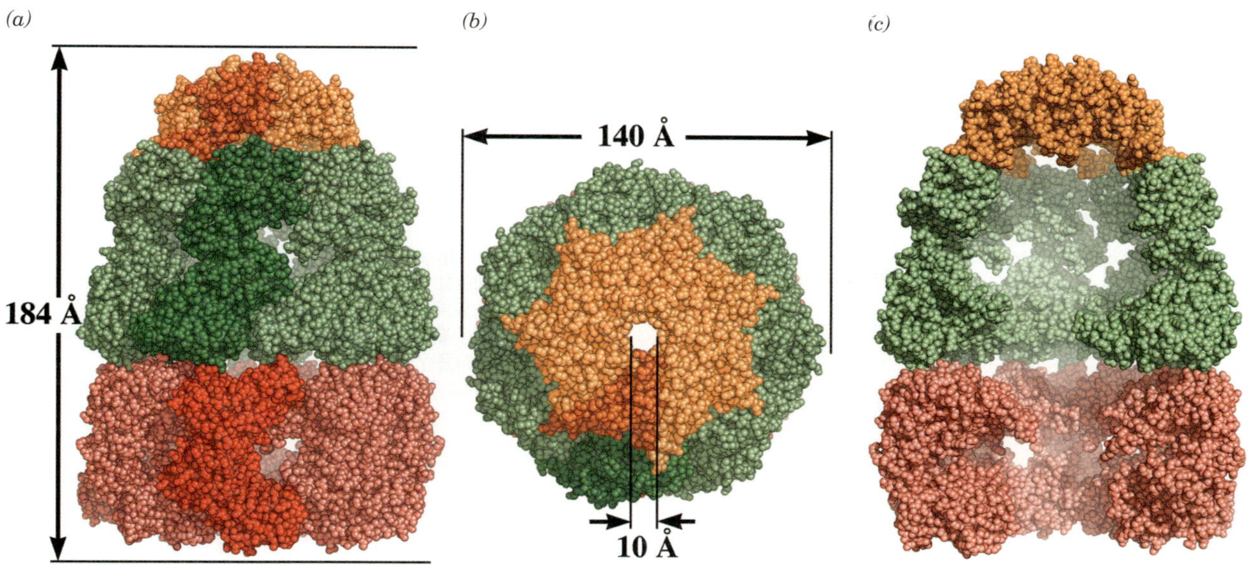

그림 6-44 GroEL-GroES-$(ADP)_7$ 복합체의 X선 구조 (*a*) 7중 회전축에 대해 수직으로 하여 옆면에서 본 구조로서 GroES 고리는 주황색, GroEL의 시스 고리는 초록색, 트랜스 고리는 빨간색으로 나타내었으며, 각 고리의 소단위체는 좀 더 밝게 표현하였다. 복합체의 단위가 표시되었으며 두 다른 배열을 주목하라. 각 시스 고리 GroEL 소단위와 결합하는 ADP는 단백질에 둘러싸여 있기 때문에 보이지 않는다. (*b*) 7중 회전축의 위에서 본 그림으로서 구조를 명확하게 하기 위해 위쪽 고리만 나타내었다. (*c*) 두 개의 GroEL 소단위체를 관측자 쪽에서 본 것으로, 시스 고리와 트랜스 고리를 모두 제거하여 복합체 내부를 볼 수 있게 하였다. 관측자로부터 멀어질수록 흐림을 증가시켰다. 트랜스 고리보다 시스 고리와 GroES에서 보다 큰 공동이 발견되었다. [Based on an X-ray structure by Paul Sigler, Yale University. PDBid 1AON.]

시스와 트랜스 GroEL 고리의 형태가 대응적으로 변하면서, 한 고리의 운동이 다른 고리에 영향을 준다. 전체 GroEL/ES 샤페로닌 복합체는 다음과 같이 작용한다(**그림 6-45**).

1. 먼저 GroEL 고리 한 개가 7개의 ATP, 그리고 제대로 포개지지 않은 기질 단백질과 GroEL 공동의 선을 따라 형성된 소수성 부분과 결합한다. 그러면 GroEL 고리는 GroES 뚜껑에 결합하여 시스 고리가 된다. GroES가 결합하면 시스 고리에 형태 변화가 일어나 소수성 부위가 GroEL의 안쪽으로 들어가면서 기질 단백질의 결합 자리가 사라진다. 결과적으로 방출된 기질 단백질은 확장되고 닫혀 있는 공간으로 들어가 포개짐을 시작한다. 이제 이 공간의 내부는 친수성 작용기로 덮여 있어 기질 단백질이 다른 포개지지 않은 단백질과 덩어리를 형성하지 않도록 해 주는 독립된 세부 환경이 조성된다. 또한 GroEL의 소수성 부분의 확장을 통하여 잘 포개지지 않은 기질 단백질을 부분적으로 포개지지 않게 한 후 방출하는 역할을 한다. 그림 6-42와 같이 부분적으로 가장 작은 에너지 상태 고립된 기질 단백질을, 포개짐 깔때기 상에서 가장 낮은 에너지 상태인 자연 상태를 찾아갈 수 있도록 만들어 주는 것이다.
2. 약 10초(기질 단백질이 포개지는 시간) 이내에 시스 고리에 결합한 7개의 ATP가 ADP + P_i로 가수 분해되고 P_i가 방출된다. ATP의 γ 인산기가 없으면 GroES와 GroEL의 상호작용이 약해진다.

process diagram

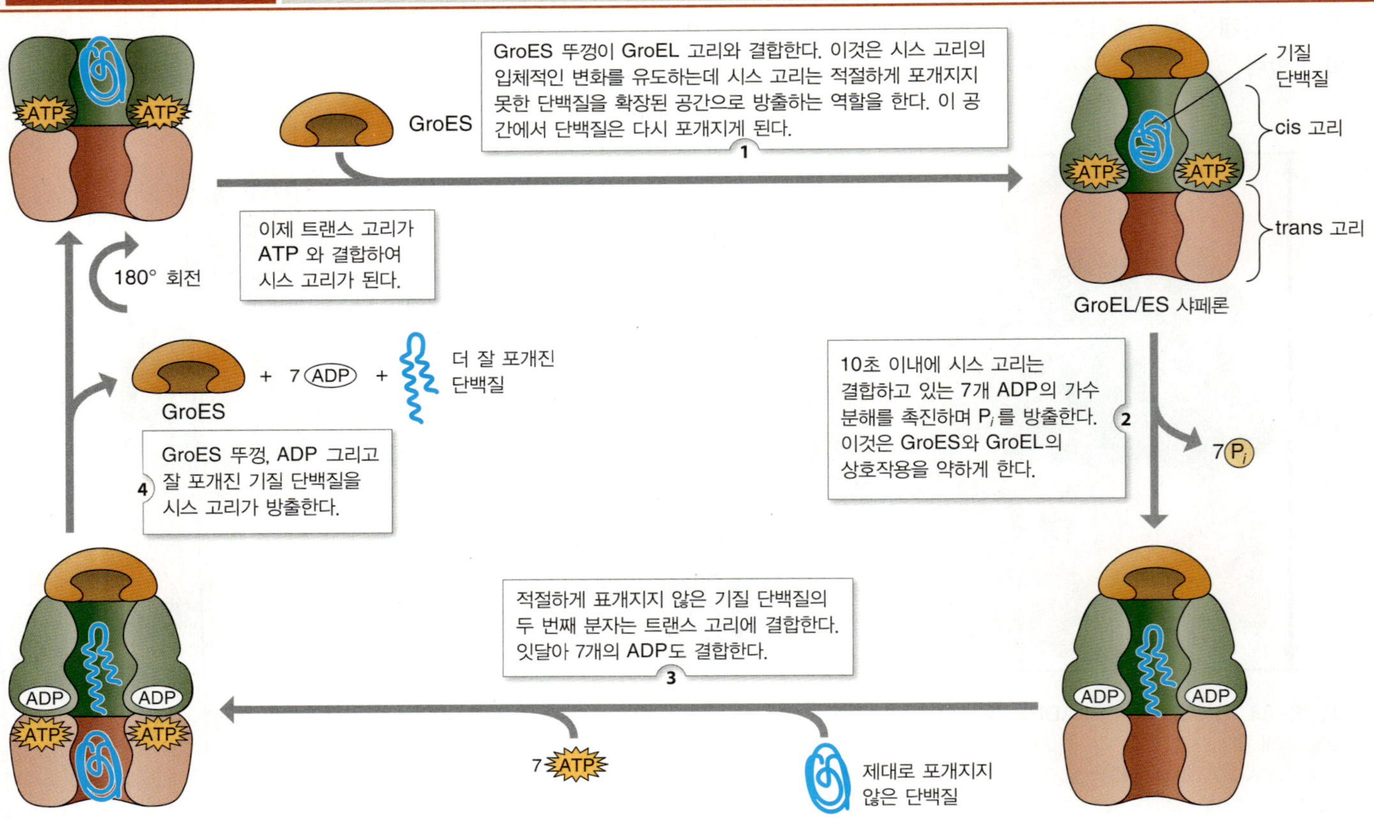

그림 6-45 GroEL/ES 샤프로닌의 반응 순환 단백질 복합체는 그림 6-44처럼 색칠되어 있다.

3. 두 번째 잘못 포개진 기질 단백질이 트랜스 고리에 결합하고, 곧이어 7개의 ATP가 결합한다. 시스 고리와 트랜스 고리는 형태적으로 연결되어 있어 시스 고리에 있는 ATP가 가수 분해되기 전에는 트랜스 고리에 기질과 ATP 모두 결합할 수 없다.
4. 기질 단백질과 ATP가 트랜스 고리에 결합하면 시스 고리의 형태에 영향을 주어 시스 고리에 결합한 GroES, 7ADP, 그리고 조금 더 포개졌을 기질 단백질을 방출하도록 한다. 그러면 이번에는 유일하게 ATP와 기질 단백질이 붙어 있는 트랜스 GroEL 고리가 GroES와 결합하면서 시스 고리가 된다.

포개짐 과정의 이 1~4단계는 계속 반복되는데, 매 주기마다 7ATP를 소모한다. 만약 방출된 기질 단백질이 자연 상태 구조에 도달하지 못하였으면, 그 단백질은 다시 GroEL에 결합할 것이다. 자연 상태 구조로 완전히 포개진 단백질은 노출된 소수성 부분이 없어 GroEL에 결합하지 못한다. 일반적으로 겨우 5%의 기질 단백질만이 각 순환마다 자연 상태로 포개진다. 따라서 약 절반의 기질 단백질이 포개지기 위해서는 $\log(1-0.5)/\log(1-0.05) \approx 14$번의 사이클을 필요로 해서 $14 \times 7 = 98$ ATP를 필요로 한다(ATP를 너무 많이 쓰는 것처럼 보이지만 아미노산으로부터 폴리펩타이드 사슬을 합성하는 데 수천 개의 ATP가 소모되는 것에 비하면 이는 적은 양이다). 두 GroEL 고리는 교대로 사용되기 때문에, 비록 두 고리의 공간이 연결되어 있는 것은 아니지만 샤페로닌이 제대로 작동하기 위해서는 두 고리가 모두 필요하다.

실험을 통해 GroEL/ES 시스템은 대장균 단백질과 결합함이 밝혀졌으며, 그들의 분자량은 대부분 20~60 kD의 범위에 있었다. 이들 단백질은 특히 주로 열린 β 병풍으로 이루어진 두 개 이상의 α/β 도메인을 포함하는 경향을 가지고 있었다. 이런 단백질들은 소수성 β 병풍의 형성을 위해 여러 개의 멀리 떨어진 부분들 사이에 정확한 방향으로 정확한 상호작용이 필요하기 때문에 자연 상태로 포개지는 데 오랜 시간이 걸리는 것으로 추정된다. 단백질은 포개진 후 GroEL/ES에서 해리되며, 일부는 구조적으로 불안정하거나 집합하기 쉽고 정기적인 유지 관리를 위해 GroEL로 돌아가야 하기 때문에 종종 샤페론을 다시 방문한다.

진핵세포의 경우 GroEL의 소단위체를 닮은 8개의 각기 다른 소단위체로 이루어진 샤페론인 **TRiC**를 갖고 있다. 그러나 TRiC 단백질의 경우 추가적으로 뚜껑 부분을 형성하기 위한 부분을 갖고 있으며, 복합체는 폴리펩타이드 사슬을 닫고, GroES-유사 보조 샤페론 도움 없이 단백질의 포개짐을 추진한다. 박테리아에서의 경우, TRiC는 ATP 의존형으로 작용한다. 약 10%의 진핵 단백질은 TRiC와 임시적인 결합을 한다.

샤페론이 단백질 진화를 이끌어 왔다. 샤페론은 적절한 포개짐을 억제하는 단백질 내에서 돌연변이의 효과를 감소시킬 수 있다. 단백질의 포개짐 효율과 용해도를 향상시킬 수 있는 돌연변이가 후에 일어나서 그 단백질의 샤페론에 대한 의존성을 낮추고 샤페론의 존재비를 높게 한다. 따라서 샤페론은 다윈 선택설에 연관이 있는 돌연변이의 범위를 넓힌다.

C 단백질 포개짐의 오류는 질병을 야기한다

체내에 있는 대부분의 단백질은 자신의 자연적인 형태를 유지하고 있으며, 혹시 부분적으로 변성되는 경우에는 분자 샤페론에 의해 원래 구조로 다시 포개지거나 단백질 분해 효소에 의해 분해된다(21-1절). 그러나 지금까지 알려진 치명적인 질

표 6-4 몇 가지 단백질 잘못 접힘 질병들

질병	결함이 있는 단백질
알츠하이머병(Alzheimer's disease)	아밀로이드-β 단백질(Amyloid-β protein)
근위축성 측삭 경화증 (Amyotrophic lateral sclerosis)	과산화물 제거 효소 (Superoxide dismutase)
피브리노겐 아밀로이드증 (Fibrinogen amyloidosis)	피브리노겐 α 사슬 (Fibrinogen α chain)
헌팅턴무도병 (Huntington's disease)	폴리글루탐산 확장이 있는 헌팅틴 (Huntingtin with polyglutamate expansion)
L 사슬 아밀로이드증 (Light chain amyloidosis)	면역글로불린 L 사슬 (Immunoglobulin light chain)
라이소자임 아밀로이드증 (Lysozyme amyloidosis)	라이소자임 (Lysozyme)
파킨슨병(Parkinson's disease)	α-시누클레인(α-Synuclein)
전염성 해면 뇌변증(Transmissible spongiform encephalopathies, TSEs)	프라이온 단백질(prion protein)

병들 가운데 최소한 35가지는 세포 외부에 형성된 불용성 섬유질 뭉침의 형태로 특정 조직에 존재하는 단백질 침전과 관련되어 있다(표 6-4). 이 단백질 침전은 원래 수용성이었던 단백질이 **아밀로이드(amyloid**, 이 용어는 '녹말과 같은'이라는 뜻을 가지고 있는데, 처음 이 물질이 녹말을 닮았다고 해서 이렇게 명명되었다)라는 불용성 단백질 섬유 덩어리를 형성한 것이다.

아밀로이드증(amyloidoses)으로 알려진 거의 유전되지 않는 돌연변이 형태가 단백질에서 일어나게 된다[예를 들어 **라이소자임(lysozyme)**은 박테리아의 세포막(11-4절]을 가수 분해시키고, **피브리노겐(fibrinogen)**은 혈전(자료 11-4)을 만드는 **피브린(fibrin)**의 전구체로 아밀로이드 형태로 다양한 조직에 쌓이게 된다. 아밀로이드증의 증상은 약 30대에서 70대까지 정확히 나타나지 않으며, 일반적으로 5~15년 동안 지속되어 죽음으로 끝이 난다.

알츠하이머병은 아밀로이드 β 단백질의 축적이다. 주로 노인에게 발생하는 신경 퇴행성 질환인 **알츠하이머병(Alzheimer's disease)**은 정신적인 능력을 감소시켜 결국에는 사망에 이르게 한다. 65세 이상에서 이 질병의 발병률은 약 10%이고, 85세 이상에서는 약 50%이다. 이 질병의 특징은 뇌에 이미 죽었거나 죽어가는 세포들에 둘러싸인 아밀로이드 **플라크(plaque**, 축적물)가 많다는 점이다(그림 6-46). 아밀로이드 플라크는 주로 40~42개 잔기로 구성된 **아밀로이드 β 단백질(amyloid β protein, Aβ)**이라는 단백질의 섬유로 이루어져 있다. Aβ는 770개 잔기와 막 단백질인 **Aβ 전구체 단백질(Aβ precursor protein, APP)** 일부 조각인데, 이 단백질의 원래 기능은 알려져 있지 않다. **β 및 γ-secretase**로 명명된 두 단백질 가수 분해 효소의 작용으로 APP가 여러 단계에 걸쳐 분해되어 Aβ가 만들어진다. 분명히 Aβ 섬유는 아밀로이드 플라크로 축적되기 전에도 신경 세포에 독성을 미친다.

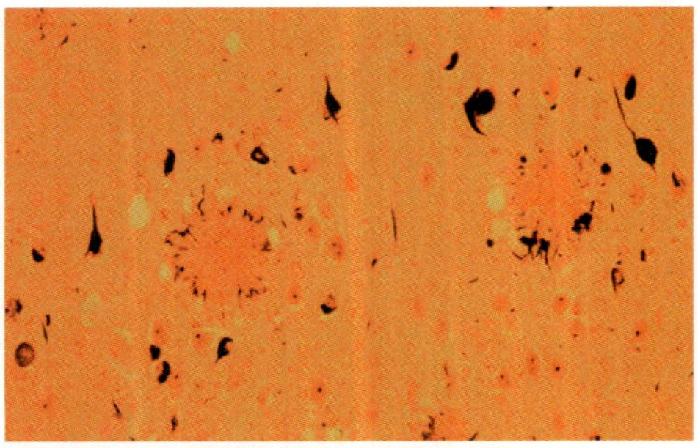

Courtesy of Dennis Selkoe and Marcia Podlisny, Harvard University Medical School

그림 6-46 알츠하이머병에 걸린 사람의 뇌 조직의 현미경 사진 두 원형 부분이 Aβ 단백질의 아밀로이드 축적물로 구성된 플라크가 있는 곳이다. 이 부분이 후광처럼 보이는 것은 플라크 주변을 이미 죽었거나 죽어가는 신경세포들이 둘러싸고 있기 때문이다.

알츠하이머병이 나이에 의존적이라는 사실은 Aβ의 축적이 진행형 과정이라는 것을 의미한다. 실제로 매우 드물기는 하지만 APP 유전자의 Aβ 부분에 발생한 어떤 돌연변이들을 가진 사람의 경우 40대부터 알츠하이머병이 시작되기도 한다. 이 돌연변이들은 APP의 가공 과정에 영향을 미쳐 Aβ의 생산을 가속화시킨다. 40대에 예외 없이 알츠하이머병에 걸리는 **다운 증후군(Down's syndrome)**을 가진 사람에서도 유사한 현상이 관찰된다. 다운 증후군은 21번 염색체가 3개 존재하는 것이 원인이 되어 발생하는 증상으로 정신 지체와 독특한 외관으로 나타난다. APP 유전자가 21번 염색체에 있기 때문인데, 결과적으로 다운 증후군을 가진 사람은 APP와 Aβ의 생성 속도가 더 빠를 것으로 추측된다. 따라서 알츠하이머병의 진행을 억제하는 한 가지 전략은 β- 및 γ-secretase의 활성을 억제하여 Aβ의 생성 속도를 늦출 수 있는 약을 개발하는 것이다.

프리온 질병들은 감염성 질환이다. 포유류의 중추신경계에 일어나는 어떤 감염성 질환들은 발병까지 몇 개월에서 수십 년까지 걸리기 때문에 처음에는 '느린 바이러스'에 의해 발생한다고 생각하였었다. 이런 질병들로는 **스크라피(scrapie**, 양이나 염소에 발생하는 신경 질환, 면양 떨림병이라고도 함), **소 해면 뇌병증[bovine spongiform encephalopathy, BSE**, **광우병(mad cow disease)**이라고도 함], **쿠루(kuru**, 옛날 파푸아뉴기니 사람들의 전통적인 식인 풍습에 의해 전염되는 사람의 퇴행성 뇌질환, *kuru*는 '떨림'이라는 뜻이다) 등이 있다. 또한 해마다 백만 명 가운데 한 명의 비율로 발생하며 쿠루와 같은 증상을 보이는 **크로이츠펠트-야콥병(Creutzfeldt-Jakob disease**, **CJD)**과 같이 자연적으로 발생하는 병도 있다. 예외 없이 치명적인 이 모든 질병들은 신경 세포들에 큰 액포가 만들어져 뇌 조직이 스펀지와 같은 모양이 된다. 따라서 이 모든 질병을 통틀어 **전염성 해면 뇌병증(transmissible spongiform encephalopathy**, **TSE)**이라고 부르기도 한다.

TSE는 다른 감염성 질병들과 달리, **바이러스나 다른 미생물에 의해 발생하지 않는다.** 실제로 이 질병과 관련된 핵산을 찾으려는 모든 시도가 다 실패하였다. 대신 Stanley Pruisner가 스크라피의 감염 인자가 **프리온[prion**, 핵산이 없는 단백질성 감염 입자(*pro*teinaceous *in*fectious particle)] 단백질이라는 사실을 밝혀낸 이후 TSE를 **프리온 질병(prion disease)**이라고 부르게 되었다. **PrP**(*Pr*ion *P*rotein)로 불리는 스크라피 프리온은 대부분 소수성인 208개 잔기로 구성되어 있다. 부분적으로 가수분해된 PrP는 이러한 소수성으로 인하여 막대기 같은 입자 덩어리를 형성한다. 프리온에 감염된 뇌 조직에 있는 이 입자 덩어리를 현미경으로 관찰하면 아밀로이드 섬유와 매우 유사하다(그림 6-47). 이 섬유가 아밀로이드 플라크를 형성하여 TSE의 신경 퇴화를 직접 일으키는 것으로 보인다.

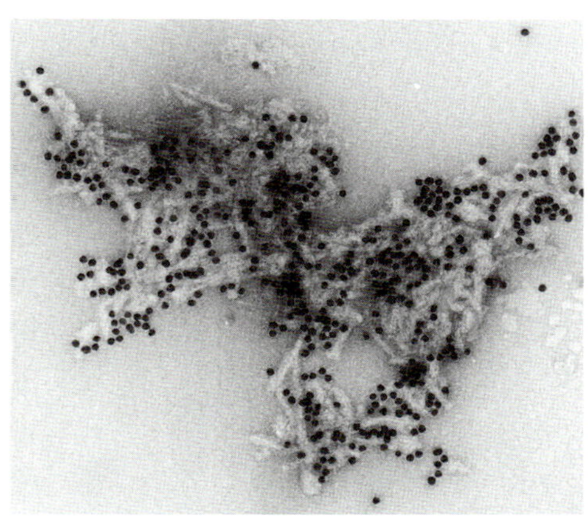
Courtesy Stanley Prusiner, University of California at San Francisco Medical Center

그림 6-47 부분적으로 가수 분해된 프리온 막대 덩어리의 전자 현미경 사진 검은 점은 PrP에 결합하고 있는 Prp 항체에 연결되어 있는 콜로이드 상태의 금 입자이다.

프리온 질병은 어떻게 전염되는가? **PrP**는 기능이 아직 알려지지 않은 정상적인 세포 유전자로부터 만들어진다(유전자를 제거하여 PrP를 만들지 못하도록 만든 생쥐뿐만 아니라 그 후손도 겉보기에 정상적인 것으로 보인다). 세포가 프리온으로 감염되면 PrP 유전자의 전사 자체는 변하지 않지만 PrP 단백질에 변형이 일어난다. 스크라피형 PrP(**PrP^{Sc}**)는 정상적인 세포 PrP(**PrP^{C}**)와 아미노산 서열과 화학 구조가 동일하지만, 2차 구조와 3차 구조에서는 차이를 보인다. 이는 **PrP^{Sc}가 PrP^{C}로 하여금 PrP^{Sc}와 동일한 형태가 되도록 유도**한다는 사실, 즉 PrP^{Sc}의 형성이 자기 촉매 반응(autocatalytic)이라는 것을 의미한다(처음에 형성된 PrP^{Sc}가 다른 PrP^{C}로부터 PrP^{Sc}가 형성되도록 유도한다). 이는 정상적인 생쥐의 뇌에 PrP^{Sc}를 주입하면 전염이 가능한 반면, PrP 유전자를 발현하지 못하는 생쥐에는 동일한 방법을 사용해도 스크라피에 감염되지 않는 현상과 일치한다.

사람의 PrP^{C}는 무질서한 구조를 가진(그래서 구조를 결정하기 어려운) 99개 잔기

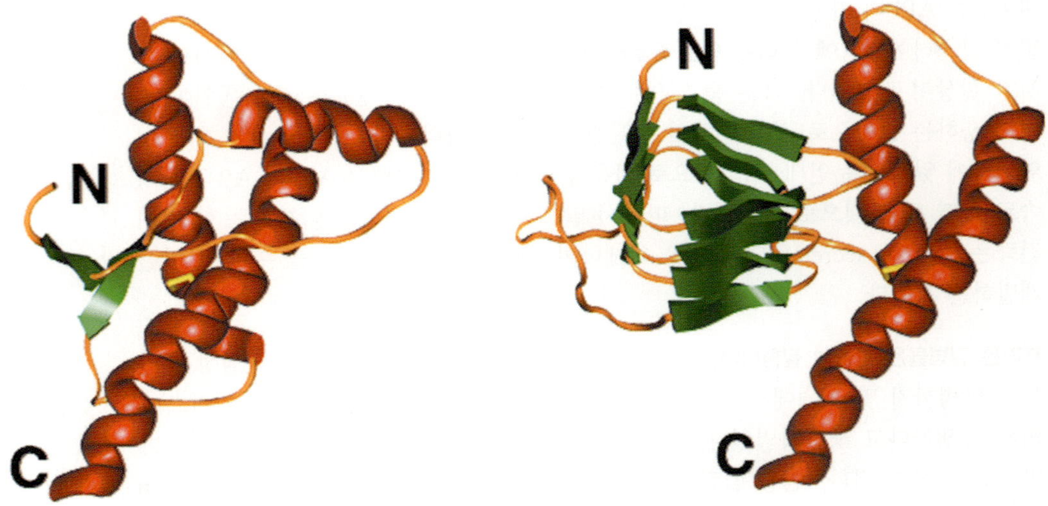

(a) (b)

그림 6-48 프리온 단백질의 형태 (a) 인간 프리온 단백질(PrPc)의 NMR 구조. N 말단의 23개의 잔기가 표현되지 않은 단백질이 나선(빨간색), β 병풍(녹색), 그리고 다른 부분은 주황색의 리본 모양으로 표현되었다. 이황화 결합은 노란색으로 표현되었다. (b) PrP^{Sc}의 구조의 모형. 유동적이며 정렬되지 않은 N 말단기 부분에 주목하라. [Courtesy of Fred Cohen, University of California at San Franscisco. Part a based on an NMR structure by Kurt Wüthrich, Eidgenössische Technische Hochschule, Zurich, Switzerland. PDBid 1QLX]

의 '꼬리'와, 세 개의 α 나선과 짧은 두 가닥 역평행 β 병풍을 포함하는 C 말단 구형 영역으로 구성되어 있다(**그림 6-48a**). 불행하게도 PrP^{SC}가 불용성이기 때문에 구조를 결정하는 것은 어렵지만, 분광학적인 분석을 통해 α 나선 비중이 낮고 β 병풍의 비중이 높다는 것을 알 수 있었다. 이는 이 단백질이 다시 포개졌다는 것을 의미한다(**그림 6-48b**). PrP^{Sc}의 높은 β 병풍 함량이 PrP^{Sc}가 아밀로이드 섬유로 응집되는 것을 촉진할 가능성이 있다.

TSE는 감염된 개체의 신경 조직을 섭취할 때 전염된다. 이는 특히 BSE의 경우에서 명백하게 드러난다. 이 질병은 1985년 이전에는 알려지지 않았지만 1993년에는 영국에서 유행병 수준에 도달하였다. 그 이유는 고기와 뼈를 재료로 한 사료를 가공하는 방법이 1970년대에 프리온을 불활성화시킬 수 있는 방법에서 불활성화시킬 수 없는 방법으로 바뀌었기 때문이다. 1988년에 BSE 위험성이 있는 소를 대량으로 도살한 이후 1993년에 BSE 유행이 급격히 약화되었다. 그러나 이제는 BSE에 감염된 소의 고기를 섭취한 사람에게 BSE가 전염될 수 있다는 사실이 밝혀졌다. 지금까지 대부분 영국에서 주로 10대와 젊은 성인들 사이에서 이른바 **새로운 변이형 CJD(new variant CJD**, nvCJD)가 200건이나 보고되었다. 그러나 1994년 이전에는 40세 이하의 연령에서 CJD가 발병한 경우가 극히 드물었다(평균 발병 연령은 약 64세이다). BSE가 소로부터 사람으로 전염되는 것은 예상 외의 현상이라는 점을 지적할 필요가 있다. 세계적으로 스크라피에 감염된 양을 오래 전부터 섭취해 왔지만, 고기를 많이 먹는 나라인 영국(특히 양이 많은)에서의 CJD 발병률이 채식 위주 국가인 인도에 비해 더 높지 않았기 때문이다.

많은 신경 변성 질환들이 프라이온에 의한 것이라는 증거들이 쌓이고 있다. 예를 들면 알츠하이머병에 걸린 사람의 세포 분쇄액을 명주 원숭이의 뇌 내에 주입하면 3.5년의 시간 후에 Aβ 반점(plaque)이 원숭이에게도 생긴다. 비슷하게 **파킨슨병[Parkinson's disease**, 노인들에게 주로 보이고 발작, 경직, 느린 이동 등의 증상이

그림 6-49 **아밀로이드 섬유 모형** (*a*) X선 회절 측정에 의해 얻어진, 섬유 축에 대해 수직으로 본 모형(위)과 축을 따라 섬유 축을 따라 본 모형(아래). 화살표는 진행 경로를 나타낸 것이고, β 가닥의 방향을 나타낸 것은 아니다. (*b*) 모형을 단순하게 하기 위해 β 병풍만 나타내었다. β 가닥들을 연결하는 고리 부분의 구조는 알려지지 않았다.

있는 신경 변성 질환이다. **α-시누클레인(α-synuclein)** 단백질이 신경 단위로 축적되어 아밀로이드 함유물이 된다는 특징이 있는데, 이것을 루이체(Lewy body)라고 부른다]을 각각에 주입한 태아 뇌세포들은 이식한 지 십여 년이 지난 후에 루이체를 보였다. 그래서 프루시너(Prusiner)는 모든 신경 변성 질환들이 프라이온 질병이라고 주장했다.

아밀로이드 섬유는 β 병풍 구조이다. 아밀로이드증, 알츠하이머병, 그리고 TSE에서 특징적으로 관찰되는 아밀로이드 섬유들을 형성하는 단백질들은 자연 상태 구조에서는 기능적이나 구조적인 유사성이 없다. 반면에 아밀로이드 섬유에서 그들의 구조는 놀라울 정도로 비슷하다. 아밀로이드 섬유를 분광학적으로 분석한 결과는 그들이 β 구조를 많이 가지고 있음을 나타낸다. 각 β 가닥은 섬유 축과 수직이 되는 방향을 향하고 있다(그림 6-49). 이뿐만 아니라 아밀로이드 섬유를 형성하는 능력은 특정 질병과 연관된 특정 단백질 세트에만 국한되지 않는다. 적절한 조건이 되면 거의 대부분의 단백질이 덩어리를 형성할 수 있다. 이와 같이 **아밀로이드를 형성하는 능력은 모든 폴리펩타이드 사슬에 내재된 성질인 것으로 보인다.**

여러 실험 결과를 보면 아밀로이드를 만드는 돌연변이 단백질들은 야생형 단백질에 비해 안정성이 상당히 낮은 것으로 나타난다(즉 녹는점이 훨씬 낮다). 이런 사실은 부분적으로 풀려 덩어리지기 쉬운 구조가 열역학적으로 자연 상태 구조가 안정한 조건에서도 자연 상태 구조와 동적인 평형을 이루고 있음을 암시한다[$N \rightleftharpoons U$ 반응에서 풀린 단백질(U)과 자연 상태 단백질(N)의 평형 비는 $K_{eq} = [U]/[N] = e^{-\Delta G^{\circ\prime}/RT}$(식 1-17)에 의해 계산할 수 있다. 여기에서 $\Delta G^{\circ\prime}$는 풀림 과정의 표준 자유 에너지이며, $\Delta G^{\circ\prime}$가 감소하면 평형에서 U의 비율이 커진다. 따라서 섬유 형성 과정은 부분적으로 풀린 두 개 이상의 아밀로이드 형성 단백질들 사이에 β 도메인이 서로 접촉하여 더 광범위한 β 병풍 구조를 형성함으로써 시작될 가능성이 높다. 이 확장된 β 병풍은 더 많은 폴리펩타이드 사슬을 모아 섬유가 자라도록 하는 일종의 핵으로 작용할 것이다. 그러나 대부분의 아밀로이드 질병 증상이 나타나기까지 수십 년이 걸린다는 사실은 아밀로이드 핵이 저절로 형성되는 것이 매우 드문 현상임을 말하고 있다. 하지만 한번 형성된 아밀로이드 섬유는 빠르게 발달한다.

돌연변이(유전성 아밀로이드증의 경우)나 감염(TSE의 경우)이 아밀로이드 형성의 원인으로 밝혀지기는 하였지만, 아밀로이드 형성을 시작하도록 하는 실제 요인은 아직 명확하지 않다. 아밀로이드 섬유가 일단 형성되면, 생리적인 조건에서는 거의 파괴할 수 없다. 그 이유는 아마 각 폴리펩타이드 사슬을 분리하기 위해서는 수많은 수소 결합을 끊어야 하기 때문일 것이다. 단백질 포개짐 경로는 폴리펩타이드가 안정한 자연 상태 구조를 갖도록 하는 것뿐만 아니라 섬유 형성을 유도하는 사슬들 사이의 수소 결합을 피하도록 발달되어 왔을 것이다.

많은 아밀로이드 질병에서 보듯이 섬유질 축적은 퇴행성 신경 질환과 접적인 연관을 갖는가? 많은 증거들이 이야기하듯이, 심지어 수용성 상태에서도 잘못 포개진 단

체크 포인트

- 단백질 포개짐 동안에 일어나는 에너지와 엔트로피 변화를 기술하시오.
- 왜 단백질 이황화 이성질화 효소가 이황화 결합 형성과 깨어짐을 둘 다 촉진하는 것이 중요한지 설명하시오.
- 단백질의 복원이 생체내와 생체외에서 어떻게 다른가?
- 왜 RNase A 같은 단백질은 시험관내에서 쉽게 변성되었다가 복원되는 반면, 대부분의 단백질은 시험관내에서 변성된 후 다시 포개지지 않는지 설명하시오.
- Hsp70과 GroEL/ES에서 ATP의 역할을 설명하시오.
- 왜 세포는 한 종류 이상의 샤페론이 필요한가?
- 단백질에 따라서 다양한 샤페론이 필요한 이유를 설명하시오.

- 아밀로이드 원섬유는 무엇이며, 그 원인은 무엇이고, 해로운 이유는 무엇인가?
- 포개진 구형 단백질이 반드시 아밀로이드 섬유를 형성하기 위해서는 어떤 일들이 발생하는지 설명하시오.
- 왜 아밀로이드 질병은 노인에게서 흔히 발병하는가?

백질은 뭉침이 발생하고 이는 세포적 손상을 야기한다. 예를 들어 쥐의 실험 모형에 있어서 인식 장애는 아밀로이드 플라크 발달에 있어서 나타나는 현상이다. 다른 실험들에 있어서도 감염 프리온은 섬유 자체가 아닌 섬유 핵인 14~28 PrP^{Sc} 분자를 포함하고 있다. 세포의 샤페론 단백질의 도움을 받아 잘못 포개진 단백질은 독성을 나타내는 경우가 있다. 이러한 세포외 혹은 세포내 아밀로이드 섬유질은 단순한 단백질의 축적을 나타내는데, 이는 단백질 포개짐이나 잘못 포개진 단백질을 제거하는 세포 메커니즘을 압도하는 현상이다.

요약

1 2차 구조

- 단백질의 3차원 구조를 표현하기 위해 네 가지의 구조적 단계를 사용한다.
- 펩타이드기의 뼈대 형태는 ψ와 ϕ라는 두 뒤틀림각으로 규정할 수 있다.
- α 나선은 네 잔기 간격의 뼈대 작용기 사이에 수소 결합이 형성되는 규칙적인 2차 구조이다. β 병풍에서는 서로 가닥의 뼈대 사이에서 수소 결합이 형성된다.
- 섬유상 단백질은 단 한 종류의 2차 구조를 가지고 있다. α 케라틴은 두 개의 α 나선이 왼손 방향으로 감겨 있고, 콜라젠은 세 잔기당 일회전을 하는 왼손 방향 삼중 나선이다.

2 3차 구조

- 단백질 구조는 X선 결정학과 NMR 분광학, 저온 전자 현미경법으로 결정할 수 있다.
- 구형 단백질의 무극성 곁사슬은 단백질 내부를 차지하는 반면, 극성 곁사슬은 표면에 위치하는 경향이 있다.
- 단백질의 구조는 모티프의 기준, 2차 구조 함량, 위상, 도메인 구성에 의해서 분류될 수 있다. 구조적 요소는 아미노산 서열보다 진화적으로 더 보존되는 경향이 있다.
- 구조 생물정보학은 거대 분자 구조의 저장, 시각화, 분석 및 비교에 관심이 있다.

3 4차 구조와 대칭

- 여러 소단위체를 가진 단백질의 각 소단위체들은 대개 대칭으로 배열된다.

4 단백질의 안정성

- 자연적인 단백질 구조는 풀린 상태에 비해 약간 더 안정할 뿐이다. 단백질 안정성을 결정하는 가장 일차적인 요소는 소수성 인력이다. 수소 결합과 이온쌍의 형성이 단백질 안정성에 기여하는 정도는 상대적으로 작다.
- 단백질의 변성과 복원 실험에 의하면 단백질의 3차원 구조는 1차 구조에 의해 결정된다.

5 단백질의 포개짐

- 단백질은 작은 구조적 요소들이 더 큰 구조로 합쳐지는 지정된 경로를 따라 자연 상태 구조로 포개진다.
- 분자 샤페론은 생체 내에서 반복적으로 결합하거나 보통 ATP 의존적인 방법으로 폴리펩타이드를 방출함으로써 단백질 포개짐을 촉진한다. 그리고 샤페로닌의 경우, 단백질이 포개질 수 있는 독립된 미세 환경을 제공한다.
- 아밀로이드증, 알츠하이머병, 파킨슨병, 전염성 해면 뇌변증(광우병)과 같이 단백질이 잘못 포개짐으로써 생기는 질병들은 프라이온에 의해 전파될 것이다.

주요 용어

2차 구조(secondary structure)
3차 구조(tertiary structure)
αα 모티프(αα motif)
α/β 원통(α/β barrel)
β 머리핀(β hairpin)
β 병풍(β sheet)
β 원통(β barrel)
β 팽창(β bulge)
βαβ 모티프(βαβ motif)
ATP 가수 분해 효소(ATPase)
X선 결정학(X-ray crystallography)
ϕ
ψ
라마찬드란 다이어그램(Ramachandran diagram)
고유의 부정형 단백질(intrinsically disordered protein)
위상 배열(topology)
구조 생물정보학(structural bioinformatics)
구형 단백질(globular protein)
기본 단위체(protomer)
꼬인 코일(coiled coil)
나선 모자 씌우기(helix capping)
다이뉴클레오타이드 결합 (로스만) 포개짐[dinucleotide binding (Rossmann) fold]
등고선 지도(contour map)
변성(denaturation)
분자 샤페론(molecular chaperone)
붕괴제(chaotropic agent)

비틀림 각도[torsion(dihedral) angel]
뼈대(backbone)
4차 구조(quaternary structure)
샤페로닌(chaperonin)
섬유상 단백질(fibrous protein)
소수성 계수(hydropathy index)
소수성 붕괴(hydrophoic collapse)
소중합체(oligomer)
순이론적(*ab initio*)
순환 대칭(cyclic symmetry)
시스 형태(cis conformation)
아밀로이드(amyloid)
아연 손가락(zinc finger)
알츠하이머병(Alzheimer's disease)
α 나선(α helix)
역평행 β 병풍(antiparallel β sheet)
역회전(reverse turn)
열 충격 단백질(heat shock protein)
도메인(domain)
용해된 덩어리(molten globule)
이면 대칭(dihedral symmetry)
이온쌍(염다리)[ion pair(salt bridge)]
저온 전자 현미경(cryo-electron microscopy, cyro-EM)
전염성 해면 뇌병증(transmissible spongiform encephalopathy, TSE)
자연 상태(native stucture)
복원(renaturation)
전자 밀도(electron density)
초2차 구조(supersecondary structure)
트랜스 형태(trans conformation)
펩타이드기(peptide group)
평행 β 병풍(parallel β sheet)
프리온(prion)
피치(pitch)
핵자기 공명(NMR)
호흡(breathing)
회전 대칭(rotational symmetry)
회절 패턴(diffraction pattern)

문제

연습 문제

1. 시스 펩타이드 결합을 그리고, 입체 장애를 일으키는 군들을 지적하시오.

2. 그림 6-7에 있는 구조에서는 몇 개의 펩타이드 결합이 관측되는가?

3. α 나선에서 다음 아미노산들이 잘 관측되지 않는 이유에 대하여 기술하시오. Arg, Lys, Met, Phe, Trp, Tyr, Val

4. 100개의 잔기로 구성된 α 케라틴의 꼬인 코일 구조의 길이를 옹스트롬 단위로 계산하시오.

5. 옷 좀나방 유충의 소화관은 강한 환원 조건을 가지고 있다. 이 조건이 유충에게 어떤 유익을 줄 수 있는가?

6. 기저막에 위치한 콜라젠 IV는 설필이민 결합을 갖고 있으며, 두 개 콜라젠의 3차 나선 구조의 교차 결합을 형성한다. 결합을 형성하는 아미노산을 밝히라.

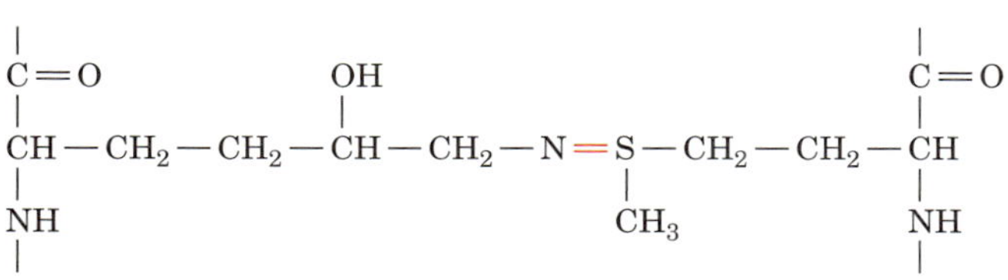

7. 콜라젠의 1차, 2차, 3차, 4차 구조를 설명하시오.

8. 대부분 콜라젠으로 구성된 젤라틴이 다른 단백질에 비해 영양학적으로 열등한 이유는 무엇인가?

9. 구형 단백질은 대개 몇 겹의 2차 구조층으로 구성되어 소수성 핵심부와 친수성 표면을 갖는다. α 케라틴과 같은 섬유상 단백질에도 이런 규칙이 적용될 수 있는가?

10. 자연 상태의 단백질이 α 나선이나 β 병풍과 같이 규칙적인 2차 구조가 없이 완전히 불규칙적인 구조를 가질 수 있는가?

11. 단백질 구조를 X선 결정학으로 분석할 때 처음이나 마지막 몇 잔기의 위치를 결정하기 어려운 경우가 많다. 왜 그런지 설명하시오.

12. (a) Trp와 Gln 중 단백질 표면에 있을 가능성이 더 높은 아미노산은 어느 것인가? (b) Ser과 Val 중 단백질 내부에 있을 가능성이 더 낮은 아미노산은 어느 것인가? (c) Leu과 Ile 중 α 나선의 중간에 있을 가능성이 더 낮은 아미노산은 어느 것인가? (d) Cys과 Ser 중 β 병풍에 있을 가능성이 더 높은 아미노산은 어느 것인가?

13. 다음 단백질을 α, β, α/β로 분류하시오.
(a) KcsA K^+ 통로 단백질 (그림 10-4)
(b) 싸이오레독신(thioredoxin) (그림 23-11)

14. 다음 단백질을 α, β, α/β로 분류하시오.
(a) Grb2 (그림 13-9)
(b) 플라스토사이아닌(plastocyanin) (그림 19-19)

15. 어떤 잔기가 단백질 기능에 필수적인지 알기 위해 자리 특이적인 돌연변이 실험을 하고 있다. 다음과 같이 치환되는 아미노산 짝들 중 단백질 구조에 가장 큰 영향을 미칠 것으로 생각되는 것은 어느 것인가? 왜 그런지 설명하시오.
(a) Val을 Ala이나 Phe으로 치환
(b) Lys을 Asp나 Arg으로 치환
(c) Gln을 Glu나 Asn으로 치환
(d) Pro을 His이나 Gly으로 치환

16. 실험실에서 아미노산을 무작위로 연결하면 대부분 불용성 폴리펩타이드가 만들어지지만, 자연에서 만들어지는 같은 길이의 폴리펩타이드는 대부분 수용성이다. 왜 그런 차이를 보이는지 설명하시오.

17. 연구자들은 알츠하이머 유사 질병을 개발하기 위해 정상적인 쥐에 프리온을 도입해 유전적으로 취약하게 하였다. 왜 알츠하이머가 발병하기 쉬운 쥐가 정상 쥐보다 프리온 질병의 증상을 훨씬 더 빨리 나타낼까?

18. 대장균에서 활성을 갖지 않아 쌓이는, 유전적으로 조작된 단백질은 아밀로이드 구조를 형성한다(그림 5-2). 박테리아에서 이런 단백질들은 보통 기능적인 형태를 다시 회복하기 어렵다. 왜 그런지 설명하시오.

19. 어떤 단백질은 N 말단 글루탐산염 잔기에 있는 곁사슬의 카복실산염 탄소가 유리 아미노기와 반응하여 C=O기를 포함하는 오각형 고리 구조인 락탐(lactam)을 형성한다. 그 결과 생성되는 파이로글루탐산염(pyroglutamate) 잔기를 그리시오.

20. 생쥐 실험으로 파이로글루타밀화(pyroglutamylation, 문제 19)가 아밀로이드-β 단백질의 집적(aggregation) 속도를 증가시킴을 알 수 있다. 이런 관찰에 대한 설명을 제시하시오.

도전 질문

21. 나선 1회전당 n개의 잔기가 필요하고 수소 결합으로 형성되는 고리에 들어 있는 원자의 수(H를 포함하여)가 m인 나선을 n_m으로 나타내기로 한다. (a) α 나선을 이 방법으로 나타내시오. (b) 3_{10} 나선은 α 나선에 비해 더 가파른지 아니면 완만한지 판단하시오.

22. 꼬인 코일 구조를 갖는 폴리펩타이드의 7개 잔기 반복 가운데 첫 번째와 네 번째 위치에는 항상 소수성 잔기가 있다.

(a) 나머지 다섯 위치에 대개 극성이거나 전하를 띤 잔기가 나타나는 이유는 무엇인가?

(b) 꼬인 코일에서 Trp−Gln−Glu−Tyr−Glu−Arg−Asp보다 Ile−Gln−Glu−Val−Glu−Arg−Asp 서열이 나타날 가능성이 더 높은 이유는 무엇인가?

23. 다음 폴리펩타이드들 중 α 나선을 만들 가능성이 가장 높은 것은 어느 것인가?

(a) CRAGNRKIVLETY

(b) SEDNFGAPKSILW

(c) QKASVEMAVRNSG

24. 문제 23에서 가장 β 가닥을 형성하지 않을 것 같은 펩타이드는 어느 것인가?

25. 왜 프롤린(proline) 잔기가 α 나선의 N 말단 회전에서 중요한 역할을 하는지를 설명하시오.

26. 각각 (a) 네 개의 소단위체와 (b) 6개의 동일한 소단위체로 구성된 단백질들의 가능한 회전 대칭의 종류들은 각각 무엇인가?

27. 박테리아의 글루탐산 합성 효소는 12개(6개의 소단위체로 이루어진 두 개의 고리)의 동일한 소단위체가 정렬되어 이루어졌다. 어떻게 이 단백질의 대칭을 설명할 수 있을까?

28. 용액 상의 단백질은 용액을 거품이 날 정도로 강하게 흔들면 변성될 수 있다. 이 과정의 메커니즘을 보이시오. (힌트: 계면 활성제의 무극성기는 공기−물 경계면에서 공기에 노출된다.)

29. 충분한 시간이 주어진다면 모든 변성된 단백질이 자발적으로 복원될 수 있을까?

30. 콜라젠이 열을 받아 젤라틴을 생성할 때 끊어지거나 유지되는 분자 내 결합 또는 상호작용과, 분자 간 결합 또는 상호 작용을 설명하시오.

31. 생리적인 조건에서 폴리라이신은 무작위 코일 구조를 갖는다. 어떤 조건에서 폴리라이신이 α 나선 구조를 형성할 것으로 생각되는가?

32. 본질적으로 잘못된 폴리펩타이드 부분은 상대적으로 소수성과 친수성 자기 중 어떤 것을 더 많이 포함하고 있을지 설명하시오.

33. 단백질은 단백질에 결합하는 분자에 비해 매우 크다고 한다. 헤모글로빈 분자(65 kD)와 헤모글로빈에 결합하는 네 개의 O_2 분자의 부피비를 계산하고, 전형적인 사무실(4×4×3 m)과 그 사무실에서 일하는 사람(70 kg)의 부피비를 계산하시오. 헤모글로빈과 O_2의 질량 대 부피비는 동일하다고 가정하고, 사무원의 밀도는 1.0 g/cm^{3}로 가정한다. 이렇게 계산한 비가 여러분이 예상한 것과 비슷한가?

34. 원핵세포에서 단백질 합성 오류 비율이 코돈당 5×10^{-4}으로 높다. 폴리펩타이드가 포함하는 (a) 400개 잔기, (b) 2000개 잔기에서 어떤 부분이 최소한으로 한 개의 아미노산 치환을 포함한다고 생각하는가?

35. 토마토 **덤불 성장 위축 바이러스(tomato bushy stunt virus)**의 외피(coat) 단백질은 화학적으로 동일한 180개의 소단위체로 이루어져 있는데, 각각은 약 386개의 아미노산 잔기로 구성되어 있다. 생합성 과정에서 잘못된 잔기가 폴리펩타이드 사슬 안으로 끼어들어갈 확률은 잔기당 3000분의 1이다. (a) 온전한 바이러스 외피를 생성하기 위해 합성되어야 하는 외피 단백질 소단위체 수의 평균을 구하시오. (b) 바이러스 외피가 위와 같은 수의 잔기를 가진 하나의 폴리펩타이드 사슬이라면, 이 값은 어떻게 되겠는가?

36. 모든 열 충격 단백질을 샤페론이라고 할 수는 없다. 몇몇 단백질들은 다른 단백질들을 다시 올바르게 포개지게 하는 것보다 오히려 변성시켜 버리기도 한다. 왜 열 충격 동안에 단백질의 변성이 증가하는지 설명하시오.

37. 단백질 변성은 높은 온도, 공유 결합 변화 또는 산화와 같은 환경 변화에 의해 시작될 수 있다. 세포가 산화 스트레스 조건에서 열 충격 단백질의 수준과, 산화되고 환원되는 글루타싸이온(glutathione)의 상관관계를 연구원들이 왜 관찰하는지 설명하시오.

38. 왜 β 병풍이 α 나선보다 단백질 포개짐 초기 단계에서 덜 형성된 것으로 보이는지를 설명하시오.

39. 그림 6-45에 표시되어 있는 GroEL/ES 순환은 시계 방향으로만 진행된다. 이러한 비가역성의 근거를 GroEL/ES계 내에서 일어나는 구조와 결합 변화 과정의 측면에서 설명하시오.

참고 문헌

일반

Branden, C. and Tooze, J., *Introduction to Protein Structure* (2nd ed.), Garland Science (1999). [A well-illustrated book with chapters introducing amino acids and protein structure, plus chapters on specific proteins categorized by their structure and function.]

Goodsell, D.S., Visual methods from atoms to cells, *Structure* **13**, 347 – 454 (2005). [Discusses several ways of depicting different features of molecular structures.]

Goodsell, D.S. and Olson, J., Structural symmetry and protein function, *Annu. Rev. Biophys. Biomol. Struct.* **29**, 105 – 153 (2000).

Kessel, A. and Ben-Tal, N., *Introduction to Proteins. Structure, Function, and Motion*, CRC Press (2011).

Kuriyan, J., Konforti, B., and Wemmer, D., *The Molecules of Life. Physical and Chemical Principles*, Chaps. 4 and 18, Garland Science (2013).

Lesk, A.M., *Introduction to Protein Science* (2nd ed.), Oxford University Press (2010).

Petsko, G.A. and Ringe, D., *Protein Structure and Function*, New Science Press (2004).

Williamson, M., *How Proteins Work*, Garland Science (2012).

섬유상 단백질

Brodsky, B. and Persikov, A.V., Molecular structure of the collagen triple helix, *Adv. Protein Chem.* **70**, 301 – 339 (2005).

Shoulders, M.D. and Raines, R.T., Collagen structure and stability, *Annu. Rev. Biochem.* **78**, 929 – 958 (2009).

거대 분자 구조 결정

Kühlbrandt, W., The resolution revolution, *Science* **343**, 1443 – 1444 (2014). [Summarizes recent advances in cryo-electron microscopy that permitted the imaging of macromolecular complexes at near-atomic resolution.]

McPherson, A., *Introduction to Macromolecular Crystallography*, Wiley-Blackwell (2009).

Rhodes, G., *Crystallography Made Crystal Clear: A Guide for Users of Macromolecular Models* (3rd ed.), Academic Press (2006). [Includes overviews, methods, and discussions of model quality.]

Rule, G.S. and Hitchens, T.K., *Fundamentals of Protein NMR Spectroscopy*, Springer (2006).

Rupp, B., *Biomolecular Crystallography. Principles, Practice, and Application to Structural Biology*, Garland Science (2010).

Wider, G. and Wüthrich, K., NMR spectroscopy of large molecules and multimolecular assemblies in solution, *Curr. Opin. Struct. Biol.* **9**, 594 – 601 (1999).

단백질의 안정성

Bolen, D.W. and Rose, G.D., Structure and energetics of the hydrogen-bonded backbone in protein folding, *Annu. Rev. Biochem.* **77**, 339 – 362 (2008).

Fersht, A., *Structure and Mechanism in Protein Science*, Chapter 11, Freeman (1999).

Karplus, M. and McCammon, J.A., Molecular dynamics simulations of biomolecules, *Nature Struct. Biol.* **9**, 646 – 652 (2002).

단백질의 포개짐

Baker, D., Protein folding, structure prediction and design, *Biochem. Soc. Trans.* **42**, 225 – 229 (2014).

Baldwin, R.L. and Rose G.D., Molten globules, entropy-driven conformational change and protein folding, *Curr. Opin. Struct. Biol.* **23**, 4 – 10 (2013).

Dill, K.A. and MacCallum, J.L., The protein folding problem, 50 years on, *Science* **338**, 1042 – 1046 (2012).

Fitzkee, N.C., Fleming, P.J., Gong, H., Panasik, N., Jr., Street, T.O., and Rose, G.D., Are proteins made from a limited parts list? *Trends Biochem. Sci.* **30**, 73 – 80 (2005).

Kim, Y.E., Hipp, M.S., Bracher, A., Hayer-Hartl, M., and Hartl, F.U., Molecular chaperone functions in protein folding and proteostasis, *Annu. Rev. Biochem.* **82**, 323 – 355 (2013).

Oldfield, C.J. and Dunker, A.K., Intrinsically disordered proteins and intrinsically disordered protein regions, *Annu. Rev. Biochem.* **83**, 553 – 584 (2014).

Saibil, H. Chaperone machines for protein folding, unfolding and disaggregation, *Nature Rev. Mol. Cell Biol.* **14**, 631 – 642 (2013).

단백질 포개짐 오류 질병

Blancas-Mejía, L.M. and Ramirez-Alvarado, M., Systemic amyloidosis, *Annu. Rev. Biochem.* **82**, 745 – 774 (2013).

Eisenberg, D. and Jucker, M., The amyloid state of proteins in human diseases, *Cell* **148**, 1188 – 1203 (2012).

Knowles, T.P.J., Vendruscolo, M., and Dobson, C.M., The amyloid state and its association with protein misfolding disease, *Nature Rev. Mol. Cell Biol.* **15**, 384 – 396 (2014).

Prusiner, S.B., A unifying role for prions in neurodegenerative diseases, *Science* **336**, 1511 – 1513 (2012).

Toyama, B.H. and Weissman, G.S., Amyloid structure: conformational diversity and consequences, *Annu. Rev. Biochem.* **80**, 557 – 585 (2011).

거의 색이 없는 뱅어(icefish)는 헤모글로빈이 없는 유일한 성체 척추동물이다. 이 물고기는 살고 있는 남극 해수(−1.9°C)에서 산소를 매우 적게 소비하고, 산소의 용해도가 상대적으로 높아서 산소 결합 단백질이 없어도 생존할 수 있다.

CHAPTER 7

단백질 기능: 마이오글로빈과 헤모글로빈, 근육 수축, 항체

1 마이오글로빈과 헤모글로빈에서 산소 결합
- A 마이오글로빈은 산소와 결합하는 단량체 단백질이다
- B 헤모글로빈은 두 형태를 갖는 사합체이다
- C 산소는 협동적으로 헤모글로빈에 결합한다
- D 헤모글로빈의 두 형태는 산소에 대한 친화도가 다르다
- E 돌연변이는 헤모글로빈의 구조와 기능을 바꾼다

2 근육 수축
- A 근육은 굵은 필라멘트와 가는 필라멘트가 맞물린 상태로 이루어져 있다
- B 근육 수축은 마이오신 머리가 가는 필라멘트를 이동할 때 발생된다
- C 액틴은 비근육 세포에서 미세 섬유를 형성한다

3 항체
- A 항체는 불변 부위와 가변 부위를 가지고 있다
- B 항체는 매우 다양한 항원들을 인식한다

앞의 두 장에서 단백질의 화학적, 물리적인 성질에 관한 전반적인 내용을 다루었으나, 자세한 생리 기능에 대해서는 정확히 알려주지 못하였다. 그럼에도 불구하고 단백질의 구조가 복잡하고 다양한 것을 볼 때 특별한 생물학적 역할을 한다는 것은 더 이상 놀라운 일이 아니다. 예를 들어 모든 대사 작용에 관여하는 효소 촉매는 단백질이다(효소에 대해서는 11장과 12장에서 살펴보도록 하겠다). 유전 정보의 암호를 풀고 운반하는 데 단백질의 참여가 없었다면 정보는 DNA 속에 숨겨져 있었을지도 모른다. 놀랍게도 세포 구성 요소를 만들고, 지원하고, 인식하고, 운반하고, 변환하는 데 관여하는 수천 가지 단백질들은 빠른 속도와 정확성을 가지고 작용하며, 많은 경우 복합적인 조절 메커니즘을 갖는다.

우리가 6-1C절에서 살펴본 섬유 단백질로부터 뒷장에서 토론될 정교한 조절 작용을 하는 대사 효소에 이르기까지, 단백질의 특이한 기능은 단백질들이 생명체의 다른 구성 요소와 어떻게 결합하며, 상호작용하는지를 통하여 이해될 수 있다. 이 장에서는 마이오글로빈과 헤모글로빈과 같은 산소 결합 단백질, 근육 수축과 연관이 있는 액틴이나 마이오신, 그리고 항체 분자 등 3세트의 단백질에 집중할 것이다. 이 단백질들은 구조와 생리적 역할이 상세히 알려져 있으며, 그들의 적절한 기능은 인간 건강에 필수적인 요소이다. 아울러 이 단백질들은 나중에 대사나 유전 정보의 조절을 설명할 때 검토될 많은 단백질들의 모형으로 작용한다.

1 마이오글로빈과 헤모글로빈에서 산소 결합

주요 개념

- 1개의 헴 보결 분자단(heme prosthetic group)을 가지고 있는 마이오글로빈은 쌍곡선의 O_2 결합 곡선을 보인다.
- 헤모글로빈은 서로 다른 O_2 결합력을 가진 데옥시(T)나 옥시(R) 형태를 가질 수 있다.
- 헤모글로빈에서 산소 결합은 형태 변화를 유도하며, 그 결과 산소는 단백질에 협동적으로 결합하여 산소 결합 곡선이 포물선으로 나타난다.
- 보어 효과와 BPG는 헤모글로빈의 O_2 친화도를 바꾼다.
- 돌연변이는 헤모글로빈의 O_2 결합 성질을 바꿀 수 있으며, 질병의 원인이 될 수 있다.

이 절에서는 산소 분자(O_2)와 가역적으로 결합하는 두 가지 단백질의 기능에 대한 설명을 시작하겠다. **마이오글로빈(myoglobin)**은 X선 결정에 의해 단백질 구조가 처음 밝혀지고, 상대적으로 단순한 산소 결합 특성을 가진 작은 단백질이다. **헤모글로빈(hemoglobin)**은 마이오글로빈과 같은 폴리펩타이드들의 사합체로, 신체의 모든 조직으로 산소를 운반하기 위해 정교한 시스템으로 작용하는 좀 더 복잡한 단백질이다.

O_2와 결합하고 방출하는 헤모글로빈의 효율성은 대사 효소의 특이성과 효율성을 연상시킨다. 헤모글로빈의 O_2 결합을 설명하는 많은 이론들로 효소 활성을 설명할 수 있기 때문에 헤모글로빈의 구조와 기능을 탐구하는 것은 의미가 있다.

A 마이오글로빈은 산소와 결합하는 단량체 단백질이다

마이오글로빈은 척추동물의 근육에 있는 작은 세포내 단백질이다. 1959년 켄트류(John Kendrew)에 의해 결정된 X선 구조에 따르면, 마이오글로빈은 44×44×25 Å의 구형 단백질로, 8개의 α 나선(관례적으로 A~H까지 이름을 붙인다)이 구조에 나타나 있다(그림 7-1).

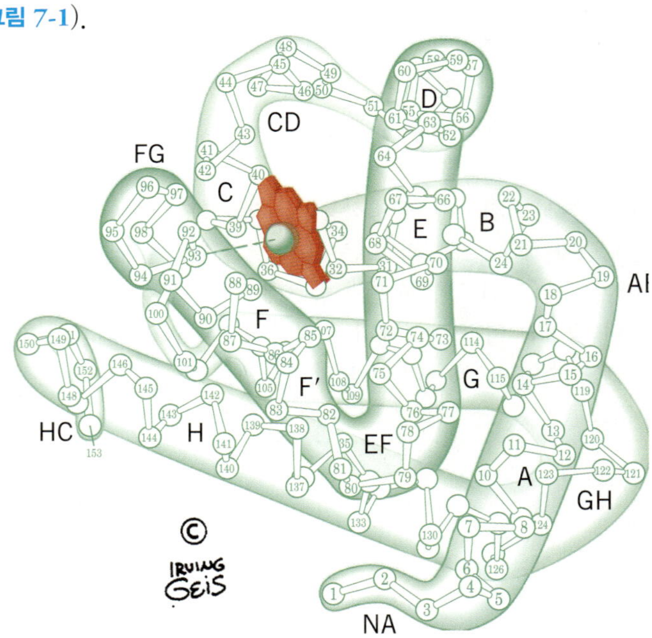

그림 7-1 향유고래의 마이오글로빈의 구조 이 153개 잔기 단량체 단백질은 A에서 H까지 이름이 붙여진 8개의 α 나선으로 구성되어 있으며, 짧은 폴리펩타이드로 연결되어 있다 (원래 EF 코너로 생각되었던 끝의 반이 F′ 나선으로 디자인된 짧은 나선 형태로 보인다). 헴기는 빨갛게 보인다. [Illustration, Irving Geis. Image from the Irving Geis Collection/Howard Hughes Medical Institute. Rights owned by HHMI. Reproduction by permission only.]

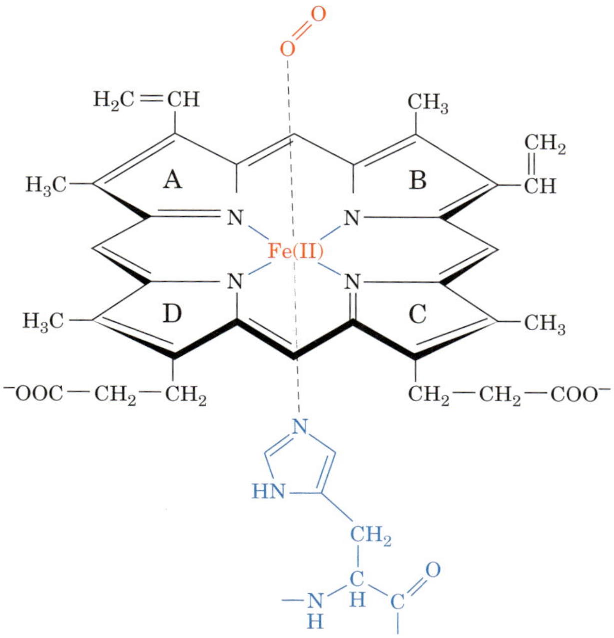

그림 7-2 헴기 가운데 Fe(II) 원자는 A~D로 이름 붙여진 피롤기를 가진 포피린 고리의 4개 N 원자와 리간드 결합을 하고 있다. 헴은 콘쥬게이션 계로, Fe–N 결합들은 서로 동등하다. 또한 Fe(II)는 His 잔기와 결합하는데, 이것이 존재할 때 산소와 결합한다. 6개 리간드는 철 이온이 중앙에 있는 팔면체 구조 꼭짓점에 배열되어 있다(팔면체 구조).

마이오글로빈은 헴 보결 분자단을 가진다. 마이오글로빈은 **글로빈(globin)**족 단백질이고(5-4B절), 사이토크롬 *c*(5-4A, 6-2D절)처럼 다른 많은 단백질도 한 분자의 **헴(heme)**기를 포함한다(그림 7-2). 헴은 마이오글로빈 E와 F 나선 사이 지용성 포켓 속에 단단히 결합되어 있다. 헴의 헤테로 고리 구조는 4개의 **피롤(pyrrole)**(A~D로 명명된다)기들이 메테인 다리(methene bridge)로 연결되어 있는 **포피린(porphyrin)** 유도체이다(다른 포피린은 A~D 고리의 치환기들에 의해 다양한 형태를 보인다). 헴 중심 부위의 철(II) 원자는 포피린에 있는 4개의 N 원자와 His 곁사슬로부터 1개 N 원자와 배위하고 있다(마이오글로빈이나 헤모글로빈의 독특한 명명법에서 F 나선 구조의 8번째 잔기이기 때문에 His F8로 부른다). 산소 분자(O_2)는 철 원자에 대해 6번째 리간드로 작용을 한다. 그림 7-3에서 구조를 볼 수 있듯이 His E7(나선 E의 7번째 잔기)은 산소와 수소 결합을 한다. 헴의 O_2 결합 부위에 있는 두 개의 소수성 곁사슬인 Val E11과 Phe CD1(나선 C와 D 사이의 첫 번째 결합 잔기)는 헴을 제자리에 두는 데 도움을 준다. 짐작하건대 이 잔기들은 단백질이 '호흡'(6-4C절)할 때 이동하면서 O_2의 출입을 용이하도록 한다.

분리된 헴의 철(II) 원자는 산소에 접하게 되면 비가역적으로 O_2와 결합할 수 없는 철(III) 원자로 산화된다. 마이오글로빈(4개의 글로빈 사슬에서 4개의 헴기를 가진 헤모글로빈)의 단백질 부분은 이러한 산화를 막으며 헴기와 O_2가 가역적으로 결합할 수 있게 만든다. **산소화 반응(oxygenation)**는 철(II)–헴 착물의 전기적 상태를 변화시키는

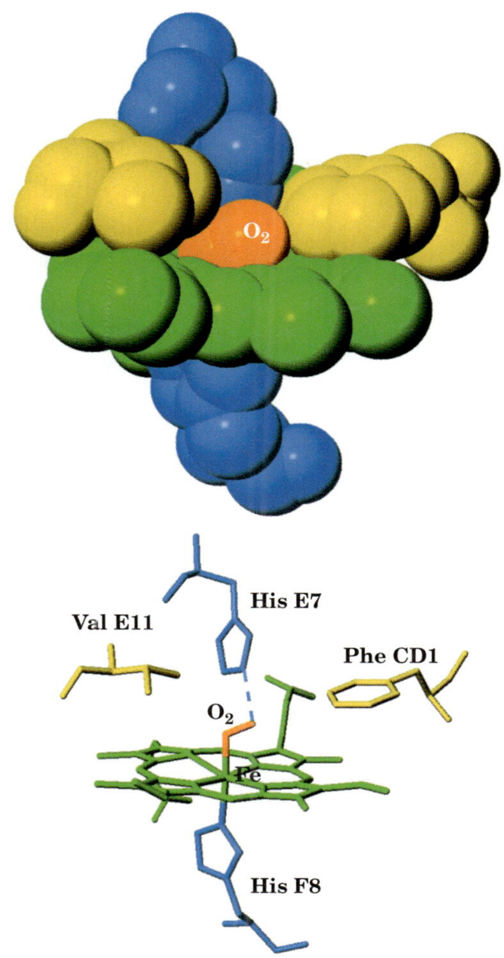

그림 7-3 마이오글로빈의 헴 복합체 위 그림에서 원자는 공간 채움 모형으로 표현되었다(수소 원자는 표현 안 됨). 아래 그림은 His E7과 결합된 산소의 수소 결합을 점선으로 나타낸 것이다. [Based on an X-ray structure by Simon Phillips, MRC Laboratory of Molecular Biology, Cambridge, U.K. PDBid 1MBO.]

데, 이것은 어두운 보라색(정맥혈에서 헤모글로빈색)에서 밝은 주황색(동맥혈에서 헤모글로빈색)으로 바뀌는 색의 변화로 알 수 있다. 어떤 조건에서는 마이오글로빈이나 헤모글로빈의 철(II) 원자가 **메트마이오글로빈(metmyoglobin)**이나 **메트헤모글로빈(methemoglobin)** 형태의 철(III) 원자로 산화되는데, 이러한 단백질은 각각 오래된 고기나 마른 혈액이 어두운 갈색으로 보이는 원인이 된다.

O_2 외에도 다른 작은 분자, 예를 들어 CO, NO, H_2S도 단백질 헴기와 결합한다. 이런 분자들은 O_2보다 더 높은 친화도를 가지므로 독성을 나타낸다. 그 예로 CO는 O_2보다 헤모글로빈에 대한 친화력이 200배 정도 더 강하다.

마이오글로빈은 O_2와 결합하여 확산을 도모한다. 마이오글로빈은 원래 산소의 저장 단백질로 간주되어 왔으나, 오늘날에는 주된 **생리적 역할이 근육(대부분의 급속히 격렬한 운동 중인 호흡 조직)에서 산소를 확산**시키는 것으로 본다. 산소가 모세관에서 각 조직으로 확산되는 속도는 수용액에서 낮은 용해도(혈액 속 약 10^{-4} M)에 의해 제한된다. 마이오글로빈은 근육 세포에서 유효한 산소의 용해도를 효과적으로 증가시키는데, 산소의 확산 속도를 높이기 위해 분자 양동이 부대와 같이 활동한다. 마이오글로빈에 의한 산소 저장 기능은 바다표범이나 고래와 같은 수중 포유류에서 두드러지는데, 이들은 육지 포유류보다 마이오글로빈 농도가 30배 정도 더 높다(이것이 켄드류가 X선 결정학 연구 시 향유고래를 선택한 이유이다). 마이오글로빈 유전자가 결핍된 쥐는 야생형 쥐에 비하여 근육색은 연하지만 정상적으로 보인다. 그러나 좀 더 상세히 살펴보면 이 쥐들은 적혈구 세포의 농도가 증가한다거나 근육에서 모세관 밀도가 증가하는 것과 같이 몇 가지 보상적 적응이 나타난다. 더욱이 돌연변이 배아는 심혈관 결핍으로 인하여 **자궁 내부**에서 죽는다. 척추동물은 최근에 발견된 두 글로빈, 즉 뇌, 망막, 내분비 조직에 존재하는 **뉴로글로빈(neuroglobin)**과 대부분 조직에서 발생하는 **사이토글로빈(cytoglobin)**을 발현한다. 뉴로글로빈은 **허혈(ischemia**, 가령 뇌졸중 같은 경우에서 생성되는 부적절한 혈류) 상태에서 **재관류 손상(reperfusion injury**, 피의 흐름이 회복될 때 생성되는 산소 라디칼에 의한 손상)을 막음으로써 뉴런(신경세포)의 손상을 보호하는 것으로 보인다. 사이토글로빈도 같은 작용을 가지는 것으로 보인다.

마이오글로빈의 산소 결합 곡선은 쌍곡선이다. 산소와 마이오글로빈(**Mb**)의 가역적인 결합은 다음 간단한 평형 반응으로 나타낼 수 있다.

$$\mathrm{Mb} + \mathrm{O_2} \rightleftharpoons \mathrm{MbO_2}$$

이 반응에 대한 해리 상수 (K)는 다음과 같다.

$$K = \frac{[\mathrm{Mb}][\mathrm{O_2}]}{[\mathrm{MbO_2}]} \qquad [7\text{-}1]$$

생화학자들은 해리 상수로 평형식을 나타내는데, 보통 화학자들이 선호하는 결합 상수의 역수이다. 마이오글로빈의 O_2 해리 정도는 산소 분자에 의하여 O_2 결합 부위가 채워지는 분률로 정의되는 **부분 포화도(fractional saturation, Y_{O_2})**로 나타낼 수 있다.

$$Y_{\mathrm{O_2}} = \frac{[\mathrm{MbO_2}]}{[\mathrm{Mb}] + [\mathrm{MbO_2}]} \qquad [7\text{-}2]$$

Y_{O_2}의 범위는 0에서 1까지이다(마이오글로빈 분자에 결합한 O_2가 없으면 그 값은 0이며, 마이오글로빈 결합 부위에 산소가 모두 결합하면 그 값은 1이다). 식 7-1을 정

리하면 식 7-3과 같이 나타낼 수 있다.

$$[MbO_2] = \frac{[Mb][O_2]}{K} \quad [7\text{-}3]$$

여기서 $[MbO_2]$를 식 7-2에 대입하면 부분 포화도는 다음과 같이 나타낼 수 있다.

$$Y_{O_2} = \frac{\dfrac{[Mb][O_2]}{K}}{[Mb] + \dfrac{[Mb][O_2]}{K}} \quad [7\text{-}4]$$

여기서 다시 분모와 분자의 $[Mb]/K$를 약분하면 다음과 같이 나타낼 수 있다.

$$Y_{O_2} = \frac{[O_2]}{K + [O_2]} \quad [7\text{-}5]$$

O_2는 기체이므로 농도항을 간편하게 산소 압력인 **부분 압력(partial pressure, pO_2)**로 나타낼 수 있다. 따라서 식 7-5는 다음과 같이 나타낼 수 있다.

$$Y_{O_2} = \frac{pO_2}{K + pO_2} \quad [7\text{-}6]$$

이 식은 직각 쌍곡선(hyperbola)을 나타내며, 호르몬이 세포 표면 결합하거나, 작은 분자 기질이 효소의 활성 부위와 결합하는 식의 형태와 동일하다. 이러한 쌍곡선의 기능은 그림 7-4에서 그래프로 잘 나타내었다. 낮은 pO_2에서는 매우 적은 양의 O_2가 마이오글로빈과 결합한다(Y_{O_2}는 아주 작다). pO_2가 증가함에 따라 더 많은 O_2가 마이오글로빈과 결합한다. 아주 높은 pO_2에서는 사실상 모든 O_2가 결합되어 있기 때문에 마이오글로빈이 O_2로 **포화되어 있다(saturated)**고 한다.

산소가 마이오글로빈과 결합하는 것과 같은 간단한 결합에서 쌍곡선의 경사도는 K값이 감소함에 따라 증가한다. 이것은 **K값이 작아짐으로써 결합을 더 단단하게 한다는** 것을 뜻한다. K값은 결합 부위의 절반이 리간드로 채워질 때 그 분자 농도와 같다. 다시 말해, $pO_2 = K$일 때 마이오글로빈의 절반이 산소에 의해 채워진 상태이다. 이는 식 7-6에서 K를 pO_2로 치환하여 수학적으로 나타낼 수 있다.

$$Y_{O_2} = \frac{pO_2}{K + pO_2} = \frac{pO_2}{2pO_2} = 0.5 \quad [7\text{-}7]$$

예시 계산 7-1

마이오글로빈이 산소에 의하여 75% 포화되었을 때 산소의 농도는 얼마인가?

식 7-6을 재정리하고 $p_{50} = 2.8$ torr를 대입하면,

$$Y_{O_2} = \frac{pO_2}{p_{50} + pO_2}$$

$$pO_2 = Y_{O_2}(p_{50} + pO_2)$$

$$pO_2 = Y_{O_2}p_{50} + Y_{O_2}pO_2$$

$$pO_2 - Y_{O_2}pO_2 = Y_{O_2}p_{50}$$

$$pO_2 = \frac{Y_{O_2}p_{50}}{(1 - Y_{O_2})}$$

$$pO_2 = \frac{(0.75)(2.8\ \text{torr})}{(1 - 0.75)} = 8.4\ \text{torr}$$

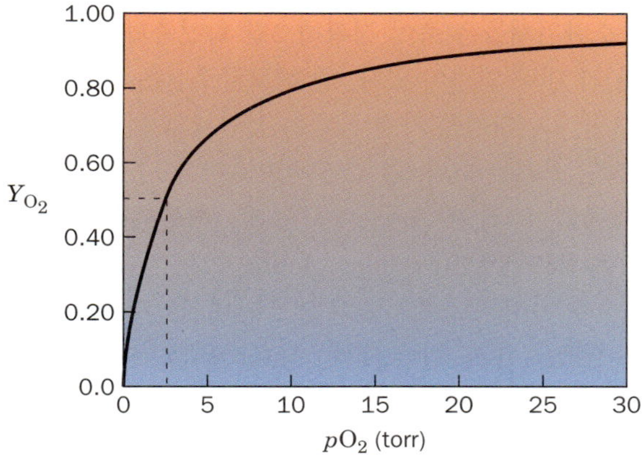

그림 7-4 마이오글로빈의 산소 결합 곡선 마이오글로빈은 산소 부분 압력(pO_2)이 2.8 torr (점선)에서 O_2에 의해 반이 포화된다(Y_{O_2}=0.5). 마이오글로빈 결합 곡선의 쌍곡선 모양은 작은 분자가 단백질에 단순히 결합하는 전형적인 형태이다. 배경은 산소가 결합함에 따라 변화하는 색을 나타낸 것이다.

? pO_2가 5와 15 torr, 15와 25 torr에서 부분 포화도가 얼마만큼 변화되는가?

즉 K값은 $Y = 0.5$일 때의 pO_2값으로 정의할 수 있다(그림 7-4).

이러한 K값은 간단히 $\boldsymbol{p_{50}}$이라고 정의할 수 있고, 이것은 마이오글로빈의 50%가 포화될 때 산소압이다. 마이오글로빈의 p_{50}은 2.8 torr (760 torr = 1 atm)이다. 혈액 속에 pO_2의 생리적인 범위(동맥에서 100 torr, 정맥에서 30 torr)에 걸쳐서 마이오글로빈은 O_2에 의해서 거의 전부 포화된다. 예를 들어 $pO_2 = 100$ torr에서 $Y_{O_2} = 0.97$이고, $pO_2 = 30$ torr에서 $Y_{O_2} = 0.91$이다(예시 계산 7-1 참조). 결과적으로, **마이오글로빈은 모세관에서 근육 세포로 산소를 효율적으로 공급한다.**

마이오글로빈은 한 개의 폴리펩타이드 사슬로 이루어져 있고 하나의 헴기를 가지고 있어 한 개의 산소 결합 부위를 가지고 있는데, 다른 결합 단백질을 연구하는 데 모형이 된다. 심지어 같은 작은 분자나 **리간드(ligand)**가 여러 부위에 결합하는 단백질들도 마이오글로빈처럼 쌍곡선 결합 곡선을 보일 수 있다. **쌍곡선 모양의 결합 곡선은 리간드가 독립적으로 결합 부위에 결합하였을 때 나타난다.** 실제로 리간드와 그것의 결합 단백질의 친화도는 알 수 없다. 그림 7-4와 같은 결합 곡선이 이 정보를 제공해 줄 수도 있다.

B 헤모글로빈은 두 형태를 갖는 사합체이다

헤모글로빈은 적혈구 색을 띠게 하는 세포내 단백질로서, 가장 특성이 잘 밝혀진 단백질 중 하나이며, 특이한 생리 활성 기능(산소 운반)과 연관된 첫 번째 단백질 중 하나이다. 너무 커서(두께 > 1 mm) 간단한 확산에 의해 산소를 조직으로 충분이 운반하기 어려운 동물은 헤모글로빈이나 유사 기능을 하는 단백질들을 가진 순환계를 가지고 있다 (자료 7-1). 척추동물에서 헤모글로빈은 **적혈구[erythrocyte**, red blood cell; 그리스어: *erythro*(적색) + *kytos*(오목한 그릇)]에 있는데, 적혈구는 6~9 μM의 반경과 전체의 34% 무게를 차지하는 헤모글로빈을 포함하는 양면이 오목한 세포이다. 포유동물에서 적혈구는 핵이나 미토콘드리아와 같은 세포 내부 조직들이 없어 헤모글로빈이 위치할 수 있는 많은 공간을 제공한다.

포유류의 헤모글로빈은 그림 6-33에서 보이듯이 $\alpha_2\beta_2$의 사합체이다($\alpha\beta$ 기본 단위체의 이합체). 그 α와 β 소단위체들은 구조적, 진화론적으로 서로 연관되거나 마이오글로빈과 연관되어 있다. 헤모글로빈의 구조는 페루츠(Max Perutz, 자료 7-2)에 의해 알려졌다. 마이오글로빈과 헤모글로빈의 α와 β 소단위체에서 단지 18%의 잔기만 유사하지만, 3개의 폴리펩타이드는 매우 유사한 3차 구조를 갖는다[헤모글로빈 소단위체들은 α 사슬이 D 나선을 가지지 않더라도 마이오글로빈의 나선 표지(helix labeling) 방법을 따른다]. 헤모글로빈의 αβ 기본 단위체는 2겹 회전(2-fold rotation)의 대칭적인 관계에 있다(즉 180° 회전은 기본 단위체를 일치하게 해 준다). 또한 구조가 비슷한 헤모글로빈의 α와 β 소단위체들은 축이 정확히 2겹 회전축과 수직인 2겹 회전(유사 대칭, pseudorotation)과 대략 연관이 있다. 즉 헤모글로빈은 정확한 C_2 대칭과 유사 D_2 대칭을 갖는다(6-3절, D_2 대칭을 가진 물체는 사면체의 회전 대칭을 가진다). 헤모글로빈 분자의 전체적인 크기는 대략 64×55×50 Å이다.

산소 결합은 헤모글로빈 사합체의 전체 구조를 바꾸는데, **데옥시헤모글로빈(deoxyhemoglobin**, 그림 7-5*a*)과 **옥시헤모글로빈(oxyhemoglobin**, 그림 7-5*b*)의 구조는 현저히 다르다. 이 헤모글로빈의 두 가지 구조에서 α와 β 소단위체는 광범위하게 접촉하고 있는 형태를 보인다. $\alpha_1-\beta_1$($\alpha_2-\beta_2$도 같은 형태) 상호작용은 35개의 잔기와 관련이 있고, $\alpha_1-\beta_2$ (또는 $\alpha_2-\beta_1$) 상호작용은 19개의 잔기와 관련이 있다. 이들 접촉에서 비록 많은 수소 결합과 몇 가지 이온쌍이 보이지만, 전체적으로 보면 소수

자료 7-1 생화학의 전망

다른 산소 운반 단백질들

지구 대기 중에 산소가 존재하고 이를 대사 연료의 산화에 이용하게 됨에 따라 산소를 저장하고 운반하는 데 다양한 기전의 진화가 초래되었다. 작은 유기체들은 호흡 작용에 필요한 산소를 공급하는 데 확산에 의존한다. 그러나 물질이 확산되는 속도는 거리의 제곱에 반비례하기 때문에 두께가 1 mm 이상인 유기체들은 순환계를 통해 확산의 어려움을 극복하며, 산소를 운반하는 특이 단백질에 의해 제한된 산소의 용해도를 높인다.

많은 무척추동물, 그리고 심지어 몇 가지 식물과 박테리아도 헴기를 기본으로 하는 산소 결합 단백질을 가지고 있다. 단량체 혹은 다량체 헤모글로빈은 세포내 단백질로서 혹은 혈액이나 세포외 구성 요소로 발견된다. 몇몇 박테리아 종에 헤모글로빈과 비슷한 단백질들이 존재한다는 것은 진화 과정 동안 한 곳 또는 여러 곳에서 동물로부터 박테리아로 유전 전달이 있었다는 증거이다. 박테리아의 경우, 이 단백질들은 그 지역의 산소 농도와 같은 외부 환경을 탐지하는 센서로 작용하였을 것이다. 콩과식물은 **레그헤모글로빈(leghemoglobin)**이라는 단백질이 산소와 결합하는 반면, 식물 뿌리혹에 붙어 사는 박테리아에 의한 질소 고정을 방해한다(21-7절). 지렁이와 같은 환형동물에서 발견되는 **클로로크루오린(chlorocruorin)**은 헤모글로빈에 들어 있는 포피린과는 조금 다른 변형된 포피린이 들어 있는데, 이것은 클로로크루오린의 색을 녹색으로 만든다.

헴기를 갖고 있지 않은 **헤메리트린(hemerythrin)**과 **헤모사이아닌(hemocyanin)**은 다른 두 종류의 산소 결합 단백질들로서, 무척추동물에서만 발견된다. 몇 종류의 해양무척추동물에서만 발견되는 헤메리트린은 단량체의 분자량이 13 kD 이하인 세포내 단백질이다. 이 헤메리트린에는 2개의 Fe가 His과 산성 잔기들에 의해 리간드 결합되어 있다. 이것이 산소와 결합되어 있을 때는 붉은 보라색을 띠고, 산소가 해리되었을 때는 무색이다.

연체동물과 절지동물의 O_2 운반은 세포 외부에 월등히 많이 존재하는 헤모사이아닌이 담당한다. 연체동물과 절지동물의 헤모사이아닌은 1차에서 4차까지 다른 구조를 가진 큰 다량체 단백질이다. 그러나 산소 결합 부위는 매우 유사하며, 3개의 His 잔기에 의해 각각 리간드 결합되어 있는 2개의 구리 원자로 이루어져 있다.

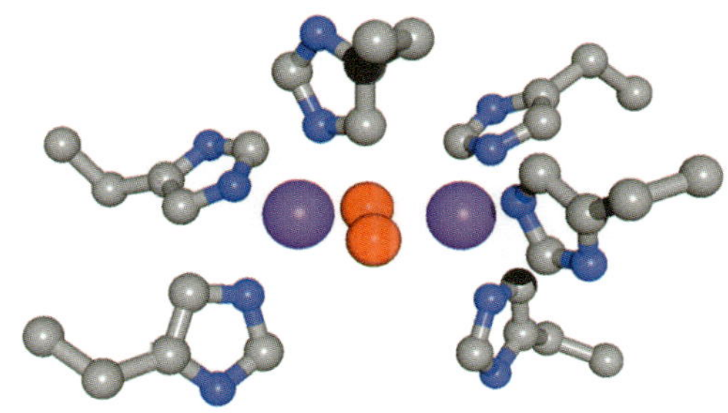

투구게(학명: *Limulus polyphemus*) 헤모사이아닌의 O_2 결합 부위 모형에서 C는 회색, N은 파란색, O는 붉은색, Cu는 보라색으로 표시되어 있다. 이 헤모사이아닌은 산소가 결합되어 있지 않을 때는 무색이다가 산소가 결합하게 되면 푸른색으로 된다.

헤모사이아닌이 효과적으로 산소 운반체로서 작용하기 위해서는 고농도로 존재해야만 한다. 예를 들어 문어의 **헤모림프(hemolymph)**는 약 100 mg/mL의 헤모사이아닌을 포함하고 있다. 몇몇 생물 종에서는 많은 양의 단백질에 의하여 초래되는 높은 삼투압을 감소하기 위하여 헤모사이아닌이 9×10^6 D의 큰 분자량을 가진 다중 구조를 형성한다. 헤모사이아닌들은 주요 세포외 단백질이며, 따라서 pH의 변화나 삼투압의 변화에 대해 완충 작용과 같은 부가적인 기능을 가지고 있다. 몇 가지 무척추동물 종에서 헤모사이아닌은 변태나 털갈이 기간 동안 영양의 저장과 같은 일을 수행한다.

[Figure based on an X-ray structure by Wim Hol, University of Washington School of Medicine. PDBid 1OXY.]

성 상호작용이 주요한 요인이다. 그러나 $\alpha_1-\alpha_2$와 $\beta_1-\beta_2$ 상호작용은 희박하다는 것은 주목할 만하다. 그 이유는 이 소단위체 결합쌍들 사이의 50 Å 길이의 헤모글로빈의 2겹 대칭축이 지나가는 곳에 20 Å 크기의 용매(물)가 채워지는 채널에 의해 분리가 일어나기 때문이다(그림 7-5).

헤모글로빈에 O_2가 결합하였을 때, $\alpha_1-\beta_2$(그리고 $\alpha_2-\beta_1$)의 접촉이 이동하여 사차 구조를 변화시킨다. 산소화 반응은 αβ 이합체 1개를 다른 αβ 이합체(그림 7-5*b*의 검은 화살표)에 대하여 ~15° 정도 회전시켜 β 소단위체가 서로 가까워지고 용매가 채워진 중심 통로를 좁게 만든다(그림 7-5). 어떤 원자들은 $\alpha_1-\beta_2$와 $\alpha_2-\beta_1$ 접촉에서 6 Å 정도 움직이게 된다(산소화 반응은 데옥시헤모글로빈 결정이 산소에 접촉하였을 때 4차 구조의 변화를 초래한다). 이러한 구조적 재배열은 헤모글로빈과 산소 결합의 중요한 요소가 된다.

C 산소는 협동적으로 헤모글로빈에 결합한다

헤모글로빈은 전체적으로 26 torr의 p_{50}을 가지고 있는데(즉 헤모글로빈은 26 torr 산

자료 7-2 발견의 경로 페루츠와 헤모글로빈의 구조와 기능

페루츠(Max Perutz, 1914~2002) 단백질 3차 구조를 밝히는 연구가 지금은 평범하지만 초기 단백질 구조 결정학자들에게는 직면한 문제를 해결하여야 하는 어려운 작업이었다. **페루츠**는 이 분야의 선구자로서, 원자 해상도 수준에서 헤모글로빈의 구조를 측정하는 데 많은 세월을 소비하였으며, 구조를 통해 단백질의 생리 기능을 설명하였다.

페루츠가 케임브리지에서 박사 학위 공부를 시작하기 2년 전인 1934년에 버널(J.D. Berm)과 호지킨(Dorothy Crowfoot Hodgkin)은 X선을 이용하여 펩신 단백질의 구조를 밝혀냈으며, 이것의 회절 패턴도 알아내었다. 페루츠는 같은 방법으로 헤모글로빈을 가지고 실험을 하였는데, 헤모글로빈을 선택한 이유는 양이 풍부하고 결정을 쉽게 만들 수 있으며 생리적 중요성이 있었기 때문이다. 헤모글로빈 결정은 굴절이라고 하는 수천 개의 최대 회절 패턴을 일으키는데, 그 결과 단백질 분자의 수천 개 원자에 의해 X선이 산란된다. 그 당시 X선 결정학은 원자가 40개 이하인 분자들의 구조를 측정하는 데 사용되었기 때문에, 이 기술을 사용하여 헤모글로빈의 구조를 측정하는 것은 불가능해 보였다. 그럼에도 불구하고 페루츠는 헤모글로빈 연구에 도전을 하였으며, 많은 노력과 시간을 소비하였다.

X선 결정학에서, 굴절의 크기와 위치는 쉽게 측정되지만, 상(phase)의 값(약한 피크의 상대적인 위치, 이미지 재구성을 위한 파장 증폭의 정보)을 직접적으로 측정할 수는 없다. 비록 상(phase) 값을 측정하기 위한 컴퓨터 기술이 작은 분자를 측정하기 위해 개발됐지만, 단백질과 같은 복합체에 대하여 상 문제를 해결하는 방안은 매우 어려운 것으로 보였다. 1952년에 페루츠는 동형 치환(isomorphous replacement)법으로 헤모글로빈의 상 문제를 충분히 해결할 수 있다고 생각했다. 이 실험 방법에서 Hg^{2+} 이온과 같은 중금속 이온에는 X선 산란을 일으키는 전자가 풍부하고, 구조에 특이한 방해 없이 단백질의 특정 부위에 반드시 결합한다고 보았다. 만일 이러한 반사의 강도를 측정할 수 있다면 이 차이로 단백질의 상을 측정하는 정보를 공급해 줄 수 있을 것으로 생각하였다. 페루츠는 수은이 헤모글로빈 결정에 결합됨을 관찰하였고, 게다가 측정 가능한 강도의 반사까지 위치의 변화 없이 측정하였다. 낮은(5.5 Å) 해상도에서 헤모글로빈의 3차 구조를 5년이나 더 걸려서 측정, 해결하였고, 연구를 시작한지 30년이 지난 1968년에 거의 원자 수준(2.8 Å)의 해상도로 헤모글로빈의 구조를 측정하였다. 동시에 페루츠의 동료인 켄드루(John Kendrew)는 동형 치환법을 헤모글로빈에 비해 작고 간단한 마이오글로빈의 구조를 찾아내는 데 이용하였다. 페루츠와 켄드루는 위대한 업적으로 1962년에 노벨 화학상을 수상하였다.

페루츠가 헤모글로빈을 이해하는 목적 중 헤모글로빈의 구조를 알아내는 것은 일부였다. 예를 들어 기능에 관한 연구 결과에서는 헤모글로빈이 4개의 산소 결합 부위가 마치 가까이 접근되어 상호작용하고 있는 것처럼 보인다. 그러나 페루츠가 밝혀낸 헤모글로빈의 구조에서는 산소 결합 부위가 헤모글로빈 깊숙이 자리 잡고 있으며, 넓게 펼쳐진 주머니 형태를 보인다. 또한 페루츠는 산소가 없는 상태에서 만들어진 헤모글로빈 결정이 공기에 노출되면 구조 변화에 의해 변성된다는 흥미로운 결과를 얻었다. 비록 많은 연구자들도 헤모글로빈에 주목하였으나, 그들 중에서 페루츠는 산소 결합이 단백질 구조에 미치는 영향에 대해 설명을 한 선각자였다. 또한 그는 돌연변이 헤모글로빈의 구조 변화와 비정상적 기능에 대한 연관성 연구에 심혈을 기울이기도 했다.

페루츠의 단백질 X선 결정학에서 남긴 위대한 업적은 많은 다른 연구에 영향을 주었다. 예를 들어 1965년에 첫 번째 효소 구조인 라이소자임(lysozyme)의 X선 구조를 밝히는 것을 출발로 하여 지금까지 얻어진 거의 110,000개의 거대 분자 구조들은, '불가능한 것으로 보이는' 연구과제 결과를 이용하여 생명 현상을 설명하고자 한 페루츠와 그의 판단에 도움을 많이 받았다.

Perutz, MP., Rossmann, M.G., Cullis, A.F., Muirhead H., Will, G and North, A.C.T., Structure of haemoglobin: A three-dimensional Fourier synthesis at 5.5 Å resolution, obtained by X-ray analysis. *Nature* **185**, 416–422(1960).

소압에서 산소에 의해 절반이 포화된다), 이것은 마이오글로빈의 p_{50}보다 10배 가까이 더 높은 값이다. 또한 헤모글로빈은 마이오글로빈과 비슷한 쌍곡선 형태의 산소 결합이 보이지 않는다. 대신 헤모글로빈의 O_2 결합은 **S자 곡선(sigmoidal curve)**으로 보인다(그림 7-6). **이것은 헤모글로빈이 같은 p_{50}을 가질 때 쌍곡선일 때보다 더 많은 산소를 조직에 운반할 수 있게 해 준다**(그림 7-6에서의 실선). 예를 들어 헤모글로빈은 동맥의 산소압에서 산소에 의해 거의 포화되며(100 torr에서 $Y_{O_2} = 0.95$), 정맥혈의 산소압에서는 단지 반 정도만 포화된다(30 torr에서 $Y_{O_2} = 0.55$). 산소 포화도에서 이러한 0.4의 차이는 폐에서 조직으로 산소를 운반하는 헤모글로빈의 능력을 보여 주는데, 헤모글로빈이 쌍곡선 형태의 결합을 하였다면 산소 포화도 차이는 0.25밖에는 되지 않았을 것이다.

어떠한 결합 시스템에도 S자 곡선은 결합 부위 간에 협동적 관계를 가질 때 보여 주는 특징이다. 이것은 한 부위의 리간드의 결합이 다른 부위에서 다른 리간드가 결합

(a)

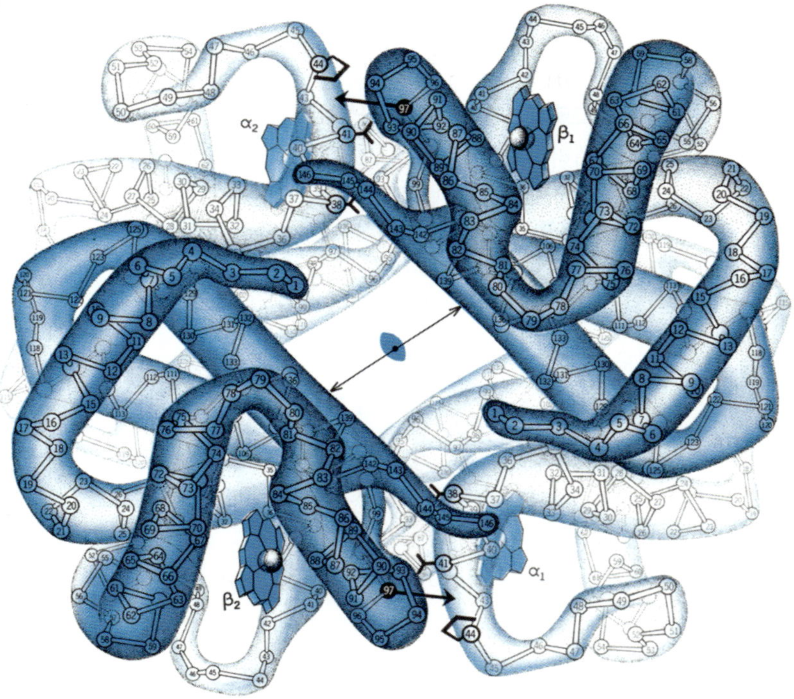

(b)

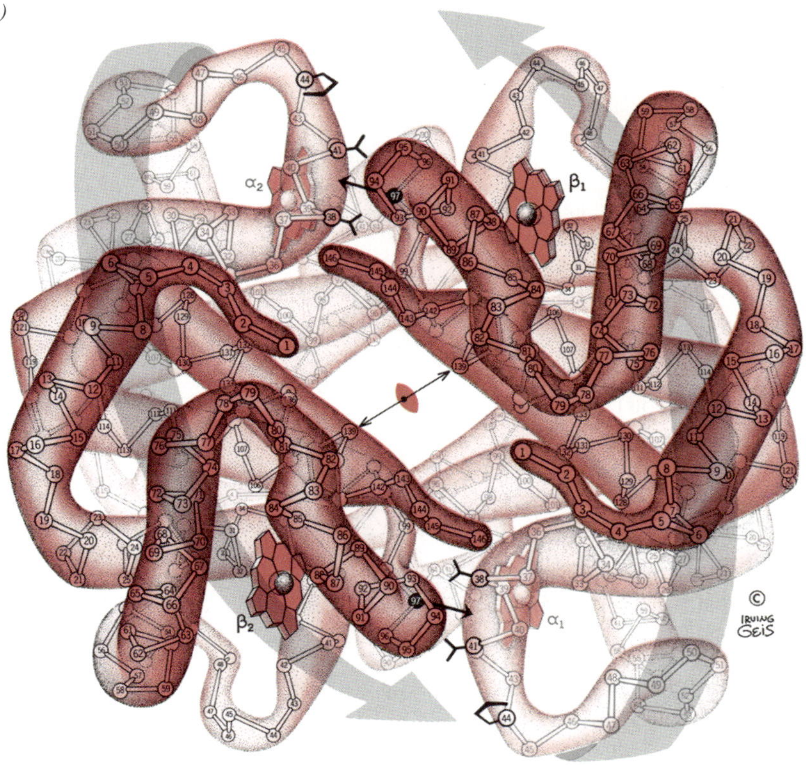

그림 7-5 헤모글로빈 구조 (*a*) 데옥시헤모글로빈과 (*b*) 옥시헤모글로빈. $\alpha_1\beta_1$ 기본 단위체는 종이면에 대하여 수직인 2겹 대칭축(렌즈 모양)에 의하여 $\alpha_2\beta_2$ 기본 단위체와 연관되어 있다. 산소화 반응은 β 사슬을 더 가깝게 만들고(가운데 화살표 길이 비교) α_1–β_2와 α_2–β_1 소단위체의 접촉을 이동시킨다(관련 있는 잔기를 검은색으로 표현하였다). *b*에서 회색의 큰 화살표는 산화되었을 때 헤모글로빈 분자의 변화를 나타낸다. [Illustration, Irving Geis. Image from the Irving Geis Collection/Howard Hughes Medical Institute. Rights owned by HHMI. Reproduction by permission only.]

하는 것에 영향을 준다는 것을 의미한다. 헤모글로빈의 경우 하나의 소단위체에 O_2가 결합하면 남아 있는 다른 소단위체의 산소 친화도가 증가한다. 산소 결합 곡선의 초기 기울기는(그림 7-6) 낮은데, 헤모글로빈의 소단위체들은 독립적으로 첫 번째 산소와 결합을 경쟁하기 때문이다. 그러나 O_2 분자가 하나의 헤모글로빈 소단위체와

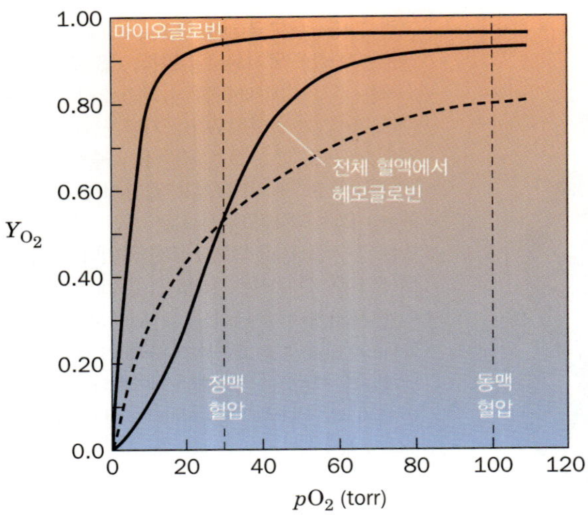

그림 7-6 헤모글로빈의 산소 결합 곡선 전체 혈액에서 산소압이 26 torr일 때, 헤모글로빈은 절반이 포화(결합)된다. 그림에 해수면에서 사람의 동맥과 정맥의 산소압이 표시되어 있다(해수면에서 대기 중 pO_2은 160 torr이다). 마이오글로빈의 O_2 결합 곡선이 비교를 위해 표시되어 있다. 점선은 헤모글로빈과 같은 p_{50}일 때 포물선 형태의 산소 결합 곡선이다. 배경색은 헤모글로빈이 O_2와 결합할 때 색깔 변화를 나타낸 것이다.

? 마이오글로빈이 혈액에 존재한다면 O_2를 운반하기에 왜 효과적이지 않은지 설명하시오.

결합하면 다른 소단위체의 산소 결합력이 증가하는데, 이것이 S자 곡선에서 중간 부분의 기울기가 증가되는 이유이다.

힐 식은 헤모글로빈의 산소 결합 곡선을 알려 준다. 헤모글로빈에서 S자 모양의 산소 해리 곡선의 분석은 1910년에 힐(Archibald Hill)에 의해 시도되었다. 힐은 헤모글로빈(**Hb**)이 단일 단계에서 무한한 협동성을 가지고 *n*개의 분자와 결합할 것이라 예상하였다.

$$\text{Hb} + n\text{O}_2 \rightarrow \text{Hb}(\text{O}_2)_n$$

따라서 식 7-6으로부터 유도하여 **힐 식(Hill equation)**으로 알려진 식 7-8을 얻게 되는데, 식 7-6처럼 헤모글로빈의 포화 정도를 pO_2의 식으로 표현하였다(예시 계산 7-2 참조).

$$Y_{O_2} = \frac{(pO_2)^n}{(p_{50})^n + (pO_2)^n} \qquad [7\text{-}8]$$

O_2 결합에서 무한정한 협동성은, 힐이 가정한 것처럼 물리적으로 다루기 불가능한 것이다. *n*은 단일 단계에서 O_2와 결합하는 소단위체의 수라기보다는 헤모글로빈 소단위체들 간에 상호작용에서 협동성 정도를 보여 주는 비통합형 변수로 고려하는 것이 옳다. 따라서 힐 식은 리간드 결합의 특정된 모형을 알려준다기보다는 오히려 실험적으로 얻은 곡선을 설명하는 데 유용한 관계로 고려될 수 있다.

예시 계산 7-2

$pO_2 = 50$ torr이고, $n = 3$일 때 헤모글로빈의 부분 포화도를 계산하시오.

식 7-8을 사용하고 $p_{50} = 26$ torr를 대입하시오.

$$Y_{O_2} = \frac{(pO_2)^n}{(p_{50})^n + (pO_2)^n}$$

$$= \frac{(50)^3}{(26)^3 + (50)^3} = \frac{125{,}000}{17{,}576 + 125{,}000} = 0.88$$

힐 상수(Hill constant)인 *n*은 반응의 협동성이 커지면 증가한다. 그러므로 비록 리간드 결합 반응의 간단한 특성이지만 편리한 정보를 주기도 한다. 만일 *n*이 1이면 식 7-6은 마이오글로빈일 경우처럼 식 7-8은 쌍곡선이고, O_2 결합 반응은 **비협동적(noncooperative)**이라고 말할 수 있다. *n*이 1보다 크면 반응은 **양성 협동적(positively cooperative)**이라고 말할 수 있으며, 이것은 O_2 결합이 더 많은 산소에 대한 헤모글로빈의 결합력을 증가시키기 때문이다(헤모글로빈의 O_2 결합 부위 수와 같이 $n = 4$일 때 협동성은 무한대이다). 반대로 *n*이 1보다 작으면 반응은 **음성 협동적(negatively cooperative)**고 말할 수 있으며, 이것은 O_2 결합이 O_2 결합 증가에 따라 헤모글로빈의 산소 친화도를 떨어뜨리기 때문이다.

헤모글로빈 포화 곡선을 가장 적절하게 설명하는 힐 상수 *n*과 p_{50} 값은 식 7-8로부터 재정렬하여 도식적으로 나타낼 수 있다. 먼저 $1-Y_{O_2}$로 양변을 나누면

$$\frac{Y_{O_2}}{1-Y_{O_2}} = \frac{\dfrac{(pO_2)^n}{(p_{50})^n + (pO_2)^n}}{1-Y_{O_2}} = \frac{\dfrac{(pO_2)^n}{(p_{50})^n + (pO_2)^n}}{1-\dfrac{(pO_2)^n}{(p_{50})^n + (pO_2)^n}} \quad [7\text{-}9]$$

분자와 분모를 $[(p_{50})^n+(pO_2)^n]$으로 나누어 주면

$$\frac{Y_{O_2}}{1-Y_{O_2}} = \frac{(pO_2)^n}{[(p_{50})^n + (pO_2)^n] - (pO_2)^n} = \frac{(pO_2)^n}{(p_{50})^n} \quad [7\text{-}10]$$

양변에 로그를 취하면 직선의 식이 나온다.

$$\log\left(\frac{Y_{O_2}}{1-Y_{O_2}}\right) = n\log pO_2 - n\log p_{50} \quad [7\text{-}11]$$

$\log pO_2$에 대한 $\log[Y_{O_2}/(1-Y_{O_2})]$의 직선이 **힐 도표**(**힐 plot**)인데, n의 기울기와 $\log pO_2$ 축에 절편으로 $\log p_{50}$을 갖는다($y=mx+b$인 직선을 나타내는 식에서 기울기는 m이고 x 절편은 $-b/m$이다).

그림 7-7은 마이오글로빈과 정제된 헤모글로빈의 힐 도표이다. 예측할 수 있듯이 마이오글로빈의 경우 힐 도표의 기울기가 1인 직선이다. 비록, 힐 식에서 가정한 바와 같이 모든 헤모글로빈의 소단위체들이 한 단계로 O_2와 결합하지는 않지만, 힐 도표는 Y_{O_2}이 0.1과 0.9 사이에서 거의 직선이다. $pO_2=p_{50}$이면, $Y_{O_2}=0.5$이며, 식 7-12가 유도된다.

$$\frac{Y_{O_2}}{1-Y_{O_2}} = \frac{0.5}{1-0.5} = 1.0 \quad [7\text{-}12]$$

그림 7-7에서 볼 수 있듯이, 이것은 최대 기울기 영역으로, 이 값은 관례상 힐 상수의 값 n이다. 정상적인 사람의 헤모글로빈의 경우 힐 상수는 2.8~3.0이다. 즉 헤모글로빈의 산소 결합력은 매우 크지만 그 값은 무한하지 않고 협동적이다. 많은 비정

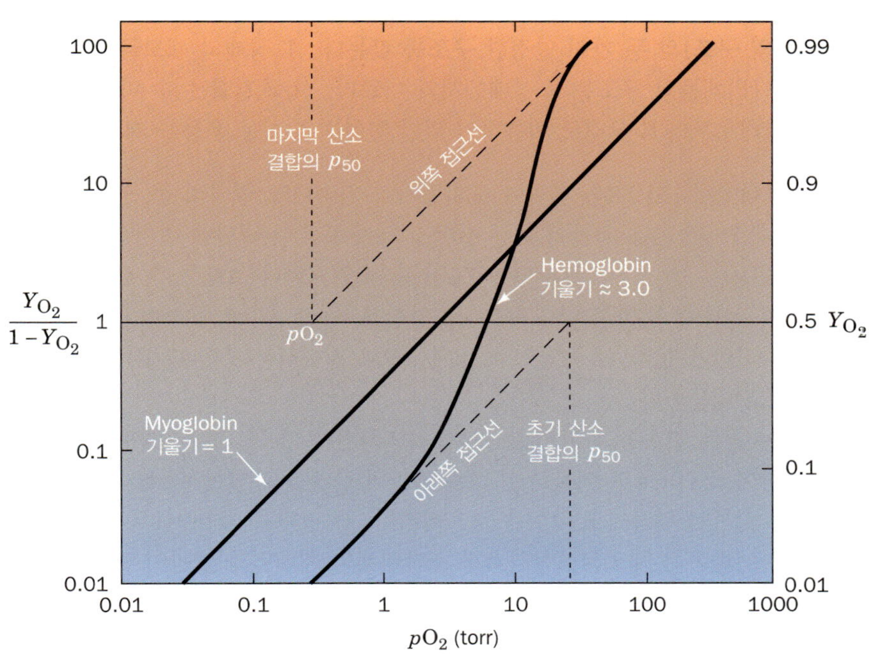

그림 7-7 마이오글로빈과 정제된 헤모글로빈의 힐 도표 이 도표는 log–log 도표이고 $pO_2=p_{50}$일 때 $Y_{O_2}/(1-Y_{O_2})=1$이다. [생체내 헤모글로빈의 p_{50}은 정제된 헤모글로빈보다 높은데, 이것은 산소가 적혈구 세포에 존재하는 다른 물질과 결합하기 때문이다.]

상 헤모글로빈들은 더 작은 힐 상수를 보이기도 하는데(7-1E절), 이는 정상적일 때보다 협동성이 더 작다는 것을 의미한다.

O_2 분자와 결합하고 있는 헤모글로빈 분자가 거의 없을 때 Y_{O_2}값은 0이고, 이때 헤모글로빈의 경우 힐 도표의 기울기는 대략 1이다(그림 7-7, 아래쪽 접근선). 그 이유는 헤모글로빈 단위체가 독립적으로 O_2와 경쟁을 하기 때문이며, 마이오글로빈의 경우도 마찬가지이다. 헤모글로빈의 4개의 O_2 결합 부위에 최소한 3개 이상의 O_2가 결합하고 있을 때 Y_{O_2}값은 1이고, 이때도 힐 도표의 기울기는 대략 1이다[그림 7-7 위쪽 접근선]. 그 이유는 산소로 채워지지 않고 남아 있는 결합 부위가 거의 없기 때문이며, 그러므로 산소 결합 또한 독립적이다.

그림 7-7의 아래쪽 접근선을 가로축으로 외삽하면 식 7-11에 의해 정제된 헤모글로빈에 O_2 한 분자가 결합하는 $p_{50} = 30$ torr임을 알 수 있다. 마찬가지로 위쪽 부분의 접근선을 가로축으로 외삽하면 헤모글로빈에 4번째 O_2가 결합하는데 p_{50}은 0.3 torr임을 알 수 있다. 즉 **4번째 O_2가 헤모글로빈에 결합하는 것은 처음 결합하는 O_2보다 100배 더 친화력이 크다.** 이 차이는 나중에 알 수 있듯이 글로빈 사슬이 헴기의 산소 친화도에 영향을 주기 때문이다.

D 헤모글로빈의 두 형태는 산소에 대한 친화도가 다르다

헤모글로빈의 산소 결합 과정에서 협동성은 한 헴기의 리간드 결합 상태가 다른 헴기의 리간드 결합 친화도에 주는 영향 때문에 발생한다. 헴기들은 25~37 Å 멀리 떨어져 있어서 전기적으로 영향을 줄 수 없다. 대신에 헴기에 O_2가 결합하면 결합 정보가 단백질 이동에 의하여 다른 헴기에 기계적으로 전달된다. 그림 7-5에서 묘사된 바와 같이 이 이동이 옥시헤모글로빈과 데옥시헤모글로빈의 다른 4차 구조를 갖게 만든다.

헤모글로빈에 산소 결합은 T 상태에서 R 상태로 구조를 바꾸도록 유도한다. 페루츠는 옥시헤모글로빈이나 데옥시헤모글로빈의 X선 구조에 근거하여 헤모글로빈 산소화 반응에 대한 모형을 구축하였다. **페루츠 메커니즘(Perutz mechanism)에 의하면, 헤모글로빈은 T 상태(T state, 데옥시헤모글로빈의 구조)와 다른 것은 R 상태 (R state, 옥시헤모글로빈의 구조)의 두 가지 안정한 구조를 갖는다.** T 상태의 헤모글로빈에 있는 4개 소단위체들의 구조는 R 상태에서와 다르다. 산소 결합은 수 마이크로초 안에 T 상태로부터 R 상태로 이동하기 위한 연차적인 협동 운동을 개시한다.

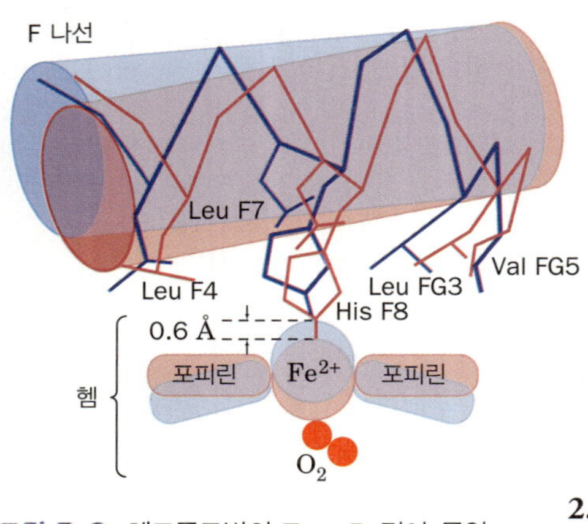

그림 7-8 헤모글로빈의 T → R 전이 동안 헴기와 F 나선의 움직임 T 상태(파란색)에서는 Fe는 돔 구조의 포피린 고리 중앙 위쪽으로 0.6 Å 정도 떨어져 있지만, R 상태(붉은색)일 경우 돔 구조가 아닌 포피린의 평면으로 움직이게 되어 산소와 단단히 결합하게 된다. 이때 His F8은 당겨지고 F 나선과 결합하게 된다.

1. T 상태에서 His F8을 향하여 포피린기가 피라미드 형태의 돔 구조를 형성하고, 이때 $Fe-N_{포피린}$ 결합이 너무 길어서 Fe가 포피린 평면에 위치할 수 없기 때문에 Fe(II)는 헴 평면으로부터 ~0.6 Å 밖에 위치한다(그림 7-8). O_2 결합은 헴의 전자 상태를 변화시켜 $Fe-N_{포피린}$ 결합을 ~0.1 Å 짧게 하며, 피라미드 돌출을 가라앉게 한다. 결론적으로, T에서 R로 전이하는 동안 Fe(II)는 헴 평면의 중앙으로 이동한다.
2. Fe(II)는 공유 결합을 하고 있는 His F8을 끌어 온다. 그러나 His F8가 헴 평면을 향하여 직접 0.6 Å 이동하는 것은 헴과의 충돌을 유발할 수 있다. 이와 같은 충돌을 피하기 위하여 F 나선은 기울어지며, 헴 평면을 따라 ~1 Å 이동한다.
3. 3차 구조 변화는 헤모글로빈의 4개 소단위체의 재배열과 연관이 있다. T → R 전이에서 가장 큰 변화는 $\alpha_1-\beta_2$ 접점과 $\alpha_2-\beta_1$ 접점(헤모글로빈의 두 복합 단위체, protomeric unit)에 있는 잔기들의 이동이 발생한다. T 상태에서 β 사슬

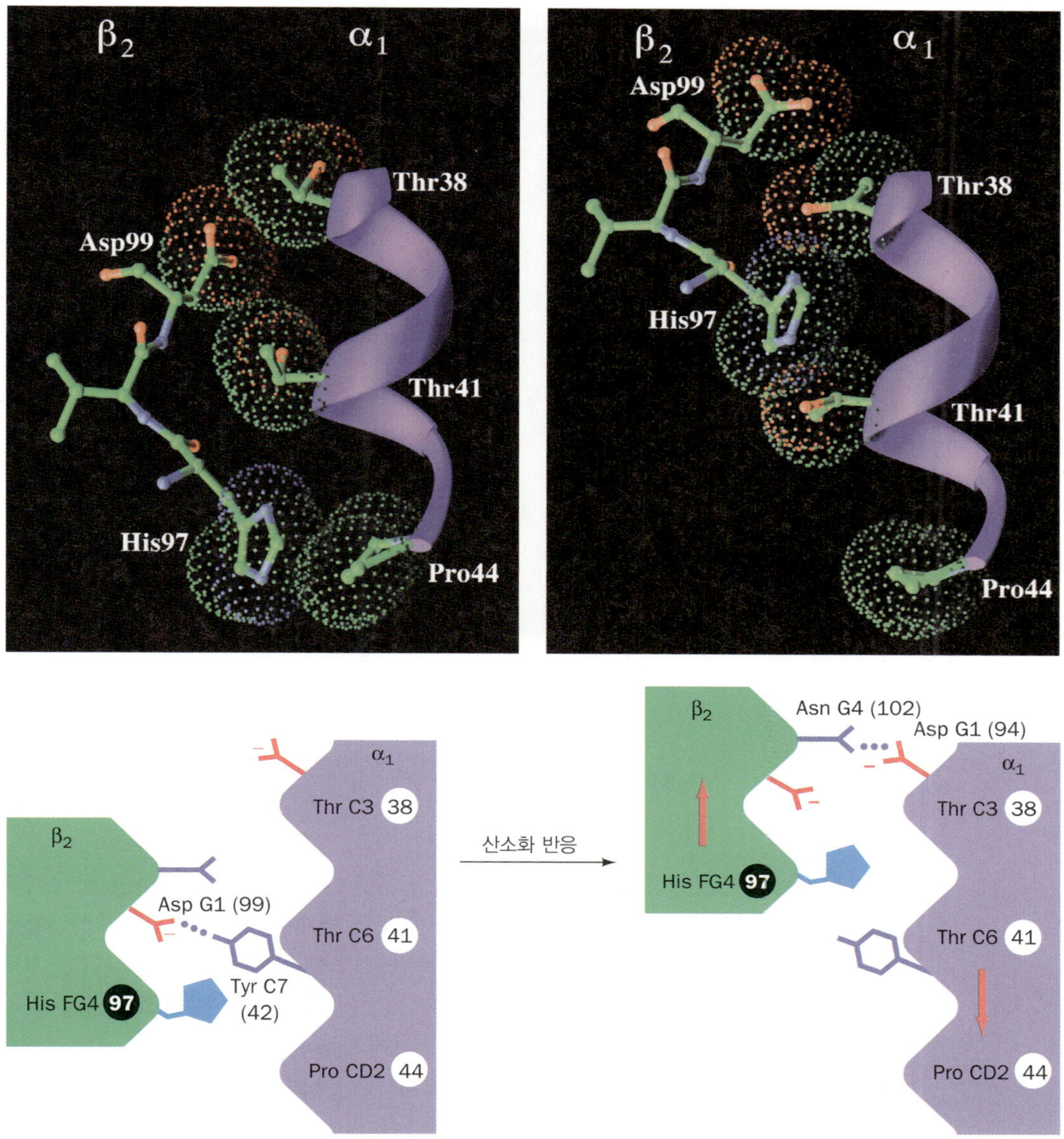

(a) **T 상태(데옥시)** *(b)* **R 상태(옥시)**

그림 7-9 헤모글로빈의 **T → R 전이 동안 α_1–β_2 접촉의 변화** *(a)* T 상태, *(b)* R 상태. 위쪽 그림에서 보라색 리본으로 나타낸 C 나선은 잔기들이 접촉함으로써 α_1C–β_2FG를 형성하며, 이것을 분자 모형으로 나타내었으며(C는 초록색, N은 파란색, O는 붉은색) 반데르발스 표면은 점으로 표시해 놓았다. 아래 그림은 α_1C–β_2FG의 결합을 개략적으로 표시해 놓았다. T → R로 변하면서 β_2FG 지역이 안정한 중간체의 형성 없이 α_1C를 따라 1회전 이동한다(두 구조에서, His 97β와 Asp 99β에 의해 마디가 Thr 38α, Thr 41α, Pro 44α에 의해 형성된 C 나선 홈들 사이에 어떻게 맞는지를 주목하라). 이 소단위체들은 두 4차 구조 상태에서 각기 다른 수소 결합으로 연결된다. 그림 7-5는 이 상호작용의 다른 측면을 보여 준다. [Based on X-ray structures by Giulio Fermi, Max Perutz, and Boaz Shaanan, MRC Laboratory of Molecular Biology, Cambridge, U.K. PDBids *(a)* 2HHB and *(b)* 1HHO.]

에 있는 His 97은 α사슬의 Thr 41과 만난다(**그림 7-9*a***). R 상태에서 His 97은 Thr 38과 만나게 되는데, 이것은 C 나선을 따라 1회전 후에 위치하게 된다(**그림 7-9*b***). 두 구조에서, 한 소단위체에 있는 '마디(knob)'는 다른 소단위체의 '홈(groove)'과 잘 맞물려져 있다.

4. T 상태 헤모글로빈에 있는 각 소단위체의 C 말단 잔기(Arg 141α와 His 146β)들은 소단위체 내부에서와 소단위체들간에 이루어지는 이온쌍 형성에 참여하여(**그림 7-10**), T 상태를 안정하게 만든다. 그러나 T → R 전이에서 발생된 구

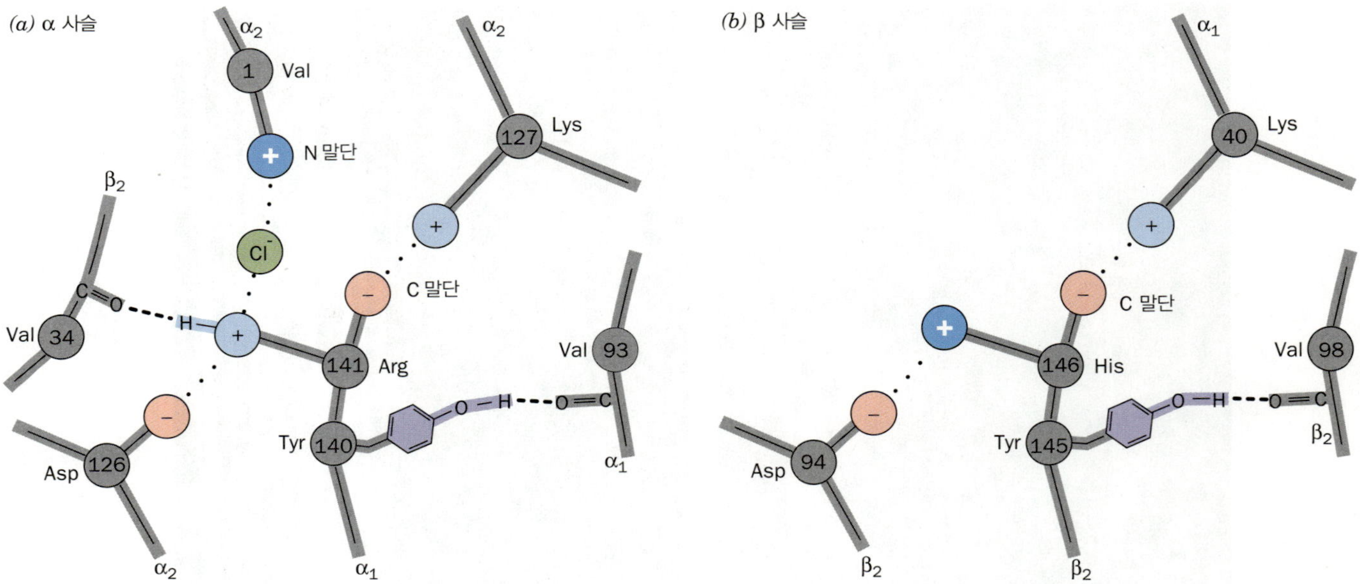

그림 7-10 데옥시헤모글로빈의 이온쌍 형성과 수소 결합의 네트워크 이 결합들은 *(a)* α 사슬과 *(b)* β 사슬의 마지막 두 잔기와 관련 있으며, 이 결합들은 T → R 전이 때 끊어진다. R 상태(보어 효과의 부분)에서 부분적으로 탈수소화된 두 그룹은 흰색 양(+)으로 표시되어 있다. [Illustration, Irving Geis. Image from the Irving Geis Collection/Howard Hughes Medical Institute. Rights owned by HHMI. Reproduction by permission only.]

조 변화는 $Fe-O_2$ 결합 형성 에너지에 의해 유도된 과정에 있는 이 이론쌍을 파괴한다.

헤모글로빈 T → R 전이의 가장 중요한 점은 **소단위체들이 아주 밀접히 연결되어, 전체 사합체 단백질에서 4차 구조의 변화 없이 한 소단위체의 3차 구조 변화가 변할 수 없다는 것이다.** 헤모글로빈은 오직 두 가지 4차 형태(T와 R)로 제한되는데, 그 이유는 그림 7-9에서 볼 수 있듯이 내부 소단위체 접촉이 두 가지 안정된 자세만 허락하는 이원 스위치처럼 행동하기 때문이다. $\alpha_1-\beta_1$과 $\alpha_2-\beta_2$ 접촉의 부동성은 $\alpha_1-\beta_2$과 $\alpha_2-\beta_1$ 접촉면 모두에게서 T → R 전이가 동시에 일어날 것을 요구한다. 어떠한 하나의 소단위체나 이합체가 독립적으로 다른 것의 구조를 크게 변화시킬 수 없다.

GATEWAY CONCEPT 분자 행동
헤모글로빈 사합체가 갑자기 한 구조에서 다른 구조로 변화되면 왜 헤모글로빈의 산소 결합 능력이 매끄러운 곡선으로 표현되는가? 결합 곡선은 구조적으로 조금 다른 헤모글로빈 분자가 얼마만큼 많은가에 따른 협동적 결합 능력을 표현한 것이다. 개별적 분자의 산소 결합 능력보다는 그들의 평균 능력이 관찰된다.

이제 구조적으로 헤모글로빈과 산소 결합의 협동성에 대해 설명하려고 한다. 헤모글로빈의 T 상태에서는 R 상태보다 $Fe-O_2$ 결합 길이가 0.1 Å으로 길기 때문에 O_2 친화력이 작다(그림 7-8의 파란색 구조). 실험적인 증거를 보면 적어도 하나의 O_2가 각각의 αβ 이합체와 결합할 때, T 상태의 헤모글로빈 분자 변형이 C 말단 이온쌍을 분리하기에 충분하며, 그 결과 단백질을 R 상태로 전환시킨다. 또한 모든 소단위체는 O_2와 결합과 상관없이 동시에 R 상태로 전환된다. 리간드가 붙지 않은 R 상태 구조의 소단위체는 이미 O_2 결합 구조를 갖기 때문에 O_2 친화도가 증가된다. 이것은 거의 포화된 헤모글로빈의 높은 산소 친화도를 설명해 준다.

보어 효과는 산소 운반을 증가시킨다. 산소 결합에서 발생하는 헤모글로빈의 구조적 변화는 몇몇 기의 pK를 감소시킨다. 기의 이온화 경향이 또 이온화 가능한 다른 기를 포함한 미세 환경에 의존한다는 것을 생각해 보자. 예를 들어 T 상태 헤모글로빈에서 α 소단위체의 N 말단 아미노기와 β 소단위체의 C 말단 His은 양전하를 띠고 이온쌍 형성에 관여한다(그림 7-10). 이온쌍의 형성은 이들 기의 pK를 증가시킨다(산도를 감소시켜 양성자가 덜 생성되도록 한다). R 상태 헤모글로빈은 이러한 이온쌍이 없으므로 기의 pK가 감소한다(산도를 증가시켜 양성자를 더 내놓는다). 결과적으로, 생리적 상태에서 헤모글로빈은 산소가 1개 결합할 때마다 양성자 ~0.6개를 놓아주는데, 양성자를 제거되어 pH가 커지면 헤모글로빈이 산소와 결합하는 것이 촉진된다 (그림 7-11). 이러한 현상을 1904년에 처음 보고한 보어(Christian Bohr, 물리학자인 Niels Bohr의 아버지)의 이름을 따서 **보어 효과(Bohr effect)**라고 한다.

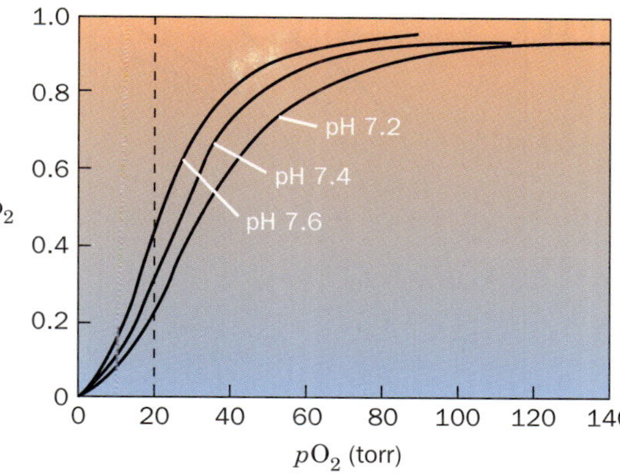

그림 7-11 **보어 효과** pH가 올라갈수록 헤모글로빈의 산소 친화도가 늘어난다. 점선은 활동적으로 호흡하는 근육의 pO_2을 나타낸다. [Benesch, RE. and Benesch, R., Adv. Protein Chem. 28, 212(1974).]

? 산소 농도가 더 높거나 낮을 경우 산소 결합에 pH의 영향이 더 큰가?

보어 효과는 폐로부터 호흡 조직으로 O_2를 운반하고 호흡 조직에서 생성된 CO_2를 다시 폐로 운반하는 중요한 생리적 기능을 가진다(그림 7-12). 호흡 조직에서 생성된 CO_2는 조직에서 모세 혈관으로 확산된다. 이렇게 용해된 CO_2는 다음 반응에 의해 천천히 탄산수소염(HCO_3^-) 형태로 변한다.

$$CO_2 + H_2O \rightleftharpoons H^+ + HCO_3^-$$

그러나 적혈구에서는 **탄산 무수화 효소(carbonic anhydrase)**가 이 반응을 급격히 가속화시킨다. 그 결과 혈액 속 대부분의 CO_2가 탄산수소염의 형태로 만들어진다(탄산 무수화 효소가 없다면 혈액에 CO_2 방울이 형성될 것이다).

pO_2가 낮은 모세 혈관에서, 탄산수소염 형성에 의해 발생된 H^+는 헤모글로빈과 결합하여 T 상태의 이온쌍이 형성되어 헤모글로빈이 O_2를 배출하도록 한다. 더욱이 헤모글로빈에 의한 H^+ 흡수는 탄산수소염의 형성을 촉진하여 CO_2 운반을 용이하게 한다. 반대로, pO_2가 높은 폐에서는 헤모글로빈에 의한 O_2 결합이 보어 양성자를 방출하여 T 상태의 이온쌍을 분열시켜 R 상태를 형성하며 탄산수소염과 재결합하여 CO_2를 방출한다. 이러한 반응은 균형을 잘 이루어 혈액의 pH를 거의 변화시키지 않게 된다(자료 2-2 참조).

보어 효과는 pO_2가 20 torr도 되지 않는 환경에 있는 매우 활동적인 근육에 추가적인 산소가 제공되는 현상을 설명할 수 있다. 근육은 젖산(15-3A절)을 빠르게 만들어 근육을 통과하는 혈액의 pH를 7.4에서 7.2까지 낮춘다. 20 torr의 pO_2에서, 헤모글

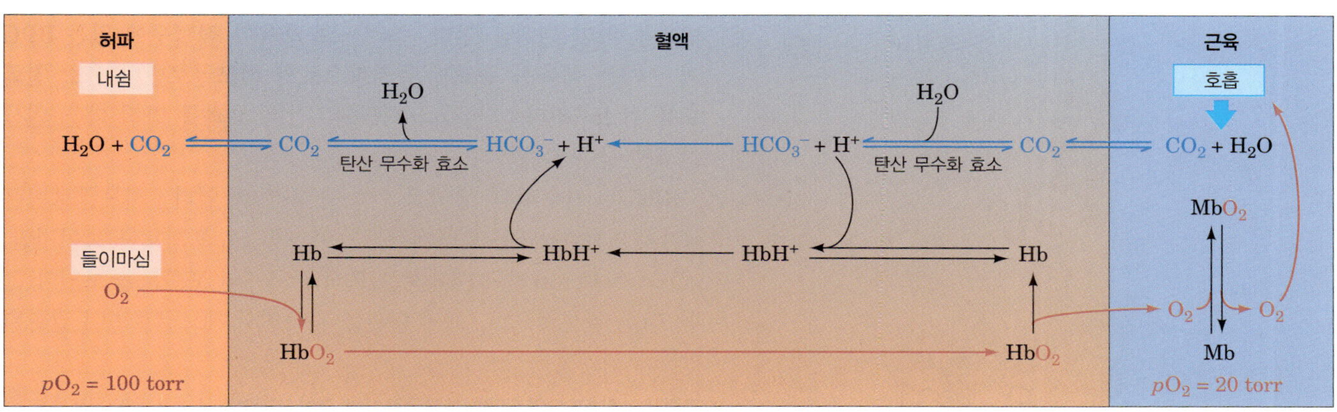

그림 7-12 **CO_2와 O_2 운반에서 헤모글로빈과 마이오글로빈의 역할** 높은 산소압(pO_2)에서 산소는 허파로 들어가고 혈액에서 헤모글로빈과 결합하여 호흡 조직으로 운반된다. 조직에서는 산소압이 낮으므로 O_2는 헤모글로빈으로부터 해리되고 조직으로 확산되며, 생체 연료를 산화하여 CO_2와 H_2O를 생성시키는 데 이용된다. 빠르게 호흡하는 근육 조직은 O_2가 먼저 마이오글로빈에 결합을 한다(이때 산소의 결합력은 헤모글로빈의 결합력보다 크다). 이와 같은 산소 용해도를 증가시키는 효과에 의해 모세 혈관으로부터 조직으로 O_2가 확산되는 속도가 증가시킨다. Hb와 CO_2(대부분은 HCO_3^-)가 허파로 돌아오면, 이 CO_2는 배출된다.

? 탄산 무수화 효소가 헤모글로빈에 의해 CO_2를 운반하는 데 어떠한 영향을 주는지 설명하시오.

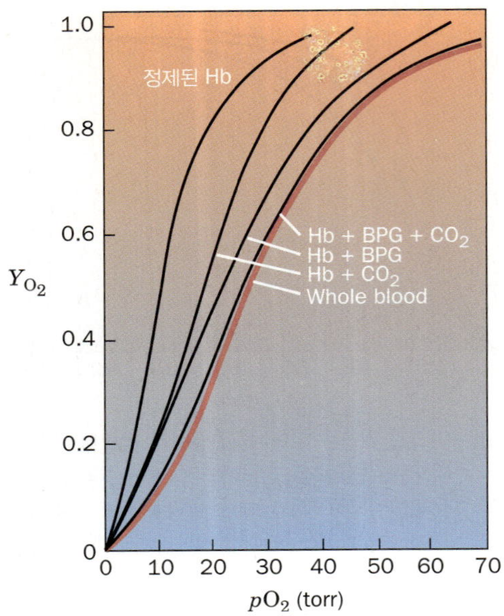

그림 7-13 **헤모글로빈의 O_2 해리 곡선에서 BPG와 CO_2의 효과** 정제된 헤모글로빈(왼쪽)은 전체 혈액(붉은색)보다 O_2 친화도가 더 크다. 여기에 BPG나 CO_2 혹은 둘 다 헤모글로빈에 결합하도록 넣어주면 해리 곡선은 오른쪽으로 이동한다. [After Kilmartine, J.V. and Rossi-Bemardi, L., *Physiol. Rev.* **53**, 884(1973)]

로빈은 pH 7.4일 때보다 pH 7.2에서 ~10%보다 더 많은 O_2를 방출한다 (그림7-11).

CO_2는 또한 혈액 단백질의 N 말단 아미노기와 가역적으로 결합하여 **카밤산염(carbamate)**을 형성하는데, 이로 인해 헤모글로빈의 O_2 결합은 조절된다.

$$R{-}NH_2 + CO_2 \rightleftharpoons R{-}NH{-}COO^- + H^+$$

헤모글로빈의 T(데옥시) 형태는 R(옥시) 형태보다 카밤산염 형태로 더 많은 CO_2와 결합한다. 모세 혈관과 같이 CO_2의 농도가 높을 때 헤모글로빈이 결합된 산소가 이탈되도록 하기 위해 T 상태를 선호한다. 카밤산염 형성에 의해 배출된 양성자는 보어 효과를 통해 O_2의 배출을 더 촉진한다. 그럼에도 불구하고 옥시와 데옥시 상태의 헤모글로빈과 CO_2 사이의 결합 차는 전체 혈액의 CO_2 중 ~5%밖에 되지 않지만, 혈액으로 운반하는 CO_2의 절반 정도를 책임진다. 이것은 전체 혈액의 CO_2의 ~10%만을 각 순환계에서 폐를 통해 배출하기 때문이다.

비스포스포글리세레이트(Bisphosphoglycerate)는 데옥시헤모글로빈에 결합한다. 잘 정제된 ('stripped') 헤모글로빈은 전체 혈액 내에 있는 헤모글로빈보다 산소 친화도가 훨씬 크다(그림 7-13). 1921년에 바크로프트(Joseph Barcroft)는 이런 관측으로부터 혈액에 존재하는 CO_2 외에 다른 물질이 헤모글로빈의 산소 결합에 영향을 준다는 것을 알아내었다. 이 화합물이 **D-2,3-비스포스포글리세레이트**(**D-2,3-bisphosphoglycerate, BPG**)이다.

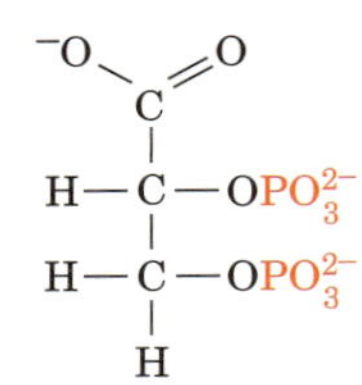

D-2,3-비스포스포글리세레이트(BPG)

BPG는 데옥시헤모글로빈과는 강한 결합을 하지만 옥시헤모글로빈과는 약한 결합을 한다. **그러므로 포유류 적혈구에 있는 BPG의 존재는 데옥시 구조를 유지함으로써 헤모글로빈의 산소 친화도를 감소시킨다.** 다른 척추동물은 같은 효과를 가진 다른 인산화 화합물이 존재한다.

BPG는 필수적인 생리적 기능을 가지고 있다. 헤모글로빈은 pO_2가 ~100 torr인 동맥에서는 ~95%의 O_2 포화도를 보이지만, pO_2가 ~30 torr인 정맥에서는 오직 ~55%의 포화도를 보인다(그림 7-6). 결론적으로, 모세 혈관을 지나면서 헤모글로빈이 결합된

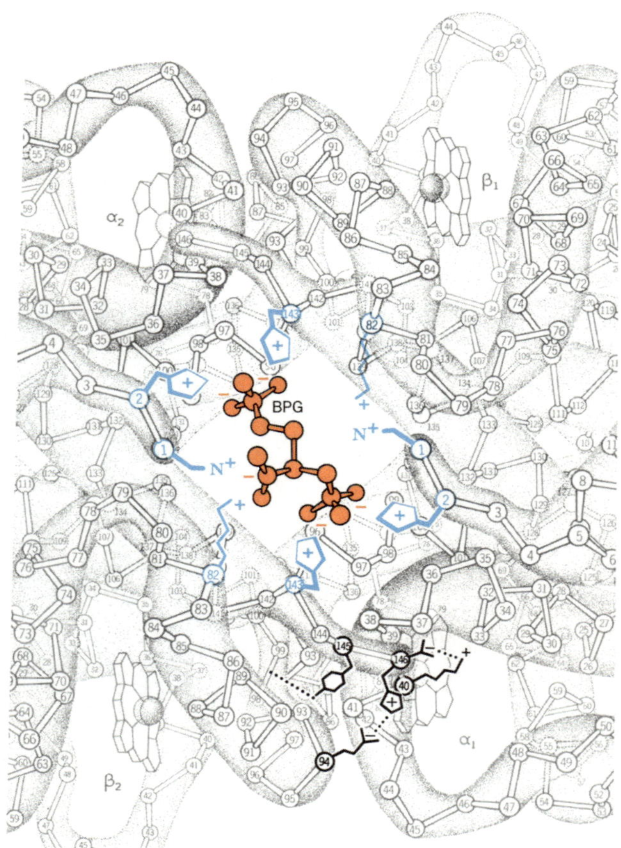

그림 7-14 **BPG와 데옥시헤모글로빈의 결합** BPG(붉은색)는 헤모글로빈의 중앙 공간에 결합한다. 생리적 상태에서 BPG는 −5가이며, 두 β 소단위체로부터 제공된 8개의 양이온기(파란색)로 둘러싸여 있다. R 상태에서는 중앙의 공간이 BPG를 포함할 만큼 넓지 않다. 오른쪽 아래에 그려진 바와 같이 몇몇 이온쌍과 수소 결합은 T 상태(그림 7-10*b*)의 안정성을 돕는다. [Illustration, Irving Geis. Image from the Irving Geis Collection/Howard Hughes Medical Institute. Rights owned by HHMI. Reproduction by permission only]

자료 7-3 건강과 질병의 생화학 고도 적응

고도가 높아지면 대기압은 감소하는데, 3000 m(10,000피트)에서 산소압은 겨우 ~110 torr이며, 이것은 해수면 산소압의 70% 정도이다. 따라서 정상적인 산소 공급을 위해 다양한 생리적인 반응이 나타난다(이런 적응력이 없다면 산소압이 85 torr이거나 이보다 낮을 경우 정신 장애를 초래한다).

고도 적응은 적혈구 수의 증가나, 적혈구당 헤모글로빈 양의 증가 등과 관련된 복잡한 과정이다. 완벽한 정상 상태로 적응하려면 몇 주 이상이 소요된다. 어떤 사람이 높은 산에 올라가서 그곳에서 하루 정도만 머물더라도 주목할 만한 적응력을 보인다. 이런 효과는 적혈구에서 합성된 BPG의 양이 급격히 증가하여 생긴다(~4 mM에서 ~8 mM까지, BPG는 적혈구 막을 통과할 수 없다). Y_{O_2}축과 pO_2축으로 나타내어진 그림에서와 같이, 높은 고도에서는 BPG가 증가하여 산소 결합 헤모글로빈 곡선이 해수면 위치(검은선)에서보다 더 낮은 결합 친화도 선(붉은선) 쪽으로 이동하게 된다.

해수면에서 동맥과 정맥 간의 pO_2가 70 torr(100 torr−30 torr) 정도 차이가 나면 헤모글로빈은 결합된 산소의 38% 정도를 내어 놓는다. 그러나 동맥의 pO_2가 55 torr로 떨어지면(고도 4500 m에 해당), 헤모글로빈은 O_2를 30% 정도 내어 놓는다. 고도 적응(폐 속에서 헤모글로빈에 결합하는 O_2의 양이 최대한 적어지고, 조직에서 떨어져 나온 O_2의 양은 증가한다)은 헤모글로빈이 결합 O_2의 37%를 운반하도록 한다. BPG의 농도가 다양한 빈혈이나 심장 기능의 이상과 같은 **저산소증(hypoxia)**으로 고생하는 사람들에서는 증가되어 있다.

적혈구 안의 BPG의 농도는 헤모글로빈이 합성될 수 있는 농도보다 더 빠르게 조절된다(자료 15-2, 적혈구는 핵이 결핍되어 단백질 합성을 못함). BPG 농도의 변화는 호흡의 속도를 조절하는 것보다 산소 운반을 더 민감하게 조절할 수 있다. 높은 고도에 대한 다른 초기 반응인 과호흡은 호흡성 알칼리 중독성을 초래할 수 있다(자료 2-2). 재미있는 사실은 안데스 산맥이나 히말라야 산맥 지역에 오래 거주한 민족은 고도가 낮은 지역에 사는 민족보다 폐활량이 매우 크며 헤모글로빈 수치도 높고, 우심실이 크다(심장에서 혈액을 내보내는 힘이 크다).

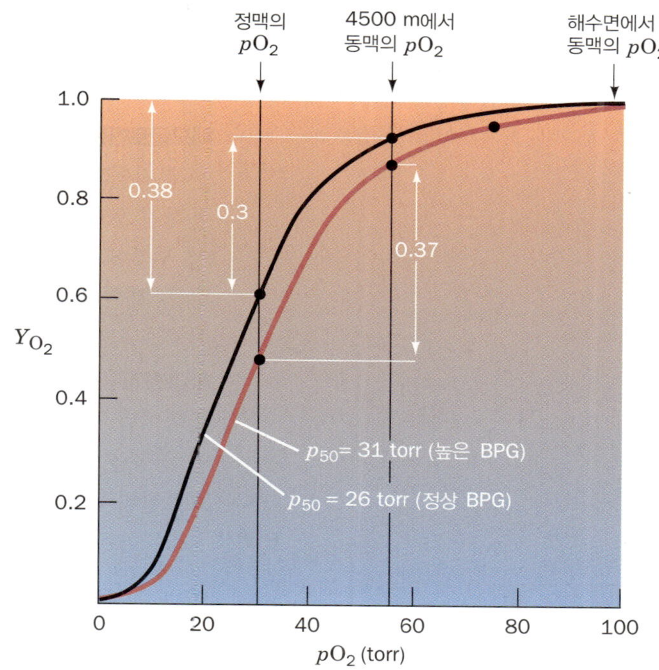

인간의 고도 적응과는 대조적으로, 라마(lama)와 같은 대부분의 고산 지대의 동물은 저지대에 서식하는 포유류에 비해 훨씬 O_2 친화도가 높은 변형된 헤모글로빈을 가지고 있다. 따라서 헤모글로빈 p_{50}의 상승과 하강은 고도 적응을 할 수 있게 해 준다.

O_2의 ~40%를 잃는다. BPG가 없을 때는 헤모글로빈의 O_2 친화도가 증가하여 해리 곡선이 더 낮은 pO_2 방향으로 이동하기 때문에 결합 O_2가 분리되지 않는다(그림 7-13 왼쪽). 또한 BPG는 높은 고도에서 적응하는 데 매우 중요한 역할을 한다(자료 7-3 참조).

BPG−데옥시헤모글로빈 착물의 X선 구조를 보면 BPG가 데옥시헤모글로빈의 중앙에 움푹 들어간 곳에 결합하고 있음을 보여 준다(**그림 7-14**). BPG의 음이온기는 2개 β 소단위체의 N 말단 아미노기의 수소 결합과 이온쌍 형성의 거리 안에 있다. T → R 변형은 두 개의 βH 나선을 함께 모아, 중간 패인 곳을 좁게 만들어서(그림 7-5*a*와 7-5*b*를 비교하라) BPG가 결합하는 것을 어렵게 만든다. 또한 이것은 β N 말단 아미노기 사이를 16~20 Å 정도 넓혀서 BPG 인산기와 수소 결합이 동시에 일어나는 것을 막는다. 그러므로 BPG는 β 소단위체의 가교 결합에 의해 헤모글로빈의 T 상태만을 안정화시킨다. 이것이 T 상태로 헤모글로빈의 O_2 결합력을 낮추는 T $\rightleftharpoons$ R 변형시킨다.

태아의 헤모글로빈은 BPG 친화도가 낮다. BPG의 효과는 태아에게 O_2를 공급하는 데 도움을 준다. 태아는 모체의 태반을 통해 산소를 얻게 된다. 태아의 적혈구에도 성인과 똑같은 양의 BPG가 있으나, BPG는 태아 헤모글로빈보다 성인 헤모글로빈에 더 강한 결합을 한다. 태아 헤모글로빈의 더 높은 산소 친화도는 태아에게 O_2를 운반하는 것이 가능하게 한다.

태아의 헤모글로빈은 β 사슬에 변위 부위를 갖는 γ 소단위체를 포함한 $\alpha_2\gamma_2$ 소단위체 구성을 가진다(5-4B절). 성인 헤모글로빈의 β 사슬의 143개 잔기는 양전하를 띤 His 잔기이지만 γ 사슬은 전하를 띠지 않는 Ser 잔기를 가지고 있다. His이 없으면 BPG와 데옥시헤모글로빈의 안정성이 없다(그림 7-14).

헤모글로빈은 다른자리 입체성 단백질이다. 헤모글로빈의 산소 결합에 대한 협동성은 작은 분자들과 결합하는 많은 다른 복합 소단위체(효소 포함)를 갖는 단백질 형태의 전통적인 모형이다. 어떤 경우에 한 부위에 리간드가 결합하면 같은 단백질의 다른 결합 부분에서 리간드의 친화도가 증가된다(O_2가 헤모글로빈에 결합하는 경우처럼). 다른 경우에는 리간드의 결합이 다른 결합 부분의 친화도를 감소시킨다(BPG 결합이 헤모글로빈의 O_2 친화도를 감소시키는 경우처럼). 모든 이런 효과는 **다른자리 입체성 상호작용[allosteric interaction**, 그리스어로 *allo*(다른) + *stereos*(고체 또는 자리)]의 결과이다. **다른자리 입체성 조절은 한 부분의 리간드 결합이 다른 리간드 결합 부분에 영향을 주는 것을 말하고, 보통 소중합체 단백질 소단위체들 간에 상호작용을 필요로한다.** 헤모글로빈 소단위체에서 T → R 전이는 옥시헤모글로빈과 데옥시헤모글로빈의 다른 산소 친화도를 설명해 준다. 다른 단백질도 분자 수준의 메커니즘으로는 이러한 현상이 완전히 이해되는지 못하지만 비슷한 입체 모양의 변화를 보여 준다.

두 가지의 협동적인 리간드 결합의 모형이 주목을 받았다. 하나는 **다른자리 입체성의 대칭 모형(symmetry model of allosterism)**으로서, 모노(Jacques Monod), 와이먼(Jeffries Wyman), 찬듀(Jean-Pierre Changeux)에 의해 1965년에 공식화되었고, 다음 규칙들을 따른다.

1. 다른자리 입체성 단백질은 대칭적으로 관련된 소단위체들의 소중합체(oligomer)이다(헤모글로빈의 α와 β 소단위체가 유사 대칭적이라 하더라도).
2. 각각의 소중합체는 T와 R로 디자인된 두 형태의 상태가 있는데, 이들의 상태는 평형이다.
3. 리간드는 두 형태의 소단위체들에 결합할 수 있다. **단지 형태의 변화가 리간드의 친화도를 바꾼다.**
4. 단백질의 분자 대칭은 형태 변화가 일어나는 동안 유지된다. 단위체들은 협동적인 방법으로 구조 변화가 형태를 변화해야 한다. 다시 말해, 동시에 R과 T 상태의 소단위체를 포함하는 소중합체는 없다.

그림 7-15에서 대칭 모형은 4개의 결합 단백질을 도표화하였다. 만약 리간드가 T 상태보다 R 상태에 더 강하게 결합을 하면, 리간드 결합은 T → R 변위를 촉진함으로써 리간드가 결합되지 않은 소단위체의 리간드에 대한 친화도를 더 증가시킨다.

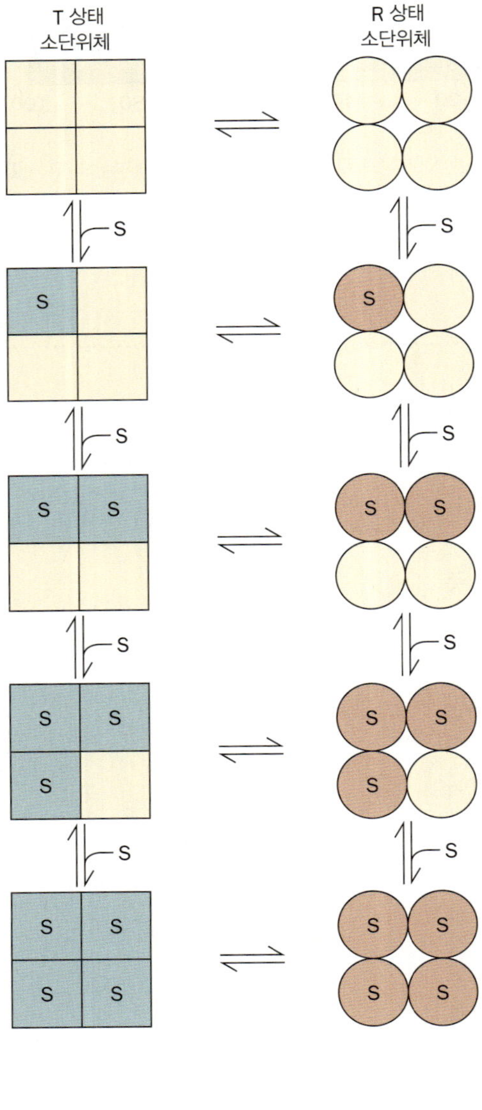

그림 7-15 다른자리 입체성의 대칭 모형 사각형과 원형은 각각 사합체 단백질의 T 상태와 R 상태의 소단위체를 나타낸다. T 상태와 R 상태는 단백질에 결합된 리간드(S로 표시)의 개수에 관계없이 평형 관계에 있다. 모든 소단위체들은 T 상태이거나 R 상태이다. 같은 단백질에 T 상태와 R 상태의 소단위체가 조합된 형태는 허용되지 않는다.

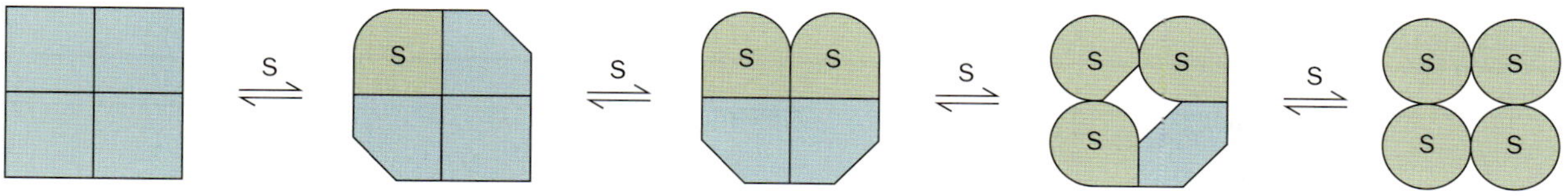

그림 7-16 다른자리 입체성의 순차적 모형 소단위체 내에서 리간드 결합은 점차적으로 구조적 변화를 유도시키며, 소단위체가 리간드와 결합한 경우 가장 큰 형태 변화가 생긴다. 이 과정에서는 소중합체형 소단위체들의 대칭은 대칭 모형에서처럼 보존되지 않는다.

대칭 모형에 한 가지 문제점은 소중합체 대칭이 모든 단백질에 완벽하게 유지된다는 것, 즉 T → R 전이가 결합된 리간드 개수에 관계없이 모든 소단위체에서 동시에 일어난다는 것이다. 또한 어떤 단백질들은 음성적 협동인 특징을 나타내지만 대칭 모형은 양성적 협동인 것만 설명하고 있다.

대칭 모형의 대안으로 코쉬랜드(Daniel Koshland)가 제안한 **다른자리 입체성의 순차적 모형(sequential model of allosterism)**이 있다. 이 모형에 의하면, 리간드 결합이 결합한 소단위체의 구조 변화를 유도하고, 이웃 소단위체들의 구조 변화에 영향을 주어 협동적인 상호작용이 일어난다. 이러한 구조 변화는 리간드 결합 부위가 더 채워질 때마다 순차적으로 발생한다(**그림 7-16**). 리간드 결합 친화도는 구조 변화에 따라 다양하며 리간드가 없는 단백질보다 친화력이 더 강해지거나 약해질 수 있다. 따라서 아래의 순차적 모형은 양성적 혹은 음성적 협동이다.

만약 순차적 모형에서 소단위체간의 물리적 결합력이 특별히 강하다면, 구조 변화가 동시에 일어나서 마치 대칭 모형처럼 소중합체의 대칭성이 유지된다. 따라서 대칭 모형은 순차적 모형의 특별한 경우로 간주될 수 있다.

헤모글로빈의 산소 결합은 두 모형의 특징을 각각 나타낸다. T → R 전이의 4차 구조 변화는 대칭 모형처럼 동시에 발생한다. 그러나 T 상태에서 리간드 결합은 순차적 모형에서 예측한 것처럼 3차 구조의 변화가 적게 일어난다. 이 적은 형태 변화가 T → R 전이를 촉발하는 변형이 된 것에는 의심할 여지가 없다.

언급한 것에 불구하고 페루츠(Perutz)의 메커니즘은 모든 것을 설명할 수 없는 것을 보인다. 예를 들어 첸호(Chien Ho)는 헤모글로빈의 His F8을 Gly로 바꿔 이미다졸 고리가 없는 소단위체를 한 개 혹은 두 개 만들었는데, 그 결과 His F8이 헴의 Fe이 결합하는 데 중요하다는 것을 증명하였다. 이 결과는 페루츠의 메커니즘이 유사하였으며 이 변형된 헤모글로빈은 리간드 결합 능력이 커지고 협동성을 잃었으며, T에서 R 상태로 변환되지 않았다. 그럼에도 불구하고 이 변형된 헤모글로빈들은 약간을 협동성을 보였는데, 이는 헴기 또한 His F8과 F 나선 사이에 공유 결합이 필요없는 경로에 따라 상호작용하고 있다는 것을 알려 준다. 그러므로 헤모글로빈이나 다른 단백질들에서 리간드-단백질 상호작용이 복잡하게 보이는 것은 내부나 외부 조건 변화에 따라 유기체가 필요한 것을 잘 조절하는 결합 과정이 표현된 것이다. 12장에서 효소에 관하여 공부할 때 다시 다른자리 입체성 효과에 대하여 설명할 것이다.

E 돌연변이는 헤모글로빈의 구조와 기능을 바꾼다

헤모글로빈은 잘 특정지어진 자연적 **변종(variant)**이 많고 밝혀진 구조를 가진 유일한 단백질이기 때문에, 재조합 DNA 기술이 개발되기 전에는 헤모글로빈의 돌연변이가 단백질의 구조와 기능에 대해 연구하는 유일한 기회를 제공하였다. 생리적 결함을 가진 사람의 혈액을 전기 이동을 통해 관찰해 보면 1000가지 이상의 변종 헤모글로빈을 발견할 수 있으며, >90%의 변형이 글로빈 폴리펩타이드 고리에서 단

표 7.1 몇몇 헤모글로빈의 변종

명칭[a]	변종	효과
해머스미스	Phe CDl(42)β → Ser	약한 헴기 결합
브리스톨	Val E11(67)β → Asp	약한 헴기 결합
비바	Leu H19(136)α → Pro	H 나선 형성 방해
사바나	Gly B6(24)β → Val	B−E 나선 표면 형성 방해
필리	Tyr Cl(35)α → Phe	α_1−β_1 영역에서 수소 결합 방해
보스톤	His E7(58)α → Tyr	메트헤모글로빈 형성 증진
밀워키	Val El l(67)β → Glu	메트헤모글로빈 형성 증진
이와테	His F8(87)α → Tyr	메트헤모글로빈 형성 증진
야키마	Asp Gl(99)β → His	T 상태 안정성에 관여된 수소 결합 형성 방해
캔사스	Asn G4(102)β → Thr	R 상태 안정성에 관여된 수소 결합 형성 방해

[a]헤모글로빈 변종은 흔히 변종이 발견된 지역의 이름을 따서 지어진다(예: 헤모글로빈 보스톤).

일 아미노산 치환으로 결과된다. 또한 세계 인구의 5%가 유전적으로 변형된 헤모글로빈을 가지고 있다.

변종 헤모글로빈을 가진 모든 사람이 질병 증상을 가지고 있지는 않으나, 어떤 경우는 비정상 헤모글로빈이 쇠약한 질병의 원인이 되기도 한다(심각한 헤모글로빈의 병을 가진 개개인이 매년 300,000명 정도 태어나고, 자연적으로 생긴 헤모글로빈의 변종은 치명적이라 말한다). **표 7-1**은 이러한 헤모글로빈들의 변종 목록이다. 헤모글로빈의 3차나 4차 구조를 불안정하게 만드는 돌연변이는 헤모글로빈의 산소 결합 (p_{50}) 친화도를 바꾸고 그 협동성을 줄인다(힐 상수). 더욱이 불안정한 헤모글로빈은 적혈구에 의해 퇴화되고, 이들 퇴화는 적혈구의 **붕괴(lyse)**의 원인이 된다. **헤모글로빈성 빈혈(hemolytic anemia**, 빈혈은 붉은 혈액 세포의 부족을 말한다)은 조직에 O_2 운반을 위태롭게 한다.

α나 β 사슬의 O_2 결합 부분에 어떠한 변형은 Fe(II)가 Fe(III)로 산화되는 것을 선호한다. 그 결과 메트헤모글로빈 소단위체를 가지고 있는 사람들은 동맥 혈액에서 메트헤모글로빈의 존재로 인한 **청색증(cyanosis**, 푸른빛을 띤 피부색)을 나타낸다. 이 헤모글로빈은 협동성을 감소시킨다(메트헤모글로빈이 단지 2개의 소단위체가 산소에 결합할 수 있기 때문에 힐 상수 ~1.2로 최댓값 2와 비교된다).

헤모글로빈의 산소 친화도를 증가시키는 돌연변이는 조직에서 정상 산소 해리량보다 적기 때문에 이를 보충하기 위해 적혈구 수를 증가시킨다. 이러한 증상을 **다혈구증(polycythemia)**이라 하며 붉은 혈색을 가진다.

1개의 아미노산 변형이 낫 모양 적혈구 빈혈증의 원인이 된다. 가장 해로운 헤모글로빈의 변형은 돌연변이를 가진 사람들 중 극소수의 사람에게 발생한다. ~10%의 미국 흑인이나 25%의 아프리카 흑인들은 **낫 모양 적혈구 헤모글로빈(sickle-cell hemoglobin, hemoglobin S)** 유전자의 1가지 복사본(**이형 접합체, heterozygote**)을 가지고 있다. 헤모글로빈 S 유전자의 2가지 복사본(**동형 접합체, homozygote**)을 가지고 있는 개개인은 **낫 모양 적혈구 빈혈증(sickle-cell anemia)**로 고통받는데, 낫

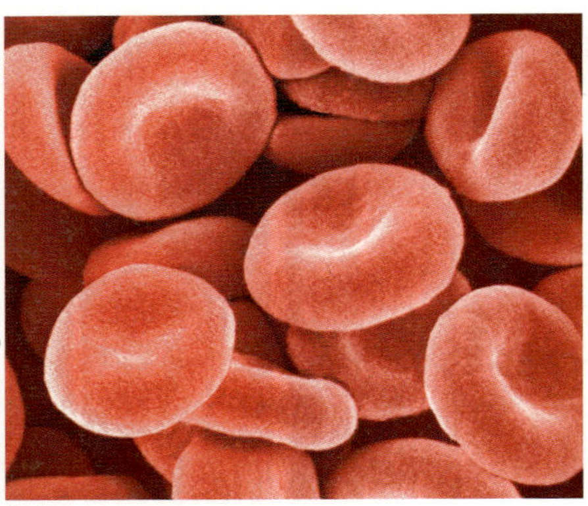

© Susumu Nishinaga/Photo Researchers, Inc.

(a)

Bill Longcore/Photo Researchers, Inc.

(b)

그림 7-17 사람 적혈구의 전자 현미경의 스캔 *(a)* 정상 적혈구는 유동성이 있고 양면이 오목하여 모세 혈관(적혈구보다 지름이 작다)을 통과할 때 약간 찌그러지는 것을 견딜 수 있다. *(b)* 낫 모양 적혈구 빈혈증을 가진 사람의 낫 모양 적혈구는 길고 단단하여 모세 혈관을 쉽게 통과할 수 없다.

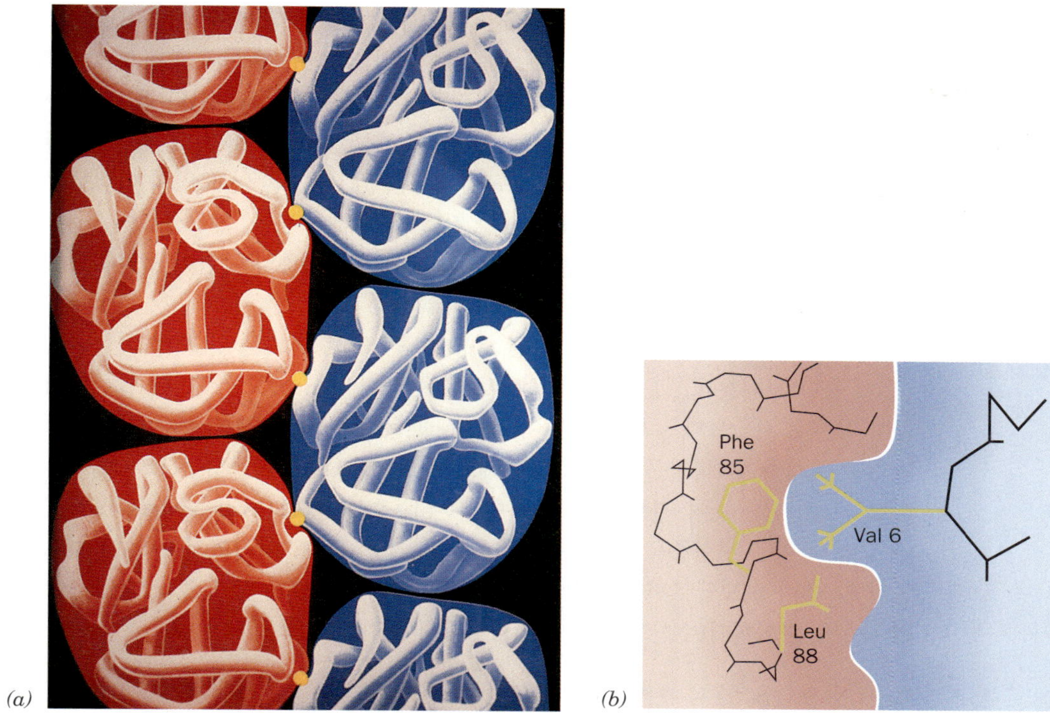

그림 7-18 데옥시헤모글로빈 S 섬유 조직의 구조 *(a)* 섬유 조직의 데옥시헤모글로빈 S 분자의 정렬. 데옥시헤모글로빈 S 분자의 3개의 소단위체만 보인다. *(b)* 헤모글로빈 S 분자의 β_2 사슬에 변형된 Val 6 잔기는 이웃한 데옥시헤모글로빈 S 분자의 β_1 사슬의 소단위체 위의 소수성 주머니에 결합한다. [Illustration, Irving Geis. Image from the Irving Geis Collection/Howard Hughes Medical Institute. Rights owned by HHMI. Reproduction by permission only.]

모양 적혈구 빈혈증에서 데옥시헤모글로빈 S는 용해되지 않는 섬유상 형태를 보여서 적혈구를 비정상적으로 만든다(**그림 7-17**). 이러한 고통스럽고 때론 치명적인 병에서, 견고한 낫 모양 세포는 모세 혈관을 잘 통과하지 못한다. 결과적으로, 낫 도양 적혈구에서는 조직으로 흘러야 하는 혈액이 완전히 막혀서 조직의 소멸을 일으킨다. 또한 기형적인 세포는 기계적 힘이 약해서 용혈성 빈혈의 원인이 되기도 한다. 이형 접합체인 헤모글로빈은 헤모글로빈 S의 ~40%를 차지하는데, 적혈구의 수명이 정상보다 더 짧지만 주로 정상적인 삶을 산다.

1945년에 폴링(Linus Pauling)은 낫 모양 적혈구 빈혈증이 변형된 헤모글로빈의 결과라고 추측하였고, 1949년에는 정상적인 성인의 헤모글로빈보다 변형된 헤모글로빈은 음이온 전하가 더 작다는 것을 보여 주었다. 이것이 단백질 분자 구조의 변형이 병의 원인이 된다는 첫 번째 증거가 되었다. 더욱이 낫 모양 적혈구 빈혈증은 유전적인 병으로, 결함이 있는 유전자가 비정상 단백질을 만든다는 것을 알 수 있다. 그럼에도 불구하고, 낫 모양 적혈구 헤모글로빈의 분자적 결함은 1956년이 되어서야 인그램(Vernon Ingram)에 의해 밝혀졌는데, 헤모글로빈 S의 달라진 특성은 β 사슬 6번 위치의 Glu 대신에 Val이 치환되는 데에서 기인한다는 것이다. 이것이 유전병이 단백질에서 특이한 아미노산 변화에 기인한다는 것을 보여 준 첫 번째 예가 되었다.

데옥시헤모글로빈 S의 X선 구조는 각각 헤모글로빈 S 사합체의 변형된 Val 잔기가 다른 헤모글로빈 사합체의 β 소단위체 표면에 있는 소수성 주머니에 정착하고 있음을 보여 준다(**그림 7-18**). 이러한 분자간 접촉은 헤모글로빈 S 사합체가 선형 중합체 구조를 가지게 한다. 이렇게 서로 감겨 모인 14개의 사슬 집단은 적혈구 길이 정도

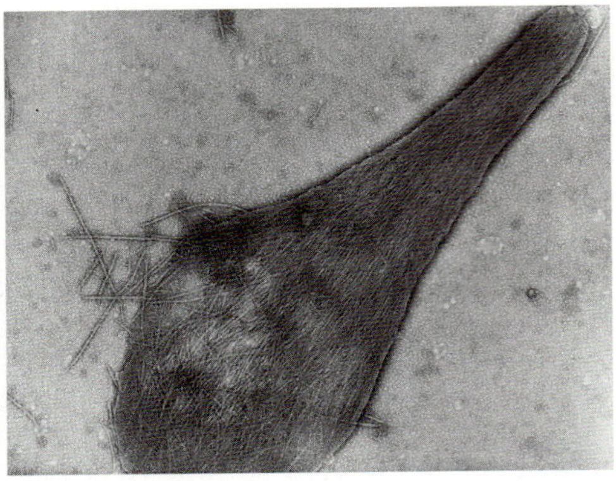

Courtesy of Robert Josephs, University of Chicago

그림 7-19 파열된 적혈구에서 나오는 섬유 조직의 데옥시헤모글로빈 S의 전자 현미경 사진

되는 섬유 조직을 형성한다(**그림 7-19**). β 소단위체의 소수성 주머니는 정상적으로 Glu 잔기를 가진 경우에는 형성되지 않으며, 주머니 형태가 옥시헤모글로빈에는 존재하지 않는다. 결과적으로 정상 헤모글로빈이나 옥시헤모글로빈 S는 고분자를 형성하지 않는다. 사실, 헤모글로빈 S 섬유 조직은 산화되면 즉시 용해되며, 그래서 어떤 것도 동맥에는 있지 않다. 낫 모양의 위험은 적혈구가 산소가 제거되는 모세 혈관을 지날 때 최대가 된다. 헤모글로빈 S 분자의 중합은 시간과 농도에 의존하는데, 이것이 혈액 흐름의 막힘이 돌발적으로 일어나는 이유가 된다.

흥미롭게도, 많은 헤모글로빈 S 동형 접합체는 가벼운 낫 모양 적혈구 빈혈증을 보이는데, 그들은 상대적으로 많은 양의 태아 헤모글로빈이 발현되어 결함이 있는 β 사슬보다 γ 사슬을 많이 가지기 때문이다. 태아 헤모글로빈은 헤모글로빈 S를 희석하여, 적혈구가 조직에서 폐로 산소화를 위해 이동하는 10~20초 동안 헤모글로빈 S가 모여 결정되는 것을 방해한다. **수산화 요소(hydroxyurea)**의 처방은 낫 모양 적혈구 빈혈증을 다루는 데 처음으로 이용되었고 아직까지 유일한 치료 방법인데, 태아 헤모글로빈을 포함하는 세포의 양을 증가시켜 낫 모양 적혈구 빈혈증의 증상을 완화한다(수산화 요소의 메커니즘이 알려지지 않음).

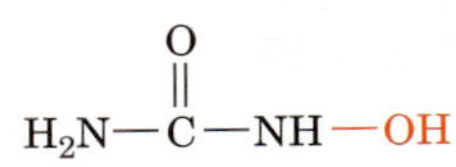

Hydroxyurea

헤모글로빈 S는 말라리아를 막는다. 낫 모양 적혈구 빈혈증의 완화 치료법이 나오기 전까지는 성인이 될 때까지 생존하는 것은 힘들었다. 그럼에도 불구하고 자연적으로 헤모글로빈 S 변종을 보유한 사람의 수는 감소하지 않았다. 그 이유는 이형 접합체가 인류에게 치명적인 전염병인 **말라리아(malaria)**에 더 저항력이 있기 때문이다. 25억 명이 말라리아 지역에 살고, 10억 명이 한번쯤은 이 병으로 아프고, 100만 명의 어린아이들이 매년 말라리아에 걸려 죽게 된다. 말라리아는 모기유래 원생동물 *Plasmodium falciparum*에 의해 발생하는데, 이는 적혈구에 머물며 48시간 정도 생존한다. 전염된 적혈구는 모세 혈관 벽에 붙어, 세포가 생명 기관에 혈액이 흐르는 것을 지연시켜 죽음에 이르게 한다.

말라리아가 주된 사망 원인이 되는 아프리카 적도 지역은 낫 모양 적혈구 유전자가 널리 퍼져 있는 지역과 많이 일치한다(**그림 7-20**). 따라서 낫 모양 적혈구 유전자가 말라리아에 내성이 있다는 결과를 보여 준다. 어떻게 그럴 수가 있을까? 말라리

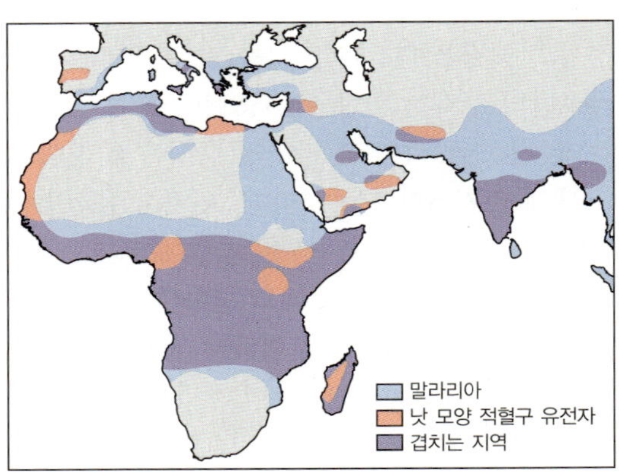

그림 7-20 말라리아와 낫 모양 적혈구 유전자의 관계 지도의 파란색 부분은 말라리아가 퍼져 있던 지역을 나타낸다. 분홍색 지역은 헤모글로빈 S의 유전자의 분포를 나타낸다. 분포의 겹침(보라색)을 주목하라.

아 원충은 전염된 적혈구의 산도를 ~0.4 pH 단위까지 증가시킨다. 더 낮은 pH는 보어 효과에 따라 데옥시헤모글로빈을 더 많이 형성하고, 따라서 헤모글로빈 S를 포함하고 있는 적혈구가 낫 모양일 가능성을 증가시킨다. 낫 모양으로 손상된 적혈구는 비장의 순환을 통해 정상적으로 제거된다. 말라리아 감염 초기에, 감염에 의해 유도된 낫 모양은 전염된 적혈구를 비장으로 보내 먼저 없애도록 한다. 감염의 말기에는, 기생된 적혈구가 모세 혈관 벽에 붙어 있으면(순환을 통해 비장에서 그것들을 제거하는 것이 방해된 경우), 낫 모양이 기계적으로 기생을 막는다. 결과적으로, 말라리아 지역에서 헤모글로빈 S의 이형 접합체를 보유한 사람은 적응성에 이점이 있다. 그들은 정상적인 헤모글로빈의 동형 접합체보다 더 오래 살아남을 수 있다. 즉 말라리아 지역에서는 낫 모양 적혈구 유전자의 이형 접합체 인구 비율이 그들의 번식 이점이 동형 접합체의 증가된 비율에 의해 균형을 이룰 때까지 증가한다(현대적 치료 없이 어릴 때 사망한 경우).

체크 포인트

- 마이오글로빈의 O_2 결합 경향을 pO_2와 K로 나타내시오. K는 어떻게 정의되는가?
- 헤모글로빈의 협동적 산소 결합을 구조에 근거하여 설명하시오.
- 협동적 결합과 비협동적 결합의 결합곡선(% 결합 리간드 vs 리간드 농도)을 대략 그려보시오.
- 마이오글로빈과 헤모글로빈의 O_2 결합 경향은 왜 한 숫자(p_{50})에 의해 요약될 수 있는지 설명하시오.
- 결합 단백질이 0의 힐 상수를 가질 수 있는가?
- 마이오글로빈과 헤모글로빈이 산소를 폐로부터 호흡 조직으로 어떻게 운반하는지 설명하시오.
- 보어 효과와 BPG의 생리적 관련성은 무엇인가?
- 돌연변이가 헤모글로빈의 산소 친화도와 협동성을 증가시키거나 감소시키는 이유를 설명하시오. 몸은 이와 같은 변화를 어떻게 보상하는가?

2 근육 수축

주요 개념

- 마이오신은 ATP를 수화하면서 구조 변화가 이루어지는 모터 단백질이다.
- 근육 수축의 섬유 활주 모형은 가는 필라멘트에 대한 굵은 필라멘트의 이동을 묘사한다.
- 구형 단백질 액틴은 미세 섬유나 근육의 가는 필라멘트와 같은 구조를 형성할 수 있다.

생명이 있는 물체의 가장 두드러진 특징 중 하나는 조직적으로 이동할 수 있는 능력이다. 그와 같은 현상은 모든 구조 단계에서 일어나며, 세포 분열에서 복제된 염색체의 분리, 편모와 섬모의 움직임, 그리고 가장 분명한 근육 수축 등과 같은 다양한 지향 과정을 포함한다. 이 절에서는 잘 알려진 이동 시스템 중 하나인 **가로무늬근**(**striated muscle**)의 움직임에 대해 구조적, 화학적 근거를 고려해 보고자 한다.

A 근육은 굵은 필라멘트와 가는 필라멘트가 맞물린 상태로 이루어져 있다

골격근을 포함한 수의근은 광학 현미경으로 관찰할 때 줄무늬가 있음을 알 수 있다(그림 7-21). 그와 같은 근육은 **근육 원섬유**[**myofibril**, 그리스어: *myos*(근육), 그림 7-22]의 평행 다발을 포함하는 다핵 세포(근육 섬유)로 구성되어 있다. 광학 현미경은 근육 줄무늬가 여러 개의 일치된 근육 원섬유의 대(band) 구조로부터 생성되는 것을 보여 준다. 대는 전자 밀도가 큰 **A대**(**A band**)와 전자 밀도가 작은 **I대**(**I band**)가 번갈아 나타난다(그림 7-23). 근육 원섬유의 반복되는 단위인 **근육 원섬유 마디**[**sarcomere**, 그리스어: *sarkos*(살)]는 각각 I대의 중앙에 있는 **Z판**(**Z disk**)에 의해 결합되어 있다. A대의 중앙에는 **H역**(**H zone**)이 위치하고, H역의 중앙에 **M판**(**M disk**)이 위치한다. A대는 지름이 150 Å인 **굵은 필라멘트**(**thick filament**)를 포함하고, I대는 지름이 70 Å인 **가는 필라멘트**(**thin filament**)를 포함한다. 두 세트의 필라멘트는 그들이 중첩되는 지점에서 교차 다리에 의해 연결되어 있다.

수축된 근육은 완전히 펼쳐진 근육의 길이에 1/3이다. 수축은 근육 원섬유

J.C. Revy, CNRI/Photo Researchers

그림 7-21 근육 섬유의 현미경 사진 섬유의 세로축은 수평이다(줄무늬에 대해 수직). 여러 개의 일치된 근육 원섬유로부터 검은 A대와 밝은 I대가 번갈아 나타나는 형태가 확실히 보인다.

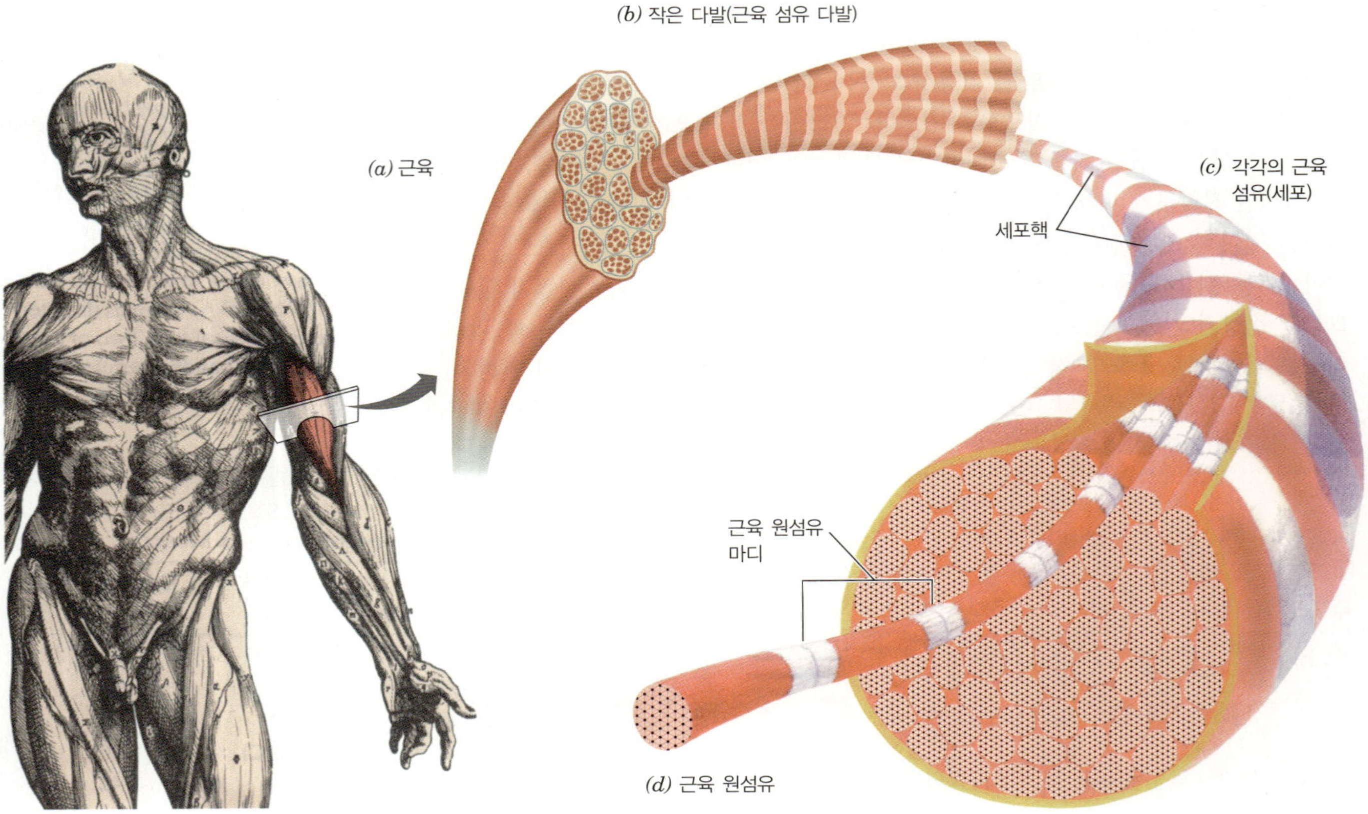

그림 7-22 골격근의 구성 근육(*a*)은 근육 섬유의 다발(*b*)로 구성되어 있는데, 이들은 각각 근육의 길이만큼이나 되는 길고 가는 다핵 세포(*c*)들이다. 근육 섬유는 측면으로 정렬된 근육 원섬유(*d*)를 포함하는데, 이는 반복적인 굵거나 가는 필라멘트의 다발로 이루어져 있다.

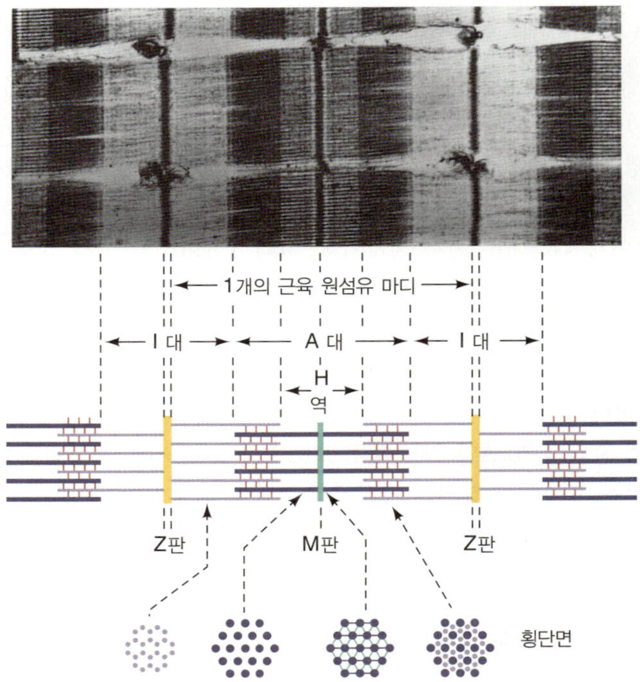

그림 7-23 근육 원섬유의 해부학적 구조 전자 현미경은 세 부분의 근육 원섬유를 보여 주는데, 이들은 수평적 간격을 두고 분리되어 있다. 첨가된 그림에서는 근육 원섬유의 중요한 부분을 보여 준다. 가는 필라멘트만을 갖는 밝은 I대, 굵은 필라멘트만을 갖는 H역과, 더 어두운 부분은 굵거나 가는 필라멘트의 중첩 부분을 포함하는 A대, 가는 필라멘트가 시작되는 Z판, 각각 굵은 필라멘트 중앙에서 양적 증가로 보이는 M판. 근육 원섬유의 구조적 단위인 근육 원섬유 마디는 두 연속적인 Z판 사이 구역이다. [Courtesy of Hugh Huxley, Brandeis University]

자료 7-4 발견의 경로

헉슬리와 섬유 활주 모형

헉슬리(Hugh Huxley, 1924∼) 근육 운동 메케니즘은 수백, 수천 년 동안 과학자들의 흥미를 끌어왔다. 근육 섬유에 대한 첫 번째는 1682년 레이우엔훅(Antoni van Leeuwenhoek)에 의한 현미경 사진으로 가는 종섬유(longitudinal fiber)의 형태를 관찰하였다. 현대의 근육에 대한 연구는 다음 두 주제 중 하나이다. 첫째는 대사 에너지가 발생 또는 소모되는 에너지 전달 시스템으로 근육을 연구하는 것이다. 이와 같은 연구 방향은 근육 수축에 ATP를 에너지로 이용한다는 것을 밝힌 1930년도에 주목을 받았다. 두 번째 연구 접근은 근육을 막대와 지레로 구분시키는 기계적 시스템으로 다루는 것이다. 그러나 궁극적으로 분자적 접근은 근육 연구에 대하여 기계 및 에너지 관점을 통합하는 것이었다. 헉슬리의 통찰은 이것을 가능하게 하였다.

근육의 분자 구조는 단시간에 밝혀진 것이 아니다. 1859년에 퀴네(Willi Kühne)는 근육 조직으로부터 단백질의 특성을 갖는 물질을 분리하여 '마이오신'(많은 단백질의 혼합물이었음이 확실함)이라 명명하였다. 그러나 이들은 응집하는 경향이 많아 헤모글로빈과 같이 잘 용해되는 단백질만큼 연구 주제로 이용되지는 않았다. 근육 단백질 화학에서 중요한 돌파구는 근육에서 고농도염의 추출로 두 형태의 단백질을 얻은 1941년의 결과로부터 시작되었다(Szent-Györgi는 시트르산 회로를 설명하는 데도 공헌한 바 있다. 자료 17-1). 20분 동안 추출로, 지금은 마이오신이라 부르지만, 당시 마이오신 A라고 명명한 단백질을 얻었다. 그러나 밤새 추출하면 마이오신 B을 얻었는데, 지금은 액토마이오신(actomyosin)이라고 명명한다. 마이오신 B는 향후 마이오신과 액틴이라 명명한 새로운 단백질의 복합체라는 것을 알 수 있었다. 추가 연구를 통해 액토마이오신의 실타래가 ATP의 존재하에서 원래 길이의 10%가 수축된다는 것을 알 수 있었다. 액틴 혹은 마이오신 자체만으로는 ATP 존재하에서는 수축하지 않으므로 수축은 그들의 상호작용에 의해 결과되어야만 했다. 그러나 어떻게 마이오신과 액틴이 상호작용하는지에 대해 실질적인 모형을 알아내는 데는 10년의 기간이 더 필요했다.

근육 수축을 설명하기 위한 많은 이론들이 개발되었다. 이 이론들은 근육 세포의 세포질이 아메바와 같이 움직인다는 것과, 근육 섬유가 수분을 흡수하거나 내놓으면서 다른 조직을 정전기적으로 당겨 수축한다는 것 등이다. 또한 α 나선 구조와 β 병풍 구조(자료 6-1)를 밝힌 폴링(Linus Pauling)은 마이오신이 두 구조들 사이의 이동에 의해 길이가 변할 수 있다고 생각하였다. 헉슬리는 근육 수축에 대해 그의 섬유 활주 모형에서 명쾌하고 올바른 설명을 하였다.

헉슬리는 1948년에 영국 케임브리지 대학의 켄드류(John Kendrew, 10년 후 마이오글로빈의 X선 구조를 밝힌 사람, 7-1A절)의 연구실에서 박사 연구를 시작하였다. 그곳에서 헉슬리는 개구리 근육 섬유의 X선 연구에서 근육은 생리적 상태에 따라 X선 산란 패턴이 변한다는 것을 밝혔다. 뿐만 아니라 그는 근육이 하나보다는 두 세트의 평행 조직으로 구성되어 있고 이 조직은 여러 교차 연결에 의해 함께 연결되어 있다는 것을 밝혔다. 이러한 관찰은 그가 1953년과 1954년에 MIT에서 수행한 후속 연구의 바탕이 되었다. 그는 M T에서 핸슨(Jean Hanson)과 한 팀이 되어 연구했다. 핸슨은 근육 생리어 대한 지식, 상분리 현미경에 대한 전문성, 근 조직의 밴드 패턴을 볼 수 있는 테크닉 등, 다양하고 유용한 지식을 제공했다. 헉슬리와 핸슨은 서로 다른 실험 조건에서 토끼 근육 조직을 관찰하였고 근육 원섬유 마디에 있는 A대와 I대의 너비를 정교히 측정하였다(그림 7-23). 어떤 실험에서는 근육 섬유로부터 마이오신을 제거하면 어두운 A대의 손실이 생긴다는 것을 인식하여 A대가 마이오신으로 이루어져 있다는 결론을 내렸다. 액틴과 마이오신을 추출 제거하였을 때 모든 인식할 수 있는 구조가 손실되는 것을 보고 그들은 액틴이 근육 원섬유 마디 전반에 존재한다는 결론지었다.

ATP가 첨가되면 근육은 천천히 수축하고, 헉슬리와 핸슨은 I대가 짧아지는 것을 측정할 수 있었다. A대는 일정한 길이를 유지하였으나 좀 더 어두워졌다. 또한 현미경 측정에서는 덮개 유리를 당길 때 근육 섬유가 늘어나는 것이 관측되었다. 근육이 '이완'될 때 I대는 너비가 증가하고 A대는 밀도가 작아진다. 근육 섬유는 원래 길이에서 수축 시에는 60%, 확장 시에는 120%가 된다는 측정값을 얻을 수 있었다.

헉슬리가 정립한 섬유 활주 모형은 개별적 분자(관측할 수 있는 섬유 형태)가 수축하거나 확장되는 것이 아니라 서로 미끄러져 간다는 것이다. 수축하는 동안에 A대는 I대에 있는 액틴 필라멘트(가는 필라멘트)를 끌어들인다. 유사한 결론이 헉슬리(휴와 관련 없음)와 Rolf Niedergerke 팀에 의해 얻어졌는데, 그들은 살아 있는 개구리 근육 섬유를 가지고 수축에 대하여 조사하였다. 이 두 그룹은 그들의 연구 결과를 1954년 "Nature" 지에 연달아 게재하였다.

헉슬리는 그의 섬유 활주 모형에 부수적인 연구 내용을 첨가하였다. 예를 들어 그는 마이오신은 액틴 섬유와 교차 다리를 형성한다는 것을 밝혔다. 그러나 이 다리는 비대칭적이고 근절의 두 반쪽에서 반대 방향을 향하고 있다. 이 정렬에 의해 마이오신이 근육 원섬유 마디의 중앙을 향하여 반대 방향에 있는 필라멘트를 당기도록 한다(그림 7-24).

헉슬리가 근육 수축을 설명하는 동안, 왓슨과 크릭은 DNA의 구조를 밝혔고, 페루츠는 헤모글로빈의 X선 연구에서 상 문제를 해결하기 위해 중금속 원소를 이용하는 결정적인 해결 방안을 마련하였다(자료 7-2). 결과적으로 이 발견들은 분자 측면에서 생물학적 현상을 설명하는 데 많은 역할을 하였다. 차후 근육 수축에 관한 연구들은 전자 현미경, X선 결정, 효소학 등에 의해 섬유 활주 모형의 상세한 부분을 증명하는 데 사용되었다. 가령 마이오신 지레 구조, 가는 필라멘트의 구성, 기계적 힘을 얻기 위한 구조 변화를 일으키는 데 ATP의 역할 등이 그 예이다.

Hexley, H.E. and Hanson, J., Changes in the cross-striations of muscle during contraction and stretch and their structural interpertation, *Nature* **173**, 973−976 (1954)

마디 길이의 감소에 기인하는데, 이것은 I대와 H역의 길이의 감소에 의한 것이다(**그림 7-24*a***). 이러한 관측은 1954년에 헉슬리(Hugh Huxley)에 의해 알려졌는데(자료 7-4), 맞물린 굵거나 가는 필라멘트가 서로 미끄러져 들어가는 **섬유 활주 모형(sliding**

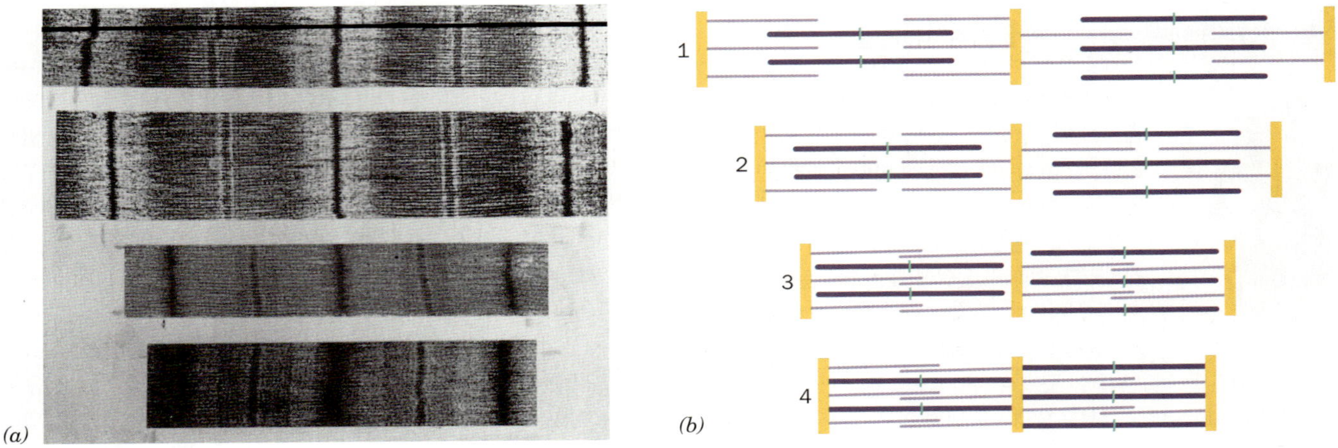

그림 7-24 근육 원섬유 수축 *(a)* 점진적으로 수축된 근육 원섬유를 보여 주는 전자 현미경. I대와 H역의 길이는 수축하는 동안 감소하는 반면, 굵은 필라멘트와 가는 필라멘트의 길이는 일정하다. *(b)* 굵은 필라멘트와 가는 필라멘트가 상호 통과해 가는 것을 표현한 그림 [Courtesy of Hugh Huxley, Brandeis University]

filament model)이다. 수축이 일어나는 동안에는 근육이 더 짧아지고 전체 부피는 변하지 않기 때문에 더 두꺼워진다.

굵은 필라멘트는 주로 마이오신으로 이루어져 있다. 포유류의 굵은 필라멘트는 거의 **마이오신**(**myosin**) 단백질 한 가지로 구성되어 있다. 마이오신은 6개의 폴리펩타이드 사슬로 구성되어 있다. 6개의 폴리펩타이드 사슬은 220 kD **큰 사슬**(**heavy chain**) 2개와 그들의 유래에 따라 크기가 15~22 kD인 **필수 작은 사슬**(**essential light chain, ELC**)과 **조절 작은 사슬**(**regulatory light chain, RLC**)이라고 하는 두 쌍의 서로 다른 **작은 사슬**(**light chain**)이다. **마이오신 머리**(**myosin head**)라고 하는 마이오신 큰 사슬의 N 말단기 절반에 대한 레이먼트(Ivan Rayment)와 홀든(Hazel Holden)의 X선 구조 결정에 따르면, ELC와 RLC의 한 소단위체가 각각 결합하는 긴 구형 머리(55×165 Å)를 형성한다는 것을 알 수 있다(그림 7-25*a*). 큰 사슬의 C 말단

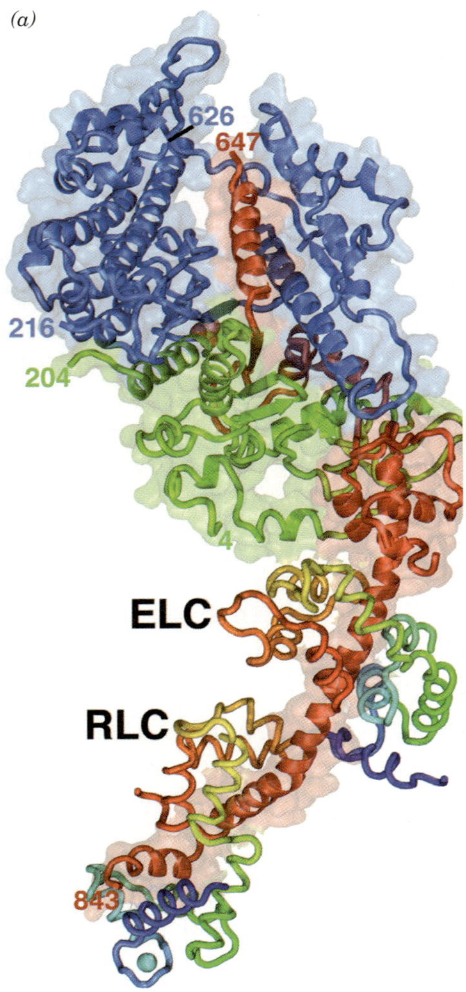

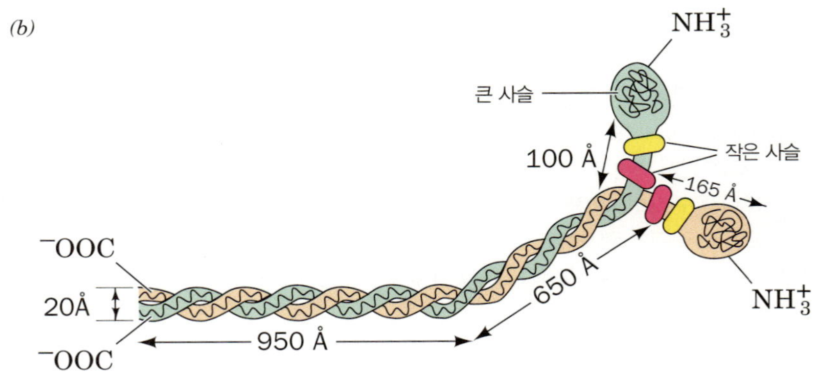

그림 7-25 마이오신의 구조 *(a)* 닭 근육으로부터 얻은 마이오신 머리의 리본 도해. 큰 사슬은 초록색, 파란색, 빨간색의 반투명 분자 표면에 그려진 리본 도해로 표현되어 있다. 필수 작은 사슬과 조절 작은 사슬(ELC와 RCL)은 N 말단(파란색)으로부터 C 말단(빨간색)으로 무지개색을 가진 벌레 형태로 그려져 있다. 공간 채움 모형(C 빨간색, S 노란색)에서 보이는 황산 이온은 ATP β-인산기의 결합 부위를 점한다. RLC-결합 Ca^{2+} 이온(왼쪽 하단)은 청록색의 구형으로 표현되어 있다. [Based on an X-ray structure by Ivan Rayment and Hazel Holden, University of Wisconsin. PDBid 2MYS.] *(b)* 마이오신 분자의 도해. 두 개의 동일한 큰 사슬(초록색과 주황색)은 각각 N 말단 구형 머리와 α 나선 꼬리를 갖는다. 머리와 꼬리 사이는 두 종류의 작은 사슬(자홍색과 노란색)과 연관된 α 나선의 지레 팔 형태이다. 꼬리는 서로 감겨서 1600 Å의 긴 평행 상태의 감긴 코일을 형성한다.

(a)

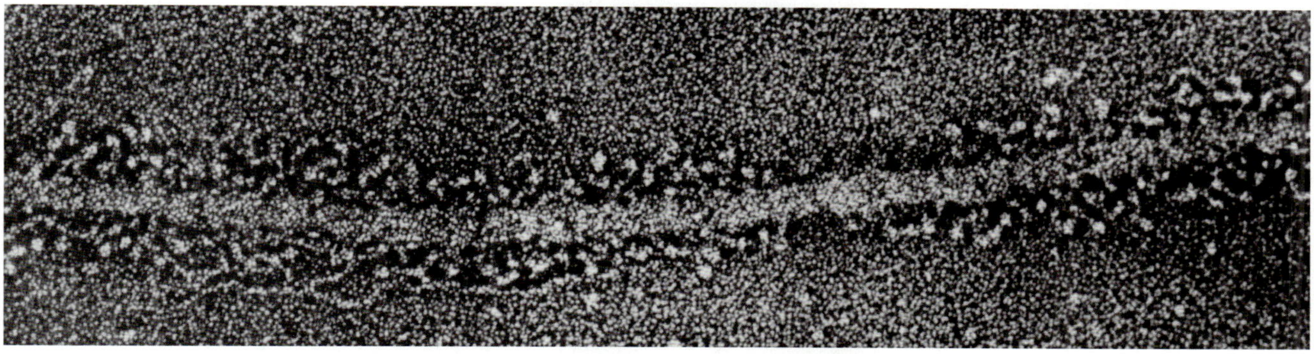

(b)

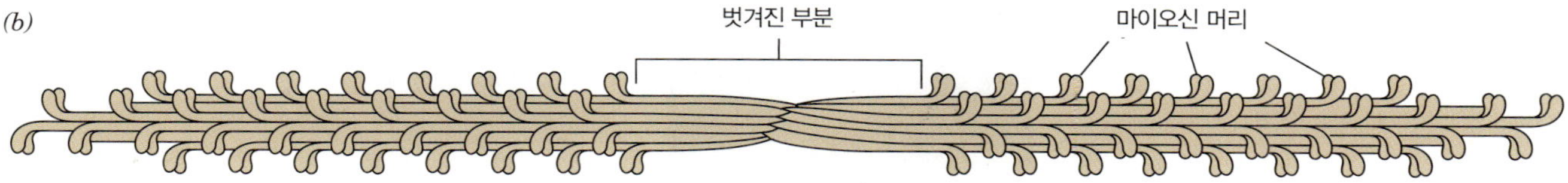

그림 7-26 굵은 필라멘트의 구조 *(a)* 굵은 필라멘트에서 마이오신 머리를 보여 주는 전자 현미경 사진 [From Trinick, J. and Eliott, A., *J. Mol. Biol.* **131**, 135 (1977).] *(b)* 수백 개의 마이오신 분자들이 필라멘트로부터 나온 구형 머리들과 엇갈린 배열을 형성하는 굵은 필라멘트 그림

반은 긴 섬유 형태의 α 나선 꼬리를 형성하는데, 그중 두 개는 왼손 감긴 코일을 형성한다. 즉 **마이오신은 두 개의 구형 머리를 가진 1600 Å의 긴 막대 형태를 형성한다**(**그림 7-25*b***). 마이오신에서 α 나선형 꼬리의 아미노산 서열은 케라틴에서 보이는 것과 같은 코일의 특성을 갖는다(6-1C절). 이는 7개 잔기(*a-b-c-d-e-f-g*)의 유사 반복이 나타나는데, *a*와 *d* 위치에는 무극성 잔기를 갖는 아미노산이 주로 위치한다.

생리적 조건에서 수백 개의 마이오신 분자가 굵은 필라멘트를 형성하기 위해 응집한다. 막대 같은 꼬리들은 일반적 엇갈린 배열에서 꼬리를 물고 감싸 있고, 구형 머리는 두 끝이 미끄러지기 위해 노출되어 있다(**그림 7-26**). 이 마이오신 머리는 원래 근육 원섬유에 있는 가는 필라멘트에 교차 다리를 형성한다. 마이오신 머리는 **ATPase**(ATP 수화 효소)로서 13 Å 깊은 V자형 포켓에 ATP 결합 부위를 가지고 있다.

가는 필라멘트는 주로 액틴으로 이루어져 있다. 가는 필라멘트는 주로 진핵동물의 세포질에 가장 풍부하게 존재하는 단백질인 **액틴(actin)** 중합체로 구성되어 있다. 그것의 단량체 형태에서 ~375개 잔기를 가진 단백질은 **G 액틴(G-actin**, G는 구형을 의미함)이며, 이것이 고분자를 형성하면 **F 액틴(F-actin**, F는 섬유를 의미함)이다. 각 액틴 소단위체들은 깊이 들어간 부분에 위치하는 ATP, Ca^{2+}, Mg^{2+} 이온의 결합 부위를 가진다(**그림 7-27**). ATP가 ADP + P_i로 수화되는 것은 액틴 고분자 반응에서는 필요하지 않고 나중에 생성된다(7-2C절).

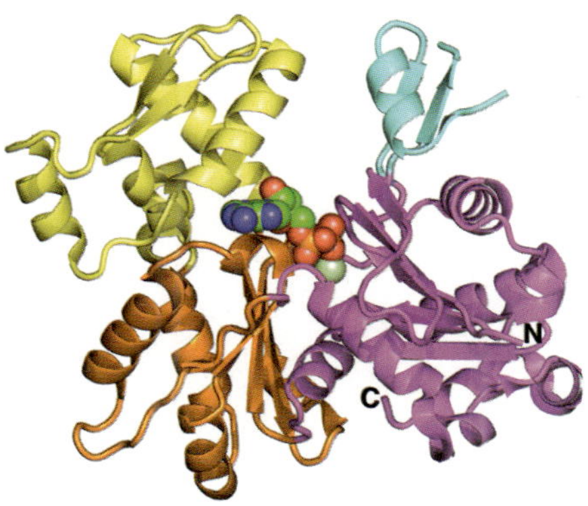

그림 7-27 ATP와 Ca^{2+} 이온과 착물을 형성한 토끼 근육의 G 액틴의 X선 구조 단백질의 4개 영역을 청록색, 자홍색, 주황색, 노란색으로 표현되었으며, N 말단과 C 말단 부위는 표지되어 있다. C 초록색, N 푸른색, O 빨간색, P 주황색을 이용하여 공간 채움 형태로 그린 ATP는 영역 사이에 깊이 들어간 부위의 아래에 결합한다. Ca^{2+} 이온은 밝은 초록색 구형으로 표현되어 있다. [Based on an X-ray structure by Leslie Burtnik, University of British Columbia, Vancouver, British Columbia. PDBid 3HBT.]

F 액틴은 섬유 형태를 갖는데, 섬유의 길이가 다양해서 X선 결정 분석을 위해 결정을 만드는 데 어려움이 많다. 따라서 F 액틴의 원자 구조를 이해하는 현재 방법은 저해상도의 X선 연구를 G 액틴의 고해상도 원자 모형(그림 7-28*b*)에 맞추어 본 연구에 의한 전자 현미경법에 기인한다(**그림 7-28*a***). 이 모형은 액틴 고분자가 이중 나선 구조를 가진 소단위체들이며, 각 소단위체들은 4개가 접촉하고 있다는 것으로 보인다. 각 액틴 소단위체는 같은 머리에서 꼬리 배치(즉 **그림 7-28*b***에서 뉴클레오타이드 결합 부위는 위로 열려 있다)를 가지고 있고, 그 결과 모인 섬유는 뚜렷한 극성을 보인다. 뉴클레오타이드 결합 부위로 향한 섬유 끝부분을 **(−) 말단(end)**이라 하고, 반

(a) (b)

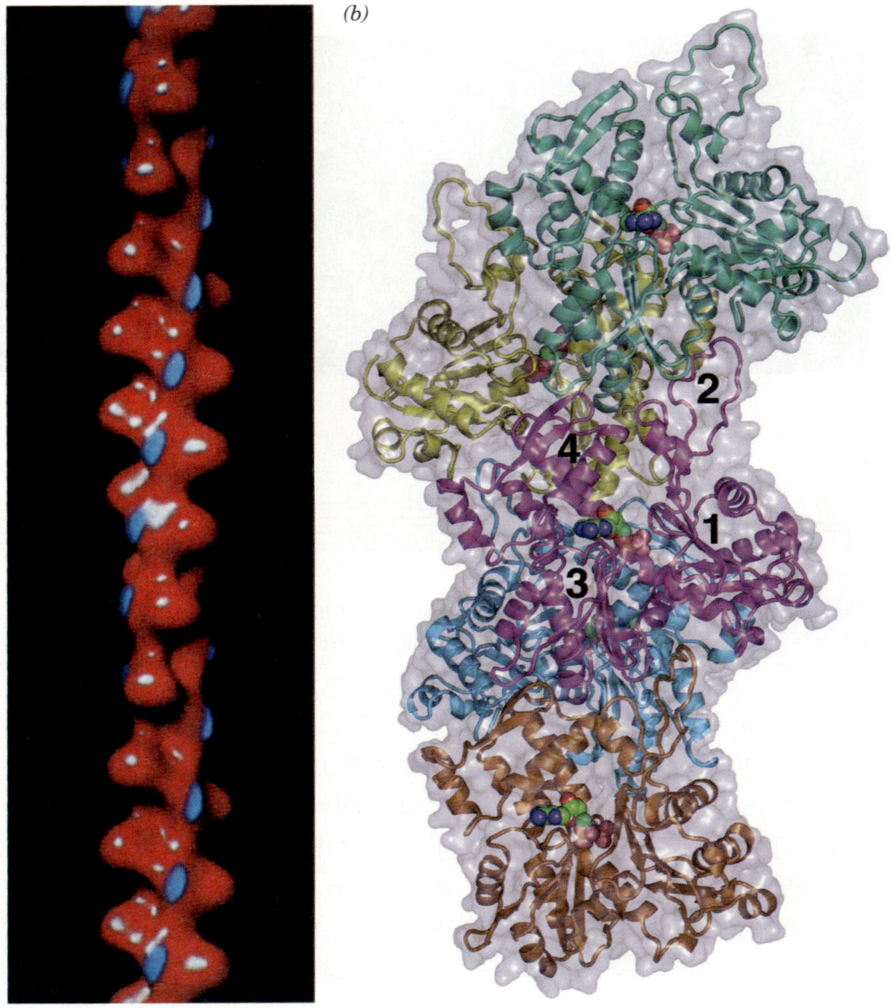

그림 7-28 **액틴 필라멘트의 구조** (*a*) 저온 전자 현미경에 근거한 영상. 트로포마이오신 결합 부위(아래 참조)는 파란색이다. 펜실베이니아 대학 세이퍼(Daniel Safer), 스크립스 연구소 밀리건(Ronald Milligan) 캘리포니아 라졸라 제공] (*b*) G 액틴의 알려진 X선 구조를 F 액틴의 저온 전자 현미경 영상에 맞춘 결과에 근거한 모형으로 리본형으로 그려진 5개의 연속적인 액틴 · ADP 소단위체들로 표현되어 있으며, 각자 다른 색으로 표현된 소단위체들은 그들의 반투명 분자 표면에 표시되어 있다. ADP들은 C 초록색, N 푸른색, O 빨간색, P 주황색을 이용한 공간 채움 형태로 그렸다. 가운데 소단위체 (자홍색)는 그림 7-27에 표현된 G 액틴이 위치한 것이다. [Based on an X-ray structure by Leslie Burtnik, University of British Columbia, Vancouver, British Columbia. PDBid 3HBT]

대 끝을 **(+) 말단**이라고 한다. 가는 필라멘트의 (+) 말단은 Z판과 결합되어 있다(그림 7-23).

근육 F 액틴의 단량체들은 각각 하나의 마이오신 머리와 결합할 수 있는데(**그림 7-29**), 그 힘은 아마도 이온 결합과 단백질 소수성 부위의 결합에 때문일 것이다. 전자 현미경은 F 액틴 필라멘트와 결합한 마이오신 머리들이 모두 같은 방향을 가지고 배열되어 있음을 보이며(**그림 7-30**), Z판에 아직 붙어 있는 가는 필라멘트에서 마이오신 머리들은 Z판으로부터 모두 떨어져 있음을 보인다.

트로포마이오신과 트로포닌은 가는 필라멘트의 성분이다. 근육의 주성분인 마이오신과 액틴은 각각 전체 단백질의 60%~70%, 20%~25%를 차지한다. 두 단백질 외에 가는 필라멘트를 주로 차지하는 것은 다음과 같다.

1. **트로포마이오신**은 284개 잔기를 가진 2개의 α 나선 소단위체들이 서로 꼬여 평행 감긴 코일을 형성하는 동종 이합체로 거의 400 Å의 길이로 확장되어 있다(그림 6-15*b* 참조). 이 막대 모양의 단백질들의 여러 복사본이 머리에서 꼬리로 연결되어 F 액틴 나선의 홈에 감긴 케이블을 형성하는데, 각 트로포마이오신 분자는 준단량(quasi-equivalent) 형태로 7개의 연속적인 액틴 소단위체와 접촉한다(그림 7-30).

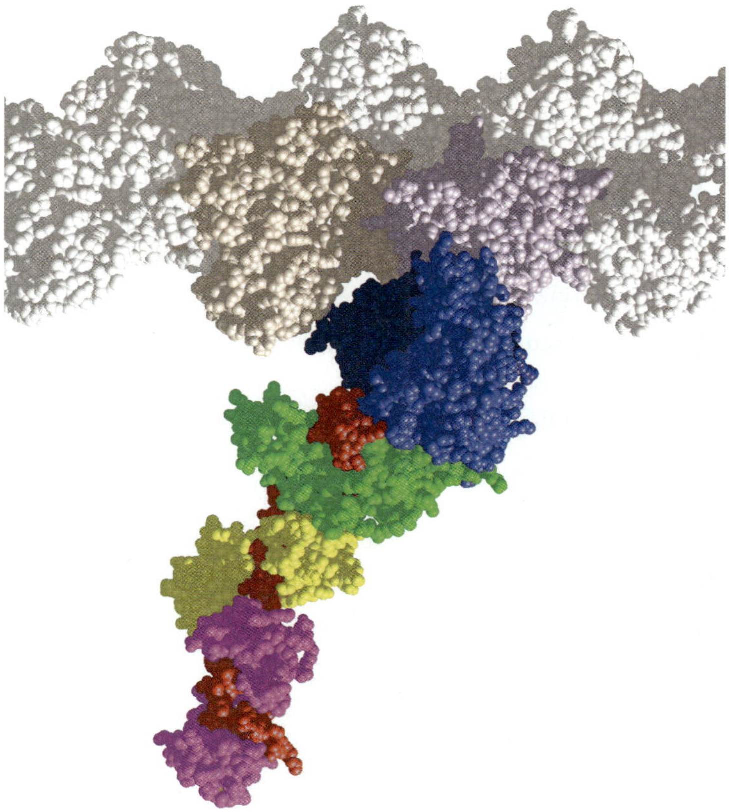

그림 7-29 마이오신–액틴의 상호작용 모형 이 공간 채움 모형은 액틴과 마이오신 머리의 X선 구조와 그 복합체들의 전자 현미경 사진으로 만들어졌다. 액틴 필라멘트는 윗부분이다. 마이오신이 큰 사슬은 그림 7-25처럼 색으로 표현되어 있고 작은 사슬은 노란색과 자홍색이다. 감긴 코일 꼬리는 보이지 않는다. ATP 결합 부위는 마이오신 머리의 파란색 도메인에 있는 움푹 파인 곳에 위치한다. 근육 원섬유에서 모든 액틴 단량체는 마이오신 머리와 결합하고, 굵은 필라멘트는 그것을 향하는 많은 마이오신 머리를 갖는다. [Based on an X-ray structure by Leslie Burtnik, University of British Columbia, Vancouver, British Columbia. PDBid 3HBT.]

2. **트로포닌**은 3개의 소단위체로 구성되어 있다. Ca^{2+} 결합 단백질인 **TnC**, 액틴과 결합하는 **TnI**, **TnT**는 확장 분자로 머리에서 꼬리 접합 부위에 트로포마이오신과 결합한다. 프레터릭(Robert Fletterick)에 의하여 결정된 4개의 Ca^{2+} 이온과 복합체를 이룬 트로포닌의 X선 구조(**그림 7-31**)는 TnI가 마이오신의 작은 사슬과 닮고, TnI의 저해 부위가 Ca^{2+} 활성 상태에 있는 TnC의 견고한 중심 나선에 결합되어 있음을 보여 준다.

트로포마이오신–트로포닌 복합체는 아래에서 보여 주듯이 액틴의 결합 부위에 마이오신 머리가 접근하는 것을 조절함으로써 근육 수축을 조절한다.

근육은 구조를 유지하기 위해 많은 기타 단백질을 포함한다. Z판과 M판을 형성하기 위해, 그리고 굵고 가는 필라멘트의 배열을 위해 다른 단백질들이 필요하다. 예를 들어 **α 액티닌(α-actinin)**은 F 액틴 필라멘트를 교차 연결하는 동종 이합체 단백질인데, Z판 내부에 위치하며, 따라서 반대에 위치한 가는 필라멘트를 Z판에 연결하는 것으로 생각되고 있다.

좀 더 익숙하지 않는 단백질 중 하나는 **티틴(titin)**인데, 알려진 폴리펩타이드 사슬 중 가장 긴 것으로(34,350개 잔기) ~300개의 반복적인 구형 도메인으로 구성되어 있다. 3~6개의 티틴 분자들은 각각 굵은 필라멘트와 연관되어 M판과 Z판 사이에 1 μm에 걸친다. 티틴은 근육 원섬유 마디의 중심부에 위치한 굵은 필

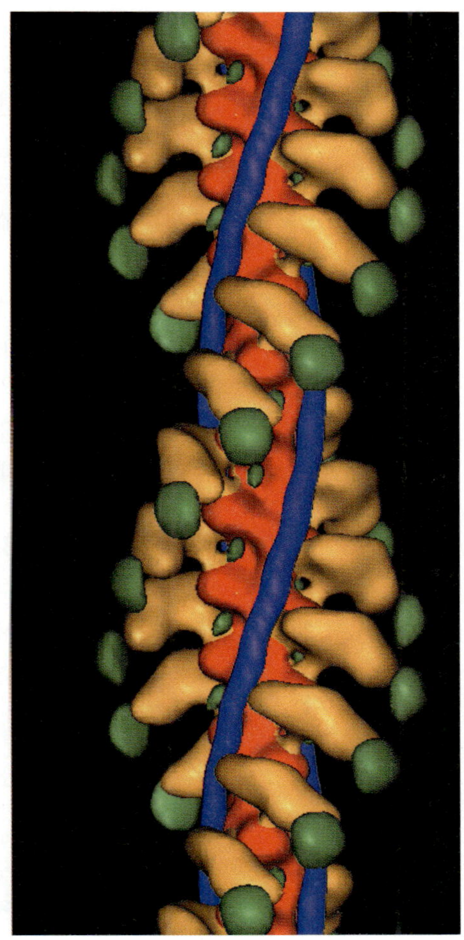

그림 7-30 마이오신 머리로 꾸며진 가는 필라멘트의 <25 Å 해상도를 가진 저온 전자 현미경 영상 F 액틴은 빨간색, 트로포마이오신은 파란색, 마이오신 모터 도메인은 노란색, 필수 작은 사슬은 초록색이다. 나선 필라멘트는 370 Å의 피치(pitch)를 갖는다.

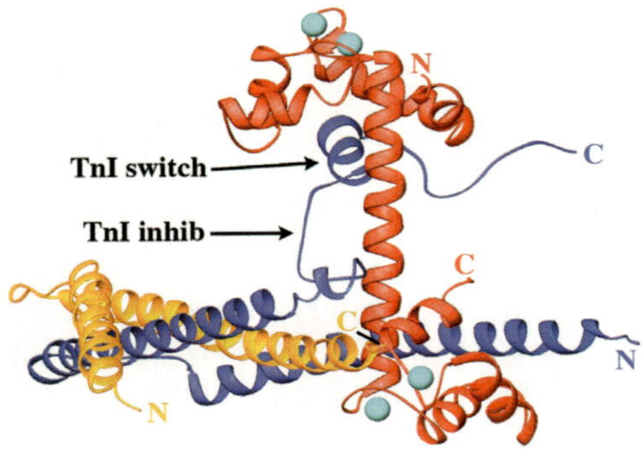

그림 7-31 닭 골격근 트로포닌의 X선 구조 TnC는 붉은색, TnI는 푸른색, TnT는 금색이다. TnC에 결합된 4개의 Ca^{2+} 이온들은 자홍색 구형으로 표현되어 있다. [Based on an X-ray structure by Robert Fletterick,University of California at San Francisco. PDBid 1YTZ.]

라멘트를 유지하기 위한 분자 번지 코드로 작용하는 것으로 믿어진다. 근육 수축 동안 이는 근육 원섬유 마디가 짧아짐에 따라 압축되고, 근육 이완 시 티틴은 근육 원섬유 마디가 출발점을 지나 확장되는 것을 막는다.

네불린(**Nebulin**) 또한 매우 큰데(6669개 잔기), 가는 필라멘트와 관련 있는 주로 α 나선 단백질이다. 이것은 액틴 고분자의 주형으로 작용하여 가는 필라멘트의 길이는 설정하는 것으로 생각된다. 그 길이는 가는 필라멘트의 (−) 말단(Z판에 붙어 있지 않는 끝)을 싸고 있는 **트로포모듈린**(**tropomodulin**)에 의해 항상성이 유지되어 더 이상의 액틴 고분자화 혹은 고분자 분해를 억제한다. **CapZ**[**β 액티닌**(**β-actinin**)이라고도 함]는 F 액틴의 (+) 말단을 싸고 있는 α 액티닌과 관련된 이종 이합체이다.

M판(그림 7-23)은 위치를 잡은 굵은 필라멘트의 국부 확장으로부터 야기된다. 이 구조와 연관된 두 단백질이 **마이오멘신**(**myomensin**)과 **M 단백질**(**M-protein**)인데, 티틴과 결합되어 있고 따라서 굵은 필라멘트 관련 **마이오신 결합 단백질 C**(**myosin-binding protein C**)가 하는 것처럼 굵은 필라멘트 조합에 참여한다.

뒤쉔 근이영양증(**Duchenne muscular dystrophy, DMD**)과, 조금은 덜 심각한 **베커 근이영양증**(**Becker muscular dystrophy, BMD**)는 둘 다 성(sex)과 관련된 근육 손실 질환이다. DMD는 2~5세에 시작되는 질환으로, 근육의 손실이 근육의 형성보다 빨리 진행되어 점진적으로 근육이 약화되고, 궁극적으로 호흡기 손실이나 심장 결손에 의해 25세 이전에 사망하게 된다. BMD는 5~10세에 발생하게 되는데, 전반적으로 근육 손실이 늦게 진행되어 DMD를 가진 환자들보다는 좀 더 긴 수명(때로는 정상적인 수명)을 가지는 질환이다.

DMD/BMD 유전자는 **다이스트로핀**(**dystrophin**)이라고 하는 3685개 잔기를 가진 단백질을 만드는데, 이는 단백질 조직의 0.002%를 차지한다. DMD를 가진 사람은 일반적으로 다이스트로핀을 가지지 않는 반면, BMD를 가진 사람은 대부분 변형된 크기의 다이스트로핀을 가진다. 분명한 것은 DMD를 가진 사람의 다이스트로핀은 빠르게 분해되는 반면, BMD를 가진 사람의 다이스트로핀은 부분적으로 분해된다.

다이스트로핀은 유동적인 막대 형태의 액틴과 결합하는 구성 단백질 중 하나이다. 다이스트로핀은 횡단막 당단백질 복합체를 가진 근육 혈장 막의 안쪽 표면에 위치하며, 그곳에서 세포 외부 매트릭스에 F 액틴이 자리 잡는 것을 돕고, 근육 수축의 기계적 스트레스에 의해 혈장 막이 찢어지는 것을 막는다. 근육 세포에서 작은 찢어짐은 일반적이지만 이런 현상이 위축 세포(dystrophic cell)에서는 매우 자주 일어나서 세포사의 속도를 증가시킨다.

B 근육 수축은 마이오신 머리가 가는 필라멘트를 이동할 때 발생된다

근육 수축을 완전히 묘사하기 위하여 ATP 수화가 어떻게 섬유 활주 모형과 연관되어 있는지를 설명해야 한다. 섬유 활주 모형이 맞으면 마이오신 교차 다리가 근육 수축 시 가는 필라멘트의 같은 부위에 남아 있는 것은 불가능하다. 오히려 반복적으

그림 7-32 **근육에서 힘의 발생 메커니즘** 마이오신 머리는 ATP에서 ADP와 P_i로 수화하는 한 방향의 순환 과정에 의해 가는 액틴 필라멘트를 따라 '이동한다'. 단지 한 개의 마이오신 머리가 보인다. 순환이 시작되는 부위에 마이오신 머리가 결합된 액틴 모터는 비교를 위하여 더 검게 색칠되어 있다. [After Rayment, I. and Holden, H., *Curr. Opin. Struct. Biol.* **3**, 949 (1993)]

? 'ATP 수화' 과정으로 근육 수축의 ATP의 역할을 설명할 수 없는 이유는 무엇인가?

process diagram

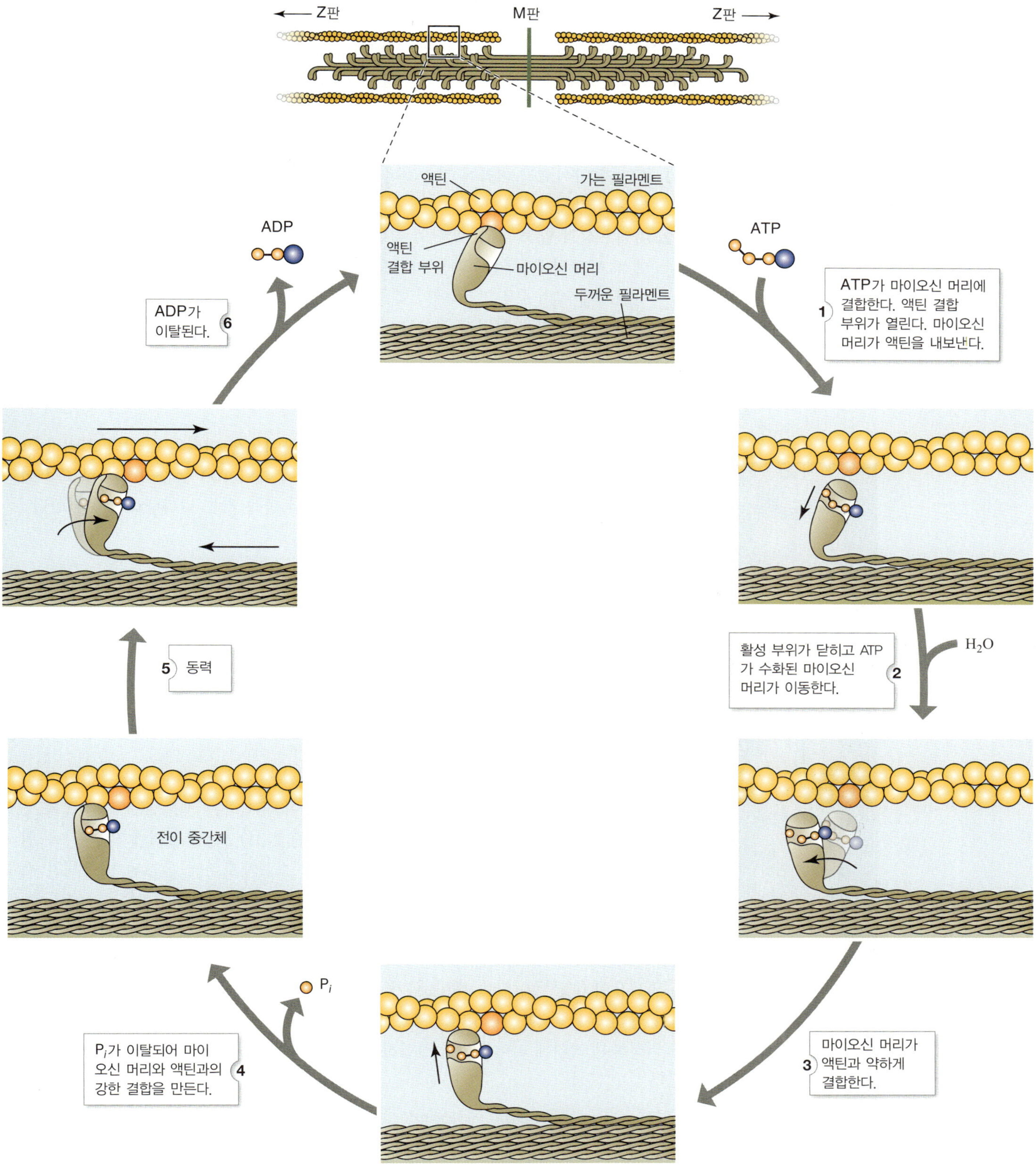

로 떨어져서 Z판을 향하여 가는 필라멘트를 따라 새로운 부위에 붙어야 한다. 이것은 **근육의 팽팽함은 가는 필라멘트과 마이오신 교차 다리의 상호작용을 통하여 생성됨을 의미한다.** 실질적인 수축의 힘은 ATP의 수화에 의해 제공된다. 즉 마이오신은 ATP 수화의 화학 에너지를 운동의 기계적 에너지로 전환하는 **모터 단백질(motor protein)**이다. 타일러(Edwin Tayler)는 마이오신이 중재된 ATP 수화의 모형을 만들어 냈는데, 이것은 레이먼트, 홀든, 밀리건 등의 구조적 연구에 의하여 다음과 같이 개선되었다(**그림 7-32**)

1. ATP가 마이오신 머리에 결합하여 마이오신의 액틴 결합 부위를 열고 결합된 액틴을 이탈시키도록 한다.
2. 마이오신의 활성 부위(액틴의 결합 부위와 구분됨)가 ATP 주위를 닫는다. ATP에서 ADP와 P_i로의 수화는 마이오신 머리를 '뒤로 끌어당긴다'. 이로서 굵은 필라멘트에 거의 수직인 '고에너지' 구조를 이룬다.
3. 마이오신 머리는 이전에 결합된 것보다 더 가까이 Z판에 위치한 액틴 단량체에 약하게 결합한다.
4. 마이오신은 P_i를 내보내는데, 이것은 액틴 결합 부위가 닫혀 액틴과 친화도를 증가시킨다.
5. 결과된 전이 상태는 즉시 힘의 타격에 의해 마이오신 머리의 C 말단 꼬리가 그 머리에 액틴 결합 부위에 비하여 Z판을 향하여 대략 100 Å 쓸려가는 구조적 이동을 초래한다. 즉 M판을 향하여 이 거리만큼 붙은 가는 필라멘트를 운반한다.
6. ADP가 이탈되어 순환이 완성된다.

반응 순환은 여러 단계를 포함하고 몇몇은 비가역적(예를 들어 ATP 수화와 P_i 이탈)이기 때문에 전체 순환은 한 방향으로 진행된다. 강한 근육 수축에서는 각각의 굵은 필라멘트에 있는 ~500개의 마이오신 머리들이 이 반응을 통하여 초당 5번 비동시적으로 순환된다. **그러므로 마이오신 머리들은 근육의 수반 수축과 함께 *Z*판을 향하여 이웃한 가는 필라멘트로 '이동'하거나 '노를 저어' 간다. 비록 마이오신은 이합체이지만 두 머리의 작용은 독립적이다.**

칼슘은 근육 수축을 시작한다. 분리된 액틴과 마이오신은 Ca^{2+}의 농도에 상관없이 수축할 수 있으나 가는 필라멘트를 포함하여 모든 것이 존재하는 것은 트로포닌 C의 조절 작용 때문에 Ca^{2+} 존재하에서만 수축한다(그림 7-31). 신경 충격에 의한 근육 원섬유의 자극은 **근소포체(sarcoplasmic reticulum**, 소포체로부터 유래된 납작해진 소낭 시스템)로부터 Ca^{2+}의 분비가 발생된다. 그 결과, 세포 내부의 $[Ca^{2+}]$는 ~10^{-7}에서 10^{-5} M 증가한다. 더 높은 칼슘 농도는 마이오신 머리가 결합하는 액틴 부위에 노출된 트로포닌–트로포마이오신 복합체의 구조 변화를 발생시킨다(**그림 7-33**). 근육 원섬유의 $[Ca^{2+}]$가 낮을 때(Ca^{2+}가 ATP를 필요로 하는 Ca^{2+} 펌프에 의해 근소포체로 급히 운반될 때, 10-3B절) 트로포닌–트로포마이오신 복합체는 휴지기의 구조를 추정하여 액틴에 마이오신이 결합하는 것을 막고 근육이 이완되도록 한다.

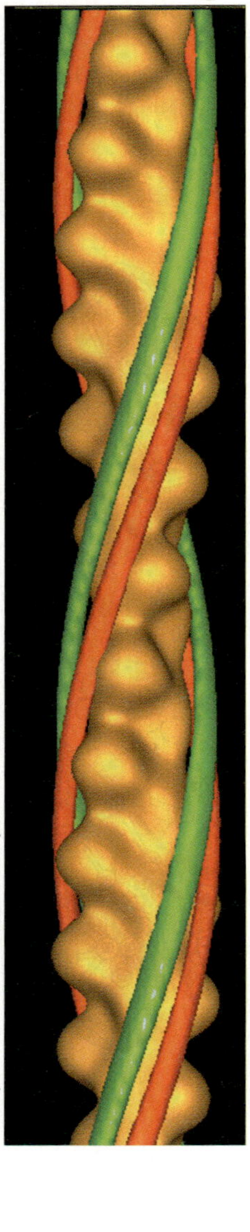

Courtesy of William Lehman, Boston University School of Medicine

그림 7-33 Ca^{2+}가 있을 때와 없을 때 가는 필라멘트에 있는 트로포마이오신의 위치 비교 저온 전자 현미경에 근거한 영상의 중첩에서 F 액틴 필라멘트는 금색, Ca^{2+}가 없을 때 트로포마이오신은 빨간색, Ca^{2+}가 있을 때 트로포마이오신은 초록색이다.

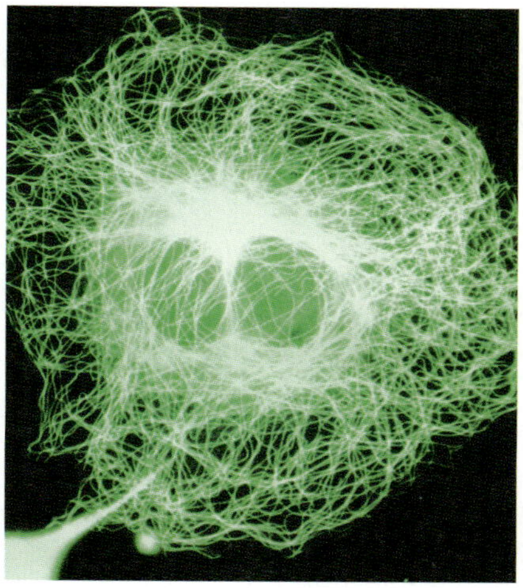

Courtesy of John Victor Small, Austrian Academy of Sciences, Salzburg

그림 7-34 액틴 필라멘트 배양 접시 표면의 섬유아세포에 있는 미세 섬유는 액틴에 형광으로 표시된 항체를 이용하여 면역 형광 현미경으로 볼 수 있다. 세포가 이동할 때 필라멘트는 분해된다.

C 액틴은 비근육 세포에서 미세 섬유를 형성한다

액틴과 마이오신은 근육에 많이 있지만 다른 조직에도 있다. 사실 액틴은 모든 곳에 산재되어 있고 원핵세포에 가장 풍부한 단백질로 전체 단백질의 5~10%를 차지한다. 비근육 액틴은 **면역 형광 현미경(immunofluorescence microscopy**, 형광으로 태그된 항체는 그것과 결합된 액틴을 착색하는 데 사용됨)으로 볼 수 있는 **미세 섬유(microfilament)**로 알려진 지름이 ~70 Å인 섬유를 형성한다(그림 7-34). 비근육세포에서, 액틴은 세포의 형태 변화, 세포 분열, 내포 작용, 세포 기관의 이송 등 많은 과정에서 중요한 역할을 한다.

미세 섬유 트레드밀 상태는 운동을 중재할 수 있다. ATP−G 액틴은 F 액틴 필라멘트의 양쪽 끝과 결합하나 (+) 말단과 더 강한 친화도를 갖는다(그래서 +라고 한다). 이 고분자 반응은 F 액틴 소단위체가 결합된 ATP를 ADP + P_i로 수화하여 결과적으로 P_i를 이탈시키는 것을 활성화한다. 결과된 구조적 변화에 의해 ADP−F 액틴 소단위체와 이웃 소단위체에 대한 친화도가 ATP−F 액틴 소단위체에 비하여 감소하게 된다. F 액틴에 의해 촉매된 ATP 수화는 액틴 고분자 반응보다 느리고, F 액틴이 결합된 뉴클레오타이드는 용액에서 교환되지 않는다(뉴클레오타이드 결합 부위는 그것과 관련된 소단위체에 의해 막혀 있다). ADP를 가진 액틴 소단위체의 F 액틴에 대한 더 작은 친화도는 고분자의 (−) 말단으로부터 그들이 분리되도록 한다.

일정 상태(미세 섬유가 일정한 길이를 유지할 때)는 (+) 말단에서 소단위체의 전체 첨가 속도가 (−) 말단에서 소단위체가 분리되는 속도와 같을 때이다. 그 후 **(+) 말단에 첨가되는 소단위체들이 그들이 분리되는 (−) 말단을 향하여 이동하는데, 이 과정을 트레이드밀 상태(treadmilling)라고 한다**(그림 7-35). 형광으로 표지된 액틴 단량체가 미세 섬유의 (+) 말단으로부터 (−) 말단을 향하여 이동하는 것이 관측된다. 트레이드밀 상태는 ATP 수화 반응의 자유 에너지에 의한 것으로 평형 상태에 있지 않다.

액틴 필라멘트의 방향성을 가진 성장은 혈장막의 지지력을 제공하고, 세포가 한 방향으로 세포질의 팽창이 일어나도록 한다. 만약 세포질 돌출이 표면에 생성되면, 세포는 더 끌어당기기 위해 접촉점을 이용할 수 있다. 그러나 세포가 기어가기 위하여 세포의 뒷부분은 진행 부분에 새로운 접촉이 이루어지는 동안 표면과 접촉한 것이 풀어져야 한다(그림 7-36). 또한 미세 섬유 중합 반응이 진행 부분에 일어날 때, G

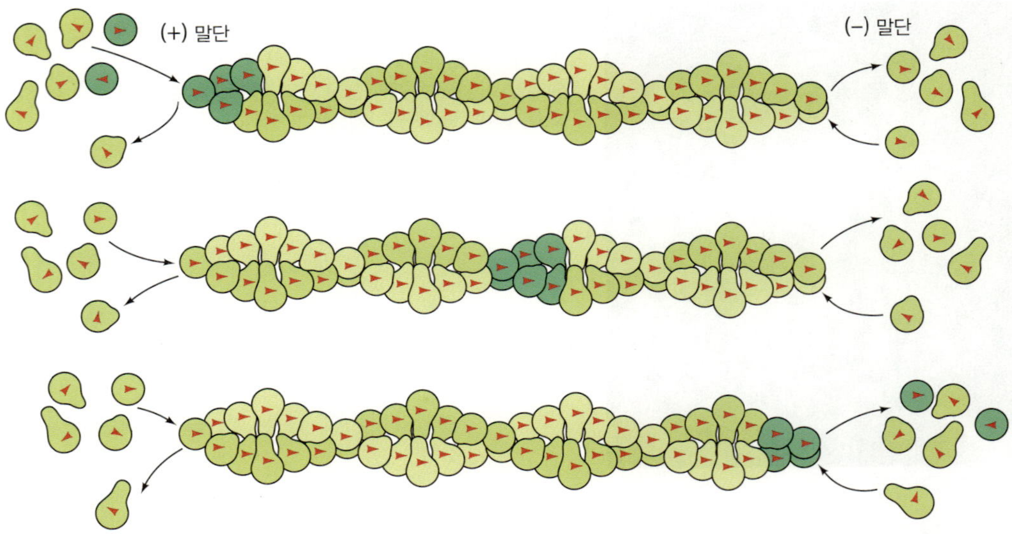

그림 7-35 미세 섬유 트레이드밀 상태 일정 상태에서 액틴 단량체는 계속적으로 필라멘트의 (+) 말단에 첨가되나(왼쪽), (−) 말단에서는 같은 속도로 분해된다(오른쪽). 따라서 필라멘트는 그 구성 단량체가 왼쪽에서 오른쪽으로 이동하는 동안 일정한 길이를 유지한다.

? ADP나 ATP에서 액틴 필라멘트가 풍부한 것은 어느 말단인지 밝히라.

그림 7-36 대식세포의 전자 현미경 사진 스캔 이 백혈구(위)의 진행 부분은 표면에서 떨어지고 확장 과정에 있는 장소에서 헝클어진다. 세포의 뒷부분 혹은 꼬리(아래)는 아직 표면에 붙어 있고 점차적으로 진행 부분으로 당겨진다. 액틴 고분자 반응 속도는 진행 부분에서 가장 크다. 대식세포는 **식세포 작용(phagocytosis)**으로 알려진 과정에 의해 *Staphyloccus sp.* 박테리아(주황색 작은 방울)를 잡아먹고 있다.

액틴이 한정되어 있어서 고분자 분해 반응이 세포의 어느 곳에선가 일어나야 한다. 다양한 액틴 결합 단백질은 생체 내에서 액틴 고분자 분해와 재생성 반응의 속도를 조절한다.

액틴에 의한 세포 운동, 즉 아메바 모양의 이동은 거의 세포 이동의 초기 메커니즘이다. 그럼에도 불구하고, 세포 운동 메커니즘은 세포 표면 가까이 위치한 액틴의 작은 부분이 포함되고 있지만, 세포 운동에 대한 새로운 견해를 주었다. 보다 광범위한 미세 섬유의 재배치는 감염이나 염증 부위를 향하여 상대적으로 긴 거리를 이동하는 호중구(neutrophils, 백혈구 종류)와 같은 세포에 필수적이다.

체크 포인트

- 어떻게 마이오신 구조가 모터 단백질로서 마이오신의 기능과 관련이 있는지 설명하시오.
- 본문에 기술된 모든 단백질의 위치를 포함하여 근육 원섬유 마디의 구성 요소에 대한 도해를 그리시오. 어떤 구성 요소가 구형이며, 어떤 것이 섬유상인가?
- 근육 수축에 섬유 활주 모형을 분자적 관점에서 설명하시오.
- 근육 수축에서 Ca^{2+}와 ATP의 역할은 무엇인가?
- 구형 소단위체로부터 섬유상 단백질을 만드는 것이 가능한가?
- 미세 섬유의 트레이드밀 상태 과정을 기술하시오.
- 미세 섬유는 근육 원섬유에 있는 가는 필라멘트와 어떤 점이 다른가?
- 세포가 기어가는 과정에서 액틴의 고분자 생성과 분해 과정을 설명하시오.

3 항체

주요 개념

- 체액 면역 반응은 항체에 의해 중재되는데, 항체는 특별한 항원을 인지하는 가변 도메인(variable domain)뿐만 아니라 불변 도메인(constant domain)을 가지고 있다.
- 항체 유전자 재조합과 과돌연변이는 항체의 다양성을 부여한다.

모든 유기체는 병을 유발하는 미생물이나 바이러스를 포함한 다른 유기체들에 의해 끊임없이 공격을 받는다. 상위 고등동물에서 이와 같은 **병원체(pathogen)**는 외부 물질을 인지하여 **면역계(immune system)**에 의해 파괴되는 피부나 점액막(첫 방어선) 등의 물리적 장벽을 통과할 수도 있다. 면역은 두 형태로 구분된다.

1. **세포 면역(cellular immunity)**은 대부분의 병원체와 싸우는 역할을 하고, 특별히 바이러스에 감염된 세포를 효과적으로 제거하는 역할을 하는데, 이 면역은 **T 림프구(T lymphocyte)**, 또는 **T 세포(T cell)**에 의해 일어난다. 가슴샘(thymus)에서 성숙되어 T 임파구라 명명되었다.
2. **체액 면역(humoral immunity**, *humor*는 '액체'의 고대어)은 박테리아 감염이나 바이러스의 세포 외부 상에 대하여 효과적인데 **항체(antibody)** 혹은 **면역 글로불린(immunoglobulin)**으로 알려진 매우 다양한 관련 단백질들에 의해 중재된다. 항체는 **B 림프구(B lymphocyte)**, 또는 **B 세포(B cell)**에서 일어나는데, 동물의 골수(bone marrow)에서 성숙되어 명명되었다.

이 절에서는 항체의 구조, 기능, 생성에 초점을 맞출 것이다.

면역 반응은 항원(antigen)으로 알려진 외부 거대 분자, 혹은 단백질이나 탄수화물이 존재하면 시작된다. B 세포는 표면에 면역 글로불린을 갖는다. 만약 B 세포가 특정된 면역 글로불린과 결합하는 항원을 만나게 되면, 항원–항체 복합체를 에워싸서 분해하며, 세포 표면에 항원 조각을 남긴다. 그 후 T 세포는 B 세포가 급히 증식하도록 자극한다. 대부분의 증식된 B 세포는 항원에 특이한 항체를 분비하는 순환 세포이다. 이 항체는 항원 분자와 추가적으로 결합할 수 있고 면역계의 다른 구성 요소에 의해 파괴하도록 한다. 비록 그들에 상응하는 항원에 의해 자극되지 않으면 대부분의 B 세포는 몇 주만 살아 있지만, 오래 살아 있는 **기억 B 세포(memory B cell)**는 몇 달 혹은 몇 년 후까지 항체를 인식할 수 있으며, 항원을 만나지 못한 B 세포보다 매우 큰 면역 반응(2차 반응이라고 한다)을 시작할 수 있다(그림 7-37).

A 항체는 불변 부위와 가변 부위를 가지고 있다

면역 글로불린은 서로 관련이 있지만 매우 다양한 단백질군을 형성한다. 모든 면역 글로불린은 적어도 4개의 소단위체, 즉 2개의 동일한 ~23 kD **가벼운 사슬(light chain, L)**과 53~75 kD의 2개의 동일한 **무거운 사슬(heavy chain, H)**들을 가진다. 이

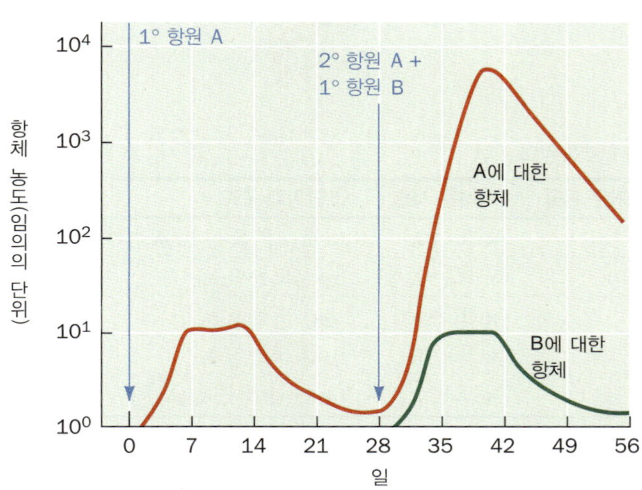

그림 7-37 1차 및 2차 면역 반응 항원 A에 대한 항체는 당일 1차 면역, 28일차 면역 조치로 혈액에 나타난다. 항원 A에 대한 면역 기억의 특이성을 보여 주기 위한 2차 면역 조치 시 항원 B가 포함되어 있다. 항원 A에 대한 2차 반응이 1차 반응에 비해 더 빠르고 크다.

소단위체들은 $(LH)_2$의 구조식을 갖는 Y자형 대칭 분자를 형성하기 위하여 이황화 결합과 비공유 상호작용에 의해 연결되어 있다(**그림 7-38**)

면역 글로불린(immunoglobulin, **Ig**)의 5종류는 그들이 가지고 있는 무거운 사슬의 유형과 때로는 소단위체들의 구조가 다르다(**표 7-2**). 예를 들어 **IgM**은 가운데 J 소단위체 주위로 정렬되어 있는 5개 Y형 분자로 구성된다. **IgA**는 단량체, 이합체, 삼합체, 사합체를 형성한다. 또한 다양한 면역 글로불린 종류는 다른 생리적 기능을 갖는다. IgM은 미생물에 대하여 가장 효과적이며 항원에 반응해서 분비되는 첫 면역 글로불린이다. **IgG**는 가장 보편화된 면역 글로불린인데, 혈액과 혈관 외액 사이에 똑같이 분배되어 있다. IgA는 주로 장관(intestinal tract)에 있는데, 항원 부위에 붙어서 그들이 상피(epithelial) 표면에 붙는 것을 방해하여 결과적으로 병원체에 대해 방어 작용을 한다. **IgE**는 극히 작은 농도로 혈액에 존재하는데, 기생충에 대하여 방어하며 알레르기 반응에 연관되어 있다. **IgD** 또한 소량 존재하는데, 그 작용은 거의 알려져 있지 않다. 항체 구조에 대한 토론은 IgG에 집중될 것이다.

IgG는 효소 **파파인(papain)**으로 단백질 분해하면 3개의 ~50 kD 절편, 즉 2개의 동일한 **Fab 절편(Fab fragment)**와 1개의 **Fc 절편(Fc fragment)**으로 잘린다. Fab 절편은 Y형 항체의 '팔'이며 완전한 L 사슬과 N 말단을 포함하는 절반의 H 사슬 부위

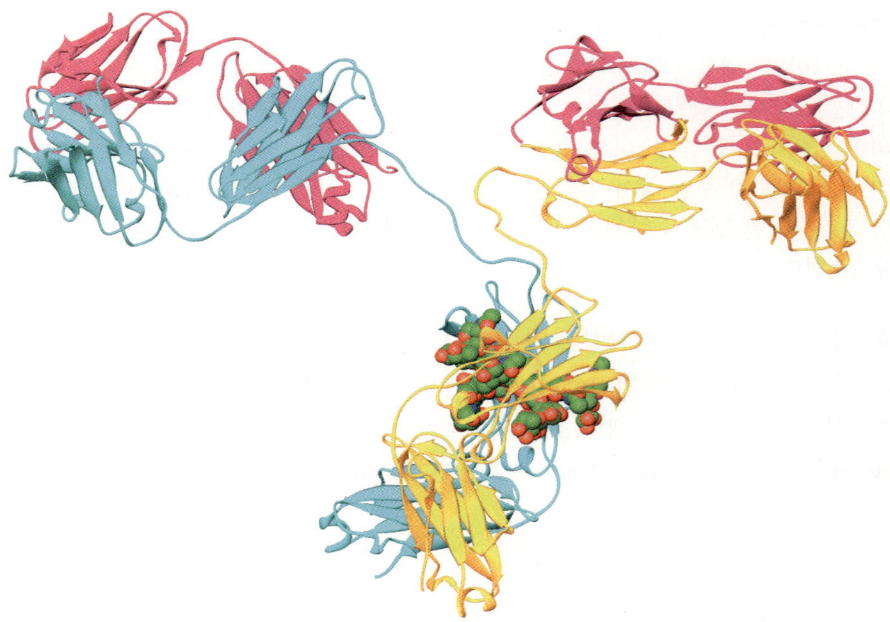

그림 7-38 항체의 X선 구조 단백질은 금색과 청록색으로 나타낸 2개의 무거운 사슬과, 자홍색으로 표현된 2개의 가벼운 사슬로 된 리본 형태로 보인다. 2개의 동일한 탄화수소 사슬은 C 초록색, N 푸른색, O 빨간색을 이용하여 공간 채움 형태로 그려져 있다. 항원 결합 부위는 무거운 사슬과 가벼운 사슬이 모여 형성된 수평의 두 Fab 팔의 끝에 위치한다. 이 특별한 항체는 개의 림프종(lymphoma, 암의 일종)을 인식하고 치료하는 데 이용된다. [Based on an X-ray structure by Alexander McPherson, University of California at Irvine. PDBid 1IGT.]

? 이 모형에서 몇 개의 단백질 도메인이 표현되고 있는가?

표 7.2 사람 면역 글로불린의 종류

종류	무거운 사슬	가벼운 사슬	소단위체 구조	분자량(kD)
IgA	α	κ 또는 λ	$(\alpha_2\kappa_2)_nJ^a$ 또는 $(\alpha_2\lambda_2)_nJ^a$	180~720
IgD	δ	κ 또는 λ	$\delta_2\kappa_2$ 또는 $\delta_2\lambda_2$	160
IgE	ε	κ 또는 λ	$\varepsilon_2\kappa_2$ 또는 $\varepsilon_2\lambda_2$	190
IgG[b]	γ	κ 또는 λ	$\gamma_2\kappa_2$ 또는 $\gamma_2\lambda_2$	150
IgM	μ	κ 또는 λ	$(\mu_2\kappa_2)_5J$ 또는 $(\mu_2\lambda_2)_5J$	950

[a] n = 1, 2, 3, 4

[b] IgG는 4개의 소분류를 갖는데, γ 사슬의 종류에 따라 IgG1, IgG2, IgG3, IgG4가 있다.

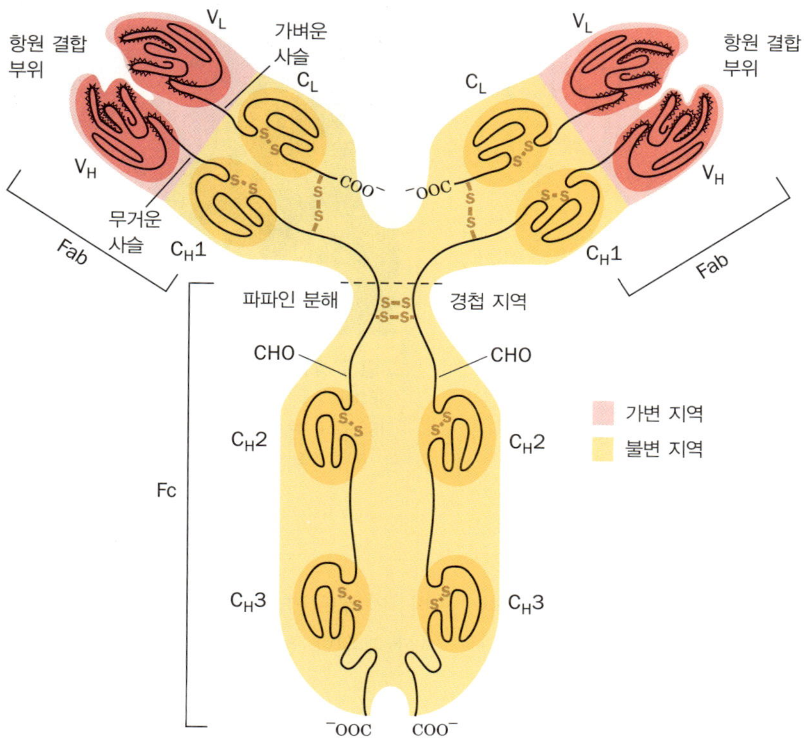

그림 7-39 사람 면역 글로불린 G(IgG)의 도해 각각의 가벼운 사슬은 가변(V_L) 지역과 불변(V_H) 지역을 가지고 있고, 각 무거운 사슬은 하나의 가변(V_H) 지역과 3개의 불변(C_H1, C_H2, C_H3) 지역을 포함한다. 가변 도메인과 불변 도메인은 이황화 결합을 가지고 있고 4개의 폴리펩타이드 사슬은 이황화 결합으로 연결되어 있다. 각 가변 도메인에 있는 3개의 과변이 고리(꼽슬꼽슬한 선)는 항원의 특이성을 결정한다. 단백질 분해 효소 파파인은 IgG의 경첩 지역을 잘라 2개의 Fab 절편과 1개의 Fc 절편을 만든다. CHO는 탄화수소 사슬을 나타낸다. [Illustration, Irving Geis. Image from Irving Geis Collection/Howard Hughes Medical Institute. Rights owned by HHMI. Reproduction by permission only.]

이다(그림 7-39). 이 절편은 IgG의 항체 결합 부위를 갖는다(Fab에서 'ab'는 *a*ntigen *b*inding을 표현한 것이다). Fc 부분(쉽게 결정화(crystallize)하기 때문에 'c')은 항체의 '줄기(stem)'로부터 파생되고 2개의 C 말단을 포함한 절반의 H 사슬로 구성된다. Y의 팔들은 유동적인 경첩 영역에 의해 줄기에 연결되어 있다.

모든 IgG는 전체적으로 같은 구조를 가지지만, 다른 항원을 인식하는 IgG들은 다른 아미노산 서열을 갖는다. 다른 항체들의 가벼운 사슬은 N 말단을 포함하는 절반이 대부분 다르다. 그러므로 이 폴리펩타이드가 **가변 지역(variable region)**인 $\mathbf{V_L}$(잔기 1~108개)과 **불변 지역(constant region)**인 $\mathbf{C_L}$ (잔기 109~214개)를 갖는다고 말한다. ~446개의 잔기를 갖는 H 사슬과 비교하여 보면, H 사슬 역시 가변 지역인 $\mathbf{V_H}$와 불변 지역인 $\mathbf{C_H}$를 갖는다는 것을 알 수 있다. 그림 7-39에서 나타낸 바와 같이, C_H 지역은 ~110개 잔기를 갖는 세 부분, 즉 $\mathbf{C_H1}$, $\mathbf{C_H2}$, $\mathbf{C_H3}$로 구성되어 있는데, 이들 서로뿐만 아니라 C_L과도 상동적이다. 사실 모든 불변 지역과 가변 지역은 서열과 이황화 결합 패턴이 서로 유사하다. 이러한 유사성은 IgG의 다른 6개 상동 단위들이 ~110개의 잔기 단백질을 암호화하는 근본 유전자의 복제를 통해 진화하였다는 것을 제안한다.

B 항체는 매우 다양한 항원들을 인식한다

면역 글로불린의 상동 단위들은 모두 같은 특징적 **면역 글로불린 접힘(immunoglobulin fold)**을 가진다. 면역 글로불린 접힘은 이황화 결합으로 연결되어 있는 3- 혹은 4-가닥의 역평행 β 병풍 구조로 구성된 샌드위치(그림 6-29*b*)이다. 그럼에도 불구하고 기본적으로 면역 글로불린 구조는 헤아릴 수 없이 많은 항원의 다양성을 수용해야 한다. 항원을 인식하는 능력은 각각의 가변 도메인에 있는 3개 고리에 있다(그림 7-40). 항체 사이에 아미노산 차이의 대부분은 **과변이(hypervariable)** 서열이라고 하

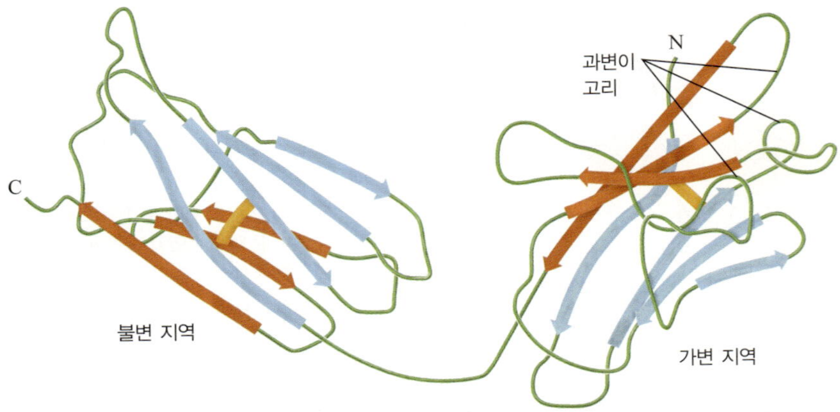

그림 7-40 면역 글로불린은 가벼운 사슬에서 접힌다. 불변 도메인과 가변 도메인은 모두 4가닥의 역평행 β 병풍(푸른색)과 3가닥의 역평행 β 병풍(주황색)이 이황화 결합(노란색)으로 연결된 샌드위치로 구성되어 있다. 가변 도메인에 있는 3개의 과변이 서열의 위치가 표시되어 있다. [After Schiffer, M., Girling, R.L., Ely, K.R., and Edmundson, A.B., *Biochemistry* 12, 4628 (1973).]

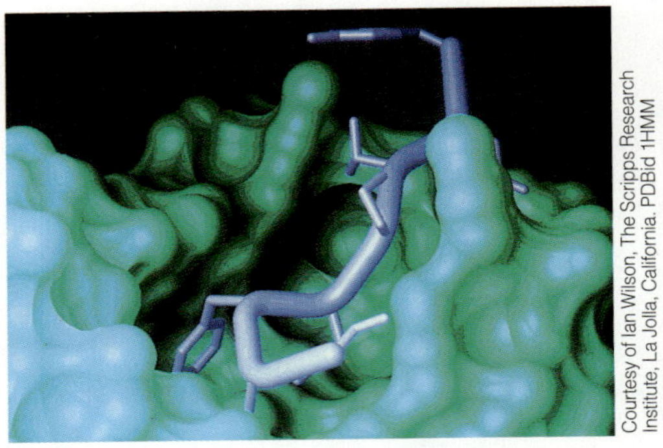

그림 7-41 항원과 항체의 상호작용 이 X선 구조는 펩타이드 항원(연보라색)의 9개 잔기 절편과 결합된 단일 클론 항체 Fab 절편(녹색)의 용매가 접근할 수 있는 표면 부위를 보여 준다.

는 이 3개의 짧은 조각에 집중되어 있다. 카바트(Elvin Kabat)가 가정한 것처럼 과변이 서열들은 면역 글로불린의 항체 결합 부위에 위치하여 그들 아미노산들의 결합 특이성을 결정한다.

과학자들은 **단일 클론 항체(monoclonal antibody**, 자료 7-5)로부터 Fab 절편의 X선 구조를 결정하였으며, **다발성 골수종(multiple myeloma**, 암화된 B 세포가 빨리 증식하고 한 가지 면역 글로불린이 다량 생성되는 병; 일반적인 혈액으로부터 정제된 면역 글로불린은 불균일하여 상세한 구조 연구에 사용될 수 없다)을 가진 환자로부터 분리한 단일 특이적 항체의 과변이 서열에서 예측할 수 있듯이, 항원 결합 부위는 V_L과 V_H 도메인 사이의 틈에 있는 각각의 Fab 절편의 끝에 위치한다.

GATEWAY CONCEPT 분자간 결합
한 분자가 다른 분자를 인식하고 결합하는 힘은 비공유 결합이다. 즉 이온간 결합, 수소 결합, 반데르발스 상호작용, 소수성 효과. 그러한 결합은 매우 높은 선택성을 갖고(한 가지 항체는 한 가지 항원을 인식한다) 강한 결합을 한다(많은 항원과 항체는 나노몰 범위의 K_D 값을 갖는다).

항체와 항원과의 결합은 반데르발스, 소수성, 수소 결합, 이온 상호작용이 포함되어 있다. 그들의 분리 상수는 10^{-4}~10^{-10} M으로, 효소와 기질간의 결합력과 비슷하거나 때로는 더 크다. 항원-항체 복합체의 특이성과 결합력은 항체와 항원 사이의 구조의 정교한 상호 보완성 때문이다(그림 7-41). 또한 이와 같은 특성을 이용하여 항원을 실험 시약으로 만들기도 한다(예: 그림 5-3).

대부분의 면역 글로불린은 2가(divalent) 분자이다. 즉 그것은 2개의 항체와 동시에 결합할 수 있다[IgM과 IgA는 다가(multivalent)이다]. 외부 물질이나 생물은 보통 여러 군데의 항원 구역을 가지며, 전형적인 면역 반응은 서로 다른 특이성을 가진 항체 복합체를 만든다. 2가 결합은 항체와 항원이 교차 연결되어 확장된 격자를 만들도록 하며(그림 7-42), 이것은 항체 제거를 앞당기고 B 세포 증식을 시작하도록 한다.

항체 다양성은 유전자 재조합과 돌연변이에 기인한다. 새로운 항체가 그들과 결합할 수 있는 새로운 면역 글로불린을 만들기 위해 B 세포를 조절할 수는 없다. 오히려 **항원은 이를 인식할 수 있는 항체를 가진 B 세포의 증식을 자극한다.** 아마도 면역계는 10^{18}개보다 더 많은 서로 다른 항체를 생산할 수 있는 능력

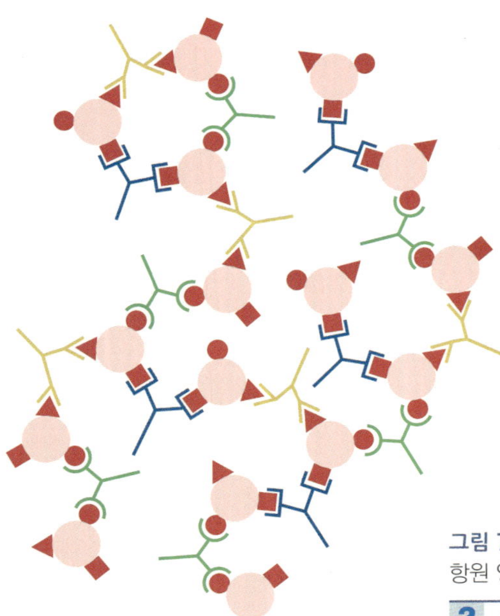

그림 7-42 항체에 의한 항원 가교 결합 독소 분자 또는 박테리아와 같이 침투하는 입자의 여러 다른 항원 영역을 인식하는 2가 항체의 혼합물은 항원과 항체 분자의 큰 격자를 형성 할 수 있다.

? 소단위체 구조$(\alpha_2\kappa_2)_2$J를 가진 IgA에 의한 항원 가교 결합을 보여 주는 유사한 도표를 그려라.

자료 7-5 생화학의 전망 단일 클론 항체

외부 분자가 동물로 들어오면 항체 특이적이지만 불균일한 항체의 합성을 유도한다. 그와 같은 동물로부터 한 가지 림프구가 균일한 면역 글로불린을 생산하기 위해 클론(재생산을 위해)되는 것을 생각할 수 있다. 불행하게도 림프구는 배양액에서 연속적으로 키울 수 없다. 그러나 1970년대 후반에 밀스테인(César Milstein)과 쾰러(Georges Köhler)는 죽지 않는 세포를 만들어 끊임없이 자라며 특이한 항체를 끝없이 분비하게 하는 기술을 개발하였다. 기본적으로 특별한 항원으로 면역된 쥐의 림프구를 수확하여 쥐의 골수종 세포(혈액암의 일종)에 융합하면 이것은 무한히 증폭될 수 있다(그림 참조). 다음 단계에서 세포는 퓨린 합성이 금지된 선택된 매체에서 배양하는데, 퓨린의 합성은 골수종이 자라는 데 필수적이다 [골수종 세포는 퓨린 뉴클레오타이드 합성 경로에 참여하는 **하이포잔틴 포스포리보실 전달 효소**(hypoxanthine phosphoribosyl transferase, HPRT)가 없다, 23-10절]. 선택된 매체에서 자랄 수 있는 세포는 **하이브리도마 세포**(**hybridoma** cell)로 알려진 융합 세포뿐인데, 이것은 골수종 세포의 죽지 않는 성질에 결핍된 HPRT를 림프구로부터 제공받았기 때문이다. 다음 단계에서 한 융합 세포로부터 얻은 클론을 원래의 항원에 대응하는 항체가 있는지 스크린한다. 항체 생산 세포는 조직 배양이나 쥐를 숙주로 하여 반고체 종양으로 대량 자랄 수 있다.

단일 클론 항체는 거대 분자를 정제하거나(5-2절), 감염된 병을 알아내고 신체 조직에 약물이나 다른 물질들의 존재를 확인하는 데 사용된다. 단일 클론 항체들은 순도와 특이성, 그리고 그들의 생체 적응성 때문에 암이나 다른 질병에 치료제로서 상당한 가능성을 가지고 있다. 사실 **허셉틴**(herceptin)으로 알려진 단일 클론 항체는 1/4의 유방암 환자에게 과발현되어 있는 성장 인자 수용체 **HER2**에 특이적으로 결합한다. 허셉틴이 HER2에 결합하면 성장 신호 활성을 막아서 결과적으로 종양이 성장을 멈추거나 심지어 감소하게 된다.

다른 단일 클론 항체가 류마티스 관절염과 같은 병의 증세를 치료하기 위하여 염증 반응의 요인에 결합하거나 막기 위해 개발되었다. 어떤 경우에 이러한 '생물학적' 약은 유전적으로 그들을 사람에 잘 적용되도록 만들어서 환자의 자가 면역계에 의해 외부 물질로서 인식되거나 거부되지 않도록 만들어지고 있다.

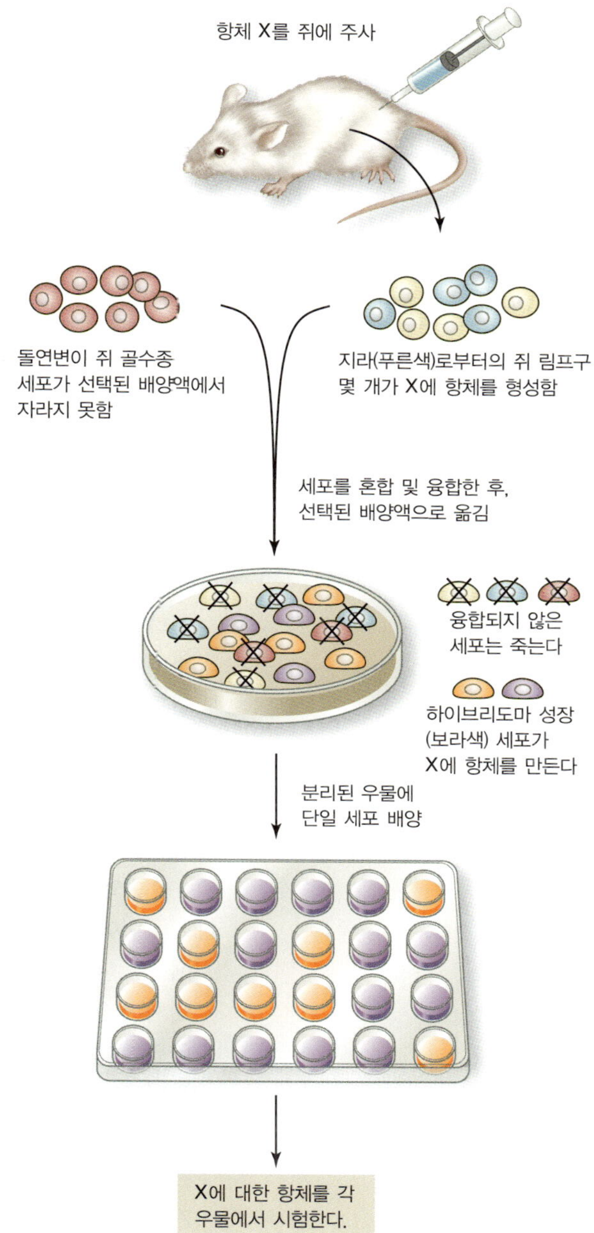

이 있다. 비록 이 수가 너무 많아서, 개별적으로는 생애 동안 비중 있는 면역 글로불린 종류의 작은 부분만 합성하지만, 이 부분이 생애에 만나는 항원과 반응하기에 충분하다. 면역 글로불린의 유전자 수가 많이 관측되는 항체수를 설명할 수 없다. 대신에 항체 서열의 다양성은 B 임파구의 발달 동안 일어나는 유전적 변화로부터 온다.

면역 글로불린의 각 사슬은 여러 DNA 구획에 의해 암호화된다. V, J, C 구획은 가벼운 사슬, V, D, J, C 구획은 무거운 사슬을 위해서다. 이들 구획은 단백질로 전사되고 번역되기 전에 B 세포 발달 동안 **체세포 재조합**(**somatic recombination**)에 의해 연결된다. 이 과정을 생식세포에서 일어나는 재조합과 구별하기 위해 체세포(그

표 7.3 몇 가지 항체 중재된 자가 면역 질환

질환	표적 조직	주요 증상
애디슨 병	부신 겉질	낮은 혈당, 근육 약화, Na^+ 손실, K^+ 정체, 스트레스 민감성 증가
그레이브스 병	갑상샘	갑상샘 호르몬 과분비로 인한 체중 감소를 동반한 식욕 증진
인슐린 의존(I형) 진성 당뇨병	췌장 β 세포	인슐린 생성 능력 저하
중증 근무력증	신경–근육 시냅스상 아세틸콜린 수용체	점진적 근육 약화
류머티스성 관절염	연결 조직	관절의 염증과 퇴화
전신 홍반 루푸스	DNA, 인지질, 다른 조직 구성 요소	홍반, 관절과 근육 통증, 빈혈, 신장 손상, 정신적 기능 장애

리스어로 *soma*는 몸)라 불린다. 게놈에는 여러 형태의 V, D, J, C 절편이 있기 때문에 조합의 가능성은 무궁하다. 또한 조합 과정은 때로는 유전자 절편이 붙은 부위에서 첨가되거나 잃어버릴 수가 있어서 더 다양한 단백질이 만들어진다. 항체 다양성의 생성은 28-3D절에서 더 논의한다.

추가적인 변화는 B 세포가 항원을 만나서 항체 분자를 분비한 후에 일어날 수도 있다. 항체 생성 B 세포가 나누어지면 면역 글로불린 유전자 돌연변이 속도는 급속히 증가하여 한 뉴클레오타이드를 다른 것으로 잘 치환하고, 각 세포 세대에서 평균적으로 한 아미노산의 변화를 초래한다. 이 과정을 **체세포 초돌연변이(somatic hypermutation)**라고 하는데, B 세포의 증식 속도가 생산하는 항체의 항원 결합 친화력에 따라 증가하기 때문에 항원의 항체에 대한 특이성이 여러 세대에 걸쳐 잘 맞추어지도록 한다.

면역계는 자가 면역 질환에서 내성을 잃는다. 면역계의 주목할 만한 다른 성질은 그 힘이 단지 외부 물질에만 촉발될 뿐, 매우 많고 다양한 종류의 내부(자체) 분자에 대해서는 작용을 하지 않는다는 것이다. 사실상 모든 거대 분자는 심지어 같은 종에서 한 개인으로부터 다른 개인으로 조직을 이식한 경우에 볼 수 있듯이 잠재적인 항원이다. 이 양립할 수 없는 점은 일상적인 수혈로부터 장기 이식까지 치료에 대해 분명히 도전해야 할 사항을 준다. 개개의 면역계가 다른 개체로부터 자기를 구별하는 메커니즘은 완전히 이해되지 않았지만, B 세포와 T 세포가 완전히 성숙하기 전에 자기에 대하여 반응성이 있는 것들을 제거하는 것이 포함된다. 생애 동안 새 림프구가 만들어지므로 자기 내성은 출생 시 발달하기 시작하고 반드시 지속되어야 한다. 때로는 면역계가 자기 항원 중 몇몇에 대하여 내성을 잃어서 **자가 면역 질환(autoimmune disease)**이 발생한다.

모든 신체 장기 시스템은 이론적으로 자기 내성을 잃은 면역계에 의해 공격을 받을 수 있으나 몇 가지 조직은 다른 것들보다 좀 더 자주 공격을 받는다. 가장 보편화된 항체에 의한 중재된 자가 면역 질환을 표 7-3에 나열하였다(다른 자가 면역 질환은 주로 T 세포의 적절하지 못한 활성화에서 온다). 특정된 질환의 증상은 자가 항체가 반응하는 조직 형태, 또는 전신 질환의 경우에 여러 부위에서 항체–항원 복합체의 축적을 반영한다. 일반적으로 자가 면역 질환은 만성적이며 차도를 보이는 기간이 자주 있기도 하며, 그들의 임상적으로 중대성은 개인에 따라 다르다.

자신이 소유한 항체에 대해 내성을 잃는 것은 면역계가 자기와 다른 개체를 구별

하는 메커니즘이 선천적으로 기능을 하지 못할 때 올 수도 있고, 상처나 감염에 의해 면역계에 노출되지 않았던 조직이 림프구에 노출될 때 일어날 수 있다. 예를 들어 혈관 뇌 관문의 파괴는 림프구가 뇌나 척수에 접근이 가능하도록 하고, 부상은 보통 혈관에 의해 제공되지 않았던 관절이 공간으로 접근이 가능하도록 한다. 어떤 자가 면역 질환은 항원의 유사성 때문에 내재 물질과 교차 반응하는 어떤 바이러스나 박테리아 항원에 대한 항체로부터 생성되기도 한다. 가령 전신 홍반 루푸스(systemic lupus erythematosus) 질환은 면역계의 좀 더 일반적인 파괴를 보여 항원이 많은 내제 물질(가령 DNA와 인지질)에 대한 항체가 만들어질지도 모른다.

체크 포인트

- 그림 7-39를 보지 말고 IgG의 도해를 그리고, 무겁거나 가벼운 사슬, 불변 도메인과 가변 도메인, 항원 결합 부위를 밝히시오.
- 한 사람이 어떻게 수억 개의 서로 다른 항체를 만드는지 설명하시오.
- 자가 면역 질환의 진행과 관련 있는 요인들은 무엇인가?
- 자가 면역 질환의 증상은 왜 개인들마다 다른가?

요약

1 마이오글로빈과 헤모글로빈에서 산소 결합

- 마이오글로빈은 단량체 헴을 가진 근육 단백질로, 하나의 O_2 분자와 가역적으로 결합한다.
- 헤모글로빈은 유사 D_2 대칭성의 사합체이고, 옥시와 데옥시 상태에서 다른 형태를 가진다.
- S자형의 헤모글로빈의 산소 결합은 협동적 결합을 가리킨다.
- 헴기의 O_2 결합은 헤모글로빈 분자 전체의 소단위체에서 경계면에서의 움직임과 이온쌍의 붕괴를 포함한 형태 변화를 포함한다. 이 결과는 T에서 R 상태로의 변화이다.
- CO_2는 헤모글로빈에서 보어 효과를 통해 O_2의 해리를 활성화시킨다. BPG는 데옥시헤모글로빈에 결합하여 헤모글로빈의 O_2 친화도를 감소시킨다.
- 다른자리 입체성 현상의 대칭과 순차적 모형은 다른 부분에 다른 리간드가 결합하는 데 리간드가 1개 부분에 어떻게 영향을 미치는지 설명해 준다.
- 헤모글로빈의 다양성은 구조-기능의 관계를 보여 준다. 헤모글로빈 S는 데옥시 형태에서 단단한 섬유를 형성하여 낫 모양 적혈구 빈혈증을 일으킨다.

2 근육 수축

- 근육 원섬유 마디의 굵은 필라멘트는 모터 단백질 마이오신으로 구성되어 있고 가는 필라멘트는 주로 액틴으로 이루어졌다.
- 굵은 필라멘트에서 마이오신 분자의 머리는 가는 필라멘트의 액틴과 다리를 형성하는데, 마이오신 머리가 떨어지거나 다시 붙는 것이 굵거나 가는 필라멘트가 근육 수축 동안 서로 미끄러지는 것을 유발한다. 수축하는 힘은 ATP 수화에 의해 시작되는 마이오신의 형태 변화로부터이다.
- 비근육 세포에서는 액틴이 미세 섬유를 형성하는데, 이것은 세포 골격의 요소이다. 미세 섬유는 그의 성장과 퇴보가 어떤 형태의 세포 운동에 필수적인 역동적인 구조이다.

3 항체

- 면역계는 항체(면역 글로불린)의 형성을 통해서 외부 거대 분자에 반응하는 것이다.
- Y자형 IgG 분자는 2개의 무거운 사슬과 2개의 가벼운 사슬로 구성되어 있다. 항원 결합 부위는 무겁거나 가벼운 사슬 끝에 있는 변이 도메인에 있는 과변이 서열에 의해 형성된다.
- 항체의 다양성은 B 세포 발달 동안 체세포 재조합이나 체내 과돌연변이가 원인이다.

주요 용어

(−) 말단[(−) end]
(+) 말단[(+) end]
Fab 절편(Fab fragment)
Fc 절편(Fc fragment)
p_{50}
pO_2
R 상태(R state)
S자 곡선(Sigmoidal curve)
T 상태(T state)
Y_{O_2}
가는 필라멘트(thin filament)
가로무늬근(striated muscle)
가변 지역(variable region)
낫 모양 적혈구 빈혈증(sickle-cell anemia)
과변이(hypervariability)
굵은 필라멘트(thick filament)
근육 원섬유(myofibril)
근육 원섬유 마디(sarcomere)
기억 B 세포(memory B cell)
다른자리 입체성 상호작용(allosteric interaction)
다발성 골수종(multiple myeloma)
다혈구증(polycythemia)
단일 클론 항체(monoclonal antibody)
대칭 모형(symmetry model)
동형 접합체(homozygote)
리간드(ligand)
림프구(lymphocyte)
미세 섬유(microfilament)

면역 글로불린 접힘(immunoglobulin fold)
면역 글로불린(immunoglobulin, Ig)
면역계(immune system)
모터 단백질(motor protein)
변종(variant)
병원체(pathogen)
보어 효과(Bohr effect)
불변 지역(constant region)
붕괴(lyse)
비협동적 결합(noncooperative binding)
빈혈(anemia)
산소화 반응(oxygenation)
섬유 활주 모형(sliding filament model)
세포 면역(cellular immunity)
순차적 모형(sequential model)
쌍곡선(hyperbola)
양성 협동성(positively cooperative)
음성 협동성(negatively cooperative)
이형 접합체(heterozygote)
자기 면역 질환(autoimmune disease)
청색증(cyanosis)
체세포 초돌연변이(somatic hypermutation)
체세포 재조합(somatic recombination)
체액 면역(humoral immunity)
트레이드밀 상태(treadmilling)
페루츠 메커니즘(Perutz mechanism)
포화(saturation)
항원(antigen)
헴(heme)
협동적 결합(cooperative binding)
힐 상수(Hill constant)
힐 식(Hill equation)

문제

연습 문제

1. 단백질에 리간드 결합을 나타낸 주어진 자료를 통해 K를 구하시오.

[리간드](mM)	Y
0.25	0.30
0.5	0.45
0.8	0.56
1.4	0.66
2.2	0.80
3.0	0.83
4.5	0.86
6.0	0.93

2. 어떠한 결합 자료가 소중합체 단백질의 리간드 결합의 협동성을 나타내는가?

(a)

[리간드](mM)	Y
0.1	0.3
0.2	0.5
0.4	0.7
0.7	0.9

(b)

[리간드](mM)	Y
0.2	0.1
0.3	0.3
0.4	0.6
0.6	0.8

3. 식 7-8을 이용하여 pO_2가 (a) 20 torr, (b) 40 torr, (c) 80 torr일 때 헤모글로빈의 부분 포화도를 추측하시오.

4. pO_2 = 25 torr일 때 $Y_{O_2} = 0.82$라면 헤모글로빈의 p_{50} 값을 계산하시오.

5. 산소와 염화 소듐을 물에 녹여 만든 '바이타민 O'라고 하는 물질을 몇 방울 마시는 것이 몸속에 산소의 농도를 증가시키는 것으로 주장되고 있다. (a) 산소 운반 지식을 이용하여 이 주장을 평가하시오. (b) 이것을 직접 혈류로 첨가시키면 바이타민 O가 더 효과적인가, 덜 효과적인가?

6. 경주가 해수면에서 있을 때에도 장거리 달리기 선수가 고도가 높은 곳에서 연습하는 것을 선호하는 이유를 설명하시오. 왜 달리기 선수는 더 고도가 높은 곳에서 하루보다 더 많은 날을 소비하여야 하는지 설명하시오.

7. p_{50}이 정상보다 높거나 낮으면 (a) 헤모글로빈 Yakima, (b) 헤모글로빈 Kansas를 설명하시오.

8. 헤모글로빈 Rainier에서 Try 145β는 Cys로 치환되고, 같은 소단위체 안에서 다른 Cys 잔기와 이황화 결합을 형성한다. 이것은 T 상태를 정상적으로 안정시키는 이온쌍의 형성을 막아 준다. 헤모글로빈 Rainier는 정상 헤모글로빈과 (a) 산소 친화도, (b) 보어 효과, (c) 힐 상수가 어떻게 다른가?

9. 종종 빈혈을 일으키는 헤모글로빈 S 동형 접합체는 적혈구에서 BPG 수준을 조절한다. 이것은 이로운 효과인가?

10. 변이 헤모글로빈 C에서는 β 사슬에 6번 위치의 글루타메이트가 라이신으로 치환되어 있다. (a) 이 돌연변이 헤모글로빈이 헤모글로빈 S처럼 고분자 반응이 일어날 것으로 예측되는가? (b) 헤모글로빈 C를 가진 적혈구 세포는 정상 헤모글로빈을 가진 적혈구 세포보다 수명이 짧다. 이것이 말라리아에 대한 사람의 저항성에 어떻게 영향을 주는가?

11. 마이오신은 섬유상 단백질인가, 구형 단백질인가? 설명하시오.

12. 가로무늬근에서 세포는 세포질 분열없이 유사 분열이 진행되어 커다란 다핵 세포를 만든다. 세포질 분열이 유사 분열마다 일어난다면 근육세포는 왜 덜 효율적인지 설명하시오.

13. 마이오신 머리는 초당 5번 ATP 수화 사이클을 진행할 수 있는데, 각 사이클마다 액틴 단위체를 100 Å 이동시킨다. 어떻게 근육 원섬유 마디는 같은 주기에 1000 Å 짧아지는 것이 가능한가?

14. **사후 경직(rigor mortis)**은 세포내 ATP 결핍이 원인이다. 경직을 분자 관점에서 표사하시오.

15. 근섬유에 의해 생성되는 힘은 근육 원섬유 마디가 짧아짐에 따라 증가하지만 아주 짧은 근육 원섬유 마디에서는 감소한다. 이 현상을 설명하시오.(힌트: 근육 수축 과정에서 세포는 부피는 일정

하다)

16. 항체는 박테리아나 바이러스에서 나오는 세포 외부 물질을 인식하는 데 적절하다. 그러나 면역 작용은 세포 내부의 감염에 더 반응할 수 있다. 면역 작용은 왜 F-액틴을 인식하는 결합 단백질을 포함하는지 설명하시오.

17. (a) 젤거르기 크로마토그래피, (b) SDS-PAGE, (c) 2-머캅토에탄올 존재하에서 SDS-PAGE를 이용하여 분석한 면역 글로불린 G의 분자량은 얼마인가?

18. 많은 물고기는 사합체 IgM을 생산한다. 각 H 사슬은 70 kD, 각 가는 사슬은 25 kD, J 사슬은 15 kD의 분자량을 갖는다면, IgM의 분자량은 대략 얼마인가?

19. V_H와 V_L 도메인과 도메인에 변이가 과변이 고리에 국한되는지 이유를 설명하시오.

20. (a) IgG, (b) IgM에 있는 과변이 고리는 몇 개인가?

도전 질문

21. 활동하는 근육에서, pO_2가 세포 표면에서는 10 torr, 미토콘드리아(산화 대사가 일어나는 세포조직)에서는 1 torr이다. 식 7-6을 사용하여 어떻게 마이오글로빈($p_{50} = 2.8$ torr)이 세포를 통과할 때 산소를 확산하는지 보이시오.

22. 마이오글로빈이 헤모글로빈과 똑같은 p_{50} 값을 갖는다면, 이것은 문제 21에서 설명된 조건에서 산소 확산에 어떻게 잘 이용되는가?

23. 어떤 원시 동물은 2개의 동일한 소단위체로 구성된 헤모글로빈을 가지고 있다. 이 단백질의 산소 결합 곡선을 스케치해 보시오.

24. 문제 23에서 설명된 헤모글로빈에 대한 힐 상수의 범위는 무엇과 같을 것으로 보이는가?

25. 인체에서, 급한 숨쉬기는 혈액 속의 높은 CO_2 농도의 결과이다. 혈액 pO_2의 직접적인 생리학적 감응 기구는 없다. 스킨다이버는 종종 이것이 혈액 속의 산소를 증가시킨다는 믿음에서 다이빙 직전에 크게 숨을 내쉰다. (a) 과연 그럴까? (b) 이러한 연습이 유용한지 헤모글로빈의 기능에 대한 여러분의 지식을 사용하여 평가하시오.

26. 악어는 숨을 쉬지 않고 1시간 이상을 물 밑에서 잠수할 수 있다. 악어의 헤모글로빈은 BPG와 결합하지 않는다. 그러나 악어의 데옥시헤모글로빈은 우선적으로 HCO_3^-와 결합한다. 이것이 어떻게 악어를 오래 잠수할 수 있도록 하는가?

27. 빈혈이 있는 사람은 정상인 사람에 비해 절반의 Hb를 가지고 있지만 건강한 것처럼 보인다. 한편 정상인은 헤모글로빈의 절반이 일산화 탄소로 채워지면 정상적인 생활을 할 수 없다(CO 분압이 1 torr에서 1시간 동안, CO는 산소 분자에 비하여 200배의 Hb에 대한 결합 능력이 있다). 설명하시오.

28. 팔이 무게를 가진 물질을 들고 있을 때 열역학적인 일은 하지 않지만 근육은 에너지를 소모한다. 근육이 수축되지 않는 그와 같은 상태에서 근육은 어떠한 상태인지 분자 차원에서 설명하고, 왜 ATP를 소모하는지 설명하시오.

29. 미세 섬유는 극성을 띠지만, 케라틴은 그렇지 않은 이유를 설명하시오.

30. 세포는 모양이 변화하는 동안 미세 섬유의 분리를 촉진하는 단백질 모음을 가지고 있다. 그런 단백질은 새로이 합성된 필라멘트와 오래된 필라멘트를 어떻게 구별하는가?

31. 자연 단백질로 만들어진 항체는 왜 때때로 변성 단백질과 결합하지 못하는가?

32. 거대 분자 항원으로부터 만든 항체는 일반적으로 항원과 섞을 때 항원-항체 침전물을 생성한다. 다음의 경우는 침전물이 왜 형성되지 않는지 설명하시오. (a) 항체의 Fab 절편과 항원을 섞을 경우, (b) 작은 항원으로부터 만든 항체를 작은 항원과 섞을 경우, (c) 항체를 항원에 비해 많이 넣어 섞을 때와 반대의 경우

33. 어떤 박테리아는 항원 결합에 영향이 없이 IgA 분자의 힌지 구역을 자르는 단백질 분해 효소를 생산한다. 이러한 단백질 분해 효소가 박테리아가 감염을 시작하는 데 더 많은 기회를 줄 수 있는 이유를 설명하시오.

34. 전신 홍반 루푸스(SLE)를 가진 사람은 DNA와 인지질에 대한 항체를 생산한다. (a) 정상적인 사람은 이와 같은 기질에 대하여 항체를 생산하지 못하는 이유를 설명하시오. (b) 바이러스나 박테리아 감염에 대해 정상적인 반응 동안, 면역계는 많은 항원 특이 항체를 만들고 결과된 항체-항원 복합체는 결과적으로 순환으로부터 제거되어 분해된다. 항체-항원 복합체가 SLE를 가진 사람의 조직에 쌓이는 이유를 설명하시오.

참고 문헌

마이오글로빈과 헤모글로빈

Ackers, G.K. and Holt, J.M., Asymmetric cooperativity in a symmetric tetramer: human hemoglobin, *J. Biol. Chem.* **281**, 11441–11443 (2006). [A brief review of hemoglobin's allosteric behavior.]

Allison, A.C., The discovery of resistance to malaria of sickle-cell heterozygotes, *Biochem. Mol. Biol. Educ.* **30**, 279–287 (2002).

Dickerson, R.E. and Geis, I., *Hemoglobin*, Benjamin/Cummings (1983). [A beautifully written and lavishly illustrated treatise on the structure, function, and evolution of hemoglobin.]

Ferry, G., *Max Perutz and the Secret of Life*, Cold Spring Harbor Laboratory Press (2007). [A definitive biography.]

Judson, H.F., *The Eighth Day of Creation* (Expanded edition), Chapters 9 and 10, Cold Spring Harbor Laboratory Press (1996). [Includes a fascinating historical account of how our present perception of hemoglobin structure and function came about.]

Layton, M.D. and Nagel, R.L., Haemoglobinopathies due to structural mutations, *in* Provan, D. and Gribben, J. (Eds.), *Molecular Haematology* (3rd ed.) pp. 179–195, Wiley-Blackwell (2010).

Ordway, G.A. and Garry, D.J., Myoglobin: an essential hemoprotein in striated muscle, *J. Exp. Biol.* **207**, 3441 – 3446 (2004).

Perutz, M.F., Wilkinson, A.J., Paoli, M., and Dodson, G.G., The stereo–chemical mechanism of the cooperative effects in hemoglobin revisited, *Annu. Rev. Biophys. Biomol. Struct.* **27**, 1 – 34 (1998).

Schechter, A.N., Hemoglobin research and the origins of molecular medicine, *Blood* **112**, 3927 – 3938 (2008). [Reviews hemoglobin structure and function, including hemoglobin S.]

Strasser, B.J., Sickle–cell anemia, a molecular disease, *Science* **286**, 1488 – 1490 (1999). [A short history of Pauling's characterization of sickle–cell anemia.]

액틴과 마이오신

Cooper, J.A. and Schafer, D.A., Control of actin assembly and disassembly at filament ends, *Curr. Opin. Cell Biol.* **12**, 97 – 103 (2000). [Provides an overview of the principles of microfilament dynamics and some of the key protein players.]

Craig, R. and Woodhead, J.L., Structure and function of myosin filaments, *Curr. Opin. Struct. Biol.* **16**, 204 – 212 (2006). [Includes details of myosin and thick filament structure, including its arrangement in the sarcomere.]

Dominguez, R. and Holmes, K.C., Actin structure and function, *Annu. Rev. Biophys.* **40**, 169 – 186 (2011).

Reisler, E. and Egelman, E.H., Actin structure and function: what we still do not understand, *J. Biol. Chem.* **282**, 36133 – 36137 (2007). [Summarizes some areas of research on actin structure and its assembly into filaments.]

Schliwa, M. and Woehlke, G., Molecular motors, *Nature* **422**, 759 – 765 (2003). [Includes reviews of myosin and other motor proteins.]

Spudich, J.A., The myosin swinging cross–bridge model, *Nature Rev. Mol. Cell Biol.* **2**, 387 – 391 (2001). [Summarizes the history and models for myosin action.]

항체

Davies, D.R. and Cohen, G.H., Interactions of protein antigens with antibodies, *Proc. Natl. Acad. Sci.* **93**, 7 – 12 (1996).

Harris, L.J., Larson, S.B., Hasel, K.W., Day, J., Greenwood, A., and McPherson, A., The three–dimensional structure of an intact monoclonal antibody for canine lymphoma, *Nature* **360**, 369 – 372 (1992). [The first high–resolution X–ray structure of an intact IgG.]

Marrack, P. , Kappler, J., and Kotzin, B.L., Autoimmune disease: why and where it occurs, *Nature Med.* **7**, 899 – 905 (2001).

Murphy, K., *Janeway's Immunobiology* (8th ed.), Garland Science (2012).

Sliwkowski, M.X. and Mellman, I., Antibody therapeutics in cancer, *Science* **341**, 1192 – 1198 (2013).

건조된 옥수수 알의 약 절반이 다당류인 전분이며, 소화 과정에서 글루코스로 분해된다. 또한 전분은 단당류인 셀룰로스와 함께 에탄올 생산의 출발 물질이기도 하다.

CHAPTER 8

탄수화물

1 단당류
- A 단당류에는 알도스와 케토스가 있다
- B 단당류는 입체 배열과 형태가 다양하다
- C 당은 수식되거나 공유 결합을 통해 연결될 수 있다

2 다당류
- A 젖당과 슈크로스는 이당류이다
- B 셀룰로스와 키틴은 구조 다당류이다
- C 전분과 글리코젠은 저장 다당류이다
- D 글리코사미노글라이칸은 많은 양의 물을 함유하는 젤을 형성한다

3 당단백질
- A 프로테오글라이칸은 글리코사미노글라이칸을 포함한다
- B 세균의 세포벽은 펩타이도글라이칸으로 만들어진다
- C 많은 진핵세포 단백질들이 당화되어 있다
- D 올리고당은 당단백질의 구조, 기능, 분자 인지를 결정한다

탄수화물(**carbohydrate**) 또는 **당**[**saccharide**, 그리스어: *sacharon*(설탕)에서 유래]은 가장 풍부한 생체 물질이다. 단지 세 가지 원소—탄소, 수소, 산소—가 합쳐져서 $(C \cdot H_2O)_n$으로 표현되는 간단한 화학식($n \geq 3$)을 가진 탄수화물은 아미노산이나 핵산 분자에 비하여 매우 간단한 화합물이다. 기본적인 탄수화물 단위를 **단당류**(**monosaccharide**)라고 한다. 다음에 설명하겠지만, 자연에는 단당류를 구성하는 탄소 원자의 수나 탄소에 결합된 H와 O의 입체 배열이 다른 많은 형태의 단당류들이 있다. 나아가 단당류들은 무수히 다양한 방법에 의하여 서로 실처럼 연결됨으로써 **다당류**(**polysaccharide**)를 형성한다.

1960년대까지만 해도 탄수화물은 에너지원(예: 글루코스와 전분)과 구조 물질(예: 셀룰로스) 같은 수동적인 역할만을 가지는 것으로 생각하였다. 실제로, 탄수화물은 단백질과 같이 복잡한 화학 반응을 촉매하는 것도 아니며, 핵산처럼 자기 복제 능력이 있는 것도 아니다. 또한 다당류는 핵산이나 단백질처럼 유전적인 '청사진'을 따라 만들어지는 것도 아니기 때문에 다른 생체 물질에 비하여 훨씬 이질적인 크기와 조성을 가진다.

그러나 탄수화물의 본질적인 구조적 다양성은 그 생리 활성의 근간이 된다는 것이 점점 분명해지고 있다. 단백질과 세포 표면에 아무렇게나 붙어 있는 것 같은 탄수화물이 단백질-단백질 또는 세포와 세포 간에 일어나는 분자 인지 과정의 핵심이다. 따라서 생물학적 시스템에서 탄수화물의 역할을 알아내기 위해서는 가장 간단한 단당류에서 가장 복잡한 구조의 분지형(branched) 다당류까지 그 구조를 이해하는 것이 필수적이라고 할 수 있다.

1 단당류

주요 개념

- 가장 작은 당은 $(C \cdot H_2O)_n$의 구조식으로 표현되는 알도스와 케토스이다.
- 단당류는 고리를 형성하여 α 아노머와 β 아노머를 형성한다.
- 단당류 유도체는 알돈산, 우론산, 알디톨, 데옥시당과 아미노당을 포함한다.
- 단당류는 서로 또는 다른 분자들과 글리코사이드 결합을 통해 연결될 수 있다.

A 단당류에는 알도스와 케토스가 있다

단당류는 폴리하이드록기를 가진 한 가닥 사슬 모양의 알데하이드(*aldehyde*) 또는 케톤(*ketone*) 유도체로, 최소 세 개 이상의 탄소 원자를 포함한다. 단당류는 카보닐기의 종류와 포함하는 탄소의 수에 따라 분류된다. 카보닐기가 알데하이드일 경우,

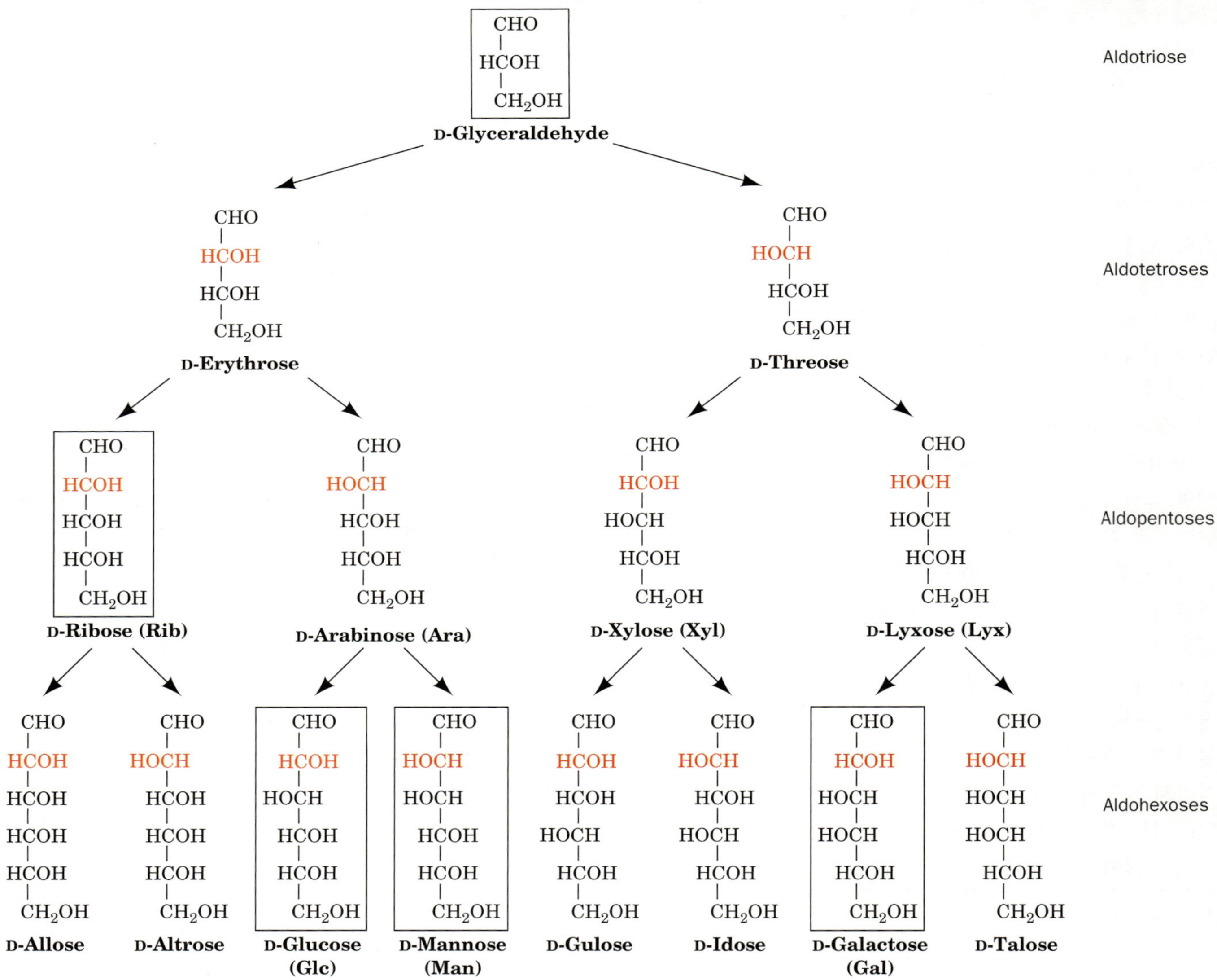

그림 8-1 3개에서 6개의 탄소로 구성된 알도스 화살표는 입체 화학적 관계를 나타낸다(생합성 경로가 아님). C2(붉은색)의 입체 배열에 따라 각각 쌍으로 존재하는 두 개의 단당류로 구분된다. 그림에 존재하는 15개 단당류에 대하여 L-당은 각 당의 거울상 구조이다. 생체에 존재하는 가장 일반적인 당들은 네모 칸으로 표시되었다.

그 당은 **알도스(aldose)**라고 한다. 카보닐기가 케톤일 경우, 그 당은 **케토스(ketose)**라고 한다. 세 개의 탄소를 가진 **삼탄당(triose)**이 가장 작은 단당류이다. 4개, 5개 6개, 7개 등 단당류를 구성하는 탄소의 수에 따라 각각 **사탄당(tetrose)**, **오탄당(pentose)**, **육탄당(hexose)**, **칠탄당(heptose)** 등이라고 한다.

알도헥소스(aldohexose)인 **D-글루코스(D-glucose)**는 $(C \cdot H_2O)_6$의 화학식을 가진다.

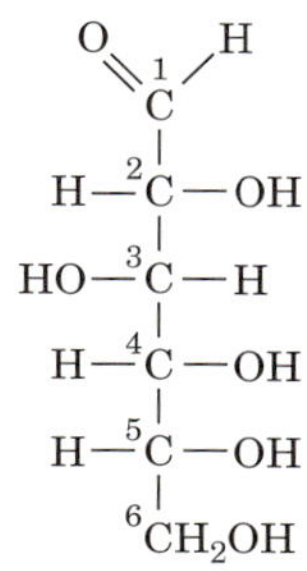

D-글루코스

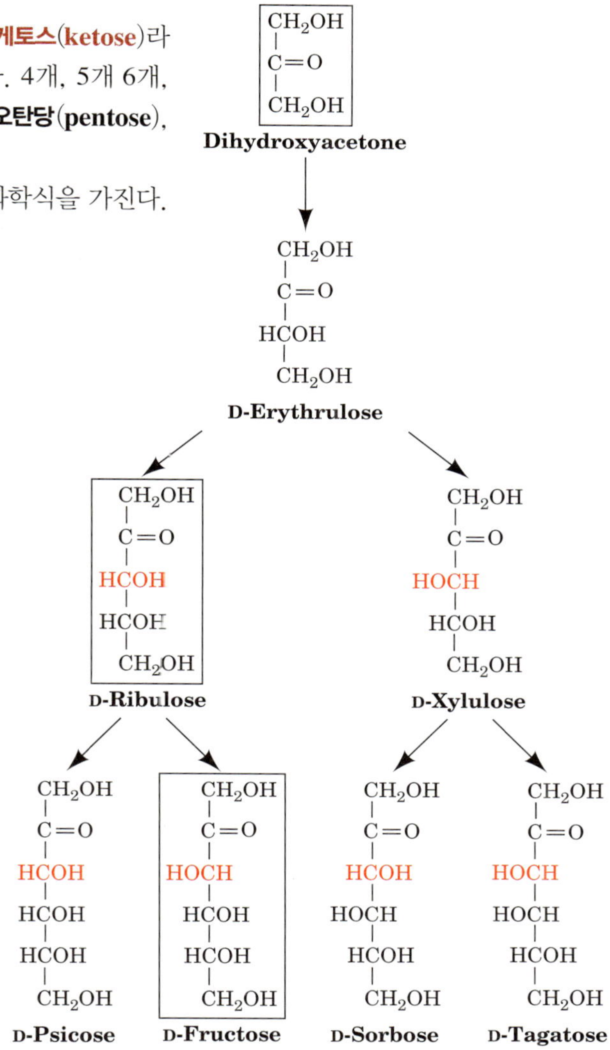

그림 8-2 탄소가 3~6개인 D-케토스 C3(붉은색) 주변의 입체 배열을 기준으로 동일한 탄소 수를 가진 한 쌍의 당을 구분할 수 있다. 생물학적으로 가장 잘 알려진 케토스는 네모 칸으로 표시하였다.

? L-케토스는 몇 종인가?

글루코스를 구성하는 6개의 C 원자 중 C1과 C6의 두 개를 제외한 모든 탄소를 카이랄 중심이라고 하며, 따라서 D-글루코스는 $2^4 = 16$개의 구조 이성질체를 가질 수 있다. D-알도스의 입체 화학과 명명법은 **그림 8-1**에 제시되어 있다. D-나 L-을 붙이는 방법은 피셔(Fisher) 규칙에 따른다(4-2절). **D-글리세르알데하이드에서처럼 D-형태의 당들은 카보닐기로부터 가장 먼 곳에 있는 비대칭 중심 탄소에 똑같은 입체 배열을 가지고 있다**(예를 들어 D-글루코스의 C5에 있는 −OH는 피셔 투영도의 오른쪽에 있다). L형의 당은 D형 당과 거울상 관계에 있다. 생물계에는 D형 당이 주로 존재하며, L형 당은 매우 적게 존재하기 때문에 보통 D형 접두사는 생략한다.

한 개의 C 원자 주위의 입체 배열만이 다른 당들을 서로 **에피머(epimer)** 관계에 있다고 한다. 따라서 D-글루코스와 **D-마노스(D-mannose)**는 C2 위치의 에피머이다. 글루코스, 마노스, **갈락토스(galactose)**와 같은 육탄당이 가장 잘 알려진 알도스이다. 오탄당인 **리보스(ribose)**는 RNA 핵산의 주요 성분이다. 삼탄당인 **글리세르알데하이드(glyceraldehyde)**는 몇 가지의 대사 경로에서 만들어진다.

가장 잘 알려진 케토스는 C2 위치에 케톤기를 가지고 있다(**그림 8-2**). 케토스는 구조적으로 볼 때 탄소 수가 같은 알도스보다 비대칭 탄소의 수가 한 개 적다. 따라서 케토헥소스는 $2^3 = 8$개의 가능한 입체 이성질체만을 가지고 있다(4개의 D-당과 4개의 L-당). 가장 잘 알려진 케토스는 **다이하이드록시아세톤(dihydroxyacetone)**, **리불로스(ribulose)**, **프럭토스(fructose)**이며, 대사 분야에서 다시 공부할 것이다.

B 단당류는 입체 배열과 형태가 다양하다

알코올은 알데하이드와 케톤의 카보닐과 반응하여 각각 **헤미아세탈(hemiacetal)**과 **헤미케탈(hemiketal)**을 형성한다.

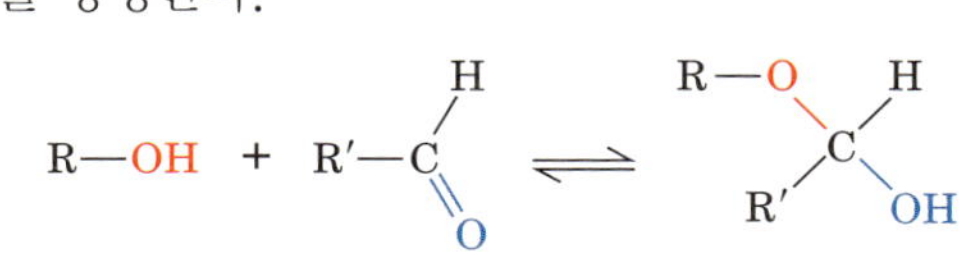

알코올 알데하이드 헤미아세탈

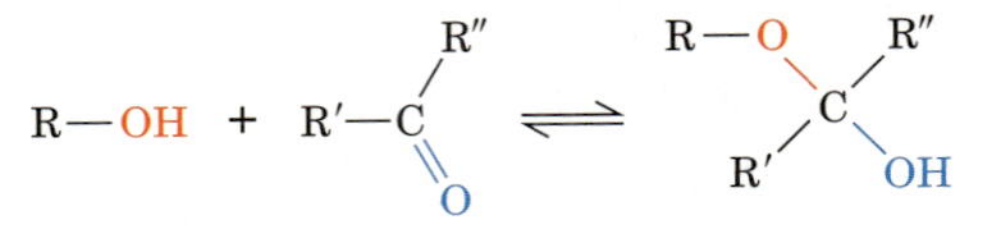

알코올 케톤 헤미케탈

단당류의 알데하이드나 케톤기는 하이드록실기와 분자 내 반응을 통하여 고리형 헤미아세탈과 헤미케탈을 형성한다(**그림 8-3**). 이와 같은 고리형 당의 각 탄소 치환기의 입체 배열은 **하워드 투영도(Haworth projection)**로 편리하게 표시할 수 있다. 고리 형태에서 굵은 선으로 표현된 결합이 지면을 기준으로 앞쪽에 위치한 것이며, 얇은 결합이 지면 뒤에 위치한 것이다.

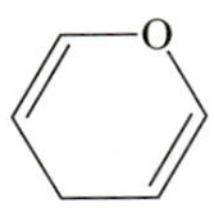

Pyran

Furan

육각 고리 형태의 당을 유사 구조를 가진 가장 간단한 고리 화합물인 **피란(pyran)**이라는 이름을 따라서 **피라노스(pyranose)**라고 한다. 비슷하게 오각 고리를 가진 당을 **퓨란(furan)**을 따라 **퓨라노스(furanose)**라고 한다. 따라서 오원자 또는 육원자 고리를 형성한 글루코스와 프럭토스를 각각 **글루코피라노스(glucopyranose)**와 **프럭토퓨라노스(fructofuranose)**라고 한다.

고리 형태의 당은 두 개의 아노머 형태를 가지고 있다. 단당류가 고리를 형성할 때 **아노머 탄소(anomeric carbon)**라고 불리는 카보닐 탄소는 두 개의 가능한 입체 배열을 가진 카이랄 중심이 된다. 하나의 아노머 탄소에서만 입체 배열이 다른 한 쌍의 입체 이성

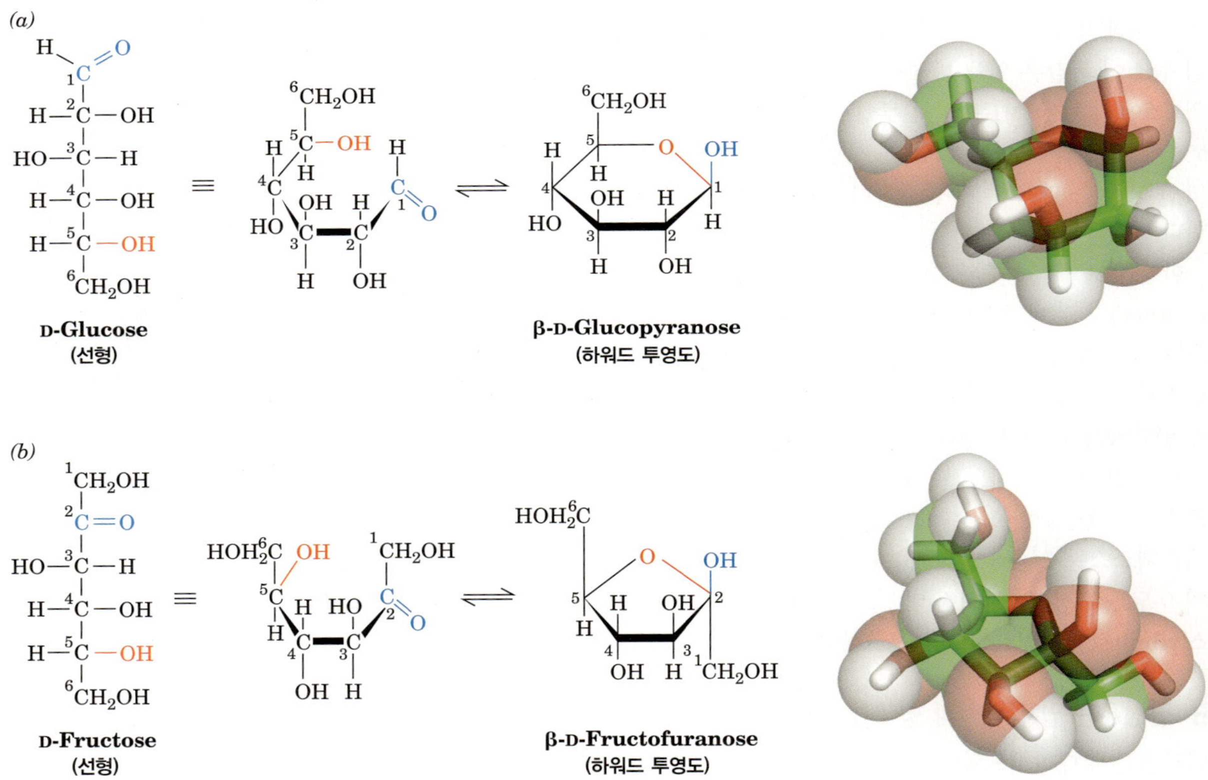

그림 8-3 글루코스와 프럭토스(fructose) 고리화 *(a)* 선형의 D-글루코스가 고리형 헤미아세탈인 β-D-글루코피라노스를 형성한다. *(b)* 선형 D-프럭토스는 헤미케탈 형태의 β-D-프럭토퓨라노스를 만든다. 고리형태의 당을 하워드 투영도와 반투명의 공간 채움 모형 안에 표시된 막대 모형으로 표현하였다(C 녹색, H 흰색, O 붉은색).

? 하워드 투영도와 왼쪽의 피셔 투영도에서 각각 동일한 하이드록실기는 어떤 것인가?

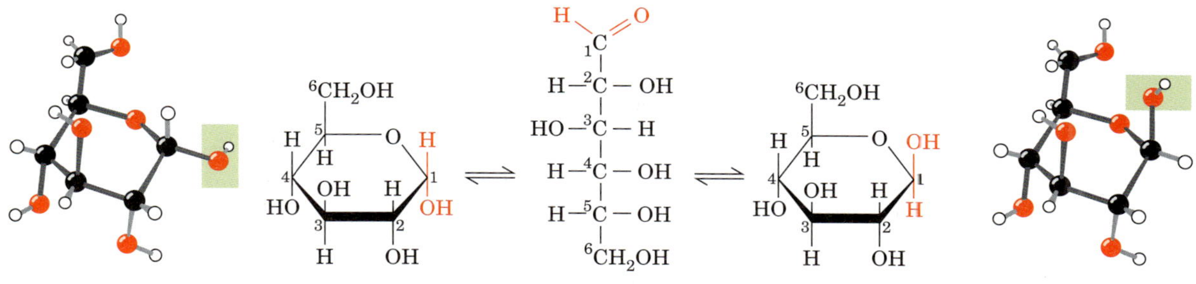

그림 8-4 α 아노머와 β 아노머 하워드 투영도와 공-막대 모형으로 표현된 α-D-글루코피라노스와 β-D-글루코피라노스는 선형 구조를 거쳐 상호 변환이 가능하다. 두 개의 구조는 단지 아노머 탄소인 C1의 입체 배열만이 다르다.

질체를 **아노머**(**anomer**)라고 한다. **α 아노머**(**α anomer**)에서 아노머 탄소의 OH 치환기는 D 혹은 L 배열을 결정하는 카이랄 중심에 존재하는 CH_2OH의 반대쪽에 위치한다(육탄당의 경우 C5). 다른 형태는 **β 아노머**(**β anomer**)라고 한다(그림 8-4).

두 개의 D-글루코스의 아노머는 광학 활성을 포함한 물리적 · 화학적 성질이 약간 다르다(4-2절). **아노머들은 수용액 상태에서 자유롭게 상호 변환되는데,** 이 과정을 **변광 회전**(**mutarotation**)이라고 한다. D-글루코스는 평형 상태에서 α형 아노머(36.4%)와 β형 아노머(63.6%)의 혼합물로 존재한다. 선형은 보통 아주 미량으로 존재한다.

당은 다양한 형태를 가질 수 있다. 육탄당과 오탄당은 피라노스와 퓨라노스라고 가정할 수 있다. 원칙적으로 육탄당과 그보다 큰 당은 칠원자 고리 혹은 그보다 큰 고리를 형성할 수 있다. 그러나 그와 같은 고리는 잘 관찰되지 않는데, 이유는 오원자 또는 육원자의 고리가 에너지적으로 훨씬 더 안정하기 때문이다. 삼원자 또는 사원자의 사각 고리는 선형보다도 덜 안정하다.

하워드 투영도의 사용은 프럭토스와 피라노스 고리가 평면이라는 느낌을 갖도록 학생들을 오도할 수 있다. 그러나 고리 안의 모든 원자는 정사면체 모양(sp^3)의 혼성 오비탈을 가지기 때문에 평면 구조는 불가능하다. 피라노스 고리는 사이클로헥세인 고리처럼 의자 형태의 구조를 가진다고 가정할 수 있고, 이때 각각의 원자는 정사면체 배향을 가진다. 가능한 두 개의 의자 형태 중 가장 보편적인 구조 형태는 가장 큰 치환기가 입체적으로 복잡한 **축 방향**(**axial**)으로 향한 것보다는 **수평 방향**(**equatorial**)에 위치한 것이다(그림 8-5). β-D-글루코스만 수소가 아닌 5개의 치환체가 동시에 수평 방향을 향하는 구조를 가진다. 아마도 이것이 글루코스가 자연에 가장 많이 존재하는 이유일 것이다.

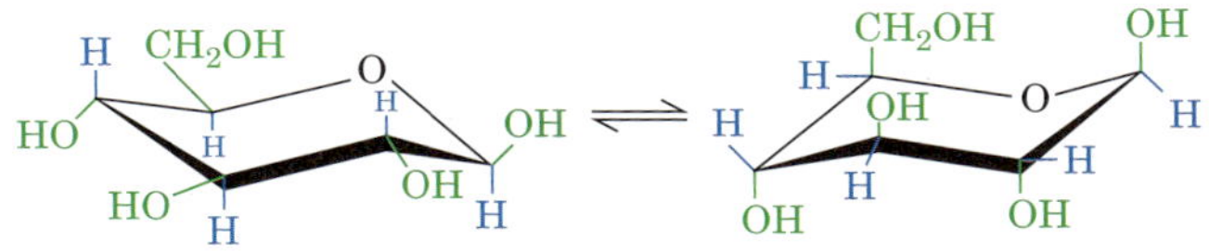

그림 8-5 β-D-글루코피라노스로부터 형성될 수 있는 두 가지의 의자 형태 구조 많이 분포하는 왼쪽의 형태는 상대적으로 부피가 큰 OH와 CH_2OH 치환기들이 수평 방향을 차지하면서, 번갈아가며 고리의 위와 아래에 위치한다. 오른쪽에 있는 형태의 구조(그림 8-4의 공-막대 모형, 오른쪽)은 부피가 큰 치환기가 입체적으로 더 복잡한 축 방향을 향하고 있다.

퓨라노스 고리도 다른 형태를 가질 수 있으며, 부피가 큰 치환체의 배열에 따라 각 구조 형태의 에너지적인 안정성이 결정된다. 단당류는 어떤 화학 결합도 끊어지지 않고 쉽게 그 **형태**(*conformation*)를 변화시킬 수 있다는 점에 주목할 필요가 있다. 화학 결합의 파괴와 재형성 과정이 필요한 α 및 β 아노머의 상호 변환이나 피라노스와 퓨라노스 사이의 구조 변화에서 발생하는 **입체 배열**(*configuration*)의 변화는 수용액 상태에서 느리게 진행된다. **에피머화**(**epimerization**)와 같은 입체 배열의 변화도 적당한 효소가 없는 생리적 상태에서는 일어날 수 없다.

C 당은 수식되거나 공유 결합을 통해 연결될 수 있다

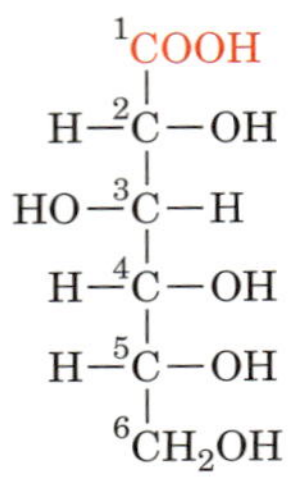

D-글루콘산

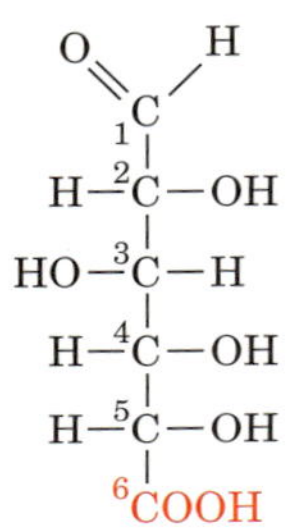

D-글루쿠론산

고리형과 선형의 알도스와 케토스는 상호 변환하기 때문에 당은 알데하이드와 케톤기의 전형적인 화학 반응을 진행할 수 있다.

1. 알도스의 산화 반응은 알데하이드기를 카복실기로 전환시켜서 **글루콘산**(**gluconic acid**)과 같은 **알돈산**(**aldonic acid**)을 형성한다. 알돈산은 원래 알도스의 어근에 접미사로 -**온산**(*-onic acid*)을 붙여서 명명한다.
2. 알도스에 존재하는 1차 알코올의 산화 반응은 **우론산**(**uronic acid**)을 형성하며, 모체 알도스의 어근에 -**우론산**(*-uronic acid*)을 붙여서 **D-글루쿠론산**(**D-glucuronic acid**)과 같이 명명한다. 우론산은 피라노스, 퓨라노스 및 선형으로 존재할 수 있다.
3. 알도스와 케토스는 $NaBH_4$ 처리와 같은 온화한 조건에서 환원되어 **알디톨**(**alditol**)이라는 비고리형 폴리하이드록시 알코올로 전환될 수 있으며, 모체 알도스의 어근에 -**이톨**(*-itol*) 접미사를 붙여서 명명한다. **리비톨**(**ribitol**)은 플라빈 보조 효소의 구조 성분이며(그림 14-13), **글리세롤**(**glycerol**)과 고리형 폴리하이드록시 알코올인 **마이오이노시톨**(***myo*-inositol**)은 중요한 지질의 구성 성분이다(9-1절). **자일리톨**(**xylitol**)은 '무설탕' 껌이나 사탕에 사용하고 있는 감미료이다.

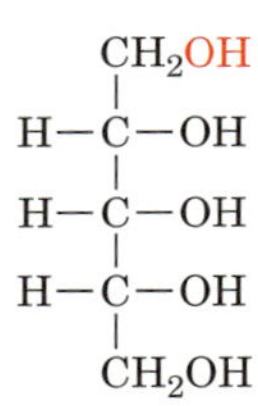

Ribitol

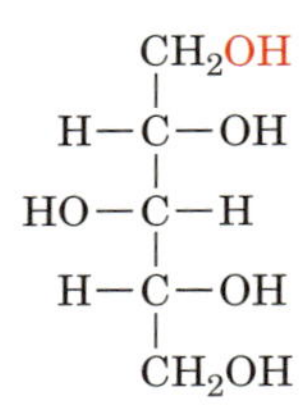

Xylitol

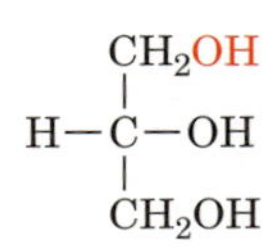

Glycerol

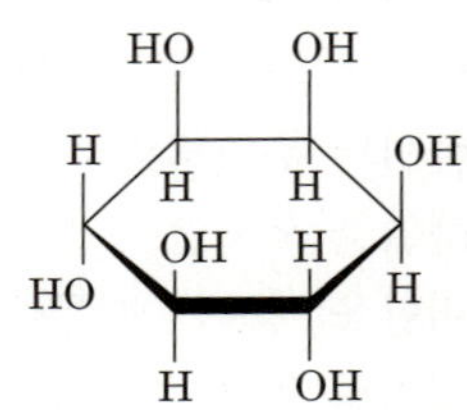

myo-Inositol

4. 단당류의 OH기를 H로 치환한 것을 **데옥시당**(**deoxy sugar**)이라고 한다. 이들 중 생물학적으로 가장 중요한 것이 **β-D-2-데옥시리보스**(**β-D-2-deoxyribose**)로 DNA의 당−인산 골격을 형성하는 당에 해당한다(3-2B절). **L-퓨코스**(**L-fucose**)는 다당류에 존재하는 소수의 몇 개 안되는 L 당이다.

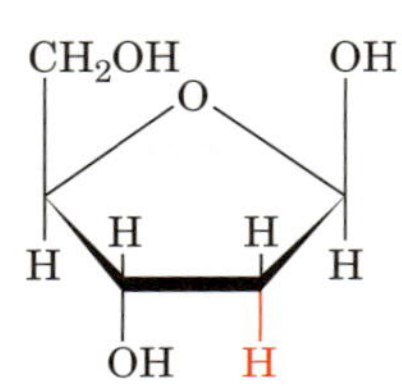

β-D-2-Deoxyribose

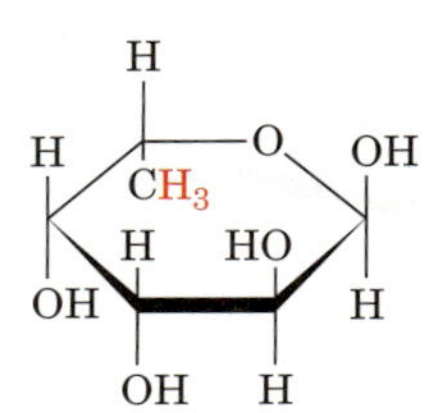

α-L-Fucose

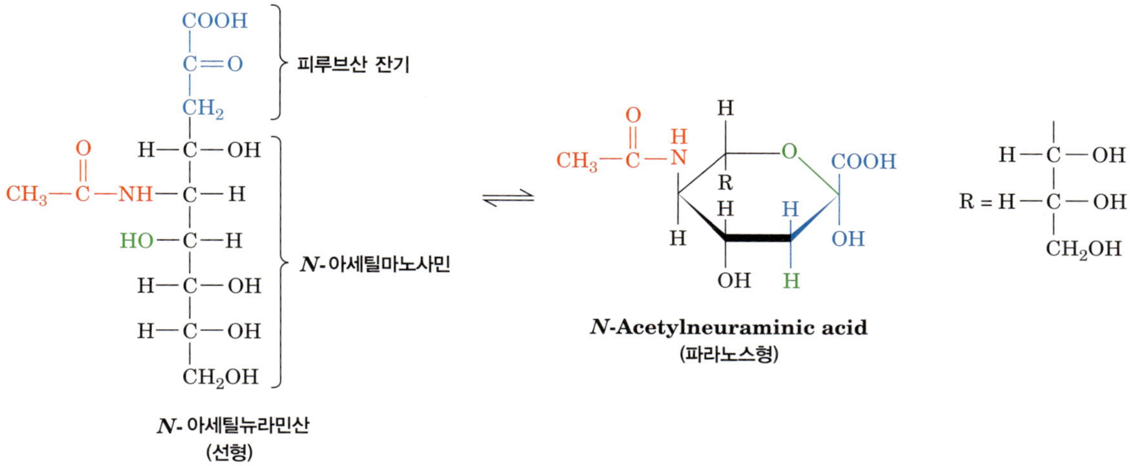

그림 8-6 *N*-아세틸뉴라민산 고리 형태의 9탄당에 있는 피라노스 고리는 마노스와 피루브산(청색)을 동시에 포함하고 있다.

? 이 분자에는 서로 다른 작용기와 결합이 몇 개 존재하는가?

5. 한 개 이상의 OH기가 아미노기로 치환된 **아미노당(amino sugar)**은 그 자리가 종종 아세틸화된다. **D-글루코사민(D-glucosamine)**과 **D-갈락토사민(D-galactosamine)**이 가장 잘 알려진 아미노당이다. ***N*-아세틸마노사민(*N*-acetylmanosamine)**과 **피루브산(pyruvic acid)**으로부터 유도된 ***N*-아세틸뉴라민산(*N*-acetylneuraminic acid**, 그림 8-6)은 **당단백질(glycoprotein)**과 **당지질(glycolipid)**의 중요한 구성 성분이다(당단백질과 당지질은 단백질과 지질이 탄수화물에 공유 결합되어 있는 것임). *N*-아세틸뉴라민산과 그 유도체는 종종 **시알산(sialic acid)**으로 불린다.

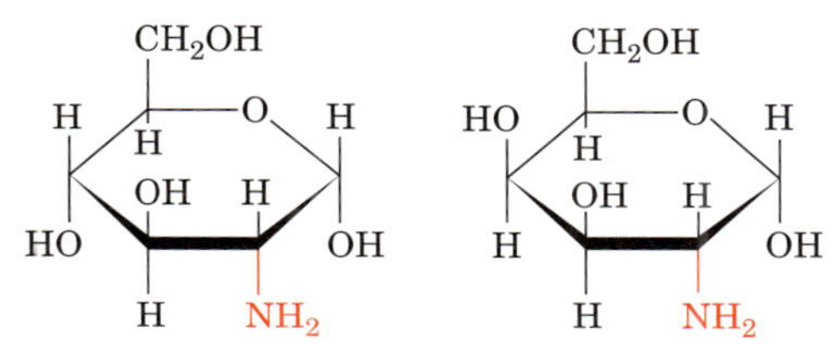

α-D-Glucosamine (2-amino-2-deoxy-α-D-glucopyranose)　　**α-D-Galactosamine (2-amino-2-deoxy-α-D-galactopyranose)**

글루코사이드 결합이 아노머 탄소와 다른 물질을 연결시킨다. 당의 아노머기는 알코올과 축합하여 **α** 및 **β-글리코사이드**[그리스어: *glykys*(달다), 그림 8-7]를 형성할 수 있다. 알코올의 산소 원자와 아노머 탄소를 연결하는 결합을 **글리코사이드 결합(glycosidic bond)**이라고 한다. *N*-글리코사이드 결합은 아노머 탄소와 아민 사이에 형성되며, 핵산에서 관찰되는 D-리보스와 퓨린 혹은 피리미딘 사이의 결합이다.

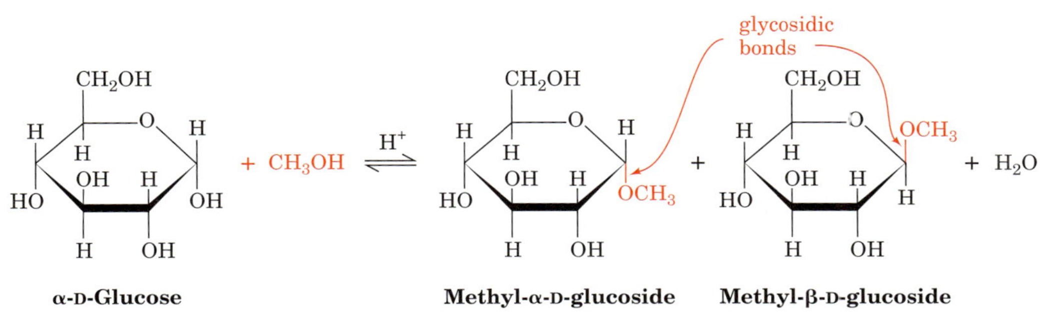

그림 8-7 글리코사이드 결합의 형성 α-D-글루코스와 메탄올이 산 촉매 축합 반응으로 아노머쌍인 **메틸-D-글리코사이드**를 형성한다.

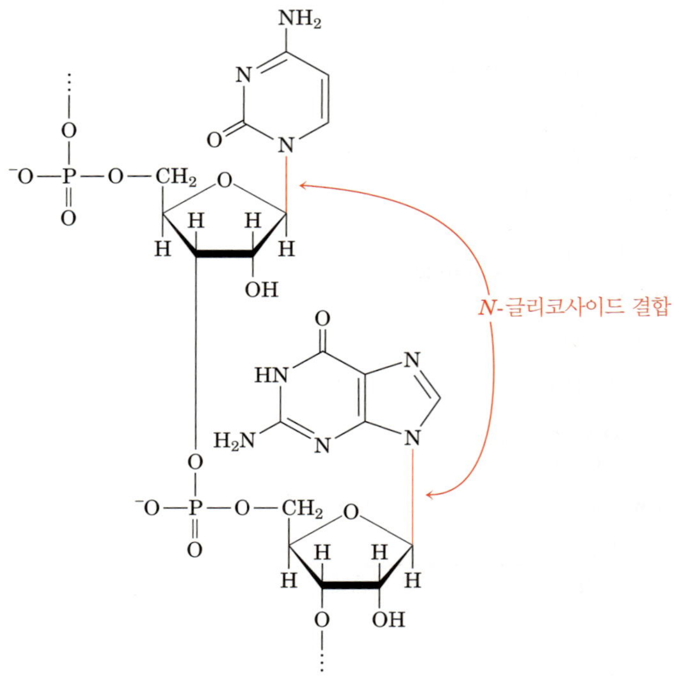

체크 포인트

- 알도스와 케토스는 어떻게 다른가?
- D-글루코스를 피셔 투영도로 그리시오.
- 에피머를 포함하여 이 분자에서 유래하는 두 개의 입체 이성질체를 그리시오.
- 알도스와 케토스가 어떻게 오원자 고리와 육원자 고리를 형성하는지 보이시오.
- D-글루코스를 하워드 투영도로 그리고, α 혹은 β 아노머를 표시하시오.
- 에피머와 달리 단당류의 한 아노머가 다른 형태의 아노머로 쉽게 변환되는 이유를 설명하시오.
- 알돈산, 우론산, 데옥시당, 아미노당을 설명하시오.
- 당이 어떻게 최소 두 종류의 글리코사이드를 형성할 수 있는지 설명하시오.

글리코사이드 결합은 펩타이드 결합처럼, 적당한 가수 분해 효소가 없는 생리적 환경에서 매우 천천히 가수 분해된다. 따라서 글리코사이드 결합에 관여하는 탄소는 α 및 β 아노머형에서 서로 다른 형태로 쉽게 변환되지 않는다. 아노머 탄소를 가지고 있지만 글리코사이드 결합을 하지 않는 당을 **환원당(reducing sugar)**이라고 하는데, 이는 고리 구조의 당이 선형의 당과 평형을 이룰 때 형성되는 알데하이드기가 약한 산화제를 환원시키기 때문이다. 당이 **비환원당(nonreducing sugar)**이라는 것은 그 당이 글리코사이드라는 증거가 된다.

2 다당류

주요 개념

- 젖당과 설탕 같은 이당류는 특이적인 글리코사이드 결합으로 연결된 두 개의 당으로 구성되어 있다.
- 셀룰로스와 키틴은 β(1→4) 글리코사이드 결합으로 연결된 글루코스 잔기이다.
- 전분과 글리코젠에 있는 글루코스 잔기들은 주로 α(1→4) 결합으로 연결되어 있다.
- 글리코사미노글라이칸과 다른 이종 다당류는 전형적으로 젤 형태의 구조를 가진다.

글라이칸(glycan)으로 알려지기도 한 다당류는 글리코사이드 결합으로 연결된 단당체로 구성되어 있다. 다당류는 한 종류의 단당류로 구성된 **동종 다당류(homopolysaccharide)**와, 두 개 이상의 단당류로 구성되어 있는 **이종 다당류(heteropolysaccharide)**로 분류된다. 이종 다당류 내의 단당류 배열은 원칙적으로 단백질의 아미노산 서열보다 더 다양하지만, 몇 개의 단당류 서열이 반복적으로 교차하는 경우가 많다.

다당류는 단백질과 핵산과는 달리, 선형뿐만 아니라 가지를 가진 고분자를 형성한다. 이것은 단당류 내의 모든 하이드록실기가 글리코사이드 결합을 형성할 수 있기 때문이다. 구조 생화학자들에게는 다행히도 대부분의 다당류는 선형이며, 그 가지들도 몇 개 안 되는 잘 정립된 선형으로 존재한다.

올리고당(oligosaccharide)이나 다당류에 대한 온전한 설명은 정확한 명칭, 아노머 형태, 그리고 모든 단당류 성분의 글리코사이드 결합의 형태를 포함해야 한다. 이러한 정보들은 마치 단백질에서 특정 엑소펩티데이스(exopeptidase)와 엔도펩티데이스(endopeptidase)를 이용하여 폴리펩타이드로부터 아미노산을 잘라내었던 것과 유사하게, 특정 **엑소글리코사이드 가수 분해 효소(exoglycosidase)**와 **엔도글리코사이드 가수 분해 효소(endoglycosidase)**를 이용하여 얻을 수 있다(5-3B절). NMR 측정도 다당류의 서열과 형태를 결정하는 매우 중요한 방법이다.

A 젖당과 슈크로스는 이당류이다

세 개 이상의 다당류를 포함하는 올리고당은 상대적으로 매우 적으며 거의 대부분이 식물에서 생성된다. 가장 간단한 다당류인 **이당류(disaccharide)**가 가장 일반적이다. 많은 이당류들은 큰 다당류의 가수 분해 산물이다. 그러나 두 가지 이당류는 그 자체로 주목할 만하다. **젖당(lactose)**은 자연적으로 우유에만 있으며, 생물 종에 따라 0~7%의 농도를 유지한다(자료 8-1). 젖당의 체계적 명칭은 *O*-β-D-갈락토피라노실-(1→4)-D-글루코피라노스로, 단당류의 종류와 고리 모양은 물론 글리코사이드 결합의 형태를 잘 설명한다. (1→4)의 기호는 글루코스의 O4 위치와 갈락토스 β 아노머의 C1을 연결하는 글리코사이드 결합을 나타낸다. 젖당은 글루코스 잔기에 유리 아노머 탄소가 있으므로 환원당이다.

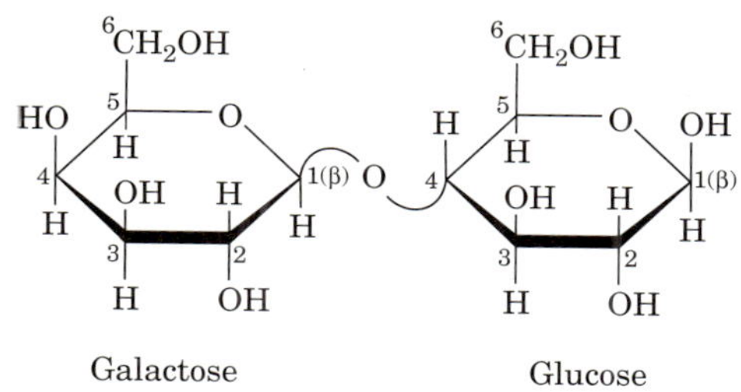

젖당

가장 많은 이당류인 **슈크로스(sucrose)**는 식물로 이동된 대표적인 탄수화물이다. 슈크로스는 우리에게는 설탕으로 더 친숙하다. 슈크로스의 체계적 이름은 *O*-α-D-글루코피라노실-(1→2)-β-D-프럭토퓨라노사이드(*O*-α-D-glucopyranosyl-(1→2)-β-D-fructofuranoside)로 각 당의 아노머 탄소(글루코스의 C1과 올리고당의 C2)가 글리코사이드 결합에 관여하므로 슈크로스는 환원당이 아니다. 탄수화물이 아니면서 슈크로스의 단맛을 흉내 내는 물질이 음료나 식품에 인공 감미료로 사용된다(자료 8-2).

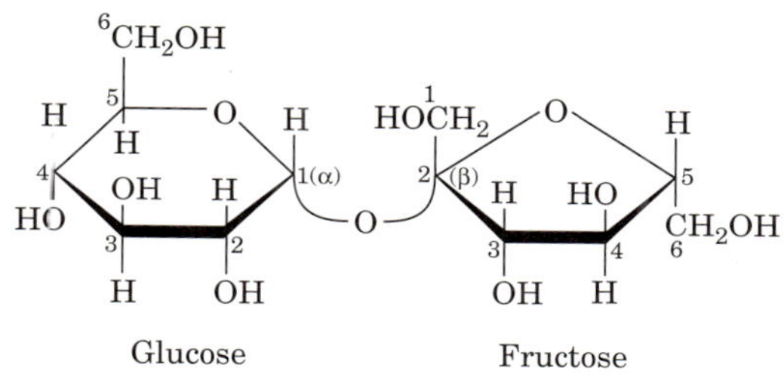

슈크로스

자료 8-1 건강과 질병의 생화학 — 젖당 불내증

어린아이들은 젖당(유당으로도 알려짐)는 소장에 존재하는 효소인 **β-D-갈락토스 분해 효소(β-D-galactosidase)** 혹은 **젖산 분해 효소**(lactase)에 의해 단당류로 가수 분해된 후 혈액으로 흡수된다. 갈락토스는 효소에 의해 많은 조직에서 주요 대사 연료로 쓰이는 글루코스로 전환(에피머화)된다.

포유류가 젖을 뗀 후에는 젖당을 만나지 않게 되므로 대부분의 성숙한 포유류는 β-갈락토스 분해 효소 발현 수준이 낮다. 결과적으로, 섭취한 많은 젖당은 소화 기관을 움직여서 장으로 이동되는데, 그곳에서 세균의 발효로 인해 대량의 CO_2, H_2, 그리고 자극적인 유기산을 만들어 낸다. 이 생성물은 문제를 일으키고 종종 소화 기관에 **젖당 불내증(lactose intolerance)**으로 알려진 배탈을 일으킨다.

한때 대사 장애로 알려진 젖당 불내증은 아프리카와 아시아계 성인에게는 일반적인 현상이다. 그러나 흥미롭게도, 역사적으로 전 생애의 영양분을 유제품에 의지하였던 종족의 자손들은 나이가 들어도 β-갈락토스 분해 효소의 감소 폭이 적다. 현대 음식 기술은 젖당 불내증을 가지고 있는 우유 애호가들을 도울 수 있게 되었다. 효소를 이용하여 젖당을 가수 분해시킨 우유를 쉽게 구할 수 있다.

자료 8-2 생화학의 전망 인공 감미료

인공 감미료는 칼로리는 없이 단맛을 내기 위하여 가공식품과 음료수에 첨가된다. 이는 인공 감미료가 미각 수용체에 설탕과 유사하게 작용하여 단맛을 내지만, 에너지 대사에 사용되지 않거나 아주 소량을 사용하기 때문에 에너지 대사에 크게 기여하지 못하기 때문이다.

프럭토스와 같은 자연에서 만들어지는 당은 슈크로스보다 조금 더 달다. 주로 프럭토스, 글루코스, 말토스(두 개의 글루코스) 등을 포함하고 있는 꿀은 슈크로스보다 1.5배 달다. 어떻게 당도를 측정할까? 인간의 맛 감각을 대신할 수 있는 것은 없기 때문에 평가단이 시료 용액을 슈크로스를 포함한 비교 용액과 비교하여 심사한다. 아래 표에 기록된 물질들은 단맛이 매우 강하여 많이 희석해서 시험해야 한다.

화합물	슈크로스에 대한 상대적 당도
아세설팜	200
알리탐	2000
아스파탐	180
사카린	350
슈크랄로스	600

가장 오래된 인공 감미료 중 하나는 1879년에 발명되었던, 주로 스윗 엔로(Sweet' N Low®)로 판매되었던 사카린(오른쪽)이다. 1970년에는 과량의 사카린이 실험 쥐에서 암을 유발한다는 것이 밝혀졌다. 이런 과량의 단맛을 내는 데 사용하는 범위에는 훨씬 벗어나는 양으로, 소비자들이 단맛을 내기 위하여 사용하는 범위와는 상관이 없는 것으로 알려져 있다.

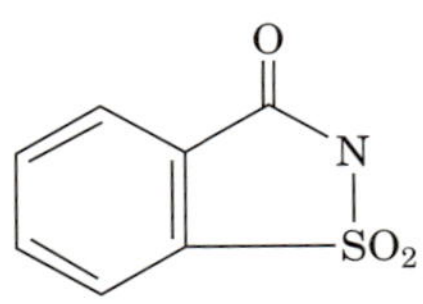

Saccharin

NutraSweet®와 Equal®의 활성 성분인 아스파탐은 1981년에 사람에게 사용이 허가되었으며, 오늘날에도 시장을 주도하고 있다.

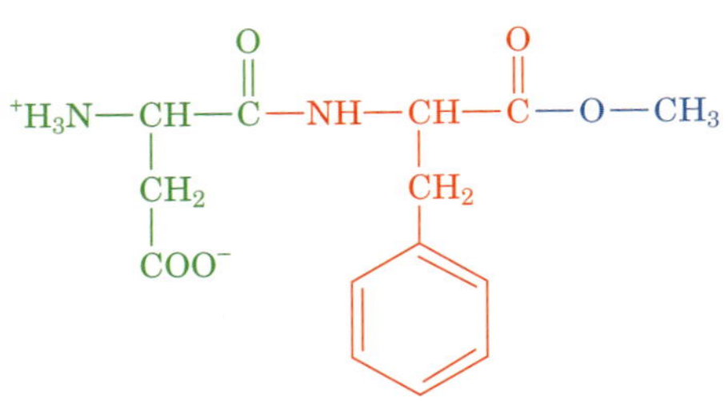

Aspartylphenylalanine methyl ester (aspartame)

아스파탐은 인체 내에서 대사되지 않는 사카린과 달리, 그 성분이 아스파트산(녹색), 페닐알라닌(빨간색), 메탄올(파란색)로 대사된다. 다른 모든 아미노산과 같이 아스파트산과 페닐알라닌은 대사될 수 있으므로 아스파탐이 칼로리가 없는 것은 아니다. 많은 양의 메탄올은 독성이 있지만, 음료를 달게 하기 위하여 넣은 아스파탐으로부터 생성된 메탄올은 같은 양의 천연 과일 주스에서 유래하는 양과 비슷한 정도이다. 아스파탐(혹은 다른 단백질에도)은 과량의 페닐알라닌을 포함하고 있기 때문에 페닐알라닌을 대사할 수 없는 유전 질환인 **페닐케톤뇨증**(**phenylketonuria**)을 가지고 있는 사람은 아스파탐을 섭취하지 말 것을 권하고 있다. 아스파탐의 가장 큰 결점은 열에 약한 것이며, 그것 때문에 빵을 굽는 데는 적합하지 않다. 더욱이 아스파탐은 수개월이 지나면 가수 분해되기 때문에 단맛을 잃는다.

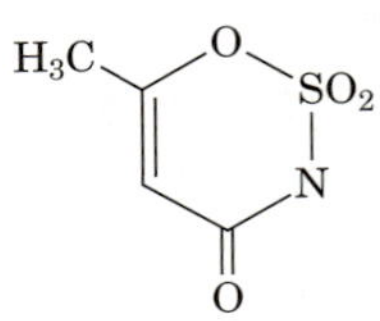

Acesulfame

때로 아세설팜(acesulfame)은 상승 작용(두 가지 이상을 함께 사용할 때 단맛이 두 가지의 산술적 합보다 크게 나타나는 경우 상승 작용이라고 함)을 하는 아스파탐을 혼합하여 사용하기도 한다. 다른 종류의 인공 감미료는 당유도체인 슈크랄로스[Splenda®; 문제 8-12 참조]와 아스파탐(예로 아리탐)] 유도체가 있다. 식물 농축액[예를 들어 스티비아(stevia)]도 인공 감미료로 사용된다.

인공 감미료의 시장은 매년 수조 원의 가치가 있다. 그러나 놀랍게도, 가장 성공적인 인공 감미료는 의도된 연구의 산물이 아니다. 이것들은 우연한 기회나 사고의 결과로 발견되었다. 예를 들어 아스파탐은 적은 양이 손가락에 묻은 것을 모르고 실수로 핥아서 맛을 보게 된 한 합성 화학자에 의해 1965년에 발견되었다. 슈크로스는 1975년 '실험을 하라'는 지시를 '맛보라'는 지시로 잘못 이해한 학생에 의하여 빛을 보게 되었다.

B 셀룰로스와 키틴은 구조 다당류이다

식물은 딱딱한 세포벽이 있어서 세포 밖과 세포 안 사이에서 20기압 정도까지의 차이를 견딜 수 있다. 나무와 같은 커다란 식물의 세포벽은 하중을 지탱해 주는 기능을 가지고 있다. 식물 세포벽의 주요한 구조적 성분인 **셀룰로스**(**cellulose**, 그림 8-8)는 생물계에서 반 이상의 탄소원을 차지하며, 매년 대략 10^{15} kg의 셀룰로스가 생성되고 분해된다.

셀룰로스는 15,000개 이상의 D-글루코스가 β(1→4) 글리코사이드 결합으로 연결되어 있는 선형 복합체이다.

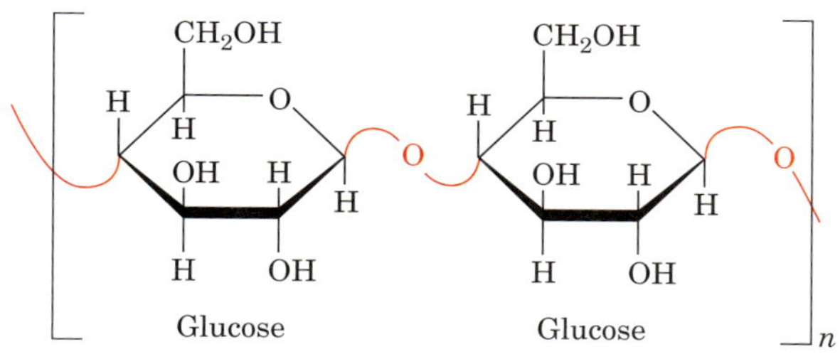

Cellulose

그림 8-8 셀룰로스 섬유의 전자 현미경 사진 조류 *Chaetomorpha*의 세포벽의 시료 안에 있는 셀룰로스 섬유가 층으로 잘 정돈되어 있다.

X선 등을 이용하여 셀룰로스 섬유를 연구한 결과 셀룰로스 사슬은 평평한 리본 구조를 하고 있으며, 이 리본 내에는 연속적으로 배열된 글루코스 고리가 인접한 글루코스 고리에 대하여 180°로 틀어진 상태로 존재한다. 이런 구조적 배열로 인하여 각 글루코스의 C3—OH기와 인접한 글루코스 고리 산소(O5) 사이에 수소 결합이 형성된다. 평행을 달리는 셀룰로스 사슬 간에 O2—H---O6와 O6—H---O3 결합이 형성되면서 종이와 같이 평평한 구조를 형성한다(**그림 8-9**). 수소 결합과 반데르발스 상호작용을 통하여 이 종이 구조가 서로 겹쳐진다. 이처럼 강하게 서로 달라붙는 성질로 인하여 단량체가 친수성인 당 구조를 가짐에도 불구하고 셀룰로스 섬유는 매우 높은 강도를 가지며 물에 녹지 않는 성질을 가진다. 식물 세포벽에 있는 셀룰로스 섬유는 다른 다당류와 플라스틱 같은 페놀성 복합체인 **리그닌(lignin)**을 포함하는 매트릭스들과 교차 연결되어 서로 결합되어 있다. 그 결과, 매트릭스가 힘을 모든 셀룰로스에 고르게 분산시킴으로써 외부에서 가해지는 커다란 힘에도 잘 견딜 수 있게 한다. 그러나 한편으로 셀룰로스 이외의 물질들을 제거하는 것이 어렵기 때문에 나무와 농작물들 폐기물이 많이 있음에도 불구하고 이들을 쉽게 생물 연료(biofuel)로 사용할 수 없다.

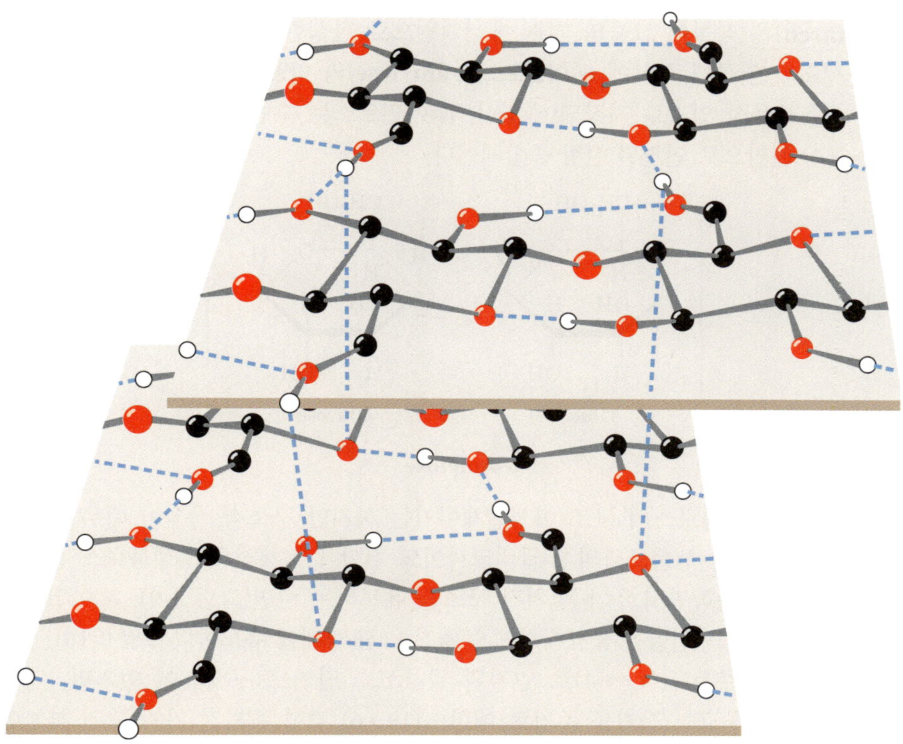

그림 8-9 셀룰로스 모형 셀룰로스 섬유는 평행을 이루는 40개 정도의 글라이칸으로 구성된다. 사슬 내에 위치한 각 β(1 → 4)로 연결된 글루코스 단위체들이 주변 잔기에 대하여 180° 회전하고 사슬 사이의 수소 결합에 의하여 구조를 유지한다(점선). 글라이칸 사슬은 옆으로 나란히 배열되어 종이와 같은 면을 이루고 이 종이면이 다시 위아래로 서로 쌓인다. 이때 위아래로 접하는 글루코스는 서로 반만 겹치는 구조를 가진다. 전체적인 구조체는 분자간 수소 결합으로 안정화된다. 그림을 단순화하기 위하여 수소 결합에 참여하지 않는 수소 원자는 그림에 표시하지 않았다. [Illustration, Irving Geis. Image from Irving Geis Collection, Howard Hughes Medical Institute. Reprinted with permission.]

? 셀룰로스 모식도에 글리코사이드 결합을 표시하라.

척추동물 자체는 셀룰로스의 β(1→4) 결합을 가수 분해할 수 있는 효소를 가지고 있지 않지만, 초식동물의 소화 기관에 공생하는 미생물이 분비하는 **셀룰레이스**(**cellulase**, 셀룰로스 가수 분해 효소)가 셀룰로스를 분해한다. 흰개미에도 똑같은 일이 일어난다. 그럼에도 불구하고, 당사슬이 빽빽하게 결합되고 수소 결합을 하고 있는 셀룰로스의 당사슬에 효소가 접근하기 어려워서 효소에 의한 셀룰로스 분해도 매우 느리다. 또한 많은 글리코사이드 결합이 끊어진 후에도 셀룰로스 사슬이 쉽게 분리되지 않는다. 따라서 소는 되새김 음식을 잘 씹어야 한다.

키틴(**chitin**)은 갑각류, 곤충류, 거미들과 같은 무척추동물의 외부 골격의 기초 구성 성분이며, 대부분의 곰팡이나 많은 조류의 세포벽에 존재한다. 따라서 키틴도 셀룰로스만큼 자연에 풍부하다. 키틴은 β(1→4)로 연결된 *N*-아세틸-D-글루코사민의 사슬이다.

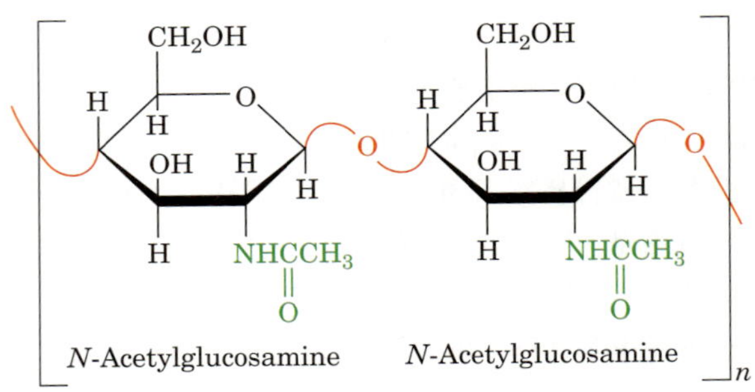

Chitin

키틴은 셀룰로스의 C2—OH기가 아세트아미도기로 치환된 것을 제외하고는 셀룰로스와 동일한 구조를 가진다. X선 분석 결과 키틴과 셀룰로스는 유사한 구조를 가지고 있음이 확인되었다.

C 전분과 글리코젠은 저장 다당류이다

전분(**starch**)은 식물이 그들의 기본 에너지원으로 합성한 당의 혼합체이다. 전분은 식물 세포의 엽록체 부분에 **α-아밀로스**(**α-amylose**)와 **아밀로펙틴**(**amylopectin**)으로 이루어진 불용성 입자로 저장되어 있다. α-아밀로스는 수천 개의 글루코스 분자가 α(1 → 4) 결합으로 연결된 선형 중합체이다.

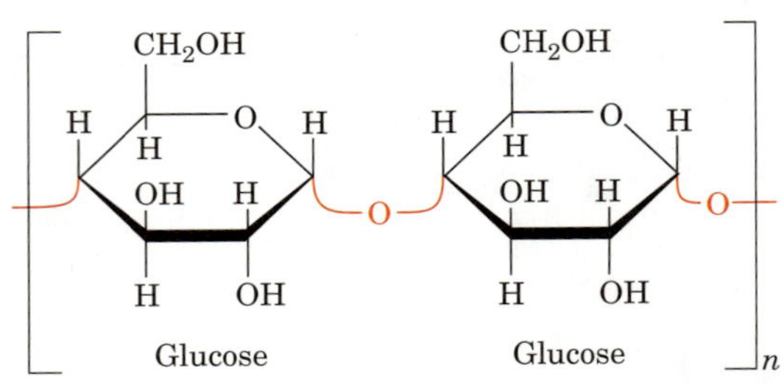

α-Amylose

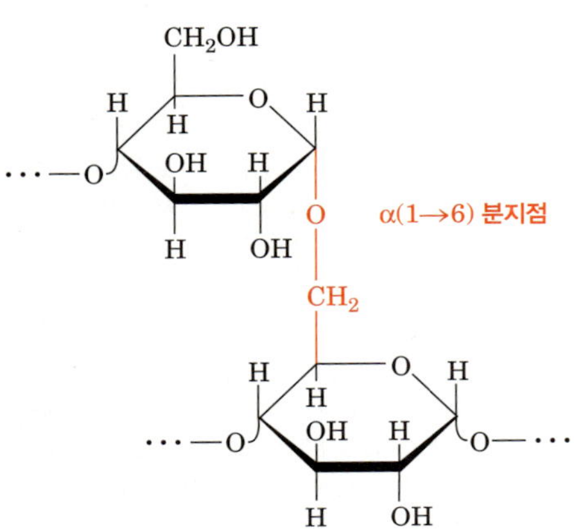

Amylopectin

α-아밀로스가 셀룰로스의 구조 이성질체이기는 하지만 구조적 특성이 매우 다르다는 것에 주목하라. 셀룰로스의 β-글리코사이드 결합은 전체적으로 셀룰로스 분자들이 촘촘하게 접촉하면서 길게 펼쳐진 구조를 유도하는 반면(그림 8-9), α-아밀로스의 α-글리코사이드 결합은 불규칙하게 뭉쳐진 나선 형태를 유도한다(**그림 8-10**).

아밀로펙틴은 주로 α(1 → 4)로 연결된 글루코스 잔기로 구성되어 있지만, 평균 24~30개의 글루코스 잔기를 주기로 매번 α(1→6) 결합을 가진 가지 달린 분자이

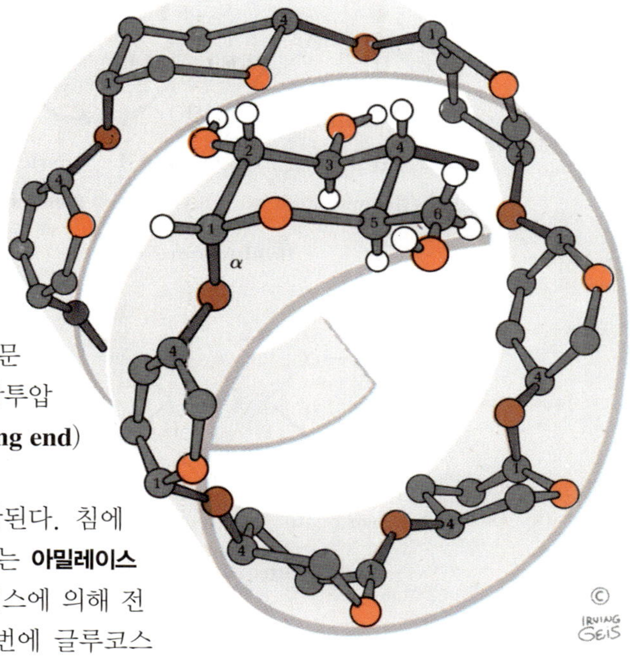

그림 8-10 α-아밀로스 규칙적으로 반복된 중합체가 왼쪽 나선을 이룬다. α-아밀로스의 α(1→4) 결합이 셀룰로스의 β(1→4) 결합으로 바뀜에 따라 발생하는 큰 구조와 성질의 차이에 주목하라(그림 8-9). [Illustration, Irving Geis/Geis Archives Trust. Copyright Howard Hughes Medical Institute. Reproduced with permission.]

? 아밀로스 모식도에 글리코사이드 결합을 표시하라.

다. 아밀로펙틴 분자는 10^6개까지의 글루코스 잔기를 포함하여, 자연에 존재하는 가장 거대한 분자 중 일부이다. 식물은 글루코스를 전분으로 저장함으로써 세포 내 삼투압을 많이 줄인다. 삼투압은 일정 부피의 용액에 존재하는 용질의 분자수에 비례하기 때문에, 만약 글루코스가 그대로 저장되면 분자의 수가 많아져 높은 삼투압을 나타내게 될 것이다(2-1D절). 전분은 한 개의 **환원 말단(reducing end)**을 가지기는 했지만 환원당으로 분류된다.

인간의 음식에서 주탄수화물원인 전분의 소화는 입에서 시작된다. 침에는 무작위로 전분의 α(1→4) 글리코사이드 결합을 가수 분해하는 **아밀레이스(amylase)**가 들어 있다. 소장에서는 췌장에서 분비되는 아밀레이스에 의해 전분이 올리고당의 혼합물로 더 잘게 소화된다. 올리고당은 한 번에 글루코스를 하나씩 분해하는 **α-글루코시데이스(α-glucosidase)**와 α(1→4) 결합뿐만 아니라 α(1→6) 결합도 분해하는 **가지 제거 효소(debranching enzyme)**의 작용에 의해 단당류인 글루코스로 가수 분해된다. 분해된 글루코스는 소장에서 흡수되어 혈액으로 이송된다.

글리코젠(glycogen)은 동물의 저장형 다당류로서 모든 세포 안에 존재하지만, 특히 골격근과 간의 세포에 과립 형태로 많이 존재한다(그림 8-11). 글리코젠의 기본 구조는 아밀로펙틴과 유사하지만, 글리코젠이 훨씬 많은 가지가 있어서 매 8개에서 14개 글리코스 잔기마다 가지가 만들어진다. 세포 내에서 글리코젠은 **글리코젠 인산화 효소(glycogen phosphorylase)**에 의해서 대사 목적으로 분해되며, 이 효소는 비환원당 쪽에서부터 α(1→4) 결합을 분해하기 시작하여 점점 안쪽으로 가수 분해한다. **가지가 많은 글리코젠의 구조적 속성 때문에 많은 비환원당 말단이 존재하여, 에너지 대사가 필요할 때 빠르게 글루코스의 동원(mobilization, 에너지 생산에 사용 가능하게 함)을 가능하게 한다.** 글리코젠의 α(1→6) 가지는 **글리코젠 가지 제거 효소(glycogen debranching enzyme)**에 의해서 가수 분해된다(글리코젠 분해는 16-1절에서 다시 의논할 것이다).

D 글리코사미노글라이칸은 많은 양의 물을 함유하는 젤을 형성한다

세포 외 공간, 특히 연골, 힘줄, 피부, 혈관벽을 구성하는 연결 조직의 세포 외부 영역은 콜라젠(6-1C절)과 **글리코사미노글라이칸(glycosaminoglycan)**을 주성분으로 하는 젤 형태의 매트릭스에 박힌 다른 단백질들을 포함한다. 이 선형의 다당류들은 우론산과 헥소사민(hexosamine)이 교대로 연결된 구조로 되어 있다. 글리코사미노글라이칸 용액은 높은 점도와 탄성을 가지고 있어서 끈적끈적한 점액과 같은 성질을 가지고 있다.

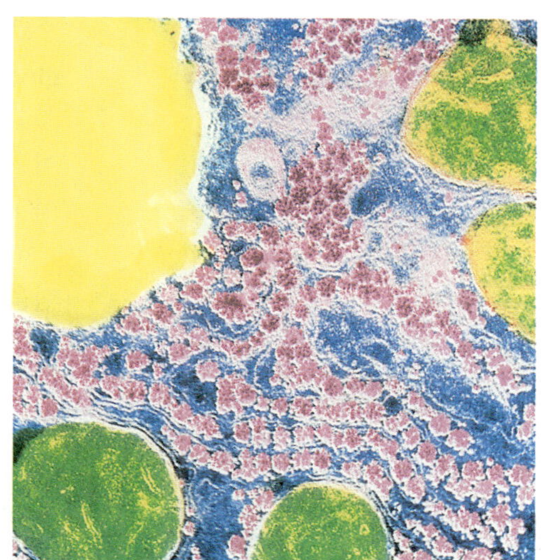

CNRI/Science Photo Library/Photo Researchers

그림 8-11 간세포에 존재하는 글리코젠 과립 사진에서 글리코젠 과립은 분홍색이며, 초록색 물체는 미토콘드리아, 노란색은 지방 과립이다. 간의 글리코젠 함량은 간 전체 무게의 10%에 달한다.

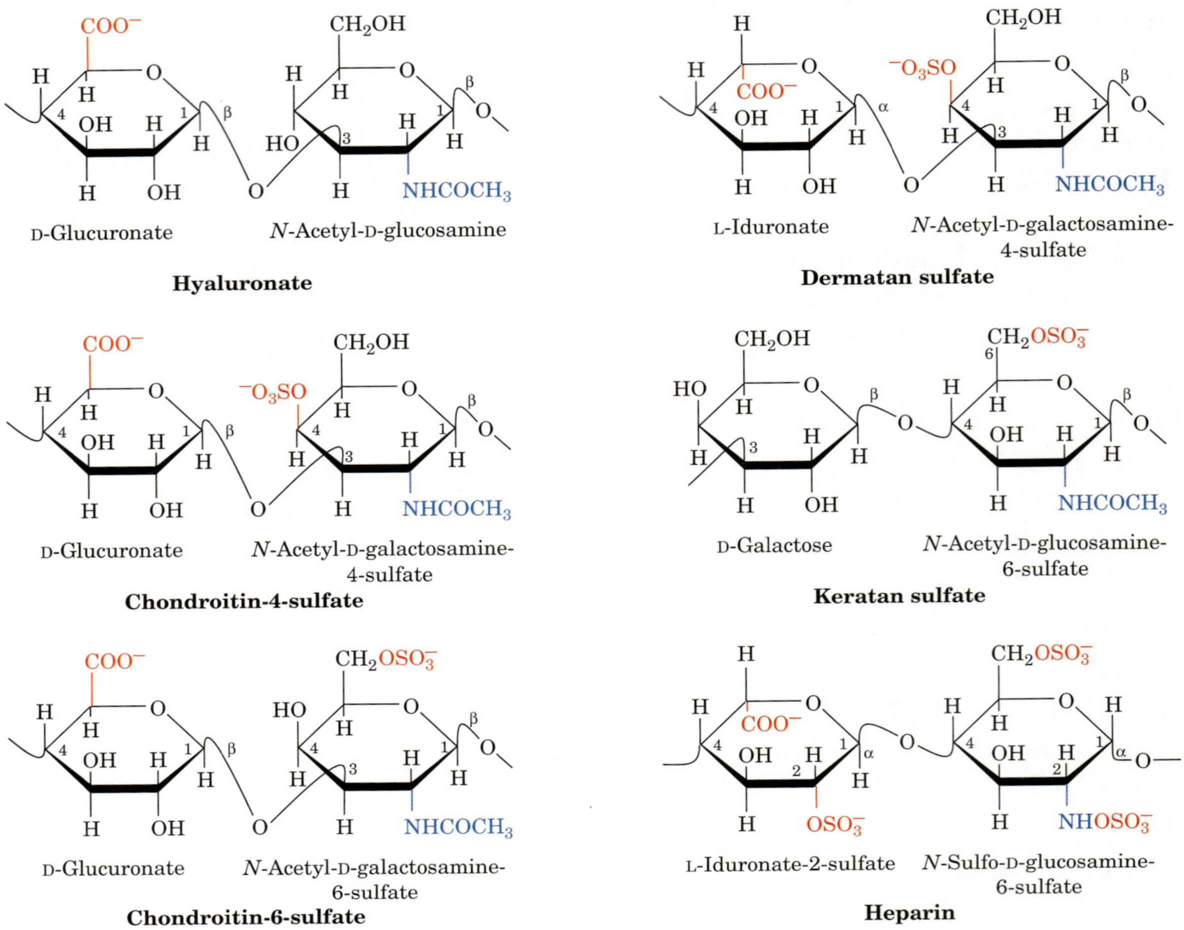

그림 8-12 글리코사미노글라이칸의 반복적 이당류 단위들 음이온기는 빨간색으로 나타내었고, *N*-아세틸아미도기는 파란색으로 나타내었다.

? 이 이당류 단위 각각의 알짜 전하를 결정하라.

히알루로네이트(hyaluronate)는 충격 흡수와 윤활제 역할을 한다. 히알루론산(hyaluronic acid)은 연결 조직, 관절액(관절 부위의 윤활 액체), 그리고 눈의 초자체액의 중요한 글리코사미노글라이칸 성분이다. 히알루론산 분자는 80~8000개의 β(1→4) 결합으로 연결된 D-글루쿠론산(D-glucuronic acid)과 ***N*-아세틸-D-글루코사민(*N*-acetyl-D-glucosamine, GlcNAc)** 이당류로 구성되어 있다(**그림 8-12**). 히알루론산은 쭉 펼쳐지고 단단한 분자이며, 분자 내에 무수히 많은 음이온 잔기들이 서로를 밀어내며 양이온 및 물 분자와 결합하고 있다. 히알루론산은 용액 상태에서는 건조 상태에 비하여 1000배 이상의 부피를 가지게 된다.

히알루론산 용액은 전단(shear) 의존적인 점성[유체의 흐름에 노출된 물체가 받는 힘을 전단 응력(shear stress)이라고 하며, 이때 물체는 유체 흐름에서 발생하는 힘과 정반대 방향으로 동일한 힘을 가지게 된다]을 가진다. 히알루론산 분자는 전단 응력이 낮을 때(즉 유속이 느릴 때) 흐름을 크게 방해하는 엉클어진 덩어리 모양을 형성한다. 즉 용액이 엄청난 점성을 가지게 된다. 전단 응력이 증가함에 따라(즉 유속이 빨라짐에 따라) 뻣뻣한 히알루론산 분자는 흐름을 따라 정렬하게 되고 그 결과 저항은 작아진다. 이런 점성과 탄성의 성질로 인하여 히알루론산 용액은 매우 우수한 생물학적 충격 흡수제와 윤활제로 작용한다.

히알루론산은 예상하지 못했던 특성을 가지고 있다. 벌거숭이 두더지쥐는 털 없는 생쥐 크기의 설치류(이빨 달린 분홍색 소시지를 닮았음)로 다른 어떤 설치류보다 오래 산다(수명이 약 30년 이상임). 벌거숭이 두더지쥐에게는 아직까지 암이 발견되지 않고 있으며, 이것이 긴 수명을 가지는 이유 중 하나로 생각된다(이와는 대조적으로 수명이 약 4년인 생쥐와 쥐는 암 발생빈도가 높다. 벌거숭이 두더지쥐 유래 세포는 16,000~32,000개의 이당류로 이루어진 매우 큰 분자량을 가진 히알루론산 고분자를 분비한다. 이 고분자는 악성 전이(암화, 자료 13-3)를 유도하는 세포 신호 전달 체계를 억제한다. 따라서 돌연변이를 통해 히알루론산 합성 효소의 발현을 억제하거나 분해 효소 발현을 증진시키는 경우에 벌거숭이 두더지쥐 유래 세포는 악성 전이가 용이한 세포로 변화한다.

일부 글리코사미노글라이칸은 황산기를 가지고 있다(글리코사미노글라이칸의 수산기 하나에 SO_3가 연결된 구조로, 여기서는 황산글리코사미노글라이칸(glycosaminoglycan sulfate)으로 번역한다). 그림 8-12에 제시된 일반적인 글리코사미노글라이칸은 50~1,000개의 황산 이온을 가진 이당류 단위로 구성되어 있다. **4-황산 콘드로이틴(chondroitin-4-sulfate)**과 **6-황산 콘드로이틴(chondroitin-6-sulfate)**은 ***N*-아세틸-D-갈락토사민(*N*-acetyl-D-galactosamine, GalNAc)**에 황산 이온이 결합한 위치만 다를 뿐이다. **황산 더마탄(dermatan sulfate)**은 콘드로이틴의 글루쿠론산 잔기의 C5 자리가 효소에 의해 에피머화되어서 **이두로네이트(iduronate)** 잔기로 변환되어 생성된다. **황산 케라탄(keratan sulfate**, 6-1C절에서 보여 준 섬유로 단백질과 혼동해서는 안 됨)은 주요 글리코사미노글라이칸 중 가장 큰 이종형으로, 황산 이온 함량이 다양하며, 소량의 퓨코스와 마노스, GlcNAc, 시알산을 포함한다. **헤파린(heparin)**도 다양한 정도의 황산 이온을 포함하며 이당류 한 개당 평균 2.5개의 황산 이온을 포함한다. 결과적으로 포유류의 조직(tissue) 중에서 가장 높은 전하를 띤 고분자이다(그림 8-13).

헤파린은 다른 글리코사미노글라이칸과는 다르게, 연결 조직의 성분이 아니며, 동맥혈관 벽에 있는 비만 세포 안에만 거의 유일하게 과립으로 존재한다. 이것은 혈액의 응집을 저해하며, 상처가 났을 경우 분비되어 다른 부위에서의 혈전 형성을 억제하는 것으로 생각된다. 따라서 헤파린은 수술을 받은 환자에게 투여하여 혈전 형성을 억제하는 것과 같이 임상적 용도로 널리 사용된다.

황산 헤파란(heparan sulfate)은 혈관벽과 뇌의 세포밖에 존재하는 물질이기도 하며 매우 흔한 세포 표면 구성 인자로 헤파린과 유사하지만, 질소와 산소에 연결된 황산기의 수가 적고 *N*-아세틸기가 많으며 전체적으로 조성이 훨씬 다양하다. 황산 헤파란은 발생과 상처 치유에 아주 결정적인 역할을 한다. 세포의 분화와 증식이 시작되기 위해서는 다양한 **성장 인자(growth factor)**가 황산 헤파란에 결합하고, 글리코사미노글라이칸, 성장 인자와 성장 인자 수용체의 복합체 형성이 필요하다. 이와 같은 삼차 복합체를 형성하기 위해서는 황산 헤파란에 대한 특이적인 황산 이온기의

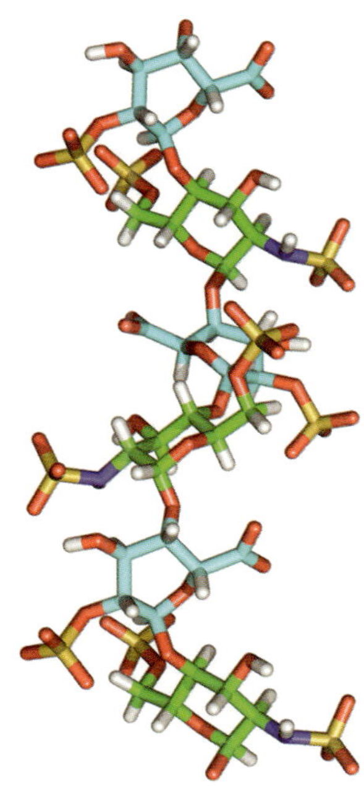

그림 8-13 해파린의 NMR 구조 나선형 중합체에 연속적으로 존재하는 세 개의 이당류가 막대 모형으로 그려져 있다. 원자들은 다음과 같은 색으로 표시되어 있다. 글루코사민 C(녹색), 이두로네이트 C(옅은 청색), H(흰색), N(파란색), O(붉은색), S(노란색). 나선의 1회전이 두 개의 이당류에 의하여 이루어지며 나선 사이의 폭이 17.5 Å이다. 음이온인 황산 이온의 밀도가 높은 것을 주목하라. [Based on an NMR structure by Barbara Mully and Mark Forster, National Institute for Biological Standards and Control, Herts, U K. PDBid 1HPN.]

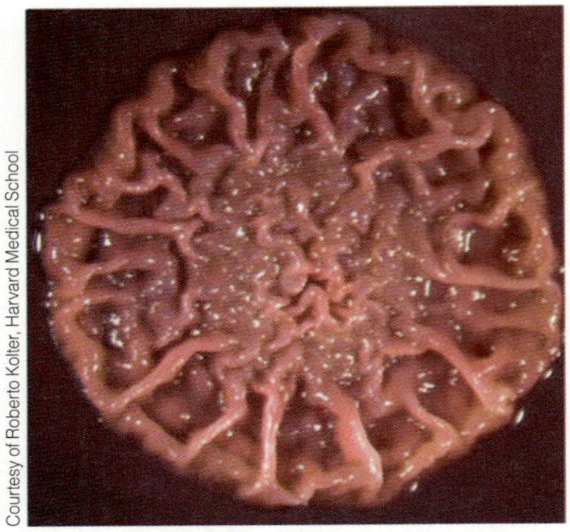

그림 8-14 녹농균(*Pseudomonas aeruginosa*) 균막 한천 평판 위에 자라는 세균 군집이 복잡한 구조의 균막을 형성하고 있다. [Courtesy of Roberto Kolter, Harvard Medical School]

? 글라이칸이 수분을 유지하는 것은 어떤 화학적 성질 때문인가?

도입 형태가 필요하다.

식물은 펙틴을 생성한다. 식물은 글리코사미노글라이칸을 합성하지 않지만, 주요 세포벽의 성분이며, 충격 흡수제와 비슷한 기능을 갖는 펙틴(pectin)을 만든다. 펙틴은 이질성 다당류로 α(1→4) 결합의 갈락투론산(galacturonate) 골격에 육탄당인 **람노스**(**rhamnose**)가 산재해 있다.

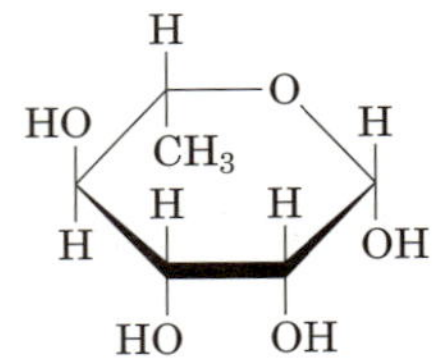

Rhamnose

갈락투론산 잔기는 메틸기나 아세틸기를 첨가하여 변형할 수 있다. 오탄당이나 아라비노스(arabinose), 자일로스(xylose), 그리고 다른 당들을 포함하는 많은 다당류 사슬이 갈락투론산에 붙어 있다. 펙틴 분자들의 응집으로 커다란 다발을 만들기 위하여 2가의 양이온(주로 Ca^{2+})이 필요한데, 이것은 인접한 갈락투론산 잔기에 있는 음이온을 교차 연결하는 역할을 한다. 펙틴이 많은 물 분자를 포함하는 젤을 이루는 현상은 잼이나 젤리를 가공하는 데 활용되며, 여기에 과실의 내인성 펙틴 양을 증가시키는 목적으로 종종 펙틴이 더 첨가된다.

균막은 일종의 세포외 기질이다. 실험실 밖에서 세균들이 서로 뭉쳐서 반고체상 매트릭스와 같은 **균막**(**biofilm**) 형태로 자라는 것을 종종 관찰할 수 있다(**그림 8-14**). 균막의 세포외 물질은 음이온 폴리-D-글루쿠론산(poly-D-glucuronate), 폴리-*N*-아세틸글루코사민(poly-*N*-acetylglucosamine), 셀룰로스 유사 분자와 아세틸화당과 같은 고도로 수화된 다당류로 구성되어 있다. 균막은 다양한 균종들이 섞여 있어서 그 특성을 결정하기가 매우 어려우며, 당류의 비율이 시간과 장소에 따라 매우 다양하다.

치아 위에 형성된 치석(plaque)과 같이, 균막의 젤과 같은 성질은 세균이 치아로부터 씻겨나가거나 건조해지는 것을 막아 세균을 보호하는 역할을 한다. 카테터(catheter) 같은 의료 기구 위에 형성된 균막은 감염성 미생물에 터전을 제공하고 수용성 항생제가 침투하지 못하게 하는 장벽을 만들어 문제를 일으키기도 한다.

체크 포인트

- 일반적인 이당류와 다당류에 존재하는 단당류와 그들의 결합을 기술하시오.
- 올리고당의 체계명에 단당류의 종류만 기술해서는 안 되는 이유를 설명하시오.
- 셀룰로스, 키틴, 전분, 글리코젠의 구조를 비교하여 대조하시오.
- 글리코사미노글라이칸과 그 유사 물질들의 물리적 성질을 그들의 생물학적 역할과 연결하시오.

3 당단백질

주요 개념

- 프로테오글라이칸은 글리코사미노글라이칸을 포함한 거대 단백질이다.
- 세균의 세포벽은 펩타이드에 의해 서로 연결된 당사슬로 구성되어 있다.
- 진핵세포의 당단백질에 공유 결합으로 연결된 올리고당 사슬은 단백질의 구조와 인지에 관여할 것이다.

많은 단백질은 실제로 탄수화물 함량이 전체 무게의 1%에서 90%에 이르는 당단백질이다. 당단백질은 모든 생명체에 존재하며, 효소, 운반 단백질, 수용체와 구조 단백질을 포함하는 모든 단백질의 역할 범위를 확장하는 기능을 한다. 당단백질의 펩타이드 부분은 모든 다른 단백질처럼 유전 정보의 조절에 의하여 합성된다. 반대로,

그림 8-15 프로테오글라이칸 (*a*) 전자 현미경 사진이 여러 방향으로 뻗어나간 히알루론산의 중심 사슬을 보여 준다. (*b*) 위의 a에서 보여 준 프로테오글라이칸의 병 세척용 솔의 모형. 여러 개의 핵심 단백질이 히알루론산 중심 가닥에 비공유 결합으로 연결되어 있다. 각각의 핵심 단백질은 세 개의 당 결합 부위를 가지고 있다. [From James E. Dennis and Arnold I. Caplan, Scientifi c American 251 (4), 87, 90 and 91 (1984)]

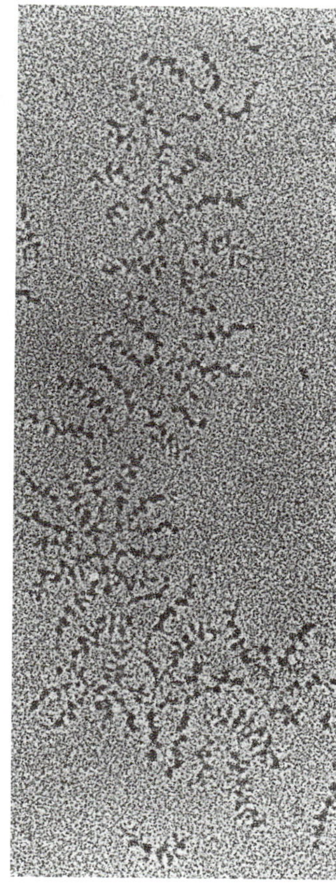

(*a*)

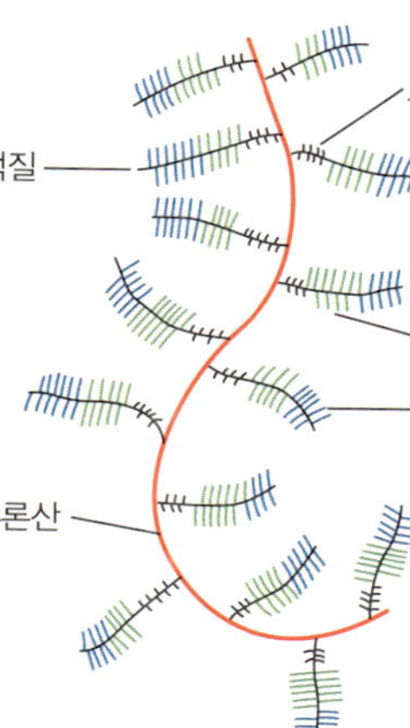

(*b*)

이들의 탄수화물 사슬은 유전 정보 없이 효소 작용에 의하여 생성되어 단백질과 공유 결합으로 연결된다. 이러한 이유로 당단백질은 여러 가지 다양한 탄수화물의 조성을 가지는 경향이 있는데, 이 현상을 **미세 불균일성(microheterogeneity)**이라고 한다. 탄수화물과 그 유도체의 구조 결정은 **당체학(glycomics)** 분야의 목표 중 하나이며, 당체학은 유전학(DNA에 대하여)이나 단백질체학(단백질에 대하여)과 비견되는 학문이다.

A 프로테오글라이칸은 글리코사미노글라이칸을 포함한다

단백질과 글리코사미노글라이칸은 세포외 매트릭스에서 서로 공유와 비공유적으로 결합하여 **프로테오글라이칸(proteoglycan)**으로 알려진 다양한 종류의 거대 분자를 구성한다. 전자 현미경 사진(**그림 8-15*a***)과 다른 증거를 통해서 볼 때, 프로테오글라이칸은 섬모와 같은 히알루론산 '골격'에 '뻣뻣한 털'이 비공유 결합으로 붙어 있는 병 세척용 붓과 같은 분자 구조를 가지고 있다. 이 뻣뻣한 털은 글리코사미노글라이칸(종종 황산 케라탄과 황산 콘드로이틴)이 공유 결합을 형성한 **핵심 단백질(core protein)**로 구성된다(**그림 8-15*b***). 핵심 단백질과 히알루론산의 상호작용은 **연결 단백질(link protein)**에 의해 안정화된다. 보다 작은 올리고당이 주로 핵심 단백질에 히알루론산이 결합한 위치와 가까운 자리에서 단백질에 결합한다. 이러한 올리고당들은 단백질의 아마이드 질소 특이 Asn 잔기의 측쇄에 있는 아마이드 N에 글리코사이드 결합을 형성한다[따라서 ***N* 연결 올리고당(*N*-linked oligosaccharide)**으로 알려져 있다, 8-3C절]. 황산 케라탄과 황산 콘드로이틴 사슬은 올리고당을 통해 핵심 단백질의 특정 세린이나 트레오닌 잔기의 곁사슬 산소 원자에 글리코사이드 결합으로 연결되어 있어 **산소 연결 올리고당(*O*-linked oligosaccharide)**이라고 한다.

이 모든 것을 합쳐서 길이가 4,000~40,000 Å에 해당하는 히알루론산의 중심 가닥에는 핵심 단백질이 100개 정도 연결될 수 있다. 각각의 핵심 단백질은 약 250개까지의 이당류로 구성된 황산 케라탄 사슬 50개와, 1000개의 이당류로 구성된 황산 콘드로이틴 사슬 100개를 각각 가지고 있다. 당단백질의 분자량이 수천만에 이르는 이유도 바로 이렇게 복잡한 구조 때문이다.

황산 케라탄과 황산 콘드로이틴의 다가 음이온 특성과 이를 포함한 프로테오글라이칸의 쭉 펼쳐진 솔 구조로 인해 이 복잡한 구조체는 고도로 수화되어 있다. 연골은 프로테오글라이칸으로 가득 채워진 콜라젠 섬유의 커다란 그물 구조로 이루어져 있어서 고탄력 특징을 갖게 된다. 연골에 압력을 가하면 프로테오글라이칸의 이온 부위로부터 물을 쥐어짜내게 되는데, 이는 프로테오글라이칸 내부의 이온화된 잔기들 사이의 반발력이 외부의 압력을 극복할 수 있을 때까지 계속된다. 압력이 풀어졌을 때 물은 돌아온다. 더욱이 관절 부위의 연골은 혈관이 없고 몸의 운동에 의한 용액의 흐름에 의해서 영양분이 공급된다. 이 때문에 오랫동안 활동을 하지 않으면 연골이 가늘어지고 약해진다.

B 세균의 세포벽은 펩타이도글라이칸으로 만들어진다

세균은 그들의 특징적인 모양을 유지해 주는 단단한 세포벽을 가지고 있으며, 그로 인해서 **저장액(hypotonic**, 세포 내 소금의 농도보다 작은) 환경에서도 살 수 있다(그림 1-7). 그렇지 않으면 세균들은 삼투압으로 인해 세포막이 터질 때까지 부풀게 될 것이다. 세균의 세포벽은 중대한 의학적 의미를 가지고 있는데, 왜냐하면 부분적으로 세포벽이 세균의 **병원성(virulence**, 병을 일으킬 수 있는 힘)과 관련이 있기 때문이다. 사실, 세균의 세포벽만을 주사하는 것만으로도 많은 세균성 질환의 증세가 나타날 수 있다. 더욱이 세균의 세포벽 성분은 면역원성을 가져서(7-3B절), 세포벽 성분을 동물에 주사하면 해당 세균에 대한 면역성을 나타내게 된다.

세균은 그람 염색법[1884년에 그람(Christian Gram)에 의해 개발된 방법으로, 열로 고정시킨 세포를 크리스털 바이올렛과 아이오딘으로 처리한 후 에탄올이나 아세톤으로 탈염시키는 방법]에 의한 염색 여부에 따라 **그람 양성(gram-positive)**과 **그람 음성(gram-negative)**으로 구분된다. 그람 양성 세균(그림 8-16*a*)은 세포막을 감싸는 두꺼운 세포벽(~250 Å)을 가지고 있는 반면, 그람 음성 세균(그림 8-16*b*)은 복잡한 외막으로 가려진 얇은 세포벽(~30 Å)을 가지고 있다. 이 외막이 그람 염료를 포함한 박테리아에 독성을 가진 성분이 세균 내부로 들어오지 못하게 한다. 이것이 그람 음성 세균이 그람 양성 세균보다 항생제에 훨씬 더 저항성을 보이는 이유이다.

세균의 세포벽은 공유 결합으로 연결된 다당류와 단백질 사슬로 구성되어 가방 모양의 거대 분자를 이루며 세포를 완벽하게 감싸 준다. 이 뼈대 구조가 **펩타이도글라이칸(peptidoglycan)**이라는 것을 밝히는 데 주된 공헌을 한 사람이 스트로밍거(Jack Strominger)이다. 이 다당류는 GlcNAc과 ***N*-아세틸무람산[*N*-acetylmuramic acid**, 라틴어: *murus*(벽)]이 β(1→4) 결합된 선형 사슬이다. *N*-아세틸무람산의 젖산기는 D-아미노산을 포함한 테트라펩타이드(네 개의 아미노산으로 이루어진 펩타이드)와 아마이드 결합을 형성함으로써 펩타이도글라이칸의 반복 구조를 형성한다(그림 8-17). 나란히 존재하는 이웃 펩타이도글라이칸 사슬은 테트라펩타이드를 통해 공유 결합으로 연결된다. 실제 펩타이드 결합의 형성 정도는 가능한 모든 결합의 약 40%에 달한다.

황색 포도상 구균(*Staphylococcus aureus*)에서 테트라펩타이드의 아미노산 서열은 L-Ala-D-아이소글루타밀-L-Lys-D-Ala이며, 한쪽 테트라펩타이드의 카복실기 말단과 이웃한 테트라펩타이드 라이신의 ε-아미노기를 연결하는 5개의 글라이신 사슬

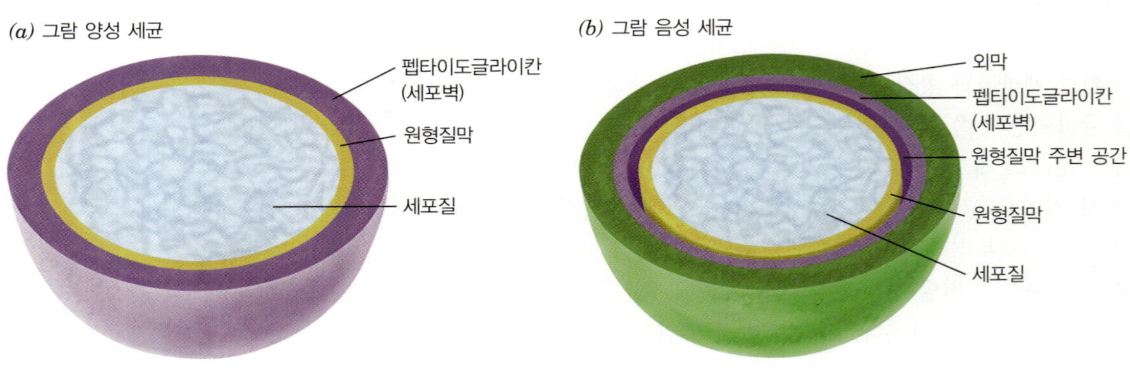

그림 8-16 세균의 세포벽 이 그림은 (*a*) 그람 양성 세균과 (*b*) 그람 음성 세균의 외피의 차이를 설명한다.

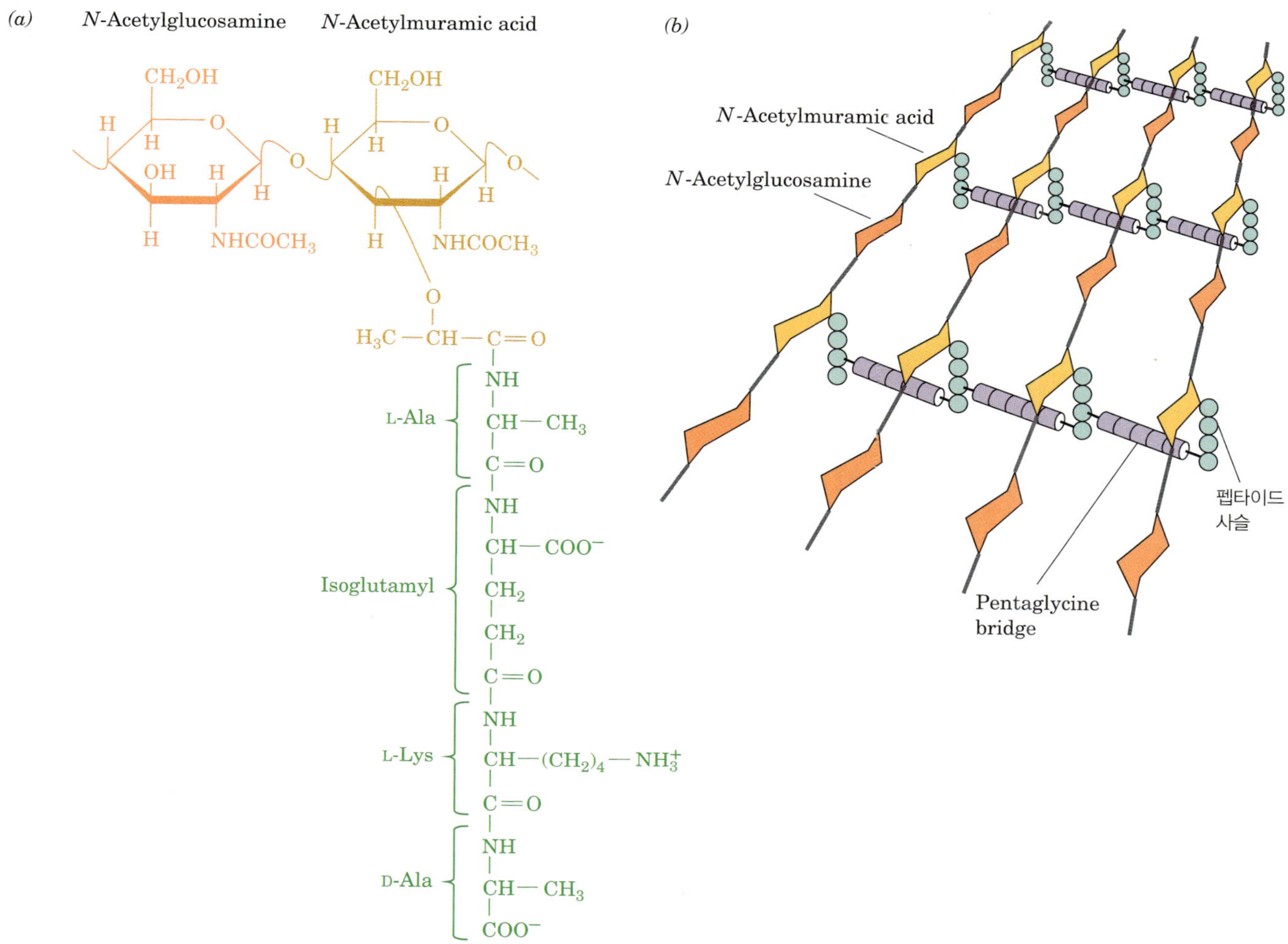

그림 8-17 펩타이도글라이칸 *(a)* 펩타이도글라이칸의 반복 단위는 *N*-아세틸글루코사민-*N*-아세틸무람산 이당류로 젖산 곁사슬이 테트라펩타이드와 아마이드 결합을 이룬다. *S. aureus*의 테트라펩타이드는 그림과 같다. γ-카복실기를 통해 펩타이드와 아마이드 결합을 하는 아이소글루타메이트(isoglutamate) 잔기를 표시하였다. *(b) S. aureus* 세균 세포벽 펩타이도글라이칸은 5개의 글라이신을 통해 가교(보라색)를 형성한다.

에 의해 펩타이도글라이칸이 서로 연결된다. 구조를 밝히기 위하여 포스터(Simon Foster)는 **원자힘 현미경(atomic force microscopy, AFM)**을 사용하였으며, 이 기술은 지름이 수 나노미터인 탐침으로 시료 표면을 주사(scan)하면서 탐침과 측정 표면 사이의 상호작용에 의한 힘의 변화를 측정하는 것으로, 해상도가 수 옹스트롬(Å)에 해당한다. 그람 음성 세균인 고초균(*Bacillus subtilis*)의 세포벽에 대한 포스터의 모형을 **그림 8-18**에 나타내었다. 몇 개의 당 사슬이 위에서 설명한 대로 서로 결합하여 펩타이도글라이칸 '밧줄'을 형성하는데, 구조의 고유한 비틀림 때문에 지름이 50 nm이며 길이가 50 μm인 나선이 형성되어 세균의 장축을 휘감으며 세포벽을 형성한다. 이 구조체는 아마도 이웃한 나선 구조와 공유 결합 가교를 형성하여 안정화될 것이다. 그람 음성 세균의 세포벽은 단지 펩타이도글라이칸 한 층의 두께로 보이지만, 그

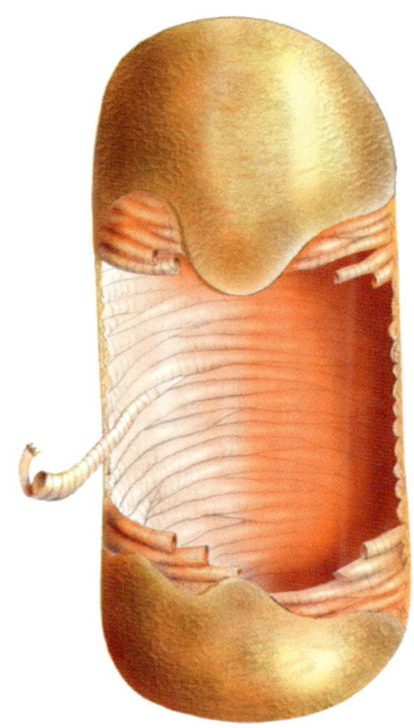

그림 8-18 고초균 세포벽의 모형 세포벽은 세균의 세포막을 감싸는 몇 개의 펩타이도글라이칸으로 구성된 오른손 방향의 나선으로 이루어져 있다. 세포의 길이는 약 3 μm에 해당한다. [Courtesy of Simon Foster, University of Sheffield, U.K.]

자료 8-3 건강과 질병의 생화학 — 펩타이도글라이칸 특이적 항생제

1928년에 플레밍(Alexander Fleming)은 세균 배양 접시가 우연히 곰팡이(*Penicillium notatum*)에 오염된 결과, 곰팡이 주변 세균이 분해되는 것에 주목하였다. 이것은 곰팡이에 의해 분비된 항생제인 **페니실린**(**penicillin**)의 존재에 의한 것이었다. 페니실린은 β-락탐 고리(파란색)에 연결된 싸이아졸리딘 고리(빨간색)를 포함하고 있다. 다양한 종류의 알킬기(R)가 펩타이드 연결로 β-락탐 고리에 붙어 있다.

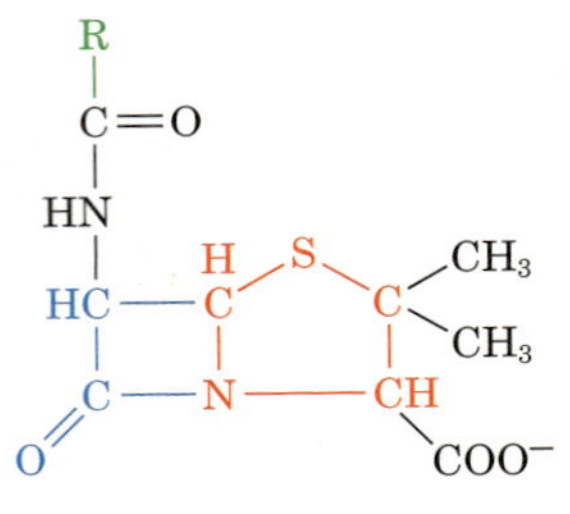

Penicillin

페니실린은 세균의 세포벽 성분인 펩타이도글라이칸 가닥을 서로 연결하는 효소에 특이적으로 결합하여 효소의 기능을 무력화시킨다. 성장하는 세포는 세포벽을 확장하기 위하여 딱딱한 세포벽을 열고 그 가운데로 새로운 세포벽 구성 성분을 첨가해야 하기 때문에, 성장하는 세포를 페니실린에 노출시키면 세포 분해를 초래한다. 그러나 사람에게는 페니실린에 특이적으로 붙는 효소가 없으므로 페니실린이 독성이 없는 치료제로 사람에게 매우 유용하게 사용될 수 있다.

페니실린에 저항성이 있는 대부분의 세균은 **페니실리네이스**(**penicillinase**, **β-lactamase**라고도 함)를 분비하는데, 이 효소는 β-락탐 고리의 아마이드 결합을 분해하여 페니실린을 비활성화시킨다. 이와 같은 내성을 극복하기 위한 시도로 종종 페니실린 유도체와 함께 처방하는 **설박탐**(**sulbactam**)과 같은 β-락탐 분해 효소 억제제를 개발하게 되었다.

여러 가지 약물에 동시에 내성을 보이는 세균들이 새로운 문제로 대두되고 있다. 소위 항생제의 마지막 보루라고 불리는 **반코마이신**(**vancomycin**)은 여러 해 동안 다른 항생제로 치료되지 않는 세균 감염을 치료하는 데 사용되어 왔다. 반코마이신은 펩타이도글라이칸 전구체에 결합하여 세균의 세포벽 합성에 있어서 단백질 교차 연결 반응을 방해한다. 그러나 약간 다른 전구체 서열을 이용하여 세포벽 합성을 가능하게 하는 유전자를 획득한 세균은 반코마이신에 대한 내성을 가지게 된다. 이는 반코마이신이 변형된 전구체 서열에 잘 결합하지 못하기 때문이다.

특히 성장이 느린 세균에 대하여, 반코마이신과 페니실린 같은 약물이 가지는 한계는 세균을 사멸시키지는 못하면서 성장을 정지시키는 것이다. 이와 같은 이유로 효과적으로 세균 감염을 치료하기 위해서는 몇 주가 넘는 기간 동안 항생제의 복합 사용이 필요할 것이다.

람 양성균의 세포벽은 몇 개의 펩타이도글라이칸 층으로 이루어진 것으로 가정된다. 펩타이도글라이칸이 어떻게 세포의 모양을 결정하는지는 아직 알지 못한다.

펩타이도글라이칸의 D-아미노산은 스스로를 L-아미노산에 기질 특이성을 가진 단백질 분해 효소에 저항할 수 있게 한다. 그러나 달걀 흰자는 물론 눈물이나 점액, 척추동물의 체액에 포함되어 있는 효소인 **라이소자임**(**lysozyme**)은 *N*-아세틸글루코사민과 *N*-아세틸무람산 사이의 β(1→4) 글리코사이드 결합의 가수 분해를 촉매한다(라이소자임의 구조와 메커니즘은 11-4절에서 자세히 살펴본다). 세포벽은 또한 세포벽 생합성을 억제하는 항생제에 의해서 손상된다(자료 8-3).

C 많은 진핵세포 단백질들이 당화되어 있다

진핵세포에서 세포외로 분비된 단백질과 막단백질은 거의 모두 **당화**(**glycosylated**)되어 있다. 올리고당은 *N*-글리코사이드 결합이나 *O*-글리코사이드 결합을 통하여 단백질에 공유 결합으로 연결되어 있다.

***N*-글리코사이드 결합으로 단백질에 결합한 올리고당은 아스파라진에 결합해 있다.** **N 연결 올리고당에서 GlcNAc는 Asn-X-Ser이나 Asn-X-Thr 배열의 Asn 잔기의 아마이드 질소에 항상 β 형태로 연결되며, 여기서 X는 Pro를 제외한 모든 종류의 아미노산이며, Asp, Glu, Leu, Trp 등은 드물게 나타난다.**

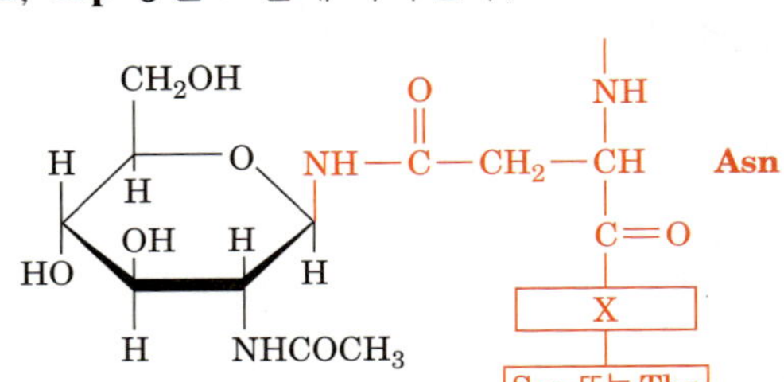

GlcNAc

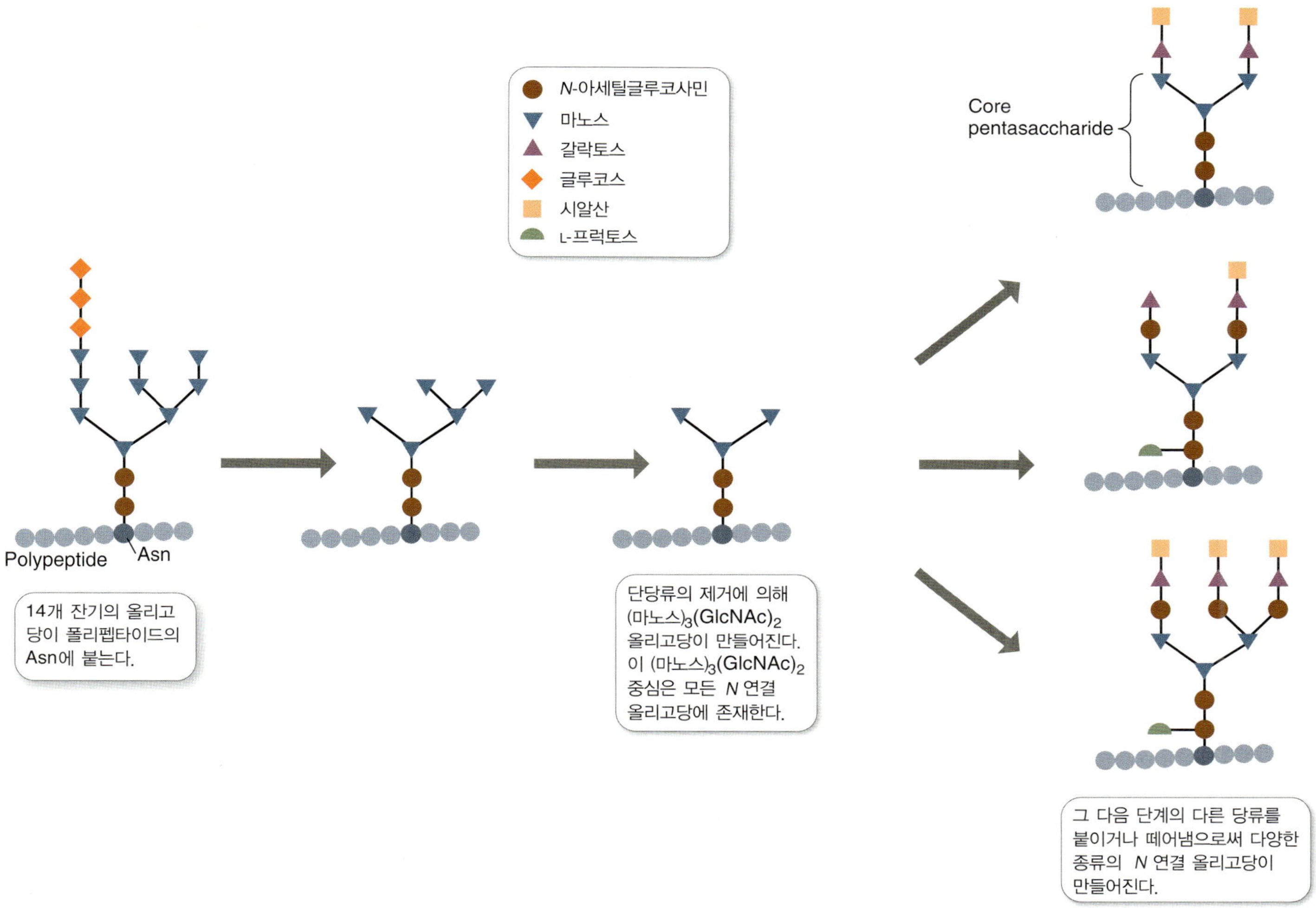

그림 8-19 ***N*** **연결 올리고당의 합성** (마노스)$_9$(글루코스)$_3$(GlcNAc)$_2$ 올리고당의 첨가 반응 후에 바로 당분해 효소에 의한 단당류 제거가 이어지고, 당전달 효소에 의한 효소 반응으로 다른 단당류가 첨가된다. 중심 오당류는 모든 *N* 연결 올리고당에 존재한다. [Adapted from Komfeld, R. and Komfeld, S., *Annu. Rev. Biochem.* **54**, 640 (1985).]

질소 당화 반응(*N*-glycosylation)은 단백질 생합성과 동시에(**cotranslationally**) 진행된다. 보통 *N* 연결 올리고당을 포함하는 단백질은 당화된 후 추가적인 변형 과정(**processed**)이 일어난다는 것이 콤펠트(Stuart Komfeld)에 의해 상당 부분 밝혀졌다(**그림 8-19**).

1. 9개의 마노스, 3개의 글루코스, 2개의 GlcNAc를 포함하는 올리고당이 소포체에 있는 리보솜에서 합성되는 폴리펩타이드 사슬의 Asn에 결합한다(9-4D절).
2. 소포체의 공간(내부 공간)에서 시작되고 골지체에서 계속 진행되는 변형 과정에서 일부 당들은 제거된다(그림 1-8). 효소에 의한 제거 작용은 글루코시데이스와 마노시데이스에 의하여 완성된다.
3. GlcNAc, 갈락토스, 퓨코스, 시알산을 포함한 추가적인 단당류들이 골지체에 있는 특이적인 **당전달 효소**(**glycosyltransferase**)에 의해서 첨가된다.

정확한 *N* 연결 올리고당 변형 과정은 세포 안에 존재하는 당단백질과 일련의 당분해 효소의 성질에 따라 다양하다. 그러나 모든 *N* 연결 올리고당은 다음과 같은 공통적인 핵심적인 오탄당 중심을 가진다.

Man α(1→6)
 ⟩ Man β(1→4) GlcNAc β(1→4) GlcNAc —
Man α(1→3)

어떤 당단백질은 매우 제한적인 변형 과정을 진행하여 '높은 비율의 마노스' 올리고당을 남기고, 다른 당단백질들은 보다 광범위한 변형 과정을 거쳐서 몇 가지 당을 포함하는 거대 올리고당을 형성한다. ***N* 연결 당단백질에 있는 올리고당의 종류는 매우 다양하다.** 심지어 동일한 아미노산 서열을 가진 당단백질이라고 할지라도 상당한 정도의 미세 불균일성을 보이는데, 그 이유는 아마도 불완전한 당화나 당분해 효소와 당전달 효소의 기질 특이성이 부족하기 때문일 것이다.

***O* 연결 올리고당은 세린이나 트레오닌에 연결된다. 가장 일반적인 *O*-글리코사이드 연결에는 Ser이나 Thr의 OH기에 붙은 이당류 핵심 잔기인 β-갈락토실-(1→3)-α-*N*-아세틸갈락토사민(β-galactosyl-(1→3)-α-*N*-acetylgalactosamine)이 수반된다.**

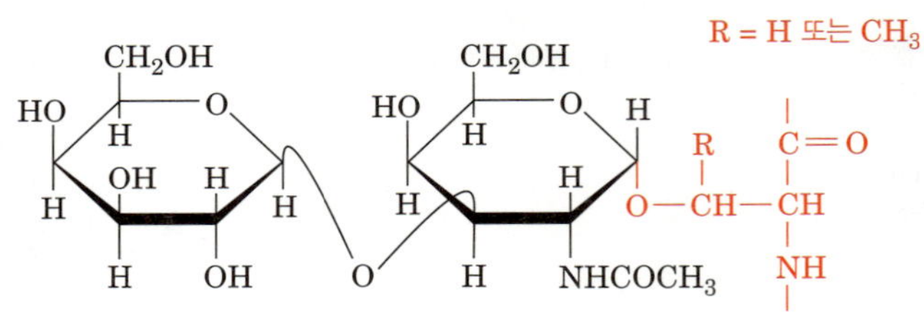

β-Galactosyl-(1→3)-α-*N*-acetylgalactosaminyl-Ser/Thr

보다 덜 일반적인 것으로, 갈락토스, 마노스, 자일로스가 세린이나 트레오닌과 *O*-글리코사이드를 이루기도 한다. 갈락토스도 콜라젠의 5-하이드록시라이실 잔기와 *O*-글리코사이드 결합을 이룬다(6-1C절). *O* 연결 올리고당은 그 크기에 있어서 콜라겐에 있는 갈락토스 한 분자에서 프로테오글라이칸에 있는 1000개의 이당류에 이르기까지 그 종류가 다양하다.

O 연결 올리고당의 변형 과정은 생합성이 끝난 폴리펩타이드 사슬에 단당류 단위를 연속적으로 첨가하는 방법으로 골지체에서 진행된다. 합성은 폴리펩타이드의 세린이나 트레오닌에 GalNAc를 전달함으로써 시작된다. *N* 연결 올리고당은 특정 아미노산 서열 안에 존재하는 Asn으로 옮겨지지만, *O*-당화된 Ser과 Thr 잔기는 그 어떤 공통 아미노산 서열에도 속하지 않는다. 그 대신 당화 반응이 일어나는 장소는 단백질의 2차 혹은 3차 구조에 의해 특화된다. *O*-당화 과정은 해당 당전달 효소에 의한 단계적 당 첨가 반응으로 계속 진행된다. 올리고당 합성 관련 효소 작용과 에너지 이론은 16-5절에서 더 의논한다.

D 올리고당은 당단백질의 구조, 기능, 분자 인지를 결정한다

한 개의 동일한 단백질이 여러 개의 *N*- 또는 *O* 연결 올리고당 사슬을 포함할 수도 있지만, 당단백질에 있는 올리고당의 서열과 단백질에 대한 결합 위치, 공유 결합된 탄수화물의 수가 달라서 다른 분자로 분류된다[다양한 당 단백질의 변종들을 **복합 당질(glycoform)**이라고 한다]. 이와 같은 이질성 때문에 올리고당의 분명한 생물학적 기능을 규명하기 어렵다. 사실, 특정 올리고당 변형 효소가 부족한 세포에서 합성된 어떤 당단백질들은 당화가 비정상적이거나 결핍되어 있음에도 불구하고 정상적인 생물학적 기능을 하는 것으로 보인다. 그러나 다른 경우에는 당화가 단백질의 구조, 안정성, 활성에 영향을 준다.

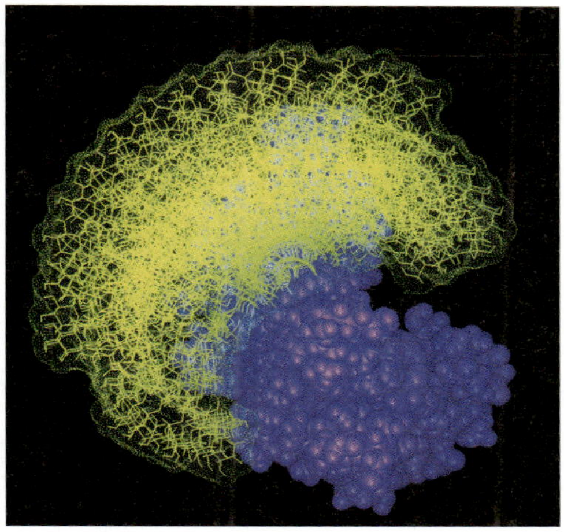

그림 8-20 올리고당의 동적 모형 소의 췌장 효소인 리보핵산 분해 효소 B(ribonuclease B, 보라색)에 연결되어 있는 한 분자의 $(GlcNAc)_2$(마노스)$_{5\sim9}$ 올리고당(노란색)이 가질 수 있는 다양한 형태의 '스냅 사진'을 겹쳐서 보여 주는 구조이다. [Courtesy of Raymond Dwek, Oxford University, U.K.]

올리고당은 단백질의 구조를 보호한다. 올리고당은 일반적으로 단백질 표면의 2차 구조가 없는 고리나 접힘 부위를 이루는 아미노산 서열에 연결되어 있다. 당은 친수성이므로, 올리고당은 단백질 표면으로부터 멀리 벗어나려는 경향이 있다. 탄수화물 사슬은 보통 구조적으로 유연하기 때문에 시간에 따라 차지하는 공간을 계산하면 단백질에 붙어 있는 올리고당은 상당한 평균 부피를 가지게 된다(그림 8-20). 이런 방법으로 올리고당은 단백질 표면을 가릴 수 있는데, 이를 통해서 단백질의 활성을 변화시키거나 단백질을 가수 분해로부터 보호할 수 있다.

추가로, 어떤 올리고당은 그들이 붙어 있는 단백질 사슬의 형태적 자유도를 제한함으로써 구조적 역할을 수행할 수도 있다. *N* 연결 올리고당은 단백질이 합성될 때 같이 첨가되기 때문에, 올리고당의 연결은 단백질의 접힘(folding) 형태를 결정하는 데 도움을 주기도 한다. 또한 올리고당은 펩타이드 골격의 유연성을 감소시킴으로써 단백질의 접힘 형태를 안정화시킬 수도 있다. 특히 고도로 당화된 단백질 부위에 뭉쳐 있는 *O* 연결 올리고당은 폴리펩타이드 사슬의 유연성을 감소시키고 폴리펩타이드 사슬이 보다 확장된 구조를 가지도록 돕는 역할도 한다.

올리고당은 분자 인지 과정을 매개한다. 탄수화물이 서로 연결되어 가지가 달린 복잡한 사슬 구조를 형성할 수 있는 다양한 방법이 존재한다는 것은 비슷한 크기의 핵산이나 단백질에 비하여 훨씬 다양한 생물학적 역할을 수행할 수 있는 잠재력이 있음을 의미한다. 예를 들면 두 개의 서로 다른 뉴클레오타이드는 오직 두 개의 핵산 서열을 형성할 수 있는 반면, 두 개의 서로 다른 육탄당은 36개의 이당류를 형성할 수 있다(그러나 모든 가능한 이당류가 자연에 존재한다는 것을 의미하는 것은 아니다)

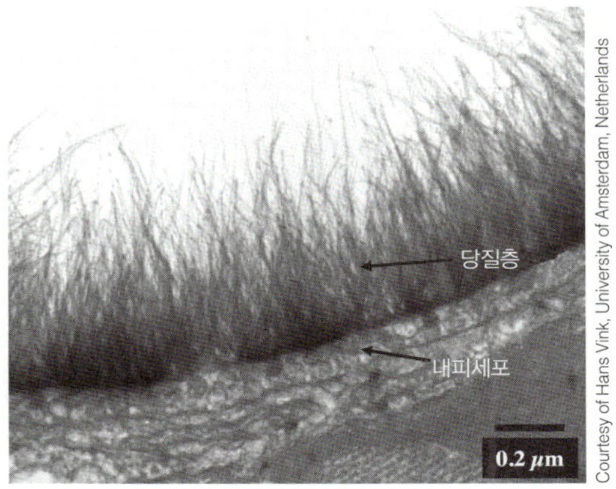

그림 8-21 쥐의 모세관 표면의 전자 현미경 사진 당질층(glycocalyx)이라고 하는 두꺼운 탄수화물 외막은 세포 표면의 단백질과 지질에 연결된 빼곡하게 밀집된 올리고당으로 구성되어 있다.

독특한 탄수화물 조합이 세포 사이의 신호 전달에 관여한다는 첫 번째 증거는 모든 세포가 당단백질이나 당지질과 같은 형태의 **당포합체(glycoconjugate)**로 감싸진 표면을 가지고 있다는 발견으로부터 얻어졌다. 어떤 종류의 세포는 두께가 1 μm에 달하는 섬세한 당포합체 층을 가지고 있다(그림 8-21).

세포 표면의 탄수화물이 분자 인지 기능을 가지고 있다는 부가적인 증거는 **렉틴(lectin**, 탄수화물에 결합하는 단백질)에서 찾을 수 있다. 렉틴은 자연에 매우 풍부하며 주로 세포 표면에 많이 있다. 렉틴은 정교한 특이성이 있다. 렉틴은 올리고당에 있는 다른 당에 특정한 글리코사이드 결합으로 연결된 개별 단당류를 인식할 수 있다(이런 특성으로 인하여 렉틴은 당단백질과 올리고당을 분리하는 매우 유용한 실험도구로 사용될 수 있다). 단백질-탄수화물 상호작용은 광범위한 수소 결합(때로는 물 분자를 매개로 한 수소 결합)과 단백질의 방향족 아미노산 곁사슬과 당의 소수성 면 사이에 형성되는 반데르발스 상호작용을 특징적으로 가지고 있다(그림 8-22).

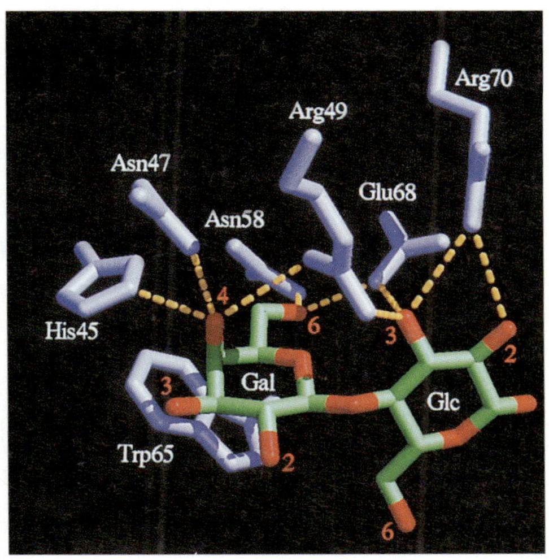

그림 8-22 렉틴에 의한 탄수화물 결합 인간 갈렉틴-2(galectin-2)는 주로 갈락토스 잔기를 통해 락토스와 같은 β-갈락토사이드에 결합한다. 갈락토스와 글루코스 잔기의 탄소와 산소는 각각 녹색과 적색으로 나타내었고, 렉틴의 아미노산 곁사슬은 보라색으로 나타내었다. 아미노산 곁사슬과 당 잔기 사이의 수소 결합은 노란 점선으로 나타내었다. [Courtesy Hakon Leffler, University of California at San Francisco]

표 8.1 적혈구에 있는 A, B, H 항원 결정기의 구조

형태	항원[a]
H	Galβ(1→4)GlcNAc… ↑ 1,2 L-Fucα
A	GalNAcα(1→3)Galβ(1→4)GlcNAc… ↑ 1,2 L-Fucα
B	Galα(1→3)Galβ(1→4)GlcNAc… ↑ 1,2 L-Fucα

[a]Gal: 갈락토스, GalNAc: *N*-아세틸갈락토사민, GlcNAc: *N*-아세틸글루코사민, L-Fuc: L-퓨코스

셀렉틴(**selectin**)으로 알려진 단백질은 **백혈구**(**leukocyte**, 순환되는 백혈구)와 내피 세포(혈관 내벽을 구성하는 세포) 표면 사이의 결합을 매개한다. 백혈구는 지속적으로 세포 표면에 셀렉틴을 발현시킨다. 내피 세포는 감염이나 물리적인 조직의 상처에 대응하여 일시적으로 고유한 셀렉틴을 표면에 발현시킨다. 셀렉틴은 세포 표면의 당단백질에 있는 특별한 올리고당을 인식하고 결합한다. 이들 두 가지 세포 사이의 상반된 셀렉틴–올리고당의 상호작용에 의하여 내피 세포가 순환하는 백혈구를 '포획'할 수 있는데, 이를 통해 백혈구가 내피 세포 주변을 천천히 이동하면서 감염원을 제거하거나 손상된 조직의 회복을 돕는 역할을 한다.

다른 세포–세포 인식 현상도 올리고당에 의존한다. 예를 들면 수정하는 동안 정자와 난자의 결합과 활성화의 일환으로, 포유류 정자 표면에 있는 단백질은 난자의 당단백질에 있는 GlcNAc 혹은 갈락토스 잔기를 인식한다. 많은 바이러스, 세균, 그리고 진핵 기생충은 먼저 세포 표면의 탄수화물과 결합함으로써 그들이 목표하는 조직에 침입한다.

올리고당은 항원 결정기(antigenic determinant)이다. 세포 표면에 있는 탄수화물은 가장 잘 알려진 면역학적 표지 물질이다. 예를 들어 **ABO식 혈액형 항원**(**ABO blood group antigen**)은 각 세포(적혈구뿐만 아니라)의 표면에 있는 당단백질과 당지질의 올리고당 성분이다. A형 세포를 가진 사람은 그 세포 표면에 A 항원을 가지고 있고 혈액에 항B 항체를 가지고 있다. B형 세포를 가진 사람은 그 세포 표면에 B 항원을 가지고 있고, 혈액에 항A 항체를 가지고 있으며, AB형 세포를 가진 사람은 그 세포 표면에 A와 B 항원을 모두 가지고 있고, 혈액에는 항A와 항B 항체 중 어느 것도 없고, O형 세포를 가진 사람은 그 세포 표면에 어떤 항원도 가지고 있지 않으며, 혈액에 항A와 항B 항체가 모두 있다. 결과적으로, A형 혈액을 B형인 사람에게 수혈하면 A 항원과 항A 항체가 반응하여 수혈된 적혈구를 응집시켜서(서로 뭉쳐서) 때로 심각하게 혈관을 막게 된다.

표 8-1은 **A**, **B**, **H 항원**(O형인 사람은 H 항원을 갖는다)에서 발견된 올리고당의 목록이다. 이것들은 당지질 올리고당의 비환원당 말단에 있다. H 항원은 A형 및 B형 항원 올리고당의 전구체이다. A형인 사람은 303개의 아미노산으로 구성된 당전달 효소가 있으며 이는 H 항원 말단에 특이적으로 GalNAc 잔기를 첨가한다. B형인 사람에게는 당전달 효소의 아미노산 서열 중 네 개의 아미노산이 다르며, 이는 H 항원 말단에 GalNAc 대신에 갈락토스를 전달한다. O형인 사람은 당전달 효소의 150번째 아미노산까지만 합성된 후 더 이상의 아미노산이 더해지지 않아 효소 활성이 없다.

체크 포인트

- 프로테오글라이칸, 펩타이도글라이칸, 당화된 단백질의 일반 구조를 그리시오.
- 그람 양성 세균이 페니실린에 더 취약한 이유를 설명하시오.
- 프로테오글라이칸과 펩타이도글라이칸의 주요 생물학적 기능을 기술하시오.
- *N* 연결 및 *O* 연결 올리고당의 차이를 설명하시오.
- 아미노산이나 핵산의 서열을 기술하는 것에 비하여 당단백질의 올리고당을 기술하는 것이 왜 더 어려운지 설명하시오.
- 올리고당이 어떻게 생물학적 인지에 참여하는지 설명하시오.

요약

1 단당류

- 가장 간단한 탄수화물인 단당류는 알도스와 케토스로 분류된다.
- 고리형 단당류의 헤미아세탈과 헤미케탈은 아노머 탄소 위에서 α 또는 β 입체 배열을 가지지만 그 형태는 다양하다.
- 단당류 유도체는 알돈산, 우론산, 데옥시당, 아미노당, α- 또는 β-글리코사이드이다.

2 다당류

- 다당류는 여러 개의 단당류가 글리코사이드 결합으로 연결된 것이다.
- 셀룰로스와 키틴은 β(1→4) 결합을 가진 다당류로, 이 결합 특성으로 인해 딱딱하고 펼쳐진 구조를 가지게 된다.
- 저장형 다당류인 전분과 글리코젠은 α-글리코사이드 결합으로 연결된 글루코스 잔기들로 구성된다.
- 글리코사미노글라이칸은 비가지형 다당류로 우론산과 아미노당을 포함하며, 종종 황산 이온이 연결되어 있다.

3 당단백질

- 프로테오글라이칸은 많은 글리코젠과 올리고당을 가진 중심 단백질을 가지고 있는 히알루론산으로 구성된 거대 분자이다.
- 박테리아 세포벽은 다당류와 폴리펩타이드의 사슬망인 펩타이도글라이칸으로 이루어져 있다.
- 당화 단백질은 *N* 연결 올리고당(Asn에 붙은)이나 *O* 연결 올리고당(Ser이나 Thr에 붙은) 또는 둘 다를 포함할 수 있다. 당단백질은 올리고당의 배열이나 연결 위치가 달라도 다른 단백질로 간주될 수 있다.
- 올리고당은 단백질의 구조 결정과 세포와 세포 사이의 인지 현상에서 중요한 역할을 한다.

주요 용어

α-글리코사이드(α-glycoside)
ABO식 혈액형 항원(ABO blood group antigen)
α 아노머(α anomer)
β-글리코사이드(β-glycoside)
β 아노머(β anomer)
Howorth 투영도(Haworth projection)
N 연결 올리고당(*N*-linked oligosaccharide)
O 연결 올리고당(*O*-linked oligosaccharide)
균막(biofilm)
그람 양성(gram-positive)
그람 음성(gram-negative)
글라이칸(glycan)
글리코사미노글라이칸(glycosaminoglycan)
글리코사이드 결합(glycosidic bond)
글리코젠(glycogen)
다당류(polysaccharide)
단당류(monosaccharide)
당단백질(glycoprotein)
당지질(glycolipid)
당체학(glycomics)
당포합체(glycoconjugate)
당화(glycosylation)
데옥시당(deoxy sugar)
동종 다당류(homopolysaccharide)
렉틴(lectin)
미세 불균일성(microheterogeneity)
백혈구(leukocyte)
변광 회전(mutarotation)
복합 당질(glycoforms)
성장 인자(growth factor)
아노머 탄소(anomeric carbon)
아미노당(amino sugar)
알도스(aldose)
알돈산(aldonic acid)
알디톨(alditol)
에피머(epimer)
엔도글리코사이드 가수 분해 효소(endoglycosidase)
엑소글리코사이드 가수 분해 효소(exoglycosidase)
올리고당(oligosaccharide)
올리고당 변형(oligosaccharide processing)
우론산(uronic acid)
원자힘 현미경(atomic force microscopy)
이당류(disaccharide)
이종 다당류(heteropolysaccharide)
전분(starch)
케토스(ketose)
탄수화물(carbohydrate)
펩타이도글라이칸(peptidoglycan)
퓨라노스(furanose)
프로테오글라이칸(proteoglycan)
피라노스(pyranose)
헤미아세탈(hemiacetal)
헤미케탈(hemiketal)
환원당(reducing sugar)

문제

연습 문제

1. 다음 각각에 대하여 가능한 입체 이성질체는 몇 개인가?
(a) 케토오탄당
(b) 케토육탄당
(c) 케토칠탄당

2. (a) D-글루시톨, (b) D-갈락티톨, (c) D-글리세롤은 각각 광학 활

성을 가지는가?

3. 다음 중 서로 에피머 관계에 있는 한 쌍의 당은 어느 것인가?
   (a) D-소르보스와 D-시코스
   (b) D-소르보스와 D-프럭토스
   (c) D-에리트로스와 D-아라비노스
4. 다음 중 서로 에피머 관계에 있는 한 쌍의 당은 어느 것인가?
   (a) D-프럭토스와 L-프럭토스
   (b) D-아라비노스와 D-리보스
   (c) D-리보스와 D-리불로스
5. D-리보스의 퓨라노스와 피라노스 형태를 그리시오.
6. L-퓨코스의 피셔 투영도를 그리시오. L-퓨코스는 어떤 L-육탄당의 데옥시당인가?
7. 일부 박테리아는 C−S 공유 결합을 포함하는 황화당(thiosugar, 예를 들면 2-데옥시-2-싸이오-β-D-글루코스)을 생성한다. 이 당의 화학 구조를 그리시오.
8. 단당류의 대사는 β-D-프럭토스-6-인산과 같은 인산화 당을 생성한다. 그 구조를 그리시오.
9. 설탕 대체물인 타가토스(그림 8-2)는 젖당의 가수 분해 산물로 생성된 두 개의 알도스 중 하나를 케토스로 전환시켜서 제조된다. 젖당의 어떤 잔기가 타가토스로 전환되는가?
10. 람노스는 어떤 형태의 당 유도체인가?
11. 핵심 *N* 연결 올리고당의 일부인 마노스 삼당류의 구조를 그리시오.
12. 다음 이당류를 구성하는 단당류와 이들을 연결하는 결합을 밝히시오.

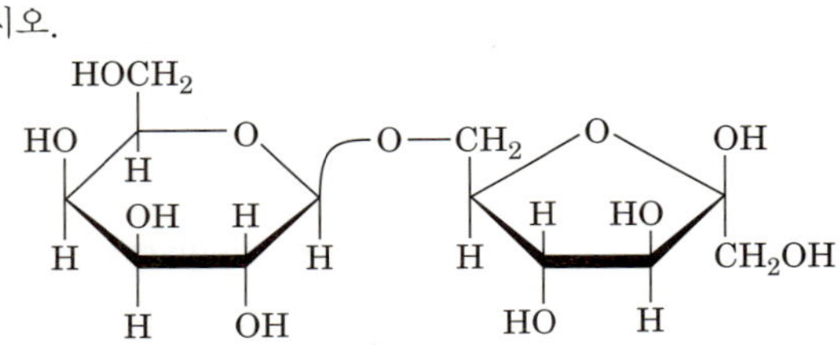

13. 10번째 잔기마다 가지를 가지며 10,000개의 잔기를 포함하는 글리코젠 분자에는 몇 개의 환원 말단이 존재하는가?
14. 아밀로스와 아밀로펙틴 중 어느 것이 식물의 장기 저장용 다당류로 더 적합한가?
15. '뉴트라슈티컬'은 몸에 유익한 것으로 믿어지지만, 식품인지 의약품인지 확실히 정의되지는 않았다. 관절염으로 고생하는 사람이 뉴트라슈티컬(nutraceutical)인 글루코사민을 섭취하는 이유는 무엇인가?
16. 펙틴 분자의 핵심은 α(1→4) 결합된 D-갈락투로네이트 중합체이다. 잔기 중 하나를 그리시오.
17. 150개의 이당체로 구성된 4-황산 콘드로이틴 분자의 알짜 전하를 계산하시오.
18. 염기성 섬유 모세포 성장 인자는 세포외 매트릭스에 있는 글리코사미노글라이칸에 결합한다. 이 단백질에 풍부할 것으로 생각되는 아미노산은 무엇인가?
19. 어떤 환경에서는 당전달 효소가 GlcNAc을 단백질에 존재하는 아르지닌(Arg) 잔기에 부가하는 반응을 촉매한다. 변형된 아르지닌 곁가지의 구조를 그리시오.
20. 소포체에서 제대로 접힘(folding)이 되지 못한 단백질은 O-만노실화(mannosylation)를 진행할 것이다. 이 결과로 생성되는 변형된 아미노산의 구조를 그리시오.
21. *O*형 올리고당(표 8-1에 기술한 H 항원)의 구조를 그리시오.
22. 젤 전기 이동에서 당단백질은 상대적으로 흐릿하고 두툼한 띠 모양을 형성하며 이동하는 반면, 일반 단백질은 매우 선명하고 얇은 띠 모양을 이루며 이동한다. 그 이유를 설명하시오.

도전 질문

23. D-글루코피라노스의 이당류는 몇 개가 가능한가?
24. 젖당과 함께 D-갈락토스와 D-글루코스를 형성할 수 있는 이당류는 몇 가지인가?
25. 다음 정보로부터 이당류인 트레할로스의 구조를 추론하시오. 완벽한 가수 분해로 D-글루코스만 얻어졌다. α-글루코시데이스에 의하여 가수 분해되지만 β-글루코시데이스에 의해서는 가수 분해되지 않는다. Cu^{2+}를 Cu^{+}로 환원시키지 않는다. (b) 탈수 조건에 노출될 때 식물과 무척추동물은 다량의 트레할로스를 합성하며, 이것이 그들을 건조한 조건에서 오래 견딜 수 있게 해준다. 트레할로스는 어떤 성질로 인해 물의 대체물로 작용하는가?
26. 인공 감미료 슈크랄로스의 정식 명칭은 1,6-다이클로로-1,6-다이데옥시-β-D-프럭토퓨라노실-4-클로로-4-데옥시-α-D-갈락토피라노사이드(1,6-dichloro-1,6-dideoxy-β-D-fructofuranosyl-4-chloro-4-deoxy-α-D-galactopyranoside)이다. 구조를 그리시오.
27. 갈조류는 알긴산(alginate)을 생산한다. 알긴산은 C5 에피머인 α-L-글루쿠론산에 1→4로 연결된 β-D-mannuronate를 포함하는 중합체이다. 알지네이트 이당류의 구조를 그리시오.
28. 모유는 올리고당인 2′-퓨코실락토스(α-L-퓨코스-(1→2)-β-D-갈락토스-(1→4)-D-글루코스)를 포함하며, 이는 아마도 신생아의 세균 감염을 막아 주는 역할을 할 것이다. 이 올리고당의 구조를 그리시오.
29. 셀룰로스는 메탄올로 처리하여 아노머 탄소에 메틸기를 도입한다. (a) 셀룰로스 한 분자당 몇 개의 메틸기가 도입되는가? (b) 셀룰로스를 다이메틸 황산(dimethyl sulfate)으로 처리하여 모든 하이드록실기를 메틸화한 다음, 가수 분해할 때 생성되는 모든 단당류의 구조를 그리시오.
30. 글리코젠을 다이메틸 황산으로 처리하여 모든 OH기를 메틸화한다. 그런 다음 분자를 가수 분해하여 모든 글리코사이드 결합을 끊는다. 그리고 모든 생성물을 화학적으로 분석한다.
    (a) 몇 개의 다른 메틸화된 글루코스가 얻어지는가?
    (b) 가장 많은 것의 구조를 그리시오.
31. 많은 프로테오글라이칸은 일단 합성된 후에 세포 내 구획에 매우 농축된 상태로 저장된다. 이 구획은 많은 Ca^{2+} 이온을 포함하며, 프로테오글라이칸이 세포 밖으로 배출됨에 따라 칼슘 이온도 빠르게 밖으로 배출된다. 이 Ca^{2+} 이온의 역할을 설명하시오.
32. 세균의 펩타이도글라이칸 세포벽은 200 Å 이하의 물질이 통과할 수 있는 작은 구멍을 가지고 있다. 이처럼 세포벽이 전체적으로 막히지 않고 작은 구멍을 가지는 것이 왜 중요한가?

33. β-아밀레이스(β-amylase)는 α(1→4) **글루칸(glucan**, 글루코스 잔기만으로 구성된 다당류)의 비환원 말단으로부터 **말토스(maltose)**[α(1→4) 결합으로 연결된 글루코스 이당류] 단위를 연속적으로 절단한다. 그러나 이 효소는 α(1→6) 결합을 가진 글루코스 잔기를 절단하지는 못한다. 장시간 동안 β-아밀레이스를 이용하여 아밀로펙틴을 가수 분해한 최종 생성물을 **한계 덱스트린(limit dextrin)**이라고 한다. 아밀로펙틴 분자의 개략도를 그리고, 어떤 부분이 한계 덱스트린을 구성하는 요소인지 표시하시오.

34. "지금 이 순간에도 속기 위하여 태어나는 사람들이 있다"는 P. T. 바넘(Barnum)의 격언의 실례가 지금도 새로운 체중 조절제가 정기적으로 시장에 나오고 있다는 것이다. '전분 저해제(starch blocker)'로 화제를 모았던, 무엇이든지 먹어도 되는 묘약(끝내 미국식약청이 금지시킴)은 콩으로부터 추출된 아밀레이스 억제제를 포함하고 있었다. 물론 효과가 없었지만, 이 제품이 선전한 대로 효과가 있었다면, 전분을 포함한 식사를 한 후 어떤 부작용이 있을 수 있는가?

참고 문헌

Aoki-Kinoshita, K.F., An introduction to bioinformatics for glycomics research, *PLoS Comput. Biol.* **4**, e1000075 (2008). [탄수화물 구조를 동정하기 위하여 사용된 방법 기술]

Branda, S.S., Vik, A., Friedman, L., and Kolter, R., Biofilms: the matrix revisited, *Trends Microbiol.* **13**, 20 – 26 (2005). [바이오 필름과 바이오 필름 연구 방법에 대한 일반적인 특성 요약]

Esko, J.D. and Lindahl, U., Molecular diversity of heparan sulfate, *J. Clin. Invest.* **108**, 169 – 173 (2001). [헤파란 설페이트를 포함하는 프로테오글라이칸의 구조, 기능, 생합성에 대하여 조사]

Meroueh, S.O., Bencze, K.Z., Hesek, D., Lee, M., Fisher, J.F., Stemmler, T.L., and Mobashery, S., Three-dimensional structure of the bacterial cell wall peptidoglycan, *Proc. Natl. Acad. Sci.* **103**, 4404 – 4409 (2006).

Mitra, N., Sinha, S., Ramya, T.N.C., and Surolia, A., *N*-Linked oligosaccharides as outfitters for glycoprotein folding, form and function, *Trends Biochem. Sci.* **31**, 156 – 163 and 251 (2006). [올리고당이 당단백질의 구조에 영향을 미칠 수 있는 방법 요약]

Sharon, N. and Lis, H., History of lectins: from hemagglutinins to biological recognition molecules, *Glycobiology* **14**, 53R – 62R (2004). [렉틴 연구와 응용에 대한 역사적 평가]

Spiro, R.G., Protein glycosylation: nature, distribution, enzymatic formation, and disease implications of glycopeptide bonds, *Glycobiology* **12**, 43R – 56R (2002). [당체들이 단백질에 결합하는 방법을 분류하고 당단백질 합성에 관여하는 효소에 대하여 기술함]

Taylor, M.E. and Drickamer, K., *Introduction to Glycobiology*, Oxford University Press (2011).

Varki, A., Cummings, R.D., Esko, J.D., Freeze, H.H., Stanley, S., Bertozzi, C.R., Hart, G.W., and Etzler, M.E. (Eds.), *Essentials of Glycobiology* (2nd ed.), Cold Spring Harbor Laboratory Press (2009). [이 교재는 온라인(http://www.ncbi.nlm.nih.gov/books/NBK1908/)에서 무료로 얻을 수 있다.]

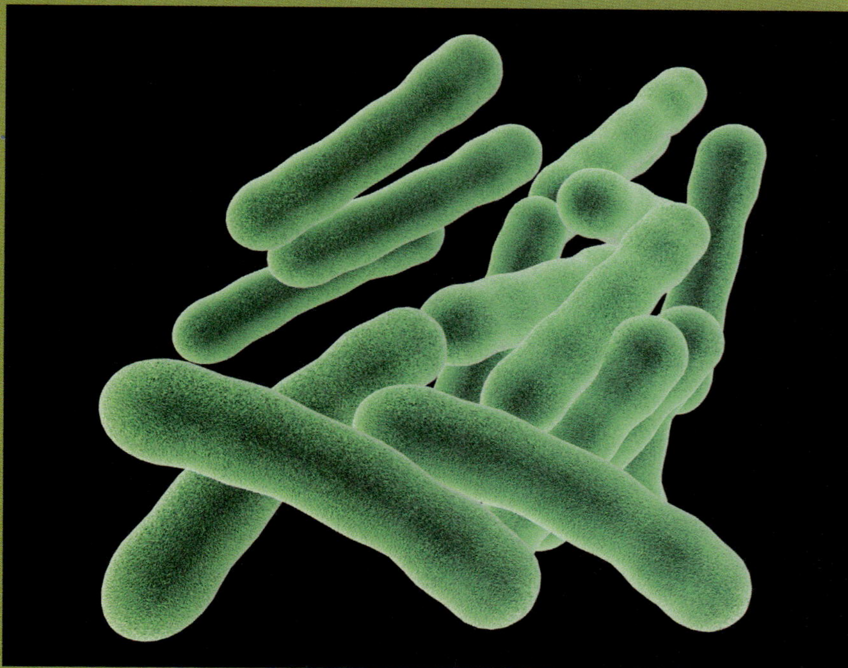

MEHAU KULYK/Getty Images

결핵의 원인균인 *Mycobacterium tuberculosis*는 하이드록실기, 카복실기, 그밖의 작용기를 가진 긴 탄소사슬로 이루어진 마이콜산이라는 거대한 지질을 포함하는 두꺼운 세포벽으로 인해 인간 면역계와 항생제를 회피할 수 있다.

CHAPTER 9

지질과 생체막

1 지질의 분류
- A 지방산의 성질은 탄화수소 사슬에 의해 결정된다
- B 트라이아실글리세롤은 세 개의 에스터화 지방산을 포함한다
- C 당인지질은 친양쪽성이다
- D 스핑고지질은 아미노 알코올 유도체이다
- E 스테로이드는 4개의 융합된 고리를 포함한다
- F 기타 지질들은 다양한 대사 기능을 수행한다

2 지질 두겹층
- A 두겹층은 소수성 효과에 의해 형성된다
- B 지질 두겹층은 유동성을 가진다

3 막단백질
- A 내재성 막단백질은 소수성 지질과 상호작용한다
- B 지질 결합 단백질은 두겹층에 고정되어 있다
- C 주변 단백질은 막에 느슨하게 결합한다

4 막 구조 및 구성
- A 유동 모자이크 모형은 측면 확산을 설명한다
- B 막골격은 세포 모양을 결정하는 데 도움을 준다
- C 막지질은 비대칭적으로 분포되어 있다
- D 분비 경로는 분비 단백질과 막단백질을 생성한다
- E 세포내 소낭은 단백질을 수송한다
- F 단백질은 소포의 융합을 매개한다

지질[**lipid**, 그리스어: *lipos*(지방)]은 모든 세포에서 발견되는 네 번째 주요 물질이다. 지질은 핵산, 단백질, 다당류와 달리 단량체들의 중합체가 아니다. 하지만 지질도 응집을 하며, 바로 이때 생체막의 구조적 물질로서의 중요한 기능을 한다.

지질은 다른 생체 분자들보다 더 많은 구조적 다양성을 보이며, 소수성이고 물에 거의 녹지 않는다는 점에서 유사한 점이 있는 여러 물질들을 포괄적으로 포함한다. 일반적으로 지질은 세 가지의 생물학적 기능을 갖는다(하지만 어떤 지질은 특정 세포에서는 한 목적 이상으로 사용되기도 한다).

1. 지질 두겹층 내의 지질 분자들은 생체막의 주요 성분이다.
2. 탄화수소 사슬을 가진 지질은 에너지 저장 작용을 한다.
3. 지질 분자들은 세포 내 또는 세포 간 신호 전달 과정에 관여한다.

이 장에서는 가장 흔한 종류의 지질에 관한 구조적, 물리적 성질에 대해서 알아본다. 그 다음은 지질 두겹층과 그 안에 존재하는 단백질의 특성에 대해서 알아본 후, 마지막으로 막구조에 관한 최근 모형에 대해서도 알아본다. 다음 장은 막수송 현상에 관한 내용이다. 세포 내 신호 전달에 있어 지질의 참여에 대해서는 13-4절에서 알아본다.

1 지질의 분류

주요 개념

- 지방산 사슬의 길이와 포화 여부가 지방산의 물리적 성질을 결정한다.
- 트라이아실글리세롤과 당인지질은 글리세롤에 에스터화된 지방산을 포함한다.
- 스핑고지질은 당인지질과 유사하지만 큰 탄수화물 원자단을 포함할 수 있다.
- 스테로이드, 아이소프레노이드와 기타 지질은 다양한 기능을 수행한다.

지질은 메탄올과 클로로폼 등의 유기 용매에 용해되는 생체 물질이다. 따라서 이들은 유기 용매에 쉽게 추출되므로 다른 생체 물질과 구별된다. 크로마토그래피로 분리된 후 이들의 질량과 고유한 분절 양상에 의해 질량 분석기로 분석될 수 있다(5-3D절). 지방, 기름, 특정 바이타민과 호르몬, 그리고 대부분의 비단백질성 막성분들이 지질이다. 이 절에서는 주요한 지질의 구조와 물리적 성질에 대해 알아본다.

A 지방산의 성질은 탄화수소 사슬에 의해 결정된다

지방산(fatty acid)은 긴 탄화수소 가지 부분을 갖는 카복실산(*carboxylic acid*)이며, 주로 에스터화된 형태로 존재하는 지질의 주요 성분이다. **표 9-1**에 일반적인 지방산들이 정리되어 있다. 고등 식물과 동물에 있어서 주로 존재하는 지방산은 다음과 같은 C_{16}과 C_{18} 형태이다. 즉 **팔미트산(palmitic acid)**, **올레산(oleic acid)**, **리놀레산(linoleic acid)**, **스테아르산(stearic acid)** 등이다. 탄소 원자수가 14 미만 혹은 20 이상인 지방산은 흔하지 않으며, 대부분 생합성 시 C_2 단위로 연결되어 합성되므로 짝수의 탄소 원자를 갖는다(20-4절).

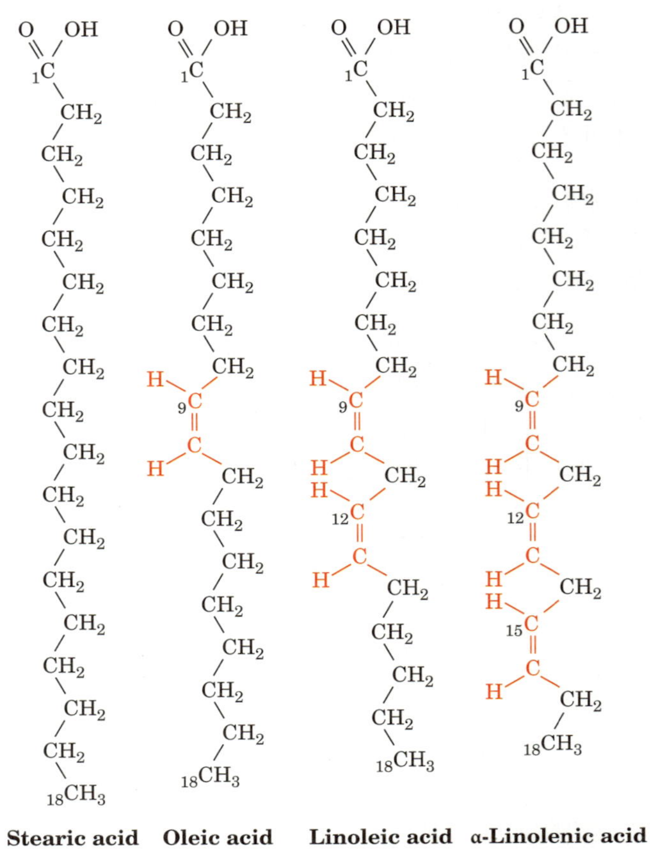

그림 9-1 몇 가지 C_{18} 지방산의 구조식 이중 결합 모두 시스 배열이다.

표 9.1 일반적인 생물학적 지방산

기호[a]	일반명	체계명	구조	mp (°C)
포화 지방산				
12:0	Lauric acid	Dodecanoic acid	$CH_3(CH_2)_{10}COOH$	44.2
14:0	Myristic acid	Tetradecanoic acid	$CH_3(CH_2)_{12}COOH$	53.9
16:0	Palmitic acid	Hexadecanoic acid	$CH_3(CH_2)_{14}COOH$	63.1
18:0	Stearic acid	Octadecanoic acid	$CH_3(CH_2)_{16}COOH$	69.6
20:0	Arachidic acid	Eicosanoic acid	$CH_3(CH_2)_{18}COOH$	77
22:0	Behenic acid	Docosanoic acid	$CH_3(CH_2)_{20}COOH$	81.5
24:0	Lignoceric acid	Tetracosanoic acid	$CH_3(CH_2)_{22}COOH$	88
불포화 지방산(모든 이중 결합은 시스형)				
16:1*n*−7	Palmitoleic acid	9-Hexadecanoic acid	$CH_3(CH_2)_5CH{=}CH(CH_2)_7COOH$	−0.5
18:1*n*−9	Oleic acid	9-Octadecanoic acid	$CH_3(CH_2)_7CH{=}CH(CH_2)_7COOH$	12
18:2*n*−6	Linoleic acid	9,12-Octadecadienoic acid	$CH_3(CH_2)_4(CH{=}CHCH_2)_2(CH_2)_6COOH$	−5
18:3*n*−3	α-Linolenic acid	9,12,15-Octadecatrienoic acid	$CH_3CH_2(CH{=}CHCH_2)_3(CH_2)_6COOH$	−11
18:3*n*−6	γ-Linolenic acid	6,9,12-Octadecatrienoic acid	$CH_3(CH_2)_4(CH{=}CHCH_2)_3(CH_2)_3COOH$	−11
20:4*n*−7	Arachidonic acid	5,8,11,14-Eicosatetraenoic acid	$CH_3(CH_2)_4(CH{=}CHCH_2)_4(CH_2)_2COOH$	−49.5
20:5*n*−3	EPA	5,8,11,14,17-Eicosapentaenoic acid	$CH_3CH_2(CH{=}CHCH_2)_5(CH_2)_2COOH$	−54
20:6*n*−3	DHA	4,7,10,13,16,19-Docosohexenoic acid	$CH_3CH_2(CH{=}CHCH_2)_6CH_2COOH$	−44
24:1*n*−9	Nervonic acid	15-Tetracosenoic acid	$CH_3(CH_2)_7CH{=}CH(CH_2)_{13}COOH$	39

[a]탄소 원자의 수: 이중 결합의 수. 불포화 지방산에 있어서 '*n*−*x*'는 지방산의 마지막 이중 결합의 위치를 표시하며, *n*은 탄소 원자의 수, *x*는 메틸 말단(ω)에서부터 세어서 마지막 이중 결합 탄소 원자의 위치이다.

출처: LipidBank (http://www.lipidbank.jp).

? 사슬 길이와 이중 결합은 녹는점에 어떻게 영향을 주는가?

동물과 식물 지질 지방산 잔기의 반 이상은 **불포화(unsaturated**, 이중 결합 포함) 또는 **다중 불포화(polyunsaturated**, 둘 이상의 이중 결합 포함) 상태이다. 박테리아의 지방산은 다중 불포화 상태가 극히 드물고, 보통 가지화나 하이드록시화되었거나 사이클로프로페인(cyclopropane) 고리를 갖는다.

표 9-1에서 알 수 있듯이 불포화 지방산의 첫 번째 이중 결합은 공통적으로 카복시 C 원자에서부터 세어서 C9과 C10 원자 사이에 나타나며, 이것을 Δ^9- 혹은 9-이중 결합이라고 한다. 다중 불포화 지방산에 있어서는 이중 결합이 세 번째 탄소 원자(예로 $-CH{=}CH-CH_2-CH{=}CH-$)마다 나타나며, 결레 결합(다음과 같은 $-CH{=}CH-CH{=}CH-$) 형태가 아니다. 다중 불포화 지방산 중 2개의 중요한 종류는 ω−3 혹은 ω−6 지방산으로, 이는 가지의 메틸 말단((ω)에서 세어서 마지막 이중 결합 원자 위치를 나타내는 명명법이다. **α-리놀렌산(α-linolenic acid)**과 리놀레산(linoleic acid, 그림 9-1)은 이러한 지방산의 예이다.

포화 지방산(saturated fatty acid, 완전히 환원되었거나 수소로 '포화된' 지방산)은 C−C 결합 주위에 비교적 자유로운 회전으로 인해 다양한 구조를 갖는 매우 유동적인 분자이며, 쭉 펴진 직선형 분자 구조일 때 이웃한 메틸렌기의 최소한의 입체 방해로 인해 가장 안정하다. 포화 지방산의 녹는점은 대부분의 다른 물질과 같이 분자량이 증가하면 높아진다(표 9-1).

지방산의 이중 결합은 거의 항상 시스 배열을 가진다(그림 9-1). 이로 인해 탄화수

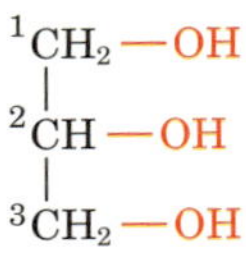

Glycerol

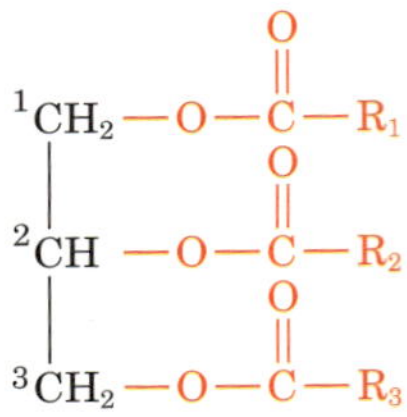

Triacylglycerol

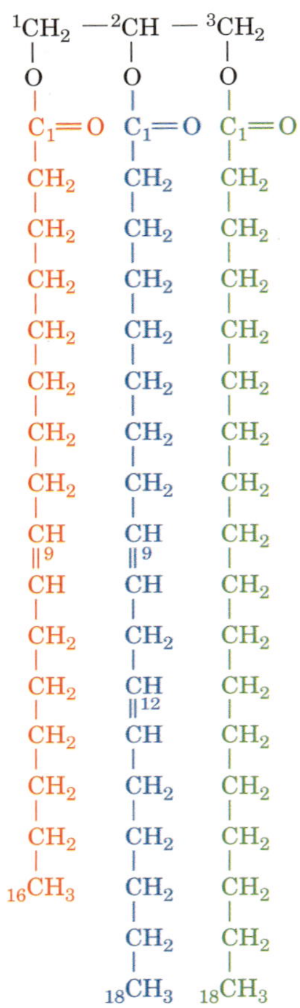

1-Palmitoleoyl-2-linoleoyl-3-stearoylglycerol

소 사슬은 30° 굽어진 경직된 형태이며, 결과적으로 불포화 지방산은 포화 지방산보다 사슬 상호 간의 쌓임이 덜 효과적이다. 불포화 지방산의 약해진 반데르발스 상호작용은 불포화 정도에 따라 녹는점의 저하를 유발하며, 같은 이유로 지방산기를 갖고 있는 지질의 유동성 역시 지방산의 불포화도가 증가함에 따라 증가한다. 이러한 현상은 우리가 나중에 볼 수 있듯이 생체막의 유동성에 중요한 결과를 유발시킨다.

B 트라이아실글리세롤은 세 개의 에스터화 지방산을 포함한다

동물과 식물성 지방과 기름은 주로 **트라이아실글리세롤**[**triacylglycerol**, 또는 **트라이글리세라이드**(**triglyceride**)]로 구성되어 있다. 이렇게 불용성이며 무극성인 물질은 **글리세롤**(**glycerol**)의 지방산 트라이에스터 형태이다. 트라이아실글리세롤은 동물의 에너지 저장고이며, 세포막 성분은 아니지만 가장 풍부한 지질 형태이다.

트라이아실글리세롤은 분자 내 3개 지방산기의 종류 및 위치에 따라 달라진다. 대부분의 트라이아실글리세롤은 2개 또는 3개의 서로 다른 지방산기를 지니며, 글리세롤 부분의 위치에 따라 이름이 다르다. 예를 들면 아래에 나타낸 화합물인 **1-팔미톨레오일-2-리놀레오일-3-스테아로일글리세롤**(**1-palmitoleoyl-2-linoleoyl-3-stearoylglycerol**)이 있다. 여기서 지방산에서 *-ate*로 끝나는 이름은 지방산 에스터에서 *-oyl*로 바뀜을 주목하라. **지방**(**fat**)과 **기름**(**oil**, 상온에서 지방은 고체이고 기름은 액체인 점만이 차이가 나는)은 그것을 생성하는 생물에 따라 지방산의 구성이 변하는 트라이아실글리세롤의 복잡한 혼합물이다. 식물성 기름은 녹는점이 낮은 점이 말해 주듯이 불포화 지방산이 주종을 이룬다.

트라이아실글리세롤은 에너지의 저장고이다. 지방은 대사 에너지를 저장할 수 있는 매우 효과적인 형태이다. 이것은 트라이아실글리세롤이 탄수화물이나 단백질보다 덜 산화되어서 완전 산화 시 단위 질량당 현격히 더 많은 에너지를 생성하기 때문이다. 또한 트라이아실글리세롤은 무극성이어서 무수 형태로 저장되지만, 글리코젠(glycogen, 8-2C절)의 경우 생리학적인 조건하에서 2배 가량의 물과 더 결합하기 때문이다. **따라서 지방은 동일 질량의 수화된 글리코젠보다 약 6배의 대사 에너지를 낸다.**

동물에서는 **지방세포**(**adipocyte**, 그림 9-2)가 트라이아실글리세롤의 합성과 저장을 담당하는 특화된 기능을 하며, 그 안은 거의 전체가 지방 소구체로 채워져 있다. 다른 세포에는 소량의 지방만 세포질에 분산되어 있다. **지방 조직**(**adipose tissue**)은 복

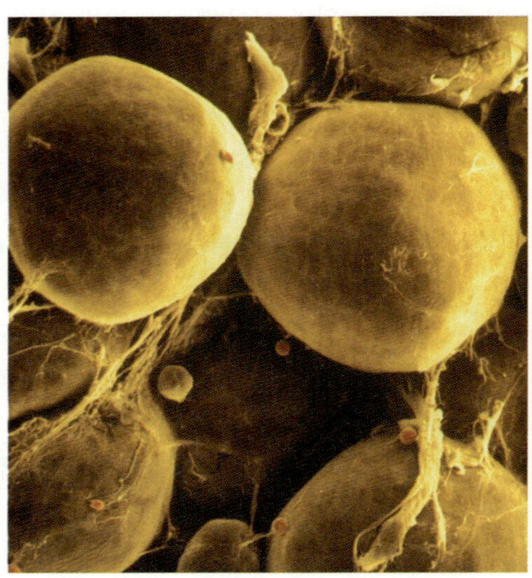

CNRI/Phototake

그림 9-2 지방세포의 전자 현미경 사진 각각의 지방세포는 지방 소구체로 거의 채워져 있다.

강과 피하에 주로 존재한다. 정상인의 지방 함량(남자 21%, 여자 26%)은 두세 달간의 기아 상태에서 생존할 수 있게 한다. 반면에 단기 에너지 저장 역할을 하는 체내 글리코젠은 길어야 하루 정도의 에너지만 공급한다. 피하 지방층은 일상적으로 낮은 온도에 노출되는 고래, 물개, 펭귄 등과 같은 해상 온열 동물의 단열 작용에 필요하다.

트랜스 지방의 섭취는 심혈관계 질환의 원인이 된다. 불포화 지방의 이중 결합(불포화 지방산 잔기를 포함하는 지방)은 알데하이드와 더 짧은 사슬의 카복실산을 생성하기 위해 공기중의 산소와 느리게 반응하고 휘발성이 증가하여 산패한 악취를 풍긴다. 그들의 안정성을 증가시키기 위해 음식에 사용되는 상업적 기름은 부분적으로 수소화된다(고온 고압에서 금속 촉매의 존재하에 H_2로 처리). 이로 인해 일부 이중 결합이 제거되고 녹는점이 상승한다(이는 식물성 기름으로부터 마가린이 생산되는 방법이다). 불행히도, 수소화가 일어나는 반응 조건에서 시스 이중 결합의 일부가 트랜스 이중 결합으로 전환되고 **트랜스 지방(trans fat)**이 생성된다. 최근 수십 년간, 많은 양의 트랜스 지방의 섭취는 혈중 콜레스테롤 농도를 증가시켜 심혈관계 질환의 발병을 증가시킨다는 것이 점점 명백해지고 있다(20-7C절). 결과적으로 여러 유럽 국가에서 트랜스 지방을 포함한 식품을 금지하고 있다. 미국에서는 트랜스 지방의 함유량은 식품의 영양 분석표에 표시해야 하고 여러 지방 자치 단체에서는 식당에서의 사용을 금지하고 있다.

> **GATEWAY CONCEPT 분자 행동**
> 지질의 녹는점은 하나의 분자가 고체에서 액체 상태로 변화하는 것을 의미하지는 않으며 분자 집단의 집합적 상태 변화를 나타내는 온도를 의미한다. 그러므로 전이 온도는 기름 속 지질과 같은 여러 종류의 지질 분자 집단이나 생체막을 구성하는 지질의 행동을 설명하는 데 유용하다.

C 당인지질은 친양쪽성이다

당인지질[glycerophospholipid, 또는 포스포글리세라이드(phosphoglyceride)]는 생체막의 주요 지질 성분으로, C1과 C2 위치가 지방산으로 에스터화된 **글리세롤-3-인산(glycerol-3-phosphate)**으로 구성되며, 이것의 인산기는 극성이 강한 X(그림 9-3)에 결합되어 있다. **당인지질은 무극성 지방족 '꼬리'와 극성 인산–X '머리'를 갖는 친양쪽성 분자이다.**

가장 간단한 당인지질은 X=H인 **포스파티드산(phosphatidic acid)**이며, 이는 생체막에 아주 소량만 존재한다. 생체막에서 주로 발견되는 당인지질의 머리 부분은 극성 알코올에서 유도된 것들이다(표 9-2). 당인지질의 C1 위치에는 포화된 C_{16} 혹은 C_{18} 지방산이 주로 관찰되며, C2 위치에는 주로 불포화된 C_{16}에서 C_{20} 사이의 지방산이 있다. 각각의 당인지질은 이러한 지방산 잔기에 따라 명명된다(그림 9-4). 2개의 팔미토일(palmitoyl) 사슬을 갖는 당인지질은 **폐 계면 활성제(lung surfactant)**의 주요 성분이다(자료 9-1).

> **GATEWAY CONCEPT 작용기**
> 지질로 분류되는 생체막은 한 분자 안에 실질적 소수성 영역 이외에도 다양한 작용기를 포함한다. 극성기와 이온 작용기는 상대적으로 불활성인 지질 분자에 기능을 더하여 준다.

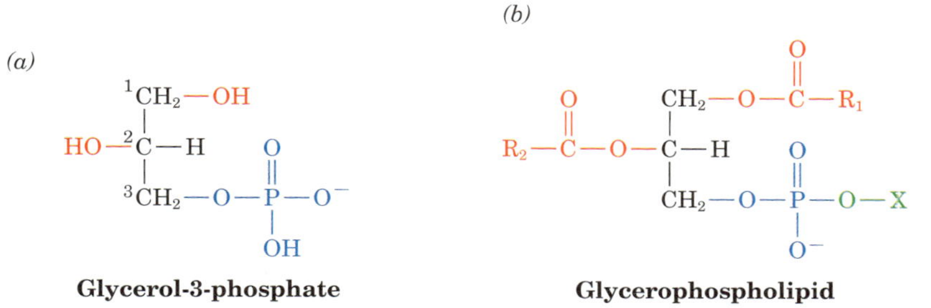

그림 9-3 당인지질의 구조 (*a*) 주골격, L-글리세롤-3-인산. (*b*) 당인지질의 일반적 구조. R_1과 R_2는 지방산의 긴 탄화수소 꼬리이고, X는 극성 알코올에서 유도된 것이다(표 9–2). L-글리세롤-3-인산과 당인지질은 모두 카이랄 화합물임을 유의하라.

표 9.2 당인지질의 종류

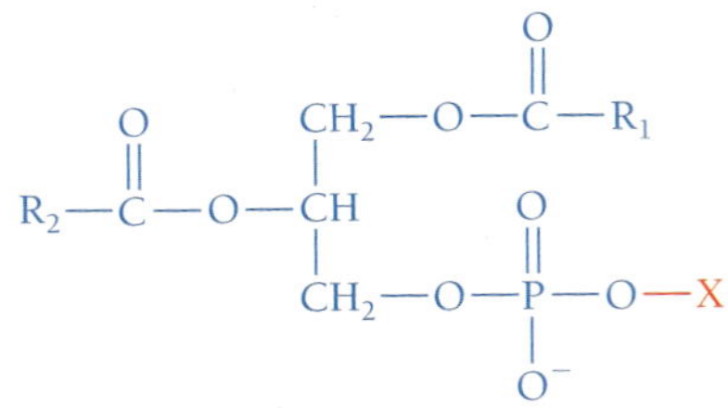

X—OH의 이름	—X의 화학식	인지질의 이름
물	—H	Phosphatidic acid
Ethanolamine	$—CH_2CH_2NH_3^+$	Phosphatidylethanolamine
Choline	$—CH_2CH_2N(CH_3)_3^+$	Phosphatidylcholine (lecithin)
Serine	$—CH_2CH(NH_3^+)COO^-$	Phosphatidylserine
myo-Inositol	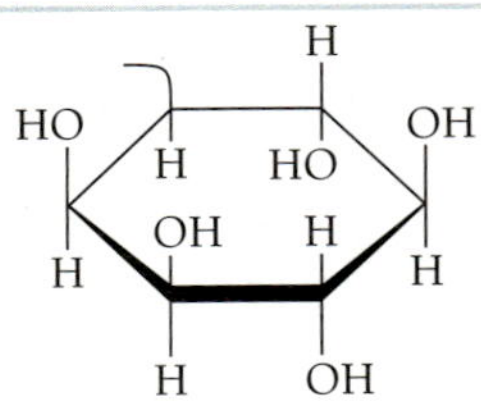	Phosphatidylinositol
Glycerol	$—CH_2CH(OH)CH_2OH$	Phosphatidylglycerol
Phosphatidylglycerol	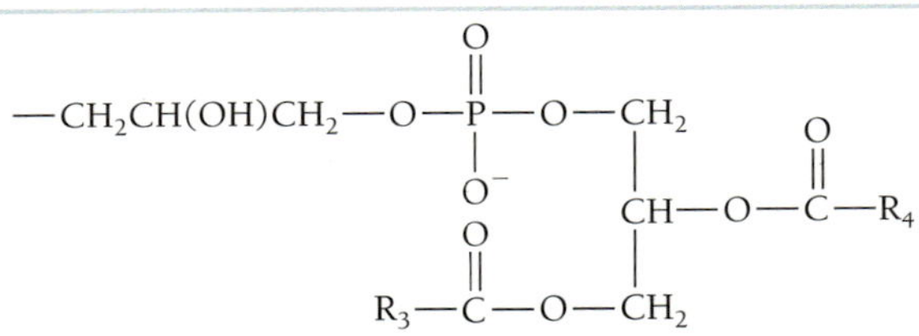	Diphosphatidylglycerol (cardiolipin)

? 당인지질의 작용기를 확인하라.

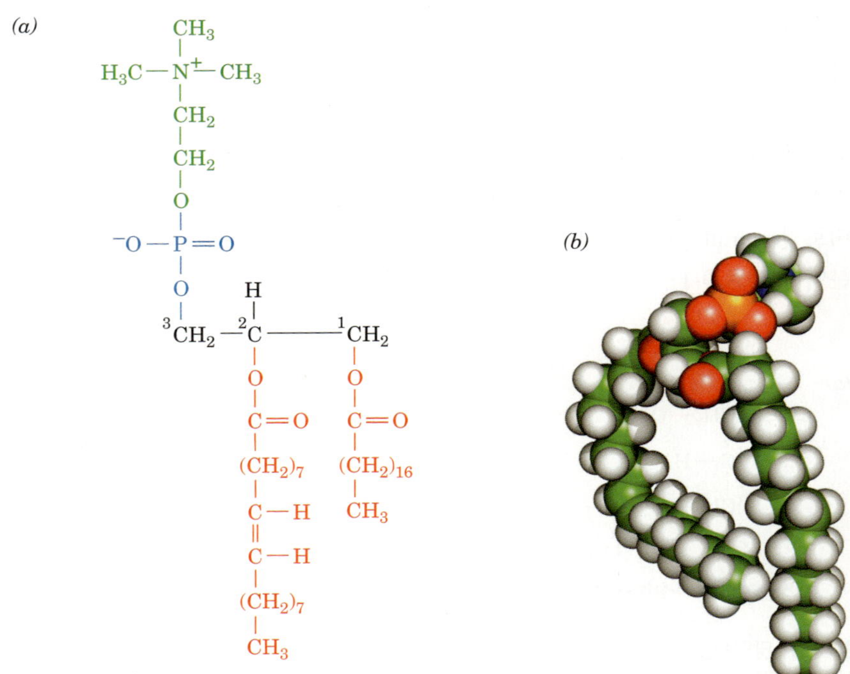

1-Stearoyl-2-oleoyl-3-phosphatidylcholine

그림 9-4 **당인지질 1-스테아로일-2-올레오일-3-포스파티딜콜린** (*a*) 피셔 투영도. (*b*) C 녹색, H 흰색, N은 파란색, O는 빨간색, P는 주황색으로 표시한 최소 에너지 공간 채움 모형. 여기서 포화 스테아로일 사슬과 비교해 불포화 올레오일 사슬(왼쪽)이 굽은 것을 유의해 보라. [Based on coordinates provided by Richard Venable and Richard Pastor, NIH, Bethesda, Maryland.]

자료 9-1 건강과 질병의 생화학   폐 계면 활성제

다이팔미토일포스파티딜콜린(dipalmitoyl phosphatidylcholine, DPPC)은 정상적인 폐 기능을 위해 필요한 단백질-지질 혼합물로 폐 계면 활성제의 주요 지질 성분이다. 폐포를 형성하는 세포의 표면은 계면 활성제로 포장되어 폐포 표면 장력을 줄이는 역할을 한다. 폐 계면 활성제는 인지질을 질량비로 약 80~90% 포함하며, 이 중 70~80%가 다이팔미토일기를 갖는 포스파티딜콜린이 주종이다.

DPPC의 팔미토일 가지는 포화 탄화수소이므로 굽힘이 없이 곧게 뻗은 상태로 존재한다. 단일층으로 가깝게 배열된 DPPC 분자들은 무극성 꼬리는 공기를 향하고, 극성 머리는 폐포 세포를 향해 배치된다. 공기가 폐에서 배출될 때 폐포의 표면적 및 부피는 감소하며, 이때 가깝게 채워진 DPPC 분자의 반발로 인해 폐포 공간의 붕괴를 막을 수 있다. 붕괴된 공간이 복원되려면 이미 열려진 공간의 확장에 비해 더 많은 힘이 필요하다.

폐 계면 활성제는 폐프 세포에 의해 지속적으로 합성, 분비, 재생된다. 계면 활성제의 생성은 출생 전에는 매우 적기 때문에 조산아의 경우는 폐포의 붕괴로 인해 숨쉬기 어려운 **호흡장애증**(respiratory distress syndrom)에 걸릴 위험이 있다. 이러한 질병은 외부 계면 활성제를 폐에 주입하여 호전시킬 수 있다. 어른의 경우 유사한 증상[**성인 호흡장애증**(adult respiratory distress syndrom)] 역시 폐 손상에 따른 계면 활성제의 부족에 기인하며, 외부 계면 활성제 주입으로 치료한다.

인지질 분해 효소는 당인지질을 분해한다. 지방 아실 가지와 머리 부분을 포함하는 당인지질의 화학적 구조는 **인지질 분해 효소**(phospholipase)에 의한 가수 분해 반응의 산물들에 의해 결정될 수 있다. 예를 들면 **인지질 분해 효소 A_2**(phospholipase A_2)는 지방산기의 C2 부분을 가수 분해적으로 절단하여 **라이소인지질**(lysophospholipid)을 생성한다(그림 9-5). 라이소인지질은 이름이 의미하는 바와 같이 세포막을 깨트려 세포를 녹일 수 있는 강력한 계면 활성제이다. 벌과 뱀독에는 인지질 분해 효소 A_2가 많이 있다. 다른 인지질 분해 효소는 그림 9-5에서 보는 바와 같이 당인지질의 다른 위치에 작용한다.

지질에 작용하는 효소가 무극성 환경에 묻혀 있는 지질에 작용하기 위해서는 그러한 환경에 도달할 수 있어야 하는 특성이 생화학자들을 매료시켰다. 가장 잘 연구된 인지질 분해 효소 A_2는 비교적 작은 단백질(~14 kD, 125개 아미노산 잔기)이다. 코브라 뱀 독 인지질 분해 효소 A_2의 X선 구조는 당인지질의 극성 머리 부분은 효소의 활성 부위에, 소수성 꼬리는 활성 부위에서 뻗어 나와 방향성 아미노산 곁사슬과 결합함을 보여 준다(그림 9-6).

트라이아실글리세롤과 막지질에 특이성을 보이는 지질 분해 효소는 생체 내에서 이들의 분해를 촉매하며, 이러한 가수 분해 반응의 산물들은 더 이상 분해되는 대신 종종 세포 내외의 신호 전달 분자로 작용한다. 예를 들면 작은 머리 부분(치환되지 않는 인산기)으로 인해 용균성이 없는 **라이소포스파티드산[lysophosphaditic acid, 1-**

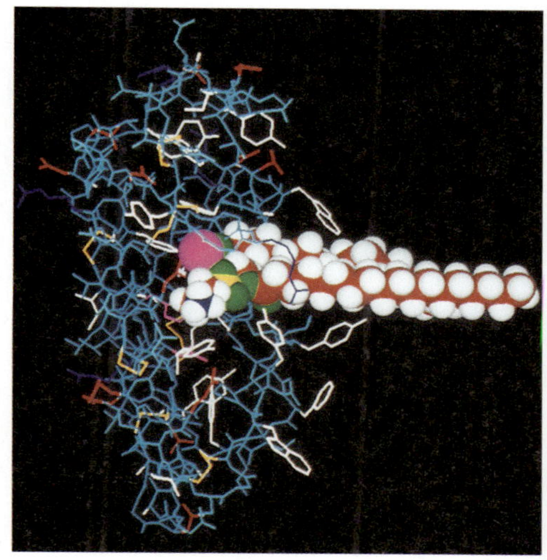

그림 9-6 인지질 분해 효소 A_2와 당인지질 모형 코브라 뱀독 효소의 X선 구조와 NMR 방법에 의해 효소 활성 부위에 가상적으로 결합시킨 다이미리스토일포스파티딜에탄올아민의 공간 채움 모형이 제시되어 있다. 활성 부위에 결합된 칼슘은 자홍색으로 표시되어 있다. [Courtesy of Edward A. Dennis, University of California at San Diego]

? Ca^{2+}가 지질 결합 부위의 일부인 이유를 설명하라.

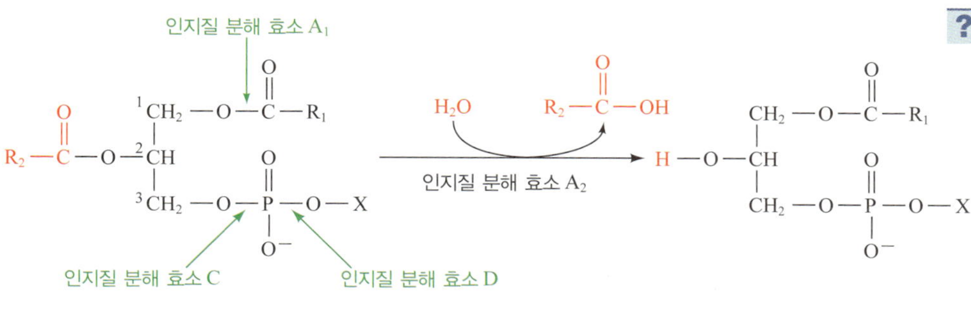

그림 9-5 인지질 분해 효소의 작용 인지질 분해 효소 A_2는 인지질의 C2 지방산기를 가수 분해로 절단하여 라이소인지질을 생성한다. 특이성에 따라 이름이 지어진 다른 인지질 분해 효소와 그것이 가수 분해로 절단하는 위치가 함께 표시되어 있다.

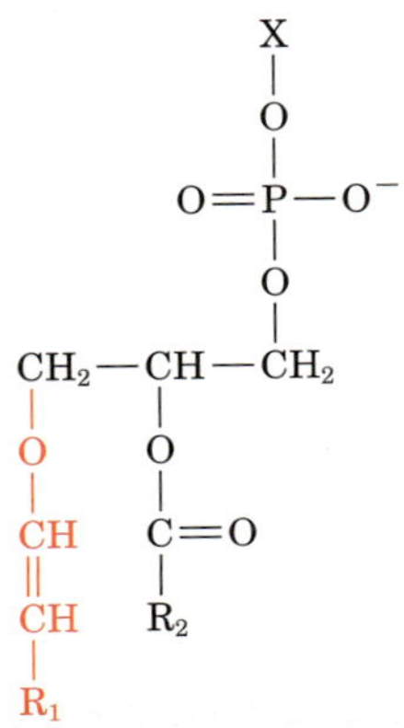

플라스말로제

아실-글리세롤-3-인산(**1-acyl-glycerol-3-phosphate**)]은 혈소판과 손상된 세포의 막지질에서 생성되어 상처 복구 과정의 세포 성장 촉진에 관여한다. **1,2-다이아실글리세롤**(**1,2-diacylglycerol**)은 **인지질 분해 효소 C**(**phospholipase C**)에 의해서 막지질로부터 가수 분해되어 나오는데, **단백질 인산화 효소**(**protein kinase**)를 활성화시키는 세포 내 신호 전달 분자이다[13-4C절, 단백질 인산화 효소는 ATP 의존성 인산기 이동 반응을 촉매한다].

플라스말로젠은 에터 결합을 갖는다. **플라스말로젠**(**plasmalogen**)은 글리세롤 부분의 C1 치환체가 에스터 결합이 아닌, 수평 배열의 α,β-불포화 에터 결합 형태이다. **에탄올아민**(**ethanolamine**), **콜린**(**choline**), 세린(serin) (표 9-2)은 플라스말로젠 머리 부분을 구성하는 가장 일반적인 것들이다. 대부분의 플라스말로젠 기능은 잘 밝혀지지 않았다. 바이닐 에터(vinyl ether)기는 쉽게 산화되며, 플라스말로젠은 정상적인 대사의 산물인 산소가 없는 자유 라디칼과 결합하여 다른 세포 조성의 자유 라디칼에 의한 손상을 방지하는 기능을 한다.

D 스핑고지질은 아미노 알코올 유도체이다

스핑고지질(**sphingolipid**) 역시 막의 주요 성분이다. 세포 내 기능을 처음에는 알 수 없어서 스핑크스를 따서 이름을 붙였다. 대부분의 스핑고지질은 이중 결합이 트랜스 배열 상태의 C_{18} 아미노 알코올인 **스핑고신**(**sphingosine**)의 유도체이며, 스핑고신의 *N*-아실 지방산 유도체를 **세라마이드**(**ceramide**)라고 한다.

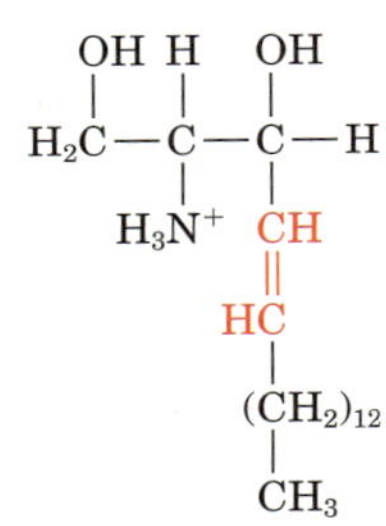

스핑고신

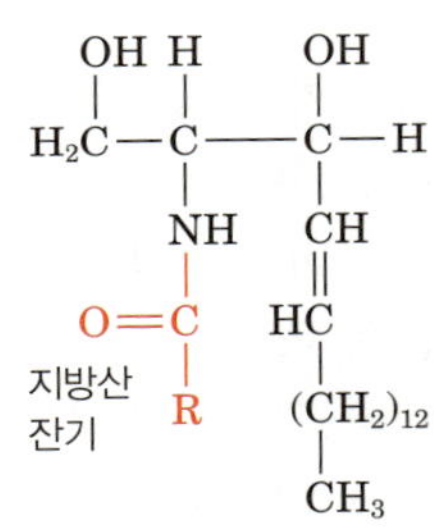

세라마이드

세라마이드는 스핑고지질의 모체가 되는, 좀 더 많이 존재하는 화합물이다.

1. 가장 일반적인 스핑고지질은 **스핑고마이엘린**(***sphingomyelin***)으로, 포스포콜린(phosphocholine, 그림 9-7) 혹은 포스포에탄올아민(phosphoethanolamine) 머리 부분을 가져서 **스핑고인지질**(**sphingophospholipid**)로 분류된다. 스핑고마이엘린은 원형질막 지질의 약 10~20몰(mole)%로 존재한다. **비록 스핑고마이엘린은 포스파티딜콜린과 포스파티딜에탄올아민(*phosphatidylethanolamine*)과 화학적으로는 다르지만, 입체 구조와 전하 분포는 상당히 유사하다**(그림 9-4와 9-7을 비교). 신경세포 축삭 돌기를 감싸고 전기적 절연 작용을 하는 막과 유사한 마이엘린 껍질에는 스핑고마이엘린이 풍부하게 존재한다(그림 9-8).
2. **세레브로사이드**(***cerebroside***)는 하나의 설탕 잔기로 구성된 머리 부분을 갖는 세라마이드이다. 따라서 이 지질들은 **글리코스핑고지질**(**glycosphingolipid**)이다. **갈락토세레브로사이드**(**galactocerebroside**)와 **글루코세레브로사이드**(**glucocerebroside**)는 가장 흔히 존재하는 형태이다. 세레브로사이드는 인지질과는 달리 인산기가 없어 이온성이 아니다.

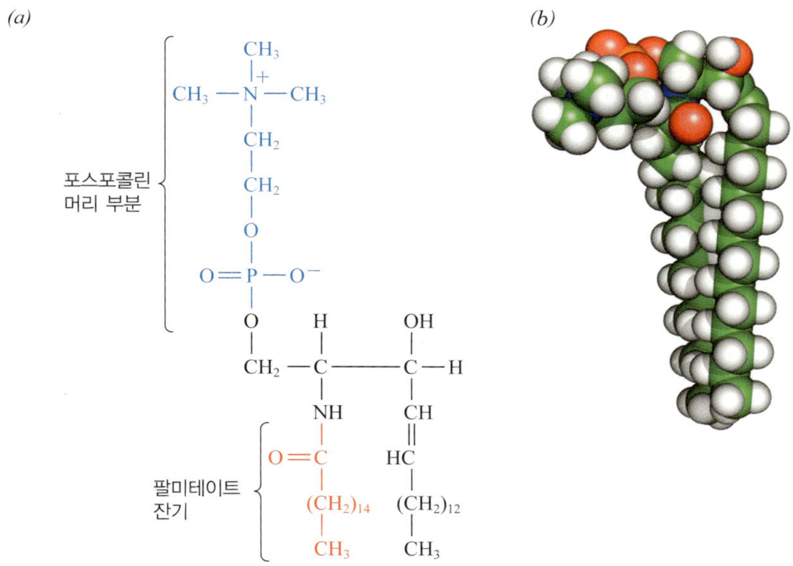

스핑고마이엘린

그림 9-7 스핑고마이엘린 (*a*) 분자식. (*b*) C 녹색, H 흰색, N 파란색, O 빨간색, P 주황색으로 표시한 최소 에너지 공간 채움 모형 [Based on coordinates provided by Richard Venable and Richard Pastor, NIH, Bethesda, Maryland.]

3. **강글리오사이드**는 가장 복잡한 글리코스핑고지질이며, 적어도 한 개 이상의 시알산 잔기(sialic acid residue)를 포함하는 올리고당이 결합된 세레브로사이드이다. 이미 알려진 수백 개의 **강글리오사이드(ganglioside)** 중 G_{M1}, G_{M2}, G_{M3}의 3개 구조가 그림 9-9에 나타나 있다. 강글리오사이드는 세포 표면 막의 주요 구성 성분이며, 뇌지질의 일부(6%)를 차지한다.

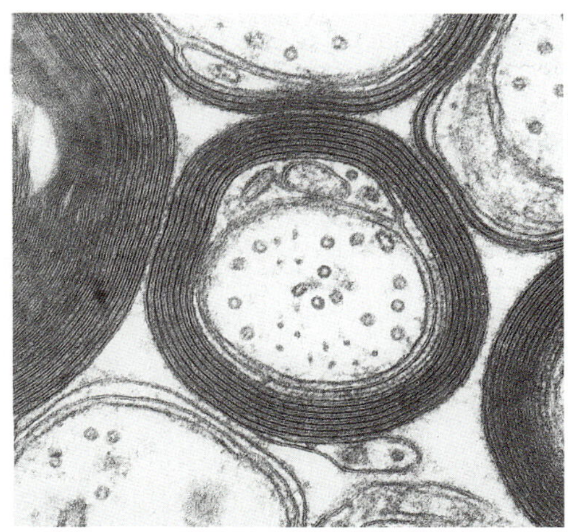

Courtesy of Cedric S. Raine, Albert Einstein College of Medicine

그림 9-8 마이엘린화된 신경 섬유의 투과 전자 현미경 사진 단면 사진은 각 신경 축삭 돌기 주변에 나선형으로 감싸진 막을 보여 준다. 이 마이엘린막은 약 10~15층을 이루며, 이것의 높은 지질 함량은 전기 절연체의 기능을 한다.

강글리오사이드는 의학 및 생리학적으로 중요한 기능을 한다. 이들의 세포막 표면을 넘어서 뻗어 나온 복잡한 탄수화물 머리 부분은 중요한 생리학적 기능을 조절하는 뇌하수체 당단백질 호르몬의 특이적 수용체로 작용한다. 강글리오사이드는 **콜레라 독소(cholera toxin)**와 같은 특정 박테리아의 독단백질 수용체로 작용하기도 한다. 강글리오사이드가 세포-세포 간 인식의 특이적 결정 요소로 작용한다는 증거가 축적되고 있으며, 조직의 성장과 분화 및 발암 메커니즘에 중요한 역할을 하는 것으로 추정되고 있다. 강글리오사이드 분해 결함은 소아기에 나타나는 치명적인 퇴행성 신경 질환인 **테이-삭스 병(Tay-Sachs disease)**과 같은 유전적 **스핑고지질 저장 질환(sphingolipid storage disease)**의 원인이다(자료 20-4).

당인지질과 같은 스핑고지질은 독특한 신호 전달 활성이 있는 더 작은 지질들의 원료 물질이 된다. 스핑고마이엘린 그 자체나 좀 더 복잡한 스핑고지질의 세라마이드 부분은 세포 성장과 분화에 관련된 단백질 인산화 효소와 **단백질 인산 가수 분해 효소(protein phosphatase**, 단백질에서 인산기를 제거하는 효소)를 특이적으로 조절하는 것으로 여겨진다.

E 스테로이드는 4개의 융합된 고리를 포함한다

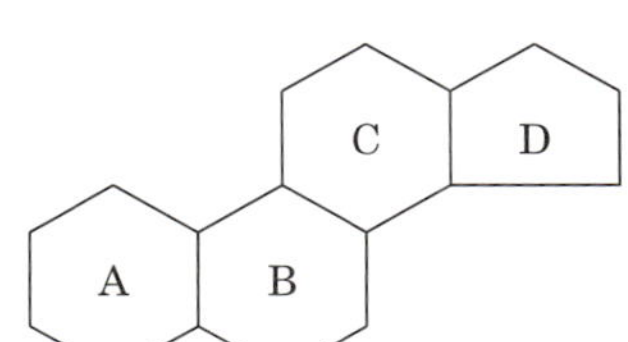

Cyclopentanoperhydrophenanthrene

대부분이 진핵생물 유래인 **스테로이드(steroid)**는 4개의 융합된 비평면성 고리 화합물(A~D로 표시)인 **사이클로펜타노퍼하이드로페난트렌(cyclopentanoperhydrophenanthrene)**

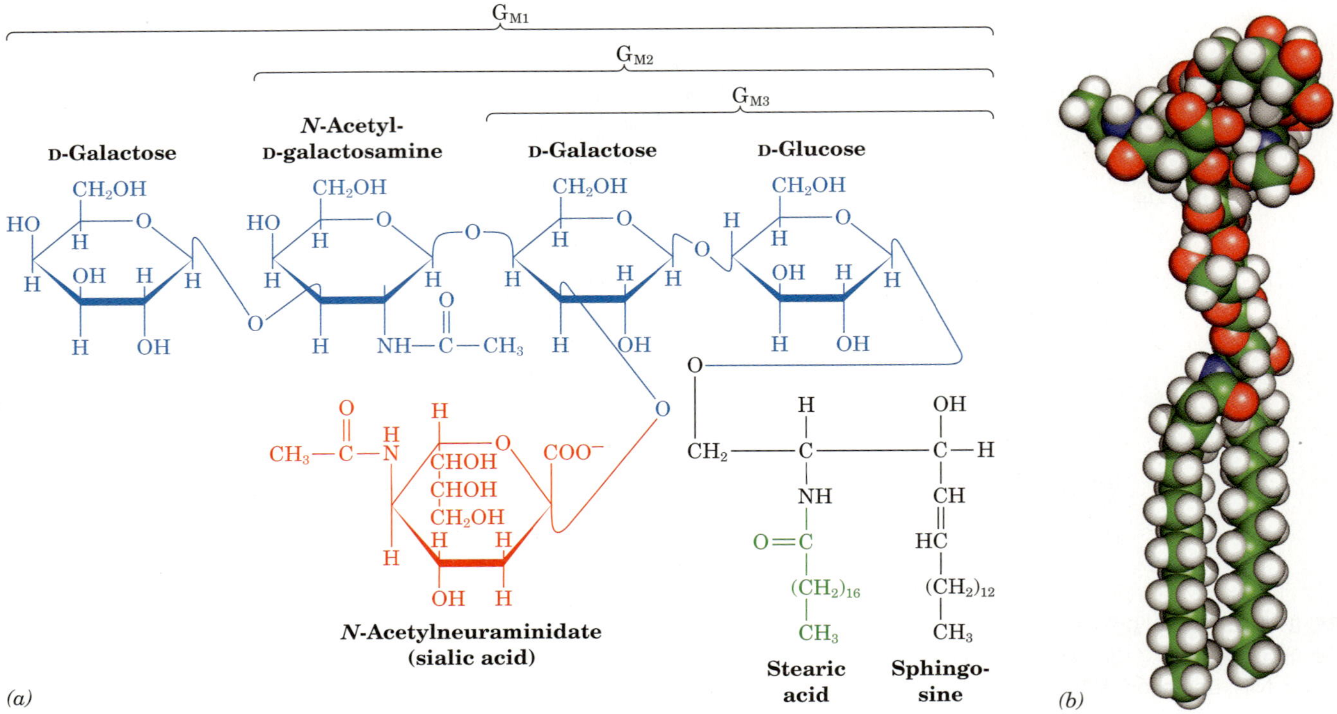

그림 9-9 강글리오사이드 (*a*) 강글리오사이드 G_{M1}, G_{M2}, G_{M3}의 구조식. 강글리오사이드 G_{M2}와 G_{M3}는 말단 D-갈락토스와 *N*-아세틸-D-갈락토사민기가 순차적으로 부재하는 것이 GM1과 다른 점이다. 다른 강글리오사이드는 다른 올리고당 머리 부분을 갖는다. (*b*) C 녹색, H 흰색, N 파란색, O 빨간색, P 주황색으로 표시한 GM1의 최소 에너지 공간 채움 모형 [Based on coordinates provided by Richard Venable and Richard Pastor, NIH, Bethesda, Maryland.]

? 스핑고마이엘린과 강글리오사이드의 구조를 비교하라.

의 유도체이다.

몸에 해롭고 동물에서 가장 많이 존재하는 스테로이드인 **콜레스테롤(cholesterol)**은 C3-OH기를 가져 **스테롤(sterol)**로 세분된다(그림 9-10). 콜레스테롤은 동물 원형질막의 30~40%를 구성하는 주요 원형질막 지질이다. 이것의 극성 OH기는 콜레스테롤에 약한 친양쪽성 성질을 띠게 하는 반면, 융합된 고리들은 콜레스테롤이 다른 막지질들보다 더 경직성을 띠게 한다. 콜레스테롤은 긴 지방산 가지와 에스터화되어서 **콜레스테릴 스테아레이트(cholesteryl stearate)**와 같은 **콜레스테릴 에스터(cholesteryl ester)**를 형성하기도 한다.

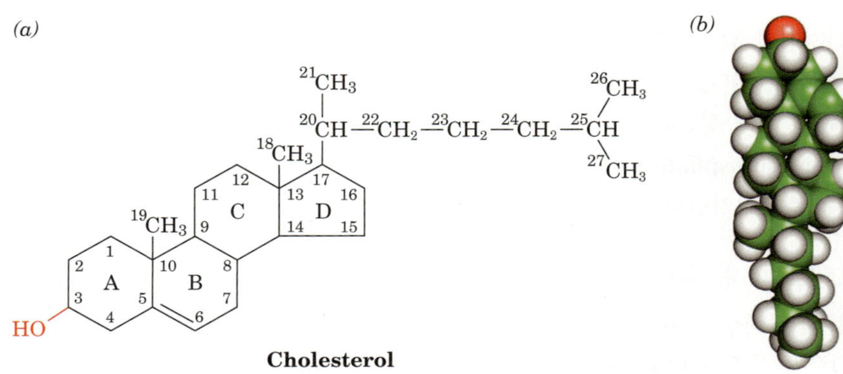

그림 9-10 콜레스테롤 (*a*) 표준 번호 체제로 표시된 구조식. (*b*) C 녹색, H 흰색, O 빨간색으로 표시한 최소 에너지 공간 채움 모형 [Based on coordinates provided by Richard Venable and Richard Pastor, NIH, Bethesda, Maryland.]

? 콜레스테롤, 당인지질, 스핑고지질, 강글리오사이드의 전체 크기와 모양을 비교하라.

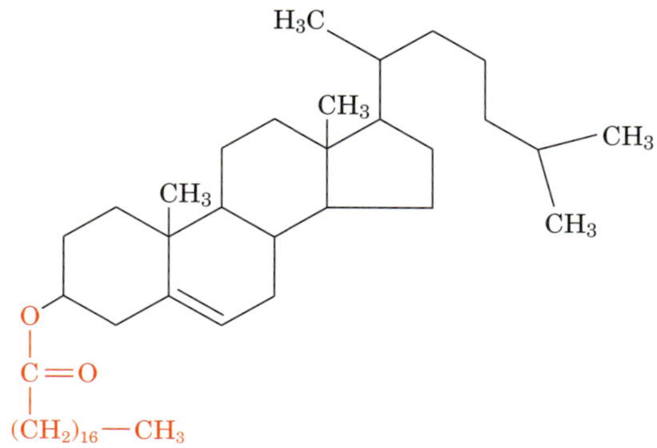

Cholesteryl stearate

식물은 콜레스테롤을 거의 가지고 있지 않지만, 다른 스테롤들을 합성한다. 효모와 곰팡이도 스테롤을 합성하지만, 이것은 지방족 곁사슬과 이중 결합의 개수에 있어서 콜레스테롤과 다르다.

포유류에 있어서 콜레스테롤은 유전자 발현 조절을 통해 다양한 생리적 기능을 조절하는 **스테로이드 호르몬(steroid hormone)**의 대사 전구체이다. 일부 스테로이드 호르몬의 구조가 **그림 9-11**에 보인다. 스테로이드 호르몬은 그들이 유발하는 생리학적 반응에 의해 분류가 된다.

1. **코티솔(cortisol**, C_{21} 화합물)과 같은 **당질 코르티코이드(glucocorticoid)**는 탄수화물, 단백질, 지질의 대사 작용에 영향을 주며, 스트레스 대처 및 염증 반응과 같은 다양하고 중요한 기능에 영향을 미친다.
2. **알도스테론(aldosterone)** 및 다른 **무기질 코르티코이드(mineralcorticoid)**는 신장의 염과 수분 배출 기능을 조절한다.
3. **안드로젠(androgen)**과 **에스트로젠(estrogen)**은 성적 발달 및 기능에 영향을 준

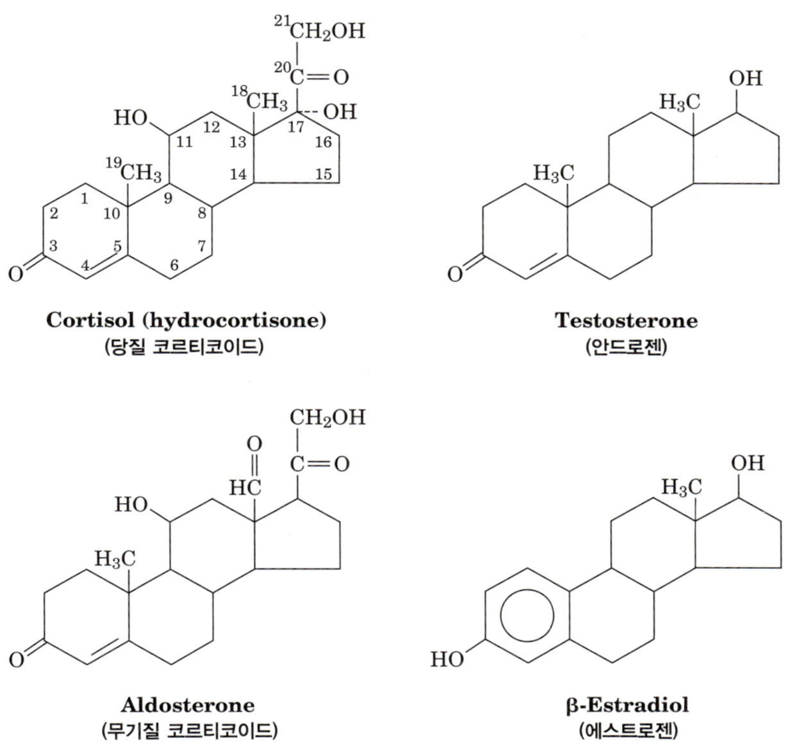

그림 9-11 대표적인 스테로이드 호르몬

다. C_{19} 화합물인 **테스토스테론(testosterone)**은 안드로젠(남성 성호르몬)의, C_{18} 화합물인 **β-에스트라다이올(β-estradiol)**은 에스트로젠(여성 성호르몬)의 원형 물질이다.

당질 코르티코이드와 무기질 코르티코이드는 부신 겉질에서 합성된다. 안드로젠과 에스트로젠(여성 성호르몬)은 정소와 난소에서 합성되고(하지만 정소에서는 안드로젠이, 난소에서는 에스트로젠이 많다), 소량이지만 부신 겉질에서도 합성된다. 스테로이드 호르몬은 물에 불용성이므로 혈액을 통해 목표 조직으로 가기 위해 단백질과 결합한다.

질병이나 상해로 인한 부신 겉질 기능 저하는 스트레스 취약, 심장 기능 저하, Na^+의 손실과 K^+의 유지, 근육 쇠약, **저혈당증(hypoglycemia**, 혈액의 글루코스 농도 저하) 증상을 나타내는 **애디슨병(Addison's disease)**을 유발한다. 만약 당질 코르티코이드나 무기질 코르티코이드로 치료를 받지 않는 환자는 천천히 약해져서 고통이나 증상 없이 죽음에 이르게 된다.

반면, 부신 겉질의 종양으로 인한 부신 겉질 기능 항진은 피로, **고혈당증(hyperglycemia**, 혈액의 글루코스 농도 증가), **부종(edema**, 수분 저류), '만월형 얼굴'을 가지게 하는 체지방의 재분배 증상을 나타내는 **쿠싱 증후군(Cushing's syndrome)**을 유발한다.

바이타민 D는 Ca^{2+} 대사를 조절한다. 다양한 형태의 **바이타민 D(vitamin D)**는 사실 호르몬이며, 스테로이드 B 고리의 C9와 C10 사이가 잘라져 있다.

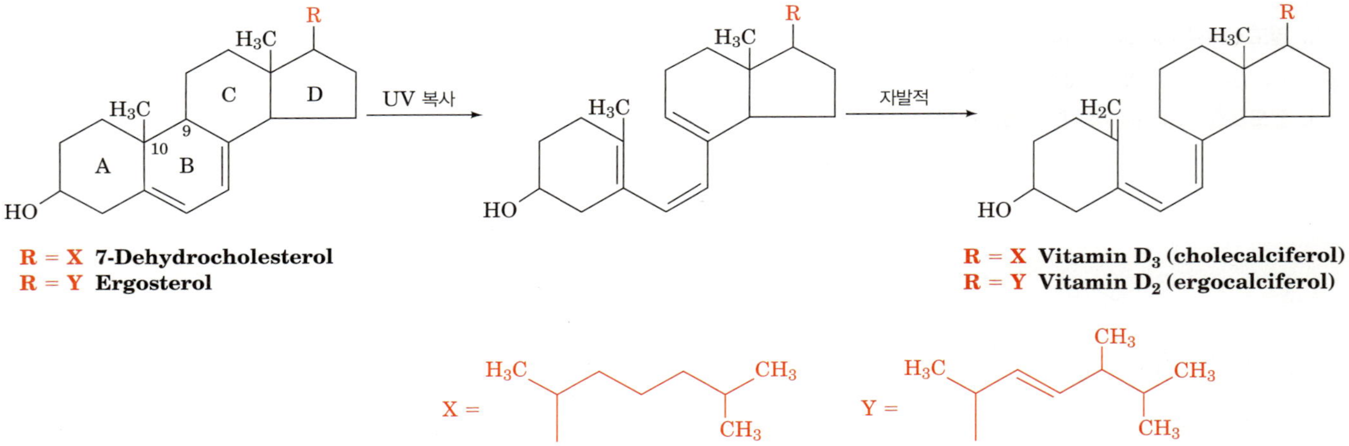

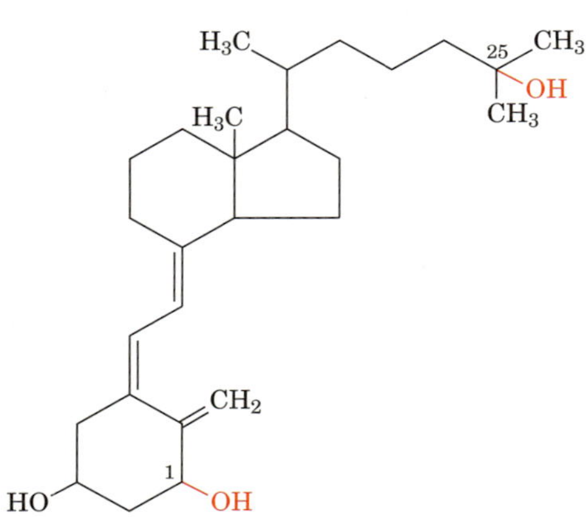

1α,25-Dihydroxycholecalciferol

바이타민 D_2[vitamin D_2, 에르고칼시페롤(ergocalciferol)]는 동물의 피부에서 식물 스테롤 **에르고스테롤(ergosterol)**에 대한 UV 빛의 광화학적 작용에 의해 비효소적 방법으로 생성되며, **바이타민 D_3[vitamin D_3, 콜레칼시페롤(cholecalciferol)]** 역시 유사하게 **7-탈수소콜레스테롤(7-dehydrocholesterol)**에서 만들어진다(따라서 햇빛이 바이타민 D를 만든다고 한다).

바이타민 D_2와 D_3는 처음에는 활성이 없으나 간과 신장의 효소에 의한 하이드록시화(hydroxylation, OH기를 붙이는)로 **1α,25-다이하이드록시콜레칼시페롤(1α,25-dihydroxycholecalciferol)**을 형성한다(**왼쪽**). 활성 바이타민 D는 식이 Ca^{2+}의 장내 흡수를 촉진하여 혈청 내 $[Ca^{2+}]$을 증가시킨다. 이러한 흡수 증가로 인해 뼈와 치아에 Ca^{2+}가 축적된다.

바이타민 D_2의 부족은 불충분한 무기질화로 인한 어린이의 성장 장애 및 뼈를 휘게 하는 **구루병(rickets)**을 유발한다. 구루병은 1645년에 처음 발견되었지만 동물 지방, 특히 물고기 간유의 섭취가 이 병을 예방한다는 사실은 20세기 초에 알게 되었다. 구루병은 바이타민의 섭취와 상관없이 어린아이들을 230~313 nm 파장의 자외선에 노출시켜도 예방할 수 있다.

바이타민 D는 지용성이므로 지방 조직에 축적될 수 있다. 장기간 과량의 바이타민 D를 섭취할 경우 **바이타민 D 중독(vitamin D intoxication)**을 유발하며, 혈청 내 $[Ca^{2+}]$의 높은 농도는 부드러운 조직에 비정상적인 칼슘 축적을 야기하여 신장 질환인 담석증을 일으킨다. 적도에 근접한 토착 주민의 피부 색소가 적도에 가까이 갈수록 더 증가하는 것은 피부 색소가 과다한 태양광을 막아 바이타민 D 중독을 방지한다는 가설을 뒷받침한다.

F 기타 지질들은 다양한 대사 기능을 수행한다

많은 생물들은 세포막에 과량으로 존재하는 잘 알려진 지질 이외에도, 막 성분은 아니지만 물리적 성질에 의해서 지질로 분류되는 화합물들을 합성한다. 물 불침투성 장벽을 만들어 세포의 탈수를 방지하는 식물의 밀납질 외피가 그 예이다.

아이소프레노이드는 오탄소 단위로부터 만들어진다. 막 성분이 아니지만 지질 두겹층에 녹을 수는 있는 화합물인 **아이소프레노이드(isoprenoid)**는 **아이소프렌(isoprene)**과 같은 오탄소 골격에서 만들어진다.

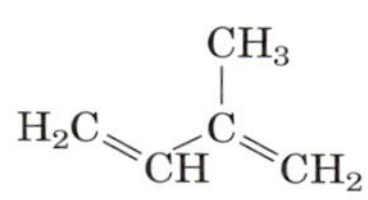

Isoprene

예를 들어 아이소프레노이드 **유비퀴논**[**ubiquinone**, **보조 효소 Q(coenzyme Q)**로도 알려짐]는 미토콘드리아막에서 가역적으로 산화–환원된다(18-2C절에서 이것의 활성에 관해 자세히 논의됨). 포유동물 유비퀴논은 10개의 아이소프레노이드 단위로 구성되어 있다.

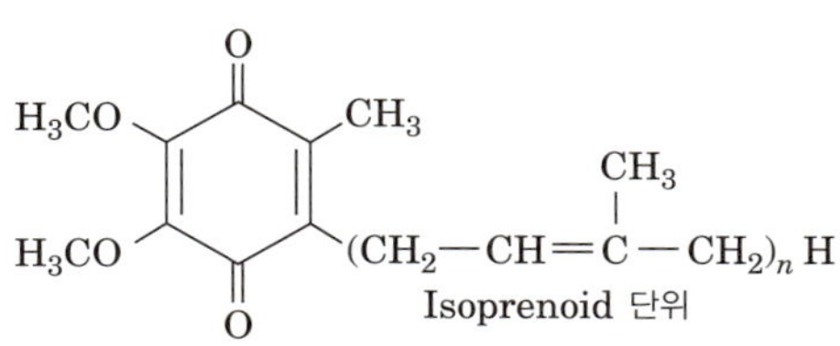

Coenzyme Q (CoQ) 또는 ubiquinone

식물계는 방어 물질, 분자 신호(호르몬 및 페르몬) 및 색소 등의 기능을 하는 아이소프레노이드 화합물이 풍부하다. 실제 50,000개의 박테리아, 곰팡이 및 주로 식물 유래의 아이소프레노이드[**터페노이드(terpenoid)**로도 알려짐] 화합물들의 특성이 규명되었다. 진화의 과정에서 척추동물도 대사 과정의 다른 목적에 사용하기 위해 이러한 화합물을 받아들였다. 바이타민 D는 **지용성 바이타민(fat-soluble vitamin)**으로 알려져 있다(**바이타민**은 동물이 자체 합성을 하지 못하여 음식으로 섭취해야 하는 유기 화합물이다).

바이타민 A(vitamin A), 즉 **레티놀(retinol)**은 **β-카로틴(β-carotene**, 그 이름이 유래된 당근이나 녹채류 등에 존재하는 적색 색소, 19-1B절)과 같은 식물성 물질에서 유도된다. 레티놀은 어두운 곳에서 눈의 광수용체로 작용하는 알데하이드

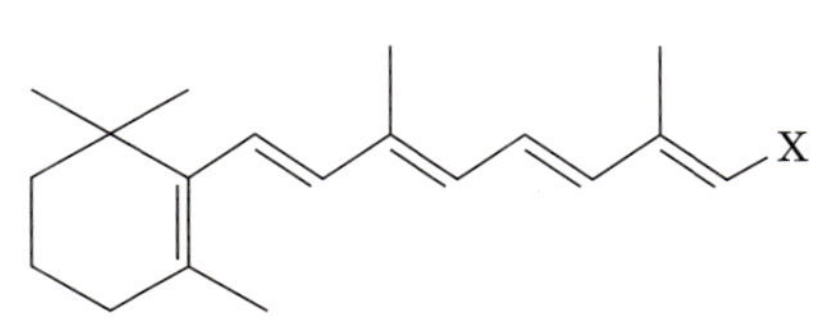

X = CH_2OH **Retinol (vitamin A)**
X = CHO **Retinal**

형태인 **레티날**(**retinal**)로 산화된다. 레티날은 빛에 의해 이성질화되고 복잡한 신호 전달 과정을 통하여 시신경에 자극을 보낸다. 따라서 바이타민 A의 심각한 부족은 실명에 이르게 할 수 있다. 레틴산(retinoic acid)은 호르몬과 유사한 특성을 지니며, 손상 조직의 치유를 자극하므로 심각한 여드름, 피부 궤양 및 주름살 제거 등에 사용된다.

바이타민 K(**vitamin K**)는 박테리아[**메나퀴논**(**menaquinone**) 형태]와 식물[**필로퀴논 형태**(**phylloquinone**) 형태]에서 합성되는 지질이다.

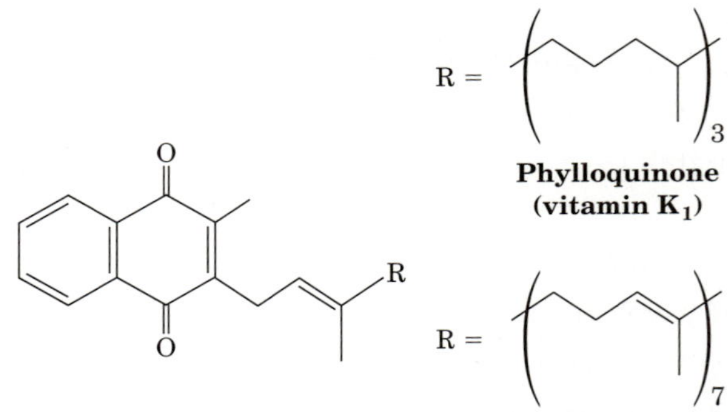

Phylloquinone (vitamin K_1)

Menaquinone (vitamin K_2)

사람이 필요로 하는 하루 섭취량의 절반 정도가 장내 박테리아로부터 공급된다. 바이타민 K는 혈액 응고에 관련된 단백질의 Glu 아미노산 잔기의 카복실화에 관여하며(바이타민 K는 덴마크어 *Koagulation*에서 유래됨), 이것의 부족은 카복실화의 부실로 인한 혈액 응고 단백질의 불활성을 초래하여 과도한 출혈을 유발한다. 특정 설치류의 독은 바이타민 K의 기능을 방해하는 활성 물질을 함유한다.

바이타민 E(**vitamin E**)는 사실 **α-토코페롤**(**α-tocopherol**)이 주종을 이루는 일련의 화합물이다.

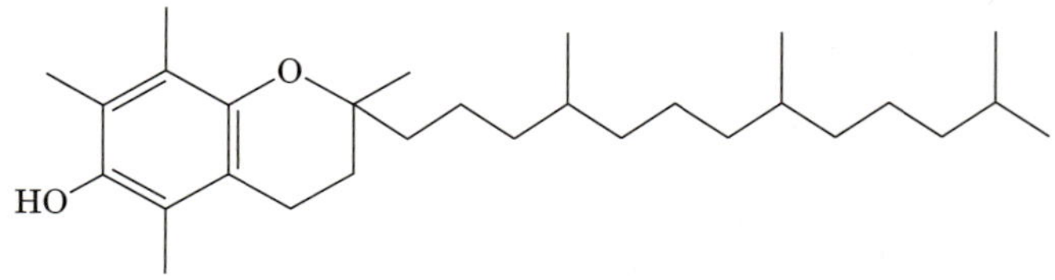

α-Tocopherol (vitamin E)

매우 소수성인 바이타민 E는 기능을 발휘하는 장소인 세포막에 병합되어 막단백질 및 지질의 산화성 손상을 방지하는 항산화제로 작용한다. 바이타민 E 결핍은 많은 불특정 증상들을 유발하여 결핍증을 진단하는 데 어려움을 준다. 인기를 끄는 바이타민 E의 보충은 이것이 세포의 산화성 손상을 방지하여 노화를 예방한다는 가설에 기초하고 있다. 그러나 임상 시험에서는 그렇지 않은 것으로 나타나고 있으며, 바이타민 E의 과다 복용은 암의 위험을 증가시킬지 모른다.

아이코사노이드는 아라키돈산에서 유도된 것이다. 일반적이지 않은 다른 지질들은 상대적으로 풍부한 막지질에서 유도된 것이다. **프로스타글란딘**(**prostaglandin**, 예: **그림 9-12**)은 이것이 전립선에서 만들어진다고 생각한 오일러(Ulf von Euler)에 의해 1930년에 발견되었다. 프로스타글란딘과 관계 있는 화합물인 **프로스타사이클린**(**prostacyclin**), **트롬복세인**(**thromboxane**), **류코트라이엔**(**leukotriene**), **라이포**

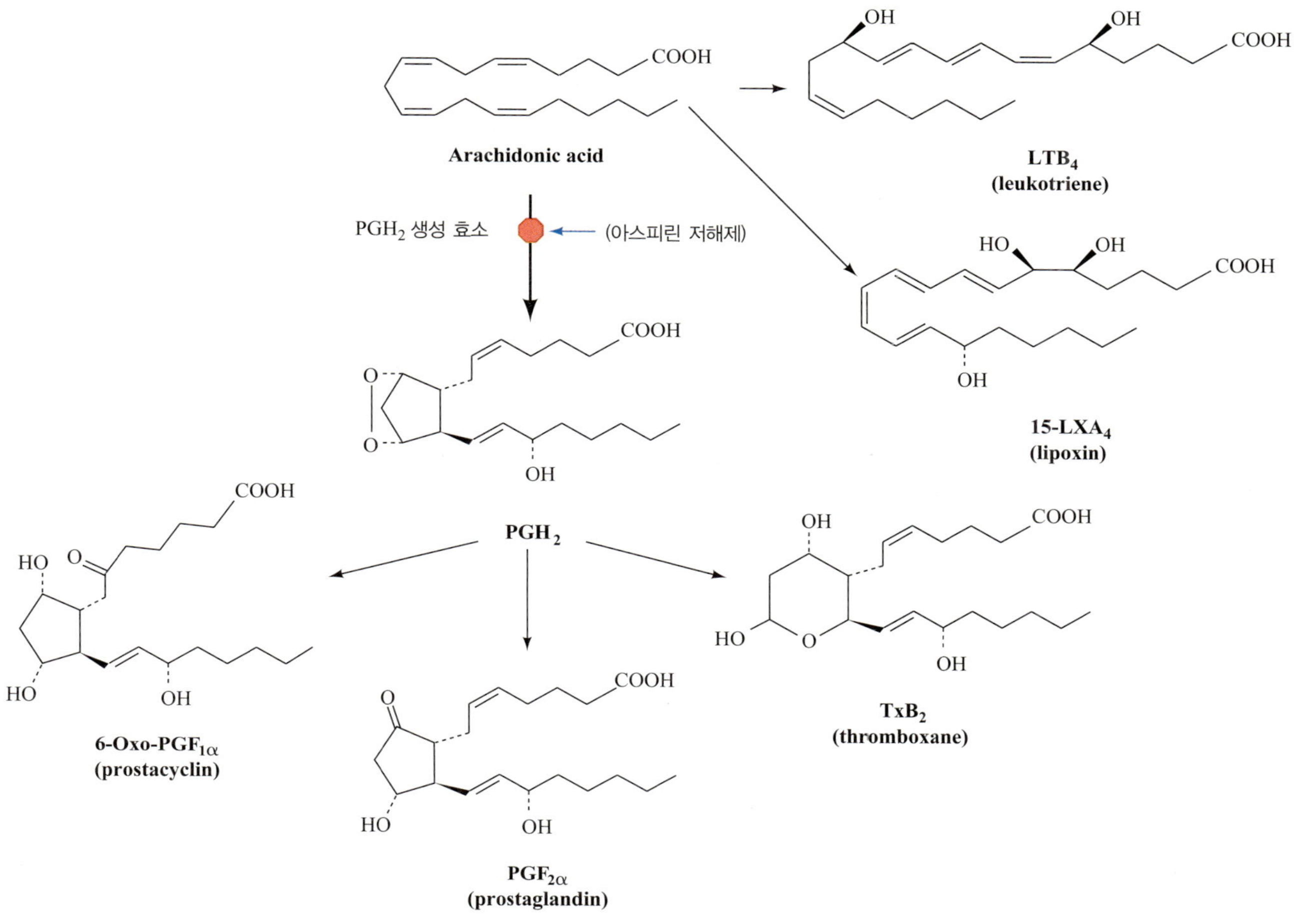

그림 9-12 아이코사노이드 아라키돈산염은 프로스타글란딘(PG), 프로스타사이클린, 트롬복세인(Tx) 및 라이포신(LX)의 전구체이다. 아라키돈산은 류코트라이엔으로도 전환된다. 비록 각 아이코사노이드의 한 종류만 나타내었지만, 문자와 아래 첨자로 표시되는 생리학적으로 중요한 많은 유도체들이 있다(예: PGH_2, **프로스타글란딘** H_2).

? 여기에서 보인 아라키돈산이 다른 아이코사노이드로 전환되는 변화의 유형은 무엇인가?

신(liposin)은 모두 C_{20} 화합물[그리스어: *eikosi* (20)]이기 때문에 **아이코사노이드(eicosanoid)**라고 불린다. **아이코사노이드는 매우 낮은 농도에서 작용하며, 고통과 통증의 생성, 혈압의 유지, 혈액 응고, 임신 등에 관여한다.** 대부분의 다른 호르몬과는 달리 혈액에 의해 작용 장소로 운반되지 않고 자신이 생성되는 장소 근처에서 국지적으로 작용한다. 사실, 아이코사노이드는 수 초 혹은 수 분 내에 분해가 되어 인근 조직에만 효과가 제한된다. 아이코사노이드의 합성은 20-6C절에서 다룬다.

사람에 있어 가장 중요한 아이코사노이드 전구체는 4개의 이중 결합을 지닌 다중 불포화 지방산인 **아라키돈산(arachidonic acid)**이다(표 9-1). 아라키돈산은 세포막에 **포스파티딜이노시톨(phosphatidylinositol)**의 C2 에스터 형태와 다른 인지질 형태로 저장된다. 지방산 잔기는 인지질 분해 효소 A_2(그림 9-5)에 의해 방출된다.

아라키돈산 대사의 특정 생성물은 조직에 따라 다르다. 예를 들어 혈소판은 언제나 트롬복세인을 생성하는 반면, 내피세포(혈관벽 구성)는 주로 프로스타사이클린을 생성한다. 흥미롭게도 트롬복세인은 혈관 수축과 혈소판 응집을 자극하고, 프로스타사이클린은 이것의 반대 효과를 유발한다. 따라서 이 두 물질은 길항 작용으로 심장 혈관계의 균형을 유지한다.

체크 포인트

- 지질은 세 개의 다른 주요한 생체 분자 부류와 어떻게 다른가?
- 지방산 길이의 증가에 따른 녹는점의 경향에 대해 설명하시오.
- 탄수화물은 그램당 ~17 kJ의 에너지를 생성하는 반면, 지방은 ~38 kJ의 에너지를 생성하는 이유를 설명하시오.
- 지방산, 트라이아실글리세롤, 당인지질, 스핑고지질, 스테로이드의 구조와 물리적 성질을 요약하시오.
- 어떤 지질이 당지질, 인지질로 생각되는가? 어떤 지질이 이온성인가?
- 스테로이드와 아이코사노이드의 기능을 요약하시오.

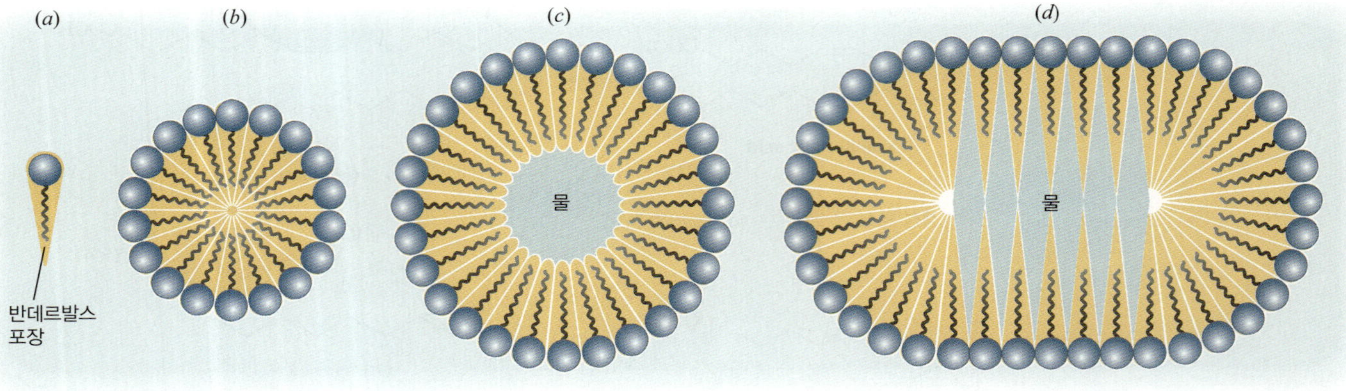

그림 9-13 단일 꼬리 지질의 접합체 (*a*) 점차 가늘어지는 지질의 반데르발스 접촉 영역. (*b*) 구형 마이셀 구조를 용이하게 한다. (*c*) 마이셀의 지름은 꼬리의 길이에 따라 다르다. 최적 분자수를 초과한 구형 마이셀. (*d*) 물이 채워진 바람직하지 못한 중심을 갖은 구조(파란색). 이러한 구조는 펼쳐지게 되고, 속이 빈 중심을 갖게 되며, 이것의 구조가 길어짐에 따라 다시 물이 찬 공간을 갖게 된다.

? 단일 꼬리 지질의 예를 들라.

2 지질 두겹층

주요 개념

- 특정 친양쪽성 분자들은 두겹층을 형성한다.
- 두겹층은 지질이 측면으로 빠르게 확산될 수 있는 유동적 구조이다.

생명체에서 지질은 자유 분자로 발견되기보다는 주로 다른 지질, 아니면 다른 분자들과 함께 작용한다. 여기서는 지질이 어떻게 응집하여 마이셀(micelle)과 두겹층을 형성하는지 논의할 것이다. 응집의 결과로 생체막의 구조적 근간이 이루어지므로 지질 두겹층의 물리적 성질에 대해서도 알아볼 것이다.

GATEWAY CONCEPT 소수성 효과
친양쪽성 지질의 소수성 꼬리는 서로 끌어당기지 않는다(매우 촘촘하게 포장되는 경우를 제외하고는). 주변의 물 분자가 그들의 엔트로피를 최대화할 때 소수성 효과에 의해 상호작용하게 된다.

A 두겹층은 소수성 효과에 의해 형성된다

비누, 세제와 같은 친양쪽성 물질들은 수용액상에서 마이셀(탄화수소기가 물과 격리된 구형 집합체, 2-1C절)을 형성한다. 이러한 분자 배열은 친양쪽성 물질의 소수성 꼬리와 물의 바람직하지 못한 접촉을 방지하지만, 극성 머리 부분과 물의 접촉은 허용한다.

마이셀의 대강의 크기와 모양은 기하학적 유추로 짐작할 수 있다. 비누와 같은 단일 꼬리의 분자들은 점차 꼬리 부분으로 가늘어지는 모양으로 인해 구나 타원을 형성한다(수화된 머리 부분은 꼬리보다 더 넓다, **그림 9-13*a,b***). 마이셀 내의 분자수는 친양쪽성 물질에 따라 다르지만, 보통 수백 개의 분자가 응집한다. 너무 적은 수의 분자들은 소수성 중심을 노출시키고, 너무 많은 수의 분자는 에너지 측면에서 바람직하지 않은 속이 빈 구조를 형성한다(**그림 9-13*c***). 물론 큰 마이셀은 속이 비는 것을 방지하기 위해 펼쳐지겠지만, 그 결과로 나타나는 곡면의 감소로 또 다시 속이 빈 구조를 형성한다(**그림 9-13*d***).

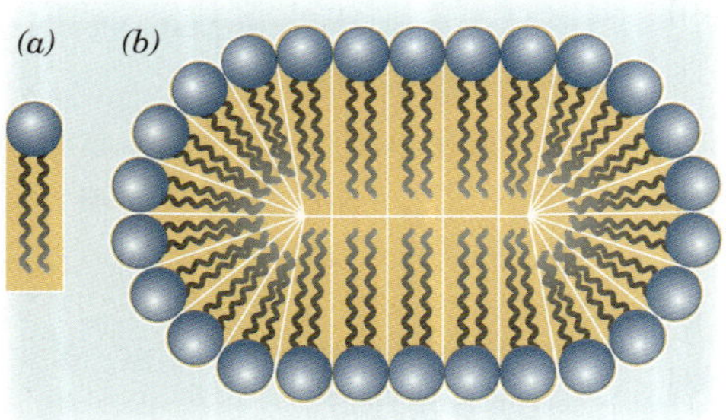

그림 9-14 인지질에 의한 두겹층 생성 이들 지질의 원통형 반데르발스 포장은 확장된 평판 모양의 마이셀(*a*)을 형성하게 되고 지질 두겹층보다 더 잘 묘사된다(*b*).

2개의 탄화수소 꼬리를 갖는 당인지질과 스핑고지질은 직사각형처럼 생긴 단면을 만든다(**그림 9-14*a***). 이러한 분자들을 채우기 위한 입체적 조건은 큰 나뭇잎처럼 길게 펼쳐진 디스크형 마이셀을 형성하는 것이다(**그림 9-14*b***). 이러한 **지질 두겹층(lipid bilayer)**은 전자 현미경 및 X선 회절 분석법에 의하면 ~60 Å 두께를 형성하며, 이는 충분히 뻗은 탄화수소 꼬리로부터 예측할 수 있는 길이이다.

인지질(당인지질 혹은 스핑고마이엘린)의 현탁액은 스스로 만들어져 용매로 충전

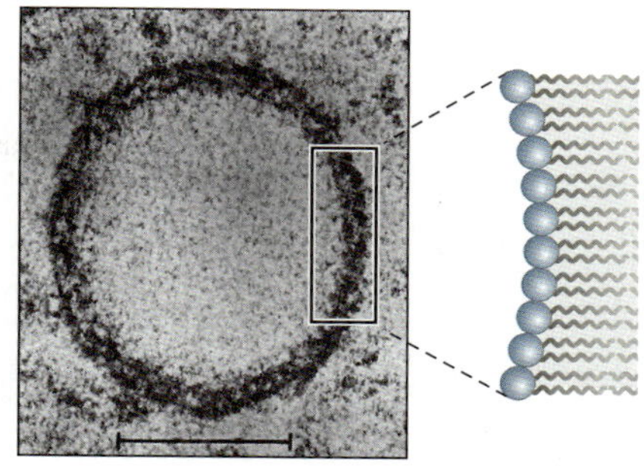

Courtesy of Walther Stoeckenius, University of California at San Francisco

그림 9-15 리포솜의 전자 현미경 사진 리포솜의 벽은 그림에 표시되었듯이 두겹층으로 되어 있다.

? 리포솜 내부의 용질이 라이포솜 밖으로 확산되지 않는 이유를 설명하시오.

된 단일 두겹층으로 둘러싸인 **리포솜**(**liposome**, 그림 9-15)을 형성한다. 이들은 지름이 수백 옹스트롬이며, 만들 때마다 그 크기가 비교적 일정하다. 일단 리포솜이 형성되면 매우 안정하여 투석, 젤거르기 크로마토그래피 또는 원심 분리법 등의 방법으로 정제될 수 있으며, 주변 용액과 내부 용액이 서로 다른 리포솜을 만들 수도 있다. 리포솜은 생체막의 모형으로 이용되기도 하고, 원형질막과의 융합을 통해 많은 세포에 흡수되기 쉬우므로 약물 전달 매체로도 사용된다.

B 지질 두겹층은 유동성을 가진다

두겹층막을 건너 지질 분자의 이동, 가로 확산(*transverse diffusion*) 혹은 플립-플롭(*flip-flop*)은 매우 드물게 일어나는 현상이다, 그 이유는 만약 이것이 일어나기 위해서는 지질의 수화된 극성 머리 부분이 두겹층의 물이 없는 내부 탄화 수소층을 통과해야 하기 때문이다. 인지질의 플립-플롭 속도는 반응 완결에 약 2주일 이상이 소요된다. 굉장히 느린 플립-플롭 속도와 대조적으로 **지질은 두겹층 평면상에서 매우 유동적으로 움직인다**[**측면 확산**(**lateral diffusion**), 그림 9-16*b*]. 박테리아 세포에서 1 μm의 길이를 확산하는 데 ~1초가 걸리는 것으로 추정되었다. 이러한 지질의 유동성으로 인해 지질 두겹층은 이차원적 유체로 취급된다.

지질 두겹층의 내부는 지질 꼬리 C−C 결합 주위의 회전으로 인해 지속적으로 유동성을 띤다. 물리적 실험 결과들에 의하면 두겹층의 내부는 가벼운 기계유 정도의 점도를 갖는 것으로 추정된다. 두겹층 중심의 이러한 특성은 원자에 작용하는 힘의 계산에 의한 시간 의존성 원자 위치를 예측하는 **분자 동력학적 모의 실험**(**molecular dynamic simulation**)에서 확인되었다(그림 9-17).

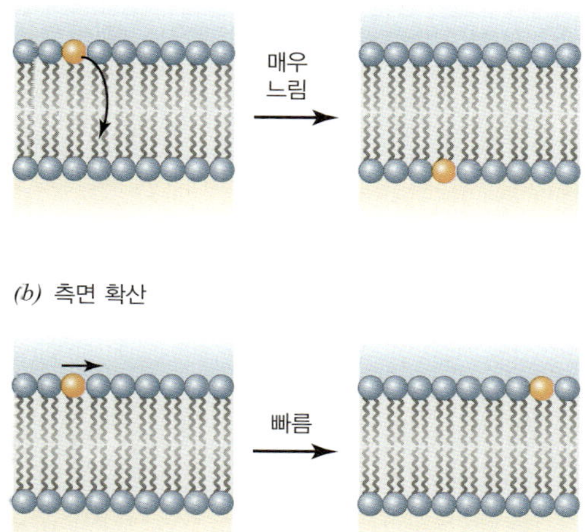

그림 9-16 두겹층에서 인지질의 확산 (*a*) 가로 확산(플립-플롭)은 인지질 분자를 두겹층의 한 소엽(leaflet)에서 다른 소엽으로 이동하는 것으로 정의된다. (*b*) 측면 확산은 동일한 두겹층 소엽에서 인접 인지질 분자의 위치 교환으로 정의된다.

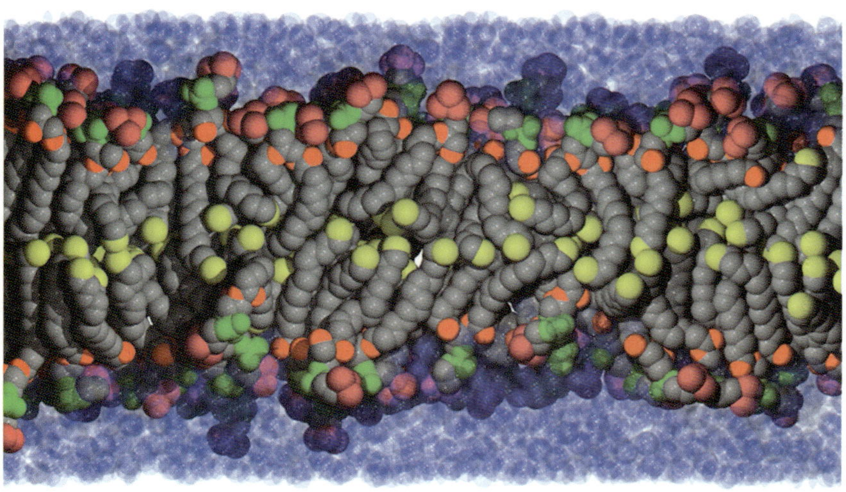

Courtesy of Richard Pastor and Richard Venable, NIH, Bethesda, Maryland

그림 9-17 특정 순간에서의 지질 두겹층 모형(스냅 사진) 컴퓨터에 의해 모델링된 물로 둘러싸인 다이팔미톨포스파디딜콜린의 구조. 원자의 색 표시는 말단 메틸기의 C는 노란색으로, 가지와 글리세롤의 C는 회색, 에스터 O는 빨간색, 인산기 P와 O는 초록색, 콜린 C와 N은 자홍색으로 표시하였다. 물 분자는 반투명한 파란색 구로 표현하였다(두겹층 주변의 물 분자는 머리 부분 원자와 겹쳐 있기 때문에 어둡게 나타난다).

? 헥세인 분자를 이 계에 첨가한다면 어디에 위치하겠는가?

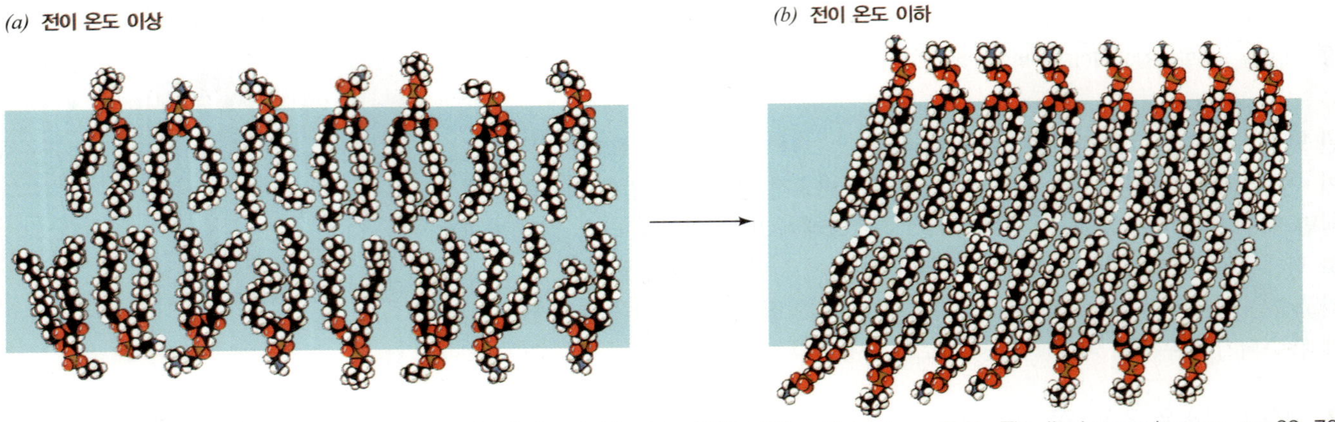

그림 9-18 지질 두겹층의 상전이 (a) 상전이 온도 이상에서는 지질 분자 전체 및 소수성 꼬리 모두 두겹층 평면에서 매우 유동적이다. (b) 전이 온도 이하에서는 지질 분자들은 좀 더 일정한 배열의 젤처럼 생긴 고체를 형성한다. [After Robertson, R.N., The lively membranes, pp 69–70, Cambridge University Press(1983).]

? 지방산 사슬의 길이와 불포화된 정도의 변화는 두겹층의 전이 온도에 어떻게 영향을 주는가?

두겹층의 점도는 다른 극성이나 전하를 띤 머리 부분과의 상호작용으로 측면 이동이 제한적인 머리쪽 방향으로 갈수록 급격히 증가한다.

그림 9-17에 보이는 지질의 소수성 꼬리는 그림 9-16에서와 같이 함께 경직된 것이 아니라, 굽어져 있고 유동적인 점에 유의하라. 전형적인 생체막에는 꼬리의 길이가 다르거나 이중 결합으로 굽어져 있는 등 다양한 지질 분자들이 존재한다. 생리학적 조건에서는 매우 유동적인 가지들은 두겹층 내부의 지질 분자 간에 생길 수 있는 공백을 채워 준다.

그림 9-17에 보인 두겹층 모형에서는 인지질이 어느 정도 아래위로 움직일 수 있음을 보여 준다. 이것은 다양한 머리 부분이 서로 편안하게 존재해야 하는 자연적인 막에서도 사실이다. 두겹층 외측 표면와 극성 성질은 머리 부분에서 지방산 아실 가지를 연결하는 아마이드와 에스터 결합의 카보닐기까지 뻗쳐 있다. 결과적으로, 물 분자는 두겹층의 15 Å 깊이까지 침투할 수 있으나, 중심부 ~30 Å의 탄화수소층에는 들어가지 못한다.

두겹층의 유동성은 온도에 의존한다. **지질 두겹층이 전이 온도(transition temperature) 이하로 냉각되면 유동성을 잃고 젤화된 고체 상태로 상전이를 한다**(그림 9-18). 전이 온도 이상에서는 어느 특정 방향으로만 배치되는 **액정(liquid crystal)** 상태에 있게 된다. 두겹층은 액정 상태일 때보다 젤 상태일 때 더 두꺼운데, 이는 낮은 온도에서 탄화수소 꼬리의 경직성이 증가하기 때문이다.

지방산의 길이가 증가할 때 녹는점이 높아지는 이유와 같이, 사슬 길이와 지방산기의 포화도가 증가하면 두겹층의 전이 온도는 올라간다. 대부분 생체막의 경우 전이 온도는 10°C에서 40°C 사이이다. 박테리아나 물고기와 같은 냉혈동물의 경우 주변 환경 온도에서도 일정 수준의 유동성을 유지할 수 있도록 막지질의 지방산 성분을 변형하며, 이는 생체막의 유동성이 가장 중요한 생리학적인 속성임을 보여 주는 것이다.

자기 자신은 두겹층을 스스로 만들지 못하는 콜레스테롤은 경직된 스테로이드 고리가 다른 막지질 지방산기의 운동을 방해하여 막유동성을 감소시킨다. 콜레스테롤은 지방산 가지 사이에 끼어들어 가지의 배열화를 방해함으로써 상전이 온도 범위를 확장시킨다. 따라서 콜레스테롤은 막의 가소제 역할을 한다.

체크 포인트

- 왜 지방산이 아닌 당인지질과 스핑고지질은 두겹층을 형성하는가?
- 막지질에서 측면 확산이 가로 확산보다 빠른 이유를 설명하시오.
- 두겹층의 유동성에 영향을 미치는 요인은 무엇인가?

3 막단백질

주요 개념

- 내재성 막단백질은 α 나선이나 β 원통 구조로 이루어진 막횡단 구조를 포함한다.
- 지질 결합 단백질은 프레닐기, 지방산 아실기, 글리코실포스파티딜이노시톨기에 공유 결합한다.
- 주변 막단백질은 막표면의 단백질이나 지질에 비공유 상호작용한다.

생체막은 지질뿐 아니라 단백질도 포함한다. 지질과 단백질의 정확한 성분과 단백질 대비 지질의 비율은 막의 종류에 따라 다르다. 예를 들면 신경 축삭 돌기를 감싸고 절연 기능을 하는 지질이 풍부한 마이엘린화된 막에서 단백질은 질량의 단 19%를 차지하는 반면, 많은 화학 반응을 중재하는 단백질이 풍부한 미토콘드리아 내막에서의 단백질은 질량의 76%에 이른다. 진핵세포막의 단백질은 일반적으로 질량의 ~50%이다.

막단백질은 화학 반응들을 촉매하고, 막을 통해 영양분과 노폐물의 흐름을 중재하며, 세포 밖 환경에 관한 정보를 세포 내 기관에 전달하는 기능 등을 한다. 이 단백질들은 지질 두겹층과 협력해서 그들의 기능을 수행하며, 두겹층의 소수성 중심뿐 아니라 극성 표면과도 작용해야 한다. 이 절에서는 막과 작용하는 방법에 따라 분류된 특정 막단백질들의 구조에 대해서 알아보겠다.

A 내재성 막단백질은 소수성 지질과 상호작용한다

내재(integral) 혹은 **내재성(intrinsic) 단백질**(그림 9-19)은 소수성 상호작용에 의해서 막과 단단히 결합되어 있어 막을 깨는 물질로 처리해야만 분리할 수 있다. 예를 들면 도데실 황산 소듐(sodium dodecyl sulfate, 5-2D절)과 같은 계면 활성제는 정상적으로 단백질을 둘러싸고 있는 막지질을 자신이 대체하여 단백질을 가용화시킨다. 계면 활성제의 소수성 부분은 단백질의 소수성 부분을 감싸고, 극성 머리 부분은 단백질–지질 복합체를 물에 녹게 만든다. 구아니디늄(guanidinium) 이온과 요소(urea)와 같은 결합 파괴성 유발성 물질(6-4B절)들은 물의 구조를 깨뜨려서 단백질이 막에 결합 시 결합을 안정화시키는 데 중요한 소수성 효과를 감소시킨다. 특정 내재성 단백질은 지질과 너무 세게 결합하여 변성 조건에서만 분리가 가능한 경우도 있다.

일단 단백질이 가용화되면, 막단백질들은 5-2절에 설명된 다양한 단백질 분리 방법들에 의해 정제될 수 있다. 하지만 이러한 단백질들은 수용액상에서 응집 혹은 침

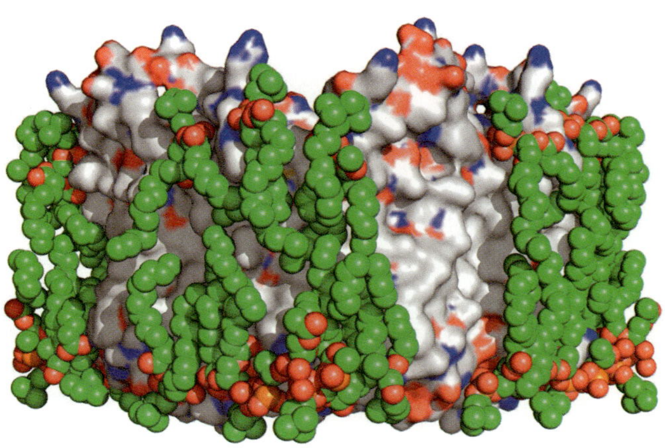

그림 9-19 지질과 결합한 상태의 내재성 막단백질 아쿠아포린-0(aquaporin-0, AQP0)의 X선 구조 단백질은 전하에 따라 음전하는 빨간색, 양전하는 파란색, 중성은 흰색으로 나타낸 표면 다이어그램으로 표현하였다. 밀착 결합된 다이미리스토일포스파티딜콜린의 분자는 C는 녹색, O는 빨간색, P 주황색으로 공간 채움 모형으로 제시되어 있다. 지질 꼬리가 단백질의 무극성 표면에 밀접하게 부합하며 단백질을 용매화하는 방식에 주목하라. ~35 Å의 인산기–인산기 간격으로 지질 분자의 두 줄 배열은 지질 두겹층 차원과 일치한다. [Based on an electron crystallographic structure by Stephen Harrison and Thomas Walz, Harvard Medical School. PDBid 2B6O.]

전하려는 경향이 높아서 가용화시키기 위해 계면 활성제 또는 뷰탄올이나 글리세롤과 같이 물과 잘 섞이는 유기 용매가 필요하다. 막단백질은 전체 단백질의 약 30% 정도를 포함하고 있지만, 결정화의 어려움 때문에 막단백질의 X선 구조 수는 알려진 단백질 구조의 2.5%에 불과하다.

내재성 단백질은 비대칭적으로 배치된 친양쪽성 물질이다. 내재성 단백질은 친양쪽성이다. 막의 무극성 내부에 잠긴 단백질 부분은 주로 표면이 소수성 잔기들이며, 수용성 환경까지 뻗친 부분은 대부분 극성 분자로 덮여 있다. 이러한 사실은 단백질과는 결합하지만 막 내부로는 침투하지 못하는 기술을 이용한 **표면 표지법(surface labeling)**으로 확인되었다. 예를 들어 내재성 단백질의 세포외 도메인은 그것의 항체와 결합하지만, 원형질 도메인은 막이 깨질 때만 결합이 가능하다. 형광 혹은 방사능으로 표지된 막 불침투성 단백질 특이적 시약들도 유사한 방법으로 사용될 수 있다. 다른 방법으로는 내재성 단백질의 용매 노출 부위만 절단하는 단백질 분해 효소를 사용하여 단백질의 막 내부 존재 부위를 알아낼 수도 있다. 이러한 방법들을 사용하여 적혈구 막단백질인 **글리코포린 A(glycophorin A)**가 3개의 도메인으로 구성되어 있음을 알아냈다(그림 9-20). 즉 (1) 16개의 탄수화물 가지가 결합된 72개 아미노산의 *N* 말단 막외 노출 부위, (2) 적혈구 세포막을 통과하며 거의 모두가 소수성인 19개의 아미노산, (3) 대부분이 전하와 극성 아미노산인 40개 아미노산의 세포질 C 말단 도메

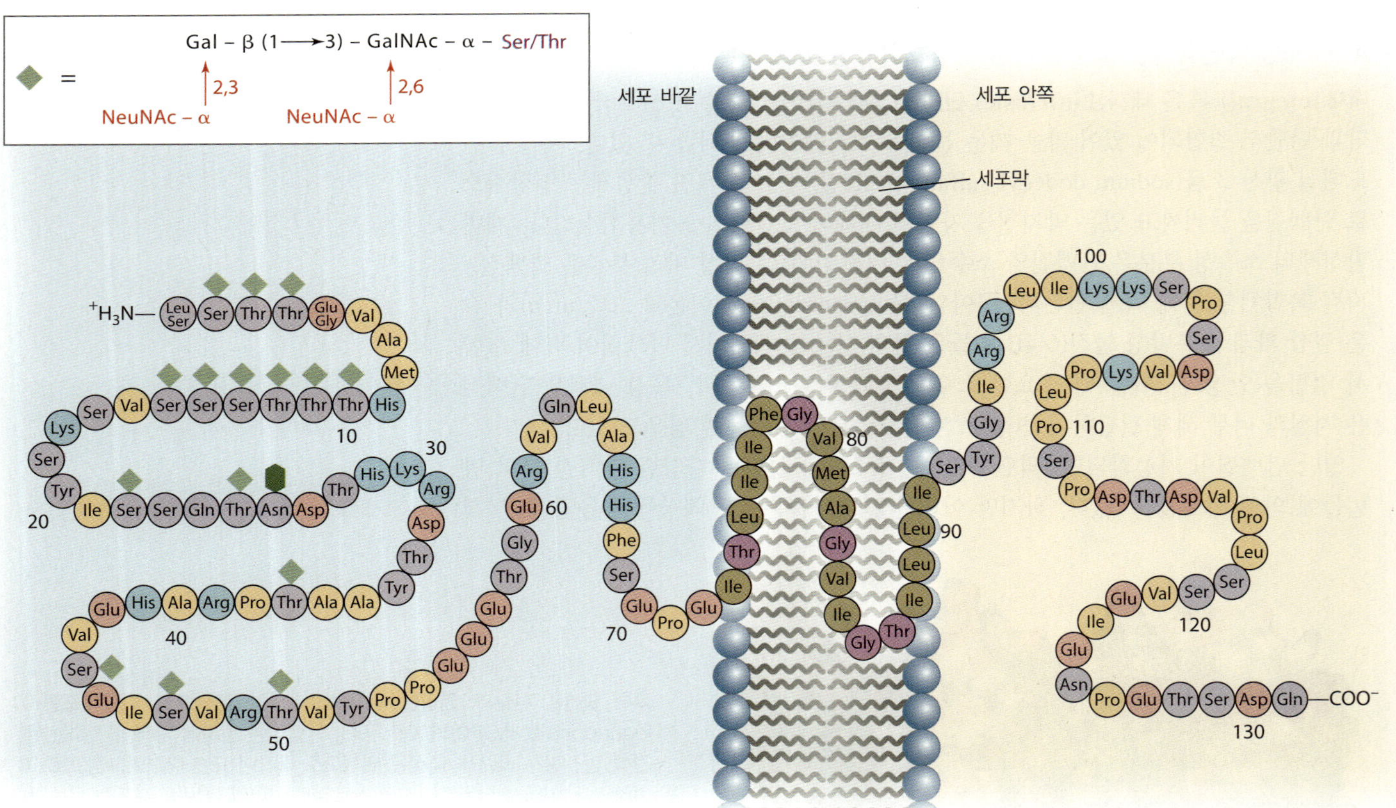

그림 9-20 사람 적혈구 글리코포린 A 이 단백질은 세포외 영역에 15개의 O 결합(초록색 다이아몬드) 및 한 개의 *N* 결합 올리고당을 갖는다. *O* 결합 올리고당의 주요 구조가 그림에 역시 나타나 있다(NeuNAc=*N*-acetylneuraminic acid). 단백질의 막횡단 부위(고동색과 자주색)는 19개의 소수성 아미노산이 연결되어 있다. 막의 세포질 표면에 존재하는 C 말단 부위는 음이온성(분홍색) 및 양이온성(파란색), 극성(회청색) 아미노산이 풍부하다. 글리코포린 A는 많이 발견되는 두 종류의 유전적 변종이 있다. 글리코포린 A^M은 1번과 5번 위치에 각각 Ser과 Gly를 갖고, 글리코포린 A^N은 상응하는 위치에 Leu와 Glu를 갖는다. [After Marchesi, V.T., *Semin. Hematol.* **16**, 8 (1979)]

인. 따라서 글리코포린은 막을 완전히 관통하는 **막횡단 단백질[transmembrane(TM) protein]**이다.

생체막에 대한 다양한 연구 결과에 의하면 **생체막들은 특정 막단백질들이 예외 없이 막의 한쪽 표면에만 분포하거나 막횡단 단백질의 경우 막의 한쪽 방향으로만 배치하는 비대칭적 특성을 보인다.** 하지만 아직 막에 완전히 파묻힌 단백질은 보고가 되지 않아서 모든 막결합 단백질은 적어도 일부는 수용성 환경에 노출된다.

막횡단 단백질은 대개 α 나선을 갖는다. 폴리펩타이드 사슬이 지질 두겹층을 관통하거나 속에 박히기 위해서는 극성 뼈대 부분의 노출을 막고 지질 꼬리와 결합할 수 있는 소수성 곁사슬이 있어야 한다. 극성 부분의 노출 방지는 펩타이드 뼈대의 수소 결합 능력을 만족시키는 2차 구조를 만들 때 가능하다. 내재성 막단백질 중 잘 알려진 TM 부분의 경우도 α 나선과 β 병풍 구조를 갖는다. 글리코포린 A의 19개 아미노산 TM 순서도 NMR 연구에서처럼 언제나 α 나선 구조를 형성한다. 이러한 TM 나선 구조의 존재는 각 분절의 첫 번째 아미노산에 대응하여 폴리펩타이드의 짧은 분절(10~20개 잔기)의 평균 소수성 계수(표 6-3)를 표시하여 합리적으로 예측할 수 있다(그림 9-21). 내재성 막단백질을 결정화하기가 매우 힘들어 극소수의 X선 구조만 결정되었기 때문에 TM α 나선 구조의 위치를 예측할 수 있는 것은 유용하다.

언윈(Nigel Unwin)과 헨더슨(Richard Henderson)은 **전자 결정학(electron crystallography)** 방법을 사용하여 내재성 막단백질인 **박테리오로돕신(bacteriorhodopsin)**의 구조를 결정하였다(자료 9-2). 이 동종 삼합체인 247

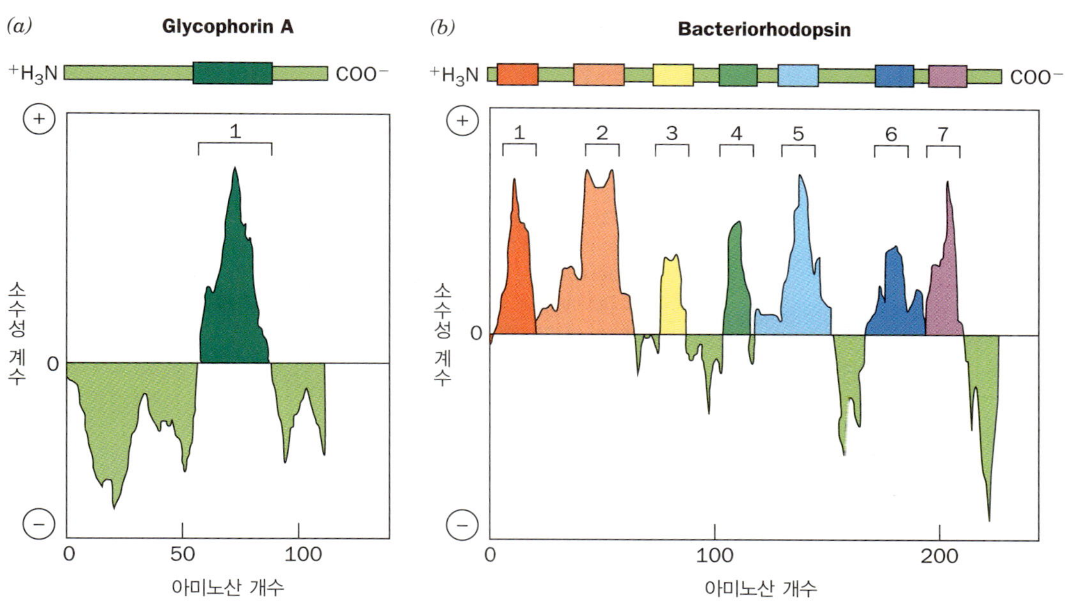

그림 9-21 소수성 도표(hydropathy plot)에 의한 막횡단 나선의 예측 한정된 길이의 화면 안에 들어 있는 아미노산 잔기의 소수성 계수의 평균값을 첫 번째 아미노산의 위치에 표시하였다. 양의 값은 화면 안에 들어 있는 펩타이드 분절이 소수성임을 나타내며, 이를 물로 이동 시 자유 에너지의 투입이 필요하다. 20개 이상의 소수성 잔기의 분절은(이중층에 박혀 있기 위한 α 나선에 적합한) TM 나선을 형성하기 쉽다. (*a*)는 글리코포린 A, (*b*)는 박테리오로돕신의 그래프이다. 각 그래프의 위에 막대와 대괄호는 실험적으로 결정된 단백질의 TM 나선의 위치이다. 글리코포린 A는 하나의 TM 나선을 가지는 반면에, 박테리오로돕신은 7개의 TM 나선을 가지는 것에 유의하라. [After a drawing by Alberts, B., Johnson, A., Lewis, J., Morgan, D., Raff, M., Roverts, K., and Walter, P., *Molecular Biology of the cell*(6th ed.), p. 579(2015)

자료 9-2 발견의 경로 헨더슨과 박테리오로돕신의 구조

헨더슨(Richard Henderson, 1945~)은 많은 선도적인 구조생물학자들이 그랬듯이, 처음에는 물리학자였다. 그러다가 세포 대사, 운송 및 신호 전달 현상에 있어서의 중요성을 느끼고 막단백질로 관심을 전환하였다. 수용액상에서 가용성이고 결정화하기 쉬운 구형 단백질과는 달리, 내재성 막단백질은 수용액상에서 응집하므로 계면 활성제의 도움을 받을 때 겨우 녹일 수 있었다. 그럼에도 불구하고, 그렇게 겨우 녹인 막단백질도 X선 분석에는 적합하지 않았다(헨더슨이 시작한 당시는 아무도 성공하지 못하였다). 이러한 문제를 극복하기 위해 그는 전자 결정학(electron crystallography)의 방법을 거대 분자에 적용하기로 하고, 막단백질인 박테리오로돕신을 그의 연구 주제로 결정하였다.

박테리오로돕신은 1967년에 처음 발견되었고, 양성자 펌프로서의 기능이 곧이어 발견되었다. 이 단백질은 *H. salinarum*(이전에 *H. halobium* 으로 알려짐) 같은 호염성 고세균에서 만들어진다. 박테리오로돕신과 아울러 원시 로돕신 단백질에는 염소(chloride) 펌프와 감각 관련 단백질들도 있다. 유사한 단백질들이 진정세균과 단세포성 진핵생물에서도 발견되었다. 연구 주제로서 박테리오로돕신의 가장 중요한 매력은 박테리아 세포막 내에서 질서정연한 2차 구조를 형성한다는 점과, 상대적으로 작은 크기(248개 잔기), 그리고 안정성 등이다. *H. salinarum*에 있어서 0.5 μm 너비를 갖는 이러한 배열은 단백질에 결합된 레티날 분자의 색깔로 인해 자색 막으로 알려졌다. 이차원적인 결정이라 할 수 있는 각각의 자색 막 조각은 75%의 박테리오로돕신과 25%의 지질로 구성되어 있다.

헨더슨이 박테리오로돕신의 구조 연구를 시작한 당시에는 겨우 12개 정도의 구형 단백질의 X선 구조만 보고되었다. 언윈과 함께 일한 헨더슨은 X선 결정학의 원리를 자색 막 조각에 투사된 전자 현미경 전자선에서 얻어진 회절 강도를 측정(6-2A절)함으로써 이차원 박테리오로돕신 결정 분석에 적용하였다. 이 경우 전자 현미경은 전자선을 미세하게 작은 자색 막 조각에 초점을 맞출 수 있었기 때문에 X선보다는 전자선을 더 필요로 하였다. 그럼에도 불구하고 자색 막이 상하지 않는 범위에서 측정한 경우 매우 약한 전자선 강도만 얻을 수 있었다. 결과적으로 충분한 세기의 신호-소음 비(signal-to-noise Richard ratio)를 얻기 위해 백회 이상의 자색 막 시료 회절 자료를 평균해야 하였다.

그 당시 가능한 기술적 한계에서 노력하였던 헨더슨과 언윈은 1975년에 박테리오로돕신의 저분해능 모형을 발표하였는데, 이것은 내재성 막단백질에 관한 최초의 보고였다. 단백질의 7개 막횡단 나선들이 전자 밀도 형태로 분명히 보였으며, 이들은 막평면에 대해 대략 수직 방향이었다. 하지만 3차원적인 회절 자료를 얻기 위해서는 전자선 방향에 대해 결정들이 체계적으로 기울어지게 배향되어야만 하였다. 다른 기술적인 어려움과 더불어 완전한 3차원 구조를 얻을 수 있게 기울여 배향하지 못했던 기기적인 한계로 인해 막평면 내에서는 7 Å의 분해능을, 수직 방향으로는 오직 14 Å의 분해능을 얻었다. 이 결과로는 7개의 나선들을 연결하는 폴리펩타이드 고리, 그리고 단백질에 연결된 레티날 분자와 가지 구조들은 볼 수 없었다. 하지만 향후 15년에 걸쳐 이루어진 더 좋은 전자선원의 개발과 액체 헬륨에 의한 시료의 광손상 방지 기술 등의 전자 현미경 기술 발달로 인해 막평면 내에서 3.5 Å, 수직 방향으로 10 Å의 분해능을 갖는 구조를 얻을 수 있게 되었다. 이와 같은 전자 밀도 지도는 크기가 큰 다수의 방향성 아미노산 잔기들과 결합된 레티날, 막횡단 나선들을 연결하는 고리들의 구조를 명확히 보여 주었다. 따라서 전자 결정학 기술은 이차원적 배열로 유도될 수 있거나 매우 얇은 3차원적 결정을 형성하는 다양한 단백질의 구조를 결정하는 유용한 기술이 되었다.

헨더슨의 선구자적 작업은 박테리오로돕신과 생화학적, 유전학적, 분광학적, 구조적 연구 결과의 집적에 커다란 기여를 하였다. 이러한 정보와 좀 더 최근에 수집된 지질 내에서 결정화된 박테리오로돕신의 3차원적 결정에 대한 X선 연구 결과를 통해 박테리오로돕신이 양성자를 세포 밖으로 퍼내는 광유발성 구조 변화에 대한 메커니즘을 자세히 이해할 수 있게 되었다.

Henderson, R. and Unwin, P.N., Three-dimensional model of purple membrane obtained by electron microscopy, *Nature* 257, 28–32 (1975).

Henderson, R., Baldwin, J.M., Ceska, T.A., Zemlin, F., Beckmann, E., and Downing, K.H., Model for the structure of bacteriorhodopsin based on high-resolution electron cryomicroscopy, *J. Mol. Biol.* 213, 899–929 (1990).

개 아미노산의 단백질은 호염성(염분을 좋아하는) 박테리아인 *Halobacterium salinarium*(4.3 M NaCl에서 최적 성장)에서 만들어지며, 광유발성 양성자 펌프로 작용한다. 즉 이 단백질은 세포막에 양성자 농도 기울기를 생성시켜 18.3B절에서 논의된 메커니즘에 의해 ATP 합성을 가능하게 한다. 공유 결합으로 연결된 레티날(retinal)은 단백질의 흡광 부분이다. 박테리오로돕신은 약 25개 아미노산들로 이루어져 지질 두겹층을 거의 수직으로 통과하는 7개의 α 나선 구조를 갖는다(**그림 9-22**). 지질 꼬리와 접촉하는 아미노산 곁사슬은 매우 소수성을 띠며(**그림 9-21*b***), 연속적으로 존재하는 막횡단 나선들은 다양한 길이의 소수성 연결 고리에 의해 머리에서 꼬리로 연결되는 방식으로 연결되어 있다. 이러한 배열은 단백질의 하전된 아미노산을 수용성 환경과 접촉하는 막표면 부근에 위치하게 한다.

소수성 효과는 6-4A절에서 배웠듯이 수용성 구형 단백질의 3차원적 구조를 안정

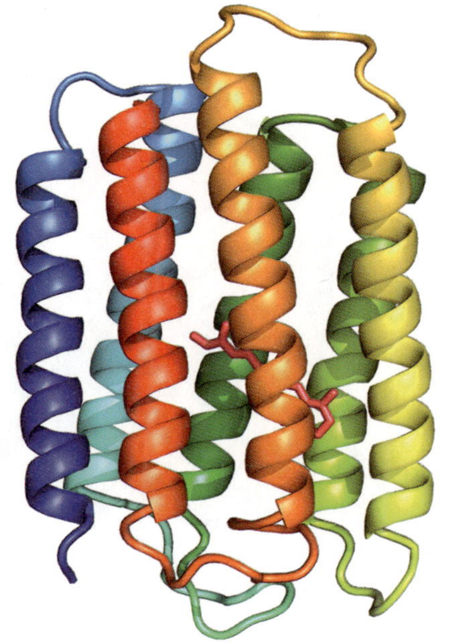

그림 9-22 박테리오로돕신의 구조 단백질은 막 평면 내에서 바라본 리본 형태로 되어 있고 N 말단(파란색)에서 C 말단(빨간색) 쪽으로 무지개색의 순서로 배열된다. 레티날기가 막대 형태(자홍색)로 공유 결합이 되었다. [Based on an X-ray structure by Nikolaus Grigorieff and Henderson, MRC Laboratory of Molecular Biology, Cambridge, U.K. PDBid 2BRD.]

? 막의 표면이 위치하게 될 곳을 표시하는 선을 그려 보라.

화시키는 주된 힘이다. 하지만 내재성 막단백질의 TM 부위가 무극성 환경에 잠겨 있는 이러한 경우에는 무엇이 이러한 구조를 안정시킬 수 있을까? 광합성 반응 중심 단백질의 분석에 따르면, 내부 아미노산들은 수용성 단백질에 비견되는 소수성을 갖는다. 그러나 이러한 단백질의 막에 노출된 아미노산 잔기들은 평균적으로 그것의 내부 아미노산 잔기들보다 더 소수성을 띠는 것으로 알려졌다. 확실히 **내재성 막단백질과 수용성 단백질 구조는 주변 용매로부터 그들의 내부 아미노산 잔기를 배제함으로서 안정화되지만, 내재성 막단백질의 경우 용매는 지질 두겹층이다.** 더욱이 수용성 단백질에 비해 막횡단 단백질의 낮은 극성과 무수 환경은 그들의 수소 결합을 강화하기 쉽다.

어떤 막횡단 단백질은 β 원통 구조를 갖는다. 무극성인 막내부에 잠겨진 단백질 부분은 폴리펩타이드 뼈대의 수소 결합 잠재력을 만족시킬 수 있도록 접혀져야 한다. α 나선에서처럼 역평행 β 병풍도 원통 구조를 형성하며(β 원통, 6-2C절), 알려진 막횡단 β 원통은 8~22개의 가닥을 갖는다. 가닥은 모두 역평행으로 가닥의 수는 서로 닫힐 수 있도록 짝수 개이다.

β 원통은 그람 음성균 외막에서 채널 형성(channel-forming)을 하는 **포린(porin)** 단백질에서도 볼 수 있다(8-3B절). 외막은 박테리아를 위험한 환경으로부터 보호하고, 포린은 영양분과 같은 작은 극성 용질의 진입을 허용한다. 포린은 진핵생물에도 존재하며, 엽록체나 미토콘드리아의 외막에 있다(독립생활성 그람 음성균에서 은 이러한 기관들의 계통을 고려하면 일관성이 있다, 1-2C절).

박테리아 포린은 단량체 혹은 동종 삼합체로, 30~50 kDa 분자량의 구성 단위를 갖는다. X선 구조 분석에 의하면, 대부분의 포린은 16개의 역평행 β 원통 구조의 소단위를 갖고, 길이가 55 Å이고 중앙부에 용매 접근이 가능한 최소 지름이 ~7 Å인 채널을 갖는다(**그림 9-23**). 예상하는 바와 같이, 단백질의 막 노출 부위는 무극성이며, 삼합체를 감싸는 소수성이 매우 강한 ~25 Å의 띠를 형성한다(그림 9-23*c*). 이 띠는 지질 두겹층의 머리 부분과 경계면을 형성하는 더 극성인 방향족 곁사슬(표 6-3)의 측면에 위치한다. 반면에 내부의 용매가 지나가는 벽을 포함한 용매 노출 부위의 곁사슬은 극성이다. 포린의 용질 선택성을 설명할 수 있는 메커니즘은 10.2B절에서 논의한다.

B 지질 결합 단백질은 두겹층에 고정되어 있다

일부 막 연관 단백질들은 단백질을 막에 연결시키는 데 사용되는 공유 결합된 지질을 갖는다. 다른 변형 부분들이 그러하듯이 지질도 단백질–단백질 상호작용을 중재하거나 자신이 붙은 단백질의 구조와 활성을 변화시킨다. **지질 결합 단백질(lipid-linked protein)**은 세 종류가 있다. 즉 프레닐화된(prenylated) 단백질, 지방산 아실화된(fatty acid acylated) 단백질, 글리코실포스파티딜이노시톨(glycosyl–phosphatidylinositol) 결합 단백질이다. 단일 단백질도 하나 이상의 지질이 연결될 수 있다.

(a)

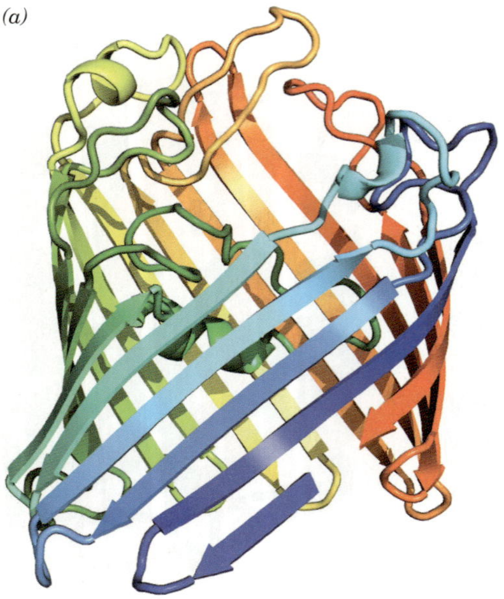

(b)

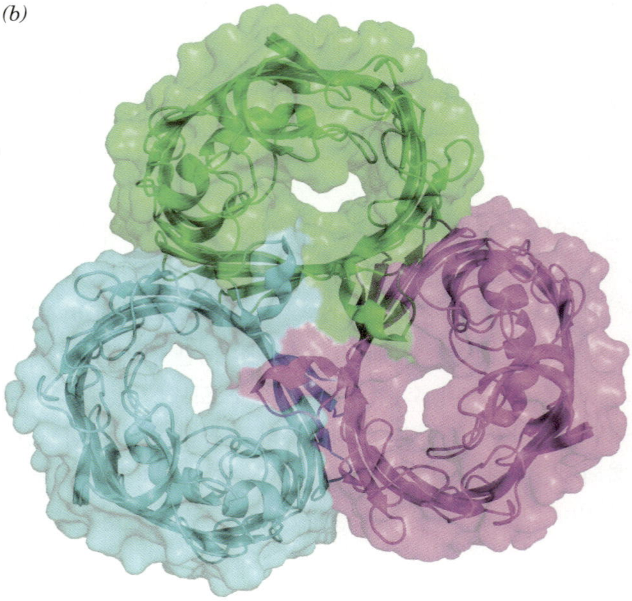

(c)

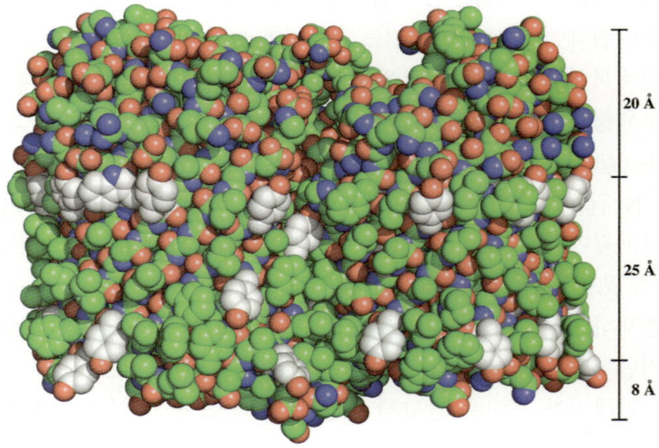

그림 9-23 대장균 OmpF 포린 단백질의 X선 구조 (*a*) N 말단(파란색)에서 C 말단(빨간색) 쪽으로 무지개색 순서로 배열된 16가닥 구조의 리본 그림. (*b*) 각 소단위체를 통과하는 구멍이 보이도록 세포 외부로부터 대칭의 3겹축을 따라 보여지는 반투명 표면에 박힌 삼합체 리본 구조. 각 소단위체는 다른색으로 표시되었다. 인접한 소단위체 안의 β 가닥은 반드시 서로 수직이다. (*c*) 3겹축의 수직 방향에서 본 공간 채움 모형. 흰색으로 표시된 Trp과 Tyr 곁사슬을 제외하고, N 원자는 파란색, O 원자는 빨간색, C 원자는 녹색으로 표시. 방향족 아미노산은 ~25 Å 높이의 박테리아 외막의 소수성 부분에 잠기는 소수성 영역(오른쪽에 길이 표시)을 표시하는 것 같다. [Based on an X-ray structure by Johan Jansonius, University of Basel, Switzerland. PDBid 1OPF.]

프레닐화된 단백질(prenylated protein)은 아이소프렌(isoprene) 단위(9-1F절)에서 만들어진 공유 결합된 지질을 갖고 있다. 가장 흔한 아이소프렌계는 C_{15} **파네실(farnesyl)**과 C_{20} **제라닐제라닐(geranylgeranyl)** 잔기이다.

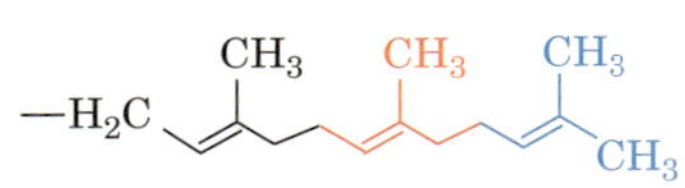

Farnesyl residue

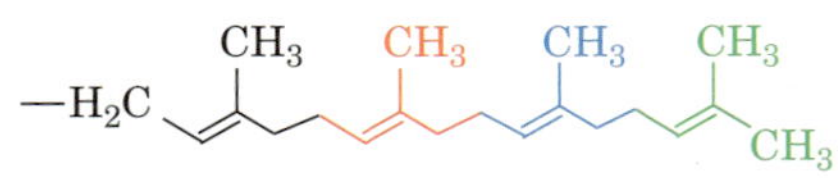

Geranylgeranyl residue

단백질에서 가장 흔한 프레닐화 자리는 C 말단의 C-X-X-Y 테트라펩타이드 순서이며, 여기서 C는 Cys이고, X는 주로 지방족 아미노산이다. 여기서 구에 의해 어떤 종류의 프레닐화가 이루어지는지가 결정된다. 즉 Y가 Ala, Met, Ser이면 파네실화, Y가 Leu이면 제라닐제라닐화된다. 이 두 경우 모두 프레닐기가 싸이오에터(thioether)

결합에 의해 Cys의 황 원자에 결합된다. 그 다음 X-X-Y 트라이펩타이드는 효소적 방법으로 절단된 후, 새롭게 노출된 카복시 말단은 메틸기에 의해 에스터화된다.

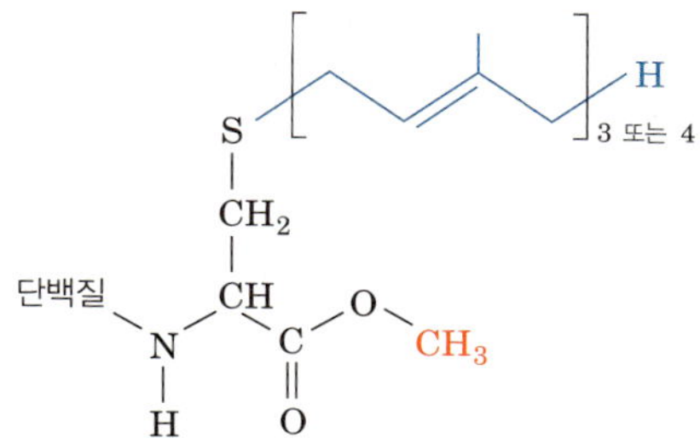

미리스트산(myristic acid)과 팔미트산(palmitic acid)의 두 종류 지방산들이 막단백질에 결합된다. 생물학적 관점에서 매우 희귀한 C_{14} 포화 지방산인 미리스트산은 N 말단 Gly 잔기의 α 아미노기에 아마이드 결합으로 연결된다. **미리스토일화(myristoylation)**는 붙은 지방산 아실기가 단백질의 수명 내내 붙어 있을 정도로 안정하다. 미리스토일화된 단백질들은 세포질, 원형질막, 소포체 등의 세포 내 구획에 존재한다.

팔미토일화(palmitoylation)의 경우, 포화 C_{16} 지방산인 팔미트산이 특정 Cys 잔기에 싸이오에스터 결합으로 붙어 있다. 팔미토일화된 단백질은 항상 원형질막 중 세포질 쪽에 존재하여 막횡단 신호에 참여한다. 팔미토일기는 **팔미토일 싸이오에스터 분해 효소(palmitoyl thioesterase)**에 의해 제거된다. 이러한 사실에서 가역적인 팔미토일화는 단백질과 지질의 결합을 조절하여 신호 전달 과정을 조절한다고 여겨진다.

글리코실포스파티딜이노시톨 결합 단백질[glycosylphosphatidylinositol-linked protein, GPI 결합 단백질(GPI-linked protein)]은 모든 진핵 생물에 존재하지만, 막횡단 폴리펩타이드에 의해 연결된 막단백질이 상대적으로 적은 기생성 원생동물에 특히 풍부하다. GPI 결합 단백질도 당단백질과 당지질처럼 원형질막의 바깥 표면에만 존재한다.

GPI 중심 부분은 3개의 마노스 잔기와 1개의 글루코사미닐(glucosaminyl) 잔기로 이루어진 선형 사당체에 글리코사이드 결합으로 연결된 포스파티딜이노시톨로 이루어져 있다(그림 9-24). 이 구조의 환원될 수 없는 끝부분의 마노스는 단백질의 C 말단 카복실기에 아마이드 결합된 포스포에탄올아민과 이인산 결합을 한다. 중심 사당체는 단백질의 종류에 따라 변하는 다양한 종류의 당에 의해 치환되어 있으며, 포스파티딜이노시톨기의 지방산기 역시 많은 다양성을 보여 준다.

C 주변 단백질은 막에 느슨하게 결합한다

주변 단백질(peripheral protein) 혹은 **외부 단백질(extrinsic protein)**은 지질 결합 단백질이나 내재성 막단백질과는 달리, 이온 세기가 높은 염 용액 혹은 pH 변화 등 상대적으로 온화한 방법에 의해 막에 손상을 주지 않고 분리될 수 있다. 주변 단백질은 지질과 결합하지 않으며, 일단 분리되면 수용성 단백질처럼 행동한다. 이들은 특정 지질 또는 내재성 단백질과 정전기적으로나 수소 결합으로 막과 표면에서 상호작용을 하는 것으로 여겨진다. 사이토크롬 *c*(5-4A, 6-2D, 18-2E절)는 주변 막단백질로 내부 미토콘드리아 막의 바깥 표면과 결합한다. 생리학적인 pH에서 사이토크롬 *c*는 양전하를 띠므로 음으로 하전된 포스파티딜세린이나 포스파티딜글리세롤 등과 작용한다.

체크 포인트

- 내재성 막단백질과 주변 막단백질의 차이를 설명하시오.
- 막횡단 단백질의 두 가지 2차 구조는 무엇인가?
- 지질 결합 단백질의 공유 결합성 변형을 설명하시오. 왜 이러한 변형은 가역적일 수 있는가?

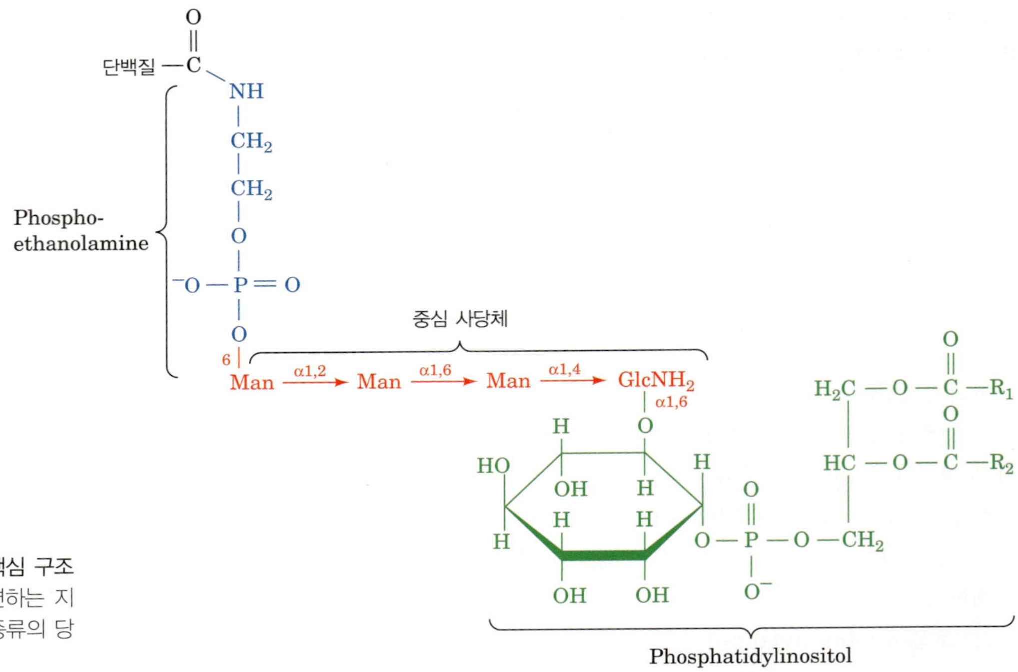

그림 9-24 단백질 GPI 연결부의 핵심 구조 R_1과 R_2는 단백질에 따라 종류가 변하는 지방산 잔기이다. 사당체에는 다양한 종류의 당이 붙을 수 있다.

4 막 구조 및 구성

주요 개념

- 막지질과 막단백질의 역동적 배열과 상호작용은 유동 모자이크 모형에 의해 설명된다.
- 막골격은 유연한 세포 모양을 결정한다.
- 지질은 막 전체에 균일하게 분포되어 있지 않고 지질 묶음을 형성한다.
- 분비 경로는 막단백질과 분비 단백질의 막통과를 설명해 준다.
- 다양한 종류의 입힌 막소포는 단백질을 세포 내 구획에 수송한다.
- SNARE 막을 가까이 가져와서 막융합을 유도한다.

막은 한때 접힘이 없는 폴리펩타이드 두 층 사이에 끼어 있는 인지질 두겹층으로 구성되었다고 생각되었다. 이러한 샌드위치 모형은 열역학적으로 적절하지 않고, 막의 전자 현미경 분석이나 다른 실험적 접근에 의해서도 더욱 의심을 받게 되었다. 더 최근의 연구들은 놀라울 정도의 불균일성을 포함하여 막의 세밀한 구조까지도 밝혀내고 있다. 이 절에서는 막단백질과 지질의 배열에 대해 알아보고, 이러한 성분이 세포 전체로 이동하는 메커니즘을 설명한다.

A 유동 모자이크 모형은 측면 확산을 설명한다

인공 지질 두겹층에서 설명되었던 유동성(9.2B절)을 근거로 생체막들이 비슷한 성질을 가진다는 점이 제시된다. 이러한 생각은 1972년에 싱어(S. Jonathan Singer)와 니콜슨(Grath Nicolson)에 의해서 **유동 모자이크 모형(fluid mosaic model)**으로 알려진 막구조에 대한 그들의 통일된 이론에서 제시되었다. 이 모형에서 내재성 단백질은 이차원적인 지질의 바다에 무작위 또는 모자이크 분포로 떠 있는 '빙산'들처럼 보인다(**그림 9-25**). 이 모형의 중요한 한 가지 요소가 되는 것은 내재성 단백질의 운동이 다른 세포 구성 성분과의 결합 등으로 제한되지 않는다면 그들은 지질 매트릭스

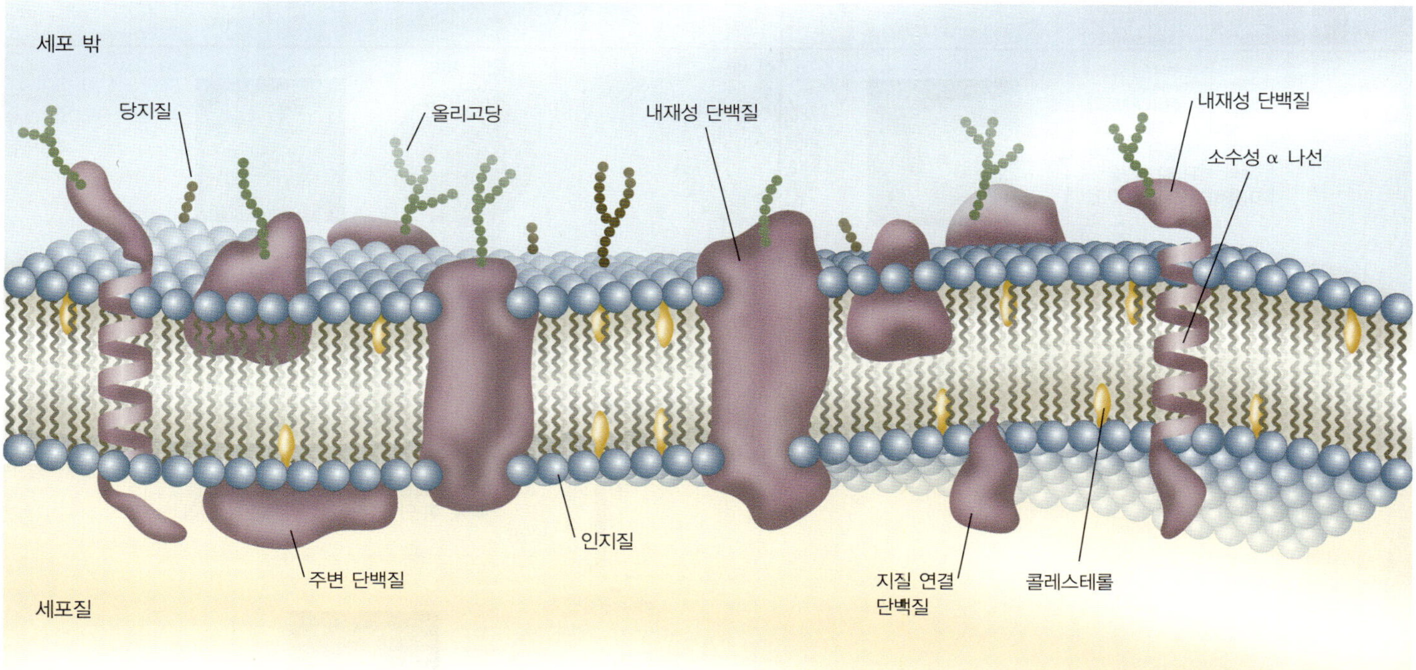

그림 9-25 원형질막의 도식 내재성 단백질(보라색)은 인지질(유동성 있는 꼬리에 붙어 있는 청색의 머리 부분)과 콜레스테롤(노란색)로 구성된 두 겹층 사이에 박혀 있다. 당단백질과 당지질의 탄수화물 성분(초록색과 갈색 구슬)은 막의 바깥쪽 면에만 분포하고 있다. 대부분의 막은 여기에서 그려진 것보다 더 높은 비율로 단백질을 포함하고 있다.

에서 측면으로 확산 이동할 수 있다는 점이다. 막의 유동성에 대한 이러한 모형은 이전에 이루어진 에디딘(Michael Edidin)의 실험 결과를 설명해 주고 있다. 그는 배양된 세포를 융합하였고, 서로 다르게 표지된 세포 표면 단백질이 골고루 섞인 것을 관찰하였다(그림 9-26).

막에서 단백질이 확산되는 속도는 **광표백 이후의 형광 회복(fluorescence recovery after photobleaching, FRAP)**을 측정함으로써 결정될 수 있다. 이러한 기법에서 **형광 발색단(fluorophore**, 형광 원자단)은 고정된 세포 또는 인공적인 막체계에서 각 구성 요소에 특이적으로 결합한다. 아주 작은 부위(~3 μm^2)에 집중된 강한 레이저 충격은 그 부분에 있는 형광 발색단을 파괴한다(표백시킨다, 그림 9-27). 표백된 부위가 형광을 회복하는 속도는 형광 현미경으로 관측할 수 있는데, 표백되거나 표백되지 않은 형광 발색단으로 표지된 분자들이 측면으로 확산 이동하면서 표백된 부위로 들어가거나 나오는 속도를 의미한다.

FRAP 측정은 막단백질의 측면 확산 속도가 다양하다는 사실을 설명해 준다. 이러한 단백질들의 30~90%는 자유롭게 움직인다. 이 단백질들은 훨씬 더 크기가 작은 지질 속도의 몇 배 정도의 속도나 또는 더 느린 속도로 확산한다. 그래서 그들은 한 시간 안에 진핵세포에서 20 μm 길이를 확산 이동한다. 다른 단백질들의 경우에 더욱 느리게 확산 이동하는 것들이 있고, 어떤 단백질들은 막에 부착되어 본질적으로 움직이지 못한다.

B 막골격은 세포 모양을 결정하는 데 도움을 준다

막 구조와 구성 성분에 대한 연구에는 적혈구의 막을 이용하는 경우가 자주 있다. 이들이 비교적 간단하고 쉽게 분리되기 때문이다. 성숙한 포유류 적혈구에는 세포 소

process diagram

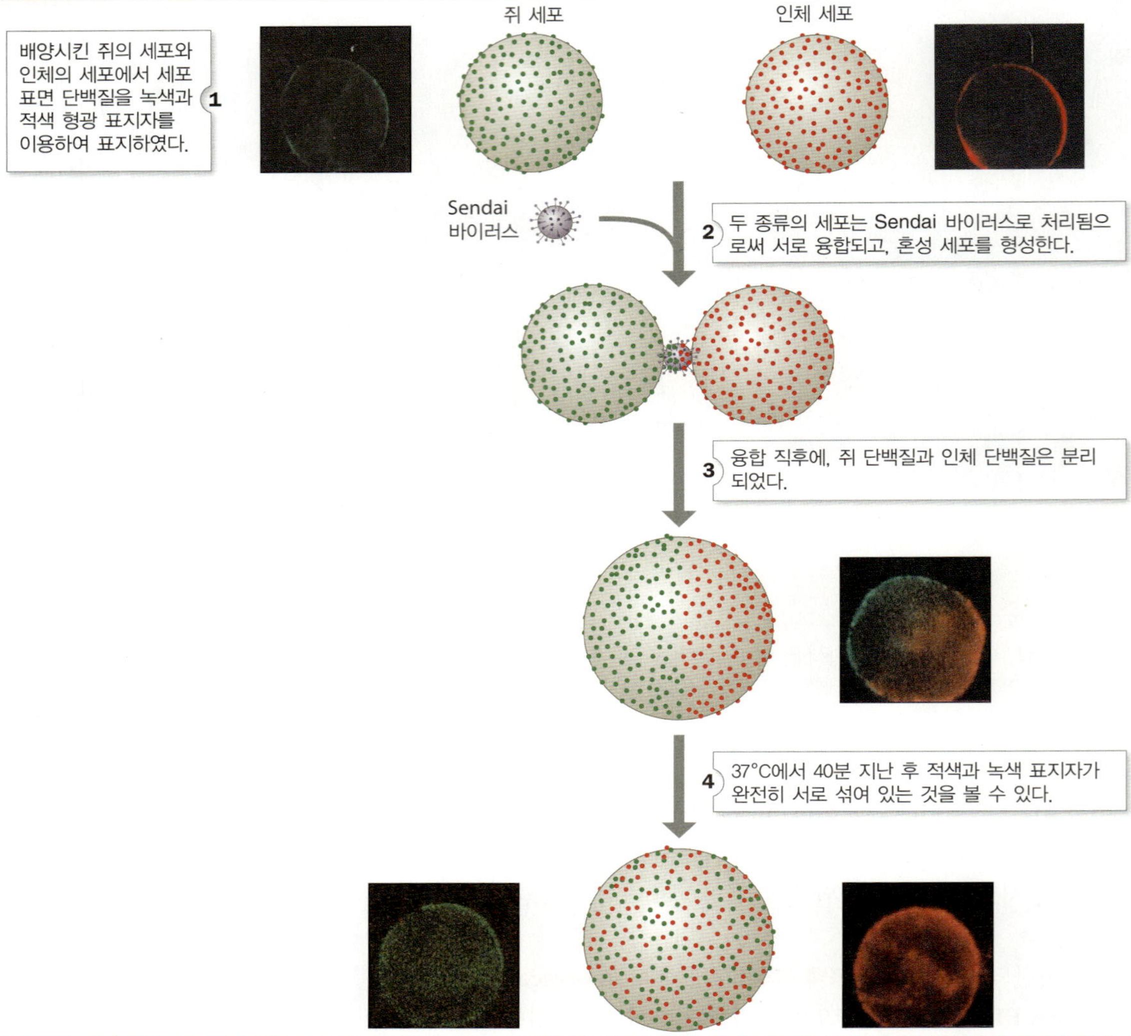

그림 9-26 쥐의 세포와 인체 세포의 융합 적색 또는 녹색 빛만을 투과시키는 필터를 이용하여 광현미경 사진을 얻었다. [Immunofluorescence photomicrographs courtesy of Michael Edidin, The Johns Hopkins University.]

? 만약 4번째 단계가 37°C가 아니라 4°C에서 이루어진다면 어떻게 되겠는가?

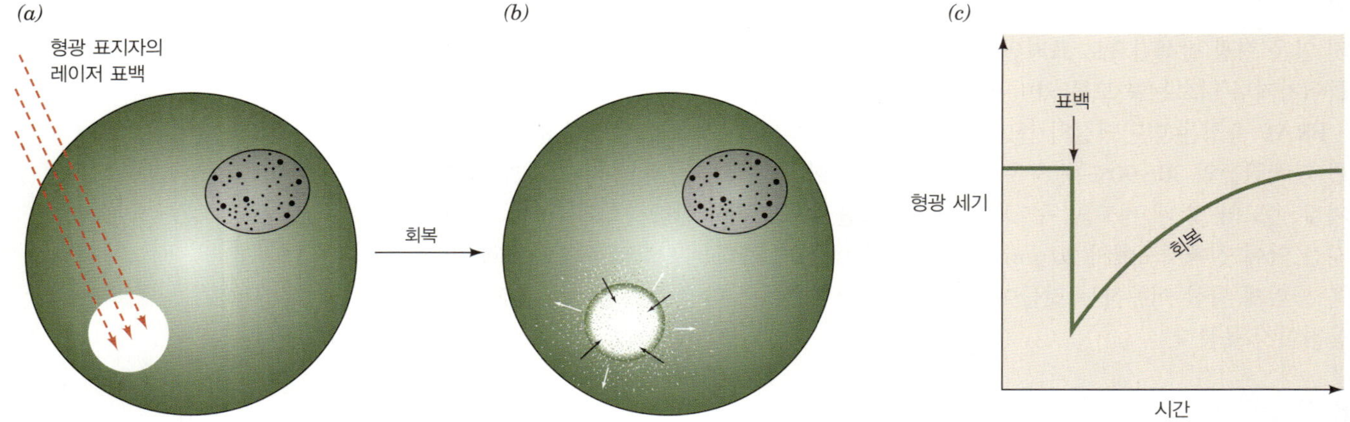

그림 9-27 광표백 이후의 형광 회복(FRAP) 기법 (*a*) 강한 레이저 빛 펄스는 형광 발색단으로 표지된 막 구성 성분을 가지는 고정된 세포의 작은 부위로부터 형광 표지자(녹색)를 탈색시킨다. (*b*) 표백된 부위의 형광은 표백된 분자가 그곳으로부터 가로로 확산 이동되어 나가고, 온전한 형광 분자가 그곳으로 확산 이동되어 들어옴에 따라서 회복된다. (*c*) 형광 회복 속도는 표지된 분자의 확산 속도에 의존한다.

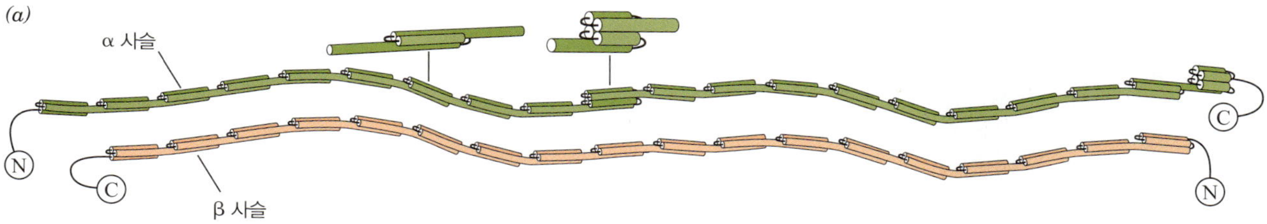

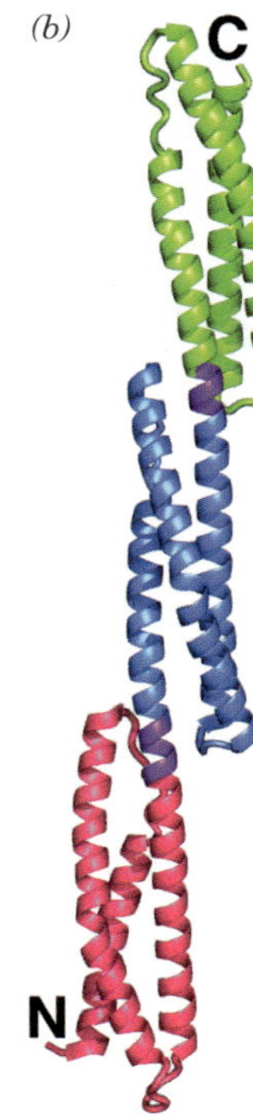

그림 9-28 스펙트린의 구조 (*a*) αβ 이합체의 구조. 이들 역평형의 폴리펩타이드들은 다중의 106개 잔기 반복을 가지고 있는데, 그것들은 유동성 있게 연결된 삼중 나선 다발들을 형성할 것으로 생각된다. 이러한 이종 이합체 두 개가 같은 방향으로 합쳐져서 $(\alpha\beta)^2$ 이종 사합체를 형성한다. [After Speicher, D.W. and Marchesi, Y. *Nature* **311**, 177(1984).] (*b*) 닭의 뇌에 있는 α-스펙트린 두 번 연속적인 반복의 X선 구조. 이들 106개 잔기 반복 부위 각각은 위–아래–위 방향의 삼중 나선의 다발로 구성되는데, 첫 번째 반복 부위와 C 말단 쪽 나선(**빨간색**)은 5개 잔기의 나선형 연결체(녹색)를 거쳐서 두 번째 반복 부위의 N 말단 쪽 나선(청색)으로 계속된다. 각 삼중 나선 다발 안에 있는 나선들은 완만한 왼손잡이성 초코일 형태로 서로를 둘러싼다. [Based on an X-ray structure by Alfonso Mondragón, Northwestern University. PDBid 1U4Q.]

? 아미노산의 꼬인 조각 성분에 대해 어떤 결론을 내릴 수 있는가?

기관이 없고 대사 과정도 거의 일어나지 않는다. 즉 본질적으로 그것은 헤모글로빈을 담는 막질의 주머니이다. 적혈구의 막은 삼투 용해를 통해서 얻을 수 있고, 이 과정에서 세포의 내용물은 터져서 흘러나온다. 삼투 용해 결과로 얻어지는 막질의 입자는 생리학적 조건으로 되돌아가면, 원형질은 없지만 원래 모양을 가지는 무색의 입자로 다시 봉인되기 때문에 적혈구 **유령(ghost)**으로 불리기도 한다.

정상 적혈구의 양면이 오목하고 평평한 원반형인 모양(그림 7-17*a*)은 헤모글로빈 분자들이 세포 표면으로부터 1 μm 이내에 있게 함으로써 산소가 헤모글로빈에 빠르게 확산되는 것을 보장해 준다. 그러나 적혈구의 테두리와 움폭 들어간 가운데 부분이 세포막 위에서 고정된 위치를 차지하고 있는 것은 아니다. 이런 사실은 적혈구 표면의 작은 부분을 현미경 슬라이드 위에 고정시키고 완충 용액을 약한 속도로 흘려서 세포가 측면으로 움직이게 함으로써 확인될 수 있다. 원래 적혈구의 테두리 위에 있었던 한 점이 움폭 들어간 부분을 가로질러서 세포 반대쪽 테두리 위로 움직이게 된다. 명백하게, 막은 모양을 유지하면서 마치 트랙터의 외바퀴처럼 세포를 가로질러서 구르고 있다. 이와 같은 적혈구막의 주목할 만한 역학적 성질은 막의 '골격'으로서 기능하는 막단백질 틀의 존재로부터 얻어지는 결과이다.

적혈구의 막골격에 덧붙여진 유동성과 유연성은 중요한 생리학적 결과를 가져온다. 혈액에서의 적혈구 크기와 농도가 같은 고체 입자들의 현탁액은 모래의 현탁액과 비슷한 흐름의 성질을 가진다. 결과적으로, 혈액이 전체적으로 흐르기 위해서 적혈구들은 그보다 지름이 더 작은 모세 혈관을 간신히 통과해야 하고, 막골격을 가지고 있는 적혈구막은 유동적이어야 하고, 모양이 쉽게 변할 수 있어야 한다.

스펙트린(spectrin) 단백질은 적혈구의 유령에서 발견되어서 그렇게 불리는데, 적혈구 막골격의 ~75%를 차지한다. 이 단백질은 두 개의 비슷한 폴리펩타이드 사슬인 280 kD의 α 소단위체와 246 kD의 β 소단위체로 구성된다. 각각 소단위체는 삼중 가닥의 꼬인 α 나선 코일로 접힌 반복되는 106개 잔기의 조각으로 구성된다(그림 9-28). 이런 큰 폴리펩타이드들은 느슨하게 서로 감겨서 유연한 배추벌레 모양의 ~1000 Å 길이 αβ 이합체를 형성한다. 그러한 이종 이합체 두 개가 같은 방향으로 모여서 $(\alpha\beta)_2$ 사합체를 형성한다. 스펙트린은 근육성 이영양증에 결핍되어 있는 근

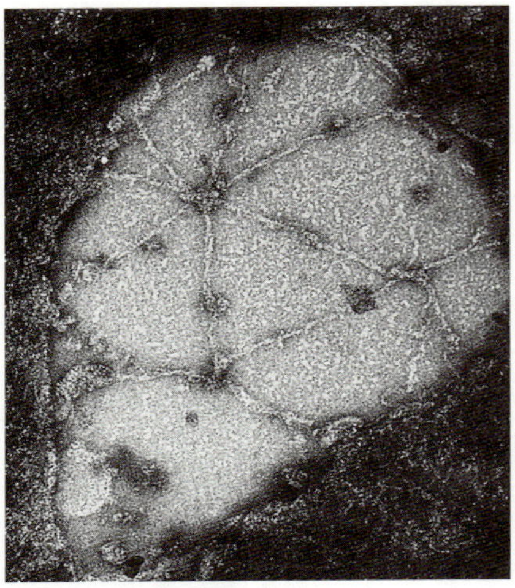

(a)

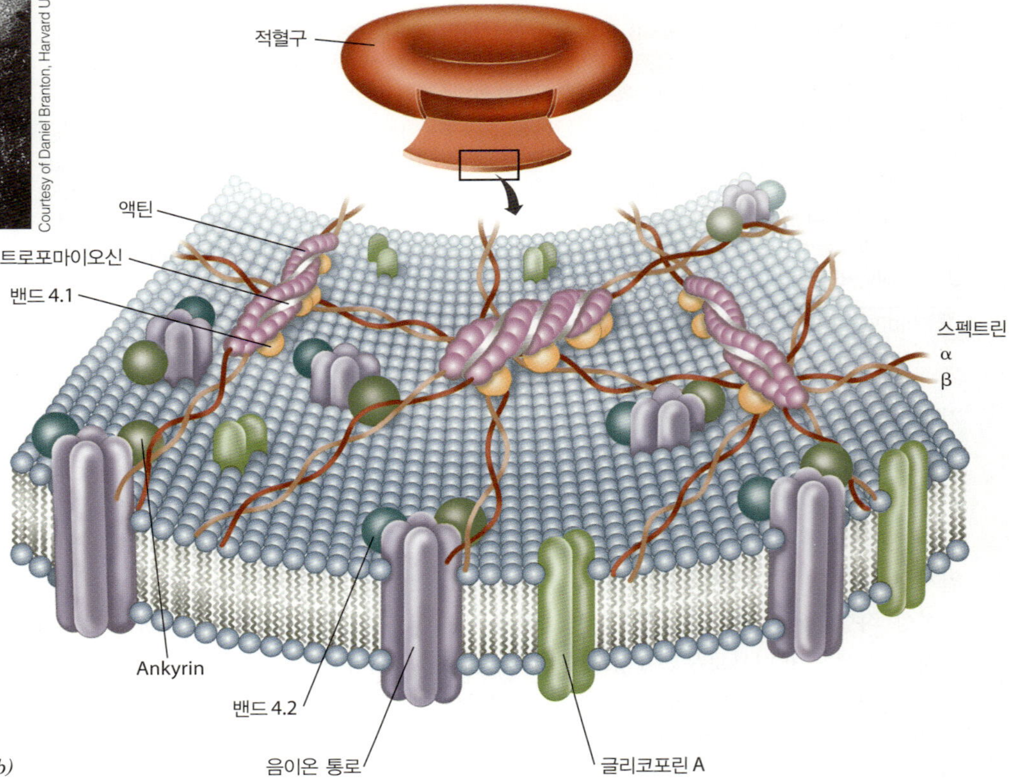

(b)

그림 9-29 인체의 적혈구 막골격 (a) 원래 막의 면적보다 9~10배 더 큰 면적으로 잡아늘인 막골격의 전자 현미경 사진. 잡아늘임으로 막골격의 선명한 영상을 얻을 수 있다. 막골격은 원래 상태에서 너무 빽빽하게 채워져 있고 불규칙적으로 구부러져 있다. 스펙트린 사합체로 이루어진 현저하게 육각 형태를 보이는 그물 구조를 주목하라. (b) 적혈구 막골격의 모형. 스펙트린 사합체 사이의 접합은 액틴(actin)과 트로포마이오신(tropomyosin, 7.2절), **밴드 4.1 단백질**(**band 4.1 protein**, SDS-PAGE 전기 이동 그림상의 위치에서 유래된 이름)을 포함한다. [After Goodman, S.R., Krebs, K.E., Whitfield, C.F., Riederer, B.M. and Zagen, I.S., *CRC Crit. Rev. Biochem.* **23**, 196(1988).]

육 단백질인 디스트로핀(dystrophin)의 동종체이다(7-2A절).

세포마다 ~100,000개의 스펙트린 사합체가 있고, 그것들은 다른 세포 뼈대 단백질에 부착됨으로써 양끝에서 교차 결합되어 있다. 결과적으로, 이러한 단백질들은 적혈구 원형질막 아래에 있는 조밀하고 불규칙적인 단백질 그물 구조를 형성한다(그림 9-29). 스펙트린 합성에 결함이 있거나 부족하면 **유전성 구상적혈구증**(**hereditary spherocytosis**)의 원인이 되는데, 이런 경우에는 적혈구가 타원체 모양이고, 비교적 깨지기 쉬우며 유연성이 적다. 이런 병을 가진 인체는 적혈구 용해와 비장에서의 구상 세포 제거에 기인한 빈혈로 고생하게 된다(비장은 정상적으로는 120일 정도의 수명을 다해서 노후화되고, 그래서 유연성이 떨어진 적혈구들을 혈액으로부터 걸러서 제거한다).

스펙트린은 또한 **안키린**(**ankyrin**)이라고 하는 1880개 잔기 단백질과 결합하는데, 이것은 막에 내재된 이온 통로 단백질이다. 이러한 부착이 막골격을 막에 고정시킨

그림 9-30 **인체 안키린의 13~24 안키린 반복의 X선 구조** 리본 형태의 폴리펩타이드를 N 말단(파란색, 13번 반복 단위)부터 C 말단(빨간색, 24번 반복 단위)까지 무지개색의 순서로 색을 나타내었다. [Based on an X-ray structure by Peter Michaely, University of Texas Southwestern Medical Center, Dallas, Texas. PDBid 1N11]

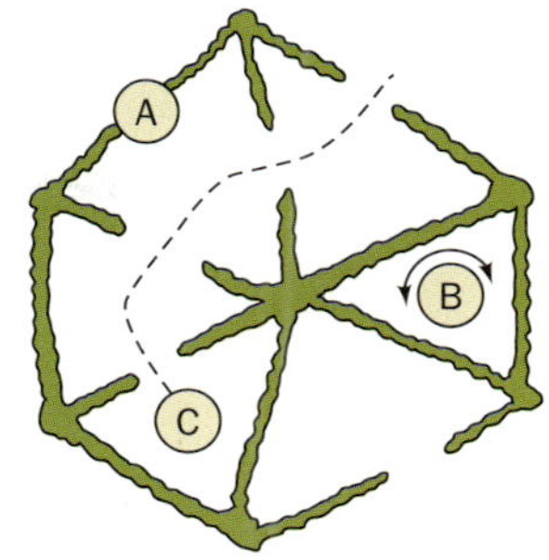

그림 9-31 **막단백질의 다양한 운동성을 이론적으로 설명할 수 있는 모형** 단백질 A는 아래에 있는 세포 뼈대와 강하게 상호작용하고 있어서 움직이지 못한다. 단백질 B는 세포 뼈대 울타리의 제한 안에서 회전하는 데 자유롭다. 단백질 C는 세포 뼈대에 있는 문을 통과해서 이동하면서 확산된다. 몇몇 막단백질의 확산은 세포 뼈대에 의해 영향을 받지 않는다. [After Edidin, M., *Trends Cell Biol.* 2, 378(1992).]

다. 면역 화학적 연구로 적혈구 이외에도 많은 다양한 조직들에서 스펙트린과 비슷하거나 안키린과 비슷한 단백질들이 밝혀졌다. 안키린의 N 말단 798개 잔기 분절은 ~33개 잔기가 거의 완전하게 24개 직렬인 반복으로 구성되며, 이를 **안키린 반복(ankyrin repeat)**이라고 하는데(**그림 9-30**), 이는 다른 다양한 단백질도 나타난다. 각 안키린 반복은 긴 고리 다음에 오는 두 개의 짧은(8개 또는 9개 잔기) 역평행 α 나선으로 구성된다. 이러한 구조는 오른손잡이성 나선형 적층으로 배열된다. 전체 조립체는 스펙트린뿐만 아니라 다양한 내재성 단백질에 대한 결합 자리가 될 것이 분명한 연장되는 오목한 표면을 형성한다.

막 구성 성분과 그 아래에 있는 골격 사이의 상호작용은 내재성 막단백질이 막 안에서 왜 다른 정도의 운동성을 보이는지를 설명하는 데 도움을 준다. 즉 몇몇 내재성 단백질은 세포 뼈대의 요소들에 강하게 부착되거나 그들이 이루는 '울타리'에 의해서 생겨나는 공간 안에 잡혀 있게 된다. 다른 막단백질들은 세포 뼈대 구성 성분들 사이의 틈 또는 '문'을 통과해서 밀려나갈 수 있기도 하며, 반면에 다른 단백질들은 여전히 세포 뼈대와의 상호작용이 전혀 없이 자유롭게 확산 이동할 수 있다(**그림 9-31**). 이러한 **문과 울타리 모형(gates and fences model)**은 세포 뼈대와 부분적인 파괴가 더 자유로운 단백질 확산 이동을 가져온다는 사실을 발견함으로써 뒷받침된다.

C 막지질은 비대칭적으로 분포되어 있다

막의 지질과 단백질 성분은 생체막의 양쪽 면에서 같은 비율로 존재하지 않는다. 예를 들면 **막의 당단백질과 당지질은 변함없이 탄수화물 부분이 세포의 바깥쪽을 향하도록 배열되어 있다.** 막의 안쪽 층과 바깥쪽 층 사이에 있는 특정한 막지질의 비대칭적인 분포는 인지질 분해 효소의 사용을 통해서 처음 확립되었다(9-1C절). 인지질 분해 효소는 막을 통과할 수 없다. 그래서 손상되지 않은 세포의 바깥쪽 표면 위에 있는 인지질만이 이들 효소에 의해서 가수 분해될 가능성이 있다. 그러한 연구들은 생체막에 있는 지질들이 비대칭적으로 분포하고 있다는 것을 보여 준다(예를 들면 **그림 9-32**). 이러한 비대칭성은 어떻게 생겨나는가?

진핵생물에서 막지질을 합성하는 효소들은 대부분 **소포체(endoplasmic reticulum, ER**; 세포질의 많은 부분을 차지하고 있는, 상호연결된 막으로 둘러싸인 주머니, **그림 9-33**)의 내재성 막단백질이다. 반면에 원핵생물에서 지질은 원형질막

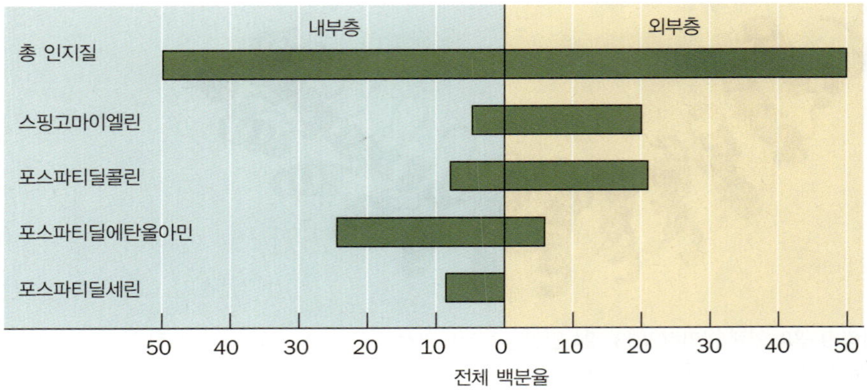

그림 9-32 인체 적혈구 막에서 막인지질의 비대칭 분포 인지질의 양은 mol %로 표시된다. [After Rothman, J.E. and Lenard, J., Science **194**, 1744(1977).]

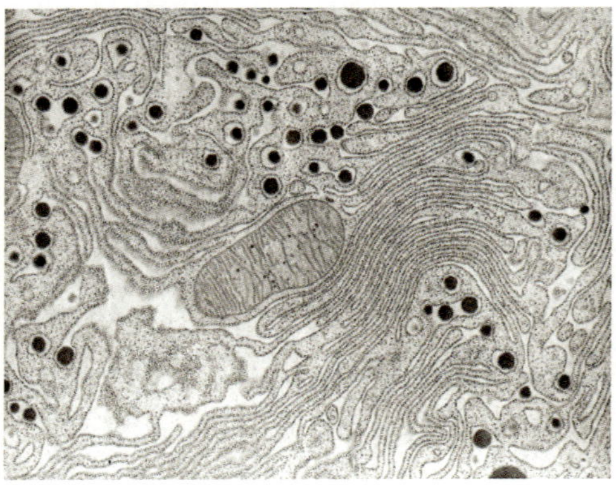

그림 9-33 소포체의 전자 현미경 사진 막 그물 구조는 핵막과 인접하여 있다. **매끈면 소포체**는 막지질의 합성 장소이고, 리보솜이 부착되어 있는 **거친면 소포체**는 분비 단백질의 합성 장소이다.

에 있는 내재성 막단백질에서 합성된다. 그렇게 해서 막지질들은 즉시 그 자리에서 조립된다. 케네디(Eugene Kennedy)와 로드먼(James Rothman)은 선택적인 표지를 이용하여 박테리아에서 이것이 실제로 일어나고 있음을 설명하였다. 그들은 성장하는 박테리아에 $^{32}PO_4^{3-}$를 1분 동안 조사하여 단지 새로 합성되는 인지질의 인산기만 방사성 동위 원소로 표지되도록 하였다. 그 후에 바로 포스파티딜에탄올아민(**PE**, 그림 9-34)과 결합하는 막 비투과성 시약인 **트라이나이트로벤젠설폰산(trinitrobenzenesulfonic acid, TNBS)**을 첨가하였다. 두 개로 표지된 막에 대한 결과를 분석하면, TNBS로 표지된 포스파티딜에탄올아민은 방사성 동위 원소로는 전혀 표지되어 있지 않다는 것을 보여 주었다. 이러한 관찰 결과는 **새로 만들어진 포스파티딜에탄올아민은 막의 세포질 쪽 면에서 합성되었다는 사실을 의미한다**(그림 9-35, **오른쪽 위**).

그러나 만일 $^{32}PO_4^{3-}$ 조사와 TNBS 첨가 사이에 단지 3분 동안의 시간 경과만 허락되었다면 ^{32}P로 표지된 포스파티딜에탄올아민의 약 반 정도는 TNBS로도 표지되었다(그림 9-35, **오른쪽 아래**). 이러한 관찰은 박테리아막에서 포스파티딜에탄올아민의 플립–플롭 속도는 그것이 단지 인지질로만 구성된 두겹층에 있을 때(여기에서 플립–플롭 속도는 거의 며칠 정도이다)보다 ~100,000배 더 크다는 사실을 나타낸다.

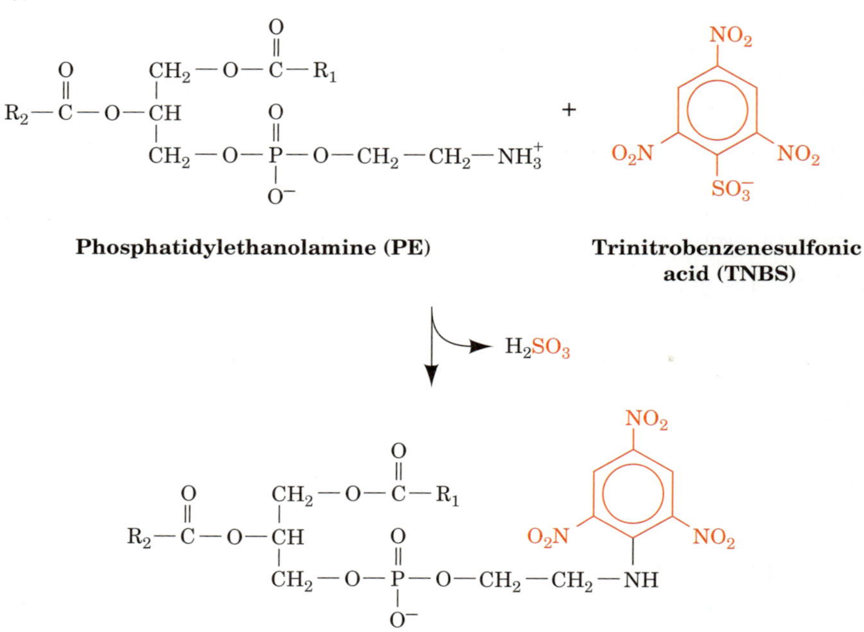

그림 9-34 TNBS와 포스파티딜에탄올아민의 반응

process diagram

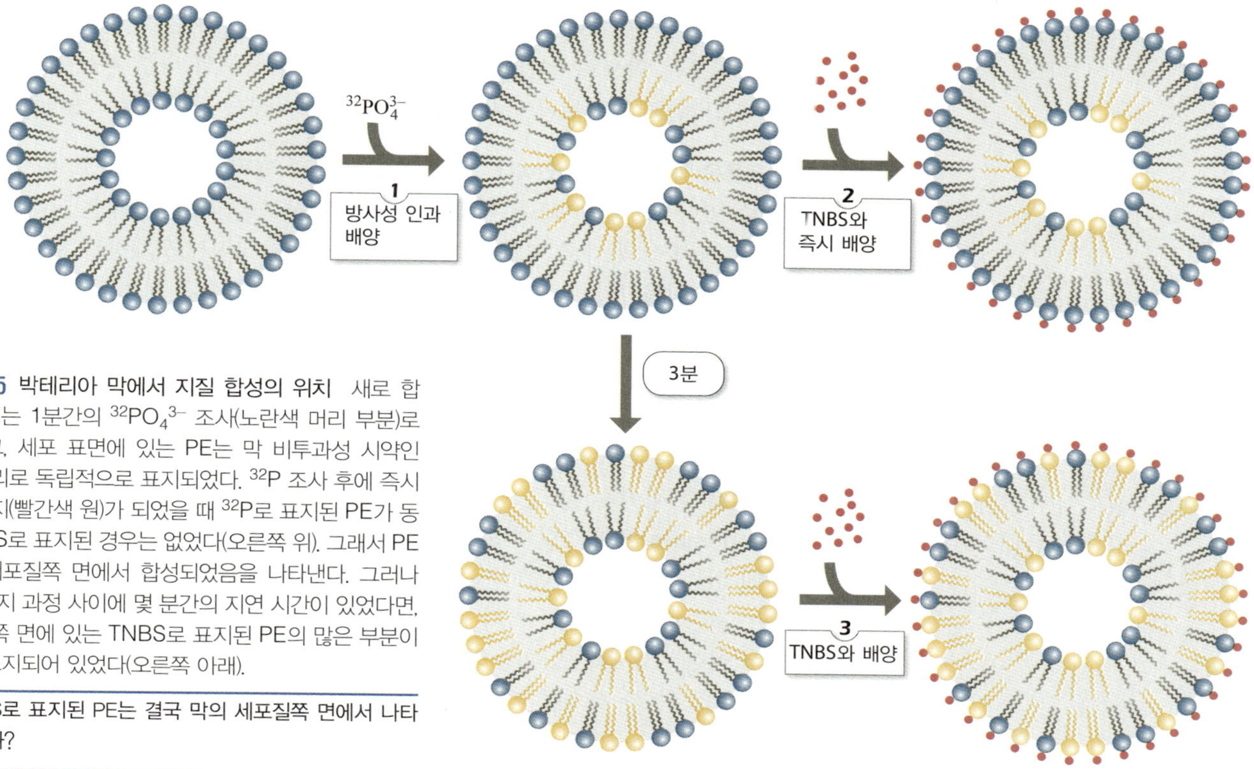

그림 9-35 박테리아 막에서 지질 합성의 위치 새로 합성되는 PE는 1분간의 $^{32}PO_4{}^{3-}$ 조사(노란색 머리 부분)로 표지되었고, 세포 표면에 있는 PE는 막 비투과성 시약인 TNBS 처리로 독립적으로 표지되었다. ^{32}P 조사 후에 즉시 TNBS 표지(빨간색 원)가 되었을 때 ^{32}P로 표지된 PE가 동시에 TNBS로 표지된 경우는 없었다(오른쪽 위). 그래서 PE는 막의 세포질쪽 면에서 합성되었음을 나타낸다. 그러나 만일 두 표지 과정 사이에 몇 분간의 지연 시간이 있었다면, 막의 바깥쪽 면에 있는 TNBS로 표지된 PE의 많은 부분이 ^{32}P로도 표지되어 있었다(오른쪽 아래).

? TNBS로 표지된 PE는 결국 막의 세포질쪽 면에서 나타나는가?

막의 한쪽 면에서 합성된 인지질이 다른 쪽 면까지 어떻게 그렇게 빨리 도달하는가? 진핵생물에서뿐만 아니라 박테리아에서 인지질의 플립-플롭은 두 가지 방법으로 촉진되는 것으로 보인다.

1. **플립페이스(flipase)**라고 알려진 막단백질이 특정한 인지질의 플립-플롭에 촉매 작용을 미친다. 이러한 단백질들은 상응하는 인지질의 두겹층을 가로지르는 분포에 평형을 유지하려는 경향을 보인다. 즉 인지질의 총 이동은 두겹층에서 인지질의 농도가 더 높은 면으로부터 반대쪽 방향으로 일어난다. 그러한 과정은 10.1절에서 보는 것처럼, **촉진 확산(facilitated diffusion)**의 한 형태이다.
2. **인지질 자리옮김 효소(phospholipid translocase)**라고 알려진 막단백질이 ATP 가수 분해에 의해서 구동되는 과정을 통해서 특정한 인지질을 두겹층을 가로질러서 운반한다. 이러한 단백질들은 특정한 인지질을 두겹층에서 인지질의 농도가 더 낮은 면으로부터 그 반대 방향으로 이동시켜서 인지질의 비평형적 분포를 만들 수 있다. 그러한 과정은 10.3절에서 보는 것처럼 **능동 수송(active transport)**의 한 형태이다.

그래서 막을 가로지르는 인지질의 관찰되는 분포(그림 9-32)는 인지질을 합성하는 효소의 막에서의 방향성과 함께 ATP 의존성 인지질 자리옮김 효소가 비대칭적 인지질 분포를 형성하려는 상반된 경향성과 플립페이스가 이러한 분포를 평형으로 만들려는 상반된 경향성으로부터 생겨나는 것으로 보인다. 이러한 지질 운반 체계의 중요성은 많은 세포의 외벽면에 있는 포스파티딜세린의 존재가 혈액 응고(즉 조직 손상의 표식이다)를 유도하고, 진핵생물에서 순환 과정으로 제거될 세포를 표지한다는 관찰로부터도 설명된다.

모든 세포들에서 **새로운 막은 원래 존재하는 막의 확장에 의해서 생성된다.** 진핵생물의 세포에서, 소포체의 세포질 쪽 면 위에서 합성되는 지질들은 소포체로부터 떨어져 나오는 막으로 둘러싸인 막소포에 의해서 세포의 다른 부분들로 운반되고, 다른 세포막들과 접합된다(9-4E절). 이러한 막소포들은 막단백질도 운반한다.

지질 묶음은 막의 서브도메인이다. **막에 있는 지질과 단백질은 측면으로 유기적으로 결합될 수 있다.** 그렇게 함으로써 많은 진핵생물 세포들의 원형질막은 다른 기능을 가지는 두 개 이상의 다른 영역을 가진다. 예를 들면 상피세포(체강과 외피를 받쳐 주는 세포)의 원형질막은 체강의 내강(안쪽)에 면해서 특화된 기능(장의 미세융모세포에서 영양분을 흡수하는 것과 같은)을 하는 **위 영역(apical domain)**과 세포의 나머지 부분을 차지하는 **아래 옆 영역(basolateral domain)**을 가지고 있다. 이러한 두 영역은 서로 섞이지 않고, 지질과 단백질 모두에서 다른 구성비를 가지고 있다.

그뿐만 아니라 주어진 원형질막 영역 안에 있는 수많은 다른 지질과 단백질은 균일하게 섞이지 않고, 종종 분리되어 특정한 지질과 단백질이 많은 **미세 영역(microdomain)**을 형성할 수도 있다. 이것은 내재성 막단백질과 특정 유형의 막지질 사이에 있는 특이적인 상호작용으로부터 기인한다. 2가의 금속 이온, 특히 Ca^{2+}의 경우는 포스파티딜세린의 머리 부분처럼 음이온 전하를 띠는 지질 머리 부분을 연결시켜서 이런 지질 묶음을 가능하게 할 수도 있다.

미세 영역의 한 유형은 **지질 묶음(lipid raft)**이라는 용어로 표현되는데, 조밀하게 채워진 글리코스핑고지질(원형질막의 바깥쪽 층에만 있는)과 콜레스테롤로 구성되는 것으로 보인다. 글리코스핑고지질 혼자만으로는 두겹층을 형성할 수 없다. 그 이유는 크기가 큰 머리 부분 원자단이 대부분 포화된 소수성 꼬리의 조밀한 채움을 방해하기 때문이다. 역으로 콜레스테롤은 작은 머리 부분 때문에 혼자서는 두겹층을 형성하지 않는다. **그러므로 지질 묶음에 있는 글리코스핑고지질들이 그들의 탄수화물 머리 부분 사이에 얻어지는 약한 결합을 통해서 옆으로 묶여지고, 꼬리 사이의 빈틈은 콜레스테롤에 의해서 채워지는 것이 당연한 것으로 보인다.**

구성 지질의 조밀한 채움과 길고 포화된 스핑고지질 꼬리 때문에 스핑고지질–콜레스테롤 묶음은 막의 다른 지역보다 더 질서 있거나 또는 결정형의 배열을 하고 있고, 계면 활성제에 의한 용해에 더욱 저항성이 있다. 그러한 묶음은 막 안에서 측면으로 확산 이동하기도 한다. 어떤 단백질들은 묶음과 차별적으로 더 잘 결합하기도 한다. 그러한 단백질은 많은 GPI 결합 단백질들과 막을 가로지르는 신호 전달 과정에 참여하는 몇몇의 단백질을 포함한다(13장). 이러한 사실은 지질 묶음이 아마 모든 세포 유형에 존재하면서 복잡한 세포 간 신호 체계의 조립을 위한 발판으로서 기능을 한다는 것을 의미한다. 인플루엔자 바이러스, 홍역 바이러스, 에볼라 바이러스, 인체 면역 결핍 바이러스(HIV)를 포함하여 몇몇의 바이러스들은 지질 묶음에 위치한다. 그러므로 이곳은 이런 바이러스들이 감염되지 않은 세포로 들어가고 감염된 세포로부터 밖으로 나오는 장소인 곳으로 보인다. 지질 묶음은 막 구성 성분 사이의 약하고 순간적인 상호작용의 결과로 그들 주변 막과 단백질 및 지질을 빠르게 상호교환하고 있는 매우 역동적인 구조라는 점에 주의를 기울여야 한다.

D 분비 경로는 분비 단백질과 막단백질을 생성한다

막단백질은 막지질과는 다르게, 합성된 후의 막에서 방향을 바꾸지 않는다. 막단백질들은 다른 단백질들이 그런 것처럼 RNA 주형의 지시에 따라서 리보솜에서 합성된다(번역은 27장에서 논의된다). 폴리펩타이드는 아미노산 잔기의 단계적인 첨가에 의해서 N 말단에서 C 말단 쪽으로 성장한다. 리보솜은 세포질에 자유롭게 존재하거나 또는 소포체에 결합되어서 거친면 소포체(rough endoplasmic reticulum, RER; 붙어 있는 리보솜에 기인한 울퉁불퉁한 모양 때문에 이렇게 불린다, 그림 9-33)를 형성한다. **소포체에 결합되어 있지 않은 자유 리보솜은 주로 용해성 단백질이나 미토콘드리아 단백질을 합성한다. 반면에 막에 결합된 리보솜은 막횡단 단백질, 분비 단백질, ER 안에서의 조절 단백질, 리소좀(*lysosome*)으로 편입될 단백질들을 생산해 낸다**(세포 구성 성분들을 분해하고 재생시키는 가수 분해 효소들 한 벌의 장치를 가지며, 막으로 둘러싸인 소낭). 후자의 단백질들은 처음에 ER에서 나타난다. 원핵세포에서 막단백질과 분비 단백질을 합성하는 동안 리보솜은 원형질막과 결합하고 있다.

분비 및 막횡단 단백질은 ER 막을 통과한다. RER로 가도록 운명지어진 단백질들은 다른 단백질들과 어떻게 구별될까? 그리고 어떻게 이렇게 크고 상대적으로 극성인 분자들이 RER 막을 통과할까? 이러한 과정들이 **분비 경로(secretory pathway)**를 통해서 일어난다. 이것은 1975년에 블로벨(Gunter Blobel), 밀스테인(Cesar Milstein), 사바티니(David Sabatini)에 의해서 처음으로 설명되었다. 모든 유형의 세포에서 합성되는 다양한 단백질의 25% 정도가 내재성 단백질이고, 많은 다른 것들이 분비되므로, **하나의 세포가 합성하는 여러 유형 단백질들의 40% 정도는 분비 경로 또는 몇몇 다른 단백질 목표 찾아가기 경로를 거치는 일련의 진행 과정을 따를 것임에 틀림없다.** 다음은 분비 경로의 개요이며, **그림 9-36**에 도식으로 나타내었다.

process diagram

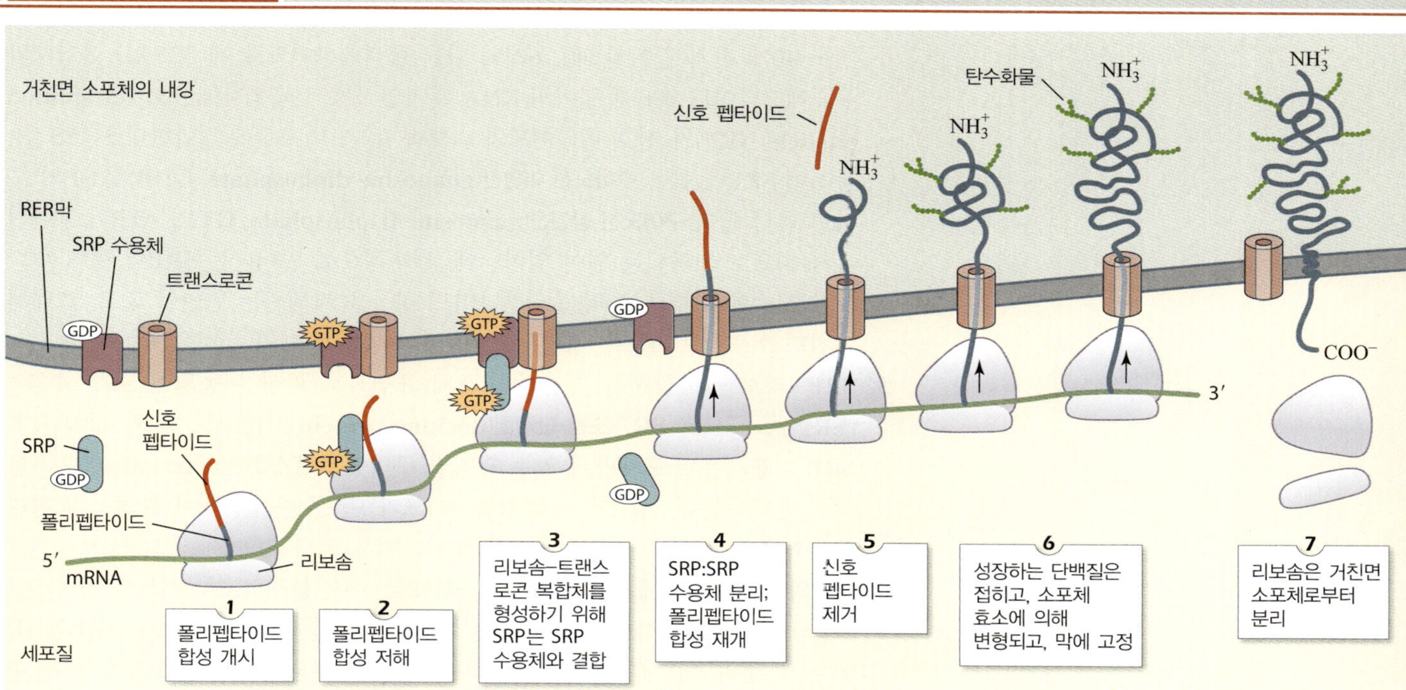

그림 9-36 분비 경로 이 복합적 그림은 리보솜에서의 합성, 막 삽입, 그리고 내재성 단백질의 초기 글리코실화를 묘사한다. 자세한 내용은 본문에 제시되어 있다.

? 세포 밖으로 분비될 단백질의 경우에 이 그림은 어떻게 달라지는가?

		신호 펩타이드 가수 분해 효소 절단 부위
소의 성장 호르몬	M M A A G P R T S L L L A F A L L C L P W T Q V V G	A F P
소의 알부민 전구체	M K W V T F I S L L L L F S S A Y S	R G V
사람의 인슐린 전구체	M A L W M R L L P L L A L L A L W G P D P A A A	F V N
사람의 인터페론-γ	M K Y T S Y I L A F Q L C I Y L G S L G	C Y C
사람의 α-피브리노겐	M F S M R I V C L V L S V V G T A W T	A D S
사람의 IgG 중쇄	M E F G L S W L F L V A I L K G V Q C	E V Q
쥐의 아밀레이스	M K F V L L L S L I G F C W A	Q Y D
설치류의 α-태아 단백질	M K W I T P A S L I L L L L H F A A S K	A L H
닭의 라이소자임	M R S L L I L V L C F L P L A A L G	K V F
옥수수의 단백질 22.1	M A T K I L A L L A L L A L L V S A T N A	F I I

그림 9-37 몇몇 진핵생물 전구 단백질의 N 말단 서열 대부분의 신호 펩타이드의 소수성 핵심부(**갈색**) 앞에는 염기성 잔기(**파란색**)가 선행된다. [After Watson M.E.E., *Nucleic Acids Res.* 12, 5147–5156(1984).]

1. **많은 막횡단 단백질뿐만 아니라 모든 분비 단백질과 ER에 상존하는 단백질, 리소좀으로 가는 단백질들은 N 말단에 13~36개 잔기의 선도하는 신호 펩타이드로 합성된다.** 이러한 신호 펩타이드들은 상대적으로 친수성인 몇 개의 잔기에 인접한 6~15개 잔기의 소수성 핵심부로 구성된다. 친수성 잔기들은 보통 N 말단 가까이에 한 개 이상의 염기성 잔기를 포함한다(그림 9-37). 그런 점을 제외하고, 신호 펩타이드는 서열 유사성이 거의 없다. 그러나 다양한 증거들로부터 그들이 무극성 환경에서 α 나선을 형성한다는 사실이 제시된다.
2. 신호 펩타이드가 처음 리보솜의 표면을 지나서 뻗어 나올 때(폴리펩타이드가 적어도 40개 잔기 길이일 때), 6개의 다른 폴리펩타이드로 된 325 kD 복합체와 뉴클레오타이드 300개 길이의 RNA 분자인 **신호 인식 입자(signal recognition particle, SRP)**가 신호 펩타이드와 리보솜 두 가지 모두에 결합한다(27-5B절). 동시에 SRP에 붙은 **구아노신 이인산(guanosine diphosphate, GDP**; ADP의 구아닌 유사체)이 **구아노신 삼인산(guanosine triphosphate, GTP**; ATP의 구아닌 유사체)으로 치환되는 일이 일어난다. 결과적으로 일어나는 SRP의 형태 변화는 리보솜에서 더 이상의 폴리펩타이드 성장을 저해하는 원인이 되고, 그래서 거친면 소포체로 가도록 예정된 단백질이 세포질로 나가는 것을 막아 준다.
3. SRP-리보솜 복합체는 거친면 소포체 표면으로 확산 이동되어 **SRP 수용체**[**SRP receptor**, **SR**; **도킹 단백질(docking protein)**이라고도 함]와 결합한다. SRP 수용체는 소포체막에 있는 단백질 구멍인 **트랜스로콘(translocon)**과 결합되어 존재하는데, 성장하는 폴리펩타이드가 이 구멍을 통해서 통과하여 밀려 들어가게 된다.
4. SRP와 SR은 그들에 결합된 GTP를 GDP로 가수 분해하도록 서로를 자극하고(이 과정은 에너지적으로 ATP 가수 분해와 동등한 과정이다), 이는 SRP와 SR이 서로 분리되고, 리보솜-트랜스로콘 복합체로부터 떨어져 나오도록 하는 형태 변화를 초래한다. 이렇게 되면 ER에 결합된 리보솜은 폴리펩타이드 합성을 재개할 수 있게 되고, 성장하는 폴리펩타미드의 N 말단은 트랜스로콘을 통과해서 ER의 내강까지 들어간다. 리보솜에서 일어나는 대부분의 과정들은 27.4절

에서 볼 수 있는 것처럼 GTP 가수 분해에 의해서 구동력을 얻는다.

5. 신호 펩타이드는 ER 내강으로 들어간 직후 막에 결합된 **신호 펩타이드 가수 분해 효소(signal peptidase)**에 의해서 성장하는 폴리펩타이드로부터 특이적으로 제거된다[신호 펩타이드가 붙어 있는 상태의 폴리펩타이드 사슬을 **전구 단백질(preprotein)**이라고 한다. 신호 펩타이드는 **전구 서열(presequence)**이라고 한다].
6. 초기의 (성장하는) 폴리펩타이드는 ER에 상존하는 샤페론(chaperone) 단백질인 Hsp70과의 상호작용에 의한 촉진 과정을 통해서 그 본래의 형태로 접히기 시작한다(6-5B절). 그때 ER 내강에 있는 효소들은 폴리펩타이드의 **번역 후 변형 과정(posttranslational modification)**을 시작한다. 그러한 과정은 당단백질 형성을 위한 핵심부 탄수화물의 특이적 부착(8-3C절)이나 단백질 이황화물 이성질화 효소에 의해서 촉진되는 이황화 결합의 형성과 같은 것이다(6-5A절). 일단 단백질이 접힌 후에는 막을 통해 빠져나올 수 없다. 분비 단백질, ER에 상존하는 단백질, 리소좀으로 갈 단백질들은 RER의 막을 완전히 통과해서 내강 안으로 들어간다. 반대로 막횡단 단백질은 하나 이상의 **막고정(membrane anchor)** 서열을 포함하는데, 이 서열은 소수성인 ~22개 잔기 정도로 구성되고, 막에 끼인 채로 남아 있게 된다.
7. 폴리펩타이드는 합성이 완료되면 리보솜과 트랜스로콘 양쪽으로부터 떨어져 나온다. 리보솜은 RER로부터 분리되고 두 개의 소단위체도 분리된다.

또한 분비 경로는 원핵생물에서 특정한 단백질을 세포막에 삽입시키는 기능을 한다(세포막의 외부가 ER의 내강과 동등하다고 본다). 실제로 지금까지 조사된 모든 생명체의 형태가 동종의 SRP, SR, 트랜스로콘을 가지고 있다. 그럼에도 불구하고, 세포는 단백질을 적절한 자리에 배열하거나 막을 통과해서 이동시키기 위한 몇 가지의 메커니즘을 가지고 있다는 사실을 주목해야 한다. 예를 들면 세포질에서 합성되어 미토콘드리아에 자리를 잡고 있는 단백질은 실질적으로 분비 경로와는 다른 메커니즘을 통해서 목적지에 도달한다.

트랜스로콘은 다기능성 막횡단 세공이다. 1975년에 블로벨은 RER 막을 가로지르는 단백질 수송은 수용성의 TM 통로에 의해서 매개된다고 주장하였다. 그러나 그는 1991년이 되어서야 비로소 실험적으로 그것의 존재를 설명할 수 있었다. 이들 통로는 지금은 트랜스로콘이라고 불리는데, 인접한 폴리펩타이드 사슬을 환경의 극성에 민감한 형광 색소에 연결함으로써 보여지는 바와 같이, ER의 막에 완전히 걸쳐 있는 수용성 세공들을 둘러싼다. 트랜스로콘의 통로 형성 요소는 포유류에서는 **Sec61**이라고 불리고, 원핵생물에서는 **SecY**라고 불리는 이종 삼합체 단백질이다. 이 단백질은 생명체의 모든 계를 통해서 보존되어 있어서 모든 생물체에서 비슷한 구조와 기능을 가지고 있는 것으로 보인다.

원시 세균류 *Methanococcus jannaschii*에서 분리된 SecY 복합체의 X선 구조는 α, β, γ 소단위체가 각각 10개, 1개, 1개의 TM α 나선을 가지고 있는 것으로 밝혀졌다(그림 9-38). α 소단위체의 TM 나선들은 최소 지름 ~3 Å인 모래시계 모양의 통로 주변을 둘러싸고 있다. 통로는 세포 밖에 면하는 끝 쪽에서, 짧고 상대적으로 친수성인 나선(그림 9-38*a*와 *b*의 번호가 매겨지지 않은 파란색 나선)에 의해서 막혀진다. 들어오는 신호 펩타이드가 이 나선을 옆으로 밀고, 따라서 나선은 이동되는 폴리펩타이드가 없을 때 작은 분자들이 막을 가로질러서 유출되는 것으로부터 막아 주

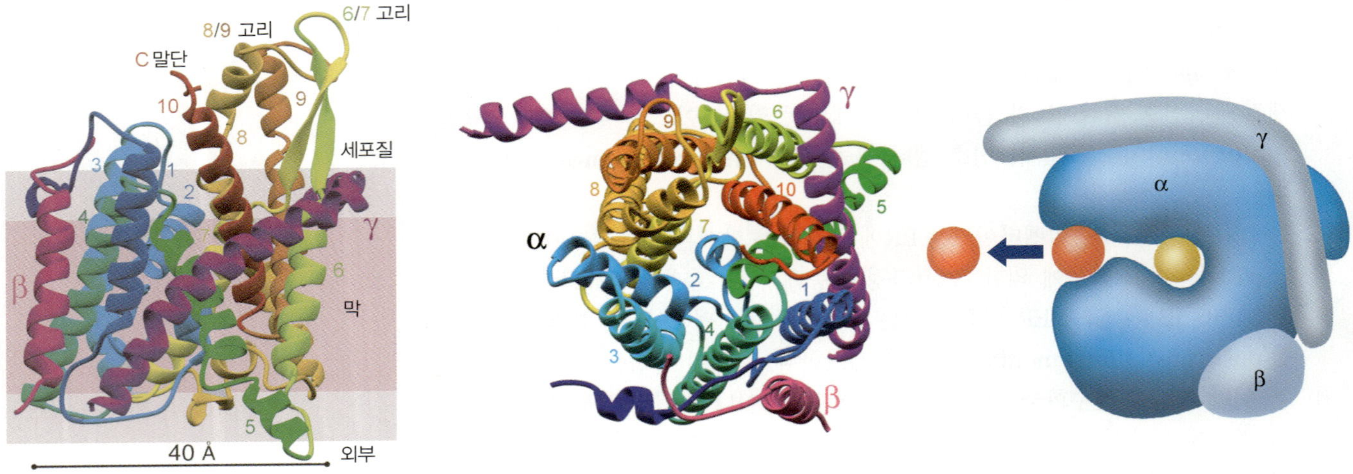

(a) (b) (c)

그림 9-38 *M. jannaschii* SecY 복합체의 구조와 기능 (*a*) 복합체의 X선 구조. 막의 인지질 머리 부분(**보라색**)과 탄화수소 꼬리 부분(**분홍색**)을 음영으로 나타낸 복합체의 X선 구조. SecY의 α 소단위체가 N 말단(진한 청색)에서 C 말단(**적색**) 쪽으로 무지개색 순서로 배열되고, β 소단위체는 빨간색, γ 소단위체는 자주색이다. (*b*) SecY를 세포질 쪽에서 본 모양. 트랜스로콘의 측면 통로로 추정되는 것이 2번 나선과 7번 나선 사이에 있다. (*c*) TM 나선의 막으로 삽입에 대한 모형. 트랜스로콘(파란색)은 *b* 부분에서 볼 수 있다. 하나의 폴리펩타이드 사슬(**노란색**)은 막을 통과해서 이동하는 동안에 트랜스로콘의 세공에 결합하고 있는 것으로 보이고, 신호 고정 서열(**빨간색**)은 트랜스로콘의 측면 문을 통과하여 지나가서 막으로 내놓여지는 것으로 보인다(**화살표**). [Parts a and b courtesy of Stephen Harrison and Tom Rapoport, Havard Medical School. PDBid 1RH5. Part c after a drawing by Dobberstein, B. and Sinning, I., *Science* **303**, 320 (2004).]

는 마개와 같은 역할을 하는 것으로 알려졌다. 펼쳐진 폴리펩타이드의 최대 지름은 ~12 Å 정도이고, α 나선의 최대 지름은 ~14 Å 정도이다. SecY가 폴리펩타이드가 이동되는 통로로서 기능을 하기 위해서는 중심 세공이 확장되어야 하고, 보존된 Gly 잔기를 포함하고, 상대적으로 간단한 경첩 형태의 움직임이 요구되는 구조적 변화가 있어야 한다.

트랜스로콘은 용해성 단백질이 막을 통과해서 지나도록 하는 도관을 형성할 뿐만 아니라 **내재성 단백질의 TM 부위를 막으로 삽입하는 데 중재 역할을 해야 한다.** SecY의 X선 구조는 그림 9-38*c*에서 보이는 것처럼 C자형의 α 소단위체가 열려서 TM 부위가 막으로 측면에 설치됨으로써 이러한 중재 역할이 수행된다는 점을 제시한다.

많은 TM 단백질들의 신호 펩타이드는 신호 펩타이드 가수 분해 효소에 의해서 제거되지 않고 대신에 막으로 삽입된다. 이른바 그러한 **신호 고정 서열**(***signal anchor sequence***)은 **N 말단이나 C 말단이 세포질 쪽으로 향할 수 있다.** 만일 N 말단이 세포질 쪽으로 설치되려면, 폴리펩타이드는 막에 삽입되기 전에 고리를 형성해서 방향이 돌려졌음에 틀림없다. 또한 SecY α 소단위체처럼 **막에 다중으로 걸친**(**polytopic; multispanning**) TM 단백질의 경우에는 이것이 매번 연속적인 막횡단 나선마다 일어나야 한다. SecY 통로가 수많은 TM 나선들을 동시에 수용하도록 확장되었을 것은 어려워 보이므로, 이러한 나선들은 아마 한 번에 한 개 또는 두 개씩 막으로 설치되었을 것이다. 트랜스로콘이 TM 부위를 인식하는 메커니즘은 잘 알려져 있지 않다. 예를 들면 막에 다중으로 걸친 단백질로부터 실험적으로 TM 나선의 제거나 삽입이 반드시 이어지는 TM 나선의 막에서의 방향을 변화시키는 것은 아니다. 두 개의 연이은 TM 나선이 같은 방향을 선호할 때, 그들 중 하나는 막으로부터 빠져나가도록 힘을 받기도 한다.

E 세포내 소낭은 단백질을 수송한다

거친면 ER에서 폴리펩타이드 합성이 완성된 직후에, 부분적으로 가공된 막 횡단 단백질, 분비성 단백질, 리소좀의 단백질들이 골지체에 나타난다(그림 9-39). 이는 지름 0.5~1.0 μm 크기의 세포 기관으로 3개에서 6개, 또는 그 이상의(종에 따라 다름) 납작하고 특정한 기능을 가진 얇은 막으로 만들어진 주머니인 **시스터네(cisternae)** 적층으로 구성되며, 이곳에서 번역 후의 진행, 주로 글리코실화 반응이 일어난다(8-3C절). 골지체(그림 9-40)는 두 개의 구별되는 면을 가지는데, 각각의 면은 상호 연결된 막으로 둘러싸인 관의 네트워크를 형성한다. **시스 골지 네트워크(cis Golgi network)**는 소포체의 반대쪽에 위치하고 있으며, 단백질이 골지체로 들어올 때 통과해야 하는 관문이다. **트랜스 골지 네트워크(trans Golgi network)**는 완성된 단백질들이 그들의 목적지를 찾아서 나갈 때 통과하는 곳이다. 중간에 끼어 있는 골지체 적층은 세 가지 다른 유형의 주머니를 포함한다. 즉 **시스(cis)**, **메디얼(medial)**, **트랜스 시스터네(transcis-ternae)**가 있는데, 이들은 각각 다른 형태의 당단백질 가공 효소를 가지고 있다.

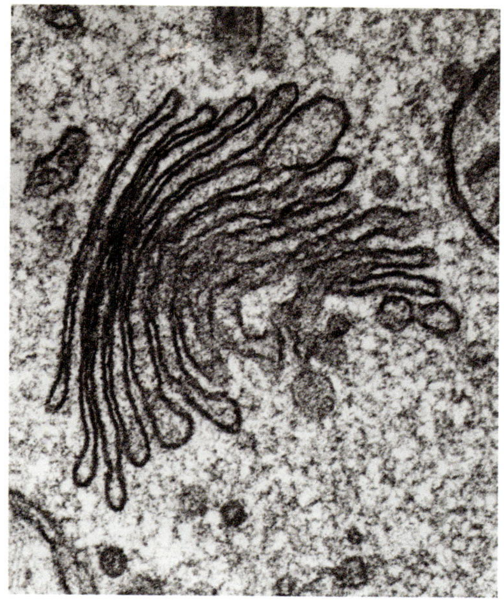

그림 9-39 골지체의 전자 현미경 사진 이 납작한 소포체의 배열에서 새롭게 합성된 막 횡단 단백질과 분비 단백질은 가공과 분류를 겪는다.

단백질은 순차적으로 변형되는 동안 골지체 적층의 한 끝에서 다른 끝으로 이동한다. 단백질은 두 가지의 메커니즘에 의해서 이동된다.

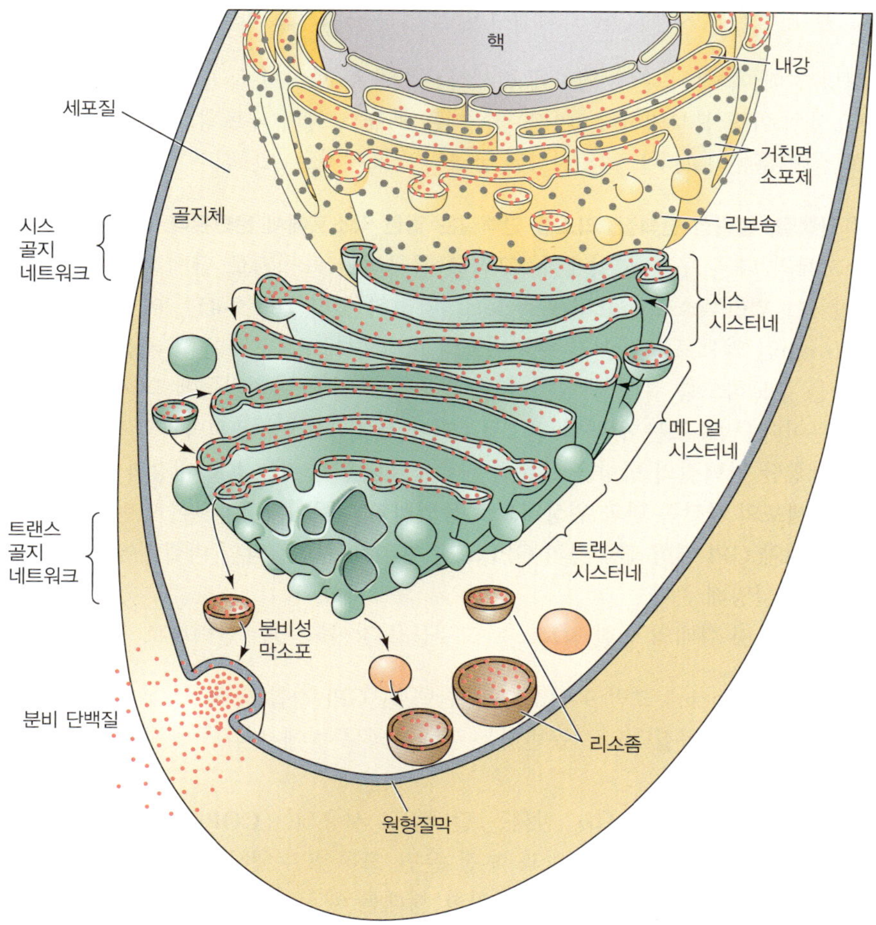

그림 9-40 단백질의 번역 후 가공 세포막 분비 또는 리소좀 단백질들은 RER(회색점, 위)에 결합된 리보솜에 의해서 합성된다. 단백질(빨간색 점)이 만들어지면, ER 내강 안으로 또는 ER막으로 삽입된다. ER에서 첫 단계 가공을 거친 후, 단백질은 막소포에 싸여서 막으로부터 떨어져 나간 후, 시스 골지 네트워크(위)에 융합된다. 이 단백질들은 골지체의 시스, 메디얼, 트랜스 시스터네에서 점차적으로 가공된다. 마침내 트랜스 골지 네트워크(아래)에서 완성된 당단백질은 운반을 위해서 분류되어, 역시 막소포에 의해서 단백질의 궁극적인 표적지인 세포막, **분비성 막소포(secretory vesicle)**, 또는 리소좀으로 보내진다.

? 분비 단백질을 합성하는 데 연관된 모든 세포내 구획을 순서대로 나열하라.

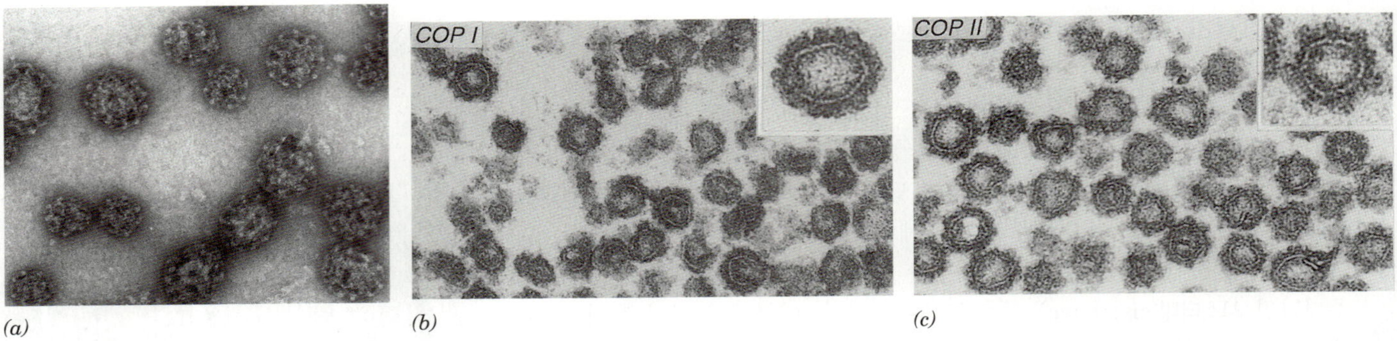

그림 9-41 입힌 막소포의 전자 현미경 사진 (*a*) 클라트린으로 입힌 막소포. 다면체인 성질에 주목하라. (*b*) COPI로 입힌 막소포. (*c*) COPII로 입힌 막소포. *b*와 *c*에 삽입된 부분은 각 막소포를 고배율로 확대한 모양을 보여 준다. [Courtesy of Barbara Pearse, Medical Research Council, U.K., Courtesy of Lelio Orci, University of Geneva, Switzerland]

1. 단백질은 연속적인 골지체 구획 사이를 시스에서 트랜스 방향으로 이동되는데, 한 구획으로부터 잘려 나와서 다음 구획으로 융합되는 막소포 안에 있는 화물로서 이동된다. 이러한 과정을 앞쪽 운반 또는 **전진 운반(anterograde transport)**이라고 한다.
2. 단백질은 골지 적층을 통과하는 골지 구획 안에 있는 탑승객 형태로 운반된다. 즉 시스 시스터네가 트랜스 시스터네로 바뀌고, 이 과정을 **시스터널 진행(cisternal progression)**, 또는 **성숙(maturation)**이라고 한다(골지체에 상존하는 단백질은 **후진 운반(reterograde transport)** 과정을 통해서 일어나며, 막소포를 거쳐서 골지체의 한 구획에서 앞에 있는 구획으로 이동시킨다).

시스터널 진행 메커니즘은 분명하게 발생하는 것으로 보이지만, 전진 운반 메커니즘의 중요성은 아직 불분명하다. 어떤 경우에든 트랜스 골지 네트워크에 도달한 원숙한 단백질이 분류되고, 세포 내 지정된 궁극적인 표적지로 보내진다.

세포막 단백질, 분비성 단백질, 리소좀 단백질은 입힌 막소포에서 운반된다. RER 사이에서, 골지체의 다른 구획 사이에서, 그리고 궁극적인 표적지로 단백질을 이동시킬 때 운반체는 **입힌 막소포(coated vesicle)**로 알려져 있다(그림 9-41). 이것은 지름이 60~150 nm인 막으로 만들어진 주머니들의 바깥쪽(세포질 쪽) 면이 처음부터 막소포 형성을 주도하도록 유연성 있는 틀로 작용할 특정한 단백질들에 의해 둘러싸여 있기 때문이다. 막소포는 원래의 막으로부터 떨어져 나와서 표적막과 융합된다. **이 과정은 막횡단 단백질의 방향을 보존하는데(그림 9-42), 이는 ER 내강과 골지체 시스터네가 세포의 바깥쪽 면과 위상적으로 동일하기 때문이다.** 이것이 당단백질의 탄수화물 부위와 GPI 결합 단백질의 GPI 고정 부위가 원형질막의 바깥면에서만 나타나는 이유를 설명해 준다.

알려진 세 가지 형태의 입힌 막소포는 그것들을 감싸고 있는 단백질로 구분된다.

1. **클라트린(clathrin**, 그림 9-41*a*, TM 단백질, GPI 결합 단백질, 분비 단백질을 골지체에서 원형질막으로 운반하는 막소포의 주변에서 다면체 틀을 형성하는 단백질(아래 참조).
2. **COPI** 단백질(그림 9-41*b*, 감싸는 단백질로 사용되는 COP)은 인접한 골지체의 구획 사이에서 전진 운반과 후진 운반 모두를 수행하는 막소포에 대해서 다면체를 형성한다기보다는 불명확한 형태를 형성하는 것으로 보인다. 또한

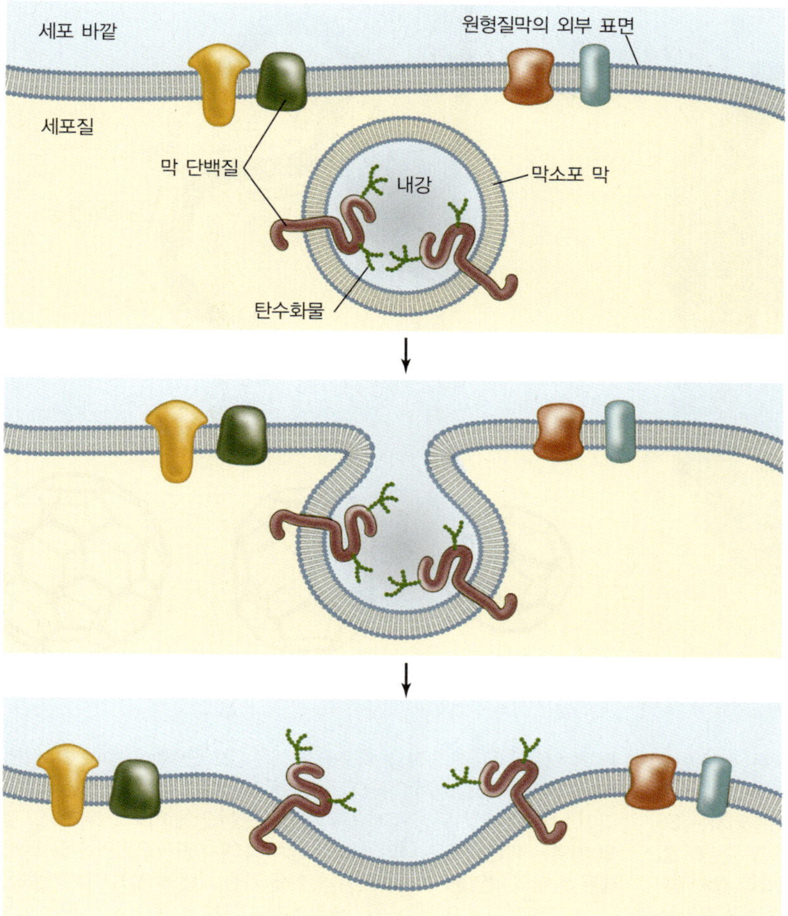

그림 9-42 막소포와 원형질막의 융합 막소포의 안과 세포의 바깥쪽은 위상적으로 동등하다. 막소포와 원형질막의 융합은 막소포의 두 겹층에 있는 내재성 단백질의 방향을 보존한다. 항상 단백질의 동일한 쪽이 세포질에 잠겨 있기 때문이다. 원형질막과 융합될 분비성 막소포 안에 들어 있는 용해성 단백질들은 세포 바깥으로 분비됨을 주목하라.

COPI로 입힌 막소포는 탈출한 ER에 생존하는 단백질을 골지체로부터 ER로 돌려보낸다. COPI 기본 단위체는 7개의 다른 소단위체를 포함하며, **코우토머(coatomer)**라고 한다.

3. **COPII** 단백질(그림 9-41*c*)은 단백질을 ER에서 골지체로 운반한다. 그런 다음, COPII 막소포 성분들은 COPI으로 입힌 막소포에 의해 ER로 돌아간다(ER로 들어가는 COPI 막소포 성분들은 아마도 COPII 막으로 싸인 막소포에 의해서 재생된 것이다). COPII는 두 개의 보존된 이형 이합체로 구성되어 있다.

위 세 가지의 입힌 막소포들은 또한 수용체를 가지고 있는데, 이 수용체는 이들 막소포가 그들의 표적막과 융합하는 것을 중재할 뿐만 아니라 운반될 단백질과도 결합한다(9-4F절).

클라트린은 유연한 케이지(cage)를 형성한다. 클라트린으로 입힌 막소포는 COPI이나 COPII로 입힌 막소포보다 구조적으로 잘 설명되어 있다. 클라트린 네트워크는 두 개의 동질성인 경쇄(light chain, 24~27 kD) 중 하나와 결합하는 중쇄(heavy chain, 90 kD) 세 개로 구성된 **트라이스켈리온(triskelion)**이라고 알려진 단백질로부터 형성된다(그림 9-43). 트라이스켈리온은 각 정점이 트라이스켈리온의 중심인 다면체 케이지를 형성하기 위해 조립되고, ~150 Å 길이의 모서리는 중복되는 4개의 트라이스켈리온 다리로 이루어졌다(그림 9-44). 클라트린 경쇄는 클라

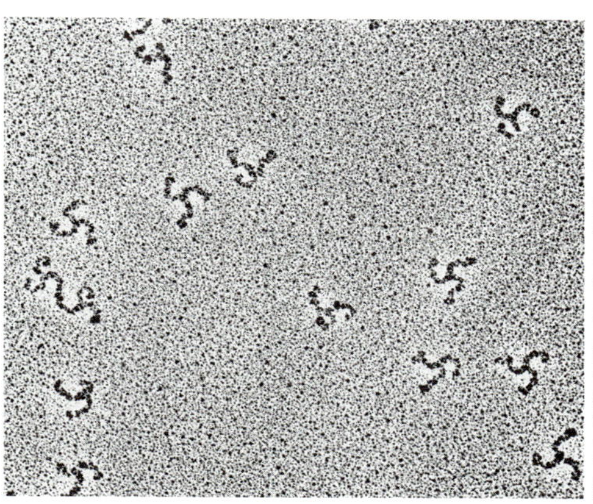

그림 9-43 트라이스켈리온의 전자 현미경 사진 다리의 다양한 방향성은 이 단백질의 유연성을 나타낸다.

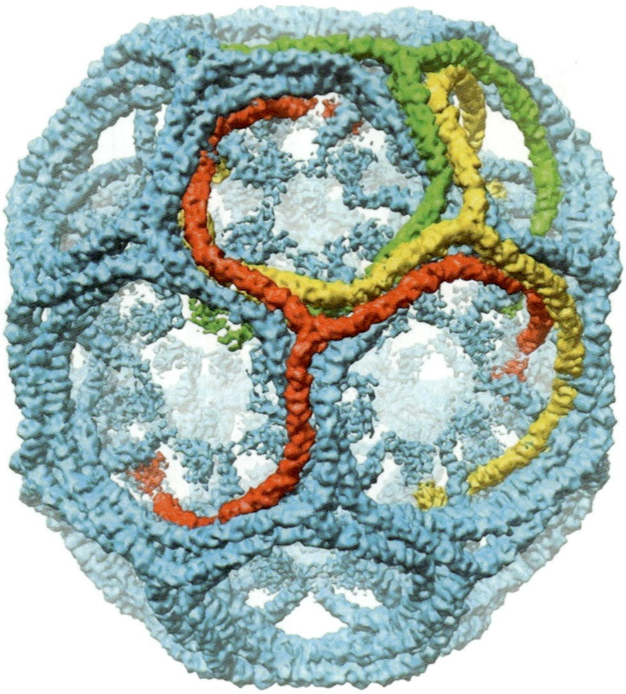

(a)

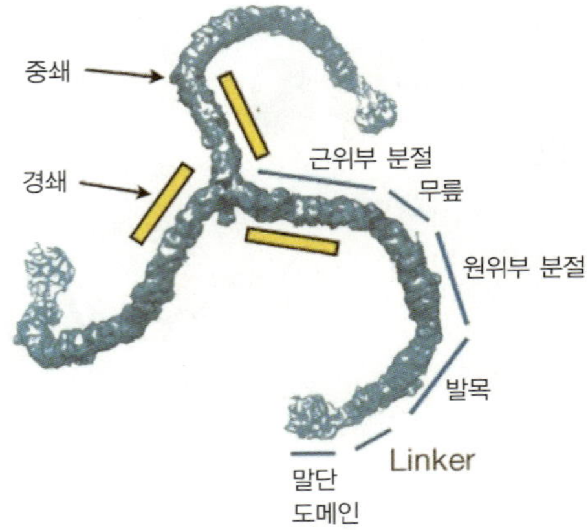

(b)

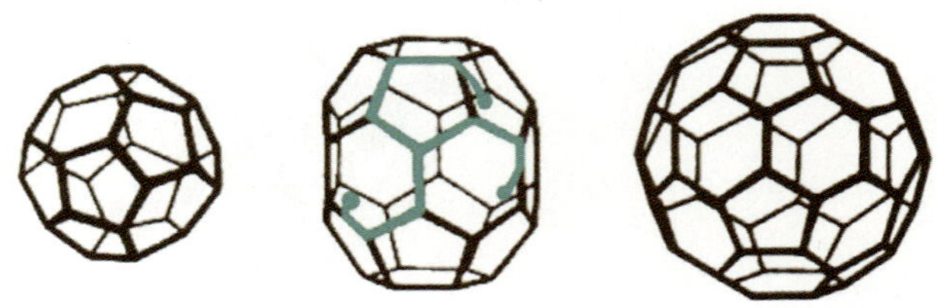

(c)

그림 9-44 클라트린으로 입힌 막소포의 해부적 구조 (*a*) 저온 전자 현미경으로 관찰한 해상도 7.9 Å의 경쇄가 없는 소 뇌의 클라트린 케이지. 이른바 육각형 통 모형의 D_6 대칭(육각형 프리즘의 대칭)을 보이는 입자는 36개의 트라이스켈리온으로 구성되어 있다. 맞물려 있지만 대칭과 관련이 없는 3개의 트라이스켈리온은 빨간색, 노란색, 초록색으로 나타냈다. (*b*) 극저온 전자 현미경으로 관찰한 다양한 분절의 이름을 표기한 트라이스켈리온. 각각의 중쇄의 N 말단은 말단 도메인을 차지한다. 그리고 C 말단은 트라이스켈리온을 형성하기 위해 3개의 중쇄와 결합한 정점에 위치한다. (*c*) 시험관 상에서 트라이스켈리온이 클라트린 케이지로 조립될 때 생성되는 3개 다면체 구조. minicoat 모형은 사면체(tetrahedral, *T*) 대칭이고, 육각형 통 모형은 D_6 대칭이고, 축구공 모형은 정20면체(icosahedral, *I*) 대칭이다(대칭은 6.3절에서 다룬다). 이러한 다면체는 각각 28, 36, 60개의 트라이스켈리온으로 구성된다. '육각형 통' 모형 안에 하나의 트라이스켈리온의 배열은 파란색으로 나타내었다. 생체 내에서 클라트린은 막을 둘러싸는 넓은 범위의 다양한 크기(육각형의 수)를 가진 다면체 케이지를 형성하고 있다. *a* 부분에서 보여지는 육각형 통에서 지름은 ~700 Å이지만, 클라트린으로 입힌 막소포의 지름은 전형적으로 ~1200 Å 이상이다. [Courtesy of Stephen Harrison, Tomas kirchhausen, Thomas Walz, Harvard Medical School.]

트린 케이지를 만드는 데 필요하지 않다. 실제로 경쇄는 시험관상에서 중쇄의 중합을 억제시킨다. 이는 클라트린 케이지가 세포질에서 만들어지는 것을 억제하는 조절 역할 기능을 가지고 있다는 것을 뜻한다.

클라트린 다면체는 12개의 오각형 면과 여러 개의 육각형 면을 가지며, 구형 물질을 가장 효율적인 방법으로 빈틈없이 다면체 케이지에 넣을 수 있다. 클라트린 다면체가 포함할 수 있는 부피는 육각형 면의 개수가 증가함에 따라 같이 커진다.

총 길이가 ~450 Å인 트라이스켈리온의 다리는 상당한 유연성을 보인다(그림 9-43). 이는 굽어진 정도가 변화하는 막의 표면에서부터 막소포가 떨어져 나오기 위해서 뿐만 아니라 크기가 다른 막소포 형성을 위해서 기능적으로 필요하다. 클라트린 중쇄는 근접 다리 부분과 말초 다리 부분의 사이에 있는 무릎 부분(그림 9-44*b*)을 따라서 굽어지는 것으로 보이는데, 이 부분은 클라트린 케이지에 있는 다른 분자와는 접촉이 없다.

클라트린으로 입힌 막소포는 막단백질과 분비성 단백질을 골지체에서 원형질막으로 운반할 때 외에 **막함입**(**endocytosis**)에도 관여한다. 이 과정(20-1B절에서 토의)에서, 클라트린으로 입힌 막소포를 형성하기 위하여 원형질막의 부분이 함입되고 이는 세포 밖의 특정한 단백질을 삼키도록 하여 단백질을 세포 안쪽의 표적지로 운반한다.

단백질은 탄수화물 인식 표지에 의해서 리소좀으로 운반된다. 세포 내 구획 사이의 수송을 위해 다양한 유형으로 입힌 막소포의 특정 단백질을 운반하는 신호는 완전히 밝혀지지 않았다. 그러나 리소좀 단백질의 수송은 그들의 올리고당에 의존한다고 알려져 있다. 이 과정의 실마리는 유전성 결함으로 인한 질병 **I 세포병[I-cell disease**, 또는 **뮤코리피드증 II(mucolipidosis II)**]에 의해서 설명된다. 이 질병은 동형 접합자일 경우에 심한 점차적 정신 운동 지체, 골격의 기형으로 수명이 10세 정도이다. 이 질병 환자들의 결합 조직에 있는 리소좀은 몇 가지 가수 분해 효소의 결핍으로 이질 다당류와 당지질이 뭉친 큰 세포 함유물(inclusion)을 포함하고 있다(이것으로 병명이 지어짐). 리소좀을 가수 분해하는 효소는 정확한 아미노산 서열로 RER에서 만들어지지만 리소좀으로 운반되는 대신 세포 밖으로 분비된다. 이렇게 잘못된 분배는 마노스-6-인산 인식 표지가 가수 분해 효소의 탄수화물에 부착되지 않아서 일어나는데, 이것은 리소좀 단백질에, 마노스에 인산화를 일으키는 효소가 결핍되었기 때문이다. 마노스-6-인산 잔기는 보통 리소좀 가수 분해 효소를 골지체에서 리소좀으로 운반하는 입힌 막소포에서 수용체에 결합된다. 다른 당단백질들도 유사한 탄수화물 인식 표지에 의해서 세포 안의 표적지로 운반된다.

ER 안에 상존하는 단백질들은 C 말단에 KDEL 아미노산 서열을 가진다. 포유류에서 ER에 상존하는 많은 용해성 단백질은 C 말단에 KDEL(효모일 경우 HDEL), KKXX, 또는 KXKXXX(X는 어떤 아미노산 잔기라도 무관함)을 가지고 있으며, 이곳에 변화가 생기면 단백질은 분비된다. 단백질은 어떠한 방법을 통하여 선택적으로 ER에 보유되는가? ER에 상존하는 많은 단백질들은 ER에서 자유롭게 확산되므로, ER 안에 있는 막결합 수용체에 의해서 고정되어 있을 것 같지는 않다. 오히려 ER에 상존하는 단백질들은 다른 분비성 단백질이나 리소좀 단백질과 같이 COPII로 입힌 막소포로 경유하여 ER에서 나오지만 ER에 상존하는 단백질은 골지체에서 다시 회수되어 COPI으로 입힌 막소포 형태로 다시 ER로 돌아온다. 실제로 코우토머(coatomer)는 막횡단 단백질 C 말단의 KKXX의 라이신 잔기에 결합하는데, 이것은 ER 단백질을 모아 COPI로 입힌 ER 안으로 들어가는 것을 허용하는 역할을 한다. 이뿐만 아니라 리소좀 단백질 분해 효소 **카텝신 D(cathepsin D)**에 유전자 조작으로 덧붙여진 KDEL은 단백질을 ER에 적체되도록 하지만, 그럼에도 불구하고 초기의 골지체 구획에서 일어나는 변형인 *N*-아세틸글루코사민-1-인산기 결합이 필요하다. 아마도 ER의 후반 구획에 있는 막에 부착된 수용체는 KDEL 신호에 결합하고, 결과로 생긴 복합체는 COPI으로 입힌 막소포 상태로 다시 ER로 돌아온다. **KDEL 수용체(KDEL receptor)**는 효모와 사람에서 알려졌다. 하지만 KDEL 서열을 가지고 있었다가 제거된 단백질이 비교적 느리기는 하지만 분비된다는 점은 분비 경로를 통해서 단백질이 한꺼번에 이동하는 흐름으로부터 단백질을 능동적으로 잡고 있음으로써 ER에서 이러한 단백질들을 보유하려는 메커니즘이 존재한다는 사실을 알려준다.

F 단백질은 소포의 융합을 매개한다

모든 세포에서, **새로운 세포막은 기존에 존재하였던 막으로부터 확장되어 생성된다.** 진핵생물에서 이 과정은 주로 막소포의 수송을 통하여 일어나는데, 이것은 막소포가 하나의 세포막(예: 골지체의 막)으로부터 떨어져 나와서 다른 세포막(예: 원형질막이나 리소좀의 막)에 융합하는 것을 말하며, 이 과정에서 지질과 단백질은 기존에 존재하였던 막에서 표적지 막으로 이동된다.

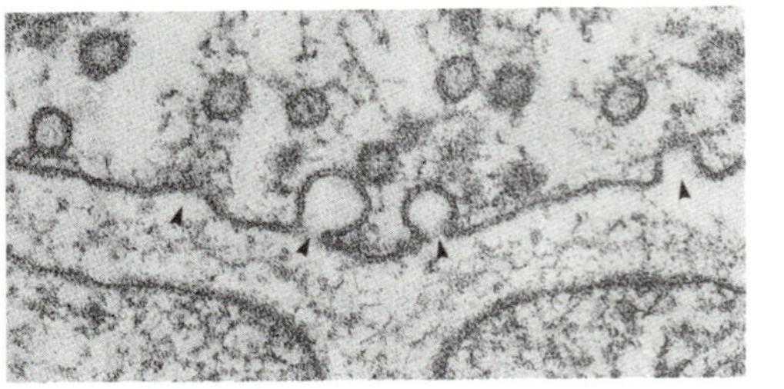
(a)

(b)

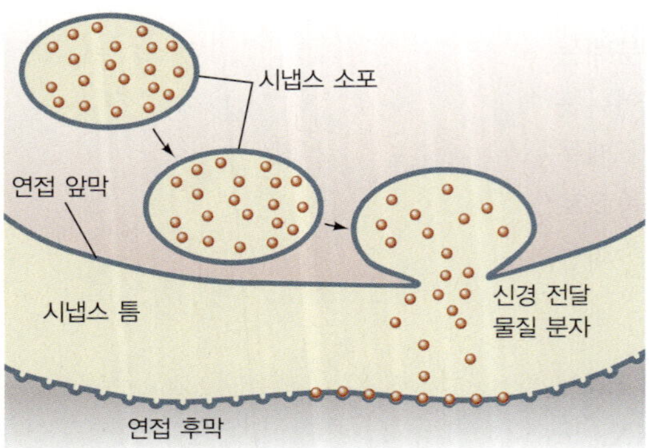

그림 9-45 연접부에서 막소포의 융합 (*a*) 개구리 신경근 연접부의 전자 현미경 사진. 시냅스 막소포는 연접 앞막과 융합하고 있다(화살표). (*b*) 이 과정은 시냅스 막소포의 신경 전달 물질을 시냅스 틈에 방출하는 과정이다. 시냅스 틈은 신경세포와 근육세포(연접 후막 세포) 사이 공간이다. [Courtesy of John Heuser, Washington University School of Medicine, St. Louis, Missouri]

막소포가 표적지의 막에 도달하면 표적지의 막과 융합하고, 그 안의 내용물을 표적지 막의 반대편에 방출한다(그림 9-42). 우리는 이미 어떻게 단백질이 ER로부터 골지체를 통해 이동되고 이 메커니즘에 의해 분비되는지 알아보았다. 뉴런(신경세포, **그림 9-45**)에서 분비되는 작은 분자인 **신경 전달 물질**(**neurotransmitter**)과 같은 다른 물질들도 이와 같은 방법으로 분비된다. 연접 앞막 세포의 신경 충동이 **시냅스**(**synapse**, 뉴런들 사이의 접합부, 또는 신경세포와 근육 사이의 접합부)에 이르면, 신경 전달 물질을 가진 **시냅스 소포**(**synaptic vesicle**)와 **연접 앞막**(**presynaptic membrane**, 신경 세포막의 특화된 부위)이 융합한다. 이는 신경 전달 물질을 ~200 Å 폭의 **시냅스 틈**(**synaptic cleft**)으로 방출시키며, 이 과정은 **세포외 유출**(**exocytosis**)이라고 한다. 0.1 ms 안에 신경 전달 물질은 시냅스 틈을 확산해서 **연접 후막**(**postsynaptic membrane**)으로 건너가고, 특정한 수용체에 결합하여 연접 후막 세포에서 신경 충동 또는 근육 수축을 지속하도록 자극한다.

생체막들은 자발적으로 융합되지 않는다. 실제로, 음전하를 띠는 막들은 짧은 거리에서 서로 강하게 반발한다. 생물학적 막이 융합하려면 이러한 반발력이 극복되어야 한다. 막소포는 어떻게 융합하며, 왜 그들의 목표 세포막에만 융합하는가?

로스먼, 셰크먼(Randy schekman), 슈토프(Thomas Südhof)는 광범위한 연구를 통하여 막소포가 그들의 목표 막에 융합하는 과정에 관여하는 여러 단백질들을 밝혀냈다. 이 중 **SNARE**로 알려져 있는 내재성 단백질이거나 지질과 연결된 단백질들이 있다. **R-SNARE**(보존된 아르지닌 잔기를 포함하는)은 보통 막소포의 막과 결합하고, **Q-SNARE**(보존된 글루타민 잔기를 포함하는)은 보통 목표 세포막과 결합한다. 우리가 알 수 있듯이 이러한 단백질의 상호작용을 통해 막소포가 표적지에 강하게 고정되도록 하는데, 이 과정을 도킹이라고 한다.

중심 SNARE 복합체의 X선 구조를 **그림 9-46**에 나타내었다. 4개의 평행한 65개 잔기의 α 나선은 완만한 왼손잡이성 꼬임 모양으로 서로를 감싸고 있다. 중요한 점으로, 각 나선은 예측되는 7개 잔기의 반복$(a\text{-}b\text{-}c\text{-}d\text{-}e\text{-}f\text{-}g)_n$이며 *a*와 *d* 잔기는 소수성이다(6-1C절). 그러나 4개 나선 묶음의 길이 축을 따라서 있는 곁사슬들의 중심층은 R-SNARE의 아르지닌 잔기를 한 개 포함하는데, 이것은 세 개의 글루타민과 수소 결합을 하고 있고 이 중 한 개는 Q-SNARE 나선의 글루타민이다. 고도로 보존

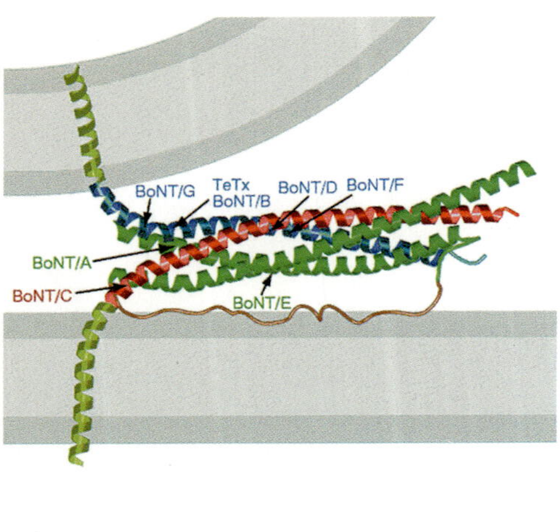

그림 9-46 두 개의 막 사이의 SNARE 복합체 모형의 X선 구조 복합체는 한 개의 R-SNARE[시냅토브레빈(synaptobrevin) 파란색]과 두 개의 Q-SNARES[신텍신(syntaxin) 빨간색, SNAP-25, 녹색, 두 개의 Q 도메인 포함하는 Q-SNARE]으로 총 4개의 나선을 이루며 리본 모형으로 나타내었다. 신텍신과 시냅토브레빈의 막횡단 부위, 즉 C 말단의 연장 부위가 나선으로 그려져 있다(연두색). SNAP-25의 두 개의 Q 도메인을 나선을 연결하는 펩타이드 조각은 추론해서 비정형의 고리 모양으로 나타내었다(갈색). 이 고리 부분은 시스테인에 연결된 팔미토일기를 매개로 하여 막에 고정된다(표시하지는 않음). 클로스트리듐의 신경독(파상풍과 보툴리누스 중독을 일으키는, 자료 9-3)에 대해서 분해되는 부분은 화살표로 표시되었다. [Courtesy of Axel Bruenger, Stanford University.]

자료 9-3 건강과 질병의 생화학

파상풍 독과 보툴리눔 독은 특정 자리에서 SNAREs를 자른다

대부분 치명적인 전염병 **파상풍**(tetanus: 상처에 오염되어 일어나는 병)과 **보툴리누스 중독**(botulism: 식중독의 일종)은 *Clostridium* 속의 혐기성 세균에 의해서 일어난다. 이러한 세균들은 매우 강력한 단백질 신경독을 생산하는데, 이 신경독은 신경 전달 물질이 시냅스로 방출되는 것을 억제한다. 사실상, 보툴리눔 독은 알려진 가장 강력한 독이다. 이는 사이안화물보다 약 천만 배 이상 강한 독성을 보인다.

보툴리눔 신경독 A(BoNT/A)에서 **보툴리눔 신경독 G**(BoNT/G)까지로 명시된 7가지 혈청학적으로 다른 형태의 보툴리눔 신경독이 있고, 한 가지 형태의 파상풍 신경독은 **TeTx**다. 이러한 동족의 단백질들 각각은 약 150 kD 크기의 하나의 폴리펩타이드로 합성되었다가 숙주 세포 단백질 분해 효소에 의해서 잘라져 약 50 kD의 경쇄와 약 100 kD의 중쇄를 형성한다. 중쇄는 특정한 종류의 신경세포와 결합하여 막함입에 의한 경쇄의 도입을 용이하게 한다. **각 경쇄는 단백질 분해 효소로서, 목표인 SNARE를 특정한 부위에서 자른다.** SNARE의 분열은 중심 복합체의 형성을 막아서 시냅스 막소포의 세포외 유출을 멈추게 한다. TeTx의 중쇄는 억제성 신경세포(이것은 흥분성 신경 충동을 완화시키는 역할을 한다)에 결합하며, 이로 인하여 파상풍의 특징인 경련성 마비가 일어난다. BoNT의 중쇄는 TeTx와는 달리 운동 신경세포(이것은 근육을 자극시킨다)에 결합하여 보툴리누스 중독의 특징인 이완성 마비가 일어난다.

신중하게 관리된 양의 보툴리눔 독 주입('보톡스')은 만성적 근육 경련을 완화시키는 데 의학적으로 유용하다. 또한 이 독은 미용 용도로 사용된다. 이것을 피부에 주입하면 주름의 원인인 작은 근육들을 이완시켜서 주름을 3개월 정도 사라지게 한다.

되어 있는 극성 잔기들은 친수성의 환경에서 포위되므로, 이들의 상호작용은 네 개의 나선이 적절한 결합을 이루는 데 기여한다. 세포는 많은 수의 다른 R-SNARE와 Q-SNARE를 가지고 있으므로, 이런 다른 종류들의 다양한 상호작용이 아마도 막소포가 그들 각자의 표적지 막과 융합할 때 보이는 특이성에 적어도 부분적인 영향을 미칠 것이다. SNARE를 자르는 세균의 단백질 분해 효소는 막소포 융합을 방해하는 하여 심각한 결과를 초래한다(자료 9-3).

SNARE는 막을 가깝게 가져와서 막의 융합을 유도한다. 막소포의 R-SNARE와 표적막의 Q-SNARE 사이의 결합은 두 개의 두겹층을 가깝게 가져온다. 그러나 무엇이 병렬된 지질 두겹층의 융합을 유도하는가? 답은, **그림 9-47**에 도식화되어 있듯이 여러 개(5~10개로 추정)의 SNARE 복합체 고리의 형성으로부터 야기되는 기계적인 압박이 반대쪽 두겹층을 서로 잡아당긴다는 것이다. 이는 두겹층 사이에서 접촉하고 있는 지질들을 제거하고 두겹층의 바깥층이 융합되도록 하는 과정이고 **반융합**(**hemifusion**)이라고 알려져 있다. 실제로 SNARE 사이 복합체 고리 안의 압력(힘/면적)은 100~1000 atm으로 추정된다. 일시적 구조를 형성한 결과, 두 개의 막 사이에 수분과 접촉이 없다는 것은 아직 확인되지 않고 있다. 그러나 융합 과정(SNARE 사이 복합체는 계속 묶여 있다)이 진행됨에 따라 이제 부분적으로 융합된 두 개의 안쪽 층이 새로운 두겹층을 형성하기 위해 서로 합쳐진다. 일부의 지질이 제거되고 새로운 두겹층의 지질이 형성되면서 **융합 세공**(**fusion pore**)이 만들어진다. 융합 세공이 빠르게 확장됨으로써 그들의 내용물뿐만 아니라 두 개의 막이 완전히 융합된다. 막소포 융합은 SNARE 사이 복합체를 형성하도록 하는 단백질 접힘에 의해 유도된다. 그러나 이 과정은 **생체 밖**에서 30분에서 40분 걸리지만, **생체 내**에서 시냅스 막소포와 연접 앞막의 융합은 약 0.3 ms가 걸린다. 이것은 또 다른 단백질이 두겹층 융합에 관여한다는 논란을 가져온다.

일부 바이러스는 그들의 표적 세포를 감염시키기 위해 융합 단백질을 사용한다. 인플루엔자와 AIDS를 유발하는 바이러스를 포함하여 많은 바이러스는 막소포가 막으로부터 떨어져 나올 때와 비슷하게 감염된 세포의 원형질막으로부터 떨어져 나온다. 새로운 세포를 감염시키기 위해서 **지질막 외피를 가진 바이러스**(**membrane-enveloped virus**)의 지질막은 표적 세포의 막과 융합되어 바이러스의 핵산을 세포질 안에 넣어야 한다.

process diagram

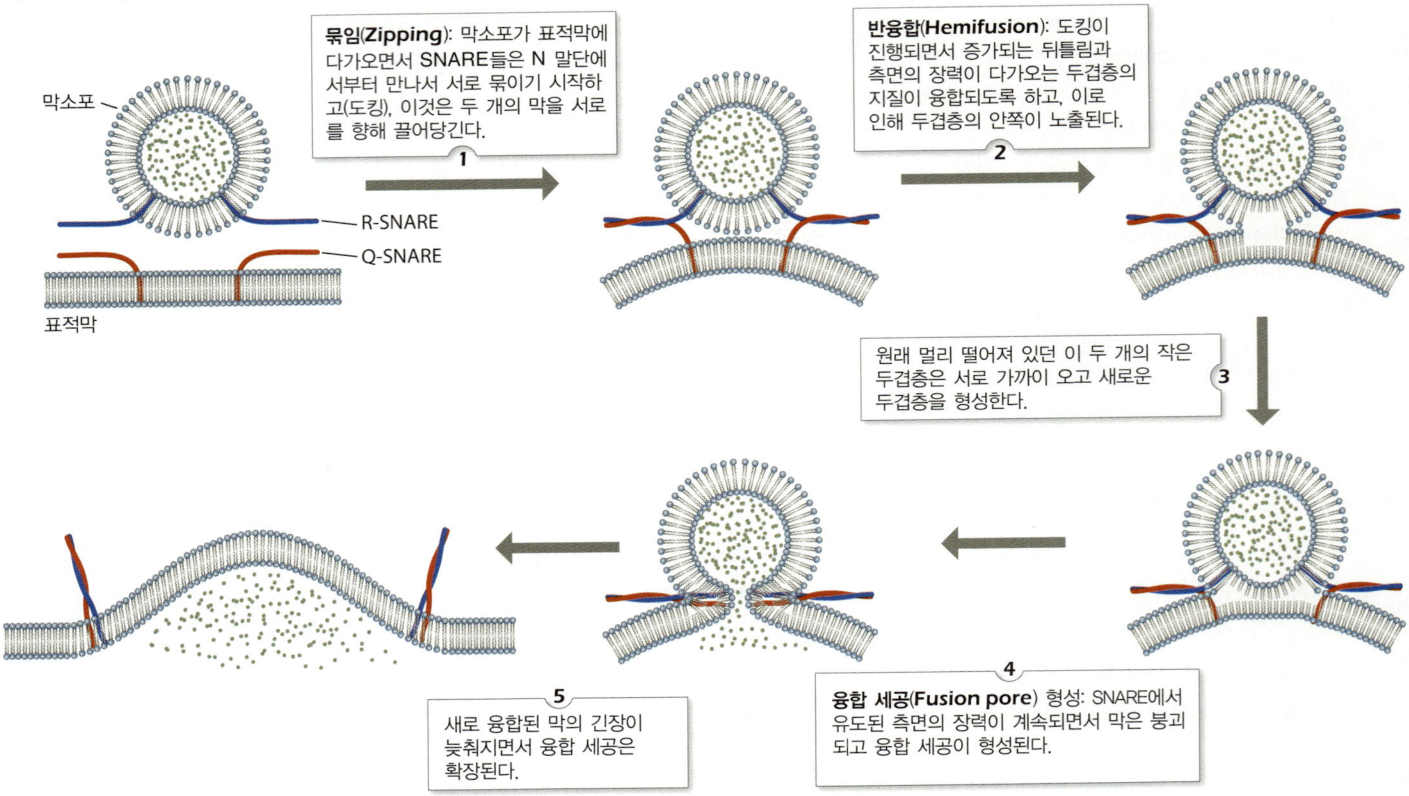

그림 9-47 SNARE에 의해서 중재되는 막소포의 융합 모형 R-SNARE와 Q-SNARE는 파란색과 빨간색의 벌레 모양으로 도식화되어 있다. [After a drawing by Chen, Y.A. and Scheller, R.H.. *Nature Rev. Mol. Cell Biol.* **2**, 98 (2001).]

이러한 막 융합은 앞서 논의한 막소포 융합에 관련된 단백질과는 다른 단백질 시스템에 의해 유도된다. 한 예로서 어떻게 **인플루엔자 바이러스(influenza virus)**가 막 융합(다른 지질막 외피 바이러스는 비슷한 시스템을 사용한다)을 매개하는지 알아보자. 바이러스에 의해 매개되는 막융합은 3단계로 발생한다.

1. 바이러스에 의한 숙주 세포 인식
2. 바이러스의 막 융합 장치의 활성
3. 바이러스 유전자를 숙주 세포의 세포질로 방출시키기 위한 숙주 세포막과 바이러스막의 융합

인플루엔자 바이러스를 둘러싸고 있는 막의 대부분의 내재성 단백질은 **헤마글루티닌(hemagglutinin, HA)**이라고 이름이 붙여지는데, 이는 적혈구의 접합(함께 모이도록)을 유발하기 때문이다. **바이러스 융합 단백질(viral fusion protein)**이라고 불리는 HA는 세포 표면 수용체로서 작용하는 특별한 당단백질에 결합함으로써 인플루엔자 숙주 세포 인식을 매개한다. 이러한 당단백질(적혈구의 글리코포린 A와 같은, 9-3A절)은 그들의 탄수화물기 말단에 *N*-아세틸뉴라민산(시알산, 그림 8-6) 잔기를 지닌다. HA는 각각 하나의 막횡단 나선(524~540개 잔기)에 의해 막에 고정되는 550개 잔기의 소단위체로 이루어진 동종 삼합체로 합성된다. 그러나 HA의 아르지닌

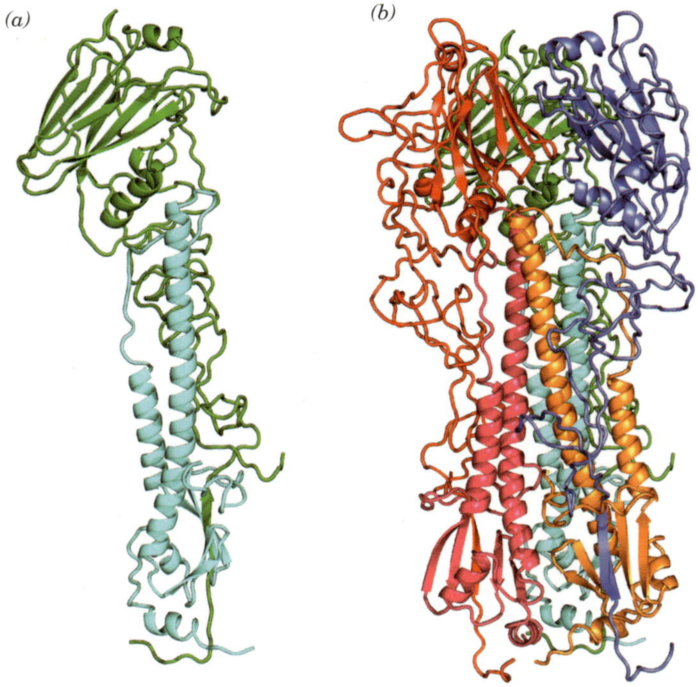

그림 9-48 **인플루엔자 헤마글루티닌의 X선 구조** (*a*) BHA 단량체의 리본 모형. HA1은 초록색이고, HA2는 청록색이다. (*b*) BHA 삼합체의 리본 모형. 각각의 HA1과 HA2 사슬은 다른 색으로 나타내었다. 초록색 HA1과 청록색 HA2의 방향은 *a* 부분과 같다. [Based on an X-ray structure by John Skehel, National Institute for Medical Research, London, U.K., Don Wiley, Harvard University. PDBid 4HMG.]

329는 번역 후에 숙주 세포의 단백질 분해 효소에 의해 절단되는데, 이황화 결합에 의해 연결되어 있는 HA1과 HA2의 두 개의 펩타이드를 생성하기 위해서이다.

원래의 숙주 세포로부터 떨어져 나온 후, 인플루엔자 바이러스 입자는 새로운 숙주 세포를 감염시킬 수 있다. 바이러스는 새로운 세포의 원형질막에 결합하고 막의 함입을 통하여 세포 내로 도입된다. 이때 **수용체 매개 막힘입(receptor-mediated endocytosis**, 20-1B절)이라고 알려진 과정을 통해 이루어지는데, 이는 표면적으로 막소포와 막융합의 반대 과정과 유사하다(그림 9-42). 세포막 안쪽에 생성된 막소포는 안쪽 표면에 결합된 바이러스를 담은 상태로 내부 pH~5인 **엔도솜(endosome)**이라고 알려진 막소포와 결합한다. 결과로 생긴 pH의 감소는 구조적 변화를 유발하는데, **융합 펩타이드(fusion peptide)**로 알려진, HA2의 N 말단 끝부분의 보존된 소수성의 ~24개 잔기를 가지는 분절이 숙주 세포 엔도솜의 막 안으로 삽입되며, 이로 인해 융합을 위한 준비로 바이러스 막에 단단히 연결된다.

어떻게 HA가 바이러스와 숙주 세포의 막의 융합을 매개하는가에 대한 이해는 윌리(Don Wiley)와 스케헬(John Skehel)의 X선 구조 연구에 기초를 두고 있다. HA에서 세포막에 끼어 있는 부분 때문에 단백질 결정이 잘 만들어지지 않는다. 그러나 HA의 막횡단 나선을 가수 분해하여 제거하면 BHA라고 불리는 결정성 단백질을 생성한다. BHA의 X선 구조는 바이러스 막 표면으로부터 돌출된 긴 섬유성 줄기에 위치한 구형의 부분을 포함한다(그림 9-48*a*). 구형의 부분은 시알산 결합 주머니를 지닌 반면, 섬유성 줄기는 76 Å 정도 길이의 α 나선(14번 회전을 하는 53개 잔기)을 포함한다. BHA의 삼합체 구조를 안정화하기 위한 주요한 상호작용은 각각의 단량체로부터 나온 긴 α 나선으로 구성된 세 가닥의 꼬여 있는 코일이다(그림 9-49*b*). 신기하게도, BHA의 융합 펩타이드는 그 단백질의 '꼭대기'에 있는 시알산 결합 자리로부터 ~100 Å 떨어진 그의 소수성 내부에 묻혀 있다.

엔도솜 안에서 HA는 극적인 구조적 변화를 겪게 되고(그림 9-49) 그 특성은 BHA의 긴 나선과 측면 일부로 구성된 TBHA2라고 불리는 BHA 일부분의 X선 구조에

그림 9-49 BHA와 TBHA2의 구조를 비교한 개략도 이 그림은 HA 삼합체(왼쪽)와 낮은 pH에서의 형태(오른쪽)일 때 TBHA2의 다양한 구성요소의 바이러스 막 표면에서의 위치와 높이를 나타낸다. 낮은 pH 형태일 때 융합 펩타이드는 아마도 엔도솜의 막 안으로 삽입될 수용체 결합 머리 위쪽으로 돌출된다.

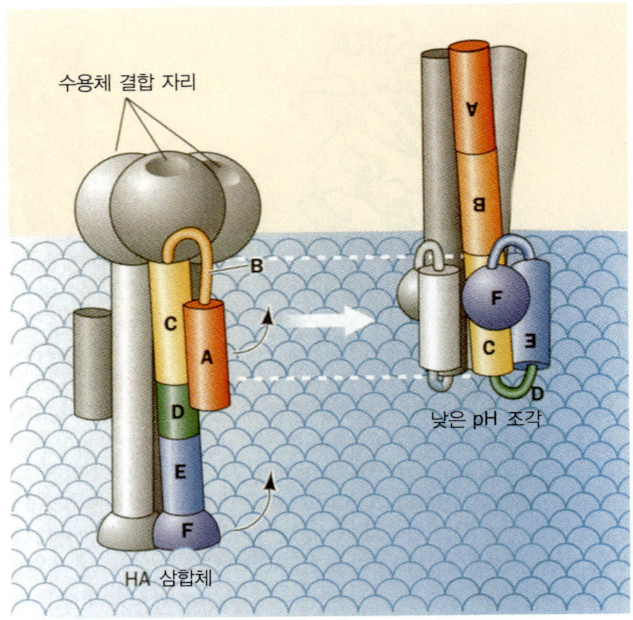

의해 설명된다. 이 구조적 변화에서 TBHA2의 N 말단의 A와 B 분절(그림 9-49의 빨간색과 주황색 분절)은 긴 나선의 위쪽이 확장되는 방식으로 엔도솜 막을 향하여 ~10 나선형 회전만큼 확장되는 ~100 Å의 잭나이프와 같은 움직임을 겪는다. 이는 융합 펩타이드(TBHA2에는 없고 A 분절의 위쪽에 N 말단 너머로 연장된)를 BHA에서의 위치 위로 최소 ~100 Å만큼 이동시킨다. 이로 인해 숙주 막 안으로 삽입될 수 있게 된다. 동시에 긴 나선의 밑의 부분은 D와 E(그림 9-49의 녹색과 파란색)의 분절의 유사한 변화로 짧아진다. 이러한 구조적 변화는 SNARE 복합체에서 설명된 것과 유사한 방식으로 바이러스와 숙주 세포의 막의 융합을 용이하게 하기 위해 서로 끌어당긴다. 이는 바이러스 막의 HA 분자에 근접한 곳에서 동시에 발생한다.

체크 포인트

- 유동 모자이크 모형을 기술하시오.
- 세포 뼈대는 막단백질 분포에 어떻게 영향을 미치는지 설명하시오.
- 왜 생체막은 비대칭인가?
- 플립페이스와 인지질 자리옮김 효소의 기능은 무엇인가?
- 지질 묶음의 구조를 묘사하시오. 왜 지질 묶음은 특정 세포 활성과 관련이 있는가?
- 트랜스로콘의 기능을 포함하여 분비 경로의 단계를 요약하시오.
- 어떻게 막단백질, 분비 단백질, 리소좀 단백질이 RER로부터 그들의 최종 목적지로 수송되는지 묘사하시오.
- 왜 탄수화물 그룹이 세포 내 이동 신호로서 역할을 한다고 할 수 있는가?
- SNARE와 헤마글루티닌과 같은 바이러스의 융합 단백질이 어떻게 특정 막을 서로 가깝게 하고 그들의 융합을 유도하는지 설명하시오.

요약

1 지질의 분류

- 지질은 유기 용매에 용해되는 다양한 분자이고, 다른 주요한 생체 분자와는 달리 중합체를 형성하지 않는다.
- 지방산은 사슬 길이와 불포화된 정도가 다양한 카복실산이다.
- 지방 세포 및 다른 세포에는 비축된 트라이아실글리세롤이 있으며, 이것은 글리세롤에 세 개의 지방산이 에스터화되어 이루어진다.
- 당인지질은 두 개의 지방산 사슬과 극성 머리 부분을 가진 양쪽성 분자이다.
- 스핑고지질은 스핑고마이엘린, 세레브로사이드, 강글리오사이드를 포함한다.
- 콜레스테롤, 스테로이드 호르몬, 바이타민 D는 모두 네 개의 고리가 연결된 바탕 구조를 가진다.
- 아라키돈산 유도체인 프로스타글란딘, 프로스타사이클린, 트롬복세인, 류코트라이엔, 라이폭신은 다양한 생리적인 기능을 하는 신호 분자들이다.

2 지질 두겹층

- 당인지질과 스핑고지질은 두겹층을 형성하는데, 무극성 꼬리들은 서로 결합하고, 극성의 머리 부분은 수용성 용매에 노출되어 있다.
- 비록 지질이 두겹층을 가로질러서 측면 확산하는 것은 매우 느리지만, 지질은 두겹층의 평면에서 빠르게 확산한다. 두겹층의 유동성은 온도, 사슬의 길이, 그리고 구성하고 있는 지방산 잔기의 포화 정도에 따라서 다양하다.

3 막단백질

- 생체막의 단백질은 내재 단백질을 포함하며, 이 단백질들은 한 개 이상의 막횡단 α 나선, 또는 β 병풍 구조를 가지고 있다. 모든 경우에 막에 노출되어 있는 단백질의 표면은 소수성이다.
- 세포막과 결합하는 다른 단백질들은 아이소프레노아드, 지방산, 또는 글리코실포스파티딜이노시톨(GPI)을 매개로 세포막에 고정된다. 말초(외부) 단백질들은 막표면과 약하게 결합하고 있다.

4 막 구조 및 구성

- 막 구조에 대한 유동 모자이크 모형은 막단백질과 지질의 측면 확산을 설명해 준다.
- 막단백질의 배열은 적혈구에서도 볼 수 있듯이, 기저에 있는 단백질 골격과의 상호작용에 의존한다.
- 막단백질과 지질은 두겹층의 각각 층에서 비대칭으로 배열되고 지질 묶음과 같은 영역을 형성하기도 한다.
- 막횡단(TM) 단백질, 분비 단백질, 리소좀 단백질은 분비 경로를 거쳐서 합성된다. 신호 펩타이드는 RER의 단백질 세공인 트랜스로콘을 통과해서 성장하는 폴리펩타이드 사슬을 인도하고, TM 단백질을 RER 막에 측면에서 붙여 주는 역할을 한다.
- 입힌 막소포는 막에 끼어 있는 단백질 그리고 내강의 단백질들을 ER에서 골지체로 운반하여 변형 과정을 진행하고, 다른 막들로 운반한다. 막소포를 감싸고 있는 단백질들은 주로 다면체의 케이지를 형성하는 클라트린이며, 비정형의 껍데기를 형성하는 COPI, 또는 COPII들도 있다.
- 막소포와 막의 융합은 SNARE를 포함하는 복합체 단계를 거쳐서 일어난다. 이 복합체는 네 개 나선의 묶음을 형성하는데, 이는 두 개의 막을 가까이 가져와서 막융합을 유도한다.
- 바이러스 융합 단백질은 숙주 세포의 세포질에 바이러스 핵산을 방출시키기 위하여 숙주 세포의 막과 인플루엔자 바이러스와 같은 지질막 외피 바이러스의 융합을 매개한다.

주요 용어

GPI-결합 단백질(GPI-linked protein)
SNARE
SRP 수용체(SRP receptor, SR)
가로 확산(폴립-플롭)[transverse diffusion (flip-flop)]
강글리오사이드(ganglioside)
광표백 이후의 형광 회복(fluorescence recovery after photobleaching, FRAP)
기름(oil)
내재성 단백질(integral protein)
당인지질(glycerophospholipid)
당질 코티코이드(glucocorticoid)
리포솜(liposome)
막함입(endocytosis)
막횡단(TM) 단백질[transmembrane(TM) protein]
무기질 코티코이드(mineralocorticoid)
문과 울타리 모형(gates and fences model)
미리스토일화(myristoylation)
바이러스 융합 단백질(viral fusion protein)
바이타민(vitamin)
분비 경로(secretory pathway)
세라마이드(ceramide)
세레브로사이드(cerebroside)
세포외 유출(exocytosis)
스테로이드(steroid)
스테롤(sterol)
스핑고마이엘린(sphingomyelin)
스핑고지질(sphingolipid)
신호 인식 입자(signal recognition particle, SRP)
신호 펩타이드(signal peptide)
아이소프레노이드(isoprenoid)
아이코사노이드(icosanoid)
안드로젠(androgen)
에스트로젠(estrogen)
유동 모자이크 모형(fluid mosaic model)
인지질 분해 효소(phospholipase)
입힌 막소포(coated vesicle)
전이 온도(transition temperature)
전자 결정학(electron crystallography)
주변(외부) 단백질[peripheral (extrinsic) protein]
지방(fat)
지방산(fatty acid)
지방세포(adipocyte)
지질(lipid)
지질 두겹층(lipid bilayer)
지질막 외피를 가진 바이러스(membrane-enveloped virus)
지질 묶음(lipid raft)
측면 확산(lateral diffusion)
클라트린(clathrin)
트라이아실글리세롤(triacylglycerol)
트랜스로콘(translocon)
팔미토일화(palmitoylation)
포스파티드산(phosphatidic acid)
포화(saturation)
프레닐화(prenylation)
프로스타글란딘(prostaglandin)
플라스말로젠(plasmalogen)
플립페이스(flippase)
헤마글루티닌(hemagglutinin)

문제

연습 문제

1. 트랜스-올레인산은 시스-올레인산보다 녹는점이 높은가, 낮은가? 설명하시오.
2. 다음 중에서 어느 트라이아실글리세롤이 산화 과정에서 에너지를 더 많이 생성하는가? 3개의 리놀렌산 잔기를 가진 것과 3개의 스테아르산 잔기를 가진 것
3. 1번 위치에는 포화 상태의 C_{16} 지방산기이 있고, 2번 위치에는 단일 불포화 C_{18} 지방산기가 있으며, 머리 부분이 에탄올아민 인 당인지질의 구조를 그리시오.
4. 다음 지질의 이름을 적으시오.

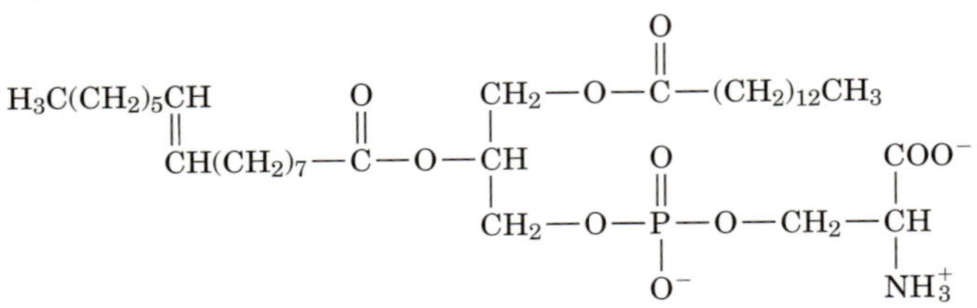

5. 그림 9-1에 있는 지방산을 편입시키면 몇 개의 트라이아실글리세롤을 조합할 수 있는가?
6. 1-팔미토일-2-올레일-3-포스파티딜세린이 다음과 같은 효소로 가수 분해되었을 때 생산되는 생성물은 무엇인가? (a) 인지질 분해 효소 A_1, (b) 인지질 분해 효소 A_2, (c) 인지질 분해 효소 C, (d) 인지질 분해 효소 D
7. 표 9-2에 나열된 당인지질 머리 부분의 어떤 것이 수소 결합을 하는가?
8. 카디오리핀에 있는 포스파티딜글리세롤(표 9-2)의 '머리 부분'은 다른 당인지질처럼 지방 두겹층의 바깥쪽으로 방출되어 있는가?
9. 아래의 호르몬 분자가 무엇인지 확인하시오. 이것은 어떤 막지질로부터 유래된 것인가?

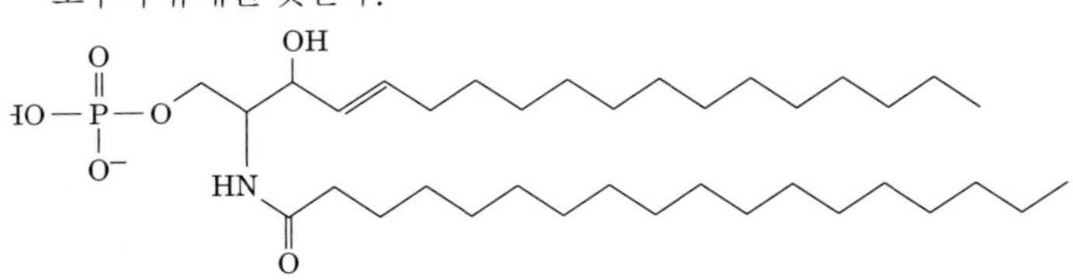

10. 아라키돈산이 에탄올아민과 결합하여 생성되는 지방산 아마이드의 구조를 그리시오.
11. 동물은 리놀레산(아라키돈산의 전구 물질)을 스스로 합성하지 못하므로 이러한 **필수 지방산(essential fatty acid)**을 음식으로부터 섭취해야 한다. 배양된 동물 세포는 리놀레산이 없어도 생존한다. 왜 그런지를 설명하시오.
12. 많은 세균의 지방산은 가지와 짝수 개의 고리를 가진다. 이러한 지질은 가지 없는 지방산과 비교하여 막 유동성에 어떤 영향을 미치는가?
13. 트라이아실글리세롤은 왜 지질 두겹층의 중요한 요소가 될 수 없는가?
14. 왜 두겹층에 강글리오사이드만 있으면 불안정한가?
15. 세균은 20°C에서 자라다가 30°C에서 자라게 되면 막지질을 합성하는 데 있어서 다음 중 어떤 쪽으로 더 많이 합성하는가? (a) 포화 지방산인가, 불포화 지방산인가? (b) 짧은 사슬 지방산인가, 긴 사슬의 지방산인가?
16. 열대어와 비교하였을 때 남극 빙어의 세포막에는 더 길고, 더 포화된 지방산을 가지는가? 설명하시오.
17. (a) 지질 두겹층(약 30 Å 길이)을 걸치려면 몇 번의 α 나선 회전이 필요한가? (b) 최소 몇 개의 잔기가 필요한가? (c) 왜 대부분의 막횡단 나선은 최소의 잔기 수보다 더 많은 수를 가지고 있는 것일까?
18. β 병풍 구조에 있는 C_α 원자들 사이의 거리는 약 3.5 Å이다. β 구조를 가지는 9개의 잔기를 가진 분절이 내재성 단백질의 막횡단 부위가 될 수 있을까?
19. 다음의 지질 시료들이 진핵생물 두겹층막 중에서 안쪽 또는 바깥쪽 층 어디에 해당하는지 쓰시오. (a) 35%의 포스파티딜콜린, 15% 강글리오사이드, 5%의 콜레스테롤, 45%의 다른 지질들. (b) 20%의 포스파티딜콜린, 15%의 포스파티딜세린, 65%의 다른 지질들
20. 죽어가는 세포을 포식하기 위해서 대식세포(아메바형 백혈구 세포)는 목표 세포 바깥 표면의 포스파티딜세린(PS)을 인식한다. 왜 PS는 죽어가는 세포의 유용한 표지인가?

도전 질문

21. 스핑고신-1-인산은 세포 신호 전달 물질 역할을 할 수 있다. (a) 이 화합물의 구조를 그려보시오. (b) 스핑고마이엘린 분자가 스핑고신-1-인산으로 전환되려면 어떤 화학 반응이 일어나야 하는가?
22. 설파타이드로 알려진 지질은 중추 신경계 세포에 존재한다. 아래에 보이는 설파타이드는 어떤 지질의 종류에 속하는가? 그 종류에 속하는 전형적인 지질과는 어떻게 다른가?

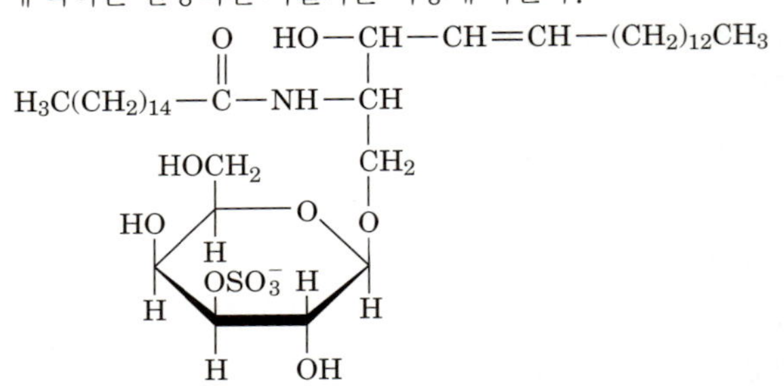

23. 몇몇의 자가 면역 질환 중에서 DNA와 인지질과 같은 세포 구성 물질을 인식하여 항체를 만드는 경우가 있다. 항체 중의 어떤 것은 DNA와 인지질 양쪽 모두와 반응을 한다. 이러한 상호 교차 반응의 구조적 바탕은 무엇인가?
24. 펩타이드 호르몬과 같은 대부분의 호르몬들은 세포 표면에 있는 수용체에 결합함으로써 영향력을 발휘한다. 하지만 스테로이드 호르몬은 세포 안의 수용체와 결합을 하면서 효과를 나타낼 수 있다. 이것은 어떻게 하여 가능한 것인가?
25. 대장균(*E. coli*) 외막은 아래의 지질 A로 알려진 구성 요소를 포

함하고 있다. 지질 A의 당과 지방산의 구성 성분은 무엇인지 말하시오.

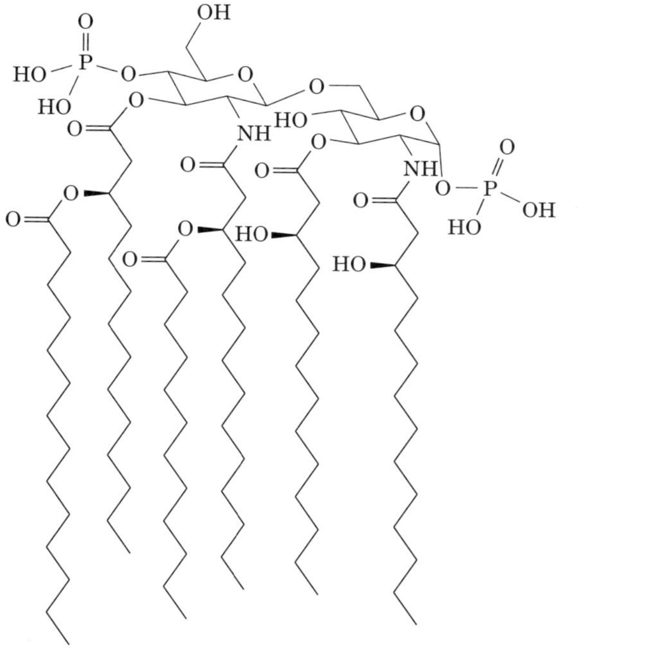

26. 고세균과 진정세균은 다른 종류의 막지질을 생성한다. 아래에 있는 고세균의 지질은 포스파티딜글리세롤과 어떻게 다른가?

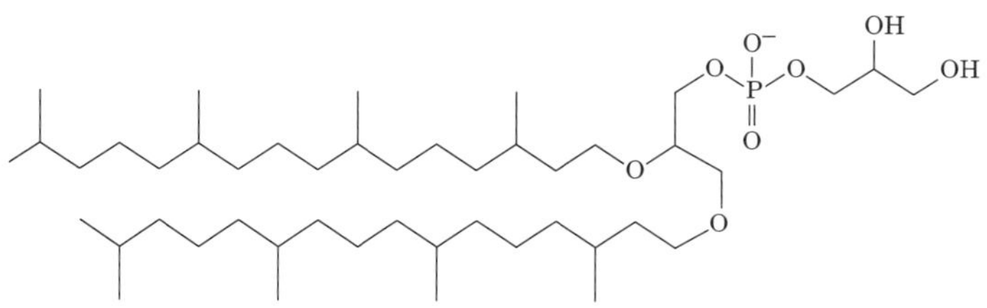

27. *Shigella* 세균은 장 세포의 대사를 변화시켜 심각한 설사를 유발한다. 왜 Gly 잔기의 N 말단 옆의 폴리펩타이드 뼈대를 자르는 *Shigella* 효소가 포유세포의 막단백질의 기능을 변화시킬 수 있는지 설명하시오.

28. 미토콘드리아 내막은 카디오리핀이 풍부하다. 미토콘드리아가 손상되었을 때 카디오리핀은 세포질 단백질에 의해 인식되는 외막에서 나타난다. 왜 단백질은 카디오리핀 인식에 필수적인 두 개의 Arg 잔기를 가지는가?

29. 막에 침투하지 못하는 단백질 표지 시약이 다음과 같은 각 조건에 첨가되었을 때 글리코포린 A의 표지 양상을 묘사하시오. (a) 용해된 적혈구 단백질에, (b) 완전한 적혈구 고스트에, (c) 초기에는 조금 새어나가지만 곧 봉인되고, 표지 시약이 첨가되지 않은 용액으로 옮겨진 적혈구 고스트에 넣었을 경우

30. 다음의 단백질(모기 단백질 Orco)에서 막횡단 α 나선을 형성하는 20개 잔기의 분절을 확인하시오.

FRYVNGPVLIRKLYSWWNLIMILLQYFAIM–
GNLVMNTGDVNELTANTITT

31. 거대음세포작용은 세포가 많은 양의 세포 외액을 흡수하면서 일어나는 막함입의 변형이며, 함입된 세포 외액은 세포내 소낭에 축적된다. 약물 vacquinol은 종양의 일종인 교모세포종을 형성하는 세포에서 거대음세포작용을 촉진한다. 왜 과도한 거대음세포작용이 세포 죽음을 일으키는지 설명하시오.

32. 왜 막지질의 인지질 분해 효소 A_2의 작용이 막함입이나 세포외 유출 시 지질 두겹층의 변화에 영향을 줄 수 있는지 설명하시오.

33. 신호 펩타이드 가수 분해 효소에 돌연변이가 생겨서 오직 두 개의 Leu 잔기 사이만을 자르도록 특이성이 제한된 경우, 돌연변이의 효과를 예측해 보시오.

34. SNARE 복합체의 분해를 억제하는 약품은 왜 신경 전달을 방해하는지 설명하시오.

35. 소중합체인 내재성 단백질이 대칭이려면 그들의 소단위체가 모두 막의 평면에 대한 동일한 방향을 가져야 한다는 조건이 필요하다. 이러한 단백질이 가질 수 있는 대칭은 무엇인가? 설명하시오. (단백질 대칭은 6-3절에 논의된다.)

36. (a) ABO 혈액형 중 어느 하나의 혈액형을 가진 사람은 만능 공여자가 될 수 있는 반면, 또 다른 혈액형을 가진 사람은 만능 수혜자가 될 수 있다. 설명하시오. (b) 항체는 적혈구와 백혈구가 제거된 혈액인 혈장에 포함되어 있다. 하나의 ABO 혈액형을 지닌 사람의 혈장을 다른 ABO 혈액형을 가진 사람에게 수혈할 때 적합성을 나타내시오. (c) a와 b의 답을 고려할 때, 왜 만능 공여자와 만능 수혜자는 전체 혈액의 수혈이 가능한가?

참고 문헌

지질과 막의 구조

Edidin, M., Lipids on the frontier: a century of cell-membrane bilayers, *Nature Rev. Mol. Cell Biol.* **4**, 414–418 (2003). [세포막 연구의 역사에 대한 간단한 기술]

Engelman, D.M., Membrane are more mosaic than fluid, *Nature* **438**, 578–580 (2005). [더 많은 단백질과 다양한 두겹층 두께를 가지는 고전 모형에 대한 최신 정보를 기술하는 간략한 논평]

van Meer, G., Voelker, D.R., and Feigenson, G.W., Membrane lipids: where they are and how they behave, *Nature Rev. Mol. Cell Biol.* **9**, 112–124 (2008).

Taylor, M.E. and Drickamer, K., *Introduction to Glycobiology* (3rd ed.), Oxford Univeristy Press (2011).

Vance, D.E. and Vance, J. (Eds.), *Biochemistry of Lipid, Lipoproteins, and Membranes* (5th ed.), Elsevier (2008).

Varki, A., Cummings, R.D., Esko, J.D., Freeze, H.H., Stanley, P., Bertozzi, C.R., Hart, G.W., and Etzler, M.E. (Eds.), *Essentials of*

Glycobiology (2nd ed.), Cold Spring Harbor Laboratory Press (2009).

막단백질

Fujiyoshi, Y. and Unwin, N., Electron crystallography of proteins in membranes, *Curr. Opin, Struct. Biol.* **18**, 587−592 (2008).

Kusunoki, H., Minasov, G., MacDonald, R.I., and Mondragón, A., Independent movement, dimerization and stability of tandem repeats of chicken brain α−spectrin, *J. Mol. Biol.* **344**, 495 − 511 (2004). [Presents the X−ray structure of three consecutive spectrin repeats.]

Lee. A.G., Biological membranes: the importance of molecular detail, *Trends Biochem. Sci.* **36**, 493 − 500 (2011).

Popot, J.-L. and Engelman, D.M., Helical membrane protein folding, stability, and evolution, *Annu Rev. Biochem.* **69**, 881−922(2000). [많은 단백질 구조를 보여 주고, 막횡단 단백질의 특징들을 토의한다.]

Sharom, F.J., and Lehto, M.T., Glycosylphosphatidylinositol-anchored proteins: structure, function, and cleavage by phosphatidylinositol-specific phospholipase C, *Biochem. Cell Biol.* **80**, 535−549 (2002). [GPI 고정과 단백질 위치와 기능에의 중요성에 대한 토의를 포함한다.]

Wimley, W.C., The versatile β-barrel membrane protein, *Curr. Opin. Struct. Biol.* **13**, 404−411 (2003). [막횡단 β 원통의 구조의 기초 이론에 대한 논평]

Zhang, F.L. and Casey, P.J., Protein prenylation: molecular mechanism and functional consequences. *Annu. Rev. Biochem.* **65**, 241−269 (1996).

분비 경로

Akopian, S., Shen, K., Zhang, X., and Shan, S., Signal recognition particle: An essential protein−targeting machine, *Annu. Rev. Biochem.* **82**, 693 − 721 (2013).

Alder, N.N. and Johnson, A.E., Cotranslational membrane protein biogenesis at the endoplasmic reticulum, *J. Biol. Chem.* **279**, 22787−22790 (2004).

Cross, B.C.S., Sinning, I., Luirink, J., and High, S., Delivering proteins for export from the cytosol, *Nature Rev. Mol. Cell Biol.* **10**, 255−264 (2009).

van den Berg, B., Dlemons, W.M., Jr., Collin son, I., Modis, Y., Hartmann, E., Harrison, S.C., and Rapaport, T.A., X-ray structure of a protein-conducting channel, *Nature* **427**, 36−44(2004). [SecY의 X선 구조]

막소포의 운반

Brodsky, F.M., Chen, C.-Y., Knuehl, C., Towler, M.C., and Wakeham, D.E., Biological basket weaving: formation and function of clatrin-coated vesicles, *Annu. Rev. Cell DevBiol.* **17**, 515−568(2001).

Jahn, R. and Fasshaur, D., Molecular machines governing exocytosis of synaptic vesicles, *Nature* **490**, 201 − 207 (2012).

막융합

McNew, J.A., Sonderman, H., Lee, T., Stern, M., and Brandizzi, F., GTP−Dependent membrane fusion, *Annu. Rev. Cell Dev. Biol.* **29**, 529 − 550 (2013).

Skehel, J.J. and Wiley, D.C., Receptor binding and membrane fusion in virus entry: The influenza hemagglutinin, *Annu. Rev. Biochem.* **69**, 531−569 (2000).

Wickner, W. and Schekman, R. Membrane fusion, *Nature Struct. Mol. Biol.* **15**, 658−664 (2008).

Ungar, D. and Hughson, F.M., SNARE protein structure and function, *Annu. Rev. Cell Dev. Biol.* **19**, 493−517 (2003).

CHAPTER 10

막 수송

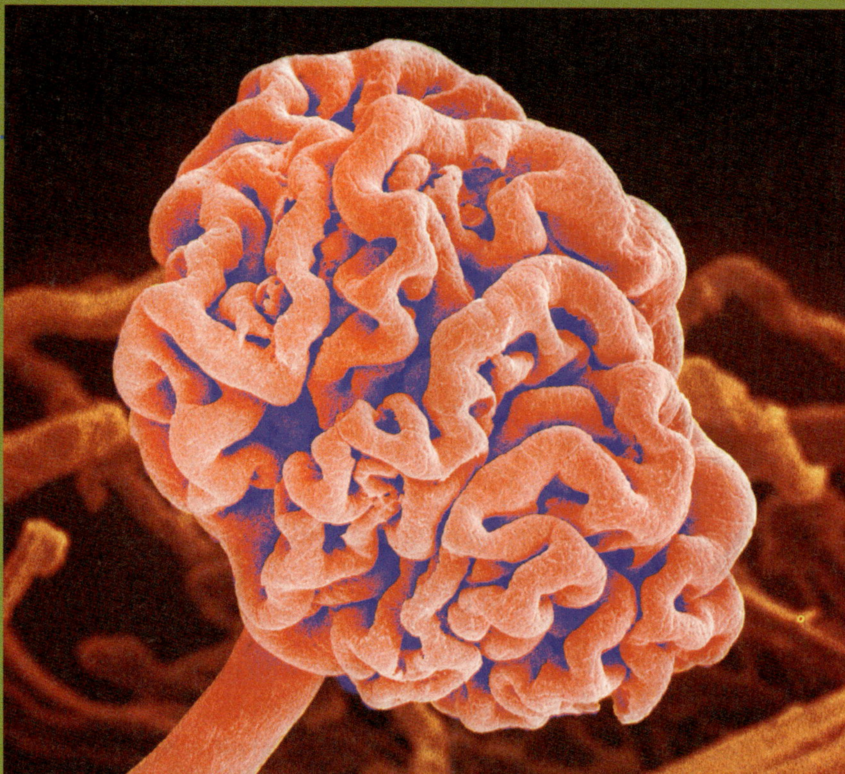

Susumu Nishinaga/Photo Researchers, Inc.

이 주사 전자 현미경 사진(SEM)은 혈액으로부터 작은 분자들을 여과시키는 구조체인 콩팥 사구체를 보여 준다. 콩팥 세포들은 여과액에 존재하는 영양 물질은 보유하고 노폐물을 제거하기 위하여 물, 이온 및 다른 물질들을 운반하는 데 다양한 막단백질을 필요로 한다.

세포들은 원형질막에 의해 주위 환경과 분리된다. 게다가 진핵세포들은 여러 가지 세포 소기관의 내부 구조와 경계를 통한 세포 내막에 의해 구획화된다. 생물학적 막은 이온성 또는 극성 물질의 통과에 대한 강력한 장벽이 되며, **이 물질들은 특이적인 운반 단백질(*transport protein*)의 작용에 의해 막을 통과할 수 있다.** 운반 단백질은 Na^+, K^+, Ca^{2+}, Cl^-와 같은 이온들뿐만 아니라 피루브산, 아미노산, 당류, 뉴클레오타이드와 같은 대사산물, 심지어 물까지도 막을 통한 모든 이동에 필요하다. 운반 단백질은 또한 전기 신호 전달과 같은 모든 생물학적 전기 화학적 현상에 관여한다. 단백질이나 거대 분자 집합체와 같은 더 큰 물질의 막 통과를 위해서 더욱 복잡한 작용[예: 세포막 함입(endocytosis)]들이 필요하다.

이러한 운반 작용의 열역학적 측면을 고려하여 막 수송에 대해 논의해 보기로 하겠다. 그리고 수송계의 여러 다른 형태의 구조와 메커니즘을 살펴볼 것이다.

1 수송의 열역학

주요 개념

- 막을 횡단하는 물질의 이동에 대한 자유 에너지 변화는 막 양쪽의 농도에 좌우되며, 이온인 경우는 막전위에 지배된다.
- 막을 가로질러 바로 확산될 수 없는 물질의 수송은 단백질에 의해 매개될 수도 있으며, 자유 에너지를 필요로 하기도 한다.

막의 양측에서 물질의 확산은 열역학적으로 화학적 평형과 유사하다.

$$\text{A}(\text{밖}) \rightleftharpoons \text{A}(\text{안})$$

우리는 1-3D절에서 용질 A의 자유 에너지는 농도에 따라 다르다고 하였다.

$$G_{\text{A}} = G_{\text{A}}^{\circ\prime}\ RT\ln[\text{A}] \qquad [10\text{-}1]$$

$\overline{G}_{\text{A}}$는 A(막대는 몰당량을 나타낸다)의 **화학 전위(chemical potential**, 부분 몰 자유 에너지)를 나타내며, $\overline{G}_{\text{A}}{}^{\circ\prime}$는 표준 상태의 화학 전위를 나타낸다. 그러므로 막의 양쪽에서 물질의 농도가 다르면 **화학 전위차(chemical potential difference)**가 발생된다.

$$\Delta\overline{G}_{\text{A}} = \overline{G}_{\text{A}}(in) - \overline{G}_{\text{A}}(out) = RT\ln\left(\frac{[\text{A}]_{in}}{[\text{A}]_{out}}\right) \qquad [10\text{-}2]$$

결론적으로 막 바깥쪽 A의 농도가 안쪽보다 크면, 바깥쪽으로부터 안쪽으로 A의 이동에 대한 $\Delta\overline{G}_{\text{A}}$는 음의 값이 될 것이고, A의 자발적인 순흐름(net flow)은 안쪽 방향이 될 것이다. 그러나 A의 농도가 바깥쪽보다 안쪽이 더 크면 $\Delta\overline{G}_{\text{A}}$는 양의 값이 될 것이고, 오직 ATP 가수 분해와 같은 에너지 방출 작용이 일어나서 총 자유 에너지가 음의 값으로 바뀌게 될 때 A는 안쪽 방향으로의 순흐름이 발생할 수 있다 (예시 계산 10-1 참조).

막횡단 이동은 막을 가로질러 전하 차를 나타내게 되어 전기적 전위차[$\Delta\Psi = \Delta\Psi$(내부) $- \Delta\Psi$(외부)]를 발생하며, $\Delta\Psi$를 **막전위(membrane potential)**라고 말한다. 결론적으로 A가 이온이면 식 10-2는 1몰의 A가 막의 바깥쪽에서 안쪽으로 이동하는 데 필요한 전기적인 일을 포함하도록 수정되어야 한다.

$$\Delta\overline{G}_{\text{A}} = RT\ln\left(\frac{[\text{A}]_{in}}{[\text{A}]_{out}}\right) + Z_{\text{A}}\mathscr{F}\Delta\Psi \qquad [10\text{-}3]$$

여기서 Z_{A}는 A의 이온 전하를 나타내고, $\mathscr{F}$는 패러데이 상수, 즉 전자 1몰의 전하(96,485 $\text{C}\cdot\text{mol}^{-1}$, C는 쿨롱 기호)이고, 이제 $\overline{G}_{\text{A}}$는 A의 **전기 화학 전위(electrochemical potential)**라고 명명된다(예시 계산 10-2 참조). 살아 있는 세포의 막전위는 일반적으로 −100 mV 정도로 높으며(안쪽이 음의 값, $1\ \text{V} = 1\ \text{J}\cdot\text{C}^{-1}$), 이것은 50 Å 두께의 막에 대해서 200,000 $\text{V}\cdot\text{cm}^{-1}$의 전압차에 해당된다. 그러므로 식 10-3의 마지막 항은 특히 미토콘드리아(18장)와 신경 전달(10-2C절)의 이온성 물질에 대해서는 종종 중요한 의미를 지닌다.

예시 계산 10-1

Ca^{2+} 이온이 소포체[Ca^{2+}]=1 mM)에서 세포질[Ca^{2+}]=0.1 μM)로 이동될 때 $\Delta G<0$임을 보이시오(단, $\Delta\Psi = 0$으로 가정한다).

세포질은 **안쪽**, 소포체는 **바깥쪽**이다.

$$\Delta G = RT\ln\frac{[\text{Ca}^{2+}]_{in}}{[\text{Ca}^{2+}]_{out}} = RT\ln\frac{10^{-7}}{10^{-3}} = RT(-9.2)$$

따라서 ΔG는 음의 값이다.

수송은 매개되거나 비매개된다. 수송 과정은 두 가지 형태가 있다. 즉 **비매개 수송(nonmediated transport)**과 **매개 수송(mediated transport)**이다. 비매개 수송은 단순 확산에 의해 일어난다. 반대로 매개 수송은 특정 운반 단백질의 작용에 의해 일어

예시 계산 10-2

1 mol의 Na^+ 이온이 세포 외부($[Na^+] = 150$ mM)에서 내부($[Na^+] = 5$ mM)로 이동하는 데 필요한 자유 에너지를 계산하시오. 이때 막전위는 −70 mV이며, 온도는 37°C이다.

식 10-3을 이용한다.

$$\begin{aligned}\Delta G &= RT\ln\frac{[Na^+]_{in}}{[Na^+]_{out}} + Z\mathcal{F}\Delta\Psi \\ &= (8.314\ J\cdot K^{-1}\cdot mol^{-1})(310\ K)\ln(0.005/0.150) \\ &\quad + (1)(96{,}485\ J\cdot V^{-1}\cdot mol^{-1})(-0.070\ V) \\ &= -8763\ J\cdot mol^{-1} - 6754\ J\cdot mol^{-1} \\ &= -15{,}500\ J\cdot mol^{-1} = -15.5\ kJ\cdot mol^{-1}\end{aligned}$$

난다. 매질을 통한 물질의 비매개적인 흐름에 대한 동력은 화학 전위차이다. 그러므로 **물질은 전위차의 크기에 비례하는 속도로 농도차를 없애는 방향으로 확산된다. 물질의 확산 속도는 또한 막의 무극성 중심에서의 용해도에 좌우된다.** 결론적으로 스테로이드나 O_2와 같은 무극성 분자는 막에 걸쳐져 있는 농도 기울기에 따라 비매개 수송에 의해서 생물학적인 막을 통해 쉽게 확산된다.

매개 수송은 그 수송계의 열역학적인 측면에 따라 두 가지 범주로 분류된다.

1. **수동 매개 수송(passive-mediated transport)** 또는 **촉진 확산(facilitated diffusion)**은 특정 분자가 높은 농도에서 낮은 농도로 흘러가는 것이다.
2. **능동 수송(active transport)**은 특정 분자가 낮은 농도에서 높은 농도로, 즉 농도 기울기를 역행하여 수송되는 것이다. 이러한 에너지 요구 과정은 에너지 방출 과정과 충분히 공역해야만 자발적으로 일어나게 된다(즉 $\Delta G<0$).

체크 포인트

- 비전하 물질이 막의 한쪽에서 다른 쪽으로 이동하는 것이 열역학적으로 선호되는지, 아닌지를 어떻게 예측할 수 있는가?
- 만약 전하를 갖는 물질이라면, 막횡단 이동이 자발적일 것이라는 예측을 하려면 어떤 추가적인 정보가 필요한가?
- 막을 가로질러 확산할 수 있는 물질의 예를 드시오. 매개 수송에 의해 막을 통과해야 하는 물질의 예를 드시오.

2 수동 매개 수송

주요 개념

- 수동 매개 수송은 이온 운반체, 포린, 이온 통로, 아쿠아포린, 운반 단백질에 의해 수행된다.
- 이온 운반체는 이온들을 운반하거나 통로를 형성한다.
- 포린은 이온이나 무극성 용질을 위한 통로를 제공한다.
- 이온 통로는 매우 선택적이며 개폐된다.
- 이온 통로의 동조적 개폐는 신경세포에서 활동 전위를 발생시킨다.
- 아쿠아포린은 물 분자의 막횡단 통과를 매개한다.
- 운반 단백질은 단일 수송, 동반 수송, 교호 수송을 매개한다.

지질 두겹층을 가로질러서 자체적으로 확산되기에는 크기가 너무 크거나 극성이 너무 큰 물질들은 **운반체(carrier)**, **투과 효소(permease)**, **통로(channel)**, **수송계(transporter)** 등으로 다양하게 불리는 단백질 또는 다른 분자를 경유하여 막을 가로질러서 수송된다. 이러한 수송계들은 같은 열역학적 원리하에서 작동되지만 구조나 메커니즘 측면에서 매우 다양하며, 그들의 선택성과 관련이 있다.

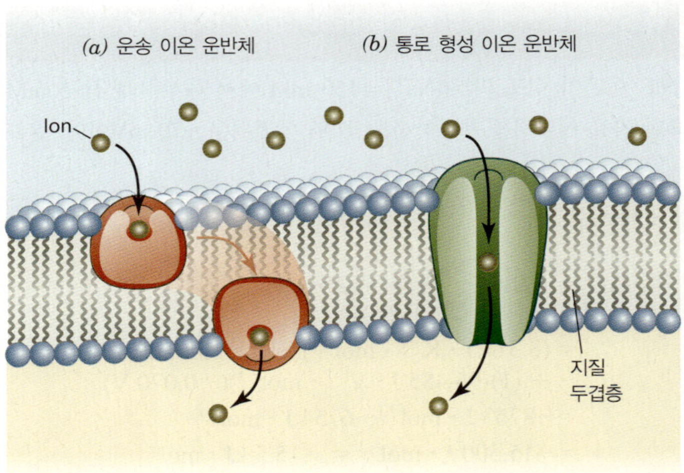

그림 10-1 이온 운반체 작용 (*a*) 운송 이온 운반체가 지질 두겹층을 통한 확산을 통해 이온을 운송한다. (*b*) 통로 형성 이온 운반체는 막 전체에 걸쳐진 통로를 통해서 이온이 확산된다.

? 이온 농도가 막 양쪽에서 동일한 경우에 이온 운반체들은 어떤 일을 하는가?

A 이온 운반체는 막을 횡단하여 이온을 운반한다

이온 운반체(ionophore)는 이온의 막 투과성을 증가시키는, 종종 박테리아에서 기원되는 다양한 형태의 유기 분자이다. 이 분자들은 세포를 활동적으로 유지시키는 중요한 이온 농도차를 제거하여 종종 항생제 효과를 보이기도 한다.

이온 운반체의 형태에는 두 가지가 있다.

1. **운송 이온 운반체(*carrier ionopore*) 이것은 선택된 이온들이 이온 운반체에 결합되고, 막을 통하여 확산되며, 막의 다른 쪽으로 방출시킴으로써 막투과성을 높인다(그림 10-1*a*).** 수송이 일어나도록 비복합체 이온 운반체는 반복적인 작용을 위해서 막의 원래 있던 쪽으로 되돌아가야 한다. 그러므로 운반체들은 그들의 이온 복합체가 무극성 용매에 용해될 수 있는 공통적인 성질을 가지고 있다.
2. **통로 형성 이온 운반체(*channel-forming ionopore*) 이것은 막을 가로지르는 통로 또는 막 기공을 형성하는데, 이들을 통해서 선택된 이온들이 확산될 수 있다(그림 10-1*b*).**

두 가지 형태의 이온 운반체는 현저한 속도로 이온들을 수송한다. 예를 들어 운송 이온 운반체인 **발리노마이신(valinomycin)** 단일 분자는 막을 가로질러 초당 10^4개의 K^+를 수송할 수 있다. **그러나 이온 운반체는 수동적으로 막을 가로질러 양방향으로 이온을 확산시키기 때문에 그들의 효과는 막을 가로지르는 선택된 이온들의 농도를 평형에 이르도록 할 뿐이다.**

가장 잘 알려진 이온 운반체의 하나인 발리노마이신은 특이적으로 K^+와 결합한다. 이것은 펩타이드 결합뿐만 아니라 에스터 결합에도 참여하는 D-형과 L-형 아미노산 잔기를 가지고 있는 고리형 분자이다(**그림 10-2*a***). 발리노마이신과 K^+ 복합체의 X선 구조(**그림 10-2*b***)에서는 K^+가 6개의 Val 잔기에 있는 카보닐기에 의해 팔면체를 이루고 있으며, 고리형 발리노마이신 뼈대가 K^+ 배위 껍질을 둘러싸고 있는 것을 알 수 있다. 바깥쪽으로 뻗어 나온 메틸 및 아이소프로필 곁사슬이 지질 두겹층의 소수성 중심에서 용해될 수 있게 하는 무극성 바깥쪽과 복합체를 이루는 데 기여한다.

K^+ 이온(이온 지름, $r = 1.33$ Å)은 발리노마이신의 배위 부위로 잘 맞으나, 그 부위는 Na^+($r = 0.95$ Å)나 Li^+($r = 0.60$ Å)는 6개의 카보닐 산소와 배위 결합하기에

(a)

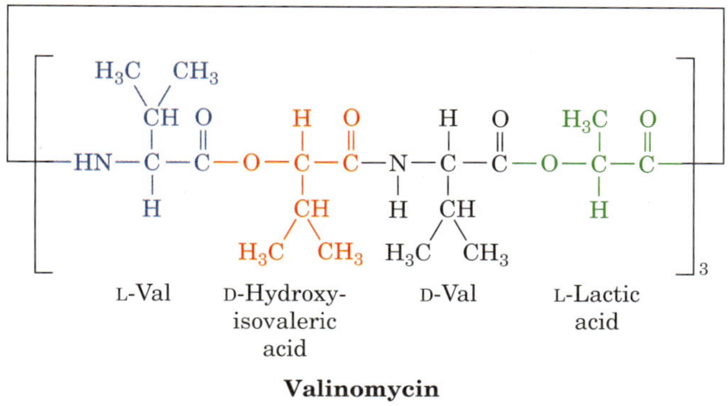

(b)

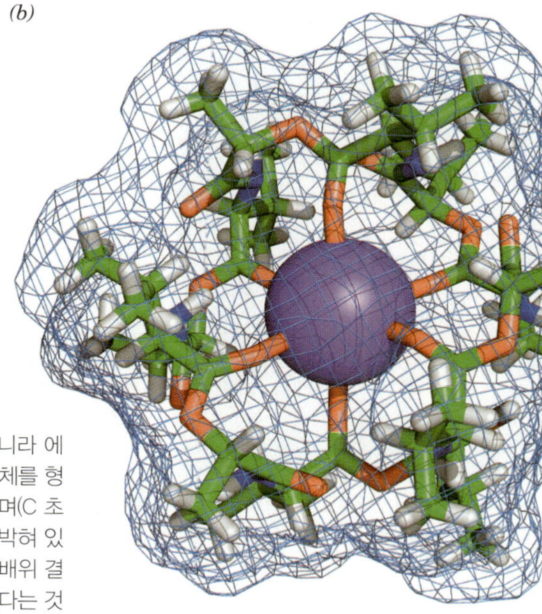

그림 10-2 발리노마이신 *(a)* 이 고리 모양의 이온 운반체는 L-아미노산뿐만 아니라 에스터 결합과 아마이드 결합 및 D-아미노산들을 포함하고 있다. *(b)* K^+ 이온과 복합체를 형성하는 발리노마이신의 X선 구조에서는 원자를 유형에 따라 색으로 나타내었으며(C 초록색, H 흰색, N 파란색, O 빨간색, K^+ 보라색), 분자 표면(파란색 그물망) 내부에 박혀 있다. K^+ 이온이 6개의 Val 잔기에 있는 카보닐 산소 원자에 의해 팔면체 모양으로 배위 결합하고 있으며, 복합체의 표면은 대부분 메틸기와 아이소프로필기로 둘러싸여 있다는 것에 주목하라. [Based on an X-ray structure by Max Dobler, ETH, Switzerland]

너무 크다. 그러므로 발리노마이신은 K^+에 대한 친화도가 Na^+보다 10,000배나 크다. Na^+와 K^+를 더 잘 구별할 수 있는 다른 어떤 물질도 알려져 있지 않다.

B 포린은 β 원통형 구조를 포함한다

9-3A절에서 소개되었던 포린(porin)은 중앙에 수용성 통로를 가진 β 원통형 구조이다. **대장균**(*E. coli*)의 OmpF 포린에서 보면(그림 9-23), 최소 단면이 7×11 Å인 타원형의 막 기공을 형성하기 위해서 그 통로가 수축되어 있다. 결과적으로, 약 600 D 이상의 용질은 너무 커서 이 통로를 통과하지 못한다. 다른 포린은 음이온에 더 선택적인 데 반해, OmpF는 양이온에 대해 약한 선택성을 보인다. 일반적으로 통로의 크기와 통로의 벽을 형성하는 잔기들은 통과할 수 있는 물질의 유형을 결정한다.

용질 선택성은 **말토포린(maltoporin)**에 의해서 잘 설명된다. 이 박테리아 기원의 외막 단백질은 전분의 α(1→4) 결합한 글루코스 다당류 분해 산물인 **말토덱스트린(maltodextrin)**의 확산을 촉진한다(8-2C절). 대장균 말토포린의 X선 구조는 그 단백질이 OmpF 포린과 구조적으로 유사함을 나타내지만, 16가닥이라기보다는 오히려 18가닥의 역평행한 β 원통형의 동종 삼합체로 되어 있다. 각각의 말토포린 소단위체의 세포 외부면으로부터 유래한 세 개의 긴 고리는 원통형 안으로 접혀 있어서 통로를 세포막의 중간에 국한시켜 반지름이 ~5 Å 정도 되게 하고, 단면이 모래시계와 같은 모양의 통로가 되게 한다. 이 통로는 α 아밀로스의 왼손 방향 나선 굴곡과 일치하는 왼손 나선 방향 통로 내에서 배열된 일련의 6개의 연속된 방향족 곁사슬과 함께 한쪽 면에 놓여 있다(그림 8-10). 미끄러운 활주로라고 불리는 이것은 통로의 한쪽 끝에서 수축되면서 다른 한쪽 끝으로 뻗어나 있다(**그림 10-3**).

어떻게 미끄러운 활주로가 작동할까? 말토덱스트린 글루코스 잔기들의 소수성 면은 단백질과 당류의 복합체에서 종종 관찰되는 것과 같이 방향족 곁사슬 위에 겹쳐 쌓인다. 말토덱스트린의 반대편 모서리 부분을 따라서 두 가닥으로 배열된 글루코스의 하이드록실기는 통로를 따라 늘어선 극성 및 전하를 띤 곁사슬과 같이 많은 수소 결합을 형성한다. 미끄러운 활주로의 반대편 통로 속으로 튀어나온 Tyr 118은 분명

GATEWAY CONCEPT 평형
모든 반응 시스템은 막 양쪽에 있는 용질의 경우에 양쪽에서 동일한 농도를 의미하는 평형이 될 때까지 진행된다. 그러나 용질의 이동 속도는 막횡단 방법에 좌우된다. 세포에서 용질들은 빠르게 혹은 느리게 이동될지 모르지만, 실제적으로는 거의 평형에 도달되지 않는다.

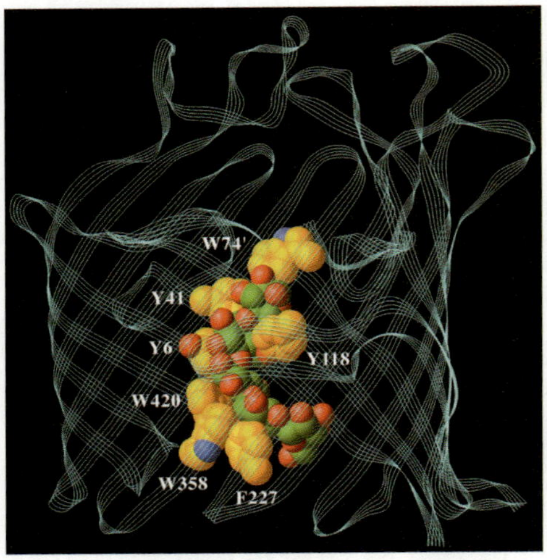

그림 10-3 **6개의 글리코실 단위체인 말토덱스트린과 결합한 말토포린 소단위체**의 구조 대장균 단백질의 폴리펩타이드 뼈대는 청록색 리본으로 나타내었다. 수송 통로에 늘어서 있는 말토덱스트린의 5개 글루코스 잔기와 방향족 곁사슬 분자 모형이 공간 채움 모형으로 N은 파란색, O는 빨간색, 단백질 C는 금색, 글루코실 C는 녹색으로 보인다. '미끄러운 활주로'는 6개의 방향족 곁사슬 잔기로 구성되었다. 통로 내로 뻗어 있는 Tyr 118은 글루코실 잔기에 한해 통과시키는 통과 제한을 돕는다. [Based on an X-ray structure by Tilman Schirmer, University of Basel, Basel, Switzerland. PDBid 1MPO]

히 글루코스 잔기와 같은 거의 평면 모양을 취하는 작용기만 통과하게 하는 입체적 방어막 역할을 한다. 그러므로 갈고리 모양의 슈크로스(글루코스-프럭토스 이당류)는 말토포린 통로를 통하여 매우 천천히 통과한다.

이동 과정의 첫 단계에서 들어가는 글루코실 잔기는 통로의 세포 바깥쪽에서 접근이 용이한 미끄러운 활주로 말단과 상호작용한다. 나선 통로를 따라 그 이상 이동하는 데에는 다당류의 나선 구조를 유지하는 너트를 통한 볼트의 이동과 매우 흡사한 나사와 같은 길을 따라 가기 위해서 말토덱스트린이 필요하다. 그러므로 다른 형태를 갖는 비슷한 크기의 물질들을 배제시킬 수 있다. **이동 과정은 말토덱스트린이 수축을 통하여 이동할 때 필수적인 연속적 수소 결합의 교환을 허용하는 통로 수축에서 미끄러운 활주로의 평탄한 표면과 다중 극성기 때문에 어떤 커다란 에너지 장벽에 직면하지는 않는 것 같다.**

C 이온 통로는 고도로 선택적이다

모든 세포는 Na^+, K^+, Cl^-와 같은 이온들의 빠른 통과를 위한 특이적 이온 통로를 가지고 있다. 능동 수송계(10.3절에서 논하였던)를 통한 이동과 같이 통로를 통한 이온들의 이동은 삼투압 균형의 유지와 신호 전달(13-4A절) 및 신경 전달에 중요한 막전위의 변화에 영향을 주는 데 매우 중요하다. 예를 들어 포유류 세포는 세포막의 양쪽 면에서 이온의 불균형적인 분포를 유지한다. 세포 외액에서는 Na^+는 ~ 150 mM, K^+는 ~4 mM이고, 세포 내에서는 Na^+가 ~12 mM, K^+는 ~140 mM이다.

KcsA K^+ 통로의 구조는 그의 선택성과 속도를 설명한다. 포타슘 이온(K^+)은 **K^+ 통로(K^+ channel)**로 알려진 막횡단 단백질을 통하여 세포질에서 세포외 공간으로 수동적으로 확산된다. 단일 유기체 내에서도 K^+ 통로들은 상당한 다양성을 보이는데, 그럼에도 불구하고 그 통로들은 유사한 서열을 갖고 있으며, 비슷한 투과 성질을 보이며, 가장 중요하게는 Na^+보다 K^+에 최소 10,000배 이상의 투과성을 보인다. 이 매우 높은 선택성(10-2A절에서의 발리노마이신과 같은 정도의 선택성)은 K^+와 단백질 사이의 에너지적인 측면에서 강한 상호작용을 한다는 것을 의미하기 때문에 어떻게 K^+ 통로가 관찰되는 거의 확산 한계 처리 속도인 초당 10^8개의 이온에 이르는 처리 속도(발리노마이신의 속도보다 10^4배나 더 큰)를 유지할 수 있을까?

가장 특징적인 이온 통로 중 하나는 **KcsA**로 명명된 *Strepromyces lividans*의 K^+ 통로이다. 알려진 모든 K^+ 통로와 같이 이 158개 잔기를 가진 내재성 막단백질은 동종 사합체로서 작용한다. 맥키논(Roderick MacKinnon)에 의해서 밝혀진 KcsA의 아미노 말단의 125개 잔기 단편의 X선 구조로부터 소단위체 각각은 2개의 거의 역평행한 막횡단 나선과 보다 짧은 하나의 나선을 포함하고 있다(**그림 10-4*a***). 그러한 네 개의 소단위체들이 연합하여 중심 기공을 둘러싸는 네 겹의 대칭적 조립체를 형성한다. 주로 기공을 형성하는 네 개의 안쪽 나선 구조는 막의 세포질 쪽 부근에서 뒤집어진 원뿔형 천막의 버팀목같이 각각이 서로 마주하여 적재되어 있다. 지질 두 겹층과 마주하고 있는 네 개의 바깥쪽 나선 구조는 안쪽 나선 구조를 지탱한다. 중심 기공은 여러 개의 K^+ 이온을 수용할 수 있다(**그림 10-4*b***).

45 Å 길이의 중심 기공은 다양한 넓이를 가진다. 그것은 지름이 약 6 Å인 터널 형태로, 세포질막 쪽에서 시작해서 입구는 양이온은 끌어당기고 음이온은 밀어내는 네 개의 음이온 곁사슬(그림 10-4*b*의 바닥의 빨간 부분)이 배열되어 있다. 그런 후 기공은 넓어져 지름이 약 10 Å인 구멍을 형성한다. 중심 기공의 이 영역들은 충분히 넓

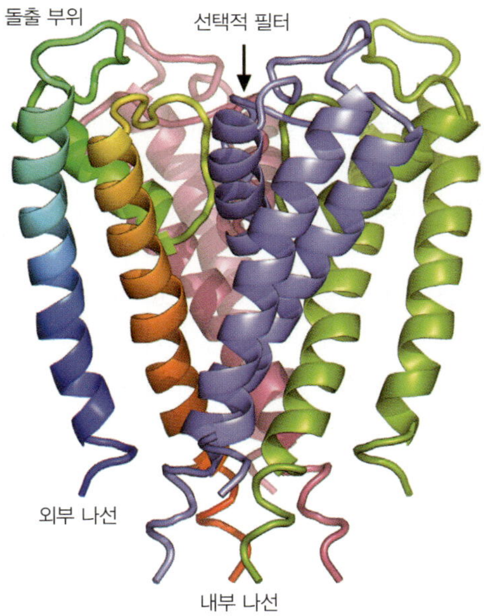

(a)

(b)

그림 10-4 KscA K⁺ 통로의 X선 구조 *(a)* 세포질을 아래로, 세포 밖을 위로 한 채로 세포막 표면 안에서 본 사합체의 리본 그림. 단백질의 네 겹의 회전축은 수직이며, 동일한 소단위체 각각은 N 말단(파란색)에서 C 말단(빨간색)까지 무지개 색 순으로, 다른 색으로 나타내었다. 각 소단위체는 중심 기공의 부분을 형성하는 안쪽 나선 구조가 있으며, 막의 안쪽과 접촉하는 바깥쪽 나선 구조 및 세포외 공간으로 뻗어 나가 있는 돌출 부위가 있다. 단백질의 세포 밖 끝에 있는 선택적 필터는 Na^+가 아니라 K^+를 통과하게 한다 [Based on an X-ray structure by Roderick Mackinnon, Rockefeller University. PDBid 1BL8.]. *(b)* 용매 접근이 용이한 표면으로 나타낸 위의 *(a)*에서 본 것과 같은 쪽에서 바라본 절단된 그림. 표면을 물리적인 성질에 따라서 색깔로 나타내었다. 음전하 부분은 빨간색, 비전하 부분은 흰색, 양전하 부분은 파란색. 중심 기공의 소수성 부위는 노란색으로 나타내었다. K^+는 녹색 구로 나타내었다. [Courtesy of Roderick MacKinnon, Rockefeller University. PDBid 1BL8]

? 왜 그렇게 많은 단백질 표면이 무극성인지를 설명하라.

어서 K^+가 수화된 상태로 그것을 통과하여 이동할 수 있다. 그러나 선택적 필터로 불리는 기공의 위쪽 부분은 3 Å으로 좁아서 이동하는 K^+ 이온에서 수화된 물을 탈수시킨다. 안쪽 기공과 공동의 벽은 확산되는 이온과 최소한으로 상호작용하는 소수성기가 배열되어 있다(그림 10-4*b*에서 구멍의 노란 부분). 그러나 선택적 필터(그림 10-4*b*의 상부 구멍의 빨간 부분)는 잔기의 주사슬에 있는 카보닐 산소와 가깝게 줄지어져 있으며, 이 잔기들은 모든 K^+ 통로에서 고도로 보존된 TVGYG라고 하는 '서명 서열(signature sequence)'이다.

K^+ 통로는 어떻게 그렇게 정확하게 K^+와 Na^+를 구별할 수 있을까? 선택적 필터에 놓여 있는 주사슬의 O 원자는 보다 더 작은 Na^+가 아니라 탈수된 K^+를 조합하기에 적당한 크기의 일련의 근접한 공간 영역을 제공하는 고리 더미(**그림 10-5**, **위**)를 형성한다. 선택적 필터를 둘러싸고 있는 단백질의 구조는 기공의 지름이 견고하게 유지되도록 하여 선택적 필터 내에서 탈수된 Na^+의 에너지가 수화된 Na^+보다 상당히 크도록 하며, 결국 K^+에 대한 K^+ 통로의 높은 선택성을 가지게 한다.

공동(cavity)의 기능은 무엇일까? 에너지 계산상 좁은 막횡단 기공을 통해 이동하는 이온은 막의 중심에서 최대가 되는 에너지 장벽을 극복해야만 한다는 것을 보여준다. 구멍의 존재는 극성화가 가능한 물 분자로 이온들을 둘러쌈으로써 정전기적

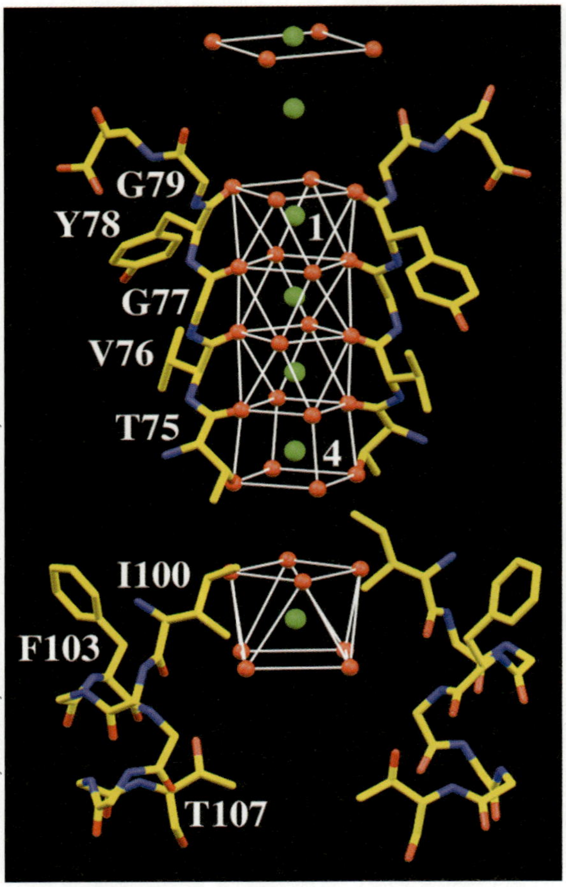

그림 10-5 이온 선택성을 담당하는 KcsA K^+ 통로의 일부 그림 10-4와 같은 쪽에서 본 단백질 그림. 그런데 선명하게 보이기 위해서 앞과 뒤의 소단위체를 생략하였다. 공동을 형성하는 잔기(**아래**)와 선택적 필터(**위**)의 원자들은 유형에 따라 C는 노란색, N은 파란색, O는 빨간색, K^+는 녹색 구로 나타내었다. 앞뒤 소단위체에 의해서 결합되는 것을 포함하여 K^+와 리간드 결합하는 물과 단백질의 O 원자는 빨간색 구로 나타내었다. 이 O 원자들에 의해 형성된 배위 다면각체는 흰색의 가는 선으로 윤곽을 그렸다.

불안정성을 줄인다(그림 10-5, **아래**). 무질서하기 때문에 X선 구조에서는 보이지 않지만 구멍은 40여 개의 추가적인 물 분자들을 보유한다. 특히 주목할 만한 것은 구멍을 채운 K^+ 이온은 엇사각기둥(한 면이 반대쪽 면에 대하여 45°로 뒤틀린 육면체) 모퉁이에 위치한 8개의 정렬된 물 분자에 의해 리간드 결합된다. 과거에는 시각적으로 보여진 바가 전혀 없었으나, 수용액에서 K^+는 내부 수화 껍질 같은 것이 있다고 알려진다.

KcsA가 어떻게 K^+에 대한 그렇게 높은 처리 속도(초당 10^8개 이온까지)를 뒷받침할 수 있을까? 그림 10-5에서 일련의 규칙적으로 공간 배치된 K^+ 이온들을 볼 수 있다. 선택적 필터 안에 네 개의 K^+가 있고, 세포 바깥쪽(맨 위)에 네 개의 K^+ 이온 바로 외곽에 두 개의 K^+가 더 있다. 그렇게 가까운 곳에 위치하는 양이온들은 서로 강하게 밀어내고, 따라서 높은 에너지 상태를 보인다. 그러나 X선 구조는 많은 KcsA 분자들의 평균이며, 여러 가지 증거에서 나타나듯이 단일 통로 내에서 K^+는 실제로 기공에서 물 분자들과 서로 교대한다. 이러한 배열은 각 K^+ 이온이 선택적 필터를 따라 각 위치에서 O 원자(H_2O 또는 단백질의 카보닐기에서)에 의해 둘러싸인다는 것을 의미한다. K^+ 이온이 공동으로부터 선택적 필터 안으로 이동할 때는 일부 수화된 물 분자가 단백질 리간드와 교환되며, 세포 외부의 용액으로 나가기 위하여 선택적 필터에 존재할 때는 역으로 수화 껍질이 복원된다. 선택적 필터 내부에서는 K^+ 이온이 연속적인 위치로 이동될 때 작은 자유 에너지 변화(<12 $kJ \cdot mol^{-1}$)가 있을 정도로 리간드는 일정한 간격을 두고 정렬되어 있다. 이러한 자유 에너지의 전반적인 수준은 이온 통로를 통하여 K^+ 이온이 빠르게 이동하도록 한다. 게다가 연속적인 K^+ 사이의 상호 정전기적 반발력과 선택적 필터 안에 이 이온들을 붙잡아 두는 인력 사이에서 균형을 유지하여 그들의 빠른 수송을 더욱 용이하게 한다. 그러나 이 메커니즘이 K^+ 이온의 이동에 대한 어떤 방향을 강제하는 것은 아니라는 것을 주의하라. K^+ 이온의 순 **유동 속도(flux**, 단위 면적당 수송 속도)는 단지 막을 횡단하는 전기 화학적 전위차에 의존한다. 즉 K^+ 이온은 수동 매개 수송을 받는다 (10-1절).

이온 통로들은 개폐된다. 이온 통로의 생리학적 기능은 통로의 정교한 이온 특이성 및 수송 속도뿐만 아니라 선택적으로 열리고 닫히는 능력에도 의존한다. 예를 들어 특정 에너지에 의해 구동되는 펌프(10-3절)에 의해 생성되는 세포막에 걸친 이온 농도 기울기는 Na^+와 K^+ 통로에 의해 해소된다. 그러나 펌프는 열려 있는 통로로 통과되는 이온들의 대량 유입은 감당하지 못한다. 그래서 **이온 통로는 정상 상태에서는 닫혀 있고, 세포에서 어떤 특정한 일을 수행할 때만 일시적으로 열린다.** 이온 통로의 열림과 닫힘, 즉 **게이팅(gating)**이라고 알려진 과정은 다양한 자극에 대한 반응으로 일어날 수 있다.

1. **기계감각적 통로(mechanosensitive channel)**은 지질 두겹층의 국소적인 변형에 반응하여 열린다. 결과적으로 이들 통로는 접촉, 소리, 삼투압의 변화와 같은 물리적 자극에 직접적으로 반응한다.
2. **리간드 개폐 통로(ligand-gated channel)**은 신경 전달 물질과 같은 세포 외부의 화학적 자극에 반응하여 열린다.

3. **신호 개폐 통로(signal-gated channel)**는 세포 내 Ca^{2+} 이온이나 다른 신호 전달 물질에 반응하여 열린다(13-4B절).
4. **전압 개폐 통로(voltage-gated channel)**는 막전위의 변화에 반응하여 열린다. 다세포 생물은 신경 자극을 생성하는 통로와 같은 것을 포함하는 다양한 전압 개폐 통로를 가지고 있다.

신경 자극은 활동 전위에 의해 전달된다. 전압 개폐 통로의 기능에 대한 한 예로 신경(신경세포) 내에서의 전기적 신호 전달을 생각해 보자. 전기적 신호 전달에 특이적인 세포인 신경세포의 자극(그림 9-45)은 Na^+가 자발적으로 세포 안으로 흐르도록 Na^+ 통로를 열게 한다. 이때 발생한 부분적인 막전위의 증가는 이웃한 전압 개폐 Na^+ 통로가 열리도록 유도한다. 이러한 결과로 생성된 세포막의 부분적인 **탈분극(depolarization)**은 근처의 전압 개폐 K^+ 통로를 열리게 한다. 열린 K^+ 통로는 K^+가 자발적으로 세포 밖으로 흘러나가게 하는데, 이 과정을 **과분극(hyperpolarization)**이라고 한다(**그림 10-6**). 그러나 세포막을 통한 Na^+ 및 K^+의 분배가 평형에 이르기 훨씬 전에 Na^+ 통로와 K^+ 통로가 자발적으로 닫힌다. 그러나 세포막 분절의 탈분극이 이웃하는 막 분절의 전압 개폐 Na^+ 통로를 열리도록 유도하고, 이것은 또 이웃하는 전압 개폐 Na^+ 통로를 열리도록 하기 때문에, **활동 전위(action potential)**라 불리는 막전위의 일시적인 변화의 흐름은 신경세포의 길이(아마도 1 m 이상인)를 따라 전해진다. 10 m/s로 전달되는 이 활동 전위는 한쪽 방향으로만 전파된다. 왜냐하면 이온 통로가 자발적으로 닫힌 후에 천분의 몇 초가 소요되는 막전위의 휴식기 값으로 다시 도달할 때까지 이온 통로가 다시 열리는 것에 저항하기 때문이다(그림 10-6).

활동 전위가 신경세포의 길이를 따라 전파될 때, 이 전위는 지속적으로 새로워져서 신호의 강도는 일정하게 유지된다(반면에 전선을 따라 전해지는 전기 자극은 저항 효과와 용량 효과의 결과로 소실된다). 그럼에도 불구하고, 휴식 막전위의 원인이 되는 상대적인 이온 불균형은 작다. 신경세포의 $Na^+–K^+$ 기울기(이온 펌프에 의해 생성됨, 10-3A절)의 아주 일부만이 단일 신경 자극에 의해 해소된다(방사성 Na^+의

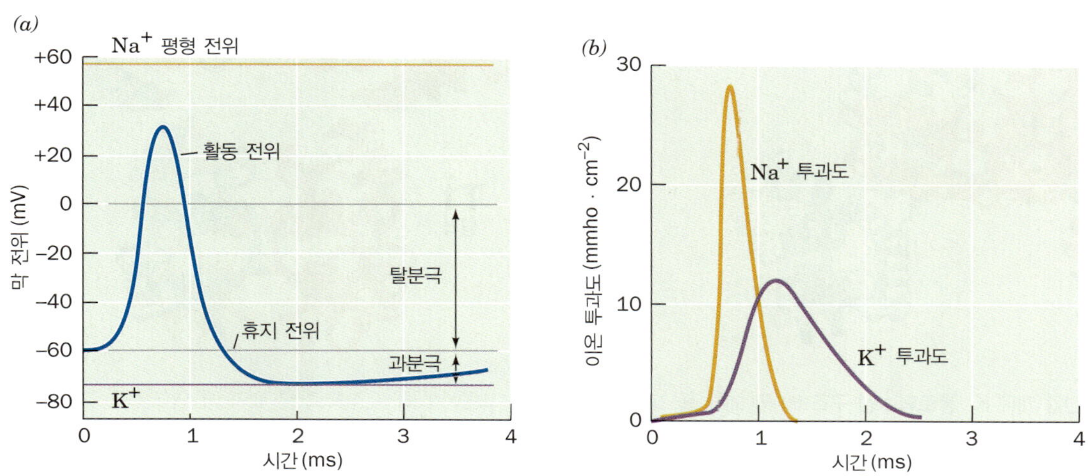

그림 10-6 활동 전위의 시간별 변화 (*a*) 휴지기의 막전위가 음인 신경세포막은 빠르게 탈분극화되었다가 빠르게 과분극되고, 다시 서서히 휴식기의 전위를 회복한다. (*b*) 탈분극은 Na^+ 투과도(전도도)의 일시적 증가에 의해 야기되는 반면, 과분극은 천분의 일초 후에 분획을 시작하는 K^+ 투과도의 좀 더 지속적인 증가로부터 초래된다. [After Hodgkin, A.L. and Huxley, A.F., J. *Physiol.* **117**, 530(1952).]

? Na^+ 이온은 세포 안으로 흘러들어가는 반면, K^+ 이온은 세포 밖으로 흘러나가는 이유를 설명하라.

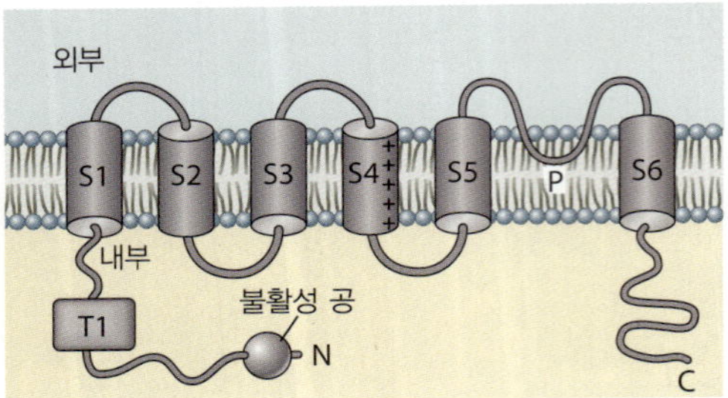

그림 10-7 전압 개폐 K^+ 통로의 소단위체 입체 구조

측정 결과 세포질의 3,000~300,000개당 한 개의 K^+만이 세포 밖 Na^+과 교환된다). 따라서 신경세포는 신경 자극을 중단없이 천분의 몇 초마다 전송할 수 있다. 이런 빠른 전송 능력은 신경 세포간의 신호 전달에 있어서 중요한 특징이다. 모든 활동 전위가 같은 진폭을 가지므로 자극의 크기는 신경이 자극되는 정도에 따라 전달된다.

Kv 통로에서의 전압 개폐는 양으로 하전된 단백질 나선의 운동에 의해서 유발된다. 전압 개폐 K^+ 통로의 모든 소단위체는 N 말단 약 220개 잔기의 세포질 영역과 약 250개 잔기의 S1에서 S6까지 6개의 나선 구조를 포함하는 세포막 영역, 그리고 약 150개 잔기의 C 말단의 세포질 영역을 가지고 있다(그림 10-7). S5와 S6은 각각 KcsA 통로(그림 10-4)의 내외부 막횡단 나선들과 유사성이 있으며, 선택적 필터를 형성하는 중간에 있는 P 고리(P-loop)는 KcsA에 존재하는 것과 동일한 TVGYG 서명 서열을 갖고 있다. **Kv 통로**(**Kv channel**)라고 알려져 있는 전압 개폐 K^+ 통로에는 T1 영역이라고 하는 보존적이고 세포질성인 약 100개 잔기가 막횡단 영역의 앞에 있다.

Kv 통로는 사합체 기공 구조에서 KcsA 통로와 매우 유사하지만, 전압 개폐 이온 통로에서 개폐 기작의 특징은 무엇인가? 약 19개 잔기로 구성된 S4 나선은 다른 소수성 폴리펩타이드의 3개 잔기마다 대략 5개의 양전하 곁사슬을 함유하며, 전압의 센서로 작용한다. 여러 실험 결과로부터 막전위가 증가할 때(안쪽은 음전하가 적어진다) S4 나선은 막 외부 쪽으로 끌려간다.

Kv1.2(그림 10-8)로 명명된 쥐 뇌세포의 Kv 통로에 대한 X선 구조는 어떻게 개폐

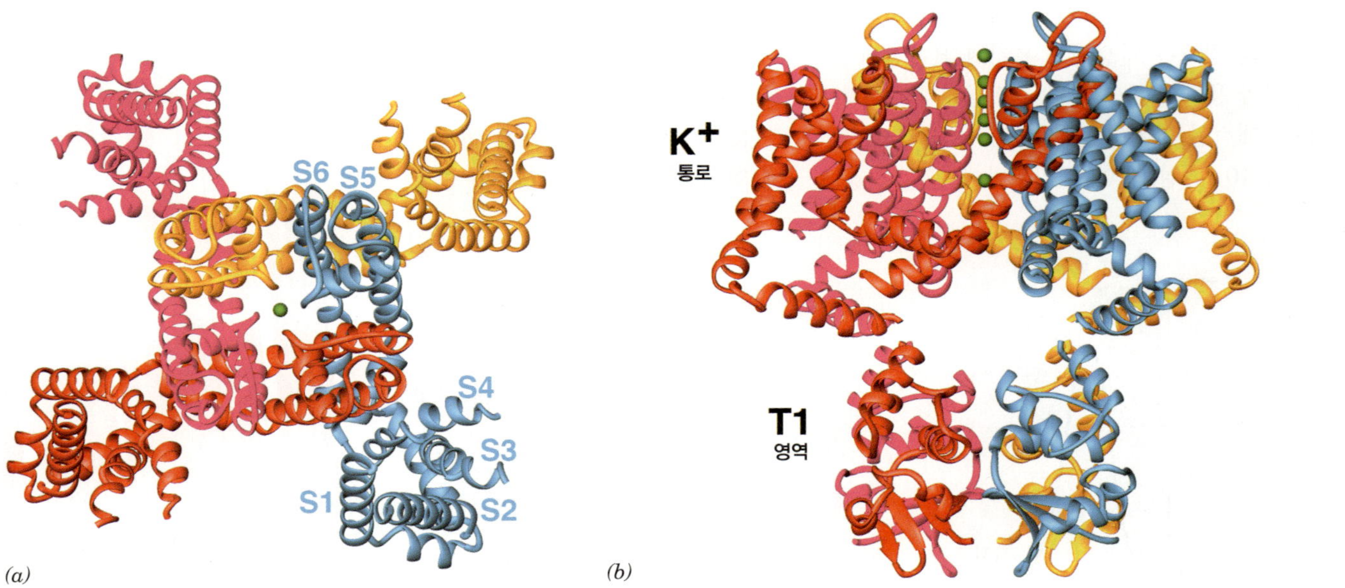

그림 10-8 Kv1.2 전압 개폐 K^+ 통로의 X선 구조 (*a*) 막 외부 쪽으로부터 사합체 단백질의 4중축을 따라서 바라본 그림. 네 개의 동일한 소단위체 각각은 다른 색으로 나타냄. T1 영역은 선명도를 위해 나타내지 않았음. 폴리펩타이드 사슬의 해체된 외형은 사라진 부분의 높은 유동성 때문이다. 중간에 P 고리를 가진 S5–S6 나선은 K^+ 이온을 위한 기공을 형성한다 (초록색 구형으로 나타냄). S1에서 S4의 나선들은 독립된 막간 전압 감지 구역을 형성하며, 시계 방향으로 인접한 소단위체인 S5 및 S6 나선과 연결되어, 결과적으로는 조리개처럼 K^+ 통로가 개폐된다. (*b*) (*a*) 그림에 대해 수직으로 본 위가 막 외부 쪽인 그림. 기공과 전압 감지 구역은 막의 소수성 중심의 두께인 30 Å의 폭에 걸쳐져 있다. 세포질에 존재하는 T1 구역은 막횡단 K^+ 통로의 연결 통로를 형성한다. T1 구역과 K^+ 이온 통로 사이의 4개의 큰 틈은 K^+ 이온이 통로로 들어가는 문이다. [Based on an X-ray structure by Roderick MacKinnon, Rockefeller University. PDBid 2A79.]

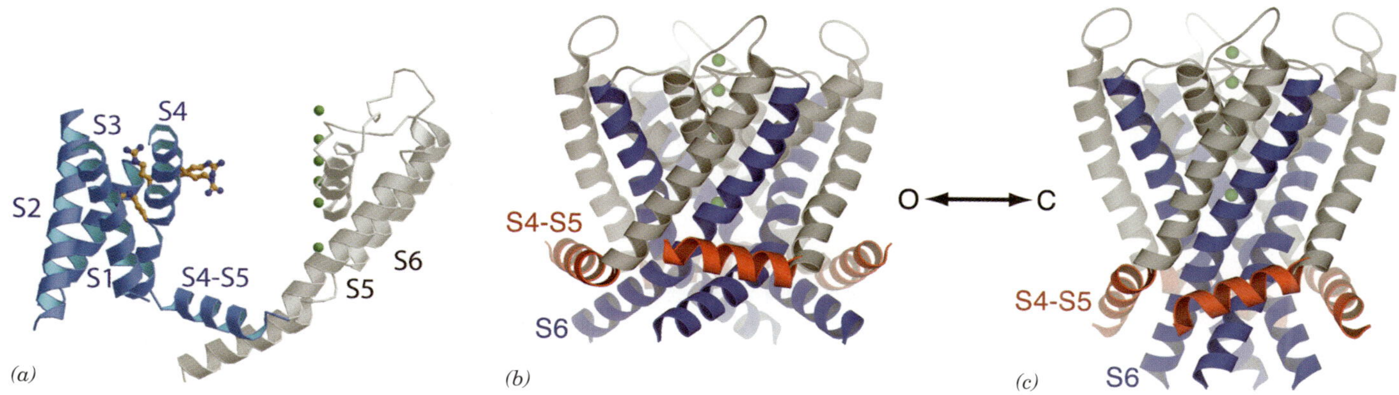

그림 10-9 **Kv1.2 전압 개폐 K^+ 이온 통로의 막횡단 구역의 작동** *(a)* 위쪽이 세포외인 단일 소단위체의 측면 그림. 기공 형성 나선(S5와 S6)은 회색. 전압 감지 구역(S1에서 S4까지)은 파란색. 막 표면과 나란한 S4–S5 연결 나선(그림 10-7에는 미표시)은 전압 감지 구역과 K^+ 기공을 형성하는 구역(초록색 구형 그림)을 연결한다. S4상의 네 개 Arg 잔기는 C(노란색), N(파란색)의 공–막대 모형으로 나타냄. 이들 잔기 중 두 개는 단백질과 작용하고, 두 개는 지질 두겹층으로 돌출된다. *(b)* 개방된 입체 배열로 사합체 통로의 측면 조망. S5 나선(회색), S6 나선(파란색), S4–S5 연결 나선(빨간색). *(c)* 폐쇄된 입체 배열의 가상적인 통로 모형으로 *(b)* 그림처럼 색으로 구분. Arg을 가진 S4 나선이 아래쪽 방향으로 이동(이 그림에서는 나타나지 않음)하여 S4–S5 연결 나선을 아래로 눌러 기공을 세포질 쪽(아래쪽)으로 집어 낸다. [Courtesy of Roderick MacKinnon, Rockefeller University. PDBid 2A79.]

되는지를 보여 준다. 막이 탈분극을 시작할 때 S4 나선상의 네 개의 보존된 Arg 잔기는 S4–S5 연결 나선(그림 10-7에 그려져 있지 않음)과 그것과 같이 S5 나선을 끌면서 세포외 표면(**그림 10-9** 위)으로 끌려간다. 이렇게 하여 K^+ 통로를 위한 세포내 입구를 넓히도록 S6 나선의 끝을 벌어지게 한다(그림 10-9*b*). 재분극하는 동안 세포 내부는 음으로 더 하전되며, 양으로 하전된 S4 나선은 통로를 폐쇄시키기 위하여 S4–S5 지렛대를 누르면서 막의 세포질 쪽을 향해 다시 돌아간다(그림 10-9*c*).

이온 통로는 두 개의 문을 가진다. 전기 생리적 측정 결과는 Kv 통로가 열린 후 천분의 몇 초 이내에 자발적으로 닫히고 세포막이 휴식기의 막전위를 회복할 때까지 다시 열리지 않는다는 것을 보여 준다. 분명히, **Kv 통로는 두 개의 전압에 반응하는 문을 가지고 있고, 한 개는 막전하의 증가에 반응하여 통로를 열리게 하고, 다른 한 개는 잠시 후에 통로를 닫게 한다.** Kv 통로의 이러한 불활성화(inactivation; 닫힘)는 NMR 구조로 보면 공 모양을 형성하는 N 말단의 20개 잔기가 단백질 가수 분해로 제거되면서 없어진다. 원래의 온전한 Kv 통로에서 이 '불활성 공(inactivation ball)'은 유동성이 있는 65개 잔기의 펩타이드 단편의 끝에 달려 있는데(그림 10-7), 이것은 이 공이 열려진 K^+ 통로 구멍의 입구에 결합하기 위해 주위로 흔들리며 K^+의 통과를 방해할 때 통로 불활성화가 정상적으로 일어난다는 것을 시사한다. 아마도 이 '공과 사슬'이 움직이기 때문에 Kv1.2를 X선 구조(그림 10-8)에서 볼 수 없는 것이 아닌가 한다.

T1 사합체는 축방향의 통로를 갖고 있지 않아서 불활성 공은 T1 사합체와 중심 기공 사이의 쪽 문을 통하여 중심 기공을 막을 길을 찾아야 한다(그림 10-8*b*). 길이가 15~20 Å인 이 문들은 K^+ 이온을 끌어당기는 것으로 생각되는 음으로 하전된 작용기와 같이 나란히 배열되어 있다.

K^+ 통로 구멍의 세포질 입구는 단지 넓이가 6 Å에 불과하여 불활성 공을 받아들이기에는 너무 좁다. 그러므로 구형의 펩타이드가 구멍으로 들어가기 위해 펼쳐져 있어야만 한다. 펼쳐진 구형 펩타이드의 처음 10개 잔기는 대다수가 소수성이고, Kv 통로 구멍에 늘어선 소수성 잔기와 접촉한다. 다음 10개 잔기는 대부분 친수성이고,

몇 개의 양이온기를 포함하며, T1의 쪽 문 입구에 줄지어 선 음이온기에 결합한다. 그러므로 이 불활성 펩타이드는 공과 사슬보다는 뱀처럼 움직인다. 공학적으로 합성된 한 개의 소단위체만이 불활성 펩타이드를 함유한 Kv 통로는 단지 정상적인 Kv 통로의 1/4 속도로 불활성화된다. 분명히 정상적인 Kv 통로 네 개의 불활성 펩타이드는 모두 통로를 막을 수 있으며 어느 것이 그렇게 작용하는지에 대한 기회의 문제이다.

다른 전압 개폐 양이온 통로도 중심 기공을 함유한다. 전압 개폐 Na^+와 Ca^{2+} 통로는 비록 동종 사합체가 아닌 큰 세포질 고리에 의해 분리된 연속적인 네 개 영역의 단량체(각각은 K^+ 통로 소단위체와 상동인)들로 구성되지만, K^+ 통로와 유사하다. 이 영역들은 아마도 전압 개폐 K^+ 통로와 유사한 중심 기공 주위에 유사 사합체 구조를 형성하는 것으로 여겨진다. 이 구조적 유사성은 전압 개폐 이온 통로가 공통적 구성을 가지며, 이온 선택성의 차이는 중심 기공 내의 정밀한 입체 화학적 다양성에서 온다는 것을 암시한다. 그러나 보존된 막횡단 중심 바깥쪽의 다른 이온 선택성을 가지는 전압 개폐 이온 통로는 매우 다양하다. 예를 들면 Kv 통로의 T1 영역은 다른 형태의 전압 개폐 이온 통로에는 없다.

Cl^- 통로는 양이온 통로와 다르다. 모든 세포에 존재하는 **Cl^- 통로(Cl^- channel)**는 염화 이온의 농도 기울기에 따라 세포막을 관통하여 이동하게 한다. 포유 동물에서 세포 밖의 Cl^- 농도는 약 120 mM 정도이고, 세포 안은 약 4 mM 정도이다.

ClC Cl^- 통로(ClC Cl^- channel)는 원핵생물과 진핵생물 모두에서 폭넓게 존재하는 음이온 통로의 큰 군(family)을 형성한다. Raimund Dutzler와 매키넌(MacKinnon)에 의해 밝혀진 두 종의 세균 ClC Cl^- 통로의 X선 구조는 생물물리학적 측정에서 이미 제시했던 것처럼, ClC Cl^- 통로가 음이온 선택적 기공을 형성하는 각 소단위체를 가진 동종 이합체이다(**그림 10-10**). 각 소단위체는 대부분 18개의 주로 막횡단 α 나선으로 구성되는데, 이 나선 구조는 세포막의 수평면에 대해 현저히 기울어져 있고, 알려진 구조의 다른 내재성 막단백질에 있는 막횡단 나선 구조와 비교해서 다양한 길이를 가진다.

Cl^- 통로의 특이성은 음이온이 막 기공을 향하여 깔때기 같이 좁은 공간 속을 이동하는 것을 돕는 단백질 표면의 염기성 아미노산들과 몇 개의 α 나선의 N 말단에

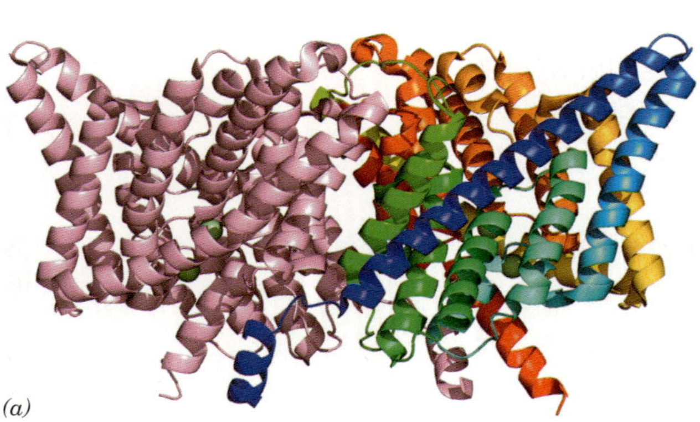

(a)

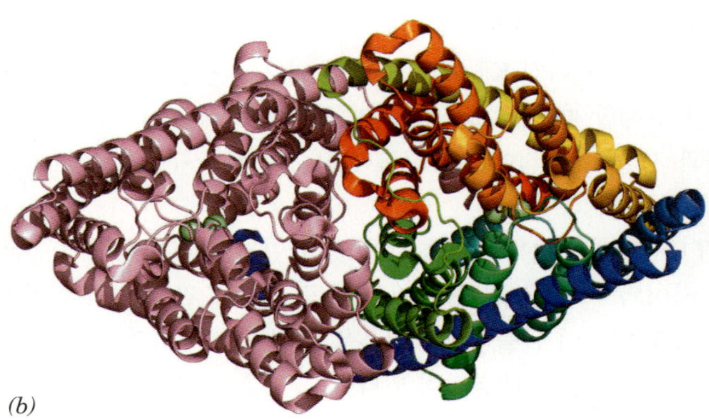

(b)

그림 10-10 살모넬라균의 ClC Cl^- 통로의 X선 구조 동종 이합체의 각 소단위체는 다양한 길이의 18개의 α 나선을 가진다. 소단위체들은 N 말단(파란색)에서부터 C 말단(붉은색)까지 무지개색 순서와 분홍색의 리본형으로 나타내었다. 각 소단위체의 선택적 필터에 결합된 두 개의 Cl^- 이온은 연한 초록색 구로 나타내었다. *(a)* 세포 바깥면을 위로 한 상태에서 세포막 안에서본 그림, *(b)* 분자 2중축을 따라 세포막의 바깥으로부터의 조망 [Based on an X-ray structure by Raimund Dutzler and Roderick MacKinnon, Rockefeller University. PDBid 1OTS.]

의해 형성된 선택적 필터에 의해 수립된 정전기장에서부터 기인된다. 한 개의 α 나선의 극성기가 모두 정렬되기 때문에(그림 6-7), N 말단의 양전하와 더불어 강한 전기적 쌍극자를 형성한다. 이러한 선택적 필터의 특성은 Ser과 Tyr 잔기의 주사슬에 있는 아마이드 질소와 곁사슬에 있는 하이드록실기에 의해 특이적으로 편성된 Cl^-를 끌어들이는 것을 돕는 것이다. Lys이나 Arg 같은 양전하를 띠는 잔기가 선택적 필터 안에 존재할 경우, 아마도 Cl^-과 강하게 결합하여 통로를 통과하지 못하도록 할 것이다.

Cl^- 통로는 수용성의 중심 기공을 가지는 K^+ 통로(그림 10-4*b*)와 달리, 세포막의 중심부에서 가장 좁아지는 모래시계 모양이며, 측면에는 보다 넓은 수용성 '연결 통로'가 있다. 보존된 Glu 곁사슬은 막 기공 안쪽으로 돌출되어 있다. 이 작용기는 다른 음이온들을 밀어내는데, 이것은 빠른 Cl^- 이온의 흐름이 Glu 곁사슬이 옆으로 밀쳐지는 단백질의 구조적 변화를 필요로 한다는 것을 의미한다. 다른 음이온은 Glu을 밀어낼 수 있는데, 이것은 왜 어떤 Cl^- 이온 통로는 Cl^- 이온에 의해 활성화되고, 세포 외액의 어떤 특정 Cl^- 이온 농도에 반응하여 열리는지를 설명해 준다.

D 아쿠아포린은 물의 막 이동을 매개한다

생체 세포막을 통과하는 물 분자의 빠른 수송은 물 분자가 크기가 작고 생체계에서 높은 농도로 존재하기 때문에 가능한 단순 확산을 통해 이루어진다고 오랫동안 추측되어 왔다. 그러나 콩팥 세포와 같은 어떤 세포들은 특별히 빠른 물 수송 속도를 유지할 수 있다. 이 물 수송은 수은 이온에 의해 가역적으로 저해된다. 이것은 전에는 밝혀지지 않았던 생체 세포막을 통해 물을 수송하는 단백질 기공의 존재를 시사한다. 이 단백질은 1992년에 아그레(Peter Agre)에 의해 처음으로 발견되었고, **아쿠아포린(aquaporin)**이라고 명명되었다.

아쿠아포린은 자연에 널리 분포되어 있다. 식물은 50개 정도의 서로 다른 아쿠아포린을 가지고 있다. 포유동물의 아쿠아포린은 13개가 확인되었고, 이는 빠른 물 수송을 필요로 하는 조직, 콩팥, 침샘, 눈물샘(눈물을 생성하는) 등에서 높은 수준으로 발현된다. 아쿠아포린은 매우 높은 속도(초당 약 $\sim 3\times10^9$개)로 물 분자를 수송하지만, 매우 놀랍게도 양성자(실제로 하이드로늄 이온; H_3O^+)를 포함하는 이온들의 수송은 허용하지 않는다.

가장 잘 알려진 아쿠아포린인 **AQP1**은 동종 사합체인 당단백질이다. AQP1의 X선이나 전자 결정학적 구조는 각 소단위체가 6개의 막횡단 α 나선과 두겹층 안쪽에 위치한 두 개의 좀 더 짧은 나선으로 구성되어 있음을 보여 준다(**그림 10-11**). 이들 나선은 길게 늘어진 모래시계 형태의 중심 기공을 형성하기 위해 배열되어 있고, 수축 영역이라고 하는 가장 좁은 부분은 물 분자의 반데르발스 지름인 2.8 Å의 너비를 가진다(**그림 10-12**). 막 기공의 대부분에는 소수성기가 늘어서 있고, 이들은 물 분자와 강한 상호작용이 없으므로 빠른 수송을 가능하게 한다. 그러나 물 분자가 수축 영역을 통과하기 위해서는 수소 결합되어 있는 다른 물 분자와 분리되어야만 한다. 이것은 통과하는 물 분자와 수소 결합을 형성하는 여러 개의 펩타이드 결합의 카보닐기뿐만 아니라 수축 영역에 늘어선 매우 잘 보존된 Arg과 His의 곁사슬에 의해서 촉진되며, KcsA 통로의 선택적 필터에서 K^+에 일어나는 현상과 유사하게 순조롭게 결합된 물 분자를 치환한다(10-2C절).

만약 물이 수소 결합된 분자의 연속적인 사슬로서 아쿠아포린을 통과한다면, 양성자는 양성자 점프를 경유한 통로를 통해 훨씬 더 빠르게 통과할 것이다(그림 2-15,

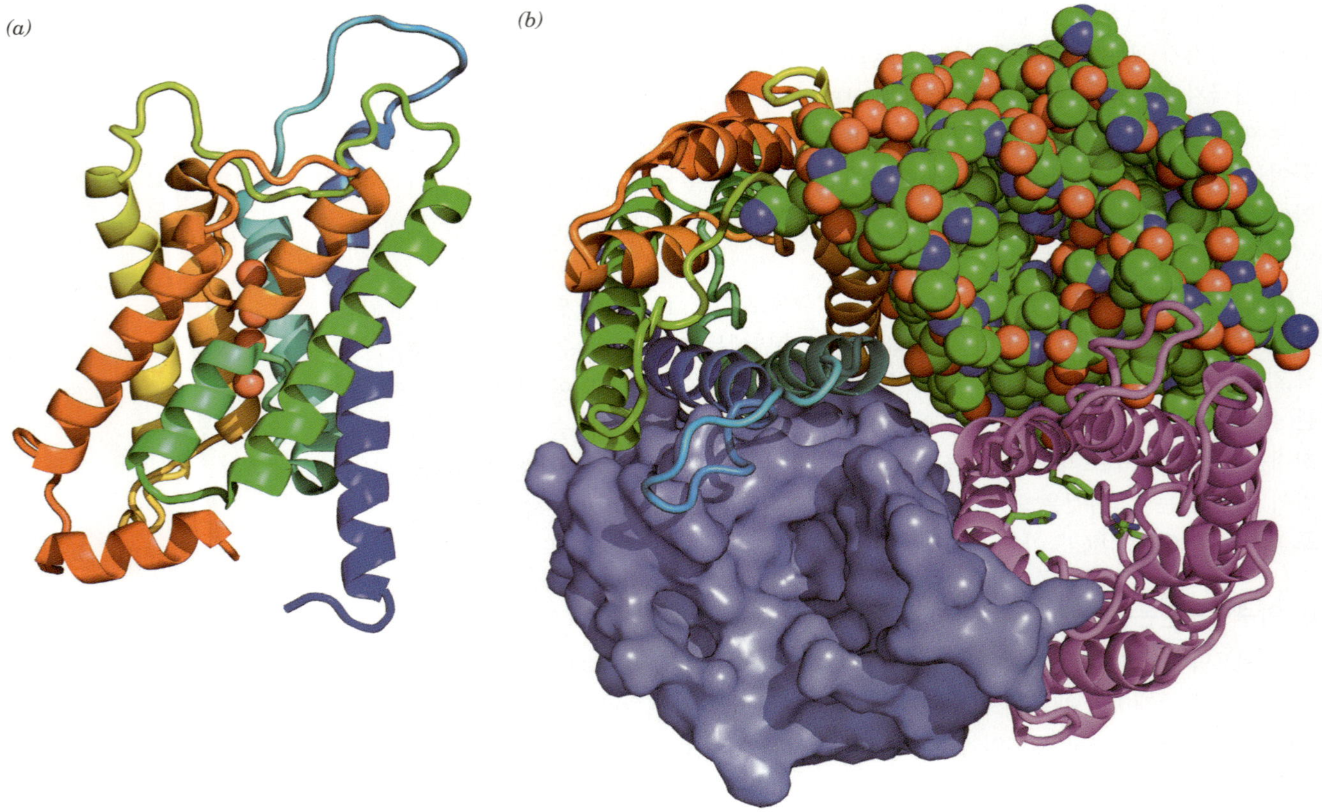

그림 10-11 소 적혈구의 아쿠아포린 AQP1의 X선 구조 (*a*) 무지개색 순으로 N 말단(파란색)에서부터 C 말단(붉은색)까지 색으로 나타낸 아쿠아포린 소단위체의 리본 모형. 위가 세포외 표면이고 세포막에서 세포 밖으로 바라본 전경. 물 수송 통로의 중심부를 차지하는 네 개의 물 분자는 붉은색 구로 나타내었다. (*b*) 세포외 표면에서 본 아쿠아포린 사합체 그림. 위 오른쪽의 소단위체는 공간 채움 모형으로 그려졌다. C 초록색, N 파란색, O 붉은색. 왼쪽 위는 N 말단(파란색)에서부터 C 말단(붉은색)까지 무지개색 순서로 리본형으로 그림. 왼쪽 아래는 용매 접근 표면을 나타냄. 오른쪽 아래는 수축부에서 곁사슬(초록색)을 나타냄. 각 소단위체는 공간 채움 모형으로 그려진 소단위체에서 가장 분명히 볼 수 있는 물 수송 통로를 형성한다. [Based on an X-ray structure by Bing Jap, University of California at Berkeley. PDBid 1J4N.]

하나 이상의 그런 일련의 양성자 점프가 일어나기 위해서, 사슬 내의 각 물 분자는 양성자 한 개가 이웃하는 물 분자와 수소 결합을 하기 위해서 재정렬되어야 한다). 그러나 아쿠아포린은 기공의 중심에 위치한 물 분자가 매우 잘 보존된 두 Asp 잔기의 곁사슬 아미노기와 수소 결합을 형성하여 이 과정을 방해한다(**그림 10-12**). 따라서 이 중심에 위치한 물 분자가 수소 결합된 사슬 안에서 이웃한 물 분자에 수소 결합을 용이하게 제공할 수 있다 하더라도 그들로부터 한 개를 받아들이거나 재정렬할 수는 없으며, 그것에 의해서 '양성자 전도선(proton-conducting wire)'을 제공한다.

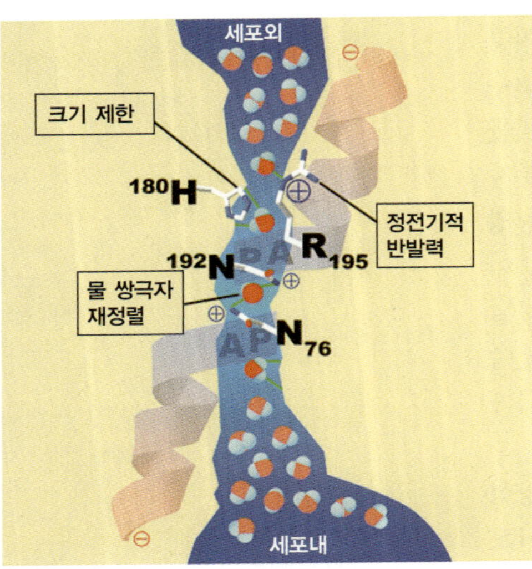

Kozono, D., et al. *J. Clin. Invest.*, 2002; 109(11): 1395-1399

그림 10-12 아쿠아포린 AQP1의 물 전도 기공의 도식 모형 세포막 안에서 위의 세포 밖으로 바라본 기공. 양성자, 다른 이온들, 저분자 용질의 수송을 막는 데 중요한 잔기의 위치를 표시하였다.

E 운반 단백질은 두 개의 입체 배열 형태를 번갈아 취한다

지금까지는 작은 분자, 이온 또는 물의 물리적 수송을 담당하는 막단백질의 구조와 기능에 대해 조사해 보았다. **코넥신(connexin)**이라고 알려진 막단백질도 세포간의 **간극 결합(gap junction)** 형태로 통로를 형성한다(자료 10-1 참

자료 10-1 생화학의 전망

간극 결합

대부분의 진핵세포는 인접한 세포와 물리적 접촉뿐만 아니라 대사적 접촉으로 이루어져 있다. 이 접촉은 **간극 결합**(gap junction)이라고 하는 관상 구조로 이루어져 있다. 간극 결합은 속이 빈 리벳(hollow rivet)과 유사한 모양으로, 인접한 세포막과의 분리된 부분을 연결한다. 간극 결합은 나란한 두 개의 세포막에 묻혀 있는 복합체로 구성되어 있다. 거대 분자 이외의 저분자와 이온은 간극 결합의 중간 통로를 통해서 세포 사이를 자유롭게 통과한다.

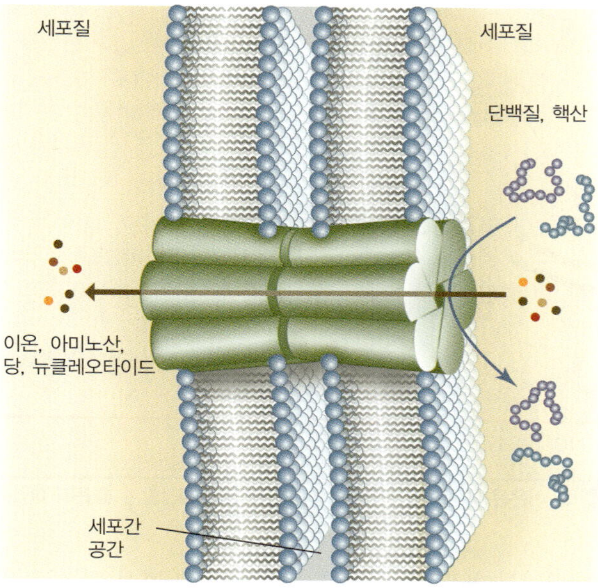

이러한 세포간의 통로는 매우 광범위하게 분포되어 있어서 많은 전체 기관이 내부로부터 연속적으로 이어져 있다. 그러므로 **간극 결합은 매우 중요한 세포간의 의사소통 통로이다.** 예를 들어 심장 근육의 동조화된 수축은 간극 결합을 통한 이온의 흐름에 의해서 유발되고, 간극 결합은 배아 발생을 매개하는 일부 물질에 대한 통로로 작용한다.

포유동물의 간극 결합 통로는 지름이 16~20 Å으로, 뢰벤슈타인(Werner Loewenstein)이 다양한 크기의 형광 물질을 단일 세포에 주입하여 형광 탐지자가 인접한 세포로 통과하는지 안하는지를 형광 현미경으로 관찰함으로써 확립하였다. 인접한 세포들 간에 자유롭게 이동할 수 있는 분자와 이온의 최대 분자량의 크기는 ~1,000 D로 제한된다. 단백질 및 핵산과 같은 거대 분자는 이 통로를 통하여 세포간에 이동할 수 없다.

간극 결합 통로의 지름은 Ca^{2+} 농도에 따라 변한다. 통로는 Ca^{2+} 농도가 10^{-7} M보다 작을 때 완전히 열리게 되고, Ca^{2+} 농도가 증가하면서 좁아지고, 5×10^{-5} M 이상이 되면 닫힌다. 이런 순환계는 그들 구성원 중의 하나가 죽음으로 인해 야기되는 큰 손상으로부터 상호간에 연결된 세포들을 보호하기 위한 것으로 생각된다. 세포는 일반적으로 미토콘드리아 및 소포체 안으로뿐만 아니라 세포 바깥으로 Ca^{2+}를 적극적으로 내보냄으로써 세포질 내의 Ca^{2+} 농도($<10^{-7}$ M)를 매우 낮게 유지한다(10-3B절). Ca^{2+}는 누수되거나 대사적으로 기능이 약화된 세포로 역으로 흐르게 되며, 그렇게 함으로써 간극 결합의 차단 및 인접한 세포와의 교류의 단절을 유발한다.

간극 결합은 **코넥신**(connexin)으로 알려진 단일 종류의 소단위체 단백질로 구성되어 있다. 단일의 간극 결합은 **코넥손**(connexon)이라고 하는 두 개의 육각형 고리의 코넥신으로 구성되어 있는데, 그들 중 한 개는 원형질막에 붙어 있다. 동물은 유전학적으로 구분이 되는 다수의 코넥신(인간에서는 21개)을 발현하는데, 그 분자의 크기는 25~50 kD 정도이다. 적어도 일부의 코넥손은 두 개 이상의 코넥신 종류로 형성되어 있을 것으로 추측되며, 두 세포 간을 연결하는 간극 결합은 두 개의 다른 유형의 코넥손으로 구성되어 있다. 이러한 다양한 간극 결합으로 인해 그들이 전달하는 물질의 선택성이 달라질 것으로 생각된다.

Tomitake Tsukihara에 의해 결정된 226개 잔기의 인간 **코넥신 26(connexin 26)**으로 형성된 간극 결합의 X선 구조를 보면, 길이가 ~155 Å이고, 최대 지름이 ~92 Å인 중앙 통로를 둘러싸는 대칭적 결합체이다.

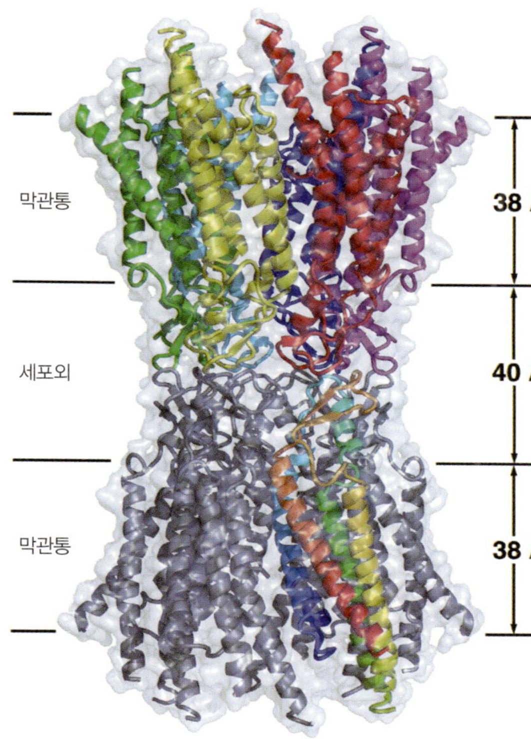

각 코넥신은 네 개의 α 나선이 위아래로 뻗은 다발로 구성된다. 이 모형에서 단백질은 반투명 분자 표면에 박혀 있는 리본으로 그려졌다. 상부 코넥손의 각 코넥신은 서로 다른 색으로 나타내었다. 반면에 하부 코넥손에서 한 개의 코넥신이 N 말단(푸른색)에서부터 C 말단(붉은색)까지 무지개색 순으로 그려졌으며, 나머지 코넥신은 회색으로 그려졌다.

각 코넥신의 세포외 부분은 세포 표면으로부터 길게 연장되어 있으며, 반대쪽 코넥손과 6 Å에서 40 Å의 세포간 간극 폭으로 서로 얽혀 있다. 중심 통로는 세포질 입구에서 지름이 약 40 Å이며, 깔때기 모양으로 막의 세포외 표면 근처에서는 14 Å으로 좁아지고, 다시 세포외 공간에서는 25 Å으로 넓어진다. 통로의 입구는 양으로 하전되었으며, 음으로 하전된 분자를 당긴다. 그러나 최대 통로 수축 지역은 음으로 하전되어 전하 선택성에 영향을 미친다.

[Based on an X-ray structure by Tomitake Tsukihara, University of Osaka, Japan, PDBid 2ZW3.]

process diagram

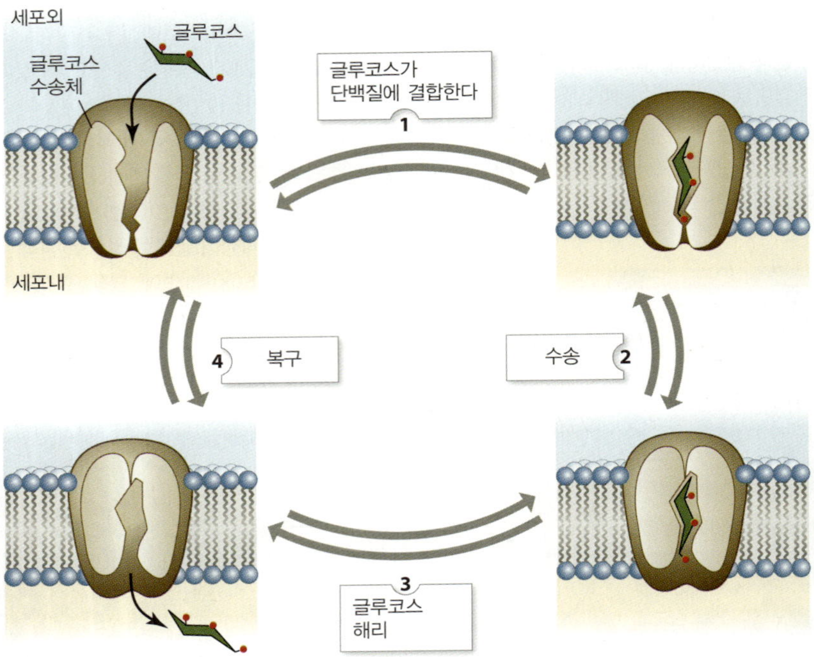

그림 10-13 글루코스 수송 모형 수송 단백질은 두 개의 상호 배타적인 입체 구조 사이에서 교대한다. 글루코스(녹색)는 일정한 비율로 그리지 않았다. [After Baldwin, S.A. and Lienhard, G.E., Trends Biochem. Sci. 6, 210(1981).]

? 왜 이온은 글루코스 수송체를 경유하여 막을 횡단할 수 없는지 설명하라.

조). 그러나 모든 막운반 단백질들이 뚜렷이 구분되는 세포막에 걸친 막 기공을 제공하는 것은 아니다. 대신에 어떤 단백질들은 세포막의 한 면에서 다른 면으로 물질을 이동시키기 위해 구조적 변화를 일으킨다. **적혈구 글루코스 수송체(erythrocyte glucose transporter**, **GLUT1**이라고도 함)가 이런 단백질 중의 하나이다.

생화학적 근거들은 GLUT1이 세포막의 양면에 글루코스 결합 부위를 가지는 것을 보여 준다. 바네트(John Barnett)는 글루코스의 첫 번째 탄소에 프로필기를 붙이면 세포막의 바깥 면에 글루코스의 결합을 방해하고, 반면에 여섯 번째 탄소에 붙은 프로필기는 안쪽 면에 결합을 방해한다는 것을 증명하였다. 그러므로 그는 이 막단백질이 번갈아 변하는 두 개의 구조 형태를 가진다고 제안하였다. 세포 바깥쪽에 면한 글루코스 결합 부위를 가지는 구조 형태는 첫 번째 탄소에 붙은 산소와의 접촉을 필요로 하고 6번째 탄소에 있는 산소는 자유롭게 놓아 둔다. 그리고 세포 안쪽 면에 글루코스 결합 부위를 가지는 다른 구조 형태로 6번째 탄소에 붙은 산소와의 접촉을 필요로 하고 첫 번째 탄소에 있는 산소는 자유롭게 놓아 둔다. 수송은 다음 과정을 따라 일어나는 것 같다(**그림 10-13**).

1. 글루코스가 세포막의 한쪽 면에서 단백질에 결합한다.
2. 구조적 변화가 처음 결합 부위를 닫고 세포막의 다른 면에 있는 결합 부위를 열리게 한다(수송).
3. 글루코스가 단백질에서 분리된다.
4. 수송 주기가 결합된 글루코스가 없는 GLUT1의 초기 구조로의 복귀에 의해 완료된다(복구).

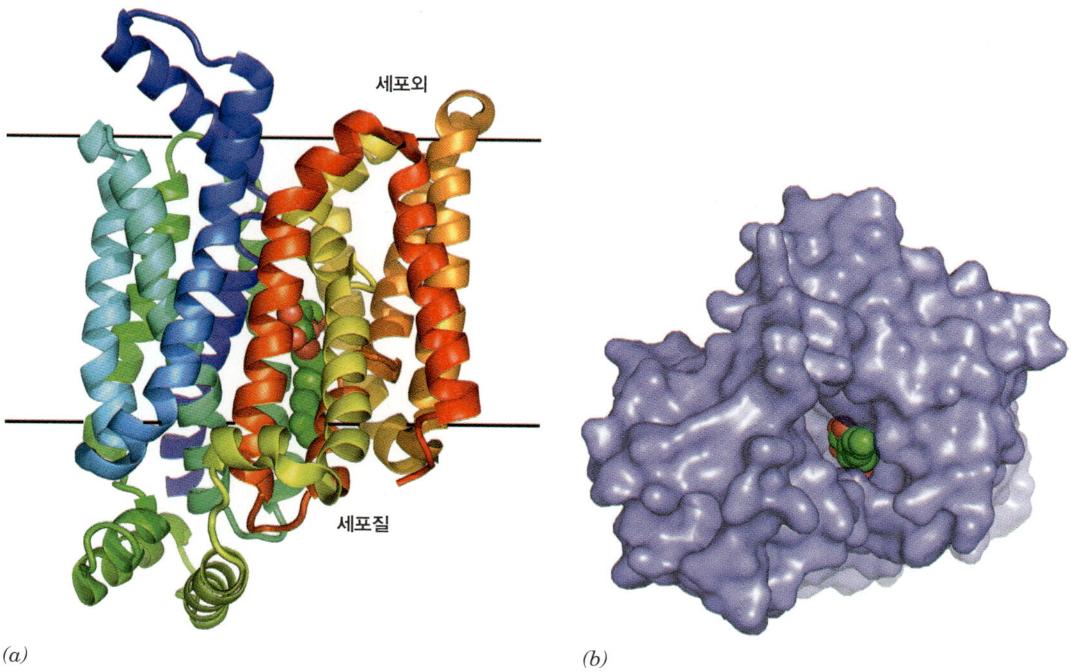

그림 10-14 *n*-노닐-β-D-글루코피라노사이드와 복합체를 형성한 인간 GLUT1의 X선 구조 (*a*) 무지개색 순으로 N 말단(파란색)에서부터 C 말단(붉은색)까지 색으로 나타낸 리본 형태의 단백질이 아래의 세포질과 원형질막에 나란히 보인다. 그에 결합된 *n*-노닐-β-D-글루코피라노사이드(*n*-nonyl-β-D-glucopyranoside)가 C(초록색)와 O(붉은색)의 공간 채움 모형으로 그려져 있다. 수평의 검은색 선은 막을 나타낸다. (*b*) 용매 접근 표면으로 나타낸 단백질이 세포질로부터 보인다. 이 입체 배열에서 결합 구멍이 세포질로 열려 있다는 것에 주의하라. [Based on an X-ray structure by Nieng Yan, Tsinghua University, Beijing, China. PDPid 4PYP.]

이 수송 주기는 세포 안과 밖에 있는 글루코스의 상대적인 농도에 따라 양방향으로 일어날 수 있다. GLUT1은 동반되는 작은 분자나 이온의 누출 없이(아마도 포린처럼 항상 열린 통로를 통해 일어날 수도 있는) 적혈구 세포막을 가로질러 글루코스 농도의 평형을 유지하는 수단을 제공한다.

Nieng Yan에 의해 밝혀진 글루코스 유도체와 복합체를 이룬 인간 GLUT1의 X선 구조(**그림 10-14**)로부터 GLUT1은 세포질에서 N 말단과 C 말단을 가진 12개의 세포막에 걸친 α 나선을 가지는 이전의 예측(9-3A절)을 확인시켜 준다. GLUT1이 속한 **전달체 단백질(major facilitator superfamily)**의 다른 구성 성분들은 유사한 배열을 가진다.

GLUT1은 막을 횡단하여 아미노산과 작은 분자를 이동하는 수송체의 큰 부류에 속한다. **모든 알려진 수송 단백질은 비대칭적으로 위치한 막횡단 단백질로, 리간드 결합 부위가 세포막의 안과 밖에 각각 노출되어 있는 두 개의 구조적 상태를 반복하는 형태를 지닌다.** 이러한 메커니즘은 헤모글로빈과 같은 단백질의 T → R 다른자리 입체성 전이와 유사하다(7-1B절). 사실, 마이오글로빈 및 헤모글로빈과 같은 리간드 결합 단백질의 많은 특징들은 운반 단백질에도 적용된다(자료 10-2).

어떤 수송체들은 한 개 이상의 물질을 수송한다. 예를 들면 세균의 옥살산염 수송체는 **옥살산염(oxalate)**을 세포 내로 운반하고, **폼산(formate)**을 세포 밖으로 내보낸다.

$$^{-}\text{OOC}-\text{COO}^{-} \qquad \text{H}-\text{COO}^{-}$$

옥살산 이온 **폼산 이온**

또 다른 수송 단백질들은 한번에 한 개 이상의 물질을 이동시킨다. 따라서 매개 수송

자료 10-2 생화학 전망 매개 수송과 비매개 수송의 구별

글루코스와 다른 여러 가지 물질은 비매개 수송의 경로에 의해서 세포 안으로 이동할 수 있다. 즉 이들 물질들은 세포막 용해도 및 세포막 양쪽의 농도에 따라서 천천히 세포 내로 확산된다. 이것은 일차적인 선형 과정(linear process)이다. 세포막을 통과하는 물질의 흐름은 농도 기울기(세포막 내부와 외부의 농도 차이)의 크기에 따라 증가한다. 만약 동일한 물질이 글루코스, 예로 들면 운반 단백질을 이용하여 세포막을 통과한다면 글루코스의 흐름은 더 이상 선형 과정이 아니다. 이것은 비매개 수송과 매개 수송을 구별하는 네 가지 특징 중의 하나이다.

1. 속도와 특이성(speed and specificity) 합성 지질 두겹층 내에서는 화학적으로 유사한 당인 D-글루코스(glucose)와 D-만니톨(mannitol)의 용해도는 비슷하다. 그러나 글루코스가 적혈구 세포막을 통과하는 속도가 D-만니톨보다 10,000배나 더 빠르다. 따라서 적혈구 세포막은 글루코스를 통과시키고 또한 D-만니톨과 D-글루코스를 구별할 수 있는 전송계를 가지고 있음에 틀림없다.
2. 포화도(saturation) 글루코스가 적혈구 안으로 이동하는 속도는 외부의 글루코스 농도 증가에 비례하여 무한하게 증가하지 않는다. 그 속도는 서서히 최고점에 이르게 된다. 이런 관찰은 세포막에 있는 특정 개수의 부위들이 글루코스의 수송에 관여한다는 증거가 된다. 글루코스 농도가 높을 때 전달계는 포화 상태가 되고, 이것은 마이오글로빈이 높은 pO_2 상태에서 O_2로 포화 상태가 되는 것과 매우 유사하다(그림 7-4). 예상한 바와 같이, 글루코스의 농도에 대한 글루코스의 유속의 그래프는 쌍곡선 모양을 보인다. 비매개 글루코스의 흐름 속도는 글루코스의 농도에 따라 비례하여 증가하지만, 그림의 그래프에서 보여 주는 기준선에서 눈에 띄게 벗어나지 않는다.

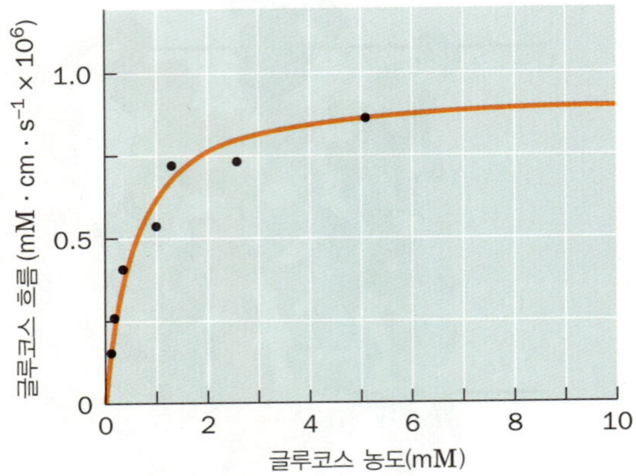

3. 경쟁(competition) 글루코스와 함께 경쟁적으로 전달 체계에 결합할 수 있는 물질이 존재할 경우, 위 그래프에서의 곡선이 오른쪽으로 이동하게 된다. 예를 들어 6-*O*-벤질-D-갈락토스(6-*O*-benzyl-D-galactose)가 이러한 효과를 보인다. 경쟁은 운반 단백질이 관여하지 않는 비매개 수송에서는 볼 수 없는 특징이다.
4. 비활성(inactivation) 단백질을 화학적으로 변형시키고, 따라서 단백질의 기능에 영향을 주는 시약들은 적혈구 내로 빠르게, 포화시킬 수 있는 글루코스의 유속을 배제하는 것 같다. 단백질 변형 시약에 대한 적혈구의 글루코스 수송 체계의 감수성은 그것이 단백질로 이루어져 있다는 추가적인 증거이다.

[Graph based on data from Stein, W.D., *Movement* of Molecules across *Membranes*, P.134, Academic Press(1967).]

을 수송 과정의 화학량론에 따라서 분류하는 것이 유용하다(**그림 10-15**)

1. **단일 수송(uniport)**은 한 번에 한 개의 물질을 수송하는 것으로, GLUT1이 단일

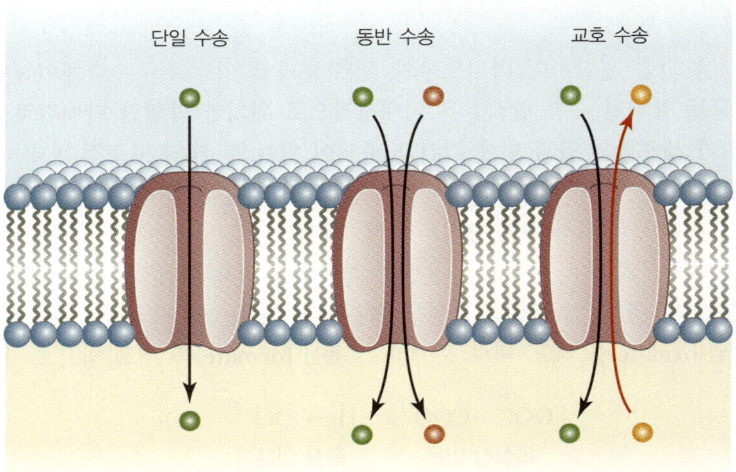

그림 10-15 단일 수송, 동반 수송, 교호 수송 체계

수송에 해당된다.

2. **동반 수송(symport)**은 동시에 같은 방향으로 두 개의 다른 물질이 수송되는 것이다.
3. **교호 수송(antiport)**은 동시에 다른 방향으로 두 개의 다른 물질이 수송되는 것이다.

이러한 명칭들은 수동 및 능동 수송계 양쪽에 모두 적용된다.

체크 포인트

- 이온 운반체, 포린, 이온 통로와 수동 매개 수송 단백질 사이의 유사성과 차이점은 무엇인가? 용질의 이동 방향을 결정하는 것은 무엇인가?
- 어떤 수송체들이 용질의 막횡단 이동에 열린 통로를 제공하는가? 어떤 수송체들이 수송 메커니즘의 일부로 입체적 변형을 겪는가?
- 어떤 구조적 특징들이 포린과 이온 통로가 여러 이온들을 식별하도록 하는가?
- 이온 통로들이 개폐되는 이유와 방법을 설명하시오.
- 수송 단백질은 어떻게 물과 이온의 막횡단 이동을 막는가?
- 아쿠아포린은 어떻게 H_2O의 이동은 허용하고 H_3O^+의 이동은 허용하지 않는가?
- 다른자리 입체성 단백질이라는 용어를 사용하여 단일 수송, 동반 수송, 교호 수송 과정을 수행하는 단백질의 작동에 대하여 설명하시오.

3 능동 수송

주요 개념

- 펌프는 이온의 농도 기울기에 거슬러 이동시키기 위하여 ATP의 자유 에너지를 이용한다.
- ABC 수송체는 양쪽성 물질을 막의 한쪽에서 다른 쪽으로 이동시킨다.
- 2차 능동 수송체는 기존의 이온 기울기를 이용하여 2차 물질의 불리한 운반을 조종한다.

포린(porin), 이온 통로 및 GLUT1 등과 같은 단백질을 포함하는 수동 매개 운반체들은 세포막의 양쪽 면에 존재하는 해당 물질의 상대적인 농도 차에 따라 물질의 막횡단 운반을 촉진한다. 예를 들어 혈장 내에 글루코스의 농도(~5 mM)가 일반적으로 세포 내의 농도보다 높으면, GLUT1이 글루코스를 적혈구 내로 받아들여 대사된다. 그러나 많은 물질들은 세포막의 다른 쪽에서 필요한 것보다 더 낮은 농도로 세포막의 한쪽에 존재한다. 그런 물질들은 농도 기울기를 거슬러 세포막을 가로질러 능동적이고, 선택적으로 수송되어야 한다.

능동 수송은 에너지를 소비하는 과정으로, 대부분의 경우 ATP의 가수 분해와 연결되어 있다. 여러 부류의 ATP 의존성 수송체들이 밝혀져 왔다.

1. **P형 ATPase(P-type ATPase)**는 막을 횡단하여 Na^+, K^+, Ca^{2+}와 같은 양이온을 운반할 때 인산화된다.
2. **F형 ATPase(F-type ATPase)**는 미토콘드리아와 세균 세포막에 위치한 양성자 운반 복합체이다. 농도 기울기에 역행하여 양성자를 수송하는 데 ATP의 자유 에너지를 이용하는 대신에, 18-3절에서 보는 바와 같이 이 단백질은 보통 역으로 ATP를 합성하는 방향으로 작동한다.
3. **V형 ATPase(V-type ATPase)**는 F형 ATPase와 유사하며, 식물 액포와 동물 리소좀과 같은 산성 소포에서 발견된다.
4. **A형 ATPase(A-type ATPase)**는 막을 가로질러 음이온을 운반한다.
5. **ABC 수송체(ABC transporter)**는 ATP 결합 카세트(ATP-*b*inding *c*assette)로부터 명명되었으며, 이온, 작은 대사산물 및 약물 분자를 포함한 광범위한 종류의 물질들을 수송한다.

GATEWAY CONCEPT 에너지 변환
에너지는 창조되거나 파괴될 수는 없지만, 다른 형태로는 변환될 수 있다. 능동 수송 시스템에 있어서 ATP 가수 분해 반응의 유리한(음의) 자유 에너지 변화는 세포막을 경유한 이온 수송의 불리한 (양의) 자유 에너지 변화를 보상한다. 이러한 방법으로, ATP의 화학적 에너지는 이온 기울기의 전기 화학적 에너지로 변환된다. 댐에 물을 가두어 두는 것과 같이 어떤 이온 기울기는 에너지의 한 형태이며, 그것이 세포를 위해 일을 할 수 있도록 한다.

이 절에서는 두 개의 P형 ATPase와 하나의 ABC 수송체를 살펴볼 것이다. 이 단백질들이 **1차 능동 수송(primary active transport)**을 수행한다. **2차 능동 수송(secondary active transport)**에서는 이온 펌프 ATPase와 같은 다른 메커니즘에 의해 발생된 전기 화학적 기울기의 자유 에너지가 농도 기울기를 역행하여 어떤 분자

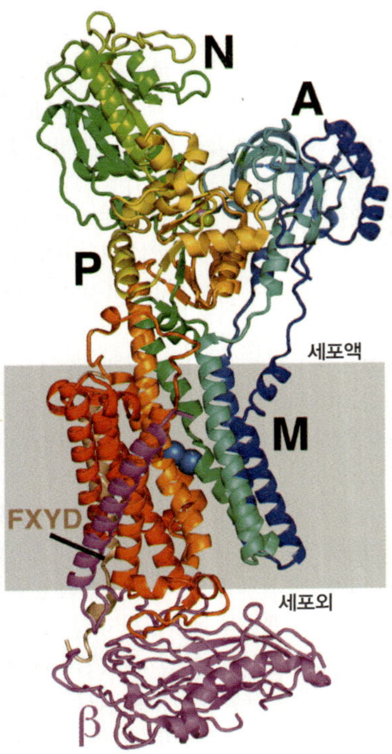

그림 10-16 상어의 (Na^+–K^+)–ATPase의 X선 구조 위가 세포질이며, 막 평면(회색 박스)과 나란히 바라본 리본형으로 그린 단백질이다. α 소단위체는 N 말단 (파란색)에서 C 말단(붉은색)으로 무지개색 순으로 그려졌으며, β 소단위체는 자홍색, FXYD라고 하는 조절 소단위체는 갈색이다. 막횡단 (M) 영역에 결합된 2개의 K^+는 연한 파란색 구형으로 나타냈으며, N과 A 영역 사이에서 단백질의 ATPase 활성 부위를 나타내는 MgF_4^{2-} 이온에서 Mg는 분홍색으로, F는 연한 초록색으로 나타내었다. [Based on an X-ray structure by Chikashi Toyoshima, University of Tokyo, Japan, PDBid 2ZXE.]

를 수송시키는 데 이용된다.

A (Na^+-K^+)-ATPase는 이온을 반대 방향으로 수송한다

고등 진핵세포의 세포막에 존재하는 **(Na^+–K^+)–ATPase**가 능동 수송 체계에서 가장 자세히 연구된 분야 중의 하나이다. (Na^+–K^+)–ATPase는 종종 **Na^+–K^+–펌프 [(Na^+–K^+)–pump]**라고도 하는데, 그 이유는 세포 내 ATP의 가수 분해와 동시에 K^+는 세포 내로, Na^+는 세포 밖으로 이동되어 나가기 때문이다. 화학 반응의 전체적인 화학량론은 다음과 같다.

$$3\ Na^+(in) + 2\ K^+(out) + ATP + H_2O \rightleftharpoons 3\ Na^+(out) + 2\ K^+(in) + ADP + P_i$$

이 P형 ATPase는 세포 내로 들어오는 두 개의 전하마다 세 개의 양전하가 세포 밖으로 나가기 때문에, 세포막을 사이에 두고 전하의 분리를 생성하는 교호 수송 체계이다. Na^+의 분출은 동물 세포로 하여금 삼투압적으로 물의 함량을 조절할 수 있게 한다. **세포 내를 낮은 [Na^+] 상태로 유지하는 (Na^+–K^+)–ATPase의 기능이 없다면, 세포벽이 없는 동물 세포는 삼투압적으로 아주 많은 양의 물이 유입되어 세포를 팽창시켜 나중에는 터지게 된다.** 또한 (Na^+–K^+)–ATPase에 의해서 발생되는 전기 화학적 기울기는 신경세포의 전기적 흥분도 담당한다(10-2C절). 모든 세포들은 세포질 내 필요한 Na^+과 K^+의 농도를 유지하기 위해서 세포가 생성한 ATP의 많은 양을 소비한다(신경세포의 경우 ATP 70% 이상).

(Na^+–K^+)–ATPase는 스코우(Jens Skou)에 의해서 처음으로 규명되었다. 이 막횡단 단백질은 두 가지 형태의 소단위체로 이루어져 있다. 약 1,000개 잔기의 α 소단위체는 효소의 ATP와 이온의 결합 부위를 갖고 있으며, 약 300개 잔기의 β 소단위체는 α 소단위체가 원형질막으로 정확히 삽입되도록 한다. 많은 경우에 있어서 작은 제어 소단위체 γ는 또한 단백질과 연계되어 있다.

토요시마(Chikashi Toyoshima)는 K^+ 이온, MgF_4^{2-} 이온과 복합체를 형성한 상어의 (Na^+–K^+)–ATPase에 대한 X선 구조를 밝혀냈다(**그림 10-16**). 길이가 ~160 Å이 되는 Na^+와 K^+ 이온을 막으로 수송하는 경로를 제공하는 이 단백질의 α 소단위체는 길이가 다른 10개의 α 나선으로 구성된 막횡단 영역(M)과 그림 10-16의 위에서 아래쪽으로 잘 분리된 3개의 세포질 영역들, 즉 ATP가 결합하는 핵산 결합 영역(N), 주요 입체 구조의 변화를 전달하는 데 참여하기 때문에 이름 붙여진 작동기 영역(A)(아래 참조), 단백질에서 인산화가 가능한 Asp 잔기를 포함하는 인산화 영역(P)으로 구성되어 있다.

(Na^+–K^+)–ATPase에서 중요한 것은 운반 단백질의 특정 Asp 잔기의 인산화이다. ATP는 Na^+가 존재할 경우에만 수송체를 인산화시키는 반면에, 생성된 **아스파틸 인산염(aspartyl phosphate)** 오른쪽 잔기는 K^+가 존재할 경우에만 가수 분해된다. 이것은 (Na^+–K^+)–ATPase가 서로 다른 구조, 즉 다른 촉매 활성과 서로 다른 리간드 특이성을 가진 두 개의 입체 구조적 상태(E1, E2로 명명)로 이루어져 있다는 것을 암시한다. 단백질은 다음과 같은 방식으로 작동되는 것으로 보인다(**그림 10-17**).

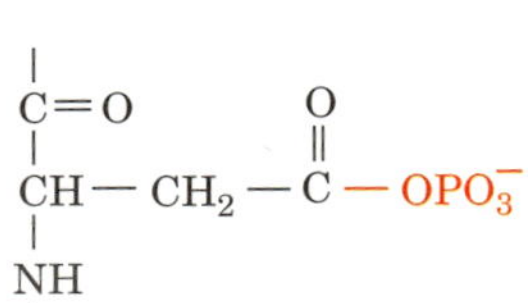

아스파틸 인산 잔기

1. 세포 내부에서 ATP를 얻은 E1·ATP는 세 개의 Na^+ 이온과 결합하여 E1·ATP·3Na^+ 삼중 복합체를 형성한다.
2. 삼중 복합체는 반응하여 '고에너지' 아스파틸 인산염 중간 물질인 E1~P·3Na^+ [여기에서 굽은 선(~)은 '고에너지' 결합(14-2A절)을 나타낸다]과 세포 내로 방출하는 ADP를 형성한다.

process diagram

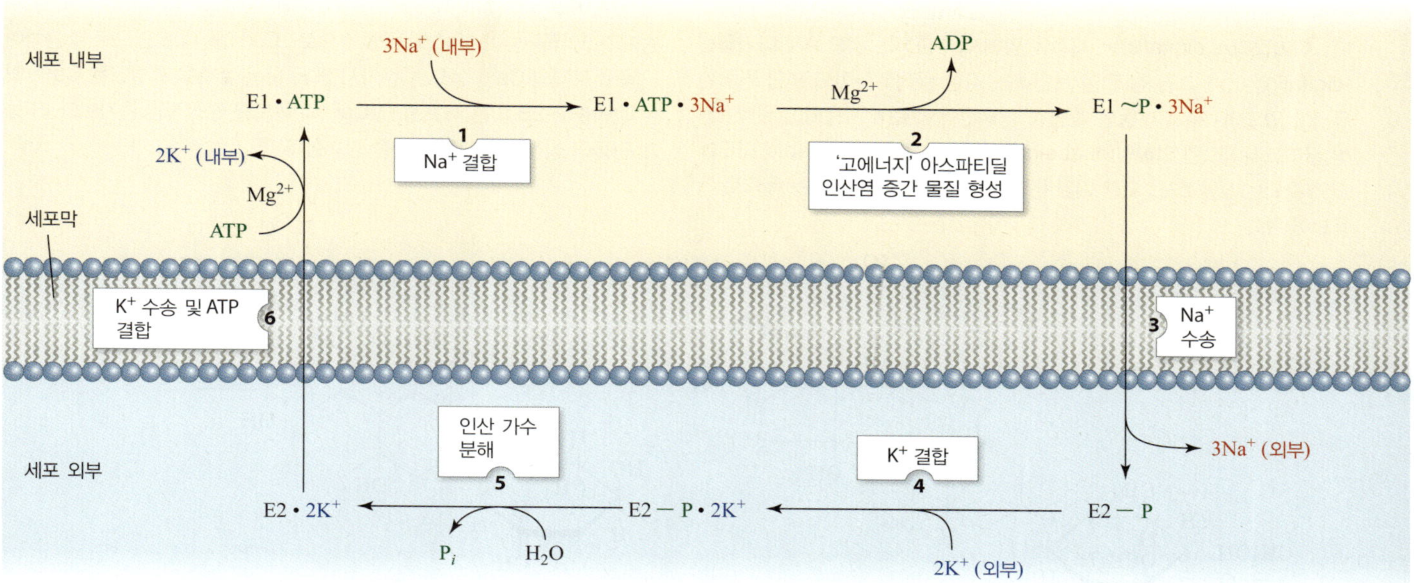

그림 10-17 (Na^+–K^+)–ATPase에 의한 Na^+과 K^+의 능동 수송

? 반응 회로의 각 단계에서 ATPase, 기질, 생성물을 나타내는 간단한 모형을 그리라.

3. '고에너지'를 가진 중간 물질은 '저에너지' 형태인 E2–P·$3Na^+$로 완화되고, 그것에 결합되어 있던 Na^+가 막을 통하여 세포 밖으로 방출되게 된다.
4. E2–P는 세포 밖에 있는 두 개의 K^+와 결합하고, E2–P·$2K^+$를 형성한다. 이것은 그림 10-16에 나타낸 구조에 해당한다.
5. 인산기는 가수 분해되어 E2·$2K^+$가 된다.
6. E2·$2K^+$는 형태가 바뀌면서 E1이 되고 ATP와 결합하며, 두 개의 K^+ 이온을 세포 안으로 방출하게 되고, 그렇게 하여 전달계의 주기가 종료된다.

효소는 전달 주기의 과정에서 외관적으로는 입체 배열과 특이성이 모두 바뀌는 단 한 세트의 양이온 결합 부위를 갖는 것으로 생각된다(그림 10-16).

비록 위의 각 반응 단계들은 개별적으로 가역적이지만, 그 주기는 그림 10-17에 나타낸 바와 같이 정상적인 생리적 상태에서는 반드시 시계 방향으로 순환한다. 그 이유는 ATP 가수 분해와 이온 수송은 같은 방향성을 지닌 과정으로 연계되어 있기 때문이다. 이러한 순환 반응의 방향성 성질은 자유 에너지 감소 반응인 ATP 가수 분해 반응(2단계, 5단계 및 ATP가 결합하는 6단계)과 자유 에너지 증가 반응인 이온 수송 과정의 일부 단계(3+4 단계 및 K^+를 방출하는 6단계)가 상호 교대로 일어나기 때문으로 초래된다. 그러므로 **어떤 하나의 반응이 완료되지 않으면 다른 어떤 반응도 일어날 수 없다.** (Na^+–K^+)–ATPase에 대한 연구는 수송을 저해하는 글리코사이드의 사용으로 상당히 용이하게 되었다(자료 10-3).

B Ca^{2+}-ATPase는 Ca^{2+}를 세포액 밖으로 수송한다

세포질 내에서 Ca^{2+} 이온의 농도가 일시적으로 증가하면 근육 수축(7-2B절), 신경

자료 10-3 건강과 질병의 생화학 강심 글리코사이드의 작용

강심 글리코사이드는 심장 근육의 수축 강도를 증가시키는 천연 산물이다. **디기탈리스**(**digitalis**)는 지황의 잎에서 추출되는 것으로서 **디기탈린**(**digitalin**, 아래 그림 참조)을 포함하는 강심 글리코사이드 혼합물을 함유하고 있으며, 수세기 동안 출혈성 심부전의 치료에 사용되어 왔다. 강심 글리코사이드인 **와베인**(**ouabain**)은 동부 아프리카의 ouabio 나무에서 추출되는 산물로서, 오랜 기간 동안 화살촉에 발라 사용하는 독으로 이용되어 왔다.

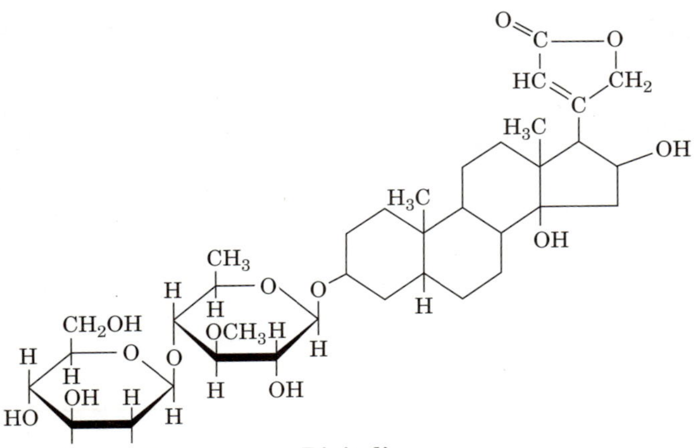

Digitalin

이들 두 가지 스테로이드는 여전히 가장 보편적으로 처방되는 심장 질환 치료제이며, 그림 10-17의 5단계를 방해할 목적으로 단백질의 외부로 노출된 부위에 강하게 결합함으로써 (Na^+-K^+)-ATPase를 억제한다. 이로 인한 세포 내의 Na^+의 농도 증가로 인해 심장의 (Na^+-Ca^{2+}) 교호 수송계가 자극을 받아 Na^+를 세포 밖으로, Ca^{2+}를 세포 안으로 수송하여 근육 소포체의 Ca^{2+} 농도를 증가시킨다. 근육 수축을 촉발하는 Ca^{2+} 이온의 방출(7-2B절)은 세포질 내 Ca^{2+}의 농도를 정상적인 증가보다 더 높게 만들어 심장 근육의 수축력을 강화한다.

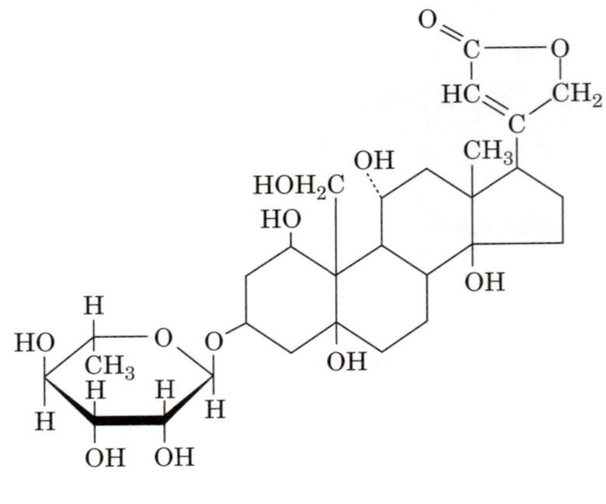

Ouabain

와베인은 처음에는 식물에서만 추출되는 것으로 생각되었는데, 최근에 동물의 부신 겉질에서 분비되는 호르몬으로도 발견되었다. 이들의 기능은 세포 내의 Na^+ 농도 및 전체적으로 신체 내 염과 수분의 균형을 조절한다.

전달 물질의 방출, 글리코겐 분해(16-3절)를 포함하는 다양한 세포 반응을 촉발한다. 더구나 Ca^{2+}는 산화적 물질 대사(18-4절)의 중요한 활성 인자이다.

세포질 내의 Ca^{2+} 농도(~0.1 μM)는 세포외 공간[~1500 μM, 세포 내 Ca^{2+}는 인산염과 결합하여 최대 용해도가 65 μM에 불과한 $Ca_3(PO_4)_2$를 형성한다]보다 10^4배 정도로 작다. 이와 같은 높은 농도 기울기는 **Ca^{2+}–ATPase**에 의한 원형질막과 소포체(근육에서는 근육 소포체)를 통과하는 Ca^{2+}의 능동 수송에 의해 유지된다. **Ca^{2+} 펌프**(**Ca^{2+} pump**)는 ATP 가수 분해를 이용하여 세포질로부터 두 개의 Ca^{2+} 이온을 배출하는 반면에, 두 개 또는 세 개의 양성자를 세포 내부로 수송한다. Ca^{2+}–ATPase의 메커니즘(그림 10-18)은 그것과 밀접하게 연관된 (Na^+-K^+)–ATPase(그림 10-17)의 메커니즘과 비슷하다.

토요시마가 분석한 토끼의 근육 소포체에서 분리된 Ca^{2+}–ATPase의 E1과 E2 형태로 중첩된 X선 구조가 그림 10-19에 나타나 있다. 두 개의 Ca^{2+} 이온이 10개의 막 횡단 나선 구조 단백질 다발 내에 결합된다. 3개의 부가적인 영역은 세포막의 세포질 쪽에서 거대 구조를 형성한다. Ca^{2+} 이온이 결합된 E1과 Ca^{2+} 이온이 결합되지 않은 E2 간의 구조적인 차이는 수송체가 반응 주기 동안에, 특히 세포질 영역의 위치뿐만 아니라 칼슘 이온을 전달하는 세포막 영역에서도 광범위한 재배열이 나타난다는 것을 말한다. 이러한 변화는 Ca^{2+} 이온 결합 부위와 결합된 ATP가 가수 분해되는 약 80 Å 떨어진 부위 간의 상호작용을 매개하는 것으로 보인다.

process diagram

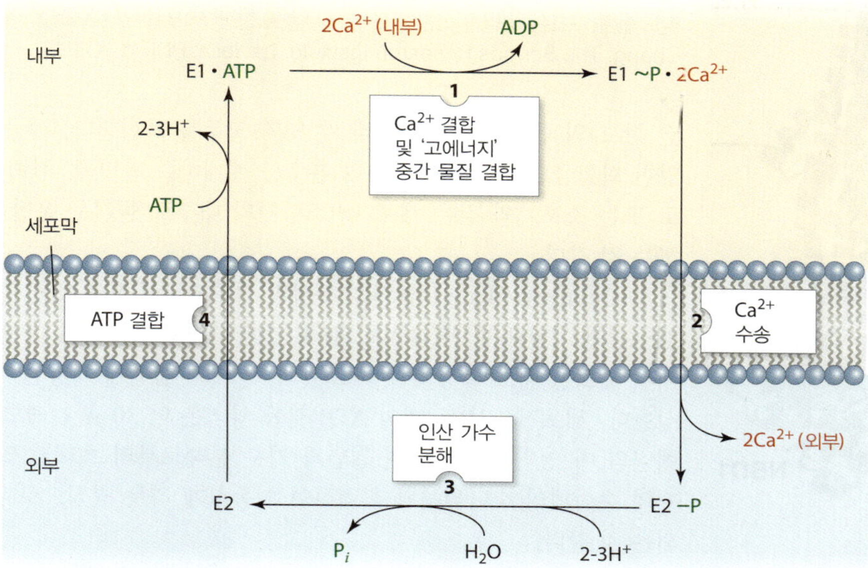

그림 10-18 Ca^{2+}–ATPase에 의한 Ca^{2+}의 능동 수송의 모형 여기서 내부는 세포액을 가리키며, 외부는 원형질막 Ca^{2+}–ATPase인 경우는 세포 외부 또는 소포체(또는 근육 소포체)인 경우는 내강을 의미한다.

? 단백질에서 입체 배열의 변화를 촉발시키는 경우들을 찾아보라.

C ABC 수송체들은 약제 저항성을 담당한다

암 세포를 죽이기 위한 항암제의 불능은 **P 당단백질(P-glycoprotein)**로 알려진 막단백질의 과잉 발현으로 추적된다. 이것은 ABC 계열 수송체의 하나로서 세포 밖으로 많은 약물을 포함하는 다양한 친양쪽성 물질들을 배출시킨다. 그래서 이것을 **다중 약물 내성 수송체[multidrug resistance(MDR) transporter]**라고도 한다. 세균에서 유사한 단백질들이 항생제 저항성의 한 원인이 된다.

ABC 수송체(ABC transporter)는 이온, 당류, 아미노산과 기타 다른 극성 및 무극성 물질들을 배출시키는데, 네 개의 모듈로 구성되어 있다. 두 개는 고도로 보존된 세포질 내 핵산 결합 영역이고, 다른 두 개는 막횡단 영역으로 전형적으로 각각 6개의 막횡단 나선을 포함한다. 세균에서 네 개 영역은 두 개 또는 네 개의 독립된 폴리펩타이드에 포함되며, 진핵생물에서는

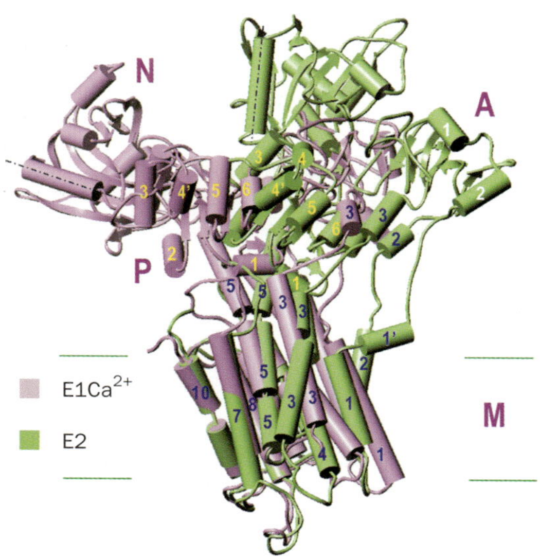

그림 10-19 Ca^{2+}가 결합되거나 결합되지 않은 Ca^{2+}–ATPase의 X선 구조 Ca^{2+}가 부착되지 않은 E2는 검은색 나선 구조 번호가 매겨져 있는 녹색으로, Ca^{2+}가 결합된 형태인 $E1Ca^{2+}$는 노란색 나선 구조 번호가 매겨진 자주색으로 묘사하였다. 막횡단 영역에 중첩된 이들 단백질들은 세포질 부위를 위로 하여 세포막 내부에서부터 관찰되었다. 10개의 막횡단 나선은 M(membrane, 세포막) 영역을 형성하고, ATP는 N(nucleotide-binding) 영역에 결합하고, 반응 주기 동안 인산화되는 Asp 잔기는 P(phosphorylation, 인산화) 영역에 위치하며, A(actuator, 시동 인자) 영역은 중요한 입체 구조 변화의 전달에 관여하기 때문에 그렇게 명명되었다. 점선은 두 개의 입체 구조에서 N 영역에 있는 나선 구조의 배열을 강조한 것이며, 녹색 가로선은 세포막을 나타낸다. 이 구조와 그림 10-16에 있는 $(Na^+–K^+)$–ATPase의 구조를 비교해 보라. [Courtesy of Chikashi Toyoshima, University of Tokyo, Japan. PDBids 1EUL and 1WIO.]

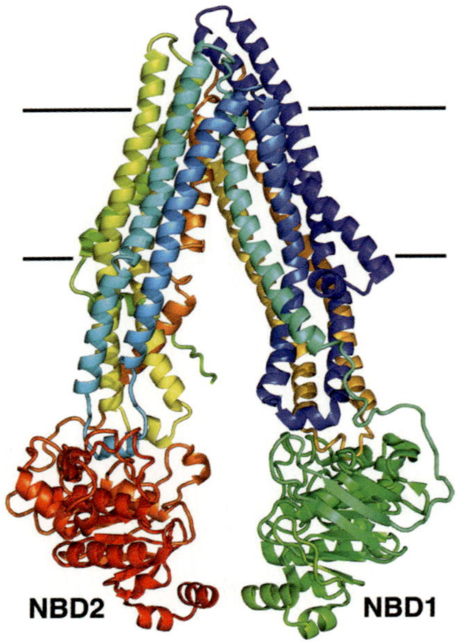

그림 10-20 쥐 P 당단백질의 X선 구조 펩타이드 사슬이 N 말단(파란색)에서부터 C 말단(붉은색)까지 무지개색 순으로 리본 형태로 묘사되었다. 세포질을 아래쪽으로 하여 막(가로선)과 평행으로 본 전경이다. 두 개의 세포질 핵산 결합 영역(NBD1, NBD2)이 표시되었다. 이 '내부로 면한(inward-facing)' P 당단백질의 입체 구조는 비결합 리간드 또는 핵산을 포함한다. [Based on an X-ray structure by Geoffrey Chang, The Scripps Research Institute, La Jolla. PDBid 3G5U.]

단 한 개의 폴리펩타이드가 네 개 영역 모두를 포함한다. 세균성 ABC 수송체는 다양한 화합물의 배출뿐만 아니라 흡수를 매개하는 반면에, 진핵생물에서는 세포 밖으로 또는 소포체와 같은 세포 내 소립체의 내부로 물질을 운반하는 배출체로만 작동하는 것 같다.

창(Geoffrey Chang)에 의해 결정된 쥐 P 당단백질의 X선 구조를 보면 유사 두 겹 대칭성인 이합체 단백질이다(**그림 10-20**). 6개의 막횡단 α 나선 두 다발이 막으로 뻗어서 세포질 내로 확장되며, 세포질과 막 내부 첨판에 개방된 커다란 내부 공동을 형성한다. 세포질에서 두 개의 ATP 결합 영역은 약 30 Å 간격으로 분리되어 있다. 단백질의 이 영역에서 ATP의 결합과 가수 분해로부터 초래된 입체 구조의 변화로 두 개의 수송체의 소단위체가 협력하여 이동하게 하는 방식으로 막횡단 영역으로 전달되는 것 같다.

약물 분자와 같은 지용성 분자는 세포막에 걸쳐진 영역의 입구를 통하여 P 당단백질로 들어가며, 대부분 소수성이며 방향성인 잔기에 의해 둘러싸인 주머니에 결합한다. ATP가 결합되면 2개의 세포질 핵산 결합 영역의 이합체화와 외부로 면한 입체 구조로의 전환을 포함하는 극적인 입체 구조의 변화를 촉발시킨다(**그림 10-21**). 핵산 결합 상태로 유사한 수송체의 X선 구조가 관찰되어 왔는데, 이러한 구조적 변화는 본래의 결합 공동을 폐쇄시키고, 외부 막 첨판 또는 세포외 공간에 결합된 약물 분자를 노출시킨다. 아마도 ATP의 가수 분해로 수송체는 내부로 면한 입체 구조로 복귀되어 다른 약물 분자가 바로 결합할 수 있도록 하는 것으로 생각된다. 수송체는 세포 안쪽 또는 내부의 막 첨판으로부터 분자를 결합하고, 그것을 세포 밖으로 또는 외부의 막 첨판으로 방출할 수 있기 때문에 수송체는 막 지질을 포함한 지용성 물질에 대

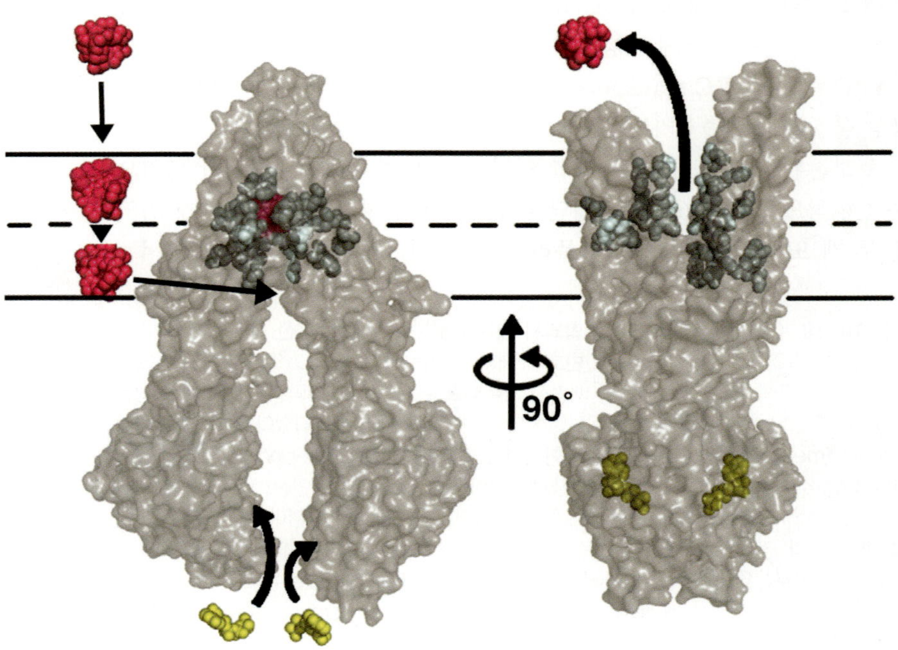

그림 10-21 P 당단백질 기능에 대한 모형 회색의 형태가 수송체의 표면을 나타내며, 내부에 면한 구조(왼쪽)와 외부에 면한 구조(오른쪽). 리간드(자홍색)는 세포의 밖에서부터 유래될지는 모르나, 청록색 구형으로 표시된 잔기로 구성된 수송체의 결합 주머니로 들어오기 전에 원형질막(가로 실선)의 내부 첨판 안으로 분배된다. ATP(노란색)의 결합으로 핵산 결합 영역이 합쳐지고 리간드 결합 부위가 세포외 공간으로 개방되는 광범위한 입체 구조 변화가 촉발된다. [Courtesy of Geoffrey Chang, The Scripps Research Institute, La Jolla.]

한 플립페이스(flippase, 9-4C절)로 작동한다.

CFTR은 ABC 수송체이다. 알려진 수천 개의 ABC 수송체(인간에서는 48개) 중 단 한 개가 펌프보다는 오히려 이온 통로로 기능을 한다. 그것이 **낭포성 섬유증 유발 세포막 단백질(cystic fibrosis transmembrane conductance regulator, CFTR)**이다. 이것은 1,480개의 잔기로 구성된 단백질로, 유전된 **낭포성 섬유증**(자료 3-1)을 가진 개체에서는 결함이 생겨서 Cl^- 이온을 세포 밖으로 흐르게 하여 그들의 이온 기울기를 초래한다. CFTR의 두 개의 핵산 결합 영역에 ATP가 결합하여 Cl^- 통로를 열리게 하는 것으로 보이며, 그리고 한 개 ATP의 가수 분해로 통로를 닫는다(다른 한 개는 그대로 남아 있다). 그러나 CFTR 통로는 단지 그 조절 영역(ABC 수송체들 중 유일한)이 인산화되었을 때만 열리며, 막을 가로질러 이온의 흐름을 조절한다. CFTR이 Cl^- 이온에 대하여 높은 특이성을 보이지 않는다는 것은 통로가 KcsA K^+ 통로(10-2C절)에서의 그것과 유사한 선택성 필터가 결핍된 것을 암시한다.

전기적으로 중성을 유지하려면 CFTR에 의해서 운반된 Cl^- 이온은 양으로 하전된 이온, 주로 Na^+ 이온과 같이 운반되어야 한다. 운반된 이온들은 삼투성에 의해 물을 동반하며, 기도, 장관, 췌장관, 고환, 땀샘의 분비에서 유동성을 적당한 수준으로 유지한다. 비록 1,000개 이상의 CFTR 돌연변이가 알려졌지만, 낭포성 섬유증 사례의 약 70%가 CFTR의 508번째 Phe이 결손되었다. 이 돌연변이 CFTR이 기능을 하더라도, 정상 단백질보다 훨씬 더 천천히 접혀지고, 따라서 원형질막에 장착되기 전에 분해된다.

CFTR이 없거나 결함이 있는 동형 접합체는 위에서 언급된 많은 기관, 특히 폐에서 문제를 일으킨다(이형 접합체는 증상이 없다). 그 이유는 Cl^- 이온의 배출 감소로 짙은 점액을 야기시키며, 폐를 쉽게 깨끗하게 할 수 없기 때문이다. 점액의 흐름은 폐에서 세균과 같은 외부 입자들을 제거하는 주요 방식이기 때문에 낭포성 섬유증을 가진 개체들은 만성적 폐 감염으로 고통을 받으며, 결국 심각한 진행성 폐 손상으로 조기 사망에 이른다.

D 능동 수송은 이온 기울기에 의해 구동되는지도 모른다

(Na^+-K^+)-ATPase와 같은 수송계들은 막을 경계로 전기 화학적 기울기를 생성한다. 전기 화학적 기울기에 저장된 자유 에너지(식 10-3)는 다양한 자유 에너지가 증가하는 생리적 과정을 작동시키는 데 이용될 수 있다. 예를 들면 장 표피 세포는 Na^+ 의존적 동반 수송에 의해 식이 글루코스를 흡수한다(**그림 10-22**). 이와 같은 '오르막(uphill) 수송' 과정에 필요한 즉각적인 에너지원은 Na^+의 농도 기울기에 의해 공급된다. **이들 세포 내의 Na^+ 농도 기울기는 (Na^+-K^+)-ATPase에 의해 유지되기 때문에** 이 과정을 2차 능동 수송의 한 예로 볼 수 있다. Na^+-글루코스 수송계는 세포 내에 글루코스를 축적한다. 글루코스는 수동 수송에 의해 매개되는 글루코스 단일 수송을 통해 모세 혈관으로 전달된다(그림 10-14의 GLUT1과 유사).

따라서 글루코스는 Na^+의 재흡수를 증진시키고, 순차적으로 물의 재흡수를 촉진시키기 때문에 설사로 인한 염분 및 물의 소실로 고생하는 사람들에게 염분 및 물은 물론 글루코스(어쩌면 설탕으로)가 공급되어야 한다(단지 물이나 염분 용액을 마시는 것은 위장관으로부터 빨리 배설되기 때문에 비효율적이다). **경구 수분 보충 요법(oral rehydration therapy)**이라고 하는 이 간단하고 값싼 치료에 대한 소개로, 대부분 후진국의 어린이들(460만~160만 명)에게서 발생하는 심각한 설사로 인한

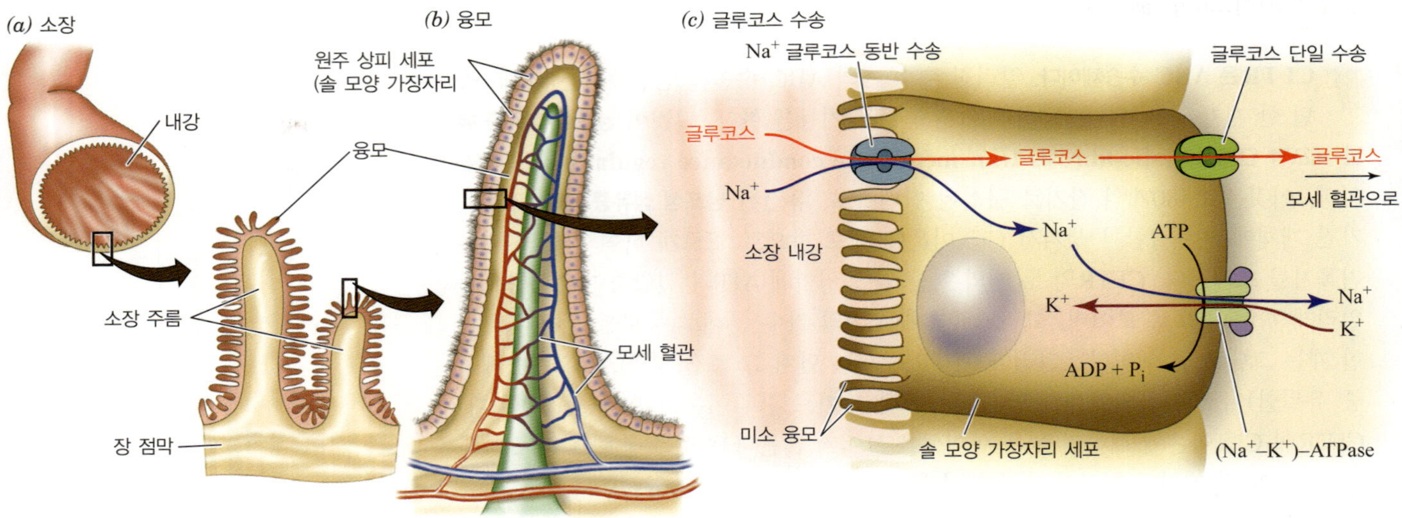

그림 10-22 장 표피에서의 글루코스의 수송 소장의 안쪽 면에 존재하는 솔 모양의 융모들은 장 표면적을 증가시켜 영양분의 흡수를 촉진한다(*a*). 융모가 생성된 솔 모양 가장자리 세포(*b*)들은 장의 내강으로부터 Na^+와 글루코스의 동반 수송을 통하여 글루코스를 농축한다(*c*). 이 과정은 세포의 모세 혈관 쪽에 위치하여 세포 내부의 Na^+ 농도를 낮게 유지하는 데 관여하는 $(Na^+–K^+)$–ATPase에 의해 구동된다. 글루코스는 별개의 GLUT1과 유사한 수동적 단일 수송을 통해 혈관의 혈류로 방출된다.

? (c)에서 어떤 용질들이 그들의 농도 기울기를 내리고 올리는지를 찾아보라.

사망자 수가 감소되어 왔다.

락토스 투과 효소는 양성자 농도 기울기를 필요로 한다. 대장균과 같은 그람 음성 세균은 당을 집적시키기 위하여 여러 가지 능동 수송계를 가지고 있다. 가장 광범위하게 연구된 수송계 중의 하나인 **락토스 투과 효소**[**lactose permease**; **갈락토사이드 투과 효소**(**galactoside permease**)로도 알려짐]는 **H^+와 락토스를 동반 수송하기 위하여 세균의 세포막에 걸친 양성자 농도 기울기를 이용한다.** 양성자 농도 기울기는 미토콘드리아에 일어나는 대사와 유사한 방식으로 산화적 대사를 통해서 발생된다(18-2절). 이들 두 가지 체계에 의해 생성된 전기 화학적 전위차 기울기는 주로 ATP를 합성하는 데 이용된다.

락토스 투과 효소는 417개의 아미노산 잔기로 구성된 단량체로서 세포질에서 N 말단과 C 말단을 가진 주로 12개의 막횡단 나선으로 구성되어 있다. 능동 수송체인 GLUT1을 포함하여 많은 운반체 단백질들은 유관 단백질로 동종 계열에 속하며 유사한 구조와 수송 메커니즘을 갖는다. $(Na^+–K^+)$–ATPase와 같이 락토스 투과 효소는 주요한 두 가지 입체 배열 상태를 취한다(**그림 10-23**).

1. E-1은 세포질 안쪽 면과 접하고 있으며, 락토스에 낮은 친화성을 보인다.
2. E-2는 세포질 바깥쪽 면과 접하고 있으며, 락토스에 높은 친화성을 보인다.

Ronald Kaback은 E-1과 E-2가 H^+와 락토스의 부착 부위에 둘 다 차 있거나 아무것도 없을 경우에만 상호 전환된다고 제시하였다. 이러한 현상은 락토스가 세포 안으로 공동 수송 없이 양성자 기울기가 소멸하는 것을 방지한다. 또한 양성자의 농도 기울기에 역행하여 H^+의 공동 수송이 필요하기 때문에 락토스가 세포 밖으로 수송되는 것을 방지한다.

Kaback과 So Iwata에 의해 결정된 락토스 유사체와 강하게 결합된 락토스 투과

process diagram

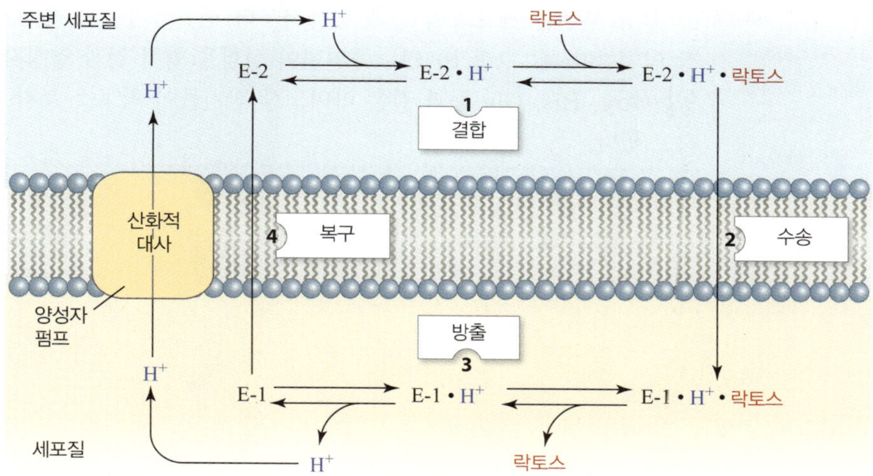

그림 10-23 대장균의 락토스 투과 효소에 의한 락토스와 H^+의 동반 수송 모형 먼저 H^+는 세포의 바깥면에서 E-2에 결합하고, 다음에 락토스가 결합된다. 이들은 순차적으로 세포 안에서 E-1로부터 유리된다. E-2는 E-1로의 입체 구조 변화를 위하여 락토스와 H^+가 모두 결합되어야 하며, 그렇게 함으로써 세포 내로 둘 모두 동반 수송된다. E-1에서 락토스와 H^+ 둘 다 해리되면 구조가 다시 E-2로 변하며, 수송 주기가 완료된다.

? 세포막 전체에 걸쳐 pH 차이에 영향을 주는 락토스 투과 효소는 어떻게 작동하는가?

효소의 X선 구조를 보면, 락토스 투과 효소는 2개의 구조상으로 유사하고, 각각 6개의 막횡단 나선 구조를 포함하는 이중의 대칭적인 영역으로 구성되어 있다(**그림 10-24*a***). 구조가 단백질의 E-1 상태를 유지하기 위해서 내부의 큰 친수성 구멍은 세포

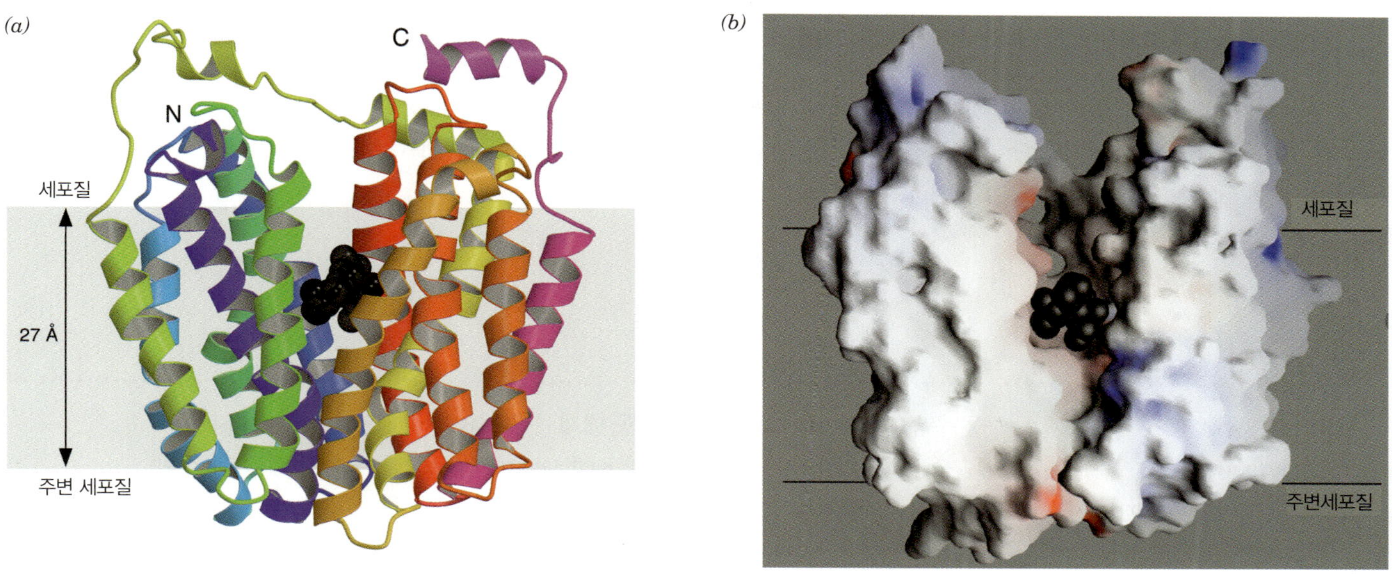

그림 10-24 대장균에서 분리된 락토스 투과 효소의 X선 구조 (*a*) 세포질 면을 위로 한 상태에서 세포막으로부터 관찰한 리본형 모형. 12개의 막횡단 나선 구조는 N 말단(보라색)에서부터 C 말단(분홍색)까지 무지개색 순으로 표시하였다. 결합된 락토스 유사체는 검은색 구형으로 표시하였다. (*b*) 락토스 결합 공동을 보여 주기 위해서 독자의 눈에서 가장 앞에 보이는 나선 구조 2개를 제거한 (*a*)의 표면 모형. 표면은 정전기 전위의 정도에 따라 양전하 부위는 푸른색, 음전하 부위는 붉은색, 중성 부위는 흰색 등과 같이 색깔을 달리하여 표시하였다. [From Abramson, J., Smirnova, I. et al. (2003) *Science* vol **301**, 610–615. Structure and Mechanism of the Lactose Permease of *Escherichia coli*, Aug. 1, 2003.]

체크 포인트

- 수동 매개 수송, 능동 수송, 2차 능동 수송을 구별하시오.
- Na^+–K^+–ATPase 및 Ca^{2+}–ATPase가 한 방향으로의 수송만을 수행하는 이유를 설명하시오.
- ABC 수송체가 어떻게 플립페이스(flippase)처럼 작동하는지를 설명하시오.
- 2차 능동 수송을 위한 자유 에너지의 궁극적인 원천은 무엇인가?

막의 세포질 쪽으로 노출되어 있다(**그림 10-24*b***). 락토스 유사체는 세포막의 양쪽 면으로부터 거의 유사한 거리에 위치하는 공동에 부착되어 있다. 이러한 사실은 락토스 부착 부위는 세포막의 양쪽 면에서부터 번갈아가면서 접근할 수 있다는 모형과 잘 일치한다(예: 그림 10-13). 돌연변이 실험을 행한 결과 양성자의 이동과 연루되어 있는 Arg, His, Glu 등과 같은 아미노산 잔기들이 락토스 부착 부위 가까이에 위치하고 있다.

요약

1 수송의 열역학

- 세포막을 통한 물질의 매개 수송 및 비매개 수송은 화학 전위차에 의해 구동된다.

2 수동 매개 수송

- 이온 운반체는 이온과 결합하고 세포막을 통해 확산시켜 이온을 해리시킴으로써 또는 통로를 형성함으로써 이온의 확산을 촉진한다.
- 포린(porin)은 β 원통형 구조로 중앙 부위는 음이온, 양이온, 또는 특정 저분자 물질 등에 선택적으로 작용하는 통로로 작용한다.
- 이온 통로는 이온의 자발적이고 급격한 수송으로 인한 세포막 전위차의 변화를 매개한다. 이온 통로는 높은 용질 특이성을 가지며, 다양한 자극원에 반응하여 게이트가 닫히거나 열린다. 신경 자극이 이온 통로에 해당된다.
- 아쿠아포린 등은 물의 빠른 막횡단 확산에 관여하지만, 양성자는 통과하지 못하는 통로로 작용한다.
- GLUT1 등과 같은 운반 단백질들은 세포막의 반대쪽으로 수용체 결합 부위가 노출되는 두 가지 다른 입체 구조 상태를 번갈아가면서 유지한다.

3 능동 수송

- 대부분의 경우 능동 수송은 ATP의 가수 분해에 의해서 구동된다. $(Na^+$–$K^+)$–ATPase 및 Ca^{2+}–ATPase 경우에는 ATP의 가수 분해와 이온의 수송이 연결되어 있고, 방향성을 가진다.
- ABC 수송체는 세포막의 한쪽에서 다른 쪽으로 양쪽성 분자를 포함하는 물질들을 이동시키는 입체 구조적 변화를 촉발시키기 위하여 ATP 가수 분해를 이용한다.
- 2차 능동 수송에서는 ATPase 또는 다른 자유 에너지를 포획하는 세포 과정에 의하여 유지되는 이온 기울기는 다른 물질을 수송하도록 한다. 예를 들면 락토스 투과 효소에 의한 락토스의 세포 내로의 수송은 농도 기울기가 산화적 대사에 의해 유지되는 H^+의 공동 수송에 의해 구동된다.

주요 용어

ABC 수송체(ABC transporter)
간극 결합(gap junction)
개폐(gating)
과분극(hyperpolarization)
교호 수송(antiport)
기계감각적 통로(mechanosensitive channel)
능동 수송(active transport)
단일 수송(uniport)
동반 수송(symport)
리간드 개폐 통로(ligand-gated channel)
$\Delta\Psi$(막전위)
매개 수송(mediated transport)
비매개 수송(nonmediated transport)
수동 매개 수송(passive-mediated transport)
신호 개폐 통로(sign-gated channel)
아쿠아포린(aquaporin)
이온 운반체(ionophore)
2차 능동 수송(second active transport)
1차 능동 수송(primary active transport)
전기 화학 전위(electrochemical potential)
전압 개폐 통로(voltage-gated channel)
탈분극(depolarization)
화학 전위(chemical potential)
활동 전위(action potential)

문제

연습 문제

1. 세포외 농도가 5 mM이고, 세포내 농도가 3 mM일 때, 세포 내로 글루코스의 진입을 위한 자유 에너지 변화를 계산하시오.

2. (a) 37°C에서 세포 내 $[Na^+] = 10$ mM이고, 세포외 $[Na^+] = 150$ mM일 때 화학 전위차를 계산하시오. (b) 막전위가 −60 mV(내부 음성)일 때 전기 화학 전위는 얼마나 되는가?

3. 예시 계산 10-1의 문제에서 막전위가 (a) −50 mV(세포질은 음성)일 때, (b) +150 mV일 때, 37°C에서의 ΔG를 계산하시오. 어느 경우가 지시된 방향으로의 Ca^{2+} 이동이 열역학적으로 선호되는가?

4. 막전위가 −70 mV이고 온도가 37°C일 때 세포외($[K^+] = 4$ mM)에서 세포내($[K^+] = 140$ mM)로 K^+ 이온 1 mol을 이동시키는 데 필요한 자유 에너지를 계산하시오.

5. 다음 화합물들은 막 통과 시 비매개성 수송과 매개성 수송 중 어느 것으로 이루어지는지 밝히시오. (a) 에탄올, (b) 글라이신, (c) 콜레스테롤, (d) ATP

6. 다음 화합물들을 막횡단 확산 속도 순서로 나열하시오.

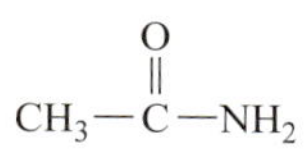

A. 아세트아마이드

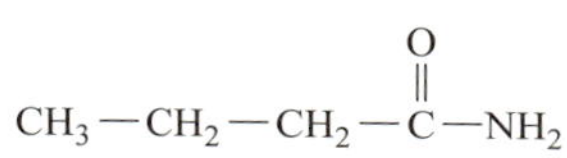

B. 뷰티르아마이드

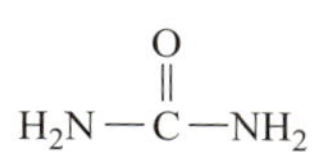

C. 요소

7. 가장 작은 β 원통형 단백질은 8개의 β 가닥만을 가진다. β 원통형인 포린 단백질은 왜 일반적으로는 적어도 16개 또는 18개의 가닥을 가지는지 설명하시오.

8. 인산 이온에 특이적인 포린 단백질의 입구에는 특히 어떠한 아미노산들이 풍부하게 존재하는지 예상해 보시오.

9. KcsA K^+ 통로의 지름은 약 6 Å이다. 왜 H_2O(지름 2.75 Å)은 이 통로를 통과할 수 없는가?

10. 신경세포뿐만 아니라, 근육세포에서도 비록 신경세포에서보다 더 작고 느리지만 아세틸콜린 수용체의 활성화에 의해 탈분극화가 유발된다.

(a) 아세틸콜린 수용체는 개폐식 이온 통로이다. 무엇이 개폐에 관여하는가?

(b) 아세틸콜린 수용체/이온 통로는 Na^+에 특이적이다. Na^+는 세포 안으로 들어올 것인가, 세포 밖으로 나갈 것인가? 그 이유는 무엇인가?

(c) 이온 통로를 통한 Na^+의 흐름은 어떻게 막전위를 변화시키는가?

11. Na^+와 K^+가 일반적으로 통로보다는 펌프를 통해서 더 천천히 이동되는 이유를 설명하시오.

12. 암 세포에서 MDR 수송체의 과잉 발현이 왜 암 치료를 더 어렵게 만드는가?

13. 그림 10-22*c*의 세포에서 ATP 공급이 갑자기 제거되면, 세포 내의 글루코스 농도는 증가할 것인가, 감소할 것인가, 아니면 변화가 없을 것인가?

14. 세균성 Na^+–H^+ 교환 수송체는 세포로부터 과량의 Na^+를 배출하는 2차 능동 수송 단백질이다. 세포외 pH는 세포 내 pH보다 더 높은가, 더 낮은가?

15. 어떤 막단백질은 인산기를 진핵세포로 들어가는 것을 허용한다. (a) 그 단백질은 KcsA 또는 GLUT1 중 어느 것과 더 유사하게 기능하는가? (b) 인산 이온은 수소 이온과 같이 세포내로 들어온다. 그림 10-15에 소개된 용어들을 사용하여 이 수송 시스템을 설명하시오. (c) 진핵세포의 세포내 pH는 전형적으로 세포외 pH보다 약간 낮다. 이것은 인산 수송체가 2차 능동 수송을 수행한다는 것을 시사하는가?

16. 대장균 세포들은 자일로스를 세포막을 가로질러 양성자 기울기의 자유 에너지를 이용하는 동반 수송 시스템을 경유하여 수송한다. 세포내 pH는 세포외 pH보다 더 높다. (a) 자일로스는 그 농도 기울기를 올리는가, 아니면 내리는가? 세포내로 또는 세포밖으로 이동하는가? (b) 자일로스의 수송 시스템을 그려라.

도전 질문

17. 세포막이 냉각되어 막의 전이 온도 이하로 떨어졌을 때 발리노마이신에 의한 K^+의 수송에 어떠한 일이 일어나겠는가?

18. 100개의 발리노마이신 분자가 충분한 양의 K^+를 운반하여 100 μm^3 부피의 적혈구 내의 농도를 8 mM 정도까지 변화시키는 데 걸리는 시간은 얼마인가? (발리노마이신은 어떠한 K^+도 세포 밖으로 방출하지 않으며, 세포외의 발리노마이신 분자들은 항상 K^+로 포화되어 있다고 가정한다.)

19. 다음 화합물은 항기생충제인 밀테포신(miltefosine)이다.

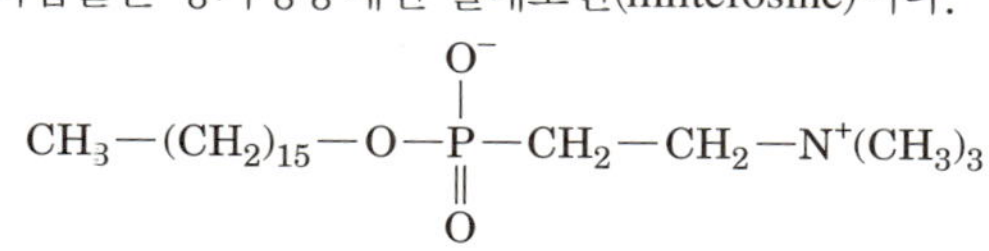

Miltefosine

(a) 이 화합물은 글리세로인지질(glycerophospholipid)인가?

(b) 어떻게 밀데포신이 기생충의 세포막을 통과하는가?

(c) 세포 내의 어떤 부위에 이 약제가 축적될 것인가? 이를 설명하시오.

(d) 밀데포신은 일종의 스핑고지질 및 글리세로인지질에 결합하는 단백질에 결합한다. 단백질에 의해 인식되는 이러한 화합물의 공통적인 특징은 무엇인가? (단백질은 트라이아실글리세롤에는 부착하지 않는다.)

20. 진핵세포에서 리보솜(약 4×10^6 D)은 이중막으로 둘러싸인 핵 내부에서 조립된다. 단백질 합성은 세포질에서 일어난다. (a) 포린이나 글루코스 수송체와 유사한 단백질이 리보솜을 세포질로의 운송을 담당할 수 있는가? 이를 설명하시오. (b) 리보솜을 핵에서 세포질로 이동시키는 데 자유 에너지가 필요한가? 그 이유

를 설명하시오.

21. 물질 X가 세포 내로 이동하는 속도(유속)를 물질 X의 여러 농도에서 측정하여 다음의 그래프를 작성하였다.
 (a) 이러한 정보는 세포 내로 물질 X가 이동될 때 단백질 수송체에 의해 매개되는 것을 암시하는가? 이를 설명하시오.
 (b) 운반 단백질이 관여하는지 알기 위해서 어떠한 추가적인 실험이 진행되어야 할 것인가?

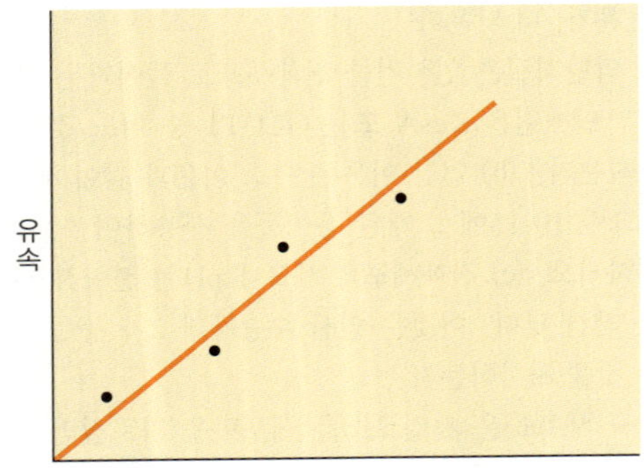

22. 눈의 망막에서 혈관 내피세포 및 혈관 주위 세포들은 글루코스 흡수 시 다른 메커니즘으로 흡수한다. 다음 그림은 소듐 이온 농도 증가에 따른 각 세포의 글루코스 흡수 속도를 나타낸 것이다. 이들 결과로부터 각 세포에서의 글루코스 수송체에 대한 어떠한 정보를 알 수 있겠는가?

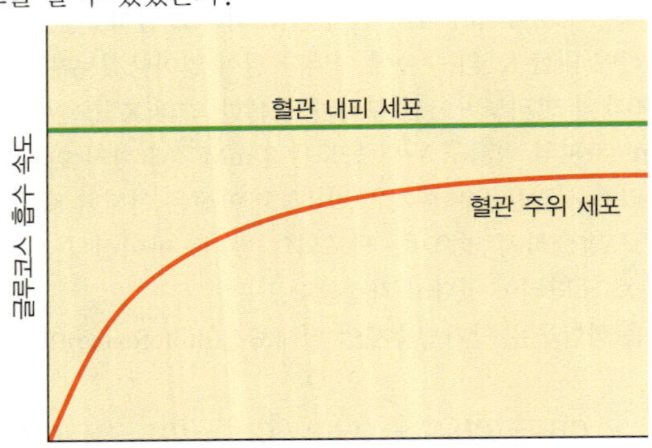

23. 포유류의 위벽에 존재하는 세포는 0.15 M의 농도로 HCl을 분비한다. 탄산 탈수 효소에 의해 CO_2의 세포 내 수화 작용으로 유도되는 분비된 양성자는 (H^+-K^+)-ATPase 교호 수송에 의해 밖으로 방출된다. 또한 K^+-Cl^- 동반 수송체는 전체적인 수송 과정을 완결시키는 데 필요하다.
 (a) 분비되는 HCl의 pH를 계산하시오. 이것은 세포질의 pH(7.4)와 비교해서 어떠한가?
 (b) 탄산 무수화 효소에 의해 촉매되는 반응을 기술하시오.
 (c) HCl의 분비에 관여하는 두 가지 운반 단백질의 작용 메커니즘을 그림으로 설명하시오.

24. 콩팥 세포는 세포내 암모니아를 세포 외로 배출시키는 통로를 갖는다. (a) 왜 처음에 과학자들은 세포들이 그러한 통로를 필요로 하지 않는다고 믿었는가? (b) 통로를 경유하는 암모니아의 배출에 대한 자유 에너지원은 무엇인가? (c) 동일한 콩팥 세포는 세포에서 H^+를 방출하는 양성자 펌프도 갖고 있다. 이러한 펌프에 대한 자유 에너지원은 무엇인가? 어떻게 그 작용이 콩팥 세포 내로의 역류를 방지하는가?

25. 대부분의 동물들은 뇌에 통증 신호를 보내서 불리한 환경 조건에 반응하는 뉴런을 가지고 있다. 예를 들면 상승된 CO_2 농도는 전압 개폐 Na^+ 통로를 열어서 활동 전위를 개시하게 하는 Na^+ 유입을 촉발한다. 복잡한 지하 세계에 사는 벌거숭이 두더지쥐(8-2D절)는 양성자에 의해서 억제되는 전압 개폐 Na^+ 통로를 가지고 있다. 이것이 왜 유리한지를 설명하시오.

26. 전갈 독소는 동물의 특정 수용체에 결합하여 통증 인식 뉴런의 활동 전위를 유발시킨다. 그 독소는 또한 뉴론의 전압 개폐 Na^+ 통로가 불활성화되는 것을 늦추도록 한다. 어떻게 이것이 전갈이 어떤 동물에 의해 잡혀 먹히는 것을 더 잘 피하도록 돕는지를 설명하시오.

참고 문헌

수동 매개 수송

Deng, D., Xu, C., Sun, P., Wu, J., Yan, C, Hu, M., and Yan, N., Crystal structure of the human glucose transporter GLUT1, *Nature* **510**, 121 - 125 (2014).

Dutzler, R., Schirmer, T., Karplus, M., and Fischer, S., Translocation mechanism of long sugar chains across the maltoporin membrane channel, *Structure* **10**, 1273-1284 (2002).

Maeda, S., Nakagawa, S., Suga, M., Yamashita, E., Oshima, A., Fujiyoshi, Y., and Tsukihara, T., Structure of the connexin 26 gap junction channel at 3.5Å resolution, *Nature* **458**, 597-602 (2009).

Walmsley, A.R., Barrett, M.P., Bringaud, F., and Gould, G.W., Sugar transporters from bacteria, parasites, and mammals: structure-activity relationships, *Trends Biochem. Sci.* **22**, 476-481 (1998). [12개 막횡단 나선을 가지고 있는 당 수송계의 구조와 기능을 분석]

이온 통로

Dutzler, R., The ClC family of chloride channels and transporters, *Curr. Opin. Struct. Biol.* **16**, 439-446 (2006).

Dutzler, R., Campbell, E.B., Cadene, M., Chait, B. T., and

MacKinnon, R., X-Ray structure of a ClC chloride channel at 3.0Å reveals the molecular basis of anion selectivity, *Nature* **415**, 287–294 (2002).

Jiang, Y., Lee, A., Chen, J., Ruta, V., Cadene, M., Chait, B.T., and MacKinnon, R., X–ray structure of a voltage–dependent K^+ channel, *Nature* **423**, 33–41 (2003).

Long, S.B., Campbell, E.B., and Mackinnon, R., Voltage sensor of Kv1.2: Structural basis of electromechanical coupling, *Science* **30**, 903–908 (2005).

Roux, B., Ion conduction and selectivity in K^+ channels, *Annu. Rev. Biophys. Biomol. Struct.* **34**, 153–171 (2005).

아쿠아포린

Eriksson, U.K., Fischer, G., Friemann, R., Enkavi, G., Tajkhorshid, E., and Neutze, R., Subangstrom resolution X–ray structure details aquaporin–water interactions, *Science* **340**, 1346 – 1349 (2013).

Fu, D. and Lu, M., The structural basis of water permeation and proton exclusion in aquaporins, *Mol. Membrane Biol.* **24**, 366–374 (2007). [리뷰 논문]

King, L.S., Kozono, D., and Agre, P., From structure to disease: The evolving tale of aquaporin biology, *Nature Rev. Mol. Cell Biol.* **5**, 687–698 (2004).

능동 수송체

Abramson, J., Smirnova, L, Kasho, V., Verner, G., Kaback, H.R., and Iwata, S., Structure and mechanism of the lactose permease of *Escherichia coli*, *Science* **301**, 610–615 (2003).

Aller, S.G., Yu, J., Ward, A., Weng, Y., Chittaboina, S., Zhuo, R., Harrell, P.M., Trinh, Y.T., Zhang, Q., Urbatsch, I.L., and Chang, G., Structure of P-glycoprotein reveals a molecular basis for poly-specific drug binding, *Science* **323**, 1718–1722 (2009).

Bezanilla, F., How membrane proteins sense voltage, *Nature Rev. Mol. Cell Biol.* **9**, 323–332 (2008).

Gouaux, E. and Mackinnon, R., Principles of selective ion transport in channels and pumps, *Science* **310**, 1461–1465 (2005). [구조가 알려진 몇 개의 수송 단백질들을 비교하고, Na^+, K^+, Ca^{2+}, Cl^- 이온들의 수송에 대한 선택성을 다룸.]

Hille, B., *Ionic Channels of Excitable Membranes* (3rd ed.), Sinauer Associates (2001).

Jones, P.M., O'Mara, M.L., and George, A.M., ABC transporters: a riddle wrapped in a mystery inside an enigma, *Trends Biochem. Sci.* **34**, 520–531 (2009).

Krishnamurthy, H., Piscitelli, C.L., and Gouaux, E., Unlocking the molecular secrets of sodium-coupled transporters, *Nature* **459**, 347–354 (2009).

Long, S.B., Tao, X., Campbell, E.B., and MacKinnon, R., Atomic structure of a voltage–dependent K^+ channel in a lipid membrane-like environment, *Nature* **450**, 376–382 (2007).

Preben Morth, J., Pedersen, B.P., Buch–Pedersen, M.J., Andersen, J.P., Vilsen, B., Palmgren, M.G., and Nissen, P., A structural overview of the plasma membrane Na^+,K^+–ATPase and H^+–ATPase ion pumps, *Nature Rev. Mol. Cell Biol.* **12**, 60 – 70 (2011).

Olesen, C., Picard, M., Winther, A.-M.L., Gyrup, C., Morth, J.P., Oxvig, C., Møller, J.V., and Nissen, P., The structural basis of calcium transport by the calcium pump, *Nature* **450**, 1036–1042 (2007).

Rees, D.C., Johnson, E., and Lewinson, O., ABC transporters: the power to change, Nature Rev. *Mol. Cell Biol.* **10**, 218–227 (2009).

Shinoda, T., Ogawa, H., Cornelius, F., and Toyoshima, C., Crystal structure of the sodium-potassium pump at 2.4Å resolution, *Nature* **459**, 446–450 (2009). [상어의 효소]

Toyoshima, C. How Ca^{2+}–ATPase pumps ions across the sarcoplasmic reticulum membrane, *Biochim. Biophys. Acta* **1793**, 941 – 946 (2009).

Wright, E.M., Hirayama, B.A., and Loo, D.F., Active sugar transport in health and disease, *J. Intern. Med.* **261**, 32–43 (2007).

Yan, N., Structural advances for the major facilitator superfamily (MFS) transporters, *Trends Biochem. Sci.* **38**, 151 – 159 (2013).

CHAPTER 11

효소의 촉매 작용

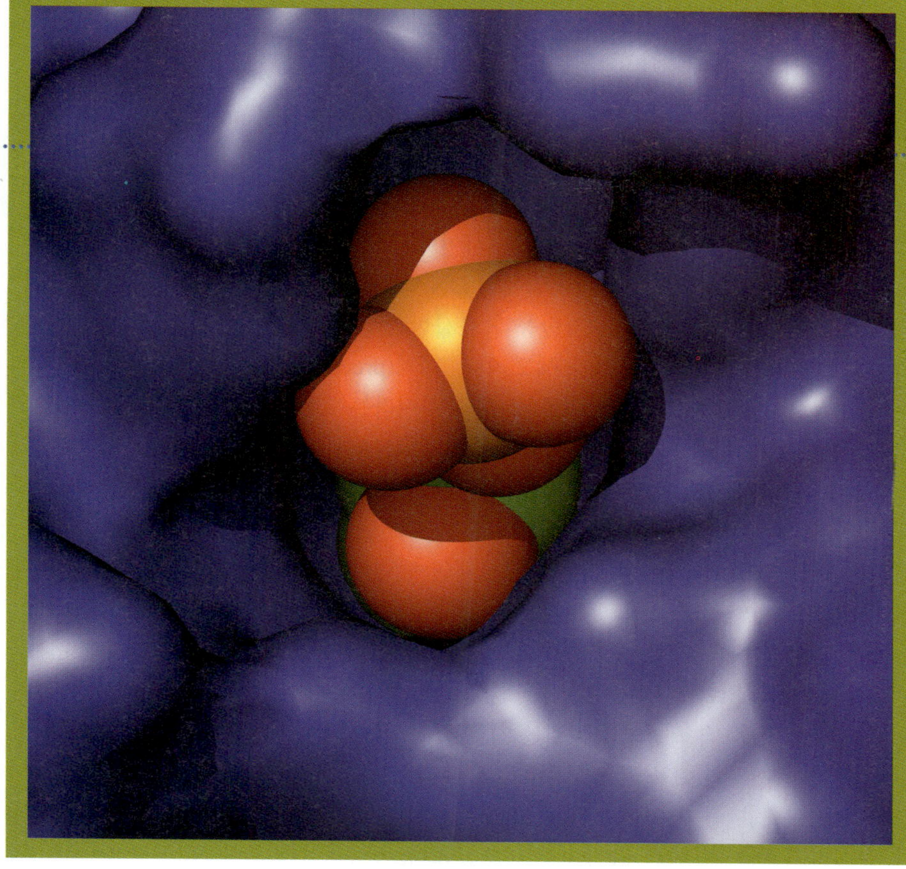

실제 모든 효소들은 활성 자리라는 주머니를 가지고 있으며, 이는 특정 기질이 결합하기에 적합한 모양이므로 기질들을 잘 잡아둘 수 있고 그것들을 특정 생성물로 전환시키는 화학 반응에 참여한다. 대장균의 데옥시리보스 인산 알돌레이스(deoxyribose phosphate aldolase)의 구조는 캘리포니아 주 라졸라에 위치한 Scripps Research Institute에 근무하는 Chi-Huey Wong와 Ian A. Wilson에 의해 결정되었다. PDBid 1JCJ

생명체는 수많은 생화학 반응으로 이루어지는데, 거의 모든 반응은 효소라고 알려진 일련의 놀라운 생물학적 촉매에 의해 일어난다. 효소에 관하여 연구하는 **효소학**(**enzymology**)은 초기 생화학의 근간이었으며, 이 두 학문 모두 19세기 발효와 소화 연구로부터 발전되어 왔다. 초기에는 대부분의 생화학 반응을 실험실에서 재현시키는 것이 불가능하였기 때문에 파스퇴르(Louis Pasteur) 및 다른 연구자들은 생물계는 무생물계를 지배하는 자연 법칙의 회피를 가능하게 하는 '생기력(vital force)'을 타고나는 것으로 추정하였다. 그러나 일부 과학자, 특히 리비히(Justus von Liebig)는 생물학적 과정은 당시 'ferments'라고 알려진 화학 물질의 작용에 기인된다고 주장하였다. 사실상, 'enzyme[그리스어 *en*(안)+*zyme*(효모)]'이라는 용어는 1878년에 효모 자체라기보다는 효모 안에 발효 반응을 촉매하는 그 무엇이 존재함을 강조하는 뜻으로 만들어졌다. 결국 Edward Bucher는 효모 세포가 없는 추출물(cell-free yeast extracts)이 글루코스로부터 에탄올의 합성[**알코올 발효**(**alcoholic fermentation**), 15-3B절]을 실제 수행함을 보여 주었다.

$$C_6H_{12}O_6 \longrightarrow 2\ CH_3CH_2OH + 2\ CO_2$$

이 화학적 변형은 실제 12개의 효소 촉매 단계로 진행된다.

효소의 화학적 성분은 1926년에 섬너(James Sumner)가 요소를 NH_3와 CO_2로 가수 분해하는 작두콩(잭빈, jack bean) **요소 가수 분해 효소**(**urease**)를 결정화하고, 그 결정이 단백질로 이루어졌다는 것을 보여 주기까지는 확실하게 확립되지는 않았다.

그 후 효소학적 실험은 일부 특별한 예외를 제외하고는 거의 모든 생물학적 반응들이 단백질에 의하여 촉매된다는 것을 충분히 보여 주었다.

리보자임(ribozyme)이라는 어떤 종류의 RNA 분자 또한 효소 활성을 가진다. 여기에는 단백질이 합성되는 동안 아미노산 사이에 펩타이드 결합의 형성을 촉매하는 리보솜 RNA도 포함된다. 실제 실험실에서 DNA의 복제, RNA로의 전사 및 아미노산의 tRNA로의 결합 등에 필요한 반응과 유사한 반응을 촉매하는 리보자임을 만들었다. 이러한 발견은 RNA 분자가 세포 이전 세계(precellular world)에서는 생화학의 촉매 일꾼으로서 보다 높은 지위를 누렸을 것이라는 추정에 잘 부합된다. 오늘날의 RNA 촉매는 아마도 이러한 초기 'RNA 세계(RNA world)'의 흔적으로 보인다. 단백질은 세포 촉매로서 RNA보다 훨씬 우수한 기능을 가지고 있는데, 이는 아마도 단백질의 커다란 화학적 다양성에 기인되는 것으로 보인다. 핵산이 화학적으로 유사한 네 가지의 단량체 단위로 이루어진 중합체인 반면에, 단백질은 보다 다양한 작용기를 가진 20가지의 아미노산으로 이루어져 있다.

이 장은 생화학의 가장 중요한 중심 질문 중 하나인 '효소가 어떻게 작용하는가?'에 초점을 두고 있다. 우리는 효소가 반응물과 생성물을 나누는 에너지 장벽을 낮춤으로써 화학 반응 속도를 증가시키는 것을 보게 될 것이다. 효소는 효소가 촉매 작용이 일어나는 지역인 효소의 **활성 자리(active site)**에 작용기들의 배열에 의존되는 다양한 메커니즘을 통해 이러한 기능을 성취한다. 이 장에서는 효소가 생물학적 반응을 촉매하기 위하여 여러 가지 메커니즘을 결합시키는 방법을 보여 주는 예들과 함께 이들 메커니즘을 서술하고자 한다. 다음 장에서는 그러한 반응이 일어나는 속도에 관한 연구인 효소 속도론에 대한 토의가 포함될 것이다.

1 효소의 일반적 특성

주요 개념

- 효소는 반응 속도, 반응 조건, 반응 특이성 및 조절에서 통상적인 화학적 촉매와는 다르다.
- 활성 자리의 고유한 물리적, 화학적 특성은 한 효소의 특이적인 기질과 반응을 한정한다.
- 일부 효소는 금속 이온이나 유기 보조 인자를 필요로 한다.

파스퇴르(Pasteur) 시기 이후 생화학 연구는 비록 효소가 다른 화합물의 반응을 지배하는 동일한 자연 법칙에 따른다 할지라도, 효소는 여러 중요한 점에서 일상적인 화학 촉매와는 상당히 다르다는 것을 보여 주었다.

1. **높은 반응 속도.** 효소에 의해 촉매되는 반응의 속도는 촉매되지 않는 해당 반응의 속도에 비하여 전형적으로 10^6~10^{12}배(**표 11-1**)가 빠르며, 화학적으로 촉매되는 비슷한 반응보다 적어도 몇 지수 배 이상 크다.
2. **온화한 반응 조건.** 효소에 의해 촉매되는 반응은 100°C 이하의 온도, 대기압 및 거의 중성 pH 조건 등과 같이 상대적으로 온화한 조건에서 일어난다. 반면에 효과적인 화학 촉매를 사용하는 반응의 경우라 하더라도 흔히 높은 온도와 압력, 극단적인 pH를 필요로 한다.
3. **높은 기질 특이성.** 효소는 화학적 촉매보다는 **기질(substrate**, 반응물)과 생성물의 인식에 관한 훨씬 큰 특이성을 가진다. 따라서 효소 반응은 거의 부산물이 없다.

표 11-1 일부 효소의 촉매능

효소	비효소적 반응 속도(s^{-1})	효소 반응 속도(s^{-1})	속도 증가
탄산 무수화 효소	1.3×10^{-1}	1×10^{6}	7.7×10^{6}
코리슴산 자리옮김 효소	2.6×10^{-5}	50	1.9×10^{6}
삼탄당 인산 이성질화 효소	4.3×10^{-6}	4300	1.0×10^{9}
카복시펩타이드 가수 분해 효소 A	3.0×10^{-9}	578	1.9×10^{11}
AMP 뉴클레오사이데이스	1.0×10^{-11}	60	6.0×10^{12}
스타필로코카스 핵산 가수 분해 효소	1.7×10^{-13}	95	5.6×10^{14}

출처: Radzicka, A. and Wolfenden, R., *Science* **267**, 91(1995).

4. **조절 능력.** 많은 효소의 촉매 활성은 기질이 아닌 다른 화합물의 농도에 의해 변한다. 이러한 조절 과정의 메커니즘에는 다른자리 입체성 조절, 효소의 공유 결합성 변형 및 합성되는 효소의 양적 변화 등이 포함된다.

A 효소는 효소가 촉매하는 반응에 의해 분류된다

효소의 특성을 더 깊이 탐구하기 전에 먼저 효소의 명명법을 알아둘 필요가 있다. 효소는 일반적으로 효소의 기질 이름이나 효소의 촉매 작용을 나타내는 단어에 접미어 *-ase*를 붙여서 명명된다. 그러므로 요소 분해 효소(urase)는 요소의 가수 분해 반응을 촉매하며, **알코올 탈수소 효소(alcohol dehydrogenase)**는 1차 또는 2차 알코올에서 수소를 제거하여 해당되는 알데하이드나 케톤으로의 산화를 촉매한다. 초기에는 효소의 명명에 체계적인 규정이 없었기 때문에 때때로 이러한 방법의 적용은 동일한 효소에 대하여 두 다른 이름이 사용되거나 반대로 같은 이름이 두 다른 효소에 사용되었다. 더욱이 **카탈레이스[catalase**, H_2O_2를 H_2O와 O_2로 불균등화하는 반응(dismutation)을 매개하는]와 같은 많은 효소들은 효소의 기능에 대한 정보를 제공해 주지 못하는 이름이 붙여지기도 했다. 이러한 혼란을 피하고 급격히 증가되는 새로 발견되는 수많은 효소들을 합리적으로 명명할 규정을 만들기 위하여 국제 생화학 및 분자생물 학회(International Union of Biochemistry and Molecular Biology, IUBMB)는 효소의 체계적인 기능적 분류와 명명에 대한 다음의 체계를 채택하였다.

효소는 그들이 촉매하는 화학 반응의 특성에 따라 분류되고 명명된다. 6개의 주된 효소 반응(표 11-2)과 하위족(subclass) 그리고 하위-하위족이 있다. 각 효소는 두 가지 이름과 네 부분으로 된 분류 번호를 갖게 된다. **인정되는 이름(accepted name)** 또는 **추천되는 이름(recommended name)**은 일상적인 사용에 편리하며, 흔히 효소의 통상적인 이름으로 사용되고 있다. **체계명(systematic name)**은 필히 모호성이 최소화되어야 하는 경우 사용되고 있는데, 기질의 이름 뒤에 주요 효소군 분류에 의해 효소가 촉매하는 반응의 종류를 명확하게 나타내며 *-ase*로 끝나는 단어가 뒤따른다. 예로서 추천되는 이름인 아코니테이스(aconitase, 17-3B절)는 체계명이 아코니트산 수화 효소(aconitate hydratase)이며, 분류 번호가 EC 4.2.1.3이다('EC'는 Enzyme Commission을 나타내며, 숫자는 족, 하위족, 하위-하위족 및 하위-하위족에서 임의로 정한 일련 번호다). 우리의 목적으로는 효소의 추천명이 대체로 편리하다. **EC 분류(EC classification)** 번호는 인터넷으로 접근 가능한 다양한 데이터베이스에서 점차 사용이 증가되고 있다(14-4C절). 체계명과 EC 분류 번호는 인터넷(http://expasy.org/enzyme/)에서 얻을 수 있다.

표 11-2 반응 유형에 따른 효소의 분류

분류	촉매하는 반응의 유형
1. 산화-환원 효소	산화-환원 반응
2. 전달 효소	작용기의 전달
3. 가수 분해 효소	가수 분해 반응
4. 분해 효소	이중 결합을 형성하는 작용기 제거
5. 이성질화 효소	이성질화 반응
6. 연결 효소	ATP 가수 분해와 짝지은 결합의 형성

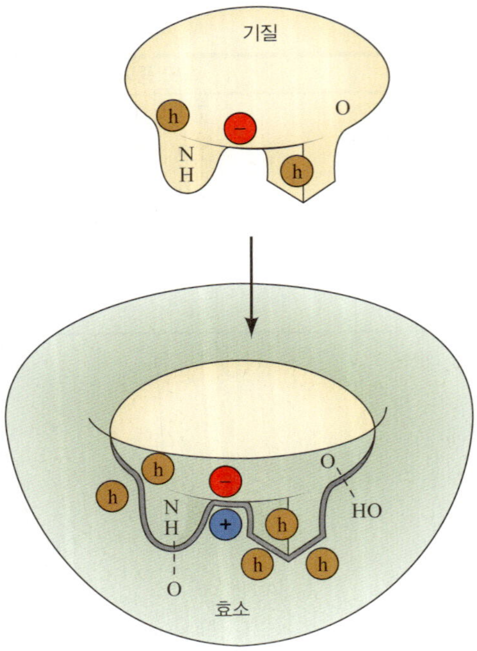

그림 11-1 효소-기질 복합체 효소와 기질 사이의 기하학적, 전자적 상보성은 비공유 결합성 힘에 의존된다. 소수성기들은 갈색 원 안에 h로 나타냈으며, 파선은 수소 결합을 나타낸다.

B 효소는 특정 기질에 작용한다

기질과 다른 분자가 효소에 결합하는 비공유 결합적인 힘은 단백질 자체의 형태를 결정하는 힘(6-4A절)과 특성상 거의 같다. 두 가지 모두 반데르발스 힘, 정전기력, 수소 결합 및 소수성 상호작용 등이 관여된다. 일반적으로 기질 결합 부위는 효소 분자 표면에 기질의 외형에 상보적인[**기하학적 상보성(geometric complementarity)**] 굴곡(indentation) 또는 틈새(cleft)로 이루어져 있다. 더욱이 기질 결합 부위를 형성하고 있는 아미노산 잔기들은 특이하게 기질을 끌어당기도록 배열되어 있다[**전자 상보성(electronic complementarity)**, 그림 11-1]. 외형이나 작용기 배열이 기질과는 다른 분자들은 효소와 생산적인 결합을 이루지 못한다. X선 연구는 대부분 효소의 기질 결합 부위는 기질이 결합하지 않은 상태에서도 대체로는 형성되어 있으나 기질의 결합으로 약간의 형태 변화가 일어난다는 것[**유도 적합(induced fit)**이라 하는 현상]을 보여 준다. 효소와 그 효소의 기질 사이의 상보성은 1984년에 피셔(Emil Fischer)에 의해 처음 제안된 효소의 기능 모형인 '자물쇠와 열쇠(lock-and-key)' 모형의 기초이다. 앞으로 보게 되는 것처럼, 그러한 특이한 결합은 효율적인 촉매에 있어서 필요하기는 하지만 충분한 것은 아니다.

효소는 입체 특이적이다. 효소는 카이랄 기질에 결합하는 것과 그 반응을 촉매하는 것 두 가지 모두에 매우 특이적이다. 이러한 **입체 특이성(stereospecificity)**은 효소 그들의 타고난 카이랄성(chirality, 단백질은 단지 L-아미노산으로만 이루어진다)으로 비대칭 활성 자리를 형성하기 때문에 나타난다. 예를 들면 효소 **아코니테이스(aconitase)**는 시트르산 회로(17-3B절)에서 시트르산과 아이소시트르산의 상호 전환을 촉매한다.

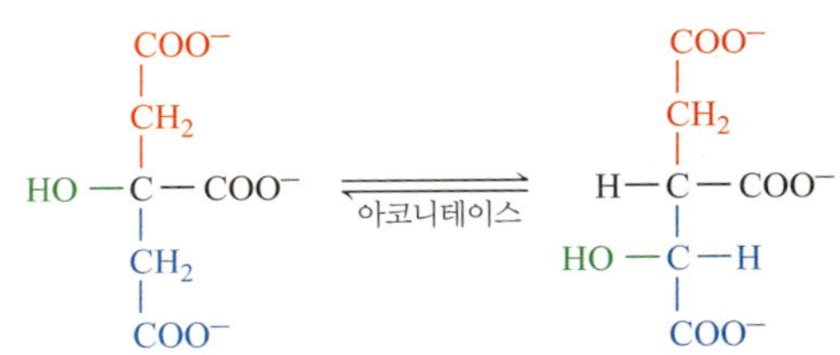

시트르산 아이소시트르산

시트르산은 **선구 카이랄(prochiral)** 분자이다. 즉 두 개의 카복시메틸기($-CH_2COO^-$) 중 한 개가 치환되면 카이랄이 될 수 있다(카이랄성은 4-2절에서 다루었다). 이 두 작용기는 화학적으로 동일하지만 $-OH$와 $-COO^-$기에 대하여 다른 위치를 차지하고 있다(마찬가지로 여러분의 몸이 좌우 대칭이지만 오른쪽과 왼쪽이 구분된다). 시트르산이 세 점 결합(three point attachment, 그림 11-2))을 통해 효소 표면과 비대칭적으로 상호작용하기 때문에 아코니테이스는 그 두 작용기를 구분할 수 있게 된다. 시트르산이 효소에 결합함에 있어 생성물을 생성할 수 있는 방법은 한 가지뿐이므로 시트르산의 하나의 $-CH_2COO^-$ 기만이 반응하여 아이소시트르산을 형성한다. 이코니테이스의 입체 특이성은 결코 특별한 것이 아니다. 생화학 반응을 살펴보면 **카이랄 반응에 관여하는 거의 모든 효소가 절대적으로 입체 특이적임을 발견할 수 있을 것이다.**

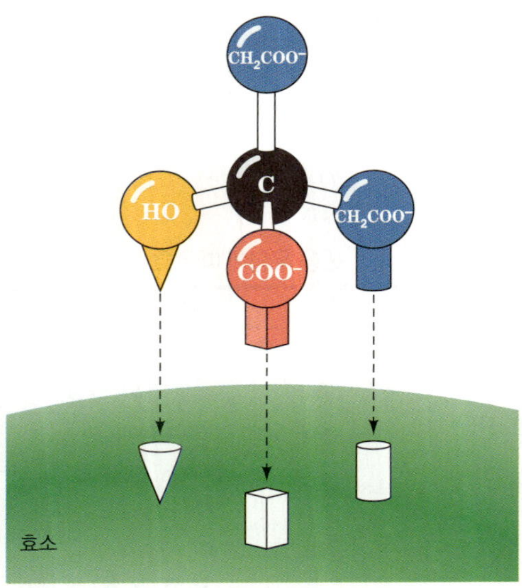

그림 11-2 기질 결합의 입체 특이성 효소 활성 자리에서 시트르산과 같은 선구 카이랄 분자의 특이적인 결합은 효소가 선구 카이랄기를 구분할 수 있게 한다.

효소는 기하학적 특이성에서 다양하다. 효소의 입체 특이성은 기질에 대한 효소의 결합 부위의 상보성이라는 면에서 특별히 놀라운 것은 아니다. 옳지 않은 카이랄성을 가진 화합물은 여러분 왼쪽 장갑에 오른손이 맞지 않는 것과 똑같은 이유로, 효소의 결합 부위에 생산적인 결합을 하지 못한다. 효소의 입체 특이성에 더하여 대부분의 효소는 기질의 화학 작용기의 인식에 있어 매우 선택적이다. 실제로 **기하학적 특이성**(**geometric specificity**)은 입체 특이성보다 더 엄격한 요건에 따라 작용한다.

효소는 기하학적 특이성 정도가 상당히 다양하다. 소수의 효소는 단지 하나의 기질에 대해서만 절대적으로 특이하다. 그러나 대부분의 효소들은 비록 그 효율은 다르다 하더라도 좁은 범위의 연관된 화합물의 반응을 촉매한다. 예를 들면 알코올 탈수소 효소는 메탄올이나 아이소프로판올이 에탄올보다는 CH_2기가 한 개 적거나 많은 정도로만 다름에도 불구하고 **메탄올**(**methanol**, CH_3OH)을 **폼알데하이드**(**formaldehyde**, H_2CO)로, 또는 **아이소프로판올**[**isopropanol**, $(CH_3)_2CHOH$]을 **아세톤**[**acetone**, $(CH_3)_2CO$]으로 산화하는 것보다는 더 빠르게 **에탄올**(**ethanol**, CH_3CH_2OH)을 **아세트알데하이드**(**acetaldehyde**, CH_3CHO)로 산화하는 반응을 촉매한다.

일부 효소들, 특히 소화 효소들은 그들의 기질 특이성이 기질로 수용되는 범위가 폭이 넓어, 보다 정확하게는 기질 선호성(preference)으로 서술된다. 일부 효소들은 촉매하는 반응의 종류에서도 특이적이지 않는다. 예를 들어 카이모트립신은 펩타이드 결합의 가수 분해를 촉매할 뿐만 아니라 에스터 결합의 가수 분해도 촉매한다.

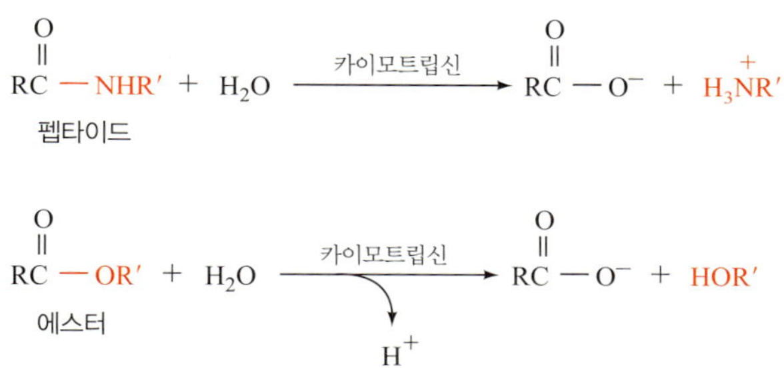

이러한 특성은 작은 합성 에스터를 기질로 사용하여 카이모트립신의 활성을 측정할 수 있도록 편리하게도 한다. 그러한 융통성은 매우 예외적인 것이다. 실제로 대부분의 세포내 효소들은 생체 조건에서 특정 기질의 특정 반응만을 촉매한다.

C 일부 효소는 보조 인자를 필요로 한다.

우리가 살펴보게 될 것과 같이, 단백질 작용기들은 산-염기 반응에 쉽게 참여할 수 있으며, 어떤 형태의 일시적인 공유 결합을 형성할 수 있고, 그리고 전하-전하 상호 작용에 관여할 수 있다. 그러나 단백질 작용기들은 산화-환원 반응과 여러 가지 작용기 전달 과정의 촉매 작용에는 덜 적합하다. 효소가 그러한 반응을 촉매하더라도 다만 작은 **보조 인자**(**cofactor**)와 공동으로만 작용할 수 있는데, 이들 보조 인자는 본질적으로 효소의 '화학적 치아(chemical teeth)'처럼 작용한다(**그림 11-3**).

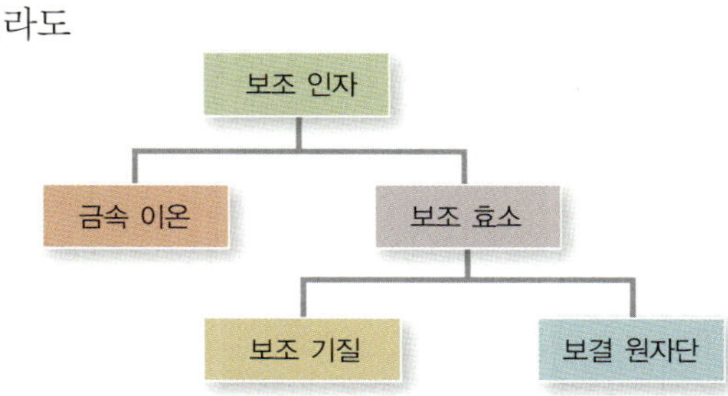

그림 11-3 보조 효소의 유형

보조 인자는 Cu^{2+}, Fe^{2+}, Zn^{2+}와 같은 금속 이온일 수 있다. 이러한 보조 인자의 필수적인 특성은 생물체가 왜 그들의 식이 중 어떤 원소들의 미량을 요구하는지 설명해 준다. 그것은 또한 일부 중금속의 독성 효과를 부분적으로 설명해 주기도 한다. 예를 들어 Cd^{2+}나 Hg^{2+}는 RNA 중합 효소를 포함하여 어떤 효소들의 활성 자리에 있는 Zn^{2+}(Cd^{2+}, Hg^{2+} 및 Zn^{2+}는 모두 주기율표의 같

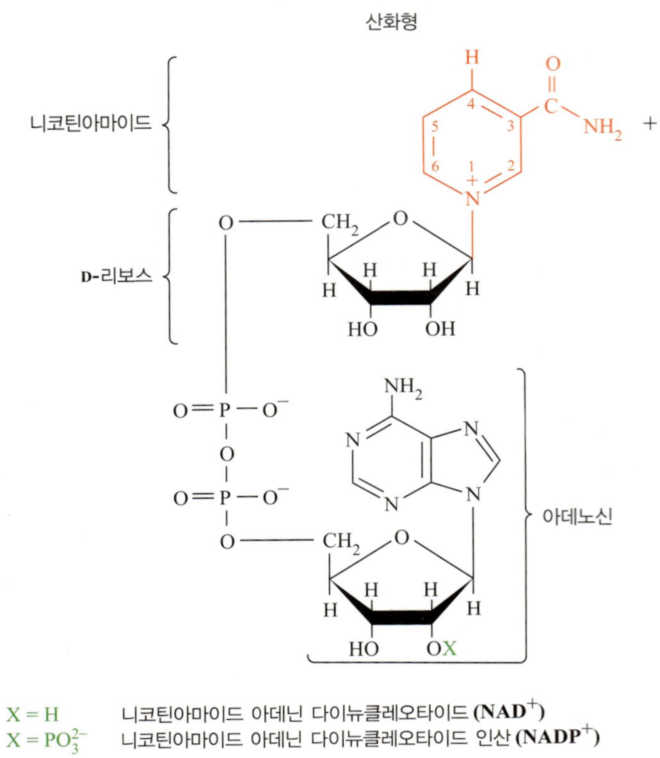

그림 11-4 니코틴아마이드 아데닌 다이뉴클레오타이드(NAD^+)와 니코틴아마이드 아데닌 다이뉴클레오타이드 인산($NADP^+$)의 구조와 반응 이들의 환원형은 NADH와 NADPH다. 전체로 **니코틴아마이드 보조 효소**(nicotinamide coenzyme) 또는 **피리딘 뉴클레오타이드**(pyridine nucleotide, 니코틴아마이드는 피리딘의 한 유도체이다)로 불리는 이들 화합물은 세포내 전자 운반체로 기능한다. 환원(전자 첨가)은 외형상 두 개의 수소 원자(H·) 또는 한 개의 수소화 이온과 한 개의 양성자($H:^- + H^+$) 이동이 관여된다. 이 반응에서 니코틴아마이드 고리만이 변하는 것에 주의하라.

은 족에 위치한다)와 대체될 수 있어서 이들 효소의 활성을 소실하게 한다.

또한 보조 인자는 **보조 효소**(**coenzyme**)라고 알려진 유기 분자일 수 있다. 일부 보조 인자는 주어진 효소 분자에 일시적으로 회합하는데, 따라서 그들은 **보조 기질**(**cosubstrate**)로 작용한다. **니코틴아마이드 아데닌 다이뉴클레오타이드**(**nicotinamide adenine dinucleotide, NAD^+**) 및 **니코틴아마이드 아데닌 다이뉴클레오타이드 인산**(**nicotinamide adenine dinucleotide phosphate, $NADP^+$**)은 보조 기질의 예이다(**그림 11-4**). 예를 들어 NAD^+는 알코올 탈수소 효소(alcohol dehydrogenase, **ADH**) 반응에서 필수적인 산화제로 작용한다.

$$\underset{\text{에탄올}}{CH_3CH_2OH} + NAD^+ \underset{}{\overset{ADH}{\rightleftharpoons}} \underset{\text{아세트알데하이드}}{CH_3\overset{O}{\overset{\|}{C}}H} + NADH + H^+$$

생성물인 NADH는 효소로부터 해리되어 결국에는 별도의 효소 반응에 의해 NAD^+로 재산화된다.

보결 원자단(**prosthetic group**)으로 알려진 다른 보조 인자들은 단백질에 영구적으로 회합되어 있으며, 때로는 공유 결합으로 결합되어 있다. 예를 들어 헴(heme) 보결 원자단(그림 7-2)은 헴과 단백질의 특정 곁사슬기 사이의 공유 결합과 아울러 광범위한 수소성 및 수소 결합 상호작용으로 **사이토크롬**(**cytochrome**, 그림 6-32 및 자료 18-1)으로 알려진 단백질에 단단히 결합되어 있다.

촉매로서 활성형인 효소–보조 인자 복합체를 **완전 효소**(**holoenzyme**)라고 한다. 완전 효소로부터 보조 인자가 제거된 효소로서 비활성인 단백질은 **결손 효소**(**apoenzyme**)라고 하며, 다음과 같다.

$$\text{결손 효소}(\textbf{비활성}) + \text{보조 인자} \rightleftharpoons \text{완전 효소}(\textbf{활성})$$

보조 효소는 반드시 재생되어야 한다. 보조 효소는 그들이 참여하고 있는 효소 반응에 의하여 화학적으로 변화된다. **촉매 주기가 완결되기 위해서는 보조 효소는 반드시 원래의 상태로 되돌아와야 한다.** 일시적으로 결합된 보조 효소(보조 기질)의 경우 재생 반응은 NAD^+의 경우에서 본 바와 같이, 다른 효소 반응에 의해 촉매될 수 있다. 그러나 보결 원자단의 경우 재생은 그 효소 반응 과정의 한 단계로서 일어난다.

체크 포인트

- 효소가 다른 촉매와 구별되는 특성은 무엇인가?
- 효소들이 어떻게 분류되고 명명되는지 서술하시오.
- 어떤 인자들이 효소의 기질 특이성에 영향을 미치는가?
- 일부 효소 반응에는 왜 보조 인자가 필요한가?
- 보조 인자, 보조 효소, 보조 기질 및 보결 원자단 사이의 관계는 무엇인가?

2 활성화 에너지와 반응 좌표

주요 개념

- 효소는 기질에서 생성물까지 낮은 에너지 경로를 제공하지만 그 반응의 총 자유 에너지 변화에는 영향을 미치지 않는다.

효소가 어떻게 화학 반응을 촉매하는지에 대한 많은 이해는 **전이 상태 이론(transition state theory)**으로부터 나오는데, 이는 1930년대에 주로 아이링(Henry Eyring)에 의해 개발되었다. 수소 원자가 이원자의 수소(H_2)에 반응하여 새로운 수소 분자와 다른 수소 원자가 생성되는 것과 같은 세 원자가 관여된 이분자 반응을 생각해 보자.

$$H_A—H_B + H_C \longrightarrow H_A + H_B—H_C$$

이 반응에서 H_C는 반드시 이원자 분자인 $H_A—H_B$에 접근하여, 반응의 어떤 순간에서는 $H_A \cdots H_B \cdots H_C$로 표현되는 높은 에너지(불안정한) 복합체로 존재하게 된다. 이 복합체에서 $H_A—H_B$ 공유 결합은 끊어지는 과정에 있으며, 반면에 $H_B—H_C$ 결합은 생성되는 과정에 있다. 이때 자유 에너지가 가장 높은 위치를 그 계의 **전이 상태(transition state)**라고 한다.

반응물들은 일반적으로 소위 **반응 좌표(reaction coordinate)**라고 하는 최소 자유 에너지 경로를 따라 서로 접근한다. 반응 좌표에 대한 자유 에너지 그림을 **전이 상태 도표(transition state diagram)** 또는 **반응 좌표 도표(reaction coordinate diagram)**라고 한다(그림 11-5). 생성물들과 반응물들은 최소 자유 에너지 상태이며, 전이 상태

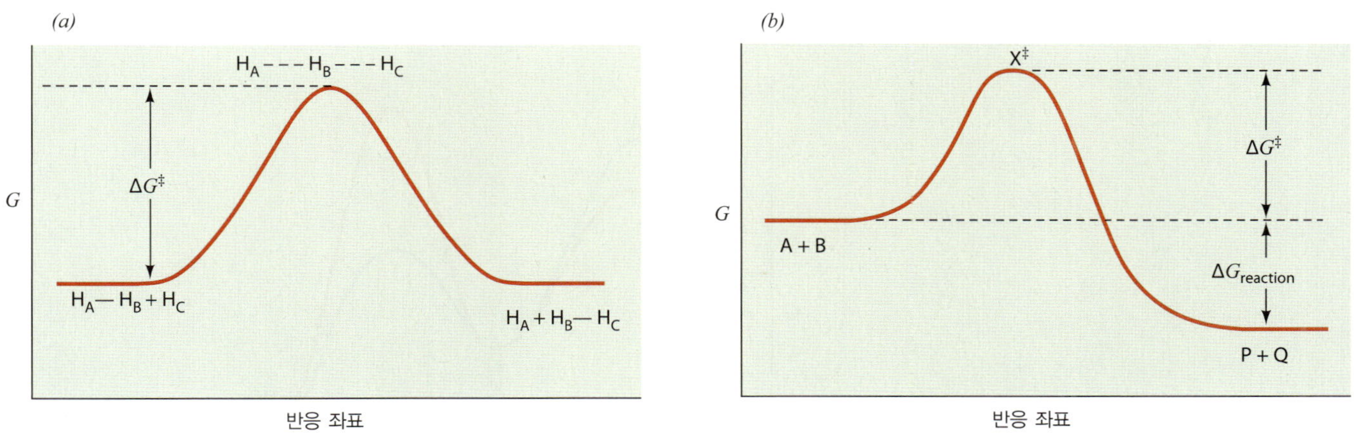

그림 11-5 전이 상태 도표 (*a*) H + H_2 반응. 반응 물질과 생성 물질은 낮은 자유 에너지 구조들에 해당된다. 자유 에너지가 가장 높은 지점은 전이 상태이며, 이 상태에서 반응물은 부분적으로 생성 물질로 전환되어 있다. $\Delta G^{\ddagger}$는 활성화 자유 에너지로, 반응 물질과 전이 상태 $X^{\ddagger}$ 사이의 자유 에너지 차이이다. (*b*) 반응 A + B → P + Q에 대한 전이 상태 도표. 이 반응은 자발적인 반응이다. 즉 $\Delta G_{reaction} < 0$ (P + Q의 자유 에너지가 A + B의 자유 에너지보다 작다).

? 비자발적 반응의 전이 상태 도표를 그려라.

는 그 도표의 가장 높은 위치에 해당한다. $H+H_2$ 반응의 경우, 반응물과 생성물은 똑같은 자유 에너지를 갖는다(**그림 11-5*a***). 만일 반응계에서 원자들이 다른 경우 반응은 다음과 같게 된다.

$$A + B \longrightarrow X^{\ddagger} \longrightarrow P + Q$$

여기서 A와 B는 반응 물질, P와 Q는 생성 물질, $X^{\ddagger}$는 전이 상태를 나타내며, 전이 상태 도표는 반응 물질과 생성 물질 사이에 자유 에너지 차이가 있기 때문에 더 이상 대칭이 아니다(**그림 11-5*b***). 두 경우 어느 쪽이든 전이 상태의 자유 에너지에서 반응 물질의 자유 에너지를 제한 $\Delta G^{\ddagger}$가 **활성화 자유 에너지(free energy of activation)**이다.

전이 상태의 통과에 10^{-13}에서 10^{-14}초밖에 필요하지 않기 때문에 반응계에서 전이 상태의 농도는 낮다. 그러므로 전이 상태에서 생성물로의 분해됨(혹은 반응물로의 되돌아감)이 전체 반응의 속도 결정 과정이라는 것이 추정된다. 열역학적 논쟁은 반응 속도가 $e^{-\Delta G^{\ddagger}/RT}$에 비례한다는 결론에 도달하였는데, 여기서 R은 기체 상수이며, T는 절대 온도이다. 따라서 **$\Delta G^{\ddagger}$가 클수록 반응 속도는 느려진다.** 이는 $\Delta G^{\ddagger}$가 클수록 전이 상태 자유 에너지에 도달할 수 있는 충분한 열에너지를 가진 반응물의 분자수가 적기 때문이다.

화학 반응은 흔히 여러 단계로 이루어진다. 두 단계 반응의 경우 다음과 같다,

$$A \longrightarrow I \longrightarrow P$$

여기서 I는 반응의 중간체이며, 두 개의 전이 상태와 두 개의 활성화 에너지 장벽이 있다. 그러한 반응에 대한 전이 상태 도표의 모양은 두 단계의 상대적 속도를 반영한다(**그림 11-6**). 만일 첫 단계의 활성화 에너지가 두 번째 단계의 활성화 에너지보다 크다면 두 번째 단계보다 첫 번째 단계가 더 느리게 되며, 만일 두 번째 단계의 활성화 에너지가 크게 되면 그 반대가 된다. 다단계 반응에서 가장 높은 활성화 상태 자유에너지를 가진 단계는 '병목(bottle-neck)'으로 작용하게 되며, 따라서 그 반응의 **속도 결정 단계(rate-determining step)**라고 한다.

촉매는 $\Delta G^{\ddagger}$를 감소시킨다. 촉매는 촉매되지 않는 반응보다 자유 에너지가 낮은 전

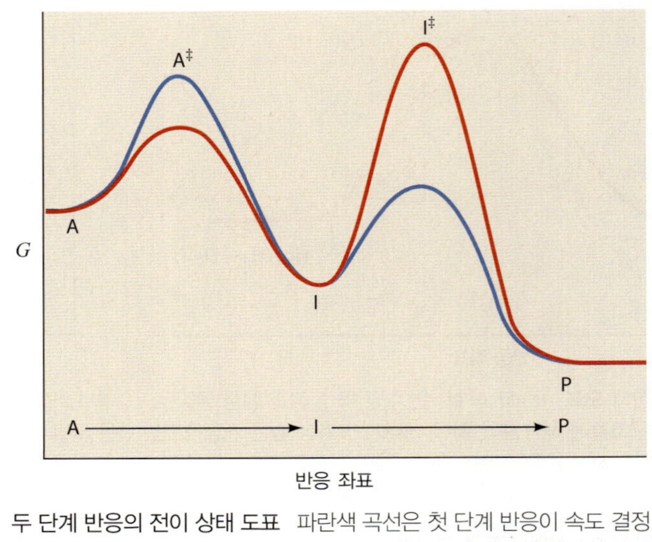

그림 11-6 두 단계 반응의 전이 상태 도표 파란색 곡선은 첫 단계 반응이 속도 결정 단계인 반응(A → I → P)을 나타내며, 빨간색 곡선은 두 번째 단계가 속도 결정 단계인 반응이다.

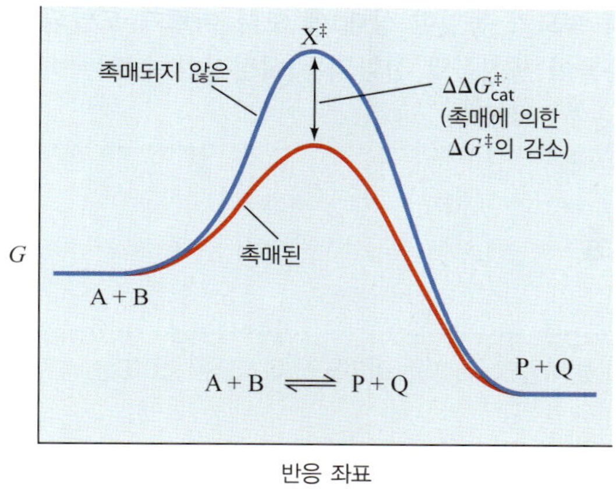

그림 11-7 **반응의 전이 상태 도표에 대한 촉매의 영향** 여기에서 $\Delta\Delta G^{\ddagger}_{cat} = \Delta G^{\ddagger}$(비촉매) $- \Delta G^{\ddagger}$(촉매)이다.

? 촉매는 $\Delta G_{reaction}$에 영향을 미치는가?

이 상태를 가진 반응 경로를 제공함으로써 작용한다(**그림 11-7**). 촉매되지 않은 반응과 촉매되는 반응의 $\Delta G^{\ddagger}$값의 차이, $\Delta\Delta G^{\ddagger}_{cat}$는 촉매의 효율성을 나타낸다. **속도 증가**(**rate enhancement**, 촉매되는 반응과 촉매되지 않은 반응의 속도비)는 $e^{-\Delta\Delta G^{\ddagger}_{cat}/RT}$로 주어진다. 따라서 25°C(298 K)에서 10배의 속도 증가를 위해서는 5.71 kJ·mol^{-1}의 $\Delta\Delta G^{\ddagger}_{cat}$만이 필요한데, 이는 전형적인 수소 결합 에너지의 절반 이하이다. 마찬가지로 $\Delta\Delta G^{\ddagger}_{cat} \approx 34$ kJ·mol^{-1}인 경우 백만 배의 속도 증가가 일어나는데, 이 활성화 에너지 차이는 대부분의 공유 결합 자유 에너지의 작은 부분에 해당한다(예시 계산 11-1을 보라). 그러므로 이론상으로는 효소의 활성 자리에 있는 반응성 작용기의 영향권 내에서는 엄청난 촉매 효율이 가능할 것으로 보인다. 이들 작용기가 어떻게 원자 수준에서 실제적으로 기능하는지가 이 장과 다른 장들의 주된 주제다.

촉매는 정반응과 역반응의 자유 에너지 장벽을 같은 정도로 낮춘다는 것에 주의하라(그림 11-7). 그 결과 촉매는 정반응과 역반응을 똑같이 촉진한다. 또한 촉매가 반응물을 생성물로(또는 생성물을 반응물로) 전환하는 것을 촉진시키는 동안, 한 방향 또는 반대 방향으로 일어나는 알짜 반응의 가능성은 단지 반응물과 생성물의 자유 에너지 차이에 의존된다는 것을 명심하라. $\Delta G_{reaction} < 0$인 경우 반응은 반응물이 자발적으로 생성물로 전환되며, $\Delta G_{reaction} > 0$인 경우 역반응이 자발적으로 일어난다. **효소는 $\Delta G_{reaction}$을 변화시키지 못하며, 단지 반응이 촉매가 없을 때에 비하여 평형**

예시 계산 11-1

효소가 없는 경우에 비하여 반응이 50배 빠르게 일어나도록 하기 위해서는 효소는 37°C에서 반응의 활성화 에너지를 얼마나 감소시켜야 하는가?

속도 증가 $= 50 = e^{-\Delta\Delta G^{\ddagger}_{cat}/RT}$. 식을 정리하면

$$\ln 50 = \Delta\Delta G^{\ddagger}_{cat}/RT$$
$$\Delta\Delta G^{\ddagger}_{cat} = RT \ln 50$$
$$= (8.3145\ \text{J}\cdot\text{K}^{-1}\cdot\text{mol}^{-1})\ (37 + 273)\text{K} \ln 50$$
$$= 10{,}000\ \text{J}\cdot\text{mol}^{-1} = 10\ \text{kJ}\cdot\text{mol}^{-1}$$

체크 포인트

- 촉매가 있는 반응과 그렇지 않은 반응에 대하여 전이 상태 도표의 여러 부분을 나타내고 표시하라.
- ΔG와 $\Delta G^{\ddagger}$ 사이에는 어떤 관계가 있는가?

(정반응과 역반응의 속도가 동일한 상태)에 보다 빠르게 도달되도록 $\Delta G^{\ddagger}$만을 감소시킬 수 있다. 반응물이 생성물로 전환되는 실질적인 속도는 속도론의 주제다(12-1절).

3 촉매 메커니즘

주요 개념

- 양성자를 내주거나 받아들일 수 있는 아미노산 곁사슬은 산 또는 염기 촉매로 화학 반응에 참여할 수 있다.
- 친핵성 작용기는 기질과 일시적인 공유 결합의 형성을 통해 반응을 촉매할 수 있다.
- 금속 이온 촉매에서 금속 이온의 독특한 전자 특성은 반응을 촉진한다.
- 효소는 반응할 수 있도록 작용기를 모이게 하고 또한 바른 방향으로 배열함으로써 반응을 가속시킨다.
- 전이 상태 안정화는 반응의 활성화 에너지를 현저히 낮게 할 수 있다.

효소는 화학적 촉매가 사용하는 동일한 촉매 메커니즘으로 막대하게 속도를 증가한다. 효소는 단순히 진화를 통하여 보다 좋게 고안되어 왔다. 다른 촉매와 마찬가지로 효소는 전이 상태 자유 에너지($\Delta G^{\ddagger}$)를 감소시킨다. 그것은 **효소가 촉매하는 반응의 전이 상태를 안정하게 한다**는 것을 의미한다. 효소로 하여금 그러한 효율적인 촉매가 될 수 있도록 만드는 것은 효소의 촉매 작용기의 배열과 더불어 기질 결합의 특이성이다. 그러나 우리가 보게 되는 것처럼 기질 결합 작용기와 촉매 작용기의 구분은 다소 임의적인 것이다.

효소에 의하여 사용되는 촉매 메커니즘의 종류는 다음과 같이 분류된다.

1. 산-염기 촉매
2. 공유 결합 촉매
3. 금속 이온 촉매
4. 근접 및 배향성 효과
5. 전이 상태 복합체에 대한 선호적인 결합

이 절에서는 순서대로 이들 메커니즘 각각을 다루게 된다. **해당되는 모형 화합물의 비효소적 반응을 살펴봄으로써 효소 반응 메커니즘에 관하여 많은 것을 배우게 된다.** 두 반응 모두 같은 부호를 이용하여 서술될 수 있다(자료 11-1).

A 산-염기 촉매 작용은 양성자 전달에 의해 일어난다.

일반 산 촉매 작용(general acid catalysis)은 산으로부터의 양성자 이동이 반응의 전이 상태 자유 에너지를 감소시키는 과정이다. 예를 들면 비촉매 케토-엔올 토토머화 반응은 탄소 음이온-유사 전이 상태의 높은 자유 에너지로 인하여 매우 느리게 일어난다(그림 11-8*a*, 전이 상태는 불안정성을 나타내는 [ ]로 그린다). 그러나 산소 원자에게 양성자를 제공하는 것(그림 11-8*b*))은 전이 상태의 탄소 음이온 특성을 감소시키고 따라서 반응을 촉진시킨다.

만일 염기에 의한 양성자의 추출로 속도가 증가된다면 이 반응은 또한 일반 염기 촉매 작용(general base catalysis)에 의하여 촉진될 수 있다(예: 그림 11-8*c*). 일부 반응들은 동시에 두 과정이 일어날 수도 있다. 이러한 경우가 **협동 산-염기 촉매 반응**

자료 11-1 생화학의 전망 반응 메커니즘 그리기

때로는 반응의 기질과 생성 물질의 구조를 나타내는 것만으로도 충분하지만, 반응 메커니즘을 충분히 이해하기 위해서는 공유 결합이 끊어지고 다시 생성됨에 따라 전자가 재배열되는 것을 알아야 한다. 생화학자들은 반응이 일어나는 동안 전자쌍이 재배열되는 방법을 보여 주기 위하여 곡선 화살표 부호(curved arrow convention)를 이용한다. 생화학에서는 단일 전자 이동 반응도 일어나지만, 우리는 보다 흔한 이전자 반응에 초점을 맞추고자 한다.

전자쌍(고립 전자쌍 또는 공유 결합 전자쌍일 수 있는)의 이동은 전자쌍이 나오는 곳에서 전자쌍을 끌어당기는 전자 결핍 중심을 가리키는 곡선 화살표로 나타낸다. 예를 들면 결합의 끊어짐은 다음과 같이 표현되며,

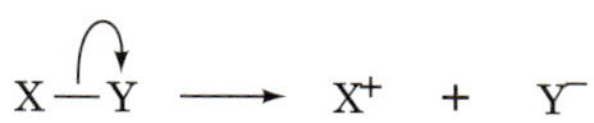

결합의 형성은 다음과 같다.

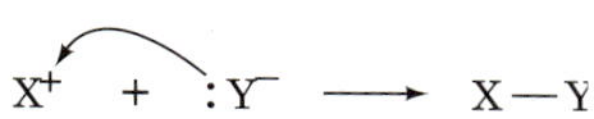

여러 개의 화살표가 필요한 보다 복잡한 반응의 예로는, 생화학적으로 중요한 아민과 알데하이드 또는 케톤 사이의 반응인 이민[imine, 시프 염기(schiff base)] 생성 반응이다.

첫 번째 반응 단계에서 아민의 비공유 전자쌍은 전자가 결핍된 카보닐 탄소에 첨가되며 동시에 C=O 이중 결합에서 하나의 전자쌍이 산소로 이동된다. 이어서 토토머화(tautomerization, 수소 원자의 이동)가 일어나고 하이드록사이드 이온의 제거와 함께 카비놀아민 중간체의 질소 원자에 있는 고립 전자쌍은 전자가 결핍된 탄소 원자로 이동된다.

원자들의 전기 음성도를 잘 아는 것은 전자들의 이동을 예측하는 데 도움이 될 수 있는데, 이는 공유 결합 전자이든 고립 전자쌍이든 전기 음성도가 작은 원자로부터 전기 음성도가 큰 원자로 이동하려는 경향이 있기 때문이다.

$$O > N \gg C \approx H$$

고립 전자쌍을 점으로 나타내는 것은 전자 부족 또는 전자 풍부 원자들을 확인하는 데 도움이 될 수 있다. 이에 더하여, 예를 들면 탄소 원자에는 5개의 결합이, 그리고 수소 원자에는 두 개의 결합이 결코 있을 수 없다는 계에 적용할 화학적 근거 규칙도 있다.

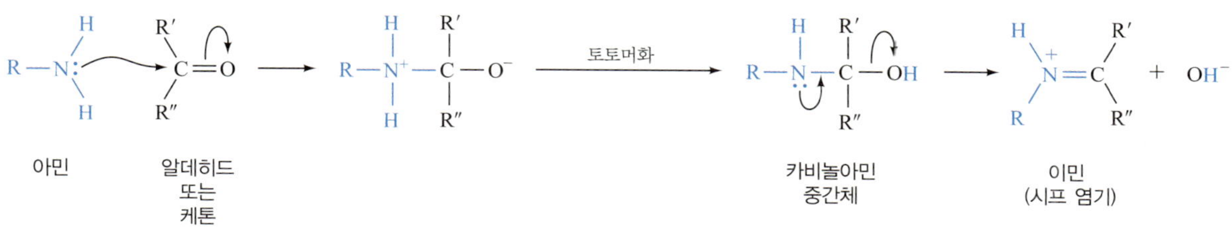

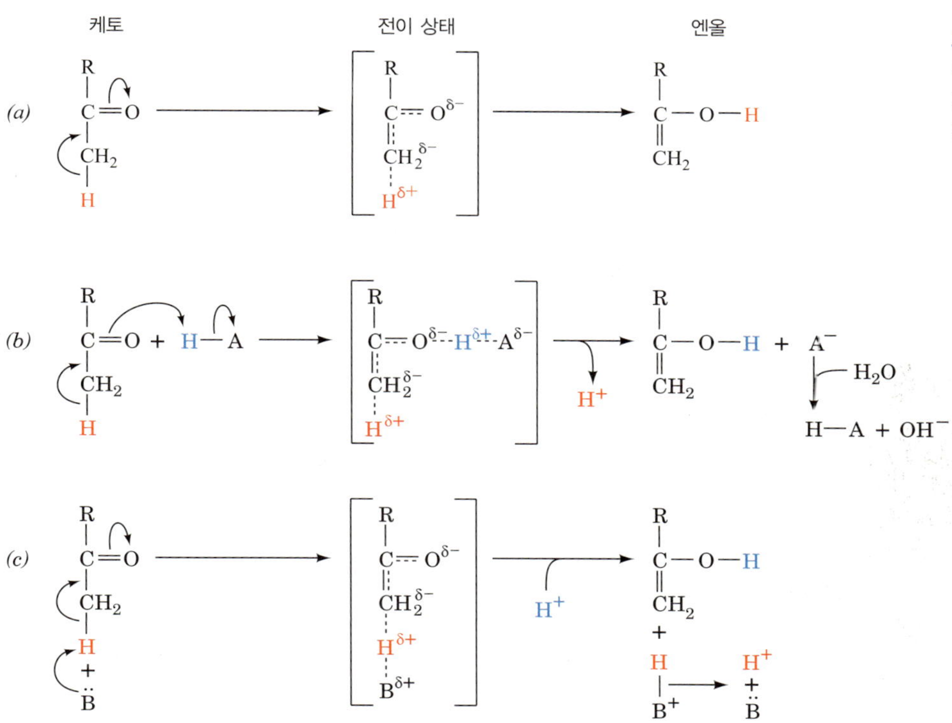

그림 11-8 케토–엔올 토토머화 반응의 메커니즘 (*a*) 비촉매, (*b*) 일반 산 촉매, (*c*) 일반 염기 촉매. 산은 H–A로, 염기는 B로 나타냈으며, δ는 부분 양전하 또는 음전하를 가리킨다.

자료 11-2 생화학 전망 효소 활성에 대한 pH의 영향

대부분 효소는 단지 좁은 pH 영역, 전형적으로 5~9에서만 활성을 가진다. 이는 다음 요인들에 대한 pH 영향의 복합적인 결과이다. (1) 효소에의 기질의 결합, (2) 효소의 촉매 활성에 관여하는 아미노산 잔기들의 이온화 상태, (3) 기질의 이온화 및 (4) 단백질 구조의 변화(일반적으로 극단적인 pH에서만 유의함).

많은 효소 반응 속도는 pH에 대하여 종 모양 곡선을 나타낸다. 예를 들어 퓨마레이스(fumarase, 17-3G절)에 의하여 촉매되는 반응의 pH 의존성 속도는 다음의 곡선을 만든다.

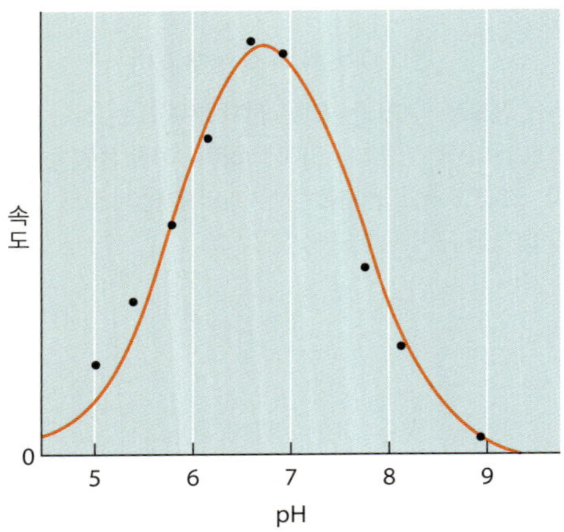

[Figure adapted from Tanford, C., *Physical Chemistry of Macromolecules*, p. 647, Wiley(1961).]

그러한 곡선은 효소 활성에 특정 이온화된 상태가 반드시 요구되는 어떤 아미노산의 이온화가 반영된 것이다. 관찰된 p*K*(곡선의 변곡점)는 자주 효소 활성에 필수적인 잔기의 확인에 가치 있는 단서를 제공한다. 예를 들어 관찰된 p*K*가 ~4인 경우 Asp 또는 Glu 잔기가 효소의 기능에 필수적임을 암시한다. 마찬가지로 p*K*가 ~6 또는 ~10인 경우 각각 His, Lys 잔기의 관여를 암시한다. 그러나 주어진 산-염기 작용기의 p*K*는 미세 환경에 따라서 예상되는 값에서 여러 pH 단위만큼이나 변할 수 있다(즉 무극성 환경 속 또는 다른 Asp에 매우 가까이 있는 Asp는 그렇지 않은 경우보다 양성자를 더 강하게 끌어당기므로 더 높은 p*K*를 가진다). 더 나아가 효소 속도에 대한 pH의 영향은 특정 촉매 잔기의 양성자화 또는 탈양성자화보다는 효소의 변성에 대한 영향의 반영일 수 있다. 위치 지정 돌연변이 유발로 특정 잔기를 변이시키거나, 진화로 인하여 생성된 효소 변이체를 비교하는 것이 기질 결합 또는 촉매에 요구되는 잔기를 확인하는 데 더 신뢰할 수 있는 접근법이다.

pH 이외에도 온도, 염 농도와 같은 다른 요인들 또한 pH와 마찬가지로 효소 촉매에 대하여 전형적인 종 모양의 활성도 곡선을 초래하는 영향을 미친다. 최적 조건(활성도 곡선의 정상)은 자주 세포나 생명체의 일반적인 환경에 해당되는데, 이는 진화가 최대 효율을 가지는 미세 조정된 효소를 생성하게 됨을 보여 준다.

(concerted acid-base catalyzed reaction)이다.

많은 종류의 생화학 반응은 산 및 또는 염기 촉매 반응이 쉽게 일어난다. Asp, Glu, His, Cys, Tyr,Lys 등의 아미노산 잔기의 곁사슬은 생리적 pH 범위 내에 또는 가까이에 p*K*가 있어서(표 4-1), 그들이 산 및 또는 염기 촉매로 작용하는 것이 가능하다. 사실상, **기질 주위에 여러 촉매 작용기를 배열하는 효소의 능력은 협동 산-염기 촉매 반응이 흔히 일어나는 효소 메커니즘이 되게 한다.** pH가 활성 자리에 있는 곁사슬의 양성자화 상태에 영향을 미치기 때문에 이들 효소의 촉매 활성은 pH에 민감하다(자료 11-2).

RNAse A는 산-염기 촉매다. 소의 췌장 RNase A(Bovine pancreatic RNase A)는 효소에 의해 매개되는 산-염기 촉매의 하나의 예를 제공한다. 이 소화 효소(**그림 11-9**)는 췌장에 의해서 소장으로 분비되어 그곳에서 RNA를 구성 성분인 뉴클레오타이드로 가수 분해한다. RNase A에 의한 RNA 소화 산물 중에 2′,3′-고리 뉴클레오타이드(2′,3′-cyclic nucleotide)가 있다는 것은 2′,3′-고리 뉴클레오타이드가 RNase A 반응(**그림 11-10**)의 중간체임을 보여 준다. RNase A

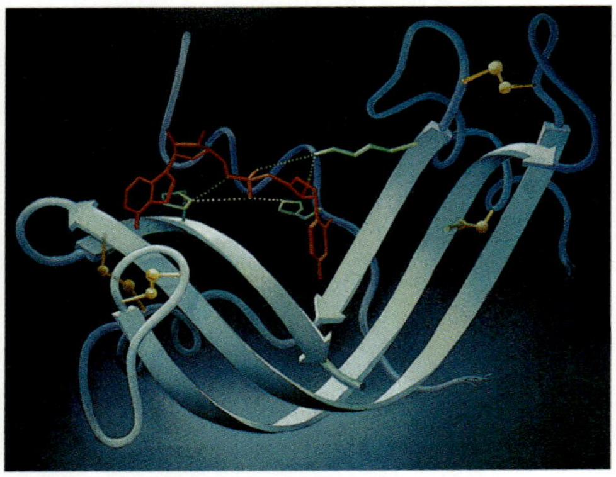

그림 11-9 소 췌장 RNase S의 X선 구조 비가수 분해성 기질 유사체인 다이뉴클레오타이드 포스폰산(phosphonate) UpcA(붉은색)는 활성 자리에 결합된다. RNase S는 잔기 20과 21 사이의 펩타이드 결합이 가수 분해된 RNase A의 활성형이다. [Illustration, Irving Geis. Image from the Irving Geis Collection/Howard Hughes Medical Institute. Rights owned by HHMI. Reproduction by permission only.]

process diagram

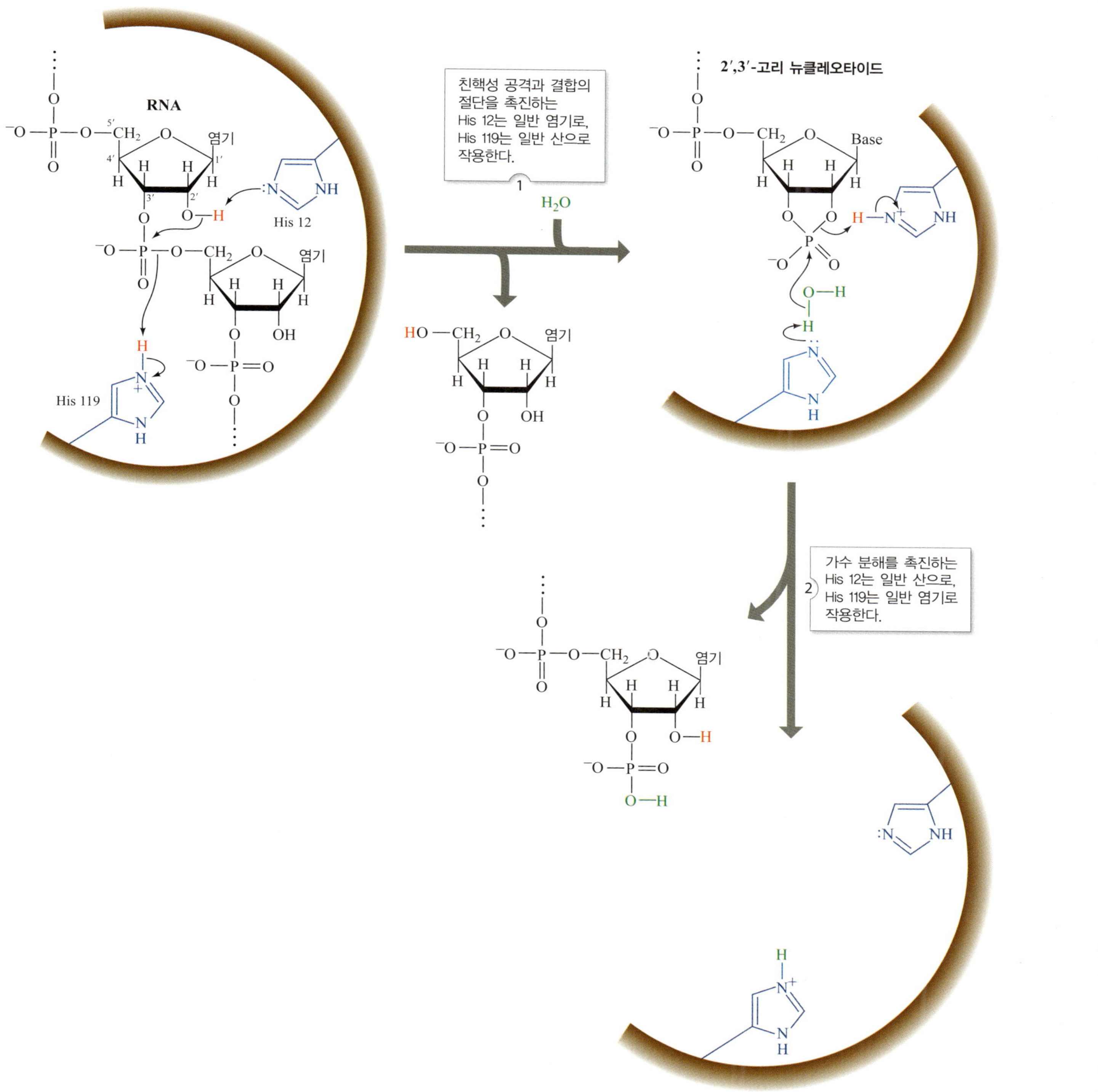

그림 11-10 RNase A 촉매 메커니즘 소 췌장 RNase A가 촉매하는 RNA의 가수 분해는 2′,3′-고리 뉴클레오타이드의 중간체가 형성되는 두 단계 과정으로 진행된다.

? 각 His 잔기에 pK 값(5.4 또는 6.4)을 지정하라.

반응 속도의 pH 의존성은 pK 값 5.4와 6.4를 가지는 두 개의 이온화되는 잔기들이 관여됨을 제시한다. 화학적 유도체화 및 X선 연구와 아울러 이러한 정보는 RNase A가 두 개의 필수적 His 잔기들인 His 12 및 His 119 잔기를 가지며, 이 두 잔기들은 일반 산 및 일반 염기 촉매로서 협동적으로 작용하는 것을 나타낸다. 명백히 RNase A는 두 단계 반응으로 촉매 작용을 한다(그림 11-10).

1. 일반 염기로 작용하는 His 12는 RNA의 한 2′-OH에서 양성자를 떼어내 인접된 인산 원자로 친핵성 공격을 촉진시킨다. 일반 산 촉매로 작용하는 His 119는 이탈기를 양성자화시켜 결합의 절단을 촉진한다.
2. 이탈기가 떨어져 나간 후 물은 활성 자리로 들어가 2′,3′-고리 뉴클레오타이드는 첫 단계의 정반대 과정으로 가수 분해된다. 그리하여 His 12는 일반 산으로, His 119는 일반 염기로 작용하여 가수 분해된 RNA와 원래 상태의 효소를 얻게 된다.

B 공유 결합 촉매 작용은 일반적으로 친핵체를 필요로 한다

공유 결합 촉매(covalent catalysis)는 일시적인 촉매-기질 공유 결합의 형성을 통하여 반응 속도를 가속한다. 일반적으로 이러한 공유 결합은 촉매의 친핵성 작용기와 기질의 친전자성 작용기의 반응으로 형성되며, 따라서 이러한 촉매 작용 형태는 흔히 **친핵성 촉매 작용(nucleophilic catalysis)**이라고 한다. 1차 아민에 의해 화학적으로 촉매되는 반응인 아세토아세트산의 탈카복실화 반응은 그러한 과정의 한 가지 예이다(그림 11-11). 이 반응의 첫 단계에서 친핵체인 아민은 아세토아세트산의 카보닐기를 공격하여 시프 염기(이민 결합, 자료 11-1에 보여준 것과 같은 동일한 반응)를 형성한다.

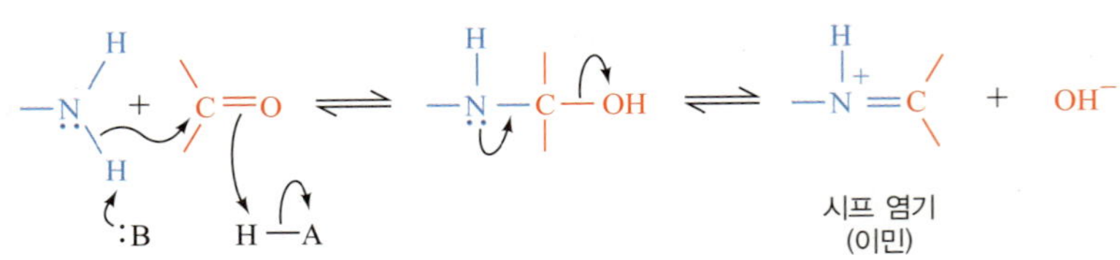

그러면 공유 결합 중간체의 양성자화된 질소 원자는 전이 상태의 고에너지 엔올산염

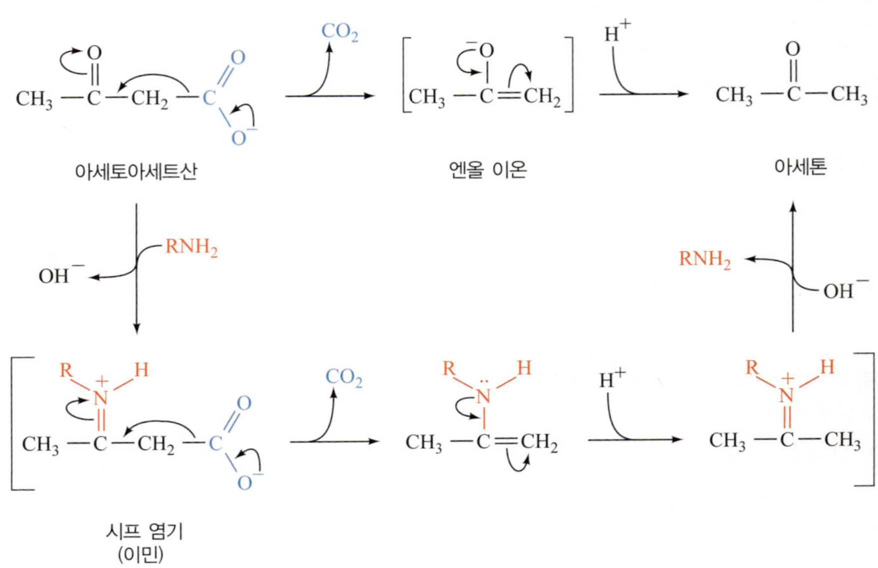

그림 11-11 아세토아세트산의 탈카복실 반응 촉매되지 않은 반응 메커니즘은 위에, 1차 아민에 의해 촉매되는 반응은 아래에 나타내었다.

? 수직 방향의 화살표로 나타내는 단계에서 전자의 이동을 나타내는 곡선 화살표를 추가하라.

(enolate) 특성을 감소시키는 전자 싱크(electron sink, 그림 11-11 아래)로 작용한다. 시프 염기의 형성과 분해는 매우 빠르게 일어나 이 반응의 속도 결정 단계가 아니다.

공유 결합 촉매는 개념상 세 단계로 구분될 수 있다.

1. 촉매와 기질 사이의 공유 결합을 형성하는 친핵성 반응
2. 친전자 촉매에 의한 반응 중심으로부터의 전자 회수
3. 1단계 반응의 정반대 반응으로 일어나는 반응인 촉매의 제거 반응

화합물의 친핵성은 그 화합물의 염기도와 밀접한 관계가 있다. 실제로 친핵성 촉매 메커니즘은 기질로부터 양성자를 제거하는 대신, 기질에 친핵성 공격을 하여 공유 결합을 형성한다는 점을 제외하고는 염기 촉매와 유사하다. 생물학적으로 중요한 친핵체는 전자 결핍 중심과 쉽게 공유결합을 형성하는 화학종으로 음전하를 띠거나 비공유 전자쌍을 가지고 있다(**그림 11-12*a***). 반면에 친전자체는 양전하, 채워지지 않은 원자가 전자 껍질 또는 전기 음성 원자를 가진 작용기들이 해당된다(**그림 11-12*b***).

공유 결합 촉매의 중요한 점은 **형성된 공유 결합이 안정할수록 반응의 마지막 단계에서 분해가 쉽게 일어나지 않는다**는 점이다. 그러므로 좋은 공유 결합 촉매는 서로 상반되는 것처럼 보이는 강한 친핵성과 좋은 이탈기를 형성할 능력을 함께 가지고 있어서 결합 형성 단계를 쉽게 되돌릴 수 있어야 한다. 이미다졸 및 싸이올 작용기와 같은 높은 분극성(polarizability, 높은 이동성 전자)을 가진 작용기는 이러한 특성을 가지기 때문에 좋은 공유 결합 촉매를 가능하게 한다. 이러한 방법으로 작용하는 단백질 작용기에는 Lys의 양성자화되지 않은 아미노기, His의 이미다졸기, Cys의 싸이올기, Asp의 카복실기, Ser의 하이드록실기 등이 포함된다. 여기에 더하여 여러 보조 효소 특히 **싸이아민 파이로인산**(**thiamine pyrophosphate**, 15-3B절) 및 **피리독살 인산**(**pyridoxal phosphate**, 21-2A절)은 공유 결합 촉매로 결손 효소에 회합되어 작용한다. 분리된 수많은 공유 결합성 효소–기질 반응 중간체들은 효소가 흔히 공유 결합 촉매 메커니즘을 사용함을 나타낸다.

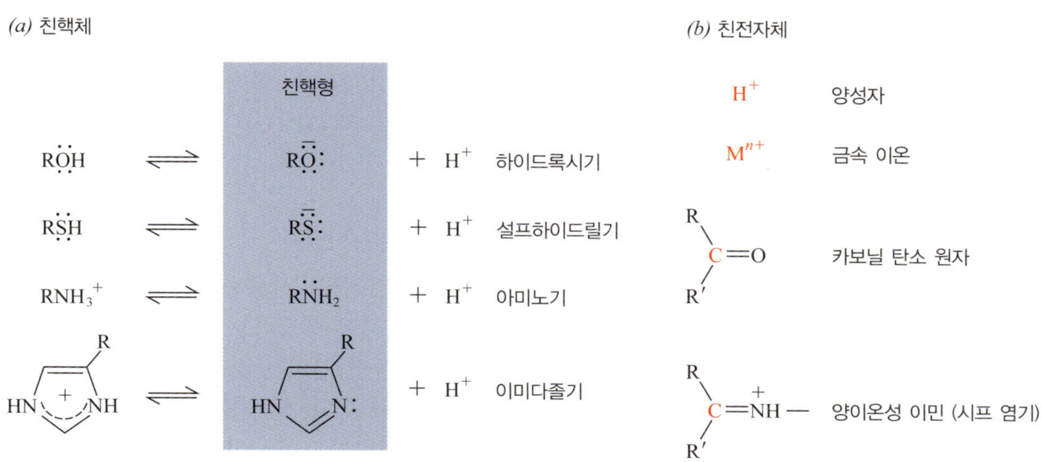

그림 11-12 생물학적으로 중요한 친핵 및 친전자기 (*a*) 하이드록시기, 설프하이드릴기, 아미노기, 이미다졸기와 같은 친핵기는 염기성 형이 친핵체이다. (*b*) 친전자기는 전자 결핍 원자(빨간색)를 가지고 있다.

? 여기 보여 준 친핵체와 친전자체를 함유하는 아미노산 곁사슬을 확인하라.

C 금속 이온 보조 인자는 촉매로 작용한다

알려진 효소의 거의 1/3 정도는 촉매 활성에 금속 이온을 필요로 한다. 이들 효소 군에는 **금속 함유 효소**(**metalloenzyme**)가 포함되는데, 이들은 단단하게 결합된 주로 Fe^{2+}, Fe^{3+}, Cu^{2+}, Mn^{2+}, Co^{2+} 등의 전이 금속 이온과 같은 금속 이온 보조 인자를 함유한다. 이러한 촉매에 필수적인 금속 이온은 효소에서 촉매 기능보다는 흔히 구조적 역할을 하는 Na^+, K^+, Ca^{2+}와 같은 이온과는 구분된다. Mg^{2+}, Zn^{2+}와 같은 이온은 구조적이거나 또는 촉매에 관여할 수 있다.

금속 이온은 촉매 과정에서 세 가지 주된 방법으로 참여한다.

1. 반응에 적합하게 배열되기 위하여 기질에 결합함
2. 금속 이온 산화 상태의 가역적인 변화를 통하여 산화-환원 반응을 매개함
3. 정전기적으로 음전하를 안정하게 하거나 또는 차폐함

많은 금속 이온-촉매 반응에서 금속 이온은 음전하를 중화시키는 양성자와 거의 같은 방법으로 작용한다. 그러나 금속 이온은 중성 pH($[H^+] = 10^{-7}$ M인 조건)에서 높은 농도로 존재할 수 있으며 양전하가 +1보다 큰 전하를 가질 수 있기 때문에 흔히 양성자보다는 훨씬 더 효과적인 촉매이다.

또한 금속 이온의 전하는 그 이온에 결합된 물 분자를 그렇지 않은 자유로운 물 분자에 비하여 더 산성이 되게 하므로 중성보다 낮은 pH에서도 친핵성인 OH^-의 공급원이 되게 한다. 이러한 현상의 아주 좋은 예는 다음 반응을 촉매하는 널리 분포하는 효소인 탄산 무수화 효소의 촉매 메커니즘(자료 2-2)에서 일어난다.

$$CO_2 + H_2O \rightleftharpoons HCO_3^- + H^+$$

탄산 무수화 효소는 효소의 결정 구조에서 보여주는 것과 같이, 깊이가 15Å인 활성 자리 틈 바닥에 있는 필수적인 Zn^{2+} 이온을 가지고 있는데, 그 틈에서 Zn^{2+} 이온은 진화 과정 동안 변화하지 않은 세 개의 His 곁사슬에 사면체 형태로 배위되어 있다(**그림 11-13*a***). 그 Zn^{2+} 이온은 물을 분극함으로써(그림 11-13*a*에는 보이지 않음) 이온화하여 OH^-를 생성하는데, 그 OH^-는 친핵적으로 CO_2를 공격하여 HCO_3^-(**그림 11-13*b***)를 생성하게 한다. 이 반응에서 생성된 양성자는 네 번째 His 잔기(His 64)에 의해 촉진되는 염기 촉매를 통해 효소의 표면으로 이동된다. 이 효소의 촉매 자리는 다른 H_2O 분자가 Zn^{2+} 이온에 결합되어 재생된다.

(a)

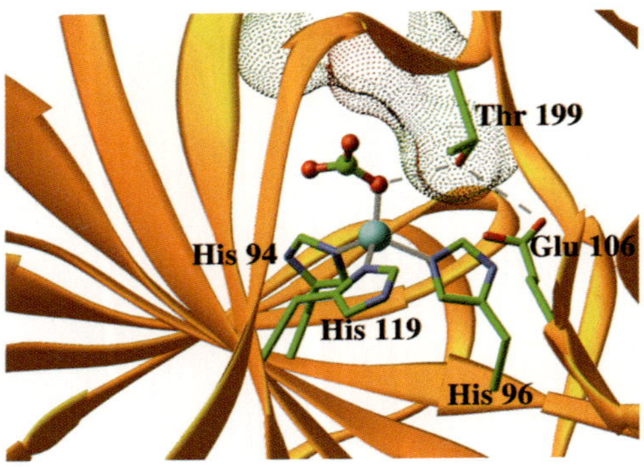

(b)

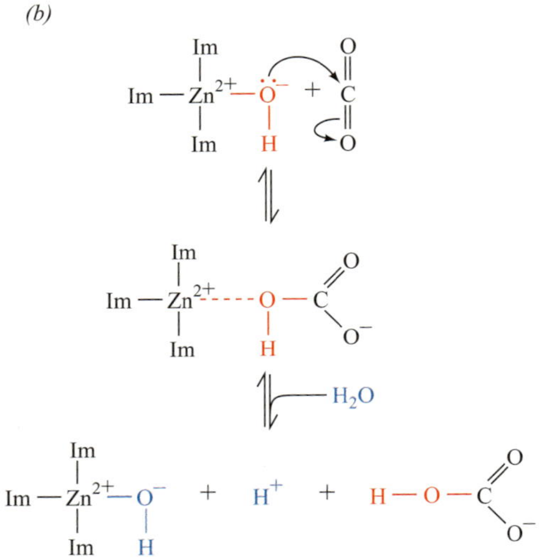

그림 11-13 탄산 무수화 효소에서 Zn^{2+}의 기능 (*a*) 사람 효소의 활성 자리. 폴리펩타이드는 곁사슬을 원자에 따라 색(C 녹색, N 청색, O 적색)으로 표시된 막대 형태로 나타낸 것과 함께 리본 형태(금색)로 보여진다. Zn^{2+} 이온(**청록색 구**)은 세 개의 His 곁사슬과 공-막대 모형으로 보여지는 HCO_3^- 이온에 배위 결합되어 있다. 또한 HCO_3^- 이온은 Thr 및 Ser 잔기와 반데르발스 접촉(**점 표면**) 및 수소 결합(**회색 쇄선**)을 형성한다[Based on an X-ray structure by K.K. Kannan, Bhabha Atomic Research Center, Bombay, India. PDBid 1HCB.]. (*b*) 반응은 탄산 무수화 효소에 의하여 촉매된다. Im은 His 이미다졸기를 나타낸다.

D 촉매 작용은 근접 및 배향 효과에 의해 일어날 수 있다

비록 효소가 유기 모형 반응과 유사한 촉매 메커니즘을 사용하더라도 이들 모형보다는 훨씬 더 촉매 반응이 효율적이다. 그러한 효율은 해당하는 화학 반응을 촉진하는 효소의 촉매 부위에서의 특이한 물리적 조건에 기인되는 것임에 틀림없다. 가장 뚜렷한 효과는 **근접**(**proximity**)과 **배향**(**orientation**)이다. 반응물은 반응이 일어나기에 적합한 공간적인 위치로 다가와야 한다. 이미다졸과 ***p*-나이트로페닐아세트산 이온**(***p*-nitrophenylacetate**)의 이분자 반응을 생각해 보자.

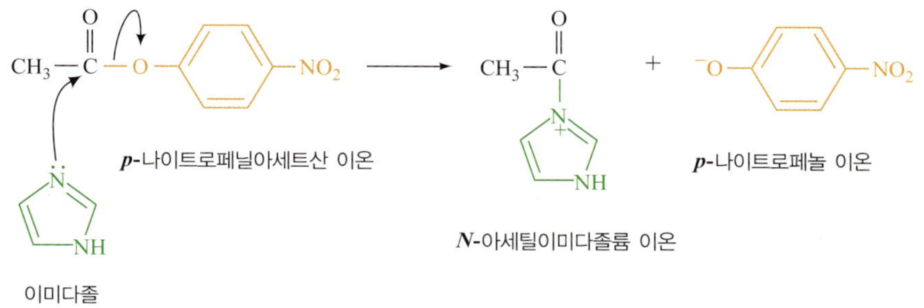

반응의 진행은 진한 노란색의 **p-나이트로페놀산 이온**(**p-nitrophenolate**)의 출현으로 쉽게 추적된다. 해당되는 분자내 반응(intramolecular reaction)은 약 24배 빠르게 일어난다. 따라서 이미다졸이 반응물에 공유 결합으로 결합된 경우 그것이 용액 중에 자유롭게 있는 경우에 비해 24배 이상 효과적이다. 이러한 속도의 증가는 근접과 배향 두 가지 효과에 기인된다.

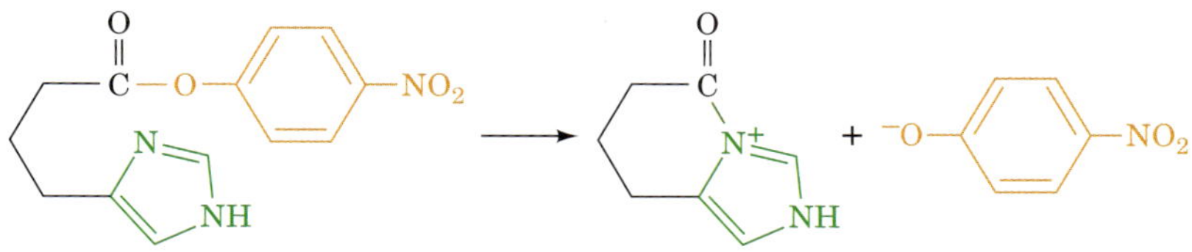

단순히 그들의 기질을 결합함으로써 효소는 네 가지 방법으로 촉매 반응을 촉진한다.

1. 효소는 기질을 효소의 촉매 작용기에 접촉되도록, 그리고 기질이 두 개 이상인 반응의 경우 기질들이 서로 접촉되도록 가져온다. 그러나 단순 모형계에 근거한 계산은 그러한 근접 효과만으로는 5배 이상 속도를 증가시키지는 못하는 것으로 제안하고 있다.
2. 효소는 반응에 적합한 배향으로 기질을 결합한다. 분자들은 모든 방향에 대하여 균일하게 반응성이 있는 것은 아니다. 그보다는 **그들이 적절한 상대적인 배향을 갖는 경우 가장 잘 반응한다.** 예를 들어 S_N2(bimolecular nucleophilic substitution, 이분자 친핵 치환 반응) 반응의 경우 다가오는 친핵체는 이탈기가 결합된 방향의 반대 방향을 따라 접근할 때 표적에 대하여 최적의 공격을 하게 된다(**그림 11-14**). 최적 방향으로부터 10° 정도로 작은 각도만 벗어나 접근하는 반응 원자는 반응성이 현저하게 약하다. 적합하게 배향된 기질들은 반응 속도를 ~100배 정도 증가시킬 수 있는 것으로 추정된다. 우리가 보게 되는 것처럼 효소는 그들의 기질을 반응성이 최적이 되도록 촉매 작용기에 정렬시킨다.
3. 전하를 가진 작용기는 **정전기 촉매 작용**(**electrostatic catalysis**)이라고 하는 현상인 반응의 전이 상태를 안정하게 하는 것을 도울 수 있다. 활성 자리에서의 물의 방출은 이러한 효과를 증가시킬 수 있다. 효소의 활성 자리 주위에 분포하는 전하는 또한 극성 기질을 효소의 결합 부위로 인도할 수 있다.
4. 효소는 기질 및 촉매 작용기의 상대적인 이동 및 회전 운동을 중단시킨다. 이는 촉매 기능의 한 가지 중요한 점인데, 왜냐하면 전이 상태에서는 반응 작용기가 상대적으로 운동성이 작기 때문이다. 실제로 모형 화합물을 통한 실험은 **이 효과가 ~10^7배까지의 속도 증가를 촉진할 수 있음을 시사한다!**

기질과 촉매 작용기를 반응성이 있는 배향으로 가져오는 것은 그들을 질서 있게 배

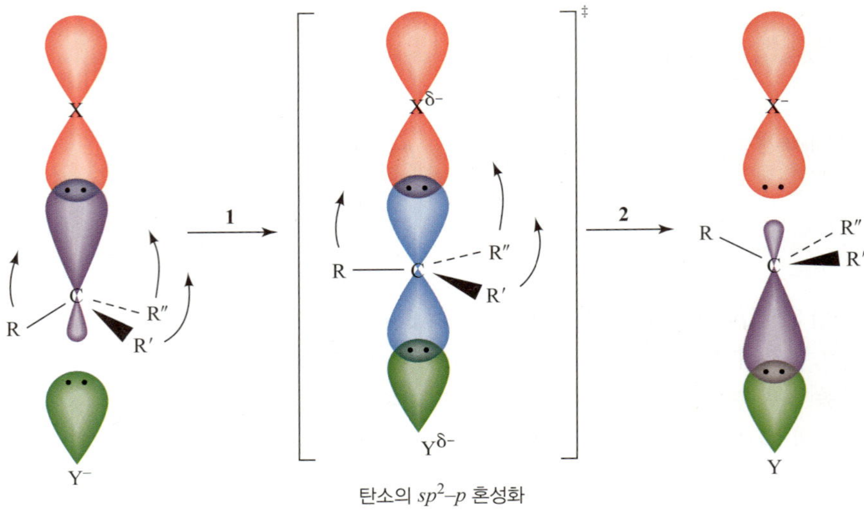

그림 11-14 S_N2 **반응의 기하학** (1) 공격하는 친핵체 Y^-는 사면체 구조의 sp^3 혼성화된 C 원자로 반드시 이탈기 X가 결합된 반대 방향을 따라서 접근해야 한다. 그 반응의 전이 상태에서 C 원자는 삼각 쌍뿔(trigonal bipyramid)형으로 배위되어 X와 Y 사이에 부분적인 결합을 형성하는 *p* 오비탈(청색)과 함께 sp^2–*p* 혼성화된다. 세 개의 sp^2는 탄소 원자의 세 다른 치환기(R, R′, R″)에 결합을 형성하는데, 이들은 X–C–Y 축에 수직인 평면 위치로 이동된다(곡선 화살표). 이러한 최적의 기하학적 구조로부터 어떠한 벗어남도 전이 상태 자유 에너지 $\Delta G^‡$를 증가시키며, 따라서 반응 속도를 감소시킨다. (2) 그 다음 전이 상태는 R, R′, R″가 탄소 원자에 대하여 그들의 위치가 반전된 생성물로 분해되는데, 그 탄소 원자는 sp^3로 재혼성화되고 X^-가 방출된다.

치하므로 일정 정도의 엔트로피 불이익을 가져온다. 이러한 엔트로피 감소를 극복하기에 필요한 자유 에너지는 효소에 대한 기질의 결합 에너지에 의해 공급되며 $\Delta\Delta G^‡$를 감소시키는 데 기여한다. 그러나 효소는 기질과의 결합 전이나 후 다양한 다른 형태를 가질 수 있는 역동적인 분자임을 명심하라. 실제로 그러한 유연성은 반응 과정 동안 효소가 기질, 전이 상태 및 생성물과 생산적으로 상호작용하기 위해서는 필수적이다.

E 효소는 전이 상태에 선호적으로 결합함으로써 반응을 촉매한다

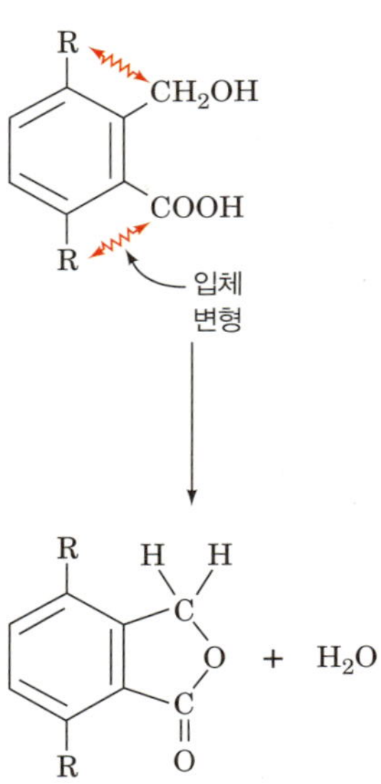

효소에 의해 나타나는 속도 증가는 이제까지 논의된 촉매 메커니즘에 의하여 합리적으로 산출된 것보다는 흔히 크다. 그러나 가장 중요한 효소 촉매 메커니즘 한 가지를 아직 고려하지 않았다. **효소는 그 효소의 기질이나 생성물보다는 촉매하는 반응의 전이 상태에 더 큰 친화도로 결합할 수 있다.** 앞서 서술한 촉매 메커니즘과 더불어 선호적인 전이 상태 결합은 효소 촉매 반응의 관찰된 큰 속도를 설명해 준다.

전이 상태 결합의 원래 개념은 효소가 뒤틀리지 않은 기질과는 꼭 맞지는 않는 결합 부위를 통해 기질을 전이 상태 형상으로 기계적으로 변형을 가하는 것으로 제안되었다. 그러한 변형은 많은 유기 반응을 촉진한다. 예를 들어 왼쪽 반응의 속도는 CH_3와 반응하는 작용기 사이에 커다란 입체적 반발(steric repulsion)로 인하여 R이 H인 경우보다는 CH_3인 경우 315배 빠르다. 그 비틀린 기질은 해당되는 비틀리지 않은 기질에 비하여 훨씬 더 반응의 전이 상태와 유사하다. 그리하여 폴링(Linus Pauling)에 의해 처음 제안되었고 Richard Wolfenden과 Gustav Lienhard에 의해 더욱 발전된 것과 같이, **전이 상태 구조에 보다 선호적으로 결합하는 효소는 전이 상태 농도를 증가시키고, 따라서 비례하여 반응 속도를 증가시킨다.**

기질에 비하여 반응의 전이 상태에 보다 더 단단히 결합할수록 촉매되지 않은 반응에 비해 촉매된 반응의 속도가 크다. 즉 촉매는 선호적인 결합과 그로 인한 기질보다는 전이 상태의 상대적인 안정화에 기인된다(그림 11-15). 바꾸어 말하면, 효소–기질 복합체(ES)와 효소–전이 상태 복합체($ES^{\ddagger}$) 사이의 자유 에너지 차이는 촉매되지 않은 반응의 S와 $S^{\ddagger}$ 사이의 자유 에너지 차이보다 작다.

11-2절에서 본 것과 같이 촉매된 반응의 속도 증가는 $e^{\Delta\Delta G^{\ddagger}_{cat}/RT}$에 의해 주어지는데, 여기서 $\Delta\Delta G^{\ddagger}_{cat}$은 촉매되지 않은 반응($\Delta G^{\ddagger}_{N}$)과 촉매되는 반응($\Delta G^{\ddagger}_{E}$)의 $\Delta G^{\ddagger}$ 값의 차이이다. 따라서 10^6배의 속도 증가를 위해서는 효소가 기질보다는 10^6배의 높은 친화도를 가지고 전이 상태 복합체에 결합하는 것이 요구되는데, 이는 25°C에서 두 개의 수소 결합 자유 에너지 정도인 34.2 $kJ \cdot mol^{-1}$ 안정화에 해당한다. 결과적으로 기질이 처음 효소에 결합할 때에는 이룰 수 없었던 두 개의 수소 결합이 전이 상태에서는 형성된다면 이 효과 하나만으로 ~10^6배의 속도 증가가 초래되게 된다.

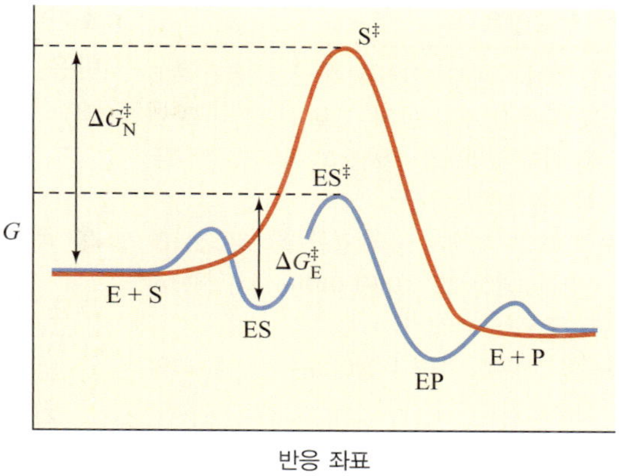

그림 11-15 전이 상태에 대한 선호적 결합의 영향 단일 기질이 관여되는 가상적인 효소 촉매 반응에 대한 반응 좌표 도표는 파란색이고, 해당되는 촉매되지 않은 반응에 대한 도표는 빨간색이다. $\Delta G^{\ddagger}_{N}$은 비효소 반응의 활성화 에너지이며, $\Delta G^{\ddagger}_{E}$은 효소 촉매 반응의 활성화 에너지이다. 효소 촉매 반응의 반응 좌표 도표에서 작은 골짜기는 효소에 기질 또는 생성물의 결합 때문에 나타난다.

효소가 높은 반응 속도를 가지는 좋은 기질에 결합하는 정도로 반응 속도가 낮은 좋지 않은 기질에 잘 또는 그보다 더 잘 결합하는 것은 흔히 관찰된다. 따라서 좋은 기질은 효소에 높은 친화도로 결합하는 것이 필수적이 아니라 높은 친화력을 가진 전이 상태로 활성화되어야 한다. 따라서 효소 작용에 대한 피셔(Fischer)의 자물쇠–열쇠 모형은 기질에 대한 결합보다는 전이 상태에 대한 결합에 더 적용되어야 한다.

적어도 일부 효소들은 전이 상태 안정화가 속도 증가에 단지 사소한 정도만 기여한다. 대부분 그러한 경우에 있어서는 Thomas Bruice가 설명한 것과 같이 그 효소는 반응물이 적절하게 배향되어 있으며 전이 상태에는 아직 도달하지 않은 반데르발스 접촉 상태에 있는 반응 좌표의 한 단계인 이른바 근접 공격 형태의 안정화에 의하여 반응을 촉진한다. 이러한 발견은 효소가 화학 반응을 촉진하기 위하여 전이 상태의 안정화 또는 그것에 이르게 하는 어떤 것 등을 포함하여 다양한 전략들을 사용하는 것으로 진화되었음을 시사한다.

전이 상태 유사체는 효소 억제제이다. 어떤 효소가 전이 상태에 선호적으로 결합한다면 입체적 형태와 전자 상태가 전이 상태와 유사한 안정한 분자인 전이 상태 유사체(transition state analog)는 효소의 강력한 억제제라는 것이 예측될 수 있다. 예를 들어 Clostridium sticklandii 프롤린 라셈화 효소(proline racemase)에 의해 촉매되는 반응은 평면의 전이 상태를 경유하여 일어나는 것으로 생각된다.

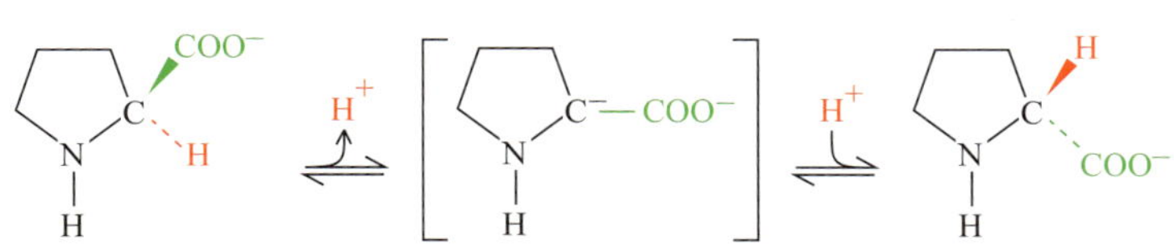

L-프롤린 평면 전이 상태 D-프롤린

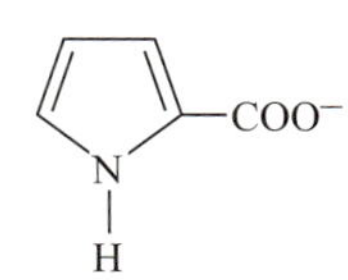

피롤-2-카복실산

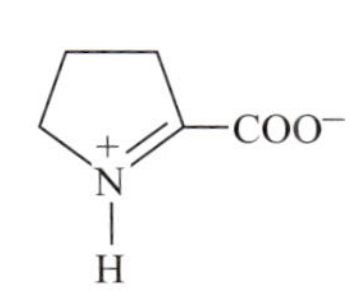

Δ-1-피롤린-2-카복실산

프롤린 라셈화 효소는 프롤린의 평면 유사체인 **피롤-2-카복실산(pyrrole-2-carboxylate)**과 **Δ-1-피롤린-2-카복실산(Δ-1-pyrolline-2-carboxylate)**은 모두 효소에 프롤린보다는 160배의 친화도로 결합한다. 따라서 이들 화합물은 프롤린 라셈화 반응에서 전이 상태 유사체로 생각된다.

여러 효소에 대한 수백 가지의 전이 상태 유사체가 보고되었다. 일부는 자연계에 존재하는 항생 물질이다. 다른 것들은 특정 효소의 메커니즘을 연구하거나 치료 또는 농업적 용도를 위한 특정 효소 억제제로 사용하기 위하여 고안되었다. 실제로 **효**

체크 포인트

- 단백질 작용기들이 어떻게 산 및 염기 촉매로 작용할 수 있는지 서술하시오. 어떻게 한 가지 아미노산 곁사슬이 두 가지로 모두 작용할 수 있는가?
- 친핵체가 어떻게 공유 결합 촉매로 기능하는지 설명하시오. 어떤 아미노산이 친핵체로 좋은가?
- 금속 이온이 촉매에 참여하는 방법을 나열하시오.
- 효소 촉매에서 근접 및 배향성이 하는 역할은 무엇인가?
- 비효소 촉매는 전이 상태에 대하여 선호적으로 결합하는 방법으로 작용하지는 않을 것 같은 이유는 무엇인가?

소가 기질보다는 전이 상태에 보다 더 높은 친화도로 결합한다는 가설은 특정 효소 반응 메커니즘의 이해를 기초로 한 약물 고안의 합리적인 토대를 제공하였다(12-4절).

4 라이소자임

주요 개념

- 모형 구축은 라이소자임에 결합되는 것이 기질의 당 잔기를 비틀리게 하는 것임을 보여준다.
- 라이소자임의 활성 자리 Asp 및 Glu 잔기들은 산-염기 촉매, 공유 결합 촉매 및 옥소늄 이온 전이 상태 안정화에 의하여 기질의 가수 분해를 촉진한다.

이번 장의 나머지 부분에서는 잘 규명된 몇몇 효소의 촉매 메커니즘을 자세히 살펴볼 것이다. 그렇게 함으로써 효소가 어떻게 이전 절에서 서술한 촉매 원리들을 적용하는지 보게 될 것이다.

라이소자임(lysozyme)은 박테리아 세포벽을 파괴하는 효소이다. 이 효소는 세포벽 펩타이도글리칸(peptidoglycan)에 있는 ***N*-아세틸뮤람산(*N*-acetylmuramic acid, NAM 또는 MurNAc)**에서 ***N*-아세틸글루코사민(*N*-acetylglucosamine, NAG 또는 GlcNAc)**으로 연결되는 β(1 → 4) 글리코사이드 결합(**그림 11-16** 및 8-3B절)을 가수 분해하여 세포벽을 파괴한다. 마찬가지로 이 효소는 곤충이나 갑각류의 외골격의 주된 구성 성분이며 대부분 곰팡이의 세포벽 성분인 β(1 → 4) 결합된 폴리 NAG[키틴, 8-2B절]를 가수 분해한다. 라이소자임은 척추동물의 세포 내와 분비물 중에 폭넓게 분포하는데, 아마도 살균 작용 또는 다른 방법으로 죽인 후 박테리아의 처리에 도움을 주는 기능을 하는 것으로 보인다.

닭 난백(hen egg white, HEW) 라이소자임은 라이소자임 중 가장 널리 연구된 종류이며(한 가지는 달걀 한개당 5 g 정도의 라이소자임이 함유되어 있기 때문임), 메커니즘이 가장 잘 알려진 효소 중 하나다. 이 효소는 129개의 아미노산 잔기로 이루어졌으며, 4개의 이황화물 결합으로 사슬 내 교차 연결된 단일 폴리펩타이드 사슬로 이루어진 비교적 작은 단백질(14.3 kD)이다. 라이소자임은 촉매되지 않은 경우에 비해 ~10^8배의 속도로 기질의 가수 분해 반응을 촉매한다.

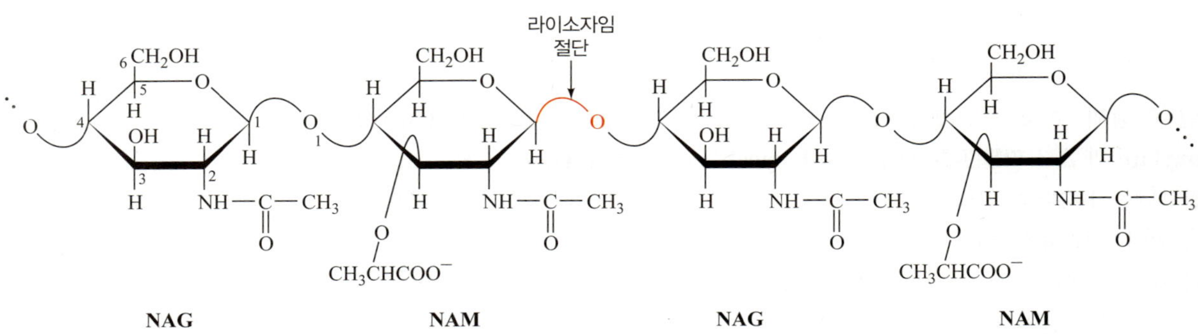

그림 11-16 라이소자임 절단 자리 효소는 박테리아 세포벽의 성분인 반복되는 NAG-NAM 다당류에서 β(1 → 4) 연결의 다음을 절단한다.

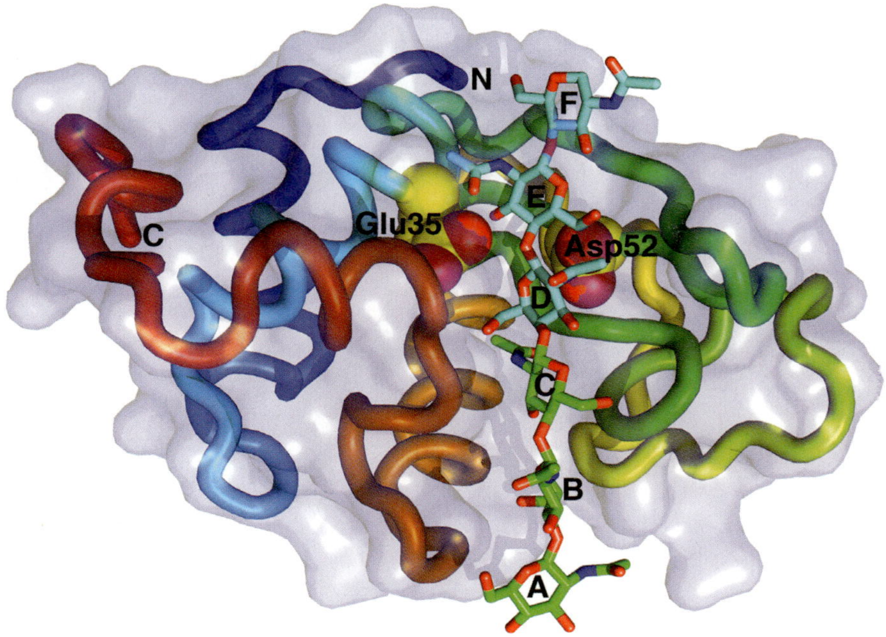

그림 11-17 (NAG)$_6$와 복합체를 형성한 HEW 라이소자임의 X선 구조 단백질은 N 말단(청색)에서 C 말단(적색)으로 무지개 색 순서의 벌레 형태로 표시된 폴리펩타이드 사슬과 함께 투명한 분자 표면으로 나타내었다. 비환원 말단에 A로 표시되고, 환원 말단에 F로 표시된 당 고리를 가진 막대 형태로 그려진 (NAG)$_6$는 효소 표면에 있는 깊은 틈에 결합한다. 고리 A, B, C(C 녹색, N 청색, O 적색으로 원자에 따라 색으로 표시한)는 라이소자임과 (NAG)$_3$ 복합체의 X선 구조로부터 알게 되었다. 고리 D, E, F(C 원자 청록색)의 위치는 모형 구축에 의해 추론되었다. 라이소자임 활성 자리 잔기의 곁사슬은 공간 채움 형태(C 원자 노란색)로 그려진 Glu 35와 Asp 52로 고리 D와 E 사이의 글리코사이드 결합의 가수 분해를 촉매한다. [Based on an X-ray structure by David Phillips, Oxford University. PDBid 1HEW.]

? 활성 자리 Asp와 Glu 이외에 어떤 잔기들이 라이소자임의 기질 결합 틈새에 있을 것으로 예측되는가?

A 라이소자임의 활성 자리는 모형 구축을 통해 확인되었다

1965년에 필립(David Phillip)에 의해 규명된 HEW 라이소자임(구조가 결정된 첫 번째 효소였다)의 X선 구조(**그림 11-17**)는 단백질 분자는 대략 30×30×45Å 크기의 타원체 모양임을 보여 준다. **가장 놀랄만한 특징은 기질 결합 자리인 두드러진 틈새(prominent deft)가 분자 한 면을 가로지르고 있다는 것이다.**

효소 작용 메커니즘의 설명은 효소-기질 복합체 구조에 대한 지식을 필요로 한다. 왜냐하면 활성 자리 잔기들이 화학적 및 물리적 방법으로 확인되었다 할지라도 활성 잔기 서로에 대한, 그리고 기질에 대한 상대적인 3차원 배열은 효소가 어떻게 작용하는지 이해하기 위하여 알아야 하기 때문이다. 그러나 효소는 그의 좋은 기질에는 반응을 촉매하기 전에 단지 일시적으로만 결합하며 곧 생성물을 방출한다. 결과적으로 우리들이 알고 있는 효소-기질 복합체에 대한 대부분의 지식은, 결합을 하지만 반응하지 않는 또는 매우 느리게 반응하는 기질 유사체와의 복합체에 관한 X선 연구에서 나왔다.

필립의 라이소자임의 X선 구조는 라이소자임에 의해 다만 느리게 가수 분해되는 삼탄당, (NAG)$_3$를 포함하고 있다. 그러나 그 효소는 적어도 6개의 당 잔기를 가진 기질의 가수 분해는 효과적으로 촉매하므로 필립은 어떻게 큰 기질이 그 효소에 결합할 수 있는지 조사하기 위하여 모형 구축을 사용하였다. 라이소자임의 활성 자리 틈새는 6개의 당 잔기를 수용할 만큼 충분히 길다(그림 11-17의 A에서 F까지 표시됨). 그러나 네 번째 잔기(D)는 그 잔기의 C6과 O6 원자가 단백질의 곁사슬과 잔기 C에 너무 근접되어 있어서 효소에 결합할 수 없을 것처럼 보인다. 이러한 입체적 방해(steric interference)는 글루코스 고리를 정상적인 의자 형태(chair conformation)로부터 반의자 형태(half-chair conformation)로 비틀리게 함으로써 완화될 수 있다(**그림 11-18**). 이러한 비틀림은 C6기를 정상적인 수평(equatorial) 위치로부터 수직 위치로 이동하게 하여, 그곳에서 밀접한 접촉을 만들지 않고 Gln 57의 주골격 카보

GATEWAY 개념 촉매
효소는 화학 반응의 활성화 에너지를 불가사의하게 낮추는 데 있어서 떨어져서 작용하지는 않는다. 이러한 밀접한 접촉은 효소가 공유 결합 중간체를 형성하지는 않더라도 촉매되지 않은 경로보다는 반응물이 생성물로 전환되는 활성화 에너지가 낮아 반응이 빠르게 일어나는 경로의 제공을 가능하게 한다.

그림 11-18 의자 및 반의자 형태 헥소스 고리는 정상적으로는 의자 형태로 추정된다. 그러나 라이소자임의 결합은 D 고리를 원자 Cl, C2, C5, O5가 동일 평면을 이루는 반의자 형태로 비틀게 된다.

? 각 탄소에 NAG 및 NAM에 맞는 적절한 치환기를 추가하라.

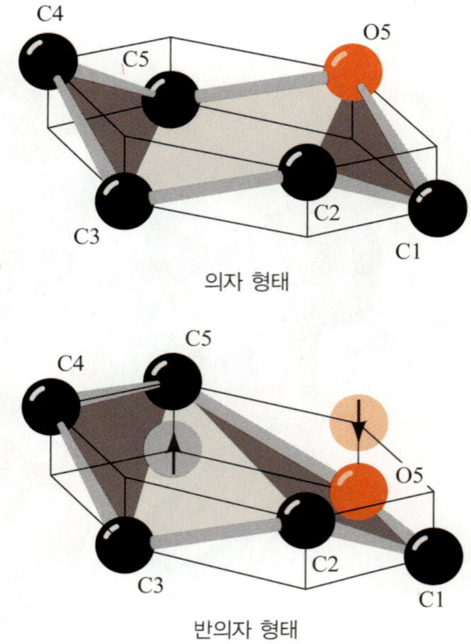

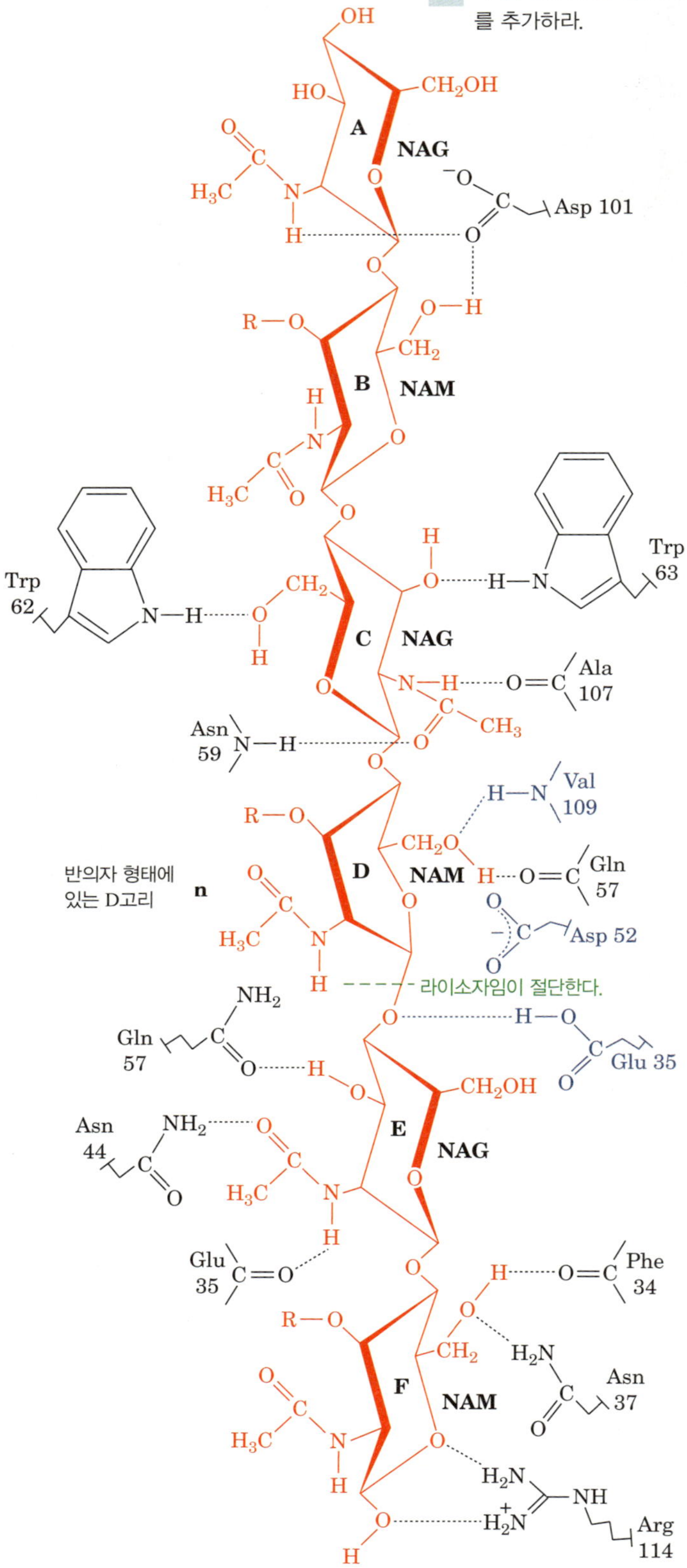

넓기 및 Val 109의 주골격 아미노기에 수소 결합을 만들게 한다. 나머지 당 잔기들은 효소에 뒤틀림 없이, 그리고 몇 개의 좋은 수소 결합과 반데르발스 접촉으로 효소에 결합하는 것으로 보인다. 일부 이들 수소 결합은 **그림 11-19**에 표시되어 있다.

효소의 천연 기질에서 매 두 번째 기질은 NAM이다. 그러나 모형 구축은 효소가 잔기 C나 E 두 부위에 있는 젖산 곁사슬을 수용할 수 없음을 보여 준다. 따라서 NAM 잔기는 그림 11-19에 나타낸 것과 같이 B, D, F 위치에 결합해야만 한다. 더 나아가 라이소자임은 잔기 D와 E 사이에서 $(NAG)_6$를 가수 분해하므로 그 효소는 반드시 D 부분 자리(subsite D)에 있는 NAM 잔기와 E 부분 자리에 있는 NAG 잔기 사이에서 천연 기질의 글리코사이드 결합을 절단해야 한다.

라이소자임이 절단하는 결합은 $H_2{}^{18}O$ 중에서 $(NAG)_3$ 가수 분해를 라이소자임이 촉매하도록 함으로써 확인되었다. 절단되는 결합은 C1과 다리 걸친 산소(bridge oxygen) O1 또는 O1과 바로 다음의 당 고리의 C4 사이에서 일어날 가능성이 있다. 그 가수 분해 산물은 새로 생성된 환원 말단의 C1에 결합된 ^{18}O을 가지게 되며, 따라서 결합의 절단이 C1과 O1 사이에서 일어나는 것을 입증해 준다.

그림 11-19 라이소자임의 기질과의 상호작용 효소의 바깥쪽으로 향한 굵은 선으로 나타낸 고리와 틈새의 바닥 쪽으로 향한 가는 선으로 나타낸 고리가 결합해 있는 결합 틈새 속을 바라보고 있는 그림이다.

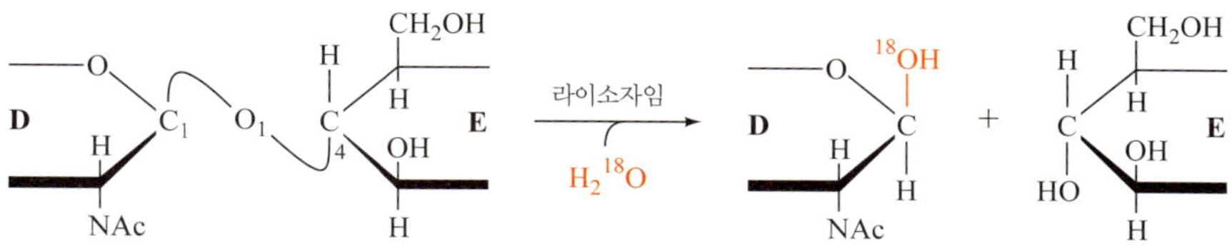

더 나아가 이 반응은 D 고리 산물이 β-아노머로 남아 있도록 하는 배열의 잔류로 일어난다.

B 라이소자임 반응은 공유 결합 중간체를 통해 진행된다

라이소자임에 의해 촉매되는 글리코사이드의 가수 분해 반응은 아세탈을 반아세탈로 전환하는 반응이다. 비효소적 아세탈 가수 분해는 반응물 산소 원자의 양성자화에 이어 그 C—O 결합의 절단으로 이어지는 산–촉매 반응이 관여된다(**그림 11-20**). 이는 **옥소늄 이온(oxonium ion)**이라고 하는 공명으로 안정화된 탄소 양이온의 일시적인 형성을 초래한다. 공명에 의해 안정화되기 위해서는 옥소늄 이온의 R과 R′ 작용기는 C, O, H 원자와 동일한 평면을 이루어야 한다. 그 옥소늄 이온은 물이 첨가되어 반아세탈이 형성되고 산 촉매를 재생한다. 그러므로 아세탈 가수 분해를 매개하는 효소는 산 촉매와 옥소늄 이온 전이 상태를 안정하게 할 수 있는 작용기를 가지고 있어야 한다.

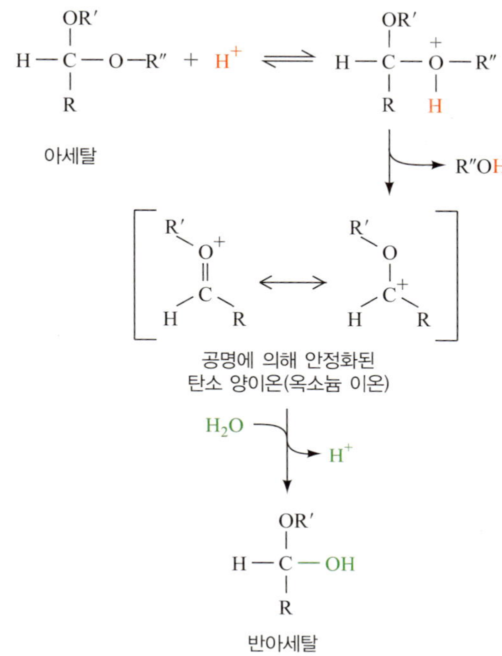

그림 11-20 아세탈의 반아세탈로의 비효소적 산–촉매 가수 분해 메커니즘 반응에는 아세탈의 산소 원자 한 개가 양성자화되고 이어서 C–O 결합이 절단되어 알코올(R″–OH)과 공명에 의해 안정화된 탄소 양이온(옥소늄 이온)의 형성이 관여된다. 옥소늄 이온으로의 물의 첨가는 반아세탈을 형성하며, H^+ 촉매를 재생한다. 옥소늄 이온의 C, O, H, R, R′ 원자가 동일 평면에 있음을 주의하라.

? 이 반응의 알짜 반응식을 적으라.

Gln 35와 Asp 52는 라이소자임의 촉매 잔기이다. 라이소자임의 촉매 작용에 관여되는 반응 중심 가까이에 있는 유일한 작용기는 Glu 35와 Asp 52의 곁사슬이다. 이들 곁사슬은 절단되어야 할 글리코사이드 결합의 양쪽에 배치되는데(그림 11-17), 매우 다른 환경을 가진다. Asp 52는 여러 보존된 복잡한 수소 결합망을 형성하는 극성 잔기들로 둘러싸여 있다. 따라서 Asp 52는 정상적인 p*K* 값을 가질 것으로 예측된다. 다시 말하면 라이소자임이 촉매 작용에 활성인 pH 3~8 범위에서 해리되어 있으며, 따라서 음전하를 가지고 있음이 분명하다. 그러므로 Asp 52는 옥소늄 이온을 정전기적으로 안정화시키는 기능을 할 수 있다. 반면에 Glu 35의 카복실기는 주로 무극성인 주머니 안에 파묻혀 있어서 그 카복실기가 비정상적으로 높은 pH 값에서도 양성자화된 상태로 남아 있다(NMR 방법으로 측정된 그 pK는 ~6.2이다). 따라서 이 잔기는 산 촉매로 작용할 수 있다. 단백질 변형 시약과 위치 지정 돌연변이 유발(예: Asp 52를 Asn으로, 또는 Glu 35를 Gln으로 치환함)을 이용한 연구들에 의하여 이들 잔기가 촉매에 중요하다는 것이 확인되었다.

라이소자임의 촉매 메커니즘은 아래와 같다(**그림 11-21**).

1. 그 효소는 육탄당 단위에 결합함으로써 박테리아 세포벽에 부착된다. 이는 D 잔기를 반의자 형태로 비튼다.
2. Glu 35는 D와 E 고리에 다리 걸친 O1 원자에 자신의 양전자를 넘겨주어 C1—O1 결합의 절단을 촉진한다(일반 산 촉매). 이 단계는 D 고리를 반의자 형태로의 변형 일그러짐)에 의해 그 형성이 촉진되는, 공명으로 안정화된 옥소늄 이온 전이 상태로 전환시킨다(전이 상태에 대한 선호적 결합에 의한 촉매). 양전하를 가진 그 옥소늄 이온은 가까이에 음전하를 가진 Asp 52의 카복실기가 있어서 안정하게 된다(정전기적 촉매). E 고리 생성물은 방출된다.
3. Asp 52 카복실기는 D 고리의 전자 결핍 C1을 공격하여 공유 결합성 글리코

process diagram

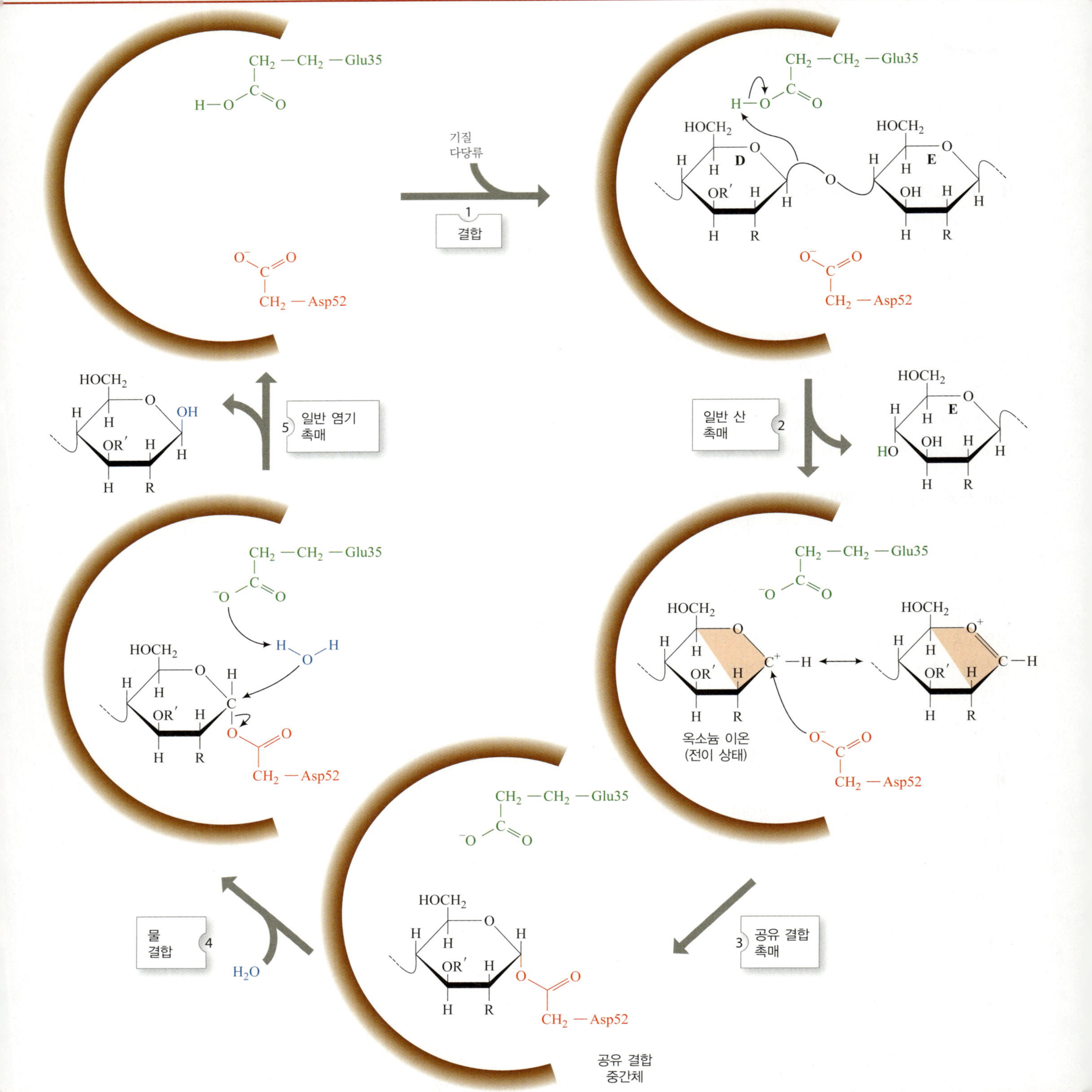

그림 11-21 라이소자임 반응 메커니즘 Glu 35는 산 촉매로 Asp 52는 공유 결합 촉매로 작용한다. 기질 D와 E 고리만을 나타내었다. R은 C2에 있는 *N*-아세틸기를 나타내며, R′는 C3에 있는 CH_3CHCOO^-기를 나타낸다. 공명으로 안정화된 옥소늄 이온 전이 상태는 C1, C2, C5, O5는 평면(그림자 처리)이 요구되며, 반의자 형태를 만든다. 나타내지는 않았지만 단계 5는 옥소늄 이온 전이 상태의 관여가 포함된다.

? 이 반응의 전이 상태 도표를 그려라.

실−효소 중간체를 형성한다(공유 결합 촉매).

4. 물은 활성 자리에서 E 고리 산물을 대체한다.
5. 또 다른 옥소늄 이온 전이 상태가 관여되는 Glu 35의 도움(일반 염기 촉매)에 의한 공유 결합의 가수 분해는 활성 자리 작용기들을 재생한다. 그러면 그 효소는 촉매 반응 주기가 완료되는 과정인 D 고리 산물을 방출한다.

그림 11-21에 나타낸 이중 치환 메커니즘은 접근하는 물 분자가 물로 치환되는 E 잔기와 마찬가지로, D 잔기의 같은 면에 결합하는 것을 가능하게 한다. 결과적으로 D 고리의 형태는 보존된다. 단일 치환 반응은 물 분자가 직접 이탈기를 대치하므로 기질과 생성물 사이에 D 고리의 C1의 형태가 반전되어야 하는데, 이러한 결과는 관찰되지 않는다.

실험적 증거는 라이소자임 메커니즘에서 변형의 역할을 지지한다. 라이소자임에 대한 많은 구조적 및 메커니즘 연구들은 변형의 촉매 역할에 초점을 맞추었다. 예를 들면 NAM−NAG−NAM과의 복합체에서 라이소자임의 X선 구조는 예측되는 것처럼 그 삼당류가 라이소자임의 B, C, D 부분 자리들에 결합하는데, **D 부분 자리에 있는 NAM은 의자 형태로 비틀린 채**로 결합된 것을 보여 준다. 이러한 변형된 형태는 D 고리 O6과 Val 109의 주골격 NH 사이의 강한 수소 결합에 의해 안정하게 된다(모형 구축에서 예측되는 것처럼, 그림 11-19). 실제로 Val 109를 NH가 없기 때문에 그러한 수소 결합을 형성하지 못하는 Pro로 변이시키면 효소는 불활성화된다.

11-3E절에 논의한 것과 같이 전이 상태에 대한 선호적인 결합에 의해 촉매하는 효소는 기질보다는 전이 상태의 기하학적 구조(전이 상태 유사체)를 가지는 억제제에 대하여 더 큰 결합 친화도를 가진다. 라이소자임에 단단히 결합하는(NAG)4의 δ−락톤 유사체(그림 11-22)는 **이 화합물의 락톤 고리가 기질 D 고리의 제안된 옥소늄 이온 전이 상태와 기하학적으로 유사한 반의자 형태를 가지고 있기** 때문에 라이소자임의 전이 상태 유사체이다. X선 연구는 이 억제제가 그 락톤 고리가 반의자와 유사한 형태로 락톤 D 부분 자리를 차지하는 상태로 라이소자임에 결합하는 것을 확증한다.

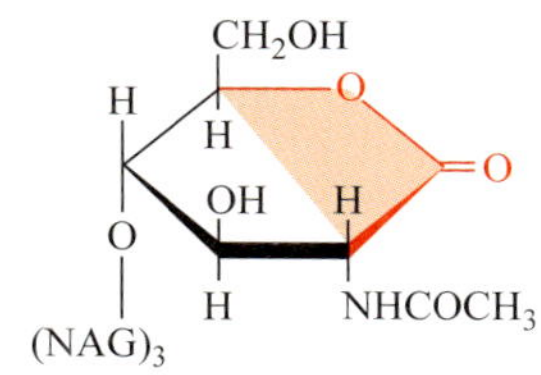

$(NAG)_4$의 δ-락톤 유사체

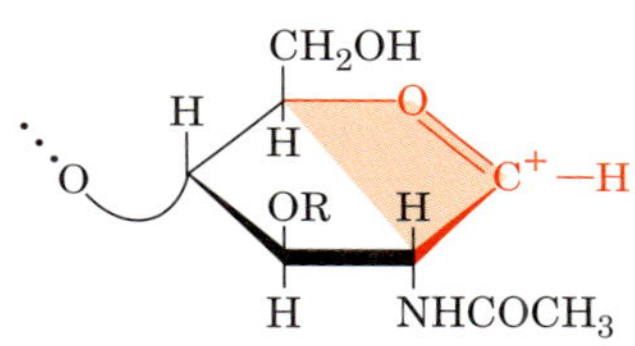

그림 11-22 라이소자임의 전이 상태 유사체 억제 $(NAG)_4$의 δ-락톤 유사체(위)는 라이소자임 반응의 전이 상태(아래)와 유사하다. 각 구조에서 원자 C1, C2, C5, O5가 동일 평면에 있으며, 이는 헥소스 고리의 반의자 형태에 잘 부합된다는 점에 주의하라.

질량 분석법 및 X선 결정법은 공유 결합 촉매의 지지를 제공한다. 공유 결합 중간체의 존재는 입증하는 것이 어렵다. 물에서 글루코실 옥소늄 이온의 수명은 $\sim 10^{-12}$s이다. 그렇게 짧은 시간 존재하는 중간체를 실험적으로 관찰하기 위해서는 그것의 생성 속도가 분해되는 속도보다 충분히 커야만 한다. 이를 위해서 위더스(Stephan Withers)는 세 가지 현상을 활용했다. 첫째, 만일 반응이 옥소늄 이온 전이 상태를 통하여 일어난다면, 그의 형성은 D 고리의 C2에 치환된 F(전기 음성 원소도가 가장 큰)의 전자 끌기(electron withdrawing) 효과에 의하여 느려질 것이다. 둘째, Glu 35를 Gln으로 변이시키면(E35Q) 일반 산−염기 촉매가 제거되어 옥소늄 전이 상태가 관여되는 모든 단계가 더 느려질 것이다. 셋째, D 고리의 C1에 추가적으로 F로 치환하면 이 F가 일반 산 촉매가 필요 없는 좋은 이탈기이기 때문에 중간체의 형성은 빨라질 것이다. 이들 세 가지 변화를 모두 시키면 제안된 공유 결합 중간체의 생성 속도는 그것의 분해에 비해 증가되기 때문에 그 중간체가 축적되는 결과를 초래하게 될 것이다. 따라서 위더스는 E35Q HEW 라이소자임을 NAG-β(1→4)-2-데옥시-2-플루오로−β-D-글루코피라노실 플루오라이드[NAG-β(1→4)-2-deoxy-2-β-D-glucopyranosyl fluoride, **NAG2FGlcF**]와 반응시켰다. 이 반응 혼합물의 전기 분무 이온화 질량 분광법(electrospray ionization mass spectrometry, ESI−MS) 분석은 제안된 공유 결합 중간체[라이소자임은 분자량이 14,314 D이며 NAG-β(1→4)-2-데옥시-2-플루오

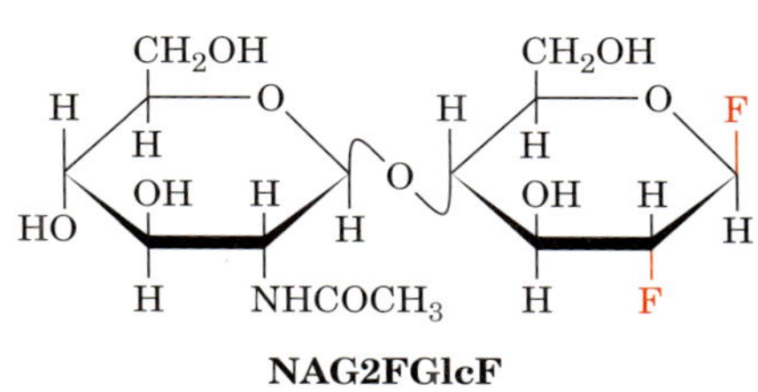

NAG2FGlcF

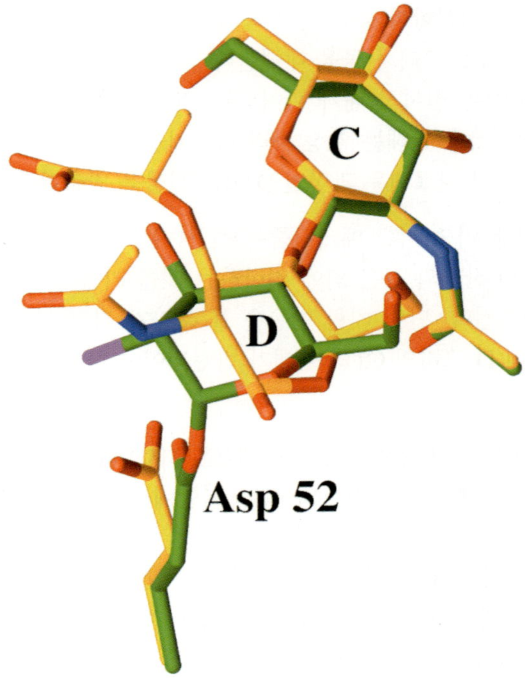

그림 11-23 라이소자임에 의한 촉매 작용 동안 D 고리의 위치 기질의 C와 D 고리 및 촉매성 Asp 52의 위치는 E35Q 라이소자임과 NAD2FG1cF 간의 공유 결합 복합체(C 녹색, N 청색, O 적색, F 심홍색) 및 라이소자임과 NAM–NAG–NAM 기질의 비공유 결합 복합체(C 황색, N 청색, O 적색)의 포개진 X선 구조에 나타나 있다. 비공유 결합 복합체에서 D 고리가 비틀린 반의자 형태가 비틀리지 않은 의자 형태로 완화되며 Asp 52의 곁사슬이 C_α–C_β 결합에 대하여 45° 회전할 때 Asp 52와 D 고리의 C1 사이에 공유 결합이 형성되는 것에 주의하라. [Based on X-ray structures by David Vocadlo and Stephen Withers, University of British Columbia, Vancouver, Canada; *and* Michael James, University of Alberta, Edmonton, Canada. PDBid 1H6M.]

로-β-D-글루코피라노실기의 분자량은 369 D이다] 형성에 부합되는 14,683 D에서의 날카로운 피크를 보였다.

이 공유 결합 복합체의 X선 구조는 D 고리의 C1과 Asp 52의 곁사슬 카복시 O 사이에 ~1.4 Å 길이의 공유 결합을 보여 준다. 이 D 고리는 비틀리지 않은 의자 형태를 가지고 있어서, 그것이 전이 상태에 가깝기보다는 반응 중간체임을 나타낸다. 이 공유 결합 복합체를 위에서 서술한 NAM–NAG–NAM과 변이되지 않은 HEW 라이소자임과의 복합체에 겹쳐 놓은 그림은 어떻게 이러한 공유 결합이 형성되는지 보여 준다(그림 11-23). NAM–NAG–NAM 복합체에서 D 고리 Cl과 Asp 52의 O 사이의 3.2 Å 거리가 공유 결합 복합체에서 1.4 Å으로 단축되는 것은 D 고리가 반의자 형태에서 의자 형태로 이완되는 것과 Asp 52 곁사슬이 그 잔기의 C_α–C_β 결합에 대하여 ~45° 회전함에 따라 일어난다.

체크 포인트

- 라이소자임을 예로 하여 볼 때, 효소의 구조는 촉매 메커니즘에 관해 무엇을 보여주는가?
- 라이소자임 반응에 옥소늄 이온이 관여될 것으로 예측되는 이유는 무엇인가?
- 산–염기 촉매, 공유 결합 촉매 및 전이 상태 안정화에 의한 라이소자임 촉매를 지지하는 실험 증거를 서술하시오.

5 세린 단백질 가수 분해 효소

주요 개념

- 세린 단백질 가수 분해 효소의 촉매 활성 Ser, His, Asp 잔기들은 화학적 표지 및 구조 분석으로 확인되었다.
- 결합 주머니(binding pocket)는 다양한 세린 단백질 가수 분해 효소의 기질 특이성을 결정한다.
- 세린 단백질 가수 분해 효소는 근접 및 배향 효과, 산–염기 촉매, 공유 결합 촉매, 정전기 촉매 그리고 전이 상태 안정화를 통해 펩타이드 결합 가수 분해를 촉매한다.
- 효소 선구체는 효소의 불활성 선구 물질이다.

우리들의 효소 메커니즘에 대한 그 다음 예는 특히 반응성이 큰 Ser 잔기가 관여하는 공통적인 촉매 메커니즘을 가지고 있기 때문에 **세린 단백질 가수 분해 효소**(**serine protease**)로 알려진, 다양하고 널리 분포하는 단백질 가수 분해 효소군이다. 세린 단백질 가수 분해 효소에는 원핵세포와 진핵세포의 소화 효소가 포함되며, 발생, 혈액 응고, 염증 및 수많은 다른 과정에 참여하는, 보다 전문화된 단백질도 있다. 이 절에서는 가장 잘 규명된 세린 단백질 가수 분해 효소들인 카이모트립신, 트립신 및 엘라스테이스에 대하여 집중하여 살펴보고자 한다.

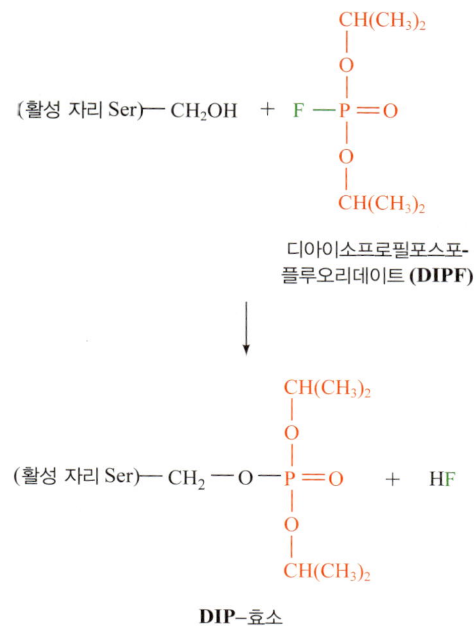

A 활성 자리 잔기들은 화학적 표지에 의해 확인되었다

카이모트립신, 트립신 및 엘라스테이스는 췌장에서 합성되어 십이지장(소장의 윗고리)으로 분비되는 소화 효소다. 이들 모든 효소는 잘라지는(절단되는) 펩타이드 결합의 측면에 위치하는 곁사슬에 대하여 다른 특이성을 가지고 펩타이드(아마이드) 결합의 가수 분해 반응을 촉매한다. 카이모트립신은 절단되는 결합 앞에 오는 큰 소수성 잔기에 특이적이며, 트립신은 양(+)전하를 가진 잔기에 특이적이고, 엘라스테이스는 작은 중성 잔기에 특이적이다(표 5-4). 그들이 함께 작용하여 강력한 소화 팀(digestive team)을 형성한다.

카이모트립신의 촉매에 중요한 작용기는 화학적 표지 연구를 통해 확인되었다. 세린 단백질 가수 분해 효소의 활성 자리 세린의 존재에 대한 확인 시험은 비가역적으로 효소를 불활성화시키는 **다이아이소프로필포스포플루오리데이트(diisopropylphosphofluoridate, DIPF)**와의 반응이다. 동일한 단백질에 있는 다른 세린 잔기를 포함하여 다른 세린 잔기들은 **DIPF와 반응하지 않는다. DIPF는 다만 카이모트립신의 세린 195와만 반응하므로 이 잔기가 효소의 활성 자리 Ser임을 보여 준다.** 이러한 특이성은 DIPF 및 이와 관련된 화합물이 극히 독성이 있게 한다(자료 11-3).

촉매에 중요한 두 번째 잔기는 His 57로 **친화 표지(affinity labeling)**를 통해 발견되었다. 이 기법에서 효소의 활성 자리에 특이하게 결합하는 반응성 작용기를 가진 기질 유사체는 활성 자리에 가까이 있는 민감한 작용기와 안정한 공유 결합을 형성한다[이러한 반응성 기질 유사체는 생화학의 '트로이 목마(Trojan horses)'라고 불린다]. 친화 표지된 작용기는 분리 확인될 수 있다.

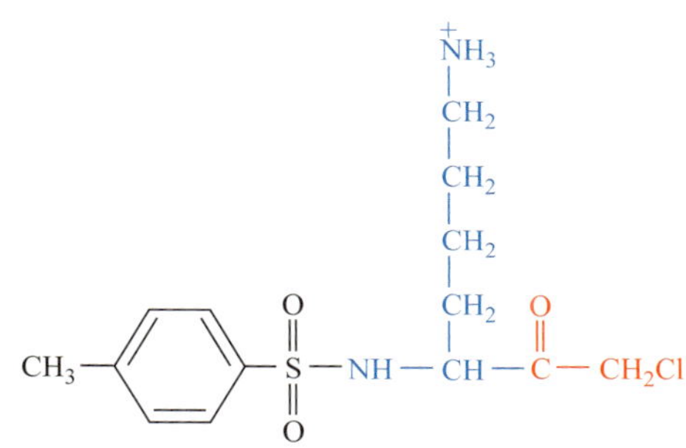

토실-L-페닐알라닌 클로로메틸케톤

카이모트립신은 특이적으로 **토실-L-페닐알라닌 클로로메틸케톤(tosyl-L-phenylalanine chloromethylketone, TPCK)**과 결합하는데, 이는 페닐알라닌 잔기(카이모트립신이 선호하는 기질 잔기 중 한 개)에 유사하기 때문이다. 활성 자리-결합 TPCK의 클로로메틸케톤기는 강한 알킬화제로 His 57과만 결합하여(그림 11-24)

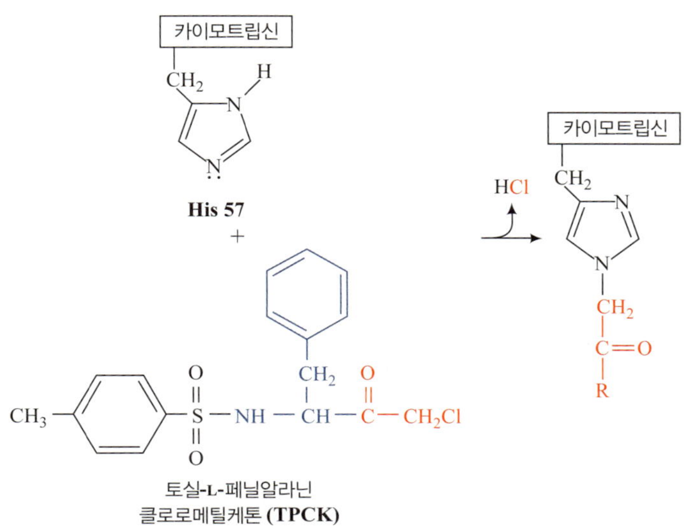

그림 11-24 TPCK와 카이모트립신 His 57의 반응

? TPCK는 낮은 pH에서 His과 더 잘 반응하겠는가, 아니면 덜 반응하겠는가?

자료 11-3 건강과 질병의 생화학 신경 독물

효소 불활성제로 DIPF를 사용함으로써 DIPF와 같은 유기 인산 화합물이 강력한 신경 독물이라는 발견을 하게 되었다. DIPF의 신경 독성은 **아세틸콜린**(acetylcholine)의 가수 분해를 촉매하는 효소인 **아세틸콜린 에스터 가수 분해 효소**(acetylcholine esterase)를 불활성화하는 능력에 기인된다.

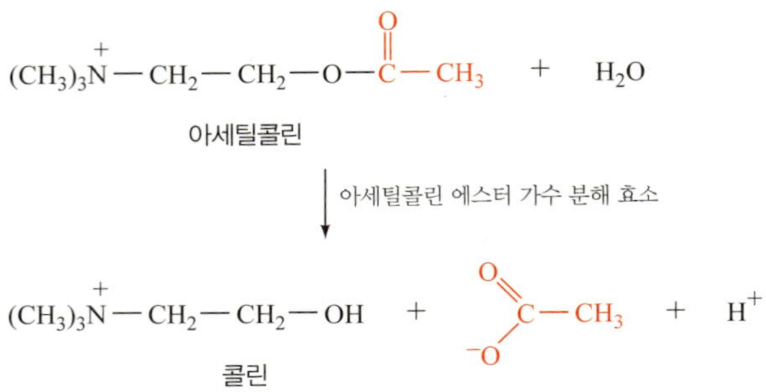

아세틸콜린 에스터 가수 분해 효소의 에스터 가수 분해 효소 활성은 카이모트립신(11-1B절)과 마찬가지로 반응성 Ser 잔기를 필요로 한다.

아세틸콜린은 **신경 전달 물질**(neurotransmitter)이다. 그것은 신경 충격을 특정 유형인 시냅스(9-4F절)을 통과하여 전달한다. 시냅스에 있는 아세틸콜린에스터 가수 분해 효소는 정상적으로 아세틸콜린을 분해하여 신경 충격을 10^{-3}초 동안만 지속되게 한다. 아세틸콜린에스터 가수 분해 효소의 불활성화로 신경 전달 물질의 가수 분해가 일어나지 않게 된다. 그 결과 Na^+–K^+ 통로인 아세틸콜린 수용기는 정상적인 경우보다는 오래 열려 있게 되고, 따라서 신경 충격의 통상적인 순서가 방해받게 된다. DIPF는 인체에 극히 독성(호흡 곤란으로 사망함)이므로 군대에서 신경가스로 사용되기도 하였다. 관련된 화합물인 **파라싸이온**(parathion) 및 **마라싸이온**(malathion)은 포유동물보다는 곤충에게 더 독성이 크기 때문에 유용한 살충제다.

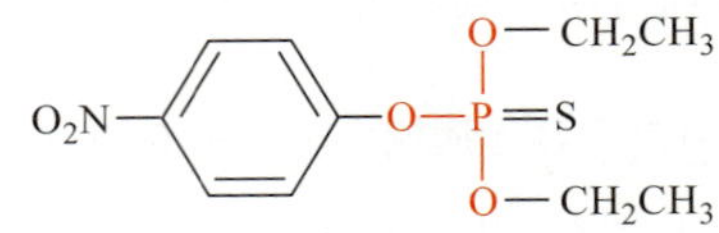

파라싸이온

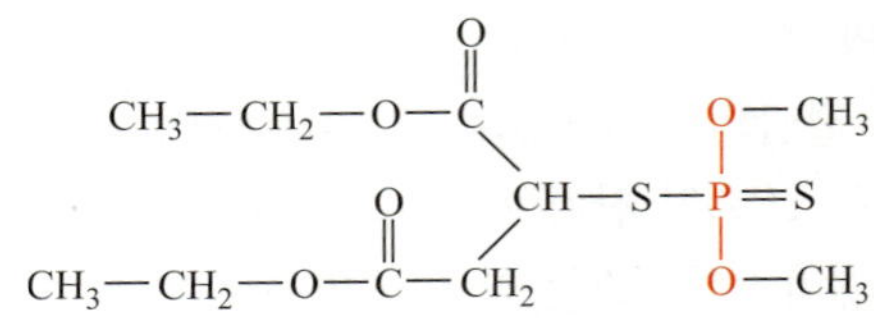

마라싸이온

DIPF 및 **사린**(sarin, 1995년에 도쿄 지하철에서 테러 분자에 의해 방출된 후 악명을 얻은)과 같은 신경 독물은 **파라옥소네이스**(paraoxonase) 효소에 의해 불활성화된다.

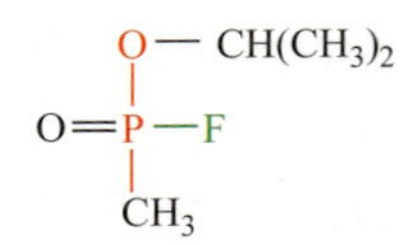

사린

이 효소는 활성이 다른 두 가지 동위 효소(하나는 192번 위치에 Arg 잔기를, 다른 하나는 Gln 잔기를 가진다)가 있는데, 개인에 따라 효소는 매우 다양하게 다른 수준으로 발현된다. 이러한 요인은 신경독에 대한 개인의 예민도가 크게 다르다는 것을 설명해 준다.

효소를 불활성화시킨다. 염기성 잔기를 선호하는 트립신은 유사하게 **토실-L-라이신 클로로메틸케톤(tosyl-L-lysine chloromethylketone)**에 의해 불활성화된다.

B X선 구조는 촉매 작용, 기질 특이성 및 진화에 관한 정보를 제공한다

카이모트립신, 트립신 및 엘라스테이스는 놀라울 만큼 유사하다. ~240여 개 잔기로 이루어진 이들 효소의 1차 구조는 40%의 동일성을 가진다(비교하면 사람 헤모글로빈의 α 및 β 사슬은 44%의 서열 동일성을 가진다). 더 나아가 이들 모든 효소들은 반응성이 큰 세린과 촉매에 필수적인 His을 가진다. 따라서 그들의 모든 X선 구조가 밀접하게 연관된다는 것은 놀라운 것이 아니다.

소의 카이모트립신 구조는 1967년에 블로(David Blow)에 의해 밝혀졌다. 그 후 스트라우드(Robert Stroud)와 디커슨(Richard Dickerson)에 의해 소의 트립신의 구조(**그림 11-25**)가 결정되었으며, 소톤(David Sotton)과 왓슨(Herman Watson)에 의해 돼지의 엘라스테이스 구조가 결정되었다. 이들 각 단백질은 두 도메인으로 접혀져 있으며, 두 도메인 모두 나선 구조는 거의 함유하지 않은 원통 모양 배열(barrel-like arrangement)의 역평행 β 병풍 구조의 넓은 영역을 가지고 있다. 이들 세 효소의 구조를 비교함에 있어 편의상 우리는 동일 잔기 숫자붙이기 체계(same residue numbering system)–카이트립신의 245개 잔기 전구 물질인 소의 **카이모트립시노젠**

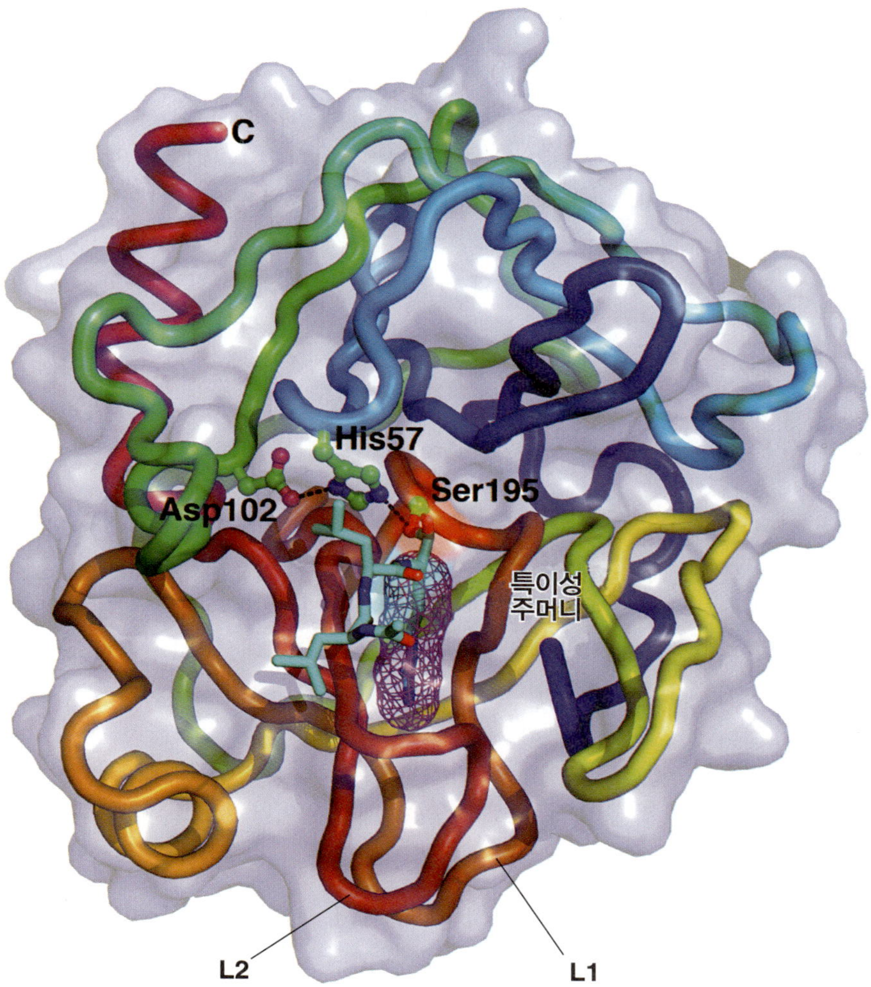

그림 11-25 억제제 류펩틴과 공유 결합 복합체를 형성하고 있는 소 트립신의 X선 구조 단백질은 N 말단(청색)에서 C 말단(적색)으로 무지개 색 순으로 나타낸 벌레 형태 폴리펩타이드 사슬과 함께 투명한 분자 표면으로 나타내었다. 세작용기 촉매인 Ser 195, His 57, Asp 102 잔기의 곁사슬은 원자에 따라 색(C 녹색, N 청색, O 적색)으로 나타낸 공–막대 모형으로 그렸으며, 수소 결합은 검은색 쇄선으로 나타내었다. **류펩틴**(말단 카복실기가 –CHO로 대체되어 있는 아세틸–Leu–Leu–Arg)은 효소의 특이성 주머니(심홍색 그물)를 차지하고 있는 Arg 곁사슬과 함께 막대 형태(C 청록색, N 청색, O 적색)로 그려져 있다. L1과 L2는 특이성 주머니 벽을 지나는 표면 고리다. [Based on an X-ray structure by Daniel Koshland, Jr., University of California at Berkeley. PDBid 2AGI.]

(**chymotrypsinogen**)–로 표시하고자 한다(11-5D절).

세 가지 구조 모두에서 촉매에 필수적인 His 57과 Ser 195 잔기는 효소의 기질 결합 부위에 위치한다(그림 11-25 가운데). 또한 X선 구조는 모든 세린 단백질 가수 분해 효소에 존재하는 Asp 102가 용매 접근 불가 주머니(solvent-inaccessible pocket) 가까이에 묻혀 있음을 보여 준다. 이들 **세 가지 불변의 잔기는 세작용기 촉매(catalytic triad)로 알려진 수소 결합 집합체를 형성한다**(그림 11-25 및 11-26).

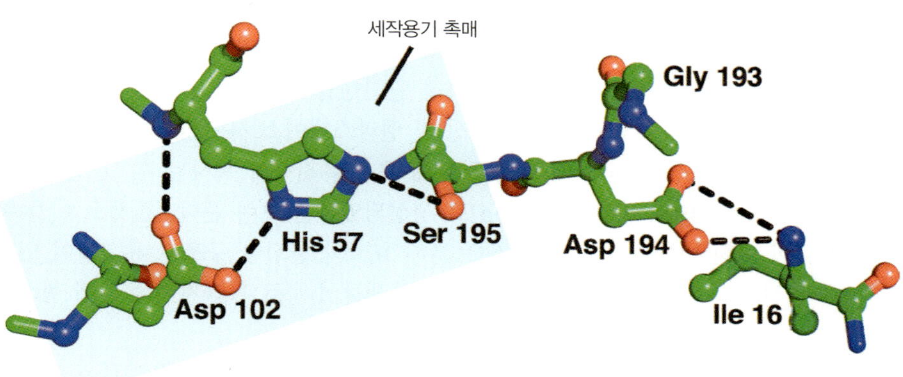

그림 11-26 카이모트립신의 활성 자리 잔기 그림 11-25와 거의 같은 방향에서 본 그림이다. 잔기들은 C 녹색, N 청색, O 적색의 공–막대 모형으로 그려져 있다. 세작용기 촉매는 Ser 195, His 57, Asp 102로 이루어진다. [Based on an X-ray structure by Daniel Koshland, Jr., University of California at Berkeley. PDBid 2AGI.]

? 구조를 완성하기 위하여 적합한 H를 추가하라.

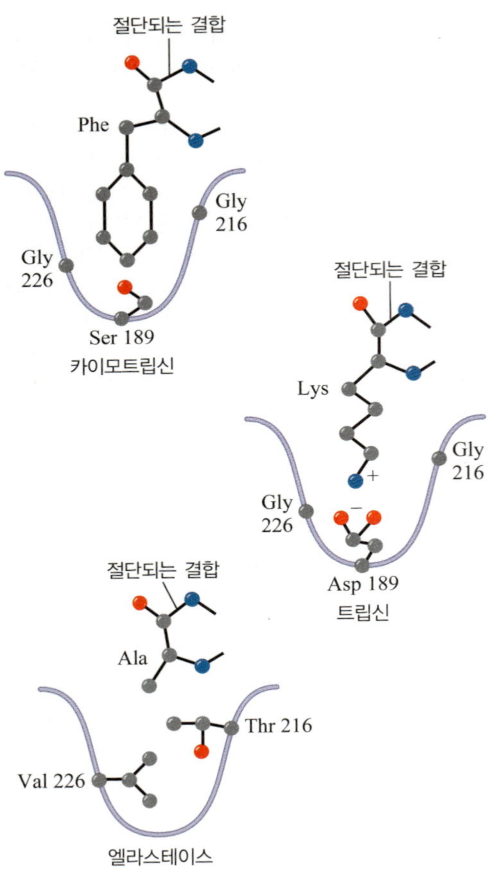

그림 11-27 세 종류 세린 단백질 가수 분해 효소의 기질 특이성 주머니 기질 특이성 주머니의 크기와 특성을 결정하는 결정적인 잔기들의 곁사슬은 각 효소의 대표적인 기질과 함께 표시되어 있다. 카이모트립신은 큰 소수성 곁사슬 다음의 펩타이드 결합 절단을 선호하며, 트립신은 Lys 또는 Arg을, 엘라스테이스는 Ala, Gly, Val을 선호한다. [After a drawing in Branden, C. and Tooze, J., *Introduction to Protein Structure* (2nd ed.), Garland Publishing, p. 213 (1999).]

기질 특이성은 부분적으로만 설명된다. 위 세 효소들의 X선 구조는 그들의 다른 기질 특이성에 대한 토대를 제공한다(**그림 11-27**).

1. 카이모트립신의 경우, 절단되는 펩타이드에서 카보닐기를 제공하는 선호되는 Phe, Trp, Tyr 잔기들의 큰 방향족 곁사슬은 촉매 작용기 가까이에 있는 갈라진 틈과 같은 소수성 주머니(hydrophobic pocket)에 편안하게 들어맞는다.
2. 트립신의 경우, 결합 포켓의 바닥에 위치하는 카이모트립신의 Ser 189에 해당하는 잔기는 음전하를 가진 Asp 잔기이다. 따라서 트립신이 선호하는 잔기들인 Arg 및 Lys의 양(+)전하성 곁사슬은 이 Asp 잔기와 이온쌍을 형성할 수 있다. 카이모트립신의 특이성 주머니(specificity pocket)의 나머지 부분은 트립신에도 보존되어 Arg 및 Lys의 큰 곁사슬을 수용할 수 있다(그림 11-25).
3. 엘라스테이스는 그렇지 않다면 거의 소화되지 않는 Ala, Gly, Val이 풍부한 단백질 **엘라스틴**(**elastin**, 결합 조직의 주된 성분)을 빠르게 가수 분해하기 때문에 붙여진 이름이다. 엘라스테이스의 결합 주머니는 카이모트립신과 트립신의 특이성 주머니의 안쪽에 있는 Gly 대신 Val 및 Thr 잔기의 곁사슬로 거의 메워져 있다. 그 결과 기질 결합 부위가 단순히 오목한 곳으로 더 잘 서술되는 엘라스테이스는 특히 Ala 등의 작은 중성 잔기 다음의 펩타이드 결합을 특이적으로 절단한다. 그에 반하여 카이모트립신과 트립신은 이들 작은 기질은 효과적인 촉매가 일어나는 효소의 표면에 충분히 고착되지 못하므로 그러한 펩타이드는 매우 느리게 가수 분해한다.

앞의 설명에도 불구하고 트립신의 Asp 189를 특정 위치 지정 돌연변이 유발(3-5D절)에 의해 Ser으로 바꾼 경우 카이모트립신 기질 특이성으로 전환되지 않았으며, 대신에 능력이 떨어진 비특이성 단백질 가수 분해 효소가 되었다. 트립신의 특이성 주머니에 있는 추가적인 잔기를 카이모트립신의 잔기로 치환한 경우에도 촉매 활성이 현저하게 개선되지는 않았다. 그러나 트립신의 경우 특이성 주머니의 벽에 연결되는 표면의 두 고리인 L1(잔기 185~188)과 L2(221~225)를 카이모트립신의 서열로 치환하여 어느 정도 활성을 가진 카이모트립신 유사 효소를 얻을 수 있었다. 모든 효소에 보존되는 이들 고리는 그 자체로 기질 결합뿐만 아니라 절단되는 결합의 올바른 놓임에도 필요하다. 이러한 결과들은 유전공학자들에게 중요한 사실은 시사한다. 효소들은 그들의 기능에 매우 정교하게 맞추어져 있으므로 변이성 조작에 대하여 예측되지 않은 방향으로 반응하기도 한다.

세린 단백질 가수 분해 효소는 발산 진화와 수렴 진화를 보여 준다. 우리는 단백질 사이의 서열 및 구조의 유사성이 그들의 진화적 관련성을 나타낸다는 것을 살펴보았다(5-4절 및 6-2D절). **카이모트립신, 트립신 및 엘라스테이스 사이의 커다란 유사성은 이들 단백질들이 조상 세린 단백질 가수 분해 효소 유전자가 복사된 후 그 결과물인 효소의 발산 진화(divergent evolution)로 생성되었음을 보여 준다.** 실제로 이들 췌장 효소들이 어떤 박테리아 단백질 가수 분해 효소와 밀접한 구조적 유사성이 있다는 것은 원시 트립신 유전자는 원핵생물과 진핵생물이 서로 갈라지기 이전에 형성되었음을 나타낸다.

서로서로 또는 카이모트립신에 대하여 뚜렷한 1차 및 3차 구조 유사성을 가지지

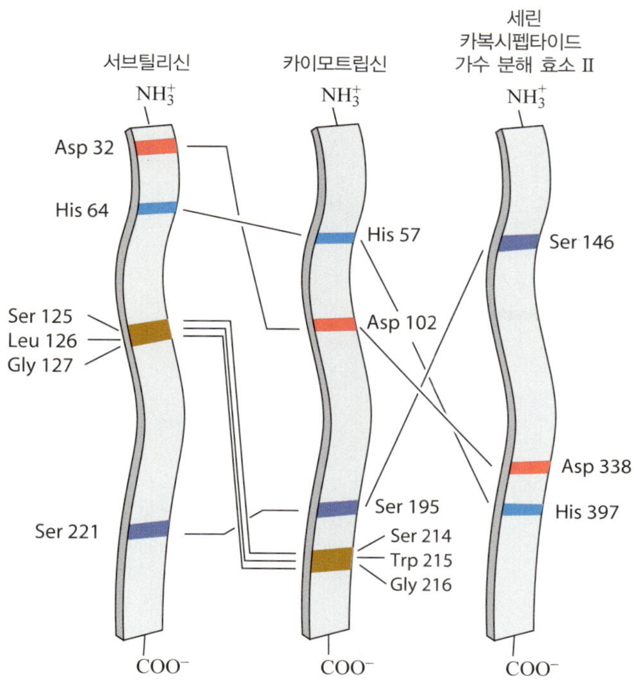

그림 11-28 세 종류의 무관한 세린 단백질 가수 분해 효소의 활성 자리 잔기의 상대적인 위치를 나타내는 그림 서브틸리신, 카이모트립신, 세린 카복시펩타이드 가수 분해 효소 II의 세작용기 촉매는 각각 Ser, His, Asp 잔기로 구성되어 있다. 카이모트립신의 Ser 214, Trp 215, Gly 216의 펩타이드 골격, 그리고 서브틸리신에서의 각 상대역은 기질 결합 상호작용에 관여한다. [After Robertus, J.D., Alden, R. A., Birktoft, J. J., Kraut, J., Powers, J. C., and Wilcox, P. E., *Biochemistry* 11, 2449 (1972).]

않은 여러 세린 단백질 가수 분해 효소들도 있다. 그럼에도 불구하고 이들 단백질은 역시 카이모트립신의 활성 자리와 밀접하게 유사한 구조를 가지는 활성 자리에 세작용기 촉매를 가지고 있다. 이들 효소에는 원래 *Bacillus subtilis*에서 분리된 내부 펩타이드 가수 분해 효소의 하나인 **서브틸리신(subtilisin)**과 외부 펩타이드 가수 분해 효소인 밀싹의 **세린 카복시펩타이드 가수 분해 효소 II(serine carboxypeptidase II)**가 있다. 이들 세린 단백질 가수 분해 효소의 아미노산 서열에서 해당되는 활성 자리 아미노산 잔기들의 순서는 아주 다르기 때문에(그림 11-28) 그들이 공통된 조상 단백질로부터 진화되었다고 생각하기에는 매우 어렵다. 이들 효소는 **수렴 진화(convergent evolution)**의 현저한 예에 해당되는 것이 분명하다. **자연은 동일한 촉매 메커니즘을 수 차례 독립적으로 발견해 내는 것으로 보인다.**

C 세린 단백질 가수 분해 효소는 몇 가지 촉매 메커니즘을 이용한다

상당히 많은 화학적 및 구조적 결과에 기초하여 촉매 메커니즘이 규명되었으며, 카이모트립신의 경우 여기에 나타내고 있는데(그림 11-29), 모든 세린 단백질 가수 분해 효소와 몇몇 다른 가수 분해 효소에 적용될 수 있다.

1. 카이모트립신이 기질에 결합한 후 Ser 195는 절단되는 펩타이드의 카보닐기에 친핵적으로 공격하여 역사적인 이유로 **정사면체 중간체(tetrahedral intermediate)**라고 알려진 반응 전이 상태(공유 결합 촉매)를 형성한다. X선 연구는 Ser 195 잔기가 이러한 친핵성 공격을 하기에 이상적인 위치에 있다는 것을 보여 준다(근접과 배향 효과). 친핵성 공격은 His 57의 이미다졸 고리로 양

process diagram

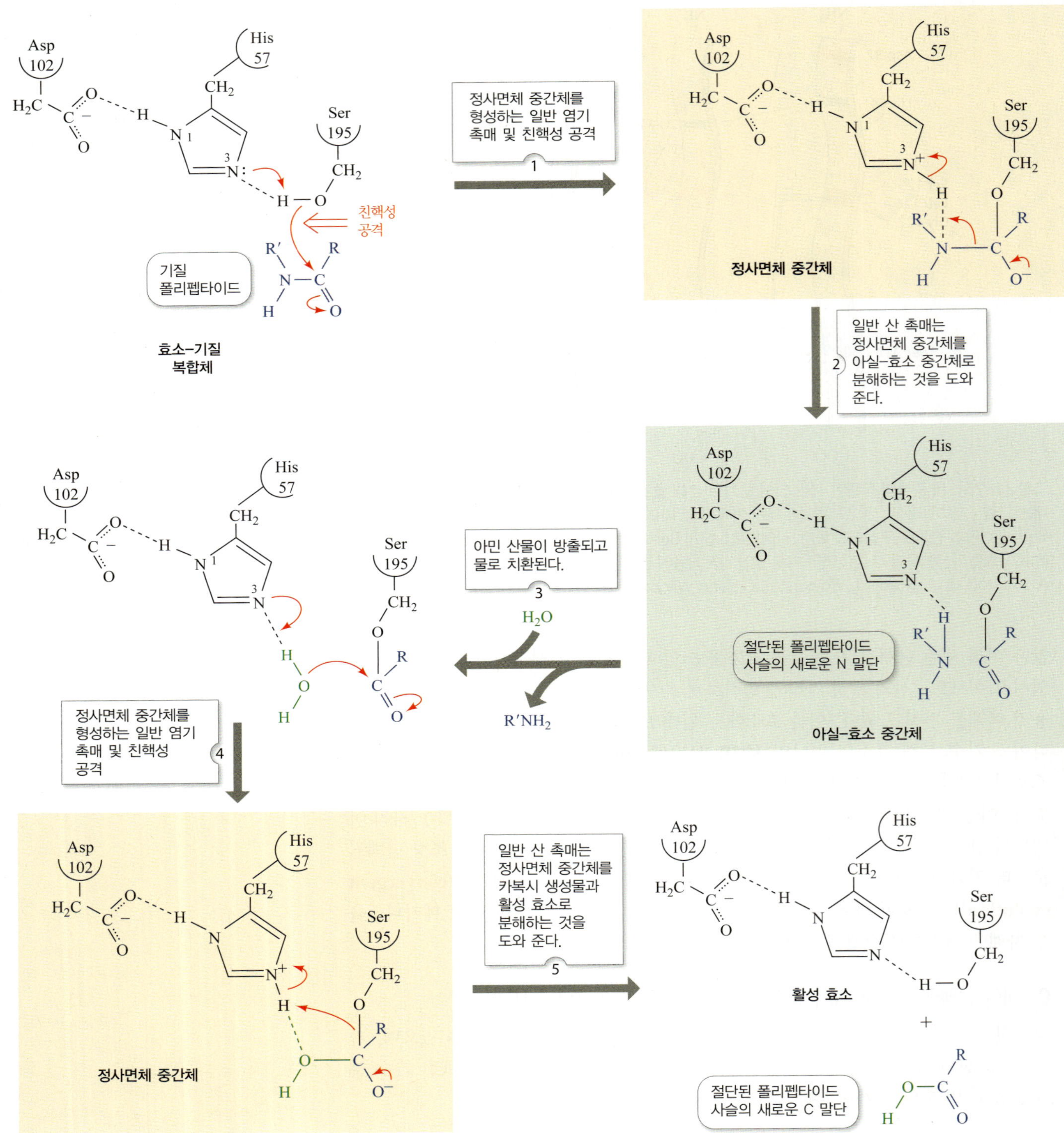

그림 11-29 세린 단백질 가수 분해 효소의 촉매 메커니즘

? 반응 메커니즘에서 Asp 102, His 57, Ser 195의 역할을 요약하라.

성자의 이동이 관여되며, 따라서 이미다졸륨 이온이 형성된다(일반 염기 촉매 작용). 이러한 과정은 His 57에 수소 결합된 Asp 102의 용매화되지 않은 카복실 이온의 분극 효과의 도움을 받는다(정전기 촉매 작용). 정사면체 중간체는 비록 일시적으로 존재하는 것이지만 잘 규명된 실체다. 우리는 **카이모트립신 촉매능의 대부분이 전이 상태의 선호적인 결합에 기인한다(전이 상태 결합 촉매 작용)**는 것을 보게 될 것이다.

2. 정사면체 중간체는 His 57에 대한 Asp 102의 분극 효과에 의해 촉진되는(정전기 촉매) His 57의 N3로부터 양성자가 제공되는 추진력에 의해 **아실-효소 중간체(acyl-enzyme intermediate)**로 분해된다(일반 산 촉매 작용).
3. 아민 이탈기($R'NH_2$, 절단된 폴리펩타이드의 새로운 N 말단 부분)는 효소로부터 떨어져 나가고 용매에서 유래되는 물에 의해 치환된다.
4. 아실-효소 중간체는 가수 분해성 절단에 아주 민감하며, 2단계의 역반응으로 물이 첨가되어 두 번째 정사면체 중간체를 형성한다.
5. 1단계의 역반응으로 카복시 이온 생성물(절단된 폴리펩타이드의 새로운 C 말단 부분)이 생성되며, 효소에서 해리되고 그 결과 원래 상태로 회복된다. 이 과정에서 물은 공격하는 친핵체이며, Ser 195는 이탈기다.

세린 단백질 가수 분해 효소는 전이 상태에 선호적으로 결합한다. 여러 세린 단백질 가수 분해 효소-억제제 복합체의 X선 구조를 자세히 비교해 보면 이들 효소의 촉매에 대한 더욱 깊은 구조적 근거가 드러난다(**그림 11-30**).

1. 정사면체 중간체의 형성(삼각형 sp^2 혼성 C 원자의 정사면체 sp^3 혼성 형태로의 전환) 으로 인해 일어나는 형태의 재배열은 절단되는 펩타이드의 음이온성 카보닐 산소를 이전 비어 있는 **산소 음이온 구멍(oxyanion hole)**이라고 하는 자리에 들어갈 수 있도록 활성 자리로 더 깊게 이동시킨다.

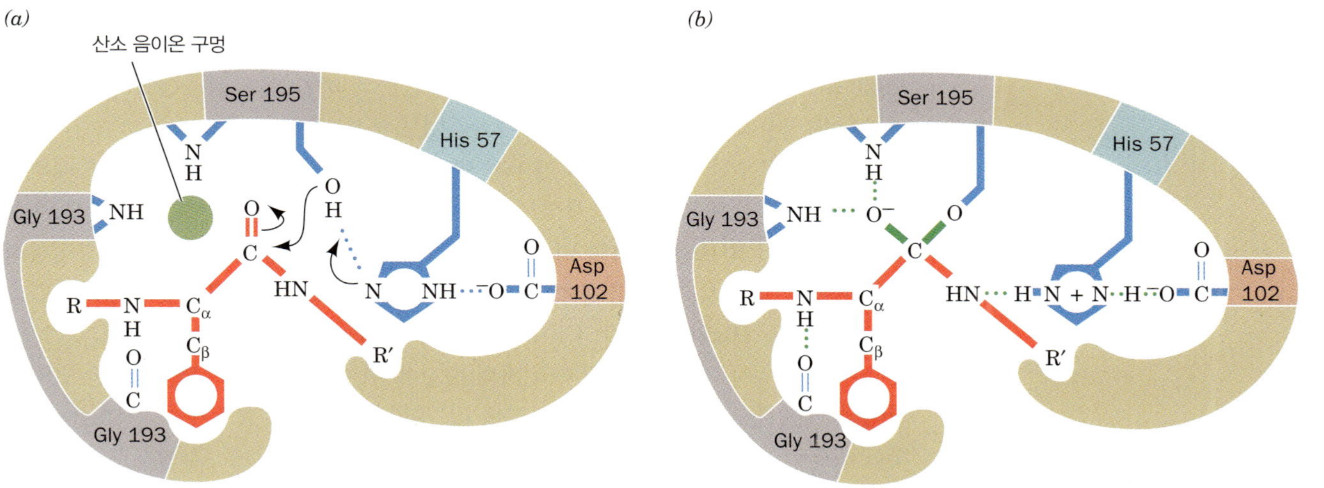

그림 11-30 세린 단백질 가수 분해 효소에서 전이 상태의 안정화 *(a)* 기질이 효소에 결합하면 절단될 펩타이드의 삼각형의 카보닐 탄소는 산소음이온 구멍에의 결합을 형태적으로 강요받는다(위 왼쪽). *(b)* 정사면체 중간체에서 이제는 전하를 띤, 절단되는 펩타이드의 카보닐 산소(산소 음이온)는 산소 음이온 구멍으로 들어가고 Gly 193 및 Ser 195의 주골격 NH 작용기와 수소 결합한다. 결과적으로 일어나는 형태의 변화는 절단되는 펩타이드 결합 앞 잔기의 NH기가 Gly 130에 그렇지 않다면 불가능한 수소 결합을 형성하게 한다. 따라서 세린 단백질 가수 분해 효소는 사면체 중간체에 선호적으로 결합한다(정사면체 중간체). [After Robertas, JD., Kmut, J., Alden, RA, and Birkttoft, JJ., *Biochemistry* **11**, 4302 (1972).]

? 어떻게 전이 상태 유사체로 작용하는지 보여 주는 DIP 작용기를 추가하라.

2. 그곳에서 카보닐기가 정상적인 삼각형 형태로 있는 경우에는 형성될 수 없는 두 개의 수소 결합이 효소와 형성된다. Joseph Kraut는 효소의 그 두 수소 결합 공여체(hydrogen bond donor)가 카이모트립신과 서브틸리신에서 해당되는 위치에 자리잡고 있다는 것을 처음으로 보여 주었다. 그는 수렴 진화가 이들 서로 관련없는 효소들의 활성 자리를 기능적으로 동일하게 만들었다는 전제를 기초로 하여 산소 음이온 구멍을 제안하였다.
3. 더 나아가 정사면체의 비틀림은 그렇지 않은 경우 효소와 기질의 절단되는 펩타이드 결합 앞에 오는 잔기의 주골격 NH기 사이의 불가능한 수소 결합 형성을 가능하게 한다.

효소-기질 복합체 또는 아실-효소 중간체보다는 이러한 전이 상태(정사면체 중간체) 선호적 결합은 세린 단백질 가수 분해 효소의 촉매 효율의 주된 원인이다. 그러므로 카이모트립신 세작용기 촉매의 어떤 혹은 모든 잔기를 변이시키더라도 촉매하지 않은 반응에 비해 $\sim 5\times10^4$배 이상의 단백질 가수 분해를 증가시키는 효소가 된다(원래 효소는 $\sim 10^{10}$배 속도 증가에 비하여). 유사하게 DIPF가 세린 단백질 가수 분해 효소의 그렇게 효과적 억제제인 이유는 그 화합물의 정사면체 인산기가 이 화합물을 전이 상태 유사체로 만들기 때문이다.

낮은 장벽 수소 결합은 전이 상태를 안정하게 할 수 있다. 카이모트립신 반응의 전이 상태는 산소 음이온 구멍에서 추가적인 수소 결합의 형성뿐만 아니라 아마도 비정상적으로 강한 수소 결합의 형성을 통해서도 안정화된다. 수소 결합 작용기들(D—H···A) 사이의 양성자 이동은 다만 양성자 주개의 p*K*가 양성자 받개의 양성자화된 형태의 p*K*에 비해 2 또는 3 pH 단위 이상 크지 않는 경우에만 생리적으로 합당한 속도로 일어난다. 그러나 수소 결합 주개(D) 및 수소 결합 받개(A)의 p*K*가 거의 같은 경우 그들 사이의 구분은 없어진다. **수소 원자는 더 혹은 덜 균등하게 그들 사이에 배당된다** (D—H···A), 그러한 **낮은 장벽 수소 결합(low-barrior hydrogen bond, LBHB)**은 비정상적으로 짧고 강하다. 기체 상태에서 측정한 낮은 장벽 수소 결합의 자유 에너지는 $-40\sim-80\ \text{kJ}\cdot\text{mol}^{-1}$(정상적인 수소 결합의 경우 −12에서 $-30\ \text{kJ}\cdot\text{mol}^{-1}$에 비해)로 높고, D···A 거리는 O—H···O의 경우 2.55 Å 미만, N—H···O의 경우 2.65 Å 미만이다(정상적인 수소 결합의 경우 2.8~3.1 Å에 대해).

LBHB는 우수한 수소 결합 주개이자 받개인 물 분자가 수소 결합 자리에 대하여 효과적으로 D—H 및 A와 경쟁하므로 묽은 수용액에서는 존재하지 않을 것으로 보인다. 그러나 LBHB는 효소의 비수용성 활성 자리에는 존재할 수 있다. 실제 실험적 증거는 세린 단백질 가수 분해 효소 세 작용기에서 양성자화된 His 및 Asp의 p*K* 값은 거의 같고, His와 Asp 간의 수소 결합은 N···O 길이가 비정상적으로 짧은 2.62 Å이며 수소 원자는 N 및 O 원자의 거의 중간에 위치함을 보여 준다. 이러한 발견은 전이 상태에서 LBHB가 형성되는 것에 잘 부합된다. 이는 효소가 초기 효소-기질 복합체에서 형성된 약한 수소 결합을 전이 상태에서는 강한 수소 결합으로 전환시키고, Ser 195에서 그러하지 않다면 활씬 약한 염기인 His 57로 양성자 이동이 촉진되며(그림 11-29, 1단계), 그러는 동안 정상적인 수소 결합과 낮은 장벽 수소 결합 사이의 자유 에너지 차이를 전이 상태와의 선호적인 결합에 사용한다는 전략을 제안하는 것이다.

여러 연구들이 효소 활성 자리에서 비정상적으로 짧은 수소 결합이 존재한다는 것을 보여 주고 있으나, LBHB가 예측되는 것처럼 비정상적으로 강하다는 것을 실험으로 보여 주는 것은 훨씬 더 어렵다. 실제로 비수용성 용액 중의 유기 모형 화합물에서 비정상적으로 짧은 수소 결합의 세기에 관한 여러 연구는 이들 수소 결합이 그렇게 비정상적으로 강하지는 않음을 제안한다. 결과적으로 LHBH의 촉매 유의성에 대하여 활발한 토론이 일어났다. 그러나 만일 효소가 LHBH를 형성하지 않는다면 수많은 효소 메커니즘에서 보여지는 양상인 어떻게 산성기(예: Asp 102)의 짝염기가 보다 강한 염기 작용기(예: His 57)로부터 양성자를 부분적으로 끌어낼 수 있는지 설명이 되지 않는다.

정사면체 중간체는 트립신과 트립신 억제제의 복합체와 유사하다. 아마도 정사면체 중간체의 존재에 대한 가장 확신있는 구조적인 증거는 후버(Robert Huber)에 의해 **소 췌장 트립신 억제제(bovine pancratic trypsin inhibitor, BPTI)**와 트립신 복합체의 X선 연구 결과 제공되었다. 58개 아미노산 잔기로 이루어진 BPTI는 트립신의 활성 자리에 결합하여 단단하게 밀집된 경계 영역 및 수소 결합으로 이루어진 교차 연결망으로 복합체를 형성한다. 이러한 상호작용은 트립신이 췌장에서 너무 이르게 활성화되어 그 조직을 분해하는 것을 막는다(11-5D절). 이제까지 알려진 단백질-단백질 상호작용에서 가장 값이 큰 이 복합체의 10^{13} M^{-1}이라는 회합 상수(association constant)가 BPTI의 생리적 중요성을 강조해 준다.

트립신의 활성 자리에 접촉되는 BPTI 부분은 결합된 기질과 유사하다. BPTI의 특정 Lys 곁사슬은 트립신의 특이성 주머니(그림 11-31*a*)를 차지하고, 억제제의 Lys-Ala 펩타이드 결합은 마치 절단되는 펩타이드 결합(그림 11-31*b*)인 것처럼 위치한다. BPTI-트립신 복합체에 관하여 가장 주목할 만한 것은 그 형태가 반응 좌표에서 정사면체 중간체 쪽으로 상당히 진행되어 있다는 것이다. 트립신의 활성 Ser인 Ser 195의 곁사슬 산소는 BPTI의 '절단될' 펩타이드의 피라미드형으로 비틀린 카보닐 탄소에 반데르발스 반지름보다는 짧은 거리(2.6 Å)에 위치한다. 그러나 단백질 분해

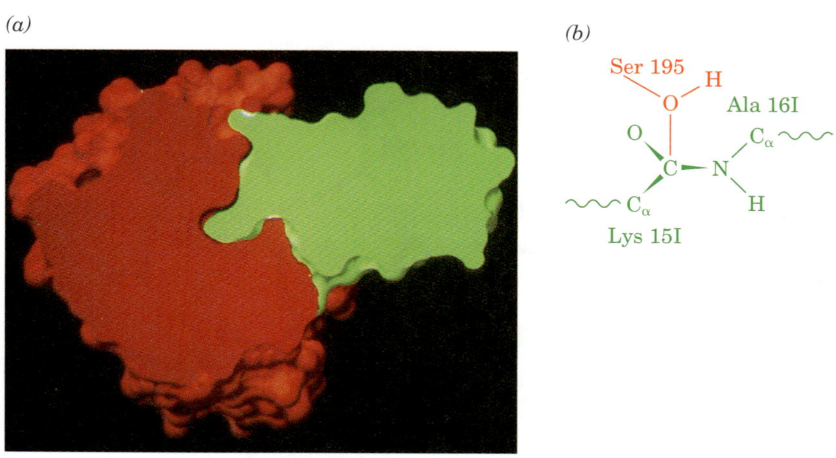

그림 11-31 트립신-BPTI 복합체 (*a*) 이 X선 구조는 어떻게 트립신(**적색**)이 BPTI(**녹색**)와 결합하는지 보여 주는 단면 도형이다. 그림 중앙의 빨간색의 패인 곳으로 뻗어나온 녹색의 융기부는 트립신의 기질 특이성 주머니를 차지하는 억제제 Lys 15 곁사슬을 나타낸다. 두 단백질 간의 밀접한 상보성 부합에 주의하라. [Courtesy of Michael Connolly, New York University.] (*b*) 트립신의 Ser 195는 BPTI의 절단되는 펩타이드(Lys 15I과 Ala 16I 사이)의 카보닐 탄소와 반데르발스 접촉보다는 가까이 있는데, 이는 Ser 195 쪽으로 피라미드 형태로 비틀려 있다. 정상적인 단백질 가수 분해 반응은 대략적으로 정사면체 중간체 전의 반응 좌표의 어딘가에서 정지된다. [Courtesy of Michael Connolly, New York University]

반응은 복합체가 너무 견고하고 그것이 너무 단단하게 막고 있어서 이탈기가 떨어져 나가지 못하고, 물 또한 반응 자리로 들어오지 못하기 때문에 이 상태 이후로는 진행될 수 없다.

단백질 가수 분해 효소 억제제는 자연계에 흔히 있는데, 그들은 보호 또는 조절 기능을 한다. 예를 들어 일부 식물들은 곤충이 물면 그 반응으로 단백질 가수 분해 효소 억제제를 방출하는데, 이는 곤충의 소화 효소를 불활성화시킴으로써 굶겨 곤충을 곤란하게 한다. 단백질 가수 분해 효소 억제제는 혈장 단백질의 10%를 차지한다. 예를 들어 간에서 분비되는 **α_1-단백질 가수 분해 효소 억제제**(**α_1-proteinase inhibitor**)는 간에서 분비되는데, **백혈구 엘라스테이스**(**leukocyte elastase**, 류코사이트는 백혈구의 한 종류로 류코사이트 엘라스테이스의 작용은 염증 과정의 하나로 생각된다)를 억제한다. 활성도가 감소된 α1-단백질 가수 분해 효소 억제제의 병리적인 변이체는 **폐기종**(**pulmonary emphysema**)과 관련되는데, 이는 엘라스틴 섬유의 가수 분해에 의해 초래되는 폐의 퇴행성 질병이다. 흡연자들 역시 흡연이 활성에 필요한 Met 잔기를 산화시키기 때문에 그들의 α_1-단백질 가수 분해 효소 억제제의 활성이 낮아져 고통을 받게 된다.

사면체형 중간체는 직접 관찰되었다. 정사면체 중간체는 세린 단백질 가수 분해 효소 반응의 전이 상태와 유사하므로 그것은 수명이 짧고 불안정하다. 그러나 돼지 췌장 엘라스테이스와 펩타이드 기질에 대한 일련의 X선 구조 연구는 아실-효소 중간체 단계로부터 생성물의 방출까지의 반응 과정을 보여 주고 있다. 단백질 가수 분해 반응의 이러한 두 번째 단계는 정사면체 중간체를 포함한다(그림 11-29).

이 아실-효소 중간체는 pH 5.0에서 안정하며, C 말단의 Ile 잔기가 공유 결합으로 Ser 195에 에스터 결합으로 연결된 예상되었던 구조를 나타낸다(**그림 11-32*a***). 세린

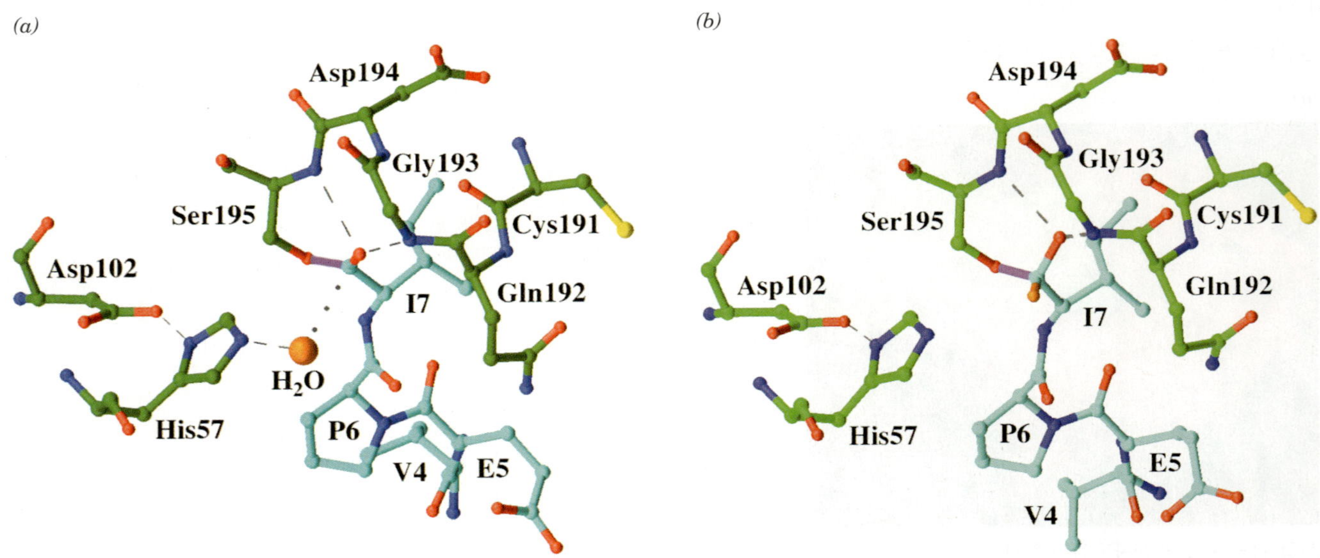

그림 11-32 아실-효소와 정사면체형 중간체의 구조 돼지 췌장 엘라스테이스를 헵타펩타이드 기질(YPFVEPI, 한 글자 암호로 나타냄)과 반응시켰다. 다만 잔기 4–7(VEPI)만이 보인다. 단백질 가수 분해 효소 잔기들은 세 글자 암호로 표기하였다. 원자는 엘라스테이스의 경우 C 녹색, 기질의 경우 C 청록색, N 청색, O 적색, S 황색으로 나타나 있다. (*a*) pH 5.0에서 공유 결합(**심홍색**)이 Ser 195 O 원자와 기질의 C 말단(I7) C 원자에 연결되어 있다. 물 분자(**주황색 구**)는 아실-효소의 카보닐 C 원자를 친핵 공격할 준비가 된 것처럼 보인다. 단속선은 촉매에 중요한 수소 결합을 나타내며, 점선은 물 분자가 아실기의 카보닐 C 원자를 친핵성 공격을 하게 되는 궤적을 나타낸다. (*b*) 복합체를 pH 9.0으로 옮기고 급격히 얼리면 물 분자는 카보닐 C 원자에 대하여 하이드록시 치환기(**주황색**)가 되며, 그 근처에서 정사면체 중간체를 생성한다. [Based on X-ray structures by Christopher Schofield and janos Hadju, University of Oxford, UX. PDBids (*a*) 1HAX and (*b*) 1HAZ.]

단백질 가수 분해 효소의 이러한 아실-효소 중간체를 처음 보면 아실기는 충분히 평면이며, 정사면체 구조에 대하여 비틀림이 없다. 물 분자는 중간체의 에스터 결합 가까이에 위치하며, His 57에 수소 결합을 하고 있고, 그곳에서 에스터 연결을 친핵적으로 공격하는 자세를 가진다. pH 5.0에서 His 57은 양성자화되어 있으며, 물에 대하여 수소 결합 주개로 작용한다(이 pH에서는 염기 촉매로 작용할 수 없다).

그 다음 반응 단계를 평가하기 위하여 아실-효소 결정을 pH 9.0 용액에 담갔다(단백질 결정은 용매로 채워진 커다란 공간들이 있어서 양성자나 다른 작은 화합물이 결정화된 효소의 활성 자리로 확산되어 들어가거나 나올 수 있다는 것을 상기하라(6-2A절). pH 9.0에서 초래되는 His 57의 탈양성자화는 가수 분해 반응을 촉발시켰다(그림 11-29의 4단계). 1~2분 후에 그 결정을 효소 복합체의 X선 구조 결정을 분석하기 위하여 그 반응이 정지되도록 액체 질소 중에서 얼렸다. 이러한 방법으로 정사면체 중간체는 잡혀져 관찰되었다(**그림 11-32*b***).

정사면체 중간체가 형성되는 동안 산소 음이온 구멍은 그 구조상 어떤 변화도 없으나 펩타이드 기질은 결합 주머니 안으로 이동하고 정사면체 구조로 비틀려진다. 정사면체 중간체는 알려진 전이 상태 유사체 억제제와 유사한 예측된 형태를 가진다. 그러나 정사면체 중간체는 이어서 해리될 수 없을 정도로 산소 음이온 구멍의 아마이드 작용기에 단단하게 결합하지는 않는다(그림 11-30).

D 효소 선구체는 활성이 없는 효소 선구 물질이다

단백질 가수 분해 효소는 일반적으로 **효소 선구체**[**zymogen**, 일반적으로 효소 전구체는 **선구 효소**(**proenzyme**)로 알려져 있다]라 알려진 약간 큰 불활성형 선구 물질로 만들어진다. 소화 효소의 경우 이러한 이유는 분명하다. 만일 이들 효소가 활성형으로 합성된다면 그들은 그들을 합성한 조직을 분해하게 된다. 사실 고통스럽고 때로는 췌장의 손상으로 진행될 수 있는 치명적인 상태인 **급성 췌장염**(**acute pancreatitis**)은 이 조직에서 생성된 소화 효소의 너무 이른 활성화에 기인된다.

트립신 효소 선구체인 **트립시노젠**(**trypsinogen**)의 활성화는 트립시노젠이 췌장에서 십이지장으로 들어갔을 때 일어난다. 호르몬에 의해 십이지장 점막으로부터 분비가 조절되는 세린 단백질 가수 분해 효소의 하나인 **장펩타이드 가수 분해 효소**(**enteropeptidase**)는 트립시노젠의 Lys 15-Ile 16 펩타이드 결합을 특이하게 분해하여 트립시노젠으로부터 N 말단 헥사펩타이드(hexapeptide)를 잘라낸다(**그림 11-33**). 이러한 활성화하는 분해는 트립신-민감 부위(트립신이 Arg 잔기 또는 Lys 잔기 다음을 절단한다는 것을 회상하라)에서 일어나므로 장펩타이드 가수 분해 효소에

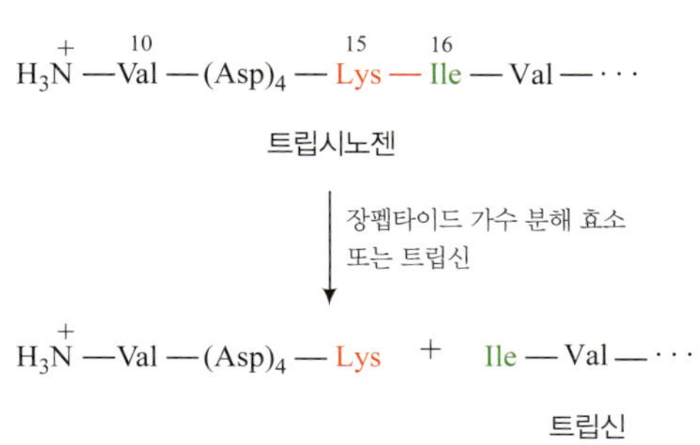

그림 11-33 트립시노젠의 트립신으로의 활성화 단백질 분해에 의한 N 말단의 헥사펩타이드 절단은 장펩타이드 가수 분해 효소 또는 트립신에 의해 촉매된다. 여기서는 카이모트립시노젠 잔기 번호 체계가 사용되었는데, Val 10은 실제로는 트립시노젠의 N 말단이며, Ile 16은 트립신의 N 말단이다.

자료 11-4 건강과 질병의 생화학 혈액 응고 연속 단계

혈관이 손상되면 혈소판(작은 무핵의 혈액 세포)의 응집과 혈액 세포들을 추가 포획하는 불용성 **피브린**(fibrin) 망의 형성으로 혈전이 생성된다.

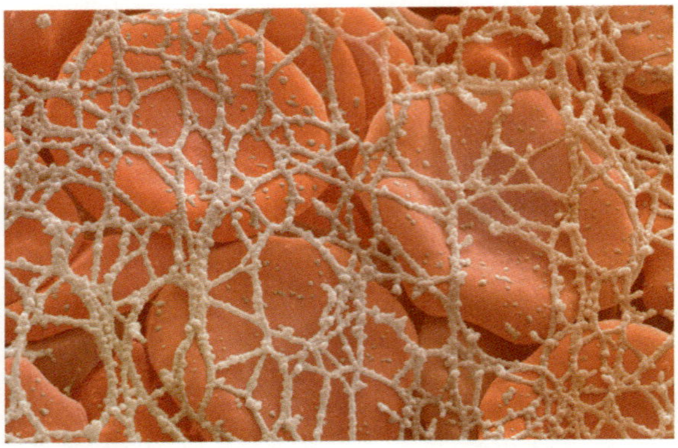

Susumu Nishinaga/Photo Researchers, Inc.

피브린은 세린 단백질 가수 분해 효소인 **트롬빈**(thrombin)의 작용으로 가용성 순환 단백질인 **피브리노겐**(fibrinogen)으로부터 생성된다. 트롬빈은 그의 효소 선구체 형태의 단백질 분해에 의해 순차적으로 활성화되는 일련의 응고 효소 중 맨 마지막 효소이다. 전체 과정은 **응고 연속 단계**(coagulation cascade, 반대쪽)라 알려져 있는데, 비록 실험적인 증거가 완전한 직선 경로가 아님을 보여 준다 하더라도 폭포 유사 현상(waterfall analogy)으로 제안되었다.

응고 연속 단계의 다양한 성분들에는 비효소적 단백질 도움 인자 및 효소가 포함되어 있으며 로마 숫자로 지정되었는데, 대부분 역사적인 측면에서 지정된 것으로 생체 내에서 작용의 순서를 반영하지는 않는다. 접미어 a는 활성형 인자를 나타낸다. 응고 단백질 가수 분해 효소의 촉매 구역은 서열이나 메커니즘에서 트립신과 유사하나 그들의 기질에 대해서는 훨씬 더 특이적이다. 추가적인 단백질 구역들이 보조 인자와의 상호작용을 매개하고 혈소판 막에 단백질을 고정하는 것을 돕는데, 이는 많은 응고 반응의 무대를 제공한다.

응고는 조직의 손상으로 혈액에 노출된 막단백질[**조직 인자**(tissue factor)]이 순환하는 응고 **인자 VII**(factor VII) 또는 VIIa(인자 VIIa는 인자 VIIa 자신 및 매우 소량의 다른 응고 단백질 가수 분해 효소에 의해 인자 VII로부터 생성된다)와 복합체를 형성할 때 시작된다. 조직 인자–VIIa 복합체는 효소 선구체 **인자 X**(factor X)를 인자 Xa로 단백질을 가수 분해하여 전환시킨다. 그러면 인자 Xa는 **프로트롬빈**(prothrombin)을 트롬빈으로 전환시키고, 트롬빈은 이어서 피브리노겐을 절단하여 피브린을 생성한다. 조직 인자-의존성 응고 단계는 조직 인자 근원이 혈액 외부(extravascular)이므로 **외인성 경로**(extrinsic pathway)로 알려져 있다. 외인성 경로는 인자 Xa가 생성되면 인자 VII를 억제하는 단백질의 작용으로 빠르게 약화된다.

지속적인 트롬빈의 활성화는 **내인성 경로**(intrinsic pathway, 모든 성분이 순환계 내에 있으므로 그렇게 이름 지어졌다)의 활성이 요구된다. 내인성 경로는 조직 인자–VIIa 복합체에 의하여 활성화되어 인자 IX를 활성형인 인자 IXa로 전환시킨다. 그 결과 생성된 트롬빈은 인자 IX을 활성화시키는 인자 XI를 포함하여 조직 인자나 인자 VIIa가 없이 응고를 유지시키는 내인성 경로의 여러 인자들을 활성화시킨다. 트롬빈은 또한 단백질 가수 분해 효소라기보다는 보조 인자인 인자 V와 VIII을 활성화시킨다. 인자 Va는 인자 Xa에 의한 트롬빈의 활성화를 20,000배만큼 촉진하며, 인자 VIIIa는 인자 IXa가 인자 X를 활성화시키는 것과 같은 정도로 촉진시킨다. 그리하여 트롬빈은 연속 단계의 이전 과정들을 증폭하는 되먹임 메커니즘을 통하여 자신의 활성화를 촉진시킨다. 인자 XIII 역시 트롬빈에 의해 활성화된다. 세린 단백질 가수 분해 효소가 아닌 XIIIa는 피브린 분자를 글루탐산과 라이신 잔기 사이를 화학적으로 교차 연결시킴으로써 강한 파이브린망을 형성시킨다.

응고의 내인성 경로는 유리와 같이 음전하로 하전된 표면에 노출되면 촉발될 수 있다. 그 결과 깨끗한 유리 시험관에 피를 넣어두면 응고된다. 조직 인자가 없는 경우 파이브린 혈전은 수분 동안 나타나지 않으나, 조직 인자가 있으면 혈전은 수초 내에 형성된다. 이는 체내에서 빠른 혈액 응고에는 내인성 경로의 단백질과 아울러 조직 인자가 요구됨을 암시한다. 외인성 경로의 중요성에 대한 추가적인 증거는 인자 VII이 결핍된 개인의 경우 과도하게 출혈하는 경향이 있다는 것이다. 비정상적인 출혈은 또한 인

의해 생성된 소량의 트립신 역시 트립시노젠 활성화를 촉매하여 더 많은 트립신을 생성하게 하고 계속 반복된다. 따라서 트립시노젠 활성화는 **자체 촉매(autocatalytic)**라고도 한다. 카이모트립시노젠은 Arg 15–Ile 16 펩타이드 결합의 절단이 트립신에 의해 촉매되어 활성화된다.

엘라스테이스의 효소 선구체인 프로엘라스테이스(proelastase)는 짧은 N 말단 펩타이드를 끊어내는 트립신에 의한 단일 절단에 의해 활성화된다. 트립신은 췌장의 **선구 카복시펩타이드 가수 분해 효소 A, B(procarboxypeptidase A, B)** 그리고 **선구 인지질 가수 분해 효소 A_2(prophospholipase A_2)**도 활성화시킨다(9-1C절). 트립시노젠 활성화의 자체 촉매 특성과 아울러 트립신이 다른 가수 분해 효소들을 활성화시킨다는 사실은 트립신이 췌장에서는 활성화되지 않아야 한다는 것이 필수적이게 한다. 우리는 BPTI와 같은 트립신 억제제가 모든 트립신에, 그리고 비가역적으로 결합(all-but-irreversible binding)하는 것은 트립시노젠의 부적절한 활성화에 대한 방어임을 살펴보았다.

자 VIII[**혈우병 a**(hemophilia a)] 또는 인자 IX [**혈우병 b**(hemophilia b)]의 선천적인 결핍에도 기인된다.

응고 연속 단계에서 효소 선구체의 순차적인 활성화는 트롬빈 활성의 폭발로 이어지는데, 이는 매우 소량의 인자 VIIa, IXa 및 Xa가 훨씬 많은 각자의 기질을 활성화시킬 수 있기 때문이다. 응고 연속 단계에서 증폭 능력은 응고 단백질의 혈장 농도를 반영한다(표 참조).

일부 사람 응고 인자의 혈장 농도

인자	농도(μM)[a]
XI	0.06
IX	0.09
VII	0.01
X	0.18
프로트롬빈	1.39
피브리노겐	8.82

[a]농도는 다음 자료로부터 계산되었다[High, KA. and Roberts, RR., (Eds.), *Molecular Basis of Thrombosis and Hemostasis*, Marcel Dekker (1995).]

아마 놀라운 일이 아니게도 트롬빈은 최종적으로 혈전 형성을 끝내는 메커니즘을 촉발하여 응고 과정의 기간과 혈전의 정도를 한정한다. 그러한 혈액 응고 조절은 한 개인의 생애 동안 단 한 번의 부적절한 혈전이라 하더라도 치명적인 결과를 초래할 수 있기 때문에 생리적으로 극히 중요하다.

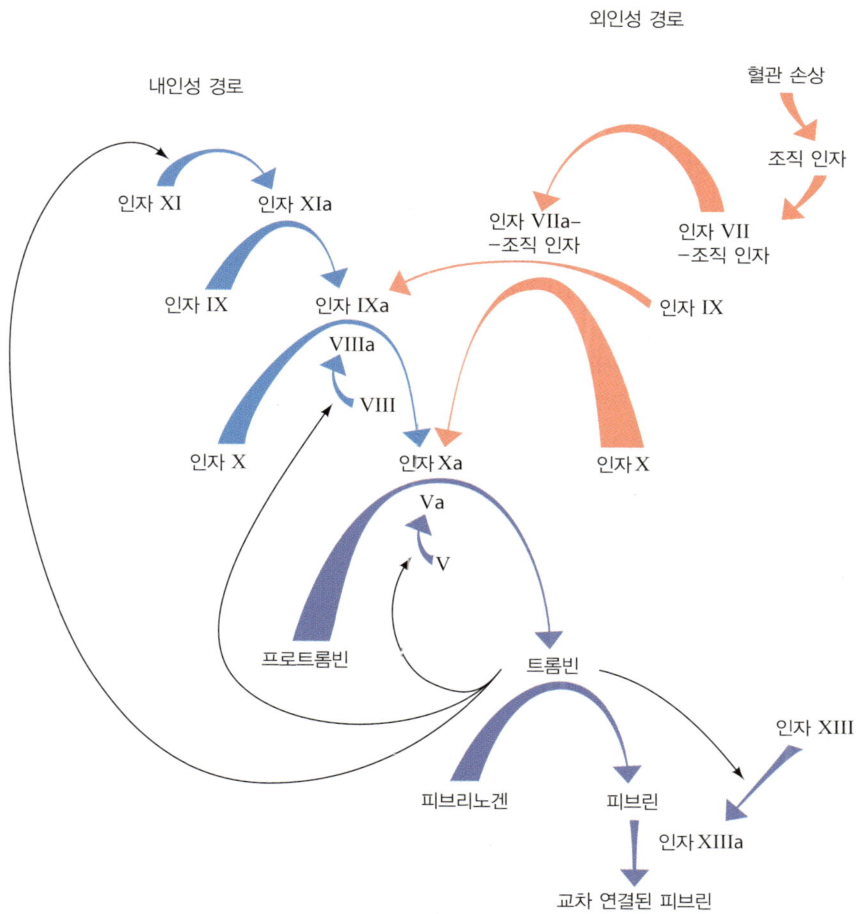

[출처: Davie, E.W., *Thromb. Haemost.* **74**, 2(1995)]

순차적인 효소 선구체 활성화는 다양한 생리적 신호에 반응하여 활성 효소의 많은 양을 빠르게 생성할 수 있게 한다. 예로 혈액 응고를 일으키는 세린 단백질 가수 분해 효소는 간에서 효소 선구체로 합성된 다음, 혈관의 상처로 인해 활성화되기 전까지 순환된다(자료 11-4).

효소 선구체는 일그러진 활성 자리를 가진다. 트립신, 카이모트립신, 엘라스테이스의 효소 선구체는 그들의 모든 촉매 잔기들을 가지고 있음에도 불구하고 효소 활성을 나타내지 않는 이유는 무엇인가? 트립시노젠의 X선 구조와 트립신 구조, 그리고 카이모트립시노젠의 구조와 카이모트립신 구조의 비교는 활성화에 따라 새로 자유롭게 된 N 말단 Ile 16 잔기가 단백질의 표면으로부터 내부 위치로 이동하고 그곳에서 유리 양이온의 아미노기가 세작용기 촉매에 가까운 불변 잔기인 음이온 Asp 194와 이온쌍을 형성하는 것을 보여 준다(그림 11-26). 이러한 형태의 변화 없이는 효소는 그들의 특이성 주머니와 산소 음이온 구멍이 부적절하게 생성되기 때문에 기질에 적절하게

체크 포인트

- 활성 자리 잔기를 확인할 수 있는 몇 가지 방법은 무엇인가?
- 세린 단백질 가수 분해 효소의 세작용기 촉매를 구성하는 잔기들의 역할을 요약하시오.
- 어떤 촉매 메커니즘이 속도 증가에 가장 크게 기여하는가?
- 산소 음이온 구멍의 기능을 설명하시오.
- 세린 단백질 가수 분해 효소의 촉매 작용에서 낮은 장벽 수소 결합이 하는 기능은 무엇인가?
- 트립신의 촉매 메커니즘에 관하여 소 트립신 억제제가 보여 주는 것은 무엇인가?
- 단백질 가수 분해 효소를 효소 선구체로 합성하는 것은 어떤 이점이 있는가?

결합하지 못하거나 정사면체 중간체가 안정화되지 못한다. 더 나아가 이는 세린 단백질 가수 분해 효소의 촉매 메커니즘에서 선호적 전이 상태 결합의 역할을 지지하는 구조적 증거를 제공한다. 그들의 세작용기 촉매는 본래의 구조를 가지고 있기 때문에 효소 활성을 가질 수 있을 것이라고 추정되는 위의 구조 비교 후에야 관찰된 것이지만 세린 단백질 가수 분해 효소의 효소 선구체는 실제 낮은 수준이나마 활성을 가지고 있다.

요약

1 효소의 일반적 특성

- 거의 대부분이 단백질인 효소는 메커니즘에 의해 6개 군으로 구분된다.
- 효소는 적어도 10^{15}배까지 반응을 촉진시킨다.
- 효소의 기질 특이성은 활성 자리의 기하학적, 그리고 전자 특성에 의존된다.
- 일부 효소는 가역적으로 결합하는 보조 기질 또는 항구적으로 회합된 보결 원자단으로 작용하는 금속 이온 보조 인자 또는 유기 보조 효소의 도움으로 반응을 촉매한다. 많은 보조 효소들은 바이타민으로부터 유래된다.

2 활성화 에너지와 반응 좌표

- 효소는 반응에서 자유 에너지가 가장 높은 위치인 전이 상태에 도달하는 데 필요한 자유 에너지인 활성화 자유 에너지 $\Delta G^{\ddagger}$를 감소시켜 반응 경로를 촉진시킴으로써 촉매한다.

3 촉매 메커니즘

- 효소는 일반 산과 일반 염기 촉매, 공유 결합 촉매 및 금속 이온 촉매 등을 포함하여 화학 촉매에 의해 사용되는 것과 동일한 촉매 메커니즘을 이용한다.
- 효소의 활성 자리에 작용기의 정렬은 정전기적 촉매와 아울러 근접 및 배향 효과에 의한 촉매 작용을 가능하게 한다.
- 효소에 의한 촉매의 특히 중요한 메커니즘은 촉매하는 반응의 전이 상태에 대한 선호적 결합이다.

4 라이소자임

- 라이소자임의 촉매 메커니즘에서 양성자화된 상태의 Glu 35는 산 촉매로서 다당류 기질의 고리 D와 E 사이의 절단하며, 음이온 상태의 Asp 52는 D 고리의 C1에 공유 결합을 형성한다.
- 그 반응은 잔기 D가 평면성 반의자 형태로의 비틀림에 의해 촉진되는데, 반의자 형태는 반응의 산소 옥소늄 이온 전이 상태와 유사하다.

5 세린 단백질 가수 분해 효소

- 세린 단백질 가수 분해 효소는 효소의 기질 특이성 결정을 돕는 결합 주머니 가까이에 Ser–His–Asp 세작용기 촉매를 가진다.
- 세린 단백질 가수 분해 효소에서 촉매 작용은 산–염기 촉매, 공유 결합 촉매, 근접 및 배향 효과, 정전기적 촉매 및 산소 음이온 구멍에서의 선호적인 전이 상태 결합 등을 통하여 일어난다.
- 췌장 단백질 가수 분해 효소들의 불활성 효소 선구체 상태로의 합성은 자기 분해로부터 췌장을 보호한다. 효소 선구체는 특정 단백질 가수 분해 절단에 의해 활성화된다.

주요 용어

$\Delta G^{\ddagger}$(활성화 자유 에너지)
EC 분류(EC classification)
결손 효소(apoenzyme)
공유 결합 촉매(covalent catalysis)
금속 이온 촉매(metal ion catalysis)
금속 효소(metalloenzyme)
기질(substrate)
낮은 장벽 수소 결합(low-barrier hydrogen bond)
보결 원자단(prosthetic group)

보조 기질(cosubstrate)
보조 인자(cofactor)
보조 효소(coenzyme)
산소 음이온 구멍(oxyanion hole)
선구 카이랄성(prochirality)
세린 단백질 가수 분해 효소 (serine protease)
세작용기 촉매(catalytic triad)
속도 결정 단계(rate-determining step)
수렴 진화(convergent evolution)
아실-효소 중간체(acyl-enzyme intermediate)
옥소늄 이온(oxonium ion)
완전 효소(holoenzyme)
유발 적합(induced fit)
일반 산 촉매(general acid catalysis)
일반 염기 촉매(general base catalysis)
전이 상태(transition state)
전이 상태 유사체(transition state analog)
정사면체 중간체(tetrahedral intermediate)
정전기 촉매(electrostatic catalysis)
친화 표지(affinity labeling)
활성 자리(active site)
효소 선구체 (zymogen)

문제

연습 문제

1. 효소에 대하여 가장 잘 설명한 것을 고르시오.
(a) 화학 반응을 매우 빠르게 일어나도록 한다.
(b) 화학 반응이 촉매하지 않은 속도에 비하여 평형 상태에 도달하는 속도를 증가시킨다.
(c) 반응을 열역학적으로 유리하게 한다.

2. 효소에 의해 촉매된 반응의 속도와 해당하는 반응의 촉매되지 않은 속도 사이에는 어떠한 관계가 있는가? 효소는 빠른 비촉매 반응 속도를 증가시키는 만큼, 느린 비촉매 반응 속도를 증가시키는가?

3. 다음 반응을 촉매하는 효소는 어떤 부류(표 11-2)인가?

(a) 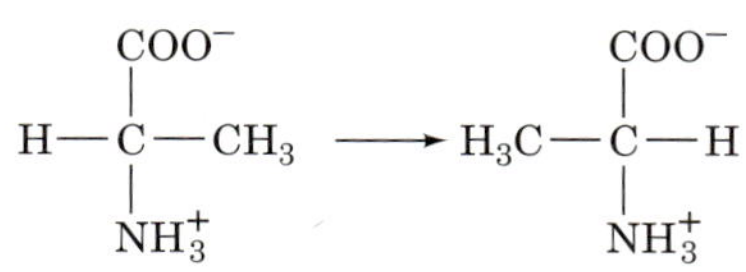

(b) 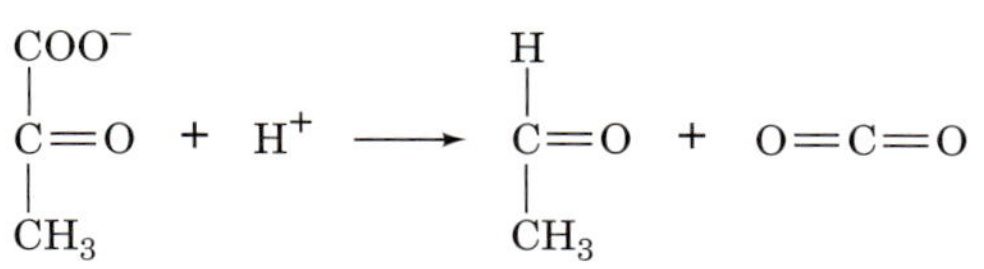

4. 다음 반응을 촉매하는 효소는 어떤 부류(표 11-2)인가?

(a) 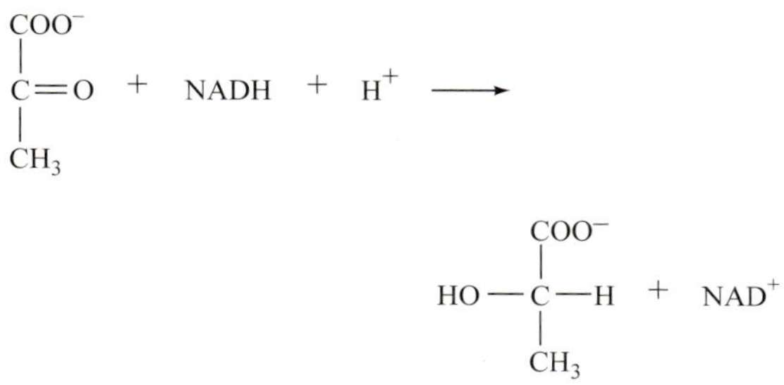

(b) 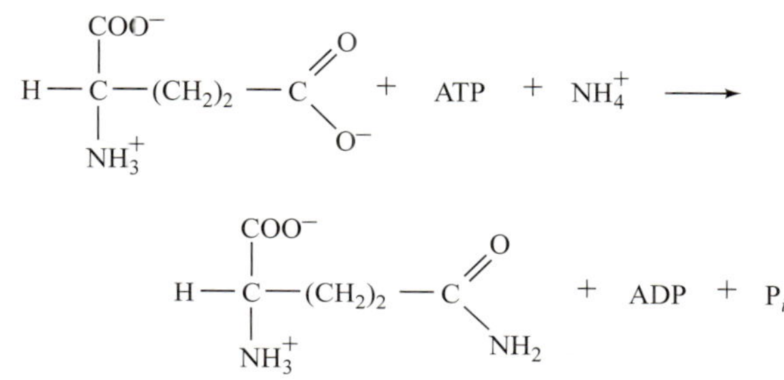

5. 다음의 자유 에너지 도표에서 중간체(들) 및 전이 상태(들)를 표시하시오. 이 반응은 열역학적으로 유리한가?

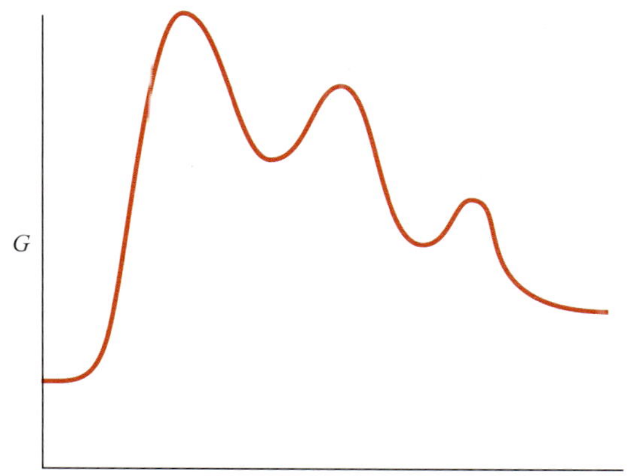

6. (a) 비효소 반응과 그에 해당하는 효소 촉매 반응, 그리고 이 두 반응에서 (b) 기질이 효소와 약하게 결합하는 경우, (c) 기질이 효소와 단단히 결합하는 경우의 전이 상태 도표를 그리시오. 각 경우에 대한 $\Delta G^{\ddagger}$를 비교하시오. 왜 기질과 단단히 결합하는 것이 유리하지 않는가?

7. 스타필로코카스 핵산 가수 분해 효소(Staphylococcal nuclease, 표 11-1)는 25°C에서 그 반응(인산이에스터 결합의 가수 분해)의 활성화 에너지($\Delta G^{\ddagger}$)를 약 얼마만큼이나 감소시키는가?

8. 25°C에서 전이 상태와 하나의 낮은 장벽 수소 결합을 형성하는 효소에 의해 성취될 수 있는 속도 증가를 계산하시오.

9. 효소 활성이 온도에 대하여 다음과 같이 변하는 것을 설명하시오.

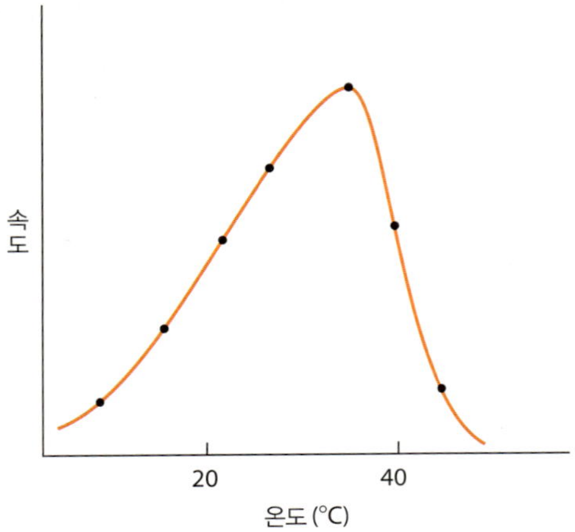

10. 어떤 효소의 공유 결합 촉매 메커니즘은 pK가 8인 하나의 활성 자리 Cys에 의존된다. 가까이 있는 잔기의 변이가 미세 환경을 변화시켜 이 pK를 10으로 증가시켰다. 그 변이가 반응 속도를 증가시키겠는가, 감소시키겠는가? 설명하시오.
11. 다른 pH에서의 실험을 통해 효소는 pK가 ~4와 ~10인 두 개의 촉매에 중요한 잔기를 가지는 것으로 나타났다. 화학적 변형 실험은 Glu와 Lys 잔기가 활성에 필수적임을 보여 주었다. pK와 이들 잔기를 대응시키고, 그들이 산 또는 염기 촉매 중 어떤 것으로 작용할 것인지 설명하시오.
12. RNase A가 왜 DNA의 가수 분해를 촉매하지 못하는지 설명하시오.
13. 최초로 결정화된 효소인 요소 가수 분해 효소(urase)는 Hg, Cd, Co 이온이 있는 경우 억제된다. 이러한 정보가 요소 가수 분해 효소의 촉매 메커니즘에 대하여 제안하는 것은 무엇인가?
14. Wolfenden은 효소의 '결합 부위'와 '촉매 부위'의 구분은 의미가 없다고 했다. 설명하시오.
15. 왜 라이소자임이 인공 기질인 $(NAG)_4$의 절단을 $(NAG)_6$의 절단에 비해 ~1/4,000 이하로 느리게 촉매하는지 설명하시오.
16. 라이소자임이 섬유소를 가수 분해할 것으로 예측되는가? 그 이유는 무엇인가?
17. 엘라스테이스의 클로로메틸케톤 억제제를 고안하시오.
18. 트립신의 Asp 102 잔기를 Asn으로 변이시킨 경우 (a) 기질 결합, (b) 촉매에 대한 영향을 예측하시오.
19. 가상적인 가수 분해 효소에서 촉매 동안 세작용기 촉매 His–Lys–Ser의 수소 결합 상호작용을 그리시오.
20. 그들의 유사성이 촉매에 중요하다는 가정하에 카이모트립신과 서브틸리신(subtilisin)의 활성 자리 구조의 비교는 두 효소에 대한 커다란 메커니즘의 이해를 가져왔다. 이러한 전략의 타당성을 설명하시오.

도전 질문

21. 출발점으로 자료 11-1에 나타낸 반응(케톤의 카보닐기에 대한 아민의 공격)을 이용하여 염기 촉매 반응(작용기 –B:가 있는 경우)을 나타내는 곡선 화살표를 그리시오.
22. 출발점으로 자료 11-1에 나타낸 반응(케톤의 카보닐기에 대한 아민의 공격)을 이용하여 산 촉매 반응(작용기 –A–H가 있는 경우)을 나타내는 곡선 화살표를 그리시오.
23. RNA의 어떠한 특징이 리보자임으로 작용할 수 있게 하는가? 자연에는 DNA 효소가 없는 이유는 무엇인가?
24. 본문에 토의된 것과는 다른 프롤린 라셈화 효소에 대한 전이 상태 유사체를 제안하시오. 그 제안이 옳다는 것으로 설명하시오.
25. 라이소자임 잔기 Asp 101 및 Arg 114는 비록 활성 자리 Glu 35와 Asp 52로부터 조금은 떨어져 있으나 효과적인 촉매에 필요하다. Asp 101 또는 Arg 114 중 어느 한 개를 Ala로 치환해도 효소의 3차 구조는 거의 변화되지 않으나 촉매 활성은 현저하게 감소한다. 이를 설명하시오
26. Glu 35를 Asp로, Asp 52를 Glu로의 변이시키는 것이 라이소자임의 활성에 미치는 영향을 예측하시오.
27. 어떤 조건에서는 펩타이드 결합 형성이 펩타이드 결합 가수 분해보다 열역학적으로 유리하다. 카이모트립신이 펩타이드 결합 형성을 촉매할 수 있다고 예측되는가? 설명하시오.
28. 카이모트립신의 넓은 기질 특이성이 체내에서 왜 이점이 있는가? 왜 일부 다른 단백질 가수 분해 효소의 경우에는 이것이 단점이 되는가?
29. 고단백질 콩 제품인 두부(콩 추출물 응고 제품)는 콩에 존재하는 트립신 억제제를 제거하는 방법으로 제조된다. 이러한 처리의 이유를 설명하시오.
30. 세포의 많은 가수 분해 효소는 리소좀에 분포하는데, 그곳의 pH는 ~5 정도다. 이들 효소의 최적 pH로부터 무엇이 예측되며, 또한 이것이 리소좀의 우발적인 파열로 인한 이들 효소의 파괴적인 영향으로부터 세포를 보호하는 것이 되는가?
31. 응고 인자 IX의 유전적인 결핍은 매우 가벼운 외상 후에도 과도하게 출혈되는 경향으로 특징되는 질병인 혈우병 b를 유발한다. 그러나 응고 인자 XI의 유전적 결핍은 임상적인 증세가 없다. 자료 11-4에 나타낸 응고 단백질 가수 분해 효소들의 활성화 메커니즘 측면에서 이러한 차이를 설명하시오.
32. 응고 인자 IX가 결핍된 혈우병 환자들은 정상적인 혈액 응고 활성을 회복하기 위하여 때로는 응고 인자 VII을 수혈받는다. 설명하시오.

참고 문헌

일반

Benkovic, S.J. and Hammes−Schiffer, S., A perspective on enzyme catalysis, *Science* **301**, 1196 – 1202 (2003). [촉매에 관한 일부 이론들과 실험들의 역사가 포함됨]

Bruice, T.C. and Benkovic, S.J., Chemical basis for enzyme catalysis, *Biochemistry* **39**, 6267 – 6274 (2000).

Gerlt, J.A., Protein engineering to study enzyme catalytic mechanisms, *Curr. Opin. Struct. Biol.* **4**, 593−600 (1994). [효소의 돌연변이와 구조 분석을 통해 정보를 얻는 방법을 서술함]

Hackney, D.D., Binding energy and catalysis, *in* Sigman, D.S. and Boyer, P.D. (Eds.), *The Enzymes* (3rd ed.), Vol. 19, pp. 1 – 36, Academic Press (1990).

Kraut, J., How do enzymes work? *Science* **242**, 533 – 540 (1988). [전이 상태 이론 및 응용에 관한 간결하고 읽을 만한 총설]

Schramm, V.L., Enzymatic transition states and transition state analogues, *Curr. Opin. Struct. Biol.* **15**, 604 – 613 (2005).

Tipton, K.F., The naming of parts, *Trends Biochem. Sci.* **18**, 113 – 115 (1993). [효소에 대한 일관된 명명 체계의 이점 및 단일 형식화의 어려움에 대한 토의]

라이소자임

Kirby, A.J., The lysozyme mechanism sorted—after 50 years, *Nature Struct. Biol.* **8**, 737 – 739 (2001). [라이소자임 메커니즘에서 공유 결합 중간체에 대한 이론적 및 실험적 증거를 간단히 요약함]

McKenzie, H.A. and White, F.H., Jr., Lysozyme and α-lactalbumin: Structure, function and interrelationships, *Adv. Protein Chem.* **41**, 173 – 315 (1991).

Strynadka, N.C.J. and James, M.N.G., Lysozyme revisited: crystallographic evidence for distortion of an *N*−acetylmuramic acid residue bound in site D, *J. Mol. Biol.* **220**, 401 – 424 (1991).

Vocadlo, D.J., Davies, G.J., Laine, R., and Withers, S.G., Catalysis by hen egg−white lysozyme proceeds via a covalent intermediate, *Nature* **412**, 835 – 838 (2001).

Wolfenden, R., Benchmark reaction rates, the stability of biological molecules in water, and the evolution of catalytic power in enzymes, *Annu. Rev. Biochem.* **80**, 645 – 667 (2011).

세린 단백질 가수 분해 효소

Cleland, W.W., Frey, P.A., and Gerlt, J.A., The low barrier hydrogen bond in enzymatic catalysis, *J. Biol. Chem.* **273**, 25529 – 25532 (1998).

Davie, E.W., Biochemical and molecular aspects of the coagulation cascade, *Thromb. Haemost.* **74**, 1 – 6 (1995). [연속 단계 가설의 선구자 중 한 명에 의한 간단한 총설]

Fersht, A., *Structure and Mechanism in Protein Science*, Freeman (1999). [카이모트립신 및 다른 효소의 자세한 반응 메커니즘을 포함함]

Perona, J.J. and Craik, C.S., Evolutionary divergence of substrate specificity within the chymotrypsin−like protease fold, *J. Biol. Chem.* **272**, 29987 – 29990 (1997). [카이모트립신과 관련된 효소들의 기질 특이성의 구조적 기초를 동정하는 연구를 요약함]

Radisky, E.S., Lee, J.M., Lu, C−J.K., and Koshland, D.E., Jr., Insights into the serine protease mechanism from atomic resolution structures of trypsin reaction intermediates, *Proc. Natl. Acad. Sci.* **103**, 6835 – 6840 (2006). [기질−효소 복합체, 정사면체 중간체 및 아실−효소 중간체의 X선 구조의 중첩은 반응의 진행을 설명함]

Wilmouth, R.C., Edman, K., Neutze, R., Wright, P.A., Clifton, I.J., Schneider, T.R., Schofield, C.J., and Hajdu, J., X−Ray snapshots of serine protease catalysis reveal a tetrahedral intermediate, *Nature Struct. Biol.* **8**, 689 – 694 (2001). [세린 단백질 가수 분해 효소에 의해 촉매되는 가수 분해 반응에서 정사면체 중간체에 대한 첫 번째 구조적 증거를 보고함]

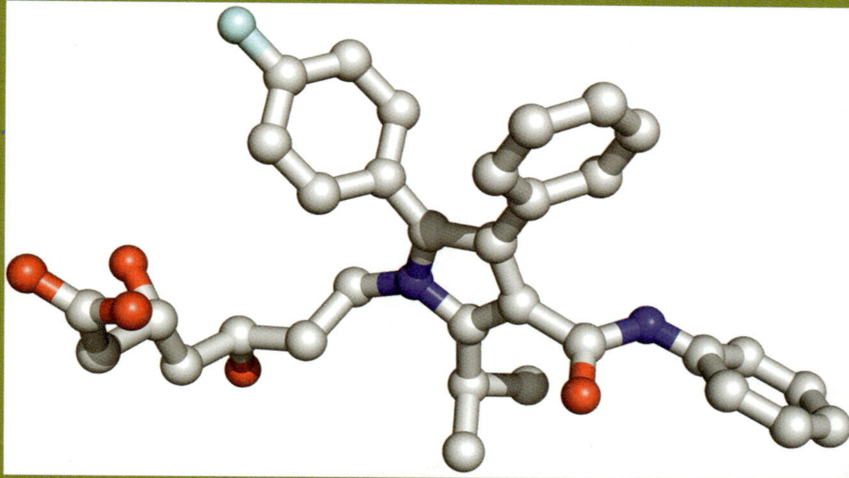

아트로바스타틴(atrovastatin, Lipotor®)은 가장 흔히 처방되는 약 중 하나로, 효소 반응 속도론을 통하여 정량화될 수 있는 방법으로 HMG-CoA 환원 효소에 결합하여 활성을 억제한다. [Based on an X-ray structure by Johann Deisenhofer, University of Texas, Southwestern Medical Center. PDBid 1HWK.]

CHAPTER 12

효소 반응 속도론, 억제 및 조절

1 반응 속도론
- **A** 화학 반응 속도론은 속도식으로 서술된다
- **B** 효소 반응 속도론은 흔히 미하엘리스-멘텐(Michaelis-Menten) 식을 따른다
- **C** 속도론 자료는 V_{max} 및 K_M 값을 제공할 수 있다
- **D** 이기질 반응은 몇 가지 속도식 중 하나를 따른다

2 효소 억제
- **A** 경쟁 억제는 효소의 기질 결합 자리에 억제제가 결합하는 것과 관련이 있다
- **B** 무경쟁 억제는 효소-기질 복합체에 억제제가 결합하는 것과 관련이 있다
- **C** 혼합 억제는 유리 효소와 효소-기질 복합체 두 가지 모두에 억제제가 결합하는 것과 관련이 있다

3 효소 활성 조절
- **A** 다른자리 입체성 조절은 활성 자리가 아닌 다른자리에 결합하는 것과 관련이 있다
- **B** 공유 결합성 변형에 의한 조절은 일반적으로 단백질의 인산화와 관련이 있다

4 약물 설계
- **A** 약물 발견에는 다양한 기술이 이용된다
- **B** 약물의 생체이용률은 체내에서 그것이 어떻게 흡수되고 운반되는지에 의존한다
- **C** 임상 시험은 효능과 안전성을 조사한다
- **D** 사이토크롬 P450은 자주 약물 반응의 부작용에 관련된다

초기 효소 연구자들은 흔히 효모나 간세포의 추출물로 연구하였기 때문에 아직 정제되지 않은 효소에 의하여 촉매되는 기질이 생성물로 전환되는 것을 관찰하는 것 외에는 할 수 있는 것이 거의 없었다. 따라서 그러한 반응 속도의 측정은 효소 활성에 대한 특성을 규명하는 강력한 수단이 되었다. 다양하게 변화시킨 실험실 조건에서 그리고 경쟁적인 기질 또는 효소 억제제 존재 하에서 효소 활성에 대한 간단한 수학적인 모형의 적용은 여러 효소들의 가능한 생리적인 기능 및 조절 메커니즘의 추론을 가능하게 하였다.

효소 반응 속도에 관한 연구 또는 **효소 반응 속도론(enzyme kinetics)**은 20세기 초 못지않게 지금도 중요하다. 많은 경우에 반응 속도 그리고 다른 조건에 대한 영향으로 인한 속도 변화 양상은 반응물이 따라 가는 경로를 보여 주므로 반응 메커니즘을 나타내게 된다. 효소 구조에 관한 자세한 정보 및 촉매 메커니즘과 함께 속도론 자료는 효소의 생물학적 기능에 관한 강력한 단서를 제공하며, 그것을 치료 목적으로 변형시킬 방법을 제안해 줄 수 있다.

우리는 화학 반응 속도론을 다시 살펴봄으로써 효소 반응 속도론에 대한 고찰을 시작하고자 한다. 이어서 효소 반응 속도론의 기본식을 유도하고, 효소에 대한 억제제의 효과를 서술하고자 한다. 또한 효소 기능의 여러 양상을 밝혀주는 효소 조절의 몇몇 예들을 살펴볼 것이다. 끝으로 효소 억제의 실질적인 응용인 약물로서의 효소 억제제를 개발하는 것을 서술할 것이다.

1 반응 속도론

주요 개념

- 간단한 속도식은 1차 및 2차 반응의 진행을 서술한다.
- 미하엘리스–멘텐(Michaelis–Menten) 식은 반응의 초기 속도를 특정 효소와 기질에 대한 최대 반응 속도와 Michaelis 상수에 관련시킨다.
- 효소의 전체 촉매 효율은 k_{cat}/K_M으로 표현된다.
- 라인위버–버크(Lineweaver–Burk) 도시는 속도론 결과를 나타내는 것과 K_M, V_{max} 값을 계산하는 것에 이용될 수 있다.
- 이기질 반응은 질서 또는 무작위 순차 반응 메커니즘이나 탁구식 메커니즘으로 일어날 수 있다.

효소에 의하여 촉매되는 반응의 속도론적 측정은 효소의 촉매 메커니즘을 밝히기 위한 가장 강력한 기술 중 하나이다. 효소 반응 속도론은 화학 반응 속도론의 한 분야이므로, 우리는 이 절을 화학 반응 속도론의 원리를 복습하는 것으로 시작하겠다.

A 화학 반응 속도론은 속도식으로 서술된다

A가 반응 물질을 나타내며 P가 생성 물질인 반응의 전체 화학량론(overall stoichiometry)은 다음과 같다.

$$A \rightarrow P$$

이 반응은 실제로는 다음과 같은 **단일 단계 반응(elementary reaction**, 단순 분자 과정) 순서대로 일어날 수 있다.

$$A \rightarrow I_1 \rightarrow I_2 \rightarrow P$$

여기에서 I_1 및 I_2는 반응의 **중간체(intermediate)**를 나타낸다. 각 단일 단계 반응은 반응하는 화학종의 수와 그들이 상호작용하는 속도로 특징지을 수 있다. **각 단일 단계 반응의 서술은 총괄적으로 전체 반응 과정의 메커니즘적인 서술을 구성한다.** 복잡한 효소 촉매 반응이라 하더라도 구성 요소인 단일 단계 반응으로 분석될 수 있다.

반응 차수(reaction order)는 단일 단계 반응에 참여하는 분자의 수를 나타낸다. 일정 온도에서, **단일 단계 반응 속도는 반응하는 분자들이 서로 충돌하는 빈도에 비례한다.** 그 비례 상수는 **속도 상수(rate constant)**로 알려져 있으며, ***k***로 나타낸다. 단일 단계 반응 A → P에서 반응물이 없어지거나 생성물이 나타나는 순간 속도를 그 반응의 **속도(velocity, *v*)**라고 부르는데, 다음과 같다.

$$v = \frac{d[P]}{dt} = -\frac{d[A]}{dt} = k[A] \qquad [12\text{-}1]$$

달리 말하면 어떤 시점에서 반응 속도는 반응물 A의 농도에 비례한다. 이는 **일차 반응(first-order reaction)**의 한 예이다. 속도는 초당 몰($M \cdot s^{-1}$)의 단위를 가지므로 일차 속도 상수는 초의 역수(s^{-1}) 단위를 가져야 한다. **단일 단계 반응의 반응 차수(reaction order)는 그 반응의 분자도(molecularity)에 해당하는데, 이는 생성물이 형성되기 위하여 반드시 동시에 충돌해야 하는 분자의 수이다.** 그러므로 일차 단일 단계 반응은 **일분자 반응(unimolecular reaction)**이다.

단일 단계 반응 2A → P를 생각해 보자. 이 **이분자 반응(bimolecular reaction)**은

이차 반응(second-order reaction)이며, 순간 속도는 다음과 같이 기술된다.

$$v = -\frac{d[\mathrm{A}]}{dt} = k[\mathrm{A}]^2 \qquad [12\text{-}2]$$

이 경우 반응 속도는 A 농도의 제곱에 비례하며, 이차 속도 상수 k는 $\mathrm{M^{-1} \cdot s^{-1}}$의 단위를 가진다.

이분자 반응 A + B → P 역시 이차 반응이며, 순간 속도는 다음과 같다.

$$v = -\frac{d[\mathrm{A}]}{dt} = -\frac{d[\mathrm{B}]}{dt} = k[\mathrm{A}][\mathrm{B}] \qquad [12\text{-}3]$$

여기에서 이 반응은 [A]에 대하여 일차, [B]에 대하여 일차라고 한다(예시 계산 12-1을 보라). 일분자 및 이분자 반응이 일반적이다. 세 분자가 동시에 충돌하는 것은 드물기 때문에 **삼분자 반응(termolecular reaction)**은 일반적이지 않다. 사차 및 더 높은 차수의 반응은 알려져 있지 않다.

예시 계산 12-1

단일 단계 반응 X + Y → Z에서 시료 중 X가 3 μM, Y가 5 μM이며, 반응의 k가 400 $\mathrm{M^{-1} \cdot s^{-1}}$일 때 속도를 구하시오.

식 12-3을 이용하되, 모든 단위가 일관성을 가지는지 확인하시오.

$$\begin{aligned} v &= k[\mathrm{X}][\mathrm{Y}] \\ &= (400\ \mathrm{M^{-1} \cdot s^{-1}})(3\ \mu\mathrm{M})(5\ \mu\mathrm{M}) \\ &= (400\ \mathrm{M^{-1} \cdot s^{-1}})(3 \times 10^{-6}\ \mathrm{M})(5 \times 10^{-6}\ \mathrm{M}) \\ &= 6 \times 10^{-9}\ \mathrm{M \cdot s^{-1}} \\ &= 6\ \mathrm{nM \cdot s^{-1}} \end{aligned}$$

속도식은 시간에 대한 함수로 반응의 진행을 나타낸다. **속도식(rate equation)**은 순간 반응 속도를 나타내는 식으로부터 유도될 수 있다. 따라서 일차 속도식은 식 12-1을 재정리한 다음

$$\frac{d[\mathrm{A}]}{[\mathrm{A}]} = d\ln[\mathrm{A}] = -k\,dt \qquad [12\text{-}4]$$

A의 초기 농도인 $[\mathrm{A}]_0$로부터 시간 t에서 A의 농도인 [A]까지 적분하여 얻을 수 있다.

$$\int_{[\mathrm{A}]_o}^{[\mathrm{A}]} d\ln[\mathrm{A}] = -k\int_0^t dt \qquad [12\text{-}5]$$

적분 결과는 다음과 같으며,

$$\boxed{\ln[\mathrm{A}] = \ln[\mathrm{A}]_o - k} \qquad [12\text{-}6]$$

양쪽을 역대수를 취하면 아래와 같다.

$$[\mathrm{A}] = [\mathrm{A}]_o e^{-kt} \qquad [12\text{-}7]$$

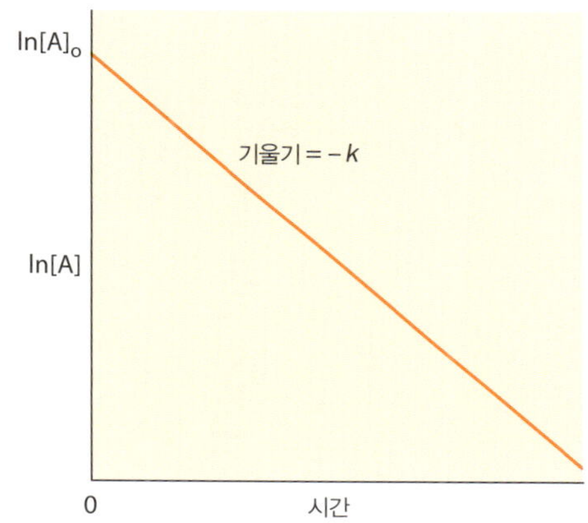

그림 12-1 일차 반응 속도식의 도시 시간에 대하여 ln[A]를 도시하였을 때 얻어지는 직선의 기울기는 속도 상수 k가 된다.

식 12-6은 $y = mx + b$ 형태의 직선식이며, **그림 12-1**과 같이 도시될 수 있다. 따라서 만일 어떤 반응이 일차라면 t에 대한 ln[A]는 기울기가 $-k$(일차 속도 상수의 음의 값)이며, ln[A]에 대한 절편은 $\ln[\mathrm{A}]_0$인 직선이 된다.

일차 반응의 특징 중 하나는 **초기에 존재하는 반응물의 절반이 분해되는 시간, 즉 반감시간(half-time) 또는 반감기(half-life), $t_{1/2}$은 상수이며, 반응물의 초기 농도에 무관하다는 것이다.** 이는 식 12-6에 $t = t_{1/2}$일 때 $[\mathrm{A}] = [\mathrm{A}]_0/2$를 대입하고 정리함으로써 쉽게 입증된다.

$$\ln\left(\frac{[\mathrm{A}]_o/2}{[\mathrm{A}]_o}\right) = -kt_{1/2} \qquad [12\text{-}8]$$

그러므로

$$t_{1/2} = \frac{\ln 2}{k} = \frac{0.693}{k} \qquad [12\text{-}9]$$

방사성 핵과 같이 본래 불안정한 화합물은 일차 반응으로 분해된다(예시 계산 12-2를 보라).

예시 계산 12-2

가상적인 방사성 동위 원소의 붕괴는 0.01 $\mathrm{s^{-1}}$의 속도 상수를 가진다. 동위 원소 시료 1 g의 1/2이 붕괴되는 데 필요한 시간은 얼마인가?

속도 상수의 단위는 일차 과정임을 보여 준다. 그러므로 반감기는 농도와는 무관하다. 동위 원소의 반감기(붕괴를 위한 반감시간)는 식 12-9로 얻는다.

$$t_{1/2} = \frac{\ln 2}{k} = \frac{0.693}{0.01\ \mathrm{s^{-1}}} = 69.3\ \mathrm{s}$$

반응물이 한 종류인 $2A \rightarrow P$와 같은 이차 반응의 경우 시간에 의한 [A]의 변화는 일차 반응의 경우와는 매우 다르다. 식 12-2를 다시 정리하고 일차 반응에서 이용한 범위와 동일한 조건으로 적분하면 다음 식을 얻게 되며,

$$\int_{[A]_0}^{[A]} -\frac{d[A]}{[A]^2} = k\int_0^t dt \qquad [12\text{-}10]$$

따라서 아래와 같다.

$$\boxed{\frac{1}{[A]} = \frac{1}{[A]_0} + kt} \qquad [12\text{-}11]$$

식 12-11은 변수 1/[A]과 t에 대하여 직선식이다. **이차 반응의 반감시간 $t_{1/2} = 1/k[A]_0$로 표현되며, 따라서 일차 반응과는 달리 초기 반응물의 농도에 의존한다.** 식 12-6 및 12-11은 t에 대하여 ln[A]를 그리거나 t에 대하여 1/[A]을 나타내어 어느 것이 직선이 되는가에 의하여 이차 반응과 일차 반응을 구분하는 데 이용될 수 있다.

이차 반응 $A + B \rightarrow P$에 대한 속도 상수를 실험에 의하여 측정하기 위해서는, 예를 들어 $[B] \gg [A]$와 같이 한 가지 반응물의 농도를 다른 반응물에 비하여 높게 하는 것이 편리하다. 이러한 조건에서 [B]는 반응 과정 동안 의미 있는 변화가 일어나지 않는다. 따라서 속도 상수는 단지 제한된 양만큼만 존재하는 반응물인 A의 농도, 즉 [A]에만 의존하며, 따라서 **유사 일차 반응(pseudo-first-order reaction)**이라고 한다. 이 반응은 $[A] \gg [B]$인 경우에는 B에 대하여 일차 반응이다.

B 효소 반응 속도론은 흔히 미하엘리스-멘텐(Michaelis-Menten) 식을 따른다

효소는 다섯 가지 기본적인 촉매 메커니즘(11-3절)의 다른 조합으로 극히 다양한 반응들을 촉매한다. 일부 효소들은 단지 단일 기질 분자에만 작용하며, 다른 효소들은 정해진 순서대로 결합하거나 그렇지 않고 결합하는 두 분자 또는 그보다 많은 다른 기질 분자들에 대하여 작용한다. 일부 효소들은 기질과 공유 결합으로 결합된 중간체 복합체를 형성하기도 하지만, 다른 효소들은 그렇지 않다. **그렇더라도 모든 효소는 그들의 전체 효율과 함께 반응 속도를 측정할 수 있다면 분석할 수 있다.**

효소 반응 속도론의 연구는 1902년에 브라운(Adrian Brown)이 효모 효소인 **β-프럭토퓨라노사이드 가수 분해 효소(β-fructofuranosidase)**에 의한 슈크로스의 가수 분해 속도를 연구함으로써 시작되었다.

$$\text{슈크로스} + H_2O \longrightarrow \text{글루코스(포도당)} + \text{프럭토스(과당)}$$

브라운은 슈크로스 농도가 효소 농도보다 훨씬 높은 경우 반응 속도는 슈크로스 농도에 무관하다는 것을 발견하였는데, 그것은 반응 속도가 슈크로스에 대하여 **영차(zero order)** 반응이라는 것이다. 따라서 그는 전체 반응은 기질이 효소와 복합체를 형성하고 이어서 생성물로 분해하여 효소를 재생하는 두 단일 단계 반응으로 구성된다고 제안하였다.

$$E + S \underset{k_{-1}}{\overset{k_1}{\rightleftharpoons}} ES \overset{k_2}{\longrightarrow} P + E \qquad [12\text{-}12]$$

여기에서 E, S, ES 및 P는 각각 효소, 기질, **효소-기질 복합체(enzyme-substrate complex)** 및 생성물을 나타낸다. 이 모형에 의하면 기질 농도가 효소를 ES 형태로 거의 다 전환시킬 수 있을 만큼 충분히 높을 때는 반응의 두 번째 단계가 속도 결정 단계이며, 전체 반응 속도는 기질 농도를 더 이상 증가시켜도 변함이 없게 된다.

앞의 효소 반응을 구성하는 각 단일 단계 반응은 속도 상수에 의하여 규정된다. k_1 및 k_{-1}은 각각 ES 복합체 형성(첫 번째 단계 반응)의 정반응 및 역반응 속도 상수이며, k_2는 ES가 P와 E로 분해되는 반응(두 번째 단계 반응)의 속도 상수이다. 여기에서 우리는 수학적으로 간단히 하기 위하여 두 번째 단계 반응이 비가역적이라고 가정한다. 즉, P는 S로 되돌아가지 않는다고 가정하는 것이다.

Michaelis-Menten 식은 ES가 정류 상태를 유지한다고 가정한다. Michaelis-Menten 식은 기질 농도의 함수로서 식 12-12에 표현된 효소 반응의 속도를 서술한다. 이 속도론 체계에서는 ES로부터 생성물의 형성 속도는 일차 과정이다. 따라서 생성물의 생성 속도는 생성물을 생성하는 반응의 속도 상수와 그 직전의 중간체 농도의 곱으로 표현될 수 있다. 그러므로 반응 12-12의 속도에 대한 일반적인 표현은 다음과 같다.

$$v = \frac{d[\mathrm{P}]}{dt} = k_2[\mathrm{ES}] \qquad [12\text{-}13]$$

ES 생성의 전체 속도는 ES를 생성하는 단일 단계 반응과 분해하는 단일 단계 반응의 속도 차이이다.

$$\frac{d[\mathrm{ES}]}{dt} = k_1[\mathrm{E}][\mathrm{S}] - k_{-1}[\mathrm{ES}] - k_2[\mathrm{ES}] \qquad [12\text{-}14]$$

그러나 명백히 이 식은 단순화시킬 수 있는 가정 없이는 적분할 수가 없다. 두 가지 방법이 있다.

1. **평형 상태 가정** 1913년에 미하엘리스(Leonor Michaelis)와 멘텐(Maud Menten)은 헨리(Victor Henri)의 업적에 근거하여 $k_{-1} \gg k_2$를 가정하고, 반응의 첫 번째 단계는 평형에 도달한다고 하였다.

$$K_S = \frac{k_{-1}}{k_1} = \frac{[\mathrm{E}][\mathrm{S}]}{[\mathrm{ES}]} \qquad [12\text{-}15]$$

여기에서 K_S는 효소 반응의 첫 번째 단계의 해리 상수이다. 이러한 가정으로 식 12-14는 적분이 가능하다. 이 가정이 자주 옳지는 않더라도 이 선구자적 업

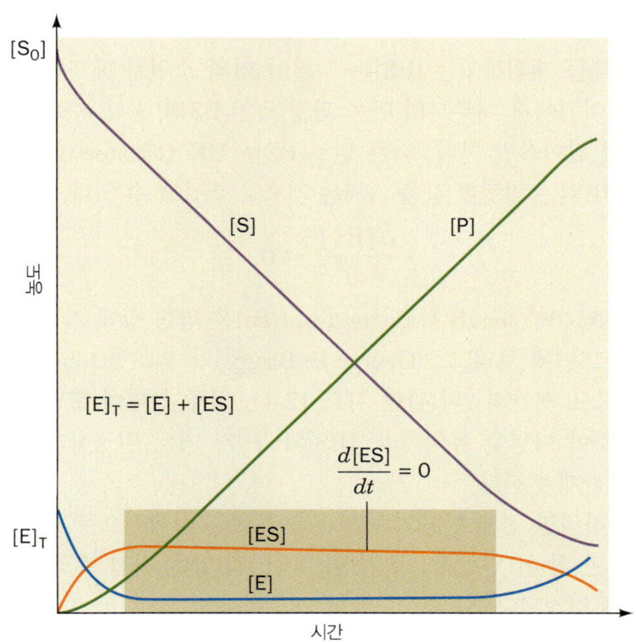

그림 12-2 간단한 효소 촉매 반응에 관한 진행 곡선 반응의 초기 단계(진한 영역 이전)를 제외하고는 [E]와 [ES]에 대한 진행 곡선의 기울기는 [S]≫[E]인 한 거의 0이다(진한 영역 범위 안). [After Segel, I.H., *Enzyme Kinetics*, p. 27, Wiley(1993).]

? 정류 상태 전과 후인 왼쪽 극단과 오른쪽 극단에서는 어떠한 일이 일어나는가?

자료 12-1 발견의 경로 홀데인과 효소 작용

홀데인(J.B.S. Haldane, 1892~1964) 저명한 생리학자의 아들인 John Burdon Sanderson Haldane은, 유전학 또는 효소 반응 속도론과 같은 생물학 분야에 수학을 응용하는 데 크게 기여한 타고난 과학자이자 작가였다. 철학자만큼이나 과학자로서 상대성 이론과 양자 역학의 발전에 대해 알고 있었으며, 자연계는 논리적이며 수학적인 법칙에 따른다는 실천 철학에 영향을 받았다.

홀데인이 그의 책 효소(Enzyme)를 출판한 1930년에는 효소가 무정형인 단백질 콜로이드(colloid)에 둘러싸여 있는 작은 촉매라기보다는 단백질이라는 생각이 아직 논쟁거리였다. 그러나 구조적 정보가 없음에도 불구하고 미하엘리스(Leonor Michaelis)와 멘텐(Maud Menten) 등의 과학자는 효소 반응 속도론에 관련된 일부 기본적인 식의 유도에 열역학 법칙들을 이미 적용했다. 미하에리스와 멘텐은 1913년에 반응이 일어나는 동안 효소와 기질이 효소-기질 복합체와 평형 상태에 있다는 것을 제안하였다. 1925년에 홀데인은 일부 효소-기질 복합체는 유리 효소와 기질로 해리되지 않고 대신에 생성물을 생성하기 때문에 반드시 그것이 옳은 것만은 아니라고 주장했다. 효소와 기질을 바로 혼합하면 효소-기질 복합체는 증가하는데, 그러나 곧 복합체는 계속해서 생성되고 그리고 생성물을 만들면서 분해되므로 복합체의 농도는 일정한 상태가 된다. 소위 정류 상태 가정(steady state assumption)이라고 불리는 이 원리는 효소 활성의 현대적인 이론의 기초가 된다.

효소가 무엇으로 이루어졌는지에 대한 지식 없이도, 홀데인은 효소가 기질을 스트레인 상태나 균형 잡힌 배열에서 벗어난 구조(out-of-equilibrium arrangement)로 정렬시킴으로써 반응을 촉매한다는 제안으로 커다란 통찰력을 보여 주었다. 이러한 생각은 피셔(Emil Fischer)의 초기 열쇠-자물쇠 비유(lock-and-key simile)를 개량하였다[후에 폴링(Linus Pauling)에 의하여 더 정교하게 되었다]. 홀데인의 비틀림 아이디어는 1970년대까지는 충분히 평가받지 못했으나 라이소자임 및 카이모트립신(11장) 등을 비롯한 여러 효소들의 X-선 구조가 알려진 이후에 검토되었다.

효소학에서 그의 업적에 더하여 홀데인은 유전에서 유전자의 역할을 분명히 했으며, 돌연변이율(수년 전에 유전자의 특성 및 DNA의 구조는 알려졌다)의 수학적인 예측을 식으로 나타냈다. 그러나 홀데인은 이론가일 뿐 아니라 불쾌하고 위험한 실험을 자기 자신에게 자주 행한 실험가였다. 예를 들어, 그는 호흡 속도에 대한 중탄산 나트륨과 염화 암모늄의 영향을 조사하기 위하여 섭취하기도 하였다. 연구실을 뛰어넘어, 홀데인은 과학의 대중화에 대한 노력으로도 잘 알려져 있다. 홀데인은 그의 저서 〈다이달로스, 과학과 미래(*Daedalus; or, Science and the Future*)〉에서 1924년의 과학의 여러 분야의 상태에 대하여 언급했으며, 미래 발전에 대하여 추측했다. 그의 생각과 등장 인물은 다른 공상과학 작품 속의 다양한 줄거리와 인물에 영감을 주었다고 믿어지고 있다.

Briggs, G.E. and Haldane, J.B.S., A note on the kinetics of enzyme action, *Biochem. J.* **19**, 339(1925).

적의 중요성을 기념하여 효소-기질 복합체 ES는 **미하엘리스 복합체(Michaelis complex)**라고 한다.

2. **정류 상태 가정** 그림 12-2는 일반적인 생리 조건([S] ≫ [E]), 즉 기질이 효소보다 훨씬 과량으로 존재하는 조건에서 반응 12-12에 관여하는 여러 성분들의 진행 곡선을 나타낸다. 일반적으로 E와 S를 혼합한 후 수 1/1000초 정도 이내의 반응 초기 상태를 제외하고는 [ES]는 기질이 거의 소진될 때까지 대략 일정하게 남아 있다. 여기에서 대부분의 반응 과정 동안 ES의 생성 속도는 반드시 ES의 소비 속도와 같아야만 한다. 다른 말로 ES는 **정류 상태(steady state)**로 유지되어야 하고, [ES]는 일정한 값을 가지는 것으로 취급될 수 있다.

$$\frac{d[\mathrm{ES}]}{dt} = 0 \qquad [12\text{-}16]$$

이른바 이 **정류 상태 가정(steady state assumption)**은 평형 상태 가정보다는 더 일반적인 것으로, 1925년에 브리그스(George E. Briggs)와 홀데인(John B. S. Haldane)에 의하여 처음으로 제안되었다(관련 자료 12-1). **정류 상태에 도달한 반응은 평형 상태에 있다는 것이 아님**을 유의하라. [ES]와 [E]가 거의 일정하게 유지되는 동안 [S]와 [P]는 급격하게 변한다.

유용하게 사용하려면 전체 반응의 속도론적 표현을 실험적으로 측정 가능한 양의 용어로 나타내야만 한다. 일반적으로 [ES] 및 [E]의 양은 직접 측정할 수 없으나 총 효소 농도는 쉽게 결정된다.

$$[E]_T = [E] + [ES] \quad [12\text{-}17]$$

그러면 [S] 및 [E]의 함수로서의 전체 효소 반응 속도식은 유도될 수 있다. 먼저 식 12-14는 정류 상태 가정(식 12-16)과 결합되어 다음 식을 얻게 된다.

$$k_1[E][S] = k_{-1}[ES] + k_2[ES] \quad [12\text{-}18]$$

$[E] = [E]_T - [ES]$을 대입하고 정리하면 다음 식을 얻는다.

$$\frac{([E]_T - [ES])[S]}{[ES]} = \frac{k_{-1} + k_2}{k_1} \quad [12\text{-}19]$$

마하엘리스 상수(Michaelis constant) K_M은 아래 식과 같이 정의된다.

$$K_M = \frac{k_{-1} + k_2}{k_1} \quad [12\text{-}20]$$

따라서 식 12-19는 다음 식으로 정리될 수 있다.

$$K_M[ES] = ([E]_T - [ES])[S] \quad [12\text{-}21]$$

[ES]에 대하여 풀면 아래와 같다.

$$[ES] = \frac{[E]_T[S]}{K_M + [S]} \quad [12\text{-}22]$$

$t = 0$에서의 속도(식 12-13)인 반응의 **초기 속도(initial velocity, v_o)**에 대한 표현은 다음과 같이 된다.

$$v_o = \left(\frac{d[P]}{dt}\right)_{t=0} = k_2[ES] = \frac{k_2[E]_T[S]}{K_M + [S]} \quad [12\text{-}23]$$

$[E]_T$ 및 [S]는 둘 다 실험적으로 측정 가능한 양이다. 정류 상태 가정의 조건에 부합되기 위해서, 기질의 농도는 효소의 농도보다 훨씬 더 높아 각각의 효소 분자가 반복적으로 하나의 기질 분자와 결합하여 생성물로 전환되도록 [ES]가 일정해야 한다. 단순히 속도라기보다는 초기 속도(기질의 ~10%가 생성물로 전환되기 이전에 측정된 속도)를 이용함으로써 역반응의 효과, 생성물에 의한 효소의 억제 및 효소의 점진적인 불활성화 등의 복잡한 요인을 최소화하게 된다(이는 또한 식 12-12에서 역반응의 속도를 0이라고 가정할 수 있는 이유이다).

반응의 **최대 속도(maximal velocity) V_{max}**는 효소가 **포화된(saturated)** 높은 기질 농도, 즉 효소가 모두 ES를 형성하는 조건에서 나타난다.

$$V_{max} = k_2[E]_T \quad [12\text{-}24]$$

따라서 식 12-23과 식 12-24를 합하면 다음 식을 얻게 된다.

$$\boxed{v_o = \frac{V_{max}[S]}{K_M + [S]}} \quad [12\text{-}25]$$

이 식, 즉 Michaelis–Menten 식(Michaelis–Menten equation)은 효소 반응 속도론의 기본적인 식이다. 이 식은 그림 12-3에 도시되는 것과 같이 직각 쌍곡선을 그린다. 마이오글로빈에 산소가 결합하는 것에 대한 포화 함수(식 7-6)도 동일한 대수식을 가진다.

Michaelis 상수는 간단하게 사용 가능한 정의를 가진다. 기질 농도가 $[S] = K_M$일 때 식 12-25는 $v_o = V_{max}/2$이 되므로, **K_M은 반응 속도가 최대 속도의 절반일 때의 기**

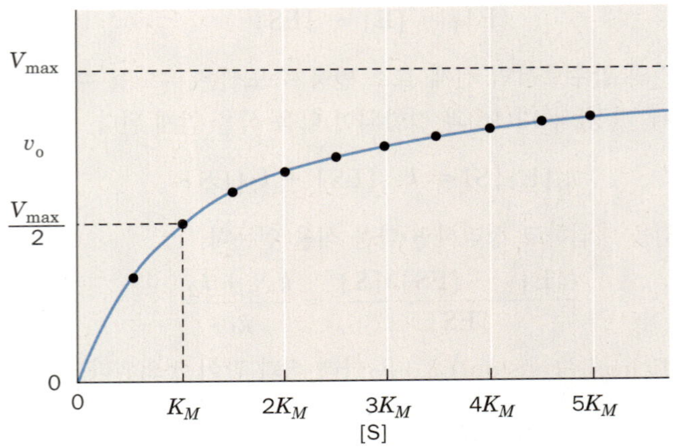

그림 12-3 **간단한 효소 반응의 기질 농도 [S]에 대한 초기 속도 v_0의 도시** 점들은 0.5 K_M에서 5 K_M 사이의 기질 농도에서 0.5 K_M 간격으로 도시하였다.

? 이 곡선을 마이오글로빈의 산소 포화도 곡선(그림 7-4)과 비교하시오.

질 농도이다. 따라서 어떤 효소의 K_M 값이 작다면 그 효소는 낮은 기질 농도에서도 최대 촉매 효율을 얻을 수 있다. $[S] \ll K_M$인 경우 반응 속도는 [S]에 비례하고 ($v_o = V_{max}[S]/K_M$), 반면에 $[S] \gg K_M$인 경우 효소는 포화된다($v_o = V_{max}$)는 것을 명심해라.

K_M은 각 효소-기질 쌍에 대하여 특정한 값을 가진다. 어떤 주어진 한 효소에 반응하는 다른 기질은 다른 K_M 값을 가진다. 마찬가지로 같은 기질에 작용하는 다른 효소들은 다른 K_M 값을 가진다. K_M의 크기는 효소의 고유 성질과 기질의 특성에 따라 상당히 다양하다(**표 12-1**). 이 또한 온도와 pH에 따라 변한다. Michaelis 상수(식 12-20)는 다음과 같이 표현될 수 있다.

$$K_M = \frac{k_{-1}}{k_1} + \frac{k_2}{k_1} = K_S + \frac{k_2}{k_1} \qquad [12\text{-}26]$$

K_S는 Michaelis 복합체의 해리 상수(식 12-15)이므로, K_S가 감소함에 따라 기질에 대한 효소의 친화력은 증가한다. 따라서 K_S에 비하여 k_2/k_1이 작은 경우, 다시 말해서 $k_2 < k_{-1}$, 즉 ES → P 반응이 ES가 E + S로 되돌아가는 것보다 더 느리게 진행된다면, K_M은 그 기질에 대한 효소의 친화력의 척도이기도 하다.

표 12-1 몇몇 효소 및 기질에 대한 K_M, k_{cat} 및 k_{cat}/K_M 값

효소	기질	K_M(M)	$K_{cat}(s^{-1})$	$K_{cat}/K_M(M^{-1} \cdot s^{-1})$
아세틸콜린에스터레이스	아세틸콜린	9.5×10^{-5}	1.4×10^4	1.5×10^8
탄산 탈수 효소	CO_2	1.2×10^{-2}	1.0×10^6	8.3×10^7
	HCO_3^-	2.6×10^{-2}	4.0×10^5	1.5×10^7
카탈레이스	H_2O_2	2.5×10^{-2}	1.0×10^7	4.0×10^8
카이모트립신	*N*-아세틸글리신 에틸 에스터	4.4×10^{-1}	5.1×10^{-2}	1.2×10^{-1}
	N-아세틸발린 에틸 에스터	8.8×10^{-2}	1.7×10^{-1}	1.9
	N-아세틸티로신 에틸 에스터	6.6×10^{-4}	1.9×10^2	2.9×10^5
퓨마레이스	퓨마르산	5.0×10^{-6}	8.0×10^2	1.6×10^8
	말산	2.5×10^{-5}	9.0×10^2	3.6×10^7
유레이스	요소	2.5×10^{-2}	1.0×10^4	4.0×10^5

자료 12-2 생화학의 전망

반응 속도론과 전이 상태 이론

반응 속도는 활성화 에너지(11-2절)와 어떤 관련이 있는가? 아래 경로로 진행되는 반응을 생각해 보자.

$$A + B \overset{K^{\ddagger}}{\rightleftharpoons} X^{\ddagger} \overset{k'}{\longrightarrow} P + Q$$

여기서 $X^{\ddagger}$는 전이 상태를 나타낸다. 반응 속도는 다음과 같이 표현된다.

$$\frac{d[P]}{dt} = k[A][B] = k'[X^{\ddagger}] \qquad [12\text{-A}]$$

k는 단일 단계 반응의 정상적인 속도 상수이며, k'는 $X^{\ddagger}$가 생성물로 분해되는 반응의 속도 상수이다.

비록 $X^{\ddagger}$가 불안정하더라도 반응물과 빠른 평형 상태에 있는 것으로 가정되며, 따라서 다음과 같다.

$$K^{\ddagger} = \frac{[X^{\ddagger}]}{[A][B]} \qquad [12\text{-B}]$$

여기서 $K^{\ddagger}$은 평형 상수이다. 전이 상태 이론의 이 중추적인 가정은 반응 속도 이론에 적용될 수 있는 열역학의 강력한 형식을 가능하게 한다.

$K^{\ddagger}$은 평형 상수이므로 다음과 같이 나타낼 수 있다.

$$-RT \ln K^{\ddagger} = \Delta G^{\ddagger} \qquad [12\text{-C}]$$

여기서 T는 절대 온도이며, R(8.3145 $J \cdot K^{-1} \cdot mol^{-1}$)은 기체 상수(평형 상수와 자유 에너지와의 관계는 1-3D절에 유도되어 있다)이다. 앞의 세 식을 합하면 다음 식을 얻게 된다.

$$\frac{d[P]}{dt} = k' e^{-\Delta G^{\ddagger}/RT}[A][B] \qquad [12\text{-D}]$$

이 식은 반응 속도는 반응물의 농도에 의존할 뿐만 아니라 $\Delta G^{\ddagger}$에 대하여 지수적으로 감소함을 보여 준다. 그러므로 **전이 상태와 반응물 간의 자유 에너지 차(활성화 자유 에너지)가 클수록 전이 상태는 불안정하고, 반응은 느리게 일어난다.**

이제 $X^{\ddagger}$가 분해되는 반응의 속도 상수 k'을 구해야 한다. 전이 상태 구조는 첫 번째 진동 운동 동안 떨어져나가는 매우 약한 것으로 추정되는 결합으로 서로 붙들려 있다. 따라서 k'은 다음 식으로 나타낼 수 있다.

$$k' = \kappa\nu \qquad [12\text{-E}]$$

여기서 ν는 $X^{\ddagger}$가 생성물로 분해됨에 따라 끊어지는 결합의 진동수이며, κ는 **투과 계수**(**transmission coefficient**)로 $X^{\ddagger}$이 반응물로 되돌아가기보다 생성물이 형성되는 방향으로 분해되는 확률이다. 가장 자발적인 반응의 경우 κ는 1.0으로 가정된다(이 값이 비록 신뢰할만하게 계산되는 것이 드물다 할지라도 반드시 0과 1 사이에 있어야만 한다).

Planck 법칙은 다음 식과 같다.

$$\nu = \varepsilon / h \qquad [12\text{-F}]$$

여기서 ε은 $X^{\ddagger}$의 분해를 초래하는 진동의 평균 에너지이며, h(6.6261×10^{-34} J·s)는 **Planck 상수**(**Planck's constant**)이다. 통계 역학은 온도 T에서 진동자의 전형적인 에너지가 다음과 같다고 서술한다.

$$\varepsilon = k_B T \qquad [12\text{-G}]$$

여기서 k_B(1.3807×10^{-23} $J \cdot K^{-1}$)는 **Boltzmann 상수**(**Boltzmann constant**)이며, $k_B T$는 본질적으로 이용 가능한 열에너지이다. 식 12-E부터 12-G를 합하면 다음 식을 얻게 된다.

$$k' = \frac{k_B T}{h} \qquad [12\text{-H}]$$

따라서 식 12-A, 12-D 및 12-H를 합하면 단일 단계 반응의 속도 상수에 대한 식을 얻게 된다.

$$k = \frac{k_B T}{h} e^{-\Delta G^{\ddagger}/RT} \qquad [12\text{-I}]$$

이 식은 온도가 증가함에 따라 반응 복합체가 활성화 장벽($\Delta G^{\ddagger}$)을 넘어가는 데 이용 가능한 열에너지가 증가되어 반응이 빠르게 됨을 나타낸다.

k_{cat}/K_M은 촉매 효율의 척도이다. 우리는 효소의 **촉매 상수**(**catalytic constant**), k_{cat}를 다음과 같이 정의할 수 있다.

$$k_{cat} = \frac{V_{max}}{[E]_T} \qquad [12\text{-}27]$$

이 양은 효소의 각 활성 자리가 단위 시간 동안 반응을 진행(전환)하는 수이므로 **효소의 전환수**(**turnover number**)라고도 알려져 있다. 몇몇 선택된 효소들의 전환수를 표 12-1에 나타내었다. 이들 값이 10^9에 걸쳐 다르다는 것에 주의하라. 식 12-24는 Michaelis–Menten 모형 반응(식 12-12)과 같은 단순한 계의 경우 $k_{cat} = k_2$임을 나타낸다. 보다 복잡한 메커니즘(예로, 다중 기질 혹은 다중 중간체 반응)을 가진 효소의 경우 k_{cat}은 여러 속도 상수의 함수일 수 있다. k_{cat}이 상수임에 비하여 V_{max}는 실험계에 들어 있는 효소의 농도에 의존한다는 것에 유의하라. V_{max}는 $[E]_T$가 증가할수록 증가한다.

$[S] \ll K_M$일 때 매우 적은 ES만이 생성된다. 결과적으로 $[E] \approx [E]_T$이며, 따라서 식 12-23은 이차 속도식으로 변형된다.

$$v_o = \left(\frac{k_2}{K_M}\right)[E]_T[S] \approx \left(\frac{k_{cat}}{K_M}\right)[E][S] \qquad [12\text{-}28]$$

예시 계산 12-3

어떤 효소 촉매 반응의 K_M은 1 mM 이며, V_{max}는 5 $nM \cdot s^{-1}$이다. 기질 농도가 (a) 0.25 mM, (b) 1.5 mM 또는 (c) 10 mM인 경우 반응 속도는 얼마인가?

Michaelis–Menten 식(식 12-25)을 이용하라.

$$\text{(a)}\ v_o = \frac{(5\ nM \cdot s^{-1})(0.25\ mM)}{(1\ mM) + (0.25\ mM)} = \frac{1.25}{1.25}\ nM \cdot s^{-1} = 1\ nM \cdot s^{-1}$$

$$\text{(b)}\ v_o = \frac{(5\ nM \cdot s^{-1})(1.5\ mM)}{(1\ mM) + (1.5\ mM)} = \frac{7.5}{2.5}\ nM \cdot s^{-1} = 3\ nM \cdot s^{-1}$$

$$\text{(c)}\ v_o = \frac{(5\ nM \cdot s^{-1})(10\ mM)}{(1\ mM) + (10\ mM)} = \frac{50}{11}\ nM \cdot s^{-1} = 4.5\ nM \cdot s^{-1}$$

주의: 분자와 분모의 단위가 소거되기 위해서는 계산을 수행하기 전에 표준 단위로 전환하는 것이 필요하다.

여기에서 k_{cat}/K_M은 효소 반응의 겉보기 이차 속도 상수이다. 반응 속도는 용액 중에서 얼마나 자주 효소와 기질이 서로 만나는가에 따라 직접적으로 변하게 된다. **따라서 k_{cat}/K_M의 크기는 효소의 촉매 효율의 척도이다.**

k_{cat}/K_M 값은 상한값이 있다. 이 값은 k_1보다 클 수는 없는데, 다시 말하면 ES가 E + P로 분해되는 것은 E와 S가 서로 만나 ES를 형성하는 것보다 더 빠르게 일어날 수는 없다. 가장 효율적인 효소들은 k_{cat}/K_M 값이 거의 **확산 지배 한계(diffusion-controlled limit)** 값에 가까운 $10^8 \sim 10^9\ M^{-1} \cdot s^{-1}$를 가진다. 이 효소들은 기질 분자와 만나는 대로 거의 매번 반응을 촉매하여 실질적인 촉매의 완벽한 상태를 달성한다. 촉매 반응 속도와 전이 상태의 열역학과의 관계는 이제 이해할 수 있다(자료 12-2).

C 속도론 자료는 V_{max} 및 K_M 값을 제공할 수 있다

Michaelis–Menten 식의 매개 변수(즉, V_{max} 및 K_M) 값의 결정은 여러 가지 방법이 있다. 높은 [S]에서 초기 속도 v_o는 점진적으로 V_{max}에 도달한다(예시 계산 12-3을 보라). 그러나 실제로는 그림 12-3과 같이 [S]에 대하여 v_o를 직접 도시하여 V_{max}를 정확하게 구하는 것은 매우 어려운데, 이는 [S] = 10 K_M만큼 높은 기질 농도에서도 식 12-25가 나타내는 것과 같이, v_o는 V_{max}의 단지 91% 수준으로 항상 V_{max}가 어느 정도 낮게 측정되기 때문이다.

라인위버(Hans Lineweaver)와 버크(Dean Burk)에 의하여 고안된 V_{max}와 K_M 값 결정을 위한 보다 좋은 방법은 Michaelis–Menten 식(식 12-25)의 역수 식을 이용하는 것이다.

$$\frac{1}{v_o} = \left(\frac{K_M}{V_{max}}\right)\frac{1}{[S]} + \frac{1}{V_{max}} \qquad [12\text{-}29]$$

이 식은 $1/v_o$과 $1/[S]$에 있어서 직선식이다. 이들 값을 소위 **Lineweaver–Burk** 또는 **이중 역수 도시(double-reciprocal plot)**라 불리는 도표를 그리게 되면, 그 선의 기울기는 K_M/V_{max}, $1/v_o$의 절편은 $1/V_{max}$, 그리고 외삽하여 구한 $1/[S]$의 절편은 $-1/K_M$이다(그림 12-4와 예시 계산 12-4).

예시 계산 12-4

다음 자료로부터 식 12-29를 이용하여 효소에 대한 K_M과 V_{max}를 구하시오.

[S] (mM)	v_o($\mu M \cdot s^{-1}$)
1	2.5
2	4.0
5	6.3
10	7.6
20	9.0

먼저 자료를 역수 형태(mM^{-1} 단위를 가진 1/[S] 그리고 $\mu M^{-1} \cdot s$ 단위를 가진 $1/v_o$)로 전환하라. 그 다음 1/[S]에 대하여 $1/v_o$을 도시하라. *x*- 및 *y*-절편은 직선을 외삽하여 얻거나 직선 회귀 방법으로 계산될 수 있다. 식 12-29와 그림 12-4에 의하여 ~0.1 $\mu M^{-1} \cdot s$ 값을 가진 *y*-절편은 $1/V_{max}$과 동등하므로 V_{max}(*y*-절편의 역수)는 10 $\mu M \cdot s^{-1}$이다. *x*-절편 $-0.33\ mM^{-1}$는 $-1/K_M$과 동일하므로 K_M(*x*-절편의 음의 역수)은 3.0 mM과 같다.

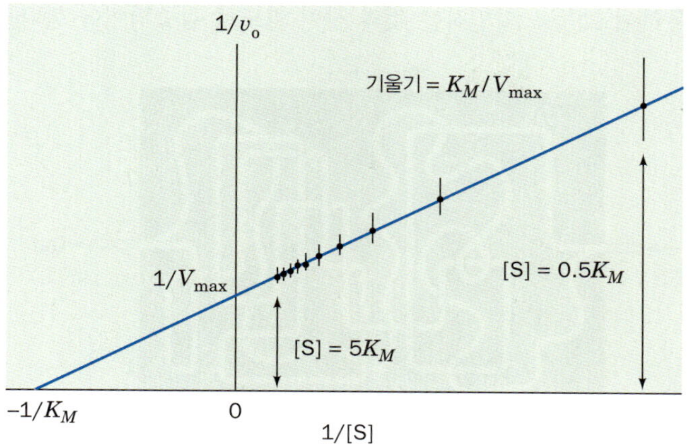

그림 12-4 이중 역수(Lineweaver–Burk) 도시 오차 막대(error bar)는 ±0.05 V_{max}를 나타낸다. 표시된 점들은 그림 12-3에 있는 점들과 동일하다. 작은 값의 [S](큰 1/[S])에서 작은 오차의 큰 효과와 큰 값의 [S]에서 점들의 밀집을 주의하라.

? 높은 [S] 또는 낮은 [S]에서 수집된 더 많은 자료들 중 어느 쪽이 더 신뢰할 수 있는 K_M 값을 제공하는가?

그림 12-3에서 본 것과 같이, 속도론적 매개 변수의 가장 좋은 산출값은 [S]가 ~0.5 K_M에서 ~5 K_M 범위에서 수집된 자료로부터 얻을 수 있다. 따라서 Lineweaver–Burk 도시의 단점은 대부분의 실험값이 표의 왼쪽에 치우쳐 있다는 것이다(그림 12-4). 더 나아가 낮은 [S] 조건에서 v_o의 작은 오차는 $1/v_o$에서 큰 오차를 유발시켜 K_M과 V_{max}에 큰 오차가 생기게 한다.

각각 장점과 단점을 가진 여러 다른 형태의 도시들이 속도론 자료로부터 K_M과 V_{max}를 구하는 데 사용될 수 있다. 그러나 현재는 주로 속도론 자료들은 컴퓨터를 이용하여 수학적인 정교한 통계 처리로 분석된다. 그럼에도 불구하고 Lineweaver–Burk 도시는 속도론 자료를 눈으로 볼 수 있도록 나타내는 데 유용하다.

정류 상태 속도론은 반응 메커니즘을 분명하게 확립하지는 못한다. 비록 정류 상태 속도론이 ES의 생성과 분해 속도에 대한 정보를 제공한다고 하더라도 ES의 특성에 관한 정보는 거의 제공하지 않는다. 어떤 효소 반응은 실제로 여러 안정한 혹은 덜 안정한 중간체를 경유하기도 한다.

$$E + S \rightleftharpoons ES \rightleftharpoons EX \rightleftharpoons EP \rightleftharpoons E + P$$

또는 다음과 같이 보다 복잡한 경로를 거치기도 한다.

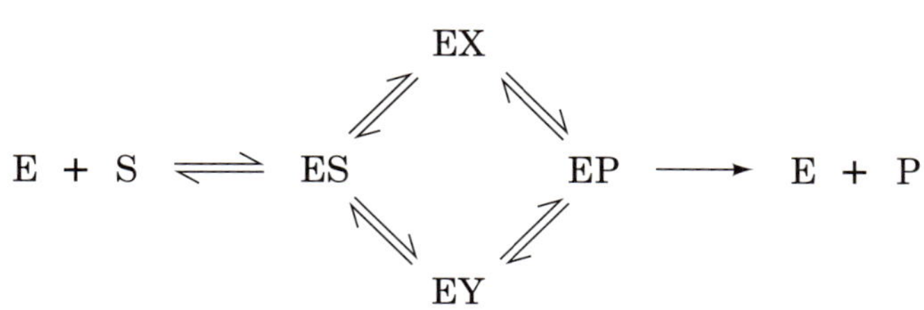

불행히도 정류 상태 속도론 측정은 효소 촉매 반응에서 중간체의 수를 보여 주는 것은 불가능하다. 따라서 그러한 다단계 반응의 측정은 한 개의 입구와 한 개의 출구를 가진 물관 구조를 포함하는 '블랙박스(black box, 내부를 알 수 없는 상자)'와 같을 수 있다. 정류 상태, 즉 관들을 물로 가득 채운 후의 상태에서 물의 주입 압력(input pressure)과 나오는 물의 흐름(out flow)의 관계는 측정될 수 있는 것과 같다. 그러나 이러한 측정으로는 입구에서 출구까지 관들의 자세한 구조에 관한 정보는 얻을 수 없다. 이를 위해서는 추가적인 정보가 필요한데, 상자를 열어서 관들을 추적하는 것이다. 이와 같이 정류 상태 속도론 측정은 효소의 작용에 대한 현상적인 서술은 제공할 수 있으나 중간체의 특성은 결정하지 못한다. 중간체의 존재는 예를 들어 분광 광도법 등을 이용하여 그들을 확인하는 것과 같이 별도로 검증되어야 한다.

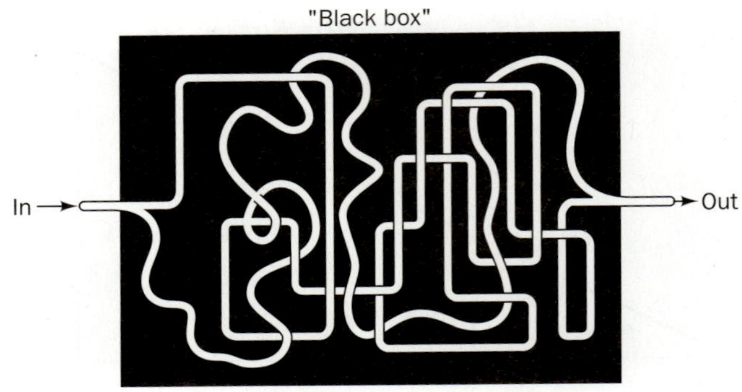

앞서 말한 것은 효소학의 가장 중요한 원리를 강조하고 있다. **반응의 정류 상태 속도론 분석은 그 메커니즘을 분명하게 확립할 수는 없다.** 이는 제안된 메커니즘이 간단하거나, 정밀하거나 또는 합리적이라고 할지라도 그 속도론 자료를 설명할 수 있는 무한한 수의 다른 메커니즘이 가능하기 때문이다. 일반적으로 그것은 옳다고 판명된 보다 단순한 메커니즘이지만, 항상 그러한 것은 아니다. 그러나 **만일 속도론 자료가 주어진 메커니즘에 부합되지 않으면 그 메커니즘은 배제되어야 한다.** 따라서 속도론이 중간체의 존재에 대한 물리적인 증명과 같은 확증하는 자료 없이는 명확한 메커니즘을 수립할 수 없다 하더라도, 제안된 메커니즘을 배제하는 것에는 이용되기 때문에 정류 상태 속도론적 분석은 커다란 쓸모가 있다.

D 이기질 반응은 몇 가지 속도식 중 하나를 따른다

지금까지 Michaelis–Menten 모형을 따르는 간단한 단일 기질 반응(식 12-12)에 대하여 살펴보았다. 그러나 다수의 기질을 필요로 하며, 다수의 생성물을 형성하는 효소 반응이 훨씬 더 일반적이다. 실제로 두 기질이 관여하고 두 생성물이 형성되는 반응이 알려진 생화학 반응의 ~60% 수준에 이른다.

$$A + B \overset{E}{\rightleftharpoons} P + Q$$

이기질 반응(bisubstrate reaction)이라 불리는 이들 대부분은 한 개의 기질로부터 다른 기질로 특정 작용기 X를 이동하는 것을 효소가 촉매하는 전달 반응이거나 두 기질 사이에 환원 당량이 이동되는 산화 환원 반응 중 한 가지이다.

$$P{-}X + B \overset{E}{\rightleftharpoons} P + B{-}X$$

예를 들어, 트립신에 의한 펩타이드 결합의 가수 분해(11-5절)는 펩타이드 카보닐기를 펩타이드 질소 원자로부터 물로 이동하는 것이며(**그림 12-5*a***), 반면에 알코올 탈수소 효소 반응(11-1B절)은 형식적으로는 수소 음이온이 에탄올로부터 NAD^+로 이동되는 것이다(**그림 12-5*b***). 이론적으로는 이기질 반응이 매우 다양한 메커니즘으로 일어난다 하더라도 단지 몇 가지 형태만이 흔히 관찰된다.

순차 반응은 단일 치환으로 일어난다. 반응이 일어나서 생성물이 방출되기 전에 모든 기질이 반드시 효소와 결합해야만 하는 반응은 순차 반응(sequential reaction)으로 알려져 있다. 이러한 반응에서 이동되는 X는 A(= P−X)로부터 직접 B로 전달되어 P와 Q(= B−X)를 생성한다. 그러므로 이러한 반응은 **단일 치환 반응(single-displacement reaction)**이라고도 불린다.

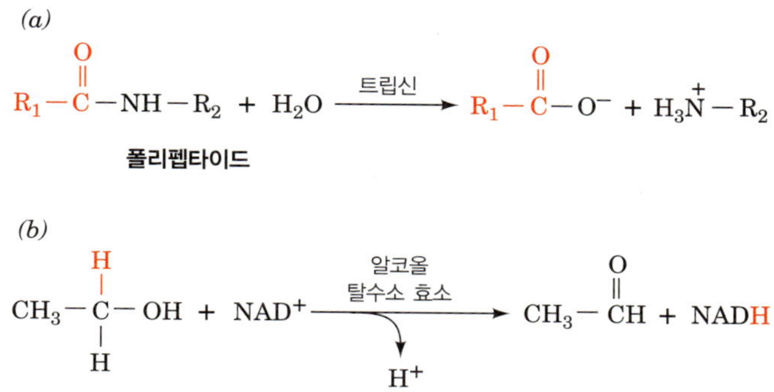

그림 12-5 몇 가지 이기질 반응 (*a*) 트립신에 의하여 촉매되는 펩타이드 가수 분해 반응에서 펩타이드 카보닐기는 매달린 폴리펩타이드 사슬 R_1과 함께 펩타이드 질소 원자로부터 물 분자로 이동된다. (*b*) 알코올 탈수소 반응에서 수소 음이온은 형식적으로는 에탄올로부터 NAD^+로 이동된다.

순차 반응은 효소에 기질이 결합할 때 필히 순서대로 이루어지는 **질서 메커니즘(ordered mechanism)**을 가진 반응과 기질의 결합에 특정 순서가 없는 **무작위 메커니즘(random mechanism)**으로 분류될 수 있다. 질서 메커니즘에서는 첫 번째 기질의 결합은 두 번째 기질의 결합 부위를 형성하는 데 분명히 필요하지만, 반면에 무작위 메커니즘에서는 양쪽 결합 부위가 유리 효소에 다 있다.

W. W. Cleland에 의해 개발된 표시 방법에 따르면, 기질은 효소에 결합하는 순서에 따라 A 및 B로, 그리고 생성물은 효소로부터 분리되는 순서대로 P 및 Q로 나타내고, 효소는 수평선에 표현하며, 순차적인 기질의 결합과 생성물의 분리를 수직의 화살표로 나타낸다. 질서 이기질 반응은 다음과 같이 나타낼 수 있다.

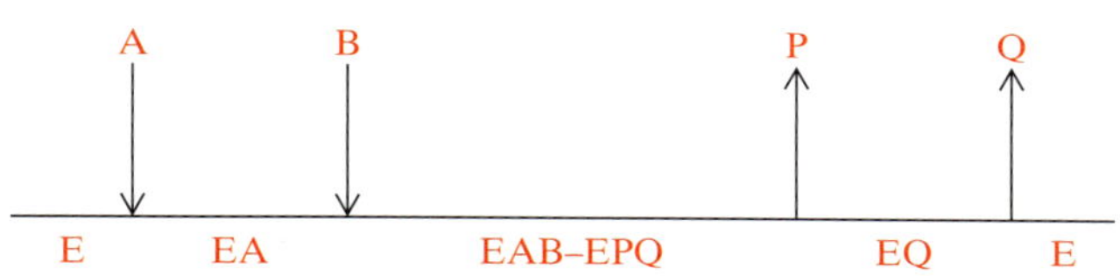

여기에서 A 및 B는 각각 **선도(leading)** 및 **후행(following)** 기질이라고 불린다. 많은 NAD^+– 및 $NADP^+$–요구성 탈수소 효소들은 보조 효소가 선도 기질인 질서 이기질 메커니즘을 따른다.

무작위 이기질 반응은 다음과 같이 나타낼 수 있다.

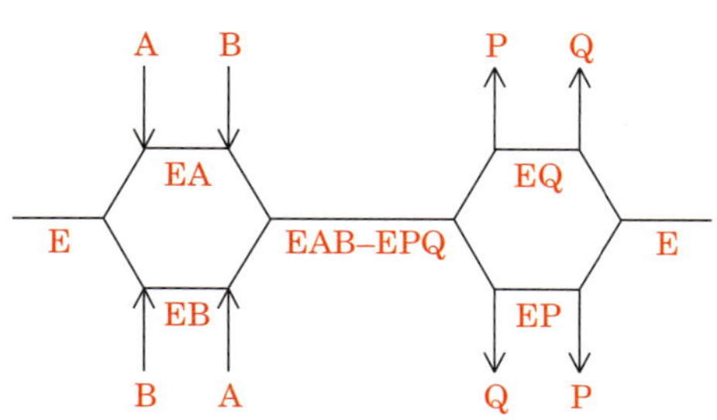

일부 탈수소 효소 및 **인산화 효소(kinase)**는 무작위 이기질 메커니즘을 통하여 작동한다(인산화 효소는 ATP에서 인산기를 다른 화합물로 전달하는 반응 또는 그 역반응을 촉매하는 효소이다).

탁구식 반응은 이중 치환을 통하여 일어난다. 모든 기질이 결합되기 전에 하나 혹은 둘 이상의 생성물이 방출되는 작용기 전달 반응은 **탁구식 반응(ping-pong reaction)**으로 알려져 있다. 탁구식 이기질 반응(ping pong bisubstrate reaction)은 다음과 같이 표현된다.

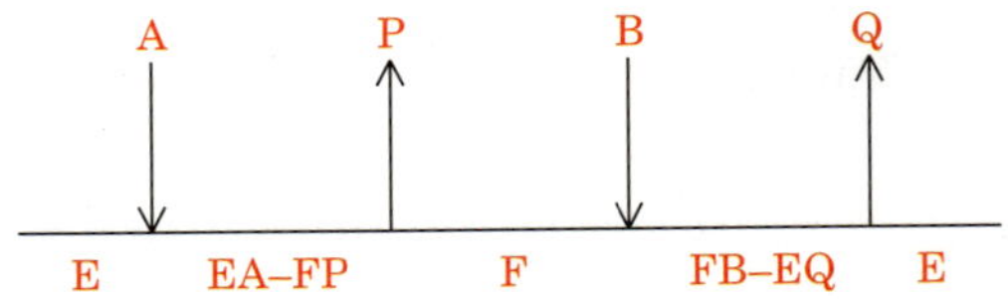

여기에서 첫 번째 기질 A(=P−X)의 작용기 X는 기질로부터 효소 E로 옮겨져서 첫 번째 생성물 P와 효소에 작용기 X가 단단히(자주 공유 결합으로) 결합된 안정한 효소 형태인 F(=E−X)를 생성한다(Ping). 반응의 두 번째 단계에서 X는 효소로부터 두 번째 기질 B로 옮겨져 두 번째 생성물 Q(=B−X)를 생성하며, 따라서 효소의 원래 형태 E를 재생시킨다(pong). 그러므로 이러한 반응은 **이중 치환 반응(double-displacement reaction)**이라고도 알려져 있다. **탁구식 반응의 경우 기질 A와 B는 효소의 표면에서 서로 마주치지 않는다는 것에 주의하라.** 트립신(F는 아실–효소 중간체이다. 11-5절), 아미노기 전달 효소 및 일부 플라보 효소를 비롯한 많은 효소들은 탁구식 메커니즘으로 반응한다.

이기질 메커니즘은 속도론 측정으로 구분될 수 있다. 전술한 이기질 메커니즘을 서술하는 속도식은 단일 기질 반응의 속도식보다는 더 복잡하다. 실제로 이기질 메커니즘(이 교재의 범위를 벗어나는)에 대한 속도식에는 Michaelis–Menten 식의 두 매개 변수(V_{max} 및 K_M)에 비하여 4개의 반응 속도 상수가 있다. 그럼에도 불구하고 정류 상태 속도론 측정은 여러 가지 이기질 메커니즘을 구분하는 데 이용될 수 있다.

체크 포인트

- 일차 반응과 이차 반응의 속도식을 쓰시오.
- 만일 반응의 반감기를 안다면 속도 상수를 결정할 수 있겠는가? 필요한 다른 정보는 무엇인가?
- 효소 반응의 순간 속도, 초기 속도 및 최대 속도는 무엇이 다른가?
- Michaelis–Menten 식을 유도하시오.
- K_M과 k_{cat}/K_M 값은 효소에 대하여 무엇을 나타내는가?
- Lineweaver–Burk(이중 역수)식을 적고 Lineweaver–Burk 도시의 특징을 서술하시오.
- 왜 효소 반응 속도론은 특정 효소 메커니즘이 옳다고 증명할 수 없는가?
- Cleland 표시 방법을 이용하여 질서 및 무작위 순차 반응과 탁구식 반응을 서술하시오.

2 효소 억제

주요 개념

- 효소 억제제는 가역적 혹은 비가역적으로 효소와 상호작용하여 효소의 K_M 그리고/또는 V_{max} 값을 변화시킨다.
- 경쟁 억제제는 효소의 활성 자리에 결합하여 반응의 겉보기 K_M을 증가시킨다.
- 무경쟁 효소 억제제는 겉보기 K_M과 겉보기 V_{max}를 둘 다 감소시키는 방향으로 촉매 활성에 영향을 미친다.
- 혼합 효소 억제제는 촉매 활성과 기질 결합 둘 다에 영향을 끼쳐 겉보기 V_{max}를 감소시키고 겉보기 K_M을 증가 또는 감소시킨다.

많은 화합물들이 기질과의 결합 및/혹은 전환수에 영향을 미치는 방법으로 효소에 결합함으로써 효소의 활성을 변화시킨다. **이러한 방법으로 효소의 활성을 감소시키는 화합물을 억제제(inhibitor)라고 한다.** 현대 의약품의 큰 부분은 효소 억제제로 이루어져 있다. 예를 들어, AIDS는 거의 전적으로 특정 바이러스 효소의 활성을 억제하는 약품으로 치료한다.

억제제는 다양한 메커니즘으로 작용한다. 비가역적 효소 억제제 또는 **불활성제(inactivator)**는 효소에 단단히 결합하여 효소 활성을 영구적으로 억제한다. 특정 아미노산 잔기를 화학적으로 변형시키는 시약은 불활성제로 작용할 수 있다. 예를 들어 세린 단백질 가수 분해 효소(11-5A절)의 촉매성 Ser 및 His 잔기를 확인하는 데 이용되는 화합물은 이들 효소의 불활성제이다.

가역적 효소 억제제는 효소와 가역적으로 상호작용하여 효소의 활성을 감소시킨다. 일부 효소 억제제는 그들 효소의 기질과 구조적으로 유사하지만 반응하지 않거나 매우 느리게 반응하는 화합물이다. 이들 화합물은 흔히 효소의 촉매 메커니즘을 규명하기 위한 노력의 한 방법으로 효소 활성 자리의 화학적 및 형태적 특성을 확인하는 데 사용된다. 다른 억제제들은 기질의 결합을 억제하지 않고 촉매 활성에 영향을 미친다. 많은 억제제들이 두 가지 모두로 작용한다. 이 절에서는 가역적 억제의 몇 가지 가장 단순한 메커니즘과 Michaelis–Menten 모형을 따르는 효소의 속도론적 양상에 미치는 영향을 다루고자 한다. 이전의 논의에서와 같이 간단한 단일 기질 반응 모형에 대한 분석을 기초로 할 것이다.

A 경쟁 억제는 효소의 기질 결합 자리에 억제제가 결합하는 것과 관련이 있다

효소의 기질 결합 자리에 정상적인 기질과 직접적으로 경쟁하는 화합물은 **경쟁 억제제(competitive inhibitor)**로 알려져 있다. 이러한 억제제는 일반적으로 기질과 유사하여 활성 자리에 특이적으로 결합하지만 기질과 달라서 기질처럼 반응할 수는 없다. 예를 들어 **석신산(succinate)**을 **퓨마르산(fumarate**, 17-3F절)으로 전환시키는 시트르산 회로의 효소인 **석신산 탈수소 효소(succinate dehydrogenase)**는 구조적으로 석신산과 유사하나 탈수소 반응이 일어날 수 없는 **말론산(malonate)**에 의하여 경쟁적으로 억제된다.

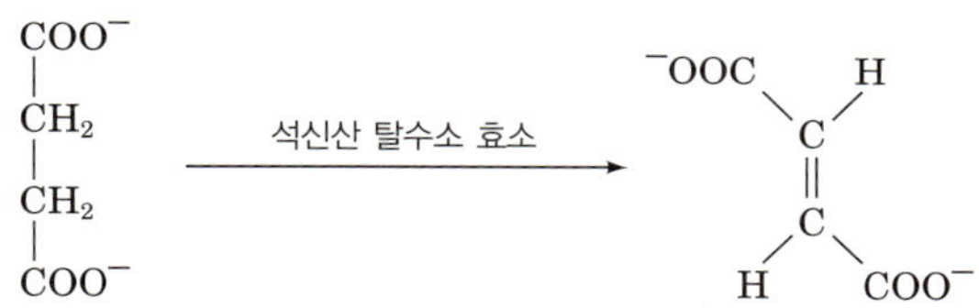

석신산 퓨마르산

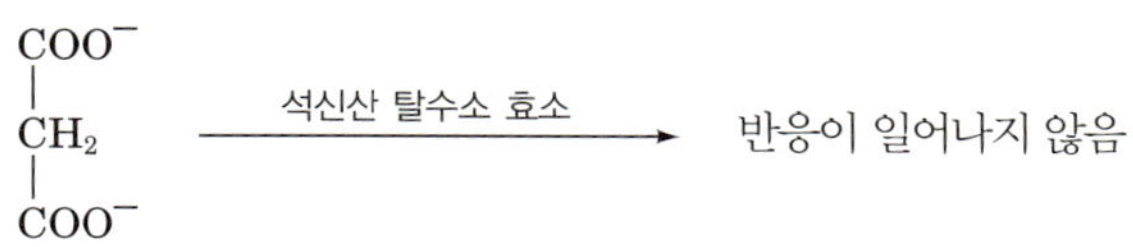

말론산

석신산 탈수소 효소의 경쟁 억제제로서의 말론산의 영향은 아마도 기질에 있는 두 개의 카복실산기가 적절하게 위치한 양전하를 가진 잔기의 작용으로 결합되도록 그 효소의 기질 결합 자리가 고안되었으리라는 것을 강력히 시사한다.

유사한 원리가 **생성물 억제(product inhibition)**의 원인이 된다. 이 현상에서는 효소의 활성 자리에 결합할 수밖에 없는 반응 생성물이 축적되면, 다음 촉매 순환 과정에서 효소에 결합하는 기질과 경쟁할 수 있게 된다. 생성물 억제는 세포가 효소의 활성을 조절하는 한 방법이다(12-3절).

효소의 활성 자리에 잘 맞도록 컴퓨터를 이용한 화합물의 설계는 현대의 의약품 개발에 필수적인 부분이다(12-4절에서 더 설명하게 됨). 예를 들어 독감약 **오셀타미비르(oseltamivir**, **타미플루**, **Tamiflu)**는 간에서 가수 분해되어 **오셀타미비르 카복실산염(oseltamivir carboxylate)**이 생성되는데(**그림 12-6*a***), 이는 인플루엔자 바이러스 **뉴라미니데이스(neuraminidase)** 활성 자리에 결합하는 이 효소의 경쟁 억제제다(**그림 12-6*b***). 뉴라미니데이스는 뉴라민산(시알산; 8-1C절)의 가수 분해를 촉매하여 바이러스 입자가 세포막 당단백질이 시알산을 함유하고 있는 숙주 세포 표면에서

(a)

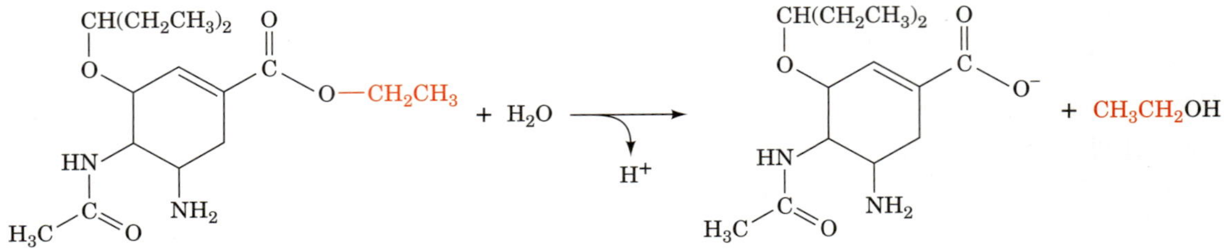

(b)

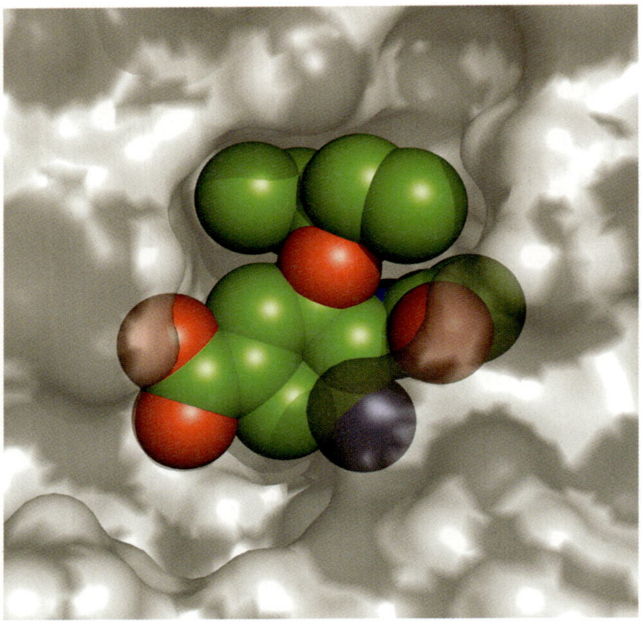

그림 12-6 오셀타미비르(타미플루) (*a*) 오셀타미비르를 그의 활성형인 오셀타미비르 카복실산염으로 전환시키는 가수 분해 반응 (*b*) 독감 바이러스 뉴라미니데이스의 경쟁 억제제인 오셀타미비르 카복실산염과의 복합체 X-선 구조. H5N1 조류 독감 뉴라미니데이스의 활성 자리 영역은 반투명 표면 도형으로 나타나 있다. 오셀타미비르 카복실산염은 C 초록색, O 빨간색 및 N 파란색의 공간채움 모형으로 표시되어 있다. [Based on an X-ray structure by John Skehel, MRC National Institute for Medical Research, London, U.K. PDBid 2HU4]

잘 떨어져 나가도록 돕는다. 오셀타미비르 카복실산염은 독감 바이러스의 증식을 현저히 제한시킬 수 있는데, 뉴라미니데이스에 대하여 1 nM(효소의 K_M은 μM 범위이다) 이하의 **억제 상수(inhibition constant, K_I**, 효소-억제제 결합의 해리 상수, 아래를 보라) 값을 가진다.

전이 상태 유사체(transition state analog)는 특히 효과적인 억제제이다. 그 이유는 효과적인 촉매 작용은 흔히 반응의 전이 상태에 결합하여 그 전이 상태를 안정화하는 효소의 능력에 의존하기 때문이다(11-3E절). 전이 상태를 모방한 화합물은 기질 유사체의 경우 불가능한 방법으로 효소와의 결합 상호작용이 가능하다. 예를 들어 **아데노신 탈아미노화 효소(adenosine deaminase)**는 뉴클레오사이드 아데노신을 다음과 같이 이노신으로 전환한다.

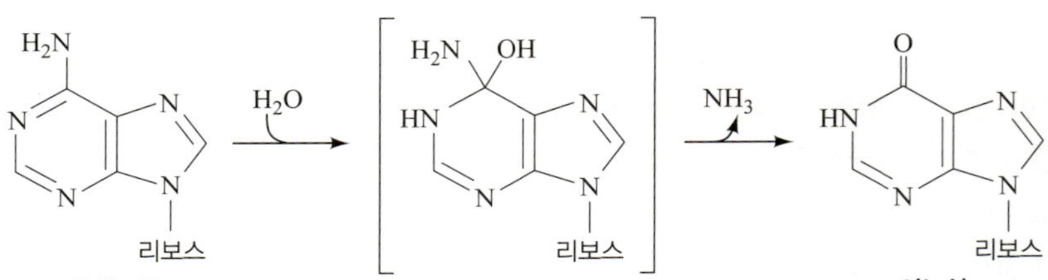

기질 아데노신에 대한 효소의 K_M은 3×10^{-5} M이다. 생성물 이노신은 반응 억제제로 작용하며, K_I 값은 3×10^{-4} M이다. 그러나 전이 상태 유사체인 1,6-다이하이드로이노신(**1,6-Dihydroinosine**)은 1.5×10^{-13} M의 K_I로 반응을 억제한다. 사람의 면역 결핍 바이러스 생산에 필수적 효소인 HIV 단백질 가수 분해 효소(**HIV protease**)의 차단에 사용되는 여러 약품들은 효소의 전이 상태를 모방하여 고안되었으며, 높은 친화력으로 효소에 결합하는 화합물들이다(자료 12-3).

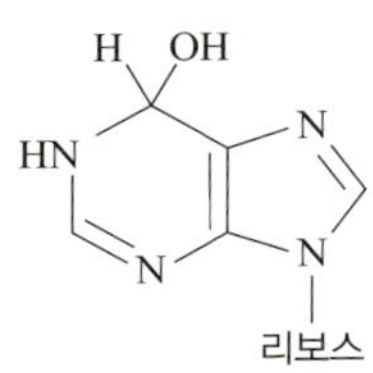

1,6-다이하이드로이노신

자료 12-3 건강과 질병의 생화학

HIV 효소 억제제

사람 **면역 결핍 바이러스(HIV, human immunodeficiency virus)**는 숙주의 면역계에 감염하여 파괴시킴으로써 **후천성 면역 결핍증(AIDS, acquired immunodeficiency syndrome)**을 초래한다. 감염의 첫 단계에서 HIV는 표적 세포에 부착되고, 그의 유전 물질(DNA가 아닌 RNA)을 숙주 세포 내로 주입한다. 바이러스 RNA는 **역전사 효소(reverse transcriptase**, 자료 25-2)라 불리는 바이러스 효소에 의하여 DNA로 전사된다. 이 DNA가 숙주 유전체로 삽입된 후 세포는 많은 바이러스 RNA와 숙주 세포 막에서 싹터서 분리될 새로운 바이러스 입자로 포장하는 데 필요한 단백질을 생성한다.

대부분의 바이러스 단백질은 **폴리단백질(polyprotein)**이라고 알려진 큰 폴리펩타이드 선구 물질로 합성된다. 그러므로 바이러스에 의하여 지시되는 **HIV 단백질 가수 분해 효소(HIV protease)**에 의하여 바이러스 단백질로 분리되는 단백질 가수 분해에 의한 가공은 바이러스 증식에 필수적이다. HIV에 대한 효과적인 백신이 없으므로, AIDS를 예방하고 치료하고자 하는 노력은 HIV 역전사 효소와 HIV 단백질 가수 분해 효소를 억제하는 화합물의 개발에 맞추어졌다.

역전사 효소에 대한 몇 가지 억제제가 개발되었다. 기본 화합물은 **AZT(3′-azido-3′- deoxythymidine; Zidovudine)**로 세포에 흡수되어 인산화된 다음 HIV 주형으로부터 역전사 효소에 의하여 합성되는 DNA 사슬에 도입된다. AZT는 3′–OH기가 없기 때문에 더 이상 폴리뉴클레오타이드 사슬 연결 반응이 일어날 수 없으므로 DNA 합성은 종료된다(3-4C절). 대부분의 세포 DNA 중합 효소는 인산화된 AZT에 대하여 친화력이 낮으나 역전사 효소는 이 약물에 대한 친화력이 높아서 AZT를 바이러스 복제에 대하여 효과적이게 한다. HIV 감염 치료에 사용되는 다른 뉴클레오타이드 유사물은 **2′,3′-dideoxycytidine(ddC, Zalcitabine)**과 **2′,3′-Dideoxyinosine(ddI, Didanosine**; 이노신 뉴클레오타이드는 대사 과정에 의하여 아데노신과 구아노신으로 전환된다)인데, 이들 역시 사슬 종결제로 작용한다. **네비라핀(nevirapine)**과 같은 비뉴클레오사이드 화합물은 역전사 효소의 활성 자리에 결합하는 대신 그 효소의 다른 소수성 결합 자리에 결합한다.

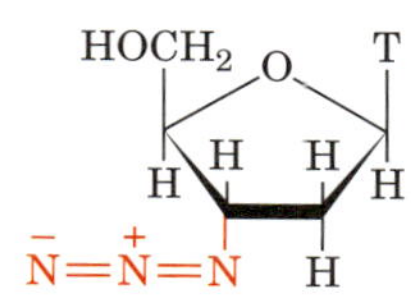

3′-Azido-3′-deoxythymidine (AZT; Zidovudine)

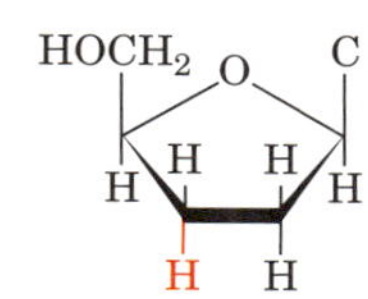

2′,3′-Dideoxycytidine (ddC, Zalcitabine)

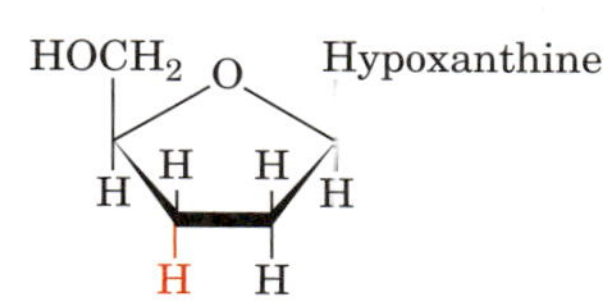

2′,3′-Dideoxyinosine (ddI, Didanosine)

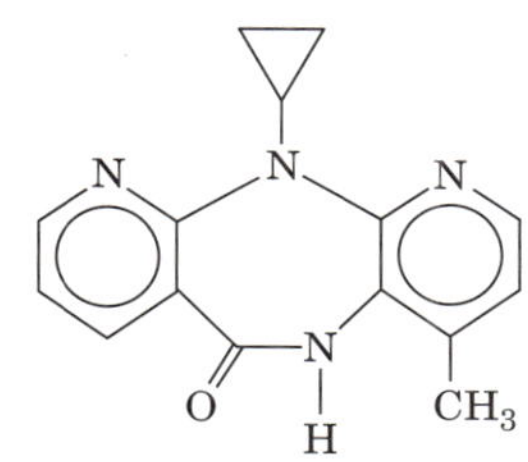

Nevirapine

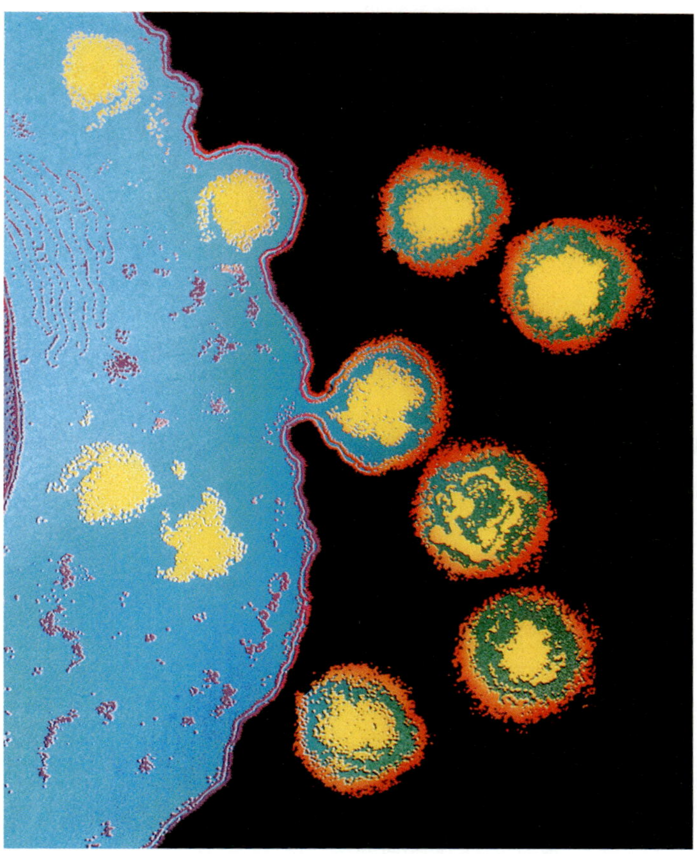

림프구로부터의 HIV 입자 발아. [Chris Bjornberg/Photo Researchers]

HIV 단백질 가수 분해 효소는 99개의 잔기로 이루어진 소단위체의 동종이량체이다. 메커니즘에 의해서 그 효소는 **펩신**(pepsin, 낮은 pH에서 작용하는 위의 단백질 가수 분해 효소)이 속한 계열에 속하는 이른바 **아스파트산 단백질 가수 분해 효소(aspartic protease)**이다. 아스파트산 단백질 가수 분해 효소의 활성 자리의 비교는 HIV 단백질 가수 분해 효소 억제제 설계의 주된 수단이었다. HIV 단백질 가수 분해 효소는 생리적 기질인 HIV 단백질에 있는 Phe–Pro 및 Tyr–Pro를 포함하여 몇몇 특이한 펩타이드 결합을 절단한다. 이들 서열에 근거한 억제제는 바이러스 단백질 가수 분해 효소를 선택적으로 억제한다. **펩타이드 모방성**(peptidomimetic, 펩타이드를 흉내낸) 약품인 **리토나비르**(ritonavir) 및 **다루나비르**(darunavir)는 HIV 단백질 가수 분해 효소의 활성 자리에 결합하는 페닐기 및 다른 큰 작용기를 가지고 있다. 아마도 더 중요한 점은 이들 약물이 촉매하는 반응이 정사면체 전이 상태(빨간색)의 기하학적 구조를 가진다는 것이다. 비교를 위하여 그 효소의 펩타이드 기질을 나타내었다.

많은 약물과 마찬가지로 항 HIV 제제의 효과는 그들의 부작용에 의하여 제한된다. 항 HIV 약물은 바이러스 효소에 대하여 선호된다 하더라도 또한 정상적인 세포 과정도 방해한다. 예를 들어, 적혈구를 생성하는 골수 세포와 같이 빠르게 분열하는 세포에서의 역전사 효소 억

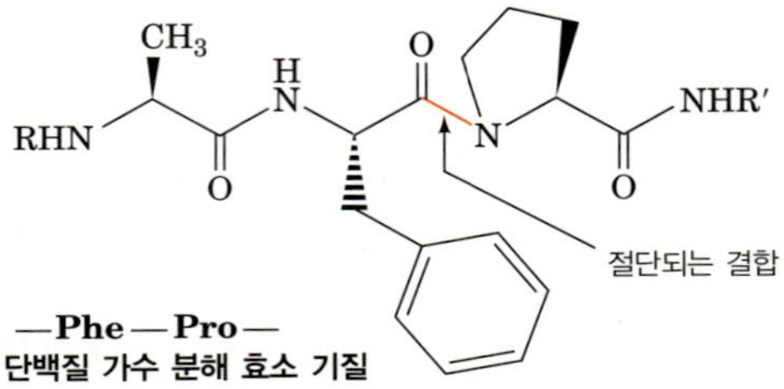

—Phe—Pro—
HIV 단백질 가수 분해 효소 기질

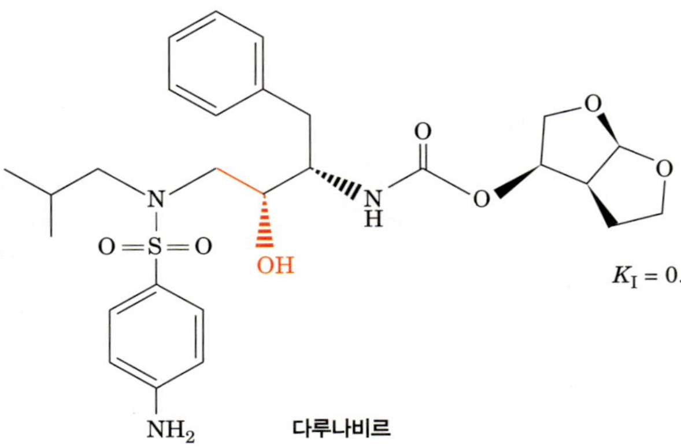

K_I = 0.0045 nM

다루나비르

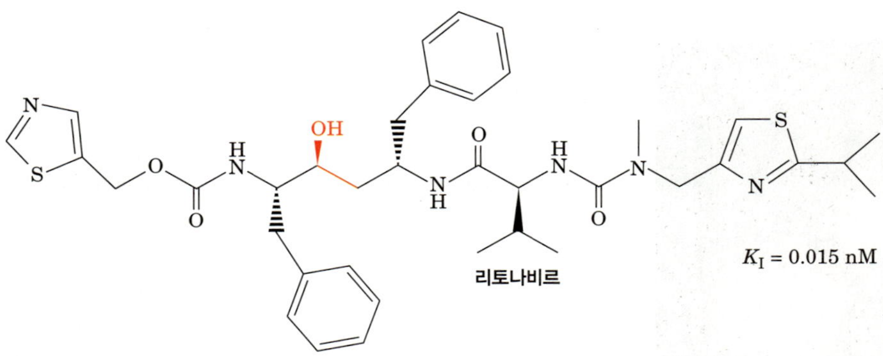

K_I = 0.015 nM

리토나비르

제제에 의한 DNA 합성의 억제는 심한 빈혈을 일으킨다. 다른 부작용에는 오심, 신장 결석, 발진 등이 있다. HIV 감염에 있어서 부작용은 일생 동안은 아니더라도 수년 동안 하루에 수차례 복용해야 하므로 특히 문제가 된다.

나타나는 내성 또한 항바이러스 약품의 효과를 제한한다. 이는 오류를 잘 만드는(error-prone) 역전사 효소가 HIV의 빠른 변이를 가능하게 하므로 HIV 감염에서 중요한 문제이다. HIV에서 많은 변이가 약품 내성에 연관된다는 것이 알려져 있다.

HIV 감염의 경우 부분적으로는 HIV 감염이 여러 세포 종류에 감염된다는 점과 아울러 보다 중요하게는 한 가지 약품에 대한 내성이 빠르게 형성될 수 있는 능력 때문에 단일한 약품이 "특효약"으로 가능한 것 같지는 않다. 항 HIV 치료의 탁월한 성공은 여전히 동시에 여러 가지 약품을 함께 투여하는 복합 치료(combinational therapy)에 의존된다. 어떤 경우에는 검출되지 않는 수준으로 HIV 수준을 성공적으로 저지하는 것은 HIV가 약품 내성 변이로 진화할 가능성을 낮추게 된다. 역전사 효소 및 HIV 단백질 가수 분해 효소 억제제를 포함하는 억제제 '칵테일(cocktail)' 사용의 이점은 (1) 혼합되어 있는 각 약품에 대한 내성이 동시에 형성되는 바이러스 변이주가 생성되는 가능성을 낮게 해 주며, (2) 투여량을 낮추어 각 화합물의 부작용을 줄이는 것이다.

경쟁 억제 정도는 억제제가 결합된 효소의 분율에 의존한다. 경쟁 억제에 대한 일반적인 모형은 다음 반응 도식으로 주어진다.

$$\begin{array}{l} \mathrm{E} + \mathrm{S} \underset{k_{-1}}{\overset{k_1}{\rightleftharpoons}} \mathrm{ES} \xrightarrow{k_2} \mathrm{P} + \mathrm{E} \\ + \\ \mathrm{I} \\ K_\mathrm{I} \upharpoonleft\downharpoonright \\ \mathrm{EI} + \mathrm{S} \longrightarrow \text{반응이 일어나지 않음} \end{array}$$

여기에서 I는 억제제, EI는 촉매 활성이 없는 효소-억제제 복합체이다. 억제제가 효소에 가역적으로 결합하며 빠른 평형 상태에 있다고 가정하면 다음 식과 같게 된다.

$$K_I = \frac{[E][I]}{[EI]} \qquad [12\text{-}30]$$

그러므로 경쟁 억제제는 기질과 결합할 수 있는 유리 효소의 농도를 감소시킨다.

경쟁적으로 방해된 반응의 Michaelis-Menten 식은 다만 I와 결합하여 EI를 형성하는 $[E]_T$의 분율을 차지하는 추가적인 용어($[E]_T = [E] + [ES] + [EI]$)를 제외하고는 이전(12-1B절)과 같이 유도된다. 얻어지는 식은 인자 α에 의하여 변형된 Michaelis-Menten 식으로 아래와 같다.

$$v_o = \frac{V_{max}[S]}{\alpha K_M + [S]} \qquad [12\text{-}31]$$

위 식에서 α는 다음과 같이 정의된 것이다.

$$\alpha = 1 + \frac{[I]}{K_I} \qquad [12\text{-}32]$$

억제제의 농도와 억제제의 효소에 대한 친화력의 함수인 α가 1보다 작을 수는 없다는 것에 주의하라. 식 12-25와 12-31을 비교하면 K_M^{app}는 겉보기 K_M으로서 $K_M^{app} = \alpha K_M$임을 나타내는데, 이는 K_M 값이 억제제가 있다는 인식이 없이 측정된 것이다. 그림 12-7은 α값이 증가함에 따른 식 12-31의 쌍곡선을 보여 준다. I의 존재는 [S]가 실제보다 낮은 것으로 보이게 하는데(K_M이 실제보다 크게 된다), 이는 E에 대한 I 및 S의 결합이 서로 배타적인 결과이다. 그러나 [S]의 증가는 경쟁 억제제를 압도할 수 있다. 실제로 α**는 억제제가 존재할 때 그 효과를 이기기 위해서 [S]가 증가되어야 하는 인자이다.** α값이 어떠하든지(다시 말하면 억제제의 어떤 농도에서도) [S]가 무한대에 접근함에 따라 v_o는 V_{max}에 도달한다. 그러므로 억제제는 효소의 전환수에 영향을 미치지 않는다.

경쟁적 억제는 메탄올 중독을 처치하기 위하여 에탄올을 사용하는 숨은 원리이다. 메탄올 그 자체는 단지 약한 독성을 가진다. 그러나 간의 알코올 탈수소 효소는 메탄올을 매우 독성이 큰 폼알데하이드로 전환하는데, 단지 적은 양만으로도 눈이 멀게 하며, 더 나아가 죽게 한다. 에탄올은 간의 알코올 탈수소 효소의 활성 자리에 메탄올이 결합하는 것과 경쟁하여 메탄올로부터 폼알데하이드의 생성을 느리게 한다(에탄올은 쉽게 대사되는 아세트알데하이드로 전환된다). 그리하여 에탄올의 투여로 많은 양의 메탄올은 폼알데하이드로 전환되기 전에 손상을 끼치지 않고 오줌을 통해 체외로 배출된다. 동일한 이유로 자동차 부동액(에틸렌 글리콜, $HOCH_2CH_2OH$)의 단맛으로 인하여 자주 고양이나 개에 일어나는 자동차 부동액 중독의 처치에 에탄올이 사용된다.

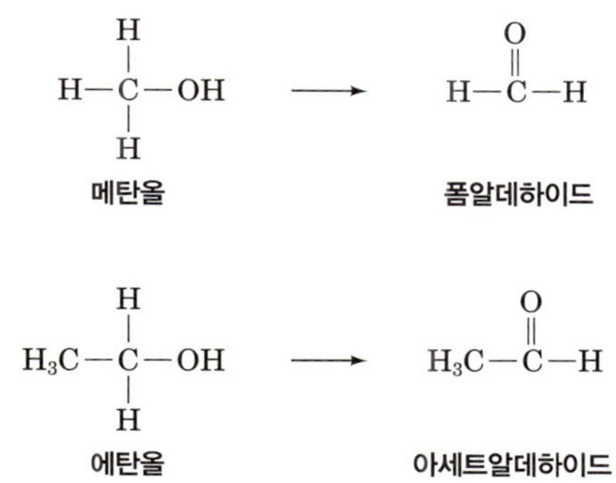

K_I**는 측정 가능하다.** 식 12-31을 이중 역수 형식으로 다시 정리하면 다음 식을 얻게 된다.

$$\frac{1}{v_o} = \left(\frac{\alpha K_M}{V_{max}}\right)\frac{1}{[S]} + \frac{1}{V_{max}} \qquad [12\text{-}33]$$

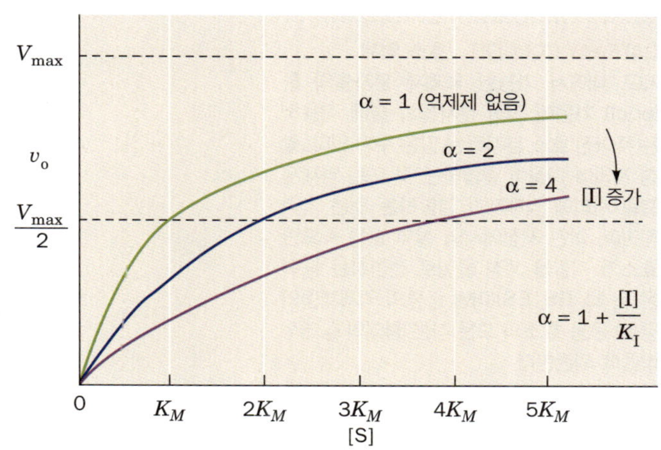

그림 12-7 경쟁 억제제가 다른 농도로 있는 조건에서 Michaelis-Menten 식의 [S]에 대한 v_o의 도시

? $[S] = 50\ K_M$인 경우 세 곡선은 어떠하겠는가?

예시 계산 12-5

어떤 효소가 경쟁 억제제가 없는 경우 K_M은 8 μM이며, 경쟁 억제제가 3 μM 있는 경우 K_M^{app}는 12 μM이다. K_I를 계산하시오.

먼저 $K_M = 8$ μM, $K_M^{app} = 12$ μM에서 α값을 계산한다.

$$K_M^{app} = \alpha K_M$$

$$\alpha = \frac{K_M^{app}}{K_M}$$

$$\alpha = \frac{12\ \mu M}{8\ \mu M} = 1.5$$

다음에 식 12-32로부터 K_I를 계산한다.

$$\alpha = 1 + \frac{[I]}{K_I}$$

$$K_I = \frac{[I]}{\alpha - 1}$$

$$K_I = \frac{3\ \mu M}{1.5 - 1} = 6\ \mu M$$

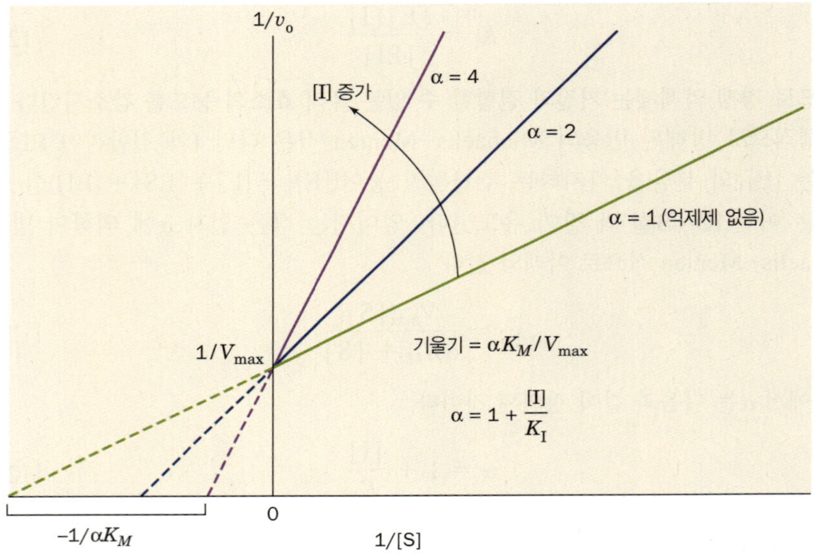

그림 12-8 그림 12-7에 나타낸 경쟁적으로 억제된 Michaelis–Menten 효소의 Lineweaver–Burk 도시 모든 직선이 $1/v_0$ 축 위의 $1/V_{max}$에서 교차함에 주의하라. 기울기의 변화는 $\alpha K_M = K_M^{app}$에 대한 억제제의 효과를 나타낸다.

이 식을 그리면 직선이 되며, 기울기 $\alpha K_M/V_{max}$, $1/[S]$의 절편 $-1/\alpha K_M$ 및 $1/v_o$ 절편 $1/V_{max}$을 가진다(**그림 12-8**). 다양한 I의 농도에서 경쟁 억제제에 대한 이중 역수 도시는 $1/v_o$ 축의 $1/V_{max}$에서 교차되는데, 이는 경쟁 억제제에 대한 판단의 근거가 되는 특성이다.

경쟁 억제제에 대한 KI 값은 [I]에 대한 $K_M^{app} = (1+[I]/K_I)K_M$의 도시를 통하여 측정될 수 있다. [I] 축 위의 교점은 $-K_I$이다. 만일 K_M이 알려진 효소에 대하여 알고 있는 [I]에서 $K_M^{app} = \alpha K_M$이 결정된다면 K_I는 또한 식 12-32로부터 계산될 수 있다(예시 계산 12-5를 보라). 구조가 다른 경쟁 억제제의 K_I 값을 비교함으로써 효소의 활성 자리의 결합 특성과 그에 따른 촉매 메커니즘에 관한 정보가 제공될 수 있다. 예를 들어 ATP를 필요로 하는 효소의 활성 자리에 결합하는 ATP 분자 여러 부분들의 중요성을 규명하기 위해서는 ADP, AMP, 리보스 및 삼인산(triphosphate)에 대한 K_I를 측정하면 된다. 이들 많은 ATP 구성 성분들은 효소에 대하여 반응성이 없으므로 억제 연구는 효소에 그들이 결합하는 것을 검사하는 가장 편한 방법이다.

GATEWAY CONCEPT 효소 억제

세포 내에서 가능한 억제제 분자들의 풀(pool) 가운데 기질 분자들의 풀에 작용하는 주어진 효소 분자들은 많은 수가 있다. 활성 자리에 기질이 결합하는 것 또는 억제제 결합 자리에 억제제가 결합하는 것은 가역적이며, 어떤 시점에서의 실제 반응 속도인 효소가 기질을 생성 물질로 전환하는 능력은 E, EI, ES, ESI(어떤 종류의 억제제들의 경우) 등등 효소의 모든 다른 형태의 상대적 비율에 의존한다.

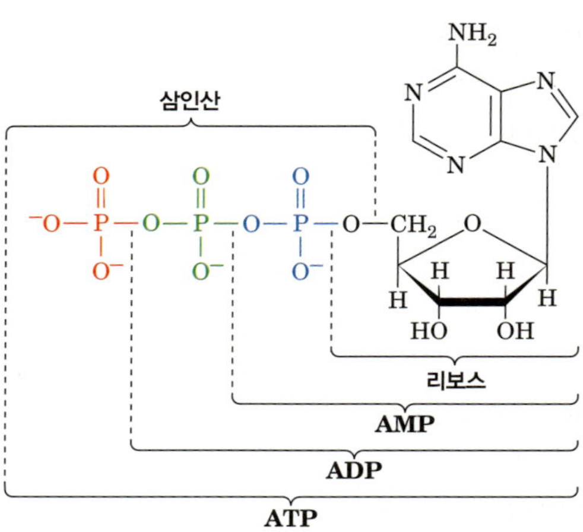

B 무경쟁 억제는 효소-기질 복합체에 억제제가 결합하는 것과 관련이 있다

무경쟁 억제(uncompetitive inhibition)에서는 억제제가 유리 상태의 효소에는 결합하지 않고 효소-기질 복합체에 직접 결합한다.

$$\begin{array}{c}
\mathrm{E} + \mathrm{S} \underset{k_{-1}}{\overset{k_1}{\rightleftharpoons}} \mathrm{ES} \xrightarrow{k_2} \mathrm{P} + \mathrm{E} \\
+ \\
\mathrm{I} \\
K_\mathrm{I}' \Big\Updownarrow \\
\mathrm{ESI} \longrightarrow \text{반응이 일어나지 않음}
\end{array}$$

이 경우, 억제제 결합 단계는 해리 상수를 가진다.

$$K_\mathrm{I}' = \frac{[\mathrm{ES}][\mathrm{I}]}{[\mathrm{ESI}]} \qquad [12\text{-}34]$$

기질과 유사할 필요가 없는 무경쟁 억제제는 아마도 **활성 자리를 변형시키고, 따라서 효소로 하여금 촉매 기능을 불활성화시키는 것**으로 보인다.

무경쟁 억제에 대한 Michaelis–Menten 식과 이중 역수 도시에 관한 식은 **표 12-2**에 있다. 이중 역수 도시는 기울기가 $K_M/V_{\max}$, $1/v_o$ 절편이 $\alpha'/V_{\max}$ 그리고 $1/[\mathrm{S}]$ 절편이 $-\alpha'/K_M$을 가지는 평행하는 선들로 이루어진다(**그림 12-9**). 무경쟁 억제에서는 $K_M^{\mathrm{app}} = K_M/\alpha'$ 그리고 $V_{\max}^{\mathrm{app}} = V_{\max}/\alpha'$로 둘 다 감소되나 $K_M^{\mathrm{app}}/V_{\max}^{\mathrm{app}} = K_M/V_{\max}$이라는 것에 주의하라. 경쟁 억제의 경우와는 달리 기질 농도가 증가하더라도 기질의 결합이 무경쟁 억제제의 결합을 저해하지 않기 때문에 무경쟁 억제제의 영향이 제거되지 않는다.

무경쟁 억제는 억제제가 효소의 촉매 활성에 영향을 미치지만 기질의 결합에는 영향을 미치지 않아야 한다. 이는 단일 기질 효소 반응에서는 보기가 어렵다. 실제로 무경쟁 억제는 다중 기질 효소의 경우에만 중요하다.

C 혼합 억제는 유리 효소와 효소-기질 복합체 두 가지 모두에 억제제가 결합하는 것과 관련이 있다

많은 가역적 억제제는 촉매 활성뿐만 아니라 기질의 결합에 영향을 미치는 방법으로도 효소에 상호작용한다. 다른 표현으로 효소나 효소-기질 복합체 모두 억제제와 결

표 12-2 Michaelis–Menten 반응에 대한 억제제의 영향[a]

억제의 종류	Michaelis–Menten 식	Lineweaver–Burk 식	억제제의 영향
없음	$v_o = \dfrac{V_{\max}[\mathrm{S}]}{K_M + [\mathrm{S}]}$	$\dfrac{1}{v_o} = \dfrac{K_M}{V_{\max}}\dfrac{1}{[\mathrm{S}]} + \dfrac{1}{V_{\max}}$	없음
경쟁	$v_o = \dfrac{V_{\max}[\mathrm{S}]}{\alpha K_M + [\mathrm{S}]}$	$\dfrac{1}{v_o} = \dfrac{\alpha K_M}{V_{\max}}\dfrac{1}{[\mathrm{S}]} + \dfrac{1}{V_{\max}}$	K_M^{app} 증가
무경쟁	$v_o = \dfrac{V_{\max}[\mathrm{S}]}{K_M + \alpha'[\mathrm{S}]} = \dfrac{(V_{\max}/\alpha')[\mathrm{S}]}{K_M/\alpha' + [\mathrm{S}]}$	$\dfrac{1}{v_o} = \dfrac{K_M}{V_{\max}}\dfrac{1}{[\mathrm{S}]} + \dfrac{\alpha'}{V_{\max}}$	K_M^{app}와 $V_{\max}^{\mathrm{app}}$ 감소
혼합(비경쟁)	$v_o = \dfrac{V_{\max}[\mathrm{S}]}{\alpha K_M + \alpha'[\mathrm{S}]} = \dfrac{(V_{\max}/\alpha')[\mathrm{S}]}{(\alpha/\alpha')K_M + [\mathrm{S}]}$	$\dfrac{1}{v_o} = \dfrac{\alpha K_M}{V_{\max}}\dfrac{1}{[\mathrm{S}]} + \dfrac{\alpha'}{V_{\max}}$	$V_{\max}^{\mathrm{app}}$ 감소 K_M^{app} 증가 또는 감소

[a] $\alpha = 1 + \dfrac{[\mathrm{I}]}{K_\mathrm{I}}$ and $\alpha' = 1 + \dfrac{[\mathrm{I}]}{K_\mathrm{I}'}$.

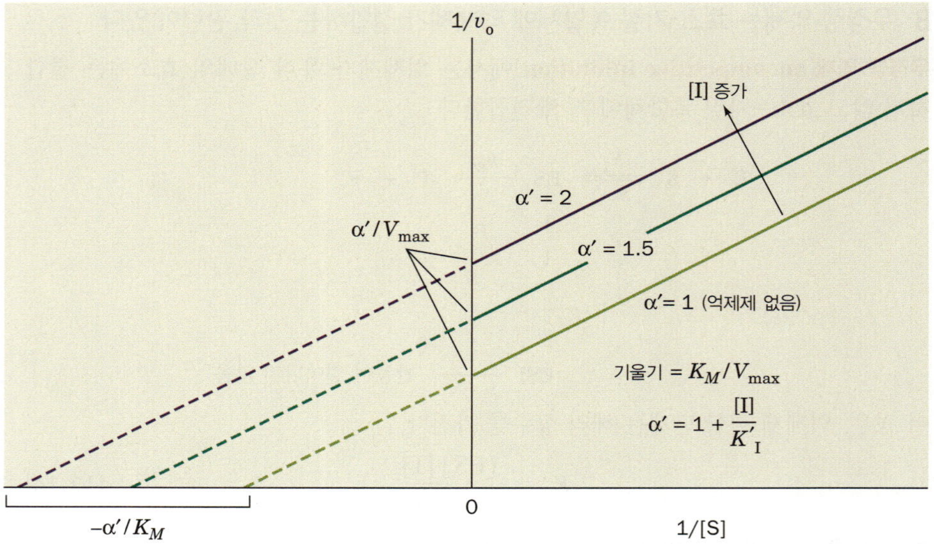

그림 12-9 무경쟁 억제제 존재시 Michaelis–Menten 효소의 Lineweaver–Burk 도시 모든 직선이 K_M/V_{max}의 동일한 기울기를 가지는 것에 주의하라.

합하므로 따라서 다음 모형이 된다.

$$\begin{array}{ccccc} E + S & \underset{k_{-1}}{\overset{k_1}{\rightleftharpoons}} & ES & \xrightarrow{k_2} & P + E \\ + & & + & & \\ I & & I & & \\ K_I \Big\Updownarrow & & K'_I \Big\Updownarrow & & \\ EI & & ESI & \longrightarrow & \text{반응이 일어나지 않음} \end{array}$$

이러한 현상은 **혼합 억제**[**mixed inhibition**, 다른 말로 **비경쟁 억제**(**noncompetitive inhibition**)]로 알려졌다. 아마도 **혼합 억제제는 기질의 결합과 촉매 활성 두 가지 모두에 다 관여하는 효소의 자리에 결합할 것이다.** 예를 들어 효소 활성 자리에 결합하는 기질과 직접 경쟁하지 않는 금속 이온들은 경쟁 억제제 또는 혼합 억제제로서 작용할 수 있다. 억제제 결합에 대한 두 가지 해리 상수가 있는데, 이들은 꼭 같을 필요는 없다.

$$K_I = \frac{[E][I]}{[EI]} \quad \text{와} \quad K'_I = \frac{[ES][I]}{[ESI]} \qquad [12\text{-}35]$$

혼합 억제에 대한 Michaelis–Menten 식 및 이에 해당되는 이중 역수 도시식은 표 12-2에 나타나 있다. 무경쟁 억제와 마찬가지로 K_M과 V_{max}의 겉보기 값은 억제제가 있음에 따라 달라진다. 혼합 억제라는 용어는 Michaelis–Menten 식의 분모가 경쟁 억제의 경우와 마찬가지로 K_M에 인자 α를 곱한 것이며, 무경쟁 억제와 같이 [S]에 α′를 곱한 것에서 유래된 것이다. 따라서 $K_M^{app} = (\alpha/\alpha')K_M$ 그리고 $V_{max}^{app} = V_{max}/\alpha'$이다.

α와 α′(따라서 K_I 및 K_I')의 상대적인 값에 의하여 K_M^{app}는 증가될 수도(경쟁 억제의 경우와 같이) 또는 감소될 수도 있다. 만일 효소와 효소-기질 복합체가 I에 동일한 친화력으로 결합한다면 α = α′이며, K_M^{app} 값은 억제제가 없는 경우의 반응에 대한 K_M에서 달라지지 않는다. 이 경우 단지 V_{max}만 영향을 받게 되는데, 이를 **순수 비경쟁 억제**(**pure noncompetitive inhibition**)라고 한다.

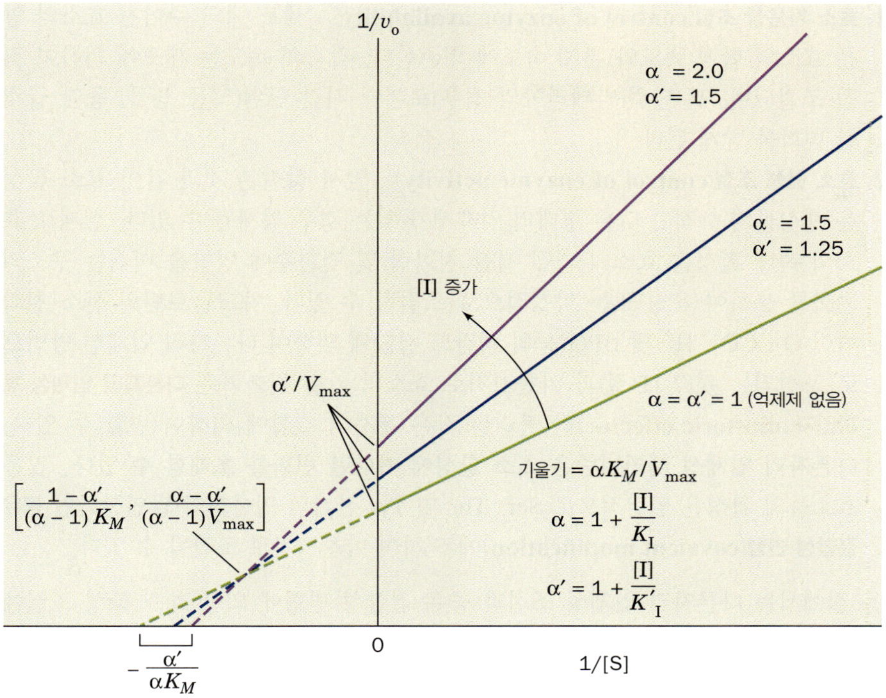

그림 12-10 혼합 억제제 존재 시 Michaelis–Menten 효소의 Lineweaver–Burk 도시 모든 직선이 $1/v_0$ 축의 왼쪽에서 교차되는 것에 주의하라. 교점의 좌표는 괄호에 표시하였다. $K_I = K_I'(\alpha = \alpha')$일 때 직선은 1/[S] 축의 $-1/K_M$에서 교차한다.

혼합 억제에 대한 이중 역수 도시는 기울기 $\alpha K_M/V_{max}$, $1/v_o$ 절편이 α'/V_{max} 그리고 1/[S] 절편이 $-\alpha'/\alpha K_M$을 가지는 선들로 이루어진다(**그림 12-10**). [I]가 증가함(E와 ES가 I로 포화됨을 나타냄)에 따라 해당되는 선들은 $1/v_o$ 축 왼쪽에서 교차한다. 순수 비경쟁 억제의 경우 1/[S] 축은 $-1/K_M$에서 교차한다. 무경쟁 억제의 경우와 마찬가지로 기질의 결합은 혼합 억제의 영향을 회복하지는 못한다.

효소 불활성제(비가역적 억제제)의 속도론은 불활성제가 모든 기질 농도 조건에서 활성을 가진 효소 농도를 감소시키므로 순수 비경쟁 억제제와 유사하다. 결과적으로 V_{max}는 감소하며, K_M은 변하지 않는다. 비가역적 불활성화에 대한 이중 역수 도시는 따라서 순수 비경쟁 억제와 유사하다(1/[S] 축에 교점을 가진 선).

체크 포인트

- 억제제는 불활성제와 어떻게 구별되는가?
- 왜 효소의 기질, 전이 상태 및 생성물이 모두 경쟁적 억제제의 고안에 출발점이 되는가?
- K_M 및 V_{max}에 대한 경쟁, 무경쟁 및 혼합 억제의 영향을 서술하시오.
- 효소에 대한 억제제의 결합을 어떻게 정량화할 수 있는가?
- 순수 비경쟁 억제는 다른 형태의 억제와 어떻게 다른가?

3 효소 활성 조절

주요 개념

- 다른자리 입체성 효과인자들은 아스파트산 카바모일기 전달 효소(aspartate transcarbamoylase)와 같은 다중 소단위체 효소에 결합하여 효소의 촉매 활성을 변화시키는 협동적 형태 전환(cooperative conformational change)을 유도한다.
- 글리코젠 가인산 분해 효소와 같은 효소의 인산화 및 탈인산화는 활성이 높은 형태와 낮은 형태 사이의 평형을 변화시킴으로써 그 효소의 활성을 조절할 수 있다.

생물체는 그를 구성하는 효소의 촉매 활성을 조절할 수 있어서 외부 조건의 변화와 성장 및 분화에 반응하여 순차적인 형태로 모든 수많은 대사 과정을 조화시킬 수 있어야 한다. 여기에는 두 가지 방법이 있다.

1. **효소 가용성 조절**(**control of enzyme availability**) 세포 내의 주어진 효소의 양은 효소의 합성 속도와 분해 속도에 의존한다. 각각의 속도는 세포에 의하여 직접 조절되며, 분 단위(박테리아의 경우)로부터 시간 단위(고등 생물) 동안 급격한 변화를 받게 된다.
2. **효소 활성 조절**(**control of enzyme activity**) 앞서 살펴본 것과 같이 효소 활성은 생성물의 축적과 다른 형태의 억제제가 있는 경우 억제될 수 있다. 실제로 효소의 촉매 활성은 효소의 기질 결합 친화력 및 전환수에 영향을 미치는 구조의 변화를 통하여 음성 또는 양성적으로 조절될 수 있다. 헤모글로빈의 산소 친화력이 O_2, CO_2, H^+ 및 BPG 등의 리간드 결합에 의하여 다른자리 입체성 방법으로 조절되는 것(7-1D절)과 마찬가지로 효소의 기질 친화력은 **다른자리 입체성 효과인자**(**allosteric effector**)라 불리는 작은 분자의 결합에 의하여 변할 수 있다. **다른자리 입체성 메커니즘은 효소 활성에 커다란 변화를 초래할 수 있다.** 많은 효소들의 활성은 일반적으로 Ser, Thr 및 Tyr 잔기의 인산화와 탈인산화인 **공유 결합성 변형**(**covalent modification**)에 의하여 마찬가지로 조절될 수 있다.

다음 절에서는 다른자리 입체성 조절과 공유 결합성 변형에 의한 효소 활성 조절에 대하여 논의하게 된다.

A 다른자리 입체성 조절은 활성 자리가 아닌 다른자리에 결합하는 것과 관련이 있다

이 절에서는 대장균 **아스파트산 카바모일기 전달 효소**(**aspartate transcarbamoylase, ATCase**)를 예로 하여 효소 활성의 다른자리 입체성 조절에 대하여 살펴보고자 한다. 그 외의 다른자리 입체성 효소들은 후에 서술되는 장들에서 논의하게 될 것이다.

ATCase의 되먹임 억제는 피리미딘 합성을 조절한다. 아스파트산 카바모일기 전달 효소는 **카바모일 인산**(**carbamoyl phosphate**)과 아스파트산으로부터 ***N*-카바모일 아스파트산**(***N*-carbamoyl aspartate**)의 생성을 촉매한다.

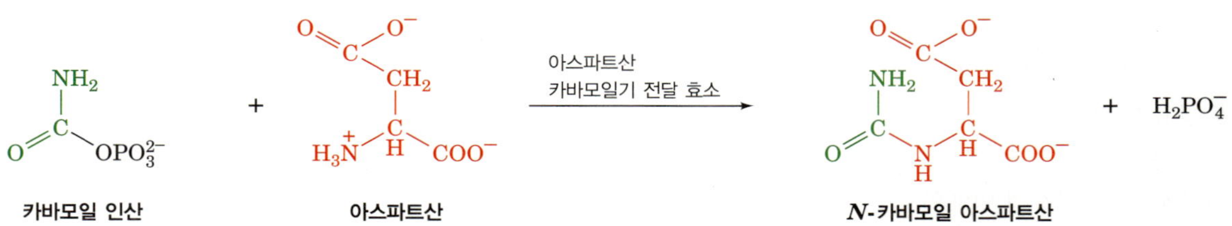

이 반응은 피리미딘 생합성에서만 발생하는 특유의 첫 단계 반응이다(23-2A절). 대장균 ATCase의 다른자리 입체성 양상은 John Gerhart와 Howard Schachman에 의하여 조사되었는데, 그들은 두 기질이 효소에 협동적으로 결합한다는 것을 보여 주었다. 더 나아가 ATCase는 피리미딘 뉴클레오타이드인 **사이티딘 삼인산**(**cytidine triphosphate, CTP**)에 의하여 다른자리 입체성으로 억제되며, 퓨린 뉴클레오타이드인 아데노신 삼인산(adenosine triphosphate, ATP)에 의하여 다른자리 입체성으로 활성

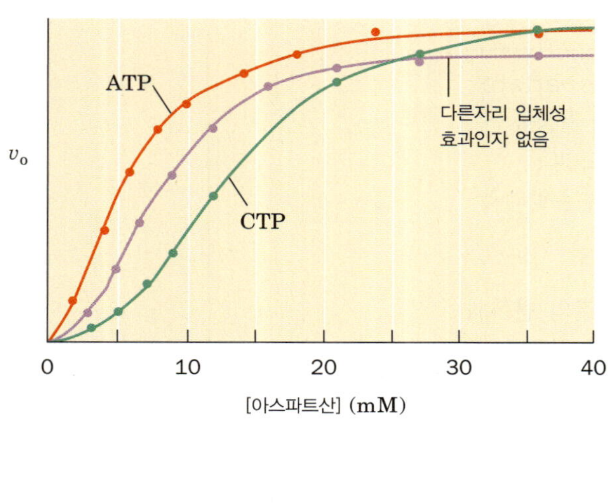

그림 12-11 ATCase 반응의 [아스파트산]에 대한 v_0의 도시 반응 속도는 다른자리 입체성 효과인자가 없는 조건 또는 0.4 mM CTP(억제제) 혹은 2.0 mM ATP(활성제)가 있는 조건에서 측정하였다. [After Kantrowitz, E.R., Pastra-Landis, S.C., and Lipscomb, W.N., *Trends Biochem. Sci.* **5**, 125 (1980).]

? ATP와 CTP는 효소의 겉보기 K_M에 어떻게 영향을 미치는가?

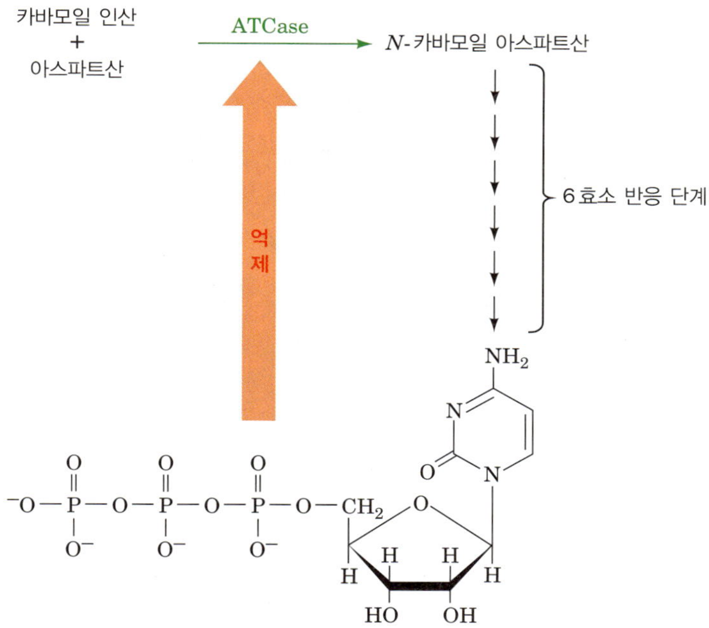

그림 12-12 피리미딘 생합성 경로의 개요도 경로의 최종 산물인 CTP는 그 경로의 첫 단계를 촉매하는 ATCase를 억제한다.

화된다.

ATCase의 [S]에 대한 v_o 곡선(**그림 12-11**)은 Michaelis–Menten 모형을 따르는 효소의 경우 쌍곡선을 나타내는 것과는 달리 S자형(sigmoidal)이다. 이는 협동적인 기질 결합에 부합된다(헤모글로빈의 산소 결합 곡선 또한 S자형임을 상기하라(그림 7-6). ATCase의 다른자리 입체성 효과인자는 곡선 전체를 오른쪽 또는 왼쪽으로 이동시킨다. 주어진 기질 농도에서 CTP는 효소 촉매 속도를 감소시키는 반면에 ATP는 증가시킨다.

피리미딘 생합성 경로의 한 산물인 CTP는 **되먹임 억제제(feedback inhibitor)**의 한 예인데, 왜냐하면 **그것이 자기 자신의 생합성 초기 단계를 억제하기 때문이다**(**그림 12-12**). 그리하여 CTP 수준이 높으면 CTP는 ATCase에 결합하여 CTP 합성 속도를 감소시킨다. 반면에 세포 내 [CTP]가 감소하면 CTP는 ATCase에서 해리되고 CTP 생성은 촉진된다.

ATP에 의한 ATCase 활성화의 대사 과정에서 중요한 것은 퓨린과 피리미딘 뉴클레오타이드 합성 속도를 동등하게 하는 것으로, 이는 핵산 생합성에 이들 뉴클레오타이드가 거의 같은 양으로 사용되기 때문이다. 예를 들면, ATP 농도가 CTP 농도보다 훨씬 높게 되면 ATCase는 ATP와 CTP 농도가 균형을 이룰 때까지 피리디딘 뉴클레오타이드를 합성하도록 활성화된다. 반면에 CTP 농도가 ATP 농도보다 높게 되면 CTP에 의한 ATCase의 억제는 퓨린 뉴클레오타이드 생합성이 ATP와 CTP 농도가 균형이 되도록 하게 한다.

다른자리 입체성 변화는 ATCase의 기질-결합 자리를 변화시킨다. 대장균 ATCase(300 kD)는 c_6r_6의 소단위체 구성을 가지는데, c와 r은 각각 촉매(catalytic) 및 조절(regulatory) 소단위체를 나타낸다. ATCase의 X-선 구조(**그림 12-13**)는 William Lipscomb에 의하여 결정되었는데, 촉매 소단위체는 3개의 조절 소단위체 이량체

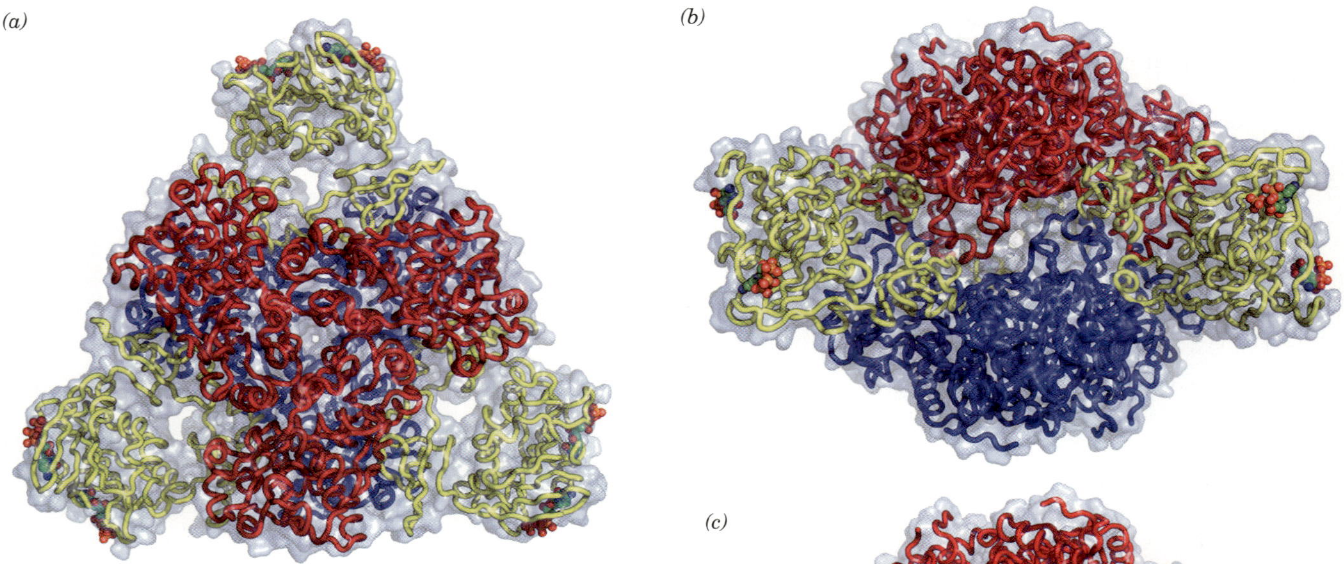
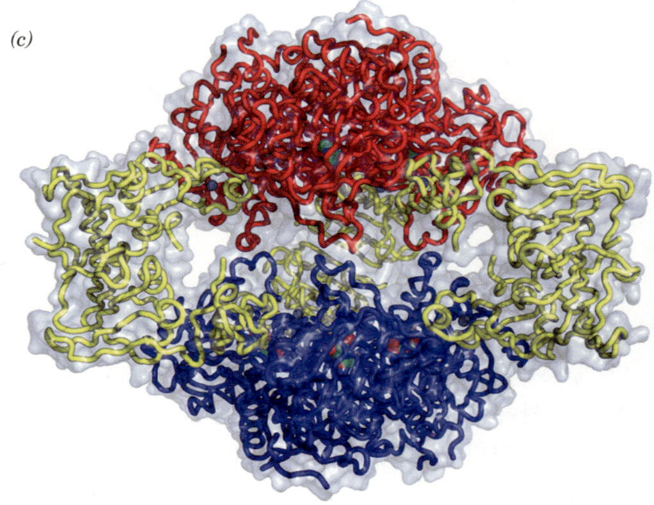

그림 12-13 대장균 ATCase의 X-선 구조 CTP와 복합체를 이룬 T-상태 효소는 (*a*) 단백질 분자의 삼중 대칭축에서 본 것이며, (*b*) a에서 보는 것과 수직인 분자의 이중 대칭축에서 본 것이다. 폴리펩타이드 사슬은 투명한 분자 표면에 삽입된 벌레 형태로 그려져 있다. 조절 이량체(노란색)는 위쪽 촉매 삼량체(빨간색)와 아래쪽 촉매 삼량체(파란색)를 연결한다. CTP는 원자별로 색(C 초록색, O 빨간색, N 파란색 및 P 주황색)으로 나타낸 공간 채움 모형으로 그려져 있다. (*c*) 기질 유사물인 PALA와의 복합체인 R-상태 효소를 *b*에서와 같이 보여 준다. PALA(*c* 소단위체에 결합되어 있으나 이 그림에서는 대부분이 가려져 있는)는 공간 채움 모형으로 나타나 있다. T → R 전이에서 조절 이량체의 회전이 어떻게 촉매 삼량체를 삼중 축을 따라 멀어지도록 이동시키는가에 주의하라. [Based on X-ray structures by William Lipscomb, Harvard University, PDBids 5AT1 and 8ATC.]

(r_2)와 복합체를 이룬 2개의 삼량체(c_3)로 배열되었음을 보여 준다. 각 조절 이량체는 2개의 촉매 소단위체, 즉 서로 다른 c_3 삼량체에 결합되어 있다.

분리된 촉매 삼량체는 촉매적으로 활성이며, 원래의 ATCase보다 큰 최대 촉매 속도를 가지며, 비협동적(쌍곡선의) 기질 포화 곡선을 나타내고, ATP 또는 CTP에 의하여 영향을 받지 않는다. 분리된 조절 이량체는 다른자리 입체성 효과인자와 결합하지만 효소 활성은 없다. 결론적으로, **조절 소단위체는 원래의 효소 상태에서 촉매 소단위체의 활성을 다른자리 입체성 방식으로 감소시킨다.**

다른자리 입체성 이론이 예측하는 것처럼(7-1D절), 활성제 ATP는 ATCase의 활성형(R 또는 높은 기질 친화력) 상태에 선호적으로 결합하며, 반면에 억제제 CTP는 효소의 불활성형(T 또는 낮은 기질 친화력) 상태에 선호적으로 결합한다. 마찬가지로 비반응 이기질 유사물인 ***N*-(포스폰아세틸)-L-아스파트산[*N*-(phosphonacetyl)-L-aspartate, PALA]**은 ATCase의 R-상태에는 단단히 결합하나 T-상태에는 결합하지 않는다.

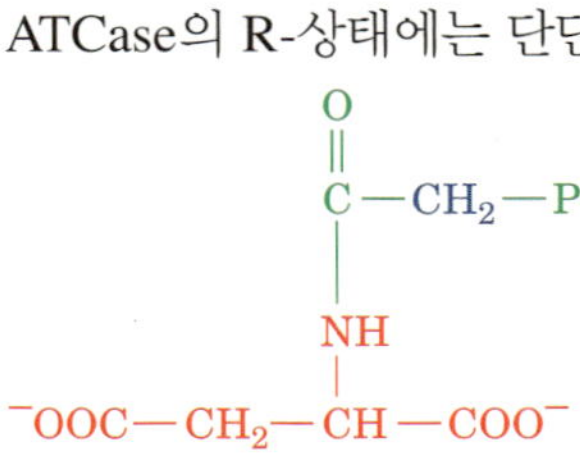

***N*-(포스폰아세틸)-L-아스파트산(PALA)**

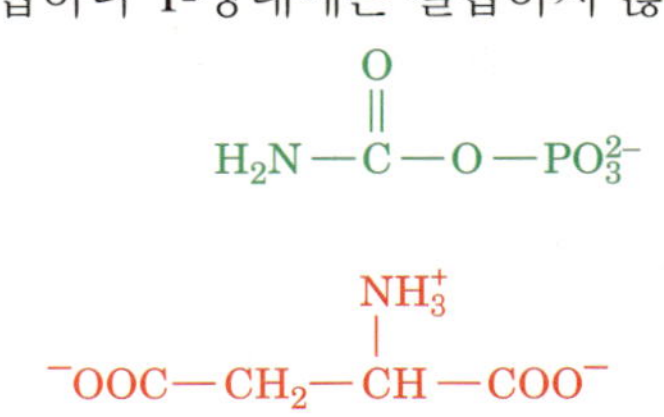

카바모일 인산 + 아스파트산

X-선 구조는 T-상태 ATCase−CTP 복합체와 R-상태 ATCase−PALA 복합체(일반적인 규칙처럼 PALA와 같은 비반응성 기질 유사체는 효소에 결합하여 빠르게 반응하는 기질과의 효소 복합체보다는 구조 분석이 더 용이한 복합체를 형성한다)에 대하여 분석된 것이다. 구조 연구는 T → R 전이에서 효소의 촉매 삼량체는 분자 삼중축(molecular threefold axis)을 따라 ~11 Å만큼 멀어지며, 각각에 대하여 12°만큼 이 축을 따라서 재배열된다(그림 12-13 *b*,*c*). 그에 더하여 조절 이량체는 그들의 이중 축(twofold axis)을 따라 15°만큼 시계 방향으로 회전하며, 삼중 축을 따라 ~4 Å 만큼 멀어진다. 이러한 커다란 사차 구조의 이동은 헤모글로빈의 변화를 생각나게 한다(7-1D절).

ATCase의 각 촉매 소단위체는 카바모일 인산 결합 구역(carbamoyl phosphate−binding domain)과 아스파트산 결합 구역(aspartate−binding domain)으로 구성되어 있다. 추측하기로는 두 기질이 다 결합하는 것과 흡사한 효소에 대한 PALA의 결합은 두 구역을 함께 회전시켜 그들 결합된 두 기질이 생성 물질을 형성하는 반응을 할 수 있도록 형태 변화를 유도한다(**그림 12-14**). 하나의 촉매 소단위체의 이러한 형태 변화(일부 잔기의 경우 8 Å 정도의 움직임)는 ATCase의 T → R 사차 구조의 전이를 촉발시킨다. ATCase의 삼차 및 사차 전이는 단단히 짝지어져 있다(즉, ATCase는 다른자리 입체성 대칭 모형에 밀접하게 따른다. 7-1D절). **한 개의 촉매 소단위체**

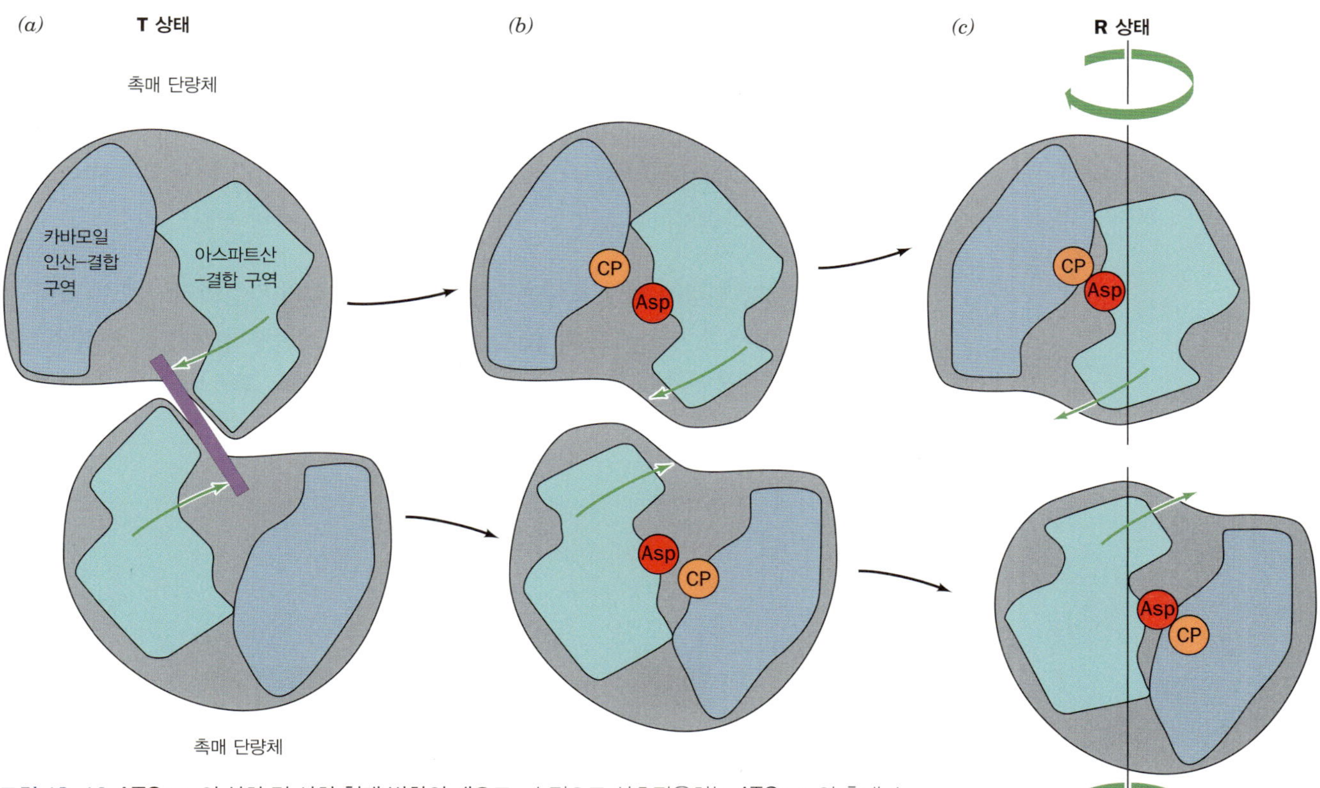

그림 12-14 ATCase의 삼차 및 사차 형태 변화의 개요도 수직으로 상호작용하는 ATCase의 촉매 소단위체 6개 중 2개를 보여 준다. (*a*) 결합된 기질이 없는 경우 단백질은 각 소단위체의 두 구역을 서로 가까이 오도록 하는 움직임(초록색 화살표)이 접촉하는 아스파트산-결합 구역 사이의 입체적 장애(코라색 막대)로 방해되기 때문에 T 상태로 되어 있다. (*b*) 카바모일 인산(CP)의 결합은 아스파트산(Asp)에 의하여 그들 각각의 결합 자리로 소단위체가 멀어지도록 서로에 대하여 회전시켜 T → R 전이가 되게 한다. (*c*) R 상태에서는 각 소단위체의 두 구역은 결합된 기질이 생성 물질로 전환되는 것을 촉진하도록 서로 가까워진다. [Illustration, Irving Geis. Image from the Irving Geis Collection/Howard Hughes Medical Institute. Rights owned by HHMI. Reproduction by permission only.]

에 대한 기질의 결합은 다른 5개 촉매 소단위체의 기질 결합 친화력과 촉매 활성 증가를 초래하는데, 이는 효소가 협동성을 가지고 기질과 결합하는 것을 설명해 준다.

다른자리 입체성 효과인자의 결합은 ATCase의 구조를 변화시키는 요인이 된다. ATCase 활성에 대한 CTP 및 ATP 효과의 구조적 근거는 부분적으로 밝혀졌다. 억제제 CTP와 활성제 ATP 두 가지 모두 가장 가까운 촉매 자리로부터 60 Å 떨어져 있는 조절 소단위체의 바깥쪽 모서리인 동일한 자리에 결합한다. CTP는 T 상태에 선호적으로 결합하여 그 안정성을 높이고, 반면에 ATP는 R 상태에 결합하여 그 안정성을 증가시킨다.

CTP 및 ATP가 각각 잘 결합하기 어려운 효소 상태에 결합하는 것 역시 구조적인 중요한 결과를 초래한다. CTP가 ATCase의 R 상태에 결합하면 촉매 삼량체로 하여금 0.5 Å만큼 서로 가까워지도록 하는(보다 더 T와 유사하게 하는데, 다시 말하면 활성이 낮은 효소가 되게 한다) 조절 이량체의 수축을 유도한다. 이것은 결국 효소의 활성 자리에 있는 핵심적인 잔기들을 재배열하여 효소의 촉매 활성을 감소시키게 된다. ATP가 T 상태 효소에 결합하게 되면 정반대의 효과를 나타낸다. ATP는 촉매 삼량체를 0.4 Å만큼 떨어지게 하여(보다 R 형태에 가깝게 하는, 즉 활성형이 되게 한다) 효소의 활성 자리에 있는 핵심적인 잔기들을 재배열하여 효소의 촉매 활성을 증가시킨다.

다른 효소에서의 다른자리 입체성 전이는 자주 헤모글로빈 및 ATCase와 유사하다. 다른자리 입체성 효소는 자연계에 널리 분포하며, 대사 경로에서 핵심적인 조절 위치를 점유한다. 이러한 효소들은 거의 항상 최소 두 개의 소단위체를 가지는 대칭적인 단백질로, 사차 구조의 변화는 결합 및 촉매 효과를 효소의 모든 활성 자리 전체에 걸쳐 전달한다. 사차 구조의 전이는 주로 소단위체가 다른 소단위체에 대하여 회전하는 것이다. T → R 전이에서 이차 구조는 거의 보존되는데, 이는 아마도 수십 Å 정도 떨어진 곳까지 다른자리 입체성 효과의 기계적 전달에 중요한 것으로 보인다.

B 공유 결합성 변형에 의한 조절은 일반적으로 단백질의 인산화와 관련이 있다

다른자리 입체성 조절에 더하여, 많은 효소들은 공유 결합성 변형에 의하여 조절될 수 있다. 진핵세포에서는 거의 대부분의 그러한 변형은 Ser, Thr 또는 Tyr 잔기의 하이드록시기의 인산화 및 탈인산화(인산기의 결합 및 제거)이다.

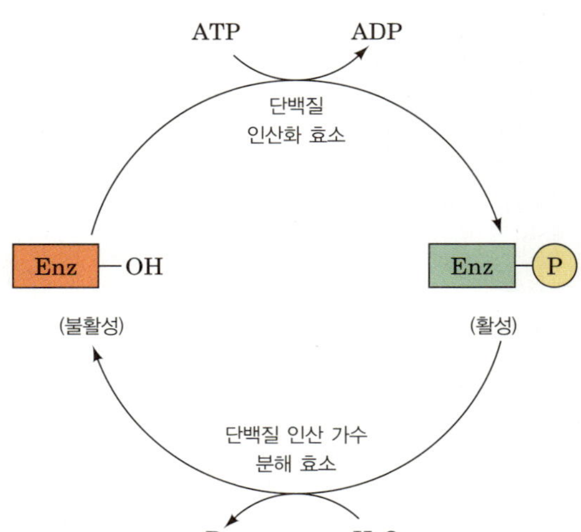

단백질 인산화 효소(protein kinase) 및 **단백질 인산 가수 분해 효소(protein phosphatase)** 에 의하여 촉매되는 그러한 효소적 변형/변형 제거 과정은 변형된 단백질의 활성을

바꾼다. 실제로 인체 단백질의 ~30% 정도가 거의 모든 생물학적 과정에 집합적으로 관여하는데, 가역적 인산화에 의하여 통제된다.

공유 결합성 변형에 의하여 효소 활성이 통제되는 하나의 예로 **포도당-1-인산**(**glucose-1-phosphate, G1P**)을 생성하는 글리코젠[포도당 잔기가 주로 α(1 → 4)-결합으로 이루어진 전분과 유사한 다당류; 8-2C절]의 **가인산 분해**(**phosphorolysis**, 인산기의 치환에 의한 결합의 절단)를 촉매하는 **글리코젠 가인산 분해 효소**[**glycogen phosphorylase**, 또는 단순히 **가인산 분해 효소**(**phosphorylase**)]에 대하여 살펴보기로 하자.

$$\underset{(n\ \text{잔기})}{\text{글리코젠}} + P_i \rightleftharpoons \underset{(n-1\ \text{잔기})}{\text{글리코젠}} + \text{G1P}$$

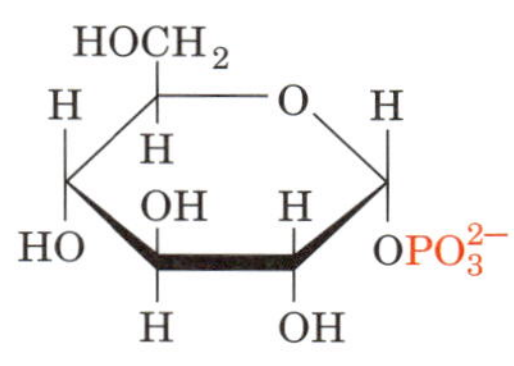

포도당-1-인산(G1P)

이 반응은 대사 활성을 위한 중요한 연료 공급자인 글리코젠 분해의 물질대사에서 속도-결정 단계이다(16-1절).

포유동물은 글리코젠 가인산 분해 효소의 세 가지 **동위효소**[**isozyme**, 동일한 생명체의 촉매적으로나 구조적으로는 유사하지만 유전자는 서로 다른 효소; **동위체**(**isoform**)라고도 함]를 근육, 뇌 및 간에서 발현한다. 여기에서 논의하는 근육 글리코젠 가인산 분해 효소는 842-잔기로 이루어진 소단위체의 동종 이량체이다. 그 효소는 다른자리 입체성 및 공유 결합성 변형 두 가지 모두로 조절된다. 인산화된 효소인 **가인산 분해 효소** ***a***(**phosphorylase** ***a***)는 Ser 14에 에스터화된 인산기를 가진다. 탈인산화된 효소는 **가인산 분해 효소** ***b***(**phosphorylase** ***b***)라고 한다.

가인산 분해 효소 *a*와 가인산 분해 효소 *b*의 X선 구조는 각각 Robert Fletterick과 Louise Johnson에 의하여 결정되었는데, 유사하다. 둘 다 큰 N-말단 영역(484 잔기: 알려진 것 중 가장 큰 영역임)과 작은 C-말단 영역을 가지고 있다(**그림 12-15**). 글리코

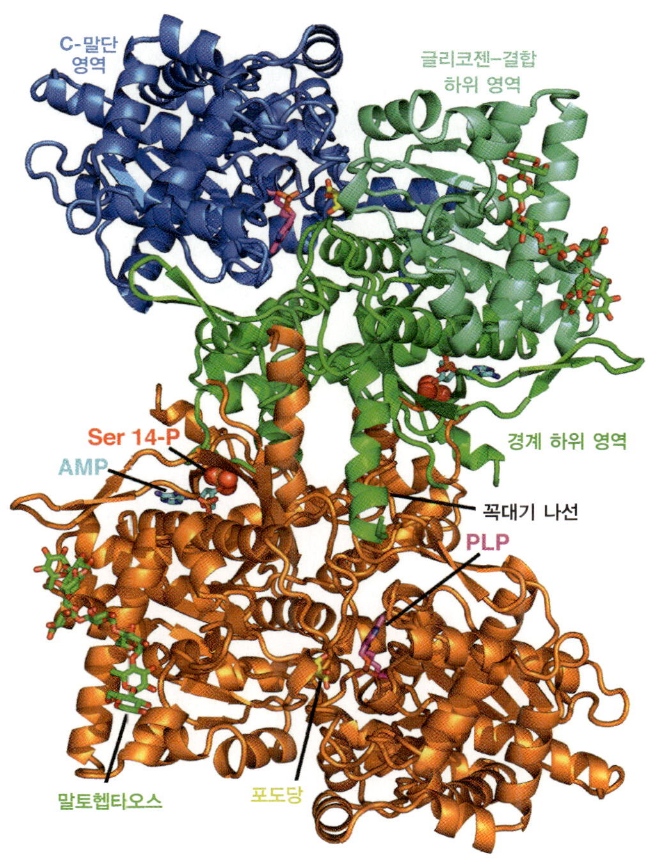

그림 12-15 토끼 근육의 글리코젠 가인산 분해 효소의 X선 구조 (*a*) 가인산 분해 효소 *a* 이량체의 리본 그림은 그 분자를 2중 대칭축을 따라 나타내었다. 각 소단위체는 경계 하위 영역(잔기 1~315)과 글리코젠-결합 하위 영역(잔기 316~484)으로 세분되는 N-말단 영역과 , C-말단 영역(잔기 485~842)으로 이루어져 있다. 효소의 몇몇 리간드들은 N은 파란색, O는 빨간색, P는 주황색 및 C로 나타낸 막대 형태로 나타나 있다. 활성 자리는 결합된 포도당 분자(C 노란색)로 표시되어 있다. 피리독살 인산(PLP)은 C-말단 영역(C 자홍색)에 있는 Lys 678의 곁사슬에 공유 결합되어 있다. 이외에도 효소는 다른자리 입체성 효과인자인 AMP(C 청록색)와 효소의 글리코젠 저장 자리에 결합된 α(1→4)-결합으로 연결된 포도당 칠량체인 **말토헵타오스**(maltoheptaose, C 초록색)를 결합시킨다. Ser 14 잔기에 결합된 인산기인 Ser 14-P는 공간 채움 모형으로 나타내었다. [X-ray structure coordinates courtesy of Stephen Sprang, University of Texas Southwest Medical Center]

젠-결합 하위 영역과 경계 하위 영역으로 구분되는 N-말단 영역은 인산화 자리(Ser 14), 하나의 다른자리 효과인자 자리, 하나의 글리코젠-결합 자리(글리코젠 저장 자리) 그리고 이량체에서 소단위체 간 모든 접촉부위를 포함하고 있다. 효소의 활성 자리는 소단위체의 중심에 위치한다.

인산화 및 탈인산화는 다른자리 입체성 조절과 유사한 방식으로 효소 활성을 변화시킬 수 있다. 글리코젠 가인산 분해 효소는 두 가지 형태를 가지는데, 효소의 활성형은 R 상태이며, 불활성형은 T 상태이다(**그림 12-16**). T-상태 효소는 잘못 이루어진 활성 자리와 기질이 결합하는 자리에 기질이 접근하는 것을 차단하는 표면 고리(surface loop, 잔기 282−284)를 가지고 있기 때문에 불활성이다. 반면에 R-상태 효소에서는 Arg 569의 곁사슬이 기질인 인산 이온이 결합할 수 있도록 재배열되고 282−284 고리가 더 이상 활성 자리를 차단하지 않게 되어, 그 결과 효소가 기질과 결합하여 효과적으로 글리코젠의 가인산 분해를 촉매하는 것이 허용된다.

Ser 14의 인산화는 가인산 분해 효소의 T(불활성) → R(활성) 형태 변화를 촉진한다. 더 나아가 효소의 이들 다른 형태는 별개의 다른자리 입체성 효과인자에 대하

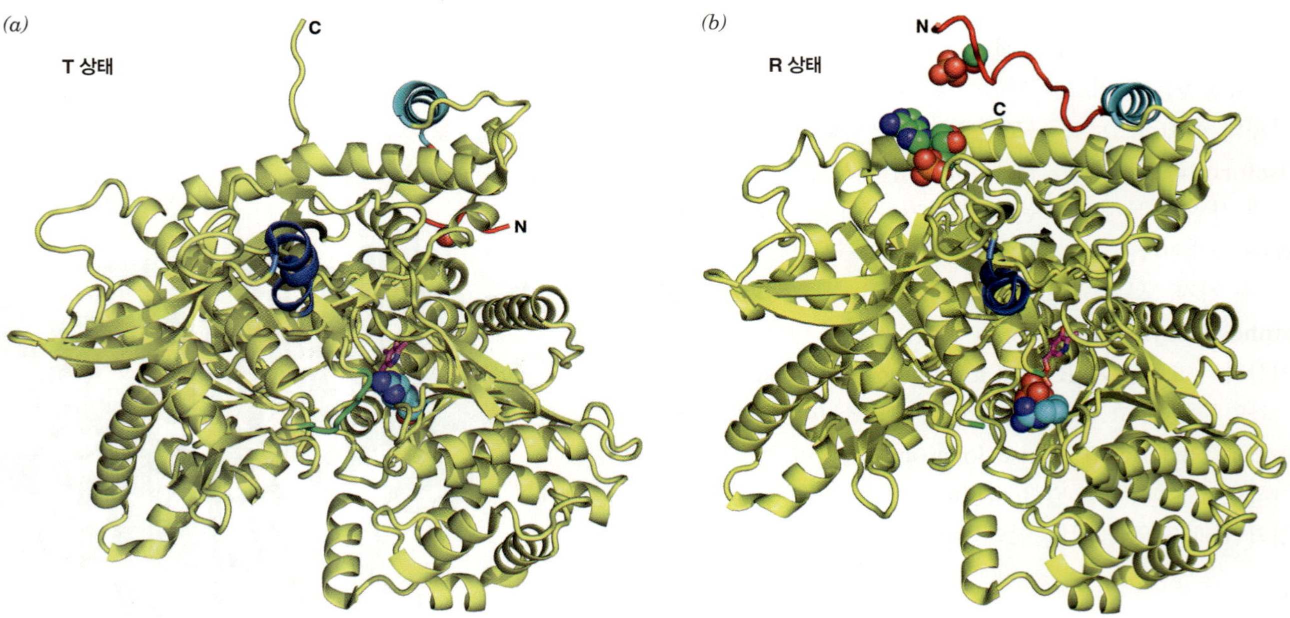

그림 12-16 글리코젠 가인산 분해 효소의 형태 전환 다른자리 입체성 효과인자가 없는 T 상태(*a*)와 AMP가 결합된 R 상태(*b*)에서의 이량체 글리코젠 가인산 분해 효소 *b*의 한 소단위체의 리본 그림. 보이는 그림은 수평축으로 ∼45° 회전된 그림 12-15의 아래쪽 (주황색) 소단위체이다. 꼭대기 나선은 파란색, N-말단 나선은 청록색, AMP 결합으로 형태가 바뀐 N-말단 잔기들은 빨간색, 그리고 R 상태에서는 무질서하나 여기서는 보이지 않는 잔기 282부터 286까지의 280대 고리는 초록색이다. 공간 채움 모형으로 나타낸 잔기들 중 인산화 자리인 Ser 14, R 상태 효소에만 결합하는 AMP는 C 초록색, N 파란색, O 빨간색 및 P 주황색을 가지며, 기질인 인산과 상호작용하기 위해 T → R 전이에서 재배열되는 Arg 569의 곁사슬은 C 청록색과 N 파란색을 가지고, Ser 14에 인접된 부위 및 R 상태 효소의 활성 자리에 결합된 인산 이온과 구조적으로 유사한 황산 이온은 O 빨간색 및 S 주황색을 가진다. 활성 자리에 있는 PLP는 C 자홍색, N 파란색, O 빨간색 및 P 주황색으로 그려져 있다. [Based on X-ray structures by Louise Johnson, Oxford University, U.K. PDBids 8GPB and 7GPB.]

? 단백질의 인산화가 어떻게 극적인 형태 변화를 촉발할 수 있는지 설명하기 위한 인산기의 특성을 생각해 보시오.

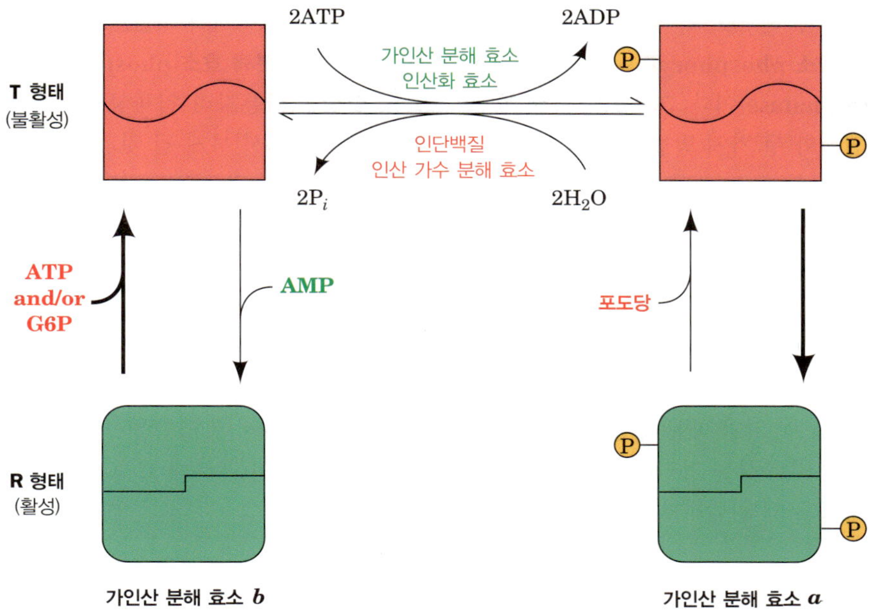

그림 12-17 글리코젠 가인산 분해 효소의 활성 조절 효소는 불활성인 T 형태(위) 또는 촉매 활성을 가진 R 형태(아래)를 가정할 수 있다. 가인산 분해 효소 *b*의 형태는 효과인자 AMP, ATP, G6P에 의하여 다른자리 입체성으로 조절되며, 생리적 조건에서는 거의 대부분 T 형태로 존재한다. 반면에 인산화된 효소인 가인산 분해 효소 *a*는 이들 효과인자들에 영향을 받지 않고 포도당 수준이 높지만 않다면 대부분 R 상태이다. 따라서 통상적인 생리적 조건에서는 글리코젠 가인산 분해 효소의 효소 활성은 주로 인산화 및 탈인산화 속도에 의하여 결정된다.

여 반응한다(그림 12-17). 따라서 ATP와 **포도당-6-인산**[**glucose-6-phosphate, G6P**는 글리코젠 가인산 분해 효소에 의하여 생성된 G1P가 전환된 화합물임(16-1C절)]은 가인산 분해 효소 *b*의 T 상태에 선호적으로 결합하여 효소를 불활성화시키며, 반면에 AMP는 가인산 분해 효소 *b*의 R 상태에 선호적으로 결합하여 효소를 활성화시킨다. 이와는 대조적으로 가인산 분해 효소 *a*의 다른자리 입체성 효과인자는 포도당뿐으로 효소의 T 상태에 결합하여 효소를 불활성화시킨다. ATP, G6P 및 포도당은 격렬하지 않은 활동 상태의 근육에서는 상대적으로 높은 농도로 존재하며, 글리코젠 분해가 불필요한 상태인 반면, 격렬한 활동 상태의 근육에서는 상대적으로 AMP가 높은 농도로 존재하며, 가인산 분해 효소에 의한 G1P 생성이 근육 수축을 우한 에너지원 제공을 돕는다는 것에 유의하라.

−2의 전하(원래의 아미노산 잔기들에는 없는 특성)를 가지며 단백질에 공유 결합된 인산기는 극적인 형태 변화를 유도할 수 있다. 가인산 분해 효소 *a*에서 Ser 14 인산기는 두 개의 양전하를 가진 Arg 곁사슬들과 이온쌍을 형성함으로써 활성 자리, 소단위체 접촉면 및 N-말단 영역을 연결하게 하는데, 특히 후자는 T-상태 효소의 경우 그 위치로부터 큰 형태적인 이동을 하게 된다(그림 12-16a). 이러한 결합 상호작용은 글리코젠 가인산 분해 효소의 꼭대기 나선(그림 12-15 및 12-16)을 기울어지게 하고 더 잘 밀착될 수 있도록 서로 떨어지게 하여 사차 구조의 T → R 전이를 촉발시키게 되는데, 주로 두 소단위체의 10° 정도의 상대적인 회전이 일어난다. **그리하여 Ser 14-인산기는 R 상태가 우호적이 되도록 효소의 T ⇌ R 평형을 이동시키는 일종의 내부적인 다른자리 입체성 효과인자로 작용한다.**

단백질 인산화 효소의 연속단계는 대사 요구에 대한 민감한 반응을 가능하게 한다. 글리코젠

체크 포인트

- 다른자리 입체성 효과인자, 경쟁 효소 억제제 및 비경쟁 억제제의 작용을 비교하고 대비해 보시오.
- ATCase에서 협동성 기질 결합과 다른자리 입체성 조절의 구조적 근거를 설명하시오.
- 왜 다른자리 입체성 효소는 두 개 이상의 촉매 소단위체로 이루어져 있는가?
- 인산화 및 탈인산화가 어떻게 글리코젠 가인산 분해 효소의 활성을 조절하는지 서술하시오.
- 단순한 다른자리 입체성 조절에 비하여 인산화/탈인산화 연속단계의 이점을 나열하시오.

가인산 분해 효소의 인산화 및 탈인산화를 촉매하는 효소는 각각 **가인산 분해 효소 인산화 효소(phosphorylase kinase)**와 **인단백질 인산 가수 분해 효소(phosphoprotein phosphatase)**이다(그림 12-17). 이들 효소들의 활성은 다른자리 입체성 및 인산화/탈인산화 두 가지 방법 모두에 의하여 조절된다. 13-2절에서 보게 될 것과 같이 단백질 인산화 효소와 단백질 인산 가수 분해 효소는 자주 연속적으로 연결되어 있다(즉 단백질 인산화 효소 X는 단백질 인산화 효소 Y를 인산화하며, 단백질 인산화 효소 Y는 단백질 인산화 효소 Z를 인산화한다). 이러한 연속단계 배열은 단순한 다른자리 입체성 효소보다는 신호 증폭 효과가 훨씬 더 큰데, 왜냐하면 연속단계의 경우 효과인자 농도의 작은 변화가 효소 활성의 큰 변화를 초래하기 때문이다. 더 나아가 연속단계는 연속단계에 있는 각 단백질의 활성이 효과인자들의 다른 조합에 의하여 영향을 받을 수 있기 때문에 많은 수의 다른자리 입체성 효과인자에 영향을 받을 수 있는 커다란 융통성을 가진다. 실제로 연속단계는 글리코젠 가인산 분해 효소가 생명체의 대사 요구에 민감하게 반응할 수 있게 한다.

4 약물 설계

주요 개념

- 구조–토대 약물 설계 및 조합 화학은 신약 발견에 사용되는 접근법이다.
- 신체에 대한 약물의 상호작용은 그 약물의 생물학적 가용성을 결정한다.
- 약물의 효과와 안전성은 임상 시험으로 조사된다.
- 사이토크롬 P450은 약물의 생물학적 가용성 및 독성을 변화시킬 수 있다.

여러 질병의 치료에 약물을 사용한 것은 긴 역사를 가지고 있지만, 과학적 근거를 둔(전통적 또는 미신적인 것보다는) 현대의 제약 산업은 20세기의 산물이다. 예를 들어, 20세기 초에는 민간 약물을 제외하고는 단지 손에 꼽을 만한 약물들이 사용되었는데, 여기에는 디기탈리스 식물(foxglove plant)에서 얻은 강심제인 **디기탈리스(digitalis)**, 기나나무(Cinchona tree)의 껍질이나 뿌리에서 얻은 말라리아 치료제인 **퀴닌(quinine, 그림 12-18)** 및 매독 치료제로 사용된 수은(자주 질병보다 더 나쁘게 하는) 등이 포함된다. 오늘날 사용되는 거의 대부분의 약물은 지난 40년 사이에

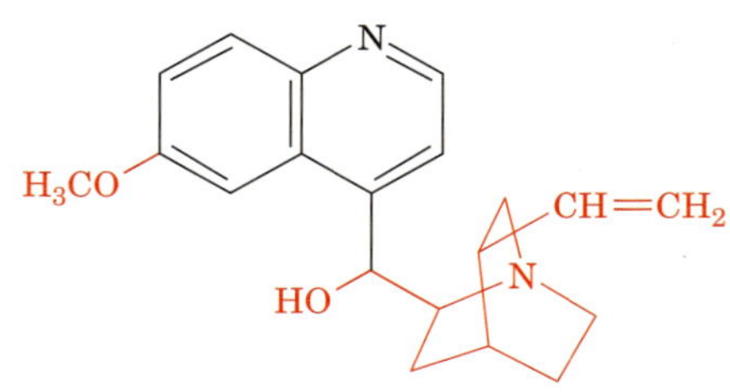

퀴닌

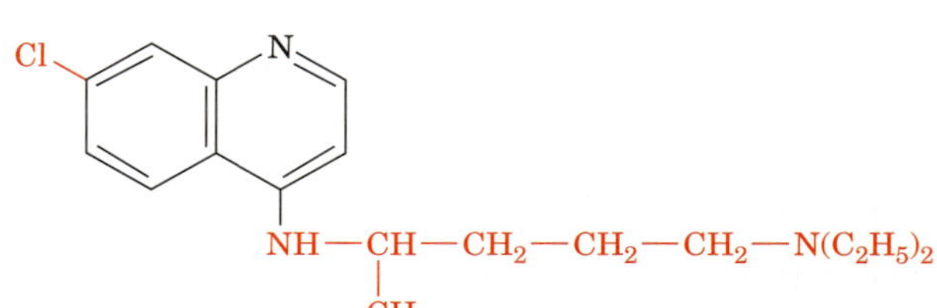

클로로퀴닌

그림 12-18 퀴닌과 클로로퀴닌 퀴놀린 고리계를 공유하는 이들 두 화합물은 효과적인 항말라리아제이다. **말라리아 원충(Plasmodium)** 기생 동물은 적혈구 세포 내에서 분열하며, 영양소를 얻기 위하여 헤모글로빈을 가수 분해한다. 이 과정은 헴(heme)을 가용성 형태로 방출시키는데, 이는 기생 동물에 독성이 있다. 그 기생 동물은 헴을 결정 상태(비독성)로 제거한다. 퀴닌과 클로로퀴닌은 세포막을 통과하여 기생 동물 내에서 헴의 결정화를 억제한다. 불행히도 이 약물의 폭넓은 사용은 그 기생 동물에 내성을 초래하여 세계 여러 지역에서 이들 약물은 더 이상 효과가 없다.

발견되고 개발되었다. 약물의 대부분은 수용기 단백질의 활성을 변화시킴으로써 작용하며, 두 번째 약물군으로는 효소 억제제가 있다. 실제로 효소 반응 속도론 기술은 약물 후보 물질을 평가하는 매우 가치있는 방법이라는 것이 증명되었다.

A 약물 발견에는 다양한 기술이 이용된다

어떻게 새로운 약물이 발견되는가? 이십년 이상 사용된 거의 모든 약물은 합성된 화합물이든 또는 자연 산물(민간 치료약으로 사용된 식물) 유도체이든 수많은 화합물을 탐색함으로써 발견되었다. 첫 단계 탐색은 **시험관 내**(*in vitro*) 평가로서, 예를 들면 신약 후보 물질이 관심 질병에 관여하는 효소와의 결합 정도, 즉 K_I 값을 측정하는 것이다. 그 다음에 약물 후보 물질의 수를 좁혀감에 따라 동물에서의 시험과 같은 더욱 예민한 탐색법을 적용한다.

원하는 효과를 보이는 약물 후보 물질을 **선도 화합물(lead compound)**이라고 부른다. 좋은 선도 화합물은 1 μM보다는 작은 해리 상수(효소의 경우 억제 상수)로 표적 단백질에 결합한다. 그러한 높은 친화력은 체내의 다른 거대분자에 그 약물이 덜 특이적으로 결합하는 것을 최소화하고, 해당 약물을 단지 적은 양만 섭취해도 된다는 것을 확실하게 하기 위하여 요구된다.

선도 화합물은 보다 효과적인 화합물을 설계하는 출발 물질로 사용된다. 약물 후보 물질의 약간의 변형도 약품학적 특성에 커다란 변화를 초래할 수 있다. 그리하여 선도 화합물의 다양한 위치에 메틸기, 클로로기, 하이드록시기 및 벤질기 등의 작용기 치환은 그의 작용을 개선시킬 수 있다. 오늘날 사용되는 대부분의 약물은 전형적으로 5,000 내지 10,000개의 관련된 화합물이 합성, 시험된 것이다. 약물의 개발은 선도 화합물의 가장 기대되는 유도체가 다음 번 유도체화 및 시험의 출발점을 제공하는 조직적이고 반복적인 과정이다.

구조-토대 약물 설계는 약물 발견을 가속화한다. 1980년대 중반 이후 X-선 결정 구조 및 NMR(6-2A절)에 의한 거대분자 구조 결정의 신속함과 정확성의 극적인 진보는 약물 발견 프로그램에서 합성해야 될 화합물의 수를 크게 줄이는 방법인 **구조-토대 약물 설계(structure-based drug design)**를 가능하게 하였다. 그 이름이 의미하듯이 구조-토대 약물 설계[**추론 약물 설계(rational drug design)**라고도 불림]는 보다 효과적인 화합물의 개발을 인도함에 있어, 약물 후보 물질과의 복합체에서 수용기나 효소의 구조를 이용한다. 예를 들어, 그러한 구조는 결합 친화력을 증가시키기 위하여 약물 후보 물질에 치환기가 위치해야만 하는 결합 자리 내의 틈(cavity)뿐만 아니라 결합 자리에서 수소 결합 주개와 받개의 위치를 잘 나타내 준다. 이들 직접적인 시각화 기술은 제안된 유도체의 최소 에너지 형태 계산, 전하 분포를 결정하고 그것이 어떻게 단백질과 정전기적으로 상호작용하는지에 대한 양자 역학적 계산, 그리고 억제제 후보 물질이 수용기에 있는 결합 자리 속에서 잠재적인 상호작용을 예측하기 위한 계산적인 모형화를 포함한 안착 모의실험 등의 분자 모형화 기법으로 흔히 보완된다. 구조-토대 접근은 진통제(통증 완화제)인 Celebrex와 Vioxx(20-6C절) 및 HIV 감염 치료(자료 12-3)에 사용되는 약물 등의 개발에 이용되었다.

조합 화학 및 고처리 탐색은 유용한 약물 개발 도구이다. 구조-토대 방법이 발전됨에 따라 그 방법은 약물 개발의 주된 방식이 되었다. 그러나 로봇을 이용한 **고처리 탐색 기술(high-throughput screening)**의 발전과 아울러 빠르고 값싸게 연관된 화합물의 많은 수를 합성하는 **조합 화학(combinatorial chemistry)** 기술의 최근 진보는 신약 개

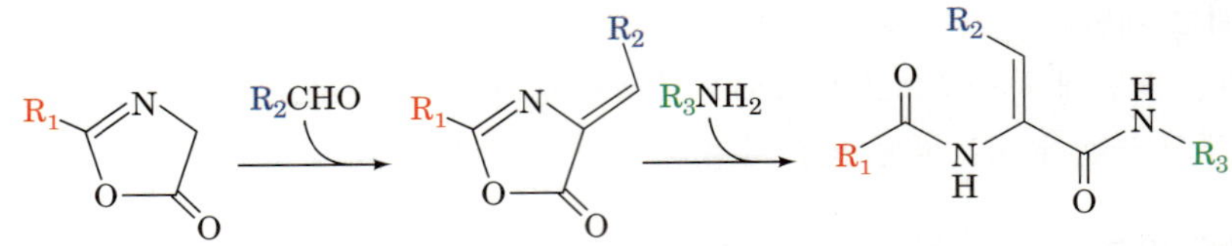

그림 12-19 아릴리덴 다이아마이드의 조합 합성 각 R기에 대하여 10가지의 다른 작용기가 합성에 사용된다면 1,000가지 다른 유도체가 합성될 것이다.

발 추세를 "많은 화합물을 합성한 후 조사함(make-many-compound-and-see-what-they-do)"이라는 접근법 쪽으로 다시 향하게 하였다. 만일 선도 화합물이 여러 작은 기본단위(module)로부터 단계적으로 합성될 수 있다면, 이러한 기본단위에 있는 치환기들은 관련 화합물의 라이브러리를 생성하는 것에 병행하여 다양하게 될 수 있을 것이다(**그림 12-19**).

다양한 합성 기술은 단일 과정으로 수천의 연관된 화합물의 조합 합성을 가능하게 하도록 개발되었다. 선도 화합물의 특정 위치에 소수성 작용기의 중요성을 조사함에 있어 전에는 단지 화합물의 에틸, 프로필 및 벤질 유도체의 개별적인 합성을 그때그때 해야 했으나, 조합 합성의 이용은 그 위치에 거의 100가지의 다른 작용기 생성을 가능하게 한다. 이것은 치환기의 잠재적인 범위를 훨씬 더 효과적으로 준비하게 되며, 어쩌면 예측하지 않은 활성 유사체를 찾아낼 수도 있게 한다.

B 약물의 생체이용률은 체내에서 그것이 어떻게 흡수되고 운반되는지에 의존한다

효과적인 약물 후보 물질의 **시험관 내**(*in vitro*) 개발은 약물 개발의 단지 첫 단계이다. **유용한 약물은 분리된 표적 단백질에 원하는 반응을 나타내는 것 이외에도 인체 내의 이 단백질이 분포하는 곳으로 충분히 높은 농도로 운반되어야 한다.** 예를 들어 경구투여(가장 용이한 경로)된 약물은 일련의 결코 쉽지 않은 장애를 넘어야만 한다. (1) 그 약물은 위의 강한 산성 환경에서 화학적으로 안정해야 하며, 소화 효소에 의하여 분해되지 않아야 한다. (2) 그것은 위장관에서 혈액으로 흡수되어야 하는데, 이는 몇 개의 세포막을 통과해야만 한다. (3) 그것은 체내의 다른 화합물과 지나치게 단단히 결합하지 않아야 한다(예로, 친지질성 물질은 어떤 혈장 단백질이나 지방 조직에 의하여 흡수되기 쉽다). (4) 그것은 주로 간에 있는 **이물질**(**xenobiotic**, 외래 화합물; 장 혈액은 간문맥을 통하여 바로 간으로 들어가 간이 인체의 다른 부분에 도달하기 전에 경구 흡수된 화합물을 가공하게 된다)을 해독하는 일련의 효소에 의한 유도체화에 견디어야 한다. (5) 그것은 신장을 통하여 빨리 배출되지는 말아야 한다. (6) 그것은 모세혈관에서 표적 조직으로 통과되어야 한다. (7) 만일 뇌가 표적 조직이라면 대부분의 극성 화합물의 통과를 차단하는 **혈액-뇌 장벽**(**blood-brain barrier**)을 통과해야만 한다. 끝으로 (8) 만일 세포 내 단백질이 표적이라면 그것은 세포막과 아마도 한두 가지 이상의 세포내 막을 통과해야 한다.

약물이 위에 열거한 장벽과 상호작용하는 양식은 **약물속도론**(**pharmacokinetics**)이라 알려져 있다. 그러므로 약물의 **생체이용률**(**bioavailability**, 주로 체순환을 통하여 이루어지는데, 약물이 작용하는 부위까지 도달한 양)은 투여된 양과 약물속도론 두 가지 모두에 의존한다. **가장 효과적인 약물은 흔히 중간 성질로 그들은 지나친 친지질성도 지나친 친수성도 아니다.** 부가하여 그들의 pK 값은 6에서 8 정도로 생리적 pH에서 쉽게 이온화 및 비이온화될 수 있다. 이는 비이온화된 형태로 세포막을 통과하고 이온화된 형태로 표적 단백질에 결합하게 한다.

C 임상 시험은 효능과 안전성을 조사한다

이상의 모든 것 외에 성공적인 약물 후보 물질은 인체에 안전하고 효능이 있어야 한다. 이러한 특성의 시험은 먼저 동물에 시행되나 흔히 동물과 인체는 약물에 아주 다르게 반응하기도 하므로 최종적으로는 **임상 시험(clinical trial)**을 통하여 인체에서 조사되어야 한다. 미국에서 임상 시험은 식품의약청(Food and Drug Administration, FDA)에서 감시하며, 세 가지 점진적인 세부(그리고 광범위한) 단계를 가진다.

단계 I. 이 단계는 주로 약물 후보 물질이 안전한지 조사하고, 투여량과 안전한 투여 방법(즉, 경구 혹은 주사) 및 횟수 등을 결정하기 위하여 설계된다. 이는 통상 소수(20~100명)의 정상적이고 건강한 자원자를 대상으로 이루어지는데, 약물 후보 물질의 독성이 매우 크다는 것이 알려져 있는 경우(예를 들면, 암 화학치료제 등) 해당 질병을 가진 지원자를 대상으로 이루어지기도 한다.

단계 II. 이 단계에서는 주로 100명 내지 500명의 자원하는 환자들을 대상으로 해당 질병에 대한 약물의 효능을 시험할 뿐만 아니라 투여량을 정밀하게 하고 부작용을 조사한다. 약물 후보 물질의 효과는 통상적으로 **단일 맹시험(single-blind test)**으로 이루어지는데, 이는 환자가 약물 혹은 대조 물질 중 어느 것을 투여받았는지 알지 못하는 상태로 수행되는 것이다. 일반적으로 대조 물질은 **플라세보(placebo**, 시험하는 약물과 같은 모양, 맛 등을 지닌 비효능 물질)이지만 치명적인 질병의 경우 대조 물질은 질병에 대한 가능한 한 가장 좋은 치료가 되어야 하는 윤리적인 필요가 있기도 한다.

단계 III. 이 단계에서는 1,000명 내지 5,000명의 환자를 대상으로 효능을 확인함과 아울러 장기간의 부작용을 감시한다. 환자나 임상 조사자 둘 다 환자가 약물을 투여 받았는지 또는 대조 물질을 투여 받았는지 모르는 과정인 세심하게 설계된 **이중 맹시험(double-blind test)**의 통계적 분석을 통하여 대조 물질에 대한 약물 후보 물질을 조사한다. 이는 조사자가 할 수 밖에 없는 주관적인 판단으로 인한 편향을 최소화하기 위해서이다.

최근 임상전 시험(preclinical trial)에 들어간 5,000개 중 5개의 약물 후보 물질이 임상 시험에 도달했다. 이들 가운데 대부분이 단계 I 시험에서 실격당하여 평균에 해당하는 단지 한 개만이 최종적으로 임상 사용이 승인되었다. 요즈음 신약의 발견 과정에서 임상전 단계가 완료되기까지 평균 ~3년 정도 걸리는 데 반하여 성공적인 임상 시험은 추가로 7년 내지 10년 정도가 더 걸린다. 신약 개발 과정에서 단계가 진행됨에 따라 점차 경비가 증가되어 신약을 시장에 성공적으로 내놓기까지는 평균 3억 달러가 소요된다.

신약 개발 프로그램에서 가장 긴 시간을 요하며, 비싼 과정은 부작용이 거의 없는 약물 후보 물질을 획득하는 것이다. 그럼에도 불구하고 시장에 나온 신약이 만 명당 수명 꼴로 나타나는 치명적인 부작용으로 인하여 몇 달 또는 몇 년 안에 폐기되는 것이 드문 일이 아니다(시장에 나온 후 약품이 살아남는 것은 단계 IV 임상 시험으로 알려졌다). 예를 들어, 1977년에 FDA는 약품 **펜플루라민(fenfluramine, fen)**의 승인을 취소하였는데, 이 약품은 1973년에 단기간(수주 간) 체중 감소 프로그램에 식욕 억제제로의 사용이 승인되었었다. 펜플루라민은 자주 장기간 동안 다른 식욕 억제제인 **펜터민(phentermine, phen**; 1959년에 승인됨)과 함께 **fen-phen**이라 알려진 복합제제(FDA는 두 약품을 조합하여 사용하는 것을 승인하지 않았으나, 일단 어떤 목

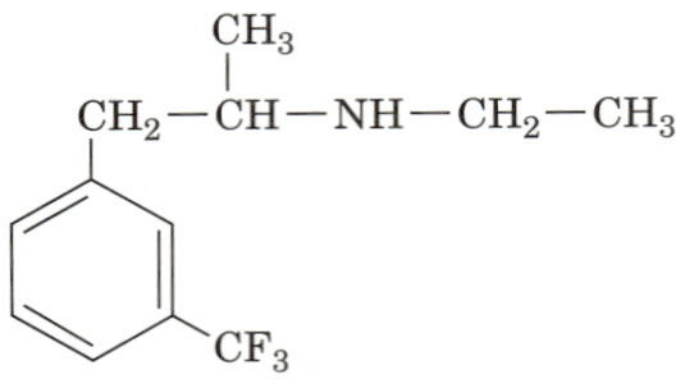

펜플루라민

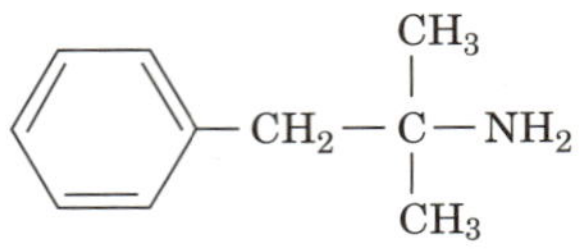

펜터민

적으로 한 약물이 승인되면 의사들은 다른 목적으로도 처방한다)로 널리 처방되었다. 평균 12개월 동안 fen-phen을 복용한 개인(주로 여성)들에서 심장 판막 손상에 대한 100건 이상의 보고로 인하여 펜플루라민이 즉시 회수되었다(펜플루라민이 원인이라는 증거로 인하여 펜터민은 회수되지 않았다). 이는 펜플루라민의 임상 시험에서 관찰되지 않은 드문 부작용인데, 부분적으로는 약물 반응의 매우 특별한 양상이기 때문에 탐색조차 되지 않는 데 기인한 것이다.

최근(2004년)에 널리 처방되던 진통제 **바이옥스(Vioxx)**가 사전에 발견되지 않은 심장에 대한 부작용으로 그 사용이 철회되었지만, 밀접하게 연관된 진통제인 **셀레브렉스(Celebrex)**는 계속 사용이 가능하다(20-6C절). 당뇨병 치료제인 **로시글리타존(rosiglitazone, Avandia)**은 심장 발작 및 뇌졸중의 위험 증가와 관련된 것으로, 마찬가지로 비교적 흔한 질환의 작은 증가−특히 환자(예: 당뇨병)가 이미 병들었을 때−를 발견함에 있어서 임상 시험의 실패를 보여 주는 예이다.

D 사이토크롬 P450은 자주 약물 반응의 부작용에 관련된다

왜 하나의 약물이 대부분의 환자에게는 내성이 충분히 있는데 다른 환자에게는 위험할 수 있는가? **약물에 대한 반응의 차이는 질병의 상태, 환자가 섭취한 다른 약물, 나이, 성별 및 환경 요인들 뿐만 아니라 개인간 유전적 차이에도 기인한다.** 이물질 해독에 주로 작용하며, 사용하고 있는 대부분의 약물을 대사하여 제거하는 것에 관여하는 **사이토크롬 P450(cytochrome P450)**은 이러한 현상의 교훈적인 예를 제공한다.

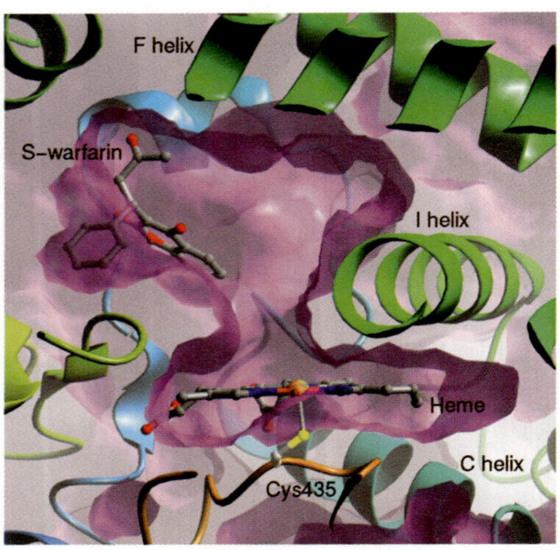

그림 12-20 혈액 응고 억제제 와파린(warfarin, Coumadin)과 복합체를 형성한 사람 사이토크롬 P450 CYP2C9의 X선 구조 효소 활성 자리 구역의 단면 그림은 보라색 표면과 N-말단(파란색)에서 C-말단(빨간색)으로 무지개색 순으로 표시된 리본 형태의 폴리펩타이드 골격으로 나타내었다. 헴(평면의 옆에서 본), 헴의 Fe 원자에 축방향으로 결합된 Cys 곁사슬 및 와파린은 C 회색, N 파란색, O 빨간색 그리고 Fe 주황색으로 표시된 공−막대 모형으로 나타내었다. [Image courtesy of Astex Therapeutics Limited, from Williams, P.A., et al, *Nature*, **424**, 464 (2003), Fig. 3]

사이토크롬 P450은 박테리아로부터 포유동물에 이르기까지 거의 모든 생물에 존재하는 헴−함유 효소 상과(superfamily)에 속한다[그 이름은 그가 가진 Fe(II) 상태가 CO와 반응할 때 흡수 스펙트럼에서 나타나는 특징적인 450 nm 피크로부터 기인한다]. 인간 유전체는 57가지 사이토크롬 P450 동위효소를 암호화하는데, 약 1/3 정도는 간에 존재하는 동위효소이다[P450 동위효소는 "CYP" 다음에 과(family)를 나타내는 숫자, 아과(subfamily)를 나타내는 한 개는 대문자 그리고 자주 또 다른 하나의 숫자, 예를 들면 **CYP3A4**와 같이 명명된다]. 포유동물의 경우 소포체 막에 내재되어 있는 이들 **일산소화효소(monooxygenase,** 그림 12-20)는 다음과 같은 반응을 촉매한다.

$$RH + O_2 + 2\,H^+ + 2e^- \rightarrow ROH + H_2O$$

전자(e^-)는 NADPH에 의하여 공급되는데, **NADPH-P450 환원 효소(NADPH-P450 reductase)**의 매개에 의하여 사이토크롬 P450의 헴 보결원자단으로 전달된다. 여기에서 RH는 다른 사이토크롬 P450에 특이적인 일반적으로 친지질성의 매우 다양한 화합물을 나타낸다. 다중고리 방향족 탄화수소[polycyclic aromatic hydrocarbon, PAH; 담배 연기, 태운 고기 및 다른 열분해 산물 등에 존재하는 흔히 발암성(암을 일으키는)인 화합물], 다중고리 바이페닐[polycyclic biphenyl, PCB; 전기 절연체, 가소제로 널리 사용되며 역시 발암 물질임], 스테로이드(생성에 사이토크롬 P450이 관여되는) 및 많은 다른 형태의 약물이 이에 속한다. 그리하여 이물질들은 보다 수용성 형태로 전환되어 콩팥에서의 배설이 용이하게 된다. 더 나아가 새로 생성된 하이드록시기는 자주 효소 반응에 의하여 글루쿠론산(8-1C절), 글리신, 황산, 아세트산 등과 같은 극성 화합물로 접합(공유 결합으로 연결)되어 수용성이 더 증가하게 된다. 동물에 있는 기질 특이성(비록 이들 특이성은 다소 넓고 때로는 중첩되기도 하더라도)이 다른 사이토크롬 P450의 여러 유형은 아마도 동물이 그 식물의 섭취를 포기하게 하기 위하여 식물에 의하여 생성되는 수많은 독소에 반응하여 증가되는 것으로 생각된다(다른 P450은 특정 생합성 반응을 촉매하기도 한다).

약물-약물 상호작용(drug-drug interaction)은 자주 사이토크롬 P450에 의하여 매개된다. 예를 들어 만일 약물 A가 약물 B를 대사하는 사이토크롬 P450 동위효소에 의하여 대사되거나 혹은 그 효소를 억제하는 경우, 약물 A와 B를 동시에 투여하면 단독으로 투여하는 경우의 수준 이상으로 약물 B의 생체이용률의 증가를 초래한다. 이 현상은 특히 약물 B가 낮은 **치료 지수(therapeutic index**, 약물이 원하는 효과를 나타내기 위한 투여량에 대한 독성을 나타내는 투여량의 비)를 가지는 경우 문제가 된다. 반대로 흔히 있는 경우로 약물 A가 그 약물과 약물 B를 대사하는 사이토크롬 P450의 발현의 증가를 유도한다면, 약물 A와 B를 동시에 투여하면 약물 B의 생체이용률을 저하시키게 되는데, 이 현상은 어떤 항생제가 경구 피임제의 효능을 상실하게 한다는 것에서 처음 관찰되었다. 더 나아가 만일 약물 B가 독성 물질로 대사된다면 그것의 증가된 반응 속도는 부작용을 초래하게 될 것이다. PAH 또는 PCB와 같은 환경 오염 물질은 또한 특정 사이토크롬 P450 동위효소의 발현을 유도하여 다른 약품의 대사되는 속도를 변화시킨다는 것이 알려졌다. 끝으로 일부 이들 동일한 효과는 간 질환 환자나 연령에 의한, 성에 의한 또는 개인 차에 의한 간의 생리적 차이에 의하여 일어날 수도 있다.

비록 사이토크롬 P450이 아마도 해로운 화합물의 해독 및/또는 제거를 돕기 위하여 진화되었다 할지라도 몇몇 경우에는 그들이 상대적으로 독성이 없는 화합물을 독성 물질로 전환시키는 데 관여한다는 것이 알려졌다. 예를 들어, 진통 및 해열제(고열을 낮춤)로 널리 사용되는 **아세트아미노펜(acetaminophen)**은 치료량(성인의 경우 1일 1.2 g) 섭취 시 매우 안전하지만 많은 양 복용시(10 g 이상) 독성이 매우 크다. 이는 치료량의 경우 존재하는 아세트아미노펜의 95%가 그 약품의 —OH기에 효소에 의해 글루쿠론산 또는 황산으로 접합되어 쉽게 배설되기 때문이다. 나머지 5%는 사이토크롬 P450(CYP2E1)에 의하여 **아세트이미도퀴논(acetimidoquinone**, 그림 12-21)으로 전환되고 이는 글루타싸이온(glutathione, 4-3B절)으로 접합된다. 그러나 아세트아미노펜이 많은 양 투여되었을 때는 글루쿠론산 또는 황산에 의한 접합 경로는 포화되어 사이토크롬 P450-매개 경로의 중요성이 증가된다. 만일 간의 글루타싸이온이 재생되는 것보다 더 빠르게 고갈되면 반응성이 큰 아세트이미도퀴논은 글루타싸이온 대신에 세포 내 단백질의 −SH기와 접합하게 되고, 이는 때로 치명적인 간독성을 초래하게 한다. 실제로 아세트아미노펜의 과량 복용은 급성 간손상을 초래하여 미국에서 연간 ~450명이 죽는다.

어떤 약물은 다른 약물을 분해하는 사이토크롬 P450을 억제하여 다른 약물의 생체이용률을 증가시킬 수 있다. 예를 들어 원래 HIV 단백질 가수 분해 효소 억제제로 개발된 리토나비르(자료 12-3)는 그 목적으로는 거의 사용되지 않는다. 대신에 CYP3A4를 특이하게 억제하기 위하여 저용량으로 투여하는데, 리토나비르는 CYP3A4에 의하여 분해되는 다루나비르(자료 12-3)와 같은 다른 HIV 단백질 가수분해 효소 억제제의 저용량 병용투여를 가능하게 한다. 이는 다른 HIV 단백질 가수분해 효소 억제제의 효과를 현저히 증가시키고 부작용을 크게 감소시킨다.

인체의 많은 사이토크롬 P450은 대단히 **다형성(polymorphic)**이다; 다시 말하면 사람 집단에서 이들 효소를 암호하는 유전자는 여러 가지 공통되는 대립형질

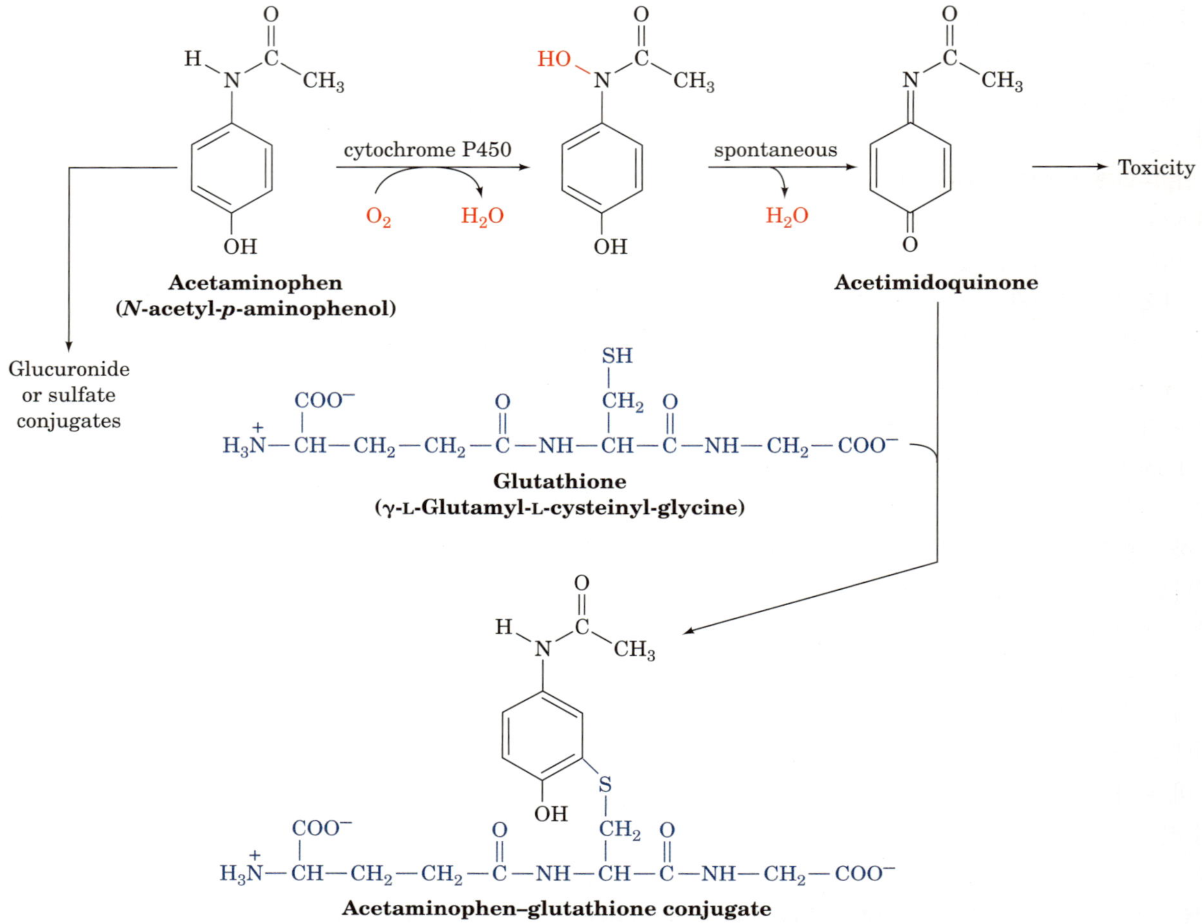

그림 12-21 **아세트아미노펜의 대사 반응** 아세트아미노펜의 과량 복용은 아세트이미도퀴논의 축적을 야기시키는데, 이는 유독하다.

(alleles, 변이체)들이 있다. 많은 사이토크롬 P450에 대하여 약물의 대사 속도의 감소, 증가 또는 정성적인 변화를 초래하는 대립형질이 확인되었다. 이들 여러 대립형질의 분포는 민족에 따라 크게 다른데, 아마도 이에 따라 그 집단의 특정 식사에 있는 독소에 대처할 수 있도록 이루어진 것으로 보인다.

주어진 사이토크롬 P450에서의 다형성은 개인에 있어서 어떤 약물의 대사 속도의 차이를 초래한다. 예를 들어, 어떤 개인에서 사이토크롬 P450 변이체가 효소 활성이 감소되었거나 없다면, 그렇지 않은 경우 효소가 정상적으로 대사시키는 표준량임에도 불구하고 그 약물의 독성 수준에 이르도록 생체이용률을 증가시킬 수 있다. 반대로 특정 사이토크롬 P450 효소가 활성이 증가된다면(일반적으로 그 효소를 암호화하는 유전자가 두 배 이상 복사되었기 때문에) 그 효소가 대사하는 약물은 치료 효과를 얻기 위하여 정상적인 양보다 더 많은 양이 요구된다. 그러나 만일 약물이 독성물질로 대사된다면 이는 부작용을 초래하게 된다. 여러 알려진 P450 변이체는 기질 특이성이 변화되어 해로운 부작용을 야기시킬 수 있는 비정상적인 대사산물을 생성할 수 있다.

지금까지의 경험은 **부작용이 전혀 없는 그러한 약물은 없다**라는 것을 충분히 보여준다. 그러나 약물 대사에 관여하는 효소 및 그 변이체의 특성이 규명되고, 빠르고 값싼 유전형 결정 방법이 개발됨에 따라 전체 집단보다는 개인의 유전자 기질에 맞

체크 포인트

- 약물 후보 개발의 도구로서 구조-토대 약물 설계와 조합 화학을 비교하시오.
- 약물의 생체이용률에 영향을 미치는 인자들을 나열하시오.
- 임상 시험의 단계 I부터 단계 III까지의 목적을 요약하시오.
- 사이토크롬 P450이 약물 대사에 어떻게 관여하는가?
- 집단의 대부분의 사람들에게 항독성이 있는 약물이 어떤 개인에게는 부작용을 나타내는 이유를 명시하시오.

춘 약물 치료가 가능하게 되고 있다. 이렇게 빠르게 발전하는 연구 영역을 **약물유전체학**(**pharmacogenomics**)이라고 부른다.

요약

1 반응 속도론

- 단일 단계 화학 반응은 일차, 이차 또는 드물게는 삼차 반응일 수 있다. 각각의 경우 속도식은 시간의 함수로서 반응의 진행을 서술한다.
- Michaelis–Menten 식은 정류 상태에서 초기 반응 속도와 기질 농도 간의 관계를 서술한다.
- K_M은 반응 속도가 최대 속도의 1/2일 때 기질의 농도이다. k_{cat}/K_M 값은 효소의 촉매 효율을 나타낸다.
- 속도론 자료는 K_M과 V_{max}를 구하기 위하여 이중 역수로 도시될 수 있다.
- 이기질 반응은 순차 반응(단일 치환 반응)과 탁구식 반응(이중 치환 반응)으로 구분된다. 순차 반응은 질서 또는 무작위 메커니즘으로 진행될 수 있다.

2 효소 억제

- 가역적 억제제는 기질 결합 자리(경쟁 억제), 효소–기질 복합체(무경쟁 억제) 또는 효소 및 효소–기질 복합체 양쪽(혼합 억제)에 결합함으로써 효소의 활성을 감소시킨다.

3 효소 활성 조절

- 효소 활성은 다른자리 입체성 효과인자에 의하여 조절될 수 있다.
- ATCase의 활성은 ATP에 의하여 증가되며, CTP에 의하여 감소되는데, 이들은 각각 효소의 R 형태와 T 형태를 안정하게 하여 촉매 자리의 형태를 변화시킨다.
- 효소 활성은 공유 결합성 변형에 의하여 조절될 수 있다.
- 글리코젠 가인산 분해 효소의 효소 활성은 다른자리 입체성 효과인자의 영향과 마찬가지로 인산화/탈인산화에 의해서도 조절된다.

4 약물 설계

- 효소 억제제는 약물로 사용하기 위하여 구조–토대 및/또는 조합 방법을 통하여 개발될 수 있다. 그리고는 안정성과 효과가 임상 시험으로 조사되어야 한다.
- 약물의 부작용 및 약물–약물 상호작용은 자주 사이토크롬 P450에 의하여 매개된다.

주요 용어

ES 복합체(ES complex)
k
k_{-1}
k_2
k_{cat}
k_{cat}/K_M
K_I
K_M
K_M^{app}
$t_{1/2}$
v
V_{max}
V_{max}^{app}
v_o
경쟁적 억제 (competitive inhibition)
공유 결합성 변형 (covalent modification)
구조–토대(추론) 약물 설계 [structure–based (rational) drug design]
다른자리 입체성 효과인자 (allosteric effector)
단백질 인산 가수 분해 효소 (protein phosphatase)
단백질 인산화 효소 (protein kinase)
단일 단계 반응 (elementary reaction)
단일 치환 반응(single-displacement reaction)
동위효소(동위체) [isozyme (isoform)]
되먹임 억제제 (feedback inhibitor)
라인위버–버크(이중 역수) 도시[Lineweaver–Burk (double–reciprocal) plot]
무경쟁 억제 (uncompetitive inhibition)
무작위 메커니즘 (Random mechanism)
미하엘리스–멘텐 식 (Michaelis–Menten equation)
미하엘리스 복합체(Michaelis complex)
반응 차수(reaction order)
분자도(molecularity)
불활성제(inactivator)
사이토크롬 P450(cytochrome P450)
생성물 억제 (product inhibition)
생체이용률(bioavailability)
선도 화합물(lead compound)
속도식(rate equation)
순차 반응(sequential reaction)
약물–약물 상호작용 (drug–drug interaction)
약물속도론 (pharmacokinetics)
약물유전체학 (pharmacogenomics)

억제제(inhibitor)
유사 일차 반응(pseudo-first-order reaction)
이물질(xenobiotic)
이중 치환 반응(double-displacement reaction)
이차 반응(second-order reaction)
일차 반응(first-order reaction)
임상 시험(clinical trial)
전이 상태 유사체(transition state analog)
전환수(turnover number)
정류 상태(steady state)
정류 상태 가정(steady state assumption)
조합 화학(combinatorial chemistry)
질서 메커니즘(Ordered mechanism)
치료지수(therapeutic index)
탁구식 반응(Ping Pong reaction)
혼합(비경쟁) 억제 [mixed(noncompetitive) inhibition]
확산 지배 한계(diffusion-controlled limit)
효소 포화(enzyme saturation)

문제

연습 문제

1. 비효소적 단일 단계 반응 A → B가 있다. A 농도가 20 mM일 때 B가 분당 5 μM 생성되는 것으로 측정되었다. (a) 이 반응의 속도 상수를 계산하시오. (b) 이 반응의 분자도는 얼마인가?

2. 어떤 가상적인 단일 단계 반응 2A → B + C가 속도 상수 10^{-6} $M^{-1}\cdot s^{-1}$을 가진다. A의 농도가 10 mM인 경우 반응 속도는 얼마인가?

3. $t = 0$에서 방사성 동위 원소 ^{32}P(반감기 14일)가 10 μmol이 있다면 (a) 7일, (b) 14일, (c) 21일 및 (d) 70일 후에는 ^{32}P가 얼마나 남아 있겠는가?

4. 반응 2X → Y에서 X의 초기 농도는 6 μM이고 속도 상수는 3.6×10^{-3} $M^{-1}\cdot s^{-1}$인 경우 반감기는 몇 년인지 계산하시오.

5. 아래 각 반응에 대하여 반응이 일차 반응인지 또는 이차 반응인지 결정하고 속도 상수를 계산하시오.

시간 (s)	반응물 (mM)
0	6.2
1	3.1
2	2.1
3	1.6
4	1.3
5	1.1

6. 아래 각 반응에 대하여 반응이 일차 반응인지 또는 이차 반응인지 결정하고 속도 상수를 계산하시오.

시간 (s)	반응물 (mM)
0	5.4
1	4.6
2	3.9
3	3.2
4	2.7
5	2.3

7. 한 효소 반응에 대하여 각 그림에 있는 변수들의 대략적인 관계를 보여 주는 곡선을 그리시오.

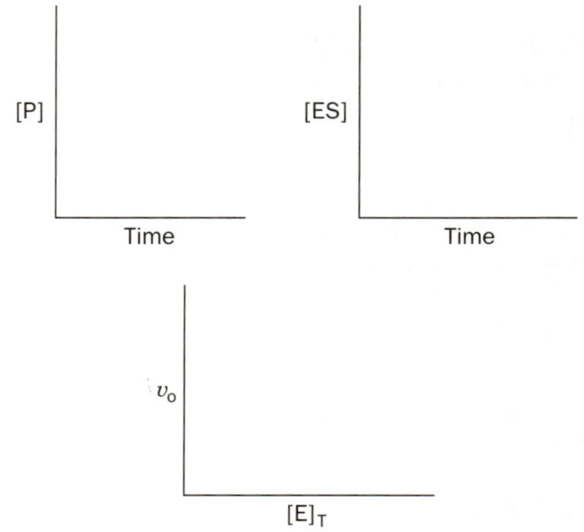

8. 일반적으로 효소의 반응 속도를 기질의 소모 속도보다는 생성물의 생성 속도로부터 계산하는 것이 더 쉬운 까닭을 설명하시오.

9. 어떤 기질 농도(K_M의 배수로 표현된) 조건에서 $v_o = 0.95\ V_{max}$인가?

10. 표 12-1에 있는 어떤 효소의 촉매 효율이 확산 지배 한계에 거의 가까운지 확인하시오.

11. 다음 자료로부터 K_M과 V_{max}를 계산하시오.

[S](μM)	v_o(mM·s^{-1})
0.1	0.34
0.2	0.53
0.4	0.74
0.8	0.91
1.6	1.04

12. Lineweaver–Burk 도시로부터 얻은 다음 자료가 Michaelis–Menten 식을 따르는 효소 촉매 반응에 대한 K_M을 결정함에 있어 왜 개별적으로는 적합하지 않은지 설명하시오.

Set A	1/[S] (mM^{-1})	$1/v_o(\mu M^{-1}\cdot s)$
	0.5	2.4
	1.0	2.6
	1.5	2.9
	2.0	3.1

Set B	1/[S] (mM^{-1})	$1/v_o(\mu M^{-1}\cdot s)$
	8	5.9
	10	6.8
	12	7.8
	14	8.7

13. *N*-아세틸발린 에틸 에스터(*N*-acetylvaline ethyl aster)에 대한 카이모트립신 반응의 K_M은 8.8×10^{-2} M이며, *N*-아세틸티로신 에틸 에스터(*N*-acetyltyrosine ethyl aster)에 대한 카이모트립신 반응의 K_M은 6.6×10^{-4} M이다. (a) 이 효소는 어떤 기질에 대하여 더 큰 겉보기 친화력을 가지는가? (b) 어떤 기질이 높은 V_{max} 값을 나타내겠는가?

14. 효소 A는 반응 S → P를 촉매하며, K_M이 50 μM이고 V_{max}가 100 $nM\cdot s^{-1}$이다. 효소 B는 반응 S → Q를 촉매하며, K_M이 5 mM이고 V_{max}가 120 $nM\cdot s^{-1}$이다. 효소 A 및 B가 동일한 양 들어 있는 혼합물에 100 μM의 기질 S를 가하면 1분 후에 P와 Q 중 어떤 생성물이 더 많겠는가?

15. 어떤 이기질 반응에서 소량의 첫 번째 생성물 P가 동위 원소로 표지되었으며(P*) 효소와 첫 번째 기질 A에 첨가되었다. B나 Q는 존재하지 않았다. 만일 반응이 탁구식 메커니즘으로 일어나는 경우 A(=P—X)가 동위 원소로 표지(A*)되겠는가?

16. 어떤 이기질 반응에서 소량의 첫 번째 생성물 P가 동위 원소로 표지되었으며(P*) 효소와 첫 번째 기질 A에 첨가되었다. B나 Q는 존재하지 않았다. 만일 반응이 순차적 메커니즘으로 일어나는 경우 A(=P—X)가 동위 원소로 표지(A*)되겠는가?

17. 다이아이소프로필포스포플루오리데이트(diisopropylphosphofluoridate, DIPF; 11-5A절)가 카이모트립신 시료의 겉보기 K_M과 V_{max}에 어떻게 영향을 미치겠는가?

18. 분자 A는 효소 X의 기질이다. 분자 B와 분자 C 중 어느 것이 효소 X의 경쟁 억제제이겠는가? 설명하시오.

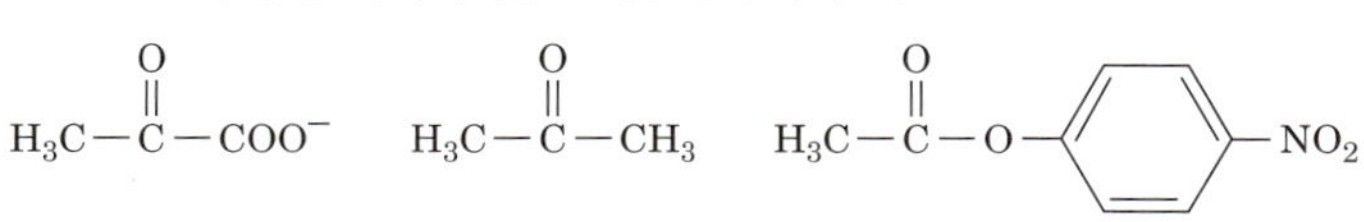

A B C

19. 억제제가 있는 조건과 없는 조건에서 측정한 다음 자료로부터 효소 반응의 억제 유형을 결정하시오.

[S] (mM)	$v_o(mM\cdot min^{-1})$	I 존재 시 v_o ($mM\cdot min^{-1}$)
1	1.3	0.8
2	2.0	1.2
4	2.8	1.7
8	3.6	2.2
12	4.0	2.4

20. [I] = 5 mM 조건에서 겉보기 K_M값은 억제제가 없는 반응에서의 K_M값의 3배라면, 경쟁 억제제에 대한 K_I 값은 얼마인가?

도전 질문

21. 효소의 K_M을 계산하기 위하여 시간당 농도 단위(예를 들면 $M\cdot s^{-1}$)로 표현되는 반응 속도를 측정하는 것이 필요한가?

22. (a) K_M, (b) V_{max} 또는 (c) k_{cat}을 측정하기 위해서는 $[E]_T$를 아는 것이 필요한가?

23. 당신은 한 효소의 K_M을 측정하고자 한다. 실험실의 사고로 인하여 단지 두 자료만을 얻었다.

기질 농도(μM)	반응 속도($\mu M\cdot s^{-1}$)
1	5
100	50

이들 자료를 이용하여 K_M의 대략적인 값을 계산하시오. 이 값은 참값에 비하여 높은 값인가 아니면 낮은 값인가? 설명하시오.

24. 당신은 다른 기질 농도에서 반응 속도를 측정하여 K_M을 구하고자 하는데, 당신이 선택한 조건에서 기질이 침전되기 쉽다는 것을 알지 못한다. 이것이 당신의 K_M 측정에 어떻게 영향을 미치겠는가?

25. K_M이 약 2 μM로 믿어지는 한 효소에 대하여 [기질]에 대한 속도 곡선을 그리고자 한다. 효소 농도는 200 nM이며 기질 농도는 0.1 μM로부터 10 μM 범위이다. 이러한 실험 구성에서 무엇이 옳지 못한가? 또한 어떻게 고칠 것인가?

26. 효소 X와 효소 Y가 동일한 반응을 촉매하고 [S]에 대한 v_o 곡선이 다음과 같았다. 낮은 [S]에서 어떤 효소가 더 효과적이겠는가? 높은 [S]에서는 어떤 효소가 더 효과적이겠는가?

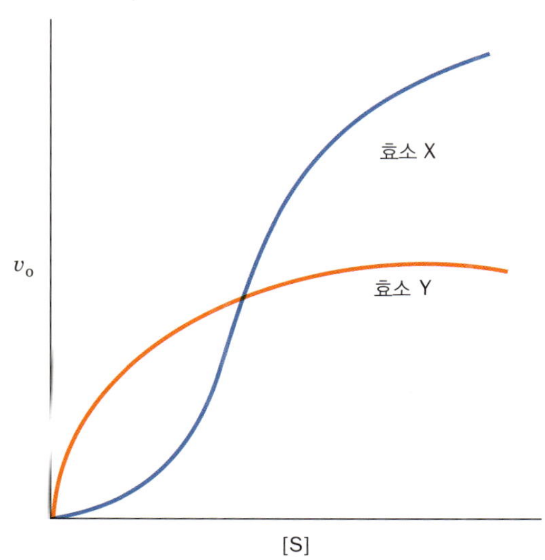

27. 당신은 예비 측정을 통하여 효소 시료에 효소의 비가역적 억제제가 포함되어 있는 것으로 의심하였다. 당신은 효소를 1/100로 희석하여 효소 활성을 측정하고자 하였다. 만일 시료 중 비가역적 억제제가 있다면 어떤 결과가 나타나겠는가?

28. 문제 27에서 서술된 동일한 효소에 대하여 가역적 억제제가 존재한다면 어떤 결과가 나타나겠는가?

29. 효소 촉매 반응에서 5 nM의 가역적 억제제가 있을 때 V_{max}는 억제제가 없을 경우의 80%이었다. K_M 값은 변하지 않았다. (a) 어떤 억제제가 있는 것으로 보이는가? (b) 억제제와 결합된 효소의 분율은 얼마인가? (c) 억제 상수를 계산하시오.

30. 스핑고신-1-인산(sphingosine-1-phosphate, S1P)은 세포의 생존에 중요하다. 스핑고신과 ATP로부터 S1P의 합성은 스핑고신 인산화 효소(sphingosine kinase)에 의하여 촉매된다. 스핑고신 인산화 효소 반응 속도론의 이해는 암을 치료하는 약물의 개발에 중요할 수 있다. 스핑고신 인산화 효소 반응의 속도가 이 효소 반응을 억제하는 스핑고신의 입체이성질체인 *threo*-스핑고신이 있는 조건과 없는 조건에서 측정되었다. 결과는 다음과 같았다.

[스핑고신] (μM)	v_o(mg·min^{-1}) (억제제 없음)	v_o(mg·min^{-1}) (*threo*-스핑고신 존재)
2.5	32.3	8.5
3.5	40	11.5
5	50.8	14.6
10	72	25.4
20	87.7	43.9
50	115.4	70.8

다음 질문에 답하기 위하여 Lineweaver–Burk 도시를 하시오.
(a) 억제제가 없을 때와 있을 때 겉보기 K_M과 V_{max}는 얼마인가?
(b) *threo*-스핑고신은 어떤 종류의 억제제인가? 설명하시오.

31. 체내에서 에탄올은 **간의 알코올 탈수소 효소(liver alcohol dehydrogenase, LADH)**에 의하여 아세트알데하이드(acetaldehyde)로 산화된다. 다른 알코올 또한 LADH에 의하여 산화된다. 예를 들어 약한 독성인 메탄올(CH_3OH)은 LADH에 의하여 매우 독성이 강한 폼알데하이드(formaldehyde, CH_2O)로 산화된다. 메탄올(많은 상업용 용매의 성분) 섭취로 인한 독성 효과는 에탄올을 투여함으로써 감소시킬 수 있다. 에탄올은 LADH로부터 메탄올을 대체하는 메탄올의 억제제로 작용한다. 이는 콩팥에서 메탄올이 손상을 초래하지 않고 배설되기에 충분한 시간을 제공하게 된다. 어떤 사람이 메탄올 100 mL(치사량)를 섭취했다면 메탄올에 대한 LADH의 활성을 원래의 5%로 낮추기 위해서는 100 proof 위스키(부피비 50% 에탄올)를 얼마나 마셔야 하는가? 성인 인체는 섭취한 알코올이 빠르게 그리고 균일하게 섞이는 수용성 액체를 ~40 L 가지고 있다. 에탄올과 메탄올의 밀도는 둘 다 0.79 g·cm^{-3}이다. 에탄올과 메탄올에 대한 LADH의 K_M 값은 각각 1.0×10^{-3} M과 1.0×10^{-2} M이며, 에탄올에 대한 $K_I = K_M$이다.

32. 무경쟁 억제제와 혼합 억제제는 체내에서 일반적으로 경쟁 억제제보다 효과적인 것으로 여겨지는가?

참고 문헌

반응 속도론

Bisswanger, H., *Enzyme Kinetics: Principles and Methods* (2nd ed.), Wiley–VCH (2008).

Cornish-Bowden, A., *Fundamentals of Enzyme Kinetics* (4th ed.), Wiley-Blackwell (2012). [알기 쉽고 자세한 효소 반응 속도론 설명.]

Fersht, A., *Structure and Mechanism in Protein Science: A Guide to Enzyme Catalysis and Protein Folding*, W.H. Freeman (1999).

Purich, D.L., *Enzyme Kinetics: Catalysis & Control: A Reference of Theory and Best-Practice Methods*, Elsevier-Academic Press (2010). [자세한 설명]

Segel, I.H., *Enzyme Kinetics*, Wiley–Interscience (1993). [효소 반응 속도론의 여러 점에서 충분한 설명을 제공하는 자세하고 이해하기 쉬운 논문.]

다른자리 입체성 조절 및 공유 결합성 변형에 의한 조절

Jin, L., Stec, B., Lipscomb, W.N., and Kantrowitz, E.R., Insights into the mechanisms of catalysis and heterotropic regulation of *Escherichia coli* aspartate transcarbamoylase based upon a structure of the enzyme complexed with the bisubstrate analogue *N*-phosphonacetyl-L-aspartate at 2.1 Å, *Proteins* **37**, 729–742 (1999).

Johnson, L.N. and Lewis, R.J., Structural basis for control by phosphorylation, *Chem. Rev.* **101**, 2209–2242 (2001).

Lipscomb, W.N., Structure and function of allosteric enzymes, *Chemtracts—Biochem. Mol. Biol.* **2**, 1–15 (1991).

Perutz, M., *Mechanisms of Cooperativity and Allosteric Regulation in Proteins*, Cambridge University Press (1990).

약물 설계

Corey, E.J., Czakó, B., and Kürti, L., *Molecules and Medicine*, Wiley (2007). [수많은 약물의 발견, 이용 및 작용 기작 논의]

Corson, T.W. and Crews, C.M., Molecular understanding and modern application of traditional medicines: triumphs and trials, *Cell* **130**, 769–774 (2007).

Furge, L.L. and Guengerich, F.P., Cytochrome P450 enzymes in drug metabolism and chemical toxicology, *Biochem. Mol. Biol. Educ.* **34**, 66–74 (2006).

Jorgenson, W.L., The many roles of computation in drug discovery, *Science* **303**, 1813–1818 (2004).

Katzung, B.G. (Ed.), *Basic & Clinical Pharmacology* (10th ed.), McGraw-Hill (2007).

Ohlstein, E.H., Ruffolo, R.R., Jr., and Elliott, J.D., Drug discovery in the next millennium, *Annu. Rev. Pharmacol. Toxicol.* **40**, 177–

191 (2000).

White, R.E., High-throughput screening in drug metabolism and pharmokinetic support of drug discovery, *Annu. Rev. Pharmacol. Toxicol.* **40**, 133 – 157 (2000).

Williams, P.A., Cosme, J., Ward, A., Angove, H.C., Vinkovic, D.M., and Jhoti, H., Crystal structure of human cytochrome P450 2C9 with bound warfarin, *Nature* **424**, 464 – 468 (2003).

Wlodawer, A. and Vondrasek, J., Inhibitors of HIV-1 protease: A major success of structure-assisted drug design, *Annu. Rev. Biophys. Biomol. Struct.* **27**, 249 – 284 (1998). [일부 HIV-1 단백질 가수 분해 효소 억제제의 개발에 대한 총설.]

Martin Harvey/Getty Images

바닐라 콩과 다른 재료로부터 추출된 향료인 바닐린은 후각 신경세포의 수용체에 결합하여 이종 삼합체성 G 단백질 활성화와 2차 전달자 생산을 포함한 일련의 세포 내부 활동을 유발하고 궁극적으로는 뇌에서 전기적 신호를 생기게 한다.

CHAPTER 13

생화학적 신호 전달

생명체는 복잡한 생화학적 신호 전달 시스템을 통하여 그들을 구성하는 모든 단계에서의 활동을 조화롭게 조절한다. 세포 내 신호는 **호르몬(hormone)**으로 알려진 화학적 전달자들과, 고등 동물에서는 신경을 통해 전달되는 전기 화학적 자극들에 의하여 전달된다. 세포 내부의 정보 교환은 매우 다양한 다른 종류의 물질의 합성이나 변화에 의해 유지되는데, 이러한 물질들은 종종 그들이 조절하는 활동의 필수 구성 요소이다. 예를 들면 12-3절에서 본 물질대사 경로들은 그들 경로의 대사산물들에 의한 다른자리 입체성 효소들의 피드백 제어나 효소들의 공유 변형에 의하여 조절되었다. 이 장에서는 화학적 신호들의 특성과 그 신호들이 어떻게 전달되는지에 대하여 알아볼 것이다.

일반적으로 모든 신호 전달 경로는 특정 호르몬이나 다른 리간드와 결합하는 **수용체 단백질(receptor protein)**, 리간드-결합 결과를 세포 내부로 전달하는 메커니즘, 그리고 **2차 전달자**의 합성과/또는 **인산화 효소(kinase)** 및 **인산 가수 분해 효소**에 의해 촉매되는 화학적인 변화를 포함할 수 있는 일련의 세포 내부 반응들로 구성된다. 이러한 경로들은 종종 연속적으로 신호를 증폭시키는 **효소 연쇄 반응(enzyme cascade)**을 포함한다.

몇 가지 대표적인 인체 호르몬 시스템의 기능에 대해 논의함으로써 이 장을 시작한다. 다음으로 세포 사이의 신호가 세포 내부의 신호, 즉 (1) 수용체 타이로신 인산화 효소들을 포함하고, (2) 이종 삼합체성 G 단백질들을 사용하고, (3) 포스포이노시타이드 연쇄 반응을 필요로 하는 세포 내부의 신호로 변환되는 세 가지의 주요 경로에 대해 논의한다. 신경 전달은 10-2C절에서 논의되었다.

1 호르몬

주요 개념

- 내분비 호르몬은 아주 다양한 생리학적 작용들을 조절한다.
- 췌장(이자) 호르몬인 인슐린과 글루카곤은 연료 물질대사 조절을 돕는다.
- 부신 속질에서 생산되는 카테콜아민은 표적 세포들의 α- 및 β-아드레날린 작용 수용체들과 결합한다.
- 스테로이드 호르몬은 연료 물질대사, 염분과 수분의 균형, 그리고 성적 분화와 기능을 조절한다.
- 성장 호르몬은 수용체의 이합체화를 유도함으로써 활성을 나타낸다.

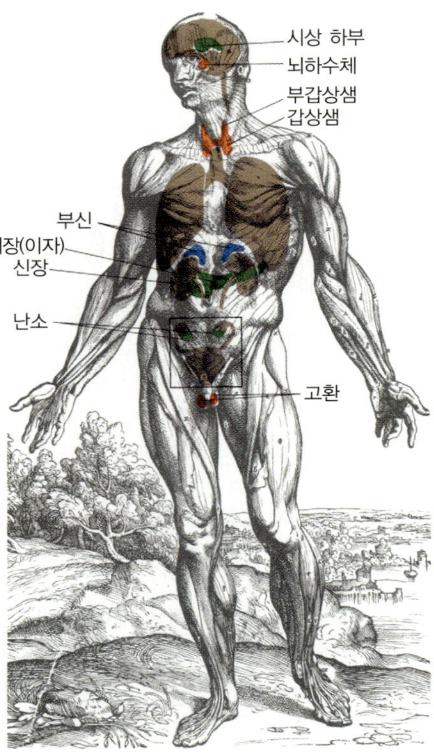

그림 13-1 인체 내분비계의 주요한 샘 장과 같은 다른 조직들도 내분비 호르몬을 분비한다.

고등 동물에서 특수화된 무도관 **내분비샘(endocrine gland, 그림 13-1)**이 **내분비 호르몬(endocrine hormone)**을 합성하고 이들은 외부 자극들에 반응하여 혈류로 방출된다. 그럼으로써 이러한 호르몬들이 그들의 표적 세포(**그림 13-2**)로 운반되고 거기에서 호르몬이 반응을 유도하게 한다. 사람의 내분비계는 인체가 다음과 같은 활동을 가능하게 하는 아주 다양한 호르몬을 분비한다.

1. **항상성(homeostasis)** 유지(일정한 상태, 예: 인슐린과 글루카곤은 과식을 했거나 굶주렸을 때 혈중 글루코스 농도를 정해진 범위 안에 유지시킨다.)
2. 다양한 외부 자극에 대한 반응(에피네프린과 노르에피네프린에 의한 '투쟁이나

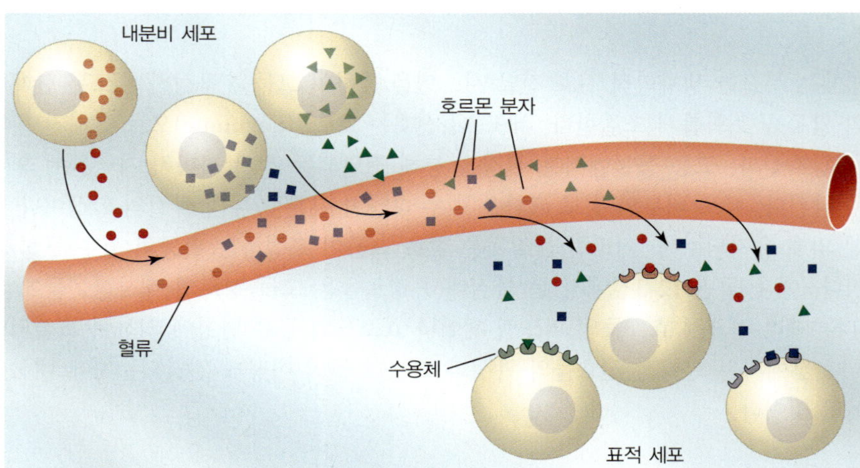

그림 13-2 내분비 신호 전달 내분비 세포들에 의해 생산된 호르몬은 혈류를 통하여 그들의 표적 세포에 도달한다. 적합한 수용체를 가지고 있는 세포들만 호르몬에 반응할 수 있다.

도피'를 위한 준비와 같은)

3. 여러 종류의 주기적 및 발생학적 프로그램 실행(예를 들면 성호르몬은 성적 분화, 성숙, 생리 주기, 임신을 조절한다).

물론 예외는 있지만 대부분 호르몬들은 폴리펩타이드, 아미노산 유도체, 또는 스테로이드이다. 어쨌든 **체내에 있는 거의 모든 세포들이 호르몬에 노출될 수 있지만, 오직 주어진 호르몬에 대한 특이적인 수용체를 가진 세포만이 호르몬의 존재에 대해 반응할 것이다.** 따라서 호르몬에 의한 메세지들은 매우 특이적으로 보내진다.

다른 여러 장에서 특이적인 호르몬들과 그들의 기능에 대해 논의하지만, 이 절에서는 몇몇 대표적인 내분비샘에 의해 생산되는 호르몬의 작용에 대한 개요를 소개한다. 이러한 샘들은 단지 독립적인 분비 기관들의 집합이 아니라, 복잡하고 서로 매우 의존적인 조절 네트워크를 형성한다. 실제로 많은 호르몬들의 분비는 최초의 호르몬 분비샘이 반응하는 다른 호르몬들의 분비를 통한 피드백 조절하에 놓여 있다. 순환하는 호르몬 농도는 일반적으로 앨로(Rosalyn Yalow, 자료 13-1)에 의해 개발된 방사성 면역 분석법을 사용하여 측정된다.

A 이자섬 호르몬은 연료 물질대사를 조절한다

이자(췌장)는 큰 분비 기관으로, 대부분이 이자관을 통해 소장으로 분비되는 트립신, 카이모트립신, RNaseA, α-아밀라아제, 포스포라이페이스 A_2와 같은 소화 효소들을 생산하는 데 사용되는 **외분비샘(exocrine grand)**이다. 그렇지만 1~2%의 이자 조직은 에너지 항상성을 유지하는 기능을 하는 내분비샘을 포함한 **랑게르한스 섬(islets of Langerhans)**로 알려진 산재된 세포 덩어리로 구성되어 있다. 이자섬은 세 종류의 세포를 포함하는데, 이들 세포는 각각 특유한 폴리펩타이드 호르몬을 분비한다.

1. α 세포는 **글루카곤(glucagon**, 29개 잔기)을 분비한다.
2. β 세포는 인슐린(51개 잔기, 그림 5-1)을 분비한다.
3. δ 세포는 **소마토스타틴(somatostatin**, 14개 잔기)을 분비한다.

높은 혈중 글루코스 농도에 반응하여 분비되는 인슐린은 글리코젠, 단백질, 지방을 합성함으로써 나중에 사용하기 위한 글루코스를 저장하도록 근육, 간, 지방 세포들을 자극하는 기능을 우선적으로 수행한다(22-2절). 낮은 혈중 글루코스에 반응하여 분비되는 글루카곤은 본질적으로 인슐린과 상반되는 기능을 수행하는데, 글리코젠의 분해[**해당 작용(glycogenolysis)**, 16-1절]를 통해 글루코스를 방출하도록 간을 자극하고 비탄수화물 전구체들로부터의 글루코스 합성[**글루코스 신생 합성(gluconeogenesis)**, 16-4절]을 자극한다. 글루카곤은 또한 지질 분해를 통해 지방산을 방출하도록 지방 조직을 자극한다. 또한 시상 하부에서 분비되는 소마토스타틴(성장 호르몬 방출 억제 인자)은 섬 세포들로부터 인슐린과 글루카곤의 방출을 억제한다.

다른 분비성 단백질들처럼 폴리펩타이드 호르몬은 리보솜에서 전호르몬으로 합성되고, 성숙된 호르몬을 형성하기 위해 거친면 소포체와 골지체에서 처리된 후, 외포작용(9-4D~F절)에 의한 방출 신호를 기다리도록 분비 과립에 포장된다. 인슐린과 글루카곤의 방출을 위한 가장 강력한 생리적 자극은 각각 섬 세포들이 신체의 주요한 글루코스 감지 장치로 작용하게 하는 높고 낮은 혈중 글루코스 농도이다. 그렇지만 호르몬의 방출은 자율 신경계와 위장관에 의해서 방출되는 호르몬에 의해서도 영향을 받는다.

자료 13-1 발견의 경로

앨로와 방사성 면역 분석법

앨로(Rosalyn Yalow, 1921−2011) 앨로는 1921년 7월에 뉴욕시에서 태어났다. 그녀의 부모님은 모두 고등학교 교육의 혜택을 받지 못했지만, 그들의 두 자녀가 대학을 졸업할 것이라는 데에 대해서는 아무런 의심의 여지가 없었다. 로절린이 뉴욕 시 대학 시스템의 여자 대학인 Hunter 대학(현재 뉴욕의 시립대학)에 다니던 동안, 퀴리(Eve Curie)는 큰 뜻을 품은 모든 여성 과학자들을 위해 '꼭 읽어야 할 책'으로 그녀의 어머니인 Madame Marie Curie에 대한 전기를 출판하였다. 그 시기에 로절린의 목표는 물리학 연구의 경력을 쌓아 가는 것이었다. 초등학교 교사가 되는 것이 더 실용적일 것이라는 가족들의 제안에도 불구하고, 그녀는 자신의 의지를 결코 포기하지 않았다.

앨로는 1941년에 대학을 졸업한 후 Champaign−Urbana에 있는 일리노이 대학에서 물리학 조교직을 제안받았다. 그녀는 공과대학의 첫번째 교수 모임에서 자신이 400명의 교원들 중에서 유일한 여자라는 것을 알게 되었다. 학장은 그녀의 업적에 대해 축사를 하였고 1917년 이래로 그녀가 그곳의 첫 여자 교원이라고 알려주었다. 미국이 제2차 세계 대전에 참전하기 전에 젊은 청년들을 대상으로 한 군 징집이, 의도하지 않게 그녀가 대학원에 입학하는 것을 가능하게 해 준 것이다. 대학원 생활 첫날 그녀는 마찬가지로 일리노이 대학 물리학과에서 대학원 공부를 시작하는 Aaron Yalow를 만나고 1943년에 그와 결혼하였다.

1945년에 앨로는 핵 물리학 박사 학위를 받았고 연방 통신 연구소의 선임 연구원(유일한 여성 연구원)으로 뉴욕으로 돌아갔다. 1946년에 그녀는 물리학을 가르치기 위하여 Hunter 대학의 여대가 아닌 예비공대 프로그램의 복귀 베테랑으로 돌아왔다. 그 시기 동안에 그녀는 방사성 동위 원소의 의학적 활용 가능성에 대해 관심을 가졌다. 그녀는 1947년 12월에 Bronx Veterans Administration (VA)에 시간제 고문으로 합류하였다. 심지어 Hunter 대학에서 전임으로 가르치는 동안에도, 그녀는 VA 병원에 방사성 동위 원소 서비스 장비를 갖추고 개발하였으며, 몇몇 내과 의사와 함께 다양한 연구 프로젝트를 시작하였다. 1950년 1월, 앨로는 가르치는 일을 그만두고 VA에 전임으로 합류하는 것을 선택하였다. 그 해 봄, 버슨(Solomon A. Berson) 박사가 그 사업에 합류하였고 1972년에 그가 죽을 때까지 지속된 22년간의 협력을 시작하였다.

그들의 협동 연구에서 앨로와 버슨은 호르몬 분석과 같은 임상적인 문제들에 대한 동위 원소의 응용에 집중하였다. 그 당시 인슐린은 가장 쉽게 매우 정제된 형태로 구할 수 있는 호르몬이었다. 항체와 인슐린의 반응 연구에서 앨로와 버슨은 혈액과 같은 복잡한 혼합물에서 인슐린의 농도를 측정할 수 있는 수단을 가졌다는 것을 알게 되었다. 1959년까지 그들은 인체 혈장에 있는 인슐린 양을 잴 수 있는 실용적인 방법인 **방사성 면역 분석법(radioimmunoassay, RIA)**을 개발하였다. RIA는 현재 수백 개의 생물학적 관심 물질들을 측정하는 데 사용된다.

인슐린과 다른 호르몬들의 혈중 농도는 일반적으로 10^{-12}~10^{-7} M로 아주 낮기 때문에 대부분 간접적인 방법들로 측정되어야 한다. RIA에서 알려지지 않은 호르몬 H의 농도는 방사능을 가지도록 표지된 호르몬 H*의 알려진 양이 H의 존재하에 고정된 항H 항체의 양에 얼마나 많이 결합하는지를 측정함으로써 결정된다. 이러한 경쟁 반응은 얼마나 많은 H*가 [H]의 기능으로 그 항체와 결합하는지 나타내는 표준 곡선을 제작함으로써 쉽게 측정된다. 리간드에 대한 항체의 높은 결합 친화성과 특이성은 RIAs가 높은 감도와 특이성을 가지게 하는 이점을 제공한다

1977년에 앨로의 병원은 Mount Sinai 약대를 통합하였고, 앨로는 특임 교수의 명성을 유지하였다. 그녀는 국립 과학 학술회의 회원이었고, 1977년에 생리의학 분야의 노벨상(버슨은 노벨상이 수여되기 전에 죽어서 상을 함께 나눌 수 없었다)과 1988년에 국가 과학 훈장을 포함하여 수많은 상과 훈장을 받았다. "배우는 것에 대한 흥분은 고령으로부터 젊음을 분리시키고, 당신이 배우고 있는 한 당신은 늙은 것이 아니다."라고 앨로는 말하였다.*

Mostly abridged from Rosalyn Yalow's autobiography, *Les Prix Nobel. The Nobel Prizes 1977,* Wilhelm Odelberg (Ed.), Nobel Foundation, 1978.
*From *O, The Oprah Magazine,* January 1, 2005.

B 에피네프린과 노르에피네프린은 신체 활동을 준비한다

부신(adrenal gland)은 두 가지 독특한 유형의 조직으로 구성된다. 즉 실제 교감 신경계의 연장인 **속질부(medulla**, 중심부, 자율 신경계의 일부)와 더 전형적인 선형 **피질(cortex**, 바깥층)이다. 이 장에서는 부신 속질의 호르몬에 대하여 알아본다. 피질의 호르몬들은 다음 장에서 논의될 것이다.

부신 속질은 **2개의 호르몬 활성을 지닌 카테콜아민[catecholamine,** 아민을 포함한 **카테콜(catechol)** 유도체들, **1,2-다이하이드록시벤젠), 노르에피네프린[norepinephrine, 노르아드레날린(noradrenalin)]과 그것의 메틸화 유도체인 에피네프린[epinephrine, 아드레날린(adrenalin)]을 합성한다.** 이 호르몬들은 21-6B절에 기술된 것와 같이 타이로신으로부터 합성되고 교감 신경계의 조절에 의한 외포 작용성 방출을 기다리도록 미소체에 저장된다.

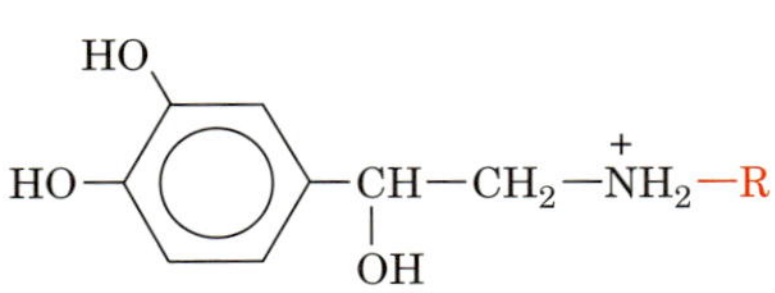

R=H 노르에피네프린(노르아드레날린)
R=CH_3 에피네프린(아드레날린)

카테콜아민의 생물학적 효과는 두 종류의 원형질막 수용체인 α- 및 β-**아드레날린 수용체**(**adrenergic receptor**, 아드레날린 수용체로도 알려져 있음)에 의해 조정된다. 이러한 막횡단 당단백질들은 원래 정해진 **작용제**(**agonist**, 수용체에 결합하여 반응을 일으키는 물질)과 **길항제**(**antagonist**, 수용체에 결합하지만 반응을 일으키지 못하고 작용제의 작용을 저해하는 물질)에 대한 반응 차이를 바탕으로 동정되었다. 예를 들어 β-아드레날린 수용체들은 **아이소프로테레놀**(**isoproterenol**)에 의해서 자극되고 **프로프라놀롤**(**propranolol**)에 의해서는 저해되었지만 α-아드레날린 수용체들은 그렇지 않은 반면, α-아드레날린 수용체들은 **펜톨아민**(**phentolamine**)에 의해 저해되었지만 β-아드레날린 수용체들은 그렇지 않았다.

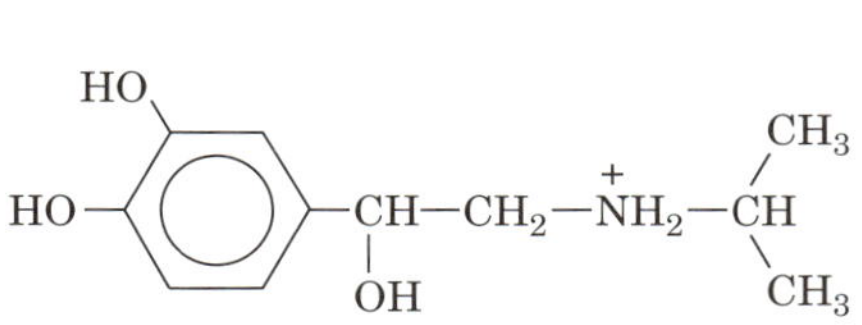
아이소프로테레놀

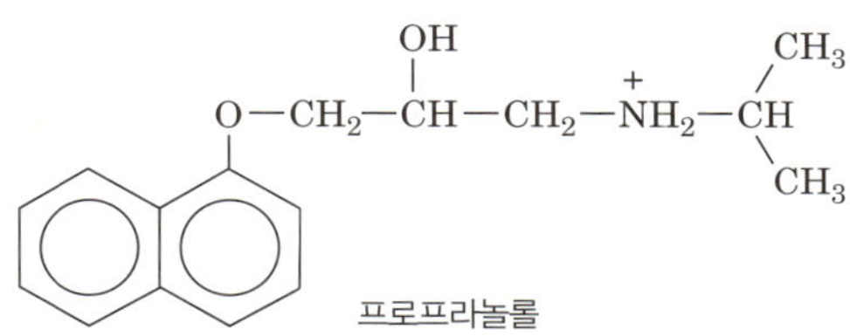
프로프라놀롤

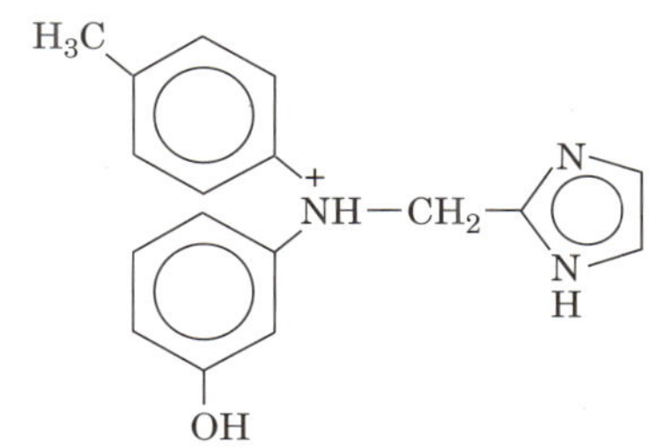
펜톨아민

포유동물에서 각각의 다른 조직에서 생성되는 α-, β-아드레날린 수용체들은 카테콜아민에 대해서 일반적으로 다르거나 종종 반대로 반응한다. 예를 들어 β-아드레날린 수용체는 간에서 글리코젠 분해와 글루코스 신생 합성(16-1과 16-4절), 골격근에서 글리코젠 분해, 지방 조직에서 지방 분해, 기관지와 골격(수의)근에 제공되는 혈관에서 민무늬(불수의)근의 이완, 그리고 증가된 심장 활동을 자극한다. 반면, α-아드레날린 수용체는 피부, 신장과 같은 말초 기관에 제공되는 혈관에서의 민무늬근의 수축, 소화관에서의 민무늬근 이완, 혈소판 응집을 자극한다. **대부분의 이러한 다양한 효과는 에너지 자원의 유동 및 신체 활동 준비에 가장 필요로 한 곳으로의 수송이라는 공통적인 결말로 이어진다.**

α- 및 β-아드레날린 수용체의 조직 분포와 그들의 다른 작용제와 길항제에 대한 다양한 반응들은 중요한 치료적 결과를 가진다. 예를 들면 프로프라놀롤은 고혈압 치료에 사용되고 심장 마비로부터 보호하는 반면, 에피네프린의 기관지 확장 효과는 **천식**(**asthma**, 기관지 민무늬근의 부적절한 수축에 의한 호흡 장애)의 치료에 임상적으로 유용하게 사용될 수 있다.

C 스테로이드 호르몬은 다양한 물질대사와 성적 진행을 조절한다

부신 겉질은 적어도 50개의 다른 부신 겉질 스테로이드를 생산한다. 이들은 그들이 야기시키는 생리적인 반응에 의해서 분류된다(9-1E절).

1. **당질 코르티코이드**(**glucocorticoid**)는 인슐린과 거의 반대로 탄수화물, 단백질, 지방 대사에 영향을 미치고, 염증 반응과 스트레스에 대항하는 능력을 포함한 여러 가지 다른 필수적인 기능에 영향을 미친다.
2. **무기질 코르티코이드**(**mineralcorticoid**)는 주로 신장에 의한 염분과 물의 배출을 조절하는 기능을 한다.
3. **안드로젠**(**androgen**)과 **에스트로젠**(**estrogen**)은 성적 발달과 기능에 영향을 미친다. 그들은 생식샘에 의해서 많은 양으로 만들어진다.

당질 코르티코이드의 가장 일반적인 형태가 **코티솔**[**cortisol**, **하이드로코르티손**(**hydrocortisone**)으로도 알려져 있음]이다. 무기질 코르티코이드의 가장 일반적인 형태가 **알도스테론**(**aldosterone**)이다. 모두 C_{21} 화합물이다(그림 9-11).

스테로이드는 물에 녹지 않기 때문에 당단백질 **트랜스코르틴**(**transcortin**), 그리고 적은 양으로 알부민과 복합체를 이루어 혈류로 운반된다. 스테로이드는 자발적으로 그들의 표적 세포의 막을 통과하고 세포질에서 그들을 인지하는 **스테로이드 수용체**(**steroid receptor**)와 결합한다. 그후 스테로이드–수용체 복합체는 세포의 핵으로 이동하여 특이적인 유전자의 전사를 유도하거나 어떤 경우는 억제하는 전사 인자로 기능을 한다(28-3B절). 이러한 방법으로 당질 코르티코이드와 무기질 코르티코이드는 그들 각각의 표적 조직에서 많은 물질대사 효소의 발현에 영향을 미친다. 무극성인 갑상샘 호르몬들도 비슷하게 기능을 한다. 그렇지만 다음 절에서 알아볼 지용성이 아닌 다른 호르몬들은 궁극적으로 전사는 물론, 다른 세포 작용에 영향을 미치는 복잡한 연쇄 반응을 유발하기 위해서는 반드시 세포 표면에 존재하는 수용체에 결합해야 한다.

생식샘 스테로이드는 성적 발달과 기능을 조정한다. 생식샘(남성은 고환, 여성은 난소)은 정자와 난자를 생산하는 것 외에도 스테로이드 호르몬(안드로젠과 에스트로젠)을 분비하는데, 이들은 성적 분화와 2차 성징의 발현 및 성적 행동 패턴을 조절한다. 비록 정소와 난소가 둘 다 안드로젠과 에스트로젠을 합성하지만, 정소는 안드로젠을 우세하게 분비하므로 안드로젠은 **남성 호르몬**(**male sex hormone**)으로 알려져 있는 반면, 난소는 주로 에스트로젠을 생산하기 때문에, 에스트로젠은 결과적으로 **여성 호르몬**(**female sex hormone**)으로 불린다.

테스토스테론(**testosterone**, 그림 9-11)이 원형인 안드로젠은 당질 코르티코이드에서 생성되는 C17 자리의 C_2 치환기가 없으므로 C_{19} 화합물이다. **β-에스트라다이올**(**β-estradiol**, 그림 9-11)과 같은 에스트로젠은 안드로젠과 닮았지만 C_{18} 화합물이다. 흥미롭게도 테스토스테론은 에스트로젠 생합성의 중간 물질이다. **프로제스틴**(**progestin**)으로 불리는 C_{21} 화합물인 다른 부류의 난소 스테로이드는 생리 주기와 임신을 조정하는 것을 도와준다.

안드로젠은 성적 분화에 중요한 역할을 한다. 만약 배아 단계의 남성 포유류의 생식샘이 수술로 제거될 경우, 그 개체는 표현형적으로 여성이 될 것이다. 분명하게 배아 단계에서 고환 호르몬의 영향에 노출되지 않는 한, 포유류는 여성으로 발달되도록 프로그래밍되어 있다. 사실, **세포질 안드로젠 수용체가 없거나 기능을 하지 않는 유전적 남성은 고환 여성화**(**testicular feminization**)**라고 불리는 조건인 표현형적 여성이다.** 이상하게도 에스트로젠은 암컷의 성적 성숙 및 기능에 필수적일지라도 배아 단계의 여성적 발달에 아무런 역할을 하지 않는 것으로 보인다.

근육 성장을 촉진하는 안드로젠은 **근육 증강제**(**anabolic steroid**)로 알려져 있다. 많은 사람들이 운동 능력을 향상시키기 위한 노력이나 미용상의 이유로 천연 및 합성 근육 증강제를 투여해 왔다. 그렇지만 이러한 물질과 대사산물은 각종 스테로이드 수용체와 상호작용하기 때문에 이들의 사용은 심혈관 질환, 남성에서의 유방 조직 발달, 여성들의 남성화, 양성에서의 일시적인 불임, 가속화된 뼈의 성숙과 조숙, 과한 성적 발달로 인한 청소년기의 발육 장애를 포함한 부작용을 유발할 수 있다. 따라서 근육 증강제는 규제 물질로 분류되었다. 경쟁 운동 선수에 의한 그들의 사용은 스테로이드를 복용하지 않는 운동선수를 이기기 위해 부정한 편익을 얻는 것을 막기 위해 금지되었다.

D 성장 호르몬은 근육, 뼈, 연골에 있는 수용체들과 결합한다

191개 잔기로 구성된 폴리펩타이드인 **성장 호르몬(growth hormone, GH)**은 뇌하수체 전엽에 의해 생산된다. 이들이 수용체에 결합하면 근육, 뼈, 연골 세포에서 성장과 물질대사를 직접 자극한다. GH는 부가적인 성장 인자들을 생산하도록 간을 자극함으로써 간접적으로도 작용한다.

보통 뇌하수체 종양으로 인한 GH의 과잉 생산은 지나친 성장으로 이어진다. 만약 골격이 아직 자라고 있는 동안(성장판이 골화되기 전) 이러한 상태가 시작되고, 이러한 지나친 성장이 몸 전체에 걸쳐 정상적인 비율로 일어나면 **거인증(gigantism)**으로 이어진다. 게다가 과도한 성장 호르몬이 성장판 골화에 필요한 테스토스테론의 생산을 억제하기 때문에 이러한 '거인'은 그들의 비정상적으로 짧은 일생 동안 성장을 지속한다. 그렇지만 골격이 이미 성숙되었다면, GH는 물렁 조직의 성장만을 자극하고 **말단 비대증(acromegaly)**이라고 하는 큰 손발과 두꺼운 얼굴 형태로 이어진다. GH 결핍증은 정반대의 문제로 불충분한 성장, 즉 **왜소증(dwarfism)**으로 이어지는데, 골격이 성숙되기 전에 정기적인 인간 GH(**hGH**, 동물 GH는 인체에서 효과가 없음) 주사에 의해 치료될 수 있다.

처음에 hGH는 죽은 사람의 뇌하수체로부터만 얻을 수 있었기 때문에 그 공급이 매우 부족하였다. 그렇지만 이제 hGH는 재조합 DNA 기술(3-5D절)을 통해 사실상 무제한으로 합성할 수 있다. 실제 hGH는 명백한 증거는 없지만, 운동 역량을 증가시키기 위한 사람들에 의해서 사용되었다. 그렇지만 고혈압, 관절 및 근육통, 말단비대증을 포함하는 부작용뿐만 아니라 운동 선수의 모든 부정한 편익을 방지하기 위해 그것의 비의학적 사용이 금지되었다.

GATEWAY CONCEPT 리간드 결합
호르몬은 높은 친화력과 특이성을 가지고(기질이 효소의 활성 부위에 결합하는 것과 유사하게) 수용체에 결합하지만, 그 결합의 상호작용은 공유 결합이 아니기 때문에 가역적이다. 결과적으로 세포는 호르몬이 수용체와 결합된 상태를 유지하는 동안에만 호르몬에 반응한다.

호르몬이 결합하면 GH 수용체는 이합체가 된다. 620개 잔기의 GH 수용체는 구조적으로 연관된 단백질들의 큰 집단의 한 구성 요소이다. 이들 수용체는 N 말단 세포외 작용제 결합 영역(거의 확실하게 나선형인 단일 막횡단 부분)과 초집단 내에서 유사성은 없지만 많은 경우 타이로신 인산화 효소(13-2A절)로 기능을 하는 C 말단 세포질 영역으로 구성되어 있다.

인간 GH 결합 단백질(**hGHbp**)의 세포외 영역과의 복합체 안에서 hGH의 X선 구조는 그 복합체가 단일 hGH 분자에 결합된 두 개의 hGHbp 분자로 이루어져 있음을 알려 준다(**그림 13-3**). 많은 다른 단백질 성장 인자와 같이 hGH는 주로 네 개의 나선 다발로 구성되어 있다. 각 hGHbp 분자는 구조적으로 유사한 2개의 도메인으로 이루어지는데, 각 도메인은 기하학적으로 동일한 3~4가닥의 역평행 β 병풍의 샌드위치를 형성하고 면역 글로불린 포개짐(접힘)과 비슷하다(7-3B절).

두 hGHbp 분자는 hGH 4-나선 다발의 나선 축들과 아마도 완전한 hGH 수용체가 고정된 세포막 평면에 대하여 거의 수직인 축을 중심으로 이중 대칭에 가깝게 결합한다(그림 13-3). 두 개의 hGHbp 분자의 C 말단 도메인은 거의 평행하고 서로 접촉한다. 신기하게 두 개의 hGHbp 분자는 구조적 유사성이 없는 hGH의 4개 나선 다발의 반대쪽 자리에 결합할 때 반드시 같은 잔기들을 사용한다.

리간드가 수용체의 세포외 도메인에 결합하면 수용체 단백질의 세포내 도메인에 구조적 변화를 유도하는데, 이것이 신호 전달(signal transduction)의 첫 번째 단계이다. 성장 호르몬 작용에 관한 초기 모델은 리간드 결합이 수용체 폴리펩타이드의 이

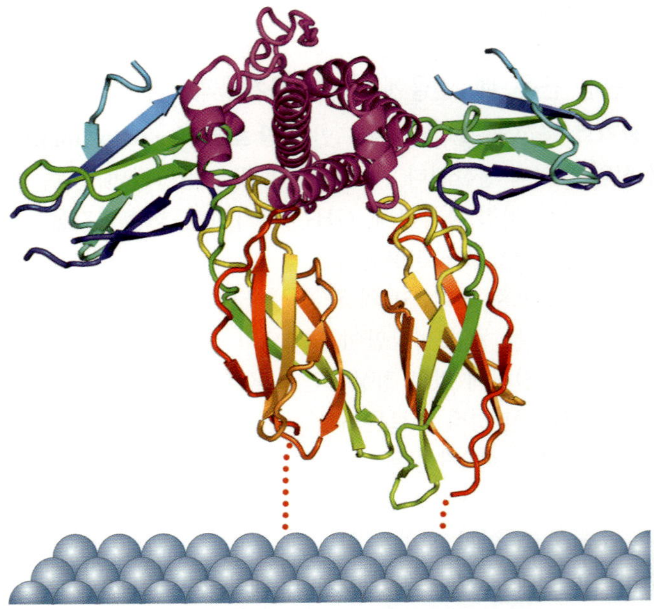

그림 13-3 수용체의 세포외 영역(hGHbP) 두 분자와 복합체를 형성한 인간 성장 호르몬(hGH)의 X선 구조 단백질은 리본으로 나타내었고, 각각 N 말단(파란색)에서부터 C 말단(빨간색)까지 무지개 색깔 순서로 보여진 hGHbp 두 분자는 hGH(심홍색) 한 분자와 결합한다. 빨간 점선은 hGHbp 사슬이 막(연청색)을 어떻게 통과하는지를 나타낸다. [Based on an X-ray structure by Abraham de Vos and Anthony Kossiakoff, Genentech Inc., South San Francisco, California. PDBid 3HHR.]

합체화를 유도하는 것을 제안하였지만, 호르몬이 없는 상태에서 hGH 수용체가 막횡단 부분 사이의 비교적 약한 상호작용을 통해 비활성 이합체를 형성한다는 것이 최근에 밝혀졌다. hGH가 수용체의 동일한 두 개의 세포외 영역에 결합하면 세포내 도메인 회전과 벌리기(가위질)를 포함하는 구조적 재배열이 시작되게 하여 세포질의 효과기 단백질과 상호 작용하도록 배치한다. 많은 다른 단백질 성장 인자들도 유사한 수용체들을 통해 효과를 나타낸다.

체크 포인트

- 몸속의 모든 세포가 호르몬에 노출되어도 왜 특정 세포만 호르몬에 반응하는지를 설명하시오.
- 이자, 부신 속질, 부신 겉질에 의해 생성된 호르몬을 나열하시오. 이러한 호르몬들은 어떠한 유형의 분자인가?
- 인슐린, 글루카곤, 노르에피네프린, 안드로젠, 에스트로젠, 성장 호르몬의 생물학적 효과를 요약하시오.
- 수용체는 작용제와 길항제에 어떻게 반응하는가?
- 어떤 호르몬 수용체는 왜 세포내 단백질인가?
- 스테로이드와 성장 호르몬의 비의학적 사용의 몇 가지 위험성은 무엇인가?
- GH 수용체 이합체화의 중요성은 무엇인가?

2 수용체 타이로신 인산화 효소

주요 개념

- 이합체화와 자가 인산화는 수용체 타이로신 인산화 효소들이 단백질 타이로신 인산화 효소들로 활성화되게 한다.
- SH2와 SH3 도메인을 포함하는 어댑터 단백질들은 수용체 타이로신 인산화 효소를 G 단백질과 연쇄적으로 작동하는 부가적인 인산화 효소에 연결한다.
- 몇몇 수용체들은 연관된 비수용체 타이로신 인산화 효소를 통해 작용한다.
- 단백질 인산 가수 분해 효소는 수용체와 표적 단백질로부터 인산기를 제거함으로써 신호 전달 경로에 참여한다.

많은 효소들의 활성이 공유의 변화(주로 Ser과 Thr 잔기의 인산화)에 의해서 조절되는 것을 보았다(12-3B절). 비슷한 과정은 주요한 세포 내 신호 전달 시스템 중의 하나인 **단백질 타이로신 인산화 효소**(**protein tyrosine kinase**, **PTK**)에 의한 Tyr 곁사슬의 ATP 의존적인 인산화의 기초를 형성한다.

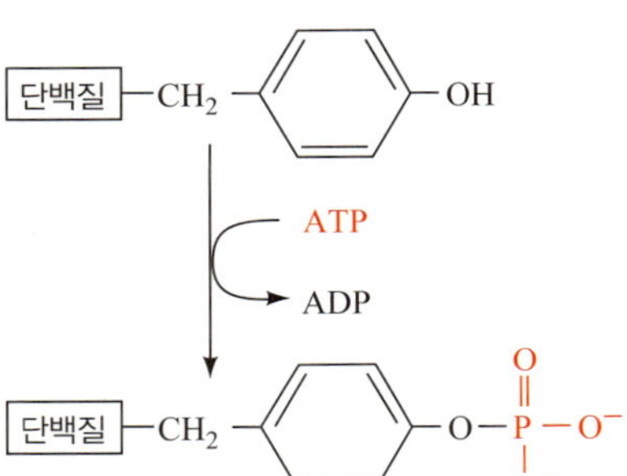

인산화된 Tyr 잔기는 많은 세포 기능에 관여된 단백질–단백질 상호작용을 조정한다. 결과적으로, PTK는 신호 전달, 중심 물질 대사 경로 조절, 세포 주기 조절, 세포 성장과 분화에 중심적인 역할을 한다. 이 단원에서는 신호 전달 시스템에 관여하는 단백질과 이들의 활성이 세포 내에서 신호를 전달하기 위해서 어떻게 조정되는지를 검토할 것이다.

A 수용체 타이로신 인산화 효소는 세포막을 가로질러 신호를 전달한다

모든 생화학적 신호 전달 경로에서 첫 번째 단계는 수용체 단백질에 대한 리간드 결합이다. 자료 13-2는 어떻게 수용체-리간드 상호작용이 정량화되었는지를 검토한다. 인슐린과 많은 다른 폴리펩타이드 성장 인자들은 C 말단 도메인이 타이로신 인산화 효소 활성을 가지는 수용체들과 결합한다. 이러한 **수용체 타이로신 인산화 효소(receptor tyrosine kinase, RTK)**는 일반적으로 하나의 막횡단 부위를 가지고 리간드가 결합되지 않은 상태에서는 단량체이다. 이러한 구조적 특징은 세포외 도메인의 리간드 결합이 세포내 도메인의 구조 변화를 나타나게 할 것 같지 않다(그러한 구조적 변화는 다중 막횡단 부분을 가지는 수용체에서 더 일어나는 것 같다). 실제 RTK를 활성화시키는 가장 일반적인 메커니즘은 성장 호르몬 수용체의 경우와 같이 리간드에 의해 유도된 수용체 단백질들의 이합체화인 것 같다(그림 13-3, 타이로신 인산화 효소 활성이 없을지라도). **인슐린 수용체(insulin receptor)**는 리간드가 결합되지 않은 상태에서 이합체라는 점이 특이하다. 이러한 경우에 리간드 결합은 분명히 수용체에서 구조적 변화를 유도한다.

자가 인산화는 수용체 타이로신 인산화 효소를 활성화시킨다. RTK가 이합체화(인슐린 수용체의 경우 리간드 결합에 의한 구조 변화)되면, 그 세포질 단백질 타이로신 인산화 효소(PTK) 도메인들은 특정 Tyr 잔기들을 교차 인산화하기 위해서 서로 가까이 접근한다. **이러한 자가 인산화(autophosphorylation)는 다른 단백질 기질들을 인산화하도록 PTK를 활성화시킨다.** 인슐린 수용체의 자가 인산화가 어떻게 일어나는지 알아보자.

인슐린 수용체는 αβ 기본 단위체의 이합체이다. 각 기본 단위체는 1382개 잔기의 단일 펩타이드 전구체로 합성되고, 이는 전체적으로 세포외에 위치하는 731개 잔기의 α 소단위체와 단일 막횡단 나선 구조를 통해 세포외 영역에 연결되어 있는 세포질 쪽의 PTK 영역을 구성하는 620개 잔기의 β 소단위체를 생산하기 위해 단백질 가수 분해를 통해 처리된다. 각 기본 단위체 내의 α와 β 소단위체는 수용체의 두 α 수용체와 마찬가지로 이황화 결합으로 연결되어 있다.

인슐린 수용체의 세포외 부분인 **ectodomain**[(그리스어: *ektos*(외부), 그림 13-4]의 X선 구조는 두 개의 αβ 기본 단위체 각각이 V자형 이합체를 형성하기 위하여 접힌 형태를 취하고 있는 것을 보여 준다. 다양한 증거로부터 유추된 이합체 수용체의 두 개의 인슐린 결합 부위는 두 곳에 동시에 결합하는 하나의 인슐린 분자와 너무 멀리 떨어져 있다(인간 성장 호르몬과 수용체 결합에서 생기는 것과 유사하게, 그림 13-3). 이는 인슐린의 결합이 V자형 두 개의 팔을 서로 가까이 오게 하는 인슐린 수용체 ectodomain의 구조적 변화를 유도함으로써 그들의 부착된 세포질 PTK 영역을 서로 인산화하기에 충분히 가깝게 끌어온다는 것을 제안한다.

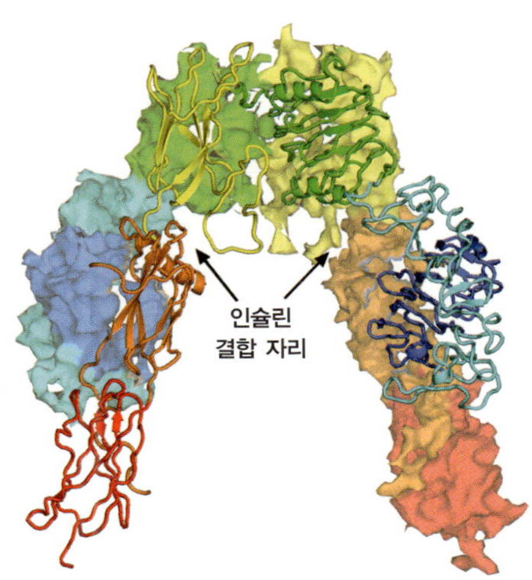

그림 13-4 인슐린 수용체 ectodomain의 X선 구조 αβ의 기본 단위체 중 하나를 N 말단 영역 파란색부터 C 말단 영역 빨간색까지 연속적으로 무지개 색 순서로 칠해진 6개 영역을 가진 리본 형태로 표시하였다. 다른 기본 단위체는 동일한 색으로 칠해진 표면 도표로 나타내었다. β 소단위체는 대부분의 주황색과 모든 빨간색 영역들로 구성되어 있다. 단백질은 원형질막을 아래쪽으로 두 겹으로 접어지는 축을 수직으로 하여 나타내었다. 온전한 수용체에서는 단일 막횡단 나선이 각 β 소단위체를 C 말단 세포질 PTK 영역과 연결시켜 준다. [Based on an X-ray structure by Michael Weiss, Case Western Reserve University; and Michael Lawrence, Walter and Eliza Hall Institute of Medical Research, Victoria, Australia. PDBid 3LOH.]

자료 13-2 생화학 전망 수용체-리간드 결합은 정량화될 수 있다

다른 단백질들처럼 수용체는 질량 작용 법칙에 따라 상응하는 리간드에 결합한다.

$$\mathrm{R + L \rightleftharpoons R \cdot L}$$

여기서 R과 L은 수용체와 리간드를 나타내며 그 반응의 해리 상수(K)는 다음과 같다.

$$K_L = \frac{[\mathrm{R}][\mathrm{L}]}{[\mathrm{R\cdot L}]} = \frac{([\mathrm{R}]_T - [\mathrm{R\cdot L}])[\mathrm{L}]}{[\mathrm{R\cdot L}]} \qquad [13\text{-}1]$$

여기서 총 수용체 농도 $[\mathrm{R}]_T$는 [R] + [R·L]과 같다. 식 13-1은 효소 반응 속도론의 Michaelis–Menten 식과 유사한 형식으로 재배열될 수 있다(12-1B절).

$$Y = \frac{[\mathrm{R\cdot L}]}{[\mathrm{R}]_T} = \frac{[\mathrm{L}]}{K_L + [\mathrm{L}]} \qquad [13\text{-}2]$$

여기서 Y는 리간드 결합 부위의 분획 점유이다. 식 13-2는 쌍곡선(그림 1*a*)을 나타내고, K_L은 수용체가 리간드에 의해 최고의 반으로 점유된 리간드 농도로 운영상 정의될 수 있다.

원칙적으로 K_L과 $[\mathrm{R}]_T$가 그림 1*a*와 같은 쌍곡선 도표의 분석을 통해서 결정될 수 있지만 직선 형태의 방정식 분석이 더 일반적인 방법이다. 식 13-1은 다음과 같이 재배열될 수 있다.

$$\frac{[\mathrm{R\cdot L}]}{[\mathrm{L}]} = \frac{([\mathrm{R}]_T - [\mathrm{R\cdot L}])}{K_L} \qquad [13\text{-}3]$$

이제 관례적인 수용체 결합 명명법에 따라 자유 리간드에 대하여 [R · L]을 B로, [L]을 F로, $[\mathrm{R}]_T$를 $\mathrm{B_{max}}$로 재정의하자. 그러면 식 13-3은 다음과 같이 된다.

$$\frac{\mathrm{B}}{\mathrm{F}} = \frac{(\mathrm{B_{max}} - \mathrm{B})}{K_L} \qquad [13\text{-}4]$$

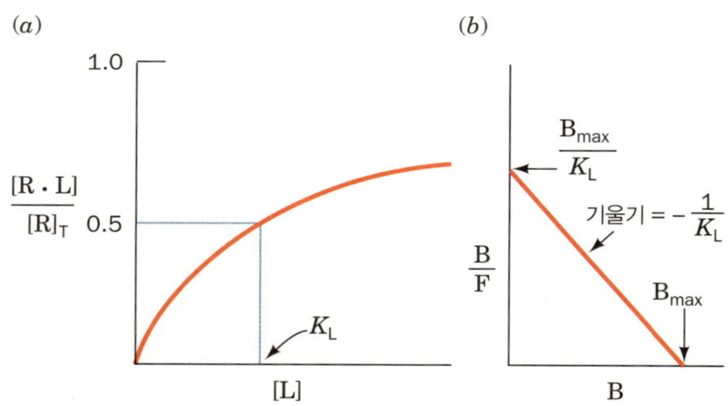

그림 1 수용체에 리간드의 결합 (*a*) 쌍곡선 도표, (*b*) 스캐차드 도표. 여기서 B = [R · L], F = [L], $\mathrm{B_{max}} = [\mathrm{R}]_T$이다.

스캐차드 도표(**Scatchard plot**, 고안자인 George Scatchard의 이름에 따라)로 알려진 B에 대한 B/F의 도표는 결과적으로 B축상의 절편이 $\mathrm{B_{max}}$인 기울기($-1/K_L$)의 직선을 산출한다(그림 1*b*).

여기에서 B와 F는 다음과 같이 필터 결합 분석법에 의해 결정될 수 있다. 대부분의 수용체들은 불용성 막결합 단백질이고, 따라서 가용성의 자유 리간드로부터 여과에 의해 분리될 수 있다(예를 들어 단백질은 비특이적으로 나이트로셀룰로스에 결합하기 때문에 용해된 수용체는 나이트로셀룰로스를 통과하는 여과에 의해 자유 리간드로부터 분리된다). 따라서 방사성으로 표지된 리간드를 사용하여 B와 F([R · L], [L])의 값을 각각 필터와 용액에 남아 있는 방사능으로부터 결정할 수 있다. R · L 해리 속도(수분에서 수시간의 절반)는 일반적으로 남은 자유 리간드를 제거하기 위해 필터를 세척하였을 때 사소한 오류를 유발할 정도로 매우 느리다.

하나의 리간드에 대한 수용체 결합 매개 변수가 정해지면, 같은 리간드 결합 자리에 대한 다른 리간드의 해리 상수는 경쟁적 결합 연구를 통해 결정할 수 있다. 경쟁적 결합을 설명하는 모형은 Michaelis–Menten 효소의 경쟁적 저해와 유사하다(12-2A절).

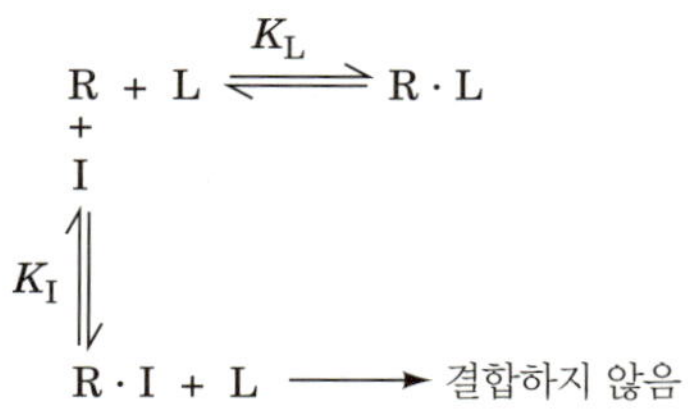

여기서 I는 경쟁적 리간드이고, 그 수용체와의 해리 상수는 아래와 같이 표현된다.

$$K_I = \frac{[\mathrm{R}][\mathrm{I}]}{[\mathrm{R\cdot I}]} \qquad [13\text{-}5]$$

따라서 경쟁적 저해를 설명하는 방정식의 유도와 아주 비슷하게(12-2A절)

$$[\mathrm{R\cdot L}] = \frac{[\mathrm{R}]_T[\mathrm{I}]}{K_L\left(1 + \frac{[\mathrm{I}]}{K_I}\right) + [\mathrm{L}]} \qquad [13\text{-}6]$$

리간드와 억제자의 상대적 친화도는 억제자가 존재할 때의 식 13-6을, 존재하지 않을 때 식 13-6으로 나눔으로써 결정할 수 있다.

$$\frac{[\mathrm{R\cdot L}]_I}{[\mathrm{R\cdot L}]_0} = \frac{K_L + [\mathrm{L}]}{K_L\left(1 + \frac{[\mathrm{I}]}{K_I}\right) + [\mathrm{L}]} \qquad [13\text{-}7]$$

이 비율이 0.5(50% 저해)일 때의 경쟁자 농도를 $[\mathrm{I}_{50}]$으로 나타낸다. 따라서 50% 저해 조건에서 K_I를 구하기 위하여 식 13-7을 풀면 다음과 같다.

$$K_I = \frac{[\mathrm{I}_{50}]}{1 + \frac{[\mathrm{L}]}{K_L}} \qquad [13\text{-}8]$$

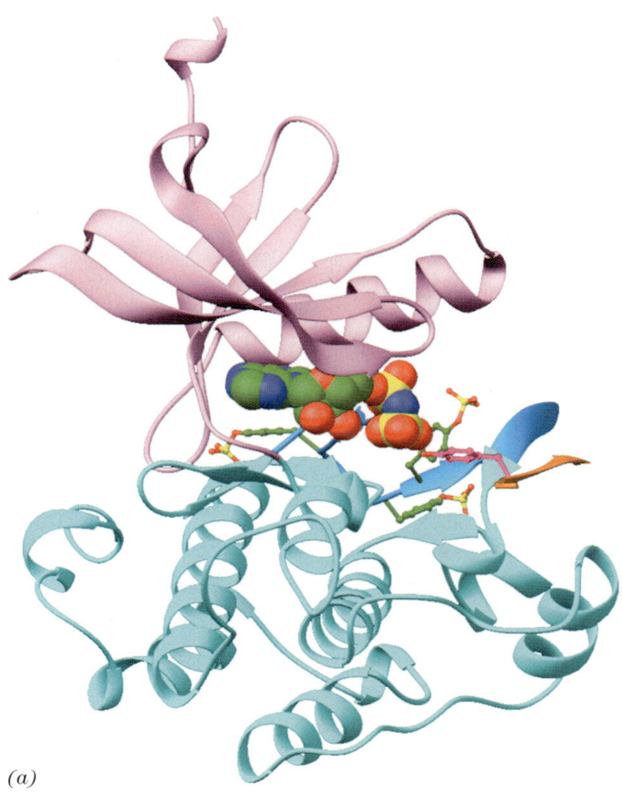

(a)

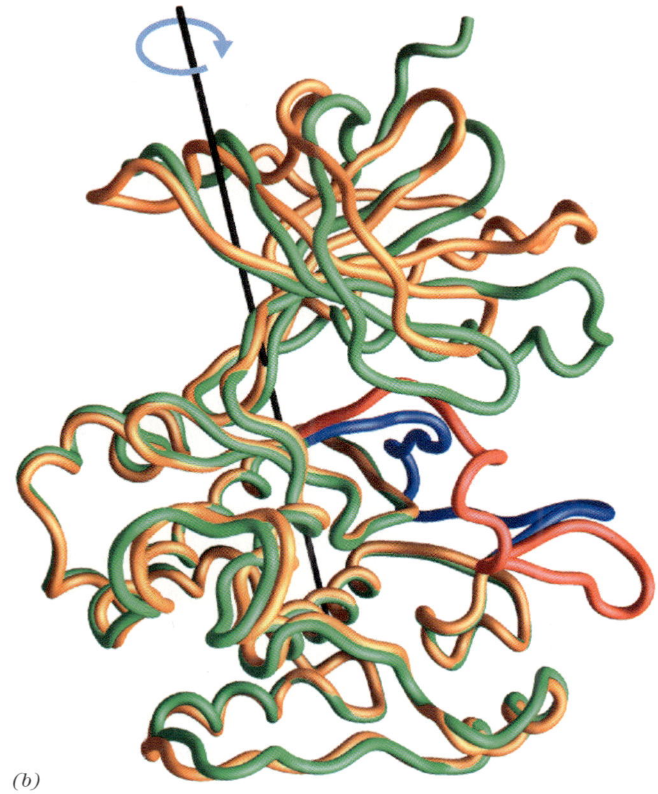

(b)

그림 13-5 **인슐린 수용체의 타이로신 인산화 효소 도메인의 X선 구조** (*a*) 타이로신 인산화 효소 영역을 '표준' 단백질 인산화 효소 방향으로 N 말단 도메인은 연보라색, C 말단 도메인은 청록색, 그 활성화 고리는 밝은 파란색으로 나타내었다. 세 개의 인산화된 Tyr 곁사슬은 C는 초록색, N은 파란색, O는 빨간색, P는 노란색으로 공-막대 구조로 나타내었다. ATP 유사체 AMPPNP는 공간 채움 형태로 나타내었다. 기질 폴리펩타이드의 6개 잔기는 주황색, 인산화될 수 있는 Tyr 잔기는 심홍색으로 나타내었다. (*b*) 인슐린 수용체 타이로신 인산화 효소 도메인의 인산화와 비인산화 형태의 폴리펩타이드 뼈대는 C 말단 엽에 겹쳐서 보여졌다. 파란색의 활성화된 고리를 가지는 인산화된 단백질은 초록색이고, 빨간색의 활성화된 고리를 가지는 비인산화된 단백질은 노란색이다. 청록색의 화살표와 검은색의 축은 두 개의 N 말단 엽을 정렬하는 데 필요한 회전을 나타낸다. [Part *a* based on an X-ray structure by and Part *b* courtesy of Stevan Hubbard, New York University Medical School. PDBids 1IR3 and 1IRK.]

? 인산화가 왜 *b* 부분 빨간색 단백질 고리의 구조 변화를 유발하는지 설명하시오.

β 소단위체의 306개 잔기 PTK 도메인의 X선 구조(**그림 13-5*a***)는 N 말단 도메인이 5가닥의 β 병풍과 한 개의 α 나선으로 이루어져 있고 더 큰 C 말단 도메인은 주로 α 나선으로 구성된 홈이 깊게 패인 이엽 단백질이라는 것을 보여 준다. 계속 보겠지만 이러한 구조는 Tyr 그리고/또는 Ser, Thr 잔기의 OH기를 인산화시키는 효소인 단백질 인산화 효소의 큰 집단에서 전형적인 것이다. 실제로 인간 게놈은 90개의 PTK와 388개의 Ser/Tyr 인산화 효소(인간 유전자의 2% 이상을 표현하는)를 암호화하는데, 이들은 총체적으로 인간 세포에서 단백질의 약 3분의 1을 인산화시키는 것으로 추정된다. 그렇게 함으로써, 그들은 신호 전달 경로에서 중요한 역할을 하고, 여러 호르몬, 성장 인자, 신경 전달 물질, 독소가 표적 세포의 기능에 영향을 주게 된다.

자가 인산화는 인슐린 수용체의 PTK 활성을 어떻게 활성화시킬까? 인슐린 수용체 PTK 도메인(그림 13-5*a*)의 X선 구조에서 가수 분해되지 않는 ATP 유사체인 **adenosine-5′-(β,γ-imido)triphosphate(AMPPNP**, ADPNP라고도 함)이 단백질 도메인의 틈 사이에 결합되어 있다. 그곳에서 γ-인산기는 역시 단백질에 결합하는 기질 펩타이드에 있는 표적 Tyr 잔기의 OH기에 가까이 병렬로 위치한다. 이른바 활

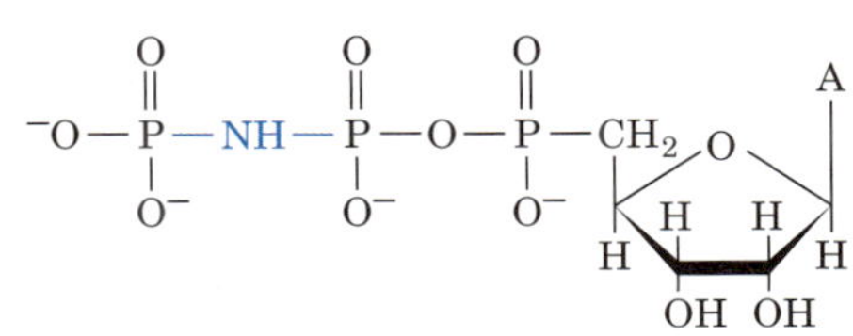

Adenosine-5′-(β,γ-imido)triphosphate (AMPPNP)

성화 고리에서 C 말단 도메인에 있는 세 개의 Tyr 잔기는 인산화되어 있다. 비인산화된 상태에서는 18개 잔기의 고리가 ATP와 단백질 기질의 결합을 막기 위해 PTK 활성 자리를 통과한다. 세 개의 Tyr 잔기가 인산화되었을 때는 활성 자리를 가리지 않도록 활성화 고리가 구조를 변화시키는(**그림 13-5*b***) 대신 기질 인식 자리의 일부를 형성한다. 사실, 자가 인산화할 수 있는 세 개의 Tyr 잔기의 인산화 정도에 따라 인슐린 수용체의 PTK 활성이 증가한다.

인산화와 리간드 결합에 의해 유도된 PTK에서의 구조 변화는 그림 13-5*b*에 묘사되어 있다. PTK의 N 말단 엽은 C 말단 엽에 상대적으로 거의 정확하게 21° 회전하게 되고, 이것은 아마도 기질 결합과 촉매를 위해 중요한 잔기의 위치를 정하는 극적인 형태 변화로 생각된다.

거의 모든 알려진 PTK는 활성화 고리(구조가 밝혀진 모든 인산화 PTK에서 유사한 구조로 생각됨)에 한개에서 세 개의 자가 인산화될 수 있는 Tyr 잔기를 가지고 있다. 게다가 다수의 활성화된 PTK는 PTK 도메인의 외부에서 대립하는 RTK의 세포질 Tyr 잔기를 인산화한다. Ser이나 Thr보다 인산화 Tyr에 대한 PTK의 특이성은 Ser이나 Thr이 아닌 Tyr의 곁사슬이 활성 자리에 도달하기에 충분할 정도로 길다는 점에서 설명될 수 있다.

B 인산화 효소 연쇄 반응은 신호를 핵으로 이어준다

어떤 자가 인산화된 RTK는 직접 자신의 궁극적인 표적 단백질을 인산화하지만, 대다수의 자가 인산화된 RTK는 그렇지 않다. 그렇다면 이 표적 단백질은 어떻게 활성화될까? 이제부터 살펴보겠지만, 그 대답은 매우 다양하고 복잡한 관련 단백질의 연쇄 반응을 포함하는 신호 전달 경로 조합을 통해서이다.

SH2 도메인은 인산화된 Tyr 잔기에 결합한다. 인슐린 수용체 타이로신 인산화 효소의 주기질은 **인슐린 수용체 기질 1, 2[insulin receptor substrate 1, 2(IRS-1, IRS-2)**]로 알려져 있다. 인산화되었을 때, 이러한 단백질들은 **Src homology 2 (SH2) 도메인(domain)**[**Src**라고 불리는 단백질의 한 도메인의 서열과 유사하기 때문에]으로 알려진 하나나 두 개의 보존된 ~100개 잔기 모듈을 포함한 다른 세트의 단백질과도 상호작용할 수 있다. SH2 도메인은 높은 친화도로 인산화된 Tyr 잔기와 결합하지만, 더 많이 존재하는 인산화된 Ser과 인산화된 Thr 잔기와는 결합하지 않는다. X선 구조 연구를 통해 인산화된 Tyr이 깊은 구멍의 바닥에서 Arg과 상호작용하는 것이 밝혀짐으로써 이러한 특이성은 쉽게 설명이 가능하게 되었다(**그림 13-6**). 하지만 Ser과 Thr의 곁사슬은 이 잔기와 상호작용하기

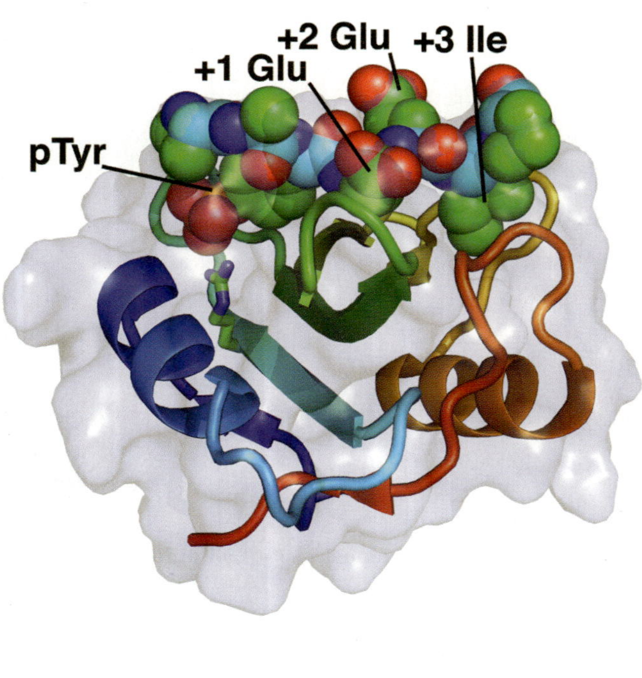

그림 13-6 표적 펩타이드와 복합체를 이룬 Src SH2 도메인의 X선 구조 단백질은 N 말단(파란색)에서 C 말단(빨간색)까지 무지개 색깔 순서로 리본 도식으로 나타내어, 반투명 표면 도식에 박아 넣었다. 단백질의 인산화-Tyr-Glu-Glu-Ile (pYEEI) 표적 4개 펩타이드를 포함하는 11개 잔기 폴리펩타이드는 공간 채움 형태로 뼈대 C는 청록색, 곁사슬의 C는 초록색, B는 파란색, O는 빨간색, P는 주황색으로 그렸다. 펩타이드 인산화-Tyr(pTyr) 잔기의 인산기와 상호작용하는 SH2 Arg 32의 곁사슬은 막대 형식으로 그렸다. [Based on an X-ray structure by John Kuriyan, The Rockefeller University. PDBid 1SPS.]

? 인산화-Thr과 인산화-Ser의 구조를 그리고, 이들을 인산화-Tyr과 비교해 보라.

process diagram

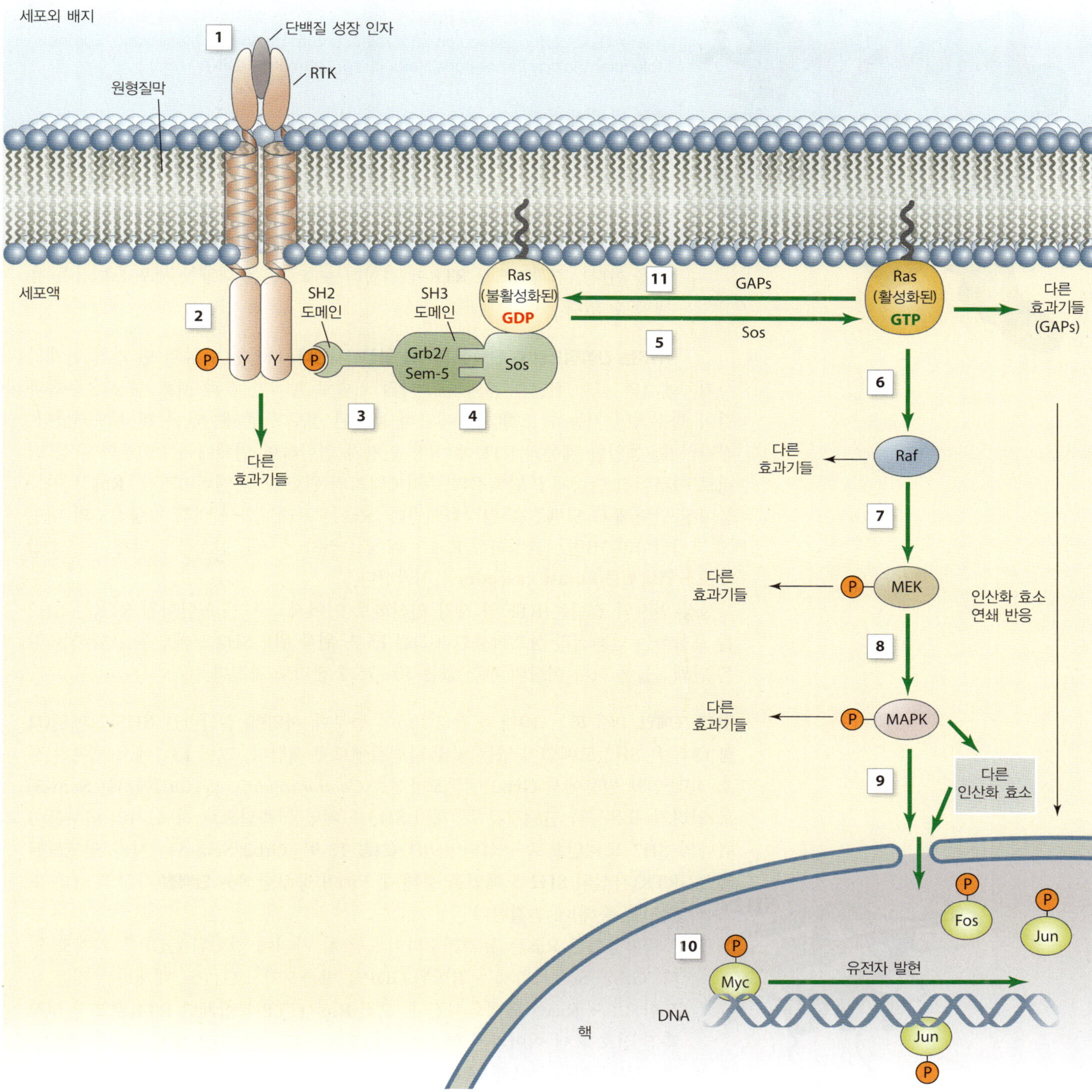

그림 13-7 **Ras 신호 전달 연쇄 반응** RTK가 같은 계통의 성장 인자에 결합하면(1) RTK 세포질 도메인의 자가 인산화를 유발한다(2). Grb2/Sem-5는 SH2 도메인을 통해 생성된 인산화-Tyr을 포함하는 펩타이드 단편에 결합하고(3), 동시에 두 개의 SH3 도메인을 통해 Pro을 많이 포함한 Sos의 단편에 결합한다(4). 이것은 Ras에 결합된 GDP를 GTP로 교환하도록 Sos를 활성화시키고(5), Sos는 Ras가 Raf에 결합하도록 활성화시킨다(6). 그 다음, 소위 인산화 효소 연쇄 반응에서 Ser/Thr 인산화 효소인 Raf가 MEK를 인산화시키고(7), 이것은 다시 MAPK를 인산화시킨 다음(8) 핵으로 이동하여(9), Fos, Jun, Myc과 같은 전사 인자를 인산화시킴으로써(10) 유전자 발현을 조절한다. Ras는 GTP 가수 분해 반응에 의해 결국 비활성화되는데(11), 이 과정은 GTP 분해 효소 활성화 단백질들(GTPase-activating protein, GAP)에 의해 가속화된다. 인산화 효소 연쇄 반응은 결국 단백질 인산 가수 분해 효소의 작용에 의해 휴지 상태로 돌아간다(13-2D절). [After Egan, S.E. and Weinberg, R.A., *Nature* 365, 782 (1993).]

? 신호 증폭이 일어나는 단계를 표시해 보라.

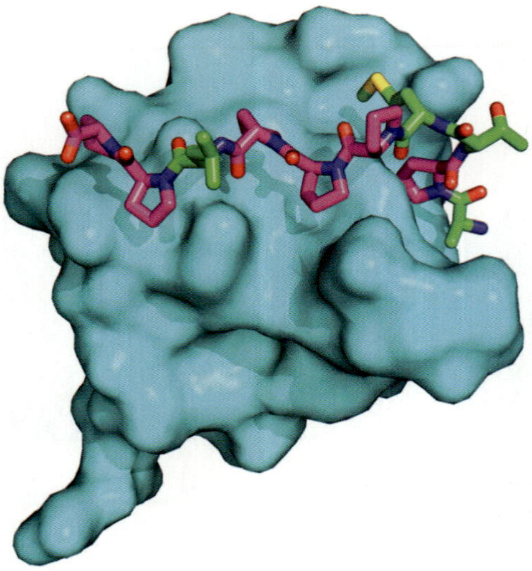

그림 13-8 10개 잔기의 표적 Pro을 많이 포함한 폴리펩타이드(APTMPPPLPP)와 복합체를 형성한 Abl 단백질로부터 SH3 도메인의 X선 구조 단백질은 표면 도형(청록색)으로 나타내었고 펩타이드는 막대 형태로 Pro C는 심홍색, 다른 C는 초록색, N은 파란색, O는 빨간색, S는 노란색으로 그렸다. [Based on an X-ray structure by Andrea Musacchio, European Molecular Biology Laboratory, Heidelberg, Germany. PDBid 1ABO.]

에는 너무 짧다.

IRS와 다른 인산화된 단백질들과 상호작용하고 SH2를 포함하는 단백질들은 다양한 기능을 가진다. 몇몇은 인산화 효소, 몇몇은 인산 가수 분해 효소, 몇몇은 **G 단백질(G protein)**로 알려진 GTP 결합 단백질 기능을 한다(13-3절에서 언급된 것과 같이 G 단백질은 비 RTK 신호 전달 경로에서도 중요한 기능을 한다). 결과적으로 RTK에 결합하는 호르몬은 다양한 세포내 반응을 유발할 수 있다.

RTK는 간접적으로 G 단백질 Ras를 활성화시킨다. 다양한 종류의 먼 친척 관계의 유기체에서의 신호 전달을 분자 유전학적 기술로 분석한 결과 세포 성장과 분화와 같이 필수적인 기능을 조절하는 대단히 보존된 경로가 존재한다는 것이 드러났다. 간단하게, 동일한 계통의 RTK에 성장 인자가 결합하면 인체에서 150개의 구성 멤버로 이루어진 단량체 F 단백질의 수퍼패밀리의 원형 구성 멤버이면서 **Ras**로 이름 붙여진 단량체 G 단백질을 활성화시킨다. Ras는 프레닐화에 의해 원형질막의 내면에 고정된다(9-3B절). 활성화된 Ras는 핵에서 전사 기구로 신호를 전달해 주는 **인산화 효소 연쇄 반응(kinase cascade)**을 시작한다.

성장 인자의 결합은 RTK의 자가 인산화로 이어지고 자가 인산화된 RTK는 SH2를 포함하는 단백질과 상호작용한다(**그림 13-7, 왼쪽 위**). SH2 도메인을 포함하는 많은 단백질들은 하나 이상의 관련 없는 50~75개 잔기도 가진다.

SH3 도메인. 9개 또는 10개 잔기의 Pro이 풍부한 서열에 결합하는 SH3 도메인(**그림 13-8**)은 SH2 도메인이 없는 몇몇 단백질에도 존재한다. 그림 13-7에서 보여진 신호 전달 연쇄 반응에서 **Grb2**[예쁜꼬마선충(*Caenorhabditis elegans*)에서는 **Sem-5**]로 알려진 표유동물 단백질은 두 개의 SH3 도메인을 측면으로 하여 거의 대부분이 하나의 SH2 도메인으로 구성되어 있다(**그림 13-9**). Grb2/Sem-5는 자가 인산화된 RTK(자신의 SH2 도메인을 통해)를 Pro이 풍부한 **Sos 단백질**(자신의 SH3 도메인을 통해)에 연결한다.

비활성화된 Ras는 뉴클레오타이드 결합 자리에 결합된 GDP를 가지고 있다. Grb2−Sos 복합체는 결합된 GDP를 방출시키고 GTP로 대체하는 것을 유도함으로써 Ras를 활성화시킨다. **오직 Ras·GTP 복합체만 RTK로부터 성장 촉진 신호를 더 이어가게 할 수 있다.** Ras는 GTP와 GDP에 단단하게 결합하기 때문에 이들 뉴클레오타이드를 교환하기 위해서 Sos와 상호작용해야 한다. 따라서 Sos는 **구아닌 뉴클레오타이드 교환 인자(guanine nucleotide exchange factor, GEF)**로 알려져 있다. 대부분의 G 단백질은 일치하는 GEF를 가진다.

Grb2(그림 13-9)의 X선 구조는 SH2 도메인이 두 개의 SH3 도메인과 휘

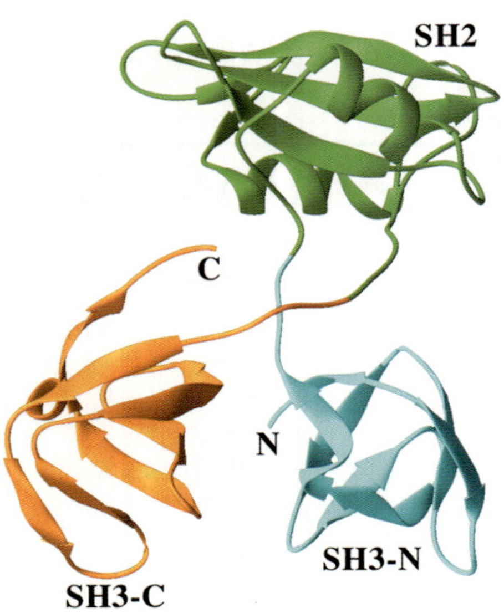

그림 13-9 Grb2의 X선 구조 SH2 도메인(초록색)은 확실히 구조화되지 않아서 유연한 4개 잔기의 연결 고리를 통해 측면의 SH3 도메인들(청록색과 주황색)과 연결된다. [Based on an X-ray structure by Arnaud Ducruix, Université de Paris-Sud, Gif sur Yvette Cedex, France. PDBid 1GRI.]

어지게 연결되었다는 것을 나타낸다. 어떻게 인산화된 RTK에 그런 유연한 **어댑터**(**adaptor**, 효소 활성이 없는 연결 고리)의 결합이 Sos가 Ras를 활성화시키도록 할까? Grb2와 Sos는 본래 영구적으로 세포에서 결합하기 위하여 서로 아주 단단히 결합한다. 따라서 Grb2가 인산화된 RTK에 결합할 때 Sos를 원형질막의 안쪽 면에 불러들이고, 이곳에 증가된 Sos의 국부 농도는 막고정 Ras에 더 쉽게 결합하게 하고 GEF로 작용한다.

GAP는 G 단백질의 GTPase 활성을 증가시킨다. Ras는 결합된 GTP를 GDP + P_i로의 가수 분해를 촉매함으로써 성장 인자에 대한 세포의 반응 등급을 제한하는 효소(GTP 분해 효소, **GTPase**)이다. 그럼에도 불구하고 Ras는 스스로 효과적인 신호 전달을 하기에는 너무 느리게 분당 2개에서 3개의 GTP만을 가수 분해한다. 더욱이 1회용 이상의 스위치가 되기 위한 신호를 위해서는 스위치를 켜는 것뿐만 아니라 *끄기* 위한 메커니즘이 있어야 할 것이다. 이러한 생각은 **RasGAP**라는 120 kD의 **GTP 분해 효소 활성화 단백질**(**GTPase-activating protein, GAP**)의 발견으로 이어졌고, RasGAP은 Ras · GTP와 결합하였을 때, GTP 가수 분해 속도를 10^5까지 증가시킨다. Ras와 같이 대부분의 G 단백질들도 일치하는 GAP를 가지고 있다.

RasGAP가 Ras의 GTPase 활성을 활성화시키는 메커니즘은 GDP와 AlF_3 복합체에서 Ras에 결합한 RasGAP(GAP334)의 334개 잔기 GTP 분해 효소 활성 도메인의 X선 구조에 의해 밝혀졌다(**그림 13-10**). GAP334는 광범위한 표면 위에 Ras와 상호작용한다. 삼각 평면 배열을 가지는 AlF_3는 GTP 분해 효소 반응에서 공격하는 친핵체일 수 있는 결합 수의 맞은편에 Al 원자와 함께 GTP의 γ 인산기의 예상 위치에서

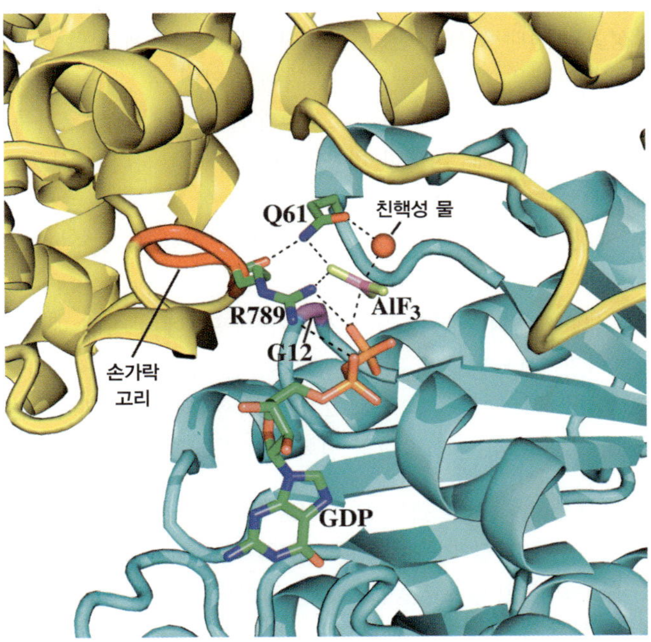

그림 13-10 GAP334·Ras·GDP·AlF_3 복합체의 X선 구조 단백질들의 활성 자리 영역들은 Ras는 청록색, Gly 12는 심홍색, GAP334는 노란색, 손가락 고리는 빨간색 리본으로 나타내었다. GDP, AlF_3와 Ras Gln 61, GAP334 Arg 789의 곁사슬은 C는 초록색, N은 파란색, O는 빨간색, F는 연두색, P는 주황색, Al는 분홍색으로 하여 막대 형태로 그렸다. 물 분자는 빨간 공으로, 수소 결합은 점선으로 나타내었다. [Based on an X-ray structure by Alfred Wittinghofer, Max-Planck-Institut für Molekulare Physiologie, Dortmund, Germany. PDBid 1WQ1.]

Ras와 결합한다. Al−F와 P−O 결합이 비슷한 길이를 가지므로, GDP−AlF_3−H_2O 조립은 평면의 PO_3기를 흉내내는 AlF_3를 가지는 GTPase 반응의 예상 전이 상태와 비슷하다.

GAP334는 Ras 활성 자리에 삽입된 GAP334의 소위 손가락 고리와 결합한다. 그 결과, 그 고리의 Arg 잔기가 GDP의 β 인산기, AlF_3와 모두 상호작용한다. Ras · GTP 복합체에서 Arg 곁사슬은 GTP 분해 효소 반응의 전이 상태에 나타나는 음전하를 안정화시키기 위해 아주 좋은 자리에 있을 것이다. 실제로 더 효율적인 촉매 활성을 가진 G 단백질은 거의 같은 위치의 Arg 잔기를 가진다.

인산화 효소 연쇄 반응이 신호 전달 경로를 완성한다. Ras의 하위 신호 전달 경로는 단백질 인산화 효소의 수직 연쇄 반응으로 이루어진다(그림 13-7, 오른쪽). Ras·GTP와의 직접적인 상호작용에 의해 활성화된 Ser/Thr 인산화 효소 **Raf**는 **MEK** 또는 **MAP 인산화 효소**(**MAP kinase**)로 알려진 단백질을 인산화시킴으로써 그것을 인산화 효소로 활성화시켜 준다. 활성화된 MEK는 **mitogen-activated protein kinase** (**MAPK**) 또는 **extracellular-signal-regulated kinase** (**ERK**) 등 다양하게 불리는 단백질 군을 인산화한다. MAPK는 완전한 활성을 위하여 Thr-Glu-Tyr 서열에서 Thr과 Tyr 잔기가 모두 인산화되어야 한다. MEK[*M*AP 인산화 효소/*E*RK 인산화 효소−활성화 인산화 효소(activating *k*inase)를 나타냄]는 MAP와 ERK의 인산화를 촉매하기 때문에 단백질 Ser/Thr 인산화 효소일 뿐만 아니라 단백질 Tyr 인산화 효소이기도 하다.

활성화된 MAP 인산화 효소는 세포질에서 핵으로 이동하고, 핵에서 **Fos**, **Jun**, **Myc**을 포함한 다양한 단백질을 인산화시킨다. 이러한 단백질들은 **전사 인자**(**transcription factor**, 그들의 표적 유전자의 전사를 유도하는 단백질, 28-3B절)이다. 그들은 활성화된 형태로 신호 전달 연쇄 반응을 시작하게 했던 성장 인자의 세포외 존재에 의해 부여받은 효과를 생산하기 위해 다양한 유전자들을 자극한다. 인슐린이 Ras 신호 전달 경로를 활성화하면, 그 결과로 세포 성장과 분화를 지원하는 단백질들의 합성이 증가되는데, 이러한 반응은 연료가 풍부하다는 신호로서의 인슐린의 기능과 일치한다. **종양 유전자**(**oncogene**)에 의해 암호화되는 변형 단백질들은 조절되지 않는 세포 성장을 유도하기 위해 그러한 신호 전달 경로를 파괴한다(자료 13-3).

인산화 효소 연쇄 반응의 이점은 **작은 신호가 세포내에서 여러 배로 증폭될 수 있다**는 것이다. 게다가 하나 이상의 표적 단백질의 인산화는 몇 가지 세포내 작용들의 동시 활성화로 이어질 수 있다. 그러므로 22-2절에서 알아볼 것과 같이, 인슐린 신호는 소포 통행, 효소 활성, 유전자 발현의 변화를 조정한다.

비계 단백질은 단백질 인산화 효소를 편성하고 위치를 정해 준다. 진핵세포들은 매우 많은 종류의 다른 MAPK 신호 전달 연쇄 반응을 가지고 있는데, 각각은 독특한 인산화 효소 구성 요소 세트를 가지며, 포유동물에서는 적어도 12개의 MAP 인산화 효소와 7개의 MAP 인산화 효소 인산화 효소(MKK, 예로 MEK), 14개의 MAP 인산화 효소 인산화 효소 인산화 효소(MKKK, 예로 Raf, **그림 13-11**)를 포함한다. 각각의 MAPK는 한 특이적인 MKK에 의해 활성화되지만 MKK는 하나 이상의 MKKK에 의해 활성화될 수 있다. 더구나 몇몇 경로들은 한 종류의 수용체에 의해 활성화될 수 있다. 그렇다면 세포는 어떻게 밀접하게 연관된 신호 전달 경로들 사이에서 부적절한 **교차 전달**(**crosstalk**)을 방지할 수 있을까? 그러한 방법 중 하나는 정해진 경로의

자료 13-3 건강과 질병의 생화학

종양 유전자와 암

몸에서 세포의 성장과 분화는 보통 엄격하게 조절된다. 그러므로 일부 예외(예로 혈액 형성 세포와 모낭)를 제외하고는 성숙한 몸에서 세포들은 휴지 상태이다. 그렇지만 다양한 이유로, 세포는 종양을 형성할 정도로 통제 불능으로 증식하게 만들어질 수 있다.

악성 종양[malignant tumor, **암**(cancer)]은 침입하는 방식으로 성장하고 거의 변함없이 생명을 위협한다. 암은 미국 사망률의 20%에 대한 원인을 제공한다.

암의 많은 원인들은 **종양 유전자**[**oncogene**, 그리스어 onkos(덩어리 또는 종양)]를 전달하는 바이러스들이다. 예를 들면 닭에서 **육종**(**sarcomas**, 결합 조직에서 생기는 암)의 형성을 유도하는 **라우스 육종 바이러스**(**Rous sarcoma virus**, **RSV**)는 네 개의 유전자를 포함한다. 세 개의 유전자는 바이러스 복제에 필수적인 반면, 네 번째 **v-*src***(v는 바이러스성을, *src*는 육종을 나타냄) 유전자는 종양 형성을 유도하는 종양 유전자이다. v-*src*의 기원은 무엇이고, 어떻게 기능을 할까? 1976년에 비숍(Michael Bishop)과 바머스(Harold Varmus)에 의한 DNA 혼성화 연구는 감염되지 않은 닭세포가 v-*src*와 유사하고 다양한 진핵생물에서 높게 보존되어 있는 **c-*src***(c는 세포를 나타냄)를 가지고 있다는 주목할 만한 발견으로 이어졌다(이것은 c-*src*가 필수적인 세포성 유전자임을 의미함). 분명히 v-*src*는 원래 RSV의 비종양 형성 조상에 의해서 세포성 원천으로부터 얻어졌을 것이다. v-*src*와 c-*src*는 모두 60 kD 타이로신 인산

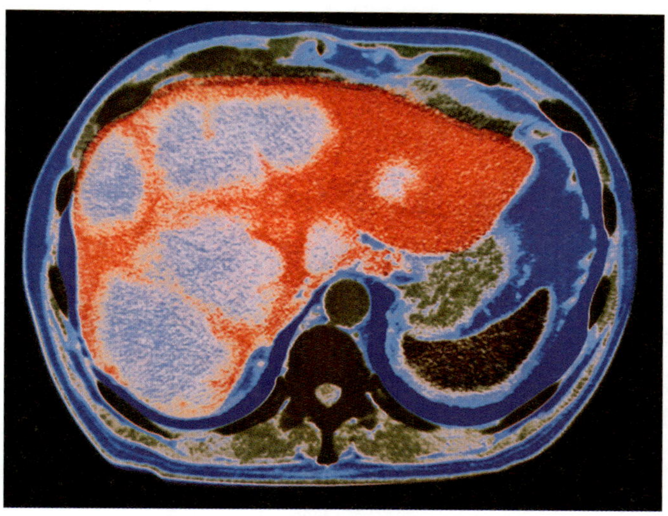

간암을 가지고 있는 사람의 복부를 통과하는 축 절단을 보여 주는 X-선 기반 위(false)-컬러 영상. 간은 복부의 많은 부분을 차지하고 있는 크고 빨간 덩어리이다. 간에 밝은 반점들은 암 같은 종양들이다. 척추 뼈(진한 녹색)는 사진의 중앙 아래에서 볼 수 있다. [Salisbury/Photo Researchers.]

v-*src*의 활성은 그러한 조절을 받지 않으므로, v-*src*의 존재는 숙주 세포의 증식 상태를 유지하게 한다. 세포들은 RSV 감염에 의해 죽지 않기 때문에 아마도 바이러스의 복제 효율을 증가시키는 것 같다.

다른 종양 유전자들도 비슷한 방식으로 세포 성장을 조절하는 작용들과 연관되어 있다. 예로, **v-*erbB*** 종양 유전자는 EGF-결합 도메인은 없지만 막횡단 부분과 타이로신 인산화 효소 도메인을 가지고 있는 **표피 성장 인자**(**epidermal growth factor**, **EGF**) **수용체**(**receptor**)의 불완전한 형태를 가진다. 이 인산화 효소는 세포외 신호가 없어도 그 표적 단백질을 인산화시킴으로써 통제되지 않는 세포 증식이 일어나게 한다.

v-*ras* 종양 유전자는 세포성 Ras와 비슷하지만 GTP를 훨씬 더 느리게 가수 분해하는 21 kD 단백질인 **v-Ras**를 암호화한다. 단백질 인산화율에서 GTP 가수 분해의 감소된 제어 효과는 Ras 하위 인산화 효소들의 활성 증가로 이어진다(그림 13-7).

Ras 매개 신호 전달(예를 들면 Fos와 Jun)에 반응하는 전사 인자들도 종양 유전자의 정상적인 세포성 유사체인 **원시 종양 유전자**(**proto-oncogene**)에 의해 암호화된다. 바이러스성 유전자인 **v-*fos***와 **v-*jun***은 그들의 세포성 짝들과 거의 유사한 단백질들을 암호화하고 숙주 세포에서 그들의 효과를 흉내내지만 통제되지 않는 방식으로 흉내낸다.

모든 종양 유전자들이 바이러스에서 기원된 것은 아니다. 실제, 소수의 암들만이 바이러스에 의해 유발된다. 오히려 암은 종양 유전자가 되도록 돌연변이된 원시 종양 유전자에 의해서 많이 유발된다. 예를 들면 Ras의 Gly 12를 Val으로 전환시키는 c-*ras* 유전자에서의 돌연변이는 단백질 인산화를 자극하는 능력에 영향을 주지 않고 Ras의 GTPase 활성을 감소시킨다. 이는 Ras가 '켜진' 상태에 있는 시간을 연장시킴으로써 통제되지 않는 세포 증식을 유도한다. 실제로, *c-ras*의 종양 유도 형태가 인간의 암들에 가장 일반적으로 관련되어 있다.

지금까지 350개 이상의 바이러스성과 세포성 종양 유전자들이 동정되었다. 종양 유전자 생산물의 파괴적인 효과들은 대응하는 정상적인 세포성 단백질과의 차이점을 통해 발생한다. 즉 그들은 다른 합성 그리고/또는 분해 속도를 가질 수 있고, 변화된 세포 기능들을 가질 수 있으며, 세포의 조절 메커니즘에 의한 통제에 저항할 수 있다. 그렇지만 정상적인 세포가 **악성 형질 전환**(**malignant transformation**, 암 세포가 되는 것)을 겪기 위해서는 몇몇의(평균 5가지 정도의) 독립적인 종양 유도 사건을 겪어야 한다. 이것은 세포 신호 전달 네트워크들의 복잡성(세포들은 부분적으로 겹치는 방식으로 다양한 호르몬, 성장 인자, 전사 인자에 반응한다)에 대한 반영이며, 왜 나이가 듦에 따라 암의 발생이 증가하는지를 설명해 준다. 그럼에도 불구하고 종양 유도 돌연변이들은 드물게 일어나고 세포가 암으로부터 방호하는 매우 효율적인 방어 메커니즘을 가지고 있기 때문에 세포 수준에서 악성의 형질 전환은 극히 드문 사건이다.

단백질 인산화 효소들이 오직 서로끼리만 상호작용하도록 하기 위해서 특정 신호 전달 연쇄 반응의 단백질 인산화 효소 구성 요소 몇 개 또는 모두와 결합하는 **비계 단백질**(**scaffold protein**)의 사용을 통해서 일어난다. 더구나 비계 단백질은 관련된 인산화 효소들의 세포 내 위치도 조절할 수 있다.

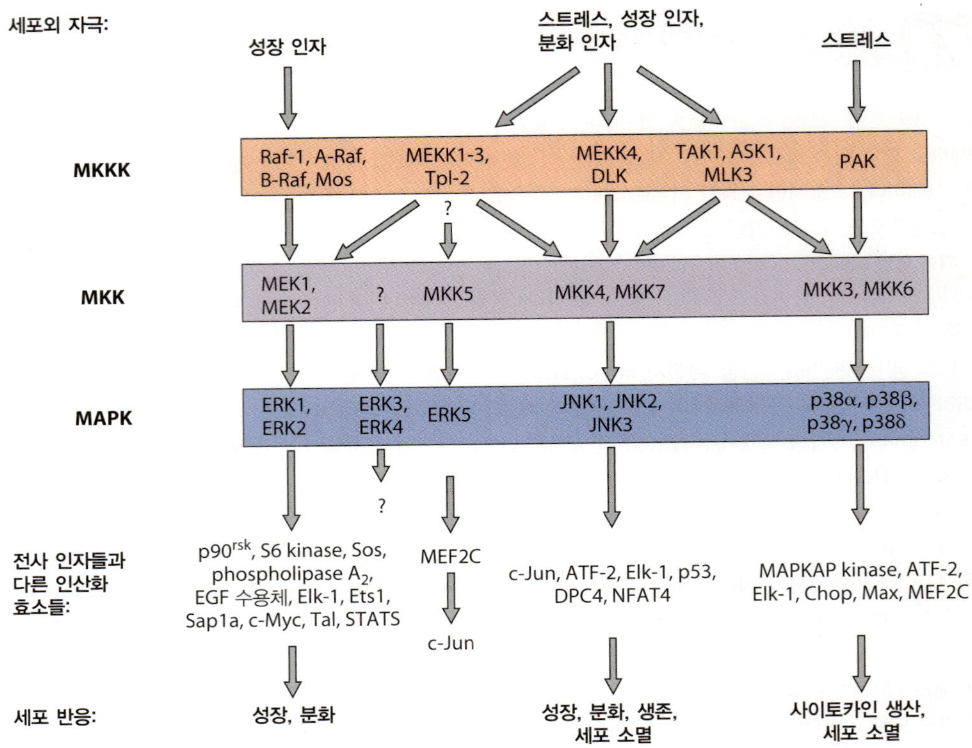

그림 13-11 포유동물 세포에서 MAP 인산화 효소 연쇄 반응 각각의 MAP 인산화 효소 연쇄 반응은 MKKK, MKK, MAPK로 이루어져 있다. 다양한 외부의 자극은 각각 하나 이상의 MKKK를 활성화시키고, 이들은 다음으로 하나 또는 이상의 MKK를 활성화시킬 수 있다. 활성화된 MAPK는 핵으로 이동하는 특이적인 전사 인자뿐만 아니라 특이적인 인산화 효소도 인산화시킨다. 그렇게 활성화된 전사 인자와 인산화 효소는 성장, 분화, **세포 소멸(apoptosis**, 예정된 세포 죽음, 28-4C절)과 같은 세포 반응들을 유도한다. [After Garrington, T.P. and Johnson, G.L., *Curr. Opin. Cell Biol.* **11**, 202 (1999)]

첫 번째로 알려진 비계 단백질은 효모에서 MAP 인산화 효소 연쇄 반응의 유전적 분석을 통해 발견되었는데, 이 **Ste5p**라는 단백질이 그 경로의 MKKK, MKK, MAPK 구성 요소와 결합한다는 것과, 생체 내에서 비계의 결핍이 그 경로를 불활성화시킨다는 것을 증명하였다. 포유동물은 서열상의 관련성은 없지만 기능적으로 유사한 **KSR**(*k*inase *s*uppressor of *R*as)이라고 이름이 붙여진 비계 단백질을 가진다. 분명히 MAP 인산화 효소 연쇄 반응의 연속적인 인산화 효소 구성 요소들 사이의 상호작용 자체만으로는 신호 전달을 하기에 불충분하다.

C 어떤 수용체들은 비수용체 타이로신 인산화 효소들과 결합한다

성장 인자들에 대한 많은 세포 표면 수용체들과 관련된 분자들은 자가 인산화에 의해 리간드에 결합에 반응하지 않는다. 이들은 성장 호르몬(그림 13-3), **사이토카인(cytokine**, 많은 형태 세포들, 가장 알기 쉽게 혈액 세포들의 분화, 증식, 활성을 조절하는 단백질 성장 인자), **인터페론(interferon**, 항바이러스 방어들을 자극하는 단백질 성장 인자)의 수용체들과 **T 세포 수용체[T cell receptor**, T 림프구(T 세포)로 알려진 면역계 세포의 증식을 조절한다, 7-3절]을 포함한다. **리간드 결합은 관련된 비수용체 타이로신 인산화 효소(nonreceptor tyrosine kinase, NRTK)를 활성화시키는 방식으로 타이로신 인산화 효소 관련 수용체들이 종종 다른 형태의 소단위체와 함께 이합체(어떤 경우에는 삼합체)화하는 것을 유도한다.**

Src의 구조는 자가 억제 메커니즘을 밝혀 준다. 많은 NRTK는 Src, **Fyn**, **Lck**를 포함한 적어도 9개의 구성원을 가진 **Src 군**에 속한다. 대부분의 이들 ~530개 잔기 막고정(미리스토일화에 의해) 단백질들은 SH2와 SH3 도메인 모두와 PTK 도메인을 가진다. 따라서 Src 관련 인산화 효소는 자가 인산화된 RTK에 의해서도 활성화될 수 있다. Src 관련 인산화 효소들은 각각 다른 수용체들과 결합되어 있지만, 중복되는 표적 단백질 세트를 인산화시킨다. 상호작용의 이렇게 복잡한 망은 왜 다른 리간드들이 종종 약간의 같은 신호 전달 경로들을 활성화시키는지를 설명한다.

Src는 N 말단에서 C 말단까지 Src 군의 구성원 사이에 서로 다른 미리스토일화된 N 말단 '고유' 도메인, SH3 도메인, SH2 도메인, PTK 도메인, 그리고 짧은 C 말단 꼬리로 이루어져 있다. PTK의 활성화 고리에서 Tyr 416의 인산화는 Src를 활성화시키는 반면, C 말단 꼬리에서 Tyr 527의 인산화는 Src를 불활성화시킨다. **생체 내에서** Src는 Tyr 416이나 Tyr 527에 인산화되지만 둘 다에 인산화되지는 않는다. Tyr 527의 인산 가수 분해나 외부 리간드의 SH2 또는 SH3 도메인 결합은 Src를 그 다음에 Tyr 416의 자가 인산화에 의해 유지되는 상태로 활성화시킨다. Tyr 527이 인산화되고 활성화 인산펩타이드가 없을 때 Src의 SH2와 SH3 도메인은 그 PTK 도메인을 불활성화시키도록 기능한다. 즉 그 다음에 Src가 자가 억제된다.

N 말단 도메인이 없고 Tyr 527이 인산화된 Src·AMPPNP의 X선 구조는 Src 자가 억제의 구조적 기초를 밝혔다(**그림 13-12**). 생화학적 연구가 이미 보여 준 바와 같이 SH2 도메인은 고친화 Src SH2 표적 펩타이드들의 pYEEI 서열보다 pYNPG 서열의 인산화–Tyr 527에 결합한다. 그림 13-6에서 pYEE 단편과 같이 pYNP 단편이 SH2에 결합할지라도, 이어지는 잔기들은 X선 구조에서 별로 정돈되지 않았고, 더욱이 pYEEI의 Ile 곁사슬이 결합하는 SH2 포켓이 비어 있다. 분명히 인산화–Tyr 527개 포함 펩타이드 단편은 그 표적 펩타이드들에 비하여 감소된 친화성을 가지고 Src SH2 도메인에 결합한다.

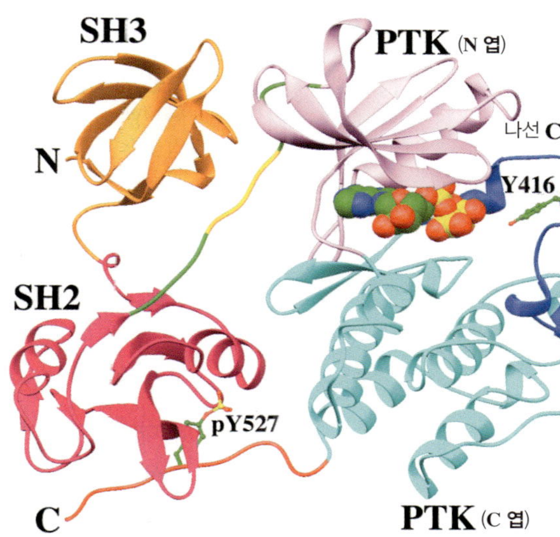

그림 13-12 인산화된 Tyr 527을 가지는 Src·AMPPNP의 X선 구조 막고정 N 말단 도메인이 없는 단백질이 그 PTK 도메인이 '기준' 전망으로 보이는 쪽으로 향해 있다(그림 13-5*a*와 비교해 보라). SH3 도메인은 주황색, SH2 도메인은 심홍색, SH3 도메인과 상호 작용하는 노란색 249에서 253 잔기와 함께 SH2 도메인을 PTK 도메인에 연결하는 연결자는 초록색, PTK 도메인의 N 말단 엽은 연보라색, 하늘색 활성화 고리와 함께 PTK의 C 말단 엽은 청록색, C 말단 꼬리는 빨간색이다. AMPPNP는 모든 C는 초록색, N은 파란색, O는 빨간색, P는 노란색으로 하여 공간 채움 형태로 나타내었고, Y416(인산 가수 분해된), pY527(인산화된)는 공–막대 형태로 나타내었다. [Based on an X-ray structure by Stephen Harrison and Michael Eck, Harvard Medical School. PDBid 2SRC.]

Src SH3 도메인은 SH2 도메인을 PTK 도메인의 N 말단 엽에 연결하는 연결자에 결합한다. 연결자의 249~253개 잔기는 SH3의 Pro이 풍부한 표적 펩타이드들과 유사하게 SH3 도메인에 결합한다(그림 13-8). 그렇지만 이 단편에서 유일한 Pro은 250번 잔기이다. SH3의 정상적인 Pro–X–X–Pro 표적 서열에서 두 번째 Pro의 위치를 차지하는 Gln 253의 극성 곁사슬은 이 두 번째 Pro이 차지했을 소수성 결합 포켓으로 들어가지 못하며(그림 13-8), 이 때문에 그 펩타이드의 통로는 이 지점에서 Pro이 풍부한 펩타이드의 통로로부터 벗어나게 된다. 분명히 이 상호작용은 Src의 SH3 표적 펩타이드와의 상호작용들보다 약하다.

Src의 SH2와 SH3 도메인은 PTK 도메인의 활성 자리 반대쪽에 결합한다. 그렇다면 PTK 활성은 어떻게 억제되었을까? Src의 PTK 도메인 두 엽은 인산화된 PTK 도메인에서 그들의 대응 쌍에 대부분 빈틈없이 포개질 수 있고, 그럼으로써 단백질 인산화 효소를 활성화시켰다(예: 그림 13-5*a*). 그러나 Src 나선 C(PTK의 N 말단 엽에서 유일한 나선)는 다른 활성화된 단백질 인산화 효소들에서 차지하는 위치인 N 말단과 C 말단 엽의 사이의 접촉면으로부터 떨어져 있다(예: 그림 13-5*a*). 나선 C는 다른 활성화된 단백질 인산화 효소에서 기질 ATP의 α와 β 인산기의 중요한 리간드인 Lys 295와 염다리를 형성하는 활성화 틈 안으로 돌출하는 보존된 Glu 310 잔기

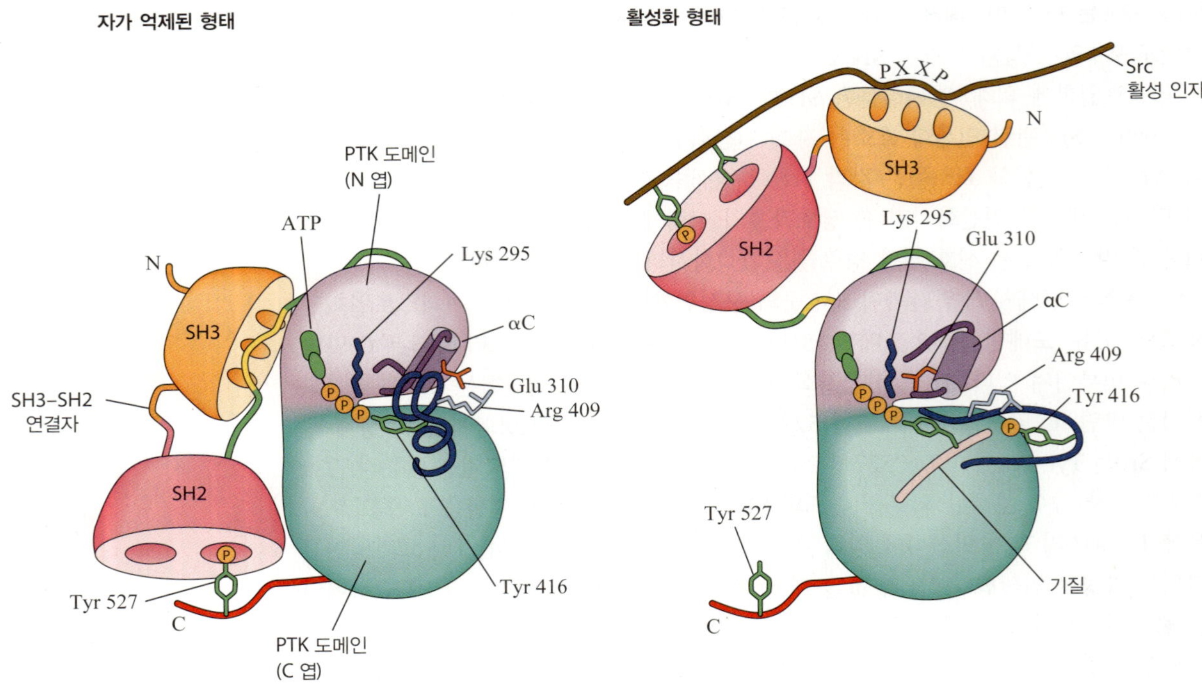

그림 13-13 Src 활성화의 도식적인 모형 자가 억제된 형태(왼쪽)에서 SH2 도메인(심홍색)은 인산화–Tyr 527에 결합하고, SH3 도메인(주황색)은 내부 Pro-포함 단편(노란색)에 결합한다. Glu 310은 Arg 409에 염다리를 형성하고, 부분적으로 나선인 활성화 고리(파란색)는 활성 자리를 막고, Tyr 416은 묻혀 있다. 활성화 형태(오른쪽)에서 SH2와 SH3 도메인은 Src 활성 인자에 결합하고, Tyr 527은 인산 가수 분해되고, 활성화 고리는 Tyr 416이 인산화에 노출되도록 구조 변화를 겪었으며, Glu 310은 Lys 295와 염다리를 형성하고, 인산화–Tyr 416은 Arg 409와 염다리를 형성한다. 색 구성과 관점은 그림 13-12와 매우 일치한다. [After Young, M.A., Gonfl oni, F., Superti-Furga, G., Roux, B., and Kuriyan, J., *Cell* **105**, 115 (2001).]

(Src 번호 사용)를 가지고 있다. 불활성화 Src에서는 Glu 310이 Arg 409와 선택적 염다리를 형성하고, Lys 295는 대신에 Asp 404와 상호작용한다. 활성화된 Lck에서 Arg 409는 인산화–Tyr 416과 염다리를 형성한다.

앞에 언급된 구조적 발견들은 Src 활성화를 위한 다음의 시나리오를 제안한다(**그림 13-13**).

1. Tyr 527의 인산 가수 분해 그리고/또는 그들의 표적 펩타이드(그들에 대해 SH2와 SH3는 그들의 내부 Src-결합 자리들보다 더 높은 친화도를 가진다)에 SH2, SH3 도메인의 결합은 그림 13-12에서 보여진 것과 같이 이들 도메인을 그들의 PTK 결합 위치로부터 방출시킴으로써 PTK 도메인의 구조적인 압박을 풀어준다. 이는 PTK의 활성 자리의 틈이 열리게 하고, 그렇게 함으로써 Tyr 416을 자가 인산화에 노출시키기 위하여 그 부분적으로 나선인 활성화 고리(활성 자리 틈에서 막는 위치를 차지한다, 그림 13-12)의 구조를 방해한다.
2. 그렇게 만들어진 인산화–Tyr 416은 Arg 409와 염다리를 형성하는데, 이는 입체적으로 활성화 고리의 그 활성화 비차단 형태로의 구조적인 재편성을 필요로 한다. Glu 301–Arg 409 염다리의 결과적인 파괴는 나선 C를 그 활성화 방향으로 자유롭게 하고, 이어서 Glu 310가 Lys 295에 촉매적으로 중요한 염다리를 형성하게 하여 PTK를 활성화시킨다.

PTK는 항암제의 표적이다. 만성 골수성 백혈병(chronic myelogenous leukemia, CML)의 특징은 **Abl** 유전자(NRTK Abl을 암호화하는)가 **Bcr** 유전자(단백질 Ser/Thr 인산화 효소 **Bcr**을 암호화하는)와 융합되는 이른바 **필라델피아 염색체(Philadelphia chromosome)**를 형성하는 특이적인 염색체의 전좌이다. Bcr−Abl 융합 단백질의 Abl 부분은 항상(즉 조절 없이 계속) 활성화되는데, 이는 아마도 Bcr 부분이 소중합체를 형성하기 때문이다. 필라델피아 염색체를 가지는 조혈모세포(모든 혈액 세포가 유래되는)가 CML의 발달을 주도한다(악성 종양은 몇몇의 독립적인 유전적 변화를 필요로 한다, 자료 13-3). CML은 골수 이식(적절한 공여자가 부족하기 때문에 대부분의 개인들에게 이용될 수 없는 위험성이 큰 절차)없이는 평균 생존 기간이 ~6년으로 예외 없이 죽음을 초래한다.

Abl의 억제 인자가 CML 세포의 증식을 막거나 심지어는 죽일 것으로 예상될 것이다. 그렇지만 효과적인 항CML 물질이 되기 위해서는 이것이 틀림없이 심각한 부작용들을 초래할 수 있기 때문에 그 물질은 다른 단백질 인산화 효소들을 억제하지 않아야 한다. 2-페닐아미노피리미딘(2-phenylaminopyrimidine)의 유도체들은 예외적으로 높은 친화력과 특이성을 가지고 Abl에 결합한다. 드리커(Brian Druker)와 라이든(Nicholas Lydon)에 의해 개발된 유도체인 **imatinib**[상품명 **글리벡(Gleevec)**]은 CML 환자들의 90% 이상에서 거의 심각한 부작용 없이 증상 완화를 가져왔다. 이 전례 없는 일은 부분적으로는 **글리벡**이 다른 단백질 인산화 효소들에 결합하지 않기 때문에 일어났다.

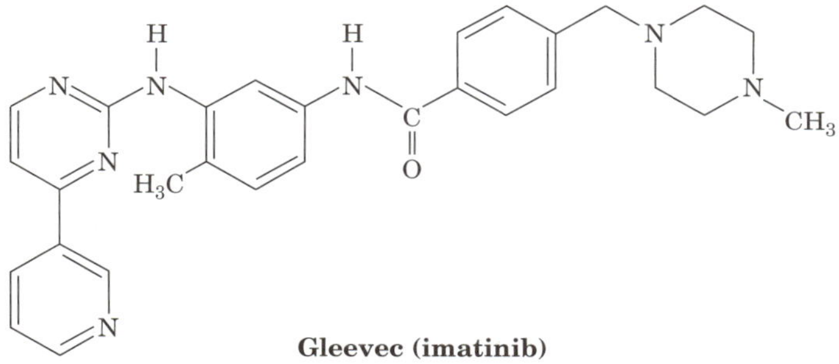

Gleevec (imatinib)

Abl은 Src와 유사하지만 Src C 말단의 조절 인산화 자리(Tyr 527, 그림 13-12와 13-13)가 없다. 쿠리얀(John Kuriyan)에 의해 결정된 글리벡의 부분적인 형태와 복합체를 형성한 Abl의 PTK 도메인의 X선 구조(**그림 13-14**)는 예상한 대로 그 약이 Abl의 ATP 결합 자리에 결합함을 밝혔다. Abl는 그렇게 함으로써 인산화되지 않은 그 활성화 고리가 자가 억제 구조를 취하는 불활성화 구조를 채택한다.

글리벡은 특정 암들에 대한 임상적 사용을 위해 FDA에 의해 승인된 특이적인 단백질 인산화 효소들을 억제하는 몇 가지 2-페닐아미노피리미딘 유도체의 첫 번째였다. 게다가 특이적인 PTK나 또는 그들의 리간드에 결합하는 몇몇 단일 클론 항체(자료 7-5)는 항암 물질[예: **trastuzumab**(상품명 **Herceptin**)은 **HER2**라는 RTK를 과 발현하는 유방암에 효과적이다]로 임상적으로 사용하고 있다. 그러한 수용체 표적 치료들은 암을 유발하는 비정상적인 단백질을 특이적으로 표적화 함으로써 암들을 치료하지는 못하더라도 통제하는 큰 가능성을 가지고 있다. 대조적으로, 마구잡이로 빠르게 성장하는 세포들을 죽이는 대부분의 화학 치료제는 따라서 사람을 쇠약하게 하는 부작용을 가지는 경향이 있다.

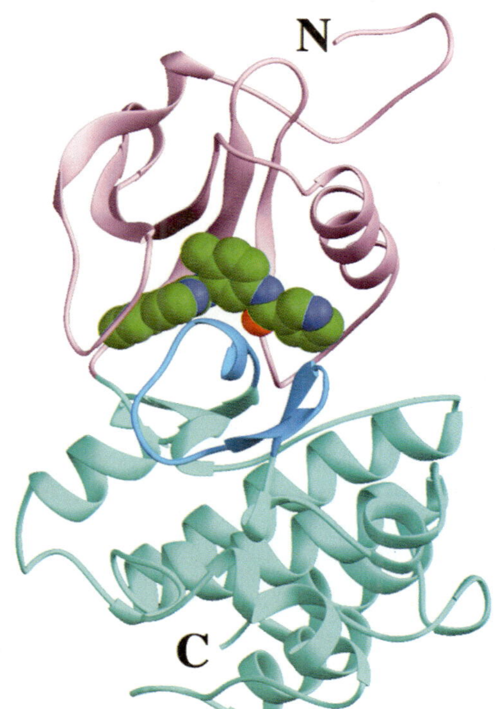

그림 13-14 글리벡의 부분적인 유도체와 복합체를 형성한 Abl PTK 도메인의 X선 구조 단백질은 N 말단 엽은 연보라색, C 말단 엽은 청록색, 활성화 고리는 하늘색으로 단백질 인산화 효소(예: 그림 13-5*a*와 13-12)의 '표준' 전망의 오른쪽으로부터 보여졌다. PTK의 ATP 결합 자리를 차지하는 부분적인 글리벡은 C는 초록색, N은 파란색, O는 빨간색으로 공간 채움 형태로 나타내었다. [Based on an X-ray structure by John Kuriyan, The Rockefeller University. PDBid 1FPU.]

D 단백질 인산 가수 분해 효소는 주체적 기능을 가지는 신호 전달 단백질이다

세포 내 신호들은 차후의 메시지를 전송할 수 있도록 시스템이 메시지를 전달한 후에는 반드시 '꺼져야' 한다. 단백질 인산화 효소의 경우에는 그들의 활성이 Ser, Thr, Tyr 곁사슬에 붙어 있는 인산기를 가수 분해하는 **단백질 인산 가수 분해 효소(protein phosphatase)**의 활성에 의해서 조절됨으로써 인산화 효소를 활성화시켰던 신호의 효과를 제한한다. 단백질 인산화 효소가 전통적으로 더 많은 관심을 얻었지만, 포유동물의 세포는 인산화 효소에 필적하는 기질 특이성을 가지는 ~500개 단백질 인산 가수 분해 효소(단백질 인산화 효소와 비슷한 개수)를 발현한다.

단백질 타이로신 인산 가수 분해 효소는 다중도메인 단백질이다. Tyr 잔기를 인산 가수 분해시키는 효소인 **단백질 타이로신 인산 가수 분해 효소(protein tyrosine phosphatase, PTP)**는 그냥 단순한 housekeeping 효소(모든 세포에서 항상 발현되어 일반적인 물질 대사 기능을 수행하는 효소)들이 아니라 중요한 신호 변환 인자들이다. 인간 게놈에 의해 암호화되는 107개의 단백질 타이로신 인산 가수 분해 효소들은 네 군의 구성원이다. 각 타이로신 인산 가수 분해 효소는 CX_5R 모티프로 불리는 그 효소의 촉매 활성에 필수적인 Cys과 Arg 잔기를 포함하는 11개 잔기의 특징 서열인 [(I/V) HCXAGXGR(S/T)]를 가지는 적어도 하나의 보존된 ~240개 잔기의 인산 가수 분해 효소 도메인을 가지고 있다. 가수 분해 반응 동안 인산화기는 기질 단백질의 타이로실 잔기로부터 이어서 가수 분해되는 공유 Cys-인산기 중간 생성물을 형성하면서 그 효소의 필수 Cys으로 전달된다.

일부 타이로신 인산 가수 분해 효소는 수용체 타이로신 인산화 효소와 더 비슷하게 구성되어 있다. 즉 그들은 세포외 도메인, 단일 막횡단 나선, 촉매 활성 PTP 도메인을 구성하는 세포질의 도메인을 가지고, 대개의 경우 촉매 활성이 작거나 거의 없는 두 번째 PTP 도메인이 그 뒤에 이어진다. 그럼에도 불구하고 이런 불활성 PTP 도메인들은 매우 보존되어 있으며, 이것은 이들이 아직 알려지지 않았지만 아주 중요한 기능을 가진다는 것을 암시한다. 생화학 및 구조적 분석들은 수용체 유사 PTP의 리간드 유도 이합체화가 아마도 활성 자리를 차단함으로써 촉매적 활성을 감소시킨다는 것을 나타낸다.

PTP의 두 번째 그룹인 세포 내 PTP들은 단백질-단백질 상호작용에 참여하는 SH2 도메인과 같은 부위를 포함하는 부분을 양 옆으로 둔 하나의 타이로신 인산 가수 분해 효소 도메인을 가진다. 모든 포유동물 세포에서 발현되는 **SHP-2**로 알려진 PTP는 다양한 인산화된(즉 리간드 활성화된) RTK에 결합한다. C 말단의 꼬리가 없는 SHP-2의 X선 구조는 두 개의 SH2 도메인에 뒤이어서 타이로신 인산 가수 분해 효소 도메인이 위치한다는 것을 밝혔다(**그림 13-15**). N 말단 SH2 도메인(N-SH2)은 PTP의 9 Å 깊이 활성화 틈으로 단백질 고리(그림 13-15에서 D′E로 표시)를 끼움으로써 자가 억제제로 기능한다. N-SH2가 기질 단백질에서 인산화-Tyr기를 인지하고 결합할 때, 인산 가수 분해 효소가 표적 단백질의 다른 인산화-Tyr기를 가수 분해시킬 수 있도록 PTP 촉매 자리를 드러내면서 구조가 변한다.

SHP-2와 같은 세포내 타이로신 인산 가수 분해 효소의 활성 자리 틈은 인산화-Ser/Thr 곁사슬을 자르기에 너무 깊다. 그렇지만 **이중 특이성 타이로신 인산 가수 분해 효소(dual-specificity tyrosine phosphatase)**로 불리는 PTP의 세 번째 그룹의 활성 자리 포켓은 인산화-Tyr과 인산화-Ser/Thr 잔기와 결합하기에 충분히 얕다.

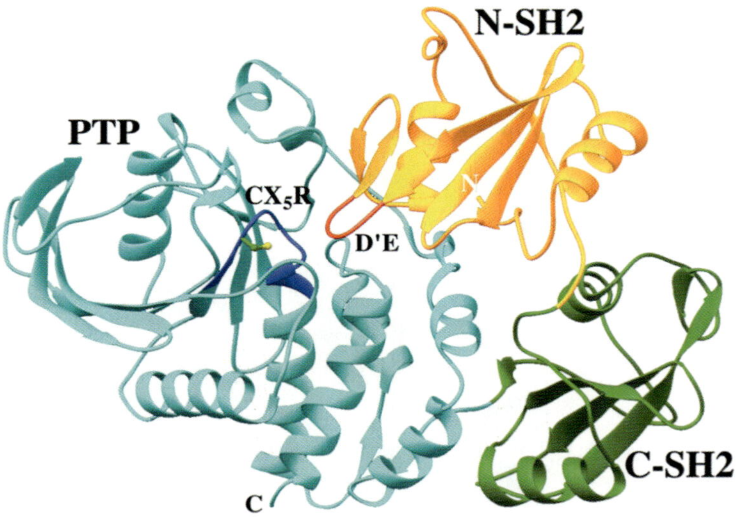

그림 13-15 단백질 타이로신 인산 가수 분해 효소 SHP-2의 X선 구조 빨간색 D′E 고리를 가지는 N-SH2 도메인은 금색, C-SH2 도메인은 초록색, 파란색 11개 잔기 CX5R 부위를 가지는 PTP 도메인은 청록색이다. C는 초록색, S는 노란색으로 촉매 활성에 필수적인 Cys 잔기의 곁사슬은 공–막대 형태로 나타내었다. [Based on an X-ray structure by Michael Eck and Steven Shoelson, Harvard Medical School. PDBid 2SHP.]

림프절 페스트 독성은 PTP를 필요로 한다. 박테리아는 PTK들이 없고, 따라서 인산화-Tyr 잔기들을 합성하지 않는다. 그럼에도 불구하고 PTP들은 *Yersinia* 속의 박테리아, 특히 **림프절 페스트(bubonic plague**, 6세기 이래, 1347~1350년에 유럽 인구의 3분의 1을 포함하는 2억 명 정도 사람들의 사망 원인을 제공한 벼룩이 전염시켰던 '흑사병')를 일으키는 병원균인 *Yersinia pestis*에 의해 발현되었다. 박테리아의 독성을 위해 필요했던 *Y. pestis* PTP(**YopH**)는 다른 알려진 PTP들보다 훨씬 더 촉매 활성이 좋다. 따라서 *Yersinia*가 세포 내로 YopH를 주사할 때, 세포의 인산화된-Tyr-함유 단백질들은 돌발적으로 인산 가수 분해된다. YopH와 포유동물의 PTP들이 서열상 ~15% 정도만 동일하지만 그들은 변하지 않는 잔기의 세트를 공유하고 비슷한 X선 구조를 가진다. 이는 조상 *Yersinia*가 진핵생물로부터 PTP 유전자를 받아들였다는 것을 암시한다.

단백질 Ser/Thr 인산 가수 분해 효소는 매우 많은 조절 작용에 참여한다. 포유동물 세포에서 **단백질 Ser/Thr 인산 가수 분해 효소**는 **PPP 군**과 **PPM 군**의 두 단백질 군에 속한다. PPP와 PPM 군은 서로 또는 PTP들과 연관이 없다. X선 구조는 PPP 촉매 중심들이 각각 Fe^{2+}(또는 혹시 Fe^{3+}) 이온과 Zn^{2+}(또는 혹시 Mn^{2+}) 이온을 포함하고, 반면에 PPM 촉매 중심들은 각각 두 개의 Mn^{2+} 이온을 포함한다는 것을 보여 주었다. 이들 이핵의 금속 이온 중심들은 단일 반응 단계에서 기질을 인산 가수 분해시키기 위해 친핵성으로 물 분자를 활성화시킨다.

살펴보겠지만, **인단백질 인산 가수 분해 효소-1(phosphoprotein phosphatase-1, PP1)**으로 이름지어진 PPP 군 구성원은 글리코젠 물질 대사 조절에 중요한 역할을 한다(16-3B절). **PP2A**로 알려진 PPP 구성원은 그러한 관리하는 물질대사, DNA 복제, 전사 그리고 발달을 포함하는 매우 다양한 조절 작용에 참여한다. PP2A는 촉매(C) 소단위체와 조절(B) 소단위체에 결합하는 비계(A) 소단위체로 이루어진 이종 삼합체이다. HEAT(*H*untingtin, *E*F3, *A* subunit of PP2A, 그리고 *T*OR1으로 이름 붙은 단백질에서 나타나기 때문에)이라고 불리는 39개 잔기 서열의 15회 불완전한 직렬 반복으로 구성된 A 소단위체는 HEAT 반복들이 말굽 모양의 관형코일 배열에 연결된 주목할 만한 구조를 가지고 있다(**그림 13-16*a*, 맞은편**).

PP2A **완전 효소(holoenzyme**, 완전한 효소; **그림 13-16*b***)의 X선 구조는 예상 외로

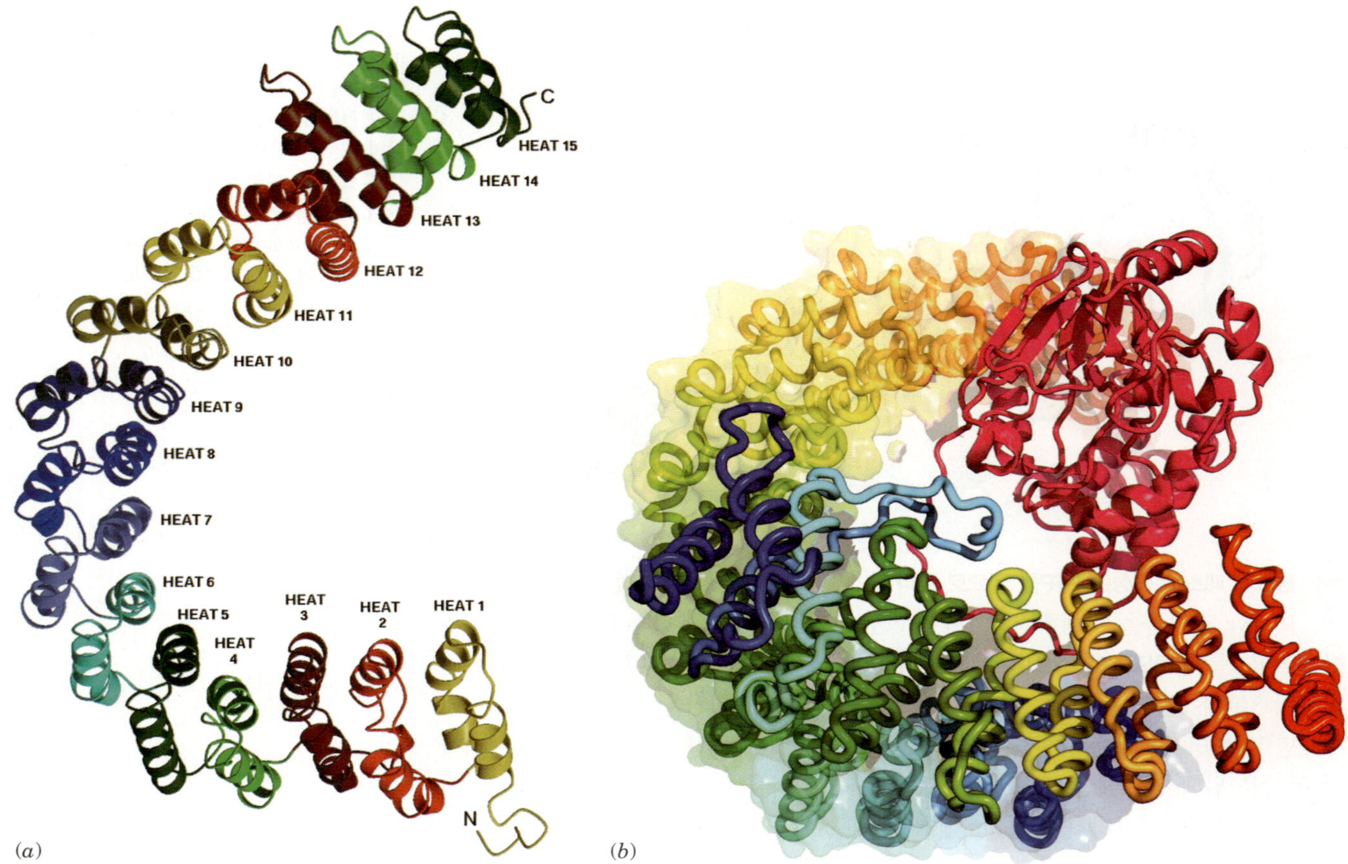

그림 13-16 단백질 인산 가수 분해 효소 PP2A의 X선 구조 (*a*) 분리된 비계(A) 소단위체, HEAT 반복의 구조. 이들은 다른 색깔로 그려졌고, 각각은 짧은 연결자로 이어진 두 개의 역평행 나선으로 구성되어 있다. 이들은 ~100 Å 길이의 오른쪽으로 감긴 갈고리 모양의 초나선(나선들의 나선)을 형성하기 위하여 그들의 거의 평행한 해당 나선들로 쌓여 있다. [Bostjan Kobe, St. Vincent's institute of Medical Research, Fitzroy, Victoria, Australia 제공] (*b*) PP2A 이종 삼합체의 구조는 거의 *a*에 보여진 방향과 거의 같은 비계 소단위체와 함께 보여졌다. 여기서 비계(A, 589개 잔기)와 조절(B, 449개 잔기) 소단위체는 지렁이 형태로 그려졌고 각각은 N 말단(파란색)에서 C 말단(빨간색)까지 무지개 색 순서로 칠해졌다. 게다가 A 소단위체는 투명 분자 표면에 박혀 있다. 촉매(C, 309개 잔기) 소단위체(심홍색)는 리본 형태로 그려졌다. A와 B 소단위체의 구조적 유사성에 주목하라. [Based on an X-ray structure by Yigong Shi, Princeton University. PDBid 2NPP.]

조절 소단위가 서열 유사성이 없음에도 불구하고 A 소단위체의 것과 유사하게 배열된 8 직렬 HEAT-유사 반복으로 이루어져 있음을 밝혔다. C 소단위체는 HEAT 반복의 11~15에 걸치는 보존된 소수성 곁사슬의 능선을 따라 A 소단위체의 오목한 표면에 결합한다. 조절 소단위체는 유사한 방식으로 A 소단위체의 HEAT 반복 2~8까지에 결합하고, 자신의 HEAT-유사 반복 6~8에 걸치는 능선을 통해 C 소단위체에도 결합한다. 그래서 매우 산성인, 조절 소단위체의 볼록한 면(그림 13-16*b*의 아래 부분)은 채워지지 않은 채로 남아 있고, 이것은 조절 소단위체가 기질 단백질들과 상호작용한다는 것을 시사한다.

PP2A의 촉매 및 비계 소단위체들은 모두 두 개의 동형 단백질을 가지며, 조절 소단위체는 16개의 동형 단백질을 가진다. 이것은 다른 발달 단계 동안 별개의 세포내 자리에서 다른 인산 단백질을 표적으로 하는 효소들의 거대한 집합체를 만들게 된다. 이 복잡성이 비록 세포 단백질의 0.3~1%로 구성되어 있지만, 어떻게 PP2A가 다양한 세포의 기능들을 수행하는지에 대해 우리가 제한된 이해를 하게 만드는 주요한 원인이다.

PPP 군은 또한 Ca^{2+}에 의해 활성화되는 Ser/Thr 인산 가수 분해 효소인 **칼시뉴린**(**calcineurin, PP2B**라고도 불림)을 포함한다. 칼시뉴린은 T 세포 증식에 필수적인 역할을 한다. 장기 이식 후에 면역계 기능을 억제하기 위해 임상적으로 사용되는 **사이클로스포린 A**(**cyclosporin A**)와 같은 약들의 활성에 의해 칼시뉴린의 활성이 억제된다.

3 이종 삼합체성 G 단백질

주요 개념

- G 단백질 연결 수용체들은 7개의 막횡단 나선 구조를 가지고 호르몬이 결합하면 구조 변화가 생긴다.
- G 단백질 연결 수용체에 리간드가 결합하면 결합된 G 단백질의 α 소단위체가 GDP를 GTP로 교환하는 것을 유도하고 β와 γ 소단위체로부터 분리된다.
- 아데닐산 고리화 효소는 cAMP를 생산하기 위해서 활성화되고, 이어서 단백질 인산화 효소 A를 활성화시킨다.
- 신호 전달 활성은 cAMP와 cGMP에 작용하는 포스포다이에스테레이스(phosphodiesterase)의 작용을 통해 제한을 받는다.

체크 포인트

- 수용체 타이로신 인산화 효소는 어떻게 자신을 인산화시킬까?
- 어떻게 활성화 고리가 기질이 단백질 타이로신 인산화 효소의 활성 자리에 접근하는 것을 관리하는지 설명하시오.
- RTK에서 전사 인자로의 신호 전달에서 SH2 및 SH3 도메인, Ras, GTP, 그리고 단백질 인산화 효소의 역할을 요약하시오.
- 신호 전달에서 GEF와 GAP의 역할은 무엇인가?
- 어떻게 인산화 효소 연쇄 반응이 작용하는지 설명하시오. 이것이 왜 호르몬 신호 전달의 맥락에서 유리한가?
- 비계 단백질의 목적은 무엇인가?
- 어떻게 SH2 및 SH3 도메인과 Tyr 인산화가 PTK 활성에 영향을 미치는지 설명하시오.
- 왜 세포가 다수의 단백질 인산 가수 분해 효소뿐만 아니라 단백질 인산화 효소를 가지는지 설명하시오.

우리가 논의할 신호 전달 경로들의 두 번째 주부류는 **이종 삼합체성 G 단백질**(**heterotrimeric G protein**)을 포함한다. 이들 단백질은 종합적으로 G 단백질로 알려진 조절 GTPase 슈퍼패밀리의 구성원들이다. G 단백질은 우리가 알아본 바와 같이 구아닌 뉴클레오타이드 GTP와 GDP에 결합하고 GTP를 GDP와 P_i로 가수 분해하는 능력 때문에 붙여진 이름이다. 단량체 G 단백질은 신호 전달(예: Ras, 13-2B절), 소포 수송(9-4E절), 액틴(actin) 미세 섬유들의 성장(7-2C절), 번역(리보솜의 부속 인자들로서, 27-4절) 그리고 단백질 타기팅[신호 인지 입자(signal recognition particle, SRP와 SRP 수용체의 구성 요소로서, 9-4D절]과 같은 매우 다양한 작용들을 위해 필요하다. 많은 G 단백질들은 구아닌 뉴클레오타이드와 결합하는 공통적인 구조의 부위를 공유하고 GTP의 가수 분해를 촉매한다.

많은 이종 삼합체성 G 단백질은 세 가지 주요 구성 요소로 이루어진 신호 전달 시스템에 참여한다(그림 13-17).

1. **G 단백질 연결 수용체**(**G protein-coupled receptor, GPCR**)은 막횡단 단백질로 세포 바깥쪽에서 상응하는 리간드(예: 호르몬)와 결합하면 세포질 쪽의 구조적 변화를 유도한다.
2. 원형질막의 세포질 쪽에 고정된 이종 삼합체성 G 단백질은 GPCR이 상응하는 리간드와 결합할 때 GPCR에 의해 활성화된다.
3. **아데닐산 고리화 효소**(**adenylate cyclase, AC**)는 활성화된 이종 삼합체성 G 단백질에 의해 활성화되는(또는 어떤 경우에 저해되는) 막횡단 효소이다.

활성화된 AC는 ATP로부터 **adenosine-3′, 5′-cyclic monophosphate** (**3′,5′-cyclic AMP** 또는 **cAMP**)의 합성을 촉매한다.

process diagram

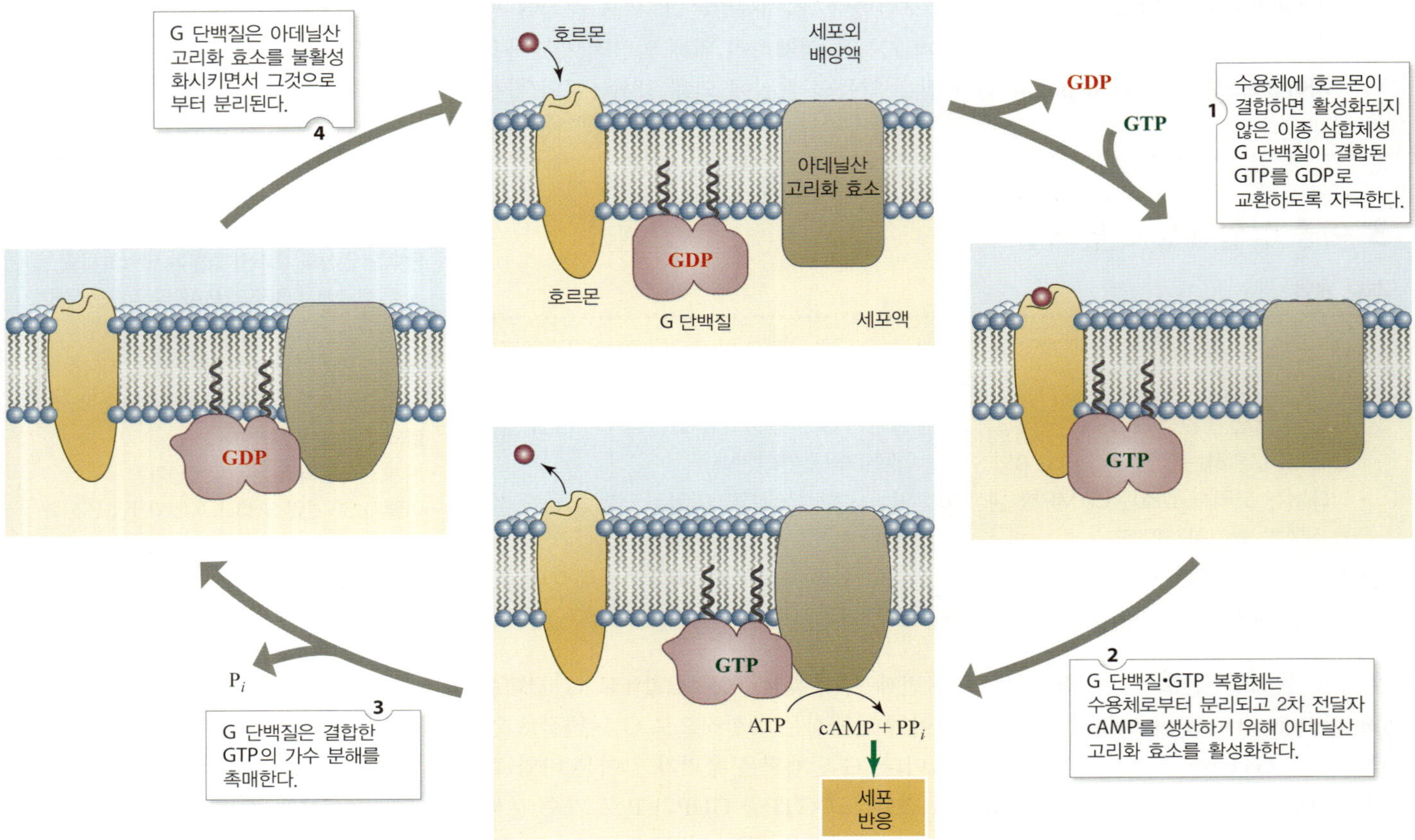

그림 13-17 **이종 삼합체성 G 단백질 의존적 신호 전달의 개요** 널리 사용되는 경로에서 수용체에 호르몬이 결합하면 2차 전달자인 cAMP를 생산하도록 아데닐산 고리화 효소를 활성화시키는 작용을 유발하면서 비활성화된 이종 삼합체성 G 단백질이 결합된 GDP를 GTP로 교체하도록 자극한다.

? 이 경로가 비가역적인 이유를 설명하라.

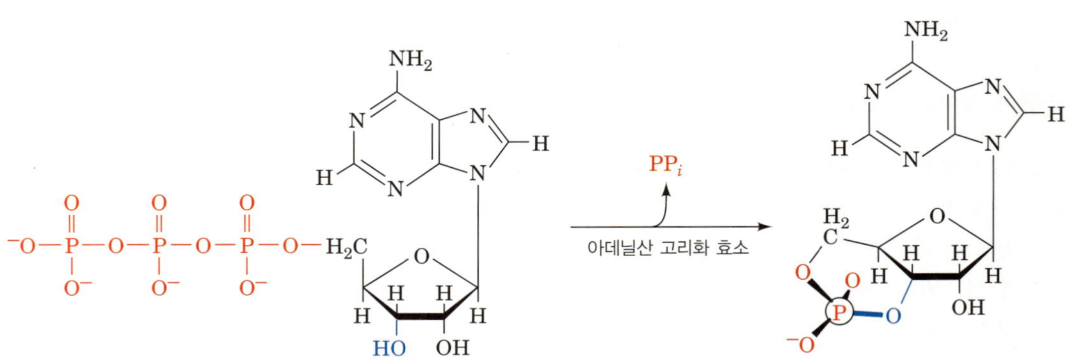

ATP **3′,5′-Cyclic AMP (cAMP)**

cAMP는 수많은 세포 작용들을 활성화하기 위해 다양한 단백질들과 결합한다. 따라서 서더랜드(Earl Sutherland)가 처음 보여 준 것처럼, **cAMP는 세포 밖 리간드에 의해 발생한 신호를 세포 안으로 전송하는 2차 전달자**이다.

어떤 메커니즘을 통해서 세포 밖 수용체에 리간드가 결합하면 AC가 세포질에서 cAMP의 합성을 유도하게 하는가? 이 질문에 대한 답에서 우리는 위에 개요된 신호 전달 시스템이 신호 증폭과 조절 유연성을 위해 굉장한 능력을 부여하는 놀라운 복잡성을 가진다는 것을 알게 될 것이다.

A G 단백질 연결 수용체는 7개의 막횡단 나선 구조를 가진다

GPCR은 가장 많이 알려진 단백질 군을 형성한다(인간에서 800종 이상이고 이것은 인간 게놈(genome)에서 ~23,000개의 유전자들의 3.5%를 차지한다). 이 군은 뉴클레오사이드, 뉴클레오타이드, Ca^{2+}, 카테콜아민(catecholamine, 13-1B절), 다른 생체 아민[예로 **히스타민(histamine)**과 **세로토닌(serotonin)**], 다양한 아이코사노이드(eicosanoid, 9-1F절) 그리고 다양한 펩타이드와 단백질 호르몬에 대한 수용체들을 포함한다. 게다가 GPCR은 필수적인 감지 기능을 가진다. 그들은 후각(냄새)과 미각(맛)의 수용체(인간에 460개의 다른 형태가 있는 것으로 추정됨)를 구성하고, 게다가 **로돕신(rhodopsin)**으로 알려진 몇몇의 망막에서 빛을 감지하는 단백질을 구성한다. 이러한 수용체들의 중요성은 현재 사용되는 치료제의 절반 이상이 특이적인 GPCR을 표적으로 한다는 사실로부터 알 수 있다.

GPCR은 모두 일반적으로 균일한 크기(지질 이중막을 통과하기에 충분한 20~27개 잔기)의 7개의 막횡단 α 나선 구조을 가지는 내재성 막단백질이다. 그렇지만 그들의 N 및 C 말단 부분, 그리고 그들의 막횡단 나선 구조를 연결하는 고리들은 길이가 매우 다양하다. 이들은 리간드(그들 세포의 밖에서)와 이종 삼합체성 G 단백질(그들 세포질에서) 결합에 참여하는 단백질의 부분들이다. 많은 GPCR은 N-당질화(N-glycosylation) 그리고/또는 Cys 잔기의 팔미토일화(palmitoylation)에 의해 단백질 번역 후 변형(posttranslationally modification)이 일어난다. 따라서 이들 또한 지질 연결 당단백질이다(9-3B절).

BI167107(에피네프린 유사체)라고 하는 고친화도의 작용제와 결합한 GPCR **β_2-아드레날린 수용체(β_2-adrenergic receptor, β_2-AR)**의 구조가 그림 13-18에 나타나 있다. 리간드 결합 자리는 단백질의 나선 중심의 부분과 그것의 세포밖 고리들에 의해 정해진다. 이런 일반적인 위치를 제외하면, 다른 GPCR들의 결합 자리에 구조상 유사성이 거의 없고, 이러한 사실은 각 수용체가 오직 하나 또는 소수의 리간드에 특이적인 것과 일치한다.

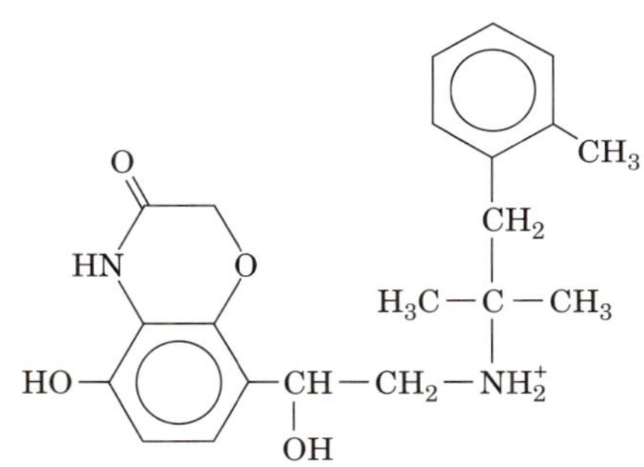

BI167107

GPCR은 헤모글로빈과 같은, 다른자리 입체 단백질과 더욱 유사하게 기능한다(7-1절). **수용체는 결합한 리간드를 가지거나 리간드가 없는 두 구분된 구조를 번갈아 바꿈으로써, 세포 밖의 신호를 세포 안으로 전송하게 된다.** GPCR의 경우에서 이 구조적 변화는 상응하는 이종 삼합체성 G 단백질의 결합을 허용하도록 수용체의 막횡단 나선들을 통하여 세포질 쪽으로 전파된다. 이 수용체 작용의 모형은 막전달 단백질의 작동과 유사하다(예: 그림 10-13). 사실 어떤 막결합 수용체는 리간드 결합에 반응하여 열리고 닫힌 구조를 교환하는 이온 채널이다.

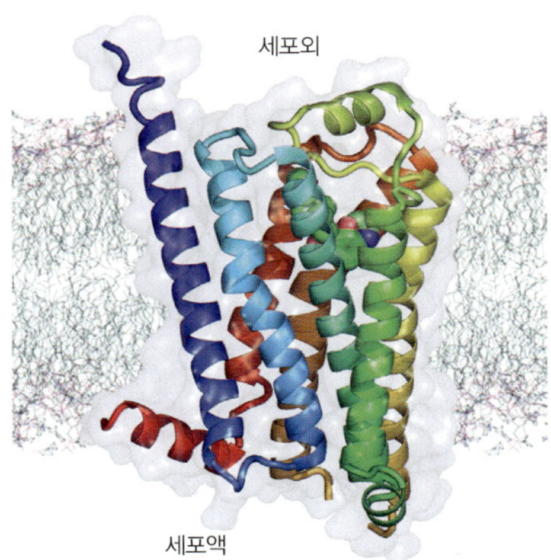

그림 13-18 BI167107과의 복합체에서 인간 β_2-아드레날린 수용체의 X선 구조 구조는 원형질막의 면에 평행하게 표시된 대략적인 위치를 가지고 있다. 단백질은 폴리펩타이드 사슬을 N 말단(파란색)에서 C 말단(빨간색)까지 무지개색의 순으로 리본 형태로 가지는 투명한 분자 표면으로 나타내었다. 7개의 거의 평행한 막횡단 나선들의 다발을 주목하라. 막에서 세포 외부로 열려 있는 수용체의 7개 막횡단 나선 사이의 공간에 결합하는 BI67107을 C는 진홍색, N은 파란색, O는 빨간색으로 하여 공간 채움 형태로 그렸다. [Based on an X-ray structure by Brian Kobilka, Stanford University. PDBid 4LDE.]

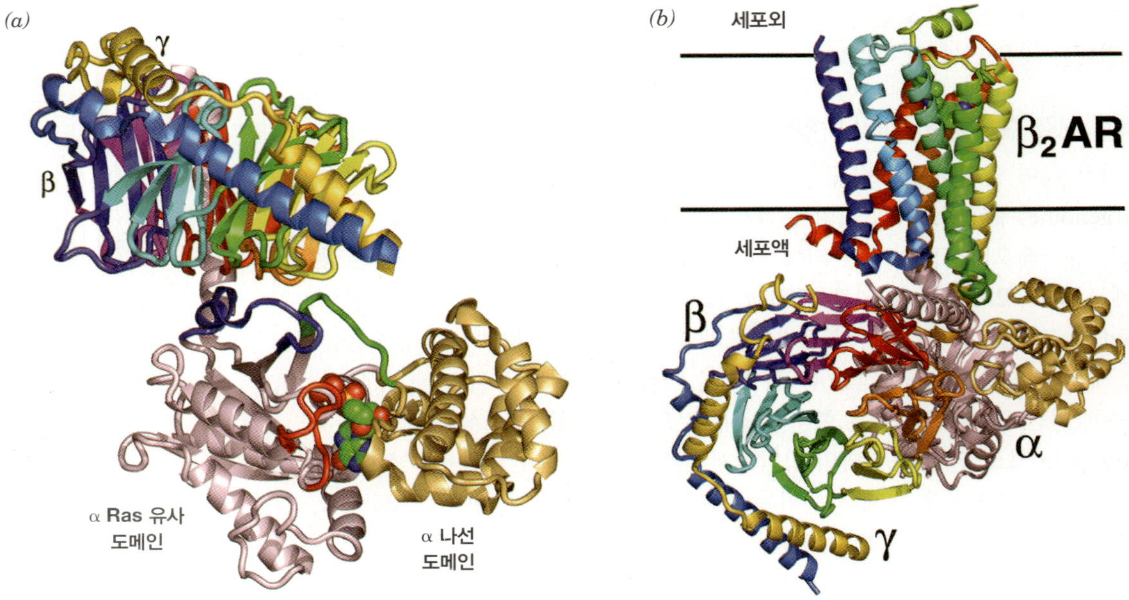

그림 13-19 이종 삼합체성 G 단백질의 X선 구조 (*a*) 스위치 I, II, III (각각 녹색, 파란색, 빨간색)으로 알려진 부분과 함께 G_α 소단위체는 분홍색으로 표시되었다. 결합된 GDP는 C 녹색, N 파란색, O 빨간색, P 노란색으로 하여 공간 채움 형태로 나타내었다. G_β 소단위체의 N 말단 부분은 밝은 파란색이고, 각각의 β 프로펠러 날개는 다른 색을 가진다. G_γ 소단위체는 황금색이다. [Based on an X-ray structure by Alfred Gilman and Stephan Sprang, University of Texas Southwestern Medical Center. PDBid 1GP2.] (*b*) BI167107에 결합하는 β_2-교감 신경 수용체(β_2AR)를 가지는 복합체에 결합된 뉴클레오타이드가 결핍된 이종 삼합체성 G 단백질의 X선 구조. β_2AR · BI167107를 보여 주고 그림 13-18처럼 색으로 나타내었다. 이종 삼합체성 G 단백질은 *a* 부분의 위에서 보았고 분홍색의 스위치 부위를 제외하고는 동일한 색으로 나타내었다. G_β 소단위체(왼쪽 아래)는 β 프로펠러를 확실히 보여주기 위해 배향되었다. 원형질막의 대략적인 위치는 수평축으로 나타내었다. β_2AR는 거의 광범위하게 G_α 소단위체의 Ras 유사 도메인에 결합한다. [Based on an X-ray structure by Brian Kobilka, Stanford University. PDBid 3SN6.]

B 이종 삼합체성 G 단백질은 활성화되어 분리된다

이종 삼합체성 G 단백질(heterotrimeric G protein)은 이름에서 알 수 있듯이 α, β, γ 소단위체(각각 45, 37, 9 kD)로 구성된 G 단백질이다. 전체 이종 삼합체성 G 단백질의 X선 구조는 길먼(Alfred Gilman)과 슈프랑(Stephan Sprang)(**그림 13-19**), 햄(Heidi Hamm)과 시글러(Paul Sigler)에 의해 각각 따로 결정되었다. 큰 α 소단위체는 G_α라고 하는 두 개의 폴리펩타이드 연결자에 의해 연결된 두 개의 도메인으로 구성되어 있다(그림 13-19*a*). 즉 (1) Ras와 같은 단량체 G 단백질과 구조적으로 유사하여 Ras 유사 도메인으로 알려져 있는 매우 보존된 GTPase 도메인 (2) 이종 삼합체성 G 단백질에 특이적인 나선 도메인이다. Ras 유사 도메인은 깊은 틈에 구아닌 뉴클레오타이드 결합 자리를 포함하고 있고, 단백질의 N 말단 근처에 공유 결합으로 붙어 있는 미리스토일(myristoyl)기나 팔미토일(palmitoyl)기에 의해, 또는 두 개 모두에 의해 막에 고정되어 있다. 그 C 말단의 프레닐화(prenylation)를 통해 막에 고정되어 있는 G_β 소단위체는 N 말단 나선 도메인과 이어서 오는 7개의 4가닥으로 된 역평행 β 병풍[프로펠러의 날개처럼 배열되어 **β 프로펠러(β propeller)**라고 불림]을 포함하는 C 말단 도메인을 가지고 있다(그림 13-19*b*). G_γ 소단위체는 주로 폴리펩타이드 연결에 의해 연결된 두 개의 나선 부분으로 이루어져 있다(그림 13-19*b*). 그것은 주로 소수성 상호작용을 통해 그 전체 연장 길이를 따라 G_β와 밀접하게 결합한다. G_γ는 G_β에 높은 친화력으로 결합하고 있어서 이들은 오직 변성되는 조건에서만 해리된다. 따라서 이제부터는 그들 복합체를 $G_{\beta\gamma}$로 나타낼 것이다.

이종 삼합체성 G 단백질은 비활성화 상태에서는 이종 삼합체성 상태를 유지하고, 그 G_α 소단위체는 GDP와 결합한다. 그렇지만 **G_α·GDP−$G_{\beta\gamma}$ 복합체가 관련된 GPCR에 리간드와 복합체로 결합하면 G_α 소단위체가 결합된 GDP를 GTP로 교환하도록 유도한다.** 그래서 리간드−GPCR 복합체는 G_α 소단위체의 구아닌 뉴클레오타이드 교환 인자(guanine nucleotide exchange factor, GEF)로 작용한다.

GTP가 G_α에 결합하면, 그것의 γ 인산기가 **G_α가 $G_{\beta\gamma}$로부터 해리되도록 하면서** 세 개의 **G_α 스위치 부위(switch region**, 그림 13-19)의 구조적 변화를 촉진한다. 이것은 GTP의 γ 인산기의 결합과 $G_{\beta\gamma}$의 G_α에 대한 결합이 서로 배타적이기 때문에 일어난다. 즉 스위치 I과 II가 G_β β 프로펠러의 아래쪽에서 고리 및 회전 부위와 상호작용하는 것을 방지하기 위하여 γ 인산기는 그 부위에서 곁사슬들과 수소 결합을 형성한다. 구조가 알려진 다른 G 단백질에서도 스위치 I, II와 비슷한 구조가 있다. G_α·GDP−$G_{\beta\gamma}$ 복합체와 $G_{\beta\gamma}$만의 X선 구조를 비교해 보았을 때 $G_{\beta\gamma}$의 구조가 G_α·GDP의 결합에 의해 변화되지 않는다는 것을 알 수 있다. 그럼에도 불구하고 G_α와 $G_{\beta\gamma}$ 둘 다 신호 전달에서 활성이 있다. 아래에서 논의하겠지만, 그들은 부가적인 세포 구성 요소들과 상호작용한다.

비록 2~3 min^{-1}의 비교적 느린 속도이지만, Gα는 또한 그것에 결합된 GTP를 GDP + P_i로 가수 분해를 촉매하는 GTP 분해 효소이기 때문에 G 단백질 활성화의 효과는 짧게 지속된다. GTP 가수 분해는 이종 삼합체성 G 단백질이 비활성화된 Gα·GDP−$G_{\beta\gamma}$ 복합체로 재조립되도록 한다. 이것은 GPCR에 리간드가 결합하는 것에 대한 질주 반응을 막아준다.

> **GATEWAY CONCEPT**
> **세포는 어떻게 ATP와 GTP를 사용하나?**
> G 단백질의 활성과 그 후의 불활성은 GTP → GDP + P_i 반응의 세포 자유 에너지를 사용한다. 유사하게도, 표적 단백질의 활성화는 인산화 효소에 의해 인산화되고 인산 가수 분해 효소에 의한 후의 비인산화는 ATP → ADP + P_i 반응의 세포 자유 에너지를 사용한다. 따라서 뉴클레오사이드 삼인산염의 화학적인 자유 에너지는 세포가 호르몬 신호에 반응하여 다른 것이 할 수 없는 것을 한다.

이종 삼합체성 G 단백질은 다른 단백질들을 활성화시킨다. 인간 세포는 21개의 다른 α 소단위체와 6개의 다른 β 소단위체, 12개의 다른 γ 소단위체가 존재하기 때문에, 수많은 다른 종류의 이종 삼합체성 G 단백질을 가질 수 있다. 이러한 이종 접합성은 아마도 다양한 세포들이 다양한 자극에 대해 다른 방법으로 반응할 수 있게 해줄 것이다.

이종 삼합체성 G 단백질 시스템의 주요한 표적은 아데닐산 고리화 효소(adenylate cyclase, AC)이다(다음 절에서 더 자세히 설명되어 있음). 예를 들어 G_α·GTP 복합체가 $G_{\beta\gamma}$로부터 해리되면, AC를 활성화시키면서 그것에 높은 친화력으로 결합할 수 있다. 그러한 G_α 단백질은 자극성 G 단백질(stimulatory G protein, $\mathbf{G_{s\alpha}}$)로 알려져 있다. 억제성 G 단백질(inhibitory G protein, $\mathbf{G_{i\alpha}}$)로 알려진 다른 G_α 단백질은 AC 활성을 억제한다. 그들의 α 단위체들이 다른 이종 삼합체성 G_s와 G_i 단백질들은 같은 β 및 γ 소단위체를 실제로 가질 수도 있다. 다른 유형의 이종 삼합체성 G 단백질들은 그들의 G_α 또는 $G_{\beta\gamma}$ 소단위체를 통해서 작용하면서 이온 통로들의 열림을 자극하고, 포스포이노시타이드(phosphoinositide) 신호 전달 시스템에 참여하고, 포스포다이에스테레이스(phosphodiesterase)와 단백질 인산화 효소들을 활성화시킨다.

단일 작용제−수용체 상호작용은 하나 이상의 G 단백질을 활성화시킬 수 있기 때문에, 이 단계의 신호 전달 경로는 초기의 세포외 신호를 증폭하는 것을 돕는다. 게다가 몇몇 유형의 리간드−수용체 복합체들은 다른 세포외 신호들이 같은 세포 반응을 끌어내도록 같은 G 단백질을 활성화할 수도 있다.

C 아데닐산 고리화 효소는 단백질 인산화 효소 A를 활성화하기 위해 cAMP를 합성한다

포유동물은 9개의 다른 아데닐산 고리화 효소 동형(isoform) 단백질을 가지고 있고,

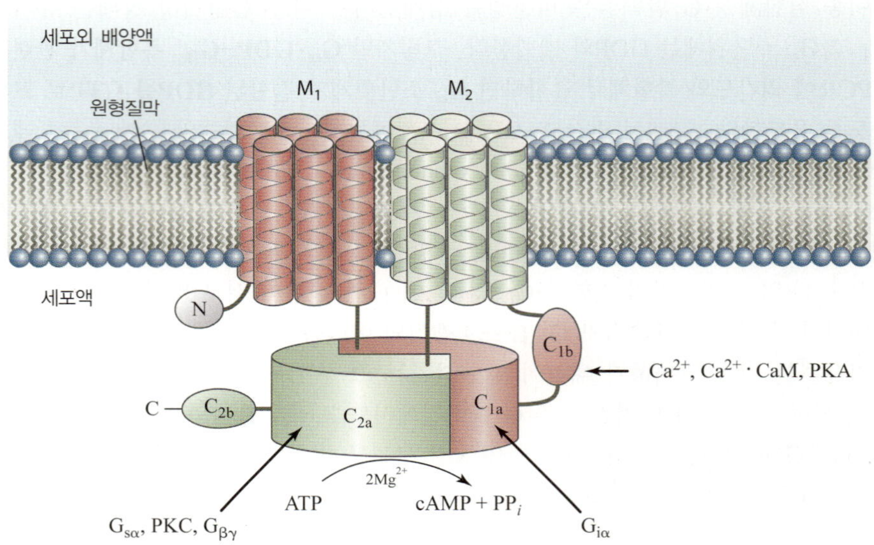

그림 13-20 전형적인 포유동물의 아데닐산 고리화 효소의 모식도 M_1과 M_2 도메인들은 각각 6개의 막횡단 나선을 가지는 것으로 예측된다. C_{1a}와 C_{2a}는 효소의 가짜대칭형 촉매 중심을 형성한다. 다양한 조절 단백질들은 상호작용한다고 알려져 있는 도메인을 나타내었다. [After Tesmer, J.J.G. and Sprang, S.R., *Curr. Opin. STruct. Bilo.* **8**, 713 (1998)]

이들은 각각 조직 특이적으로 발현되고 조절 특성에서 차이를 나타낸다. 이들 120 kD까지의 막횡단 당단백질들은 각각 작은 N 말단 도메인(N)과 그 뒤를 잇는 막횡단 도메인(M)을 구성하는 단위와 그 뒤를 잇는 두 개의 연속적인 세포질 도메인들(C)의 2회 반복으로 구성되어 있다. 따라서 $NM_1C_{1a}C_{1b}M_2C_{2a}C_{2b}$의 서열을 형성한다(**그림 13-20**). 40% 동일한 C_{1a}와 C_{2a} 도메인은 효소의 촉매 중심을 형성하기 위하여 결합하는 반면, C_{1a}, C_{2a}뿐만 아니라 C_{1b}는 조절 분자들과 결합한다. 예를 들어 $G_{s\alpha}$는 AC를 활성화하기 위해 C_{2a}에 결합하고, G_i는 그 효소를 저해하기 위해 C_{1a}에 결합한다. 다른 AC 활성의 조절자들은 Ca^{2+}와 특정한 Ser/Thr 단백질 인산화 효소들을 포함한다. 분명히, **세포는 다양한 종류의 자극에 반응하여 그들의 cAMP 레벨을 조절할 수 있다.**

온전한 아데닐산 고리화 효소의 구조는 알려져 있지 않지만, 촉매 도메인들의 X선 구조 연구는 $G_{s\alpha}\cdot$GTP가 $C_{1a}\cdot C_{2a}$ 복합체에 그 스위치 II 부위를 통해 결합한다는 것을 알려 준다. 이 결합은 효율적으로 ATP가 cAMP로 전환될 수 있게 활성 잔기들이 위치를 정하도록 C_{1a}와 C_{2a} 도메인의 방향으로 변경한다. G_s가 결합된 GTP를 가수분해할 때, C_{2a}에 더 이상 결합할 수 없도록 그 스위치 II 부위의 방향을 재조정하고, 아데닐산 고리화 효소는 비활성화 구조로 되돌아간다.

단백질 인산화 효소 A는 4개의 cAMP와 결합함으로써 활성화된다. cAMP는 자유롭게 확산되는 극성의 2차 전달자이다. 진핵세포들에서 주요한 표적은 수많은 세포 내 단백질들의 특이적인 Ser 또는 Thr 잔기들을 인산화시키는 **단백질 인산화 효소 A(protein kinase A, PKA)**이다. 이는 또한 **cAMP 의존성 단백질 인산화 효소(cAMP-dependent protein kinase, cAPK)**로도 알려져 있다. 이들 단백질들은 모두 공통적인 인산화 효소 인지 서열인 Arg-Arg-X-Ser/Thr-Y를 가지는데, 여기서 Ser/Thr은 인산화 자리, X는 모든 작은 잔기, Y는 큰 소수성 잔기를 나타낸다.

cAMP가 없을 때, PKA는 두 개의 조절(R) 소단위체와 두 개의 촉매(c) 소단위체의 비활성화 이종 사합체(R_2C_2)이다. 활성화된 촉매 단량체의 해리가 일으키기 위하여 cAMP는 조절 소단위체들에 결합한다.

$$\underset{\text{(비활성화)}}{R_2C_2} + 4\,\text{cAMP} \rightleftharpoons \underset{\text{(활성화)}}{2C} + R_2(\text{cAMP})_4$$

그림 13-21 ATP와 폴리펩타이드 저해제와의 복합체에서 쥐 단백질 인산화 효소 A(PKA)의 촉매(C) 소단위체의 X선 구조 '표준' 보기에서 보인 단백질은 ATP와 자연적으로 발생한 단백질 인산화 효소 저해제의 20개 잔기 펩타이드 부분과의 복합체이다. N 말단 도메인은 분홍색, C 말단 도메인은 청록색, Thr 197을 포함하는 활성화 고리는 밝은 파란색이다. 폴리펩타이드 저해제는 주황색, 그것의 가짜 표적 서열 Arg-Arg-Asn-Alα-Ile은 심홍색이다(진짜 기질의 Ser 또는 Thr을 대신하는 Ala은 흰색이다). 기질 ATP와 인산화-Thr 197의 인산기는 공간 채움 형태로 나타내었고, 촉매에 필수적인 Arg 165, Asp 166, Thr 197의 곁사슬은 막대 형태로 나타내었다. 모든 색은 원자 종류에 따른다(C 녹색, N 파란색, O 빨간색, P 노란색). 억제제의 가짜 표적 서열은 효소들이 목적 서열의 Ser 또는 Thr에 전달하는 ATP의 γ 인산기에 인접한다. [Based on an X-ray structure by Susan Taylor and Janusz Sowadski, University of California at San Diego. PDBid 1ATP.]

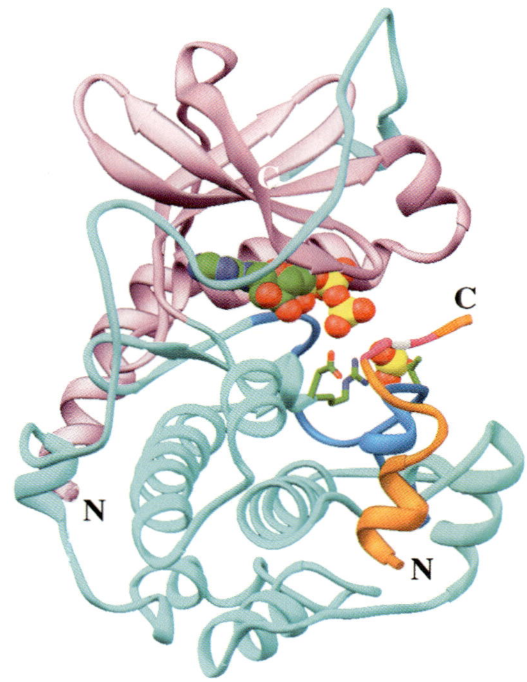

cAMP의 세포 내 농도에 따라 활성 상태에서 PKA의 부분을 결정하고 따라서 이 기질의 인산화 속도를 결정한다.

테일러(Susan Taylor)와 Janusz Sowadski에 의해 결정된 ATP와 20개 잔기 펩타이드 저해제와 복합체를 형성한 쥐 PKA의 350개 잔기 C 소단위체의 X선 구조를 **그림 13-21**에 나타내었다. C 소단위체는 구조가 알려진 다른 단백질 인산화 효소들과 거의 유사하다(예: 그림 13-5*a*와 13-12). PKA 구조에서 엽들 사이의 깊은 틈은 ATP와 인산화된 Ser/Thr이 Ala에 의해 대체된 것을 제외하고 인산화를 위한 5개 잔기 공통 서열을 닮은 억제제 펩타이드 부분에 의해 점유되어 있다. 활성화 고리 부분인 Thr 197은 최대의 활성을 나타내기 위하여 반드시 인산화되어야 한다. Thr 197의 인산기는 인산화를 위한 기질 단백질 표적 Ser/Thr 하이드록실기를 활성화시키는 촉매 기반인 Asp 166에 인접한 보존된 촉매 잔기인 Arg 165와 상호작용한다. 그래서 PKA의 Thr 197의 인산기는 그 활성 자리 잔기들을 적절하게 향하도록 하는 기능을 한다.

단백질 인산화 효소 A의 R 소단위체는 그것의 C 소단위체를 경쟁적으로 저해한다. R 소단위체는 **자가 억제제 부분(autoinhibitor segment)**이라고 하는 두 개의 유사한 cAMP 결합 도메인인 R_A와 R_B를 포함하고 있다. 비활성화 R_2C_2 복합체의 X선 구조(**그림 13-22**)에서 C 소단위체의 기질과 닮은 자가 억제제 부분은 기질 결합을 막기 위하여 C 소단위체 활성 자리(그림 13-21의 억제성 펩타이드처럼)에 결합한다. CAMP가 충분한 농도로 존재할 때에는 각 R 소단위체는 두 개의 cAMP에 협동으로 결합한다. R_B 도메인이 결합된 cAMP가 없을 때, 그것은 R_A 도메인이 cAMP와 결합하는 것

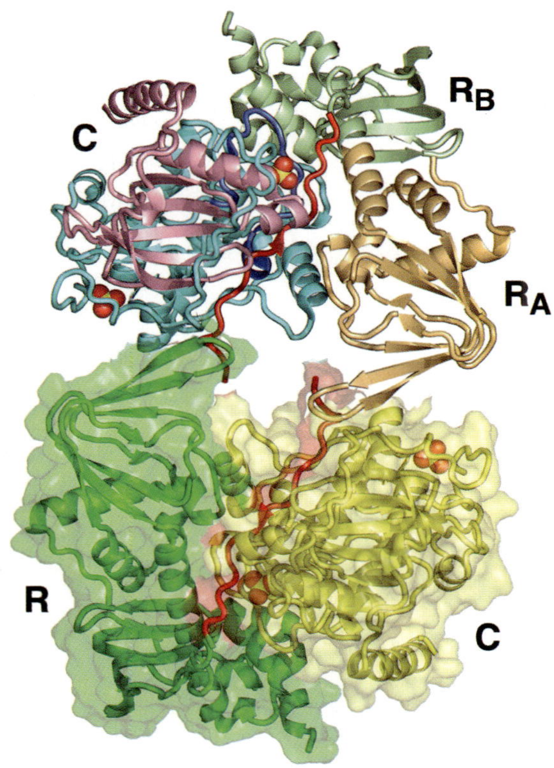

그림 13-22 쥐 단백질 인산화 효소 A(PKA)의 불활성화된 R_2C_2 이종 사합체의 X선 구조 리본 형태로 그려진 구조는 왼쪽 위와 오른쪽 아래의 촉매(C) 소단위체와 오른쪽 위와 왼쪽 아래의 조절(R) 소단위체를 가지는 이중축에 따라 보여 준다. 왼쪽 위의 C 소단위체는 그림 13-21처럼 색으로 나타내었고, 위로부터 근접하게 보았고, 오른쪽 아래는 노란색이다. 오른쪽 위의 R 소단위체의 R_A와 R_B 영역은 각각 밝은 주황색과 밝은 녹색으로 나타내었고, 왼쪽 아래의 R 소단위체는 초록색이고, 두 R 소단위체의 자가 억제제 부분은 빨간색이다. 아래의 R과 C 소단위체는 같은 색의 반투명 표면 도표에 삽입되어 있다. C 소단위체의 Ser 139와 Thr197에서 인산기는 O 빨간색, P 노란색으로 공간 채움 모형으로 그렸다. 어떻게 각각의 R 소단위체의 자가 억제제 부분이 기질 결합을 막음으로써 수평으로 근접한 C 소단위체의 활성 자리에 삽입되는지 언급한다. [Based on an X-ray structure by Susan Taylor, University of California at San Diego. PDBid 3TNP.]

을 막기 위해 가린다. 그렇지만 R_B 도메인에 cAMP가 결합하는 것은 R_A 도메인이 cAMP에 결합하는 것을 허용하는 광범위한 구조적 변화를 일으키고, 이것은 다음으로 새로 활성화된 C 소단위체를 복합체로부터 방출시키게 된다.

PKA의 표적들은 글리코젠 대사에 관계된 효소들을 포함한다. 예를 들면 에피네프린이 근육세포의 β 아드레날린 수용체에 결합하였을 때, 이종 삼합체성 G 단백질, 아데닐산 고리화 효소, PKA의 순차적인 활성화는 글리코젠 인산화 효소의 활성화로 이어지게 되고, 그것에 의해 '투쟁– 도피' 반응에서 해당 과정을 위한 글루코스-6-인산을 만들게 된다(16-3절).

신호 전달 경로의 각 단계는 잠재적으로 조절될 수 있기 때문에, **세포 반응의 본질과 규모는 그 경로의 모든 이전 구성 요소들의 활성화와 억제의 존재와 정도를 반영한다.** 예를 들어 아데닐산 고리화 효소 신호 전달 경로는 억제성 G 단백질과 연계된 수용체의 리간드 활성화를 통해 제한되거나 반전될 수 있다. 2차 전달자 cAMP의 활성은 cAMP를 AMP로 해리시키는 포스포다이에스테레이스들의 작용에 의해 감소될 수 있다(아래 참조). 게다가 PKA에 의해 촉매되는 반응은 단백질 Ser/Thr 인산 가수 분해 효소에 의해 반전된다(13-2D절). 아데닐산 고리화 효소 신호 전달 경로의 이러한 특징 중 일부를 **그림 13-23**에 나타내었다. 많은 약물과 독소들은 아데닐산 고리화 효소 시스템의 구성 요소를 변화시킴으로써 그 효과를 발휘한다(자료 13-4).

수용체는 탈감각화될 수 있다. 생물학적인 신호 전달 체계의 특징은 그들의 반응 감소에 따른 긴 기간의 자극에 적응하는 것으로, 이 과정을 **탈감각화(desensitization)**라고 한다. **이 신호 전달 체계는 따라서 완벽한 값보다는 자극 수준 변화에 대한 반응이다.** 예를 들어 β-교감 신경 수용체의 경우 $G_{s\alpha}$의 중간체, 아데닐산 고리화 효소, cAMP를 통한 PKA의 활성화를 위해 보시다시피 에피네프린과 같은 작용제의 결합을 이끈다. 활성화된 PKA는 **β-교감 신경 수용체 인산화 효소[β-adrenergic receptor kinase(βARK)**, 또는 **GPCR 인산화 효소 2(GRK2)**]를 인산화시키는데, 이는 차례로 수용체 혼자에서뿐만 아니라 호르몬 수용체 복합체의 C 말단에서 몇몇의 세포 내부의 Ser과 Thr 잔기를 인산화시킨다. 이 인산화된 수용체는 수용체 GS 복합체의 형성을 입체적으로 막는 복합체를 형성하기 위해 **β-아레스틴(β-arrestin)**으로 알려진 단백질과 결합하고 결과적으로 탈감각화된다. 이 수용체-β-아레스틴 복합체는 또한 클라트린 의존성 세포막 함입 체계(9-4E절)의 몇몇의 구성 성분을 모으고 세포 표면에서 그것의 유용성을 감소시킴에 따라 세포 내부의 소포체에서 수용체의 내면화를 이끈다. 내면화된 수용체는 천천히 탈인산화되며 세포 표면으로 돌아가고, 에피네프린 수준이 감소되면 세포의 초기 에피네프린 민감성이 결국 회복된다.

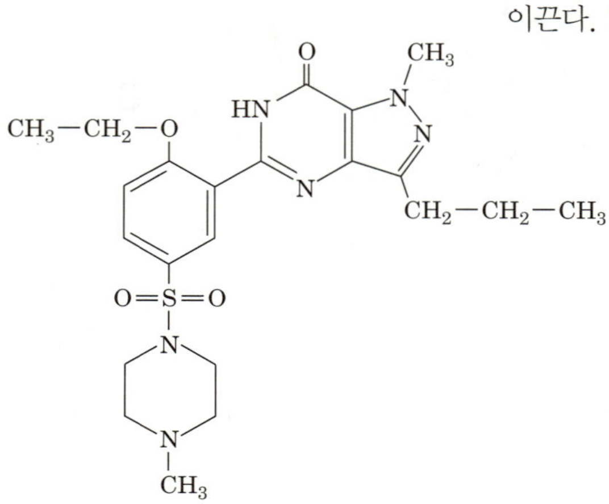

Sildenafil (Viagra)

D 포스포다이에스테레이스는 2차 전달자 활성을 제한한다

신호 분자는 어떠한 화학적 기반을 가진 신호 전달 시스템에서도 신호의 크기와 지속을 조절하고 이어서 오는 신호들의 수신으로 인한 간섭을 방지하기 위해서 결국 제거되어야 한다. cAMP의 경우, 이 2차 전달자는 **cAMP-포스포다이에스테레이스(cAMP-phosphodiesterases, cAMP-PDE)**로 알려진 효소들에 의해 AMP로 가수 분해된다.

cAMP–PDE와 **cGMP-PDE(cGMP**는 cAMP의 구아닌 유사체임)을 포함하는 PDE 슈퍼패밀리는 포유동물에서 12개의 패밀리(PDE1에서 PDE12까지)로 분류된 최소한 20개의 다른 유전자들에 의해 암호화

process diagram

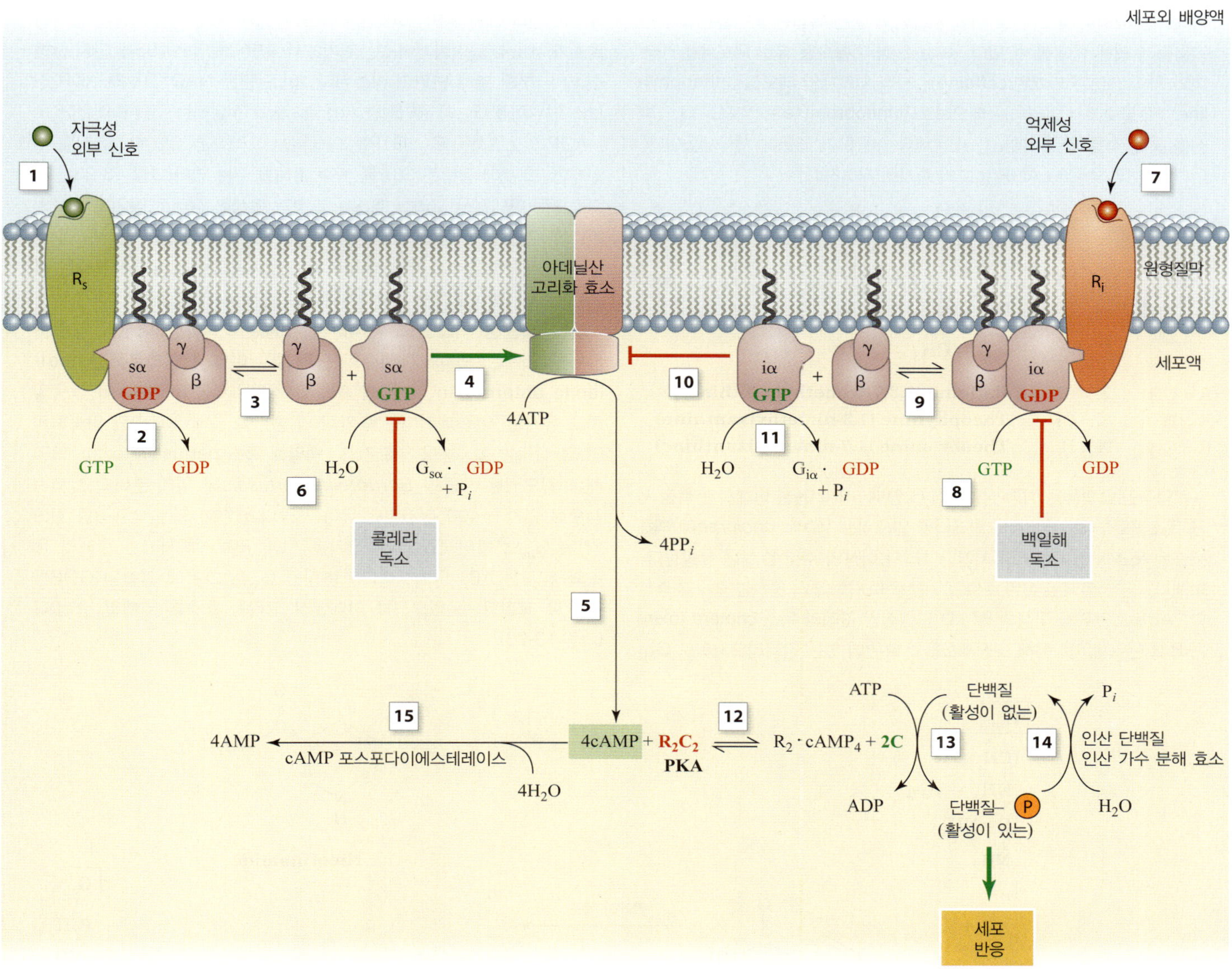

그림 13-23 아데닐산 고리화 효소 신호 전달 시스템 자극성 수용체 R_S에 호르몬이 결합하면(**1**) 그것이 이종 삼합체성 G 단백질 G_s에 결합하도록 유도하고, 이는 차례로 결합된 GDP를 GTP로 교환하도록 $G_{s\alpha}$ 소단위체를 자극한다(**2**). $G_{s\alpha}$·GTP 복합체는 다음으로 $G_{\beta\gamma}$로부터 분리되고(**3, 4**) ATP를 cAMP로 전환시키도록 아데닐산 고리화 효소(AC)를 자극한다(**5**). 이러한 자극은 $G_{s\alpha}$가 그것의 결합된 GTP를 GDP로의 가수 분해를 촉매하면 멈춘다(**6**). 억제성 수용체 Ri에 호르몬이 결합하면(**7**), $G_{i\alpha}$·GTP 복합체의 존재가 아데닐산 고리화 효소를 저해하는 것을 제외한(**10**) 거의 동일한 연쇄 사건을 유발한다(**8**~**11**). cAMP는 촉매 소단위체 C가 분리되게 하면서 조절 이합체에 R_2·$cAMP_4$로 결합함으로써 단백질 인산화 효소 A(PKA, R_2C_2)를 활성화시키고(**12**) 그들의 인산화를 촉매함으로써 다양한 세포 단백질들을 활성화시킨다(**13**). 특정 독소의 작용 자리들을 표시하였다. 신호 전달은 인산 가수 분해 효소(**14**)들과 cAMP 포스포다이에스테레이스(**15**)의 작용에 의하여 제한되었다. 콜레라 독소, 백일해 독소와 같은 독소는 $G_{s\alpha}$·GTP(**6**) 또는 $G_{i\alpha}$·GTP(**8**)로부터 GTP를 가수 분해하는 것을 막음으로써 작용하고 그들의 활성을 증가시킨다.

? 세포 반응에서 콜레라 독소와 백일해 독소의 효과를 비교하라.

되어 있다. 더욱이 이들 유전자로부터 전사된 많은 mRNA들은 선택적인 전사 개시와 접속 자리(26-3B절)를 가지기 때문에 포유동물들은 ~50개의 PDE 동형 단백질을 발현한다. 이들은 기질 특이성(cAMP, cGMP, 또는 둘 다에 대한)과 활성, 다양한 촉진 인자와 억제 인자에 대한 그들의 반응(또는 반응의 부재) 그리고 그들의 조

자료 13-4 건강과 질병의 생화학 세포 신호 전달에 영향을 미치는 약물과 독소

아데닐산 고리화 효소 신호 전달 시스템과 같은 복잡한 작용들은 다양한 작용물에 의해 방해될 수 있다. 예를 들어 메틸화된 퓨린 유도체들인 커피와 차의 성분인 **카페인**(caffeine), 천식 치료제인 **테오필린**(theophylline), 초콜릿에서 발견되는 **테오브로민**(theobromine)은 억제성 G 단백질을 통해 작용하는 아데노신 수용체를 길항하기 때문에 자극제들이다. 이러한 길항 작용은 cAMP 농도의 증가로 이어진다.

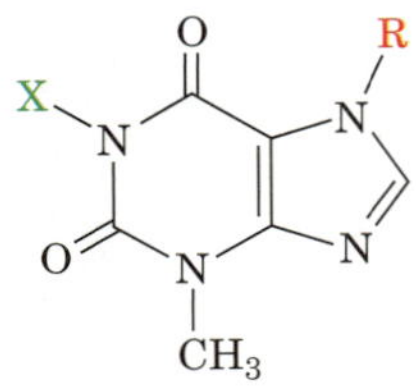

R = CH_3	X = CH_3	**Caffeine (1,3,7-trimethylxanthine)**
R = H	X = CH_3	**Theophylline (1,3-dimethylxanthine)**
R = CH_3	X = H	**Theobromine (1,7-dimethylxanthine)**

치명적인 효과들은 이종 삼합체성 G 단백질의 기능을 방해하는 특정 세균 독소들로부터도 생긴다. 콜레라를 일으키는 *Vibrio cholerae*에 의해 방출된 독소는 설사로부터 시간당 1리터 이상의 수분 손실을 유발한다. 피해자들은 그들의 손실된 수분과 염분을 다시 채우지 못하면 탈수로 죽는다. AB5 소단위체 구성의 87 kD 단백질인 **콜레라 독소**(cholera toxin)는 B 소단위체들을 통해 소장세포들의 표면에 있는 강글리오사이드 G_{M1}에 결합한다(그림 9-9). 이것은 아마도 수용체 매개 내포 작용을 통하여 독소가 세포로 들어가게 하고, 거기에서 소단위체의 ~195개 잔기 단백질 가수 분해 분해 단편이 방출된다. 이 단편은 NAD^+로부터 ADP-리보스 단위체를 $G_{s\alpha}$의 특이적인 Arg 곁사슬로 전달하는 것을 촉매한다.

ADP-리보스화된 $G_{s\alpha}$·GTP는 아데닐산 고리화 효소를 활성화시킬 수 있지만, 그것에 결합된 GTP를 가수 분해할 수는 없다(그림 13-23). 결과적으로 아데닐산 고리화 효소는 그것의 활성화 상태로 잠기고 세포의 cAMP 수준은 ~100배 증가한다. 보통 소화액(HCO_3^-가 풍부한 염 용액)을 분비함으로써 소량의 cAMP 증가에 반응하는 소장의 세포들은 증가된 cAMP의 농도에 반응하여 아주 많은 양의 용액을 쏟아 낸다.

다른 세균성 독소들도 유사하게 작용한다. 특정 대장균 균주들은 콜레라 독소와 매우 비슷한 단백질인 **이열성 엔테로톡신**(heat-labile enterotoxin, 그들의 A와 B 소단위체들이 80% 이상 동일하고 유사한 작용 메커니즘을 가짐)의 생산을 통해 콜레라와 비슷하지만 덜 심각한 설사병을 일으킨다. **백일해 독소**[pertussis toxin, 백일해를 일으키는 세균인 *Bordetella pertussis*에 의해 분비되고 세계적으로 연간 ~400,000명의 유아 사망의 원인이 되는 백일해를 일으킴]는 $G_{i\alpha}$의 특이적인 Cys 잔기를 ADP-리보스화시키는 콜레라 독소와 유사한 AB_5 단백질이다. 변형된 $G_{i\alpha}$는 그것에 결합된 GDP를 GTP로 교환할 수 없으므로 아데닐산 고리화 효소를 억제할 수 없다(그림 13-23).

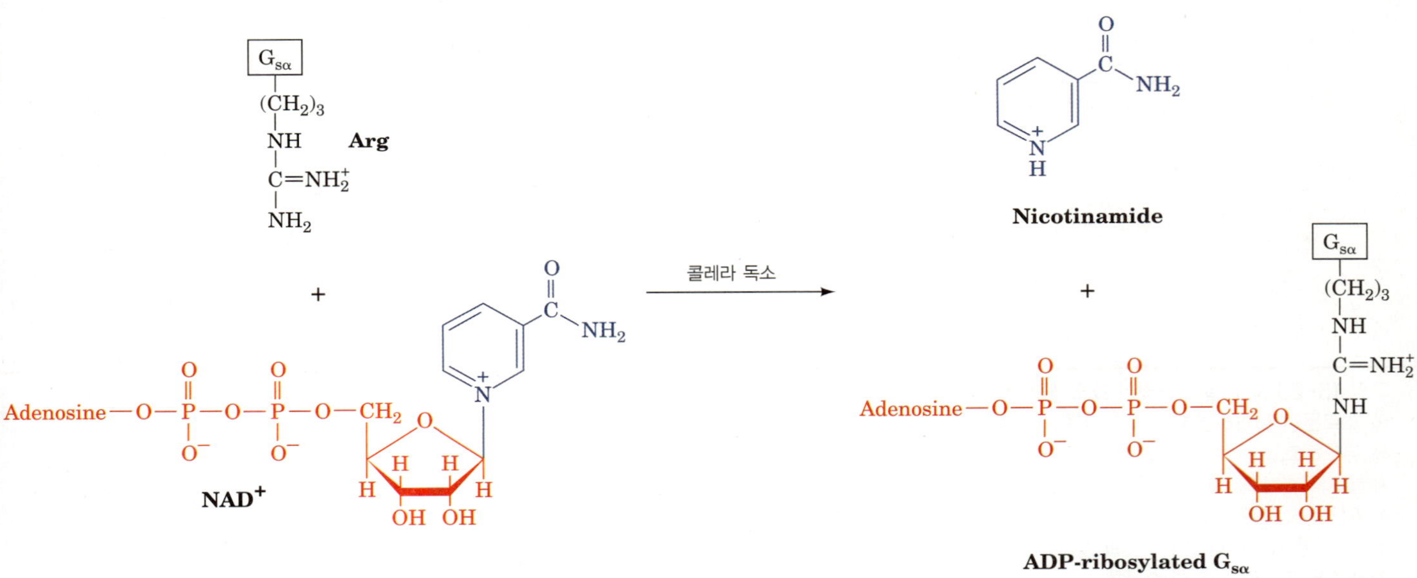

직, 세포, 세포 내 분포에 의해 기능적으로 구별된다. PDE는 C 말단 가까이에 보존된 ~270개 잔기의 촉매 도메인과 보통 N 말단 부분에 넓게 분기된(보존되지 않고 서로 불일치하는) 조절 도메인이나 모티프를 가지고 있다. 일부 PDE는 막에 고정되어 있고 나머지는 세포질에 존재한다.

예상할 수 있듯이, PDE 활성은 정교하게 조절된다. 그것의 동형 단백질에 따라 PDE는 Ca^{2+} 이온과 PKA 및 **인슐린 유도 단백질 인산화 효소(insulin-stimulated protein kinase)**에 의한 인산화를 포함하는 하나 이상의 다양한 요소들에 의해 활성화될 수 있다. 인산화된 PDE는 다양한 단백질 인산 가수 분해 효소들에 의해 인산 가수 분해된다. 따라서 PDE는 cAMP 기초 신호 전달 시스템과 다른 형태의 신호를 사용하는 것들 사이의 교차 전달(cross talk)을 위한 수단을 제공한다.

PDE는 폭넓게 분기하는 천식, 울혈성 심부전, 우울증, 발기 부전, 염증, 망막 변성과 같은 장애들에 영향을 미치는 다양한 약물에 의해 억제된다. 발기 부전 치료를 위해 사용되는 화합물인 **Sildenafil**[상품명 **비아그라(Viagra)**]은 cGMP만 가수 분해하는 PDE5를 특이적으로 억제한다. 남성들에서 성적 자극은 음경의 신경이, GTP로부터 cGMP를 생산하도록 **구아닐산 고리화 효소(guanylate cyclase)**를 활성화시키는 산화 질소(NO)를 방출하도록 한다. cGMP는 음경에서 혈관의 민무늬근 이완을 유도하여 혈액 유입을 증가시키고 발기가 일어나게 한다. 이 cGMP는 결국 PDE5에 의해 가수 분해된다. 따라서 Sildenafil은 불충분한 NO와 cGMP를 생산하는 남자들에게 만족스러운 발기를 생성하기 위한 효과적인 치료이다.

체크 포인트

- PKA에 의한 표적 단백질들의 GPCR로부터 인산화까지 신호 전달 단계를 요약하시오.
- 왜 GPCR이 다른자리 입체성 단백질로 간주될 수 있는지 설명하시오.
- G 단백질이 어떻게 활성화되고 비활성화되는지 설명하시오. 어떤 단백질이 GEF로 기능을 하는가?
- cAMP와 같은 2차 전달자의 기능은 무엇인가?
- PKA 활성은 어떻게 조절되는가?
- PKA 활성은 어떻게 세포에 영향을 미치는가?
- 왜 아데닐산 고리화 효소 신호 전달 시스템은 포스포다이에스테레이스를 포함하는가?
- 어떤 다른 인자들이 GPCR를 통해 신호 전달을 제한하거나 종료시키는가?

4 포스포이노시타이드 경로

주요 개념

- 포스포이노시타이드 경로를 통한 신호 전달은 Ca^{2+} 방출을 촉진하는 2차 전달자 이노시톨 삼인산과 단백질 인산화 효소 C를 활성화시키는 다이아실글리세롤을 생성한다.
- Ca^{2+}가 존재할 때 칼모듈린은 자신의 표적 단백질과 결합하여 활성화시킨다
- PKC 활성화는 지질 결합에 의존한다.
- 호르몬은 다양한 세포 내 반응을 유발하기 위해 다수의 신호 전달 경로를 활성화할 수 있다.

신호 전달 경로에 대한 논의는 다양한 호르몬의 영향을 조정하는 **포스포이노시타이드 경로(phosphoinositide pathway)**에 대한 이해 없이는 완성될 수 없다. 신호 전달 경로는 7개의 막횡단 부분을 가지는 수용체, 이종 삼합체성 G 단백질, 특정 인산화 효소, 원형질막의 내부 소엽의 부요소인 인산화된 글리세로인지질을 필요로 한다. 이것은 3개의 2차 전달자, 즉 **이노시톨-1,4,5-삼인산(inositol-1,4,5-triphosphate; IP_3)**, Ca^{2+}, **1,2-다이아실글리세롤(1,2-diacylglycerol; DAG)**의 생산을 포함한다.

A 리간드 결합은 2차 전달자인 IP_3와 Ca^{2+}의 세포질 방출에 이르게 된다

α_1 아드레날린 수용체에 에피네프린이 결합하는 것과 같이, 수용체에 리간드가 결합하면 이종 삼합체성의 G 단백질인 G_q를 활성화시킨다. G_q는 막결합 효소 **포스포라이페이스 C(phospholipase C, PLC**; 그림 13-24, 왼쪽 위)를 활성화하기 위해 GTP와 복합체를 형성하고 있는 그것의 막고정 α 소단위체가 세포막을 따라 옆으로 확산된다. 활성화된 PLC는 그것의 글리세로-인산화 결합(9-1C절)에서 **포스파티딜이노시톨 4,5-비스인산(phosphatidylinositol-4,5-bisphosphate; PIP_2)**의 가수 분해를 촉진하고, 이노시톨-1,4,5-삼인산(inositol-1,4,5-trisphosphate; IP_3)과 1,2-다이아실글리세롤(1,2-diacylglycerol; DAG, 그림 13-25)을 생성한다. PLC는 포유동물에서 실제로 몇 개의 접속 변이체를 가지고 있는 13개 동위 효소 세트인데 효소 활성을 위해 Ca^{2+}를 필요로 한다. PLC는 촉매 작용 동안 막의 무극성 영역에 침투하는 것으로

process diagram

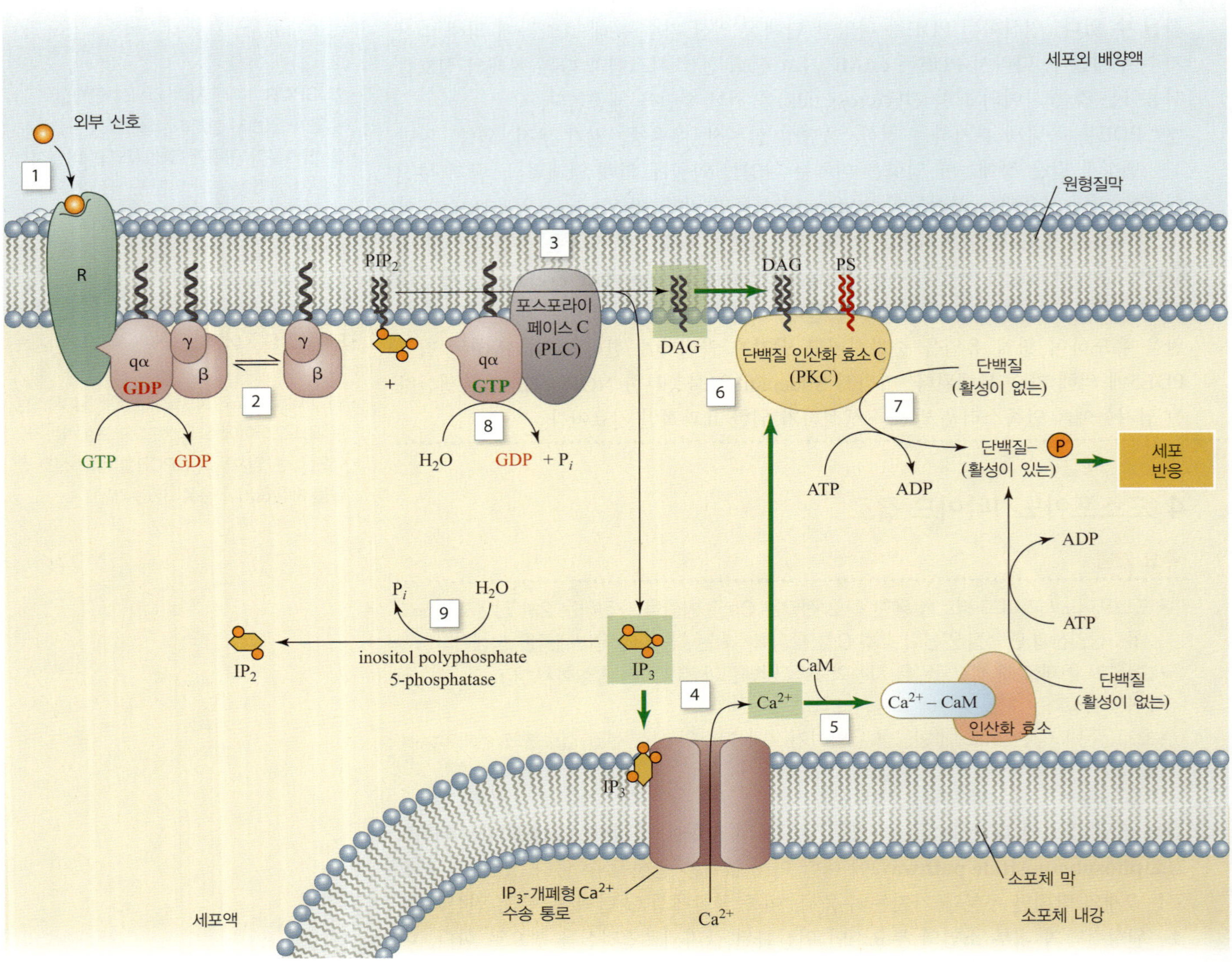

그림 13-24 포스포이노시타이드 신호 전달 시스템 세포 표면 수용체 R에 리간드가 결합하면(**1**) 이종 삼합체성 G 단백질 G_q를 통해 포스포라이페이스 C(PLC)를 활성화시킨다(**2**). 포스포라이페이스 C는 PIP_2의 IP_3와 DAG로의 가수 분해를 촉매한다 (**3**). 가용성 IP_3는 소포체에 격리된 Ca^{2+}의 방출을 자극하고(**4**), 이것은 이어서 칼모듈린(CaM)의 매개를 통해 많은 세포 작용을 활성화시킨다(**5**). 무극성 DAG는 막에 결합된 채로 남아서 단백질 인산화 효소 C(PKC)를 활성화시킨다(**6**). 활성화된 PKC는 인산화를 통해 다수의 세포 단백질의 활성을 조절한다(**7**). PKC 활성화는 또한 막 지질 포스파티딜세린(PS)과 Ca^{2+}를 필요로 한다. 포스포이노시타이드 신호 전달은 qα에서의 GTP 가수 분해(**8**)와 IP_2를 생산하기 위해 IP_3에 작용하는 이노시톨 폴리인산 5-인산 가수 분해 효소(inositol polyphosphate 5-phosphatase, **9**)에 의해 제한된다.

? 신호 전달 시스템의 어떤 구성 요소들이 막에 결합되어 있고 어떤 구성 요소가 가용성인가?

추정되는 세 개의 단백질 고리로 이루어진 소수성 융기 부분을 가지고 있다. 이것은 PLC가 어떻게 막과 결합된 DAG 생성물을 남겨두고 막결합 PIP_2의 가수 분해를 촉진할 수 있는지를 설명할 것이다.

하전된 IP_3 분자는 가용성 2차 전달자이다. PIP_2의 가수 분해는 세포질과 세포막 결합 사건 모두에 활기를 띠게 한다. DAG가 막에서 2차 전달자로서 역할을 하는 반면(13-

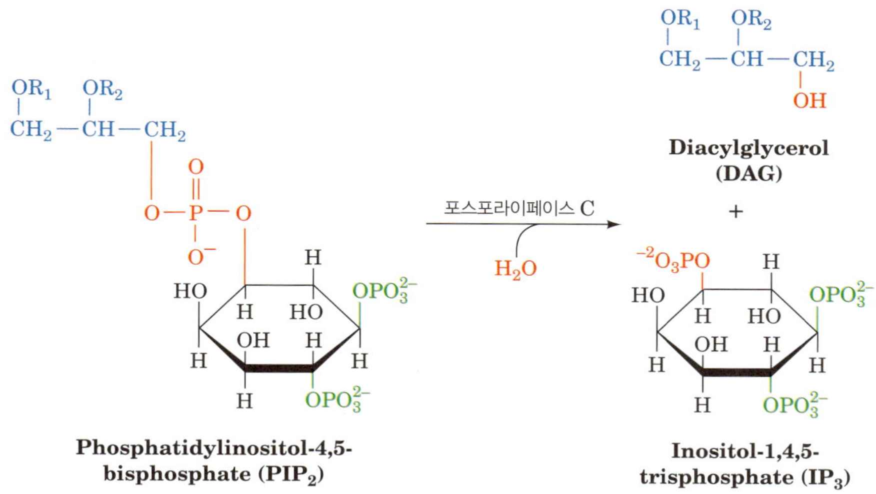

그림 13-25 포스포라이페이스 C 반응 포스포라이페이스 C는 2차 전달자인 다이아실글리세롤 (DAG)과 이노시톨-1,4,5-삼인산 (IP_3)를 생산하기 위해 PIP_2를 쪼갠다. (*bis*와 *tris* 접두사는 각각 이노시톨에 연결되는 두 개와 세 개의 인산기를 나타낸다. di-와 triphosphate에 인산기가 순차적으로 연결되었다.)

4C절), IP_3는 세포질을 지나 소포체(endoplasmic reticulum, ER)로 확산된다. 거기에서 IP_3는 Ca^{2+} 수송 통로(이온 통로이기도 한 수용체의 예)에 결합하고 열림을 유도함으로써 소포체로부터 Ca^{2+}가 유출되게 한다. 이것은 세포질 [Ca^{2+}]를 ~0.1 μM에서 10 mM까지 증가하게 하고, 이는 Ca^{2+} 결합 단백질인 **칼모듈린(calmodulin**, 아래 참조)과 그 상동 단백질들의 매개를 통해 글루코스 이동과 근육 수축과 같은 다양한 세포 작용을 시작하게 한다. ER은 IP_3가 없을 때 세포질의 [Ca^{2+}]가 빠르게 쉬는 수준으로 돌아갈 수 있도록 세포질에서 다시 ER 안으로 Ca^{2+}를 활발히 퍼내는, 박혀 있는 Ca^{2+}–ATP 가수 분해 효소를 가지고 있다(10-3B절).

B 칼모듈린은 Ca^{2+}에 의해 활성화되는 스위치이다

칼모듈린(**CaM**)은 수많은 세포의 조절 작용에 참여하는 아주 흔한 진핵생물의 Ca^{2+} 결합 단백질이다. 이들 중 일부에서 CaM은 자유 유동하는 단량체 단백질로 기능을 하는 반면, 다른 CaM들은 큰 단백질의 소단위체이다. 높게 보존된 148개 잔기 단백질의 X선 구조는 두 개의 구조적으로 유사한 구형의 도메인들이 7회전 α 나선 구조에 의해 연결되어 있는 흥미로운 아령과 같은 형태를 가진다(**그림 13-26**). CaM과 근육 단백질 트로포닌의 Ca^{2+} 결합 TnC 소단위체 간의 밀접한 구조적 유사성을 주목하라(그림 7-31).

CaM의 두 구형 도메인은 각각 두 개의 고친화성 Ca^{2+} 결합 부위를 가지고 있다. 이들 자리에 각각 있는 Ca^{2+} 이온은 뼈대와 곁사슬뿐만 아니라 단백질과 연결된 물 분자의 산소 원자들에 의해 팔면체로 꾸며져 있다. 각각의 Ca^{2+} 결합 자리는 구조가 알려진 많은 다른 Ca^{2+} 결합 단백질에 Ca^{2+} 결합 자리를 형성하는 **EF 손(EF hand, 그림 13-27)**으로 알려진 거의 겹칠 수 있는 나선–고리–나선 부위에 의해 형성된다.

Ca^{2+}–CaM는 자신의 표적 단백질을 효과기가 활성 자리에 결합하는 메커니즘을 통해 활성화시킨다. CaM의 어떤 쪽의 도메인에라도 Ca^{2+}가 결합하면 그 도메인의 구조적 변화를 유도하고, 이것은 Ca^{2+}가 없는 상태에서는 파묻혀 있는 Met가 풍부한 소수성 부분을 노출시킨다. 이 부분은 다음으로 수많은 Ca^{2+} 조절 단백질 인산화 효소들의 CaM 결합 도메인에 높은 친화력으로 결합한다. 이러한 CaM 결합 도메인은 상호 간 서열 상동성을 거의 가지고 있지 않지만 모두 염기성의 친양쪽성 α 나선 구조이다.

복잡하지 않은 CaM의 늘어진 모양에도 불구하고(그림 13-26), 다양한 연구의 결

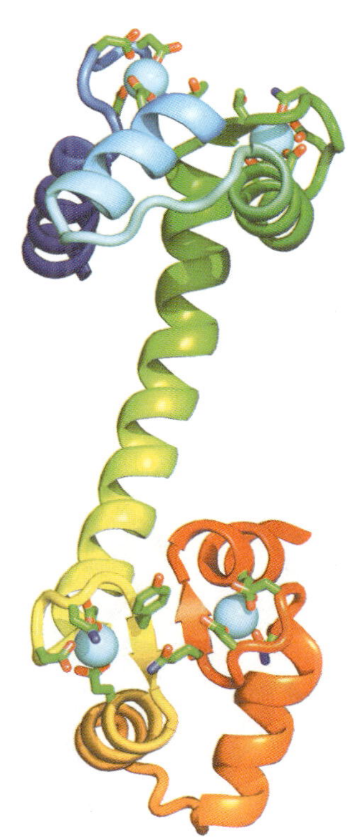

그림 13-26 쥐 정소 칼모듈린의 X선 구조 N 말단(파란색)에서 C 말단(빨간색)까지 무지개색 순서로 된 148개 잔기의 단량체 단백질은 7회전 α 나선 구조에 의해 분리된 두 개의 아주 닮은 구형 도메인을 가지고 있다. 각 도메인에 결합된 두 개의 Ca^{2+} 이온은 청록색 구로 나타내었다. Ca^{2+} 이온을 리간드로 하는 곁사슬은 원자 유형에 따라 칠해진(C 녹색, N 파란색, O 빨간색) 막대 모형으로 그렸다. [Based on an X-ray structure by Charles Bugg, University of Alabama at Birmingham. PDBid 3CLN.]

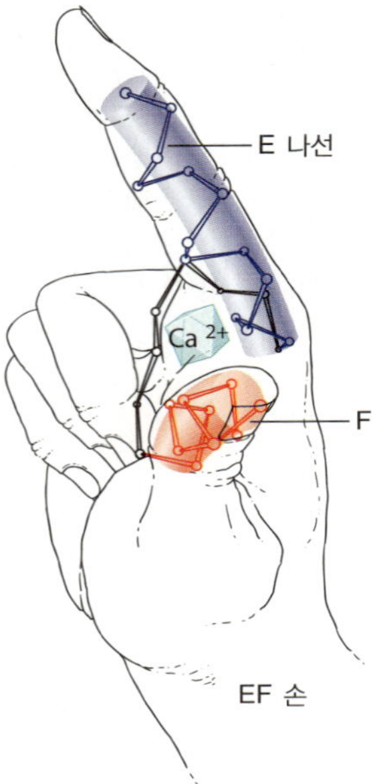

그림 13-27 EF 손 Ca^{2+}의 수준을 감지하는 많은 단백질들에 존재하는 Ca^{2+} 결합 부위는 EF 손이라는 나선–고리–나선 부위에 의해 형성된다. [Kretsinger, R,H., *Annu. Rev. Biochem.* **45**, 241 (1976)으로부터]

과는 CaM의 두 구형 도메인이 단일 표적 나선에 결합한다는 것을 나타내 준다. 이런 결과는 표적 폴리펩타이드인 골격근 **마이오신 경쇄 인산화 효소(myosin light chain kinase, MLCK)**와 복합체를 형성한 $(Ca^{2+})_4$–CaM의 NMR 구조(**그림 13-28**)에 의해서도 확인되었다. PKA C 소단위체의 동형 단백질인 이 효소는 근육 단백질 마이오신의 경쇄를 인산화함으로써 활성화시킨다(7-2A절). 따라서 CaM의 중심 α 나선은 딱딱한 가로대가 아니라 유연한 사슬로 작용하고, 이것은 아마도 CaM이 넓은 범위의 표적 폴리펩타이드에 결합할 수 있게 하는 특성이다. 실험 결과는 CaM의 두 구형 도메인은 CaM이 자신의 표적들을 활성화시키기 위하여 필요하다는 것을 보여준다. 단백질 가수 분해에 의해 분리된 CaM 도메인들은 그들의 표적 펩타이드에 결합하지만 효소를 활성화시킬 수는 없다.

Ca^{2+}–CaM은 어떻게 자신의 표적 단백질 인산화 효소들을 활성화할 수 있을까? MLCK는 마이오신 경쇄의 MLCK의 표적 폴리펩타이드와 서열이 유사하지만 인산화 자리가 없는 C 말단 부분을 가진다. 30% 동일한 PKA의 C 소단위체의 X선 구조를 바탕으로 만들어진 한 MLCK의 모형은 MLCK의 부분이 인산화 효소의 활성 자리에 결합함으로써 자가 억제제로 작용한다는 것을 말해 준다. 실제로 제한된 단백질 분해에 의한 MLCK의 자가 억제제 펩타이드 제거는 효소를 영구적으로 활성화시킨다. MLCK의 CaM 결합 부분은 자가 억제제 펩타이드와 중첩된다. 따라서 **이 펩타이드 부분에 Ca^{2+}–CaM의 결합은 MLCK의 활성 자리에서 자가 억제제를 추출**

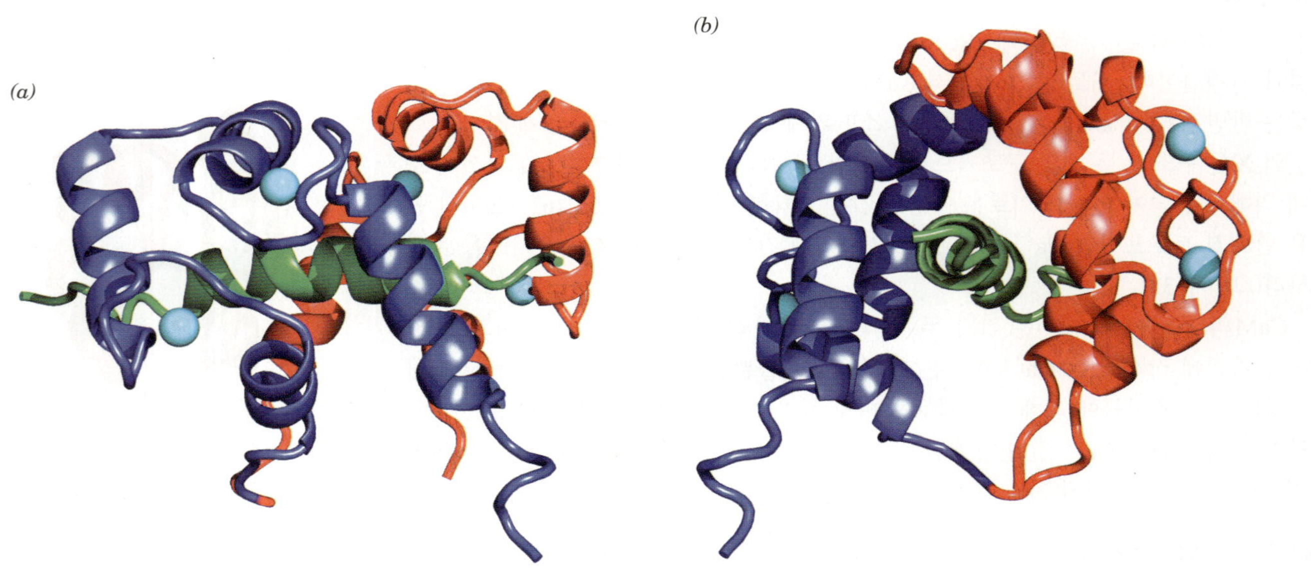

그림 13-28 **표적 폴리펩타이드와 복합체를 형성하고 있는 칼모듈린의 NMR 구조** (초파리 *Drosophila melanogaster*로부터의) CaM의 N 말단 도메인은 파란색, C 말단 도메인은 빨간색이며, 토끼 골격근 마이오신 경쇄 인산화 효소(MLCK)의 26개 잔기 표적 폴리펩타이드는 녹색, Ca^{2+} 이온은 청록색 구로 나타내었다. (*a*) 표적 폴리펩타이드의 N 말단이 오른쪽에 있는 복합체의 예, (*b*) *a*에서 보여진 구조의 오른쪽에서 본 수직 예. 두 예에서 CaM의 N 말단 및 C 말단 도메인들과 관련된 위-2겹(pseudo-2-fold) 축들은 대략 수직이다. CaM이 줄을 잡은 두 손의 형상과 닮은 방식으로 소수성 터널 안에 나선형 표적 폴리펩타이드를 넓게 감싸는 구형 단백질을 형성하기 위하여 두 도메인을 연결하는 분절이 어떻게 풀리고 구부러지는지(*b*의 아래쪽 고리)를 주목하라. [Based on an NMR structure by Marius Clore, Angela Gronenborn, and Ad Bax, NIH. PDBid 2BBM.]

process diagram

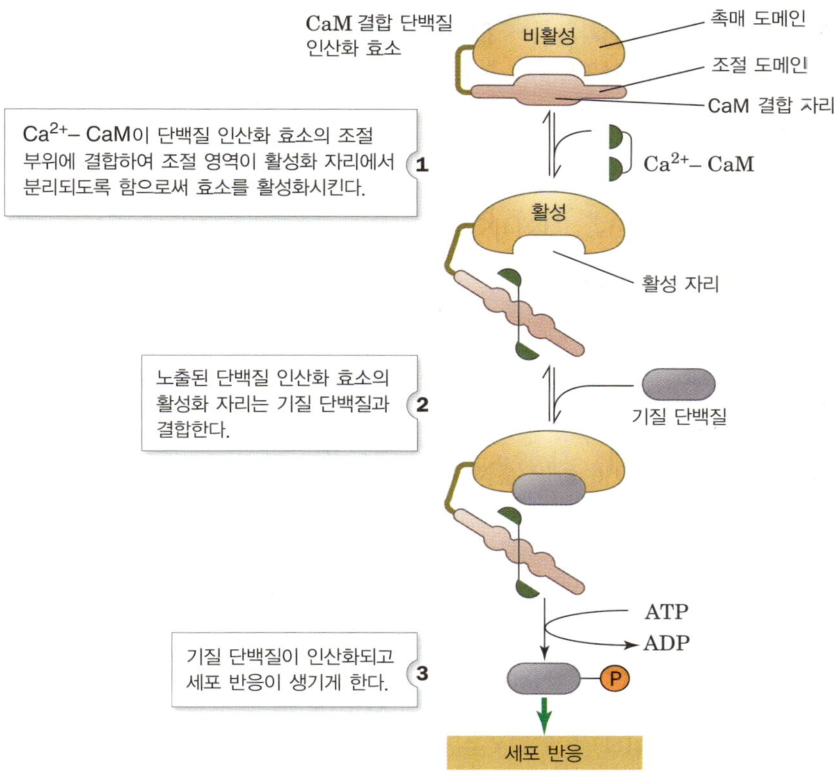

그림 13-29 단백질 인산화 효소의 Ca^{2+}–CaM 의존적 활성화의 개략도 자가 억제된 인산화 효소는 그 기능을 억제할 수 있도록 효소의 활성 자리(주황색) 또는 근처에 결합하는 N 또는 C 말단 '위기질(pseudosubstrate)' 서열(분홍색)을 가지고 있다. 자가 억제적인 부분은 Ca^{2+}–CaM 결합 서열과 아주 근접하거나 겹친다. 결과적으로 그 효소의 활성 자리로부터 빠져나오기 위해서 Ca^{2+}–CaM(녹색)은 그 서열에 결합하고, 이로써 그 효소가 다른 단백질(보라색)에 결합하고 인산화시키도록 활성화시키고 세포 반응을 유도한다. [After Crivici, A. and Ikura, M., *Annu. Rev. Biophys. Biomol. Struct.* **24,** 88 (1995).]

하고, 그로 인하여 효소를 활성화시킨다(그림 13-29).

Ca^{2+}–CaM의 다른 표적 단백질도 아마 동일한 방식으로 활성화된다. 실제로 몇몇 상동 단백질 인산화 효소들의 X선 구조는 효과기가 활성 자리에 결합하는 소위 **intrasteric mechanism**을 뒷받침한다. 자가 억제 서열 결합의 상세한 내용은 각 단백질 인산화 효소마다 다르지만, Ca^{2+}–CaM에 의한 자가 억제와 활성화의 일반적인 방식은 동일하다.

우리가 살펴보았듯이(13-3C절), PKA의 R 소단위체는 두 개의 연속된 cAMP 결합 도메인에 가까운 유사한 자가 억제 서열을 가지고 있다. 그렇지만 이 경우에 자가 억제 펩타이드는 cAMP가 Ca^{2+}–CaM 결합 자리가 없는 R 소단위체에 결합함으로써 다른자리 입체성으로 C 소단위체의 활성 자리에서 떨어져 나온다.

C DAG는 단백질 인산화 효소 C를 활성화시키는 지용성 2차 전달자이다

포스포라이페이스 C 반응의 2차 생성물인 다이아실글리세롤(DAG)은 지용성 2차 전달자이다. 따라서 DAG는 원형질막에 박혀 남아 있으면서 몇 가지 다른 세포 단백질을 인산화시킴으로써 그들의 활성들을 조절하기 위하여 막 결합 **단백질 인산화 효소 C(PKC)**를 활성화시킨다(그림 3-24, **오른쪽**). 여러 개의 PKC 효소들이 알려져 있

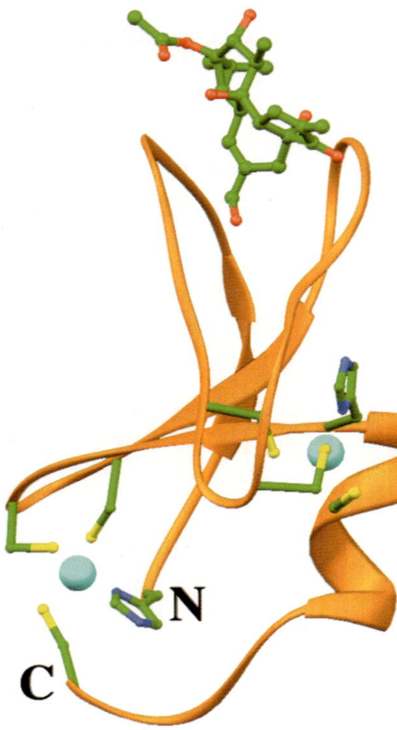

그림 13-30 포르볼-13-아세트산염과 복합체를 이루고 있는 단백질 인산화 효소 C 부분의 X선 구조 이 단백질은 두 Zn^{2+} 이온(청록색 구), His과 Cys 곁사슬(공-막대 모형으로 표시)을 통해 사면체로 배위 결합한다. 자연적인 다이아실글리세롤 리간드를 모방한 포르볼-13-아세트산염(위)은 두 개의 무극성 단백질 고리 사이에 결합한다. 원자는 종류에 따라 C는 녹색, N은 파란색, O는 빨간색, S는 노란색으로 나타내었다. [Based on an X-ray structure by James Hurley, NIH. PDBid 1PTR.]

는데, 그들은 조직 발현과 세포 내 위치, 그들을 활성화시키는 DAG 요구에서 차이를 나타낸다. PKC는 휴지 상태에서는 인산화된 세포질 단백질이다. DAG는 PKC의 막친화도를 증가시키고 그것의 활성화 구조를 안정화시키는 것을 도와준다. PKC와 PKA의 촉매 활성은 유사하다. 즉 두 인산화 효소는 Ser과 Thr 잔기를 인산화시킨다.

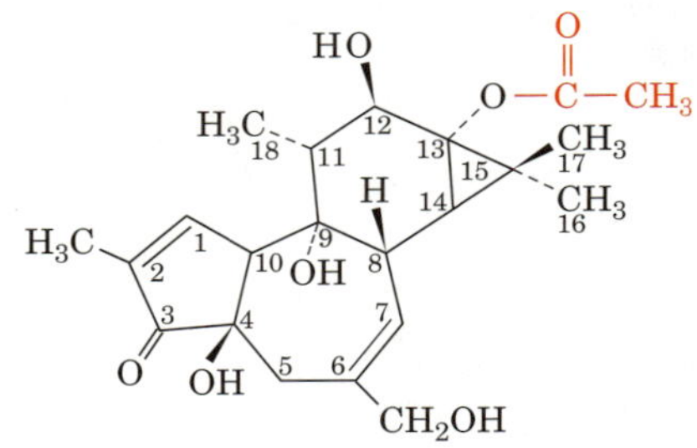

Phorbol-13-acetate

PKC의 DAG 결합 부분의 X선 구조는 50개 잔기 부위가 두 Zn^{2+} 이온들에 의해 매우 밀착되어 있는 것을 보여 주고, 이들 Zn^{2+} 이온들은 한 개의 His와 세 개의 Cys 곁사슬에 의해 사면체로 배위 결합되어 있다(**그림 13-30**). DAG 유사체인 **포르볼-13-아세트산염(phorbol-13-acetate)**은 두 개의 긴 무극성 고리들 사이의 좁은 홈에 결합한다. 대부분의 가용성 단백질들은 그렇게 큰 연속적인 무극성 영역을 가지지 않는데, 이는 PKC의 이 부분이 막에 삽입된다는 것을 나타낸다. PKC의 완전한 활성화는 포스파티딜세린(원형질막의 세포질 소엽에만 존재하는, 그림 9-32)과 어떤 경우에는 Ca^{2+} 이온(아마도 IP_3 2차 전달자의 작용을 통해 사용이 가능해진)을 필요로 한다. 다른 신호 전달 시스템들과 같이 포스포이노시타이드 시스템, 예를 들면 **이노시톨 다중인산 5-인산 가수 분해 효소(inositol polyphosphate 5-phosphatase)**의 작용을 통한 자신의 2차 전달자들의 파괴에 의해 제한된다(그림 13-24, **왼쪽 아래**).

PLC는 다른 2차 전달자를 방출하기 위해 여러 인지질에 작용한다. 포스포라이페이스 C에 의해 가수 분해된 콜린 함유 인지질들은 PIP_2로부터 방출되거나 PKC에 다른 효과를 발휘하는 것들과 다른 DAG를 생성한다. 스핑고지질(sphingolipid)에서 방출된 다른 지질 2차 전달자인 스핑고신(sphingosine)은 PKC를 억제한다.

일부 세포에서 포스포이노시타이드 신호 전달 경로는 주로 1-스테아로일-2-아라키도노일-글리세롤(1-stearoyl-2-arachidonoyl-glycerol)인 DAG를 생산한다. 이 분자는 생리 활성 아이코사노이드(eicosanoids, 프로스타글란딘과 트롬복세인, 그림 9-12)의 전구체인 아라키돈산(arachidonate)을 생산하기 위해 더 분해되고, 따라서 포스포이노시티드 경로는 네 개까지의 다른 2차 전달자들을 생산한다. 다른 세포들에서 IP_3와 다이아실글리세롤은 막의 내부 소엽에서 PIP_2를 재형성하기 위해 빠르게 재순환된다. 일부 수용체 티로신 인산화 효소들은 두 개의 SH2 도메인을 가지는 포스포라이페이스 C의 한 동형 단백질을 활성화시킨다. 이것은 다른 신호 전달 경로와의 상호 작용인 교차 전달의 또 다른 예이다.

D 맺음말: 복잡한 시스템들은 창발성을 가진다

복잡한 시스템들은 정의상으로 이해하고 구체화시키기 어렵다. 흔히 있는 예들은 지구의 날씨 시스템, 많은 나라들의 경제, 심지어 작은 지역의 생태계 및 인간 두뇌를

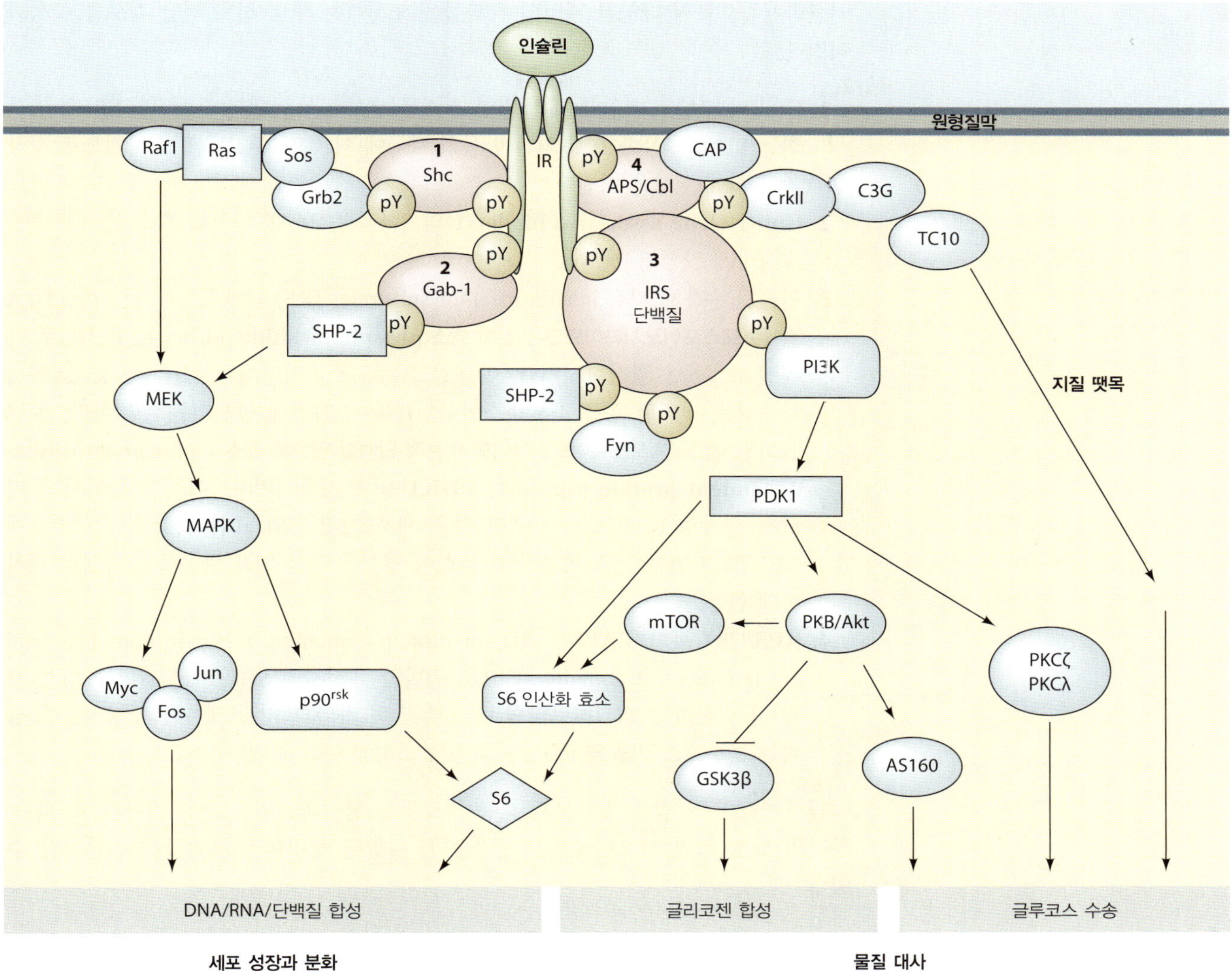

그림 13-31 인슐린 신호 전달 개요 인슐린 수용체(IR)에 인슐린의 결합은 Shc (**1**)와 Gab-1 (**2**) 활성화를 통한 MAPK의 활성화에 이르는 타이로신 인산화(PY)를 유도한다. MAPK 연쇄 반응은 세포 성장과 분화에 관여된 유전자들의 발현을 조절한다. IRS 단백질의 인산화(**3**)는 글리코젠 합성과 다른 물질대사 경로를 자극하도록 몇몇 효소들의 인산화 상태를 변화시키는 PI3K 연쇄 반응을 활성화시킨다. PI3K 연쇄 반응 또한 소포 이동 조절에 참여하여 GLUT4 글루코스 수송체가 세포 표면으로 이동하게 하게함으로써, 세포 내로의 글루코스 수송율을 증가시킨다. 글루코스 수송 조절 또한 지질 뗏목을 포함하는 PI3K–비의존적인 방식으로 APS/Cbl 시스템(**4**)에 의해 발휘된다(9-4C절).
다른 표기들: Myc, Fos, Jun(전사 인자), **SHP-2**(SH2-포함 타이로신 인산 가수 분해 효소), **CAP**(Cbl 결합 단백질), **C3G**[구아닌 뉴클레오타이드 교환 인자(GEF)], **CrkII** (SH2/SH3-포함 어댑터 단백질), **PDK1** (포스포이노시타이드–의존적 단백질 인산화 효소-1), **PKB** [**단백질 인산화 효소 B**(protein kinase B), Akt라고도 한다], **GSK3β** [(**글리코젠 합성 효소**(3β, glycogen synthase-3β), PKB에 의한 인산화에 의해 저해됨], **mTOR**(*m*ammalian *t*arget *o*f *r*apamycin, 라파마이신의 포유류 표적 단백질, PI3K 관련 단백질 인산화 효소; **라파마이신**은 면역 억제제임), **S6** (그 인산화가 번역을 자극하는 진핵생물의 리보솜의 작은 소단위체의 단백질 소단위체), **PKCζ**와 **PKCλ** (단백질 인산화 효소 C의 비전형적 동형 단백질). [After Zick, Y., *Trends Cell Biol.* **11,** 437 (2001).]

포함한다. 생물학적인 신호 전달 시스템들은 이 장을 읽음으로써 아주 명백해진 것처럼 복잡한 시스템들이다. 따라서 호르몬 신호는 일반적으로 몇몇 세포 내 신호 전달 경로를 통해 전달되고, 각각의 신호 전달 경로는 매우 많은 구성 요소로 이루어져 있으며, 많은 구성 요소들은 다른 신호 전달 경로들의 구성 요소와 상호작용한다. 예를 들면 **인슐린 신호 전달 시스템**(**insulin signaling system**, 그림 13-31)은 아직 완전히 밝혀지지 않았지만, 분명히 매우 복잡하다. 인슐린이 결합하면 인슐린 수용체는 몇몇 Tyr 잔기들을 자가 인산화시키고(13-2A절), 그 후 Tyr 잔기들이 표적 단백질들을 인산화시킴으로써 다양한 배열의 효과들을 조절하는 몇몇 신호 전달 경로를 활성화시킨다.

1. Grb2의 SH2 도메인에 대한 결합 자리를 생성하는 어댑터 단백질인 **Shc**의 인산화는 MAP 인산화 효소 연쇄 반응의 자극에 이르고(13-2B절), 궁극적으로 성장과 분화에 영향을 미친다.
2. **Gab-1**(**Grb2-associated binder-1**)의 인산화는 MAP 인산화 효소 연쇄 반응을 유사하게 활성화시킨다.
3. 인슐린 수용체 기질(insulin receptor substrate, IRS) 단백질들의 인산화(13-2A절)는 **포스포이노시타이드 3-인산화 효소**(**phosphoinositide 3-kinase, PI3K**)로 알려진 효소들을 활성화시킨다. 이들 효소는 포스파티딜이노시톨(그림 13-25에서 보여지는 것처럼 종종 4,5-비스인산의)의 3'-OH기에 인산기를 추가한다. 3-인산화된 지질은 **포스포이노시타이드 의존적 단백질 인산화 효소-1**(**phosphoinositide-dependent protein kinase-1, PDK1**)을 활성화시키고, 이것은 이어서 글리코젠 생합성(16-3C절), 인슐린 반응 세포(22-2절)의 표면에 글루코스 수송체 GLUT4의 이동, 세포의 성장과 분화에 영향을 주는 연쇄 반응들을 차례로 개시하게 한다.
4. **APS/Cb1** 복합체(APS는 *a*daptor protein containing *p*lekstrin homology and *S*rc homology-2 domains, Cb1은 원발암 유전자인 SH2/SH3 결합 도킹 단백질)의 인산화는 **TC10**(단량체 G 단백질)의 자극과 지질 뗏목들의 참여를 포함하는 글루코스 이동의 PI3K 비의존적 조절에 이르게 된다(9-4C절).

따라서 인슐린과 같은 호르몬은 다중 경로들을 활성화시킴으로써, 하나의 호르몬–하나의 표적 조절 시스템에서는 불가능한, 다양한 생리학적 효과들을 유발시킬 수 있다.

복잡한 시스템을 이해하려면 통합적인 접근이 필요하다. 과학에서의 우세한 접근은 환원적 접근이다(구성 요소들의 관점에서 시스템을 이해하기 위한 노력). 따라서 화학자와 생화학자들은 그들의 구성 요소 원자들의 특성의 관점에서 분자들의 특성을 설명하고, 세포 생물학자는 그들의 구성 거대 분자들의 특성의 관점에서 세포의 본성을 설명하며, 생물학자는 그들의 구성 세포들의 특성의 관점에서 다세포 유기체들의 특성을 설명한다. 그렇지만 복잡한 시스템들은 그들의 구성 요소의 이해로부터 쉽게 예측되지 않는 **창발성**(**emergent property**)을 가진다. 실제로, 생명 그 자체가 한 세포에서 일어나는 수많은 화학 반응들로부터 생겨나는 창발성이다.

복잡한 시스템의 창발성을 밝히기 위해서는 통합적인 접근이 필요하다. 신호 전달 시스템에 대해서 이러한 접근은 세포 안에 각 신호 전달 경로의 구성 요소들이 그것의 국지적인 환경 안에서 경험하는 조건에서 모든 다른 구성 요소들과 어떻게 상호 작용하는지 결정하는 것을 수반한다. 그렇지만 그렇게 하기에는 현존하는 기술들이 기껏해야 미완성품 수준이다. 더욱이 이러한 시스템들은 절대 정적이지 않고 세포와 유기체의 프로그램들에 대한 반응에서 다중 시간 규모를 걸치면서 변화한다. 결과적으로, 세포 신호 전달 시스템들의 전체적인 성능을 이해하기 위한 수단들은 아직 개발 초기 단계에 있다. 암, 당뇨병, 다양한 신경 질환들을 포함하는 많은 질병들이 신호 전달 시스템의 오작동에 의해 발생하기 때문에 그러한 이해는 중요한 생물 의학적 결과를 가져올 것으로 보인다.

체크 포인트

- 수용체에 리간드 결합이 어떻게 IP_3 및 DAG의 생산과 Ca^{2+}의 방출로 이어지는지 설명하시오.
- 포스포이노시타이드 신호 전달 시스템의 어떤 구성 요소들이 가용성이고, 어떤 구성 요소들이 막과 연결되어 있는가?
- 칼모듈린은 어떻게 표적 단백질을 활성화시키는가?
- PKC 활성이 어떻게 막 구성 요소를 요구하는지 설명하시오.
- 포스포이노시타이드 경로에 의한 신호 전달을 제한하는 메커니즘을 설명하시오.
- 그림 13-7, 13-23, 13-24를 비교하시오. 이러한 모든 경로들이 무엇을 공통적으로 가지는가? 그들은 어떻게 다른가?
- 생물학적 신호 전달 시스템들이 전체가 부분의 합보다 더 크다는 생각을 어떻게 뒷받침해 주는가?

요약

1 호르몬

- 내분비샘과 다른 조직들에 의해 생산된 호르몬은 다양한 생리학적 작용을 조절한다. 폴리펩타이드 호르몬인 인슐린과 글루카곤은 연료 대사를 조절한다. 즉 투쟁-도피 반응들은 α-와 β-아드레날린 수용체들에 결합하는 에피네프린과 노르에프네프린에 의해 지배되고, 스테로이드 호르몬은 성적 발달과 기능을 조절하고, 성장 호르몬은 성장을 직간접적으로 자극한다.
- 호르몬의 신호들은 세포 내부로 그 신호를 전달하는 수용체에 결합함으로써 표적 조직과 상호작용한다.

2 수용체 타이로신 인산화 효소

- 인슐린 수용체와 같은 수용체 타이로신 인산화 효소는 리간드가 결합하면 자가 인산화된다. 이것이 그들로 하여금 그들의 표적 단백질들을 인산화하도록 활성화시키고, 몇몇 경우에는 인산화 효소 연쇄 반응을 유발한다.
- 한 성장 촉진 경로는 단량체 G 단백질 Ras를 포함하고 변화된 유전자 발현으로 이어진다.
- 신호 전달 경로들에서 단백질-단백질 상호작용은 SH2와 SH3 도메인을 요구할 수도 있다.
- 단백질 인산화 효소는 종종 자가 억제 단편의 치환에 의한 활성화를 포함하는 공통적인 구조를 공유한다.
- 단백질 인산화 효소들의 효과는 단백질 인산 가수 분해 효소의 활성에 의해 역전된다.

3 이종 삼합체성 G 단백질

- G 단백질-결합 수용체(GPCR)는 7개의 막횡단 나선 구조들을 가진다. 리간드가 결합하면, 이러한 수용체들은 결합된 이종 삼합체성 G 단백질을 활성화시키는 구조적 변화를 겪게 된다.
- G 단백질은 GDP를 GTP로 교환하고 해리된다. G_α와 $G_{\beta\gamma}$ 단위체들은 아마도 단백질 인산화 효소 A(PKA)의 cAMP 활성 인자를 생산하는 아데닐산 고리화 효소와 같은 표적들을 활성화시키거나 저해시킨다.
- 신호 전달 활성은 2차 전달자의 파괴에 의해서 제한된다.

4 포스포이노시타이드 경로

- 포스포이노시타이드 경로에서 호르몬 수용체는 이어서 포스포라이페이스 C를 활성화시키는 G 단백질과 연계되어 있다. 포스포라이페이스 C는 2개의 2차 전달자를 생산하기 위해 포스파티딜이노시톨-4,5-비스인산의 가수 분해를 촉매한다
- 가용성 이노시톨-1,4,5-삼인산(IP_3) 2차 전달자는 Ca^{2+} 통로를 열고, 세포 내 Ca^{2+} 농도를 증가시키고, Ca^{2+}-칼모듈린 복합체의 결합을 통해 단백질 인산화 효소를 활성화시킨다. 지질 2차 전달자인 다이아실글리세롤(DAG)은 단백질 인산화 효소 C를 활성화시킨다.
- 신호 전달 경로는 하나의 세포외 신호가 다중의 세포내 사건을 일어나게 할 수 있는 복잡한 시스템이고, 세포 내 사건 중 몇몇은 다른 신호 전달 경로에 의해 유발될 수도 있다.

주요 용어

2차 전달자(second messenger)
GTP 분해 효소 활성화 단백질(GTPase-activating protein, GAP)
G 단백질(G protein)
G 단백질 연결 수용체(G protein-coupled receptor, GPCR)
교차 전달(crosstalk)
구아닌 뉴클레오타이드 교환 인자(guanine nucleotide exchange factor, GEF)
길항제(antagonist)
단백질 인산 가수 분해 효소(protein phosphatase)
리간드(ligand)
비수용체 타이로신 인산화 효소(nonrecoptor tyrosine kinase)
수용체(receptor)
수용체 타이로신 인산화 효소(receptor tyrosine kinase)
신호 전달(signal transduction)
아드레날린 수용체(adrenergic receptor)
이종 삼합체성 G 단백질(heterotrimeric G protein)
인산화 효소 연쇄 반응(kinase cascade)
자가 인산화(autophosphorylation)
작용제(agonist)
종양 유전자(oncogene)
창발성(emergent property)
칼모듈린(calmodulin)
탈감각화(desensitization)
포스포이노시타이드 경로(Phosphoinositide pathway)
항상성(homeostasis)
호르몬(hormone)

문제

연습 문제

1. 췌장 호르몬인 소마토스타틴은 표적 세포 표면의 수용체를 필요로 하는가? 아니면 세포질 안에 수용체를 필요로 하는가?
2. 레티놀산(바이타민 A의 유도체, 9-1F절)은 면역계 기능을 조정

하는 호르몬이다. 레티놀산은 표적 세포의 표면에 수용체를 필요로 하는가?

3. 타이로신을 (a) 노르에피네프린, (b) 에피네프린으로 전환시키기 위해서 어떤 생화학적 변화들이 필요한가?

4. 다음은 스테로이드 메탄드로스테놀론의 구조이다. (a) 그 구조는 테스토스테론과 어떻게 다른가? (b) 왜 화상 피해자들에게 그와 같은 약이 투여되었을까?

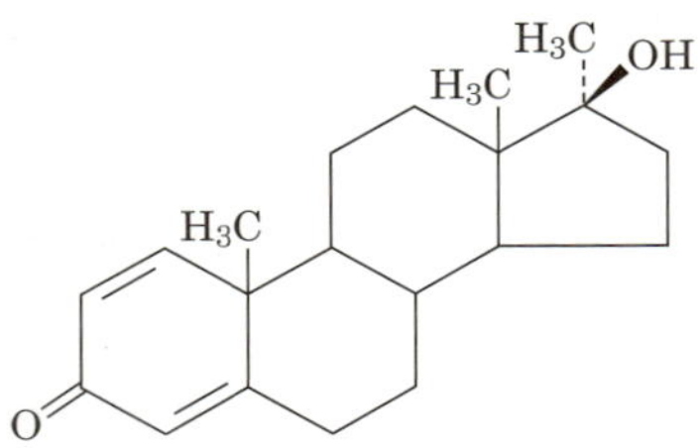

5. 다음의 자료로부터 수용체에 대한 리간드의 결합 친화력을 어림잡아보시오.

[리간드] (μM)	부분 포화(*Y*)
1	0.20
2	0.36
4	0.54
6	0.62
8	0.70

6. 다음 자료로부터 수용체에 대한 리간드의 결합 친화력을 계산하시오.

[자유 리간드] (mM)	[결합 리간드] (mM)
0.6	2
1.5	4
3.0	6
6.0	8
15.0	10

7. 일부 세균 신호 전달 시스템들은 His 곁사슬에 인산기를 전달하는 인산화 효소를 포함한다. 인산-His 곁사슬을 그리시오.

8. 왜 ADP를 닮은 화합물이 단백질 인산화 효소의 억제제로 기능하였을까?

9. 왜 단백질 타이로신 인산 가수 분해 효소가 그것의 인산 가수 분해 효소 도메인에 더하여 SH2 도메인을 포함하였을지 설명하시오.

10. 수용체 타이로신 인산화 효소를 통해서 활동하는 성장 인자는 세포 분열을 자극한다. 일치하는 단백질 타이로신 인산 가수 분해 효소를 억제하는 바이러스 단백질의 효과를 예측하시오.

11. 종양 유전자들을 가지고 있는 레트로 바이러스는 해당 숙주 동물의 세포를 감염시킬 것이지만 그 숙주들을 쉽게 암 세포로 전환시키지는 않을 것이다. 그러나 이들 레트로 바이러스들은 동일한 생물로부터 유래된 무한 증식 세포들을 쉽게 형질 전환시킬 것이다. 그 이유를 설명하시오.

12. 트라스투주맙(허셉틴, 7-3절)은 성장 인자 수용체 HER2의 세포외 도메인에 결합하는 항체이다. 왜 트라스투주맙이 세포들이 HER2를 과발현하는 암에 대한 효과적인 치료제인지 설명하시오.

13. 낮은 가수 분해성 GTP 유사체인 **GTPγS**(말단 인산의 O 원자가 S 원자에 의해 치환된)의 존재가 아데닐산 고리화 효소에 의한 cAMP 생산에 어떻게 영향을 주는가?

14. *Mycobacterium tuberculosis*는 결핵을 일으키는 세포내 세균이다. *M. tuberculosis*의 유전체는 아데닐산 고리화 효소를 암호화하는 17개 유전자를 포함하고, 반면에 독립 생활을 하는 세균은 일반적으로 하나의 AC 유전자를 가지고 있다. 왜 높은 아데닐산 고리화 효소 활성을 가지는 것이 *M. tuberculosis*에게 이익이 되었을까?

15. *Bacillus anthracis* (탄저병의 원인)에 의해 생산된 독소들 중의 하나는 EF, 즉 부종 인자(edema factor, 부종은 세포 외액의 비정상적인 축적이다)로 알려져 있다. 포유동물 숙주 세포에 들어가는 EF는 칼모듈린에 의해 활성화되는 아데닐산 고리화 효소이다. 이 독소가 어떻게 부종을 일으키는지 설명하시오.

16. 또 다른 *B. anthracis* 독소는 백혈구에서 그들의 하위 MAPK 표적들에 결합할 수 없도록 MAPK 인산화 효소 군의 일부 구성원을 절단하는 단백질 분해 효소인 치사 인자(lethal factor, LF)이다. 어떻게 LF가 *B. anthracis* 감염 동안 면역계의 활성을 저해하는지 설명하시오.

17. 다이아실글리세롤은 효소 다이아실글리세롤 인산화 효소를 위한 기질이다. 이 반응의 생산물은 무엇인가?

18. 왜 다이아실글리세롤 인산화 효소의 활성화는 포스포이노시타이드 경로에 의한 신호 전달을 제한하는지 설명하시오.

19. 조울증을 치료하는 데 사용되는 리튬 이온은 이노시톨 일인산 가수 분해 효소 및 이노시톨 다중인산 1-인산 가수 분해 효소와 같은 효소들을 억제함으로써 포스포이노시타이드 신호 전달 경로를 방해한다. 세포 이노시톨, 포스파티딜이노시톨의 전구체, PIP_2의 공급에 있어서 Li^+의 효과를 예측해 보시오.

20. SHP-2 단백질은 수용체 타이로신 인산화 효소인 인슐린 수용체에 의한 간접적인 활성화를 통하여 인슐린 신호 전달에 관여한다(그림 13-31). 그러나 SHP-2는 단백질 타이로신 인산 가수 분해 효소이다. 이것이 모순된 것인지 설명하시오.

도전 질문

21. 호르몬 A는 5 μM의 K_L로 수용체에 결합한다. 2.5 μM 화합물 B와 2.0 μM 호르몬 A의 존재하에 1.0 μM의 A는 결합되지 않은 채 남아 있다. 호르몬 수용체에 대한 B의 결합 친화력을 계산하시오.

22. 프로프라놀롤은 K_I이 8.9×10^{-9} M인 β-아드레날린 수용체들에 결합한다. 작용제인 아이소프로테레놀 농도가 10 nM이고 수용체에 대한 그것의 해리 상수가 4.8×10^{-8} M이면, 수용체 작용제인 아이소프로테레놀의 결합을 50% 감소시키는 데 필요한 프로라놀롤의 농도는 얼마인가?

23. 인슐린 수용체 기질(insulin receptor substrate, IRS)은 막지질의

이노시톨 머리에 결합하는 소위 plekstrin homology(PH) 도메인, SH2 도메인과 다른 인산 타이로신 결합 (phosphotyrosine-binding, PTB) 도메인, 인산화될 수 있는 6~8개의 Tyr 잔기를 가지고 있다. 이러한 각각의 특징들이 신호 전달에 어떻게 기여하는지 설명하시오.

24. Ras에 대한 친화력이 감소된 Sos 돌연변이가 세포 성장에 미치는 영향을 예상해 보시오.

25. Src에 대한 다음의 변화는 종양 형성과 관련이 있는지 설명하시오. (a) SH3 도메인의 결실 또는 불활성화, (b) Tyr 416의 Phe으로의 돌연변이

26. Src에 대한 다음의 변화는 종양 형성과 관련이 있는지 설명하시오. (a) Tyr 527의 Phe으로의 돌연변이, (b) APTMP 서열로 Src 잔기 249에서 253까지의 대체

27. 왜 콜레라 독소에 의해 ADP-리보스화된 $G_{s\alpha}$에서의 Arg 잔기의 돌연변이들이 종양 돌연변이인지 설명하시오.

28. 왜 콜레라 독소는 암을 유발하지 않는가?

29. 동일한 지방 아실 잔기들을 가지는 포스파티딜에탄올아민과 PIP_2는 특정한 포스포라이페이스 C에 의해 동일한 효율로 가수분해될 수 있다. 두 지질의 가수 분해 산물들은 단백질 인산화효소 C에도 같은 효과를 가질지 설명하시오.

30. 백일해 독소는 어떻게 포스포라이페이스 C를 저해하는가?

31. 특이적으로 T 세포 수용체에 결합하는 항원들에게 반응하는 T 림프구로 알려진 백혈구는 항원-결합 αβ 막횡단 단백질과 NRTK의 대상인 CD3으로 알려진 막횡단 신호 전달 단백질로 구성되어 있다. CD3 단백질의 세포질 영역은 양전하로 하전되어 있고, 항원이 없을 때, 인지질 두겹층에 그들의 몇몇 타이로신 잔기를 숨겨서 원형질막의 세포 내 표면과 상호작용을 한다. T 세포 수용기에 결합한 항원은 Ca^{2+} 이온의 국부적 유입을 이끌게 된다.
(a) 어떻게 높은 Ca^{2+}의 농도가 CD3 단백질의 인산화 및 활성화를 촉진할 수 있는지 설명하시오. (b) 이러한 현상은 항원에 대한 T 림프구가 어느 정도 응답할 것인가?

32. 일부 림프종(혈액 세포암)의 진단은 염색체 이상에 대한 환자의 세포를 검사하는 세포 유전학적 분석을 포함한다. 염색체는 세포 분열 동안 광학 현미경으로 볼 수 있다. 환자의 골수로부터 제거된 세포는 현미경 검사 이전에 phorbol myristate acetate (PMA)를 처리한다. PMA의 목적은 무엇인가?

참고 문헌

Alonso, A., et al., Protein tyrosine phosphatases in the human genome, *Cell* **117**, 699–711 (2004).

Carrasco, S. and Mérida, I., Diacylglycerol, when simplicity becomes complex, *Trends Biochem. Sci.* **32**, 27–36 (2007). [Reviews diacylglycerol-based signaling.]

Cho, U.S. and Xu, W., Crystal structure of a protein phosphatase 2A heterotrimeric holoenzyme, *Nature* **445**, 53–57 (2007); *and* Xu, Y., Xing, Y., Chen, Y., Chao, Y., Lin, Z., Fan, E., Yu, J., Stack, S., Jeffrey, P., and Shi, Y., Structure of the protein phosphatase 2A holoenzyme, *Cell* **127**, 1239–1251 (2006).

De Meyts, P., The insulin receptor: A prototype for dimeric, allosteric membrane receptors? *Trends Biochem. Sci.* **33**, 376–384 (2008).

Di Paolo, G. and De Camilli, P., Phosphoinositides in cell regulation and membrane dynamics, *Nature* **443**, 651–657 (2006).

Good, M.C., Zalatan, J.G., and Lim, W.A., Scaffold proteins: Hubs for controlling the flow of cellular information, *Science* **332**, 680–686 (2011).

Krauss, G., *Biochemistry of Signal Transduction and Regulation* (5th ed.), Wiley-VCH (2014). [A detailed treatise.]

Lim, W., Mayer, B., and Pawson, T., *Cell Signaling. Principles and Mechanisms*, Garland Science (2015).

Lemmon, M.A. and Schlessinger, J., Cell signaling by receptor tyrosine kinases, *Cell* **141**, 1117–1134 (2010). [A detailed review.]

Marks, F., Klingmüller, U., and Müller-Decker, K., *Cellular Signal Processing. An Introduction to the Molecular Mechanisms of Signal Transduction*, Garland Science (2009).

Murphy, L.O. and Blenis, J., MAPK signal specificity: the right place at the right time, *Trends Biochem. Sci.* **31**, 268–275 (2006).

Oldham, W.M and Hamm, H.E., Heterotrimeric G protein activation by G-protein-coupled receptors, *Nature Rev. Mol. Cell Biol.* **9**, 60–71 (2008).

Pawson, T. and Scott, J.D., Protein phosphorylation in signaling-50 years and counting, *Trends Biochem. Sci.* **30**, 286–290 (2005).

Rassmussen, S G.F., et al., Crystal structure of the β_2 adenergic receptor-Gs complex, *Nature* **477**, 550–557 (2011).

Rosenbaum, D.M., Rasmussen, S.G.F., and Kobilka, B.K., The structure and function of G-protein-coupled receptors, *Nature* **459**, 356–362 (2009). [Provides structural comparisons of four GPCRs and discusses mechanisms of ligand-induced activation.]

Science Signaling: Database of Cell Signaling. http://stke.sciencemag.org/cm/. [A database on signaling molecules and their relationships to each other. Full access to the database requires an individual or institutional subscription.]

Shukla, A.K., Singh, G., and Ghosh, E., Emerging structural insights into biased GPCR signaling, *Trends Biochem. Sci.* **39**, 594–602 (2014).

Taylor, S.S., Ilouz, R., Zhang, P., and Kornev, A.P., Assembly of allosteric macromolecular switches: Lessons from PKA, *Nature Rev. Mol. Cell Biol.* **13**, 646–658 (2012).

Venkatakrishnan, A.J., Deupi, X., Lebon, G., Tate, C.G., Schertler, G.F., and Babu, M.M., Molecular signatures of G-protein-coupled receptors, *Nature* **494**, 185–194 (2013). [A review.]

Wittinghofer, A. and Vetter, I.R., Structure-function relationships of the G domain, a canonical switch motif, *Annu. Rev. Biochem.* **80**, 943–971 (2011).

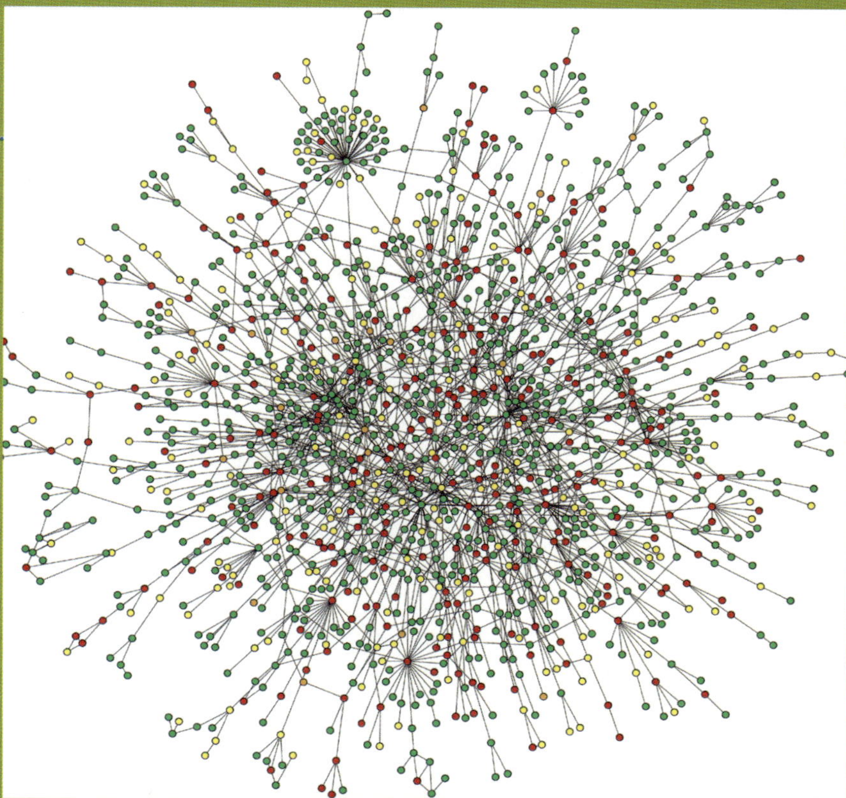

HAWOONG JEONG, UNIVERSITY OF NOTRE DAME / Science Source Images

대사를 이해하기 위한 현대 접근법의 하나는, 여기서 보이는 효모 단백질처럼 상호작용하는 세포 구성 성분의 기능적 중요성을 조사하기 위해 네트워크 이론을 사용하는 것이다.

CHAPTER 14

물질대사 서론

1 대사의 개요

- **A** 영양은 음식의 섭취와 이용으로 이루어진다
- **B** 바이타민과 무기물은 대사 반응을 돕는다
- **C** 대사 경로는 일련의 효소 반응으로 이루어진다
- **D** 대사 경로의 방향과 조절 능력은 열역학에 의해 결정된다
- **E** 대사의 유량은 조절되어야 한다

2 '고에너지' 화합물

- **A** ATP는 인산기 전달능이 높다
- **B** 짝지어진 반응으로 에너지 흡수 반응이 추진된다
- **C** 몇몇 다른 인산화된 화합물은 인산기 전달능이 높다
- **D** 황화에스터 화합물은 고에너지 화합물이다

3 산화-환원 반응

- **A** NAD^+와 FAD는 전자 운반체이다
- **B** 네른스트 식은 산화-환원 반응을 설명한다
- **C** 반응의 자발성은 환원 전위차를 측정하여 결정할 수 있다

4 대사 연구의 실험법

- **A** 표지된 대사 물질로 대사 경로를 추적할 수 있다
- **B** 때로 대사계를 교란시켜 대사 연구를 수행한다
- **C** 시스템 생물학이 대사 연구에 도입되었다

생체 분자의 화학적 조성과 3차원 구조에 대한 이해만으로는 그들이 어떻게 생물체로 조립되는지, 또는 생명을 유지하도록 어떻게 기능하는지를 이해하기에 충분하지 않다. 따라서 우리는 생체 분자가 만들어지고 분해되는 과정을 조사해야 할 뿐만 아니라, 세포 구성 물질이 만들어지는 과정과 세포가 기능을 수행하는 과정에서 자유 에너지가 어떻게 사용되는지, 그리고 자유 에너지가 유기 물질이나 다른 에너지원으로부터 어떻게 만들어지는지도 알아야 한다. 생명계가 다양한 기능을 수행하기 위해 자유 에너지를 얻고 사용하는 전체 과정인 **대사(metabolism)**는 전통적으로 두 부분으로 나뉜다.

1. **분해 대사(catabolism)**인데, 이는 영양분이나 세포 구성 물질이 이용 가능한 성분으로 분해되거나 에너지를 생성하는 과정이다.
2. **합성 대사(anabolism)**인데, 이는 보다 간단한 성분들로부터 세포에 필요한 생체 분자가 합성되는 과정이다.

일반적으로 분해 대사 반응에서는 영양 물질 분자의 자유 에너지가 감소하는 산화 과정이 일어난다. 여기서 발생되는 자유 에너지는 생합성, 기계적인 일의 수행, 농도 기울기에 반하여 진행되는 분자의 능동 수송 등과 같은 자유 에너지가 증가하는 과정을 수행하는 데 이용된다. 자유 에너지가 감소하는 과정과 자유 에너지가 증가하는 과정은 종종 ATP와 같은 '고에너지' 중간체 화합물의 합성을 통해 연결되어 있다. 이 간단한 원리는 다음 장들에서 설명될 많은 화학 반응에서 나타난다. 이 장에서는 대사 반응의 대략적인 특징과 ATP 및 다른 에너지 전달 물질들의 역할을 소개할 것이다. 대부분의 대사 반응이 산화-환원 반응이기 때문에 이 과정들의 열역학적 특성을 살펴보고, 끝으로 대사 반응을 연구하는 몇 가지 방법을 살펴본다.

1 대사의 개요

주요 개념

- 생물체는 종류에 따라 환경으로부터 자유 에너지를 얻기 위하여 서로 다른 전략을 사용한다. 그리고 산소 요구성에 따라 나누어질 수 있다.
- 포유동물의 영양에는 대량 영양소(단백질, 탄수화물, 지질)와 미량 영양소(바이타민과 무기질)이 포함된다.
- 대사 경로는 일련의 효소 촉매 반응들로 이루어지는데, 세포의 특정 부분에서 일어나는 경우가 많다.
- 어떤 대사 경로를 통과하는 대사 물질의 유량은 비가역 반응을 촉매하는 효소의 활성에 영향을 받는다.
- 대사 유량을 결정하는 이들 효소들은 다른자리 입체성 메커니즘, 공유 결합 변형, 기질 순환, 유전자 발현의 변화 등에 의해 조절된다.

살아 있는 세포에서는 수많은 화학 반응들이 복잡하게 얽혀서 일어난다. 그러나 생물체가 공통의 조상에서 진화되었다는 것과 열역학 법칙의 구속 조건 때문에 대사 과정을 지배하는 법칙들은 모든 생물체에서 동일하게 작용한다. 실제로 대사 과정의 많은 반응들은 자유 에너지 공급원에 따라 약간씩의 차이는 있지만, 모든 생물체에서 공통적으로 일어난다.

A 영양은 음식의 섭취와 사용으로 이루어진다

영양(nutrition)이란 음식을 섭취하고 사용하는 것을 말하는데, 건강, 발달, 수행 능력 등에 영향을 미친다. 음식은 생명의 과정을 추진시키는 데 필요한 에너지를 공급하며, 신체 조직을 만들고 망가진 부분을 고치는 데 필요한 재료 물질을 공급한다. 생물체의 영양분 요구성은 대사 에너지의 공급원에 따라 달라진다. 예를 들면 일부 원핵생물은 **독립 영양 생물[autotroph**, 그리스어: *autos*(스스로) + *trophs*(공급자)]인데, 이들은 H_2O, CO_2, NH_3, H_2S 등과 같은 간단한 분자로부터 모든 세포 구성 성분을 스스로 합성할 수 있다. 여기에는 두 종류의 가능한 자유 에너지원이 있다. **무기 영양 생물[chemolithotroph**, 그리스어: lithos(돌)]은 NH_3, H_2S나 심지어는 Fe^{2+}와 같은 무기 화합물의 산화를 통해 자유 에너지를 얻는다.

$$2\ NH_3 + 4\ O_2 \rightarrow 2\ HNO_3 + 2\ H_2O$$
$$H_2S + 2\ O_2 \rightarrow H_2SO_4$$
$$4\ FeCO_3 + O_2 + 6\ H_2O \rightarrow 4\ Fe(OH)_3 + 4\ CO_2$$

광독립 영양 생물(photoautotroph)에서는 전자가 빛에너지에 의해 무기 화합물(전자 주개)로부터 CO_2로 전달되어 탄수화물$(CH_2O)_n$을 만드는 과정인 광합성에 의해 자유 에너지를 얻는다. 탄수화물은 나중에 산화되면서 자유 에너지를 내놓는다. **종속 영양 생물[heterotroph**; 그리스어: *hetero*(다른)]은 유기 화합물(탄수화물, 지질, 단백질)의 산화를 통해서 자유 에너지를 얻는데, 이런 물질들을 얻기 위해 궁극적으로는 독립 영양 생물/광독립 영양 생물에 의존한다.

생물체는 영양분 분해를 위한 산화제의 특성에 따라 다음과 같이 분류된다. **절대 산소 요구성 생물(obligate aerobe**(동물을 포함)은 O_2(산소)를 반드시 사용하는 반면, **무산소성 생물(anaerobe)**은 황산이나 질산을 산화제로 사용한다. 대장균과 같은 **통성 혐기성 생물(facultative anaerobe)**은 산소가 있는 곳이거나 없는 곳에서도 자랄 수 있다. 반면에, **절대 혐기성 생물(obligate anaerobe)**은 산소가 있는 곳에서는 자랄 수

표 14.1 일반적인 바이타민의 특징

바이타민	보조 효소 산물	촉매하는 반응	결핍 질환(사람)
수용성			
바이오틴(B_7)	바이오싸이딘	카복실화 반응	*a*
판토텐산(B_5)	보조 효소 A	아실기 전달	*a*
코발아민(B_{12})	코발아민 보조 효소군	알킬화	악성 빈혈
리보플라빈(B_2)	플라빈 보조 효소군	산화-환원 반응	*a*
–	리포산	아실기 전달	*a*
니코틴아마이드(나이아신; B_3)	니코틴아마이드 보조 효소	산화-환원 반응	펠라그라
피리독신(B_6)	피리독살 인산	아미노기 전달	*a*
엽산(B_9)	수소엽산	1탄소기 전달	거대 적혈모구 빈혈
싸이아민(B_1)	싸이아민 파이로인산	알데하이드기 전달	각기병
아스코브산(C)	아스코브산	하이드록실화	괴혈증
지용성			
바이타민 A		시각	야맹증
바이타민 D		칼슘 흡수	구루병
바이타민 E		항산화제	*a*
바이타민 K		혈액 응고	출혈

[a]특별한 명칭 없음, 사람에게 결핍이 거의 없거나 관찰되지 않음.

없다. 그들의 대사 과정은 지구 대기 중에 산소가 없었던 시기인 35억 년 전에 생겨났던 최초의 생명체의 대사 과정과 유사할 것으로 생각된다. 대사에 관한 앞으로의 논의는 주로 산소 요구성 과정에 초점을 둘 것이다.

동물은 절대 **호기성(aerobic)** 종속 영양 생물이다. 이들의 영양은 단백질, 탄수화물, 지질 등의 **대량 영양소(macronutrient)**를 균형 있게 섭취함으로써 이루어진다. 이들은 소화계에 의해서 각각을 구성하는 아미노산, 단당류, 지방산, 글리세롤 등으로 분해된다. 이들은 세포 대사에 관여하는 주요 영양분들인데, 순환계에 의해 각 조직으로 수송된다. 대사에서 이들을 사용하기 위해서는 O_2와 물도 섭취해야 하며 **바이타민(vitamin)**과 **무기물(mineral)** 등의 **미량 영양소(micronutrient)**도 섭취해야 한다.

B 바이타민과 무기물은 대사 반응을 돕는다

바이타민은 동물이 합성할 수 없는 유기 물질로서 음식으로부터 섭취해야 한다. 바이타민은 **수용성 바이타민(water-soluble vitamin)**과 **지용성 바이타민(fat-soluble vitamin)**의 두 군으로 나눈다. 표 14-1에는 보통의 여러 바이타민과 그것이 참여하는 반응의 유형이 수록되어 있다(이 물질들의 구조와 작용 메커니즘은 본문의 적절한 곳에서 다룰 것이다).

표 14-2는 필수 무기물과 대사에 필요한 미량 원소들을 수록하고 있다. 그들은 대사 과정에 여러 가지 방법으로 참여한다. 예를 들면 Mg^{2+}는 DNA, RNA와 단백질을 포함하여 ATP와 다른 뉴클레오타이드가 참여하는 거의 모든 반응에 관여한다. Zn^{2+}는 탄산 무수화 효소를 비롯한 많은 효소의 보조 인자이다(11-3C절). Ca^{2-}는 뼈와 치아의 주요 무기질 성분일 뿐 아니라 신호 전달 과정에서 필수적인 역할을 한다(13-4절).

표 14.2 주요 필수 무기질과 미량 원소

주요 무기질	미량 원소
소듐	철
포타슘	구리
염소	아연
칼슘	셀레늄
인	아이오딘
마그네슘	크로뮴
황	플루오린

? 여기에 수록된 원소 중 어느 것이 생물 분자에 공유 결합된 형태로 나타나는가?

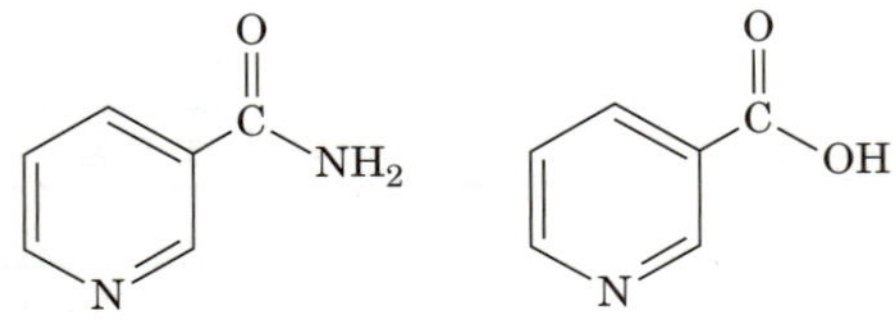

그림 14-1 니코틴아마이드와 니코틴산의 구조 이 바이타민들은 산화-환원 활성 성분인 니코틴아마이드 보조 효소인 NAD^+와 $NADP^+$를 형성한다(그림 11-4와 비교).

대부분의 수용성 바이타민은 보조 효소로 변환된다. 많은 보조 효소(11-1C절)들은 미생물의 성장 인자로, 사람이나 동물에서 영양 결핍성 질환을 치료하는 물질로 발견되었다. 예를 들면 NAD^+의 구성 성분인 **니코틴아마이드(nicotinamide)**나 그의 카복실산 유사체인 **니코틴산(nicotinic acid, 나이아신**; 그림 14-1)은 **펠라그라(pellagra)**로 알려진 치명적인 인체 영양 결핍성 질병을 완화시킨다. 펠라그라는 설사, 피부염, 치매가 특징이며, 20세기 초 미국 남부 농촌 지역의 풍토병이었다. 사람을 포함한 대부분의 동물은 아미노산 트립토판으로부터 니코틴아마이드를 합성할 수 있다. 그러나 남부 농촌에 널리 퍼져 있던 옥수수 위주의 식이에는 니코틴아마이드나 이것을 만들어 낼 수 있는 트립토판이 거의 없었다 (실제로는 옥수수에 상당한 양의 나이아신이 들어 있는데, 장에서 흡수되기 위해서는 먼저 염기로 처리되어야 한다. 멕시코 원주민들은 옥수수를 처음 작물화했지만 펠라그라를 앓지 않았는데, 이들은 주식인 토티야를 만들기 전에 옥수수 가루를 전통적으로 먼저 석회수-묽은 $Ca(OH)_2$ 용액-에 담가 둔다). 선진국에서는 식이를 니코틴아마이드나 나이아신으로 보충함으로써 펠라그라가 거의 없어졌다.

인체 영양에서 수용성 바이타민은 모두 보조 효소의 전구 물질이다. 이에 반해서 바이타민 K(9-1F절)를 제외하고는 지용성 바이타민은 보조 효소 성분이 아니다. 이들은 다른 고등동물에서도 소량이나마 식사에 필요하다.

인간의 먼 조상은 현대의 많은 식물과 미생물들처럼 아마도 다양한 바이타민을 합성할 수 있었을 것이다. 모든 동물은 다른 생물체를 먹기 때문에 정상적으로는 동물의 식사에는 바이타민이 공급된다. 또는 동물의 소화계에 살고 있는 세균에 의해서 합성되기도 한다. 이런 이유들 때문에 진화 과정에서 바이타민을 합성하는 불필요한 능력을 잃어버렸을 것으로 생각된다. 예를 들면 바이타민 C(아스코브산)는 오직 사람, 유인원, 기니 피그만이 식사에 필요하다(6-1C절, 자료 6-2). 이들은 아마도 근래의 진화 과정에서 아스코브산 생합성의 핵심 효소 하나를 상실한 것으로 보인다.

C 대사 경로는 일련의 효소 반응으로 이루어진다

대사 경로란 특정한 물질을 생산하는 연속적으로 연결된 효소 촉매 반응들이다. 이들의 반응 물질, 중간 생성물, 생성물을 **대사 물질(metabolite)**이라고 한다. 4000여 종 이상의 대사 반응이 알려져 있으며, 각 반응은 독특한 효소에 의해 촉매된다. 주어진 세포에서 효소와 대사 물질의 종류는 생물체의 종류, 세포의 종류, 영양 상태나 발달 단계에 따라 다르다. 많은 대사 경로들은 여러 과정으로 갈라지기도 하고 서로 연결되어 있어서 수천 개의 반응으로 구성된 네트워크로부터 한 개의 경로를 밝혀낸다는 것은 약간은 임의적일 수도 있으며, 화학적인 논리만큼이나 전통이 중요하기도 하다.

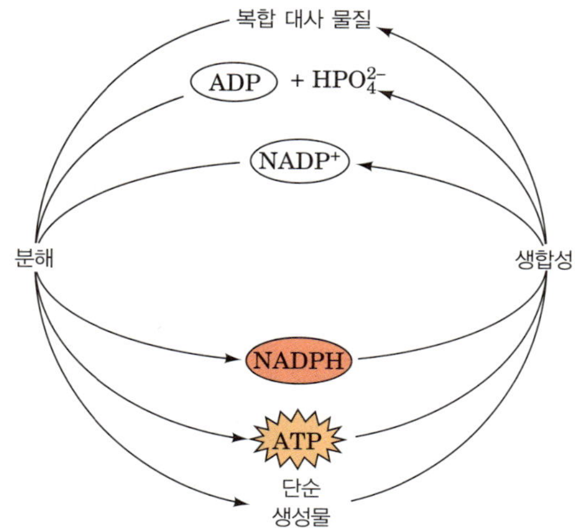

그림 14-2 대사에서 ATP와 $NADP^+$의 역할 탄수화물, 지질, 단백질과 같은 복합 대사 물질들의 분해를 통해 만들어진 ATP와 NADPH는 생합성과 다른 반응들을 위한 자유 에너지 공급원이다.

일반적으로 분해 대사 경로와 생합성 대사 경로는 다음과 같은 관계를 가지고 있다(**그림 14-2**). 분해 대사에서는 복합 대사 물질이라고 하는 주요 영양 물질이 자유 에너지를 내놓으면서 간단한 물질로 분해된다. 분해 과정에서 나오는 자유 에너지는 ADP + P_i로부터 ATP를 합성하거나 보조 효소 $NADP^+$(그림 11-4)가 NADPH로 환원되는 과정에 의해 보존된다. ATP와 NADPH는 생합성 대사 반응을 위한 중요한 자유 에너지 공급원이다. 우리는 이 장의 후반부에서 ATP와 NADPH의 열역학적 성질을 살펴볼 것이다.

분해 대사의 한 가지 놀라운 특징은 **아주 많은 다양한 물질(탄수화물, 지질, 단백질)의 분해 대사 경로는 몇 가지의 공통적인 중간 생성물로 모여든다는 점이다.** 많은 경우 탄소 2개의 아세틸 단위가 **보조 효소 A(coenzyme A)**와 결합한 **아세틸 CoA (acetyl-coenzyme A**, 14-2D절)가 이에 해당한다. 이들 중간 생성물은 중심적인 산화 경로에 의해 더 분해된다. **그림 14-3**은 여러 음식물이 단량체로 분해된 다음, 아세틸 CoA로 분해되는 과정을 나타낸다. 다음으로는 아세틸기의 탄소들은 **시트르산 회로(citric acid cycle**, 17장)에 의해 CO_2로 산화된다. 한 물질이 **산화(oxidized**, 전자를 잃음)되려면, **환원(reduced**, 전자를 얻음)되는 다른 물질이 있어야 한다(자료 14-1). 따라서 시트르산 회로에서 환원된 보조 효소 NADH와 $FADH_2$가 생성되고(14-3A절), 이들은 **전자 전달(electron transport)**과 **산화성 인산화(oxidative phosphorylation)**에서 그들의 전자를 O_2에 전달하여 H_2O를 만든다(18장).

생합성 경로는 역방향의 과정들을 수행한다. **비교적 적은 수의 대사 물질이 수많은 다양한 생성물의 출발 물질로 사용된다.** 이어지는 다음 장들에서 여러 가지 분해 대사와 생합성 대사 경로에 대해 자세히 알아보게 될 것이다.

효소들이 대사 경로의 반응을 촉진한다. 일부 경우를 제외하고는 분해 경로와 생합성 경로에서 대사 물질의 상호 전환은 효소에 의해 촉매된다. 효소 없이는 반응이 너무 느리게 일어나서 생명을 유지할 수 없다. 그 외에도 효소의 특이성은 쓸모없거나 유독한 부산물의 생성을 막아 대사 반응의 효율을 더욱 높게 한다. 매우 중요한 것은 아래에서 논의하듯이 자유 에너지가 증가하는 반응(스스로 일어날 수 없는)과 에너지적으로 유리한 반응이 짝을 이루어 연결될 수 있게 하는 메커니즘을 효소가 제공한다는 점이다.

11-1A절에서 소개된 6종류의 효소에 의해서 촉진되는 반응의 예를 모두 볼 것인

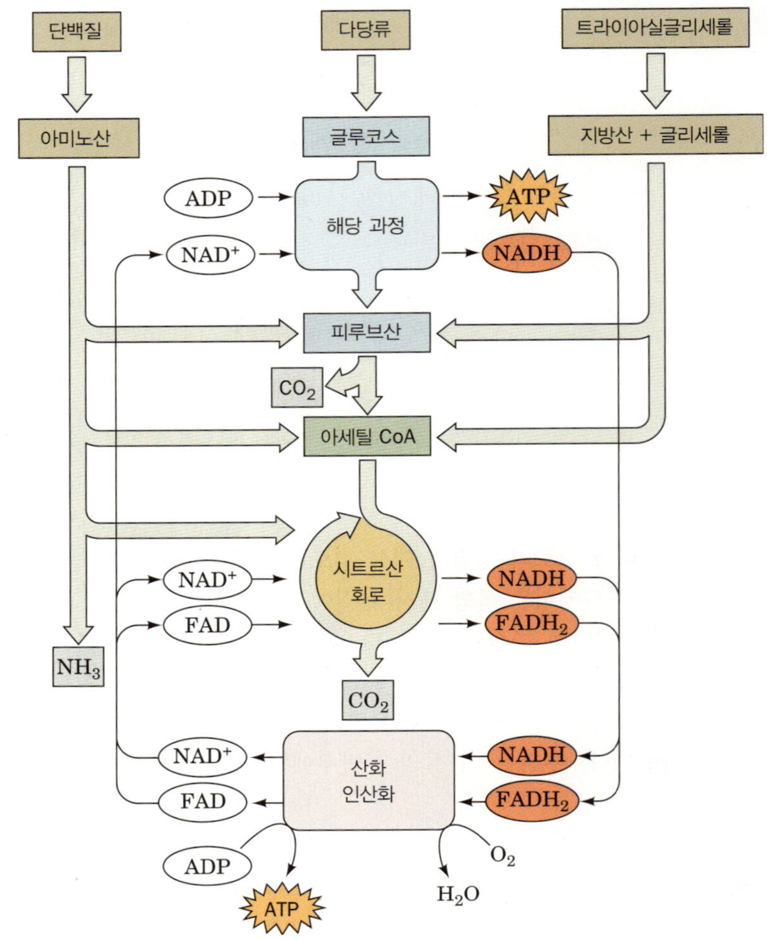

그림 14-3 분해 대사의 개요 탄수화물, 단백질, 지질 등의 복합 대사 물질들은 먼저 글루코스, 아미노산, 지방산, 글리세롤과 같은 단위체를 거쳐 공통 중간체인 아세틸 CoA로 분해된다. 아세틸기는 시트르산 회로를 거치면서 CO_2로 산화되며, 동시에 NAD^+와 FAD는 NADH와 $FADH_2$로 환원된다. NADH와 $FADH_2$는 전자 전달과 산화성 인산화 과정 동안에 다시 산화되어 H_2O와 ATP를 만든다.

? 대사 과정의 세 가지 주요 폐기물을 찾아보라.

데, 이 반응은 크게 네 종류로 나뉜다. 즉 **산화–환원 반응(oxidation and reduction**, 산화–환원 효소에 의해 촉매됨), **작용기 전달 반응(group transfer reaction**, 작용기 전달 효소와 가수 분해 효소에 의해 촉매됨), **제거 반응**, **이성질화 반응** 및 **재배열 반응(elimination, isomerization and rearrangement**; 이성질화 효소와 자리옮김 효소에 의해 촉매됨), **탄소–탄소 결합을 만들거나 분해하는 반응(reactions that make or break carbon-carbon bonds**; 가수 분해 효소, 분해 효소, 연결 효소에 의해 촉매됨)들이 있다.

대사 경로는 세포의 특정한 장소에서 일어난다. 진핵세포의 세포질은 구획으로 나누어져 있어서 대사 경로들이 각각 다른 곳에서 진행될 수 있다. 예를 들면 전자 전달과 산화성 인산화는 미토콘드리아에서 일어나는 반면, **해당 과정(glycolysis**, 탄수화물 분해 경로)과 지방산 생합성은 세포질에서 일어난다. **그림 14-4**에 진핵세포 소기관의 중요 대사 기능이 표시되어 있다. 소기관이 없는 원핵생물의 대사 과정은 세포질의 특정 부분에서 일어날 수 있다.

자료 14-1 생화학의 전망

탄소의 산화 상태

생체 분자의 탄소 원자들은 결합되어 있는 원자에 따라 산화 상태가 달라진다고 볼 수 있다. 예를 들면 전기 음성도가 작은 수소 원자와 결합된 탄소 원자는 전기 음성도가 큰 산소 원자와 결합된 탄소 원자보다는 더 환원된 상태이다.

특정한 탄소 원자의 산화수(산화 상태)를 결정하는 가장 단순한 방법은 탄소의 결합들을 각각 조사하여 전자를 더 친전자성의 원자에 배정하는 것이다. C=O 결합에서는 두 전자가 모두 O에 '속하며', C−H 결합에서는 두 전자가 모두 C에 속한다. C−C 결합에서는 각 탄소는 전자 한 개씩을 가진다. 원자의 산화수는 원자의 원자가 전자 수(탄소 원자는 4)에서 비공유 전자쌍의 수와 배정된 전자의 수를 뺀 값이다. 예를 들면 CO_2의 탄소의 산화수는 4−(0+0)=+4이고, CH_4에서 탄소의 산화수는 4−(0+8)=−4이다. 그렇지만 산화수는 계산을 위한 것임을 명심하라. 실제 원자의 전하는 중성에 아주 가깝다.

표는 중요한 탄소 원자의 산화 상태 순서대로 화합물을 열거한 것이다. 일반적으로 화합물이 더 산화될수록 C 원자당 전자의 수는 적어지고 산소가 많아지며, 더 환원될수록 C 원자당 전자와 수소가 많아진다. 그러나 환원(전자를 얻음)이나 산화(전자를 잃음)가 모두 산소의 결합과 관련된 것은 아니다. 예를 들면 알케인이 알켄으로 바뀔 때 탄소−탄소의 이중 결합의 생성은 전자를 잃는 것으로서, 산소가 관련되지 않았지만 산화 반응이다. 탄소 원자의 산화수는 거의 알 필요가 없지만, 어떤 원자의 산화 상태가 화학 반응 동안에 증가 또는 감소되었는지를 결정하는 데 유용하다.

화합물	화학식	산화수
이산화 탄소	$O{=}C{=}O$	+4 (가장 높은 산화 상태)
아세트산	$H_3C{-}C({=}O){-}OH$	+3
일산화 탄소	$:C{\equiv}O:$	+2
폼산	$H{-}C({=}O){-}OH$	+2
아세톤	$H_3C{-}C({=}O){-}CH_3$	+2
아세트알데하이드	$H_3C{-}C({=}O){-}H$	+1
폼알데하이드	$H{-}C({=}O){-}H$	0
아세틸렌	$HC{\equiv}CH$	−1
에탄올	$H_3C{-}CH_2{-}OH$	−1
에텐	$H_2C{=}CH_2$	−2
에테인	$H_3C{-}CH_3$	−3
메테인	CH_4	−4 (가장 낮은 산화 상태)

진핵세포에서 특정 막구획(*membrane-bound compartment*) 안에서 대사 물질이 만들어진다는 것은 이들 물질이 구획들 사이에서 이동할 수 있게 해 주는 메커니즘을 필요로 한다. 따라서 운반 단백질(10장)이 여러 대사 과정에서 필수적인 요소이다. 예를 들면 미토콘드리아에서 만들어지는 ATP를 대부분의 소비가 이루어지는 세포질로 이동하기 위해서는 운반 단백질이 필요하다(18-1B절).

다세포 생물체에서 구획화는 조직과 기관의 수준까지 진행된다. 예를 들면 포유류의 간은 탄수화물이 아닌 전구체들로부터 만들어지는 글루코스 합성[**글루코스 신생 합성(gluconeogenesis)**, 16-4절]의 대부분을 담당하여 순환계의 글루코스 농도를 비교적 일정하게 유지하는 역할을 한다. 마찬가지로, 지방 조직은 트라이글리세롤을 저장하는 기능에 특화되어 있다. 여러 기관의 대사 기능 사이의 상호 의존성은 22장에서 다루게 될 것이다.

조직과 세포 내 구획의 전문화로 나타나는 흥미로운 것이 **동질 효소(isozyme)**

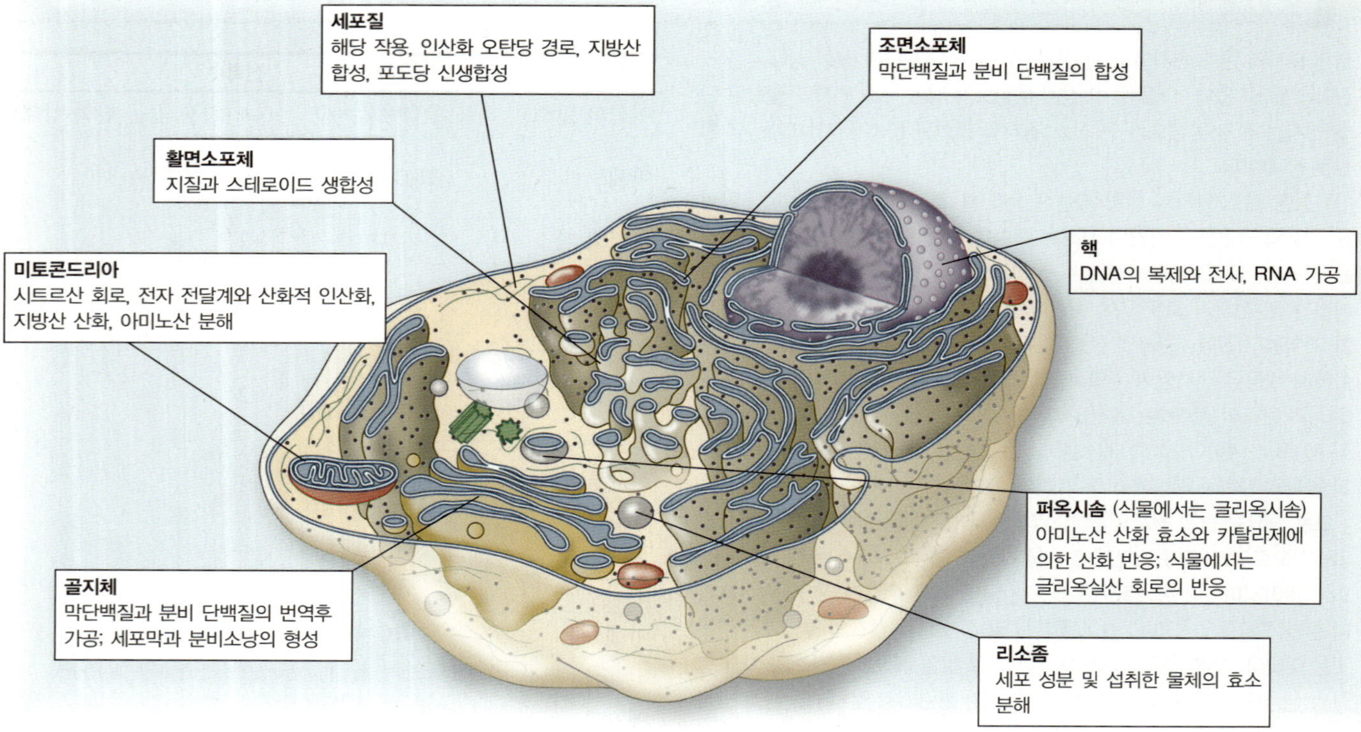

그림 14-4 진핵세포 소기관의 대사 기능 분해 및 생합성 과정이 세포의 특화된 구획 안에서 일어날 수 있다. 과정에 따라 여러 구획이 참여하여 진행되는 경우도 있다.

? 그림을 보지 말고 각 세포 구획의 주요 기능을 요약하라. 어느 구획에서 분해 과정이 일어나고 합성 과정이 일어나는지 밝히라.

의 존재이다. 이들 효소는 같은 반응을 촉매하지만 다른 유전자에 의해 암호화되고, 서로 다른 효소 동역학적 특성 또는 조절 특성을 가지고 있다. 한 예로 포유동물이 각각 근육, 뇌, 간에서 발현되는 3종류의 글리코젠 인산화 효소를 가지고 있다는 점을 살펴보았다(12-3B절). 마찬가지로 척추동물은 **젖산 탈수소 효소(lactate dehydrogenase)**의 두 가지 상동체를 가지고 있다. 골격근이나 간처럼 무산소 상태의 조직에 풍부한 M형과, 심근과 같은 유산소 조직에 풍부한 H형이 있다. 젖산 탈수소 효소는 해당 과정의 생성물인 **피루브산(pyruvate)**과 **젖산(lactate)**의 상호 전환을 촉매한다(15-3A절). M형 동질 효소는 NADH에 의해 피루브산을 젖산으로 환원하는 기능을 주로 하는 반면, H형 효소는 역반응을 촉매하는 데 더 적합한 것으로 보인다.

동질 효소의 존재는 다양한 질병의 진단을 가능하게 해 준다. 예를 들면 심장 마비에서 심장 근육세포가 죽어서 파열되고 혈액 속으로 H형 LDH를 방출한다. 따라서 혈액 검사에서 H형 LDH가 나오면 심장 마비가 있었다고 진단하게 된다.

D 대사 경로의 방향과 조절 능력은 열역학에 의해 결정된다

대사 경로가 일어나는 곳을 알고 또 그 기질과 생성물을 안다고 해서 그 대사가 서로 연결된 생화학 과정들의 커다란 네트워크의 한 부분으로서 어떻게 작용하는지를 알 수 있는 것은 아니다. 그 경로에 의해 얼마나 빠르게 최종 생성물이 만들어질 수 있는지, 세포의 요구가 변화할 때 경로의 활성이 어떻게 조절되는지도 알아야 한다. 대사 경로의 생성 능력과 조절 능력에 관한 결론은 각 효소 촉매 단계의 열역학적 정보로부터 얻을 수 있다.

1-3D절로부터 다음 반응

$$A + B \rightleftharpoons C + D$$

과 같은 생화학적 과정의 자유 에너지 변화량 ΔG가 표준 자유 에너지 변화($\Delta G^{\circ\prime}$)와 반응물과 생성물의 농도들 사이에 다음과 같은 관계가 있다는 것을 상기하자(식 1-15).

$$\Delta G = \Delta G^{\circ\prime} + RT \ln\left(\frac{[C][D]}{[A][B]}\right) \quad [14\text{-}1]$$

평형에서 $\Delta G = 0$이므로 이 식은 다음과 같이 된다.

$$\Delta G^{\circ\prime} = -RT \ln K_{eq} \quad [14\text{-}2]$$

따라서 $\Delta G^{\circ\prime}$ 값은 평형 상수로부터 계산될 수 있으며 그 역도 마찬가지이다(예시 계산 14-1 참조).

반응물들이 평형 값에 가까운 값으로 존재할 때, $[C]_{eq}[D]_{eq}/[A]_{eq}[B]_{eq} \approx K_{eq}$이고 $\Delta G \approx 0$이다. 이는 **준평형 반응(near-equilibrium reaction)**으로 불리며, 많은 대사 반응들이 여기에 해당된다. 그들의 ΔG 값이 0에 가깝기 때문에, 반응물에 대한 생성물의 비율을 바꾸면 비교적 쉽게 반응이 역방향으로 전환될 수 있다. 반응물이 그들의 평형 농도보다 더 높을 때는 알짜 반응은 정반응 쪽으로 진행되어 과량의 반응물이 생성물로 전환되고 평형에 도달하게 된다. 반대로 생성물이 더 많을 때는 알짜 반응은 생성물이 반응물로 전환되어 평형에 도달할 때까지 역반응 쪽으로 진행된다. **준평형 반응을 촉매하는 효소들은 평형 농도를 빠르게 회복하도록 작용하는 경향이 있고, 그런 반응의 알짜 반응의 속도는 기질과 생성물의 상대적 농도에 의해 효과적으로 조절된다.**

다른 대사 반응들은 평형으로부터 멀리 떨어진 상태에서 작용한다. 다시 말해 그런 반응들은 비가역적이다. 이는 그런 반응을 촉매하는 효소의 촉매 활성이 충분하지 못해(그 효소가 촉매하는 반응의 속도가 너무 느려서) 생리적인 조건에서 반응이 평형에 도달하지 못하기 때문이다. 따라서 반응물은 그들의 평형 농도보다 훨씬 더 많이 축적되어 $\Delta G \ll 0$로 된다. 그러므로 기질 농도의 변화는 비가역적 반응의 속도에는 거의 효과를 미치지 못한다. 효소는 본질적으로 포화되어 있는 셈이다. 다른 자리 입체성 상호작용과 같은 방법을 통해서 효소 활성이 변할 수 있어야 반응 속도를 변화시킬 수 있다. 따라서 이 경우의 효소는 강에 건설된 댐과 유사하다. **마치 댐 수문이 열리는 정도를 조절하여 강물이 흐르는 양을 조절하듯이, 효소는 활성의 변화에 의해서 기질의 반응 양을 조절한다.**

어떤 대사 경로를 따라 흐르는 대사 물질의 **유동 속도(flux)**를 알기 위해서는 어떤 반응들이 평형에 가까운지, 어떤 반응들이 평형으로부터 멀리 떨어져 있는지를 알아야 한다. 대사 경로의 대부분의 효소들은 평형 근처에서 작용하기 때문에 기질의 농도에 따라 변하는 알짜 속도를 가진다. 그러나 평형으로부터 멀리 벗어난 상태에서 작용하는 일부의 효소들은 대사 경로상에 전략적으로 배치되어 있다. 이는 몇 가지 중요한 의미를 가진다.

예시 계산 14-1

37°C에서 글루코스-1-인산(glucose-1-phosphate)의 가수 분해 반응에 대한 평형 상수를 계산하시오. 표 14-3에 있는 정보를 사용하시오(14-2A절 참조).

$$\text{글루코스-1-인산} + H_2O \rightarrow \text{글루코스} + P_i$$

반응의 $\Delta G^{\circ\prime}$는 $-20.9\ \text{kJ}\cdot\text{mol}^{-1}$이다. 평형에서 $\Delta G = 0$이며, 식 14-1은 다음과 같이 된다.

$$\Delta G^{\circ\prime} = -RT \ln K \text{ (식 14−2)}$$

따라서

$$K = e^{-\Delta G^{\circ\prime}/RT}$$

$$K = e^{-\frac{-20{,}900\ \text{J}\cdot\text{mol}^{-1}}{(8.3145\ \text{J}\cdot\text{K}^{-1}\cdot\text{mol}^{-1})(310\ \text{K})}}$$

$$K = 3.3 \times 10^3$$

GATEWAY CONCEPT 르샤틀리에 법칙

1장으로부터 평형에 있는 반응에 화합물을 더하거나 제거하면 새로운 평형에 도달할 때까지 한쪽 또는 다른 쪽으로 반응이 진행된다는 것을 기억하라.

GATEWAY CONCEPT 자유 에너지 변화

반응의 자유 에너지 변화(ΔG)를 반응물이 평형에 도달하도록 밀어주는 힘이라고 생각할 수 있다. 자유 에너지 변화량이 클수록 반응이 평형으로부터 더 멀리 떨어져 있으며 반응이 진행되려는 경향이 더 크다. 평형에서는 물론 반응물에 알짜 변화가 일어나지 않고 $\Delta G = 0$이다.

1. **대사 경로는 비가역적이다.** 자유 에너지가 크게 감소하는 반응($\Delta G \ll 0$인 반응)은 비가역적이다. 다시 말해서 반응이 완결되도록 진행된다. 이런 반응이 여러 단계로 된 대사 경로의 부분인 경우에, 이 반응은 경로 전체의 방향성을 부여한다. 다시 말해서 반응 경로 전체가 비가역적이 되도록 한다.
2. **모든 대사 경로는 첫 개입 단계를 가진다.** 대사 경로의 대부분의 반응들은 평형 가까이에서 작용하지만, 일반적으로 비가역적(자유 에너지가 감소하는) 단계가 대사 경로의 초반부에 존재한다. 이로써 그 단계의 생성물은 경로의 끝까지 진행할 수밖에 없는 상태가 된다(이는 마치 댐에서 흘러넘친 물이 저절로 다시 되돌아 갈 수 없는 것과 유사하다).
3. **분해 대사와 합성 대사의 경로는 다르다.** 만일 어떤 대사 물질이 자유 에너지 감소적 과정에 의해 다른 대사 물질로 변환된 경우, 두 번째 대사 물질이 원래의 대사산물로 되돌아가기 위해서는 자유 에너지가 공급되어야 한다. 에너지적으로 오르막 과정인 이러한 과정들은 최소한 한 단계 이상에서 다른 경로를 요구한다.

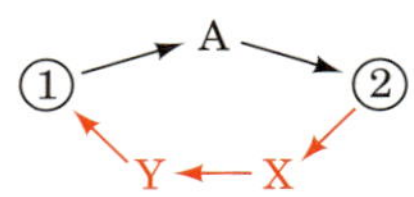

앞으로 보게 되겠지만 독립적인 상호 변환 경로가 존재하는 것은 대사 경로의 중요한 특징으로, 이는 두 과정을 독립적으로 조절할 수 있게 해 준다. 만약 대사 물질 2가 세포에 필요할 때, 1에서 2로 향하는 경로는 작동시키면서 2로부터 1로 가는 경로는 차단시킬 필요가 있다. 그와 같은 독립적인 조절은 서로 다른 경로들이 없이는 불가능할 것이다.

E 대사의 유량은 조절되어야 한다

GATEWAY CONCEPT 정상 상태
많은 반응이 평형에 가까운 상태에 있지만, 대사 경로 전체 또는 세포의 대사 전체는 결코 평형에 도달하지 않는다. 그 이유는 물질과 에너지가 끊임없이 시스템으로 들어가고 나오기 때문인데, 이를 정상 상태라고 한다. 대사 경로는 마치 평형에 도달하려고 하는 것처럼 진행된다(르샤틀리에 법칙). 그러나 새로운 반응물이 계속 들어오고 반응 산물은 축적되지 않기 때문에 평형에 도달할 수는 없다.

생명체들은 평형에 도달하기보다는 정상 상태(steady state)를 유지하려는 열역학적 열린 계이다(1-3E절). 이는 정상적인 성인이 40년 이상 아주 많은 영양분을 소비하고 20,000 L 이상의 물을 마셔도 체중에는 큰 변화가 없는 것으로 잘 알 수 있다. **정상 상태에서 대사 경로를 통한 중간 대사산물의 유량은 거의 일정하게 유지된다. 다시 말해 각 경로의 중간 대사산물의 합성 속도와 분해 속도는 중간 대사물의 농도를 거의 일정하게 유지시켜 준다.** 평형으로부터 먼 정상 상태는 열역학적으로는 효율적인데, 그 이유는 비평형 과정($\Delta G \neq 0$)만이 유용한 일을 할 수 있기 때문이다. 실제로 평형 상태에 도달한 생명체는 죽은 것이다.

대사 경로는 효소에 의해 촉매되는 반응의 연속이므로, 반응 경로를 통하는 대사 물질의 유량을 기술하는 가장 쉬운 방법은 각각의 반응 단계를 개별적으로 고려하는 것이다. 각 반응 단계를 통해 흐르는 대사 물질의 유량 J는 정반응 속도 v_f에서 역반응의 속도 v_r를 뺀 값이다.

$$J = v_f - v_r \tag{14-3}$$

평형에서는 v_f와 v_r은 매우 큰 값을 가질 수도 있지만, 정의에 따라 유량은 0이다($J = 0$). 평형으로부터 멀리 떨어진 반응에서는 $v_f \gg v_r$이므로 유량은 결과적으로 정반응의 속도와 거의 같다($J \approx v_f$).

경로 전체적인 유량은 경로의 속도 결정 단계에 의해 정해진다. 이 단계는 주어진 경로에서 가장 속도가 느린 단계로 정의되며, 종종 경로의 첫 개입 단계이다. 어떤 경로들에서는 유량 조절이 여러 효소에 의해 이루어지기도 하는데, 그들 각각은 경로를 통하는 대사 물질의 전체적인 흐름의 속도를 결정하는 데 도움을 준다. 속도 결정 단계는 경로상의 다른 단계에 비해 속도가 느리므로, 생성물은 반응물과 평형을 이룰 수 있기 전에 다음 단계들에 의해 소비되어 없어진다. 따라서 **속도 결정 단계는 평형으로부터 먼 상태에서 작용하며, 큰 음의 자유 에너지 변화량을 가진다.** 비슷한 방법으로, 댐은 강 상류와 하류 쪽의 물높이가 차이 나도록 하여 수압 차이로 인한 큰 음의 자유 에너지 변화가 만들어진다. 댐은 발전을 위해 물을 흘려보낼 수 있는데, 전력의 필요에 따라 흘려보내는 물의 양을 조절할 수 있다.

평형 가까이에서 작용하는 반응은 기질 농도의 변화에 빠르게 반응한다. 예를 들면 준평형 반응에서 반응물의 농도가 갑자기 증가하면 그 반응을 촉매하는 효소는 알짜 반응 속도를 증가시켜 새로운 평형이 빨리 이루어지게 할 것이다. 따라서 속도 결정 단계 다음에 일어나는 일련의 준평형 반응은 모두 같은 유량을 가진다. 마찬가지로 강에서의 물의 유량도 댐 이후의 모든 지점에서는 동일하게 된다.

실제로 흔히 큰 음의 자유 에너지 변화를 가지는 반응을 확인함으로써 대사 경로의 유량 조절점을 확인하는 것이 가능하다. 비평형 반응의 속도가 기질 농도의 변화에 대해 비교적 둔감하기 때문에 대사 경로를 통하는 대사 물질의 정상 상태 유량의 확립이 가능하다. 물론 경로를 통하는 유량은 생물체의 요구가 달라지면 함께 달라져 새로운 정상 상태에 도달하게 된다. 속도 결정 단계의 속도를 변화시킴으로써 전체 경로를 통하는 물질의 유량을 보통 10배 이상 변화시킬 수 있다.

세포는 대사 경로의 속도 결정 단계를 통하는 유량을 다양한 메커니즘으로 조절한다.

1. **다른자리 입체성 조절** 많은 효소들이 조절 인자에 의해 다른자리 입체성으로 조절되는데(12-3A절), 조절 인자는 반드시 그 효소 자체의 것은 아니지만 대개 그 효소가 속한 경로의 기질, 생성물, 또는 보조 효소이다. 예를 들어 음의 되먹임 조절에서는 경로의 생성물이 경로상 앞의 단계를 억제한다.

   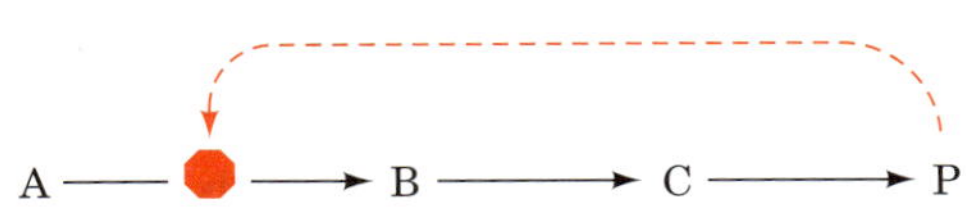

   따라서 우리가 본 바와 같이 피리미딘 생합성 과정의 생성물 중 하나인 CTP는 이 경로의 속도 결정 단계를 촉매하는 ATCase를 억제한다(그림 12-11).
2. **공유 결합 변형** 경로의 유량을 조절하는 많은 효소들은 효소에 의해 인산화 및 탈인산화(12-3B절)되거나 다른 방법으로 공유 결합 변형이 되는 특정 부위들을 가지고 있다. 이러한 효소적 변형 과정은 그들 자신이 호르몬과 같은 외부의 신호에 의하여 조절되는데(13-1절), 변형된 효소들의 활성도를 크게 변화시킨다. 유량 조절 메커니즘과 관련된 신호 전달 방법은 13장에서 논의될 것이다.
3. **기질 회로** 어떤 비평형 반응에서 만약 v_f와 v_r이 서로 다른 효소들에 의해 촉매되며 서로 반대 방향으로 진행되는 두 반응의 속도라면 v_f와 v_r는 서로 독립적으로 변할 수 있을 것이다.

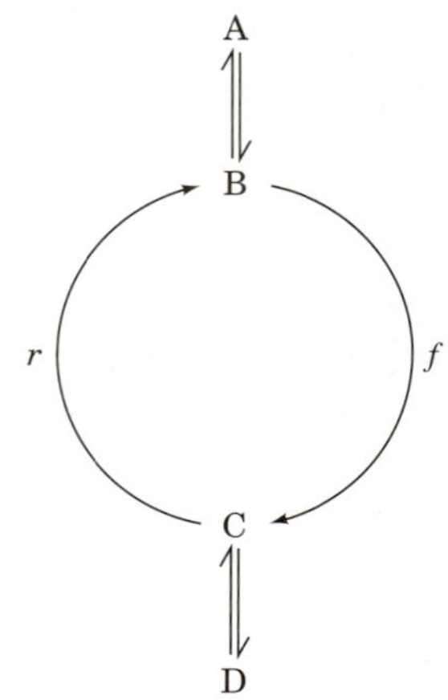

예를 들면 유량($v_f - v_r$)은 단지 정반응을 빠르게 하는 것뿐만 아니라 역반응을 느리게 함으로써도 증가될 수 있다. 이와 같은 **기질 회로(substrate cycle)**을 통한 유량은 15.4절에서 보겠지만, 반대 방향으로의 반응이 같이 일어나지 않는 비평형 반응을 통한 유량보다 다른자리 입체성 조절 인자의 농도에 더욱 민감하다.

4. **유전적 조절** 효소 활성 변화를 위한 효소 농도의 변화는 대사의 필요에 따라 단백질 합성 속도의 조절로 이루어질 수 있다. 하나의 유전자가 mRNA로 전사되고 mRNA가 폴리펩타이드 사슬로 번역되는 과정은 수많은 조절점을 제공한다. 효소의 농도가 유전적으로 어떻게 조절되는지 하는 것은 part V의 주요한 내용이다.

메커니즘 1에서 3은 외부 자극에 대해 신속하게(수초 또는 수분 이내) 응답하기 때문에 '단기' 조절 메커니즘(short-term control mechanism)으로 분류된다. 메커니즘 4는 조건의 변화에 더 느리게(고등 생명체의 경우는 수 시간에서 수일 이내) 응답하기 때문에 '장기' 조절 메커니즘(long-term control mechanism)으로 간주된다.

대부분의 대사 경로의 조절은 몇 개의 비평형 단계를 포함한다. 따라서 생명체가 사용할 중간 물질을 공급하는 경로를 통하는 물질의 유량은 어떤 시점에서 상대적인 중요도가 생물체 대사 전체 과정의 수요를 반영하는 여러 조절 인자에 의해 좌우되기도 한다. 따라서 대사 경로는 **공급-수요 과정(supply-demand process)**의 일부분이다.

체크 포인트

- 독립 영양 생물과 종속 영양 생물의 차이를 기술하시오.
- 절대적(obligate), 통성(facultative), 호기성, 혐기성, 독립 영양 생물, 종속 영양 생물 등의 용어를 사용하여 사람, 참나무, 대장균, 그리고 *Methanococcus jannaschii* (깊은 물속의 무산소 침전층에 사는 생물)의 대사를 기술해 보시오.
- 포유동물에 대하여 대량 영양소와 미량 영양소의 부류를 열거하고 각각의 예를 들어 보시오.
- 바이타민과 보조 효소의 관계는 무엇인가?
- 분해 반응과 합성 반응에서 ATP와 NADPH의 역할을 설명하시오.
- 대사 경로가 작동하는 데 왜 효소가 필수적인지 몇 가지 이유를 제시해 보시오.
- 왜 서로 다른 조직에서는 다른 동위 효소들이 발현될까?
- 자유 에너지 변화량과 평형 상수의 관계는 무엇인가?
- 거의 평형 상태에서 작동하는 반응과 평형에서 멀리 떨어진 상태에서 작동하는 반응의 대사에서의 중요성에 대하여 설명하시오.
- 어떤 대사 경로를 통하여 흐르는 대사 물질의 유량을 조절하는 메커니즘에 대하여 설명하시오. 어떤 메커니즘이 유량을 빠르게 바꿀 수 있는가?

2 '고에너지' 화합물

주요 개념

- 생물체는 영양 물질을 분해할 때 방출되는 자유 에너지를 ATP와 같은 '고에너지' 화합물의 형태로 포착한다. 이들은 후에 자유 에너지가 증가하는 반응을 추진하는 데 사용된다.
- ATP의 '고에너지'는 그의 인산 무수물 결합이 가수 분해될 때의 큰 음의 자유 에너지 변화량과 관련이 있다.
- ATP 가수 분해를 자유 에너지가 증가하는 반응과 연결하여 알짜 반응이 에너지적으로 유리한 반응이 되도록 만들 수 있다.

- 인산기는 높은 인산기 전달능을 가진 화합물에서 낮은 인산기 전달능을 가진 물질로 전달될 수 있다.
- 아세틸 CoA의 황화에스터 결합은 '고에너지' 결합이다.

글루코스와 같은 대사 연료의 완전 산화는 상당한 에너지($\Delta G°' = -2850\ \mathrm{kJ \cdot mol^{-1}}$)를 방출한다.

$$C_6H_{12}O_6 + 6\,O_2 \rightarrow 6\,CO_2 + 6\,H_2O$$

전형적인 지방산인 팔미트산의 완전 산화는 자유 에너지가 더욱 방출되는 반응이다($\Delta G°' = -9781\ \mathrm{kJ \cdot mol^{-1}}$).

$$C_{16}H_{32}O_2 + 23\,O_2 \rightarrow 16\,CO_2 + 16\,H_2O$$

산화적 대사는 단계별로 진행되므로 방출되는 자유 에너지는 전체 과정을 구성하는 각각의 자유 에너지 방출 단계에서 다룰 수 있는 형태로 회수될 수 있다. **이들 에너지 '덩어리'는 몇 가지 종류의 고에너지 중간체(high-energy intermediate)의 합성에 의해 보존되는데, 이들이 분해될 때 방출하는 자유 에너지로 자유 에너지가 증가하는 과정들이 진행된다.** 따라서 이들 중간체는 생물계에서 글루코스나 지방산의 산화와 같은 자유 에너지 생성 반응들이 자유 에너지 소비 과정들에게 지불할 일종의 자유 에너지 '통화(currency)'를 생성한다고 볼 수 있다(자료 14-2).

세포는 여러 모양의 에너지 통화들을 이용한다. 여기에는 ATP 뉴클레오타이드(세포의 가장 중요한 에너지 통화)와 같은 인산화 화합물, 황화에스터 결합을 가진 화합물, NADH 같은 환원된 보조 효소가 포함된다. 이들은 각각 ATP 합성을 포함해서 세포가 여러 방법으로 이용할 수 있는 자유 에너지원이다. 우리는 먼저 ATP를 살펴보고 나서 다른 형태의 에너지 통화의 성질들에 관해 논의할 것이다.

GATEWAY CONCEPT 에너지 변환
에너지는 창조되거나 파괴될 수는 없지만 변환될 수 있다. 세포에서 일어나는 대사 반응은 한 형태의 에너지를 다른 형태로 바꾼다. 화학 결합의 에너지가 관여하는 경우가 가장 흔하지만, 세포는 열, 빛, 기계 에너지, 전기 에너지, 농도 기울기 에너지 등과 같은 다른 형태의 에너지도 다룰 수 있다.

A ATP는 인산기 전달능이 높다

'고에너지' 중간체인 아데노신 삼인산염(adenosine triphosphate, ATP; 그림 14-5)은 알려진 모든 종류의 생명체에 존재한다. ATP는 **아데노신(adenosine**, 아데닌+리보스) 부분에 세 개의 인산기(phosphoryl group, $-PO_3^{2-}$)가 일렬로 결합하여 이루어지는데, 첫 번째 결합은 **인산에스터(phosphoester)** 결합이고, 나머지 두 개는 **무수 인산(phosphoanhydride)** 결합이다.

ATP의 생물학적 중요성은 무수 인산 결합들이 쪼개질 때 수반되는 큰 자유 에너지 변화에 있는데, 이것은 인산기가 ADP를 남기고 다른 화합물에 전달되거나, AMP 뉴클레오티딜기가 **파이로인산(pyrophosphate**, $P_2O_7^{4-}$; $\mathbf{PP}_i$)기를 남기고 전달될 때 일어난다. 이들 기에 대한 수용체가 물일 때는 가수 분해 과정이 된다.

$$ATP + H_2O \rightleftharpoons ADP + P_i$$
$$ATP + H_2O \rightleftharpoons AMP + PP_i$$

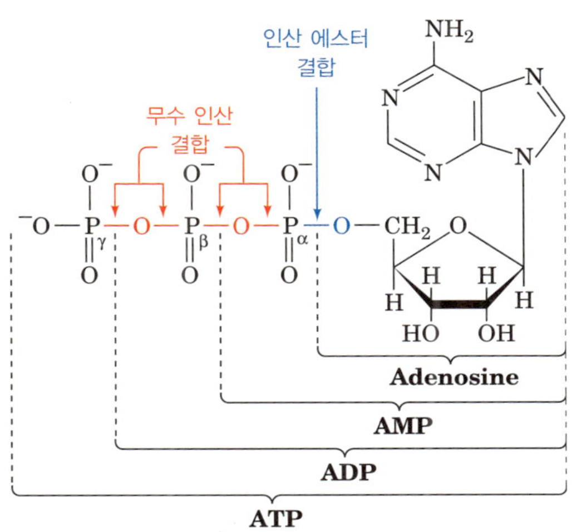

그림 14-5 ADP, AMP, 아데노신과의 관계를 나타내는 ATP의 구조 AMP로부터 시작해서 인산기들을 α-, β-, γ-인산이라고 한다. 인산에스터 결합과 무수 인산 결합 사이의 차이에 주의하라.

? 표시한 결합 각각의 가수 분해 생성물을 기술하라.

많은 생물학적 기의 전달 반응들은 물 이외의 다른 수용체를 사용한다. 그러나 여러 가지 인산 화합물들의 가수 분해의 자유 에너지를 알면 인산기 주개와 받개 사이의 가수 분해 자유 에너지 차이를 사용하여 인산기가 다른 수용체로 전달되는 반응의 자유 에너지를 계산할 수 있다.

자료 14-2 발견의 경로 리프먼과 '고에너지' 화합물

리프먼(Fritz Albert Lipmann, 1899~1986)

1930년대에 유럽에서 미국으로 건너간 많은 과학자들 중에, 독일인으로 외과의사에서 생화학자로 변신한 리프먼이 있다. 20세기 초반 동안 학자들은 주로 생체 분자의 구조와 조성에 흥미를 가졌으나 그들의 생합성에 대해서는 많이 알려져 있지 않았다. 이 분야에 대한 리프먼의 공헌의 핵심은 '에너지가 높은' 인산 화합물과 '반응성이 좋은' 다른 화합물들에 대한 것이다.

리프먼은 근육 수축을 위해 에너지를 공급할 수 있는 화합물인 인산 크레아틴(creatine phosphate)에 관한 연구를 시작으로 연구 경력을 시작하였다. 그는 같은 시대의 많은 사람들과 마찬가지로 인산 화합물과 근육의 수축에 관해 알려진 대사 활성, 즉 글루코스를 젖당으로 변환하는 과정 사이의 분명한 관계가 알려져 있지 않아 의아해하였다. 그 연결 고리 중 하나는 바르부르크(Otto Warburg, 자료 15-1)에 의해 발견되었는데, 그는 해당 과정의 단계들 중 한 단계는 무기 인산염의 혼입이 수반되는 것을 보였다. 그 결과 생성되는 인산 아실(1,3-bisphosphoglycerate)은 ADP와 반응하여 ATP를 만들 수 있었다.

리프먼은 다른 인산 화합물들도 비슷한 방식으로 작용하는지 궁금해하였다. 세포로부터 그러한 불안정한 화합물의 정제가 실용적이지 않았기 때문에 리프먼은 스스로 화합물을 합성하였다. 그는 세포 추출물이 합성된 인산 아세틸(acetyl phosphate)을 사용하여 ATP를 만들 수 있다는 것을 보였다. 나아가 세포에는 두 부류의 인산화 화합물이 존재한다고 제안하였다. 그는 가수 분해될 때 적은 음의 자유 에너지 변화값을 보이는 화합물을 '에너지가 빈곤하다(energy-poor)'라고 불렀으며, 높은 음의 자유 에너지를 가지는 것을 '에너지가 풍부하다(energy-rich)'라고 불렀다(~,은 '에너지가 풍부한(energy-rich)' 결합을 나타내기 위해 그가 사용한 기호로서, 아직도 쓰이고 있다). 리프먼은 소위 '인산 화합물의 흐름'이라는 것을 기술하였는데, 이에 따르면 광합성이나 음식물의 분해 과정은 '에너지가 풍부한' 인산 화합물을 만들고, 이는 ATP 합성으로 이어지고, ATP는 다시 근육 수축과 같은 기계적인 일이나 생합성 반응을 추진할 수 있다는 것이다.

이때(1941년)까지 생합성 과정을 연구하는 생화학자들은 동물 자체를 사용하거나 비교적 온전한 조직의 절편을 이용한 연구를 주로 하였다. ATP에 대한 리프먼의 통찰력 덕분에 많은 연구자들은 거북스럽고 잘 재현되지 않는 실험 시스템으로 인한 문제들을 해결할 수 있었다. 생화학자들은 무세포 시료(cell-free preparation)에 간단히 ATP를 가하여 생합성 과정을 재구성할 수 있었다.

리프먼은 탄소가 2개인 그룹인 '활성 아세테이트(active acetate)'가 지방산과 스테로이드의 합성에 전구체로 이용된다는 발견에 당혹스러워하였다. 인산 아세틸도 '활성 아세테이트'인가? 이것은 그렇지 않은 것으로 밝혀졌다. 그러나 리프먼은 탄소 두 개인 단위체를 다른 분자에 덧붙이기(acetylation) 위해서는 아세테이트, ATP, 비둘기 간의 추출물에 포함되어 있는 열에 안정한 물질을 필요로 한다는 것을 보일 수 있었다. 그는 이 물질을 분리하고 구조를 밝혀 보조 효소 A(coenzyme A)라고 이름을 붙였다. 이 중요한 발견으로 리프먼은 1953년에 노벨 생리의학상을 수상하였다.

리프먼은 '고에너지' 황화에스터(아세틸 CoA에서와 같이) 화합물들이 알려진 이후에도 '고에너지' 인산 화합물의 충실한 지지자로 남았다. 한 예로, 그는 인산 카바모일(carbamoyl phosphate, $H_2N-COO-PO_3^{2-}$)이 생합성 반응에서 '활성' 카바모일기 주개로 작용할 수 있음을 알았다. 그는 또한 인산염과 황산염들 사이의 혼합 무수물들과 같은 더 모호한 화합물들의 확인 분석에 기여하였다, 이들은 '활성' 황산염으로 황산기 주개로 작용할 수 있었다.

Kleinkauf, H., von Dohren, H., and Jaenicke, L. (Eds.), *The Roots of Modern Biochemistry. Fritz Lipmann's squiggle and its Consequences*, Walter de Gruyter(1988).

표 14.3 생물학적으로 흥미 있는 화합물의 인산염 가수 분해 반응의 표준 자유 에너지

화합물	$\Delta G°'$(kJ·mol^{-1})
Phosphoenolpyruvate	−61.9
1,3-Bisphosphoglycerate	−49.4
ATP (→ AMP + PP$_i$)	−45.6
Acetyl phosphate	−43.1
Phosphocreatine	−43.1
ATP (→ ADP + P$_i$)	−30.5
Glucose-1-phosphate	−20.9
PP$_i$	−19.2
Fructose-6-phosphate	−13.8
Glucose-6-phosphate	−13.8
Glycerol-3-phosphate	−9.2

출처: 주로 다음 자료를 사용하였다. Jencks, W.P., in Fasman, G.D. (Ed.), *Handbook of Biochemistry and Molecular Biologgy*(3rd ed.), Physical and Chemical Data, Vol. I, pp. 296−304, CRC Press(1976).

표 14-3에 생화학적으로 중요한 여러 인산 화합물의 가수 분해 반응에 대한 $\Delta G°'$ 값들이 표시되어 있다. 이 값에 마이너스를 취한 값을 보통 **인산기 전달능(phosphoryl group-transfer potential)**이라고 한다. 이 값들은 각 인산 화합물이 인산기를 물에 전달하려는 경향의 척도이다. ATP는 이 화합물들 중에서 중간 정도의 인산기 전달능을 가진다는 점에 주목하라. 표준 상태에서 표 14-3의 ATP보다 위쪽에 위치한 화합물은 자발적으로 인산기를 ADP에 전달하여 ATP를 만들 수 있고, ATP는 자신보다 아래쪽에 열거된 화합물을 만들기 위해 자발적으로 인산기를 전달할 수 있다. 반응에 유리한 자유 에너지 변화량이 반응이 얼마나 빨리 일어나는지를 나타내는 것은 아니다. 이들의 높은 기 전달능(high group transfer potential)에도 불구하고 ATP와 관련되는 인산 화합물들은 **반응 속도론적으로는 안정(kinetically stable)**하며, 적절한 효소의 작용 없이는 거의 반응하지 않는다.

'고에너지' 화합물에서 '에너지'의 본질은 무엇인가? 가수 분해 과정에서 큰 음의 $\Delta G°'$ 값(관례상 -25 kJ·mol^{-1}보다 작은 값)을 가지는 결합들

은 종종 **'고에너지 결합(high-energy bond)'** 또는 **'에너지가 풍부한 결합(energy-rich bond)'**으로 불리고, 구불구불한 선(~)으로 자주 표시된다. 그러므로 ATP는 AR−P~P~P로 표시될 수 있는데, 여기서 A는 아데닐기, R은 리보실기, P는 인산기를 상징한다. 그렇지만 ATP의 아데노실기를 α-인산기에 결합하고 있는 인산에스터 결합은 α-와 β-그리고 β-와 γ-인산기들을 이어주는 소위 '고에너지' 결합과 전기적 성질이 크게 다르지 않아 보인다. 사실 이 결합들 중 어느 것도 유별난 성질을 가지고 있지 않으며, '고에너지' 결합이라는 용어는 이름을 약간 잘못 붙인 면이 있다(어쨌든 고에너지 결합이라는 용어를 결합 에너지(bond energy)라는 용어와 혼동해서는 안 된다. 결합 에너지란 가수 분해에서 나오는 에너지가 아니라 공유 결합을 끊는 데 필요한 에너지를 말한다). 그렇다면 왜 ATP의 인산기 전달 반응에서 그렇게 많은 자유 에너지를 방출하는가? 몇 가지 요소들이 ATP에서와 같은 무수 인산 결합들의 '고에너지' 성질을 가지는 원인으로 보인다(**그림 14-6**).

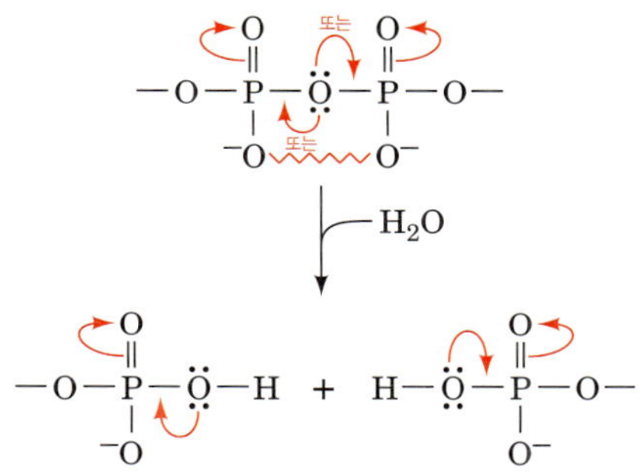

그림 14-6 무수 인산과 그것의 가수 분해 산물에서의 공명 및 정전기적 안정화 인산기 사이의 상호 경합하는 공명 구조(중심 산소로부터의 곡선 화살표)와 전하–전하 반발(지그재그 선)이 가수 분해 산물에 비해 무수 인산의 안정도를 낮춘다.

GATEWAY CONCEPT 공명
공명이란 화학 구조에서 전자가 비편재화되는 것을 말한다. 화합물은 공명에 의해서 안정화되고 이것은 대략 말하자면 그릴 수 있는 화학 구조가 몇 개인가로 알 수 있다.

1. 무수 인산 결합의 공명 안정화 효과는 가수 분해 산물들의 것보다 작다. 이는 무수인산염의 강하게 전자를 끌어당기는 두 기가 중간에 연결된 산소 원자의 고립 전자쌍들과 경쟁을 해야 하지만, 가수 분해 산물에서는 이런 경쟁이 없기 때문이다. 다시 말하면, 인산기들의 전자에 대한 요구가 가수 분해 산물에서보다 무수 인산에서 덜 만족스럽기 때문이다.
2. 아마도 더 중요한 점은 가수 분해 산물의 경우와 비교하여 무수 인산의 전하를 가진 기들 사이의 정전기적 반발로 인한 불안정화 효과일 것이다. 생리적인 pH 범위에서 ATP는 3~4개의 음전하를 가지고 있으며, 이들 사이의 정전기적 반발은 ATP 가수 분해에 의해 부분적으로 완화된다.
3. 평가하기가 어렵기는 하지만, 또 다른 불안정화 효과로는 가수 분해 산물보다 무수 인산의 수화 에너지가 더 낮다는 것이다. 일부의 평가로는 이 요인이 구수 인산들의 가수 분해를 위한 지배적인 열역학적 추진력을 제공하는 것으로 보인다.

물론 '고에너지' 화합물로부터의 인산기 전달을 포함하여 어떤 반응의 자유 에너지 변화는 부분적으로 반응물들과 생성물들의 농도에 의존한다(식 14-1). 더구나 ATP와 그 가수 분해 산물들은 이온이기 때문에, ΔG는 pH와 이온 세기에도 의존한다(자료 14-3 참조).

B 짝지어진 반응으로 에너지 흡수 반응이 추진된다

'고에너지' 화합물의 가수 분해가 상당한 양의 자유 에너지를 방출하기는 하지만, 그 자체가 유용한 반응은 아니다. 그러나 '고에너지' 화합물의 자유 에너지 방출 반응은 자유 에너지 흡수 과정과 짝지어져 그 과정을 완결시킬 수가 있다. 자유 에너지 방출 과정과 자유 에너지 흡수 과정을 연결시킬 수 있는 열역학적인 설명은 자유 에너지의 더하기 원리의 성질에 기초를 두고 있다. 다음 두 단계의 반응 경로를 생각해 보자.

$$(1)\ A + B \rightleftharpoons C + D \qquad \Delta G_1$$
$$(2)\ D + E \rightleftharpoons F + G \qquad \Delta G_2$$

만약 $\Delta G_1 \geq 0$이면 반응 1은 자발적으로 일어나지 않을 것이다. 그러나 ΔG_2가 자유

자료 14-3 생화학 전망 ATP와 ΔG

$\Delta G^{\circ\prime}$ 값에 반영된 표준 상태가 생물체에서 나타나는 경우는 없다. 그뿐만 아니라 높은 농도로 존재하여 대사 반응의 기질들과 반응 산물들과 상호작용할 수 있는 다른 화합물들은 ΔG 값에 현저하게 영향을 줄 수 있다. 예를 들면 세포에서 Mg^{2+} 이온은 ATP와 가수 분해 산물의 인산기의 음전하를 부분적으로 중화하므로 ATP 가수 분해가 크게 자유 에너지 감소적으로 되게 하는 정전기적인 반발을 감소시키게 된다. 동시에 pH의 변화는 인산화 화합물의 이온 성질에 변화를 주고 자유 에너지를 변화시키게 된다.

주어진 세포에서 많은 이온과 보조 효소 및 대사 물질의 농도는 장소와 시간에 따라 수십 내지 수백 배 변하게 된다. 세포 내의 ATP 농도는 보통 2~10 mM의 비교적 좁은 범위 내에 유지되고 있으나, ADP와 P_i의 농도는 더 크게 변한다. [ATP] = 3.0 mM, [ADP] = 0.8 mM, [P_i] = 4.0 mM인 전형적인 세포를 생각해 보자. 식 14-1을 사용하여 37°C에서 ATP 가수 분해의 실제 자유 에너지 값이 다음과 같이 계산된다.

$$\begin{aligned}\Delta G &= \Delta G^{\circ\prime} + RT\ln\left(\frac{[\mathrm{ADP}][\mathrm{P}_i]}{[\mathrm{ATP}]}\right)\\ &= -30.5\ \mathrm{kJ\cdot mol^{-1}} + (8.3145\ \mathrm{J\cdot K^{-1}\cdot mol^{-1}})(310\ \mathrm{K})\\ &\quad \ln\left(\frac{(0.8\times10^{-3}\ \mathrm{M})(4.0\times10^{-3}\ \mathrm{M})}{(3.0\times10^{-3}\ \mathrm{M})}\right)\\ &= -30.5\ \mathrm{kJ\cdot mol^{-1}} - 17.6\ \mathrm{kJ\cdot mol^{-1}}\\ &= -48.1\ \mathrm{kJ\cdot mol^{-1}}\end{aligned}$$

이 값은 표준 상태의 ATP 가수 분해의 자유 에너지보다 훨씬 큰 값이다. 그러나 세포나 소기관에서는 특정한 화합물의 농도를 정확하게 측정하기가 어렵기 때문에 생체 내 반응의 $\Delta G'$ 값들은 추정치에 불과하다. 일관성 있게 하기 위하여 이 교재에서는 대부분의 경우 $\Delta G^{\circ\prime}$ 값을 사용한다.

에너지를 충분히 방출하는 반응이어서 $\Delta G_1 + \Delta G_2 < 0$이라면, 반응 1에서 D의 평형 농도가 비교적 낮아도 반응 2에서보다는 클 것이다. 반응 2가 D를 생성물로 전환하므로 반응 1은 D의 평형 농도를 보충하기 위해 정반응으로 반응이 일어날 것이다. 따라서 자유 에너지를 많이 방출하는 반응 2가 자유 에너지를 흡수하는 반응 1을 '추진한다' 또는 '끌어당긴다'라고 할 수 있다. 이때 두 반응은 공통의 중간 산물 D를 통해 짝지어졌다고 말한다. 짝지어진 이 반응들이 자발적으로 진행되는 것은 반응 1과 2를 합하여 전체 반응을 구해 봄으로써도 알 수 있다. 여기서 $\Delta G_3 = \Delta G_1 + \Delta G_2 < 0$. **전체 경로가 자유 에너지를 방출하는 한, 이 경로는 정반응으로 일어날 것이다.**

$$(1+2)\quad \mathrm{A + B + E \rightleftharpoons C + F + G} \qquad \Delta G_3$$

이 개념을 설명하기 위해서 인산기 전달 반응의 두 예를 생각해 보자. 글루코스 대사에서 첫 단계는 글루코스가 **글루코스-6-인산(glucose-6-phosphate)**으로 전환되는 과정이다(15-2A절). 그러나 글루코스와 P_i 사이의 직접적인 반응은 열역학적으로 불리하다 ($\Delta G^{\circ\prime} = +13.8\ \mathrm{kJ\cdot mol^{-1}}$, 그림 14-7*a*). 그러나 세포 내에서는 이 반응은 자유 에너지를 방출하는 ATP의 분해와 짝지어져 있어 (ATP 가수 분해 반응에 대하여 $\Delta G^{\circ\prime} = -30.5\ \mathrm{kJ\cdot mol^{-1}}$), 전체 반응은 열역학적으로 유리하게 된다($\Delta G^{\circ\prime} = +13.8 - 30.5 = -16.7\ \mathrm{kJ\cdot mol^{-1}}$). 마찬가지 원리로 ATP가 재생될 수도 있다($\Delta G^{\circ\prime} = +30.5\ \mathrm{kJ\cdot mol^{-1}}$). ADP와 P_i로부터 ATP를 합성하는 과정을 자유 에너지 방출이 보다 큰 **포스포엔올피루브산(phosphoenolpyruvate**, $\Delta G^{\circ\prime} = -61.9\ \mathrm{kJ\cdot mol^{-1}}$, 그림 14-7*b*와 15-2J절)의 가수 분해와 짝지어 가능하게 된다.

그림 14-7에서 보인 반쪽 반응이 식에 쓰여진 대로 실제 효소 활성 자리에서 일어나지는 않는다. 글루코스-6-인산(그림 14-7*a*)의 생성을 촉매하는 효소 **헥소카이네이스(hexokinase)**는 ATP 가수 분해를 촉매하지 않고 ATP로부터 인산기를 직접 글루코스 분자로 전달하는 것을 촉매한다. 마찬가지로, 그림 14-7*b*에 보인 반응을 촉매하는 **피루브산 인산화 효소(pyruvate kinase)**는 유리 인산기를 ADP에 붙이는 것이 아니고 포스포에놀피루브산으로부터 인산기를 ADP로 옮겨 ATP를 만든다.

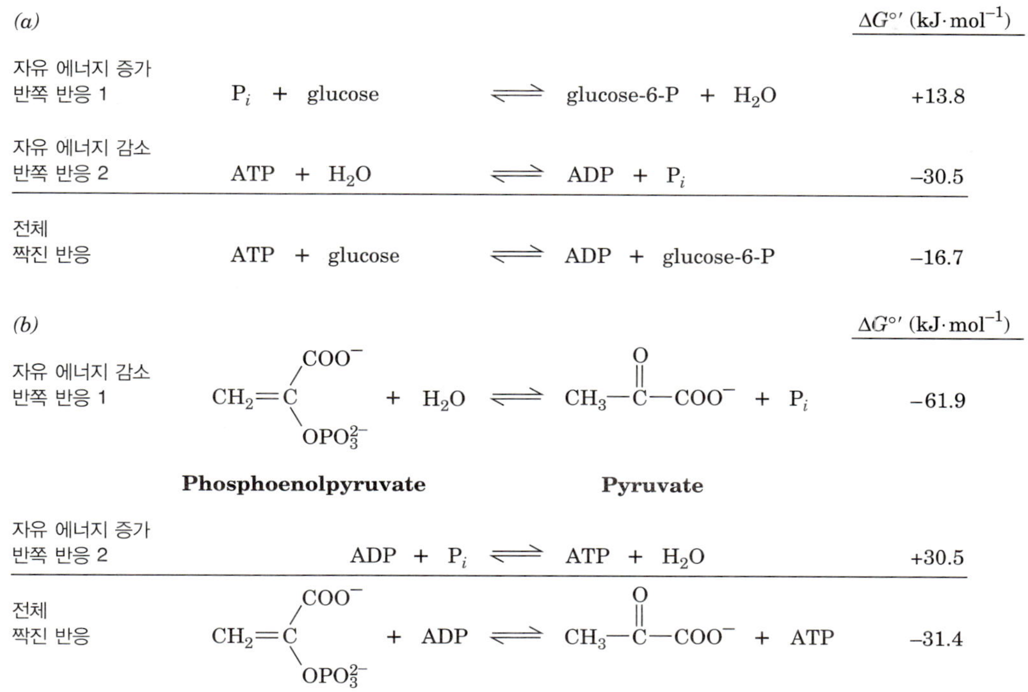

그림 14-7 ATP가 참여하는 몇 가지 짝지어진 반응 (*a*) 글루코스의 인산화 반응으로 글루코스-6-인산과 ADP가 생성된다. (*b*) 포스포에놀피루브산에 의하여 ADP가 인산화되고 ATP와 피루브산이 생성된다. 각 반응은 개념적으로 직접적인 인산화 단계(반쪽 반응 1)와 ATP가 가수 분해되는 단계(반쪽 반응 2)로 분해되었다. 두 반쪽 반응은 전체 반응의 자유 에너지 방출 방향($\Delta G<0$)이 정반응 방향이 되도록 표시하였다.

? 이론적으로 포스포에놀피루브산으로부터 인산기를 글루코스로 전달하는 반응은 자발적이겠는가? 글루코스-6-인산으로부터 인산기를 피루브산으로 전달하는 반응은 자발적인가?

무수 인산 가수 분해는 몇몇 생화학적 과정을 추진시킨다. ATP와 같은 ‘고에너지’ 화합물의 무수 인산 결합의 자유 에너지는 인산기가 다른 유기 화합물로 전달되지 않을 때도 반응을 추진하기 위해 사용될 수 있다. 예를 들면 ATP 가수 분해(즉 인산기가 직접 H_2O로 전달되는 반응)는 분자 샤페론의 작용(6-5B절), 근육 수축(7.2B절), 막을 통한 능동 수송(10.3절)을 위한 자유 에너지를 공급한다. 이들 과정에서 단백질은 ATP와 결합하면서 구조적 변화를 일으킨다. **자유 에너지를 방출하는 ATP의 가수 분해와, ADP 및 P_i의 방출은 이런 변화를 비가역적이 되게 하여 이 과정들이 정반응 방향으로 진행되게 한다.** GTP 가수 분해도 비슷한 방법으로 신호 전달 반응(13-3B절)의 일부와 단백질 생합성(27-4절) 반응을 진행하는 데 이용된다.

적합한 효소가 없는 곳에서는 무수 인산 결합은 안정하다. 다시 말해서, 그들은 가수 분해 반응에 의해 많은 자유 에너지를 방출하지만, 매우 느리게 가수 분해된다. 그 이유는 이들의 가수 분해 반응들이 유별나게 높은 활성화 자유 에너지($\Delta G^{\ddagger}$, 11.2절)를 가지기 때문이다. 결과적으로, **ATP 가수 분해 반응은 열역학적으로는 유리하지만 반응 속도론적으로는 불리하다.** 예를 들어 글루코스와 ATP가 반응하여 글루코스-6-인산(그림 14-7*a*)을 생성하는 반응을 생각해 보자. ATP로부터 글루코스로의 비효소적 인산기 전달 반응에 대한 $\Delta G^{\ddagger}$는 ATP 가수 분해의 $\Delta G^{\ddagger}$보다 크기 때문에 가수 분해 반응이 지배적으로 일어난다(어느 반응도 생물학적으로 의미 있는 속도로는 일어나지는 않지만). 그러나 **헥소카이네이스(hexokinase**, 15.2A절)와 같은 적절한 효소가 존재하면 ATP의 가수 분해 속도보다 더 빠르게 글루코스-6-인산이 생성된다. 이것은 효소의 촉매 효과가 인산기가 ATP에서 글루코스로 전달되는 과정의 활성화 에너지를 ATP 가수 분해의 활성화 에너지보다 더 낮추기 때문이다. 이 예는 비록 열역학적으로 유리한 반응($\Delta G<0$)도 반응을 촉매하는(즉 생성물이 만들어지는 속도를 증가하기 위해 $\Delta G^{\ddagger}$를 낮추는, 자료 12-2) 특정한 효소가 없다면 생물체에서 일어나지 않을 수 있다는 점을 강조한다.

무기 파이로인산 가수 분해 효소는 무수 인산 결합을 추가적으로 절단한다. ATP가 참여하는 많은 반응들이 ADP와 P_i를 생성하지만[**오쏘인산 분해, orthophosphate cleavage**], 이것과는 다르게 AMP와 PP_i[**파이로인산 분해, pyrophosphate cleavage**]를 생성하기도 한다. 후자의 경우, PP_i는 **무기 파이로인산 가수 분해 효소(inorganic pyrophosphatase)**에 의해 빠르게 2 P_i로 가수 분해되어($\Delta G^{\circ\prime} = -19.2\ \text{kJ}\cdot\text{mol}^{-1}$), **결과적으로 ATP의 파이로인산 분해는 두 개의 '고에너지' 무수 인산 결합을 사용하게 된다.** 단백질 합성을 위해 아미노산을 tRNA 분자에 결합시키는 반응은 이 현상에 대한 예이다(**그림 14-8**과 27.2B절). 이 반응의 두 단계들은 상당히 가역적이다. 그것은 형성된 결합의 가수 분해 자유 에너지가 ATP 가수 분해의 자유 에너지와 비슷하기 때문이다. 따라서 전체 반응은 PP_i의 비가역적인 가수 분해에 의해 끝까지 진행된다. 뉴클레오사이드 삼인산염으로부터 핵산이 생합성되는 반응도 PP_i를 방출한다(25.1, 26.1절). 이들 반응의 표준 자유 에너지 변화량은 0에 가깝다. 따라서 뒤이어서 일어나는 PP_i의 가수 분해가 핵산 생합성을 위해 필수적이다.

C 몇몇 다른 인산화된 화합물은 인산기 전달능이 높다

ATP 외의 다른 '고에너지' 화합물들도 에너지 대사에 필수적인데, 이는 이들이 부분적으로 세포 ATP 농도를 비교적 일정한 수준으로 유지하는 데 도움을 주기 때문이다. **ATP는 끊임없이 가수 분해되고 또 다시 만들어진다.** 실제로, 실험적인 증거에 의하면, ATP 분자의 대사 반감기는 세포의 종류와 대사 활성에 따라 수초에서 수분 사이이다. 예를 들면 뇌세포는 단지 수초 공급할 양의 ATP만을 가지고 있다(이것이 산소의 부족에 의해 뇌 조직이 빨리 손상되는 이유를 부분적으로 설명한다). 휴식 중인 사람은 평균적으로 시간당 ~3몰(1.5 kg)의 속도로 ATP를 소비하고 재생하며, 격렬한 활동을 할 때는 이보다 10배 이상 빠른 속도이다.

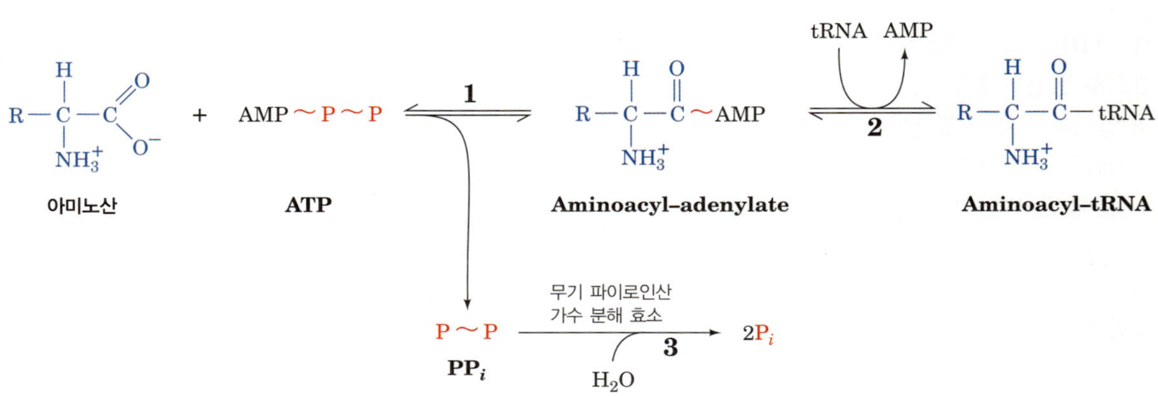

그림 14-8 아미노아실 tRNA 합성에서 파이로인산기의 분해 (1) 반응의 첫 단계에 아미노산은 ATP에 의해 아데닐화된다. (2) 두 번째 단계에서 tRNA 분자가 AMP 부분과 치환되어 아미노아실 tRNA가 만들어진다. 자유 에너지를 방출하는 파이로인산기의 가수 분해($\Delta G^{\circ\prime} = -192\ \text{kJ}\cdot\text{mol}^{-1}$)가 반응을 정반응으로 추진한다.

? 이 과정의 알짜 반응을 쓰라.

ATP가 인산기 전달과 무수 인산 가수 분해의 자유 에너지 방출 과정을 통해 자유 에너지 흡수 과정을 일어나게 하듯이, **ATP 자신도 자유 에너지를 더 많이 방출하는 대사 과정에 ATP 생성 과정을 짝지어 재생될 수 있다.** 표 14.3에서와 같이 인산기 전달 화합물의 열역학적 체계에서 ATP는 중간에 위치한다. 따라서 ATP는 '고에너지' 화합물(예: 포스포에놀피루브산, 그림 14-7*b*와 15.2J절)로부터 ADP가 인산기를 직접 전달받아 만들어질 수 있다. 그런 반응은 **기질 수준 인산화(substrate-level phosphorylation)**라고 한다. 다른 메커니즘들은 막 안팎의 수소 이온 농도 기울기에 의해 공급되는 에너지를 이용하여 간접적으로 ATP를 생산한다. 산화적 대사에서는 이 과정을 **산화성 인산화(oxidative phosphorylation)**라고 하며(18.3절), 광합성에서는 **광인산화(photophosphorylation)**라고 한다(19.2D절).

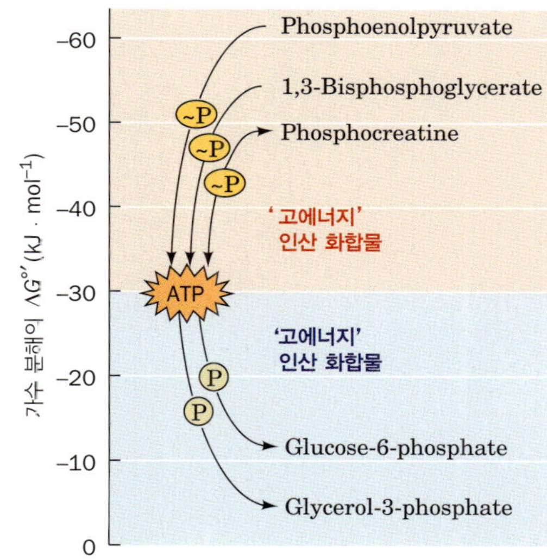

그림 14-9 '저에너지'와 '고에너지' 인산 화합물과 비교한 ATP의 상대적 위치 인산기들은 ATP–ADP 계를 거쳐 '고에너지' 주개로부터 '저에너지' 받개로 흐른다.

'고에너지' 인산 화합물로부터 ATP로, ATP로부터 '저에너지' 인산 화합물로의 에너지의 흐름이 그림 14-9에 그려져 있다. 이 반응들은 **인산화 효소(kinase)**로 알려진 효소들에 의해 촉매되는데, 이들은 ATP에서 다른 화합물로, 또는 인산 화합물에서 ADP로 인산기를 전달한다. 이 과정들은 15장, 16장의 탄수화물 대사에서 다시 다룰 것이다.

인산기 전달능이 ATP보다 더 큰 화합물은 추가적인 안정화 효과를 가지고 있다. 예를 들면 **인산 아세틸(acetyl phosphate)**과 **1,3-비스포스포글리세레이트(1,3-bisphosphoglycerate)**와 같은 **인산 아실(acyl phosphate**, 혼합된 인산–카복실 무수물)의 가수 분해는 인산 무수물(그림 14-6)의 가수 분해에 영향을 주는 같은 종류의 경쟁적인 공명 현상, 그리고 차별적인 수화 효과에 의해 추진된다. 외견상으로는 이들 효과는 표 14.3에 표시된 순위가 가리키듯이 무수 인산보다는 인산 아실에서 더 뚜렷하다.

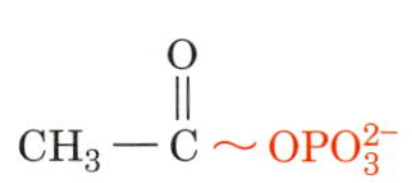

Acetyl phosphate

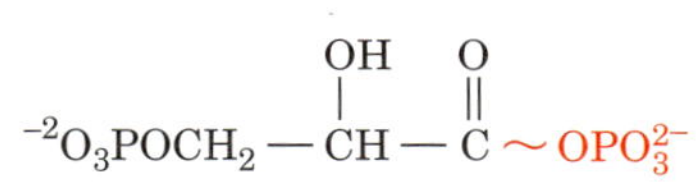

1,3-Bisphosphoglycerate

그와는 반대로, 표 14.3에서 ATP보다 아래에 있는 글루코스-6-인산과 글리세롤-3-인산(glycerol-3-phosphate) 같은 화합물은 그들의 가수 분해 산물과 비교해서 뚜렷하게 차이 나는 공명 안정화나 전하 분리 현상이 없다. 그렇기 때문에 그들의 가수 분해 자유 에너지들은 앞의 '고에너지' 화합물보다 훨씬 적다.

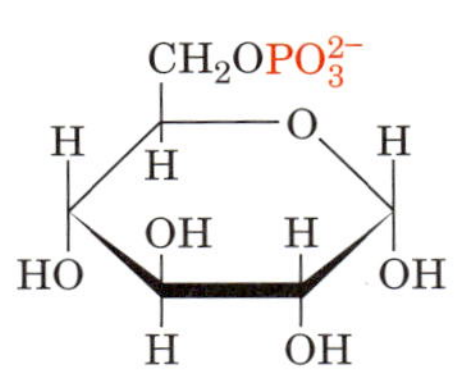

α-D-Glucose-6-phosphate

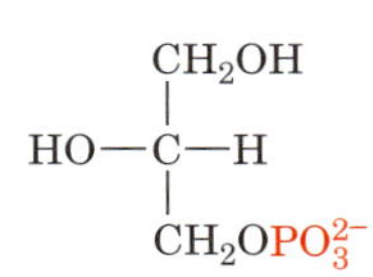

L-Glycerol-3-phosphate

인산크레아틴(phosphocreatine)과 **인산아르지닌(phosphoarginine)** 같은 **인산구아니딘(phosphoguanidine)**의 높은 인산기 전달능은 주로 **구아니디노(guanidino)**기의 경쟁적 공명 구조에 의한 것인데, 이들 공명 구조는 무수 인산의 인산기에서보다도 더욱 현저하다.

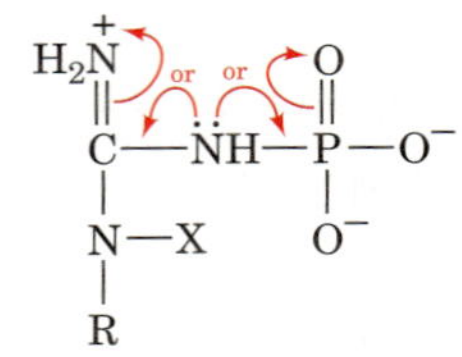

$R = CH_2—CO_2^-$; $X = CH_3$ **Phosphocreatine**

$R = CH_2—CH_2—CH_2—CH(NH_3^+)—CO_2^-$; $X = H$ **Phosphoarginine**

따라서 인산크레아틴은 인산기를 ADP에 전달하여 ATP를 생성할 수 있다.

인산크레아틴은 ATP를 만들기 위한 '고에너지' 저장소를 제공한다. 높은 ATP 회전율을 가지는 근육과 신경 세포들은 ATP를 신속하게 재생하기 위해 인산구아니딘에 의존한다. 척추동물에서 인산크레아틴은 **크레아틴 인산화 효소(creatine kinase)**에 의해 촉매되는 ATP에 의한 크레아틴의 가역적 인산화에 의해 합성된다.

$$\text{ATP} + \text{creatine} \rightleftharpoons \text{phosphocreatine} + \text{ADP} \qquad \Delta G^{\circ\prime} = +12.6\ \text{kJ}\cdot\text{mol}^{-1}$$

표준 상태에서 이 반응은 자유 에너지 흡수 반응이다. 그러나 **세포 내에서는 반응물들과 생성물들의 농도 때문에 이 반응은 평형에 가까운 상태($\Delta G \approx 0$)에서 일어난다.** 따라서 세포들이 휴식 상태여서, [ATP]가 상당히 높을 때에는 이 반응은 인산크레아틴의 알짜 합성으로 진행되며, 반면에 대사 활성이 높을 때는 [ATP]가 낮아 평형은 인산크레아틴과 ADP로부터 ATP의 알짜 합성이 일어나는 쪽으로 이동한다. **따라서 인산크레아틴은 크레아틴 인산화 효소를 가지는 세포에서 ATP '완충기'로서 작용한다.** 휴식 중인 포유동물의 근육세포는 보통 수분 동안(그러나 최대 작업 시에는 수초 정도만) 필요한 자유 에너지를 공급하기에 충분한 인산크레아틴을 가지고 있다. 바닷가재와 같은 어떤 무척추동물의 근육 세포에서는 인산아르지닌이 같은 기능을 수행한다. 이들 인산구아니딘을 총체적으로 **포스파젠(phosphagen)**이라고 한다.

뉴클레오사이드 삼인산은 자유롭게 상호 전환된다. 단백질과 핵산 합성과 같은 많은 생합성 과정들은 ATP 외에 다른 뉴클레오사이드 삼인산을 필요로 한다. 예를 들면 RNA 합성은 ATP와 함께 리보뉴클레오타이드 CTP, GTP, UTP를 필요로 하고, DNA 합성은 dCTP, dGTP, dTTP, dATP를 필요로 한다(3.1절). 이 모든 뉴클레오타이드 삼인산(NTP)들은 비특이적 효소인 **뉴클레오타이드 이인산 인산화 효소(nucleoside diphosphate kinase)**에 의해 촉매되는 반응에서 ATP와 해당하는 뉴클레오사이드 이인산(NDP)으로부터 합성된다.

$$\text{ATP} + \text{NDP} \rightleftharpoons \text{ADP} + \text{NTP}$$

NTP 사이의 구조적 유사성으로부터 짐작할 수 있는 것처럼 이 반응들의 $\Delta G^{\circ\prime}$는 거의 0이다. 이 반응들은 이어지는 반응에서 자유 에너지를 방출하는 이용 과정을 통한 NTP의 소모에 의해 계속 진행된다.

그 외의 인산화 효소들은 ATP를 소비하여 가역적으로 뉴클레오사이드 일인산을 뉴클레오사이드 이인산으로 전환한다. 이 인산기 전달 반응의 한 예는 **아데닐산 인산화 효소(adenylate kinase)**에 의해 촉매된다.

$$\text{AMP} + \text{ATP} \rightleftharpoons 2\text{ADP}$$

이 효소는 모든 조직에 존재하며, 세 가지 뉴클레오타이드의 평형 농도를 유지하는 작용을 한다. AMP가 쌓이게 되면 ADP로 전환되고, 이는 기질 수준 인산화, 산화성 인산화 또는 광인산화를 통하여 ATP 합성에 이용될 수 있다. 역반응은 ATP가 빨리 소비되어 ADP의 농도가 증가될 때 세포 내 ATP 농도가 회복되는 것을 돕는다.

슐츠(Georg Schulz)가 밝혀낸 아데닐산 인산화 효소의 X선 구조는 이 효소에 의해 촉매되는 반응에서 각각 약 30개의 잔기로 이루어진 두 개의 도메인이 기질을 덮어 닫는다(**그림 14-10**). 그렇게 해서 기질과 단단히 결합하고, 물이 활성 자리로 들어가는 (그렇게 되면 인산기 전달보다는 가수 분해를 일어나게 하는) 것을 막는다. 두 도메인 중 한 도메인의 움직임은 전하를 가진 네 개의 불변의 잔기에 의존한다. 이 그룹들과 기질들 사이의 반응이 아마도 기질 결합 자리(그림 14-10*b*) 주위의 재배열을 촉발하는 것으로 보인다.

일단 아데닐산 인산화 효소 반응이 종료되면 효소 촉매 효율을 유지하기 위해 단단하게 결합된 생성물들이 산속하게 방출되어야 한다. 그러나 반응이 에너지적으로 중성적이므로(무수 인산 결합의 개수가 변하지 않았다), 생성물이 신속하게 유리되기 위해서는 다른 자유 에너지원이 필요하다. 리간드와 결합하지 않은 아데닐산 인산화 효소와 이기질 모형 화합물 **Ap_5A**(다섯 번째 인산기에 의해 AMP와 ATP가 연결된 구조)와 복합체를 이루고 있는 아데닐산 인산화 효소의 X선 구조들을 비교하면, 효소들이 단단히 결합한 기질들과 생성물들의 동역학적 함정을 어떻게 피하는지를 알 수 있다. 기질이 결합하면 단백질의 활성 자리에서 멀리 있는 한 부분이 결합의 유동성이 증가하여 기질 결합의 자유 에너지를 일부 소비한다. 결합 자리가 열

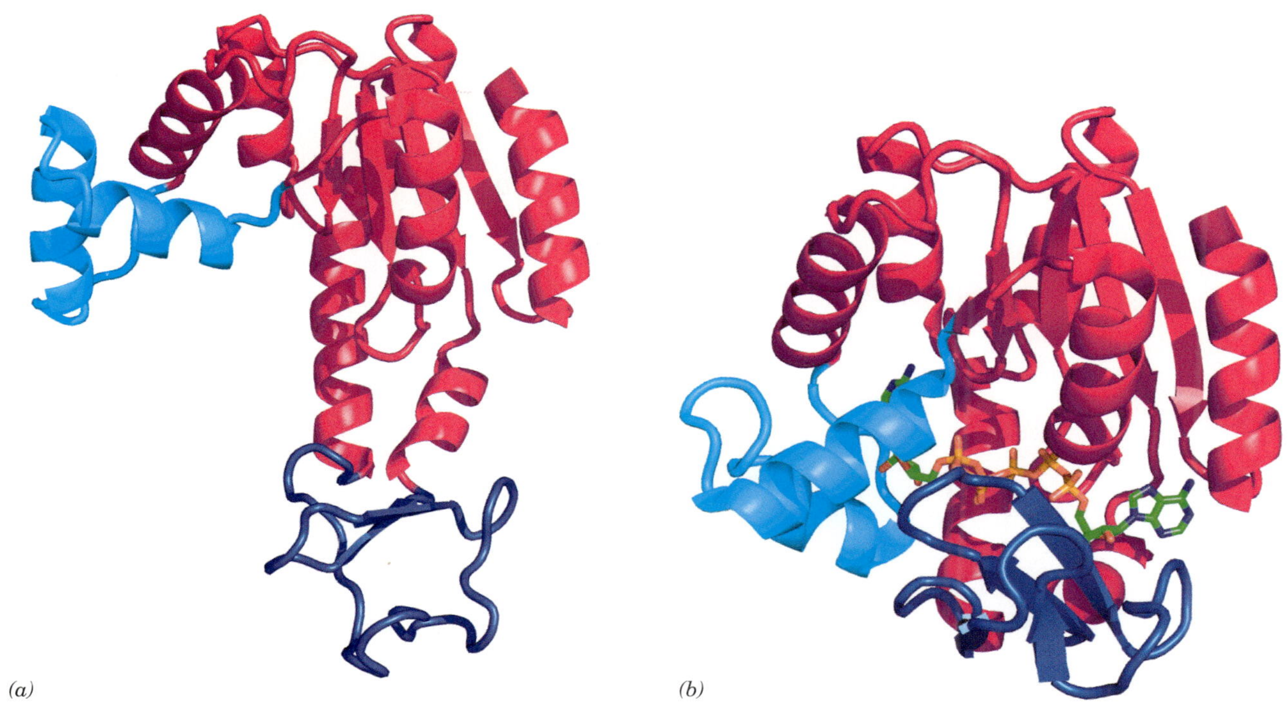

그림 14-10 기질과의 결합에 따른 대장균 아데닐산 인산화 효소의 형태 변화 (*a*) 결합하지 않은 효소, (*b*) 이기질(bisubstrate) 유사체 Ap_5A와 결합한 효소. Ap_5A는 공-막대 모형(C 초록색, N 파란색, O 빨간색, P 노란색)로 나타나 있다. 단백질의 청록색(cyan)과 파란색 영역은 기질과 결합할 때 형태가 크게 변하는 반면, 단백질의 나머지 부분(자홍색)은 거의 같은 구조를 유지하고 있다. 분자 구조의 방향은 *a*와 *b*에서 동일하다. [Based on X-ray structures by Georg Schulz, Institut für Organische Chemie und Biochemie, Freiburg, Germany. PDBids (*a*) 4AKE and (*b*) 1AKE.]

리고 생성물이 유리되면 그 부분은 다시 단단하게 된다. 이러한 메커니즘은 아데닐산 인산화 효소가 높은 반응 속도를 유지하도록 돕기 위한 '에너지 평형추(energetic counterweight)'로 작용하는 것으로 생각된다.

D 황화에스터 화합물은 고에너지 화합물이다

대사에서 인산화 화합물이 도처에 관련되어 있음은 그들이 진화 초기부터 존재하였을 것이라는 생각과 부합된다. 그러나 인산염은 비생물계에서는 현재도 그렇고 이전에도 매우 휘귀하였다. 이것은 대사 경로가 인산화된 화합물로 전문화되기 훨씬 이전에는 아마도 다른 종류의 분자들이 에너지가 풍부한 화합물로 작용하였을 것으로추측된다. 원시 '고에너지' 화합물로 추측되는 화합물 중 하나는 **황화에스터(thioester)**이며, 그렇게 추측하는 중요한 이유로는 알려진 모든 생명체의 중심적인 대사 경로에서 이 화합물이 작용한다는 것이다. 특히 황화에스터 결합은 산화성 인산화 과정과 무관하며, 아마도 그 이전에 작용하였을 것으로 추측되는 ATP 생성 과정인 기질 수준 인산화와 관련이 있다.

황화에스터 결합은 현재의 대사 경로에서는 반응 중간 물질(효소 활성 자리의 Cys 잔기가 참여하는)로서 나타나며, 탄수화물, 지방산, 아미노산 분해 대사의 공통 생성물인 아세틸 CoA(그림 14-11)의 형태로 나타난다. **보조 효소 A(coenzyme A, CoASH 또는 CoA)**는 β-머캅토에틸아민기가 아마이드 결합을 통해 바이타민 **판토텐산(pantothenic acid)**과 결합되었고, 이것이 다시 파이로인산 연결부를 통해 3′-인산아데노신에 연결된 구조이다. 아세틸 CoA의 아세틸기는 β-머캅토에틸아민기의 황화수소 부분에 황화에스터로 결합되어 있다. 따라서 **CoA는 아세틸과 그 외의 아**

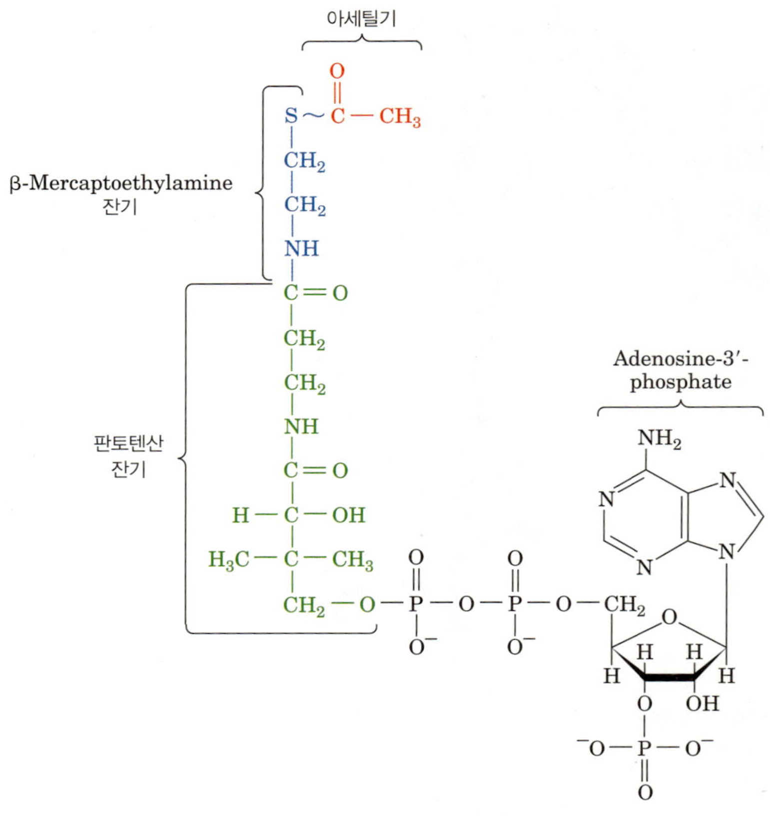

아세틸 보조 효소 A (acetyl-CoA)

그림 14-11 아세틸 CoA의 화학 구조 황화에스터 결합은 ~로 그려져 있는데, 이는 '고에너지' 결합(가수 분해 시 많은 자유 에너지를 방출함)을 의미한다. CoA는 아세틸기가 수소로 치환된 구조이다.

실기(CoA의 A는 '아세틸화'를 나타낸다)**의 전달체로 작용한다**. 황화에스터는 CoA에서처럼 3′-인산-AMP에 결합되지 않고, 단백질(20-4C절)의 세린-OH기에 연결된 인산판테테인(phosphopantetheine) 잔기에 결합된 아실기의 형태를 취하기도 한다.

아세틸 CoA는 '고에너지' 화합물이다. 이 화합물의 황화에스터 결합의 가수 분해 $\Delta G^{\circ\prime}$는 $-31.5\ \mathrm{kJ \cdot mol^{-1}}$로, ATP 가수 분해보다 약간 더 많은 ($1\ \mathrm{kJ \cdot mol^{-1}}$) 자유 에너지를 방출한다. 황화에스터는 공명에 의해 덜 안정화되기 때문에 황화에스터의 가수 분해는 일반적인 에스터 결합보다 자유 에너지를 더 많이 방출한다. 이 불안정화는 황의 원자 반지름이 크기 때문에 C와 O 사이와 비교해서 C와 S 사이의 전자의 겹침이 줄어들기 때문이다.

대사 중간체의 황화에스터 결합의 생성은 대사 연료의 산화로 인한 자유 에너지의 일부를 저장한다. 그 자유 에너지는 다음에 자유 에너지 흡수 과정을 추진하는 데 이용될 수 있다. 예를 들어 시트르산 회로에서 황화에스터(**석시닐-CoA**)의 절단은 GDP와 무기인산기(P_i)로부터 GTP를 합성하는 데 필요한 충분한 자유 에너지를 방출한다(17-3E절).

체크 포인트

- 세포가 에너지 통화로 사용하는 것은 어떤 종류의 분자들인가?
- 왜 ATP는 '고에너지' 화합물인가?
- 자유 에너지 방출 반응이 자유 에너지 흡수 반응을 추진하는 방법들을 기술하시오.
- 무기 파이로인산 분해 효소를 대사에서 없어서는 안 되는 이유는 무엇인가?
- 어떻게 포스파젠에 의해 ATP가 다시 보충되는지 설명하시오.
- 뉴클레오사이드 이인산 인산화 효소와 아데닐산 인산화 효소의 세포 내 기능은 무엇인가?
- 왜 황화에스터 결합은 '고에너지' 결합인가?

3 산화-환원 반응

주요 개념

- NAD^+와 FAD와 같은 전자 운반체는 환원된 대사 물질로부터 전자를 받아서 다른 화합물들에게 전달한다.
- 네른스트 식은 산화-환원 반응의 열역학을 기술한다.
- 환원 전위는 어떤 산화된 화합물이 전자를 얻으려는(환원되려는) 경향을 나타낸다. 어떤 반응에 대한 환원 전위의 변화량은 주어진 산화된 화합물이 주어진 환원된 화합물로부터 전자를 받으려는 경향을 나타낸다.
- 자유 에너지와 환원 전위는 음의 관계로 연결되어 있다. 환원 전위가 클수록 자유 에너지는 더 큰 음의 값을 가지며 반응은 더 유리하다.

대사 연료가 CO_2로 산화될 때, 전자는 전자 운반체로 전달되었다가 호기성 생물에서는 궁극적으로 산소 분자로 전달된다. 전자 수송 과정은 막 안팎의 수소 이온 농도 기울기를 형성한다(산화성 인산화, 18-3절). 산화성 인산화를 수행하지 않는 절대적 혐기성 생물체들조차도 ATP 합성을 수행하기 위해서는 기질의 산화에 의존한다. 실제로 산화-환원 반응(**redox 반응**으로도 알려진)은 생물체들에게 그들의 자유 에너지의 대부분을 공급한다. 이 절에서는 기질이 산화되는 동안의 자유 에너지의 보존을 위한 열역학적 기초를 살펴볼 것이다.

A NAD^+와 FAD는 전자 운반체이다

전자 운반체 중 가장 널리 이용되는 두 종류는 뉴클레오타이드 보조 효소인 니코틴아마이드 아데닌 다이뉴클레오타이드(NAD^+)와 **플라빈 아데닌 다이뉴클레오타이드(flavin adenine dinucleotide, FAD)**이다. NAD^+의 니코틴아마이드 부분(그리고 이의 인산화된 물질인 $NADP^+$, 그림 11-4)은 가역적 환원이 일어나는 부분이며, 그림 14-12에서와 같이 공식적으로 수소 음이온(H^-, 전자 두 개를 가진 양성자)의 전달체로 작용한다. 호기성 생물체에서 마지막 전자 받개인 O_2는 짝지어지지 않은 전자들만 받을 수 있다(그것은 산소 분자의 가장 에너지가 낮은 두 개의 오비탈이 모두 한

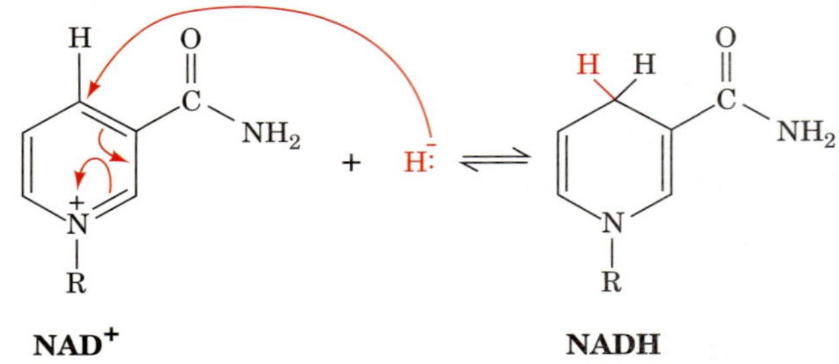

그림 14-12 **NAD⁺로부터 NADH로의 환원** R은 조효소의 리보스-파이로인산-아데노신 부분을 나타낸다. 환원에 의해 니코틴아마이드 고리만이 영향을 받는데, 형태적으로는 수소 음이온의 전달에 의해 일어나는 것으로 표시된다.

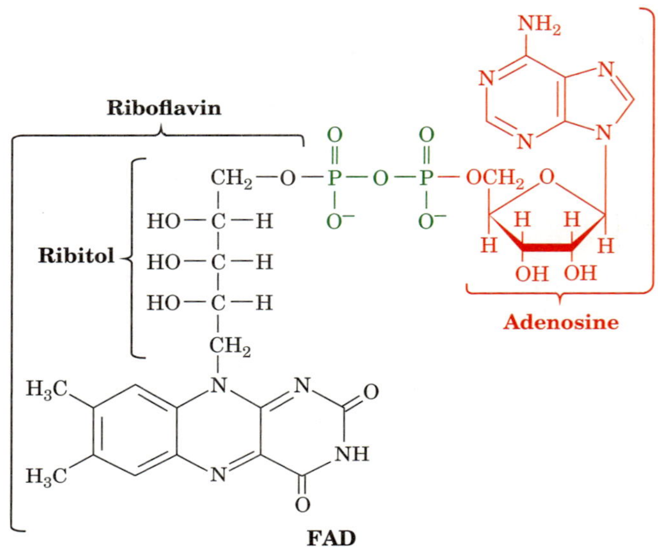

그림 14-13 **플라빈 아데닌 다이뉴클레오타이드(FAD)** 아데노신(붉은색)은 리보플라빈(검은색)과 파이로인산기(청색)로 연결되어 있다. FAD의 리보플라빈 부분은 **바이타민 B_2**로도 알려져 있다.

? 이 다이뉴클레오타이드의 염기, 리보스, 인산기의 위치를 말하라.

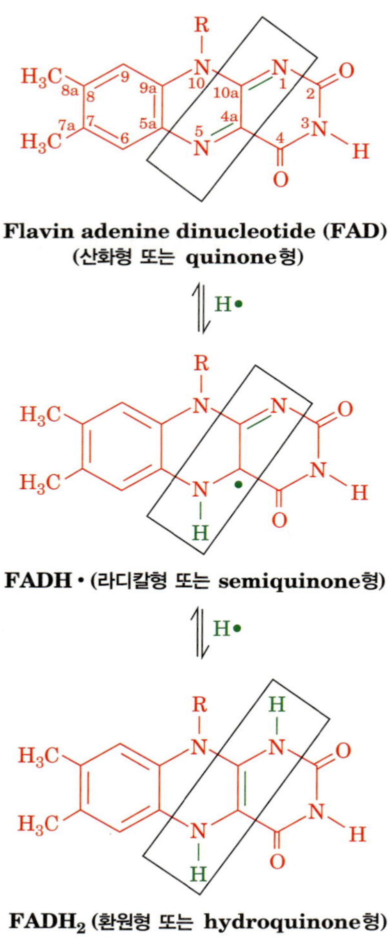

개씩의 전자를 이미 가지고 있기 때문이다). 다시 말해서 전자는 한 번에 한 개씩만 O_2에 전달되어야 한다. 대사 물질로부터 쌍으로(예를 들면 두 전자에 의한 NAD^+의 환원과 같은 경우) 빠져나온 전자들은 산화-환원 반응에서 한 번에 두 개의 전자 또는 한 개의 전자를 받을 수 있는 다른 전자 운반체에 전달되어야 한다. FAD(**그림 14-13**)가 그러한 보조 효소 중 하나이다.

FAD의 콘쥬게이션 고리계 구조는 한 개의 전자를 받아 안정한 라디칼(세미퀴논) FADH·가 되거나, 두 개의 전자를 받아 완전히 환원된(하이드로퀴논) $FADH_2$(**그림 14-14**)가 될 수 있다. 환원에 의한 고리계의 전자 상태의 변화는 색깔의 변화로 나타나는데 FAD는 밝은 노란색인데 $FADH_2$가 되면 연한 노란색으로 바뀐다. NAD^+와 FAD의 대사에서의 기능상 이들은 가역적으로 환원될 수 있어야 한다. 따라서 그들은 전자를 받을 수도 있고, 다른 전자 운반체에 전자를 내어 줄 수도 있어서, 재생되

그림 14-14 **FAD로부터 $FADH_2$로의 환원 반응** R은 보조 효소의 리비톨-파이로인산-아데노신 부분을 나타낸다. FAD의 콘쥬게이션 고리계에서는 한 개의 전자를 받는 반응이 차례로 두 번 일어날 수도 있고, 세미퀴논(semiquinone) 상태를 건너뛰어 두 개의 전자가 한 번에 전달되는 반응이 일어날 수도 있다.

어 산화와 환원의 순환 과정에서 다시 이용될 수 있다.

인체는 FAD의 플라빈 부분을 합성할 수 없기 때문에 리보플라빈(바이타민 B_2, 그림 14-13)과 같은 형태로 음식물로부터 섭취해야 한다. 그렇지만 사람에게서 리보플라빈 결핍증은 아주 드물게 나타나는데, 이에 대한 부분적인 이유는 플라빈 보결 분자단이 결손 효소 단백질에 단단하게 결합되어 있기 때문이다. 일반적인 영양 부족이나 특이한 식생활과 관련이 있는 리보플라빈 결핍 증세로 혀의 염증, 입가의 상처, 피부염 등이 있다.

B 네른스트 식은 산화-환원 반응을 설명한다

산화-환원 반응은 다른 형태의 기 전달 반응과 유사하다. 다만 전달되는 '기'가 전자라는 점이 다른데, 전자는 **전자 주개(electron donor)**[**환원제(reductant** 또는 **reducing agent)**]로부터 **전자 받개(electron acceptor)**[**산화제(oxidant** 또는 **oxidizing agent)**]로 전달된다.

예를 들면 다음 반응에서

$$Fe^{3+} + Cu^{+} \rightleftharpoons Fe^{2+} + Cu^{2+}$$

Cu^{+}는 환원제로서 Cu^{2+}로 산화되는 반면, 산화제인 Fe^{3+}는 Fe^{2+}로 환원된다.

산화-환원 반응은 다음과 같은 두 개의 **반쪽 반응(half reaction)**으로 나눌 수 있으며,

$$Fe^{3+} + e^{-} \rightleftharpoons Fe^{2+} \qquad \text{(환원)}$$
$$Cu^{+} \rightleftharpoons Cu^{2+} + e^{-} \qquad \text{(산화)}$$

그들의 합은 위의 전체 반응이다. 이들 특별한 반쪽 반응은 미토콘드리아에서 사이토크롬 C 산화 효소가 산화되는 동안에 일어난다(18-2F절). 전자들이 전달되기 위해서는 두 반쪽 반응이 동시에 일어나야 한다는 점에 주목하라. 실제로 전자는 두 반쪽 반응의 공통 중간체이다.

하나의 반쪽 반응은 전자 주개와 그의 짝전자 받개로 구성된다. 위의 산화 반쪽 반응에서 Cu^{+}는 전자 주개이고, Cu^{2+}는 짝전자 받개이다. 이들은 함께 짝산염기쌍(HA와 A^{-}, 2-2B절)과 유사한 **산화-환원쌍(redox couple)** 또는 **짝산화-환원쌍(conjugate redox pair)**을 만든다. 그러나 산화-환원쌍과 산-염기쌍 사이의 중요한 차이는 각각이 **짝산화-환원쌍으로 구성되는 산화-환원 반응의 두 반쪽 반응은 물리적으로 분리되어 전기 화학 전지(electrochemical cell)를 만들 수 있다는 것이다** (그림 14-15). 그와 같은 장치에서 각각의 반쪽 반응은 분리된 **반쪽 전지(half-cell)**에서 일어나고, 전자는 두 전극을 연결한 도선에서 전류로서 반쪽 전지 사이에서 흐르게 된다. 이온이 이동할 수 있는 통로를 제공하여 전기 회로를 완성하여 전기적 중성을 유지하기 위해서 염다리가 필요하다.

산화-환원 반응의 자유 에너지는 단순히 두 반쪽 전지 사이의 전압 차이를 측정하여 결정하므로 아주 쉽다. 다음의 일반적인 반응을 생각해 보자.

$$A_{ox}^{n+} + B_{red} \rightleftharpoons A_{red} + B_{ox}^{n+}$$

여기에서 반응물 몰당 n몰의 전자가 환원제(B_{red})에서 산화제(A_{ox}^{n+})로 전달된다. 이 반응의 자유 에너지는 다음과 같다.

GATEWAY CONCEPT 산화-환원 반응
한 물질이 환원되려면(전자를 얻으려면) 다른 물질이 산화되어야(전자 잃어야) 한다. 다시 말하면 전자 주개와 전자 받개가 평형 반응의 양쪽에 있어야 한다. 산화-환원 반응에서 전자는 항상 분자에 결합한 상태로 있다. 자유 전자가 세포 안에서 떠돌아다니지는 않는다.

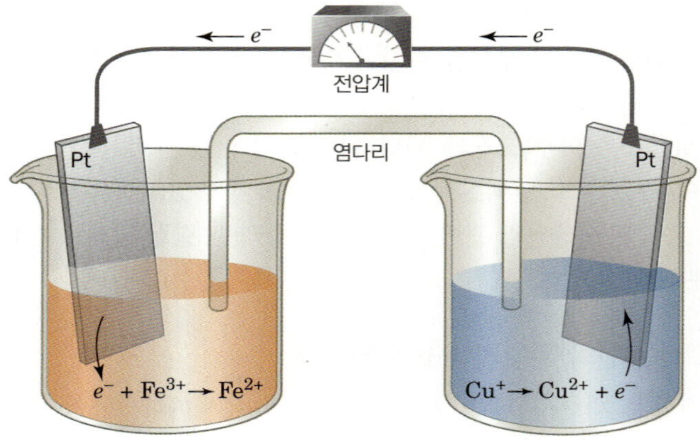

그림 14-15 전기 화학 전지 산화가 일어나는 반쪽 전지(여기서는 $Cu^+ \rightarrow Cu^{2+} + e^-$)는 유리된 전자를 도선을 통해 환원이 일어나는 반쪽 전지($e^- + Fe^{3+} \rightarrow Fe^{2+}$)로 전달한다. 두 반쪽 반응 사이의 전기적 중성은 전해질을 포함하는 염다리를 통해 이온이 전달됨으로써 유지된다.

$$\Delta G = \Delta G^{\circ\prime} + RT \ln\left(\frac{[A_{red}][B_{ox}^{n+}]}{[A_{ox}^{n+}][B_{red}]}\right) \quad [14\text{-}4]$$

가역 조건에서는

$$\Delta G = -w' = -w_{el} \quad [14\text{-}5]$$

이고, w'는 압력-부피의 변화와 무관한 일이다. 이 경우 w'는 w_{el}에 상당한 일인데, 이는 **전위차(electrical potential difference)** $\Delta\mathscr{E}$[$\mathscr{E}$의 단위는 볼트(V)이며, 볼트는 1쿨롱의 전하(C)를 운반하는 데 필요한 일을 줄(J)로 표시한 양]를 거슬러 n몰의 전자를 운반하는 데 필요한 전기적인 일이다. 정전기 법칙에 따르면,

$$w_{el} = n\mathscr{F}\Delta\mathscr{E} \quad [14\text{-}6]$$

여기서 $\mathscr{F}$는 **패러데이(faraday)**로 전자 1몰의 전하($1\mathscr{F} = 96,485\ \text{C}\cdot\text{mol}^{-1} = 96,485\ \text{J}\cdot\text{V}^{-1}\cdot\text{mol}^{-1}$)이며, n은 전환된 반응물 1몰당 운반된 전자의 몰수이다. 따라서 식 14.6을 식 14.5에 대입하면 다음과 같이 된다.

$$\Delta G = -n\mathscr{F}\Delta\mathscr{E} \quad [14\text{-}7]$$

식 14.4와 식 14.7을 조합하고, ΔG°에 대하여 같은 방법으로 대입하면 **네른스트 식(Nernst equation)**이 구해진다.

$$\boxed{\Delta\mathscr{E} = \Delta\mathscr{E}^\circ - \frac{RT}{n\mathscr{F}} \ln\left(\frac{[A_{red}][B_{ox}^{n+}]}{[A_{ox}^{n+}][B_{red}]}\right)} \quad [14\text{-}8]$$

이 식은 원래 1881년에 네른스트(Walther Nernst)가 공식화하였다. 여기서 $\mathscr{E}$는 **환원 전위(reduction potential)**로서 물질이 환원(전자를 받음)되려는 경향이다. $\Delta\mathscr{E}$는 **기전력(electromotive force, emf)**으로, 전기 화학 전지가 일으키는 '전자 압력(electron pressure)'이라고 기술할 수 있다. 모든 성분들이 표준 상태일 때의 환원 전위인 $\mathscr{E}^\circ$의 크기를 **표준 환원 전위(standard reduction potential)**라고 한다. 이 표준 상태가 생화학적 표준 상태이면(1-3D절), $\mathscr{E}^\circ$는 $\mathscr{E}^{\circ\prime}$로 대체된다. 식 14.7에서 양의 $\Delta\mathscr{E}$는 음의 ΔG가 된다. 다시 말해 **양의 $\Delta\mathscr{E}$는 자발적인 반응을 나타내는 것으로, 일을 할 수 있는 반응을 의미한다.**

C 반응의 자발성은 환원 전위차를 측정하여 결정할 수 있다

식 14-7에서 환원 전위차를 전압계로 직접 측정함으로써 산화-환원 반응의 자유 에너지 변화를 결정할 수 있음을 알 수 있다(그림 14-15). 이와 같은 측정으로 세포의 산화성 인산화를 매개하는 전자 전달 경로에서와 같은 여러 전자 운반체들 중에서 자발적인 전자 전달의 차례를 결정할 수 있다.

산화-환원 반응은 그것을 구성하는 반쪽 반응으로 나누어질 수 있다.

$$A_{ox}^{n+} + ne^- \rightleftharpoons A_{red}$$
$$B_{ox}^{n+} + ne^- \rightleftharpoons B_{red}$$

여기서 관례대로 두 반쪽 반응은 환원 반응으로 표기되어 있다. 이들 반쪽 반응에 네른스트 식에 따라 환원 전위 $\mathscr{E}_A$와 $\mathscr{E}_B$를 부여할 수 있다.

$$\mathscr{E}_A = \mathscr{E}_A^{\circ\prime} - \frac{RT}{n\mathscr{F}} \ln\left(\frac{[A_{red}]}{[A_{ox}^{n+}]}\right) \qquad [14\text{-}9]$$

$$\mathscr{E}_B = \mathscr{E}_B^{\circ\prime} - \frac{RT}{n\mathscr{F}} \ln\left(\frac{[B_{red}]}{[B_{ox}^{n+}]}\right) \qquad [14\text{-}10]$$

두 반쪽 반응를 포함하는 전체 산화-환원 반응에서 환원 전위의 차이 $\Delta\mathscr{E}^{\circ\prime}$는 다음과 같이 정의된다.

$$\Delta\mathscr{E}^{\circ\prime} = \mathscr{E}^{\circ\prime}_{(e^-\text{ acceptor})} - \mathscr{E}^{\circ\prime}_{(e^-\text{ donor})} \qquad [14\text{-}11]$$

따라서 A를 전자 받개로, B를 전자 주개로 하여 반응이 일어날 때 다음과 같이 된다. 즉 $\Delta\mathscr{E}^{\circ\prime} = \mathscr{E}_A^{\circ\prime} - \mathscr{E}_B^{\circ\prime}$, $\Delta\mathscr{E} = \mathscr{E}_A - \mathscr{E}_B$이다.

표준 환원 전위로 전자 친화도를 비교할 수 있다. 자유 에너지와 마찬가지로 환원 전위도 어떤 임의의 표준(여기서는 수소 반쪽 반응)에 대하여 정의되어야 한다.

$$2\,H^+ + 2\,e^- \rightleftharpoons H_2(g)$$

여기서 H^+는 백금 전극과 접촉하고 있는 $H_2(g)$와 평형을 이루고 있다. 이 반쪽 전지에게 pH 0, 25°C, 1기압의 조건에서 임의로 표준 환원 전위 0 V(1 V = 1 J·C^{-1})를 부여한다. 생화학적 관례인 pH 7.0 상태에서 수소 반쪽 반응은 −0.421 V의 표준 환원 전위 $\mathscr{E}^{\circ\prime}$을 가진다.

$\Delta\mathscr{E}$가 양의 값일 때 ΔG는 음의 값이고(식 14-7), 이는 자발적인 과정임을 나타낸다. 따라서 표준 상태에서의 두 반쪽 반응을 결합할 때 자발성의 방향은 더 큰 양의 값의 표준 환원 전위를 가지는 산화-환원쌍이 환원되는 방향이다. 다시 말해 **표준 환원 전위가 더욱 큰 양의 값이 될수록 산화-환원쌍의 산화된 형태의 전자에 대한 친화도가 더욱 커지며, 산화-환원쌍의 산화된 형태가 전자를 받아들여 환원되려는 경향이 더 커지게 된다.**

생화학적 반쪽 반응은 생리적으로 중요하다. 일부 생화학적으로 중요한 반쪽 반응의 생화학적 표준 환원 전위($\mathscr{E}^{\circ\prime}$)가 **표 14-4**에 나열되어 있다. 큰 양의 표준 환원 전위를 가지는 산화-환원쌍의 산화된 형태는 전자에 대한 친화도가 크므로 강한 전자 받개(산화제)이며, 반면에 그 짝환원제는 약한 전자 주개(환원제)이다. 예를 들면 O_2는 표 14-4에서 가장 강한 산화제이나, 전자를 단단히 결합하고 있는 물 분자는 표에서 가

표 14.4 생물학적으로 중요한 일부 반쪽 반응의 표준 환원 전위

반쪽 반응	$\mathscr{E}^{\circ\prime}$(V)
$\frac{1}{2}O_2 + 2H^+ + 2e^- \rightleftharpoons H_2O$	0.815
$NO_3^- + 2H^+ + 2e^- \rightleftharpoons NO_2^- + H_2O$	0.42
Cytochrome a_3 (Fe^{3+}) + e^- $\rightleftharpoons$ cytochrome a_3 (Fe^{2+})	0.385
$O_2 + 2H^+ + 2e^- \rightleftharpoons H_2O_2$	0.295
Cytochrome a (Fe^{3+}) + e^- $\rightleftharpoons$ cytochrome a (Fe^{2+})	0.29
Cytochrome c (Fe^{3+}) + e^- $\rightleftharpoons$ cytochrome c (Fe^{2+})	0.235
Cytochrome c_1 (Fe^{3+}) + e^- $\rightleftharpoons$ cytochrome c_1 (Fe^{2+})	0.22
Cytochrome b (Fe^{3+}) + e^- $\rightleftharpoons$ cytochrome b (Fe^{2+})(미토콘드리아)	0.077
Ubiquinone + $2H^+ + 2e^-$ $\rightleftharpoons$ ubiquinol	0.045
Fumarate$^-$ + $2H^+ + 2e^-$ $\rightleftharpoons$ succinate$^-$	0.031
FAD + $2H^+ + 2e^-$ $\rightleftharpoons$ $FADH_2$ (플라빈 단백질에서)	−0.040
Oxaloacetate$^-$ + $2H^+ + 2e^-$ $\rightleftharpoons$ malate$^-$	−0.166
Pyruvate$^-$ + $2H^+ + 2e^-$ $\rightleftharpoons$ lactate$^-$	−0.185
Acetaldehyde + $2H^+ + 2e^-$ $\rightleftharpoons$ ethanol	−0.197
FAD + $2H^+ + 2e^-$ $\rightleftharpoons$ $FADH_2$ (자유 보조 효소)	−0.219
$S + 2H^+ + 2e^- \rightleftharpoons H_2S$	−0.23
Lipoic acid + $2H^+ + 2e^-$ $\rightleftharpoons$ dihydrolipoic acid	−0.29
$NAD^+ + H^+ + 2e^-$ $\rightleftharpoons$ NADH	−0.315
$NADP^+ + H^+ + 2e^-$ $\rightleftharpoons$ NADPH	−0.320
Cysteine disulfide + $2H^+ + 2e^-$ $\rightleftharpoons$ 2 cysteine	−0.340
Acetoacetate$^-$ + $2H^+ + 2e^-$ $\rightleftharpoons$ β-hydroxybutyrate$^-$	−0.346
$H^+ + e^- \rightleftharpoons \frac{1}{2}H_2$	−0.421
$SO_4^{2-} + 2H^+ + 2e^- \rightleftharpoons SO_3^{2-} + H_2O$	−0.515
Acetate$^-$ + $3H^+ + 2e^-$ $\rightleftharpoons$ acetaldehyde + H_2O	−0.581

출처: Mostly from Loach, P.A., *in* Fasman, G.D. (Ed.), *Handbook of Biochemistry and Molecular Biology* (3rd ed.), Physical and Chemical Data, Vol. I, pp. 123 – 130, CRC Press (1976).

? 전자는 유비퀴놀에서 아세트알데하이드로 이동하겠는가, 에탄올에서 유비퀴논으로 이동하겠는가?

장 약한 환원제이다. 큰 음의 표준 환원 전위를 가지는 반쪽 반응에서는 역으로 된다.

전자는 낮은 환원 전위로부터 높은 환원 전위로 자발적으로 흐르기 때문에 표준 상태에서 표 14-4의 어떠한 반쪽 반응의 환원 생성물로부터도 그보다 환원 전위가 높은 다른 반쪽 반응의 산화된 반응물로도 전자가 운반될 수 있다(예시 계산 14-2). 그러나 그런 반응은 적당한 효소 없이는 측정 가능한 속도로 일어나지 않을 것이다. 표 14-4에 표시된 여러 사이토크롬의 Fe^{3+} 이온들은 상당히 다른 환원 전위를 가지고 있음을 주목하라. 이것은 **산화-환원 효소의 단백질 성분이 그들에게 결합된 산화-환원 중심의 환원 전위의 조절에 의해 전자 전달 반응에서 능동적인 역할을 하고 있음**을 의미한다.

전자 전달 반응은 생물학적으로 매우 중요하다. 예를 들면 미토콘드리아의 전자 전달 사슬(18.2절)에서 전자는 NADH로부터 환원 전위의 증가 순서대로 일련의 전

예시 계산 14-2

FAD에 의한 NADH의 산화 반응의 $\Delta G^{\circ\prime}$를 계산하시오.

관련된 반쪽 반응을 결합하여 다음 식을 구할 수 있다.

$$NADH + FAD + H^+ \rightarrow NAD^+ + FADH_2$$

다음으로, 아래의 방법 중 한 가지를 사용하여 표 14-4에 주어진 표준 환원 전위로부터 기전력($\Delta\mathscr{E}^{\circ\prime}$)을 계산한다.

방법 1

식 14-11에 따라

$$\Delta\mathscr{E}^{\circ\prime} = \mathscr{E}^{\circ\prime}_{(e^- \text{ acceptor})} - \mathscr{E}^{\circ\prime}_{(e^- \text{ donor})}$$

FAD($\Delta\mathscr{E}^{\circ\prime} = -0.219$ V)는 전자 받개이고, NADH($\Delta\mathscr{E}^{\circ\prime} = -0.315$ V)는 전자 주개이므로,

$$\Delta\mathscr{E}^{\circ\prime} = (-0.219 \text{ V}) - (-0.315 \text{ V}) = +0.096 \text{ V}$$

방법 2

두 개의 적절한 반쪽 반응의 합으로 알짜 반응을 쓴다. FAD의 경우 반쪽 반응은 표 14-4에 주어진 환원 반쪽 반응과 같고, $\mathscr{E}^{\circ\prime}$는 −0.219 V이다. NADH는 환원이 아니라 산화가 일어나며, 반쪽 반응은 표 14-4에 표시된 것과는 반대 방향이고 $\mathscr{E}^{\circ\prime}$는 +0.315 V로 표에 주어진 환원 전위의 역(마이너스를 붙인 값)이다. 알짜 산화 환원 반응을 위해 두 반쪽 반응을 더하는데, $\mathscr{E}^{\circ\prime}$ 값도 더한다.

$$\begin{array}{ll} FAD + 2H^+ + 2e^- \rightarrow FADH_2 & \mathscr{E}^{\circ\prime} = -0.219 \text{ V} \\ NADH \rightarrow NAD^+ + H^+ + 2e^- & \mathscr{E}^{\circ\prime} = +0.315 \text{ V} \\ \hline NADH + FAD + H^+ \rightarrow NADH^+ + FADH_2 & \Delta\mathscr{E}^{\circ\prime} = +0.096 \text{ V} \end{array}$$

다음으로, 식 14-7을 이용하여 $\Delta G^{\circ\prime}$를 계산한다. NADH 1몰이 NAD^+로 산화될 때마다 2몰의 전자가 전달되므로 $n = 2$이다.

$$\Delta G^{\circ\prime} = -n\mathscr{F}\Delta\mathscr{E}^{\circ\prime}$$
$$\Delta G^{\circ\prime} = -(2)(96{,}485 \text{ J} \cdot \text{V}^{-1} \cdot \text{mol}^{-1})(0.096 \text{ V}) = -18.5 \text{ kJ} \cdot \text{mol}^{-1}$$

자 받개(FAD와 표 14-4의 다른 전자 받개 포함)를 거쳐 O_2로 전달된다. ATP의 합성 과정과 이 연속적인 자유 에너지 방출 단계를 짝지어서 ADP와 무기인산(P_i)으로부터 ATP가 만들어진다. 따라서 **NADH는 에너지가 풍부한 전자 전달 보조 효소로서 작용한다.** 사실 한 개의 NADH를 O_2에 의해 NAD^+로 산화하면 거의 3개의 ATP를 생산하는 데 충분한 자유 에너지가 공급된다. NAD^+는 자유 에너지를 방출하는 많은 대사 물질 산화 반응에서 전자 받개로 작용한다. ATP 합성에서 전자 주개로 작용하면서 ATP와 비슷한 방법으로 자유 에너지의 통로로서 그의 순환적 기능을 완수한다(그림 14-9).

체크 포인트

- 보조 효소 NAD^+와 FAD가 대사에서 하는 역할은 무엇인가?
- 세포에서 NADH와 $FADH_2$가 일종의 에너지 통화라고 할 수 있는 이유는 무엇인가?
- 네른스트 식의 항들을 설명하시오.
- 두 개의 반쪽 반응을 결합시킬 때 어떤 화합물이 산화되고 환원될지 어떻게 예측할 수 있는가?
- 환원 전위차 $\Delta\mathscr{E}$와 ΔG의 관계는 무엇인가?

4 대사 연구의 실험법

주요 개념

- 대사 경로는 주로 방사능핵이나 NMR에서 활성인 동위 원소로 표지된 대사 물질을 추적하는 방법으로 연구가 이루어진다.
- 한 대사 경로의 각 단계를 밝히는 방법으로는 대사 저해제나 유전적 결함이 대사의 어떤 중간 대사물을 축적하는지를 조사하는 방법이 있다.
- DNA 미세 배열과 단백질체학과 같은 기술을 사용하여 대사 효소들의 유전적 발현을 조사할 수 있다.
- 한 세포의 대사 활성은 그 대사체에 나타난다.

하나의 대사 경로는 여러 수준에서 이해될 수 있다.

1. 특정한 영양분이 최종 생성물로 전환하는 반응의 순서와 이 변환 과정의 에너지 변화의 측면에서
2. 각각의 중간 대사물이 다음 대사물로 전환되는 메커니즘의 측면에서. 그와 같은 분석을 위해서는 각 반응을 촉매하는 특정한 효소들을 분리하고 특성을 연구해야 한다.
3. 대사 경로를 통하는 대사 물질의 흐름을 조절하는 메커니즘의 측면에서. 이 메커니즘에는 한 개체 전체의 필요에 맞추어 대사 활성을 조정하는 기관간의 상호작용도 포함한다.

이 모든 수준에서 한 대사 경로를 밝힌다는 것은 종종 여러 학문 분야의 도움을 필요로 하는 복잡한 과정이다.

주요 대사 경로의 개요는 수십 년 전부터 알려져 있다. 그러나 대사 경로에 작용하는 효소에 대한 내용은 분명하지 않은 경우도 많다. 마찬가지로 여러 생리적 조건에서 대사 경로의 활성을 조절하는 메커니즘은 완전하게 이해되지 않고 있다. 이 분야는 인류의 건강을 증진시키고 대사 질환을 치료하는 데 유용한 정보를 생산할 수 있는 가능성 때문에 매우 중요하다. 앞에서 일어나는 물질대사의 변화를 이해하는 것이 특히 활발한 연구 분야이다. 이뿐만 아니라 미생물의 미지의 대사 과정은 환경을 배려하면서 산업 재료, 식품, 치료 약품들을 생산하는 데 활용될 수 있는 새로운 생물학적 재료와 효소 과정에 대한 가능성을 보여 주고 있다.

초기의 대사 연구에서는 개체 자체를 사용하였는데, 효모를 사용하는 경우가 많았지만 포유동물을 사용하는 경우도 있었다. 예를 들면 밴팅(Frederick Banting)과 베스트(Charles Best)는 1921년에 당뇨병에서 췌장의 역할을 확립하였다. 그들은 외과수술로 개에서 그 조직을 제거한 다음, 동물에서 그 병이 발병하는 것을 관찰하였다(자료 22-2). 대사 연구의 방법들은 그 이후 더 개선되어 전체 기관을 사용하던 것에서 조직의 얇은 절편을 사용하다가 배양된 세포들과 세포내 소기관으로 진보되었다. 가장 최근의 접근법들은 유전자를 알아 내고 그들의 단백질 생성물, 그리고 그들의 활성의 결과로 생기는 대사 물질을 동정하는 것까지 포함한다.

A 표지된 대사 물질로 대사 경로를 추적할 수 있다

한 화합물이 다른 것으로 변환되는 대사 경로는 특별하게 표지된 대사 물질을 추적하여 확인할 수 있다. 크눕(Franz Knoop)은 1904년에 지방산의 산화를 연구하기 위

표 14.5 생화학에 사용되는 형광 표지 물질

형광단	들뜸 최댓값(nm)[a]	방출 최댓값(nm)
Aminocoumarin	350	445
Fluorescein	495	519
Cy3	550	570
Phycoerythrin	565	578
Texas Red (sulforhodamine)	589	615
Cy5	650	670

[a]형광단은 빛을 한 파장에서 흡수하여 들뜨고 파장이 보다 긴 (낮은 에너지의) 빛을 내놓는다.

하여 이 방법을 개발하였다. 그는 개에게 페닐기로 화학적으로 표지된 지방산을 먹인 뒤 오줌에서 페닐기로 치환된 최종 생성물들을 분리하였다. 페닐기로 치환된 원래의 물질이 홀수 또는 짝수 개의 탄소를 포함하고 있는지에 따라 생성 물질이 달라지는 것을 보고, 지방산이 탄소 두 개의 단위로 분해된다고 추론하였다(20-2절). 현대의 생화학자도 비슷한 방법을 사용한다. 종종 형광단이 붙은 화합물을 도입하여 조직 내에서 또는 단일 세포 안에서 그 화합물을 추적할 수 있다(**표 14-5**).

화학적 표지법은 표지된 대사 물질이 정상적인 대사 물질과 화학적 성질이 다르다는 불리함을 가지고 있다. 이 문제는 분자들을 방사성 동위 원소로 표지하는 것으로 대부분 해소된다. 그러므로 **방사성 동위 원소로 표지된 대사 물질 중의 원자의 운명은 대사 경로를 통하는 그들의 움직임을 추적하여 밝혀낼 수 있다.** 1940년대의 방사성 동위 원소 표지법과 추적법의 출현은 대사 연구를 혁명적으로 발전시켰다. 생화학에서 가장 흔하게 사용하는 방사성 동위 원소(**방사성 핵종, radionuclide**)를 **표 14-6**에 반감기와 자발적으로 붕괴되는 원자핵이 방출하는 방사성의 종류와 함께 수록하였다. 방사성 화합물은 그들이 사진 필름을 감광할 수 있는 능력으로 검출할 수 있다. 또는 β 입자와 γ선은 형광 화합물을 활성화시킬 수 있기 때문에 이때 방출된 빛을 측정할 수 있다.

방사성 추적자를 이용한 대사 과정 연구에서 초기 발전들 중 하나는 1945년에 세

표 14.6 생화학에서 사용되는 몇 가지 방사성 동위 원소

방시성 핵종	반감기	방사선의 종류[a]
^{3}H	12.31년	β
^{14}C	5715년	β
^{18}F	110분	β^+
^{22}Na	2.60년	β^+, γ
^{32}P	14.28일	β
^{35}S	87.2일	β
^{45}Ca	162.7일	β
^{60}Co	5.271일	β, γ
^{125}I	59.4일	β
^{131}I	8.02일	β, γ

[a]β 입자는 전자, β^+ 입자는 양전자, γ선은 양성자이다.

출처: Holden, N.E., *in* Lide, D.R. (Ed.), *Handbook of Chemistry and Physics* (90th ed.), pp. 11–57 to 266, CRC Press (2009–2010).

민(David Shemin)과 리텐버그(David Rittenberg)가 헴(heme)기(그림 7-2)의 질소 원자가 암모니아, 글루탐산, 프롤린, 류신이 아니라 글라이신으로부터 유래한다는 것을 보인 것이다(21-6A). 그들은 쥐들에게 ^{15}N 표지된 영양소를 먹인 다음, 혈액에서 헴(heme)을 분리하여 ^{15}N 함량을 질량 분석기로 분석하여 이를 증명하였다. 쥐들이 [^{15}N]글라이신으로 사육되었을 때만 헴에 ^{15}N이 포함되었다. 이 방법은 방사성 동위 원소 ^{14}C에 대해서도 같은 방법으로 사용되어 콜레스테롤의 모든 탄소 원자들이 아세틸 CoA로부터 유래되었음을 보이는 데 이용되기도 하였다(20-7A절). 방사성 동위 원소는 복잡한 대사 물질이 어떤 물질로부터 만들어졌는지, 그 기원을 밝히는 데 필수적이 되었다. 종양이 성장하는 곳을 찾기 위해 자주 사용되는 전신 스캔에서도 2-데옥시-2-[^{18}F]플루오로-D-글루코스와 같은 방사능 화합물을 사용한다.

표지된 대사 물질을 추적하는 또 다른 방법은 핵자기 공명 분광법(NMR)으로 ^{1}H, ^{13}C, ^{15}N, ^{31}P를 포함하는 특정 동위 원소를 그들의 고유한 핵스핀에 의해 검출하는 것이다. 특정 핵의 NMR 스펙트럼은 인접한 환경에 따라 달라지기 때문에 비교적 복잡한 혼합물에서도 특정 원자에 해당하는 피크들을 확인할 수 있다. 동물이나 사람을 수용할 수 있을 만큼, 그리고 스펙트럼을 특정 기관에 할당할 만큼 충분히 큰 자석의 개발은 NMR 기법을 이용하여 비파괴적으로 대사 경로를 연구할 수 있게 하였다. 예를 들면 ^{31}P NMR은 ATP, ADP, 인산크레아틴과 같은 인산화 화합물의 농도를 관찰함으로써 근육의 에너지 대사를 연구하는 데 이용될 수 있다.

대사 물질의 특정 원자를 ^{13}C(자연계에는 1.1%만 존재하는)로 동위 원소 표지를 하면 ^{13}C NMR을 이용하여 표지된 원자들의 대사 경과를 추적할 수 있다. **그림 14-16**은 D-[1-^{13}C]글루코스 주입 전후의 쥐의 간의 생체 ^{13}C NMR 스펙트럼을 보이

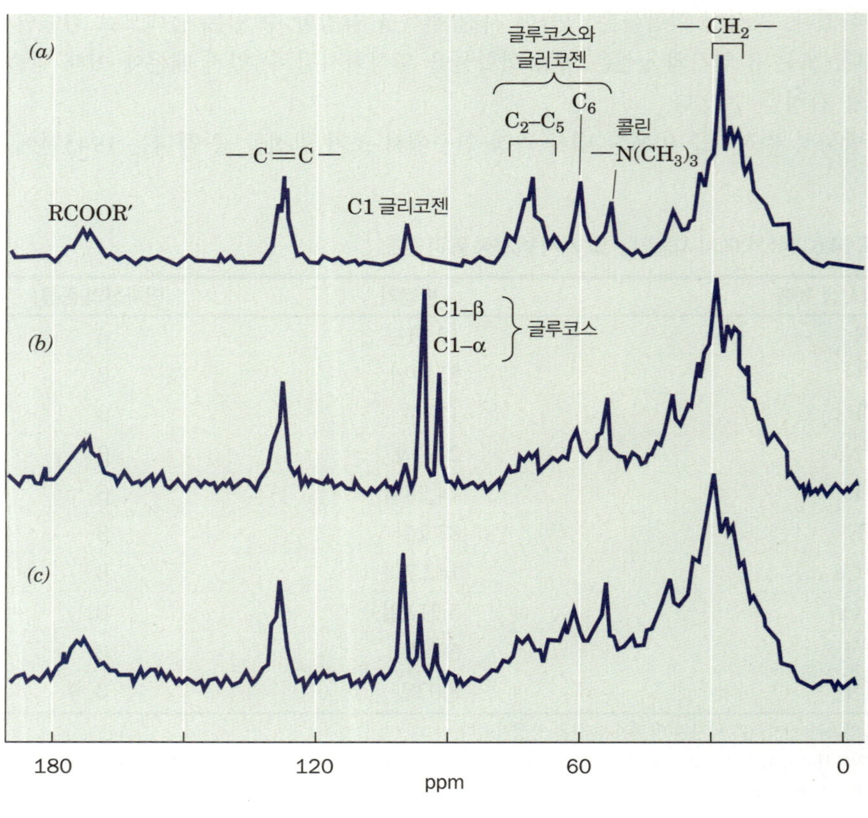

그림 14-16 국소화된 생체 ^{13}C NMR에 의해 관찰된 [1-^{13}C]글루코스의 글리코젠으로의 전환 (*a*) 살아 있는 쥐 간의 자연 상태의 ^{13}C NMR 스펙트럼. 글리코젠의 C1에 해당하는 공명에 주목하라. (*b*) [1-^{13}C]글루코스 (90% 농축된) 100 mg을 정맥 내에 주사한 후 약 5분 후에 얻은 같은 쥐 간의 ^{13}C NMR 스펙트럼. 글루코스의 α, β-아노머 모두의 C1 원자들의 공명은 서로 잘 구별되며, 글리코젠의 CI과도 잘 구별된다. (*c*) [1-^{13}C]글루코스를 주사한 후 약 30분 후에 얻은 같은 쥐의 간의 ^{13}C NMR 스펙트럼. 글리코젠 C1의 공명이 증가한 반면, α, β-글루코스 아노머들의 C1 공명은 많이 감소하였다. (After Reo, N.V., Siegfried, B.A., and Acheman, J.J.H., *J Biol. Chem.* 259, 13665(1984).]

고 있다. ^{13}C은 간으로 들어가서 글리코젠(글루코스의 저장 형태, 16-2절)을 만드는 데 이용됨을 볼 수 있다.

B 때로 대사계를 교란시켜 대사 연구를 수행한다

대사 경로의 중간 산물과 효소를 규명하는 데 이용되는 많은 분석 방법에서는 어떤 방식으로나 계를 교란시킨 다음, 이 효과가 경로의 활성에 어떤 영향을 주는지를 관찰한다. 대사 경로를 교란시키는 한 방법은 특정한 지점에서 대사 경로를 저해하여 앞 과정의 중간 산물들이 쌓이게 되는 **대사 저해제(metabolic inhibitor)**라고 하는 물질을 첨가하는 것이다. 이 방법은 효모에서 해당 과정에 의해 글루코스가 에탄올로 전환하는 과정을 밝히기 위해 이용되었다(15-2절). 비슷한 방법으로, 전자 전달을 다른 지점들에서 봉쇄하는 물질을 가하여 미토콘드리아 전자 전달 사슬의 전자 운반체들의 순서를 밝히는 데 이용되었다(18-2B절).

유전적 결함들도 대사 중간 산물을 축적시킨다. 1900년대 초에 사람의 유전적 질병이 특정 효소 결함의 결과라는 개로드(Archibald Garrod)의 인식 또한 대사 경로의 규명에 공헌하였다. 예를 들면 대체로 해롭지는 않지만 정상적이지는 않은 **알캅톤뇨증(alcaptonuria)**이라고 알려진 질병을 유전적으로 물려받은 사람은 페닐알라닌이나 타이로신이 분해되면서 소변 중에 **호모젠티스산(homogentisic acid)**을 배출한다(자료 21-2). 이는 알캅톤뇨증 환자들의 간에 호모젠티스산의 분해를 촉매하는 효소가 없기 때문이다(그림 14-17).

유전적인 조작은 대사 과정을 변화시킨다. 대사에 대한 초기의 연구를 통해 **대부분의 생물체들에서 기본적인 대사 경로들은 근본적으로 동일하다**는 놀라운 발견을 하게 되었다. 이러한 대사의 통일성은 대사 반응의 연구를 아주 용이하게 하였다. 관찰 대상인 경로의 효소를 불활성화하거나 결손시키는 돌연변이가 고등 생물체에서는 알려져 있지 않더라도, **돌연변이 유발원(mutagen**: 유전적 변화를 유발하는 화학 약품, 25-4A절), X선, 또는 최근의 유전공학적 기법(3-5절)을 이용하여 빠르게 증식하는 미생물에서 쉽게 만들어질 수 있다. 경로의 최종 생성물을 합성할 수 없는, 원하는 돌연변이주들은 배지에 생성물을 요구하는 것으로 확인될 수 있다.

유전자들이 제거된 고등 생물체(유전자 '녹아웃(knockout)', 3-5D절)가 우용한데, 특히 단일 유전자 생성물의 부재가 치명적이지는 않지만 대사상 결함을 일으키는 경우에 그렇다. 유전공학적 기법들은 선택적으로 어떤 유전자를 특정한 조직에서만 녹아웃할 수 있는 수준까지 발전하였다. 이 방법은 발생하는 데 유전자 생성물이 필요하기 때문에 완전히 제거될 수 없는 경우에 필요하다. 역으로 접근하는 경우에, 유전자 변형된 동물을 만드는 기법에 의하여 특정 조직에 원래는 존재하지 않았던 유전자를 발현시키는 것이 가능하다.

C 시스템 생물학이 대사 연구에 도입되었다

전통적으로 대사는 가설 기반 연구법(hypothesis-driven research)에 의해 연구되어 왔다. 즉 개개의 효소를 분리하고, 실험적으로 조사 가능한 가설의 도움을 받아 이들을 대사 경로로 짜 맞추어 가는 방식으로 진행되었다. 완전한 유전체의 서열, 많은 수의 유전자 전사물(transcript), 단백질, 대사 물질을 한꺼번에 분석할 수 있는 신속하고 민감한 기술의 개발과 전산적이고 수학적인 새로운 도구들이 개발됨으로써 **시스템 생물학(systems biology)**이라고 하는 새로운 접근법이 나타났다. 시스템 생물학

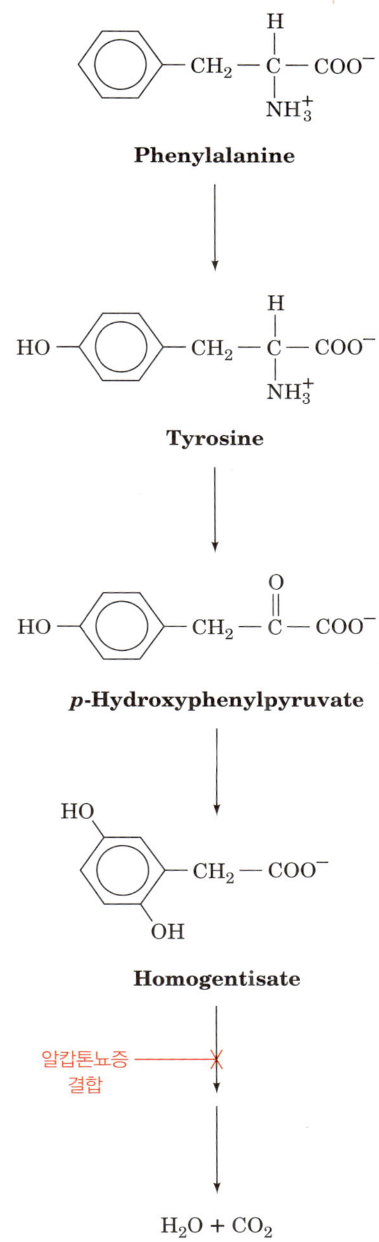

그림 14-17 페닐알라닌 분해 경로 알캅톤뇨증 환자는 호모젠티스산을 분해하는 효소가 없다. 그래서 이 중간체는 축적되어 소변으로 배출된다.

? 여기서 보여 준 각 단계에서 일어나는 화학 변화의 유형은 무엇인가?

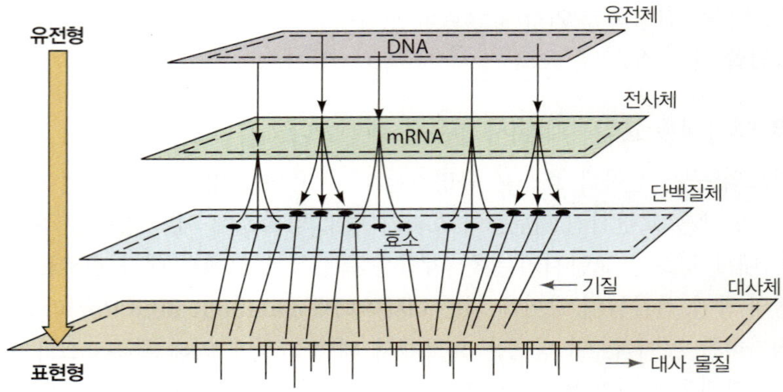

그림 14-18 유전형과 표현형 사이의 관계 유전 정보(유전형)로부터 대사 기능(표현형)으로 가는 경로는 몇 가지 단계를 거친다. 유전체의 일부가 전사되어 전사체를 생성한다. 이것은 단백질체의 합성을 지시하게 되고 단백질체의 활성이 대사체 성분의 합성과 분해를 담당한다.

? 각 수준에서 분자들을 정량 또는 동정하기 위해서 어떤 분석 기술을 사용하겠는가?

은 발견 기반(discovery-based)의 연구법이다. 이는 엄청난 양의 데이터를 수집하고 검색 가능한 데이터베이스의 형태로 통합하여 전체적인 생물학적 그물망의 성질과 역학 관계를 분석할 수 있도록 하는 것이다. 결과적으로 유전형에서 표현형으로 넘어가는 과정에 대한 이해가 넓어졌다. DNA로 이루어진 단일 유전자가 mRNA로 전사되고 이것이 단일 단백질로 번역되어 대사에 영향을 미친다는 분자생물학의 중심 원리(3-3B절)에 추가하여 이러한 유전자 발현 단계들을 보다 자세하게 조사할 수 있다. 예를 들면 **유전체(genome)**, **전사체(transcriptome**, 한 세포에서 전사된 RNA의 전체), **단백질체(proteome**, 어떤 조건에서 한 세포가 합성하는 단백질 전체)와 **대사체(metabolome**, 세포의 중간 대사물 전체)뿐 아니라 이들 사이의 상호작용을 알 수 있다(**그림 14-18**). 반응 메커니즘과 대사 경로에 관한 모든 기존의 정보를 체계적으로 통합하기 위해서 **비블리옴[bibliome**, 그리스어: biblion(책)]이라는 용어가 고안되기까지 하였다. 수십 개의 대사 경로가 인터넷으로 접근 가능한 데이터베이스 형태로 보여지고 있다. 여기에는 유전자 서열과 3차원 단백질 구조에 대한 링크와 함께 중간 대사물, 상호 변환을 촉매하는 효소 등이 수록되어 있다(생물정보학 프로젝트 8 참조). 그러한 두 가지 예가 〈유전자와 유전체 교토 백과사전〉(KEGG)의 대사 경로 데이터베이스(Pathway Database: www.gnome.jp/kegg/metabolism.html)와 BRENDA (BRaunschweg Enzyme DAtabase: www.brenda-enzyme.org/)에 나와 있다. 아래에서 시스템 생물학에서 사용되는 새로 출현한 몇 가지 기술들에 대해서 논의할 것이다.

유전체학은 한 생물체의 DNA 서열 전체를 조사한다. 생물체의 전체적인 대사 능력은 유전체(한 생물체의 유전자 전체)에 의해 암호화되어 있다. 이론적으로는 DNA 염기 서열로부터 세포의 대사 활성을 재조립할 수 있어야 한다. 현재 이러한 일은 대략적인 의미에서만 가능하다. 예를 들면 염기 서열 분석이 끝난, 콜레라를 일으키는 세균인 *Vibrio cholerae*의 유전체는 엄청나게 다양한 영양분을 수송하는 단백질들과 분해하는 데 필요한 효소들을 암호화하는 다양한 유전자를 보여 준다. 이는 *V. cholerae*의 복잡한 생활 형태와 일치하는데, 이 세균은 독립적으로 살 수도 있고 동물성 플랑크톤과 연합하여 살아가거나 사람의 위장관에 서식할 수도 있다. 물론 한 생물체의 유전자 목록을 단순히 열거한다고 해서 유전자들이 어떻게 기능하는지를 알게 되는 것은 아니다. 일부 유전자들은 계속해서 높은 수준으로 발현되지만 다른 유전자들은 드물게, 예를 들면 생물체가 특정 대사 물질을 만났을 때만 발현되기도 한다.

DNA 미세 배열이 유전자 발현의 정확한 그림을 그릴 수 있게 해준다. **전사체학(transcriptomics)**이란 한 세포의 전사체(transcriptome, 유전체라는 용어와 유사하게 세포가 전사하는 RNA들의 전체 집합체)에 대한 연구이며, 이의 목표는 유전자 발현에 대한 정확한 그림을 만들어 내는 것이다. 한 종류의 세포의 모든 mRNA 전사체를 확인하고 정량하면 어떤 유전자들이 활성화되어 있는지 알 수 있다. 세포들은 한꺼번에 수천 개의 유전자를 발현하기 때문에 이러한 연구를 하려면 DNA 미세배열 기술과 같은 새로운 기법을 사용해야 한다.

DNA 미세 배열(DNA microarray) 또는 **DNA 칩(DNA Chip)**은 표면 처리된 유리와 같은 고체 지지체 위에 염기 서열이 알려진 유전자의 수많은 (때로는 수십만 개까지) 서로 다른 DNA 조각들을 정밀 배열로 부착시켜 만들어진다. 이 DNA들은 종종 mRNA로부터 얻어진 PCR(PCR은 3-5C절에서 논의되었음)로 증폭한 cDNA 클론이거나 로봇을 사용하여 합성한 조각이다. 서로 다른 조건에서 배양한 세포나 조직, 또는 다른 생물학적 공급원으로부터 추출한 mRNA를 cDNA로 역전사시킨 다음에 형광 염료로 표지하고 (서로 다른 배양 조건에 대하여 다른 색깔을 사용한다), DNA 미세배열의 DNA에 혼성화시킨다. 혼성화되지 않은 mRNA를 씻어낸 다음, 그 결과 나타나는 DNA 미세 배열의 각 지점의 형광 세기와 색깔은 얼마나 많은 cDNA(따라서 얼마나 많은 mRNA)가 각각의 배양 조건에서 특정의 상보적인 DNA 서열에 결합되었는지를 알려 준다. **그림 14-19**는 글루코스에서 자란 효모와 글루코스 공급이 고갈되었을 때의 유전자 발현의 변화를 나타내는 DNA 칩을 보여 주고 있다.

특정 유전자들의 발현의 차이는 여러 발달 과정이나 성장 패턴과 관련이 있는 것으로 알려져 왔다. 예를 들면 종양 세포의 유전자 발현 양상을 파악하기 위해서 DNA 미세 배열이 사용되어 왔다. 이것은 종양의 종류에 따라 세포가 만드는 단백질의 종류와 양이 달라지기 때문이다(**그림 14-20**). 얻어진 정보는 암을 치료하는 최선의 방법을 선택하는 데 도움이 된다. 마찬가지로 쉽게 얻을 수 있는 백혈구의 유전자 발현 패턴을 분석하여 환자가 바이러스에 감염된 것인지, 아니면 박테리아 감염인지를 알 수 있다. 이 정보를 사용하여 감염이 바이러스성이라면 불필요하게 항생제를 처방할 필요가 없을 것이다.

단백질체학은 세포의 모든 단백질을 연구한다. 불행하게도 특정한 mRNA의 양과 그것의 단백질 생성물의 양 사이의 상관관계는 완벽하지 않다. 이것은 다양한 mRNA와 그들의 해당 단백질의 합성되는 속도와 분해되는 속도가 서로 다르기 때문이다. 더구나 많은 단백질들은 번역 후 변형되는데, 때때로 여러 가지 다른 방법으로 변형되기도 한다(예를 들면 인산화나 글리코실화에 의해서). 따라서 세포 내의 단백질의 종류의 수는 mRNA의 종류의 수보다 많다.

유전자 발현을 조사하는 방법으로 전사체학보다 더 믿을 만한 방법은 세포의 단백질체(proteome), 즉 세포가 합성하는 단백질들의 완전한 세트를 검사하는 것이다. **단백질체학(proteomics)** 방법에서는 먼저 단백질을 보통 2차원 젤 전기 이동법으로 분리한다[이는 한 방향으로는 등전점에 의해, 그의 수직 방향으로는 질량에 의해 분리하는 방법이다(5-2D절)]. 다음으로는 개개의 단백질을 동정하는데, 탠덤 질량 분석기를 사용하여 아미노산 서열 정보를 얻고 이를 단백질 서열 데이터베이스와 연결시킴으로써 이루어진다(5-3D절). 하나의 단백질로부터 많은 펩타이드 조각들이 생성되기 때문에 데이터베이스로부터 충분히 확실한 동정이 가능하다. 이러한 방법으로 주어진 조건에서 어떤 세포나 조직에 들어 있는 모든 단백질들의 목록을 작성할

process diagram

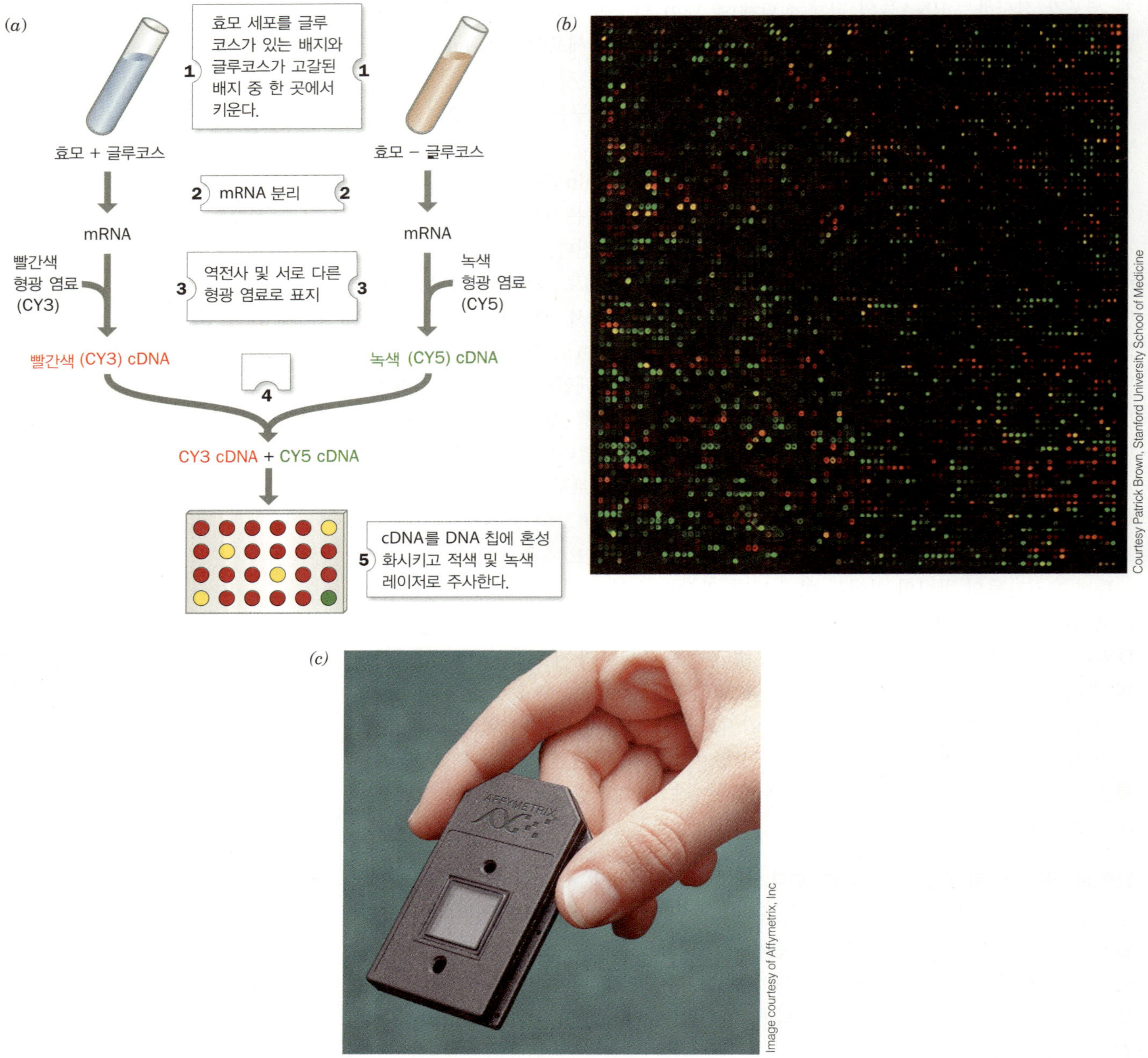

그림 14-19 DNA 칩 (*a*) 글루코스가 있을 때와 없을 때의 효모의 유전자 발현의 차이를 보여 주는 실험의 도식. (1) 효모 세포를 글루코스를 포함한 배지와 글루코스가 고갈된 배지에서 키운다. (2) 각 집단의 효모 세포로부터 mRNA를 추출한다. (3) 역전사 효소를 사용하여 mRNA를 cDNA로 복사한다. 이때 글루코스가 있는 데서 키운 세포의 cDNA에는 빨간색 형광 염료를 도입되도록 하고, 글루코스가 고갈된 다음 수확한 세포의 cDNA에는 녹색 형광 염료가 들어가도록 한다. (4) 두 cDNA를 섞는다. (5) 유전자 칩에 고정화된 DNA 조각에 표지된 cDNA를 혼성화시킨다. 결합한 빨간색과 녹색의 형광 cDNA를 검출한다. (*b*) 약 6000개의 유전자 배열을 포함하는 DNA 칩. 이 칩은 빵 효모의 대부분의 유전자를 포함하고 있으며 점적(spot) 하나는 한 개의 유전자를 나타낸다. 빨간색의 점적은 글루코스가 있을 때 전사가 활성화되는 유전자를 나타내며, 녹색의 점적은 글루코스가 없을 때 활성화되는 유전자들이다. 노란색(빨간색 + 녹색)의 점적은 글루코스에 의해 영향을 받지 않는 유전자를 나타낸다. (*c*) DNA 미세 배열 조립체. 조립체는 내부에 있는 DNA 칩을 보호하는 역할과 편리한 혼성화 반응 공간의 역할을 한다. 분석을 위해서는 특화된 형광 측정 장치를 필요로 한다.

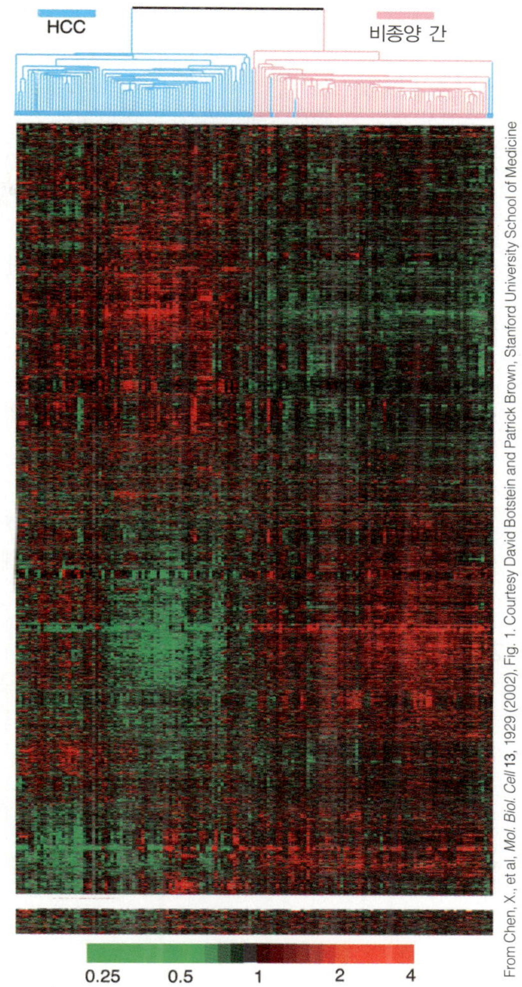

그림 14-20 DNA 미세 배열을 이용하여 분석한 간세포 암종양(HCC) 유전자들의 상대적인 전사 활성 자료들은 각 행이 156개 조직 시료[82 HCC 종양(가장 흔한 사람 간암이며, 전 세계 암 사망률 5번째인 암)과 74개의 비종양 간 조직]를 나타내고, 각 열이 3,180개 유전자(DNA 칩의 약 17,400 유전자들 중에서 다양한 조직 시료에서 전사 활성이 가장 크게 변하는)를 나타내는 행렬 형태로 나타내져 있다. 자료들은 유전자들과 조직들이 그들의 발현 양상의 유사성에 따라 그룹화되도록 배열되어 있다. 각 세포의 색깔은 해당하는 조직의 대응 유전자의 발현 정도를 모든 조직 시료들의 평균 활성 수준과 비교하여 밝은 적색, 흑색, 밝은 녹색이 각각 유전자 평균의 4, 1, 1/4배를 가리킨다(아래의 척도에 주어진 대로). 매트릭스 상부의 계통수(dendrogram)는 다양한 조직 시료들 중에서 발현 형태가 비슷한 것을 표시한다.

수 있다.

앞에서 mRNA에 대해서 한 것처럼, 한 세포에서 서로 다른 두 조건에서 합성되는 모든 단백질을 비교할 수 있는가? 대답은 '그렇다'이다. 이것은 성장 배지에 들어 있거나(중수소화된 아미노산 같은 물질의 경우) 아니면 세포 추출물과 반응시키는 물질을 동위 원소로 표지된 시약을 사용함으로써 가능하다. 그렇게 얻어진 단백질은 탠덤 질량 분석기에 의해 분리되고 분석된다. 미래에 대한 희망으로 생각해 볼 수 있는 것은 환자와 정상인의 시료에 대하여 이러한 방법으로 비교하여 이전까지는 알려지지 않았던 단백질 표지자를 찾아내어 다양한 질병을 조기에 진단할 수 있는 것이다.

대사체학은 세포의 대사 물질 전체를 분석한다. 한 세포의 기능적인 상태(그의 표현형)를 기술하기 위해서는 세포의 유전체, 전사체, 단백질체뿐만 아니라 주어진 조건에서 세포가 가지고 있는 모든 대사 물질에 대한 양적 기술, 즉 대사체까지도 알아야 한다. 그러나 한 세포 또는 조직에는 매우 다른 성질을 가지는 수천 종류의 대사 물질이 포함되어 있어, 이들을 동정하고 정량하는 것은 만만치 않은 임무로서 많은 다양한 분석 도구가 필요하다. 따라서 이 광범위한 작업은 보통 세분화되어 있다. 예를 들면 **지질체학(lipidomics)**은 **대사체학(metabolomics)**의 세부 분야로서, 주어진 조건에서 한 세포 안에 있는 모든 지질을 분석하고 이들 지질이 막 구조, 세포 신호 전달, 유전자 발현, 세포 간 상호작용 등에 어떻게 영향을 미치는지를 포함하여 연구한다. 예를 들면 혈액 속의 10종의 지질 대사 물질을 사용하여 알츠하이머 질환에서의 인지 장애 발생을 예측하였다. 대사체학의 또 다른 응용은 여러 형태의 암의 비교이다. 모든 세포는 같은 '핵심' 대사 물질을 가지고 있지만, 이들을 사용하는 패턴은 달라서 이를 암이 자라는 것을 막는 데 활용할 수 있다.

체크 포인트

- 대사를 연구하는 데 동위 원소로 표지된 화합물이 어떻게 사용되는가?
- 표 14-6의 동위 원소 중에서 단백질을 특이적으로 표지할 수 있는 것은 어느 것인가? 핵산을 특이적으로 표지할 수 있는 것은?
- 어떤 효소가 저해되었을 때 축적되는 대사 물질이 어떻게 대사 경로의 단계들을 밝히는 데 도움을 줄 수 있는가?
- 한 생물체의 유전체에 대한 정보가 그의 대사 활동을 분석하고 조정하는 데 어떻게 이용될 수 있는가?
- 가설 기반 연구와 발견 기반 연구의 차이점은 무엇인가?
- '–체학(–omics)' 시대의 '중심 원리'를 기술하시오.
- 한 생물체의 대사체, 단백질체, 전사체, 유전체 사이의 관계를 요약하시오.
- 전사체학 또는 단백질체학 분석이 특정 조직의 대사 활성에 대해서 서로 다른 정보를 줄 수도 있는 것은 무엇 때문인가?

요약

1 대사의 개요

- 분해적 산화 반응에서 방출된 자유 에너지는 자유 에너지를 흡수하는 생합성 반응을 추진하는 데 이용된다.
- 영양이란 자유 에너지와 원재료를 공급하기 위하여 음식을 섭취하고 이용하는 것이다.
- 종속 영양 생물은 무기화학 영양 생물 또는 광독립 영양 생물에 의해 합성된 화합물로부터 자유 에너지를 얻는다.
- 음식에는 단백질, 탄수화물, 지방, 물, 바이타민, 무기물이 포함되어 있다.
- 대사 경로란 세포의 상이한 부분에서 일어나는 일련의 효소 촉매 반응이다.
- 준평형 반응은 자유롭게 가역적으로 일어나지만, 평형에서 먼 반응은 조절점으로 작용하며, 대사 경로를 비가역적이 되도록 한다.
- 어떤 대사 경로를 통하는 대사물의 유량은 속도 결정 단계를 촉매하는 효소의 활성을 조절함으로써 통제된다.

2 '고에너지' 화합물

- '고에너지' 화합물 ATP의 자유 에너지는 한 개 또는 두 개의 무수 인산 결합의 분해에 의해 이용 가능하게 된다.
- ATP나 PP_i의 가수 분해와 같은 자유 에너지 방출 반응은 자유 에너지 흡수 반응과 짝지어져서 그 반응을 보다 잘 진행되게 할 수 있다.
- 기질 수준 인산화는 다른 화합물로부터 인산기를 전달받아 ADP로부터 ATP를 합성하는 반응이다.
- 탄수화물, 지질, 단백질 분해 대사의 공통 생성물 아세틸 CoA는 '고에너지' 황화에스터이다.

3 산화-환원 반응

- 보조 효소 NAD^+와 FAD는 대사 물질이 산화되는 동안 가역적으로 환원된다.
- 네른스트 식은 산화-환원 반응의 기전력을 표준 환원 전위와 전자 주개와 전자 받개의 농도로 나타낸다.
- 전자는 더욱 큰 음의 환원 전위를 가지는 산화-환원쌍의 환원된 성분으로부터 더 큰 양의 환원 전위를 가지는 산화-환원쌍의 산화된 성분으로 자발적으로 흐른다.

4 대사 연구의 실험법

- 대사 경로의 연구에서는 대사 물질의 변환 순서, 효소 메커니즘, 조절, 다른 조직의 대사 경로와의 관계를 결정하고자 한다.
- 대사 경로 연구에는 동위 원소 추적자, 효소 저해제, 자연적 또는 인공적 돌연변이, DNA 미세 배열, 단백질체학 분석 기법들이 이용된다.
- 시스템 생물학은 유전체, 전사체, 단백질체, 대사체 등의 정보를 통합하여 생물학적 연결망을 하나의 전체로서 그 성질과 역학을 정량적으로 기술하고자 하는 분야이다.

주요 용어

$\Delta\mathscr{E}$(전위차)
DNA 미세 배열(DNA microarray)
'고에너지' 중간체('high-energy' intermediate)
광독립 영양 생물(photoautotroph)
광인산화(photophosphorylation)
기질 수준 인산화(substrate-level phosphorylation)
기질 회로(substrate cycle)
네른스트 식(Nernst equation)
단백체학(proteomics)
대량 영양소(macronutrient)
대사(metabolism)
대사 물질(metabolite)
대사체학(metabolomics)
독립 영양(autotrophy)
동질 효소(isozyme)
무기물(mineral)
무기 영양 생물(chemolithotroph)
미량 영양소(micronutrient)
바이타민(vitamin)
반쪽 반응(half-reaction)
분해 대사(catabolism)
산화(oxidation)
산화-환원쌍(redox couple)
산화성 인산화(oxidative phosphorylation)
산화제(oxidizing agent)
시스템 생물학(systems biology)
영양(nutrition)
오쏘인산 분해(orthophosphate cleavage)
유량(flux)
유전체학(genomics)
인산화 효소(kinase)
전기 화학 전지(electrochemical cell)
전사체학(transcriptomics)
종속 영양 생물(heterotroph)
준평형 반응(near-equilibrium reaction)
짝산화-환원쌍(conjugate redox pair)
파이로인산 분해(pyrophosphate cleavage)
패러데이 상수 $\mathscr{F}$
포스파젠(phosphagen)
표준 환원 전위 $\mathscr{E}^{\circ\prime}$
합성 대사(anabolism)
혐기성(anaerobic)
호기성(aerobic)
환원(reduction)
환원제(reducing agent)

문제

연습 문제

1. 종속 영양 생물은 바이타민이 필요할지 모르지만, 독립 영양 생물은 그렇지 않은 이유를 설명하시오.

2. 메테인 생성균은 다음 알짜 반응식에 의하여 메테인을 생성하는 원핵생물이다.

$$H_2 + CO_2 \rightarrow CH_4 + 2\,H_2O$$

일부 세균은 다음 알짜 반응식에 따라 메테인을 소비한다.

$$CH_4 + SO_4^{2-} \rightarrow HCO_3^- + HS^- + H_2O$$

(a) 이들 두 유형의 원핵생물을 독립 영양 생물과 종속 영양 생물로 분류하시오.

(b) 왜 이들 두 유형의 원핵생물들이 서로 연합하여 사는지 설명하시오.

3. 비소 농도가 높은 알칼리성 호수에서 분리된 어떤 세균이 비소를 생체 분자로 도입할 수 있다. 분자 구조의 일부분으로 비소 원자를 포함할 가능성이 높은 분자는 어떤 부류이겠는가?

4. 카드뮴과 수은이 대부분의 생물에게 독성을 나타내는 이유를 설명하시오.

5. 다음 화합물들에 대하여 산화 상태가 증가하는 순서를 정하시오.

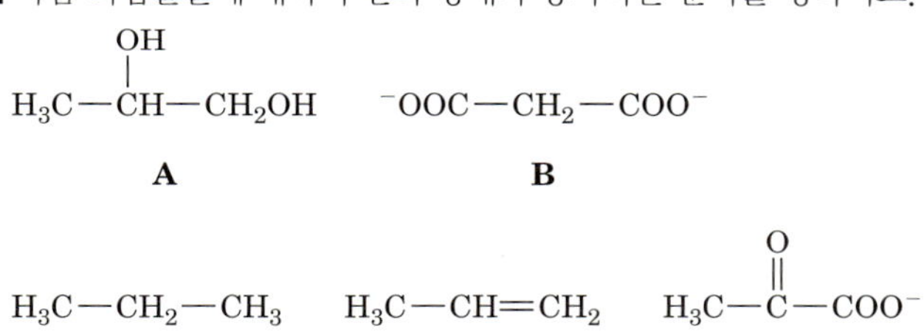

A B C D E

6. 아래 주어진 부분 반응에서 반응물은 산화되는가, 환원되는가?

(a)

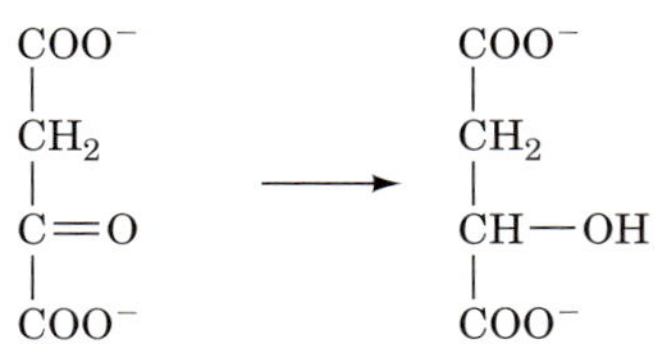

(b)

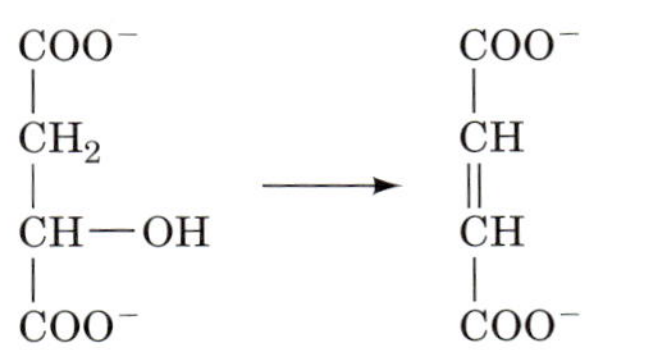

7. 시트르산 합성 효소는 다음 반응을 촉매한다.

옥살로아세트산 + 아세틸 CoA → 시트르산 + HS−CoA

이 반응에 대한 표준 자유 에너지 변화량은 $-31.5\ kJ \cdot mol^{-1}$이다. (a) 37°C에서 이 반응의 평형 상수를 계산하시오. (b) 이 반응이 대사 경로(시트르산 회로)에 대하여 조절점으로 작용하리라고 예상하는가?

8. 준평형 반응(평형에 가까운 상태에서 일어나는 반응)을 가장 잘 정의한 것을 고르시오.

(a) 항상 유리한 자유 에너지 변화로 진행된다.

(b) 자유 에너지 변화가 거의 0에 가깝다.

(c) 대사 경로에서 일반적으로 조절점이다.

(d) 생체 내에서 매우 느리게 일어난다.

9. 표 2-4의 데이터를 사용하여 생체 내에서의 ATP의 알짜 전하를 추정하시오.

10. 니코틴아마이드 보조 인자를 사용하는 대부분의 효소는 NAD^+/NADH 또는 $NADP^+$/NADPH(그림 11-3)를 사용하지만 모두 사용하지는 않는다. 각 보조 인자의 알짜 전하를 비교하시오.

11. 에너지 보존 효율이 100%라는 가정하에서 표준 상태에서 글루코스 1몰이 완전 산화될 때 몇 몰의 ATP가 합성될 수 있는가?

12. 에너지 보존 효율이 100%라는 가정하에서 표준 상태에서 글루코스 1몰이 완전 산화될 때 몇 몰의 ATP가 합성될 수 있는가?

13. 다음과 같은 지방산($RCOO^-$)의 '활성화' 반응에 대하여

$$ATP + CoA + RCOO^- \rightleftharpoons RCO{-}CoA + AMP + PP_i$$

$\Delta G^{\circ\prime} = +4.6\ kJ \cdot mol^{-1}$이다. 이 반응의 열역학적 추진력은 무엇인가?

14. 말산 탈수소 효소가 촉매하는 다음 반응

말산 + NAD^+ → 옥살로아세트산 + NADH + H^+

에 대하여 $\Delta G^{\circ\prime} = +29.7\ kJ \cdot mol^{-1}$이다. (a) 세포에서 이 반응은 자발적으로 일어나겠는가? (b) 세포에서 어떻게 시트르산 합성 효소 (문제 7에서 기술된)가 말산 탈수소 효소 반응을 촉진할 수 있는가? 두 반응에 대한 전체적인 자유 에너지 변화량은 얼마인가?

15. 다음 화합둘을 산화력이 큰 순서대로 나열하시오. (a) 아세토아세테이트, (b) 사이토크롬 $b(Fe^{3+})$, (c) NAD^+, (d) SO_4^{2-}, (e) 피루브산

16. 사이토크롬 *c*의 환원형은 산화형의 사이토크롬 *a* 또는 사이토크롬 *b* 중에서 어느 쪽에 전자를 줄거라고 생각하는가?

17. 다음 반응은 표준 조건에서 쓰여진 방향으로 자발적으로 일어나겠는가?

$$\text{Fumarate} + NADH + H^+ \rightleftharpoons \text{succinate} + NAD^+$$

18. 다음 반응은 표준 조건에서 쓰여진 방향으로 자발적으로 일어나겠는가?

$$\text{Cyto } a\ (Fe^{2+}) + \text{cyto } b\ (Fe^{3+}) \rightleftharpoons \text{cyto } a\ (Fe^{3+}) + \text{cyto } b\ (Fe^{2+})$$

19. 세균의 DNA의 조각을 사용하여 만든 유전자 칩이 포유동물 세포의 유전자 발현을 조사하는 데 사용될 수 있겠는가?

20. DNA 칩은 흔히 유전체의 DNA 조각을 사용하지 않고 cDNA의 조각을 사용하여 만들어지는데, 그 이유는 무엇인가?

21. 세포 활성을 연구하는 생화학자는 RNA 분자를 정량할 수 있다. 먼저 RNA 서열을 DNA 서열로 바꾼 다음, PCR로 증폭하여 양을 정할 수 있다(3-5C절). 단백질은 그 유전자에 녹색 형광 단백질 유전자를 붙여주어 정량할 수 있다(자료 4-3). 이와 같은 접근 방법으로 대사 물질을 조사할 수 없는 이유는 무엇인가?

22. 연구자들은 환자들마다 콜레스테롤을 낮추는 스타틴 약물에 서

로 다르게 반응한다는 것을 알았다. 연구자들은 약물의 부작용을 단일 염기 다형성(SNP, 3-4E절)과 같은 유전적 변이와 연결시키고자 하였다. 환자가 스타틴 약물에 반응하는 데 역할을 하는 유전자를 동정하기 위해서 연구자들은 어떤 다른 정보를 사용할 수 있겠는가?

도전 질문

23. 어떤 대사 반응이 A → B 형태로 일어난다고 가정해 보자. 그 반응의 표준 자유 에너지 변화량이 7.5 kJ·mol^{-1}이다. (a) 25°C에서 이 반응의 평형 상수를 계산하시오. (b) A의 농도가 0.5 mM이고, B의 농도가 0.1 mM일 때, 37°C에서 ΔG를 계산하시오. 이 반응은 이들 조건에서 자발적인가? (c) 이 반응은 세포에서 어떻게 진행되겠는가?

24. 세포는 합성 반응과 분해 반응을 모두 수행한다. 이때 일부 효소들은 두 가지 유형의 대사 경로 모두에서 작용한다. (a) 왜 이 효소들은 준평형 반응을 촉매하는지 설명하시오. (b) 왜 서로 반대 방향으로 일어나는 합성 반응과 분해 반응은 적어도 한 단계에서는 서로 다른 효소를 가져야 하는지 설명하시오.

25. pH가 5에서 6으로 증가할 때 ATP 가수 분해의 자유 에너지의 크기는 증가하는가, 감소하는가?

26. ATP로부터 가수 분해로 인산기 한 개를 제거하는 데 대한 $\Delta G^{\circ\prime}$은 AMP로부터 역시 가수 분해로 인산기 한 개를 제거하는 데 대한 $\Delta G^{\circ\prime}$(−14 kJ · mol^{-1})의 2배 정도이다. 왜 이런 차이가 있는지 설명하시오.

27. [ATP] = 4 mM, [ADP] = 0.15 mM, [인산크레아틴] = 2.5 mM, [크레아틴] = 1 mM일 때, 25°C에서 크레아틴 인산화 효소는 ATP를 합성하는 쪽으로 작용하는가, 인산크레아틴을 합성하는 쪽으로 작용하는가?

28. 만일 세포 내 [ATP] = 5 mM, [ADP] = 0.5 mM, [P_i] = 1.0 mM일 때, 아데닐산 인산화 효소 반응이 평형인 조건하에서 pH 7과 25°C에서의 AMP의 농도를 계산하시오.

29. 일부 단백질은 분자내 황화에스터 결합을 가지고 있다. 이는 시스테인 곁가지가 몇 개의 잔기만큼 떨어진 글루타민 곁가지와 결합하여 생긴다. 이 구조를 그리시오.

30. 문제 29에서 기술한 황화에스터는 ROH 또는 RNH_2 화합물과 잘 반응한다. 그 결과로 생기는 에스터와 아마이드 반응 산물을 그리시오.

31. NAD^+, NADH, 유비퀴논, 유비퀴놀의 혼합물에서 산화되는 화합물은 무엇인가? 환원되는 화합물은 무엇인가?

32. 호기성 생물에서 전자는 환원된 연료 분자로부터 O_2로 전달되어 H_2O를 형성한다. 일부 혐기성 생물에서는 질산염(NO_3^-)이 환원된 연료 분자로부터 오는 전자에 대한 전자 받개로 사용된다. 표 14-4에 있는 정보를 사용하여 왜 호기성 생물이 질산염을 사용하는 혐기성 생물보다 연료 분자로부터 더 많은 자유 에너지를 얻어내는지 설명하시오.

33. 유비퀴놀이 사이토크롬 c에 의하여 산화되는 반응에 대하여 균형 반응식을 쓰시오. 이 반응에 대하여 $\Delta G^{\circ\prime}$과 $\Delta\mathscr{E}^{\circ\prime}$을 계산하시오.

34. 표준 상태에서 유비퀴논에 의해 유리된 $FADH_2$의 산화가 ATP의 합성을 추진하기에 충분한 자유 에너지를 방출하는가?

35. 세 단계로 된 가상의 대사 경로가 중간 산물 W, X, Y, Z와 효소 A, B, C로 구성되어 있다. 다음의 정보로부터 경로의 효소 반응 단계의 순서를 결정하시오.

1. 효소 B의 대사 저해제인 화합물 Q는 Z를 축적시킨다.
2. 효소 C의 돌연변이체는 성장에 Y를 필요로 한다.
3. 효소 A의 저해제는 W, Y, Z를 쌓이게 한다.
4. 효소 C의 대사 저해제인 화합물 P는 W와 Z를 축적시킨다.

36. 어떤 대사 경로가 다음과 같이 그려질 수 있다.

$$A \xrightarrow{X} B \xrightarrow{Y} C \xrightarrow{Z} D$$

여기서 A, B, C, D는 중간체이고, X, Y, Z는 반응을 촉매하는 효소이다. 생리적인 조건에서 반응의 자유 에너지 변화는 다음과 같다.

X	−0.2 kJ·mol^{-1}
Y	−12.3 kJ·mol^{-1}
Z	−1.2 kJ·mol^{-1}

(a) 어느 반응이 경로의 중요한 조절점이겠는가?

(b) (a)에서의 여러분의 답이 실제로 그렇다면, 효소 Z의 활성을 막는 저해제의 존재하에서 A, B, C, D의 농도는 증가하겠는가, 감소하겠는가? 아니면 그대로이겠는가?

참고 문헌

Aebersold, R., Quantitative proteome analysis: Methods and applications, *J. Infect. Dis.* **182** (supplement 2), S315−S320 (2003)

Alberty, R.A., Calculating apparent equilibrium constants of enzyme−catalyzed reactions at pH 7, *Biochem. Ed.* **28**, 12−17 (2000).

Campbell, A.M. and Heyer, L.J. *Discovering Genomics, Proteomics and Bioinformatics* (2nd ed.) Pearson Benjamin Cummings, New York (2007). [An interactive introduction to these subjects.]

Choi, S. (Ed.), *Introduction to Systems Biology*, Humana Press (2007)

DeBerardinis, R.J. and Thompson, C.B., Cellular metabolism and disease: What do metabolic outliers teach us?, *Cell* **148**, 1132 − 1144 (2012).

Duarte, N.C., Becker, S.A., Jamshi야, N., Thiele, I., Mo, M.L., Vo, T,D., Srivas, R., and Palsson, B. Ø., Global reconstruction of the human metabolic network based on genomic and bibliomic data, *Proc. Natl. Acad. Sci.* **104**, 1777−1782 (2007)

Go, V.L.W., Nguyen, C.T.H., Harris, D.M., and Lee, W.0N. P., Nutrient-gene interaction: Metabolic genotype-phenotype relationship, *J. Nutr.* **135**, 2016s−3020s (2005)

Hanson, R.W., The role of ATP in metabolism, *Biochem. Ed.* **17**, 86−92(1989). [왜 ATP가 에너지 저장물이라기보다는 에너지 변환물인지에 대한 좋은 설명을 제공함.]

Kim, M.−S. *et al.*, A draft map of the human proteome, *Nature* **509**, 575 − 581 (2014), *and* Wilhelm, M. *et al.*, Mass−spectrometry−based draft of the human proteome, *Nature* **509**, 582 − 587 (2014).

Lassila, J.K., Zalatan, J.G., and Herschlag, D., Biological phosphoryl transfer reactions: understanding mechanism and catalysis. *Annu. Rev. Biochem.* **80**, 669−702 (2001)

Schulman, R.G. and Rothman, D.L., 13C NMR of intermediary metabolism: Implications for systematic physiology, *Annu. Rev. Physiol.* **63**, 15−48(2001).

Smolin, L.A. and Grosvenor, M.B, *Nutrition: Science and Applications*, Wiley (2008). [대사의 영양학적 측면을 계속 연구하고자 관심을 가진 사람들에게 좋은 자료임]

Staughton, R.B., Applications of DNA microarrarys in biology, *Annu. Rev. Biochem.* **74**, 53−82 (2005)

Valle, D. (Ed.), *The Online Metabolic & Molecular Bases of Inherited Disease*, http://www.ommbid.com/ [백과사전적인 이 자료의 대부분의 장에서 질병에 의하여 교란되는 정상적인 대사 과정에 대한 설명이 포함되어 있다. 이 웹사이트에 접속하기 위해서는 구독을 요구한다(대학의 도서관을 통해서 보통 접근 가능하다).]

Westheimer, F.H., Why nature chose phosphates, *Science* **235**, 1173−1178 (1987).

Zenobi, R., Single−cell metabolomics: analytical and biological perspectives, *Science* **342**, 1243259 (2013). DOI: 10.1126/science.1243259. [This is a Digital Object Identifier (DOI).]

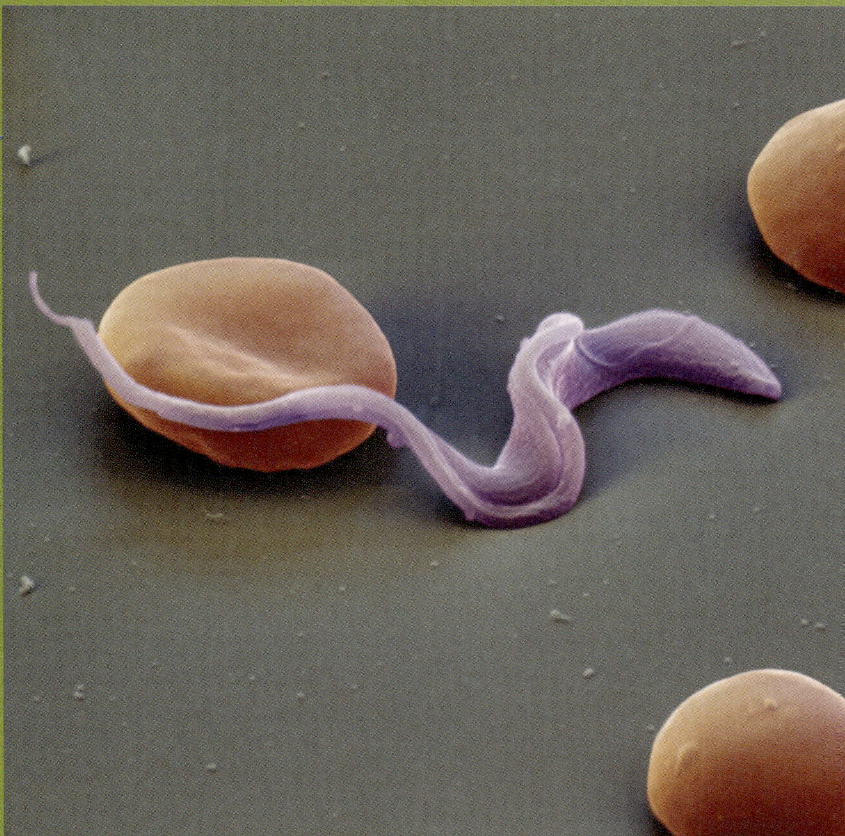

Eye of Science/Photo Researchers, Inc.

수면병을 일으키는 원생동물인 편모충(자주색)은 혈액을 따라 이동하는 동안에도 에너지를 얻기 위하여 글루코스 분해 과정에 전적으로 의존하고 있다. 기생충이 진핵세포라 할지라도 인체 효소에는 영향을 주지 않는 약을 개발하는 데 전혀 다른 표적을 제공한다.

CHAPTER 15
글루코스 분해 대사

글루코스는 많은 세포에서 대사 에너지의 주원료이다. 효모에서 글루코스가 에탄올과 CO_2로 발효(혐기성 분해)되는 현상은 수세기 동안 제빵과 포도주 제조 과정에 활용되어 왔다. 그러나 이와 같은 분해 대사 경로의 화학에 대한 과학적 발견은 파스퇴르(Louis Pasteur)의 실험과 함께 19세기 중반에서야 시작되었다. 완전한 경로가 설명되기까지 거의 일 세기가 소요되었다. 그 기간 동안 몇몇 중요한 경로의 현상들이 밝혀졌다.

1. 1897년 부흐너(Eduard Buchner)는 효모 추출물이 글루코스를 발효시킨다는 사실을 밝혔다. 이와 같은 발견은, 발효와 같은 모든 생물학적 과정은 생물체에 있는 어떤 종류의 생명력에 의하여 매개된다는 널리 퍼져 있는 믿음 때문에 무시되었고, 이로 인하여 발효를 화학 분야 과정으로 국한시키게 되었다.
2. 1905년에 하든(Arthur Harden)과 영(William Young)은 글루코스 발효에 인산이 필요함을 발견하였다. 그들은 또한 효모 추출물을 투석에 의하여 둘 다 발효에 필요한 두 가지 분획으로 분리하였다. 즉 투석하지 않은 열에 불안정한 분획을 **자이메이스(zymase)**라고 하였다. 투석하고 불에 안정한 분획을 **코자이메이스(cozymase)**라고 하였다. 이와 같은 것들은 나중에 다른 연구자들에 의해 자이메이스는 효소 혼합물이며, 코자이메이스는 NAD^+, ATP, ADP뿐만 아니라 금속 이온 같은 보조 효소들의 혼합물임이 밝혀졌다.
3. 아이오도아세트산과 플루오린화 이온 등 어떤 시약들은 경로 생산물의 형성을

자료 15-1 발견의 경로

바르부르크와 대사 연구

바르부르크[Otto Warburg(1883–1970)]

생화학에서 가장 위대한 인물 중 한 사람은 자신의 공헌이나 젊은 연구자들에게 미친 영향으로 볼 때, 독일의 생화학자인 바르부르크이다. 그의 오랜 경력은 전체 생명체와 거친 추출물을 이용하여 생물학적인 구조와 기능을 분자적으로 설명한 연구로 채워져 있다. 그는 동시대의 다른 사람들 같이, 젊은 나이에 화학 박사 학위를 취득하였으며, 그 후 의학 학위를 얻기 위하여 공부하였다. 그러나 그는 환자를 돌보는 일보다는 과학적 연구에 더 많은 시간을 보냈다. 그는 먼저 산소와 이산화 탄소의 화학과 관련된 세 주제인 호흡, 광합성, 암에 관심을 가졌다.

바르부르크의 첫 번째 업적 중 하나는 동물 조직의 얇은 조각에서 대사 반응을 공부하는 기술을 발전시킨 것이다. 조직을 부수고 가는 방법은 효소와 다른 거대 분자들을 분해시키는 리소좀 효소(lysosomal enzyme)를 유리시킬 수 있기 때문에, 이 방법은 조직을 부수고 가는 대체 방법보다 더욱 신뢰성 있는 결과를 얻을 수 있다. 바르부르크는 또한 살아 있는 조직에서 O와 CO_2의 소비와 생성을 분석하는 기술로서, 기체 압력을 측정하는 개량된 유체 압력계(refining manometry)를 개발하였다.

바르부르크는 생물학적 산화(지금은 싸이토크롬 *c* 산화 효소)로 알려진 효소 복합체에 의해 이루어지는 반응을 주제로 함, 18-2F절)에서 철 포피린(헴기)의 촉매 작용의 발견으로 1931년에 노벨상을 수상하였다. 바르부르크는 또한 몇몇 효소의 활성 부위로서 니코틴아마이드(nicotinamide)를 확인하였다. 1944년에 그는 효소에 대한 연구로 두 번째 노벨상 수상의 기회를 가질 수 있었으나, 독일인은 노벨상을 수상할 수 없다는 히틀러의 신조 때문에 그 상을 수상할 수 없었다. 사실 바르부르크의 나찌에 대한 충성은 다른 나라에 있는 그의 동료들로 하여금 논쟁의 여지가 있는 과학적 의견에 대한 저항을 초래하였다. 바르부르크의 따뜻한 인격에 대해서는 알려지지 않았다. 그는 교육자는 아니었으며, 수 년 후 연구하기를 갈망하는 젊은 연구 조교들을 모집하였다.

그가 개발한 기술은 효소 반응에 광범위하게 채택되고 있으며, 이에 덧붙여 암세포의 성장에 대하여 광범위한 접근 이론을 공식화하였다. 그는 암세포가 산소가 없는 상태에서도 살고 진행될 수 있음을 보여 주었다. 더군다나, 혐기성 조건이 암의 진행을 유도함을 믿게 되었으며, 사람에서는 아니지만 동물에서는 제시된 원리인 바이러스가 암을 일으킬 수 있다는 개념을 부정하였다. 여러 면에서 바르부르크는 바이러스로 인체에 암이 유도된다는 이론에 대한 증거의 결여와 결핍의 증거를 동일시한다는 점에 대하여 죄의식을 느꼈다. 바르부르크는 암세포 대사에 대한 관찰 결과, 해당률이 높다는 사실을 밝혔다. 암세포 대사의 기이함은 화학 요법의 기회를 제공하였다. 암과 다른 분야 연구에 대한 바르부르크의 헌신은 그가 87세에 타계하기 며칠 전까지 연구실에서 연구를 한 사실로도 알 수 있다.

Warburg, O., On the origin of cancer cells, Science **123**, 309–314(1956).

억제함으로써 중간 대사물을 축적시킨다. 다른 물질들은 다른 중간 대사물을 축적시킴으로써 분자의 상호 전환을 초래한다.

4. 다른 생물체가 어떻게 글루코스를 분해하는지에 관한 연구는, 예외는 있지만 거의 모든 경우는 같은 방법으로 글루코스가 분해됨을 제시하였다.

많은 연구자들의 노력은 글루코스의 완전한 분해 경로가 밝혀진 1940년에 결실을 보게 되었다. 이 경로는 **해당 작용[glycolysis**, 그리스어: *glykus*(달다)+*lysis*(느슨하게 하다)]이라고 명명하였으며, 다르게는 **엠덴–메이어호프–파나스 경로(Embden-Meyerhof-Parnas pathway**)라고 부른다. 이는 이 경로를 밝힌 과학자인 엠덴(Gustav Embden), 메이어호프(Otto Meyerhof)와 파나스(Jacob Parnas)를 기념하기 위한 것이다. 해당 작용의 발견은 다른 중요한 대사의 발견이 이루어진 시기에 이루어졌다(자료 15-1).

해당 작용은 아마도 가장 완전하게 이해된 생화학 경로일 것이다. 해당 작용은 10개의 효소 반응의 결과이며, 글루코스 한 분자가 삼탄당 화합물인 피루브산 두 분자로 전환되면서 2 ATP를 생성한다. 이 작용은 대부분의 생명체에서 사용되는 상당량의 자유 에너지를 공급하고, 글루코스와 다른 화합물을 더 나아가 산화적 분해를 하도록 함으로써 에너지 대사에 중요한 역할을 담당한다. 그러므로 해당 작용을 생각하며, 특이한 대사 경로에 대하여 의견을 제시하는 것이 당연하다. 우리는 글루코스가 분해되는 반응의 결과를 몇몇 유사한 효소 메커니즘과 함께 관찰하고, 해당 작용의 흐름과 그 생성물의 궁극적 운명에 영향을 주는 특징에 대하여 관찰할 것이다. 최종적으로는 다른 육탄당의 분해 대사와 글루코스의 분해 대사의 다른 경로이며 생합성의 전구체를 공급하는 **오탄당 인산 경로**(**pentose phosphate pathway**)에 대해서도 고찰하고자 한다.

1 해당 작용의 개요

주요 개념

- 해당 작용은 글루코스가 피루브산으로 분해되면서 생성되는 자유 에너지를 이용하여 ADP와 P_i로부터 ATP를 만드는 과정이다.
- 해당 작용의 10개 반응은 에너지 소비 단계와 에너지 회수 단계로 나누어진다.

해당 작용의 자세한 내용을 시작하기에 앞서, 전반적인 경로가 동물 대사 전체에 미치는 영향에 대하여 총괄적으로 알아보도록 하자. 글루코스는 보통 다당류의 분해물(예를 들면 간 글리코젠, 식이로 섭취되는 전분과 글리코젠) 또는 비당 전구 물질로부터의 합성(**글루코스 신생 합성**; **gluconeogenesis**, 16-4절)을 통하여 혈액에 나타난다. 글루코스는 대부분의 세포에서 특이한 운반체에 의하여 세포 밖으로부터 세포질로 들어간다(10-2E절). 해당 효소는 세포질에 위치하며, 서로 헐겁게 결합하거나 다른 세포 소기관에 결합하고 있다.

해당 작용은 글루코스를 두 분자의 C_3 단위(피루브산)로 전환한다. 이 과정에서 방출되는 자유 에너지는 ADP와 P_i로부터 ATP를 합성하여 얻는다. 그러므로 해당 작용은 화학적으로 짝을 이룬 인산화 반응의 경로이다(14-2B절). 해당 작용의 10개 반응은 **그림 15-1**에 도식화하였다. ATP가 인산화된 화합물을 합성하기 위한 경로의 초기에 사용되고 있다는 점에 주목하라(반응 1과 3). 그러나 ATP는 그 후 두 번 재합성된다(반응 7과 10). 그러므로 해당 작용은 두 단계로 나누어진다.

I단계. 에너지 투자(반응 1~5). 이 준비 단계에서는 육탄당 글루코스가 인산화되어 두 분자의 삼탄당 **글리세르알데하이드-3-인산**(**glyceraldehyde-3-phosphate**)으로 분해된다. 이 과정은 2 ATP를 소모한다.

II단계. 에너지 회복(반응 6~10). 두 분자의 글리세르알데하이드-3-인산이 피루브산으로 전환되며 4 ATP를 생성한다. 그러므로 해당 작용에서 글루코스 한 분자당 2 ATP가 순수하게 생성된다. I단계에서 2 ATP가 소모되며, II단계에서 4 ATP가 생성된다.

초기에 ATP로부터 육탄당으로 운반되는 인산화기는 '고에너지' 화합물을 즉시 생성하지는 않는다. 그러나 연이은 효소적 전환은 이 '저에너지' 생성물을 고인산기 전달 전위(high phosphoryl group-transfer potential)를 가진 화합물로 전환시킨다. 고인산기 전달 전위를 가진 화합물은 ADP를 인산화시킴으로써 ATP를 형성할 수 있다. 전체 반응은 다음과 같다.

$$\text{글루코스} + 2\,\text{NAD}^+ + 2\,\text{ADP} + 2\,\text{P}_i \longrightarrow 2\,\text{피루브산} + 2\,\text{NADH} + 2\,\text{ATP} + 2\,\text{H}_2\text{O} + 4\,\text{H}^+$$

그러므로 이 과정에서 생성되는 NADH는 초기 산화제인 NAD^+를 계속 공급하기 위하여 계속적으로 재산화되어야 한다. 15-3절에서는 생물이 호기성 조건이나 혐기성 조건에서 어떻게 해당 작용을 하는지 관찰할 것이다.

체크 포인트

- 해당 과정의 두 가지 상에서 어떤 일들이 일어나는가?
- 해당 과정을 거치면 글루코스 한 분자로부터 몇 개의 ATP가 소비되고 생성되는가?
- 글루코스와 피루브산의 산화 상태를 비교하시오. 해당 과정은 왜 NADH를 생산하는가?

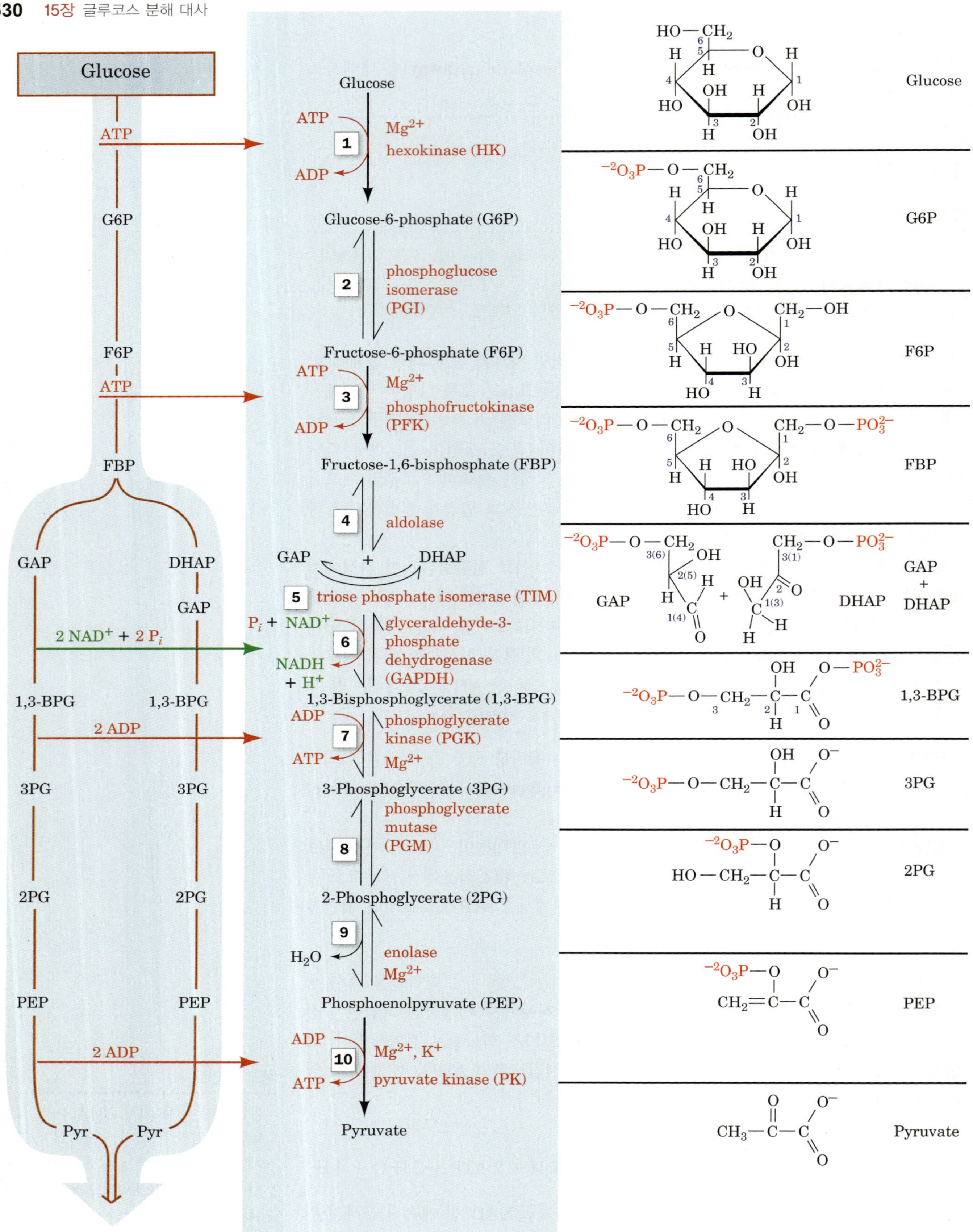

그림 15-1 해당 작용 그 첫 단계(반응 1∼5)에서 글루코스 한 분자가 2 ATP를 소모하며, 일련의 반응을 거쳐서 두 분자의 글리세르알데하이드-3-인산(GAP)을 생성한다. 해당 작용의 두 번째 단계(반응 6∼10)에서 두 개의 글리세르알데하이드-3-인산 분자가 두 개의 피루브산 분자로 전환되며, 4 ATP와 2 NADH를 생성한다.

? 책을 보지 말고, 해당 작용의 전체 반응식을 쓰라.

2 해당 작용의 반응

주요 개념

- 해당 작용의 10단계 반응을 기질과 생성물, 효소 반응 메커니즘으로 나타낸다.
- 해당 작용 효소는 인산화 반응, 이성질화 반응, 탄소-탄소 결합 분해, 탈수 반응을 촉매한다.
- ATP는 1단계와 3단계에서 소비되지만 7단계와 10단계에서 생성되어 순수 생성은 글루코스 한 개당 2ATP가 생성된다.
- 각 글루코스에 대해 6단계에서 2 NADH가 생성된다.

이 절에서는 각 효소의 성질과 메커니즘을 기술함으로써 보다 심도있게 해당 작용을 알아보고자 한다. 각각의 해당 작용 관여 효소에 대하여 공부하는 동안 11-3절에서 기술한 바와 같이 많은 촉매 반응을 접하게 될 것이다.

A 헥소카이네이스는 첫 번째 ATP를 사용한다.

해당 작용의 반응 1은 ATP로부터 인산기를 글루코스에 옮겨 주어 **글루코스-6-인산**(**glucose-6- phosphate, G6P**)을 생성하는 반응으로 **헥소카이네이스**(**hexokinase**)에 의해 촉매된다.

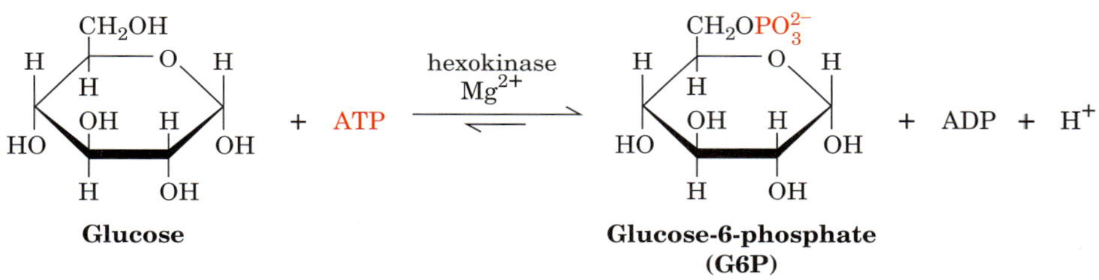

카이네이스는 ATP와 대사 물질 사이에 인산기를 전달하는 효소이다(14-2C절). 인산기 받개로 작용하는 대사 물질은 카이네이스 이름 앞에 표기된다. 헥소카이네이스는 많이 존재하는 비특이적인 효소로서 D-글루코스, D-마노스, D-프럭토스 등 육탄당의 인산화를 촉진한다. 간세포는 헥소카이네이스의 동질 효소인 **글루코카이네이스**(**glucokinase**)를 함유하고 있으며, 이 효소는 헥소카이네이스와 같은 반응을 촉진하지만 혈당 유지에 일차적으로 관여한다(22-1D절).

다른 카이네이스의 경우와 같이, 헥소카이네이스의 두 번째 기질은 Mg^{2+}-ATP 복합체이다. 사실 화합물을 이루지 않는 ATP는 헥소카이네이스의 강력한 방해제이다. Mg^{2+}의 관여에 대하여 항상 언급하지는 않았으나, Mg^{2+}는 카이네이스 활성에 필수적 요소이다. Mg^{2+}는 ATP의 α-와 β- 또는 β-와 γ-인산 산소 원자의 음전하를 가림으로써 글루코스의 C6-OH기에 의한 γ-인산 원소의 친핵성 공격을 더욱 받기 쉽게 한다.

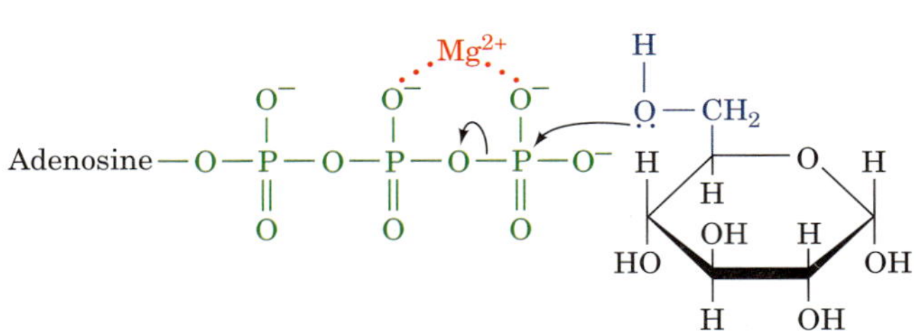

ATP **Glucose**

(a)

(b)

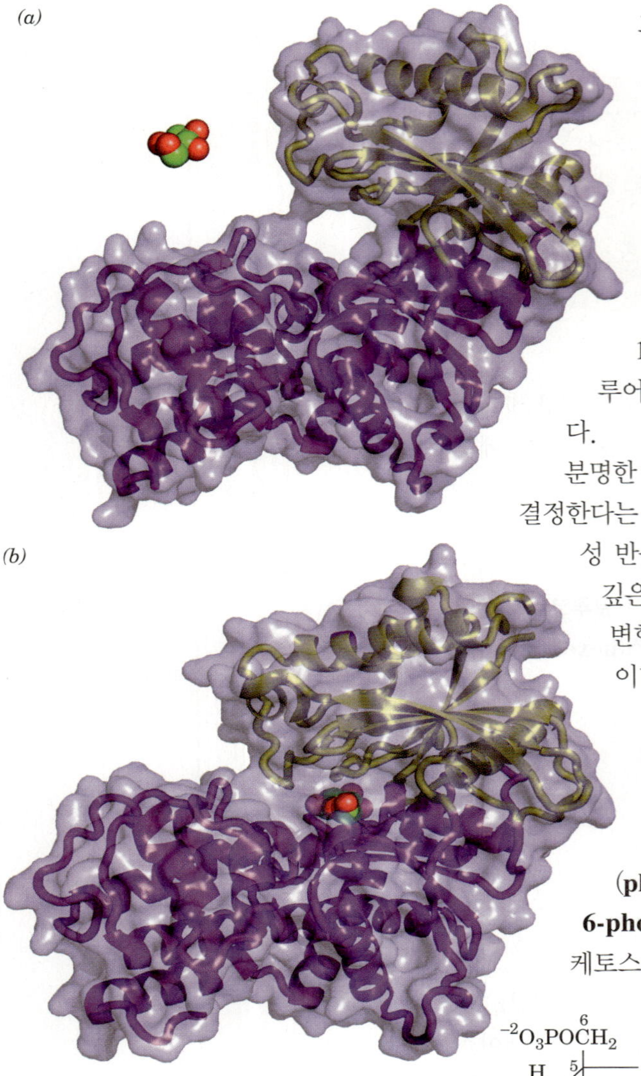

그림 15-2 효모 헥소카이네이스의 기질에 의하여 유도된 구조 변화 효소를 자주색이나 노란 리본의 뼈대를 가지고 투명한 분자 표면을 가진 것으로 나타내었다. (*a*) 자유 헥소카이네이스. 눈에 띄는 bilobal 모양을 주목하라. (*b*) C 원자는 녹색, O 원자는 빨간색의 공간 채움 형태로 나타낸 글루코스와 헥소카이네이스의 복합체. 효소–기질 복합체에서 두 개의 도메인은 기질을 잡기 위하여 17° 회전하여 움직인다. [Based on an X-ray structure by Igor Polikarpov, Instituto de Fisica de Sao Carlos, Brazil. PDBids 1IG8 and 3B8A.]

효모 헥소카이네이스와 글루코스–헥소카이네이스 화합물의 X선 구조에 대한 비교는 **글루코스가 헥소카이네이스의 구조 변형을 크게 유도함**을 나타낸다(**그림 15-2**). 효소의 활성 자리 골(cleft)을 형성하는 두 돌출부(lobe)는 턱을 닫는 것 같은 방법으로 글루코스를 잡기 위하여 8 Å 거리까지 같이 움직인다. **이 운동은 ATP를 글루코스의 $-C_6H_2OH$기에 가깝게 하고 활성 자리로부터 물을 제거시킨다(인접 효과에 의한 촉매 반응**, 11-3D절). 만약 효소가 열린 위치에서 촉매와 반응군이 반응을 위한 적당한 위치에 있다면(그림 15-2*a*), ATP 분해(인산기가 물에 운반되며, 이는 열역학적으로 이루어지기 쉬운 방향이다. 그림 14-7*a*)는 우세한 반응임이 거의 확실하다.

분명한 것은 헥소카이네이스의 기질 유도성 구조 변화는 효소의 특이성을 결정한다는 것이다. 덧붙이면 활성 자리의 극성은 물의 제거로 감소되며, 친핵성 반응을 유도하게 된다. 다른 카이네이스들은 헥소카이네이스와 같은 깊은 골을 지닌 구조를 갖고 있으며, 그들의 기질과 결합하여 구조적 변형을 일으킨다[예: 단백질 카이네이스 A: 그림 13.21, 아데닐산 카이네이스; 그림 14-10].

B 포스포글루코스 이성질화 효소는 글루코스-6-인산을 프럭토스-6-인산으로 전환시킨다

해당 작용의 반응 2는 G6P를 **포스포글루코스 이성질화 효소(phosphoglucose isomerase, PGI)**에 의해 **프럭토스-6-인산(fructose-6-phosphate, F6P)**으로 변환시키는 것이다. 이것은 알도스(aldose)를 케토스(ketose)로 이성질화시키는 것이다.

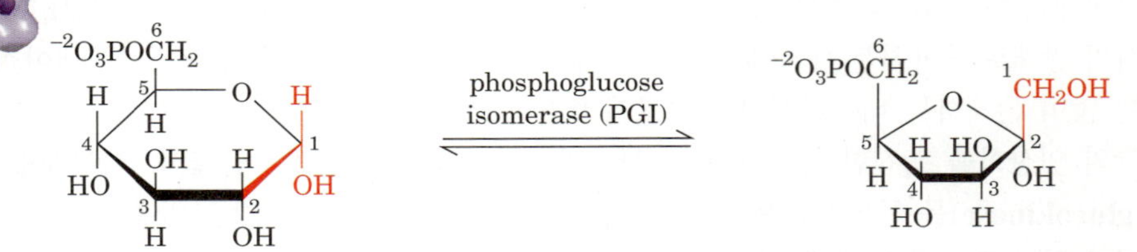

Glucose-6-phosphate (G6P) **Fructose-6-phosphate (F6P)**

G6P와 F6P는 둘 다 고리 구조로 우세하게 존재하므로, 고리 구조를 열고 이성질화한 다음, 이어서 고리 구조를 닫아야 한다(글루코스의 고리와 선형 형태 사이의 상호 전환은 그림 8-3에서 보여 준다).

PGI 반응에 대하여 제시되는 반응 메커니즘은 효소에 의한 일반적인 산–염기 촉매 반응을 포함한다(**그림 15-3**).

1단계 기질이 결합한다.

2단계 효소적 산(enzymatic acid)인 보존된 Lys 잔기의 ε-아미노기는 고리 열림을 촉진한다.

3단계 His 이미다졸기로 생각되는 염기는 C2로부터 산성 양성자를 제거하여 시스–엔다이올산 중간 물질을 형성한다(이 양성자는 카보닐기에 대하여 α이므로 산성이다).

process diagram

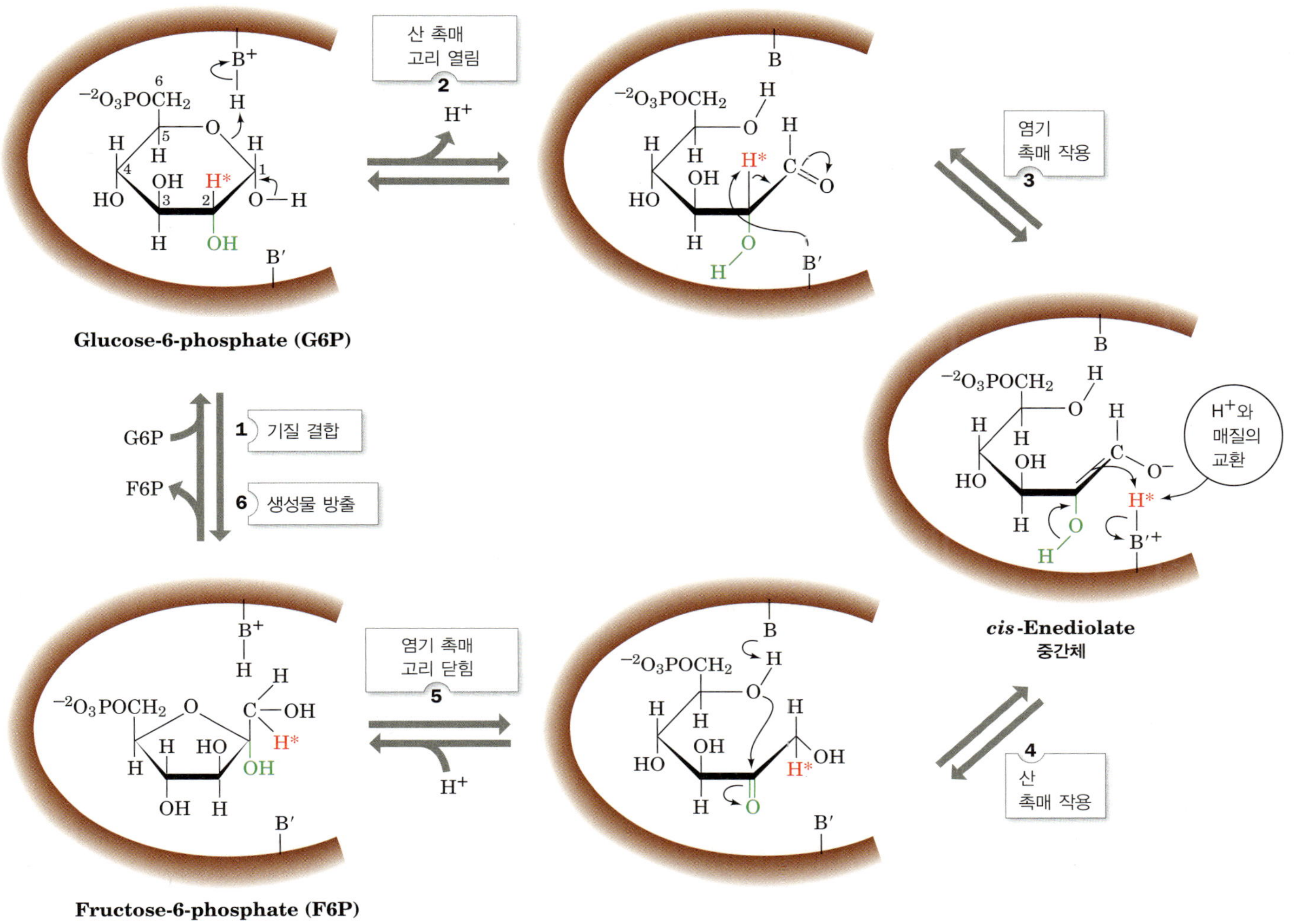

그림 15-3 포스포글루코스 이성질화 효소의 반응 메커니즘 촉매 활성 자리 잔기인 BH^+와 B′는 각각 Lys와 His로 보인다.

? 메커니즘이 pH 변화에 의해 느려지는 것은 몇 단계인가?

4단계 양성자는 전반적인 양성자 운반에서 C1에 대치된다. 염기에 의한 양성자의 제거는 용매 양성자와 빠르게 교환된다. 이와 관계없이 로즈(Irwm Rose)는 ^3H가 매질과 교환될 기회를 갖기 전에 분자 내 양성자 이동을 통하여 [2-^{3}H]G6P가 때때로 [1-^{3}H]F6P로 전환됨을 제시함으로써 이 단계를 확인하였다.

5단계 고리 구조가 닫혀서 생성물을 생성하며, 결과적으로 유실되어 자유 효소를 생성하고, 촉매 순환을 완성한다.

C 포스포프럭토카이네이스는 두 번째 ATP를 사용한다

해당 작용의 반응 3에서 **포스포프럭토카이네이스(phosphofructokinase, PFK)**는 F6P를 인산화시켜서 **프럭토스-1,6-비스인산(fructose-l,6-bisphosphate, FBP 또는 F1,6P)**을 생성한다.

[이 생성물은 두 인산기가 서로 직접 연결되어 있지 않기 때문에 이인산(diphosphate)이 아니라 비스인산(bisphosphate)이다.]

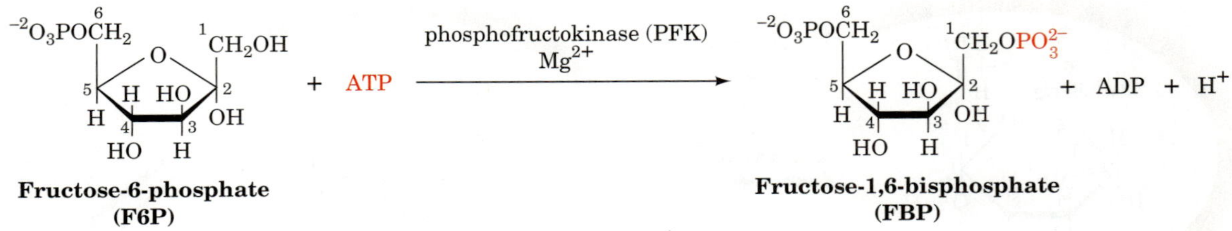

PFK 반응은 헥소카이네이스 반응과 유사하다. 효소는 Mg^{2+}–ATP 복합체의 전자 친화성 γ-인 원자에 대한 F6P의 C1-OH기의 친핵성 공격을 촉매한다.

포스포프럭토카이네이스는 해당 경로의 속도를 결정하는 반응 중 하나를 촉매하므로 해당 조절의 중심적 역할을 한다. 많은 생명체에서 PFK의 활성은 AMP와 같은 여러 물질에 의하여 다른자리 입체성으로 증가하거나 ATP 및 시트르산염과 같은 다른 여러 물질에 의하여 다른 자리 입체성으로 억제된다. PFK 조절 성질은 15-4A 절에서 설명한다.

D 알돌레이스는 육탄소 화합물을 2개의 삼탄소 화합물로 전환시킨다

알돌레이스(aldolase)는 해당 작용의 반응 4인 FBP를 분해하여 두 개의 삼탄당(triose), 즉 **글리세르알데하이드-3-인산(glyceraldehyde-3-phosphate, GAP)** 및 **인산다이하이드록시아세톤(dihydroxyacetone phosphate, DHAP)**을 형성하는 반응을 촉매한다.

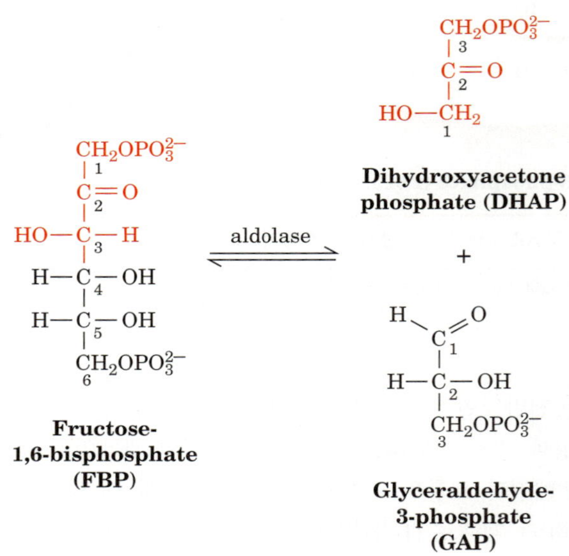

이 작용에서 주위해야 할 것은 원소의 번호를 지정하는 방식이 바뀌는 것으로, 글루코스에서 원소 1, 2, 3이 DHAP에서는 각각 원소 3, 2, 1이 되어 번호 순서가 반대로 된다. 그리고 글루코스의 원소 4, 5, 6은 GAP에서는 각각 원소 1, 2, 3이 된다.

그림 15-4에서 볼 수 있듯이 반응 4는 비효소 염기 촉매 메커니즘인 **알돌 분해[aldol cleavage, 역알돌 축합(retro aldol condensation)]**이다. 카보닐기 산소 이온의 전자를 회수하는 성질에 의하여 생성된 공명에 의하여 **엔올(enolate)** 중간 물질은 안정화된다. 여기에서 주의해야 할 것은 FBP의 C3와 C4 사이에서 일어나는 알돌 분해는

process diagram

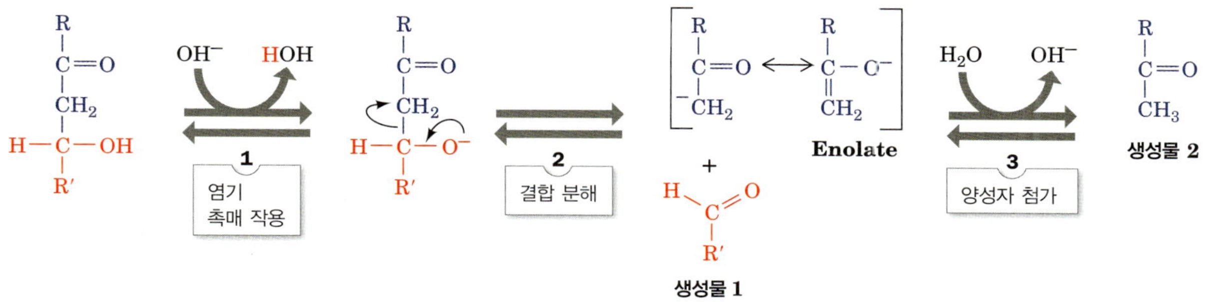

그림 15-4 염기 촉매에 의한 알돌 분해의 메커니즘 알돌 축합 반응은 역메커니즘으로 일어난다.

? 알돌에서 알데하이드와 알코올을 찾으라.

C2에 카보닐기와 C4에 하이드록실기가 있어야 한다는 것이다. 그러므로 해당 작용 경로에서 반응 2의 '논리'인 G6P에서 F6P로의 이성질화가 분명해진다. G6P의 알돌 분해는 서로 다른 탄소 사슬 길이를 가지고 있는 생성물을 만드는 데 비하여, **FBP의 알돌 분해는 서로 전환이 가능한 두 개의 C_3 화합물을 만들며, 이 화합물들은 같은 분해 과정으로 들어간다.**

생성된 알돌 분해의 엔올산 중간 물질은 증가된 전자 비위치 결정(delocalization)에 의하여 안정화되는데, 이 안정화에 의하여 알돌 분해가 촉매된다. 동물 및 식물에서 일어나는 반응은 다음과 같다(**그림 15-5**).

1단계 기질 FBP가 효소와 결합한다.

2단계 FBP 카보닐기와 Lys 활성기의 ε 아미노기가 반응하여 이미늄 양이온, 즉 양성자화된 시프 염기(Schiff base)를 형성한다.

3단계 C3−C4 결합의 분해는 엔아민(enamine) 형성을 초래하고 GAP를 유리시킨다. 이미늄 이온은 전구 물질인 카보닐기의 산소 원자보다 더 좋은 전자 끄는 기이다. 그러므로 촉매 작용이 일어나며, 이는 엔아민 중간 물질(그림 15-5, 3단계)이 염기 촉매적 알돌 분해 반응(그림 15-4, 2단계)에 대응하는 엔올산 중간 물질보다 더 안정하기 때문이다.

4단계 엔아민의 양성자 첨가와 토토머화 반응으로 시프 염기에서 이미늄 양이온이 생성된다.

5단계 이미늄 양이온의 가수 분해로 인해 DHAP가 유리되고 자유 효소가 재생된다.

E 삼탄당 인산 이성질화 효소는 인산 다이하이드록시아세톤과 글리세르알데하이드-3-인산을 상호 전환시킨다

알돌 분해 반응의 생성물 중 단지 한 개의 GAP는 해당 반응을 지속시킨다(그림 15-1). 그러나 DHAP와 GAP는 케토스-알도스 이성질체이다(F6P와 G6P 같이). 그것들은 **엔다이올**[**enediol** 또는 **엔다이올산**(**enediolate**)] **중간 물질**(**intermediate**)과 이성질화 반응하여 서로 상호 전환한다. **삼탄당 인산 이성질화 효소**(**triose phosphate isomerase, TIM**)는 1단계의 최종 반응인 해당 작용의 반응 5에서 이 과정을 촉매한다.

process diagram

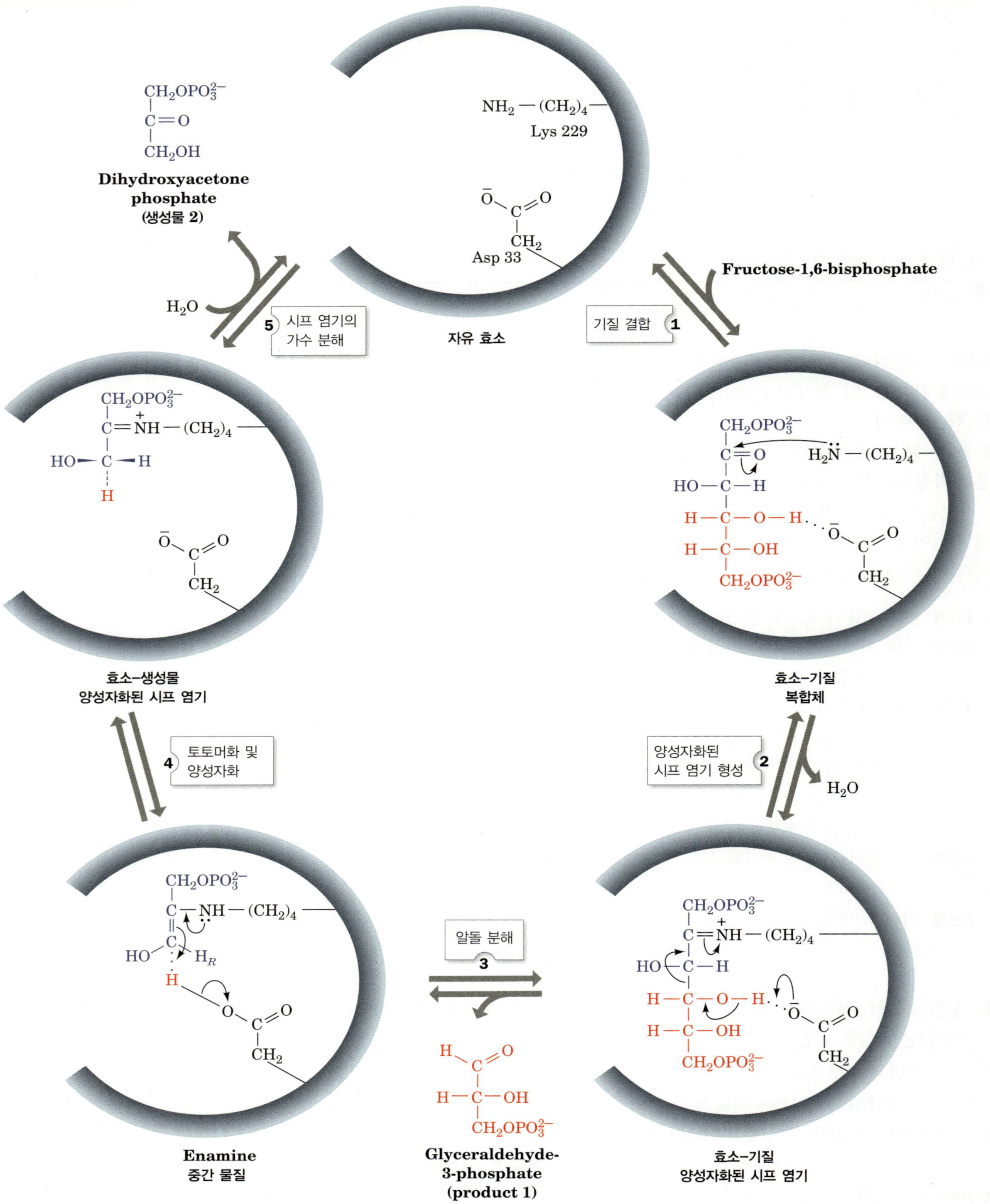

그림 15-5 알돌레이스의 효소 메커니즘 자세한 것은 교재 참조

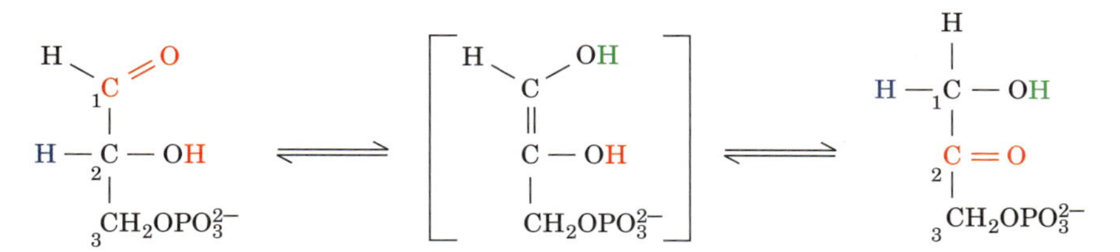

Glyceraldehyde-3-phosphate (aldose) **Enediol 중간 물질** **Dihydroxyacetone phosphate (ketose)**

이 반응 체계에 제시되는 엔다이올 또는 엔다이올산 중간 물질과 기하학적으로 유사한 안정한 화합물인 전이 상태 유도체 **포스포글리코하이드록시산(phosphoglycohydroxamate)**과 **2-포스포글리콜산(2-phosphoglycolate)**의 사용으로부터 온다고 가정해 보자.

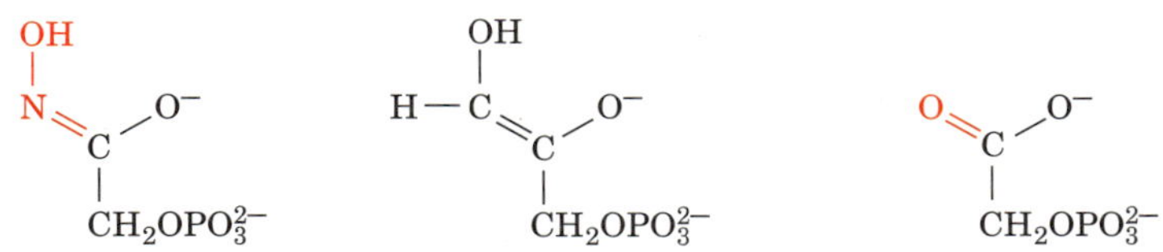

Phosphoglycohydroxamate **제안된 enediolate 중간 물질** **2-Phosphoglycolate**

효소는 기질보다 전이 상태 복합물과 더 단단히 결합함으로써 반응을 촉매하며(11-3E절), 사실 포스포글리코하이드록시산과 2-포스포글리콜산은 GAP나 DHAP보다 TIM에 155배와 100배 더 단단히 결합한다.

Glu 165 및 His 95는 일반적인 산과 염기로 작용한다. 메커니즘으로 볼 때 GAP에서 엔다이올 중간 물질로의 변화는 GAP의 C2에 있는 양성자를 제거하는 일반적인 염기, GAP의 카복실기 산소 원자를 양성자화하는 일반적인 산의 작용에 의하여 촉대된다고 할 수 있다. X선 연구에 의하면 TIM의 Glu 165 곁사슬은 GAP에 있는 C2 양성자를 제거할 수 있는 이상적인 곳에 위치하고 있다(**그림 15-6**). 실제로 X선 결과 Glu 165를 돌연변이로 Asp로 교체하였을 때, 교체된 Asp는 자연 상태 효소의 Glu 165에 비하여 기질에서부터 1Å 정도 더 떨어진 위치에 있는 카보닐기를 제거해야 하기 때문에 TIM의 촉매 활성은 1000배 정도 낮아진다. X선 연구는 또한 His 95가 GAP의 카보닐기 산소와 수소 결합함으로써 적절하게 이 산소를 양성자 첨가할 수 있는 위치에 있게 된다고 보고하였다. 이 반응에서 Lys 12의 양전하를 띠고 있는 곁사슬은 음전하를 띠고 있는 전이 상태를 정전기적으로 안정화시킨다고 생각하고 있다. 엔다이올 중간 물질에서

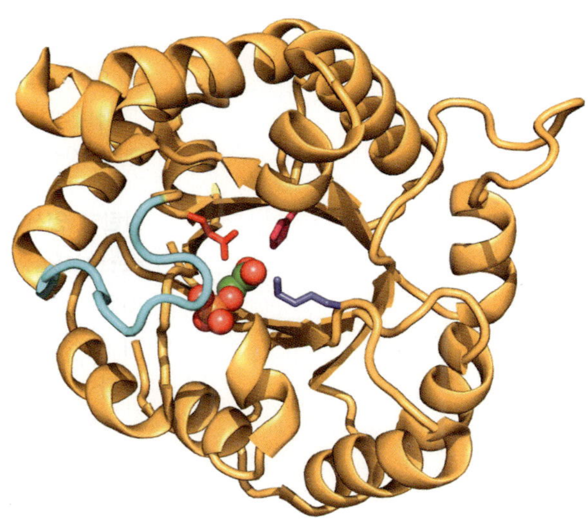

그림 15-6 효소 전이 상태의 유사체인 2-포스포글리콜산(2-phosphoglycolate)과 결합하고 있는 TIM의 리본 도식 동종 이합체를 이루고 있는 효소의 단일 소단위체는 대략적으로 효소의 α/β 원통 축을 따라 위치하고 있다. 효소의 굴절성 고리는 청록색, 촉매 작용의 Lys, His 및 Glu 곁사슬은 각각 청색, 자홍색, 빨간색으로 표시되었다. 2-인산글리콜산은 원소의 공간을 원소 형태에 따라서(C는 녹색, O는 빨간색, P는 노란색) 색칠한 공간 채움 모형으로 나타내었다. [Based on an X-ray structure by Gregory Petsko, Brandeis University, PDBid 2YPI.]

? 펩타이드의 청록색 부분이 구부러져야 하는 이유를 설명하라.

DHAP로 변화할 때, Glu 165는 C1을 양성자 첨가하는 일반 산으로, His 95는 OH 기에 있는 양성자를 제거하는 일반적인 염기로서 작용함으로써, 그들의 촉매군을 처음의 양성자 첨가 상태로 복구한다.

활성 자리를 덮고 있는 굴절성 고리(flexible loop). TIM의 X선 구조(그림 6-30*c*)와 효소-2-포스포글리콜산 복합체의 X선 구조를 비교해 보면, 기질이 TIM과 결합할 때 효소의 중요한 사슬이 7 Å 이상 이동하여 효소의 보존된 10개의 효소 잔기가 경첩이 달린 뚜껑 같이 활성 자리를 덮어버린다는 것을 알 수 있다(그림 15-6). 이 고리의 4개 잔기 조각은 기질의 인산 염기와 수소 결합을 하고 있다. 돌연변이로 이들 4개 잔기를 제거하면 단백질의 구조를 크게 변화시키지 않고, 기질과의 결합도 크게 떨어지지 않는다. 그러나 돌연변이 효소의 촉매력은 10^5배 감소하며, 포스포글리코하이드록시산과 매우 약하게 결합한다. 그러므로 의심할 여지없이 고리에 의한 폐쇄는 우선적으로 효소 반응의 엔다이올 같은 전이 상태를 안정화시킴을 알 수 있다.

또한 TIM에서의 고리에 의한 폐쇄는 효소가 반응을 할 수 있게 만드는 **입체 전자 제어(stereoelectronic control)**의 좋은 예이다. 용액 상태에서 엔다이올 중간 물질은 쉽게 C3에 있는 인산기가 제거되면서 분해되어 독성 물질인 **메틸글리옥살(methylglyoxal)**이 된다. 그러나 효소 표면에서는 인산염이 제거되지 않는 위치에 있는 굴절성 고리가 인산기를 잡아 두고 있어 이러한 반응이 억제된다. 굴절성 고리가 없는 돌연변이 효소의 경우에는 엔다이올이 효소 밖으로 빠져나올 수 있다. 즉 엔다이올 중간 물질의 85% 정도가 용액으로 빠져나와 빠르게 메틸글리옥살과 P_i로 분해된다. 그러므로 굴절성 고리 폐쇄에 의하여 기질이 효과적으로 생성물이 되게 한다.

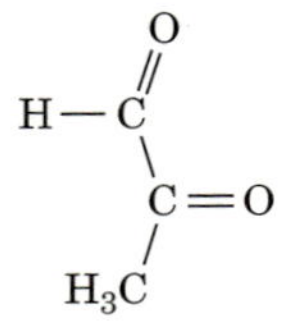

Methylglyoxal

발산적 진화에 의하여 진화된 α/β 원통 효소 α/β 원통(TIM 원통이라고도 함)을 가지고 있는 단백질 중 TIM이 가장 먼저 알려졌다. α/β 원통은 8개의 평행한 나선으로 둘러싸인 8개의 평행한 β 가닥의 원기둥이다(그림 6-30*c*). 그 후 이러한 두드러진 구조적인 특색은 많은 다른 단백질에서 발견되었으며, 특히 이러한 구조를 가지고 있는 단백질은 모두 효소이며, 이들 중에는 해당 작용 효소인 알돌레이스(aldolase), 엔올레이스(enolase), 피루브산 카이네이스(pyruvate kinase) 등이 포함되어 있다. 명확한 이론적인 이유는 없으나, 흥미롭게도 알려진 모든 α/β 원통 효소의 활성 자리는 β 가닥의 C 말단을 가지고 있는 말단의 원통 입구 부위에 있다. 이들 단백질들의 중요한 아미노산의 서열에 대하여 서로 유사성이 전혀 없는데도 불구하고 이들 모든 단백질은 같은 조상으로부터 진화되었다고 생각하고 있다(발산 진화). 그러나 여러 경우에서 α/β 원통은 독립적으로 나타내고 있는 고유 성격인 특이적으로 안정한 배열을 가지고 있다고 주장되고 있다(수렴 진화).

삼탄당 인산 이성질화 효소는 완벽한 촉매성 효소이다. TIM이 **촉매의 완벽성(catalytic perfection)**을 가졌다는 것은 놀스(Jeremy Knowles)가 증명하였다. 이것은 효소와 기질 사이에서 이분자 반응 속도가 확산으로 조절됨을 말하는 것으로서, 용액 안에서 생성물은 효소와 기질이 충돌하자마자 생성된다. 그러므로 TIM의 촉매 효율의 증가는 이들의 반응 속도를 증가시키지 못한다.

GAP과 DHAP는 매우 효율적으로 서로 전환되므로 이 두 대사 물질의 농도는 그들의 평형 값인 $K = [GAP]/[DHAP] = 4.73 \times 10^{-2}$으로 유지된다. 평형 시에는 $[DHAP] \gg [GAP]$이 된다. 그러나 세포의 안정된 상태하에서는 계속되는 해당 작용 경로에서 GAP가 소모된다. **이런 방법으로 GAP가 흡수됨에 따라 평형비를 유지하기 위하여 더 많은 DHAP가 GAP으로 변한다.** 사실상 DHAP는 GAP를 따라서 해당 작용의 두 번째 단계로 들어감으로써 한 경로가 알돌레이스 반응의 두 생성물의 물질대사를 떠맡게 되는 것이다.

지금까지의 해당 작용의 평가 여기까지의 해당 작용 경로를 보면 글루코스 한 분자는 두 개의 GAP 분자로 변한다. 이러한 경로로 해당 작용의 첫 단계를 끝나게 된다(그림 15-7). 주목해야 할 것은 인산화된 중간 물질을 생성하기 위하여 2개의 ATP가 소모되었다는 것이다. 이러한 에너지 소비는 아직 이익을 가져다 주지는 않았으나 조금 정교하게 표현하면 '저에너지' GAP가 '고에너지' 화합물로 변할 수 있다. 해당 작용의 두 번째 단계에서 '고에너지' 화합물의 가수 분해 자유 에너지는 ATP 합성으로 연결된다.

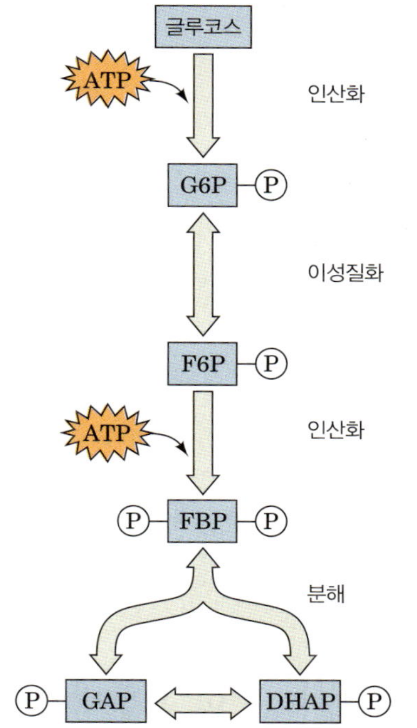

그림 15-7 해당 작용의 첫 번째 단계의 개요 그림 이런 일련의 반응에서 육탄당은 인산화, 이성질화, 다시 인산화, 그리고 상호 변환할 수 있는 삼탄당으로 분해된다. 이 과정에서 2개의 ATP가 소모된다.

? 책을 보지 말고, 각 단계에서 촉매 작용을 하는 효소의 이름을 붙이라.

F 글리세르알데하이드-3-인산 탈수소 효소는 첫 번째 '고에너지' 중간 물질을 생성한다

해당 작용의 반응 6은 NAD^+ 및 P_i에 의한 GAP의 산화 및 인산화이며, 이 반응은 **글리세르알데하이드-3-인산 탈수소 효소(glyceraldehyde-3-phosphate dehydrogenase, GAPDH**; 그림 6-31)에 의해 촉매된다. 이것은 화학적으로 정교하게 표현한 위에서 언급한 첫 번째 예에 해당된다. **이 반응에서 자유 에너지 감소적인 알데하이드 산화에 의하여 '고에너지' 아실(acyl) 인산염인 1,3-비스포스포글리세르산(1,3-bisphosphoglycerate, 1,3-BPG)가 생성된다.** 아실 인산염은 높은 인산기 전달 전위를 가진 화합물임을 다시 확인할 수 있다(14-2C절).

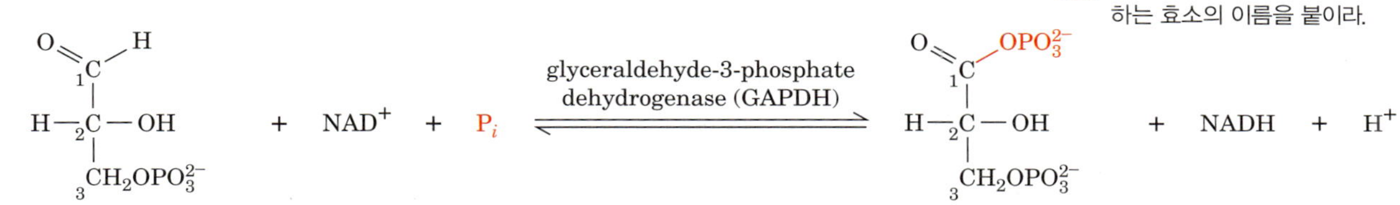

Glyceraldehyde-3-phosphate (GAP) **1,3-Bisphosphoglycerate (1,3-BPG)**

효소를 사용한 실험에 대한 여러 가지 해결의 열쇠는 GAPDH 반응 메커니즘을 밝히는 데 기여하였다.

1. 아이오딘아세트산염의 GAPDH는 정량적으로 알킬화되어 불활성화된다. 이 결과로 생긴 알킬화된 GAPDH의 가수 분해물(그림 15-8*a*)에는 **카복시메틸시스테인(carboxymethylcysteine)**이 있는데, 이것은 GAPDH 활성 자리에 Cys 설프하이드릴기가 있다는 것을 나타낸다.
2. GAPDH는 정량적으로 GAP의 C1의 ^3H를 NAD^+로 전달함으로써(그림 15-8*b*), 이 반응이 직접적인 수소화물의 전달을 통하여 일어남을 나타낸다.
3. GAPDH는 P_i와 생성물 유사체인 **인산 아세틸(acetyl phosphate**, 그림 15-8*c*) 사이의 ^{32}P의 교환을 촉매한다. 이러한 동위 원소 교환 반응은 아실 효소 중간 물질을 나타낸다. 즉 아실기는 효소와 공유 결합 복합체를 형성하는데, 이러한 것은 세린 단백질 분해 효소 메커니즘에서의 아실–효소 중간 물질과 유사하다(11-5C절).

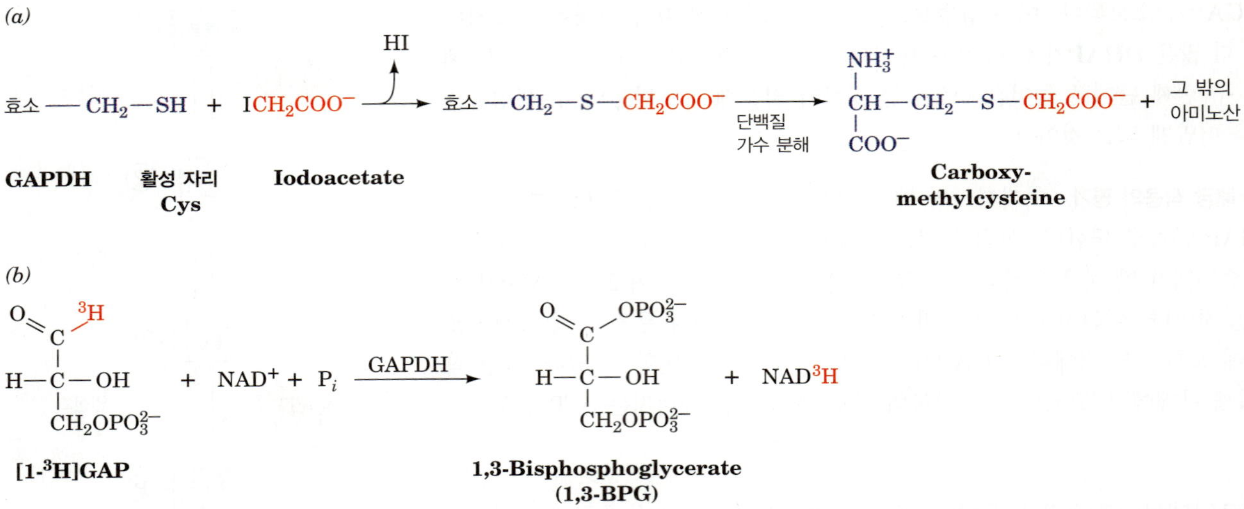

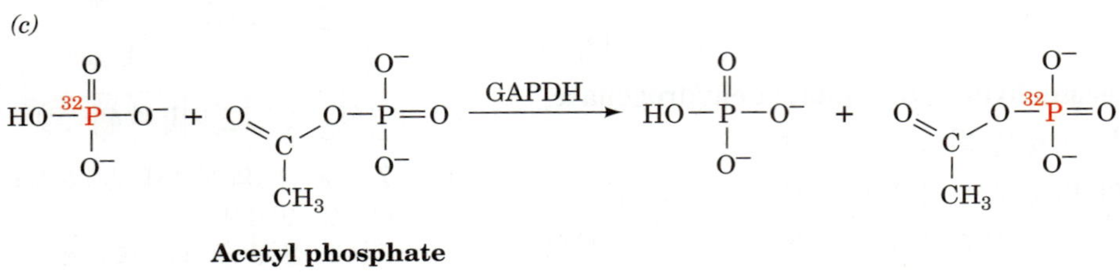

그림 15-8 GAPDH의 효소 메커니즘을 설명하였던 반응 *(a)* 활성 자리 Cys 잔기에 대한 아이오딘아세트산염과의 반응. *(b)* 기질에서 NAD^+로의 정량적인 삼중수소의 전달. *(c)* 인산염에서 인산 아세틸로의 ^{32}P의 효소 촉매 교환

이러한 정보와 동역학 연구 결과를 기초로 하여 트렌담(David Trentham)은 GAPDH에 대한 메커니즘을 제안하였다(**그림 15-9**).

1단계 GAP는 효소와 결합한다.

2단계 친핵성으로 작용하는 중요한 설프하이드릴기가 알데하이드를 공격하여 **싸이오헤미아세탈**(**thiohemiacetal**)을 생성한다.

3단계 NAD^+으로의 직접적인 수소화물 전달에 의하여 싸이오헤미아세탈이 산화되어 **아실 싸이오에스터**(**acyl thioester**)가 된다. 실험에 의하여 분리되었던 이 중간 물질은 큰 가수 분해 자유 에너지를 가지고 있다. 그러므로 **알데하이드 산화 에너지는 낭비되는 것이 아니라 싸이오에스터 합성과 NAD^+에서 NADH로의 환원을 통해 보존되는 것이다.**

4단계 P_i는 효소–싸이오에스터–NADH 복합체와 결합한다.

5단계 P_i의 친핵성 공격으로 싸이오에스터 중간 물질은 '고에너지'가 섞인 무수물인 1,3-BPG를 생성한다. 생성된 1,3-BPG는 효소에서 떨어져 나오고 효소에 있던 NADH는 다른 NAD^+로 교체되어 활성 상태 효소로 재생성된다.

G 포스포글리세르산 카이네이스는 첫 번째 ATP를 생성한다

해당 작용 경로의 반응 7은 **3-포스포글리세르산**(**3-phosphoglycerate, 3PG**)과 함께 ATP를 생성하며, 이 반응은 **포스포글리세르산 카이네이스**(**phosphoglycerate kinase, PGK**)의 촉매 반응에 의하여 일어난다(주목할 것은 역반응은 ATP에 있는 인산기이 3PG로 전달되는 것이기 때문에 이 효소를 '카이네이스'라고 부른다는 것이다).

process diagram

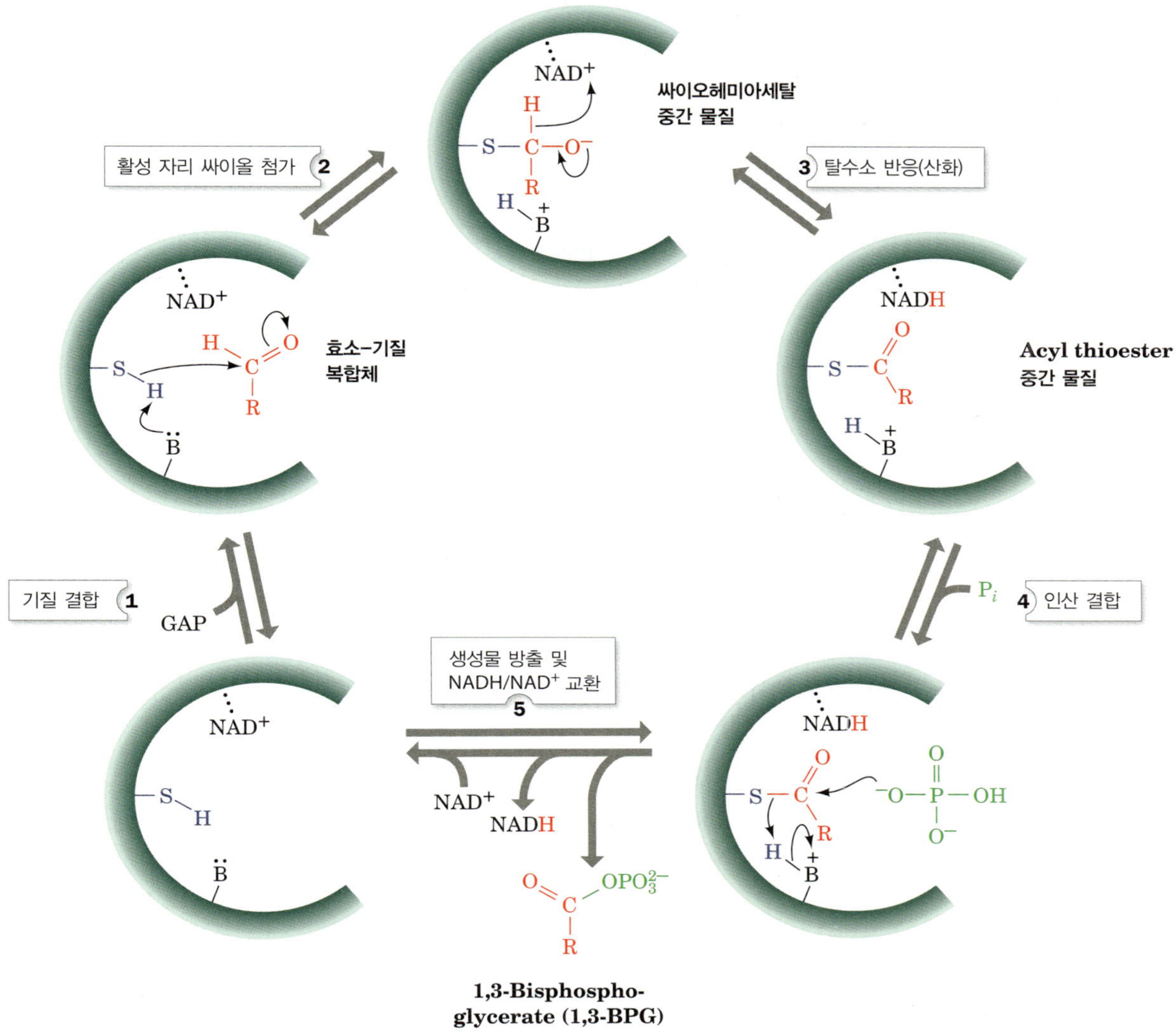

그림 15-9 GAPDH의 효소 메커니즘 자세한 것은 교재 참조

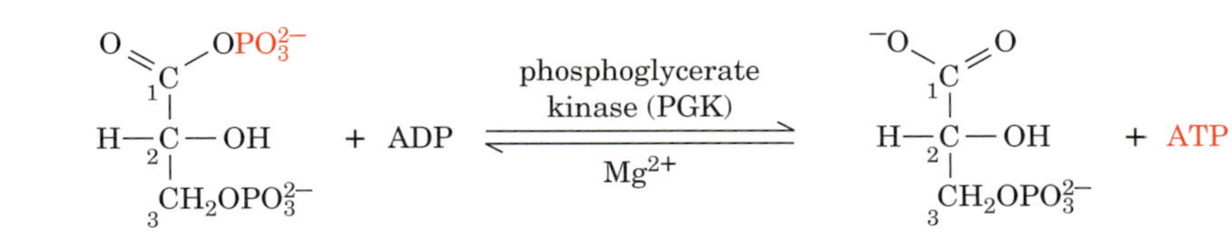

1,3-Bisphosphoglycerate (1,3-BPG) **3-Phosphoglycerate (3PG)**

PGK(**그림 15-10**)는 모양이 독특한 두 개의 로브형(bilobal)이다. 특정 영역에 있는 1,3-BPG 결합 자리에서부터 10 Å 떨어진 영역에 Mg^{2+}–ADP 결합 자리가 있다. 물리학적인 측정에 의하면 헥소카이네이스에서 일어난 것처럼(15-2A절), 물이 없는 환경에서 기질이 반응할 수 있도록 PGK의 두 영역은 함께 회전한다. 비록 PKG와 헥소카이네이스의 구조는 서로 관련이 없지만, 실제로 두 단백질의 모양은 매우 유사하다(그림 15-2).

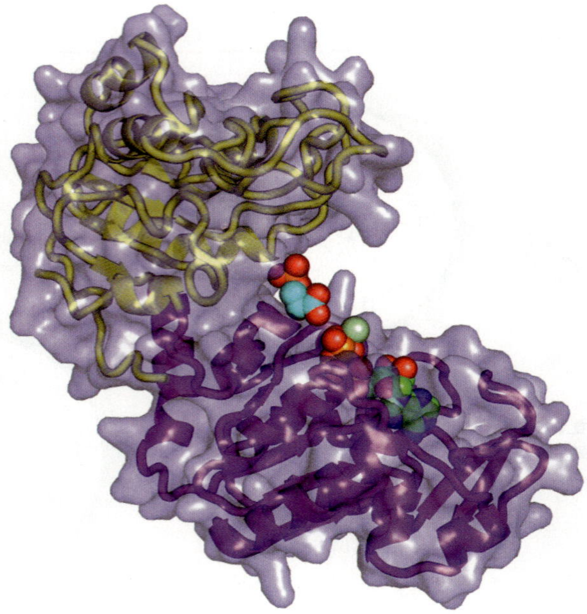

그림 15-10 효모 포스포글리세르산 카이네이스와 3PG, ATP 복합체의 X선 구조 N 말단 영역은 노란색, C 말단 영역은 자주색으로 효소 분자 표면을 나타내고 있다. Mg^{2+}–ATP와 3PG는 원자 형태에 따라 공간 채움 모양으로 나타내었다(ATP C 녹색, 3PG C 청록색, N 청색, O 적색, P 주황색, Mg^{2+} 옅은 녹색). PGK와 헥소카이네이스 구조(그림 15-2)의 유사성을 비교해 보라. [Based on an X-ray structure by Hermen Watson, University of Bristol, U.K. PDBid 3PGK.]

GAPDH와 PGK 반응의 연결 14-2B절에서 말한 것처럼, 조금은 유리하지 않는 반응은 매우 유리한 반응과 연결되어 두 개의 반응이 정방향으로 일어나게 한다. 해당 작용의 6번째와 7번째 반응의 경우 PGK 반응에서 **1,3-BPG는 소모되는 일반적인 중간 물질로서 GAPDH 반응을 정방향으로 흐르게 한다**. 전체 반응 쌍의 에너지 변화는 다음과 같다.

$$\begin{array}{ll} \text{GAP} + \text{P}_i + \text{NAD}^+ \longrightarrow \text{1,3-BPG} + \text{NADH} & \Delta G^{\circ\prime} = +6.7\ \text{kJ}\cdot\text{mol}^{-1} \\ \text{1,3-BPG} + \text{ADP} \longrightarrow \text{3PG} + \text{ATP} & \Delta G^{\circ\prime} = -18.8\ \text{kJ}\cdot\text{mol}^{-1} \\ \hline \text{GAP} + \text{P}_i + \text{NAD}^+ + \text{ADP} \longrightarrow \text{3PG} + \text{NADH} + \text{ATP} & \\ & \Delta G^{\circ\prime} = -12.1\ \text{kJ}\cdot\text{mol}^{-1} \end{array}$$

비록 GAPDH 반응은 자유 에너지 증가이지만, 1,3-BPG에서 ADP로 인산기를 전달하는 강력한 자유 에너지 감소의 성질은 전체적으로 GAP, P_i, NAD^+, ADP로부터 NADH, ATP를 생성하는 반응으로 흐르게 한다. **이와 같이 O_2의 관여 없이 ATP를 생성하는 것은 기질 수준의 인산화의 한 예이다.** 18-3절에서 볼 수 있듯이, 이 반응에서 생성된 NADH는 O_2에 의해 산화되며, 산화성 인산화에 의하여 추가로 ATP를 생성한다.

H 포스포글리세르산 자리옮김 효소는 3-포스포글리세르산과 2-포스포글리세르산을 상호 전환시킨다

해당 작용의 반응 8에서는 **포스포글리세르산 자리옮김 효소(phosphoglycerate mutase, PGM)**에 의해 3PG는 **2-포스포글리세르산(2-phosphoglycerate, 2PG)**으로 변한다.

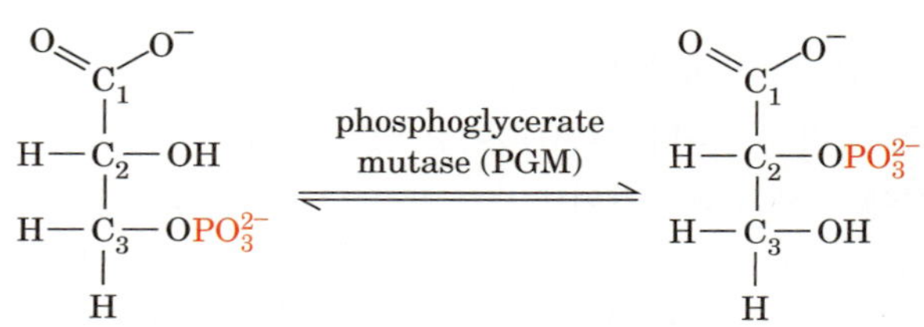

3-Phosphoglycerate (3PG) **2-Phosphoglycerate (2PG)**

자리옮김 효소(mutase)는 한 분자에서 어떤 위치에 있는 작용기가 다른 위치로 전환시키는 작용을 촉매하는 역할을 한다. 조금은 에너지를 흡수하는 이러한 중립적인 반응은 해당 작용에서 '고에너지' 인산화 화합물을 생성하는 다음 반응을 준비하기 위해 필요하다.

처음에는 포스포글리세르산 자리옮김 효소 촉매에 의한 반응을 단순한 분자 내의 인산기 전달로 생각하였으나 실제로 그렇지 않았다. 이 효소의 활성화된 형태에서는 활성 자리에 His 8에 붙어 있는 인산기가 있다.

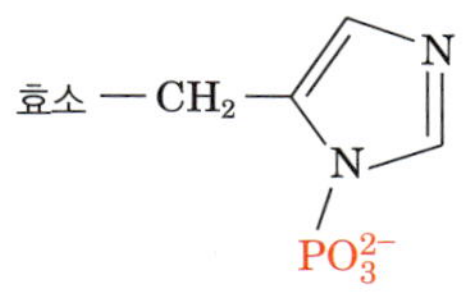

Phospho-His 잔기

이 인산기는 기질로 전달되어 비스포스포(bisphospho) 중간 물질을 생성한다. 그 후 이 중간 물질은 효소를 재인산화시켜 생성물을 생성하고, 활성 인산화 효소를 재생성한다. 효소의 X선 구조를 보면 His 8이 기질과 가까이 있는 것을 알 수 있다(**그림 15-11**).

포스포글리세르산 자리옮김 효소의 촉매 작용은 다음과 같다(**그림 15-12**).

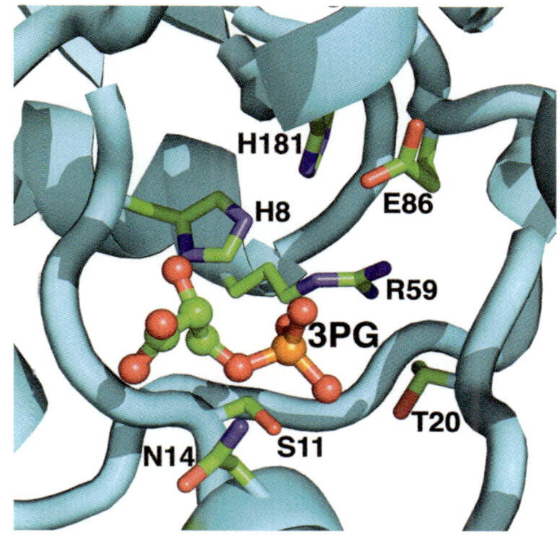

그림 15-11 효모 포스포글리세르산 자리옮김 효소(비인산 형태)의 활성 자리 부분 C 녹색, O 적색, P 주황색의 공-막대 모형으로 그려진 기질인 3PG는 곁사슬이 C 녹색, N 파란색, O 적색의 막대 형태로 그려진 이온 주머니(ionic pocket)와 결합한다. 활성화된 효소에서 His 8은 인산화된다. [Based on an X-ray structure by Jennifer Littlechild, University of Exeter, U.K. PDBid 1QHF.]

? 기질과 결합한 주머니에서 이온기를 찾아라.

process diagram

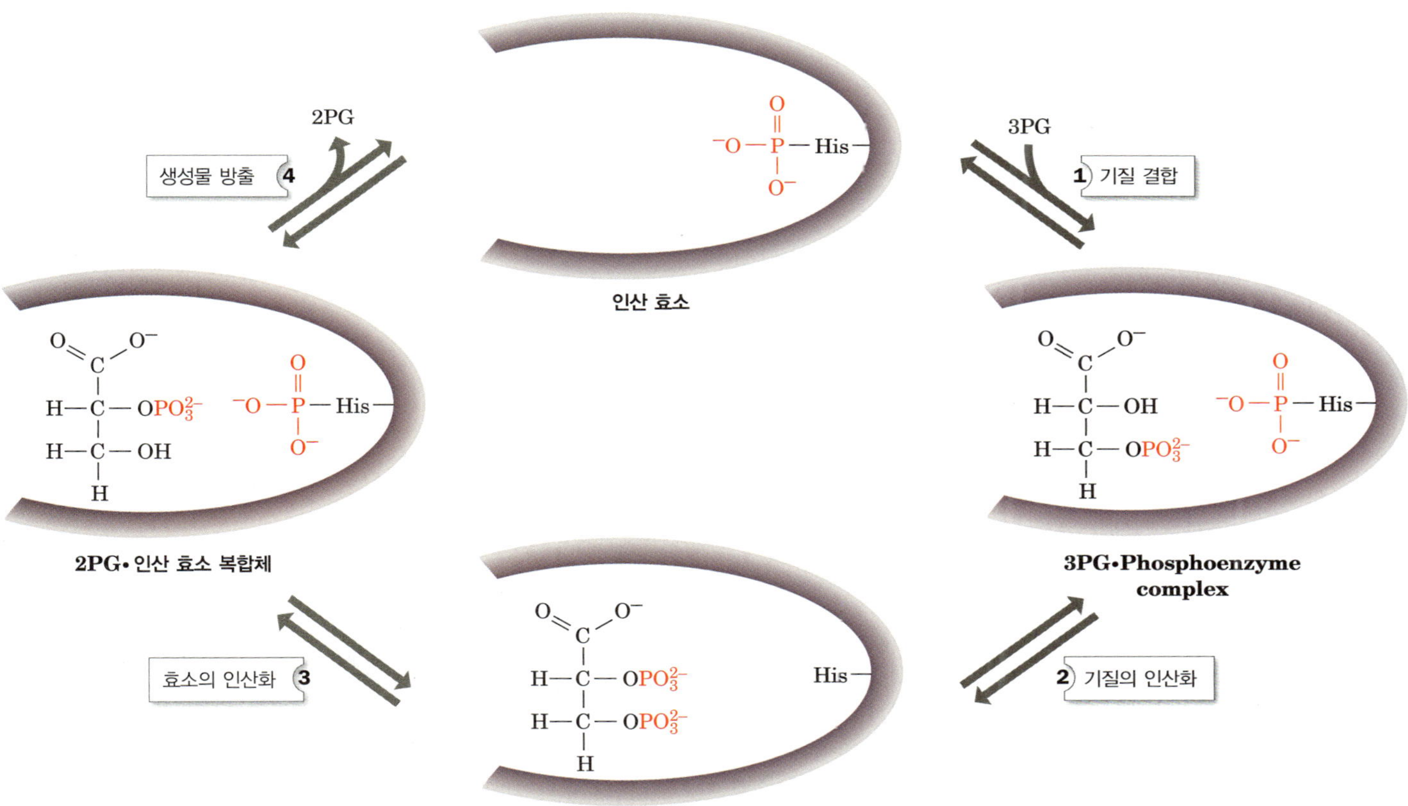

그림 15-12 포스포글리세르산 자리옮김 효소의 제안된 반응 메커니즘 활성화된 효소의 활성 자리에 포스포-His 잔기가 있다. 자세한 것은 교재 참조

1단계 3PG는 His 8이 인산화된 인산 효소(phosphoenzyme)와 결합한다.

2단계 효소의 인산기는 기질로 전달되어 중간 물질인 2,3-비스포스포글리세르산–효소 복합체를 형성한다.

3단계 기질의 3-인산기에 의해 재인산화된다.

4단계 생성물인 2PG가 유리되면서 인산 효소가 재생된다.

그러므로 반응을 일으키기 위하여 3PG의 인산기는 다음 3PG의 C2로 옮겨진다.

때때로 2단계 반응에서 생성된 2,3-비스포스포글리세르산(23-BPG)는 비인산 효소로부터 분리되는데, 이때 효소는 불활성 상태가 된다. 그러므로 작은 양의 2,3-BPG는 언제나 역반응을 통하여 활성 인산 효소를 재생성할 수 있다. 또한 2,3-BPG는 데옥시헤모글로빈에 특이적으로 결합하여 산소 친화력을 감소시킨다(7-1D절). 결과적으로 포스포글리세르산을 준비하기 위하여 사용되는 적은 양의 2,3-BPG보다 많은 양의 2,3-BPG(5mM)가 적혈구에 필요한 것이다(자료 15-2).

자료 15-2 생화학 전망 적혈구에서의 2,3-비스포스포글리세르산 합성 및 혈액 산소를 운반시키는 능력에 대한 2,3-비스포스포글리세르산의 영향

데옥시헤모글로빈에 2,3-비스포스포글리세르산(2,3-bisphosphoglycerate: 2,3-BPG)가 특이적 결합을 하면, 헤모글로빈의 산소 결합력이 줄어든다(7-1D절). 적혈구는 해당 작용 경로의 우회 방법을 통하여 2,3-BPG를 합성하거나 분해한다.

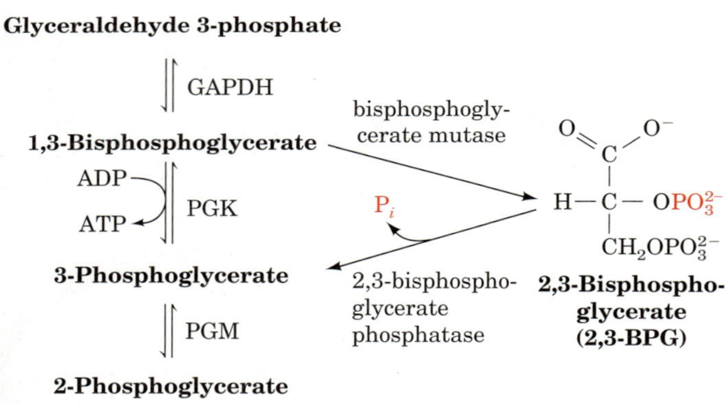

비스포스포글리세르산 자리옮김 효소(bisphosphoglycerate mutase)는 1,3-BPG의 C1에 있는 인산화기를 C2로 옮기는 촉매 작용을 하며, 이 효소 작용으로 생성된 2,3-BPG는 **2,3-비스포스포글리세르산 인산 가수 분해 효소**(2,3-bisphosphoglycerate phosphatase)의 효소 작용으로 3PG로 가수 분해된 후 해당 작용으로 들어간다.

유효한 2,3-BPG 농도는 헤모글로빈의 산소 친화력을 조절한다. 헤모글로빈의 산소 포화 곡선에서 나타난 것처럼, 적혈구의 유전적인 해당 작용의 결핍은 혈액의 산소 운반 능력을 변화시킨다.

예를 들면 헥소카이네이스는 해당 작용의 첫 번째 반응을 촉매하므로 이 효소가 결핍된 적혈구에서는 해당 작용에 관련된 모든 중간 물질의 농도가 낮고, 그로 인하여 2,3-BPG의 농도도 낮게 되어 헤모글로빈의 산소 친화도가 증가된다(녹색 선). 반면에 해당 작용의 마지막 메커니즘을 촉매하는 피루브산 카이네이스(그림 15-1) 결핍으로 이 효소 작용이 봉쇄되고, 이로 인하여 2,3-BPG 농도가 증가하고, 결국은 헤모글로빈의 산소 친화도가 감소된다(보라색 선). 그러므로 핵과 다른 세포 소기관이 부족한 적혈구는 비록 작은 물질 대사를 가지고 있지만, 이 물질 대사는 생리학적으로 매우 중요함을 알 수 있다.

[Oxygen-saturation curves after Delivoria-Papadopoulos, M.,Oski, F.A., and Gottlieb,A.J., *Science* **165**, 601(1969).]

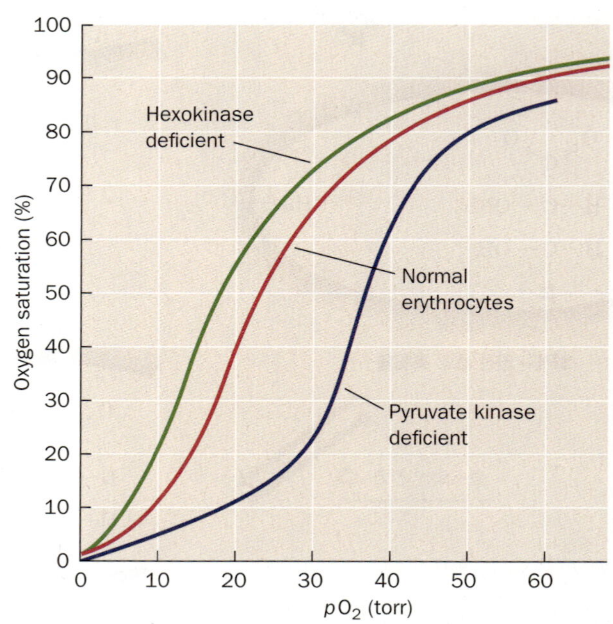

Oxygen-saturation curves after Delivoria-Papadopoulos, M., Oski, F.A., and Gottlieb, A.J., *Science* **165**, 601 (1969).

I 엔올레이스는 두 번째 '고에너지' 중간 물질을 생성한다

해당 작용의 반응 9에서 **엔올레이스(enolase)** 촉매 작용에 의하여 2PG는 **포스포엔올피루브산(phosphoenolpyruvate, PEP)**으로 탈수된다.

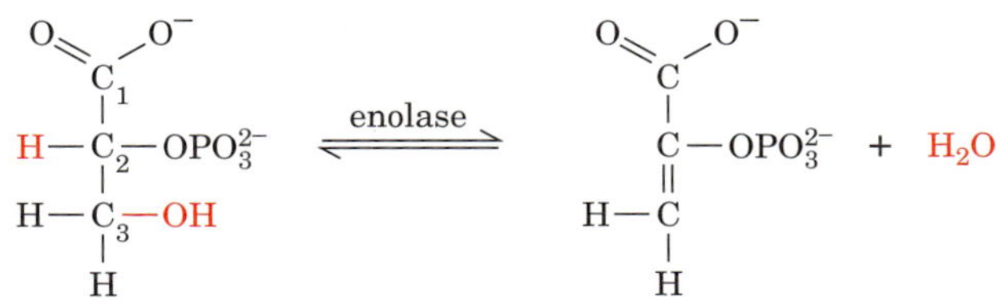

2-Phosphoglycerate (2PG) **Phosphoenolpyruvate (PEP)**

기질이 결합하기 전에 이 효소는 Mg^{2+} 같은 2가 양이온과 복합체를 형성한다. 플루오린화 이온은 엔올레이스 활성을 막아 해당 작용을 억제한다(F^-는 해당 작용 경로를 설명하는 데 이용되었던 물질 대사 억제제였다). P_i가 있을 때 F^-는 효소 활성 자리에 있는 Mg^{2+}와 결합 복합체를 형성하여, 기질이 엔올레이스와 결합하는 작용을 막는다. 이러한 억제에 의하여 엔올레이스 기질인 2PG는 축적되고, PGM의 작용에 의해 3PG도 축적된다.

J 피루브산 카이네이스는 두 번째 ATP를 생성한다

해당 작용의 마지막 반응인 반응 10에서 **피루브산 카이네이스(pyruvate kinase, PK)**는 피루브산을 형성하면서 PFP 분해 자유 에너지로 ATP를 합성한다.

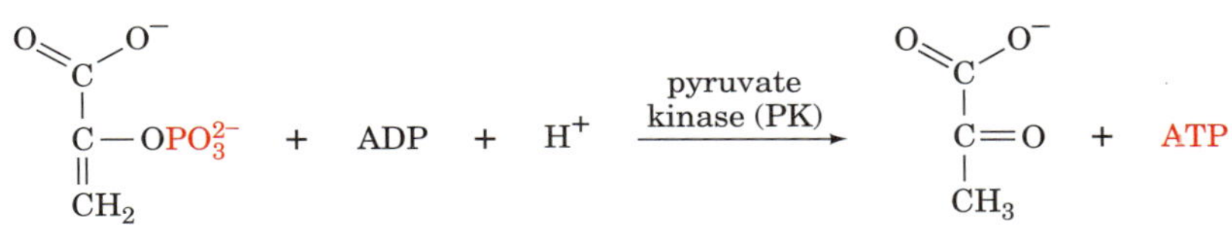

Phosphoenolpyruvate (PEP) **Pyruvate**

1가 포타슘(K^+) 및 2가의 마그네슘(Mg^{2+}) 양이온이 필요한 PK의 반응은 다음과 같이 일어난다(**그림 15-13**).

1단계 ADP의 β-인산화 산소가 PEP 인산 원자를 친핵성 공격을 하여 **엔올피루브산(enolpyruvate)**으로 치환되고 ATP를 생성한다.

2단계 엔올피루브산이 피루브산으로 토토머화된다.

PK 반응은 ATP를 생성하는 자유 에너지보다 더 강력한 자유 에너지 감소(기질 수준

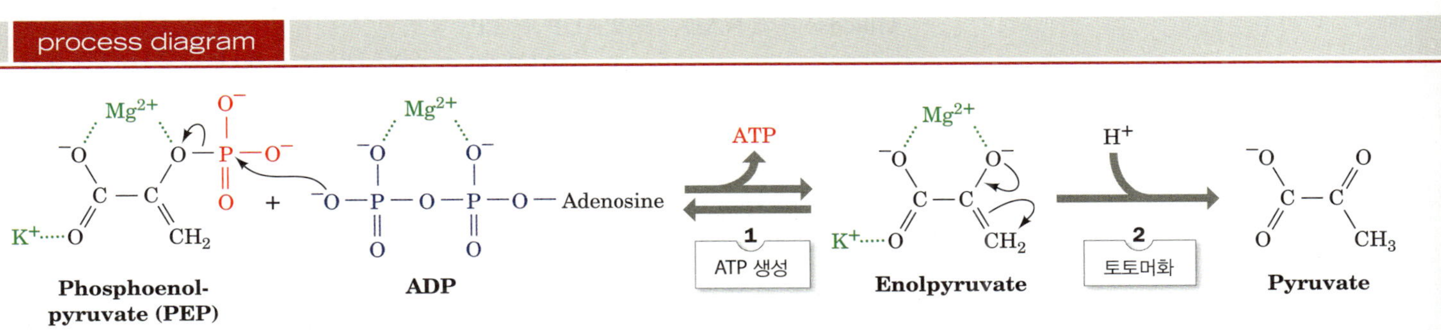

그림 15-13 피루브산 카이네이스 촉매 작용의 반응 메커니즘 자세한 것은 교재 참조

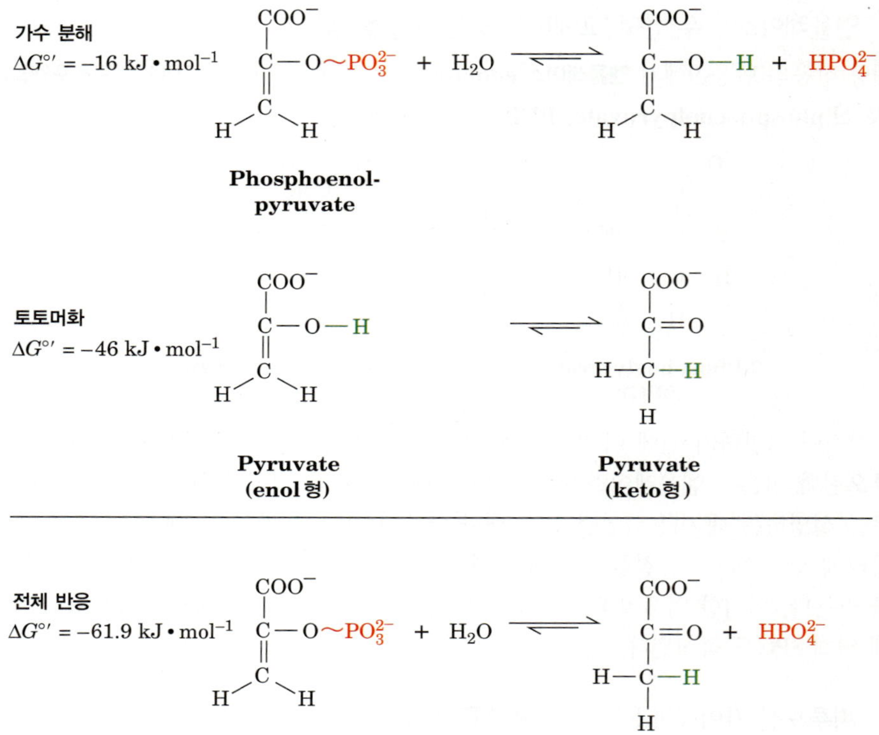

그림 15-14 **PEP의 가수 분해** 반응은 두 단계, 즉 가수 분해와 토토머화로 나눌 수 있다. 총 $\Delta G^{\circ\prime}$은 ADP와 P_i로부터 ATP를 생성하는 데 필요한 값보다 매우 큰 음의 값을 가진다.

의 인산화의 다른 예)이다. 이때 엔올레이스 반응 '논리'는 분명하다. 2PG의 가수 분해 표준 자유 에너지는 단지 $-16\ \text{kJ}\cdot\text{mol}^{-1}$로서 ADP로부터 ATP를 합성하기에는 충분하지 않다($\Delta G^{\circ\prime} = 30.5\ \text{kJ}\cdot\text{mol}^{-1}$). 그러나 2PG 탈수 작용으로 ATP를 합성할 수 있는 '고에너지'를 가진 화합물이 생성된다. **PEG 인산기의 높은 전위 능력은 엔올피루브산 생성물이 케토 토토머로 변환하면서 큰 자유 에너지가 방출됨을 나타낸다.** 두 단계 반응으로 진행되는 PEP의 가수 분해 반응을 보면(**그림 15-14**), 인산기의 전이 단계보다 토토머화 단계에서 매우 높은 자유 에너지가 발생함을 알 수 있다.

해당 작용의 평가 II단계 해당 작용의 첫 단계에서의 에너지 투자(2개의 ATP 소모)는 두 번째 단계에서 두 개의 인산화된 C_3 단위가 2개의 피루브산 생성과 함께 4개의 ATP 합성으로 전환되기 때문에 두 배로 보상받게 된다. 이 과정은 도식으로 **그림 15-15**에 나타내었다.

해당 작용의 전체 반응은 다음과 같다.

$$\text{Glucose} + 2\,\text{NAD}^+ + 2\,\text{ADP} + 2\,\text{P}_i \rightarrow 2\,\text{pyruvate} + 2\,\text{NADH} + 2\,\text{ATP} + 2\,\text{H}_2\text{O} + 4\,\text{H}^+$$

해당 작용의 세가지 생성물에 대해 각각 살펴보자.

1. **ATP**. 1단계에서 한 개의 글루코스로부터 2개의 ATP의 소모는 기질 수준 인산화(2단계를 진행하면서 한 개의 GAP당 2개의 ATP 생성)를 통해 4개의 ATP를 생성하여, 전체적으로 한 개의 글루코스로부터 2개의 ATP를 생성한다. 글루코스를 주된 물질대사의 연료로 쓰는 조직 또는 생명체에서는 해당 작용에 의하여 생성된 ATP로 세포에서 필요로 하는 모든 에너지를 충당한다.
2. **NADH**. 해당 작용 경로에 의한 글루코스 분해 대사로 글루코스는 두 개의

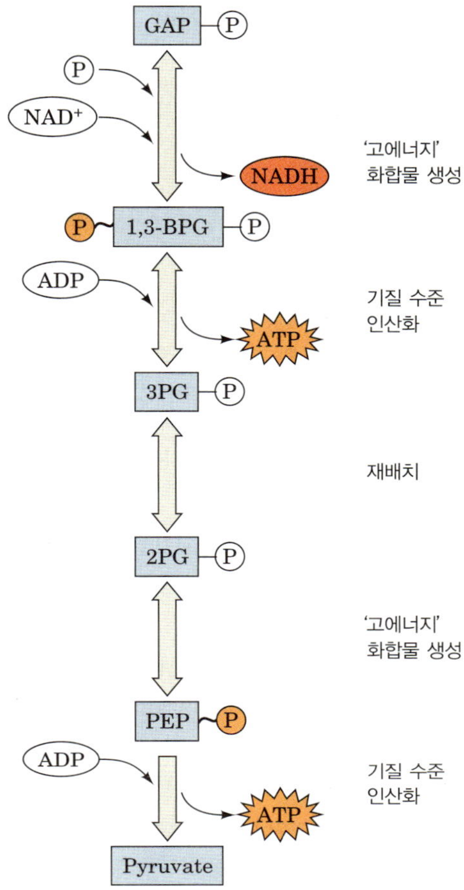

그림 15-15 해당 작용 두 번째 단계 개요 일련의 반응으로 GAP는 인산화 및 산화된 후, 두 개의 인산기가 ADP에서 ATP를 생성하기 위한 충분한 에너지를 가질 수 있도록 분자적으로 재배치된다. 해당 작용의 1단계에 들어간 모든 글루코스에 대하여 두 개의 GAP 분자가 피루브산으로 전환된다.

? 책을 보지 말고, 각 단계에서 촉매 작용을 하는 효소의 이름을 쓰라.

NAD^+가 두 개의 NADH로 환원되는 수준으로 산화된다. 14-3C절에 나타낸 것처럼, NADH 같이 환원된 보조 효소는 뒤에 일어나는 산화에 의하여 되찾을 수 있는 자유 에너지 이상의 공급원이 된다. 호기성 상태에서는 **전자 운반**[**electron transfer**(18-2절)]이라고 알려진 과정을 통해 환원된 보조 효소 전자들이 여러 가지 전자 운반체에 의해 마지막 산화제인 산소(O_2)로 옮겨 간다. 이 전자 이동의 자유 에너지는 ADP로부터 ATP를 합성하게 한다[**산화성 인산화**(**oxidative phosphorylation**), 18-3절]. 또한 GAPDH에 의해 매개되는 촉매 반응에 관여하는 산화된 NAD^+의 재생성은 호기성 생명체의 이러한 연속된 반응에 의하여 일어날 수 있다. 해당 작용 경로를 유지시키기 위해서는 NAD^+가 공급되어야 하는데, 혐기성 조건에서는 다른 방법에 의하여 NADH를 재산화한다(15-3절).

3. **피루브산**(**pyruvate**). 각 글루코스의 부분적인 산화에 의해 생성된 두 개의 피루브산은 아직까지는 비교적 환원된 상태의 분자이다. 호기성 상태에서는 피루브산 탄소 원자가 시트르산 회로에 의하여 CO_2로 완전히 산화된다(17장). 이러한 과정에서 방출되는 자유 에너지는 해당 작용 경로에 의한 글루코스의 부분적인 산화에 의하여 생성되는 ATP보다 많은 양의 ATP를 생성할 수 있다. 다음 단원에서 볼 수 있듯이 혐기성 신진대사에서의 피루브산은 NAD^+를 생성할 수 있는 정도로 대사된 상태가 아니다.

체크 포인트

- 촉매하는 효소 이름과 중간 대사물의 구조식을 포함하는 해당 과정 반응을 나타내시오.
- 촉매 메커니즘의 종류를 요약하시오. 어떤 해당 과정 효소가 보조 인자를 필요로 하는가?
- 알돌레이스가 당을 두 조각으로 나누기 전에 글루코스를 프럭토스로 변환시키는 화학적 논리를 설명하시오.
- 왜 삼탄당 인산 이성질화 효소는 촉매 작용이 완전하다고 생각되는가?
- 카이네이스 촉매 반응과 GAPDH 촉매 반응 간의 인산화 반응은 어떻게 다른가?
- 해당 과정 동안 어떠한 고에너지 화합물이 생성되는가?
- 인산기가 전달되기 전에 2PG를 탈수시키는 화학 논리를 설명하시오.
- 해당 과정 동안 ATP를 생성하기 위하여 어떻게 발열 과정과 흡열 과정이 짝지음이 되는지 설명하시오.
- 세포가 자유 에너지를 생성하기 위하여 해당 과정에서 어떤 생성물이 환원되는가?

3 발효: 피루브산의 혐기성 과정

주요 개념

- GAPDH 반응의 기질인 NADH는 해당 과정이 계속적으로 일어나기 위하여 재산화되어야 한다.
- 근육에서 피루브산은 NAD^+를 재생하기 위하여 젖산으로 환원된다.
- 효모는 보조 인자인 TPP를 필요로 하는 과정에서 CO_2와 에탄올을 생성하기 위하여 피루브산을 탈탄산화한다.

해당 작용에 의하여 유도되는 피루브산의 세 가지 일반적인 대사 과정은 **그림 15-16**에 나타내었다.

1. 호기성 상태에서는 피루브산이 시트르산 회로에 의하여 CO_2와 H_2O로 완전히 산화된다.
2. **혐기성 상태에서는 GAPDH 반응에 의하여 생성된 NADH를 재산화시키기 위하여, 피루브산이 환원된 최종 생산물로 변해야 한다.** 이것은 두 가지 방법으로 일어난다.
   - **(a)** 혐기성 상태의 근육에서는 NAD^+를 재생산하기 위하여 **동형 젖산성 발효**(**homolactic fermentation**, 발효는 혐기성 생물학적 반응 과정임)로 알려진 과정을 통해 피루브산이 **젖산**(**lactate**)으로 환원된다.
   - **(b)** 효모에서는 피루브산이 탈카복실화되어 CO_2와 **아세트알데하이드**(**acetaldehyde**)가 생성되고, 아세트알데하이드는 NADH에 의해 환원되어 NAD^+와 에탄올이 생성된다. 이러한 과정을 **알코올성 발효**(**alcoholic fermentation**)라고 한다.

호기성 해당 작용에서는 NADH가 '고에너지' 물질인 데 비하여, 혐기성 해당 작용에서 NADH의 산화 자유 에너지는 열로 소모한다.

A 동형 젖산성 발효는 피루브산을 젖산으로 전환시킨다

ATP의 요구량이 많고 산소의 공급이 부족한 격렬한 운동 중의 근육에서는 혐기성 해당 작용에 의해 많은 양의 ATP가 생성된다. 느린 산화성 인산화 과정보다도 혐기

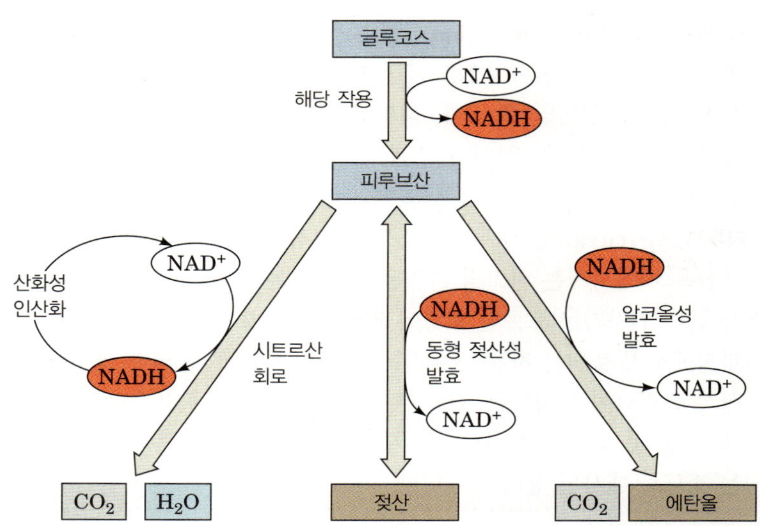

그림 15-16 피루브산의 대사 과정 호기성 상태에서(왼쪽) 시트르산 회로에 의하여 피루브산 탄소는 CO_2로 산화되고, 산화성 인산화로 전자는 결국 O_2로 전달되어 H_2O가 생성된다. 혐기성 근육에서 피루브산은 가역적으로 젖산으로 변화되지만(가운데), 효모에서는 피루브산이 CO_2와 에탄올로 변화된다(오른쪽).

성 해당 작용에 의하여 ATP가 빠르게 생성된다. 이러한 조건에서 NAD^+와 젖산을 생성하기 위하여 **젖산 탈수소 효소(lactate dehydrogenase, LDH)**가 피루브산을 이용하여 NADH 산화를 촉매한다.

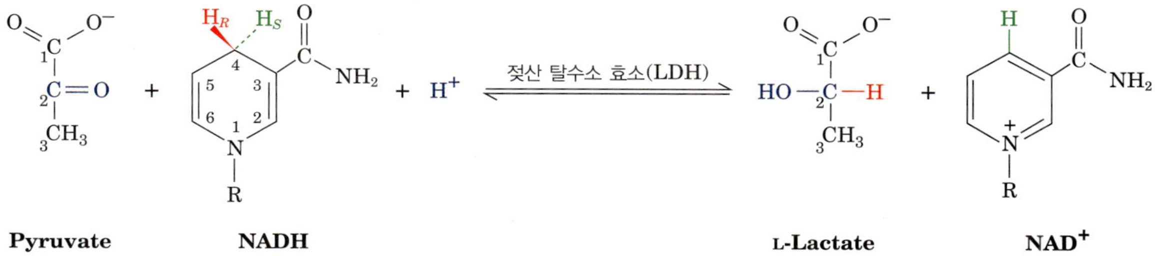

이러한 반응은 종종 해당 작용의 반응 11로 분류한다. 젖산 탈수소 반응은 자유로운 가역 반응으로서, **피루브산과 젖산의 농도가 쉽게 평형 상태를 이룬다.**

LDH에 의한 피루브산 환원에 대하여 제안된 메커니즘에 의하면, NADH의 C4에 있는 수소화 이온은 입체 특이적으로 피루브산의 C2로 옮겨진다. 이때 His 195의 이미다졸륨(imidazolium) 성분의 양성자의 전이가 부수적으로 일어난다.

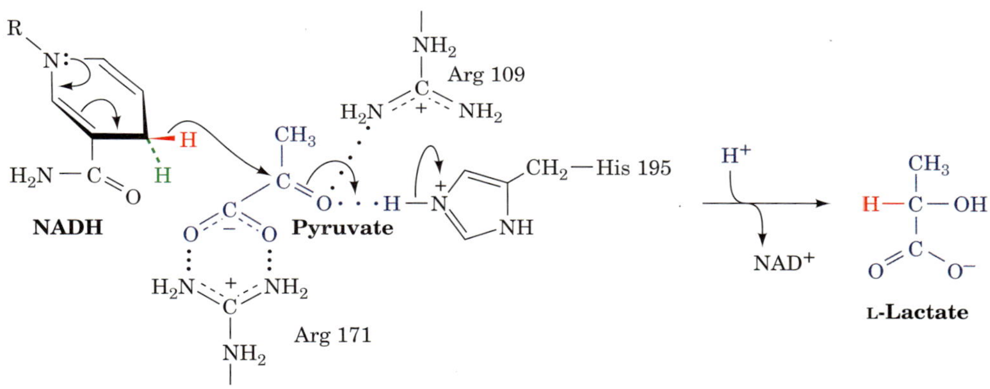

His 195와 Arg 171은 모두 기질과 정전기적으로 반응하여 피루브산(역반응에서는 젖산)을 일정한 방향으로 위치하게 한다.

근육 혐기성 해당 작용의 전체 과정은 다음과 같이 나타낼 수 있다.

$$\text{Glucose} + 2\,\text{ADP} + 2\,\text{P}_i \rightarrow 2\,\text{lactate} + 2\,\text{ATP} + 2\,\text{H}_2\text{O} + 2\,\text{H}^+$$

젖산은 혐기성 글루코스 대사의 쓸모없는 최종 산물이다. 젖산은 세포 밖으로 나가거나 다시 피루브산으로 변화된다. 골격근 세포에서 생성된 많은 젖산은 혈액을 통하여 간으로 이동되며, 이곳에서 글루코스를 생성하는 데 이용된다(22-1F절).

일반적으로 아는 것과 달리, 근육의 피로와 통증은 젖산이 증대되어 유발되는 것이 아니라 해당 작용으로 생기는 산이 축적되어 유발되는 것이다. 그러므로 근육은 높은 농도의 젖산이 있더라도 pH가 일정하게 유지된다면 작업의 부하를 계속 유지할 수 있다.

B 알코올성 발효는 피루브산을 에탄올과 CO_2로 전환시킨다

수천 년 동안 유용하게 써 온 과정인 피루브산에서 에탄올과 CO_2로 변하는 과정을 통해, 혐기성 상태 효모에서 해당 작용에 필요한 NAD^+가 재생성된다. 물론 에탄올

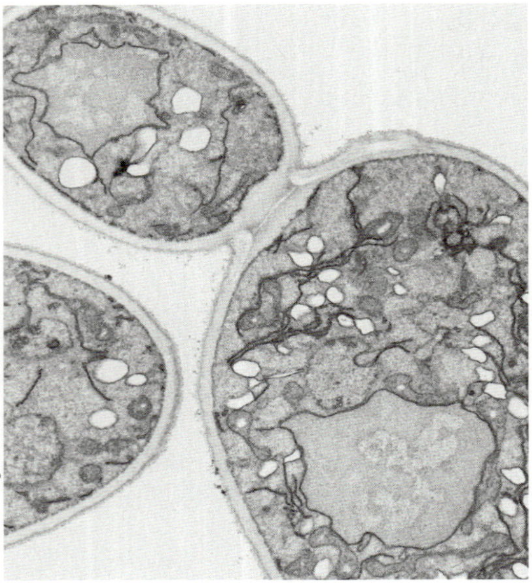

Susumu Nishinaga/Photo Researchers, Inc.

그림 15-17 효모의 전자 현미경 사진

은 와인과 증류주인 독한 술을 만드는 주요한 성분이며, 이 과정에서 생성된 CO_2는 빵을 발효시킨다.

효모(**그림 15-17**)는 두 가지 연속되는 반응을 통하여 에탄올과 CO_2를 생성한다(**그림 15-18**).

1. 피루브산 탈카복실화 효소(pyruvate decarboxylase, 동물에는 없는 효소임)의 촉매 작용에 의해 피루브산이 카복실화되어 아세트알데하이드와 CO_2가 생성된다.

2. 알코올 탈수소 효소(alcohol dehydrogenase, 11-1C절)의 촉매 작용으로 NADH에 의하여 아세트알데하이드가 에탄올로 환원되면서 NAD^+가 재생성된다. 재생성된 NAD^+는 해당 작용의 GAPDH 반응에 이용된다.

TPP는 피루브산 탈카복실화 효소의 중요한 보조 인자다. 피루브산 탈카복실화 효소는 보조 효소인 **싸이아민 파이로인산(thiamine pyrophosphate, TPP**; 또는 **thiamin diphosphate, ThDP**로 불림)을 가지고 있다.

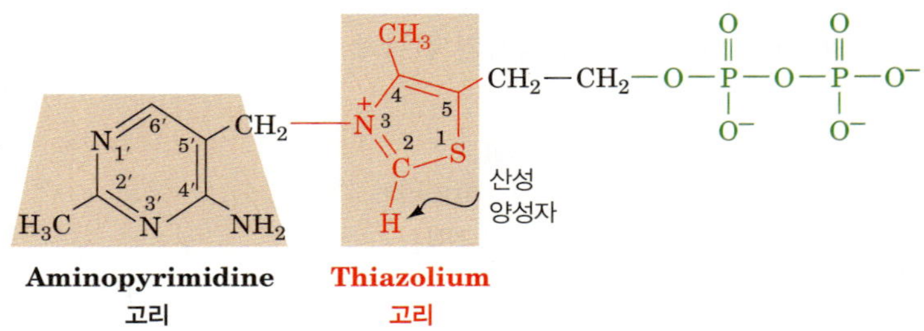

Thiamine pyrophosphate (TPP)

싸이아민[**바이타민 B_1(vitamin B_1)**]으로부터 생성된 TPP는 비공유 결합으로 강하게 피루브산 탈카복실화 효소에 붙는다(**그림 15-19**).

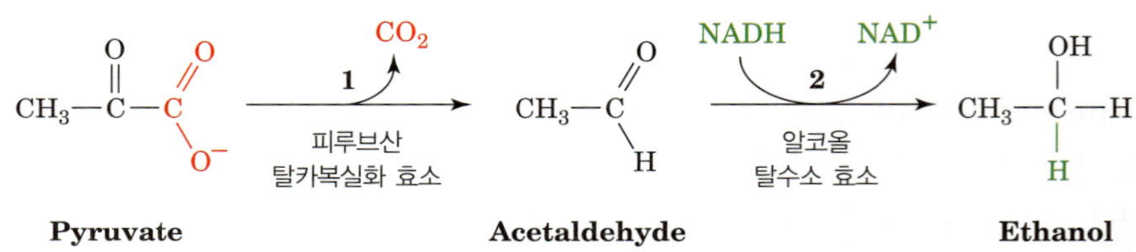

그림 15-18 알코올성 발효의 두 가지 반응

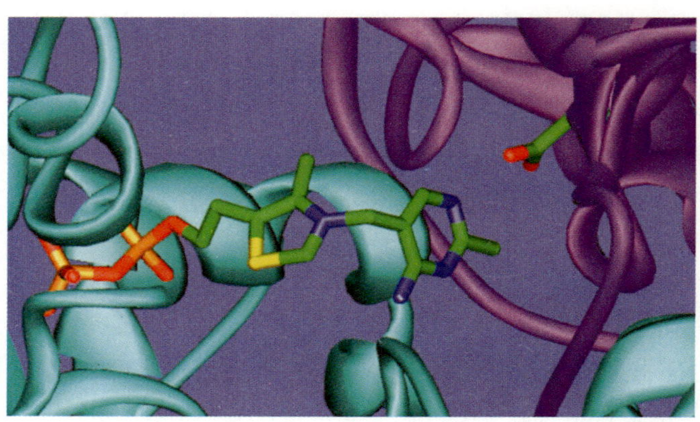

그림 15-19 *Saccaromyces uvarum*(양조자의 효모) 피루브산 탈카복실화 효소에 붙어 있는 TPP TPP와 Glu 51의 곁사슬을 C 녹색, N 파란색, O 빨간색, P 주황색 등의 막대 형태로 표시한다. 이 효소 이합체의 두 개 소단위체(청록색 및 자홍색) 사이에 위치한 구멍에 TPP가 붙어 Glu 51과 수소 결합한다. [Based on an X-ray structure by William Furey and Martin Sax, Veterans Administration Medical Center and University of Pittsburgh. PDBid 1PYD.]

? 어떤 다른 곁사슬이 효소의 TPP 결합 부위에서 발견될 수 있을까?

피루브산과 같은 α-케토산이 비촉매성 탈카복실화가 되기 위해서는 불안정한 상황인 전이 상태에서 카보닐 탄소 원자는 음전하가 축적되어야 하기 때문에 이 효소는 TPP를 사용한다.

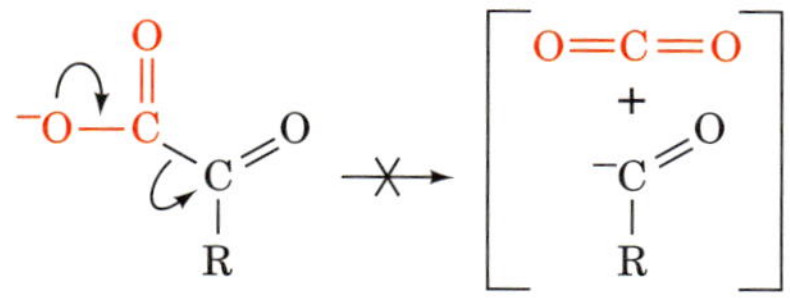

이러한 불안정한 전이 상태는 축적된 음전하를 적절한 '전자 싱크' 상태로 위치를 변화시킴으로써 안정화된다. 단백질의 아미노산 잔기들은 이러한 역할을 잘 할 수 없으나, TPP는 이러한 역할을 쉽게 수행할 수 있다.

TPP의 촉매성 활성 작용기는 싸이아졸륨 고리(*thiazolium ring*)인데, 이 기의 C2-H 원자는 주위에 양전하를 띤 사차 질소 원자가 있기 때문에 상대적으로 산성이다. 양성 전하를 띤 사차 질소 원자는 양성자가 분리될 때 형성된 탄소 음이온(carbanion)을 정전기적으로 안정화시킨다. 이 쌍극성 탄소 음이온(carbanion, 또는 **ylid**)은 보조 효소가 활성화된 형태이다. 피루브산 탈카복실화 효소는 다음과 같이 작용한다(그림 15-20).

process diagram

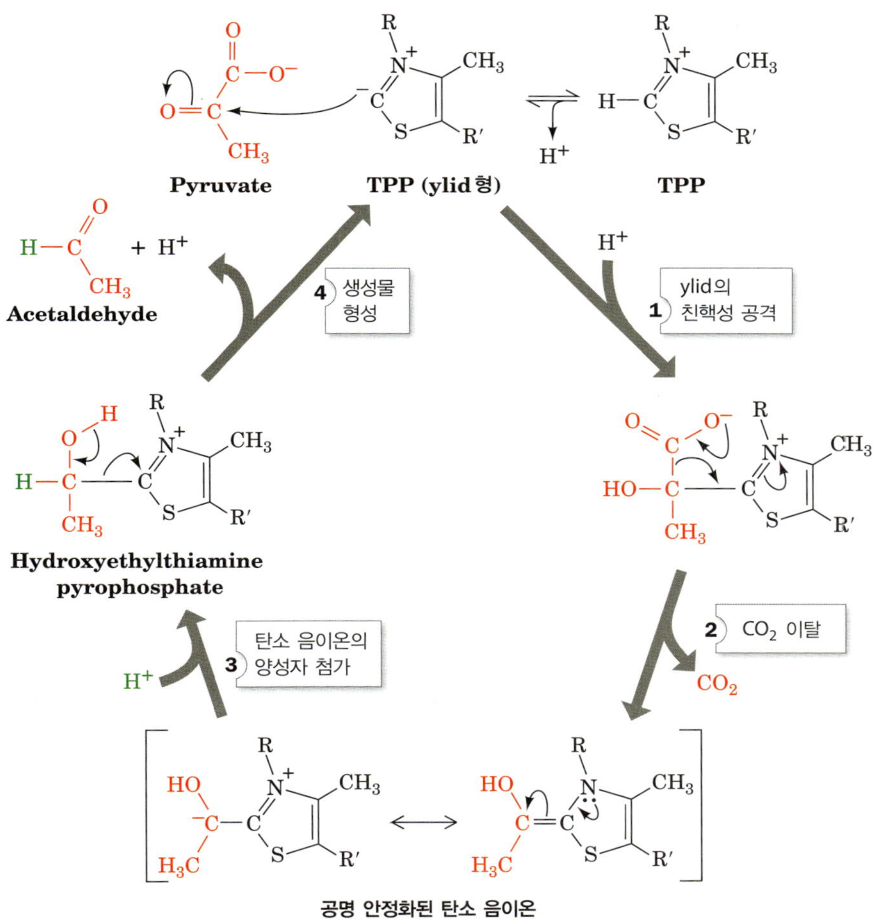

그림 15-20 피루브산 탈카복실화 효소의 반응 메커니즘

1단계 친핵성인 TPP 일라이드 형태가 피루브산의 카보닐 탄소를 공격한다.

2단계 CO_2가 이탈하면서 공명 안정화된 탄소 음이온 부가물이 생성되며, 이 부가물 생성 과정에 보조 효소의 싸이아졸륨 고리가 전자 싱크로 작용한다.

3단계 탄소 음이온의 양성자가 첨가된다.

4단계 TPP 일라이드가 제거되면서 아세트알데하이드가 생성되고 활성 효소가 재생성된다.

이 메커니즘은 **하이드록시에틸싸이아민 파이로인산염**(**hydroxyethylathiamine pyrophosphate**) 중간 물질을 분리하면서 보강이 되었다.

바이타민 B_1 결핍에 의한 각기병과 베르니케 코르샤코프 증후군 유발 α-케토산 탈카복실화 반응에서 카복실기에 있는 TPP의 싸이아졸륨 고리는 전하를 가라앉히는 역할을 함으로써 보조 효소의 기능을 담당한다. 그러한 반응은 이스트가 아닌, 모든 생명체에서 일어난다. 대부분의 척추동물에는 싸이아민(바이타민 B_1)을 합성하거나 필요한 양을 저장할 수 없기 때문에 음식물을 통하여 섭취해야 한다. 사람에게서 싸이아민이 결핍되면 치명적인 질병인 **각기병**(**beriberi**)에 걸릴 수 있다. 이 질환은 통증, 마비를 유발하는 신경성 교란, 손발의 근위축 또는 부종(조직과 체강에 체액 축적) 등을 특징으로 한다.

각기병은 특히 쌀 도정 기계가 도입된 후인 18세기 말에서 19세기 초에 쌀을 소비하는 아시아 지역에서 유행하였다. 도정 기계가 도입되기 전에 사용하였던 도정 기계는 비효율적이어서 싸이아민이 함유된 쌀의 바깥층을 완전히 도정하지 못하여 도정한 후에도 쌀에 싸이아민이 남아 있었으나, 새로운 도정 기계(milling machine)는 싸이아민이 함유된 쌀의 바깥층을 제거함으로써 싸이아민의 섭취가 줄어들어 각기병을 유발시키는 것이다. 인도에서는 주로 쌀을 도정하기 전에 데치는데, 쌀을 데치는 과정에서 쌀 외부층에 있는 영양분이 쌀알 안으로 들어가게 되어 각기병의 유병률이 낮았다. 각기병의 원인이 싸이아민의 결핍임을 알고 난 후, 오늘날에는 보조제 시행을 실시하여 기근에 시달리는 지역을 제외하고는 각기병의 문제점이 해결되었다. 그러나 식사는 제대로 하지 않고, 술만 즐겨 마시는 알코올 중독자들에게는 가끔씩 각기병이 유발되기도 한다.

싸이아민 결핍의 또 다른 징후는 치매(혼동과 심한 기억 상실), 운동 실조(불안정한 자세와 걸음걸이), 뇌의 몇몇 부위의 위축으로 인한 눈 이상 등의 특징이 있는, 치매에 의한 생명을 위협하는 상황의 **베르니케–코르샤코프 증후군**(**Wernicke-Korsakoff syndrome**)이 있다.

아세트알데하이드의 환원과 NAD^+의 재합성 아세트알데하이드를 에탄올로 바꾸어 주는 효모 알코올 탈수소 효소(Yeast alcohol dehydrogenase, **YADH**)는 사합체로 구성되어 있으며, 각 소단위는 한 개의 Zn^{2+} 이온과 결합한다. 반응의 전이 상태에서 Zn^{2+}는 아세트알데하이드의 카보닐기에 극성화를 주어, 발달된 음전하를 안정화시킨다. 이렇게 함으로써 NADH에 있는 수소 이온을 입체 특이적으로 아세트알데하이드로 쉽게 전달할 수 있게 된다.

포유동물의 간 알코올 탈수소 효소(liver alcohol hydrogenase, **LADH**)는 외부에서 들어온 알코올뿐만 아니라 장내 세균종(interstinal flora)에 의해 혐기성으로 생산되는 알코올도 대사한다. 이 알코올 탈수소 효소의 반응 방향은 에탄올 및 아세트알데하이드의 상대적인 농도에 의하여 변한다. YADH와 달리 포유류 LADH의 각 소단위체는 구조적인 역할을 가지고 있을 것이라고 추측되는 두 번째 Zn^{2+} 이온을 가지고 있으나, 이합체로 구성된 LADH의 중요한 아미노산 잔기의 서열은 YADH와 유사하다.

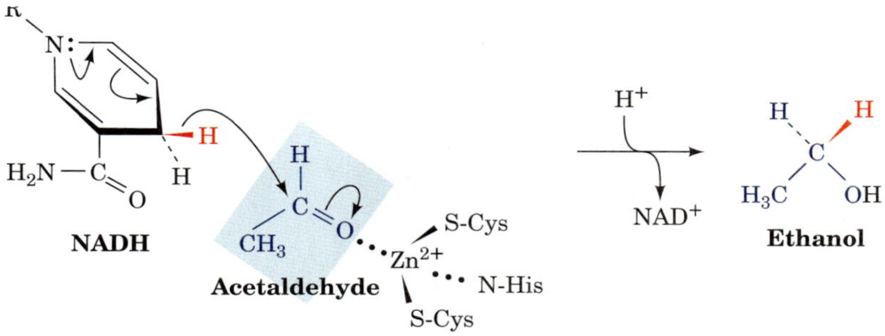

C 발효는 에너지론적으로 우세하다

우리는 열역학을 통하여 발효 진행 과정을 각각 구성 성분으로 나누어 살펴볼 수 있고, 이때 일어나는 자유 에너지 변화를 계산할 수 있다. 열역학을 이용하여 ATP를 생성할 때 사용한 글루코스 분해 대사 자유 에너지의 효율성을 계산할 수 있다. 동형 젖산성 발효의 경우

$$\text{Glucose} \rightarrow 2\ \text{lactate} + 2\ \text{H}^+ \quad \Delta G^{\circ\prime} = -196\ \text{kJ}\cdot\text{mol}^{-1}$$

알코올성 발효는

$$\text{Glucose} \rightarrow 2\ \text{CO}_2 + 2\ \text{ethanol} \quad \Delta G^{\circ\prime} = -235\ \text{kJ}\cdot\text{mol}^{-1}$$

이다. 이러한 과정을 통해 위의 두 가지 발효는 총 2ATP를 생성하게 된다. 2ATP를 생성하기 위해서는 소비된 $\Delta G^{\circ\prime} = +61\ \text{kJ}\cdot\text{mol}^{-1}$이 필요하다. ATP 생성에 필요한 ACT를 젖산을 생성할 때 방출되는 ACT으로 나누면, 동형 젖산성 발효의 효율이 31%임을 알 수 있다. 즉 표준 생화학 조건에서는 발효 과정에서 방출되는 자유 에너지의 31%는 ATP 형태로 보관하고, 그 나머지는 열로 사용하여 비가역적 반응으로 만든다. 마찬가지로 표준 생화학적 상태에서는 알코올성 발효의 효율은 26%가 된다. 그러나 **표준 상태에서의 반응물과 생성물의 농도가 실제 생리학적 조건에서는 다르므로, 생리학적 조건에서의 반응 열역학적 효율은 50%가 넘는다.**

혐기성 발효는 산화성 인산화보다 비효율적으로 글루코스를 사용한다. 즉 산화성 인산화의 경우에는 한 개의 글루코스에서 32ATP를 생성할 수 있는 데 비하여, 발효는 한 개의 글루코스로부터 2ATP밖에 생성하지 못한다(18-3C절). 이것은 호기성 상태에서 자라는 것보다 혐기성 상태에서 자라는 효모가 많은 당을 소모한다는 **파스퇴르 효과(Pasteur effect)**를 잘 설명해 주고 있다. 그러나 **혐기성 해당 작용에 의한 ATP 생성 속도는 산화성 인산화에 의한 ATP 생성 속도보다 100배까지 빠르다. 그러므로 근육 같이 빠르게 ATP를 소모하는 조직에서는 전적으로 혐기성 해당 작용에 의하여 ATP를 재생성한다**(동형 젖산성 발효의 경우, 생산된 젖산이 간에서 호기성 조건하에서 다시 글루코스로 재변환시키므로 실제로 글루코스를 낭비하는 것은 아니다. 22-1F절). 어떤 근조직에서는 해당 작용에 의해 빠르게 ATP를 생성하도록 분화되었다(자료 15-3).

체크 포인트

- 피루브산의 세 가지 가능한 경로를 설명하시오.
- 생성물과 필요한 보조 인자로 알코올성 발효와 동형 젖산성 발효를 비교하시오.
- 탈탄산 반응에서 TPP의 역할은 무엇인가?
- 글루코스의 혐기적 분해와 호기적 분해 과정에서 ATP 생성과 ATP 생성 속도를 비교하시오.

자료 15-3 생화학 전망 근육의 해당 작용에서의 ATP 생성

골격근은 **느린 연축**(slow-twitch, I형) 및 **빠른 연축**(fast-twitch, II형) **섬유 조직**(fiber)으로 구성되어 있다. 빠른 연축 섬유 조직은 짧은 시간 안에 폭발한 것처럼 빠른 활성을 가지고 있는 근육의 주된 섬유 조직으로서, 이 조직 안에는 미토콘드리아(여기에서 산화성 인산화가 일어남)가 거의 없다. 그러므로 이들 섬유 조직은 거의 모든 ATP를 혐기성 해당 작용에 의하여 얻어야 하며, 혐기성 해당 작용에 대하여 특히 큰 활성을 가지고 있다. 반면에, 천천히 그리고 끊임없는 수축을 해야 하는 근육에서는 느린 연축 섬유 조직이 많고, 이들 섬유 조직에는 미토콘드리아가 많고 대부분의 ATP는 산화성 인산화를 통하여 얻는다.

빠른 연축 섬유 조직과 느린 연축 섬유 조직은 원래 각각 붉은색, 흰색 섬유 조직으로 알려져 있는데, 그 이유는 미토콘드리아가 많을 때 연한 색을 나타내지만, 섬유 조직 안에 붉은색을 띤 사이토크롬을 포함한 헴(heme)이 있을 때에는 섬유 조직이 붉은색을 나타내기 때문이다. 그러나 섬유 조직의 색깔로 근육의 생리학적 구분을 하는 것은 불확실하다.

가까운 예로 오리나 거위 같은 철새의 날개 근육은 계속적인 에너지 공급이 필요하므로, 이 근육에는 느린 연축 섬유 조직을 많이 가지고 있으며, 이들의 가슴살은 검다. 도망 다닐 때 아니면 거의 사용하지 않는 닭이나 칠면조 같은 새의 날개 근육은 거의 흰 살을 형성하는 빠른 연축 섬유 조직으로 이루어져 있다. 사람의 경우에 단거리 육상선수의 근육은 빠른 연축 섬유 조직이 많은 반면에, 장거리 육상선수의 근육은 비교적 느린 연축 섬유 조직 비율이 높다(그들의 근육 색깔은 같지만).

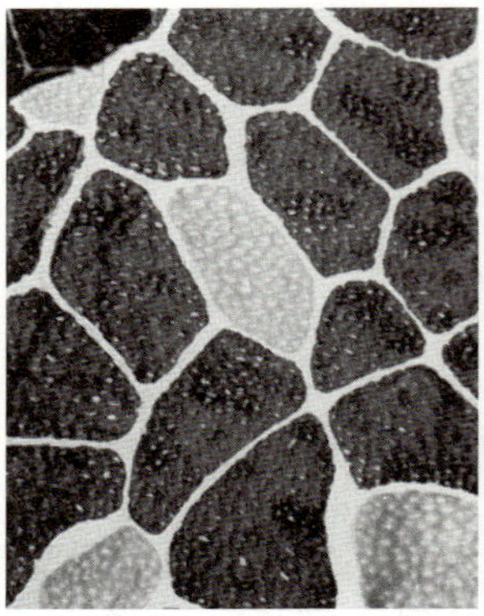
느린 연축 근섬유

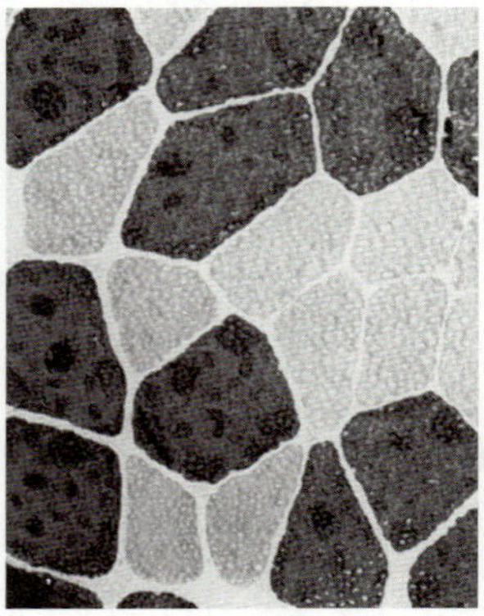
빠른 연축 근섬유

Courtesy of J.D. MacDougall, McMaster University, Canada

4 해당 작용의 조절

주요 개념

- 자유 에너지 변화가 큰 음의 값을 가지는 효소는 유량 조절 후보이다.
- 근육에서 해당 과정의 중요한 조절점인 포스포프럭토카이네이스는 다른자리 입체적으로 ATP에 의해 저해되고, AMP와 ADP에 의해 활성화된다.
- 필요 변화에 빠르게 대응하기 위하여 기질 회로는 해당 과정 속도를 조절한다.

해당 작용의 흐름은 생명체의 요구 조건은 맞추기 위하여 변화되지만, 안정된 조건하의 모든 조직에서는 해당 작용이 계속적으로 작동하고 있다. 해당 작용 같은 작용들의 흐름 조절 메커니즘은 일반적으로 세 단계이다.

1. 각 반응의 생체 내 ΔG를 측정함으로써 작용의 속도 결정 단계를 확인한다. 평형 상태와 비교하여 큰 차이를 보이는 단계에 작용하는 효소가 제어점(control point)일 가능성이 높다(14-1D절).
2. 속도를 결정하는 반응을 촉매하는 다른자리 입체성 변경자를 시험관 내에서 확인한다.
3. 제안된 조절자들의 생체 내 농도 변화가 제안된 조절 메커니즘과 일관성이 있는지 확인하기 위하여 여러 조건하에서 이들의 생체 내 농도를 측정한다.

근육 해당 작용 조절 메커니즘을 이해하기 위하여 근조직 해당 작용의 열역학을 살펴보자. 서로 다른 조직에서는 다른 방법으로 해당 작용을 조절함을 명심해야 한다. **표 15-1**은 해당 작용 각 반응의 표준 자유 에너지 변화($\Delta G^{\circ\prime}$)와 실제 생리학적 자유 에너지 변화($\Delta G^{\circ\prime}$)를 나타낸 것이다. 표준 상태에서의 각 반응 표준 에너지의

표 15-1 심근의 해당 작용 반응에 대한 ΔG° 및 $\Delta G^{\circ\prime}$ 값[a]

반응	효소	$\Delta G^{\circ\prime}$ ($kJ \cdot mol^{-1}$)	ΔG ($kJ \cdot mol^{-1}$)
1	Hexokinase	−20.9	−27.2
2	PGI	+2.2	−1.4
3	PFK	−17.2	−25.9
4	Aldolase	+22.8	−5.9
5	TIM	+7.9	~0
6 + 7	GAPDH + PGK	−16.7	−1.1
8	PGM	+4.7	−0.6
9	Enolase	−3.2	−2.4
10	PK	−23.0	−13.9

[a]Calculated from data in Newsholme, E.A. and Start, C., Regulation in Metabolism, p.97, Wiley(1973).

변화 값이 생체 내의 실제 값과 매우 다를 수도 있다는 사실을 아는 것은 매우 중요하다.

심근 조직의 생리학적 조건에서 헥소카이네이스, 포스포프럭토카이네이스, 피루브산 카이네이스의 3개 효소들이 촉매하는 해당 작용 반응들만이 큰 음성 자유 에너지를 가지고 있다(그림 15-21). **해당 작용 비평형 반응인 이들 반응은 흐름에 대한 조절점일 가능성이 높다.** 다른 해당 작용 반응들은 평형 상태에 근접된 상태에서 작용한다. 즉 이들의 정반응 속도와 역반응 속도는 해당 작용의 실제 흐름 속도보다도 빠르다. 결과적으로 이들 평형 반응은 해당 작용의 중간 물질 농도 변화에 매우 민감하게 반응하며, 해당 작용 속도 결정 단계에 관여된 흐름의 변화에 대하여 쉽게 조절된다.

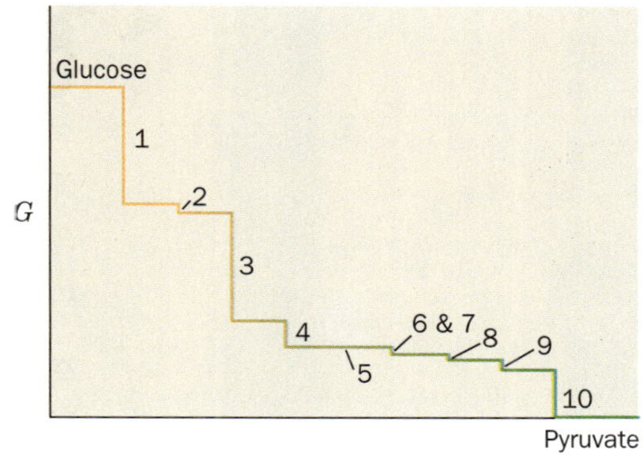

그림 15-21 해당 작용의 자유 에너지 도표 이 '폭포(waterfall)' 도표는 심근 해당 작용 반응에 대한 실제 자유 에너지를 나타낸 것이다(표 15-1). 반응 1, 3, 10은 비가역적이다. 다른 반응들은 평형 상태 근처에서 반응하며 각 방향, 즉 정방향 또는 역방향에 대한 흐름을 조절할 수 있다.

? 왜 각 반응은 이 그림에서 아래쪽으로 향하는 단계로 나타나는지 설명하라.

A 포스포프럭토카이네이스는 근육의 해당 작용에서 중요한 흐름 조절 효소이다

시험관 내 연구를 통하여 헥소카이네이스, 포스포프럭토카이네이스 및 피루브산 카이네이스 등은 여러 화합물에 의하여 각각 조절된다는 것을 알 수 있다. 골격근의 경우에 가끔 해당 작용의 G6P 공급원으로 글리코젠 대신에 글루코스를 사용할 때가 있는데, 이때에는 헥소카이네이스 반응이 필요 없다(글리코젠은 G6P로 분해된다, 16-1절). 피루브산 카이네이스는 해당 작용의 마지막 반응을 촉매하기 때문에 전체 해당 작용의 흐름을 조절하는 중요한 반응이라고 할 수 없다. 그러므로 평형 상태와 차이가 많이 나는 비평형 반응에 관여하는 정교한 조절 효소인 포스포프럭토카이네이스(PFK)가 대부분 조건에서 근육 해당 작용의 중요한 조절점임을 알 수 있다.

평형 상태에서 PFK(그림 15-22)는 R과 T의 두 가지 배열 상태로서 존재하는 사합체 효소이다. ATP는 기질 및 포스포프럭토카이네이스 다른자리 입체성 방해제로서 작용한다. ADP, AMP, **프럭토스-2,6-비스포스페이트(fructose-2,6-bisphosphate; F2,6P)** 같은 화합물은 ATP 억제 작용 반응을 역으로 흐르게 하여 PFK 반응을 활성화시키는 활성제로서 작용한다. 각 PFK 소단위체에는 기질 결합 자리 방해제가 결합하는 자리 등 두 개의 ATP 결합 자리를 가지고 있다. 기질 결합 자리는 각 형태에 상관없이 동일하게 ATP와 잘 결합하지만, 방해제 결합 자리의 경우에는 T 형태에서만 ATP와 결합한다. PFK, F6P 같은 다른 기질의 경우에는 R 상태에 더욱 잘 결합한다. 그러므로 ATP의 농도가 높을 때는 ATP가 다른자리 입체성 방해제로서 T 상

GATEWAY CONCEPT 대사 흐름
해당 과정은 글루코스 분자가 들어가고 피루브산이 나가는 파이프로 생각된다. 경로에서 조절점들은 역류를 막아주고 흘러가는 물질의 양을 조절하는 단방향 밸브같은 것이다. 조절점 사이에서 중간체들은 어느 쪽으로도 이동할 수 있다. 피루브산이 모두 소비되어도 더 많은 글루코스가 유용하기 때문에 파이프는 마르지 않는다. 더욱이 중간체는 어느 지점에서나 경로에 들어가거나 나올 수가 있다. 아주 단순한 세포라 할지라도 수백만 개의 분자의 기질에 작용할 수 있는 해당 과정 효소들을 가지고 있어서 이 같은 집합적인 행위를 경로를 통한 흐름으로 논의한다.

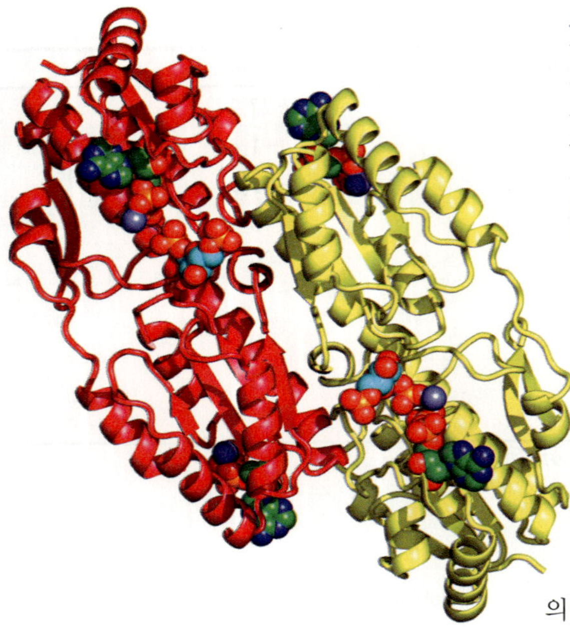

그림 15-22 **대장균(*E. coli*) PFK의 X선 구조** 효소의 사합체 중 두 소단위체를 리본 형태로 나타내었다(명확하게 하기위하여 생략한 다른 두 개의 단위체는 수직 축에 대하여 이중 회전이 된다.) 원자 종류에 따라 색이 다른 공간 채움 모형(ADP C 녹색, FBP C 청록색, N 청색, O 적색, P 주황색, Mg 자주색)에서 각 단위체는 생성물 FBP(각 단위체의 중심 근처)와 Mg^{2+}–ADP(오른쪽 아래와 왼쪽 위), 그리고 활성제인 Mg^{2+}–ADP(뒷면에서 오른쪽 위와 왼쪽 아래)와 결합한다. 생성물인 ADP의 β–인산기와, PFK가 ATP에서 F6P로 전달한 FBP의 1 위치의 인산기 간이 아주 근접한 것을 주목하라. [Based on an X-ray structure by Philip Evans, Cambridge University. PDBid 1PFK.]

태에 결합하고, T 상태에 결합함으로써 T ⇌ R의 평형 상태에서 T 상태로 많이 이동하도록 유도하여, 결국은 PEK의 F6P에 대한 친화도를 떨어뜨린다(이와 유사한 작용으로 2,3-BPG가 헤모글로빈의 O_2에 대한 친화도를 억제시키는 작용이 있다. 7-1D절).

도표로 보면 [F6P]에 대한 PFK 활성 곡선이 높은 농도의 ATP에서는 오른쪽으로 움직이게 하고 그 곡선을 더욱 S자형으로 만든다(**그림 15-23**). 예를 들면 [F6P] = 0.5 mM일 때(그림 15-23 파선) 효소는 거의 최고의 활성을 가지고 있으나, 1 mM ATP가 있을 때 원래의 값보다 거의 7분의 1 정도인 15% 정도의 활성만을 가지게 된다. AMP 또는 ADP 같은 활성체는 PGK의 R 상태에 붙어 T ⇌ R 평형 상태를 R 상태 쪽으로 이동시켜 ATP의 효과를 상쇄시킨다(실질적으로는 PFK의 가장 강력한 다른자리 입체성 작동자는 F2,6P이며, 이에 대해서는 16-4C절에서 설명할 것이다).

포스포프럭토카이네이스에서 다른자리 입체성은 Arg 및 Glu 곁사슬을 포함한다. 여러 생명체 PFK의 R 및 T 상태의 X선 구조는 에번스(Philip Evans)에 의해 결정되었다. PFK의 R 상태는 PFK 기질의 결합에 의하여 안정화된다. *Bacillus stearothermophilus*의 PFK R 상태에서 Arg 162의 곁사슬은 다른 소단위체의 활성 자리에 결합된 F6P의 인산화기와 이온쌍을 이루게 된다(**그림 15-24**). 그러나 전이 상태에서 T 상태로 풀어지는 나선 회전의 말단에 Arg 162가 위치하고 있다. 그러므로 양전하를 띤 Arg 162의 곁사슬은 회전하면서 떨어지고 음전하를 띤 Glu 161의 곁사슬로 대체된다. 결과적으로 F6P의 음전하를 가진 두 인산화기는 T 상태의 효소에 대해 낮은 친화도를 가지고 있다. 이 나선 회전이 풀리면서 R → T 전이로 가게 되는데, 활성체인 ADP가 효소의 ADP 조절 부위에 결합함으로써 나선 회전이 풀리는 것을 억제한다. 아마도 ATP는 나선 회전이 풀리는 조건, 즉 T 상태에서만 이 부위와 결합할 수 있을 것으로 사료된다.

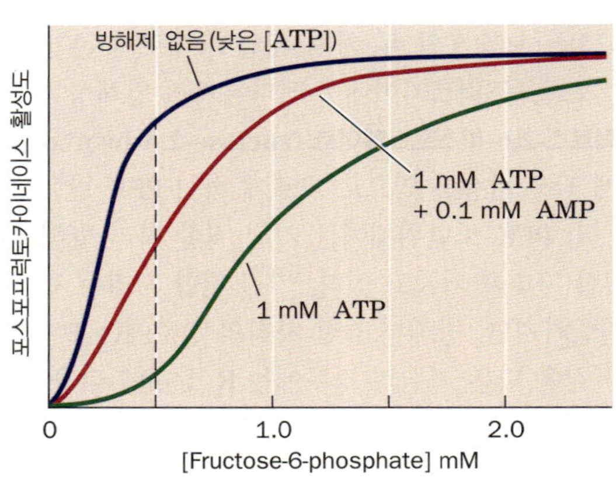

그림 15-23 F6P 농도에 대한 PFK 활성 수행한 조건은 다음과 같다. 보라색: 방해제 또는 활성제를 처치하지 않은 군, 녹색: 1 mM ATP 처치군, 붉은색: 1 mM ATP + 0.1 mM AMP 처치군[After data from Mansour, T.E. and Ahlfors,C. E., J. Biol. Chem. 243,2523–2533 (1968).]

? 어떤 기질 농도에서 효소가 해당 과정 흐름을 가장 잘 조절하는가?

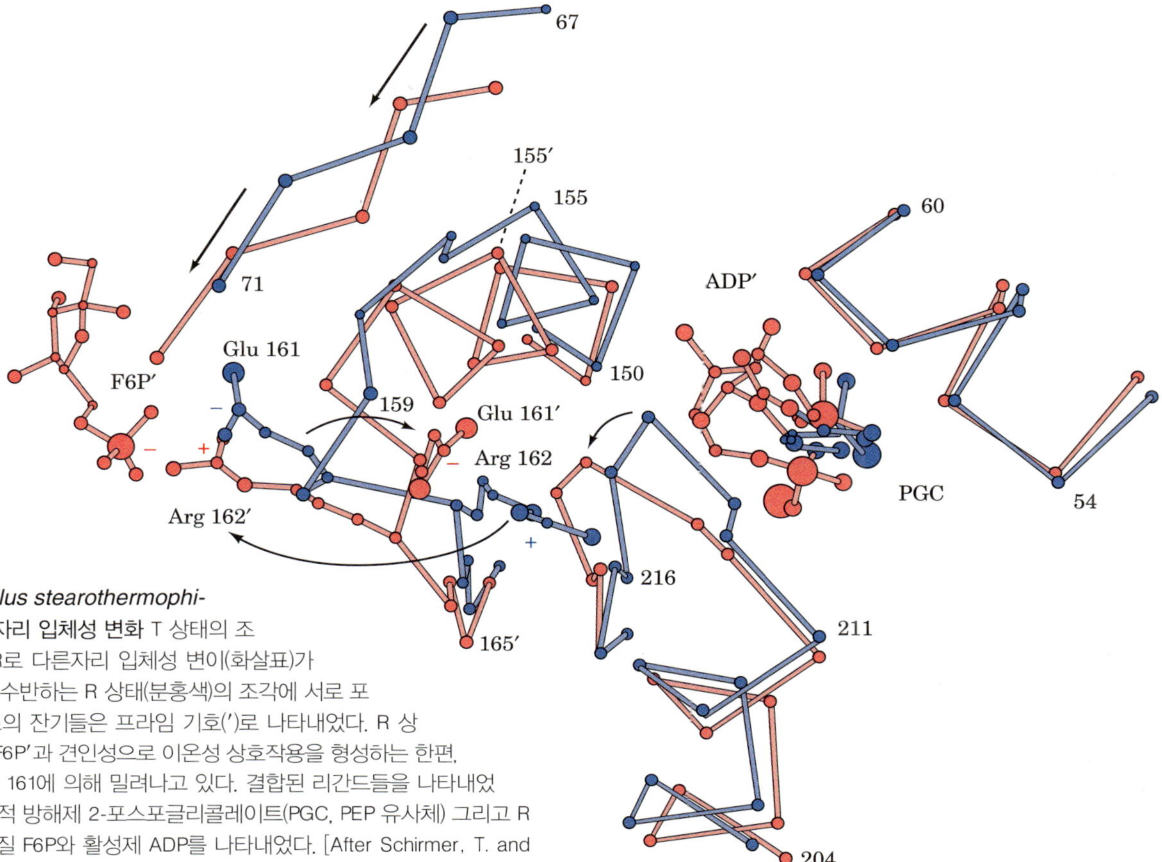

그림 15-24 *Bacillus stearothermophilus*의 PFK의 다른자리 입체성 변화 T 상태의 조각(파란색)은 T → R로 다른자리 입체성 변이(화살표)가 큰 구조적 재조정을 수반하는 R 상태(분홍색)의 조각에 서로 포개진다. R 상태 구조의 잔기들은 프라임 기호(′)로 나타내었다. R 상태에서 Arg 162′는 F6P′과 견인성으로 이온성 상호작용을 형성하는 한편, T 상태의 F6P′는 Glu 161에 의해 밀려나고 있다. 결합된 리간드들을 나타내었다. T 상태의 비생리적 방해제 2-포스포글리콜레이트(PGC, PEP 유사체) 그리고 R 상태의 협조적인 기질 F6P와 활성제 ADP를 나타내었다. [After Schirmer, T. and Evans, P.R., *Nature* **343**, 142(1990). PDBids 4PFK and 6PFK.]

PFK의 ATP 억제는 AMP에 의하여 회복된다. 처음에는 ATP에 의한 직접적인 다른자리 입체성 조절이 해당 작용의 흐름을 조절하는 수단으로 생각하였다. 결국은 대사 요구량이 낮아 [ATP]가 높을 때 PFK가 억제되고 해당 작용 흐름도 낮아지게 되며, 반대로 [ATP]가 낮을 때 해당 작용의 흐름이 높고 ATP가 부족한 것을 보충하기 위하여 ATP를 생성한다. ATP 농도에 대한 생리학적인 변화를 생각하면 이러한 상황은 더욱 복잡해진다. ATP의 대사 요구량에 따라 해당 작용의 물질대사 흐름은 100배 이상 변화될 수 있다. 그러나 **대사 활동의 변화 수준에 대한 생체 내 [ATP]를 측정한 결과, 안정된 상태와 격한 운동 상태 사이의 [ATP]의 변화량은 10% 미만이었다.** 그러나 100배의 비평형 반응 흐름 변화를 설명하는 데 있어, 효과제의 10% 변화만으로 이를 충분히 설명할 수 있는 다른자리 입체성 메커니즘은 아직 알려지지 않았다. 그러므로 해당 작용 흐름 조절에 관여하는 다른 어떤 메커니즘이 필요하다.

ATP에 의한 PFK 억제는 ADP 및 AMP에 의하여 완화된다. 이것은 AMP가 PFK의 R 상태에서 더욱 잘 붙기 때문이다. 1 mM ATP와 0.5 mM F6P가 함유된 PFK 용액에 0.1 mM AMP를 함유하게 만들면, PFK의 활성은 최대 활성의 15%에서 50%로 3배 증가하게 된다(그림 15-23).

[ATP]는 두 효소, 즉 크레아틴 카이네이스(creatine kinase)와 아데닐레이트 카이네이스(adenylate kinase)의 완충 작용을 받기 때문에, 안정 상태에서 강한 활동 상태로 변할 때에도 [ATP]는 겨우 10%만 감소한다(14-2C절). 근육이 수축할 때 일어나는 ATP 가수 분해로부터 생긴 ADP는 ATP 및 AMP와 빠르게 평형 상태를 이르는데, 이 반응을 아데닐레이트 카이네이스가 촉매한다.

$$2\,ADP \rightleftharpoons ATP + AMP \qquad K = \frac{[ATP][AMP]}{[ADP]^2} = 0.44$$

근육에서는 [ATP]는 [AMP]보다 50배 정도 크고 [ADP]보다 10배 정도 크다. 결과적으로 **[ATP]가 1 mM에서 0.9 mM로 10% 감소하면, 아데닐레이트 카이네이스의 반응으로 [ADP]는 0.1 mM에서 0.2 mM로 100% 증가하며, [AMP]는 0.02 mM에서 0.1 mM로 400% 이상 증가한다.** 그러므로 [ATP] 감소와 관련된 대사 신호에서 [ATP]는 매우 작은 감소 변화가 유도되기 때문에, 이 정도의 감소 변화로 PFK 억제를 완화시킬 수 없다. 그러므로 이러한 대사 신호는 아데닐레이트 카이네이스 반응으로 의미있게 증폭된다. 즉 이 효소 반응으로 [AMP]가 증가되어 PFK 활성을 크게 증가시키게 되는 것이다.

B 기질 순환은 흐름 조절을 미세 조절한다

비록 PFK 메커니즘과 같이 정교하게 잘 조율된 다른자리 입체성 메커니즘이라도, 이 메커니즘만으로는 100배 변화가 유도되는 해당 작용 흐름에 대해서는 한 부분밖에 설명할 수 없다. 나머지는 기질 순환(substrate cycling)이라는 조절에 의하여 추가 설명될 수 있을 것이다. 14-1D절을 생각해 보면, $v_f - v_r \approx 0$(v_f, v_r는 각각 정반응 및 역반응 속도를 나타냄)이므로 거의 평형 상태를 이룰 때에는 v_f의 작은 변화가 $v_f - v_r$에서 큰 단편의 변화를 일으키기 때문에, 평형 상태에 근접한 반응은 작용 흐름에 큰 변화를 일으킬 수 있다. 그러나 PGK 같은 비평형 반응에서는 v_r는 무시할 정도로 작기 때문에 PFK 반응에는 이에 해당하지 않는다.

그런데도 불구하고 **열역학적으로 유리한 방식으로 두 번째 효소 또는 효소계가 생성물로부터 기질의 재생성 반응을 촉매할 수 있다면, 이러한 평형에 가까운 조건이 비평형 반응을 대신할 수 있다. 이것은 아래와 같이 도식화할 수 있다.**

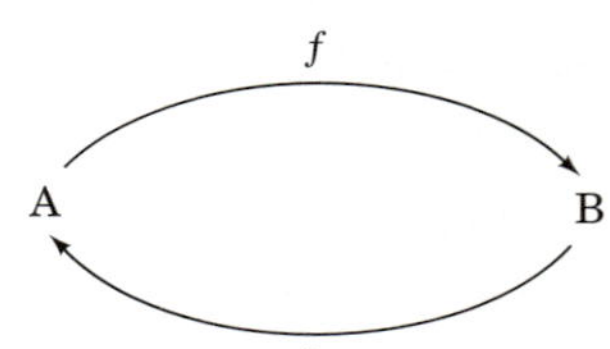

두 개의 다른 효소가 각각 정반응(f)과 역반응(r)을 촉매하기 때문에 v_f와 v_r은 독립적으로 변하고, 따라서 더 이상 v_r은 v_f에 비하여 매우 작은 값을 가지지 않는다. 한 반응에서 정반응과 역반응이 동시에 유리하게 반응을 할 수 없다는 열역학 법칙 때문에, 정반응 과정(예를 들면 F6P에서 FBP를 생성하는 과정)과 역반응 과정(예를 들면 FBP가 F6P로 분해되는 과정)은 다른 효소에 의해 촉매되어야 한다.

생리학적 조건에서 PFK에 의하여 촉매되는 아래의 반응은 매우 큰 자유 에너지 감소이다($\Delta G = -25.9\ kJ \cdot mol^{-1}$).

$$F6P + ATP \rightarrow FBP + ADP$$

그러므로 역반응은 정반응에 비하여 반응 속도가 매우 작다. 그러나 많은 포유류 조직에 있는(글루코스 신생 합성(16-4B절)에 중요한 효소인) **프럭토스-1,6-비스포스파테이스(fructose-1,6-bisphosphatase; FBPase)**는 FBP의 자유 에너지 감소 가수 분해 반응을 촉매한다($\Delta G^{\circ\prime} = -8.6\ kJ \cdot mol^{-1}$).

$$FBP + H_2O \rightarrow F6P + P_i$$

PFK와 FBPase의 촉매 반응을 합하여 보면 전체적으로 ATP 가수 분해가 일어남을 주목하라.

$$\text{ATP} + \text{H}_2\text{O} \rightleftharpoons \text{ATP} + \text{P}_i$$

한 기질이 중간 물질로 순환하여 다시 기질로 돌아오게 하는 반응들의 한 쌍을 **기질 순환(substrate cycle)**이라고 한다. 이런 반응쌍을 발견하였을 때에는 이 반응쌍이 전체적으로 쓸모없이 ATP만을 소모하는 순환인 것 같아서, 이 반응쌍을 **쓸모없는 순환(futile cycle)**이라고 생각하였다.

뉴셤(Eric Newsholme)은 이 기질 순환이 단순히 쓸모없는 순환이 아니라 하나의 조절 기능을 갖는 순환이라고 제안하였다. **기질 순환의 반대되는 반응에 대한 다른자리 입체성 작용제의 혼합 효과는 한 효소에 의한 다른자리 입체성 조절보다도 더 큰 작용 흐름($v_f - v_r$)의 큰 분획적 효과를 얻을 수 있다.** 예를 들면 F2,6P 다른자리 입체성 작용제는 FBPase 반응을 억제하면서 PFK 반응을 활성화시킨다(이 조절 메커니즘은 간세포 해당 작용 및 글루코스 신생 합성의 균형에 중요한 메커니즘이다. 16-4C절).

기질 순환은 해당 작용을 통해 최고 흐름까지 증가시키지 못한다. 반대로 이 순환은 최소 흐름을 감소시키는 기능을 한다. 어느 의미에서는 기질을 '지연시키는 형태(holding pattern)'에 있게 하는 것이다. PGK/FBPase 예를 통하여(그림 15-25), 기질의 순환이 최고 상태인 휴식 상태($v_f - v_r$가 작음)에서 큰 활성을 유지해야 하는 상태($v_f - v_r$가 큼)로 빠르게 변하기 위하여 근육이 지불해야만 하는 강력한 '대가'가 기질 순환인 셈이다. 싸움을 하거나 새가 비행하는 상황 같이 높은 활성이 예상되는 때에는 대사계의 민감성을 증가시키기 위하여 기질 순환 자체의 속도는 호르몬이나 신경의 제어를 받을 수 있다.

모든 세포의 대사 활동을 조절하는 큰 체계에서 생체 내 PFK 활성을 조절하는 기질 순환과 다른 메커니즘은 한 부위를 차지하고 있다. PFK가 해당 작용을 조절하는 효소이기 때문에 유전 공학으로 이 효소의 발현을 증가시키면 해당 작용의 흐름을 증가시킬 수 있을 것이라고 생각하였다. 그러나 해당 작용과 다른 모든 대사 작용에 의해 생성되는 생성물을 세포가 얼마나 필요로 하는지에 따라 PFK의 농도에 상관없이 PFK의 **활성(activity)**이 조절되기 때문에 PFK의 발현을 증가시키더라도 해당 작용의 흐름이 증가될 것 같지는 않다.

기질 순환은 열 발생 및 비만과 관련이 있다. 성인을 포함한 많은 동물은 특히 추울 때 근육이나 간에서 **비오한 열발생(nonshivering thermogenesis)**이라고 하는 과

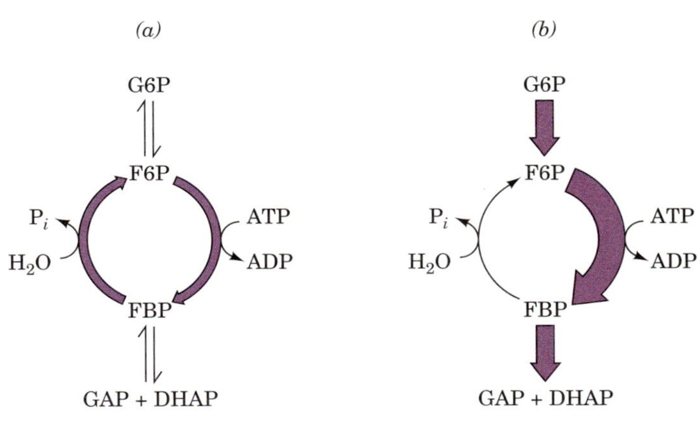

그림 15-25 PFK 조절의 기질 순환 (*a*) 휴식 상태의 근육에서는 F6P/FBP 기질 순환의 두 효소 모두가 활성화되어 있고 해당 작용 흐름이 낮다. (*b*) 활동적인 근육에서는 FBPase 활성은 감소되고 PFK 활성이 증가한다. 이 작용은 PFK를 통해 흐름을 극적으로 증가시킴으로써 해당 작용 흐름을 높여 준다.

정을 통해 기질 순환으로 몸의 열을 많이 생성할 것이라고 생각한다(몸을 떨 때 생기는 근수축이나 운동 등으로도 열을 생성함). 갑상샘 기능이 부족한 쥐는 5°C에서는 살 수 없다는 연구 결과에서 볼 수 있듯이, 기질 순환은 갑상샘 호르몬(대부분의 조직에서 물질대사를 조절하는 호르몬)에 의해 촉진된다. 만성적인 비만인 사람의 경우, 정상적인 대사 속도에 비하여 낮은 대사 속도를 갖는 경향이 있다. 이것은 아마도 부분적으로 비오한 열발생 속도가 낮기 때문일 것이다. 그러므로 이러한 사람의 경우 추위에 민감한 경향이 있다. 추울 때 정상적인 사람의 경우는 갑상샘 호르몬 활성 속도를 증가시키는 데 비하여, 유전적인 비만한 동물 및 비만한 사람은 갑상샘 호르몬 활성을 증가시키지 못한다.

체크 포인트

- 어떤 해당 과정 효소가 조절점에 있는가?
- 포스포프럭토카이네이스 활성을 조절하는 메커니즘을 설명하시오.
- 왜 ATP는 홀로 효소 활성의 알로스테릭 조절자가 되지 못하는가?
- 기질 회로의 대사 이점은 무엇인가? 대가는 무엇인가?

5 글루코스 이외의 육탄당의 대사

주요 개념

- 일반적으로 유용한 육탄당인 프럭토스, 갈락토스, 마노스는 대사되기 위하여 해당 과정 중간체로 변환된다.

글루코스와 함께 프럭토스, 갈락토스, 마노스와 같은 육탄당은 대표적인 대사 과정의 연료이다. 소화를 거친 후 이 단당류들은 혈류로 들어가 각종 조직으로 운반된다. 프럭토스, 갈락토스, 마노스는 해당 작용 중간 물질로 전환되어 해당 작용을 거쳐 대사된다(**그림 15-26**).

A 프럭토스는 프럭토스-6-인산이나 글리세르알데하이드-3-인산으로 전환된다

과일과 슈크로스(프럭토스와 글루코스의 이탄당, 8-2A절)가 다량 함유된 식사를 한 경우 프럭토스가 주요한 연료 역할을 한다. 프럭토스의 대사 과정에는 2개의 경로가 있다. 하나는 간에서 이루어지고, 다른 하나는 근육에서 일어난다. 이렇게 둘로 나누어지는 것은 각각의 조직에 존재하는 효소가 다르기 때문이다.

근육에서의 프럭토스 대사는 글루코스 대사와 크게 다르지 않다. 글루코스를 G6P로 전환하는 헥소카이네이스(15-2A절)는 프럭토스도 인산화하여 F6P(**그림 15-27**, 왼쪽)를 만들어 낸다. 따라서 프럭토스는 오직 한 단계의 반응을 거쳐 해당 과정으로 들어간다.

간은 **글루코카이네이스(glucokhiase)**로 알려진 헥소카이네이스를 가지고 있는데, 이 효소는 글루코스만을 인산화한다(22-1D절). 따라서 간에서의 프럭토스 대사는 근육의 그것과 다르다. 간은 프럭토스를 7단계의 효소가 관여하는 경로를 거쳐 해당 작용 중간 물질로 전환한다(그림 15-27, 오른쪽)

1. **프럭토카이네이스(fructokinase)**는 ATP에 의한 프럭토스 C1 위치의 인산화를 촉진하여 **프럭토스-1-인산(fructose-1-phosphate)**을 만든다. 헥소카이네이스나 PFK는 프럭토스-1-인산의 C6 위치를 인산화하여 해당 작용 중간 물질인 FBP를 만들 수 없다.

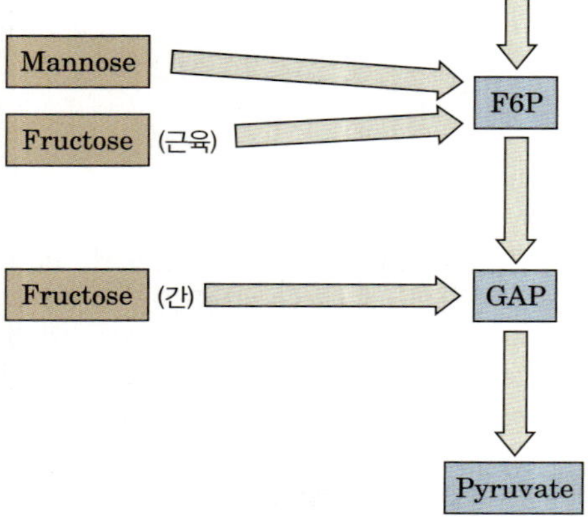

그림 15-26 다른 육탄당의 해당 작용으로의 진입 근육의 프럭토스와 마노스는 F6P로 전환된다. 간의 프럭토스는 GAP로 전환되고 갈락토스는 G6P로 전환된다.

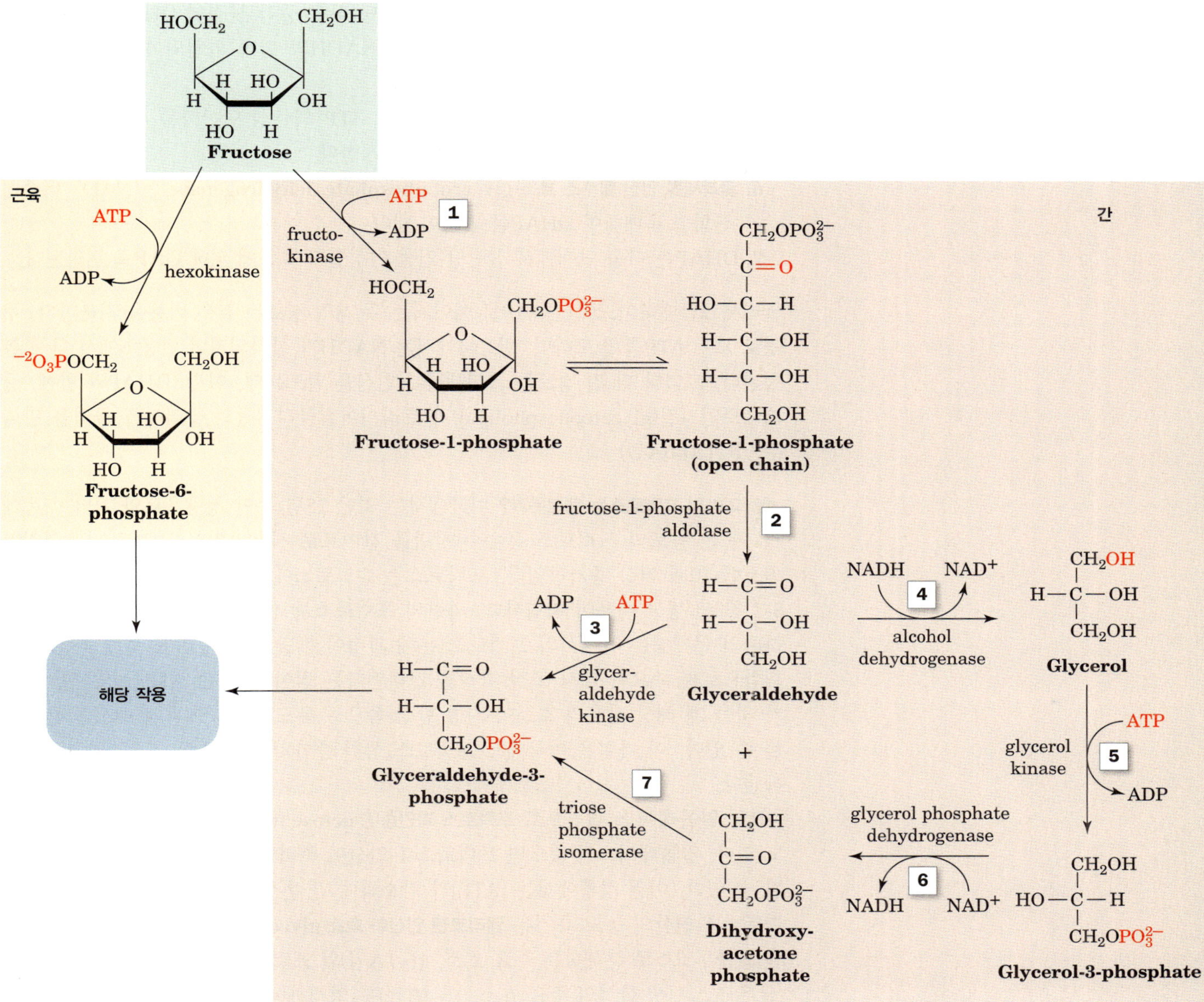

그림 15-27 프럭토스의 대사 근육에서는(왼쪽) 프럭토스가 해당 작용 중간 물질인 F6P로 전환되는 데 오직 한 가지 효소, 즉 헥소카이네이스만 관여한다. 간에서는(오른쪽) 7개의 효소가 프럭토스로부터 해당 작용 중간 물질로의 전환 과정에 참여한다.

? 간에서 프럭토스가 GAP로 전환되는 반응식을 쓰라.

2. 알돌레이스(15-2D절)는 몇 개의 동질 효소 형태로 존재한다. 근육은 A형 알돌레이스를 갖고 있는데, 프럭토스-1-인산이 이 효소의 기질이 될 수 있다[B형 알돌레이스는 **프럭토스-1-인산 알돌레이스(fructose-1-phosphate aldolase)**라고도 한다]. 따라서 간에서는 프럭토스-1-인산이 알돌 분해를 거친다.

프럭토스-1-인산 $\rightleftharpoons$ 다이하이드록시아세톤 인산 + 글리세르알데하이드

3. **글리세르알데하이드(glyceraldehyde)**는 **글리세르알데하이드 카이네이스(glyceraldehyde kinase)**의 작용으로 ATP에 의해 인산화되어 해당 작용 중간 물질인 GAP를 만든다.

4. 글리세르알데하이드는 다른 경로로 해당 작용 중간 물질인 DHAP로 전환되기도 한다. 알코올 탈수소 효소에 의해 NADH와 함께 환원되어 글리세롤이 된다.
5. **글리세롤 카이네이스(glycerol kinase)**는 ATP 의존성 인산화를 촉매하여 **글리세롤-3-인산(glycerol-3-phosphate)**을 생성한다.
6. **글리세롤 인산 탈수소 효소(glycerol phosphate dehydrogenase)**는 NAD^+ 의존성 산화를 촉매하여 DHAP를 만들어 낸다.
7. DHAP는 다음 단계에서 삼탄당 인산 이성질화 효소에 의해 GAP로 전환된다.

글리세르알데하이드에서 GAP로 이어지는 두 개의 경로는 같은 비용을 지불한다. 두 경로 모두 ATP를 소모하며, 반응 4에서는 NADH가 산화되지만 반응 6에서 다시 환원된다. 그러나 더 긴 경로는 글리세롤-3-인산을 만드는데, 이는 (DHAP와 함께) 글리세로인지질(glycerophospholipid)과 트라이아실글리세롤의 글리세롤 골격을 만들 수 있다(20-6A절).

과량의 프럭토스는 해로운가? 미국에서는 지난 25년 동안 청량음료와 기타 식품에 높은 농도의 프럭토스 옥수수 시럽을 감미료로 사용하면서 프럭토스의 섭취가 최소한 10배 이상 증가하였다. 프럭토스는 슈크로스에 비해 단맛이 더 강하고(자료 8-2 참조) 생산 비용이 저렴하다. 과량의 프럭토스를 섭취하였을 때 발생할 수 있는 하나의 문제점은 간에서의 프럭토스 분해 과정이 해당 작용의 PFK 촉매 과정을 우회함으로써 주요한 대사 조절 과정을 건너뛴다는 점이다. 이는 ATP를 생산할 필요가 없을 때 해당 작용의 흐름이 지방 합성 쪽으로 유도되도록 에너지 대사를 혼란시킬 수 있다. 이 가설은 미국에서 프럭토스 섭취 증가와 비만 발생 간의 관련성을 나타낸다.

B형 알돌레이스 결핍으로 **프럭토스 과민증(fructose intolerance)**을 보이는 사람들도 있다. 알돌레이스가 없으면 프럭토스-1-인산이 축적되어 간에 저장된 P_i를 고갈시킬 수 있다. 이런 상황에서는 [ATP]가 감소하여 간 손상을 유발할 수 있다. 또한 프럭토스-1-인산의 농도 증가는 **글리코젠 인산화 효소(glycogen phosphorylase**, 글리코젠을 글루코스로 분해하는 주요 효소, 16-1A절)와 프럭토스-1,6-비스인산 분해 효소(글루코스 신생 합성의 주요 효소, 16-4B절)를 억제하여 생명을 위협할 수도 있는 심한 **저혈당증(hypoglycemia)**을 초래한다. 그러나 프럭토스 과민증은 자체 제어가 가능하다. 이 증세를 갖고 있는 사람은 단 음식을 싫어하게 된다.

B 갈락토스는 글루코스-6-인산으로 전환된다

갈락토스는 유제품에 들어 있는 락토스(글루코스와 갈락토스의 이당류, 8-2A절)의 가수 분해로 만들어진다. 갈락토스와 글루코스는 C4 위치의 배열만이 다른 에피머이다. 헥소카이네이스가 글루코스, 프럭토스, 마노스를 인산화하기는 하지만 갈락토스는 인식하지 못한다. 따라서 갈락토스는 해당 과정으로 들어가기 전에 에피머화되어야 한다. 이 반응은 갈락토스가 **유리딘 이인산(uridine diphosphate)** 유도체로 전환된 후 일어난다(UDP당과 기타 뉴클레오티딜당의 역할은 16-5절에 자세히 설명). 갈락토스를 해당 작용 중간 물질로 전환하는 대사 경로에는 네 가지 반응이 포함된다(**그림 15-28**).

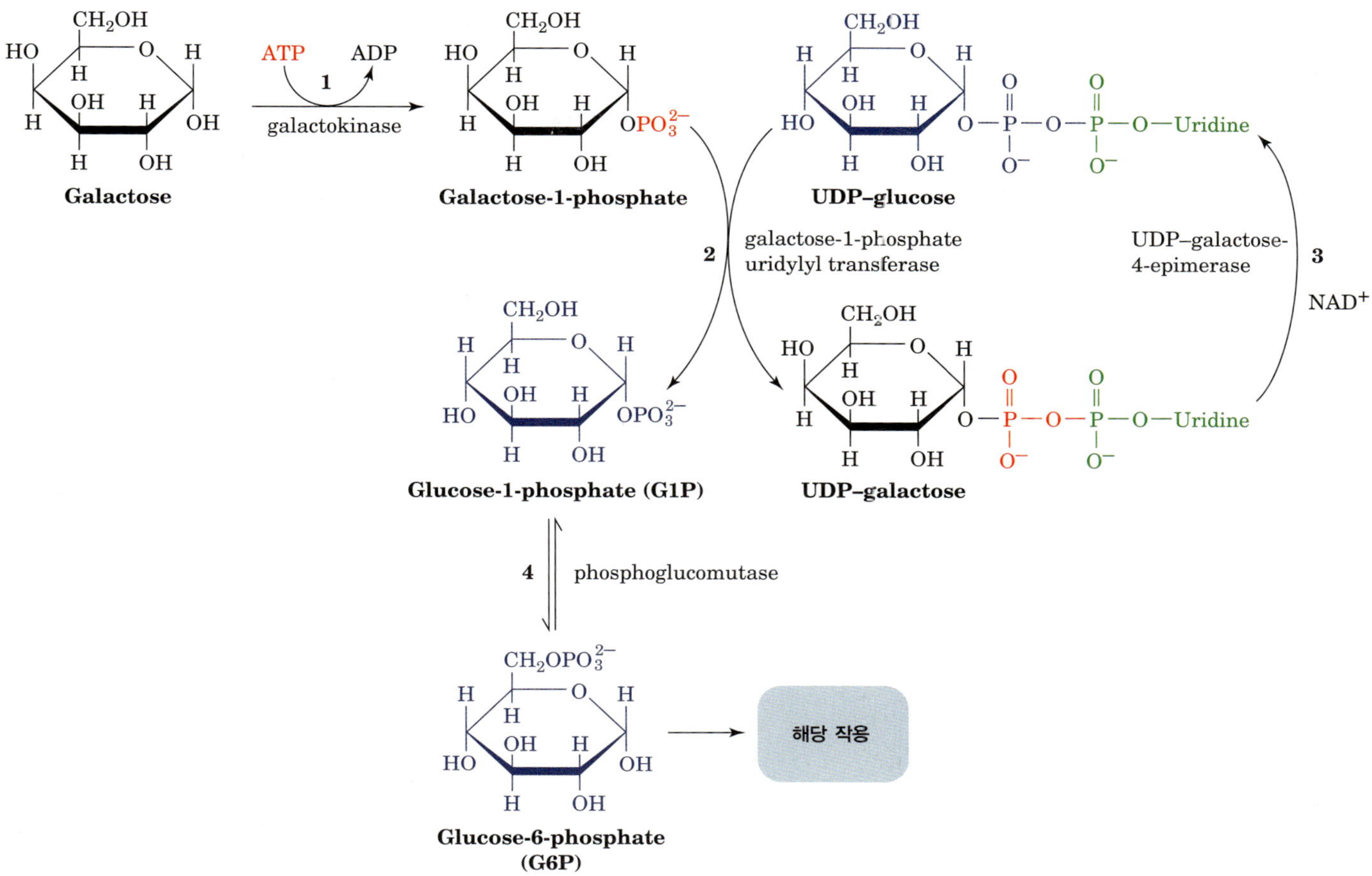

그림 15-28 **갈락토스의 대사** 갈락토스가 해당 작용 중간 물질인 G6P로 전환하는 데 4개의 효소가 참여한다.

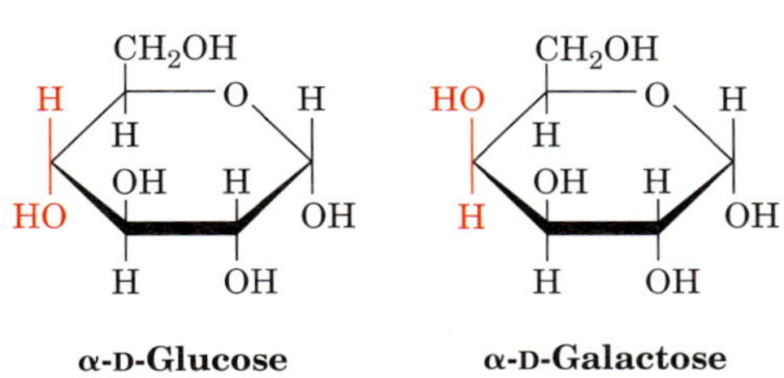

1. 갈락토스는 **갈락토카이네이스(galactokinase)**의 작용으로 ATP에 의해 C1 위치에 인산화된다.
2. **갈락토스-1-인산 유리딜기 전이 효소(galactose-1-phosphate uridylyl transferase)**는 UDP–글루코스의 파이로인산 결합을 가역적으로 절단하여 UDP–글루코스의 유리딜기를 **갈락토스-1-인산(galactose-1-phosphate)**으로 전달하여 **글루코스-1-인산(glucose-l-phosphate, G1P)**과 **UDP–갈락토스(UDP–galactose)**를 만들어 낸다.
3. **UDP–갈락토스-4-에피머화 효소(UDP–galactose-4-epimerase)**는 UDP–갈락토스를 다시 UDP–글루코스로 전환한다. 이 효소는 NAD^+와 결합되어 있는데, 이는 이 반응이 육탄당 C4 원자의 순차적 인산화 및 환원과 연관되어 있다는 것을 의미한다.

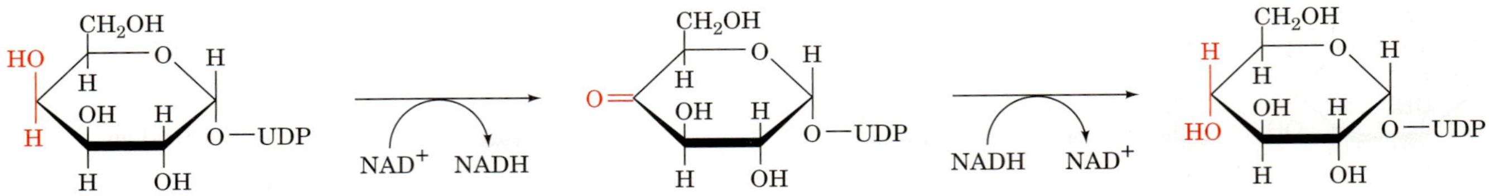

UDP–Galactose UDP–Glucose

4. G1P는 **포스포글루코 자리옮김 효소**(**phosphoglucomutase**)의 작용으로 해당 작용 중간 산물인 G6P로 전환된다(16-1C절).

갈락토스혈증이 있는 사람은 갈락토스 대사를 할 수 없다. 갈락토스혈증(**galactosemia**)은 유전 질환으로 갈락토스를 글루코스로 전환하지 못하는 것이 특징이다. 증상은 성장 부진, 정신 지체, 어떤 경우에는 간 손상으로 인한 사망에 이르게 된다. 대부분의 갈락토스혈증은 상호 전환의 반응 2를 촉매하는 효소인 갈락토스-1-인산 유리딜기 전이 효소의 결핍으로 인한 것이다. 갈락토스-1-인산으로부터 UDP–갈락토스가 합성되는 것이 방해받고, 따라서 독성이 있는 대사 부산물이 축적된다. 예를 들어 상승된 혈중 갈락토스 수준은 수정체의 갈락토스 농도를 증가시키는데, 수정체에서 갈락토스는 **갈락티톨**(**galactitol**)로 환원된다.

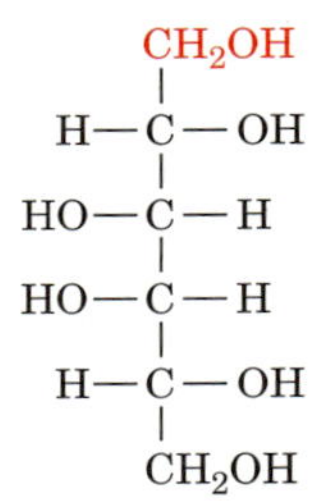

Galactitol

수정체의 갈락티톨은 결국 백내장을 유발하게 된다.

갈락토스혈증은 갈락토스를 제거한 식사로 치료가 가능하다. 이로써 정신 지체를 제외한 모든 증상이 호전될 수 있다. 당단백질(8-3C절)과 당지질(9-1D절) 합성에 필수적인 갈락토실 단위는 이성질화 효소 반응의 역반응으로 글루코스로부터 합성될 수 있다.

C 마노스는 프럭토스-6-인산으로 전환된다

다당류와 당단백질의 소화 산물인 마노스는 글루코스의 C2 에피머이다.

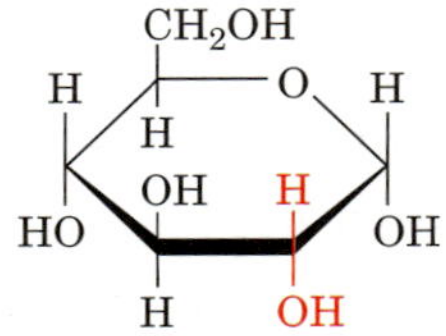

α-D-Glucose

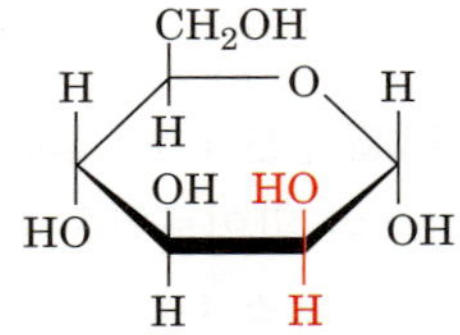

α-D-Mannose

마노스는 두 단계 반응을 거쳐 F6P로 전환된 후 해당 과정에 들어간다(**그림 15-29**).

1. 헥소카이네이스는 마노스를 인식하여 **마노스-6-인산**(**mannose-6-phosphate**)으로 전환한다.
2. **포스포마노스 이성질화 효소**(**phosphomannose isomerase**)는 포스포글루코스 이

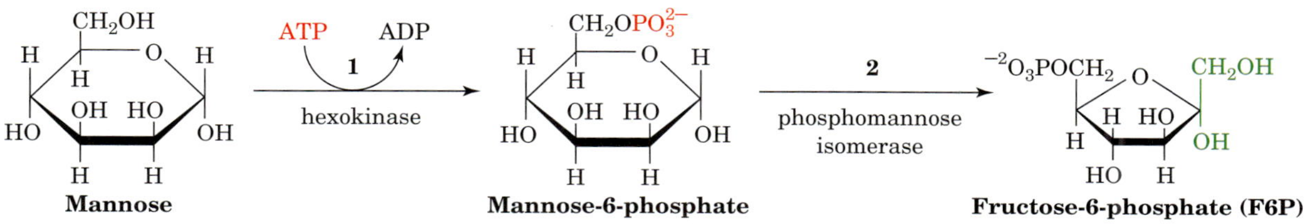

그림 15-29 마노스의 대사 마노스를 해당 작용 중간 물질인 F6P로 전환하는 데는 두 가지의 효소가 필요하다.

성질화 효소와 비슷한 메커니즘으로, 이 알도스를 해당 과정 중간 물질인 F6P로 전환한다(15-2B절).

체크 포인트

- 프럭토스, 갈락토스, 마노스가 어떻게 해당 과정으로 들어가는지를 나타내시오.
- 어떤 해당 과정 효소가 이 경로에 이용되는가?

6 오탄당 인산 경로

주요 개념

- 오탄당 인산 경로는 NADPH가 생성되고, 오탄당은 이성질화되고, 해당 과정 중간체는 재생되는 3단계로 구성된다.
- 경로는 세포가 필요로 하는 양만큼 환원 생합성을 위하여 NADPH를 공급하고 뉴클레오타이드 생합성을 위하여 리보스-5-인산을 공급한다.

ATP는 세포 내부에서 '에너지 통화'로 기능한다. ATP의 자유 에너지 감소적 분해는 다른 자유 에너지 증가적 세포 기능과 연결되어 있다. **세포는 환원능이라는 또 다른 통화도 갖고 있다.** 지방산(20-4절)이나 콜레스테롤(20-7A절)의 환원성 생합성 같은 자유 에너지 증가적 반응은 ATP 외에 NADPH를 필요로 한다. 화학적으로 우사함에도 불구하고 **NADPH와 NADH는 대사적으로 상호 교환이 불가능하다.** NADH는 대사물 산화의 자유 에너지를 ATP 생성(산화적 인산화)에 쓰는 반면, NADPH는 이러한 자유 에너지를 산화적 생합성에 사용한다. 산화와 환원 반응에 관련된 탈수소 효소는 각각의 보조 효소에 대해 매우 특이적이므로 이러한 변별이 가능하다. 세포는 통상적으로 $[NAD^+]/[NADH]$ 비를 1000 정도로 유지하는데, 이는 대사적 산화에 유리하다. 반면 $[NADP^+]/[NADPH]$ 비는 환원적 생합성에 유리하도록 0.01 정도로 유지한다.

NADPH는 글루코스-6-인산이 해당 과정 대신 오탄당 인산 경로[다른 말로는 **육탄당 일인산염 분로(hexose monophosphate shunt)**, 그림 15-30]를 통해 산화됨으로써 만들어진다. 지질 생합성에 관련된 조직(간, 유선 조직, 지방 조직, 부신 겉질)은 오탄당 인산 경로 효소가 풍부하다. 간의 글루코스 산화의 30% 정도는 해당 과정이 아닌 오탄당 인산 경로를 통해서 일어난다.

오탄당 인산 경로의 전체 반응은 다음과 같다.

$$3\ G6P + 6\ NADP^+ + 3\ H_2O \rightleftharpoons 6\ NADPH + 6\ H^+ + 3\ CO_2 + 2\ F6P + GAP$$

하지만 이 대사 경로는 세 단계에 걸쳐 일어난다고 생각할 수 있다.

1단계 산화적 반응(그림 15-30, 반응 1~3)을 통해 NADPH와 **리불로스-5-인산(ribulose-5-phosphate, Ru5P)**을 만든다.

$$3\ G6P + 6\ NADP^+ + 3\ H_2O \rightarrow 6\ NADPH + 6\ H^+ + 3\ CO_2 + 3\ Ru5P$$

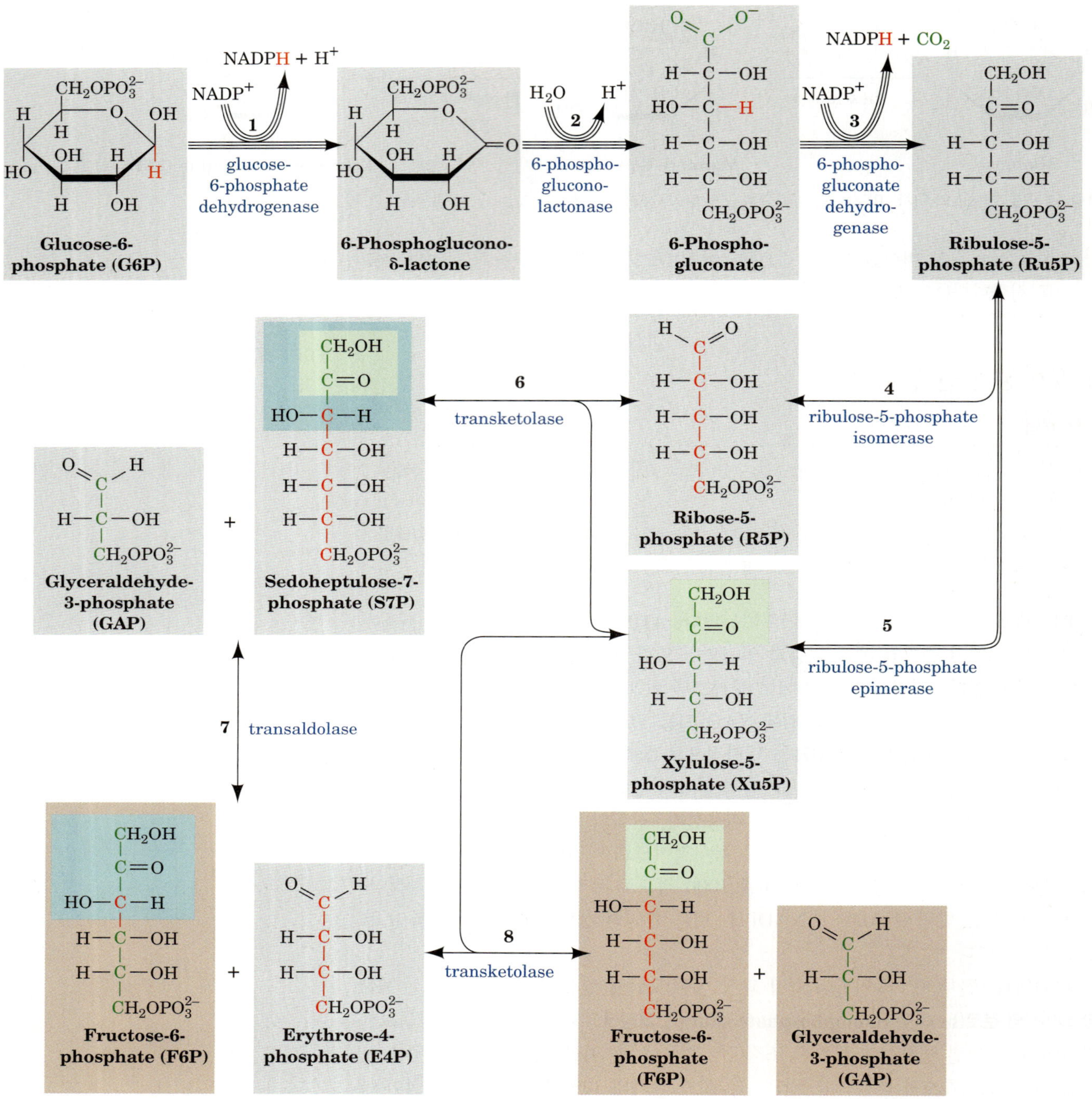

그림 15-30 오탄당 인산 경로 화살표 선의 숫자는 3 G6P를 $3CO_2$, 2 F6P, 1 GAP로 전환하는 데 필요한 분자의 수를 나타낸다. 명료하게 표현하기 위해 반응 3부터는 당을 선형 구조로 표시하였다. R5P의 탄소 골격과 여기에서 유래한 원자는 붉은색으로 표시하였고, Xu5P의 경우에는 녹색으로 표시하였다. 케톨 전이 효소로 전이되는 C_2 단위는 녹색 음영으로 표시하였고, 알돌레이스로 전이되는 C_3 단위는 푸른색 음영으로 표시하였다. 양쪽 화살표는 가역 반응을 의미한다.

? 이 경로에서 몇 개의 다른 형태의 반응이 일어나는가?

2단계 Ru5P는 이성질화 반응과 에피머화 반응을 통해(그림 15-30, 반응 4와 5) 각각 **리보스-5-인산(ribose-5-phosphate, R5P)**과 **자일룰로스-5-인산(xylulose-5-phosphate, Xu5P)**으로 전환된다.

$$3\ \text{Ru5P} \rightleftharpoons \text{R5P} + 2\ \text{Xu5P}$$

3단계 연이은 C—C 결합의 분해 및 생성 반응으로(그림 15-30, 반응 6~8) 두 분자의 Xu5P와 한 분자의 R5P가 두 분자의 F6P와 한 분자의 GAP로 전환된다.

2단계와 3단계의 반응은 가역적이다. 따라서 이 경로의 최종 생성물은 세포의 필요에 따라 달라진다. 이 절에서는 오탄당 인산 경로의 세 단계와 어떻게 이 단계들이 조절되는지에 대해 논의하고자 한다.

A 1단계에서 산화 반응은 NADPH를 생성한다

G6P는 오탄당 인산 경로의 시작점이다. 이 대사물은 글루코스에 대한 헥소카이네이스의 작용(해당 작용의 반응 1, 15-2A절)이나 글리코젠 분해(직접적으로 G6P 생성, 16-1절)로부터 만들어질 수 있다. 오탄당 인산 경로의 처음 세 반응만이 NADPH 생산과 관련되어 있다(그림 15-30).

1. **글루코스-6-인산 탈수소 효소(glucose-6-phosphate dehydrogenase, G6PD)**는 G6P의 C1로부터 $NADP^+$로 수소화 이온을 전이시켜 **6-포스포글루코노-δ-락톤(6-phosphoglucono-δ-lactone)**을 형성한다.

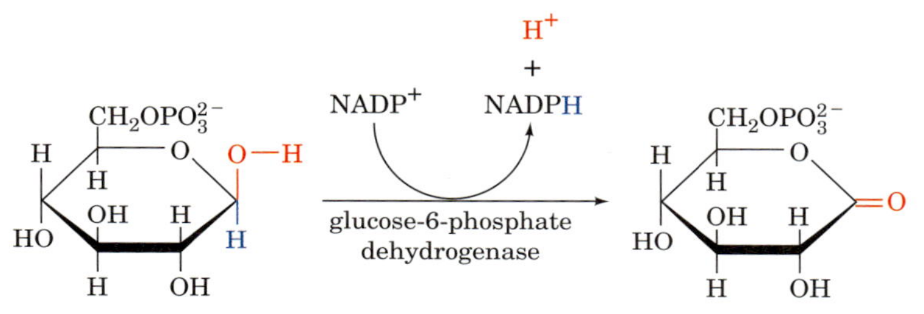

   C1이 알데하이드 산화 상태에 있는 고리 헤미아세탈(cyclic hemiacetal)인 G6P는 산화되어 고리 에스터(락톤)로 산화된다. 이 효소는 $NADP^+$에 특이적이며, NADPH에 의해 저해된다.

2. **6-포스포글루코노락톤 분해 효소(6-phosphogluconolactonase)**는 6-포스포글루코노-δ-락톤으로부터 **6-포스포글루콘산(6-phosphogluconate)**으로의 가수 분해 속도를 촉진한다(비효소적 반응도 상당한 속도로 일어난다).

3. **6-포스포글루콘산 탈수소 효소(6-phosphogluconate dehydrogenase)**는 β-하이드록시산인 6-포스포글루콘산으로부터 Ru5P와 CO_2로의 산화적 탈카복실화를 촉진한다(**그림 15-31**). 이 반응은 β-케토산 중간 물질의 형성을 통하여 진행된

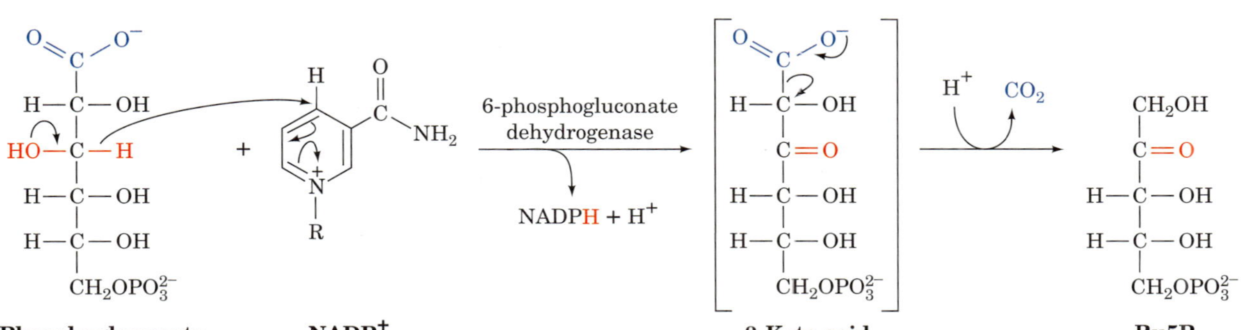

그림 15-31 6-포스포글루콘산 탈수소 효소 반응 OH기의 산화는 쉽게 탈카복실화되는 β-케토산을 형성한다(아직 중간 물질은 밝혀진 바 없다).

다. 케토기는 전자를 받아들임으로써 탈카복실화를 촉진하는 것으로 보인다.

Ru5P의 형성은 오탄당 인산 경로의 산화적 부분을 완성한다. **이 경로에 들어가는 G6P 한 분자당 두 개의 NADPH 분자가 만들어진다.**

B 2단계에서 리불로스-5-인산의 이성질화와 에피머화가 일어난다

Ru5P는 **리불로스-5-인산 이성질화 효소(ribulose-5-phosphate isomerase)**에 의해 R5P로 전환되거나(그림 15-30, 반응 4) **리불로스-5-인산 에피머화 효소(ribulose-5-phosphate epimerase)**에 의해 Xu5P로 전환된다(그림 15-30, 반응 5). 이 이성질화와 에피머화 반응은 삼탄당 인산 이성질화 효소에 의해 촉매되는 반응처럼 엔다이올레이트 중간 물질을 통해 일어나는 것으로 보인다(15-2E절).

Ru5P로부터 만들어지는 R5P와 Xu5P의 상대적인 양은 세포의 필요에 따라 달라진다. 예를 들어 R5P는 뉴클레오타이드 생합성의 필수적인 전구 물질이다(23장). 따라서 DNA 합성이 증가하는 분열하는 세포에서는 R5P 생성이 높다(오탄당 인산 경로 자체의 활성이 높아졌을 수도 있다). 다음에 설명한 바와 같이 NADPH 생산만을 위해 오탄당 인산 경로가 사용된다면 이 경로 세 번째 단계에서 해당 작용 중간 물질 전환 시 Xu5P와 R5P가 2:1의 비율로 만들어질 것이다.

C 3단계에서 탄소-탄소 결합 분해 및 생성 반응이 일어난다

어떻게 오탄당이 F6P와 같은 육탄당으로 전환되는가? 오탄당 인산 경로의 화학량적 관계를 생각하면 이 대사 경로 3번째 단계의 탄소 원자의 재배치를 더 쉽게 이해할 수 있다. 오탄당 인산 경로에 들어가는 G6P 분자 세 개당 Ru5P 분자 세 개가 1단계에서 만들어진다. 이 세 개의 오탄당은 다시 한 개의 R5P와 두 개의 Xu5P로 전환된다(그림 15-30, 반응 4와 5). 이들 세 개의 C_5 당을 두 개의 C_6 당과 한 개의 C_3 당으로 바꾸는 것은 **알돌 전이 효소(transaldolase)**와 **케톨 전이 효소(transketolase)**라는 두 개의 효소에 의해 촉매되는 '요술' 덕분이다. 이 효소들은 안정된 탄소 음이온을 생성하여 알데하이드의 친전자성 중심에 첨가하는 작용을 한다.

케톨 전이 효소는 C_2 단위의 전이를 촉매한다. 싸이아민 파이로인산 보조 인자(thiamine pyrophosphate cofactor, TPP; 15-3B절)를 갖고 있는 케톨 전이 효소는 Xu5P C_2 단위의 R5P로의 전이를 촉매하여 GAP와 **세도헵툴로스-7-인산(sedoheptulose-7-phosphate, S7P**; 그림 15-30, 반응 6)을 생성한다. 이 반응의 중간 물질은 Xu5P와 TPP 사이의 공유 결합 부가 화합물이다(그림 15-32). 효소 이합체의 X선 구조는 TPP가 피루브산 탈카복실화 효소(또 다른 TPP 관여 효소, 그림 15-19)에서처럼 소단위체 사이의 틈에 결합하며, 양쪽 소단위체의 잔기가 모두 결합에 참여한다는 것을 보여 준다. 사실 이 효소들의 구조는 매우 유사하여 이들이 하나의 원형으로부터 갈라져 나온 것으로 보인다.

알돌 전이 효소는 C_3 단위의 전이를 촉매한다. 알돌 전이 효소는 S7P로부터 GAP으로 C_3 단위를 전이하여 **에리트로스-4-인산(erythrose-4-phosphate, E4P)**과 F6P를 생성한다(그림 15-30, 반응 7). 이 반응은 Lys 잔기의 아미노기와 S7P 카보닐기 사이의 시프 염기(schiff base) 형성으로 시작되는 알돌 분해로 인해 일어난다(그림 15-33).

이차 케톨 전이 효소 반응이 글리세르알데하이드-3-인산과 두 번째 프럭토스-6-인산 분자를 생성한다. 이차 케톨 전이 효소 반응에서 한 개의 C_2 단위가 두 번째 Xu5P 분자로부터

process diagram

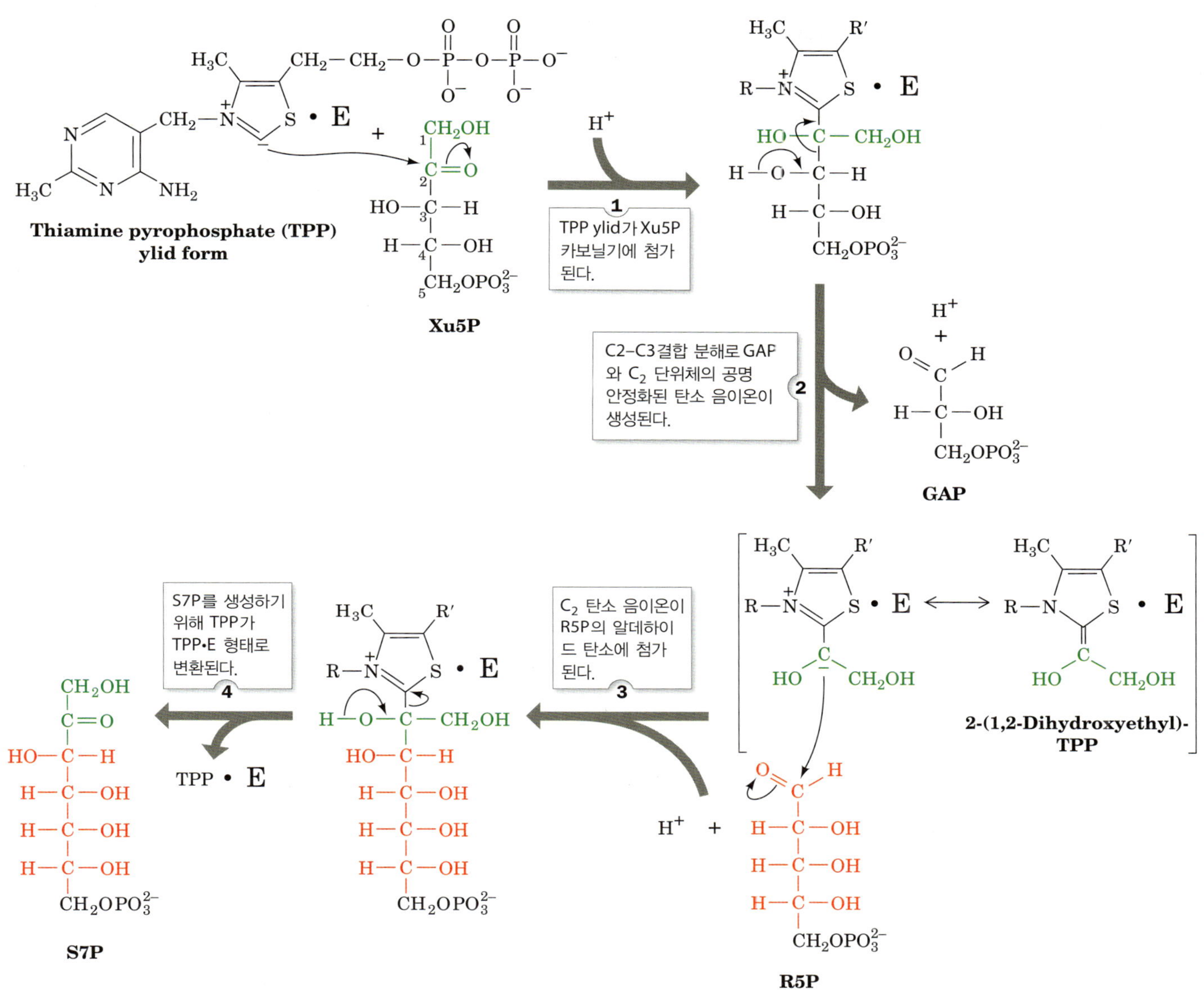

그림 15-32 케톨 전이 효소의 메커니즘 케톨 전이 효소(E로 표시)는 Xu5의 C2–C3 결합의 분해로 생긴 탄소 음이온을 안정화하기 위해 TPP를 보조효소로 사용한다. 반응 순서는 나타낸 것처럼 4단계로 일어난다.

E4P로 전이되어 GAP와 또 다른 F6P 분자를 만들어 낸다(그림 15-30, 반응 8). 오탄당 인산 경로의 세 번째 단계는 Xu5P 두 분자와 R5P 한 분자를 두 분자의 F6P와 GAP 한 분자로 전환한다. 이러한 탄소 골격의 전환이 그림 15-34에 요약되어 있다. 요약하면 일련의 탄소–탄소 결합 생성과 분해 반응은 3개의 C_5 당을 2개의 C_6 당과 1개의 C_3 당으로 변환시킨다. 각 반응의 왼쪽에 있는 숫자는 그림 15-30에 있는 반응을 나타낸다.

process diagram

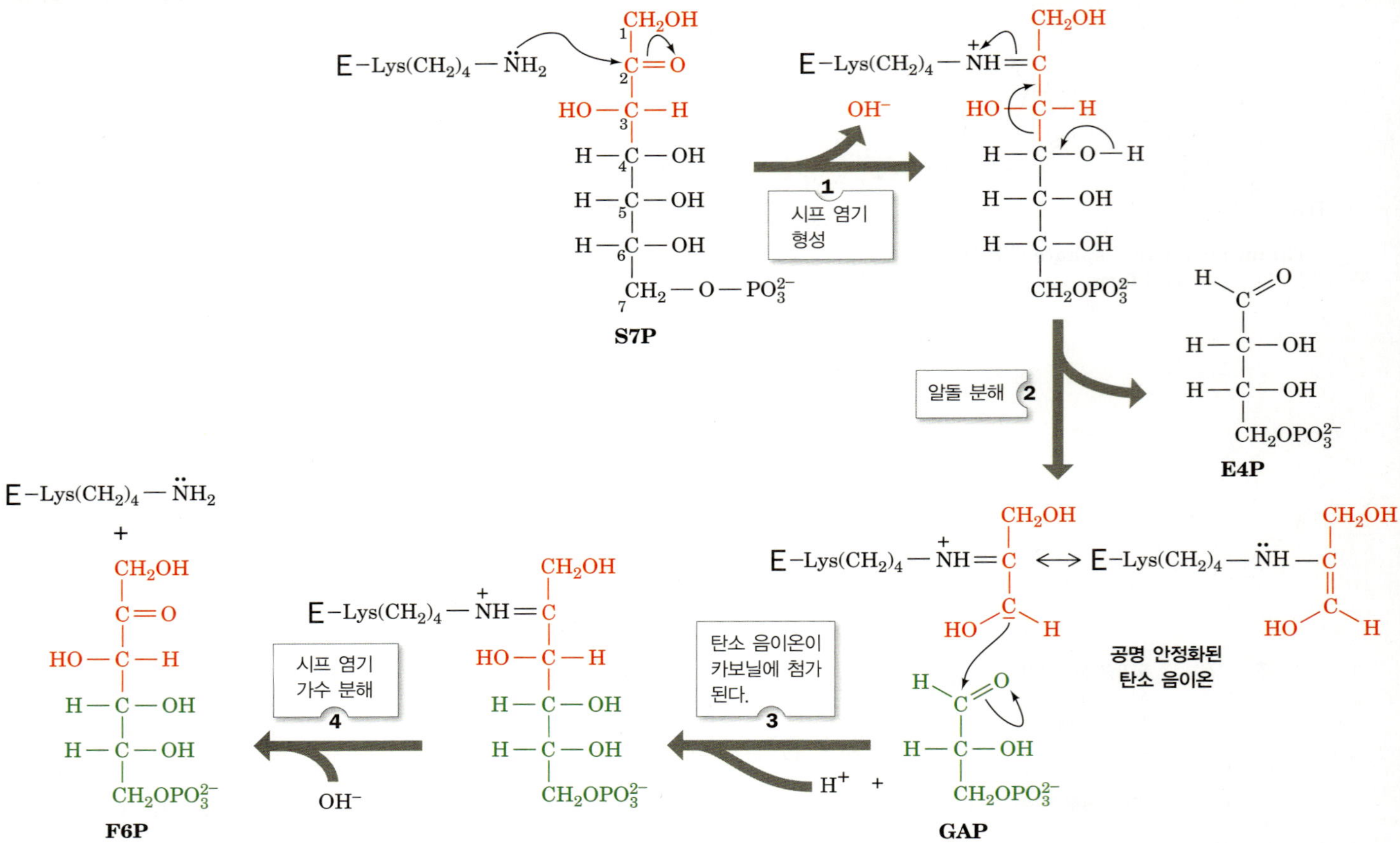

그림 15-33 알돌 전이 효소의 메커니즘 알돌 전이 효소는 다음과 같은 메커니즘으로 알돌 분해를 촉진하는 필수 Lys기를 갖고 있다. (1) Lys의 ε-아미노기는 S7P의 카보닐기와 시프 염기를 형성한다. (2) C3와 C4 사이의 알돌 분해 반응으로 시프 염기 안정화된 C3 탄소 음이온을 생성한다. 이때 E4P가 제거된다. (3) 효소에 결합되고 공명 안정화된 탄소 음이온이 GAP의 카보닐 C 원자에 더해져 시프 염기로 효소에 연결된 F6P를 형성한다. (4) 시프 염기가 가수 분해되며 활성을 가진 효소가 재생되고 F6P가 유리된다.

$$\textbf{(6)}\quad C_5 + C_5 \rightleftharpoons C_7 + C_3$$

$$\textbf{(7)}\quad C_7 + C_3 \rightleftharpoons C_6 + C_4$$

$$\textbf{(8)}\quad C_5 + C_4 \rightleftharpoons C_6 + C_3$$

$$\text{(합)}\quad 3\,C_5 \rightleftharpoons 2\,C_6 + C_3$$

D 오탄당 인산 경로는 조절된다

오탄당 인산 경로의 주요 생성물은 R5P와 NADPH이다. NADPH에 대한 대사적 필요량이 뉴클레오타이드 생합성에 필요한 R5P의 수요를 능가할 때, 알돌 전이 효소와 케톨 전이 효소 반응은 과잉의 R5P를 해당 작용 중간 물질로 전환한다. 결과적으로 발생하는 GAP과 F6P는 해당 작용과 산화성 인산화 반응에 사용되거나 글루코스 신생 합성(16-4절)에 의해 재활용되어 G6P를 만들어 낸다.

R5P 요구량이 NADPH 요구량을 웃돌 때에는 F6P와 GAP가 해당 과정에서 빠져나와 알돌 전이 효소와 케톨 전이 효소의 역반응을 거쳐 R5P 합성에 쓰일 수 있다.

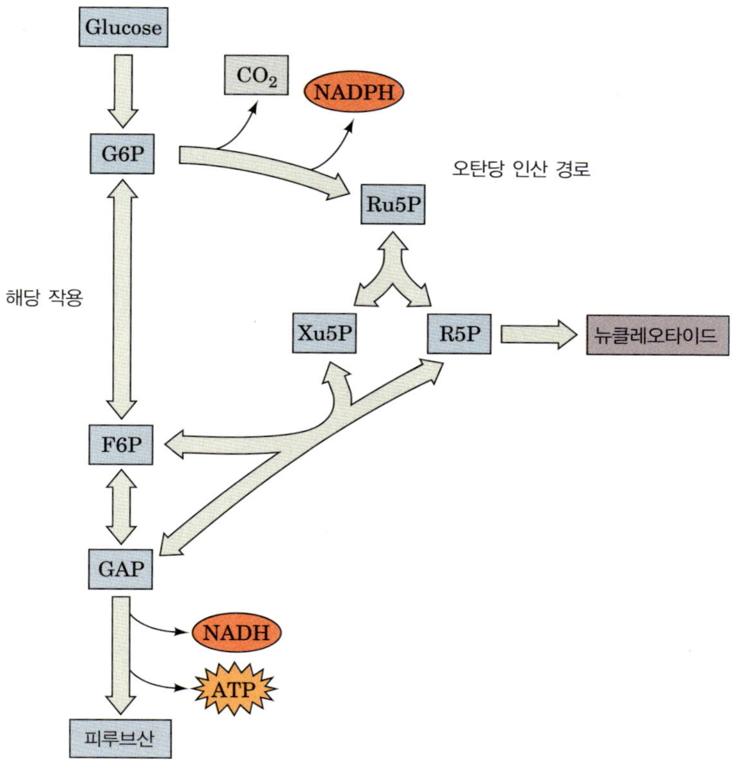

그림 15-34 해당 작용과 오탄당 인산 경로의 상관관계 해당 작용의 2단계에서 생성된 G6P로부터 시작되는 오탄당 인산 경로는 환원 반응에 사용되는 NADPH와 뉴클레오타이드 합성에 쓰이는 R5P를 생성한다. 과잉의 R5P는 일련의 반응에 의해 해당 작용 중간 물질로 전환된다. 이 반응들은 필요한 경우 역방향으로 작동하여 R5P를 생성할 수 있다.

? 어느 경로가 세포 증식 전과 후에 가장 활발할 것인가?

해당 과정과 오탄당 인산 경로의 관계가 그림 15-34에 도표로 나와 있다.

오탄당 인산 경로의 흐름에 따라 NADPH 생성의 속도는 글루코스-6-인산 탈수소효소 반응의 속도로 조절된다(그림 15-30, 반응 1). 이 경로의 첫 번째 단계(간에서는 $\Delta G = -17.6\ \text{kJ}\cdot\text{mol}^{-1}$)를 촉매하는 이 효소의 활성은 $NADP^+$ 농도에 의해 조절된다(즉 기질의 양에 따른 조절). 세포가 NADPH를 소비할 때에는 $NADP^+$의 농도가 상승하고, 따라서 G6PD 반응의 속도가 빨라지며, NADPH 재생이 촉진된다. 어떤 조직에서는 합성되는 효소의 양도 호르몬의 조절을 받는 것으로 보인다. G6PD 결핍은 임상적으로 대표적인 오탄당 인산 경로의 효소 결함 때문에 나타난다(자료 15-4 참조). 베르니케-코르샤코프 증후군(Wernicke-Korsakoff 증후군, 15-3B절)은 케톨 전이 효소 활성이 감소되어 생기는 질환이다. 결과적으로 정상적인 친화력과 비교하여 10% 정도 TPP가 결합하는 케톨 전이 효소 변이 형태를 가지는 사람이 비록 견딜 만한 싸이아민 결핍이 있더라도 베르니케-코르샤코프 증후군을 겪게 된다.

체크 포인트

- 오탄당 인산 경로의 알짜 반응을 나타내시오.
- 경로의 각 단계 반응을 요약하시오.
- 기질, 생성물, 메커니즘, 보조 인자 등으로 케톨 전이 효소와 알돌 전이 효소를 비교하시오.
- NADPH나 리보스-5-인산의 필요에 따라 오탄당 인산 경로의 흐름이 어떻게 변하는가?

자료 15-4 건강과 질병의 생화학 글루코스-6-인산 탈수소 효소 결핍

NADPH는 생합성 외에도 몇몇 환원 반응 과정에 필요하다. 예를 들어 적혈구는 Cys를 포함한 트라이펩타이드인 환원형 **글루타싸이온(glutathione, GSH)**을 다량 필요로 한다(4-3B절).

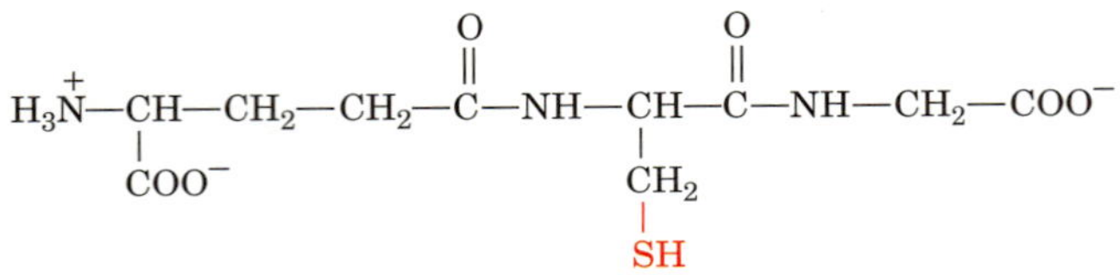

Glutathione (GSH)
(γ-L-glutamyl-L-cysteinylglycine)

적혈구에서 GSH의 주요 기능은 반응성 산소 화합물로서 헤모글로빈을 비가역적으로 손상시키고 세포막을 구성하는 인지질의 C–C 결합을 끊는 H_2O_2와 유기 하이드로 과산화물을 환원하여 제거하는 것이다. 과산화물이 축적되면 너무 일찍 세포가 용해된다. 과산화물은 **글루타싸이온 과산화 효소**(glutathione peroxidase)에 의해 촉매되는 글루타싸이온과의 반응을 통해 제거된다.

$$2\,\text{GSH} + \underset{\textbf{Organic hydroperoxide}}{\text{R—O—O—H}} \xrightarrow{\text{glutathione peroxidase}} \text{GSSG} + \text{ROH} + H_2O$$

GSSG는 산화된 글루타싸이온을 의미한다(두 개의 GSH 분자가 그들의 설프하이드릴기 사이의 다이설파이드 결합을 통해 연결된 것). 환원형 GSH는 **글루타싸이온 환원 효소**(glutathione reductase)의 작용으로 NADPH에 의해 GSSG가 환원됨으로써 재생된다.

$$\text{GSSG} + \text{NADPH} + H^+ \xrightarrow{\text{glutathione reductase}} 2\,\text{GSH} + \text{NADP}^+$$

따라서 NADPH의 안정된 공급이 온전한 적혈구를 위해 필수적이다.

글루코스-6-인산 탈수소 효소(G6DP)가 결핍된 사람의 적혈구는 임상적 증상이 없더라도 산화적 손상에 특히 취약하다. 아프리카, 아시아, 지중해 연안 사람들에게 흔한 이 효소 결핍증은 항말라리아 약물인 **프리마퀸**(primaquine) 등을 복용하거나 중동 지방의 주요 채소류인 **잠두**(**누에콩**, Vicia fava)를 먹었을 때 이 사람들에게서 나타나는 용혈성 빈혈에 대한 연구를 통해 밝혀졌다. 프리마퀸은 과산화물 생성을 촉진함으로써 세포가 충족시킬 수 없는 수준까지 NADPH 필요량을 증가시킨다. 잠두에 소량 들어 있는 특정 독성 배당체도 같은 효과를 가지고 있어 **잠두 중독증**(favism)이라고 하는 증상을 일으킨다.

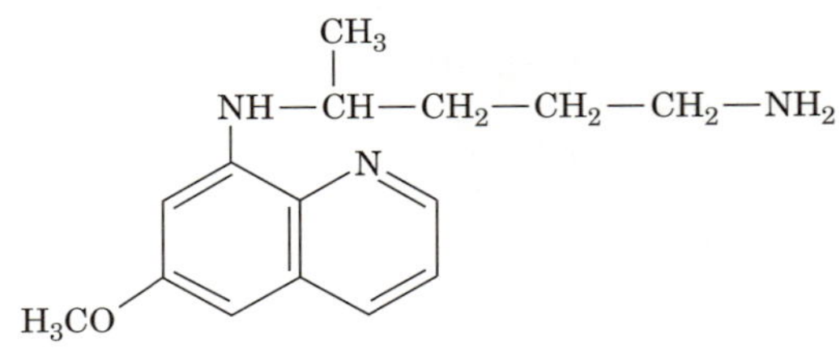

Primaquine

이 병에 걸린 세포의 낮은 효소 활성은 변종 효소의 분해 속도가 빠르기 때문으로 보인다. 이것은 상대적으로 심하지 않은 형태의 G6PD 결핍을 나타내는 환자들이 프리마퀸 복용 시 처음에는 용혈성 빈혈을 보였다

요약

1 해당 작용의 개요

- 해당 작용은 연달아 일어나는 10개의 효소 촉매 반응으로서 글루코스 분자 1개가 두 개의 피루브산 분자로 전환되며 2ATP를 만들어 내고, 2개의 NAD^+를 2개의 NADH로 환원시킨다.

2 해당 작용의 반응

- 해당 작용의 첫 단계에서 글루코스는 헥소카이네이스에 의해 인산화, 포스포글루코스 이성질화 효소(PGI)에 의해 이성질화, 포스포프럭토카이네이스(PFK)에 의해 인산화된 후 알돌레이스에 의해 분해되어 삼탄당인 글리세르알데하이드-3-인산(GAP)과 다이하이드록시아세톤 인산(DHAP)을 만들어 낸다. 이 두 물질은 삼탄당인산 이성질화 효소(TIM)에 의해 상호 전환이 가능하다. 이 반응들은 글루코스 분자 1개당 2개의 ATP를 소모한다.
- 해당 작용의 두 번째 단계에서 GAP는 글리세르알데하이드-3-인산 탈수소 효소(GAPDH)에 의해 산화적 인산화, ATP를 생성하며, 포스포글리세르산 카이네이스(PGK)에 의해 탈인산화, 포스포글리세르산 자리옮김 효소(PGM)에 의해 이성질화, 엔올레이스에 의해 탈수화, 두 번째 ATP와 피루브산을 내며 피루브산 카이네이스에 의해 탈인산화된다. 이 단계에서는 글루코스 분자 1개당 4개의 ATP를 생산하며, 순 ATP 생산은 2분자이다.

3 발효: 피루브산의 혐기성 과정

- 혐기성 환경에서는 피루브산은 환원되며, 해당 작용을 위해 NAD^+를 재생한다. 동형 젖산성 발효 시에는 피루브산이 젖산으로 가역적으로 환원된다.
- 알코올성 발효에서는 피루브산이 싸이아민 파이로인산(TPP) 의존적 메커니즘으로 탈카복실화되며, 그 결과 발생하는 아세트알데하이드가 에탄올로 환원된다.

4 해당 작용의 조절

- 헥소카이네이스, 포스포프럭토카이네이스, 피루브산 카이네이스에 의해 촉매되는 해당 작용은 대사적으로 비가역적이다.
- 포스포프럭토카이네이스는 해당 과정의 주요 속도 조절점이다. 이

가 이후 지속적인 프리마퀸 복용에도 불구하고 1주일 이내에 회복되는 이유를 설명해 준다. 성숙한 적혈구는 핵과 단백질 합성 기구가 없고, 따라서 손상된 효소를 대체할 새로운 효소를 만들 수 없다(마찬가지로 적혈구는 새로운 세포막 구성 요소를 만들 수 없고, 이것이 그들이 세포막 손상에 취약한 이유이다). 초기의 프리마퀸 치료의 결과는 많이 손상된 불완전한 G6PD를 갖고 있는 오래된 적혈구의 용해 때문이다. 용해 부산물은 젊은 세포의 방출을 촉진하는데, 이들 세포는 더 많은 효소를 갖고 있고, 따라서 프리마퀸 스트레스에 더 잘 대처할 수 있다.

약 400만 명이 G6PD 결핍을 갖고 있는 것으로 추정되고 있으며, 이 증상은 가장 흔한 인간 효소 결핍증이다. 약 400개의 G6PD 변이형이 보고된 바 있으며, 그중 최소한 125종은 분자 수준에서 규명되었다. G6PD는 이합체–사합체 평형 상태에서 활성을 지닌다. 가장 심한 형태의 G6PD 결핍을 가진 사람들의 돌연변이 위치는 이합체의 경계면에 있다. 그 결과, 불안정하고 비활성인 단량체 쪽으로 평형이 이동한다.

전 세계에서 말라리아가 흔한 지역에서 G6PD 결핍 이환율이 높은 것은 이 돌연변이가 말라리아 기생충인 *Plasmodium falciparum*에 대한 저항성을 부여한다는 것을 시사한다. 정상 세포에 비해 G6PD 결핍이 있는 적혈구는 말라리아원충(plasmodia)의 적당한 숙주가 되지 못한다. 따라서 **G6PD 결핍이 있는 낫 모양 적혈구 형질(7-1E절)을 가진 사람은 말라리아가 만연한 지역에 사는 데 유리하다.**

G6PD 결핍은 핵이 없기 때문에 불안정한 변종 효소를 교체할 수 없는 적혈구에 주로 영향을 미친다. 적혈구 외 다른 세포에서의 NADPH의 중요성은 G6PD 유전자 기능을 정지시킨 유전자 조작 쥐를 통해 입증되었다. 이 동물의 모든 세포는 활성 산소종을 제거하는 다른 메커니즘을 갖추고 있음에도 불구하고 산화적 손상에 극도로 취약하다.

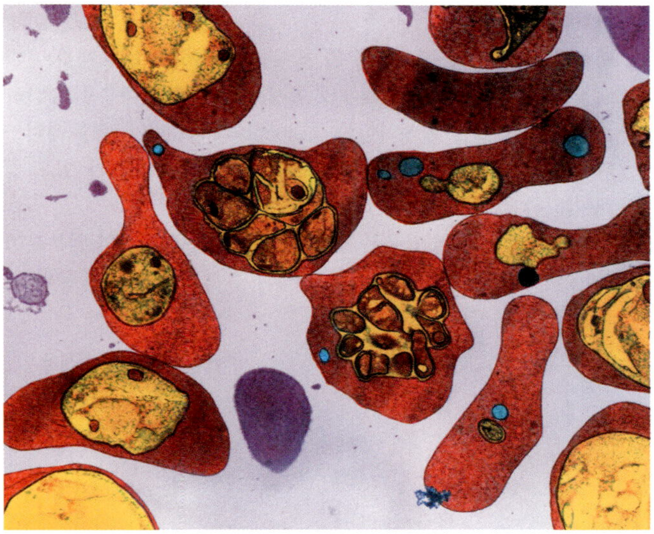

Dr. Gopal Murti/Photo Researchers

말라리아 기생충인 *Plasmodium falciparum*이 들어 있는 적혈구 사진. 조그만 적혈구[분열 소체(merozoite)이라고 함]를 생성하는 노란 몸통[분열체(schizont)라고 함]을 볼 수 있다.

다른자리 입체성 효소의 ATP에 의한 저해는 ATP보다 농도가 더 극적으로 변화하는 AMP와 ADP에 의해 해소된다.

- 프럭토스-6-인산(F6P)/프럭토스-1,6-비스인산(FBP) 기질 순환의 반대 반응으로 인해 해당 작용 유출에 변화가 가능하다.

5 글루코스 이외의 육탄당의 대사

- 프럭토스, 갈락토스, 마노스는 분해 대사를 위해 효소적으로 해당 작용 중간 물질로 전환된다.

6 오탄당 인산 경로

- 오탄당 인산 경로에서 글루코스-6-인산(G6P)은 산화되고 탈카복실화되어 두 개의 NADPH, CO_2, 리불로스-5-인산(Ru5P)을 생성한다.
- 세포의 필요에 따라 리불로스-5-인산은 뉴클레오타이드 합성을 위해 리보스-5-인산(R5P)으로 이성질화하거나 리보스-5-인산과 자일룰로스-5-인산(Xu5P)을 거쳐 프럭토스-6-인산과 글리세르알데하이드-3-인산으로 전환되어 해당 과정으로 재진입한다.

주요 용어

TPP(싸이아민 파이로인산)
기질 순환(substrate cycle)
동형 젖산성 발효(homolactic fermentation)
알돌 분해(aldol cleavage)
알코올성 발효(alcoholic fermentation)
엔다이올 중간 물질(enediol intermediate)
오탄당 인산 경로(pentose phosphate pathway)
자리옮김 효소(mutase)
촉매의 완벽성(catalytic perfection)
파스퇴르 효과(Pasteur effect)
해당 작용(glycosis)

문제

연습 문제

1. 해당 작용의 10개 반응 중 어느 것이 (a) 이성질화, (b) 산화−환원, (c) 탈수 반응, (d) 탄소−탄소 결합 분해, (e) 인산화 반응인가?
2. 병원성 살모넬라균이 포유동물 세포를 감염하면 숙주 세포는 단백질 분해 효소인 **caspase-1**을 활성화하고 면역 대응을 유발하는 신호 단백질을 활성화한다. caspapse-1의 표적은 알돌레이스나 엔올레이스이다. 감염된 세포에서는 어떠한 효과가 있으며, 왜 이러한 것이 개체에 유리할까?
3. 여기에 나타낸 가역 반응은 광합성 경로인 캘빈 회로의 일부분이다. 어떤 해당 과정 반응이 이 반응과 유사하며 어떤 종류의 효소가 촉매하는가?

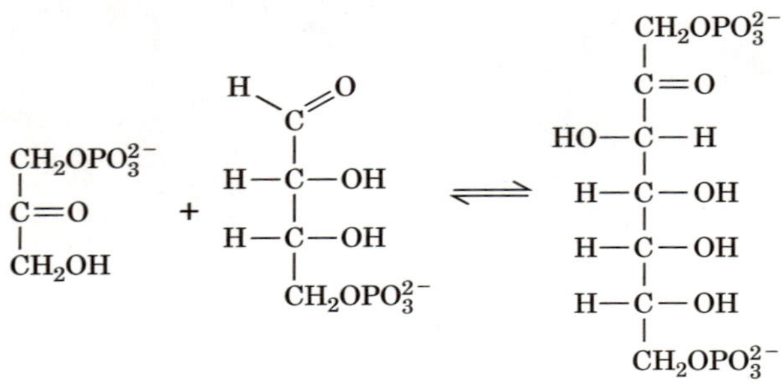

4. 오탄당 인산 경로의 4단계에서 리불로스-5-인산은 리보스-5-인산으로 전환된다. 어느 해당 과정 반응이 이 반응과 유사하며, 어떤 종류의 효소가 촉매하는가?
5. 알돌레이스 반응은 역방향으로 작용하여 효소적 알돌 축합을 일으킬 수 있다. 이 효소가 입체 특이적이지 않다면, 몇 종류의 생성물이 만들어질 수 있는가?
6. 박테리아의 알돌레이스는 기질과 시프 염기를 형성하지 않는다. 대신 그것은 활성 자리에 2가의 Zn^{2+}를 갖고 있다. 이 이온이 어떻게 알돌레이스 반응을 촉진하는가?
7. 포스포글루코 자리옮김 효소 반응에서 중간 물질은 무엇인가?
8. 문제 7에서 밝힌 화합물은 대사 조절 물질이다. (a) 헥소카이네이스, (b) PEK에 대한 효과를 예측하시오.
9. 동물에서 피루브산 → 젖산 반응은 가역적이지만, 효모에서 피루브산 → 알코올 발효는 비가역적이다. 이를 설명하시오.
10. 젖산염 탈수소 효소(LDH)와 관련된 반쪽 반응과 표준 환원 전위는 다음과 같다.

$$\text{피루브산} + 2\,H^+ + 2\,e^- \longrightarrow \text{젖산} \qquad \mathscr{E}°' = -0.185\ V$$
$$NAD^+ + 2\,H^+ + 2\,e^- \longrightarrow NADH + H^+ \qquad \mathscr{E}°' = -0.315\ V$$

다음 조건에서 pH 7.0일 때 LDH에 의해 촉매된 피루브산의 환원 반응의 ΔG를 계산하시오.

(a) [젖산]/[피루브산]=1, $[NAD^+]/[NADH]=1$
(b) [젖산]/[피루브산]=160, $[NAD^+]/[NADH]=160$
(c) [젖산]/[피루브산]=1000, $[NAD^+]/[NADH]=1000$
(d) a~c에서 농도 비율이 반응의 방향에 미치는 영향에 대해서 논하시오.

11. (a) 표 15-1에서 ΔG 값이 $\Delta G°'$ 값과 다를 수 있는 이유는 무엇인가?
12. 어떤 반응이 ATP 합성($\Delta G°'=30.5\ kJ\cdot mol^{-1}$)에 충분할 만한 $-30.5\ kJ\cdot mol^{-1}$의 $\Delta G°'$ 값을 갖고 있다면, ΔG가 $-10\ kJ\cdot mol^{-1}$에 불과한 생체 내에서도 ATP 합성을 일으킬 수 있는가?
13. 피루브산 카이네이스는 해당 작용의 주요한 속도 조절점은 아니지만 다른자리 입체성 조절의 지배를 받는다. 피루브산 카이네이스 반응을 통해 속도를 조절하는 것의 대사적 중요성은 무엇인가?
14. 프럭토스-1,6-비스인산으로 피루브산 카이네이스를 활성화하는 것의 이점은 무엇인가?
15. 빨리 자라는 암세포는 해당 과정 효소의 발현이 높다. 이 같은 세포에서 해당 과정 흐름이 높아서 이로운 것은 무엇인가?
16. 암세포에서 피루브산 카이네이스 동위 효소의 활성은 다른 조직과 비교하여 낮다. 이 같은 효과는 세포에 어떤 영향을 미치게 되며, 암세포 성장을 어떻게 촉진시킬 수 있는가?
17. 해당 작용으로 들어가 피루브산으로 전환되는 글루코스 분자 세 개의 ATP 생산량과, 오탄당 인산 경로로 진입하여 그들의 탄소 골격(F6P 분자 2개와 GAP 분자 1개)이 해당 작용으로 가서 피루브산으로 대사되는 글루코스 분자 3개의 ATP 생산량을 비교하시오.
18. 만약 G6P가 C2 위치에 표지된 경우, 표지된 것은 오탄당 인산 경로 생성물에 나타날 것인가?
19. 리불로스-5-인산 이성질화 효소 반응(Ru5P → R5P)의 엔다이올산 중간체를 그리시오.
20. 리불로스-5-인산 에피머화 효소 반응(Ru5P → Xu5P)의 엔다이올산 중간체를 그리시오.
21. 두 개의 기질이 오탄소 당이라면, 케톨 전이 효소 반응 생성물의 길이는 얼마인가?
22. 기질이 오탄소 알도스와 육탄소 케토스일 때, 케톨 전이 효소 반응의 생성물을 밝히시오.

도전 질문

23. 인산염과 구조적 상사체인 비산염(AsO_4^{3-})은 인산염이 기질로 쓰이는 모든 반응에서 인산염 대신에 기질로 작용할 수 있다. 비산염 에스터는 인산염 에스터와 달리, 동역학적 및 열역학적으로 매우 불안정하여 거의 순간적으로 가수 분해된다. ATP, ADP, NAD^+와 (a) 인산염, (b) 비산염 존재 시 글루코스로부터 피루브산으로의 전환 반응식을 쓰시오. (c) 비산염이 독극물인 이유는 무엇인가?
24. 포스포글루코 자리옮김 효소는 글루코스-1-인산을 글루코스-6-인산으로 상호 변환시킨다. 왜 이 효소는 활성 자리에 Ser 같은 곁사슬을 가질 것이라고 생각하는가?
25. 부풀어 있는 풍선 속에 효모 0.2 g, 설탕 0.2 g, 물 10 mL의 혼합물을 넣고 묶었다. (a) 한시간 후에 무엇을 관찰할 수 있는가?

(b) 만약에 혼합물에 아이오도아세테이트를 가했다면 무엇을 관찰할 수 있는가? (c) 혼합물이 설탕 대신에 락토스가 들어 있었다면 무엇을 관찰할 수 있는가?

26. 미토콘드리아에서는 희귀하지만 신경세포는 엑손 길이를 따라 신경 전달 물질을 운반하기 위하여 자유 에너지가 필요하다. 전달 작용을 하는 일부 개체의 표면에 글리세르알데하이드-3-인산 탈수소 효소가 위치하는 이유를 설명하시오.

27. 알돌레이스 반응은 22.8 $kJ \cdot mol^{-1}$이다. 37°C의 세포에서 [DHAP]/[GAP]=5.5이다. [GAP]가 10^{-4} M일 때 [FBP]/[GAP]의 평형비를 계산하시오.

28. AMP, P_i, 프럭토스-2,6-비스인산이 존재할 때 뇌 포스포프럭토카이네이스-1(PFK-1)의 촉매 활동이 관찰되었다. 다음 표에 최고 속도의 50%에 도달하는 데 필요한 각 물질들의 농도가 나와 있다. 세 가지 물질에 대한 두 동질 효소의 반응을 비교하고 그들의 다른 반응이 의미하는 바를 논하시오.

PFK-1 동질 효소	[P_i]	[AMP]	[F2,6P]
간	200 μM	10 μM	0.05 μM
뇌	350 μM	75 μM	4.5 μM

29. 갈락토스 분해 경로를 생각해 보자. 이 경로의 조절점은 무엇인가?

30. 효모는 그림 15-28에 나타난 경로를 따라 갈락토스를 흡수하여 분해시킨다. 이 경로의 중간체인 갈락토스-1-인산은 포스포글루코 자리옮김 효소를 억제한다. 왜 효모에서 갈락토스 이화 작용이 글루코스 이화 작용보다 훨씬 느리게 일어나는지 설명하시오.

31. (a) 글리세롤이 해당 작용으로 들어가는 방법에 대해 설명하시오. (b) 피루브산이 글리세롤로 전환되는 데 생성되는 ATP는 얼마인가?

32. 일부 미생물들은 혐기적으로 피루브산을 글리세롤로 변환시킬 수 있다. 동형 젖산성 발효나 알코올성 발효는 이 경로를 지원하기에 충분한 NAD^+를 재생할 수 있는가?

33. 일부 조직은 해당 과정을 억제하는 플루오린화 이온이 높은 농도로 존재하여도 CO_2를 계속 생성하는데, 그 이유를 설명하시오.

34. 몇몇 박테리아는 **Entner-Duodoroff** 경로로 글루코스를 분해한다. 이 경로는 해당 작용의 변이형으로서 글루코스-6-인산이 6-포스포글루콘산으로, **2-케토-3-데옥시-6-포스포글루콘산(KDPG)**으로 전환된다.

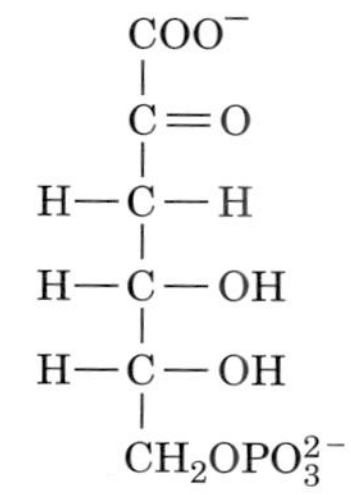

KDPG

그 다음 알돌레이스가 KDPG에 작용한다. (a) KDPG 알돌레이스 반응의 생성물의 구조를 그리시오. (b) 이 생성물들이 추후 어떻게 해당 경로의 효소들에 의해 대사되는지에 대해 논하시오. (c) 글루코스가 Entner-Duodoroff 경로에 의해 피루브산염으로 대사되는 경우 ATP 생산량은 얼마인가? 이것을 해당 작용의 ATP 생산량과 비교하면 어떠한가?

35. 식물에서 아스코르브산(바이타민 C) 생합성 경로는 다음과 같다.

D-glucose-6-phosphate $\xrightarrow{1}$ D-fructose-6-phosphate $\xrightarrow{2}$
D-mannose-6-phosphate $\xrightarrow{3}$ D-mannose-1-phosphate $\xrightarrow{4}$
GDP– D-mannose $\xrightarrow{5}$ GDP–L-galactose $\xrightarrow{6}$
L-galactose-1-phosphate $\xrightarrow{7}$ L-galactose $\xrightarrow{8}$
L-galactono-1,4-lactone $\xrightarrow{9}$ L-ascorbic acid

아래의 효소들을 각 단계 반응과 연결지으시오.

(a) 갈락토스 탈수소 효소
(b) GDP–마노스-3,5-에피머화 효소
(c) 포스포글루코스 이성질화 효소
(d) 포스포마노스 이성질화 효소
(e) 포스포마노스 자리옮김 효소

36. 문제 35의 효소 a~e의 경우 15장에 나타낸 가장 가까운 상대물을 밝히시오.

참고 문헌

Berstein, B.E., Michels, P.A.M., and Hoi, W.G.J., Synergistic effects of substrate-induced conformational changes in phosphoglycerate activation, *Nature* **385**, 275–278(1997).

Dallby, A., Dauter, Z. and Littlechild, J.A., Crystal structure of human muscle aldolase complexed with fructose 1,6-bisphosphate: Mechanistic implications, Protein Science 8, 291–297(1999).

Depre, C., Rider, M.H., and Hue, L., Mechanisms of control of heart glycolysis, Eur. J. *Biochem*. **258**, 277–290(1998). [심근에서 몇몇 효소와 운송체, 그리고 다른 경로에 걸친 해당 작용의 조절에 대해 설명]

Frank, R.A., Leeper, F.J., and Luisi, B.F., Structure, mechanism and catalytic duality of thiamine–dependent enzymes, *Cell. Mol. Life Sci*. **64**, 892 – 905 (2007).

Frey, P.A., The Leloir pathway: a mechanistic imperative for threeenzymes to change the stereochemical configuration of single carbon in galactose, *FASEB J*. **10**, 461–470(1996).

Gefflaut, T., Blonski, C., Perie, J., and Wilson, M., Class I aldolases: Substrate specificity, mechanism, inhibitors and structural aspects, *Prog, Biophys. Molec. Biol*. **63**, 301–340(1995).

Hamanaka. R.B. and Chandel, N.S., Targeting glucose

metabolism for cancer therapy, *J. Exp. Med.* **209**, 211 – 215 (2012).

Hofmeyr, J-H.S. and Comish-Bowden, A., Regulating the cellular economy of supply and demand, *FEBS Lett.* **476**, 47–51 (2000).

Howes, R.E., Battle, K.E., Satyagraha, A.W., Baird, J.K., and Hay, S.I., G6PD deficiency: global distribution, genetic variants and primaquine therapy, *Adv. Parasitol.* **81**, 133 – 201 (2013).

Muirhead, H. and Watson, H., Glycolytic enzymes; from hexose to pyruvate, *Curr. Opin. Struct. Biol.* **2**, 870–876(1992). [해당 작용 효소의 구조에 대한 간략한 요약]

Schirmer, T. and Evans, P.R., Structural basis of the alloteric behaviour of phosphofractokinase, *Nature* **343**, 140–145(1990).

Valle, D. (Ed.). *The online Metabolic & Molecular Bases of Inherited Disease*, http:// www.ommbid.com [70장과 72장에서 프럭토스와 갈락토스 대사와 그들의 유전 질환에 대해 설명. 179장에서 글루코스-6-인산 탈수소 효소 결핍에 대해서 논의]

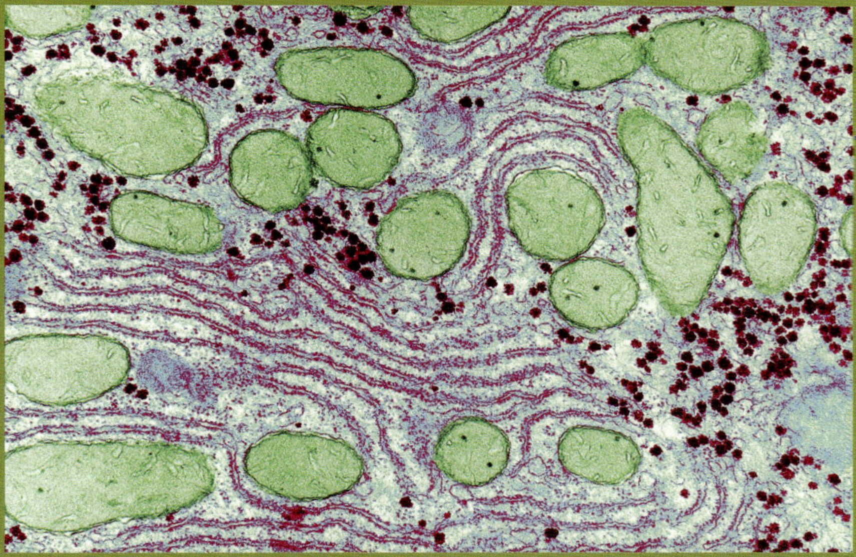
Don W Fawcett / Getty Images

글리코젠 입자는 글루코스 잔기를 가진 가지가 달린 여러 개의 거대 중합체들로 구성되어 있고, 도롱뇽 간의 전자 현미경 사진에서는 녹색으로 염색되어 있다. 모든 동물에서 글리코젠은 대사 과정에서 저장 에너지의 핵심 형태로 인체의 필요에 따라 합성되고 분해된다.

CHAPTER 16

글리코젠 대사와 글루코스 신생 합성

1 글리코젠 분해
- A 글리코젠 인산화 효소는 글리코젠을 글루코스-1-인산으로 분해한다
- B 글리코젠 가지 제거 효소는 글리코실 전이 효소에 의해 활성화된다
- C 인산글루코스 자리옮김 효소는 글루코스-1-인산과 글루코스-6-인산으로 전환된다

2 글리코젠 합성
- A UDP-글루코스 파이로인산화 효소는 글리코실 단위를 활성화시킨다
- B 글리코젠 생성 효소는 글리코젠 사슬을 확장시킨다
- C 글리코젠 가지화 효소는 글리코젠 7개 잔기 부분을 옮긴다

3 글리코젠 대사 조절
- A 글리코젠 인산화 효소와 글리코젠 생성 효소는 다른자리 입체성 조절하에 있다
- B 글리코젠 인산화 효소와 글리코젠 생성 효소는 공유 결합 변형에 의해 조절된다
- C 글리코젠 대사는 호르몬 조절의 주체이다

4 글루코스 신생 합성
- A 피루브산은 두 단계에서 포스포엔올피루브산으로 전환된다
- B 가수 분해 반응은 비가역적으로 해당 작용을 우회한다
- C 글루코스 신생 합성과 해당 작용은 독립적으로 조절된다

5 다른 탄수화물 생합성 경로

글리코젠(동물, 균, 박테리아에 있는)과 녹말(식물에 있는)은 필요하면 대사 과정에 사용하기 위해 글루코스를 저장하는 기능을 하고 있다. 동물에서 지속적인 글루코스의 공급은 뇌, 적혈구 같은 조직에 필수적이다. 그들은 에너지원으로 글루코스에 전적으로 의존한다(다른 조직은 에너지를 얻기 위해 또한 지방산이나 아미노산을 산화할 수 있다, 20-2절, 21-4절). 간은 주로 글리코젠 저장 장소로서 글루코스가 필요한 모든 조직에 일정한 글루코스(~5 mM 혈중에서)를 제공한다. 식사 직후와 같이 글루코스가 풍부할 때에 글리코젠 합성이 가속화된다. 간에 글리코젠을 저장하는 수용량은 대략 반나절 동안 글루코스를 뇌에 공급하기에 충분하다. 단식 상황에서 신체의 글루코스 필요량의 대부분은 아미노산과 같은 비탄수화물 전구 물질로부터의 **글루코스 신생 합성(gluconeogenesis**, 글자 그대로 새로운 글루코스 합성)에 의해 충족된다. 그리 놀랄 일은 아니지만, 해당 작용(15-2절) 또는 오탄당 인산 경로(15-6절)로 인한 글루코스 합성, 저장, 유통, 이화 작용의 조절은 정교하며, 유기체의 즉각적이고 장시간 에너지 요구에 민감하다.

글루코스 저장을 위한 글리코젠의 중요성은 저장된 글루코스를 방출하는 효소의 결핍 효과로 분명하게 설명된다. 예를 들면 **맥아들 병(McArdle's disease)**은 유전적으로 생긴 질병으로, 대표적인 증상은 운동할 때 고통스런 근육 경련이 수반되는 것이다. 이 병의 경우, 글루코스를 얻기 위한 글리코젠 분해에 관여하는 효소가 부족하다. 이 병으로 고통을 당하는 사람의 근육에는 글리코젠이 정상적으로 합성되기는 하지만, 해당 작용의 연료로 ATP를 요구에 맞춰 공급할 수는 없다.

그림 16-1에 글루코스의 대사 이용을 요약하였다. 중요한 가지점인 글루코스-6-인산(G6P)은 헥소 인산화 효소(15-2A절)의 작용을 통해 유리 글루코스로부터 얻어지거나, 글리코젠 분해 혹은 글루코스 신생 합성으로부터 생성된다. G6P는 몇 가지의 가능한 운명을 가진다. 먼저 글리코젠을 합성하는 데 사용될 수 있다. ATP와 탄소 원자(아세틸 CoA와 같은)를 얻기 위해 해당 작용을 통해서 분해될 수 있으며, 이 탄소 원자는 시트르산 회로에 의해 더 산화된다. 이것은 NADPH와 리보스-5-인산을

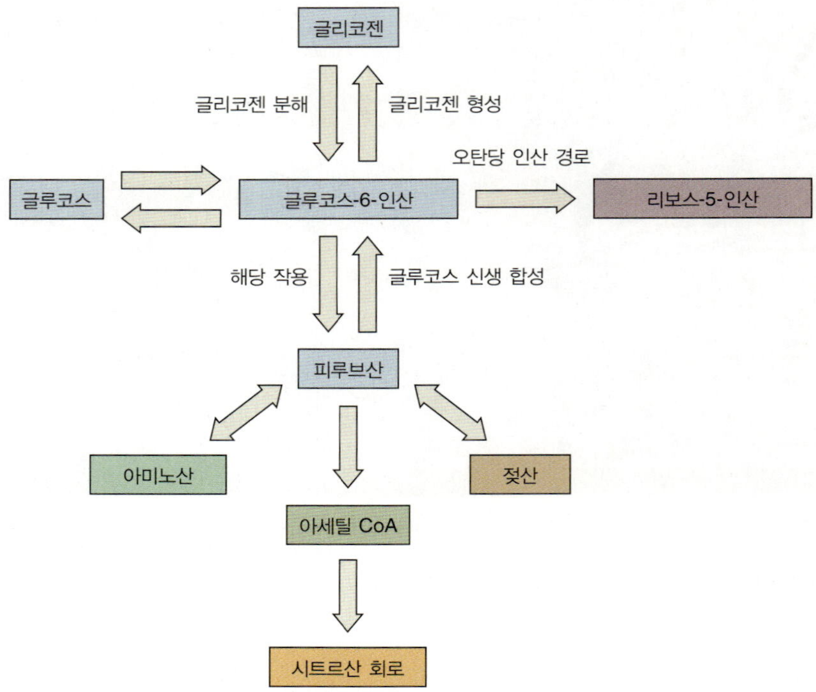

그림 16-1 글루코스 대사의 개요 글루코스-6-인산(G6P)은 유리 글루코스의 인산화, 글리코젠 분해와 글루코스 신생 합성에 의해서 생성된다. 또한 글리코젠 생성과 오탄당 인산화 과정의 전구체이다. 간은 G6P를 글루코스로 가수 분해할 수 있다. 글루코스는 해당 작용에 의해 피루브산으로 대사되고, 이는 더 나아가 시트르산 회로의 산화를 위하여 아세틸 CoA로 분해될 수 있다. 가역적으로 피루브산으로 전환되는 젖산과 아미노산은 글루코스 신생 합성의 전구체이다.

? 그림을 보지 않은 상태에서 글루코스-6-인산의 원천과 산물을 나열하라.

만들기 위해 오탄당 인산화 경로를 통하여 순환할 수도 있다. 간과 신장에서 G6P는 혈관을 통해 다른 조직으로 수송되기 위해 글루코스로 전환될 수도 있다.

글리코젠 합성과 분해, 해당 작용과 글루코스 신생 합성의 대립되는 과정들은 상반되게 조절된다. 즉 한 개가 작동되는 동안 다른 한 개는 전적으로 작동하지 않는다. 이 장에서는 글리코젠 대사와 글루코스 신생 합성의 효소 작용 단계를 검토하고, 특히 대립되는 대사 경로를 효과적으로 작용하게 하는 조절 메커니즘에 주목한다.

1 글리코젠 분해

주요 개념

- 글루코스의 저장 형태인 글리코젠은 가지화된 다당체이다.
- 간에서의 글루코스 변형은 글리코젠으로부터 글루코스-1-인산, 글루코스-6-인산, 마지막으로 글루코스로의 전환되는 계열을 포함하고 있다.

글리코젠은 8~14개 잔기마다 α(1→6) 결합 가지를 가진 α(1→4) 결합된 D-글루코스의 중합체이다(**그림 16-2*a*, *b***와 8.2C절). 글리코젠은 각 120,000개 글루코스 단위를 포함하는 지름이 100~400 Å인 구형 분자로 세포 내에서 과립체로 구성된다(**그림 16-2*c***). 과립체는 특히 글리코젠을 최대로 이용하는 근육(체중의 1~2%까지 글리코젠)과 간 세포(체중의 ~10%까지 글리코젠, 그림 8-11)에 현저히 많이 존재한다. 글리코젠 과립체는 이 과정을 조절하는 많은 단백질을 함유할 뿐만 아니라 글리코젠 합성과 분해를 촉진하는 효소도 포함하고 있다.

글루코스 단위는 글리코젠의 비환원 말단에서부터(C1-OH기가 부족한 말단) 순차적으로 제거되면서 얻어진다. 반면에 글리코젠은 단지 한 개의 환원 말단을 가지고 있으며, 글리코젠의 매 가지마다 비환원 말단을 가지고 있다. **그러므로 글리코젠의 고도로 가지화된 구조는 매 가지의 말단에서 글루코스 단위를 동시에 방출할 수 있**

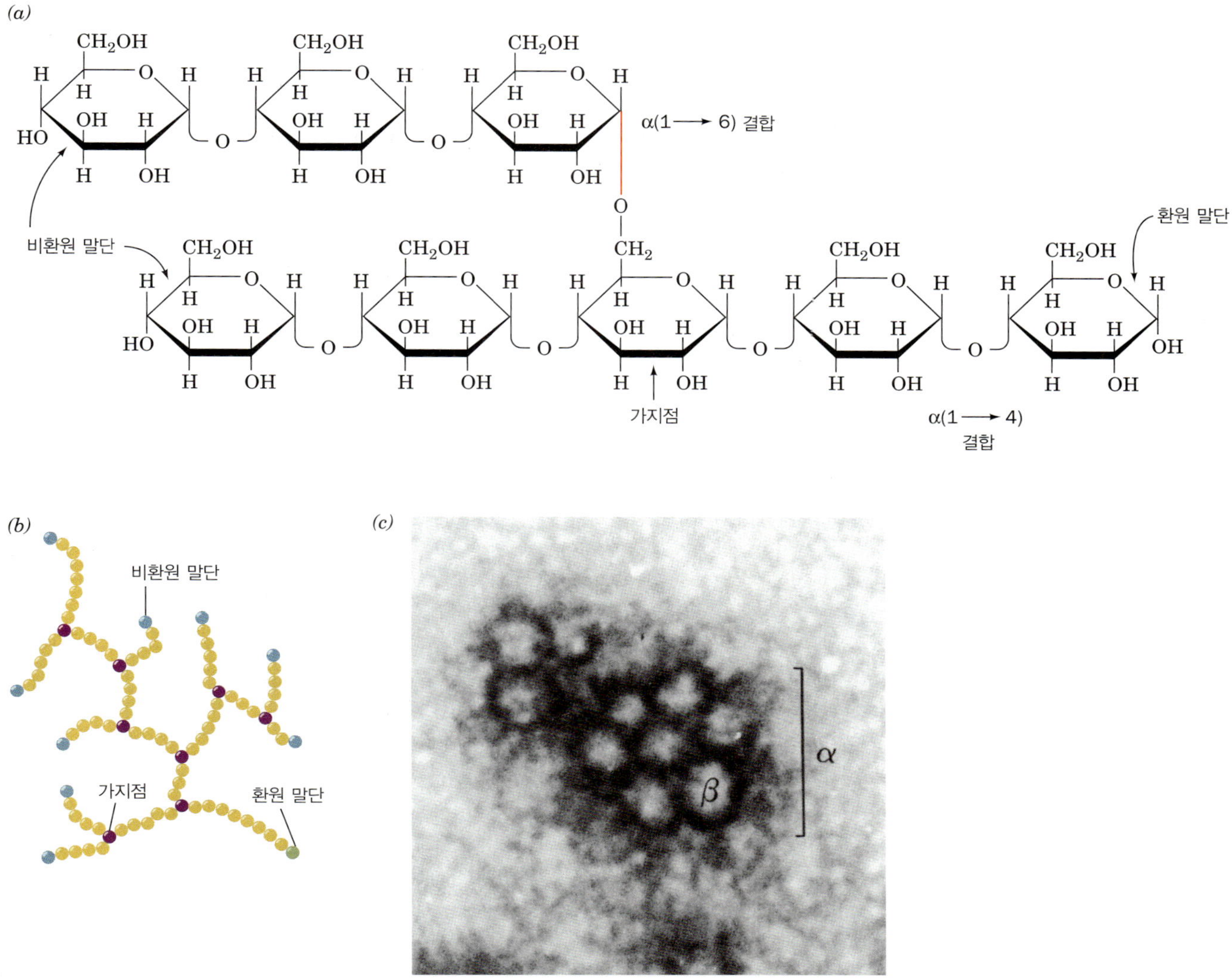

그림 16-2 글리코젠 구조 (*a*) 실제 분자에서 분자 구조는 한 사슬마다 12개까지의 잔기가 있다. (*b*) 글리코젠의 가지화된 구조의 도표. 글리코젠은 많은 비환원 말단을 가지고 있으나 환원 말단은 한 개만을 가지고 있는 것에 주목하라. 생체 내에서 환원 말단은 단백질 글리코제닌과 공유 결합으로 연결되어 있다. (*c*) 쥐의 골격근에 있는 글리코젠 과립체의 전자 사진. 각 과립체(α로 표지된)는 몇몇 구면의 글리코젠 분자(β)와 관련된 단백질로 구성되어 있다. [From Calder, P. C., *Int J. Biochem.* 23, 1339(1991). Copyright Elservier Science. Used with permission.]

어 빠른 시간에 많은 글루코스의 배출이 가능하다.

글리코젠 분해, 즉 **글리코젠 분해 반응(glycogenolysis)**은 세 가지의 효소를 필요로 한다.

1. **글리코젠 인산화 효소**(**glycogen phosphorylase**, 또는 간단하게 **phosphorylase**)는 **글루코스-1-인산**(**glucose-1-phosphate**, **G1P**)을 얻기 위하여 글리코젠 **인산 분해 반응**(**phosphorolysis**, 인산기의 치환에 의해 결합 분해)을 촉진시킨다.

$$\underset{(n\text{개의 잔기})}{\text{글리코젠}} + P_i \rightleftharpoons \underset{(n-1\text{개의 잔기})}{\text{글리코젠}} + \text{G1P}$$

   이 효소는 가지점으로부터 적어도 5개 단위가 떨어져 있어야 비로소 한 개의 글루코스를 방출한다.

2. **글리코젠 가지 제거 효소(glycogen debranching enzyme)**는 글리코젠의 가지를 제거한다. 그로 인해 첨가된 글루코스 잔기가 글리코젠 인산화 효소에 접근하기 쉽게 한다.
3. **인산글루코스 자리옮김 효소(phosphoglucomutase)**는 여러 가지 대사 과정에서 나타나는 G1P를 G6P로 전환시킨다(그림 16-1).

글리코젠 대사의 몇몇 중요한 특징은 칼과 코리 팀에 의해 발견되었다(자료 16-1).

A 글리코젠 인산화 효소는 글리코젠을 글루코스-1-인산으로 분해한다

글리코젠 인산화 효소는 글리코젠 분해에서 속도 조절 단계의 반응을 촉매하는 동일한 842개 잔기(97 kD)의 소단위체로 된 이합체이다. 이는 다른자리 입체성 상호작용과 공유 결합 변형(covalent modification, 인산화와 탈인산화)에 의해 조절된다. 인산화 효소의 다른자리 입체성 억제제(ATP, G6P, 글루코스)와 다른자리 입체성 활성제(AMP)는 극도로 민감한 조절 작용을 유도하는 인산화와 탈인산화 효소와 함께 다르게 상호작용한다. 인산화에 의한 조절뿐만 아니라 인산화 효소의 구조는 12-3B

자료 16-1 발견의 과정

칼, 게티와 글루코스 대사

Carl F. Cori(1896~1984)
Ceti T. Cori(1896~1957)

1920년 칼과 게티 코리의 결혼과 함께 긴 세월의 공동 연구가 시작되었다. 코리 부부는 오스트리아에서 전문적인 연구를 시작하였지만, 1922년에 유럽의 경제적, 사회적 어려움을 피해서 뉴욕의 버팔로로 이주하게 되었다. 후에 세인트루이스의 워싱턴대학교 의과대학에 정착하게 되었고, 칼은 그곳에서 약학 부장을 역임하였으며, 후에 생화학과 과장으로 일하였다. 게티는 그들의 공동 연구에서 실제 동등한 파트너로서 역할을 하였음에도 불구하고, 공식적으로 연구 참여자로 남게 되었다.

코리 부부의 연구는 주로 글루코스의 물질대사에 역점을 두었다. 그들의 첫 번째 발견 중 하나는 근육에서의 글루코스 대사와 간에서의 글리코젠 대사와의 관련성이다. '코리 회로'(22-1F절)는 활성화된 근육에서 해당 작용을 통해 생성된 젖산이 어떻게 간으로 이동하는지를 설명한다. 간에서는 글루코스를 합성하고 필요할 때까지 글리코젠으로 저장된다.

코리 부부는 동물에게서 글루코스의 장기간 운동을 설명한 후 글루코스의 대사를 통한 분해에 관심을 가졌으며, 특히 글루코스 대사의 중간체와 효소에 관심을 갖게 되었다. 코리 부부는 1936년에 잘게 썬 개구리 근육 조직을 이용해서 인산에스터 형태의 글루코스 유도체를 발견하게 되었다(코리 에스터라고 하며, 요즘은 글루코스-1-인산으로 알려져 있다). 그들은 인산화 효소(글리코젠 인산화 효소)의 활성을 통해 코리 에스터의 존재를 추적하게 되었다. 이것은 대단히 중요한 발견이다. 왜냐하면 물보다는 인산을 사용한 효소가 글리코젠 사슬의 말단에서 글루코스 잔기를 분리해 냈기 때문이다. 더욱 놀라운 것은 이 효소는 반대로, 글루코스 잔기(글루코스-1-인산으로부터)를 추가하면서 글리코젠 고분자를 연장하는 역할도 수행한다. 사상 처음으로 커다란 생물체 분자가 시험관내에서 합성될 수 있었다.

1940년대에 코리 부부는 글리코젠 인산화 효소의 많은 비밀들을 밝혀냈다. 예를 들면 그들은 그 효소가 두 가지 형태로 존재한다는 것을 밝혀냈다. 한 개의 활성 인자는 AMP를 필요로 하고, 다른 한 개는 다른자리 입체성 효과 인자가 결핍될 때 활성화된다. 공유 결합적으로 결합한 인산의 존재로 초래된 두 가지 형태들의 차이점은 이 일이 비록 즉시 인정되지는 않았지만, 인산화와 탈인산화를 통한 효소 조절에 관한 앞으로 일어날 연구에 기초를 제공하게 되었다.

코리 부부는 또한 인산글루코스 자리옮김 효소를 설명할 수 있게 되었는데, 그 효소는 글루코스-1-인산을 글루코스-6-인산으로 전환시켜서 글루코스 대사의 다른 경로에 참여할 수 있다. 시간이 흐르고, 코리 연구실에는 글루코스 대사의 다른 효소를 정제하고 특성 연구에 관심 있는 학자들이 많이 모이게 되었다.

아마도 차별(특히 게티에게)과 동등한 기회의 부족이라는 그들의 경험 때문에, 코리의 실험실에는 그 시기의 전형적인 실험실에서 했던 것보다 다양한 과학자 집단을 연구실에 참여시키도록 하였다. 1947년에 코리 부부는 노벨의학상을 받았다. 그들의 후배 동료 등 몇몇 학자, Arthur kornberg(자료 25-1 참조), 오초아(Servero Ochoa), 를루와르(Luis Leloir), 서덜랜드(Earl Sutherland), 드뒤브(Christian de Duve), 케베스(Ewin G. Kebs)는 후에 각 분야에서 노벨상을 받게 되었다. 칼과 게티의 연구에 대한 윤리, 과학과 의학의 폭넓은 지식, 또 꼼꼼한 연구 습관 등의 가르침이 위에 언급한 노벨상 수상자들에게 큰 영향을 주었던 것이다.

Cori, G.T., Colowick, S.P., and Cori, C.F., The activity of the phosphorylating enzyme in muscle extracts, *J. Biol. Chem.* **127**, 771–782 (1939).
Kornberg, A., Remembering our teachers, *J. Biol. Chem. Reflections*, www.jbc.org.

절에서 설명한다.

인산화 효소 단량체 표면에 있는 30 Å 길이의 사이는 글리코젠 저장 부위가 활성 자리로 연결된다(**그림 12-15**). 이 **틈은 한 사슬에서 4~5개당 잔기를 수용할 수 있으나, 공간이 너무 좁기 때문에 가지 친 올리고당을 근접시킬 수 없다. 그것은 가지점으로부터 5개의 단위보다 더 가까운 글리코실 잔기를 분리하는 인산화 효소가 불활성화되는 것은 바로 명백한 물리적 성질 때문이다.** 아마도 글리코젠 저장 부위는 촉매성 회로 사이에서 완벽한 분리와 재결합을 하지 않고, 같은 글리코젠 입자에 있는 많은 글루코스 잔기의 인산화를 허용함으로써 인산화 효소의 촉매 효능을 증진시킬 것이다.

인산화 효소는 활성화하는 데 필요한 보조 효소로 **피리독살-5′-인산(pyridoxal-5′-phosphate, PLP)**과 결합한다. **바이타민 B_6(vitamin B_6)** 유도체인 이 보결기는 PLP의 알데하이드기와 라이신 680의 아미노기 사이에서 형성된 시프(Schiff) 염기(이민)를 통해서 효소와 공유 결합으로 연결되어 있다. PLP는 또한 아미노산 대사와 연관된 다양한 효소에서 보조 효소로 작용한다. 여기서 PLP의 공명 구조로 된 방향족 고리 계열은 전자를 분리하기 위하여 촉매적으로 기능을 한다(21-2A절과 21-4A절). 그러나 인산화 효소에서 오직 인산기는 일반적인 산-염기 촉매로 작용하는 촉매 반응에 참여하게 된다. 글리코젠의 인산화 분해 반응은 효소 · P_i · 글리코젠 삼성분 복합체와 연관된 Random 메커니즘(12-1D절)에 의해 진행된다. C1—O1 결합을 분해하는 동안 옥소늄 이온 중간체는 라이소자임에 의해 촉매되는 반응에서 형성되는 전이 상태와 유사하다(11-4B절). 인산화 효소 반응 메커니즘은 **그림 16-3**에 도식화하였으며, 이는 일반적인 산-염기 촉매로서 PLP의 인산기 참여가 어떻게 기능을 하는지를 보여 준다.

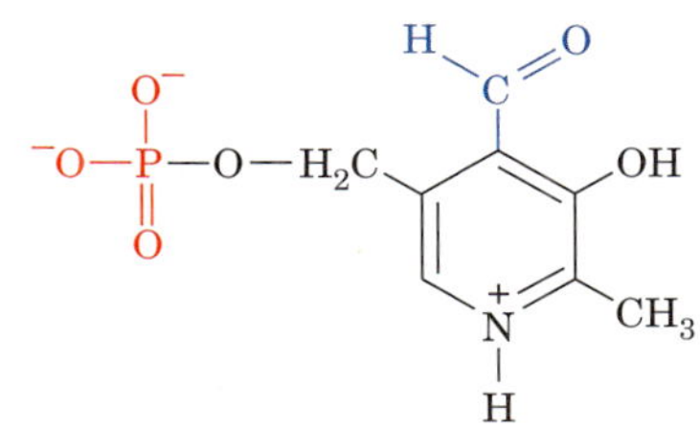

Pyridoxal-5′-phosphate (PLP)

글리코젠 인산화 효소는 구조적 변화를 겪는다 인산화 효소의 활성(R) 형태와 비활성(T) 형태 사이의 구조적 차이(그림 12-16)는 다른자리 입체성 현상의 대칭 모형으로 아주 잘 설명되고 있다(7-1D절). T 상태 효소는 숨겨진 활성 자리를 가지고 있으며, 따라서 그것의 기질에 대해 낮은 활성을 가지고 있다. 반면 R 상태 효소는 접근하기 쉬운 촉매 활성 자리와 높은 친화성 인산 결합 자리를 가지고 있다.

AMP는 인산화 효소의 다른자리 입체성 효과 인자 자리에서 효소의 R 상태에 결합함으로써 인산화 효소의 T(**비활성**) → R(**활성**) 구조적 이동을 증진시킨다. 이 구조적 변화는 활성 자리를 막는 잔기(282~286)의 고리를 변화시킴으로써 기질의 높은 접근을 이끈다. 그 구조 변화는 PLP와 P_i 결합 자리에 가까운 활성 자리에 위치해 있는 Arg 569 곁사슬이 음이온인 P_i 기질을 위한 효소의 결합력을 높이는 한 방향으로 회전하는 데 기인한다(그림 12-16).

ATP는 또한 다른자리 입체성 효과 인자 자리에 결합하나 T 상태에서는 T → R 배열 이동을 증진시키기보다는 방해시키고 있다. 이는 ATP의 β, γ인산기가 리보스와 AMP에 의한 구조적 변화를 요구하는 α 인산기의 적절한 배열을 막기 때문이다.

인산화와 탈인산화는 다른자리 입체성 조절을 상기시키게 하는 방법으로 효소적 활성을 바꿀 수 있다. 인산기는 두 개의 음이온(자연적으로 일어나는 아미노산 잔기에 의해 공유하지 않는 성질)이고 그것의 Ser 14의 공유 결합 부착은 단백질 N 말단 조각이 두 개의 양이온을 가진 Arg 잔기와 같이 이온쌍으로 Ser의 인산기로 옮김으로써 3차원, 4차원의 급격한 구조적 변화를 유발할 수 있다. **Ser 14에서 인산기의 존재는 AMP와 결합하는 것처럼 유사한 구조적 변화를 만든다. 그것에 의해서 효소**

process diagram

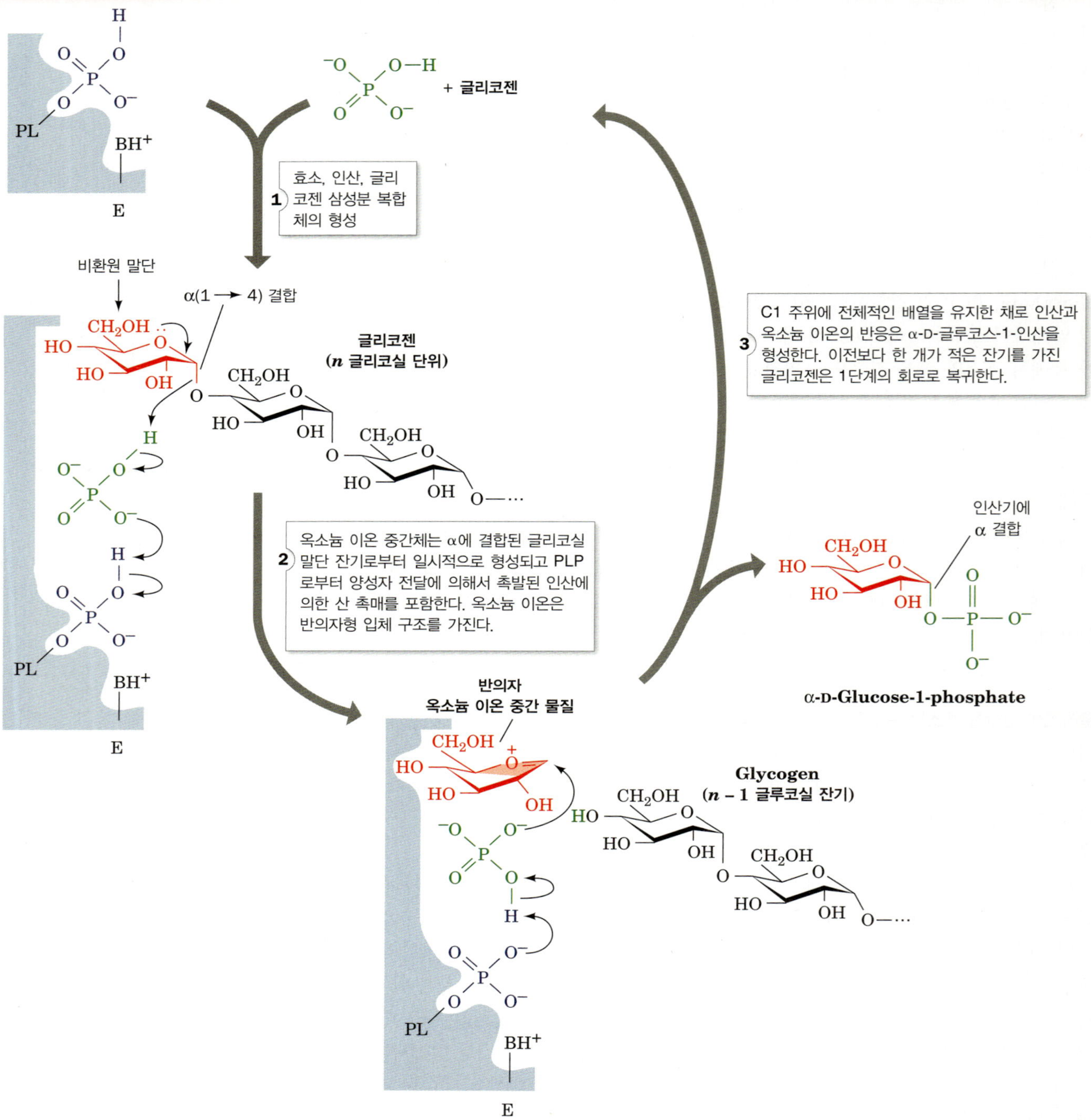

그림 16-3 글리코젠 인산화 효소의 반응 메커니즘 인산화 효소는 효소-결합된 피리독살기. BH+는 아마도 PLP의 전기적 중성을 유지하는 데 필요한 Lys 568의 양전하를 띤 아미노산 곁사슬이다. 이 반응은 가려진 옥소늄 이온의 중간 물질을 통해 일어나고 PLP에서 양성자 전이에 의해서 일어나는 이온화된 인산기에 의해서 산 촉매 작용을 포함한다.

가 T $\rightleftharpoons$ R의 전환 중 R 상태일 때 더 우호적이다. 인산화 효소 *b*(탈인산화된 효소)는 활성을 가지기 위해 AMP를 필요로 하고 *a*(인산화된 효소)형은 AMP 없이 활성화된다는 것이 중요하다. 우리는 인산화 효소의 활성 조절은 글리코젠 합성과 글리코젠 분해의 조절 메커니즘을 설명할 때 다시 설명하고자 한다(16-3절).

B 글리코젠 가지 제거 효소는 글루코실 전이 효소에 의해 활성화된다

인산화 과정은 α(1 → 6) 가지점의 4~5개 잔기에 도착할 때까지 글리코젠 가지를 따라 진행하고 나서 '제한 가지'를 떠난다. 글리코젠 가지 제거 효소는 α(1 → 4) 결합된 3개의 당 단위를 글리코젠 제한 가지로부터 다른 가지의 비환원 말단에 옮기는 **α(1 → 4) 글리코실 전이 효소**[**α(1 → 4) transglycosylase**]로 작용한다(그림 16-4). 이 반응은 인산화 효소에 촉매되는 인산 분해를 이용할 수 있는 3개 이상의 당을 가진 새로운 α(1 → 4) 결합을 만들게 된다. 주사슬의 가지에서 α(1 → 6) 결합으로 연결된 가지에 남아 있는 글리코실 잔기는 글루코스와 가지 제거된 글리코젠을 얻기 위하여 동일한 가지 제거 효소에 의해 가수 분해(인산화는 되지 않음)된다. 그러므로 글리코젠의(가지점에 있는 것들) 약 10%의 잔기는 G1P보다는 글루코스로 전환된다. **가지 제거 효소는 전이 효소 활성 자리와 α(1 → 6)-글루코사이드 분해 효소 반응의 활성 자리가 분리되어 있다.** 같은 효소에 2개의 독립적인 촉매 활성의 존재는 가지 제거 과정의 효과를 확실히 촉진시킨다.

글리코젠 인산화 효소 반응의 최대 속도는 글리코젠 가지 제거 반응의 최대 속도보다 훨씬 빠르다. 결론적으로, 글리코젠 잔기의 거의 반을 구성하는 글리코젠의 가장 바깥 가지는 높은 대사적 요구 조건하에서 근육에서는 몇 초만에 빠르게 분해된다. 글리코젠 분해는 가지 제거가 일어난 다음 천천히 진행된다. 이것은 부분적으로 근육이 단지 몇 초 동안에 글리코젠 분해가 최대한 운동을 유지할 수 있다는 것을 설명할 수 있다.

C 인산글루코스 자리옮김 효소는 글루코스-1-인산과 글루코스-6-인산으로 전환된다

인산화 효소는 글리코젠의 글루코실 단위를 G1P로 전환하고, G1P는 차례로 인산글루코스 자리옮김 효소에 의해 G6P로 전환된다. 인산글루코스 자리옮김 효소 반응은

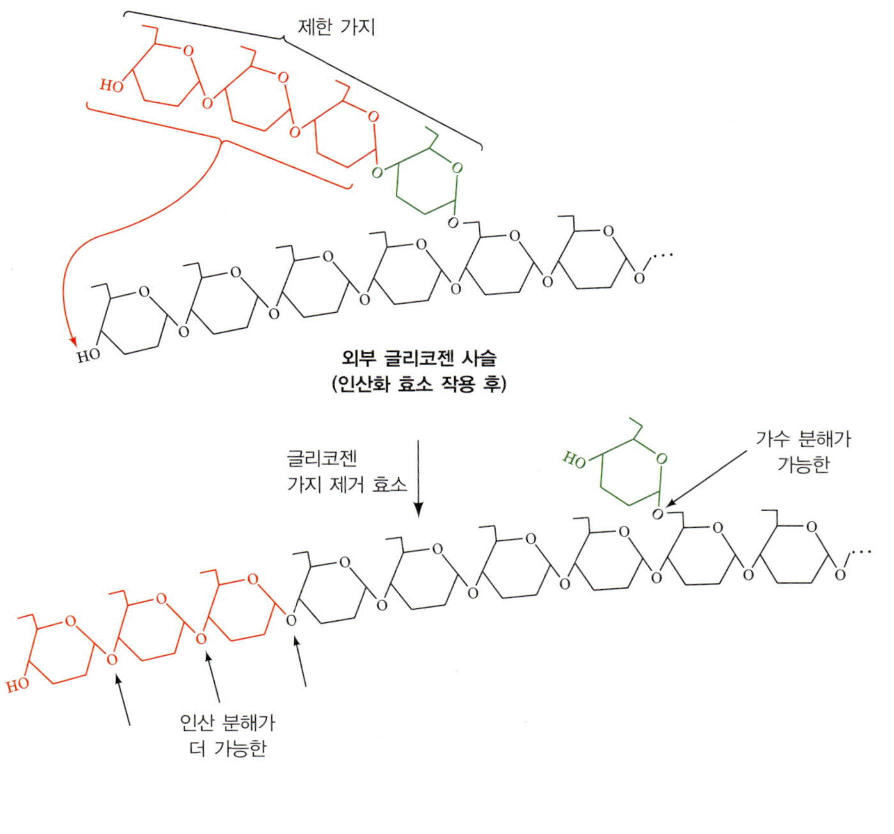

그림 16-4 가지 제거 효소에 의해 촉매되는 반응 가지 제거 효소는 α(1→4)로 결합된 말단의 3개 글루코스 잔기를 글리코젠의 '제한 가지'에서 다른 가지의 비환원 말단으로 옮긴다. 가지점에서 남아 있는 잔기의 α(1→6) 결합은 유리 글루코스를 얻기 위해, 가지 제거 효소의 다음 작용에 의해 가수 분해된다. 새로 연결된 가지는 글리코젠 인산화 효소에 의해 분해된다.

? 여기에 표시된 분자의 완전 분해로 인해서 생성되는 단당류의 개수와 형태를 나열하라.

process diagram

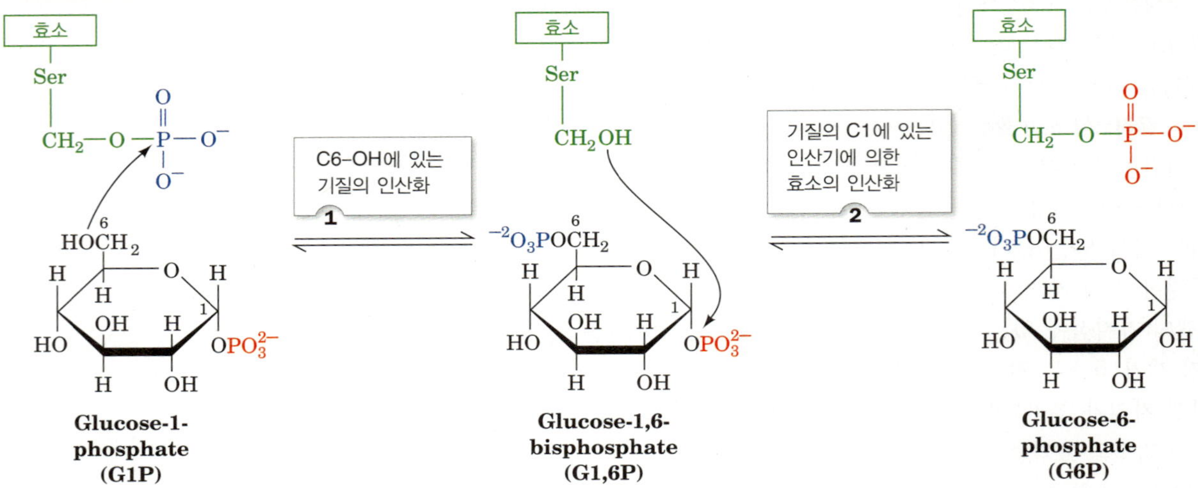

그림 16-5 인산글루코스 자리옮김 효소의 메커니즘

? 이 반응이 자유자재로 가역적인 이유를 설명하라.

인산글리세르산 자리옮김 효소(15-2H절)에 의해 촉매되는 반응과 유사하다. 인산기는 활성 인산화된 효소로부터 G1P로 전이되어 **글루코스-1,6-비스인산(glucose-1,6-bisphosphate: G1,6P)**을 형성하고 나서, G1,6P는 효소를 재인산화하여 G6P를 얻게 된다(그림 16-5, 이러한 준평형 상태 반응은 가역적으로 기능한다). 인산글루코스 자리옮김 효소와 인산글리세르산 자리옮김 효소의 중요한 차이는 인산글루코스 자리옮김 효소의 인산기가 His의 이미다졸 질소에 결합하기보다는 Ser의 OH기에 공유 결합된다는 것이다.

글루코스-6-인산 가수 분해 효소는 간에서 글루코스를 생성한다. 글리코젠 분해에 의해 생성된 G6P는 계속해서 해당 경로 또는 오탄당 인산 경로를 거치게 된다(글루코스는 이미 인산화되어 있어 글루코스의 ATP 수반 헥소 인산화 효소로 촉진되는 인산화는 우회되어진다는 것을 주목하라). G6P는 또한 간에서 다른 조직에서도 사용할 수 있도록 만들어진다. G6P는 세포막을 통과할 수 없기 때문에 **글루코스-6-인산 가수 분해 효소(glucose-6-phosphatase, G6Pase)**에 의해 가수 분해되어야 한다.

$$G6P + H_2O \rightarrow 글루코스 + P_i$$

G6P는 세포질에서 생성되기 하지만 G6Pase 일부는 소포체 막에 존재한다. 결과적으로 G6P는 가수 분해되기 전에 **G6P 자리옮김 효소(G6P translocase)**에 의해 소포체 안으로 이동되어야 한다. 그 결과 글루코스와 P_i는 특이적 수송 단백질을 통해서 세포질로 되돌아오게 된다. G6P 가수 분해계의 구성 성분 결핍은 그 결과로 **제1형 글리코젠 저장병(type I glycogen storage disease,** 자료 16-2)을 야기시킨다. 글루코스는 **GLUT2**라는 특이적 글루코스 수송체를 통해 간 세포를 떠나서 혈액을 따라 다른 조직으로 운반된다. 근육과 다른 조직에는 G6Pase가 결핍되어 있으므로 G6P는 그대로 남아 있게 된다.

체크 포인트

- G6P의 대사적 자원과 경로를 나열하시오.
- 글리코젠 분자의 구조를 설명하시오. 글리코젠 분자의 가지 구조의 장점은 무엇인가?
- 글리코젠 분해에서 포함하고 있는 세 가지 효소를 나열하고 그들이 촉매하는 반응의 유형을 설명하시오.
- 글리코젠 인산화 효소의 활성제와 저해제를 나열하시오. 인산화는 그 활성에 어떻게 영향을 미치는가?

자료 16-2 건강과 질병의 생화학

글리코젠 저장병

글리코젠 저장병(glycogen storage disease)은 양적으로나 질적으로 비정상적인 글리코젠을 생산하는 글리코젠 대사에 영향을 주는 유전적인 질병이다. 이런 질병의 원인인 유전적 결함의 연구는 글리코젠 대사의 복잡성을 밝히는 데 도움이 되었다(맥아들 병). 반대로 유전적 질병에 영향을 받은 경로의 생화학적인 특징은 종종 그 유전병을 치료하는 유용한 전략을 이끌어내게 된다. 이 자료의 끝에 있는 표에 글리코젠 저장병의 각 유형과 연관된 효소 결핍을 정리하였다.

일반적으로 주로 간에 영향을 미치는 글리코젠 저장병은 **간 비대(hepatomegaly**, 간을 크게 하는 것)와 **저혈당(hypoglycemia**, 낮은 혈당)을 초래하고, 반면에 근육에 영향을 끼치는 글리코젠 저장병은 근육 경련과 약화를 일으킨다. 또한 두 가지 유형의 질병은 심장 혈관 및 신장 장애를 일으킬 수 있다.

유형 I: 글루코스-6-인산 가수 분해 효소 결핍[폰기르케 병(von Gierke's disease)]. 글루코스-6-인산 가수 분해 효소는 간에서 글루코스를 혈류로 방출하는 마지막 단계를 촉매한다. 이 효소의 결핍으로 세포 내 [G6P]가 증가하고, 이는 간과 신장에 과도한 글리코젠 축적(다시 말하면 G6P는 글리코젠 생성 효소를 활성화한다)과, 글루카곤 호르몬이나 에피네프린 호르몬에 반응하여 혈당을 증가시키는 일을 불가능하게 한다. 제1형 글리코젠 저장병의 증상은 심각한 간 비대와 저혈당, 그리고 일반적인 성장의 장애를 포함한다. 이 병의 치료는 간에서 글루코스 흡수 저해를 유도하는 약을 막는 것(혈중의 글루코스 농도를 증가시키기 위해), 하룻밤 내내 위장관 섭식(또 다시 혈중 글루코스 농도를 증가시키기 위해), 보통 장에서부터 간으로 직접적으로 제공하는 정맥의 치환 수술(이것은 글루코스가 풍부한 혈액이 간에 도착하기 전에 말초 조직에 도착하는 것을 허용한다), 간 이식 등을 포함하고 있다.

유형 II: α-1,4-글루코사이드 분해 효소 결핍[폼피 병(Pompe's disease)]. α-1,4-글루코사이드 분해 효소 결핍은 글리코젠 저장병 중 가장 치명적이다. 모든 세포의 리소좀에 정상적인 구조의 글리코젠을 과량 축적하여, 이로 인해 대개 1세 이전에 심폐 기능 장애로 죽음에 이르게 된다. α-1,4-글루코사이드 분해 효소는 글리코젠 대사의 주경로에 관련되지는 않았다. 이 효소는 리소좀에서 작용을 하며, 여기에서 글리코젠의 바깥 가지뿐만 아니라 말토스(글루코스 이당류), 다른 선형의 프럭토스를 가수분해하고, 이로 인해 자유 글루코스를 얻게 된다. 정상적으로, 이런 글리코젠 대사의 대체 경로는 양적으로 중요하지 않으며, 생리적인 의의도 알려지지 않고 있다.

유형 III: 아밀로-1,6-글루코사이드 분해 효소(가지 제거 효소) 결핍[코리 병(Cori's disease)]. 코리 병은 매우 짧은 바깥 사슬을 가지는 비정상적인 구조의 글리코젠이 간과 근육에 축적되는 증상인데, 이는 가지 제거 효소가 없어서 글리코젠이 더 분해되지 못하기 때문에 나타난다. 이로 인해 발생한 저혈당은 폰기에르케 병(유형 I) 만큼 심하지는 않고, 잦은 식사와 고단백 식이를 통해 치료될 수 있다(글루코스 신생 합성에 사용된 아미노산의 손실을 보충하기 위해서). 코리 병의 증상이 사춘기에 종종 사라지는 이유는 밝혀지지 않고 있다.

유형 IV: 아밀로-(1,4 → 1,6)-글리코실기 교환 효소(가지화 효소) 결핍[앤더슨 병(Andersen's disease)]. 앤더슨 병은 심한 글리코젠 저장병 중 하나이다. 희생자들은 간 기능 장애로 인해 4년을 넘기지 못한다. 간의 글리코젠은 정상적인 농도로 있더라도 긴 가지 없는 사슬이며, 용해성이 점차적으로 감소한다. 간의 기능 장애는 면역 반응에서 비정상적인 글리코젠을 '외부 물질'로 인식하기 때문이다.

유형 V: 근육 인산화 효소 결핍[맥아들 병(McArdle's disease)]. 맥아들 병의 증상은 운동할 때 고통스러운 근육 경련이 나타나며, 전형적으로 초기 성년기까지 증상이 나타나지 않으며, 격렬한 운동을 피함으로써 막을 수 있다. 이런 증상은 근육에서 글리코젠 대사에 영향을 주지만, 다른 인산화 효소 동위 효소의 정상적인 양을 함유하고 있는 간에서는 영향을 받지 않는다.

유형 VI: 간 인산화 효소 결핍[허스 병(Hers' disease)]. 간에 글리코젠 인산화 효소가 결핍된 환자는 경미한 제1형 글리코젠 저장병의 증상과 유사하다. 간의 글리코젠 인산화 효소의 불능으로 인해 생긴 저혈당은 순환하는 글루코스를 필요로 한다.

유형 VII: 근육 포스포프럭토인산화 효소 결핍[타루이 병(Tarui's disease)]. 근육에서 해당 과정의 효소인 PFK의 결핍으로 인해 해당의 대사물인 G6P와 F6P가 비정상적으로 만들어진다. G6P의 높은 농도는 글리코젠 생성 효소와 UDP-글루코스 파이로인산화 효소(G6P는 UDP-글루코스 파이로인산화 효소의 기질인 G1P와 평형이다)의 활성을 증가시켜서 글리코젠을 근육에 축적시킨다. 다른 증상은 근육 인산화 분해 효소 결핍의 증상과 비슷하며, PFK 결핍은 근육이 수축할 때 ATP 요구를 유지하는 해당 작용을 막는다.

유형 VIII: X 결합된 인산화 효소 인산화 효소 결핍. Type VI 글리코젠 저장병의 증상을 가진 몇몇 사람들은 정상적인 인산화 효소를 갖지만, 인산화 효소 카이네이스가 결핍되며 인산화 효소 *b*를 *a*로 전환시키지 못한다. 인산화 효소 카이네이스의 α 소단위체는 X 염색체에 있는 유전자에 의해 암호화되어 있어서, Type VIII 질병은 다른 글리코젠 저장병처럼 상염색체의 열성보다는 X 결합이 원인이다.

유형 IX: 인산화 효소 카이네이스 결핍. 상염색체의 열성 질병인 인산화 효소 카이네이스 결핍은 인산화 효소 카이네이스의 β, γ, δ 소단위체를 암호화하는 유전자 중 한 개가 돌연변이로부터 기인한다. 각 조직은 각 인산화 효소 카이네이스 동위 효소를 함유하기 때문에 병의 증상과 치명적인 정도는 영향을 받는 기관에 따라 다양하다. 그러므로 유전자 손상을 명확하게 하는 기술은 특정한 글리코젠 저장병을 진단하여 치료하는 것보다 더 믿을 만하다고 할 수 있다.

유형 0: 간의 글리코젠 생성 효소 결핍. 간의 글리코젠 생성 효소의 결핍은 글리코전의 과잉보다는 글리코젠이 결핍한 유일한 글리코젠 대사 질병이다. 간의 글리코젠 생성 효소의 활성은 식사 후 고혈당을 나타내고 다른 때는 저혈당을 나타내는 유형 0 질병을 가지고 있는 환자에서 극히 낮게 나타난다. 그러나 몇몇의 환자는 징후가 없는 것으로 보아 상염색체의 열성 장애의 다중적인 형태일지도 모른다고 제안되고 있다.

유전적인 글리코젠 저장병

유형	효소 결핍	조직	병명	글리코젠 구조
I	글루코스-6-인산 가수 분해 효소	간	폰기르케 병	정상 구조
II	α-1,4-글루코사이드 분해 효소	모든 리소좀	폼피 병	정상 구조
III	아밀로-1,6-글루코사이드 분해 효소 (가지 제거 효소)	모든 기관	코리 병	바깥 사슬 소실 또는 매우 짧음
IV	아밀로-(1,4 → 1,6)-글리코실기 교환 효소(가지화 효소)	간, 모든 기관	앤더슨 병	매우 긴 가지 없는 사슬
V	글리코젠 인산화 효소	근육	맥아들 병	정상 구조
VI	글리코젠 인산화 효소	간	허스 병	정상 구조
VII	포스포프럭토 인산화 효소	근육	타루이 병	정상 구조
VIII	인산화 효소 카이네이스	간	X 결합된 인산화 효소 카이네이스 결핍	정상 구조
IX	인산화 효소 카이네이스	모든 기관		정상 구조
0	글리코젠 생성 효소	간		정상 구조, 양적인 결핍

2 글리코젠 합성

주요 개념

- 간 글리코젠 합성은 글루코스로부터 글루코스-6-인산, UDP-글루코스, 마지막으로 글리코젠의 연속적인 전환을 포함한다.
- UDP-글루코스는 활성화된 분자이다.
- 글리코젠은 단백질 글리코제닌에 의해서 확립된 시발체로부터 연장된다.

글리코젠 인산화 효소 반응의 $\Delta G°'$는 $+3.1\ kJ \cdot mol^{-1}$이지만, 생리적인 조건하에 글리코젠 분해는 발열이다($\Delta G°' = -5 \sim -8\ kJ \cdot mol^{-1}$). 따라서 생리적인 조건에서 G1P로부터의 글리코젠 합성은 열역학적으로 자유 에너지 유입 없이는 불가능하다. 결과적으로, **글리코젠 합성과 분해는 분리된 경로를 통해서 일어나야 한다.** 이 순환하는 대사적 전략인(대사의 생합성과 분해 경로는 다르다) 두 경로는 유사한 생리적인 조건에서 작용할 때가 특히 중요하다. 만약 한 경로가 바로 다른 경로의 반대라고 한다면, 이 상황은 열역학적으로 불가능하다.

그러나 맥아들 병에서 글리코젠의 합성과 분해가 분리되어 인지하는 것은 열역학적이지 않다. 따라서 근육의 글리코젠 인산화 효소 활성이 부족한 질병을 가지고 있는 사람들은 글리코젠을 분해할 수 없다. 하지만 그들의 근육은 다량의 정상적인 글리코젠을 적당하게 함유하고 있다. 분명히 글리코젠 합성은 글리코젠 인산화 효소를 필요로 하지 않는다. 이 절에서는 글리코젠 합성에 관여하는 다음과 같은 세 가지 효소를 설명하고자 한다. 즉 **UDP-글루코스 파이로인산화 효소(UDP-glucose pyrophosphorylase)**, **글리코젠 생성 효소(glycogen synthase)**, **글리코젠 가지화 효소(glycogen branching enzyme)**이다. 글리코젠 합성과 분해의 대립 반응은 **그림 16-6**에 그림으로 나타내고 있다.

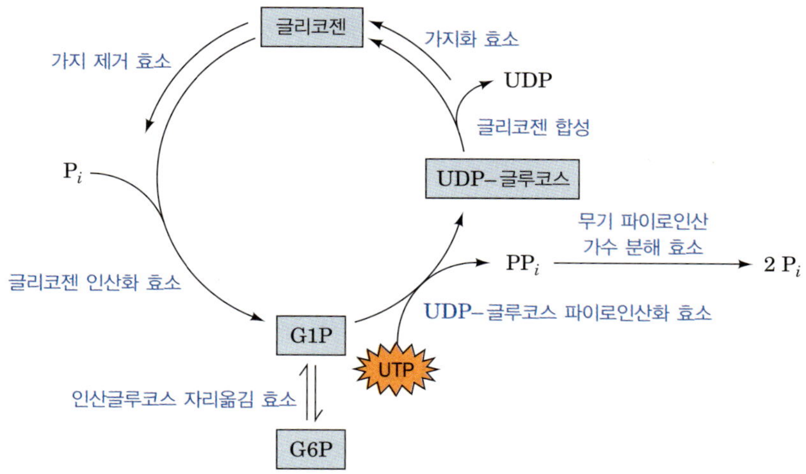

그림 16-6 글리코젠의 합성과 분해의 대립 경로 글리코젠 분해의 자유 에너지 감소 과정은 UTP를 사용하여 UDP-글루코스 중간체를 만들어 내는 과정에서 비가역적이다.

A UDP-글루코스 파이로인산화 효소는 글루코실 단위를 활성화시킨다

생리적인 조건에서 직접적인 G1P의 글리코젠과 P_i로의 전환은 열역학적으로 불리하기 때문에($+\Delta G$) 글리코젠 생합성은 발열 단계를 필요로 한다. 1957년에 를루아르(Luis Leloir)에 의해 UDP-글루코스 파이로인산화 효소로 촉매되는 반응에서 G1P와 UTP가 결합되는 것이 발견됨으로써 확인되었다(**그림 16-7**). 이 반응의 생성물인 **유리딘 이인산 글루코스(uridine diphosphate glucose, UDP-글루코스** 또는 **UDPG**)는 활성화된 물질이며, 확장하는 글리코젠 사슬에 글루코실 단위를 제공한다. 자발적인 UDPG 형성의 $G^{\circ\prime} \approx 0$(이는 인산 무수물 교환 반응이다)이지만, 어디에나 존재하는 무기 파이로인산 가수 분해 효소에 의해 일어난 PP_i의 2차 발열 가수 분해 반응은 전반적으로 발열 반응을 만든다.

		$\Delta G^{\circ\prime}$ (kJ · mol^{-1})
	$G1P + UTP \rightleftharpoons UDPG + PP_i$	~0
	$H_2O + PP_i \longrightarrow 2P_i$	−19.2
전체	$G1P + UTP \longrightarrow UDPG + 2P_i$	−19.2

이것은 뉴클레오사이드 삼인산을 잘라 PP_i를 형성하는 일반적인 생합성 전략의 예이다. PP_i 가수 분해의 자유 에너지는 다른 불리한 반응을 완성할 수 있다(14-2B절). 높은 자유 에너지 감소(비가역적)적 파이로인산 가수 분해 효소 반응으로 인한 거의 전체적인 PP_i의 제거는 PP_i 생성으로 발생한 가역적인 반응을 막는다.

B 글리코젠 생성 효소는 글리코젠 사슬을 확장시킨다

글리코젠 합성의 다음 단계인 글리코젠 생성 효소 반응은 UDPG의 글루코실 단위를 글리코젠 비환원 말단의 4번째 C의 OH기로 전이시키고 $\alpha(1\rightarrow4)$ 글리코사이드 결합을 형성한다. 글리코젠 생성 효소 반응의 $\Delta G^{\circ\prime}$는

$$\underset{}{\text{UDPG}} + \underset{(n\text{개의 잔기})}{\text{글리코젠}} \rightarrow \text{UDP} + \underset{(n+1\text{개의 잔기})}{\text{글리코젠}}$$

-13.4 kJ·mol^{-1}이며, 동일한 조건에서의 전반적인 반응은 자발적으로 일어나며, 글

process diagram

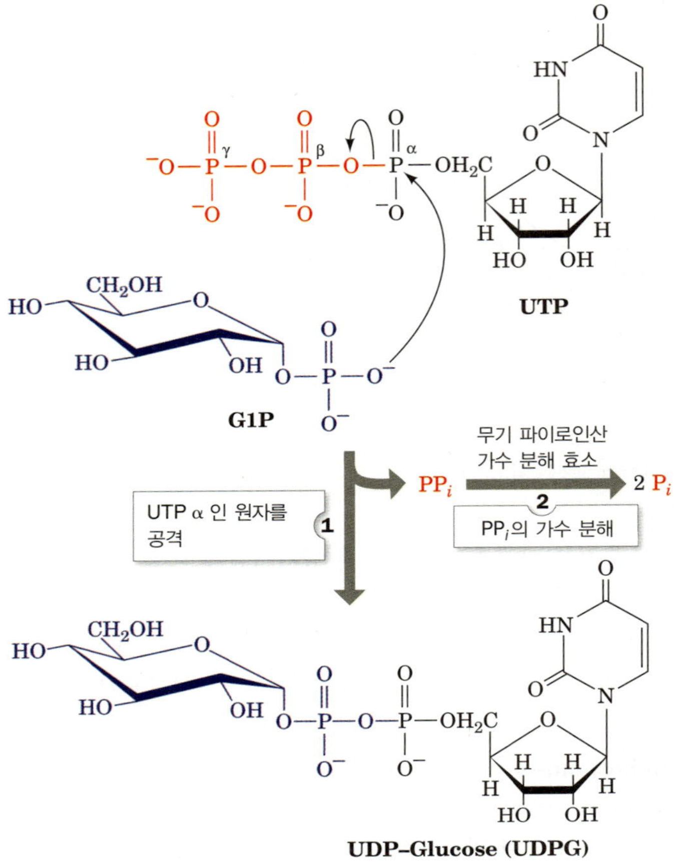

그림 16-7 **UDP-글루코스 파이로인산화 효소에 의한 촉매 반응** 이는 인산 무수물 교환 반응이다. 이 반응은 PP_i의 가수 분해에 의해 완성하도록 구동된다.

? 끊어지고 형성되는 '고에너지' 결합을 찾으라.

리코젠 인산화 효소에 의한 글리코젠 분해 반응 또한 자발적으로 일어난다. 그러나 글리코젠 합성은 에너지 값을 가진다. 글리코젠 합성의 첫 번째 두 반응의 결합은 아래와 같다.

$$\underset{(n\text{개의 잔기})}{\text{글리코젠}} + \text{G1P} + \text{UTP} \rightarrow \underset{(n+1\text{개의 잔기})}{\text{글리코젠}} + \text{UDP} + 2\text{P}_i$$

따라서 **한 개의 UTP 분자는 각 글루코스 잔기를 글리코젠에 더해 주고 UDP로 분해된다.** UTP는 뉴클레오사이드 이인산 인산화 효소에 의해 만들어진 인산 전이 반응을 통해 채워진다(14-2C절)

$$\text{UDP} + \text{ATP} \rightleftharpoons \text{UTP} + \text{ADP}$$

그래서 UTP의 소비는 에너지로 비교하면 ATP 소비와 동등하다.

UDPG로부터 자라나는 글리코젠 사슬로의 글루코실 단위 전이는 좋은 공여체인 UDP(**그림 16-8**)를 제거하여 생긴 글리코실 옥소늄 이온의 형성을 수반한다. 글리코젠 생성 효소는 **1,5-글루코노락톤(1,5-gluconolactone)**에 의해 억제되며, 글루코노락

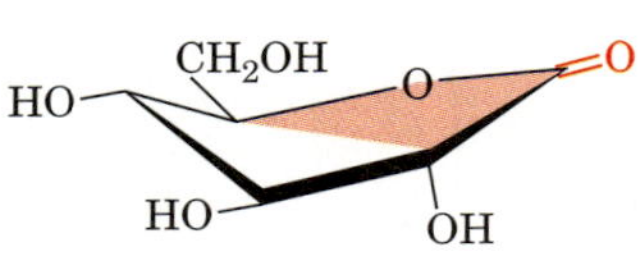

1,5-Gluconolactone

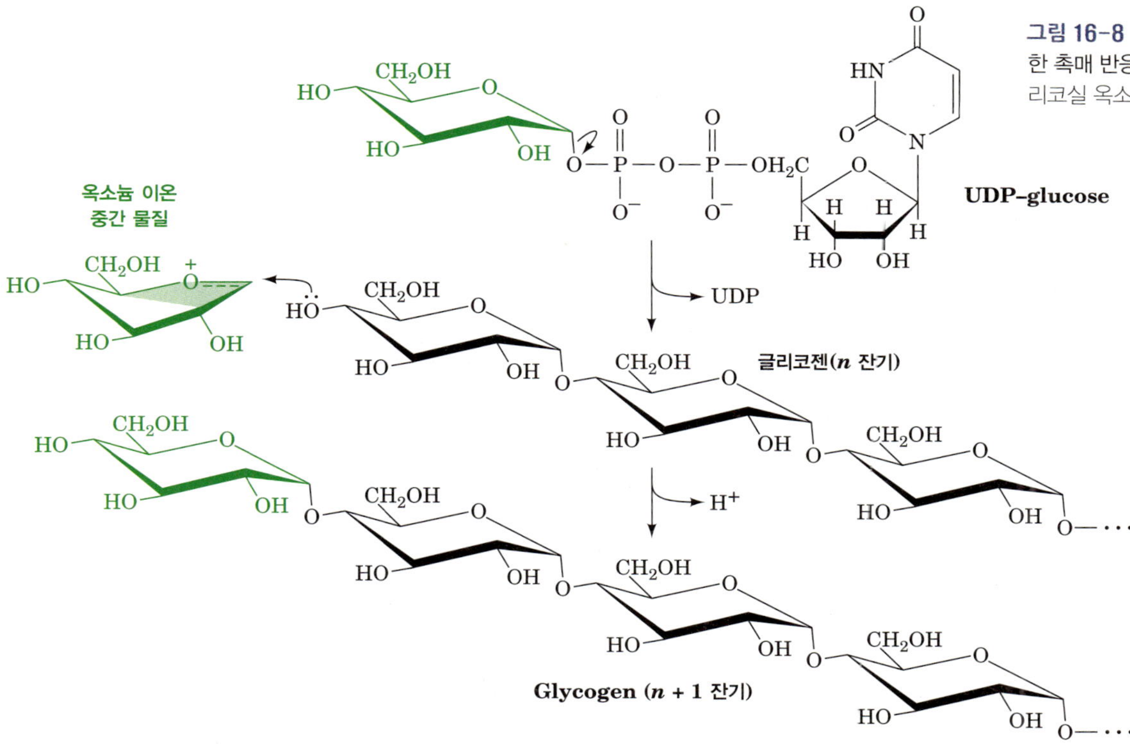

그림 16-8 글리코젠 생성 효소에 의한 촉매 반응 이 반응은 중간체인 글리코실 옥소늄 이온을 포함한다.

톤은 옥소늄 이온의 반쪽 의자 모양을 갖는 유사체이다. 이 동일한 유사체는 글리코젠과 유사한 메커니즘을 가진 글리코젠 인산화 효소(16-1A절)와 라이소자임(11-4절)을 억제한다.

인간 근육 글리코젠 생성 효소는 737개 잔기의 소단위체로 된 동종 사합체이다(간의 동위 효소는 703개의 잔기 단위체를 가진다). 글리코젠 인산화 효소처럼 글리코젠 생성 효소는 2개의 상호 전환적인 구조들을 가진다. 그러나 인산화된 *b* 형태는 활성이 떨어지며, 원래의 구조(탈인산화된)인 *a* 형태는 활성이 높다(비고: 효소들은 공유 결합 변형을 일으키기 때문에 *a*는 더 많은 활성 형태로 이루어지고 *b*는 덜 활성 형태로 이루어진다).

글리코젠 생성 효소는 효소 활성이 다른자리 입체성에 의해 조절된다. 효소는 ATP, ADP, P_i의 생리적인 농도에 의해 강하게 억제된다. 사실, 생체 내에서 인산화된 효소는 거의 모두가 비활성이다. 그러나 탈인산화된 효소는 G6P에 의해 활성화될 수 있다. 그래서 세포의 글리코젠 생성 효소의 활성은 탈인산화된 형태의 효소 부분과 [G6P]로 변화한다. 글리코젠 생성 효소가 인산화와 탈인산화 형태로 상호 전환하는 자세한 메커니즘은 상당히 복잡하고, 글리코젠 인산화 효소만큼 이해하지 못한다(그 이유 중 하나는 글리코젠 생성 효소가 다중 인산화 자리를 가지고 있기 때문이다). 16-3B절에서 글리코젠 생성 효소의 조절을 좀 더 자세히 설명하겠다.

글리코제닌은 글리코젠 생성 반응을 시작한다. 글리코젠 생성 효소는 두 개의 글루코스 잔기를 간단하게 연결할 수 없다. 단지 $\alpha(1 \rightarrow 4)$로 연결된 글루칸 사슬의 연장에 관여하고 있다. 그러면 어떻게 글리코젠 합성이 시작될까? 이 과정의 첫 단계는 **글리코제닌(glycogenin)**이라고 이름지어진 349개 잔기의 단백질이 글리코실 교환 효소로 작용하므로 가능하다. 이는 UDP로부터 받은 글루코스 잔기를 공격하여 글리코제닌의

그림 16-9 글리코젠의 가지화 가지는 7개의 말단 부분을 α(1 → 4) 연결된 글루칸 사슬에서 동일하거나 다른 사슬에 있는 글루코스 C6-OH기에 전이함으로써 만들어진다.

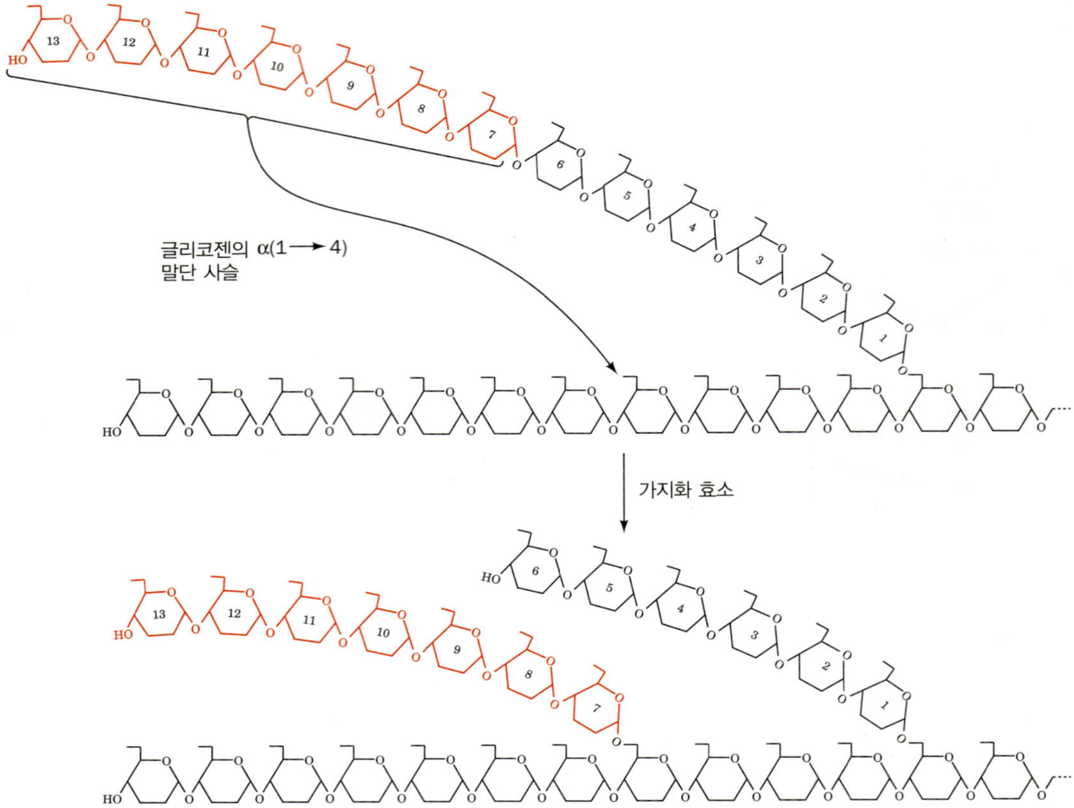

Tyr 194의 OH기에 결합되고 있다. 글리코제닌은 UDPG로부터 받은 글루코스 잔기를 7번 첨가시킴으로써 글루코스 사슬을 연장하여 글리코젠 '시작 물질'을 만들게 된다. 이 시점에서 글리코젠 생성 효소는 시작 물질을 연장함으로써 글리코젠 합성을 시작한다. 글리코젠 과립체의 분석에 의하면, 각 글리코젠 분자가 단 한 분자의 글리코제닌과 글리코젠 생성 효소와 연결되어 있음을 알 수 있다.

C 글리코젠 가지화 효소는 글리코젠 7개 잔기 부분을 옮긴다

글리코젠 생성 효소는 단지 α-아밀로스를 만드는 α(1 → 4) 결합만을 만든다. 글리코젠을 형성하기 위한 가지화는 **아밀로(1,4 → 1,6) 글리코실기 전달 효소[amylo-(1,4 → 1,6)-transglycosylase]**, **가지 사슬화 효소(branching enzyme)**라는 다른 효소에 의해 수행되며, 이 효소는 글리코젠 가지 제거 효소와는 다르다(16-1B절). 가지는 7개 잔기 토막이 사슬의 말단에서 같거나 다른 글리코젠 사슬에 있는 글루코스 잔기의 C6−OH기로 이동함으로써 생성된다(그림 16-9). 각각의 전이된 토막은 적어도 11개의 잔기로 된 사슬로부터 오고, 새로운 가지점은 다른 가지점으로부터 적어도 4개의 잔기가 떨어진 위치에 가지 사슬화된다. 글리코젠의 가지화 양상은 글루코스의 효과적인 저장과 이동을 위해 진화를 하며 최적화된 것이다(자료 16-3 참조).

체크 포인트

- 반대인 생합성과 분해의 경로들은 적어도 하나의 효소는 왜 달라야 하는가?
- 글리코젠 합성에서 포함하고 있는 세 가지 효소를 나열하고 그들이 촉매하는 반응의 유형을 설명하시오.
- 글리코젠 합성을 위한 자유 에너지 자원은 무엇인가?
- 글리코제닌의 역할을 설명하시오.

3 글리코젠 대사 조절

주요 개념

- 글리코젠 분해와 합성의 반대 과정들은 다른자리 입체성 상호작용과 주요 효소의 공유 결합 변형에 의하여 상반되게 조절된다.
- 글리코젠 대사는 궁극적으로 인슐린, 글루카곤, 에피네프린과 같은 호르몬의 조절하에 있다.

만약 글리코젠 합성과 분해가 동시에 진행되면, 그 모든 것은 UTP의 소모적인 가수분해를 수행하게 된다. 따라서 **글리코젠 대사는 세포 내의 필요에 따라 조절되어야 한다. 글리코젠 대사의 조절은 조절 효소의 공유 결합 변형에 의한 호르몬적 조절뿐만 아니라 다른자리 입체성 조절을 포함한다.**

A 글리코젠 인산화 효소와 글리코젠 생성 효소는 다른자리 입체성 조절하에 있다

14-1E절과 15-4B절에서 보았듯이, 대사 경로 한 단계에서 반응물의 전체 유출 몰수 J는 정반응 속도 v_f와 역반응 속도 v_r의 차이와 같다. 그러나 반응이 평형에 가까울 때 기질의 농도에 따른 유입은 급격하게 다양해진다. 그러므로 거의 평형 반응을 통한 유입은 모두 제어할 수 없다. **대사 경로의 정확한 유출 조절은 효소 기능이 평형에서 멀어지고 독립적으로 조절된 효소에 의해서 서로 방해될 때 가능하다. 그 다음에 두 속도와 방향의 조절을 허용하면, v_f와 v_r은 매우 독립적으로 변하며 v_r은 v_f보다 커지거나 작아질 수 있다.** 정확하게 이 상황은 글리코젠 대사에서 글리코젠 인산화 효소와 글리코젠 생성 효소 반응의 대립을 통해서 일어난다.

글리코젠 인산화 효소와 글리코젠 생성 효소는 ATP, G6P와 AMP를 포함한 효과 인자에 의해 다른자리 입체적으로 조절되고, 근육 글리코젠 인산화 효소는 AMP에 의해 활성화되며 ATP와 G6P에 의해 억제된다. 반면, 글리코젠 생성 효소는 G6P에 의해 활성을 갖게 된다. 이것은 (낮은 [ATP], 낮은 [G6P], 높은 [AMP])일 때 많은 ATP가 필요하다는 것을 암시한다. 글리코젠 인산화 효소는 활성화되고, 글리코젠 생성 효소는 억제된다. 이는 글리코젠 분해에서도 같다. 반대로 ATP와 G6P의 농도가 높을 때 글리코젠 생성은 활발하게 된다.

생체 내에서는 다른자리 입체성 조절에 공유 결합 변화에 기초한 조절 체계를 첨가한 것이 된다. 예를 들면 인산화 효소 *a*는 AMP 촉진 없이도 활성화되며(16-1A절), 글리코젠 생성 효소는 탈인산화를 거쳐 G6P가 없을 때 비활성화한다(16-2B절). 따라서 **글리코젠 인산화 효소와 글리코젠 생성 효소의 공유 결합 변형(인산화와 탈인산화)은 이런 효소들이 그들의 다른자리 입체성 효과 인자에 반응 조절하는 더 정교한 체계를 제공한다.**

B 글리코젠 인산화 효소와 글리코젠 생성 효소는 공유 결합 변형에 의해 조절된다

글리코젠 생성 효소 *a*, *b*형과 글리코젠 인산화 효소의 상호 전환은 호르몬 조절에 의해서 효소 촉매로 인산화와 탈인산화(12-3B절)를 통해 이루어진다(13-2절). 그러므로 **효소가 상호 전환할 수 있는 효소 체계(enzymatically interconvertible enzyme system)**는 간단하게 다른자리 입체성 체계보다 더 큰 효과 인자에 반응할 수 있다.

그러므로 폭포식 방식으로 증폭되는 일련의 카이네이스와 인산 가수 분해 효소가

자료 16-3 생화학 전망

글리코젠 구조의 적정화

동물 세포에서 글리코젠의 기능은 대사 연료인 글루코스를 저장하고 필요할 때 빠르게 방출하는 것이다. 글루코스는 세포 내에서 격렬한 삼투압(2-1D절)의 증가 없이는 스스로 저장될 수 없기 때문에 중합체로 저장되어야만 한다. 간세포에서 글리코젠으로 저장되는 글루코스의 양만큼 되려면, 저장된 글루코스의 농도는 0.4 M이 되는 반면, 글리코젠의 농도는 단지 10 nM이 된다는 계산이 얻어졌다. 이 엄청난 농도의 차이는 삼투압을 완화시킨다.

글리코젠 중합체의 생화학적인 기능으로는 가능한 한 가장 작은 부피 안에 아주 많은 양의 글루코스를 저장해야 하는 것이며, 반면에 글리코젠 인산화 효소에 의해 방출되는 이용 가능한 글루코스와 비환원 말단의 수가 최대화되어야 하는 것이다(속도를 최대화하기 위해 글루코스 잔기는 변형될 수 있다). 이런 특징들은 가지화 정도와 사슬 길이의 두 변수에 의해 최적화된다는 것이 확실하다.

다음은 글리코젠 분자를 간략하게 나타낸 것이다.

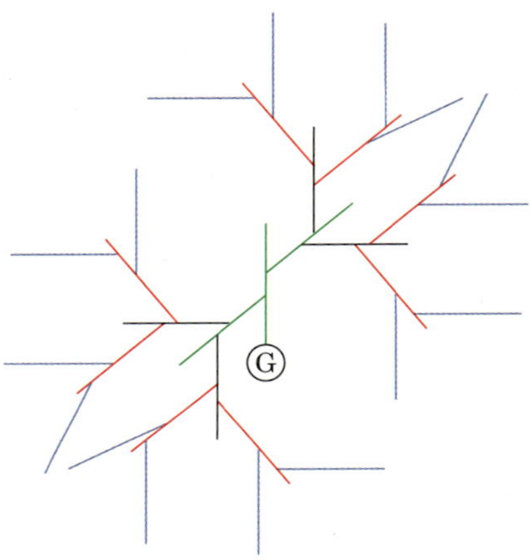

글리코젠 사슬은 글리코제닌(G)에 붙어 있는 가장 내부의 사슬에서 시작되며 두 개의 가지를 가지고 있다(가장 바깥에 있는 사슬은 가지 사슬화되어 있지 않다). 전체 분자는 대략 공 모양이며, 줄지어 조직화되어 있다. 성숙한 글리코젠에는 12개의 줄이 있다(4개는 위에 보인다).

한 사슬당 2개의 가지를 가지므로, 주어진 줄에 있는 사슬의 수는 2배 선행하는 사슬 수이고, 바깥쪽에 있는 줄에는 전체 글루코스 잔기의 반을 포함하고 있다(줄의 수에 상관없이). 예를 들면 가지화의 정도는 한 사슬당 3개의 잔기로 증가될 때 바깥쪽 줄기에서 잔기의 비율이 증가됨으로써 글루코스 잔기의 밀도가 커진다. 글리코젠 입자의 최대 크기는 제한되고 글루코스 잔기의 수는 조절될 수 있다. 따라서 글리코젠은 한 사슬당 2개의 가지를 가진다.

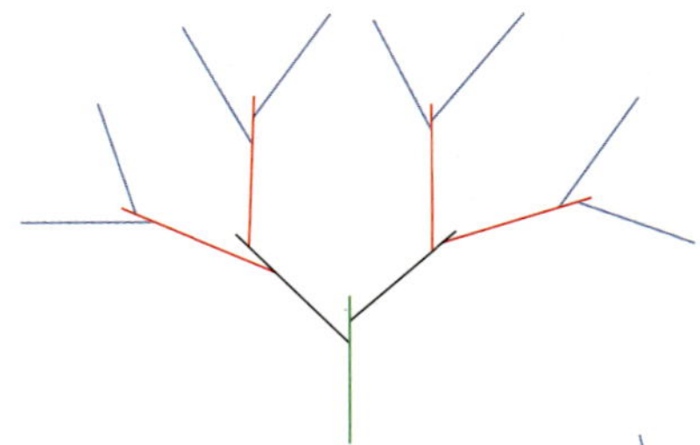

한 사슬당
가지 2개

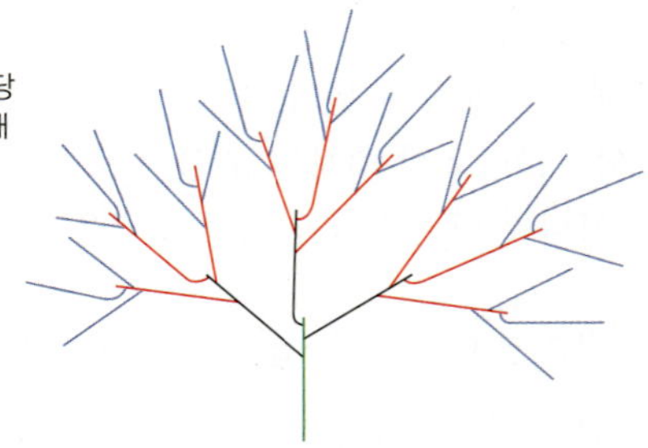

한 사슬당
가지 3개

사슬 길이의 다른 변수인 수학적 분석은 13이라는 적정 값을 갖는다. 이는 세포 내에서 글리코젠 사슬의 실제 길이와 매우 일치한다(8~14개 잔기). 아래에 보이는 두 개의 간단화된 글리코젠 분자를 살펴보라. 그것은 같은 수의 글루코스 잔기(그 줄의 조각에 총 길이는 같다)와 같은 가지화 형태를 포함한다.

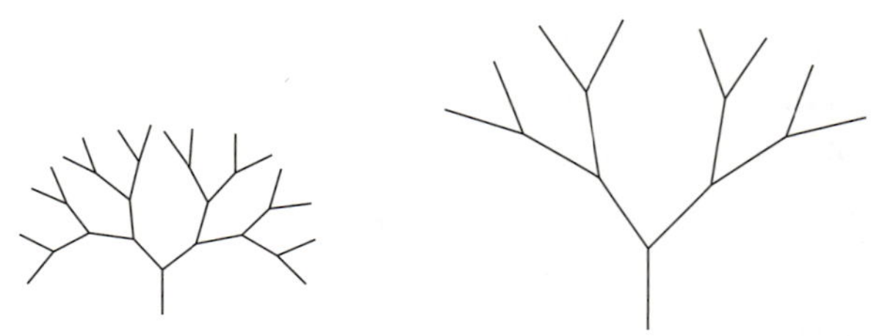

더 짧은 사슬을 가진 분자는 주어진 부피에서 더 많은 글루코스를 가지고 인산화 효소가 공격하는 많은 점을 가지고 있어서, 오직 글루코스의 대략 반 정도의 양은 가지의 제거가 일어나기 전에 방출될 수 있다(가지 제거는 인산화보다 더 느리다). 밀도가 작은 분자에서의 긴 사슬은 연속적으로 인산화될 수 있는 잔기의 수를 증가시키지만, 공격하는 가지점은 보다 적다. 분명하게 13개 잔기는 짧은 시간에 많은 양의 글루코스를 변형하는 데 적합하다.

화학적으로 글리코젠과 유사한 아밀로펙틴(8-2C절)은 큰 분자이며 긴 사슬을 가지고 있다. 아밀로스는 전체적으로 가지가 부족하다. 분명히 녹말은 글리코젠과는 달리 대사 과정의 연료로 빠르게 변형되지 않는다.

[Figure adapted from Melendez-Hevia, E., Waddell, T.G., and Shelton, E.D., *Biochem. J.* **295**, 477–483(1993)]

연계되어 다른 대사의 신호에 반응하여 신호를 증폭시키고 유연하게 대응하는 굉장한 잠재력을 가지고 있다. 효소의 인산화와 효소 활성의 다양성 사이의 관계를 주의해 볼 필요가 있다. 예를 들면 글리코젠 인산화 효소는 인산화에 의해 활성화되고($b \rightarrow a$), 반면에 글리코젠 생성 효소는 인산화에 의해 비활성화된다($a \rightarrow b$). 반대로 탈인산화는 글리코젠 인산화 효소를 비활성화하고 글리코젠 생성 효소를 활성화한다.

글리코젠 인산화 효소는 인산화에 의해 활성화된다. 주어진 글리코젠 인산화 효소의 상호 전환 증폭 단계는 세 가지 효소와 관련되어 있다(**그림 16-10**).

1. **인산화 효소 카이네이스(phosphorylase kinase)** 이는 특별하게 글리코젠 인산화 효소 *b*의 Ser 14를 인산화시킨다.
2. **단백질 카이네이스 A(protein kinase A, PKA;** 13-3절), 인산화되고 그로 인해 인산화 효소 카이네이스를 활성화시킨다.
3. **인산 단백질 인산 가수 분해 효소-1(phosphoprotein phosphatase-1, PP1;** 13-2D 절), 이는 탈인산화함으로써 글리코젠 인산화 효소 a와 인산 가수 분해 효소 카이네이스를 비활성화시킨다.

인산화 효소 *b*는 다른자리 입체성 조절 효과 인자에 민감하게 반응하지만, 인산화 효소 *a*는 그렇지 않다. 12-3B절에서 논의된다(그림12-17). 휴식기 세포에서 ATP와 G6P의 농도는 인산화 효소 *b*를 방해할 만큼 충분히 높다. 그러므로 인산화 효소의 활성 정도는 주로 인산화 효소 *a*가 존재하는 비율에 의해 결정된다. 안정 상태의 인산화된 효소는 인산화 효소 카이네이스, PKA, PP1의 상대적인 영향에 의존한다. PKA는 **cAMP**에서 활성화되는 것을 상기하고 cAMP는 두 번째 전달자로서 이종 삼합체의 **G 단백질(G protein)** 호르몬 자극 활성에 의존한 **아데닐 고리화 효소(adenylate cyclase)**에 의해서 만들어진다(13-3C절). 글리코젠 생성 효소 활성의 조절에 관하여 설명하기 전에, 인산화 효소 카이네이스와 PP1의 활성을 조절하는 인자에 대해 설명해 보기로 한다.

인산화 효소 카이네이스는 Ca^{2+}와 인산 분해 반응에 의해 활성화된다. 인산화 효소 카이네이스는 α, β, γ, δ로 알려진 4개의 다른 소단위체로 된 1300 kD의 단백질이다. γ 소단위체에 촉매 자리를 가지고 있으며, 다른 3개의 소단위체는 조절 기능을 가지고

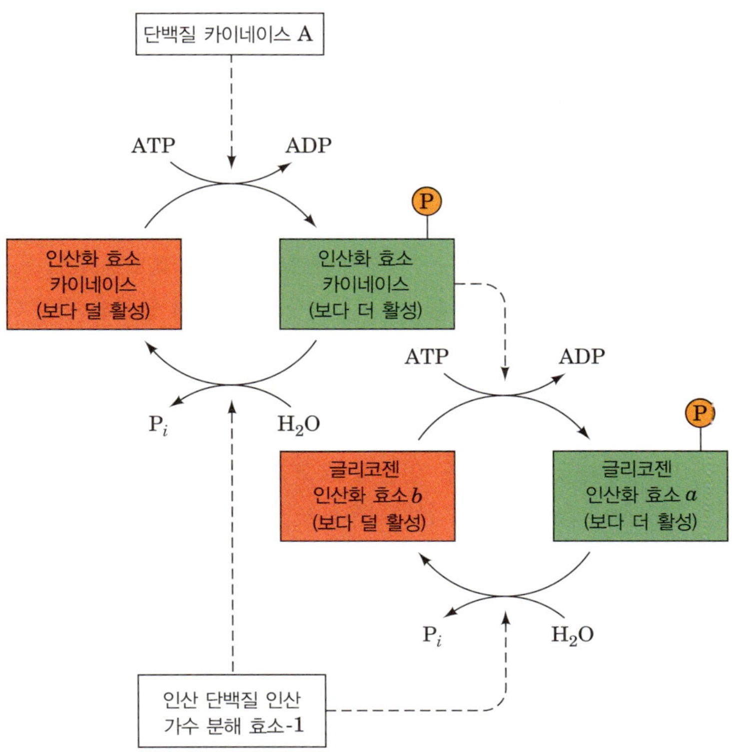

그림 16-10 글리코젠 인산화 효소의 상호 전환적인 효소 체계 인산화 효소 *b*(덜 활성적인 형태)의 인산화 효소 *a*(활성형 형태)로의 전환은 인산화 효소 카이네이스에 의해서 촉매되어진 인산화로 인해 수행된다. 이 카이네이스 인산화 효소 카이네이스는 단백질 카이네이스 A(PKA)의 인산화를 통해 스스로 활성화된다. 글리코젠 인산화 효소 *a*와 인산화 효소 카이네이스는 인산 단백질 인산 가수 분해 효소-1에 의해 탈인산화된다.

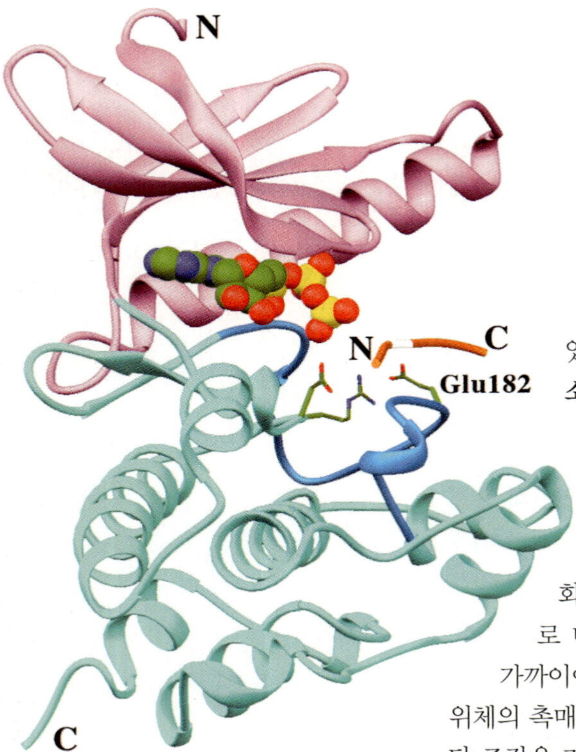

그림 16-11 ATP와 기질 유사체의 복합체에서 토끼 근육 인산화 효소 카이네이스의 γ 단위체의 X선 구조 N 말단 영역은 분홍색, C 말단 영역은 청록색, 활성 고리는 밝은 청색, 헵타펩타이드 기질 유사체는 주황색, 더불어 인산화된 잔기(Ser)는 흰색이다. ATP는 공간 채움 형태로 나타내었고, 촉매에 필수적인 Arg 148, Asp 149, Glu 182의 곁사슬은 막대 형태이며, 원소 유형에 따라 색깔이 나타난다(C는 녹색, N은 파란색, O는 빨간색, P는 노란색). [After an X-ray structure by Louise Johnson, Oxford University, U.K. PDBid 2PHK.]

? 이 구조를 단백질 카이네이스(그림 13-21)의 C 소단위체의 구조와 인슐린 수용체(그림 13-5)의 타이로신 카이네이스 영역의 구조를 비교하라.

있다. **인산화 효소 카이네이스는 Ca^{2+}에 의한 것과, PKA에 의한 α와 β 소단위체의 인산화에 의해 최대로 활성화된다.**

인산화 효소 카이네이스의 386개 잔기의 γ 소단위체는 PKA C 소단위체(그림 13-21)의 서열이 36% 일치하고 유사한 구조를 가진다(**그림 16-11**). 많은 다른 단백질 카이네이스가 하는 것처럼, γ 소단위체는 인산화를 목적으로 하지는 않는다. 이것은 다른 카이네이스를 활성화하기 위해 인산화되는 Ser, Thr, Tyr 잔기가 γ 소단위체에서 Glu 잔기로 대체되기 때문이다. Glu의 음전하는 인산기의 존재에 따르고 활성 자리 가까이에 보존된 Arg 잔기와 상호작용하기 때문으로 생각된다. 그러나 γ 소단위체의 촉매 활성은 자동 방해제 C 말단 조각에 의해 방해된다. 이 자동 방해제 C 말단 조각은 카이네이스의 활성 자리에 결합하여 가로막는다. R 소단위체가 단백질 카이네이스 A의 C 소단위체의 활성을 막는 것처럼, β 소단위체에 있는 방해제 조각도 γ 소단위체의 활성을 방해한다.

인산화 효소 카이네이스의 자동 방해는 PKA에 의해 촉매되어 α 및 β 소단위체의 인산화로 감소된다. 이는 아마 β 방해제 조각이 옆으로 밀어놓기 때문일 것이다(효소의 움직임을 변형하는 α 소단위의 인산화 방법은 밝혀지지 않았다). 그러나 γ 소단위체의 전체 활성은 **칼모듈린(calmodulin, CaM**; 13-4B절, 칼모듈린은 자유 유동 단백질으로서의 기능과 다른 단백질의 소단위체로서의 둘 다의 기능을 가진다)이라고도 알려진 δ 소단위체와 결합하는 Ca^{2+}가 필요하다. Ca^{2+} 농도가 10^{-7} M만큼 낮으면 칼모듈린의 구조적인 변화를 유도함으로써 인산화 효소 카이네이스를 활성화시킨다. 이는 그것의 촉매 자리로부터 γ 소단위체의 자동 방해제 조각을 들어내고 결합하는 것을 야기한다(그림 13-29).

인산화 효소 카이네이스의 역할을 통한 글리코젠 인산화 효소 *b*의 글리코젠 인산화 효소 *a*로의 전환은 글리코젠 분해 속도를 증가시킨다. 이 활성을 위한 Ca^{2+} 시발점의 생리학적인 중요성은 근육 수축이 세포질의 Ca^{2+} 수준에서 일시 증가에 의해서 일어나는 것이다(7-2B절). 근육에서 글리코젠의 분해 속도는 수축 속도와 연결된다. 이것은 글리코젠 분해가 근육 수축에 필요한 ATP를 만들어 내는 해당 작용의 연료를 제공하기 때문에 매우 중요하다. 인산화 효소 카이네이스의 인산화는 Ca^{2+} 방출 신경 충격에 반응하여 일어나지만, 궁극적으로는 특정 호르몬의 존재에 반응하여 일어난다. 이런 두 신호는 근육 세포에서 글리코젠 분해를 자극시키면서 상호 의존적으로 작용한다.

인산 단백질 인산 가수 분해 효소-1은 인산 단백질 방해제-1에 의해 억제된다. 많은 인산화된 효소의 안정적인 상태는, 인산화에 대응하는 인산화 효소에 의해 촉매되는 인산화 과정과, 인산 분해 효소와 촉매되는 수용성 탈인산화 과정 사이의 균형에 따라 유지

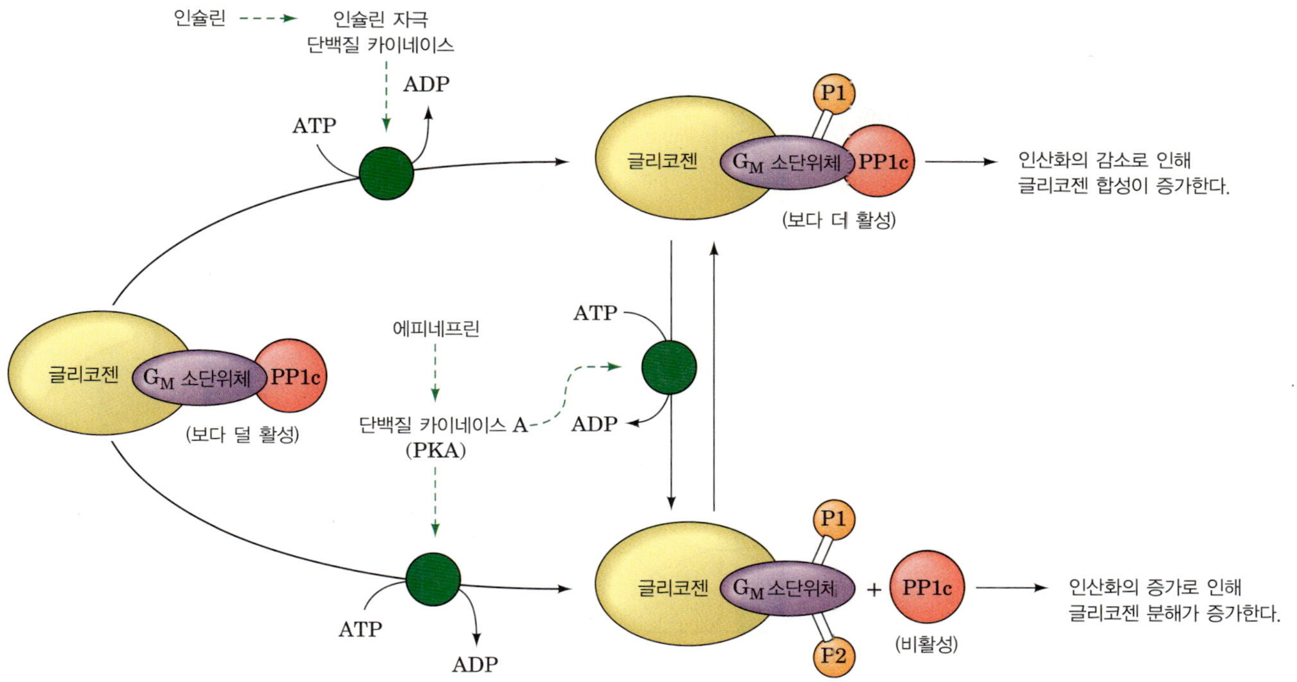

그림 16-12 근육에서 인산 단백질 인산 가수 분해 효소-1의 조절 근육의 글리코젠 대사에서 인슐린과 에피네프린의 방해 효과는 글리코젠 결합 G_M 소단위체를 통해 인산 단백질 인산 가수 분해 효소-1의 촉매 활성 소단위체인 PP1c의 효과를 통해 일어난다. 녹색 원과 밑줄 그은 화살표는 활성을 나타낸다.

? 인슐린의 효과는 연료 충만의 신호 역할과 일치하는가?

된다. 인산 단백질 인산 가수 분해 효소-1(PP1)은 글리코젠 대사에 연관된 단백질의 인산기뿐만 아니라(그림 16-10), 글리코젠 인산화 효소 *a*와 인산화 효소 카이네이스의 소단위체인 α 및 β 인산기를 제거한다.

PP1은 간과 근육에서 서로 다르게 조절된다. 근육에서 PP1의 촉매 활성 소단위체(**PP1c**라고 불리는)는 글리코젠 결합 **G_M 소단위체(G_M subunit)**를 통해 글리코젠에 결합할 때만 활성화된다. G_M 소단위체에 대한 PP1c의 활성과 PP1c 친화성은 2개의 분리된 부위에서 G_M 소단위체의 인산화에 의해 조절된다(그림 16-12). **인슐린 자극 단백질 카이네이스(insulin-stimulated protein kinase**, PKA의 동족체와 인산화 효소 카이네이스의 γ 소단위체)에 의해서 부위 1의 인산화는 PP1c를 활성화시키고, 반면에 PKA에 의해서 부위 2의 인산화는 PKA(부위 1도 인산화할 수 있다)가 세포질로 PP1c의 방출을 야기하고, 그 세포질에서 글리코젠 대사의 글리코젠 결합 효소를 탈인산화할 수 없다.

세포질에서 인산 단백질 인산 가수 분해 효소-1은 **인산 단백질 인산 가수 분해 효소 억제제-1(phosphoprotein phosphatase inhibitor 1)** 단백질에 결합함으로써 방해된다. 이 인산 분해 효소 억제제는 공유 결합 변형으로 조절하는 또 다른 예를 보여 준다. 이것은 역시 PKA에 의해 활성화되고 인산 단백질 인산 가수 분해 효소-1(**그림 16-13, 왼쪽 아래**)에 의해 비활성화된다. 그러므로 **cAMP의 농도는 인산화된 형태에서 효소와 일부분을 조절하고, 인산화시키는 속도의 증가뿐만 아니라 탈인산화하는 속도를 감소함으로써 조절하게 된다.** 글리코젠 인산 가수 분해 효소의 경우, cAMP 농도의 증가는 이 효소의 활성화 속도를 증가시킬 뿐만 아니라 불활성 속도를 감소시키기도 한다.

간에서 PP1은 마찬가지로 글리코젠에 결합되어 있지만, **G_L**이라는 글리코젠 결합

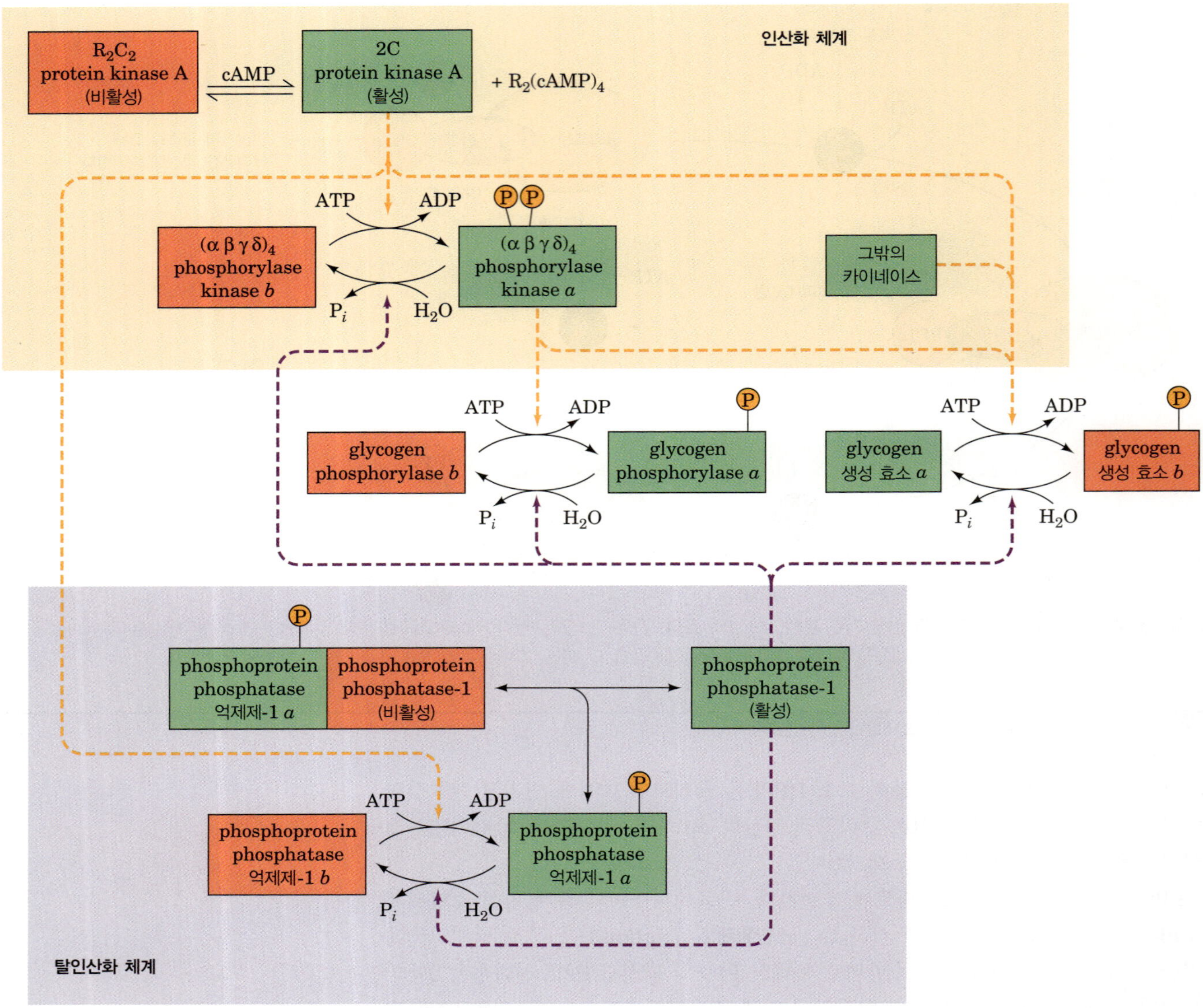

그림 16-13 **근육에서 글리코겐 대사를 조절하는 주요 인산화와 탈인산화 체계** 활성화된 효소는 어두운 녹색, 비활성화된 효소는 어두운 분홍색이다. 밑줄 친 화살표는 인산화 반응과 탈인산화 반응의 촉진을 나타낸다.

소단위체의 중간 물질을 통해 결합하지는 않는다. G_L은 G_M과는 달리 인산화를 통한 조절을 목적으로 하지는 않는다. 위 PP1·G_L 복합체의 활성은 인산화 효소 *a*와의 결합에 의해 조절된다. 인산화 효소 *a*의 R과 T 형태는 PP1에 강하게 결합되어 있지만, 단지 T 상태에서만 Ser 14의 인산기를 가수 분해시킬 수 있다(R 상태에서, Ser 14의 인산기는 이합체의 접촉면에 가려져 있다, 그림 12-16). 결론적으로 인산화 효소 *a*가 활성 R 형태일 때, PP1을 효과적으로 격리시킨다. 그러나 인산화 효소 *a*는 T 상태로 전환하는 조건에서 PP1은 노출된 Ser 14 인산기를 가수 분해한다. 이 때문에 인산화 효소 *a*가 *b*로 전환되면 PP1·G_L 복합체의 낮은 친화성을 갖게 된다. 그러므로 인산화 효소 *a*의 탈인산화 효과 중 하나는 PP1의 방해를 경감시킨다. 간세포는 PP1보다 글리코겐 인산화 효소를 10배나 더 가지고 있기 때문에 인산화 효소는 글리코겐 인산화 효소가 90% 이상 *b*형으로 있을 때까지 방출시키지 않는다. 그러고 나서 PP1은 글리코겐 생성 효소를 포함하는 다른 표적 단백질을 탈인산화할 수 있다.

글루코스는 인산화 효소 *a*의 다른자리 입체성 억제제이다(그림 12-17). 결론적으로, 글루코스의 농도가 높을 때 인산화 효소는 T 형태로 바뀌고, 그것을 통해 인산화 효소 *a*의 탈인산화와 글리코젠 생성 효소의 탈인산화를 하도록 한다. 그러므로 글루코스는 간의 글리코젠 대사 조절에 중요하다고 생각된다.

글리코젠 생성 효소는 정교하게 조절된다. 인산화 효소 카이네이스는 글리코젠 인산화 효소를 활성화시키고 인산화하여 그것을 통해 글리코젠 생성 효소를 비활성화시킨다. PKA와 인산화 효소 **카이네이스, 글리코젠 생성 효소 카이네이스 3β (glycogen synthase kinase 3β, GSK3β,** 그림 13-31)를 포함하는 다른 단백질 카이네이스는 부분적으로 글리코젠 생성 효소의 각 소단위체에 있는 9번째 Ser 잔기를 하나 이상 인산화함으로써 인간의 근육에 있는 글리코젠 생성 효소를 비활성화시킨다고 알려져 있다(그림 16-13). 이 정교한 글리코젠 생성 효소의 조절 이유는 밝혀지지 않았다.

글리코젠 생성 효소와 글리코젠 인산화 효소의 상대적인 활성에 의존하는 과정은, 속도뿐만 아니라 전체 글리코젠의 생성과 분해 반응 사이의 균형을 조절한다. 확대해 보면, 이러한 효소의 인산화와 탈인산화 속도는 글리코젠 합성과 분해 반응을 조절한다. 이 두 과정은 PKA와 인산화 효소 카이네이스와 연결되어 있는데, 인산화를 통해 글리코젠 인산화 효소를 활성화하고 글리코젠 생성 효소를 비활성화한다(그림 16-13). 그들은 또한 PP1에 연결되어 있으며, 인산화 효소 *a*에 의해 간에서 억제가 되므로, 먼저 인산화 효소가 비활성화(또한 탈인산화)되지 않으면 글리코젠 생성 효소의 활성(탈인산화한다)은 일어날 수 없다. 물론 다른자리 입체성 효과 인자에 의한 조절은 공유 결합 변형으로 조절하는 임무가 부가되기 때문에, 예를 들면 기질 G6P(글리코젠 생성 효소를 활성화한다)의 능력은 글루코스 잔기가 글리코젠에 합성하는 반응의 속도에 영향을 미치게 된다. 유전적으로 효소의 결핍은 뛰어난 글리코젠 대사 조절을 파괴시키고, 다양한 질병을 유발한다(자료 16-2).

C 글리코젠 대사는 호르몬 조절의 주체이다

간에서 글리코젠 대사는 주로 폴리펩타이드 호르몬인 인슐린(그림 5-1)에 의해 조절되고, **글루카곤(glucagon)**은 인슐린 기능의 반대로 작용한다.

$$\overset{+}{H_3N}\text{—His—Ser—Gln—Gly—Thr—Phe—Thr—Ser—Asp—Tyr— 10}$$

$$\text{Ser—Lys—Tyr—Leu—Asp—Ser—Arg—Arg—Ala—Gln— 20}$$

$$\text{Asp—Phe—Val—Gln—Trp—Leu—Met—Asn—Thr—COO}^- \text{ 29}$$

Glucagon

글루카곤은 인슐린처럼 혈중 글루코스의 농도에 반응하여 이자에서 합성된다. 근육과 다양한 조직에서 인슐린과 아드레날린 호르몬인 **에피네프린(epinephrine)**과 **노르에피네프린(norepinephrine)**에 의해 조절된다(13-1B절). 이들 호르몬은 그들의 표적 조직의 대사에서 조절 호르몬의 공유 결합 변형(인산화)을 궁극적으로 자극함으로써 영향을 주게 된다. 그들은 세포 표면의 세포막에 걸쳐 있는 수용체에 결합하여 작용한다. 그러므로 세포마다 독특한 결합 방식의 수용체를 가지고 있어서 호르몬에 따라 수용체가 달라진다. 이 반응은 **제2 전령(second messenger)**로 알려진, 집합된 분자의 세포 내 방출과 연관이 있으며, 외부로부터 받은 호르몬 전달 신호의 세포 내에서 중개 역할을 한다. 다른 수용체는 다른 **제2 전령**을 방출하게 만든다. 1950년대에서덜랜드(Earl Sutherland)에 의해 발견된 cAMP는 처음으로 밝혀진 제2 전령이다. 세포 내 저장소로부터 세포질로 방출되는 Ca^{2+}도 일반적인 제2 전령이다. 수용체와 제2 전령은 13장 부분에서 자세히 설명하겠다.

호르몬의 자극은 세포내 cAMP 농도가 증가할 때 PKA 활성을 증가시키고, 많은 단백질의 인산화 속도도 증가시키며, 또한 그들의 탈인산화 속도를 감소시킨다. 그림 16-13에 도식화된 조절 체계의 점진적으로 증폭되는 성질 때문에 **cAMP 농도의 작은 변화는 인산화된 효소들의 일부분에 큰 변화를 유발한다.** 글리코젠 대사에 참여하는 효소의 큰 부분이 인산화될 때, 대사의 유입은 글리코젠 분해로 이어지고, 글리코젠 인산화 효소는 활성을 띠며, 글리코젠 생성 효소는 비활성화된다. cAMP의 농도가 감소할 때 인산화 속도는 감소하고 탈인산화 속도는 증가하며, 탈인산화 형태에서 효소의 양은 증가한다. 글리코젠 생성 효소의 활성과 글리코젠 인산화 효소의 억제 결과는 글리코젠 생성 과정으로의 이동을 야기한다.

글루카곤은 간세포에서 수용체와 결합하고, 이는 세포 내에 cAMP를 만들어 내며, 저장된 글리코젠으로부터 글루코스를 유동성이 있도록 한다(**그림 16-14**). 글루카곤은 순환되는 글루코스의 농도가 운동하는 동안이나 식후 몇 시간 뒤처럼 5 mM 미만으로 감소할 때 이자에서 방출된다. 그러므로 글루카곤은 글루코스를 조직으로 공급할 때, 간의 기능이 매우 중요하며 주로 에너지 요구를 위해 해당 작용에 의존하게 된다. 근육세포에는 적합한 수용체가 부족하기 때문에 글루카곤에 반응하지 않는다.

종종 '투쟁-도피(fight or flight)'라고 불리는 호르몬인 에피네프린과 노르에피네프린은 스트레스에 반응해서 부신에서 혈중으로 방출된다. 이 호르몬들은 두 가

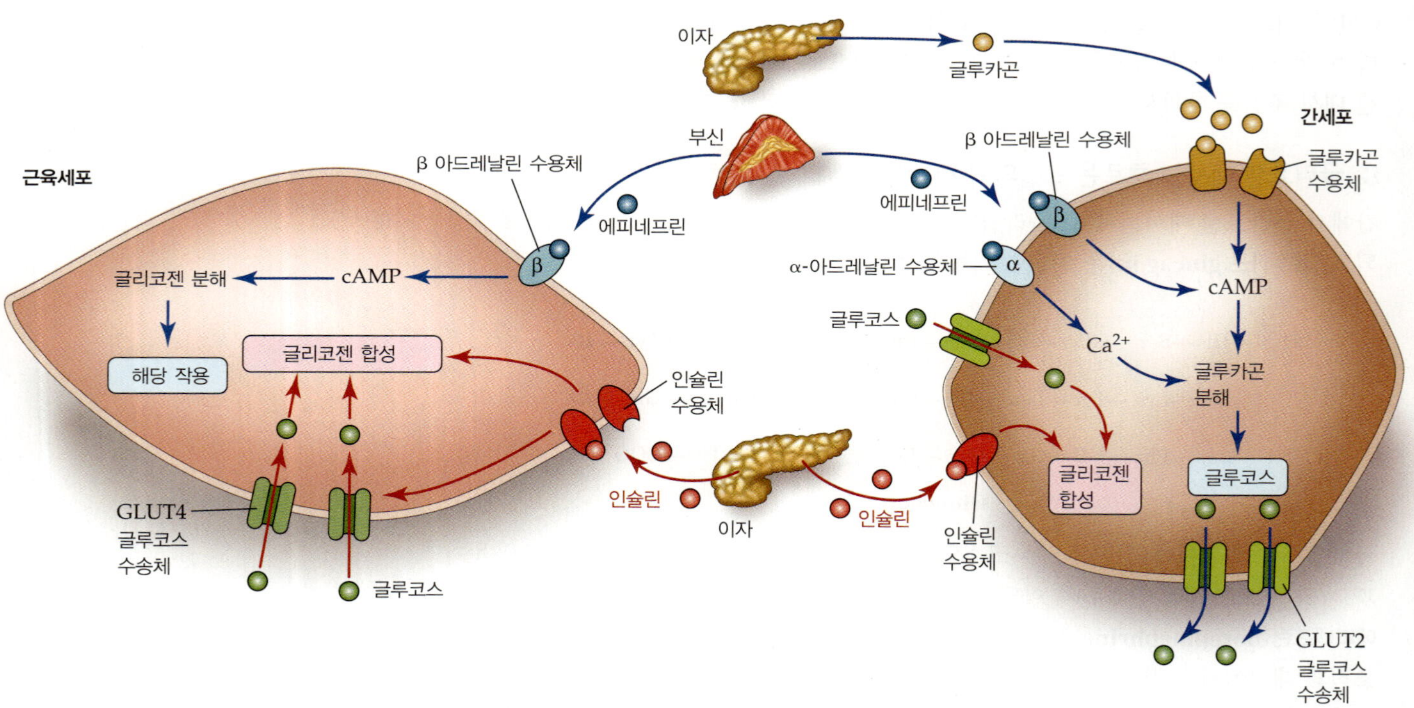

그림 16-14 글리코젠 대사의 호르몬 조절 에피네프린은 간과 근육 세포의 β 아드레날린 수용체에 결합하고 세포 내에 [cAMP]의 농도를 증가시키며 근육에서 해당 작용에 필요한 G6P 혹은 간에서 글루코스를 제공하기 위해 글리코젠 분해를 촉진시킨다. 간에서의 반응은 글루카곤과 비슷하다. 에피네프린이 간세포의 α 아드레날린 수용체와 결합하면 세포질 내 Ca^{2+} 농도가 증가되며 글리코젠 분해를 증진시킨다. 순환하는 글루코스가 풍부할 때 근육세포에서 글루코스를 흡수하고 글리코젠 합성을 자극한다. 간에서는 글리코젠 합성 반응을 증가시킴으로써 증가된 글루코스에 직접적으로 감응한다.

? 동일한 호르몬이 상이한 조직에 따라서 상이한 반응을 하는 이유를 설명하라.

지 유형의 수용체가 있다. 아데닐산 고리화 효소 계에 연결된 **β 아드레날린 수용체 (β-adrenergic receptor)**와 세포 내 $[Ca^{2+}]$의 농도를 증가시키는 **α 아드레날린 수용체 (α-adrenergic receptor)**이다(13-4A절). β 아드레날린 수용체(그림 16-14)를 가지고 있는 근육세포는 에피네프린에 반응하여 글리코젠을 분해해서 해당 작용이 되며, 그로 인해 ATP를 생성하고 근육이 에피네프린 분비를 유발하는 자극에 대응하여 보조를 맞추게 된다.

간세포는 에피네프린에 직 · 간접적으로 반응한다. 에피네프린은 이자에서 글루카곤의 방출을 증진시키고, 글루카곤은 간세포에 있는 글루카곤 수용체에 결합하여 위에서 설명한 것처럼 글리코젠 분해를 자극한다. 에피네프린은 간세포 표면의 α,β 아드레날린 수용체 모두와 직접적으로 결합한다(그림 16-14). β 아드레날린 수용체에 결합함으로써 세포 내 cAMP를 증가시키고 글리코젠의 분해를 유도한다. α 아드레날린 수용체와 결합한 에피네프린은 세포 내 $[Ca^{2+}]$ 농도 증가를 자극하며 cAMP로 세포의 반응을 강화시킨다(다시 말하면 인산화 효소 카이네이스, 즉 글리코젠 인산화 효소의 활성화와 글리코젠 생성 효소의 비활성화는 $[Ca^{2+}]$ 증가로 존재하고 인산화될 때 오직 강한 활성을 나타낸다). 또한 글리코젠의 생성 효소는 몇몇 Ca^{2+}어 의존하는 단백질 인산화 효소에 의해 인산화가 촉매되어 비활성화된다.

인슐린과 에피네프린은 길항제이다. 인슐린은 순환하는 글루코스의 높은 수준에 감응하여 이자에서 분비된다(예 : 식사 후 즉시). 인슐린에 의한 호르몬 자극은 표면에 인슐린 수용체를 가지는 많은 종류의 세포들 안으로 글루코스의 운반 속도를 증가시킨다(예 : 근육과 지방 세포. 단, 간과 뇌 세포는 아니다). 인슐린 수용체와 그들의 표면에 **GLUT4**라고 불리는 인슐린 민감성 글루코스 수송체를 가진다. 게다가 cAMP의 감소는 글리코젠 분해에서 글리코젠 합성으로 방향을 바꾸는 글리코젠 대사의 원인이 된다(그림 16-14). 인슐린의 작용 메커니즘은 매우 복잡하지만, 인슐린의 표적 효소 중 하나는 PP1이 되어 나타난다(13-4D, 22-2절). 그림 16-12에 간략히 설명하였듯이, 인슐린은 근육에서 인슐린 촉진 단백질 인산화 효소를 활성화하기 위해 PP1의 글리코젠 결합 부위인 G_M 소단위체 부위-1에 인산화하게 되고, 글리코젠 대사의 효소를 탈인산화시킨다. 글리코젠처럼 글루코스의 저장은 글리코젠 분해의 방해와 글리코젠 합성의 자극을 통해 증진된다.

간에서 인슐린은 글리코젠 생성 효소 카이네이스 3β(glycogen synthase kinase 3β, 그림 13-31)의 저해의 결과로서 글리코젠 합성을 증가시킨다. 이 작용은 글리코젠 생성 효소의 인산화를 저해시키면 글리코젠 생성 효소의 활성을 증가시킨다. 아마도 인슐린보다 글루코스 자체가 글리코젠 대사 체계의 전달체라고 생각된다. **글루코스는 효소의 비활성 T 상태와 결합함으로써 인산화 효소 *a*를 억제하고, 그로 인해 T $\rightleftharpoons$ R 평형은 T 상태로 이동한다**(그림 12-17). 이런 구조적 방향 변환은 Ser 14 인산기를 노출하여 탈인산화시킨다. 그러므로 글루코스 농도의 증가는 글리코젠 인산화 효소 *a*의 비활성화와 인산화 효소 *b*의 전환을 촉진시킨다. 인산 단백질 인산가수 분해 효소-1의 순차적인 방출은 글리코젠 생성 효소를 활성화시킨다. 그러므로 글루코스가 다량으로 존재할 때, 간은 초과량을 글리코젠으로 저장할 수 있다.

체크 포인트

- 글리코젠 인산화 효소와 글리코젠 생성 효소에 대한 AMP와 G6P의 효과를 요약하시오.
- 글리코젠 인산화 효소와 글리코젠 생성 효소에 대한 인산화와 탈인산화의 효과를 요약하시오.
- 왜 인산화와 탈인산화의 체계는 간단한 다른자리 입체성 체계보다 대사 과정의 조절이 보다 더 민감하게 작용하는가?
- 인산화 효소와 인산 분해 효소가 대립되는 과정들을 촉매하는 두 개의 효소를 어떻게 조절할 수 있는지를 보여 주는 그림 16-13과 비슷한 간단한 도표를 그리시오.
- 글리코젠 대사의 조절이 간과 근육에서 어떻게 다른가?
- 글리코젠 대사에 대한 인슐린, 글루카곤, 에피네프린의 효과를 요약하시오.
- cAMP와 Ca^{2+}의 세포내 효과는 무엇인가?

4 글루코스 신생 합성

주요 개념

- 간과 신장은 젖산, 피루브산, 아미노산으로부터 글루코스를 합성할 수 있다.
- 글루코스 신생 합성은 피루브산 카이네이스를 가지는 해당 과정이 피루브산카복실화 효소와 인산에놀피루브산 카복실 카이네이스 반응으로 우회하고 그리고 인산프럭토스 카이네이스와 헥소 카이네이스는 인산 가수 분해 효소에 의해서 우회하는 거의 반대되는 반응이다.
- 해당 과정과 글루코스 신생 합성은 다른자리 입체성 효과와 인산화에 의해서 상반되게 조절되고 효소 합성 속도에 의해서 변한다.

섭취한 글루코스의 이용이 불가능할 때나 간에서 글리코젠에 의해 제공된 글루코스가 고갈되었을 때, 글루코스는 **글루코스 신생 합성(gluconeogenesis)**에 의해 비탄수화물 전구체로부터 합성된다. 실제로 글루코스 신생 합성은 단식 중인 사람이나 음식을 먹은 지 몇 시간 되지 않은 사람 모두에게 글루코스를 제공하는 데 상당히 많은 부분을 차지한다. 글루코스 신생 합성은 간에서 일어나고, 일부 적은 양은 신장에서도 일어난다.

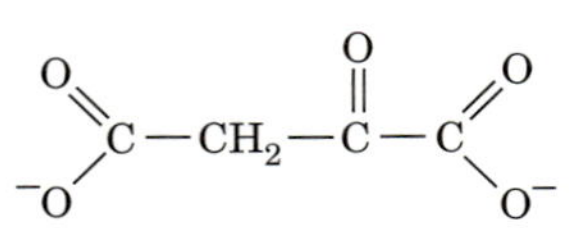

Oxaloacetate

비탄수화물 전구체들, 해당 작용의 생성물인 젖산과 피루브산, TCA의 중간 산물, 대부분의 아미노산 탄소 골격 등이 글루코스로 전환될 수 있다. 그러나 먼저 이런 모든 물질들은 4개의 탄소 화합물인 시트르산 회로의 중간 물질(**왼쪽**) **옥살로아세트산(oxaloacetate)**으로 전환되는 것이 틀림없다(17-1절). 동물에서 옥살로아세트산으로 전환되지 못하는 유일한 아미노산은 루신과 라이신이며, 이는 그들의 분해로 인해 단지 아세틸 CoA(21-4E절)만 생성되기 때문이며, **동물에서 이 아세틸 CoA는 옥살로아세트산으로 전환하는 경로가 없기 때문이다.** 마찬가지로, 대부분의 지방산이 아세틸 CoA로 완벽하게 분해되기 때문에 지방산은 동물에서 글루코스 전구 물질로 이용될 수 없다(20-2절). 그러나 지방산 분해는 많은 ATP를 생성하고 이는 글루코스 신생 합성을 가동시킨다.

편의상, 우리는 글루코스 신생 합성을 피루브산이 글루코스로 전환되는 경로로 간주한다. 대부분의 글루코스 신생 합성은 해당 반응과 반대로 진행된다(**그림 16-15**). 그러나 해당의 효소, 헥소 카이네이스, 포스포프럭토 카이네이스, 피루브산 카이네이스는 크게 음의 자유 에너지 변화를 가지고 촉매한다. 그러므로 글루코스 신생 합성에서 이런 반응들은 글루코스 합성을 열역학적으로 우호적이게 만드는 반응으로 대체되어야 한다.

A 피루브산은 두 단계에서 포스포엔올피루브산으로 전환된다

우리는 피루브산에서 포스포엔올피루브산(phosphoenolpyruvate, PEP)으로 전환하는 글루코스 신생 합성의 독특한 반응의 실험을 시작한다. 왜냐하면 이 단계는 피루브산 카이네이스에 의해 촉매되는 높은 자유 에너지 감소 반응의 역반응이기 때문이다(15-2J절). 따라서 외부의 자유 에너지 유입이 필요하다. 이는 피루브산이 옥살로아세트산으로의 첫 번째 전환으로 달성된다. 옥살로아세트산은 자유 에너지 감소 탈카복실화로 PEP 합성에 필요한 자유 에너지를 제공하기 때문에 '고에너지'의 중간 산물이다. 이 과정은 2개의 효소가 필요하다(**그림 16-16**).

1. **피루브산 카복실화 효소(pyruvate carboxylase)**는 피루브산과 탄산 수소염으로부

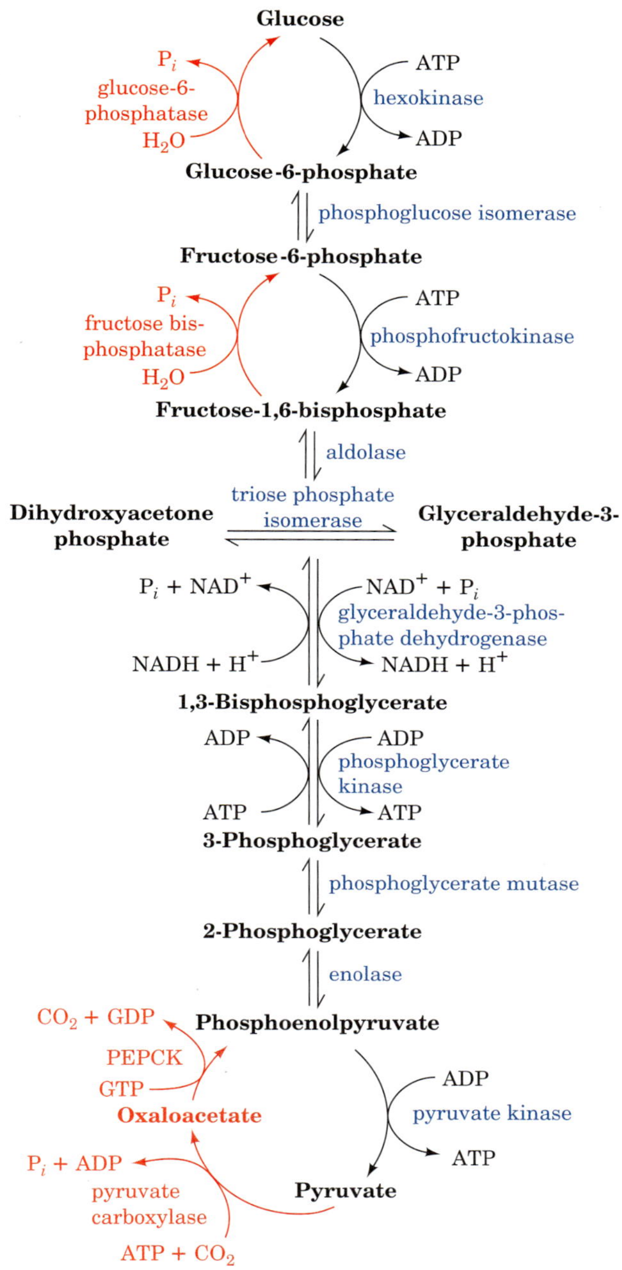

그림 16-15 글루코스 신생 합성과 해당 작용의 경로 비교 빨간색 화살표는 글루코스 신생 합성에서 다른 효소에 의해 촉매되는 단계를 나타낸 것이다. 글루코스 신생 합성 경로의 다른 7단계는 거의 평형으로 기능하는 해당 효소에 의해 촉매된다.

? 해당 작용과 글루코스 신생 합성에서 비가역 단계를 찾으라.

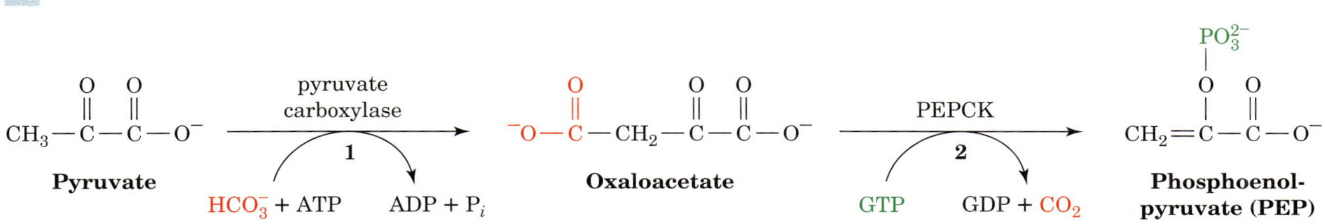

그림 16-16 피루브산에서 포스포엔올피루브산으로의 전환 이 과정은 (1) 피루브산 카복실화 효소로 피루브산을 옥살로아세트산으로 전환하고, (2) PEP 카복시 카이네이스(PEPCK)에 의해 옥살로아세트산이 PEP로 전환된다.

? ATP 등가물들에서 탄소 한 개 그룹을 피루브산에 첨가하고 제거하는 비용은 얼마인가?

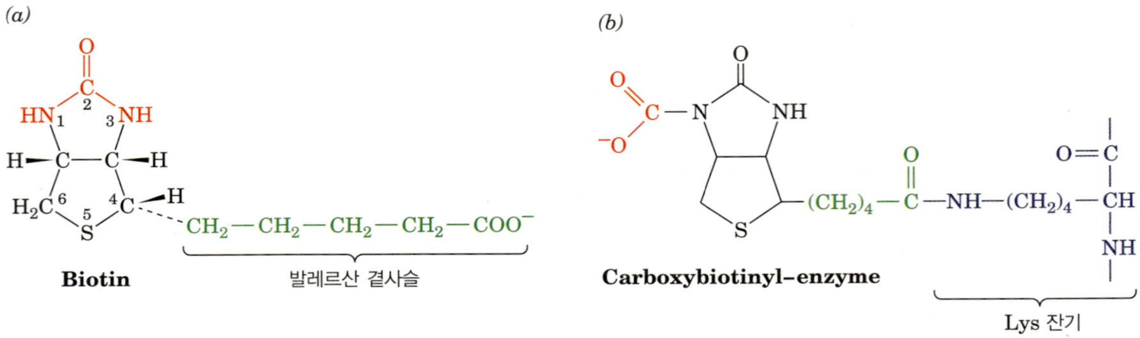

그림 16-17 바이오틴과 카복시바이오티닐 효소 (*a*) 바이오틴은 이미다졸린 고리로 구성되어 있으며, 발레르산의 곁사슬을 포함하고 있는 테트라하이드로싸이오펜 고리와 시스형으로 혼합되어 있다. 유레이도기는 위치 1, 2, 3으로 구성되어 있다. (*b*) 바이오틴은 발레르산 카복실기와 Lys 곁사슬 효소의 ε-아미노기 사이에 아마이드 결합에 의한 카복시화 효소로 공유 결합되어 있다. 카복시바이오티닐 효소는 바이오틴 유린기의 N1이 카복실화될 때 형성된다.

터 ATP의 힘으로 옥살로아세트산의 형성을 촉매한다.

2. **포스포엔올피루브산 카복시 카이네이스(PEP carboxykinase, PEPCK)**는 GTP라는 인산기 주개를 사용하여 옥살로아세트산을 PEP로 전환한다.

피루브산 카복실화 효소는 바아오틴 보결 원자단을 가진다. 피루브산 카복실화 효소는 1160개 잔기의 소단위체인 사합체 단백질이며, 이들은 **바이오틴(biotin)** 보결 원자단을 가지고 있다. 바이오틴(**그림 16-17*a***)은 **유레이도기(ureido group)**에 카복실 치환기를 만듦으로써 CO_2의 운반체 역할을 한다. 바이오틴은 피루브산 카복실화 효소의 Lys 잔기에 공유 결합해서 **바이오시틴**[**biocytin**, 대체적으로 **바이오틴라이신(biotinyllysine)**] 잔기를 형성한다(**그림 16-17*b***). 그러므로 바이오틴 고리계는 14 Å 길이의 유연한 팔의 끝에 위치한다. 1935년에 효모에서 성장 인자로서 처음으로 판명된 바이오틴은 인간에게 필수적인 영양소이다. 그러나 많은 식품에 있고 장내 세균에 의해 합성되기 때문에 바이오틴 영양의 결핍은 드물다.

피루브산 카복실화 효소 반응은 아래의 두 상태로 일어난다(**그림 16-18**).

상태 I ATP에서 ADP로의 분열은 '고에너지' 카복실인산 중간 산물의 형성을 거쳐 탄산수소염을 탈수시킨다. CO_2와 바이오틴 결합 반응은 자유 에너지 감소 반응이다. 그러므로 바이오틴을 결합한 카복실기는 탄산수소염에 비례하여 '활성화'되어 추가적인 자유 에너지의 공급 없이도 다른 분자로 옮길 수 있다.

상태 II 활성화된 카복실기는 옥살로아세트산을 형성하기 위해 세 번째 단계에서 카복시바이오틴에서 피루브산으로 전이된다.

이런 두 반응의 상태는 같은 효소의 다른자리에서 일어난다. 바이오시틴의 14 Å 팔은 두 자리 사이에 바이오틴 고리를 옮긴다.

옥살로아세트산은 글루코스 신생 합성의 전구체이자 시트르산 회로의 중간 물질이다(17-3절). 시트르산 회로의 기질인 아세틸 CoA가 축합될 때, 피루브산 카복실화 효소가 다른자리 입체성을 활성화시키며, 그로 인해 시트르산 회로에 참여할 수 있는 옥살로아세트산의 양은 증가한다. 시트르산의 활성이 낮을 때, 옥살로아세트산은 대신 글루코스 신생 합성의 경로로 들어간다.

PEP 카복시 카이네이스는 PEP 형태에 촉매 작용을 미친다. 610개의 잔기로 된 단량체 효

process diagram

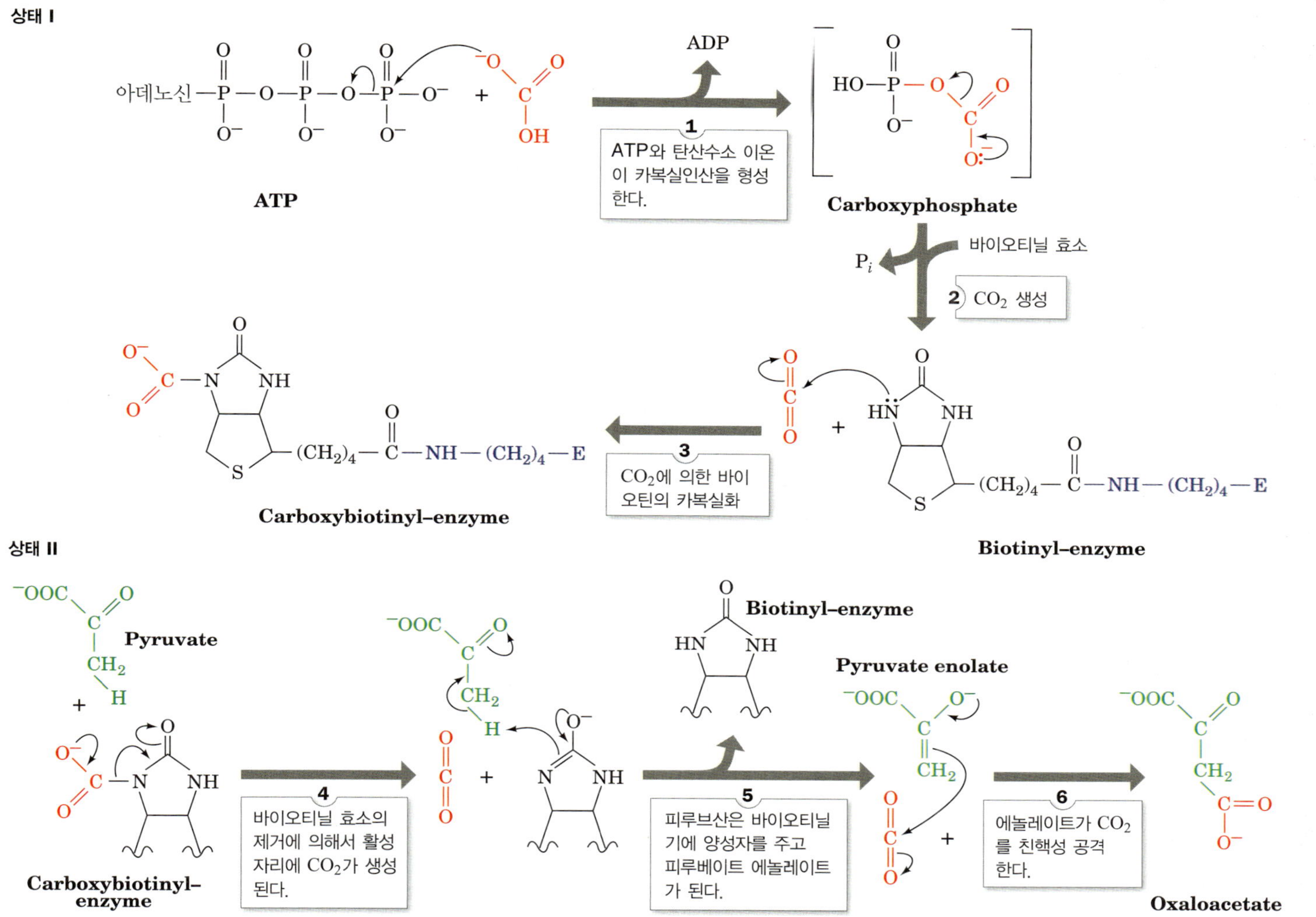

그림 16-18 피루브산 카복실화 효소의 두 상태 반응 메커니즘 [After Knowles, J. R., *Rev. Biochem.* 58, 217(1989).]

소인 PEPCK는 GTP가 요구되는 옥살로아세트산의 탈카복실화/인산화 반응을 촉매하여 PEP와 GDP를 만든다(**그림 16-19**). CO_2는 옥살로아세트산을 생산하기 위해 카복실산염 피루브산이 PEP로 형성될 때 제거되는 것을 주목하라. 유리한 탈카복실화 반응은 GTP의 인산화가 엔올을 형성하게 한다. 그러므로 **옥살로아세트산은 '활성화된' 피루브산으로 간주될 수 있으며, CO_2와 바이오틴과 함께 ATP의 소모로써 활성**

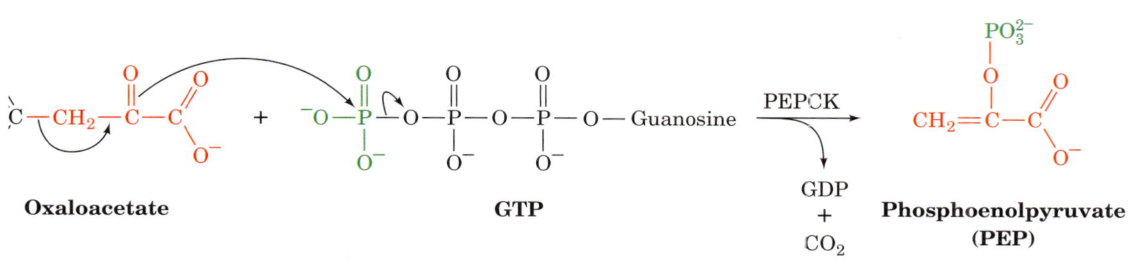

그림 16-19 PEPCK 메커니즘 옥살로아세트산(β 케토산)의 탈카복실화는 공명 안정화된 엔올산 음이온을 형성하고 이것의 산소 원자는 GTP의 γ 인산기를 공격하여 PEP와 GDP를 만든다.

을 가능하게 한다.

글루코스 신생 합성은 미토콘드리아와 사이토솔 사이에서 대사 물질의 수송이 필요하다. 피루브산이나 시트르산 회로의 중간 산물로부터의 옥살로아세트의 생성은 미토콘드리아에서만 일어난다. 반면 글루코스의 PEP 변환 효소는 세포질에 있다. 세포에 분포하는 PEPCK는 일부 종은 미토콘드리아에 있고, 일부 종은 세포질에 있으며 어떤 종에서는(인간을 포함한) 두 공간에 균등하게 분포되어 있다. 글루코스 신생 합성이 일어나기 위해서는 옥살로아세트산이 PEP로 전환된 미토콘드리아로 나와야 하거나 합성된 PEP가 세포질로 들어가야만 한다.

PEP는 특별한 막수송 단백질에 의해 미토콘드리아막을 가로질러 수송된다. 그러나 옥살로아세트산을 위한 그러한 수송 체계가 없다. **세포질에 있는 PEPCK 종에서, 미토콘드리아 수송 체계가 존재하기 위해 옥살로아세트산은 먼저 아스파트산염(그림 16-20의 경로 1)이나 말산(*malate*, 그림 16-20의 경로 2)으로 전환되어야 한다.** 서로 다른 두 경로는 NADH **환원 당량(reducing equivalent**, 막을 가로지르는 전자의 환원 당량의 수송. 그러나 전자 운반체는 아니다)의 수송을 포함한다. **말산 탈수소 효소(malate dehydrogenase)** 경로(경로 2)는 미토콘드리아에서 세포질로 환원 당량을 수송한 결과이며, 이때 미토콘드리아에서 NADH를 사용하고 세포질에서 NADH를 생성한다. **아스파트산 아미노 전달 효소(aspartate aminotransferase)** 경로(경로 1)는 NADH를 포함하지 않는다. 세포질 NADH는 글루코스 신생 합성에 필요

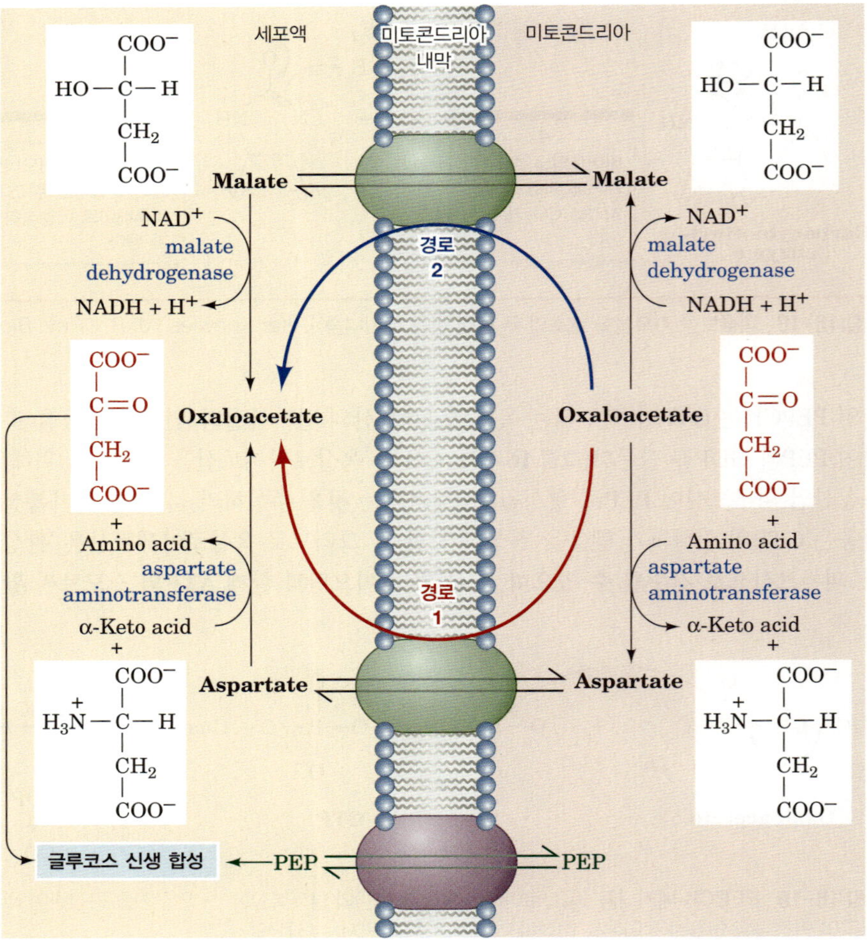

그림 16-20 PEP와 옥살로아세트산의 미토콘드리아에서 세포질로의 수송 PEP는 이런 미토콘드리아와 세포질 사이에 직접적으로 수송된다. 그러나 옥살로아세트산은 먼저 아스파트산 아미노 전달 효소(경로 1)의 작용을 통한 아스파트산 혹은 말산 탈수소 효소(경로 2)에 의해 말산으로 전환되어야 한다. 경로 2는 세포질에 NAD^+의 환원에 따른 미토콘드리아 내의 NADH 산화와 연관이 있어서 미토콘드리아에서 NADH 환원 당량을 세포질로 전달한다.

? 말산과 아스파트산이 모두 글루코스 신생 합성의 전구 물질로 생각되는 이유를 설명하라.

한 충분 조건이며 말산 과정의 필수적이다. 그러나 글루코스 신생 합성의 전구 물질이 젖산일 때, 피루브산으로의 산화는 세포질 내 NADH를 만들고, 이들은 수송 체계에 이용될 수 있다. 그림 16-20에 나타난 반응들은 거의 가역적이어서 적절한 조건 아래 말산-아스파트산염 왕복 체계 역시 산화적 인산화를 위해 미토콘드리아 내부로 NADH 환원 당량을 수송함으로써 작동된다(18-1B절). 아스파트산염이 세포질로 들어가는 다양한 경로 1의 변이를 가지고 있는 간은 옥살로아세트산을 얻는 일련의 반응을 수행하기 전에 요소 회로를 통해 탈아미노화된다(21-3A절).

B 가수 분해 반응은 비가역적으로 해당 작용을 우회한다

PEP에서 프럭토스-1,6-비스인산(FBP)으로의 경로는 반대로 작동하는 해당 작용의 효소에 의해 촉매된다. 그러나 **포스포프럭토 카이네이스(PFK)와 헥소 카이네이스에 의해 촉매되는 해당의 반응은 글루코스 신생 합성의 방향에서는 자유 에너지 증가 반응이며, 따라서 다른 글루코스 신생 합성 효소에 의해 통과되어야 한다.** FBP는 **프럭토스-1,6-비스인산 가수 분해 효소(FBPase)**에 의해 가수 분해된다. 그 결과 프럭토스-6-인산(F6P)의 형성은 G6P로 이성질화되고 글루코스-6-인산 분해 효소에 의해 가수 분해되며, 이 글루코스-6-인산 분해 효소는 글리코젠에서 온 G6P(16-1C절)를 글루코스로 전환하며 간과 신장에만 분포되고 있다. 이 두 번의 가수 분해 반응은 해당 경로에서 발생하는 ATP → ADP로 역류하는 반응보다 P_i를 더 방출한다는 것을 주목하라.

글루코스 신생 합성을 통해 2개의 피루브산이 한 개의 글루코스 분자로 전환하는 전체 에너지 값은 6개의 ATP 당량을 필요로 한다. 피루브산 카복실화 효소, PEPCK, 인산글리세르산 카이네이스에 의해 촉매되는 각각의 두 단계이다. 해당 작용을 통해 한 개의 글루코스가 2개의 피루브산으로 전환하는 에너지의 이득은 2 ATP(15-1절)이고, 글루코스가 피루브산으로 전환되고 4개의 ATP가 재합성되는 것은 에너지 비용에서 무익한 반응이다. 이런 자유 에너지 손실은 2개의 대립되는 경로의 독립적인 조절을 유지하기 위해 제공되어야 하는 열역학적인 값이다.

글루코스가 글루코스 신생 합성 경로의 종말점으로 고려되더라도 경로의 중간 매체는 직접적으로 다른 곳으로 가능하게 한다. 가령 오탄당 인산 경로(15-6C절)의 케톨 전이 효소와 알돌 전이 효소 반응을 통해 리보스-5-인산을 생산한다. 글루코스 신생 합성에 의해 만들어진 G6P는 글루코스로 가수 분해되지 않고, G1P로 전환되어 글리코젠으로 합병된다.

C 글루코스 신생 합성과 해당 작용은 독립적으로 조절된다

글리코젠 합성 및 분해와 같이, 글루코스 신생 합성과 해당 작용의 반대 경로는 생체 내에서 동시에 진행되지 않는다. 대신에 이런 경로는 유기체의 필요를 충족시키기 위해 상호적으로 조절된다. 3개의 기질 회로가 있으므로 해당에 대한 글루코스 신생 합성의 흐름을 조절하는 3개의 잠재적인 지점이 있다(**그림 16-21**).

프럭토스-2,6-비스인산은 포스포프럭토 카이네이스를 활성화하고 프럭토스 1,6-비스인산 분해 효소를 억제한다. PFK와 FBPase(15-4B절에 설명됨)의 대립된 역할에 의해 만들어진 기질 회로를 통한 전체적 흐름은 프럭토스-2,6-비스인산(F2,6P)의 농도에 의해 결정된다.

GATEWAY CONCEPT
세포의 ATP 이용 방법
ATP(또는 다른 뉴클레오사이드 삼인산)가 흡열 과정을 시작하기 위해서 필요할 때는 단순히 방관자가 아니라 반응에 개입해야 한다. ATP의 개입은 하나 이상의 인산 무수물 결합의 총 가수 분해를 포함한다. 이 반응이 분리되어 일어나면 가수 분해 반응의 자유 에너지는 열로서 방출된다. 그러나 세포에서는 발열 결합 분해 반응은 대부분 인산기를 뉴클레오사이드에서 다른 물질로 전이시킴으로써 흡열 반응과 연결되어 있다. 앞서 보았듯이, ATP 반응은 바람직하지 않은 반응이 일어나지 못하게 하기 위해서 세포가 지불해야 하는 대가이다.

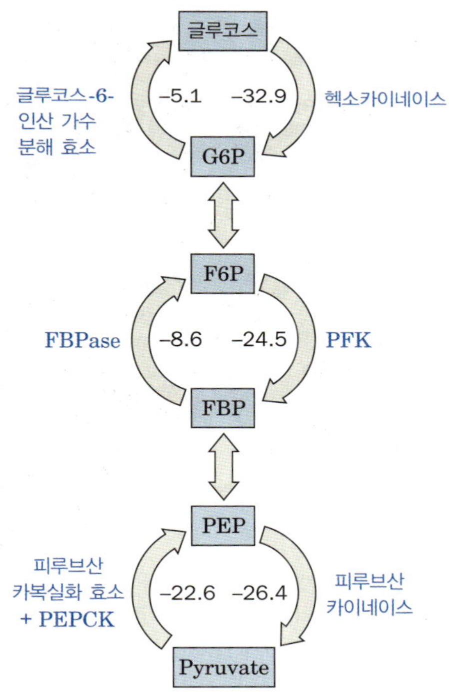

그림 16-21 글루코스 대사의 기질 회로 글루코스와 G6P, F6P와 FBP, PEP와 피루브산의 상호 전환은 모두 발열 반응이기 때문에 진행과 역반응에서 서로 다른 효소에 의해 촉매된다(간에서의 반응의 ΔG값들은 $kJ \cdot mol^{-1}$로 주어진다). [ΔG's obtained from Newsholme, E. A. and Leech, A. R., *Biochemistry for the Medical Sciences*, p. 448, Wiley(1983).]

? 세 개의 기질 순환 각각에 대해 알짜 반응식을 쓰라.

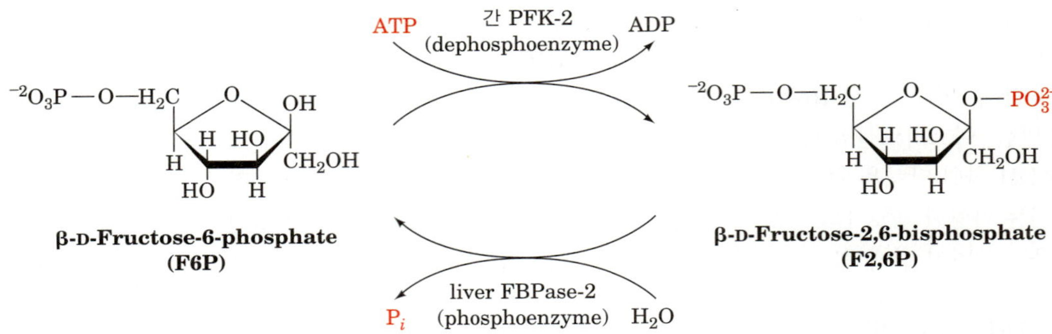

그림 16-22 **β-D-프럭토스-2,6-이인산(F2,6P)의 형성과 분해** 포스포프럭토 카이네이스-2(PFK-2)와 프럭토스 비스인산 가수 분해 효소-2(FBPase-2)의 효소 활성은 동일한 단백질 분자의 다른 영역에서 일어난다. 간 효소의 인산화는 PFK-2를 비활성화하는 반면, FBPase-2는 활성화한다.

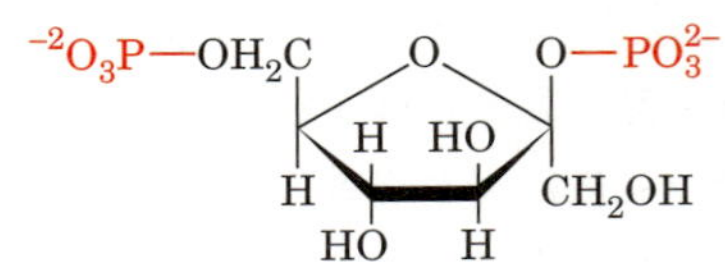

β-D-Fructose-2,6-bisphosphate
(F2,6P)

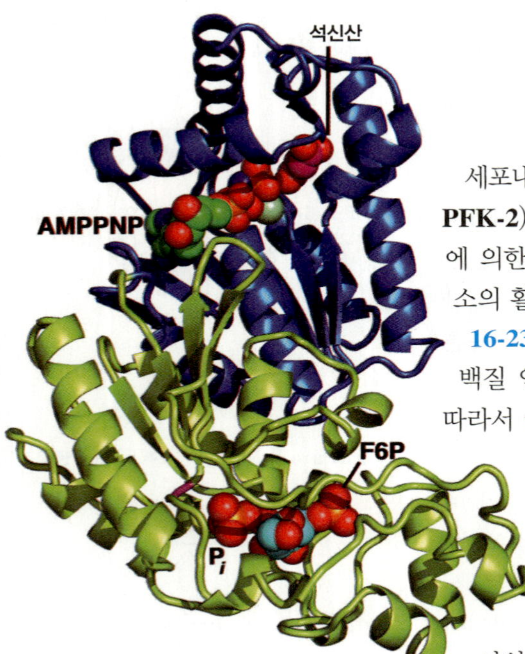

그림 16-23 쥐 고환의 X선 구조 PFK-2/FPBase-2 N 말단 PFK-2 영역은 청색이고 N 말단 FPBase-2 영역은 황록색이다. 결합된 Mg^{2+}–AMPPNP, 석신산, F6P, P_1는 공간 채움 형태로 보이고 원자에 따라 채색되어 있다(AMPPNP C는 녹색, 석신산 C는 적자색, F6P C는 청록색, N은 청색, O는 적색, Mg^{2+}는 연두색, P는 주황색). F2,6P's 2-인산기의 결합 부위를 차지하고 있는 P_1 는 촉매 반응에서 전이가 되어 오는 His 256 부위(적자색)의 반대편에 있다. 석신산은 PFK-2 영역의 적합한 F6P 결합 활성 부위를 차지하고 있다. [Based on an X-ray structure by Kosaku Uyeda and Charles Hasemann, University of Texas Southwestern Medical Center, PDBid 2BIF.]

세포내에서 F2,6P의 농도는 각각 **포스포프럭토 카이네이스-2**(**phosphofructokinase-2, PFK-2**)와 **프럭토스 비스인산 가수 분해 효소-2**(**fructose bisphosphatase-2, FBPase-2**)에 의한 합성 반응과 분해 반응 속도 사이의 균형에 의존한다(그림 16-22). 이런 효소의 활성은 ~100 kD 크기의 동종 이합체 단백질의 다른 영역에 위치해 있다(그림 16-23). 이중 기능적 효소는 다른자리 입체성 작용제의 다양성과, PKA와 인산 단백질 인산 가수 분해 효소에 의해 촉매되는 인산화와 탈인산화에 의해 조절된다. 따라서 글루코스 신생 합성과 해당 작용 사이의 균형은 호르몬 조절에 의해 이루어진다.

예를 들면 글루코스의 농도가 낮을 때, 글루카곤은 간세포에서 cAMP의 생성을 자극한다. 이것은 특이한 Ser 잔기의 이중 기능적 효소의 인산화로 PKA를 활성화하여, PFK-2 효소 활성을 방해하고 FBPase-2 활성을 활성화시킨다. 전체적인 결과 [F2,6P]는 감소하고, PFK와 FBPase 반응 사이의 균형이 FBP 가수 분해에 긍정적으로 바뀌며 글루코스 신생 합성의 흐름을 증가시킨다(그림 16-24). 글루코스 신생 합성은 증가하고, 동시에 글리코젠 분해는 간에서 글루코스를 방출하여 순환하는 것을 허락한다. 반대로 혈중 글루코스 농도가 높을 때 cAMP 수준은 감소하며, 그 결과 F2,6P의 농도가 증가하여 해당 작용을 증진시킨다.

근육은 글루코스 신생 합성 조직이 아니며, 근육에서 F2,6P 조절 체계는 다른 PFK-2/FBPase-2 동위 효소의 존재 때문에 간과 매우 다르게 작용한다. 예를 들면 심장 근육에서 글리코젠 분해를 자극하는 호르몬은 이중 기능적 효소에 인산화하여 PFK-2를 억제하기보다 활성화시킨다. 그 결과 F2,6P가 증가하고 해당 작용을 자극하여 글리코젠 분해와 해당 작용을 조정한다. 골격의 근육 동위 효소는 인산화 자리가 전체적으로 부족하므로 cAMP에 따른 조절을 목적으로 하지 않는다. 오히려 그것의 PFK-2-to-FBPase-2 활성의 비율은 해당 과정의 증가된 비율을 위한 필요성을 나타내 주는 높은 [F6P]에 의해서 다른자리 입체성적으로 증가된다.

다른자리 입체성 작용제는 글루코스 신생 합성의 흐름에 영향을 준다. 아세틸 CoA는 피루브산 카복실화 효소를 활성화하지만(16-4A절), PEPCK의 다른자리 입체성 효과 인자는 알려지지 않았으며, 이 PEPCK는 피루브산 카복실화 효소와 함께 피루브산 카이네이스 반응을 뒤바꾼다. 그러나 피루브산 카이네이스는 중요한 글루코스 신생 합성의 전구 물질인 알라닌에 의해 간에서 다른자리 입체적으로 방해된다. 알라닌은 **아미노기 교환 반응(transamination**, 21-2A절에서 논의되는)이라고 하는 과정으로 알라닌의 아미노기를 α-케토산으로 옮김으로써 피루브산으로 전환되고 새로운 아미노산과 α-케토산 피루브산을 얻는다.

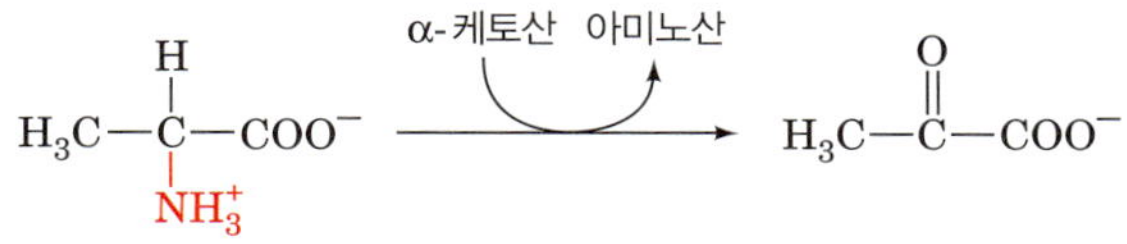

Alanine **Pyruvate**

간 피루브산 카이네이스는 또한 인산화에 의해 비활성화되며, 글루코스 신생 합성으로의 흐름을 증가한다. 인산화는 또한 글리코젠 인산화 효소를 활성화하고, 글루코스 신생 합성과 글리코젠 분해 과정의 경로는 G6P를 향하여 흐르며, 이는 글루코스로 전환되어 간으로 수송한다.

헥소 카이네이스(또는 간의 동질 효소인 글루코스 카이네이스)의 활성도 조절되며, 이는 22.1D절에서 보게 될 것이다. 글루코스-6-인산 분해 효소의 활성도 조절되지만 이 과정은 복잡하고 이해하기 어렵다.

글루코스 대사의 조절은 다른자리 입체성 작용제뿐만 아니라 합성된 효소들에서 긴 시간 변화를 통해 발생한다. 이자와 부신의 호르몬은 글루코스 대사의 많은 조절 단백질들로 암호화된 mRNA의 전사와 안정화의 속도에 영향을 준다. 예를 들면 인슐린은 PEPCK의 전사 유전자를 억제한다. 반면에 세포 내 cAMP의 높은 농도는 PEPCK, FBPase, 글루코스-6-인산 가수 분해 효소의 전사 유전자를 증진시키고 글루코스 카이네이스, PFK, PFK-2/FBPase-2 이중 기능을 가진 효소의 전사 유전자를 억제한다.

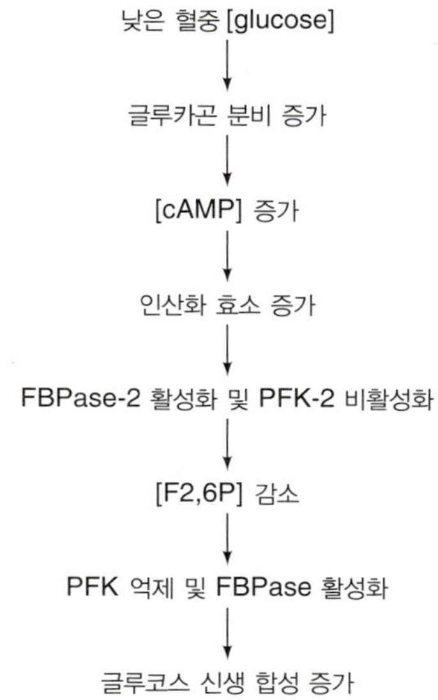

그림 16-24 물질대사 순서는 간에서 낮은 혈중 글루코스의 농도와 연결하여 글루코스 신생 합성으로 일어난다.

? 이 경로를 글루카곤이 간 글리코젠 대사에 미치는 영향(그림 16-14 참조)과 비교하라. 각 경로의 산출물은 무엇인가?

체크 포인트

- 글루코스 신생 합성의 정의는 무엇인가? 지방산은 글루코스 신생 합성에서 어떤 역할을 하는가?
- 글루코스 신생 합성을 설명하시오. 어떤 반응은 해당 작용이 공유되지 않는가?
- 왜 글루코스 신생 합성에서 말산과 아세트산의 왕복 시스템이 중요한가?
- 피루브산 두 분자로부터 글루코스 분자를 합성하는 실제 에너지 비용은 무엇인가?
- 글루코스 신생 합성의 잠재적인 조절점은 무엇인가?
- 글루코스 신생 합성과 해당 작용을 억제하는 프럭토스-2,6-비스인산의 역할을 설명하시오.

5 다른 탄수화물 생합성 경로

주요 개념

- 탄수화물의 글리코사이드 결합의 형성은 활성화 뉴클레오타이드 당의 에너지를 필요로 한다.
- *O* 결합 올리고당은 단백질의 당을 연속적으로 첨가하여 합성된다.
- *N* 결합 올리고당은 돌리코 운반의 처음으로 조립된다.

물질대사의 중추 기관인 간은 순환하는 글루코스의 일정한 수준의 유지를 주르 책임진다. 글루코스 신생 합성이나 글리코젠 분해로 생긴 글루코스는 간에서 방출되어 다른 조직의 에너지원으로 사용된다. 물론 글루코스는 간이나 그 밖의 곳에서는, 예를 들어 젖당의 합성 과정(자료 16-4)에서 사용되는 것처럼 다르게 사용된다.

뉴클레오타이드 당은 글리코사이드 결합의 형성에 원천이 된다. 글루코스와 다른 단당류(주로 마노스, *N*-아세틸글루코사민, 퓨코스, 갈락토스, *N*-아세틸뉴라믹산, *N*-아세틸갈

자료 16-4 생화학 전망 젖당 합성

식물에 있는 슈크로스(설탕)처럼 젖당은 대사 연료로 사용된 후에 합성되는 이당류이며, 이 경우 매우 어린 포유동물에 의해 소화된다. 젖당, 즉 유당은 유선에서 **젖당 생성 효소**(lactose synthase)에 의해 생성된다. 이 반응에서 당을 공급하는 물질은 UDP-갈락토스이며, 이는 UDP-글루코스의 에피머화에 의해 만들어진다(그림 15-28). 당 수용체는 글루코스이다.

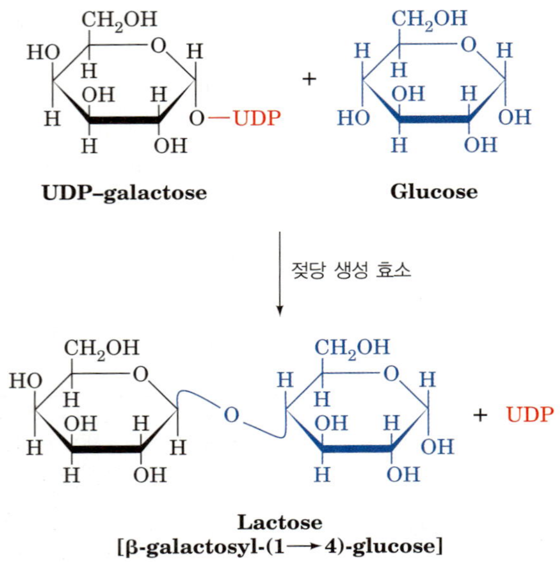

따라서 젖당의 양쪽 당류 단위는 궁극적으로 글루코스로부터 유도된다.

젖당 생성 효소는 2개의 소단위체로 이루어진다.

1. 많은 조직에서 일어나는 촉매성 소단위체인 **갈락토스 전달 효소**(galactosyltransferase)는 UDP-갈락토스와 *N*-아세틸 글루코사민의 반응을 촉매하며, 많은 복합 올리고당으로 구성된 ***N*-아세틸락토사민**(*N*-acetyllactosamine)을 얻는다.

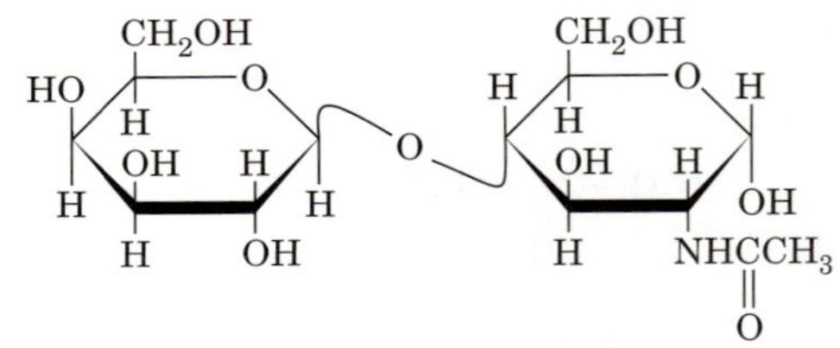

***N*-Acetyllactosamine**

2. 촉매 활성이 없는 유선 단백질인 **α-락트알부민**(α-lactalbumin)은 갈락토실 전달 효소의 특성을 변화시켜서 *N*-아세틸락토사민 대신에 락토스를 형성하기 위하여 *N*-아세틸글루코사민보다는 수용체로서 글루코스를 이용한다.

라이소자임(이는 또한 당에 포함되어 있는 반응에 참여하는 곳)의 서열과 ~37% 동일한 서열을 가진 α-락토알부민의 합성은 분만 시(탄생) 호르몬 변화에 의해 유발되며, 그로 인해 우유 생산을 위한 젖당 합성을 증진시킨다.

락토사민)들은 당단백질과 당지질에서 발생한다. 당이 서로, 그리고 다른 분자와 연결되는 글리코사이드 결합의 형성은 생리적 조건($\Delta G^{\circ\prime} = 16\ \text{kJ} \cdot \text{mol}^{-1}$)하에서 자유 에너지의 유입이 필요하다. 글리코젠 합성에서 본 이 자유 에너지(16-2A절)는 뉴클레오타이드 삼인산과 단당류로부터 **뉴클레오타이드 당(nucleotide sugar)**의 합성을 통해서 얻어지며, 그것으로 인해 방출된 PP_i의 자유 에너지 감소 가수 분해 반응이 시작된다. 당의 아노머 탄소 원자에 뉴클레오타이드 이인산염은 좋은 공급자이며, 그것으로 인해 두 번째 당에 글리코사이드 결합의 형성 반응은 글리코실 전달 효소에 의해 촉매된다(그림 16-25). 포유동물에서, 대부분의 글리코실기는 UDP-당으로부

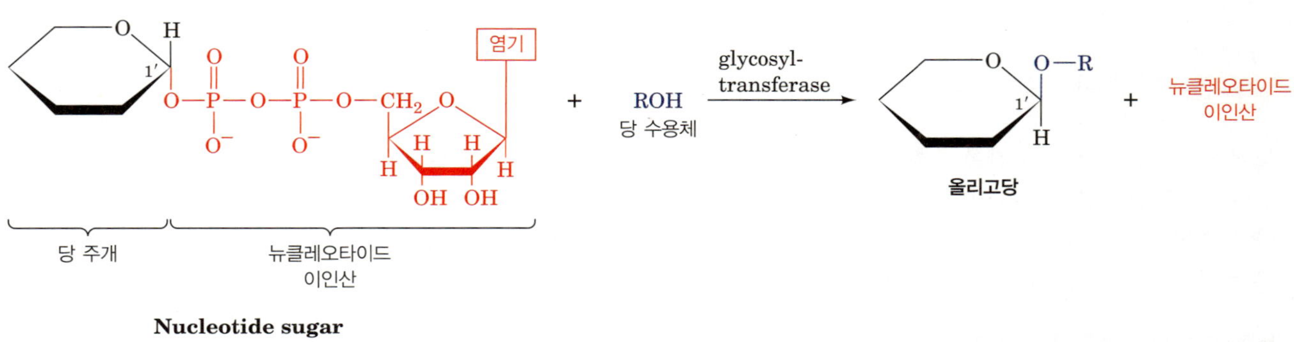

그림 16-25 뉴클레오타이드 당의 역할 이 화합물들은 글리코실 전달 효소에 의해 촉매되는 올리고당 생합성 반응에서 글리코스의 공급자가 된다.

? 뉴클레오타이드 당 합성의 에너지 비용은 무엇인가?

터 공급받게 되지만, 퓨코스와 마노스는 GDP에 의해 이동되고, 살리실산은 CMP에 의해 이동된다. 식물에서 녹말은 **ADP-글루코스**로부터 받은 글루코스 단위로 형성되고, 셀룰로스 합성은 ADP-글루코스 또는 **CDP-글루코스**에 의존한다.

***O* 결합 올리고당은 번역 후에 형성된다.** 뉴클레오타이드 당은 *O* 결합 올리고당의 합성과 당단백질의 *N* 결합 올리고당의 과정으로 공급받는다(8-3C절). *O* 결합 올리고당은 단당류 단위의 연속된 추가에 의해 골지체에서 완성된 폴리펩타이드 사슬로 합성된다(**그림 16-26**). 합성 과정은 **GalNac 전달 효소(GalNac transferase)**에 의해 촉매되며, UDP-GalNAc에 의해 폴리펩타이드의 Ser이나 Thr 잔기에 *N*-아세틸갈락토사민(GalNac)을 전이시키면서부터 시작된다. 글리코실화 부위의 위치는 폴리펩타이드의 2차적 또는 3차적 구조에 의해 명확하게 나타난다고 생각된다. 글리코실화는 갈락토스, 살리실산, *N*-아세틸글루코사민, 퓨코스 같은 당의 첨가가 순차적으로 계속된다. 각각의 경우, 당 잔기는 해당하는 글리코실 전달 효소에 의해 그것의 뉴클리오타이드 당 유도체로부터 전이된다.

***N* 결합 올리고당은 돌리콜 운반자로 구성한다.** *N* 결합 올리고당의 합성은 *O* 결합 올리고당의 합성보다 더 복잡하다. *N* 결합 올리고당의 합상의 초기 단계에서 당 잔기들은 **돌리콜 파이로인산(dolichol pyrophosphate, 그림 16-27)**이라는 지방 운반체로 순차적으로 더해진다. **돌리콜(dolichol)**은 동물에서 17~21개의 아이소프렌 단위를 가지며, 균류나 식물에는 14개~24개의 단위를 함유하고 있는 긴 사슬 폴리아이소프레노이드이다. 돌리콜은 소포체 막에서 성장하는 올리고당을 머무르게 하며, 여기에서 초기 글리코실화 반응이 일어난다.

뉴클레오타이드 당은 글리코실화 전달 효소 반응에서 가장 일반적인 단당류를 공급하는 화합물이지만, 몇몇의 마노실과 글리코실 잔기는 그들에 해당하는 돌리콜-P 유도체로부터 자라는 돌리콜 PP-올리고당에 전이하게 된다. 돌리콜 인산은 뉴클레오타이드 이인산처럼 연속적으로 전이하는 당 잔기를 활성화시킨다.

N 결합 올리고당의 구조는 8-3C절에서 설명한 것처럼(*N*-아세틸글루코사민)$_2$(만노스)$_9$(글루코스)$_3$으로 구성되는 올리고당의 합성에 의해서 시작된다. 이것은 일련의 특이한 글리코실 전달 효소에 의해 촉매되는 12단계의 과정을 통해 돌리콜 운반자에 일어난다(**그림 16-28**). 이런 반응들의 몇몇은 소포체의 루멘 표면에서 발생하는 것을 주목하라. 반면에 다른 것들은 세포질 표면에서 일어난다. 이러한 이유로, 네 가지의 경우(그림 16-28의 반응 3, 5, 8, 11), 돌리콜과 그것에 붙어 있는 친수성기는 알려지지 않은 메커니즘을 통해 소포체 막을 전좌한다. 이 과정의 마지막 단계에서 올리고당은 자라고 있는 폴리펩타이드 사슬에 Asn-X-Ser/Thr (여기서 X는 Pro를 제외

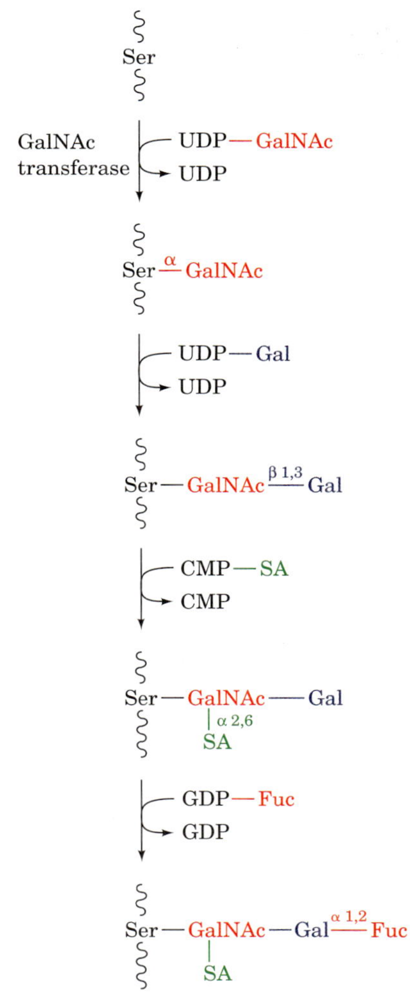

그림 16-26 *O* 결합 올리고당 사슬의 합성 이 경로는 개의 아래턱 점액소에서 탄수화물 절반의 조합으로 제안된 단계이다. SA는 살리실산이다.

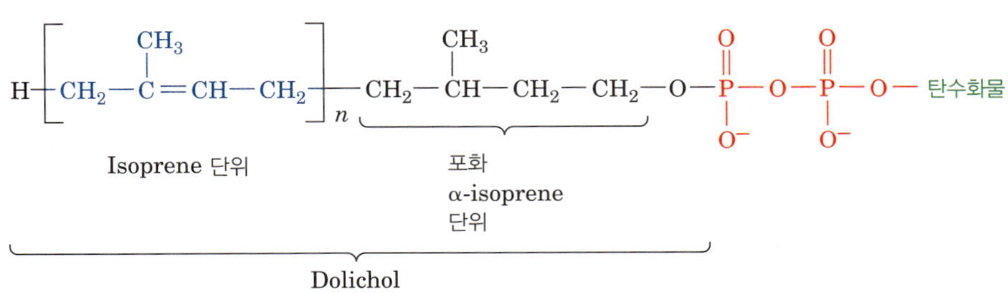

그림 16-27 돌리콜 파이로인산 글리코사이드 *N* 결합 글리코사이드의 탄수화물 전구 물질은 돌리콜에 연결된 올리고당에 의해 합성된다. α-아이소프렌 단위의 긴 사슬 폴리아이소프레놀은 포화되어 있다.

process diagram

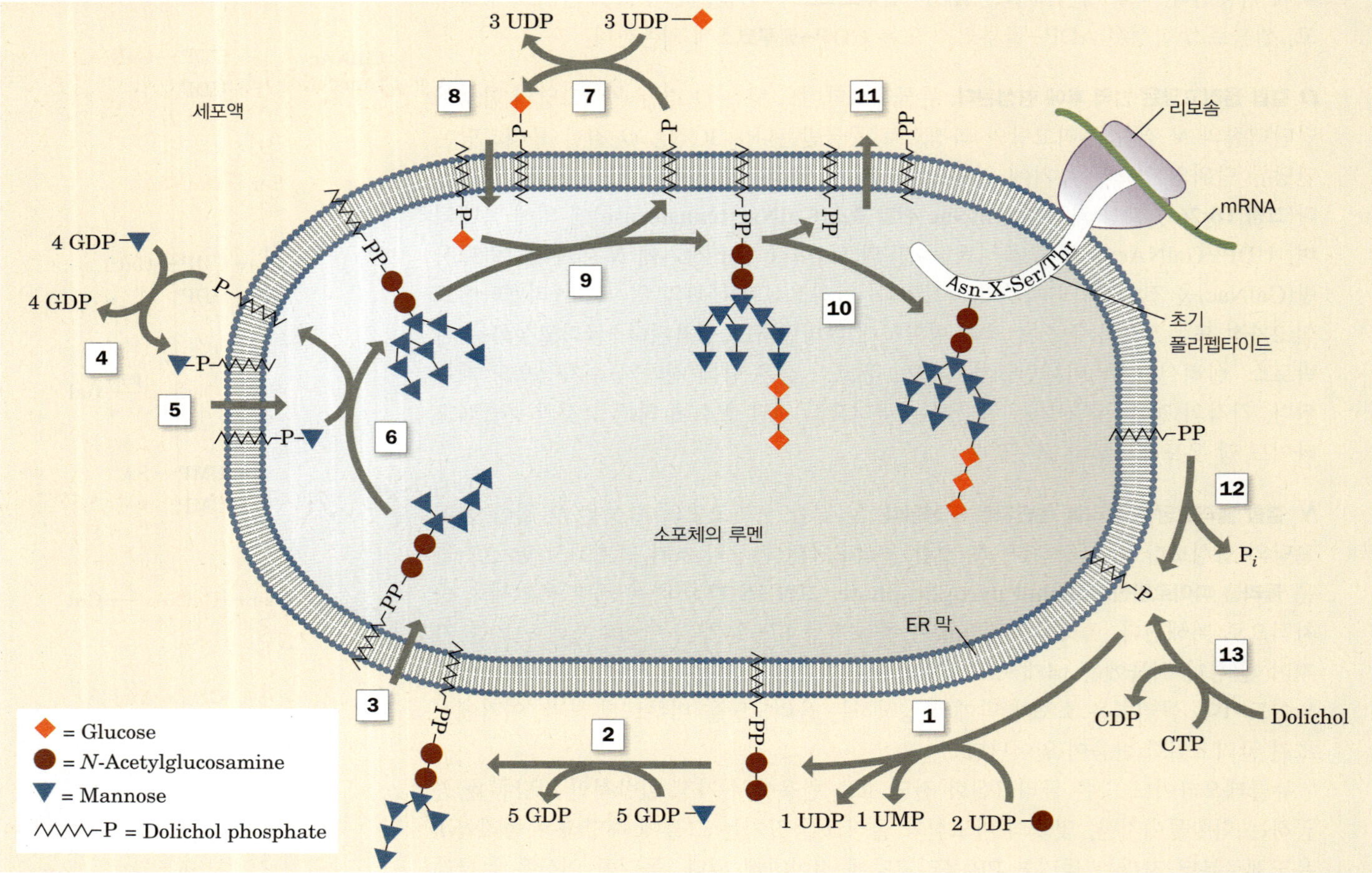

그림 16-28 **돌리콜-PP-올리고당의 합성 경로** (1) 돌리콜-P에 *N*-아세틸글루코사민-1-P와 두 번째 *N*-아세틸글루코사민의 첨가. (2) GDP–마노스로부터 5개의 마노실 잔기를 첨가하는 반응은 5개의 다른 마노실 전달 효소에 의해 촉매된다. (3) 소포체(ER)의 루멘에 돌리콜-PP-(*N*-아세틸글루코사민)$_2$(마노스)$_5$의 막 전좌. (4) GDP–마노스와 돌리콜-P로부터 돌리콜-P-마노스의 사이트솔릭 합성. (5) 소포체의 루멘에 돌리콜-P-마노스의 막 전좌. (6) 돌리콜-P-마노스로부터 4개의 마노실 잔기의 첨가 반응은 4개의 다른 마노실 전달 효소에 의해 촉매된다. (7) UDPG와 돌리콜-P로부터 돌리콜-P-글루코스의 세포액 합성. (8) 소포체의 루멘에 돌리콜-P-글루코스의 막전좌. (9) 돌리콜-P-글루코스로부터 3개의 글루코실 잔기 첨가. (10) 증가하는 돌리콜-PP의 Asn-X-Ser/속의 서열에서 Asn 잔기에 돌리콜-PP로부터 폴리펩타이드 사슬에 올리고당의 전이. (11) 소포체 막의 세포질 쪽의 표면에 돌리콜-PP의 전좌. (12) 돌리콜-P에 돌리콜-PP의 가수 분해 반응. (13) 돌리콜-P는 또한 CTP에 의한 돌리콜의 인산화에 의해 형성될 수 있다. [Modified from Abeijon, C. and Hischberg, C. B., *Trends Biochem. Sci.* 17, 34(1992).]

? 자리옮김 효소에 의해서 촉매되는 반응과 전이 효소에 의해서 촉매되는 반응을 찾으라.

한 잔기이고 매우 드물게 Asp, Glu, Leu, Trp에 있다) 서열 부분의 Asn 잔기에 전이된다. 그 결과 돌리콜 피로인산은 돌리콜 인산과 P_i로 가수 분해되며, 그 과정은 파이로인산 가수 분해 효소가 PP_i에서 $2P_i$로 분해하는 반응과 비슷하다. 더욱이 8-3C 절에서 설명한 올리고당 대신하는 과정은 먼저 소포체에서 일어나고, 다음으로 골지체에서 일어난다(그림 8-19). 여기에서 단당류 잔기는 특별한 글리코실화 효소에 의해 다른 데로 제거되고, 다른 것들은 글리코실 전달 효소를 요구하는 특별한 뉴클레오타이드 당에 의해 더해진다.

바시트라신은 돌리콜 파이로인산의 탈인산화를 방해한다. 항생제에 넓게 사용되는 고리의 폴리펩타이드인 **바시트라신**(**bacitracin**, 그림 16-29)을 포함하는 몇몇의 화

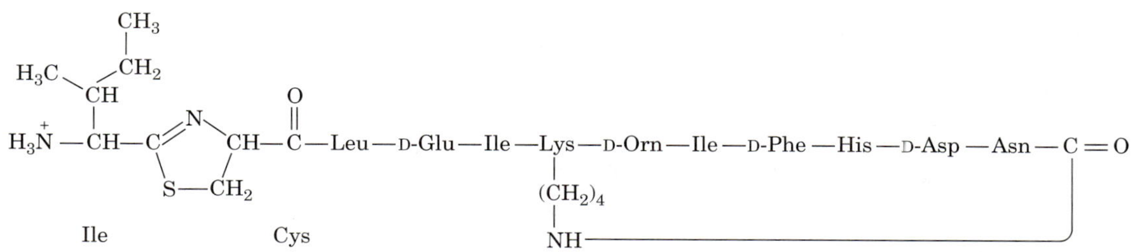

Bacitracin

그림 16-29 바시트라신의 화학적 구조 이 도데카펩타이드는 4개의 D-아미노산 잔기와 2개의 보기 드문 연쇄 사슬을 가진다는 점을 주목하라. 'orm'은 비표준 아미노산인 오르니틴을 나타낸다(그림 21-9).

합물은 특이한 글리코실화 효소의 작용을 막는다. 바시트라신 형태는 탈인산화를 방해하는 돌리콜 파이로인산과 복합체를 형성한다(그림 16-28, 반응 12). 그로 인해 돌리콜 결합 올리고당 전구 물질로부터 당단백질의 합성을 예방한다. 바시트라신은 박테리아 세포벽 합성을 억제하기 때문에 임상적으로 유용하지만(이는 또한 돌리콜 결합 올리고당과 연관되어 있다), 세포막을 가로지를 수 없기 때문에 동물 세포에서는 효과가 없다(박테리아 세포벽 합성은 세포 밖의 과정이다).

체크 포인트

- 뉴클레오타이드 당을 사용하는 합성 경로의 단계를 열거하시오.
- 접촉된 원자 친핵성을 공격하는 것과 이탈기를 묘사함으로써 글리코사이드 결합 형성에 기전달 반응을 설명하시오.
- *O* 및 *N* 결합 올리고당의 합성을 비교하시오.
- 돌리콜인 지방은 당단백질 합성에서 왜 포함되어 있는지를 설명하시오.
- *N* 결합 올리고당의 합성하는 동안 발생하는 효소 반응의 유형을 설명하시오.

요약

1 글리코젠 분해

- 글리코젠 분해는 세 가지 효소를 필요로 한다. 글리코젠 인산화 효소는 글리코젠의 비환원 말단에서 글리코실 잔기를 글루코스-1-인산염(G1P)으로 전환시킨다.
- 가지 제거 효소는 $\alpha(1\rightarrow 4)$ 결합 3개의 당을 비환원 말단으로 전이하고 $\alpha(1\rightarrow 6)$ 결합을 가수 분해한다.
- 인산글루코스 자리옮김 효소는 G1P를 글루코스-6-인산(G6P)으로 전환한다. 간에서 G6P는 글루코스-6-인산 가수 분해 효소에 의해 조직으로 수송의 글루코스로 가수 분해된다.

2 글리코젠 생성

- 글리코젠 생성은 다른 경로가 필요하며 그 경로에서 G1P는 UTP가 UDP−글루코스를 형성하는 반응에 의해 활성화된다.
- 글리코젠 생성 효소는 글리코제닌에 의해 시작된 성장하는 글리코젠 분자의 비환원 말단에 글리코실 단위를 첨가시킨다.
- 가지를 붙이는 효소는 $\alpha(1\rightarrow 4)$ 결합 7개 잔기 부분을 제거하고, $\alpha(1\rightarrow 6)$ 결합으로 다시 붙여 가지 달린 사슬을 만든다.

3 글리코젠 대사의 조절

- 글리코젠 대사는 AMP, ATP, G6P와 같은 다른자리 입체성 작용제에 의해 부분적으로 조절된다. 글리코젠 인산화 효소의 공유 결합 변형과 글리코젠 생성 효소의 $T \rightleftharpoons R$ 평형 이동과 그들의 다른자리 입체성 작용제에 대한 민감한 성질이 바뀐다.
- 인산화 효소 *a*(더 활성) 대 인산화 효소 *b*(덜 활성)의 비율은 인산화 효소 카이네이스의 활성에 의존한다. 이는 단백질 카이네이스 A(PKA), cAMP 의존 효소, 인산 단백질 인산 가수 분해 효소-1(PP1) 활성으로 조절된다. 글리코젠 인산화 효소는 인산화에 의해 활성화되는 반면, 글리코젠 생성 효소는 탈인산화에 의해 활성화된다.
- 글루카곤, 에피네프린, 인슐린 같은 호르몬은 글리코젠 대사를 조절한다. 호르믄 신호는 제2 전령인 cAMP를 생산하거나 세포 내 Ca^{2+}를 증가시킨다. 이는 인산화 효소 카이네이스의 칼모듈린 소단위체와 결합하며, 글리코젠 분해를 증진시킨다. 인슐린은 인산 단백질 인산 가수 분해 효소-1의 활성에 의한 부분에서 글리코젠 합성을 촉진시킨다.

4 글루코스 신성 합성

- 옥살로아세트산으로 전환될 수 있는 화합물은 계속해서 글루코스로 전환될 수 있다. 글루코스 신생 합성을 통한 피루브산에서 글루코스로의 전환은 해당 작용의 자유 에너지 감소 3단계를 통과하는 효소가 필요하다. 피루브산 카복실화 효소와 PEP 카복시인산화 효소(PEPCK)는 피루브산 카이네이스를 통과하고, 프럭토스-1,6-비스인산 가수 분해 효소(FBPase)는 포스포프럭토 카이네이스를 통과하며, 글루코스-6-인산 가수 분해 효소는 헥소 카이네이스를 통과한다.
- 글루코스 신생 합성은 효소의 합성과 프럭토스-2,6-비스인산(F2,6P)을 포함하는 다른자리 입체성 작용제의 변화에 의해 조절된다. 이 F2,6P는 FBPase를 방해하고 포스포프럭토 카이네이스(PFK)를 활성화한다. 그리고 그것의 합성은 포스포프럭토 카이네

이스-2/프럭토스 비스인산 가수 분해 효소-2(PFK-2/FBPase-2)의 이중 기능적 효소의 인산화 상태에 의존한다.

5 다른 탄수화물의 생합성 경로

• 글리코사이드 결합의 형성에는 뉴클레오타이드 당이 필요하다.

• *O* 결합 올리고당은 단백질에 단당류를 첨가하여 합성한다.

• *N* 결합 올리고당은 돌리콜의 운반체에 조립되고 단백질로 전이된다.

주요 용어

가지 제거(debranching)
글루코스 신생 합성 (gluconeogenesis)
글리코젠 분해 (glycogenolysis)
글리코젠 저장병(glycogen storage disease)
뉴클레오타이드 당(nucleotide sugar)
인산 분해 반응 (phosphorolysis)
상호 전환 효소 (interconvertible enzyme)
돌리콜(dolichol)
환원 당량(reducing equivalent)

문제

연습 문제

1. 왜 글리코젠 인산화 효소 반응($\Delta G^{\circ\prime} = 3.1\ \text{kJ} \cdot \text{mol}^{-1}$)은 세포에서 발열 반응(자유 에너지 감소)을 하는지 설명하시오.
2. 글루코스는 글리코젠 인산화 효소와 결합하고 경쟁적으로 효소를 억제한다. 생체적으로 이것의 이점은 무엇인가?
3. 포스포글루코 카이네이스는 G1P의 C6-OH기에 인산화를 촉매한다. 왜 이 효소는 포스포글루코 자리옮김 효소의 정상적인 기능에 중요한가?
4. 글루코스-6-인산 가수 분해 효소는 소포체 내부에 위치한다. 소포체 막을 가로질러 운송하는 G6P에서 결핍의 가능 증상을 설명하시오.
5. 맥아들 병에 걸린 환자들은 간 글리코젠에서 이동된 글루코스가 근육 수축 연료로 공급되는 심혈관 조정에서 '새로운 활력'을 종종 경험한다. 순환하는 글루코스로부터 근육으로 유도된 ATP 양은 근육 글리코젠으로부터 같은 글루코스의 양을 생성함으로써 얻어야만 하는 ATP의 양보다 왜 더 적은가를 설명하시오.
6. 간 질환 환자로부터 얻은 글리코젠 시료는 P_i와 정상적인 글리코젠 인산화 효소와 정상적인 가지 제거 효소를 배양시킨다. 혼합 반응에서 글루코스 형태의 G1P의 비율은 100이다. 환자에게서 예상되는 가장 흔한 효소 결핍증은 무엇인가?
7. 글리코젠 분자가 극단적으로 밀집하기 전에 최대 28개의 가지를 가질 수 있도록 나타내는 세포 내 글리코젠의 가지화 형태와 글루코스 잔기의 부피에 기초하여 계산하시오. 이러한 분자의 장점은 무엇이고, 생체 내에서 발견되지 않는 이유는 무엇인가?
8. 높은 아밀로스–아밀로펙틴 비율을 포함한 식사를 섭취한 대상은 낮은 아밀로스–아밀로펙틴 비율을 가진 식사를 섭취한 대상보다 혈당에서 글루코스 수준이 더 낮은 증가를 보였다. 그 이유를 설명하시오.
9. 많은 당뇨병 환자는 그들 세포의 인슐린 수용체 결핍 때문에 인슐린에 반응하지 않는다. 이는 식사 직후 순환하는 글루코스의 수치(a)와, 근육에서 글리코젠 합성의 비율(b)에 어떻게 영향을 미치는가?
10. 왜 간에서 같은 호르몬 신호 대사 감각은 글리코젠 분해와 해당 작용 저해를 자극하는 반면, 근육에서는 글리코젠 분해와 해당 작용 둘 다 자극하는가?
11. 개와 늑대의 DNA를 비교하면, 개는 4~30개의 아밀라제 유전자를 가지고 있는데 반해 늑대는 단지 2개의 유전자만 갖고 있다. 10,000년 전에 농경을 시작했을 때 추가된 아밀라제 유전자들은 늑대(현대 개의 조상)의 가축화에 왜 역할을 해 왔을까?
12. 몇 가지 원시박테리아는 두 개의 활성 부위를 가진 효소를 생성한다. 하나는 프럭토스-1,6 비스인산의 탈인산화를 촉매하고, 다른 하나는 다이하이드록시아세톤 인산과 글리세르알데하이드-3-인산의 축합을 촉매한다. 단일 이작용기 효소에서 이러한 촉매 활동 결합의 이점을 설명하시오.
13. 글루코스에서 피루브산, 그리고 피루브산에서 글루코스로의 순차적 변환을 위한 균형 반응식을 쓰시오.
14. 오탄당 인산 경로를 통한 G6P 6분자의 이화 작용과 글루코스 신생 합성에 의한 리블로스-5-인산의 G6P로의 전환에 따른 균형 반응식을 쓰시오.
15. 다음 과정을 보고 ATP 당량에서 에너지 획득인지, 소비인지를 나타내시오.
    (a) 글리코젠(3개 잔기) → 피루브산 6개
    (b) 글루코스 3개 → 피루브산 6개
    (c) 피루브산 6개 → 글루코스 3개
16. 코리 회로에서 근육의 해당 작용 젖산 생성물은 간에서 글루코스로 되돌아가 형성된다.

(a) 젖산 → 글루코스 경로에 관여하는 효소를 나열하시오.
(b) 코리 회로(글루코스 → 젖산 → 글루코스)의 한 바퀴에 대한 ATP의 순 이득/손실은 무엇인가?

17. 24시간 공복 전(a)과 후(b) 혈당치에 대한 프럭토스-1,6-비스인산 가수 분해 효소 결핍의 효과를 설명하시오.

18. 프럭토스-1,6-비스인산 가수 분해 효소 결핍인 환자는 혈중 피루브산의 수치를 왜 높여야 하는지를 설명하시오.

19. 혈관 신생이라 불리는 새로운 혈관의 성장은 산소 결핍(산소 부족)에 의해서 촉발될 수 있으며, 혈관벽을 형성하는 내피세포의 급증을 가져온다. 이러한 세포들은 PFK-2 효소의 최고 수준을 보여준다. 이러한 세포에서의 PFK-2 활성의 이점을 설명하시오.

20. 혈관 형성 내피세포에서 피루브신은 완전 산화되기(산화적 인산화에 의해서 ~32 ATP를 생성하는)보다는 젖산(글루코스당 2 ATP를 생성하는)으로 전환된다. 혈관 생성 세포는 왜 ATP를 혐기적으로 생성할 수 있는지를 설명하시오.

21. 포유류의 내장의 막을 이루는 세포들은 *O* 결합 올리고당을 가진 당단백질을 생성한다. 당단백질의 일부는 세포 표면에 박혀 있으며, 또 일부는 내장 공간으로 뻗혀 나와 있다. 건강한 동물에서는 수많은 미생물종(미생물체)이 내장에 생존한다. 이러한 유기체들은 퓨코스를 수반하는 글리코사이드 결합을 가수 분해하는 효소인 퓨코시데이스를 생성한다. (a) 이 효소는 왜 미생물에 유용한가? (b) 병인성(질병을 야기시키는) 박테리아는 전형적으로 퓨코시데이스가 부족하다. 특히 인간 숙주가 병이 나서 먹지 못하는 동안에 이것은 내장에서의 병인균의 성장을 억제하는 데에 어떻게 도움을 주는가?

22. 내장 박테리아를 가지고 있지 않은 무균 생쥐에서 내장 당단백질의 *O* 결합 올리고당은 말단 퓨코스 잔기(그림 16-26 참조)가 부족한 경향이 있다. (a) 어떤 효소가 이러한 생쥐에서 정상적인 양이 생성되지 않는가? (b) 이러한 동물에서 어떤 단당류들이 *O* 결합 올리고당의 말단에 나타나는 경향이 있는가?

도전 질문

23. 음식물의 글루코스 한 분자는 최대의 ATP 분자 32개를 생성하기 위해 해당 작용과 시트르산 회로를 통하여 산화될 수 있다. 분해되기 전에 글루코스가 글리코젠으로 비축될 때 소비된 에너지 부분을 계산하시오.

24. $\alpha(1\rightarrow4)$ 글리코사이드 결합의 가수 분해 반응의 자유 에너지는 $-15.5\ \mathrm{kJ\cdot mol^{-1}}$인 반면, $\alpha(1\rightarrow6)$ 글리코사이드 결합은 $-7.1\ \mathrm{kJ\cdot mol^{-1}}$이다. 이 데이터를 이용하여 세 가지 반응을 포함하는 글리코젠 가지 제거화[$\alpha(1\rightarrow4)$ 결합 분해와 재형성, $\alpha(1\rightarrow6)$ 결합 가수 분해]를 설명하시오. 반면 글리코젠 가지화[$\alpha(1\rightarrow4)$ 결합을 깨고, $\alpha(1\rightarrow6)$ 형성]는 단지 두 가지 반응을 필요로 한다.

25. (a) 알라닌 이외의 어떤 아미노산이 글루코스 신생 합성 전구 물질로 아미노기를 전이함으로써 변환할 수 있는가? (b) 글루코스 분자 한 개에 아미노산 분자 2개의 변환과 ATP 당량, 소비를 계산하시오.

26. 15, 16장에 설명한 탄수화물 대사 경로는 하나의 탄소기 전이를 가지는 두 가지의 반응을 포함한다. (a) 효소와 이러한 반응이 발생하는 경로 이름을 명명하시오. (b) 전달 반응에 필요한 보조 인자는 무엇인가?

27. 이 장에서 요약된 경로들은 뉴클레오사이드 삼인산의 분해를 수반하는 단계들을 포함한다. 이러한 반응 중에서 어느 것이 인산기 전이인가?

28. 이 장에서 요약된 경로들은 뉴클레오사이드 삼인산의 분해를 수반하는 단계들을 포함한다. 이러한 분해 반응 중에서 어느 것이 인산기 전이가 아닌가?

29. 다른자리 입체성 조절 인자 AMP가 프럭토스-1,6-비스인산 가수 분해 효소의 활성을 증가시키거나 감소시키는 것을 예상할 수 있는가?

30. 글루코스 신생 합성의 기질이 아닌 아세틸 CoA가 피루브산 카복실화 효소를 활성화하기 위하여 왜 대사적 감각이 옳은지 설명하시오.

31. 다음 식물에서의 슈크로스 합성을 나타낸 도표에 빈칸을 채우시오.

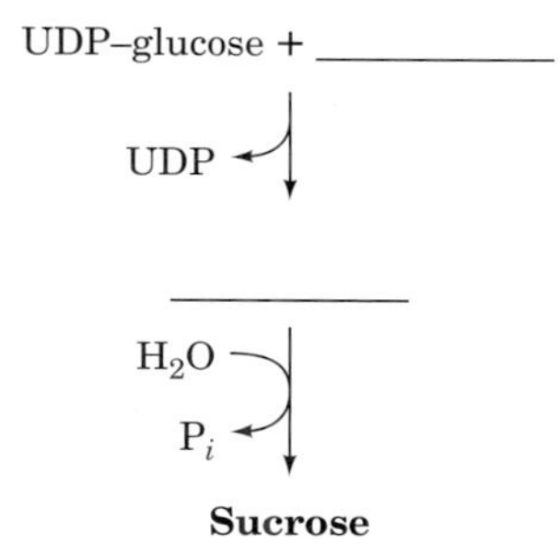

32. 식물에서의 전분 생성 효소는 ADP−글루코스를 적용하는 하나의 활성 자리를 포함한다. 하지만 셀룰로스 생성 효소는 UDP−글루코스 결합체를 적용하는 두 개의 활성 자리를 포함할지 모른다. 전분과 셀룰로스 사이의 주어진 구조적 차이점이 왜 두 기질의 결합 자리가 효과적인 셀룰로스 합성을 촉진시켜 주는가를 설명하시오[힌트: 그림 8-9 참조].

33. 완성된 글리코젠 입자는 줄당 2개의 가지와 가지당 13개의 잔기를 가진 12줄 가지를 전형적으로 가지고 있다. 이런 입자에서는 몇 개의 글루코스 잔기가 존재하는가?

34. 근육 글리코젠 인산화 효소의 V_{max}는 간 효소의 것보다 훨씬 더 크다. 이러한 현상의 기능적 중요성을 논하시오.

참고 문헌

Bollen, M., Keppens, S., and Stalmans, W., Specific features of glycogen metabolism in the liver, *Biochem. J.* **336**, 19–31(1998). [글리코젠 합성 과정과 분해에 연관된 효소의 활성을 설명하고 이 과정을 조절하는 메커니즘에 대해 논의]

Brosnan, J. T., Comments on metabolic needs for glucose and the role of gluconeogenesis, *Eur. J. Clin Nutr.* **53**, S107–S111(1999). [왜 탄수화물이 대사 연료로서 보편적으로 사용되는지, 왜 글루코스가 글리코젠으로 저장되는지에 대해 가능한 이유를 설명한 매우 알기 쉬운 논평]

Browner, M. F. and Fletterick, R. J., Phosphorylase: a biological transducer, *Trends Biochem. Sci.* **17**, 66–71(1992).

Burda, P. and Aebi, M., The dolichol pathway of N-linked glycosylation, *Biochem. Biophys. Acta* **1426**, 239–257(1999).

Croniger, C.M., Olswang, Y., Reshef, L., Kalhan, S.C., Tilghman, S.M., and Hanson, R.W., Phosphoenolpyruvate carboxykinase revisited. Insights into its metabolic role, *Biochem. Mol. Biol. Educ.* **30**, 14 – 20 (2002); *and* Croniger, C.M., Chakravarty, K., Olswang, Y., Cassuto, H., Reshef, L., and Hanson, R.W., Phosphoenolpyruvate carboxykinase revisited. II. Control of PEPCK-C gene expression, *Biochem. Mol. Biol. Educ.* **30**, 353 – 362 (2002).

Kishnani, P.S., Koeberi, D., and Chen, Y.T., Glycogen storage diseases, *in* Valle, D. (Ed.), *The Online Metabolic & Molecular Bases of Inherited Disease*, Chapter 71. http://www.ommbid.com/. [Begins with a review of glycogen metabolism.]

Melendez-Hevia, E., Waddell, T.G., and Shelton, E.D., Optimization of molecular design in the evolution of metabolism : the glycogen molecule, *Biochem. J.* **295**, 477– 483(1993).

Nordlie, R. C., Foster, J. D., and Lang A. J., Regulation of glucose production by the liver, *Annu. Rev. Nutr.* **19**, 379–406(1999).

Okar, D. A., Manzano, A., Navarro – Sabate. A., Riera, L., Bartrongs, R., and Lange, A.J., PFK -2/FBPase-2: Maker and baker of the essential biofactor fructose-2,6-bisphosphate, Trends of Biochem. Sci. 26, 30–35(2001).

Palm, D.C., Rohwer, J.M., and Hofmeyr, J.H., Regulation of glycogen synthase from mammalian skeletal muscle—a unifying view of allosteric and covalent regulation, *FEBS. J.* **280**, 2 – 27 (2013).

Roach, P.J., Depaoli-Roach, A.A., Hurley, T.D., and Tagliabracci, V.S., Glycogen and its metabolism: Some new developments and old themes, *Biochem. J.* **441**, 763 – 787 (2012).

Whelan, W.J., Why the linkage of glycogen to glycogenin was so hard to determine. *Biochem. Mol. Biol. Educ.* **35**, 313 – 315 (2007).

Michael P. Gadomski/Photo Researchers, Inc.

발아 중인 씨앗에서 진행되는 대사 작용은 에너지를 생성하는 역할을 하며, 성장에 필요한 생합성 반응을 수행한다. 발아 과정이나 대부분의 기관에서 진행되는 대사 작용 중 가장 활발한 경로는 시트르산 회로이며, 이는 분해 및 합성 과정 모두에 관여하고 있는 연속적인 반응을 의미한다.

CHAPTER 17

시트르산 회로

앞의 두 장에서 글루코스의 분해 대사, 생합성, 저장, 이동 과정을 알아보았다. 글루코스는 거의 모든 세포들의 에너지원이지만, 글루코스만이 유일한 대사 연료는 아니며, 해당 과정이 에너지 생산 분해 대사 경로의 유일한 것도 아니다. 에너지 수요를 충족시키기 위해 해당 과정만을 의존하고 있는 세포들이 실제로는 탄수화물의 화학 전위 에너지의 대부분을 낭비하는 것이다. 글루코스가 젖산이나 에탄올로 전환될 때, 비교적 환원된 생성물이 세포에 남게 된다. 만약 위의 과정 대신에 해당 과정의 최종 산물이 더욱 산화된다면, 세포는 상당한 양의 에너지를 더욱 많이 회수할 수 있다.

유기 화합물의 산화는 전자 수용체를 필요로 하는데, 예를 들어 NO_3^-, SO_4^{2-}, Fe^{3+}, O_2 등은 여러 다른 생물체에서 산화제로 활용된다. 호기성 생명체에서 산화적인 대사에 의해서 생성된 전자들은 궁극적으로 O_2 분자로 전달된다. 대사 연료의 산화는 시트르산 회로에 의해서 수행되는데, 이는 약 30억 년 전에 대기 중의 산소량이 상당한 수준이 되고 난 한참 후에야 일련의 반응들로서 나타나게 되었다. 대사 연료인 환원된 탄소 원자가 CO_2로 최종적으로 산화되면서, 전자들은 전자 운반체에 전달되어 O_2 분자에 의해서 재산화된다. 이 장에서는 시트르산 회로 자체의 산화 반응

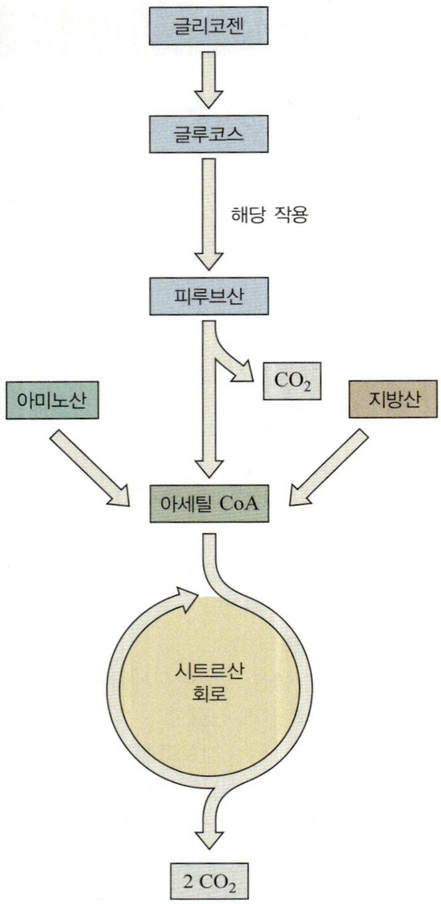

그림 17-1 산화적 연료 대사에 대한 개요 탄수화물, 아미노산, 지방산 등으로부터 생긴 아세틸기는 시트르산 회로로 들어가 CO_2로 산화된다.

에 대해서 살펴보기로 한다. 다음 장에서는 전자의 운명과 이들 전자에 의한 에너지가 ATP 합성을 이끌어내는 데 어떻게 쓰이는가에 대해서 살펴보기로 한다.

때로는 시트르산 회로를 해당 과정에 대한 부가적인 과정으로 여기는 것이 편리할 수 있다. 글루코스로부터 유래한 피루브산은 CO_2와 두 개의 탄소로 된 조각으로 나누어지고, 이 두 개의 탄소로 된 화합물은 아세틸 CoA(acetyl CoA)로서 회로로 들어가 산화된다(**그림 17-1**). 그러나 시트르산 회로를 단순히 탄수화물 분해 대사의 연속 과정으로 이해하는 것은 실제로 잘못된 것이다. **시트르산 회로는 여러 가지의 대사 연료, 즉 탄수화물, 지방산, 아미노산 등을 산화하기 위해서 아세틸 CoA로 쪼개지는, 이런 물질들로부터 에너지를 획득할 수 있는 핵심적인 경로인 것이다.** 사실상, 어떤 조건에서의 시트르산 회로의 주요 기능은 지방산으로부터 에너지를 회수하는 것이다. 우리는 또한 시트르산 회로가 여러 다양한 생합성 경로에 반응물을 공급하는 것도 보게 될 것이다.

우리는 이 장을 시트르산 회로의 개요로부터 시작하기로 한다. 다음으로 어떻게 이 회로의 출발 물질인 아세틸 CoA가 피루브산으로부터 생성되는가를 알아보기로 한다. 이 회로의 효소 각각에 의해서 촉매되는 반응들을 고찰한 뒤, 이들 효소의 조절 메커니즘에 대해서 알아보기로 한다. 마지막으로는 시트르산 회로의 중간 물질들과 다른 대사 과정과의 연계성에 대해서도 알아보기로 한다.

1 시트르산 회로의 개요

주요 개념

- 시트르산 회로는 탄수화물, 지방산, 아미노산으로부터 생성된 아세틸기를 CO_2로 변화시키는 여러 단계의 촉매 반응을 말하며, NADH, $FADH_2$, GTP를 생성한다.

시트르산 회로(**그림 17-2**)는 아세틸 CoA의 아세틸기를 산화시켜 2분자의 CO_2를 생성하며, 그때 방출된 자유 에너지를 NADH와 $FADH_2$에 보존하는 일련의 정교한 8개의 반응으로 이루어진다. 이 회로의 명칭은 첫 번째 반응의 산물인 **시트르산염**(**citrate**)의 이름을 따라서 불리게 되었다. 이 회로를 한 바퀴 완전히 돌게 되면 두 분자의 CO_2, 세 개의 NADH, 한 개의 $FADH_2$, 그리고 한 개의 '고에너지' 화합물(GTP 혹은 ATP)이 생성된다.

시트르산 회로는 1930년경 처음으로 빛을 보게 되었는데, 크레브스(Hans Krebs)가 여러 연구 결과에 기초를 두어 두 개 또는 세 개의 카복실기를 지니는 특정 화합물의 변환에 대한 순환성 반응 체계를 제안하게 되었다. 그 당시에는 시트르산 회로의 많은 중간 물질들이 식물의 생산물로 이미 잘 알려져 있었다. 감귤류 과일로부터의 **시트르산**(**citrate**), 바곳독초(*Aconitum*)로부터의 **아코니트산**(**aconitate**), 황색 채소(succinum)로부터의 **석신산**(**succinate**), 약초(*Fumaria*)로부터 **퓨마르산**(**fumarate**), 그리고 사과(*malus*)로부터 **말산**(**malate**) 등이다. 두 개의 다른 중간 물질인 **α-케토글루타르산**(**α-ketoglutarate**)과 **옥살로아세트산**(**oxaloacetate**)은 살아 있는 생물들에서 발견되기 전에 이미 합성되었기 때문에 화학적 전문 용어로 알려져 있다. 크레브스는 이들 화합물의 대사가 어떻게 대사 연료의 산화와 연계되어 있는가를 처음으로

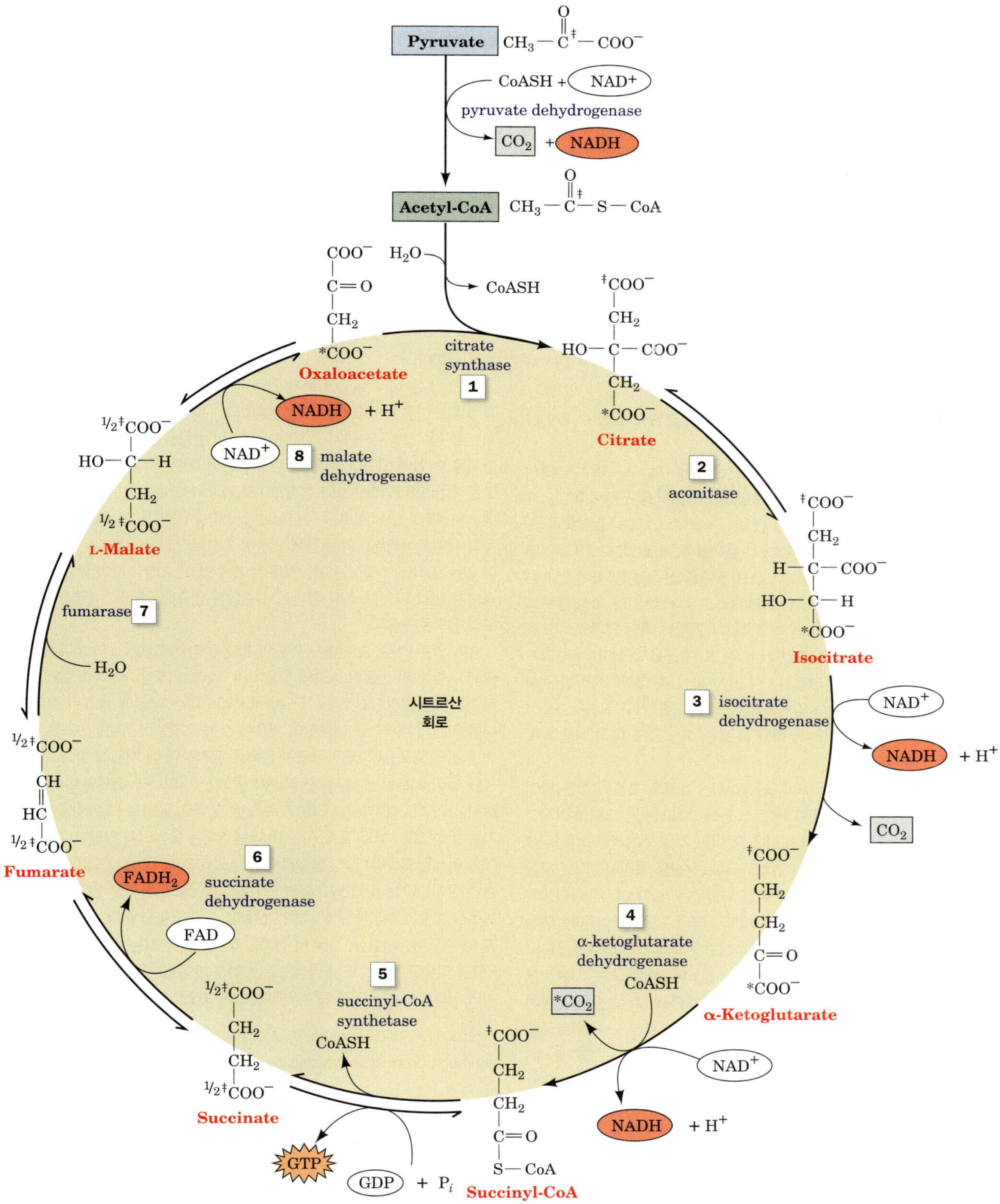

그림 17-2 시트르산 회로의 반응들 이 촉매 회로의 반응물과 생성물은 박스로 표시하였다. 피루브산 → 아세틸 CoA의 반응(그림 맨 위)은 탄수화물 대사를 거쳐서 이 회로의 기질로서 공급되지만 이 회로 자체의 일부로 여기지는 않는다. 옥살로아세트산의 * 표시된 C4의 동위 원소 표지는 α-케토글루타르산의 C1이 되어 4번째 반응에서 CO_2로 배출된다. 아세틸 CoA의 표시된 C1의 동위 원소 표지는 α-케토글루타르산의 C5가 되고 5번째 반응에서 석신산의 C1과 C4에 각기 반씩($^1/_2$‡) 나뉘어 들어간다.

? 책을 보지 말고, 시트르산 회로의 반응식을 쓰라.

자료 17-1 발견의 경로 **크레브스와 시트르산 회로**

크레브스(Hans Krebs, 1900~1981)

크레브스는 1926년부터 1930년까지 바르부르크(Otto Warburg) 연구실에서 일하였고, 그는 후에 바르부르크(자료 15-1)에게서 가장 많은 것을 배웠다고 언급하였다. 크레브스는 바르부르크 방식의 조직-얇게 자르기 기술(tissue-slice technique)을 생합성 반응 연구에 접목시킨 연구자이다(바르부르크 자신은 주로 산화 및 분해 반응들에 관심을 가지게 되었다). 크레브스는 수년에 걸쳐서 요소, 요산, 퓨린의 합성 경로와 산화 경로를 연구하였다. 그는 1933년에 고향인 독일을 떠나 영국으로 옮겨가야 했는데, 독일에서 이민 온 다른 많은 과학자들과는 달리, 그가 늘 사용하던 실험 장비들을 많이 가지고 올 수 있었다. 크레브스는 영국에서 자신이 '시트르산 회로'라고 명명한 일련의 대사 반응들에 대해서 계속 연구하게 되었다.

이 회로는 갑작스런 영감에 의해서 발견된 것은 아니고, 1932년에서 1937년 사이에 행해진 여러 섬세한 실험들에 의해서 발견된 것이다. 크레브스는 연료 사용의 '연소'에 의한 변화, 즉 글루코스에서 젖산으로 발효된 후 무슨 일이 일어나는가에 대해서 흥미를 갖게 되었다. 1930년대까지 글루코스의 산화 메커니즘이나 세포내 호흡(산소 흡입)과의 연계성은 거의 알지 못하고 있었다. 다만 크레브스는 전체적 반응 과정(글루코스 + $6O_2 \rightarrow 6CO_2 + 6H_2O$)의 화학량론적 관계는 여러 단계의 경로를 거쳐야 한다는 것을 이해하고 있었다. 그는 또한 근육 조직이 여러 가지의 다이카복실산(α-케토글루타르산, 석신산, 말산)과 트라이카복실산(시트르산)을 빠르게 산화시킬 수 있는 능력에 대해 다른 연구자들이 검토하고 있다는 것을 알고는 있었으나, 이들 물질 중 어느 것도 특정 식품과 확실하게 연관 지을 수 없었다.

1935년에 괴르지(Albert Szent-Györgyi)는 세포의 호흡이 적은 양의 석신산, 퓨마르산, 말산, 옥살로아세트산 등에 의해서 극적으로 빨라진다는 것을 알게 되었다. 사실 이들 화합물 중 어느 것을 투여하면 이들의 산화 정도를 예상한 것보다 훨씬 O_2 흡입과 CO_2 생산을 촉진시킨다는 사실을 이미 알고 있었다. 다시 말하면, 이들 화합물은 세포내 다른 화합물의 연소를 유발시키는 촉매 역할을 하는 것이다. 거의 같은 시기에 마르티우스(Carl Martius)와 크누프(Franz Knoop)는 시트르산이 α-케토글루타르산으로 변환될 수 있다는 것을 알아냈다. 결국에 크레브스는 시트르산에서 옥살로아세트산에 이르는 다음과 같은 전 과정의 화학 반응을 밝혀내게 되었다. 시트르산 → 아코니트산 → 아이소시트르산 → α-케토글루타르산 → 석신산 → 퓨마르산 → 말산 → 옥살로아세트산. 그렇지만 이들 일련의 반응들이 지속적으로 일어나려면, 반복적으로 이 과정이 출발 위치로 되돌아와야만 한다. 즉 첫 번째 화합물이 재생되어야 한다는 것이다. 그리고 여전히 글루코스 대사와의 분명한 관련성을 알 수 없었다.

크레브스는 시트르산과 다른 중간 물질들이 글루코스 연소에 관련되어 있다고 생각하였는데, 왜냐하면 이것이 식품과 같은 속도로 연소되며, 그렇게 되는 것은 이들 물질뿐이라고 생각하였기 때문이다. 이뿐만 아니라 이전의 연구에서 삼탄소 화합물인 말론산이 석신산에서 퓨마르산으로 가는 전환을 막을 뿐만 아니라, 살아 있는 세포들에 의한 모든 연소 과정을 차단한다는 것을 보여 주고 있었다. 1937년에 마르티우스와 크누프는 크레브스에게 결정적인 정보의 일부를 제공하게 되었다. 즉 옥살로아세트산과 피루브산은 과산화 수소가 있으면 시트르산으로 전환될 수 있다는 사실이다.

크레브스는 이제 회로에 빠져 있던 연결 부분의 실마리를 갖게 되었다. 즉 피루브산은 글루코스 대사의 산물이고, 옥살로아세트산과의 반응으로 시트르산을 생성시키면서 직선적인 일련의 반응들을 한 개의 회로로서 매듭지을 수 있게 되었다. 이런 순환적 경로에 대한 생각은 크레브스에게 새로운 것은 아니었다. 그와 헨젤라이트(Kurt Henseleit)는 이미 1932년에 네 단계의 요소 회로를 규명하고 있었다(21-3절). 크레브스는 피루브산과 옥살로아세트산의 반응에 의하여 시트르산이 만들어지는 반응이 살아 있는 조직에서 일어난다는 것을 보여 주었고, 시트르산의 합성 및 분해 속도가 여러 다양한 조직 형태에서 관찰된 연료의 연소를 설명하기에 충분할 정도로 높았다.

흥미 있는 것은, 신진대사 연구의 최대 업적인 크레브스의 시트르산 회로에 대한 초기 논문이 최고의 학술지인 "네이처"에서 거부하여 실리지 못하였고, 잘 알려지지 않은 "Enzymologia"라는 저널에 발표된 것이다. 비록 약간의 세부적인 내용들이 차후에 수정되기는 하였지만, 크레브스는 이 회로의 경로들에 대한 중요한 윤곽을 정리하여 이 저널에 발표하였다. 예를 들어 시트르산 생성 메커니즘(피루브산이 아니라 아세틸 CoA가 관여하는)과 회로에 석시닐 CoA가 포함된 것 등이 곧바로 그 가치를 인정받지는 못하였다. 보조 효소 A는 1945년까지는 발견되지 않았고, 1951년에야 아세틸 CoA가 중간 물질로서 옥살로 아세트산과 축합되어 시트르산을 생성시킨다는 것을 발표하게 되었다. 크레브스와 다른 연구자들은 시트르산 회로가 아미노산과 지방산 산화에 주된 역할을 한다는 것을 분명하게 해 주었다. 사실상, 회로의 경로는 대사에 공급하는 연료 에너지의 약 2/3을 다루고 있다. 또한 크레브스는 합성 반응의 전구 물질 공급 경로로서의 시트르산 회로의 중요한 역할을 알게 되었다.

[Krebs, H.A. and Johnson, W. A., The role of citric acid in intermediate metabolism in animal tissues, *Enzymologia* **4**, 148–156(1937).]

보여 주었다. 1937년에 시트르산 회로에 대한 그의 발견은 가장 중요한 업적의 하나로 기록되고 있다(자료 17-1). 비록 지금은 시트르산 회로의 효소와 중간 물질이 잘 규명되어 있지만, 많은 연구자들은 효소들의 분자 메커니즘에 대해서 또한 이들 효소가 다른 생물체에서 다양한 대사 조건에서 최적의 수행 능력을 위해 어떻게 조절되는가를 여전히 연구하고 있다.

우선 각각의 반응을 자세히 알아보기 전에, 시트르산 회로의 일반적인 특징을 살펴보기로 하자.

1. 이른바 **크레브스 회로**(**Krebs cycle**) 또는 **TCA 회로**(**tricarboxylic acid cycle**)라고 불리는 순환 경로는 피루브산뿐만 아니라 여러 곳에서 발생한 아세틸기를 산화시킨다. 이것이 탄수화물, 지방산, 아미노산 등의 산화에 대한 주된 부분을 나타내기 때문에 시트르산 회로는 종종 세포의 신진대사 '중심(hub)'이라고도 한다.
2. 시트르산 회로의 전체 반응은

$$3\,NAD^+ + FAD + GDP + P_i + \text{acetyl-CoA} \rightarrow 3\,NADH + FADH_2 + GTP + CoA + 2\,CO_2$$

   이다. 시트르산 회로의 첫 번째 단계에서 소비되는 옥살로아세트산은 이 회로의 마지막 단계에서 다시 재생된다. **그러므로 시트르산 회로는 아세틸기를 무한대로 산화시킬 수 있는 다단계식 반응이다.**
3. 진핵생물에서 시트르산 회로의 모든 효소들은 미토콘드리아에 위치하고, NAD^+와 GDP를 포함한 모든 기질들은 미토콘드리아에서 생성되거나 세포질에서 미토콘드리아로 운반된다. 동시에 시트르산 회로의 모든 생성물은 미토콘드리아에서 소비되거나 세포질로 이동해야 한다.
4. 회로가 한 바퀴 돌아서 생긴 두 분자의 CO_2의 탄소 원자들은 회로가 시작될 때 사용된 아세틸기의 두 개의 탄소가 아니다(그림 17-2). 이들 아세트산 탄소 원자들은 회로의 연속된 순환에서 사라지게 된다. 그렇지만 회로 한 바퀴의 실제적인 효과는 한 개의 아세틸기가 산화되어 $2CO_2$로 된다는 것이다.
5. 시트르산 회로의 중간 물질들은 다른 화합물 생합성의 전구 물질이 된다(즉 글루코스 신생 합성에 대한 옥살로아세트산, 16-4절).
6. 한 개의 아세틸기가 $2CO_2$로 산화하는 데 네 개의 전자쌍이 이동해야 한다. $3NAD^+$가 3NADH로 환원되는 반응이 세 개의 전자쌍을 소모하게 되고, FAD의 $FADH_2$로의 환원이 네 번째 전자쌍을 사용하게 된다. 아세틸기 산화로 인한 자유 에너지의 많은 부분이 이렇게 환원된 보조 효소에 보존된다. 또는 에너지가 GTP(또는 ATP)로 회수되기도 한다. 18-3C절에서 네 개의 전자쌍이 궁극적으로 O_2로 전달되면서 총 10개의 ATP가 생성되는 것을 보게 될 것이다.

체크 포인트

- 왜 시트르산 회로가 세포의 대사 과정에서 중심 역할을 하는지 설명하시오.
- 시트르산 회로가 한 바퀴 돌 때 알짜 반응의 기질과 생성물은 무엇인가?

2 아세틸 CoA의 합성

주요 개념

- 피루브산 탈수소 효소는 피루브산에서 CO_2와 보조 효소 A와 결합되는 아세틸기가 형성되는 5단계의 반응에 촉매로 작용하는 다중 효소 복합체이다.
- 반응에 필요한 보조 인자는 TPP, 리포아마이드, 보조 효소 A, FAD, NAD^+이다.

아세틸기는 '고에너지' 화합물인 아세틸 CoA의 일부분으로서 시트르산 회로로 들어간다[싸이오에스터(thioester)는 가수 분해하여 높은 자유 에너지를 갖게 됨을 생각하라(14-2D절)]. 비록 아세틸 CoA가 지방산(20-2절) 및 여러 아미노산으로부터 유래되기도 하지만(21-4절), 여기서는 탄수화물로부터 생긴 피루브산에서 생성된 아세틸 CoA에 대해서만 고려하기로 한다.

15-3절에서 보았듯이 혐기적 환경에서 해당 과정의 최종 산물은 젖산이거나 에탄

올이다. 그렇지만 호기적 환경에서는 해당 과정에서 생긴 NADH가 미토콘드리아에서 다시 산화될 때 최종 산물은 피루브산이다. 전달 단백질이 H^+(즉 피루브산–H^+ 공동 통로)에 의해 미토콘드리아 내로 피루브산을 통과시켜 더욱 산화가 일어나게 한다.

A 피루브산 탈수소 효소는 다중 효소 복합체이다

다중 효소 복합체(multienzyme complex)는 대사 경로에서 두 가지 이상의 연속된 단계를 촉매하는 효소들이 비공유적으로 연결된 집합체를 말한다. 실질적으로 모든 생물은 다중 효소 복합체를 지니고 있는데, 이것은 다음과 같은 장점을 제공하므로 촉매 효율의 진화상 발전된 형태이다.

1. 효소 반응 속도는 효소가 기질과 충돌하는 빈도에 의해서 좌우된다(11-3D절). 일련의 반응들이 다중 효소 복합체 내에서 일어날 때, 기질은 활성 자리 사이로 확산되어야 하는 거리가 최소화되어야만 반응 속도를 높이게 되는 장점을 갖는다.
2. 대사 경로에서 연속적인 효소들 사이에 대사 중간 물질을 통과시키는 것은 이들 중간 물질이 다른 분자와의 반응할 기회를 감소시키게 되어 부차적인 반응을 최소화하게 된다.
3. 다중 효소 복합체에 의해 촉매되는 반응의 조절은 조화롭게 이루어진다.

아세틸 CoA는 **피루브산 탈수소 효소(pyruvate dehydrogenase)**라는 다중 효소 복합체에 의해서 피루브산이 산화에 의한 탈카복실화됨으로써 생성된다. 이 복합체는 다음 세 가지 효소, 즉 **피루브산 탈수소 효소(pyruvate dehydrogenase, E1)**, **다이하이드로리포일 아세틸기 전달 효소(dihydrolipoyl transacetylase, E2)**, **다이하이드로리포일 탈수소 효소(dihydrolipoyl dehydrogenase, E3)**를 지니고 있다.

대장균의 피루브산 탈수소 효소 복합체는 지름이 300 Å인 ~4600 kD 크기의 큰 입자이다(그림 17-3*a*). 이 입자의 중심 부분은 한 개의 입방체 내에 배열된 24개의 E2 단백질로 만들어져 있고(그림 17-3*b*, 17-4*a*), 이들은 다시 24개의 E1 단백질과

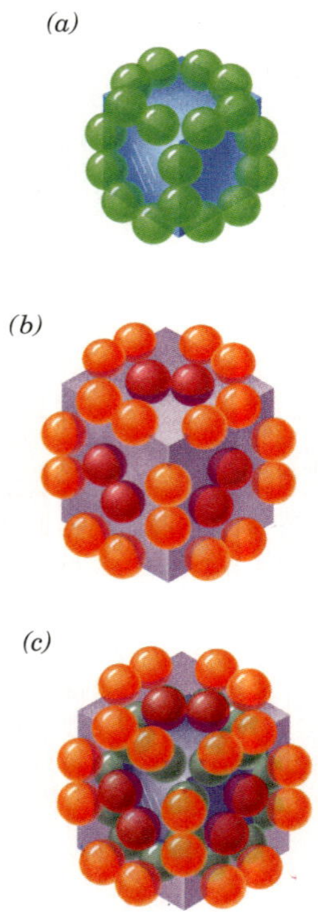

그림 17-4 대장균의 피루브산 탈수소 효소 다중 효소 복합체의 구조적 체계 (*a*) 다이하이드로리포일 아세틸기 전달 효소 (E2)의 중심 부위. 24개의 E2 단백질(녹색 구)이 입방체의 모서리마다 삼합체로 모여 있다. (*b*) 24개의 피루브산 탈수소 효소(E1) 단백질(주황색 구)들이 E2의 12면을 따라서 중심 부위에 이합체로 모여 있다. 12개의 다이하이드로리포일 탈수소 효소(E3) 단백질(자주색 구)은 E2 입방체의 여섯 면에 달라붙은 이합체를 형성한다. (*c*) *a* 부분과 *b* 부분을 합하면 전체적으로 60개의 소단위체 복합체를 구성하게 된다.

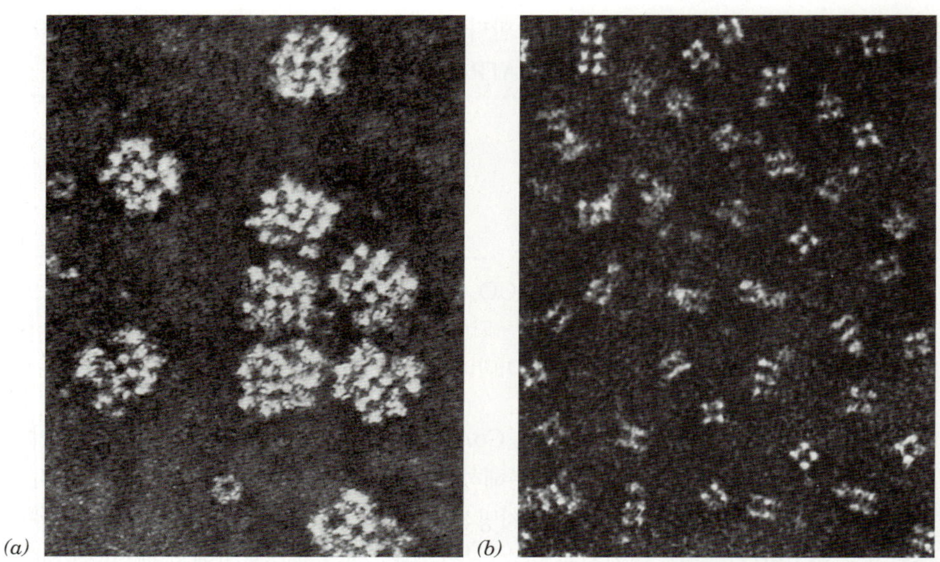

그림 17-3 대장균의 피부르산 탈수소 효소 다중 효소 복합체의 전자 현미경 사진 (*a*) 온전한 형태의 복합체, (*b*) 다이하이드로리포일 아세틸기 전달 효소(E2) 중심 복합체 [Courtesy of Lester Reed, University of Texas at Austin]

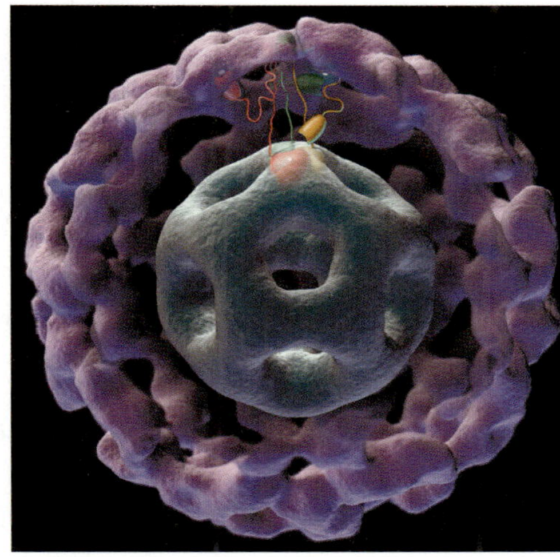

그림 17-5 *Bacillus stearothermopilus* **피루브산 탈수소 효소 복합체** 지름이 500 Å 이상인 절개 표면 그림은 60개의 E2 소단위체(회녹색)로 된 중심부의 저온 전자 현미경 사진으로, 약 90 Å의 간격을 두고 60개의 E1 소단위체(자주색)로 된 겉껍질로 둘러싸여 있다. 그들의 촉매 영역(E2 중심부에 연결된)을 나타내기 위해 그림에 빨간색, 초록색, 노란색의 3개의 E2 소단위체를 표시하였으며, 주위에 있는 E1(E3) 소단위체와 빨간색 부분으로 표시된 리포일 영역과 결합한 부위(E3 껍질과 연결된)도 같이 표시하였다. 이들은 모두 유연한 폴리펩타이드 연결체(17-2B절 참조)에 의해 연결되어 있다. 이 그림에서 빨간색으로 표시된 리포일 부위가 E1의 활동 자리(흰색 점)에 접근하는 반면, 초록색과 노란색의 리포일 부위는 중간체와 결합하기 위해 E2 중심부와 E1 껍질 사이의 고리 모양의 공간에 위치함을 나타내고 있다. 전형적인 피루브산 탈수소 효소 복합체는 E3 소단위체가 E1 소단위체 역할을 일정 부분 대신하고 있다. 실제로 60개의 E3 소단위체와 60개의 E2 소단위체로 된 복합체의 경우 E1–E2 복합체와 매우 비슷하다. [Courtesy of Jacqueline Milne, National Institutes of Health, Bethesda, MD]

12개의 E3 단백질로 둘러싸여 있다(**그림 17-4*b*,*c***). 포유동물, 효모, 그리고 몇몇 세균에서는 피루브산 탈수소 효소 복합체가 심지어 좀 더 크거나 복잡하기도 하지만, 이것은 동족의 효소와 유사한 메커니즘을 사용하여 동일한 반응들을 촉매한다. 알려진 것 중 가장 큰 다중 효소 복합체는 크기가 ~10,000 kD인 것이 있는데, E2 중심부는 60개의 소단위체로 되어 정12면체 대칭으로 배열된다[**그림 17-5**, 12면체는 20개의 꼭짓점과 각이 삼면 축에 위치한 12개의 오각면을 지닌 I 대칭(그림 6-34*c*)인 정다면체이다]. 그 주위에 45개 이상의 E1, $\alpha_2\beta_2$ 이종 사합체(모서리마다 한 개씩 중심에 자리 잡은)와 9개 이상의 E3 동종 이합체로 둘러싸인 형태이다. E1과 E3은 무작위적이긴 하지만 독점적인 위치를 차지하기 위하여 경쟁적 결합을 한다. 포유동물의 복합체에서는 E2 중심에 E3을 결합시키기 위하여 **E3 결합 단백질(E3 binding protein)**의 12개 이상의 복제물을 포함하기도 하며, 이러한 복합체의 활성을 조절하기 위해 카이네이스와 인산 가수 분해 효소의 복제물을 포함하고 있다(17-4A).

B 피루브산 탈수소 효소 복합체는 5가지 반응을 촉매한다

피루브산 탈수소 효소 복합체는 아래 반응과 같이 전체적으로 5개의 연속적 반응을 촉매한다.

$$\text{피루브산} + \text{CoA} + \text{NAD}^+ \rightarrow \text{아세틸 CoA} + \text{CO}_2 + \text{NADH}$$

또 5종류의 보조 효소를 필요로 한다. 즉 싸이아민 파이로인산(thiamine pyrophosphate, TPP; 15-3B절), **리포아마이드(lipoamide)**, 보조 효소 A(그림 14-11), FAD(그림 14-13), NAD^+(그림 11-4)이다. 이들 보조 효소와 그 작용 메커니즘은 **표 17-1**에 정리하였다. 피루브산 탈수소 효소 복합체가 촉매하는 일련의 반응은

표 17-1 피루브산 탈수소 효소의 보조 효소와 보결 원자단

보조 인자	위치	기능
싸이아민 파이로인산(TPP)	E1에 결합	피루브산을 탈카복실화시켜서 하이드록시에틸–TPP 탄소 음이온을 생성
리포산	E2(리포아마이드)의 Lys에 공유 결합됨.	TPP로부터 아세틸기로서 하이드록시에틸 탄소 음이온을 받아들임.
보조 효소 A(CoA)	E2의 기질	리포아마이드로부터 아세틸기를 받아들임.
플라빈 아데닌 다이뉴클레오타이드(FAD)	E3에 결합	리포아마이드에 의해 환원됨.
니코틴아마이드 아데닌 다이뉴클레오타이드(NAD^+)	E3의 기질	$FADH_2$에 의해 환원됨.

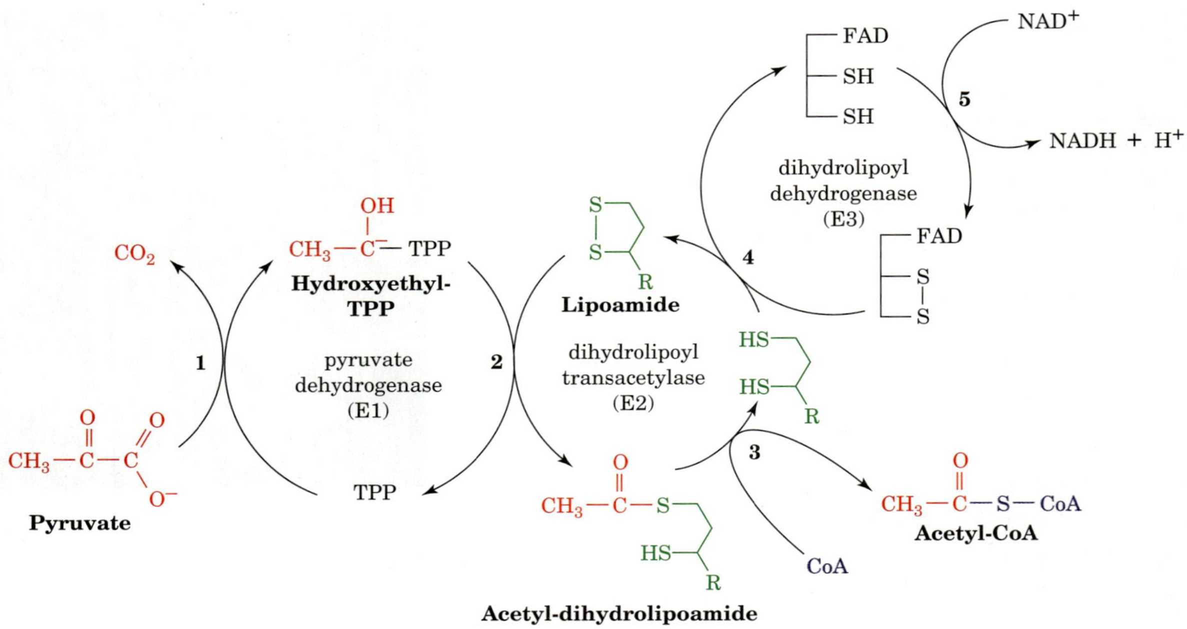

그림 17-6 피루브산 탈수소 효소 다중 효소 복합체에 의한 5가지 반응 E1(피루브산 탈수소 효소)는 TPP를 함유하고 반응 1과 2를 촉매한다. E2(다이하이드로리포일 아세틸기 전달 효소)는 리포아마이드를 함유하고 반응 3을 촉매한다. E3(다이하이드로리포일 탈수소 효소)는 FAD와 산화-환원 활성 이황화물을 포함하고, 반응 4와 5를 촉매한다.

? 다섯 단계 각각에서 일어나는 반응의 유형은 무엇인가?

다음과 같다(**그림 17-6**).

1. 피루브산 탈수소 효소(E1), TPP-요구 효소로서, 피루브산을 탈카복실화시켜 하이드록시에틸-TPP(hydroxyethyl-TPP) 중간 물질을 만든다.

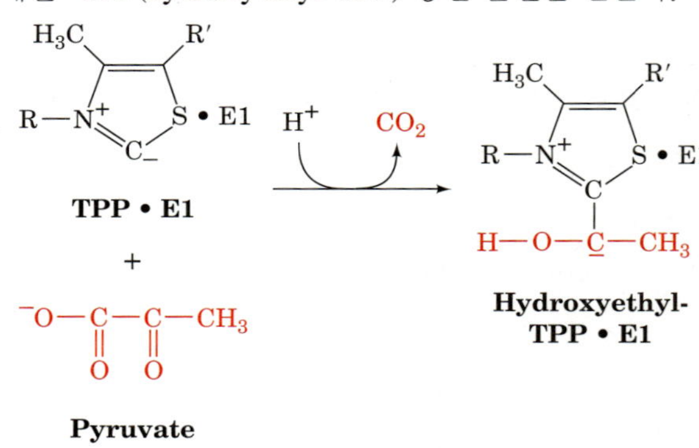

이 반응은 효모의 피루브산 탈카복실화 효소에 의한 촉매 반응과 동일하다(그림 15-20). TPP의 싸이아졸륨(thiazolium) 고리를 카보닐기에 붙여 주고 전자 받게로서 작용하여 α-케토산의 탈카복실화 반응에 가장 유용한 효소로 기능하는 능력을 고려해 보자(15-3B절).

2. 피루브산 탈카복실화 효소와 다르게, 피루브산 탈수소 효소는 하이드록시에틸-TPP 중간 물질을 아세트알데하이드와 TPP로 변화시키지 않는다. 그 대신 하이드록시에틸기를 다음 번 효소로 리포아마이드기를 포함한 다이하이드로리포일 아세틸기 전달 효소(E2)로 전달한다. 리포아마이드는 **리포산(lipoic acid)**이 아마이드(amide) 결합으로 라이신기의 ε-아미노기에 연결된 상태이다(**그림 17-7**). 리포아마이드의 반응 중심부는 가역적으로 환원될 수 있어서 **다이하이드로리포아마이드(dihydrolipoamide)**를 만들어 내는 고리형의 이황화물 구조를

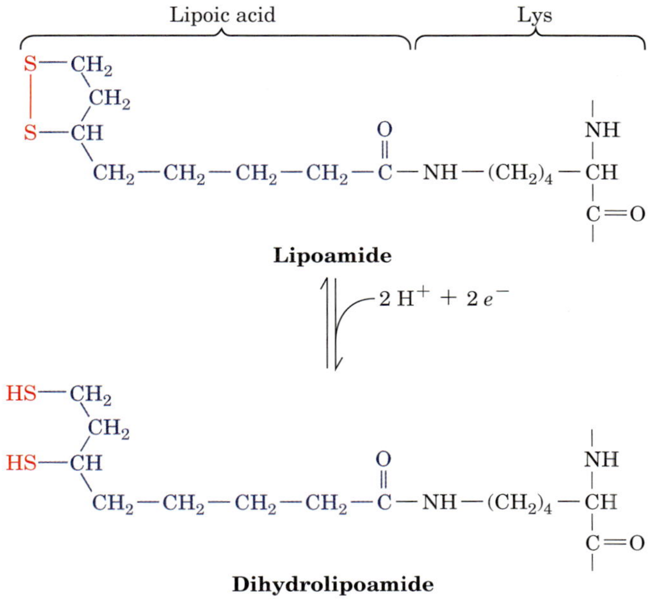

그림 17-7 리포아마이드와 다이하이드로리포아마이드의 상호 변환 리포아마이드는 리포산이 아마이드 결합으로 Lys 잔기의 ε-아미노기에 공유 결합되어 있다.

갖는다. 피루브산으로부터 얻어진 하이드록시에틸기는 이 리포아마이드 이황화물을 공략하여 TPP를 제거시켜 활동적인 E1을 재생시킨다. 하이드록시에틸 탄소 음이온(hydroxyethyl carbanion)은 리포아마이드 이황화물이 환원되면서 아세틸기로 산화된다.

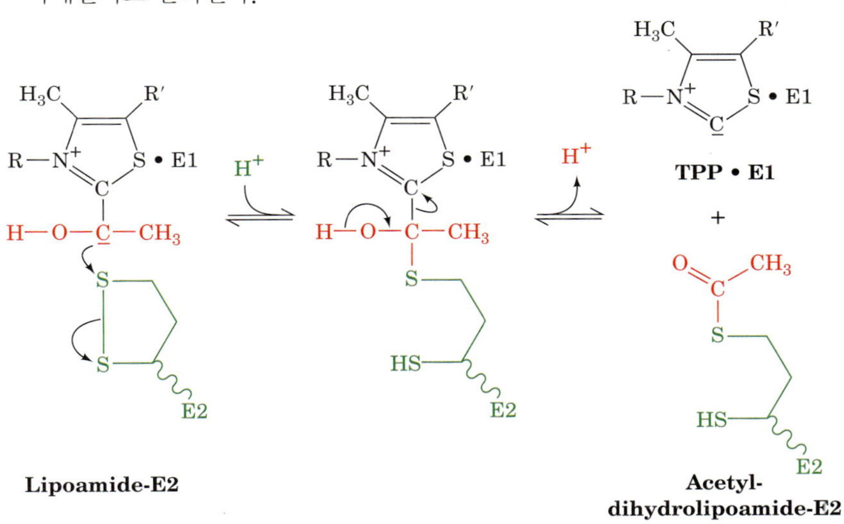

3. E2는 아세틸기가 CoA로 전달되어 아세틸 CoA와 다이하이드로리포아마이드–E2를 생성시키는 에스터 교환 반응을 촉매한다.

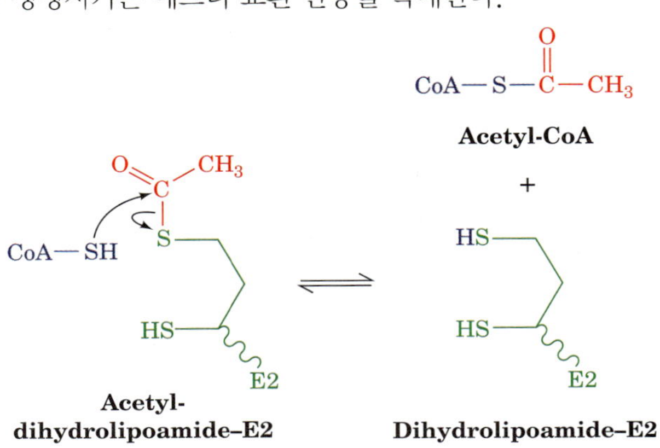

4. 아세틸 CoA는 만들어지지만, E2의 리포아마이드기는 재생되어야 한다. 다이하이드로리포일 탈수소 효소(E3)는 다이하이드로리포아마이드를 다시 산화시켜 E2의 촉매 회로를 종결한다. 산화된 E3는 활성을 띤 Cys–Cys 이황화기와 단단히 결합된 FAD를 포함하고 있다. 다이하이드로리포아마이드의 산화는 이황화물의 교환 반응이다.

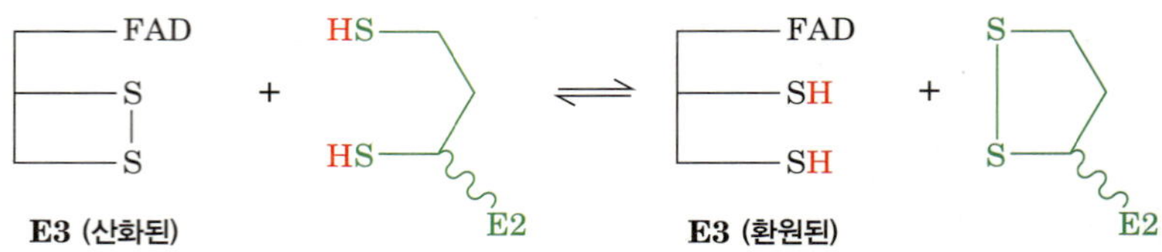

5. 마지막으로, 환원된 E3는 다시 산화된다. 설프하이드릴기는 FAD가 내보낸 전자로 NAD^+를 NADH로 만드는 메커니즘에 의해 다시 산화된다.

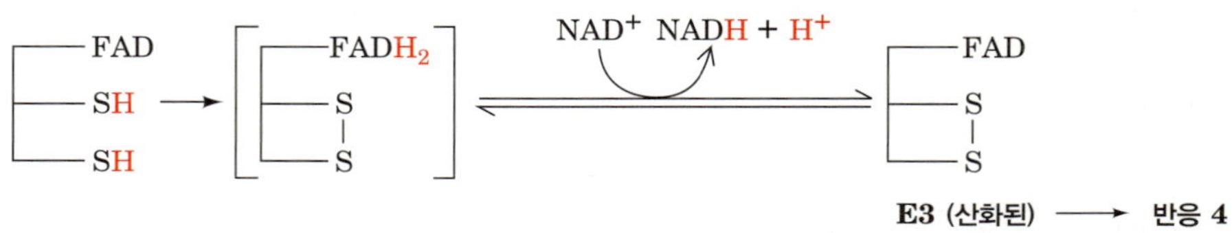

다이하이드로리포일 탈수소 효소의 X선 구조는 메커니즘에 대한 정보와 더불어 다이하이드로리포아마이드 탈수소 효소(E3)에 의해 촉매되는 반응이 그림 17-6의 반응 4와 반응 5에서 보이는 것보다 더 복잡하다는 것을 나타낸다. 효소의 산화-환원 활성 이황화 결합은 Cys 43과 Cys 48 사이에서 형성되는데, 이것은 효소의 폴리펩타이드 사슬에서 잘 보존된 부위에 위치한다. 이 이황화 결합은 나선 내의 뒤틀린 부위의 연속적인 회전을 연결해 주고 있다(뒤틀리지 않은 나선 내에서 Cys 43과 Cys 48의 C_d 원자는 이황화 결합을 형성하기에는 너무 멀리 떨어져 있다).이 효소의 플라빈(flavin)기는 거의 완벽하게 단백질 내에 감추어져 있는데, 주변의 용액으로부터 이 효소의 촉매 작용인 전자 전달 반응을 방해하는 것을 방지한다. NAD^+의 니코틴아마이드 고리는 이황화물의 맞은편에 있는 플라빈 쪽에 결합된다. NAD^+가 없을 때는 TYR 181의 페놀기가 플라빈의 용액과의 접촉을 막도록 하기 위해서 니코틴아마이드의 결합 공간을 감싸고 있다(**그림 17-8**). Tyr의 곁가지는 니코틴아마이드가 플라빈 고리 근처에서 결합하도록 한쪽으로 이동하는 듯이 보인다.

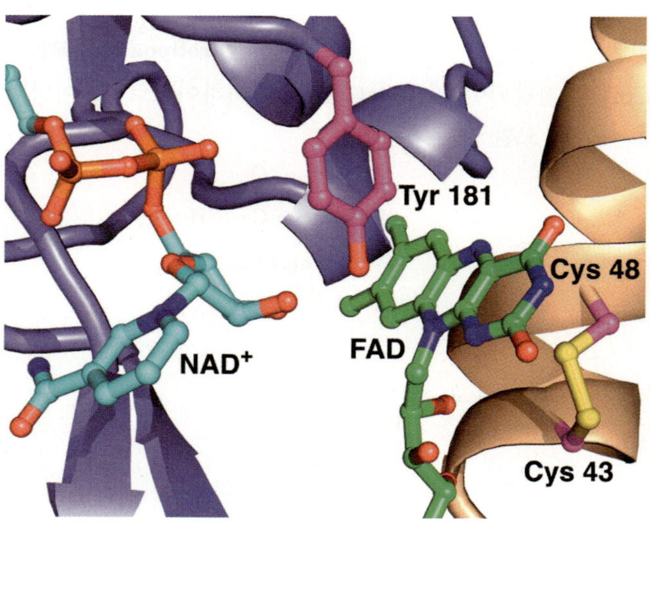

그림 17-8 다이하이드로리포아마이드 탈수소 효소(E3)의 활성 자리 *Pseudomonas putida*의 이 효소의 X선 구조에서, 결합된 NAD^+와 FAD 보조 인자의 산화-환원 활성 부분, 산화-환원 활성 이황화 결합을 형성하는 Cys 43과 Cys 48의 곁가지, Tyr 181의 곁가지들을 공-막대 모형으로 나타내었다. FAD의 탄소는 녹색, NAD^+의 탄소는 청색, 단백질 가지의 탄소는 자홍색, 질소는 청색, 산소는 빨간색, 인은 주황색, 황은 노란색으로 표시하였다.Tyr 181의 곁가지들이 플라빈과 니코틴아마이드 고리 사이에 걸쳐서 위치하는 것을 주목하라. 동종 이합체 단백질의 위치는 자주색과 밝은 주황색의 리본 형태로 나타내었다. [Based on an X-ray structure by Wim Hol, University of Washington. PDBid 1LVL.]

? NAD^+, FAD, 시스테인 이황화물의 환원 전위(표 14-4)를 비교하고, 이들 값으로부터 세 그룹 간의 전자의 흐름 방향을 예상하라.

단백질 내 FAD 보결 원자단은 대략 0 V의 환원 전위(표 14-4)를 갖는데, NAD^+로 전자를 내어 주기에는 적절하지 않은 $FADH_2$로 바뀐다($\mathscr{E}°' = -0.315$ V). 다이하이드로리포아마이드 탈수소 효소의 FAD기가 완전히 $FADH_2$로 환원되지는 않음을 나타내고 있다. 플라빈과 니코틴아마이드 고리의 정밀한 위치 선정으로 인해 전자들은 효소의 이황화물에서 빠르게 FAD를 통해 NAD^+로 전달되는데, 환원된 플라빈 음이온($FADH^-$)은 과도하게 존재하게 된다. 그러므로 **FAD는 전자의 공급원이나 배출구로서가 아니라 전자 통로의 관으로 기능하는 듯이 보인다.**

흔들팔 구조(swing arm)가 중간 물질을 전달한다. 어떻게 반응 중간 물질들이 E2(피루브산 탈수소 효소 복합체의 중심부)와 바깥쪽에 있는 E1과 E3 단백질 사이 통로로 운반되는지에 대한 해답의 열쇠는 바로 E2의 리포아마이드기에 있다. 리포산 잔기와 Lys기의 곁가지는 붙어 있으며, 합친 길이가 대략 14 Å이다. **리포일라이실 팔(lipoyllysyl arm)**은 긴 밧줄처럼 생겨 복합적 작용을 하는데, 이는 E1(하이드록시에틸기와 연결되는)의 이황화물기를 매달아 E2의 활성 자리(하이드록시에틸기를 전달하여 아세틸 CoA를 만드는)로, 거기서부터 E3(환원된 이황화물이 다시 산화되는)로 겨누어 작용하게 된다. 리포일라이실 팔을 지니고 다니는 E2의 영역은 길이가 140 Å 이상인 리포일라이실 팔의 유동성에 기여하는 몹시 휘어지기 쉬운 프롤린과 알라닌이 풍부한 부분에 의해 E2 단백질의 나머지 부분과 연결되어 있다. 리포일라이실 팔의 유연성과 접근성으로 인해서 한 개의 E1 단백질은 여러 개의 E2 단백질을 아세트화시킬 수 있으며, 한 개의 E3 단백질도 여러 개의 다이하이드로리포아마이드기를 다시 산화시킬 수 있다. 이 유연한 리포일라이실 팔은 E2 중심부와 E1–E3 결합 껍질 사이의 공간을 침투하여(그림 17-5), E1, E2, E3의 활성 자리를 탐색하고 있다. 피루브산 탈수소 효소 복합체의 전체는 비소 함유 화합물과 리포아마이드기의 반응으로 비활성화될 수 있다(자료 17-2 참조).

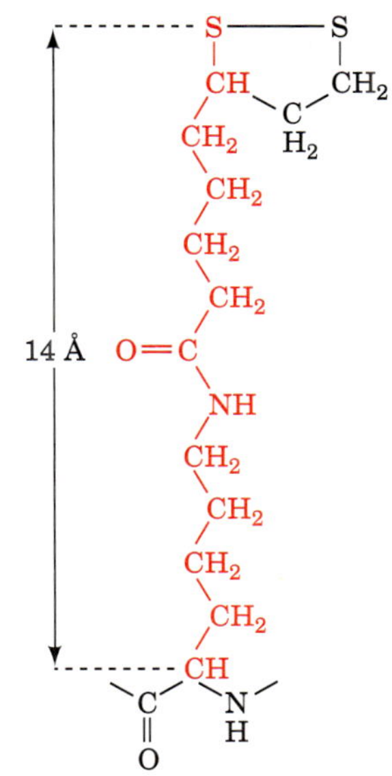

리포일라이실 팔 (충분히 확장된)

체크 포인트

- 다중 효소 복합체의 장점을 요약하시오.
- 피루브산 탈수소 효소의 반응식을 기술하시오.
- 피루브산 탈수소 효소 다중 효소 복합체의 5가지 반응을 기술하시오.
- 어떤 보조 인자가 필요한가? 이들의 보결 원자단은 무엇인가?

3 시트르산 회로의 효소

주요 개념

- 시트르산 회로에 작용하는 8개의 효소는 축합 반응, 이성질화 반응, 산화–환원 반응, 인산화 반응, 수화 반응에 촉매 작용을 한다.
- 두 반응은 CO_2를 생성하고, 한 반응은 GTP를 생성하며, 나머지 네 개 반응은 환원형 보조 효소인 NADH와 $FADH_2$를 생성한다.

이 절에서는 시트르산 회로의 8개 효소에 대해 알아보기로 한다. 이들 효소의 메커니즘 규명은 엄청난 양의 실험적 연구의 결과이다. 그럼에도 불구하고, 이들 효소의 자세한 메커니즘 및 조절 기작 등은 아직도 여러 의문점을 남겨 두고 있다.

A 시트르산 생성 효소는 아세틸기를 옥살로아세트산에 전달한다

시트르산 생성 효소(citrate synthase)는 아세틸 CoA와 옥살로아세트산의 축합을 촉매한다. 시트르산 회로의 초기 반응은 탄소 원자들(탄수화물, 지방산, 아미노산으로부터 유래한)이 아세틸 CoA로서 '회로에 연료로 공급되는' 시점이 된다. 이 시트르산 생성 효소의 반응은 아세틸 CoA에 앞서 옥살로아세트산이 결합하는 규칙적 연속 반응 속도(ordered sequential kinetic)의 메커니즘으로 진행된다.

자료 17-2 건강과 질병의 생화학 비소 중독

비소의 독성은 고대부터 알려져 왔다. As(Ⅲ) 화합물, 즉 **아비산염**(**arsenite**, AsO_3^{3-})과 **유기 비소 화합물**(**organic arsenical**)은 두 자리(bidendate) 축합물을 만들 수 있는 황화 화합물(리포아마이드를 포함한)과 결합할 수 있기 때문에 독성을 띤다.

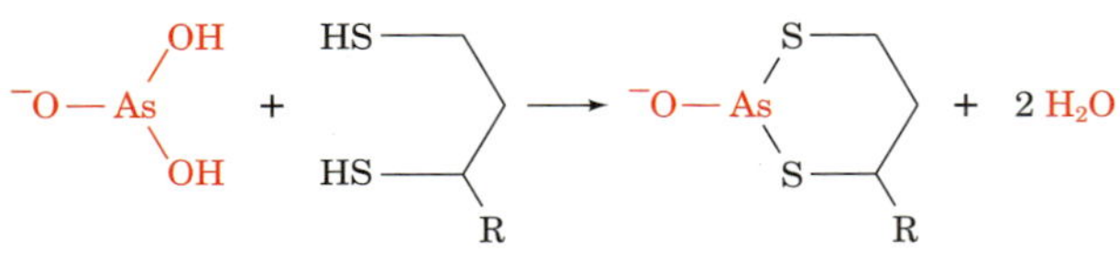

Arsenite **Dihydro-lipoamide**

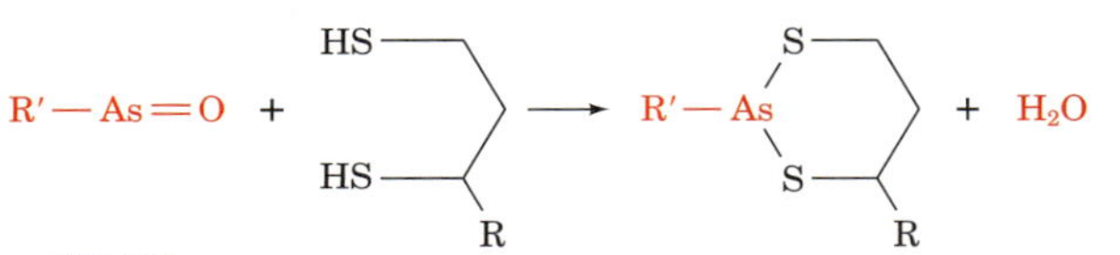

유기 비소 화합물

아비산염에 의한 리포아마이드 함유 효소의 비활성화는 특히 피루브산 탈수소 효소와 α-케토글루타르산 탈수소 효소 복합체의 경우 호흡을 멈추게 한다. 그러나 유기 아르세니칼은 사람보다 미생물에 더욱 독성을 나타내는데, 이는 아마도 이들 화합물에 대한 여러 효소들의 감도가 다르기 때문일 것이다. 이런 독성의 차이는 20세기 초반에 유기 비소 화합물을 **매독**(**syphilis**, 세균 질환)과 수면병(기생 질환) 치료에 사용하게 된 근거가 되었다. 이들 화합물은 실제로 최초의 항생제이며, 놀랄 것도 없이 여러 부작용을 일으킨다.

비소는 종종 독살에 사용하는 독약으로 의심받기도 한다. 이는 보나파르트(Napoleon Bonaparte)가 세인트헬레나(St. Helena)에서 귀양 생활을 할 때 비소 중독으로 죽었다고 알려졌는데, 그런 의심은 최근 그의 머리카락 한 줌에서 많은 양의 비소가 발견됨으로써 더욱 힘을 얻게 되었다. 그러나 타살인지 환경적 오염 탓인지는 명확하지 않다. 그 당시에는 비소 함유 염료가 벽지에 사용되었고, 습한 날씨에 곰팡이가 비소를 휘발성 화합물로 바꾸어 놓은 것으로 판명되었기 때문이다. 또한 나폴레옹의 방 벽지에 남아 있는 시료는 실제로 비소를 함유하고 있었다. 따라서 나폴레옹의 비소 중독은 고의적이지 않을 수도 있다.

© Heritage Images/Corbis

보나파르트

Photo Researchers

다윈

다윈(Charles Darwin)도 만성 비소 중독의 희생자였다. 다윈은 몇 년에 걸친 비글 호의 탐구 항해 후 전염병과 습진, 현기증, 두통, 통풍, 구토(모두 비소 중독의 증상인)에 시달렸다. 조류사냥꾼의 해결책으로서 19세기에 널리 쓰인 방법은 mL당 10 mg의 비소가 담긴 '토닉(tonic)'이었다. 다윈 자신을 포함한 많은 사람들이 이런 '약물 치료(medication)'를 수년간 받아왔다.

X선 구조 연구에 의하면 효소 자체(동종 이합체)는 '열린(open)' 형태로, 옥살로아세트산의 결합 자리를 포함하는 열린 공간(cleft)을 형성하는 두 개의 구역으로 구성된다(**그림 17-9*a***). 옥살로아세트산이 결합하면 작은 구역이 18° 회전하면서 좁은 공간의 형태로 닫히게 된다(**그림 17-9*b***). '열린' 그리고 '닫힌' 형태의 존재는 효소의 규칙적이며 연속적인 반응 속도에 의한 행동을 설명하고 있다. **이런 구조적 변환은 아세틸 CoA의 결합 자리를 만들어 내고 용매가 결합된 기질에 접근하지 못하도록 옥살로아세트산의 결합 자리를 봉쇄한다.** 이와 비슷한 구조적 변환이 ATP 가수 분해를 막기 위한 방편으로 아데닐산 카이네이스(adenylate kinase, 그림 14-10)와 헥소카이네이스(hexokinase, 그림 15-2)의 경우에서도 알아본 바가 있다.

레밍턴(James Remington)이 제안한 반응 메커니즘에 의하면, 시트르산 생성 효소의 세 개의 이온화 곁가지들이 촉매 작용에 관여한다(**그림 17-10**).

1. 아세틸 CoA의 엔올(enol)은 Asp 375(염기)의 메틸기로부터 한 개의 양성자를 떼어낼 때 반응의 속도 결정 단계에서 생성된다. His 274는 에놀레이트 산소와 수소 결합을 이룬다.
2. **시트르산 CoA**(**citryl-CoA**)는 집중적인 산–염기 촉매 단계에서 생기는데, 아세틸 CoA 엔올레이트(친핵체)는 옥살로아세트산을 공격한다. His 320(산)은 옥살로아세트산의 카보닐기에 한 개의 양성자를 제공한다. 시트르산 CoA 중간

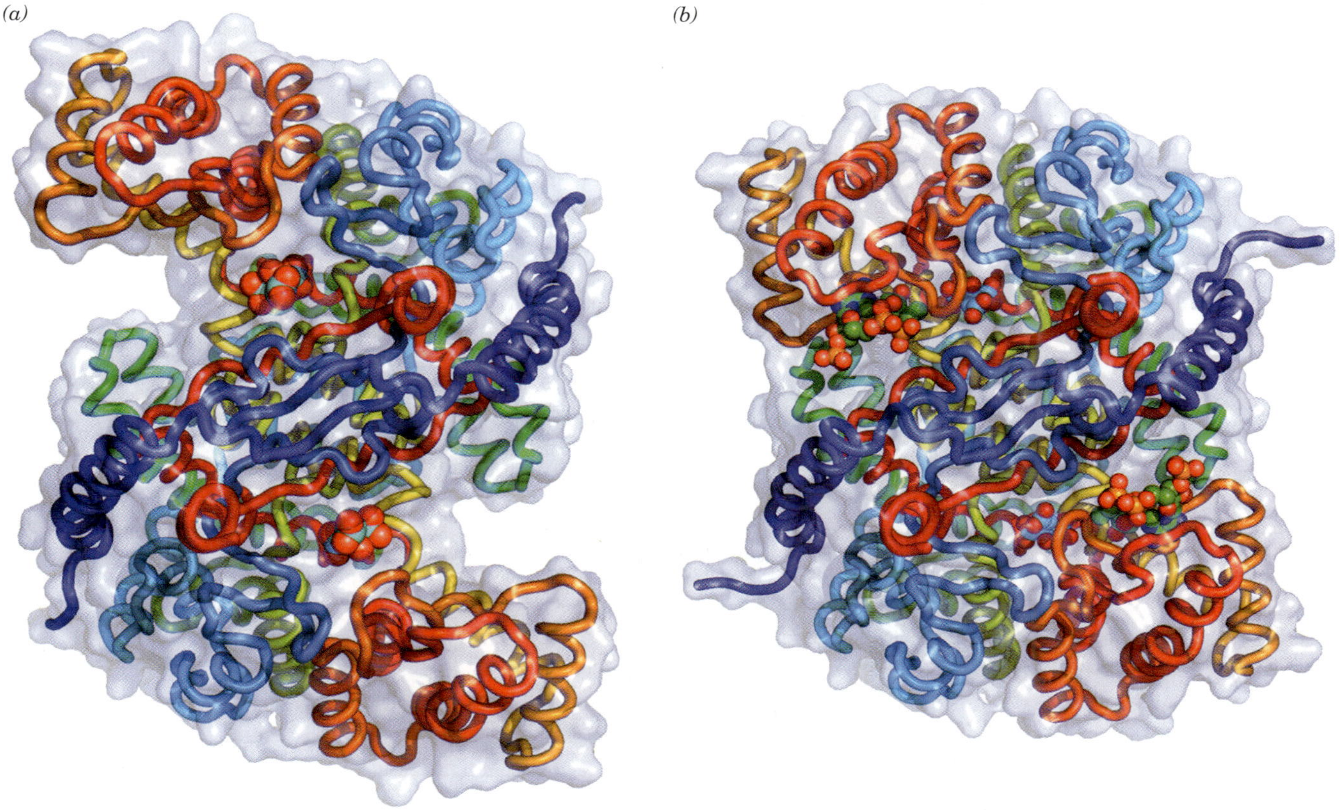

그림 17-9 시트르산 생성 효소의 구조 변화 (*a*) 열린 구조. (*b*) 기질 결합 닫힌, 구조. 두 구조에서 동종 이합체 단백질은 두 개의 교차 축과 투명한 형태의 분자 표면 상태로 나타내었는데, 표면 위의 폴리펩타이드 가지는 지렁이 형태의 모습으로 N 말단 잔기(청색)로부터 C 말단 잔기(적색)로 표시하였다. 양쪽 구조에서 생성물인 시트르산의 결합된 구조와 닫힌 구조에서 보조 효소 A의 결합된 형태를 공간 채움 모형으로 나타내었다. 시트르산의 C는 청색, CoA의 C는 녹색, N은 청색, O는 적색, P는 주황색으로 표시하였다. 열린 구조와 닫힌 구조 사이의 큰 형태 이동은 두 개의 반응 영역(왼쪽 맨 위와 오른쪽 맨 아래)을 18° 회전시켜 상대적으로 원자간 이동을 15 Å까지 수반한다. [Based on X-ray structures by James Remington and Robert Huber, Max-Planck-Institut für Biochemie, Martinsried, Germany. PDBids 1CTS and 2CTS.]

물질은 효소에 결합된 채로 존재한다. 시트르산 생성 효소는 금속 이온 보조 인자의 도움 없이 탄소–탄소 결합을 직접 형성할 수 있는 몇 안 되는 효소 중 하나이다.

3. 시트르산 CoA는 시트르산과 CoA로 가수 분해된다. 이런 가수 분해는 반응의 열역학적인 추진력이 된다($\Delta G^{\circ\prime} = -31.5\ \text{kJ}\cdot\text{mol}^{-1}$). 이후에는 왜 이 반응이 낭비적으로까지 보이게 자유 에너지를 많이 소모하는지 알게 될 것이다.

B 아코니테이스는 시트르산과 아이소시트르산을 상호 전환시킨다

아코니테이스(aconitase)는 **시스-아코니트산**(*cis*-aconitate)을 중간 물질로 하여 시트르산과 **아이소시트르산**(isocitrate)의 가역적 이성질화 반응에 촉매 작용을 한다.

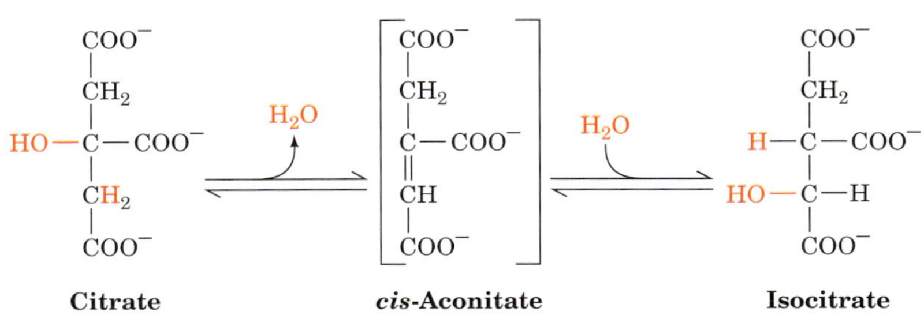

process diagram

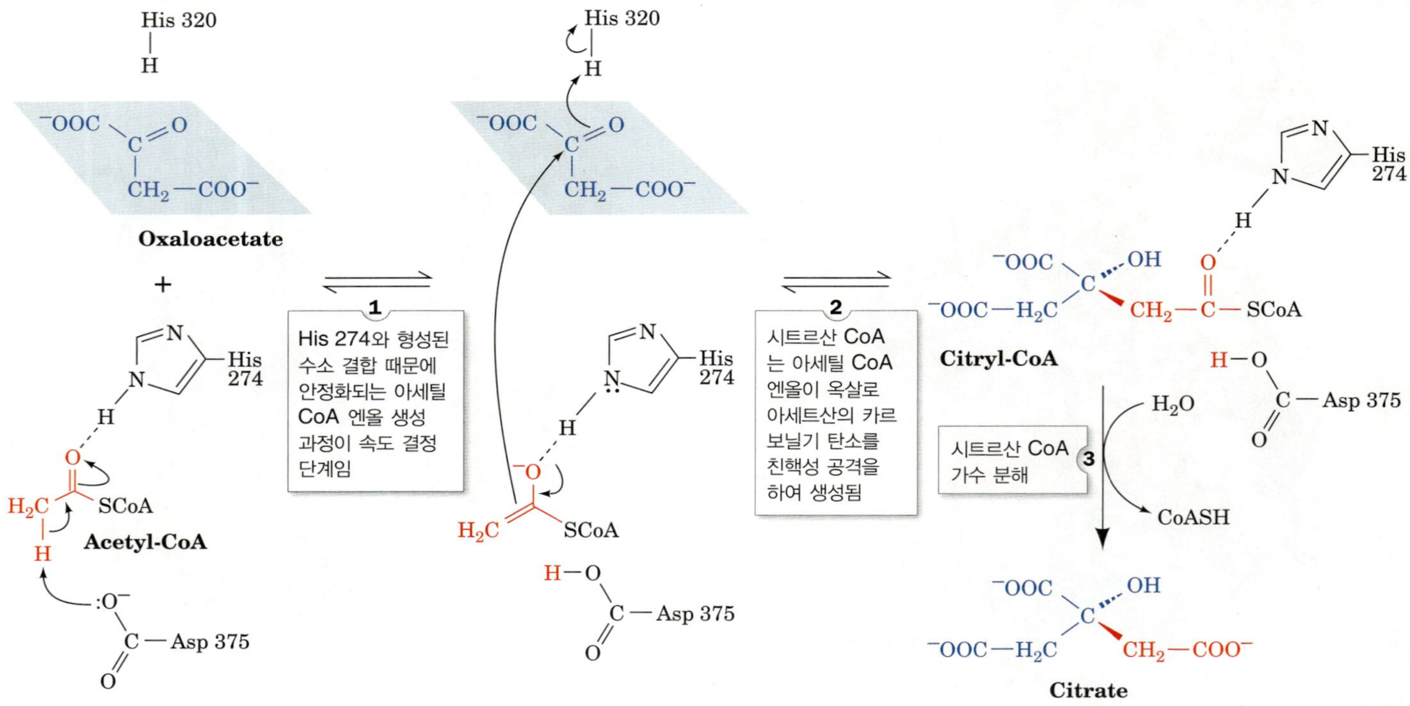

그림 17-10 시트르산 생성 효소의 메커니즘 중성 형태일 때의 His 274와 His 320 그리고 Asp 375는 일반적인 산-염기 촉매로서 관여한다. [Mostly after Remington, J.S., *Curr. Opin. Struct. Biol.* **2**, 732 (1992).]

? 시트르산 생성 효소의 활동도는 pH의 미세한 증가 또는 감소 중 어느 변화에 더 민감하게 반응하는가?

이 반응은 양성자 한 개와 OH기 한 개가 떨어져 나가는 탈수화 단계로 시작된다. 시트르산은 중심 C 원자에 두 개의 카복시메틸기를 지니므로, 카이랄(chiral)이라기보다는 선구 카이랄(prochiral)이다. 그러므로 비록 물 분자가 두 개의 카복시메틸 팔(carboxymethyl arm) 중 어느 한 개로부터 제거되더라도, 아코니테이스는 오직 시트르산의 아래쪽(*pro-R*) 팔 부위에서만 물 분자를 떼어 낸다(즉 생성물 분자는 *R* 배열을 지닌다, 자료 4-2 참조).

아코니테이스는 한 개의 [4Fe-4S] **철-황 결합체**([**4Fe-4S**] **iron-sulfur cluster**, 4개의 철 원자와 네 개의 황 원자의 배열, 18-2C절)로, 아마도 시트르산의 OH기를 잘 제거하도록 조정되어 있다. 철-황 뭉치는 정상적으로 산화-환원 과정에 참여하고, 아코니테이스는 특별한 예외가 된다.

아코니테이스 반응의 두 번째 단계는 시스-아코니트산의 이중 결합을 다시 수화시켜 아이소시트르산을 생성시키는 것이다. 비록 시스-아코니트산의 이중 결합에 교차적으로 물 분자를 더하여 네 개의 입체 이성질체를 만들어 내는 것이지만, 아코니테이스는 오직 한 가지 아이소시트르산의 입체 이성질체만 만들도록 OH^-와 H^+를 입체 특이적으로 첨가시키는 촉매 작용을 한다. 이런 효소의 기질에 대한 *pro-R*과 *pro-S*기의 차별화 능력은 1948년까지는 알지 못하였는데, 오그스톤(Alexander Ogston)이 아코니테이스가 시트르산이 효소와 결합되어 있을 때 두 개의 $-CH_2COO^-$기 사이에서 구별할 수 있다는 것을 밝혀내게 되었다(11-1B절 참조).

철 센서로서의 아코니테이스 기능 자연계에서는 종종 하나 이상의 기능을 지닌 단백질이 발견되며, 아코니테이스가 그러한 다기능의 단백질이다. 세포는 적당한 양의 철 성분을 필요로 한다. 너무 양이 적으면 철 성분을 포함한 많은 단백질들이 기능을 잃게 된다. 반면 너무 많이 존재하면, 특히 간, 심장, 췌장에 독성을 나타내 소위 **hemochromatosis**(**혈색소 침착증**)로 알려진 생명이 위독한 상태가 유발된다. **트랜스페린**(**transferrin**)이란 단백질에 의해 혈액을 통해 이동하는 식이성 철은 **트랜스페린 수용체**(**transferrin receptor**)에 의해 조절되는 endocytosis(막함입, 20-1B절 참조)에 의해 세포내로 흡수되며, 과잉의 철은 페리틴(ferritin) 단백질에 의해 저장된다. 세포내에 철의 양이 충분하지 않으면, 아코니테이스는 [4Fe−4S] 철−황 결합체를 잃게 되어 기능을 못하게 된다. 그 결과로 **철 조절 단백질 1**(**iron regulatory protein-1, IRP1**)의 구조가 상당히 변하게 되어 트랜스페린 수용체와 페리틴을 조종하는 mRNA의 특정 부위에 결합하게 된다. 이 결합은 트랜스페린 수용체 mRNA의 분해를 방해하여 트랜스페린 수용체의 합성 속도를 증가시키는 반면, 페리틴 mRNA의 전사를 막게 된다. 세포내에서 철의 흡수 속도가 증가하면 페리틴에 결합된 철의 양은 감소하게 된다.

C NAD$^+$ 의존성 아이소시트르산 탈수소 효소는 CO_2를 방출시킨다

아이소시트르산 탈수소 효소(**isocitrate dehydrogenase**)는 아이소시트르산을 산화에 의해 α-케토글루타르산[**2-옥소글루타르산**(**2-oxoglutarate**)으로도 알려진]으로 탈카복실화시킨다. 이 반응은 시트르산 회로에서 첫 번째로 CO_2와 NADH를 생성한다. 이 CO_2는 아세틸 CoA가 아닌(그림 17-2) 옥살로아세트산의 일부로 시트르산 회로를 시작하게 한다(포유동물의 조직들 또한 NADP$^+$를 보조 인자로 사용하는 아이소시트르산 탈수소 효소의 동질 효소를 지니고 있다).

NAD$^+$ 의존성 아이소시트르산 탈수소 효소는 Mn^{2+}나 Mg^{2+} 보조 인자를 필요로 하는데, 이차 알코올(아이소시트르산)을 산화시켜 케톤[**옥살로석신산**(**oxalosuccinate**)]으로 변화시키며 연이어서 카복실기 β를 케톤으로 탈카복실화시킨다(**그림 17-11**). Mn^{2+}는 새로 생긴 카보닐기의 극성화를 도와 준다. 아이소시트르산 탈수소 효소의 반응 메커니즘은 오탄당 인산 경로의 포스포글루콘산(phosphogluconate) 탈수소 효소와 유사하다(15-6A절).

아이소시트르산 탈수소 효소 반응의 옥살로석신산 중간 물질은 전이 단계로만 존재하므로 이것의 존재는 증명하기 어렵다. 그러나 이 효소 반응으로 중요한 잔기를 변이시켜−이 경우에서는 Try 160, Lys 230−반응 중간 물질들을 축적시키고 반

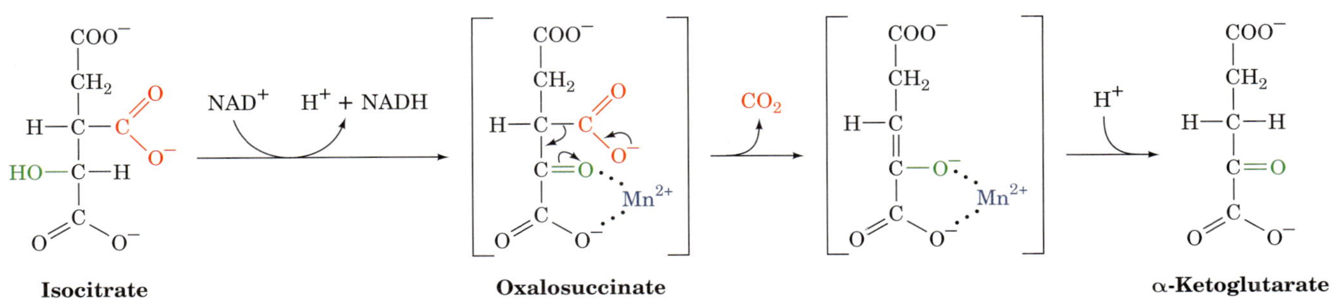

그림 17-11 **아이소시트르산 탈수소 효소의 반응 메커니즘** 옥살로석신산은 큰 괄호로 표시하였는데, 그 이유는 효소로부터 해리되지 않기 때문이다.

응 속도에서 '병목 현상'을 일으킴을 보이고 있다. 따라서 변이된 아이소시트르산 탈수소 효소의 결정은 기질인 아이소시트르산에 노출시키면서 동시에 싱크로트론(synchrotron)에서 발생하는 아주 강력한 X선 결정 구조법으로 확인할 수 있다. 이 연구로 효소의 활성 자리 내의 옥살로석신산의 중간 물질의 존재를 밝혀내게 되었다.

D α-케토글루타르산 탈수소 효소는 피루브산 탈수소 효소와 비슷한 작용을 한다

α-케토글루타르산 탈수소 효소(α-ketoglutarate dehydrogenase)는 α-케토산(α-케토글루타르산)의 산화적 탈카복실화 반응에 촉매 작용을 한다. 이 반응은 시트르산 회로의 두 번째 CO_2와 NADH를 생성한다.

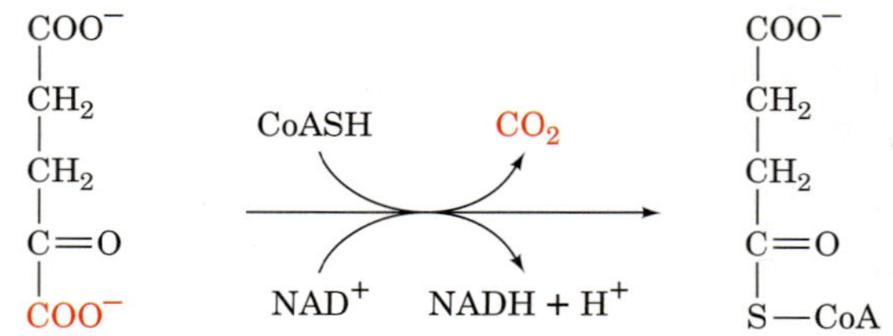

α-Ketoglutarate **Succinyl-CoA**

다시, 이 CO_2는 아세틸 CoA로부터 얻어지지 않고 옥살로아세트산의 일부로서 시트르산 회로로 들어간다(그림 17-2). 그러므로 비록 시트르산 회로의 한 바퀴 순환마다 두 개의 C 원자를 CO_2로 산화하지만, 들어온 아세틸기의 C 원자들은 회로의 다음 번 차례 순환까지 CO_2로 산화되지는 않는다.

α-케토글루타르산 탈수소 효소 반응은 화학적으로 피루브산 탈수소 효소 다중 효소 복합체로 촉매되는 반응과 유사하다. **α-케토글루타르산 탈수소 효소(α-ketoglutarate dehydrogenase, E1)**, **다이하이드로리포일 석시닐기 교환 효소(dihydrolipoyl transsuccinylase, E2)**, **다이하이드로리포일 탈수소 효소(dihydrolipoyl dehydrogenase, E3)**를 포함한 다중 효소이다. 특히 이 E3는 피루브산 탈수소 효소 복합체와 동일하다[다중 효소 복합체의 **2-케토산 탈수소 효소(2-keto acid dehydrogenase)** 계열의 세 번째는 **가지 사슬 α-케토산 탈수소 효소(branched-chain, α-keto acid dehydrogenase)**인데, 이는 아이소루신, 루신, 발린의 분해에 관여한다, 21-4절 참조]. 이 반응은 α-케토글루타르산 탈수소 효소 복합체에 의해 촉매되는데, 피루브산 탈수소 효소 복합체에 의한 반응과 동일한 메커니즘으로 일어난다. 또다시 얻어진 산물은 '고에너지' 싸이오에스터로서, 여기서는 **석시닐 CoA(succinyl-CoA)**가 얻어진다.

E 석시닐 CoA 합성 효소는 GTP를 생성한다

석시닐 CoA 합성 효소[succinyl-CoA synthetase, 또는 **석신산 싸이오카이네이스(succinate thiokinase)**]는 '고에너지' 석시닐 CoA의 분해로 얻은 에너지를 '고에너지' 뉴클레오타이드 삼인산 합성에 연계시킨다(두 효소 이름은 역반응을 대변한다). GTP는 주로 포유동물 효소에 의해 GDP + P_i로부터 합성되고, 식물과 세균의 효소들은 주로 ADP + P_i를 이용하여 ATP를 생성한다. 이들 반응은 에너지면에서는 동등한데, ATP와 GTP는 빠르게 뉴클레오사이드 이인산 카이네이스에 의해 상호 전환하기 때문이다(14.2C절).

$$\text{GTP} + \text{ADP} \rightleftharpoons \text{GDP} + \text{ATP} \quad \Delta G^{\circ\prime} = 0$$

어떻게 석시닐 CoA 합성 효소가 석시닐 CoA의 발열적 절단 반응($\Delta G^{\circ\prime} = -32.6$ kJ·mol^{-1})을 뉴클레오사이드 이인산과 P_i로부터 뉴클레오사이드 삼인산의 흡열적 생성($\Delta G^{\circ\prime} = +30.5$ kJ·mol^{-1})으로 연계시키는가? 이 질문에 대한 대답은 동위 원소로 표지된 ADP의 실험으로 풀리게 된다. 석시닐 CoA가 없으면 시금치의 효소는 ATP로부터 [^{14}C]ATP를 만들어 내면서 [^{14}C]ADP로 γ-인산기의 전달을 촉매한다. 이러한 동위 원소 교환 반응은 일련 반응을 중재하는 인산화-효소 중간 물질의 역할을 알아볼 수 있다.

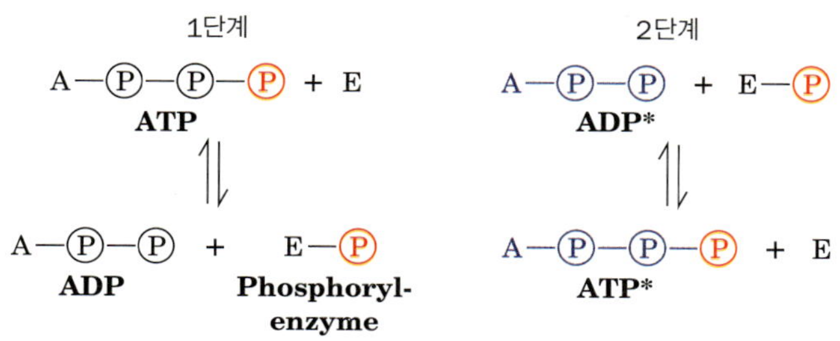

이 정보는 인산기를 His 잔기의 N3 위치에 공유 결합시키는 속도론적으로 활성화된 인산화 효소(phosphoryl-enzyme)의 분리로부터 얻어진다. 석시닐 CoA 합성 효소의 3단계 메커니즘을 **그림 17-12**에 나타내었다.

1. 석시닐 CoA는 P_i와 반응하여 **석시닐-인산(succinyl-phosphate)**과 CoA를 만든다.

process diagram

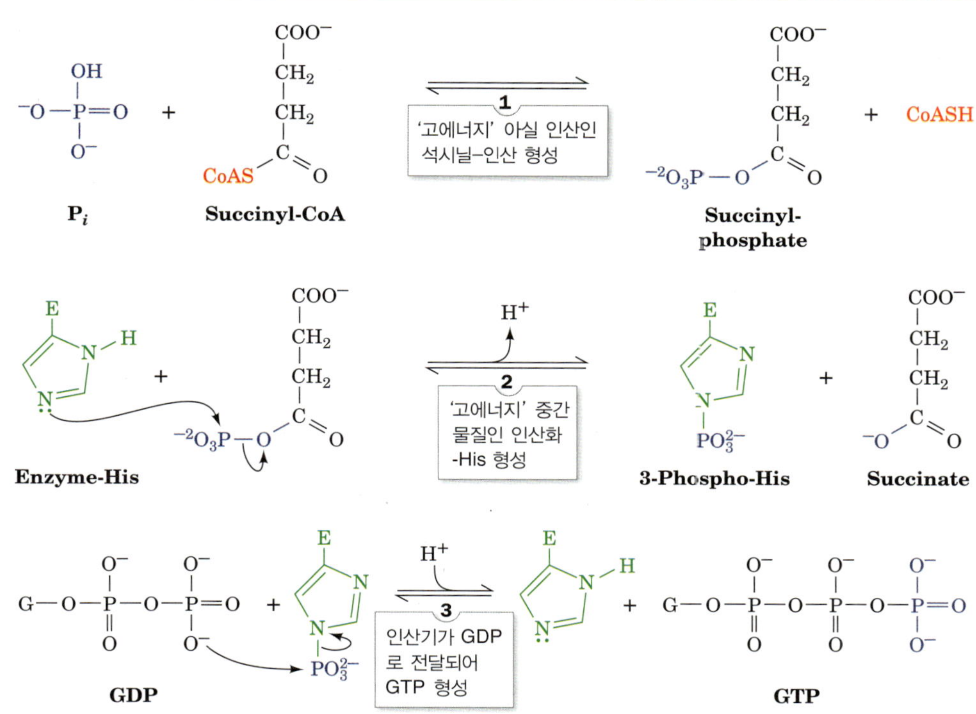

그림 17-12 석시닐 CoA 합성 효소에 의해 촉매되는 반응

? Cleland 표시법(12-1 D절)을 사용한 여러 종류의 반응물이 관여하는 반응 그림

2. 이 인산기는 석시닐-인산으로부터 효소 내의 His 잔기로 전달되고 석신산을 배출한다.
3. 효소의 인산기는 GDP로 전달되어 GTP를 생성한다.

이들 각 단계에서 **석시닐 CoA의 에너지는 '고에너지' 화합물을 생성시키면서 보존된다. 첫째, 석시닐-인산, 그리고 3-인산화-His 잔기, 마지막으로 GTP. 이 과정은 마치 뜨거운 감자를 전해 주는 상황을 회상시키게 한다.** 석시닐 CoA 합성 효소에 의해 촉매되는 반응은 기질 수준 인산화(산소의 유무에 직접적으로 상관없이 ATP 합성)의 또 다른 예가 된다.

시트르산 회로의 이 과정까지에서 한 개의 아세틸기는 두 개의 CO_2로 완전히 산화되었다. 이 과정에서 두 개의 NADH와 한 개의 GTP(한 개의 ATP와 동등)가 생성되었다. 이 회로를 완전히 마무리짓기 위해서, 석신산은 다시 옥살로아세트산으로 전환되어야 한다. 이것은 회로의 나머지 세 반응으로 마무리된다.

F 석신산 탈수소 효소는 $FADH_2$를 생성한다

석신산 탈수소 효소(**succinate dehydrogenase**)는 석신산을 퓨마르산으로 입체 특이적 반응으로 탈수소화 반응을 촉매 작용한다.

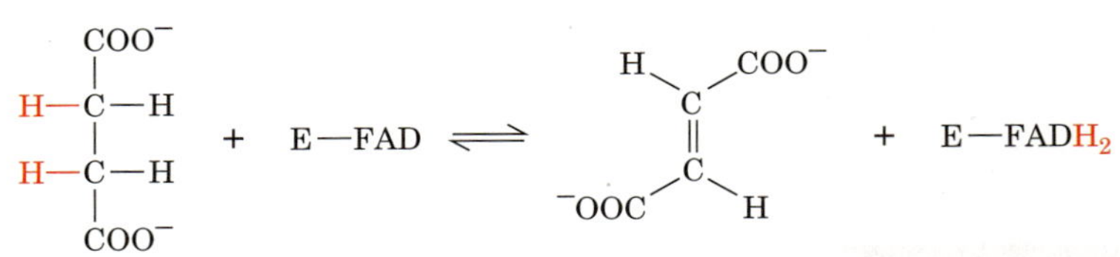

Succinate **Fumarate**

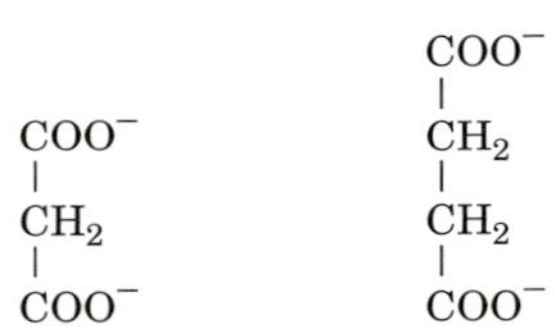

Malonate **Succinate**

이 효소는 말론산에 의해 강력히 방해된다. 말론산은 석신산의 구조적 유사체이며, 경쟁적 방해제의 전형적인 예가 된다. 크레브스가 시트르산 회로에 대한 이론을 정립할 때, 말론산에 의한 세포 호흡의 방해 효과는 석신산이 또 다른 기질로 작용하지 않고, 기질을 산화시키는 데 있어 촉매 역할을 한다는 단서를 제공하였다.

석신산 탈수소 효소의 His 잔기와 공유 결합되어 있는 FAD 보결 분자단을 한 개 포함되고 있다(**그림 17-13**, 다른 대부분의 FAD 보유 효소들 중에서 FAD는 비공유 결합이지만 단단히 붙어 있다). 일반적으로 FAD의 역할은 알케인(석신산과 같은)을 알켄(퓨마르산 같은)으로 산화시키는 생화학적 기능을 갖는 데 반해, NAD^+는 알코올을 알데하이드나 케톤으로 좀 더 강한 발열 반응으로 산화시키는 데 관여한다(예를 들면 아이소시트르산 탈수소 효소가 촉매하는 반응), 석신산의 탈수소화는 $FADH_2$를 생성하게 되는데, 이것은 석신산 탈수소 효소가 다른 촉매 회로를 수행하기 전에 다시 산화되어야 가능하다. $FADH_2$의 재산화는 이들 전자가 미토콘드리아 전자 운반체로 전해질 때(18-2절에서 깊이 다룰) 일어난다. 석신산 탈수소 효소는 시트르산 회로의 효소들 중 유일하게 세포막에 결합된 효소로서[다른 것들은 미토콘드리아 **세포간질**(**matrix**)의 구성 성분임], 미토콘드리아막의 전자 운반 메커니즘으로 전자의 직접적 통로로 작용한다.

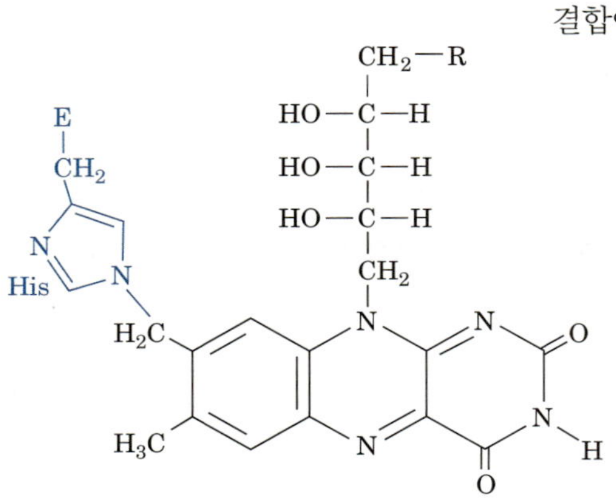

FAD

그림 17-13 FAD의 석신산 탈수소 효소의 His 잔기로의 공유 결합 R은 ADP 부분을 나타낸다.

G 퓨마레이스는 말산을 생성한다

퓨마레이스[**fumarase**, **퓨마르산 수화 효소**(**fumarate hydratase**)]는 퓨마르산의 이중

결합을 수화시켜 말산을 생성하는 촉매 작용을 한다. 이 수화 반응은 탄소 음이온 전이 상태를 거쳐 진행된다. H^+가 첨가되기 전에 OH^- 첨가가 일어난다.

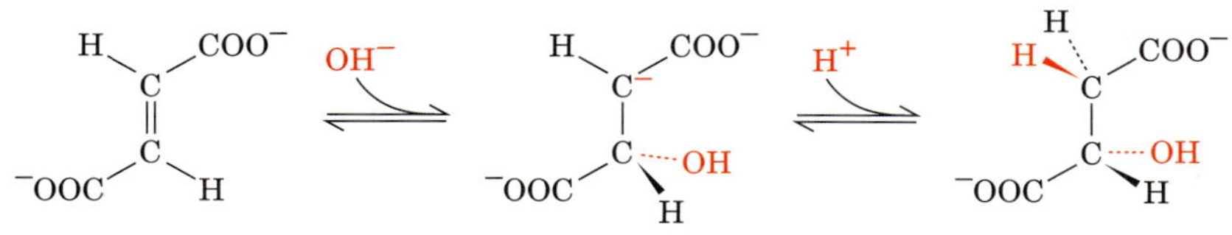

Fumarate 탄소 음이온 전이 상태 **Malate**

H 말산 탈수소 효소는 옥살로아세트산을 재생성시킨다

말산 탈수소 효소(**malate dehydrogenase**)는 시트르산 회로의 최종 단계를 촉매하는데, 옥살로아세트산의 재생이 이 단계에서 일어난다. 말산의 수산화기는 NAD^+ 의존 반응으로 산화된다.

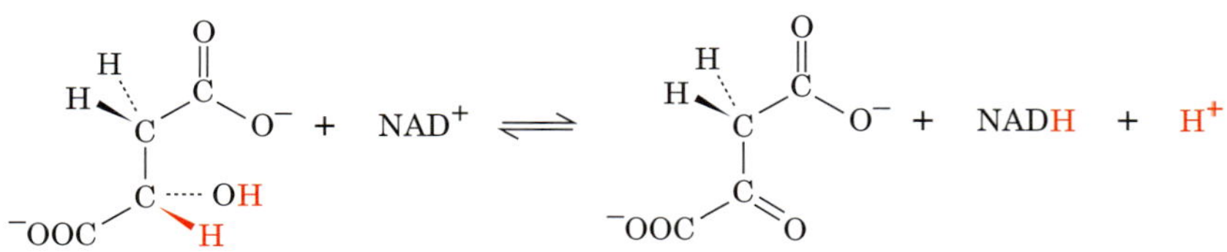

Malate **Oxaloacetate**

수소화 이온(hydride ion)의 NAD^+로의 전달은 수소화 이온 전달이 젖산 탈수소 효소와 알코올 탈수소 효소(15-3절)에서 사용되는 동일한 메커니즘에 의해 일어난다. 이들 세 효소의 NAD^+ 결합 구역의 X선 구조는 놀랄 만큼 유사하여, 모든 NAD^+ 결합 영역(domain)이 동일한 구조체로부터 생겼다는 제안과 잘 일치한다.

말산 탈수소 효소 반응의 $\Delta G^{\circ\prime}$ 값은 $+29.7\ \text{kJ}\cdot\text{mol}^{-1}$인데, 평형에서의(세포내 조건에서) 옥살로아세트산의 농도는 말산에 비해 매우 낮다. 그러나 시트르산 생성 효소가 촉매하는 반응을 고려해 볼 때, 시트르산 회로의 첫 번째 반응은 높은 발열 반응인데($\Delta G^{\circ\prime} = -31.5\ \text{kJ}\cdot\text{mol}^{-1}$), 이는 시트르산 CoA의 싸이오에스터 결합의 절단 때문이다. 이렇게 하여 낭비적이라고 생각되는 과정의 필요성을 이해하게 되었다. 즉 시트르산 형성이 세포내에 존재하는 낮은 옥살로아세트산 농도에서도 발열 반응이 되고, 이리하여 시트르산 회로가 계속해서 잘 진행되도록 돕고 있다.

체크 포인트

- 시트르산 회로의 8가지 중간 물질의 구조를 그리고, 효소의 명칭을 쓰시오.
- 시트르산 회로에서 생성물로 CO_2, NADH 또는 $FADH_2$, GTP를 생성하는 단계는 무엇인가?
- 피르부산의 산화, 아세틸 CoA의 아세틸기, 글루코스에서 CO_2와 H_2O로 변화되는 알짜 반응식을 쓰시오.

4 시트르산 회로의 조절

주요 개념

- 에너지를 얻기 위해 피루브산 탈수소 효소 작용 단계와 회로 내의 세 단계의 속도 조절 과정에 의해 시트르산 회로의 용량이 조절된다.
- 조절 메커니즘은 기질의 효용성, 최종 산물에 의한 방해, 공유 결합에 의한 변형, 다른 자리 입체성 조절 효과에 의존한다.

GATEWAY CONCEPT 대사 흐름

세포 내에서 시트르산 회로는 다양한 반응 속도와 여러 단계의 촉매 반응을 통해 두 개의 아세틸기를 두 분자의 CO_2로 변화시키며, 아세틸기의 에너지를 ATP의 자유 에너지와 환원 보조 인자로 변형시킨다. 세포는 마치 고속도로에서 속도 제한 및 이동 차량의 수를 증가 또는 감소시킬 수 있는 것처럼, 회로의 흐름 속도와 회로의 전체 용량을 조절할 수 있다.

세포에 필요한 에너지를 만들기 위해서 시트르산 회로의 적정 용량은 세밀하게 조절된다. 기질의 효용성, 생합성 전구 물질로서의 시트르산 회로의 중간 물질, ATP 수요, 이 모든 것은 회로의 작동에 영향을 끼치고 있다. 시트르산 회로의 효소들은 반응 물질에 의해서 서로 연결되어 있고, 이렇게 하여 조화로운 조절에 기여하기도 한다. 시트르산 회로를 조절하는 여러 메커니즘들을 살펴보기 전에, 간단히 이 회로의

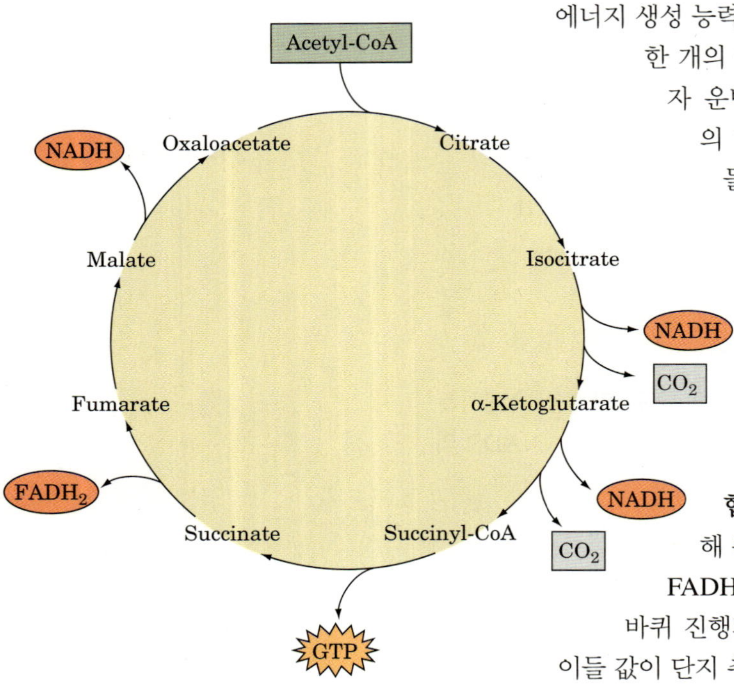

그림 17-14 **시트르산 회로의 생성물** 두 개의 탄소는 산화되어 CO_2로 생성되며, 전자는 NADH 분자 3개와 $FADH_2$ 분자 한 개로 전달된다. 또한 1분자의 GTP(또는 ATP)도 생성된다.

? 각각의 중간체의 탄소 수를 밝히라.

에너지 생성 능력을 살펴보기로 하자.

한 개의 아세틸기가 CO_2 분자 두 개로 산화되는 것은 네 쌍의 전자 운반 과정이다(그러나 회로로 들어와 산화되는 아세틸기의 탄소 원자들은 관여되지 않음을 기억하라). 이 회로로 들어오는 모든 아세틸 CoA에 대해 NAD^+ 분자 세 개가 NADH로 환원되어 전자쌍 세 개를 소비하고, 한 분자의 FAD가 $FADH_2$로 환원되는 것이 네 번째 전자쌍이 이동된다. 덧붙여서, 한 개의 GTP(또는 ATP)도 생성된다(그림 17-14).

NADH와 $FADH_2$에 의해 운반되는 전자들은 전자 운반 사슬에 집중되어 O_2를 환원시켜 H_2O가 만들어진다. 전자 운반의 에너지는 산화적 인산화에 의한 ATP 합성으로 보존된다(18-3절). 모든 개별적 NADH가 전달해 준 전자로, 대략 2.5 ATP가 ADP + P_i로부터 만들어진다. $FADH_2$는 대략 1.5 ATP를 만든다. 따라서 시트르산 회로가 한 바퀴 진행되면 최종적으로 약 10개의 ATP가 생성된다. 우리는 왜 이들 값이 단지 추정값인지 18-3C절에서 알게 될 것이다.

글루코스가 해당과정에 의해서 피루브산 분자 두 개로 전환되면, 두 분자의 ATP가 만들어지고, NAD^+ 분자 두 개가 환원된다(15-1절). NADH 분자는 전자 전달 사슬에 그들의 전자를 전달하여 약 5개의 ATP를 생성시킨다. 피루브산 분자 두 개가 피루브산 탈수소 효소 복합체에 의해 두 개의 아세틸 CoA로 변하면, NADH 분자 두 개가 생산되어, 결국 이 과정에서 ~5ATP가 만들어지는 것과 마찬가지이다. 시트르산 회로의 2회 회전(각각의 아세틸기마다 한 번씩)은 ~20개의 ATP를 생성한다. 그러므로 한 분자의 글루코스는 호기적 조건에서 시트르산 회로가 작동되면 잠정적으로 ~32분자의 ATP를 생산한다. 반면에 혐기적 조건에서는 글루코스 분자 한 개당 ATP 2분자만이 생산된다.

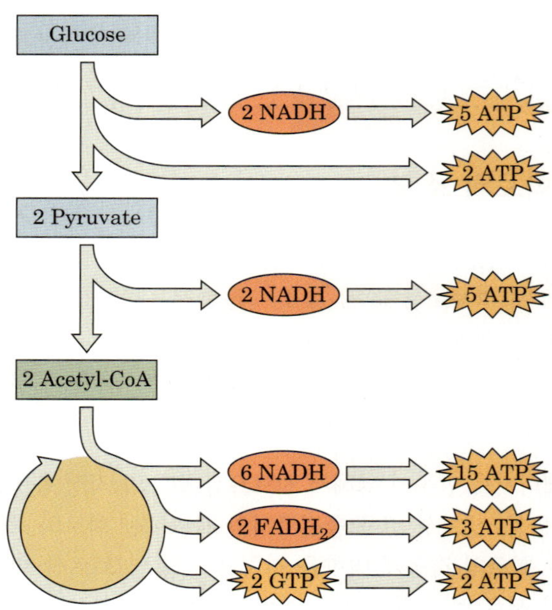

A 피루브산 탈수소 효소는 생성물 생성 억제 및 공유 결합 변형에 의해 조절된다

시트르산 회로를 통한 탄수화물 분해 대사로부터 잠재적으로 얻어질 수 있는 많은 양의 ATP가 만들어졌다면, 더 이상의 불필요한 생성을 막기 위해 탄수화물 공급원으로부터 생긴 아세틸기의 회로 내로의 진입을 조절하는 것은 당연한 일이다. 피루브산 탈수소 효소 복합체에 의한 피루브산의 탈탄산화는 비가역적이다. 포유동물에 있어서 피루브산에서 아세틸 CoA의 합성은 다른 대체할 만한 경로가 없으므로, 이 반응이 정밀하게 조절되는 것이 중요하다. 이때 두 종류의 조절 체계가 사용된다.

1. **NADH와 아세틸 CoA에 의한 생성물 억제** 이들 화합물은 NAD^+와 CoA와 그들 해당 효소들의 결합 자리를 놓고 서로 경쟁을 하게 된다. 이들은 또 가역적인 아세틸기 전달 효소(transacetylase, E2)와 다이하이드로리포일 탈수소 효소(E3)의 반응을 역반응으로 진행시킨다(그림 17-6). 그러므로 [NADH]/[NAD^+]와 [아세틸 CoA]/[CoA]의 높은 비율은 E2를 아세틸화된 형태로 유지하여 E1의 TPP로부터 하이드록시에틸기를 받을 수 없도록 한다. 그 대신, TPP를 E1 소단위체의 하이드록시에틸 형태 내에 묶어 두어 피루브산 탈카복실화 속도를 감소시킨다.
2. **E1의 인산화/탈인산화에 의한 공유 결합 변형** 진핵생물에서 피루브산 탈수소 효소 반응의 산물은 NADH와 아세틸 CoA인데, 이 효소 복합체와 연결되고 있는 피루브산 탈수소 효소 인산화 효소를 활성화시킨다. 이렇게 하여 탈수소 효소의 Ser 잔기의 인산화는 피루브산 탈수소 효소 복합체를 비활성화시킨다(그림 17-15). 인슐린은 연료의 과잉을 나타내는 신호 호르몬으로, 피루브산 탈수소 효소에서 인산기를 떼어내는 **피루브산 탈수소 효소 인산 가수 분해 효소(pyruvate dehydrogenase phosphatase)**를 활성화하여 비활성화 상태를 역으로 돌리는 기능도 한다. 인슐린은 또한 인산 단백질 인산 가수 분해 효소(phosphoprotein phosphatase)를 활성화시켜 글리코젠 합성을 활성화시킨다는 것을 기억하라(16-3B절). 그러므로 혈액 내의 [글루코스]를 증가시키는 데 대응하여, 인슐린은 글리코젠의 합성과 마찬가지로 아세틸 CoA의 합성을 촉진시킨다.

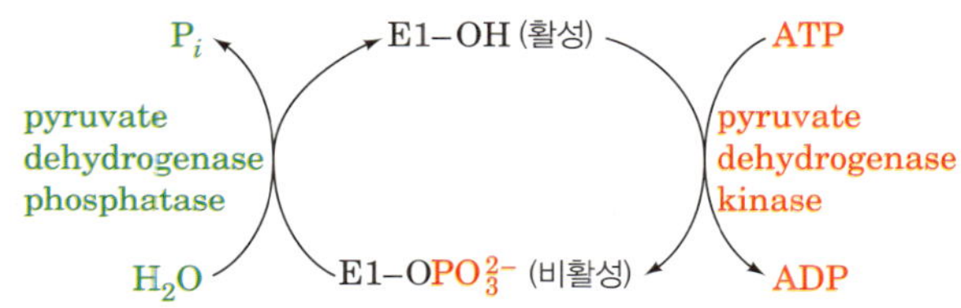

그림 17-15 진핵생물의 피루브산 탈수소 효소에 대한 공유 결합 변형 E1은 피루브산 탈수소 효소 카이네이스에 의해 촉매되는 반응에서 효소의 Ser 잔기 중 한 개가 특이적으로 인산화됨으로써 비활성화된다. 이 포스포릴기는 피부르산 탈수소 효소 카이네이스에 의해 가수 분해되어 결국 E1을 재활성화시킨다.

? 세포가 필요로 하는 ATP의 양이 적을 때 카이네이스와 인산 가수 분해 효소 중 어느 효소가 더 활성화되겠는가?

피루브산 탈수소 효소의 다른 조절 인자로 피루브산과 ADP가 포함되는데, 이들은 피루브산 탈수소 효소를 방해하고, Ca^{2+}는 피루브산 탈수소 효소 카이네이스를 방해하며, 피루브산 탈수소 효소 카이네이스는 활성화시킨다. 글리코젠 대사의 조절 체계와는 달리(16-3B절), 피루브산 탈수소 효소 활성은 cAMP에 의해 영향을 받지 않는다.

B 시트르산 회로의 반응 속도는 세 가지 효소에 의해 결정된다

어떻게 대사 경로가 조절되는지 이해하기 위해서는 속도 결정 단계를 촉매하는 효소를 찾아야 하고, 효소의 시험관내 영향 인자와 이들 물질의 생체내 농도를 알아야만 한다. 이런 **흐름의 조절에 관한 제안된 메커니즘은 영향 인자의 생리적 농도의 한계 내에서 작동해야 한다.**

시트르산 회로의 속도 결정 단계를 밝히는 것은 해당 과정의 경우보다 더 어려운데, 이 회로의 대사 물질 대부분이 미토콘드리아와 세포액 양쪽에 모두 존재하며, 우리는 양쪽의 칸으로 차단된 구조 간의 분포를 모른다는 것이다(경로의 속도 결정 단

표 17-2 시트르산 회로 반응에서의 표준 자유 에너지 변화량($\Delta G^{\circ\prime}$)과 생리적 자유 에너지 변화량(ΔG)

반응	효소	$\Delta G^{\prime\circ}$(kJ·mol^{-1})	ΔG(kJ·mol^{-1})
1	시트르산 생성 효소	−31.5	음수값
2	아코니테이스	~5	~0
3	아이소시트르산 탈수소 효소	−21	음수값
4	α-케토글루타르산 탈수소 효소	−33	음수값
5	석시닐 CoA 합성 효소	−2.1	~0
6	석신산 탈수소 효소	+6	~0
7	퓨마레이스	−3.4	~0
8	말산 탈수소 효소	+29.7	~0

계의 규명은 기질과 산물의 농도로부터 이들 반응 각각의 ΔG를 결정할 필요가 있다는 것을 기억하라). 그렇지만 우리는 이 칸으로 차단된 공간이 평형 상태라고 가정하고 미토콘드리아에서의 농도를 산정하기 위해서 이들 물질의 전체 세포 농도를 사용하기로 한다. **표 17-2**는 심장 근육과 간 조직에서의 시트르산 회로의 8가지 효소에 대한 표준 자유 에너지 변화량과 이들 반응에 대한 생리적 자유 에너지 변화량을 보여 주고 있다. 이제 **시트르산 생성 효소, NAD^+ 의존성 아이소시트르산 탈수소 효소, α-케토글루타르산 탈수소 효소의 세 가지 효소들이 생리적 조건의 평형에서 많이 벗어나게 기능 한다는 것을 알게 되었다(음수의 ΔG).** 그러므로 이들은 시트르산 회로의 속도 결정 단계의 효소들이다.

시트르산 회로가 활성화되어 있는 심장 근육에서는 시트르산 회로를 통한 대사 물질의 흐름이 세포의 산소 소비 속도에 비례한다. **산소 소비, NADH 재산화, ATP 생산 등은 단단히 연계되어 있어서(18-3절), 시트르산 회로는 에너지 소모와 NADH 생산이 잘 조화된 되돌림 제어 메커니즘에 의해 조절되어야 한다.** 해당 과정과 글리코젠 대사의 속도 제한 효소들(다른자리 입체성 조절의 정교한 체계, 기질 회로, 공유 변형에 의한 흐름 조절을 하는)과는 달리, 시트르산 회로의 조절 효소들은 주로 다음의 세 가지 간단한 메커니즘으로 흐름을 조절하는 것으로 보여진다. (1) 기질 유용성, (2) 최종 산물 방해법, (3) 회로를 따라 더 진행될 때 생기는 중간 물질에 의한 경쟁적 되돌림 방해. 주된 조절 메커니즘들 중 일부는 **그림 17-16**에 정리하여 나타내었다. 시트르산 회로에서는 흐름을 조절하는 지점이 단 한 곳만 있지 않고, 오히려 흐름 조절이 여러 효소에 널리 분포되어 있다.

아마도 시트르산 회로의 가장 결정적인 조절 인자는 기질인 아세틸 CoA와 옥살로아세트산, 그리고 생성물인 NADH이다. 아세틸 CoA와 옥살로아세트산은 모두 시트르산 생성 효소를 포화시키기에 부족한 농도로 미토콘드리아 내에 존재한다. 그러므로 효소를 통한 대사 흐름은 기질 농도에 따라 변하고 기질 유용성에 따라 조절받는다. 우리는 이미 피루브산으로부터 아세틸 CoA의 생성이 피루브산 탈수소 효소의 활성에 의해 조절되는 것을 보았다. 옥살로아세트산의 농도는 말산과 평형 상태인데, 다음 평형식의 [NADH]/[NAD^+] 비에 따라 달라진다.

$$K = \frac{[\text{oxaloacetate}]\,[\text{NADH}]}{[\text{malate}]\,[\text{NAD}^+]}$$

예를 들어 만약 근육 부하와 호흡 속도가 증가하면 미토콘드리아의 [NADH]는 감소

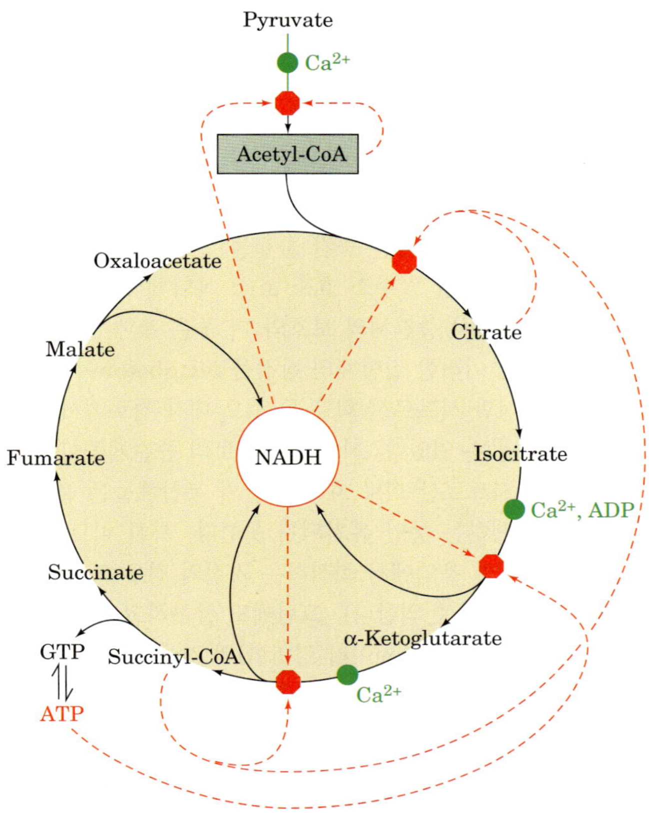

그림 17-16 시트르산 회로의 조절 시트르산 회로의 이 개요도는 피루브산 탈수소 효소 반응을 포함하고 있으며, 방해 위치(빨간색 팔각형)와 방해제로 작용하는 경로상의 중간 물질(빨간색 점선 화살표)을 표시하였다. ADP와 Ca^{2+}(녹색 점)는 활성 인자들이다.

? 최종 산물 방해와 되돌림 방해에 의해 조절되는 효소를 밝히라.

한다. 이때 [옥살로아세트산] 농도의 부수적인 증가는 시트르산 생성 속도를 조절하는 시트르산 생성 효소 반응을 촉진시킨다.

특히 아코니테이스는 평형에 가깝게 기능하는데, 시트르산이 소모되는 속도는 NAD^+ 의존성 아이소시트르산 탈수소 효소의 활성에 달려 있고, 이 과정은 생산물인 NADH에 의해서 강하게 방해받는다. 시트르산 생성 효소도 NADH로 방해되지만 아이소시트르산 탈수소 효소가 [NADH] 변화량에 민감한 것보다는 덜하다.

시트르산 회로의 생성물 방해의 다른 경우들은 시트르산(시트르산은 옥살로아세트산과 경쟁한다)에 의한 시트르산 생성 효소의 방해와 NADH와 석시닐 CoA에 의한 α-케토글루타르산 탈수소 효소의 방해 등이다. 석시닐 CoA도 시트르산 생성 효소 반응에 있어서 아세틸 CoA와 경쟁적이다(경쟁적 되돌림 방해). 이런 맞물린 체계는 시트르산 회로를 조화롭게 조절하거나 이들 중간 물질의 농도를 적절한 한도 내에서 유지되도록 하는 데 도움이 된다.

추가적인 조절 메커니즘 시트르산 회로 효소들의 시험관내 연구에서 몇몇 다른자리 입체성 활성제와 방해제를 밝혀냈다. ADP는 아이소시트르산 탈수소 효소의 다른자리 입체성 활성제이고, ATP는 이 효소를 방해한다. Ca^{2+}는 다른 많은 세포내 기능에 부가적으로 여러 지점에서 시트르산 회로를 조절한다. 이것은 피루브산 탈수소 효소 인산 가수 분해 효소(그림 17-15)를 활성화시켜 아세틸 CoA를 생산하도록 피루브산 탈수소 효소 복합체를 활성화하게 된다. Ca^{2+}는 또한 아이소시트르산 탈수소 효소와 α-케토글루타르산 탈수소 효소(그림 17-16)를 활성화시킨다. 그러므로 Ca^{2+}는 근육 수축을 촉진하는 신호 물질로서, 연료로 사용할 ATP의 생산을 촉진한다.

시트르산 회로의 효소들은 metabolon으로 구성된다. 상당한 반응 효율 능력은 대사 경로에서 조직되는 효소들에 의해 나타난다. 즉 일련의 연속된 단계에서 촉매 작용을 하는 효소들이 대사 과정에서 나타나는 중간 물질들과 결합한 형태를 의미한다. 우리는 위와 같은 경우를 피루브산 탈수소 효소 효소 복합체(17-2A절 참조)에서 볼 수 있다. 불안정한(반응성이 큰) 중간체의 보호와 더 좋은 촉매 효율성을 위한 지엽적 농도의 증가 등을 포함한 이러한 집합체의 장점을 **metabolon**이라고 명명하였다. 상당한 노력 끝에 해당 과정과 시트르산 회로 등 주요 대사 경로에서 그러한 상호 작용의 증거들을 많이 알아 낼 수 있었다. 시트르산 회로의 중간체들이 다른 대사 경로에서 유용하게 이용되며, 시트르산 회로 효소들 간의 복합체들은 불안정하여, 분리하기 위한 실험 기술을 진행하는 동안 유지되지 못한다. 특히 미토콘드리아 매트릭스 내에 있는 고농도의 단백질 용액에서 희석하는 과정의 경우 그렇다(미토콘드리아 구조에 대해서는 18-1A절에서 논의한다). 그럼에도 불구하고 적어도 몇 개의 시트르산 효소 거대 분자 복합체(metabolon이라 명명함)의 경우가 발견되었으며, 그들은 미토콘드리아 내막에 연결되어 석신산 탈수소 효소에 고정되어 있다.

체크 포인트

- 글루코스는 시트르산 회로를 통해 몇 개의 ATP를 생성시키는가?
- 흐름 조절을 하는 것은 시트르산 회로의 몇 단계인가?
- 피루브산 탈수소 효소와 시트르산 회로를 조절하는 ADP, Ca^{2+}, 아세틸 CoA, NADH의 역할을 설명하시오.

5 시트르산 회로와 연계된 반응

주요 개념

- 시트르산 회로는 글루코스 신생 합성, 지방산 합성, 아미노산 합성에 필요한 대사 산물을 공급한다.
- 시트르산 중간 물질은 다른 경로에 의해 보충될 수 있다.
- 몇몇 생명체는 시트르산 회로의 변형인 글리옥실산 회로를 이용하여 아세틸 CoA를 옥살로아세트산으로 전환시킨다.

대사 경로는 얼핏 보면 자유 에너지를 배출하거나 보존하는 분해 대사로 보이거나, 자유 에너지를 필요로 하는 합성 대사로 보인다. 물론 시트르산 회로는 분해 대사인데, 이는 분해가 관여되어 있고 대부분의 생물에서 자유 에너지의 주된 보존 체계이기 때문이다. 회로의 중간 물질은 이 회로의 분해 기능을 유지하기 위해 분해 대사에 쓰일 양만큼만 필요하다. 그러나 여러 생합성 경로들도 시트르산 회로의 중간 물질을 합성 반응의 전구 물질로 사용한다. 그러므로 시트르산 회로는 **양쪽성 대사(amphibolic**, 합성과 분해 대사 두 가지 모두)로 본다. 이 절에서는 시트르산 회로로 들어가거나 회로에서 나오는 중간 물질의 반응을 살펴보고, 식물에서만 일어나는 아세틸 CoA를 옥살로아세트산으로 바꾸는 시트르산 회로의 변형인 **글리옥실산 회로(glyoxylate cycle)**를 살펴본다. 시트르산 회로용 중간 물질로 보충되거나 사용되는 몇몇 반응들을 그림 17-17에 요약하였다.

A 또 다른 경로는 시트르산 회로의 중간 물질을 이용한다

시트르산 회로 중간 물질이 이용되고 배출되는 반응들은 **비움 반응[cataplerotic reaction**, 그리스어: *cata*(아래로) + *plerotikos*(채우는)]이다. 이들 반응은 중요한

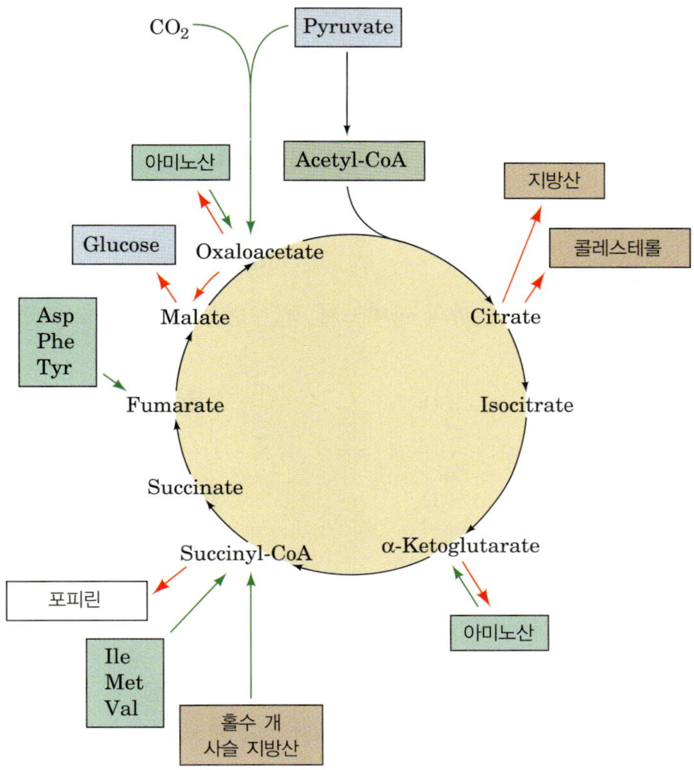

그림 17-17 시트르산 회로의 양쪽성 대사 기능 이 도표는 합성 과정에 사용되기 위해 중간 물질이 끌려나오는 지점(빨간색 화살표)과 회로의 중간 물질로서 보충하기 위해 합성 보충 반응이 일어나는 지점(녹색 화살표)을 표시하였다. 아미노산의 아미노기 전달 반응과 탈아미노화 반응은 가역적이므로, 이들의 방향은 대사적 수요에 따라 변한다.

? 세포에서 ATP의 수요가 증가하면 어느 반응이 우세한가?

산물을 합성할 뿐만 아니라, 아미노산 분해가 빠르게 진행되면서 시트르산 회로 중간 물질이 얻어지는 미토콘드리아에서처럼, 시트르산 회로 중간 물질이 부적절하게 축적되는 것을 피하게 된다. 비움 반응은 다음 경로로 일어난다.

1. **글루코스 신생 합성(glucose biosynthesis**; gluconeogenesis)은 옥살로아세트산을 활용한다(16-4절). 글루코스 신생 합성이 세포질에서 일어나기 때문에 옥살로아세트산은 말산이나 아스파트산으로 전환되어 미토콘드리아로 통과해 나가야 한다(그림 16-20). 시트르산 회로는 순환하는 경로이므로 중간 물질 중 어느 하나가 옥살로아세트산으로 전환되어 글루코스 신생 합성에 사용되어야 한다.
2. **지방산 생합성(fatty acid biosynthesis)** 반응은 아세틸 CoA를 필요로 하는 세포질 내부의 과정이다. 아세틸 CoA는 미토콘드리아에서 생기는데, 미토콘드리아 막을 통과할 수는 없다. 그러므로 세포질의 아세틸 CoA는 세포막을 통과하도록 시트르산이 분해되어 만들어지는데, 이는 **ATP-시트르산 분해 효소(ATP-citrate lyase**, 20-4A절)로 촉매되는 반응으로 만들어진다. 이 반응은 ATP의 자유 에너지를 사용하여 시트르산 생성 효소의 반응을 '취소시킨다'.

   ATP + 시트르산 + CoA → ADP + P_i + 옥살로아세트산 + 아세틸 CoA

3. **아미노산 생합성(amino acid biosynthesis)**은 전구 물질로 α-케토글루타르산과 옥살로아세트산을 사용한다. 예를 들어 α-케토글루타르산은 NADH나 NADPH를 이용하는 **글루탐산 탈수소 효소(glutamate dehydrogenase)**에 의해 촉매되는 환원적 아민화 반응으로 글루탐산으로 전환된다.

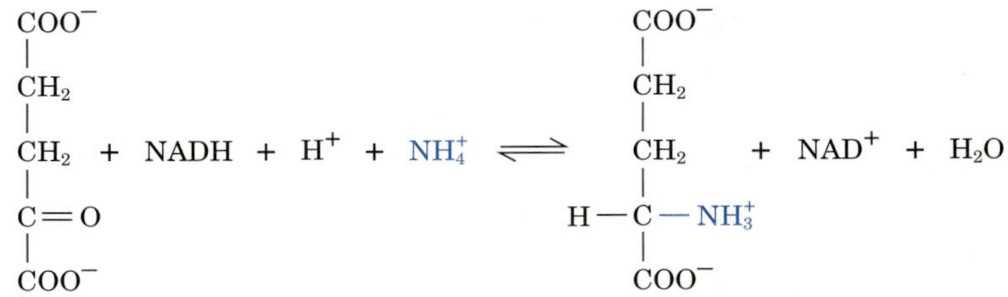

α-Ketoglutarate   Glutamate

옥살로아세트산은 알라닌과의 아미노기 전달 반응을 거쳐 아스파트산과 피루브산을 만든다(21-2A절).

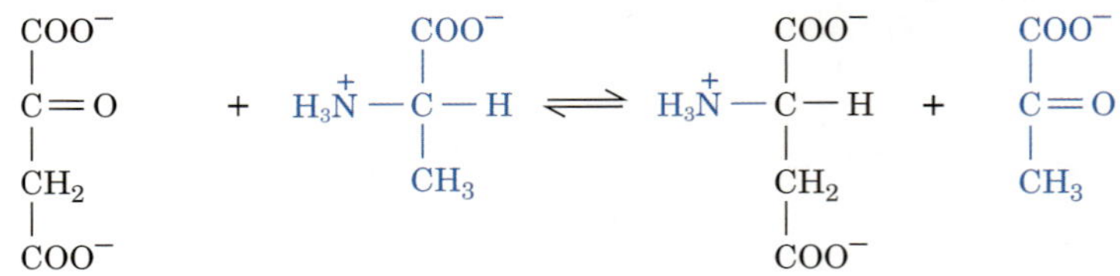

Oxaloacetate   Alanine   Aspartate   Pyruvate

B 몇몇 반응은 시트르산 회로의 중간 물질을 재생시킨다

호기성 생물에서 시트르산 회로는 자유 에너지의 주요 공급원이므로, 시트르산 회로의 분해 대사 기능이 중단될 수 없다. 즉 다른 대사 경로에서도 활용되는 회로의 중간 물질은 반드시 보충되어야 한다. 이런 보충 반응들은 **채움 반응[anaplerotic reaction**, 그리스어: *ana*(윗방향) + *plerotikos*(채우다)]에 의해서 이루어진다. 이들 반응에서 가장 중요한 것은 피루브산에서 옥살로아세트산을 생성하는 피루브산 탄산화 효소에 의해 촉매되는 반응이다.

$$\text{피루브산} + CO_2 + ATP + H_2O \rightarrow \text{옥살로아세트산} + ADP + P_i$$

(이것은 글루코스 신생 합성의 첫 단계 반응으로도 알려져 있다, 16-4A절). 피루브산 카복실화 효소는 활성제인 아세틸 CoA를 통해 시트르산 회로 중간 물질이 더 필요하다는 것을 '감지'한다. **이 회로의 속도가 불충분한 옥살로아세트산이나 다른 중간 물질로 인해 감소하게 되면 아세틸 CoA의 농도가 증가하게 된다.** 이것은 피루브산 카복실화 효소를 활성화시켜 옥살로아세트산을 보충하게 된다. 시트르산 회로의 이 반응들은 모든 중간 물질이 적정 수준으로 회복될 때까지 옥살로아세트산을 시트르산, α-케토글루타르산, 석신산 CoA 등으로 전환시킨다.

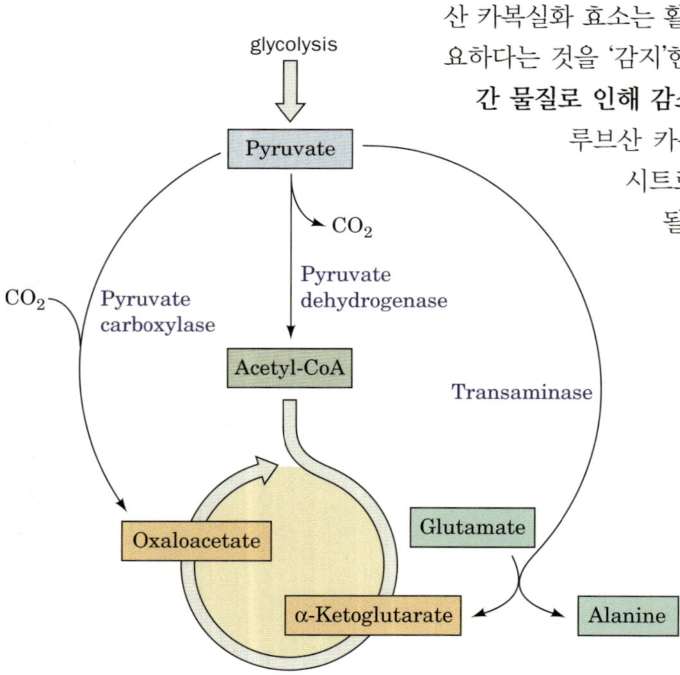

시트르산 회로 중간 물질 농도의 증가는 회로를 통한 아세틸기의 증가된 흐름을 뒷받침해 준다. 예를 들어 시트르산 회로의 흐름은 격렬한 운동을 하는 동안 근육 세포에서 60~100배 만큼 증가한다. 이런 증가의 모든 것이 회로의 중간 물질 농도의 증가로 연결되지는 않았는데(중간 물질은 단지 네 배만 증가), 다른 조절 메커니즘(17-4B절) 역시 회로의 속도 조절 단계를 통해 흐름을 증진시켰기 때문이다.

운동 중에는 증가된 해당 과정에 의해 만들어진 피루브산 중 일부가 피루브산 카복실화 효소의 촉매 작용으로 옥살로아세트산 합성으로 유도된다. 피루브산은 글루탐산(아미노기 전달 반응)의 아미노기를 받아 알라닌(피루브산에 대응되는 아미노산)과 시트르산 회로 중간 물질인 α-케토글루타르산(글루탐산의 케톤 대응기)을 만들게 된다. 이들 메커니즘의 두 가지는 모두 시트르산 회로가 피루브산 탈수소 효소 복합체의 반응들에 의해 생긴 아세틸기(또는 피루브산으로부터 온)를 효율적으로 분해 대사하는 것을 돕게 된다. 이 반응들을 그림에 요약하였다. 결과적으로 근육 수축의 힘이 될 수 있는 ATP를 증가시킨다.

시트르산 회로로 주입되는 다른 대사 물질들을 홀수 개 사슬 지방산의 분해 산물인 석시닐 CoA(20-2E절)와 약간의 아미노산(21-4절), α-케토글루타르산, 그리고 위에서 언급한 것처럼 약간의 아미노산들의 가역적 아미노기 전달 반응으로 만들어진 옥살로아세트산 등이다. 시트르산 회로와 다른 대사 경로의 연결은 진화 과정의 단서를 제공하고 있다(자료 17-3).

C 글리옥실산 회로는 시트르산 회로의 몇 단계를 공유한다

동물을 제외하고 식물, 세균, 곰팡이 등은 아세틸 CoA를 글루코스 신생 합성에 사용될 수 있는 옥살로아세트산으로 실제 전환시키는 반응을 매개하는 효소들을 가지고 있다. 이들 효소는 식물에서 세포내의 두 군데의 칸막이된 구조에서 작동하는 글리옥실산 회로(**그림 17-18**)를 조성하게 된다. 미토콘드리아와 **글리옥시솜(glyoxysome)**, 분화된 퍼옥시솜인 세포막으로 둘러싸인 식물 세포 기관이다. 글리옥실산 회로의 대부분의 효소들은 시트르산 회로의 효소들과 같다.
글리옥실산 회로는 다섯 개의 반응으로 구성된다(**그림 17-18**).

반응 1과 2 글리옥시솜의 옥살로아세트산은 아세틸 CoA와 축합하여 시트르산을 만들고, 이는 시트르산 회로에서 아이소시트르산으로 이성질화시킨다. 글리옥시솜은 아코니테이스를 갖고 있지 않아서 반응 2는 아마도 세포질에서 일어난다.

반응 3 글리옥시솜의 **아이소시트르산 분해 효소(isocitrate lyase)**는 아이소시트르산을 분해하여 석신산과 **글리옥실산(glyoxylate**, 바로 회로의 이름인)을 만든다.

반응 4 **말산 생성 효소(malate synthase)**는 글리옥시솜 효소로서 글리옥실산과 두 번째 아세틸 CoA 분자와 축합시켜 말산을 생성한다.

반응 5 글리옥시솜의 말산 탈수소 효소는 NAD^+에 의해 말산을 산화시켜 옥살로아세트산으로의 촉매 작용을 한다.

결과적으로 시트르산 회로에서는 네 분자의 CO_2가 생성되지만 글리옥실산 회로에서는 실제로 두 분자의 아세틸 CoA를 석신산으로 전환시키는 결과가 얻어진다. 반응 3에서 생성된 석신산은 미토콘드리아로 운반되어 시트르산 회로로 들어가 말산으로 전환되는데, 이때 두 가지의 유용한 운명을 갖게 된다. (1) 석신산은 미토콘드리아에서 옥살로아세트산으로 전환되어 시트르산 회로로 계속 진행되어 글리옥실산 회로의 채움 과정을 만듦(17-5B절), 또는 (2) 이것은 세포액으로 운반되어 글루코스 신생 합성으로 들어가 옥살로아세트산으로 전환된다.

글리옥실산 회로의 전체적 반응은 두 분자의 아세틸 CoA에서 옥살로아세트산으로 전환시킨다.

자료 17-3 생화학 전망 시트르산 회로의 진화

시트르산 회로는 호기성 생물에만 존재하며, 이들 세포의 에너지 대사에서 중추적인 역할을 한다. 그러나 시트르산 회로처럼 8단계의 촉매 회로가 한 번에 생겨난 듯이 보이지는 않고, 효소 촉매 반응의 좀 더 단순한 집단으로부터 진화된 것이 분명하다. 그 근원에 대한 단서는 원시 생명 형태를 닮은 세포의 대사를 살펴봄으로서 밝혀질 수 있다. 이러한 생명체는 30억 년 전쯤 대기 중 산소가 충분히 유용하게 되기 이전에 나타났다. 이들 세포는 궁극적인 산화제로 황을 사용하여 H_2S로 환원시켰다. 이들의 근대적 대응 물질은 탄소를 포함한 화합물의 산화 경로와 무관한 독자적인 경로로 자유 에너지를 산물로 얻는 혐기성 독립 영양 생물체이다. 그러므로 이들 생물체는 산소 분자에 의한 연소로 산화되는 환원된 보조 인자들을 만드는 시트르산 회로를 사용할 수 없다. 그러나 모든 생물체는 단백질, 핵산, 탄수화물, 지질 등을 만드는 작은 분자들을 합성해야 한다.

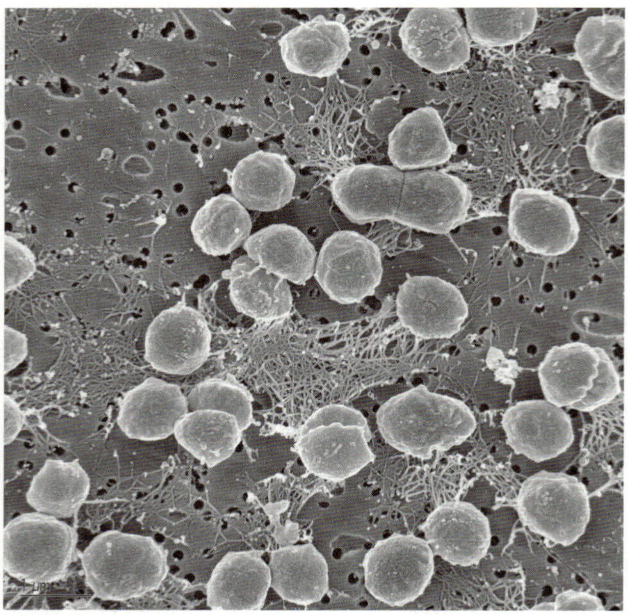

Courtesy B. Boonyaratanakornkit, D.S. Clark and G. Vrdoljak, University of California, Berkeley

Methanococcus jannaschii, 시트르산 회로가 없는 생물체

생물체의 대사적인 능력을 예측하는 일은 이제는 생물정보학을 통해 수월해졌다. 원핵생물의 유전체의 배열과 여러 동질의 유전자에 부가된 기능을 비교해 보면, 이 생물체의 핵심적 대사 경로를 재구성할 수도 있다. 이러한 접근 방법은 성과가 좋은데, 왜냐하면 여러 유기체에 '필수적으로 상존하는' 유전자들이 자전 정보를 지닌 것들이 다른 종들 중에도 잘 보존되어 있고, 이제는 상대적으로 쉽게 밝혀낼 수 있기 때문이다.

유전체 분석으로 많은 원핵생물들이 시트르산 회로가 결핍되어 있다는 것을 밝혀냈다. 그러나 이런 생물체들은 몇몇 시트르산 회로 효소들의 유전자를 지니고 있다. 회로의 마지막 네 반응(석신산에서 옥살로아세트산으로 가는)이 가장 잘 보존되어 있는 듯이 보인다. 이들 경로의 일부는 당발효에서 배출되는 전자들을 받아들이는 메커니즘으로 구성되어 있다. 예를 들어, 이 경로의 역반응으로는 해당 과정에서 글리세르알데하이드-3-인산 탈수소 효소(glyceraldehydes-3-phosphate dehydrogenase) 단계에서 생성되는 NADH로부터 NAD^+를 재생시킬 수 있다.

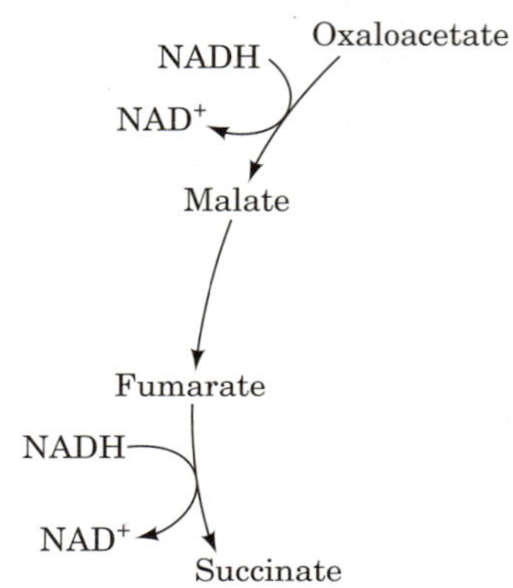

이 결과로 얻어진 석신산은 다른 화합물의 생합성의 전도 물질로 사용될 수 있다.

$$2\ \text{아세틸-CoA} + 2\ NAD^+ + FAD \rightarrow$$
$$\text{옥살로아세트산} + 2\ CoA + 2\ NADH + FADH_2 + 2\ H^+$$

아이소시트르산 분해 효소와 말산 생성 효소는 동물에서는 존재하지 않는다. 이들 효소들은 씨를 발아시켜 저장된 트라이아실글리세롤을 아세틸 CoA에서 글루코스로 전환시킨다. 이 반응이 식물 발아의 필요조건으로 여겨져 왔다. 그러나 아이소시트르산 분해 효소가 결핍된 *Arabidopsis thaliana* (유채식물)의 변종과 지방을 탄수화물로 전환할 수 없는 것에서도 발아는 된다. 이 과정은 오직 변종 식물이 빛을 조금 받는 조건에 놓였을 때에만 억제되었다. 그러므로 발아 성장에 있어 글리옥실산 회로의 중요성은 4개 탄소 단위가 시트르산 회로로 공급되는 보충적인 기능에 있는 듯이 보이며, 이로서 트라이아실글리세롤을 비롯한 아세틸 CoA를 산화시킬 수 있다.

글리옥실산 회로가 결핍된 생명체는 아세틸 CoA로부터 글루코스의 실제 합성을 할 수 없다. 이것이 사람은 지방(즉 지방산을 분해 대사로 아세틸 CoA로 바꾸는)을 많은 시생대 세포들은 피루브산을 아세틸 CoA (NADH를 생산하지 않으면서)로 전환하는 **피루브산: 페레독신 산화-환원 효소**(pyruvate: ferredoxin oxidoreductase)를 지니고 있다. 원시 세포에서는, 결과적으로 얻어진 아세틸기가 옥살로아세트산과 축합할 수 있어서(시트르산 생성 효소의 작용으로), 궁극적으로 지금의 시트르산 회로의 초기 몇 단계와 유사한 일련의 산화 반응을 발생하게 되었다.

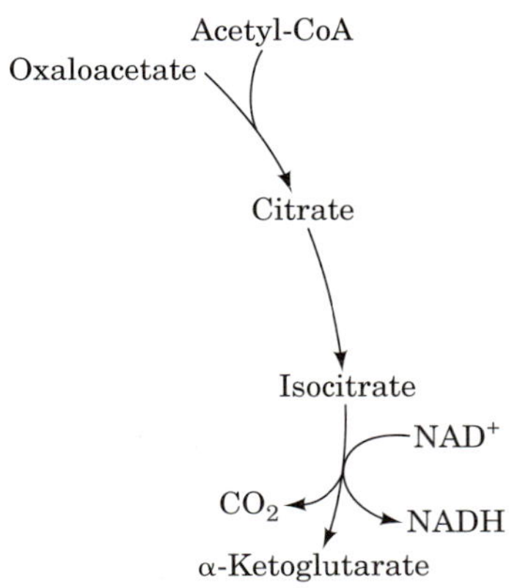

이렇게 생산된 α-케토글루타르산은 글루탐산과 다른 아미노산으로 전환된다.

지금까지 개괄적으로 보인 시트르산 회로의 환원과 산화 부문은 대장균과 같은 근대적 세균들이 혐기적으로 성장할 때 기능을 하는데, 이는 유사한 경로가 초기의 원시 세포의 대사적인 수요를 충족시킬 수 있었다는 것을 나타낸다. 완벽한 형태의 시트르산 회로의 진화는 두 부문이 연결되어 두 가지 모두가 산화적 방향(시계 방향)으로 진행되면서 α-케토글루타르산과 석신산을 이어주는 α-케토글루타르산: 페레독신 환원 효소(α-ketoglutarate: ferredoxin reductase)와 같은 효소를 필요로 하는 것이다.

흥미롭게도 원시 형태의 시트르산 회로는 CO_2를 고정할(즉 CO_2를 생물학적 분자들에 끼워 넣을) 경로를 제공하기 위해서 반대 방향(시계 반대 방향)으로 작동된다.

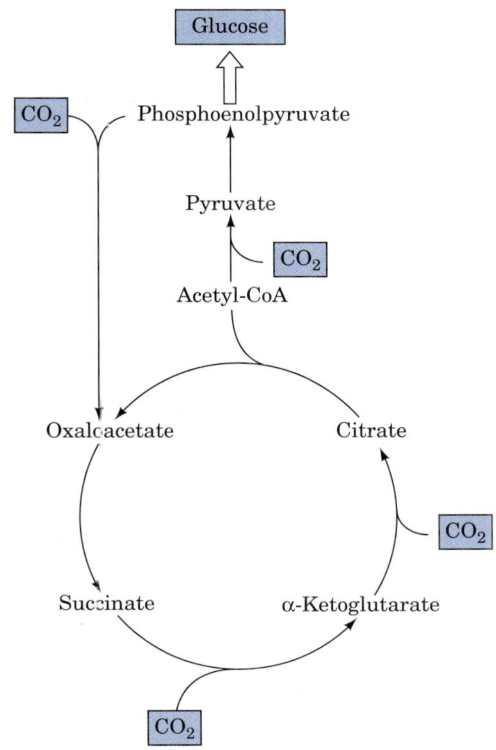

이런 경로의 단계를 촉매하는 효소의 유전 정보를 지닌 유전자는 여러 종류의 근대 자가 영양 세균에서 규명되고 있다. 이런 환원적 경로는 뿌리 깊은 몇몇 시생대 종에서 나타나는, 아마도 녹색 식물의 엽록체나 광합성 세균에서 사용되는 CO_2 고정 경로를 이미 사용하였던 것으로 보인다(19-3A절).

탄수화물(즉 글루코스)로 전환시킬 수 없는 이유이다.

사람의 몇몇 병원균은 때로 아주 유익하도록 글리옥실산 회로를 활용한다. 예를 들어 결핵균인 *Mycobacterium tuberculosis*는 면역계의 공격 없이 폐에서 몇 년을 버틸 수 있다. 세균은 이 기간 동안 아미노산 합성에 필요한 전구 물질을 생산하는 시트르산 회로를 이용하여, 그리고 탄수화물 전구 물질을 생산하는 글리옥실산 회로를 이용하여 주로 지방으로 연명하기 때문이다. 그러므로 세균의 아이소시트르산 분해 효소를 방해하도록 만들어진 약제는 이 병원균의 생존을 잠정적으로 제한할 수 있는 것이다. 효모 *Candida albicans*의 독성은 면역 저하 증세가 있는 사람에게 감염되어 나타나는데, 이는 효모 세포가 대식세포에 자리 잡고 글리옥실산 회로를 활성화시킬 수 있는가에 달려 있다.

체크 포인트

- 자신의 중간 물질을 고갈시키지 않으면서 다른 경로의 전구 물질까지 어떻게 제공하는지 설명하시오.
- 글루코스 신생 합성에 직접 이용되는 시트르산 회로의 중간 물질은 무엇인가? 지방산 합성에 사용되는 것은 어떤 물질인가? 아미노산 합성에 사용되는 것은 어떤 물질인가?
- 세포는 어떻게 옥살로아세트산, α-케글루타르산, 석시닐 CoA를 보충하는가?
- 글리옥실산 회로를 서술하시오. 이 경로에서 특이한 효소 두 가지는 무엇인가? 완성되는 경로는 무엇인가?

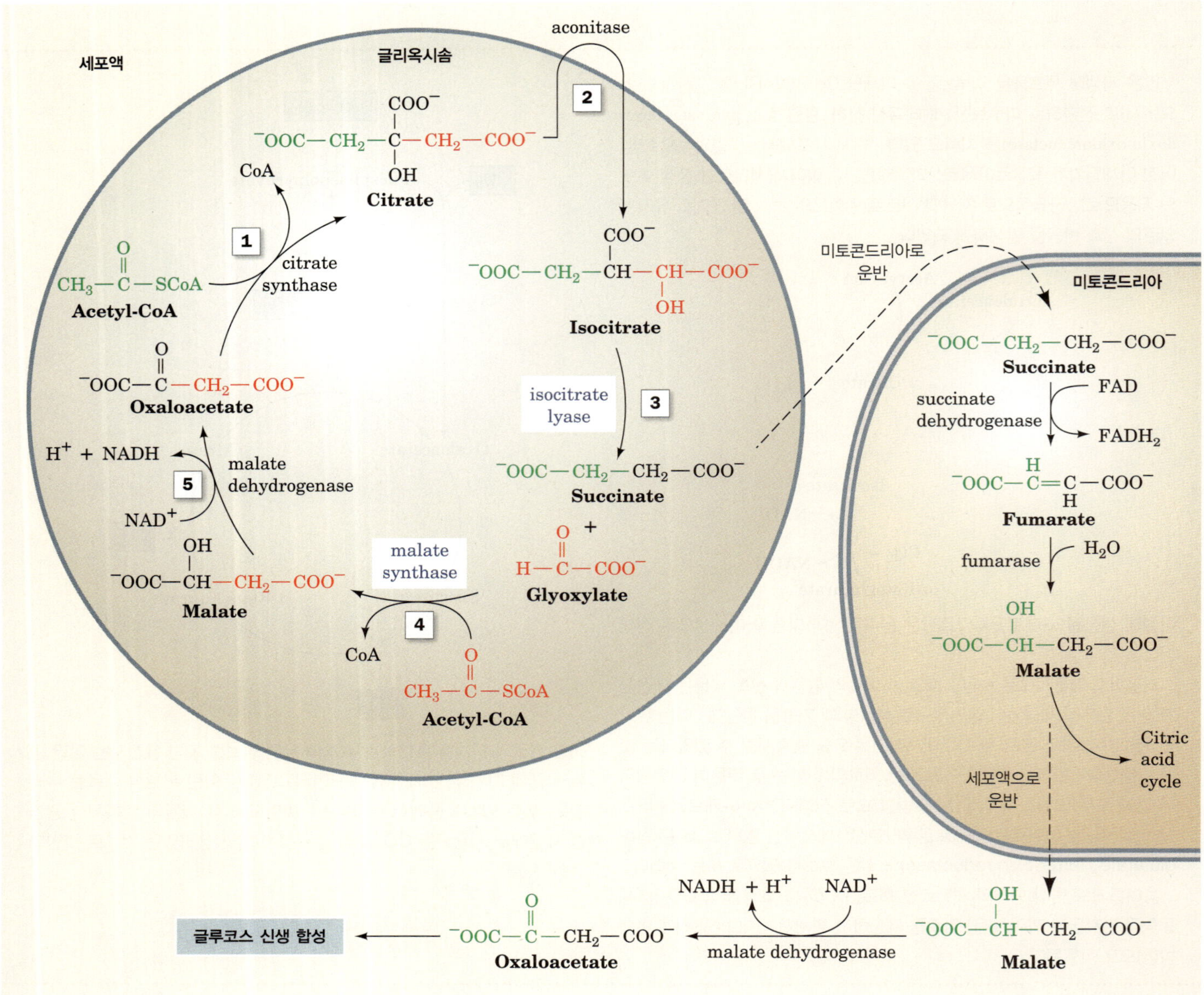

그림 17-18 글리옥실산 회로 이 회로는 글리옥시솜에서 두 개의 아세틸 CoA가 실제로 전환되어 석신산으로 된 것으로, 글루코스 신생 합성에 쓰이도록 미토코드리아에서 말산으로 전환된다. 아이소시트르산 분해 효소와 말산 생성 효소, 글리옥시솜에 독특한 효소(식물에서 나타나는)는 청색으로 표시하였다. (1) 글리옥시솜의 시트르산 생성 효소는 옥살로아세트산과 아세틸 CoA를 축합시켜 시트르산을 만드는 촉매 작용을 한다. (2) 세포질의 아코니테이스는 시트르산에서 아이소시트르산으로의 전환을 촉매한다. (3) 아이소시트르산 분해 효소는 아이소시트르산을 석신산과 글리옥실산으로 분해하는 촉매 작용을 한다. (4) 말산 생성 효소는 글리옥실산과 아세틸 CoA를 축합하여 말산을 만드는 촉매 작용을 한다. (5) 글리옥시솜 말산 탈수소 효소는 말산을 산화하여 옥살로아세트산으로 만드는 촉매 작용으로 이 회로를 끝내게 한다. 석신산은 미토콘드리아로 운반되는데, 여기서 시트르산 회로에 의해 말산으로 전환된다. 이 말산은 세포액으로 운반되어 말산 탈수소 효소에 의해 산화되는 촉매 작용으로 옥살로아세트산으로 되어, 글루코스 신생 합성에 활용된다. 선택적으로, 말산은 글리옥실산 회로를 채우면서 시트르산 회로를 계속할 수 있다.

? 글리옥실산 회로에 의해 통과되는 시트르산 회로의 반응은 무엇인가?

요약

1 시트르산 회로의 개요

- 시트르산 회로의 8가지 효소들은 세 개의 NADH, 한 개의 $FADH_2$, 한 개의 GTP의 생성과 더불어 한 개의 아세틸 CoA를 두 개의 CO_2로 산화시키는 다단계 촉매 회로 내에서 작용한다.
- 환원된 보조 효소들이 궁극적으로 O_2를 환원시킬 때 나오는 자유 에너지는 ATP를 생성하는 데 사용된다.

2 아세틸 CoA의 합성

- 아세틸기는 아세틸 CoA의 형태로 시트르산 회로로 들어간다. 피루브산 탈수소 효소 다중 효소 복합체는 세 가지 유형의 효소와 다섯 종류의 보조 효소를 함유하면서, 해당 과정의 산물인 피루브산으로부터 아세틸 CoA를 생성한다.
- E2의 리포일라이실 팔 형태는 복합체 내의 효소들 사이에 작용기를 흔들거리는 밧줄처럼 작용한다.

3 시트르산 회로의 효소

- 시트르산 생성 효소는 높은 발열 반응으로 아세틸 CoA와 옥살로아세트산의 축합을 촉매한다.
- 아코니테이스는 시트르산을 아이소시트르산으로 이성질화하는 것을 촉매하고, 아이소시트르산 탈수소 효소는 시트르산 회로의 첫 번째 CO_2와 NADH를 생산하면서 아이소시트르산을 α-케토글루타르산으로 산화적 탈카복실화하는 것을 촉매한다.
- α-케토글루타르산 탈수소 효소는 α-케토글루타르산을 산화적으로 탈카복실화시켜 석시닐 CoA와 시트르산 회로의 두 번째 CO_2와 NADH를 생산하는 반응들을 촉매한다.
- 석시닐 CoA 합성 효소는 인산화–효소 중간 물질을 통해 석시닐 CoA를 절단하여 GTP(몇몇 생물체에서는 ATP로)를 합성하도록 연결된다.
- 시트르산 회로의 나머지 세 반응은 석신산 탈수소 효소, 퓨마레이스, 말산 탈수소 효소에 의해 촉매되며, 시트르산 회로를 계속하기 위해 옥살로아세트산을 재생시킨다.
- 방출되는 CO_2 분자는 시트르산 회로에 들어가는 아세틸 CoA의 탄소로부터 생성되는 것이 아니라, 그 전 단계의 회로 내에서 합성된 옥살로아세트산에서 유도되는 것이다.

4 시트르산 회로의 조절

- 글루코스에서 우래된 아세틸 CoA의 시트르산 회로로의 유입은 최종 산물 억제 효과(NADH와 아세틸 CoA에 의한) 및 공유 결합적 변형으로 피루브산 탈수소 효소 단계에서 조절된다.
- 시트르산 회로 자체는 시트르산 생성 효소, NAD^+ 의존 아이소시트르산 탈수소 효소, α-케토글루타르산 탈수소 효소에 의해 촉매되는 단계에서 조절된다.
- 조절 작용은 주로 기질 유용성, 최종 산물에 의한 방해, 되돌림 방해로 작동된다.

5 시트르산 회토와 연계된 반응

- 비움 반응은 시트르산 회로의 중간 물질을 고갈시킨다. 몇몇 시트르산 회로 중간 물질은 글루코스 신생 합성, 지방산 생합성, 아미노산 생합성 등에 기질로 이용된다.
- 피루브산 카복실화 효소 반응과 같은 채움 반응은 시트르산 회로 중간 물질을 보충한다.
- 식물, 세균, 곰팡이에서만 작동하는 글리옥실산 회로는 글리옥시솜 효소인 아이소시트르산 분해 효소, 말산 생성 효소 등을 필요로 한다. 시트르산 회로의 이런 다양성은 아세틸 CoA로부터 글루코스를 합성하도록 한다.

주요 용어

글리옥시솜(glyoxysome)
글리옥실산 회로(glyoxylate cycle)
다중 효소 복합체(multienzyme complex)
리포일라이실 팔(lipoyllysyl arm)
양쪽성 경로(amphibolic pathway)
비움 반응(cataplerotic reaction)
시트르산 회로(citric acid cycle)
채움 반응(anaplerotic reaction)

문제

연습 문제

1. 시트르산 회로를 한 바퀴 돌아 생기는 CO_2는 이번 차례 순환에 끼어 들어간 아세틸 탄소로부터 생기지 않았다. 만약 아세틸 CoA를 ^{14}C로 카보닐 탄소에 표지하였다면, $^{14}CO_2$가 배출되기까지 회로가 몇 바퀴나 돌아야 하는가?
2. 만일 아세틸 CoA의 메틸기에 ^{14}C로 표지하였다면, $^{14}CO_2$가 배출되기 전까지 몇 바퀴가 필요한가?
3. 포유동물 세포에서 진행되는 피루브산의 4가지 대사 과정을 설명하시오. 가능한 반응을 서술하시오. 효모에서는 어떠한 반응이 추가되는지 설명하시오.

4. 자료 2-2를 참고하여 어느 시트르산 회로 중간 물질이 축적되어야 대사 산독증이 나타나는지 설명하시오.

5. 피루브산 탈수소 효소 복합체의 다섯 단계 중 대사적으로 가장 비가역적일 가능성이 높은 것은 어느 반응인가?

6. 피루브산 탈수소 효소 인산 가수 분해 효소(PDP)가 결핍된 사람은 왜 운동을 견딜 수 없는지 설명하시오.

7. 광합성을 하는 생명체는 다음 필요한 대사 과정을 위해 필요한 글루코스를 합성하기 위한 글리세르알데하이드-3-인산에 CO_2 형태의 탄소를 첨가시키기 위해 정교한 세포 내 기관을 이용한다. 하지만 연속되어 진행되는 해당 과정에 의해 삼탄당인 피루브산이 아세틸 CoA로 변환되면서 1개의 탄소를 잃게 된다. 세균에 존재하는 피루브산–폼산 분해 효소(formate C-acetyltransferase로 알려진)는 아래 반응에 촉매 작용을 한다.

$$\text{피루브산} + \text{HSCoA} \rightleftharpoons \text{아세틸 CoA} + \text{폼산}$$

이 반응은 어떻게 세포가 탄소를 빼앗기지 않도록 도움을 주겠는가?

8. 문제 7의 반응은 피루브산이 아세틸 CoA로 변하면서 ATP를 생성하는 것처럼 ATP를 생성할 수 있는가?

9. 몇몇 사람의 뇌종양 세포에서는 정상적 효소 활성 능력을 잃어버린 돌연변이형 아이소시트르산 탈수소 효소를 포함하고 있으며, 그 효소는 α-케토글루타르산의 카보닐기를 $NADP^+$에 의존하며 환원시키는 반응을 촉매 작용한다. 반응 생성물의 구조를 그리시오.

10. 문제 9에서 확인된 화합물은 글루탐산과 유사하며, 따라서 글루탐산 아미노 전달 효소에 경쟁적 방해 작용을 할 것이다. 이러한 결과가 시트르산 회로에 어떠한 영향을 미치겠는가?

11. 말론산은 석신산 탈수소 효소 반응에서 석신산의 경쟁적 방해제이다. 왜 옥살로아세트산의 농도를 증가시키면 말론산 방해를 극복할 수 있는지를 설명하시오.

12. 말론산이 존재하면 시트르산 회로의 어떤 중간 물질이 축적되는가?

13. 말산과 아세틸 CoA가 시트르산으로 변화되는 시트르산 회로에서 $\Delta G^{\circ\prime}$값은 얼마인가?

14. 다음의 조건이 주어졌을 때, 아이소시트르산 탈수소 효소 반응의 생리적 ΔG를 25°C, pH 7.0에서 계산하시오. $[NAD^+]/[NADH]=8$, [α-케토글루타르산]=0.1 mM, [아이소시트르산]=0.02 mM. CO_2($\Delta G^{\circ\prime}$는 표 17-2에 주어짐)는 표준 상태 조건이라고 가정한다. 이 반응은 대사 조절의 단계로 보여지는가?

15. 37°C에서 세포 상태하에서 퓨마르산과 석신산의 농도 비율을 계산하시오.

16. 25°C에서 세포 상태하에서 아이소시트르산과 시트르산의 농도 비율을 계산하시오.

17. 피루브산 카복실화 효소가 부족하게 되면 젖산 과다증이 발생하는 이유를 설명하시오.

18. 피루브산 탈수소 효소가 결핍되면 혈액의 pH에 어떤 영향을 미치겠는가?

19. (a) 왜 특정한 혐기성 세균이 약간의 시트르산 회로 효소들을 지니는지 설명하시오. (b) 왜 이들 생물은 완전한 시트르산 회로를 갖지 못하는가?

20. 지구상의 첫 번째 생물은 시트르산 회로가 거꾸로 작동하여 대기 중의 CO_2를 '고정시켜' 유기 화합물을 만드는 화학적 독립 영양 생물(chemoautotroph)이다. 가상적으로 전체 반응이 석신산 + $2CO_2$ → 시트르산으로 되는 촉매 회로를 완전하게 되도록 채우시오.

21. 위궤양을 일으키는 헬리코박터 파일로리에는 시트르산 회로가 없지만 많은 시트르산 관련 효소들을 가지고 있어, 옥살로아세트산을 생합성 반응에 필요한 석신산으로 변화시킬 수 있다. 이 화학 반응식을 기술하시오.

22. 말라리아 원인균인 *Plasmodium falciparum*은 산화적 인산화 반응을 할 수 없어 환원형 보조 효소를 만들 수 있는 시트르산 회로를 이용할 수 없다. 대신 아미노산에서 유도된 α-케토글루타르산을 석신산으로 전환시킬 수 있다. α-케토글루타르산이 석신산으로 변하는 반응을 (a) 시트르산 회로의 환원 경로(시계 반대 방향), (b) 산화 경로(시계 방향)로 서술하시오.

도전 질문

23. 아미노산 분해 대사에 관여하는 α-케토산 탈수소 효소 복합체(α-keto acid dehydrogenase complex)의 가지 사슬은 피루브산 탈수소 효소와 α-케토글루타르산 탈수소 효소 복합체에 있는 동일한 세 가지 유형의 효소를 지닌다. 글루탐산 ⇌ α-케토글루탐산 반응처럼(17-5A절), 발린이 탈아미노화되고, 곧 이어서 가지 사슬 α-케토산 탈수소 효소에 의해 작용되었을 때의 반응 산물을 그리시오.

24. 싸이아민 결핍에 의한 각기병 환자의 경우 어떤 물질이 축적되겠는가?

25. 표 14-4를 참조하여 왜 NAD^+보다는 FAD가 석신산 탈수소 효소 반응에 사용되는가를 설명하시오.

26. 불완전한 시트르산 회로를 가진 어떤 미생물들은 α-케토글루타르산을 탈카복실화시켜 **석신산 세미알데하이드(succinate semialdehyde)**를 만든다. 탈수소 효소는 그 다음 석신산 세미알데하이드를 석신산으로 바꾼다.

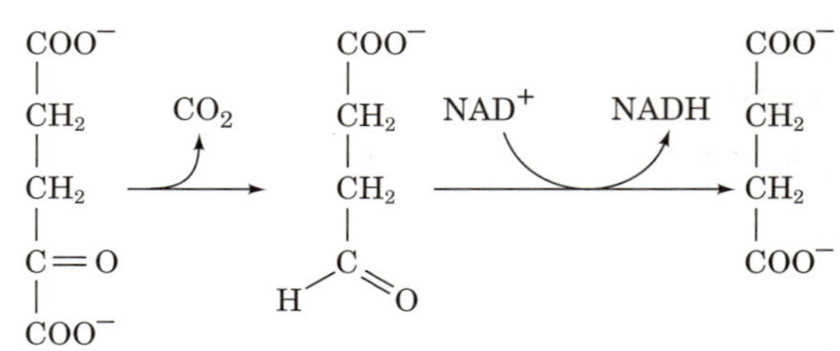

α-Ketoglutarate **Succinate semialdehyde** **Succinate**

이들 반응들은 시트르산에서 옥살로아세트산으로서의 경로를 만들어 내기 위해서 다른 전형적인 시트르산 회로와 결합될 수 있다. 표준 회로와 대체 회로의 ATP와 환원된 보조 효소 수득률을 비교하시오.

27. 왜 시트르산 회로의 반응 1의 생성물인 시트르산이 해당 작용의 세 번째 반응을 촉매하는 포스포프럭토카이네이스(phophofructokinase)를 방해하는 데 유리한가?

28. 혈중 글루코스의 농도가 높거나 세포가 에너지를 필요로 하면 인슐린이 글리코젠 합성을 자극한다. 또한 피루브산이 아세틸 CoA로 전환되는 반응도 촉진시키는 데 인슐린이 관여하는지 설명하시오.

29. 몇몇 아미노산의 분해 반응은 석시닐 CoA를 생성한다. 미토콘드리아의 석시닐 CoA가 세포질에 있는 옥살로아세트산으로 전환되는 일련의 반응들을 서술하시오.

30. 많은 아미노산들이 분해되어 시트르산 회로의 중간 물질로 된다. (a) 왜 이들 아미노산 '잔해'들이 직접 시트르산 회로에 의해 CO_2로 산화되지 못하는가? (b) 왜 피루브산으로 쪼개진 아미노산들은 시트르산 회로에 의해 완전히 산화되는지 설명하시오.

31. 채움 반응들은 시트르산 회로의 중간 물질의 양을 유지하면서 생합성 경로에 이 중간 물질을 공급하게 한다. 피루브산에서 시트르산이 합성되는 반응식을 쓰시오.

32. 비록 동물은 아세틸 CoA로부터 글루코스를 합성할 수 없지만 쥐에게 ^{14}C 표지된 아세트산을 먹이면 약간의 표지가 근육에서 추출한 글리코젠에 나타난다. 이를 설명하시오.

33. 미토콘드리아 내에서 생성되어 세포액에 존재하는 말산 효소의 기질로 작용하는 말산은 세포액으로 이동한다. 이 효소는 아래 반응의 촉매로 작용한다.

$$\text{말산} + NADP^+ \rightleftharpoons CO_2 + \text{피루브산} + NADPH$$

이화 과정에 촉매로 작용하는 말산 효소가 어떻게 세포액에서 진행되는 생합성 반응을 촉진시키는지 설명하시오.

34. 말산 효소의 작용은 피루브산 카복실화 효소의 작용과 반대의 경우이다. (a) 이 두 효소 외에 또 하나의 효소 작용에 의해 형성되는 기질 회로도를 그리시오. (b) 말산에서 피루브산으로 변화되었다가 다시 말산으로 전환되는 전체 변화 반응식을 쓰시오. 이 반응은 세포에 어떤 효과를 주겠는가?

35. 원시 세포(archaebacterium)인 *Haloarcula marismortui*는 탄수화물 합성 전구체로 아세트산(아세틸 CoA로 전환되는)을 이용할 수 있다. 그러나 이 세포는 아이소시트르산 분해 효소가 결핍되어 글리옥실산 경로를 이용할 수는 없다. 그 대신에 아이소시트르산을 α-케토글루타르산으로 변환시켜 두 단계 이상의 과정을 거쳐 아미노산인 메틸아스파트산을 합성한다. 이 오탄소 화합물은 변형되고 분해되며 글리옥실산을 방출시키게 된다. 아이소시트르산으로부터 메틸아스파트산으로 변화되는 세 개의 반응을 서술하시오.

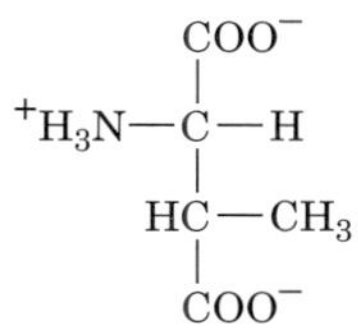

메틸아스파트산

36. 시트르산 회로에 2개의 탄소를 공급하는 아세틸 CoA는 단백질에 아세틸기를 공급하는 효소의 기질이기도 하다. 히스톤 아세틸 전달 효소는 DNA를 밀착시키는 작용을 하는 단백질인 히스톤의 Lys 잔기에 ε-아미노기에 아세틸기를 결합시킨다. 아세틸기가 결합된 Lys 사슬의 그림을 그리고, 아세틸기가 결합하면서 방해하는 히스톤과 DNA의 작용에 대하여 설명하시오.

참고 문헌

Akram, M., Citric acid cycle and role of its intermediates in metabolism, *Cell. Biochem. Biophys.* **68**, 475–478 (2014).

Eastmond, P.J. and Graham, I.A., Re-examining the role of the glyoxylate cycle in oilseeds, *Trends Plant Sci.* **6**, 72–77 (2001).

Huynen M.A., Dandekar, T., and Bork, P., Variation and evolution of the citric-acid cycle: a genomic perspective, Trends Microbiol. 7, 281–291 (1999) [특정 효소가 없을 경우에도 유전자 연구에 의해서 대사 과정의 재건이 가능한지에 대한 연구 토론]

Lengyel, J.S., Stott, K.M., Wu, X., Brooks, B.R., Balbo, A., Schuck, P., Perham, R.N., Subramaniam, S., and Milne, J.L.S., Extended polypeptide linkers establish the spatial architecture of a pyruvate dehydrogenase multienzyme complex, *Structure* **16**, 93–103 (2008)

Menefee, A.L. and Zeczycki, T.N., Nearly 50 years in the making: defining the catalytic mechanism of the multifunctional enzyme, pyruvate carboxylase, *FEBS J.* **281**, 1333–1354 (2014).

Milne, J.L.S., Wu, X., Borgia, M.J., Lengyel, J.S., Brooks, B.R., Shi, D., Perham, R.N., and Subramaniam, S., Molecular structure of a 9-MDa icosahedral pyruvate dehydrogenase subcomplex containing the E2 and E3 enzymes using cryoelectron microscopy, *J. Biol. Chem.* **281**, 4364–4370 (2006)

Owen, O.E., Kalhan, S.C., and Hanson, R.W., The key role of anaplerosis and cataplerosis for citric acid cycle function, *J. Biol. Chem.* **277**, 30409–30412 (2002) [다른 생체 시스템 간 시트르산 회로의 유입(anaplerosis)과 유출(cataplerosis)에 관한 서술]

Perham, R.N., Swinging arms and swinging domains in multifuntional enzymes: catalytic machines for multistep reactions, *Annu. Rev. Biochem.* **69**, 961–1004 (2000) [다효소 복합체에 관한 권위 있는 보고서]

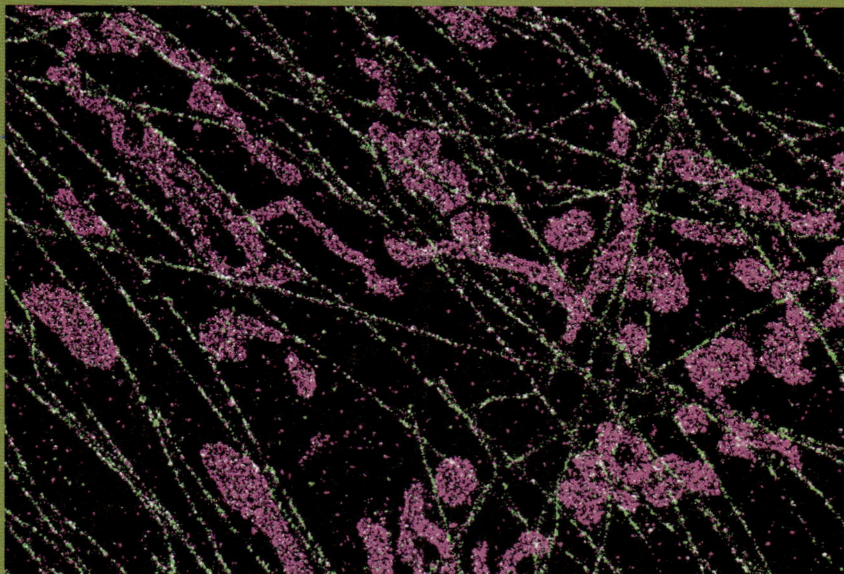

Xiaowei Zhuang Laboratory at Harvard University and Howard Hughes Medical Institute

원숭이 신장 세포 안에 마이크로튜블(녹색)에 접근한 미토콘드리아(분홍색)의 네트워크가 고분해능 형광 현미경 기술을 이용하여 시각화되어 있다. 세포의 산화적 대사의 대부분을 수행하는 기관인 미토콘드리아는 움직임, 모양의 변화, 성장, 그리고 분화와 같은 매우 역동적인 구조이다.

CHAPTER 18

전자 운반과 산화성 인산화

호기성 유기체들은 대사 연료를 산화하는 과정에서 산소를 소비하고 이산화 탄소를 발생시킨다. 예를 들면 산소 분자에 의한 글루코스($C_6H_{12}O_6$)의 완전 산화는

$$C_6H_{12}O_6 + 6\,O_2 \rightarrow 6\,CO_2 + 6\,H_2O$$

대사 회로가 수행하는 두 개의 반쪽 반응으로 나누어질 수 있다. 첫 번째에서는 글루코스의 탄소 원자들이 산화된다.

$$C_6H_{12}O_6 + 6\,H_2O \rightarrow 6\,CO_2 + 24\,H^+ + 24\,e^-$$

그리고 두 번째 반응에서는 분자적 산소가 환원된다.

$$6\,O_2 + 24\,H^+ + 24\,e^- \rightarrow 12\,H_2O$$

우리는 이미 첫 번째 반쪽 반응이 해당 작용과 시트르산 회로의 효소 반응들에 의하여 중재된다(지방산의 분해–대사 연료의 다른 주된 형태–도 시트르산 회로를 필요로 한다)는 것을 알고 있다. 이 장에서는 진핵생물에서 환원된 연료 분자들로부터 전자가 산소 분자로 전달되는 경로를 설명하고자 한다. 또한 연료 산화 에너지가 ATP를 합성하기 위하여 어떻게 저장되고 사용되지를 조사하고자 한다.

앞에서 설명한 것처럼, 글루코스의 산화 과정에서 방출되는 12개의 전자쌍은 O_2로 직접 전달되는 것이 아니다. 대신 그들은 NADH와 $2FADH_2$를 생성하기 위해 해당 작용의 효소 글리세르알데하이드-3-인산 탈수소 효소(glyceraldehyde-3-phospahte dehydrogenase, 15-2F절), 피루브산 탈수소 효소(pyruvate dehydrogenase, 17-2B절), 그리고 시트르산 회로 효소인 아이소시트르산 탈수소 효소(isocitrate dehydrogenase), α-케토글루타르산 탈수소 효소(α-ketoglutarate dehydrogenase), 석신산 탈수소 효소(succinate dehydrogenase), 말산 탈수소 효소(malate dehydrogenase, 17-3절)들이 촉매하는 반응에 의해 NAD^+와 FAD 보조 효소로 전달된다(그림 18-1). **그리하여 전자들은 전자 운반 체계인 미토콘드리아 전자 운반 사슬(*Mitochondrial electron-transport chain*) 안을 통과한다.** 다음과 같은 사건

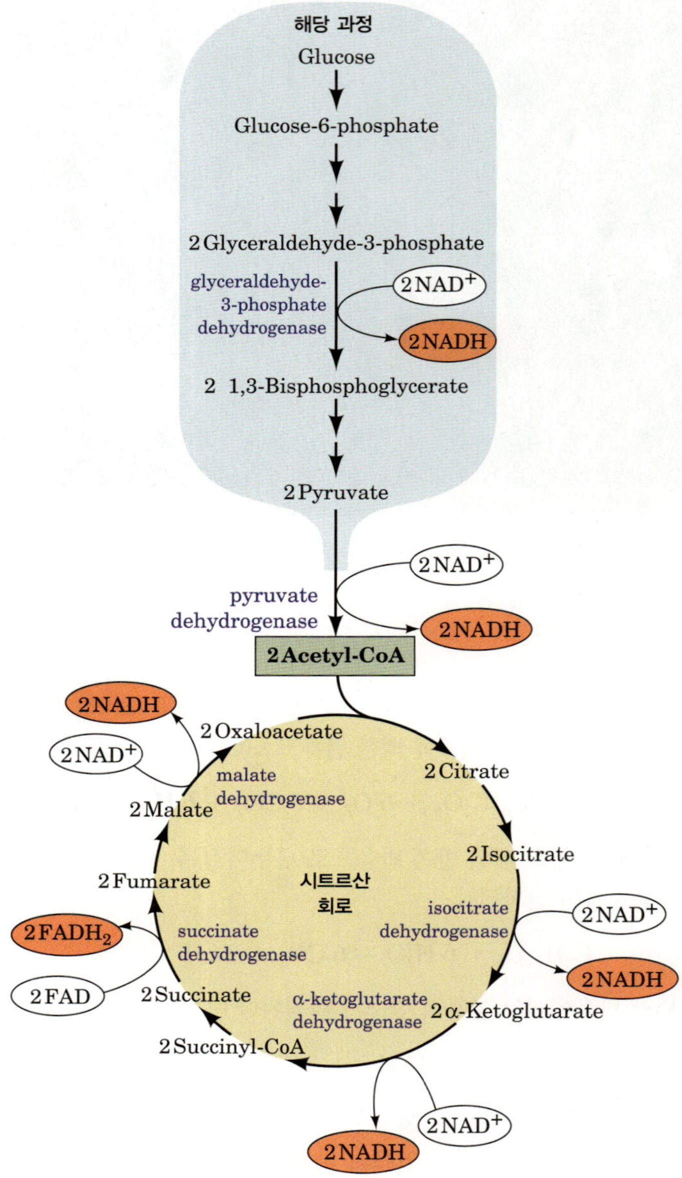

그림 18-1 해당 과정과 시트르산 회로 안에서 NADH와 $FADH_2$를 형성하는 전자 전달 장소

? 글루코스의 CO_2로의 산화에서 파생하는 24개의 모든 전자에 대해 설명되는 전자 운반체들을 지적하라.

들이 전자 운반 과정 동안에 일어난다.

1. NADH와 $FADH_2$는 그들의 전자들을 다른 물질로 운반함으로써 추가 기질 산화 반응에 참여하기 위해 NAD^+와 FAD로 재산화된다.
2. O_2에서 H_2O로 환원되기 전에 운반된 전자들은 4가지 효소 복합체 안에서 복합적인 **산화-환원 중심(redox center**, 산화 환원 반응이 진행되는 그룹들)이 일으키는 연속적인 산화-환원 반응에 참여한다.
3. 전자 운반이 일어나는 동안, 양성자가 미토콘드리아 내막을 통한 양성자 기울기를 생성하여 미토콘드리아로부터 방출된다. **이런 전기 화학적인 기울기에서 저장된 자유 에너지는 산화성 인산화(*oxidative phosphorylation*)를 통해 ADP와 P_i로부터 ATP의 합성을 유도한다.**

1 미토콘드리아

주요 개념

- 촘촘히 쌓인 다수의 내막 단백질은 외막으로부터 미토콘드리아 매트릭스(matrix)를 분리한다.
- 수송 단백질은 환원 당량, 즉 ADP와 P_i를 미토콘드리아 안으로의 유입을 요구한다.

미토콘드리아[그리스어: *mitos*(섬유질) + *chondros*(미립자)]는 진핵생물의 산화적 대사가 일어나는 장소이다. 미토콘드리아는 피루브산 탈수소 효소, 시트르산 회로 효소들, 지방산의 산화를 촉매하는 효소들(20-2절), 그리고 전자 운반과 산화적 인산화에 관여하는 효소와 산화-환원 단백질을 포함하고, 이러한 효소들과 산화-환원 단백질은 전자 전달 및 산화성 인산화 과정에 참여한다. 미토콘드리아가 세포의 '발전소'라고 자주 표현되는 것은 바로 이러한 이유들 때문이다.

A 미토콘드리아는 촘촘히 접힌 안쪽 막을 포함한다

미토콘드리아는 출처와 대사 상태에 따라 크기와 형태가 다양하나, 종종 박테리아의 크기인 약 0.5×1.0 μm의 타원체 모양을 하고 있다. 진핵세포는 전형적으로 전체 세포 부피의 대략 1/5을 차지하는, 800~2000개의 미토콘드리아를 포함하고 있다. 미토콘드리아는 매끄러운 외막에 의해 결합되어 있으며, 광범위하게 접혀진 내막을 포함한다(**그림 18-2**). **크리스테(cristae**, 라틴어: crests)라고 불리는 많은 수의 접혀진 부위는 세포의 호흡 활동을 반영한다. 전자 운반과 산화성 인산화 반응을 중재하는 단백질들은 미토콘드리아의 내막에 결합되어 있어 호흡 속도는 막의 표면적에 따라 변화한다.

내막은 미토콘드리아를 **막 사이 공간(intermembrane space)**과 막 사이 **매트릭스(matrix)**의 두 부분으로 나눈다. 매트릭스는 기질, 뉴클레오타이드 보조 인자, 무기 이온뿐만 아니라 산화적 대사에 관여하는 매우 높은 농도의 가용성 효소를 포함하는 젤과 같은 용액이다. 매트릭스는 또한 여러 가지 미토콘드리아 단백질들을 만드는 −DNA, RNA, 리보솜(ribosome)−1500개의 미토콘드리아 단백질들 이상의 단지

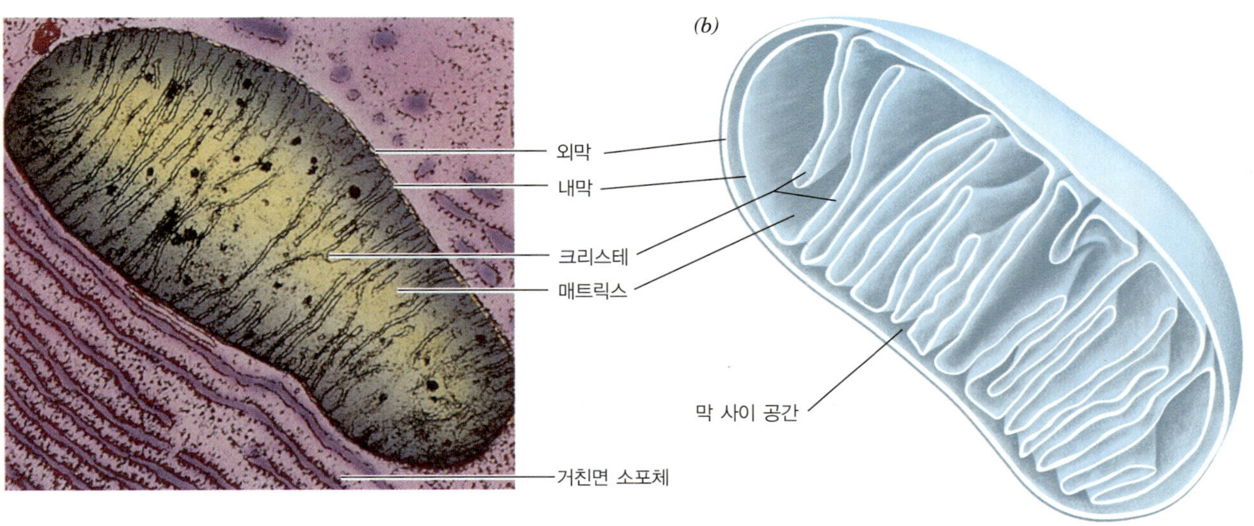

그림 18-2 미토콘드리아 *(a)* 동물 세포 안의 미토콘드리아 전자 현미경 사진, *(b)* 미토콘드리아 단면도 [K.R. Porter/Photo Researchers]

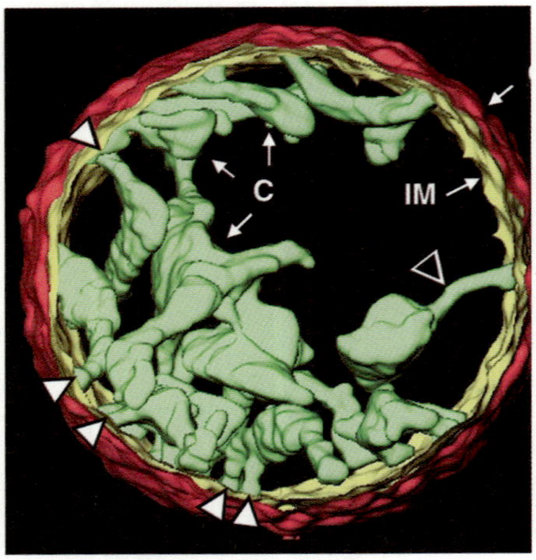

Don W Fawcett / Getty Images

그림 18-3 **쥐 간세포의 미토콘드리아의 3차원적 영상 복원 기반 전자 현미경 사진** 외막(OM)은 빨간색, 내막(IM)은 노란색, 크리스테(C)는 녹색으로 나타난다. 크리스테의 관 모양의 영역에 화살표 머리 부분 점들은 내막에 연결되고 각각의 나머지 부분에 연결된 것을 나타낸다.

13개의 단백질을 생성하는 미토콘드리아의 유전적 기관을 포함하고 있다. 그 나머지들은 핵 유전자들에 의해 암호화 되어 있고 미토콘드리아 안으로 유입되어야 한다. 진화론적 측면에서 효율적으로 그들이 유입되는 경로를 찾을 수 없다고 제안된 13개의 미토콘드리아에서의 암호화된 단백질들(아래 참조)은 모두 예외적으로 소수성이다. 미토콘드리아 게놈(인간에서는 어머니로부터 단독으로 유전되는 대략 16,600개 염기쌍 원형 DNA)에 있는 총 37개의 유전자에 대해 그 나머지 미토콘드리아 유전자들은 22개 tRNA와 2개의 리보솜 RNAs를 암호화한다.

그림 18-2*a*와 같은 미토콘드리아의 2차원적 전자 현미경 사진은 미토콘드리아가 불연속적인 콩팥 형태의 기관이라는 제안을 할 수 있다. 사실, 어떤 미토콘드리아는 세포액을 통하여 연결된 관 모양을 하고 있다. 더욱이 미토콘드리아는 매우 변하기 쉬운 구조들이다. 예를 들면 크리스테는 아마도 차폐 장치를 닮지 않았으며, 크리스테 내부 공간은 미토콘드리아의 막 사이 공간과 자유롭게 연결되지 않을 수 있다. 3차원 영상 복원 방법을 기반으로 하는 전자 현미경을 사용하면, 크리스테가 단순한 튜브형 구조로부터 좁은 튜브형 구조를 통하여 내막과 마주치는 조금 더 복잡한 주름 잡힌 모양까지 다양한 형태가 있음을 알 수 있다(**그림 18-3**). 분명히 크리스테는 크리스테 내부와 막 사이 공간 사이에서 기질과 이온의 확산을 제한하는 미세한 칸막이 구조를 형성한다. 이것은 중요한 기능적인 의미를 함축하고 있다. 왜냐하면 그것이 크리스테의 부분이 아닌 내막을 거치는 것보다 크리스테 막에 걸쳐 부분적으로 커다란 pH 기울기를 만들어 낼 것이고, 이러한 이유로 산화성 인산화의 속도에 뚜렷한 영향을 초래할 것이기 때문이다(18-3절).

B 이온과 대사체는 운반 단백질을 통해 미토콘드리아로 유입된다

박테리아의 외막처럼 미토콘드리아의 외막은 10 kD까지의 분자를 자유 확산하게 하는 단백질인 포린(porin)을 포함한다(10-2B절). 그러므로 **막 사이 공간은 대사체와 이온의 농도에서 세포액과 동등하다.** 중량의 75%가 단백질인 내막은 외막의 중량에서 단백질이 차지하는 비율보다 훨씬 더 높다(**그림 18-4**). 내막은 O_2, CO_2, H_2O만을 투과시키며, 내막은 호흡 연쇄 단백질들에 더하여 ATP, ADP, 피루브산, Ca^{2+}, 인산과 같은 대사체의 이동을 통제하는 다수의 운반 단백질을 포함한다. **대부분의 이온과 대사체에 대한 미토콘드리아 내막의 통제된 불투과성은 이 경계면에 걸쳐 이온 기울기의 생성을 허용하며, 결과적으로 세포액과 미토콘드리아 사이의 대사적 기능에 있어서 칸막이 구분을 하게 하는 결과를 얻게 된다.**

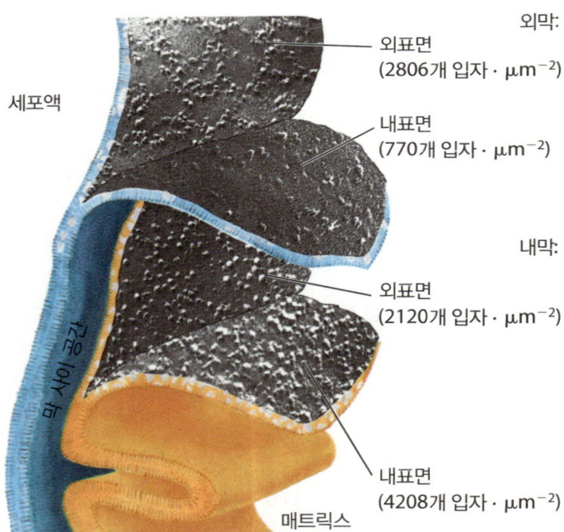

Courtesy Lester Packer, University of California at Berkeley

그림 18-4 **이중막으로 된 염편의 내표면을 노출하기 위해 갈라져 있는 미토콘드리아의 내, 외막의 현미경 사진** 내막은 파묻혀 있는 입자 밀도가 외막이 함유하고 있는 것의 약 2배이다. 입자들은 이중막이 갈라졌을 때 노출되는 내재성 막단백질의 일부분이다.

세포액의 환원 당량은 미토콘드리아로 '운반'된다. 해당 작용에 의해 세포질에서 생산되는 NADH는 호기성 산화를 위해서는 미토콘드리아 전자 운반 사슬에 접근을 통해 얻어진다. 그러나 미토콘드리아의 내막에는 NADH 운반 단백질이 부족하다. **단지 세포액의 NADH로부터 온 전자는 정교한 '순환(shuttle)' 시스템의 한 종류에 의해 미토콘드리아로 운반된다.** 우리는 이미 역반응으로 진행될 때 세포액의 옥살로아세트산이 미토콘드리아에서 운반을 위해 말산으로 환원되는 과정에서 **말산-아스파트산 순환(malate-aspartate shuttle)**에 대해 논의하였다(그림 16-20). 말산이 매트릭스 안에서 재산화될 때, 그것은 세포액에서 유래하는 환원량만큼 내놓는다.

곤충 날개근육(지탱하는 힘의 출력이 가장 큰 것으로 알려진 조직, 무게 대 출력비가 작은 승용차 엔진과 대략 같음)에 대한 **글리세로인산 순환(glycerophosphate shuttle)**(그림 18-5)에서, **3-포스포글리세롤 탈수소 효소(3-phosphoglycerol dehydrogenase)**는 다이하이드록시아세톤 인산(dihydroxyacetone phosphate)에 의해 세포액의 NADH 산화를 촉매하여 NAD^+를 생성하고, 이것은 해당 작용으로 다시 되돌아간다. 결과적으로 남는 **3-인산글리세롤(3-phosphoglycerol)**의 전자들은 **플라보단백질 탈수소 효소(flavoprotein dehydrogenase)**로 전달되어 $FADH_2$를 형성한다. 미토콘드리아 내막의 바깥 표면에 위치한 이 효소는 전자 운반 사슬에 전자를 직접 공급한다(18-2D절).

ADP−ATP 자리옮김 산화성 인산화를 통해 **미토콘드리아 매트릭스(mitochondrial matrix)** 안에서 생성되는 대부분의 ATP는 세포액에서 사용된다. 미토콘드리아 내막은 가수 분해에 의한 세포액에서 생성된 ADP를 교환하기 위해 매트릭스 바깥으로 ATP를 운반하는 **ADP−ATP 자리옮김(ADP−ATP translocator)** [**아데닌 뉴클레오타이드 자리옮김 효소(adenine nucleotide translocase)**로도 불린다]을 포함한다.

몇몇 천연물들은 ATP−ADP 자리옮김을 억제한다. **아트락틸로사이드** [**atractyloside**, 고대 이집트인들에게 알려진 지중해 엉겅퀴 **아트락틸리스 쿠미페라**(*atractylis gummifera*)에 생성되는 독극물]와 이들의 유도체인 **카복시아트락틸로사이드(caboxyatractyloside, CATR)**는 단지 미토콘드리아 내막의 겉표면으로부터 이러한 진행을 억제한다. 사실 그 자리옮김체는 친화성 리간드로서 아트락틸로사이드(atractyloside) 유도체를 이용한 친화 크로마토그래피(5-2C절)에 의해 정제되어 왔다.

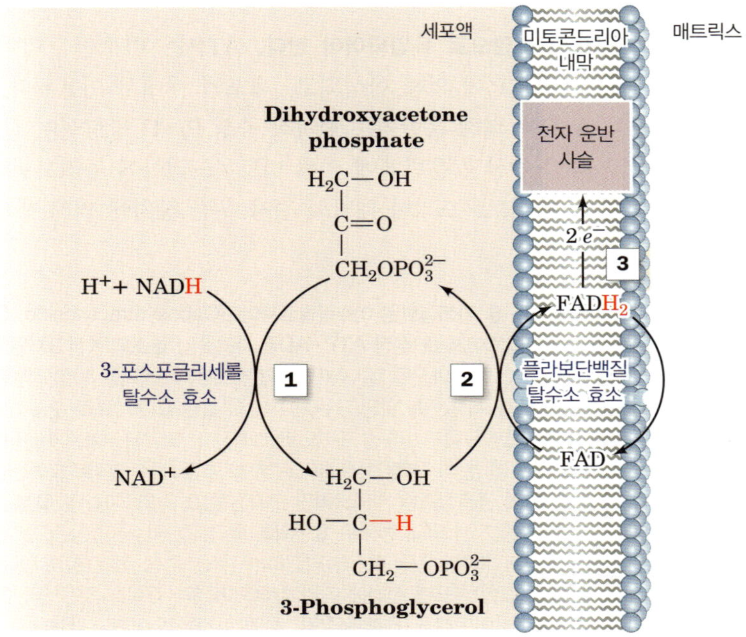

그림 18-5 글리세로인산 순환 세포액 NADH의 전자들은 세 단계로 미토콘드리아 전자 운반 사슬로 운반된다(수소화물의 운반은 빨간색으로 보여진다). (1) 3-포스포글리세롤 탈수소 효소에 의해 촉매화된 다이하이드록시아세톤 인산에 의한 NADH의 세포액 산화, (2) FAD에서 $FADH_2$로의 환원과 함께 플라보단백질 탈수소 효소에 의한 3-포스포글리세롤 탈수소 효소의 산화, (3) 전자들이 전자 운반 사슬 안으로 통과함으로써 $FADH_2$의 재산화

? 각 단계에서 산화되거나 환원되는 성분을 밝히라.

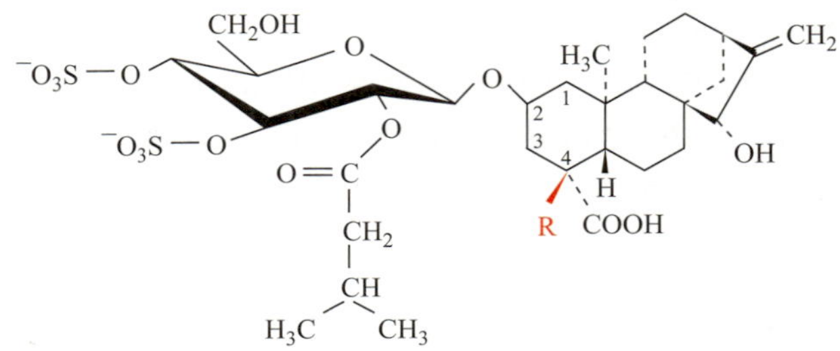

R = H 아트락틸로사이드
R = COOH 카복실화된 아트락틸로사이드 **(CATR)**

동일한 300개 정도의 잔기를 지닌 소단위체들의 이합체인 ADP–ATP 자리옮김은 나머지 운반 단백질의 그것들과 유사한 특성화를 지니고 있다. 각각의 소단위체는 ADP와 ATP가 경쟁하는 곳에 한 개의 결합 자리를 가지고 있다. 자리옮김 효소는 매트릭스 표면에 인접한 ATP–ADP 결합 장소와 내막 공간에 인접한 장소, 두 개의 중요한 구조 형태를 가지고 있다. 에바 페베이–베이루라(Eva Pebay-peyroular)에 의해 규명된 CATR과 결합된 복합체의 X선 3차원적 구조에서, 매트릭스 방향으로 개방된 원뿔 모양의 홈과 각각 소단위체들의 생체막으로 둘러싸인 6개의 나선 구조들은 CART에 의해 채워져 있다(**그림 18-6**). 자리옮김 효소는 생리적으로 합리적인 속도에서 한 가지 구조에서 다른 구조로의 변화를 위하여 리간드와 결합해야 한다. 더욱이 자리옮김 효소는 방출되는 ATP마다 한 개의 ADP를 받아들임으로써 교환체의 기능을 한다. 이러한 점에서, 자리옮김 효소는 리간드의 부재하에서 이것의 구조를 변하게 할 수 있는 글루코스 운반체(그림 10-13)와는 다르다. 결과적으로, ATP의 방출(알짜 전하 −4)과 ADP의 유입(알짜 전하 −3)은 운반 주기당 한 개의 음전하를 방출하는 것에 주목하라. 이 **전기 발생적(electrogenic)** 방향성이 다른 수송(antiport)은 미토콘드리아 내막(양성 외부)에 걸쳐 있는 막횡단 양성자 기울기의 결과인 막 전위차(ΔΨ)에 의해 추진된다.

인산염은 미토콘드리아 안으로 유입되어야 한다. ATP는 미토콘드리아에서 ADP + P_i에 의해 합성되고, 세포액 내에서 이용된다. P_i는 ΔpH에 의해 운반되는 전기적 중성 P_i–H 방향성이 같은 수송인 인산염 운반체에 의해 미토콘드리아에 돌려보낸다. 그래서 미토콘드리아 내막의 전자 운반 장치에 의해 생성되는

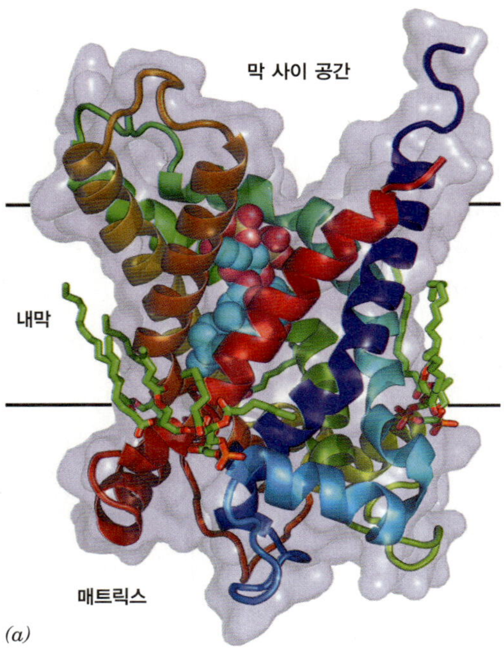

(a)

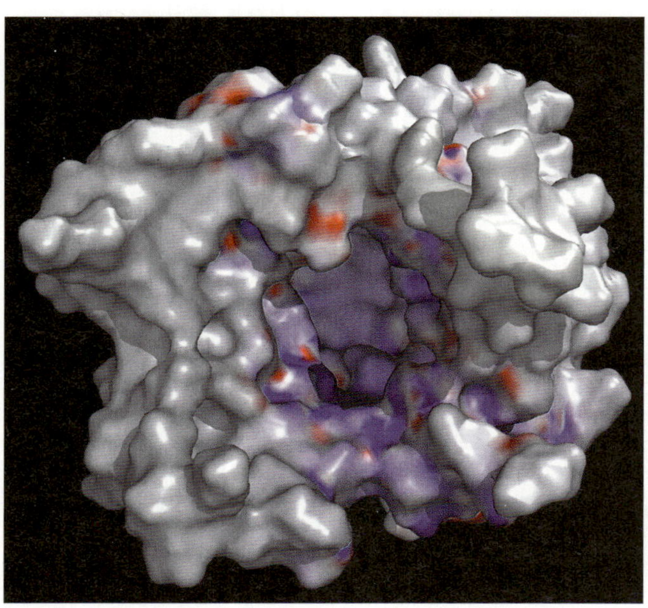

(b)

그림 18-6 카복실화된 아트락틸로사이드(Caboxyatractyloside, CATR)와의 복합체에서 소 심장 ATP–ADP 자리옮김 효소의 X선 3차원적 구조 *(a)* 막 사이 공간과 연결된 내부막의 평면으로부터 바라본 동형 이합체 단백질의 소단위체들은 N 말단(파란색)부터 C 말단(빨간색)으로 순차적으로 무지개색 리본 모형과 반투명 표면도로 그려진다. 그 카복실화된 아트락틸로사이드는 C(하늘색), O(빨간색), S(노란색)로 공간 채움 형태로 그려진다. 단백질과 함께 공결정화된 카디오리핀 분자들은(표 9-2) C(녹색), O(빨간색), P(주황색)를 지닌 막대 형태로 표현되어 있다. *(b)* 막 사이 공간으로부터 보이는 것과 같이, 분자 표면과 양전하(파란색), 중성 전하(흰색), 음전하(빨간색)로 표현된 표면 전하에 따라 채색되어졌다. 주목할 것은 양전하를 지닌 홈은 음이온적 ATP가 결합될 수 있는 것을 의미한다. [Based on an X-ray structure by Eva Pebay-Peyroula, Université Joseph Fourier, Grenoble, France. PDBid 2C3E.]

막횡단 양자 기울기는 ATP 합성(18-3절)을 위한 열역학적 추진력을 제공할 뿐 아니라 이 과정에 필요한 천연 원료–ADP와 P_i–의 운반도 자극한다.

체크 포인트

- 미토콘드리아의 단순 도표를 그리고, 이것의 구조적 특징을 확인하시오.
- 순환계들이 어떻게 미토콘드리아 안으로 환원 당량을 수송하는지를 설명하시오.
- 양성자 기울기의 자유 에너지가 어떻게 ATP, ADP, P_i의 수송을 유도하는지 설명하시오.

2 전자 운반

주요 개념

- NADH에서 O_2로의 전자 운반의 자유 에너지는 대략 2.5 ATP의 합성을 유도할 수 있다.
- 전자 운반체들은 복합체 I과 II에서 보조 효소 Q를 통해 복합체 III으로, 사이토크롬 *c*를 통해 복합체 IV로 이동하기 위해 미토콘드리아 막 안에서 배열되어 있다.
- L 형태의 복합체 I은 일련의 철–황 그룹들을 통해 NADH로부터 CoQ로 전자를 수송하고, 외막과 내막 사이 공간으로 4개의 양성자를 자리옮김한다.
- 복합체 II는 석신산으로부터 CoQ로 전자를 수송하지만 생체막의 양성자 기울기 생성에 참여하지 않는다.
- 복합체 III으로부터 전자가 사이토크롬 *c*로 이동되고 두 개의 양성자는 복합체 III 안에서의 Q 순환 작용 동안 자리옮김을 한다.
- 복합체 IV는 O_2를 H_2O로 환원시키기 위해 사이토크롬 *c*로부터 전자를 수용하고 두 개의 전자가 수송될 때마다 4개의 양성자가 자리옮김을 한다.

전자들을 NADH와 $FADH_2$에서 O_2로 수송하는 전자 운반체들은 미토콘드리아 내막에 결합되어 있다. 이들 산화–환원 중심의 일부는 매우 유동적이고 나머지 부분들은 내재성 막단백질 복합체의 부동적인 성분들이다. 전자 운반체의 순서는 그들의 상대적인 환원 전위를 대략적으로 반영한다. 따라서 전자 운반의 전체 반응은 발열 반응이다. 우리는 전자 운반의 열역학을 조사함으로써 이 절을 시작하고자 한다. 그리고 다양한 전자 운반체들의 분자 특성을 고려하도록 한다.

A 전자 운반은 자유 에너지 감소 과정이다

우리는 산화–환원 중심부의 표준 산화–환원 전위를 조사함으로써 전자 운반의 열역학적 효율성을 평가할 수 있다. 산화–환원 반응(14-3절)을 열역학적인 관점에서 보았듯이, 전자에 대한 산화된 기질의 친화도는 기질의 표준 환원 전위($\mathscr{E}^{\circ\prime}$)에 따라 증가한다(표 14-4는 몇몇 생물학적으로 중요한 반쪽 반응의 표준 환원 전위를 나열하였다). 2개의 반쪽 반응을 포함한 산화–환원 반응에 대한 표준 환원 전위 차이($\Delta\mathscr{E}^{\circ\prime}$)는 다음과 같이 표현된다.

$$\Delta\mathscr{E}^{\circ\prime} = \mathscr{E}^{\circ\prime}(\text{전자 받개}) - \Delta\mathscr{E}^{\circ\prime}(\text{전자 주개})$$

미토콘드리아 안에서 일어나는 반응에 대해, O_2에 의한 NADH의 산화 반쪽 반응은 다음과 같다.

$$NAD^+ + H^+ + 2e^- \rightleftharpoons NADH \qquad \mathscr{E}^{\circ\prime} = -0.315\ V$$

그리고

$$\tfrac{1}{2}O_2 + 2H^+ + 2e^- \rightleftharpoons H_2O \qquad \mathscr{E}^{\circ\prime} = 0.815\ V$$

O_2/H_2O 반쪽 반응은 더 큰 표준 환원 전위를 갖는다. 따라서 전자에 대한 더 큰 친화력을 갖고 있기 때문에 NADH 반쪽 반응은 역방향으로 바뀌게 되어 이 쌍에서

NADH는 전자 주개이고, O_2는 전자 받개이다. 전체 반응은 다음과 같다.

$$\frac{1}{2}O_2 + NADH + H^+ \rightleftharpoons H_2O + NAD^+$$

$$\Delta\mathscr{E}^{\circ\prime} = 0.815\ V - (-0.315\ V) = 1.130\ V$$

반응의 표준 자유 에너지 변화는 식 14-7로부터 계산될 수 있다.

$$\Delta G^{\circ\prime} = -n\mathscr{F}\Delta\mathscr{E}^{\circ\prime}$$

NADH가 산화할 때 $\Delta G^{\circ\prime} = -218\ kJ \cdot mol^{-1}$이다. 즉 표준 생화학적인 조건하에서 O_2에 의한 NADH 1몰의 산화(2몰 전자의 이동)는 218 kJ의 자유 에너지 방출과 관련이 있다.

ADP + P_i에서 ATP 1몰을 만들기 위해 필요한 표준 자유 에너지는 3.5 $kJ \cdot mol^{-1}$이기 때문에 O_2에 의한 NADH 1몰의 산화는 이론적으로 몇 몰의 ATP 형성을 추진할 수 있다. 미토콘드리아에서 NADH 산화와 ATP 합성의 짝지음은 전자가 3개의 단백질 복합체를 통과하는 전자 운반 사슬에 의하여 이루어진다. **이것은 전체 자유 에너지 변화가 세 개의 작은 단위들로 나누어지게 허용하며, 이들 각각은 산화성 인산화에 의해 ATP를 합성하는 데 기여한다. 한 분자의 NADH의 산화는 대략 2.5 ATP이다**(우리는 이후에 왜 이 관계가 정확하게 화학량론적이지 않음을 알 수 있다). 산화성 인산화의 열역학적 효율은 표준 생화학의 조건하에서 $2.5 \times 30.5\ kJ \cdot mol^{-1} \times 100 / 218\ kJ \cdot mol^{-1} = 35\%$이다. 그러나 생리학적 조건하의 활성 미토콘드리아 안에서 (pH뿐만 아니라 반응물과 생성물 농도가 표준 상태와는 다른 곳), 열역학적 효율은 70%라고 생각된다. 비교해 보면, 전형적인 자동차 엔진의 에너지 효율은 30% 이하이다.

B 전자 운반체는 순차적으로 작동한다

NADH와 $FADH_2$의 산화는 전자에 대한 친화도가 점진적으로 커지는(표준 환원 준위의 증가에 따라) 산화-환원 중심을 포함하는 일련의 단백질 복합체인 전자 운반 사슬에 의해 수행된다. 전자는 전자 운반 사슬을 통해 더 낮은 표준 환원 전위에서 더 높은 표준 환원 전위로 이동한다(그림 18-7). 전자는 **보조 효소 Q**[**coenzyme Q, CoQ** 또는 **유비퀴논**(**ubiquinone**), 호흡하는 유기체에는 모두 존재하기 때문에 명명된]에 의해 **복합체 I**(**complex I**)과 **복합체 II**(**complex II**)로부터 **복합체 III**(**complex III**)으로, 주변 막단백질 **사이토크롬 *c***(**cytochrome *c***)에 의해서는 복합체 III에서 **복합체 IV**(**complex IV**)로 운반된다.

복합체 I은 CoQ에 의한 NADH의 산화를 촉매한다.

$$NADH + CoQ(\text{산화형}) \rightarrow NAD^+ + CoQ(\text{환원형})$$
$$\Delta\mathscr{E}^{\circ\prime} = 0.360\ V \qquad \Delta G^{\circ\prime} = -69.5\ kJ \cdot mol^{-1}$$

복합체 III은 사이토크롬 c에 의해 CoQ(환원형)의 산화를 촉매한다.

$$CoQ(\text{환원형}) + 2\ \text{사이토크롬}\ c\,(\text{산화형}) \rightarrow CoQ(\text{산화형}) + 2\ \text{사이토크롬}\ c(\text{환원형})$$
$$\Delta\mathscr{E}^{\circ\prime} = 0.190\ V \qquad \Delta G^{\circ\prime} = -36.7\ kJ \cdot mol^{-1}$$

복합체 IV는 전자 운반 사슬의 최종 전자 받개인 O_2에 의해 환원된 사이토크롬 *c*의 산화를 촉매한다.

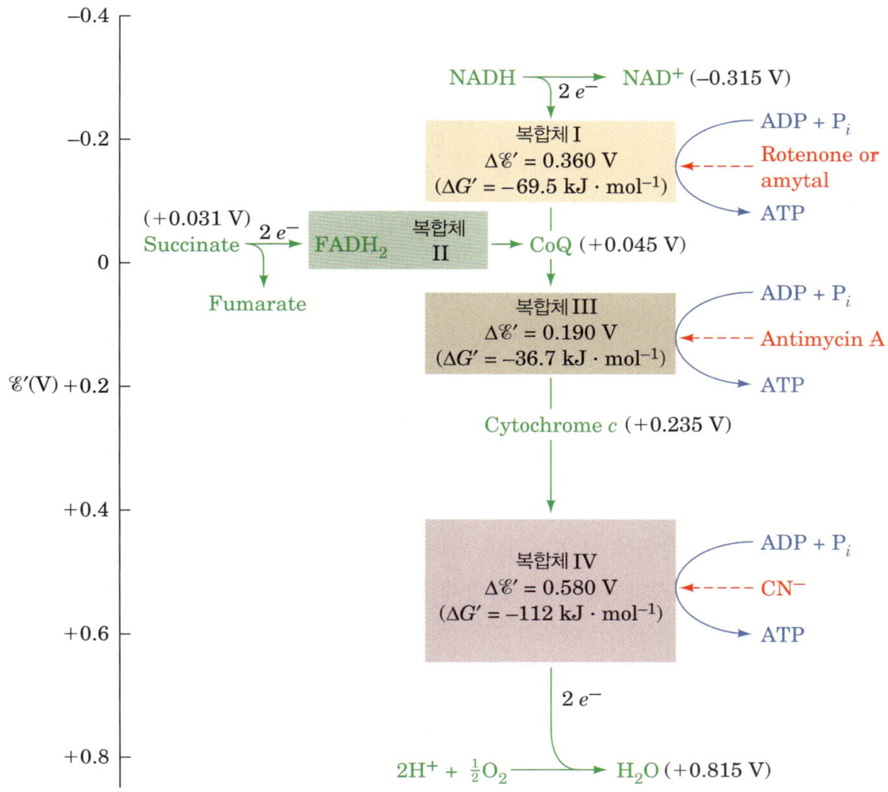

그림 18-7 미토콘드리아에서의 전자 운반의 개요 미토콘드리아의 가장 이동적인 성분들의 표준 환원 전위(녹색), 충분한 자유 에너지가 ATP를 합성하기 위해 방출되는 지점(파란색), 몇몇 호흡 억제제의 작용 자리(빨간색)로 표시되었다. 복합체 I, III, IV는 직접적으로 ATP를 합성하지는 않는다. 그러나 그렇게 하기 위해 필요한 자유 에너지를 격리시키고 양성자를 미토콘드리아 바깥으로 퍼냄으로써 양성자 기울기를 형성한다.

? 복합체 I, III, IV를 통해 전자의 이동에 대한 $\Delta\mathscr{E}^{\circ\prime}$의 대략적인 값은 얼마인가?

$$2\ \text{사이토크롬}\ c(\text{환원형}) + 1/2\ O_2 \rightarrow 2\ \text{사이토크롬}\ c(\text{환원형}) + H_2O$$
$$\Delta\mathscr{E}^{\circ\prime} = 0.580\ \text{V} \qquad \Delta G^{\circ\prime} = -112\ \text{kJ}\cdot\text{mol}^{-1}$$

전자쌍이 복합체 I, III, IV를 연속적으로 통과할 때, 충분한 자유 에너지가 각 단계에서 ATP 분자를 합성하는 동력으로 방출된다.

복합체 II는 CoQ에 의해 $FADH_2$의 산화를 촉매한다.

$$\text{FADH} + \text{CoQ}\ (\text{산화형}) \rightarrow \text{FAD}^{+} + \text{CoQ}\ (\text{환원형})$$
$$\Delta\mathscr{E}^{\circ\prime} = 0.085\ \text{V} \qquad \Delta G^{\circ\prime} = -16.4\ \text{kJ}\cdot\text{mol}^{-1}$$

이러한 산화-환원 반응은 ATP를 합성하기 위하여 충분한 자유 에너지를 방출하지 않는다. 이 반응은 단지 $FADH_2$로부터 전자를 전자 운반 사슬에 넣어주는 역할을 한다.

억제제들은 전자 운반 사슬의 활동을 나타낸다. 전자 운반에서 일어나는 일련의 결과들은 대부분 특이적인 억제제의 사용을 통해 규명되었으며, 후에는 산화-환원 성분의 표준 환원 전위를 측정함으로써 명확히 결정되었다. O_2가 미토콘드리아의 현탁액에 의해 소모되는 속도는 전자 운반 사슬 활성도의 민감한 측정 방법이 된다. O_2 소모에 대한 그들의 영향을 판단해 볼 때, 전자 운반을 억제하는 화합물은 **로테논(rotenone**, 아마존 인디언이 물고기를 독살하기 위하거나 살충제로 사용하였던 식물 독소), **아미탈(amytal**, 수면제), **안티마이신 A(antimycin A**, 항생제), **사이아나이드(cyanide)** 등을 포함한다.

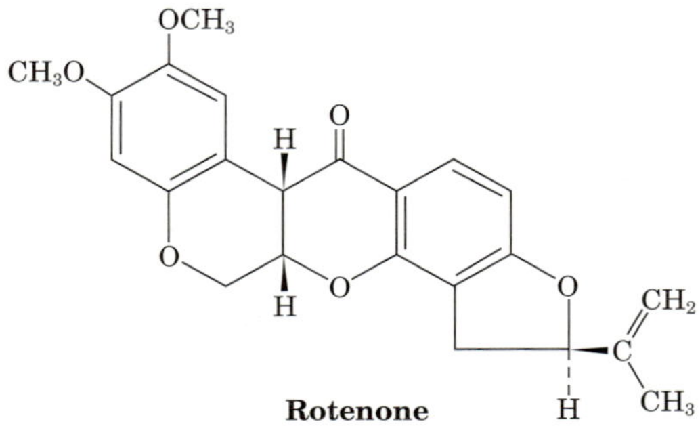

Rotenone

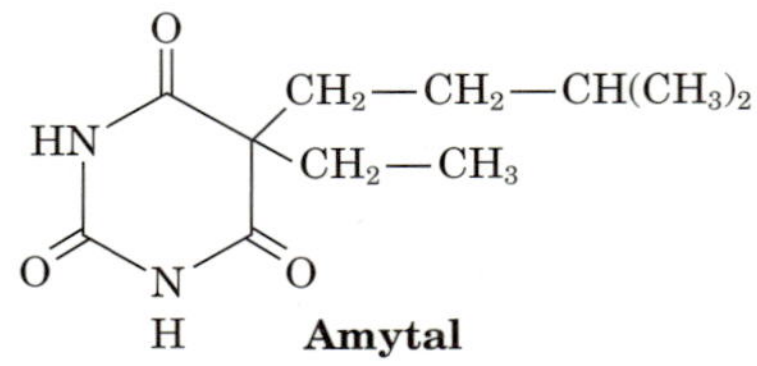

Amytal

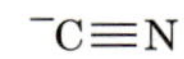

Cyanide

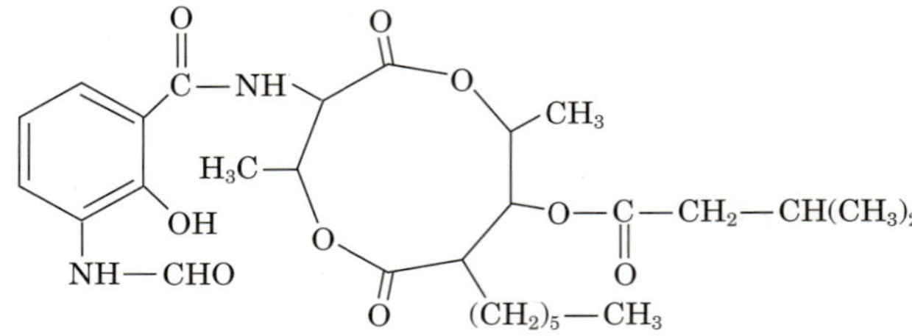

Antimycin A

> **GATEWAY CONCEPT 산화-환원 반응들** 한 기질이 환원되었을 때(전자를 얻었을 때), 다른 기질은 산화되어야만 한다(전자를 잃어야만 된다). NAD^+와 유비키논과 같은 전자 운반자들은 수용된 전자들에 의해 셔틀(환원됨)과 같은 기능을 하며 다른 기질로 그들을 통과시킨다(그들의 산화된 형태들로 되돌아감). 그 운반자들은 일정하게 재생되어지기 때문에, 전자들은 높은 자유 에너지로부터 낮은 자유 에너지로의 경로를 따라 흘러가기 위해 유지될 수 있다. 다시 말해, 낮은 환원 전위를 지닌 기질들로부터 시작되고 높은 환원 전위를 지닌 기질에서 끝나는 것을 의미한다.

미토콘드리아의 현탁액에 로테논이나 아미탈을 추가한 것은 복합체 I 내에서의 전자 운반을 막는다. 안티마이신 A는 복합체 III을 막고, 사이아나이드 이온(CN^-)은 복합체 IV 안의 전자 운반을 막는다(그림 18-7). 이들 저해제 각각은 역시 O_2 소모를 정지시킨다. 산소 소모는 전자 운반 사슬을 막는 '하류'에 들어가는 전자를 갖고 있는 기질의 첨가에 의해 다시 재개될 수 있다. 예를 들면 석신산을 로테논이 막고 있는 미토콘드리아에 첨가하면 전자 운반과 산소 소모를 회복시키는 역할을 한다. 그래서 전자 운반의 억제제에 관한 실험은 다양한 기질로부터 전자가 들어가는 위치를 알려준다.

전자 운반 사슬의 4개 호흡기 복합체들의 각각은 다양한 산화-환원 활성 보결 원자단과 결합하여 연속적으로 환원 전위를 증가시키는 다양한 단백질 성분들로 구성되어 있다(**표 18-1**). 이러한 복합체들은 모두 미토콘드리아 내막 내부에서 횡적으로 이동하고, 수용성 효소들에 의해 형성된 일시적인 복합체와 유사한 복합체 III_2IV_2, I_1III_2IV와 같은 다양한 구성 인자들과 '거대 복합체'를 형성하기 위해 연관될 것이다(17-4B절). 그 복합체의 역동적인 조직은 다른 조건들하에서 전자 수송의 효율을 최

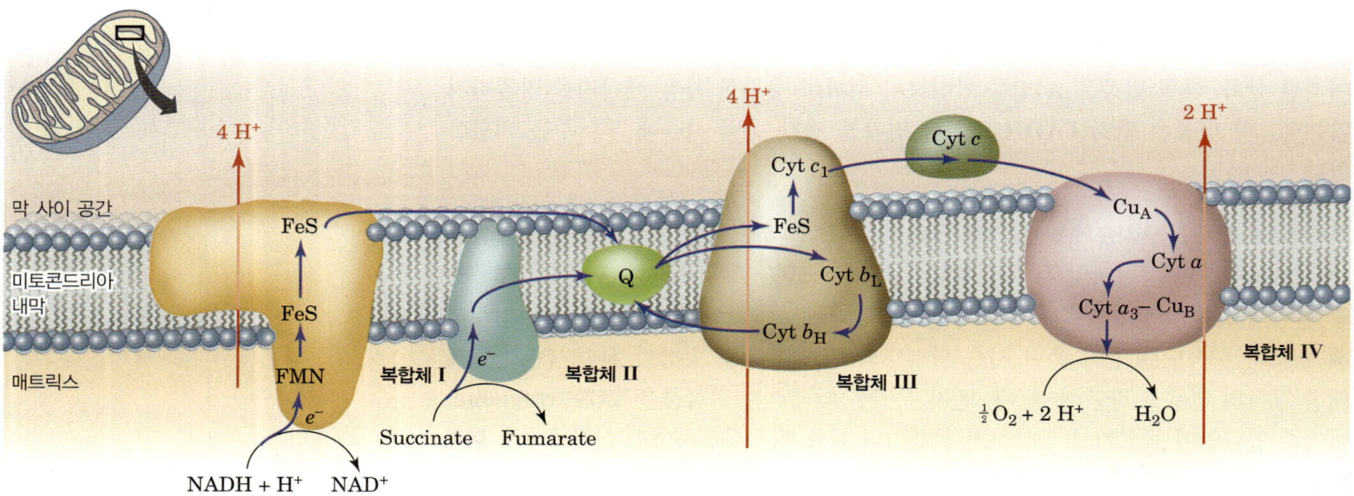

그림 18-8 미토콘드리아 전자 전달 사슬 이러한 도표는 양성자 자리옮김(빨간색)과 전자 전달 경로(파란색)을 의미한다. 막수용성 보조 효소 Q(Q)에 의해 복합체 I과 III 사이, 그리고 주변 막단백질 사이토크롬 *c*에 의해 복합체 III과 IV 사이에서 전자가 운반된다. 복합체 II는 석신산으로부터 보조 효소 Q로 전자를 전달한다.

표 18-1 휴지기 미토콘드리아 내에 있는 전자 운반 사슬 성분들의 환원 전위

구성 성분	$\Delta\mathscr{E}^{\circ\prime}$ (V)
NADH	−0.315
복합체 I(NADH−CoQ 산화-환원 효소; ~1000 kD 단량체, 44개 소단위체):	
FMN	−0.380
(2Fe−2S)N−1a	−0.370
(2Fe−2S)N−1b	−0.250
(4Fe−4S)N−3, 4, 5, 6a, 6b, 7	−0.250
(4Fe−4S)N2	−0.150
석신산	0.031
복합체 I(석신산−CoQ 산화-환원 효소; ~420 kD 삼합체, 4개 소단위체):	
FAD	−0.040
[2Fe−2S]	−0.030
[4Fe−4S]	−0.245
[3Fe−4S]	−0.060
헴 b_{560}	−0.080
보조 효소 Q	0.045
복합체 III(CoQ−사이토크롬 *c* 산화-환원 효소 ; ~450 kD 이합체, 9~11개 소단위체):	
헴 $b_H(b_{562})$	0.030
헴 $b_L(b_{566})$	−0.030
[2Fe−2S]	0.280
헴 c_1	0.215
사이토크롬 *c*	0.235
복합체 IV(사이토크롬 *c* 산화 효소; ~410 kD 이합체, 8~13개 소단위체):	
헴 *a*	0.210
Cu_A	0.245
Cu_B	0.340
헴 a_3	0.385
O_2	0.815

출처: Mainly Wilson, D.F., Erecinska, M., and Dutton, P.L., *Annu. Rev. Biophys. Bioeng*. **3**, 205 and 208 (1974); *and* Wilson, D.F., *in* Bittar, E.E. (Ed.), *Membrane Structure and Function*, Vol. 1, p. 160, Wiley (1980).

대화하기 위한 전자들의 다른 소스들을 개조하기 위한 미토콘드리아를 허락할 것이다. 다음 절들에서는 복합체 I~IV의 구조와 그들 사이에서 전자를 운반하는 분자를 알아볼 것이다. 그들의 관계는 **그림 18-8**에 요약되어 있다.

C 복합체 I은 NADH로부터 전자를 수용한다

NADH로부터 CoQ로 전자를 전달하는 복합체 I(**NADH−보조 효소 Q 산화-환원 효소**)은 포유동물에서 전체 질량이 약 980 kD인 44개 소단위체를 포함하는 미토콘드리아 내막에 있는 가장 큰 단백질 복합체 중의 하나이다. 많은 진핵생물과 원핵생물들은 14개의 '중심' 소단위체를 공유한다. 포유동물에서, 생체막 영역으로 구성된 7개의 중심 소단위체들은 미토콘드리아 유전자에 의해 암호화되어 있다.

사자노프(Leonid Sazanov)에 의해 규명된 그 16개 소단위체 *Thermus*

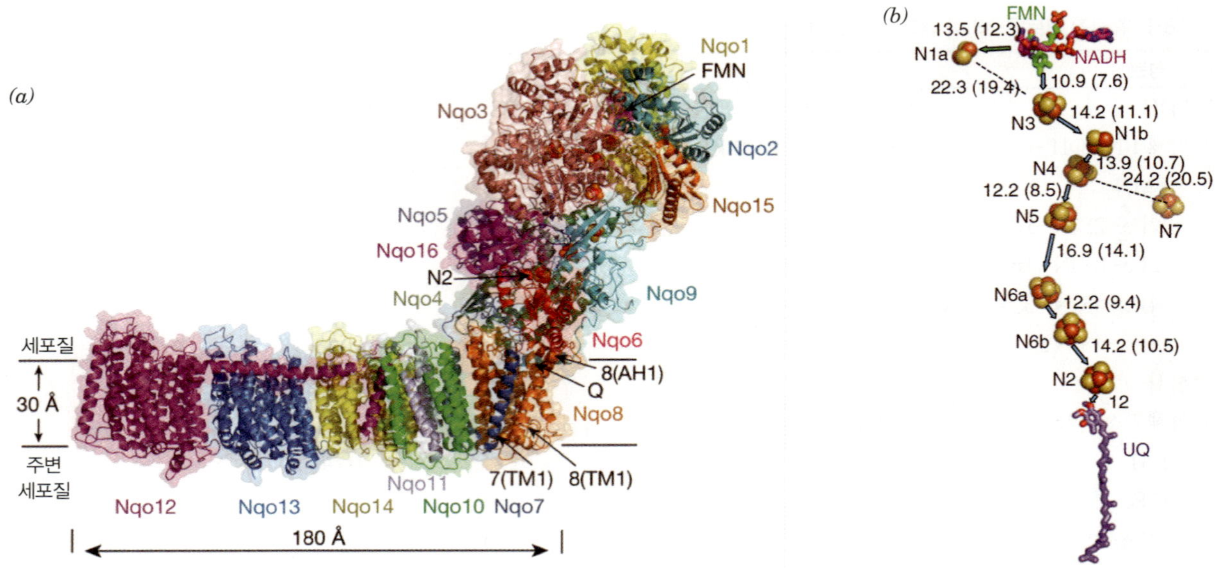

그림 18-9 박테리아 *T. thermophilus*의 복합체 I의 X선 구조 (*a*) 세포질(미토콘드리아 매트릭스에 해당되는) 윗부분과 주변 영역 (중간막 공간) 아래 부분과 함께 원형질막의 평면에 평행하게 보이는 것과 같은 분자량이 536 kD인 단백질. 전체적으로 64개 막횡단 나선 구조를 가진 16개 다른 소단위체(Nqo15와 Nqo16 소단위체는 서모필루스에 대해 특이적이다)는 Nqo12 분홍색 소단위체의 110 Å 길이의 수평적인 C 말단 나선 구조를 지닌 다른 색들에서 리본 형태로 그려져 있다. 주변의 (세포질) 팔 안에 두 개의 [Fe–S]와 7개의 [4Fe–4S] 무리는 S 노란색과 Fe 적갈색으로 공간 채움 형태로 그려져 있다. 결합된 FMN, 보조 효소 Q 결합 장소에 대한 입구 위치, N2로 명명된 [4Fe–4S] 무리, 그리고 막의 대략적인 위치는 표시되어 있다. [Courtesy of Leonid Sazanov, Medical Research Council, Cambridge, U.K.] (*b*) 복합체 I에서 산화–환원 그룹들의 배열은 *a* 부분의 골격으로부터 보여진다. 그 NADH, FM, 유비퀴논 (UQ)은 NADH C 분홍색, FMN C 노란색, UQ C 자주색, N 파란색, O 빨간색, P 주황색 막대 형태로 그려져 있다. 그 이웃한 산화–환원 중앙들의 중앙과 중앙 거리들은 옹스트롬(가장 짧은 모서리에서 모서리로의 거리들은 괄호 안에 표시되어 있다) 단위로 주어져 있다. 파란색 화살표는 FMN으로부터 유비퀴논까지 전자들의 대략 94 Å 길이의 주경로를 표시한다. [From Sazanoff, L.H., J. Bioenergetics and Biomembranes 46, 247 (2014) Fig. 1B.]

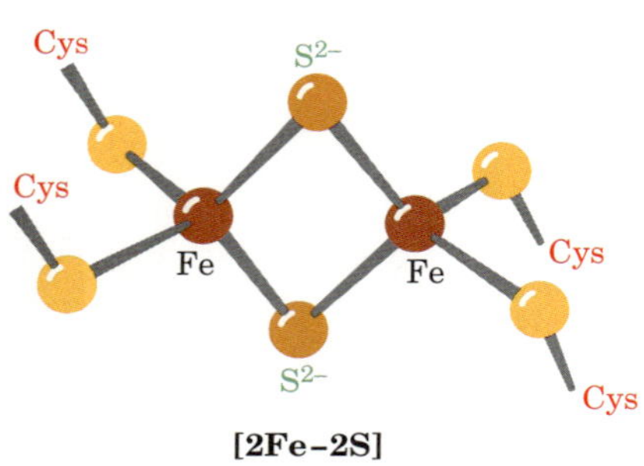

[2Fe–2S]

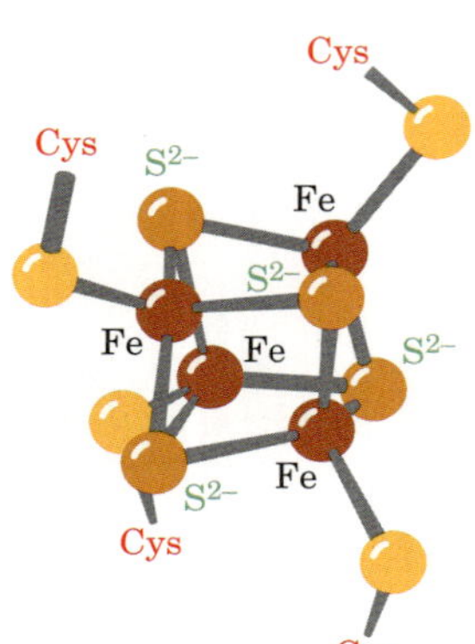

[4Fe–4S]

thermophilus 복합체 I (**그림 18-9*a***)의 X선 구조는 원형질막(진핵생물에서 미토콘드리아 내막에 해당되는)과 세포질 안으로 확장된 나머지 영역(진핵생물에서 미토콘드리아 매트릭스)에서 둘러싸인 하나의 팔을 지닌 L형의 단백질을 보여주었다. 산화–환원 반응이 이것들의 9개 소단위체 막 주변 팔 영역 안에서 일어나는 반면, 양성자 수송은 복합체의 7개 소단위체의 둘러싸인 막 팔 영역에서 발생한다. Cryo–EM 연구들은 포유동물 복합체 I 안에 존재하는 대략 30개 정원 외의 단백질들은 서로 조합되고, 안정되고, 조절되는 역할들 그리고 기타 효소 활성을 위한 발판으로서 가능한 기능들을 지닌 14개의 소단위체 중심의 외주에 대해서 새장 형태로 분포되어 있음을 보고하였다.

복합체 I은 다중 보조 효소들을 포함한다. 복합체 I은 한 분자의 **플라빈 모노뉴클레오타이드(flavin mononucleotide, FMN**, FAD와는 단지 AMP기가 빠진 것만 차이가 있는 산화-환원 활성 보결 원자단)와 전자 운반에 참여하는 8~9개의 **철–황 무리(iron-sulfur cluster)**를 포함한다. 철–황 무리는 **철–황 단백질(iron-sulfur protein, 헴을 포함하지 않는 철 단백질(nonheme iron protein)**이라고도 하는]의 보결 원자단에서 나타난다. **[2Fe–2S]**와 **[4Fe–4S] 무리(cluster)**로 표시된 두 개의 가장 흔한 형태들은 같은 수의 철과 황 이온으로 이루어져 있으며, 두 개는 모두 네 개의 Cys 황화수소기 단백질로 배위되어 있다. 양쪽 형태의 무리에서 철 원자는 각각 4개의 황 원자와 배위를 이루고 있고, 이는 어느 정도 철 주위에 정사면체로 노출되어 있음을 주목하라.

철–황 무리는 한 개의 전자를 이용하여 산화와 환원을 발생시킨다. **모든 철–황 무리의 산화-환원된 상태는 Fe 원자의 수와는 관계없이 한 개의 형식 전하 차이가 난**

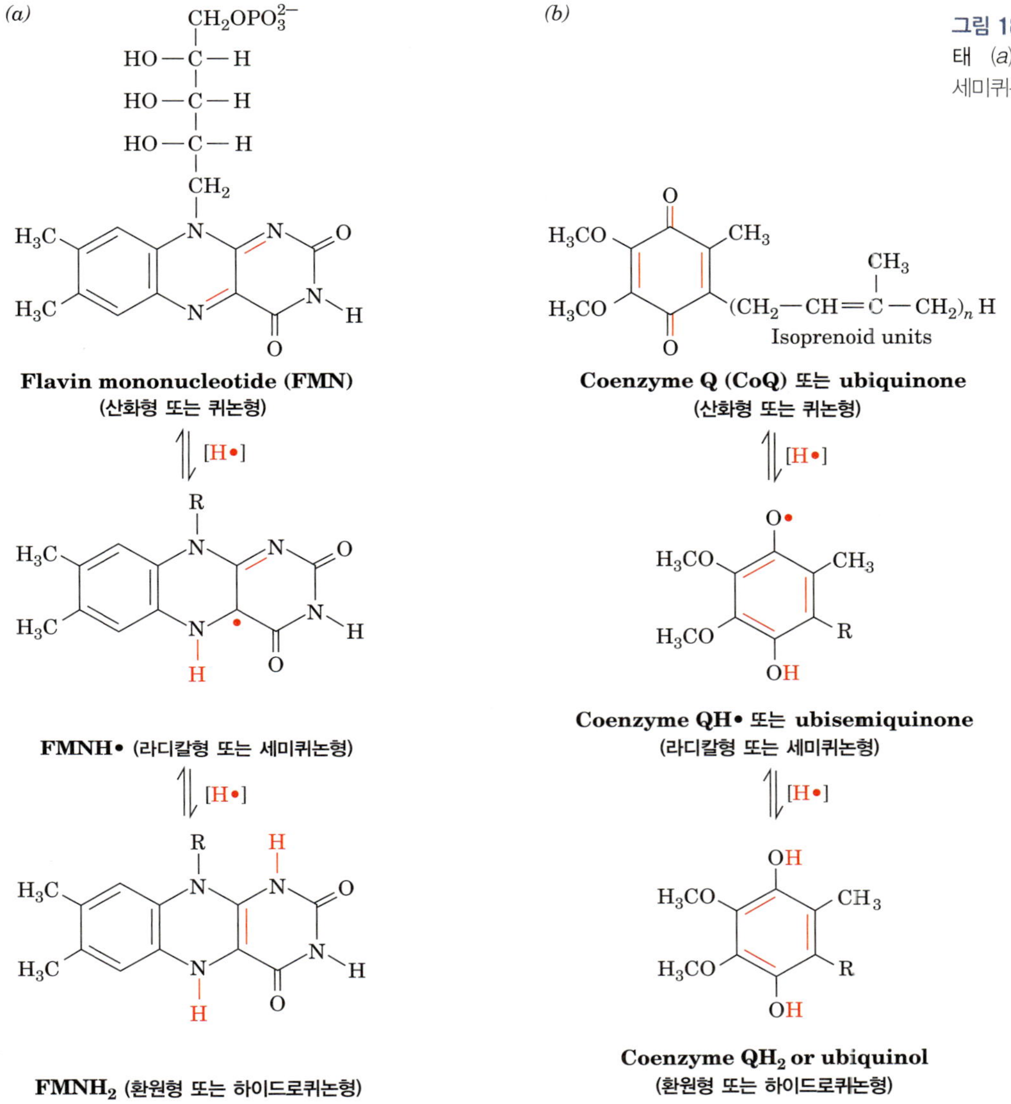

그림 18-10 FMN과 보조 효소 Q의 산화 형태 (*a*) FMN과 (*b*) 보조 효소 Q는 안정화된 세미퀴논 자유 라디칼 상태를 형성한다.

다. 이것은 각 무리들에 있는 Fe 원자들이 콘쥬게이션 계를 형성하고, 따라서 개별적인 Fe 이온이 일반적인 +2와 +3 값의 산화 상태를 가질 수 있다.

FMN과 CoQ는 각각 세 가지 산화 상태를 갖는다(**그림 18-10**). 그것들은 한 개 또는 두 개의 전자를 받거나 주는 능력을 갖는데, 그 이유는 그것들의 세미퀴논 형태가 안정하기 때문이다[이 세미퀴논들은 비공유 전자쌍을 갖는 분자인 안정한 **자유 라디칼(free radical)**이다]. FMN은 단백질에 단단히 결합한다. 그러나 CoQ는 미토콘드리아 내막의 지질 두겹층에 용해될 수 있는 소수성 꼬리를 갖고 있다. 포유동물에서 이 꼬리는 10개의 C_5 아이소프레노이드 단위로 이루어져 있고, 따라서 이 보조 효소를 $\mathbf{Q_{10}}$으로 표기한다. 다른 생물체에서 CoQ는 단지 6($\mathbf{Q_6}$) 또는 8($\mathbf{Q_8}$) 아이소프레노이드 단위를 가질 수 있다.

전자들은 복합체 I을 통해 다중 반응 단계 경로를 따른다. *Thermus thermophilus*의 복합체 I의 140 Å 위족 주변 팔 영역은 효소들의 산화–환원 중심부 모두를 포함한다. 1분자의 FMN, 7분자의 [4Fe–4S], 2분자 [2Fe–2S] 무리(그림 18-9*b*). 그 FMN은 아마도 NADH 결합 장소를 형성하는 용매 노출 홈의 바닥 부분에 위치한다. CoQ 결합 장소는 30 Å 길이와 좁은 챔버의 꼭대기에, 대략 막 표면의 위쪽 15 Å, [4Fe−4S] 무리 N2로부터 12 Å 거리에 위치해 있다. 더욱이 N2로부터 전자들을 수용하기 위하여 CoQ는 지질 두겹층 외부로 확산되어야 하고 이 챔버 꼭대기로 이동해야 한다.

NADH로부터 CoQ로의 전자 통과는 아마도 다양한 산화−환원 중심들의 환원 전위에 따르면 복합체 I에 있는 단계적인 메커니즘에 의해 발생한다(표 18-1). 이 과정은 각각 원자단이 전자와 결합할 때 일시적 환원과 각 그룹이 전자들을 다음 원자단에게 전달할 때 원자단의 재산화를 포함한다. 그 그룹의 공간 배열은 전자의 예상 경로를 나타낸다(그림 18-1*b*). 산화−환원 중심은 전자를 운반하기 위하여 접촉면으로 들어갈 필요가 없음을 주의해야 한다. 전자의 양자 역학적 특성은 전자가 대략 14 Å 미만까지 분리된 단백질이 막에 둘러싸여 있는 산화−환원기들 사이로 터널을 생성할 수 있게 한다. 이것은 전자 운반 속도가 산화−환원 중심 사이에서 거리와 함께 지수 함수로 감소하기 때문에(그들은 거리에 있어서 각각 1.7 Å 증가할 때마다 ~10배 감소를 보인다), 전자 운반이 14 Å보다 더 먼 거리를 갔다면 산화−환원 중심의 사슬이 관여함을 의미한다.

NADH는 단지 2개 전자 이동 반응에만 참여할 수 있다. 대조적으로, 복합체 III의 사이토크롬뿐만 아니라 Fe−S 무리는 환원된 CoQ가 그것의 전자를 통과시키므로 단지 1개 전자 반응을 할 수 있다. **그러므로 한 번에 1개 또는 2개의 전자를 운반할 수 있는 FMN과 CoQ는 2개의 전자 주개인 NADH와 1개의 전자 받개인 사이토크롬 사이에 도관을 제공한다.** 더욱이 NADH는 Fe−S 무리로부터 CoQ까지 사슬을 통해 하나씩 이들 전자들이 교대로 통과하는 2개 전자 반응(공식적으로, 수소화물 이동) 안에서 FMN을 환원한다.

복합체 I은 각각의 반응 순환에서 4개의 양성자를 자리옮김한다. 전자들이 복합체 I인 산화−환원 중심 사이로 운반될 때 4개의 양성자는 매트릭스로부터 막 사이 공간으로 자리옮김을 한다. 복합체 I의 양성자 펌핑은 거의 확실하게 단백질의 산화−환원 상태 변화에 의해 유도되는 구조적인 변화에 의해서 가동된다. 이들의 구조적 변화들은 곁가지의 이온화를 변화시켜서 그 양성자들이 전자가 운반될 때 흡수되거나 방출된다. 생체막 영역 안의 양성자 펌핑과 주변 영역에서 전자 수송 간에 연결은 대략 200 Å 이상의 거리를 필요로 한다.

양성자는 간단히 원자핵이므로 Na^+나 K^+와 같은 이온처럼 같은 경로로 세포막을 가로질러 이동될 수 없다. 그러나 양성자는 막횡단 통로에 있는 수소 결합 사슬을 따라 '깡충 뛰는(hopping)' 방법으로 이동될 수 있으며, 이것은 마치 용액에 있는 수소 결합된 물 분자 사이를 '뛰어오름(jump)'하는 것과 같다(그림 2-15). 단백질 안에서 이러한 수소 결합의 배열은 **양성자선(proton wire)**으로 표현되어 왔으며 물 분자를 포함할지도 모른다. 아마도 미토콘드리아 복합체 I은 4개의 양성자가 NADH로부터 CoQ로까지 지나가는 모든 전자쌍들에 대하여 세포막을 가로질러 움직이도록 허락하는 양성자선을 포함한다.

박테리오로돕신(Bacteriorhodopsin)은 양성자 펌프 모형이다. 유용한 양성자 이동 복합체 모형은 중심 극성 통로를 둘러싸고 있는 7개의 막횡단 나선 단편들을 포함하는 **할로박테륨 살리나륨(*Halobacterium salinarium*)**의 내재성 막단백질 박테리오로돕신이다(그림 9-22). 박테리오로돕신은 빛으로 가동되는 양성자 펌프이다. 그것은 양성자를 펌핑하기 위한 자유 에너지를 레티날 보결 분자단에 의한 빛의 흡광도를 통해 얻는다. 레티날은 Lys 216의 곁가지에 양성자가 첨가된 시프 염기(Schiff base)를 통해 단백질에 연결된다.

빛을 흡수하면서 all-**트랜스** 형태의 레티날은 13-**시스** 형태의 레티날로 이성질체화된다.

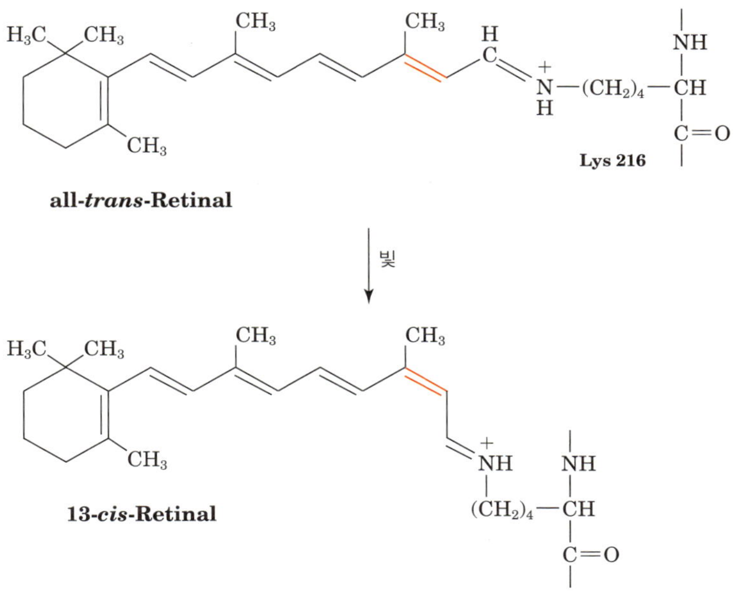

이 구조 변화는 계가 ~10밀리초(ms) 이상의 시간을 두고 바닥 상태로 회복되는 일련의 단백질 구조 조절 단계를 시작하게 한다. 이들 구조적 변화는 여러 아미노산 곁사슬의 p*K* 값을 변화시킨다(**그림 18-11**). 특히 시프 염기로부터 양성자를 받기 위해 Asp 85의 p*K* 값이 증가된다. 그리고 Asp 85는 양성자를 Arg 82, Glu 194, Glu 204, 그리고 여러 개의 물 분자를 포함하는 수소 결합 네트워크를 통해서 양성자를 세포 밖의 매개체로 운반한다. 또한 물 분자는 p*K*가 감소하는 Asp 96을 통해 세포내 양성자로 시프 염기를 재양성자화하는 수소 결합 네트워크를 형성하기 위하여 위치 이동을 한다. 최종 결과는 양성자가 세포액에서 생겨나서 세포 바깥쪽으로 이동하는 것이다(세포액으로부터 떨어져 나온 양성자는 세포 밖의 공간으로 들어가는 양성자와 같지 않다).

박테리오로돕신에서 양성자 운반에 관계하는 다양한 아미노산의 곁사슬은 약 1 Å 또는 그 이하 정도로 움직인다. 그러나 이 변화는 그것들의 p*K* 값을 바꾸고 양성자가 양성자선을 따라 지나가도록 허용하는 수소 결합을 연속적으로 만들고 끊기에 충분하다. 이 과정의 벡터(한 방향의)의 성향은 레티날이 바닥 상태로 낮추어질 때 광여기 레티날에 의해 만들어진 한 방향으로의 연속적인 구조 변화로부터 발생한다. 복합체 I에서 NADH부터 보조 효소 CoQ로의 전자들의 수송은 비슷한 순서의 구조적인 그리고 p*K* 변화의 원인이 된다.

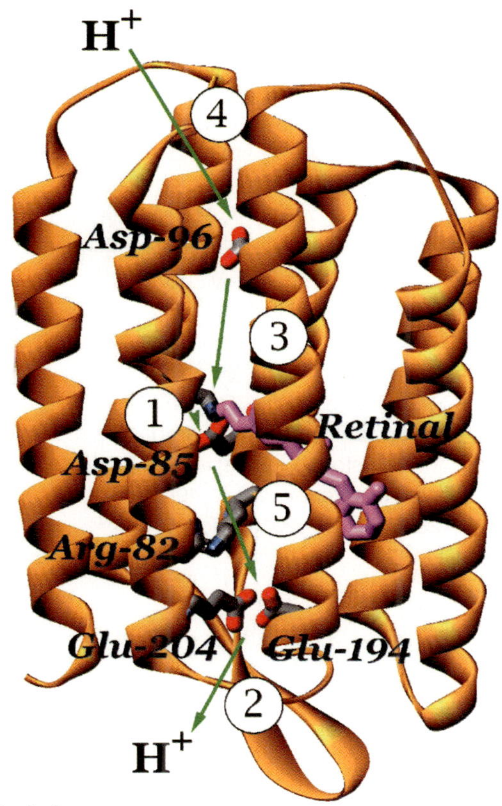

그림 18-11 **박테리오로돕신에서의 양성자 자리옮김** 7개의 막나선 단백질의 Lys 216과 결합하는 시프 염기 중의 레티날 보결 분자단은 보라색으로 표시되었다. 빛이 추진하는 양성자 자리옮김에 참여하는 아미노산의 곁사슬은 막대 모형에서 C는 회색, N은 파란색, O는 빨간색으로 표현되었다. 그들의 관련된 번호를 갖은 화살표는 광화학 순환 동안 양성자 운반 단계의 순서를 나타낸다. (1) 시프 염기의 양성자 감소와 Asp 85의 양성자 첨가, (2) 세포 밖의 표면으로 양성자 방출, (3) 시프 염기의 양성자 재첨가와 Asp 96의 양성자 감소, (4) 세포액의 표면으로부터 Asp 96의 양성자 재첨가, (5) Asp 85의 양성자의 자리와 재양성자 방출 장소의 양성자 재첨가[Courtesy Janos Lanyi, University of California at Irvine.]

CoQ 환원은 양성자 자리옮김을 역학적으로 진행시킨다. 복합체 I에서 어떻게 전자 운반이 양성자 펌프를 가동시키는가? 그 복합체 I의 막에 둘러싸인 팔은 양성자 이동 통로를 형성하는 것을 가정한 Na^+/H^+ 역운반체로서 유사하게 알려진 Nqo12, Nqo13, Nqo14와 같은 3개의 소단위체를 포함한다. CoQ가 결합된 장소로부터 멀리 떨어진 모든 역운반체와 같은 소단위체들은 전하를 지니고 물 분자의 '강'을 포함하는 극성 잔기들, 대부분 막 내부에 특이적으로 모여져 있는 형태의 사슬에 의해 연결되어 있

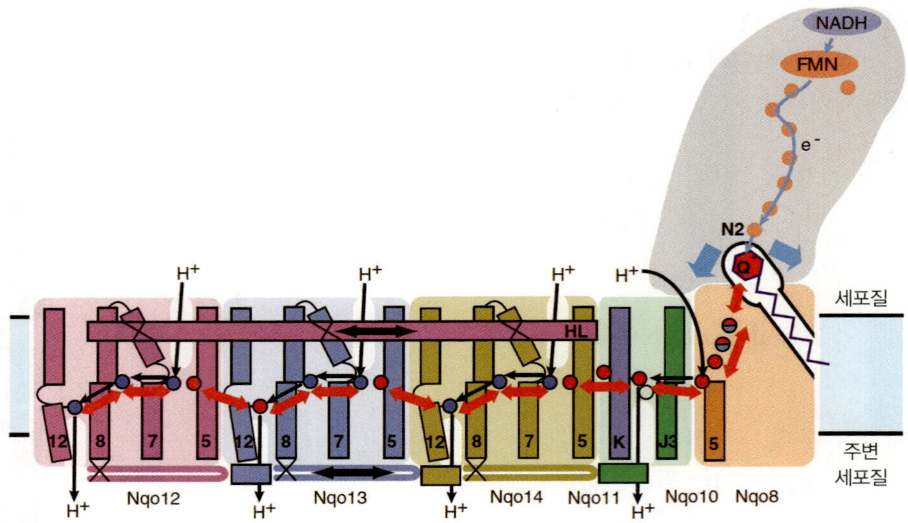

그림 18-12 복합체 I에서 보조 효소 CoQ의 환원으로 양성자 자리옮김되는 제안된 연결 메커니즘의 개략도. 막 팔을 형성하는 소단위체들은 색깔로 표시하였고 그림 18-9*a*에 표시한 것과 같이 유사하게 보인다. 그 양성자 자리옮김 통로는 검은색 화살표로 나타내었다. 전하를 지닌 극성 잔기들의 친수성 사슬은 붉은색 화살표로, 글루탐산과 라이신/히스티딘 잔기들은 파란색 원으로 각기 표현되어 있다. 그 파란색 화살표들은 N2 무리 주변에 구조적 변화들을 지시한다. HL 나선 구조는 3개의 역운반체(Nqo12~14)의 끊어진 막횡단 나선 구조들로 연결됨으로써 구조적 변화들을 조정함으로써 보조한다. [Rozbeh Baradaran, John M. Berrisford, Gurdeep S. Minhas & Leonid A. Sazanov *Nature* **494**, 443–448 (28 February 2013) doi:10.1038/nature11871]

다(**그림 18-12**). 역운반체와 같은 각각의 소단위체는 나선 구조들 중 두 개는 중앙에 양성자 자리옮김 통로를 개폐하기 위한 구조적 유동성을 가지는 것을 공급하는 꺽임 구조가 위치하고 있다. 친수성 사슬 안에서 많은 전하를 지닌 잔기들은 이러한 꺽임 구조들과 연관되어 있고, 그래서 양성자 자리옮김 과정에 참여할 것이라 예측된다. 네 번째 제안된 양성자 자리옮김 통로는 CoQ 결합 자리와 함께 더욱더 직접적으로 연관된다.

앞서 언급한 관찰들은 사자노프가 그림 18-12 안에서 설명한 복합체 I에 의해 양성자 자리옮김에 대한 메커니즘을 예측하였다. CoQ는 N2 무리에 의해 CoQ^{2-}로 환원되었을 때의 결합 자리에 너무 잘 맞도록 나타내어지고, 이것은 단백질로부터 해리될 때까지 탈양성자화로 남아 있다. 그 첨가된 음전하들은 정전기적으로 친수성 사슬과 막에 둘러싸인 길이 110 Å, Nqo12(그림 18-12에서 HL) 소단위체의 C 말단 나선 구조에 의해 양성자 자리옮김 채널에 전송되는 CoQ 결합 자리 주변에 구조적 변화들을 유발한다. 이러한 현상들은 pK 변화들 안에서의 결과가 양성자 자리옮김을 책임지는 구조적 변화들을 가동시킨다. 그 NADH 완전한 환원, 전자 수송, CoQ 환원, 그리고 양성자 자리옮김은 1초당 대략 200배 빠른 회전 반응 속도로 발생한다.

D 복합체 II는 보조 효소 Q에 전자를 운반한다

시트르산 회로 효소인 석신산 탈수소 효소(17-3F절)를 포함하는 복합체 II[**석신산–보조 효소 Q 산화–환원 효소**(**succinate-coenzyme Q oxidoreductase**)]는 석신산으로부터 CoQ까지 전자를 운반한다. 그것의 산화-환원기는 전자들이 초기에 전달되는 석신산 탈수소 효소가 공유 결합한 FAD(그림 17-13)와 [4Fe–4S] 무리, [3Fe–4S] 무리(본래는 Fe 원자가 한 개 부족한 [4Fe–4S], [2Fe–2S] 무리, **사이토크롬 b_{560}**(**cytochrome b_{560}**, 사이토크롬에 관해서는 자료 18.1에서 다루었다)를 포함한다. 이러한 4개의 소단위체는 모두 핵 유전자들에 의해 암호화된다.

석신산에서 CoQ로의 전자 운반에 대한 자유 에너지(그림 18-7)는 ATP 합성을 진행하기에 불충분하다. 그럼에도 불구하고 복합체는 비교적 높은 전위의 전자들이 복합체 I을 우회함으로써 전자 운반 사슬로 들어갈 수 있게 하므로 중요하다.

복합체 I과 II는 그 이름에도 불구하고 연속으로 작동되지 않는 것에 주의하라. 그러나 둘 다 같은 결과를 수행한다. 즉 **환원**된 기질(NADH 또는 석신산)에서부터 CoQ로 전자를 운반한다. 그러므로 **호흡과 관련된 복합체들 사이의 지질 두겹층에서 확산하는 CoQ는 일종의 전자를 모으는 지점으로서의 역할을 한다.** 20.2C절에서 본 바와 같이, 지방산 산화에서 첫 단계는 CoQ 단계에서 전자 운반 사슬에 들어가는 전자를 발생시킨다. CoQ는 또한 글리세로인산 순환 과정(glycerophosphate shuttle, 그림 18-5)에 의해 생성된 $FADH_2$로부터, 그리고 피리미딘 생합성(23-2A절)으로부터 전자들을 모은다.

복합체 II는 산화-환원 보조 인자의 선형 사슬을 포함한다. 닭의 미토콘드리아의 복합체 II의 X선 구조는 규명되어 있다(**그림 18-13**). 복합체 II는 각각의 프로토머가 미토콘드리아 매트릭스 안에서 2개의 친수성 소단위체, 플라보단백질(**Fp**), 철-황 소단위체(**Ip**), 3개의 막횡단 나선 구조와 하나의 *b*형 헴 및 하나의 유비퀴논과 결합된 **CybS**와 2개의 소수성 막에 고정된 소단위체로 이루어져 있는 **CybL**로 이루어져 있다.

Fp는 복합체의 3개의 철-황 무리와 결합하는 반면, Fp는 기질(옥살로아세트산 억제제에 의해 채워진 X선 구조 안에서의 결합 자리)과 FAD 보결 원자단과 모두 결합한다. 그 기질과 유비퀴논 결합 자리는 기질-FAD-[2Fe-2S]-[4Fe-4S]-[3Fe-4S]-CoQ의 순차적 기질을 지닌 산화-환원 중심의 40 Å 이상으로 긴 사슬에 의해 연결된다(위에서 아래로 그림 18-13). 직접적인 전자 운반 경로에 위치하지 않는 헴 *b*는 시스템의 전자적 특성들을 조화롭게 이루어서 H_2O_2와 같은 손상된 **활성 산소종(reactive oxygen species)**을 생성하는 부반응을 억제한다. 복합체 I (그림 18-11*b*) 안에서 N1a 표지된 [2Fe-2S] 무리는 아마도 유사한 역할을 가질 것이다.

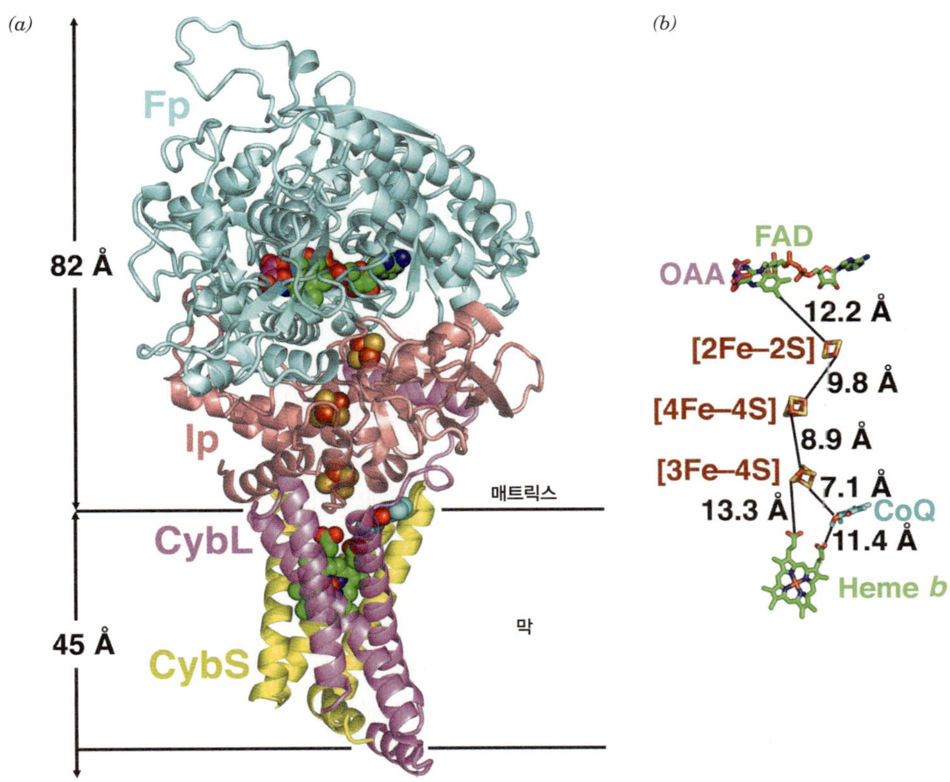

그림 18-13 닭으로부터 복합체 II의 X선 구조 (*a*) 반투명한 리본 모형은 매트릭스 위의 미토콘드리아 내막에 평형하게 보인다. 그 효소의 4개의 소단위체는 각기 다른 색으로 표현된다. 옥살로아세트산 억제제(석실산 결합 자리를 표시한 OAA), FAD, 3개의 Fe-S 무리, CoQ와 헴 *b*는 옥살산(분홍색), FAD와 헴 *b*(녹색), CoQ(하늘색), 질소(파란색), 산소(빨간색), 인(주황색), 황(노란색), 철(적갈색)으로 공간 채움 형태로 나타내었다. 그 미토콘드리아 내막의 유추된 자리를 나타내었다. (*b*) 리간드와 산화-환원 보조 인자들은 *a*에서와 같이 막대 형태의 색깔로 보여 주었다. 그들의 최단 가장자리의 거리가 표시되어 있다. [Based on an X-ray structure by Edward Berry, Lawrence Berkeley National Laboratory, Berkeley, California, PDBid 1YQ3]

자료 18-1 생화학 전망 사이토크롬은 전자 운반 헴 단백질이다.

1925년 켈린(David Keilin)에 의해 기능이 규명된 **사이토크롬**(**Cytochrome**)은 절대적 혐기성의 많은 형태들을 제외한 모든 종들 안에서 일어나는 산화-환원 활성 단백질이다. 이러한 단백질들은 전자 운반 동안 2가 철과 3가 철의 산화 상태들 사이를 번갈아가는 헴기를 포함한다.

환원된 철(2가) 사이토크롬의 헴기는 현저한 α, β, γ 띠의 3개의 가시 흡수 스펙트럼을 지닌다. 사이토크롬 *c*에 대한 스펙트럼은 그림 *a*에 보인다. 환원된 사이토크롬 종들과 함께 이 특징적 변화된 (산화된 사이토크롬에는 존재하지 않는다) α 피크의 파장은 미토콘드리아 막에서 다양한 사이토크롬을 구분하는 데 사용된다(그림 *a*와 그림 *b*에서 오른쪽 윗부분).

사이토크롬들의 각각의 기는 산화-환원 활성 철 원자와 함께 좌표화된(상호작용을 지닌) 다른 대체 헴기를 포함한다. *b* 형태의 사이토크롬은 또한 마이오글로빈과 헤모글로빈 안에서 일어나는 **프로토포피린 IX**(**protoporphyrin IX**)를 포함한다. *c* 형태의 사이토크롬의 헴기는 단백질에 연결된 씨이오에터를 형성하기 위하여 그들의 이중 결합을 통해 시스테인 설퍼드릴(sulfhydryl)들을 첨가한다. 헴 *a*는 헴 *b*와 *c*에서 치환된 메틸기 대신 포밀(formyl)기뿐만 아니라, 포피린에 연결되어 아이소프렌(isoprene)의 긴 소수성 꼬리를 포함한다. 헴 철의 축 리간드들은 또한 사이토크롬 형태에 따라 달라진다. 사이토크롬 *c*에서 하나의 리간드는 히스티딘이고, 다른 하나는 메싸이오닌의 S 원자인 반면, 사이토

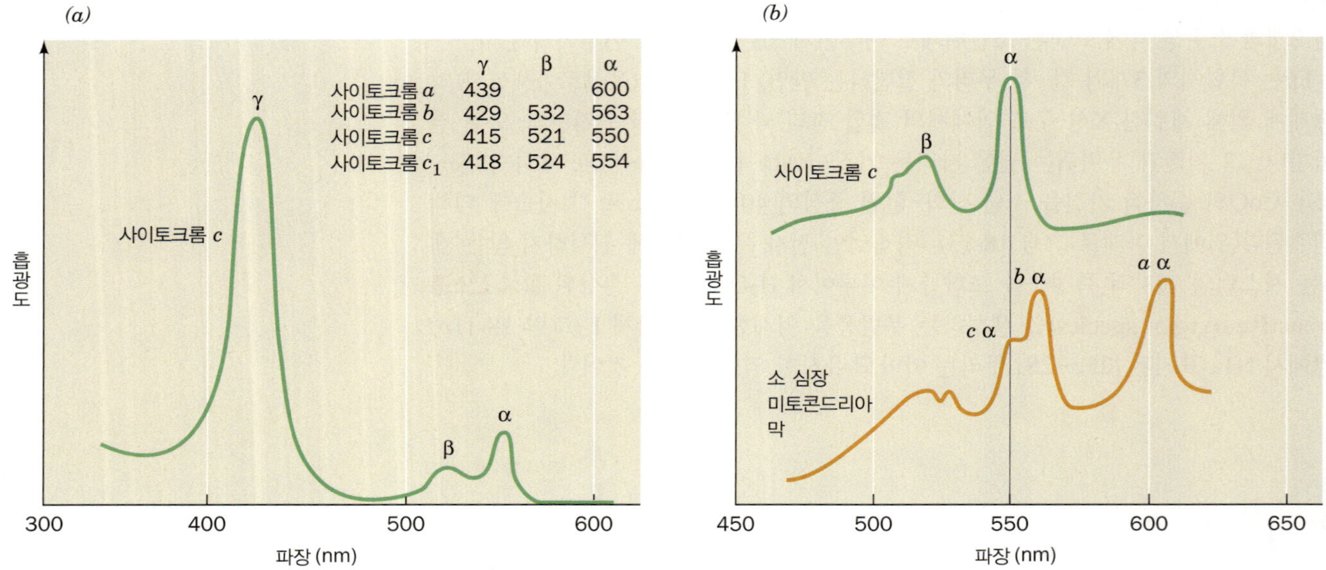

E 복합체 III은 Q 회로를 통해 양성자를 이동시킨다

복합체 III [**보조 효소 Q-사이토크롬 *c* 산화-환원 효소**, **사이토크롬 bc_1(cytochrome bc_1)**으로도 알려진]는 환원된 CoQ에서 사이토크롬 *c*로 전자를 운반한다. 복합체 III은 2개의 ***b*형 사이토크롬**(***b*-type cytochrome**)과 1개 **사이토크롬 c_1(cytochrome c_1)**, 그리고 철 원자 중에 한 개는 2개의 cys 잔기보다는 오히려 2개의 His로 배위되어 있는 [2Fe−2S] 무리를 포함한다[그러므로 [2Fe−2S] 무리의 발견자 리스케(John Rieske)의 이름을 따라 **리스케 중심**(**Rieske center**)으로 알려져 있다]. 효모 미토콘드리아 유래 복합체 III은 9개 소단위체로 형성된 419 kD에 달하는 동종 이합체이다(소의 심장 미토콘드리아 유래 복합체 III은 11개 소단위체의 485 kD이다). 그것의 X선 구조(그림 18-14)는 미토콘드리아 매트릭스 안으로 약 75 Å에 걸쳐 넓게 분포되어 있는 배(과일) 모양의 이합체 모양을 나타낸다. 40 Å의 두꺼운 막횡단 부분은 프로모터(promotor)당 12개의 막횡단 나선으로 이루어져 있고(소의 심장 복합체 III에는 14개) 이들 중 대부분 세포막의 면에 대하여 기울어져 있다. *b*형 사이토크롬 헴, b_{562}(또는 b_H, 고전위, 막 사이 공간에 존재)와 b_{566}(또는 b_L, 저전위, 매트릭스 안에 존재)이 결합된 이들 나선 구조들 중에서 8개는 **사이토크롬 *b*(cytochrome *b*)** 소단위체에 속하며 그 소단위체는 미토콘드리아 유전자에 의해 암호화된다. 사이토크롬 c_1

크롬 a와 b에서 두 리간드는 모두 히스티딘 잔기이다.

사이토크롬 각각의 기와 함께, 다른 헴기 환경들은 약간 다른 α 피크 파장에 의해 특성화될 것이다. 그 이유로는 이것은 α 흡수띠는 최고 파장(예를 들면 복합체 II 에서 사이토크롬 b_{560})에 의해 사이토크롬들을 확인하는 것이 용이하다. 사이토크롬들은 또한 숫자든지 문자로 식별된다.

환원된 헴기는 반응성이 큰 기관들이다. 그들은 생리학적으로 충분한 반응 속도에서 10~20 Å 의 거리에 걸쳐 전자들을 운반할 수 있다. 따라서 어떤 의미에서 사이토크롬은 효소의 반대되는 기능을 가진다. 반응하기 위한 비반응성 기질들을 설득하는 대신에, 그들은 다른 세포 성분에 비특이적으로 전자 운반으로부터 그들의 헴을 방어해야만 한다. 의심할 여지 없이, 이것이 왜 헴들이 단백질에 의해 대부분 전체적으로 둘러싸여 있는지에 대한 이유이다. 그러나 사이토크롬은 또한 적절한 파트너에 전자를 운반하기 위한 경로를 공급해야 한다. 전자 운반이 공간을 통하는 것보다는 결합을 통해 훨씬 더 효율적으로 발생하게 되기 때문에, 단백질 구조는 단백질들 사이에 전자 운반 속도의 중요한 결정을 보여 주게 된다.

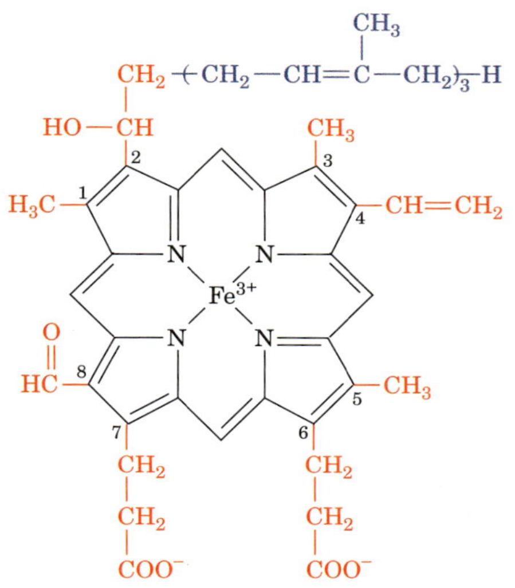

헴 a

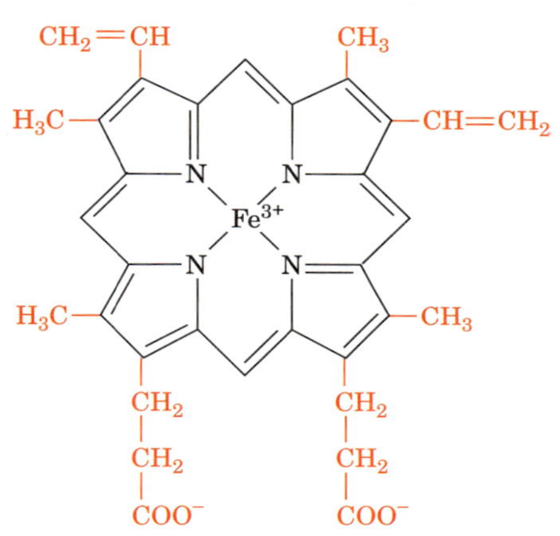

헴 b
(iron-protoporphyrin IX)

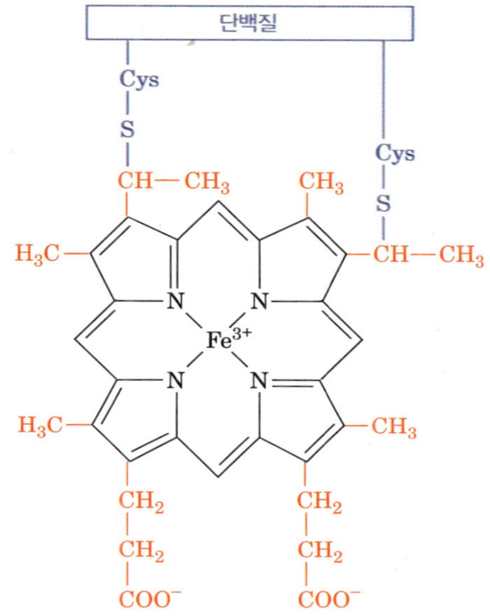

헴 c

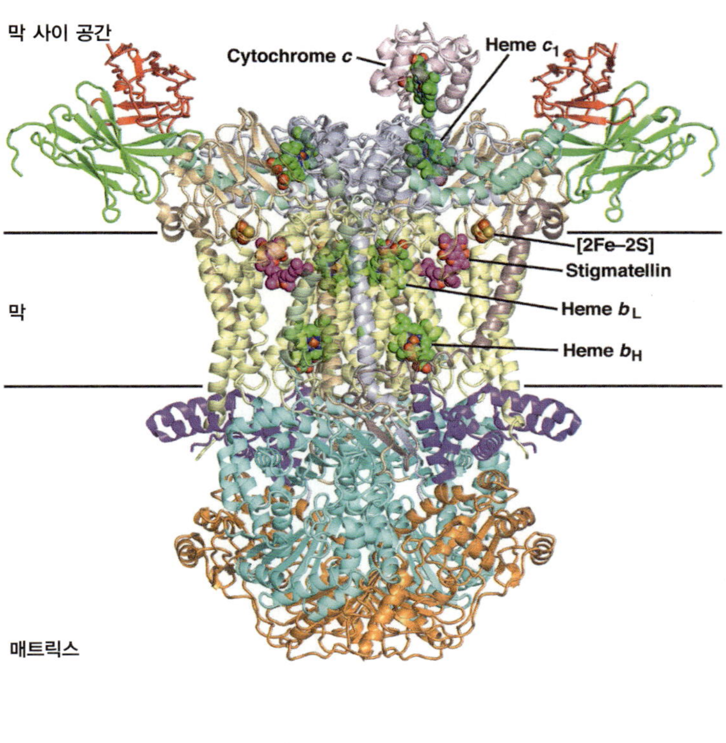

그림 18-14 사이토크롬 c와 스티그마텔린 억제제를 갖는 복합체에서 효모 복합체 III의 X선 구조 동종 이합체 복합체는 위쪽에 막 사이 공간을 갖고 있는 막의 평면 내부로부터 보여진다. 전체적으로는 12개의 막 횡단 나선 구조를 갖고 있는 각각의 프로모터에 있는 9개의 다른 소단위체는 사이토크롬 b는 연노란색, 사이토크롬 c_1은 연자주색, ISP는 황갈색, 사이토크롬 c는 분홍색으로 표현되어 있다. 매트릭스로 확장된 단백질의 부분은 하늘색과 주황색으로 보인다. 각각 네 개의 다른 헴기는 [2Fe–2S] 무리, 스티그마텔린은 공간 채움 형태에서 헴 c(녹색), 스티그마텔린 c(진홍색), 질소(파란색), 산소(빨간색), 황(노란색), 철(적갈색) 색깔로 채워져 있는 것으로 그려졌다. 사이토크롬 c만이 동종 이합 복합체 III에 결합되어 있음을 주목하라. 막의 추측되는 위치는 수평선으로 표현되었다. [Based on an X-ray stucture by Carola Hunte, Max Planck Institute of Biophsics, Frankfurt am Main, Gemany. PDBid 1KYO.]

소단위체는 구형의 머리를 갖고 있으며, 막 사이 공간으로 넓게 퍼져 있는 c형 헴을 포함하는 단일 막횡단 나선 구조에 의해 고정된다. 리스케 중심을 포함하는 **철-황 단백질(iron-sulfur protein, ISP)**은 단일 막횡단 나선 구조에 의해 유사하게 고정되고, 막 사이 공간으로 넓게 퍼진다. 두 개의 ISP로 된 이합 복합체는 서로 뒤엉켜져 있어 한 개의 프로모터의 ISP 안으로 [2Fe−2S] 무리는 다른 프로모터의 사이토크롬 b와 사이토크롬 c_1 소단위체와 반응한다.

보조 효소 Q로부터의 전자들은 두 가지 경로를 따른다. 복합체 III은 2개 전자 운반체인 1몰의 $CoQH_2$ 분자가 1개 전자 운반체인 2몰의 사이토크롬 c를 환원시키도록 하는 기능을 담당한다. 이것은 놀랍게도 $CoQH_2$로부터 사이토크롬 c_1과 사이토크롬 b까지 전자의 흐름(흐름이 순환적이다)이 두 갈래로 나뉘는 일이 발생한다. 이것을 소위 복합체 III이 매트릭스로부터 막 사이 공간으로까지 양성자를 끌어올리게 하는 **Q 회로(Q cycle)**라고 한다.

Q 회로의 근본적 성질은 **$CoQH_2$가 두 번의 재산화 과정을 거쳐 안정한 중간체인 세미퀴논 $CoQ^{\cdot-}$로 변하는 것이다.** 이것은 보조 효소 Q에 대한 두 개의 독립적인 결합 자리를 포함한다. 즉 $CoQH_2$와 결합하고 리스케 [2Fe−2S] 중심과 막 사이 공간 부근에 있는 헴 b_L 사이에 위치하고 있는 Q_o와, $CoQ^{\cdot-}$ 및 CoQ 양쪽 모두에 결합하고, 매트릭스 부근에 있는 헴 b_H와 근접하여 위치하고 있는 Q_i이다. 처음 주기에서 (**그림 18-15, 위**) 복합체 I(**1**과 **2**)의 $CoQH_2$는 Q_o 영역에 결합하고, 이곳에서 ISP(**3**)로 전자 중 한 개가 이동하고, ISP는 두 개의 양성자를 막 사이 공간으로 내어놓고 $CoQ^{\cdot-}$를 생성한다. ISP는 사이토크롬 c_1을 환원시키기 위해 계속 반응을 진행한다. 반면 $CoQ^{\cdot-}$는 남아 있는 전자를 사이토크롬 b_L(**4**)로 운반하며, 완전하게 산화된 CoQ를 생성한다. 그리고 사이토크롬 b_L은 사이토크롬 b_H(**6**)를 환원시킨다. 4단계로부터의 CoQ는 Qo 자리로부터 방출되었으며, Q_i 자리(**5**)에 재결합되며, 여기서 그것은 사이토크롬 b_H(7)로부터 온 전자를 받아 세미퀴논 형태로 복귀시킨다. 더욱이 이 첫 번째 회로에 대한 반응은 다음과 같다.

$$CoQH_2 + \text{사이토크롬 } c_1\ (Fe^{3+}) \rightarrow CoQ^{\cdot-} + \text{사이토크롬 } c_1\ (Fe^{2+}) + 2H^+ \ (\text{외막과 내막 사이의 막})$$

두 번째 회로에서는(그림 18-15, **아래**) 복합체 I로부터의 다른 $CoQH_2$는 단계 1~6을 반복한다. 어떤 전자는 ISP와 사이토크롬 c_1을 환원시키고, 다른 전자는 사이토크롬 b_L과 b_H를 차례대로 환원시킨다. 그리고 이 두 번째 전자는 첫 번째 회로에서 생성된 Q_i 자리에서 $CoQ^{\cdot-}$를 환원시키며(**8**) $CoQH_2$를 생성한다. 첫 번째 주기에 생성된 Q_i 영역의 $CoQ^{\cdot-}$를 감소시킨 후 $CoQH_2$를 생성하게 된다. 마지막 단계에서 소모된 양성자들은 미토콘드리아 매트릭스로부터 유래되었다. 두 번째 회로의 반응은 다음과 같다.

$$CoQH_2 + CoQ^{\cdot-} + \text{사이토크롬 } c_1(Fe^{3+}) + 2H^+ \ (\text{매트릭스}) \rightarrow CoQ + CoQH_2 + \text{사이토크롬 } c_1\ (Fe^{2+}) + 2H^+ \ (\text{외막과 내막 사이의 막})$$

두 개의 $CoQH_2$가 Q 주기로 들어갈 때마다 한 개의 $CoQH_2$가 다시 생성된다. 두 개의 전자가 $CoQH_2$에서 사이토크롬 c_1으로 운반되게 하는 양쪽 회로의 조합은 다음과 같은 전체 반응으로 표현된다.

$$CoQH_2 + 2\ \text{사이토크롬 } c_1\ (Fe^{3+}) + 2H^+ \ (\text{매트릭스}) \rightarrow CoQ + 2\ \text{사이토크롬 } c_1\ (Fe^{2+}) + 4H^+ \ (\text{외막과 내막 사이의 막})$$

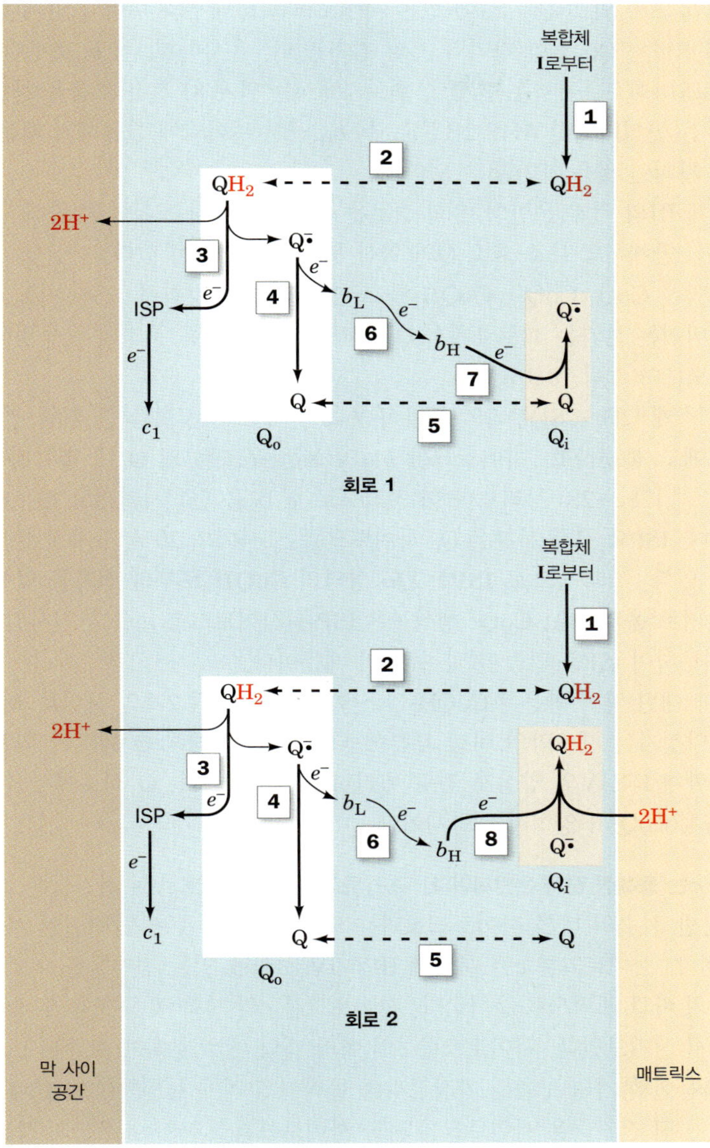

그림 18-15 Q 회로 복합체 III에 의해 매개되는 Q 회로는 사이토크롬 *b*로부터 사이토크롬 *c*까지 전자 운반에 추진되는 것같이 매트릭스로부터 막 사이 공간까지 H^+의 자리옮김의 결과로 나타난다. 전체 회로는 사실 두 개의 회로인데, 첫 번째 회로는 반응 1~7로 이어지며, 두 번째 회로는 반응 1~6, 그리고 8로 이어진다. (1) 보조 효소 QH_2는 막의 매트릭스 면에 있는 복합체 I에 의해 공급된다. (2) QH_2는 막의 세포액 면으로 확산된다. 거기서 QH_2는 복합체 III의 사이토크롬 *b* 소단위체에 있는 Qo 자리와 결합한다. (3) QH_2는 $Q^{\bar{\cdot}}$ 세미퀴논을 형성하고, $2H^+$를 방출하면서, 리스케 철-황 단백질(ISP)을 환원시킨다. ISP는 헴 c_1을 환원시키기 위해 계속 진행한다. (4) $Q^{\bar{\cdot}}$은 보조 효소 Q를 형성하기 위해 헴 b_L을 환원시킨다. (5) Q는 회로 1만 존재하는 매트릭스 면으로 확산되고, 거기에서 그것은 사이토크롬 *b*에 있는 Q_i 자리에 결합한다. (6) 헴 b_L은 헴 b_H를 환원시킨다.(7, 회로 1에서만) Q는 헴 b_H에 의해 $Q^{\bar{\cdot}}$로 환원된다.(8, 회로 2에서만) Q_i 자리에 결합된 $Q^{\bar{\cdot}}$은 헴 b_H에 의해 QH_2로 환원된다. 알짜 반응은 QH_2에서 사이토크롬 c_1까지 2개의 전자 운반과 매트릭스로부터 막 사이 공간까지 양성자 4개의 자리옮김이다. [After Trimpower, B.L에 의거, *J. Biol. Chem*, **265**, 11410(1990).]

? 회로 1과 회로 2에 대한 반응식을 쓰라.

어떻게 복합체 III의 구조가 Q 회로의 작용을 도와주는가? 첫 번째로 X선 구조 연구는 Q_o와 Q_i 자리들이 독립적으로 존재한다는 직접적인 증거를 제공한다.

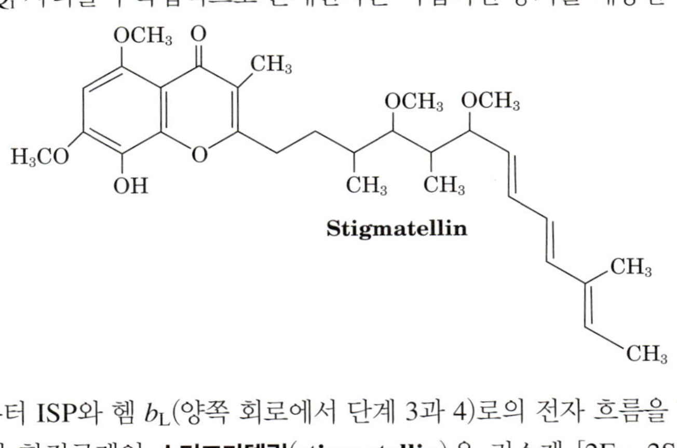

Stigmatellin

$CoQH_2$로부터 ISP와 헴 b_L(양쪽 회로에서 단계 3과 4)로의 전자 흐름을 방해하는 것으로 알려진 항진균제인 **스티그마텔린(stigmatellin)**은 리스케 [2Fe−2S] 중심의 철

위치와 헴 b_L 사이의 중간 지점에 있는 사이토크롬 b 내부의 주머니 안에 결합한다. 이 결합 주머니는 Qo 결합 자리와 거의 겹쳐 있다. 유사하게, 헴 b_H로부터 CoQ 또는 $CoQ^{\cdot-}$로의 (회로 1에서는 단계 7, 회로 2에서는 단계 8) 전자 흐름을 차단하는 것을 보여 주는 안티마이신 A(18-2B절)는 헴 b_H 근처 주머니에 결합하기 때문에 이 주머니가 Q_i 자리인 것을 확인할 수 있다.

이 복합체 III의 전자 운반의 우회 경로는 Q_o와 Q_i 자리 모두에 결합하기 위한 막 소수성 중심 안에서의 보조 효소 Q의 확산 능력과 연결되어 있다. 사실상, 미토콘드리아 세포막은 CoQ, $CoQ^{\cdot-}$, $CoQH_2$를 포함하고 있는 것처럼 보여서 Q_o 자리에서 방출된 유비퀴논 분자는 회로 1에서 Q_i 자리에 재결합하는 분자와는 동일하지 않은 분자일지 모른다(그림 18-15).

ISP의 리스케 [2Fe−2S] 무리의 환원 반응을 더 선호하는 보다 큰 환원 전위차($\Delta\mathscr{E}$)를 가졌음에도 불구하고, 사이토크롬 bc_1의 X선 구조는 왜 Q_o에 결합된 $CoQ^{\cdot-}$가 ISP의 리스케 [2Fe−2S] 무리보다 더 전적으로 헴 b_L을 환원시키려고 하는지를 또한 설명해 준다. ISP의 구형 부분은 Q_o 사이토크롬 c_1 사이의 20 Å의 경첩 운동을 통해 회전할 수 있다. 결과적으로 **ISP는 Qo 영역의 $CoQH_2$로부터 전자를 얻어 역학적으로 헴 c_1기로 옮겨준다.** $CoQ^{\cdot-}$ 생성물은 ISP를(사이토크롬 c_1을 환원시킨 후에) 너무 멀리 이동하여 ISP를 만들어 낼 수 없기 때문이다.

Q 회로에 대한 알짜 반응은 $CoQH_2$가 산화될 때 환원된 2개의 사이토크롬 c 분자와 4개의 양성자는 세포막의 바깥 부분에 나타난다. 그래서 Q 회로에 의한 양성자 운반은 복합체 I과 IV의 양성자 펌핑 메커니즘과는 다르다. Q 회로에서 산화-환원 중심 그 자체(CoQ)가 양성자 운반체이다.

사이토크롬 c는 용해성 전자 운반체이다. 사이토크롬 c_1으로 흐르는 전자들은 호흡을 위한 전자 운반 사슬의 다른 사이토크롬과는 달리, 세포막 주변 단백질인 사이토크롬 c로 운반된다. 사이토크롬 c는 복합체 III와 IV 사이에 있는 전자들을 미토콘드리아 내막의 바깥 표면으로 운반한다. 사이토크롬 c의 진화 및 구조는 5-4A와 6-2D 절에서 살펴보았다. 사이토크롬 c의 여러 개의 매우 강하게 보존된 Lys 잔기들은 파묻힌 헴기의 노출된 가장자리를 둘러싼 고리에 놓인다(**그림 18-16**). 이 양전하를 띤 잔기들은 사이토크롬 c_1과 사이토크롬 c 산화 효소상의 상보적인 음전하기들에 대한 결합 자리를 구성한다. 이러한 상호작용들은 아마도 최적화된 전자 수송을 위한 산화-환원 기를 정렬하기 위한 역할을 담당하게 한다.

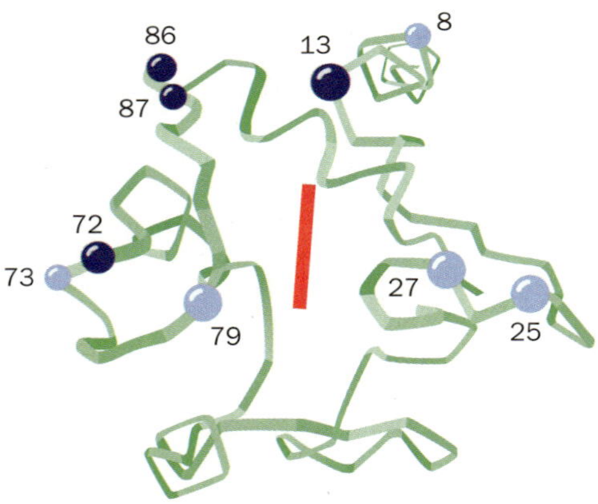

그림 18-16 **분자와 분자 복합체 형성을 내포한 Lys 잔기를 보여 주는 사이토크롬 c의 리본 모형** 진한 파란색과 밝은 파란색 구는 각기 아세틸화에 반하여 사이토크롬 c_1와 사이토크롬 c에 의해 강하게, 그리고 덜 강하게 보호되어진 ε-아미노기인 Lys 잔기의 위치를 표시하였다. Lys 잔기는 단백질의 한쪽 면 상에서 헴(막대) 주변 고리를 형성하는 것을 주목하라. [After Mathews, F.S., *Prog. Biophys. Mol. Biol.* 45, 45 (1986).]

그 공유 영역(880 $Å^2$)이 낮은 안정성(전형적으로 1600 $Å^2$ 이하)을 갖고 있는 것으로 알려진 단백질-단백질 복합체에 의해 보여지는 면적보다 현저하게 작기 때문에 그림 18-4에서 보여 준 X선 구조는 사이토크롬 bc_1와 사이토크롬 c 사이의 관련이 특별하게 밀접하다는 것을 드러냈다. 이러한 이유로, 작은 경계면은 빠른 결합과 방출에 매우 적합하다. 이 경계면은 단지 2개의 사이토크롬 c Lys 잔기인 Lys 86과 Lys 79(척추동물 수치화, 표 5-6)는 사이토크롬 c_1의 Glu 235 및 Ala 164와 각각 상호작용한다. 전하를 띠고 있는 나머지 쌍들과 종종 보존된 잔기들은 상호작용 장소 주변에 둘러싸여 있으나, 그들의 직접적인 극성 상호작용은 X선 구조에서는 보이지 않았던 물 분자에 의해서 매개될 것이다. 단백질들을 접촉하는 헴기 사이의 가장 가까운 접근은 두 산화-환원 중심 사이에서 전자 운반의 빠른 속도를 측정하는 싸이오에터 결합 치환체들의 원자들 사이에서 4.5 Å 거리를 가지고 있다.

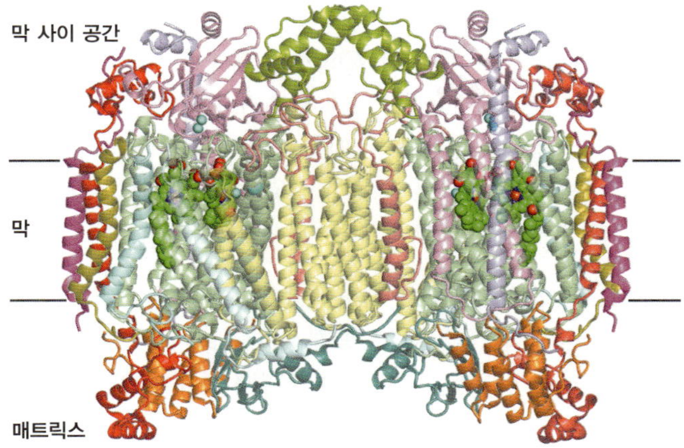

그림 18-17 소 심장의 사이토크롬 *c* 산화 효소 동종 이합체의 X선 구조 동종 이합 복합체는 윗부분의 막 사이 공간과 함께 막의 평면 안에 보인다. 28개의 막횡단 나선 구조들로 모아진 각각의 프로모터에 있는 13개의 다른 소단위체들은 서로 다른 색깔로 나타내고 있다. 단백질에 결합된 헴기와 구리 이온은 탄소(녹색), 질소(파란색), 산소(빨간색), 철(적갈색), 구리(하늘색)와 같은 공간 채움 모형으로 그려져 있다. 검은 수평선들은 미토콘드리아 내막의 추정 위치를 표시한 것이다. [Based on an X-ray structure by Shinya Yoshikawa, Himeji Institute of Technology, Hyogo, Japan. PDBid 1V54.]

? 사이토크롬 *c*는 이 복합체와 함께 어디에 결합되는가?

F 복합체 IV는 산소를 물로 환원시킨다

사이토크롬 *c* 산화 효소(**cytochrome *c* oxidase**, 복합체 IV)는 4번 연속적으로 환원되는 사이토크롬 *c* 분자의 단일 전자 산화와 그에 따른 한 개의 O_2 분자가 4개 전자의 환원을 수반하는 반응을 촉매한다.

$$4\ \text{사이토크롬}\ c\ (Fe^{2+}) + 4H^+ + O_2 \rightarrow 4\ \text{사이토크롬}\ c_1\ (Fe^{3+}) + 2\ H_2O$$

포유류의 복합체 IV는 프로모터가 각각 13개 소단위체로 이루어진 성분들을 갖고 있는 약 410 kD에 달하는 동종 이합체이다. 요시카와(Shinya Yoshikawa)에 의해 결정된 소 심장 미토콘드리아 유래 복합체 IV의 X선 구조로, 소단위체 중 10개는 총 28개의 짧은 α 나선을 포함하는 막횡단 단백질임이 밝혀졌다(**그림 18-17**). 복합체 IV의 중심은 가장 크고 가장 소수성의 소단위체인 3개의 미토콘드리아의 DNA에 의해 암호화된 복합체 I, II, III(그림 18-7에서 있는 옅은 녹색, 분홍색, 옅은 노란색)으로 구성된다. 막 사이 공간에 접하고 있는 단백질의 표면 위의 오목한 부분은 복합체 IV의 전자 주개인 사이토크롬 *c*의 Lys 잔기에 있는 고리와 잠재적으로 상호작용할 수 있는 다수의 산성 아미노산을 포함한다.

복합체 IV는 4개의 산화-환원 중심을 포함한다. **사이토크롬 *a*(cytochrome *a*)**, **사이토크롬 a_3(cytochrhome a_3)**, Cu_B로 알려져 있는 한 개의 구리 원자, **Cu_A 중심(Cu_A center)**으로 알려져 있는 한 쌍의 구리 원자이다(**그림 18-18**). 소단위체 II에 결합한 Cu_A 중심은 막 표면에서 8 Å 위에 위치해 있다. 그것의 2개의 구리 이온은 ([2Fe−2S]) 무리와 유사한 기하학적 구조를 가지면서 2개의 Cys 잔기의 황 원자들과 이황화 다리를 놓게 된다. 다른 산화-환원기 $-Cu_B$와 사이토크롬 *a*와 a_3- 모두는 소단위체 I에 결합하고, 막 표면에서 13 Å 아래에 위치한다.

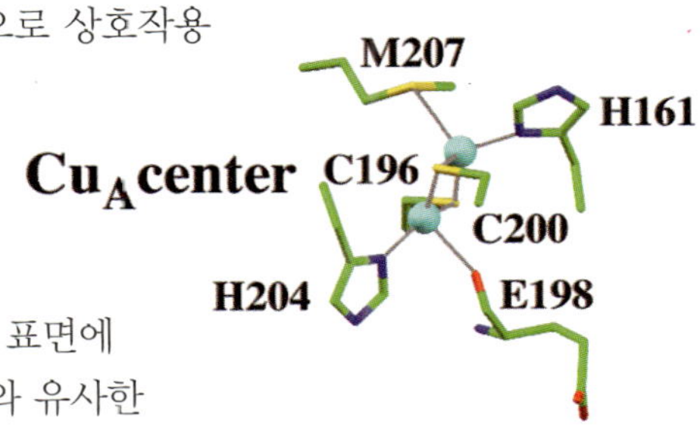

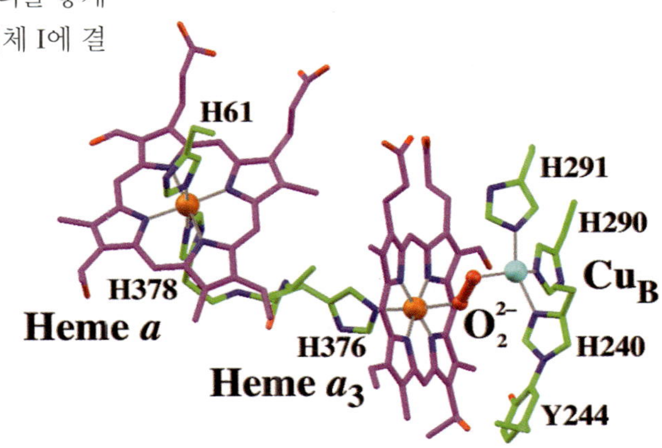

그림 18-18 소 심장 사이토크롬 *c* 산화 효소의 산화-환원 중심 그림 18-7에서 보여 준 것과 같이 그림은 왼쪽 프로모터와 유사하다. 철과 구리 이온은 주황색과 파란색 공으로 나타내었다. 그들의 리간드 헴과 단백질 그룹들은 원자 형태에 따라 막대 형태로 그려져 있다(헴: 자주색, 단백질 C: 녹색, N: 파란색, O: 빨간색, S: 노란색) 그 퍼옥시기 Cu_B와 헴 a_3, 철 이온은 빨간색의 공-막대 형태로 나타내었다. 배위된 결합은 회색 선으로 그려져 있다. His 240과 Tyr 244의 곁사슬들은 공유 결합에 의해 연결되어 있다(오른쪽 하단). [Based on an X-ray structrue by Shinya Yoshikawa, Himeji Instiute of Technology, Hyogo, Japan. PDBid 2OCC.]

광학적 연구에서는 복합체 IV에서의 전자 이동은 사이토크롬 *c*에서 Cu_A 중심으로, 그리고 헴 *a*로, 마지막으로 헴 a_3와 Cu_B로의 이동 과정의 모습을 보여 준다. 헴 a_3의 철은 Cu_B로부터 4.9 Å 거리에 위치해 있으며, 이들 산화-환원기는 정말로 한 개의 이핵 복합체의 구조를 형성한다. 전자들은 아미노산 곁사슬, 폴리펩타이드 골격과 헴기의 프로피온산염 곁사슬을 포함하고 있는 수소 결합 네트워크를 경유하여 복합체 IV의 산화-환원 중심 사이에서 이동하는 것처럼 보인다.

사이토크롬 *c* 산화 효소는 4개 전자 산화-환원 반응을 촉매한다. 사이토크롬 *c* 산화 효소에 의한 O_2의 그 H_2O로의 환원은 사이토크롬 a_3−Cu_B 이핵 복합체에서 발생하며, 4개의 전자를 거의 동시에 필요로 한다. 그러나 완전하게 환원된 Fe(II)−Cu(I) 이핵 복합체는 언제든지 단지 3개의 전자들이 O_2에 결합되어 완전하게 산화된 Fe(IV)−Cu(II) 상태에 [O_2의 환원 동안 사이토크롬 a_3는 Fe(IV) 또는 **페릴(ferryl)**의 산화 상태로 가정한다.] 도달되게 하는 데 기여할 수 있도록 한다. 네 번째 전자의 출처는 무엇인가?

사이토크롬 *c* 산화 효소의 X선 구조는 분명하게 Cu_B의 His 240 리간드는 공유 결합적으로 보존된 Tyr 잔기에 결합된다(Tyr 244, 그림 18-18의 오른쪽 하단). 이것은 Tyr의 페놀의 OH기를 헴 a_3 묶인 산소에 가깝게 놓여 있으며 **Tyr 244는 타이로실 라디칼(tyrosyl radical, TyrO·)을 일시적으로 생성하여 네 번째 전자를 공급할 수 있다.** 타이로실 라디칼은 광합성 과정에서 H_2O에서 O_2 분자의 생성(19-2C절)과 **리보뉴클레오타이드 환원 효소 반응(ribonucleotide reductase reaction**, NDP에서 dNDP로의 전환시키는 반응, 23-3A절)을 포함하는 몇몇 다른 효소가 매개하는 산화-환원 반응 과정들과 관련되어 왔다. 사이토크롬 *c* 산화 효소에서 Tyr 페놀의 −OH기는 효소 결합된 O_2의 수소 결합 거리 안에 있고, 그러므로 O−O 결합 분해하는 동안에 가능성 있는 H^+ 주개이다. 공유 결합 가교의 생성은 라디칼 생성과 양성자 방출을 용이하게 하면서 Tyr 244의 환원 전위와 p*K* 값을 모두 낮추는 것으로 예측된다.

다양한 분광학적 기술을 사용하여 명백하게 밝혀진 사이토크롬 *c* 산화 효소에 대한 제안된 반응 순서는 **그림 18-19**에 나타내었다.

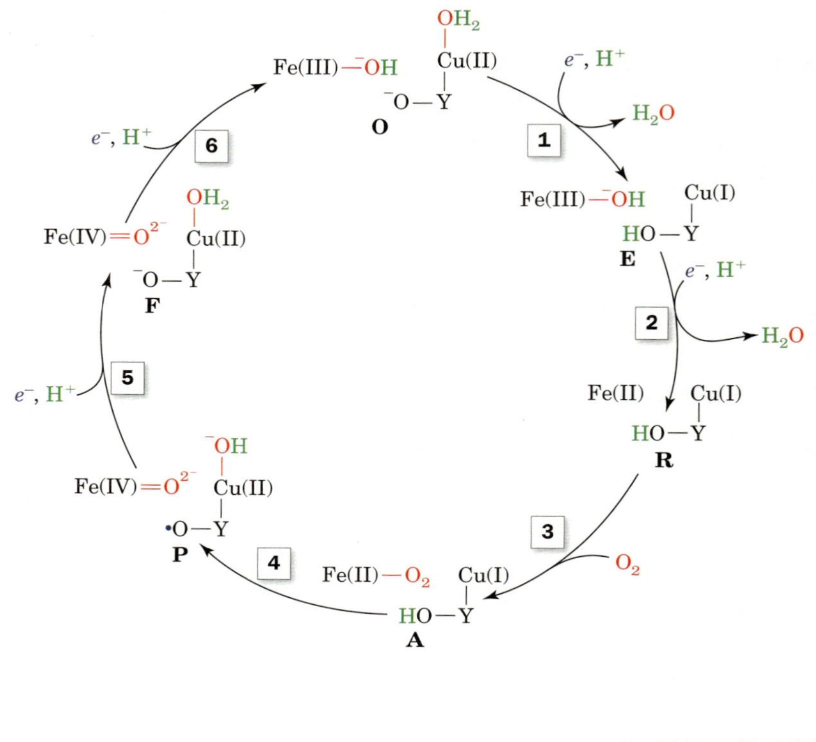

그림 18-19 사이토크롬 *c* 산화 효소의 제안된 반응 순서 결과적으로 4개의 사이토크롬 *c* 분자가 제공한 총 4개의 전자는 4개의 양성자와 함께 사이토크롬 a_3−Cu_B 이핵 복합체에서 O_2를 H_2O로 환원시키는 데 필요하다. 숫자별 단계는 위 문장에 명시되어 있다. 이 전체 반응은 매우 빠르며 상온에서 대략 1 ms 안에 이루어진다. [Modified from Babcock. G. T., *Proc, Natl. Acad. Sci.* **96**, 12971(1999).]

? O_2의 환원에서 Tyr244는 어떤 기능을 하는가?

1과 2. 산화되는 이핵 복합체 [Fe(III)a_3−OH^- H_2O−Cu(II)$_B$]는 사이토크롬 a와 Cu_A를 경유하여 사이토크롬 c로부터 두 개의 연속적인 단일 전자 운반에 의해 [Fe(II)a_3 Cu(II)$_B$] 상태로 환원된다. 매트릭스로부터 양성자는 부수적으로 얻어지고, H_2O는 이 과정에서 방출된다. Tyr 244(Y−OH)는 그것의 페놀 상태로 존재한다.

3. O_2는 리간드로 Fe(II)a_3 원자와 결합하기 위하여 환원된 이핵 복합체에 결합한다. 산소는 옥시헤모글로빈에서 가진 것과 거의 똑같은 형태를 갖고 헴과 결합한다(그림 7-3). Tyr 244는 페놀화 상태도 여전히 남아 있다.

4. 내부 전자 재분배는 빠르게 옥시페릴(oxyferryl) 복합체[Fe(IV)=O^{2-} HO^-−Cu(II)]를 생성한다. 여기서 Tyr 244는 전자와 양성자를 복합체에 주고, 그 때문에 중성 라디칼 상태(Y−O·)를 띠게 된다. 이것은 과산화물(*P*eroxy compound)이 되었을 것이라고 여겨지기 때문에 P 상태로서 알려져 있다.

5. 두 개의 양성자를 획득함과 함께 사이토크롬 c로부터의 세 번째 단일 전자 이동은 H_2O가 Cu(II)$_B$에 배위화되어 있는 F[페릴(*f*erryl)에 대한] 상태와 H_2O을 방출하면서 Tyr 244를 페놀 상태로 다시 변화시킨다.

6. 네 번째와 최종적인 전자 운반과 양성자 획득은 산화된 [Fe(III)a_3·OH^- H_2O−Cu(II)$_B$] 복합체를 생성한다. 그 결과 촉매 회로를 완성한다.

사이토크롬 c 산화 효소는 2개의 양성자 자리옮김 통로를 가진다. 사이토크롬 c에 의해 촉매화된 반응은 2개의 경로에서 막횡단 양성자 기울기에 기여한다. 첫째, 4개의 **화학적(chemical)** 또는 **단계적인(scalar)** 양성자들은 사이토크롬 c 산화 효소에 의해 O_2의 환원과 $2H_2O$를 생성하는 동안 매트릭스로부터 받아들여지게 된다. 둘째, 이러한 4 전자 환원 반응은 그림 18-19의 3, 4, 5, 6단계 각각에서 매트릭스로부터 생체막 사이 공간까지 이른바 **퍼올려(pumped)**지거나 **방향성(vectorial)**을 한 양성자들의 이동과 짝지어진다. 효소의 각 전환에 대하여 주의하라.

$$8H^+_{\text{매트릭스}} + O_2 + 4\ \text{사이토크롬}\ c\,(Fe^{2+}) \rightarrow 4\ \text{사이토크롬}\ c\,(Fe^{3+}) + 2\,H_2O + 4H^+_{\text{막 사이}}$$

전체적으로 8개의 양전하가 매트릭스로부터 잃게 된다. 더욱이 ATP 합성을 유도하는 그 막 전위 차이가 일어나는 것에 기여한다(18-3절).

사이토크롬 c 산화 효소의 X선 구조로 매트릭스부터 양성자선 메커니즘을 경유하여 양성자를 잠재적으로 수송할 수 있었던 O_2 환원 중심의 근처까지 통하는 두 개의 통로가 존재함을 밝혀졌다. **K 통로(K-channel**, 중요한 Lys 잔기를 포함하고 있기 때문에 그렇게 명명함)는 단백질의 매트릭스 측면으로부터 위에서 언급하였던 것처럼 자유 라디칼을 형성하는 잔기인 Tys 244까지 통한다. 이 통로는 막 사이 공간까지는 연결되지 않은 것처럼 보이지 않기 때문에 O_2 환원을 위해 처음 두 개의 화학적 양성자를 공급하는 것으로 여겨진다(그림 18-19의 1, 2단계). **D 통로(D-channel**, 중요 Asp 잔기 때문에 명명함)는 매트릭스로부터 헴 a_3−Cu_B 중심의 근처까지 연결되어 있고, 거기서 막 사이 공간과 신호를 전달하는 이른바 **출구 통로(exit channel)**에 연결된다. 명백하게 D 통로는 출구 통로와 연속적으로 매트릭스로부터 막 사이 공간까지 방향성 양성자를 끌어올리는 기능을 한다. 더욱이 D 통로도 반응 회로의 두 번째 부분(그림 18-19의 5, 6단계)에 필요한 화학적 양성자들을 위한 도관으로서의 기능을 한다는 징후들이 있다. 앞에서 언급하였음에도 불구하고, 복합체 IV에서 O_2 환원이 양성자 펌핑과 연결하는 메커니즘은 수수께끼로 남아 있다.

체크 포인트

- 글루코스에서 O_2로의 전자 흐름 경로를 설명하시오.
- NADH에서 O_2로의 전자 이동에 대한 알짜 반응식을 쓰시오.
- 효율을 100%로 가정하고, 결과로서 합성되는 ATP의 최대 양을 계산하시오.
- 전자 운반 복합체들의 각각에 대해 관련된 산화-환원 반쪽 반응을 쓰시오.
- 4개의 전자 운반 복합체들의 위치와 전자 흐름의 경로를, 그들의 관련된 환원 전위들로 보여준 그래프상에 표시하시오.
- 억제제들이 어떻게 전자 수송 순서를 공개하였는가?
- 복합체 I, II, III, IV 안에서 보결 원자단의 목록을 적고, 그들이 1개의 전자 운반체인지, 2개의 전자 운반체인지 언급하시오.
- Q 순환 회로는 두 라운드에서 무엇을 달성하는가?
- 전자 운반 동안 양성자 자리옮김을 위한 다른 메커니즘을 설명하시오.
- 사이토크롬 *c* 산화 효소에서 Tyr 라디칼의 중요성은 무엇인가?

3 산화성 인산화

주요 개념

- 화학 삼투압 이론은 양성자 기울기가 ATP 합성을 위해 어떻게 전자 수송이 연결되는지를 설명한다.
- ATP 합성은 결합된 변화 메커니즘에 의해 ATP 합성을 촉매하는 F_1 인자로 구성되어 있다.
- ATP 합성 F_0 인자는 양성자 기울기의 소산에 의해 유도된 회전 *c* 고리를 포함하고 F_1 인자에서 구조적 변화를 유도한다.
- NADH와 환원된 하나의 산소 원자와 같은 전자 운반 사슬로 유입되는 2개의 모든 전자에 대해, 대략 2.5개의 ATP 분자가 2.5의 P/O 비율로 생성된다.
- 양성자 기울기 소산제들은 전자 운반과 ATP 합성을 해제한다.

미토콘드리아에서 ADP와 P_i로부터 ATP의 흡열 반응적 합성은 전자 운반 과정에 의해 가동된 **ATP 생성 효소**[**ATP synthase**, **복합체 V**(**complex V**)로도 알려진]에 의해 촉매된다. **복합체 I~IV를 통하여 전자 운반에 의해 방출되는 자유 에너지는 ATP 합성 효소가 사용할 수 있는 형태로 보존되어야 한다.** 그러한 에너지 보존을 **에너지 짝지음**(**energy coupling**)이라고 한다.

에너지 짝지음의 물리적 특성은 놀랍게도 잘 알 수 없음을 알 수 있다. 즉 많은 정교하고 종종 교묘한 생각들은 실험적으로 정밀한 검사에서 실패를 맛보게 한다. 예를 들면 지금은 버려진 한 이론은, 전자 운반이 ATP 합성을 가동하는 연속적인 분해를 갖고 있는 해당 작용(15-2J절)에서의 포스포엔올피루브산(phosphoenolpyruvate, PEP) 같은 '고에너지' 중간체를 생성한다. 그런 어떤 중간체도 이제까지 확인되지 않았다. 사실, ATP 합성은 복합체 I, III, IV에 의해 전자가 운반되는 동안 막횡단 양성자 기울기의 형성을 통해 전자 운반과 짝지어져 있다. 이 절에서는 이 짝지음 메커니즘과 ATP 생성 효소의 작용을 조사하려고 한다.

A 화학 삼투압 이론은 ATP를 합성하기 위해 전자를 운반하는 것과 연관되어 있다

미첼(Peter Mitchell)이 1961년에 제안한 **화학 삼투압 이론**(**chemiosmotic theory**)은 넓게 수용되기 전까지 상당한 논쟁을 불러왔다(자료 18-2). 미첼의 이론은 **전자 운반의 자유 에너지는 미토콘드리아 내막을 가로질러 전기 화학적 H^+ 기울기를 만들어내기 위해서 미토콘드리아 매트릭스로부터 막 사이 공간까지 H^+를 퍼올림함으로써 보존된다고 말하였다. 이 기울기의 전기 화학적 전위는 ATP를 합성하기 위하여 이용된다**(그림 18-20). 몇몇 중요한 관찰들이 화학 삼투압 이론에 의해 설명된다.

1. 산화성 인산화는 완전한 미토콘드리아 내막을 필요로 한다.
2. 미토콘드리아 내막은 자유 확산이 전기 화학적 기울기를 방전시킬 수 있는 H^+, OH^-, K^+, Cl^-와 같은 이온들은 투과되지 않는다.
3. 전자 운반은 완전한 미토콘드리아(막 사이 공간은 세포액과 동등하다)로부터 H^+의 운반을 초래한다. 그러한 결과로 미토콘드리아 내막을 가로질러 측정할 수 있는 전기 화학적 기울기가 만들어진다.

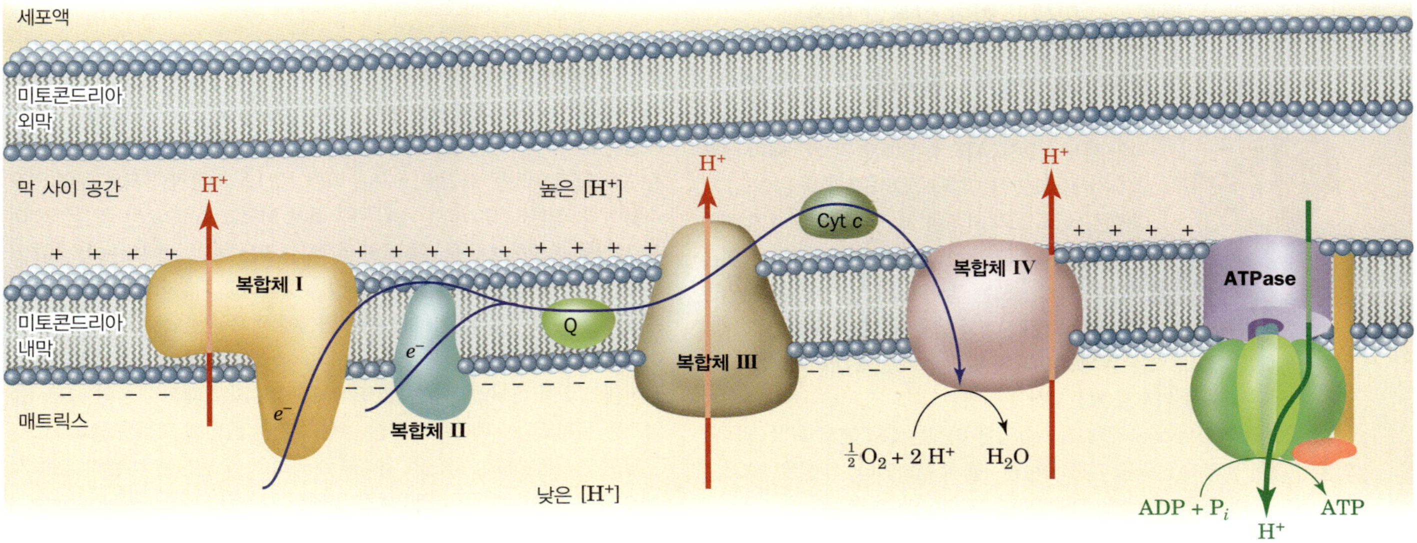

그림 18-20 전자 운반과 ATP 합성의 짝지음 전자 운반(파란색 화살표)은 미토콘드리아 내막을 통한 양성자 전기 화학적 기울기를 생성한다. 양성자(H^+)는 전자 운반(빨간색 화살표)과 이것들의 발열적 복귀는 ATP 합성(녹색 화살표)을 강력하게 하는 동안 미토콘드리아 밖으로 퍼올려진다. 막 사이 공간은 미토콘드리아 외막이 양성자를 투과하기 때문에 세포액과 평형이 된다.

? 여기에 표시된 화학 작용을 설명하는 반응식을 쓰시오.

4. 미토콘드리아 내막이 양성자에 대한 투과성을 증가시키고, 그 결과 전기 화학적 기울기가 흩어져 사라지게 하는 화합물은 전자 운반(NADH로부터 석신산 산화)을 계속하게 하고, ATP 합성을 방해하게 된다. 즉 그들은 산화성 인산화로부터 전자 운반을 '분리시킨다'. 반대로, 미토콘드리아 내막 밖에서 산도를 늘리는 것은 ATP 합성을 자극한다.

전적으로 유사한 과정이, 전자 운반 기계 장치가 그들의 원형질막에 위치하는 박테리아에서 발생한다(자료 18-3).

전자 운반은 양성자 기울기를 만든다. 우리가 보아온 것과 같이 전자 운반은 복합체 I, III, IV가 낮은 $[H^+]$ 영역인 매트릭스로부터 높은 $[H^+]$ 영역인 막 사이 공간(세포액과 접촉하고 있는)까지 미토콘드리아 내막을 가로질러 전자를 운반하게 한다(그림 18-8). 전기 화학적 기울기[**양성자 동력**(**proton-motive force, pmf**)이라고도 하는]를 만들게 함으로써 격리된 자유 에너지는 ATP 합성을 촉진한다.

막의 한 면으로부터 양성자를 운반하는 자유 에너지 변화는 H^+가 이온이기 때문에 전기적 성분들뿐만 아니라 화학적 성분도 갖고 있다(10-1절). 그러므로 ΔG는 식 10-3에 나타내었고, pH로 나타내면 아래와 같다.

$$\Delta G = 2.3\,RT\,[\text{pH}(side\ 1) - \text{pH}(side\ 2)] + Z\mathcal{F}\Delta\Psi \qquad [18\text{-}1]$$

여기서 Z는 양성자의 전하이고(기호 포함), $\mathcal{F}$는 페러데이 상수, $\Delta\Psi$는 막전위이다. $\Delta\Psi$에 대한 기호 규칙은 양성자가 음에서 양으로 운반되었을 때, $\Delta\Psi$은 양의 값을 갖는다. 미토콘드리아 외부(*side* 2) pH가 매트릭스(*side* 1)의 pH보다 작기 때문에 **미토콘드리아 매트릭스로부터(양성자 기울기에 반하여) 양성자의 방출은 흡열적 과정이다.**

예를 들면 간 미토콘드리아의 내막을 가로질러 측정된 막전위는 0.168 V(내부는 음의 값)이다. 그것의 매트릭스의 pH는 그것의 막 사이 공간의 pH보다 0.75 단위 더

자료 18-2 발견의 경로 미첼과 화학 삼투압 이론

미첼(Peter Mitchell, 1920~1922) 생화학에서 가장 극적이고 근본적인 변화들 중에 하나는 생물학적인 전자 운반을 ATP 합성에 연관시킨 화학 삼투압 가설을 제안한 미첼의 업적을 통해 일어났다. 미첼은 비록 그의 가설을 지지하기 위해 실험적인 자료를 만들어 내긴 하였지만, 원칙적으로는 이론 생화학자이다. 그는 일찍이 인간의 마음을 끊임없이 재배열되는 진실과 아이디어로 가꾸어진 정원에 비유하였다. 그러나 그는 논쟁의 여지가 있었던 자신의 아이디어를 대단한 끈기와 완고함을 가지고 발전시켰다.

1942년에 케임브리지 대학교를 졸업한 미첼은 그곳에서 화학 삼투압 이론에 대한 원리에 전력을 기울이며 연구를 수행하였다. 미첼은 1955년 이후에는 그의 일을 에든버러 대학교에서 계속하였다. 그는 살아 있는 세포들에서 구획화에 대한 아이디어와 대사 과정의 관심에서의 방향성, 또는 한쪽 방향성에 대해 매료되어 있었다. 그는 초기에는 박테리아에서 인산염 운반을 연구하기로 정하였다. 이 과정은 대사와 막횡단 운반 모두와 연관되어 있기 때문이었다. 그는 막 운반의 방향성은 화학적 힘에 의해 추진되는 막 연관 시스템의 존재에 기인하다는 것을 깨달았다.

미첼은 또한 케임브리지 대학교 켈린(David Keilin)에 의해 공식화된 아이디어인 호흡계 사슬에 흥미를 가지게 되었는데, 이것 역시 분명하게 방향적인 생물학적 현상이었기 때문이었다. 그는 운반체들과 같이 막의 한쪽 면에 있는 기질을 다른 쪽의 면에 생성물로 전환시키는 효소들이 존재해야 한다고 판단하였다. 다른 연구자들은 이미 pH 기울기가 만들어 내는 호흡계 사슬의 활동도를 발견하였다. 미첼의 천재성은 어떻게 pH 기울기가 ATP 합성을 움직일 수 있었는지를 설명한 것이었다. 1961년에 미첼은 그의 독창적인 논문에서, 미토콘드리아에 있는 크리스테(cristae)와 관련된 호흡계 사슬이 전기적인 것과 막을 가로지르는 pH 차이에 기인하여 양성자 동력이 생성된다는 것을 제안하였다. 이러한 동력은 역방향으로 작용하면서 인산염과 ADP을 축합하여 ATP를 만드는 것을 촉매하도록 ATPase를 움직인다.

미첼의 가설은 보수적인 현실 속에서 여러 가지 이유로 나머지 생화학자들의 강한 저항에 부딪혔다. 첫째, 화학 삼투압은 직접적인 실험 증거가 없는 이론적인 개념이라는 것이다. 둘째, 산화성 인산화에 대한 연구는 새로운 이론을 환영하지 않는 경향이 있는 영향력이 있는 몇몇 대가의 연구실에 의하여 지배되어졌다. 특히 1940년대 중반 이래로 대사 연구는 가용성 효소의 활동도에만 집중되어 왔었다. 미첼의 이론은 이러한 고전적인 생화학적 접근의 산물은 아니었다. 그러나 대신에 막 생리학의 이해를 통한 접근을 이루어냈다. 더욱이 전자 운반과 ATP 합성 사이의 연관성에 대한 유력한 이론들은 고에너지 중간체 같은 인산화된 화합물에 집중되었다. 리프만(Fritz Lipmann, 자료 14-2)은 고에너지 인산염기는 호흡계 사슬의 어떤 몇몇의 성분들에 결합되었을지 모른다고 제안하였다. 이 가설은 이후에 가용성 인산화된 중간체로 개정되었다. 약 20년 동안 지속된 포착되기 어려운 화합물 조사에 따른 시간과 자금의 투자는 몇몇 연구자들이 이 이론을 포기하는 것을 주저하게 하였고, 겉으로는 혁신적인 미첼 제안을 찬성하게 만들었을지 모른다. 그러는 동안, 관찰된 pH 기울기는 단순하게 이 과정의 부산물이 되었을 것이라고 가정하면서, 전자 운반은 단백질 구조 변화를 통하여 ATP 합성에 짝지어졌을 것이라는 세 번째 이론이 제안되었다.

미첼의 화학 삼투압 가설은 발표 후 10년이 지날 때까지 상당한 지지를 얻지는 못하였다. 때때로 신랄한 논쟁의 기간 동안에 미첼은 병이 났고, 콘월로 이사를 하고, 자신의 저택을 수리하여 그 일부는 미첼의 가족 자산에 의해 지원받은 글린 연구소로 알려진 개인 연구실을 만들었다. 여기서 그와 그의 일생의 공동 연구자 모이얼(Jennifer Moyle)은 화학 삼투압 이론을 지지할 수 있는 실험적인 증거를 만들었다. 마침내 미첼은 리포솜 안에 재구성된 정제된 미토콘드리아 성분들의 양성자를 퍼올리는 활동도를 주장하였던 다른 과학자들에 의하여 그의 가설을 인정받았다. 미첼은 1978년에 생리학과 의학 분야에서 노벨상을 수상하였다.

비록 오랜 시간의 논쟁이 있었지만, 미첼은 호기성 대사의 핵심적인 특징에 대한 일반적인 견해를 변화시키는 데 성공하였다. 그는 후에 그의 업적이 마치 '시작부터 자명한' 것이었다고 당연시 여겨지는 것이 슬프다고 표현하였다. 기묘하게도, 미첼은 고집스럽게 그의 아이디어 중에 어느 하나도 바꾸는 것에 대해서는 완강하였다. 예를 들면 결코 양성자가 ATP 합성 효소에 활성 자리에서 ADP 인산화에 직접적으로 참여한다는 그의 믿음은 결코 흔들리지 않았다. 그리고 수년 동안 양성자 펌핑(pumping)을 인정하지 않았다(우리가 지금 복합체 I과 IV에서 일어나는 것으로 아는 바와 같이). 대신에 그는 양성자 기울기의 출처는 2개 전자가 막의 양성적인 면에서부터 음성적인 면으로 운반되었고, 그들은 2개의 양성자와 결합하여 퀴논(quinone)을 퀴놀(quinol)로 환원시키는 '산화-환원 연결 고리(redox loop)'였다고 주장하였다. 그리고 퀴놀은 양성자가 방출되는 양성적인 면에서 두겹층을 통하여 재환원되도록 다시 확산된다. 2개의 활성 자리가 필요한 산화-환원 고리 메커니즘은 미토콘드리아 복합체 III과 확정된 박테리아 시스템 안의 Q 순환 회로 반응 동안 발생한다. 그러나 화학 삼투압 메커니즘의 핵심이 되는 전체적인 양성자 동력을 설명할 수 없다.

Mitchell, P., Coupling of phosphorylation to electron and hydrogen transfer by a chemiosmotic type of mechanism, *Nature* **191**, 144–148 (1961).

Prebble, J., Peter Mitchell and the ox phos wars, *Trends Biochem. Sci.* **27**, 209–212(2002).

크다. 이 미토콘드리아 매트릭스로부터 양성자 운반에 대한 ΔG 값은 21.5 $kJ \cdot mol^{-1}$이다(예제 18-1 참조). 양성자 기울기의 형성이 흡열 과정이기 때문에 기울기의 방전은 발열 과정이다. 이 자유 에너지는 ADP의 인산화를 추진하기 위해서 ATP 합성 효소에 의하여 이용된다.

합성을 위한 ATP 분자의 대략적인 생리학적 자유 에너지는 약 +40~+50

자료 18-3 생화학의 전망 박테리아 전자 운반과 산화성 인산화

박테리아에서 유래된 조상들(아래 그림과 같은)을 갖고 있는 호기성 박테리아가 환원된 보조 효소들을 산화하고, ATP 합성에서 그들의 에너지를 저장하기 위하여 유사한 장치를 사용한다는 것은 놀라운 일이 아니다. 박테리아에서 호흡계 전자 운반 사슬의 성분들은 원형질막에 위치한다. 그리고 양성자들은 세포액으로부터 원형질막의 외부까지 퍼올려지게 된다. 양성자들은 세포액으로 향하여 배열된 촉매적인 성분을 가진 ATP 합성 효소를 경유하여 세포로 다시 되돌아간다. 만일 박테리아와 미토콘드리아가 진화적으로 연관되어 있다면 이것이 정확하게 예상된 배열이다.

$CoQH_2$의 산화는 호기성 유기체에서는 보편적이다. 미토콘드리아에서 CoQ는 NADH(복합체 I을 통해), 석신산(복합체 II를 통해), 그리고 지방산에 의하여 주어진 전자들을 모은다. 호기성 박테리아에서 CoQ는 광범위하고 다양한 기질들에 특이적인 탈수소 효소에 의해 추출된 전자들에 대한 수집 점에 해당된다. 박테리아에서는 미토콘드리아에서와 같이, 전자들이 O_2에 도달하기 전에 CoQ로부터 사이토크롬을 기반으로 하는 산화-환원 효소를 통해 흐른다(아래 오른쪽 그림). 몇몇 종에서 2개의 단백질 복합체들은 (미토콘드리아 복합체 II와 IV와 유사체들) 이 과정을 수행한다. 대장균을 포함한 다른 종들에서는 단일 형태의 효소인 **퀴놀 산화 효소**(quinol oxidase)는 산소를 환원시키기 위해 CoQ에 의해 주어진 전자들을 사용한다.

전자 운반 경로의 다수 복합체의 장점은 박테리아 막을 가로지르는 양성자 자리옮김에 대한 더 많은 기회를 제공한다. 그래서 전자당 생산하는 ATP의 양은 더 많다. 그러나 더 짧은 전자 운반 경로는 미토콘드리아 복합체 III의 박테리아 대응물을 활성화시키는 독성의 존재하에서 선택적인 이점을 주게 된다. 전자 운반에 대한 다중 경로는 박테리아가 다른 에너지 출처의 가능성에 대한 산화성 인산화에 적응하는 것과 다양한 환원된 보조 효소들의 재생산에 대응한 ATP 합성을 균형 잡아주도록 한다. 예를 들면 임의의 혐기성 박테리아(산소의 존재 유무에 따라 자랄 수 있는)에서 필요한 에너지가 혐기성 발효를 통해 충족될 때 전자 운반은 산화성 인산화에 의해 ATP 합성 없이 NAD^+를 재생산하기 위하여 조절될 수 있다.

다양한 사이토크롬-포함 단백질 복합체들은 박테리아의 원형질막에서 일어난다. 이들 단백질 중 몇몇은 미토콘드리아 복합체의 간결한 설명을 나타낸다. 왜냐하면 그들은 진핵생물의 핵 유전체에 의해 암호화되고 첨가되는 소단위체가 부족하기 때문이다. 그러나 이것은 호흡계 복합체의 보편적인 특징은 아니고, 많은 박테리아 단백질[예: **사이토크롬** *d*(cytochrome *d*)]는 미토콘드리아나 핵 유전체에 의해 암호화되는 대응물을 갖고 있지 않다.

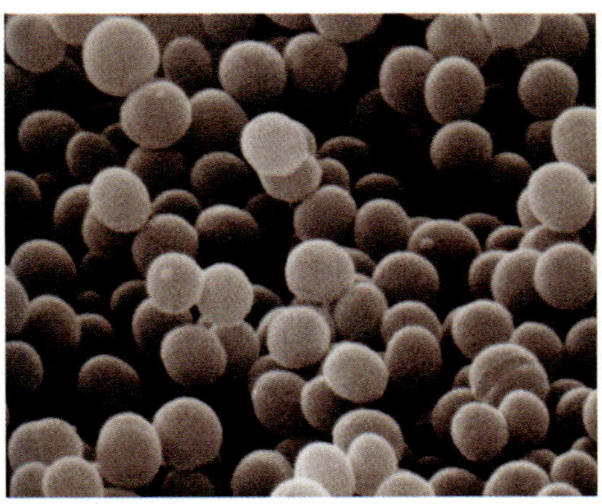
Dr. Tony Brain/Photo Researchers

Staphylococcus aureus.

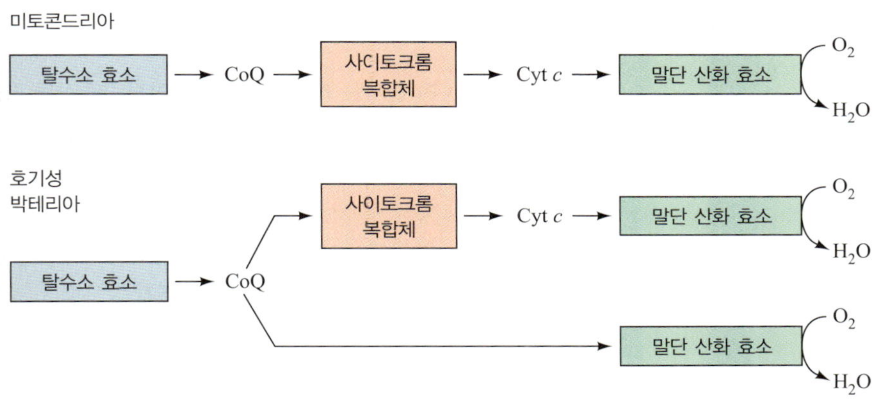

$kJ \cdot mol^{-1}$로, ATP 합성을 위해서는 너무 큰 값이어서 단일 양성자가 미토콘드리아 매트릭스로 되돌아가게 운반될 수 없게 된다. 매트릭스로 되돌아가기 위해서는 적어도 2개의 양성자가 필요하다. 사실상, 대부분의 실험적인 측정은(정밀하게 정량화하기는 어렵다) 합성된 ATP 1개당 약 3개의 양성자가 필요하다.

B ATP 생성 효소는 양성자 흐름에 의해 작동된다

양성자 펌핑 ATP 생성 효소(proton-pumping ATP synthase) 그리고 **F_1F_0-ATPase**로 알려진 ATP 생성 효소는 전체 분자량이 450 kD인 다중 소단위체 막횡단 단백질이다. 래커(Efraim Racker)는 미토콘드리아 ATP 합성 효소가 2개의 기능적 소단위체 $\mathbf{F_0}$와 $\mathbf{F_1}$으로 구성됨을 밝혀냈다. F_0는 8개의 다른 종류들의 소단위체를 포함하는 물에 녹지 않는 막횡단 단백질이다. F_1은 요소(urea)를 처리하면 F_0로부터 쉽고 가역적으로 분리될 수 있는 5개의 소단위체로 이루어진 수용성 생체막 주변 단백질이다.

예시 계산 18-1

$\Delta\Psi$ = 0.168 V(내부가 음의 값을 가질 때), $T = 37°C$로 가정하고, 매트릭스 pH가 8이고 세포액의 pH가 7일 때, 미토콘드리아 매트릭스의 양성자 수송의 자유 에너지를 계산하시오.

식 18-1을 이용하여

$$\Delta G = 2.3\,RT\,[\text{pH}\,(side\ 1) - \text{pH}\,(side\ 2)] + Z\mathscr{F}\Delta\Psi$$

$$\Delta G = 2.3(8.3145\ \text{J}\cdot\text{K}^{-1}\cdot\text{mol}^{-1})(310\ \text{K})(8-7) + (1)(96{,}485\ \text{J}\cdot\text{V}^{-1}\cdot\text{mol}^{-1})(0.168\ \text{V})$$

$$= 5900\ \text{J}\cdot\text{mol}^{-1} + 16{,}200\ \text{J}\cdot\text{mol}^{-1}$$

$$= 22{,}100\ \text{J}\cdot\text{mol}^{-1} = 22.1\ \text{kJ}\cdot\text{mol}^{-1}$$

용해된 F_1은 ATP를 가수 분해시킬 수 있으나 합성할 수는 없다(이러한 이유 때문에 이름이 ATPase이다).

미토콘드리아 내막의 전자 현미경 사진에서 그것의 매트릭스 표면은 F_1 성분이 단백질 줄기에 의해 막에 파묻힌 F_0 성분과 연결되어 F_1이 막대 사탕(lollipop) 같은 모양을 갖게 하는 ATP 생성 효소 분자들로 점점이 박혀져 있다(**그림 18-21**). 유사한 물질들이 박테리아 원형질 내막과 엽록체의 내부 표면에 정렬되어 있는 것이 관찰되었다(19-2D절).

F_1 인자는 가상의 3개 축을 가진 대칭성을 가진다. 미토콘드리아 ATP 생성 효소의 F_1 인자는 $\alpha_3\beta_3\gamma\delta\epsilon$의 소단위체 성분을 갖는다. 월커(John Walker)와 레슬리(Andrew Leslie)에 의해 결정된 소 심장 미토콘드리아 3440개 잔기(371 kD) F1 소단위체의 X선 구조에서 F_1은 100 Å 높이와 100 Å 너비로 50 Å 길이의 줄기에 끼워져 있는 타원체로 구성된다(**그림 18-22*a***). 서열에 있어서 20%가 동일하고, 동일하게 접힌 α와 β 소단위체들은 오렌지 조각들처럼 γ 소단위체에 의하여 형성된 114 Å 길이 α 나선 구조 상층 부분 주위에 교대로 배열되어 있다(**그림 18-22*b***). 나선 구조의 하위 부분은 γ 소단위체의 N 말단 조각을 갖는 한 개의 굽은 역평행 고리 모양의 코일을 형성한다. 고리 모양의 코일은 감싸진 δ와 **ε** 소단위체를 따라 F_1과 F_0에 연결되어 있다.

F_1의 α와 β 소단위체의 고리 구조 배열과 구조적인 유사성은 유사 3겹 및 6겹의 회전 대칭을 F_1에 부여한다(그림 18-22*b*). 그럼에도 불구하고, 단백질은 γ 소단위체의 존재 때문에 비대칭적이다. 그러나 더욱 중요하게는 α와 β 소단위체 각 쌍은 각각이 다른 기질 친화력을 갖고 있어서 다른 구조를 갖게 된다. α 소단위체는 ADP 또는 ATP와 결합함에도 불구하고, β소단위체만이 ATP 합성을 촉매화한다. 더욱이 하나의 β 소단위체(β_{DP})는 ADP 기질 한 분자와 결합하고, 두 번째 (β_{TP}) ATP 생성물과 결합하고, 세 번째(β_E)는 텅 빈 그리고 뒤틀린 결합 자리를 가지고 있다. β_{TP}가 이 모형에서 ATP에 비하여 ADP 결합을 포함함에도 불구하고, 이러한 구조적 상태들은 그림 18-22*b*에 표지되어 있다.

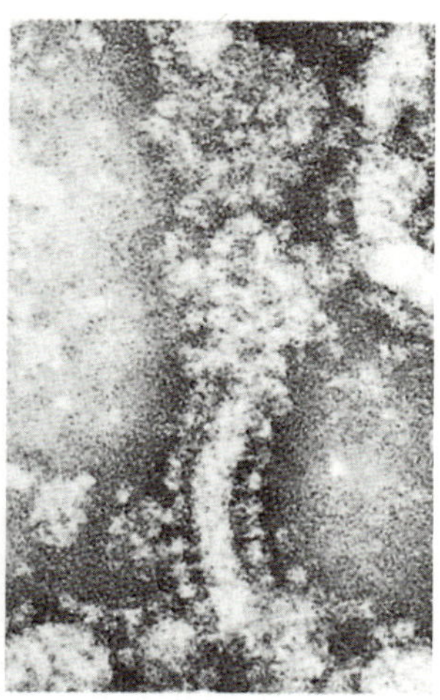

그림 18-21 미토콘드리아 크리스테(cristae)의 전자 현미경 사진 매트릭스 안으로 돌출된 '막대 사탕 모형'은 ATP 생성 효소의 F_1 인자이다.

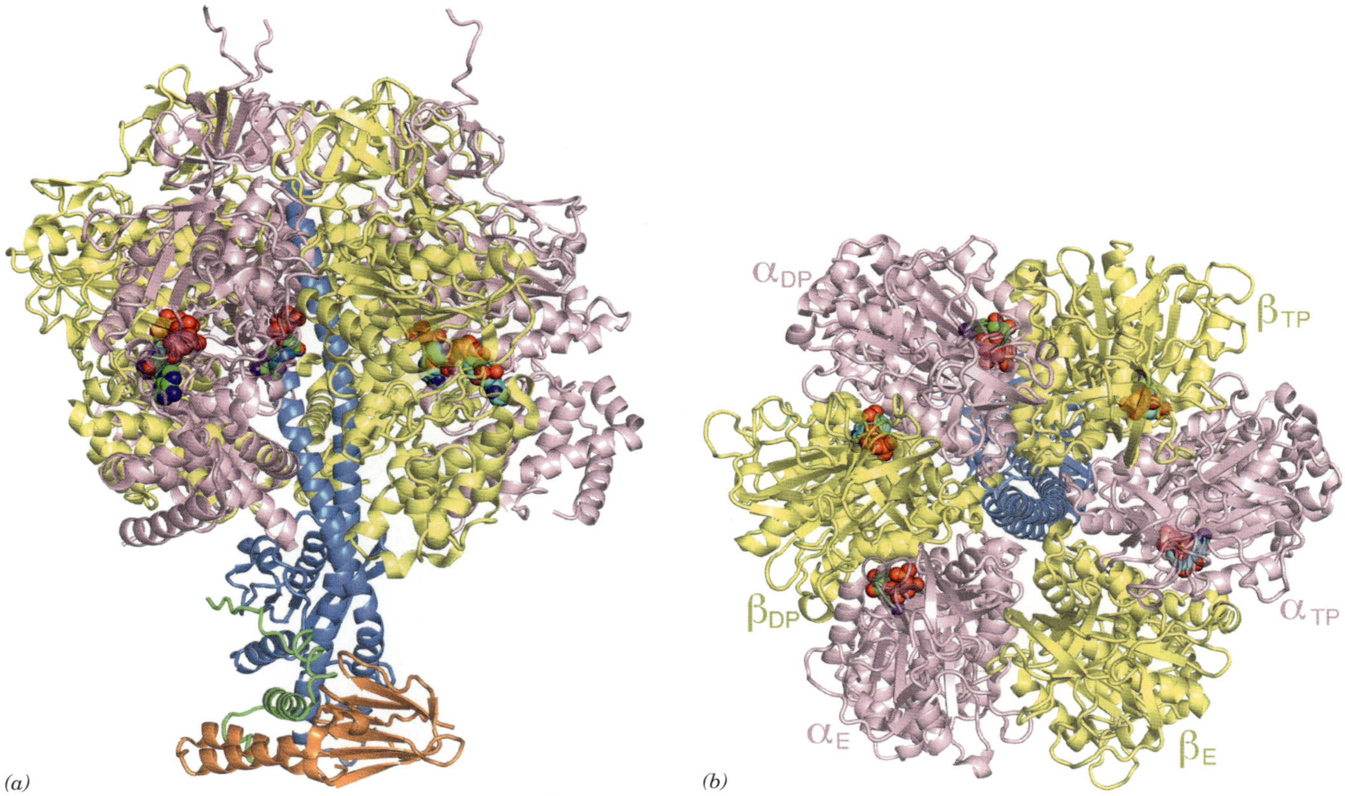

그림 18-22 소 심장 미토콘드리아로부터 F_1-ATP 생성 효소의 X선 구조 (*a*) 단백질은 위의 매트릭스와 함께 막에 평행으로 보이는 반투명 리본 형태로 그려져 있다. α, β, γ, δ, **ε** 소단위체들은 각각 분홍색, 노란색, 파란색, 주황색, 녹색이다. 뉴클레오타이드 결합은 ATP(녹색), ADP(하늘색), 질소(파란색), 산소(빨간색), 인(주황색)으로 나타낸 공간 채움 형태로 보인다. (*b*) 매트릭스로부터 가상의 3겹 축을 따라 보이는 단백질들은 수평축을 기준으로 90° 회전시킨 *a* 부분에서의 구조이다. δ와 **ε** 소단위체들은 완전하게 삭제되어 있다. [Based on an X-ray structure by Andrew Leslie and Johe Walker, MRC Laboratory of Molecuylar Biology, Cambridge, U.K. PDBid 1E79.]

F_0 인자는 막횡단 고리를 포함한다. 박테리아와 미토콘드리아 F_1F_0-ATPase의 F_0 인자는 다중 소단위체로 구성된다. 대장균에서 3개의 막횡단 소단위체− *a*,*b*,*c* −는 $a_1b_2c_{12}$ 복합체를 형성한다. 미토콘드리아 F_0는 기능이 불명확한 다른 소단위체들을 포함하고 있다. 두 개의 α 나선 구조를 포함하는 *c* 소단위체가 막에 파묻혀져 있는 고리를 형성하는 것과 관계가 있다는 것을 제안하고 있다. 다른 종들로부터 F_0 인자의 연구들은 *c* 소단위체의 개수가 8개부터 15까지 다양함을 의미한다. 10 Å 분해능에서의 *T. thermophilus* ATP 합성 효소(ATPase)의 cryo-EM 구조는 강한 소수성 *a* 소단위체가 8개 생체막의 묶음으로 이루어져 있다고 제안된다. 작은 소단위체와 연관된 것과 함께, 그 *a* 소단위체의 미토콘드리아 상동성은 미토콘드리아 유전자에 의해 암호화되어 있다.

대장균에서 δ 단백질(이것은 δ 진핵 단백질의 상대가 아니다)을 포함한 2개의 *b* 소단위체는 F_0의 *a* 소단위체에서 F1의 상층까지 연결된 주변 줄기를 형성한다. 척추동물에서, 이 줄기는 적어도 4개의 단백질로 이루어져 있다. 그들의 미토콘드리아 상대들과 닮은 다양한 인자들의 X선과 NMR 구조들을 기본으로 **그림 18-23**은 대장균의 ATP 합성 효소의 복합 모형을 보여 준다. 그 *c* 고리는 F_1의 γ 소단위체와 *c* 고리의 꼭대기와 함께 광범위한 접촉으로 형성된 ε 소단위체(미토콘드리아 δ 소단위체의 상대)와 함께 막 안에서 커다랗게 둘러싸여 있다. 그 γ 소단위체는 $\alpha_3\beta_3$ 형태의 복합

그림 18-23 **대장균 F_1F_0–ATPase의 구성 모형** 소의 F_1 소단위체와 닮은 대장균 F_1 소단위체(PDBid 1JNV)의 X선 구조와 대장균의 *b* 단백질의 막횡단 조각과 *δ* 소단위체의 X선과 NMR 막횡단 구조들을 기반하여 모형을 보여 주고 있다(PDBid 2A7U와 1B9U). *a*와 *b*의 힌지 영역(hinge region)이라는 구조들은 아직 알려져 있지 않다.

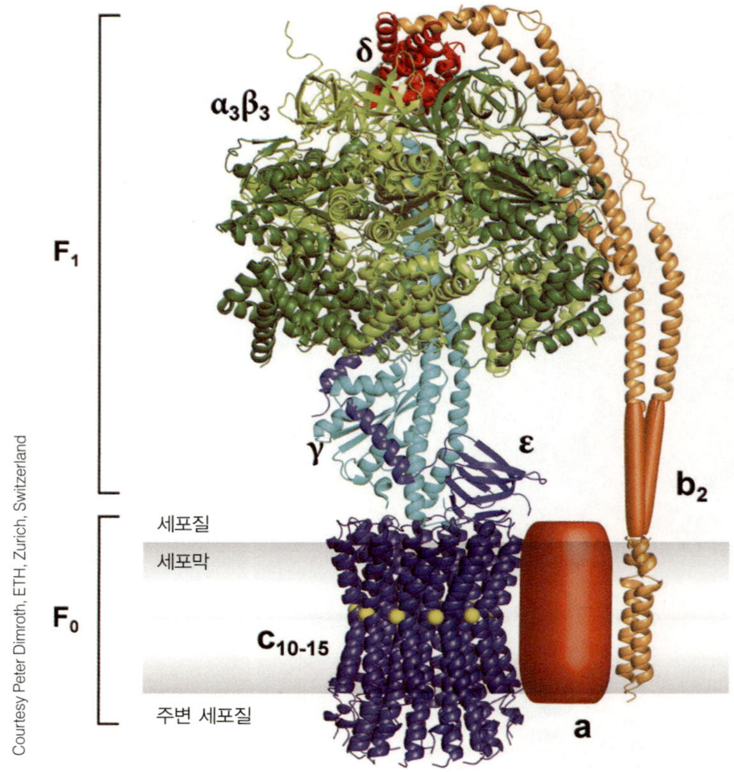

체의 중심을 통해 가로질러 있다.

ATP는 결합 변화 메커니즘에 의해 합성된다. 양성자 자리옮김 ATP 생성 효소에 의한 ATP 생성 메커니즘은 개념적으로 3단계로 나누어질 수 있다.

1. F_0에 의해 수행되는 양성자의 자리옮김
2. F_1에 의해 수행되는 ATP의 인산 무수물 결합 형성에 대한 촉매 작용
3. F_1과 F_0의 상호작용을 필요로 하는 ATP 합성과 양성자 기울기의 소실의 짝지음

상당한 증거들이 보이어(Paul Boyer)에 의해 제안된 ATP 형성에 대한 메커니즘을 지지해 주고 있다. 이 **결합 변화 메커니즘(binding change mechanism)**에 따르면, F_1은 각각의 다른 구조적 상태, 즉 기질과 생성물을 느슨하게 결합시키는 상태(L 상태), 그들과 강하게 결합하는 상태(T 상태), 그들과 전혀 결합하지 않은 상태(열린 상태 또는 O 상태)에서 상호작용하는 3개의 촉매 작용 촉진자(αβ 단위들)를 가지고 있다. **양성자 자리옮김에서 방출되는 자유 에너지는 이들 세 가지 상태를 상호 전환하기 위하여 사용된다.** ATP의 인산 무수물 결합의 형성은 T 상태에서만 얻어지고, ATP는 O 상태에서만 방출된다. 위 반응은 세 단계로 진행된다(**그림 18-24**).

1. ADP와 P_i는 느슨한 (L) 자리와 결합한다(β_{DP}, 그림 18-22*b*).
2. 자유 에너지가 추진하는 구조적인 변화는 L 자리를 ATP 형성을 촉매하는, 강하게(T) 결합하는 자리(β_{TP})로 전환시킨다. 이 단계는 또한 ATP를 함유하는 T 자리를 열린(O) 자리(β_E)로 전환하고, O 자리를 L 자리로 전환하는 2개의 촉진자들의 구조적인 변화를 포함한다.
3. ATP가 다른 소단위체에 있는 O 자리에서 분리되는 동안 ATP는 한 개의 소단위체에 있는 T 자리에서 합성된다. ATP를 형성하는 반응은 효소의 활성 자리

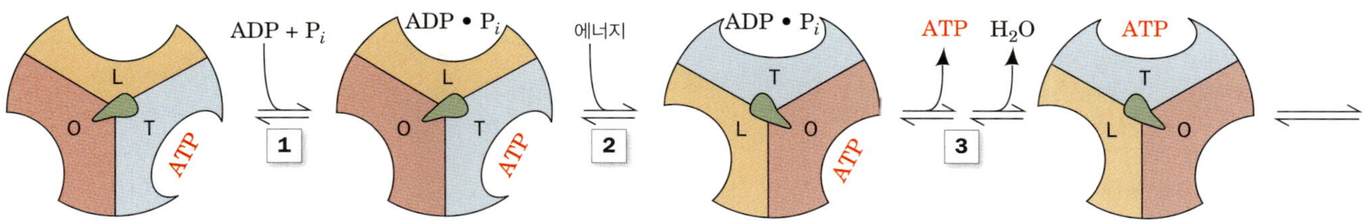

그림 18-24 ATP 생성 효소에 대한 결합 변화 메커니즘 F_1은 화학적으로 세 가지 화학적 유사점을 갖고 있다. 그러나 구조적으로는 뚜렷한 상호작용 $\alpha\beta$ 촉진제들을 갖고 있다. O는 열린 구조로, 리간드에 친화성이 매우 낮으며, 촉매적으로는 비활성화되어 있다. L은 리간드와 느슨하게 결합하고, 촉매적으로는 비활성화되어 있다. T 결합은 강하게 결합하고 촉매적으로도 활발하다. 리간드는 헐겁고 촉매 반응에 활발하지 않다. T는 리간드와 탄탄하게 결합하고, 촉매 반응에 활성화되어 있다. ATP 합성은 세 단계로 이루어진다. (1) ADP와 P_i는 L 위치에 결합한다. (2) 에너지의 의존적인 구조 변화는 결합 자리를 L에서 T, T에서 O, O에서 L로 전환시킨다. (3) ATP는 T 위치에서 합성되었고, ATP는 O 위치로부터 방출된다. 효소는 이 반응 순서를 두 번 더 지난 뒤 처음 상태로 되돌아간다. 구조 변화를 추진하는 자유 에너지는 $\gamma\delta$ 구조체(대장균에서 미토콘드리아 안의 $\gamma\varepsilon$)의 회전을 통해서 촉매적인 $\alpha_3\beta_3$ 구조체로 이동된다. 여기서는 중심부에 위치한 비대칭 물질(녹색)로 표시되어 있다. [After Cross, R.L., Annu. Rev. *Biochem.* **50**, 687 (1980).]

? 여기서 보인 반응 동안 γ 소단위체가 얼마나 멀리 회전되는가?

의 상태하에서 본질적으로는 평형 상태이다. 양성자 흐름에 의해 공급되는 자유 에너지는 우선 효소로부터 새롭게 합성된 ATP의 방출을 용이하게 해 준다. 즉 T → O 전환을 추진한다. 이러한 결과로, T 자리에서 ADP + P_i로부터 이전에 ATP의 자발적인 형성을 활성화시켜 왔었던 효소-ATP 상호작용들을 파괴시킨다.

양성자 운반의 자유 에너지가 ATP의 합성과 어떻게 짝지어지는가? 보이어는 결합 변화 메커니즘의 순환적인 성질을 다음과 같이 제안하였다. 즉 **결합 변화 순간적인 성질은 $\alpha_3\beta_3$ F_1F_0-ATPase의 다른 부분에 대하여 촉매적인 조립 구조($\alpha_3\beta_3$)의 회전에 의해서 추진되는 메커니즘을 제안하게 되었다.** 이 가정은 F_1의 X선 구조에 의해 규명되고 있다. 더욱이 γ 소단위체의 나선형 구조의 C 말단에 대한 α와 β 소단위체의 내부 표면에 대해서 가장 근접하게 들어맞는 거의 순환적인 배열을 지닌다. 그 배열은 공백 관에서 회전하는 원통 모양의 베어링을 연상하게 한다. 사실, 이 조립에서 접촉하는 소수성 표면은 그들의 자유 회전을 조정할 수 있는 수소 결합과 이온 상호작용이 배제되었다(**그림 18-25**). 즉 그 베어링과 슬리브관은 '기름이 쳐진 것' 같이 보인다. 더욱이 $\alpha_3\beta_3$ 조립에서의 중심체는 (그림 18-22*b*와 18-23) 회전하는 동안 입자의 핵심 부위 내에서 γ 소단위체의 N 말단 나선 구조의 통과를 허용할 것이다. 결론적으로, 3개의 F_1 촉매 자리들 사이의 구조적인 차이는 γ 소단위체의 위치와 상호 관계가 있는 것처럼 보인다. **분명한 것은 고정된 $\alpha_3\beta_3$ 조립 구조 내에서 회전하는 γ 소단위체는 F_1의 촉매 자리 안에서 양성자 기울기로 추진된 회전 모터를 구조적인 변화에 연결시킴으로써 분자 제어축과 같이 행동한다.**

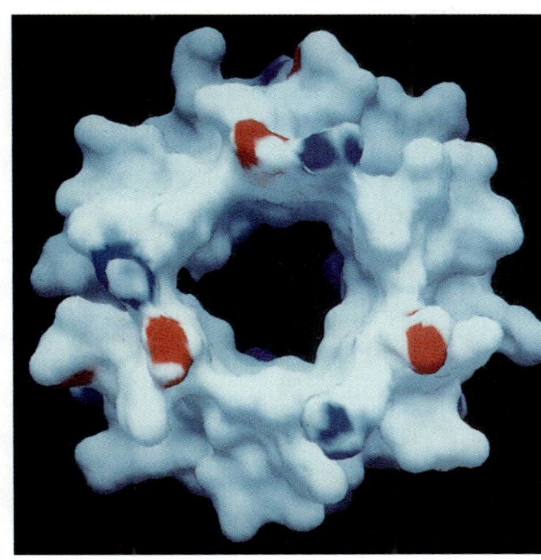

그림 18-25 매트릭스로부터 보여진 미토콘드리아 F_1 $\alpha_3\beta_3$ 조립체 단백질 표면은 양전위 파란색, 음전위 빨간색, 중성 전위 흰색에 따라 채색되어 있다. 공백의 안쪽 표면상은 전하를 띠지 않음을 주목하라. 공백과 접촉하는 γ 소단위체의 C 말단 나선 구조의 일부는 전하의 유사성을 지니지 않는다. [From Abrahams, J.P. Leslie A.G.W., Lutter, R., and Walker, J.E., *Nature* **370**, 621 (1994). PDBid 1BMF.]

F_1F_0-ATPase는 회전식 엔진이다. 결합 변화 메커니즘에 의해 일어나는 γ 소단위체에 대한 조립체의 제안된 회전은 결국 **그림 18-26**에 도식화된 F_1F_0-ATPase 모형을 이끌어냈다. 회전 엔진은 회전체와 고정체를 모두 가져야 한다. F_1F_0-ATPase에서 회전체는 γ와 (대장균) $\boldsymbol{\varepsilon}$ 소단위체를 가진 *c* 고리의 조립체가 된다고 제안되고 있다. 반면에 $\alpha_3\beta_3$ 회전 타원체와 함께 ab_2 소단위체, (대장균) δ 소단위체들은 고정체를 구성한다. 움직이지 않는 *a* 소단위체에 대하여 막에 있는 *c* 고리의 회전은 아래에서 설명하였던 것같이 외부에서 내부까지 양성자의 이동에 의하여 움직인다(여기서 '외부'는

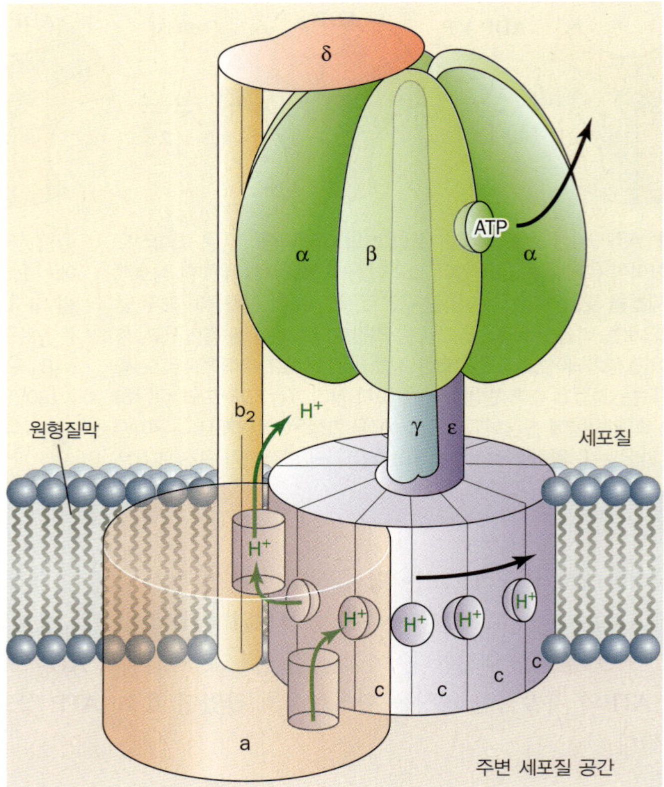

그림 18-26 **대장균 F_1F_0-ATPase의 모형** $\gamma\varepsilon$-c_{12} 고리 복합체는 회전체이고, ab_2-$\alpha_3\beta_3\delta$ 복합체는 고정체이다. 회전 운동은 외부(주변 공간, 바닥; 미토콘드리아 막 공간과 같은 곳)에서 내부(세포질, 위; 미토콘드리아 매트릭스와 같은 곳)로 양성자의 통행에 의해 회전체에 정보를 제공한다. 외부로부터 들어온 양성자는 c 소단위체와 결합하고, 거기서 α 소단위체와 상호작용을 한다. 그리고 c 고리가 표시된 것과 같이 거의 한 바퀴를 돈 후(검은색 화살표들) 내부로 들어가고, c 소단위체는 다시 α 소단위체와 접촉한다. 예측하기로는 $b_2\delta$ 복합체의 기능은 $\alpha_3\beta_3$ 구조체가 γ 소단위체와 회전하는 것을 억제한다. [Richard Cross, State University of New York, Syracuse, New York.]

? 복합체의 어느 부분이 회전을 하며, 어느 부분이 고정된 채로 있는가?

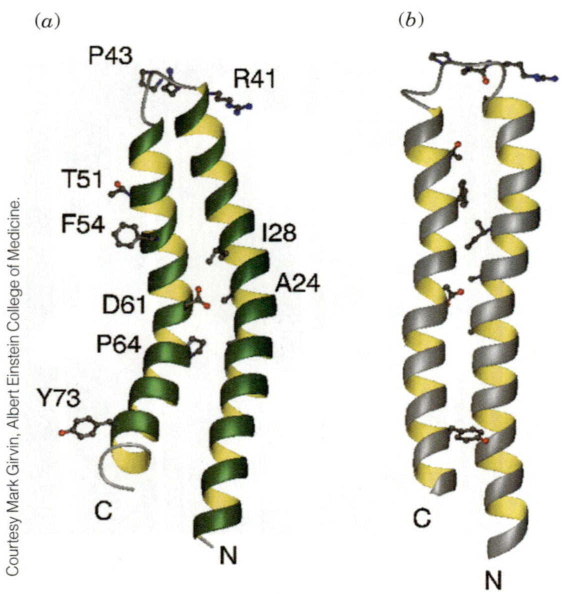

그림 18-27 **대장균 F_1F_0-ATPase의 c 소단위체의 NMR 구조** (a) pH 8에서 Asp61(D61)은 탈양성자화된다. (b) pH 5에서 D61은 양성자화된다. 두 구조의 비교 안에서 선택된 곁사슬들이 보인다. pH 5와 대조적으로, 윗부분에서 보여지는 것과 같이 pH 8에서 C 말단 나선 구조들은 시계 방향으로 140° 회전한다.

미토콘드리아 막 사이 공간 또는 박테리아 바깥쪽을 말한다. 반면에 '내부'는 미토콘드리아 매트릭스 또는 박테리아 세포액을 말한다). γ 소단위체가 내부에서 $\alpha_3\beta_3$ 회전 타원체를 회전시키는 동안 $b_2\delta$ 조립체는 $\alpha_3\beta_3$ 회전 타원체를 위치에 고정시키는 기능을 하는 것 같다.

그림 18-26에 도형화된 F_0 소단위체의 양성자가 움직이는 회전에 대한 모형에서 외부로부터의 양성자들은 *c* 소단위체와 결합된 *a* 소단위체와 *c* 고리 사이에 있는 친수성 통로로 들어간다. 그리고 소단위체가 양성자가 방출되는 내부를 향하여 열려 있는 *a* 소단위체와 *c* 고리 사이에 있는 두 번째 친수성 통로에 도달될 때까지 (다른 모형에서는 양성자들은 *a* 및 *c* 소단위체들이 접촉한 상태로 있을 때 막혀지게 되는 통로인 인접한 *c* 소단위체들의 C 말단 나선들 사이에 있을 것으로 추정되는 통로를 통해 방출된다) *c* 고리는 (양성자들이 입력 통로를 지나갈 때 연속적인 *c* 소단위체들과 결합하는 동안) 완전하게 한 바퀴를 회전한다. 그래서 1회전당 3ATP를 생성하고(적어도 효모에서는) 그것의 F_0 조립체 내에 12개의 *c* 소단위체를 갖고 있는 F_1F_0-ATPase는 외부에서 내부까지 지나가는 각각의 양성자에 대하여 이상적으로 3/12 = 0.25 ATP를 만든다.

어떻게 이 시스템을 통한 양성자의 통과가 *c* 고리의 회전과 ATP 합성을 유도하는가? 각 *c* 소단위체는 4개의 잔기 극성 루프(loop)에 의해 연결된, 길이가 다른 2개의 α 나선 구조로 이루어져 있고, 역평행인 코일화된 코일(coiled-coil) 형태 안에서 배열된다. 양성자는 양성자화와 탈양성화 반응이 소단위체의 구조를 변형시킬 수 있는 불변하는 잔기인 각 *c* 소단위체의 Asp 61과 가장 적합하게 결합할 것으로 보인다(**그림 18-27**). 분명히 *c* 소단위체가 양성자와 결합할 때, 양성자는 입력 통로를 지나가면서 구조가 변하며, 그림 18-26의 표시된 방향으로 *c* 고리가 회전하도록 유도하기 위하여 양성자가 *a* 소단위체에 대하여 역학적으로 밀어내게 한다. 이 과정은 *c* 소단위체의 Asp 61과 *a* 소단위체의 불변하는 Arg 210의 상호작용에 의해 증가된다, 이들 두 개의 잔기는 *c* 고리의 회전 주기 동안 어떤 지점에서 병렬로 배열되었다는 것을 보여 주었다. 그러므로 양이온적인 Arg 210과 음이온적인 Asp 61 사이의 정전기적 인력은 이들 두 개의 잔기를 정반대로 가져오게 하기 위하여 *c* 고리를 회전시키는 것을 돕는다. 그 결과 Asp 61은 양성자화되는 것이 발생하였을 때, 이것은 *c* 고리가 계속 회전하는 것을 허락한다는 것을 제안하였다.

ab_2–$\alpha_3\beta_3\delta$ 고정체에 대한 $\gamma\varepsilon$–*c* 고리 회전체의 회전은 푸타이(Masamitsu Futai)에 의해 독창적으로 증명되었다(**그림 18-28*a***). 대장균 F_1F_0–ATPase의 $\alpha_3\beta_3$ 회전 타원체는 다음과 같이 한 개의 유리 표면에 머리가 아래로 고정되었다. 6개의 연속적인 His 잔기[소위 **His 꼬리표(His tag)**들은 그림 18-22*a*에 그려진 것처럼 $\alpha_3\beta_3$ 회전 타원체의 꼭대기에 위치한 α 소단위체의 N 말단에 돌연변이적으로 결합시켰다. His로 표지된 조립체는 **Ni^{2+}–나이트릴로아세트산(Ni^{2+}-nitriloacetic acid)** [Ni^{2+}-$N(CH_2COOH)_3$, His 꼬리표와 강하게 결합]으로 결합시킨 양고추냉이 과산화 효소(대부분의 단백질과 같이 유리에 잘 붙는다)로 코팅한 유리 표면 위에 부착시켰다. 그 결과 F_1F_0–ATPase가 그것의 표면과 정반대 방향으로 향한 F_0면을 갖는 표면에 결합하게 된다. F_1과 정반대 방향을 한 *c* 고리의 한 면에 위치하는 조립체의 *c* 소단위체 Glu 2 잔기들은 돌연변이적으로 Cys 잔기들로 치환되고, 바이오틴(biotin)과 공유 결합으로 연결시켰다(16-4A절). 형광 물질로 표지한, 그리고 바이오틴(한쪽 끝에)으로 치환된 근육 단백질 **액틴(actin)**의 필라멘트(7-2C절)는 4개의 결합 자리 각각에 대하여 바이오틴과 활발하게 결합하는 박테리아 단백질인 **스트렙타비딘(streptavidin)** 가교 분자의 첨가를 통하여 *c* 소단위체에 결합된다.

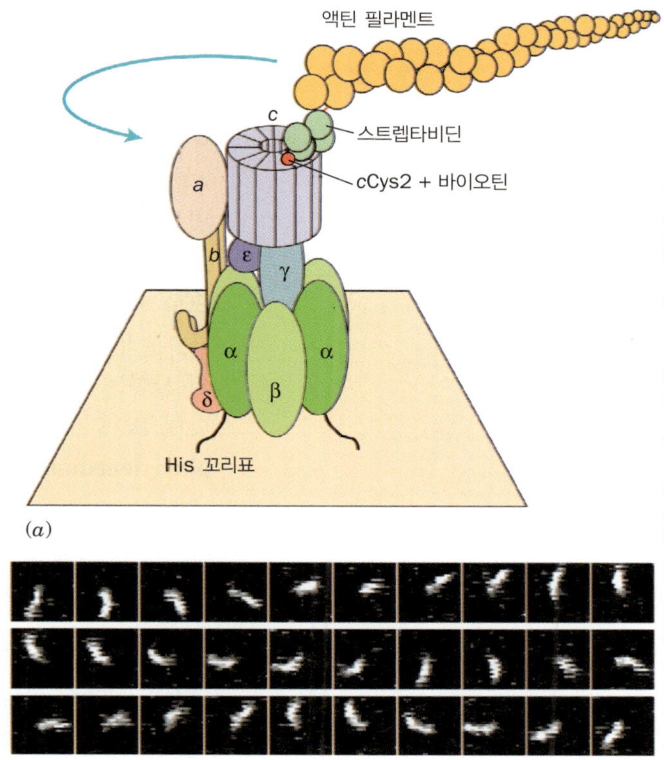

Courtesy Masamitsu Futai, Institute of Scientific and Industrial Research, Osaka University, Japan

그림 18-28 대장균 F_1F_0-ATPase에서 *c* 고리의 회전 (*a*) 회전을 관찰하기 위하여 사용된 실험적 시스템. 상세한 설명은 본문을 참조하라. 파란색 화살표는 *c* 고리에 결합한 형광으로 표지된 액틴 필라멘트의 관찰된 직접 회전 방향을 가리킨다. (*b*) 형광 현미경을 통해 얻어진 연속적인 비디오 사진에 보이는 것과 같이 5 mM ATP 존재하에서 3.6 μm 길이의 액틴 필라멘트의 회전

대장균 F_1F_0-ATPase는 역으로 작용할 수 있다. 즉 ATP를 가수 분해하여 내부에서 외부로 양성자를 펌프할 수 있다(이것은 박테리아가 다양한 반응들을 추진하기 위해 사용하는 혐기적 상태하에서 그것의 양성자를 유지하게 한다). 더욱이 5 mM ATP 용액은 박테리아에 주입될 때 형광 현미경에서 앞서 언급한 준비를 관찰할 수 있다. **많은 액틴 필라멘트는 유리 표면(외부로부터)을 위에서 아래로 볼 때 항상 시계 반대 방향으로 회전하는 것처럼 보인다(그림 18-28*b*).** 이것은 γ 소단위체가 연속적으로 β 소단위체와 ATP의 가수 분해가 예상되는 방향으로 반응할 수 있도록 할 것이다(그림 18-22*a*와 18-24).

$$\beta_E(\text{O 상태}) \rightarrow \beta_{DP}(\text{L 상태}) \rightarrow \beta_{TP}(\text{T 상태})$$

유사한 실험들로 γ 소단위체가 대개 120° 정도 회전한다는 사실을 밝혀냈다. 아마도 F_1의 γ 및 β 소단위체들 사이의 정전기적 인력은 γ 소단위체를 공간에 일시적으로 보유하게 하는 것처럼 행동한다. *c* 고리가 회전할 때 뒤틀림은 증가하고, γ 소단위체가 다음 β 소단위체로 물릴 수 있도록 해준다. 게다가 자석 구슬(magnetic bead)이

GATEWAY CONCEPT 에너지 변환
에너지는 생성되거나 파괴될 수 없다. 그러나 변환될 수 있다. 산화성 인산화 과정에서, 대사 연료들의 분해로부터 발생하는 자유 에너지로 표시된 환원 보조 인자들의 자유 에너지는 양성자 기울기를 생성하는 데 이용된다. 그러면 양성자 기울기의 자유 에너지는 ATP의 형성에서 화학 에너지를 격리하는 ATP 합성 효소의 역학적 에너지로 변환된다.

대신 고정된 F_1-ATPase의 γ 소단위체에 접근했을 때, 그리고 γ 소단위체를 강제적으로 따르게 하기 위해 외부 자기장이 시계 방향으로 회전될 때 ATP는 ADP + P_i로부터 합성된다.

C P/O 비율은 합성된 ATP 양과 환원된 산소의 양과 관련이 있다

ATP 합성은 양성자 기울기와 강하게 결합된다. 즉 ATP 합성은 양성자 기울기의 소멸을 초래한다. 그리고 양성자 기울기는 ATP 합성 없이는 제거될 수 없다. 양성자 기울기는 미토콘드리아 내막의 전자 운반 복합체의 활동을 통해 만들어진다. 그러므로 합성된 ATP의 양을 산화된 기질 분자의 식으로 표현하는 것이 가능하게 되었다. 분리된 미토콘드리아에 관한 실험들은 NADH의 산화는 대략 3 ATP, $FADH_2$의 산화는 대략 2 ATP 합성과 관련되고 있음을 나타낸다. 전자쌍을 직접적으로 복합체 IV에 주는 비생리적인 화합물인 **테트라메틸-*p*-페닐렌다이아민(tetramethyl-*p*-phenylenediamine)**은 대략 1 ATP를 생성한다.

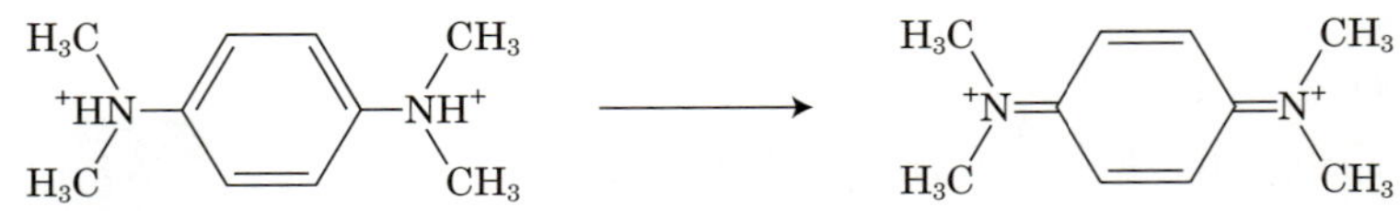

테트라메틸-*p*-페닐렌다이아민 (TMPD), 환원 형태　　　　TMPD, 산화 형태

합성된 ATP의 양(P)이 환원된 산소(O)의 양과 관련되기 때문에 이들의 화학량론적인 관계는 **P/O 비율(P/O ratio)**이라고 한다.

실험적으로 결정된 P/O 비율은 화학 삼투압 이론과 ATP 생성 효소의 알려진 구조들과 상호 관련이 있다. 복합체 I, III, IV를 통한 2개 전자의 흐름은 막 사이 공간으로 10개의 양성자 자리옮김 결과로 나타난다(그림 18-8). F_1F_0-ATPase를 통한 이들 10개 양성자들의 유입은 대략 3 ATP의 합성을 추진하기에 충분하다. 진핵생물 F_0는 8*c* 소단위체를 포함하는 것으로 나타나기 때문에, 10개의 양성자 자리옮김은 $\alpha_3\beta_3$ 회전 타원체에 대하여 *c* 고리−γ 소단위체 회전체가 완벽하게 한 번 회전하는 결과로 나타난다. 복합체 II에 있는 $FADH_2$ 같은 전자 운반 사슬에 들어가는 전자들은 복합체 I를 우회한다. 그러므로 대략 2 ATP(ATP 합성 효소 회전식 엔진에 대한 완벽한 회전의 약 2/3와 일치하는)를 합성하기에 충분한 단지 6개 양성자들의 막횡단 이동을 초래한다. 복합체 IV만을 통한 2개 양성자의 통과는 2개 양성자가 ~1 ATP(약 1/3회전)를 위해 기울기에 기여를 한다.

활발하게 호흡하는 미토콘드리아에서 **P/O 비율은 거의 확실하게 정수가 아니다.** 이것 역시 화학 삼투압 이론과 일치한다. 생리적인 기질의 산화는 여러 지점에서 막횡단 양성자 기울기에 기여한다. 그러나 기울기는 단지 단일 지점 F_1F_0−ATPase에서 가볍게 쳐서 얻어진다. 그러므로 전자 운반 사슬의 어떤 성분에 의해 미토콘드리아로부터 자리옮김을 한 양성자들의 수는 ADP + P_i로부터 ATP를 합성하는 데 필요한 양성자수의 정수배일 필요는 없다. 더욱이 양성자 기울기는 어느 정도는 매트릭스로 되돌아가는 양성자의 비특이적인 누출과 P_i를 매트릭스(18-1B절)로 운반하는 것 같은 다른 목적으로 양성자를 소비함에 따라 소실된다. P_i 운반을 고려해 보면 ADP + P_i로부터 합성된 ATP당 화학량론적으로 소모된 4개 양성자들이 소비된다. P/O 비율들에 대한 힌클(Peter Hinkle)의 실험은 위에 주어진 값들이 실제로 2.5, 1.5, 1에 더 가깝다는 사실을 규명하였다. 결론적으로, 산화된 글루코스 분자당 합성되는 ATP 수는 2.5 ATP/NADH × 10 NADH/글루코스 + 1.5 ATP/$FADH_2$ ×

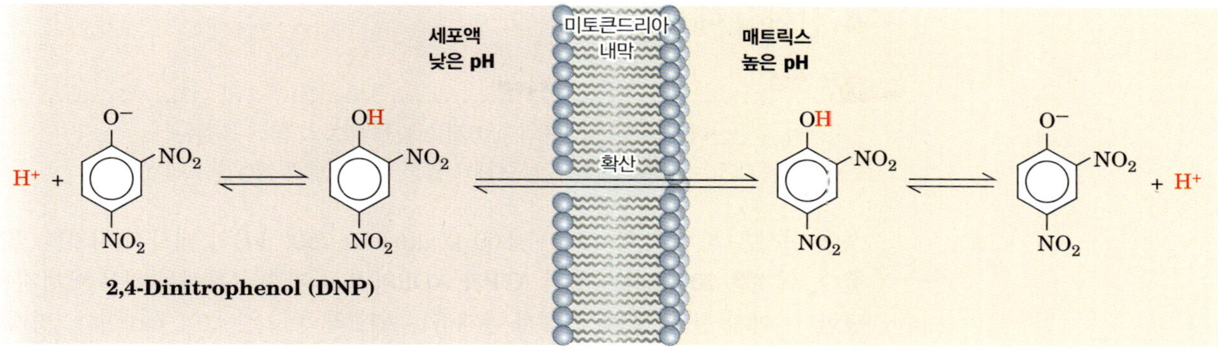

그림 18-29 2,4-다이나이트로페놀의 활동 DNP와 같은 양성자 이온 운반체는 전자 수송에 의해 생성된 전기 화학적 양성자 기울기의 파괴에 의한 전자 수송으로부터 산화성 인산화의 짝풀림을 촉진한다.

? 왜 DNP의 p*K*는 중성에 가까운가?

2 $FADH_2$/글루코스 + 시트르산 회로로부터 2 ATP/글루코스 + 해당 작용으르부터 2ATP/글루코스 = 32 ATP/글루코스가 된다(17-4 참조).

D 전자 운반으로부터 산화성 인산화 짝지음이 해제될 수 있다

전자 운반(산소에 의한 NADH와 $FADH_2$의 산화)과 산화성 인산화(양성자 기울기가 추진하는 ATP 합성)는 보편적으로 단단하게 짝지어져 있다. **이 짝지음은 전자 운반 동안 양성자 이온의 자리옮김에 의해 전기 화학적 기울기가 이 막을 가로질러 만들어지게 하는 미토콘드리아 내막의 불투과성에 의존한다.** 실제적으로 양성자 이온이 매트릭스로 다시 들어가는 유일한 방법은 ATP 생성 효소의 F_0를 통하는 것이다. 휴지 상태 안에서 산화성 인산화가 최소일 때, 미토콘드리아 내막을 가로지르는 전기 화학적 기울기는 기울기가 그 이상의 양성자를 퍼올리는 것을 막고, 전자 운반을 억제하는 정도까지 증가된다. ATP 합성이 증가될 때, 전자 운반이 다시 시작되면서 전기 화학적 기울기는 소멸된다.

수년 동안 **2,4-다이나이트로페놀(2,4-dinitrophenol, DNP)** 같은 화합물은 전자 운반과 ATP 합성의 '짝풀림'을 하는 것으로 알려져 왔다. DNP는 중성 양성자 첨가 상태에서 막을 통해 빠르게 지나가는 지방 친화성의 약산이다. pH 기울기에서 DNP는 막의 산성 부분에 결합하고, 막을 통해 확산시키고, 그리고 막의 염기 부분에 양성자를 방출하고, 그 때문에 양성자를 운반하는 이온 운반체(10-2A절)처럼 행동하며 기울기를 소멸시킨다(그림 18-29). 화학 삼투압 이론은 그러한 **짝풀림제(uncoupler)**의 행동을 합리적으로 이해하기 위한 근거를 제공한다. **미토콘드리아 내막 안에 양성자 이온 투과성을 증가시키는 하나의 약품 존재는 ATP 합성을 요구하지 않는 양성자 전기 화학적 기울기의 소멸에 대한 길을 제공함으로써 전자 운반으로부터 산화성 인산화를 분리되게 한다.** 그러므로 심지어 ATP 합성이 억제되었을 때에도 짝풀림은 전자 운반이 확인받지 않고 진행되는 것을 허용한다. 그 결과로서, 1920년대에 DNP는 체중 감량을 유도하는 데 효과적인 '살 빼는 약'으로 사용되었지만 종종 치명적인 부작용을 일으켰다. 생리적인 상태하에서 **전자 운반에 의해 발생하고 ATP 합성으로부터 떨어진 전기 화학적 양성자 이온 기울기의 소멸은 열을 생성한다**(자료 18-4 참조).

체크 포인트

- 화학 삼투압 이론을 요약하시오.
- 왜 불투과성 미토콘드리아 막은 ATP 합성에 필수적인가?
- ATP 생성 효소의 F_1과 F_0의 전체적 구조를 묘사하시오. 어떠한 부분이 움직이는가? 어떠한 부분이 고정체인가? 대부분이 고정되지만 어느 부분이 구조적인 변화를 수행하는가?
- 결합 변화 메커니즘의 단계를 요약하시오.
- 양성자가 어떻게 막 사이 공간으로부터 매트릭스 안으로 움직이는지 묘사하시오. 양성자 자리옮김은 ATP를 합성하기 위해 어떻게 연결되어 있는가?
- 왜 주어진 기질에 대해 P/O 비율이 정수일 필요가 없는가?
- 산화성 인산화가 어떻게 전자 수송과 연결되어 있고 두 과정이 어떻게 짝풀림이 일어나는지를 설명하시오.
- 글루코스의 자유 에너지가 ATP의 자유 에너지로 전환되는 과정에서 일어나는 에너지 변환을 요약하시오.

4 산화적 대사의 조절

주요 개념

- 산화성 인산화의 속도는 세포의 나머지 산화적 경로와 함께 조정된다.
- 호기성 대사는 효율적임에도 불구하고 활성 산소종들의 생성을 초래한다.

성인 여성은 하루에 약 1500~1800 kcal(6300~7500 kJ)의 대사 에너지를 필요로 한다. 이것은 200 mol 이상의 ATP가 ADP와 P_i로 가수 분해하는 자유 에너지에 해당한다. 아직 한 번에 몸 안에서 존재하는 ATP의 총량은 <0.1 mol이다. 명백하게 ATP의 부족한 공급은 계속적으로 재순환되어야 한다. 우리가 보아온 것처럼, 탄수화물이 우선 에너지 공급원으로 작용하고 호기적인 상태가 작동할 때, 이 재순환에는 글리코젠 합성, 해당 작용, 시트르산 회로, 산화적 인산화를 수반한다.

물론 ATP 요구는 일정하지 않다. 수면과 격렬한 활동의 ATP 소모 속도는 100배 차이가 있다. **ATP를 생산하는 경로들의 활동들은 엄격하게 공동 작용할 수 있는 통제하에 있다.** 그래서 ATP는 필요한 것보다 더 빠르게 생산되지는 않는다. 우리는 이미 해당 작용과 시트르산 회로의 조절 메커니즘에 대해 논의하였다(15-4, 16-3, 17-4절). 이 절에서는 산화성 인산화 속도를 조절하는 메커니즘에 대하여 논의한다.

A 산화성 인산화의 속도는 ATP와 NADH 농도에 의존한다

우리는 대사 경로들에 대한 논의를 통해 반응의 대부분이 평형 상태에 접근하게 하는 기능이 있다는 것을 알고 있다. 약간의 비가역적 반응들은 대사 경로의 잠재적인 조절점을 구성하며, 보통은 다른자리 입체성 조절하에 있는 조절 효소에 의해 촉매화된다. 산화성 인산화의 경우에 있어서, NADH로부터 사이토크롬 c까지 경로는 평형 상태 부근에서 기능을 한다.

$$\tfrac{1}{2}\,\text{NADH} + \text{사이토크롬 } c(\text{Fe}^{3+}) + \text{ADP} + \text{P}_i \rightleftharpoons \tfrac{1}{2}\,\text{NAD}^+ + \text{사이토크롬 } c(\text{Fe}^{2+}) + \text{ATP} \qquad \Delta G \approx 0$$

그러므로

$$K_{\text{eq}} = \left(\frac{[\text{NAD}^+]}{[\text{NADH}]}\right)^{1/2} \frac{[c^{2+}]}{[c^{3+}]} \frac{[\text{ATP}]}{[\text{ADP}][\text{P}_i]}$$

이 경로는 생성물 ATP의 첨가에 의해 빠르게 역반응이 될 수가 있다. 그러나 **사이토크롬 c 산화 효소 반응(전자 운반 사슬의 최종 단계)은 비가역적이어서 잠재적 조절 자리가 된다.** 대부분의 조절 효소 시스템과는 대조적으로, 사이토크롬 c 산화 효소는 일차적으로는 기질 중에 하나인 환원된 사이토크롬 $c(c^{2+})$ 유효성에 의해 조절되는 것처럼 보인다. c^{2+}는 짝지은 산화성 인산화 시스템의 나머지 부분과 평형 상태에 있기 때문에 궁극적으로 c^{2+}의 농도는 [NADH]/[NAD$^+$]와 [ATD]/[ADP][P_i]의 미토콘드리아 내의 비에 의존한다[후자의 양은 **ATP 질량 작용비(ATP mass action ratio)**로 알려져 있다]. 우리는 앞서 말한 평형 상태 표현을 다시 정리하여 알 수 있다.

$$\frac{[c^{2+}]}{[c^{3+}]} = \left(\frac{[\text{NADH}]}{[\text{NAD}^+]}\right)^{1/2} \frac{[\text{ADP}][\text{P}_i]}{[\text{ATP}]} K_{\text{eq}}$$

[NADH]/[NAD$^+$] 비가 클수록, ATP 질량 작용비가 작을수록 환원된 사이토크롬 c의 농도가 더 높아지고, 따라서 사이토크롬 c 산화 효소 활동도가 더 커진다.

자료 18-4 생화학의 전망 갈색 지방 조직에서의 짝풀림은 열을 생성한다.

열 생성은 **갈색 지방 조직**(brown adipose tissue, brown fat)의 생리학적 기능이다. 이 조직은 갈색을 나타나게 하는 사이토크롬을 가지고 있는 다수의 미토콘드리아를 포함하고 있다는 점에서 전형적인 (흰색) 지방 조직과는 다르다. 동면하는 포유동물뿐만 아니라 인간과 같이 털이 부족한 갓 태어난 포유동물은 모두 목과 등 윗부분에 모두 떨지 않게 하는 **열 발생**(non-shivering thermogenesis)에 의해 열을 발생시키는 갈색 지방을 포함한다. 열의 다른 출처들은 근육이 수축(떨고 있거나 또는 어떤 다른 움직임이 있는 경우)하는 동안 발생하는 ATP 가수 분해와 ATP-가수 분해 기질 회로의 가동을 일으킨다(15-4B절).

갈색 지방에서의 열 발생 메커니즘은 산화성 인산화의 조절하는 짝풀림을 포함한다. 갈색 지방 미토콘드리아는 **짝풀림 단백질**[uncoupling protein, UCP1, 써모제닌(thermogenin)이라고도 함]로 알려진 양성자 통로를 포함한다. 추운 것에 잘 적응하는 동물들의 UCP1은 갈색 지방의 미토콘드리아 내막에 있는 단백질이 15%까지 구성되어 있다. UCP1을 통한 양성자의 흐름은 퓨린 뉴클레오타이드(ADP, ATP, GDP,GTP)의 생리학적인 농도에 의해 억제된다. 그러나 이 억제는 유리 지방산에 의해 회복될 수 있다.

갈색 지방 미토콘드리아에서의 열 발생은 호르몬 조절하에 있다(그림 참조). 노르에피네프린(**1**, 노르아드레날린)은 2차 전달자(second messenger) cAMP(**2**)의 생성을 유도한다. 그 결과, 단백질 카이네이스(kinase) A를 활성화시킨다(**3**, 13-3C절). 그리고 카이네이스는 그것을 인산화함으로써 **호르몬에 민감한 트라이아실글리세롤 라이페이스**(hormone-sensitive triacylglycerol lipase, **4**)를 활성화한다. 활성화된 라이페이스는 트라이아실글리세롤(**5**)을 가수 분해하여 UCP1(**6**)에 있는 퓨린 뉴클레오타이드의 억제 효과를 방해하는 자유 지방산을 생성한다. UCP1을 통한 양성자의 결과적인 흐름은 미토콘드리아 내막을 가로질러 양성자 기울기를 흩뜨려 놓는다. 이것은 ATP 합성 없이도 기질의 산화(열을 발생함으로)가 계속 진행되게 한다.

성인은 갈색 지방이 부족하다. 그러나 보통의 지방 조직과 근육의 미토콘드리아는 **UCP2**와 **UCP3**으로 알려진 짝풀림 단백질을 포함하는 것처럼 보인다. 이들 단백질은 대사 속도를 조절하는 것을 도울 수 있을지 모른다. 그리고 UCP 수준에서의 변화 또는 활성도는 몇몇 사람들이 '빠른' 또는 '늦은' 대사를 갖는 것처럼 보이는 이유를 설명할 수 있다. UCP들은 비만을 치료하는 표적 물질로 연구되고 있다. 왜냐하면 UCP들의 활성도의 증가는 ATP 합성으로부터 호흡을 짝풀어 줄 수 있으며, 저장된 대사 연료(특히 지방)가 대사되도록 한다.

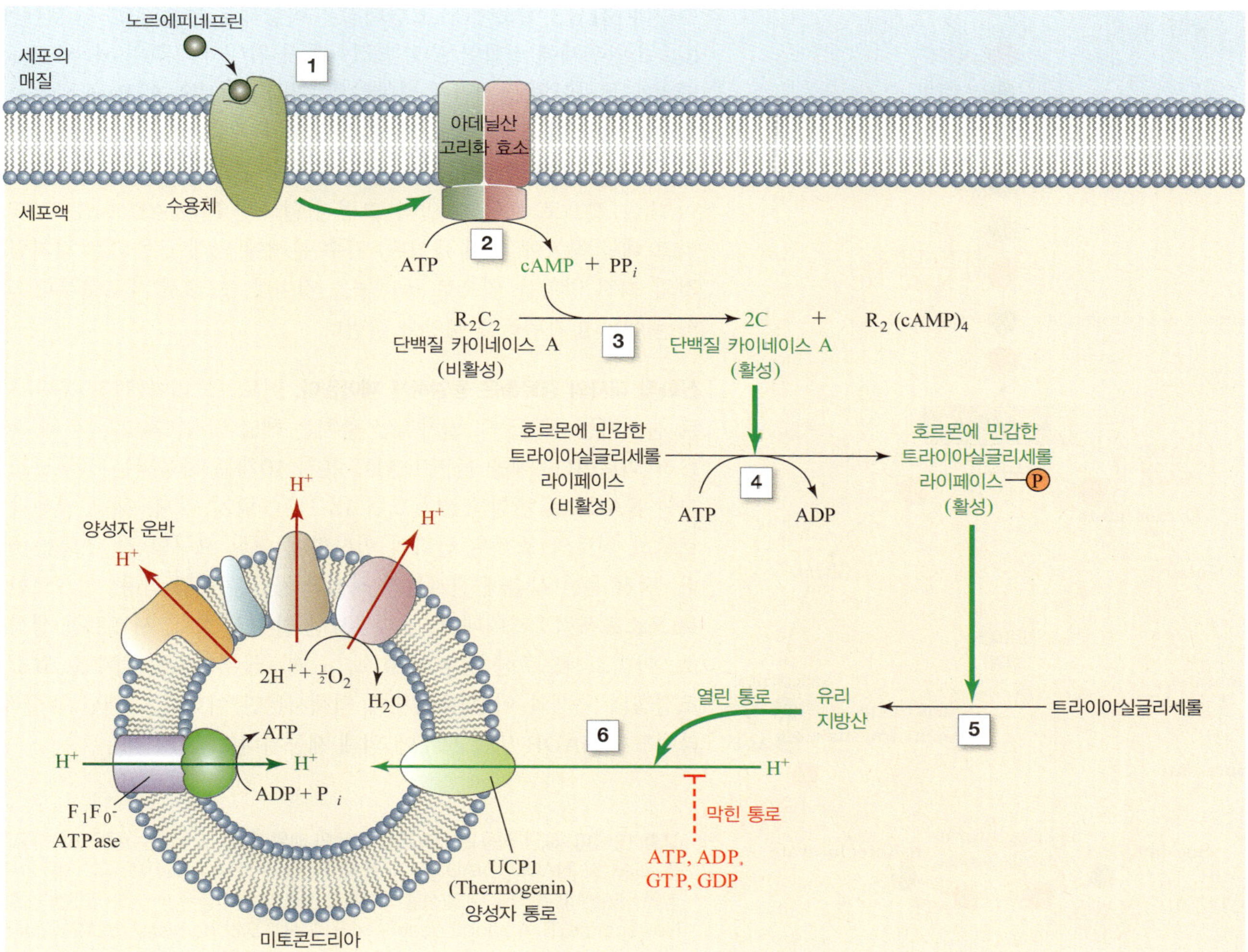

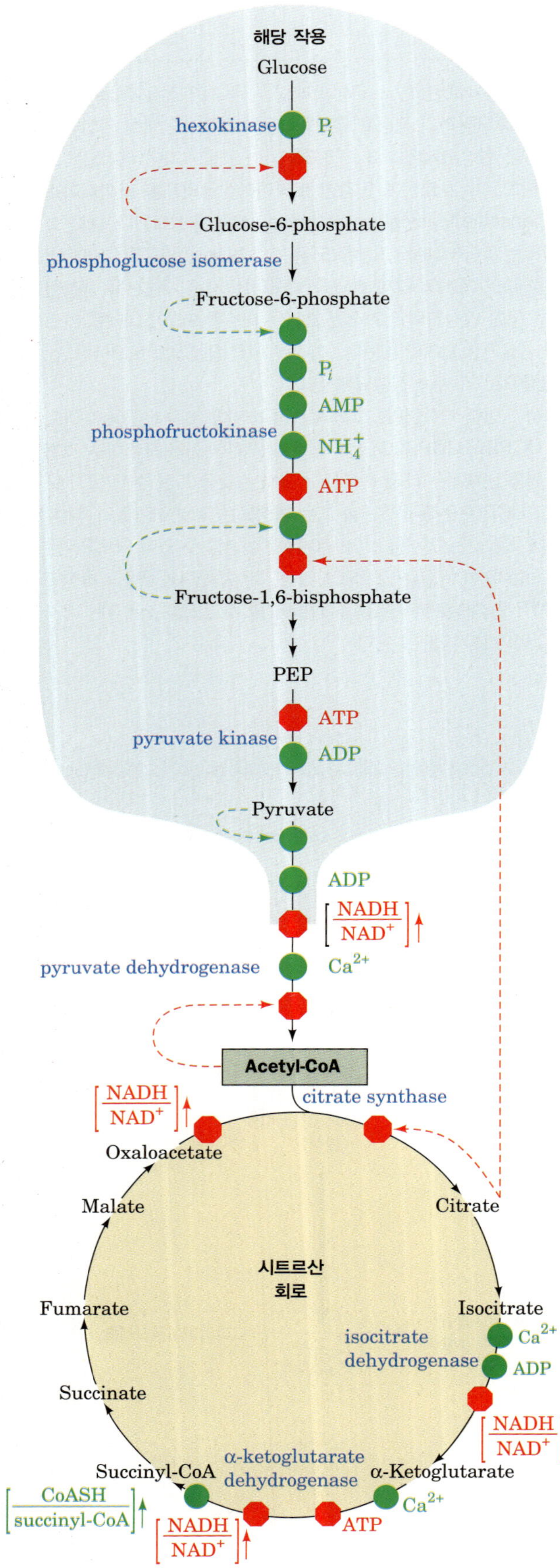

어떻게 이 시스템이 물리적 활동에서의 변화들에 의하여 영향을 받는가? 휴식 상태에 있는 한 개인에 대해서 ATP가 ADP와 P_i로 가수분해되는 속도는 최소이고, ATP 질량 작용비는 최고이며, 환원된 사이토크롬 *c*의 농도는 낮고 산화성 인산화는 최소가 된다. 증가된 활동은 ATP가 ADP와 P_i의 가수 분해되는 결과로 나타난다. 이러한 이유 때문에, ATP 질량 작용비는 감소하고 환원된 사이토크롬 *c*의 농도는 증가한다. 이것은 전자 운반과 ADP 인산화의 속도를 증가시키는 결과로 나타낸다.

미토콘드리아 매트릭스에서 ATP, ADP, P_i의 농도는 세포액으로부터 이 물질들을 들여오는 운반 단백질의 활동에 의존한다. 그래서 ADP–ATP 자리옮김자와 P_i 운반자는 아마도 산화성 인산화를 조절하는 데 있어서 부분적인 역할을 할지 모른다. Ca^{2+} 이온은 전자 운반 복합체와 가능한 ATP 생성 효소 자체를 조절하는 역할을 할 것이다. 이것은 Ca^{2+}가 직접적으로 산화적 대사 과정을 자극한다는 다른 많은 예와 일치한다.

미토콘드리아는 ATP 합성 효소를 조절하는 기능을 하는 **IF_1**이라는 84개 잔기 단백질을 함유하고 있다. 매트릭스의 pH가 비교적 높은 활발하게 호흡하는 미토콘드리아에서 IF_1은 비활성 사합체로 존재한다. 그러나 pH 6.5 이하에서 그 단백질은 이합체로 분해되고, 이 형태에서 β_{DP} 소단위체에 결합한 ATP를 잡아두기 위해서 그것의 α_{DP}와 β_{DP} 소단위체들 사이의 경계면에 결합함으로써 F_1 성분의 ATPase 활동을 억제한다. 이것은 호흡 활동(그 결과 양성자 기울기)이 O_2 부족에 의해 일시적으로 방해를 받았을 때 ATP의 가수 분해를 막기 위한 메커니즘이 되는 것으로 보인다. 만약 그렇지 않으면 F_1F_0-ATPase는 ATP(그리고 해당 작용에 의해 생성된) 가수 분해에 의해 구동되는 것처럼 그것의 회전 방향을 역으로 돌려놓을 것이다. 그래서 세포로부터 남아 있는 에너지 자원들을 빼앗아 버린다.

산화적 대사의 경로들은 동일하게 제어된다. 미토콘드리아 전자 운반 사슬로 들어가는 전자들의 일차적인 출처는 해당 작용, 지방산 분해, 시트르산 회로이다. 예를 들면 NAD^+ 분자 10개는 산화되는 글루코스 분자당 NADH로 변화되었다(그림 18-1). 놀랍지 않게, 해당 작용과 시트르산 회로의 조절은 산화성 인산화에 대한 요구와 잘 조화를 이룬다. 전자 운반 사슬에 전자들의 적절한 공급은 해당 작용, 시트르산 회로(포스포프럭토카이네이스, 피루브산 탈수소 효소, 시트르산 생성 효소, 아이소시트르산 탈수소 효소, α-케토글루타르산 탈수소 효소)의 조절점의 규제와 어떤 대사체에 의해서뿐만 아니라 아데닌 뉴클레오타이드나 NADH 또는 모두에 의해 제공된다(그림 18-30).

그림 18-30 해당 작용과 시트르산 회로의 배위 조절 모식도는 ATP, ADP, AMP, P_i, CA^{2+}와 [NADH]/[NAD$^+$] 비의 효과를 보여 준다(수직 화살표는 이 비율이 증가함을 나타낸다). 녹색 점은 활성을 의미하고, 빨간색 팔각형은 억제를 나타낸다. [After Newsholme, E. A., and Leech에 의거, A. R., *Biochemistry for Medical Sciences*, pp, 316, 320, Wiley(1983).]

특별히 흥미 있는 조절 효과는 시트르산에 의한 포스포프럭토카이네이스(PFK)의 억제이다. ATP의 요구가 감소할 때 [ATP]의 농도는 증가하고, [ADP]의 농도는 감소한다. 아이소시트르산 탈수소 효소는 ADP에 의해 활성화된다. α-케토글루타르산 탈수소 효소는 ATP에 의해 억제되고, 시트르산 회로 작동은 느려진다. 이것은 시트르산 농도가 증가되는 원인이 된다. 시트르산은 특이적인 운반 시스템을 경유하여 미토콘드리아를 떠나고, **세포액에서 PFK를 억제함으로써 더 이상의 탄수화물 분해를 억제시키는 행동을 한다.** 또한 20장에서 배우게 되는 바와 같이, 자유 지방이 산화되는 동안 아세틸 CoA 농도가 증가할 때, 시트르산 농도는 축적된다. 이것이 사실이 아님에도 불구하고, 지방산 산화 작용에 의한 해당 작용 억제는 **랜들 회로**(**Randle cycle**, 필립 랜들에 의해 발견된) 또는 **글루코스-지방산 회로**(**glucose-fatty acid cycle**)로 명명되어진다. 이러한 회로는 필요한 뇌와 같은 기관에 대한 글루코스를 보전하는 반면, 심장 근육에서 산화적 대사 반응을 위한 주된 원료로서 사용되기 위해 랜들 회로는 지방산을 허락한다.

B 호기성 대사는 몇 가지 단점이 있다

모든 유기체들이 산화성 인산화를 수행하는 것은 아니다. 그러나 그렇게 하는 유기체들은 주어진 양의 대사 연료로부터 상당히 더 많은 에너지를 추출해 낼 수 있다. 이 원리는 파스퇴르(Pasteur) 효과에 의해 도식화되어 있다(15-3C절). 혐기성으로 자라난 효모가 산소에 노출되었을 때, 그들의 글루코스 소비는 급격히 감소한다. 유사한 효과가 포유동물의 근육에서 관찰된다. 즉 세포가 호기성 대사로 전환할 때 젖산(근육 해당 작용의 호기성 생산물, 15-3A절)의 농도는 급격히 감소한다. 이들 효과는 글루코스의 혐기성, 호기성 분해에 대한 화학량론을 조사함으로써 쉽게 이해된다(17-4절).

혐기성 해당 작용:

$$C_6H_{12}O_6 + 2\,ADP + 2\,P_i \rightarrow 2\,\text{젖산} + 2\,H^+ + 2\,H_2O + 2\,ATP$$

글루코스의 호기성 대사:

$$C_6H_{12}O_6 + 32\,ADP + 32\,P_i + 6\,O_2 \rightarrow 6\,CO_2 + 38\,H_2O + 32\,ATP$$

따라서 **호기성 대사는 ATP를 생산할 때 혐기성 해당 작용보다 16배까지 더 효율적이다.** 그러나 호기성 대사는 자체의 결점을 가지고 있다. 많은 유기체와 근육은 전적으로 호기성 대사에 의존하고, 산소가 부족한 동안에 회복할 수 없는 손상을 겪는다(자료 18-5). 또한 산화적 대사는 시간이 흐르면서 세포 구성 성분에 손상을 입힐 수 있는 낮은 농도의 활성 산소 대사체의 생성을 수반한다. 분명히 적어도 300만 년(지구 의 대기가 충분한 산소의 양을 갖고 있었던 기간) 동안 존재해 온 유기체들은 산소 그 자체의 잠재적인 위험성을 최소화하는 동안 유기체에 산소의 산화력의 장점을 가질 수 있게 하는 생리적이며 생화학적인 적응을 보여 준다.

부분적인 산소 환원은 활성 산소종을 생성한다. 비록 사이토크롬 *c* 산화 효소에 의한 산소의 4개 전자 환원이 거의 항상 매우 신속성과 정밀도로 조정된다고 하더라도, **산소는 빠르게 다양한 세포 구성 성분들과 반응하는 산소종을 생산하면서 경우에 따라서는 유일하게 부분적으로 감소된다.** 복합체 I, II, III도 누출된 전자들에 의해 아마도 경우에 따라서는 **활성 산소종**(**reactive oxyge spcies, ROS**)을 생산한다. 가장 잘 알려진 활성 산소종은 **초과산화물 라디칼**(**superoxide radical**)이다.

$$O_2 + e^- \rightarrow O_2^-\cdot$$

초과산화물 라디칼은 다른 활성종의 전구 물질이다. $O_2^-\cdot$의 양성자 첨가는 훨씬 더 큰 산화제인 $HO_2\cdot$를 생성한다. 생물학적 계에서 가장 잠재적인 산소종은 아마도 비교적 해가 없는 과산화 수소(H_2O_2)로부터 형성된 하이드록실 라디칼이다.

$$H_2O_2 + Fe^{2+} \rightarrow \cdot OH + OH^- + Fe^{3+}$$

하이드록실 라디칼은 H_2O_2와 초과산화물 반응을 통하여 형성된다.

$$O_2^-\cdot + H_2O_2 \rightarrow O_2 + OH^- + \cdot OH$$

비록 대부분의 자유 라디칼이 극도로 짧게 존재하지만 ($O_2^-\cdot$의 반감기는 1×10^{-6} s, $\cdot$OH의 반감기는 1×10^{-9} s), 그들은 나머지 분자들로부터 자유 라디칼로 전환시키고 사슬 반응을 일으키는 다른 분자로부터 전자를 빠르게 추출해 낸다.

자유 라디칼 공격의 변칙적인 성질은 그들의 반응 생성물을 특성화하는 것을 어렵게 만든다. 그러나 모든 부류의 생물학적 분자들은 자유 라디칼에 의해 원인이 되는 산화적 손상을 쉽게 받을 수 있다. 세포에서 고분자적 불포화 지방의 산화는 생물학적 막의 구조를 방해할 수 있으며, DNA에 대한 산화적 손상은 하나의 아미노산 돌연변이 연구의 결과로 나타난다. 또한 효소 기능은 아미노산 곁사슬과 라디칼 반응을 통하여 손상될 수 있다. 미토콘드리아는 세포의 산화적 대사에 큰 부문을 차지하는 자리이기 때문에 그것의 지방, DNA, 단백질은 자유 라디칼과 관련된 심각한 손상에 정면으로 도전받게 된다.

파킨스병(Parkinson's disease), **헌팅턴병(Huntington's disease)**을 포함한 몇몇 퇴행성 질환들은 미토콘드리아에 대한 산화적 손상과 관련되어 있다. 이러한 관찰들은 **정상적인 산화적 대사 과정에서 발생하는 자유 라디칼 반응은 적어도 부분적으로 노화 과정에 책임이 있다**는 노화에 대한 자유 라디칼 이론을 이끌어 냈다. 사실상, 미토콘드리아 DNA에 선천적 결핍을 갖고 있는 사람들은 신경 운동 장애, 난청, 치매를 포함한 다양하고 전형적인 노인병으로 고통을 겪고 있다. 그들의 유전적 결함은 모든 미토콘드리아가 전자 운반 장치에 의해 발생되는 활성 산소종에 더욱 취약하게 만들 것이다.

그림 18-31 **사람 Cu, Zn 초과산화물 불균등화 효소의 정전기적 효과** Cu, Zn-SOD 활성 부위 통로의 횡단면에서 그것의 분자 표면은 전하에 따라 점으로 이루어진 표면으로 나타내었다. 빨간색: 대부분의 음전하, 노란색: 음전하, 녹색: 중성, 밝은 파란색: 양전하, 어두운 파란색: 대부분의 양전하. 그 정전기적 부분의 방향들은 유사한 색깔로 표시된 화살표로 표시되어 있다. Cu 이온과 Zn 이온은 주황색과 은색 구로 나타내었다. 그 결합 장소는 Arg 143의 곁사슬과 Cu 이온 사이에 위치해 있다. [Courtesy of Elizabeth Getzoff, The Scripps Research Institute, La Jolla, California]

세포는 항산화 메커니즘을 갖추고 있다. **항산화제(antioxidant)**는 $O_2^-\cdot$, $\cdot$OH와 같은 산화적 자유 라디칼을 파괴한다. 1969년에 프리도비치(Irwin Fridovich)는 거의 모든 세포에 존재하고, $O_2^-\cdot$를 H_2O_2로 전환시키는 것을 촉매하는 **초과산화물 불균등화 효소(superoxide dismutase, SOD)**를 발견하였다.

$$2O_2^-\cdot + 2H^+ \rightarrow H_2O_2 + O_2$$

미토콘드리아와 박테리아 SOD는 모두 Mn 함유 사합체이다. 진핵생물 세포액의 SOD는 구리 이온과 아연 이온을 함유한 이합체이다. 비효소적인 과산화 분해 속도는 약 2×10^5 $M^{-1}\cdot s^{-1}$이고, 반면 Cu, Zn−SOD가 촉매하는 반응 속도는 2×10^9 $M^{-1}\cdot s^{-1}$이다. 이 확산 조절 한계인 속도 증가(12-1B절)는 명백하게 음전하를 띤 과산화 기질을 효소의 활성 자리에 정전기적으로 유도함으로써 이루어진다(그림 18-31). 활성 자리 Cu 이온은 각 효소 소단위체에 있는 깊은 주머니 바닥에 놓여 있다. 주

자료 18-5 건강과 질병의 생화학

심장 마비와 뇌졸중에 있어서 산소 결핍

자료 7-1에서 요약한 것과 같이, 두께가 1 mm 이상인 유기체는 영양분을 세포에 운반하고, 세포 분비물을 폐기하는 순환계를 필요로 한다. 더욱이 가장 큰 유기체 안의 순환상의 유체는 산소 운반에 특이적인 단백질을 포함한다(예: 헤모글로빈). 산소 운반계의 정교함과 그들의 정확한 조절은 그들의 본질적인 성질과 그들의 오랜 기간 동안의 진화와 일치된다.

산소가 결핍되는 동안 무슨 일이 일어나는가? 인간 죽음의 두 가지 일반적인 원인인 심근 경색(myocardial infarction, 심장 마비)과, 심장과 뇌의 일부분에 각각 혈액(O_2) 공급의 방해로 인한 **뇌졸증**(**stroke**)을 생각해 보자. 산소가 없는 상태에서 ATP 생성을 위해 해당 작용에만 의존해야 하는 세포는 저장 크레아틴인산(빠른 ATP 생산의 출처, 14-2C절)과 글리코젠을 빠르게 고갈시킨다. ATP 생성 속도가 적절한 세포 내 이온 농도를 유지하기 위한 막 이온 펌프에 필요한 수준 이하로 떨어지면, 삼투압 균형이 방해를 받게 되고, 세포와 막을 감싸고 있는 기관들이 부풀어 오르기 시작한다. 결과적으로 길게 늘어진 막은 투과할 수 있게 되고, 그들을 둘러싼 내용물이 새어나온다. 이러한 이유 때문에 심근 경색에 대한 유용한 진단 기준은 괴사성(죽은) 심장 조직으로부터 새어나오는 젖산 탈수소 효소(lactate dehydrogenase)의 H형 아이소자임 같은 심장 특이적인 효소가 혈액에 존재하는 것이다. 더욱이 호기성 해당 과정을 동반하는 감소된 세포 내의 pH(젖산 생성 때문에) 방출된 리소좀의 효소(산성 pH에서만 활성이 있는)가 세포 내용물의 분해를 허용한다. 그래서 산소 결핍은 세포 활성의 정지뿐만 아니라 비가역적 세포 손상과 세포 죽음을 이끈다. 심장이나 뇌와 같이 빠르게 호흡하는 조직은 특히나 산소 결핍에 의한 손상에 민감하다.

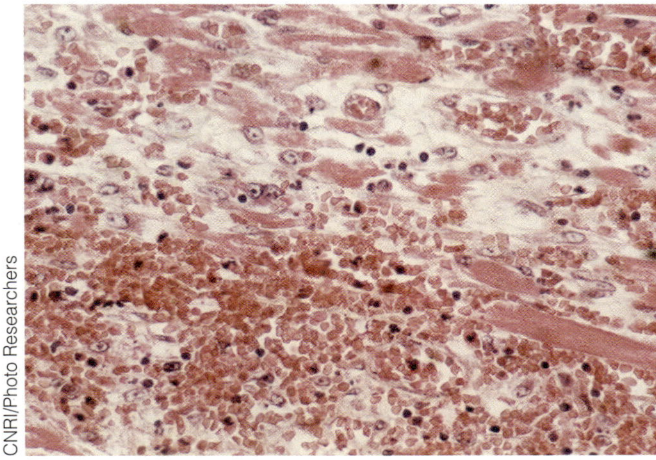
CNRI/Photo Researchers

심장 마비로 인한 괴사성 조직

머니 입구에 있는 Glu 123, Glu 133, Lys 136, Thr 137의 수소 결합 사슬은 Cu 이온과 Arg 잔기 사이의 자리로 확산을 용이하게 한다.

SOD는 활성 산소종들에 대응하는 제1방어선으로 여겨진다. 잠재적으로 반응하여 다른 활성 산소종을 생산할 수 있는 이 반응에서 생성된 H_2O_2는 반응을 촉매하는 **카탈레이스**(**catalase**) 같은 효소들에 의해 물과 산소로 분해되고

$$2\ H_2O_2 \rightarrow 2\ H_2O + O_2$$

글루타싸이온(GSH)을 환원제로서 사용하는 글루타싸이온 과산화 분해 효소(자료 15-4)에 의해 분해된다.

$$2\ GSH + H_2O_2 \rightarrow GSSG + 2\ H_2O$$

또한 글루타싸이온 과산화 분해 효소는 유기 과산화물의 분해를 촉진시킨다. 글루타싸이온 과산화 분해 효소의 몇몇 형태는 활성화되기 위해 Se을 필요로 한다. 이것은 왜 Se이 항산화제 활성을 나타내는지에 대한 하나의 이유이다.

아스코브산(바이타민 C, 6-1C절)과 α-토코페롤(tocopherol, 바이타민 E, 9-1F절)과 같은 다른 잠재적인 항산화제는 식물에서 유래된 화합물이다. 이들 화합물은 물이 산소로 산화되는 광합성 동안 산화적 손상으로부터 식물을 보호할 수 있을 것이다. 그러나 인간에게 항산화제로서의 효능은 아직 증명되지 않았다.

체크 포인트

- ATP 질량 작용비와 IF_1 단백질은 ATP 합성을 어떻게 조절하는가?
- 해당 작용, 시트르산 회로, 산화성 인산화를 연결하는 조절 메커니즘은 무엇인가?
- 산소 기반 메커니즘의 장점과 단점을 설명하시오.
- 세포는 산화적 손실을 어떻게 최소화하는가?

요약

1 미토콘드리아

- 환원된 보조 효소 NADH와 $FADH_2$로부터의 전자들은 O_2를 환원시키기 전에 전자 운반 사슬에 있는 일련의 산화-환원 중심을 통과한다.
- 전자 운반 동안 전자들은 ATP 합성을 구동하는 자유 에너지를 가진 화학적 기울기를 형성하기 위하여 미토콘드리아로부터 자리옮김한다.
- 미토콘드리아는 산화적 대사를 위해 가용적이고 막에 결합된 효소들을 포함한다.
- 환원 당량들은 순환 시스템을 통해 세포액으로부터 들어오게 된다. 특이적인 운반체들은 ADP, ATP, P_i의 막횡단 이동을 매개한다.

2 전자 운반

- 전자들은 더 음의 환원 전위를 갖는 산화-환원 중심으로부터 더 양의 환원 전위 중심으로 순환한다. 억제제는 전자 운반체 순서와 전자 운반 사슬 안으로 전자가 유입되는 점들을 밝히는 데 사용되어 왔다.
- 전자 운반은 한 개의 전자 운반체(Fe–S 무리, 사이토크롬, Cu 이온)과 2개의 전자 운반체(CoQ, FMN, FAD)에 의해 매재된다.
- 복합체 I은 4개의 양성자를 막 사이 공간으로 자리옮김하는 동안 NADH로부터 CoQ까지 2개의 전자를 운반한다.
- 복합체 II는 석신산으로부터 FAD를 거쳐 CoQ까지 전자를 운반한다.
- 복합체 III은 $CoQH_2$로부터 2분자의 사이토크롬 *c*까지 2개의 전자를 운반한다. Q 회로의 부수적인 작용은 4개의 전자를 막 사이 공간으로 이동시킨다.
- 복합체 IV는 4개의 사이토크롬 *c*에 의해 부여된 4개의 전자와 매트릭스로부터의 4개의 전자를 사용하여 O_2 분자를 환원시키는 $2H_2O$로 환원시킨다. 2개의 양성자는 산소를 환원시키는 모든 2개의 전자들을 위하여 막 사이 공간으로 이동된다.

3 산화성 인산화

- 화학 삼투압 이론에 의해 설명된 것과 같이 전자 운반 동안 복합체 I, II, IV를 통해 막 사이 공간으로 이동된 양성자는 미토콘드리아 내막을 가로질러 전기 화학적 기울기를 만든다.
- ATP 생성 효소(F_1F_0-ATPase)의 F_0 성분을 통한 양성자의 유입은 결합 변화 메커니즘 경유, 그것의 촉매적인 조립체에 대하여 F_1의 γ 소단위체의 F_0 중재된 회전에 의해 역학적으로 움직이는 과정을 통해 ADP+P_i로부터 ATP를 합성하기 위하여 F_1 성분을 움직인다.
- 환원된 산소당 합성된 ATP의 수인 P/O 비율은 정수가 될 필요는 없다.
- 양성자 기울기를 중화시키는 약품은 전자 운반으로부터 산화성 인산화를 떨어지게 할 수 있다.

4 산화적 대사의 조절

- 산화성 인산화는 [NADH]/[NAD^+] 비와 ATP 질량 작용비에 의해 조절된다. 해당 작용과 시트르산 회로는 산화성 인산화에 대한 요구에 따라서 밀접하게 통제된다.
- 호기성 대사는 혐기성 대사보다 더 효율적이다. 그러나 호기성 유기체들은 활성 산소종이 원인인 손상에 대항하여 보호받아야 한다.

주요 용어

ADP–ATP 자리옮김(ADP–ATP translocator)
ATP 질량 작용비(ATP mass action ratio)
F_1F_0-ATPase
P/O 비율(P/O ratio)
Q 회로(Q cycle)
결합 변화 메커니즘(binding change mechanism)
초과산화물 라디칼(superoxide radical)
글루코스–지방산 회로(glucose–fatty acid cycle)
글리세로인산 순환(glycerophosphate shuttle)
막 사이 공간(intermembrane space)
말산–아스파트산 순환(malate–aspartate shuttle)
미토콘드리아 매트릭스(mitochondrial matrix)
사이토크롬(cytochrome)
산화–환원 중심(redox center)
양성자 동력(protonmotive force, pmf)
양성자선(proton wire)
에너지 짝지음(energy coupling)
자유 라디칼(free radical)
전기 발생적 운반(electrogenic transport)
보조 효소 Q(coenzyme Q)
짝풀림제(uncoupler)
철–황 무리(iron–sulfur cluster)
크리스테(cristae)
항산화제(antioxidant)
화학 삼투압 이론(chemiosmotic theory)
활성 산소종(reactive oxygen species, ROS)

문제

연습 문제

1. 왜 간세포의 미토콘드리아는 심장 근육 세포의 미토콘드리아보다 크리스테(cristae)를 적게 포함하고 있는지 설명하시오.

2. 특정한 유전적 질병은 어머니로부터 물려받은 미토콘드리아 단백질의 결함으로 인해 야기된다. 이와 반대로 대부분의 유전적 질병들은 부모로부터 결함이 유전된다. 이를 설명하시오.

3. 세포액의 모든 NADH에 의해 합성된 몇 개의 ATP가 곤충 비행근의 글리세로인산 순환에 사용되는가?

4. NADH 환원 당량들이 말산-아스파트산 순환을 통해 매트릭스로 운반될 때 생성되는 ATP의 수는 몇 개인가?

5. 미토콘드리아 유전자들의 결함은 종종 젖산 산증 등의 증상을 보여주게 되는데 그 이유를 설명하시오.

6. 복합체 II의 성분의 결핍에 비해 복합체 I, III, IV의 성분들의 결핍은 매우 심각한 생리학적 영향을 갖는 경향이 있다. 그 이유를 설명하시오.

7. O_2에 의한 자유 $FADH_2$ 산화의 $\Delta G°'$를 구하시오. 표준 조건이고 에너지가 100% 보존된다고 가정할 때, 최대 ATP 합성량은 얼마인가?

8. 석신산 탈수소 효소 반응에서 복합체 II 촉매를 사용할 때 표준 조건하에서 자유 에너지 변화는 ATP 합성에 불충분하다는 것을 설명하시오.

9. 바이타민 K(9-1F절)는 특정 단백질들을 수정하는 효소의 보조인자이다. 이것은 또한 몇몇의 원핵생물에서 전자 운반을 담당하고 미토콘드리아에서 유사한 기능을 할 것이다. 미토콘드리아 전자 운반 사슬 체계 안에서 어느 장소에서 바이타민 K의 역할을 할 것인가?

10. 치명적인 감염의 원인이 될 수 있는 박테리아 *Pseudomonas aeruginosa*로부터의 프로시아닌은 포유동물 숙주 세포 안에서 활성 산소종의 생성에 기여한다. 전자 운반 사슬 체계에서 어느 인자가 프로시아닌과 유사한가?

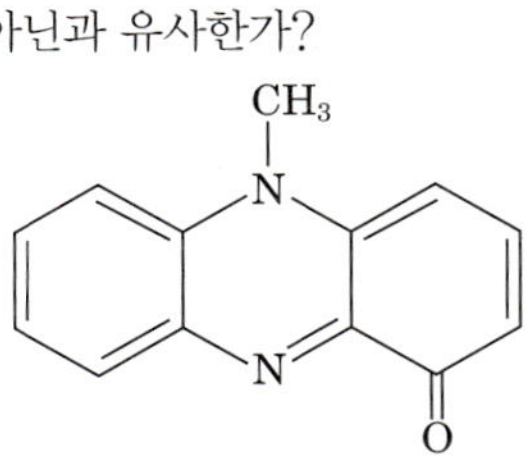

Pyocyanin

11. 사이토크롬 *c*는 미토콘드리아 내막에서 카디오리핀(cardiolipin, 다이포스파딜글리세롤)과 연관되어 있을 것이다. 어떤 종류의 분자간 힘이 이러한 연관성에 관여하는가?

12. 특정 조건에서 사이토크롬 *c*는 카스페이스(caspase)로 알려진 활성화된 세포액 단백질에 의해 세포 사멸, 또는 계획된 세포 사멸을 유도할 수 있다. (a) 사이토크롬 *c*는 건강한 세포 안에서 왜 세포 사멸을 유도하지 않는가? (b) 카스페이스를 활성화하는 사이토크롬 *c*를 위해서는 어떠한 일들이 발생해야 하는가?

13. 몇몇 혐기성 원핵생물은 질산염(NO_3^-)을 에너지 대사 과정의 말단 전자 수용체로서 사용한다. 가령 100%의 효율이라면, 몇 개의 ATP가 질산염으로부터의 NADH 산화에 의해 생성되는가?

14. 몇몇 혐기성 원핵생물은 원소 황을 H_2S로 환원시킨다. 100% 효율이라고 가정할 때, 몇 개의 ATP가 황(S) 표준 조건하에서의 아세트산염 산화에 의해 생성되는가?

15. 전자 운반 복합체에서 더 많은 양의 $\mathscr{E}°'$를 가진 산화-환원 중심으로부터 더 많은 음의 $\mathscr{E}°'$를 가진 산화-환원 중심까지 전자가 흐르는 것이 왜 가능한가?

16. 쿠프레독신(Cupredoxin)으로 알려진 단백질군은 하나의 산화-환원 활성 Cu 이온을 가지고 있다. 구리 이온은 Cys, Met, 2개의 His 잔기에 의해 조정된다. 쿠프레독신의 환원 전위 범위는 대략 0.15~0.68 V이다. 이 정보에서 드러난 쿠프레독신의 단백질 역할은 무엇인가?

17. 미토콘드리아 부유액에 높은 진동수의 **음파(sonication)**를 가해주면 미토콘드리아 내막으로부터 추출된 소미토콘드리아 입자를 얻게 된다. 이 막의 소낭이 안팎을 뒤집어 감싸면 막 사이 공간이 소미토콘드리아의 내강이 된다. 미토콘드리아 입자의 전자 이동 과정과 산화성 인산화 도표로 나타내시오.

18. 산화성 인산화를 위한 모든 기질들이 과도하게 존재할 것이라고 추정되고 문제 17에서 실험적인 체계를 묘사하기 위해 소미토콘드리아의 입자들이 부유된 용액의 pH 증가에 따라 ATP 합성은 증가하는지, 감소하는지 설명하시오.

19. 미토콘드리아의 ADP-ATP 운반체와 P_i-H^+ 같은 방향성 수송 단백질을 고려해 보자. 두 가지 운반체의 활성이 미토콘드리아 막을 통한 전기 화학적인 기울기에 어떻게 영향을 주는가?

20. ATP 합성을 위해 미토콘드리아 매트릭스 안으로 ADP와 P_i을 운반하는 데 어떠한 열역학적 힘이 작동하는가?

21. 다이사이클로카보다이이미드(dicyclohexylcarbodiimide, DCCD)는 Asp이나 Glu 잔기와 반응하는 시약이다. DCCD와 F_1F_0-ATPase의 소단위체의 반응이 ATP 합성 활동도를 억제시키는 이유를 설명하시오.

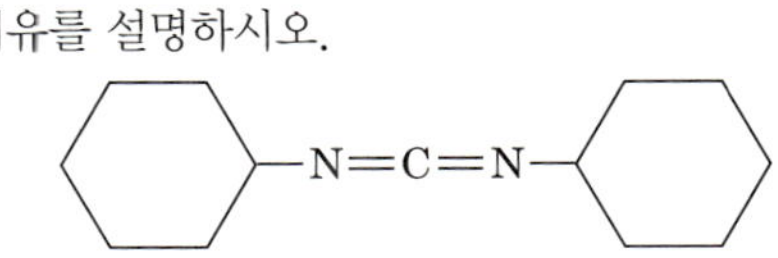

Dicyclohexylcarbodiimide (DCCD)

22. 항생제인 올리고마이신 B는 F_0를 통해 양성자 운반을 방해한다. 올리고마이신 B를 처리한 쥐에서 젖산의 농도가 증가하는 이유를 설명하시오.

23. DNP와 같은 화합물이 대사 속도를 증가시키는 이유를 설명하시오.

24. UCP1을 직접적으로 대사시키기보다는 갈색 지방에서 지방 분해 효소를 활성화시켜 떨지 않게 하는 열 발생을 자극하는 호르몬의 장점은 무엇인가?(자료 18-4 참조)

25. [NADH]/[NAD^+]와 [ATP]/[ADP]가 혐기성에서 호기성으로 대

사가 바뀌는 동안 발생하는 변화를 설명하시오. 이 비율이 해당 작용과 시트르산 회로의 활동에 어떠한 영향을 끼치는가?

26. 세포액 칼슘 이온 농도를 증가시키는 세포 신호 작용 동안 내막의 Ca^{2+} 통로를 통해 미토콘드리아로 유입된다. (a) Ca^{2+}에 대해 매우 특정화된 이들 통로가 왜 필요한지 설명하시오. (b) 증가된 매트릭스 Ca^{2+} 농도는 산화성 인산화에 어떤 영향을 미치는가?

27. 활성화된 친중성체와 대식세포(백혈구 세포의 종류)는 초과산화물을 방출하면서 박테리아의 침입에 대항하여 싸운다. 이들 세포는 다음 반응을 촉매하는 **NADPH 산화 효소**를 포함한다.

$$2O_2 + NADPH \rightarrow 2O_2^{-}\cdot + NADP^+ + H^+$$

글루코스-6-인산 탈수소 효소 반응을 통한 유출이 이들 세포에서 증가하는 이유를 설명하시오.

28. SOD의 돌연변이체들은 신경 퇴행성 질환인 근위축성 축삭 경화증(ALS)과 관련되어 있다. 연구진이 초기에 SOD 활성의 손실이 신경세포를 손상시킬 것이라고 믿은 이유를 설명하시오.

도전 질문

29. 잘 완충된 미토콘드리아 현탁액은 많은 ADP와 P_i를 가지고 있다. 희석이 된 O_2 소비 곡선은 다음의 형태를 취한다.

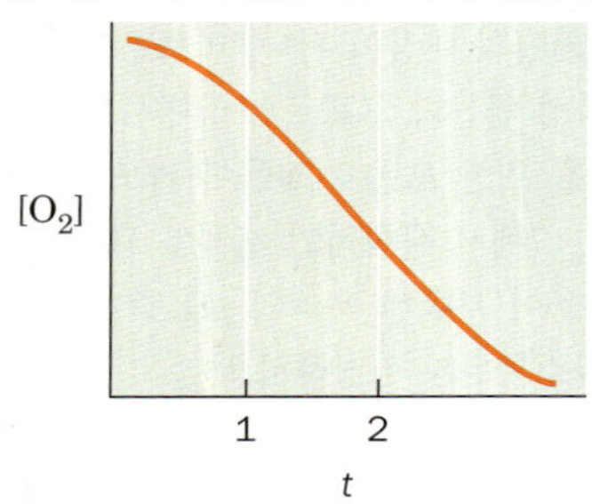

(a) 아미탈(amytal)이 $t=1$에서 추가될 때와, (b) 아미탈이 $t=1$에서 추가되고 석신산이 $t=2$에서 추가될 때를 포함하는 곡선을 그리시오.

30. (a) CN^-가 $t=1$에서 추가될 때, 석신산이 $t=2$에서 추가될 때, (b) 올리고마이신(F_0에 결합되고 ATP 합성을 방해한다)이 $t=1$에서 추가될 때, DNP가 $t=2$에서 추가될 때, 문제 29의 미토콘드리아가 포함된 O_2 소비 곡선을 그리시오.

31. 내부 미토콘드리아 막의 내부와 외부의 표면 사이 pH의 차이는 1.4 pH 단위이다(외부가 산성). 만약 막전위가 0.05 V(내부가 음성)이면 막을 통한 외부에서 내부로의 1 mol의 양성자 이동은 25°C에서 어떤 자유 에너지 변화를 보이는가?

32. 문제 31에서 미토콘드리아의 막에 대해 묘사한 것처럼 몇 개의 양성자가 1 mol의 ATP 합성을 위한 충분한 자유 에너지를 제공하기 위해 이동되어야 하는가?(표준 생화학적 조건하에서)

33. 미토콘드리아 내막에 있는 니코틴아마이드 뉴클레오타이드 수소 전달 효소(NNT)는 활성 산소종의 파괴를 돕는 명백한 반응이 필요한 NADPH를 생성하기 위한 $NADH + NADP^+ \rightarrow NAD^+ + NADPH$ 반응을 촉매화한다. (a) NNT 반응이 기질 환원 전위($\Delta\mathscr{E}$)에서 차이에 의해 주로 구동될 수 없는 이유를 설명하시오. (b) NNT 반응은 막을 통해(외막으로부터 내막으로) 양성자 자리 옮김에 의해 구동된다. 수소 전달 효소(transhydrogenase) 단백질은 어떻게 산화성 인산화 효율에 영향을 주는지 설명하시오.

34. 당뇨병 약인 메트포르민은 3-포스포글리세롤 탈수소 효소를 억제한다. 이 효소가 미토콘드리아에 의한 ATP 생성에 어떻게 영향을 미치는가?

35. NADH에 대한 P/O 비율이 10개와 15개의 c 소단위체를 포함하고 있는 ATP 합성 효소에서 어떻게 달라지는가?

36. (a) 10개 또는 (b) 12개 c 소단위체를 가지고 있는 F_1F_0-ATPase에 의해 합성되는 하나의 ATP는 몇 개의 양성자를 필요로 하는가?

37. 식이 제한 동안, 아미노산은 대사 연료로 사용될 것이다. 이러한 과정에서, 글루타르산은 글루탐산 탈수소 효소(17-5A절)에 의해 α-케토글루타르산으로 전환된다. α-케토글루타르산은 ATP 합성 효소의 β 소단위체에 결합하여 이것의 촉매적 활성화를 억제한다. 산소 소비상의 α-케토글루타르산이 증가되는 효과와 활성 산소종의 생성의 효과들을 예측하시오.

38. 문제 37에서의 정보는 노화 과정을 늦출 수 있다는 가설과 일치하는가?

39. 해안에서 육지의 빗물에 쓸려온 영양분의 높은 농도는 조류의 꽃을 만든다. 조류는 영양분을 감소시킬 때 다른 미생물에 의해 죽고, 가라앉고, 쇠퇴된다. 깊은 해저의 산소가 급격히 감소하면 물고기와 무척추동물이 죽게 되어 멸종 위기에 처하게 한다. 이러한 '죽음의 영역'은 어떻게 형성되는가?

40. 크로뮴은 산화된 Cr(VI) 상태에서 매우 잘 용해되고 가장 높은 유독성을 보이지만, 환원 상태의 Cr(III)는 유독성이 작고 용해도가 매우 낮다. Cr(III) 크로뮴으로 오염된 지하수를 해독하기 위한 노력은 지하의 화학적 환원제 주입을 포함해 왔다. 또 다른 생물학적인 방법의 접근은 식용유나 당밀을 오염된 지하수에 주입하는 것이다. 이러한 물질은 어떻게 Cr(VI)를 Cr(III)로 환원을 촉진하는지를 설명하시오.

41. (a) Q 회로의 단순한 해석은 사이토크롬 bc_1의 양성자 펌핑 효율이 안티마이신 A의 포화 상태에서 50% 미만으로 감소될 것이라 예측되는 이유를 설명하시오. (b) 사이토크롬 bc_1이 왜 안티마이신 A에 의해 거의 100% 억제되는지를 설명하시오.

42. 최근 일부 파렴치한 운영자들은 의학이 질병을 고칠 수 있을 때까지 사망한 개체를 액화 질소에 동결을 제공한다. 이 과정의 생화학적 착오는 무엇인가?

참고 문헌

Boyer, P.D., Catalytic site forms and controls in ATP synthase catalysis, *Biochim. Biophys. Acta* **1458**, 252 – 262 (2000). [A description of the steps of ATP synthesis and hydrolysis, along with experimental evidence and alternative explanations, by the author of the binding change mechanism.]

Baradaran, R., Berrisford, J.M., Minhas, G.P., and Sazanov, L.A., Crystal structure of the entire respiratory complex I, *Nature* **494**, 443 – 448 (2013); *and* Sazanov, L.A., The mechanism of coupling between electron transfer and proton translocation in respiratory complex I, *J. Bioenerg. Biomembr*. **46**, 247 – 253 (2014).

Brzezinski, P. and Johansson, A.–L., Variable proton–pumping stoichiometry in structural variants of cytochrome *c* oxidase, *Biochim. Biophys. Acta* **1797**, 710 – 723 (2010).

Crofts, A.R., The cytochrome bc_1 complex: Function in the context of structure, *Annu. Rev. Physiol*. **66**, 689 – 733 (2004).

Ferguson, S.J., ATP synthase: from sequence to ring size to the P/O ratio, *Proc. Natl. Acad. Sci*. **107**, 16755 – 16756 (2010).

Friedman, J.R. and Nunnari, J., Mitochondrial form and function, *Nature* **505**, 335 – 343 (2014). [A review.]

Goodsell, D.S., Mitochondrion, *Biochem. Mol. Biol. Educ*. **38**, 134 – 140 (2010). [An illustrated guide to the mitochondrion.]

Hinkle, P.C., P/O ratios of mitochondrial oxidative phosphorylation, *Biochim. Biophys. Acta* **1706**, 1 – 11 (2005).

Hirst, J., Mitochondrial complex I, *Annu. Rev. Biochem*. **82**, 551 – 575 (2013).

Hosler, J.P., Ferguson–Miller, S., and Mills, D.A., Energy transduction: Proton transfer through the respiratory complexes, *Annu. Rev. Biochem*. **75**, 165 – 187 (2006). [A review that focuses on cytochrome *c* oxidase.]

Iverson, T.M., Catalytic mechanisms of complex II enzymes: A structural perspective, *Biochim. Biophys. Acta* **1827**, 648 – 657 (2013).

Johnson, D.C., Dean, D.R., Smith, A.D., and Johnson, M.K., Structure, function, and formation of biological iron – sulfur clusters, *Annu. Rev. Biochem*. **74**, 247 – 281 (2005).

Kühlbrandt, W., Bacteriorhodopsin—the movie, *Nature* **406**, 569 – 570 (2000).

Lanyi, J.K., Bacteriorhodopsin, *Annu. Rev. Physiol*. **66**, 665 – 688 (2004).

Lapuente–Brun, E., *et al*., Supercomplex assembly determines electron flux in the mitochondrial electron transport chain, *Science* **340**, 1567 – 1570 (2013).

Nicholls, D.G. and Ferguson, S.J., *Bioenergetics 4*, Academic Press (2013). [A detailed and authoritative monograph.]

Okuno, D., Iino, R., and Noji, H., Rotation and structure of F_0F_1–ATP synthase, *J. Biochem*. **149**, 655 – 664 (2011).

Pebay–Peyroula, E., Dahout–Gonzalez, C., Kahn, R., Trézéguet, V., Lauquin, G.J.–M., and Brandolin, G., Structure of mitochondrial ADP/ATP carrier in complex with carboxyatractyloside, *Nature* **426**, 39 – 44 (2003).

Solmaz, S.R.N. and Hunte, C., Structure of Complex III with bound cytochrome *c* in reduced state and definition of a minimal core interface for electron transfer, *J. Biol. Chem*. **283**, 17542 – 17549 (2008).

Vafai, S.B. and Mootha, V.K., Mitochondrial disorders as windows into an ancient organelle, *Nature* **491**, 374 – 383 (2012).

Vinothkumar, K.R., Zhu, J., and Hirst, J., Architecture of mammalian respiratory complex I, *Nature* **515**, 80 – 84 (2014). [The cryo–EM structure of bovine heart Complex I at 5 Å resolution.]

von Ballmoos, C., Wiedenmann, A., and Dimroth, P., Essentials for ATP synthesis by F_1F_0 ATP synthases, *Annu. Rev. Biochem*. **78**, 649 – 672 (2009).

Walker, J.E., The ATP synthase: the understood, the uncertain and the unknown, *Biochem. Soc. Trans*. **41**, 1 – 16 (2013).

Yoshikawa, S., Muramoto, K., and Shinzawa–Itoh, K., Proton–pumping mechanism of cytochrome *c* oxidase, *Annu. Rev. Biophys*. **40**, 205 – 223 (2011).

Yankovskaya, V., Horsefield, R., Törnroth, S., Luna–Chavez, C., Miyoshi, H., Léger, C., Byrne, B., Cecchini, G., and Iwata, S., Architecture of succinate dehydrogenase and reactive oxygen species generation, *Science* **299**, 700 – 704 (2003). [X–Ray structure of *E. coli* Complex II.]

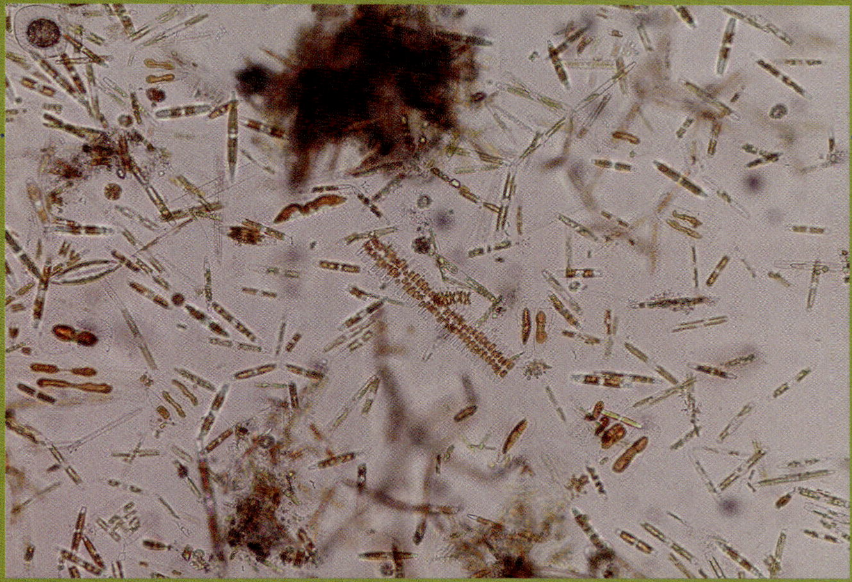

Courtesy of Josef Wiktor

태양이 존재하는 곳이라면 어디서든지 광합성 생물들이 자란다. 북극해 빙하에서 사는 이러한 조류들은 다른 유기체들을 위한 먹이가 되도록 태양 에너지를 화학 에너지로 변환시킨다.

CHAPTER 19

광합성

18세기까지는 햇빛이나 공기 같은 실체가 없는 물질에서 영양 물질을 얻을 수 있다는 개념이 받아들여지지 않았다. 식물이 O_2와 같은 생명 물질을 생산한다는 증거는 1771년에 프리스틀리(Joseph Priestly)가 유리병 속에 타고 있는 양초를 넣은 후 공기가 없어 양초의 불이 꺼져갈 때 작은 식물을 병 속에 넣어 촛불을 '회복'시키는 실험을 통해 증명하였다. 햇빛이 있으면 광합성 생물은 CO_2와 H_2O를 소모하고 탄소를 탄수화물 형태로 '고정'한다.

$$6CO_2 + 6H_2O \xrightarrow{\text{빛}} C_6H_{12}O_6 + 6O_2$$

광합성(photosynthesis)은 빛에너지로 탄소를 환원시키는 것으로, 본질적으로는 산화적 탄수화물 대사의 반대이다. 광합성으로 만들어진 탄수화물은 비광합성 생물의 에너지원으로 제공될 뿐 아니라 직간접적으로 비광합성 생물이 소비하기도 한다. 게다가 광합성을 통하여 영겁의 기간 동안 지구 대기에 존재하는 모든 산소를 생성하였다(초기 지구 대기에는 산소가 없었다는 것을 상기하라. 1-1A장 참조). 일 년간 ~10^{11}톤의 탄소가 광합성으로 고정된다고 추정되는데, 이것은 10^{18} kJ 이상의 에너지가 저장되는 것을 의미한다. 이 활동의 약 절반 정도는 **식물 플랑크톤(phytoplankton)**, 주로 **사이아노박테리아(cyanobacteria)**에 의해 수행된다(이들은 원핵생물이기는 하지만 이전에 남조류라고 알려져 있는 생물체이다). 빛에너지가 화학 에너지로 바뀌는 과정은 초기 진화 과정에 뿌리를 두고 있으며, 그 복잡성은 오랜 시간 동안에 이루어졌다. 우리의 토론은 자색 광합성 세균(purple photosynthetic bacteria)에 관하여 초점을 맞추고 있는데, 그 이유는 이 박테리아가 비교적 간단한 광합성 장치를 가지기 때문이다. 엽록체로 광합성을 수행하는 식물은 그 후에 공부하기로 한다.

20세기 초에는 광합성 색소에 의해서 빛이 흡수되어 CO_2가 환원되고 물과 결합하여 탄수화물 형태로 바뀐다고 잘못 생각하였다. 사실, 식물에서의 광합성은 빛에너지를 이용하여 H_2O을 산화시키는 두 단계의 과정이 포함된다.

$$2H_2O \xrightarrow{\text{빛}} O_2 + 4[H\cdot]$$

이때 얻어진 전자들은 연속해서 CO_2를 환원시킨다.

$$12[H^+] + 6CO_2 \rightarrow C_6H_{12}O_6 + 6O_2$$

광합성의 두 단계는 전통적으로 **명반응(light reaction)**과 **암반응(dark reaction)**으로 표현된다.

1. 명반응에서 특수한 색소 분자는 빛에너지를 포획한 후 바로 산화된다. 일련의 전자 운반 반응은 $NADP^+$를 NADPH로 환원시켜 정점에 이르고, 막횡단 양성자 기울기에서 생산되는 에너지로 ADP + P_i에서 ATP를 합성한다. 산화된 색소 분자는 H_2O에 의해 환원되며 O_2를 생산한다.
2. 암반응은 NADPH와 ATP를 이용하여 CO_2를 환원시켜 3탄당의 탄수화물 전구체에 중합시킨다.

우리는 햇빛 아래에서 일어나는 두 가지 반응을 보게 되는데, 이것을 빛 의존성 및 빛 비의존성 반응이라고 서술할 것이다. 엽록체와 그 내용물에 대한 서술 후에는 차례로 명반응과 암반응을 묘사할 것이다.

1 엽록체

주요 개념

- 엽록체의 틸라코이드 막은 빛을 흡수하는 장소이다.
- 광 흡수 복합체를 이루는 색소 분자들이 가시광선을 흡수한다.

진핵생물(조류와 고등식물)에서의 광합성 장소는 엽록체(chloroplast)이다. 세포는 1~1000개의 엽록체를 가지고 있으며, 크기와 모양은 상당히 다양하지만 주로 ~5 μm 길이의 타원형이다. 이러한 세포 소기관들은 아마도 광합성 세균에서 진화된 것으로 보인다.

A 명반응은 틸라코이드 막에서 발생한다

미토콘드리아에서와 같이 엽록체도 여러 가지 면에서 비슷하게 높은 투과성을 보이는 외막을 가지고 있으며, 좁은 막 사이 공간으로 나누어져 있는 거의 비투과성인 내막을 가지고 있다(그림 19-1). 내막은 탄수화물 합성에 필요한 효소가 농축되어 있는 용액으로 **스트로마(stroma)**라고 한다. 스트로마는 또한 DNA, RAN와 몇 가지 엽록체 단백질을 합성하는 데 관련된 리보솜을 함유하고 있다.

스트로마는 **틸라코이드[thylakoid**, 그리스어: *thylakos*(자루 또는 포대)]라고 하는 세 번째 막 형태 세포 물질을 둘러싸고 있다. 틸라코이드는 여러 겹으로 된 단일막으로, 대부분의 생물체에서는 소위 동전 모양의 것이 포개진 **그라나(grana)**라고 하는 것으로 이루어졌다. 그라나는 **스트로마 라멜라(stromal lamellae)**라고 하는 얇은 막의 층판으로 서로 연결되어 있다. 엽록체는 보통 10~100개의 그라나로 구성되어 있다. 틸라코이드 막은 엽록체의 발생 단계에서 내막이 침범해서 생긴 것이며, 이것은 미토콘드리아의 크리스테(cristae)와 유사하다. 틸라코이드 막은 빛에너지를 모으고, 전자를 운반하고, APT를 합성하는 단백질 복합체를 포함하고 있다. 광합성 세균에서 명반응을 위한 장치는 원형질막 내에 위치하며, 이것은 가끔 그라나와 비슷하게 침범 형태나 여러 층의 얇은 층판 막 구조로 되어 있다.

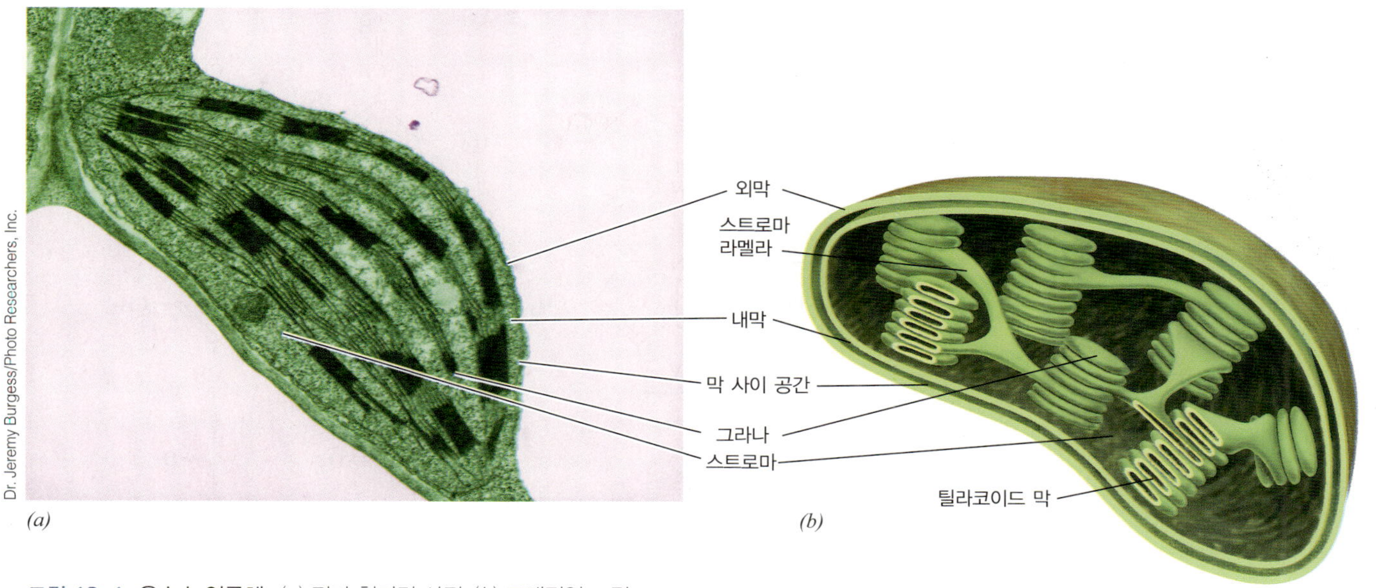

그림 19-1 옥수수 엽록체 (*a*) 전자 현미경 사진, (*b*) 도해적인 그림

? 엽록체와 미토콘드리아는 어떻게 닮아 있을까? 또한 그들은 어떻게 다를까?

B 색소 분자는 빛을 흡수한다

광합성에서 주된 광수용체는 **엽록소(chlorophyll)**이다. 글로빈의 헴(heme)기나 사이토크롬(7-1A절과 자료 18-1) 구조와 유사한 원형 테트라피롤(tetrapyrrole)은 프로토포피린 9(protoporprin IX)로부터 생합성된 것이다. 그러나 엽록소 분자는 여러 가지 관점에서 헴과는 다르다(그림 19-2). 엽록소 안에는 중심 금속 이온으로 Fe(II)나 Fe(III)가 아닌 Mg^{2+} 이온이 있으며, 싸이클로펜타논(cyclopentanone) 고리인 고리 V는 피롤(pyrole) 고리 3(Ring III)에 융합되어 있다. 식물이나 사이아노박테리아에 있는 주요 엽록소 형태는 **엽록소 *a*(chlorophyll *a*, Chl *a*)** 및 **엽록소 *b*(chlorophyll *b*, Chl *b*)**이며, 광합성 세균의 엽록소는 **세균 엽록소 *a*(bacteriochlorophyll *a*, BChl *a*)**와 **세균 엽록소 *b*(bacteriochlorophyll *b*, BChl *b*)**이다. 이들은 고리 2(Ring II)와 고리 4(Ring IV)의 포화도와 고리 1, 2, 4(Ring I, II, IV)의 치환 정도가 헴과 서로 다르다.

여러 분자들과 결합한 엽록소 분자들은 다른 광합성 색소와 함께 가시광선을 강하게 흡수한다(지구 표면에 도달하는 대부분의 강한 태양 복사의 형태, 그림 19-3). 다양한 엽록소 중에서 비교적 적은 화학적인 차이라도 빛의 흡수 스펙트럼에는 큰 영향을 미친다.

집광 복합체 다중 색소를 포함한다. 광합성의 1차 반응은 19-2B절에서 설명하게 되는데 **광합성 반응 중심(photosynthetic reaction ceter)**에서 수행한다. **광합성 반응 집합체는 반응 중심보다는 훨씬 더 많은 엽록소 분자를 가지고 있다.** 이러한 이유는 엽록소 분자가 직접 광화학 반응에 참여하기보다는 빛을 모으는 작용을 하기 때문이다. 즉 **엽록소 분자는 집광 작용 안테나 역할을 한다.** 이러한 **안테나 엽록소(antenna chlorophyll)**는 흡수된 **광자(photon**, 빛의 단위) 에너지를 광합성 반응 중심에 도달할 때까지 분자에서 분자로 이동시킨다(그림 19-4).

에너지 전달은 안테나 시스템에서 반응 중심(**RC**)으로 $<10^{-10}$초에 90% 이상의 효율로 이루어진다. 이렇게 높은 효율은 엽록소 분자가 적당한 공간과 상대적 배열

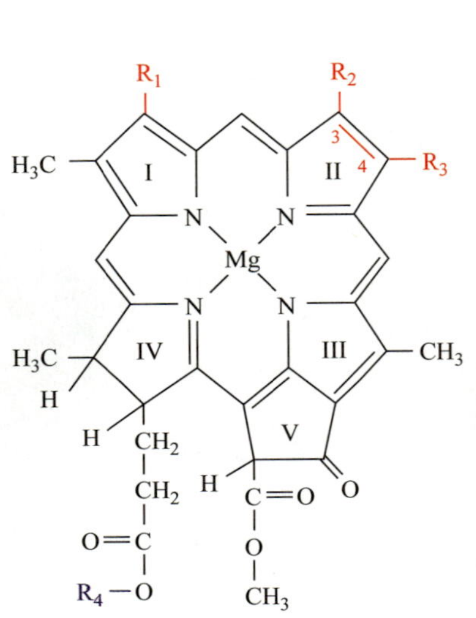

엽록소

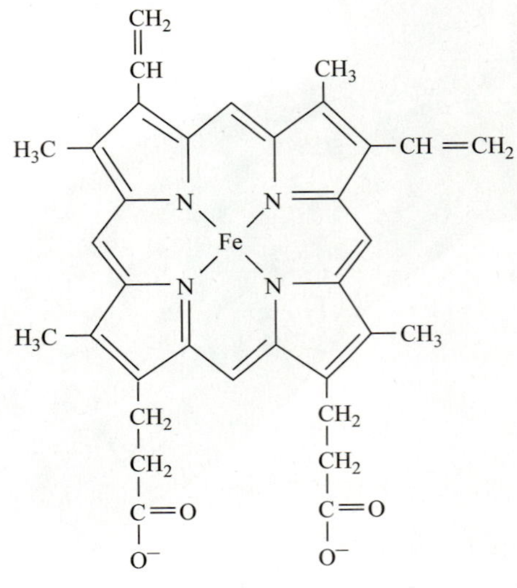

철-프로토포피린 **IX**

	R_1	R_2	R_3	R_4
엽록소 *a*	$-CH=CH_2$	$-CH_3$	$-CH_2-CH_3$	P
엽록소 *b*	$-CH=CH_2$	$-\overset{O}{\overset{\Vert}{C}}-H$	$-CH_2-CH_3$	P
세균 엽록소 *a*	$-\overset{O}{\overset{\Vert}{C}}-CH_3$	$-CH_3$[a]	$-CH_2-CH_3$[a]	P or G
세균 엽록소 *b*	$-\overset{O}{\overset{\Vert}{C}}-CH_3$	$-CH_3$[a]	$=CH-CH_3$[a]	P

[a] C3와 C4 위치 사이에는 이중 결합이 없다.

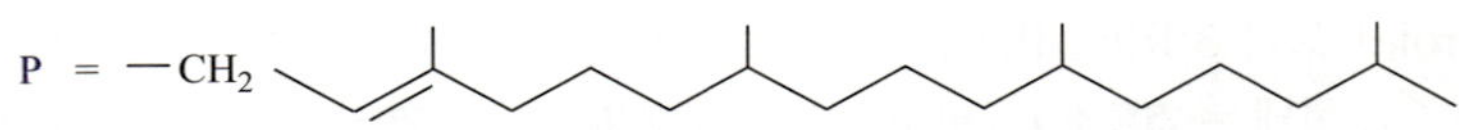

피틸 곁사슬

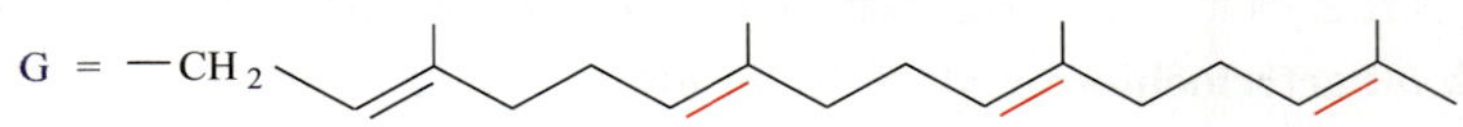

제라닐제라닐 곁사슬

그림 19-2 엽록소 구조 엽록소 *a*와 *b* 그리고 세균 엽록소 *a*와 *b*의 분자 구조를 철-프로토포피린 9(iron-protoporphyin IX) 및 헴(heme)기와 비교하였다. 아이소프레이노이드 피틸(isoprenoid phytyl)과 제라닐제라닐(geranylgeranyl) 꼬리는 아마도 무극성 매체에서 엽록소의 유동성을 증가시키게 된다.

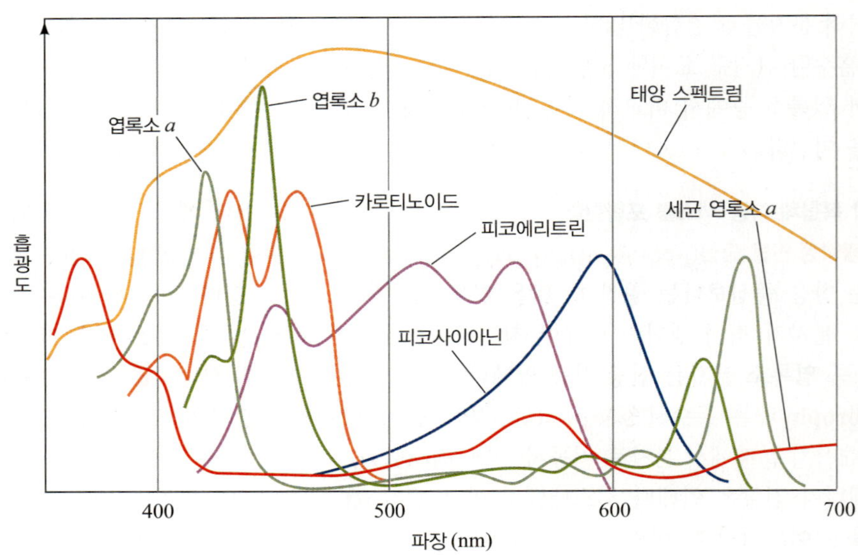

그림 19-3 여러 종류의 광합성 색소의 흡수 분광도 엽록소는 두 개의 흡수대를 갖고 있는데, 하나는 붉은색(긴 파장)이고, 다른 하나는 파란색(짧은 파장)이다. 피코에리트린(phycoerythrin)은 파란색과 녹색을, 피코사이아닌(phycocyanin)은 노란색을 흡수한다. 이 색소들은 모두 태양 스펙트럼 대부분의 가시광선을 흡수한다. [After a drawing by Govindjee, University of Illinois.]

? 각각의 색소의 색깔은 무엇인가?

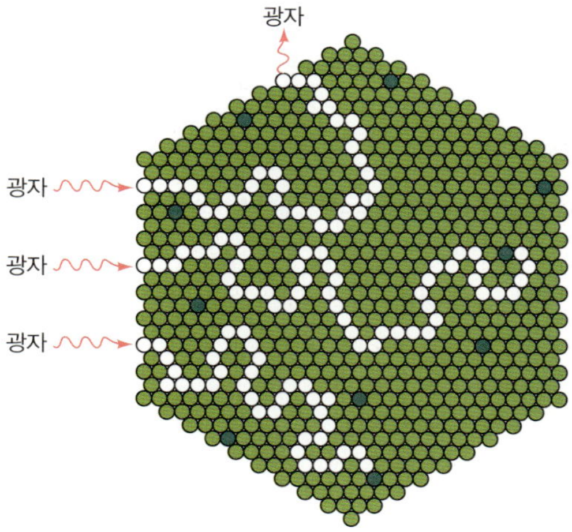

그림 19-4 광합성 안테나 복합체를 통한 에너지 흐름 흡수된 광자의 에너지는 안테나 복합체 분자(밝은 녹색 원) 사이에 있는 엽록소 작용 중심(짙은 녹색 원)에 도달할 때까지 무작위로 이동하거나 낮은 비율이지만 재방출된다(형광).

을 가짐으로써 가능하다. 밝은 햇빛 아래에서도 반응 중심체 RC는 대사 과정에서 무의미한 비율인 초당 ~1광자를 빼앗아간다. 그러므로 안테나 색소의 복합체 또는 **집광 복합체(light-harvesting complex, LHC)**는 필수적이다.

집광 복합체(LHC)는 막결합 소수성 단백질의 배열로 이루어져 있으며, 각각 주로 대칭형의 아주 많은 색소 분자의 배열로 이루어져 있다. 예를 들면 자색의 광합성 박테리아 *Rhodospirillum molischianum*의 **LH-2**는 32개의 색소 분자(그림 19-5)가 샌드위치된 모습으로 두 층의 팔각형 구조로 이루어진 배열로서, 8개의 α 소단위체와 8개의 β 소단위체로 구성된 막 내재 단백질이다. 다른 LHC도 매우 다양한 구조의 LHC와 보조 기구들을 가지고 있다. 각각의 LHC에는 최적의 에너지 전달 효율을 나타낼 수 있는 LHC가 여러 개 배열되어 있다. 실제로 LH-2(그림 18-5*b*의 아래 부분)

Courtesy of Juergen Koepke and Hartmut Michel, Max Planck Institute of Biophysics, Germany

(*a*)

(*b*)

그림 19-5 *R. milischianum*의 집광 복합체 LH-2의 X선 구조 (*a*) C_α의 뼈대로 표현되는 α 소단위체(파란색, 56개 잔기)와 β 소단위체(심홍색, 45개 잔기)의 광합성막의 수직면은 두 동심이 8번 접힌 대칭 고리들로 정렬되어 있다. 24개의 세균 엽록소 *a*(BChl *a*, 파란색)와 8개의 라이코펜(lycopene, 카로티류; 노란색) 분자들은 단백질 고리에 끼워져 있다. (*b*) 막의 평면 보기에서는 원통으로 나타낸 α 나선형 단백질 부분은 *a*와 같은 색깔을 사용하였고, Mg^{2+} 이온은 흰색 구로 표시하였다. 8개의 BChl *a* 분자는 거의 막의 평면과 평행하게 고리 구조로 복합체의 꼭대기에 결합되어 있으며, 반면 16 BChl *a* 분자는 막의 평면과 거의 수직으로 그들의 고리 구조와 결합하고 있음을 주목하라. 이러한 배열은 아마도 라이코펜 분자와 함께 안테나 시스템의 광흡수와 들뜸 전달 능력에 적합하게 배열되어 있는 것으로 보인다. [PDBid 1LGH.]

에 있는 16개의 BChl *a* 분자 고리는 흡수 복사선을 거의 단일 단위로 강하게 흡수한다.

대부분의 LHC들은 엽록소 이외에 다른 집광 물질들도 가지고 있다. 이러한 **부속 색소(accessory pigment)**들은 안테나 복합체의 분광 흡수를 엽록소가 강하게 흡광하지 못하는 영역의 흡수 스펙트럼을 '충전'한다. 예를 들면 직선상의 폴리엔(polyene)인 **β 카로틴(β-carotene)**같은 **카로티노이드류(carotenoids)**는 모든 녹색식물과 많은 광합성 세균의 구성 성분이며, 그러므로 통상의 대부분 부속 색소들을 이루고 있다. 그들은 낙엽성 식물에서 대부분 화려한 낙엽 색깔이나 당근의 주황색을 나타내게 된다.

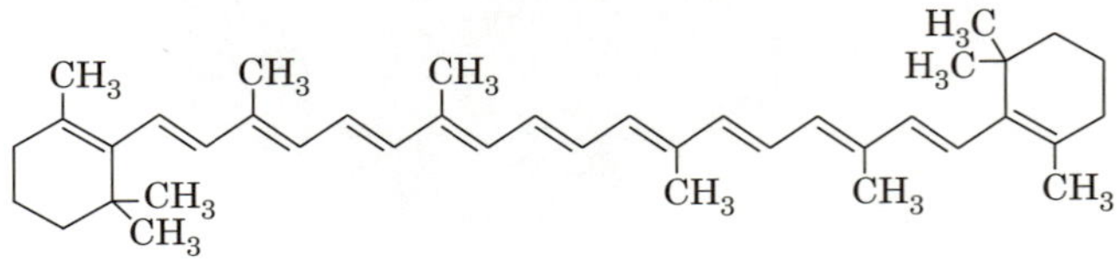

β 카로틴

수생 광합성 생물은 부수적으로 다른 종류의 색소들을 가지고 지구 상의 절반 정도의 광합성을 수행하고 있다. 왜냐하면 450~550 nm(파란색과 녹색 빛) 파장 이외의 빛은 물속 10 m 이상까지 거의 완전하게 투과되어 흡수되기 때문이다. 붉은 조류와 사이아노박테리아는 안테나 색소 대신에 Chl *a*인 직선상의 테트라피롤(tetrapyrrole)의 다발로 된 안테나 색소로 이루어져 있으며, 특히 붉은 **피코에리트로빌린(phycoerythrobilin)**과 청색 **피코사이아노빌린(phycocyanobilin)** 색소를 가진다(이들의 스펙트럼들은 그림 19-3에 나타나 있다).

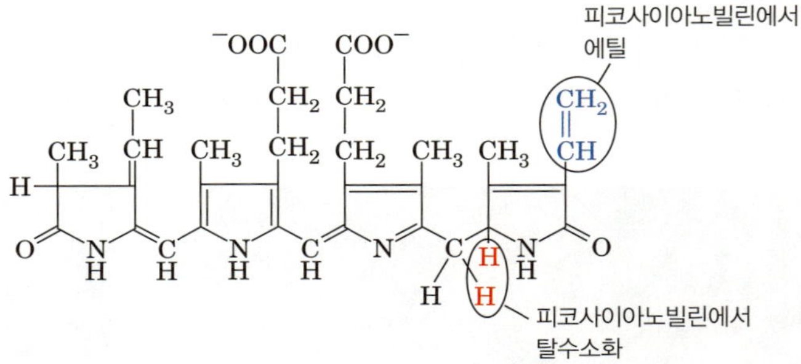

피코에리트로빌린과 피코사이아노빌린

체크 포인트

- 명반응 및 빛 비의존성 반응에서 발생하는 사건들을 요약하시오.
- 엽록체의 구조를 설명하시오.
- 광합성을 수행하는 생물체들이 왜 여러 종류의 색소 분자를 가지는지를 설명하시오.
- 집광 복합체의 기능을 설명하시오.

2 명반응

주요 개념

- 흡수된 빛에너지는 내부 전환, 형광, 들뜬자 전달 및 광산화 등으로 분산된다.
- 자주색 세균의 특수한 광합성 반응 중심은 광산화 반응을 진행하고 전자 전달계는 전자를 특수 광반응 중심으로 돌려준다.
- 식물과 사이아노박테리아에는 두 종류의 광합성계, 즉 사이토크롬 b_6f와 전자를 운반하는 복합체가 Z 형태의 전자 전달계를 구성하고 있다.
- 광계 II는 물에서 유래된 전자를 이용하여 산화된 광계쌍을 환원시킨다.
- 광계 II의 전자는 사이토크롬 b_6f 복합체를 통해서 이동하여 막횡단 양성자 기울기를 만드는 Q 회로를 진행한다.
- 광계 I의 광산화로 방출된 전자는 $NADP^+$를 환원하거나 수소 농도차를 만드는 기능을 가진 사이토크롬 b_6f 복합체로 되돌아간다.
- ATP는 광인산화 반응으로 생성된다.

광합성은 들뜬 엽록소 분자에서 전자로의 이동 과정으로, 전기적 에너지를 화학적 에너지로 전환하는 일련의 수용체들에 의해서 이루어진다. 그러므로 우리는 다음과 같은 두 가지 질문을 할 수 있다. (1) 에너지 전달 메커니즘은 무엇인가? (2) 광산화된 엽록소 분자는 어떻게 잃어버린 전자들을 다시 얻을까?

A 빛에너지가 화학 에너지로 전환된다

전자기 복사선은 불연속의 **양자(quanta**, 광자)이며, 에너지 E는 **플랑크 법칙(Planck's law)**에 의해 다음과 같이 표시된다.

$$E = h\nu = \frac{hc}{\lambda}$$

여기서 h는 **플랑크 상수(Planck's constant**, 6.626×10^{-34} J·s), c는 진공 상태에서의 빛의 속도($2.988 \times s^{-1}$), ν는 복사선의 주파수, λ는 파장이다.

한 개의 분자가 한 개의 광자를 흡수하면 이들 중의 한 전자는 바닥 상태(가장 낮은 에너지)에서부터 비교적 높은 에너지의 분자 오비탈 상태로 올라간다. 그럼에도 불구하고 주어진 분자는 단지 어떤 파장의 광자만 흡수하는데, 그 이유는 에너지 보존 법칙에서 요구되는 것과 같이, 흡수된 광자 에너지와 두 에너지 상태 사이의 차이 에너지가 정확히 일치해야 하기 때문이다. 전기적으로 들뜬 분자는 다음과 같은 몇 가지 방법으로 들뜬 상태의 에너지를 발산한다(**그림 19-6**).

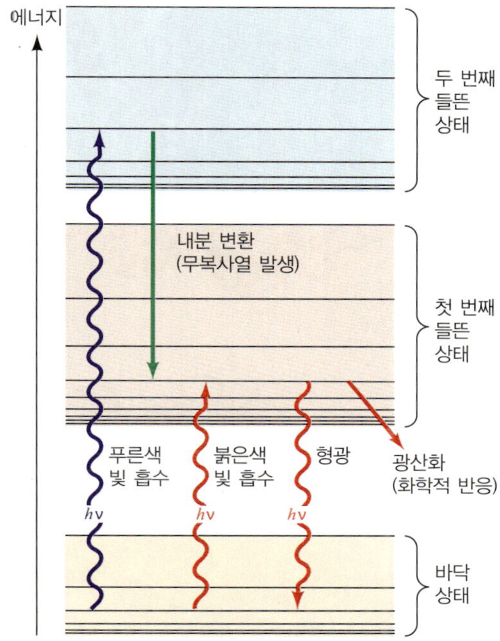

그림 19-6 엽록소의 에너지 상태와 이들 에너지들 간의 중요한 상호 전환 에너지 모식도 구불구불한 화살표는 광자의 흡수나 그들의 형광 방출을 표시한다. 들뜬 에너지는 내부 변환 방식(열 발생)과 화학 반응 같은 무복사 방법으로 발산한다.

1. **내부 전환(internal conversion)**은 전기 에너지에서 일반적인 붕괴 모드로 분자 운동의 열역학적 에너지로 전환되는 열로의 방출이다. 많은 분자들은 이러한 방식으로 그들의 바닥 상태로 내려간다. 그러나 보통 엽록소 분자들은 가장 낮은 들뜬 상태로만 내려간다. 계속해서 엽록소 분자의 광합성에 적합한 들뜬 에너지는 짧은 파장대에 해당하는 두 번째 들뜬 상태의 광자를 흡수하는데, 이것은 긴 파장대의 낮은 에너지의 광자를 흡수하는 것과 다르지 않다.
2. **형광(fluorescence)** 전기적으로 들뜬 상태의 분자들이 광자의 방출로 인해 바닥 상태로 붕괴되는 과정이다. 형광으로 방출된 광자는 일반적으로 흡수한 파장보다 긴 파장(낮은 에너지)을 갖는다. 살아 있는 식물에 의해 흡수된 빛에너지의 3~6%만이 형광으로 방출된다.
3. **들뜬자 전달(exciton transfer, 공명 에너지 전달이라고 알려져 있음)**은 들뜬 분자가 직접적으로 그의 들뜬 에너지를 전기적 성질이 거의 유사한 비들뜬 분자로 전달하는 것이다. 이런 과정은 관련된 분자 오비탈 간의 상호작용으로 일어난다. **빛에너지는 안테나 색소들 간의 들뜬자 전달을 통하여 반응 중심(RC)으로 좁은 통로로 흐르게 한다.** 그 에너지(들뜸)는 반응 중심체 엽록소에 모이는데, 이는 이들이 안테나 엽록소보다 조금 낮은 들뜬 상태를 유지하기 때문이다(**그림 19-7**). 이 에너지 차이는 열로 잃는 것만큼의 에너지에 해당한다.
4. **광산화 반응(photooxidation)**은 빛에 의해 들뜬 주개 분자(donor molecule)의 전자가 받개 분자(acceptor molecule)로 전달되는 것이므로 환원 반응이다. 이런 반응은 전달된 전자가 그들의 바닥 상태보다 들뜬 상태의 주개에 덜 강하게 결합되어 있어서 일어난다. 광합성에서 들뜬 상태의 엽록소(Chl*)은 이와 같은 전자 주개 물질이다. **광자로 흡수된 에너지는 화학적 반응으로 광합성 반응**

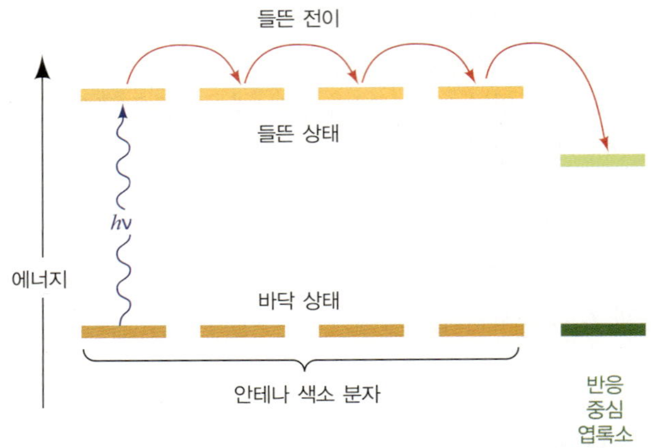

그림 19-7 광합성 반응 중심에 의해 포집된 들뜬 에너지 들뜬 전이에 의해 색소 분자들 사이를 통과한 빛에너지는 들뜬 상태가 안테나 색소 분자의 에너지 준위보다 낮은 에너지를 갖는 반응 중심 엽록소에 의해 포집된다.

계로 전달된다. 광산화된 엽록소인 Chl^+는 양극의 자유 라디칼로서, 다른 분자를 산화시키고 결국은 환원된 상태로 되돌아간다.

B 광합성 세균에서의 전자 전달은 순환 경로를 따른다

자색 광합성 세균은 붉은색 빛을 비추면 막결합 세균 엽록소 복합체가 광산화 반응을 수행한다. 들뜬 전자는 원래의 세균 엽록소 복합체로 되돌아갈 때까지 운반체 계열을 따라 전달된다. 전자 운반 과정 중에는 세포질 양성자는 원형질막을 가로질러서 자리옮김을 한다. 발산은 결과적으로 양성자 기울기에 의해서 ATP 합성을 추진한다. 비교적 간단한 자색 광합성 세균의 RC(**PbRC**)는 어떤 광화학적 반응의 일반적인 사건을 설명하는데, 이것은 식물과 사이아노박테리아의 경우 좀 더 복잡한 광합성 기구에서 일어난다(19-2C절).

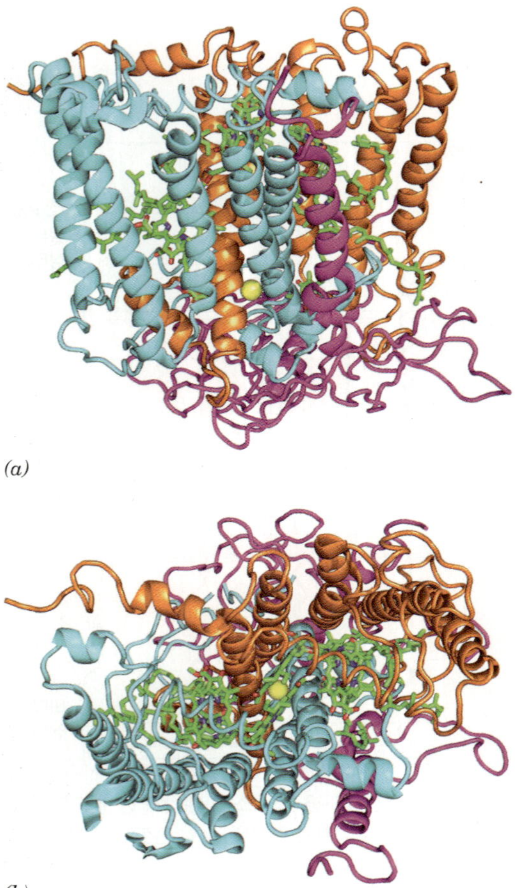

(a)

(b)

그림 19-8 Rb. 스패로이드의 광합성 반응 중심의 X선 구조 (*a*) 원형질막(세포질 아래)의 평면에서 보았을 때, 이 단백질의 H, M, L 소단위체들은 각각 진홍색, 청록색, 주황색으로 표시하였다. 보결단은 C 녹색, N 파란색, O 빨간색의 막대 형태로 나타내었다. Fe(II) 원자는 노란색 구로 표시하였다. 수직의 11개 주요 나선체들은 막횡단 영역에서 원형으로 된 단백질 구성체 중심 부분을 이루고 있다. (*b*) 막의 세포막 부위 외부에서 본 그림. M과 L 소단위체의 막횡단 부위가 Fe(II) 이온과 2개 소단위체 사이에 샌드위치된 전구 물질을 통과하는 가정의 이중 접힘 부분을 갖게 되는 연관성에 주목하라. [Based on an X-ray structure by Marianne Schiffer, Argonne National Laboratory. PDBid 2RCR.]

PbRC는 막횡단 단백질이다. 자색 광합성 세균의 몇 가지 종류의 광합성 반응 중심체들은 H, L, M으로 알려진 세 개의 소수성 소단위체를 포함한다. L과 M 소단위체는 세균 엽록소의 네 분자와 정확하게 결합되어 있는데, 이 4개의 분자는 2분자의 **박테리오페오피틴(bacteriopheophytin, BPheo**; 박테리오 엽록소 속의 Mg^{2+} 이온이 두 양성자로 치환되어 있다), 한 개의 Fe(II) 이온, 두 개의 산화-환원 보조 효소 유비퀴논(그림 18-10*b*) 또는 한 개의 유비퀴논 분자와 한 개의 **메타퀴논(menaquinone**, 바이타민 K; 9-1F절) 관련 물질이다.

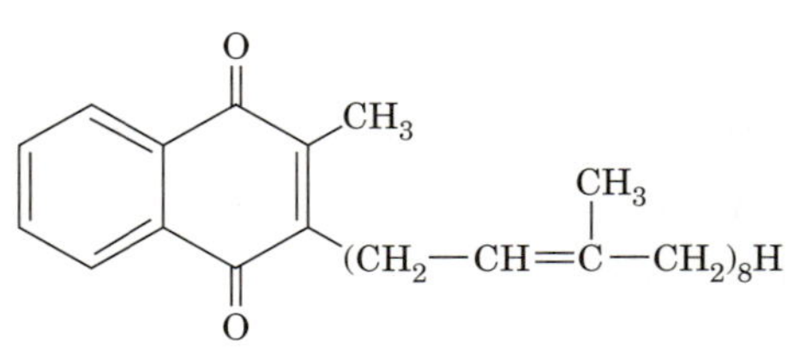

메타퀴논

로도박터 스패로이드(*Rhodobacter* [*Rb.*] *sphaeroide*)의 광합성 반응 중심체(PbRC)는 11개 막을 투과하는 나선 구조의 막횡단 단백질이다(**그림 19-8**). 11개의 막에 걸쳐진 나선 형체들의 배열은 **로도슈도모나스 비리디스**(*Rhodopseudomonas* [*Rps.*] *viridis*)(**그림 19-9**)와 매우 비슷하다. 로도슈도모나스 비리디스 단백질의 보

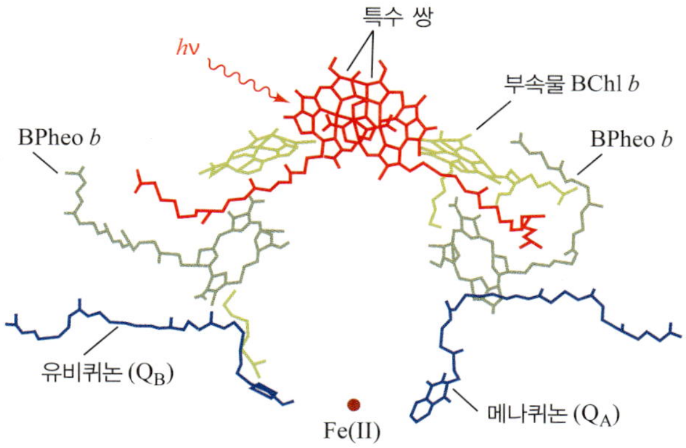

그림 19-9 *Rps. Viridis*의 광합성 반응 중심 안의 보결단 분자의 배열 지방족 곁사슬은 표시하지 않았으나 대칭형의 두 겹으로 인접해서 배열되어 있는 고리에 주목하라. L 소단위체에 결합되어 있는 보결 분자단은 오른쪽에, M 소단위체에 결합되어 있는 것은 왼쪽에 표시되어 있다. 광자들은 BChl *b* 분자(붉은색)의 특수 쌍에 의해서 흡수된다.

결 분자단의 배열을 그림 19-9에 나타내었다. **PbRC의 가장 두드러진 개념은 이 그룹들이 거의 완벽하게 두 겹의 대칭형으로 배열되어 있다는 것이다.** 두 개의 BChl 분자들인 소위 **특수 쌍(special pair)**은 가깝게 연관되어 있다. 이들은 거의 평행이며, Mg−Mg 간 거리는 ~7 Å이다. 이 특수 쌍은 최대 흡광도(nm 단위로)에 의해 이름이 붙여졌다[**P870** 혹은 **P960**은 이것들이 BChl *a* 혹은 BChl *b*로 이루어져 있느냐에 따라서 이름이 붙여졌다. 광합성 세균은 가시광선(400~800 nm)이 투과할 수 없는 지저분하고 정체된 연못에 사는 경향이 있다. 그들은 거의 적외선을 흡수하는 엽록소 종류를 필요로 한다]. 각각의 특수 쌍 멤버들로, 여기서는 P960이 번갈아서 BPheo 분자와 연결되어 있는 다른 BChl 분자와 접촉하고 있다. 메나퀴논은 L 소단위체 BPheo *b*(그림 19-9, **오른쪽**)에 인접해 있고, 반면 유비퀴논은 M 소단위체 BPheo *b*(그림 19-9, **왼쪽**)에 연계되어 있다. Fe(II)는 메나퀴논과 유비퀴논 고리 사이에 위치해 있다. 특이하게도 두 개의 대칭으로 연결된 보결 분자단은 기능적으로 동등하지는 않다. 즉 전자들은 거의 고립적으로 L 소단위체를 통해서만 전달된다(그림 19-8과 그림 19-9의 오른쪽 측면). 이러한 효과는 L과 M 소단위체 사이의 구조적 전기적인 미묘한 차이점에 기인한다.

광자 흡수에 의한 특수 쌍이 급격히 광산화된다. 광화학적 반응은 PbRC에 의해 다음과 같은 반응으로 진행된다.

1. 세균 광합성의 주된 광화학적 반응은 특수 쌍(예를 들면 P960)에 의한 광자의 흡수로 일어난다. 들뜬 전자는 두 개의 BChl 분자에서 떨어져 나온다.
2. P960의 들뜬 상태인 P960*은 한 개의 전자를 그림 19-9의 오른쪽에 있는 BPheo에 전달하여 $P960^+$ BPheo b^-를 만든다[BChl기의 간섭은 아마도 그 자체는 환원되지 않더라도 전자 전달 역할을 수행하는 것이다. 이들은 **부속물 BChl(accessory BChl)**로 알려져 있다].
3. 그 다음 200 ps 동안에 전자는 Q_A로 이름지어진 메나퀴논(혹은 많은 종에서는 두 번째 유비퀴논)으로 이동하여 음이온 세미퀴논(semiquinone) 라디칼 $Q_A^-\cdot$를 형성한다. **그림 19-10**에 표시되어 있으며, 모두 점차적으로 낮은 에너지 상태로의 전자 전달이 일어나며, 비가역적이다.

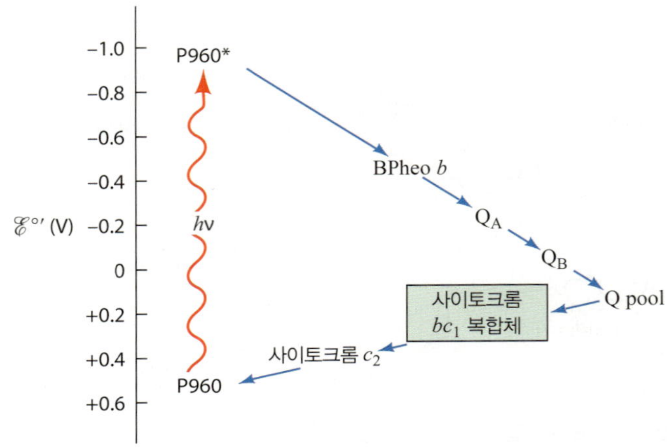

그림 19-10 자색 광합성 세균의 광합성 전자 운반계 전자들은 BPheo b와 자유 유비퀴논 저장고와 교환되는 Q_B에 도달하기 전에 Q_A를 통해서 $P960^+$에 의한 흡수 작용으로 떨어져 나온다. Q에서 QH_2로 될 때 필요한 2 전자의 환원에는 2개의 광자가 필요하지만, 사이토크롬 c_2 운반체는 한 개의 전자를 한번에 PbRC로 되돌려 운반한다. 전체 반응은 기본적으로 비가역적인데, 전자들은 점차적으로 낮은 에너지 상태로 전달되기 때문이다(보다 + 방향의 표준 환원 전위).

? P960이 빛을 흡수할 때 발생하는 P960의 환원 전위 변화를 예측하라.

$P960^+$ 이웃에서 들뜬 전자의 빠른 제거는 PbRC의 필수적인 모습이다. 이것은 $P960^+$로 전자가 되돌아가는 것, 즉 들뜬 상태의 에너지가 낭비적인 열로 전환되는 것을 방지한다. 사실, **PbRC에서의 전자 전달은 전체 양자 수득률(quantum yield, 흡수된 광자에 반응한 분자의 비율)에서 아주 효과적이며, 실제로 100%이다.** 사람이 만든 기계는 이러한 정도의 효율을 나타내는 것은 아직 없다.

전자들은 전자 전달계를 통해서 광산화된 특수 쌍으로 되돌아간다. PbRC 안에 소수성 주머니에 들어 있는 $Q_A^-\cdot$는 들뜬 전자를 좀 더 용매에 노출된 유비퀴논 Q_B에 전달하여 $Q_B^-\cdot$ 형태로 된다(Q_A와 Q_B 사이에 자리 잡고 있는 Fe 이온은 이러한 산화-환원 반응에 직접 참여하지 않는다). Q_A는 절대로 완전하게 환원되지 않는다. 이것은 산화된 형태와 세미퀴논 형태 사이를 오고 간다.

PbRC가 다시 들뜬 상태로 되면, 두 번째 전자를 $Q_B^-\cdot$로 전달시켜 완전히 환원된 $Q_B{}^{2-}$ 형태로 만든다. 이 음이온의 퀴놀은 원형질막의 세포질 쪽에서 2개의 양성자를 받아서 Q_BH_2로 된다. 그러므로 **Q_B는 분자 전환기로서 두 개의 빛에 추진된 단일 전자를 전자 두 개의 화학적 환원으로 변환시킨다.**

Q_BH_2에 의해 받아들여진 전자들은 전자 전달계를 거쳐서 결국은 $P960^+$로 되돌아간다(그림 19-10). 이 과정의 세밀함은 종(species) 의존적이다. 막결합 저장고인 유비퀴논 분자를 포함한 이용 가능한 산화-환원 운반체는 **사이토크롬 bc_1 복합체(cytochrome bc_1 complex)**와 **사이토크롬 c_2(cytochrome c_2**, 그림 6-32b에 그려진 구조)이다. 전자 운반 경로는 Q_BH_2에서 사이토크롬 bc_1으로, 다음에는 사이토크롬 c_2로 인도하는 것이다. 환원된 사이토크롬 c_2는 미토콘드리아의 사이토크롬 c와 아주 비슷하게 전자 한 개를 $P960^+$로 되돌려 운반한다. 그것에 의해서 PbRC는 환원되고 다른 광자를 흡수할 준비를 한다.

자색 광합성 세균에서 전자 운반이 순환 반응이기 때문에 (그림 19-10), **이 반응은 순수한 산화-환원 반응 결과는 아니다.** 그러나 QH_2가 자신의 전자들을 사이토크롬 bc_1에 전달하면, 그들의 양성자들은 세포질막을 통과해서 자리옮김을 하게 된다. 사이토크롬 bc_1은 막횡단 단백질 복합체로 [2Fe−2S] 철-황 단백질, 사이토크롬 c_1, 그리고 2개의 헴인 b_H와 b_L을 갖고 있는 (H와 L은 각각 높고 낮은 준위) 사이토크롬 b를 포함하고 있다. 사이토크롬 bc_1은 확실히 미토콘드리아의 양성자 전위 복합체 III(이것도 사이토크롬 bc_1이라고 한다. 18-2E절)와 유사한 것에 유의하라. 사실 QH_2에서 두 개의 전자가 사이토크롬 c_2로 이동하는 전자 운반은 두 단계의 Q 순환 회로 안에서 일어나는데, 이것은 미토콘드리아에서 일어나는 전자 운반과 똑같다(그림 18-15). 전체 결과는 QH_2에서 두 개의 전자가 사이토크롬 c_2로 전달되고, 네 개의 양성자가 원형질막 공간으로 들어간다. 이렇게 해서 PbRC에 의한 광자 흡수는 막횡단 H^+ 기울기를 만든다. 빛에 의존하는 ATP 합성을 하는 광인산화(photophosphorylation)는 이러한 기울기의 해제에 의해서 추진된다(19-2D절).

C 이중심 전자 운반은 O_2와 NADPH를 생성하는 직선 경로이다

식물과 사이아노박테리아에서의 광합성은 **비순환 과정으로 빛 추진에 의한 H_2O의 산화로 생긴 환원력을 이용하여 NADPH를 생산하는 것이다.** 이 다단계 과정은 PbRC와 아주 유사한 두 개의 광합성 반응 중심(RC)을 포함하고 있다. 이러한 RC는 물을 산화시키는 **광반응계 II(photosystem, PSII)**와 $NADP^+$를 환원시키는 **광반응계 I(photosystem, PSI)**로 되어 있다. 각각의 광반응계는 PSII에서 PSI으로 흘러가는 전자들을 빛에 의해서 독립적으로 들뜨게 한다. 그러므로 **PSII에서 PSI은 $NADP^+$의 환원을 H_2O의 산화 반응과 짝짓는 전기적 연속 반응을 조절한다.**

두 광반응계가 존재한다는 증거는 붉은색 빛(단지 PSI만 활성화한다)과 황록색 빛(역시 PSII를 활성화한다)의 두 가지 빛의 존재 아래에서 식물이 각각 한 가지 빛으로 만들어 내는 전체 양보다도 O_2 양(예로서 H_2O을 산화한다)이 많다는 것을 관찰하면 알 수 있다. 제초제인 **3-(3, 4-다이클로로페닐)-1, 1-다이메틸유레아 [3-(3,4-dichlorophenyl)-1, 1-dimethylurea, DCMU]**는

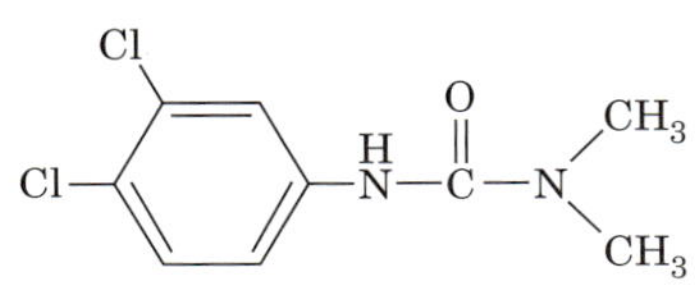

3-(3, 4-Dichlorophenyl)-1, 1-dimethylurea(DCMU)

PSII에서 PSI으로 전자가 흐르는 것을 적당한 빛의 발산이 있다 하더라도 막기 때문에 (예로서, PSI과 PSII 양쪽을 활성화), PSI이 전자를 공급받지 못하게 하는 것이고, PSII는 다시 산화되지 못하고 광합성적 산소 발생은 중지된다.

엽록체에서의 전자 운반 경로는 광합성 세균보다 정교하다. **H_2O에서 NADPH로 전자를 운반하는 데 관여하는 구성 성분들은 주로 세 개의 틸라코이드 막결합 입자들로 이루어져 있다**(그림 19-11). 이들은 PSII, **사이토크롬 복합체(cytochrome b_6f**

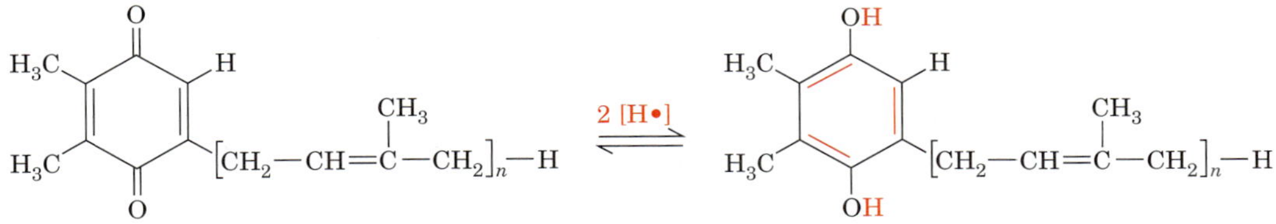

플라스토퀴논 플라스토퀴놀

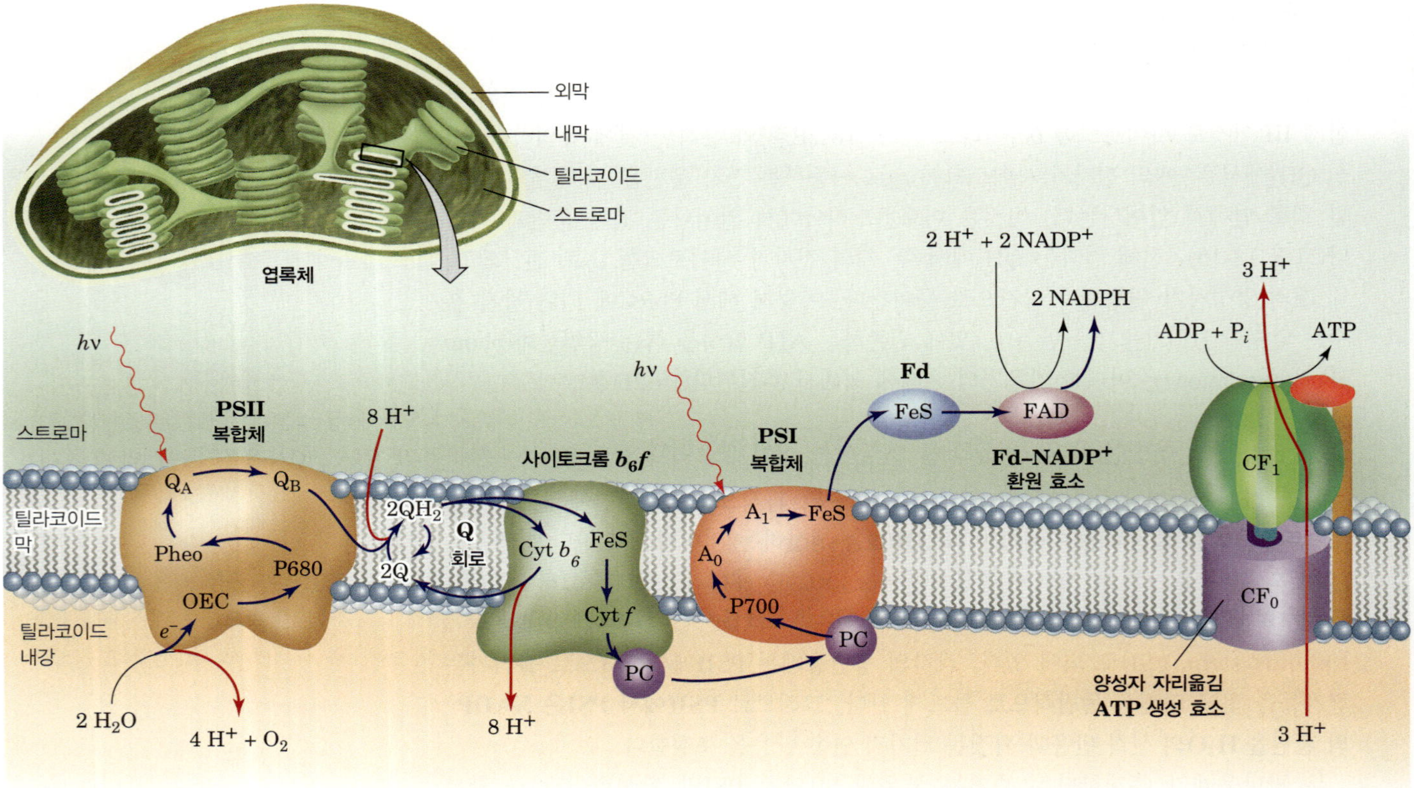

그림 19-11 틸라코이드 막 모형 전자 운반계는 세 개의 단백질 복합체로 이루어져 있다. 이들은 PSII, 사이토크롬 b_6f 복합체, 전자 전달체인 플라스토퀴논(Q)과 플라스토사이아닌(PC)을 전기적으로 '연결'하고 있는 PSI이다. 빛에 의한 추진력으로 H_2O에서 $NADP^+$로 전달되는 전자(파란색 화살)는 광자(붉은색 화살표)를 틸라코이드 내강(lumen) 속으로 운반하는 기동력이 된다. 산소 방출 중심(OEC)에 의해 물을 분해하여 만들어진 추가적인 양성자들은 O_2를 발생시킨다. CF_1CF_0의 양성자 자리옮김 ATP 생성 효소에 의한 ATP 합성은 양성자 기울기 힘에 의한 것이다. 막은 집광 복합체(그림에 나타내지 않음)를 포함하고 있는데, 이 색소 구성체들은 그들의 들뜬 상태를 PSII와 PSI로 전달한다. Fd는 페레독신(ferredoxin)을 표시한다. [After Ort, D, R and Good, N.E.에 의거, *Trends Biochem. Sci.* 13, 469 (1998).]

? NADP+를 NADPH로 환원시키려면 몇 개의 광자를 흡수해야 하는가? 또한 이 과정에서 몇 개의 수소 이온이 틸라코이드 막을 통과하게 되는가?

complex)와 PSI이다. 전자들은 이 복합체들 사이를 유동성인 전자 운반체를 경유해서 전달되며, 이 과정은 호흡 과정의 전자 전달계 반응과 아주 비슷하다. 유비퀴논의 유사체인 **플라스토퀴논(plastoquinone, Q)**이 **플라스토퀴놀(plastoquinol, QH_2)**로 환원되는 것을 경유하여, PSII는 시이토크롬 b_6f 복합체로 연결된다. 또 차례로 유동적인 원형질 공간막 단백질인 **플라스토사이아닌(plastocyanin, PC)**을 통해 상호 반응을 한다.

전자들은 최후에는 **페레독신–NADP$^+$ 환원 효소(ferredoxin–NADP$^+$ reductase, FNR)**에 도달하여 NADP$^+$를 환원하는 데 사용된다. 물의 산화와 Q 순환계를 통한 전자들의 통과는 틸라코이드 내강(thylakoid lumen) 안에 높은 농도의 [H$^+$]로 막횡단 양성자 기울기를 만들어 낸다. 이 양성자 기울기의 자유 에너지는 엽록체의 ATP 합성 효소와 반응하여 활성화시킨다.

식물의 광합성 기구의 여러 가지 보결 분자단은 **Z 도해(Z-scheme,** 그림 19-12)로 알려진 도해로 배열하였다. 다른 전자 운반계에서와 마찬가지로 전자들은 낮은 데서 높은 환원 전위로 흘러간다. 이 지그재그 성향의 Z 도해는 H_2O에서 NADP$^+$로 전자들의 추진력에서 요구되는 광화학적 반응(한 개는 PSII, 또 한 개는 PSI에서)이 일어

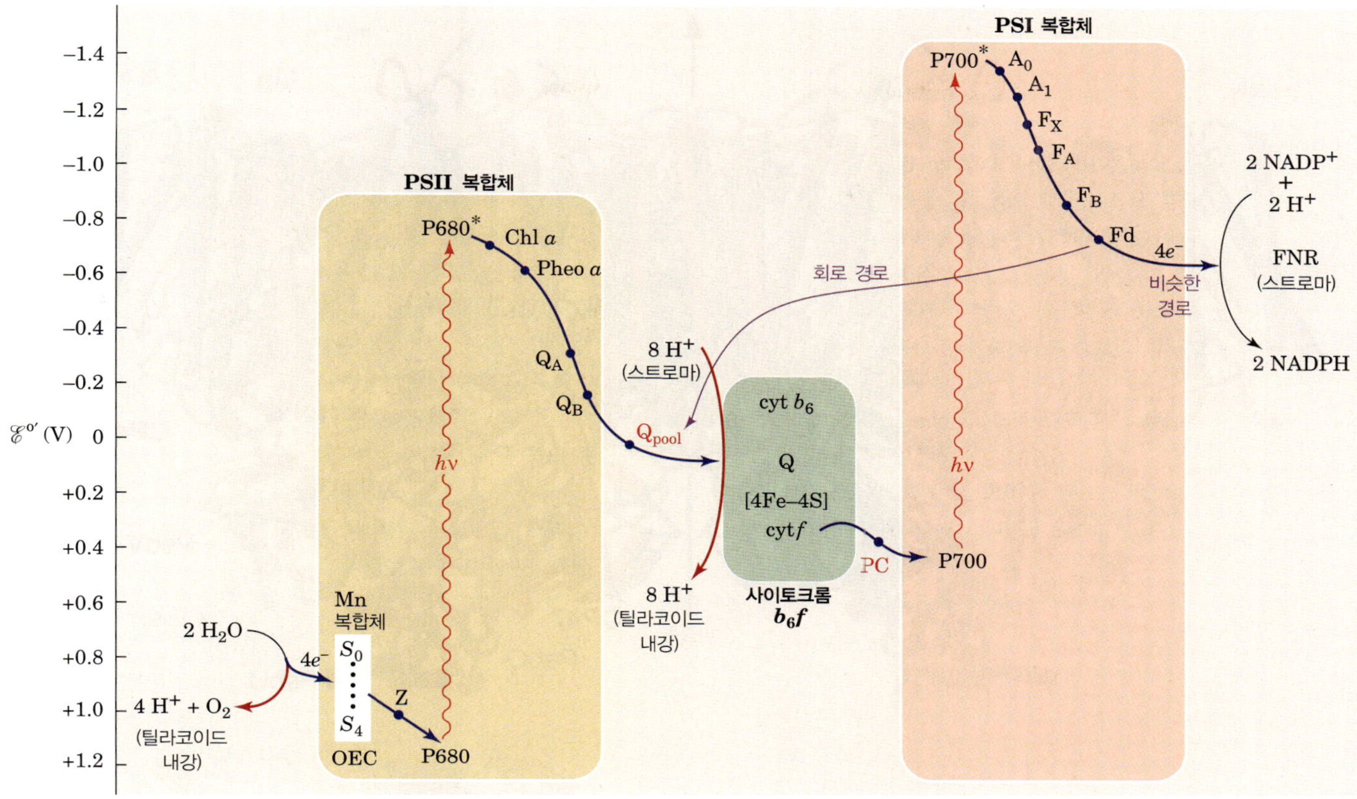

그림 19-12 **광합성 Z 도해** 전자는 PSII의 P680에서 광자의 흡수로 분출되며, Mn 복합체(산소 방출 중심: OEC)에 의해서 H_2O에서 빠져나온 전자로 대체되며, 그것에 의해서 O_2와 $4H^+$를 만든다. 방출된 전자는 전자 운반체의 연쇄계를 통해서 플라스토퀴논 분자(Q_{pool})의 저장고로 들어간다. 결과적으로 플라스토퀴논은 번갈아서 틸라코이드 내강 속으로 양성자 동반되는 자리옮김으로 사이토크롬 b_6f 복합체(녹색 상자)를 환원한다. 사이토크롬 b_6f는 전자를 플라스토사이아닌(PC)으로 운반한다. 플라스토사이아닌은 PSI의 광산화된 P700을 재생산한다. P700에서 방출된 전자는 전자 운반체 연쇄계의 중재로 비순환계의 전자 운반계의 $NADP^+$를 NADPH로 환원시킨다. 이와 함께 전자들은 순환 반응의 사이토크롬 b_6f 복합체로 돌아갈 수도 있으며, 이는 부가적으로 양성자를 틸라코이드 내강 속으로 자리옮김한다. 이 환원 전위가 아래쪽으로 증가하여 전자가 정방향으로 연속적으로 흐르게 된다.

? Z 도해에 대한 화학 반응식을 기술하라.

나는 두 장소를 반영한다.

PSII는 PbRC와 유사하다. 호열성 사이아노박테리아인 써모신네코코커스 엘론가터스(*Thermosynechococcus elongatus*)는 19개의 소단위체로 이루어진 PSII를 갖고 있는데, 14개는 광합성막에 박혀 있다. 이 막횡단 소단위체들은 반응 중심 단백질인 **D1(PsbA)**과 **D2(PsbD)**, 엽록소를 함유하고 있는 내부 안테나 소단위체인 **CP43(PsbC)**과 **CP47(PsbB)**, **사이토크롬(cytochrome)** $\boldsymbol{b_{559}}$를 포함하고 있다. 이 PSII의 X선 구조(**그림 19-13**)는 바버(James Barber)와 이와타(So Iwata)에 의해 밝혀졌는데, 이것은 ~340 kD 대칭형의 이합체로서, 이 기본 단위체는 35개의 막횡단 나선체를 포함한다. 각각의 기본 단위체는 36개의 Chl a's, 2개의 **페오피틴 *a*'s(pheophytin *a*'s Pheo *a*'s**: Chl *a*는 2개의 양성자로 치환된 Mg^{2+}를 갖고 있다). 1개의 헴 *b*, 1개의 헴 *c*, 2개의 플라스토퀴논, 1개의 비헴 Fe, 7개의 β 카로틴으로 추정되는 트랜스형 카로티노이드, 2개의 HCO_3^-이온, **산소 발생 중심(oxygen-evolving center, OEC)**과 1개의 Mn_4CaO_5 복합체를 구성하고 있다. 고등 식물에서는 PSII 기본 단위체는 ~25개 소단위체와 몇 개의 안테나 단백질들로 이루어진

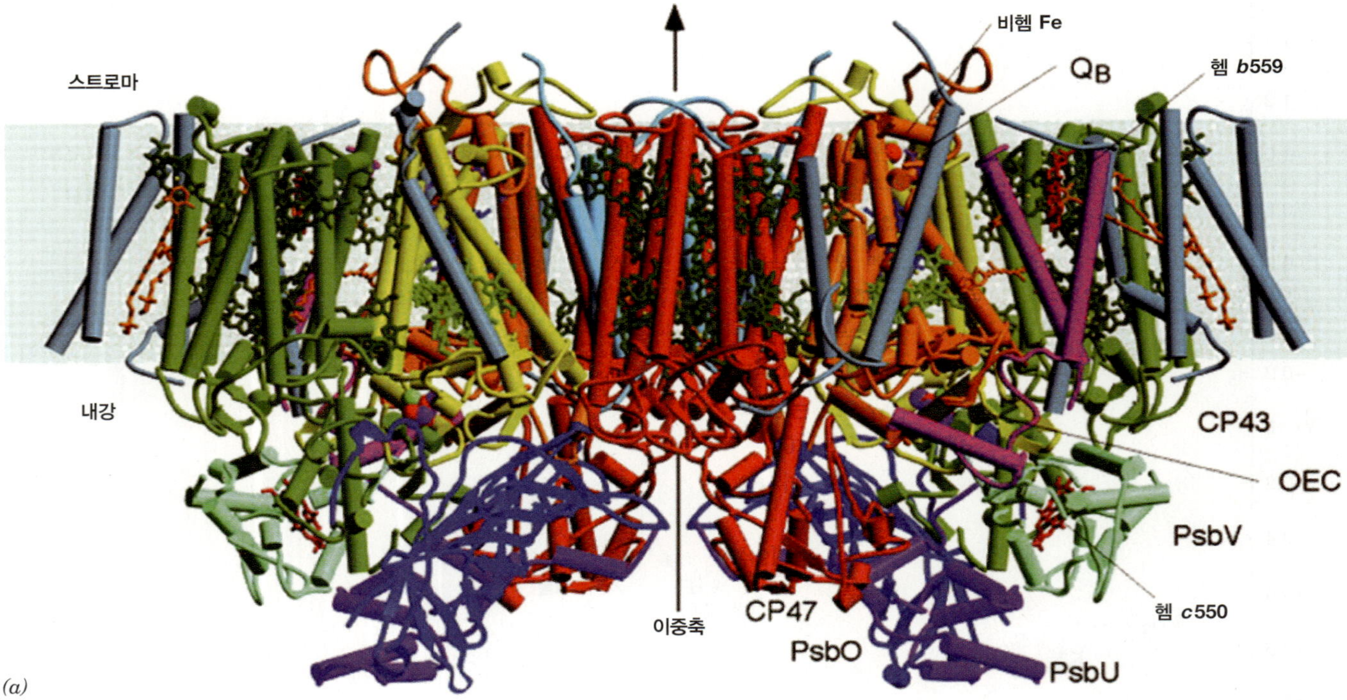

Courtesy of James Barber and So Iwata, Imperial College London, U.K.

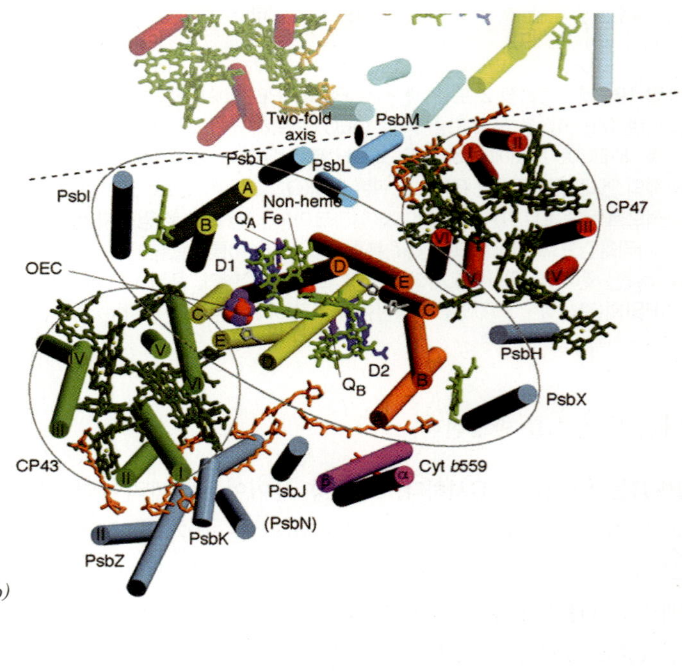

그림 19-13 *T. elongatus*에서 PSII의 X선 구조 (*a*) 막의 평면 내에 있는 PSII 이합체의 구조. 이 막횡단 소단위체는 D1(노란색), D2(주황색), CP47(붉은색), CP43(초록색), 사이토크롬 b_{559}(진홍색)을 포함한다. 그리고 다른 막횡단 소단위체는 녹색과 청회색으로 표시하였다. 이들의 외부 단백질들은 PsbO(짙은 파란색), PsbU(자주색) 및 PsbV(연녹색)로 표시하였다. 여러 가지 보조 인자들은 막대 모형으로 표시하였는데, D1/D2 반응 중심의 엽록소는 연초록, 그의 안테나 착물은 진초록, 페오피틴은 진파랑, 헴은 붉은색, β 카로틴은 주황색, Q_A와 Q_B는 자색, 비헴 Fe는 붉은 구형으로 표시되었다. 막의 기준 위치는 연파란색띠이다. (*b*) 틸라코이드 내강의 막의 수직면에서 나타난 PSII 촉진제는 단지 막횡단 복합체의 부분들과 색 표시된 부분 *a*를 보여 준다. PSII 이합체 안의 다른 촉진제는 무색으로, 단량체-단량체 상호작용 영역은 점선으로 표시하였다. 유사 이중축은 막의 수직으로 비헴을 통과하고 있으며, D1/D2 이종 이합체, CP43과 CP47, PsbI, PsbX의 막횡단 나선 구조로 되어 있다. [PDBid 1S5L.]

~1000 kD의 막횡단 초복합체를 포함하고 있다. 각각의 기본 단위체는 두 번 접힌 유사 대칭형으로 D1, D2, 그리고 PsbX 소단위체인 PsbI 소단위체와 연관되어 있다. D1과 D2의 5개 막횡단 나선체들의 배열은 PbRC의 L과 M 소단위체와 비슷하다(그림 19-8). 실제로 이 두 소단위체 세트는 비슷한 염기 서열을 갖고 있어서 이들이 같은 조상에서 진화되었을 것으로 추정된다.

PSII's RC(**그림 19-14**)의 보조 인자들은 세균 시스템과 유사하게 구성되어 있다(그림 19-9). 그들은 필수적으로 똑같은 성분을 갖고 있다(Chl *a*, Pheo *a*, 플라스토퀴논은 BChl *b*, BPheo *b*, 메나퀴논으로 각각 바뀌어 있다). 그리고 유사 이중축의 복합

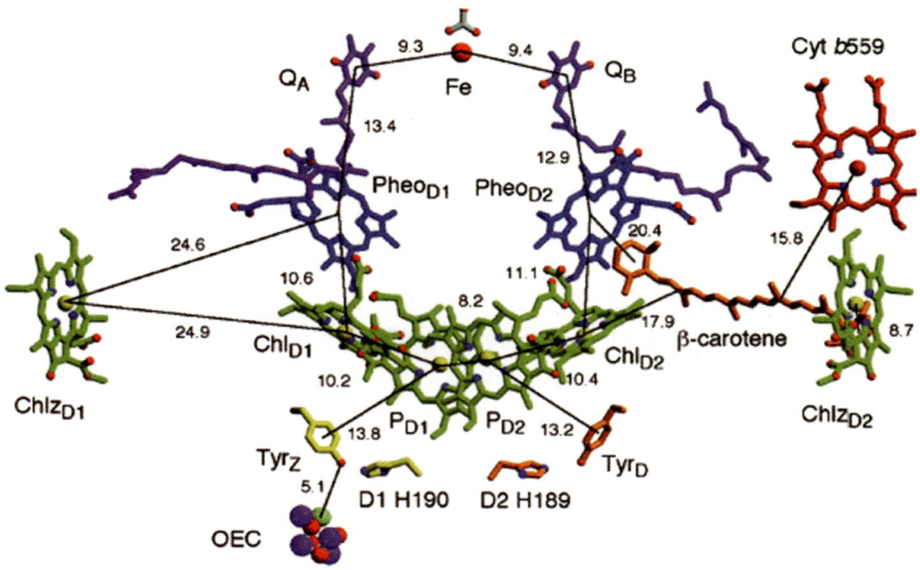

Courtesy of James Barber and So Iwata, Imperial College London, U.K.

그림 19-14 *T. elongatus* **PSII의 전자 운반 보조 인자의 배열** 이 복합체는 틸라코이드 내강을 아래쪽으로 해서 막 평면에 나타내었다. 보조 인자들은 그림 19-13과 같은 색깔로 표시되어 있는데, Mg^{2+}는 노란색, N은 파란색, O는 붉은색이다. 엽록소와 페오피틴의 피틸(phytyl) 꼬리는 잘 보이게 하기 위해 제거하였다. Tyr_Z(D1 Tyr 161)와 D1 His 190의 곁사슬은 노란색, Tyr_D(D2 Tyr 160)와 D2 His 189는 주황색이다. 숫자는 보조 인자들 간의 중심과 중심 간의 거리로, 엷은 검은 선으로 Å으로 표시하였다. [PDBid 1S5L.]

? 이 그림과 그림 19-9(이 그림과 달리 위에서 아래로 그려져 있는)를 비교해 보라.

체를 따라 대칭적으로 구성되어 있다. 그림 19-14에서 P_{D1}과 P_{D2}로 이름 붙여진 두 개의 Chl *a* 고리는 P960의 '특수 쌍'인 BChl *b*'s와 유사하게 자리 잡고 있다. 따라서 PSII의 일차적인 전자 주개인 **P680**으로부터 전자의 분출은 PbRC에서 비록 환원 전위의 범위 차이를 넘어서 두 시스템이 작동된다고 하더라도 비대칭적 코스를 따라서 일어난다(그림 19-10과 19-12를 비교해 보라). 그림 19-12의 가운데 부분에 표시하였듯이, 전자는 Pheo *a*(그림 19-14에서의 $Pheo_{D1}$), 아마도 Chl *a* 분자(Chl_{D1})를 경유해서 플라스토퀴논(Q_A)에 결합된다. 전자는 계속해서 이차 플라스토퀴논 분자인 Q_B로 전달된다. Q_B는 두 번째 전자를 같은 방법으로 받아들인 후에 2개의 양성자를 틸라코이드막의 스트로마 표면(stroma surface, 사이아노박테리아에서의 세포질)에 흡수한다. 결과적으로 플라스토퀴논인 Q_BH_2는 막단백질인 플라스토퀴논 분자 집단과 교환된다. DCMU는 일반 제초제와 같이 PSII의 Q_B 결합 자리에서 플라스토퀴논과 경쟁하여 광합성을 저해하게 된다.

5단계의 물 분해 반응에 의해 O_2가 발생한다. P680의 광산화에 의해 방출된 전자는 OEC가 분해한 물로부터 채워진다. PSII의 OEC는 **물 분해 효소(water-splitting enzyme)**로 알려져 있다. 왜냐하면 2개의 물 분자를 O_2, 4개의 양성자, 4개의 전자로 쪼개기 때문이다. 이러한 반응은 졸리에트(Pierre Joliet)와 콕(Bessel Kok)에 의해 알려졌는데, 암순응 엽록체에 짧은 시간 동안 주기적으로 빛을 쪼여서 O_2를 생산하는 것을 관찰하여 밝혀냈다. O_2는 독특한 진동 형태로 방출된다(**그림 19-15**). 실제로 처음 두 번째의 빛 쪼임에서는 O_2가 방출되지 않는다. 세 번째 쪼임의 결과로 최고 양의 O_2가 발생한다. 그 다음부터는 네 번째 쪼임마다 O_2 방출이 높게 나타나는데, 이러한 진동 형태는 정류 상태로 없어질 때까지 계속된다. 이러한 주기성은 각각의 OEC는 반드시 4번의 빛 의존 반응을 수행해야 하는

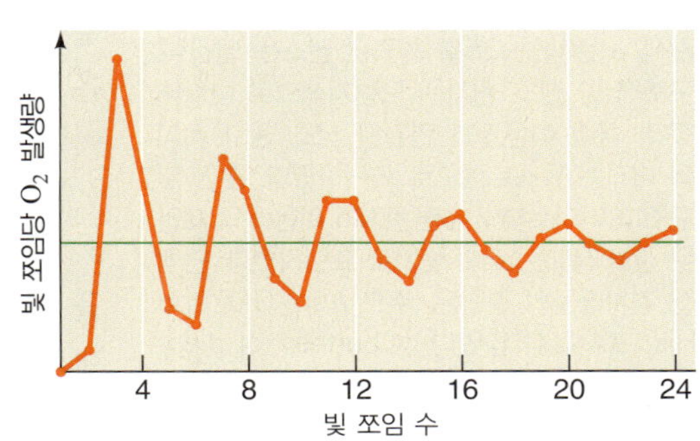

그림 19-15 **암순응 시금치에 빛을 쪼인 후의 O_2 발생량** 엽록체에 순간적인 빛 쪼임마다 발생하는 O_2가 세 번째 빛 쪼임에서 발생되고 나서 매 4번째 빛 쪼임에서의 발생이 결국은 평균값으로 감소하여 가는 것에 주목하라. [Forbush, B., Kik, B., and McGloin, M.P.에 의거. *Photochem. Photobiol.* **14**, 309(1971).]

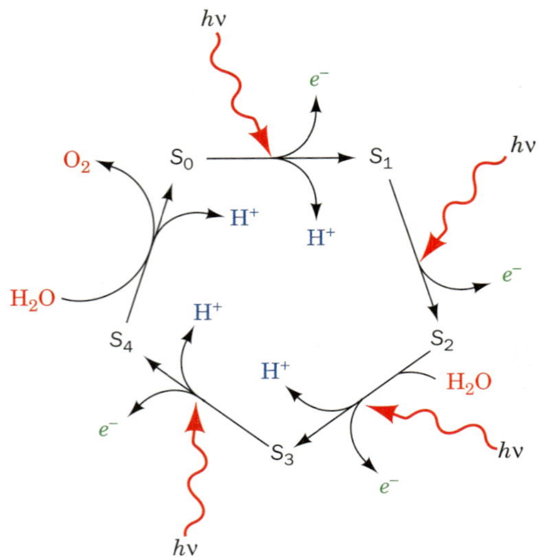

그림 19-16 엽록체에서 O_2를 생산해 내는 도식적 메커니즘 두 개의 결합된 H_2O 분자가 빛에 의해 유도되는 반응($S_0 \rightarrow S_4$)으로부터 네 개의 전자가 한꺼번에 떨어져 나간다. 회복 단계에서는($S_4 \rightarrow S_0$) 빛에 의존하지 않고 O_2가 떨어져 나오고, 또 다른 두 개의 H_2O 분리가 결합한다. 이 다섯 단계 중 세 단계에서 양성자들을 틸라코이드 내강으로 방출한다.

것을 나타낸다. 즉 산소를 방출하기 전에 4개의 전자가 전달된다.

OEC는 S_0에서 S_4로 가는 각기 다른 5가지 상태의 순환이라고 생각한다(그림 19-16). O_2는 S_4와 S_0 사이의 전이에서 방출된다. 네 번째 빛 쪼임보다 세 번째에서 O_2 방출이 높게 나타는 것이 관찰되는 것을 보면 CEC의 휴지 상태는 탁월하게 S_0보다는 S_1이 많다는 것을 의미한다. 진동은 점차적으로 소진되는데, 이는 RC의 적은 분획이 들뜨는 것이 안되거나 주어진 빛 쪼임에 이중으로 들뜨게 되어 RC는 결국에 동시적 주기성을 잃기 때문이다. 전체 반응의 연계는 총 4개의 물 분자 유래의 양성자들을 단계적으로 틸라코이드 내부 공간으로 방출한다. 이 양성자를 단계적인 막횡단 양성자 기울기에 기여한다.

OEC가 H_2O로부터 전자들을 빼내면서부터, 5가지 상태는 특별히 높은 환원 전위 상태를 가져야 한다(표 14-4에 의하면 O_2/H_2O 반쪽 반응에 의한 표준 환원 전위는 0.815 V이다). PSII는 오랜 기간 동안 물 분자에 가까이 있으면서 높은 반응성 중간자로 오랫동안(수 분 정도) 반드시 안정화되어야 한다.

D1 소단위체의 루멘 표면에 위치하는 OEC는 인접한 Mn 원자를 O 원자가 연결하는 Mn_4CaO_5 복합체이다. 일반적으로 단백질 구조 결정에 사용되는 X선에 노출시켰을 때 OEC 단백질 구조가 빠르게 분해되어 이 단백질 복합체의 구조를 결정하는 것이 어려웠었다. 이 문제는 엄청난 강도의 X선 빔을 생성해 경로에서 모든 것을 증발시키는 **X선 free-electron laser**를 사용함으로써 극복할 수 있었다. 그러나 빔은 고작 수 펨토초의 펄스로 오지만 단백질 결정의 원자들은 펄스가 오는 동안 옹스트롬의 일부분 이상을 움직일 수 없게 된다. 따라서 기록된 회절 패턴은 방해받지 않은 결정 구조이다(새로운 결정이나 결정의 새로운 부분은 반드시 모든 X선 펄스 후에 사용되어져야 한다).

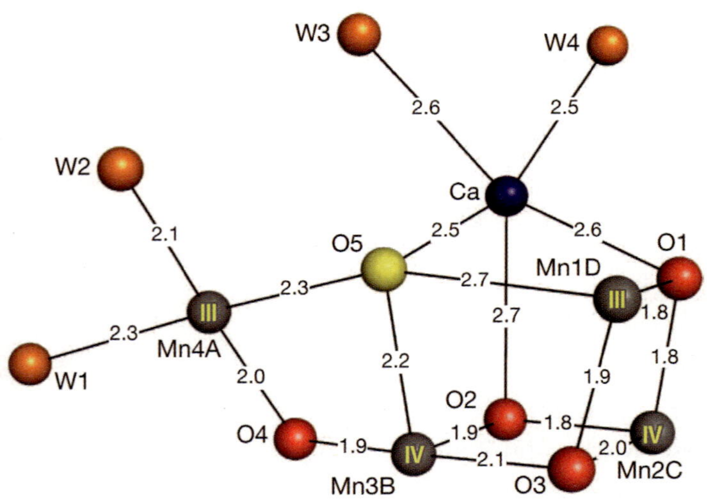

그림 19-17 호열성 사이아노박테리아 *T. vulcanus*의 S_1 상태에서의 OEC 구조 Mn_4CaO_5 복합체에서 Mn 이온은 회색, Ca^{2+} 이온은 파란색, 노란색인 O5를 제외한 산소는 빨간색, 구조적 물 산소 원자는 오렌지색으로 나타내었다. 금속 이온들과 연결된 산소 원자 사이의 거리는 옹스트롬으로 표기하였다. 분광 및 구조 데이터로부터 추론된 Mn 이온들의 제안된 산화 상태는 로마 숫자로 표현하였다. 단백질 곁사슬들의 결합은 (주로 Asp, Glu, and His) 표시하지 않았다. [Courtesy of Jian-Ren Shen, Okayama University, Japan. PDBid 4UB8.]

그림 19-17은 Masaki Yamamote, Hideo Ago와 Jian-Ren Shen 박사가 X선 free electron laser를 사용하여 결정한 *Thermosynechococcus vulcanus* PS Ⅱ의 X선 구조에서 S_1 상태의 본래 OEC의 구조를 나타낸다(그림 19-17에는 나타나 있지 않지만). OEC의 4개 망가니즈 이온 각각은 산소 원자 및 단백질 사이드 체인에 의해 6배위 결합되어 있다. 연결된 다른 산소 원자와 비교하여 O5가 포함된 더 긴 Mn—O 결합은 O^{2-}보다는 OH^- 이온이라고 할 수 있다. 이것은 S_0 상태에서 O5가 S_1 상태로 전이할 때 양성자를 방출하는 물 분자의 부분이라고 할 수 있다(그림 19-16).

물 분해 반응은 PSII RC의 들뜸으로 추진된다. 여러 가지 증거에 의하면 OEC의 5가지 S 상태(그림 19-16) 순환이 Mn(II), Mn(III), Mn(IV), Mn(V)와 특별한 결합을 이루고 있는데, 이때 2개의 H_2O 분자로부터 O_2를 발생하기 위하여 양성자를 빼내고, 발생된 산소는 틸라코이드 내강으로 흘려 삽입된다. 그럼에도 불구하고 이렇게 일어나는 반응 메커니즘은 이런 상태와 연결된 구조적 정보가 없어 그 성질이 불

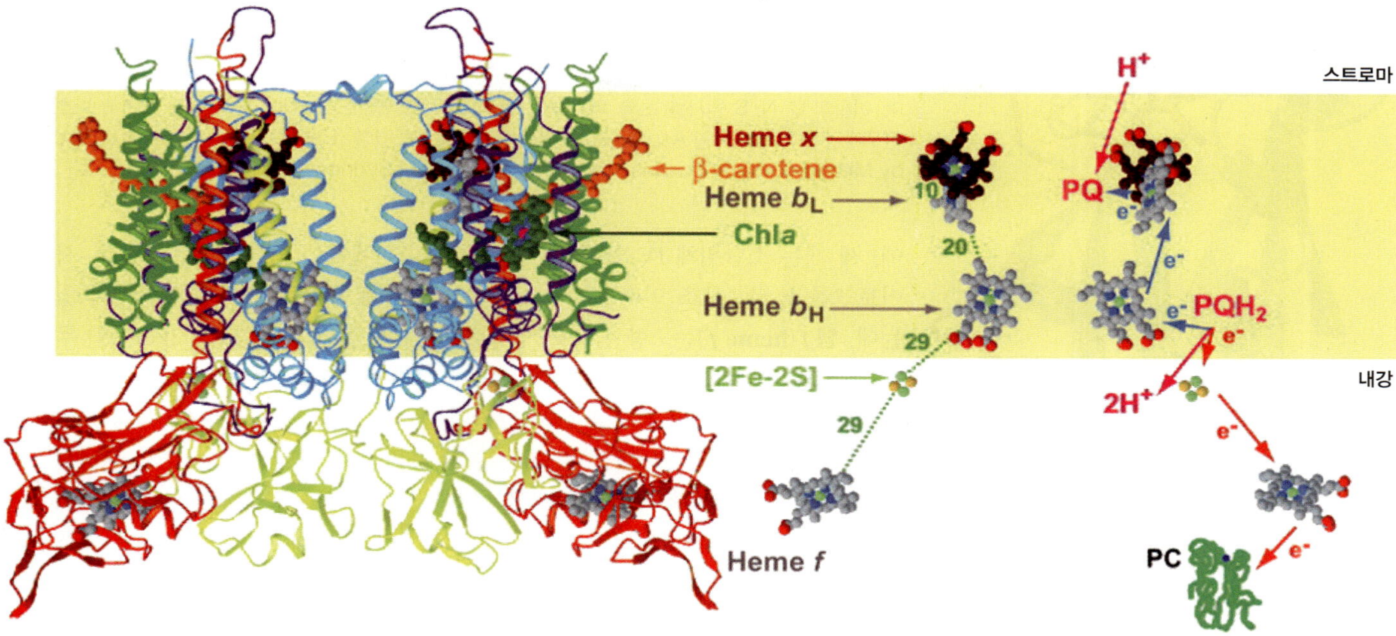

그림 19-18 호열성 사이아노박테리아 *Mastigocladus laminosus*의 사이토크롬 b_6f 복합체의 X선 구조 이합 복합체의 리본 모형은 사이토크롬 b_6 파란색, 소단위체 IV는 자색, 사이토크롬 f는 붉은색, 철-황 단백질(ISP)는 노란색, 그리고 다른 소단위체들은 녹색으로 왼쪽에 표시하였다. 지방 두겹층이 추측되는 위치는 노란색 띠로 표시하였다. 이 복합체를 통과하는 전자와 광자의 이동로 및 우측에 있는 산화-환원 중심 사이 거리는 Å으로 표시하였다. [Modified from a drawing by William A. Cramer and Janet Smith, Purdue University. PDBid 1UM3.]

? 이 그림을 위에서 아래쪽으로 그려 놓은 그림 18-14와 비교하고, 유사성과 차이점을 요약하라.

분명한 5가지 S 상태로 남아 있다.

OEC에 의해 물로부터 탈취된 전자들은 Z(그림 19-12)라고 불리는 $P680^+$로 연결된다. 분광학적 측정에서 Z는 OEC와 P680(그림 19-14) 사이에 자리 잡고 있는 D1 Tyr161(TyrZ로 알려진)에 위치된 과도기의 중성적 티록신 라디칼로 판명되었다. 라디칼(TyrO·)은 호흡 전자 전달계(18-2F절) 속의 사이토크롬 c 산화 효소(복합체 IV)에 의한 O_2의 2 H_2O로의 환원과 관련되어 있음을 기억해야 한다.

사이토크롬 b_6f 복합체를 통한 전자 전달은 양성자 기울기를 발생시킨다. 플라스토퀴논 복합체로부터 유래된 전자들은 사이토크롬 b_6f 복합체를 통과한다. 이 내재성 막 복합체는 자색 세균 사이토크롬 bc_1과 유사할 뿐만 아니라(19-2B절) 미토콘드리아 전자 전달계의 복합체 III(18-2E절)와도 비슷하다. 사이토크롬 b_6f 복합체를 통한 전자 흐름은 Q 순환계를 통해서 일어난다(그림 18-15). 그래서 두 개의 양성자가 각각의 전자를 운반하기 위하여 틸라코이드 막을 통과해서 자리옮김이 이루어진다. OEC에 의해 2 H_2O로부터 탈취된 4개의 전자는 $8H^+$ 이온을 스트로마에서 틸라코이드 내강 속으로 이동시키게 된다. **사이토크롬 b_6f 복합체를 경유하는 전자 운반은 엽록체에서 ATP 합성을 추진하는 전기 화학적 양성자 기울기를 발생한다.**

사이토크롬 b_6f의 X선 구조(**그림 19-18**)는 스미스(Janet Smith)와 크래머(William Cramer), 플로프(Jean-Luc Plopot)와 피콧(Daniel Picot)에 의해서 독립적으로 밝혀졌다. 사이토크롬 b_6f는 약 109 kD인 기본 단위를 가진 이합체로서 사이토크롬 bc_1 짝의 한쪽을 갖고 있는 4개의 큰 소단위체(18~32 kD)를 포함하고 있다. **사이토크롬 b_6(cytochrome b_6)**은 사이토크롬 b의 절반인 N 말단 동족체이고, **소단위체 IV(subunit IV)**는 사이토크롬 b의 절반인 C 말단 동족체이며, **사이토크롬 f (cytochrome f**, *feuille*는 프랑스어로 잎) 는 사이토크롬 c_1의 기능적 유사체이고, 두 개는 구조 또는 배열에서 연관성이 없다. 리스케(Rieske) 철-황 단백질(iron-sulfur protein, ISP)은 사이토크롬 bc_1 안에 존재한다. 더욱이 사이토크롬 b_6f는 사이토크롬 bc_1과 같은 수가 아닌 4개의 작은 소수성 소단위체를 가지고 있다. 각각의 기본 단위체는 13개의 막횡단 나선체를 포함하고 있는데, 네 개는 사이토크롬 b_6 내부

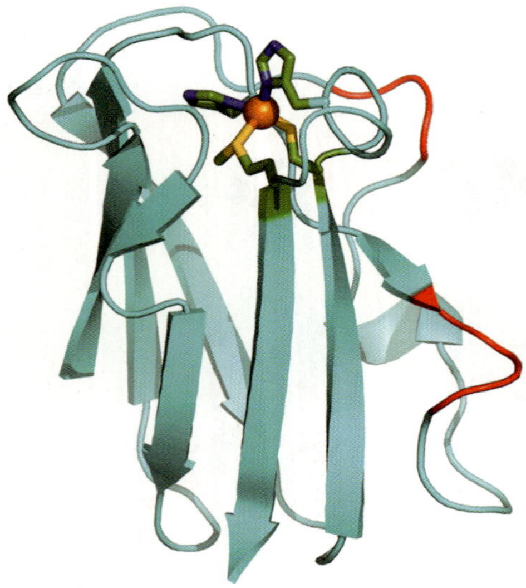

그림 19-19 포플러 잎 플라스토사이아닌(PC)의 X선 구조. **파란색 구리 단백질족**의 하나인 99개 잔기의 단량체 단백질은 β 샌드위치 형태로 접혀 있다. 산화 상태의 Cu(I)과 Cu(II) 중에 있는 Cu 원자(주황색 구)는 His37, Cys 84, His 87, Met 92의 곁사슬에 정사면체로 배위되어 있으며, 이들의 C, N, S 원자를 초록, 파란색, 노란색의 막대 형태로 나타내었다. 단백질 표면에 보호된 7개의 음전하 조각인 Asp와 Glu는 붉은색으로 표시하였다. [Based on an X-ray structure by Mitchell Guss and Hans Freeman, University of Sydney, Australia. PDBid 1PLC.]

에, 세 개는 소단위체 IV 안에, 남아 있는 소단위체들이 한 개를 갖고 있다. 사이토크롬 b_6f는 보조 인자인 사이토크롬 bc_1 안에 동량체인 것과 결합되어 있는데, **헴 *f*(heme *f*)**는 *c*형 헴으로 사이토크롬 *f*에 결합되어 있고, [2Fe−2S] 무리는 ISP에 결합되어 있다. b_H와 b_L 두 개의 헴은 사이토크롬 b_6의 His 곁사슬에 이중축으로 리간드 결합을 하고 있으며, 플라스토퀴논 분자는 Q_i 쪽에 자리하고 있다(완전히 환원된 퀴논의 퀴논 결합 자리는 Q 순환을 도는 동안 재생산된다. 18-2E절). 추가로, 사이토크롬 b_6f는 사이토크롬 bc_1 짝의 한쪽이 아닌 여러 개의 보조 인자와 결합되어 있다. Chl *a*는 β-카로틴, 그리고 예상 외로 사이토크롬 b_6의 Cys 35에 단일 싸이오에터(thioether) 결합을 통해 공유 결합되어 있는 **헴 *x*[heme *x* 또는 헴 c_i(heme, c_i)]**으로 이름 지어진 새로운 헴과 결합되어 있으며, 사이토크롬 b_6의 리간드축은 단지 물 분자가 결합한다(자료 18-1의 헴 *a*, *b*, *c*와 비교하라).

플라스토사이아닌은 사이토크롬 b_6f를 통해 PSI으로 전자를 전달한다. 사이토크롬 b_6f 복합체의 마지막 전자 운반체인 사이토크롬 *f*와 PSI 간의 전자 이동은, 틸라코이드 내강의 표면에 위치한 원형질 중간막 단백질인 플라스토사이아닌(PC)에 의해 매개된다(그림 19-11). 이 유동성 단량체의 Cu 함유 산화-환원 중심은 Cu(I)와 Cu(II)의 산화 상태 사이를 순환한다. 포플라 잎의 PC에 대한 X선 구조는 Cys, Met, 그리고 두 개의 His 잔기들이 틀어진 기하학적 사면체로 배위되어 있다(**그림 19-19**). 4개의 리간드로 이루어진 Cu(II) 복합체는 사각형의 평면 구조를 이루고 있는 반면, CuI(I)의 구조는 사면체 구조를 하고 있다. 이러한 가정은 Cu(II)/Cu(I) 반쪽 전지 반응(0.158 V)과 비교해서 PC의 높은 표준 환원 전위(0.370 V)에 해당하며, 또한 어떻게 단백질들이 그들의 산화-환원 중심의 환원 전위를 조절하는지를 설명해 준다. 플라스토사이아닌의 경우, 산화-환원 전위차를 이용하여 사이토크롬 b_6f 복합체에서 PSI으로의 전자 운반을 용이하게 한다.

사이토크롬 *f*와 PC의 구조 해석으로 이들 단백질의 결합을 이해하였다. 사이토크롬 *f* 표면의 (+) 극성을 가진 5개 작용기 중 1개인 Lys187은 PC의 Asp 44번과 공유 결합하여 표면의 (−) 극성을 나타낸다. 이 결과, 두 단백질은 전기적 결합을 하고 있을 것이다. 이것은 사이토크롬 *c*의 기능적 유사체인 PC가 미토콘드리아 전자 전달계에서 산화-환원 파트너와 결합하는 것과 아주 유사하다(18-2E절).

PSI의 RC는 PSII의 RC와 PbRC 모두와 유사하다. 사이아노박테리아의 PSI는 기본 단위체의 삼합체이며, 이것은 100개 이상의 보조 인자로 구성된, 적어도 11개의 서로 다른 단백질 소단위체들로 이루어져 있다. 엘롱가투스(*T. elongatus*) PSI의 X선 구조(**그림 19-20**)는 Wolfram Saenger에 의해 결정되었는데, 각각의 356 kD의 기본 단위체는 9개의 막횡단 소단위체(**PsaA, PsbB, PasF, PsaI−M, PsaX**), PSI 질량의 30%를 포함하고 있는 127개의 보조 인자와 정확하게 결합된 세 개의 스트로마(사이

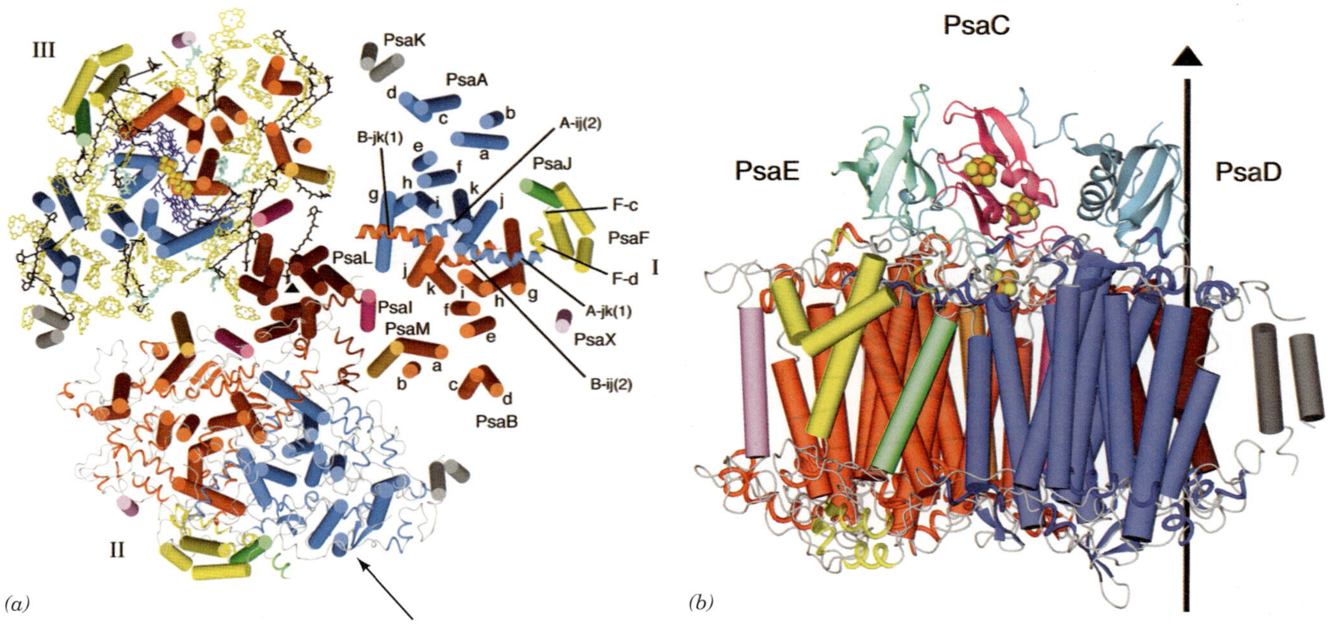

Courtesy of Wolfram Saenger, Freie Universitat Berlin, Berlin, Germany.

그림 19-20 *T. elongatus*의 PSI **X선 구조** (*a*) 스트로마 쪽 막의 수직인 삼합 복합체의 모습. 스트로마 소단위체는 잘 보이게 하기 위해 제거하였다. PSI의 대칭형으로 3번 접힌 축은 작은 검은 삼각형으로 표시하였다. 다른 구조적 요소들은 세 개의 기본 단위체(I, II, III)로 나타내었다. I은 각각의 소단위체가 서로 다르게 색깔로 구분된 막횡단 나선체(원통형) 배열을 나타내었다. PsaA(파란색)와 PsaB(붉은색)인 막횡단 나선체들은 N부터 C 말단까지 k를 통해서 이름 지어진 것이다. 막 외부의 고리 영역에 있는 6개의 나선체들은 소용돌이형으로 그려져 있다. II는 리본 모형으로 그려진 스트로마 고리 영역과 내강 고리 영역의 막횡단 나선체로 보인다. III는 모든 보조 인자와 함께 원통형의 막횡단 나선체로 보인다. RC Chl *a*와 퀴논은 막대 모형의 파란색으로 그려졌고, [4Fe–4S] 무리의 Fe와 S 원자는 노란색과 주황색으로 그려졌으며, 안테나 계통 Chl *a*(이들의 곁사슬은 잘 보이도록 제거하였다)는 노란색, 카로티노이드는 검은색, 결합된 지질은 연녹색이다. (*b*) 한 기본 단위체를 스트로마 위쪽에 부분 *a* 화살표에 따라 막과 평형으로 보여주고 있다. 막횡단 소단위체는 스트로마 소단위체인 PsaC, PsaD, PsaE는 분홍색, 청록색, 연녹색으로 표시된 부분인 *a* 안에 표시되어 있다. 수직선과 삼각형은 삼합체의 대칭형으로 세 번 접힌 축을 표시한다. [PDBid 1JB0.]

아노박테리아의 세포질) 소단위체(**PsaC–E**)로 밝혀졌다. PSI RC를 구성하고 있는 보조 인자는 동종 단위인 PsaA(755개 잔기) 와 PsaB(740개 잔기)에 결합되어 있다. 이들 11개의 막횡단 나선체는 각각 PbRC(그림 19-8)의 L과 M 소단위체 안과 PSII의 D1, D2 소단위체 안에 배열되어 있어서, 모든 RC들은 PSII와 공통 조상으로부터 진화하였다는 개념을 지지해 주고 있다. PsaA와 PsaB는 다른 막횡단 소단위체와 함께 안테나계의 보조 인자 중심과 결합되어 있다.

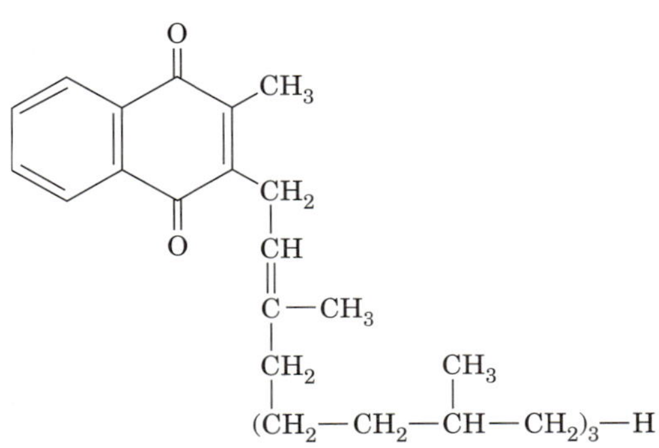

필로퀴논

그림 19-21에서 PSI의 RC는 6개의 Chl *a*와 엽록소 역할을 하는 같은 피틸(phytyl) 곁사슬을 가지고 있는 2개의 **필로퀴논(phylloquinone)**으로 이루어져 있음을 보여 주

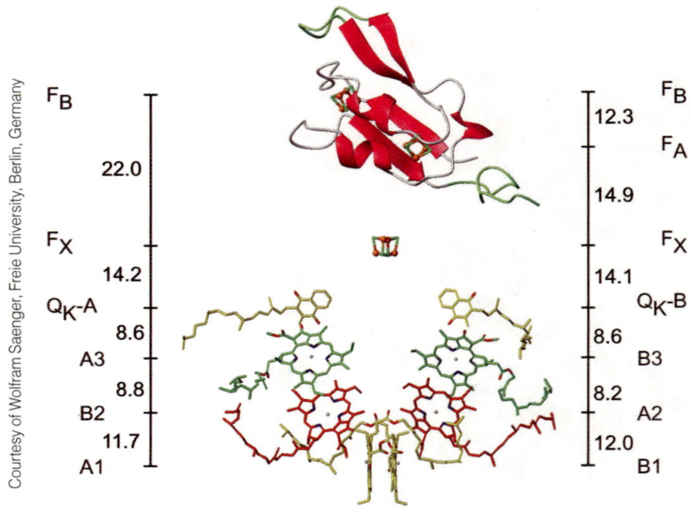

그림 19-21 **PSI RC와 PsaC의 보조 인자들** Chl *a*와 필로퀴논 분자들은 PSI의 유사 대칭의 두 번 접힌 축의 두 가지와 연관되어 배열되어 있으며, 이것은 이 그림에서 수직이다. Chl *a*는 A와 B로 표지된 Mg^{2+}로 표시되어 PsaA나 PsaB의 곁사슬에 각각 리간드 결합되어 있고, 내강 쪽의 위에서부터 서로 다른 색깔과 1부터 3까지의 번호로 구분된다. 필로퀴논은 Q_K-A와 Q_K-B로 이름 붙여져 있다. PsaC는 리본 모형으로 이 부분은 세균 2[2Fe–4s]의 페레독신 분홍색과 유사하며, 삽입되었고, 확장된 녹색이다. 세 개의 4[Fe–4S] 무리는 공–막대 모형으로 나타냈으며, 분광학적인 증명으로 F_X, F_A, F_B로 표지하였다. 보조 인자들의 중심 간 거리들(검은 수직선)은 Å으로 표시하였다.

? 이 그림을 그림 19-9 및 19-14와 비교하라.

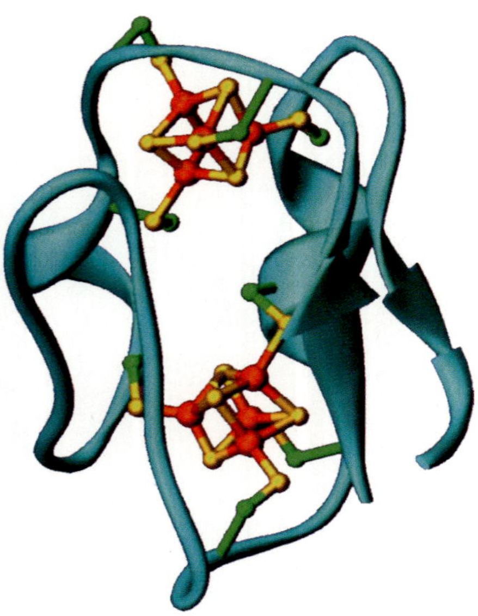

그림 19-22 ***Peptococcus*** **aerogenus 페레독신의 X선 구조** 페레독신은 2개의 [Fe–4S] 무리를 가진 54개 아미노산으로 구성된 단량체이다. 각 복합체를 연결하는 4개 Cys 잔기의 C_β 원자는 녹색으로, Fe는 주황색으로, S는 노란색으로 표시하였다 [Based on an X-ray structure by Elinor Adman, Larry Sieker, and Lyle Jensen, University of Washington. PDBid 1FDX.]

고 있으며(그림 19-2), 3개의 [4Fe–4s] 무리를 이루고 있는 두 개의 대칭성 곁사슬에 연결되어 배열되어 있다. 이 시스템의 일차 전자 주개인 **P700**은 Mg^{2+} 이온이 6.3 Å 떨어져 있는 Chl *a*의 A1과 B1이 나란히 쌍으로 이루어져 있고, PbRC의 '특수 쌍'과 비슷하다. A1은 그림 19-21에서 Chl의 두 고리인 B2와 A3의 왼쪽 가지 안에, B1은 오른쪽 가지 안에 위치해 있다. Chl *a* 분자쌍의 세 번째 쌍인 A3와 B3의 하나 또는 둘 모두는 아마도 일차 전자 받개인 A_0임이 분광학적으로 밝혀졌다(그림 19-12의 오른쪽). A3와 B3의 Mg^{2+} 이온들은 각각 His 곁사슬보다 Met 잔기의 S 원자에 의해서 축에 리간드로 결합되어 있다(이들이 Mg^{2+}–S의 배위 결합의 유일한 생물학적 예로 알려졌다). 전자들은 A3와 B3로부터 플라스토퀴논인 Q_K-A와 Q_K-B로 통과하는데, 이들은 거의 확실히 분광학에 의해서 전자 받개 A_1으로 판명되었다. 분광학적 연구는 PbRC의 경우와는 대조적으로 전자들은 PSI에 있는 RC의 양쪽 가지를 통해서 다른 비율일지라도 전달되는 것으로 판명되었다. 실제로, PSI에 있는 RC는 진정한 동종 이합체인 **녹색황세균(green sulfur bacteria**, 광합성 세균의 두 번째 종)의 RC와 아주 밀접하게 연관되어 있다.

이런 관점에서 볼 때, PSI의 RC는 PSII와 자색 광합성 세균의 것과 유사하다. 그러나 PS로부터 분리된 Q_K-A나 Q_K-B의 환원형보다는 이 두 개의 퀴논은 광자에 의해 든뜬 전자를 F_X, F_A, F_B(그림 19-12의 오른쪽)로 분광학적으로 확인된 세 개의 사슬인 [4Fe–4S] 무리를 통과한다. F_X는 소단위체 2개의 Cys 잔기에 의해 배열된 PsaA와 PsaB와 연계되어 있는 2번 접힌 축 위에 놓여 있다. F_A와 F_B는 세균의 2[4Fe–4S] 페레독신과 구조적으로 유사한 스트로마 PsaC 소단위체에 결합되어 있다(**그림 19-22**, 예 참조). 관찰에 의하면 PSI의 전자 운반 경로의 양쪽 가지가 활동적이다. 하지만 반대로 PSII와 PbRC의 가지 한 개는 활성화되어 있고, PbRC는 각각의 가지 끝에 두 개의 퀴논이 PSI에 기능적으로 같으나 PSII나 PbRC와는 다르다는 사실을 알게 되었다.

PSI의 안테나 계통의 중심은 Chl *a* 분자 90개와 22개 카로티노이드로 구성되어 있다(그림 19-20*a*). 이 안테나 Chl *a*의 공간적 분포는 안테나 소단위체 축에 있는 CP43및 CP47(그림 19-13)과 유사하다. 실제로, PsaA와 PsaB의 N 말단 영역은 CP43 및 CP47의 배열과 비슷하고 6개의 막횡단 나선체를 포함하고 있는 각각의 구

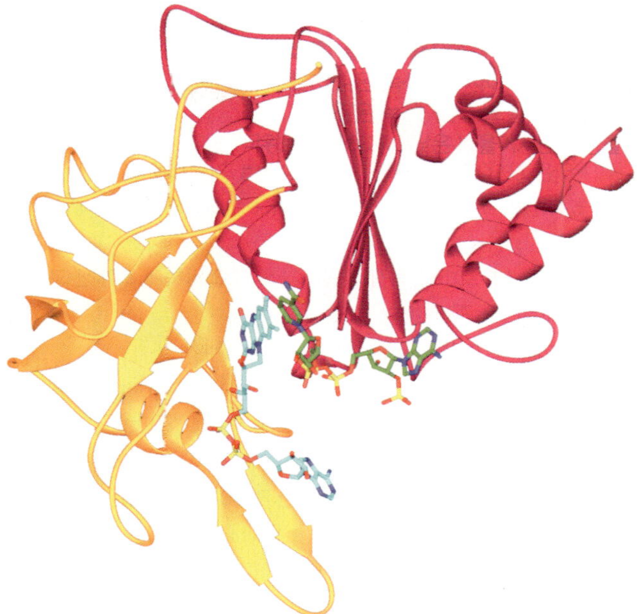

그림 19-23 FAD와 $NADP^+$와 함께 복합체 안에 있는 완두콩 페레독신-$NADP^+$ 환원 효소의 X선 구조 이 308개 잔기의 단백질은 2개의 도메인으로 되어 있다. N 말단 도메인(금색)은 FAD 결합 자리를 만들고, 비평행의 β 원통을 구성한다. 반면에 C 말단 영역(진홍색)은 두 핵산 결합으로 접혀 있는 형태(6-2C절)인 $NADP^+$ 결합 자리를 제공한다. FAD와 $NADP^+$는 막대 형태로서 $NADP^+$ C는 초록색, FAD C는 청록색, N은 파란색, O는 붉은색, P는 노란색으로 표시되었다. 플라빈과 니코틴아마이드 고리들은 플라빈 고리와 3.0 Å 떨어진 C5와 니코틴아마이드 고리 C4의 서로 반대편에 위치해 있다. 이 배열은 직접 다이하이드로리포일(dihydrolipoyl) 탈수소 효소에서 일어나는 반응(그림 17-8)처럼 수소화물 전이와 잘 일치되는 배열을 갖고 있다. [Based on an X-ray structure by Andrew Karplus, Cornell University. PDBid 1QFY.]

조와 유사하게 접혀져 있다. β 카로틴이 대부분인 카로티노이드는 Chl *a* 고리와 반데르발스 힘으로 연결된 막 속에 깊이 파묻혀 있다. 이는 들뜬 광자의 카로티노이드로부터 Chl *a*로 효과적으로 에너지를 전달할 뿐만 아니라 광인산화로 인한 손상으로부터 PSI를 보호하게 된다.

고등식물의 PSI는 삼합체인 사이아노박테리아의 PSI와는 달리 단량체이다. 그럼에도 불구하고 완두콩 PSI의 X선 구조는 두 종의 PSI에서 거의 동일한 엽록소의 위치와 배열을 나타내며, 이것은 사이아노박테리아 조상에서 엽록체가 갈라져 나온 기간이 10억 년 이상을 고려한다면 대단한 발견이다. 그러나 완두콩 PSI는 사이아노박테리아의 PSI에는 없는 네 개의 안테나 단백질을 갖고 있는데, 사이아노박테리아의 PSI는 RC의 한쪽 주위에 초승달 모양의 막횡단 띠 속에 56개의 엽록소 분자와 정확하게 결합된 형태로 배열되어 있다.

PSI의 들뜬 전자는 $NADP^+$의 환원 또는 양성자 기울기 형성을 유도한다. PSI 안에서 F_B로부터 방출되는 전자는 다음과 같은 두 가지 경로 중에 한 개로 흘러갈 것이다(그림 19-12).

1. 대부분의 전자는 스트로마에 위치하며, [2Fe−2S]를 포함하고 있는 100개 정도의 잔기를 가진 수용성 단백질인 **페레독신(ferredoxin, Fd**; 그림 19-22)에 의해 환원되어 비순환 경로로 흘러간다. 환원된 Fd는 약 310개의 잔기로 구성된 단량체이며, FAD 함유된 페레독신−$NADP^+$ 환원 효소(FNR, 그림 19-23)에 의해 $NADP^+$를 환원시켜 엽록체 광반응의 최종 산물인 NADPH를 만든다. 2개의 환원된 Fd 분자는 연속적으로 1개의 전자를 FNR의 FAD에 전달시킨다. 그래서 FNR은 순차적으로 중성 세미퀴논이 되고, 2개의 전자와 수소화 이온 운반체를 통해 1개의 양성자를 $NADP^+$에 전달되기 전까지 완전히 환원된 상태이다.
2. 몇 개의 전자는 사이토크롬 b_6를 거쳐서 PSI에서 플라스토퀴논 저장고로 되돌아가는데, 그것에 의해서 틸라코이드 막을 가로질러서 이동한 양성자는 순환 경로를 통과한다. 이 경로는 Fd가 한 개의 전자를 FNR보다는 사이트크롬 b_6(그림 19-18)의 헴 x에 전달하는 메커니즘으로 가정되어 왔다. 헴 x는 사이토크롬 b_6f의 Q_i 쪽 주변의 헴 b_L과 결합하면서부터 Q 순환 회로를 통하여 플라스토 퀴논이 환원되는 것으로 예측된다(그림 18-15). 순환 과정은 PSII의 반응과 독립되어 있고 O_2의 방출 결과가 아니라는 것에 주목하라. 이는 엽록체가 방출되는 O_2 1분자당 8개 이상의 양성자를 흡수하다고 관찰되었다.

자료 19-1 생화학 전망 PSI과 PSII의 분리

전자 현미경을 사용하여 틸라코이드 막의 단백질 복합체의 특징적인 배열을 밝혔다(그림 참조).

1. PSI은 $NADP^+$와 접촉할 수 있는 스트로마 이웃에 결합된 포개져 있지 않는 스트로마 라멜라(stromal lamellae)에 주로 배열되어 있다.
2. PSII는 스트로마와 직접 결합하지 않고 조밀하게 포개진 그라나에만 대부분이 존재한다.
3. 사이토크롬 b_6f는 막 전체에 골고루 분포되어 있다.

매우 유동적 전자 운반체인 플라스토퀴논과 플라스토사이아닌은 광합성을 효과적으로 일어나게 하도록 입자들 사이에 전자를 운반한다.

어떤 기능이 PSI과 PSII의 격리에 의해 제공되는가? 만약에 이 두 광합성계가 근접해 있다면 PSII(P700에 대한 P680)의 높이 들뜬 에너지를 흡수된 광자의 대부분을 들뜬자의 전달을 통해 PSI로 이동시킬 것이다. 즉 PSII는 PSI의 광흡수 안테나로 작용할 것이다. 입자들 간의 약 100 Å 거리 간격은 이러한 반응을 가능하게 한다.

PSI과 PSII의 물리적인 격리는 엽록체가 밝기의 변화에 반응하게 한다. 두 반응계에 의한 적당량의 빛 흡수량은 광흡수 복합체가 틸라코이드 막이 포개지거나 포개지지 않는 부분들 사이에서 어떻게 분포되어 있는지에 따라 변한다. 강한 햇빛 밝기(보통 짧은 파장인 파란색의 많은 부분을 포함하는 햇빛)에서 PSII는 PSI보다 더 많은 빛을 흡수한다. 그러나 PSI은 PSII가 공급하는 만큼 전자를 빠르게 받아들일 수 없다. 그래서 플라스토퀴논은 대부분 환원 상태로 있게 된다. 환원된 플라스토퀴논은 단백질 인산화 효소를 활성화하여 LHC의 특이한 Thr 아미노산 잔기를 인산화하고, 이에 반응하여 PSI과 연계된 포개지지 않은 영역의 틸라코이드 막으로 이동한다. 입사된 빛의 대부분은 PSI로 좁은 통로를 지나서 흘러 들어간다.

낮은 밝기(보통 어스름한 빛으로 긴파장의 붉은 빛이 대부분인 것)에서 PSI은 PSII보다 빠르게 전자를 받아들여서 플라스토퀴논 대부분이 산화된 형태로 되는 것으로 보인다. LHC는 계속해서 탈인산화되고, PSII와 연계되어 있는 틸라코이드 막의 포개진 부분으로 옮겨간다. 이렇게 해서 엽록체는 빛에 의해 활성화된 상호 조절 메커니즘에 의해 두 광합성계의 평형을 조절한다.

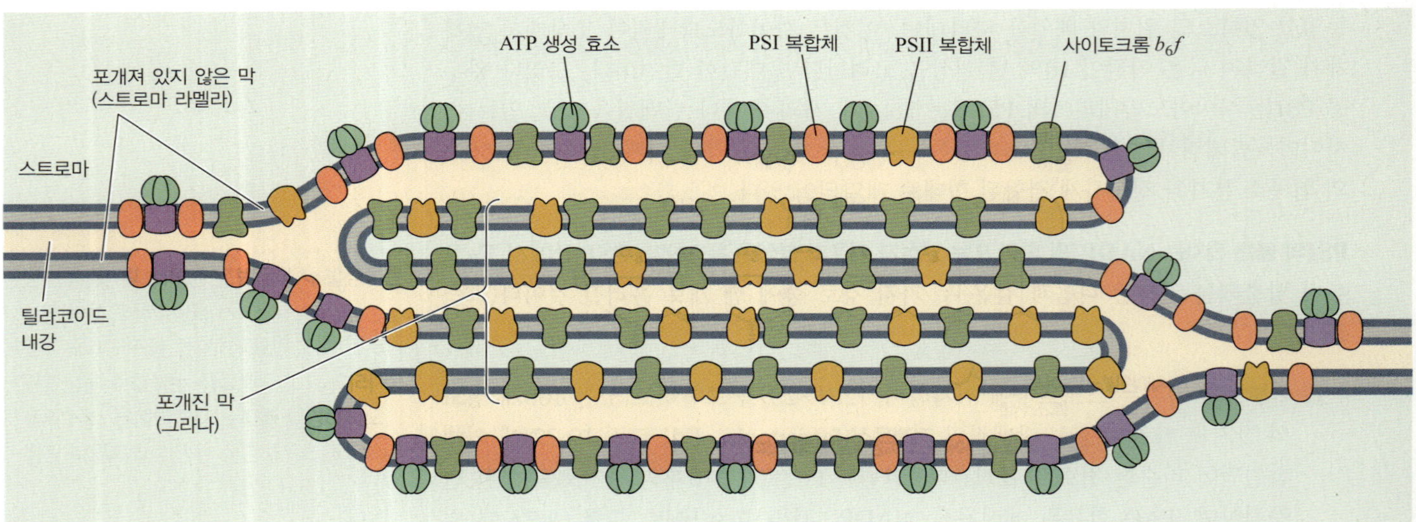

순환 전자의 흐름은 NADPH를 생산하는 것보다 ATP 생산량을 증가시키는 데 작용하는 것으로 여겨지며, 필요에 따라서 생산된 두 개 물질의 상대적인 양을 맞추기 위해서 세포가 적용하게 한 것이다. 그럼에도 불구하고 얼마만큼의 비율로 전자들이 순환과 비순환 과정에 배분되는 것은 알지 못하고 있다. 광반응에서의 정밀한 조절은 틸라코이드막의 특정한 부분의 PSI과 PSII의 격리에 의존한다(자료 19-1).

D 양성자 기울기가 광인산화 반응에 의한 ATP 생성을 추진한다

엽록체는 양성자 기울기의 방출과 이를 이용한 짝반응으로 효소가 ATP를 합성하는 미토콘드리아와 똑같은 방법으로 ATP를 합성한다(18-3절). 이러한 광의존성 과정을 **광인산화 반응(photophosphorylation)**이라고 한다. 이것은 산화적 인산화 반응과 같이 완전한 틸라코이드 막이 있어야 하며 2,4-다이나이트로페놀과 같은 물질에 의

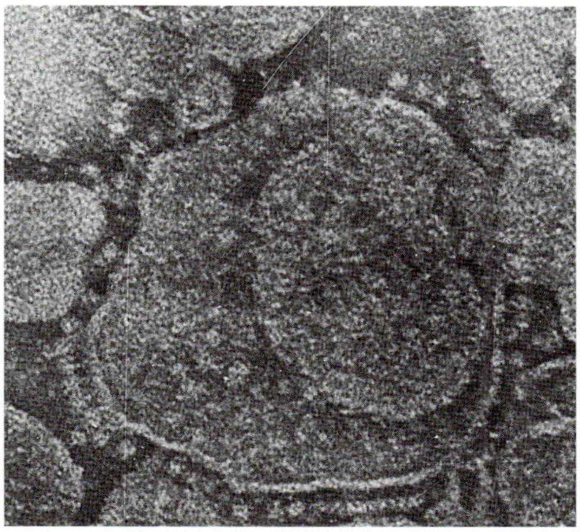

그림 19-24 틸라코이드의 전자 현미경 사진 막대사탕 같은 ATP 합성 효소의 CF_1 구조를 스트로마 표면에서 투사한 그림

? 이 전자 현미경 사진과 그림 18-2를 비교해 보라.

해서는 광추진 전자 이동의 짝풀림이 일어날 수 있어야 한다(그림 18-29).

틸라코이드 막의 스트로마 표면과 박테리아 원형질막 내부 표면의 전자 현미경 사진은 막대사탕 형태의 구조를 나타낸다(**그림 19-24**). 이런 구조는 미토콘드리아의 양성자 이동 반응에서 ATP 합성 효소인 F_1 단위와 아주 비슷하다(그림 18-21). 사실, 엽록체의 ATP 합성 효소도 **CF_1CF_0** 복합체(C는 엽록체)로 알려져 있으며, 미토콘드리아의 F_1F_0 복합체와 아주 유사하다. 예를 들면

1. F_0와 CF_0 단위체 양쪽은 양성자 이동 통로가 있는 소수성 막단백질이다.
2. F_1와 CF_1 단위체는 모두 소단위체 구성은 $\alpha_3\beta_3\gamma\delta\varepsilon$로서 소수성 말단 막단택질이며, 이 성분 중 β는 가역적 ATP 합성 효소이다.
3. 양쪽의 ATP 합성 효소들은 올리고마이신과 다이사이클로헥실카보다이이미드(dicyclohexylcarbodiimide, DCCD)에 의해 저해된다.

분명히 양성자 이동을 가능하게 하는 ATP 합성 효소는 세포의 생존 역사 초기에 진화되었다. 그러나 엽록체 ATP 합성 효소는 양성자를 틸라코이드 공간에서 스트로마로 이동시키며(그림 19-11), 미토콘드리아 ATP 합성 효소는 반대로 막 공간에서 매트릭스 공간으로 양성자를 전달하는 것을 주목하라(그림 18-20). 이것은 스트로마와 미토콘드리아의 매트릭스가 기하학적으로 유사하기 때문이다.

비순환 전자 운반에 의한 광합성 작용은 흡수된 광자당 거의 1분자의 ATP 생성한다. 포화량의 빛 강도에서 엽록체는 틸라코이드 막 단위체들을 가로질러서 다음의 두 가지 반응을 통하여 양성자 기울기로 pH ~3.5 차이를 유도한다.

1. 두 H_2O 분자에서 O_2 분자의 방출은 4개의 양성자를 틸리코이드 막 내부로 방출한다.
2. 사이토크롬 복합체를 통해 방출된 4개 전자의 운반은 8개의 양성자를 스트로마에서 틸라코이드 내강으로 이동시킨다.

전체적으로, 비순환 전자 운반계에 의해 생산된 O_2 분자당 약 12개의 양성자가 틸리코이드 막 내강으로 들어간다.

틸라코이드 막은 미토콘드리아 내막과는 달리 Mg^{2+}나 Cl^- 이온을 통과시킨다. 틸라코이드 막을 횡단한 양성자와 전자의 자리옮김은 전기적 중성을 유지할 수 있는 이온의 통과를 동반된다(Mg^{2+}는 밖으로, Cl^-는 안으로). 이것이 막전위를 모두 제거할 수 있게 만든다. **따라서 엽록체의 전기 화학적 기울기는 거의 전적으로 pH(농도) 기울기의 결과이다.**

모든 가정에 따라서, 엽록체의 ATP 합성 효소는 세 개의 양성자가 틸라코이드 내강에서 스트로마로 운반할 때마다 한 개의 ATP를 합성한다. 그러므로 엽록체에서의 비순환계 전자 운반은 O_2 한 개가 방출되면 ~12/3=4분자의 ATP를 생산하는 결과가 된다(순환 전자 운반계는 더 많은 ATP를 생산해 내는데, 그 이유는 사이토크롬

b_6f가 매개하는 Q 순환을 통해서 더 많은 양성자들을 틸라코이드 내강으로 이동시킬 수 있기 때문이다).

비순환 전자 운반계는 물론 NADPH도 생산한다(OEC에 의해 $2H_2O$로부터 2NADPH에 해당하는 4개의 전자가 방출된다). 각각의 NADPH는 2.5ATP를 만들 수 있는 에너지를 갖고 있으며(18-3C절, 그러나 NADPH는 ATP 합성 효소의 추진력으로는 사용되지 않는다), O_2 분자당 5개의 ATP를 만들어 낸다. 결국 O_2 1분자당 총 9분자의 ATP가 만들어진다. 각각의 전자가 H_2O에서 NADPH로 시스템을 옮겨가야 되는데, 적어도 두 개의 광자가 필요하다. 이러한 것은 실험적 측정으로 증명되었는데, 이것은 식물과 조류는 한 분자의 O_2를 생산하기 위하여 가시광선 8~10개의 광자가 필요하다는 것을 의미한다. 그러므로 광반응의 전체 효율은 9 ATP/8~10광자, 또는 흡수된 광자당 대략 1ATP이다.

체크 포인트

- 빛에너지가 흡수되면 어떻게 방출되는가? 광합성 과정에 가장 중요한 메커니즘은 무엇인가?
- 특수한 PbRC가 광자를 흡수한 후에 일어나는 사건을 설명하시오.
- 자생 광합성 세균에서 전자 전달 과정이 왜 순환 경로를 이루는지 설명하시오.
- Z 도해에서 요약한 산화-환원 반응이 광산화에 미치는 영향을 설명하시오.
- 광합성 반응에서 물 분해의 중요성을 설명하시오.
- 식물과 세균의 광합성 전자 전달계에 있어서 Q 회로의 의미가 무엇인지 설명하시오.
- 미토콘드리아 사이토크롬 *c*에 해당하는 엽록체 단백질은 어떤 것인지 설명하시오.
- PSI에서 순환, 비순환 전자 전달계의 의미를 설명하시오.
- 광인산화와 산화적 인산화를 비교 분석하시오.
- 흡수된 광량자와 O_2의 생성 정도와의 상관관계를 설명하시오.

3 암반응

주요 개념

- 캘빈 회로는 오탄당에 탄소를 결합시켜 글리세르알데하이드-3-인산을 만들고 다시 광반응으로 합성한 ATP와 NADPH를 사용하여 오탄당을 만든다.
- 캘빈 회로 생성물은 탄수화물(글루코스 중합체)로 전환된다.
- 식물은 광호흡을 하는데, 이 과정은 O_2를 사용하고 CO_2를 배출하게 된다.

앞 절에서는 식물이 어떻게 빛에너지를 ATP와 NADPH로 바꾸는지를 보았다. 이 절에서는 이 생성물이 어떻게 CO_2로부터 탄수화물과 다른 물질들을 합성하는지 논의하고자 한다.

A 캘빈 회로가 CO_2를 고정한다

식물이 CO_2를 탄수화물로 축적하는 대사 경로는 1946년과 1953년 사이에 캘빈(Melvin Calvin), 배스햄(James Bassham), 벤슨(Andrew Benson)에 의해서 밝혀졌다. 이들은 조류 세포에서 방사선이 표지된 $^{14}CO_2$를 추적하여 대사 과정을 알아냈다. 캘빈은 초기에 수행한 몇 종류의 실험에서 조류에 수 분 동안 $^{14}CO_2$을 조사하였을 때 당이나 아미노산을 포함한 복잡한 방사선 표지된 대사 산물의 많은 혼합체를 합성됨을 알아냈다. 그러나 해조류를 5초 안에 $^{14}CO_2$에 노출시킨 후의 분석에서는 **첫 번째의 안정된 방사성 화합물로서 3-포스포글리세레이트(3-phosphoglycerate, 3PG)가 생성됨을 확인하였다.** 이 결과는 3PG가 C_2 화합물의 카복실화에 의해 생성되었음을 즉각적으로 암시하였다. 그러나 아직도 이러한 전구 물질은 발견되지 않았다. 실제 카복실화 반응은 **리불로스-5-인산(ribulose-5-phosphate, Ru5P)**에서 유도된 오탄당을 이용하여 생성된다. 결과적으로 C_6 생성물은 두 개의 C_3 화합물로 쪼개지고, 두 개의 3PG로 전환된다. 광반응에서 생성된 ATP와 NADPH는 3PG를 글리세르알데하이드-3-인산(GAP)으로 전환하는 데 필요하다. GAP는 탄수화물 합성이나 Ru5P의 재생에 이용된다(그림 19-25). 그림 19-25에 도해된 전체적인 경로를 **캘빈 회로(Calvin cycle)** 또는 **환원형 오탄당 인산 회로(reductive pentose phospate cycle)**라고 한다. 이것은 오탄당의 카복실화 반응, 탄수화물의 형성, 오탄당의 조절 작용과 관련되어 있다.

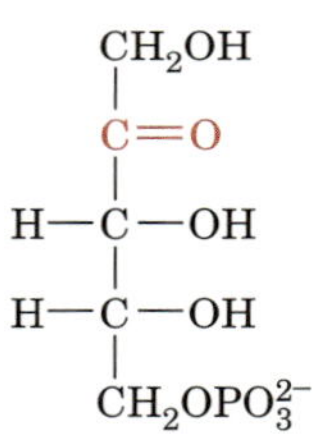

리불로스-5-인산(Ru5P)

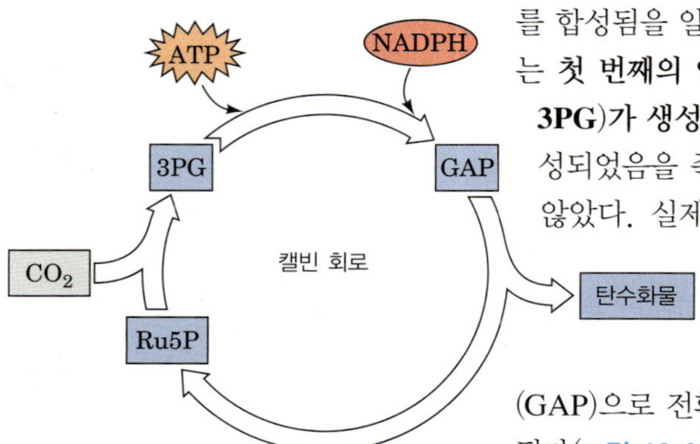

그림 19-25 **암반응의 개요** 명반응의 생성물인 ATP와 NADPH는 캘빈 회로라고 하는 반응에서 CO_2를 탄수화물로 변화시키는 데 사용된다.

카복실화 반응 기질을 조사하는 동안 몇 가지 다른 광합성 중간 생산물을 확인하였고, 이들의 표지된 패턴을 밝혀냈다. 예를 들면 육탄당 프럭토스-1,6-비스인산(fructose-1,6-bisphosphate, FBP)은 처음에 단지 C3와 C4 위치에만 표지되었지만, 나중에는 다른 원자들보다 적은 비율로 표지되었다. 여러 가지 삼탄당, 사탄당, 오탄당, 육탄당, 칠탄당 인산에 포집된 탄소의 흐름에 대한 관찰은 대사 생화학의 이정표로서, 이를 통해 **그림 19-26**에 도해되어 있듯이 캘빈 회로를 만들어 내었다. 많은 가상의 반응들이 정제된 효소를 이용한 실험적 반응에 의해서 규명되었다.

캘빈 회로는 2단계 반응을 거쳐서 CO_2로부터 GAP을 생성한다. 캘빈 회로는 두 단계르 나누어 고찰되어야 한다.

1단계 생산 단계(그림 19-26의 윗줄), 여기에서 Ru5P 분자 3개는 CO_2 분자 3개와 반응하여 글리세르알데하이드-3-인산(glyceraldehyde-3-phosphate, GAP) 분자 6개를 생산하는데, 이때 9개의 ATP와 NADPH 분자 6개를 소비한다. **이 순환적 경로의 성격은 CO_2 분자 3개에서 한 개의 GAP를 합성하는 것과 대등하다.** 이 순환 회로의 어떤 단계에서 GAP는 다른 생합성 물질의 합성을 위하여 회로에서 빠져나갈 수도 있다.

2단계 회복 단계(그림 19-26의 윗줄), 여기에서 남아 있는 5GAP의 탄소 원자들은 주목할 만한 일련의 반응들 사이에서 여러 방법으로 반응하여 오탄당 인산 경로와 유사한 반응을 하거나, 이 회로가 시작될 때 쓰이는 3Ru5P의 재생산 반응을 수행한다. 이 단계는 개념적으로 네 개의 반응 세트로 나눌 수 있다(번호는 그림 19-26의 관련된 반응들과 연계되어 있다).

6. $C_3 + C_3 \rightarrow C_6$
8. $C_3 + C_6 \rightarrow C_5 + C_4$
9. $C_3 + C_4 \rightarrow C_7$
11. $C_3 + C_7 \rightarrow C_5 + C_5$

이 과정의 전체적 화학량론은 다음과 같다.

$$5\ C_3 \rightarrow 3\ C_5$$

캘빈 회로의 이 단계는 더 이상의 자유 에너지(ATP) 또는 환원력(NADPH)의 유입 없이 일어나는 것에 주목하라.

> **GATEWAY CONCEPT 에너지 변환**
> 에너지는 새로 형성되거나 없어지지 않지만 변환될 수는 있다. 광합성에서 광계에 의해 흡수되는 빛에너지는 환원형 보조 인자의 화학 에너지로 변환된다. 이 에너지의 일부는 ATP 합성 효소의 기계적 에너지로 전환되는 양성자 농도 기울기를 형성하는데 사용된다. 최종적으로 ATP와 NADPH 형태의 화학 에너지는 탄수화물을 구성하는 환원된 탄소 원자의 화학 에너지로 변환된다.

캘빈 회로의 첫 번째 반응은 **포스포리불로 인산화 효소(phosphoribulokinase)**에 의한 Ru5P의 **리불로스-1,5-비스인산(ribulose-1,5-bisphosphate, RuBP)**을 만드는 인산화 반응이다. RuBP의 카복실화 반응 다음에는(반응 2, 아래에서 논의), 3PG가 처음에는 1,3-비스포스포글리세레이트(1,3-bisphosphoglycerate, BPG)로, 그 후에는 GAP로 전환된다. 후자의 반응은 두 연속되는 해당 과정의 반대로 진행되는 반응(15-2G절과 15-2F절)인데 캘빈 회로가 NADH보다 NADPH를 더 잘 이용하는 점만 다르다.

캘빈 회로의 두 번째 단계는 우리에게 친숙한 해당 과정 반응의 반대 방향으로 시작한다. 삼탄당 인산 이성질화 효소에 의해 GAP가 다이하이드록시아세톤 인산(dihydroxyacetone phosphate, DHAP)으로의 이성질화되는 반응이다(15-2E절). 뒤이어 DHAP는 반응 6에서 8 또는 반응 9에서 11의 두 개의 유사한 경로를 따라 진행된다. 반응 6과 9는 DHAP에서의 알돌레이스(aldolase)가 촉매하는 알돌 축합 반응으로 알데하이드가 연결하고 있다. 반응 6은 또한 해당 과정의 반대이다(15-2D절). 반응 7과 10은 인산의 가수 분해 반응으로 각각 프럭톡스 비스인산화 효소(FBPase,

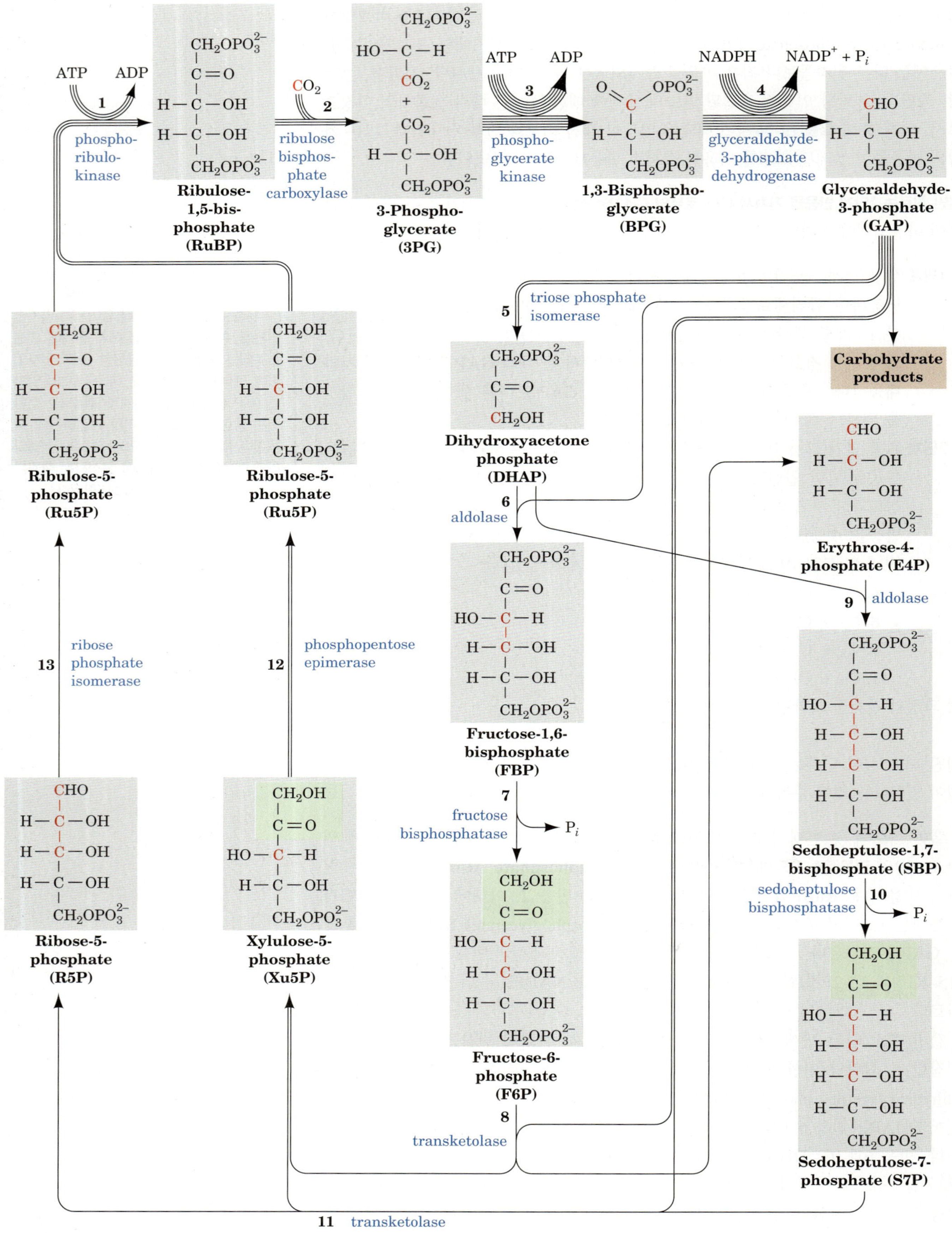

ATP
ADP
1
phospho-ribulo-kinase
Ribulose-1,5-bis-phosphate (RuBP)
CO2
2
ribulose bisphos-phate carboxylase
3-Phospho-glycerate (3PG)
ATP
ADP
3
phospho-glycerate kinase
1,3-Bisphospho-glycerate (BPG)
NADPH
NADP+ + Pi
4
glyceraldehyde-3-phosphate dehydrogenase
Glyceraldehyde-3-phosphate (GAP)
Carbohydrate products
5
triose phosphate isomerase
Dihydroxyacetone phosphate (DHAP)
6
aldolase
Fructose-1,6-bisphosphate (FBP)
7
fructose bisphosphatase
Pi
Fructose-6-phosphate (F6P)
8
transketolase
Erythrose-4-phosphate (E4P)
9
aldolase
Sedoheptulose-1,7-bisphosphate (SBP)
sedoheptulose bisphosphatase
10
Pi
Sedoheptulose-7-phosphate (S7P)
11
transketolase
Ribulose-5-phosphate (Ru5P)
Ribulose-5-phosphate (Ru5P)
13
ribose phosphate isomerase
12
phosphopentose epimerase
Ribose-5-phosphate (R5P)
Xylulose-5-phosphate (Xu5P)

그림 19-26 캘빈 회로(반대편) 화살표에 있는 선의 수는 회로가 한 번 회전할 때 필요한 분자의 수로서, 세 개의 CO_2 분자가 한 개의 GAP 분자로 전환되는 것이다. 그림 내용을 명확하게 하기 위하여 당들은 비록 육탄당과 칠탄당은 대부분이 고리 모형으로 존재하고 있지만, 직선의 펼친 모형으로 표시하였다. ^{14}C 표지 형식은 붉은색으로 표시한 $^{14}CO_2$의 이용을 통해서 한 번 도는 회로에 생성하게 하였다. 두 개의 Ru5P 생성물이 단지 C3 위치에 표지되어 있는 데 반하여, 세 번째의 Ru5P는 C1, C2, C3에 동등하게 표지되어 있는 것을 주목하라.

? 여기 그려진 반응들의 총 반응식을 기술하라.

15-4B절)와 **세도헵툴로스 비스인산 가수 분해 효소(sedoheptulose bisphosphate, SBPase)**에 의해서 촉매된다. 남아 있는 캘빈 회로 반응들은 오탄당 인산 경로에 참여하는 효소가 촉매한다. 8과 11의 두 반응은 C_2 케토 단위가 트랜스 케톨레이스(transketolase)에 의해서 촉매되는 반응으로(그림 19-26에서 초록색 그림자 처리) 자일룰로스-5-인산(xylulose-5-phosphate, Xu5P)을 만들기 위해서 케토스로부터 GAP로 케토 단위가 전달되는 것이다. 반응 8과 반응 11의 생성물인 리보스-5-인산(ribose-5-phosphate, R5P)의 알돌당 에리트로스-4-인산(erythrose-4-phophate, E4P)을 반응 8, 리보스-5-인산(R5P)을 반응 11에 의해서 떠나는 것이다. 반응물의 생성물인 반응 9에 공급된다. 반응 8과 11에서 생산된 Xu5P들은 반응 12의 **인산 오탄당 에피머화 효소(phosphopentose epimerase)**에 의해 Ru5P로 전환된다. 반응 11의 R5P도 반응 13의 **리보스 인산 이성질화 효소(ribose phosphate isomerase)**에 의해 Ru5P로 전환된다. 이렇게 해서 캘빈 회로가 완전하게 돌게 된다. 캘빈 회로의 11개의 효소 중에서 단지 3개만(인산리불로 인산화 효소, 카복실화 반응 효소인 리불로스 비스인산 카복실화 효소, SBPase)이 동물 세포에는 대등체가 존재하지 않는다.

RuBP 카복실화 효소는 CO_2 고정을 촉매한다. 거의 모든 지구 상의 생명체가 CO_2 고정을 촉매하는 효소인 리불로스 비스인산 카복실화 효소(ribulose bisphosphate carboxylase, **RuBP carboxylase**) 반응에 의존하고 있는데, 이것은 세상에서 가장 중요한 효소이다. 이 단백질은 잎 단백질의 50%까지 차지하는 비교적 낮은 촉매 효율($k_{cat} \approx 3\ s^{-1}$)의 효소로서, 그렇기 때문에 생물계에 가장 많이 분포되어 있다. 고등식물과 대부분 광합성 박테리아의 RuBP 카복실화 효소는 엽록체 DNA에 의해 암호화된 8개의 큰(L) 단위체와 (담배 잎에는 477개 단위체가 있다), 핵 유전자에 의해서 암호화되는 8개의 작은(S) 소단위체(123개 잔기)로 이루어져 있다(어떤 광합성 세균의 RuBP 카복실화 효소는 L8S8 효소와 28%의 배열 동일성과 구조적인 유사성을 갖는 L 소단위체로 된 L2 이합체이다). 브란덴(Carl-Ivar Brändén)과 아이젠버그(David Eisenberg)의 X선 연구에 의해서 L8S8 효소는 정사각형 프리즘의 대칭 형태라는 것이 증명되었다(**그림 19-27*a,b***). L 소단위체는 β 병풍 도메인과 효소 촉매 영역을 포함하는 α/β 원통 도메인으로 되어 있다(**그림 19-27*c***). S 소단위체의 기능은 알려지지 않았으며, 유사한 다른 효소들처럼 조절 역할을 하는지에 대한 시도도 성공적이지 않았다.

캘빈에 의해 거의 모두 밝혀진 반응인 RuBP 카복실화 효소의 메커니즘은 **그림 19-28**에 표시되었다. 반응 결정 단계인 RuBP에서 C3 양성자의 탈취는 CO_2에 친핵성 공격으로 엔다이올레이트(enediolate)를 만든다. β 케토산은 3PG 분자 2개를 생산하기 위해서 알돌 분해 반응과 유사한 분해로 첨가물 생산을 위해서 H_2O에 의해 C3 위치를 급격히 공격한다. **전체 반응의 추진력은 β 케토산 중간체의 분해 과정으로 높은 자유 에너지 감소($\Delta G^{\circ\prime} = -35.1\ kJ \cdot mol^{-1}$)로 유발되며, 부가적으로 공명**

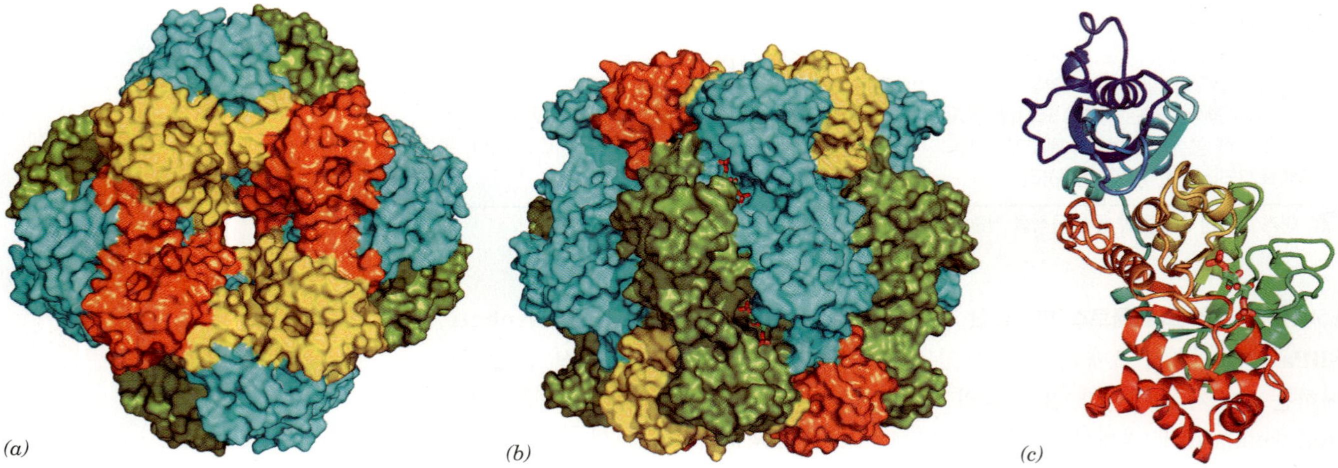
(a) (b) (c)

그림 19-27 RuBP 카복실화 효소의 저해제인 2-카복시아라비니톨-1,5-비스인산(2-carboxyarabinitol-1, 5-bisphosphate)과 일시적 결합을 하고 있는 X선 구조 L8S8 단백질은 D_4 대칭을 나타낸다(그림 6-34*b*의 정사각형 프리즘 대칭형). (*a*) 단백질의 4면체 축과 (*b*) 2면체 축으로 본 표면 그림. *a*, *b*는 수평축에서 90° 회전한 모양이다. 늘어난 소단위체 L(구조적 그림에서 6개는 분명히 보인다)은 내재된 사합체가 서로 맞물려져 있으며, *b*에 분홍색으로 표시된 위쪽으로부터 늘어져 있고, 아래쪽 파란색으로부터 늘어져 있는 상태이다. 위쪽과 아래쪽에 모자 모양으로 띄워진 S4 사합체의 소단위체들은 각각 노란색과 주황색으로 표시하였다. (*b*) 2-카복시아라비니톨-1, 5-비스인산(2-carboxyarabinitol-1, 5-bisphosphate)은 막대 모형으로 표시하였다. (*c*) b에서 녹색 소단위체로 표시한 L 소단위체는 리본 모양으로 표시하였으며 N 말단(청색)부터 C 말단(적색)까지 무지개색 순으로 색깔을 표시하였다. 2-카복시아라비니톨-1, 5-비스인산은 효소의 α/β 몸통의 입구에 있는 기질 결합 자리에 위치하고 있다. [Based on an X-ray structure by David Eisenberg, UCLA. PDBid 1RLC.]

안정화된 카복실기를 생성하게 된다.

RuBP 카복실화 효소의 활성은 Mg^{2+}가 필요한데, 아마도 촉매 작용 시에 생성되는 음전하를 안정화시키기 위한 것으로 생각된다. Mg^{2+}는 부분적으로 촉매 작용에 중요한 카바메이트(carbamate)기($-NH-COO^-$)에 의해 효소에 결합되어 있는데, 이것은 LyS 201의 ε 아미노기를 포함하여 비기질인 CO_2의 반응에 의해 생산된다. 이 필수 반응은 ATP 추진 반응에서 **RuBP 카복실화 활성화 효소**(**RuBP carboxylase activase**)에 의해 생체 내에서 촉매된다.

B 캘빈 회로 생성물이 전분, 슈크로스, 셀룰로스로 전환된다

캘빈 회로의 전체 화학량론은 다음과 같다.

$$3\ CO_2 + 9\ ATP + 6\ NADPH \longrightarrow GAP + 9\ ADP + 8\ P_i + 6\ NADP^+$$

광합성의 일차적인 생성물인 GAP는 엽록체의 안쪽과 바깥쪽의 다양한 생합성 경로에서 사용된다. 예를 들면 캘빈 회로 효소들이 계속되는 반응에 의해서 프럭토스-6-인산(fructose-6-phosphate)으로 전환되기도 하고, 당인산 이성질화 효소와 당인산 전이 효소에 의해 글루코스-1-인산(glucose-1-phosphate, G1P)으로 전환되기도 한다(16-1C절). **G1P는 식물의 특징인 다차원의 탄수화물 합성의 전구 물질이다.**

전분의 주요 성분인 다당체 α-아밀로스(8-2C절)는 엽록체에서 글루코스의 일시적인 저장소로 작용하는 스트로마에서 합성된다. 이것은 식물에서 잎, 씨앗, 뿌리를 포함한 식물에서 장기간의 저장 분자로 합성되는 것이다. G1P는 우선 ATP를 ADP-글루코스로 형성하는 반응 **ADP-글루코스 파이로인산 분해 효소**(**ADP-glucose

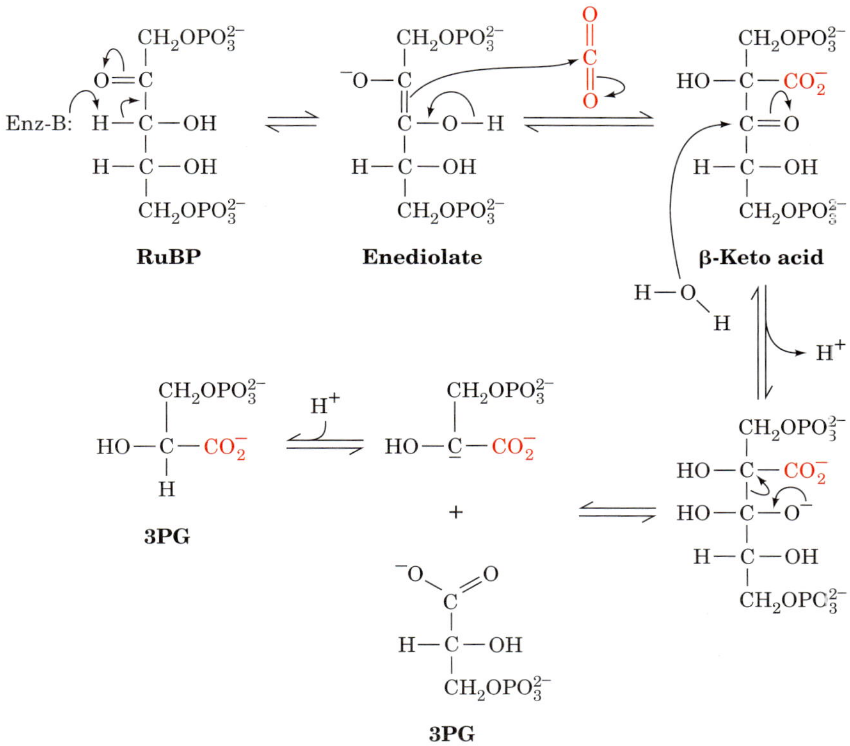

그림 19-28 **RuBP 카복실화 효소 반응 메커니즘** 엔다이올레이트(enediolate) 중간 물질을 경유하는 반응 과정은 CO_2에 대한 친핵성 공격으로 β 케토산을 만드는 것이다. 이 중간 물질은 2분자의 3PG를 생산하기 위해서 물과 반응한다.

pyrophosphorylase)에 의해 촉매되며 활성화된다. 그러고 나서 **전분 합성 효소**(**starch synthase**)는 글루코스 잔기를 α-아밀로스 분자의 비환원 말단에 전달하여 새로운 글리코실 결합을 만든다(**그림 19-29**). 반응은 자유 에너지가 감소되는 ADP-글루코스 형성 과정에서 PP_i가 가수 분해되는 반응에 의해 추진된다. 유사한 반응이 UDP-글루코스를 사용하는 글리코젠 합성 때도 일어난다(16-2절).

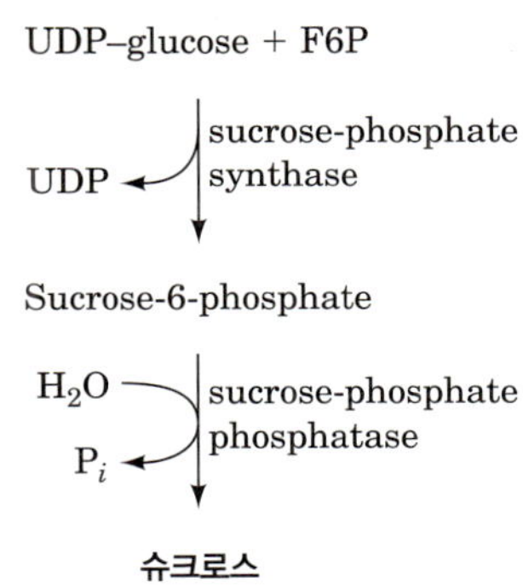

글루코스와 프럭토스의 이당류인 슈크로스(설탕)는 광합성을 하지 못하는 비광합성 세포에 탄수화물을 전달하는 주요 수송용 당으로, 광합성을 수행하는 초록색 잎의 주요 광합성 생성물이다(8-2A절). 슈크로스는 세포질에서 합성되기 때문에 글리세르 알데하이드-3-인산 또는 다이하이드록시아세톤 인산은 삼탄당 인산과 인산 교환을 수행하는 역운반체(antiporter)에 의해서 엽록체 밖으로 수송된다. 두 거의 삼탄당은 결합하여 프럭토스-6-인산(F6P)을 만든 후 계속해서 글루코스-1-인산(G1P)으로 되어 UTP에 의해서 활성화됨으로써 UDP-글루코스를 만든다. 다음에는 슈크로스-6-인산이 **슈크로스-인산 생성 효소**(**sucrose-phosphate synthase**)의 촉매 반응에 의해 합성된다. 마지막으로 슈크로스-6-인산은 **슈크로스-인산 인산 가수 분해 효소**(**sucrose-phosphate phosphatase**)에 의해서 가수 분해되어 슈크로스가 되며, 이 슈크로스는 식물의 다른 조직으로 이동한다.

β(1 → 4) 결합 글루코스 단위의 긴 사슬로 이루어져 있는 식물의 주요 다당류인 셀룰로스도 UDP-글루코스로부터 합성된다. 식물의 세포벽은 대부분 약 36개의 셀룰로스 사슬이 포함된 결정형의 사슬로 구성되어 있으며, 모두 다른 다당류나 리그닌의 무정형 매트릭스에 끼워져 있다(8-2B절). 식물의 전분 또는 동물의 글리코젠과는 달리, 셀룰로스는 식물 원형질막 안의 다중 단위체 효소 복합체에 의해 합성되며, 세포외 공간 속으로 방출된다.

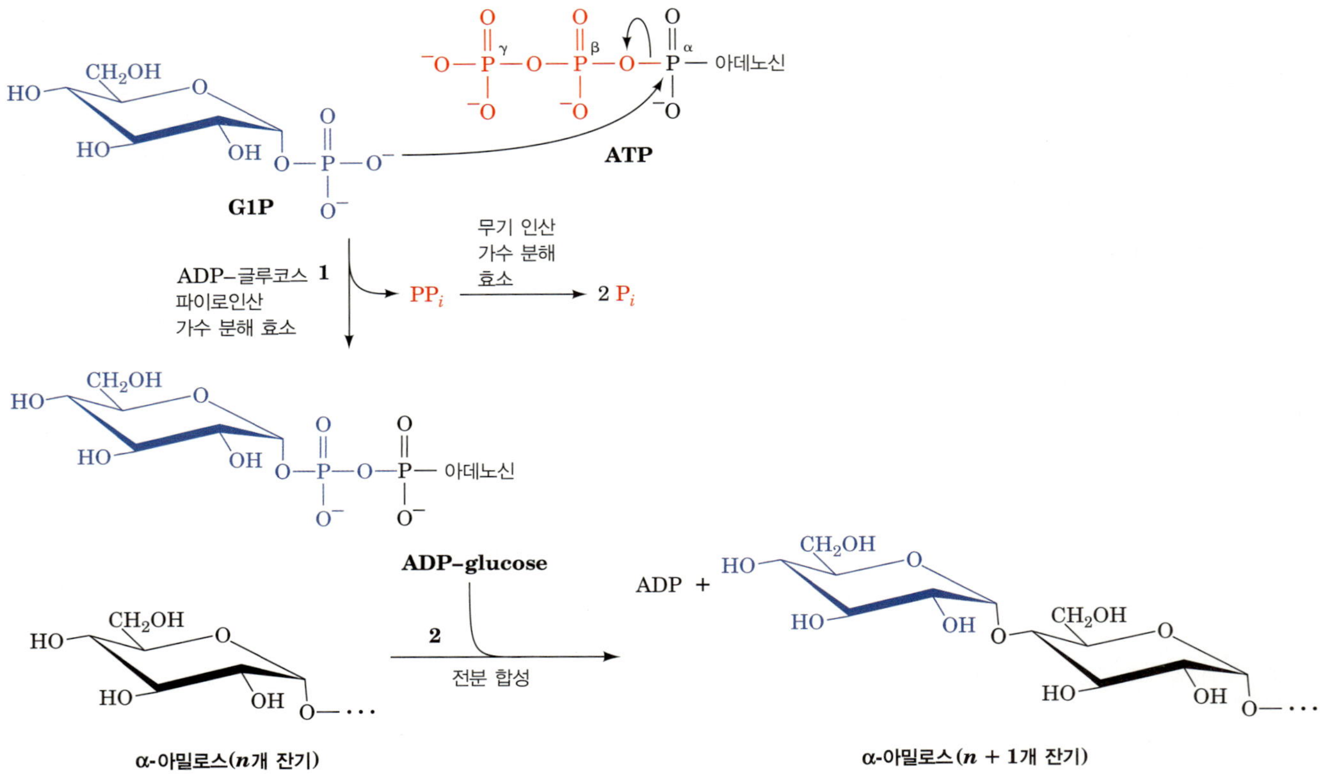

그림 19-29 전분 합성 ADP-글루코스는 G1P와 무수 인산화(phosphoanhydride) 교환 반응에서 얻어진 ATP로부터 만들어진다. (1) PP$_i$ 생성물은 급격히 가수 분해된다. ADP-글루코스는 전분 합성 효소의 기질이다. (2) 이 반응 에너지를 이용하여 기존의 다당류에 글루코스 잔기를 첨가하고 ADP를 방출한다.

? 이 전체 반응에서 생성되는 에너지는 ATP 당량으로 얼마에 해당되는가?

C 캘빈 회로는 빛에 의해 간접적으로 조절된다

식물은 낮 동안에 광합성의 명반응과 암반응을 통해서 에너지 요구를 안전하게 충족시킨다. 그러나 밤에는 다른 생물과 마찬가지로, 자신의 영양분을 가지고 반대로 해당 작용, 산화적 인산화 반응, 오탄당 인산화 경로를 통해서 ATP와 NADPH를 생산한다. 스트로마가 캘빈 회로와 마찬가지로 해당 과정과 오탄당 인산 경로 관련 효소들을 포함하고 있기 때문에 **식물은 낭비적이고 무익한 회로의 소모적인 대사 작용으로 ATP와 NADPH의 소모 방지를 위한 빛 의존적 캘빈 회로 조절 메커니즘을 가져야 한다.**

우리가 보아온 것처럼, 대사 경로 유량의 조절 작용은 평형과는 거리가 먼 효소 반응 과정에서 일어난다(ΔG의 큰 음의 값). **표 19-1**을 검토해 보면 캘빈 회로의 유입/유출을 조절하는 세 가지 반응은 RuBP 카복실화 효소, FBP 효소, SBP 효소에 의해서 촉매되는 반응이다(그림 19-26의 반응 2, 7, 10). 사실, 이 세 효소들의 촉매 효율은 빛의 조사 준위에 따라 생체 내에서 자주 변화한다.

RuBP 카복실화 효소의 활성은 다음과 같은 세 가지 빛 의존성 요소에 따라 반응한다.

1. pH. 빛이 있을 때, 양성자가 스트로마에서 틸라코이드 내강으로 유입됨으로써

표 19-1 캘빈 회로 반응들의 표준 및 생리학적 자유 에너지 변화

단계[a]	효소	$\Delta G^{\circ\prime}$(kJ·mol^{-1})	ΔG(kJ·mol^{-1})
1	Phosphoribulokinase	−21.8	15.9
2	Ribulose bisphosphate carboxylase	−35.1	−41.0
3 + 4	Phosphoglycerate kinase + glyceraldehyde-3-phosphate dehydrogenase	+18.0	−6.7
5	Triose phosphate isomerase	−7.5	−0.8
6	Aldolase	−21.8	−1.7
7	Fructose bisphosphatase	−14.2	−27.2
8	Transketolase	+6.3	−3.8
9	Aldolase	−23.4	−0.8
10	Sedoheptulose bisphosphatase	−14.2	−29.7
11	Transketolase	+0.4	−5.9
12	Phosphopentose epimerase	+0.8	−0.4
13	Ribose phosphate isomerase	+2.1	−0.4

[a]그림 19-26 참조

출처: Bassham, J.A. and Buchanan, B.B. *in* Govindjee (ed.), *Photosynthesis*, Vol. II.P. 155, Academic Press(1982).

스트로마의 pH는 ~7.0에서 ~8.0으로 증가한다. RuBP 카복실화 효소는 pH 8.0 근처에서 최적의 활성을 나타낸다.

2. [Mg^{2+}]. 틸라코이드 내강으로 빛에 의해 유도되는 양성자의 유입은 스트로마 속으로 Mg^{2+}의 유출이 수반된다는 사실을 상기하라. 이 Mg^{2+}는 RuBP 카복실화 효소를 활성화시킨다(19-2D절).
3. 전이 상태와 유사 물질인 **2-카복시아라비니톨-1-인산**(**2-carboxyarabinitol-1-phosphate, CA1P**).

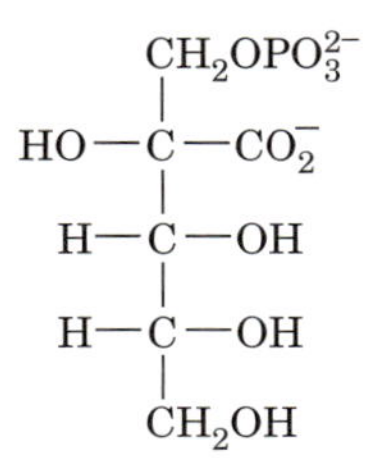

2-Carboxyarabinitol-1-phosphate (CA1P)

많은 식물들이 이 화합물을 생합성하는데, 이것은 어두운 곳에서만 RuBP 카복실화 효소를 저해한다. RuBP 카복실화 효소의 활성화 효소는 카밤오일화 반응(carbamoylation)을 촉매할 뿐만 아니라 RuBP 카복실화 효소로부터 단단히 결합된 CA1P의 방출을 쉽게 한다(19-3A절).

FBP 효소와 SBP 효소는 pH, [Mg^{2+}], NADPH의 증가에 따라 활성화된다. 이러한 인자들의 반응은 스트로마의 산화-환원 전위에 따라 반응하는 2차 조절계에 의해 보조적 조절을 받는다. 약 105개의 아미노산 잔기를 갖는 **싸이오레독신**(**thioredoxin**)은 가역적 환원성 시스틴의 이황화기를 갖는 세포들에서 나타난다. 환원된 싸이오레독신은 이황화 교환 반응에 의해서 두 FBP 효소와 SBP 효소를 활성화한다(그림 19-30). 싸이오레독신의 산화-환원 준위는 두 번째 이황화 포함 효소인 **페레독신–싸이오**

레독신 환원 효소(**ferredoxin-thioredoxin reductase**)에 의해 조절되는데, 스트로마 안의 수용성 페레독신의 산화-환원 상태에 따라 반응한다. 이것은 조사 준위에 따라서 번갈아 변한다. 싸이오레독신 계통 역시 해당 과정에서 주요 당의 유량 조절 효소인 포스포프럭토카이네이스(phosphofructokinase, PFK)를 비활성화한다(15-4A절). 이런 방법으로, **식물에서 빛은 해당 과정을 비활성화시키는 동안 캘빈 회로를 활성화하고, 상대적으로 어둠은 반대 효과를 일으킨다**(즉 소위 말하는 암반응은 밤에 일어나지 않는다).

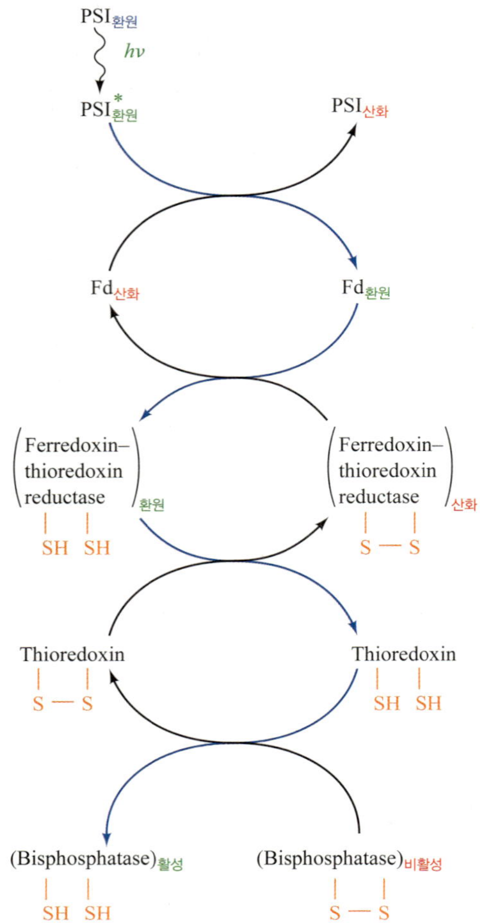

그림 19-30 빛에 의한 FBP 효소와 SBP 효소의 활성화 메커니즘 광활성화된 PSI은 수용성 페레독신(ferredoxin, Fd)을 환원하며, 이것은 페레독신-싸이오레독신 환원 효소를 환원하고, 싸이오레독신의 이황화 결합을 환원한다. 환원된 싸이오레독신은 이황화물의 내부 교환에 의해 불활성의 이황화 분해 효소와 반응하여 유량을 조절하는 캘빈 회로 효소를 활성화한다.

D 광합성은 광호흡과 경쟁한다

빛이 조사된 식물은 산화적 인산화 반응의 경로에서 명백히 O_2를 소비하고 CO_2를 방출한다는 것이 1960년대 이후에 알려졌다. 즉 **낮은 CO_2와 높은 O_2 농도 수준에서, 광호흡(photorespiration) 과정은 광합성 CO_2 과정을 능가한다.** 광호흡 과정은 전혀 예측하지 못한 일이다. **O_2는 RuBP 카복실화 효소의 기질로 CO_2와 경쟁한다**[따라서 RuBP 카복실화 효소는 **RuBP 카복실화 효소-산소화 효소**(**RuBP carboxylase-oxygenase**) 또는 **RuBisCO**라고 한다]. 산소화 효소의 반응에서 O_2는 효소의 다른 기질인 RuBP와 반응하여 3PG와 **2-포스포글리콜레이트**(**2-phosphoglycolate**)를 만든다(그림 19-31). 2-포스포글리콜레이트는 **글리콜레이트 인산 가수 분해 효소**(**phosphoglycolate phosphatase**)에 의해 **글리콜레이트**(**glycolate**)로 가수 분해되고, **퍼옥시솜**(**peroxisome**)과 미토콘드리온(mitochondrion)에서 일어나는 효소의 연속 반응에 의해 부분적으로 산화됨으로써 CO_2를 생산한다. 그래서 광호흡은 몇몇의 광합성 작용을 원상태로 돌려보내는 쓸모없는 일인 것처럼 생각된다. 이 절에서는 광호흡의 생화학적 기초와 일부 식물들이 이 해로운 반응을 회피하는 방법을 논할 것이다.

광호흡은 ATP와 ANDPH를 소모한다. 광호흡 경로는 그림 19-32에 간단히 나타내었다. 글리콜레이트(glycolate)는 엽록체에서 퍼옥시솜(글리옥시솜이라고도 함. 17-5C절)으로 보내지고, 여기에서 **글리콜레이트 산화 효소**(**glycolate oxidase**)에 의해 글리옥실산(glyoxylate)과 H_2O_2로 산화된다. H_2O_2는 매우 해로운 산화제로, 헴 포

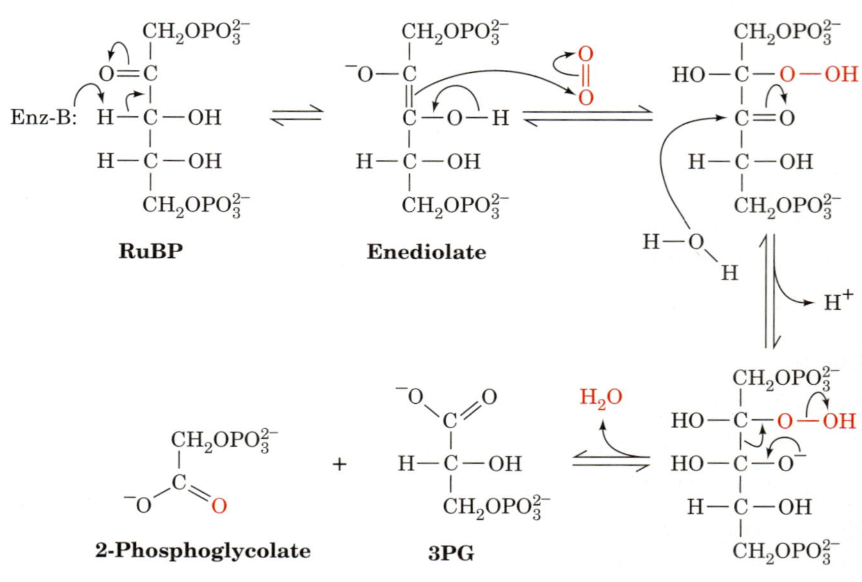

그림 19-31 RuBP 카복실화 효소-산소화 효소에 의해 촉매되는 산소화 효소 반응의 가능한 메커니즘 이 반응은 같은 효소에 의하여 촉매되는 카복실화 효소 반응 메커니즘(그림 19-28)과 유사함을 기억하라.

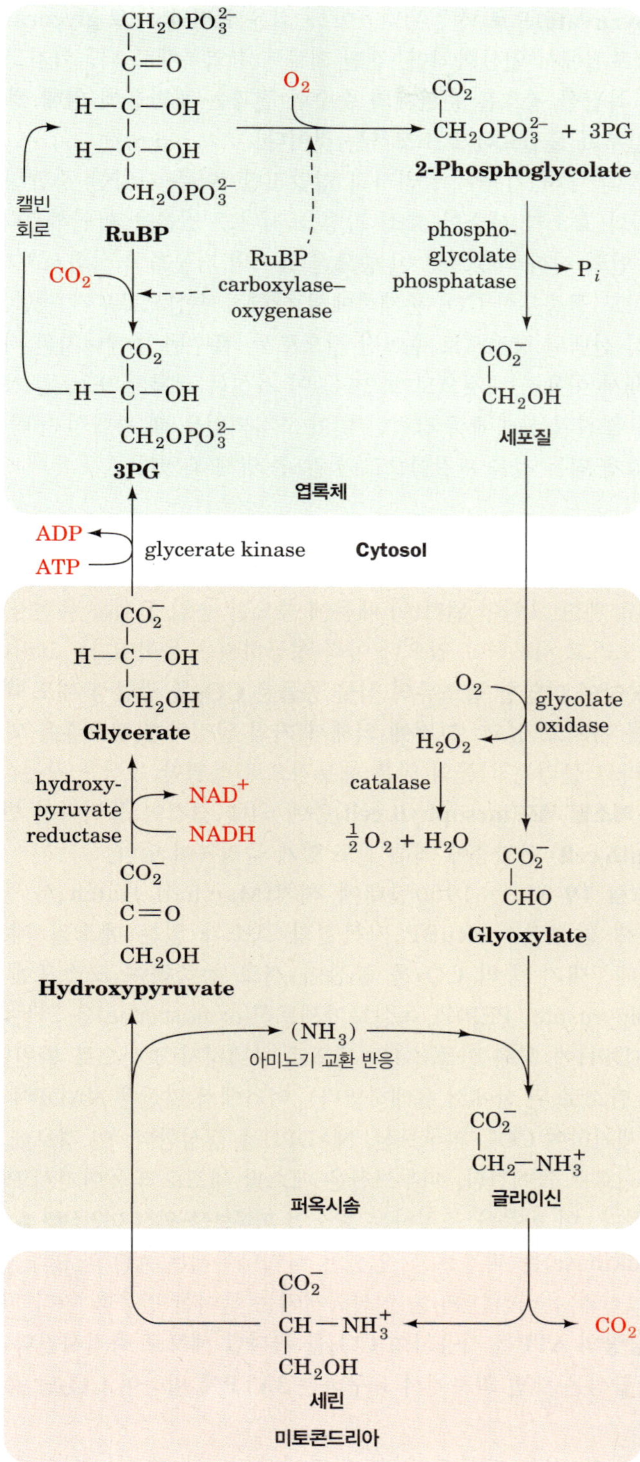

그림 19-32 광호흡 이 경로는 RuBP 카복실화 효소에 의해 촉매되는 RuBP의 산화로 생산되는 포스포글리콜레이트의 대사 과정이다. 이 반응은 표시한 대로, 엽록체, 퍼옥시솜, 미토콘드리아 및 세포질에서 일어난다. 두 개의 글라이신이 세린과 CO_2를 만드는 데 필요한 것을 주목하라.

? 광호흡의 화학 반응식을 기술하라.

함 효소인 과산화 수소 분해 효소에 의해서 H_2O와 O_2로 전환된다(18-4B절). 글리옥실산은 21-2A절에서 논한 바 있는 아미노기 교환 반응에서 글라이신으로 전환된 후 미토콘드리아로 보내진다. 여기서 글라이신 분자 2개는 한 개의 세린 분자와 한 개의 CO_2 분자로 전환된다. 이것이 광호흡에 의한 CO_2 생산의 근원이다. 세린은 퍼옥시솜으로 되돌려져서, 이곳에서 아미노기 교환 반응에 의해 **수산화 피루브**

산(hydroxypyruvate)으로 전환된다. 이 물질은 **글리세레이트(glycerate)**로 환원되고, 3PG로 세포질에서 인산화되며, 캘빈 회로에서 엽록체로 되돌아가고 RuBP로 재전환된다. 이 **복잡한 광호흡 순환계의 순수한 결과는 광반응에 의해 생산된 ATP와 NADPH의 일부가 불필요하게 소모하는 것이다.**

비록 광호흡의 대사 기능이 알려지지 않았지만, 아주 다양한 광합성 생물들에서 RuBP 카복실화 효소가 산소화 효소 활성을 지니고 있음을 확인하였다. 아직은 아주 긴 세월 동안의 진화 과정으로 이 중요한 효소의 기능을 최적화시키게 될 것이다. 광호흡은 아마도 불충분한 CO_2 존재하에서 산화적 손상으로부터 광합성 기구를 보호하기 위해서 선택된 장점으로 주어진 것으로서, 흡수된 빛에너지를 다른 방법으로 발산하기 위해서 이용하는 것으로 보인다. 이 가설은 엽록체 또는 잎 세포들이 CO_2와 O_2가 모두 결핍된 상태에서 강력한 빛이 조사되었을 때 광합성 능력이 급격히 비가역적으로 잃게 되는 것을 관찰함으로써 알 수 있게 되었다.

C_4 식물은 CO_2를 농축한다. 뜨겁고 맑은 날, 광합성은 엽록체의 CO_2 농도를 고갈시키고, 산소가 증가되었을 때에 광호흡률은 광합성률과 가까워진다. 이 현상은 많은 식물 성장의 주요 제한 요인이 된다(이 때문에 중요한 농업 문제를 유전공학 연구를 통하여 타개해 보려고 시도하고 있으나 아직 성공하지는 못하였다). 그러나 **사탕수수, 옥수수를 비롯하여 다양한 잡초류의 식물 종들은 CO_2를 광합성 세포 내에 축적하는 대사 순환계를 가지고 있고, 그것에 의해서 거의 완전하게 광호흡을 막는다. C_4 회로(C_4 cycle)**라고 불리는 식물의 잎은 해부적으로 특별한 특징을 갖는다. 이들의 섬세한 잎맥은 **메소필 세포(mesophyll cell)**층에 의해 겹겹이 둘러싸인 **번들-쉬드 세포(bundle-sheath cell)** 단일층에 의해 밀도 있게 둘러싸여 있다.

C_4 회로(**그림 19-33**)는 1960년대에 해치(Marshall Hatch)와 슬랙(Rodger Slack)에 의해 밝혀졌다. RuBP 카복실화 효소가 없는 메소필 세포에서 반응이 시작되는데, 대기 중의 CO_2를 붙잡아 서로 농축하여 포스포엔올 피루브산(phosphoenolpyruvate, PEP)과 옥살로아세트산(oxaloacetate)을 만든다. 옥살로아세트산은 NADPH에 의해 번들-쉬드 세포로 보내져서 말산으로 환원된다(C_4란 이름은 네 개의 탄소로 된 산에서 유래하였다). 여기에서 말산은 NADP에 의해 산화적으로 CO_2를 제거하여 CO_2, 피루브산, NADPH를 생성한다. 이 경로에 의해 농축된 CO_2는 캘빈 회로로 들어간다. 피루브산은 메소필 세포로 되돌아가서 PEP 재생산을 위해 인산화된다. 이 반응을 조절하는 효소인 **피루브산-인산 이인산화 효소(pyruvate-phosphate dikinase)**는 피루브산-인산염 디키나아제는 ATP의 β와 γ의 인산기와 동시에 피루브산과 유리인산(P_i)을 인산화시키는 특이한 반응을 한다. 그래서 **C_4 반응 경로는 2당량의 ATP를 사용하여 CO_2를 관다발 세포로 축적시킨다. 결론적으로 C_4 식물의 광합성은 캘빈 회로에서 요구하는 3ATP에 비하여 CO_2당 총 5ATP를 소모하게 된다.**

C_4 식물(C_4 plant)은 대부분 열대 지역에서 자라는데, 소위 다른 **C_3 식물(C_3 plant**, CO_2가 처음에 삼탄소산에 고정되는 데서 이름 붙여짐]보다 뜨겁고 태양이 강한 조건에서 빠르게 성장할 수 있기 때문이다. 서늘한 기후에서 광호흡이 쉽게 되지만, C_3 식물은 CO_2를 고정하는 데 에너지가 적게 드는 장점을 가지고 있다.

CAM 식물은 C_4 회로의 변형을 통해 CO_2를 저장한다. 사막에 거주하는 다양한 다즙 식물에서 C_4 순환계의 변형은 CO_2 포집 회로와 캘빈 회로가 분리되어 있어서 장소보다는 시간에 맞추어 CO_2 고정이 일어난다. 만약 이런 식물들이 대부분의 식물이 수

체크 포인트

- 명반응과 암반응의 관계를 설명하시오.
- 캘빈 회로의 2단계를 요약하시오.
- 캘빈 회로에서는 몇 가지 다른 반응들이 존재하는가?(예를 들면 인산화, 이성질체화 등)
- 캘빈 회로의 어떤 단계가 오탄당 인산화 회로와 유사한가?
- RuBP 카복실화 효소의 화학 반응을 설명하시오.
- 어떻게 캘빈 회로에서 GAP가 슈크로스, 전분, 셀룰로스를 생성하는지를 설명하시오.
- pH, Mg^{2+}, 페레독신이 어떻게 캘빈 회로 조절의 명반응을 통제하는가? 설명하시오.
- RuBP의 CO_2 고정과 산화 반응 메커니즘을 비교하여 설명하시오.
- 광호흡의 장점은 무엇인지 설명하시오.
- 어떻게 식물의 광호흡을 최소화할 수 있는지 설명하시오.

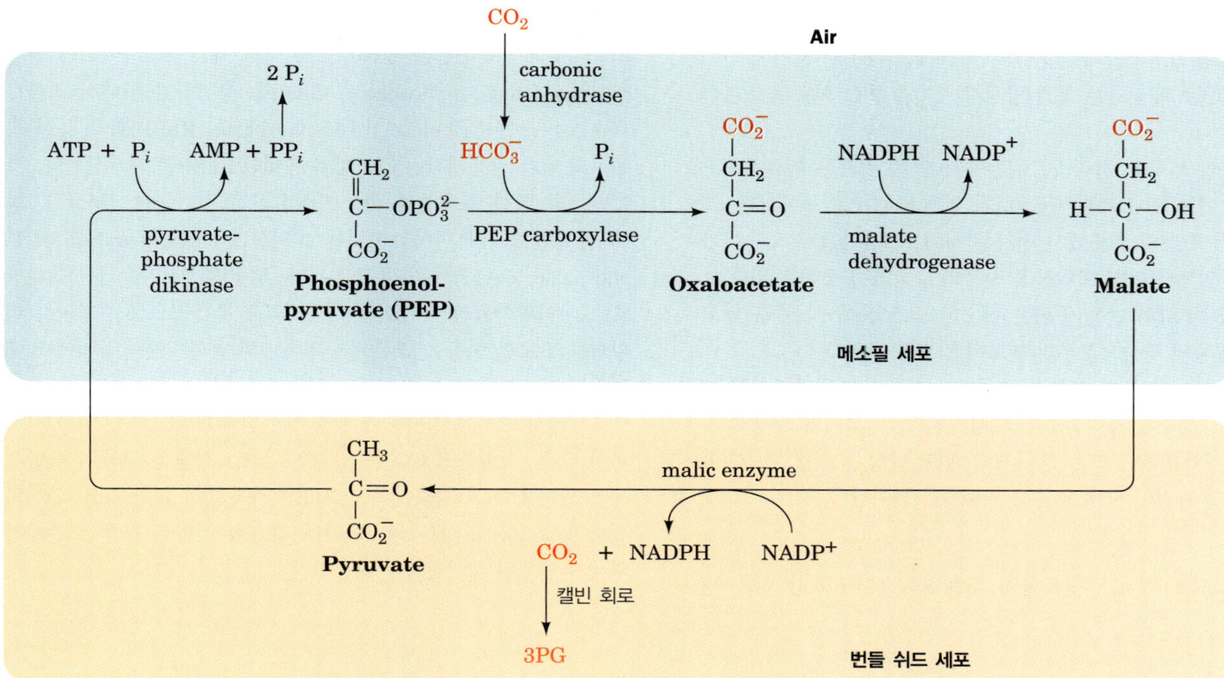

그림 19-33 C_4 경로 CO_2는 메소필 세포에 의해 농축되고 캘빈 회로에 들어가기 위해서 번들-쉬드 세포들로 운반된다.

행하듯이 낮에 CO_2를 얻기 위해 기공(잎의 작은 구멍)을 열게 되면, 그들은 증발로 인하여 생각하지도 않은 많은 양의 물을 잃게 될 것이다. 이 손실을 최소화하기 위해 다즙 식물들을 밤에만 C_4 경로(**그림 19-33**) 반응을 이용하여 CO_2를 흡수하여 말산으로 저장한다. 이 과정은 **크라슐라센산 대사(crassulacean acid metabolism, CAM)**으로 알려진 반응으로, 꿩비듬과(Crassulaceae)의 식물에서 처음 발견되어 이름이 붙여졌다. 낮 동안에 공급되는 CO_2를 저장할 막대한 양의 PEP가 필요한데, 이것은 해당 과정에서 전분을 분해하여 공급한다. 말산은 낮 동안에는 CO_2로 분해된 후 캘빈 회로로 들어가고, 피루브산은 전분 재합성에 이용된다. CAM 식물은 이렇게 해서 최소한의 수분 손실 범위 내에서 광합성을 수행할 수 있다.

요약

1 엽록체

- 광합성은 빛에너지의 추진력으로 CO_2를 환원하여 탄수화물을 생산하는 과정이다. 식물과 사이아노박테리아에서 광합성은 물을 O_2로 산화한다.
- 식물에서 광합성 기구는 틸라코이드 막에 박혀 있는 단백질 복합체와 엽록체의 스트로마에 녹아 있는 효소들로 이루어져 있다.
- 엽록소와 그 밖의 광흡수 색소들은 빛에너지를 광합성 반응 중심(RC)으로 집중시키는 집광 복합체 안에 편성되어 있다.

2 명반응

- 자색 세균의 광합성 반응 중심(PbRC)은 광자를 흡수하면 광산화 반응을 수행한다. 들뜬 전자는 유비퀴논이 환원되기 전에 전자 전달계를 통하여 지나간다. 환원된 유비퀴논은 사이토크롬 bc_1에 의해 재산화되고, 이때 Q 회로를 경유해서 세포질로부터 원형질막 공간으로 네 개의 전자가 자리옮김을 한다. 전자는 다음에 전자 운반 연쇄계를 경유하여 PcRC로 되돌아가는데, 결과적으로 순 산화 환원은 일어나지 않는다.
- 식물과 사이아노박테리아의 광반응계 I과 II(PSI과 PSII)는 Z 도해로 알려진 배열에 전자 계열을 조정한다. Mn이 함유된 산소 방출 복합체(OEC)에 의한 물의 산화는 광반응계 II에 의해서 추진한다.

- PSII의 광산화 반응에 의해 방출되는 전자는 플라스토퀴논을 거쳐서 사이토크롬 b_6f 복합체로 전달되며, 이 복합체는 전자가 플라스토사이아닌으로 흘러가는 동안 양성자 자리옮김 Q 회로를 조절한다.
- PSI의 광산화 반응은 플라스토퀴논에서 얻은 전자는 페로독신으로, 그 다음에는 NADPH를 생산하기 위해 NADP로 몰아간다. 그러나 순환적 전자의 흐름에서 전자는 사이토크롬 b_6f로 되돌아가고, 이것에 의해서 PSII 광인산화 반응의 우회가 필요하게 된다.
- PbRC, PSII, PSI의 반응 중심은 비슷한 구조와 메커니즘을 갖고 있으므로 공통의 조상으로부터 진화된 것으로 보인다.
- 광인산화 반응에서 물의 산화로 양성자가 방출되고 틸라코이드 내강 속으로 양성자가 자리옮김을 해서 양성자 기울기가 발생하고, ADP의 인산화를 추진하는 엽록체의 ATP 합성 효소를 반응하게 한다. 유사한 과정이 자색 광합성 세균에서 일어난다.

3 암반응

- 암반응은 CO_2로부터 탄수화물을 합성하는 데 필요한 힘을 명반응에서 만들어진 ATP와 NADPH를 이용한다. 캘빈 회로의 첫 단계에서 CO_2는 최종적으로 글리세르알데하이드-3-인산(glyceraldehyde-3-phosphate, GAP)을 생성하기 위해서 리불로스-1,5-비스인산(ribulose-1,5-bisphosphate, RuBP)과 반응한다. 회로의 남은 반응에서는 CO_2의 수용체인 RuBP를 재생산한다.
- 암반응의 핵심 효소인 RuBP 카복실화 효소는 pH, $[Mg^{2+}]$, 방해 물질인 2-카복시아라비니톨-1-인산(2-carboxyarabinitol-1-phosphate, CA1P)에 의해 조절된다. 캘빈 회로의 두 인산화 분해 효소는 이황화물의 싸이오레독신에 의해 부분적으로 중재되는 이황화물의 교환 반응을 경류해서 엽록체의 산화-환원 상태에 의해 조정된다.
- 광호흡에서 식물은 명반응에 의해 생산한 ATP와 NADPH를 사용하여 O_2를 소비하고 CO_2를 방출한다. C_4 식물은 그들의 광합성 세포 안에 CO_2를 농축시켜서 RuBP 카복실화 효소(RuBisCO)의 산소화 효소의 활성을 최소화한다. CAM 식물은 물을 보존하기 위해서 연계된 메커니즘을 이용한다.

주요 용어

C_3 식물(C_3 plant)
C_4 식물(C_4 plant)
CAM
LHC
Z 도해(Z-scheme)
광산화 반응(photooxidation)
광인산화 반응(photophosphorylation)
광합성(photosynthesis)
광합성 반응 중심(photosynthetic reaction center)
광호흡(photorespiration)
그라나(grana)
내부 전환(internal conversion)
들뜬자 전달(공명 에너지 전달)[exciton transfer (resonance energy transfer)]
명반응(light reaction)
부속 색소(accessory pigment)
스트로마(stroma)
스트로마 라멜라(stromal lamella)
안테나 엽록소(antenna chlorophyll)
암반응(dark reaction)
캘빈 회로(Calvin cycle)
특수 쌍(special pair)
틸라코이드(thylakoid)
플랑크 법칙(planck's law)
형광(fluorescence)

문제

연습 문제

1. 산화적 인산화 반응의 알짜 반응식은 다음과 같이 쓸 수 있다.

$$2\ NADH + 2\ H^+ + O_2 \longrightarrow 2\ H_2O + 2\ NAD^+$$

광합성의 명반응을 유사한 반응식을 쓰시오.

2. 녹색황세균은 광합성을 하는 데 H_2S를 전자 주개로 사용한다. 이 생물체의 광합성 반응을 기술해 보시오.

3. '적조'는 어떤 해조 종이 대량 증식하여 바닷물이 붉게 보이기 때문이다. 이런 조류의 우세한 광합성 색소의 스펙트럼의 특징을 묘사하시오.

4. 집광 복합체가 PSI이나 PSII의 특수 쌍을 직접 들뜨게 할 수 있는 빛의 파장보다 더 짧은 파장의 빛을 흡수해야 하는 이유를 설명하시오.

5. 적색 빛의 광자 1몰(파장 λ = 500 nm)의 에너지를 계산하시오.

6. 문제 5에서 1몰의 광자를 사용하면 이론적으로 표준 조건에서 몇 몰의 ATP가 생성되는가? 설명하시오.

7. 틸라코이드 막의 3개의 전자 운반 복합체는 플라스토사이아닌-페레독신 산화-환원 효소, 플라스토퀴논-플라스토사이아닌 산화-환원 효소, 물-플라스토퀴논 산화-환원 효소라고 한다. 이 세 효소의 관용명은 무엇이고, 어떤 순서로 반응하는가?

8. $H_2{}^{18}O$를 엽록체 현탁액에 가하면 광합성을 할 수 있다. 이 현탁액을 햇볕에 쪼일 때 어디에서 표지가 나타나는가?

9. 자색 세균의 광합성 반응 중심의 PSI의 기능적 유사성을 기술하시오.

10. 광합성 세균의 전자 전달계에서 2개의 전자가 퀴논계에서 사이

토크롬 c_2로 전달되는 데 발생되는 자유 에너지 변화 값을 계산하시오.

11. P960이 광산화 반응을 진행할 때 발생하는 자유 에너지 변화 값을 추정해 보시오.

12. $NADP^+$에 의한 H_2O의 4개 전자의 산화로 식물에서 광합성이 될 때 $\mathscr{E}^{\circ\prime}$와 $\Delta G^{\circ\prime}$를 계산하시오.

13. 비록 광합성의 알짜 반응식이 O_2가 생성되거나 CO_2가 고정되는 반응으로 나타나지만, 실제로는 이 측정값과 반드시 같지는 않게 되는 이유는 무엇인가? 설명하시오.

14. 왜 엽록체가 산소 분자 한 개를 발생시킬 때 8~10개보다 훨씬 더 많은 광자를 흡수할 수 있는가?

15. 미토콘드리아 복합체 III의 전자 전달 저해제인 마이소싸이아졸(myxothiazol)을 빛을 쪼인 엽록체 용액에 첨가하였을 때의 효과를 예측해 보시오. 이 반응으로 ATP나 NADPH 생성이 영향을 받을 것인지를 설명하시오.

16. 이중 결합이 3개가 있는 지방산 합성에 관여하는 엽록체의 지방산 불포화 효소 유전자를 제거하면 정상적일 경우 광합성 효율이 저해받게 되는 40°C에서도 광합성 효율이 증가되는 이유는 무엇인지 설명하시오.

17. $\Delta pH = 3.4$, $\Delta\Psi = 0$, $T = 25°C$의 조건에서 광자 1개가 틸라코이드 내막에서 스트로마로 이동할 때 나타나는 자유 에너지 변화를 계산하시오.

18. 엽록체의 ATP 생성 효소는 14개의 *c* 소단위체를 가지고 있다. 이때 ATP 1개를 생성하여 몇 개의 광자가 틸라코이드 내막을 통과해야 하는지 설명하시오.

19. 엽록체에서 ATP를 생산할 때 다이나이트로페놀(dinitrophenol, 그림 19-29)과 같은 짝풀림 물질의 효과를 예상하시오.

20. 엽록체에서 NADPH를 생산할 때 다이나이트로페놀(그림 18-29)과 같은 짝올림 물질의 효과를 예상하시오.

21. **애기장대**(*Arabidopsis thaliana*) 엽록체의 틸라코이드 기질측 내막에 K^+ 채널이 존재한다. 이 채널의 기능을 제안해 보시오.

22. 틸라코이드 기질의 pH 상승에 반응하여 문제 21번에 기재된 **애기장대** K^+ 채널의 활성은 증가할 것인가? 아니면 감소할 것인가?

23. 엽록체들은 캘빈 회로의 중간 생성물들이 정류 상태의 준위에 도달할 때까지 조사된다. 그러고 나서 빛이 꺼진다. 어떻게 이 점을 지나서 RuBP의 준위가 변하는가?

24. 문제 23의 엽록체에서 빛이 꺼진 후 3PG 수준은 어떻게 변화되는지 설명하시오.

25. 사이아노박테리아는 RuBP 카복실화 효소를 감싸고 있는 단백질 막이 있고 HCO_3^- 같은 작은 분자의 음이온을 통과시킬 수 있는 카복시솜(carboxysome) 복합체를 가지고 있다. 이 복합체의 한 가지 성분으로 왜 탄산 무수화 효소가 존재하는지를 설명하시오.

26. 문제 25에 설명된 사이아노박테리아의 카복시솜 막은 O_2를 투과하지 못한다. 이런 사실이 박테리아에 도움을 주게 되는 이유를 설명하시오.

27. 농작물의 광합성 효율을 증가시키기 위해 연구자들은 담배 식물(모델 식물)에서 산화효소 활성이 낮은 사이아노박테리아의 RuBP 카복실화 효소를 발현하도록 유전적으로 설계하였다. 그러나 중탄산염 수송체에 대한 사이아노박테리아 유전자를 발현하도록 식물을 설계하지 않으면 담배 식물의 성장이 향상되지 않았다. 이러한 현상의 이유를 설명하시오.

28. 광합성의 암반응에서 산소 분압의 증가 효과를 설명하시오.

29. 어떤 종류의 사막 식물의 잎은 이른 아침에 신맛이 나지만, 낮에는 사라지며, 후에 맛이 없어지고, 다음에는 쓴맛이 난다. 설명하시오.

30. 식물은 증발에 의한 H_2O 손실은 피하고 CO_2는 얻어야 한다. 대기 중 CO_2 농도가 증가하면 식물의 광합성에 어떤 영향이 있겠는가? 이런 영향이 C_3나 C_4 식물에서 같은 효과를 나타낼 것인지 설명하시오.

31. 대기 중 CO_2 농도 증가가 식물체의 물 소모에 어떤 영향을 나타낼 것인지 설명하시오.

32. C_4 식물은 잎의 표면으로부터 가까운 엽육 세포에서 C 이산화탄소를 모은다. 그런 다음 이것을 RuBP 카복실화 효소가 풍부하고 잎 조직에 물을 공급하는 '수관'을 둘러싸는 관다발 세포로 이산화 탄소를 옮긴다. C_3 식물은 관다발 세포가 상대적으로 적은 엽육 세포에서 전체적인 캘빈 회로를 진행한다. 왜 C_4 식물은 C_3 식물에 비해 건조 조건에서 유리한지 설명하시오.

도전 질문

33. 낮은 빛의 조건에서 자라는 사이아노박테리아 종의 엽록소 *f*는 706 nm에서 최대 흡수 값을 나타내지만, 다른 종류의 엽록소들은 짧은 파장대에서 최대 흡수 값을 가지는 것으로 나타났다. 이러한 현상은 엽록소 *f*를 생산하는 사이아노박테리아에게 왜 유리한가?

34. 사이아노박테리아인 *Oscillatoria sancta*는 녹색 빛을 받고 자랄 때에는 붉은 갈색을 띠지만 붉은 빛 아래에서 자랄 때는 그것의 유전자 발현 패턴도 변하고 청녹색을 띠게 된다. 이 현상에 대한 이유를 설명하시오.

35. 문제 19-5와 19-12의 해답을 이용하여 표준 상태에서 $NADP^+$에 의해 H_2O의 전자 4개의 산화로 O_2 1몰을 생성하는 데 필요한 붉은색 빛($\lambda = 700$ nm)의 광자의 몰수는 이론적으로 몇 개인지 계산하시오.

36. 문제 19-12의 해답을 이용하여 표준 조건에서 $NADP^+$에 의해 H_2O의 전자 4개의 산화로 O_2 1몰을 생성하는 데 필요한 UV 빛($\lambda = 220$ nm)의 광자의 수는 몇 개인지 계산하시오.

37. 아주 강한 빛의 세기에서, 과량 흡수된 태양 에너지는 틸라코이드 막 안에 광보호 단백질의 작용에 의해 발산된다. 왜 이 단백질이 막을 가로지르는 양성자 기울기의 증대를 위해 유리한지 설명하시오.

38. 그림 19-6에서 보인 빛에너지의 발산 메커니즘이 과잉의 빛에너지로부터 광합성계를 가장 잘 보호할 수 있는가?

39. 캘빈 회로와 결합해서 해당 과정과 산화적 인산화 반응의 에너지 값을 계산하시오. 즉 전분의 완전 산화에 의해 생성되는 에너지와 CO_2에서 광합성으로 생산되는 데 쓰인 에너지 비율을 말한다. 모든 NADPH는 에너지적으로 2.5 ATP와 동등체이며, 전분

의 합성과 분해는 글리코젠의 합성, 분해와 메커니즘적으로 동일하다고 가정하시오.

40. 기름은 식물 종자의 주된 에너지 저장 물질이다. 어떤 식물의 종자 발달 동안에 기름(트라이아실글리세롤)은 슈크로스에서 유도된 아세틸 CoA를 이용하여 합성된다. 종자 발생 동안에도 캘빈 회로는 활성화되지 않지만 RuBP 카복실화 효소를 가지고 있다.

(a) 어떻게 카복실화 효소가 전분을 기름으로 전환하는 효율을 극대화할 수 있는가?

(b) RuBP 카복실화 효소를 가진 종자는 일부 빛에너지를 흡수하기 때문에 녹색을 띤다. 이때 일부 빛에너지 흡수가 종자 발생에 유용한 이유를 설명하시오.

41. 기후 변화의 한 측면은 평균 밤 시간대의 온도 증가가 평균 낮 시간대에 상승하는 온도보다 더 많이 증가했다는 점이다. 광합성 및 세포 호흡 등과 같은 대사 과정의 속도는 온도에 따라 달라지는데 어떻게 기후 변화가 식물 생장에 영향을 미칠 수 있을까?

42. 온난화에 있어서 주야 불일치를 해결하기 위한 실험 결과, 기후 변화가 차고 습한 지역보다 덥고 건조한 지역에서 식물 생장을 더 억제한다고 나타났습니다. 이 현상을 설명하시오.

43. 만약 C_3 식물과 C_4 식물이 적당한 습도와 함께 조명이 비치는 밀폐된 박스에서 같이 생장한다면 C_4 식물은 생존하는 반면, C_3 식물은 말라가면서 결국은 죽게 된다. 왜 그런지 설명하시오.

참고 문헌

Amunts, A., Drory, O., and Nelson, N., The structure of plant photosystem I at 3.4 Å resolution, *Nature* **447**, 58 – 63 (2007).

Busch A, Hippler M., The structure and function of eukaryotic photosystem I, *Biochim. Biophys. Acta.* **1807**, 864 – 77(2011).

Evans, J.R., Improving photosynthesis, *Plant Physiol.* **162**, 1780 – 93 (2013).

Fromme, P. (Ed.), *Photosynthetic Protein Complexes. A Structural Approach*, Wiley – Blackwell (2008).

Guskov, A., Kern, J., Gabdulkhakov, A., Broser, M., Zouni, A., and Saenger, W., Cyanobacterial photosystem II at 2.9–Å resolution and the roles of quinones, lipids, channels, and chloride, *Nature Struct. Mol. Biol.* **16**, 334 – 342 (2009). [The X–ray structure of PSII.]

Heathcote, P., Fyfe, P.K., and Jones, M.R., Reaction centres: the structure and evolution of biological solar power, *Trends Biochem. Sci.* **27**, 79 – 87 (2002).

Jordan, P., Fromme, P., Witt, H.T., Klukas, O., Saenger, W., and Krauss, N., Three–dimensional structure of cyanobacterial photosystem I at 2.5 Å resolution, *Nature* **411**, 909 – 917 (2001).

Koepke, J., Hu, X., Muenke, C., Schulen, K., and Michel, H., The crystal structure of the light–harvesting complex II (B800 – 850) from *Rhodospirillum molischianum*, *Structure* **4**, 581 – 597 (1996).

Kurisu, G., Zhang, H., Smith, J.L., and Cramer, W.A., Structure of the cytochrome b_6f complex of oxygenic photosynthesis: Tuning the cavity, *Science* **302**, 1009 – 1014 (2003); *and* Stroebel, D., Choquet, Y., Popot, J.–L., and Picot, D., An atypical haem in the cytochrome b_6f complex, *Nature* **426**, 413 – 418 (2003).

Suga, M., et al., Native structure of photosystem II at 1.95 Å resolution viewed by femtosecond X–ray pulses, *Nature* **517**, 99 – 103 (2015).

Vinyard, D.J., Ananyev, G.M., and Dismukes, G.C., Photosystem II: the reaction center of oxygenic photosynthesis, *Annu. Rev. Biochem.* **82**, 577 – 606 (2013).

Dr. Cecil H. Fox/Getty Images, Inc.

과도한 콜레스테롤은 혈관 벽에 축적되어 염증을 일으키고 혈전을 일으켜 심장마비나 뇌졸중의 원인이 된다. 인간 대동맥의 현미경 사진에서 녹색 모양은 바늘 모양의 콜레스테롤 결정에 의해 점유된 공간을 나타낸다.

CHAPTER 20

지질 대사

모든 세포들은 매우 다양한 종류의 지질을 포함하고 있지만, 구조상으로 서로 다른 것들의 기능은 대부분 유사하다. 예를 들면 대부분의 세포는 세포막의 지질 구성 성분의 변화를 허용해서, 지방산 사슬의 조성에 따르는 주요 성질인 막의 유동성이 유지된다(9-2B절).

매우 큰 다양성은 에너지 보존용으로 저장되는 세포 속의 지질 성분으로도 나타난다. 트라이아실글리세롤이 만들어져 저장되고 점차적으로 생리적인 요구 변화에 대응해서 소비된다. 낙타의 혹이 에너지 공급을 위한 지방 저장체라는 것은 잘 알려져 있다(지질이 분해되면 물도 생긴다). 다른 생물 중에서 동면하는 포유류나 에너지의 재충전 없이 먼 거리를 날아가는 철새들은 체지방의 엄청난 변화를 가져오는 것도 있다. 이런 경우에 지방 대사는 비교적 간단한 생합성과 분해 경로를 통해서 흐르는 순수한 물질의 양으로 잘 알려져 있다.

이 장에서는 먼저 지질의 에너지 대사의 중심 기능을 지방산 구성의 흡수와 수송, 그리고 지방산의 산화에 의한 에너지 생산을 알아볼 것이다. 이어 지방산과 글리세로인산 지질, 스핑고지질, 콜레스테롤을 포함한 기타 지질들의 합성을 검토한다.

1 지질의 소화, 흡수, 수송

주요 개념

- 트라이아실글리세롤은 지방 분해 효소에 의해 분해되어 소장에서 흡수된다.
- 지질 단백질은 소장과 간, 그밖의 조직 간의 지방을 수송한다.

트라이아실글리세롤(지방 또는 트라이글리세라이드라고도 한다)은 음식물 지방의 90%까지 차지하며, 인간의 대사 에너지 저장의 주요한 형태이다. 트라이아실글리세롤은 팔미트산이나 올레산 같은 지방산의 글리세롤 트라이에스터로 이루어져 있다(몇 가지 생물학적으로 관용적인 지방산의 이름과 구조식을 표 9-1에 표시하였다). 소장에서부터 조직까지 일어나는 트라이아실글리세롤의 소화, 흡수, 수송 메커니즘은 이들이 갖고 있는 고유의 소수성을 수용해야 한다.

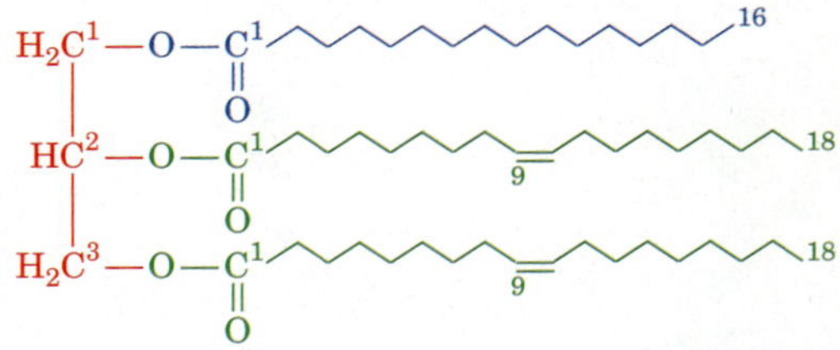

1-Palmitoyl-2,3-dioleoyl-glycerol

A 트라이아실글리세롤은 흡수되기 전에 소화된다

트라이아실글리세롤은 불용성인 반면, 소화 효소는 수용성이므로, 트라이아실글리세롤의 소화는 지질–물 경계면에서 이루어진다. 그러므로 계면의 표면적에 의존하는 트라이아실글리세롤의 소화율은 담즙의 유화 작용과 합쳐진 소장의 연동 운동에 의해서 극도로 증가한다. **담즙산(bile acid)**[**담즙염(bile salt)**이라고도 함]은 지방구(fat globule)를 유화시키는 작용을 하는 양쪽성 유화 분자와 같다. 담즙산은 콜레스테롤 유도체로서 간에서 합성되어 글라이신 또는 **타우린(taurine)** 접합체(**그림 20-1**)로 저장되기 위해 담낭으로 들어간다. 여기서 담즙산은 소장으로 분비되고, 지질의 소화와 흡수가 주로 일어난다.

지질 분해 효소는 지질–물 경계면에서 반응한다. 췌장 **지질 분해 효소(트라이아실글리세롤 지질 분해 효소)[lipase(triacylglycerol lipase)]**는 트라이아실글리세롤의 1과 3 위치의 가수 분해를 촉매하여 연속적으로 **1,2-다이아실글리세롤(1,2-diacylglycerol)**과 **2-아실글리세롤(2-acylglycerol)**을 만들고, Na^+과 K^+ 염과 함께 지방산의 염으로 된다(비누). 췌장 지질 분해 효소의 효소 활성은 **계면 활성(interfacial activation)**이라는 현상으로 알려진 지질–물 경계면에 접촉하면 극대화된다. 지질–물 경계면으로의 결합은 포스파티딜콜린(phosphatidylcholine)과 담즙산, 췌장 **코라이페이스(colipase)**가 혼합된 마이셀이 필요하다. 코라이페이스는 90개의 잔기로 이루어진 단백질과 지질 분해 효소가 1:1의 형태로 결합해 있다. 캠빌라우(Christian Cambillau)에 의해 밝혀진 췌장 지질 분해 효소–코라이페이스 복합체의 X선 구조는 지질 분해 효소의 경계면 활성의 구조적 기초뿐 아니라 코라이페이스와 마이셀이 지질 분해 효소의 지질–물 경계면으로의 결합을 어떻게 돕는지를 밝혔다(**그림 20-2**).

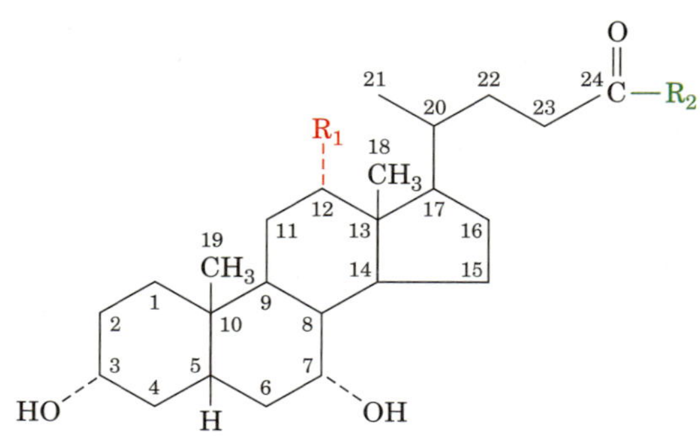

	R_1 = OH	R_1 = H
R_2 = OH	**Cholic acid**	**Chenodeoxycholic acid**
R_2 = NH—CH_2—COOH	**Glycocholic acid**	**Glycochenodeoxycholic acid**
R_2 = NH—CH_2—CH_2—SO_3H	**Taurocholic acid**	**Taurochenodeoxycholic acid**

그림 20-1 중요 담즙산과 그들의 글라이신과 타우린 접합체의 구조

? 이들 분자는 콜레스테롤과 어떻게 다른가?

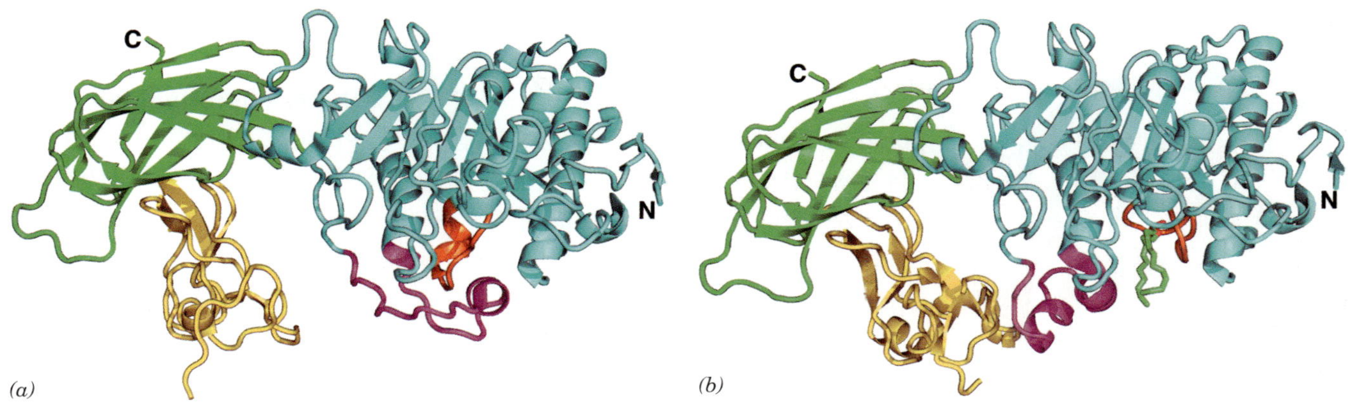

그림 20-2 **코라이페이스와 복합체를 이루고 있는 췌장 지질 분해 효소의 X선 구조** (*a*) 수용액 상에서, (*b*) 포스파티딜콜린과 담즙산으로 이루어진 혼합 마이셀과 공동 결정화될 때. 지질 분해 효소는 리본 형태로 그려져 있으며 N 말단 부분(1~336개 잔기)은 청록색, C 말단 부분(337~449개 잔기)은 녹색, 뚜껑(237~262개 잔기)은 자홍색, β5 고리 (76~85개 잔기)는 주황색으로 표시된다. 코라이페이스는 노란색으로 그려졌다. *b*의 지질 분해 효소의 활성 부위에 결합된 포스파티딜콜린 분자는 C는 녹색, O는 빨간색, P는 주황색으 막대 형태로 나타내었다. 불규칙한 구조의 마이셀은 표시되지 않는다. [Based on X-ray structures by Christian Cambillau, LCCMBCNRS, Marseille, France. PDBids 1N8S and 1LPB.]

췌장 지질 분해 효소 449개 잔기의 활성 부위는 효소의 N 말단 영역(1~336개의 잔기)을 포함하고, 세린 단백질 분해 효소와 아주 유사한 촉매적 삼연체(triad)를 포함하고 있다(11-5B절, 에스터 가수 분해가 메커니즘적으로 펩타이드 가수 분해와 유사하다는 것을 상기하라). 지질 마이셀의 부재 상태에서 지질 분해 효소의 활성 부위는 26개의 잔기 나선형 '뚜껑'으로 덮여 있다. 하지만 마이셀이 존재할 때에는 뚜껑은 활성 부위에 노출되는 복합적인 구조적 재배열을 거치게 된다. 동시에 β5 고리로 불리는 10개 잔기 고리는 활성화 효소의 산소 음이온 구멍 모양으로 형태 변화를 하며, 소수성 표면이 활성 부위에 가까이 들어갈 수 있도록 변화한다.

코라이페이스는 지질 분해 효소의 C 말단 영역(잔기 337~449개)에 결합하며, 이것의 세 고리의 소수성 끝은 복합체로부터 돌출되어 나온다. 이것은 지질 분해 효소 활성 부위를 지나서 약 50 Å 이하 확장되어 연속적 소수성 쟁반을 만들고, 아마도 지질 표면에 이 복합체가 결합하는 것을 돕게 될 것이다. 또한 코라이페이스는 열려진 뚜껑에 세 개의 수소 결합을 형성하며, 그것에 의해서 형태가 안정화된다.

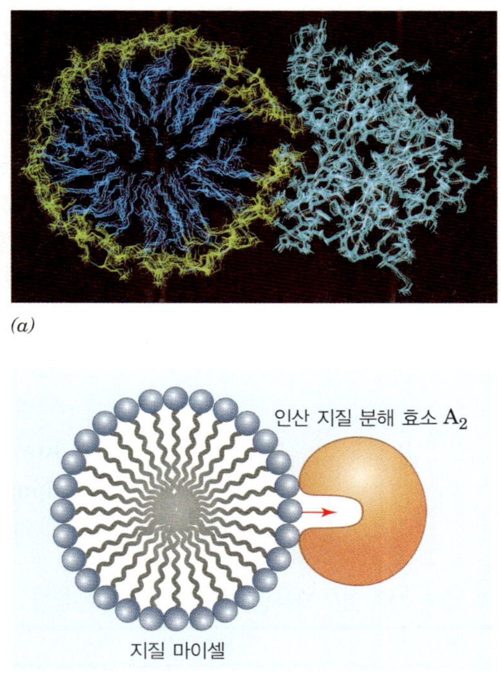

그림 20-3 **인산 지질 분해 효소 A_2의 기질 결합** (*a*) 인산 지질 분해 효소 A_2의 라이소포스파티딜에탄올아민 마이셀과의 가상적인 결합 모형의 횡단면. 단백질은 청록색, 인산 지질의 머리 부분은 노란색, 탄화수소의 꼬리 부분은 파란색으로 그려졌다. 조립체의 계산된 원자 동요는 간격이 약 5 ps인 겹침 이미지의 연속 반응을 통해서 나타냈다. (*b*) 마이셀에 포함된 인산 지질이 인산 지질 분해 효소 A_2(붉은 화살표) 안의 소수성 인산 지질 통로로 들어가는 도식적 그림

? 지질 결합 통로에는 어떤 아미노산 곁사슬이 존재할까? 마이셀과 접촉하는 단백질의 표면에는?

인산 지질 분해 효소 A_2(그림 9-6)와 같은 다른 지질 분해 효소들도 경계면에서의 촉매 반응을 더 선호한다. 그러나 형태적 변화 대신에 인산 지질 분해 효소 A_2는 효소의 활성 부위에 인산 지질의 집단(마이셀 또는 막)이 기질을 직접 접근하게 하는 소수성 통로를 포함한다(**그림 20-3**). 따라서 효소 결합을 위한 마이셀과의 분리를 통해 기질은 용매화와 비용매화될 필요가 없다. 반대로, 용해되고 확산된 인산 지질은 반드시 효소에 결합하기 위하여 중대한 속도 장벽을 극복해야 한다.

담즙산과 지방산 결합 단백질은 소장의 지방 흡수를 촉진한다. 지방 소화에 의해 만들어진 지방산과 모노 및 다이 아실글리세롤의 혼합물들은 소장에 일렬로 들어선 세포들에 의해 흡수된다[소장 **점막(mucosa)**]. **담즙산은 지질의 소화뿐 아니라 소화물의 흡수에도 필수적이다.** 담즙산에 의해 형성된 마이셀은 무극성 지질 분해물을 받아들여 움직이지 않는 소장의 수성 외벽층을 통과하여 운반할 수 있게 허용한다. 이 과정의 중요성은 담즙산 도관이 막힌 사람에 의해서 증명되었다. 그들은 소화된 지방을 조

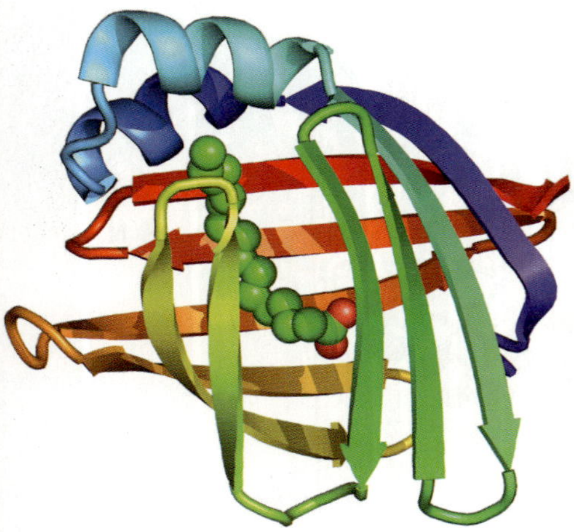

그림 20-4 팔미트산과 결합하고 있는 쥐 소장 지방산 결합 단백질의 X선 구조 이 단백질은 N 말단(파란색)으로부터 C 말단(빨간색)으로 무지개로 채색되어 있다. 팔미트산은 C 녹색과 O 빨간색의 공간 채움 형태로 그려졌다. [Based on an X-ray structure by James Sacchettini, Texas A&M University. PDBid 2IFB.]

금 흡수하지만 수화된 형태로 대변으로 배설한다. 담즙산은 마찬가지로 지용성 바이타민 A, D, E, K의 소장에서의 효과적 흡수에도 필요하다.

소장 세포의 안쪽에서 지방산은 **소장 지방산 결합 단백질(intestinal fatty acid-binding protein, I-FABP)**과 복합체를 만드는데, 이 세포질 단백질은 불용성 물질의 용해도를 효과적으로 증가시키며, 또한 이들의 계면 활성제 같은 효과로부터 세포를 보호한다. James Sacchettini에 의해 규명된 쥐의 I-FABP의 X선 구조는 131개 잔기의 단량체로, 주로 10개의 역평행 β 가닥이 두 개의 거의 직교형 β 가닥에 자리잡고 있다(**그림 20-4**). β판 사이에 놓인 두 개의 β 가닥 사이에 존재하므로 지방산 분자는 다소 β 가닥의 틈에 평행하다(이 구조는 'β 대합 조개'라고 불린다). 이 지방산의 카복실기는 Arg 106, GlN 115, 그리고 2개의 결합된 물 분자와 상호작용하고, 반대로 꼬리는 대부분 방향족 잔기인 몇 개의 소수성 곁사슬에 의해 싸여졌다.

B 지질은 지질 단백질의 형태로 수송된다

지질 소화로 생성된 지방산은 다른 조직에서 분해 대사는 저장되기 위하여 소장의 점막에서 흡수된다. 그러나 그들은 수용액 속에서 용해되기 어렵기 때문에 지질은 단백질 복합체의 순환에 의해서 수송된다.

지질 단백질은 지방질과 단백질의 복합체이다. 지질 단백질(lipoprotein)은 구형의 마이셀 같은 입자들로서 단백질, 인산 지질, 콜레스테롤의 양쪽성 코팅에 의해 둘러싸인 트라이글리세롤, 콜레스테릴에스터의 무극성 중심으로 구성되어 있다. 이들은 다섯 가지의 지질 단백질(**표 20-1**)로 분류되는데, 조성과 물리적 작용이 다양하다.

소장 점막 세포들은 음식의 지방산을 트라이아실글리세롤로 전환한 후에 음식의 콜레스테롤과 함께 포장해서 소위 **유미 입자(chylomicron)**라고 하는 지질 단백질로 전환한다. 이 입자들은 소장의 림프로 방출되고, 큰 정맥으로 유출되기 전에 림프관을 통해서 수송된다(림프 순환은 고압하에서 혈관 밖으로 유출되는 세포 외액을 수집한다). 혈류는 유미 입자를 온몸으로 운반한다. **초저밀도 지질 단백질(very low density lipoprotein, VLDL)**, **중간 밀도 지질 단백질(intermediate density lipoprotein, IDL)**, **저밀도 지질 단백질(low density lipoprotein, LDL)**로 알려진 그 밖의 지질 단백질은 간에서 생산되며, 이것은 내인성(내적인 생산) 트라이아실글리

표 20-1 사람 혈장 지질 단백질의 주요 종류의 특징

	유미 입자	VLDL	IDL	LDL	HDL
밀도 (g · cm^{-3})	<0.95	<1.006	1.006~1.019	1.019~1.063	1.063~1.210
입자 지름(Å)	750~12.000	300~800	250~350	180~250	50~120
입자 질량(kD)	400,000	10,000~80,000	5000~10,000	2300	175~360
단백질[a](%)	1.5~2.5	5~10	15~20	20~25	40~55
인산 지질[a](%)	7~9	15~20	22	15~20	20~35
자유 콜레스테롤[a](%)	1~3	5~10	8	7~10	3~4
트라이아실글리세롤[b](%)	84~89	50~65	22	7~10	3~5
콜레스테릴 에스터[b](%)	3~5	10~15	30	35~40	12
주요 결손 지질 단백질	A-I, A-II, B-48, C-I, C-II, C-III, E	B-100, C-I, C-II, C-III, E	B-100, C-I, C-II, C-III, E	B-100	A-I, A-II, C-I, C-II, C-III, D, E

[a]표면 조성

[b]핵심 지질

세롤과 콜레스테롤을 간에서 조직으로 수송한다. **고밀도 지질 단백질(high density lipoprotein, HDL)**은 콜레스테롤과 다른 지질을 조직으로부터 간으로 되돌려 운반한다.

각각의 지질 단백질은 입자들 표면에 두께가 약 20 Å 미만인 단층 물질을 형성하기에 충분한 양의 단백질, 인산 지질, 콜레스테롤을 가지고 있다(그림 20-5). 입자의 지름이 작아지면 지질 단백질의 밀도가 증가하는데, 이것은 입자의 내부 물질보다 외부 코팅의 밀도가 훨씬 크기 때문이다. 따라서 HDL은 지질 단백질 중에서 밀도가 가장 크며, 크기는 가장 작다.

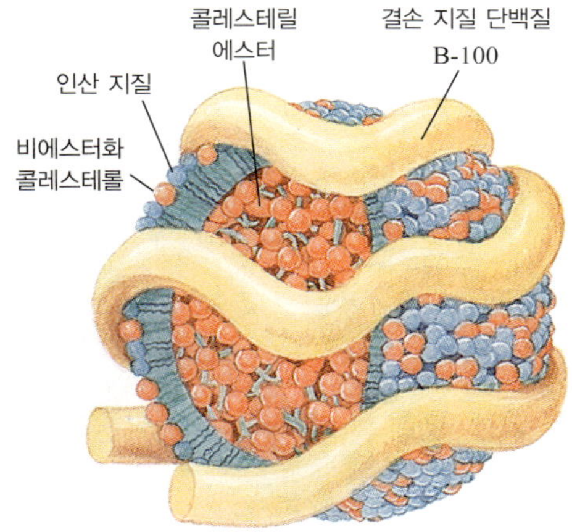

그림 20-5 **혈류에서 주요 콜레스테롤 운반체인 LDL의 도식** 이 구형의 입자는 약 1500개의 콜레스테릴 에스터 분자로 구성되어 있으며, ~800개의 인산 지질과 ~500개의 콜레스테롤 분자, 결손 지질 단백질 B-100의 단일 4536개의 잔기 분자로 된 친양쪽성 껍질로 둘러싸여 있다.

? 단백질이 친양쪽성체여야 하는 이유를 설명하라.

결손 지질 단백질은 지질 단백질 표면을 덮고 있다. 지질 단백질의 단백질 부분은 **결손 지질 단백질(apolipoprotein)** 또는 **결손 단백질(apoprotein)**로 알려져 있다. 사람의 지질 단백질은 적어도 9개의 결손 지질 단백질이 각기 다른 양으로 분포되어 있다(표 20-1). 예를 들면 LDL은 **결손 지질 단백질 B-100(apoB-100)**을 포함한다. 이 단백질은 4536개 잔기의 단량체(가장 큰 단량체 단백질 중의 하나이다)이며, 내재성 막단백질만큼의 소수성을 갖는다. 각각의 LDL 입자는 한 분자의 apoB-100 분자를 포함하고 있으며, 이는 입자 표면의 최소한 절반 이상을 덮는다(그림 20-5).

apoB-100과는 달리, 다른 결손 지질 단백질은 수용성이며 지질 단백질과 좀 더 약하게 연결되어 있다. 이러한 결손 지질 단백질도 그들이 지질 단백질 속으로 통합될 때 많은 나선형 물질들이 증가한다. 소수성 표면과의 접촉에서 나선형을 형성하려고 하는데, 이것은 단백질의 극성 뼈대 원자단의 수소 결합 전위를 안정화한다. **결손 지질 단백질에 있는 나선들은 나선형 원통의 서로 반대편에 친수성과 소수성의 곁사슬을 갖고 있으며, 추측컨대 지질 단백질의 α 나선들은 양쪽성이며 물 위의 통나무 같이 인산 지질 표면 위에 떠 있다.** 지질의 극성인 머리 부분은 아마도 나선 위의 반대로 하전된 잔기와 결합할 것으로 보이며, 반대로 지방산 사슬의 처음 몇 개의 메틸렌기는 나선의 무극성면과 결합되어 있다.

결손 지질 단백질 A-I(apolipoprotein A-I, apoA-I)는 유미 입자와 HDL에 나타나며, 243개의 잔기로 이루어진 29 kD 폴리펩타이드이다. 이것은 주로 유사한 서열의 세로로 나열한 22개의 잔기로 구성되어 있다. 잘린 A-I 지질 단백질(1~43개의 잔기가 빠졌다)의 X선 구조는 약 22개 잔기마다 Pro 잔기가 자리 잡은 곳에 비틀림으로 특징되는 유사연속형 α 나선의 폴리펩타이드 사슬로 밝혀졌다. 네 개의 단량체들은 그림 20-6*a*에서와 같은 구조를

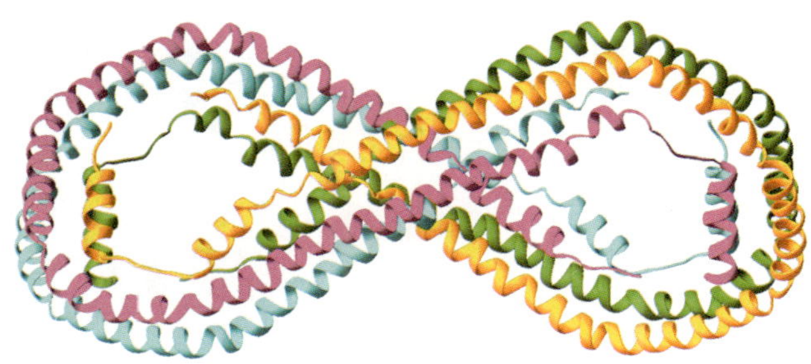

(a)

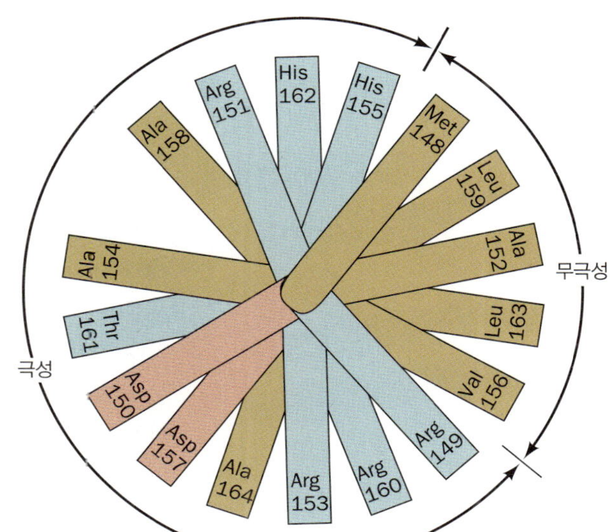

(b)

그림 20-6 **사람의 결손 지질 단백질 A-1의 구조** *(a)* 네 개의 소단위체인 D_2 대칭의 동종 사합체의 X선 구조는 다른 색으로 표시된 43개 잔기의 N 말단이 결손되어 있다. 이 복합체는 뒤틀린 타원형으로, 두 번 접힌 축을 따라 한 개를 보여 주고 있다. [Based on an X-ray structure by David Borhani, Southern Research Institute, Birmingham, Alabama, and Christie Brouillette, University of Alabama Medical Center, Birmingham, Alabama. PDBid 1AV1.] *(b)* 결손 지질 단백질 A-I의 친양쪽성 α 나선형 바퀴 모양을 구성하고 있는 148~164번 잔기(나선 바퀴 모형에서, 곁사슬 위치는 평면 위에 나선축을 밑으로 나타낸 것이다)의 투영이다. 나선의 서로 다른 쪽에 무극성과 극성 잔기의 분리뿐만 아니라 막지질의 음이온 머리 원자단과 반응하는 극성 표면의 끝부분의 염기성 잔기들의 분리를 주목하라. 다른 결손 지질 단백질들의 나선 구조도 유사한 극성 분포를 가지고 있다. [After Kaiser, E.T., *in* Oxender, D.L. and Fox, C.F. (Eds.), *Protein Engineering*, p. 194, Liss (1987).]

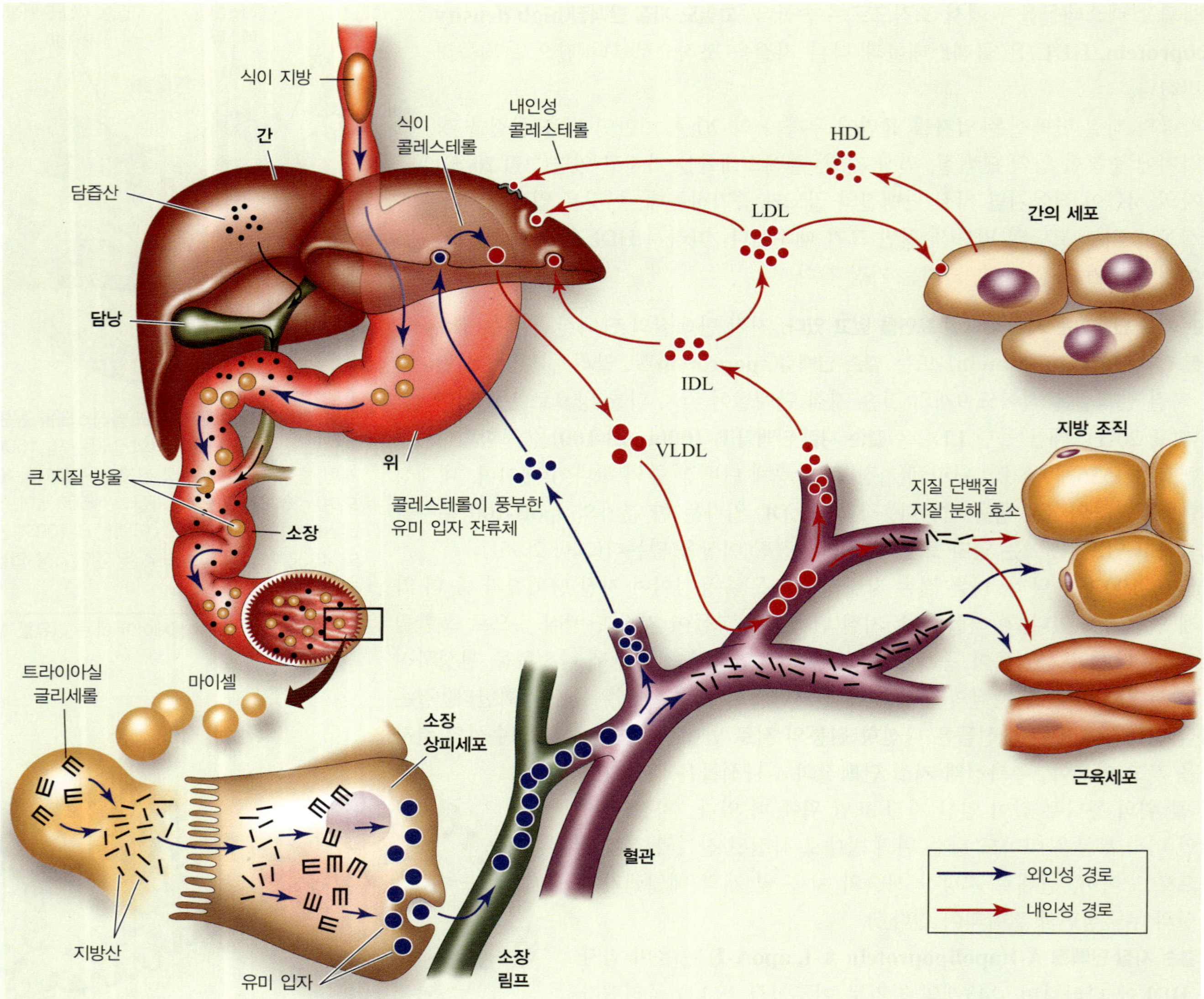

그림 20-7 사람의 혈장 트라이아실글리세롤과 콜레스테롤의 수송

? 위장에서 다른 조직으로의 지방의 경로를 추적하라. 간이 수행하는 기능은 무엇인가?

이루고 있다. 이 복합체의 크기와 타원형으로 꼬인 모양은 HDL 입자를 둘러싸기에 적합하게 보인다. **그림 20-6*b***는 ApoA-1의 일부를 표시한 나선형의 바퀴를 나타내고 있는데, 나선형의 양쪽 친화성 성질을 표시하고 있다.

유미 입자들은 말초 조직 모세관에서 탈지질화된다. 유미 입자는 뼈 근육과 지방 조직의 모세관 내부 표면의 결합 부위에 부착한다. 유미 입자의 구성 성분의 트라이아실글리세롤은 세포외 효소인 **지질 단백질 지질 분해 효소(lipoprotein lipase)**의 작용에 의해서 가수 분해되고 조직들은 유리된 모노아실글리세롤과 지방산을 흡수한다. 유미 입자는 점차적으로 그들의 트라이아실글리세롤이 가수 분해되어 콜레스테롤이 농축된 **유미 입자 잔류체(chylomicron remnant)**가 될 때까지 축소된다. 잔류체는 내피세포층의 모세관으로부터 방출되어 간이 되받도록 순환계로 들어간다. **유미 입자는 이렇게 해서 근육과 지방 조직에 음식의 트라이아실글리세롤 또는 음식의 콜레스테롤을 간으로 수송한다**(**그림 20-7** 파란색 화살표).

VLDL은 점차적으로 분해된다. 내인성 트라이아실글리세롤과 콜레스테롤을 운반하는 초저밀도 지질 단백질(VLDL) 역시 지방 조직과 근육의 모세관에 있는 지질 단백질 지질 분해 효소에 의해 분해된다(**그림 20-7**, 빨간색 화살표). 유리된 지방산은 세포들에 의해서 포획되어 에너지로 산화되거나 트라이아실글리세롤의 재합성에 이용된다. 트라이아실글리세롤의 글리세롤 뼈대는 간이나 신장으로 운반되어 해당 과정의 중간 생성물인 다이하이드록시아세톤 인산으로 전환된다. 그러나 이 삼탄소 단위체의 산화에는 아주 적은 양의 에너지만 생산되고, 대부분은 트라이아실글리세롤의 세

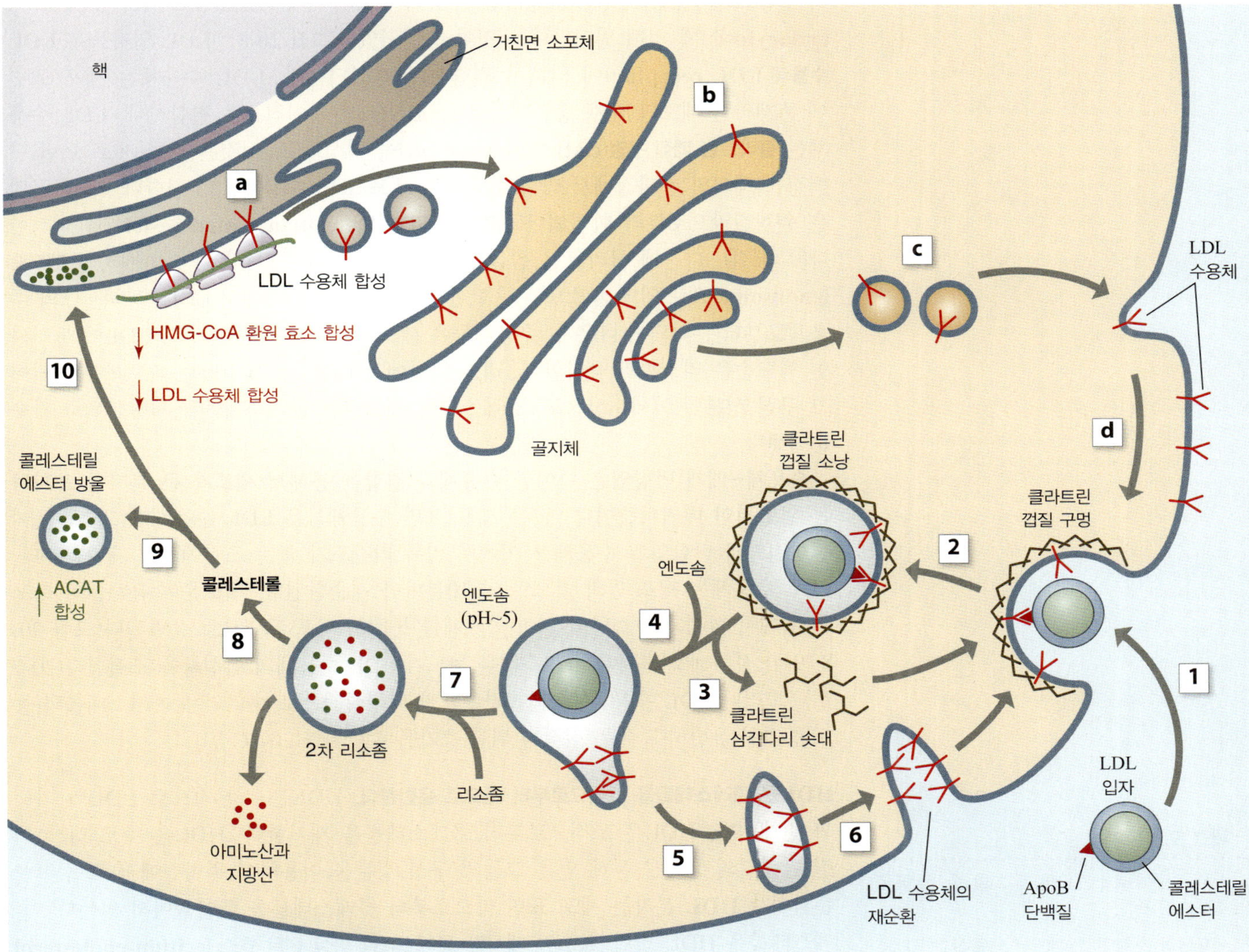

그림 20-8 LDL의 수용체 매개 막함입 LDL 수용체는 소포체에서 합성되고(*a*), 골지체에서 처리되어(*b*), 원형질막 속으로 삽입된다(*c*). 여기서 클라트린 껍질 소낭의 구성 성분으로 된다(*d*). LDL의 구성 물질인 결손 지질 단백질 B-100(apoB-100)이 클라트린 껍질 구멍 위의 LDL 수용체에 특이적으로 결합한다(1). 이것이 세포 속으로 들어가서(2) 클라트린 껍질 소낭을 만들며, 클라트린 껍질은 삼각다리 솟대(triskelion)를 만들기 위해 분해된다(3). 이 솟대는 세포 표면으로 재순환된다. 껍질이 없는 소낭은 엔도솜과 융합한다(4). 이것은 내부의 pH가 5.0 이하이다. 이 산도는 LDL 입자를 그의 수용체로부터 분리되는 것을 유도한다. LDL은 엔도솜의 소낭 부분에 축적되고, LDL 수용체는 원통 구조의 막에 농축되어 엔도솜으로부터 분리된다(5). 그 후 LDL 수용체가 원형질막으로 재순환된다(6). 엔도솜의 소낭 부위는 리소좀에 융합된다(7). **2차 리소좀**(secondary lysosome)이 형성되고 여기서 LDL의 apoB-100 구성 성분과 콜레스테릴 에스터가 가수 분해된다. 여기서 콜레스테롤이 분비된다(8). 이 물질은 **아실 CoA–콜레스테롤 아실 전달 효소**(ACAT)의 작용에 의해 콜레스테릴 에스터로 전환된 후에 액체 방울 속으로 분리되어 들어가거나(9) 소포체로 이동한다(10). 소포체에서 콜레스테롤 농도가 증가하면 **HMG–CoA 환원 효소**(콜레스테롤 합성의 속도 제한 단계를 촉매하는 효소이다; 20-7B절)와 LDL 수용체(아래쪽 방향 화살표)의 합성률이 낮아지며, 반대로 ACAT(위쪽 방향 화살표)가 줄어든다. [After Brown, M.S. and Goldstein, J.L., *Curr. Topics Cell. Reg.* 26, 7 (1985).]

지방산 사슬의 산화로부터 얻는다.

트라이아실글리세롤을 떼어낸 후의 VLDL 잔류체는 약간의 결손 지질 단백질을 잃는 순환계에 첫 번째로 IDL, LDL로 나타난다. VLDL의 약 절반은 IDL과 LDL이 분해된 후에 간에 의해 흡수된다.

세포는 LDL을 수용체 매개 막함입에 의해서 흡수한다. 동물세포는 세포막의 필수 요소로서 콜레스테롤이 필요한데(9-2B절), 그것을 합성하거나 또는 콜레스테롤과 콜레스테롤 에스터가 풍부한 LDL로부터 얻는다. 후자의 과정은 브라운(Michael Brown)과 골드스타인(Joseph Goldstein)에 의해 **수용체 매개 막함입(receptor-mediated endocytosis)**에 의해 일어난다는 것이 증명되었다(그림 20-8). LDL 입자들은 **LDL 수용체(LDL receptor)**에 의해서 결합하여 격리되는데, LDL 수용체는 세포 표면에 존재하는 세포막 내재 당단백질로 apoB-100과 특이적으로 결합한다. LDL 수용체는 **클라트린 껍질 구멍(clathrin-coated pit)**을 형성하고, 이것은 다른 세포 표면 단백질을 제외하는 과정에서 막함입이 되는 세포 표면 수용체를 수집한다. 껍질 구멍은 원형질막으로부터 함입되어 **클라트린 껍질 소낭(clatrin-coated vesicle)**을 형성한다(9-4E절). 다음에 클라트린 껍질을 스스로 벗고 내부 pH가 약 5.0 이하인 **엔도솜(endosome)**으로 알려진 소낭과 융합한다. 이런 조건 아래에서 LDL 분자는 그의 수용체로부터 분리되어 나온다. 수용체들은 세포 표면으로 재순환되고, LDL에 둘러싸인 엔도솜은 리소좀과 융합한다. 리소좀 안에서 LDL-apoB-100은 빠르게 분해되어 그 구성 성분인 아미노산으로, 콜레스테릴 에스터는 콜레스테롤과 지방산으로 가수분해된다.

수용체-매개 막함입은 특이한 수용체와 결합을 통해서 세포가 큰 분자를 포획하는 일반적인 메커니즘이다. 많은 세포 표면 수용체들은 LDL 수용체가 그러하듯이 원형질막과 막함입된 수용체 사이에서 비록 리간드가 없는 조건에서도 재순환된다. LDL 수용체는 세포 안과 밖으로 약 10분마다 재순환된다. 새로운 수용체들이 소포체 위에서 합성되고 소낭이 되어 골지체를 통해서 세포 표면으로 운반된다(그림 20-8, 9-4E절). 세포내 자유 콜레스테롤 농도가 LDL 수용체의 합성률을 조절한다(20-7절). 그러나 LDL 수용체 체계가 결손되면 비정상적으로 순환되는 콜레스테롤의 농도 증가를 유발하고 이는 심장병 위험 증가를 수반한다(20-7C절).

HDL은 콜레스테롤을 조직으로부터 간으로 운반한다. HDL은 기본적으로 LDL의 기능과 반대이다. HDL은 조직으로부터 콜레스테롤을 제거한다. HDL은 주로 다른 지질 단백질의 분해를 통해 얻은 그들의 구성 성분을 이용하여 원형질에서 조립된다. **순환하는 HDL 분자는 세포 표면 막으로부터 콜레스테롤을 빨아들여서 얻는다.** 콜레스테롤은 HDL 결합 효소인 **레시틴-콜레스테롤 아실 전달 효소(lecithin-cholesterol acyltransferase, LCAT)**에 의해 콜레스테릴 에스터로 전환되면, 이 효소는 apoA-1에 의해 활성화된다. 그러므로 HDL은 콜레스테롤을 제거하는 기능을 수행한다.

간은 많은 양의 콜레스테롤을 저장하는 유일한 기관이다(담즙으로 전환시키므로, 그림 20-1). VLDL은 IDL과 LDL로 분해되며 분해된 VLDL의 절반 가량이 LDL 수용체 매개 막함입을 통해서 간으로 흡수된다(그림 20-7). 하지만 간세포들은 전혀 다른 메커니즘으로 HDL을 포획한다. 즉 HDL 분자들은 막함입되어 분해되기보다는 **SR-BI**[B과 I형의 청소 수용체(*s*cavenger *r*eceptor)]라고 하는 세포 표면 수용체에 결합한 다음, 그들의 지질 구성 성분들이 선택적으로 세포로 운반된다. 지질이 고갈된 HDL 입자들은 세포로부터 분리된 후 순환계로 다시 들어간다.

체크 포인트

- 지질 분해 효소는 어떻게 그들의 기질에 접근하는가?
- 지질의 소화와 흡수에서 담즙산과 지방산 결합 단백질의 목적을 설명하시오.
- 지질 단백질의 전반적인 구조를 묘사하고, 무엇으로 종류를 구분하는지 설명하시오.
- 트라이아실글리세롤과 콜레스테롤의 수송에 있어서 다양한 종류의 지질 단백질의 기능을 요약하시오.
- 지질 단백질 지질 분해 효소의 중요성은 무엇인가?
- LDL의 수용체 매개 막함입 과정을 묘사하시오.

2 지방산 산화

주요 개념

- 분해될 지방산은 ATP 의존 반응에 의해 CoA와 연결된다.
- 지방 아실기는 카르니틴 회로를 통해 미토콘드리아로 이동되어 산화된다.
- 미토콘드리아에서 일어나는 β 산화의 각 단계는 $FADH_2$, NADH, 아세틸 CoA를 생성한다.
- 홀수 개의 탄소 사슬을 가진 지방산 산화에 의해서 생성된 프로피오닐 CoA는 석시닐 CoA로 전환된다.
- 퍼옥시솜은 긴 탄소 사슬 지방산을 산화하여 H_2O_2를 생성한다.

지방 세포 내에 저장된 트라이실글리세롤은 **호르몬 민감성 지질 분해 효소(hormone-sensitive lipase)**의 반응에 의해서 대사 과정에 때맞추어 이동된다(20-5절). 자유 지방산은 혈류 속으로 방출되고, **알부민 혈청(serum albumin)**과 결합한다. 585개 잔기로 이루어진 이 용해성 단량체 단백질은 혈청에서 단백질의 약 절반을 차지하며 많은 호르몬 및 약물을 비롯한 다양한 무극성 물질을 운반하는 기능을 담당한다. 알부민이 없으면, 지방산의 최대 용해도는 10^{-6} M 이하이다. 알부민과 복합체를 만들 때의 효율적인 용해도는 2 mM 정도에 달한다. 그럼에도 불구하고, **무알부민혈증(analbuminemia**, 알부민 농도가 심각하게 낮음)에 걸린 아주 드문 사람들은 뚜렷한 반대되는 증상으로 고생하지 않는다. 분명히, 그들의 지방산은 다른 혈청 단백질과 복합체가 되어 수송된다.

지방산은 자유 에너지를 내는 산화 과정에 의해서 분해된다. 지방산 산화에 대한 생화학적 전략은 산화적 효소들이 정제되기 오래전에 알려졌다. 1904년에 크누프(Franz Knoop)는 첫 번째로 대사 경로를 추적하기 위해서 화학적 표식을 사용하였는데, ω 탄소(끝 탄소)에 벤젠 고리를 표지한 지방산을 개에게 먹인 다음, 개의 소변에서 페닐 함유 대사산물을 분리해 냈다 개들에게 표지된 홀수 개의 사슬 지방산을 먹인 것은 **벤조산(benzoic acid)**의 글라이신 아마이드인 **히푸르산(hippuric acid)**을 분비하였고, 반면에 표지된 짝수 개의 사슬 지방산을 먹인 것은 **페닐아세트산(phenylacetic acid)**의 글라이신 아마이드인 **페닐아세투르산(phenyaceturic acid)**을 분비하였다(그림 20-9). 이를 통해 크누프는 지방산은 2 탄소 단위로 단계적으로 분해된다고 추론하였으며, 이 과정은 β 탄소 원자의 산화가 카복실기로 산화되는 과정을 포함한다고 가정하였다. 그 밖에도 페닐아세트산은 벤조산으로 더 산화될 것이다. 크누프의 **β 산화(β oxidation)** 가설은 1950년대에 와서 비로소 검증되었다. β 산화 경로는 일련의 효소 촉매 반응으로, 2 탄소 단위로 떨어져 나가는 지방산의 단계적인 산화로서 반복적인 방법으로 작동한다.

A 지방산은 보조 효소 A와 결합함으로써 활성화된다

지방산은 산화되기 전에 ATP 의존 아실화 반응에 의해서 지방 아실 CoA 형태로 '준비된' 모양이 되어야 한다. 활성화 과정은 사슬 길이가 서로 다른 특이성을 가진, 적어도 3개의 **아실 CoA 합성 효소[acyl-CoA synthetase, 싸이오카이네이스(thiokinase)**라고 하기도 한다]에 의해서 촉매된다. 이 효소들은 소포체 또는 미토콘드리아의 외막과 결합되어 있으면서, 모두 다음 반응을 촉매한다.

$$\text{지방산} + \text{CoA} + \text{ATP} \rightleftharpoons \text{아실 CoA} + \text{AMP} + \text{PP}_i$$

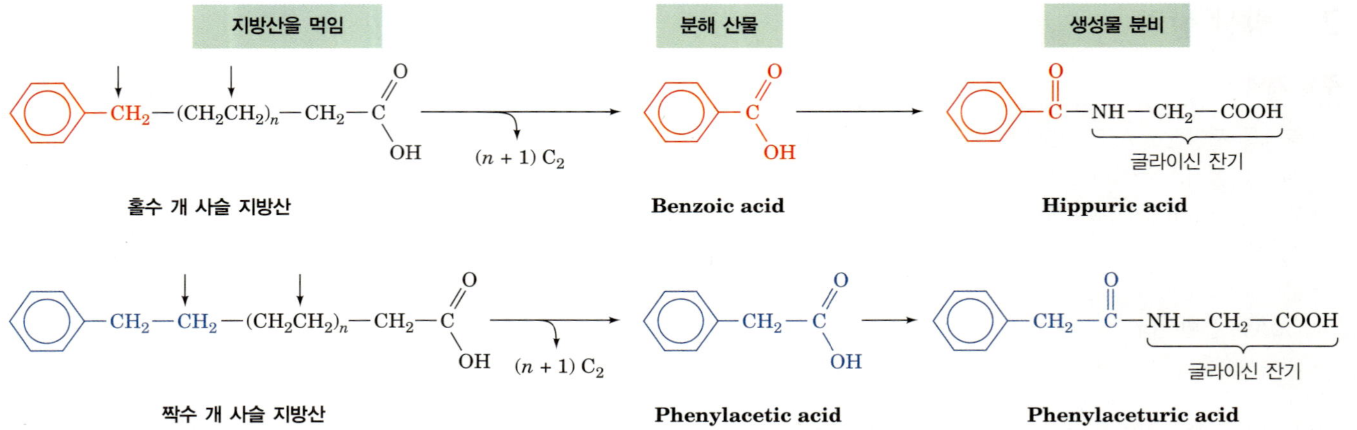

그림 20-9 크누프의 고전적인 실험은 지방산이 β 탄소 원자에서 대사적으로 산화됨을 가리킨다. 홀수 개의 탄소 사슬 원자가 포함된 ω 페닐 표지 지방산은 페닐기가 표지된 C_1 생성물인 벤조산으로 산화되고, 반면에 짝수 개의 탄소 사슬 원자는 페닐기로 표지된 C_2 생성물인 페닐아세트산으로 산화된다. 이 생성물들은 예상되는 글라이신 아마이드 히푸르산과 페닐아세투르산으로 분비된다. 수직의 화살표는 탄소가 산화되는 자리를 추론한다. C_2 중간 반응물은 CO_2와 H_2O로 산화되지만 분리되지는 않았다.

? 각각의 지방산에서 β 원자를 밝히라.

이 반응은 무수 중간 반응물이 혼합된 아실아데닐산을 경유하여 진행되는데, CoA의 황화수소기의 공격을 받아서 싸이오에스터 생성물을 만든다(**그림 20-10**). 이것에 의해서 '고에너지' 싸이오에스터 결합 속에 있는 ATP의 가수 분해로 얻은 자유 에너지를 보존한다(14-2D절). 전체 반응은 무기 파이로인산 분해 효소에 의한 파이로인산의 자유 에너지 감소 가수 분해에 의해서 완결되도록 추진된다.

B 카르니틴은 아실기의 미토콘드리아 막 횡단을 담당한다

지방산은 세포질 속에서 산화되도록 활성화되었지만, 케네디(Eugene Kennedy)와 레닌저(A. Lehninger)가 1950년대에 증명하였듯이, 지방산은 미토콘드리아에서 산화된다. 그러므로 우리는 어떻게 지방산 CoA가 미토콘드리아 내막을 통과하여 운반되는지를 생각해 보아야 한다. 긴 사슬 지방 아실 CoA는 미토콘드리아 내막을 직접 통과할 수 없다. 그 대신에, 그의 아실 부분이 식물이나 동물에서 모두 **카르니틴(carnitine)**으로 우선 전환된다.

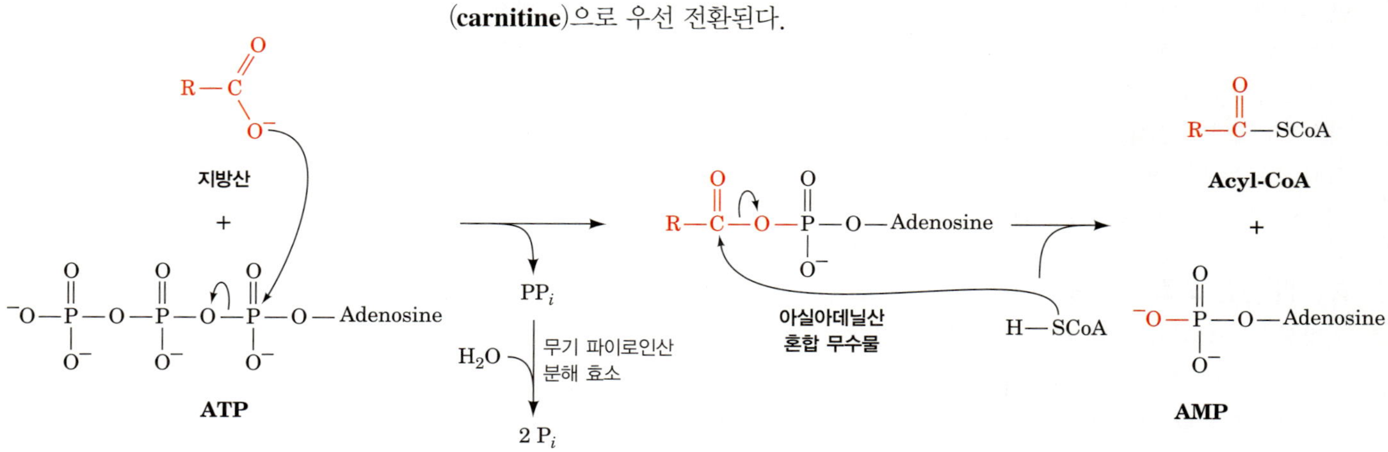

그림 20-10 아실 CoA 합성 효소에 의해 촉매되는 지방산의 활성화 메커니즘 아실 CoA의 형성은 아실아데닐산 혼합 무수물의 중간 반응물을 포함하고 있다.

? 분해되고 생성되는 '고에너지' 결합의 수를 세라.

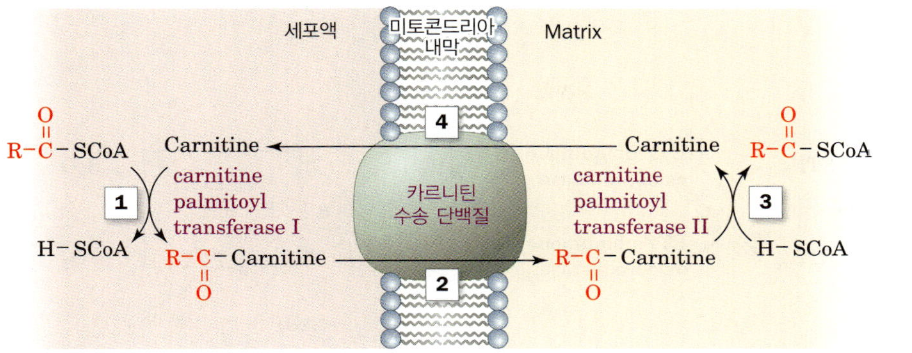

그림 20-11 **지방산의 미토콘드리아 안으로의 수송** (1) 세포액 속의 아실 CoA의 아실기는 카르니틴으로 수송되며, 이것에 의해서 CoA는 세포액의 저장고로 방출된다. (2) 아실 카르니틴은 결과적으로 수송 단백질에 의해서 미토콘드리아 세포 간질 속으로 수송된다. (3) 아실기는 미토콘드리아의 저장고에서 CoA 분자로 수송된다. (4) 떨어져 나온 카르니틴은 세포질로 되돌아간다.

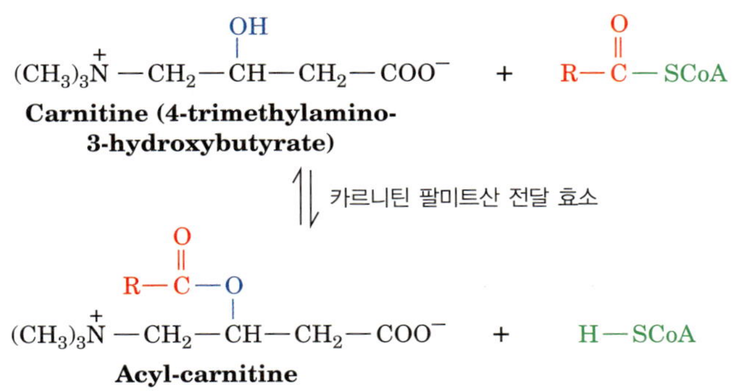

이 에스터화 전환 반응은 평형 상수가 거의 1에 가까운데, 이것은 아실 CoA 싸이오에스터 결합과 유사한 **아실 카르니틴**(**acyl-carnitine**)의 *O*-아실 결합이 가수 분해 자유 에너지를 갖고 있다는 것을 가리킨다. **카르니틴 팔미트산 전달 효소 I**과 **II**(**Carnitine palmitoyl transferase I**과 **II**)는 미토콘드리아 내막의 바깥쪽과 안쪽에 각각 위치해 있으면서 다양한 아실기(꼭 팔미트기만은 아니다)를 전달할 수 있다. 자리옮김 과정 자체는 특이 전달 단백질에 의해서 중개되는데, 이 단백질은 아실 카르니틴을 미토콘드리아로 수송하는 동안에 자유 카르니틴을 반대 방향으로 수송한다. 아실 CoA의 수송계는 **그림 20-11**에 도식되어 있다.

C β 산화는 지방산을 아세틸 CoA로 분해한다

지방산 CoA의 β 산화를 통한 분해 과정은 네 가지 반응으로 일어난다(**그림 20-12**).

1. 플라보 효소(flavoenzyme)인 **아실 CoA 탈수소 효소**(**acyl-CoA dehydrogenase, AD**)에 의한 가수 분해 반응으로 트랜스-α,β 이중 결합의 형성
2. **엔오일 CoA 수화 효소**(**enoyl-CoA hydratase, EH**)에 의한 이중 결합의 수화로 **3-L-하이드록시아실 CoA**(**3-L-hydroxyacyl-CoA**)의 형성
3. **3-L-하이드록시아실 CoA 탈수소 효소**(**3-L-hydroxyacyl-CoA dehydrogenase, HAD**)에 의한 β 하이드록시아실 CoA의 NAD^+ 의존 탈수소 반응으로 상응하는 β 케토아실 CoA의 형성
4. **β 케토아실 CoA 싸이올 분해 효소**[**β-ketoacyl-CoA thiolase**, **KT**, 또는 **싸이올레이스**(**thiolase**)라고 한다]의 CoA와 싸이올 분해에 의한 $C_\alpha-C_\beta$의 절단으로 아세틸 CoA와 원래보다 C 원자가 2개 줄어든 새로운 아실 CoA의 형성

아실 CoA 탈수소 효소는 전자 운반 연쇄계에 연결되어 있다. 미토콘드리아는 네 가지 아실 CoA 탈수소 효소를 포함하고 있다. 특이성은 짧은 것(C_4~C_6), 중간 것(C_6~C_{10}),

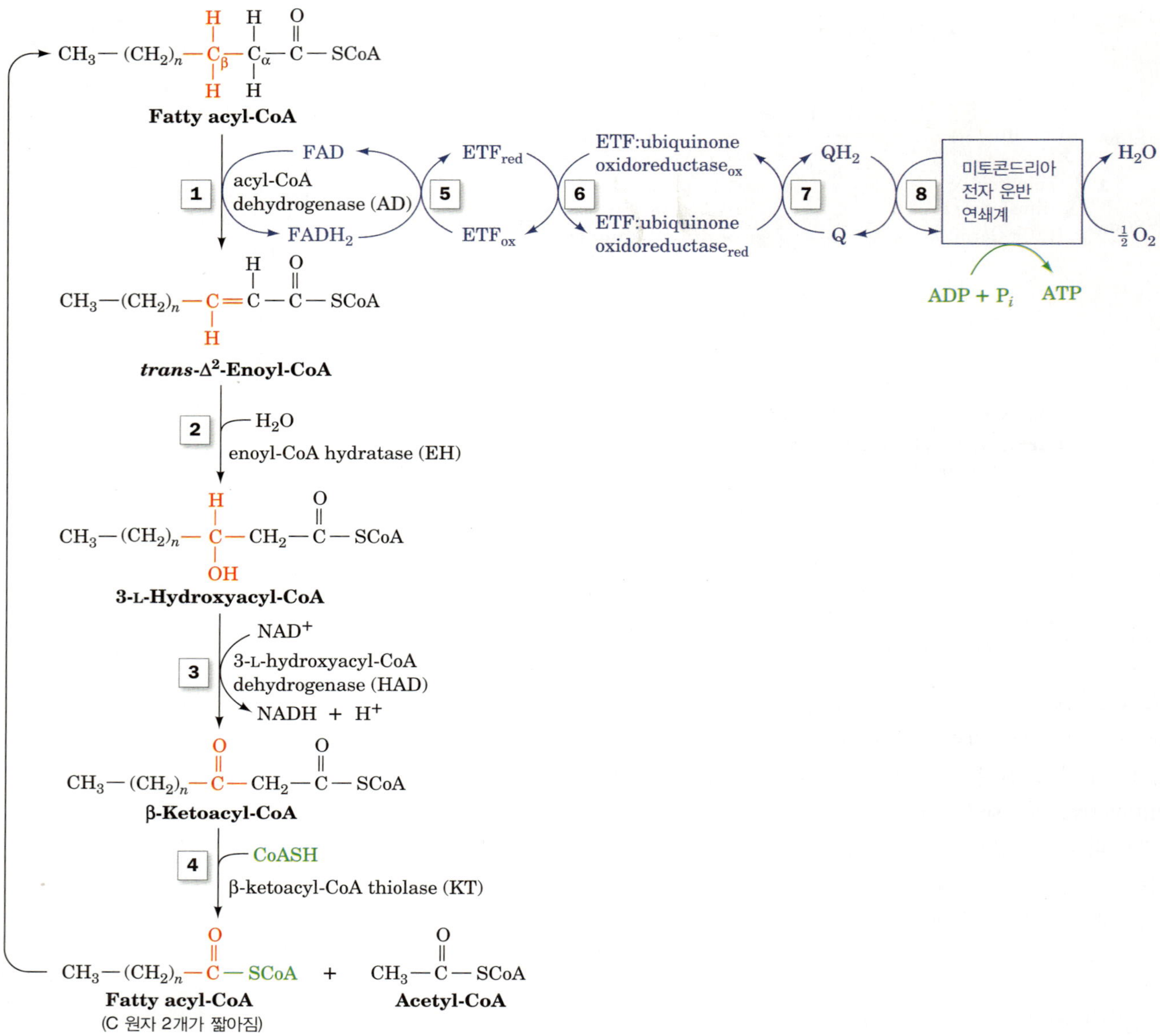

그림 20-12 지방산 CoA의 β 산화 경로 1~4 반응은 지방산 CoA을 아세틸 CoA로 분해. 5~8번 반응은 전자 전달

? 각각의 단계에서 일어나는 반응들의 형태를 서술하라.

긴 것(중간 것과 아주 긴 것 사이), 아주 긴 것(C_{12}~C_{18})의 지방산 아실 CoA들이다. 이 효소들에 의해 촉매되는 반응은 C_α 위치의 양성자를 제거하는 것과 C_β의 수소화 이온 대등체의 FAD 운반 등이 관여함을 알 수 있다(그림 20-12, 반응 1). 김정자에 의해 밝혀진 **중간 사슬 아실 CoA 탈수소 효소(medium-chain acyl-CoA dehydrogenase, MCAD)**와 **옥타노일 CoA(Octanoyl-CoA)** 복합체의 X선 구조를 보면, 어떻게 효소의 기본기(Glu 376)가 기질 C_α−C_β 결합, FAD 보결 분자단과 반응하기 위하여 위치를 잡고 있는지를 분명하게 보여 준다(**그림 20-13**).

MCAD 결함은 **유아 돌연사 증후군(sudden infant death syndrome, SIDS)**의 ~10% 정도에서 확인된다. 글루코스는 음식 섭취 후에 바로 기본 에너지 대사의 기질이 되지만, 후에 글루코스 농도가 감소하면 지방산의 산화가 여기에 맞추어서 반드시 증가한다. MCAD 결핍에 의한 유아 돌연사는 아마도 글루코스와 지방산

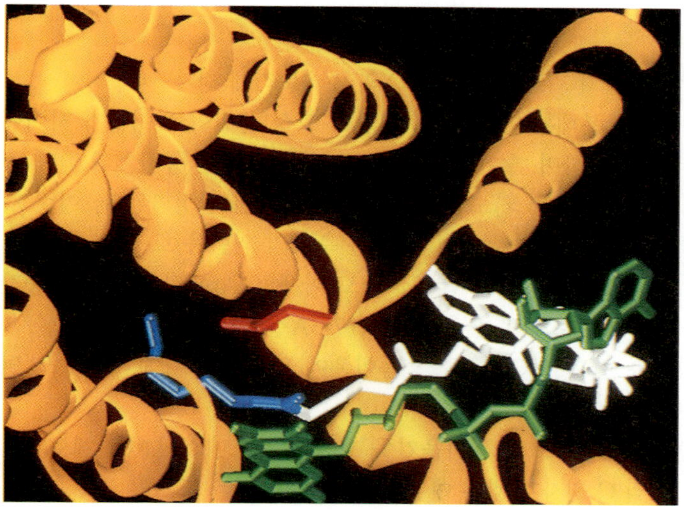

그림 20-13 중간 사슬 아실 CoA 가수 분해 효소 활성 부위의 리본 구조 돼지 간의 미토콘드리아에서 분리된 이 효소는 385개의 아미노산으로 이루어진 동일한 4개의 단위체들로 이루어진 사합체로 각각은 FAD 보결 원자단(초록)과 크게 확장된 구조를 지닌 옥타노일 CoA 기질(옥타노일과 CoA 부분은 파란색과 흰색)과 결합한다. 옥타노일 CoA는 C_α–C_β 결합이 376 Glu(적색)의 카복실기와 플라빈 고리(녹색) 사이에 끼워지도록 결합되며, 이는 Glu 376이 이 효소에 의해서 촉매되는 일반적인 α,β 탈수소화 반응에서 α 양성자를 떼어낸다는 가설과 일치한다. [Based on an X-ray structure by Jung-Ja Kim, Medical College of Wisconsin. PDBid 3MDE.]

산화의 불균형 때문인 것으로 보인다.

지방 아실 CoA 기질의 산화로부터 생긴 $FADH_2$는 전자 운반 반응의 연속 반응을 통한 미토콘드리아의 전자 운반 연쇄계에 의해서 재산화된다. **전자 전달 플라보 단백질(Electrontransfer flavoprotein, ETF)**도 $FADH_2$의 전자쌍을 플라보–철–황단백질 ETF: **유비퀴논 산화 환원 효소(ubiquinone oxidoreductase)**로 전달하는데, 이 효소는 보조 효소 Q의 환원으로 전자쌍을 단계적으로 미토콘드리아 전자 운반 연쇄계로 전달한다(CoQ, 그림 20-12, 반응 5-8). 전자 운반 연쇄계에 의한 O_2의 H_2O로 환원 작용은 CoQ 단계에서 시작해서 전자 한 쌍이 전달되는 데 대하여 대략 1.5 ATP를 합성하는 결과가 얻어진다(18-3C절).

긴 사슬 엔오일 CoA는 미토콘드리아의 세 가지 기능을 갖는 단백질에 의해 아세틸 CoA와 짧은 아실 CoA로 전환된다. 아실 CoA 탈수소 효소의 생성물은 2-엔오일 CoA이다. 이들의 사슬 길이에 따라 세 가지 계 중에서 한 개의 반응이 계속된다(그림 20-12). 즉 짧은 사슬, 중간 사슬, 혹은 긴 사슬 2-엔오일 CoA 수화물 효소(EH), 하이드록시아실 CoA 탈수소 효소(HAD), 3-케토아실 CoA 싸이올 분해 효소(KT). 긴 사슬(LC)용 효소는 이형 팔합체의 한 부분으로 미토콘드리아 내막 안에 위치한 세 가지 기능을 갖는 단백질이다. LCEH와 LCHAD는 α 소단위체 위에, LCKT는 β 소단위체 위에 위치하고 있다. 그러므로 이 단백질은 여러 기능성 단백질(한 개의 폴리펩타이드 사슬 위에 하나 이상의 효소 활성)이며 다중 효소 복합체(폴리펩타이드 복합체들이 하나 이상의 반응을 촉매)이다. 이러한 세 가지 기능을 갖는 효소의 장점은 중간 생성물을 최종 생성물 쪽의 통로로 몰아가는 능력이 있다는 것이다. 실제로, 긴 사슬 하이드록시아실 CoA 또는 케토아실 CoA의 중간체가 이 계에서 용액 속으로 유출되는 일은 없다.

싸이올 분해 효소의 작용은 클라이젠(claisen)의 에스터 분해를 거쳐서 일어난다. β 산화의 네 번째 단계는 아세틸 CoA와, 처음 산화 순환을 시작할 때보다 2 탄소 원자가 짧은 새로운 아세틸 CoA가 만들어지는 싸이올 분해 효소 작용(그림 20-12, 반응 4)이다(그

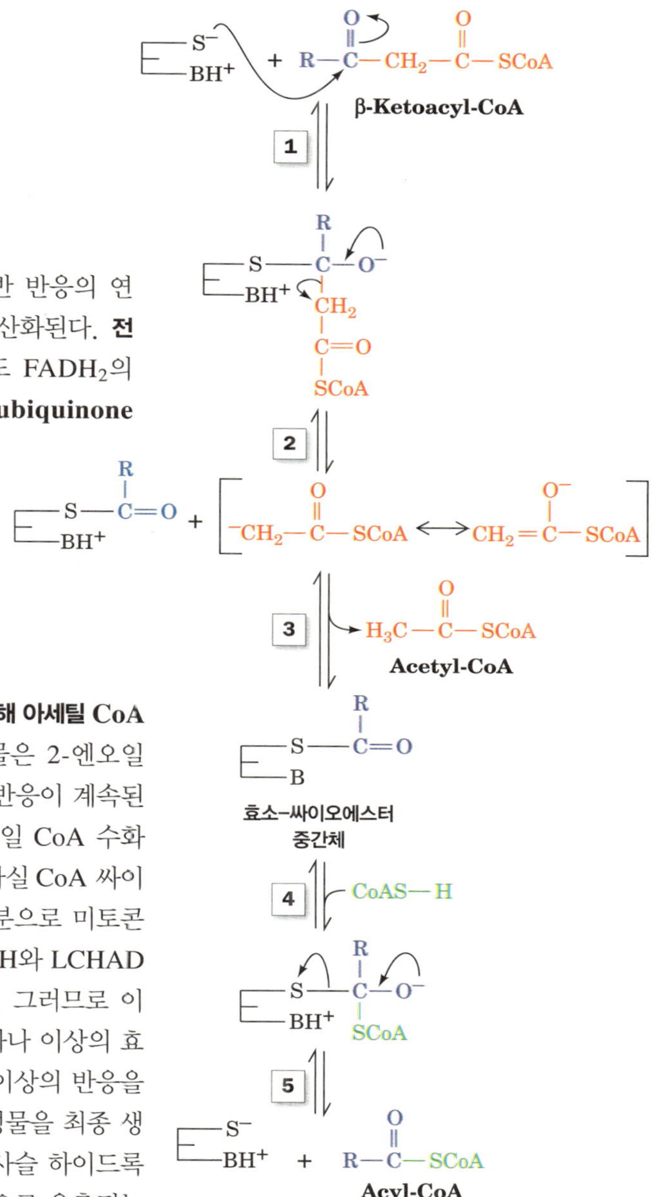

그림 20-14 β 케토아실 CoA 싸이올 분해 효소의 작용 메커니즘 활성 부위 시스테인 잔기가 효소–싸이오에스터 중간체의 형성에 참여한다.

? 이 반응의 반응식을 쓰라.

림 20-14).

1. 활성 중심의 싸이올기 기질이 아실 CoA의 β 케토기에 첨가한다.
2. 탄소–탄소 결합의 분해는 아실 CoA 기질과 활성 중심의 싸이올기 사이에 싸이오에스터를 형성하며, 둘은 아세틸 CoA 탄소 음이온 중간체와 함께 전자의 탈퇴로 싸이오에스터 카보닐기 속으로 들어가서 안정화된다. 이런 형의 반응은 클라이젠 에스터 분해(클라이젠 축합의 역반응)로 알려져 있다. 시트르산 회로 효소인 시트르산 합성 효소도 아세틸 CoA 탄소 음이온 중간체의 안정화에 참여하는 반응을 촉매한다(17-3A절).
3. 효소의 산성기는 아세틸 CoA 탄소 음이온에 양성자를 내보내서 아세틸 CoA를 만든다.

4와 5. 마지막으로, CoA는 효소의 싸이올기를 효소-싸이오에스터 중간체로부터 치환하여 두 개의 C 원자가 짧은 아실 CoA를 만든다.

지방산 산화는 높은 자유 에너지 감소이다. 지방산의 산화도 대사 에너지를 발생하다. 매회의 β 산화에서 한 개의 NADH, 한 개의 $FADH_2$, 한 개의 아세틸 CoA를 만든다. 시트르산 회로를 통한 아세틸 CoA의 산화에서, 산화적 인산화 반응으로 재산화되어 ATP를 만드는 과정은 한 개의 $FADH_2$와 3NADH를 추가적으로 만든다. 그러므로 지방산 분자의 완전 산화는 많은 ATP를 생산하는 높은 자유 에너지 감소 반응이다. 예를 들면 팔미토일 CoA(C_{16}개의 지방산기를 가진)은 7번의 β 산화 과정이 일어나고, 7$FADH_2$, 7NADH, 8아세틸 CoA를 만든다. 차례로 8 아세틸 CoA가 산화되면 8 GTP, 24 NADH, 8 $FADH_2$가 생성된다. 31개의 NADH 분자의 산화적 인산화 반응으로부터 77.5ATP를 만들며, 15$FADH_2$도 22.5ATP를 만들고, 지방산 CoA를 만들 때 2ATP 당량을 소모시킨다(20-2A절). **한 개의 팔미트산 분자의 산화는 실질적으로 106 ATP를 만든다.**

D 불포화 지방산의 산화에는 부가적인 효소들이 필요하다

거의 모든 불포화 지방산의 생물학적 기원은 대개 C9와 C10 사이에 단지 시스형 이중 결합을 갖는다(Δ^9 또는 9-이중 결합으로 표시, 표 9-1). 부가적인 이중 결합은 삼탄소 간격으로 생기므로 결코 콘쥬케이션 결합이 보여지지 않는다. 불포화 지방산의 두 가지 예는 올레산과 리놀레산이다.

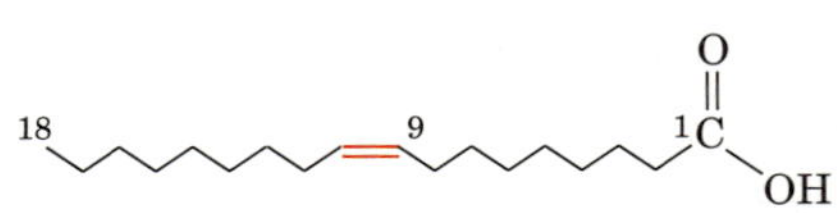

Oleic acid
(9-*cis*-octadecenoic acid)

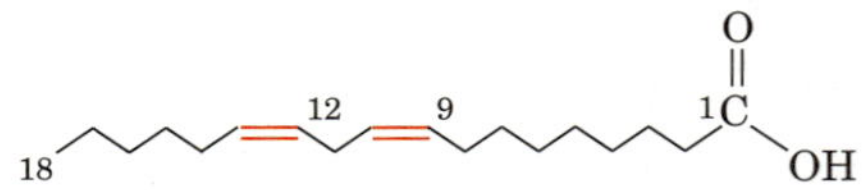

Linoleic acid
(9,12-*cis*-octadecadienoic acid)

리놀레산의 한 이중 결합은 지방산의 홀수 번호의 탄소 원자에 있고, 다른 이중 결합은 짝수 번호 탄소 원자에 있음을 주의하라. 리놀레산과 같은 지방산의 이중 결합은 β 산화 과정에서 세 가지 문제를 제시하는데, 이것은 네 개의 부가적인 효소들에 의해서 해결된다(그림 20-15).

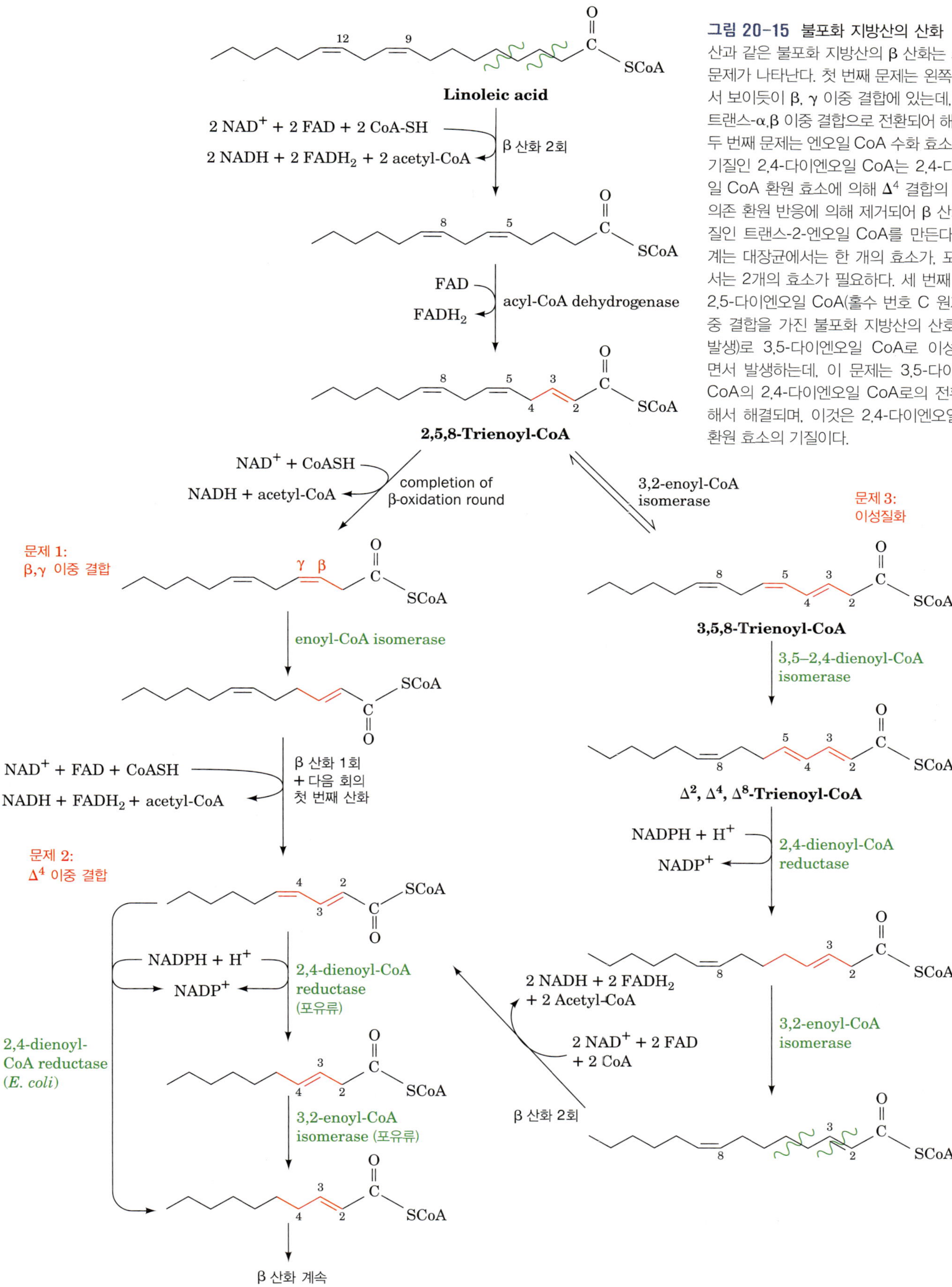

그림 20-15 불포화 지방산의 산화 리놀레산과 같은 불포화 지방산의 β 산화는 세 가지 문제가 나타난다. 첫 번째 문제는 왼쪽 경로에서 보이듯이 β, γ 이중 결합에 있는데, 이것은 트랜스-α,β 이중 결합으로 전환되어 해결된다. 두 번째 문제는 엔오일 CoA 수화 효소의 나쁜 기질인 2,4-다이엔오일 CoA는 2,4-다이엔오일 CoA 환원 효소에 의해 Δ^4 결합의 NADH 의존 환원 반응에 의해 제거되어 β 산화의 기질인 트랜스-2-엔오일 CoA를 만든다. 이 단계는 대장균에서는 한 개의 효소가, 포유류에서는 2개의 효소가 필요하다. 세 번째 문제는 2,5-다이엔오일 CoA(홀수 번호 C 원자의 이중 결합을 가진 불포화 지방산의 산화로부터 발생)로 3,5-다이엔오일 CoA로 이성질화되면서 발생하는데, 이 문제는 3,5-다이엔오일 CoA의 2,4-다이엔오일 CoA로의 전환에 의해서 해결되며, 이것은 2,4-다이엔오일 CoA 환원 효소의 기질이다.

문제 1: β,γ 이중 결합 첫 번째 효소적인 어려움은 β 산화가 세 번 일어난 뒤에 나타난다. 결과적으로 시스-β, γ 이중 결합이 함유된 엔오일 CoA는 엔오일 CoA 수화 효소의 기질이 될 수 없다. 그렇지만 **엔오일 CoA 이성질화 효소(enoyl-CoA isomerase)**는 시스-Δ^3형에서 트랜스-Δ^2형으로 전환한다. Δ^2 화합물은 엔오일 CoA 수화 효소의 일반적인 기질이므로 β 산화는 계속될 수 있다.

문제 2: Δ^4 이중 결합은 엔오일 CoA 수화 효소를 방해한다. 다음 번의 어려움은 β 산화의 네 번째에서 나타난다. 짝수 번호의 탄소 원자에 존재하는 이중 결합은 결과적으로 2,4-다이엔오일 CoA를 만드는데, 이것은 엔오일 CoA 수화 효소에 나쁜 기질이다. 그러나 NADPH 의존 2,4-다이엔오일 CoA 환원 효소(2,4-dienoyl CoA reductase)는 Δ^4 이중 결합을 환원한다. 대장균 환원 효소는 β 산화의 보통 기질인 **트랜스**-2-엔오일 CoA를 만든다. 그러나 포유동물 환원 효소는 **트랜스**-3-엔오일 CoA를 만드는데, 이것은 3,2-엔오일 CoA 이성질화 효소(3,2-enoyl CoA isomerase)에 의해서 β 산화를 따라서 반응하려면, 우선 트랜스-2-엔오일 CoA로 반드시 이성질화되어야 한다.

문제 3: 예상되지 않았던 3,2-엔오일 CoA 이성질화 효소에 의한 2,5-엔오일 CoA의 이성질화 반응 포유동물의 3,2-엔오일 CoA 이성질화 효소는 Δ^2와 Δ^3 이중 결합의 상호 전환인 역반응도 촉매한다. 카보닐기는 Δ^2 이중 결합에 결합되어 안정화된다. 그러나 Δ^5의 이중 결합은(리놀레산의 Δ^9 이중 결합 같이 홀수 번호 C 원자의 이중 결합의 불포화 지방산의 산화로부터 발생된다) 똑같이 Δ^3 이중 결합이 결합되어 안정화된다. 만약 2,5-엔오일 CoA가 3,2-엔오일 CoA 이성질화 효소에 의해서 3,5-엔오일 CoA로 전환되면 20%의 시간이 더 걸리는데, 산화를 계속하기 위해서 다른 효소가 필요하다. **3,5-2,4-다이엔오일 CoA 이성질화 효소(3,5-2,4-Dienoyl-CoA isomerase)**는 3,5-다이엔올 2,4-다이엔으로 이성질화시키고, 2,4-다이엔오일 CoA 환원 효소에 의해서 환원되고, 위의 문제 2와 같이 3,2-엔오일 CoA 이성질화 효소에 의해서 이성질화된다. 2번의 β 산화가 더 진행되고 나서, 리놀레산의 시스-Δ^{12} 이중 결합으로부터 시스-Δ^4 이중 결합이 위치하게 되며, 역시 문제 2와 같이 취급한다.

E 홀수 개 사슬 지방산의 산화는 프로피오닐 CoA를 생성한다

대부분의 지방산은 20-4절에서 설명하듯이 짝수 개의 탄소 원자를 갖고 있기 때문에 완전히 아세틸 CoA로 전환된다. 그러나 일부 식물과 해양 생물은 홀수의 탄소 원자의 지방산을 합성한다. **이러한 지방산의 최종 회전의 β 산화에서 프로피오닐 CoA(propionyl-CoA)를 만들며, 이것은 시트르산 회로로 들어가기 위해서 석시닐 CoA(succinyl-CoA)로 전환된다.** 프로피온산과 프로피오닐 CoA는 아이소루신, 발린, 메싸이오닌과 같은 아미노산의 산화에 의해서도 생성된다(20-4D절).

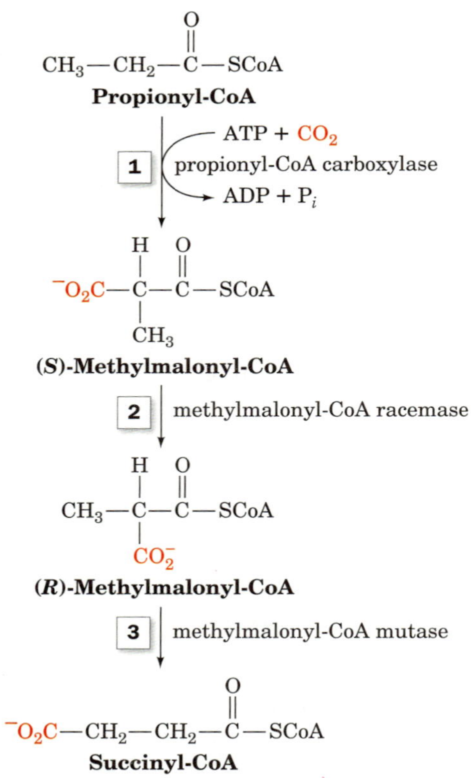

그림 20-16 프로피오닐 CoA의 석시닐 CoA로의 전환

? 각 단계에서 일어나는 반응의 유형은 무엇인가?

프로피오닐 CoA의 식시닐 CoA로의 전환은 세 개의 효소가 관여한다(**그림 20-16**).

1. 첫 번째 반응은 **프로피오닐 CoA 카복실화 효소(propionyl-CoA carboxylase)**에

자료 20-1 건강과 질병의 생화학 — 바이타민 B_{12} 결핍

바이타민 B_{12}의 존재는 마이넛(George Minot)과 머피(William Murphy)가 1926년에 **악성 빈혈(pernicious anemia)**을 발견함으로써 빛을 보게 되었다. 악성 빈혈은 적혈구 수가 감소하여, 헤모글로빈 수치가 낮고, 그리고 점진적으로 신경 악화로 중년에 죽음에 이르는 질병인데, 매일 많은 양의 생간을 섭취함으로써 치료할 수 있다. 그럼에도 불구하고 악성 빈혈 치료 인자인 바이타민 B_{12}는 1948년까지 분리되지 못하였다.

바이타민 B_{12}는 식물이나 동물 모두 합성하지 못하고 단지 몇 종의 박테리아에 의해서만 합성된다. 초식동물은 바이타민 B_{12}를 그들의 내장에 살고 있는 박테리아로부터 얻는다(사실 토끼와 같은 어떤 동물들은 반드시 주기적으로 자신의 배설물을 먹음으로써 필요량을 충족한다). 그러나 인간은 거의 대부분 음식, 특히 고기에서 바이타민 B_{12}를 직접 얻는다. 소장에서, **당단백 내인성 인자(intrinsic factor)**를 위장에서 분비하는데, 이 인자는 바이타민 B_{-2}와 특이 결합을 하고, 이 단백질–바이타민 복합체는 소장 점막에 있는 수용체를 통해서 흡수된다. 이 복합체는 분해되어 바이타민 B_{12}를 내놓게 되어 혈류로 수송된다. 적어도 세 가지의 다른 혈장 단백질인 **트랜스코발아민(transcobalamin)**이라고 부르는 것이 바이타민과 결합하여 조직에 의한 흡수를 촉진한다.

악성 빈혈은 보통 음식 결핍 질환이 아니고, 자가 면역 공격으로 인한 내인성 인자의 불충분한 분비의 결과이다. 보통 사람의 코발아민은 ~3 $\mu g \cdot day^{-1}$의 아주 적은 양을 필요로 하는데, 간은 3~5년간의 바이타민 량을 저장한다. 이것은 엄격한 채식주의자에게서조차도 악성 빈혈이나 바이타민 B_{12} 결핍이 극히 드물다는 사실을 입증한다.

의해 촉매되며, 바이오틴 보결 분자단이 필요하고, ATP가 ADP + P_i로 가수분해되어 추진된다. 이 반응은 피루브산 카복실화 효소(pyruvate carboxylase)와 비슷하다(그림 16-18).

2. 카복실화 효소 반응에 의해 생성된 (*S*)-메틸말로닐-CoA[(*S*)-methylmalony-CoA]는 **메틸말로닐 CoA 라셈화 효소(methylmalonyl-CoA racemase)**에 의해 *R* 형으로 전환된다.
3. (*R*)-메틸말로닐 CoA는 비정상적으로 탄소 뼈대 재배열을 촉매하는 **메틸말로닐 CoA 자리옮김 효소(methylmalonyl-CoA mutase)**의 기질이다.

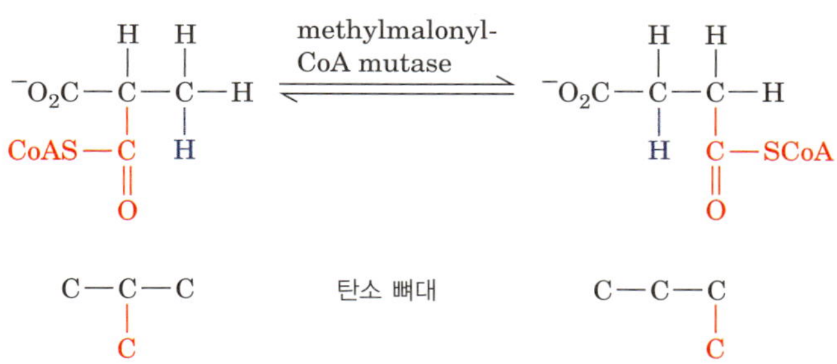

(*R*)-Methylmalonyl-CoA **Succinyl-CoA**

메틸말로닐 CoA 자리옮김 효소는 **5′-데옥시아데노실코발아민(5′-deoxyadenosylcobalamin)** 보결 분자단(**AdoCbl**, 또한 **보조 효소 B_{12}**, **코발아민(cobalamin)**의 유도체, 혹은 **바이타민 B_{12}(vitamin B_{12})**라고도 한다; 자료 20-1)을 사용한다. 호지킨(Dorothy Hodgkin)은 1956년에 화학적인 분해 연구와 X선 결정 구조 분석으로 이 복잡한 분자의 구조(**그림 20-17**)를 밝혀 획기적인 업적을 이루었다(자료 20-2).

5′-데옥시아데노실코발아민은 헴(heme) 같은 **코린(corrin)** 고리를 갖고 있는데, 이 고리는 네 개의 피롤 N 원자가 Co 이온과 각각 6배위 리간드 결합을 하고 있다. 다섯 번째 Co의 리간드는 코린 D 고리와 공유 결합으로 연결되어 있는 **5,6-다이메틸벤즈이미다졸(5,6-dimethylbenzimidazole, DMB)**의 N 원자와 결합한다. 여섯 번째 리간드는 데옥시리보스의 C5′ 원자의 5′-데옥시아데노실기이며, C—Co 공유 결합을 만들며, **생물학에서 탄소–금속 결합으로 알려진 2개 중의 한 개이다**[다른 C—Ni 결합은 박테리아 효소인 **일산화 탄소 탈수소 효소(carbon monoxide dehydrogenase)**에 있다]. 어떤 코발아민 의존 효소는 여섯 번째 리간드 대신에 CH_3기가 유사하게

그림 20-17 5′-데옥시아데노실코발아민의 구조

? 6개의 Co 리간드를 찾으라.

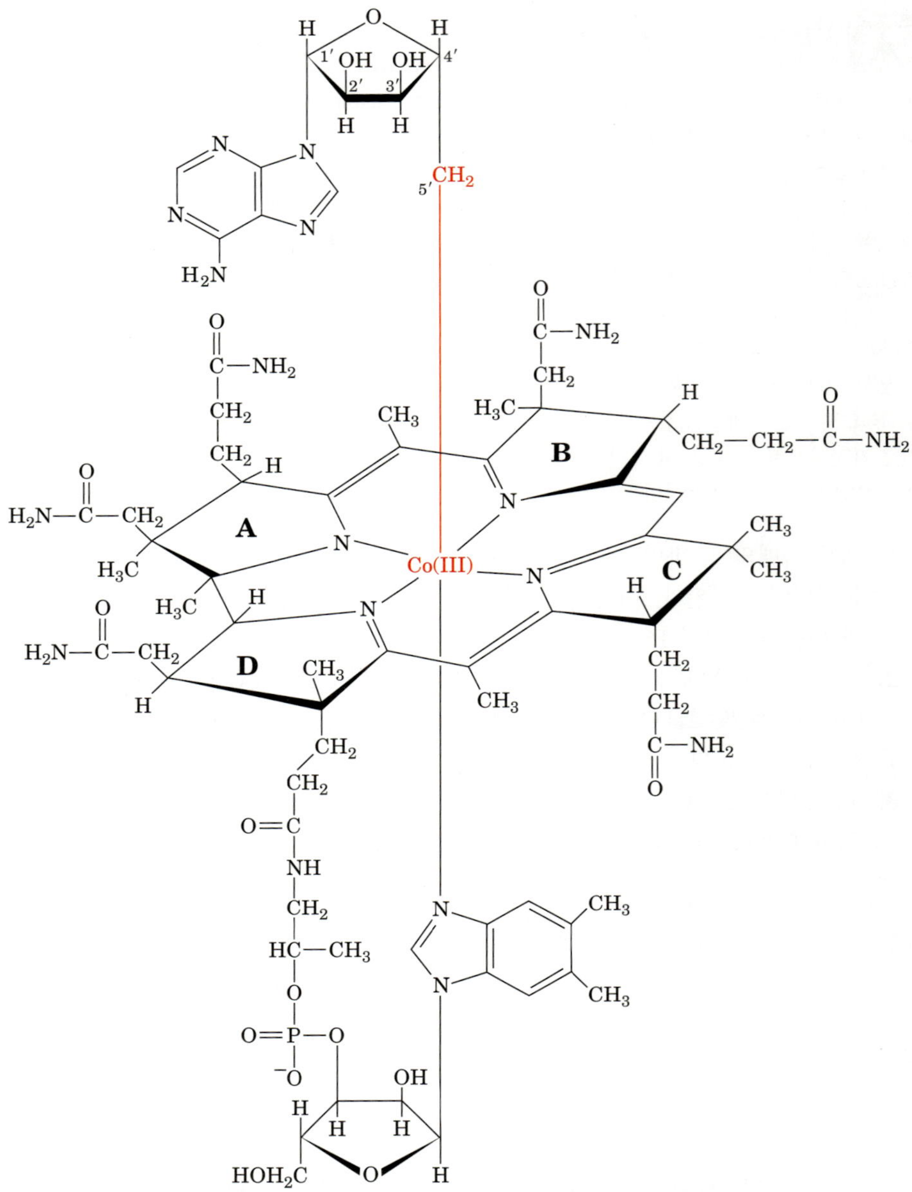

5′-Deoxyadenosylcobalamin (coenzyme B_{12})

C—Co 결합을 만든다. 코발아민 의존 효소들은 십여 개 정도 있는데, 분자의 재배열이나 메틸기의 전환 반응을 촉매한다.

메틸말로닐 CoA′ 자리옮김 효소는 특이한 α/β 원통을 갖는다. *Propionibacterium shermanii*의 메틸말로닐 CoA 자리옮김 효소는 기질 유사물 **2-카복시프로필 CoA** [**2-carboxypropyl-CoA**(메틸말로닐 CoA의 싸이오에스터 산소 원자가 결핍되어 있다)]와 복합체 형태의 이종 이합체로 X선 구조는 에반스(Philip Evans)에 의해 결정되었다. 이것의 AdoCb1 보조 인자는 촉매적으로 활성 있는 두 영역의 α 소단위체 사이에 끼어 있다. 즉 559개 잔기의 N 말단 α/β 원통(TIM 원통, 가장 공통적인 효소적 테마, 6-2C와 15-2절), 169개 잔기의 C 말단의 α/β 원통으로 로스만(Rossmann) 접힘과 유사하다(6-2C절). α/β 원통의 구조는 여러 가지 놀라운 모습

자료 20-2 발견의 과정 호지킨과 바이타민 B_{12}의 구조

호지킨(Dorothy Crowfoot Hodgkin, 1910~1994) 호지킨은 세 번째 여성 노벨 화학상 수상자로, 1911년 마리 퀴리(Marie Curie), 1935년 그의 딸인 이레느 퀴리(Irene Joliet-Curie)에 이어서 1964년에 X선 결정으로 생물 분자의 구조를 밝힌 공로로 노벨 화학상을 수상하였다. 호지킨은 콜레스테롤, 페니실린, 바이타민 B_{12}, 인슐린의 구조를 규명한 괄목할 만한 업적뿐만 아니라 X선 구조 결정학의 방법론에서도 큰 공헌을 하였다.

호지킨이 결정에 매료된 것은 10세 때에 시작한 황산 알루미늄을 포함한 간단한 실험에서부터였다. 그녀의 과학적인 경향은 부모의 영향을 많이 받았는데, 특히 아마추어 식물학자인 어머니의 영향이 컸다. 호지킨은 그의 아버지가 이집트와 중동에서 고고학자로 일해, 장기간 부재중일 때 독립적으로 진실에 대하여 정신적 헌신을 하였다.

호지킨의 결정학 정규 훈련은 옥스퍼드의 대학 시절에 시작되어, 케임브리지의 버널(John Desmond Bernal)의 지도하에 박사 과정에서 계속되었다. 버널은 그 시대의 다른 학생들과 달리, 이 젊은 조수에 대한 믿음이 두터웠다. 호지킨은 1934년에 버널과 함께 첫 번째 단백질인 펩신의 X선 회절 패턴을 발표하여 인정을 받았다. 버널과 호지킨은 여기에서 단백질이 부정형의 콜로이드가 아니고 불연속 구조라는 것을 보여 주었다. 그들은 결정 연구에서도 그 당시에 표준 방법인 공기 건조보다 결정이 그의 원래 용액에 있는 상태(용액 내에서 분자들이 결정화된다)가 필요하지 않아도 할 수 있다는 고분자 결정학 분야에서도 진전을 가져왔다.

호지킨은 옥스퍼드로 돌아온 후에 자신의 실험실을 꾸미고, 새로운 분야에서 두각을 나타내기 위해 도전하였는데, 1930년대 후반에는 결혼과 어머니로서, 일과 균형을 맞추는 여자로서 노력하기에 매우 어려웠다. 옥스퍼드에서 2차원보다는 3차원의 X선 회절에 기초한 계산이 보여주는 결정화선 콜레스테롤과 다른 스테로이드 연구를 떠맡았는데, 각각의 탄소 원자의 입체 화학을 포함하는 분자 구조에 대한 괄목할 만한 정보를 밝혔다. 또한 호지킨은 인슐린의 결정 연구를 시작한 지 34년이 걸려서 777개 원자 단백질의 원자 모형을 완성하였다[인슐린의 서열은 생어(Frederick Sanger)에 의해서 1955년이 되어서야 밝혀졌다, 자료 5-1]. 제2차 세계 대전 중에 호지킨 페니실린 구조와 X선 결정학으로 예측되지 않는 고리 구조(삼탄소와 한 개의 질소, 자료 8-3)의 규명에 관심을 돌렸다. 이 발견은 페니실린과 그 유도체를 합성하는 데 크게 공헌하였다. 호지킨의 연구는 생화학 연구의 전자 시대가 시작되는 때에도 두각을 나타냈는데, 그녀는 처음으로 아날로그 IBM 컴퓨터 중에 하나를 사용하여 필요한 계산들을 수행하였다.

1955년에 한 방문자가 사이아노코발아민의 결정을 가지고 왔는데, 호지킨은 그가 가져온 깊고 붉은색에 유혹되어 즉각 X선 회절 실험을 하였다. 페니실린보다 네 배나 큰 코발아민 구조는 재래적인 화학적 접근 방법으로는 그 구조의 비밀을 드러내지 않았다. 호지킨의 코발아민 구조 결정의 성공은 경험과 직감의 결과였다. 그녀는 회절 패턴 실험에 의한 분자 구조의 분별을 가능하게 하였다. 또한 그녀의 공동 연구자인 트루블러드(Kenneth Trueblood)는 LA에 살기 있었기 때문에 그녀와 편지와 전보를 주고받기 위해서 강력한 컴퓨터의 장점을 이용하였다. 호지킨은 용감하게도 X선 구조 결정에서 직접적인 측정을 막기 위하여, 즉 '상 문제'를 풀기 위해서 코발아민에 자연적으로 존재하는 코발트 원자를 사용하기로 결정하였다(자료 7-2). 다른 사람들은 코발트 원자가 구조에서 가벼운 원자보다 X선을 충분히 흐트러뜨리지 못한다고 믿었지만, 호지킨은 필요한 상 정보를 제공하게 하였으며, 그렇게 해서 코발아민 결정에 포함된 중금속을 만드는 것을 피하게 하였다.

호지킨과 그녀의 공동 연구자들은 사이아노코발아민의 통상적이 아닌 포피린(porphyrin) 구조를 결정하였는데, 고리 A와 D는 직접 연결되었고, 고리 A는 완전히 포화되었다(그림 20-17). 그들은 계속해서 첫 번째 생물학의 유기 금속 화합물로 알려진 Co-C 결합의 코발아민을 규명하였다. 호지킨은 후에 생리적 형태의 바이타민 B_{12}인 아데노실코발아민 구조를 1961년에 결정하였다. 지금은 바이타민 구조로 알려져 있지만, 이것은 악성 빈혈의 치료에 쓰이고 또 합성도 가능하다(자료 20-1). 추가로, 인류 건강에 분명한 혜택을 준 호지킨의 코발아민 업적은 이전에는 큰 물질의 구조가 너무 복잡하다고 여기는 결정 분석학에 여러 연구자들이 뒤따르게 하는 용기를 주었다. 호지킨 자신도 1969년에 인슐린의 3차원 모형을 완성하였다.

호지킨은 1964년에 노벨상을 받은 후에, 국제 결정학 연합을 포함해서 국제적인 회합에 적극적으로 참여하였고, 또 다른 여러 그룹들에 참여하고 헌신하여 냉전 시대에 국제적인 긴장을 완화하는 데 기여하였다. 또한 자신의 연구실에 여러 해 동안 많은 과학자들을 초빙하여 많은 의견을 나누었으며, 그녀 일생의 마지막에는 결정 구조학자로서의 성취보다 국제 친선을 도모하는 데 더욱 노력하였다.

Rerry G., Dorothy Hodgkin : A *Lite*, Cold Spring Harbor Laboratory Press(2000). Hodgkin, D.C., Kamper, J., Mackay, M., Pickworth, J., Trueblood, K.N. and White, J.G., Structure of vitamin B-12, *Nature* 178, 64(1956).

을 갖고 있다(**그림 20-18**).

1. 거의 모든 α/β 원통 효소의 활성 부위는 원통의 β 가닥의 C 말단 끝에 위치한다. 그러나 메틸말로닐 CoA 자리옮김 효소 안에서 AdoCb1은 원통의 β 가닥의 N 말단 끝에 대하여 끼워져 있다.
2. 자유 AdoCb1에서 Co 원자는 그의 DMB기의 N 원자와 아데노실 잔기의 5′-CH_2기에 의해서 축으로 리간드 결합되었다(그림 20-17). 그러나 효소 안에서 DMB는 분리된 주머니 안에 결합하기 위해 옆으로 회전하며 C 말단 영역의

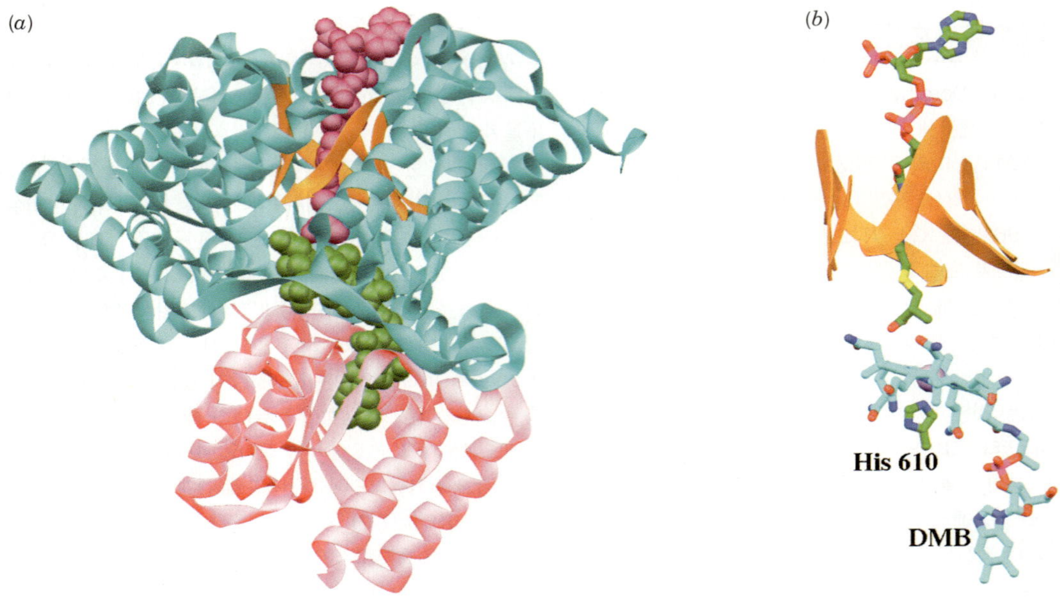

그림 20-18 2-카복시프로필 CoA와 AdoCb1의 복합체에서 *P. shermanii* 메틸말로닐 CoA 자리옮김 효소의 X선 구조 (*a*) 촉매적으로 활성인 α 소단위체 안의 N 말단 영역은 청록색, α/β 원통의 β 가닥은 주황색, C 말단 영역은 분홍색. 기질 유사체(심홍색)와 AdoCb1(녹색)은 공간 채움 형태로 그려짐. 2-카복시프로필 CoA는 α/β 원통의 중앙을 통과하여 지나가고 AdoCb1의 코린 고리 접촉하고 있는 것 같은 메틸말로닐 CoA의 메틸말로닐기에 자리잡고 있으며, 이것은 효소의 N 말단과 C 말단 영역 사이에 끼워져 있다. (*b*) AdoCb1과 2-카복시프로필 CoA 분자의 배열은 His 610의 곁사슬과 함께 원자의 유형에 따라 막대 모형으로 표시하였다(2-카복시프로필 CoA와 His C는 녹색, AdoCb1는 청록색, N은 청색, O는 붉은색, P는 심홍색, S는 노란색). 코린 고리의 Co 원자는 연보라색의 구형으로 표시하였고, α/β 원통의 β 가닥은 주황색 리본으로 표시하였다. 투시도는 부분 *a*와 유사하다. DMB 원자단(아래)은 코린 고리로부터 빙 돌려져 떨어져 있으며(맨끝으로 보인다), C 말단 영역 His 610의 곁사슬에 의해 치환되어 있고 5′-데옥시아데노실기는 보이지 않는다(정렬이 안 되어 있으므로). [Based on an X-ray structure by Philip Evans, MRC Laboratory of Molecular Biology, Cambridge, U.K. PDBid 7REQ.]

His 610의 곁사슬에 의해 대체되고 있다. 아데노실기는 구조 안에서 불규칙성과 옆으로 회전되어 있는 듯해서 구조 안에서는 볼 수 없다.

3. 거의 모든 다른 α/β 원통이 함유된 효소들은 몸통의 중심이 크고, 때로는 가지쳐져 있으며, 소수성 곁사슬에 의해서 폐색된다. 그러나 메틸말로닐 CoA 자리옮김효소의 중심에 2-카복시프로필 CoA의 판토테인기에 α/β 원통의 중심에 좁은 통로 안에 결합되어 있는데, 그렇게 해서 순수 기질의 메틸말로닐기를 코발아민 고리의 결합되지 않은 면에 가깝게 접근하고 있다. 이 통로는 활성 중심의 공간에 단지 직접 접근하는 것을 준비해 주고, 그렇게 해서 부반응으로부터 촉매 반응으로 만들어진 활성 자유 라디칼 중간체를 보호한다. 통로는 작은 친수성기(Ser과 Thr)에 의해 줄지어져 있다.

메틸말로닐 CoA 자리옮김 효소의 기질 결합 방식은 몇 개의 다른 AdoCbl 함유 효소의 알려진 구조와 유사하며, 이것은 원통 함유 효소 중에서 아주 유일한 것이다.

메틸말로닐 CoA 자리옮김 효소는 자유 라디칼 중간체를 안정화시키고 보호한다. 제안된 메틸말로닐 CoA 자리옮김 효소의 반응 메커니즘(**그림 20-19**)은 코발아민의 C−Co 결합의 **균일 분해(homolytic cleavage)**로 시작된다. 다시 말하면, C와 Co 원자는 각각 전자쌍 결합의 절단으로부터 생긴 전자쌍 한 개를 필요로 한다[균일 분해 반응은 생물학에서 비통상적임을 주목하라. 대부분 결합의 절단에 의해 생긴 전자쌍은 단지 한 개의 분리된 원자만이 필요한 **불균일 분해(heterolytic cleavage)**이다]. 그러므로 Co 이온은 Co(III)과 CO(II) 산화 상태 둘 중의 하나이며, 가역적인 자유 라디칼 생산자

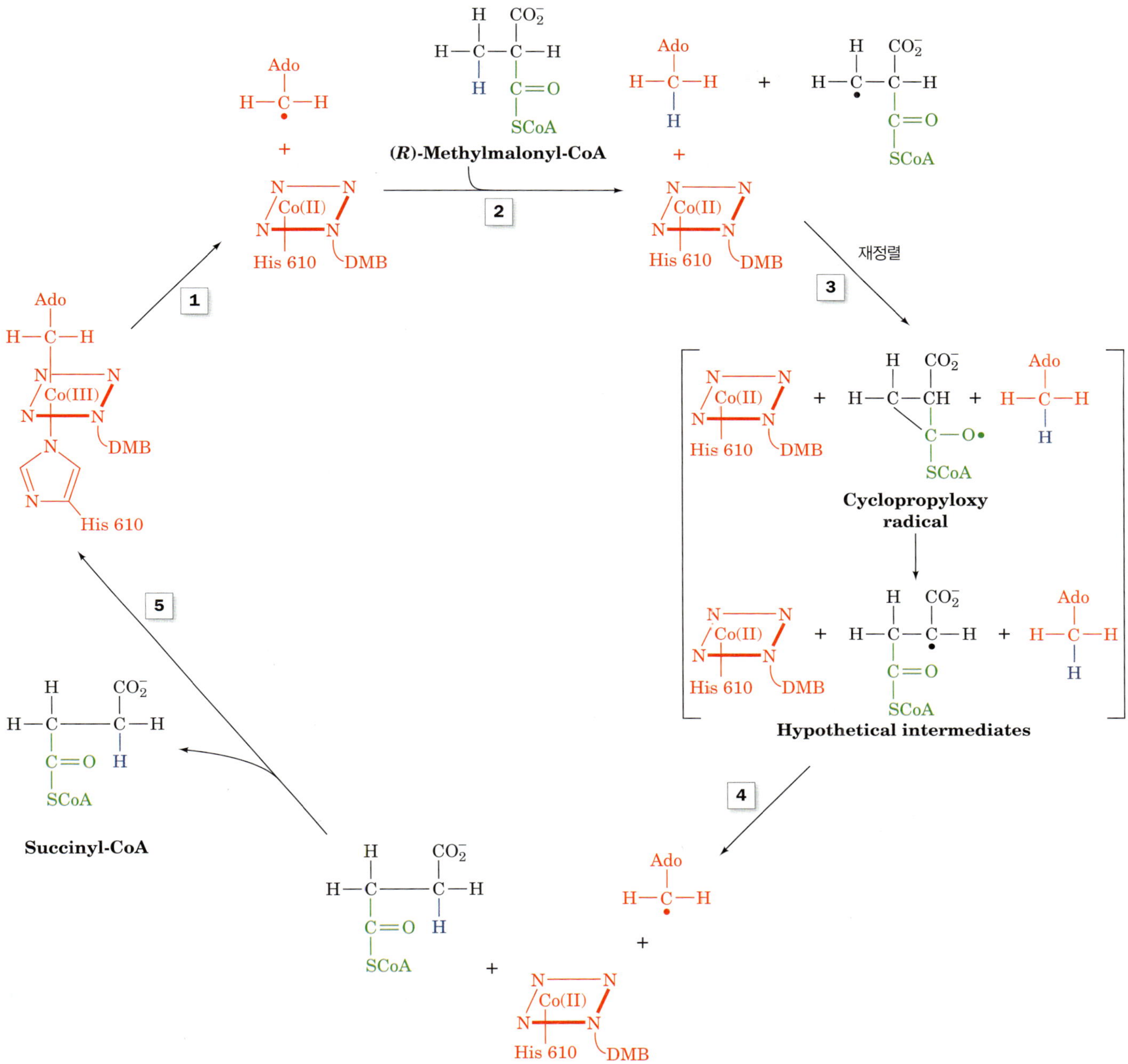

그림 20-19 **메틸말로닐 CoA 자리옮김 효소의 제안된 메커니즘** (1) C–Co(III) 결합의 균일 분열로 5′-데옥시아데노실(Ado) 라디칼과 Co(II) 산화 상태에 있는 코발아민을 만든다. (2) 수소 원자를 메틸말로닐 CoA로부터 끌어내고, 이렇게 해서 메틸말로닐 CoA 라디칼을 만든다. (3) 탄소 뼈대 재정렬은 제안된 사이클로프로필 라디칼 중간체를 경유하여 석시닐 CoA 라디칼을 만든다. (4) 석시닐 CoA 리디칼은 5′-데옥시아데노신으로부터 수소 원자를 끌어내어 5′-데옥시아데노신 라디칼을 재생성한다. (5) 석시닐 CoA의 방출은 보조 효소를 재형성한다.

로서 가능하다. C—Co(III) 결합은 이러한 기능에 적합하며, 이것은 원래가 약하며 (해리 에너지 109 kJ·mol^{-1}) 효소와 입체적 상호작용을 통하여 더욱 약해지기 때문이다.

분광학적 측정에 의하면 메틸말로닐 CoA 자리옮김 효소에서 Co 원자는 Co(II) 상태로 존재하며, 따라서 리간드가 6개가 아니라는 것이 확인되었다(촉매 순환이 일어나는 동안에; 그림 20-19). 단백질 유도된 균주는 His N—Co 결합을 아주 길게 만들어(2.5 Å이지만 다양한 다른 B_{12} 함유 구조에서는 1.9~2.0 Å) Co(III)와 비교하여 안정화되어 있으며, 이렇게 해서 아데노실 라디칼 형성을 선호한다. 이 라디칼은 수소 원자를 메틸말로닐 CoA 기질로부터 끌어내는데, 이것에 의해서 사이클로프로필옥시(cycolpropyloxy) 라디칼의 중간체 형성을 통해서 석시닐 CoA으로의 재정렬을 촉진한다.

석시닐 CoA는 시트르산 회로에 의해서 직접적으로 소비되지 않는다. 메틸말로닐 CoA 자리옮김 효소는 아세틸 CoA보다 시트르산 회로의 중간 생성물로 대사 산물의 전환을 촉매한다. 하지만 C_4 중간체는 시트르산 회로의 기질이 아니라 실제로 촉매제로 기능한다. 석시닐 CoA가 시트르산 회로에 의해서 실제로 산화가 수행되기 위해서 우선 피루브산으로 전환되고, 다시 아세틸 CoA로 전환된다. 이것은 석시닐 CoA가 말산으로 전환되어 완성되며(시트르산 회로의 반응 5-7, 그림 17-2) 뒤이어 그것은 세포질로 운반되며, **말산 효소(malic enzyme)**에 의해서 산화적 탈카복실화 반응으로 피루브산과 CO_2로 된다.

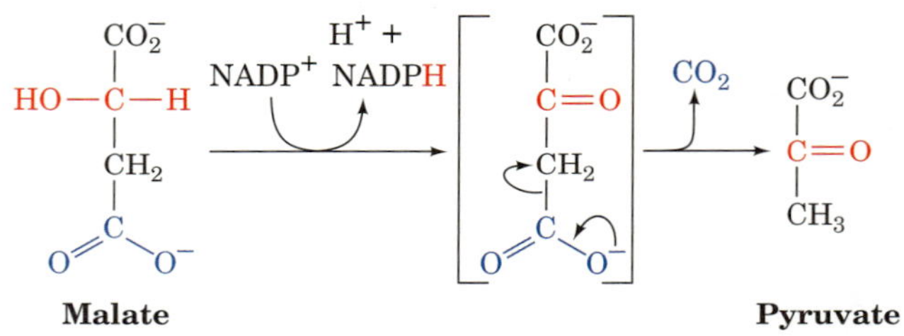

(이 효소는 광합성의 C_4 회로에도 작용한다, 그림 19-33). 피루브산은 피루브산 탈수소 효소와 시트르산 회로를 경유하여 완전히 산화된다.

F 퍼옥시솜에서의 β 산화는 미토콘드리아의 β 산화와 다르다

포유류의 세포 속에 β 산화는 대부분 미토콘드리아에서 일어난다. 그러나 **퍼옥시솜(peroxisome,** 그림 20-20)도 지방산을 산화하는데, 특히 아주 긴 사슬이나 가지를 가진 지방산 사슬을 산화한다. 식물에서 지방산 산화는 예외적으로 퍼옥시솜과 글리옥시솜(glyoxysome, 이것은 특수화된 퍼옥시솜)에서 일어난다. 지질 분해에 부가해서, 포유류의 퍼옥시솜은 담즙을 포함한 일부 지질의 합성에도 참여한다.

퍼옥시솜의 β 산화는 미토콘드리아의 β 산화와 약간만 다른데, 매우 긴 사슬의 지방산(>22개 탄소 원자)을 짧게 자르고 이들은 미토콘드리아에서는 완전히 분해된다. 아주 긴 사슬의 지방산은 카르니틴(carnitine)이 필요 없는 메커니즘으로 퍼옥시솜 속으로 운반되고, 긴 사슬의 아실 CoA 합성 효소에 의해서 활성화된다. 퍼옥시솜 β 산화는 똑같이 미토콘드리아 경로에서와 같이 지방산으로의 화학적 변화를 가져오지만, 세 개의 효소만 필요하다.

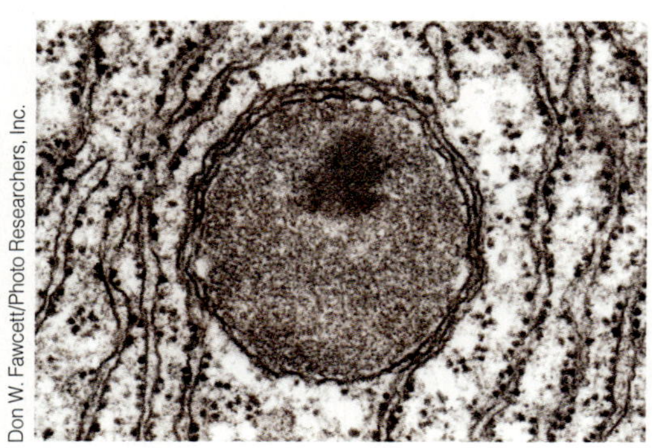

그림 20-20 소포체로 둘러싸인 쥐의 간 퍼옥시솜의 전자 현미경 사진 퍼옥시솜은 막에 부착된 세포 소기관으로, 긴 사슬의 지방산 사슬의 산화를 포함해서 여러 다양한 대사 기능을 수행한다.

1. **아실 CoA 산화 효소(Acyl−CoA oxidase)**는 다음 반응을 촉매한다.

$$\text{지방 아실 CoA} + O_2 \rightarrow \text{트랜스 } \Delta^2\text{-엔오일 CoA} + H_2O_2$$

이 효소는 FAD 보조 효소를 사용하지만, 떼어 낸 전자쌍이 산화적 인산화 반응이 동반되는 전자 운반 연쇄계에 따라 옮겨지기보다는 H_2O_2를 생성하기 위해 직접 O_2에 전달한다(그림 20-12, 반응 5-8). 따라서 퍼옥시솜 지방산 산화는 미토콘드리아 지방산 산화보다 C_2 순환 반응당 1.5몰이 적은 ATP를 생산한다. 과산화수소 분해 효소는 산화 효소의 작용에 의해서 만들어진 H_2O_2를 $H_2O + O_2$로 전환한다.

2. 퍼옥시솜의 엔오일 CoA 수화 효소와 3-L-하이드록시아실 CoA(3-L-hydroxyacyl-CoA) 탈수소 효소의 활성은 단일 폴리펩타이드에서 일어난다. 이 반응들은 미토콘드리아의 계와 동일한 반응을 촉매한다(그림 20-12, 반응 2와 3).
3. 퍼옥시솜의 싸이올 분해 효소는 산화의 마지막 단계를 촉매한다. 이 효소는 탄소수가 8개이거나 그 이하인 아실 CoA와는 거의 반응하지 않기 때문에 퍼옥시솜은 지방산을 불완전하게 산화한다.

퍼옥시솜은 카르니틴 아세틸 전달 효소와 긴 사슬의 아실기를 위한 특별한 전달 효소를 갖고 있다. 퍼옥시솜의 β 산화에 의해 사슬이 짧아진 아실 CoA는 마찬가지로 그들의 카르니틴 에스터로 전환된다. 이러한 기질들은 대부분이 퍼옥시솜에서 미토콘드리아로 수동적으로 확산되어 그곳에서 더 산화된다.

젤웨저 증후군(Zellweger syndrome)은 기능성 퍼옥시솜의 감소 또는 부재에 기인하는 유전성 질병으로 신경 질환, 시력 및 청력 상실, 특유한 얼굴 특징을 유발하는 골격 이상 등의 증상을 보이며 1년 내에 사망에 이르게 한다. 그 결과, 퍼옥시좀에서 정상적으로 분해되는 매우 긴 사슬 및 곁가지를 가진 지방산이 신체에 축적되어 여러 장기 시스템의 기능을 손상시킨다.

X 연관 부신 백질 이영양증(X-Linked adrenoleukodystrophy, X-ALD)은 매우 긴 사슬 지방산에 대한 퍼옥시솜 전이 효소(peroxisomal transferase의 유전적 결함에 기인한다. 이러한 물질들의 축적은 부신 결손을 일으키고 많은 뉴런의 축삭을 전기적으로 절연시키는 마이엘린 덮개(myelin sheath)를 파괴한다(그림 9-8). 4~10세 사이의 다양한 신경 증상이 나타나며(분명해진다) 보통 1년에서 10년 이내에 치명적이다. 비록 부신 기능을 향상시키지 않지만 골수 이식으로 X-ALD는 성공적으로 치료되어 왔다. 정상적인 퍼옥시솜 전이 효소를 코딩하는 유전자를 이용한 유전자 치료법은 소수의 환자의 신경학적 증상을 성공적으로 해결해 주었지만, 혈액 속의 매우 긴 사슬 지방산 수치는 여전히 높았다.

체크 포인트

- 지방산 활성화를 설명하시오. 이 과정에서의 에너지 비용은 얼마인가?
- 세포질에 존재하는 아실기가 분해 과정을 위해서 어떻게 미토콘드리아로 들어가는가?
- β 산화 과정의 각 단계에서 일어나는 화학 반응들을 요약하시오. 이러한 과정은 왜 β 산화라고 불리는가?
- 어떻게 β 산화의 생성물로부터 ATP를 회복하는가?
- 불포화 지방산과 홀수 개 사슬 지방산의 산화에 필요한 부가적인 단계들은 무엇인가?
- 메틸말로닐 CoA 자리옮김 효소의 구조와 이 효소가 촉매하는 반응의 특이성은 무엇인가?
- 퍼옥시솜과 미토콘드리아 β 산화의 차이점을 설명하시오.

3 케톤체

주요 개념

- 아세틸 CoA는 다른 조직에서 에너지로 사용하기 위해 간에서 케톤체로 가역적으로 전환될 수 있다.

지방산 산화에 의해서 생성된 아세틸 CoA는 시트르산 회로에 의해서 더 산화된다. 그러나 간의 미토콘드리아에서는 이 아세틸 CoA의 괄목할 만한 양이 다른 운명을 갖게 된다. 아세틸 CoA는 **케톤 합성(ketogenesis)**이라고 알려진 과정에 의해서 **아세토아세트산(acetoacetate)** 또는 **D-β-하이드록시뷰티르산(D-β-hydroxybutyate)**으로 전환된다. 이러한 물질은 아세톤과 함께 약간 부정확하게 **케톤체(ketone body)**라고 한다.

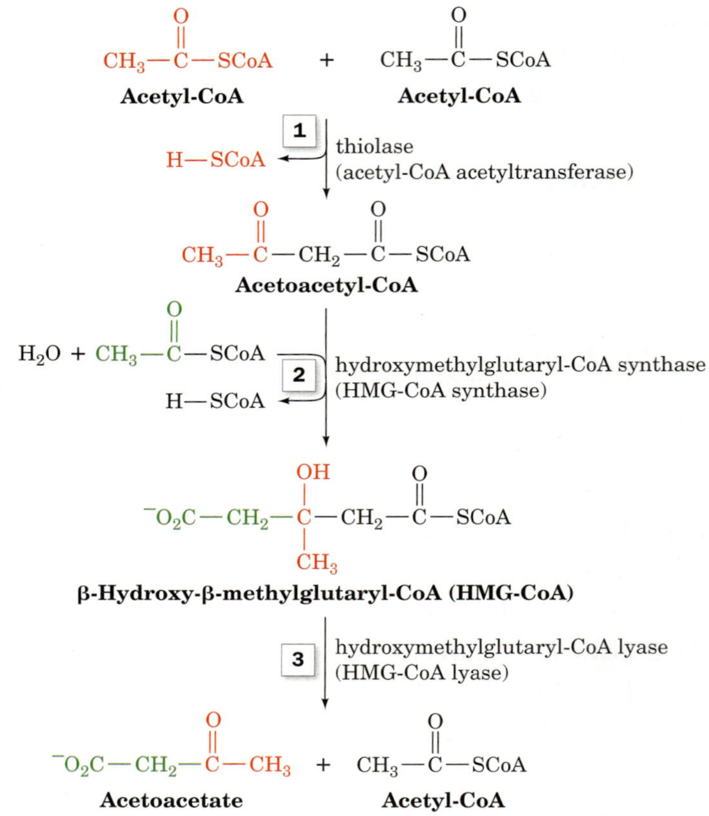

그림 20-21 케톤 합성 아세토아세트산은 아세틸 CoA로부터 세 단계로 만들어진다. (1) 두 분자의 아세틸 CoA가 아세토아세틸 CoA로 축합된다. (2) 아세토아세틸 CoA는 세 번째 아세틸 CoA와 함께 클라이젠 에스터 축합 반응이 일어나 β-하이드록시-β-메틸글루타릴 CoA(β-hydroxy-β-methylglutaryl-CoA, HMG-CoA)을 만든다. (3) HMG-CoA는 혼합된 알돌-클라이젠 에스터 분해 반응에서 아세토아세트산과 아세틸 CoA로 분해된다.

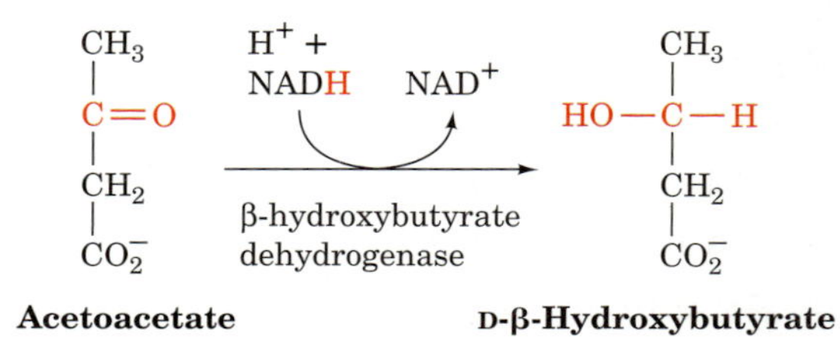

케톤체는 많은 말초 조직에 중요한 대사 연료이며, 특히 심장과 뼈 근육에서 중요하다. 뇌는 보통의 환경에서는 에너지원으로 글루코스만을 사용한다(지방산은 혈관-뇌의 장벽을 넘을 수 없다). 그러나 기아 상태에서는 적은 양의 수용성의 케톤체가 뇌의 주요 에너지원이 된다(22-4A절).

아세토아세트산의 형성은 다음의 세 가지 반응에 의해서 일어난다(**그림 20-21**).

1. 두 분자의 아세틸 CoA는 싸이올 분해 효소[**아세틸 CoA 아세틸 전달 효소(acetyl-CoA acetyltransferase)**라고도 하는]에 의해서 **아세토아세틸 CoA(acetoacetyl-CoA)**로 축합되는 반응으로 β 산화의 마지막 단계에서 반대 방향으로 일어난다(그림 20-12, 반응 4).
2. 아세틸 CoA와 세 번째 아세틸 CoA는 **HMG-CoA 생성 효소(HMG-CoA synthase)**에 의해서 축합되어 **β-하이드록시-β-메틸글루타릴 CoA(β-hydroxy-β-methylglutaryl-CoA, HMG-CoA)**를 만든다. 이 반응의 메커니즘은 싸이올기가 아실-싸이오에스터 중간체를 만드는 활성 부위의 싸이올 분해 효소 반응(그림 20-14)의 역반응과 비슷하다.

3. HMG−CoA는 **HMG-CoA 분해 효소(HMG-CoA lyase)**에 의해 알돌−클라이젠 에스터 분해 복합물에서 아세토아세트산과 아세틸 CoA로 분해된다. 이 반응의 메커니즘은 시트르산 합성 반응(그림 17-10)의 역반응과 유사하다. HMG-CoA는 또한 콜레스테롤 생합성의 전구물질이다(20-7A절). HMG-CoA 분해 효소는 간의 미토콘드리아에만 존재하기 때문에 세포질에서의 콜레스테롤 합성을 방해하지 않는다.

아세토아세트산은 **β-하이드록시뷰티르산 탈수소 효소(β-hydroxybutyrate dehydrogenase)**에 의해 D-β하이드록시뷰티르산으로 환원되는 것 같다.

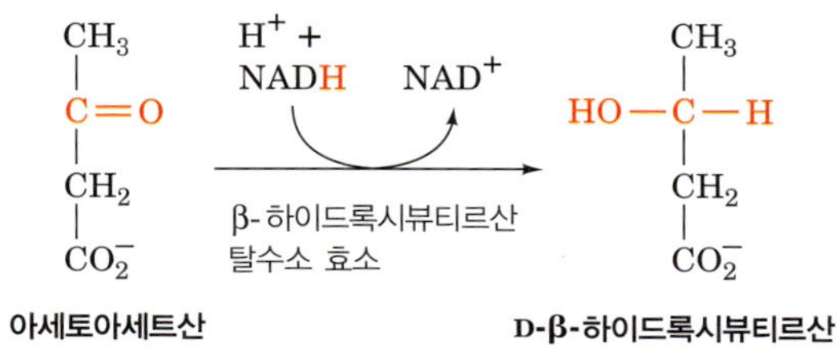

아세토아세트산, β-케토산 역시 비교적 손쉬운 비효소적 탈카복실화 반응에 의해서 아세톤과 CO_2로 진행된다. 실제로 **케톤증(ketosis)**이 있는 사람은 그것이 분해되는 것보다 합성되는 것이 빨라서 병적인 상태가 되는데(당뇨병 증상, 22-4B절), 숨을 쉴 때 아세톤 때문에 특이한 단 냄새가 난다.

간은 아세토아세트산과 β-하이드록시뷰티르산을 방출하는데, 이들은 대체 연료로 사용하기 위해서 혈류에 의해서 말초 조직으로 운반된다. 그곳에서 이 생성물들은 그림 20-22에서 도해된 것과 같이 2개의 아세틸 CoA로 전환된다. 이 과정에서 CoA 주개로 작용하는 석시닐 CoA는 시트르산 회로의 석시닐 CoA 합성 효소의 반응에 의해서 GTP 합성과 짝을 이루어 석신산으로 전환된다(17-3E절). 아세토아세테이트의 '활성화'는 이 단계를 무시하기 때문에 GTP 가수분해의 자유 에너지 비용이다.

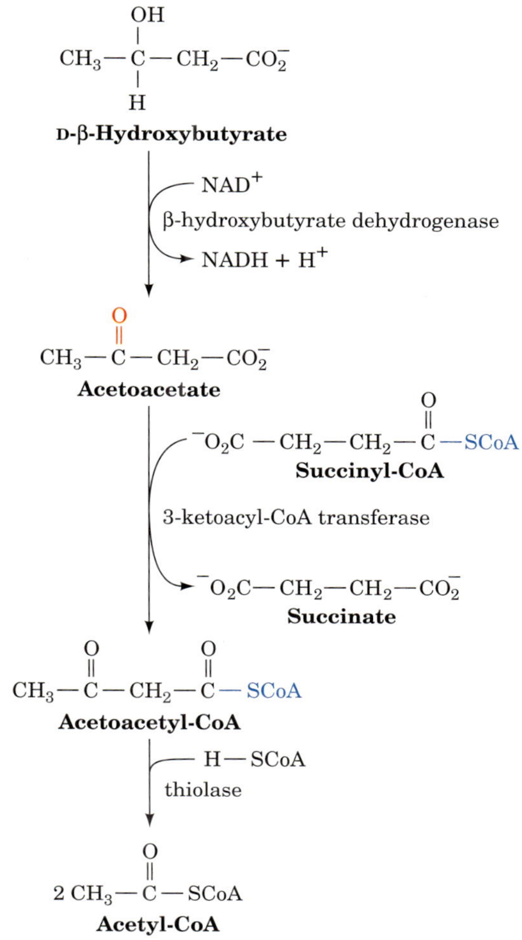

그림 20-22 케톤체의 아세틸 CoA로의 대사적 전환

? 이 과정을 케톤 합성 과정과 비교하라. 어떤 과정들이 유사한가?

체크 포인트

- 케톤체란 무엇인가?
- 그들은 어떻게 합성되고 분해되는가?

4 지방산 생합성

주요 개념

- 트라이카복실산 운송계는 지방산 합성을 위하여 아세틸 CoA를 세포질로 전달한다.
- 지방산 합성은 말로닐 CoA 생성을 위한 아세틸 CoA의 카복실화로부터 시작한다.
- 지방산 생성 효소는 몇 가지 반응을 수행하며, 한 번에 두 개의 탄소 사슬을 늘린다.
- 사슬 연장 효소와 불포화화 효소는 지방산을 변화시킬 수 있다
- 트라이아실글리세롤은 글리세롤과 지방으로부터 합성된다.

지방산의 생합성은 β 산화 과정의 역으로, C_2 단위씩 축합되어 일어난다. 리텐버그(David Rittenberg)와 블로흐(Konrad Bloch)는 1945년에 방사성 동위 원소 표지 방식을 이용하여 이 축합 반응 단위가 아세트산으로부터 전환된다는 것을 증명하였다. 계속되는 연구에서 아세틸 CoA와 탄산수소염이 필요하며, C_3 단위인 **말로닐 CoA(malonyl-CoA)**가 지방산 생합성의 중간체가 되는 것을 알게 되었다.

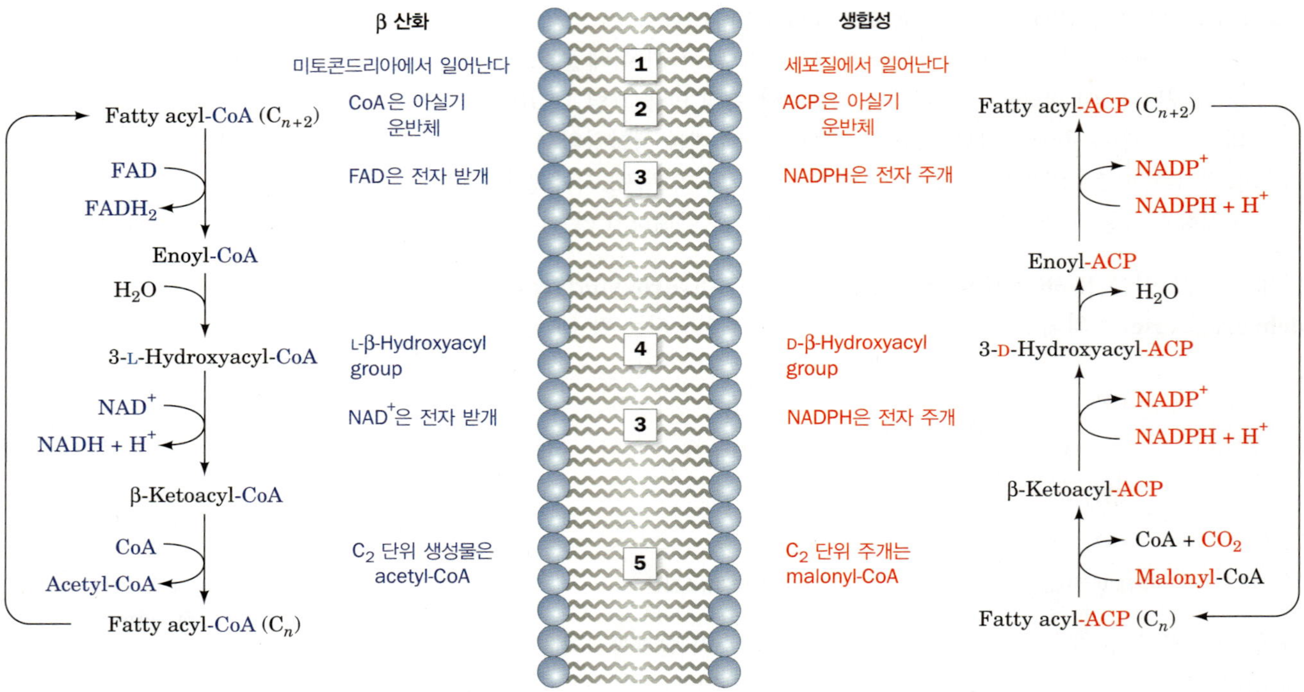

그림 20-23 **지방산 β 산화와 생합성의 비교** 차이가 일어나는 곳은 (1) 세포내 위치, (2) 아실기 운반체, (3) 전자 주개/받개, (4) 수화/가수 분해 작용의 입체 화학, (5) C_2 단위가 생성/공여되는 형태

지방산 생합성의 경로는 지방산 산화와는 다르다. 우리는 16-3절에서 본 글리코젠 대사와 같이, 일반적인 합성과 분해 경로의 반대 경우를 보았는데, 왜냐하면 열역학적으로 유리하거나 유사한 생리학적 조건하에서 독자적으로 조절되는 양쪽 모두가 허용되기 때문이다. **그림 20-23**은 산화와 합성의 서로 다른 경로와 반응이 일어나는 세포 내 위치를 포함해서 산화-환원 효소, 그리고 지방산 아실 사슬에 C_2 단위가 지방산 사슬에서 제거되거나 첨가되는 방식을 개괄적으로 표시하였다.

A 미토콘드리아 아세틸 CoA는 세포질로 수송되어야 한다

지방산 생합성의 출발 물질인 아세틸 CoA는 피루브산 탈수소 효소에 의해 촉매되는 피루브산의 산화적 탈탄산 반응에 의해 미토콘드리아에서 만들어지며(17-2B절) 지방산의 산화에서도 만들어진다. ATP의 요구가 적을 때, 시트르산 회로와 산화적 반응에 의한 아세틸 CoA의 산화가 최소화되고, 이 미토콘드리아의 아세틸 CoA는 나중에 이용할 수 있도록 지방의 형태로 저장되는 것으로 보인다. 지방산의 생합성은 세포질에서 일어나지만 아세틸 CoA는 근본적으로 미토콘드리아 막에 불투과성이다. **아세틸 CoA는 트라이카복실산 운반계**(*tricarboxylate transport system*)**에 의해서 시트르산 형태로 세포질로 들어간다**(**그림 20-24**). **ATP-시트르산 분해 효소**(**ATP-citrate lyase**)는 그 다음 반응을 촉매하는데,

$$\text{시트르산} + \text{CoA} + \text{ATP} \rightarrow \text{아세틸 CoA} + \text{옥살로아세트산} + \text{ADP} + \text{P}_i$$

이 반응은 싸이오에스터 결합을 합성하는 추진력으로 ATP의 가수 분해를 해야 되는 것을 제외하고는 시트르산 합성 반응의 역반응과 비슷하다(그림 17-10). 옥살로아세트산은 다음에 말산 탈수소 효소에 의해서 말산으로 환원된다. 말산은 탈수소 효소에 의해서 산화적으로 탈탄산되어 피루브산이 되고 난 다음, 이 형태로 미토콘드리

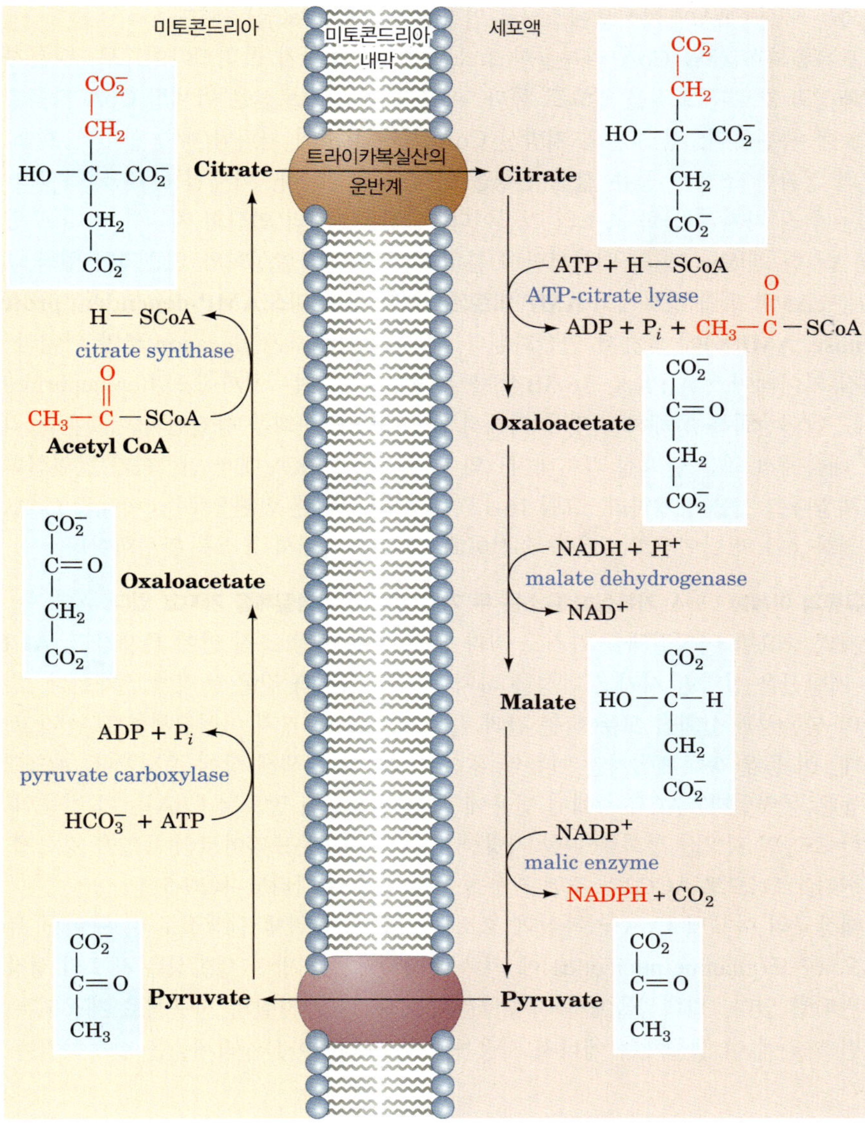

그림 20-24 트라이카복실산의 운반계 이 연쇄 반응의 전체적 효과는 아세틸기의 미토콘드리아로부터 세포질로의 수송이다.

? 이 수송계의 에너지 측면에서의 비용은 무엇인가?

아로 되돌아온다. 이 반응은 말산이 옥살로아세트산으로 재산화되는 것과 연관된다. 옥살로아세트산은 β 케토산으로 탈카복실화되는데, 이러한 과정은 시트르산 회로에서 아이소시트르산 탈수소 효소(isocitrate dehydrogenase)의 반응과 유사하다(17-3C절). 생성된 NADPH는 지방산 생합성 시 환원 반응에 이용된다.

B 아세틸 CoA 카복실화 효소는 말로닐 CoA를 생성한다

아세틸 CoA 카복실화 효소(acetyl-CoA carboxylase, ACC)는 지방산 생합성의 첫 번째 단계를 촉매하며, 속도 조절 단계 중 하나이다. 바이오틴 의존적인 효소의 메커니즘은 프로피오닐 CoA 카복실화 효소(20-2E절)와 피루브산 카복실화 효소(그림 16-18)와 유사하다. 이 반응은 CO_2 활성화와 카복실화의 두 단계로 일어난다.

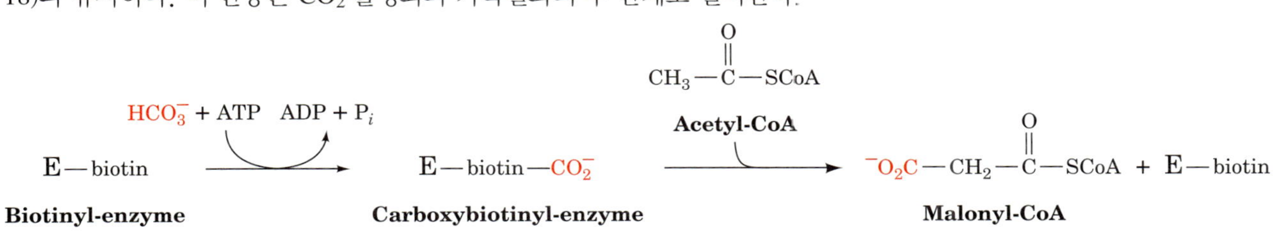

결과는 아실 CoA에 싸이오에스터로 연결된 삼탄소(말로닐)기이다.

포유류의 아세틸 CoA 카복실화 효소는 2350개 잔기 폴리펩타이드로, 다른자리 입체성과 호르몬 조절을 필요로 한다. 예를 들면 시트르산은 아세틸 CoA 카복실화 효소를 촉진하며, 긴 사슬의 지방산 CoA는 이 효소의 되먹임 방해제이다. 효소 활성의 정확한 조정은 공유 결합 변형을 통해서 완성된다. 아세틸 CoA 카복실화 효소는 여러 가지 인산화 효소의 기질이다. 이것은 6개의 인산화 자리를 가지고 있지만, 단 한 개(Ser 79)의 인산화만이 분명히 효소의 불활성화와 연관되어 있다. Ser 79는 cAMP 독립 경로에서 **AMP 의존성 단백질 카이네이스(AMP-dependent protein kinase, AMPK)**에 의해서 인산화된다. 하지만 글루카곤(glucagon)뿐만 아니라 단백질 카이네이스 A(PKA, 16-3B절)를 통해서 반응하는 에피네프린(epinephrine)조차도 탈인산화를 방해하는 것에 의해서 Ser 79의 인산화를 증진한다(이것은 글리코젠 대사에서 인산 단백질 카이네이스의 억제제-1의 PKA 매개 인산화가 탈인산화를 억제한다는 것을 상기하라, 그림 16-13). 인슐린은 다른 한편으로는, 아세틸 CoA 카복실화 효소의 탈인산화 반응을 촉진하고, 그것에 의해서 효소를 활성화한다.

포유류의 아세틸 CoA 카복실화 효소는 두 가지 주요한 이성질체를 가지고 있다. ACC는 두 가지의 중요한 이성질체를 가지고 있다. **ACC1**은 지방 조직 안에 존재하고, **ACC2**는 지방산을 산화만 시키고 합성을 하지 못하는 심장과 같은 조직에 존재한다. 지방산의 생합성과 산화를 모두 하는 간과 같은 조직은 두 가지 이성질체를 모두 갖고 있는데, 이 둘은 동족체이지만 이들의 유전자는 다른 염색체 상에 존재한다. ACC2의 기능은 무엇일까? ACC 촉매된 반응에 의한 생성물인 말로닐 CoA는 이 반응의 중요한 조절인 지방산 산화를 위한 지방산 CoA의 미토콘드리아로의 유입을 강하게 방해한다. 그러므로 ACC2가 조절 작용을 하는 것으로 나타났다(20-5절).

대장균의 아세틸 CoA 카복실화 효소는 다중 소단위체 단백질로서, 구아닌 뉴클레오타이드(guanine nucleotide)에 의해 조절되므로 지방산 생합성은 세포의 성장과 연관되어 있다. 원핵생물에서 지방산은 주요한 인산 지질의 전구체로 제공되는데, 이런 까닭에 이 생물체는 에너지 저장을 위해 트라이아실글리세롤을 합성하지는 않는다.

C 지방산 생성 효소는 7가지의 반응을 촉매한다

주로 팔미트산인 지방산을 합성하기 위하여 아세틸 CoA와 말로닐 CoA로부터 7가지의 효소 반응이 포함된다. 이 반응들은 대장균의 추출물을 가지고 세포가 없는 상태에서 처음으로 연구되었고, 이 안에서 그들은 독립된 효소들에 의해서 촉매된다. 개개의 효소들의 활성도는 또한 엽록체에서 발견되었다(식물의 지방산 생합성은 세포질에서 일어나지 않는다). 효모에서 **지방산 생성 효소(fatty acid synthase)**는 세포질에 있으며, 2500 kD의 $\alpha_6\beta_6$의 조직을 가지는 다기능 효소인데, 이에 반하여 동물은 두 개의 동일한 폴리펩타이드 사슬로 구성된 534 kD의 다기능 효소로 구성되어 있다. 추측컨대, 이 단백질들은 예전에 효소의 독립적인 유전자들이 연결되면서 진화된 것으로 보인다.

비록 지방산 생합성은 CoA의 합성으로 만들어지는 말로닐 CoA로부터 시작되지만, 커져 가는 지방산은 **아실 전달 단백질(acyl-carrier-protein, ACP**; 그림 20-25)에 연결되어 있다. CoA와 유사하게, ACP는 아실기와 싸이오에스터를 형성하는 인산판테테인(phosphopantetheine)기를 포함하고 있다. 인산판테테인의 인산기는 ACP의 Ser 잔기의 OH기와 에스터화되어 있으며, 반대로 이것이 CoA에서는 AMP에 연

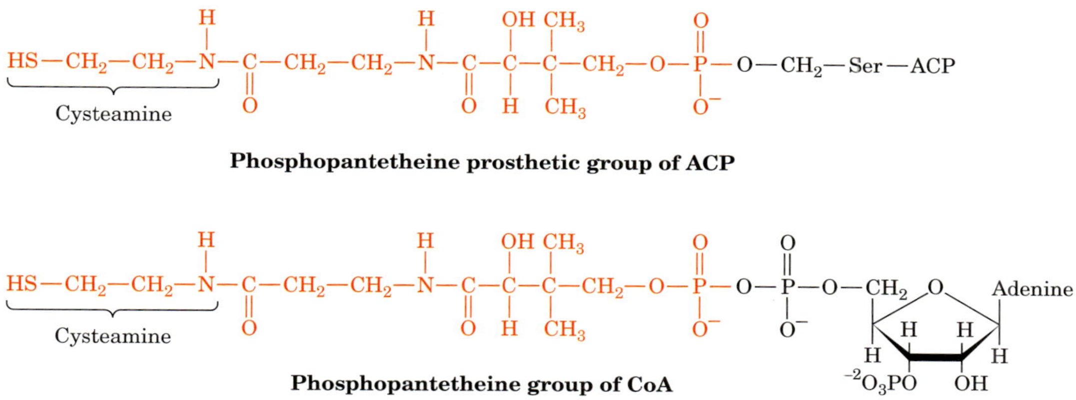

그림 20-25 아실 전달 단백질(ACP)과 CoA 안에 있는 인산판테테인(posphopantethein)기

결되어 있다. 대장균에서 ACP는 10 kD의 폴리펩타이드인 데 반해, 동물에서는 다기능의 지방산 생성 효소의 일부분이다.

포유류의 지방산 생성 효소가 촉매하는 반응은 **그림 20-26**에 나타내었다.

1. 합성 효소의 기폭 반응은 축합 반응의 전구 물질들을 '충전'하는 일이다. 포유류에서 **말로닐/아세틸 CoA-ACP 아세틸기 전달 효소(malonyl/acetyl-CoA-ACP transacetylase, MAT)**는 한 개의 반응 중심에서 두 가지 유사한 반응을 촉매한다. 아세틸 CoA 안에 싸이오에스터로 연결되어 있는 아세틸기는 ACP(**1a**)로 전달되며, 말로닐기는 말로닐 CoA에서 ACP(**1b**)로 전달된다.
2. **β-케토아실-ACP 합성 효소**[**β-ketoacyl-ACP synthase, KS, 축합 효소** (**condensing enzyme**)로도 알려져 있다]는 우선 ACP로부터 아세틸기를 효소의 Cys 잔기에 전달한다(**2a**). 축합 반응에서(**2b**) 말로닐 ACP는 탈카복실화되고, 결과적으로 탄소 음이온 사탄소의 아세토아세틸-ACP를 만들기 위해 아세틸-싸이오에스터를 공격한다. 탈카복실화 반응은 축합 반응을 추진한다.

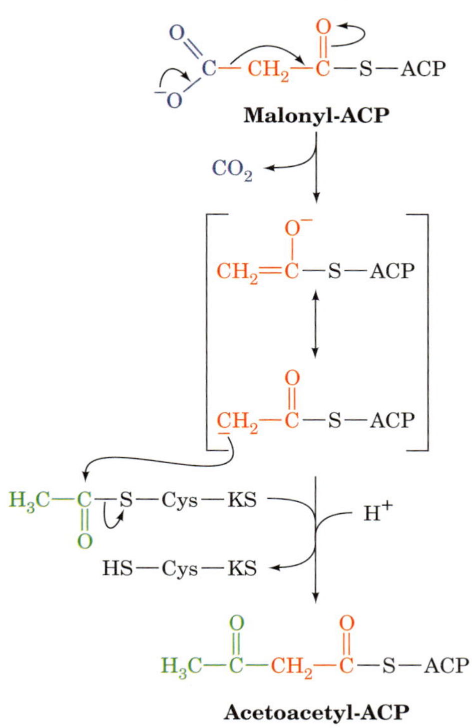

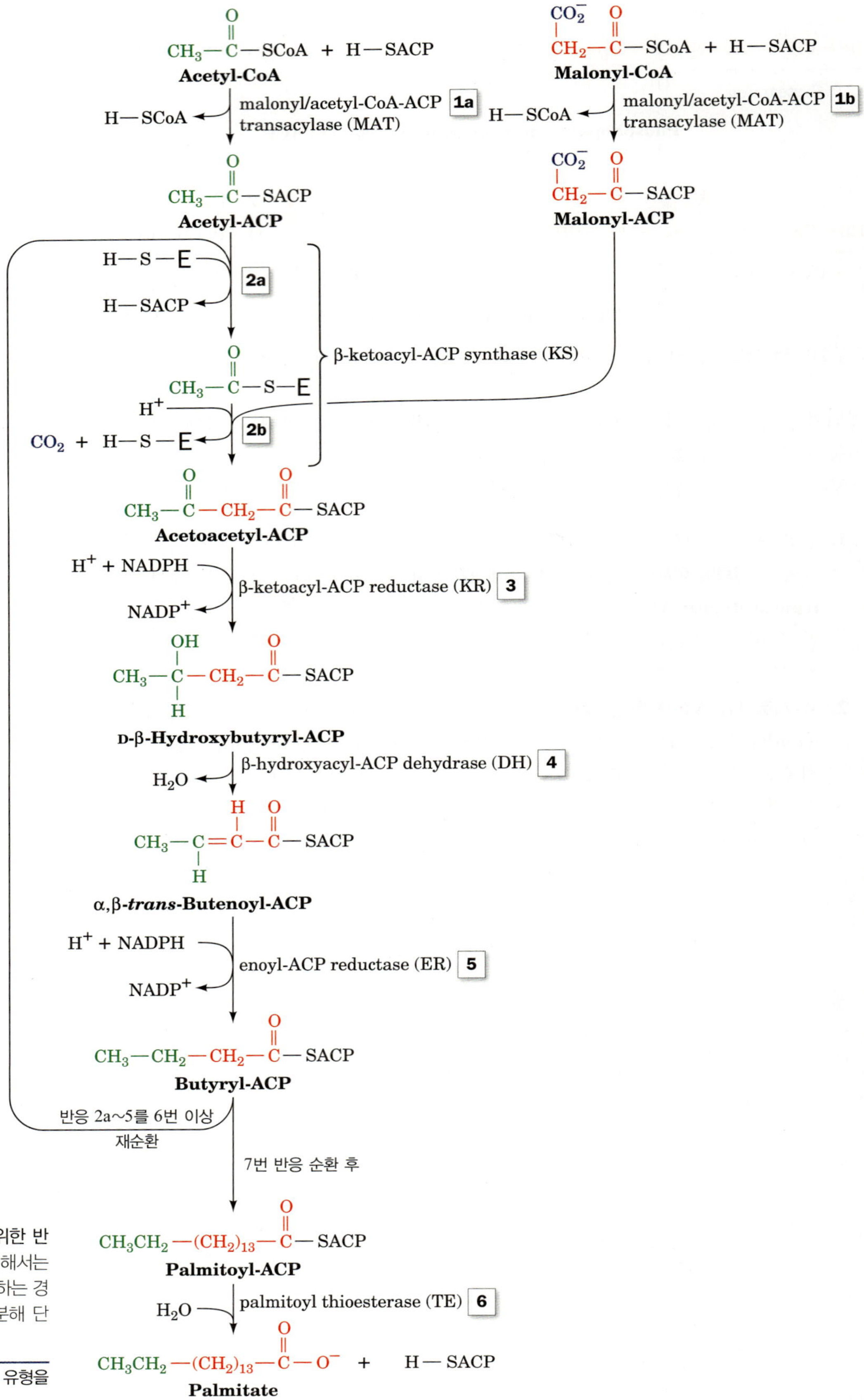

그림 20-26 지방산 생합성을 위한 반응 순서 팔미트산을 만들기 위해서는 C_2 연장의 순환 과정을 7번 반복하는 경로를 거친 다음에 마지막 가수 분해 단계가 따른다.

? 각 단계에서 일어나는 반응의 유형을 설명하라.

3-5. 두 번의 환원 반응과 탈수 반응은 β 케토기를 알킬기로 전환시킨다. 두 환원 단계의 보조 효소는 NADPH이다. β 산화에서는 반응 3,5와 유사한 반응에서 NAD^+와 FAD를 각각 이용한다(그림 20-12, 반응 3과 1). 더욱이 반응 4는 D-β-하이드록시아실 기질을 필요로 하는데, 이에 비해서 β 산화에서의 유사한 반응은 이에 상응하는 L 이성질체를 만든다.

이런 관점에서 원래 아세틸기인 아실기는 C_2 단위로 늘어났다가 다음에 이 뷰티릴기는 ACP로부터 효소의 Cys-SH로 전달되고(반응 2a의 반복), 지방산 생성 효소의 연속적인 추가 순서 반응에 의해서 지방산은 길어진다. 아세틸 CoA 카복실화 효소에 의해서 생산된 말로닐 CoA는 축합 반응에서 탈카복실화되는 것에 주목하라. C—C 결합의 형성은 활성화된 전구 물질이 필요한 자유 에너지 증가 과정이다. 말로닐 ACP는 자유 에너지 감소 탈카복실화 반응의 β 케토 에스터로서, C—C 결합 형성을 위한 아세틸 ACP 탄소 음이온을 만든다. 전체 반응에 필요한 자유 에너지는 아세틸 CoA 카복실화 효소 반응에서 ATP의 가수 분해에 의해 제공되며, 말로닐 CoA를 생산한다. 이 카복실화–탈카복실화 반응의 순서는 글루코스 신생 합성에서 포스포엔올피루브산 생성을 위해 피루브산이 옥살로아세트산으로 활성화되는 것과 유사하다(16-4A절).

각각의 순환 반응에서 ACP는 말로닐기로 '재충전'되고, 아실 사슬은 두 개의 탄소 원자씩 커진다. 각각의 말로닐 CoA에 의해서 제공되는 새로운 아세틸 단위가 효소에 부착하여 커져 가는 아실 사슬에 첨가되는 것에 주목하라. 따라서 지방산은 메틸기 끝이 아닌 싸이오에스터 끝 쪽에서 커져 간다(같은 방법으로 지방산은 싸이오에스터 끝에서부터 분해된다).

팔미토일 ACP(palmitoyl-ACP)를 만드는 데는 7번 순환 과정에 의한 연장 반응이 필요하다. 싸이오에스터 결합은 그 다음에 **팔미토일 싸이오에스터 분해 효소(palmitoyl thioesterase, TE**, 그림 20-26, 반응 6)에 의해 가수 분해되어 지방산 생성 효소 경로의 일반적인 생성물인 팔미트산을 만들고, 효소는 합성의 새로운 순환을 위해서 재생된다.

팔미트산 합성의 화학량론은 다음과 같다.

$$\text{Acetyl-CoA} + 7\ \text{malonyl-CoA} + 14\ \text{NADPH} + 7\ \text{H}^+ \rightarrow \text{palmitate} + 7\ \text{CO}_2 + 14\ \text{NADP}^+ + 8\ \text{CoA} + 6\ \text{H}_2\text{O}$$

아세틸 CoA로부터 7 말로닐 CoA는 다음과 같이 전환되는 까닭에

$$7\ \text{Acetyl-CoA} + 7\ \text{CO}_2 + 7\ \text{ATP} \rightarrow 7\ \text{malonyl-CoA} + 7\ \text{ADP} + 7\ \text{P}_i + 7\ \text{H}^+$$

전체적인 팔미트산 합성의 화학량론은 다음과 같다.

$$8\ \text{Acetyl-CoA} + 14\ \text{NADPH} + 7\ \text{ATP} \rightarrow \text{palmitate} + 14\ \text{NADP}^+ + 8\ \text{CoA} + 6\ \text{H}_2\text{O} + 7\ \text{ADP} + 7\ \text{P}_i$$

지방산 생성 효소의 두 반쪽체들은 협력하여 조절한다. 동물에서 지방산 합성을 위한 7번의 반응은 6개의 다른 반응 자리에 위치해서 일어난다(MAT는 1a와 1b의 두 반응을 수행한다). 동물 지방산 생성 효소 사슬의 도메인 순서는 **그림 20-27*a***에 표시되어 있다. ACP 외에 세 도메인은 효소 활성이 부족하다. 링커 도메인(LD)은 KS와 MAT 도메인을 연결하고, 유사 메틸 전달 효소(pseudo-methyltransferase, ΨME) 도메인은 그 이름처럼 메틸 전달 효소 유사체이다. 유사 케토 환원 효소(pseudo-

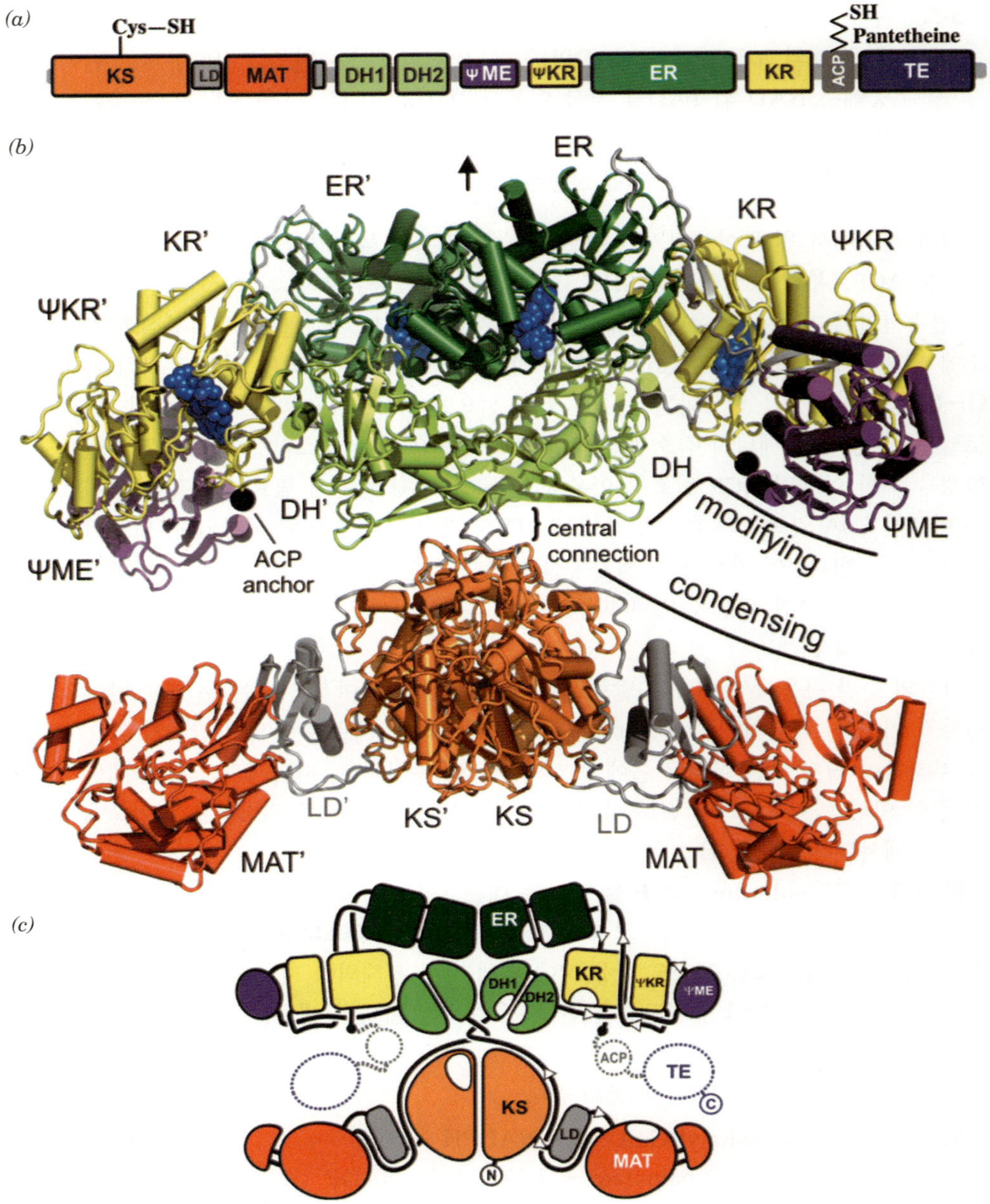

그림 20-27 포유류 지방산 생성 효소의 구조 (*a*) 돼지 지방산 생성 효소의 도메인 체제. 각 효소 활성의 약어는 그림 20-26에서 설명됨. (*b*) 돼지 지방산 합성 효소의 X선 구조. 폭이 약 190 Å의 동종 이합체로 수직의 검은 화살표 모양과 수직으로 보여지고 있으며, (*a*) 에서처럼 다양한 도메인들이 채색되어 있다. 결합된 $NADP^+$ 보조 인자들은 파란색의 공간 채움 형태로 그려졌다. 정렬되지 않은 ACP/TE 도메인의 결합자리는 검은색 점으로 표시되었다. 두 번째 분절의 도메인 이름은 프라임을 포함한다. (*c*) 단백질의 개략적인 그림으로 다양한 도메인들이 어떻게 연결되어 있는지 보여 준다. PDBid 2VZ9.

? 그림 20-26을 참고하지 말고, 지방산 합성에 있어서 각 도메인의 작용 순서를 파악하라.

ketoreductase ΨKR) 도메인은 그 이름처럼 KR 도메인의 잘려진 형태이다.

지방산 생성 효소의 두 개의 소단위체는 두 개의 반응실과 비대칭 X를 형성한다(그림 20-27*b*). 소단위체는 KS, ER 및 DH 도메인을 포함하는 광범위한 경계면을 통해 결합하고 있다. 하지만 윗부분과 아랫부분의 X는 약하게 연결되어 있다. X의 아랫부분은 효소의 응축된 활성인 MAT와 KS 도메인을 포함하고 (이들은 그림

20-26의 반응 1과 2를 촉매), X의 윗부분은 효소의 β 탄소 변형 활성인 MAT와 KS를 포함한다(이들은 그림 20-26의 반응 3~5를 촉매). C 말단의 ACP와 TE 도메인은 효소에 유연하게 결합되어 있기 때문에 관찰되지 않는다.

효소의 두 개의 반응실 각각은 한 소단위로부터 완전한 활성 도메인 세트로 늘어서 있어야 하며, 이들 모두는 길고 유연한 ACP 인산판테테인 팔(phosphopantetheine arm)을 방문해야 한다[유연한 리포일라이실 팔(lipoyllysyl arm)은 피루브산 탈수소 효소 다중 효소 복합체인 이 효소에서 비슷한 기능을 수행한다, 17-2B절]. 지방산 생성 효소 도메인의 활성 자리는 단백질의 앞쪽과 뒤쪽에 모두 존재하며, 활성 자리의 분포는 활성 순환의 반응 순서와 뚜렷한 상관 관계가 없다. 하나의 ACP 도메인이 양쪽 소단위체에서 활성 자리로 기능할 수 있음이 돌연변이 실험을 통해서 밝혀졌다. 명확하게 X의 윗부분은 아랫부분에 대하여 180° 회전이 가능하며, 이러한 유연성은 효소의 반쪽이 결합한 얇은 구조와 일치한다. 왜냐하면 지방산 생성 효소 이합체이며, 두 지방산을 동시에 합성할 수 있기 때문이다. 일부 개체에서 지방산 생성 효소를 닮은 다기능 효소들은 복잡한 분자들을 생성한다(자료 20-3).

영양 섭취가 골고루 된 개인에게서는 지방산 합성 과정은 낮은 비율로 일어난다. 그러나 어떤 부분적으로 악성화된 조직은 지방산 생성 효소의 활성이 높게 발현되어서 지방산 합성이 많이 일어난다. 결과적으로 지방산 생성 효소의 방해물은 항암제로도 작용하는 것 같다.

D 지방산은 연장 및 불포화된다

C_{16}의 포화 팔미트산은 **연장 효소**(**elongase**)와 **불포화화 효소**(**desaturase**)의 작용을 통하여 더 긴 사슬의 지방산과 불포화 지방산으로 전환된다. 연장 효소는 미토콘드리아와 소포체 모두에 존재하지만 연장 메커니즘은 두 장소에 다르다. 미토콘드리아의 연장(세포질 속에서의 지방산 합성 경로와는 독립적인 과정)은 지방산 산화와 반대인 아세틸 단위의 연속적인 부가와 환원으로 일어난다. 즉 단지 두 경로 사이의 화학적인 차이는 최종 산화-환원 효소에서 $FADH_2$ 대신에 NADPH가 마지막 환원 단계를 떠맡는 것이다(그림 20-28). 소포체 내에서의 연장 반응은 아실 CoA와 말로닐 CoA의 계속되는 축합 반응을 포함한다. 이 반응은 NADPH 의존 환원이 각각 수반되는데, 지방산 생성 효소에 의해서 촉매되는 것과 비슷하며, 지방산이 ACP 유도체보다는 CoA 유도체로 연장되는 것만이 다르게 진행된다.

불포화 지방산은 **말단 불포화화 효소**(**terminal desaturase**)에 의해서 만들어진다. 포유류의 계는 **Δ^9-, Δ^6-, Δ^5-, Δ^4-지방산 아실 CoA 불포화화 효소**(**Δ^9-, Δ^6-, Δ^5-, Δ^4-fatty acyl-CoA desaturase**)라고 하는 넓은 범위의 사슬 길이 특이성을 갖는 말단의 불포화화 효소들에 의해서 만들어진다. 이 비헴(nonheme) 철을 포함한 효소들은 일반적인 다음 반응을 촉매하며,

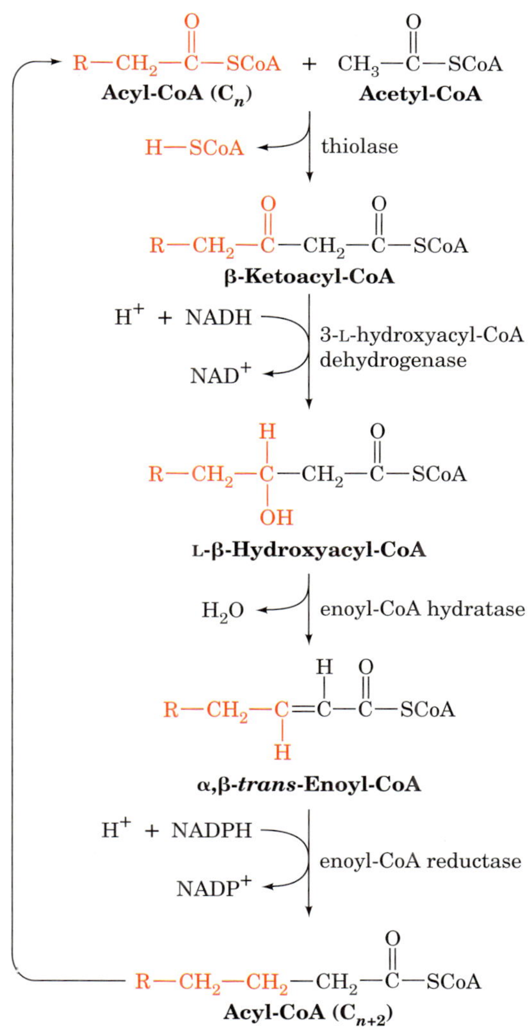

그림 20-28 **미토콘드리아의 지방산 연장 반응** 이 과정은 산화-환원 보조 효소로서 $FADH_2$ 대신 NADPH가 동반되는 최종 단계를 제외하면 지방산 산화(그림 20-12)의 역과정이다.

자료 20-3 생화학 전망 폴리케타이드 합성

폴리케타이드(polyketide)는 10,000개 이상의 다양하고 구조적으로 복잡한 자연 산물들로 이루어진 집단이다. 그중 많은 것들은 항미생물, 항암, 면역 억제의 특징을 가진다. 폴리케타이드는 말로닐 CoA나 메틸말로닐 CoA 확장 단위와 아세틸 CoA 혹은 프로피오닐 CoA의 축합에 의해 세균, 곰팡이, 식물, 일부 해양 동물에서 합성된다. 각각의 축합 반응은 확장 단위의 탈카복실화에 의해 일어나고, β 케토 작용기를 만든다(아세토아세틸기: 이러한 이유로 최종 산물이 폴리케타이드로 불린다). 팔미트산은 1개의 아세틸 CoA와 7개의 말로닐 CoA 확장 단위의 축합에 의해 생성되었으므로 폴리케타이드의 한 예이다. 각각의 축합 반응에 따르면, 새로운 β 케토 작용기는 환원, 탈수, 그리고 다시 지방산과 함께 재환원되거나 부분적인 변형이 일어날 것이다.

폴리케타이드는 진핵생물의 지방산 생성 효소와 유사한 다기능 효소에 의해 합성되지만, 이 효소는 가끔 훨씬 더 크다. 생성 효소는 아실 운송 도메인(acyl-carrier domain)과 지방산 합성 반응에서처럼 연장/변형 과정을 반복하거나 보다 다양한 폴리케타이드 합성을 위해 연속적인 형태의 기능을 수행하는 효소 단위들을 포함하고 있다.

예를 들어 토양 세균인 *Saccharopolyspora erythraea*는 항생제인 *erythromycin A*의 전구 물질인 폴리케타이드 6-**deoxyerythronolide B**(6dEB)를 생성한다. 이 합성은 **프로피오닐 CoA** 프라이머 1개와 6개의 (*s*)-메틸말로닐 CoA 확장을 필요로 한다. 2000 kD $\alpha_2\beta_2\gamma_2$ 복합체로 이루어진 **deoxyerythronolide B 합성 효소**(DEBS)는 28개의 다른, 생산 라인과 같은 기능을 가진 활성 부위를 포함한다. 이 효소의 3단위(DEBS1, DEBS2, DEBS3)는 각 2개씩의 사슬 연장과 변형 과정을 촉매한다(그림 참조).

모듈 4는 지방산 생성 효소와 비슷하며 KS, AT, ACP, KR, DH, ER을 포함한다. 그러나 이것은 TE를 포함하지 않는데, 이 단계 이후에 연장 과정이 완전하지 않기 때문이다. 모듈 3은 ACP, KS AT만 포함하며, 추가적인 변형없이 β-케톤 축합 산물을 모듈 4로 넘겨준다. 모듈 1, 2, 5, 6은 ACP, AT, KS, KR을 포함하며, 이 단계에는 축합과 케톤 환원 반응을 필요로 하기 때문에 수화된 제품을 생성한다. 모듈의 종합적인 구성은 1개의 케토기를 가진 폴리하이드록시 사슬(polyhydroxy chain)을 생성하는 것이다. 이 사슬은 합성 시 성장 사슬에 고정된 싸이오에스터와 말단의 하이드록실기의 반응을 통해 곁사슬에서 고리를 형성한다. 이뿐만 아니라 많은 폴리케타이드의 경우, 완전한 생물학적 활성을 갖기 위해 추가적인 공유 변형(covalent modification)이 필요하다. 폴리케타이드 생성 효소의 모듈형 성질과 그들 반응 산물의 다양함은 유전공학을 새로운 화합물 혹은 더 효과적인 약물을 합성할 수 있는 효소를 디자인할 수 있는 매력적인 분야로 만들어 준다.

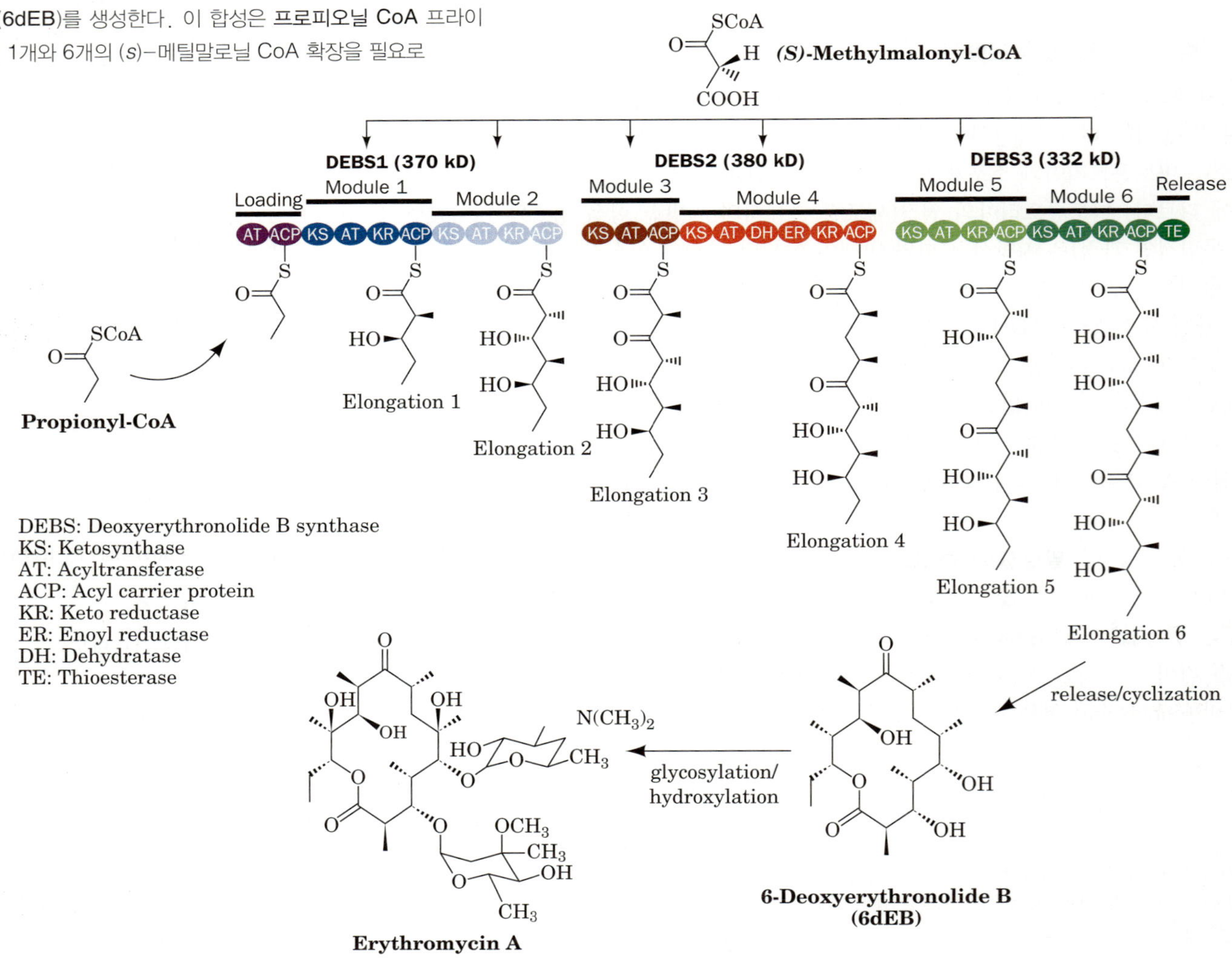

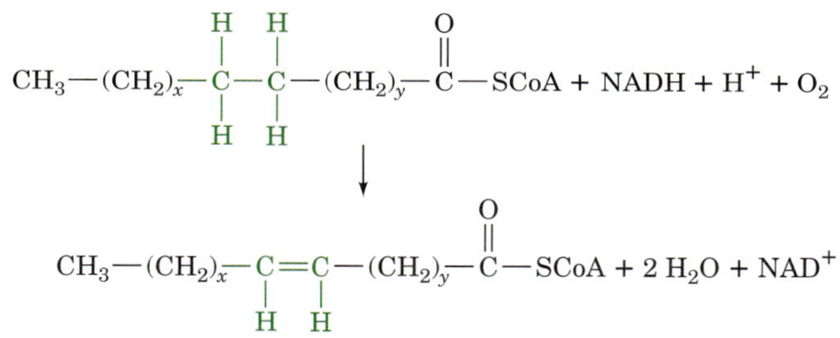

x는 5개 이상이며, $(CH_2)_x$는 한 개 이상의 이중 결합을 포함할 수 있다. 기질의 $(CH_2)_y$ 부분은 언제나 포화되어 있다. 이중 결합은 기존에$(CH_2)_x$ 부분에 기질과 CoA기 사이에 삽입되며, 이렇게 해서 새로운 이중 결합은 옆에 잇는 이중 결합보다(기존의 이중 결합과 짝을 이루지 않는다) 3개의 탄소 원자만큼 CoA기에 가까워지며, 동물에서는 C9 위치보다 더 멀어지지 않는다.

어떤 종류의 다중 불포화 지방산은 반드시 음식으로 섭취해야 한다. 다양한 종류의 불포화 지방산들은 연장 및 불포화 반응의 연합에 의해서 합성될 수 있다. 그러나 동물에서는 팔미트산이 가능한 가장 짧은 지방산이므로 리놀레산($\Delta^{9,12}$-옥타데카다이에노산, ($\Delta^{9,12}$-octadecadienoic acid; 다가 불포화 지방산)의 Δ^{12}-이중 결합의 합성은 위의 법칙에서 제외되며, 이 리놀레산은 **프로스타글란딘(prostaglandin)**과 다른 **아이코사노이드(eicosanoid)**의 전구 물질로 사용된다(9-1F절). **리놀레산은 결과적으로 음식으로 섭취해야 하며(결국은 Δ^{12}와 Δ^{15}-불포화화 효소를 갖고 있는 식물에서), 그렇기 때문에 필수 지방산(essential fatty acid)이다.** 실제로, 무지방 음식으로 기르는 동물은 성장이 나쁘고, 상처가 잘 낫지 않으며, 또한 피부염과 같은 초기 특징들이 나타나 결국은 사망에 이르게 된다. 리놀레산은 또한 상피세포의 스핑고 지질의 중요한 구성 성분인데, 이 지질은 피부 물투과의 장벽으로 작용한다. 따라서 리놀레산이 결핍된 동물은 적당한 식사보다도 아주 많은 양의 물을 마셔야 된다.

E 트라이아실글리세롤은 지방산의 에스터화를 통해 형성된다

트라이아실글리세롤은 지방산 CoA 에스터와 글리세롤-3-인산 또는 다이하이드록시아세톤 인산으로부터 합성된다(그림 20-29). 이 반응의 시작 단계는 미토콘드리아나 소포체 내에서 **글리세롤-3-인산 아실 전달 효소(glycerol-3-phosphate acyltransferase)**에 의해서 또는 소포체나 퍼옥시솜에서 **다이하이드록시아세톤 인산 아실 전달 효소(dihydroxyacetone phosphate acyltransferase)**에 의해서 촉매되는 과정이다. 후자의 경우, NADPH 의존 환원 효소에 의해 아실-다이하이드록시 아세톤 인산이 이에 해당하는 **라이소포스파티드산(lysophosphatidic acid)**을 만든다. 라이소포스파티드산은 **1-아실글리세롤-3-인산 아실 전달 효소(1-acylglycerol-3-phosphate acyltransferase)**, **포스파티드산 인산 가수 분해 효소(phosphatidic acid phosphatase)**, **다이아실글리세롤 아실 전달 효소(diacylglycerol acyltransferase)**의 연속적인 반응에 의해서 트라이아실글리세롤로 전환된다. 중간체인 포스파티드산과 1,2-다이아실글리세롤 또한 20-6A절에서 설명한 경로들에 의해서 인산 지질로 전환된다. 아실 전달 효소들은 특정한 지방산 CoA들에만 완벽하게 특이한 것이 아니고, 사슬의 길이나 불포화도에 따라 반응하는데, 사람의 지방 조직의 트라이아실글리세롤들은 팔미트산은 위치 1에, 올레산은 위치 2에 결합되는 경향이 있다.

글리세롤 신생 합성은 트라이아실글리세롤 생합성에서 중요하다. 트라이아실글리세롤 합성을 위해서 글리세롤-3-인산을 만드는 데 이용되는 다이하이드록시아세톤은 해당 과정을 통해서 글루코스로부터 유래하거나(그림 15-1) **글리세롤 신생 합성(glyceroneogenesis)**이라고 하는 간결한 방식인 글루코스 신생 합성을 통해서 옥살산으로부터 유래된다(그림 16-15). 글리세롤 신생 합성은 기아 상태와 함께 일어나는데, 단식 기간 동안에 약 30%의 지방산이 간으로 들어가 트라이아실글리세롤로 재에스터화되고 나서 VLDL로 방출된다(20-1절). 지방 세포들도 또한 기아 상태에서 글리세롤 신생 합성을 수행한다. 그들은 글루코스 신생 합성을 수행하지는 않지

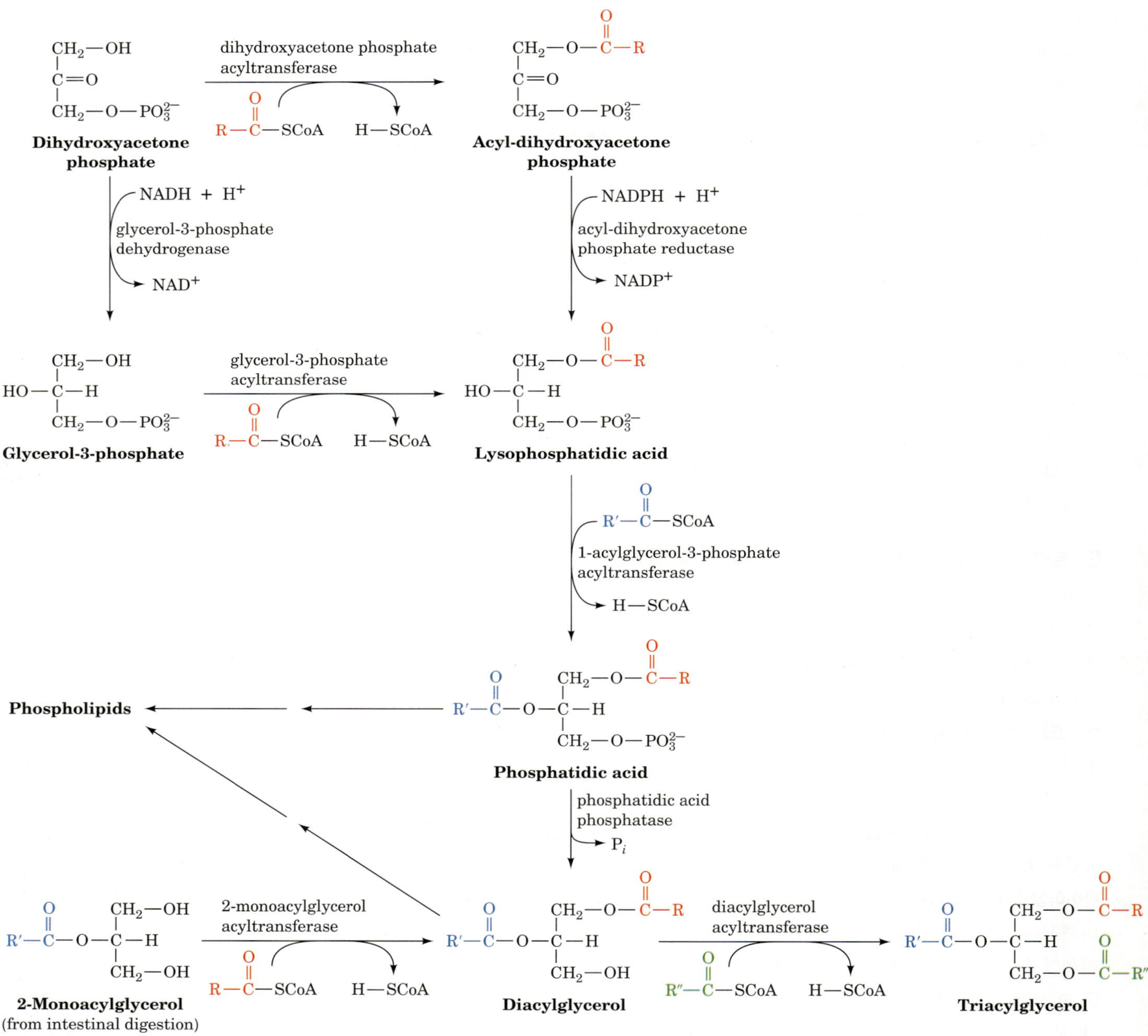

그림 20-29 트라이아실글리세롤의 생합성 반응

? 아실 전달 효소 반응이 인지질 합성에 필요한가? 트라이아실글리세롤은?

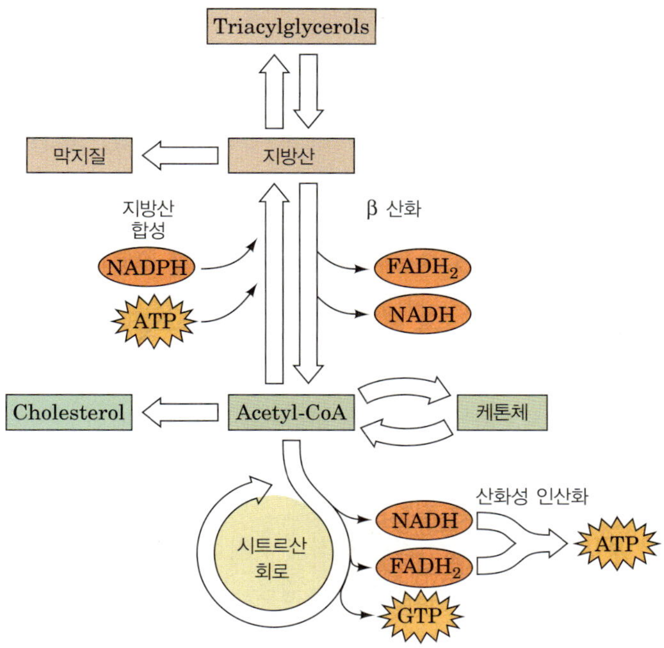

그림 20-30 지질 대사의 요약

만, 글루코스 농도가 낮으면 활성이 높게 조절되는 글루코스 신생 합성 효소인 포스포엔올피루브산 카복실화 효소(phosphoenolpyruvate carboxykinase, PEPCK)를 포함하고 있으며, 트라이아실글리세롤 생합성에 필요한 글리세롤 신생 합성에 참여한다.

이 시점에서, 우리는 어떻게 2탄소 아세틸 단위로 지방산을 합성하며, 또 트라이아실글리세롤이 합성되고, 아세틸 단위로 다시 분해되는지를 이해할 수 있다. 간에서 아세틸 CoA의 결과가 아마도 케톤체 형성으로 전환되고, 나중에는 다시 다른 조직에 의해서 아세틸 CoA로 되돌아가는 듯하다. 아세틸 CoA는 그 다음에 트라이아실글리세롤로 저장되기 위하여 지방산 합성에 이용되거나, 산화적 인산화 반응에 의해서 상당한 양의 ATP를 생산하기 위하여 시트르산 회로를 통해서 산화된다. 우리는 앞으로, 트라이아실글리세롤의 합성이나 분해의 방향에서의 물질 흐름의 양은 생물체의 대사 에너지의 필요에 의존하거나, 막지질(20-6절)이나 콜레스테롤(20-7A절)과 같은 다른 화합물 합성의 필요에 의존한다는 것을 알게 될 것이다. 이러한 지질 대사의 중요 특징은 **그림 20-30**에 요약되어 있다.

체크 포인트

- 지방산의 미토콘드리아로의 이동과 아세틸 CoA의 세포질로의 이동을 담당하는 순환계를 비교하시오.
- 지방산 합성에서 ATP-시트르산 분해 효소의 역할은 무엇인가?
- 지방산 합성에서 말로닐 CoA를 생성하거나 소비하는 반응들을 서술하시오.
- 세포가 아세틸 CoA 카복실화 효소의 활성을 조절하는 대사적 의미는?
- 지방산 생성 효소에 의해서 촉매되는 반응을 요약하고 이들을 지방산 산화 반응과 비교하시오.
- 지방산 합성과 산화에서 다기능 단백질의 역할을 서술하시오.
- 지방산 연장 효소와 불포화화 효소의 목적은 무엇인가? 이들 효소의 위치는?
- 새롭게 생성된 지방산이 어떻게 트라이아실글리세롤로 통합되는지 설명하시오.

5 지방산 대사의 조절

주요 개념

- 지방산의 산화와 합성은 호르몬과 세포 인자에 의해 조절된다.

통상적으로 생물의 에너지 요구와 음식 섭취 상태의 차이를 통해서 대사 산물 흐름의 조절 작용에 관여하는 대사 조절을 논의한다. 포유류에서는 글리코젠과 트라이아실글리세롤이 에너지 요구에 따라 기초 연료로 제공되며, 미래의 사용을 위하여 음식이 풍족한 시기에 합성된다. **글리코젠과 트라이아실글리세롤의 합성과 분해는 모든 생물체들이 혈류에 연결된 상호 의존적 망상 조직을 형성하는 기관이나 조직이 관여한 과정이다.** 혈액은 에너지 생산에 관련되는 대사산물을 수송한다. 트라이아실글리세롤은 유미 입자와 VLDL 형태로, 지방산은 알부민 복합체, 케톤체, 아미노산, 글루코스 형태로 수송된다. 글리코젠 대사에서와 같이(16-3절), **인슐린과 글루카곤 같은 호르몬들은 지질 대사 경로의 반대되는 반응률을 조절하며, 그것에 의해서 지방산이 산화될지 합성될지를 조절한다.** 주요 조절 메커니즘은 **그림 20-31**에 요약되어 있다.

지방산 산화는 주로 혈액 내의 지방산의 농도에 따라 조절되는데, **호르몬 민감성 트라이아실글리세롤 지질 분해 효소**(hermone-sensitive triacylglycerol lipase)에 의해서 지방 세포 내에서 트라이아실글리세롤의 가수 분해율에 의해 조절된다. 이 효소는 cAMP의 수위에 의해 호르몬 조절의 영향을 받는 인산화 작용과 탈인산화 작용에 민감한 이유 때문에 호르몬에 민감하다고 한다. 글루카곤, 에피네프린, 노르에피네프린 등은 대사 요구에 적절히 맞추어서 분비되는데, 지방 조직의 cAMP의 농도를 증가시킨다. cAMP는 다른자리 입체성 조절 효과로 PKA를 활성화하며(그림 13-3C), 이것은 차례로 일정 효소들을 인산화한다. 인산화는 호르몬 민감성 지질 분해 효소를 활성화시키며, 그것에 의해서 지방 조직에서 지질 분해가 촉진되고 혈액 내 지방산 농도가 증가하며, 궁극적으로 간과 근육 같은 다른 조직에서의 β 산화가 활성화된다. 이 과정은 간에서 케톤체의 생산을 유도하는데, 이 케톤체는 말초 조직에서 글루코스의 대체 연료로 사용하기 위하여 혈류 속으로 배출된다. PKA 또한 아세틸 CoA 카복실화 효소를 불활성화시키며(20-4B절), **cAMP 의존 인산화 반응은 지방산 산화 촉진과 지방산 합성 저해를 동시에 하게 된다.**

인슐린은 높은 혈당 농도(음식 섭취 상태)에 대응하여 췌장에서 분비되는 호르몬으로, 글루카곤과 에피네프린과는 반대 효과를 갖고 있다. 즉 인슐린은 글리코젠과 트라이아실글리세롤의 형성을 촉진한다. 인슐린은 cAMP의 농도를 낮추어서 탈인산화 반응을 유도하여 호르몬 민감성 지질 분해 효소를 불활성화시킨다. 이 작용은 산화에 이용될 지방산의 양을 감소시킨다. 인슐린은 또한 아세틸 CoA 카복실화 효소를 활성화한다(20-4B절). **그러므로 글루카곤과 인슐린 양은 비율은 지방산 대사의 속도와 방향을 결정한다.**

지방산 합성이 활성화되었을 때 지방산 산화를 억제하는 다른 메커니즘은 말로닐 CoA에 의한 카르니틴 팔미토일 전달 효소 I(carnitine palmitoyl transferase I)을 억제하는 것이다. 이 억제 작용은 새로 합성된 지방산을 미토콘드리아 밖에 머물게 함으로써(20-2B절) β 산화계에서 멀리 떨어지게 하는 것이다. 사실 심장 근육은 산화적 조직으로 지방산 합성을 수행하지 않는데, ACC2(20-4B절)인 아세틸 CoA 카복실화 효소의 유사체를 갖고 있으며, 이 ACC2의 유일한 작용은 지방산 산화를 조절하기 위해서 말로닐 CoA를 합성하는 것으로 보인다.

AMP 의존 단백질 카이네이스(AMP-dependent protein kinase, AMPK)는 ACC(불활성화)를 인산화하며, 그 자신은 지방산 대사에 아마도 중요한 조절제로 작용하는 것 같다. 이 효소는 AMP에 의해서 활성화되고 ATP에 의해서 불활성화되므로 세포에서 연료 표시기(fuel gauge)로 이용되는 것으로 여겨진다. ATP의 농도가 높으면 음식 섭취나 휴식 상태의 신호로, 이 카이네이스는 불활성화되어 ACC를 탈인산화시킨다(활성화됨). ACC 탈인산화는 지방 조직에서 지방산 합성을 촉진하고 근육 세포에서 지방산 산화를 억제하기 위해 말로닐 CoA 생산을 촉진한다. 활성 수위가 증가하면 AMP 수치의 증가가 수반되는 ATP 수치의 감소 원인이 되고, AMPK는 활성화되어 ACC를 인산화(불활성화)시킨다. 말로닐 CoA 농도의 감소는 결과적으로 지방 조직에서 지방산 합성을 감소시키는 원인이 되고, 반대로 지방산

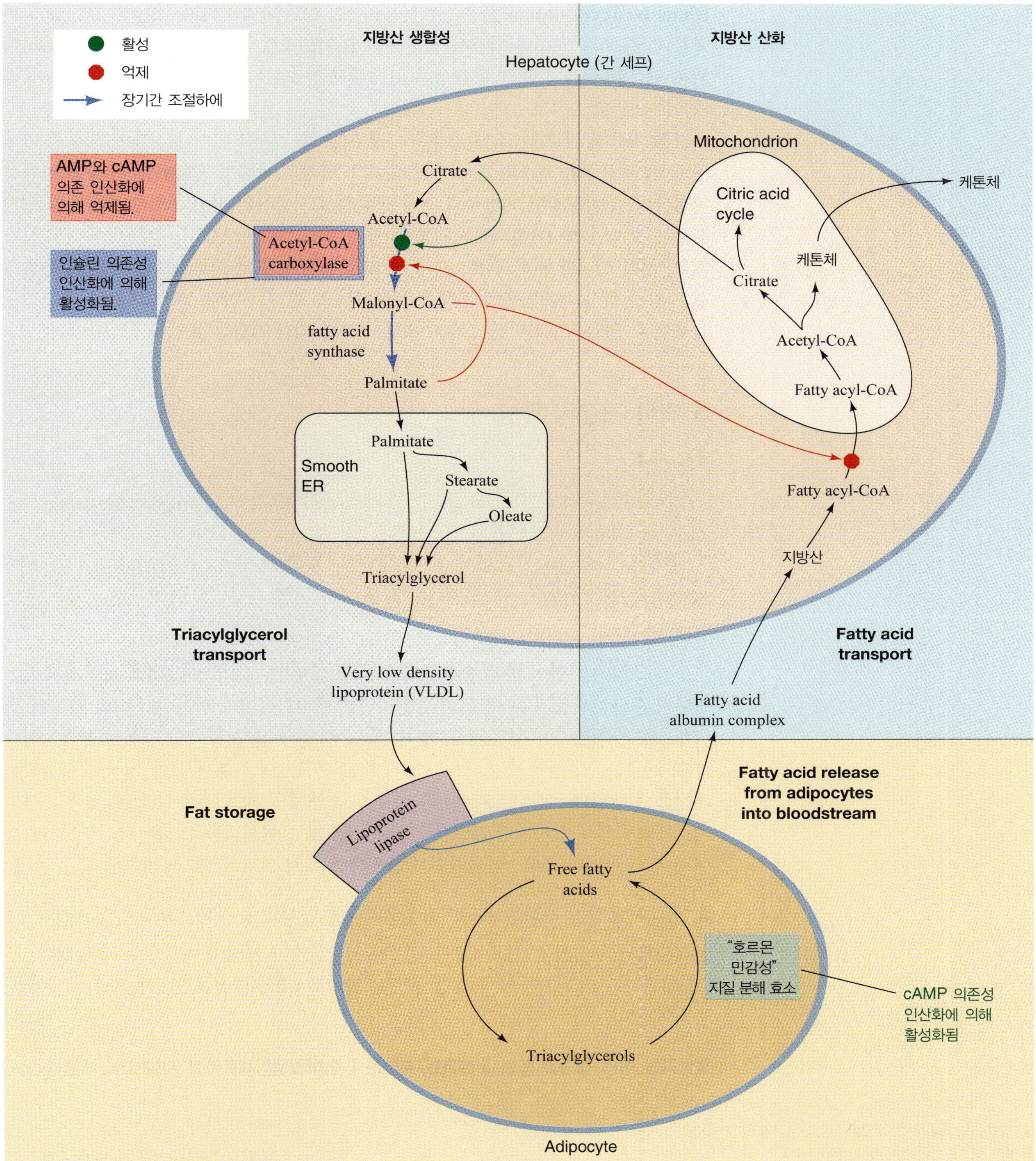

그림 20-31 지방산 대사 조절의 장소들

? 음식 섭취 상태 또는 금식 상태에서 지배적인 경로를 나타내는 화살표를 추적하라.

산화를 근육에서 증가시켜서 활력을 계속 유지하기 위한 ATP를 공급한다.

기질의 가용성, 다른자리 입체성의 상호작용, 공유 변형(인산화 작용) 같은 요소들은 수분 또는 더 적은 시간에 효소 활성을 조절한다. 이러한 **짧은 기간 조절 작용**

(**short-term regulation**)은 수 시간이나 며칠 동안을 요구하며, 효소의 현존량의 변화를 따른 조절 효소에 의해서 조정하는 **긴 기간 조절 작용**(**long-term regulation**)에 의해 보충된다. 이러한 보충 작용은 단백질 합성 또는 분해 작용의 속도의 변화에 따라 이루어진다.

지질 대사의 긴 기간 조절 작용은 인슐린에 의한 촉진과 기아 상태에 의해서 아세틸 CoA 카복실화 효소와 지방산 생성 효소 합성의 방해가 포함된다. 지방 조직에서 지질 단백질에 포장된 지방산의 저장을 위해서 지방산의 지방 조직으로의 유입을 개시하는 효소인(20-1B절) 지질 단백질 지질 분해 효소의 양도 인슐린에 의해서 증가되고, 기아 상태에 의해서 감소한다. 따라서 높은 농도의 글루코스는 지방 세포에 의한 지방산 합성과 지방산의 저장을 증진시키고, 반대로 기아 상태에서는 글루코스를 사용할 수 없을 때, 지방산 합성과 지방 세포에 의한 지방산 유입이 감소한다.

체크 포인트

- 인체에서 호르몬은 어떻게 연료 가용성을 지방산의 합성과 분해에 연결하는가?
- 말로닐 CoA의 생성이 지방 대사를 어떻게 조절하는지 설명하시오.

6 기타 지질의 합성

주요 개념

- 트라이아실글리세롤의 전구 물질인 다이아실글리세롤과 포스파티드산은 글리세로인산 지질의 합성에 이용된다.
- 스핑고 지질은 팔미토일 CoA와 세린으로부터 합성된다.
- 아라키돈산으로부터 프로스타글란딘의 합성은 약물에 의해 저해될 수 있다.

지방산은 단지 트라이아실글리세롤의 전구 물질뿐만 아니라 막지질과 어떤 신호 분자들을 포함한 다양한 다른 물질들의 전구 물질이기도 한다. 대부분의 막지질은 1,2-다이아실 글리세롤 또는 극성 머리 원자단이 탄수화물이나 인산 에스터와 결합된 *N*-아실스핑고신[세라마이드(ceramide)]으로 구성된 꼬리가 두 개인 양쪽성 분자들이다(**그림 20-32**). 이 절에서는 그들의 간단한 구성 성분으로부터 복합 지질이 합성되는 과정을 설명한다. 이러한 지질들은 대부분 소포체의 세포질 쪽 면의 막에서 합성되며, 소낭에 의해서 마지막 세포의 정해진 곳으로 운반된다(9-4E절). 아라키돈산기는 여러 가지 형태의 프로스타글란딘의 생성을 위해서 막지질로부터 방출된다.

A 글리세로인산 지질은 트라이아실글리세롤 합성의 중간체로부터 만들어진다

글리세로인산 지질은 C1과 C2가 연결된 지방산기가 거의 비대칭으로 되어 있다. 즉 C1 치환기는 대부분이 포화 지방산이고, 반대로 C2에는 불포화도가 큰 지방산이 치환되어 있다.

활성화된 머리 원자단 또는 활성화된 지질은 다이아실글리세로인산 지질(diacylglycero-

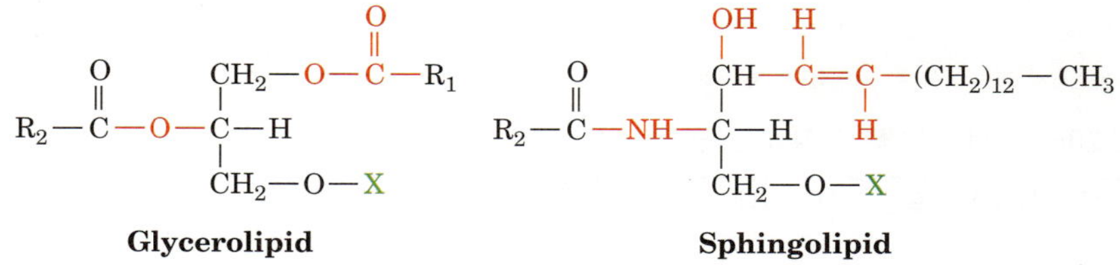

그림 20-32 글리세로지질과 스핑고지질 표 9-2에 표시한 통상의 머리 원자단 X의 구조들. 식물 세포막은 특히 글리세로글리코지질(gllyceroglycolipid)이 풍부하다.

X = H	**1,2-Diacylglycerol**	***N*-Acylsphingosine (ceramide)**
X = Carbohydrate	**Glyceroglycolipid**	**Sphingoglycolipid (glycosphingolipid)**
X = Phosphate ester	**Glycerophospholipid**	**Sphingophospholipid**

phosphilipid)의 합성에 이용된다. 트라이아실글리세롤의 전구 물질인 1,2 다이아실글리세롤과 포스파티드산은 또한 글리세로인산 지질의 전구 물질이다(그림 20-29). 글리세로인산 지질의 극성 머리 원자단은 포스포다이에스터 결합을 통해서 글리세롤의 C3에 연결되어 있다. 포유류에서는 머리 원자단인 에탄올아민(ethanolamine)과 콜린(choline)이 지질에 결합되기 전에 활성화된다(**그림 20-33**).

1. ATP가 콜린과 에탄올아민의 OH기를 인산화한다.
2. 결과물인 **포스포에탄올아민**(**phosphoethanolamine**) 또는 **포스포콜린**(**phosphocholine**)의 인산기는 그 다음에 CTP를 공격하여 PP_i를 떼어내고 극성 머리 원자단을 인산에스터로 활성화하여 상응하는 CDP 유도체를 만든다.
3. 1,2-다이아실글리세롤의 C3-OH기는 활성화된 CDP-에탄올아민 또는 CDP-콜린의 인산기를 공격하여 CMP를 떼어내어 상응하는 글리세로인산 지질을 생성한다.

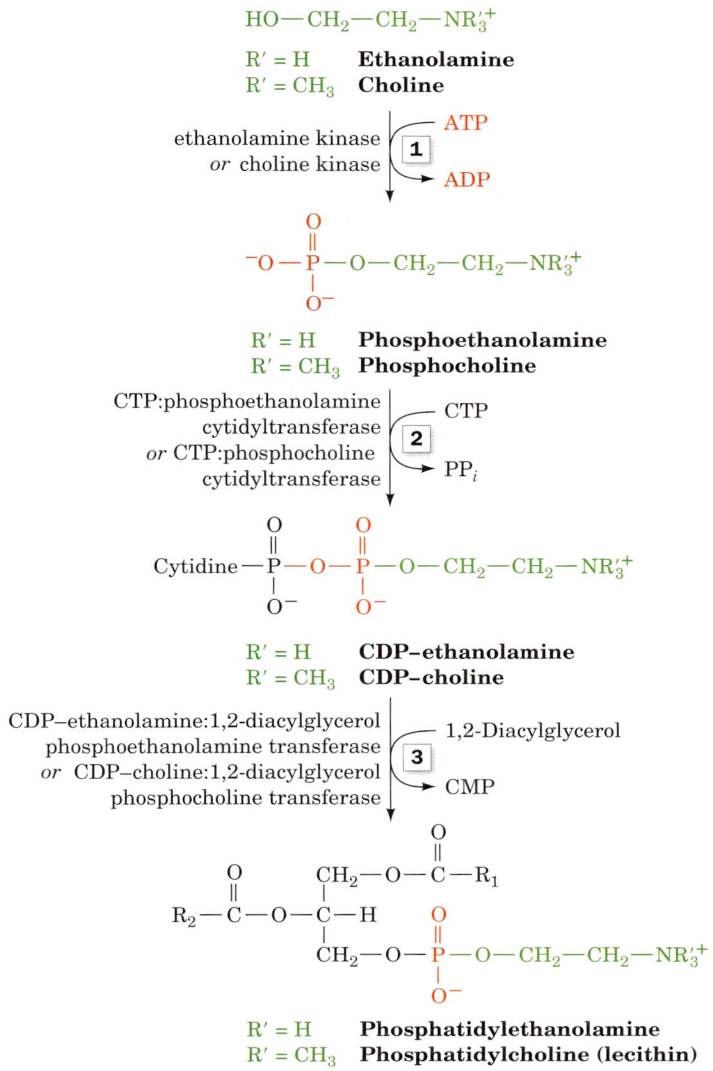

그림 20-33 포스파티딜에탄올아민과 포스파티딜콜린의 생합성 포유류에서 CDP-에탄올아민과 CDP-콜린은 머리 원자단의 전구 물질이다.

간에서 포스파티딜에탄올아민은 메틸기의 첨가로 역시 포스파티딜콜린으로 전환될 수 있다.

포스파티딜세린(**phosphatidylserine**)은 **포스파티딜에탄올아민 세린 전달 효소**(**phosphatidylethanolamine serine transferase**)에 의해 촉매되는 머리 원자단의 교환에 의해서 포스파티딜에탄올아민으로부터 합성되며, 이 반응은 공여체 인산기를 세린의 OH기가 공격하는 것이다. 원래의 머리 원자단이 제거되고, 포스파티딜세린이 만들어진다.

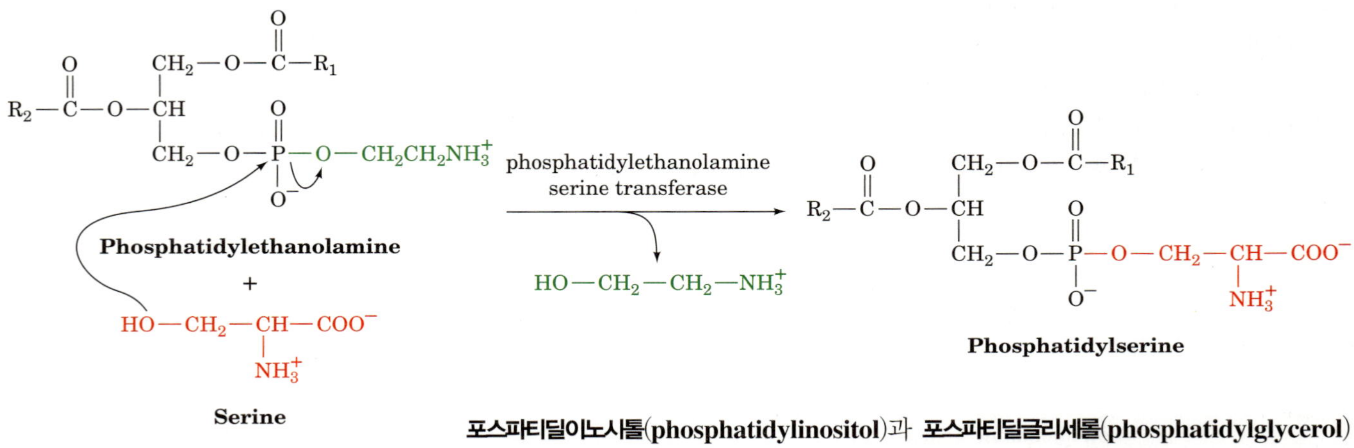

포스파티딜이노시톨(**phosphatidylinositol**)과 **포스파티딜글리세롤**(**phosphatidylglycerol**)의 합성에서는 극성 머리 원자단보다는 소수성 꼬리가 활성화된다. 1,2-다이아실글리세롤(그림 20-29)의 전구 물질인 포스파티드산은 CTP의 α 인산기를 공격하여 활성화된 **CDP−다이아실글리세롤**(**CDP−diacylglycerol**)과 PP_i를 만든다(**그림 20-34**). 포스파티딜이노시톨은 이노시톨이 CDP−다이아실글리세롤을 공격하여 만들어진다. 포스파티딜글리세롤은 2개의 반응으로 만들어진다. (1) 글리세롤-3-인산의 C1-OH기가 CDP를 공격하여 **포스파티딜글리세롤 인산**(**phosphatidylglycerol phosphate**)을 만들고, (2) 인산기가 가수 분해되어 포스파티딜 글리세롤을 만든다.

카디오리핀(cardiolipin)은 2분자의 포스파티딜글리세롤로부터 축합 반응이 일어나 한 분자의 글리세롤이 제거되면서 만들어진다.

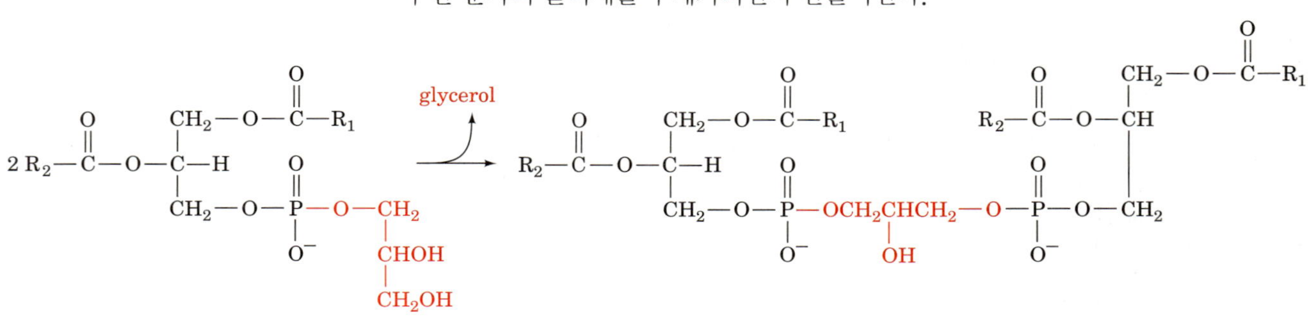

포스파티딜글리세롤　　　　카디오리핀

포스파티드산을 합성하는 효소들은 일반적으로 C1에는 포화 지방산을, C2에는 불포화 지방산을 선호한다. 이 일반적 선호가 맞지 않는 곳도 있는데, 예를 들면 뇌의 포스파티딜이노시톨은 80% 정도까지 C1에 스테아로일기(18:0)와 C2에 아라키도노일기(20:4)가 관찰되며, 허파의 포스파티딜콜린은 40% 정도까지 양쪽 위치에서 팔미토일기(16:0)가 관찰된다(후자의 물질은 허파에서 공기가 빠져나갔을 때 허파의 함몰을 막아주는 계면 활성제의 주요 구성 성분이다, 영아에서의 이 계면 활성 물질의 결핍은 호흡 곤란 증상의 원인이 된다, 자료 9-1 참조). **랜즈**(***William Lands***)

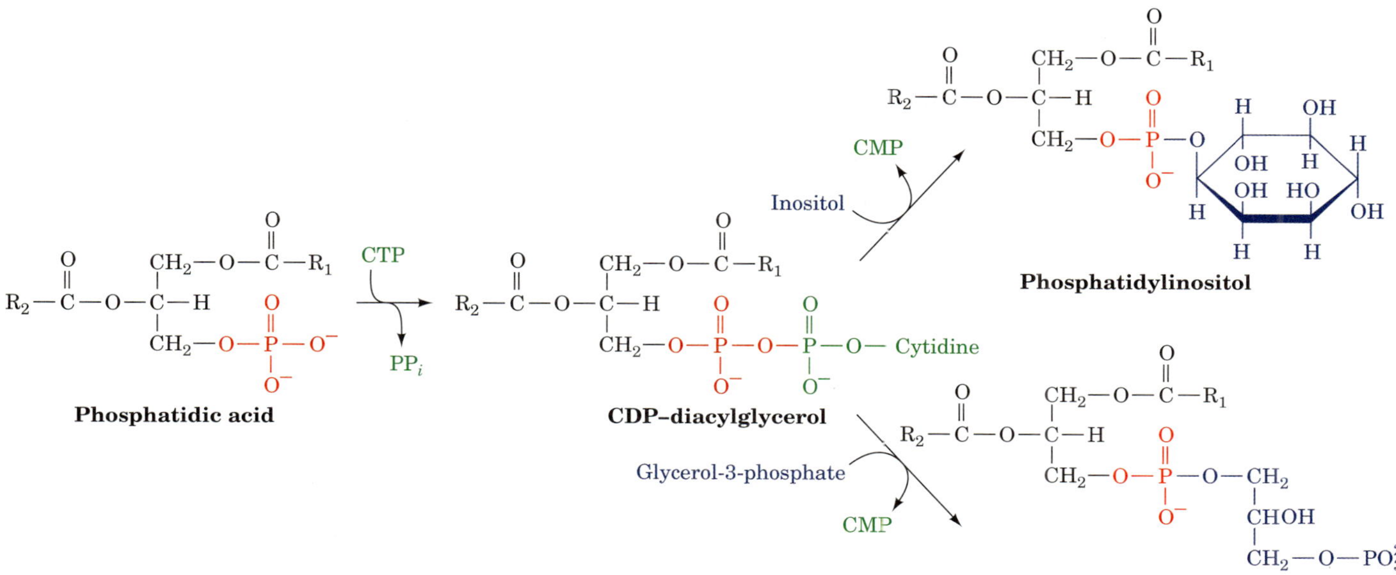

Phosphatidic acid

CDP-diacylglycerol

Phosphatidylinositol

그림 20-34 **포스파티딜이노시톨과 포스파티딜글리세롤의 생합성** 포유류에서 이 과정은 CDP-다이아실글리세롤 중간체가 관여한다.

Phosphatidylglycerol phosphate

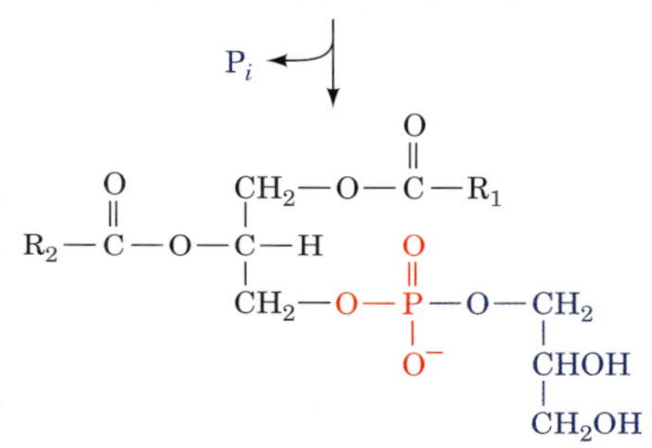

Phosphatidylglycerol

는 이러한 곁사슬 특이성은 인산 지질 분해 효소와 아실 전달 효소에 의해서 교환되는 개개의 글리세로인산 지질들의 특이적 아실기의 '개조' 반응의 결과라고 밝혔다.

글리세로인산 지질은 플라스말로젠과 알킬아실글리세로인산 지질을 포함한다. 진핵세포의 막에는 두 종류의 다른 글리세로인산 지질이 상당량 포함되어 있다. 글리세롤의 C1에 바이닐 에테르로 연결된 탄화수소 사슬을 포함하고 있는 **플라스말로젠(plasmalogen)**과 알킬 치환기가 글리세롤의 C1에 에터 결합으로 부착되어 있는 **알킬아실글리세롤인산 지질(alkylacylglycerophospholipid)**이다.

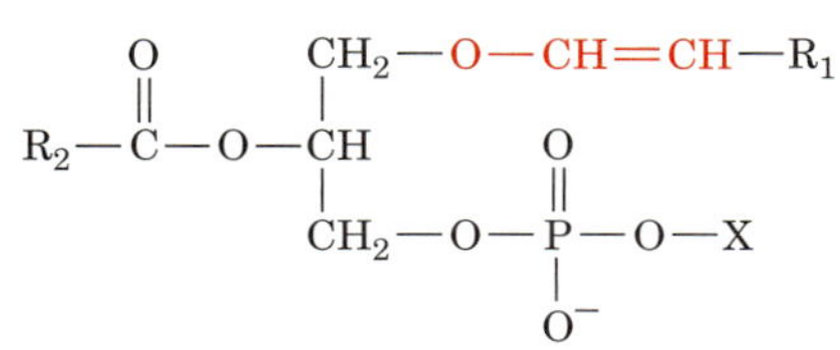

A plasmalogen

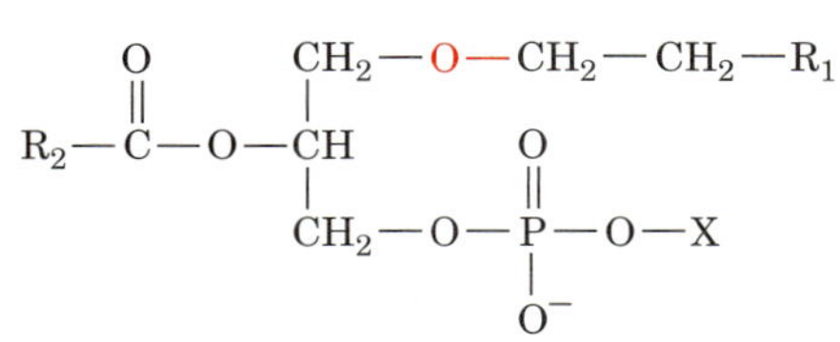

An alkylacyl-glycerophospholipid

포유동물의 글리세로인산 지질의 약 20%가 플라스말로젠이지만, 하나의 생물에서도 종들과 조직들 사이에는 정확한 분포의 변화가 있다. 예를 들면 인간의 간에는 0.8%의 인산 지질만 있지만, 인간의 신경세포에는 23%나 포함되어 있다. 알킬아실글리세롤인산 지질은 플라스말로젠보다는 훨씬 덜 분포되어 있다. 이러한 지질을 합

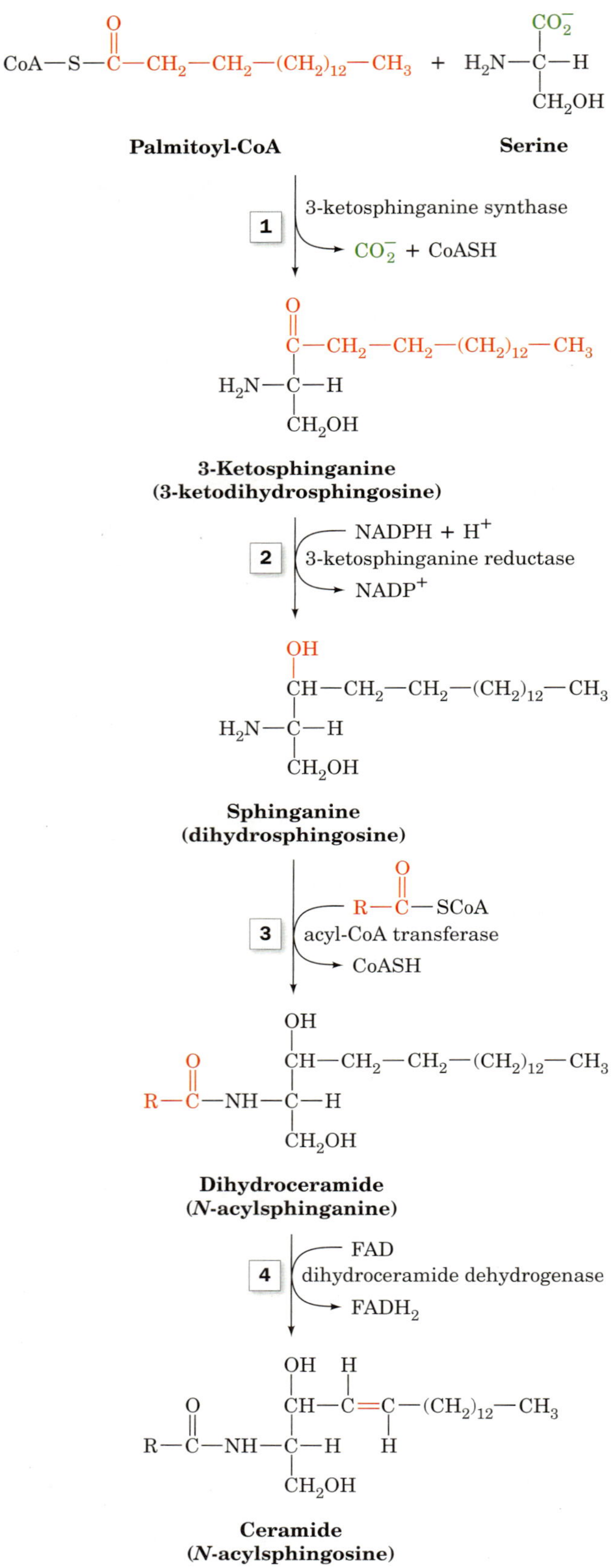

그림 20-35 세라마이드 생합성 (*N*-아실스핑고신)

성하는 경로는 알킬아실글리세롤인산 지질을 만든 다음, 이 에터는 불포화 효소에 의해서 바이닐 에터로 산화되어 플라스말로젠으로 된다.

B 스핑고지질은 팔미토일 CoA와 세린으로부터 만들어진다

대부분의 스핑고 지질들은 **스핑고글리코지질**(**sphingoglycoipid**)이다. 즉 그들의 극성 머리 원자단은 탄수화물 단위로 구성되어 있다. **세레브로사이드**(**cerebroside**)는 세라마이드 단당류인데 반하여, **강글리오사이드**(**ganglioside**)는 사이알산 함유 세라마이드 올리고당이다(9-1D절). 이러한 지방들은 세라마이드(*N*-아실스핑고신, *N*-acylsphingosine)의 C1-OH기에 탄수화물 단위가 부착되어 합성된다.

N-아실스핑고신은 팔미토일 CoA와 세린 전구 물질로부터 네 가지 반응에 의해서 합성된다(그림 20-35).

1. **3-케토스핑가닌 생성 효소**(**3-ketosphinganine synthase**)가 팔미토일 CoA와 세린의 축합 반응을 촉매하여 **3-케토스핑가닌**(**3-ketosphinganine**)을 만든다.
2. **3-케토스핑가닌 환원 효소**(**3-ketosphinganine reductase**)가 3-케토스핑가닌의 케토기의 NADPH 의존성 환원을 촉매하여 **스핑가닌**[**sphinganine**, **다이하이드로스핑고신**(**dihydrosphingosine**)]을 만든다.
3. **다이하이드로세라마이드**(**dihydroceramide**)는 아실 CoA의 아실기로부터 스핑고신의 2-아미노기로 전환되어 아마이드 결합이 이루어져서 합성된다.
4. **다이하이드로세라마이드 환원 효소**(**dihydroceramide reductase**)는 다이하이드로세라마이드를 FAD 의존 산화 반응에 의해서 세라마이드로 전환한다.

글리코실화되지 않은 지질인 스핑고마이엘린(sphingomyelin)은 신경세포막의 중요한 구조 지질이며, 포스파티딜콜린이 그의 포스포콜린기를 *N*-아실스핑고신의 C1-OH기에 공여한 반응 생성물이다.

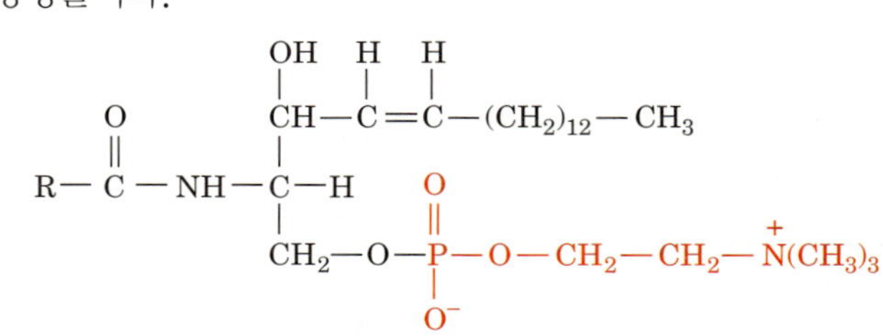

Sphingomyelin

대부분이 통상적으로 1-β-갈락토세라마이드와 1-β-글루코세라마이드인 세레브로사이드(cerebroside)들은 상응하는 UDP-헥소스의 글리코실 단위를 세라마이드의 C1-OH기에 부가하여 세라마이드로부터 합성된다. 강글리오사이드의 머리

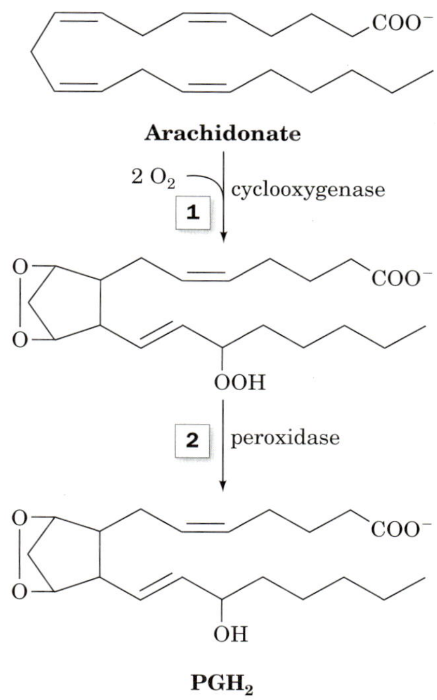

그림 20-36 프로스타글란딘 H_2 합성 효소의 반응 사이클로산소화 효소 활성이 (1) 사이클로펜테인 고리를 만드는 부가와 재배열 작용을 촉매한다. 과산화 수소 분해 효소의 효소 활성은 (2) 과산화물 중간체를 다른 프로스타글란딘의 전구 물질인 프로스타글란딘 H_2(PGH_2)로 전환한다.

원자단의 다당류가 더욱 정교한 것은 글리코실 전달 효소의 연속되는 반응에 의해서 이루어진다(그림 9-9). 이러한 복합 지질의 분해 경로의 결손은 어떤 **지질 저장 질환(lipid storage disease)**의 원인이다(자료 20-4).

C C_{20} 지방산은 프로스타글란딘의 전구 물질이다

프로스타글란딘과 이에 관련된 화합물(그림 9-12)은 아라키돈산과 같은 C_{20} 지방산 유도체인데, 이 아라키돈산은 호르몬과 다른 신호들에 반응해서 막 인산 지질로부터 방출된다. 프로스타글란딘의 기능은 조직 특이적 방식에 따라 다르지만 이것들의 몇 가지는 통증, 열 또는 염증을 유발한다. 프로스타글란딘의 생산은 **프로스타글란딘 H_2 생성 효소(prostaglandin H_2 synthase)**에 의해서 촉매되는 직선상의 지방산인 사이클로펜테인 고리(cyclropentane ring)를 만들면서 시작된다(그림 20-36). 이 헴 함유 효소는 두 개의 촉매 활성 부위를 포함하고 있다. 즉 두 분자의 O_2를 아라키돈산에 부가하는 **사이클로산소화 효소(cyclooxygenase)**, 과산화수소기를 OH기로 전환시키는 **과산화수소 분해 효소(peroxidase)**이다. 이 효소는 관용적으로 사이클로산소화 효소의 활성에 의해서 **COX**라고 불린다(사이토크롬 *c* 산화 효소가 COX라고 불리는 것과 혼돈하지 말라).

19세기 이후부터 진통제(통증 완화), 해열제(열 완화), 소염제로 **아스피린(aspirin)**이 널리 사용되었다. 1971년에 베인(John Vane)이 그 작용 메커니즘을 발견하기 전까지는 이런 사실을 몰랐다. 아스피린은 프로스타글란딘 H_2 생성 효소의 특이적 Ser 잔기의 아세틸화에 의한 프로스타글란딘 합성을 방해하는데, 이 효소는 사이클로산소화 효소의 활성 부위에 아라키돈산이 도달하는 것을 막는다. 또 다른 **이부프로펜(ibuprofen)**과 **아세트아미노펜(acetaminophen)** 같은 **비스테로이드 소염제(nonsteroidal anti-inflammatory drug, NSAID)**는 비공유적으로 결합하여 유사하게 효소의 활성 부위를 막고 있다.

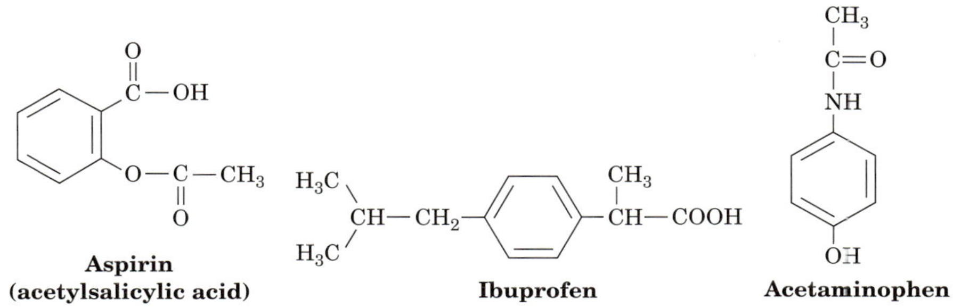

Aspirin (acetylsalicylic acid) **Ibuprofen** **Acetaminophen**

저용량의 아스피린을 매일 ~80 mg 복용하면 장기적으로 심장 마비 및 뇌졸중의 발생을 크게 줄일 수 있다. 저용량은 선택적으로 혈소판 응집을 막아 혈전 생성(자료 11-4)을 방지하는데, 그 이유는 순환하며 약 10일의 수명을 가진 이들 세포들이 비활성화된 효소들을 재생산할 수 없기 때문이다. 혈관 내피 세포는 대부분 아스피린이 흡수되는 부위와 떨어져 있어 낮은 농도에 노출되고 프로스타글란딘 H_2 생성 효소를 부가적으로 생성할 수 있기 때문에 매우 급격한 영향을 받지 않는다.

자료 20-4 건강과 질병의 생화학

스핑고지질의 분해 작용과 지질 저장 질환

스핑고글리코실지질은 리소좀에서 효소에 의해서 가수 분해되는 반응 체계에 의해서 분해된다. 아래에 강글리오사이드 G_{M1}(ganglioside G_{M1})과 관련된 글로보사이드(globoside)와 황화물의 분해 작용 경로를 보여 주고 있다. 단당류 잔기의 약자는 Gal은 유당(galactose), GalNAc은 *N*-아세틸갈락토사민(*N*-acetylgalactosamine), Glc은 글루코스(glucose), NANA는 *N*-아세틸뉴라민산[(*N*-acetylneuraminic acid, 사이알산(sialic acid)], Cer은 세라마이드를 표시한다.

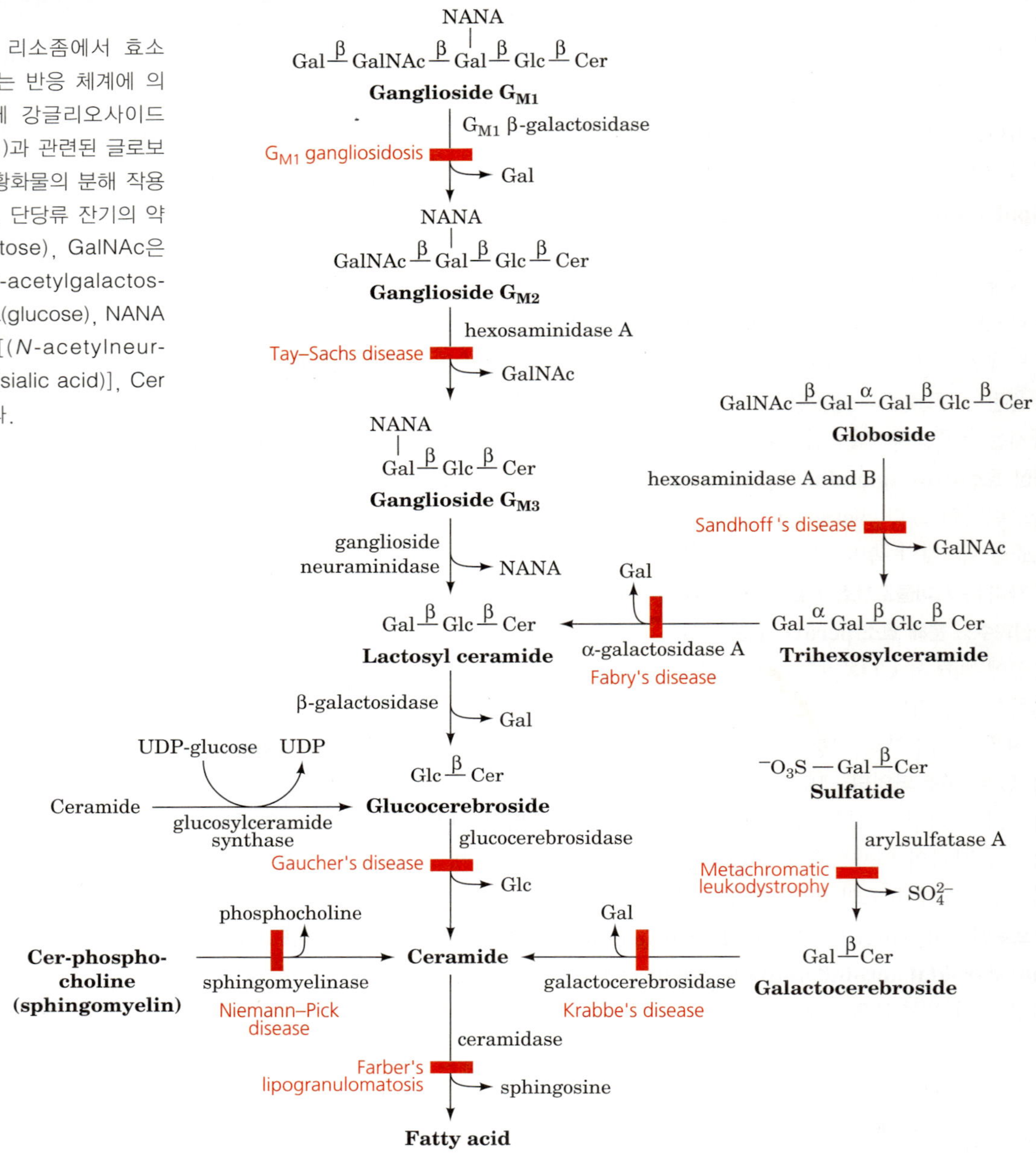

체크 포인트

- 막지질이 생성되는 장소는 어디인가?
- 글리세로인산 지질이 헤드 그룹(head group) 또는 지질 꼬리 활성화를 통해 어떻게 합성되는지 설명하시오
- 세라마이드, 스핑고마이엘린, 세르브로사이드 생합성을 묘사하시오.
- 아스피린, NSAIDs, 콕시브 같은 약물들의 작용을 설명하시오.

COX-2 억제제는 다른 NSAID의 부작용이 없다. 프로스타글란딘 H_2 생성 효소는 **COX-1**과 **COX-2**의 두 가지 이성질형을 갖고 있으며, 이들은 서로 높은 비율(60%)의 서열 일치와 구조적 동족체이다. COX-1은 지속적으로(조절 작용 없이) 대부분의 포유류 조직에서(모두가 아니라면) 발현되고 있고, 그것에 의해서 프로스타글란딘 합성의 공급 수치가 기관과 조직의 항상성을 유지하는 데 필요하다. 반대로 COX-2는 단지 염증 자극들에 반응하여 어떤 조직에서만 발현되며, 염증의 원인이 되는 프로스타글란딘 농도 증가의 원인이다.

아스피린과 이부프로펜은 비교적 비특이적이므로 염증이나 발열에 사용하면 반대의 부작용이 일어난다(예: 십이지장 궤양). 그러므로 구조를 바탕으로 한 약물

이러한 효소들 중에 한 개가 유전적으로 결핍되면 (붉은 막대로 표시되어 있다) **스핑고지질 저장 질환**(sphingolipid storage disease)이 된다. 결손된 효소에 의해서 기질이 축적되면 가끔 치명적인 결과로 나타난다. 대부분의 경우에, 환자들은 정신적인 퇴행에 시달리며 유아기나 아주 어린 나이에 죽게 된다. 가장 흔한 지질 저장 질환 중에 하나는 강글리오사이드 G_{M2}로부터 *N*-아세틸갈락토사민을 가수 분해하는 **헥소스아미니데이스 A**(hexosaminidase A)의 열성의 상염색체 결핍으로 인한 **테이-삭스병**(Tay-Sachs disease)이다. 헥소스아미니데이스 A의 활성 결핍은 아래 그림에서 보듯이 신경세포에 조개껍질 같이 G_{M2}가 축적되는 결과가 된다.

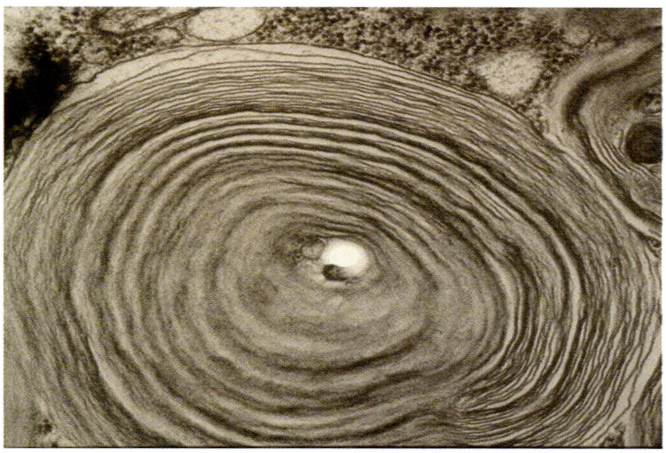

[ISM Creative/Custom Medical Stock Photo. Inc.]

태아가 테이-삭스병을 가지고 태어나더라도 G_{M2}가 충분히 신경 작용을 방해할 때까지 축적되는 1년 가까이 되어야 증상이 처음으로 나타나며, 이후 점차적으로 허약해지고 소진되며, 보통 3세가 되어 죽을 때까지 눈이 멀게 된다. 그러나 간단한 헥소아미니데이스 A의 혈청 검사로 이 질환을 일으키는 잠재적인 전달자들의 탐색이 가능하다.

테이-삭스병에 걸린 모델 쥐의 실험에서 G_{M2} 축적은 그의 합성 저해를 통해 줄일 수 있다고 제안한다. 이것은 이미노당인 ***N*-뷰틸데옥시노지리마이신**(*N*-butyldeoxynojirimycin)을 먹인 쥐들에서 글루코세라마이드(glucoceramide) 합성의 첫 단계인 글리코실 전달 효소를 억제하여 이루어졌다. 유사하게 '기질 박탈'이 다른 지질 저장 질병에 효과적으로 접근할 수 있으며, 특히 효소에 결함이 있지만 활성은 약간 남아 있을 경우이다.

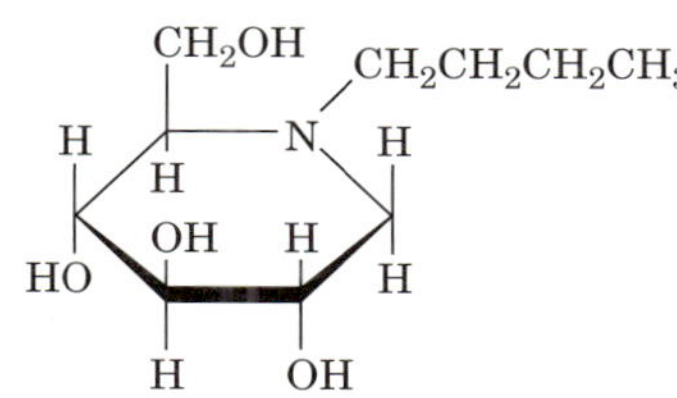

***N*-Butyldeoxynojirimycin**

설계 프로그램(12-4절)은 COX-1가 아닌 COX-2를 표적으로 하는 억제제를 연구하게 되었다. COX-1과 COX-2의 3차원적 구조는 거의 동일하다. 그러나 그들의 아미노산 차이로 COX-2의 활성 부위 통로가 COX-1의 활성 부위보다 20% 가까이 크게 만들어져 있다. 그래서 화학자들은 **콕시브**(**coxib**)라고 알려진 정확한 억제제 집단을 합성하였는데, 이것은 COX-2의 통로에는 들어갈 수 있으나 COX-1에서는 배척된다. 두 가지 억제제들인 **로페콕시브**[**rofecoxib**, **비옥스**(**Vioxx**)]와 **세레콕시브**[**celecoxib**, **세레브렉스**(**Celebrex**)]는 다른 비특이성 NASID들과 같은 부작용이 없기 때문에 관절염 같은 염증의 주요 치료약으로 사용되었다. 그러나 비옥스는 2004년에 예상치 못한 심장의 부작용이 나타나 시장에서 퇴출되었다.

흥미롭게도 아세트아미노펜(acetaminophen)은 가장 흔하게 사용되는 진통/해열제인데(12-4절), COX-1과 COX-2에 거의 결합하지 않으며 항염증제로서는 효과가 없다(이 영역에 포함되는데도 불구하고). 이 반응 메커니즘은 시몬스(Daniel Simmons)가 발견한 세 번째 COX 동질 효소로, 중추 신경계에 높은 농도로 발현되는 COX-3을 최초로 발견하기 전까지 미스테리로 남아 있었으며, COX-3는 분명히 통증과 열을 완화시키는 약물의 목표물이다.

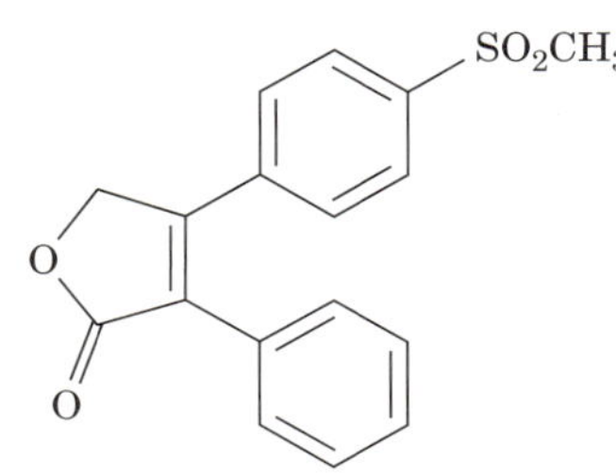

Rofecoxib (Vioxx)

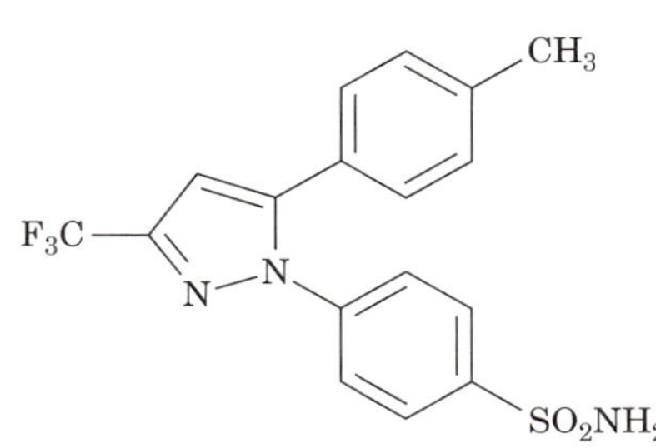

Celecoxib (Celebrex)

7 콜레스테롤 대사

주요 개념

- 간은 다단계 과정을 통하여 아세틸 CoA를 콜레스테롤로 전환한다.
- 콜레스테롤 합성은 HMG-CoA 환원 효소의 활성과 양에 의해서 조절된다.
- LDL 수용체가 순환하는 콜레스테롤의 낮은 농도를 유지한다.

콜레스테롤은 세포막의 활력적인 성분이며, 스테로이드 호르몬과 담즙산의 전구 물질이다. 이것은 분명히 생명의 필수 물질임에도, 동맥 내에 축적되면 인류의 최대 사망 원인인 심혈관 질환과 뇌졸중과 연관되어 있다. **건강한 생물체에서는 콜레스테롤의 생합성, 이용, 수송 사이에서 복잡한 평형이 유지되고 있으며, 유해한 축적의 최소화가 지켜지고 있다.** 이 절에서는 콜레스테롤의 생합성과 수송, 그리고 어떻게 이들이 조절되는지를 공부한다.

A 아세틸 CoA로부터 콜레스테롤이 합성된다

콜레스테롤 생합성은 블로(Konrad Bloch)가 최초로 개요를 보여준, 아세트산이, **아이소프렌(isoprene)**이라는 탄소 뼈대를 갖는 **아이소프렌 단위(isoperne unit)**로 전환되는 긴 경로를 따른다.

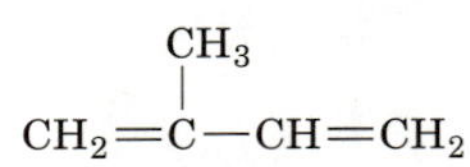

Isoprene
(2-methyl-1,3-butadiene)

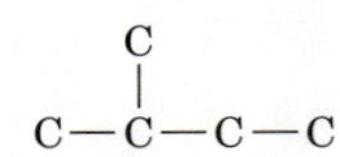

isoprene 단위

아이소프렌 단위는 30개 탄소의 긴 분자 형태로 축합되고, 이 단위는 콜레스테롤의 사원자 고리 구조를 갖는 모양으로 고리화된다.

HMG-CoA는 콜레스테롤의 주요한 전구 물질이다. 아세틸 CoA는 하이드록시메틸글루타릴 CoA(HMG-CoA, 이 화합물은 케톤체 합성의 중간 물질이기도 하다, 그림 20-21)의 형성을 시작으로 하는 일련의 반응에 의해 아이소프렌 단위로 전환된다. HMG-CoA 합성은 싸이올 분해 효소와 HMG-CoA 합성 효소가 필요하다. 간의 미토콘드리아에서 이 두 효소는 케톤체 합성을 위해서 HMG-CoA를 만든다. 세포질의 이 두 단백질의 동질 효소는 콜레스테롤 생합성에 이용될 HMG-CoA를 생산한다. 네 번의 추가적인 반응에 의해 HMG-CoA가 아이소프레노이드 중간 물질인 **아이소펜테닐 파이로인산(isopentenyl pyrophosphate)**으로 전환된다.

1. HMG-CoA의 CoA 싸이오에스터기는 **HMG-CoA 환원 효소(HMG-CoA reductase)**의 촉매에 의한 NADPH 의존 4전자 환원되어 알코올로 환원되어 C_6 화합물인 **메발론산(mevalonate)**으로 만들어진다. 이것은 콜레스테롤의 생합성에서 속도 결정 단계이다.

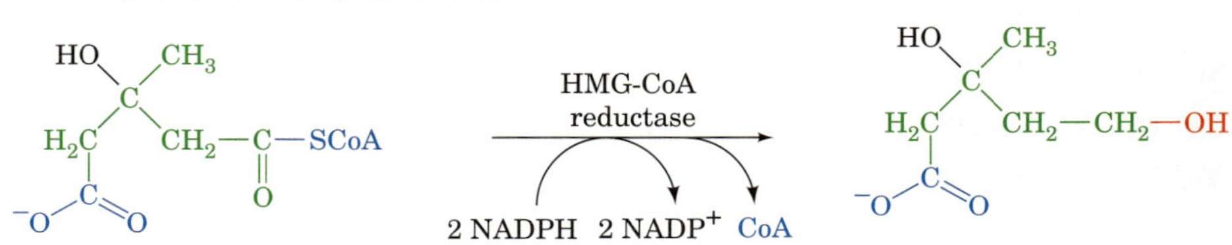

HMG-CoA **Mevalonate**

2. 새로운 OH기는 **메발론산-5-인산 전달 효소(mevalonate-5-phosphotransferase)**에 의해서 파이로인산으로 전환된다.

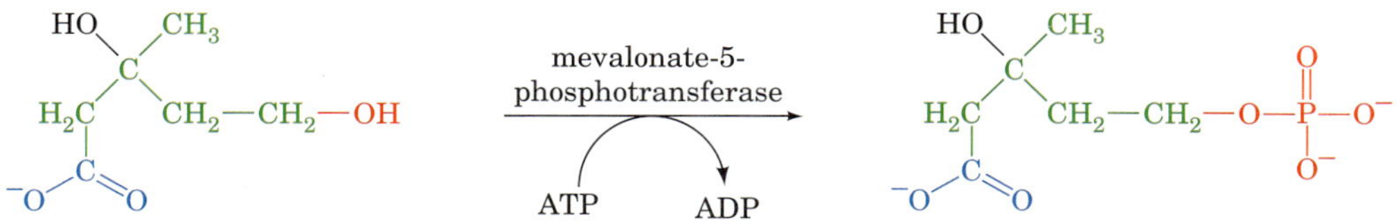

Mevalonate **Phosphomevalonate**

3. 인산기는 **파이로인산메발론산 인산화 효소(phosphomevalonate kinase)**에 의해서 인산으로 전환된다.

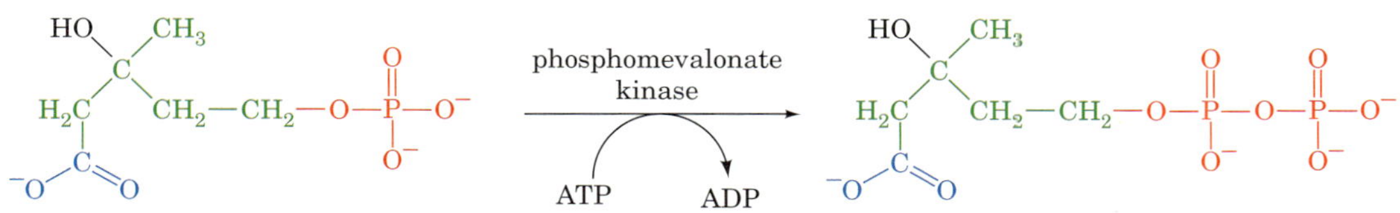

Phosphomevalonate **5-Pyrophosphomevalonate**

4. 이 분자는 **파이로인산메발론산 탈카복실화 효소(phyrophosphomevalo-nate decarboxylase)**에 의해서 촉매되어 ATP 의존 탈카복실화되어 아이소펜테닐 파이로인산(isopentenyl pyrophosphate)이 된다.

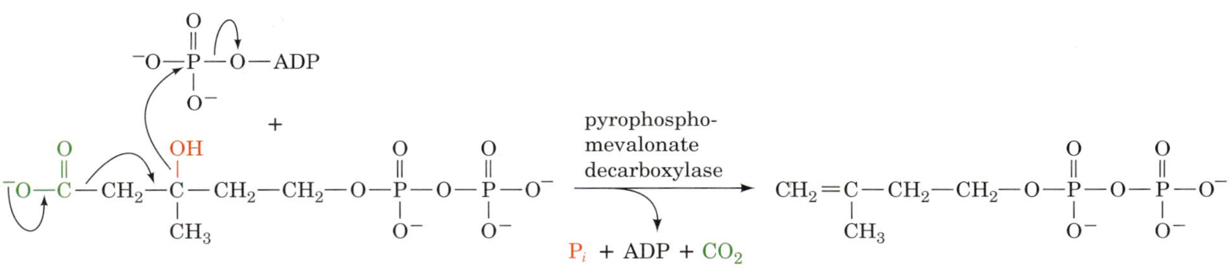

5-Pyrophosphomevalonate **Isopentenyl pyrophosphate**

스쿠알렌은 6개의 아이소프렌 단위가 축합되어 만들어진다. 아이소펜테닐 파이로인산은 **아이소펜테닐 파이로인산 이성질화 효소(isopentenyl pyrophosphate isomerase)**에 의해 **다이메틸알릴 파이로인산(dimethylallyl pyrophosphate)**으로 전환된다(**왼쪽**). 4개의 아이소펜테닐 파이로인산과 2개의 다이메틸알릴 파이로인산이 두 효소의 촉매에 의한 3번의 반응에서 C_{30} 콜레스테롤 전구 물질인 **스쿠알렌(squalene)**으로 축합된다(그림 20-37).

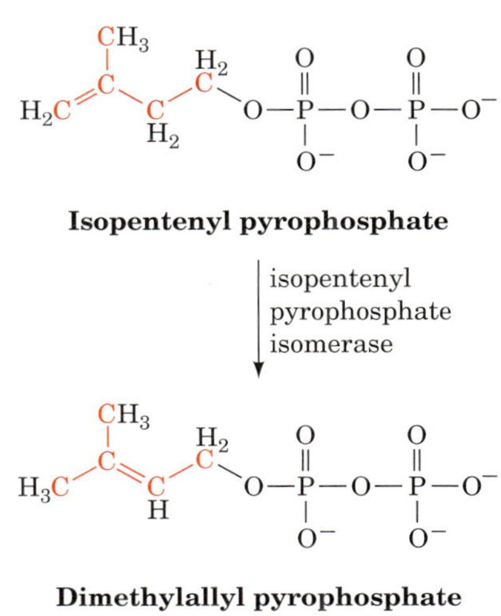

1. **프레닐 전달 효소(prenyltransferase)**는 다이메틸알릴 파이로인산과 아이소펜테닐 파이로인산의 머리-꼬리 축합 반응을 촉매하고 나서 C_{10} 화합물인 **제라닐 파이로인산(geranyl pyrophosphate)**을 만든다.
2. 프레닐 전달 효소는 제라닐 파이로인산과 아이소펜테닐 파이로인산의 두 번째 머리-꼬리 축합 반응을 촉매하여 C_{15} 화합물인 **파네실 파이로인산(farnesyl pyrophosphate)**을 만든다. 프레닐 전달 효소는 S_N1 반응을 촉매하여 이온화-축합-제거 메커니즘으로 탄소 양이온 중간체를 만든다.

그림 20-37 아이소펜테닐 파이로인산과 다이메틸알릴 파이로인산으로부터 스쿠알렌 합성 이 경로는 두 번의 프레닐 전달 효소에 의한 머리–꼬리 축합 반응과 스쿠알렌 합성 효소에 의한 머리–머리 축합 반응을 포함하고 있다.

? 각각의 중간 물질에서 탄소의 수를 결정하라.

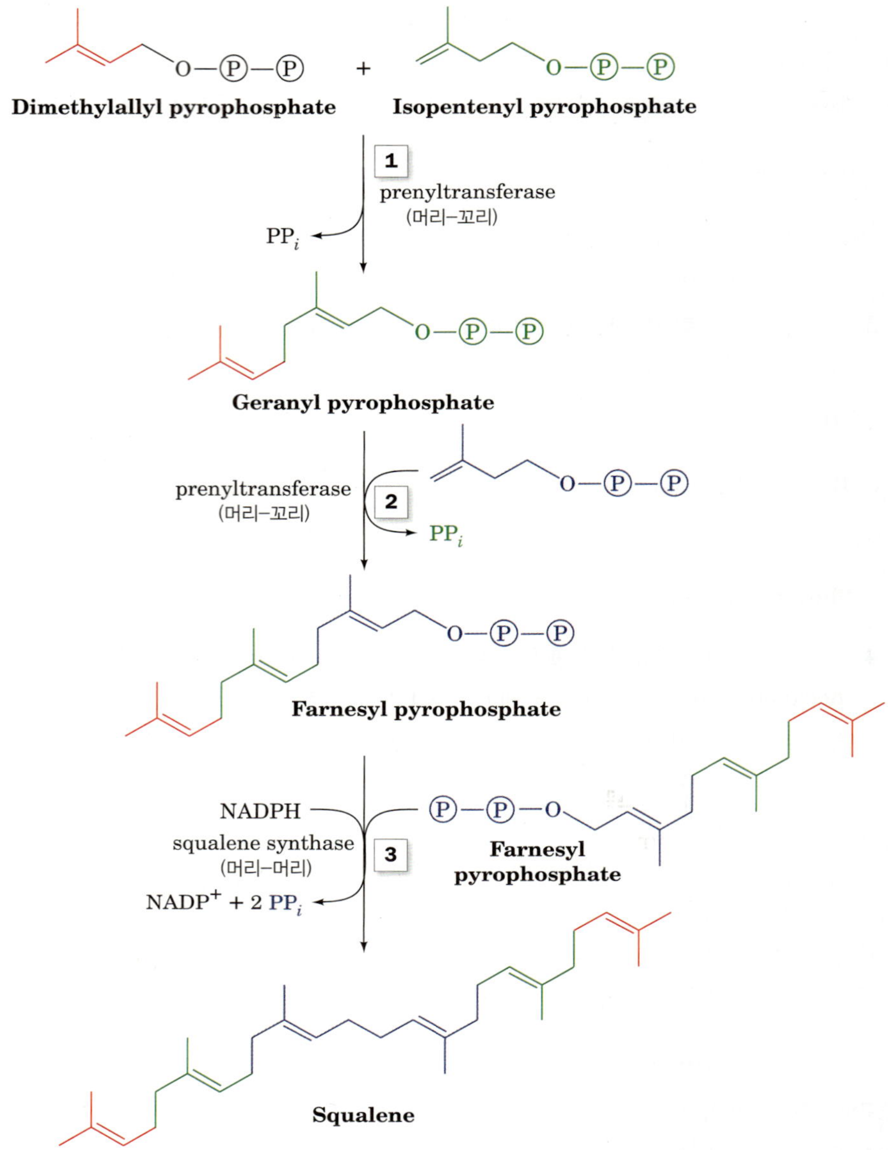

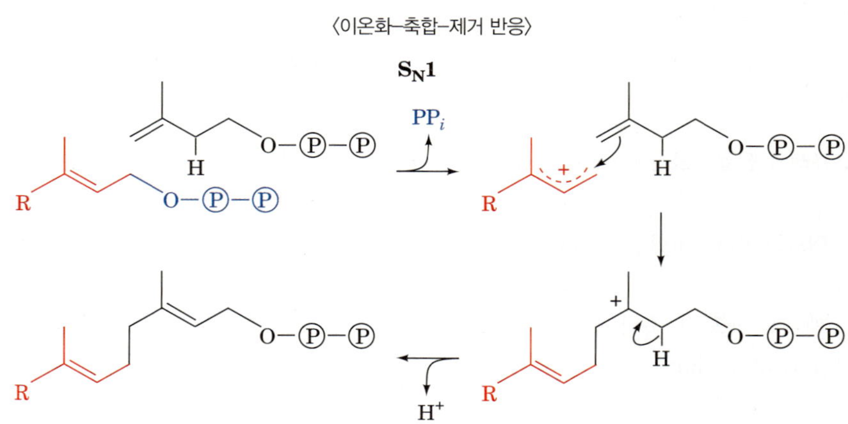

3. 스쿠알렌 생성 효소(squalene synthase)는 다음에 두 개의 파네실 파이로인산의 머리–머리 축합 반응을 촉매하여 스쿠알렌을 만든다.

파네실 피이로인산은 포유류에서 유비퀴논(9-1F절)을 비롯한 몇 가지 지질 결합 막 단백질(9-3B절)의 아이소프레노이드 꼬리를 포함하는 다른 아이소프레노이드 전구 물질이다.

스쿠알렌 고리화 반응은 결국 콜레스테롤을 만든다. 직선상의 탄화수소인 스쿠알렌은 두 단계를 거쳐서 네 개의 고리가 있는 스테로이드 뼈대를 형성하는 고리화가 일어난다. 먼저, **스쿠알렌 에폭시데이스(squalene epoxidase)**는 스쿠알렌을 산화하여 **2,3-옥시도스쿠알렌(2,3-oxidosqualene)**의 형성을 촉매한다.

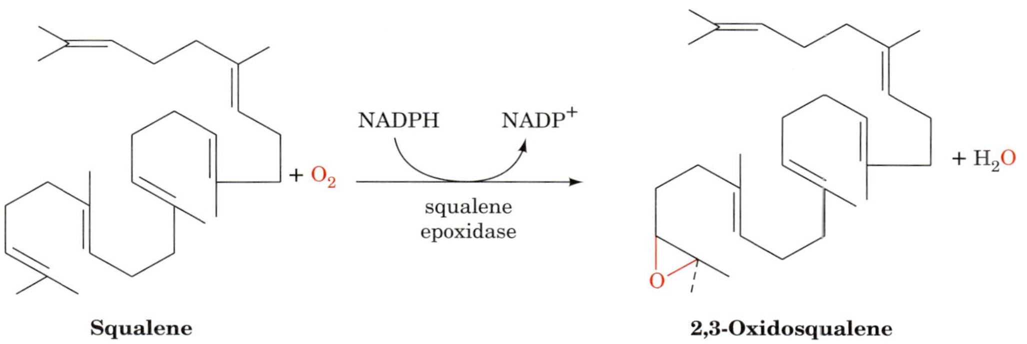

다음 **옥시도스쿠알렌 고리화 효소(oxidosqualene cyclase)**는 이 에폭사이드(epoxide)를 스테로이드 **라노스테롤(lanosterol)**로 전환한다. 이 반응은 2,3-옥시도스쿠알렌(2,3-oxidosqualene)의 **프로토스테롤(protosterol)** 양이온으로 고리화 반응과 1,2 수소화물과 메틸 시프트(methyl shift)의 연속 반응에 의해서 일어나는 화학적으로 복잡한 과정이다(**그림 20-38**).

라노스테롤의 콜레스테롤로의 전환은 산화 반응과 3개의 메틸기를 떼어내는 반응을 포함하는 19단계 과정이다(왼쪽). 이 과정에 필요한 효소들은 소포체 막에 박혀 있다.

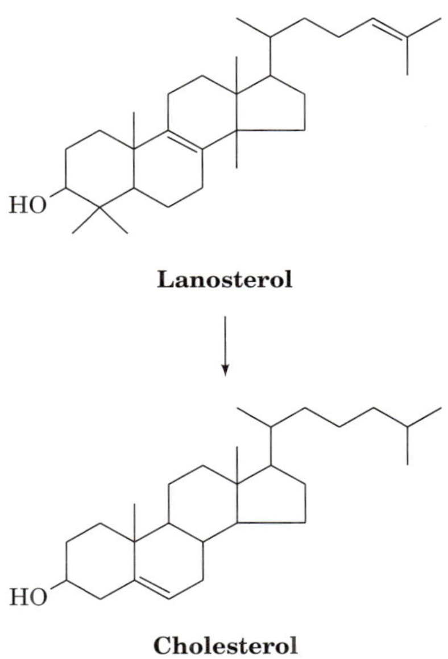

콜레스테롤은 많이 이용된다. 콜레스테롤은 막의 구성 성분으로 기능을 할 뿐 아니라, 코티솔(cortisol), 안드로젠(androgen), 에스트로젠(estrogen) 같은 스테로이드 호르몬의 전구 물질이다(9-1E절). 간은 콜레스테롤을 담즙산으로 전환하는데(그림 20-1), 이 담즙산은 지방의 소화와 흡수에서 유화제 역할을 한다(20-1A절). 효과적인 재순환계는 담즙산을 재사용하기 위해서 하루에도 몇 번씩 혈류로 재방출시킨 후 간으로 되돌아가게 한다. 이러한 재순환 과정에서 벗어난 담즙산은 장내 미생물에 의해 더 대사되어 배설된다. **이것이 유일한 콜레스테롤의 배출 통로이다.**

콜레스테롤은 간에서 **아실 CoA: 콜레스테롤 아실 전달 효소(acyl-CoA: cholesterol acyltransferase, ACAT)**에 의해서 에스터화되어 콜레스테릴 에스터를 만드는 것으로 보인다.

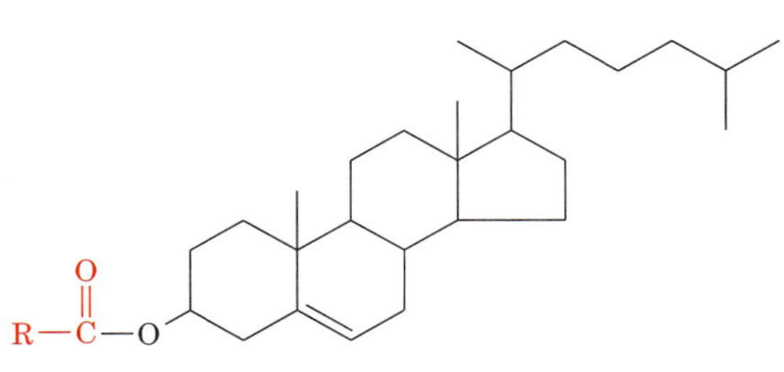

Cholesteryl ester

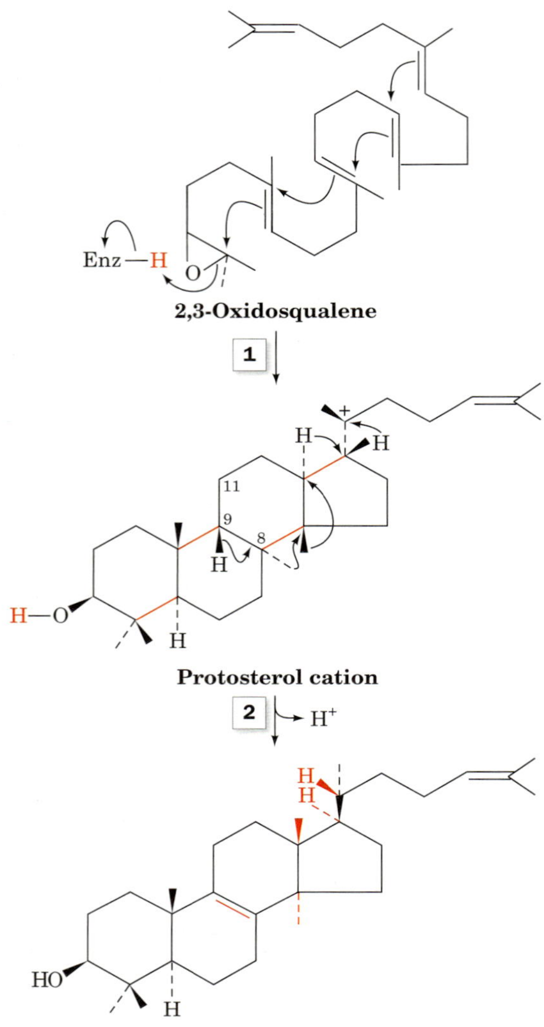

그림 20-38 옥시스쿠알렌 고리화 효소의 반응 (1) 2,3-옥시스쿠알렌은 효소를 매개로 스쿠알렌 에폭사이드 산소의 양성자화로 시작되는 과정을 통해서 프로토스테롤 양이온으로 고리화된다. 에폭사이드의 열림으로 프로스테롤 양이온을 만드는 일련의 고리 형성을 가능하게 하는 이동으로 1개 전자가 결핍된 중심을 만든다. (2) 일련의 메틸 및 하이드라이드의 이동과 이중 결합 형성을 위한 스테롤의 C9로부터 양성자 제거를 통하여 최종적으로 라노스테롤을 얻게 된다.

이렇게 소수성이 높은 화합물은 지질 단백질 복합체 안에서 온몸을 통해 수송된다(20-1B절).

B 콜레스테롤 합성은 HMG-CoA 환원 효소에 의해 조절된다

콜레스테롤 합성의 속도 제한 단계를 촉매하는 HMG-CoA 환원 효소는 이 경로의 주요 조절 부위이다. 이 효소는 경쟁적 방해 작용, 다른자리 입체성 조절, 가역적인 인산화 작용이 포함된 공유 변형에 의한 단기간 조절 조건이 필요하다. 글리코젠 인산화 효소, 글리코젠 생성 효소, 그리고 다른 효소들과 같이, HMG-CoA 환원 효소는 상호 전환적으로 더 활성이거나 덜 활성인 형태로 존재한다. 세린 871이 인산화되면 효소는 덜 활성화된다. 인산화는 AMP 의존 단백질 카이네이스(AMPK)에 의해서 수행되는데, 이와 똑같은 효소가 아세틸 CoA 카복실화 효소를 불활성화시킨다(20-4B절). 이러한 조절 메커니즘은 ATP 준위가 떨어지고 AMP 준위가 높을 때, 보통 생합성 과정의 방해 작용에 의해서 에너지를 저장하는 것으로 생각된다.

HMG-CoA 환원 효소 활성의 기본적인 조절 메커니즘은 세포 내의 효소량을 조정하는 장기간 되먹임 조절 작용이다. 효소의 양은 효소 합성의 증가와 분해되는 효소의 감소로 인해 거의 200배까지 올라갈 수 있다. 실제로, 콜레스테롤 자체가 생합성, 흡수, LDL 수용체를 암호화한 유전자를 포함해서 20개 이상의 다른 유전자와 함께 HMG-CoA 환원 효소의 발현을 조절한다. 이 유전자들 모두는 **스테롤 조절 요소(sterol regulatory element, SRE**; 28장에서 자세히 논하게 될 진핵세포 유전자의 발현 조절)라고 하는 특이적 인식 서열을 포함하고 있다.

브라운(Brown)과 골드스타인(Goldstein)이 증명한 이 유전자들의 전사는 **스테롤 조절 요소 결합 단백질(sterol regulatory element binding protein, SREBP)**의 일부분인 그들의 SRE에 결합되어야 한다. 그러나 콜레스테롤 준위가 충분히 높으면 불활성의 1160개 잔기 전구 물질로서 소포체 막에서 **SREBP 절단-활성화 단백질(SREBP cleavage activating protein, SCAP)**에 결합한다. SCAP는 두 개의 영역을 갖고 있는 ~1276개 잔기의 세포 내 콜레스테롤 감지기로 기능한다. N 말단 막횡단 영역은 스테롤과 상호 반응을 하는 **스테롤 감지 영역(sterol-sensing domain)**이라고 하고, C 말단 영역은 SREBP라고 하는 조절 영역과 상호작용을 하는 **WD 리피트(WD repeat)**로 알려진 단백질-단백질 상호작용 모티프 5개를 포함한다(**그림 20-39**).

콜레스테롤이 ER막에서 고갈되면, SCAP는 형태를 변형하고 SREBP를 막성 소낭을 경유하여 그가 결합된 SREBP를 골지체로 호송해 간다(9-4E절). 그 후 SREBP는 2개의 골지 단백질 분해 효소에 의해서 단계적으로 절단된다. 세린 단백질 분해 효소, **자리 1 단백질 분해 효소(site-1-protease, S1P)**는 SCAP와 연계되었을 때에만

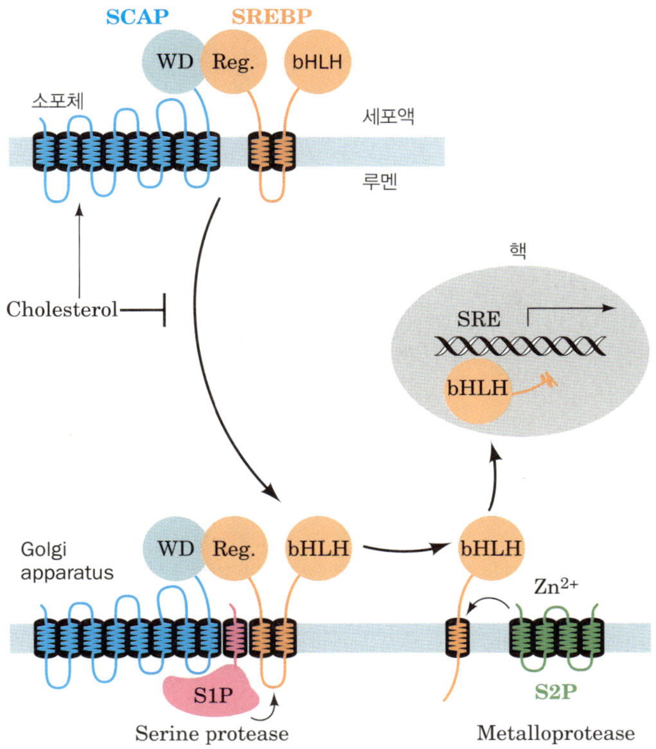

그림 20-39 콜레스테롤에 의한 SREBP의 활성화 세포의 콜레스테롤 수위가 높을 때 SREBP-SCAP 복합체는 ER에 존재한다. 콜레스테롤 수위가 낮을 때 SCAP는 SREBP를 막성 소낭을 경유하여 골지체로 호송해 간다. 골지체에서 SREBP는 막에 결합된 2개의 단백질 분해 효소인 S1P와 S2P에 의해서 단계적으로 절단된다. 이러한 과정을 통해 SREBP의 N 말단은 방출되어 핵으로 이동한다. 핵에서 대상 유전자의 SRE에 결합하여 전사를 유도한다. [After Goldstein, J., Rawson, R'B., and Brown, M., A/ch. B/oc/7em. BiOphys. **397**; 1 39 (2002)]

SREBP를 절단하고, **자리 2 단백질 분해 효소(site-2-protease, S2P)**는 아연 금속 단백질 분해 효소(metalloprotease)로서 S1P 절단에 의해 펩타이드 결합이 노출되면 SREBP를 절단한다. 결과적으로 활성화된 조각이 유출되는데, 이 조각은 480개 잔기의 용해성 단백질로, 핵으로 이동해서 **기본 나선-고리-나선(basic helix-loop-helix, bHLH**; 24-4C절; 그림 20-39)으로 알려진 DNA 결합 모티프를 통해서 SRE에 결합된 SRE 함유 유전자의 전사를 활성화한다. 세포 내의 콜레스테롤 준위는 이렇게 해서 SCAP가 더 이상 SREBP의 자리옮김을 유도하지 않게 될 때까지 올라가는데, 고전적인 되먹임 방해 작용의 일례이다.

스타틴은 HMG-CoA 환원 효소를 억제한다. **고콜레스테롤증(hypercholesterolemia)**으로 알려진 현상인 콜레스테롤의 순환 준위가 높은 것은 HMG-CoA 환원 효소(**그림 20-40**)를 억제하는 **스타틴(statin)**이라고 하는 약으로 치료할 수 있다. 이러한 화합물들은 모두 HMG 유사기를 가지고 있어서 효소에 결합하는 HMG CoA의 경쟁적 억제제로서 작용한다. 스타틴들은 K_I 값이 나노몰 범위로서 아주 강력하게 결합하지만, HMG-CoA는 K_M 값이 거의 ~4 mM이나 된다.

6개의 서로 다른 스타틴들의 복합체 안에서 HMG-CoA 환원 효소의 X선 구조에 의하면, 억제제의 큰 소수성기가 효소 활성 억제에 중요한 역할을 담당한다. HMG-CoA 환원 효소의 활성 부위는 일반적으로 NADPH뿐만 아니라 CoA의 판토텐산(pantothenate) 부분을 수용한다. 스타틴 결합은 NADPH 결합을 방해하지 않는다. 그러나 효소는 스타틴의 큰 소수성기를 수용하기 위하여 형태를 변화한다. 이러한 억제제들은 효소의 타고난 유연성을 이용하는 것 같이 보인다. 나아가서, 이들은 서로 다른 스타틴들 사이에서 구조적인 변화에도 불구하고, 모두 효소에 광범위하게 미치는 반데르발스 접촉이 일어난다. **효소 유연성의 결과로서 나타나는 이러한 스타틴과 활성 부위 사이의 높은 정도의 상보성은 극도로 낮은 억제 상수(*inhibition***

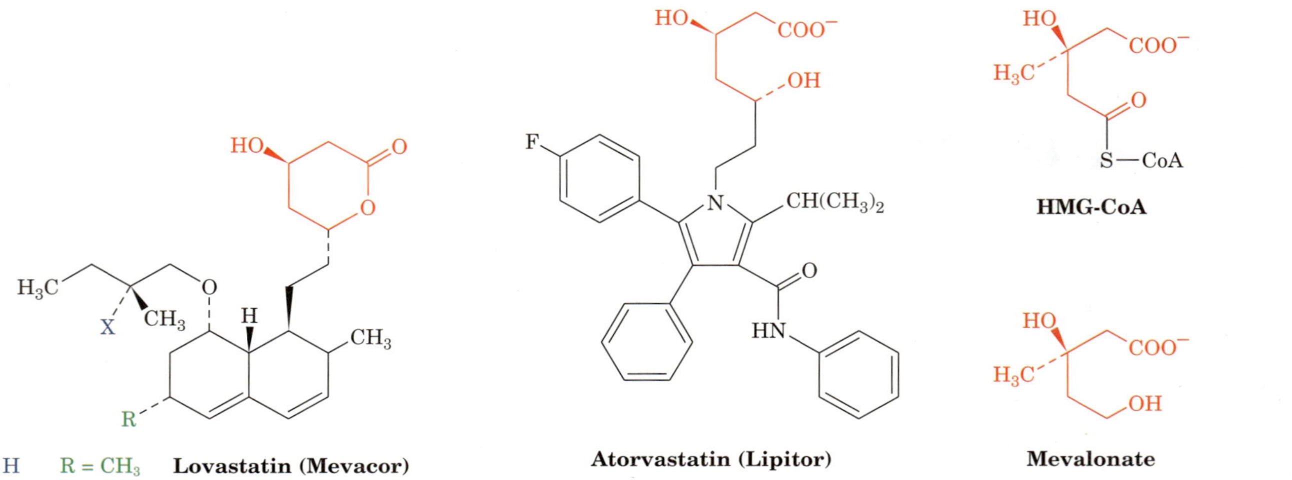

그림 20-40 고콜레스테롤증(hypercholesterolemia) 치료를 위한 HMG-CoA 환원 효소 경쟁적 억제제들 스타틴으로 알려진 로바스타틴(Mevacor), 프라바스타틴(Pravachol), 심바스타틴(Zocor), 아토르바스타틴(Lipitor)의 분자식이 주어졌다. 구조 비교를 위해 HMG-CoA와 HMG-CoA 환원 효소의 생성물인 메발론산의 구조를 보여 준다. 로바스타틴, 프라바스타틴, 심바스타틴은 락톤 화합물이고, 아토르바스타틴과 메발론산은 하이드록시산 구조임을 상기하라. 락톤 화합물은 생체 내에서 효소 작용에 의해서 활성의 하이드록시산으로 수화된다.

? 이 약물들은 세포 내 표적에 어떻게 도달할까?

constants)를 설명한다.

스타틴의 존재에 의한 세포 내 콜레스테롤의 공급의 초기 감소는 LDL 수용체와 HMG-CoA 환원 효소에 의한 유도를 접하는데(20-1B절과 20-7A절, 그림 20-8), 이렇게 해서 HMG-CoA 준위가 거의 약을 먹기 전 상태인 새로운 정적인 상태로 된다. 그러나 LDL 수용체의 수적 증가는 혈액으로부터 LDL과 IDL(LDL의 전구 물질을 포함한 apoB-100)의 제거를 증가시켜 혈청의 LDL 콜레스테롤 수치를 상당히 낮추는 원인이 된다.

C 콜레스테롤의 비정상적인 수송은 동맥 경화를 초래한다

위에서 언급하였듯이, 세포 내 콜레스테롤 농도는 콜레스테롤의 합성뿐 아니라 순환하는 지질 단백질(20-1B절)로부터 세포가 콜레스테롤을 흡수하는 능력에도 의존하다. 콜레스테롤 대사에서 지질 단백질의 역할은 상당히 연구되었는데, 왜냐하면 기본적으로 LDL의 형태로 혈액 속의 콜레스테롤 수치가 증가하면 심장 혈관 질환의 강력한 위험 요소가 되기 때문이다.

동맥 경화는 혈관벽에 지질이 축적되는 결과이다. 미국에서 모든 죽음의 거의 절반은 혈관 질병인 **동맥 경화**[**atherosclerosis**, 그리스어: *athera*(죽) + *sclerosis*(경화)와 관련되어 있다. 동맥 경화는 천천히 진행되는 질병으로, 큰 혈관벽, 특히 관상 동맥에 지질이 축적되면서 시작된다. 시작 단계는 혈관벽 당단백질(8-3A절)과 지질 단백질의 결합에 의해서 생기는 것으로 보인다. 달라붙은 지질들은 내피세포가 혈관 내부에 붙으면서 일종의 백혈구 세포인 모노사이트(monocyte)에 특이적으로 접착을 빠르게 만들어서 염증을 유발한다. 이러한 세포들이 혈관 내벽 속에 파고들기 시작하면 대식세포로 분화되어 축적된 지질들을 포획하여 부풀어 오르게 되어 '거품세포'로 불려진다. 대식세포는 일반적으로 지질들을 포획하지 않지만, LDL 입자들이 혈관벽에 장기간 붙잡혀 있을 때와 같이 지질이 산화되었을 때 지질을 포획한다. 거품

세포에서 유리된 인자들과 아마도 산화된 지질 자체가 더 많은 백혈구를 모으고 염증 상태를 지속시킨다.

상처 난 혈관벽은 콜레스테롤, 콜레스테릴 에스터, 그리고 죽은 대식세포의 잔류물을 바탕으로 **플라크(plaque)**를 만들며, 플라크는 뼈 형성 과정에서처럼 석회화가 될 수 있는 성장하는 민무늬근으로 둘러싸여 있다(그러므로 동맥의 '경화'). 비록 동맥의 내강을 아주 큰 플라크가 막을 수 있지만(그림 20-41), 플라크가 파열되지 않으면 혈액의 흐름이 통상적으로 완전히 차단되지는 않는다. 이러한 혈액 덩어리의 유발 형성은 심장으로의 순환을 막아서 **심근 경색(myocardial infarction**, 심장 마비)의 원인이 된다. 뇌 혈액의 흐름을 막으면 **뇌졸중(stroke)**이 된다.

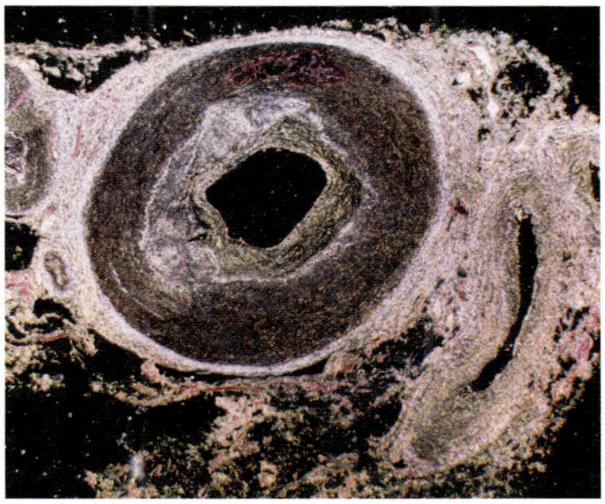

그림 20-41 관상 동맥의 동맥 경화성 플라크 지질의 축적과 염증 과정의 활성화의 결과로 혈관벽이 심하게 두꺼워져 있다.

동맥 경화의 진전은 순환하는 LDL(가끔 '나쁜 콜레스테롤'이라고 칭한다)의 농도와 아주 밀접한 관계를 갖고 있다. 어떤 고지방질 식사는 LDL의 대폭 증가로 인한 동맥 경화에 기여하는 것으로 보이며, 유전적 요인과 감염 역시 동맥 경화의 위험을 증가시킨다. 담배 연기는 LDL을 산화시키며 대식세포에 의한 유입을 증가시키기 때문에, 흡연도 이 질병에 기여한다고 볼 수 있다. 동맥 경화는 혈액 내에 총 콜레스테롤 양이 낮게 유지되거나 HDL(즉 좋은 콜레스테롤)의 수치가 높은 사람에게는 적게 일어난다. 이러한 지질 단백질은 과잉의 콜레스테롤을 담즙산으로 제거하기 위해서 간으로 수송한다. 여자들은 남자보다 HDL이 많아서 심장병 위험이 낮다. 스타틴도 혈중 콜레스테롤 수치를 낮추어서 심장 혈관 질환의 위험을 낮춘다.

LDL 수용체 결핍은 고콜레스테롤증을 유발한다. LDL 수용체는 혈청의 LDL 수치의 유지에 분명히 중요한 역할을 한다. 순환 중인 LDL과 IDL(이들은 둘 다 LDL 수용체에 특이적으로 반응하는 결손 지질 단백질을 갖고 있다)은 수용체 매개 막함입(그림 20-8)을 통해서 간으로 되돌아 들어간다. **가족형 고콜레스테롤증(familial hypercholesterolemia, FH)이라는 유전적 질병이 있는 사람은 기능성 LDL 수용체가 결손되어 있다.** FH 동형 접합체인 사람은 수용체가 전혀 없는데, 그들 혈청의 콜레스테롤 수치는 보통 사람의 ~200 mg/dL보다 3~5배 높다. 이러한 상황은 결과적으로 **황색종(xanthoma)**이라고 알려진 노란 혹들이 피부와 인대 안에 축적된다. 그러나 더 큰 손실은 5세도 되기 전에 심장 마비로 죽게 되는 원인인 동맥 경화로 발전되는 것이다. FH 이형 접합체(약 500명 중의 1)인 사람은 기능성 LDL 수용체의 수가 정상인의 절반 정도이며, 혈청 LDL 수치는 정상인보다 약 2배 많게 나타난다. 이들은 일반적으로 30세 이후에 심장 혈관 질환의 증상이 발전한다.

장기간에 걸쳐 고지방/고콜레스테롤의 음식을 섭취하면 비록 FH만큼 아주 강력하지는 않지만 비슷한 효과를 갖는다. 콜레스테롤은 HMG-CoA 환원 효소의 합성(20-7B절)과 똑같은 메커니즘에 의해서 LDL 수용체의 합성을 조절한다. 결과적으로, 고농도의 세포 내 콜레스테롤은 LDL 수용체의 합성을 방해하여 더 많은 LDL 입자들이 순환계에 남아 있게 한다. 고콜레스테롤 음식은 유미 입자를 경유하여 조직으로 운반되어 고혈청 LDL 수치를 만든다.

콜레스테롤은 수송 단백질을 통해 세포로부터 유출된다. 대부분의 세포들은 스테로이드 호르몬 또는 담즙산으로 전환하여 콜레스테롤을 소비하지는 않지만 모든 세포들은 막의 유동성을 유지하기 위해서 콜레스테롤을 필요로 한다. 콜레스테롤이 이러한 요구보다 넘칠 때는 ACAT의 작용에 의해서 에스터화되고, 세포 내 축적물로서 콜레스테릴에스터 형태로 저장된다. 콜레스테롤은 **탄저병(Tangier disease)**에 걸

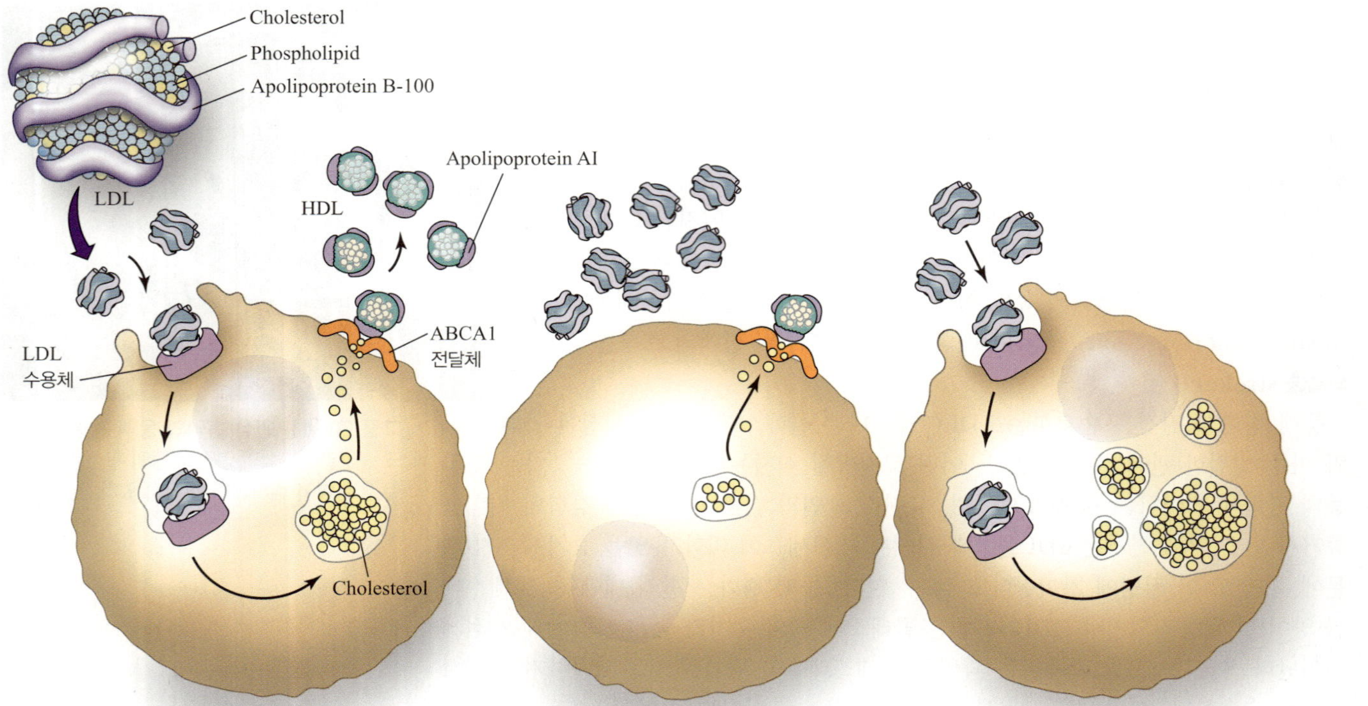

(a) 정상 (b) 가족형 고콜레스테롤증 (c) 탄저병

그림 20-42 콜레스테롤 대사에서 LDL과 HDL의 역할 (*a*) 세포는 LDL 수용체(보라색)가 매개하는 LDL의 막함입을 경유하여 콜레스테롤과 콜레스테릴 에스터를 받아들인다. HDL 형성을 위한 콜레스테롤의 유출은 ABAC1 전달체(주황색)의 도움을 받는다. (*b*) 가족형 고콜레스테롤증에서는 기능성 LDL의 수용체가 결핍되어 결국은 순환 LDL의 수치가 높아진다. (*c*) 탄저병에서 세포의 콜레스테롤과 콜레스테릴 에스터의 양은 많아지게 되고, 기능성의 ABAC1의 결핍에 의한 유출이 막히기 때문에 적은 HDL이 형성된다.

린 사람의 연구를 통해서 조명된 메커니즘에 의해서 역시 세포로부터 제거될 수 있다. 이 퇴행적이고 유전적 기형은 HDL을 거의 만들지 못하는데, 왜냐하면 세포들에 **ATP-카세트 결합 단백질 A1**(**ATP-cassette binding protein A1, ABCA1**)으로 알려진 수송 단백질의 결함이 있기 때문이다.

보통의 사람들이 ABCA1은 분명히 플립페이스(flippase, 9-4C절) 같이 콜레스테롤, 콜레스테릴 에스터, 다른 지질을 원형질막 잎의 안쪽으로부터 바깥쪽으로 수송하며, 이것으로부터 결손 지질 단백질 A-I에 의해서 포획되어 HDL을 만든다. ABCA1이 결손된 세포들은 콜레스테롤을 줄일 수 없고 콜레스테릴 에스터가 세포질에 축적된다. 지질로 부풀어오른 대식세포는 동맥 경화 발전에 기여하며, 그래서 탄저병에 걸린 사람은 FH와 유사한 증상이 나타난다. HDL 수용체의 기능과 ABCA1의 콜레스테롤의 항상성은 **그림 20-42**에서 개략적으로 표현되어 있다.

체크 포인트

- 콜레스테롤 분자를 생성하는 데 필요한 반응 유형을 설명하시오.
- 콜레스테롤은 어떻게 자신의 합성을 조절하는가?
- 스타틴은 콜레스테롤 수치를 어떻게 낮추는가?
- 가족성 고콜레스테롤 혈증 및 탕헤르 질병(Tangier disease)이 죽상 동맥 경화증의 발병에 대해 시사하는 것은 무엇인가?

요약

1 지질의 소화, 흡수, 수송

- 트라이아실글리세롤의 소화는 담즙산의 유화 능력과 지질-물 계면에서의 지질 분해 효소의 활성화에 의존한다.
- 지질 단백질은 무극성 지질의 복합체로서 양쪽성 지질 껍질로 싸여 있고, 혈액 내의 결손 지질 단백질은 수송 지질이다. 세포는 LDL의 수용체 매개 막함입에 의해서 콜레스테롤과 다른 지방질들을 포획한다.

2 지방산 산화

- 지방산 산화는 아실기가 CoA와 싸이오에스터를 형성하여 활성화되면서 시작한다. 아실기는 미토콘드리아로 수용되기 위하여 카르니틴으로 전환되고, 그곳에서 CoA로 재에스터화된다.
- β 산화는 다음과 같은 네 개의 반응에 의해 일어난다. (1) α,β 이중 결합의 형성, (2) 이중 결합의 수화, (3) β-케토아실 CoA를 만들기 위한 탈수소화 반응, (4) CoA의 싸이올 분해로 아세틸 CoA와 두 개의 탄소가 짧아진 아실 CoA로 전환. 이 과정은 짝수 개의 탄소 원자를 가진 지방산이 아세틸 CoA로 전환될 때까지 반복되며, 홀수 개의 탄소 원자를 가진 지방산은 아세틸 CoA와 한 분자의 프로피오닐 CoA로 전환된다. 아세틸 CoA는 시트르산 회로와 산화적 인산화 반응에 의해서 산화되어 ATP를 생산한다. 프로피오닐 CoA는 부분적으로 보조 효소 B_{12}를 함유한 효소 메틸말로닐 CoA 자리옮김 효소에 의해 시트르산 회로 중간체인 석시닐 CoA로 전환된다.
- 불포화 지방산의 산화는 Δ^3 이중 결합을 Δ^2 이중 결합으로 전환하는 이성질화 효소와 이중 결합을 없애는 환원 효소가 필요하다. 홀수 개의 사슬 지방산의 산화는 프로피오닐 CoA를 만들어 내는데, 이것은 코발아민(B_{12}) 의존 경로를 통해 석시닐 CoA로 전환된다. 아주 긴 사슬의 지방산은 퍼옥시솜에서 삼효소제에 의해 부분적으로 산화된다.

3 케톤체

- 간의 아세틸 CoA를 이용하여 케톤체인 아세토아세트산과 β 하이드록시뷰티르산을 합성하는데, 이들은 혈류 속으로 방출된다. 조직들은 이런 케톤체를 연료로 사용하기 위하여 아세틸 CoA로 되돌려 전환한다.

4 지방산 생합성

- 지방산 합성에서 미토콘드리아의 아세틸 CoA는 트라이카복실산 수송계에 의해서 세포질로 운반되며, 아세틸 CoA 카복실화 효소에 의해서 말로닐 CoA로 활성화된다.
- 포유류의 7가지 효소 활성의 연속 반응은 한 번의 반응에 아실 CoA 사슬이 2개의 탄소씩 늘어나는 다기능성 동종 이합체 효소를 포함하고 있다. 효소 결합 아실기와 말로닐 ACP는 β 케토아실 중간체와 CO_2로 축합된다. 두 번의 환원과 한 번의 탄소 반응의 연속 반응으로 아실 ACP가 만들어지며, 이것은 β 산화의 반대 과정과 유사하지만 세포질에서 분리된 효소들에 의해서 촉매된다. 일반 지방산 합성의 생성물인 팔미트산(C_{16})은 이와 같은 7번의 순환 반응으로 합성된 후에 싸이올 분해 효소에 의해서 ACP로부터 절단된다.
- 다른 지방산들은 팔미트산으로부터 연장 효소와 불포화화 효소의 작용에 의해서 합성된다. 사람의 트라이아실글리세롤은 지방산 아실 CoA와 글리세롤 알데하이드-3-인산 또는 다이하이드록시아세톤 인산으로부터 합성되며, C1 위치에는 포화 지방산이, C2 위치에는 불포화 지방산이 함유되는 경향이 있다.

5 지방산 대사의 조절

- 지방산의 분해와 합성은 역반응으로, 호르몬에 의해서 조절된다. 글루카곤과 에피네프린은 지방 조직 내의 호르몬 민감성 지질 분해 효소를 활성화하며, 이것에 의해서 다른 조직에서의 지질 분해 효소를 활성화한다. 그리고 이것에 의해서 다른 조직에서의 산화를 위한 지방산 공급을 증가시키고, 아실 CoA 카복실화 효소를 불활성화한다. 인슐린은 반대의 효과를 갖는다. 인슐린도 자신의 합성률을 조정하여 아세틸 CoA 카복실화 효소와 지방산 생성 효소의 준수치를 조절한다.

6 기타 지질의 합성

- 포유류의 포스파티딜에탄올아민과 포스파티딜콜린은 1,2-다이아실글리세롤과 머리 원자단의 CDP 유도체로부터 합성된다. 포스파티딜이노시톨, 포스파티딜글리세롤, 카디오리핀도 CDP-글리세롤에서 합성이 시작된다.
- 스핑고글리코지질은 뉴클레오타이드당으로부터 제공되는 당단위들의 부가 반응에 의해서 세라마이드(팔미트산과 세린 유도체인 *N*-아실스핑고신)로부터 합성된다.
- 아라키돈산은 프로스타글란딘의 전구 물질이다. 아스피린을 포함한 어떤 약들은 고리산소화 효소를 억제하여 프로스타글란딘 합성을 차단한다.

7 콜레스테롤 대사

- 콜레스테롤은 아세틸 단위들이 HMG-CoA와 메발론산 중간 물질을 거쳐서 C_5 아이소프렌 단위로 전환되는 방법에 의해서 합성된다. 6개 아이소프렌 단위들이 C_{30} 화합물의 스쿠알렌으로 축합하고, 이것은 콜레스테롤의 스테로이드 전구 물질인 라노스테롤로 고리화로서 만든다.
- 소포체에서의 콜레스테롤 감지계는 세포 내에서 HMG-CoA 환원 효소와 LDL 수용체의 합성을 조절한다. HMG-CoA 환원 효소는 스타틴 약제들에 의해 경쟁적으로 억제된다.
- 유전적 결함이나 고콜레스테롤 식단과 연계되어 있는 고콜레스테롤증은 동맥 경화 진행에 기여한다.

주요 용어

β 산화(β oxidation)
HDL
IDL
LDL
VLDL
결손 지질 단백질(apolipoprotein)
계면 활성(interfacial activation)
고콜레스테롤증(hypercholesterolemia)
균일 분해(homolytic cleavage)
동맥 경화(atherosclerosis)
불균일 분해(heterolytic cleavage)
불포화화 효소(desaturase)
수용체 매개 막함입(receptor-mediated endocytosis)
연장 효소(elongage)
아실 전달 단백질(acyl-carrier protein)
유미 입자(chylomicron)
지질 저장 질환(lipid storage disease)
케톤증(ketosis)
케톤 합성(ketogenesis)
폴리케타이드(polyketide)
필수 지방산(essental fatty acid)
호르몬 민감성 트라이아실글리세롤 지질 분해 효소(hormone-sensitive triacylglycerol lipase)

문제

연습 문제

1. 트라이아실글리세롤에서 지방산을 제거하면 글리세롤이 남는다. 어떻게 글리세롤 카이네이스와 글리세롤-3-인산 탈수소 효소가 해당 과정의 중간 물질로부터 글리세롤을 만들 때 작용하는가?

2. 736쪽 위에 나타낸 지질에 췌장 지질 분해 효소의 작용에 의해 만들어진 생성물을 확인하시오.

3. (a) pH가 7~8인 소장의 담즙산의 전하는 얼마인가?
(b) 한 가설에 따르면, 담즙산은 박테리아에 독성을 가지므로 장에서의 박테리아 성장을 제한할 수 있다. 이 살균 작용에 대한 메커니즘을 제안하시오.

4. 대장에서 살고 있는 박테리아는 아미데이스(amidase)와 하이드록실레이스(hydroxylase)를 사용하여 글리코콜린산(glycocholic acid)을 대사한다.
(a) 반응 생성물을 그리시오.
(b) 생성물과 글리코콜린산의 용해도를 비교하시오.
(c) 담즙산의 용해도 변화가 박테리아에 덜 독성을 줄 수 있나?

5. 두 개의 지질 단백질이 아래와 같은 특징을 갖는다.

	지름(Å)	트라이아실글리세롤 함량(%)	단백질 함량(%)
지질 단백질 A	200	10	20
지질 단백질 B	100	5	55

어느 지질 단백질이 밀도가 더 큰가?

6. 지방세포는 인산 지질로 둘러싸인 물방울의 형태로 지질을 세포질에 저장한다. 페리리핀(perilipin) 단백질 또한 지질 방울(lipid droplet)의 표면에 결합되어 있다. (a) 페리리핀 단백질의 가능한 구조를 서술하시오. (b) 페리리핀 단백질의 인산화가 어떻게 지질 방울로부터 지질의 노출을 도와 지질 분해 효소에 의해 소화되게 하는지 설명하시오.

7. 카르니틴 팔미토일 전달 효소 II가 결핍된 사람이 근육허약증을 갖는 이유를 설명하시오.

8. 왜 카르니틴 팔미토일 전달 효소 II가 결핍된 사람은 절식하는 기간에 더 증상이 악화되는가?

9. β 산화의 처음 3단계(그림 20-12)는 화학적으로 시트르산 회로의 세 연속적인 단계와 유사하다. 어떤 단계들이 유사한가?

10. 팔미트산과 글루코스가 완전 연소하면 각각 9781 $kJ \cdot mol^{-1}$, 2850 $kJ \cdot mol^{-1}$의 자유 에너지를 생성한다. 이 값들을 표준 조건에서 팔미트산과 글루코스의 분해 대사로 얻어지는 자유 에너지(ATP)와 비교하시오. 어떤 과정이 더 효율적인가?

11. 대장균 ACP의 구조는 광범위한 소수성 주머니를 포함한다. 그 목적은 무엇인가?

12. 대장균 ACP의 표면은 Glu 곁가지 부분을 갖는다. 대장균 β-hydroxyacyl-ACP dehydratase의 표면에 위치할 가능성이 있는 곁가지에 대해 어떤 결론을 내릴 수 있는가?

13. 장내 미생물은 면역계를 조절하는 데 도움이 되는 뷰틸레이트를 생성한다. 뷰틸레이트를 생성되려면 몇 번의 팔미틴산 염의 β 산화가 필요한가?

14. 뷰틸레이트와 같은 짧은 사슬 지방산은 포유동물의 장에서 흡수되어 대사성 연료로 사용된다. 몇 개의 ATP가 뷰틸레이트의 완전한 산화로부터 유도될 수 있는가?

15. 칼로리 섭취가 꼭 제한되어 있는 사람에게는 왜 불포화 지방산이 포화 지방산보다 유리한가?

16. 올레산(oleate)의 완전한 산화에 의한 ATP 생산량을 계산하시오.

17. 왜 사슬이 홀수 개인 지방산의 분해가 시트르산 회로의 활성을 증폭시킬 수 있는지 설명하시오.

18. 지방산 산화의 생성물 프로피오닐 CoA의 완전 산화에 의해서 몇 개의 ATP가 생성될 수 있는가? 이것을 아세틸 CoA의 ATP 생성률과 비교하시오.

19. 간 세포의 3-케토아실 CoA 전달 효소의 결손이 중요한 이유는 무엇인가?(그림 20-21)

20. 동물을 ^{14}C 표지된 카복실기의 팔미트산으로 사육하였다. (a) 케톤 생성 상황에서 표지는 아세토아세트산의 어디에 나타나겠는가?

21. $^{14}CO_2$를 사용하여 아세틸 CoA로부터 말로닐 CoA를 합성하면 팔미트산의 어느 탄소 원자에 나타나는가?

22. 트라이클로산 화합물은 박테리아의 엔오일-ACP 환원 효소를 억제한다. 왜 트라이클로산이 살균제로 유용한지 설명하시오.

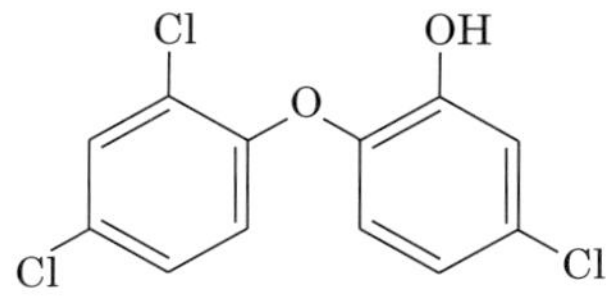

Triclosan

23. 왜 지방세포들은 트라이아실글리세롤을 합성하는 과정에서 글루코스뿐만 아니라 지방산까지도 필요로 하는지 설명하시오.

24. 싸이아졸리딘다이온(thiazolidinedione)으로 알려진 항당뇨 약물은 글리세롤 카이네이스 생성을 유도한다. 왜 글리세롤 카이네이스는 당뇨 시 수치가 상승하는 혈청 지방산의 농도를 낮추는지 설명하시오

25. 아세틸 CoA 카복실화 효소의 약물학적 억제는 비만에 대한 치료법으로 제안되어 왔다. 왜 이 효소가 항비만제가 될 수 있는지 설명하시오.

26. 아세틸 CoA 카복실화 효소의 활성 저해는 체질량에 영향이 없을 수 있는 이유를 설명하시오.

27. 장내 세균은 콜린을 트라이메틸아민으로 전환시키고, 간은 이 기체를 트라이메틸아민 *N*-옥사이드(TMAO)로 전환시킨다. TMAO는 아마도 대식세포가 LDL을 흡수하도록 자극함으로써 죽상 경화증을 촉진시킨다. (a) 이 화학은 왜 많은 양의 달걀(포스파티딜콜린이 풍부한)을 섭취하는 것이 심혈관 질환의 위험 인자인지 설명할 수 있는가? (b) 일부 연구는 보충적인 포스파티딜콜린 섭취가 노화 과정을 지연시킬 수 있음을 시사한다. 이것은 (a)에 대한 당신의 답과 일치하는가?

28. 동물을 ^{14}C 표지된 카복실기의 팔미트산으로 사육하였다. 지질막 합성 조건에서 표지가 스핑가닌(sphinganine)의 어디에 나타나는가?

29. 신호 전달 물질로 작용하는 아래의 분자를 만드는 데 사용된 지방산은 무엇인가?

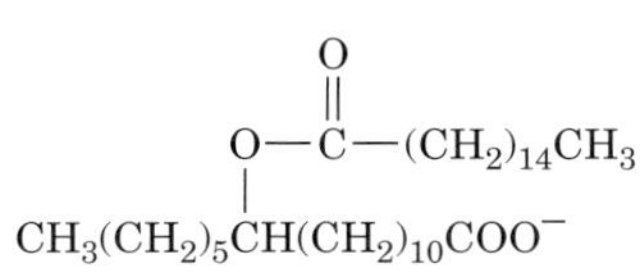

30. 식사 후 장 세포에서 합성되는 아래의 분자를 만드는 데 사용된 지방산은 무엇인가?

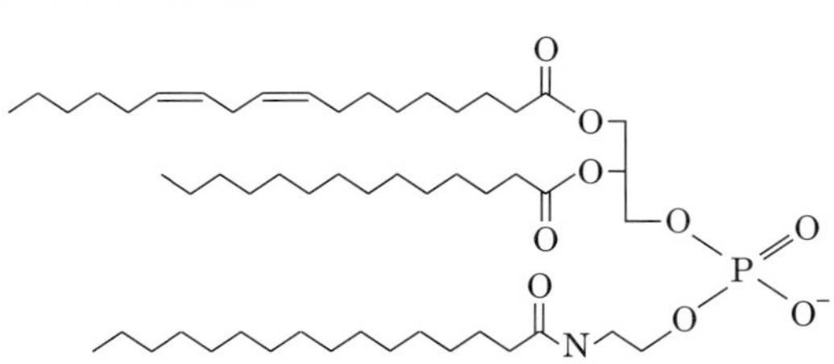

도전 질문

31. 바이오매스의 기존의 탄화수소 연료로의 전환에서 한 가지 전략은 천연 박테리아 효소의 사용을 포함한다. 특정 사이아노박테리아에서 지방산 아실 ACP는 알데하이드로 전환된다. 알데하이드 탈카복실화 효소는 알데하이드에 작용하여 CO와 알케인을 생성한다. 스테아로일 ACP 및 팔미토일 ACP에서 생성된 알칸들을 확인하시오.

32. 대부분 식물 오일로부터 유래한 에너지인 바이오 디젤은 오일에 메탄올/KOH 혼합물을 처리하여 지방산 메틸 에스터를 생산함으로써 제조 가능하다. 658쪽의 트라이아실글리세롤에 메탄올/KOH 혼합물을 처리하였을 때 생성되는 생성물을 말하시오.

33. 식물 재료의 소화는 엽록소 분자에서 유래한 파탄산(phytanate, 그림 19-2)을 생성한다.

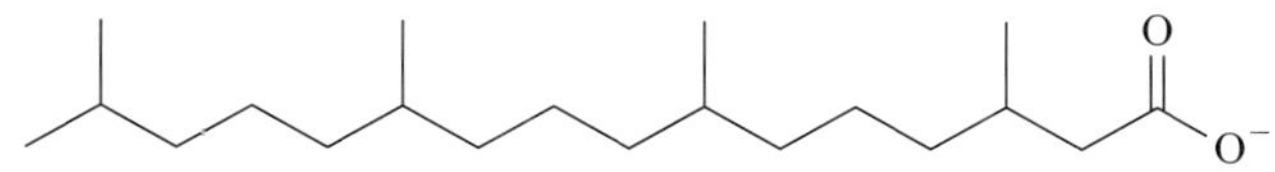

Phytanate

(a) 파탄산이 β 산화에 의해서 이화되지 않는 이유를 설명하시오.

(b) 대신, 파탄산은 CoA와 연결되어 있고 퍼옥시솜의 이산소화효소(dioxygenase)에 의해서 파이타노일(phytanoyl) CoA에서 2-하이드록시파이타노일(hydroxyphytanoyl) CoA로 전환된다. 이 중간 물질의 구조를 그리시오.

(c) 2-하이드록시파이타노일 CoA 분해 효소는 알데하이드(프리스탄알)와 포밀(formyl) CoA를 생성한다. 프리스탄알의 구조를 그리시오.

34. 프리스탄알(문제 20-33 참조)은 프리스탄산(pristanate)으로 산화될 수 있다. 이 물질은 β 산화에 의해서 더욱 분해 가능한가? 만약 그렇다면, 반응 생성물은 무엇인가?

35. 트라이카복실화 효소 전달계는 팔미트산의 합성을 위해서 세포질의 아세틸 CoA를 공급한다. 팔미트산 합성에 준비해야 하는 NADPH는 몇 %인가?

36. 동물에서 아래와 같은 지방산이 합성되는가? 설명하시오.

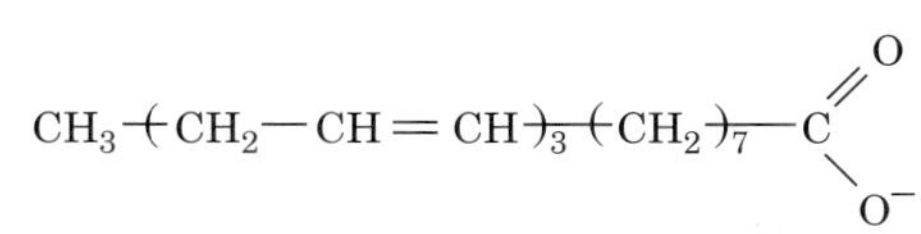

37. 스테아르산(stearate)을 미토콘드리아의 아세틸 CoA로부터 합성할 때와 스테아르산을 아세틸 CoA로 분해할 때 회수되는 에너지 비용을 ATP 값으로 비교하시오.

38. 스테아르산을 미토콘드리아의 아세틸 CoA로부터 합성할 때와 스테아르산을 CO_2로 분해할 때 회수되는 에너지 비용을 ATP 값으로 비교하시오.

39. 사슬 연장이 미토콘드리아에서 일어날 때 12 아세틸 CoA를 리그노세르산(lignocerate, C_{24} 지방산, 표 9-1)로 전환하는 비용을 ATP 값으로 계산하시오.

40. 사슬 연장이 소포체에서 일어날 때, 12 아세틸 CoA를 리그노세르산으로 전환하는 비용을 ATP 값으로 계산하시오.

41. 스타틴을 복용하는 고콜레스테롤증 사람에게 때때로 보조 효소 Q의 복용을 권고한다. 설명해 보시오.

42. 경구 투여되는 아토르바스타틴은 수용액에서의 용해도가 제한적이다. 그것은 위 또는 소장에서 더 녹기 쉬운가?

43. 햄버거, 튀긴 감자 및 아이스크림으로 구성된 식사를 한 후 몇 시간 후 심한 복통을 앓고 있는 어린이가 병원에 입원했다. 그녀의 피에는 '크림색 토마토 수프' 모양이었으며, 분석 결과 많은 양의 유미 입자(chylomicron)가 포함되어 있는 것으로 밝혀졌다. 주치의로서 환자의 고통에 대한 진단은 무엇인가(복통의 원인은 불분명한가)? 당신은 이 유전병의 증상을 완화시키기 위해 어떤 치료를 처방할 것인가?

참고 문헌

일반

Valle, D. (Ed.), *The Online Metabolic & Molecular Bases of Inherited Disease*, http://www.ommbid.com/. [Includes numerous chapters on defects in lipid metabolism.]

Vance, D.E. and Vance, J.E. (Eds.), *Biochemistry of Lipids, Lipoproteins, and Membranes* (5th ed.), Elsevier (2008).

지질 단백질

Ajees, A.A., Anantharamaiah, G.M., Mishra, V.K., Hussain, M.M., and Murthy, H.M.K., Crystal structure of human apolipoprotein A−I: Insights into its protective effect against cardiovascular diseases, *Proc. Natl. Acad. Sci.* **103**, 2126 – 2131 (2006).

Calabresi, L., Gomaraschi, M., Simonelli, S., Bernini, F., and Franceschini, G., HDL and atherosclerosis: Insights from inherited HDL disorders, *Biochim. Biophys. Acta* **1851**, 13 – 18 (2015).

Hussain, M.M., Intestinal lipid absorption and lipoprotein formation, *Curr. Opin. Lipidol.* **25**, 200 – 206 (2014).

지방산 대사

Gillou, H., Zadravec, D., Martin, P.G., and Jacobsson, A., The key roles of elongases and desaturases in mammalian fatty acid metabolism: Insights from transgenic mice, *Prog. Lipid Res.* **49**, 186 – 199 (2010).

Grininger, M., Perspectives on the evolution, assembly and conformational dynamics of fatty acid synthase type I (FAS I) systems, *Curr. Opin. Struct. Biol.* **25**, 49 – 56 (2014).

Houten, S.M. and Wanders, R.J.A., A general introduction to the biochemistry of mitochondrial fatty acid β−oxidation, *J. Inherit. Metab. Dis.* **33**, 469 – 477 (2010).

Maier, T., Leibundgut, M., and Ban, N., The crystal structure of a mammalian fatty acid synthase, *Science* **321**, 1315 – 1322 (2008); *and* Leibundgut, M., Maier, T., Jenni, S., and Ban, N., The multienzyme architecture of eukaryotic fatty acid synthases, *Curr. Opin. Struct. Biol.* **18**, 714 – 725 (2008).

Marsh, E.N.G. and Drennan, C.L., Adenosylcobalamin−dependent isomerases: new insights into structure and mechanism, *Curr. Opin. Chem. Biol.* **5**, 499 – 505 (2001).

기타 지질의 대사

Rouzer, C.A. and Marnett, L.J., Cyclooxygenases: structural and functional insights, *J. Lipid. Res.* **50 Suppl.**, S29 – 34 (2009).

콜레스테롤 대사

Bengoechea−Alonso, M.T. and Ericsson, J., SREBP in signal transduction: cholesterol metabolism and beyond, *Curr. Opin. Cell Biol.* **19**, 215 – 222 (2007).

Ikonen, E., Cellular cholesterol trafficking and compartmentalization, *Nature Rev. Mol. Cell Biol.* **9**, 125 – 138 (2008).

Sharpe, L.J. and Brown, A.J., Controlling cholesterol synthesis beyond 3−hydroxy−3−methylglutaryl−CoA reductase (HMGCR), *J. Biol. Chem.* **288**, 18707 – 18715 (2013).

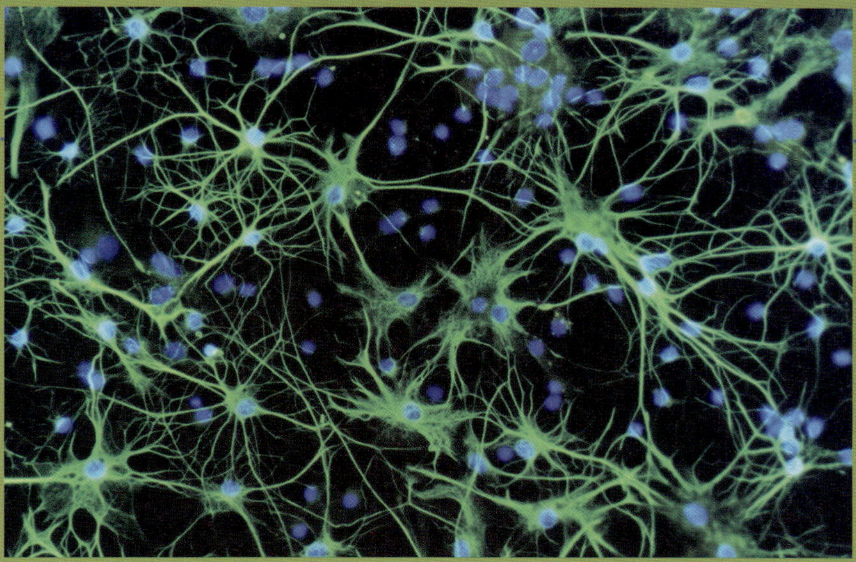

N. Kedersha/Science Source Images

신경세포들 사이의 신호를 전달하는 많은 신경 전달 물질은 아미노산 또는 아미노산의 유도체이다. 이 작은 분자들은 방출될 때까지 저장되어 있는 세포에 의해 쉽게 합성되고, 다시 빠르게 분해되거나 흡수된다.

CHAPTER 21

아미노산 대사

1 단백질 분해
- A 리소좀은 많은 단백질을 분해한다
- B 유비퀴틴은 분해할 단백질을 표시한다
- C 프로테오좀은 유비퀴틴화된 폴리펩타이드의 구조를 풀고 가수 분해한다

2 아미노산의 탈아미노화
- A 아미노기 전이 효소는 아미노기 전이 반응에 PLP를 사용한다
- B 글루탐산은 산화적 탈아미노화할 수 있다

3 요소 회로
- A 다섯 가지 효소가 요소 회로를 수행한다
- B 요소 회로는 기질 유효성에 의해 조절된다

4 아미노산의 분해
- A 알라닌, 시스테인, 글라이신, 세린, 트레오닌은 피루브산으로 분해된다
- B 아스파라진과 아스파트산은 옥살로아세트산으로 분해된다
- C 아르지닌, 글루탐산, 글루타민, 히스티딘, 프롤린은 α-케토글루타르산으로 분해된다
- D 메싸이오닌, 트레오닌, 아이소루신, 발린은 석시닐 CoA로 분해된다
- E 루신과 라이신은 아세틸 CoA와/또는 아세토아세트산으로만 분해된다
- F 트립토판은 알라닌과 아세토아세트산으로 분해된다
- G 페닐알라닌과 타이로신은 퓨마르산과 아세토아세트산으로 분해된다

5 아미노산 생합성
- A 비필수 아미노산은 공통 대사 물질로부터 생합성된다
- B 식물 및 미생물은 필수 아미노산을 합성한다

6 아미노산 대사의 다른 산물들
- A 헴은 글라이신과 석시닐 CoA로부터 합성된다
- B 아미노산은 생리적 활성 아민의 전구물질이다
- C 산화 질소는 아르지닌으로부터 유도된다

7 질소 고정
- A 질소 고정 효소는 N_2를 NH_3로 환원한다
- B 고정된 질소는 생물학적인 분자로 동화된다

아미노산 대사는 넓은 범위의 합성과 분해 반응을 포함하고 있다. 이 반응들에 의해 아미노산들은 폴리펩타이드나 다른 화합물의 전구 물질로 조립되고, 대사 에너지를 회복하기 위해 분해된다. 아미노산의 화학적인 변화는 탄수화물이나 지방의 화학 변화와 달리, 질소 성분을 포함하고 있다. 따라서 우리는 생물적인 시스템에서 질소의 근원과 질소의 처리 방식을 조사해야 한다.

세포에 존재하는 많은 아미노산들은 단백질로 구성되어 있으며, 이 단백질들은 끊임없이 합성·분해되고 있다. 이 중합된 아미노산들의 동력 풀(dynamic pool) 이외에 글리코젠이나 트라이아실글리세롤과 같은 아미노산 유사 물질의 진정한 저장 형태는 없다. 동물은 어떤 아미노산은 스스로 합성하고 나머지 아미노산은 식품에서 얻는다. **과도하게 섭취하는 아미노산은 단순히 배설하지 않고, 일반 대사 물질로 전환되는데, 이러한 물질들은 글루코스, 지방산, 케톤체의 전구 물질이며, 이들은 대사 연료이다.**

이 장에서는 단백질 분해와 각 아미노산의 **탈아미노화(deamination**, 아미노기의 제거)를 시작으로 아미노산의 대사 경로를 설명한다. 또한 질소를 배출하기 위해 질소가 요소에 결합하는 과정을 알아본다. 그런 다음, 각 아미노산의 탄소 골격이 분해되고 합성되는 경로를 공부한다. 우리는 아미노산들과 질소 고정(nitrogen fixation)을 포함한 몇몇의 다른 생합성 경로를 간단히 검토하고, 이 과정이 대기의 N_2를 생물이 이용할 수 있는 형태로 전환한다는 결론을 내린다.

1 단백질 분해

주요 개념

- 세포 밖과 안의 단백질들은 리소좀 단백질 분해 효소에 의해 소화될 수 있다.
- 분해될 다른 단백질은 우선적으로 유비퀴틴 단백질에 결합된다.
- 통 형태(barrel-shape) 복합체인 프로테오좀은 ATP 의존 과정과 단백질 가수 분해로 유비퀴틴 단백질의 구조를 푼다.

살아 있는 세포의 구성 성분들은 끊임없이 변환되고 있다. 단백질은 짧게는 수 분 동안, 길게는 수주일 동안의 수명을 가진다. 어떤 경우에, **세포들은 계속적으로 아미노산으로부터 단백질을 합성하고, 단백질을 아미노산으로 분해한다.** 겉보기에 쓸데없을 것 같은 이 과정은 세 가지 기능을 가지고 있다. (1) 단백질 형태로 영양분의 저장과, 근육 조직에 가장 중요한 과정들인 대사에 필요한 적절한 시기에 분해, (2) 세포에 해를 끼치는 비정상적인 단백질의 축적 제거, (3) 여분의(superfluous) 효소들과 조절 단백질의 제거로 세포 대사의 조절의 허용. **따라서 일종의 단백질 분해 속도는 단백질 생합성 속도를 조절하는 것만큼 세포와 생물체의 경제에도 중요하다.**

어떤 조직에서 효소들의 반감기는 표 21-1에서 기술된 쥐의 간 조직에서 기술한 바와 같이 모두 다르다. **대부분 빠르게 분해되는 효소들은 확실히 모두 중요한 대사 조절점을 가지고 있는 반면에, 비교적 안정한 효소들은 거의 모든 생리적 조건에서 일정한 촉매 활성을 가진다.** 결국 분해 효소의 감수성은 세포들이 환경 변화와 대사 요구에 효과적으로 반응하도록 그들의 촉매적인 특성과 다른자리 입체성 성질에 따라 진화하였다. 한 개의 세포 내에서 단백질 분해 속도는 그 영양 상태와 호르몬 상태에 따라 다양하다. 예를 들면 영양분 결핍 상태에서 세포들은 필수적인 대사 과정을 위해 필요한 영양을 공급하도록 단백질 분해 속도를 증가시킨다.

표 21-1 쥐의 간 효소들의 반감기

효소	반감기(h)
수명이 짧은 효소	
오르니틴 탈카복실화 효소	0.2
RNA 중합 효소 1	1.3
타이로신 아미노기 전달 효소	2.0
세린-트레오닌 탈수 효소	4.0
PEP 카복실화 효소	5.0
수명이 긴 효소	
알돌레이스	118
GAPDH	130
사이토크롬 *b*	130
LDH	130
사이토크롬 *c*	150

출처: Dice, J.F. and Goldberg, A.L., *Arch. Biochem. Biophys.* **170**, 214 (1975)

A 리소좀은 많은 단백질을 분해한다

리소좀은 **카텝신(cathepsin)**이라고 알려진 다양한 단백질 분해 효소를 포함해서 약 50종의 가수 분해 효소를 함유하고 있다. 리소좀은 내부적으로 pH ~5를 유지하고 있고, 그 효소들의 최적 pH는 산성이다. 리소좀 효소들은 주로 세포질 pH에서 비활성이며, 아마도 이는 우연히 리소좀 효소의 누출에 대한 세포를 보호하기 위해서이다.

리소좀들은 식균 작용(endocytosis)을 통해서 세포가 섭취하는 물질을 분해한다(20-1B절). 그들은 또한 세포 내 구성 물질을 재순환하며, 그 구성 성분들은 **자식 작용[autophagy**, 그리스어; *autos*(자기) + *phagein*(먹다)]이라고 하는 리소좀과 융합된 액포들 속에 봉합되어 있다. **영양분 공급이 잘 된 세포에서 리소좀 단백질 분해는 비선택적이다.** 그러나 영양이 고갈된 세포에서 이 분해는 필수 효소와 조절 단백질을 고갈시킬 것이다. 따라서 리소좀 역시 오랜 단식 후에만 활성화되는 일종의 선택적인 경로를 가지고 있으며, 이것은 아미노산 5개로 구성된 펜타펩타이드(pentapeptide), 즉 Lys–Phe–Glu–Arg–Gln (KFERQ)이나, 이와 관련된 유사 아미노산 서열을 함유한 세포질 단백질을 세포질로 받아들여 분해한다. 그러한 **KFERQ 단백질(KFERQ protein)**은 단식으로 위축된 조직(예: 간과 신장)에서 선택적으로 소실되지만, 위축되지 않은 조직(예: 뇌와 고환)에서는 소실되지 않는다. 많은 정상적인 과정과 병리적인 과정들이 증가된 리소좀의 활성과 연관되어 있다. 예를 들면 근

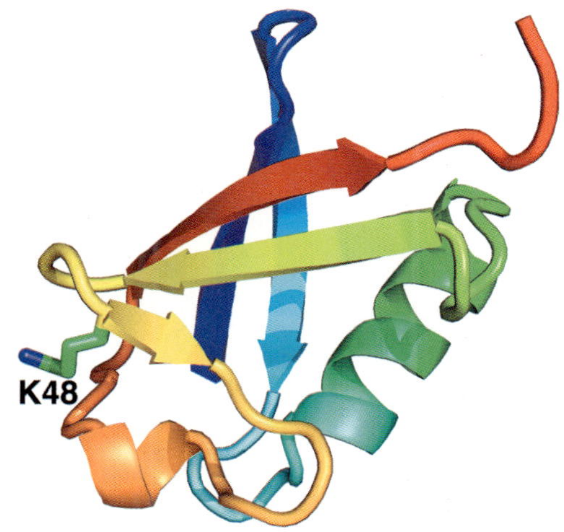

그림 21-1 인간 유비퀴틴의 X선 구조 폴리펩타이드는 N 말단(파란색)부터 C 말단(빨간색)까지 무지개색으로 표시하였다. 라이신 48번의 곁사슬은 막대로 표시하였고, C는 녹색, N은 파란색으로 표시하였다. [Based on an X-ray structure by Charles Bugg, University of Alabama at Bimingham, University of Alabama at Birmingham, PDBid IUBQ.]

육 소모는 폐기, 탈신경, 외상에 의해 일어나게 된다. 아이를 낳은 후 자궁의 퇴화로 9일 후에는 근육 조직이 2 kg에서 50 g까지 무게가 감소하는 것은 이 과정의 확실한 예이다. 만성 감염증과 염증성 질환은 리소좀 효소가 세포 밖으로 유리되어 주위의 조직을 분해한 결과이다.

B 유비퀴틴은 분해할 단백질을 표시한다

진핵세포 내에서 단백질의 분해도 ATP를 필요로 하며, 이 과정은 리소좀과 독립적이다. 이 과정은 **유비퀴틴(ubiquitin)**(그림 21-1)을 함유하고 있으며, 이는 76개 잔기를 가진 단량체의 단백질로서 도처에 풍부하게 존재한다는 의미로 우비퀴틴이라고 하였다. 유비퀴틴은 가장 잘 보존된 진핵세포의 단백질 중의 하나(우비퀴틴은 인간, 송어, 초파리와 같은 다양한 생물체 내에서 동일하다)이며, 이는 어떤 필수적인 세포 작용에 아주 적절하다는 것을 제시하고 있다.

유비퀴틴은 단백질과 공유 결합하고, 분해를 위해 단백질에 표식을 한다. 이 과정은 헤르슈코(Avram Hershko), 치카노베르(Aaron Ciechanover)과 르즈(Irwin Rose)에 의해 명확히 설명된 3단계로 일어난다(그림 21-2).

1. ATP가 필요한 반응에서 유비퀴틴의 말단인 카복실기는 싸이오에스터 결합을 거쳐서 **유비퀴틴 활성화 효소(ubiquitin-activating enzyme, E1)**에 결합한다. 대부분의 생물들은 E1의 한 형태만 가지고 있다.
2. 그 후에 유비퀴틴은 많은 동질성 단백질 중 하나로 존재하는 특이적인 Cys 설프하이드릴기에 전달되며, 이 동질성 단백질을 **유비퀴틴 결합 효소(ubiquitin-conjugating enzyme, E2s**; 효모에는 11개, 동물에는 20개 이상)라고 한다. 여러 가지 E2s는 활성 부위에 Cys를 함유하고 있으며, ~150개 잔기 촉매 중심으로 특성화된다.
3. **유비퀴틴–단백질 연결 효소(ubiquitin-protein ligase, E3)**는 활성화된 유비퀴틴을 E2에 미리 결합시킨 단백질 내에 Lys의 ε-아미노기에 전달하여, **아이소펩타이드 결합(isopeptide bond)**을 형성한다. 세포들은 많은 종의 E3를 가지고 있으며, 각 E3는 분해를 위해 단백질의 특이한 세트(specific set)의 유비퀴티네이션(혹은 유비퀴티레이션)을 통해 그들을 표시한다. 각 E3는 하나 혹은 몇 개의 특이적인 E2의 도움을 받는다. 약간의 E2는 두 패밀리의 구성원과 잘 반응하지만, 알려진 E3는 두 개의 관련이 없는 구성원들이며, 이들 중 하나는 **HECT** 영역(*E*6AP의 C 말단에 동질성을 위한 HECT)을 함유하고 있는 것이고, 또 다른 한 개는 소위 **RING finger**(실제로 관심이 있는 새로운 유전자를 위한 RING)를 함유하고 있다. 인간 유전자는 단백질 E3의 특별한 것을 나타내고 다양한 기능을 하는 단백질 카이네이스 유전자(518)보다 더 많은 28 HECT 유전자와 616 RING 유전자를 가지고 있다.

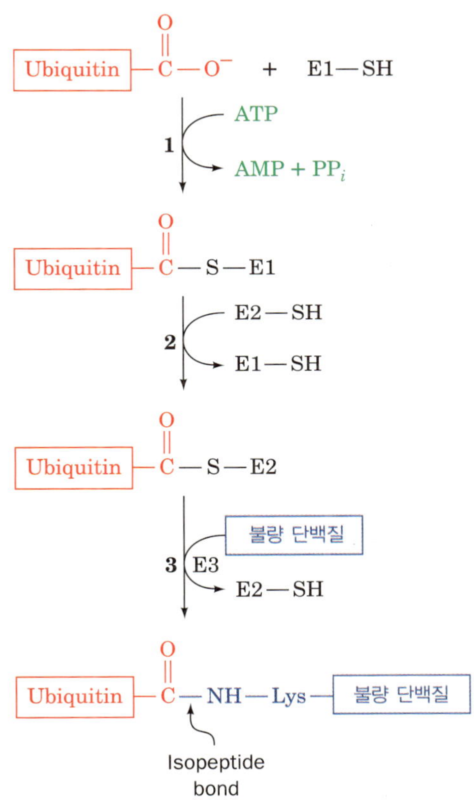

그림 21-2 단백질 유비퀴티네이션에 참여한 반응들 유비퀴틴의 말단 카복실기는 ATP 가수 분해에 의해 먼저 싸이오에스터 결합으로 E1에 연결된다. 활성화된 유비퀴틴은 연속적으로 E2의 설프하이드릴기에 전달되고, 그 후에 E3에 의해 촉매된 반응에서 분해하려는 단백질에 존재하는 Lys의 ε-아미노기를 표시한다. 그렇게 함으로써 단백질 가수 분해를 위한 단백질을 표시한다.

? 유비퀴티네이션 과정에 몇 개의 ATP가 소모되는가?

한 개의 단백질이 효과적으로 분해되기 위해서는 그 단백질은 적어도 4개의 연속적으로 연결된 유비퀴틴 분자들의 사슬과 결합되어야 하며, 그 유비퀴틴 분자들은 각 유비퀴틴의 Lys 48이 그 다음의 유비퀴틴의 탄소 말단인 카복실기와 아이소펩타이드를 결합하도록 형성한다. 이들 **폴리유비퀴틴(polyubiquitin)** 사슬들은 50개 이상의 유비퀴틴 분자를 함유하고 있고, 유비퀴틴과 단백질은 재빨리 붙었다떼었다 하는 동적인 독립체들이다[후자는 **유비퀴틴 아이소펩타이드 분해 효소(ubiquitin isopeptidase)**에 의함].

유비퀴틴 계는 관리와 조절 기능을 모두 가지고 있다. 1990년대 중반까지 유비퀴틴 계는 주로 손상된 단백질을 제거하고 대사 단백질 중에서 알맞은 평형을 유지하도록 하는 '관리 업무' 기능을 가지고 있다고 알려졌다. 실제로 발샤브스키(Alexander Varshavsky)가 발견한 바와 같이, 많은 세포질 단백질들의 반감기는 소위 **N 말단 규칙(N-end rule)**을 경유하며, 그들의 N 말단 잔기들의 동일성에 따라 다르다. '불안정한' N 말단 잔기들, 즉 Asp, Arg, Leu, Lys, Phe를 가진 단백질들은 반감기가 겨우 2~3분인 반면, '안정한' N 말단 잔기들, 즉 Ala, Gly, Met, Ser, Thr, Val을 가진 단백질들은 반감기가 원핵세포에서는 10시간 이상, 진핵세포에서는 20시간 이상이다. N 말단 규칙은 원핵세포와 진핵세포 모두에 적용되며, 원핵세포에 유비퀴틴이 결여되어 있더라도 분해를 위해 단백질을 선택하는 시스템은 원핵세포와 진핵세포 모두에 보존되어 있다.

진핵세포에서 N 말단 규칙은 유비퀴티네이션 신호들의 불안정한 N 말단 잔기들인 **E3a**라고 불리는 일종의 RING finger E3 작용의 결과이다. 그러나 유비퀴틴계는 단순한 쓰레기 처리 시스템보다 훨씬 더 복잡한 계라는 것이 확실하다. 따라서 알려진 E3들은 점점 증가되고, 다양한 유비퀴티네이션 신호들을 가진다. 이 신호들은 가끔 아주 제한된 범위의 표적 단백질들에서 일어나고, 이들 표적 단백질의 대부분은 조절 기능을 가지고 있다. 예를 들면 Pro(P), Glu(E), Ser(S), Thr(T)이 풍부한 단편을 가진 단백질, 소위 **PEST 단백질(PEST protein)**들이 급격히 분해된다는 사실은 오래전에 알려졌다. 이제 이들 PEST 단백질들은 유비퀴티네이션을 위해 종종 그들의 단백질을 표적으로 하는 인산화 부위를 함유한다는 사실을 알게 되었다. 물론 이들 조절 단백질의 구조 파괴는 중요한 조절 결과에 영향을 미친다. 유사하게, **세포 주기(cell cycle**, 진핵세포의 일생 동안에 걸쳐 발생하는 이벤트의 일반적인 순서; 28-4A절)의 진행을 제어하는 단백질인 **사이클린(cyclin)**은 세포 주기의 특별한 단계에서 그들의 유비퀴티네이션을 통해 선택적으로 분해한다. 흥미롭게도 인산화와 탈인산화가 단백질의 활성화를 바꾸는 것과 동일한 방식으로, 가역적인 **모노유비퀴티네이션(monoubiquitination)**은 단백질의 분해보다는 어떤 단백질의 활성을 조절한다(12-3B절).

C 프로테오좀은 유비퀴틴화된 폴리펩타이드의 구조를 풀고 가수 분해한다

유비퀴틴화된 단백질은 **26S 프로테오좀(26S proteasome)**이라고 하는 커다란 다중단백질(multiprotein) 복합체(~2,100 kD, 26S)로 ATP 의존적으로 분해된다(그림 21-3). 26S 프로테오좀은 **19S 캡(19S cap)**에 의해 끝이 막혀진 **20S 프로테오좀(20S proteasome)**이라고 하는 속이 빈 통 코어(hollow cylindrical core)로 구성되어 있다[여기에서 '26S', '20S', '19S'의 양은 스베드베리(Svedbergs; S)의 단위인 침강 계수(sedimentation coefficient)이다, 5-2E절].

다른 진핵생물의 20S 프로테오좀과 아주 유사한 효모의 20S 프로테오좀은 7개의 다른 형의 α 유사 소단위체와 7개의 다른 형의 β 유사 소단위체로 구성되어 있다. 후

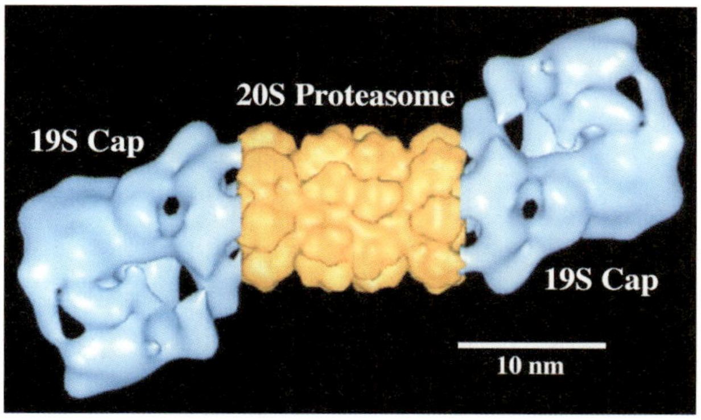

그림 21-3 **초파리(*Drosophila melanogaster*) 26S 프로테오좀의 전자 현미경 영상** 복합체는 450×190 Å 정도의 크기이다. 이 2중 대칭인 다중 단백질 복합체의 중앙부(노란색)인 20S 크로테오좀은 4개의 중첩된 소단위체의 칠원자 고리로 구성되어 있으며, 이 소단위체들은 일종의 속이 빈 통을 형성하고, 그 통 속에서 유비퀴틴-연결 단백질 사이에 단백질 분해가 일어난다. 19S 캡(cap: 푸른색)은 20S 프로테오좀의 한쪽 또는 양쪽 끝에 부착되어 있으며, 20S 프로테오좀으로 응축된 단백질의 접근을 조절한다(본문 참조). [Wolfgang Baumeister, Max-Planck - Institut für Biochemie, Martinsried, Germany]

버(Robert Huber)에 의해 밝혀진 이 거대한 단백질 복합체(6,182개 잔기, ~670 kD)의 X선 구조는 4개의 중첩된 소단위체의 고리로 구성되어 있으며, 그것의 바깥쪽 고리와 안쪽 고리들은 7개의 다른 α형의 소단위체와 7개의 다른 β형의 소단위체를 구성하고 있다는 것을 나타내고 있다(**그림 21-4*a***). 다양한 α형의 소단위체들은 서로에, 또한 여러 가지 β형 소단위체 복합체는 2쌍의 고리와 관련된 정확한 2중 회전 대칭을 가지고 있지만, 각 고리 내에 소단위체들과 관련되어 있는 복합체는 유사 7중 회전 대칭을 가지고 있다. 20S 프로테오좀의 움푹한 중심은 3개의 커다란 공간을 구성

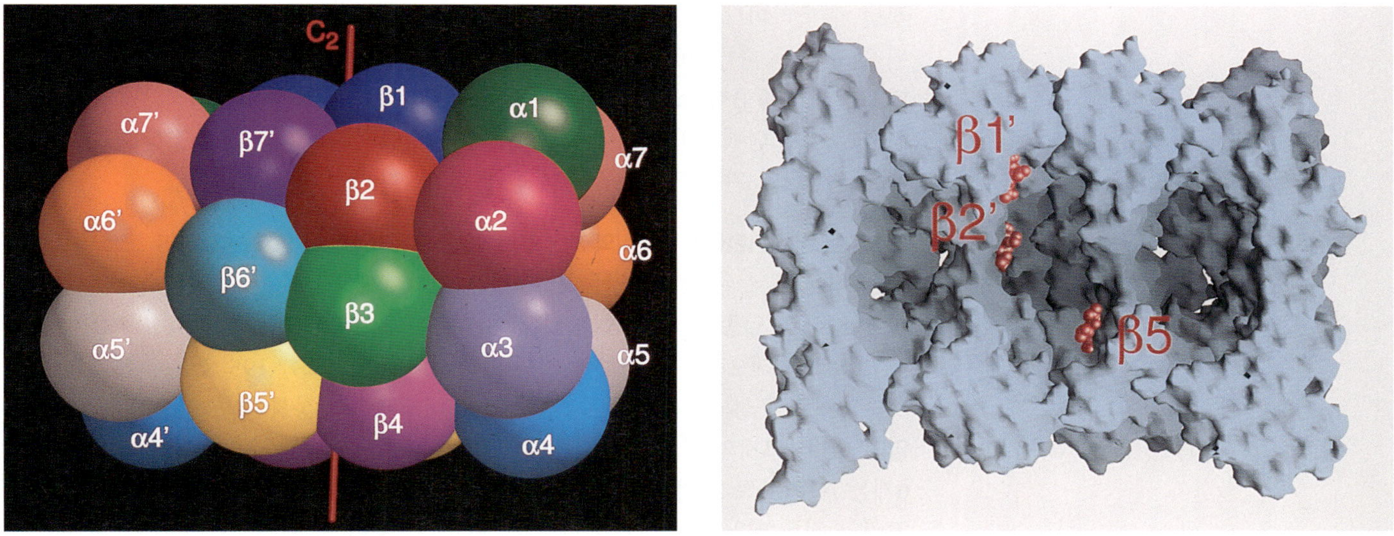

(a) *(b)*

그림 21-4 **효모의 20S 프로테오좀의 X선 구조** *(a)* 구형으로 나타낸 28개 소단위체의 배열. 7개 소단위체의 4개 고리들 각각은 한 통(그 통의 끝들은 오른쪽과 왼쪽에 있다)을 형성하도록 중첩되어 있으며, 그 통은 각각 바깥쪽 고리와 안쪽의 고리를 형성하는 α형과 β형 소단위체를 가지고 있다. 복합체의 대칭인 2중(C_2)축은 수직의 붉은색 선으로 나타내었다. *(b)* 프로테오좀 중심의 표면은 원통형 축을 따라 절단하였다. 3개의 활성 β 소단위체를 표시하고 있는 3개의 결합된 단백질 분해 효소 억제제는 붉은색의 공간 채움 모형으로 나타내었다. 통의 각 끝에 들어가는 채널은 이 모형에서 보여주지 않았다. [Courtesy of Robert Huber, Max-Planck-Institut für Biochemie, Matinsried, Gemany. PDBid 1RYP.]

? GroEL/ES 샤페로닌(chaperonin)과 이 구조를 비교하라.

하고 있다(**그림 21-4*b***). 즉 2개는 α형 및 β형 소단위체에 인접한 고리들 사이 접촉면에 존재하고 있고, 세 번째 더욱 큰 공간은 β형 소단위체들의 2개의 고리 사이 중앙에 위치하고 있다.

비록 α형과 β형 소단위체는 구조적으로 유사하지만, 단지 3개의 β형 소단위체만이 단백질 분해 활성을 가지고 있다. 효소학적인 연구로 X선 구조는 3개의 활성 부위가 독특한 메커니즘을 경유하여 펩타이드 결합의 가수 분해를 촉진하도록 하며, 이 메커니즘에서 β형 소단위체의 N 말단 Thr 잔기들은 촉매 작용의 핵심 기능을 한다. 그 활성 부위들은 20S 프로테오좀의 중앙 공간 내부에 있으며, 인근에 있는 단백질들을 무차별적으로 가수 분해하는 단백질 분해 기구로부터 보호한다. 폴리펩타이드 기질들은 α 고리들 속에 짧은 축 방향으로 있는 틈을 통해 그 통의 중앙 구멍에 들어가야 한다. α 고리들은 단지 구조가 풀리지 않은 단백질들이 중앙 구멍에 들어올 수 있도록 소수성 잔기들과 나란히 있다. 그렇지만 효모의 20S 프로테오좀(그림 21-4*b*)의 X선 구조는 이 구멍에 α형 소단위체의 N 말단 부위의 서로 맞물림으로 형성된 마개에 의해 막힘을 보여 준다.

3개의 활성 β형 소단위체는 산성 잔기(β1 소단위체), 염기성 잔기(β2 소단위체), 소수성 잔기(β5 소단위체)로 나누어진 후에 서로 다른 기질에 대한 특이성을 가진다. 그 결과로 20S 프로테오좀은 폴리펩타이드 기질을 ~8개 잔기 조각들로 나누어서 프로테오좀 밖으로 확산한다. 세포질 펩타이드 분해 효소는 이들 펩타이드를 성분 아미노산으로 분해한다. 표식 단백질에 부착된 유비퀴틴 분자들은 분해되지 않고, 세포로 되돌아와서 재사용된다.

프로테오좀은 일반적인 단백질 순환을 가능하게 할 뿐만 아니라, 면역계에서 중요한 역할을 한다. 어떤 항원 제공 세포는 면역 반응을 시작하기 위해 펩타이드 항원을 표시한다. T 림프구 수용체(7-3절)는 **주요 조직 적합 복합체(major histocompatibility complex, MHC)**의 구성원인 세포 표면 단백질의 복합체가 형성될 때 펩타이드를 인식한다. 박테리아 또는 바이러스 감염이 일어나는 동안, 손상된 세포 또는 다른 면역계 세포로부터의 신호는 특별한 기질을 변화할 수 있는 서로의 프로테오좀 β형 소단위체의 합성을 증가한다. 병원균 유래 단백질뿐만 아니라 정상적인 세포 단백질의 펩타이드 조각은 MHC 단백질과 최적화로 결합하고, 따라서 병원균을 막기 위해 T 림프구에 더 좋게 경고한다.

19S 캡은 유비퀴틴화된 단백질의 20S 프로테오좀으로의 진입을 통제한다. 20S 프로테오좀은 생체 내에 홀로 존재하지 않는다. 그것은 흔히 2개의 19S 캡과 복합체로 존재하며, 이 19S 캡은 일종의 ATP 의존적으로 유비퀴틴화된 단백질을 인식하고 펼쳐서 그들을 20S 프로테오좀을 부양하는 기능을 가지고 있다. 또한 19S 캡은 ~19개의 다른 소단위체로 구성되어 있으며, 대개는 낮은 내재적인 안정성 때문에 거의 특성화되지 않고 있다. 그것의 염기 복합체는 10개의 다른 소단위체를 구성하고 있으며, 그중에 6개는 ATPase로서 하나의 고리를 형성하고 있고, 그 고리는 20S의 프로테오좀의 α 고리와 접촉한다(그림 21-3). 피카트(Cecile Pickart)는 교차 연결(cross-linking) 실험을 통해서 **S6′**라는 ATPase들 중에 하나가 폴리유비퀴틴 신호에 접촉하며, 그 신호는 일종의 불량 단백질을 26S 프로테오좀에 이르게 하도록 유도한다는 사실을 증명하였다. 이것은 기질 단백질 구조의 풀림뿐만 아니라 폴리유비퀴틴(polyubiquitin) 사슬이 ATP 유도 과정들이라는 것을 제시하고 있다. 더욱이 ATPase의 고리는 포개지지 않은 기질 단백질의 출입을 허락하도록, 다시 말하면 20S 프로테오좀의 닫힌

축의 틈을 열도록 하는 기능을 가져야 한다.

그 외 9개의 소단위체가 리드(lid) 복합체를 형성하면 19S 캡 부분은 20S 프로테오좀에서 더 멀어져 있다. 끝이 잘린 20S 프로테오좀에서 더 멀어져 있다. 끝이 잘린 26S 프로테오좀은 리드 소단위체가 없어 폴리유비퀴틴화된 기질을 분해할 수 없지만, 리드 소단위체의 기능은 알려져 있지 않다. 몇 가지 다른 소단위체들은 일시적으로 19S 캡이나 20S 프로테오좀과 연관되어 있을지 모른다.

진정세균 역시 자체 구획화된 단백질 가수 분해 효소를 함유하고 있다. 비록 20S 프로테오좀들은 모든 진핵생물과 지금까지 조사된 고세균에서 일어나고 있지만, 그들은 거의 모든 진정세균에는 존재하지 않는다[진정세균은 진핵생물들이 고생물에서 생성되었다는 증거를 제시한다(그림 1-9)]. 그러나 진정세균은 ATP 의존성 단백질 분해 조립체들을 가지고 있으며, 그 조립체들은 한 개의 원통형의 건축물과 프로테오좀들로 이루어져 있으며, 유사한 기능을 수행하고 있다. 예를 들면 **대장균**(*E. coli*)에서는 **Lon**과 **Clp**로 알려진 두 단백질이 세균의 단백질 분해의 80%까지 관여하고 있다. **따라서 모든 세포들은 단백질 가수 분해 효소를 가지고 있으며, 그 활성 부위는 출입이 통제된 텅 빈 입자의 내부 틈에서 통제되는 입구까지 이용할 수 있다.** 소위 **자체 구획화된 단백질 분해 효소**(**self-compartmentalized protease**)는 무차별적인 파괴로부터 세포를 보호하는 방법으로 분해 과정을 수행하는 리소좀과 같은 진핵생물의 막 결합 기관들이 출현하기 전 세포의 초기에 일어나는 것 같다.

Clp 단백질 가수 분해 효소는 2가지로 구성되어 있으며, 이들은 단백질 분해 활성이 있는 **ClpP**와 몇 가지 ATPase 중에 하나이며, **대장균**(*E. coli*)에서는 이들을 **ClpA**와 **ClpX**이라고 한다. ClpP의 X선 구조는 그것이 소중합되어 길이와 너비가 ~90 Å인 빈 원통형을 형성하며, 원통형은 2개의 백-투-백(back-to-back) 7겹의 대칭적인 193개 잔기 소단위체들의 고리로 구성되고, 20S 프로테오좀과 같이 동일한

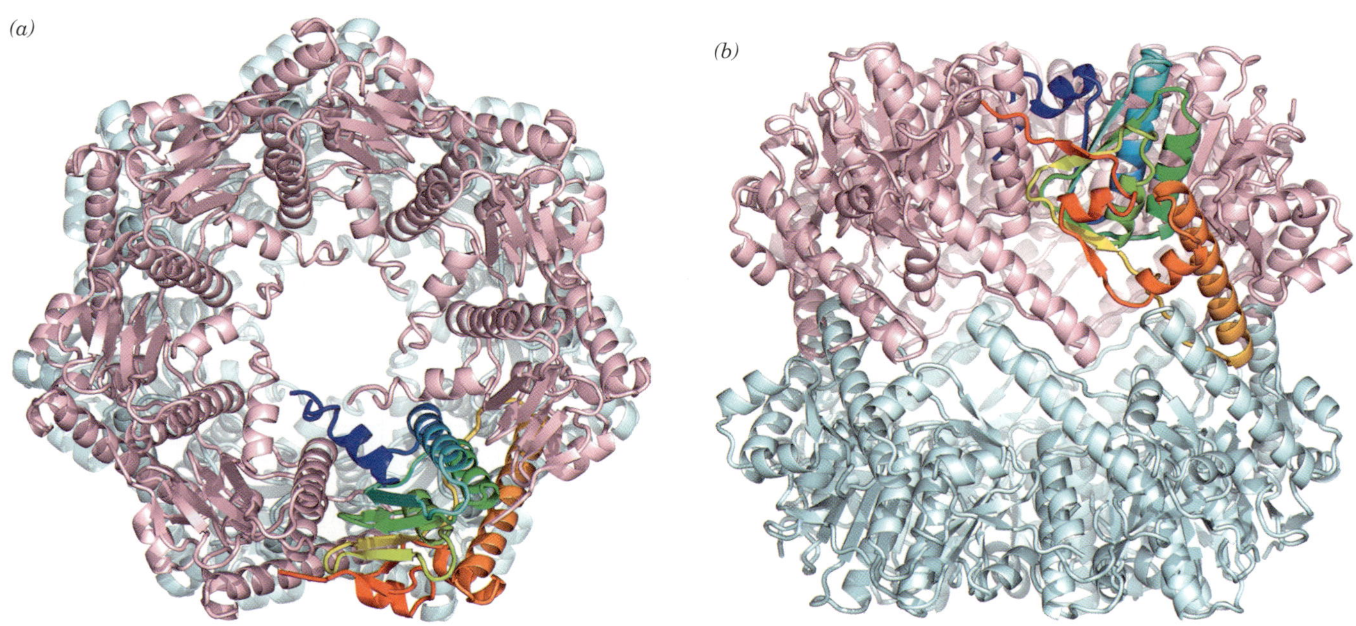

그림 21-5 **대장균(*E. coli*) ClpP의 X선 구조** 14개의 동일한 소단위체의 복합체는 D7 대칭을 가진다(7각형의 프리즘 대칭, 6-3절). (*a*) 단백질의 7중 축을 보여 주고, 아래쪽 고리는 청록색, 위쪽 고리는 분홍색의 리본을 보이고 있다. 한 개 소단위체는 N 말단(파란색)부터 C 말단(빨간색)을 무지개 색깔로 보이고 있다. (*b*) 그림은 단백질의 두 겹 축을 따라 보이고 있다. (*a* 부분을 수평축으로 90° 회전) [Based on an X-ray structure by John Flannagan. Brookhaven National Laboratory, Upton, New York, PDBid 1TYF.]

체크 포인트

- 세포 밖과 세포 안 단백질 분해에서 리소좀의 역할은 무엇인가?
- 왜 단백질 분해는 다소 선택적이어야만 하는가?
- 모노 유비퀴틴과 폴리유비퀴틴 사이의 차이가 무엇인지 유비퀴틴 단백질의 단계로 설명하시오.
- 유비퀴틴과 ATP의 역할을 포함하여 프로테오좀 매개(proteasome-mediated) 단백질의 경로를 설명하시오.
- 다른 기질 특이성을 갖는 프로테오좀 활성 자리의 장점은 무엇인가?

회전 대칭을 가진다(**그림 21-5**). 그러나 ClpP 소단위체는 한 개의 독특한 층을 가지고 있으며, 이 층은 전체적으로 20S 프로테오좀의 동형 α 및 β 소단위체의 층과는 전혀 다르다. ClpP 활성 부위는 단지 원통의 내부에 노출되어 있으며, 그것의 Ser 97, His 122, Asp 171을 구성하는 촉매 삼인조를 함유하고 있어, 이는 일종의 세린 단백질 가수 분해 효소이다(그림 11-26).

2 아미노산의 탈아미노화

주요 개념

- 아미노기 교환 반응은 아미노산과 α-케토산을 상호 전환한다.
- 글루탐산의 산화적 탈아미노화는 배설을 위해 암모니아를 방출한다.

유리 아미노산은 세포의 단백질 분해와 음식물의 단백질 분해에서 기인된다. 위의 단백질 가수 분해 효소인 **펩신(pepsin)**, 췌장 효소인 트립신, 카이모트립신(chymotrypsin) 및 엘라스테이스(elastase)(5-3B절과 11-5절에서 기술됨)와 많은 다른 내부 및 외부 펩타이드 분해 효소들이 폴리펩타이드를 올리고펩타이드와 아미노산으로 분해한다. 이 물질들은 장의 점막으로 흡수되고, 혈류를 따라 운반되어 다른 조직에 흡수된다.

아미노산의 더 많은 분해는 세포의 내부에서 일어나며, α-아미노산의 제거 단계를 포함한다. 많은 경우에 아미노기는 암모니아로 변화되며, 암모니아는 요소로 합성되어 배설된다(21-3절). 아미노산의 남은 탄소 골격(α-케토산)은 다른 화합물로 분해될 수 있다(21-4절). 이 대사산물들에 대한 내용은 **그림 21-6**에 요약되어 있다.

A 아미노기 전이 효소는 아미노기 전이 반응에 PLP를 사용한다

대부분 아미노산은 **아미노기 전이 반응(transamination)**에 의해 탈아미노화가 되며, 이 아미노산이 α-케토산으로 전달되어 원래 아미노산의 α-케토산과 새로운 아미노산이 생성된다. 주된 아미노기 수용체는 α-케토글루타르산이며, 글루탐산과 새로운

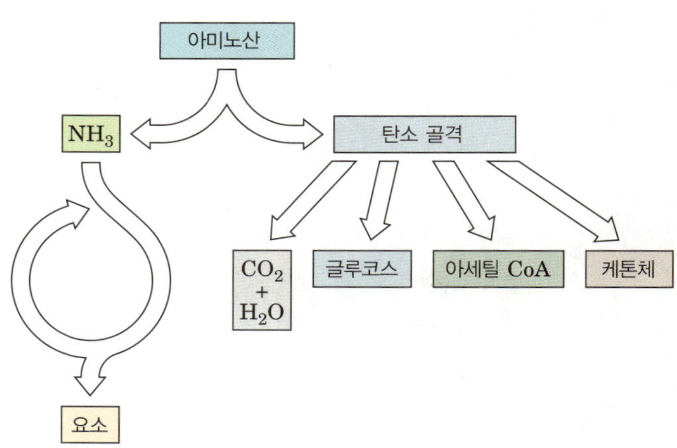

그림 21-6 아미노산 이화 작용의 개략 아미노기가 제거되고, 배설을 위해 요소로 합성된다. 남아 있는 탄소 골격(α-케토산)은 분해되어 CO_2와 H_2O로 되거나 글루코스, 아세틸 CoA나 케톤체로 전환된다.

? 어떤 화합물이 대사 연료로서의 역할을 하는가?

α-케토산을 만든다.

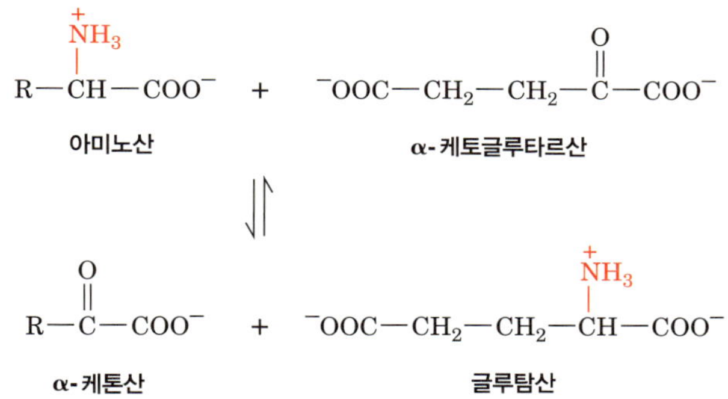

다시 말하면, 글루탐산의 아미노기는 두 번째 아미노기 전이 반응에서 옥살로아세트산으로 전달되어 아스파트산을 생산하고, α-케토글루타르산을 재형성한다.

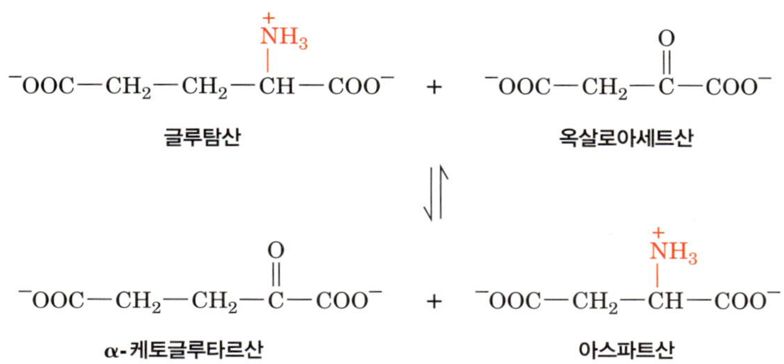

아미노기 전이 반응을 촉매하는 효소들을 **아미노기 전이 효소**(**aminotransferase** 또는 **transaminase**)라고 하며, 보조 효소인 **피리독살-5′-인산**(**pyridoxal-5′-phosphate, PLP**; 그림 21-7*a*)을 필요로 한다. PLP는 **피리독신**(**pyridoxine, 바이타민 B_6**; 그림 21-7*b*)의 유도체이다. 보조 효소는 일종의 효소 Lys 잔기의 ε-아미노기와 그것의 알데하이드기의 축합으로 형성된 일종의 시프 염기(imine) 결합을 경유하여 그 효소에 공유 결합한다(그림 21-7*c*). 피리디늄 고리에 결합된 시프 염기는 보조 효소 활성의 중심 물질이다. PLP는 아래에 기술되었듯이 한 개의 아미노산에서 아미노기를 받아들인다. 그것은 **피리독사민-5′-인산**(**phridoxamine-5′-phosphate, PMP**; 그림 21-7*d*)으로 된다.

스넬(Esmond Snell), 브렌스타인(Alexander Braunstein), 메츨러(David Metzler)는 아미노기 전이 효소의 반응이 일종의 핑퐁 메커니즘(12-1D절)을 경유하여 일어나며, 그 메커니즘의 2단계(stage)는 각 3과정(step)으로 구성되어 있다는 것을 증명하였다(그림 21-8).

I단계: 아미노산이 케토산으로 전환

1. 아미노산의 친핵성 아미노기는 일종의 아미노산-PLP 시프 염기(일종의 알디민, aldimine)를 형성하기 위해 **이민 전이**(**transimination**) 반응에서 효소-PLP 시프 염기 탄소 원자를 공격하고, 동시에 효소의 Lys 아미노기의 유리를 수반한다. 이 Lys는 활성 부위에서 일반적인 염기로 작용하기 위해 유리된다.
2. 아미노산-PLP 시프 염기는 일종의 α-케토산-PMP 시프 염기(일종의 케티민, ketimine)로 토토머화한다. 이 토토머화는 공명 안정된 탄소 음이온(carbanion) 중간 물질을 경유하여 PLP의 C4′ 원자의 양성자 첨가 반응과 아미노산 α-수소

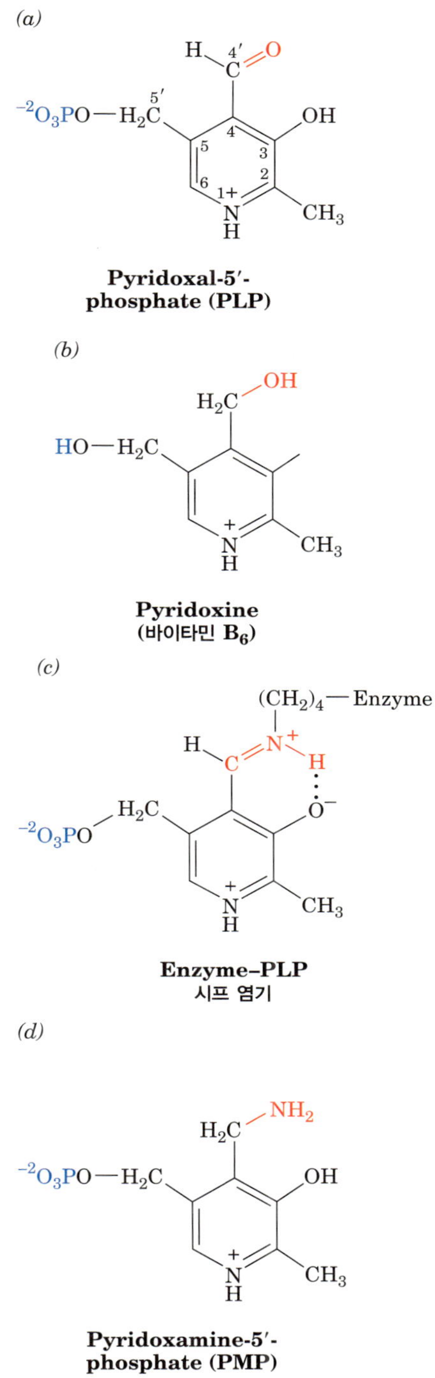

그림 21-7 피리독살-5′-인산의 형태 (*a*) 보조 효소 피리독살-5′-인산(PLP). (*b*) 피리독신(바이타민 B_6). (*c*) 시프 염기는 PLP와 어떤 효소의 ε-아미노기 사이에 형성된다. (*d*) 피리독사민-5′-인산(PMP)

? 바이타민이 기능적인 보조 효소로 전환될 때 수정되는 것을 기술하라.

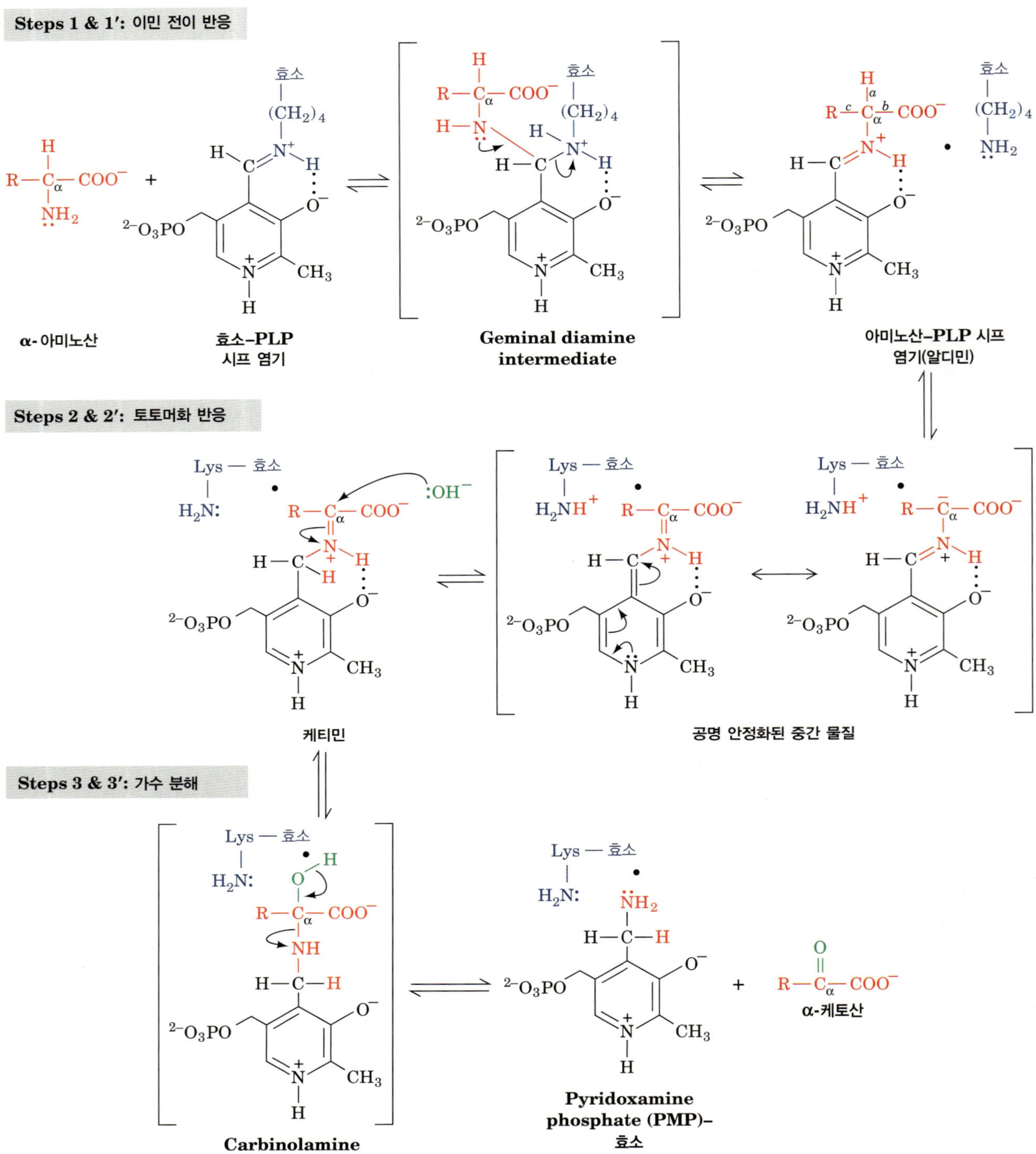

그림 21-8 PLP 의존 효소 촉매된 아미노기 전이 반응의 메커니즘 첫 번째 반응 단계는 아미노산의 α-아미노기가 PLP, α-케토산 및 PMP로 전달되는세 과정으로 이루어져 있다. (1) 이민 전이 반응, (2) 토토머화 반응(tautomerization), 즉 이 반응에서 일반적인 산–염기 촉매로 이민 전이 반응이 작용하는 동안 Lys가 유리된다. 그리고 (3) 가수 분해이다. 두 번째 반응 단계에서 PMP의 아미노기는 새로운 아미노산과 PLP를 생성하기 위해 다른 α-케토산에 전달되며, 이는 본질적으로 첫 번째 단계와는 역반응이다. 과정 3′, 2′, 1′은 각각 과정 3, 2, 1의 역반응이다.

? 오른쪽 상단에 나타낸 아미노산의 *b*와 *c* 결합의 절단으로부터 초래되는 생성물을 기술하라.

의 활성 부위 Lys 촉매 제거로 행해진다. 이 공명 안정화는 $C_\alpha-H$ 결합의 절단을 촉진한다.

3. α-케토산-PMP 시프 염기는 PMP와 α-케토산으로 가수 분해된다.

II 단계: α-케토산이 아미노산으로 전환 아미노기 전이 효소의 촉매 작용을 위해 보조 효소는 PMP 골격에서 효소-PLP 시프 염기로 다시 전환되는 것이 틀림없다. 이는 다음과 같이 동일한 세 과정을 거치지만 순서는 반대이다.

3′. PMP는 시프 염기를 형성하기 위해 α-케토산과 반응한다.

2′. α-케토산-PMP 시프 염기는 아미노산-PLP 시프 염기를 형성하기 위해 토토머화한다.

1′. 활성 부위 Lys 잔기의 ε-아미노기는 활성 효소-PLP 시프 염기를 재생하기 위해 이민 전이 반응에서 아미노산-PLP 시프 염기를 공격하고, 새롭게 형성된 아미노산을 유리한다.

기질인 아미노산의 α 양성자 제거는 일종의 공명 안정화된 C_α 탄소 음이온을 생성하며, 탄소 음이온의 전자들은 보조 효소의 양자화된 피리디늄(pyridinium) 질소 원자를 위한 모든 방법으로 분리시킨다는 것을 명심하라. 즉 **PLP는 일종의 전자 싱크(*sink*)로서 기능하고 있다.** 아미노기 전이 반응을 취해 전자 끌기 능력은 토토머화 동안에 α 양성자(a 결합 파괴, 그림 21-8의 오른쪽 상단) 제거를 촉진한다. PLP는 b와 c 결합 파괴를 포함하는 효소 촉매 반응에 유사한 기능을 한다.

아미노기 전이 효소들은 아미노기 전이 반응의 첫 번째 단계에서 기질인 아미노산들에 대한 특이성에 차이가 있으며, 그것에 상응하는 다른 α-케토산 산물을 생산한다. 그러나 대부분의 아미노기 전이 효소들은 두 번째 단계의 반응에서 α-케토산 기질로서 단지 α-케토글루타르산이나 (더 적은 범위로) 옥살로아세트산을 받아들인다. **대부분의 아미노산에서 아미노기는 궁극적으로 글루탐산이나 아스파트산 형성으로 집중된다.** 아미노기 전이 효소의 반응은 가역적이며, 아미노산 합성과 마찬가지로 분해를 위한 경로에 참여한다.

근육과 간세포에서 아미노기 전이 효소의 존재가 그들을 조직 손상의 유용한 증거로 쓰인다. 혈액 내에서 효소들의 활성 분석은 일반적으로 **SGOT**[**혈액 글루탐산-옥살로아세트산 아미노기 전이 효소**(**serum glutamate-oxaloacetate transaminase**), 또한 **아스파트산 아미노기 전이 효소**(**aspartate transaminase, AST**)로도 알려져 있다]와 **SGPT**[**혈액 글루탐산-피루브산 아미노기 전이 효소**(**serum glutamate-pyruvate transaminase**), 혹은 **알라닌 아미노기 전이 효소**(**alanine transaminase, ALT**)]의 임상적 측정을 기초로 한다. 손상된 심근이 세포 내 물질을 누출시키면 혈액 내에 이들 효소들의 농도는 심장병 후에 증가한다. 간 손상 역시 SGOT와 SGPT 수준에 의해 관리된다.

B 글루탐산은 산화적 탈아미노화할 수 있다

물론 아미노기 전이 반응은 순수한 **탈아미노화**(**deamination**) 반응의 결과는 아니다. 그러나 글루탐산은 여분의 아미노기 전이 반응에 사용하기 위해 암모니아를 생산하고, α-케토글루탐산을 재생하는 **글루탐산 탈수소 효소**(**glutamate dehydrogenase, GDH**)에 의해 산화적으로 탈아미노화된다.

미토콘드리아 효소인 글루탐산 탈수소 효소는 환원 보조 효소로서 NAD^+나

$NADP^+$ 둘 다 수용하는 것으로 잘 알려진 효소이다. 산화는 글루탐산의 C_α에서 $NAD(P)^+$까지 수소화 이온의 전달로 일어나는 것이라고 생각되며, 그렇게 생성된 α-이미노글루타르산(α-iminoglutarate)은 α-케토글루타르산과 암모늄 이온으로 가수 분해된다.

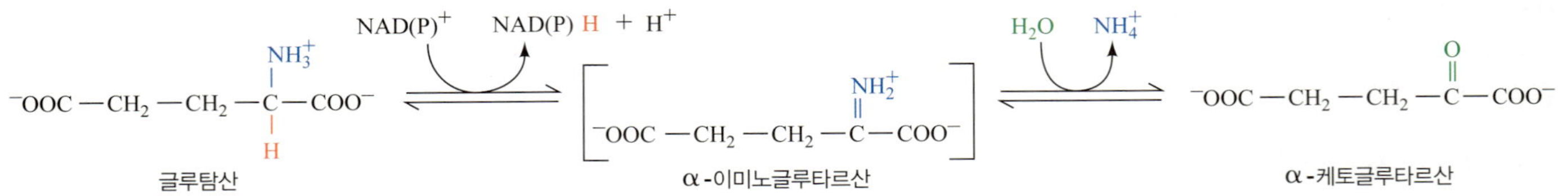

그 효소는 GTP와 NADH(풍부한 대사 에너지의 신호)에 의해 다른자리 입체성으로 방해되고, ADP와 NAD^+(ATP를 생산하기 위해 필요한 신호)에 의해 활성화된다. 반응 산물인 α-케토글루타르산은 시트르산 회로의 중간 물질이기 때문에 글루탐산 탈수소 효소의 활성은 산화적 인산화에 의해 ATP 생산을 증가시키는 시트르산 회로를 통하는 흐름을 촉진할 수 있다.

글루탐산 탈수소 효소 반응($\Delta G^{\circ\prime} \approx 30\ \text{kJ}\cdot\text{mol}^{-1}$)에서 평형 위치는 앞에서 기술한 반응과는 반대로 글루탐산 합성에 유리하다. 한때 이 반응은 몸이 고농도에서 독성을 나타내는 유리 암모니아를 제거하는 수단으로 형성되었다고 믿었다. 일반적으로 생리적 조건하에서 효소는 암모니아 농도에서 변화를 평형화시키는 기능이 있으며, 여분의 암모니아를 제거하기 위해 글루탐산 합성 쪽으로 평형에 변화를 일으킬 수 있다고 생각되었다. 그러나 저혈당증(hypoglycemia)과 **고암모니아혈증(hyperammonemia, HI/HA**; 고암모니아혈증은 혈액 내에 암모니아 수준이 올라간 상태)에 의한 고인슐린증(hyperinsulinism)의 한 형태는 GDH 내의 변이들이 원인이며, 그 결과 GTP 저해가 감소되고 GDH 활성이 증가된다. HI/HA 환자들은 GDH 활성이 증가되었지만, 정상인들보다 더 높은 수준의 암모니아를 가지고 있기 때문에 이 평형을 위해 GDH 기능을 받아들였으며, 암모니아 독성 방지는 교정하지 못한다. 실제로, 만일 GDH가 평형을 유지하면, 다른자리 입체성의 상호작용 결과로 나타나는 활성 변화는 대사 흐름에 중요한 변화는 아니다(흐름을 조절하는 효소들은 평형과는 멀어지는 것을 상기하라).

이상에서 기술한 바와 같이 GDH 반응에서 유리된 암모니아는 마침내 요소 형태로 배출된다. **따라서 글루탐산 탈수소 효소 반응은 α-케토글루타르산과 아미노기 전이 반응을 행하는 아미노산에서 아미노기를 제거하는 작용을 한다.**

체크 포인트

- α-케토글루타르산과 옥살로아세트산은 아미노산 이화 작용에서 어떻게 참여하는지 기술하시오.
- 아미노기 전이 반응에서 PLP의 역할은 무엇인가?
- 아미노산의 아미노기에서 암모니아를 방출하는 반응을 요약하시오.

3 요소 회로

주요 개념

- 다섯 가지 반응은 암모니아와 한 개의 아미노기를 요소로 만들어 준다.
- 요소 회로의 속도는 아미노산 분해의 속도에 따라 변한다.

살아 있는 생물체들은 세 가지 방법 중에 한 가지로 아미노산들의 분해 대사에서 생성되는 여분의 질소를 배출한다. 많은 수생동물들은 단순히 암모니아를 배출하지만, 물이 풍부하지 않는 장소에서 암모니아 배설은 물이 적게 필요하며, 독성이 적은 배설 물질로 만들게 되었다. 그 산물 중에 하나는 요소(urea)이며, 대부분 육상의 척추동물에 의해 생산된다. 다른 하나는 **요산(uric acid)**으로, 새와 육상의 파충류에 의해 배설된다.

NH_3

암모니아

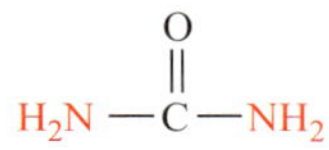

요소

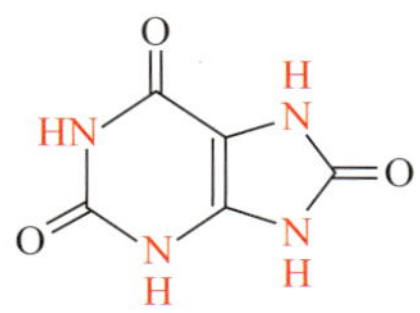

요산

이 절에서는 요소 생성에 대해 기술하며, 요산 생합성은 23-4절에 기술되어 있다.

요소는 **요소 회로**(**urea cycle**)의 효소에 의해 간에서 합성된다. 그것은 혈류를 따라 소변으로 분비되기 위해 콩팥에 격리된다. 요소 회로는 1932년에 크레브스(Hans Krebs)와 헨젤라이트(Kur Henseleit)에 의해 간단히 설명되었다(가장 먼저 알려진 대사 회로, 크레브스는 1937년까지 시트르산 회로를 설명하지 못하였다, 자료 17-1). 그 개별 반응들은 후에 라트너(Sarah Ratner)와 코헨(Philip Cohen)에 의해 상세히 설명되었다. 전체적인 요소 반응은 다음과 같다.

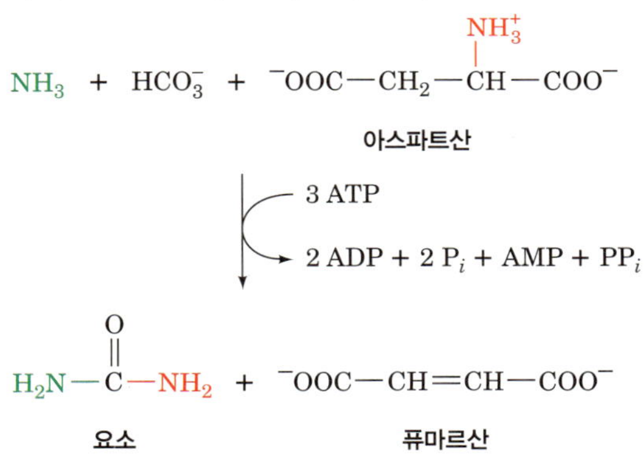

따라서 요소에서 2개의 질소 원자는 암모니아와 아스파르트산에 의해 제공되는 반면, 탄소 원자는 HCO_3^-에서 유래된다.

A 다섯 가지 효소가 요소 회로를 수행한다

다섯 가지 효소 반응은 요소 회로에 참여하고 있으며, 그중 2개는 미토콘드리아에서, 3개는 세포질에서 일어나는 효소 반응이다(**그림 21-9**).

1. 카바모일 인산 합성 효소(carbamoyl phosphate synthetase)는 첫 번째 요소의 질소 원자를 획득한다. **카바모일 인산 합성 효소**(**carbamoyl phosphate synthetase, CPS**)는 엄밀히 따지면 요소 회로의 멤버는 아니다. 그것은 2개의 ATP 분해를 수반하며, **카바모일 인산**(**carbamoyl phosphate**), 즉 그 회로의 2개 질소 함유 기질 중에 첫 번째를 형성하기 위해 NH_3와 HCO_3^-의 응축과 활성을 촉매한다. 진핵생물은 두 가지 형태의 CPS를 가진다. 즉 미토콘드리아의 **CPS I**은 질소 공급원으로 암모니아를 사용하여 요소 합성에 참여하는 반면, 세포액의 **CPS II**는 질소 공급원으로 글루타민을 사용하며, 피리미딘 생합성에 참여한다(23-2A절). CPS I은 근본적으로 일종의 비가역

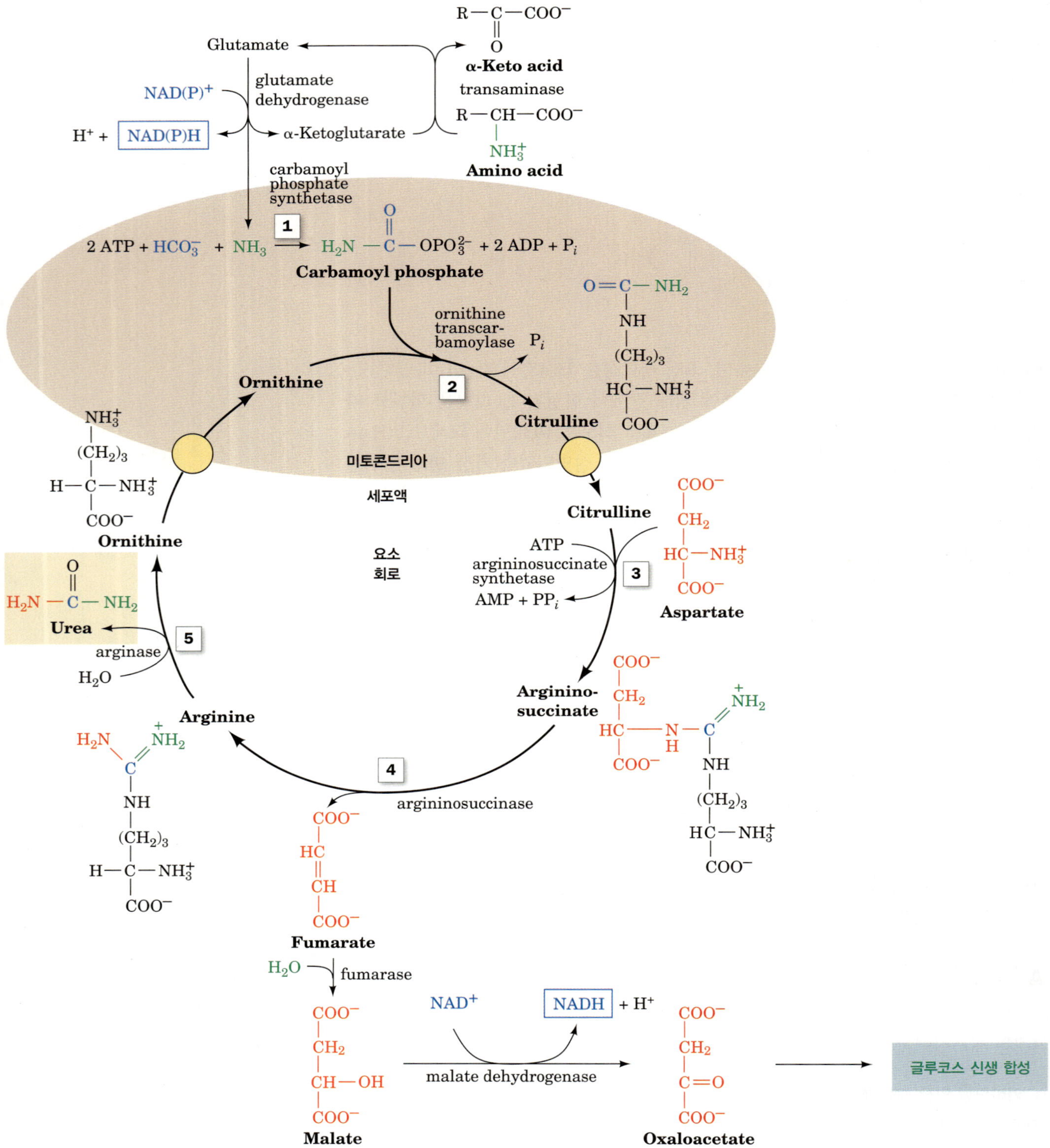

그림 21-9 요소 회로 다섯 가지 효소는 요소 회로에 참여한다. (1) 카바모일 인산 생합성 효소, (2) 오르니틴 카바모일기 전달 효소, (3) 아르지니노석신산 합성 효소, (4) 아르지니노석시네이스, (5) 아르지네이스. 효소 1과 2는 미토콘드리아에 있고, 효소 3~5는 세포질에 있다. 따라서 오르니틴과 시트룰린은 특이적인 전달계(노란색 원)에 의해 미토콘드리아 막을 가로질러 전달된다. 요소의 아미노기는 아미노산의 탈아미노화에서 기인한다. 한 개 아미노기(녹색)는 글루탐산 탈수소 효소에 의해 생성되는 암모니아에서 기인한다(위쪽). 다른 아미노기(붉은색)는 아스파트산(오른쪽)에서 얻어지며, 아스파트산은 아미노산에 의해 옥살로아세트산의 아미노기 전이 반응을 경유하여 형성된다. 반응 4의 퓨마르산은 세포질의 퓨마레이스 효소와 말산 탈수소 효소의 작용에 의해 글루코스 신생 합성의 전구 물질인 옥살로아세트산으로 전환된다(아래쪽).

? 어떤 요인이 생리학적 조건에서 순환 반응을 비가역적으로 만드는가?

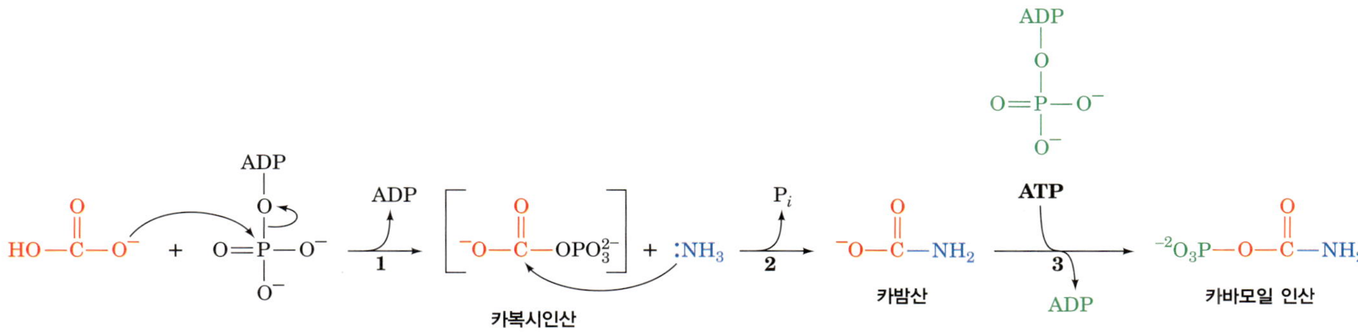

그림 21-10 CPS 1의 작용 메커니즘 (1) 인산화는 중간체인 카복시인산을 형성하기 위해 HCO_3^-를 활성화한다. (2) 암모니아는 카밤산을 형성하기 위해 카복시인산을 공격한다. (3) ATP는 카바모일 인산을 생성하는 카밤산을 인산화한다.

반응을 촉매하며, 이 반응은 요소 회로의 속도 제한 단계이다(**그림 21-10**).

1. ATP는 **카복시인산(carboxyphosphate)**과 ADP를 생산하기 위해 HCO_3^-를 활성화한다.
2. 암모니아는 카복시인산을 공격하여 인산을 제거하고 **카밤산(carbamate)**과 P_i를 형성한다.
3. 두 번째 ATP는 카바모일 인산과 ADP를 형성하기 위해 카밤산을 인산화한다.

대장균(*E. coli*)에서 소단위체의 구조 $(\alpha\beta)_4$를 가진 한 개의 CPS는 질소 공급원으로 글루타민을 사용하여 카바모일 인산을 생산한다. 그 효소의 작은 소단위체는 글루타민을 가수 분해하는 일종의 **글루타미네이스(glutaminase)**이며, 큰 소단위체는 그림 21-10의 반응 1, 2, 3을 촉매한다. 홀든(Hazel Holden)과 레이먼트(Ivan Rayment)에 의해 밝혀진 대장균 CPS의 X선 구조는 비록 3개의 활성 부위가 공간에서 널리 떨어져 있지만, 그들은 거의 전체 단백질 분자의 길이를 달리는 좁은 96 Å의 긴 통로로 연결되어 있다는 놀라운 사실을 밝혀냈다(**그림 21-11**). 글루타미네이스 활성 부위에 의해 생산된 NH_3는 카복시인산과 반응하기 위해 ~45 Å을 이동한다. 그 결과 카밤산은 카바모일 인산 합성 부위에 도달하기 위해 ~35 Å을 이동한다. 두 반응의 중간체가 직접적으로 한 효소의 활성 부위에서 다른 효소의 활성 부위로 전달되는 현상을 **채널링(channeling)**이라고 한다.

체널링은 분해로부터 중간 물질을 보호함으로써 한 개의 대사 경로 속도를 증가시킨다. 체널링은 중간 물질들, 즉 카복시인산과 카밤산이 중성 pH에서 각각 28 ms와 70 ms의 반감기를 가지고 격렬하게 반응하기 때문에 CPS를 위해 중요하다. 체널링은 또한 세포 배지에 존재하는 농도보다 더욱 큰 값의 암모니아의 농도에 도달하도록 한다. 우리는 대사에 관련된 효소들의 연구에서 몇 가지 체널링에 대한 다른 예를 볼 수 있으며, CPS 통

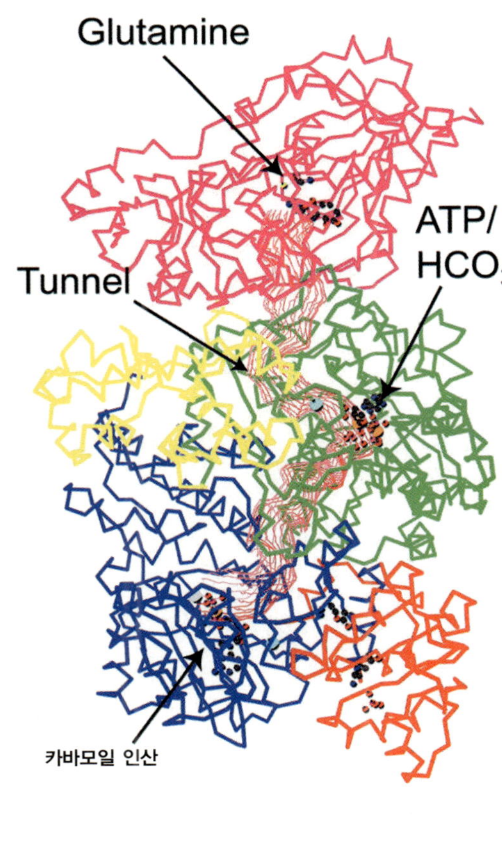

그림 21-11 대장균(*E. coli*) 카바모일 인산 합성 효소의 X선 구조 단백질은 C_α 골격으로 표현된다. 작은 소단위체(자홍색)는 글루타민 결합 부위를 함유하고 있으며, 그 부위에서 NH_3가 생성된다. 큰 소단위체는 몇 가지 영역(녹색, 노란색, 파란색, 주황색)으로 구성되어 있으며, 다른 2개의 활성 부위를 함유하고 있다. 3개의 활성 부위를 연결하고 있는 96 Å의 긴 통로가 붉은색으로 표시되어 있다. [Courtesy of Hazel Holden and Ivan Rayment, University of Wisconsin. PDBid 1JDB.]

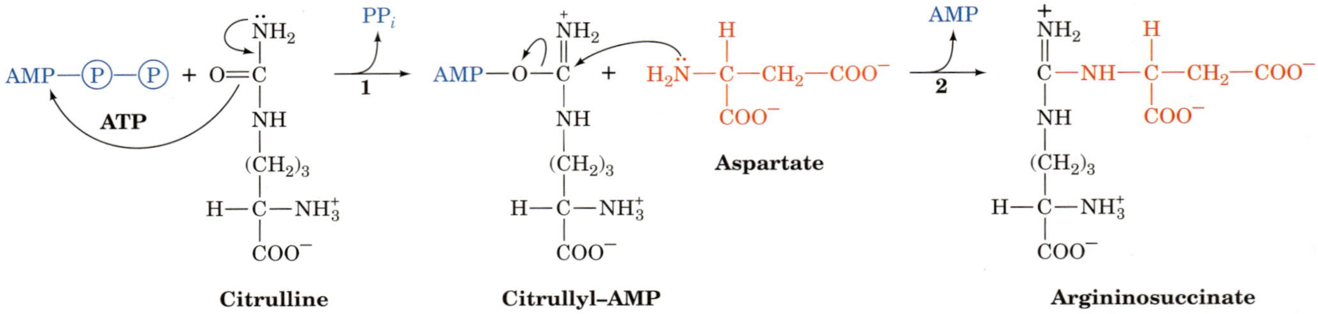

그림 21-12 아르지니노석신산 합성 효소의 작용 메커니즘 (1) 시트룰릴-AMP 형성이 시트룰린의 유레이도 산소를 활성화한다. (2) 아스파트산의 α-아미노기는 AMP를 치환한다.

로는 가장 길다고 알려져 있다.

2. 오르니틴의 카바모일기는 시트룰린을 생산한다. 오르니틴 카바모일기 전이 효소(ornithine transcarbamoylase)는 **시트룰린(citrulline)**을 생산하기 위해 카바모일 인산의 카바모일기를 **오르니틴(ornithine)**으로 전달한다(그림 21-9, 반응 2). 후자의 두 화합물은 단백질에서 발생하지 않는 '비표준' α-아미노산이라는 것에 유념하라. 카바모일기 전이 효소 반응은 미토콘드리아에서 일어나며, 세포질에서 생산된 오르니틴은 특이한 전달계를 통해 미토콘드리아로 들어가야 한다. 마찬가지로 남아 있는 요소 회로 반응이 세포질 내에서 일어나기 때문에 시트룰린은 미토콘드리아 밖으로 나와야 한다.

3. 아르지니노석신산 합성 효소는 요소의 두 번째 질소 원자를 얻는다. 요소의 두 번째 질소 원자는 **아르지니노석신산 합성 효소(argininosuccinate synthetase)**에 의해 아스파트산의 아미노기와 시트룰린의 유레이도(ureido)기의 축합으로 이루어진다(**그림 21-12**). ATP는 시트룰릴(citrullyl)-AMP 중간 산물의 생성을 통해 하나가 떨어져 나가서 유레이도 산소 원자를 활성화하고, AMP는 아스파트산의 아미노기로 치환된다. 이 반응에서 형성된 PP_i는 2개의 P_i로 가수 분해되며, 그 반응은 2개의 ATP를 소모한 것과 동일하다.

4. 아르지니노석시네이스는 퓨마르산과 아르지닌을 생성한다. 모든 요소 분자의 조성들이 아르지니노석신산의 형성으로 조합되었다. 그러나 아스파트산에 의해 제공된 아미노기는 여전히 아스파트산의 탄소 골격에 부착되어 있다. 이 상태는 아르지닌이 이탈하면서 퓨마르산의 **아르지니노석시네이스 촉매(argininosuccinase-catalyzed)** 제거로 개선된다(그림 21-9, 반응 4). 아르지닌은 요소의 바로 앞 단계의 전구 물질이다. 아르지니노석시네이스 반응에서 생성된 퓨마르산은 퓨마레이스와 말산 탈수소 효소의 작용에 의해 옥살로아세트산으로 전환된다. 이들 두 반응은 미토콘드리아에서보다 오히려 세포질에서 일어나지만 시트르산 회로에서 일어나는 것과 동일하다. 그리고 옥살로아세트산은 글루코스 신생 합성에 사용된다(16-4절).

5. 아르지네이스는 요소를 방출한다. 요소 회로의 최종 반응은 **아르지네이스(arginase)**에 의해 촉매되는 아르지닌의 가수 분해이며, 요소가 생성되고 오르니틴이 재생성된다(그림 21-9, 반응 5). 그리고 오르니틴은 회로의 다른 단계에 참여하기 위해 미토콘드리아로 되돌아간다.

따라서 요소 회로는 두 개의 아미노기, 즉 암모니아에서 한 개와 아스파트산에서

한 개와, HCO_3^-에서 한 개의 탄소 원자를 4개의 '고에너지' 인산 결합의 비용을 지불하면서 비교적 독성이 없는 물질인 요소로 전환한다. 그러나 에너지의 소모는 아미노기 전이 반응으로 아미노기를 공급해 온 아미노산의 탄소 골격 산화에 의해 글루탐산과 아스파트산으로 회복시키는 데 사용되는 에너지보다 더 많다. 실제로, 간(liver)이 소모하는 산소의 절반이 이 에너지를 공급하는 데 사용된다.

B 요소 회로는 기질 유효성에 의해 조절된다

카바모일 인산 합성 효소 I은 요소 회로의 가장 첫 번째 단계를 촉매하며, 다른 자리 입체성 조절로 ***N*-아세틸글루탐산(*N*-acetylglutamate)**에 의해 활성화된다. 이 대사물질은 ***N*-아세틸글루탐산 생성 효소(*N*-acetylglutamate synthase)**에 의해 글루탐산과 아세틸 CoA로부터 합성된다. 아미노산 분해율이 증가하면, 글루탐산 농도는 아미노기 전이 반응의 결과로 증가한다. 증가된 글루탐산은 *N*-아세틸글루탐산 합성을 촉진한다. 그 결과로 카바모일 인산 합성 효소의 활성은 요소 생산율을 증가시킨다. 따라서 아미노산 분해에 의해 생산되는 여분의 질소는 효과적으로 분비된다. 글루코스 신생 합성(gluconeogenesis, 16-4절)과 케톤 합성(ketogeenesis, 20-3절)과 같이 요소 회로는 간에서 일어나는 한 개의 회로이지만, 전체적으로 신체의 요구에 따라 기여하고 있다는 사실을 명심하라.

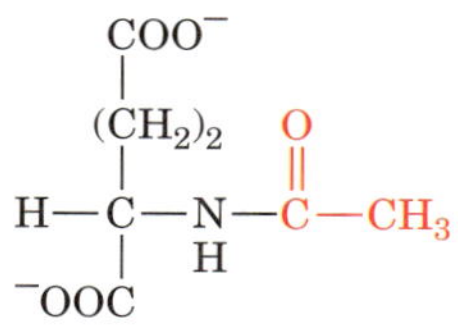

***N*-Acetylglutamate**

요소 회로에 남아 있는 효소들은 그들의 기질 농도에 의해 조절된다. 아르지네이스보다 다른 요소 회로 효소가 유전적으로 결여된 개체에서는 그에 상응하는 기질이 만들어진다. 그 이유는 요소의 생성 속도가 정상이 되도록 결여된 반응 속도가 증가하기 때문이다(요소 회로 효소의 전체 결여는 치명적이다). 그러나 예외적인 기질 형성은 대가 없이는 이루어지지 않는다. 기질 농도가 증가되어 그 회로를 암모니아로 되돌리는 모든 방법을 동원하여 고암모니아혈증을 유발한다. 비록 암모니아 독성을 일으키는 근원이 완전히 이해되지 않았지만, 뇌가 고농도의 암모니아에 특히 민감하다는 것은 확실하다(요소 회로에 관련된 효소의 결여에 따른 증상은 정신 지체와 혼수 상태를 포함한다).

체크 포인트

- 요소 회로의 단계를 요약하시오. 아미노산의 아미노기는 회로에 어떻게 들어가는가?
- 체널링의 장점은 무엇인가?
- 아미노산의 탈아미노화의 속도는 요소 회로의 속도와 어떻게 연결되는가?

4 아미노산의 분해

주요 개념

- 알라닌, 시스테인, 글라이신, 세린, 트레오닌은 피루브산으로 분해된다.
- 아스파라진과 아스파트산은 옥살로아세트산으로 분해된다.
- α-케토글루타르산은 아르지닌, 글루탐산, 글루타민, 히스티딘, 프롤린의 분해에 의해 생성된다.
- 아이소루신, 메싸이오닌, 트레오닌, 발린은 석시닐 CoA로 변환된다.
- 루신, 라이신의 분해로 아세틸 CoA와 아세토아세트산을 얻는다.
- 트립토판은 아세토아세트산으로 분해된다.
- 페닐알라닌과 타이로신은 퓨마르산과 아세토아세트산을 얻는다.

아미노산은 CO_2와 H_2O로 대사될 수 있는 화합물로 분해되거나 글루코스 신생 합성에 사용될 수 있는 화합물로 된다. 실제로 아미노산의 산화적 분해는 보통 동물에 의해 발생되는 대사 에너지의 10~15%로 생각된다. 이 절에서는 20가지의 '표준' 아미노산의 탄소 골격이 어떻게 분해되는지를 설명하려고 한다. 우리는 관련된 모든

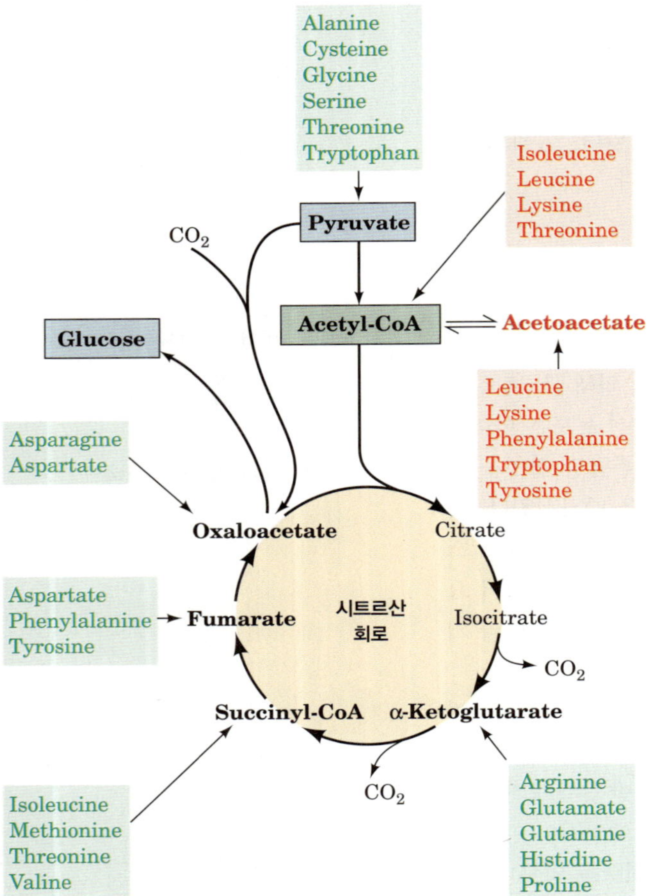

그림 21-13 아미노산의 7가지 일반 대사 중간 산물들 중 하나로의 분해 글루코스 생성 및 케톤 생성 분해는 각각 녹색과 붉은색으로 표시되어 있다.

? 어떤 아미노산들이 글루코스 생성과 케톤 생성에 모두 관여하는가?

반응을 상세히 설명하지 않을 것이다. 그것보다 오히려 이런 대사 경로가 어떻게 구성되며, 화학적 또는 의학적 관심이 있는 몇 가지 반응에 한해서 집중적으로 설명할 것이다.

'표준' 아미노산들은 7개의 대사 중간 산물, 즉 피루브산, α-케토글루타르산, 석시닐 CoA, 퓨마르산, 옥살로아세트산, 아세틸 CoA, 아세토아세트산(**그림 21-13**) 중 한 가지로 분해된다. 따라서 아미노산은 그들의 분해 대사 과정을 근거로 해서 두 군으로 나누어질 수 있다.

1. **글루코스 생성 아미노산(glucogenic amino acid)**은 피루브산, α-케토글루타르산, 석시닐 CoA, 퓨마르산, 옥살로아세트산으로 분해되어 글루코스 전구 물질로 된다(16-4절).
2. **케톤 생성 아미노산(ketogenic amino acid)**은 아세틸 CoA나 아세토아세트산으로 분해되며, 지방산이나 케톤체로 전환될 수 있다(20-3절).

어떤 아미노산들은 탄수화물과 케톤체 모두의 전구 물질이다. 동물들은 아세틸 CoA나 아세토아세트산이 글루코스 신생 합성의 전구 물질로 변화되는 어떤 대사 경로가 결여되어 있기 때문에, **순수한 케톤 생성 아미노산인 Lys과 Leu에서 탄수화물이 합성될 가능성은 없다.**

우리는 아미노산 분해의 특별한 경로 연구에서 아미노산들을 위에 기술한 7가지 대사 물질들 중에 하나의 분해된 그룹들로 조직화할 것이다.

A 알라닌, 시스테인, 글라이신, 세린, 트레오닌은 피루브산으로 분해된다

5가지 아미노산–알라닌, 시스테인, 글라이신, 세린, 트레오닌–은 피루브산을 생성하기 위해 분해된다(**그림 21-14**). 알라닌은 곧바로 아미노기 전이로 피루브산이 된다. 세린은 **세린–트레오닌 탈수소 효소(serine-threonine dehydratase)**의 탈수소화를 통해 피루브산으로 전환된다. 아미노기 전이 효소(21-20A절)와 같이 PLP 의존 효소는 PLP–아미노산 시프 염기를 형성하고, 이 염기는 아미노산의 α 수소 원자의 제거를 촉진한다. 그러나 세린–트레오닌 탈수소 효소 반응에서 C_α 탄소 음이온은 토토머화가 아닌 아미노산의 C_β OH의 제거로 분해되며(그림 21-8, 과정 2), 기질은 탈아미노화가 아니라 H_2O의 α,β 제거가 일어난다(**그림 21-15**). 탈수 반응의 산물인 엔아민(enamine) **아미노아크릴산(aminoacrylate)**은 비효소학적으로 그에 해당하는 이민(imine)으로 토토머화하고, 이민은 자발적으로 피루브산과 암모니아로 가수 분해된다.

시스테인은 몇 가지 경로를 통해 피루브산으로 전환될 수 있는데, 그 경로에서 설프하이드릴기는 H_2S, SO_3^{2-}, SCN^-로 방출된다.

글라이신은 또 다른 PLP 함유 효소인 **세린 하이드록시메틸 전이 효소(serine**

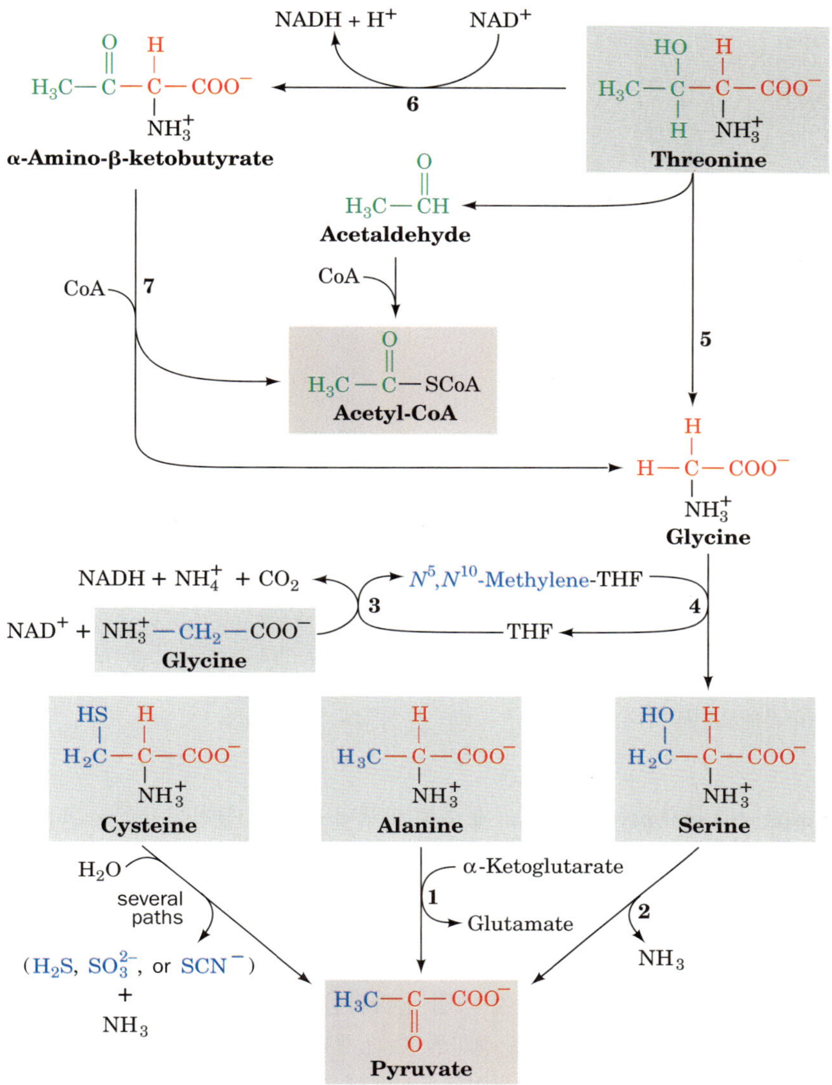

그림 21-14 알라닌, 시스테인, 글라이신, 세린, 트레오닌이 피루브산으로 전환되는 경로 여기에 포함된 효소들은 (1) 알라닌 아미노기 전이 효소, (2) 세린–트레오닌 탈수소 효소, (3) 글라이신 분해계, (4, 5) 세린 수산화 메틸 전이 효소, (6) 트레오닌 탈수소 효소, (7) α-아미노-β-케토뷰티르산 분해 효소이다.

hydroxy-methyltransferase)에 의해 세린으로 변환됨으로써 피루브산으로 전환된다(그림 21-14, 반응 4). 이 효소는 한 개의 탄소 주개(THF 보조 인자들의 구조와 화학은 21-4D절에 기술되어 있다)로서 **N^5,N^{10}-메틸렌테트라하이드로폴산**[**N^5,N^{10}-methylenetetrahydrofolate**; **N^5,N^{10}-메틸렌-THF**(**N^5,N^{10}-methylene-THF**)]을 사용한다. THF 보조 인자의 메틸렌기는 그림 21-14의 반응 3에 있는 두 번째 글라이신에서 얻어지며, 이 반응은 **글라이신 분해계**(**glycine cleavage system**)에 의해 촉매된다. 이 효소는 일종의 다단백질 복합체로서 피루브산 탈수소 효소와 유사하다(17-2절). 글라이신 분해계는 동물 조직에서 글라이신 분해의 주요 경로를 매개한다. 글라이신 분해계의 어떤 유전적 결함은 **비케톤성 고혈당**(**nonketotic hyperglycenemia**) 질환을 일으키며, 이 질환은 정신 장애와 체액에서 많은 양의 글라이신을 축적하는 특징이 있다.

인간보다는 동물에서, 트레오닌이 분해되는 주요 경로는 **트레오닌 탈수소 효소**(**threonine dehydrogenase**, 그림 21-14, 반응 6)를 통해 **α-아미노-β-케토뷰티르산**(**α-amino-β-ketobutyrate**)을 생성하며, 이는 **α-아미노-β-케토뷰티르산 분해 효소**

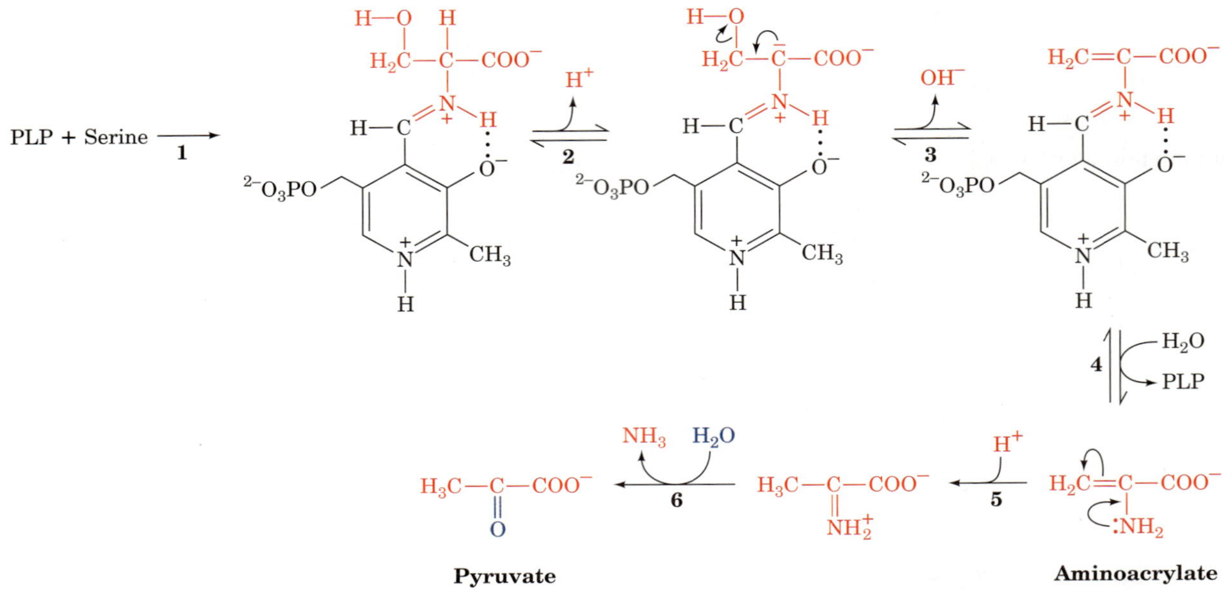

그림 21-15 **세린-트레오닌 탈수소 효소 반응** 이 PLP 의존성 효소는 6단계로 세린에서 물의 제거를 촉매한다. (1) 세린-PLP 시프 염기의 형성, (2) 공명 안정화된 탄소 음이온을 형성하기 위한 세린의 α H 원자의 제거, (3) OH^-의 β 제거, (4) PLP-효소와 아미노아크릴산을 생성하기 위한 시프 염기의 가수 분해, (5) 이민으로의 비효소적인 토토머화, (6) 피루브산과 암모니아 형성을 위한 비효소학적 가수 분해. 트레오닌은 α-케토뷰티르산을 얻기 위해 유사한 반응을 거친다.

(**α-amino-β-ketobutyrate lyase**)에 의해 아세틸 CoA와 글라이신으로 전환된다(그림 21-14, 반응 7). 글라이신은 위에 기술된 것 같이 세린을 통해 피루브산으로 전환될 수 있다. 따라서 트레오닌은 글루코스 생성과 케톤 생성 모두에 해당된다.

세린 하이드록시메틸 전이 효소는 PLP 의존성 $C_\alpha-C_\beta$ 결합 형성과 분해를 촉매한다. 트레오닌은 그림 21-14의 반응 5를 거쳐 직접 글라이신과 아세트알데하이드(이는 연속적으로 아세틸 CoA로 산화된다)로 전환될 수 있으며, 트레오닌의 $C_\alpha-C_\beta$ 결합을 끊는다. 이 PLP 의존 반응은 세린 하이드록시메틸 전이 효소에 의해 촉매되며, 동일한 효소가 한 개의 하이드로메틸기를 글라이신에 첨가하여 세린을 생성하도록 한다(그림 21-14, 반응 4). 글라이신 → 세린 반응에서 아미노산의 $C_\alpha-H$ 결합이 끊어지고 (아미노기 전이 반응에서 일어나는 것과 마찬가지로, 그림 21-8), $C_\alpha-C_\beta$ 결합이 형성된다. 한편 $C_\alpha-C_\beta$ 결합의 절단을 시작으로 세린 하이드록시메틸 전이 효소에 의한 트레오닌에서 글라이신으로의 분해는 반대로 작용한다.

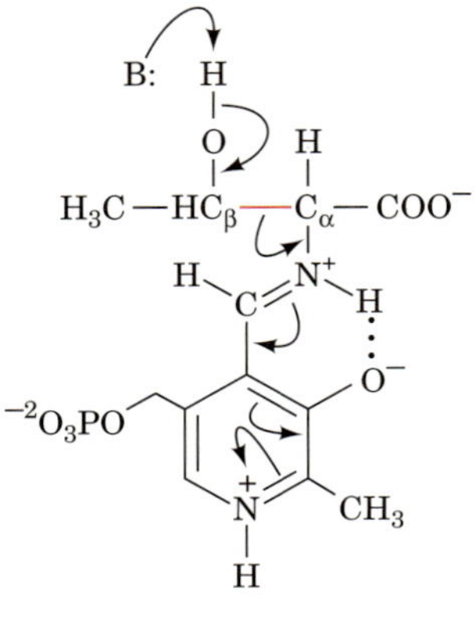

C_α 결합의 절단으로 PLP기는 탄소 음이온으로 발생한 전자들을 비편재화시킨다. PLP 작용 양상은 어떻게 동일한 아미노산-PLP 시프 염기가 다른 효소들에서 C_α에 다른 결합의 절단을 행할 수 있는지를 이해하는 핵심이다(그림 21-8의 오른쪽 상부에 *a*, *b*, *c* 결합). 끊어진 결합은 PLP의 π 오비탈에 수직한 면에 있는 결합이다(**그림 21-16**). 이 배열은 PLP 오비탈계에 비편재화되어 있는 전자쌍을 결합 오비탈에 중첩되도록 한다. 어떤 다른 기하 구조는 더 높은 에너지 배열을 만드는 이 오비탈 중첩(새롭게 형성된 이중 결합이 평면 밖으로 꼬여져 있을 것이다)을 줄이거나 제거할 것이다. C_α의 다른 결합들은 $C_\alpha-N$ 결합 주위의 회전에 의해 절단 위치를 정할 수 있다. **분명히 그것의 아미노산-PLP 시프 염기와 결합한 각 효소는 결합 절단을 위한 알맞은 기하 구조를 제시한다.**

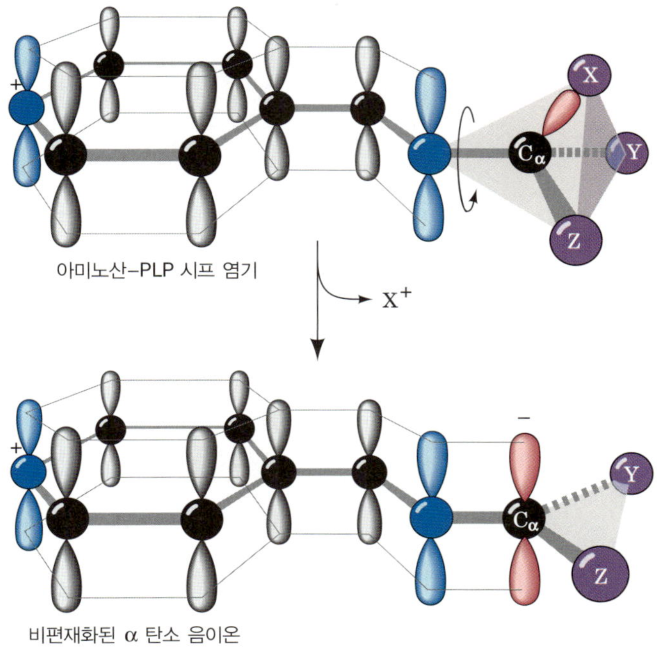

그림 21-16 PLP–아미노산 시프 염기의 π 오비탈 골격 X에서 C_α까지의 결합은 PLP π 오비탈 (위)의 평면에 대한 직각 면에 있어서 불안정하다. 끊어진 결합의 전자쌍(아래)은 결합 분자 위로 비편재화되어 있다.

B 아스파라진과 아스파트산은 옥살로아세트산으로 분해된다

아스파트산은 직접 옥살로아세트산으로 아미노기를 전달한다. 아스파라진도 **L-아스파라지네이스(L-asparaginase)**에 의해 아스파트산으로 가수 분해된 후에 이런 방법으로 옥살로아세트산으로 전환된다.

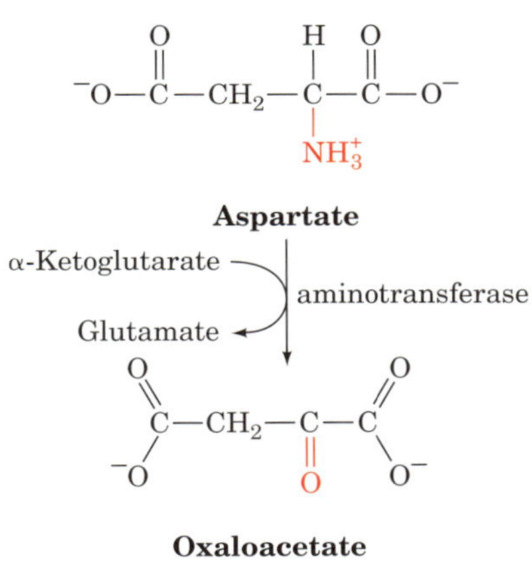

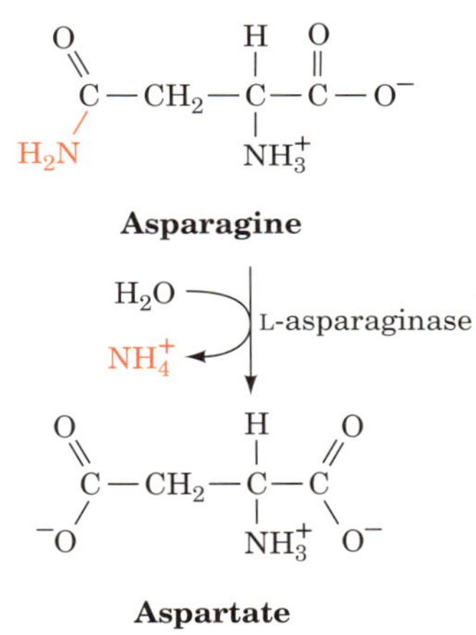

흥미롭게도 L-아스파라지네이스는 암세포 처리에 효과적인 화학 치료제 중의 하나이다. 그 이유는 암세포 특히 **급성 림프구성 백혈병(acute lymphoblastic leukemia)**은 혈액에서 아스파라진을 얻어야 하기 때문이다.

C 아르지닌, 글루탐산, 글루타민, 히스티딘, 프롤린은 α-케토글루타르산으로 분해된다

아르지닌, 글루타민, 히스티딘, 프롤린은 모두 분해되어 글루탐산(**그림 21-17**)으로 전환되며, 이어서 글루탐산 탈수소 효소에 의해 α-케토글루타르산으로 산화된다(21-2B절). 글루타민의 글루탐산으로의 전환은 단일 반응, 즉 **글루타미네이스(glutaminase)**에 의한 가수 분해이다. 콩팥에서 글루타미네이스의 작용은 암모니아

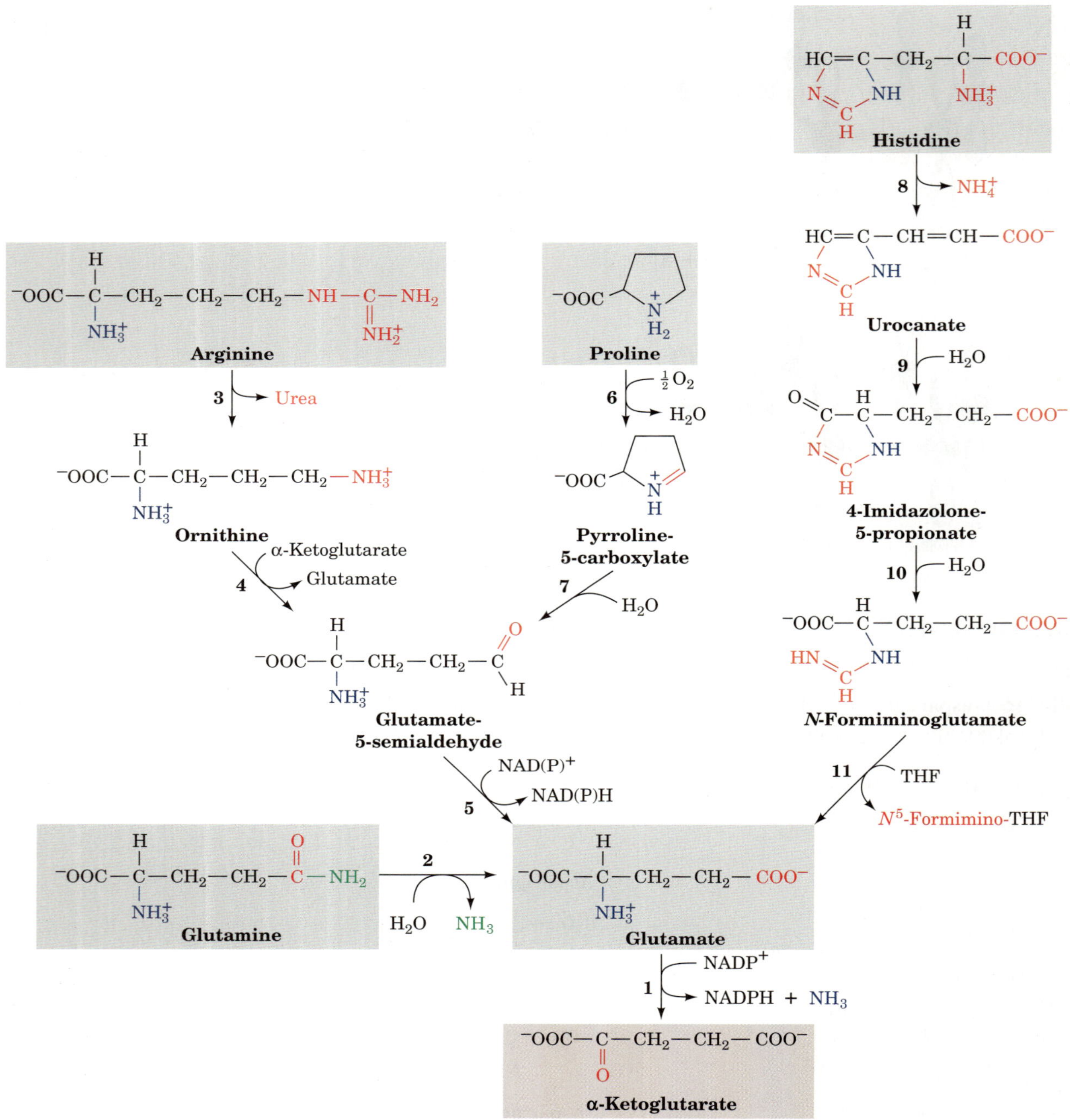

그림 21-17 아르지닌, 글루탐산, 글루타민, 히스티딘, 프롤린의 α-케토글루타르산으로의 분해 반응을 촉매하는 효소들은 (1) 글루탐산 탈수소 효소, (2) 글루타미네이스, (3) 아르지네이스, (4) 오르니틴-δ-아미노기 전이 효소, (5) 글루탐산-5-세미알데하이드 탈수소 효소, (6) 프롤린 산화 효소, (7) 자발적 분해, (8) 히스티딘 암모니아 분해 효소, (9) 유로칸산 수화 효소, (10) 이미다졸론 프로피오네이스, (11) 글루탐산 폼이미노 전이 효소

? 여기에 표시된 5개의 아미노산에 있는 오탄소 '중심'을 식별하라.

를 생산하고, 암모니아는 암모늄 이온(NH_4^+)을 형성하기 위해 양성자와 결합하여 배설된다. 대사성 산성 혈액증(metabolic acidosis)이 있는 동안(자료 2-2 참조)에 콩팥의 글루타미네이스는 여분의 산을 제거한다. 비록 혈액 내에 유리 NH_3는 산을 흡수하지만, 암모니아는 독성이 있다. 따라서 간에서 글루타민 생성 효소(glutamine synthetase)에 의해 암모니아는 글루타민으로 전환된다(21-5A절). 글루타민은 간(대부분의 글루타민이 가수 분해되는 장소)과 콩팥(글루타미네이스에 의해 글루타민이 가수 분해되는 장소) 사이에서 암모니아 전달계로 작용한다.

히스티딘이 글루탐산으로 전달되는 과정은 더욱 복잡하다. 히스티딘은 비산화적으로 탈아미노화되고, 물이 첨가되며, 히스티딘의 이미다졸 고리가 ***N*-폼이미노글루탐산(*N*-formiminoglutamate)**을 형성하도록 끊어진다. 폼이미노(formimino)기는 글루탐산과 **N^5-폼이미노테트라하이드로폴산(N^5-formiminotetrahydrofolate)**을 형성하는 테트라하이드로폴산으로 전이된다(21-4D절). 아르지닌과 프롤린은 모두 **글루탐산-5-세미알데하이드(glutamate-5-semialdehyde)**의 중간 매개체 형성을 통해 글루탐산으로 전환된다.

D 메싸이오닌, 트레오닌, 아이소루신, 발린은 석시닐 CoA로 분해된다

메싸이오닌, 트레오닌, 아이소루신, 발린은 복잡한 분해 경로를 가지고 있으며, 이들 모두 홀수 개의 사슬의 지방산 분해 산물인 프로피오닐 CoA를 생성한다. 프로피오닐 CoA는 바이오틴과 보조 효소 B_{12}를 필요로 하는 일련의 반응에 의해 석시닐 CoA로 전환된다(20-2E절).

메싸이오닌 분해는 *S*-아데노실메싸이오닌과 시스테인의 합성을 포함한다. 메싸이오닌 분해(**그림 21-18**)는 ***S*-아데노실메싸이오닌(*S*-adenosylmethionine, SAM; 달리 표현하면 AdoMet)**을 형성하기 위해 ATP로 반응을 시작한다. **이 설포늄 이온(*sulfonium ion*)이 재활성화된 메틸기는 그것을 중요한 생물학적 메틸화제로 만든다.** 예를 들면 SAM은 포스파티딜에탄올아민(phosphatidylethanolamine)에서 포스파티딜콜린(phosphatidylcholine)을 합성하는 데 사용되는 메틸기 주개이다(20-6A절).

SAM으로부터 공급받은 메틸기는 ***S*-아데노실호모시스테인(*S*-adenosylhomocysteine)**을 이탈하고, S-아데노실호모시스테인은 아데노노신과 **호모시스테인(homocysteine)**으로 가수 분해된다. 호모시스테인은 어떤 반응을 경유하여 메싸이오닌을 재형성하기 위해 메틸화될 수 있으며, 그 반응에서 **N^5-메틸-테트라하이드로폴산(N^5-methyl-tetrahydrofolate)**은 메틸기 주개이다(아래 참조). 대체 경로로 호모시스테인은 **시스타싸이오닌(cystathionine)**을 생성하기 위해 세린과 결합할 수 있으며, 시스타싸이오닌은 결과적으로 시스테인(시스테인 생합성)과 **α-케토뷰티르산(α-ketobutyrate)**을 형성한다. 그 α-케토뷰티르산은 분해 경로를 따라 프로피오닐 CoA와 석시닐 CoA를 형성한다.

트레오닌은 인간에서 주로 프로필 CoA로 분해된다. 그림 21-14에서 보여 준 반응은 인간에서 대략 ~20%의 트레오닌을 분해한다. 그림 21-18에서 제시되었듯이, 나머지, 즉 반응 11은 세린-트레오닌 탈수소 효소에 의한 촉매 반응에서 α-케토뷰티르산을 형성하고(그림 21-15), α-케토뷰티르산은 프로피오닐 CoA를 경유하여 석시닐 CoA로 전환된다.

테트라하이드로폴산은 한 개의 탄소 운반체이다. 많은 생합성 과정은 C_1 단위의 첨가로 일종의 대사 전구 물질을 생성한다. 대부분 카복실화 반응(예: 피루브산 카복실화 효소, 그림 16-18)에서 효소는 바이오틴을 보조 인자로 사용한다. 어떤 반응에서 *S*-아데노실메싸이오닌(그림 21-18)은 일종의 메틸화제로서의 기능을 가지고 있다. 그러나 테트라하이드로폴산(tetrahydrofolate, THF)은 여러 산화 상태에서 C_1 단위를 전달할 수 있기 때문에 이런 보조 인자들 중에서 어느 것보다 더 다양한 기능을 한다.

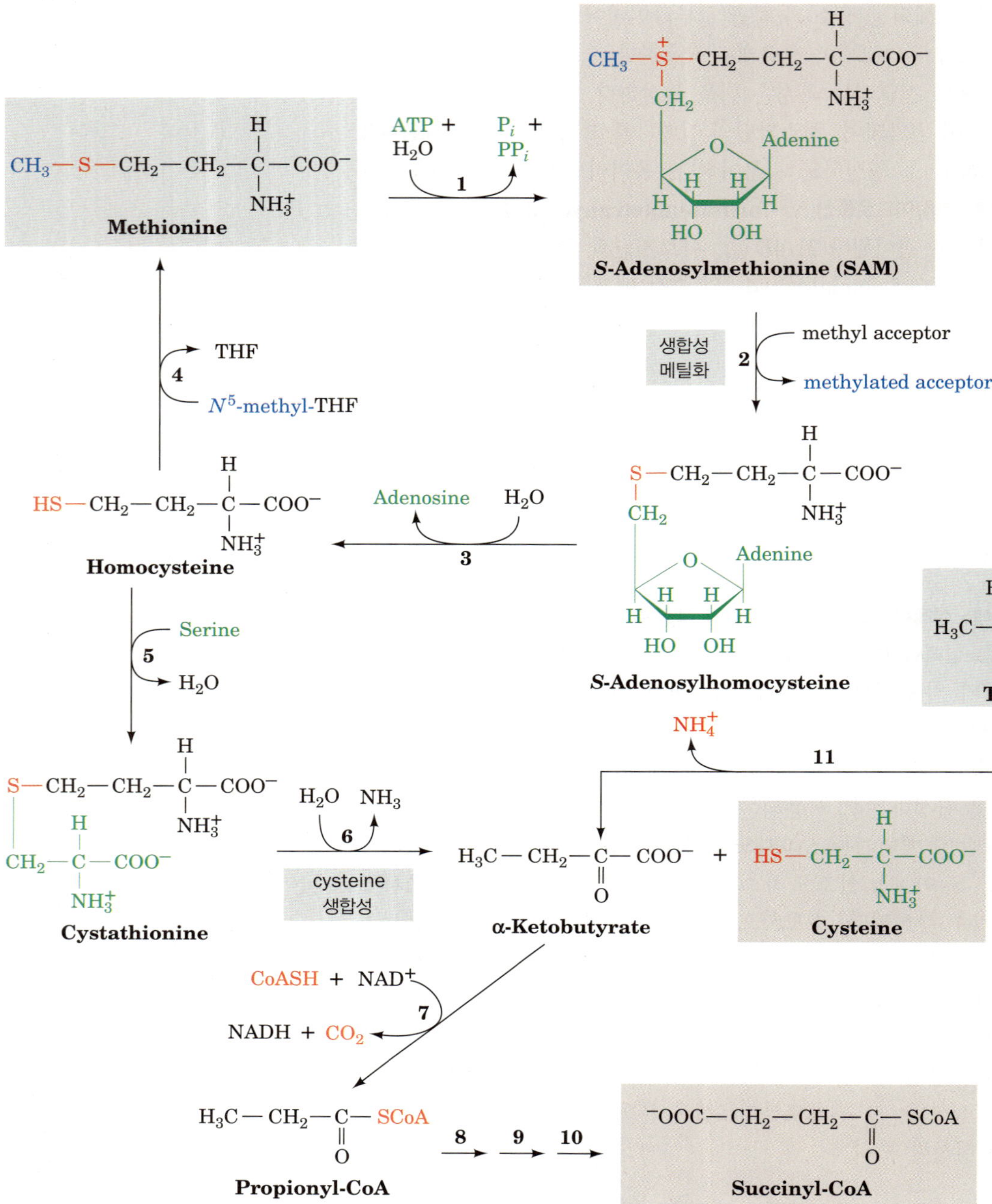

그림 21-18 메싸이오닌과 트레오닌 분해 메싸이오닌이 분해되면 시스테인과 석시닐 CoA가 생성된다. 그 효소들은 (1) 한 반응에서 메싸이오닌 아데노실 전이 효소가 생물학적 메틸화제인 S-아데노실메싸이오닌(SAM)을 생성한다. (2) 메틸 전이 효소, (3) 아데노실 호모 전이 효소, (4) 메싸이오닌 생성 효소(일종의 보조 효소 B_{12} 의존성 효소), (5) 시스타싸이오닌 β-생성 효소(일종의 PLP 의존성 효소), (6) 시스타싸이오닌 γ 분해 효소, (7) α-케토산 탈수소 효소, (8) 프로피오닐 CoA 카복실화 효소, (9) 메틸말로닐 CoA 라셈화 효소, (10) 메틸말로닐 CoA 자리옮김 효소(일종의 보조 효소 B_{12} 의존 효소). 반응 8~10은 20-2E절에서 설명되어 있다. 트레오닌은 (11) 세린-트레오닌 탈수소 효소에 의해 α-케토뷰티르산으로 전환된다.

THF는 ***p*-아미노벤조산**(***p*-aminobenzoic acid**)과 한 개의 Glu 잔기에 연결된 일종의 6-메틸프테린(6-methylpterin) 유도체이다.

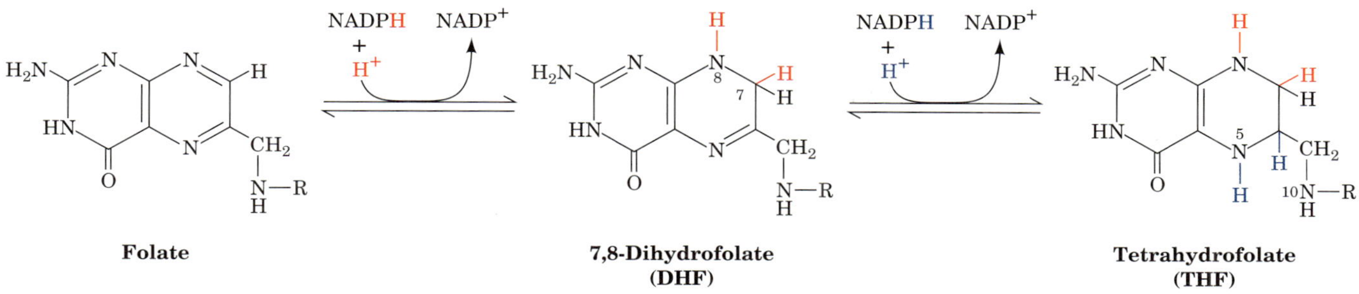

그림 21-19 엽산의 두 단계 환원으로 THF 생성 양쪽 반응은 다이하이드로폴산 환원 효소에 의해 촉매된다.

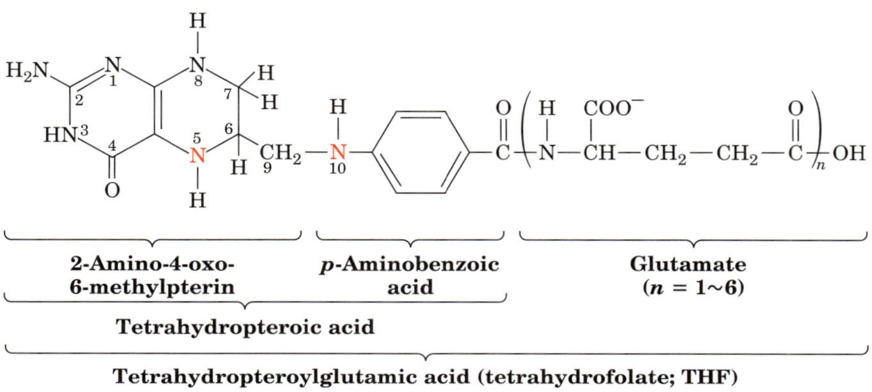

추가로 5개의 Glu 잔기들까지 일종의 폴리글루타밀(polyglutamyl) 말단을 형성하기 위해 아이소펩타이드 결합을 경유해서 첫 번째 글루탐산에 연결된다. THF는 바이타민 **엽산**[**folic acid**, **라틴어**; folium(나뭇잎)]에서 유래되었고, THF의 2중으로 산화된 형태는 그것이 일종의 활성형 보조 효소가 되기 전에 효소에 의해서 환원되었다(**그림 21-19**). 양쪽 환원은 **다이하이드로폴산 환원 효소**(**dihydrofolate reductase, DHFR**)에 의해 촉매된다. 동물들은 엽산을 합성할 수 없어서 음식물이나 장내 세균에 의해 공급되어야 한다. 엽산은 빛에 민감하다. 이것은 태양빛이 특히 강한 적도 지역에서 검은 피부를 유지시키는 데 필요한 보조 효소의 수준이나 바이타민 D의 중독을 방지한다(9-1E절).

C_1 단위는 N5나 N10, 또는 N5와 N10 두 위치에서 공유 결합으로 THF에 부착된다. 엽산, 폼알데하이드, 메탄올(**표 21-2**)의 산화 수준에 있는 이들 C_1 단위는 효소를 사용한 산화–환원에 의해 모두 내부 전환이 가능하다(**그림 21-20**).

THF는 세린 하이드록시메틸 전이 효소(반응 4의 역, 그림 21-14)에 의해 세린에서 글라이신으로 전환되는 과정, 글라이신의 분열(그림 21-17, 반응 11) 과정, 히스

표 21-2 THF에 의해 운반된 C_1기의 산화 수준

산화 수준	운반된 기	THF 유도체
메탄올	메틸($-CH_3$)	N^5-메틸-THF
폼알데하이드	메틸렌($-CH_2-$)	N^5,N^{10}-메틸렌-THF
엽산	포밀($-CH{=}O$)	N^5-포밀-THF, N^{10}-포밀-THF
	폼이미노($-CH{=}NH$)	N^5-폼이미노-THF
	메테닐($-CH{=}$)	N^5,N^{10}-메테닐-THF

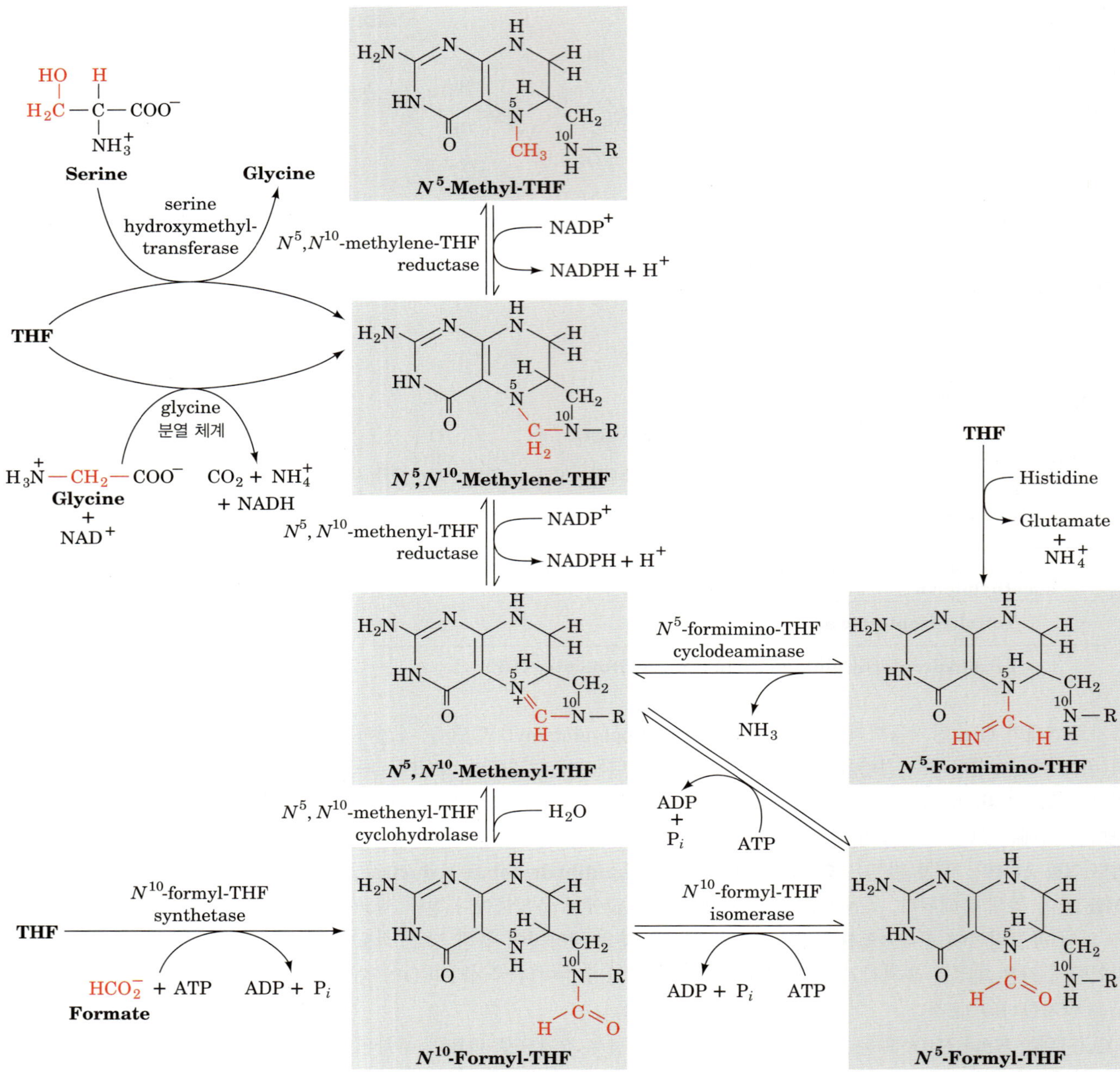

그림 21-20 THF에 의해 수행된 C_1 단위들의 내부 전환

? 각 C_1기의 산화 상태를 규명하라.

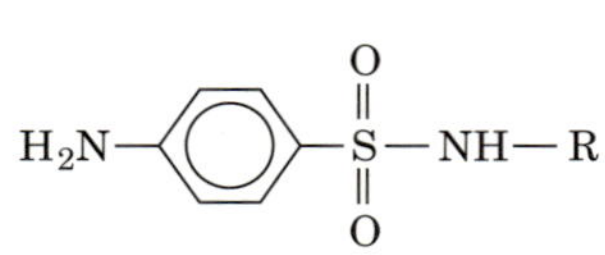

Sulfonamides
(R = H, sulfanilamide)

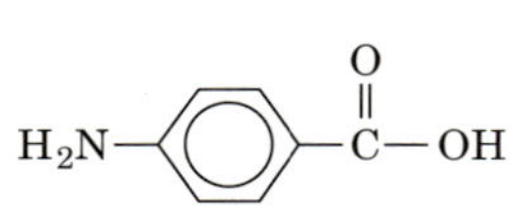

***p*-Aminobenzoic acid**

티딘 분해 과정(그림 21-17, 반응 11)에서 C_1 단위를 얻는다. THF에 의해 운반된 C_1 단위는 타이민 뉴클레오타이드의 생합성(23-3B절)에 사용되며, 호모시스테인으로부터 메싸이오닌 생합성(그림 21-18, 반응 4)에도 사용된다. 이 메싸이오닌 생합성 과정을 촉진함으로써 보충된 엽산은 비정상적인 고농도 호모시스테인과 연관된 질병들을 막아 준다(자료 21-1).

설파닐아마이드(**sulfanilamide**)와 같은 **설폰아마이드**[**sulfonamide**, 설파제(**sulfa drug**)]는 항생제로서 THF의 *p*-아미노벤조산의 구조 유사체이다(왼쪽). 그들은 *p*-아미노벤조산의 결합 단계에서 세균의 THF 생합성을 경쟁적으로 방해하고, 그로

자료 21-1 건강과 질병의 생화학 호모시스테인, 질병 표식

세포 내에서 호모시스테인의 수치는 SAM(그림 21-18, 반응 2와 3)을 이용하는 메틸화 반응을 통한 생합성률과 메싸이오닌(그림 21-18, 반응 4) 형성을 위해 재메틸화를 통한 그것의 이용률, 시스테인 생합성 과정(그림 21-18, 반응 5)에서 시스타싸이오닌(cystathionine)을 형성하기 위해 세린과의 반응을 통한 그것의 이용률에 달려 있다. 호모시스테인 수치의 증가는 **고호모시스테인혈증**(**hyperhomocysteinemia**)을 유도하며, 이는 혈액 내에 호모시스테인의 농도를 증가시키므로 심혈관 질환과 연관되어 있다. 그 연관은 오줌으로 과량의 호모시스테인이 배출되는 질환인 호모시스테인뇨증(**homocysteinuria**)을 가진 사람에게서 처음 발견되었다. 이들 환자는 어린아이 때에 아테롬성 동맥 경화증(atherosclerosis)으로 발전하는데, 그 이유는 LDL 수치의 증가 없이도 호모시스테인이 혈관벽에 산화적으로 손상을 일으키기 때문이다(20-7C절).

과호모시스테인혈증 역시 **신경관 결여**(**neural tube defect**)와 연관되어 있으며, 이 신경관 결여는 **척추 파열**(**spina bifida**; 척추 내 결함으로 가끔 마비를 일으킴)과 **무뇌증**(**anencephaly**; 선천적인 이상 때문에 유아 사망의 원인인 뇌의 치명적인 결함)을 포함하여 심각한 출생 결함의 원인이 된다. 고호모시스테인혈증은 호모시스테인 분해에 참여하는 보조 효소들, 즉 바이타민 전구 물질들의 섭취로 쉽게 조절되는데, 그 바이타민 전구물질은 주로 B_6(pyridoxine, PLP 전구 물질; 그림 21-7), B_{12}(그림 20-17), 엽산(folate, 21-4D절)이다. 특히 엽산은 고호모시스테인혈증을 줄이는 격할을 한다. 따라서 임신한 여성이 이를 복용하면 신생아에서 신경관 결함의 발병률을 극적으로 줄일 수 있다. 이는 신경관 발달이 발생학의 가장 초기 단계에서 일어남으로써 가임 연령의 여성이 임신하기 전에 알맞은 양의 엽산을 섭취하도록 권하고 있다. 앞서 말한 것에도 불구하고, 고호모시스테인혈증을 가진 개인의 바이타민 요법은 심혈관 질환의 발생이 감소하지 않음을 임상 실험에서 보여 주였다.

약 10%의 인구가 N^5,N^{10}-메틸렌-THE를 N^5-메틸-THF로 촉매하는 **N^5,N^{10}-메틸렌 테트라하이드로폴산 환원 효소**(N^5,N^{10}-**methylene-tetrahydrofolate reductase; MTHFR**)에서 Ala → val 변이된 동형이다(그림 21-20, 중앙 상부). 이 반응은 호모시스테인을 메싸이오닌으로 전환하는 데 필요한 N^5-메틸-THE를 생성한다(그림 21-18, 반응 4). 돌연변이는 그 효소의 동력학적 반응에 영향을 주지 않지만, 반응 소도가 증가하는 대신에 필수적인 플라빈 보조 인자가 해리된다. 그 효소에 결합하는 엽산 유도체들은 플라빈 손실의 속도를 감소시켜서, 그 효소의 전체 활성 증가와 호모시스테인 농도 감소가 일어난다. 사람에게서 MTHFR 돌연변이의 우세는 어떤 선택의 이점을 가지고 있다. 그러나 그것은 아직은 의견에 불과하다.

인해 THF 요구 반응을 방해한다. 엽산을 생합성할 수 없는 동물은 설폰아마이드의 영향은 받지 않으며, 설폰아마이드가 항균제로 널리 사용되는 이유를 설명한다.

가지 사슬형 아미노산 분해는 아실 CoA 산화로 일어난다. 가지 사슬형 아미노산인 아이소루신, 루신, 발린은 일반 효소들이 수행하는 3단계 반응으로 시작한다(**그림 21-21**).

1. 해당되는 α-케토산으로 아미노기 전이 반응
2. 해당되는 아실 CoA로 산화적 탈카복실화 반응
3. 이중 결합을 형성하기 위해 FAD에 의한 탈수소 반응

아이소루신 분해 경로의 남은 반응은 지방산 산화 경로와 유사하고(20-2C절), 아세틸 CoA와 프로피오닐 CoA를 생산하며, 결론적으로 이 세 가지 반응을 경유하여 석시닐 CoA로 전환된다. 아이소루신보다 탄소가 한 개 적은 발린의 분해는 CO_2와 프로피오닐 CoA를 생성하고, 이들 석시닐 CoA로 전환된다. 루신은 더 분해되어 프로피오닐 CoA 대신에 아세토아세트산을 생성하며, 이는 21-4E에 설명되어 있다.

가지 사슬형 α-케토산 탈수소 효소(**branched-chain α-keto acid dehydrogenase, BCKDH**)는 그림 21-21의 반응 2를 촉매하며, 이는 일종의 다중 효소 복합체로서 피루브산 탈수소 효소와 α-케토글루타르산 탈수소 효소의 복합체와 거의 유사하다(17-2절과 17-3D절). 실제로 3개의 다중 효소는 일반적 소단위체인 E3(다이하이드로리포아마이드 탈수소 효소)를 공유하며, 보조 효소인 TPP와 리포아마이드(lipoamide), FAD 이외에도 그들의 최종 산화제인 NAD^+를 고용한다.

BCKDH의 유전적 결함은 **단풍나무시럽뇨증**(**maple syrup urine disease**)을 일으키며, 이는 연속적으로 만들어지는 가지 사슬형 α-케토산이 단풍나무시럽뇨증

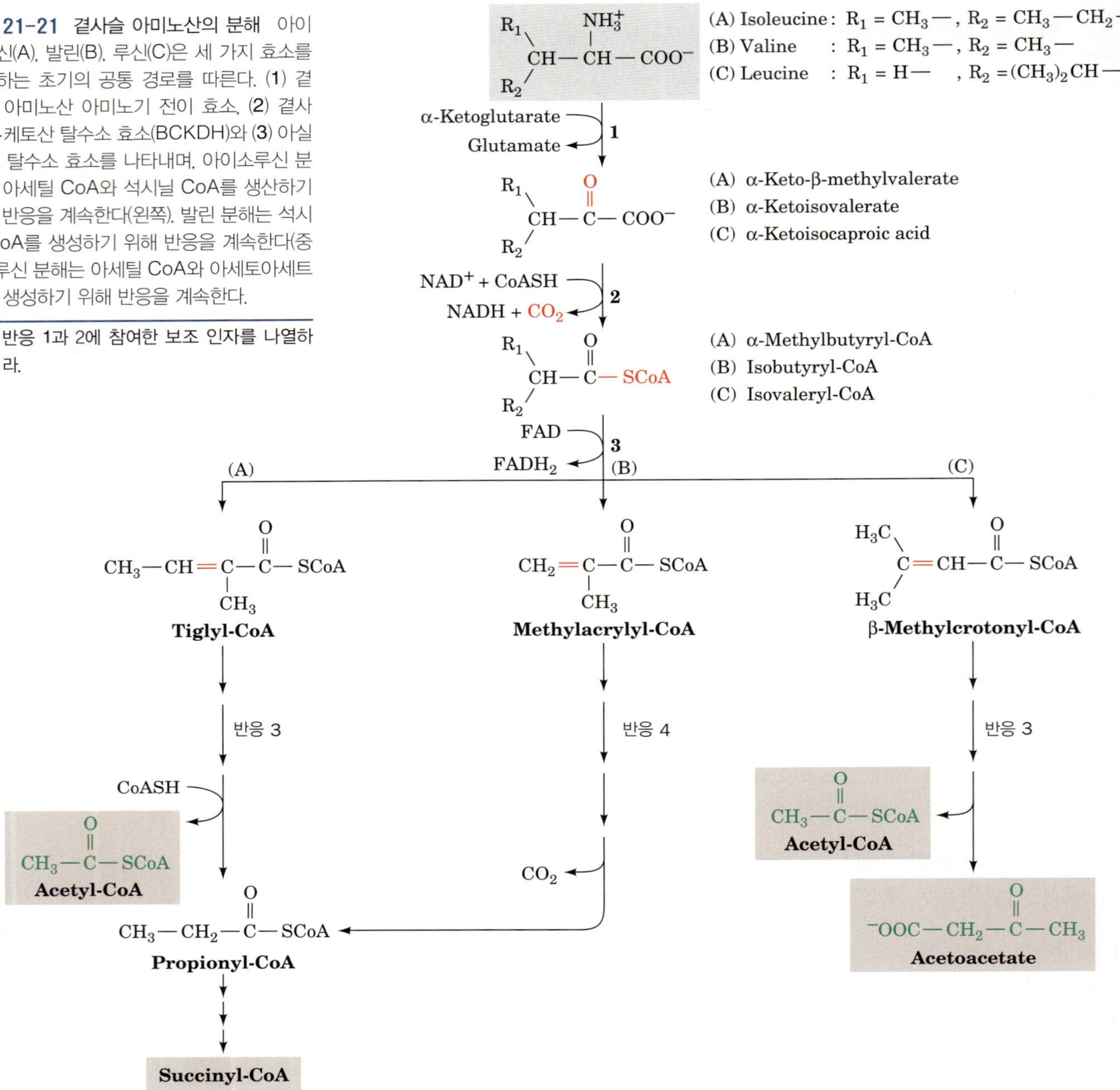

그림 21-21 곁사슬 아미노산의 분해 아이소루신(A), 발린(B), 루신(C)은 세 가지 효소를 이용하는 초기의 공통 경로를 따른다. (1) 곁사슬 아미노산 아미노기 전이 효소, (2) 곁사슬 α-케토산 탈수소 효소(BCKDH)와 (3) 아실 CoA 탈수소 효소를 나타내며, 아이소루신 분해는 아세틸 CoA와 석시닐 CoA를 생산하기 위해 반응을 계속한다(왼쪽). 발린 분해는 석시닐 CoA를 생성하기 위해 반응을 계속한다(중앙). 루신 분해는 아세틸 CoA와 아세토아세트산을 생성하기 위해 반응을 계속한다.

? 반응 1과 2에 참여한 보조 인자를 나열하라.

의 독특한 냄새를 가진 소변에 전달함으로써 얻어진 이름이다. 가지 사슬형 아미노산이 신속하게 소화되지 않으면, 단풍나무시럽뇨증은 아주 치명적이다.

E 루신과 라이신은 아세틸 CoA와/또는 아세토아세트산으로만 분해된다.

루신 분해는 아이소루신과 발린 분해(그림 21-21)와 동일한 방법으로 시작하지만, 탈수소화된 CoA 부가물인 β-메틸크로토닐 CoA는 일종의 케톤체인 아세틸 CoA와 아세토아세트산으로 전환된다.

동물의 간에서 라이신 분해를 위한 주된 경로는 α-케토글루타르산-라이신의 부가물인 **사카로핀(saccharopine)** 형성을 시작으로 아세토아세트산과 2 CO_2를 생성한다(**그림 21-22**). 이 경로는 다른 경로에서 그것의 11개 반응들 중에 7개 반응과 만나기 때문에 상세히 다룰 필요가 있다. 반응 4는 일종의 PLP 의존성 아미노기 전이 반응이다. 반응 5는 피루브산 탈수소 효소와 같은 일종의 다중 효소 복합체에 의한 α-케토산의 산화적 탈카복실화 반응이다(17-2절). 반응 6, 8, 9, 즉 FAD에 의한 탈수소 반응 및 수화 반응, NAD^+에 의한 탈수소 반응은 지방산 아실 CoA 산화의 표준 반응이다. 반응 10과 11은 케톤체 형성에서 표준 반응이다. CO_2 2몰은 그 경로의 반응 5와 7에서 생성된다.

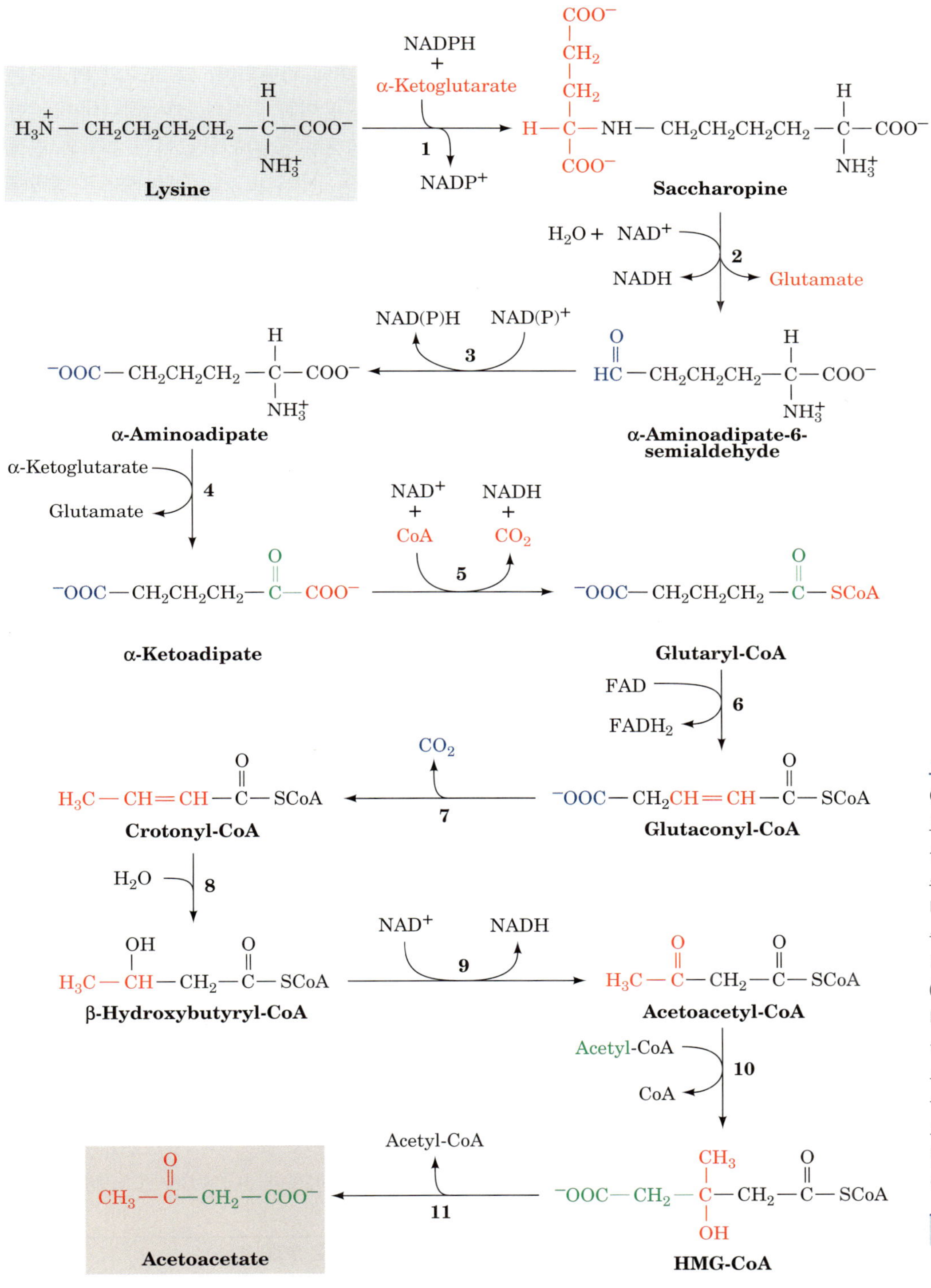

그림 21-22 **동물의 간에서의 라이신 분해 경로** 효소들은 (1) 사카로핀 탈수소 효소($NADP^+$, 라이신 생성), (2) 사카로핀 탈수소 효소(NAD^+, 글루탐산 생성), (3) 아미노아디프산 세미알데하이드 탈수소 효소, (4) 아미노아디프산 아미노기 전이 효소(PLP 의존 효소), (5) α-케토산 탈수소 효소, (6) 글루타릴 CoA 탈수소 효소, (7) 탈카복실화 효소, (8) 엔오일 CoA 수화 효소, (9) β-하이드록시아실 CoA 탈수소 효소, (10) HMG–CoA 생성 효소, (11) HMC–CoA 분해 효소. 반응 10과 11은 20-3절에 기술되어 있다.

? 지방산 산화와 케톤 생성 반응과 유사한 반응을 기술하라.

사카로핀 경로는 동물에서 우세한 것으로 생각된다. 그 이유는 반응 1을 촉매하는 효소에 유전적인 결함은 **과라이신혈증(hyperlysinemia)**과 **과라이신뇨증(hyperlysinuria)** (이들은 각각 혈액과 소변에 라이신의 양이 증가된다)를 초래하여 정신적, 육체적인 장애를 가진다. 이는 희귀한 유전병의 대사 경로를 추적하는 연구에 필요한 또 다른 예이다.

F 트립토판은 알라닌과 아세토아세트산으로 분해된다

주요 트립토판의 분해 경로(**그림 21-23**에 요약되어 있음)는 매우 복잡하여 반응 모두를 상세히 설명하는 것은 어렵다. 그러나 한 가지 반응은 특별히 흥미가 있다. 즉 4번째 반응은 **키누레니네이스(kynureninase)**에 의해 촉매되며, 그 효소의 PLP기는 알라닌을 유리하기 위해 $C_\beta-C_\gamma$ 결합의 절단을 용이하게 한다. 키누레니네이스 반응은 아미노기 전이 반응(그림 21-8)으로 첫 단계는 동일하지만 어떤 효소의 친핵성기(nucleophilic group)는 공명 안정화된 중간 산물의 C_γ를 공격하여 그 결과로 $C_\beta-C_\gamma$ 결합을 절단한다. 트립토판 골격의 나머지는 5가지 반응으로 α-케토아디프산으로 전환되는데, 이것도 역시 라이신 분해의 중간 산물이다. α-케토아디프산은 그림 21-22에서 보는 바와 같이 7번째 반응으로 2 CO_2와 아세토아세트산으로 분해된다.

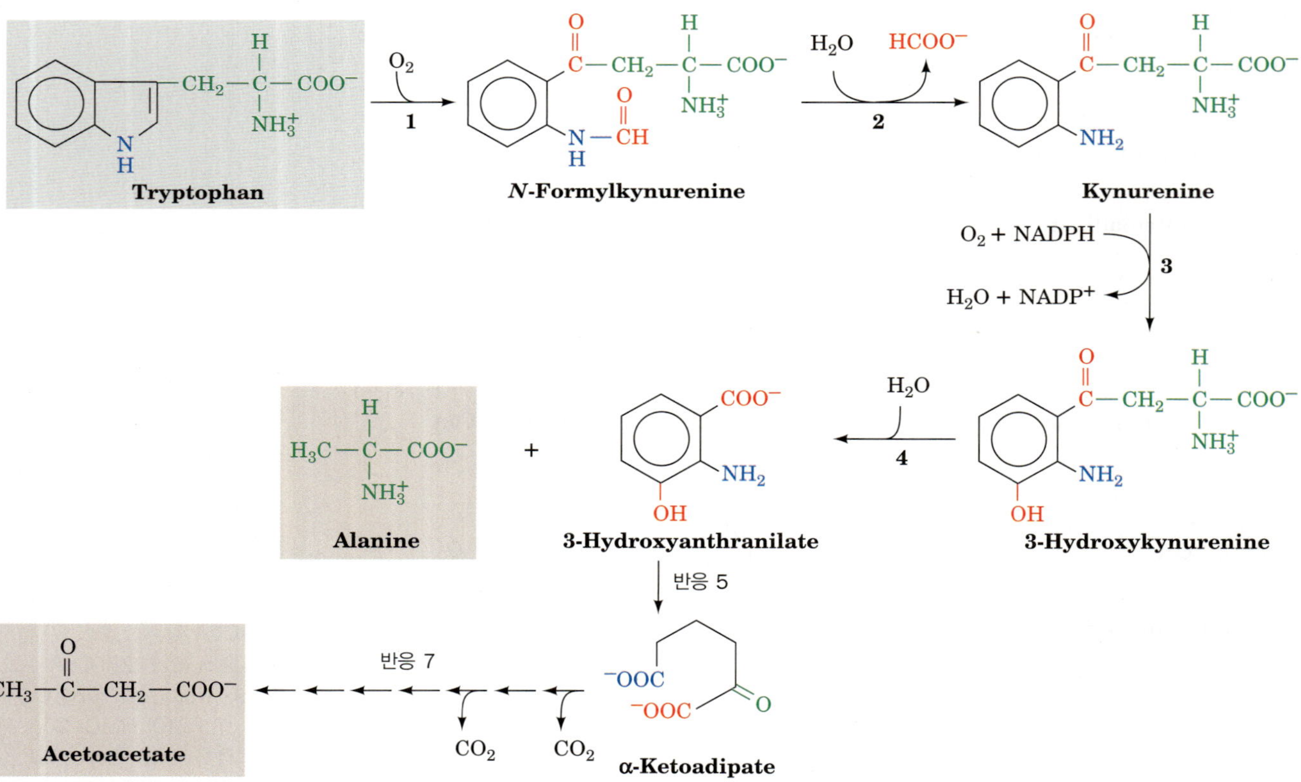

그림 21-23 트립토판의 분해 경로 효소 반응은 (1) 트립토판-2,3-이산소화 효소, (2) 폼아미데이스, (3) 키누레닌-3-일산소화 효소, (4) 키루레니네이스(PLP 의존 효소)를 보여 준다. 5개 반응은 3-하이드록시안트라닐산을 α-케토아디프산으로 전환하고, α-케토아디프산은 그림 21-22, 반응 5~11에서 보는 바와 같이 7개 반응으로 아세틸 CoA와 아세토아세트산으로 전환된다.

? 아세토아세트산의 대사적 운명은 무엇인가?

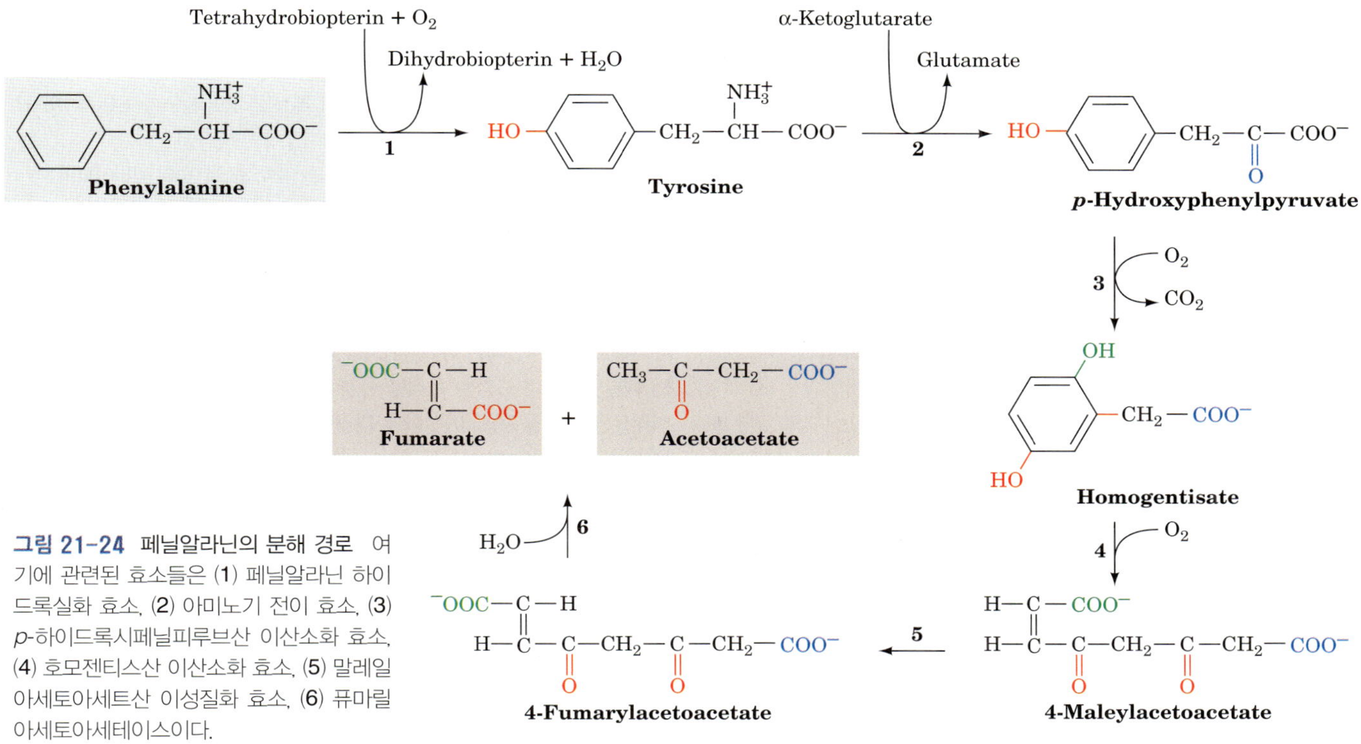

그림 21-24 페닐알라닌의 분해 경로 여기에 관련된 효소들은 (1) 페닐알라닌 하이드록실화 효소, (2) 아미노기 전이 효소, (3) *p*-하이드록시페닐피루브산 이산소화 효소, (4) 호모젠티스산 이산소화 효소, (5) 말레일아세토아세트산 이성질화 효소, (6) 퓨마릴아세토아세테이스이다.

G 페닐알라닌과 타이로신은 퓨마르산과 아세토아세트산으로 분해된다

페닐알라닌 분해의 첫 번째 반응은 타이로신을 위한 하이드록실화 반응이므로 단일 경로(**그림 21-24**)가 이 두 아미노산 분해의 원인이다. 6개 반응 분해의 최종 산물들은 일종의 케톤체인 퓨마르산과, 시트르산 회로의 중간 산물인 아세토아세트산이다. 반응 1과 4를 촉매하는 효소들의 결손이 병을 일으킨다(자료 21-2).

프테린은 산화-환원 효소의 보조 인자이다. Fe(III) 함유 효소인 **페닐알라닌 하이드록실화 효소(phenylalanine hydroxylase**, 그림 21-24, 반응 1)에 의해 페닐알라닌의 하이드록실화는 일종의 **프테린(pterin)** 유도체인 **바이오프테린(biopterin)** 보조 인자를 필요로 한다. 프테린은 **프테리딘(pteridine)** 고리(**그림 21-25**)를 함유한 화합물이다. 플라

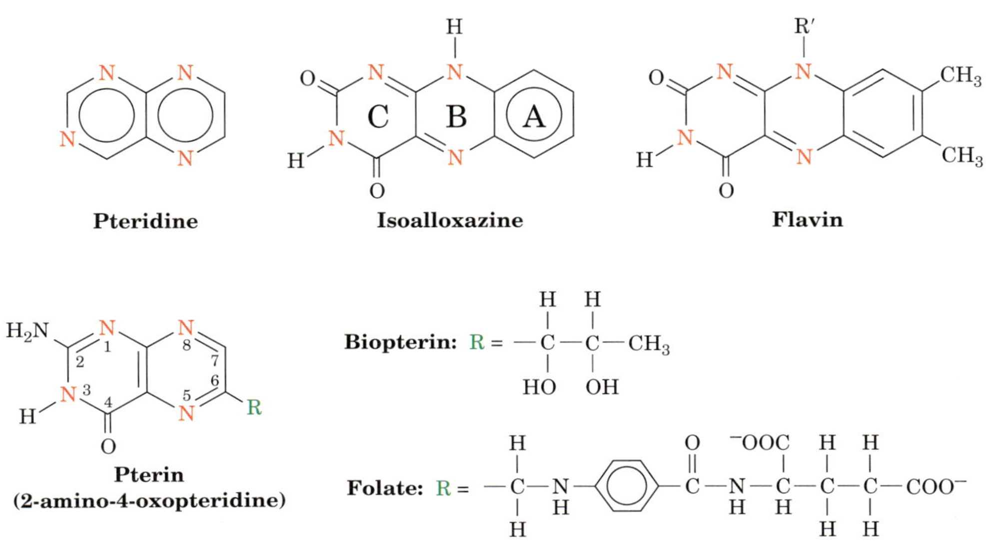

그림 21-25 바이오프테린과 엽산의 프테리딘 고리 핵 플라빈 보조 효소의 아이소알록사진 고리와 프테리딘의 유사 구조를 보라.

자료 21-2 건강과 질병의 생화학 페닐케톤뇨증과 알캅톤뇨증은 페닐알라닌 분해에서 효소 결손의 결과이다

가로드(Archibald Garrod)는 1900년대 초에 인간의 유전적 질병들이 특별한 효소 결핍에서 온다는 것을 알았다. 우리는 이 발견이 대사 경로의 설명에 어떻게 기여하였는지를 알아보았다. **알캅톤뇨증**(alcaptonuria)은 많은 양의 **호모젠티스산**(homogentisic acid, 14-4절)을 배설한 결과이다. 이는 **호모젠티스산 이산소화 효소**(homogentiaste dioxygenase, 그림 21-24, 반응 4)의 결핍 결과이다. 알캅톤뇨증 환자는 인생의 후반기에 관절염으로 고통을 받는다(이 병에 걸린 사람의 소변이 검게 되는 이유는 그들이 배출하는 호모젠티스산이 공기 중에서 급격히 빨리 산화되어 검게 되기 때문이다).

페닐케톤뇨증(phenylketonuria, PKU)으로 고통받고 있는 사람들은 불행하지 않다. 만일 그 질병이 진행되고 있는지 알지 못하는 상태로 태어나서 즉시 치료하지 않으면 태어나서 수개월 이내에 심각한 정신장애가 일어난다. PKU는 페닐알라닌을 하이드록실화하는 능력이 없어서 일어나며(그림 21-24, 반응 1), 그로 인해 페닐알라닌이 혈액 속에 증가되어 **과페닐알라닌혈증**(hyperphenylalaninemia)을 초래한다. 초과된 페닐알라닌은 다른 부수적인 경로를 통해 **페닐피루브산**(phenylpyruvate)으로 아미노기를 전달한다.

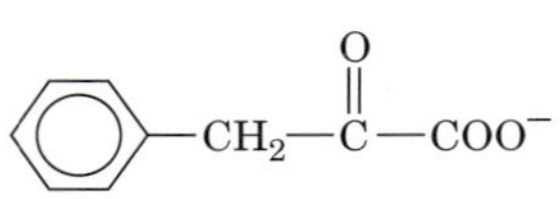

페닐피루브산

페닐피루브산(일종의 페닐케톤)이 소변으로 '배설'되는 질병과 관련된 첫 번째 관찰이며, 질병의 이름을 따서 이름 붙여졌다. 미국에서 태어나는 모든 아이들은 태어나자마자 혈액 내에 페닐알라닌의 수치가 올라가는지를 조사하는 PKU 검사를 받는다.

고전적인 PKU는 페닐알라닌 하이드록실화 효소(phenylalanine hydroxylase)의 결여로 오는 결과이다. 1947년에 그 원인이 알려지면서 이 질병은 선천적으로 일어나는 대사의 오류이며, 그에 따른 기본적인 생화학적 결점이 알려졌다. 모든 타이로신 분해 효소들이 정상이기 때문에 치료 방법은 페닐알라닌이 생애 처음 5년에서 10년 동안 정상적인 범위를 유지하도록 혈액 내에 페닐알라닌의 혈액 수치를 모니터링하고 낮은 함량의 페닐알라닌이 포함된 음식을 환자에게 공급하도록 하는 것이었다. 다이어트용 청량음료와 많은 다른 다이어트 식품에 감미제로 흔히 사용되는 **아스파탐**(aspartame)은 Asp–Phe–메틸 에스터(자료 8-2)이며, 또한 다이어트용 페닐알라닌의 재료이다. 결론적으로 페닐케톤뇨증은 모두 이런 것들에서 생긴다.

페닐알라닌 하이드록실화 효소의 결핍 역시 PKU의 다른 일반적인 징후 설명이 가능하다. 효소 결핍 때문에 생긴 희생자들은 그들의 형제자매보다 더 밝은 머리카락과 피부색을 가지고 있다. 이는 페닐알라닌의 증가로 피부 색소인 **멜라닌**(melanin)의 형성에서 첫 번째 반응인 타이로신의 하이드록실화를 억제하기 때문이다(그림 21-39).

유아 검사 기법(infant screening technique)의 도입으로 과페닐알라닌혈증이 발생하는 다른 원인도 밝혀졌다. 이는 페닐알라닌 하이드록실화 효소의 보조 인자인 5,6,7,8-테트라하이드로바이오프테린의 생성 혹은 재생을 촉진하는 효소 결핍으로 일어난다(그림 21-26).

체크 포인트

- 아미노산의 탄소 골격의 일반적인 두 물질 대사 운명을 기술하시오.
- 아미노산 이화 작용의 최종 생성물을 나타내는 7가지 물질대사를 나열하시오. 무엇이 글루코스 생성이고, 무엇이 케톤 생성인가?
- 세 가지 아미노산 중에 어떤 것이 세린 하이드록시메틸 전이 효소의 기질 또는 산물인가?
- 아미노산 이화 작용에서 보조 인자인 피리독살-5′-인산염과, 테트라하이드로폴산, 테트라하이드로바이오프테린의 역할을 기술하시오.

빈 보조 효소의 프테리딘 고리와 아이소알록사진(isoalloxazine) 고리 사이의 유사성에 주의하라. 프테리딘 내에 질소 원자의 위치는 아이소알록사진의 B와 C 고리의 것과 동일하다. 엽산 유도체들도 프테린 고리를 함유하고 있다(21-4D절).

플라빈과 같이 프테린은 생물학적 산화에 참여하고 있다. 바이오프테린의 활성형은 완전 환원된 형태인 **5,6,7,8-테트라하이드로바이오프테린(5,6,7,8-tetrahydrobiopterin)**이다. 그것은 일종의 기폭 반응으로 생각될 수 있는데, 다이하이드로폴산 환원 효소(그림 21-26)에 의해 **7,8-다이하이드로바이오프테린(7,8-dihydrobiopterin)**과 NADPH로부터 생성되며, 동시에 다이하이드로폴산을 테트라하이드로폴산(그림 21-19)으로 환원한다. 페닐알라닌 하이드록실화 효소 반응에서 5,6,7,8-테트라하이드로바이오프테린은 **프테린-4a-카비놀아민(pterin-4a-carbinolamine**, 그림 21-26)으로 하이드록실화되며, 프테린-4a–카비놀아민은 **프테린-4a-카비놀아민 탈수 효소(pterin-4a-carbinolamine dehydratase)**에 의해 7,8-다이하이드로바이오프테린[**퀴노이드형(quinoid form)**]으로 전환된다. 이 퀴노이드는 활성 보조 인자를 생성하기 위해 NAD(P)H를 필요로 하는 효소인 **다이하이드로프테리딘 환원 효소(dihydropteridine reductase)**에 의해 연속적으로 환원된다. 비록 다이하이드록폴산 환원 효소와 다이하이드로프테리딘 환원 효소가 동일한 산물을 생성하지만, 그들은 기질이 다른 토토머를 사용한다.

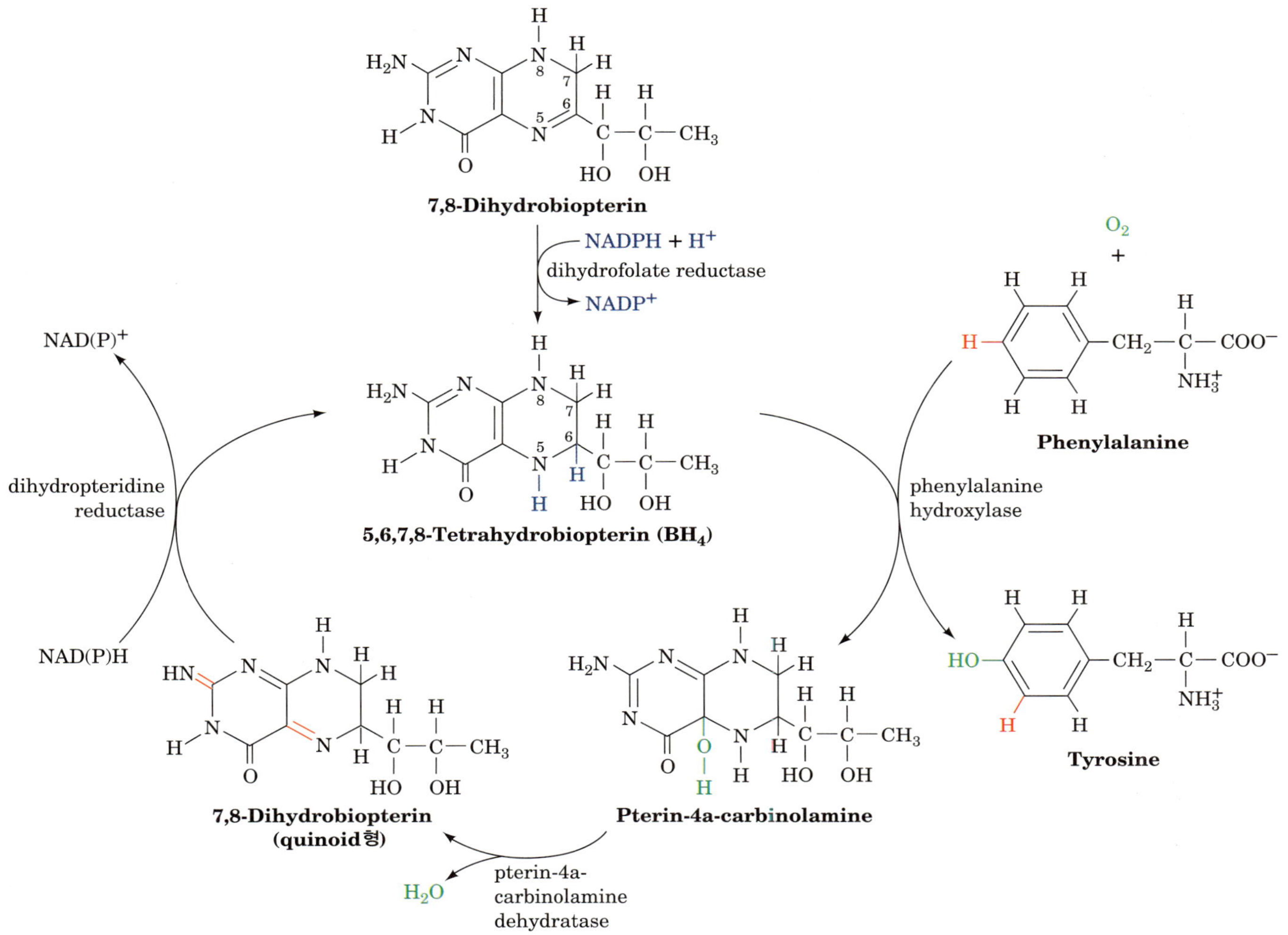

그림 21-26 페닐알라닌 하이드록실화 효소 반응에서 5,6,7,8-테트라하이드로바이오프테린의 형성, 이용 및 재생

5 아미노산 생합성

주요 개념

- 일부 아미노산은 일반적인 물질 대사로부터 한 단계 또는 여러 단계를 통해 합성된다.
- 필수 아미노산은 다른 아미노산과 글루코스 물질 대사로부터 대부분 유도된다.

많은 아미노산은 식물과 미생물에만 존재하는 경로에 의해 합성된다. 동물은 음식에서 이런 아미노산을 얻어야 하기 때문에, 이러한 물질들을 **필수 아미노산(essential amino acid)**이라고 한다. 한편 일반 중간 산물로부터 동물에 의해 합성될 수 있는 다른 아미노산을 **비필수 아미노산(nonessential amino acid)**이라고 한다. 그들의 α-케토산의 탄소 골격들은 다른 아미노산(보통 글루탐산)에 존재하는 α-아미노 질소를 이용하는 아미노기 전이 반응(21-2A절)에 의해 아미노산으로 전환된다. 비록 근본적으로 글루탐산은 반대로 작용하는 GDH에 의해 암모니아와 α-케토글루타르산에서 합성될 수 있다고 생각하지만, 이 효소의 우선적인 생리적 작용은 글루탐산 분해이다(21-2B절). 결론적으로, **α-아미노 질소 역시 필수 영양분이 되도록 고려되어야**

표 21-3 인간의 필수 아미노산과 비필수 아미노산

필수	비필수
아르지닌[a]	알라닌
히스티딘	아스파라진
아이소루신	아스파트산
루신	시스테인
라이신	글루탐산
메싸이오닌	글루타민
페닐알라닌	글라이신
트레오닌	프롤린
트립토판	세린
발린	타이로신

[a]동물들은 아르지닌을 합성하더라도, 그들은 요소를 형성하기 위해 대부분이 분해된다(21-3A절).

한다. 이와 같은 환경에서 4가지 잘 알려진 맛 수용체, 즉 단맛, 쓴맛, 짠맛, 신맛 이외에 제5의 맛 수용체가 최근에 알려졌으며, **우마미(umami,** 일본명)라는 **글루탐산 소듐(monosodium glutamate, MSG)**의 고기 맛 수용체를 주목하는 것은 흥미롭다.

인간을 위한 필수 아미노산과 비필수 아미노산은 **표 21-3**에 나타내었다. 비록 아르지닌은 요소 회로(21-3A)에서 합성되지만, 아이들이 정상적인 성장과 발달하는 동안 이 경로에 따라 생산될 수 있는 양보다 훨씬 더 많은 양이 필요하기 때문에 (어른은 아니다) 필수 아미노산으로 분류된다. 필수 아미노산은 동물성 단백질과 식물성 단백질에 모두 존재하지만, 단백질에 따라 필수 아미노산의 함유율이 다르다. 예를 들면 우유 단백질은 인간이 필요로 하는 영양분의 비율에 맞도록 필수 아미노산을 함유하고 있다. 반면에 콩 단백질은 라이신을 풍부하게 함유하고 있으나 메싸이오닌이 부족하고, 밀은 라이신이 부족하지만 메싸이오닌을 풍부하게 함유하고 있다. 따라서 균형 잡힌 단백질 음식은 모든 필수 아미노산을 알맞은 비율로 공급하기 위해 서로 보완하는 다양한 다른 단백질원으로 보충해야 한다.

이 절에서는 비필수 아미노산 형성에 참여하는 경로를 공부한다. 또한 필수 아미노산이 식물과 미생물에서 생산되는 경로들을 간단히 언급한다. **이 경로는 종에 따라 다소 차이가 있음을 명심하라. 반대로 탄수화물과 지방 대사의 기본 경로들은 모두 일반적이다.**

A 비필수 아미노산은 공통 대사 물질로부터 생합성된다

타이로신을 제외한 모든 비필수 아미노산은 4개의 공통적인 중간 대사 산물 중 하나의 단순한 경로들에 의해 합성된다. 피루브산과 옥살로아세트산, α-케토글루타르산, 3-포스포글리세르산. 타이로신은 실제로 비필수 아미노산으로 잘못 분류되어 있으며, 필수 아미노산인 페닐알라닌의 한 단계 하이드록실화 반응으로 타이로신이 합성된다(그림 21-24). 실제로 페닐알라닌을 위한 식사 규정은 타이로신의 요구를 반영한다. 그러므로 음식물에 타이로신이 존재하면 페닐알라닌의 필요가 감소한다.

알라닌, 아스파라진, 아스파트산, 글루탐산, 글루타민은 피루브산, 옥살로아세트산과 α-케토글루타르산에서 합성된다. 피루브산과 옥살로아세트산, α-케토글루타르산은 각각 알라닌, 아스파트산, 글루탐산에 해당되는 α-케토산(탄소 골격이라고 한다)이다. 실제로 이들 각 아미노산의 합성은 한 단계 아미노기 전이 반응이다(**그림 21-7**, 반응 1~3). 이런 아미노기 전이 반응에서 α-아미노기의 궁극적인 근원은 글루탐산이며, 이 글루탐산은 미생물, 식물과 더 낮은 진핵생물의 글루탐산 생성 효소(21-7B절)에 의해 생성되며, 척추동물에는 이 효소가 없다.

아스파라진과 글루타민은 각각 ATP 의존성 아미드화에 의해 아스파트산과 글루탐산으로부터 생성된다. **글루타민 합성 효소(glutamine synthetase)** 반응(그림 21-27, 반응 5)에서 글루탐산은 **γ-글루타밀인산(γ-glutamylphosphate)** 중간 산물을 형성하기 위해 ATP를 가진 반응에 의해 먼저 활성화된다. 글루타민을 생성하기 위해 NH_4^+는 인산기를 치환하고 있다. 흥미롭게도 아스파라진을 형성하기 위해 **아스파라진 합성 효소(asparagine synthetase)**에 의한 아스파트산의 아미드화는 다른 경로로 진행된다. 아미노기의 주개로서 글루타민을 사용하며, ATP를 AMP + PP_i로 분해한다(그림 21-27, 반응 4).

글루타민 합성 효소는 질소 대사에서 주요한 조절점이다. 글루타민은 암모니아의 저장 형태인 것과 같이 많은 생합성 산물을 생성하는 아미노기 주개이다. 따라서 글루타민 합

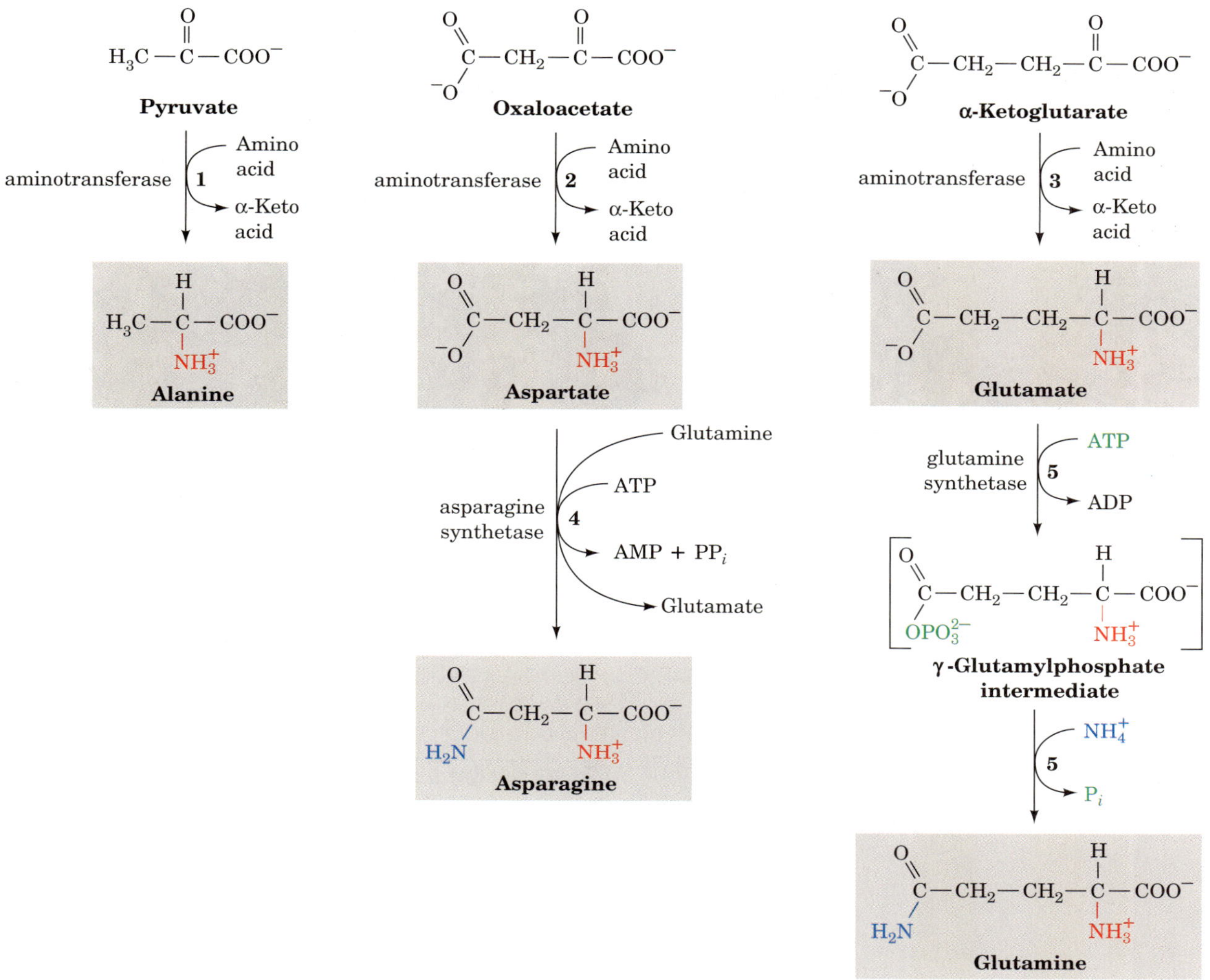

그림 21-27 알라닌, 아스파트산, 글루탐산, 아스파라진, 글루타민의 합성 이 반응들은 각각 (1) 피루브산, (2) 옥살로아세트산, (3) α-케토글루타르산과 아미드화 (4) 아스파트산, (5) 글루탐산의 아미노기 전이를 포함한다.

? 이러한 5가지 아미노산을 합성하는 데 몇 가지 형태의 반응이 필요한가?

성 효소의 조절은 질소 대사 조절을 위해 절대 필요하다. 동물의 글루타민 합성 효소는 글루탐산의 산화적 탈아미노 산물인 α-케토글루타르산에 의해 활성화된다(21-2B절). 이 조절은 그 반응에 의해 생성된 암모니아의 축적을 막도록 한다.

Earl Stadtman이 밝힌 것처럼 세균성 글루타민 합성 효소는 더욱 정교한 조절계를 가지고 있다. 이 효소는 육각형의 프리즘 모서리(**그림 21-28**)에 정렬된 12개의 동일한 469개 잔기 소단위체로 구성되어 있으며, 또한 이 효소는 공유 결합 변형에 의해서 조절되며 몇 개의 다른자리 입체성 효과들에 의해서도 조절된다. 그것의 조절에서 몇 가지 양상이 기록되어 있다. **9개의 다른자리 입체성 되먹임 억제제들은 각각이 그것의 결합 부위를 가지고 있으며, 일종의 누적 방법으로 세균성 글루타민 합성 효소의 활성을 조절한다.** 6개의 이러한 조절 물질은 히스티딘, 트립토판, 카바모일인산(카바모일 인산 합성 효소에 의해 합성), 글루코사민-6-인산, AMP, CTP이며, 이들 모두는 글루타민에서 유래되는 경로의 최종 산물이다. 나머지 세 가지 알라닌, 세린, 글라이신은 세포의 질소 수준을 반영한다.

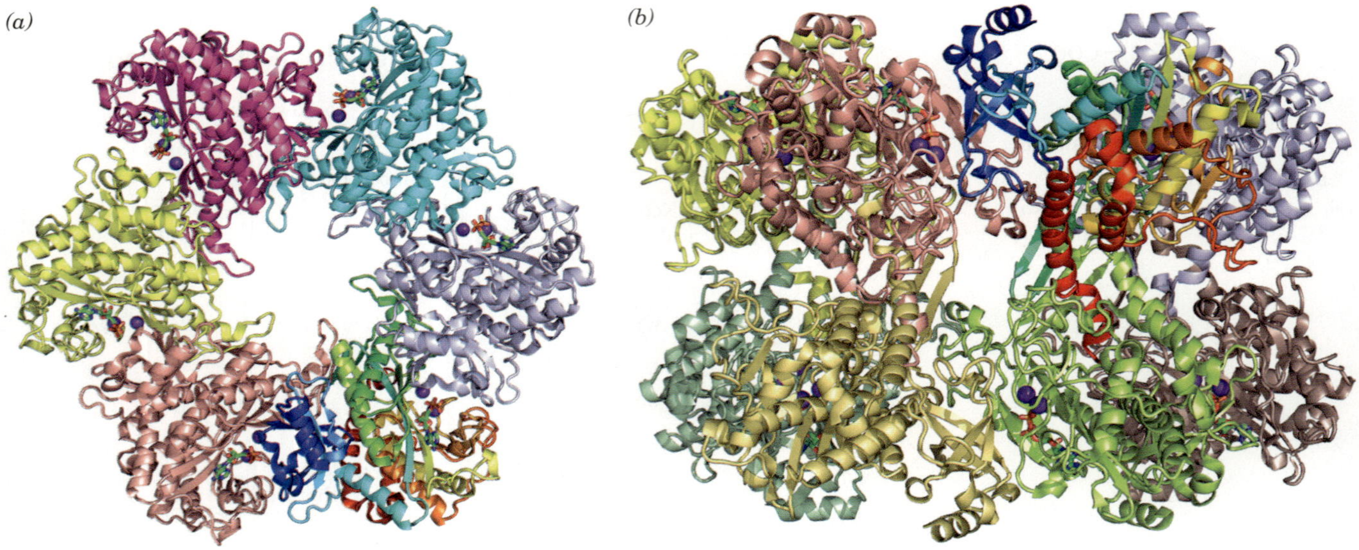

그림 21-28 Bacterium *Salmonella typhimurium*에서 글루타민 합성 효소의 X선 구조 이 효소는 12개의 동일한 소단위체로 구성되어 있고, 여기서는 D_6 대칭 (육면체 프리즘의 대칭)으로 정렬된 리본 형태로 나타내었다. (*a*) 푸른색이나 녹색으로 표시된 상부의 고리(ring), 즉 6개 소단위체만이 보이는 6겹 축대칭을 위에서 보는 광경. 하부 고리의 소단위체들은 대개 상부 고리의 소단위체 바로 아래에 있다. 효소 활성을 위해 필요한 Mg^{2+} 이온의 위치에 있는 Mn^{2+} 이온(자홍색 구)은 각 활성 부위에 결합해 있다. 각 아데닐릴화 부위인 Tyr 397(주황색)은 2개의 소단위체들 사이에 있다. 한 개의 활성 부위에 그려져 있는 것은 ADP(청록색)와 일종의 글루탐산의 경쟁적 방해제인 포스피노트리신(phosphinothricin; 붉은색)이다. (*b*) 8개의 가장 가까운 소단위체만 보이는 2겹의 축 중에 한 개만 보이는 측면 광경. 6겹 축은 이 측면에서 수직이다. [Based on X-ray structure by David Eisenberg, UCLA. PDBid 1F52].

? 글루타민 합성 효소가 다중 소단위 효소에 대해 왜 중요한가?

대장균(*E. coli*)의 글루타민 합성 효소는 특이한 타이로신 잔기의 **아데닐릴화**(**adenylylation**, AMP기 첨가)에 의해 공유 결합으로 변형된다(**그림 21-29**). 누적되는 되먹임 방해를 위한 효소의 감도는 증가하고, 그것의 활성은 아데닐릴화 정도에 따라 감소한다. 아데닐릴화 수준은 복잡한 대사의 연쇄 확장(cascade)에 의해 조절되며, 그것은 개념상으로 글리코젠 인산화 효소를 조절하는 것과 유사하다(16-3B절). 글루타민 합성 효소의 아데닐릴화와 탈아데닐릴화는 둘 다 4개의 조절 단백질인 P_{II}을 가진 복합체 내에 **아데닐릴 전이 효소**(**adenylyltransferase**)에 의해 촉매된다. 이 복합체는 $\mathbf{P_{II}}$가 **유리딜릴화**(**uridylylated**, 역시 타이로신 잔기에)되면 글루타민 합성 효소를 탈아데닐릴화하며, P_{II}가 UMP 잔기를 소실하면 글루타민 합성 효소를 아데닐릴화한다. 다시 말하면, P_{II} 유리딜릴화의 레벨은 동일한 단백질에 존재하는 2개의 효소 활성의 수준의 차이에 달려 있다. 즉 일종의 **유리딜릴 전이 효소**(**uridylyl transferase**)는 P_{II}를 유리딜릴화와 일종의 **유리딜릴 제거 효소**(**uridylyl-removing enzyme**)는 P_{II}에 부착된 UMP기를 가수 분해하여 삭제한다. 유리딜릴 전이 효소는 α-케토글루타르산과 ATP에 의해 활성화되고 글루타민과 P_i에 의해 억제되는 반면, 유리딜릴 제거 효소는 이들 대사 물질에 민감하지 않다. 따라서 이 복잡한 대사적인 연쇄 확장은 대장균의 글루타민 합성 효소 활성이 세포의 질소 요구에 반응하도록 만든다.

글루탐산은 프롤린, 오르니틴, 아르지닌의 전구 물질이다. 글루탐산의 프롤린으로 전환(**그림 21-30**, 반응 1~4)은 γ-카복실기를 알데하이드로 환원하고, 이어서 내부의 시프 염기 형성으로 프롤린을 생성한다. 글루탐산 γ-카복실기의 알데하이드로로의 환

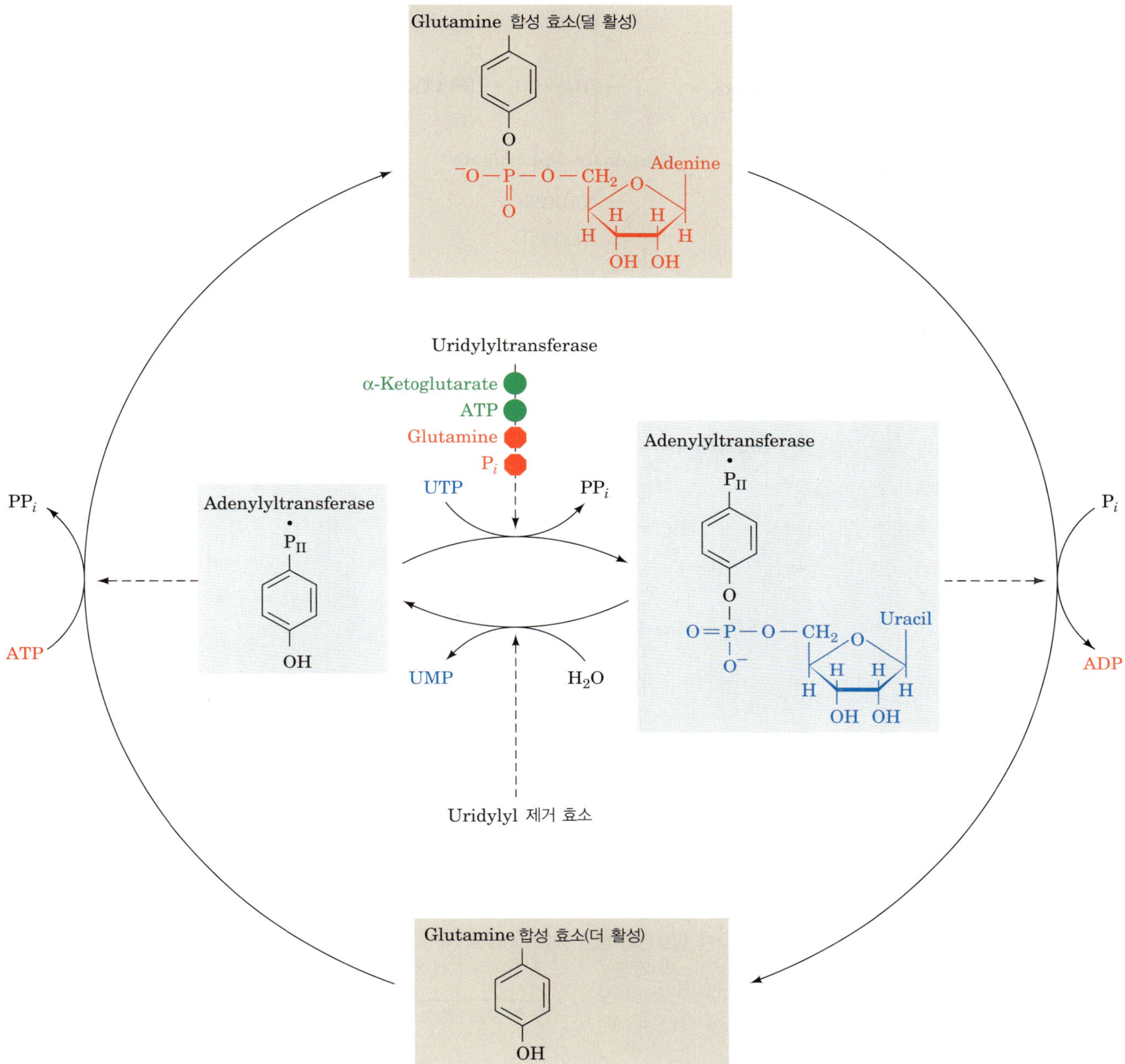

그림 21-29 세균성 글루타민 합성 효소의 조절 어떤 특이한 Tyr 잔기의 아데닐릴화/탈아데닐리화는 특이적인 아데닐릴 전이 효소 P_{II} Tyr 잔기의 유리딜릴화 레벨에 의해 조절된다. 다시 말하면, 유리딜릴화 레벨은 유리딜릴 전이 효소의 상대적인 활성에 의해 조절되며, 유리딜릴 전이 효소는 다양한 질소 대사 물질들의 수치에 민감하고, 유리딜릴 제거 효소의 활성은 이들의 대사 물질의 수치에 독립적이다.

원은 일종의 에너지 흡수 과정이며, 이 과정은 **γ-글루타밀 카이네이스(γ-glutamyl kinase)**에 의해 촉매되는 반응으로, 카복실기를 먼저 인산화함으로써 촉진된다. 글루탐산-5-인산(**glutamate-5-phosphate**)은 불안정한 물질로, 반응 혼합물에서 분리되지 않지만, 다음 환원을 위한 기질이 될 수 있다. 그 결과 **글루탐산-5-세미알데하이드**(**glutamate-5-semialdehyde**, 이것도 아르지닌과 프롤린의 분해 산물이다. 그림 21-17)는 내부의 시프 염기인 **Δ^1-피롤린-5-카복실산**(**Δ^1-pyrroline-5-carboxylate**)을 형성하기 위해 자발적으로 고리 모양을 만든다. 프롤린 형성을 위한 최종 환원은 **피롤린-5-카복실산 환원 효소(pyrroline-5-carboxylate reductase)**에 의해 촉매된다. 그 효

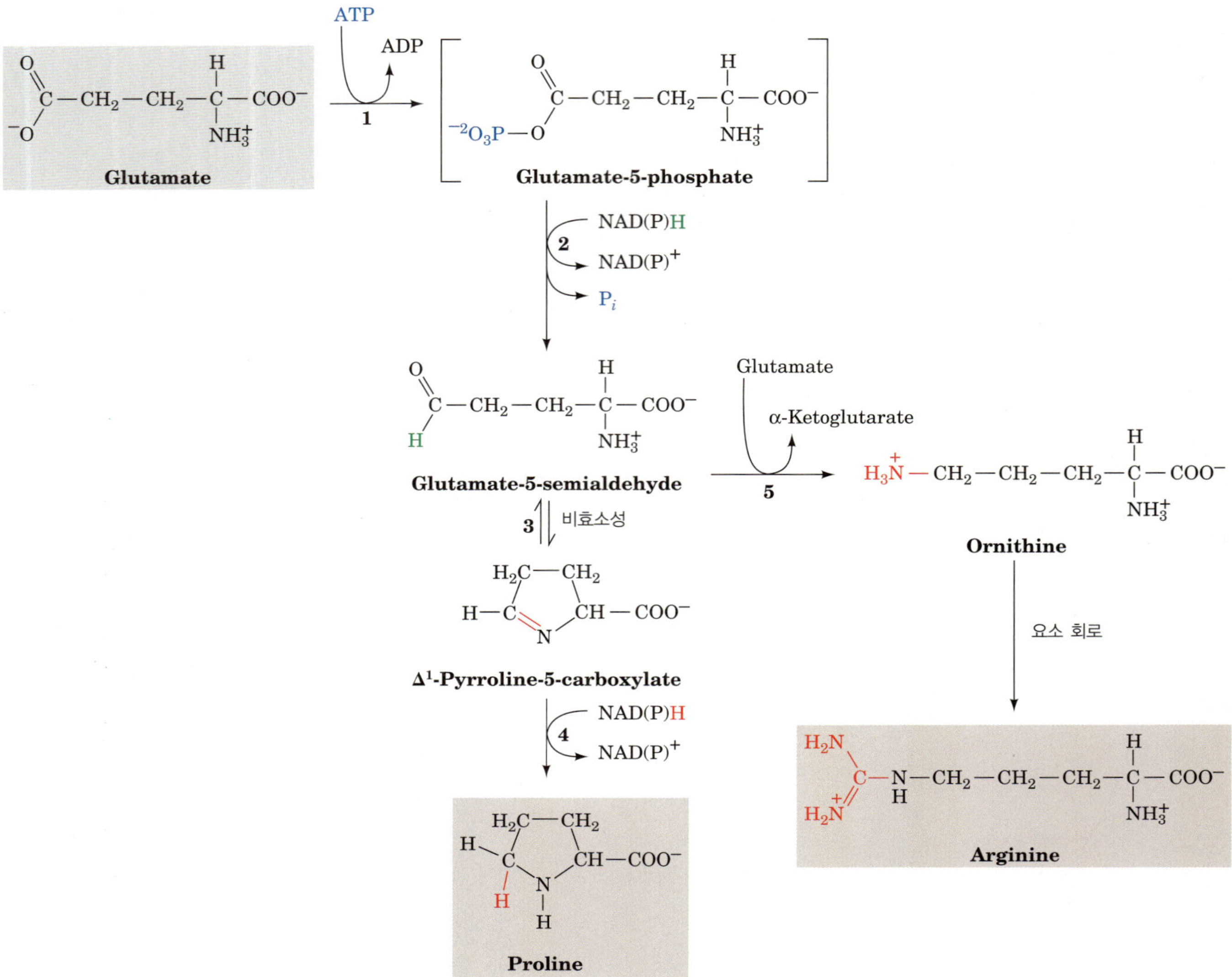

그림 21-30 아미노산의 글루탐산족인 아르지닌, 오르니틴, 플로린의 생합성 플로린 생합성을 위한 촉매들은 (1) γ-글루타밀 카이네이스와 (2) 탈수소 효소, (3) 비효소성, (4) 피롤린-5-카복실산 환원 효소들이다. 동물에서 오르니틴은 오르니틴-δ-아미노기 전이 효소의 작용에 의해 글루탐산-5-세미알데하이드로부터 생성된다(5). 오르니틴은 요소 회로를 경유해서 아르지닌으로 전환된다(21-3A절).

? 이 같은 생합성 반응에 대한 자유 에너지의 근원은 무엇인가?

소가 NADH나 NADPH를 필요로 하는지는 불확실하다.

사람에서는 세 단계 경로 중 2단계 후에 프롤린 생합성과는 다른 경로를 통하여 글루탐산에서 오르니틴까지 유도한다(그림 21-30). 글루탐산-5-세미알데하이드는 Δ^1-피롤린-5-카복실산과 평형 상태에 있고, 또한 **오르니틴-δ-아미노 전이 효소(ornithine-δ-amino transferase)**에 의한 촉매된 한 반응에서 오르니틴을 생성하기 위해 직접 아미노기가 전달된다(그림 21-30, 반응 5). 오르니틴은 요소 회로의 반응들에 의해 아르지닌으로 전환된다(그림 21-9).

세린, 시스테인, 글라이신은 3-포스포글리세르산에서 유래된다. 세린은 글루코스 분해의 중간 물질인 3-포스포글리세르산에서 세 단계를 거쳐서 형성된다(**그림 21-31**).

1. 3-포스포글리세르산의 2-OH기가 일종의 케톤인, **3-포스포하이드록시피루브산(3-phosphohydroxypyruvate**, 세린의 인산화된 케토산 유사체이다)으로 전환

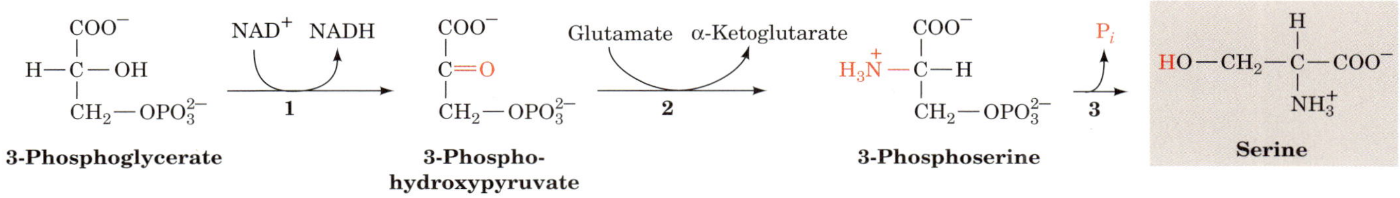

그림 21-31 3-포스포글리세르산의 세린으로의 전환 경로 효소들은 (1) 3-포스포글리세르산 탈수소 효소, (2) PLP 의존성 아미노기 전이 효소, (3) 포스포세린 인산 가수 분해 효소이다.

된다.

2. 3-포스포하이드록시피루브산의 포스포세린으로의 아미노기 전이 반응
3. 포스포세린의 세린으로의 가수 분해

세린은 두 가지 방법으로 글라이신 합성에 참여한다.

1. 어떤 반응에서 세린 하이드록시메틸 전이 효소에 의해 세린이 글라이신으로 직접 전환하여 N^5,N^{10}-메틸렌-THF를 생산한다(그림 21-14, 반응 4의 역반응).
2. 글라이신 생성 효소에 의해 CO_2와 NH_4^+를 가지고 N^5,N^{10}-메틸렌-THE을 응축(그림 21-14, 반응 3의 역반응)한다.

동물에서 시스테인은 메싸이오닌의 분해 산물인 세린과 호모시스테인에서 합성된다(그림 21-18, 반응 5와 6). 호모시스테인은 세린과 결합하여 시스타싸이오닌을 생성하며, 이는 계속해서 시스테인과 α-케토뷰티르산을 형성한다. 시스테인의 설프하이드릴기는 필수 아미노산인 메싸이오닌에서 유래되기 때문에, 시스테인은 한 개의 필수 아미노산으로 고려될 수 있다.

B 식물 및 미생물은 필수 아미노산을 합성한다

필수 아미노산은 비필수 아미노산과 같이 잘 알려진 대사의 전구 물질로부터 합성된다. 그러나 그들의 합성 경로는 미생물과 식물에서만 존재하며, 일반적으로 비필수 아미노산들의 합성 경로보다 더 많은 단계를 가진다. 필수 아미노산을 생합성하는 효소들은 동물의 진화 초기에 소실되었으며, 이는 음식물 내의 필수 아미노산을 이용하기 때문이다. 우리는 필수 아미노산의 생합성에서 많은 반응에 대해 집중할 것이다.

라이신, 메싸이오닌, 트레오닌은 아스파트산으로부터 합성된다. 세균에서 아스파트산은 라이신, 메싸이오닌, 트레오닌의 전구 물질이다(그림 21-32). 이들 필수 아미노산 모두의 생합성은 **아스파틸-β-인산(aspatryl-β-phosphate)**을 생성하기 위해 아스파트산 인산화를 촉매하는 **아스파토카이네이스(aspartokinase)**로부터 시작된다. 우리는 일반적으로 대사 경로의 조절이 그 경로의 첫 단계에서 일어난다는 것을 알고 있다. 따라서 한 개의 그룹으로 조절되는 라이신, 메싸이오닌, 트레오닌 생합성을 살펴보고자 한다. 실제로 이 경로들 각각은 비독립적으로 통제된다. 대장균(*E. coli*)은 효소 활성의 되먹임 방해와 효소 생합성 방해 모두에서 세 가지 아미노산에 다르게 반응하는 아스파토카이네이스의 세 가지 동질 효소(isozyme)를 가지고 있다. 더욱이 그 경로의 방향은 갈라지는 지점에 있는 되먹임 방해, 즉 갈라진 아미노산 산물들에 의해 조절된다.

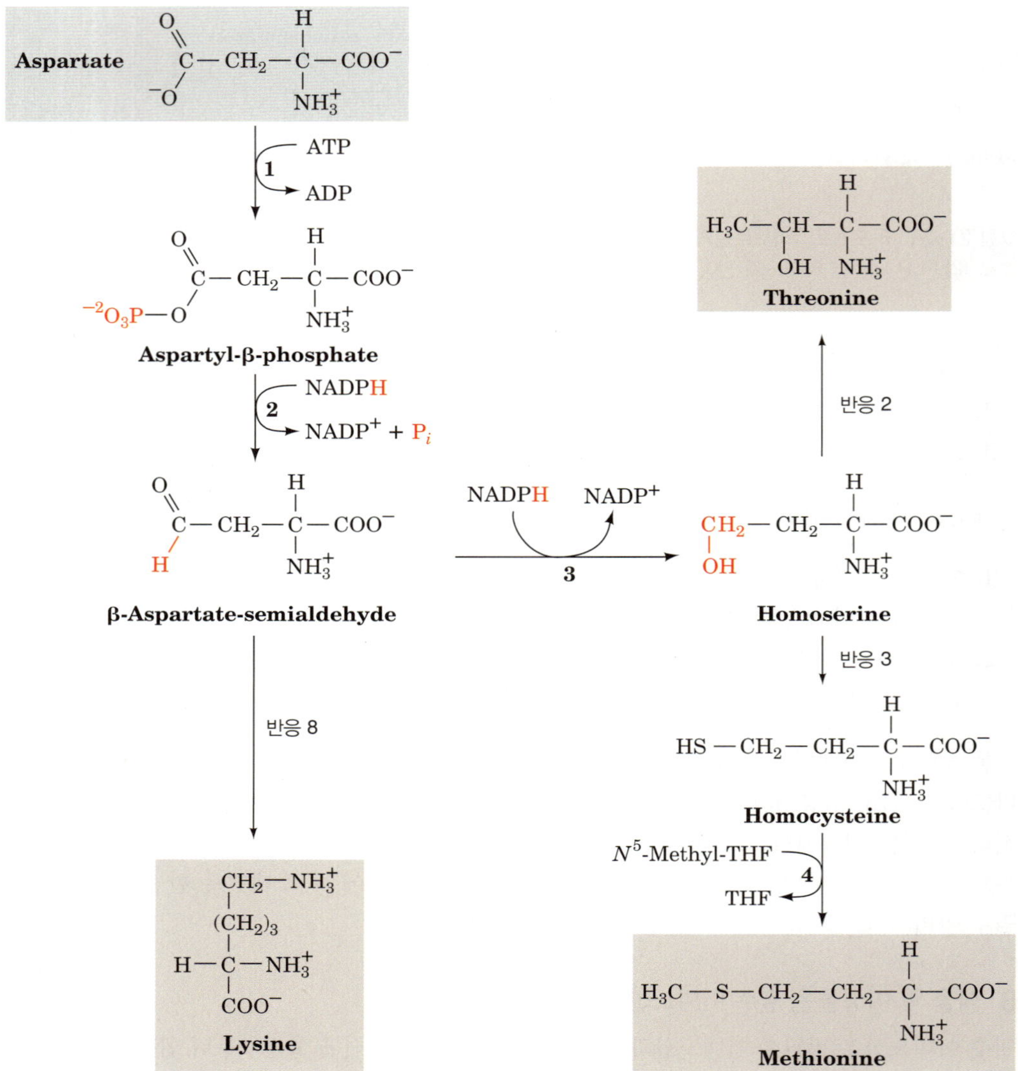

그림 21-32 아미노산들 중 아스파트산족(라이신과 메싸이오닌, 트레오닌)의 생합성 그림에서 보는 경로 효소들은 (1) 아스파토카이네이스, (2) β-아스파트산 세미알데하이드 탈수소 효소, (3) 호모세린 탈수소 효소, (4) 메싸이오닌 합성 효소(보조 효소 B_{12} 의존성 효소)이다.

메싸이오닌 생성 효소(methionine synthase)[그렇지 않으면 **호모시스테인 메틸 전이 효소(homocysteine methyltransferase)**]는 메틸기 주개로서 N^5-메틸-THF를 사용하여 메싸이오닌을 형성하기 위해 호모시스테인의 메틸화를 촉매한다(그림 21-18과 21-32에서 반응 4). 메싸이오닌 생성 효소는 메틸말로닐 CoA 자리옮김 효소 이외에 동물에서 유일한 보조 효소 B_{12} 결합 효소이다(20-2E절). 그러나 메싸이오닌 합성 효소에서 보조 효소 B_{12}의 Co 이온은 메틸말로닐 CoA 자리옮김 효소에 있는 5′-아데노실기에 의해서보다 더 **메틸코발아민(methylcobalamin)**을 형성하기 위해 메틸기에 의해 축 방향으로 연결된다(그림 20-17). 동물에서 메싸이오닌 생성 효소의 주 기능은 필수 아미노산으로 *de novo* 메싸이오닌 합성이다. 대신에 그것은 생물학적 메틸화에 사용하기 위해 SAM의 고리 합성의 기능을 가지고 있다(그림 21-18).

루신, 아이소루신, 발린은 피루브산에서 만들어진다. 발린과 아이소루신은 처음 반응 물질

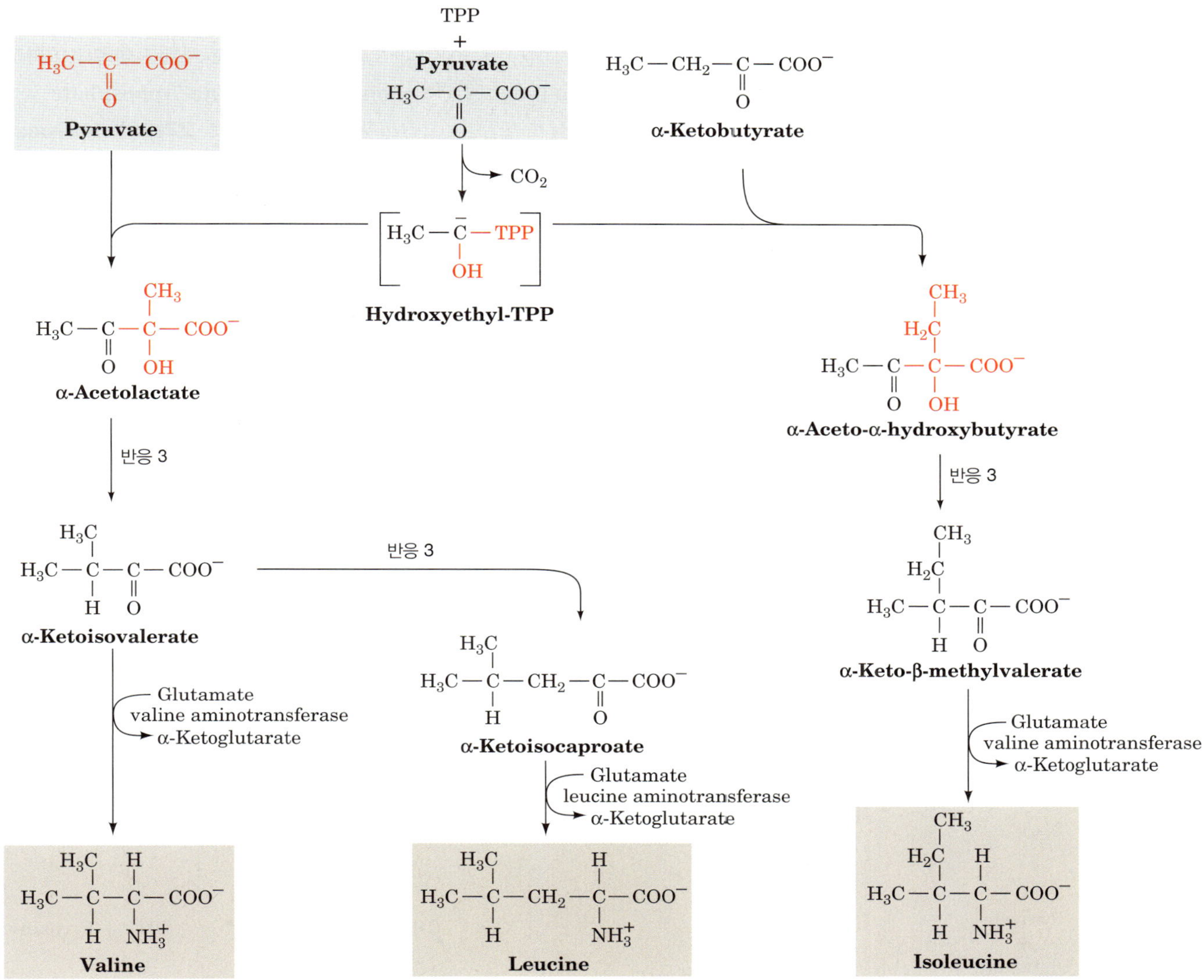

그림 21-33 아미노산들 중 피루브산족(아이소루신과 루신, 발린)의 생합성 첫 번째 효소인 **아세토락트산 생성 효소**(acetolactate synthase, 일종의 TPP 효소)는 두 가지 반응을 촉매하며, 이 중 하나는 발린과 루신을 유도하고, 다른 하나는 아이소루신을 유도한다. **발린 아미노기 전이 효소**(valine aminotransferase)는 그들 각각의 α-케토산으로부터 발린과 아이소루신의 형성을 촉매한다는 것도 염두에 두라.

로 피루브산을 이용한 동일한 생합성 경로를 따른다(**그림 21-33**). 이 싸이아민 파이로인산 의존성 반응에서, 이 반응은 피루브산 탈카복실화 효소(그림 15-20)와 트랜스케톨레이스(transketolase, 그림 15-32)에 의해 촉매되는 반응과 유사하고, 피루브산은 TPP를 첨가하며, TPP는 하이드록시에틸-TPP로 탈카복실화된다. 이 공명 안정화된 탄소 음이온은 발린으로 가는 도중에 **아세토락트산(acetolactate)**을 형성하기 위해 두 번째 피루브산의 케토기에 첨가되거나, 아이소루신으로 가는 도중에 **α-아세토-α-하이드록시뷰티르산(α-aceto-α-hydroxy-butyrate)**을 형성하기 위해 **α-케토뷰티르산(α-ketobutyrate)**의 케토기에 첨가된다. 루신 생합성 경로는 발린 경로에서 갈라진다. 어떤 아미노산이 아닌 피루브산에서 시작되는 이 세 경로의 최종 단계는 아미노산을 형성하기 위해 글루탐산에서 아미노기를 전달하는 PLP 의존성 전달이다.

방향족 아미노산인 페닐알라닌, 타이로신, 트립토판은 글루코스 유도체로부터 합성된다. 방향족 아미노산들의 전구 물질은 당 분해 중간 산물인 인산엔올피루브산

(phosphoenolpyruvate, PEP)과 에리트로스-4-인산(erythose-4-phosphate, 5탄당 인산 회로에서 중간 산물; 그림 15-30)이다. 그들의 축합은 **2-케토-3-데옥시-D-아라비노헵투로손산-7-인산(2-keto-3-deoxy-D-arabinoheptulosonate-7-phosphate)**을 형성한다(**그림 21-34**). 이 C_7 화합물은 고리화하고, 궁극적으로 **코리슴산(chorismate)**으로 전환되며, 코리슴산은 트립토판 생합성을 위해 갈라지는 지점이다. 코리슴산은 **안트라닐산(anthranilate)**과 트립토판 혹은 **프리펜산(prephenate)**과 타이로신 혹은 페닐알라닌으로 전환된다. 비록 동물들은 페닐알라닌의 하이드록실화 반응에 의해 타이로산을 합성하지만(그림 21-24), 많은 미생물들은 그것을 직접 프리펜산으로부터 합성한다. 타이로신과 페닐알라닌 합성에서 마지막 단계는 아미노기 전이 반응을 통해 한 개의 아미노기를 첨가하는 것이다. 트립토판 생합성에서 아미노기는 **인돌(indole)**에 첨가된 세린 분자의 일부이다.

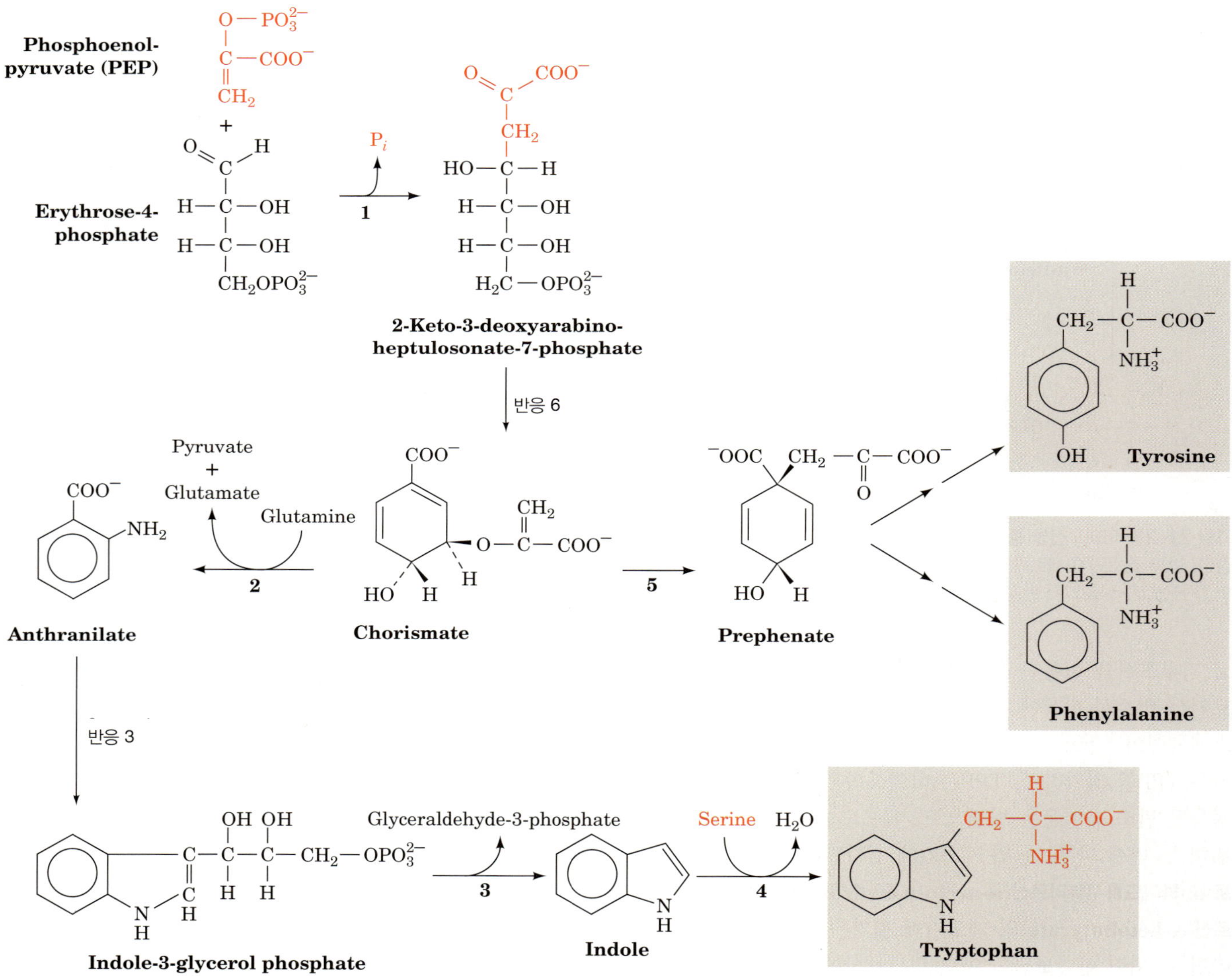

그림 21-34 페닐알라닌, 트립토판, 타이로신의 생합성 여기에 제시된 효소들은 (1) 2-케토-3-데옥시-D-아라비노헵투로손산-7-인산 생성 효소와 (2) 안트라닐산 생성 효소, (3) 트립토판 생성 효소, α 소단위체, (4) 트립토판 생성 효소, β 소단위체(일종의 PLP 의존성 효소), (5) 코리슴산 자리옮김 효소이다.

인돌은 트립토판 생성 효소 내에 두 개의 활성 부위 사이를 연결하고 있다. 트립토판 생합성의 최종 두 반응(그림 21-34에서 반응 3과 4)은 모두 **트립토판 생성 효소**(**tryptophan synthase**)에 의해 촉매된다.

1. 이 $\alpha_2\beta_2$ 이중 작용기(bifunctional) 효소의 α 소단위체(268개의 잔기)는 **인돌-3-글리세롤 인산**(**indole-3-glycerol phosphate**)을 분해하여 인돌과 글리세르알데하이드-3-인산을 생산한다.
2. β 소단위체(396개의 잔기)는 트립토판을 형성하기 위해 PLP 의존성 반응에서 세린과 인돌을 결합한다.

어느 쪽이든 단독 소단위체는 효소학적으로 활성이 있지만, 그들이 $\alpha_2\beta_2$ 사합체에 결합될 때 양쪽 반응의 속도와 그들의 기질 친화성이 한 자리에서 두 자리 숫자까지 증가한다. 중간 산물인 인돌은 용액 내에서 유리 상태로 나타나지 않는데, 그 이유는 두 개의 소단위체 사이에 연결되어 있기 때문이다.

하이드(Craing Hyde), 밀스(Edith Miles) 및 데이비스(David Davies)에 의해 밝혀진 *Salmonella typhimurium*의 트립토판 생성 효소의 X선 구조는 길이가 150 Å인 이중 대칭적인 αββα 복합체를 형성하고 있으며, 그 복합체 내에 이웃해 있는 α와 β 소단위체의 활성 부위들이 ~25 Å 거리로 떨어져 있다는 것을 나타내고 있다(그림 21-35). **이 활성 부위들은 일종의 용매가 채워진 통로에 의해 연결되어 있으며, 그 통로는 중간 기질인 인돌이 통과할 만큼 충분히 넓다.** 먼저 그 구조 속에 연결되어 있는 두 개의 활성 부위가 관찰되는데, 이 구조는 다음과 같은 일련의 사건을 제시하고 있다. 인돌-3-인산 기질은 활성 부위 내로 열림(opening)을 통해 α 소단위체에 결합하고, 그것의 '앞문'과 글리세르알데하이드-3-인산은 동일한 경로를 경유해서 떠나간다. 유사하게 β 소단위체 활성 부위는 일종의 소위 '앞문' 열림을 가지고 있으며, 그것을 통해 세린이 들어오고 트립토판은 떠나간다. 양쪽 활성 부위 역시 통로로 소위 '뒷문'을 가지고 있으며, 뒷문은 그 통로에 연결되어 있다. **아마 인돌 중간체는 그 통로를 경유하여 2개의 활성 부위 사이로 확산하며, 용매 쪽으로 빠져나가지 않는다.** 특히 채널링(channeling)은 인돌에서 특히 중요할지도 모른다. 그 이유는 이

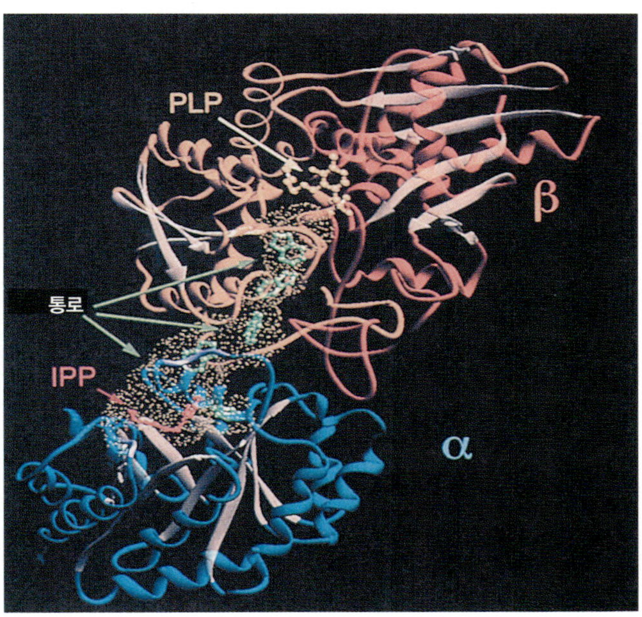

그림 21-35 *S. typhimurium* 유래의 이중 작용기 효소인 **트립토판 생성 효소의 리본 도표** 이중 작용기(bifunctional) αββα 이형 사합체 중에 단 하나 αβ 프로토머(protomer)를 보이고 있다. 그 α 소단위체는 청색이고, β 소단위체의 N 말단 도메인은 주황색이며, C 말단 도메인은 적황색이고, 모든 β 병풍 구조는 황갈색이다. α 소단위체의 활성 부위는 그것의 결합 경쟁적 저해제인 **인돌프로판올 인산**(**indolepropanol phophate**, IPP; 붉은색 공-막대 모형)을 가리키고 있으며, 반면에 β 소단위체의 활성 부위는 그것의 PLP 보조 효소(노란색 공-막대 모형)로 표시되어 있다. α와 β 활성 부위를 연결하고 있는 ~25 Å 길이 통로에 용매가 진입할 수 있는 표면(solvent-accessible surface)은 노란색의 점들로 윤곽이 그려져 있다. 몇 개의 인돌 분자(녹색의 공-막대 모형)는 인돌이 한 개의 활성 부위에서 다른 활성 부위까지 통과하기에 충분히 넓다는 것을 보이기 위해 통로 속을 모형화하였다.

? 곁사슬의 어떤 종류가 활성화 부위 사이의 터널의 라인을 가능하게 하는가?

무극성 분자는 플라스마와 외막을 통해서 확산됨으로써 세균 세포를 이탈할 수 있기 때문이다.

채널링이 트립토판 생성 효소의 촉매 효율 증가를 위해, (1) 그것이 연결된 활성 부위는 촉매 반응이 일어나는 면에 연결되어야 하고, (2) 기질은 α 소단위체에 결합된 후에 산물인 인돌이 용액 속으로 들어가는 것보다 그 통로('뒷문')를 통해 β 소단위체로 지나가도록 그 활성 부위('앞문')는 닫혀야 한다. 다양한 실험 증거가 이 일련의 사건들이 β 소단위체의 활성 부위에서 공유적인 변형으로 초래된 다른 자리 입체성 신호를 통해서 촉진된다는 것을 나타낸다. 이들은 기질 결합을 위해 일종의 열림으로 되는 낮은 활성 형태(conformation)와 인돌이 도망갈 수 없는 일종의 닫힘(closed), 높은 활성 형태 사이에서 효소를 전환한다.

히스티딘 생합성은 뉴클레오타이드 생합성에서 중간체를 포함한다. 히스티딘의 6개의 탄소 원자들 중에 5개는 **5-포스포리보실-α-파이로인산(5-phosphoribosyl-α-pyrophosphate, PRPP**; 그림 21-36)에서 유래되며, 당-인산 중간 산물도 퓨린과 피리미딘 뉴클레오타이드의 생합성에 참여하고 있다(23-1A절과 23-2A절). 히스티딘의 6번째 탄소는 ATP에서 유래된다. 히스티딘에 결합되지 않은 ATP 원자들은 **5-아**

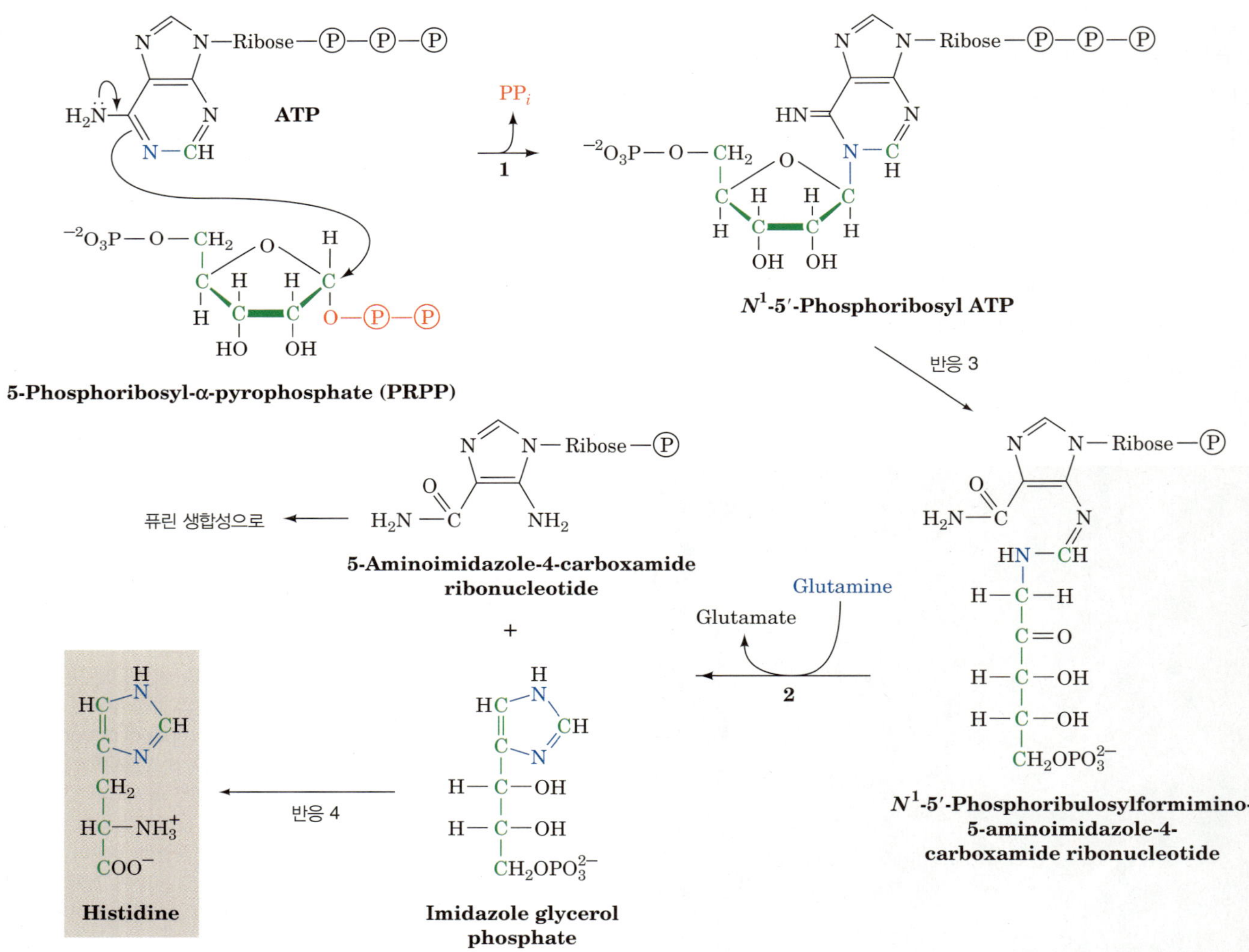

그림 21-36 **히스티딘의 생합성** 그림에서 보여 주고 있는 효소는 (1) ATP 포스포리보실 전이 효소와 (2) 글루타민 아미도 전이 효소이다.

미노이미다졸-4카복스아마이드-리보뉴클레오타이드(5-aminoimidazole-4-carboxamide ribonucleotide, 그림 21-36, 반응 2)로 제거되며, 이것도 퓨린 생합성에서 일종의 중간 산물이다.

한 개의 퓨린(***N*^1-5′-phosphoribosyl ATP**, 그림 21-36에 있는 반응 1의 산물)에서 히스티딘의 특별한 생합성은, 생명은 원래 RNA가 근원이었다는 가정을 지지하는 증거로 인용되었다. 우리가 알고 있는 바와 같이 히스티딘 잔기는 흔한 효소 활성 부위의 구성 성분이며, 그것에서 그들은 친핵체 혹은 일반적인 산-염기 촉매로 작용한다. 따라서 RNA가 촉매적인 성질을 가질 수 있다는 발견은 퓨린들의 이미다졸 부분이 이런 RNA 효소에서 유사한 역할을 한다는 것을 제시하고 있다. 더욱이 이는 히스티딘 생합성 과정이 더욱 효과적인 단백질 기원 생물의 형태들로 그 변천 '화석'이라는 것을 제시한다.

체크 포인트

- 비필수 아미노산 물질 대사의 전구 물질은 무엇인가?
- 비필수 아미노산을 합성하는 데 필요한 반응의 형태를 요약하시오.
- 식물과 미생물에서 필수 아미노산 합성에 사용되는 물질을 나열하시오.
- 한 개 또는 여러 개의 아미노산의 이화 작용과 동화 작용을 비교하시오. 산화와 환원 반응 중 어떤 경로가 더 우세한가?

6 아미노산 대사의 다른 산물들

주요 개념

- 헴(heme)은 글라이신과 석시닐 CoA로부터 합성되고, 배설에 대해 다양한 색깔을 띠는 물질을 분해한다.
- 생활성 아민의 합성은 아미노산 탈카복실화로부터 시작한다.
- 아르지닌은 호르몬에 의해 활성 기체인 산화 질소를 생성한다.

어떤 아미노산들은 단백질을 만들고 있는 재료로서 그들의 중요한 기능 이외에도 다양하고 중요한 생체 분자의 필수적인 전구 물질인데, 이 중에는 뉴클레오타이드, 뉴클레오타이드 보조 효소, 헴(heme), 여러 가지 호르몬 및 신경 전달 물질들이 포함되어 있다. 이 절에서는 이들 물질로 진행되는 경로를 알고자 하며, 뉴클레오타이드의 생합성은 23장에 기술되어 있다.

A 헴은 글라이신과 석시닐 CoA로부터 합성된다

우리가 알고 있는 바와 같이 헴은 철을 함유한 보결 원자단이며, 특히 헤모글로빈, 마이오글로빈, 사이토크롬 등 많은 단백질의 필수 성분이다. 헴 생합성의 초기 반응은 식물과 세균에서 엽록체(그림 19-2)와 세균에서 보조 효소 B_{12}(그림 20-17)를 포함한 테트라피롤(tetrapyrole) 고리를 형성하는 것이 일반적이다.

헴 생합성 경로의 설명은 어떤 흥미 있는 조사가 필요하다. 세민(David Shemin)과 리텐버그(David Rittenberg)는 1945년에 대사 경로의 설명을 위해 동위 원소의 추적자를 사용하여 **헴의 C와 N 원자들 모두가 아세트산과 글라이신에서 유래**되었다는 것을 증명하였다. 헴 생합성 일부는 미토콘드리아에서, 또 일부는 세포질에서 일어난다(**그림 21-37**). 미토콘드리아의 아세트산은 시트르산 회로를 경유하여 석시닐 CoA로 대사되며, 석시닐 CoA는 CO_2와 **δ-아미노레불린산(δ-aminolevulinic acid, ALA)**을 생성하는 반응에서 글라이신과 축합한다. ALA는 세포질로 전달되며, 그곳에서 **포르포빌리노젠(porphobilinogen, PBG)**을 생성하기 위해 두 번째 ALA와 결합한다. 그 반응은 Zn 필요 효소인 **포르포빌리노젠 생성 효소(porphobilinogen synthase)**에 의해 촉매된다.

납에 의한 PBG 생성 효소의 방해는 급성 납중독의 주요 증상 중 하나이다. ALA는 신경 전달 물질인 **γ-아미노뷰티르산(γ-aminobutyrid acid**, 21-6B절)과

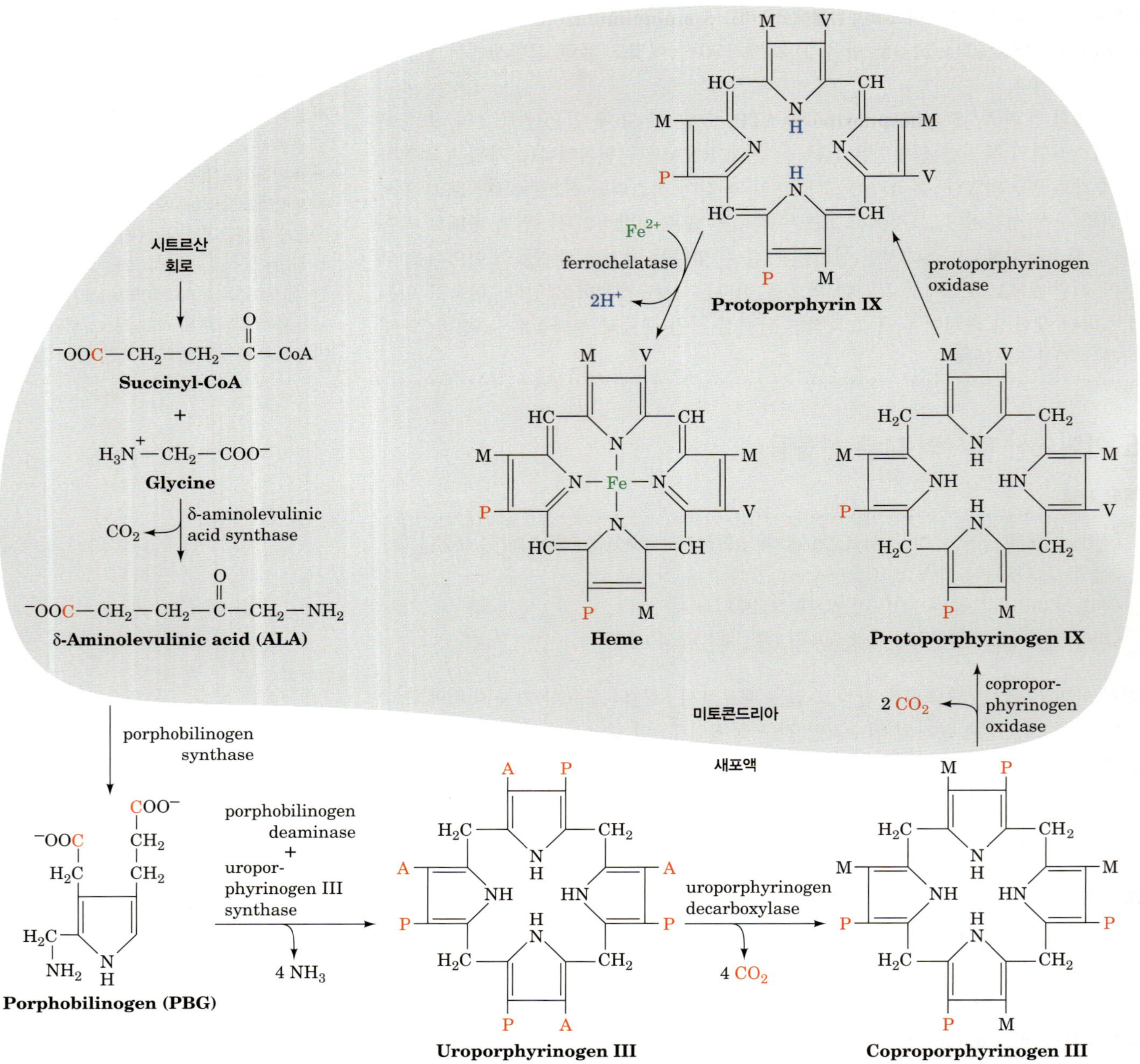

그림 21-37 헴 생합성 경로 δ-아미노레블린산(δ-aminolevulinic acid; ALA)은 ALA 생성 효소에 의해 미토콘드리아에서 석시닐 CoA와 글라이신으로부터 합성된다. ALA는 세포질로 전달되며, 세포질에서 두 분자는 PBG를 형성하기 위해 축합하고, 응축된 4분자는 포피린 고리를 형성하기 위해 응축한다. 다음 세 가지 반응은 프로토포피리노젠 IX를 생성하는 피롤 고리 치환기들의 산화를 포함하며, 그 치환기들은 프로토포피리노젠 IX를 형성하기 위해 미토콘드리아 내로 다시 운반된다. 메틸렌기들이 산화된 후에 페로켈라테이스(ferrochelatase)는 헴을 생성하기 위해 Fe^{2+}의 삽입을 촉매한다. A, P, M, V는 각각 아세틸, 프로피오닐, 메틸, 바이닐(—CH=CH_2)기를 나타낸다. 아세트산의 카복실기 유래의 C 원자들은 붉은색이다.

유사하며, 실제로 혈액 내에 ALA의 축적은 가끔 납중독을 수반하는 정신 질환의 원인이 된다고 제안되어 왔다.

헴 생합성의 다음 단계는 **포르포빌리노젠 탈아미노화 효소[porphobilinogen deaminase, 유로포피리노젠 생성 효소(uroporphyrinogen synthase)**라고 부름]와 **유로포피리노젠 III 생성 효소(uroporphyrinogen III synthase)**에 의해 촉매되는 일련의 반응에서 **유로포피리노젠 III(uroporphyrinogen III)**, 즉 포피린 핵을 형성하기 위해 4개의 PBG 분자들이 응축된다. 초기 산물인 **하이드록시메틸빌레인(hydroxymethylbilane)**은 한 개의 직선형 테트라피롤을 고리로 가진다.

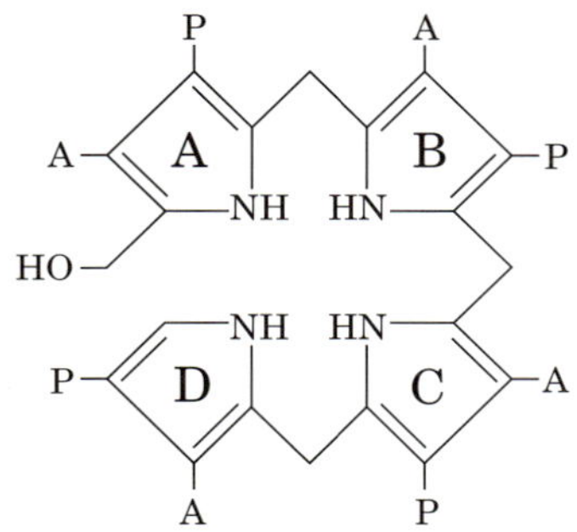

Hydroxymethylbilane

A = acetyl
P = propionyl

프로토포피린 IX(protoporphyrin IX, 헴을 형성하기 위해 프로토포피린 IX에 철이 첨가되다)는 아래의 효소에 의해 촉매화된 반응의 일련에서 유로포피리노젠 III으로부터 생성된다. (1) **유로포피리노젠 탈카복실화 효소(uroporphyrinogen decarboxylase)**에 의해 촉매되는 일련의 반응들에서 유로포피리노젠 III으로부터 생성되며, 그 탈카복실화 효소는 메틸기(M)를 형성하기 위해 모두 4개의 아세트산 곁사슬(A)을 탈카복실화, (2) **코프로포피리노젠 산화 효소(coproporphyrinogen oxidase)**는 산화적으로 두 개의 프로피온산 곁사슬(P)을 탈카복실화하여 바이닐기(V)로 만듦, (3) **프로토포피리노젠 산화 효소(protoporphyrinogen oxidase)**는 피롤 고리를 연결하고 있는 메틸렌기들의 산화. 코프로포피리노젠 산화 효소에 의해 그 포피린은 미토콘드리아 속으로 되돌려 전달된다. 헴 생합성 최종 반응에서 **페로킬라테이스(ferrochelatase)**는 Fe(II)를 프로토포피린 IX에 삽입한다.

간과 적혈구 세포들은 헴 생합성을 조절한다. 헴 생합성에서 두 개의 주요 부분은 적혈구 세포와 간이며, 적혈구 세포는 몸속 헴기의 ~85%를 합성하고, 간은 그 나머지 대부분을 합성한다. 간에서 헴 합성 수치는 대사 조건에 따라서 조정되어야 한다. 예를 들면 헴 함유 사이토크롬 P450(12-4D절)의 합성은 해독을 위한 요구로 변동된다. 반대로 적혈구 세포에서 헴의 합성은 일회성이다. 헴과 단백질 합성은 그 세포들이 성숙되면 중지한다. 그 이유는 헤모글로빈이 적혈구 세포의 전 생애(120일) 동안 유지되기 때문이다.

간에서 헴 생합성의 주요 조절 목표물은 ALA 생성 효소이며, 그 경로의 첫 번째 단계를 촉매한다. 헴이나 철(III) 산화물인 **헤민(hemin)**은 되먹임 방해, 세포질의 합성 부위에서 미토콘드리아의 반응 부위로 ALA 생성 효소의 전달 방해(그림 21-37) 및 ALA 생성 효소의 생합성 억제를 통해서 효소의 활성을 조절한다.

적혈구 세포에서 헴은 그것의 생합성에 대해 아주 다른 작용을 발휘한다. **망상 적혈구(reticulocyte**; 미성숙 적혈구)에서 헴은 단백질 합성을 억제하기보다 오히려 합성을 유도한다. 비록 망상 적혈구에 의해 합성되는 대부분은 글로빈이지만, 헴은 헴의 생합성 효소를 합성하기 위해 이들 세포들을 유도할지도 모른다. 더욱이 적혈구 세포에서 헴 생합성의 속도는 ALA 합성 효소 반응보다 오히려 페로킬라테이스와 포르포빌리노젠 탈아미노화 효소 반응에 달려 있을지도 모른다. 적혈구의 헴 생합성이 소위 '스위치 온'일 때, 그 경로를 통하여 어떤 한 단계의 흐름이 제한되기보다 모든

자료 21-3 건강과 질병의 생화학 포피린증

간이나 적혈구 세포에서 헴 생합성 결함은 포피린이나 전구 물질의 축적 결과로 나타나며, 이것은 포피린증(porphyrias)으로 알려져 있다. 그러한 결함 중에 유로포피리노젠 III 생성 효소 결함(선천성 적혈구 조혈포피린증)과 페로킬라테이스 결함(적혈구 프로토포피린증)의 두 가지가 적혈구 세포들에 영향을 주는 것으로 알려져 있다. 전자는 유로포피리노젠 유도체의 축적으로 일어난다. 이 화합물이 배출된 소변은 적색으로 변한다. 이빨에 그것이 축적되면 적갈색으로의 변화하고, 피부에 누적되면 고도의 광민감성을 나타내며, 위궤양과 흉한 상처를 만든다. 또한 머리카락 성장의 증가로 고통 받는 것이 관찰되었다. 가느다란 머리카락은 얼굴과 온몸의 사지를 충분히 덮을 수 있다. 이런 징후가 생화학적인 기초를 바탕으로 해서 전설적인 늑대인간을 생각해 낸 것이다.

가장 일반적인 포피린증은 주로 간에 영향을 주며, 포르포빌리노젠 탈아미노화 효소의 결여로 일어난다[**급성 간헐열 포피린증**(acute intermittent porphyria)]. 이 질병은 복부의 간헐적인 통증과 신경의 기능 장애로 나타난다. ALA와 PBG의 과도한 양이 진행되고 그 후에 소변으로 배설된다. 비록 피부가 특이적으로 빛에 민감하지 않지만, 간세포 이외의 세포에서 PBG로부터 합성된 과량의 포피린의 배설로 소변이 붉은색을 띤다. 미국 혁명 동안 영국을 통치한 조지 3세는 실제로 급성 간헐열 포피린증을 가졌다고 널리 묘사되어 왔다. 그는 포도주 색깔의 소변을 배설하였고, 그의 후손들도 이 질병을 가진 것으로 발표되었다. 조지 3세가 이 대사적 결함을 유전시키지 않았다면 미국 역사는 완전히 달라졌을지도 모른다.

단계의 기능이 최대 속도로 작용한다는 가정과 일치한다. 글로빈의 합성을 자극한 헴도 헴과 글로빈의 조립을 위해 교정된 속도로 헤모글로빈을 합성하고 있다(28-3C절). 헴의 합성에서 유전적인 결함들은 **포피린증**(**porphyrias**)으로 알려진 조건들 때문이다(자료 21-3).

헴 분해 산물은 배출된다. 적혈구 세포들은 그들의 생애 마지막에 순환계에서 제거되고, 그들 성분들은 분해된다. 헴의 이화 작용(**그림 21-38**)은 헴 산화 효소에 의해 녹색의 직선상의 테트라피롤(tetrapyrrole)인 **빌리버딘**(**billiverdin**)을 형성하기 위해 A 고리와 B 고리 사이의 포피린의 산화적인 분해로 시작한다. 따라서 빌리버딘의 중앙의 메테닐 다리(methenyl bridge; C 고리와 D 고리 사이)는 적황색의 **빌리루빈**(**billirubin**)을 형성하기 위해 환원된다. 타박상 치료에서 색깔의 변화는 가시적인 헴 분해의 표현이다.

빌리버딘 형성 반응에서 A 고리와 B 고리 사이의 메테닐 연결 탄소는 CO로 유리되고, 이때 이 CO는 강한 헴 리간드이다(헤모글로빈에 대해 O_2보다 200배 더 큰 친화력을 가진 리간드, 7-1A절). 결론적으로 ~1% 헤모글로빈의 결합 부위는 공기가 없어도 CO에 의해 교체되어 있다.

높은 지용성 빌리루빈은 물에 용해되지 않는다. 유리 지방산과 같은 다른 지용성 대사 물질들처럼 빌리루빈은 혈액 알부민과 복합체를 만들어서 혈액 내에 전달된다. 빌리루빈 유도체들은 담즙 속으로 분비되며, 대장 속에 있는 세균성 효소에 의해 더욱 분해된다. 그 결과로 생성되는 **유로빌리노젠**(**urobilinogen**)은 재흡수되고, 혈류를 따라 콩팥으로 전달되며, 콩팥에서 황색의 **유로빌린**(**urobilin**)으로 전환되고 배출되어 요소 특유의 색깔을 나타낸다. 그러나 대부분의 유리빌리노젠은 미생물에 의해 진한 적갈색인 **스테코빌린**(**stercobilin**), 즉 대변의 주요 색깔로 전환된다.

혈액이 과량의 빌리루빈을 함유하고 있을 때, 이 많은 비용해성 물질의 착색은 피부와 눈의 흰자위를 황색으로 변하게 한다. 즉 **황달**[**jaundice**, 프랑스어: *jaune*(노란색)]이라고 하는 이 현상은 비정상적으로 빠른 속도로 적혈구를 파괴하며, 간 기능 장애나 담즙관의 파괴를 유도하는 신호이다. 신생아는 빌리루빈을 분해하는 효소가 결여되어 있기 때문에 특히 미성숙아일 때 흔히 황달이 형성된다. 황달이 있는 신생아는 형광 램프의 빛으로 그들을 쪼이면 치료된다. 이는 광화학적으로 빌리루빈을 신생아가 분해하고 배출할 수 있는 더 많은 이성질체로 전환시킨다.

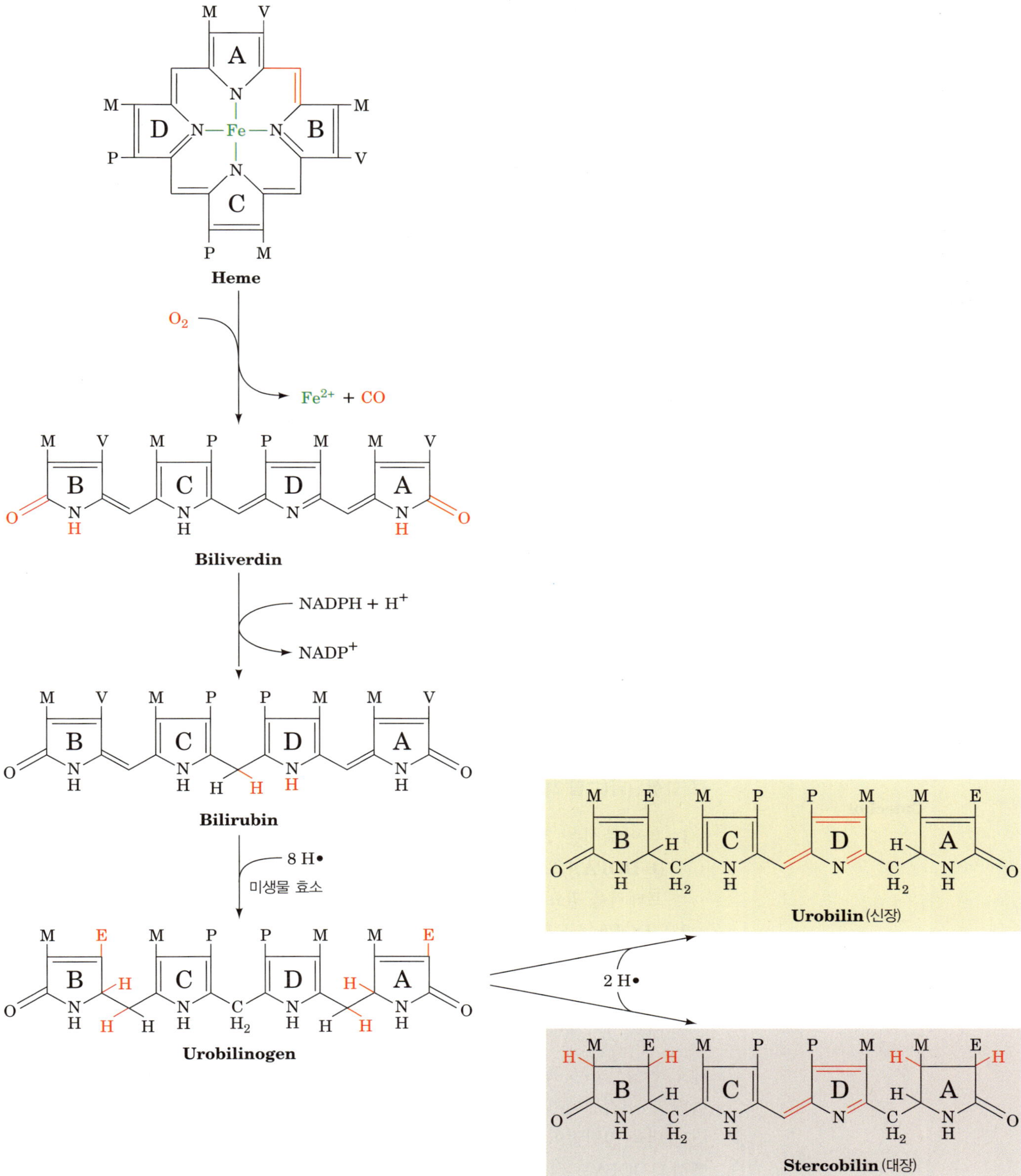

그림 21-38 헴 분해 경로 M, V, P, E는 메틸, 바이닐, 프로피오닐, 에틸기를 나타낸다.

B 아미노산은 생리적 활성 아민의 전구 물질이다

에피네프린[**epinephrine**, **아드레날린**(**adrenalin**)], **노르에피네프린**(**norepinephrine**), **도파민**(**dopamine**), **세로토닌**[**serotonin**, **5-하이드록시트립타민**(**5-hydroxytryptamine**)],

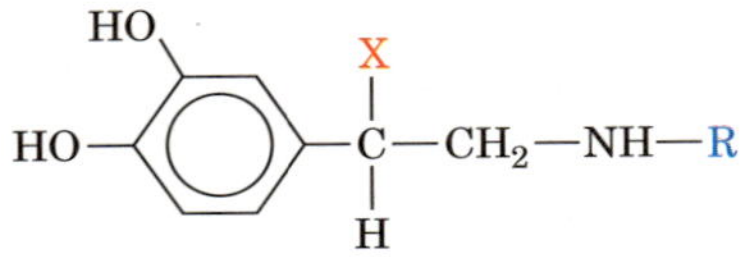

X = OH, R = CH_3 **Epinephrine (adrenaline)**
X = OH, R = H **Norepinephrine**
X = H, R = H **Dopamine**

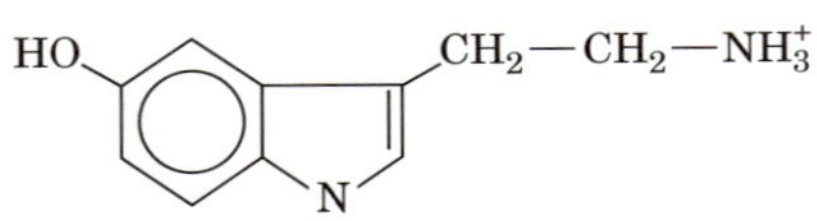

Serotonin
(5-hydroxytryptamine)

γ-Aminobutyric acid (GABA)

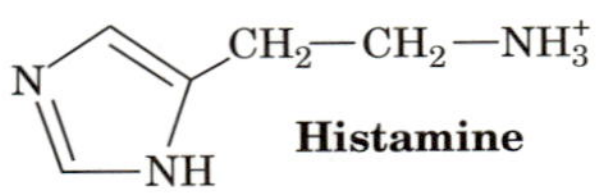

Histamine

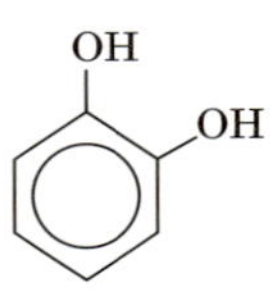

Catechol

γ-아미노뷰티르산(**γ-aminobutyric acid, GABA**)과 **히스타민**(**histamine**)은 아미노산에서 유래된 호르몬이거나 신경 전달 물질이다. 우리가 알고 있는 바와 같이 에피네프린은 근육의 아데닐산 사이클레이스를 활성화시키고, 그것으로 글리코젠 분해를 자극한다(16-3B절). 도파민 생성 결핍은 일종의 소위 '치매'를 일으키는 **파킨스병**(**Parkinson's disease**)과 연관되어 있다. 세로토닌은 근육 수축을 일으킨다. GABA는 뇌의 주요 신경 전달 억제 물질들 중의 하나이다. 그리고 히스타민은 알레르기 반응(항히스타민을 복용하는 알레르기 고통자들이 알고 있는 것처럼)에 관여하며, 위산 분비 조절에도 관여한다.

이들 생리 활성 아민 각각의 생합성은 해당되는 아미노산 전구체의 탈카복실화를 포함하고 있다. 아미노산 탈카복실화 효소는 PLP 의존성 효소이며, 이 효소는 $C\alpha-COO^-$ 결합 절단으로 형성된 C_α 탄소 음이온을 안정화(위치 이탈로)하도록 기질을 가지고 일종의 PLP–시프 염기를 형성한다(21-2A절).

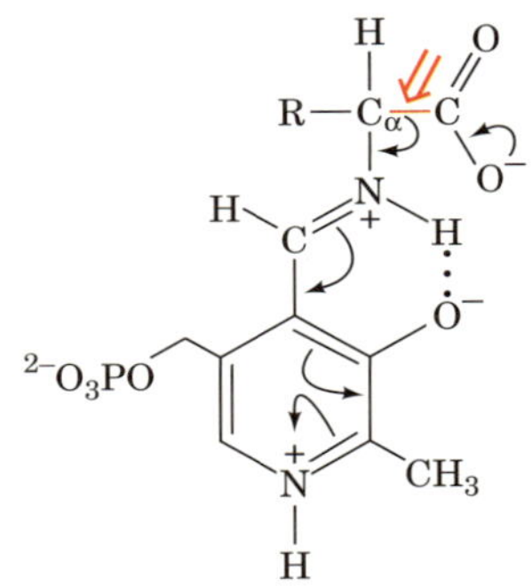

히스타민(히스티딘에서)의 형성과 GABA(글루탐산에서)의 형성은 단일 단계 과정이다. 트립토판에서 세레토닌의 합성은 탈카복실화와 마찬가지로 하이드록실화 단계를 필요로 한다. 여러 가지 **카테콜아민**(**catecholamine**)–도파민, 노르에피네프린, 에피네프린–은 **카테콜**(**catechol**, 왼쪽)과 관련되어 있으며, 타이로신에서 순차적으로 합성된다(**그림 21-39**).

1. 타이로신은 **3,4-다이하이드록시페닐알라닌**[**3,4-dihydroxyphenylalanine (L-DOPA)**]으로 하이드록실화되며, 이 반응은 5,6,7,8-테트라하이드로바이오프테린을 필요로 한다(그림 21-26).
2. L-DOPA는 도파민으로 탈카복실화된다.
3. 두 번째 하이드록실화 반응은 노르에피네프린을 생성한다.
4. *S*-아데노실메싸이오닌(그림 21-18)에 의한 노르에피네프린의 아미노기의 메틸화는 에피네프린을 생성한다.

세포가 생산하는 특이적인 카테콜아민은 그 경로의 어떤 효소들에 달려 있다. 예를 들면 부신 겉질에서 에피네프린은 주된 산물이다. 뇌의 어떤 영역에서 노르에피네프린은 더욱 일반적이며, 다른 영역에서 그 경로는 도파민에서 끝이 난다. 멜라닌 세포에서 L-DOPA는 적색과 흑색의 멜라닌의 전구 물질이며, 이 멜라닌은 머리카락과 피부에 그들의 색깔을 주는 불규칙적으로 교차 결합된 고분자 물질이다.

C 산화 질소는 아르지닌으로부터 유도된다

아르지닌은 원래 내피 혈관 세포(vascular endothelial cell)에 의해 생합성되기 때문에 **내피 혈관 유래 이완 인자**(**endothelium-derived relaxing factor, EDRF**)라고 하는

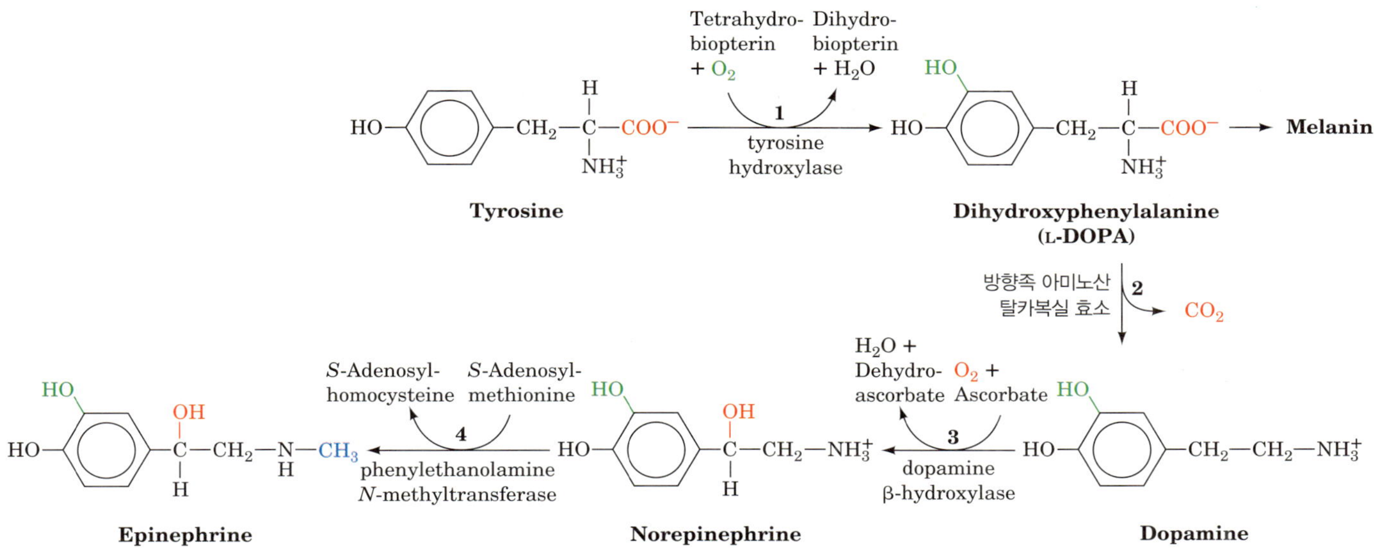

그림 21-39 타이로신에서 L-DOPA, 도파민, 노르에피네프린, 에피네프린의 연속적인 합성

물질의 전구 물질이며, 근본적으로 그 인자는 매끄러운 근육을 이완하도록 유도한다. 혈관 확장을 위한 신호는 펩타이드가 아니라 안정한 자유 라디칼 기체인 **NO(산화 질소)**이다. 일종의 혈관 확장제로서 NO의 확인은 **나이트로글리세린(nitroglycerin)**과 같은 혈관 확장 효과를 매개하는 분해 산물로서 NO를 동정한 연구에서 밝혀졌다. 나이트로글리세린은 흔히 **협심증(angina pectoris)**으로 고통 받는 사람들이 복용하는데, 협심증은 심근의 불충분한 혈류에 의해 일어나는 질병으로, 나이트로글리세린은 빠르고 일시적으로 그들의 흉통을 완화시키는 데 도움이 된다.

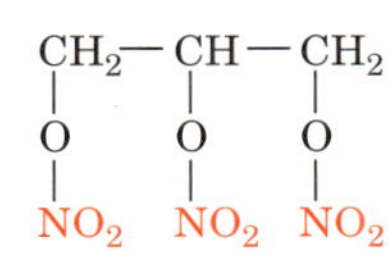

Nitroglycerin

그 반응은 아르지닌을 NO와 시트룰린으로 전환하는데, 산화 질소 생성 효소(nitric oxide synthase, NOS)에 의해 촉매된다.

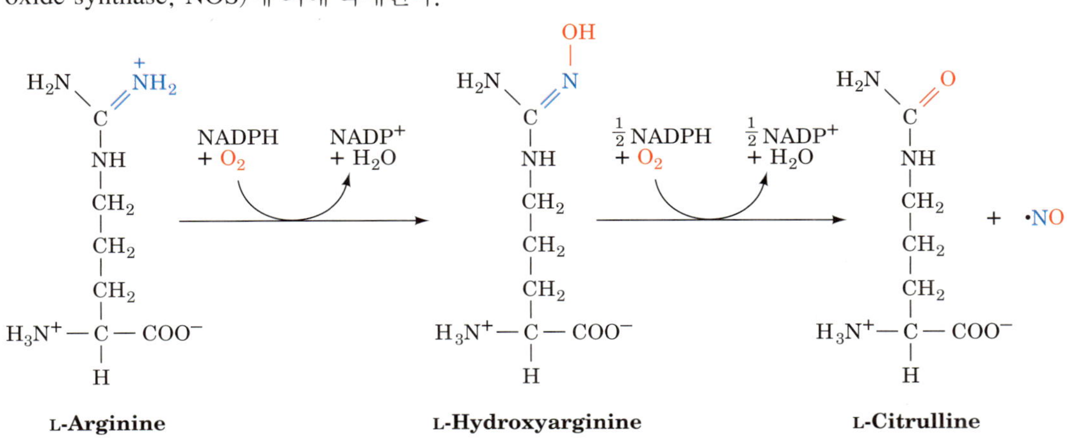

그 반응은 한 개의 효소 결합 하이드록시아르지닌 중간체를 경유하여 수행되며, 산화-환원 보조 효소들의 배열을 필요로 한다. NOS는 125~160 kD 소단위체의 동종이합체의 단백질이며, 각 소단위체는 한 개의 FMN, 한 개의 FAD, 한 개의 테트라하이드로바이오프테린(그림 21-26)과 한 개의 Fe(III)-헴을 함유하고 있다. 이 보조 인자는 NO를 생산하기 위해 아르지닌의 5전자 산화를 촉진한다.

비록 NO는 높은 반응성(반감기; ~5초)이 NO의 합성 장소로부터 ~1 mm 더 많이 작용하는 것을 막고 있지만, 기체이므로 세포막을 가로질러서 재빨리 확산한다. 상피세포에 의해 생성된 NO는 넓고 다양한 원인과 생리적 조건에 반응한다. 신경세포도 NO를 생성한다(신경의 NOS는 상피의 NOS의 약 55%가 동일하다). 이 내피 세포층과는 달리 NO 합성은 대뇌와 다른 동맥을 팽창하고, 음경 발기에도 관여한다. 신체 속에 어떤 다른 조직보다 뇌가 더 많은 NOS를 함유하고 있다는 것은 NO가 중앙 신경 조직의 기능에 필수적이라는 것을 알려주고 있다. NOS의 세 번째 유형은 백혈구 내에서 발견되었다. 이들 세포들은 그들의 세포 독성 물질의 한 부분으로 NO를 생성한다. NO는 초과산화물(superoxide, 18-4B절)과 결합하여 **퍼옥시나이트라이트(peroxynitrite, $ONOO^-$)**를 생성하는데, 이것은 한 개의 양성자와 결합하여 **이산화 질소(nitrogen dioxide, NO_2)**와 **하이드록시 라디칼(hydroxy radical, ·OH)**로 분해된다.

$$\cdot NO + \cdot O_2^- \rightarrow ONOO^- + H^+ \rightleftharpoons ONOOH \rightarrow \cdot NO_2 + \cdot OH$$

이 반응성이 높은 ·OH는 침입하는 세균을 죽인다. 지속적인 NO의 유리는 **내독소 쇼크(endotoxic shock**; 가끔 세균 감염에 과잉 반응을 하는 치명적인 면역 반응), 염증 관련 조직 손상과 한 번의 뇌졸중에 의해 직접 죽지는 않지만 신경세포 부위의 손상(이는 가끔 뇌졸중 자체보다 더욱 유해하다)과 관련되어 있다.

체크 포인트

- 헴 생합성을 위한 전구 물질은 무엇인가?
- 헴 합성의 조절은 간과 망상 적혈구 사이에서 어떻게 차이가 나는가?
- 헴 물질 대사의 최종 생산물은 무엇인가?
- 카테콜아민, 세로토닌, GABA, 히스타민을 일으키는 아미노산을 규명하시오.
- 질소 산화 합성 반응의 기질과 생성물은 무엇인가?
- NO는 카테콜아민과 같은 신호 분자와 어떻게 차이가 나는가?

7 질소 고정

주요 개념

- 질소 고정 효소에 의한 N_2와 NH_3의 환원은 에너지적으로 비용이 많이 드는 과정이다.
- 암모니아는 글루탐산 생성 효소의 작용에 의해 아미노산을 포함한다.

생물계에 가장 두드러진 화학 원소는 O, H, C, N, P이다. O, H, P 원소는 대사적으로 이용될 수 있는 형태(H_2O, O_2, P_i)로 널리 존재한다. 그러나 C와 N의 주 형태, 즉 CO_2와 N_2는 상당히 안정하다(반응성이 없음). 예를 들면 N≡N 삼중 결합은 945 kJ·mol^{-1}(C—O 단일 결합이 351 kJ·mol^{-1}인 데 비해)의 결합 에너지를 가지고 있다. 몇 가지 예외는 있지만 CO_2는 광합성 생물에 의해서만 대사(고정)된다(19장). **질소 고정(nitrogen fixation)은 일반적이지 않다. N_2는 다이아조트로프(*diazotroph*)라고 하는 수종의 세균에 의해서만 대사적으로 유용한 형태로 변환된다.** 어떤 해양의 사이아노박테리아와 세균을 포함한 이들 생물들은 콩과식물(콩, 클로버, 알팔파를 포함한 완두과에 속하는 식물, **그림 21-40**)의 뿌리혹 속에서 생활한다. 생물학적 질소 고정은 주위 온도와 압력하에서 일어난다. 이 놀라운 성질은 **하버-보슈 공정(Haber-Bosch process)**이라 불리는 산업적인 생산과 비교된다. 하버-보슈 공정은 ~400°C와 ~200 atm, 철 기반 촉매하에서 N_2와 H_2로부터 암모니아를 만들어 낸다. 일단 N_2가 고정되면, 질소는 다른 전달될 수 있는 아미노기 같은 생물학적 분자 내로 **동화(포함)**된다. 이 장에서는 질소 고정과 질소 동화의 과정을 다룰 것이다.

© Dan Guravich/Science Source Images

그림 21-40 **완두콩 식물의 뿌리혹** 질소 고정을 하는 *Rhizodium* 종의 세균들은 콩과식물의 뿌리혹 내에 공생으로 살아가고 있다.

A 질소 고정 효소는 N_2를 NH_3로 환원한다

다이아조트로프는 효소인 **질소 고정 효소(nitrogenase)**를 생성하며, 이 효소는 N_2를 NH_3로 환원시키는 반응을 촉진한다.

$$N_2 + 8\,H^+ + 8\,e^- + 16\,ATP + 16\,H_2O \rightarrow 2\,NH_3 + H_2 + 16\,ADP + 16\,P_i$$

콩과식물에서는 질소 고정 시스템을 통해 콩과식물이 필요로 하는 것보다 더욱 대사적으로 이용할 수 있는 질소를 생성한다. 이 초과분은 토양으로 배출하여 토양을 비옥화한다. 따라서 일반적으로 사용되는 농업법으로, 다른 작물의 성장을 추해 토양 내에 이용할 수 있는 질소 공급을 제공하는 수단으로 알팔파를 수년 동안 들에 심기도 한다.

질소 고정 효소는 새로운 산화-환원 중심을 함유하고 있다. 질소 고정 효소는 N_2를 NH_3로 환원시키는 촉매 작용을 하며, 2개의 단백질 복합체로 구성되어 있다.

1. **철-단백질(Fe-protein)**은 한 개의 [4Fe−4S] 클러스터(cluster)와 2개의 ATP 결합 부위를 함유한 일종의 동형 이합체이다.
2. **MoFe-단백질(MoFe-protein)**은 Fe과 Mo을 함유한 일종의 $\alpha_2\beta_2$ 이종 사합체이다.

리스(Douglas Rees)는 *Azotobacter vinelandii* 질소 고정 효소와 방해제인 ADP·A1F_4^-(이는 ATP 가수 분해에서 전이 상태를 모방한다) 복합체의 X선 구조를 측정하였으며, 이 구조는 각 MoFe−단백질이 2분자의 Fe−단백질과 결합되어 있다는 것을 나타내고 있다(**그림 21-41**).

각 Fe−단백질 이합체의 단일 [4Fe−4S] 클러스터는 2개의 소단위체 사이에 한 개는 용매−노출된 틈(cleft) 속에 위치하고 있으며, 양 소단위체로부터 Cys 97과 Cys 132에 대칭적으로 연결되어 있어 일종의 Fe−단백질이 클러스터의 머리 부분에 [4Fe−4S] 클러스터를 가진 소위 '철 나비'와 닮아 있다. 클러스터의 뉴클레오타이드

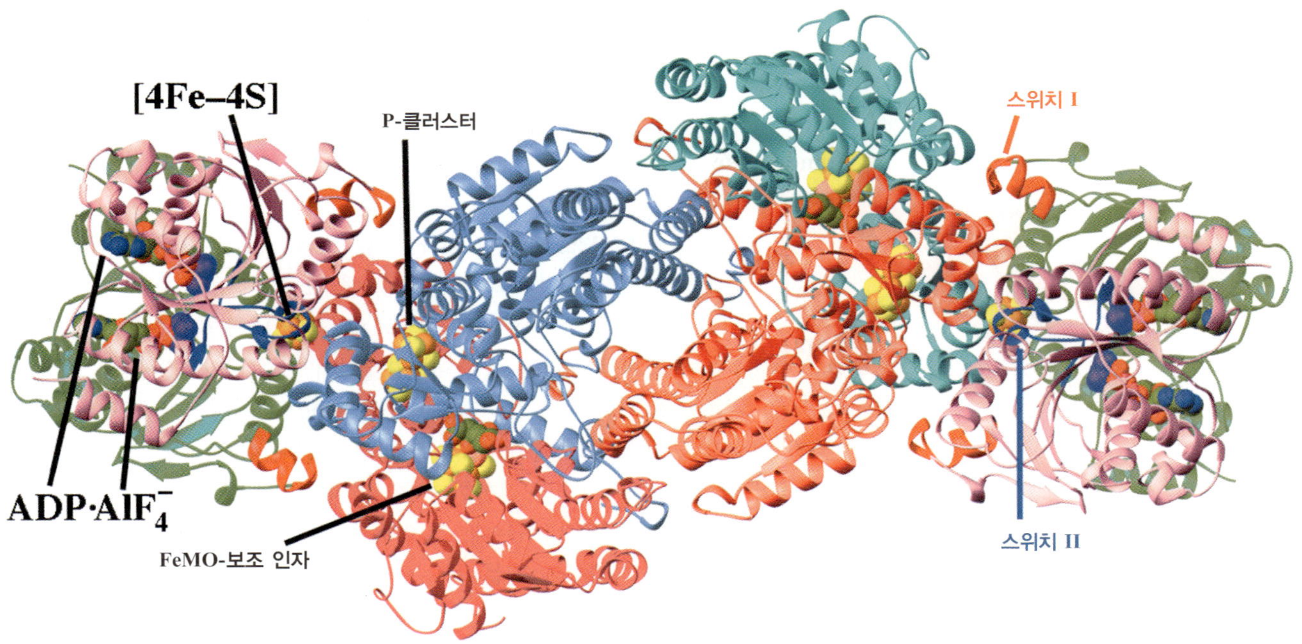

그림 21-41 ADP·AIF_4^-와 복합체를 형성한 *A. vinelandii* 질소 고정 효소의 X선 구조 이 효소는 분자 이중축을 따라 보이며, 일종의 $(\alpha\beta\gamma_2)_2$ 이형 팔합체로서 이형 팔합체 내에 β-α-α-β 조립품인 MoFe-단백질은 2개의 γ_2철−단백질 측면에 있으며, 철-단백질의 289개 잔기 소단위체들은 부분 이중 대칭과 관련되어 있다. 동형의 α 소단위체(청록색과 적색; 491개 잔기)와 β 소단위체(밝은 적색과 밝은 청색; 522개 잔기)는 유사(pseudo) 이중 대칭과 연관되어 있다. 각 철−단백질(그들의 스위치 I이 가진 분홍색과 녹색 및 스위치 II 단편인 적색과 청색)을 형성하는 2개의 γ 소단위체는 그들과 관련되어 있는 이중축을 가진 MoFe-단백질에 결합되어 있으며, 이중 축은 MoFe-단백질의 α와 β 소단위체와 관련되어 있는 유사 이중축과 일치한다. ADP·AIF_4^-, [4Fe−4S] 클러스터, FeMo-보조 인자와 P 클러스터는 C 녹색, N 청색, O 적색, S 황색, Fe 주황색, Mo 분홍색, AIF_4^- 이온 자주색으로 공간 채움 형태로 그려져 있다. [Based on an X-ray structure by Douglas Rees, California Institute of Technology. PDBid 1N2C.]

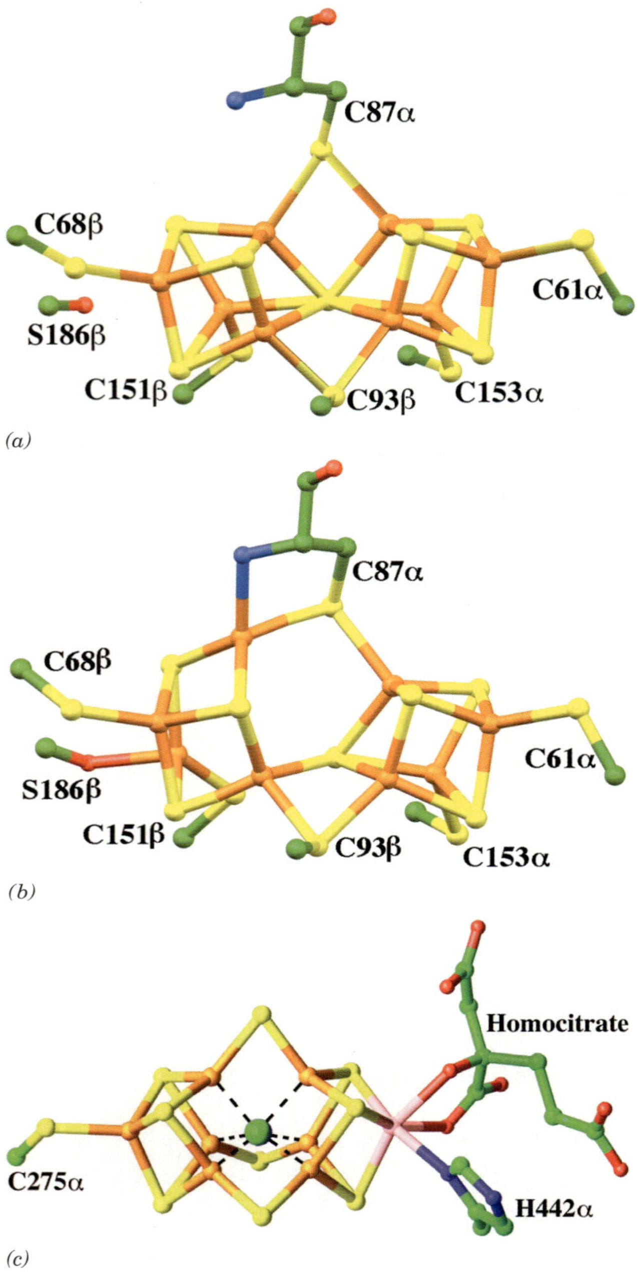

그림 21-42 질소 고정 효소 MoFe-단백질의 보결 원자단 분자들은 C 녹색, N 청색, O 적색, S 황색, Fe 주황색, Mo 분홍색을 나타내는 공-막대 형태로 그려졌다. (*a*) 환원된 *Klebsiella pneumoniae* P 클러스터. 그것은 각 큐베인(cubane)-같은 구조의 8번째 코너를 형성하고 있는 여분의 황화물 이온에 의해 연결된 2개의 [4Fe-3S] 복합체로 구성되어 있고, 2개의 Cys 싸이올 리간드에 의해 연결되어 있으며, 각 리간드는 각 클러스터로부터 한 개의 철이 연결되어 있다. 4개의 여분의 Cys 싸이올은 남아 있는 4개의 철 원소와 통합한다. (*b*) 2전자-산화된 K. *pneumoniae* P-클러스터. α 부분에 있는 환원된 복합체와 비교해서, 2개의 [4Fe-3S] 클러스터를 연결하고 있는 중앙에 위치한 황화물 이온에서 2개의 Fe-S 결합은 Cys 87α 아마이드 N으로부터 리간드에 의해 치환되었다. Ser 186β 곁사슬 O는 [4Fe-3S] 클러스터(왼쪽)와 [4Fe-3S] 클러스터(오른쪽)를 생성하고 있으며, 그 클러스터들은 Fe-S 결합과 2개의 Cys 싸이올에 의해 직접 연결되어 있다. (*c*) *A. vinelandii* FeMo-보조 인자는 3개의 황화물 이온에 의해 연결되어 있는 [4Fe-3S] 클러스터와 [MO-3Fe-3S] 클러스터로 이루어져 있다. FeMo-보조 인자는 그 반대편 끝에 있는 단지 2개의 리간드에 의해 단백질에 연결되어 있으며, 한쪽 끝은 His 442α에서 Mo 원자까지, 다른 쪽 끝은 Cys 275α에서 하나의 Fe 원자까지 연결되어 있다. 더욱이 Mo 원자는 호모시트르산(homocitrate)에 의해 이중으로 연결되어 있다. 한 개는 N 원자(청색 구)가 그 FeMo-클러스터의 중앙에 6개의 Fe 원자(검은색 점선)와 연결된 것을 보여 준다.[Parts a and b based on X-ray structures by David Lawson, John Innes Cetre, Norwich, U.K. Part c based on an X-ray structrue by Douglas Rees, Califormia Institute of Technology. PDBids (*a*) 1QGU, (*b*) 1QH1, and (*c*) 1M1N.]

? 660쪽에 있는 [Fe-S] 클러스터에 대한 이들 구조를 비교하라.

결합 부위는 그 2개의 소단위체 사이 중간에 위치하고 있다.

MoFe-단백질의 α와 β 소단위체는 유사한 겹으로 되어 있으며, 유사 이중 대칭적인 이합체를 형성하도록 연결되어 있다. 그중의 2개는 더욱 엉성하게 이중의 대칭적인 사합체를 형성하도록 연결되어 있다(그림 21-41). 각 이합체는 2개의 산화-환원 결합 중심을 가지고 있다.

1. **P 클러스터(P-cluster**, 그림 21-42*a*, *b*)는 2개의 [4Fe-3S] 클러스터로 구성되어 있으며, 클러스터는 큐베인 유사 구조를 만들기 위해 양쪽 클러스터의 8번째 코너를 형성하고 있는 여분의 황화물(sulfide)을 통해 연결되어 있다. 또한 P 클러스터는 2개의 Cys 싸이올 리간드(thiol ligand)로 연결되어 있으며, 이때 각 리간드는 각 클러스터의 Fe 한 개와 결합되어 있다. 4개의 여분의 Cys 싸이올은 남아 있는 Fe 원자 4개와 결합한다. 한 개의 [4Fe-3S] 클러스터 속에 Fe 원자 2개의 위치가 산화로 바뀌는데, 그 이유는 이들 Fe 원자에서 황화물 이온으로 연결된 결합을 파괴하기 때문이다. 이 결합들은 산화 상태에서 Ser 산소 리간드에 의해서 Fe 원자들 중의 하나로 치환되며, 다른 Fe 원자로부터 Cys의 아마이드 N에 결합으로 치환된다.

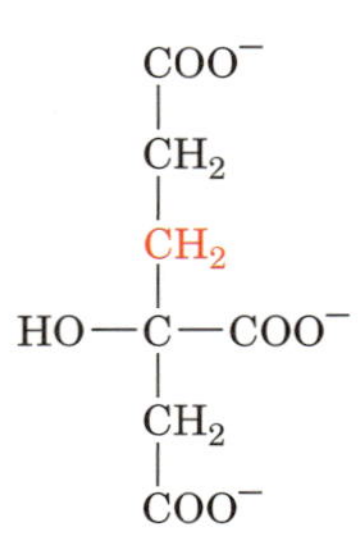

Homocitrate

2. **FeMo-보조 인자(FeMo-cofactor**, 그림 21-42c)는 3개의 황화물 이온들에 의해 연결된 [4Fe-3S] 클러스터와 [1Mo-3Fe-3S] 클러스터로 구성되어 있다. 그 FeMo 보조 인자의 Mo 원자는 보조 인자인 3개의 황, 1개의 His 이미다졸 질소(imindazole nitrogen), 1개의 결합된 **호모시트르산 이온(homocitrate**, FeMo-보조 인자의 필수 성분)으로부터 산소 2개에 의해 대략 8면체로 조합되어 있다.

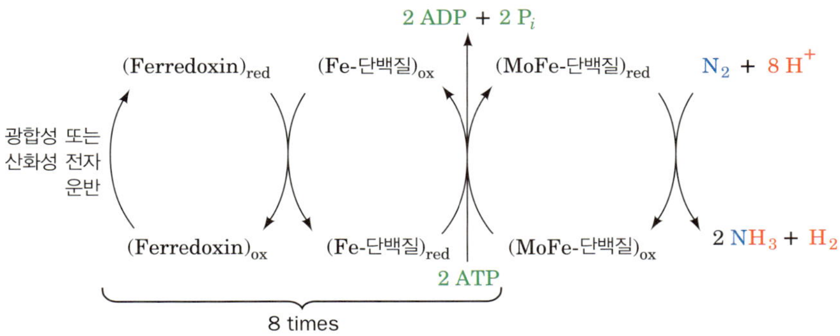

그림 21-43 N_2의 질소 고정 효소로 촉매된 환원에서 전자들의 흐름

FeMo-보조 인자는 중앙에 공동(cavity)이 있으며, 한 개의 질소 원자(하나의 C와 O 원자는 측정할 수 없지만)가 함유되어 있다는 것을 나타내고 있다. 이 질소로 추정되는 원자는 FeMo-보조 인자의 중앙 6개의 철 원자에 연결되어 있으며, 이들 철 원자의 사면체의 배위 환경을 이루고 있다.

ATP 가수 분해는 질소 고정 효소에서 구조 변화를 이끌어 낸다. 질소 고정 효소에 의한 질소 고정은 전자를 제공하는 물질이 필요하다. 이들 전자는 산화적으로나 광합성적으로 생물체에 의존해서 발생된다. 전자가 **페레독신(ferredoxin)**으로 전달되면, 페레독신은 일종의 [4Fe-4S] 함유 전자 운반체를 함유하며, 질소 고정 효소가 질소 고정을 시작하면 전자를 Fe-단백질로 전달한다(**그림 21-43**).

질소 고정 효소 반응은 ATP 의존성 단백질의 구조 변화와 각 전자 전달 후 MoFe-단백질에서 Fe-단백질의 분해를 요구한다. 반응 사이클 동안 ATP 2몰은 Fe-단백질에 결합하고, 한 개의 전자가 MoFe-단백질로 전달될 때 가수 분해된다. ATP 가수 분해는 Fe-단백질에서 구조 변화를 유도하며, N_2 환원으로 전자를 만들기 때문에(그 반응 $N_2 + 6H^+ + 6e^- \rightleftharpoons 2NH_3$ 반응에 대한 $\mathscr{E}°'$은 −0.34 V이다) Fe-단백질은 그 산화-환원 전위가 −0.29∼−0.40 V로 변화한다.

전자 전달과 연결된 ATP 결합 부위에서 어떤 일이 일어나는가? Fe-단백질이 MoFe-단백질과 복합체로 존재(그리고 물론 전자 전달은 단지 두 단백질이 결합되었을 때만 일어날 수 있다)할 때 ATP 가수 분해가 일어난다. 흥미롭게도 ADP·$A1F_4^-$와 Fe-단백질의 결합은 그 Fe-단백질의 두 영역 내에 구조적인 변화를 유도하며, 스위치 I, 스위치 II로 표시하였다(그림 21-41). 그것은 신호 변환의 G 단백질 단편들과 동일성이 있으며, 그 속에서 뉴클레오타이드 가수 분해는 단백질의 구조 변화와 관련되어 있다(13-3B절). 스위치 I에서 이런 구조 변화는 Fe-단백질과 MoFe-단백질 사이의 상호작용에 영향을 미치며, 반면에 스위치 II에서 [4Fe-4S] 클러스터의 환경에 영향을 미친다. Fe-단백질 단독과 ADP나 ATP와 결합된 Fe-단백질의 X선 구조들은 ATP 가수 분해가 2개의 Fe-단백질 소단위체가 서로 약 13° 회전을 한 구조 변화를 이끌어낸다는 것을 나타낸다. 이 구조 변화는 [4Fe-4S] 클러스터를 인접한 MoFe-단백질(18∼14 Å 떨어짐)의 P 클러스터 쪽으로 더욱 가깝게 가져와서, Fe-단백질에서 MoFe-단백질까지 전자 전달을 수행한다.

질소 고정 효소의 동력학적 연구들은 N_2 환원의 속도 제한 단계가 MoFe-단백질에서 Fe-단백질로 분해된다는 것을 나타낸다. 전자 전달계에서 Fe-단백질은 결합된 두 개의 ATP를 ADP와 P_i로 가수 분해 방출하고, 마지막으로 단백질은 촉매 회로에서 가장 느린 단계에서 분리된다. 따라서 뉴클레오타이드를 가수 분해하는 G 단백질과 유사한 기능인 Fe-단백질은 해리를 촉발시킨다(13-3B절). Fe-단백질이 다른 전자를 받고, 2ADP가 2ATP로의 교환이 일어나면 Fe-단백질과 MoFe-단백질은 재결합한다.

N_2 환원은 에너지적으로 비용이 많이 드는 과정이다. 실제 N_2의 환원은 세 가지의 개별적인 단계에 있는 MoFe-단백질상에서 일어나며, 각 단계는 한 개의 전자쌍을 포함하고 있다.

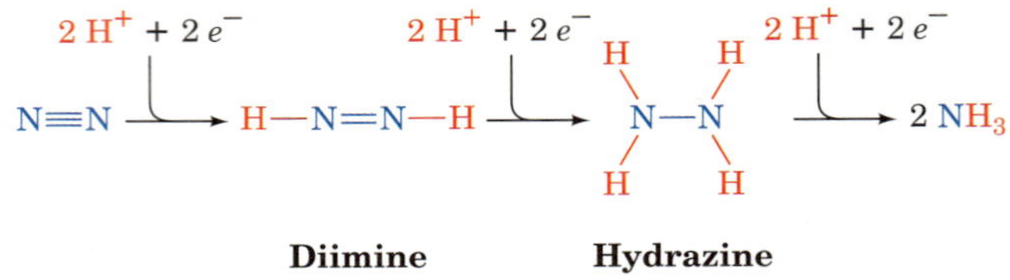

한 개의 전자 전달은 고정된 N_2 분자당 6배가 일어나므로 전체 12개의 ATP가 질소 한 분자를 고정하는 데 필요하다. 그러나 질소 고정 효소도 H_2O를 H_2로 환원하고, 수소는 **다이이민(diimine)**과 반응하여 N_2를 재형성한다.

$$HN{=}NH + H_2 \rightarrow N_2 + 2\,H_2$$

이 쓸모없는 회로는 ATP 수준이 낮아지거나 Fe-단백질의 환원이 부진할 때 잘 일어난다. 그렇지만 심지어 ATP가 많을 때라도 이 회로는 환원된 N_2당 생성된 하나 이상의 H_2 분자를 억제할 수 없으며, 이는 질소 고정 효소 반응을 위한 일종의 요구가 될 수 있을 것 같다. 따라서 N_2 환원의 전체 소비는 8개의 전자가 전달되고, 16개의 ATP가 가수 분해된 것이다. 세포에서 소비는 20~30 ATP에 가깝다. 결론적으로 질소 고정은 에너지적으로 비싼 공정이다.

비록 대기의 질소 N_2가 결국 모든 생물체를 위한 질소원이지만, 대부분의 식물들은 질소 고정 세균의 공생적인 성장을 지원하지 않는다. 그들은 질산이나 암모니아와 같은 소위 '미리 고정된(prefixed)' 질소의 공급원에 달려 있다. 이 영양 물질들은 번개 방전(자연적으로 고정된 질소의 10%)에서, 토양 내 유기물의 분해에서, 혹은 그것을 위해 적용된 비료[고정된 질소의 50%는 질소와 수소로부터 암모니아의 공업적 생산에 사용된 하버-보슈 공정(Haber-Bosch process)에 의해 생산된다]에서 생산된다. 유전공학의 오랫동안 추구한 주요 목표 중의 하나는 농업적으로 유용한 비콩과식물이 스스로 질소를 고정할 수 있도록 유도하는 것이다. 이는 특히 개발 도상국에 있는 농부들이 비료 구매나 주기적으로 그들 농토를 묵히는 것(콩과식물에 성장할 기회를 주는 것) 혹은 화전을 통해 급격히 세계의 열대림의 파괴를 가져오는 것을 방지하게 될 것이다.

뿌리혹 헤모글로빈은 산소 비활성화에서 질소 고정 효소를 보호한다. 질소 고정은 O_2에 의해 빠르게 비활성화된다. 그렇기에 이 효소는 반응 물질로부터 보호되어야 한다. 사이아노박테리아는 헤테로시스트(heterocyst)라는 특별한 세포내에서 질소 고정을 수행하는 동안 필요한 보호를 마련한다. 헤테로시스트는 광계 I(Photosystem I)에는 존재하나 산소를 발생하는 광계 II(Photosystem II)에는 결핍되어 있다(19-2C절). 그러나 콩과식물의 뿌리혹(그림 21-40)에서 보호는 헤모글로빈의 상동 기관인 **뿌리혹 헤모글로빈(leghemoglobin)**에 의해 제공된다. 헴이 **근류 박테리아**(*Rhizobium*)에 의해 합성되는 반면에(콩과식물(symbiotic)과 근류 박테리아간의 밀접한 공생 관계의 표시), ~145개 잔기 단량체 산소-결합 단백질의 글로빈 부분은 식물에 의해 합성된다(그리고 글로빈은 그것과는 달리 동물에서만 발생하기 때문에 진화적인 호기심이 발생한다). 뿌리혹 헤모글로빈은 O_2 친화도가 매우 높다. 그렇기에 호기성 박테리아에 대한 수동적인 O_2의 제공은 질소 고정 효소를 보호하기에 충분하도록 pO_2의 낮게 유지시킨다.

B 고정된 질소는 생물학적인 분자로 동화된다

대기 중에 있는 N_2는 생물학적으로 유용한 형태(예: 암모니아)로 전환된 후에 세포의 생태 분자로 동화되어야 한다. 질소가 한 번 아미노산으로 들어가면 아미노기는 아미노 전이 반응에 의해 다른 화합물로 전달된다. 그 이유는 대부분의 생물체들은 질소를 고정하지 않고 미리 고정된 질소에 의지하므로, 질소 동화 반응은 이 필수 원소를 보존하는 데 중요하다.

우리는 이미 글루타민 생성 효소에 의해 촉매되는 반응을 고려해 왔으며(21-5A절), 미생물에서 글루타민 생성 효소는 질소 고정을 위한 대사 입구 지점(entry point)을 나타내고 있다(동물에서 이 반응은 초과하는 암모니아를 소위 '씻어내도록' 돕는다). 글루타민 생성 효소 반응은 기질로서 질소 함유 화합물인 글루탐산을 필요로 한다. 그러면 글루탐산에서 아미노기의 근원은 무엇인가? 동물에서는 아니지만, 세균과 식물에서는 **글루탐산 생성 효소(glutamate synthase)**가 α-케토글루타르산과 글루타민을 글루탐산 두 분자로 전환한다.

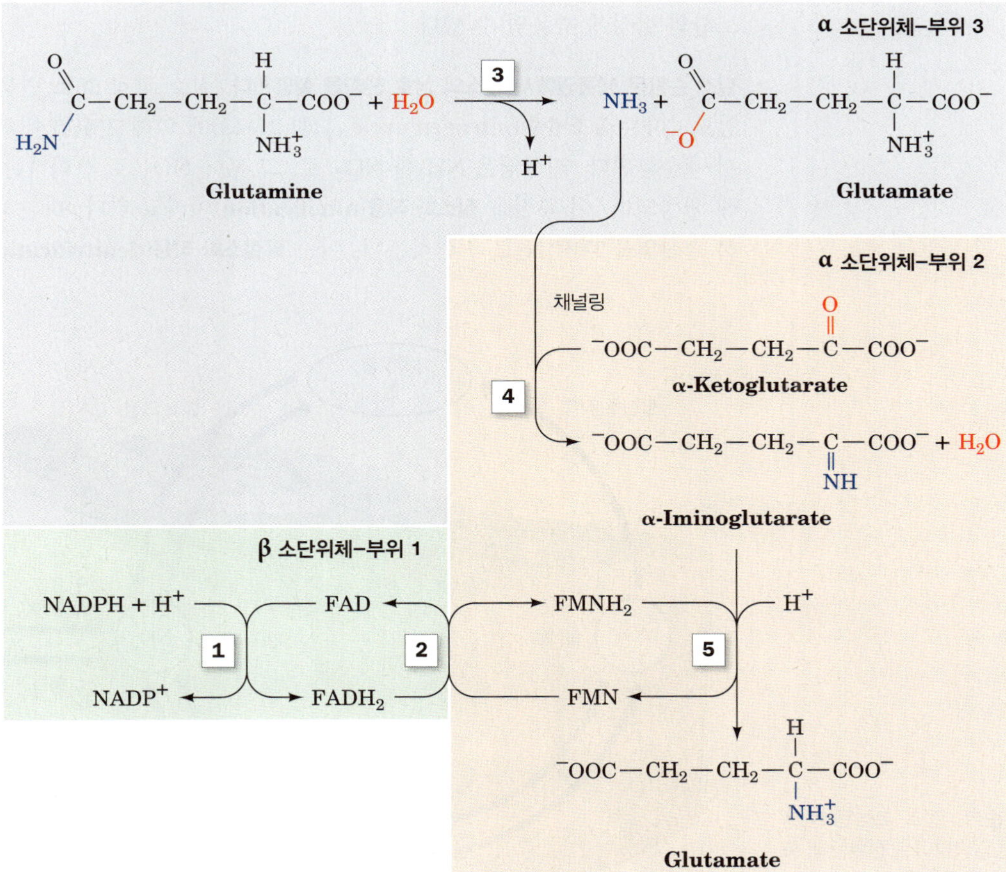

그림 21-44 글루탐산 합성 반응 (1) 전자는 β 소단위체의 활성화 부위 1에서 NADPH에서 FAD로의 전달이 일어나고 $FADH_2$를 생성한다. (2) 전자는 α 소단위체의 활성화 부위 2에서 $FADH_2$에서 FMN으로 전달되고, $FMNH_2$를 생성한다. (3) 글루타민은 부위 3에서 글루탐산과 암모니아로 가수 분해된다. (4) 3단계에서 만들어진 암모니아는 α-케토글루타르산과 반응하도록 채널링에 의해 부위 2로 움직인다. (5) 생성된 α-이미노글루타르산(α-iminoglutarate)은 $FMNH_2$에 의해 글루탐산으로 환원된다.

$$\alpha\text{-Ketoglutarate} + \text{glutamine} + \text{NADPH} + \text{H}^+ \rightarrow 2\ \text{glutamate} + \text{NADP}^+$$

이 환원적인 아민화 반응은 NADH로부터 전자를 필요로 하며, $\alpha_2\beta_2$ 이종 사합체에서 3개의 명백한 활성 부위에서 일어난다(그림 21-44). 그 효소의 X선 구조는 기질 결합 부위가 넓게 분리되어 있다는 것을 보여 준다. 결과로서 글루타민에서 α-케토글루타르산으로 전달된 암모니아는 단백질 내에 31 Å 길이의 통로를 통해 이동한다. 아마 이 채널링(channeling)은 세포질로 암모니아의 손실을 막고, 그것보다 더 반응성이 있는 탈양성자화된 상태(세포질에서 NH_3는 즉시 NH_4^+가 되기 위해 한 개의 양성자를 얻는다)에서 이 중간체를 유지하도록 도와 준다. 더욱이 통로는 몇 개의 잔기의 곁사슬에 의해 막혀져 있고, α-케토글루타르산이 그 효소에 결합되었을 때만 열리며, NADPH를 이용할 수 있다. 이 메커니즘은 글루타민의 쓸데없는 가수 분해를 보호한다.

글루타민 생성 효소와 글루탐산 생성 효소 반응의 전체 결과는 다음과 같다.

$$\alpha\text{-Ketoglutarate} + \text{NH}_4^+ + \text{NADPH} + \text{ATP} \rightarrow \text{glutamate} + \text{NADP}^+ + \text{ADP} + \text{P}_i$$

따라서 이 두 효소의 결합은 어떤 아미노산(글루탐산)을 생성하기 위해 고정된 질소(NH_4^+)를 유기 화합물(α-케토글루탐산)에 동화하여 일종의 아미노산을 생성하도록 한다. 한 번 질소가 글루탐산으로 동화되면, 아미노기 전이 반응에 의해 다른 아미노산의 합성에 사용될 수 있다.

질소 순환은 생물권에서 질소의 상호 전환을 설명한다. 질소 고정 효소 반응에 의해 생성된 암모니아는 **질소 순환**(**nitrogen cycle**, 그림 21-45)에 의해 기술한 바와 같이 생물권에서 재순환된다. 질산염은 NH_3를 NO_2^-로, 그 후에 NO_3^-로 산화하는 어떤 세균에 의해 생성되며, 이 과정을 **질소화 작용**(**nitrification**)이라고 한다. 다른 미생물들은 여전히 질산염을 다시 N_2로 전환하는데, 이는 **탈질소화 작용**(**denitrification**)이라고 한다.

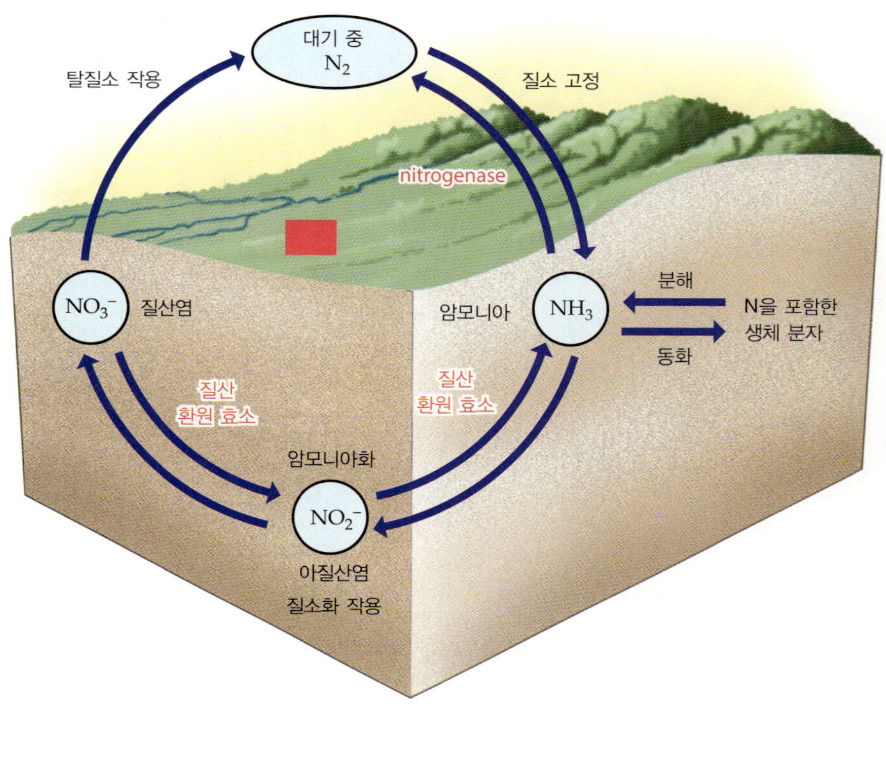

그림 21-45 질소 순환 질소 고정은 N_2를 생물학적으로 유용한 암모니아로 전환한다. 또한 질산염은 암모니아로 전환될 수 있다. 암모니아는 질화 반응과 탈질 반응에 의해 N_2로 전환된다. 암모니아는 질소-함유 생체 분자로 동화되며, 질소-함유 생체 분자들은 암모니아로 다시 분해된다.

그 외에 질산은 식물, 곰팡이, 많은 세균들에 의해 암모니아로 환원되며, 이 과정을 **암모니아화**(**ammonification**)라고 하며, 여기에서 **질산 환원 효소**(**nitrate reductase**)는 질산의 2개 전자를 환원하여 아질산(NO_2^-)이 되도록 촉매한다.

$$NO_3^- + 2\,H^+ + 2\,e^- \rightarrow NO_2^- + H_2O$$

아질산 환원 효소(nitrite reductase)는 아질산을 암모니아로 전환한다.

$$NO_2^- + 7\,H^+ + 6\,e^- \rightarrow NH_3 + 2\,H_2O$$

NH_3의 직접적인 혐기성 산화는 질산이라는 중간체 없이 N_2로 되돌아오며, 최근에 질소 고정의 역반응이 어떤 세균 내에서 발견되었다.

체크 포인트

- 질소 고정에서 ATP의 기계적인 역할을 요약하시오.
- 왜 질소 고정이 에너지적으로 비용을 많이 지불하는가?
- NH_3에서 아미노산으로의 동화 반응을 기술하시오. 어떤 반응이 포유동물에서 발생하는가?
- 채널링이 발생하는 아미노산 물질대사 효소를 나열하시오.
- 고정된 질소가 어떻게 생물권에서 재순환하는가?

요약

1 단백질 분해

- 내포 작용에 의해 시작된 세포 내 단백질과 세포 밖 단백질은 리소좀 단백질 분해 효소에 의해 분해된다.
- 유비퀴틴의 여러 복사본을 첨가하여 표시된 단백질은 통 모양 단백질 분해 효소에 들어간다. 그것들은 ~8개 잔기 조각으로 분해된다.

2 아미노산 탈아미노화

- 아미노산 분해는 대개는 항상 PLP 용이 아미노기 전이 반응에서 아미노기의 제거로 시작한다.
- 글루탐산은 α-케토글루탐산으로의 산화 탈아미노화된다.

3 요소 회로

- 암모니아(글루탐산의 산화적 탈아미노화 반응의 산물)의 질소 원자와 탄산수소염은 요소 회로에 들어가기 위해 카바모일에 포함된다.
- 두 번째 질소 원자의 배출은 요소 생성물을 회로에 넣어 아스파트산으로 시작한다.
- 이 과정의 속도 제한 단계는 카바모일 인산 생성 효소에 의해 촉매된다.

4 아미노산의 분해

- 20개의 '표준' 아미노산은 글루코스나 케톤체 혹은 지방산이 형성되는 화합물로 분해된다 즉 피루브산, α-케토글루타르산, 석시닐 CoA, 퓨마르산, 옥살로아세트산, 아세틸 CoA, 아세토아세트산으로 분해된다.
- 보조 인자는 PLP, 테트라하이드로폴산, 바이오프테린을 포함하여 아미노산 분해를 수반한다.

5 아미노산 생합성

- 비필수 아미노산은 피루브산, 옥살로아세트산, α-케토글루타르산, 3-포스포글리세르산에서 단순한 경로로 합성된다.
- 식물과 미생물에서 만들어지는 필수 아미노산은 다양한 생물들 사이에서 좀 더 복잡한 경로를 필요로 한다.

6 아미노산 대사의 다른 산물들

- 아미노산들은 여러 가지 생체 분자의 전구체이다. 헴은 아세틸 CoA로부터 글라이신과 석시닐 CoA와 함께 시작되고, 포피린 고리는 미토콘드리아와 세포질에서 일련의 반응으로 만들어진다.
- 헴은 유로빌린과 스테코빌린을 포함한 산물을 분해한다.
- 여러 가지 호르몬과 신경 전달 물질은 히스티딘, 글루탐산, 트립토판, 타이로신의 탈카복실화와 하이드록실화에 의해 합성된다.
- 아르지닌의 5전자 산화는 생물 활성에서 안정한 산화 질소 라디칼을 생성한다.

7 질소 고정

- 세균에서 질소 고정은 8개의 전자와 적어도 16개의 ATP를 필요로 하며, 질소 고정 효소에 의해 촉매되며, 질소 고정 효소는 Fe, S, Mo을 함유한 산화-환원 중심을 가진 일종의 다중 소단위체(multisubunit) 단백질이다.
- 고정된 질소는 글루타민 생성 효소와 글루탐산 생성 효소 반응을 경유하여 아미노산으로 통합된다.

주요 용어

N 말단 규칙(N-end rule)
SAM(S-adenosylmethionine)
THF(tetrahydrofolate)
고암모니아혈증(hyperammonemia)
글루코스 생성 아미노산(glucogenic amino acid)
바이오프테린(biopterin)
비필수 아미노산(nonessential amino acid)
아데닐릴화(adenylylation)
아미노기 전이 반응(transamination)
아이소펩타이드 결합(isopeptide bond)
요소 회로(urea cycle)
유리딜릴화(uridylylation)
유비퀴틴(ubiquitin)
자식 작용(autophagy)
질소 고정(nitrogen fixation)
질소 동화(nitrogen assimilation)
채널링(channeling)
카테콜아민(catecholamine)
케톤 생성 아미노산(ketogenic amino acid)
탈아미노화(deamination)
포피린증(prophria)
프로테오좀(proteasome)
피리독살-5′-인산(pyridoxal-5′-phosphate, PLP)
필수 아미노산(essential amino acid)
황달(jaundice)

문제

연습 문제

1. 단백질 분해는 에너지 방출 과정이지만, 프로테오좀에 의한 단백질 분해는 ATP가 필요한 이유를 설명하시오.

2. 다음에 표시된 화합물은 모두 동일한 각각의 활성 자리에 결합할 수 있는 고세균 프로테오좀(진핵세포 프로테오좀과는 다른)을 억제한다. 당신은 고세균 프로테오좀의 기질 특이성에 대해 어떤 결론을 내릴 수 있는가?

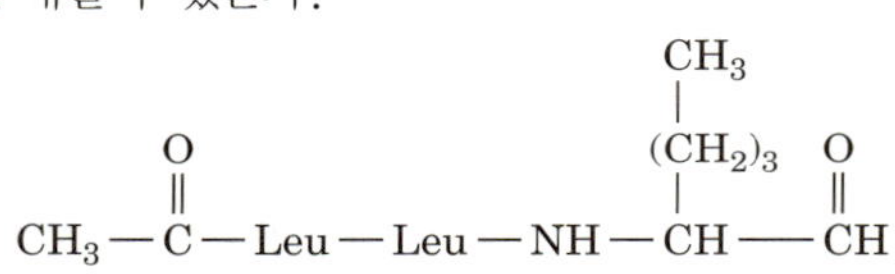

3. 높은 온도 또는 산화적 손상과 같은 세포 스트레스가 프로테오좀의 생성을 촉발하는 이유를 설명하시오.

4. 리토나비는 HIV 분해 효소의 억제제(자료 12-3), 프로테오좀의 카이모트립신 유사 활성을 억제한다. 이러한 이중 억제 효과가 장기간 리토나비 사용의 신경 독성 부작용에 기여할 수 있는 이유를 설명하시오.

5. 인류의 조상이 글루탐산에 대한 맛 수용체를 진화한 것이 왜 유리했는지 설명하시오.

6. 포유동물의 퍼옥시솜에서 L-아미노산은 기질과 아미노산 탈아미노화를 촉매하여 H_2O_2를 생성할 때 H_2O와 O_2를 필요로 한다. 이 반응에 대한 균형 반응식을 쓰시오.

7. 20개의 소위 '표준' 아미노산들 중에 (a) 순수하게 글루코스 생성, (b) 순수하게 케톤기 생성, (c) 글루코스와 케톤 모두를 생성하는 것은 어느 것인가?

8. 알라닌, 시스테인, 글라이신, 세린, 트레오닌은 분해되어 피루브산을 생성한다. 만일 그 외에도 피루브산을 생성하는 아미노산이 있다면 남은 15개의 아미노산들 중 어느 아미노산인가?

9. 아이소루신(그림 21-21)의 분해 경로에서, 티글릴 CoA(tiglyl–CoA)를 아세틸 CoA와 프로피오닐 CoA로 전환하는 반응을 그리시오.

10. 트립토판 분해 경로(그림 21-23, 반응 4)에서 3-하이드록시안트라닐산(3-hydroxyanthranilate)을 형성하기 위해 3-하이드록시키누레닌(3-hydroxykynurenine) 분해에서 만들어지는 아미노산-시프 염기의 어느 결합이 끊어지는지를 지적하시오.

11. 타이로신과 시스테인은 비필수 아미노산으로 분류되어 있다. 그러나 불충분한 식사는 타이로신 및 시스테인 부족의 원인이 될 수 있다. 그 이유를 설명하시오.

12. 세계의 다른 지역에서 자주 쌀, 콩, 쿠스쿠스(couscous), 편두와 같은 곡물과 콩과식물을 조합해서 전통적인 다이어트를 하는 이유를 설명하시오.

13. 어떤 세 가지의 동물 기원의 효소가 자유 NH_4^+와 강하게 반응하며, 자유 NH_4^+의 농도를 감소시킬 수 있는가?

14. 대장균은 글루탐산을 오르니틴으로 전환시킨다. 이렇게 되는 두 반응을 기술하시오.

15. 대장균(*E. coli*)에서 한 개의 유리딜릴기 제거 효소의 결합으로 나타나는 대사 결과는 무엇인가?

16. 널리 사용되는 대부분의 제초제들은 고리 모양의 아미노산 합성을 저해한다. 이 화합물들을 동물에도 사용하는 것이 현명한지 그 이유를 설명하시오.

17. 사르코신(sarcosine) 탈수소 효소는 비표준 아미노산 사르코신의 *N*-탈메틸화 반응(*N*-demethylation)을 촉매한다. 반응 생성물을 명명하시오.

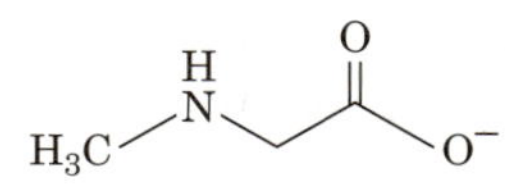

Sarcosine

18. α-케토글루타르산이 글루탐산으로 전환되는 반응인 카이뉴레인(kynureine, 트립토판 저하 생성물)이 카이뉴레인산(kynurenate)으로 전환되는 화학적인 변화를 설명하시오.

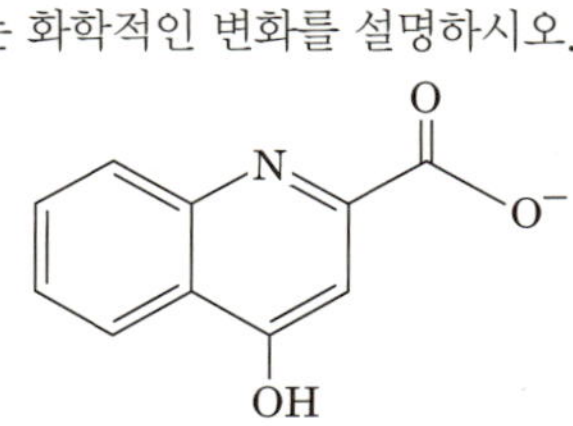

Kynurenate

19. 어떤 아미노산이 2-페닐에탄올을 유도하고, 어떤 화학적 변화가 발생하는가?

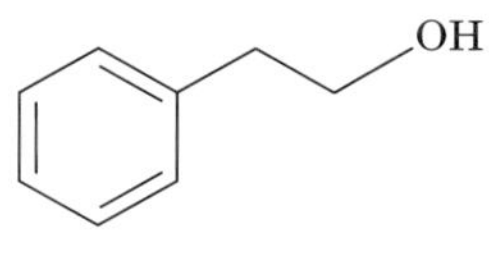

2-Phenylethanol

20. 어떤 아미노산이 신호 전달 분자인 티라민(tyramine)을 유도하는가?

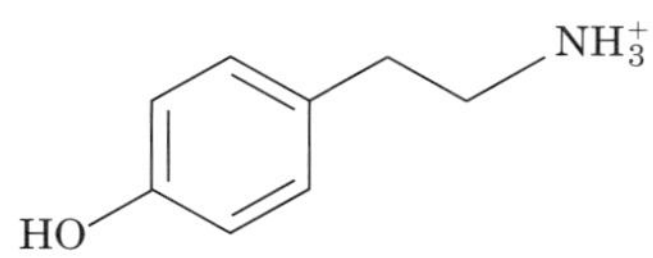

Tyramine

21. 어떤 아미노산이 **아그마틴**(**agmatine**)을 유도하는가?

$$^{+}H_3N-(CH_2)_4-NH-\underset{}{\overset{NH_2}{\overset{|}{C}}}=NH_2^{+}$$

Agmatine

22. 다음에 나타낸 화합물은 트립파노좀 감염을 치료하는 데 사용된다. 어떤 아미노산이 이 화합물과 유사한가?

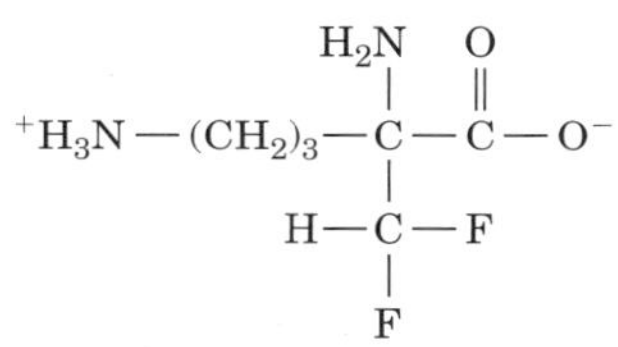

23. 에피네프린(epinephrine)이 아래에 그려진 화합물로 전환되는 반응을 기술하시오.

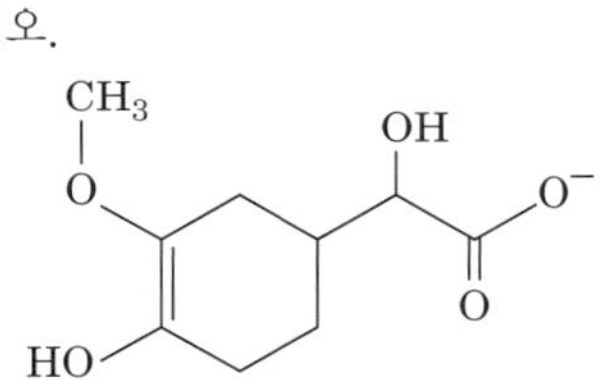

24. 에피네프린 분해(문제 23)의 반응에서 촉매되는 효소 중의 하나인 모노아민 산화 효소(monoamine oxidase, MAO) 억제제가 감정 장애 치료제로 자주 사용되는 이유를 설명하시오.

25. **콰시오르코르**(**kwashiorkor**)의 징후를 가진 아이가 섭취한 단백질 결여에 따른 질병이 피부와 머리카락의 탈색이다. 이 징후의 생화학적 기본 원리를 설명하시오.

26. 어떤 아미노산이 **멜라토닌**(**melatonin**)을 유도하는가? 그렇게 발생한 수정 상황을 설명하시오.

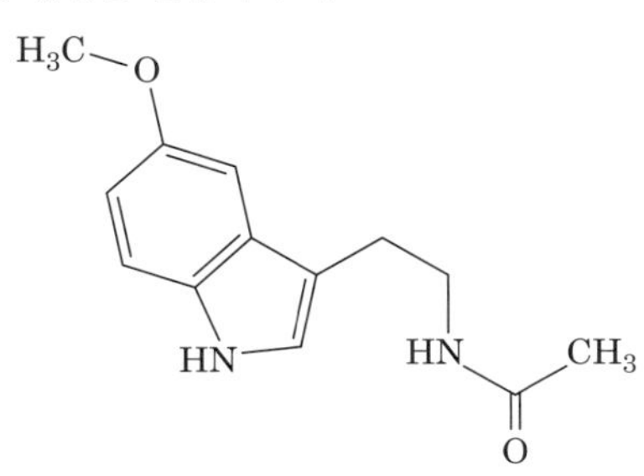

Melatonin

27. 일부 다이아조트로프는 MoFe 단백질에 첨가된 바나듐 함유 VFe 단백질을 생성한다. 바나듐 함유 질소 고정은 N_2를 NH_3로 변환하고, CO를 에테인과 프로페인과 같은 화합물로 전환한다. 무엇이 표준 질소 고정 반응의 알케인 생성에 대한 원인인가?

28. *Nitrosomenas*는 암모니아를 아질산염으로 변환하는 혐광 화학적 독립 영양 생물의 세균이다. 어떻게 이 기관이 햇빛이 없는 상황에서 켈빈 회로를 경유하여 CO_2를 고정하는지 설명하시오.

도전 질문

29. 요소 회로에서 효소가 일종의 부분적인 결핍 징후들이 저단백 음식물에 의해 약화될 수 있는 이유를 설명하시오.

30. 요소 회로 반응을 촉매하는 효소 생성은 생물체들의 대사 요구에 따라 증가하거나 감소할 수 있다. 이들 효소의 고농도는 고단백 식이와 마찬가지로 기아 상태도 관련되어 있다. 이런 역설적인 사실을 설명하시오.

31. (a) 요소 회로의 반응에 의해 소비되는 ATP 당량은 얼마인가?
(b) 요소 회로의 작용은 실제로 소비하는 것보다 많은 ATP를 생성한다. 이를 설명하시오.

32. 위궤양과 관련된 세균인 헬리코박터 파이로리(*Helicobacter pylori*)는 많은 양의 요소 분해 효소를 생성하기 때문에 위(pH가 1.5 이하인 곳) 내에서도 생존할 수 있다. (a) 요소 분해 효소에 의해 요소가 가수 분해되는 반응을 쓰시오. (b) 이 반응의 *H. pylori*를 위해 더욱 호의적인 환경, 즉 산에 대해 내성이 있는 것보다 거의 중성 pH에서 성장하는 환경을 수립할 수 있는 이유를 설명하시오.

33. 19개의 다른 표준 아미노산과는 달리, 라이신은 아미노기 전이를 하지 않는다. 이화할 때, α-아미노기와 ε-아미노기의 운명은 무엇인가?

34. 글루탐산과 메싸이오닌은 둘 다 CO_2로, 5개의 탄소 원자를 함유하고 있다. 이 두 아미노산의 복합체 산화에 대한 ATP의 수율을 비교하시오.

35. PLP는 아미노산 대사에 관여하는 다수의 효소에 대한 보조 인자이다. 그림 21-8의 오른쪽 상단에 도식된 아미노산의 *a*, *b*, *c* 결합의 절단에 관여하는 반응의 예를 드시오.

36. 모든 보조 인자의 리스트 편집은 탄수화물, 지질, 아미노산 물질대사에서 한 개 탄소기의 추가 또는 제거를 수반한다. 각각의 보조 인자를 사용하여 반응의 예를 보이시오.

37. 데옥시유리딜레이트(deoxyuridylate, dUMP) 뉴클레오타이드는 데옥시타이미딜레이트(deoxythymidylate, dTMP)로 전환된다. 급속히 분화하는 암세포에서 글라이신이 많이 소비되는 이유를 설명하시오.

38. 증식하는 세포는 생합성 과정에서 NADPH가 필요하다. NADPH의 대부분은 오탄당 인산 경로에 의해 제공되나, 10-포밀 테트라하이드로폴산(10-formyl tetrahydrofolate)도 환원력의 근원이다. 설명하시오.

39. 쥐 배아 줄기세포는 *S*-아데노실메싸이오닌(*S*-adenosylmethionine)의 높은 농도를 유지하기 위해 필수적인 트레오닌 탈수소 효소의 높은 농도를 생성한다. 트레오닌 대사와 SAM 생산 간의 관계를

설명하시오.

40. 알라닌 아미노 전이 효소를 과발현하도록 설계된 벼는 조절된 식물보다 3분의 2 이하의 비료가 필요하다. 이 정보는 질소 동화 작용의 과정에 대해 무엇을 나타내는가?

41. 적혈구 프로토포피린증(erythropoietic protoporphyria)에 대한 이형 접합체는 일반적으로 상염색체 우성 유전 질환에 대해 예상되는 50%가 아닌 20~30% 잔여 페로킬라테이스(ferrochelatase)의 활동을 보인다. 이러한 관찰에 대한 설명을 마련하시오.

참고 문헌

단백질 분해

Inobe, T. and Matouschek, A., Paradigms of protein degradation by the proteasome, *Curr. Opin. Struct. Biol.* **24**, 156 – 164 (2014).

Śledź, P., Unverdorben, P., Beck, F., Pfeifer, G., Schweitzer, A., Förster, F., and Baumeister, W., Structure of the 26S proteasome with ATP−γS bound provides insights into the mechanism of nucleotide−dependent substrate translocation, *Proc. Natl. Acad. Sci.* **110**, 7264 – 7269 (2013).

Tomko, R.J., Jr. and Hochstrasser, M., Molecular architecture and assembly of the eukaryotic proteasome, *Annu. Rev. Biochem.* **82**, 415 – 445 (2013).

Varshavsky, A., Regulated protein degradation, *Trends Biochem. Sci.* **30**, 283 – 286 (2005).

요소 회로

Withers, P.C., Urea: Divers functions of a 'waste product,' *Clin, Exp. Pharm. Physiol.* **25**, 722−727 (1998). [독성, 산−염기 균형, 질소 운반에 대한 암모니아와 대조를 이루는 요소의 다양한 작용 논의]

아미노산의 분해와 합성

Brosnan J.T., Glutamate, at the interface between amino acid and carbohydrate metabolism, *J. Nurt.* **130**, 988S−990S (2000).[연료로서, 탈아미노화 반응과 아민 전이 반응에 참여자로서의 글루탐산의 대사 작용 요약]

Dunn, M.F., Niks, D., Ngo H., Barends, T.R.M., and Schlichting, I., Tryptophan synthase: the working of a channeling nanomachine, *Trends Biochem. Sci.* **33**, 254−264 (2008)

Eisenberf, D., Gill, H.S., Pfluegl, M.U., and Rotstein, S.H., Structure-function relationships of glutamine synthetases, *Biochem. Biophys. Acta* **1477**, 122−145 (2000)

Eliot, A.C. and Kirsch, J.F., Pyridoxal phosphate enzyme, *Annu Rev. Biochem.* **73**, 383−415 (2004)

Huang, X., Holden, H.M., and Raushel, F.M., Channeling of substrates and intermediates in enzyme−catalyzed reactions, *Annu. Rev. Biochem.* **70**, 149−180 (2001)

Katagiri, M. and Nakamura M., Animals are dependent on preformed α-amino nitrogen as an essential nutrient, *Life* **53**, 125−129 (2002)

Maron, B.A. and Loscalzo, J., The treatment of hyperhomocysteinemia, *Annu. Rev. Med.* **60**, 39−54 (2009)

Medina, B.A., Urdiales, J.L., and Amores−Sánchez, M.I. Roles of homocystein in cell metabolism: Old and new functions, *Eur. J. Biochem.* **268**, 3871−3882 (2001)

Smith, T.J. and Stanley, C.A., Untagling the glutamate dehydrogenase allosteric nightmare, *Trends Bioche. Sci.* **33**, 557−564 (2008)

Valle, D. (Ed.) *The online metabolic Molecular Based of inherited Disease*, http://www.ommbid.com/. [파트 8에는 아미노산 대사의 결함에 관한 여러 개의 장이 있다.]

질소 고정

Duval, S., Danyal, K., Shaw, S., Lytle, A.K., Dean, D.R., Hoffman, B.M., Antony, E., and Seefeldt, L.C., Electron transfer precedes ATP hydrolysis during nitrogenase catalysis, *Proc. Natl. Acad. Sci.* **110**, 16414 – 16419 (2013).

Howard, J.B. and Rees, D.C., How many metals does it take to fix N_2? A mechnistic oberview of biological nitrogen fixation, *Proc. Natl. Acad. Sci.* **103**, 17088−17093 (2006).

Seefeldt, L.C., Hoffman, B.M., and Dean, D.R., Mechanisms of Mo−dependent nitrogenase, *Annu. Rev. Biochem.* **78**, 701 – 722 (2009).

Spatzal, T., Perez, K.A., Einsle, O., Howard, J.B., and Rees, D.C., Ligand binding to the FeMo cofactor: structure of CO−bound and reactivated nitrogenase, *Science* **345**, 1620 – 1623 (2014).

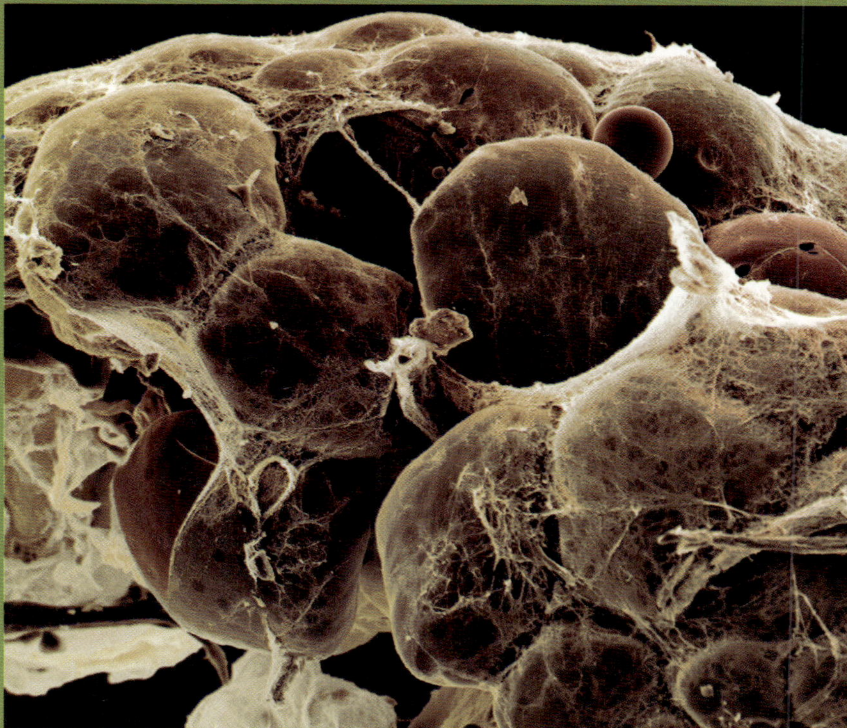

Science Photo Library/SuperStock

여기 보이는 지방 세포는 과잉의 트라이글리세롤을 단순히 저장하는 곳이 아니다. 대사 연료를 얻고 저장하고 공급하는 등의 일상적인 몸의 활동에서 적극적인 역할을 수행한다.

CHAPTER 22

포유동물 연료 대사: 통합과 조절

1 기관별 대사의 특화
- A 뇌는 지속적인 글루코스 공급을 필요로 한다
- B 근육은 연료로 글루코스, 지방산, 케톤체를 사용한다
- C 지방 조직은 지방산과 호르몬을 저장하고 방출한다
- D 간은 인체의 중심적인 대사 집배 센터이다
- E 콩팥은 노폐물을 걸러내고 혈액 pH를 유지한다
- F 혈액은 기관 간 대사 경로의 대사 물질을 운반한다

2 호르몬에 의한 연료 대사의 조절
- A 인슐린은 글루코스에 의해 방출된다
- B 글루카곤과 카테콜아민류는 인슐린과 반대로 작용한다

3 대사 항상성: 에너지 대사, 식욕, 체중의 조절
- A AMP 의존성 단백질 카이네이스는 세포의 연료 계량기 역할을 한다
- B 지방세포와 다른 조직들은 연료 대사와 식욕 조절을 돕는다
- C 에너지 지출은 적응적 발열 과정에 의해 조절될 수 있다

4 연료 대사의 이상
- A 굶주림은 대사의 조정을 일으킨다
- B 당뇨병의 특징은 혈당 수치가 높은 것이다
- C 비만은 대개 음식을 너무 많이 섭취해서 생긴다
- D 암 대사

가장 단순한 원핵세포에서도, 서로 반대 방향으로 작용하는 대사 과정이 동시에 일어나지 않도록 하기 위해서, 그리고 영양분을 얼마나 얻을 수 있는지와 같은 외부 조건이 변화할 때 적절하게 반응하기 위해서는 여러 대사 경로들이 서로 조정되어야 한다. 또한 한 생물체의 대사 활동은 유전적으로 정해지는 성장과 증식에 필요한 것들을 공급할 수 있어야 한다. 에너지의 획득과 지출을 잘 맞추는 일은 다세포 생물체들에서는 훨씬 더 복잡해진다. 여기서는 하나하나의 세포들이 서로 협동해야 하기 때문이다. 동물과 식물에서 이 일은 서로 다른 조직들 사이에 대사 업무를 나누어 맡음으로써 좀 더 쉬워진다.

동물의 다양한 조직들은 신경 회로와 호르몬을 통해서 서로 연결되어 있다. 이러한 조절 시스템에서는 세포의 활동이 스위치를 끄거나 켜는 것처럼 거칠게 조절되는 것이 아니라 무한하게 다양한 반응으로 나타난다. 세포가 어떤 조절 신호에 대해서 정확하게 어떤 반응을 보이는지는 그 신호를 인지할 수 있는 세포의 능력과, 상승 또는 길항 작용을 하는 다른 신호들의 존재에 의해 달라진다.

우리는 포유동물에서 탄수화물, 지질, 아미노산의 대사(15~21장)를 살펴보고 있는데, 이러한 과정들이 분자 차원에서 어떻게 상호 조율되는지, 또 이러한 과정들이 제대로 기능하지 못할 때 어떻게 질병으로 이어지는지를 논의하지 않고는 제대로 살펴보았다고 할 수 없을 것이다. 이 장에서는 각기 다른 기관의 특화된 대사와 이들 사이를 이어주는 경로들을 정리한다. 세포 밖에 있는 호르몬이 세포 안의 일에 영향을 미치는 메커니즘도 살펴볼 것이다. 마지막으로 포유동물에서 연료 대사에 문제가 생길 때의 상황도 살펴볼 것이다.

1 기관별 대사의 특화

주요 개념

- 글루코스, 지방산, 아미노산의 주요 대사 경로는 결국 피루브산과 아세틸 CoA로 모여든다.
- 뇌의 주 연료는 글루코스이다.
- 근육은 호기적 또는 혐기적으로 ATP를 만들 수 있다.
- 지방 조직은 트라이아실글리세롤을 저장하고 필요에 따라 지방산을 방출한다.
- 간은 모든 형태의 연료를 만들어 다른 조직들이 이용할 수 있게 한다.
- 어떤 대사 과정은 여러 기관의 협동을 통해서 일어난다.

지금까지 논의한 대사 과정들은 대개 대사 연료들을 산화시켜 ATP를 만들기 위한 과정이다. 이 과정에는 글루코스, 지방산, 아미노산의 합성과 분해 과정들이 포함되어 있는데, 이를 그림 22-1에 요약하였다.

1. **해당 작용** 글루코스의 분해 대사는 먼저 2분자의 피루브산으로 변환하는 것으로 시작한다. 이 과정에서 2분자의 ATP가 생성된다(15-1절).
2. **글루코스 신생 합성** 포유동물은 피루브산을 비롯한 많은 전구 물질들로부터 글루

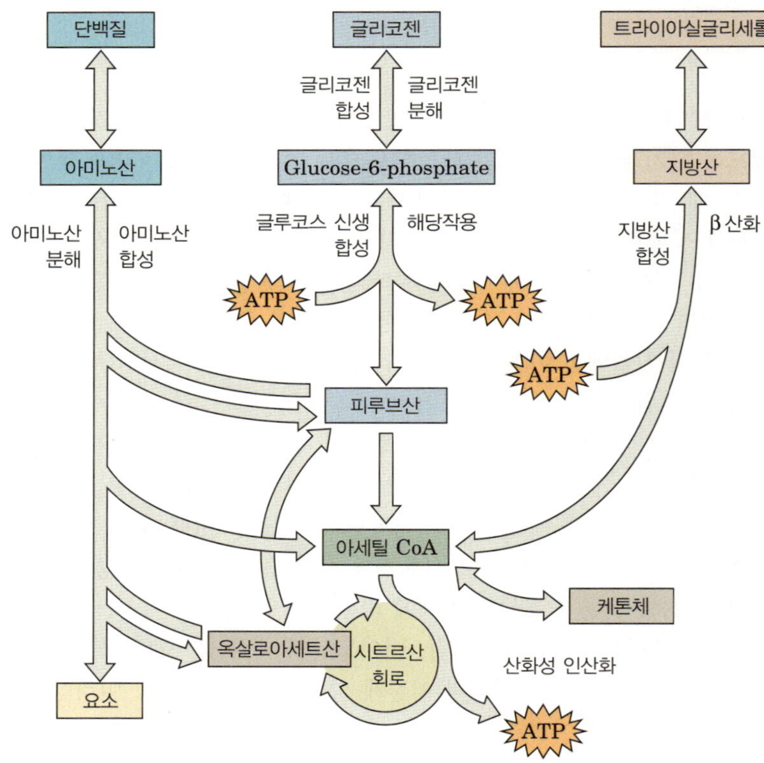

그림 22-1 포유동물 연료 대사의 주요 경로 단백질, 글리코젠, 트라이아실글리세롤은 작은 단위 물질, 즉 아미노산, 글루코스 6-인산, 지방산으로부터 만들어지고 그들로 분해된다. 연료 물질을 산화시켜 ATP의 형태로 대사 에너지를 생성한다. 피루브산(글루코스와 아미노산의 분해 산물)과 아세틸 CoA(글루코스, 아미노산, 지방의 분해 산물)가 포유동물의 연료 대사에서 중심적인 역할을 한다. 피루브산을 생성하는 옥살로아세트산과 같은 화합물은 글루코스 신생 합성에 사용될 수 있다. 아세틸 CoA는 케톤체는 생성할 수 있지만 글루코스가 될 수는 없다. 여기에 표시한 모든 대사 과정이 모든 세포에서 일어나는 것은 아니며, 어떤 한 세포에서 이 모든 대사 과정들이 동시에 일어나는 것도 아니다.

? 어떤 경로가 주로 산화적이고, 어떤 경로가 주로 환원적인가?

코스를 합성할 수 있는데 대체로 해당 작용 경로를 거꾸로 진행하는 방식으로 일어난다(16-4절).

3. **글리코젠 분해와 합성** 이들은 서로 대립하는 과정으로 글리코젠 인산화 효소와 글리코젠 생성 효소에 의해 진행된다. 이들은 호르몬에 의해 조절되는 인산화 과정과 탈인산화 과정에 의하여 상호적으로 조절된다(16-3절).
4. **지방산 합성과 분해** 지방산은 β 산화를 통해서 아세틸 CoA로 분해된다(20-2절). 아세틸 CoA는 말로닐 CoA로 변환된 다음, 지방산 합성의 기질로 사용된다(20-4절).
5. **시트르산 회로** 시트르산 회로(17-1절)에서 아세틸 CoA는 CO_2와 H_2O로 산화되고 이와 함께 환원된 보조 효소들이 생성된다. 이들이 다시 산화되면서 ATP 합성을 추진시킨다. 글루코스를 생성하는 여러 아미노산은 먼저 시트르산 회로의 중간 대사물로 분해되고(21-4절) 피루브산을 거쳐 아세틸 CoA로 분해된 다음, 시트르산 회로에서 산화될 수 있다.
6. **산화성 인산화** 미토콘드리아에서 일어나는 이 대사 경로는 해당 작용, β 산화, 시트르산 회로에서 만들어진 NADH와 $FADH_2$의 산화를 ADP의 인산화, 즉 ATP 합성과 연결시킨다(18-3절).
7. **아미노산 합성과 분해** 과량의 아미노산은 해당 작용과 시트르산 회로의 중간 대사물로 분해된다(21-4절). 아미노기는 요소 합성(21-3절)을 통해 제거된다. 비필수 아미노산은 공통 대사 물질에서 시작하는 경로들을 통해 합성된다(21-5A절).

두 가지 화합물이 주요 대사 경로들의 교차로에 있는데, 이는 아세틸 CoA와 피루브산이다(그림 22-1). 아세틸 CoA는 글루코스, 지방산, 케톤 생성 아미노산의 분해 대사 과정의 공통 산물이다. 아세틸 CoA의 아세틸기는 시트르산 회로와 산화성 인산화 과정을 통해 CO_2와 H_2O로 산화되거나 케톤체나 지방산을 합성하는 데 사용될 수 있다. 피루브산은 해당 작용과 글루코스 생성 아미노산 분해 산물이다. 피루브산은 산화성 탈탄산 과정으로 아세틸 CoA가 되어 산화 과정이나 지방산 합성 과정에 들어갈 수도 있고, 피루브산 탄산화 효소에 의하여 옥살로아세산으로 탄산화될 수도 있다. 옥살로아세트산은 시트르산 회로의 중간 물질을 보충하는 데 사용되거나 글루코스나 일부 아미노산의 합성 재료로 사용될 수 있다.

간과 같은 일부의 조직에서만 그림 22-1에 나타낸 모든 반응이 일어난다. 한 유형의 세포에서는 가능한 대사 반응들 중에서 일부만이 실제 일어난다. 그렇지만 모든 대사 효소의 60% 정도가 필수적인 '집안을 유지하는' 기능을 수행하는데, 이들의 어느 정도는 인체의 모든 조직에서 발현된다. 조직 특이적인 단백질체(www.proteinatlas.org)를 분석해 보면 간이 대사적으로 가장 활발한 조직이고, 그 다음이 지방 조직과 근육이다.

앞으로 포유동물의 5가지 기관–뇌, 근육, 지방 조직, 간, 콩팥–의 대사를 논의하고자 한다. 이들 기관들 사이에서 대사물은 잘 알려진 대사 경로를 통해서 흐르며, 흐름은 동물의 영양 상태에 따라 달라진다(그림 22-2). 예를 들면 식사 직후에는 창자로부터 글루코스, 아미노산, 지방산 등을 직접 받아서 쓸 수 있다. 나중에 그러한 연료들이 다 소진되고 나면 간은 다른 조직에 글루코스와 케톤체를 공급하고 지방 조직은 지방산을 공급한다. 이들 기관 모두는 혈류를 통해 연결되어 있다. 여기에 더해서 수많은 미생물의 대사 활동도 포유동물의 연료 대사에서 한몫을 담당한다(자료 22-1).

GATEWAY CONCEPT 정상 상태
세포 하나 또는 한 생물체 전체의 대사는 비평형 정상 상태에 있는데, 이는 재료 물질이 계에 계속해서 들어가고 나가는 상태이다. 따라서 대사 과정은 결코 평형에 이르지 못한다. 세포는 쓸 수 있는 영양분의 양과 종류, 성장과 분화의 요구 등과 같은 변화하는 조건에 적응한다. 이는 다양한 대사 경로의 물질의 흐름을 조정하여 새로운 비평형 정상 상태에 도달함으로써 이루어진다.

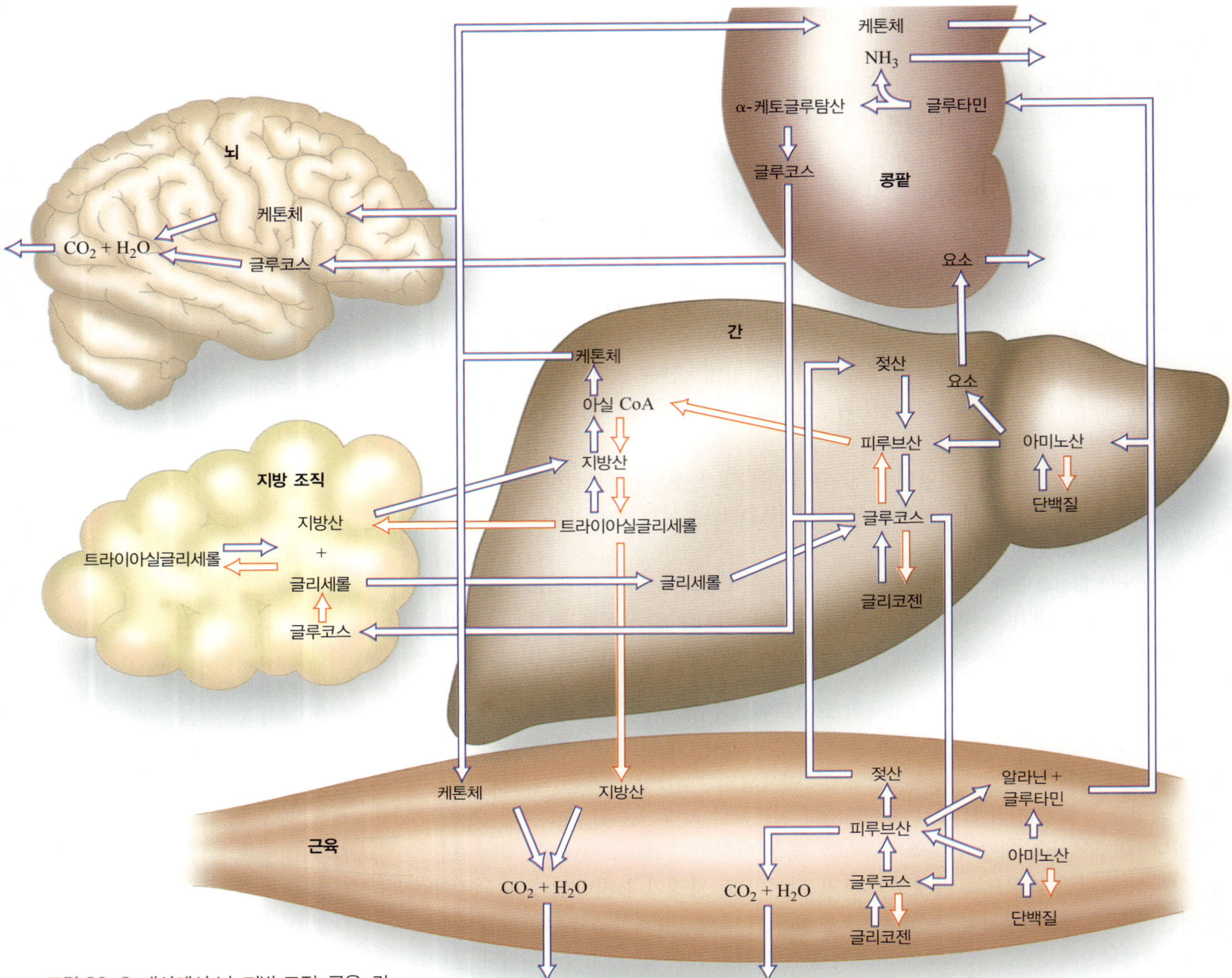

그림 22-2 대사에서 뇌, 지방 조직, 근육, 간, 콩팥 사이의 상호관계 빨간색 화살표는 잘 먹은 상태에서 주로 작동하는 대사 경로를 표시한다.

? 각 화살표에 해당하는 반응과 경로의 이름을 말하라.

A 뇌는 지속적인 글루코스 공급을 필요로 한다

뇌 조직은 두드러지게 높은 호흡률을 나타낸다. 사람의 뇌는 어른 몸무게의 2% 정도밖에 되지 않지만 휴식 상태의 산소 소비량의 거의 20%를 사용한다. 뇌가 생성하는 에너지의 대부분은 뇌세포막의 (Na^+-K^+)−ATPase가 사용한다(10-3A절). 이는 신경 자극 전달에 필요한 막전위를 유지하기 때문이다.

보통의 조건에서 글루코스는 뇌의 주 연료이다(단식이 장기화될 때는 뇌는 점차 케톤체 연료를 사용하는 쪽으로 전환된다, 22-4A절). 성상세포(astrocyte)와 희돌기교세포(oligodendrocyte)는 일차적인 전기 신호 세포보다는 지원 세포로 기능한다(10-2C절). 이들은 글루코스를 혐기적으로 매우 빨리 대사시켜 생기는 젖산의 일부를 신경세포에게 공급하여 추가적인 산화가 일어나도록 한다. 뇌세포는 글리코젠을 매우 적은 양만 저장하기 때문에, **뇌는 지속적으로 혈액으로부터 글루코스를 공급받아야 한다.** 정상적인 혈중 글루코스 농도인 5 mM 정도의 절반 이하로 혈당이 내려가면 뇌 기능 장애가 나타난다. 이보다 더 낮아지면 혼수 상태와 돌이킬 수 없는 뇌 손상이 일어나고 결국은 죽음에 이르게 된다.

자료 22-1 건강과 질병의 생화학 장내 미생물계

인체에는 10조(10^{13}) 개 정도의 세포가 있고, 이것의 10배 정도 되는 미생물이 장에서 살고 있다. 이 생물체들은 대부분 박테리아들로 하나의 유기적인 집단을 이루고 있는데, 이를 미생물계(microbiome)라고 한다. 한때는 사람 숙주에 살고 있는 미생물의 존재를 공생으로 생각하였던 적이 있다. 공생이란 두 생물체 사이에서 어느 한쪽이 크게 이익을 보지도, 손해를 보지도 않는 관계를 말한다. 그러나 지금은 미생물계가 영양소(몇 가지 바이타민을 포함하여)를 공급하며 연료 사용과 저장을 조절하고 질병을 예방하는 등의 적극적인 역할을 한다는 것이 분명해졌다.

DNA 염기 서열 결정 연구들을 통해 각 사람은 수백에서 천 종류가 넘는 미생물 종을 가지고 있다는 것이 밝혀졌다. 이 집단의 조성은 한 개인의 일생 동안 비교적 일정하게 유지되며, 한 집단 내에서도 개인에 따라 상당히 다를 수 있다. 몇 종은 모든 사람에게 공통으로 존재하여 소위 핵심 미생물계(core microbiome)를 구성할 가능성이 있다. 인체 미생물계 프로젝트(The Human Microbiome Project, http://www.hmpdaca.org)는 인체에 살고 있는 미생물 종들을 밝히고 사람의 건강과 질병에서의 이들의 역할을 규명하는 것을 목표로 한다. 예를 들면 사람 장 미생물계는 네 가지 유형이 있다(그림 참조). 이들은 서로 다른 미생물군의 상대적인 비율이 다르다. 한 개인의 미생물계 유형은 느슨하기는 하지만 성, 체중, 식이의 단백질 또는 지방량, 모유 섭취 여부 등과 관련되어 있다. 전체적으로는 사람 장에는 4,000여 종의 미생물이 살고 있으며, 이들이 가지고 있는 전체 유전자 수는 약 80만 개이다.

'표준' 미생물계라는 것은 없지만, 소장에 있는 박테리아와 진균은 공통적인 임무를 수행한다. 사람의 소화 효소로는 분해되지 않아 소화되지 않은 탄수화물을 발효시키는 것이다. 생성되는 물질로는 아세트산, 프로피온산, 뷰틸산 등이다. 이들은 짧은 사슬의 지방산인데, 숙주는 이들을 흡수하여 장기 저장용으로 트라이글리세롤로 전환한다. 마른 사람과 비만인 사람은 장세균의 종류가 다르다는 증거가 있다. 비만인 사람은

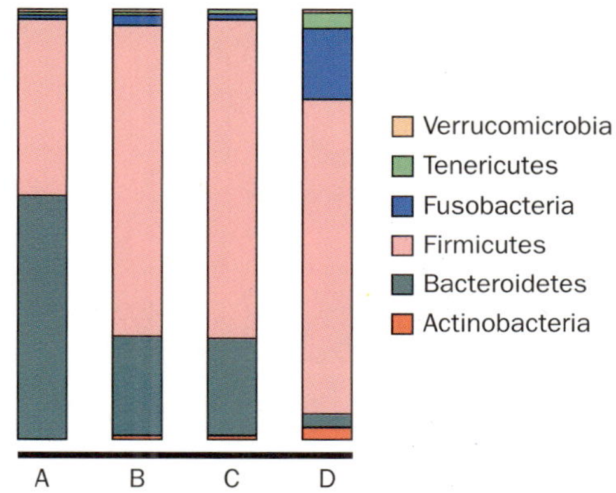

서로 다른 집단 형태를 나타내는 네 가지 각각의 내장 미생물 [Based on data from Lozupone, C.A., Stombaugh, J.I., Gordon, J.I., Jansson J.K., and Knight, R. *Nature* **489**, 220 – 230 (2012).]

Bacteroidete 그룹의 박테리아가 적고, Firmicute를 더 많이 가지고 있는 경향이 있다. 체중이 줄면 이들의 비율도 달라진다. 이러한 결과로 보건대, 음식으로부터 더 많은 열량을 방출시키는 역할을 하는 미생물 종류가 있는 것으로 보인다. 그 열량은 지방으로 저장될 것이다. 열량이 없는 인공감미료(자료 8-2)를 사용하는 것은 역설적으로, 보다 효율적으로 에너지를 얻어 내는 미생물종의 생장을 촉진시켜 체중 감소보다는 비만에 기여할지도 모른다. 장내 세균은 또한 바이타민 K, 바이오틴, 엽산 등을 생산하여 이 중의 일부는 숙주가 흡수하여 사용되는 부분도 있을 것이다. 미생물에 의한 소화가 중요하다는 것은 무균 환경에서 키운 생쥐를 통해서 알 수 있다. 정상적인 장내 세균이 없는 생쥐들은 미생물을 가지고 있는 생쥐들에 비하여 30% 정도 더 많은 먹이를 소비한다.

B 근육은 연료로 글루코스, 지방산, 케톤체를 사용한다

근육의 주요 연료는 글루코스(글리코젠으로부터 얻어지는), 지방산, 케톤체 등이다. 영양이 좋고 휴식을 취한 상태의 근육은 근육 무게의 1~2%에 해당하는 글리코젠을 합성하여 저장하고 있다. 트라이아실글리세롤이 에너지를 저장하는 데 더 효율적인 형태이기는 하지만(9-1B절), 글리코젠 합성에 드는 노력은 비용 대비 효율성이 좋다고 할 수 있다. 왜냐하면 글리코젠은 지방보다 신속하게 꺼내 쓸 수 있고, 글루코스는 산소가 없이도 대사될 수 있지만 지방산은 그렇지 않기 때문이다.

근육에서 글리코젠은 글루코스 6-인산(G6P)으로 전환된 다음, 해당 작용에 들어간다. 그러나 근육은 글루코스 6-인산 가수 분해 효소를 가지고 있지 않기 때문에 글루코스를 근육세포 밖으로 내보내지는 못한다. 또한 근육은 글루코스로부터 글리코젠을 합성할 수는 있지만, 필요한 효소들이 없어 글루코스 신생 합성 대사에는 참여하지 못한다. 결론적으로 근육의 탄수화물 대사는 근육을 위해서만 존재한다고 할 수 있다.

격렬한 근육 수축은 무산소적으로 이루어진다. 근육 수축은 ATP의 가수 분해에 의하여 추진된다(7-2절). 따라서 이는 유산소적이든 무산소적이든 ATP 재생 시스템이 있어야 한다. 호흡(시트르산 회로와 산화성 인산화)은 우리 몸이 ATP를 재생하는 주

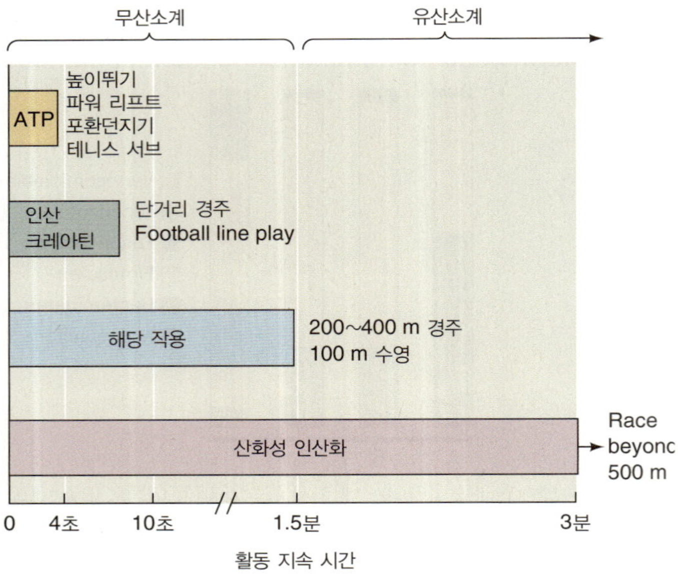

그림 22-3 인간의 운동 중의 ATP 공급원 근육 자체가 가지고 있는 ATP의 공급이 끝나면 인산크레아틴으로 몇 초 정도 이를 연장할 수 있다. 그러고 나면 무산소적 해당 작용으로 ATP가 생산된다. 약 90초(훈련된 육상선수의 경우 좀 더 길 수 있다)가 지나면 무산소 대사는 유산소 대사(산화성 인산화)로 전환된다. [Adapted from McArdle, W.D., Katch, F.I., and Katch, V.L., *Exercise Physiology*, 2nd ed, Lea & Febiger(1986), p.348]

요 시스템이다. 쉬고 있는 근육은 인체가 소비하는 산소의 30% 정도를 사용한다. 근육의 호흡 속도는 운동량에 따라 25배까지도 증가할 수 있다. 그러나 근육의 ATP 가수 분해 속도는 이보다 훨씬 더 크게 증가할 수 있다. 이러한 상황에서 초기에는 ATP의 재생이 인산크레아틴과 ADP의 반응에 의하여 이루어진다.

$$\text{인산크레아틴} + \text{ADP} \rightleftharpoons \text{크레아틴} + \text{ATP}$$

(쉬고 있는 근육에서 인산크레아틴은 이 반응의 역반응에 의하여 다시 만들어진다.) 그러나 근육이 최대로 활동하는 상황—단거리 경주와 같은—에서는 근육에 저장되어 있는 인산크레아틴은 4초 정도 견딜 수 있는 양밖에 없다. 인산크레아틴이 다 떨어지면 그다음은 G6P의 해당 작용에 의하여 만들어지는 ATP에 의존할 수밖에 없다. 그것은 시트르산 회로와 산화성 인산화 과정의 속도보다 해당 작용의 속도가 훨씬 빠르기 때문이다. 따라서 G6P의 대부분은 무산소적으로 젖산으로 분해된다(15-3A절). 22-1F절에서 보듯이, 이렇게 생긴 젖산을 근육 밖으로 보내면 근육의 호흡 부담을 크게 줄여줄 수 있다. 강력하게 활동하는 근육에서 약 20초 후에 나타나는 근육 피로 현상은 근육 속에 글리코젠이 소진되었기 때문이 아니라 젖산이 축적되어 pH가 떨어지기 때문이다. 이러한 현상은 근육의 ATP가 완전히 소진되어 탈진하지 않도록 하기 위한 하나의 적응일 수도 있다. 1~2분 이상 지속되는 운동에서는 주로 산화성 인산화에 의하여 에너지가 공급된다. 이는 ATP 생산 속도는 낮지만 해당 작용보다는 훨씬 많은 ATP를 만들 수 있기 때문이다. 운동의 지속 기간에 따라 ATP의 주공급원이 무엇인지 그림 22-3에 요약하였다.

심장은 주로 유산소적으로 작동한다. 심장은 근육 기관으로 가끔 작동하는 것이 아니라 끊임없이 작동하는 것이 특징이다. 따라서 심근은 전적으로 유산소 대사에 의존하며, 세포질의 40%까지 차지할 수 있을 정도로 미토콘드리아를 풍부하게 가지고 있다. 심근은 지방산, 케톤체, 글루코스, 피루브산, 젖산 등을 연료로 사용할 수 있다. 지방산은 기본 활동을 하고 있는 심장이 가장 선호하는 연료이다. 그러나 박동이 빨라지면 그렇게 많지 않은 글리코젠 저장고로부터 얻어지는 글루코스 소비가 크게 증가한다.

C 지방 조직은 지방산과 호르몬을 저장하고 방출한다

지방 조직의 기능은 지방산을 저장하고 필요에 따라 지방산을 연료로 방출하며, 대사를 조절하는 호르몬을 분비하는 일이다. 지방 조직은 온몸에 넓게 분포되어 있는데, 특히 피부 아래와 복강, 근육에 가장 발달되어 있다. 체중이 70 kg인 정상적인 남자의 지방 조직에는 약 15 kg의 지방이 들어 있다. 이 양은 에너지로 치면 약 590,000 kJ 또는 141,000 킬로칼로리에 해당한다. 이는 약 3개월 동안 생명을 유지할 수 있는 정도이다.

지방 조직은 저장되어 있는 지방산의 대부분을 혈액에 순환하는 지질 단백질로부터 얻는다(20-1B절). 지방산은 아실 CoA와 결합한 형태로 활성화되고 나서 글리세롤 3-인산과 에스터화되어 트라이아실글리세롤을 형성한다. 글리세롤 3-인산은 글루코스로부터 생성된 다이하이드록시아세톤이 환원되어 얻어진다.

대사 에너지가 부족할 때, 지방 세포는 호르몬 신호를 받는 지방 분해 효소에 의해 트라이아실글리세롤을 지방산과 글리세롤로 가수 분해시킨다(20-5절). 글리세롤 3-인산이 풍부하면 그렇게 해서 생긴 지방산들이 다시 트라이아실글리세롤로 에스터화된다. 글리세롤 3-인산이 부족하면 지방산이 혈류로 방출된다. 이와 같이 **지방산의 방출은 부분적으로 글루코스 흡수율에 의존하는 셈이다. 왜냐하면 글리세롤 3-인산이 글리세롤로부터 만들어지기 때문이다.** 에너지 부족은 혈당의 감소가 직접 신호가 될 수도 있고 호르몬 자극에 의하여 알려질 수도 있다.

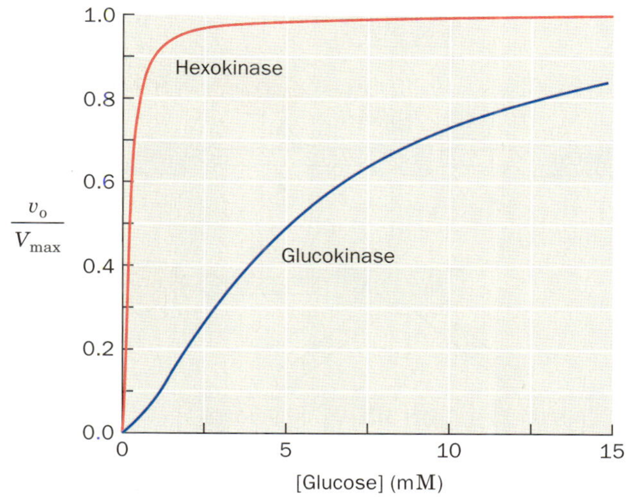

그림 22-4 생리적인 글루코스 농도 범위에서 헥소카이네이스와 글루코카이네이스의 상대적인 효소 활성 글루코카이네이스($K_M \approx 5$ mM)는 글루코스에 대하여 헥소카이네이스($K_M \approx 0.1$ mM)보다 친화도가 매우 낮다. 그리고 글루코스의 농도에 따른 효소 활성이 쌍곡선형이 아닌 S자형이다. [The glucokinase curve was generated using the Hill equation (Eq. 7-8) with $K = 10$ mM and $n = 1.5$ as obtained from Cardenas, M.L., Rabajille, E., and Niemeyer, H., *Eur. J. Biochem.* **145**, 163–171 (1984).]

? 위의 두 효소는 k_{cat} 값이 다른가?

D 간은 인체의 중심적인 대사 집배 센터이다

간은 혈류 속에 적절한 연료 수준을 유지하여 뇌, 근육, 기타의 조직에서 사용될 수 있도록 한다. 간은 이러한 임무를 수행하기에 적합한 위치에 있다. 장에서 흡수된 영양소는 지방산을 제외하고는 모두 문정맥으로 들어간다. 그리고 이는 바로 간으로 연결된다.

글루코카이네이스는 혈중 글루코스를 글루코스 6-인산으로 전환한다. 간의 주요 기능 중의 하나는 혈당의 '완충액'으로 작용하는 것이다. 간은 호르몬에 반응해서 혈당 농도 자체에 반응해서 글루코스를 거둬들이기도 하고 방출하기도 함으로써 그 기능을 수행한다. 탄수화물이 포함된 식사를 한 뒤에 혈중 글루코스 농도가 6 mM 정도가 되면, 간은 글루코스를 G6P로 전환시켜 혈액으로부터 회수한다. 이 반응은 **글루코카이네이스(glucokinase)**에 의해 촉매되는데, 이는 헥소카이네이스[**헥소카이네이스 IV(hexokinase IV)**라고도 함]의 동위 효소이다. 대부분의 세포에서 헥소카이네이스는 미카엘리스-멘텐 동역학을 따르는데, 높은 글루코스 친화도($K_M < 0.1$ mM)를 가지며, 반응 산물인 G6P에 의하여 저해된다. 글루코카이네이스는 대조적으로 글루코스에 대한 친화도는 매우 낮지만($K_M \sim 5$ mM) S자형의 동역학을 나타낸다. 따라서 **글루코카이네이스는 정상적인 생리적인 범위에서 혈당 농도가 증가함에 따라 그 활성이 빠르게 증가한다(그림 22-4).** 더구나 글루코카이네이스는 G6P의 생리적인 농도에 의하여 저해받지 않는다. 따라서 혈당이 높을수록 간은 더 빠르게 글루코스를 G6P로 전환한다. 이와 같이 혈당이 낮을 때는 간은 글루코스를 차지하려고 다른 조직들과 경쟁하지 않고, 다른 조직들의 글루코스에 대한 필요가 채워지고 남는 높은 글루코스 농도에서는 혈당 농도에 비례하여 빠른 속도로 과잉의 혈당을 처리할 수 있다.

글루코카이네이스는 단량체로 된 효소로서 S자형의 동력학적 행동은 약간 납득하기 어려운 점이 있다(다른자리 입체성 상호작용의 모형들로는 단량체 효소의 협동적 행동을 설명할 수 없다, 7-1D절). 그러나 글루코카이네이스는 대사 조절을 받는다. 샤프팅겐(Emile Van Schaftingen)은 쥐의 간으로부터 **글루코카이네이스 조절 단백질(glucokinase regulatory protein)**을 분리하였다. 이 단백질은 해당 작용 중간 대사물인 프럭토스 6-인산(F6P)이 있을 때 글루코카이네이스의 경쟁적 억제제로 작용한다. F6P와 글루코카이네이스가 만들어 내는 G6P는 간세포 안에서 포스포글루코스 이성질화 효소(phosphoglucose isomerase)에 의해서 서로 평형 상태에 있기 때문에, 사실상은 글루코카이네이스를 억제하는 것은 자신의 반응 산물인 G6P라고 할 수 있다. 프럭토스 1-인산(F1P)은 간의 프럭토스 대사 중간 물질인데(15-5A절), 이 억제를 극

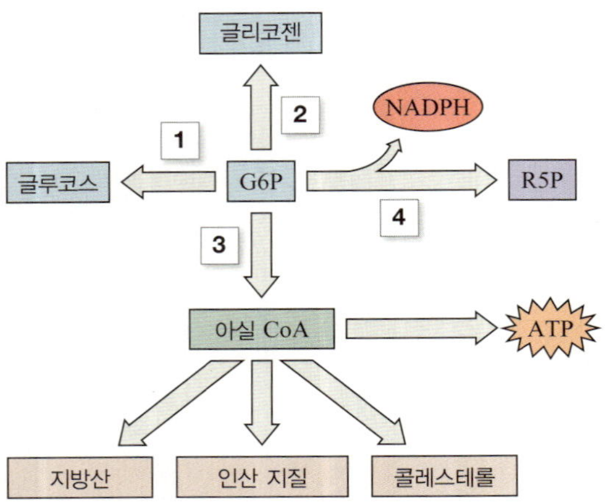

그림 22-5 간에서 글루코스-6-인산(G6P)의 대사적 운명 G6P는 (1) 글루코스로 변하여 배출되거나 (2) 글리코겐으로 변하여 저장된다. G6P의 분해 결과 생기는 (3) 아세틸 CoA는 지방산 합성의 시작 물질이며, 호흡에 의한 ATP 생성 과정에 이용된다. 오탄당 인산화 경로를 거친 G6P의 분해 과정에서 (4) NADPH가 만들어진다.

? 빠르게 재생하는 간 조직에서는 어떤 경로들이 지배적일까?

복한다. 정상적으로 프럭토스는 음식으로부터만 얻어지기 때문에 음식 속의 글루코스가 간에 의하여 흡수되도록 촉발하는 신호로 작용하는지 모른다.

글루코스 6-인산은 탄수화물 대사의 중심적인 위치에 있다. G6P는 글루코스에 대한 요구에 따라 간에서 몇 가지 서로 다른 대사를 받을 수 있다(그림 22-5).

1. G6P는 글루코스 6-인산 가수 분해 효소에 의해 글루코스로 전환되어 방출되고 혈류를 따라 주변 기관에 전달될 수 있다. 이것은 혈당의 농도가 약 5 mM 아래로 떨어질 때만 일어난다. 운동을 하고 있거나 굶고 있을 때는 혈당이 낮아지면 이자에서 글루카곤이 분비된다. 간세포 표면에 있는 글루카곤 수용체는 글루카곤과 결합하면 아데닐산 고리화 효소(adenylate cyclase)를 활성화시킨다. 그 결과로 세포 안에 cAMP의 농도가 올라가면 글리코젠 분해를 일으킨다(16-3절).
2. G6P는 몸의 글루코스 요구가 낮을 때 글리코젠으로 전환된다.
3. G6P는 해당 작용과 피루브산 탈수소 효소에 의하여 아세틸 CoA로 변환될 수 있다. 글루코스에서 만들어진 아세틸 CoA는 ATP를 만들기 위해 시트르산 회로와 산화성 인산화에 의하여 산화되지 않으면, 지방산(20-4절), 인산 지질(20-6절), 콜레스테롤(20-7A절) 등을 합성하는 데 사용될 수 있다.
4. G6P는 지방산이나 다른 화합물들을 합성하는 데 필요한 NADPH를 생성하기 위해서 인산화 오탄당 경로(15-6절)를 통해 분해될 수 있다.

간은 트라이아실글리세롤을 합성하거나 분해할 수 있다. 지방산도 간에서 여러 경로로 대사될 수 있다. 대사 연료에 대한 요구가 높을 때, 지방산은 아세틸 CoA로, 그리고 케톤체로 분해되어 주변 조직으로 보내진다. 간 자체는 케톤체를 연료로 사용할 수 없다. 이를 위해서는 케톤체를 다시 아세틸 CoA로 변환하는 효소인 3-케토아실 CoA 전달효소가 필요한데, 간은 이 효소를 가지고 있지 않기 때문이다(20-3절). 따라서 연료에 대한 요구가 높은 상황에서 간에게 주로 아세틸 CoA를 공급하는 물질은 글루코스나 케톤체가 아니라 지방산이다. 간은 아세틸 CoA를 시트르산 회로와 산화성 인산화를 통해 대사시켜 자신이 사용할 ATP를 얻는다.

대사 연료에 대한 요구가 낮을 때는 지방산은 트라이아실글리세롤을 합성하는 데 사용되고, 이는 혈류에 VLDL로 방출되어 지방 조직에서 흡수된다. 지방산은 인산 지질을 만드는 데 사용되기도 한다(20-6절). 이런 조건에서는 간에서 합성된 지방산은 아세틸 CoA로 산화되지 않는다. 왜냐하면 지방산의 합성은 세포질에서 일어나고 지방산의 산화는 미토콘드리아에서 일어나 두 대사가 서로 분리되어 있기 때문이다. 또한 지방산 합성의 중간 물질인 말로닐 CoA가 지방산이 미토콘드리아로 들어가는 것을 방해하기 때문이다.

아미노산은 대사 연료로 사용된다. 간에서 아미노산은 다양한 대사 중간체로 분해된 다음 CO_2와 H_2O로 완전히 산화되거나 글루코스 또는 케톤체로 전환될 수 있다(21-4절). 식사 직후, 혈중 아미노산 농도가 상당히 높을 때에, 아미노산의 산화는 대사 에너지의 상당 부분을 충당한다. 굶고 있는 동안에는 다른 연료들이 거의 남아 있지 않기 때문에 근육 단백질이 분해되어 생기는 알라닌과 글루타민과 같은 아미노산으로부터 글루코스가 합성된다. 이처럼 **단백질은 기본적으로 구조적 기능적 역할을 하지만, 대사 연료로서도 중요한 역할을 담당한다.**

E 콩팥은 노폐물을 걸러내고 혈액의 pH를 유지한다

콩팥은 혈액으로부터 요소와 다른 노폐물을 걸러내는 한편, 글루코스와 같은 중요한 대사 물질들은 회수한다. 콩팥은 이 밖에 혈액의 pH를 유지시키는 역할을 수행한다. 이것은 한편으로는 호흡을 통하여 CO_2가 제거됨으로써 탄산수소염과 같은 혈액의 완충액 성분이 고갈된 부분을 재생시킴으로써 이루어지며, 다른 한편으로는 아세트아세트산과 β 하이드록시뷰틸산 등의 케톤체와 같은 과잉의 산성 대사 물질의 짝염기들을 H^+와 함께 제거함으로써 이루어진다. 수소 이온은 또한 글루타민이나 글루탐산으로부터 얻어지는 암모니아와 결합하여 NH_4^+의 형태로 버려지기도 한다. 이들 아미노산에서 암모니아가 제거되면 α 케토글루탐산이 탄소 골격으로 남는데, 이는 글루코스 신생 경로에 의해 글루코스로 전환될 수 있다. 콩팥은 간을 제외하고는 유일하게 글루코스를 합성할 수 있는 조직이다. 단식 기간 동안에는 몸에 공급되는 글루코스 전체의 50% 정도까지를 콩팥이 담당한다.

F 혈액은 기관 간 대사 경로의 대사 물질을 운반한다

간이 다른 조직에 글루코스나 케톤체를 공급할 수 있는 것이나 지방 조직이 다른 조직에 지방산을 공급할 수 있는 것은 모두 순환계에 의존한다. 순환계를 통해서 대사 연료, 중간 대사물, 노폐물이 조직 사이에서 수송된다. 그리고 몇몇 중요한 대사 경로는 여러 조직에 걸쳐서 이루어진다. 여기서는 잘 알려진 두 기관 간 대사 경로를 설명할 것이다.

글루코스와 젖산은 코리 회로에 의해 수송된다. 근육 수축에 에너지를 공급하는 ATP는 미토콘드리아가 풍부한 지근(또는 적색근)의 근섬유에서는 산화적 인산화를 통해서, 그리고 속근(또는 백색근)에서는 글루코스에서 젖당으로 가는 신속한 대사에 의해서 만들어진다. 지근 섬유에서도 ATP에 대한 요구가 산화성 인산화 과정의 속도를 초과할 경우 젖산이 생성된다. 젖산은 혈류를 따라 간으로 수송되어 간에서 젖산 탈수소 효소에 의해 피루브산으로 재전환된 다음, 글루코스 신생 합성에 의하여 글루코스로 만들어진다. 이와 같이 간과 근육은 혈류에 의하여 하나의 대사 회로로 연결되어 있는데(그림 22-6), 이것을 처음으로 설명한 칼(Cal)과 코리(Getty Cori)(자료 16-1)를 기념하여 이를 **코리 회로(Cori cycle)**라고 한다.

한 세포 안에서 해당 작용과 글루코스 신생 합성이 하나의 고리를 이루어 계속 일어날 경우, 이는 ATP를 낭비하는 무익 회로(futile cycle)가 된다. 그러나 코리 회로의 경우, 경로의 절반씩이 서로 다른 기관에서 일어난다. 간에서는 ATP가 근육에서 생

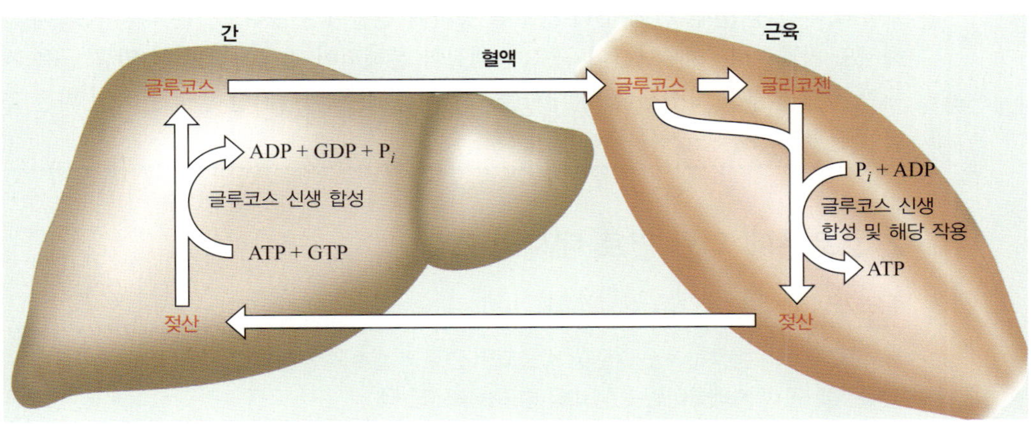

그림 22-6 코리 회로 근육의 해당 작용에 의해 생성된 젖산은 혈액을 통해 간으로 수송되어 글루코스 신생 합성을 거쳐 글루코스로 전환된다. 글루코스는 혈류를 따라 다시 근육으로 수송되고, 글리코젠으로 저장될 수 있다.

? 근육이 쉬고 있을 때도 코리 회로는 작동할까?

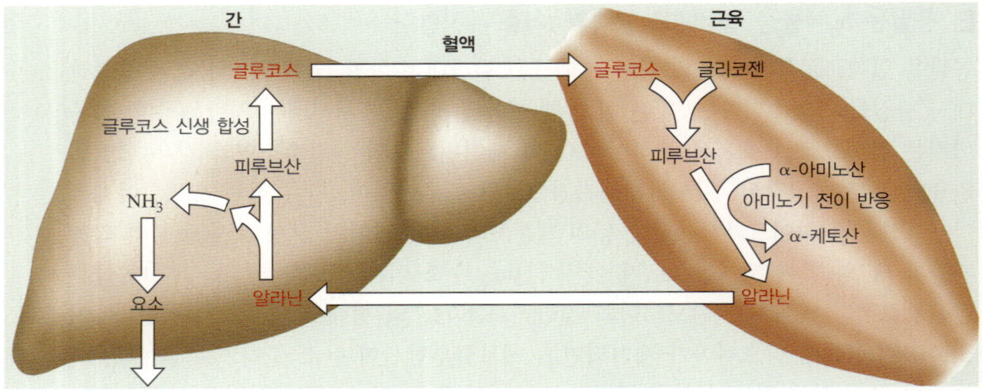

그림 22-7 **글루코스–알라닌 회로** 근육의 해당 작용에 의해 생성된 피루브산은 근육의 아미노기 전달 효소(aminotransferase) 반응에서 아미노기의 수용체가 된다. 만들어진 알라닌은 혈류를 통해 간으로 수송되어, 피루브산으로 다시 전환된다(아미노기는 요소 합성을 거쳐 배출된다). 피루브산은 글루코스 신생 합성의 기질이며, 혈류를 따라 만들어진 글루코스는 다시 근육으로 이동한다.

? 근육은 어떻게 그 아미노산 풀을 회복할까?

긴 젖산을 다시 글루코스를 만들어 내는 데 사용된다. 재합성된 글루코스는 근육으로 돌아가서 글리코젠으로 저장되거나 바로 분해되어 근육 수축에 필요한 ATP를 만들어 낼 수 있다.

코리 회로가 작동하면서 간에서 소비된 ATP는 산화성 인산화 과정에 의해서 다시 만들어진다. 격렬한 운동 후에 산소 소비 속도가 쉬고 있을 때의 수준으로 떨어지는 데는 30분 이상 걸릴지도 모른다. 산소 소비가 높은 상태로 유지되는 것은 글루코스 신생 합성을 위해서 필요한 ATP에 대한 필요 때문에 생기는 **산소 부채(oxygen debt)**를 지불하기 위해서이다.

글루코스–알라닌 회로는 알라닌을 간으로 운반한다. 코리 회로와 비슷하게 알라닌도 근육에서 간으로 운반될 수 있다. 근육에서 일부의 아미노기 전이 효소들은 α-케토산으로 α-케토글루탐산이나 옥살로아세트산 대신 피루브산을 사용한다.

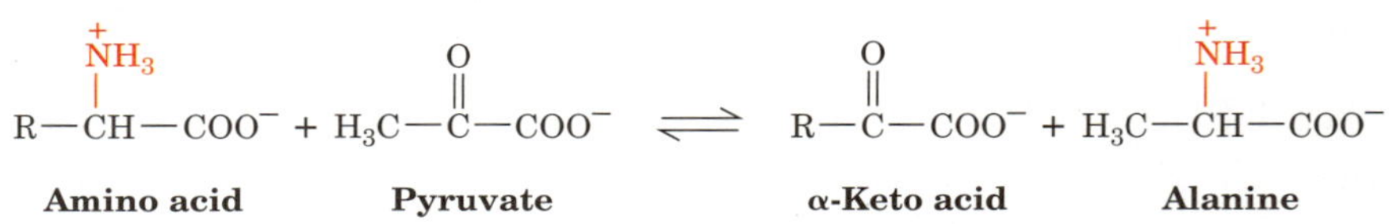

반응물로 생기는 아미노산인 알라닌은 혈류에 방출되어 간으로 수송되고 거기서 아미노기 전이 반응에 의하여 피루브산으로 되돌아간다. 피루브산은 글루코스 신생 합성의 기질로 사용되고 여기서 생긴 글루코스는 근육으로 돌아가서 해당 작용에 의하여 분해된다. 이것이 **글루코스–알라닌 회로(glucose-alanine cycle)**이다(그림 22-7). 알라닌이 가지고 있는 아미노기는 결국 암모니아나 아스파트산으로 변환되어 요소 합성(이것은 간에서만 일어나는 대사이다)에 사용될 수 있다. 이와 같이 **글루코스–알라닌 회로는 질소를 근육에서 간으로 수송하는 장치인 셈이다.**

단식 기간 동안에, 간에서 이 경로를 통하여 만들어진 글루코스는 다른 조직에 의해서도 사용된다. 피루브산이 근육 단백질이 분해되어 만들어진 것인 만큼 근육 자체가 직접 글루코스 신생 합성 대사를 수행하는 것은 아니지만 결국 근육이 다른 조직에 글루코스를 공급하는 셈이다.

체크 포인트

- 분해 대사와 합성 대사에서 피루브산과 아세틸 CoA의 중요성을 요약하시오.
- 그림 22-1을 보지 말고, 단백질, 글리코젠, 트라이아실글리세롤에 대한 주요 대사 경로들을 그림으로 나타내시오.
- 뇌, 근육, 지방 조직, 간, 콩팥에서의 연료 대사의 주요 특징을 요약하시오.
- 간이 혈당에 대한 완충 역할을 하는 데 글루코카이네이스의 높은 K_M 값이 왜 중요한 역할을 하는지 설명하시오.
- 간에서 글루코스가 대사될 수 있는 모든 가능한 경로들을 나열하시오.
- 코리 회로와 글루코스–알라닌 회로가 작동하는 조건들을 기술하시오.
- 교재를 보지 말고, 이 두 대사 회로를 그리시오.

2 호르몬에 의한 연료 대사의 조절

주요 개념

- 글루코스에 반응하여 인슐린이 방출되면 연료의 흡수와 저장이 증진된다.
- 글루카곤과 카테콜아민은 연료의 방출을 촉진한다.

다세포 생물체는 복잡한 신호 전달 체계를 통하여 조직화의 모든 단계에서 그들의 행동을 상호 조율한다(13장). 다세포 생물체의 세포들은 대부분 먼저 신호를 받지 않고는 성장과 대사를 위한 연료 물질을 받아들이지 않는다. 사람의 내분비계는 다양한 호르몬을 분비하여 **대사 항상성**(**metabolic homeostasis**, 에너지를 들여오고 내놓는 것 사이의 균형)을 유지하고, 외부의 자극에 반응하고 다양한 발달 프로그램을 수행하도록 함으로써 그 생물체의 필요에 적절하게 반응한다.

앞에서 스테로이드 호르몬(9-1E절), 펩타이드 호르몬 인슐린, 글루카곤(13-1A, 13-4D, 16-3C절), 카테콜아민인 에피네프린과 노르에피네프린(13-1A, 16-3C, 21-6B절) 등에 대해서 논의한 바 있다. 스테로이드류는 세포막을 통과하여 확산하여 세포 안의 성분들과 직접 작용할 수 있는데, 이에 대해서는 28-3B절에서 더 이야기할 것이다. 이들을 제외하고는 세포 밖의 신호 물질은 먼저 세포 표면의 수용체에 결합해야 한다. 이 절에서는 이자와 부신에서 만들어지는 호르몬의 작용을 다시 살펴보고자 한다. 왜냐하면 이들은 여러 포유동물 조직에서 연료 대사를 조절하는 데 가장 중요한 역할을 하기 때문이다. 또한 수용체에 대해서, 그리고 호르몬인 세포에 영향을 행사하는 경로에 대해서도 살펴볼 것이다.

A 인슐린은 글루코스에 의해 방출된다

혈중 글루코스 농도가 올라가면 이자는 이에 반응하여 인슐린을 방출한다. 따라서 인슐린은 대사 연료가 풍부하다는 것을 알리는 신호로 작용한다. 이자의 β 세포는 5.5~6.0 mM의 글루코스 농도에 가장 민감하게 반응한다. 참고로 정상적인 혈중 글루코스 농도는 3.6~5.8 mM이다. 세포 표면에 어떤 수용체 같은 것이 있어서 신호를 β 세포의 분비 시스템으로 전달해 준다는 증거는 없다. 사실상, 글루코스는 수동 확산에 의해서 이자 세포 안으로 들어가고 그것의 대사가 인슐린 분비의 신호를 생성한다.

β 세포 안의 글루코스 대사의 속도 결정 단계는 글루코카이네이스(간세포에 있는 것과 같은 효소)에 의해 촉매되는 반응이다. 따라서 글루코카이네이스는 β 세포의 글루코스 '감지기'라고 할 수 있다. 글루코카이네이스가 만들어 내는 G6P는 글리코젠 합성을 위해서 사용되지 않으며 인산화 오탄당 경로도 미미하다. 더구나 젖산 탈수소 효소 활성도 낮다. 따라서 β 세포에서 생성되는 거의 모든 G6P는 피루브산으로, 그러고 나서 아세틸 CoA로 전환되어 미토콘드리아에서 산화된다. 이와 같이 생성된 ATP는 세포막에 있는 ATP 조절 K^+ 통로가 닫히게 한다. 이로써 세포막의 탈극화가 일어나(정상적으로는 막 바깥이 양전하를 띤다) 전위 조절 Ca^{2+} 통로가 열린다. 세포 안으로 Ca^{2+} 이온이 유입되면 인슐린을 포함하고 있는 분비 입자의 세포외 배출(9-4F절)이 일어난다. 이와 같이 글루코스의 가용 정도에 따라 β 세포 호흡 활성도의 전체적인 수준이 달라지고, 이것이 인슐린의 분비를 조절한다.

인슐린은 근육과 지방 조직에서 연료의 저장을 촉진시킨다. 인슐린 신호 전달은 대우 복잡한 과정이다(그림 13-31). 인슐린은 근육과 지방 조직에서의 글루코스 흡수를 촉진하고, 간의 글루코스 생산을 억제하여 혈중 글루코스 농도의 주 조절자로 작용한다. 인슐린은 글리코젠, 단백질, 트라이아실글리세롤의 합성을 증가시켜 세포의 성장과 분화를 촉진하기도 한다.

근육세포와 지방세포는 인슐린 민감성 글루코스 수송체인 **GLUT4**를 발현한다. 인슐린은 GLUT4의 활성을 증가시키는데, 이론적으로는 수송체 분자의 내재적 활성

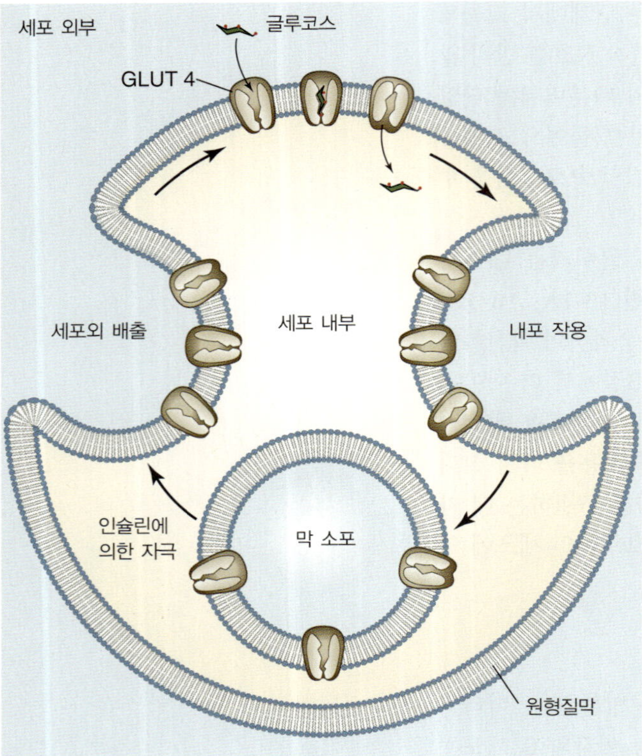

그림 22-8 **GLUT4 활성** 근육과 지방세포에서 글루코스의 흡수는 인슐린에 의해 촉진되는 GLUT4를 포함하는 특화된 막소포의 세포외 배출(exocytosis)[내포 작용(endocytosis)의 반대 작용]에 의하여 조절된다(왼쪽). 인슐린이 없어지면 이 과정은 내포 작용을 통하여 역으로 진행된다(오른쪽).

자체를 증가시켜 그렇게 될 수도 있지만, GLUT4의 경우에는 세포막에 수송체 분자가 더 많아지도록 함으로써 활성이 증가하게 된다(**그림 22-8**). 인슐린이 없을 때는 GLUT4는 **GLUT4 저장 소포**(**GLUT4 storage vesicle**)라고 하는 세포 내 소포와 미세관 구조물에 있다가, 인슐린이 작용하면 이들 소포들이 SNARE가 개입하는 과정을 통하여 원형질막과 융합한다.(9-4F절). 인슐린 자극이 있고 나면 GLUT4는 단지 몇 분 정도만 세포 표면에 나타난다. GLUT4는 글루코스에 대하여 2~5 mM의 비교적 낮은 K_M 값을 가진다. 따라서 이 수송체를 가지는 세포는 신속하게 글루코스를 흡수할 수 있다. 인슐린이 없어지면 이들 글루코스 수송체들도 차차 내포 작용(endocytosis)을 통하여 세포막에서 제거된다.

근육과 지방 조직은 인슐린 의존성 GLUT4 수송 시스템으로 식사 후 바로 대사 연료를 비축할 수 있다. 뇌와 같은 조직은 대사 연료로 거의 글루코스만을 사용하기 때문에 인슐린과는 무관한 글루코스 수송체를 발현한다. 따라서 중추 신경계는 글루코스 흡수에서 큰 변화가 없다고 할 수 있다. 중요한 점은, 간도 GLUT4를 가지고 있지 않다는 것인데, 따라서 인슐린이 올라가도 간에서 글루코스 흡수가 올라가지는 않는다.

글루코스가 일단 세포 안으로 들어가면, 근육에서는 글리코겐 합성에 사용될 수 있고, 지방세포에서는 먼저 아세틸 CoA로 분해되고 지방산이 합성되어 트라이아실글리세롤을 만드는 데 사용될 수 있다. 인슐린은 이 대사 과정들을 특이적으로 촉진하는 호르몬이다. 16-3절에서 논의한 것처럼, 인슐린은 글리코겐 생성 효소의 탈인산화를 촉진하여 활성화시킨다. 지방세포에서는 피루브산 탈수소 효소 복합체(이와 결합되어 있는 탈인산 효소를 활성화시킴으로써, 17-4A절)를 활성화시키고 아세틸 CoA 카복실화 효소를 활성화시켜 지방산 생성 효소의 양을 증가시킨다(20-5절). 동시에 인슐린은 호르몬 민감성 지질 분해 효소를 저해하여 지방 분해가 일어나지 못하게 한다.

인슐린은 간에서 글루코스 신생 합성과 글리코겐 분해를 막는다. 간이 인슐린에 반응하는 것은 글루코스의 흡수 속도를 높이기 때문이 아니다. 그러나 간세포에 있는 수용체에 인슐린이 결합하면 몇 가지 결과가 나타난다. 먼저, 인산화 효소 카이네이스(phosphorylase kinase)가 불활성화되어 글리코겐 분해 속도가 떨어지고, 글리코겐 생성 효소는 활성화되어 글리코겐 합성이 증가한다. 인슐린은 글루코스 신생 합성(16-4절)에 참여하는 효소 포스포에놀피루브산 카복시 활성화 효소, 프럭토스-1,6-이인산 분해 효소, 글루코스 6-인산 분해 효소 등의 유전자 전사를 저해하고, 글루코카이네이스와 피루브산 활성화 효소와 같은 해당 작용 효소들의 전사를 촉진한다. 아세틸 CoA 카복실화 효소와 지방산 생성 효소와 같은 지방 생성 효소의 발현 또한 증가한다. 이러한 조절의 종합적인 결과로 **간에서 글루코스는 글리코겐 또는 트라이아실글리세롤으로 저장되고 글리코겐 분해나 글루코스 신생 합성을 통한 글루코스 생성은 억제된다**. 인슐린이 주요 대사에 미치는 영향을 **표 22-1**에 정리하였다.

B 글루카곤과 카테콜아민류는 인슐린과 반대로 작용한다

16-3C절에서 살펴보았듯이 펩타이드 호르몬인 글루카곤은 여러 세포내 과정을 활성

표 22-1 연료 대사에 대한 호르몬의 영향

조직	인슐린	글루카곤	에피네프린
근육	↑ 글루코스 흡수 ↑ 글리코젠 합성	효과 없음.	↑ 글리코젠 분해
지방 조직	↑ 글루코스 흡수 ↑ 지질 합성 ↓ 지질 분해	↑ 지질 분해	↑ 지질 분해
간	↑ 글리코젠 합성 ↑ 지질 합성 ↓ 글루코스 신생 합성	↓ 글리코젠 합성 ↑ 글리코젠 분해	↓ 글리코젠 합성 ↑ 글리코젠 분해 ↑ 글루코스 신생 합성

화시켜 결과적으로 간에서 글리코젠 분해가 일어나도록 한다. 이러한 조절을 통해서 혈류 속의 글루코스 농도가 낮을 때 다른 조직들이 글루코스를 쓸 수 있도록 한다. 근육세포에는 글루카곤 수용체가 없어서 호르몬에 직접 반응하지 못하지만 간에서 방출된 글루코스를 흡수하여 간접적으로 도움을 받는다. 글루카곤은 또한 지방 조직에서 호르몬 민감성 지질 분해 효소를 활성화시켜 지방산을 방출시킨다.

카테콜아민류는 글루카곤과 비슷한 반응들을 일으킨다. 스트레스를 받을 때 방출되는 에피네프린과 노르에피네프린은 두 가지 다른 형태의 수용체에 결합한다(13-1B절). 즉 β-아드레날린성 수용체는 아데닐산 고리화 효소(그림 13-23)와 연결되고, 2차 전령 물질로 이노시톨-1,4,5-삼인산(IP_3; 13-4A절)을 사용하는 α-아드레날린성 수용체는 세포 내 Ca^{2+} 농도를 올린다.

간세포는 에피네프린에 직접적인 방식과 간접적인 방식으로 반응한다. 에피네프린은 이자의 글루카곤 방출을 촉진하고 글루카곤은 간세포의 수용체에 결합하여 글리코젠 분해가 잘 일어나도록 한다. 에피네프린은 또한 간세포 표면에 있는 α 및 β-아드레날린성 수용체에 직접 결합한다(그림 16-14, 오른쪽). β-아드레날린성 수용체에 결합하면 세포 내의 cAMP 농도가 올라가고 이것은 글리코젠을 분해시키고 글루코스 신생 합성을 진행시킨다. 또한 α-아드레날린성 수용체에 결합하여 세포 내 Ca^{2+} 농도를 올라가게 하고 이것은 cAMP에 대한 세포의 반응을 강화시킨다(참고로, 인산화 효소 카이네이스는 글리코젠 인산화 효소를 활성화시키고 글리코젠 생성 효소를 불활성화시키는데, 인산화도 되고 세포 내 Ca^{2+} 농도도 높을 때 완전히 활성화된다는 점을 기억하라; 16-3B절). 추가로, Ca^{2+} 의존성 단백질 인산화 효소의 몇 가지는 글리코젠 합성 효소를 인산화시켜 불활성화시킨다.

에피네프린은 근육세포에서 β-아드레날린성 수용체에 결합하여 비슷한 방법으로 글리코젠 분해를 촉진시킨다. 이렇게 방출된 글루코스는 해당 작용으로 대사되어 ATP를 생성한다. 지방 조직에서는 에피네프린이 몇 가지의 α 또는 β 형태의 아드레날린성 수용체에 결합하여 호르몬 민감성 지질 분해 효소를 활성화시켜 지방산을 방출하게 하고, 이는 다른 조직들에서 연료로 사용된다. 이밖에도 에피네프린은 기관지와 근육 혈관의 민무늬근을 이완시키는 한편, 피부나 다른 말단 기관의 혈관을 수축시킨다. 이러한 생리적인 변화들은 전체적으로 저장된 에너지원을 방출시켜 사용할 곳으로 이동시킴으로써 몸이 갑작스러운 활동을 개시할 수 있도록 준비시키는 효과를 낳는다. 글루카곤과 에피네프린에 대한 주요 반응들을 표 22-1에 요약하였다. 여러 조건에서 인슐린, 글루카곤, 에피네프린이 대사에 미치는 영향을 **그림 22-9**에 도식적으로 나타내었다.

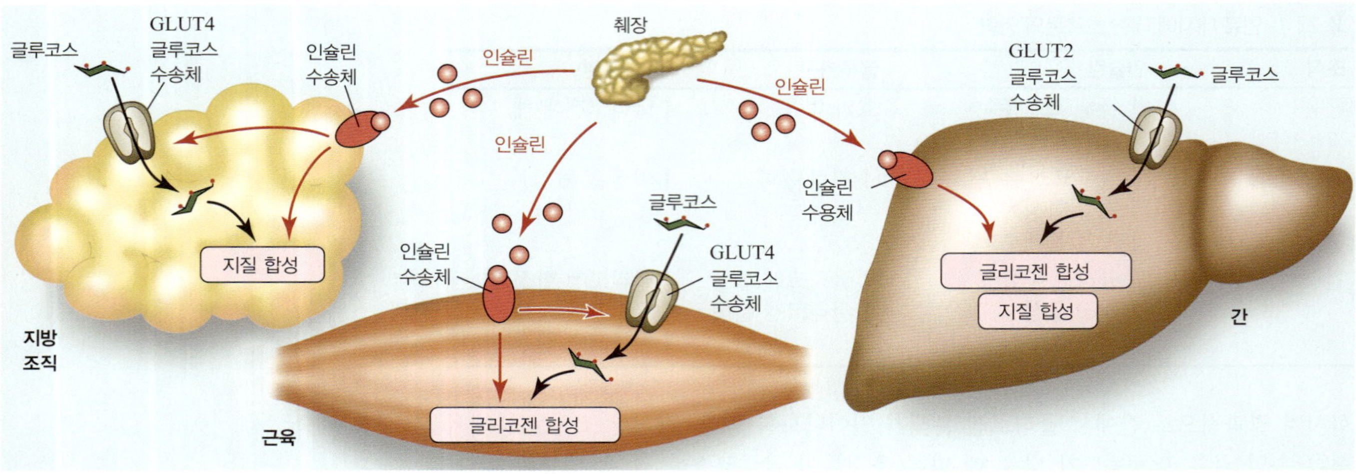

(a) 식사한 상태

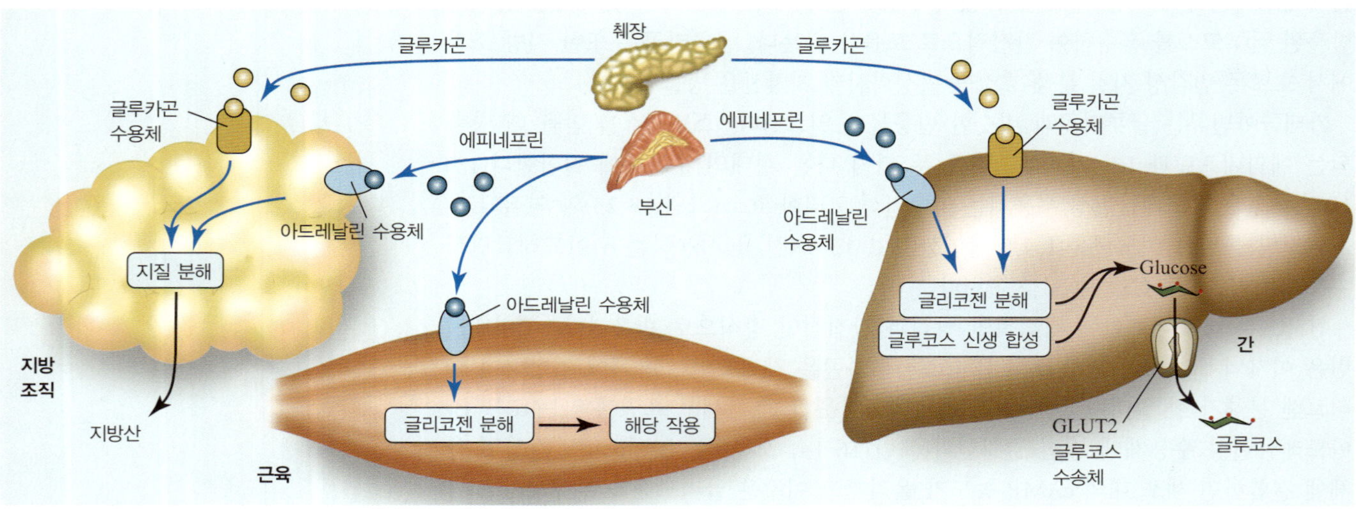

(b) 금식 상태/스트레스

그림 22-9 호르몬에 대한 연료 대사 조절의 요약 (*a*) 식사 직후에는 글루코스와 지방산이 풍부하여 인슐린은 조직들에게 대사 연료를 글리코젠과 트라이아실글리세롤로 저장하도록 신호를 준다. 인슐린은 간 이외의 다른 조직을 자극하여 GLUT4 수송체를 통하여 글루코스를 흡수하도록 한다. (*b*) 식이 연료가 없을 때는 글루카곤이 간으로부터는 글루코스를, 지방 조직으로부터는 지방산을 방출하도록 한다. 스트레스를 받을 때는 에피네프린이 글루카곤과 비슷한 작용을 한다.

? 각 기관에서 저장된 연료이 주된 형태를 밝히라.

대사 조절에는 몇 가지 유형의 수용체와 생화학적 신호 전달 경로가 참여한다. 13장에서 기술하였듯이, 모든 신호 전달 경로는 하나의 수용체와 수용체에 리간드가 결합한 것을 세포 안에 알리는 메커니즘, 그리고 일련의 세포 내 반응들로 구성된다. 세포 내 반응에는 2차 전령 물질, 또는 카이네이스와 인산 가수 분해 효소가 촉매하는 화학적 변화들이 개입될 수 있다. 주요 신호 전달 경로에는 세 가지가 있다. 첫 번째는 Ras 신호 전달 경로와 연관된 타이로신 카이네이스 수용체가 참여하는 경로이다(13-2절). 두 번째는 아데닐산 고리화 효소가 2차 전령 물질로 cAMP(3′,5′-고리형 AMP)를 생성하는 경로이다(13-3절). 세 번째는 포스포라이페이스 C(PKC)에 의하여 포스포이노시타이드가 잘려 이노시톨-1,4,5-삼인산(IP_3)과 1,2-다이아실글리세롤(DAG)을 생성하는 경로로 이들은 Ca^{2+}와 함께 2차 전령 물질로 작용한다(13-4절). 두 가지 2차 전령 시스템 모두 G 단백질과 연결된 수용체를 사용한다(13-3절). 아데닐산 고

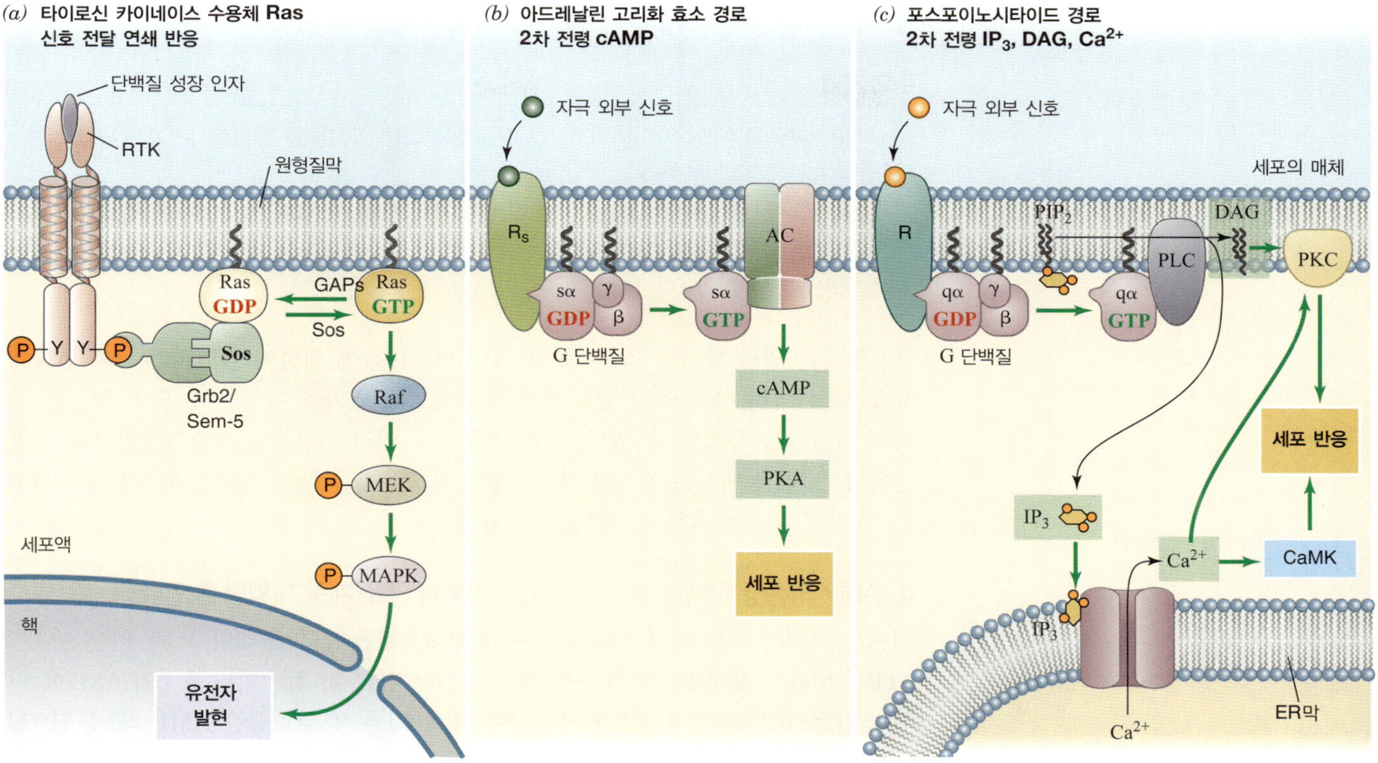

그림 22-10 주요 신호 전달 경로 (*a*) 리간드가 타이로신 카이네이스 수용체에 결합하면 Ras 신호 전달에 의한 인산화 연쇄 반응이 일어나 결국은 유전자 발현의 변화가 일어난다. (*b*) G 단백질과 연결된 수용체에 리간드가 결합하면 아데닐산 고리화 효소(AC)의 활성화(어떤 경우에는 저해)가 일어나 2차 전령인 cAMP가 합성된다. 이렇게 합성된 cAMP는 단백질 카이네이스 A(PKA)를 활성화시키고 이는 목표 단백질들을 인산화시켜 세포의 변화를 이끌어낸다. (*c*) G_q 단백질과 연결된 수용체에 리간드가 결합하면 포스포이노시타이드 경로가 시작된다. 이는 포스포라이페이스 C(PLC)를 활성화시켜 막지질인 PIP_2를 가수 분해시켜 2차 전령인 IP_3와 DAG를 생성한다. IP_3는 미토콘드리아로부터 Ca^{2+}를 방출시키고, DAG는 단백질 카이네이스 C(PKC)를 활성화시킨다. Ca^{2+}는 PKC와 Ca^{2+}–칼모듈린 의존성 단백질 카이네이스(CaMK)를 활성화시킨다. 목표 단백질들이 PKC와 CaMK에 의하여 인산화되어 세포의 반응이 나타난다.

? 각 신호 전달 시스템에 관여하는 카이네이스와 2차 전달 물질이 어디에 있는지 밝히라.

리화 효소를 활성화시키는 주요 G 단백질은 G_s이고, 포스포라이페이스 C를 활성화시키는 주요 G 단백질은 G_q이다. **그림 22-10**에서 앞에서 설명한 세 가지 신호 전달 시스템을 나타내었다.

위에서와 13-1절에서 설명한 호르몬들뿐만 아니라 다른 많은 호르몬, 성장 인자와 신호 물질들이 신호 전달 경로를 이용해서 일련의 생화학적 반응들을 유도한다. 이를 통하여 대사의 변화, 세포의 분화, 세포의 생장과 분열과 같은 생물학적 반응들이 일어난다. 정확히 어떤 생물학적 반응이 나타나는가는 여러 가지 인자들의 영향을 받는다. 세포가 어떤 호르몬(일반적으로 리간드라고 하는)에 반응을 나타내는 것은 세포가 적절한 수용체를 발현할 때에만 가능하다. 구체적인 세포 내의 반응은 신호 전달 시스템을 구성하는 요소들의 개수, 유형, 세포 내에서의 위치 등에 따라 달라질 수 있다. 더구나 하나의 세포는 일반적으로 여러 리간드에 대한 수용체들을 가지고 있어, 한 수용체에 대한 반응은 다른 리간드들이 세포의 신호 전달 장치들을 얼마나 사용하고 있는가에 따라 영향을 받을 수 있다. 결과적으로, **세포는 개별적인 신호에 대해 또는 여러 신호의 조합에 대해 그 강도나 지속 정도에서 다양한 세포의 반응을 보일 수 있다.**

체크 포인트

- 이자는 어떻게 글루코스 농도를 감지하는가?
- 간, 근육, 지방 조직에서 인슐린이 연료 대사를 조절하는 역할을 요약하시오.
- 간, 근육, 지방 조직에서 글루카곤과 에피네프린이 연료 대사에 어떻게 영향을 미치는가?
- 대사 조절에 참여하는 신호 전달 경로의 세 가지 주요 유형에 대하여 기술하시오.

3 대사 항상성: 에너지 대사, 식욕, 체중의 조절

주요 개념

- AMP 의존성 단백질 카이네이스는 ATP를 생성하는 과정들을 활성화시키고 ATP를 사용하는 과정들은 억제한다.
- 연료의 사용과 식욕은 지방 조직 호르몬인 아디포넥틴과 렙틴, 뇌하수체, 위장과 장이 생성하는 호르몬들에 의하여 조절된다.
- 열 생성 과정이 에너지 소비와 에너지 수입의 균형을 돕는다.

포유동물은 연료 대사를 조절하는 복잡한 메커니즘에 의하여 에너지 요구의 변화에 효율적으로 반응하고 여러 연료 물질의 가용성의 변화에 대처할 수 있어 상당한 대사의 항상성을 유지할 수 있다. 이러한 균형은 여러 인자들이 상호작용함으로써 가능하다. 이번 절에서는 에너지 사용, 식욕, 체중을 조절하는 복잡한 조절망에 참여하는 몇 가지 요소에 대하여 살펴보고자 한다.

A AMP 의존성 단백질 카이네이스는 세포의 연료 계량기 역할을 한다

위에서 논의한 모든 대사 경로들은 어떤 방식으로든 ATP에 대한 요구–이는 AMP/ATP의 비율로 표현될 수 있다–에 영향을 받는다(15-4A절). 여러 효소가 AMP에 의하여 알로스테릭하게 활성화되거나 저해되며, 다른 몇 효소들은 **AMP 의존성 단백질 카이네이스(AMP-dependent protein kinase, AMPK)**에 의하여 인산화된다. AMPK는 대사 항상성의 주요 조절자이다. **AMPK는 ATP를 생성하는 분해 대사 경로들을 활성화시키고 합성 대사 경로들은 저해함으로써 ATP를 보존하여 보다 중요한 과정에 쓰일 수 있게 해준다.** AMPK는 효모에서 사람에 이르기까지 모든 진핵생물에 존재하며 $\alpha\beta\gamma$ 이종 삼합체로 된 단백질이다. α 소단위체에는 Ser/Thr 단백질 카이네이스 영역이 있고 γ 소단위체에는 알로스테릭하게 AMP가 활성화하는 자리와 ATP가 억제하는 자리가 있다. 다른 단백질 카이네이스와 마찬가지로 AMPK의 카이네이스 영역도 활성을 나타내려면 인산화되어야 한다. AMP가 γ 소단위체에 결합하면 구조적 변화를 일으켜 172번의 Thr 잔기를 α 소단위체의 활성화 루프에 노출시킨다. 이는 Thr 172의 인산화를 촉진시켜 효소의 활성이 100배 이상 증가한다. AMP는 인산화된 효소의 활성을 5배 정도 더 활성화시킬 수 있다. AMPK를 인산화시키는 주요 카이네이스는 LKB1이라는 효소이다. 생쥐에서 LKB1 유전자를 결손시키면 AMPK가 인산화되지 않는다.

AMPK는 허혈성 심근에서 해당 작용을 활성화시킨다. AMPK의 표적 단백질 중의 하나는 2기능성 효소인 PFK-2/FBPase-2의 심장 동위 효소이다. 이 효소는 프럭토스-2,6-이인산(F2,6P)의 농도를 조절한다(16-4C절). 이 동위 효소가 인산화되면 PFK-2 활성이 올라가서 F2,6P의 농도가 증가한다. 이는 PFK-1, 해당 작용을 활성화시킨다. 결과적으로 허혈성(혈액이 부족한) 심근세포는 산화성 인산화 과정을 통해 적절한 ATP 농도를 유지할 만큼의 산소를 공급할 수 없을 때 AMP가 축적되고, 이는 세포가 ATP 생산을 위해서 혐기적인 해당 작용으로 전환하도록 한다.

AMPK는 간에서 지질 합성 과정과 글루코스 신생 과정을 억제한다. AMPK에 의한 인산화는 아세틸 CoA 카복실화 효소(ACC, 이 효소는 지방산 합성의 첫 번째 committed 단계를 촉매한다, 20-4B절), 하이드록시메틸글루타릴 CoA 환원 효소(HMG-CoA reductase. 이 효소는 콜레스테롤 합성의 속도 제한 단계를 촉매한다, 20-7B절)와 글리코젠 생성 효소(이 효소는 글리코젠 합성에서 속도 제한 단계를 촉매한다, 16-2B절)도 저해한다. 결과적으로 ATP 생성이 적절하지 않을 때는 이들 생합성 경로들이 차단되고 가장 중요한 세포 기능들을 위해서 ATP를 확보하고자 한다.

AMPK는 근육에서 지방산 산화와 글루코스 흡수를 촉진한다. ACC의 저해는 지방산 생합성의 출발 물질인 말로닐 CoA 농도가 떨어지게 한다. 그러나 말로닐 CoA는 또 다른 기능을 하는데, 카르니틴–팔미토일 전달 효소 I(20-5절)의 억제제로 작용한다. 그런데 이 효소의 작용이 있어야만 세포질의 팔미토일 CoA가 산화되기 위해서 미토콘드리아로 이동할 수 있다. 따라서 말로닐 CoA의 농도가 감소하면 더 많은 팔미토일 CoA가 산화될 수 있다. AMPK 역시 근육세포에서 GLUT4의 발현을 증가시키고 근육세포의 원형질막(22-2F절)에 더 많이 존재하도록 하여 인슐린과는 독립적으로 글루코스가 세포 안으로 더 잘 들어가도록 해준다.

AMPK는 지방세포에서 지질 분해를 억제한다. AMPK는 지방세포에서 호르몬 민감성 트라이아실글리세롤 라이페이스를 인산화시킨다(20-5절). 인산화는 이 효소를 억제하는데, 부분적으로는 효소가 지방구(lipid droplet)–세포에서 지질 분해가 일어나는 장소–로 갈 수 없게 만들기 때문이다. 결과적으로 트라이아실글리세롤은 덜 분해되고 혈류로 방출되는 지방산도 적어진다. 이 후자의 과정은 역설적인 면이 있다. 지방산을 방출해서 산화시키면 ATP 부족을 해소할 수 있을 것이다. 여기에 대해서는 지방산이 세포에 해로운 수준까지 축적되는 것을 막기 위한 것이라는 설명이 제안된 바 있다. AMPK 활성화가 간, 골격근, 심근, 지방 조직의 글루코스 대사와 지질 대사에 미치는 주요 영향에 대하여 그림 22-11에 도식으로 나타내었다.

B 지방세포와 다른 조직들은 연료 대사와 식욕 조절을 돕는다

인슐린, 글루카곤, 에피네프린 이외에 다양한 호르몬들이 연료 물질의 획득, 사용과 저장의 조절을 돕는다. 이들 중에 아디포넥틴과 같은 호르몬은 지방세포에 의해서만

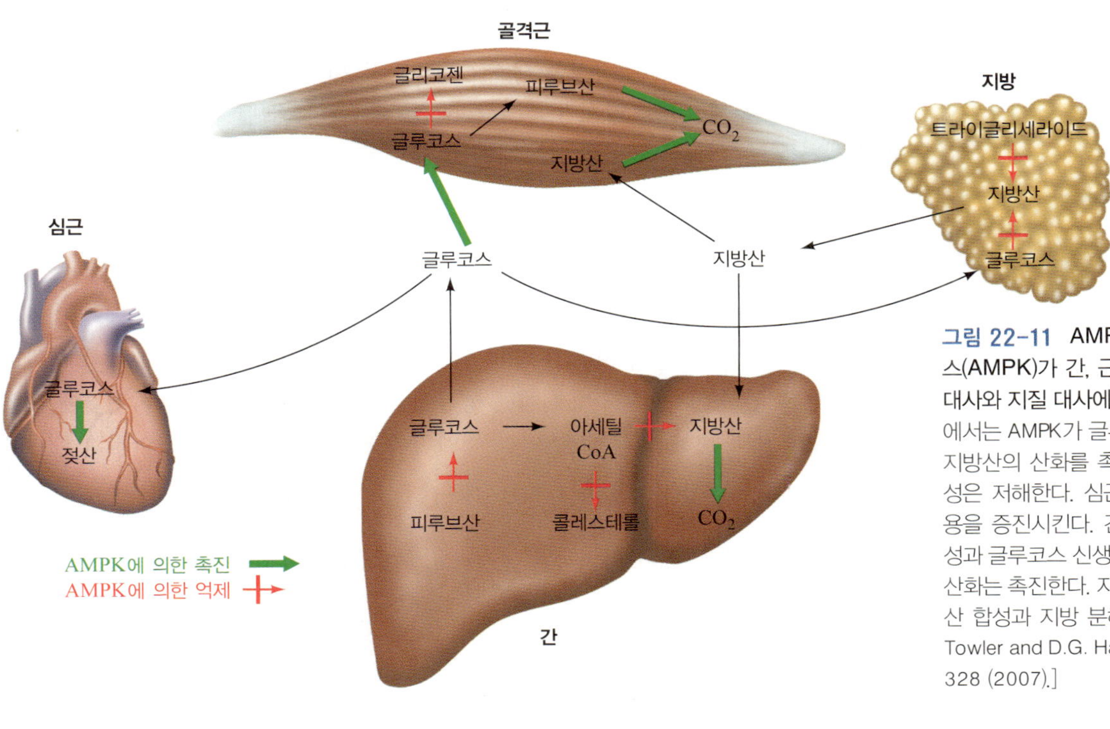

그림 22-11 AMP 의존성 단백질 카이네이스(AMPK)가 간, 근육, 지방 조직의 글루코스 대사와 지질 대사에 미치는 주요 영향 골격근에서는 AMPK가 글루코스 흡수와 글루코스 및 지방산의 산화를 촉진하는 반면, 글리코젠 합성은 저해한다. 심근에서는 AMPK가 해당 작용을 증진시킨다. 간에서 AMPK는 지질 생합성과 글루코스 신생 합성을 억제하고 지방산의 산화는 촉진한다. 지방 조직에서 AMPK는 지방산 합성과 지방 분해를 억제한다. [After M.C. Towler and D.G. Hardle, *Circulation Res.* **100**, 328 (2007).]

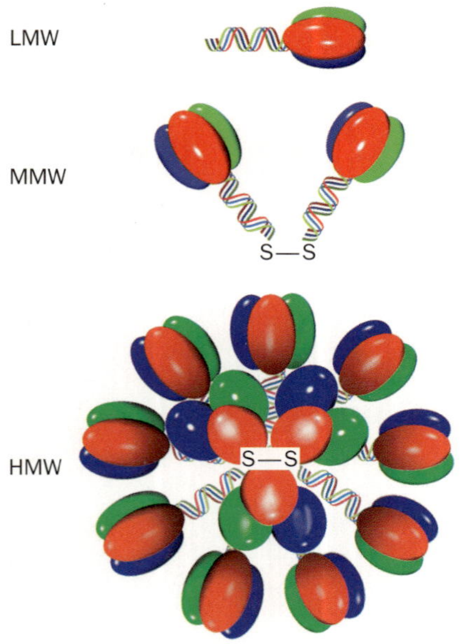

그림 22-12 아디포넥틴의 삼합체, 육합체, 다합체 이들 복합체들은 저분자량(LMW), 중간 분자량(medium molecular weight, MMW), 고분자량(high molecular weight, HMW) 형태로 불린다. [After Kadowak, T. and Yamauchi, T., *Endocrine Rev.* **26**, 439 (2005).]

분비된다. 그러나 지방세포가 내분비 활성을 가지고 있다는 것은 2000년대 초반에서야 알려졌다.

아디포넥틴은 AMPK 활성을 조절한다. 아디포넥틴은 247개의 아미노산으로 이루어진 단백질 호르몬으로서 AMPK 활성을 바꿈으로써 에너지 항상성과 글루코스 및 지질 대사의 조절을 돕는다. 아디포넥틴의 단량체는 N 말단의 콜라겐 유사 영역과 C 말단의 구형 영역으로 되어 있다. 혈액에서 아디포넥틴은 몇 가지 형태로 존재한다. 즉 저분자량(low molecular weight, LMW) 형태는 삼합체로서 콜라겐 유사 영역들이 세 가닥 나선 구조로 꼬아져서 만들어진다. 이황화 결합으로 연결된 다발로 형성되는 육합체(MMW)와 다합체(HMW)도 존재한다(그림 22-12). 이 밖에 콜라겐 유사 영역이 잘려나감으로써 형성되는 구형의 아디포넥틴도 낮은 농도로 존재한다.

아디포넥틴이 간과 근육세포의 표면에 있는 **아디포넥틴 수용체(adiponectin receptor)**에 결합하면 이는 AMPK의 인산화와 효소 활성을 증가시킨다. 이미 살펴보았듯이(22-3A절) 이것은 간에서 글루코스 신생 합성을 억제하며 지방산 산화를 촉진시키고 근육에서는 글루코스의 흡수와 글루코스 및 지방산 산화를 촉진시킨다. 이들 모든 영향은 인슐린 민감성을 증가시킨다. 아디포넥틴과 인슐린은 간과 같은 조직에서 비슷한 반응을 일으키기 때문이다. 아디포넥틴이 감소하면 이는 인슐린 저항성을 증가시킨다(22-4B절). 역설적으로 혈중 아디포넥틴(지방세포에 의해서 분비됨) 농도는 지방 조직의 양이 증가함에 따라 감소한다. 이는 지방 조직의 양이 증가하면 같이 증가하는 **종양 괴사 인자-α(tumor necrosis factor, TNFα)** 때문일 수 있다. TNFα는 단백질 성장 인자로서 지방 조직에서 아디포넥틴의 발현과 분비를 모두 감소시킨다.

렙틴은 포만감 호르몬이다. **렙틴[leptin,** 그리스어: *leptos*(가늘다)]은 146개의 아미노산으로 만들어지는 폴리펩타이드로서 보통 지방세포에 의하여 만들어진다(그림 22-13). 이것은 유전적으로 비만인 쥐를 연구하면서 발견되었다. 사람을 포함해서 대부분의 동물은 일정한 체중을 유지하는 경향이 있다. 다시 말해서 음식을 얼마든지 먹을 수 있도록 하면 동물들은 정해진 몸무게를 유지하는 정도의 음식만을 먹는다. 그러나 생쥐 중에서 *obese* 유전자 결함에 대하여 동형 접합성인 경우(그러한 생쥐의 유전자형을 *ob*/*ob*로 표시함) 정상적인 생쥐(*OB*/*OB*)의 2배 이상의 몸무게를 가지며(그림 22-14), 음식을 제한하지 않으면 과식한다. *OB* 유전자는 렙틴 유전자이다. *ob*/*ob* 생쥐에 렙틴을 주사하면 덜 먹고 몸무게도 감소한다. 이런 배경에서 렙틴은 뇌의 식욕 조절에 영향을 미치는 포만감 신호 물질로 여겨져 왔다. 렙틴은 또한 보다 많은 에너지를 지출하도록 한다.

ob/*ob* 생쥐에서 관찰되는 것처럼 비만에 대한 단순한 유전적 배경이 사람의 비만에도 적용되는 것 같지는 않다. 사람의 경우 체지방 퍼센트가 올라가면 렙틴의 수준도 올라간다. 이는 렙틴이 지방 조직에서 만들어진다는 사실과 잘 들어맞는다. 따라서 사람의 비만 문제는 겉보기에 렙틴 생산에 문제가 있어서가 아니라 렙틴에 대한 저항성의 문제인 것으로 보인다. 이는 뇌에서 렙틴 수용체의 양이 낮아지기 때문이

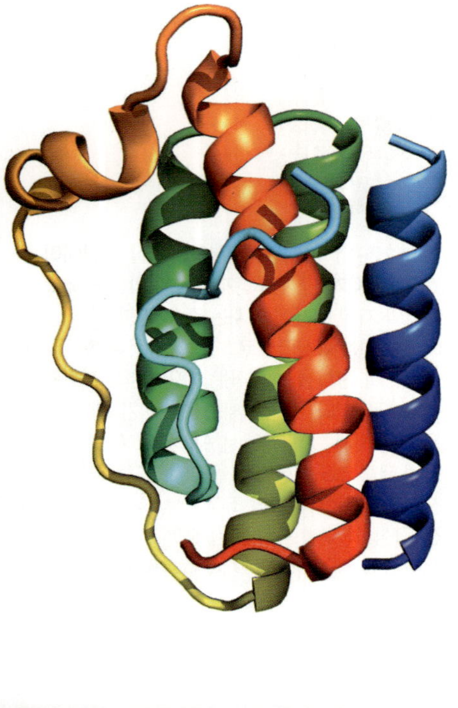

그림 22-13 사람 렙틴-E100의 X선 구조 돌연변이 렙틴은 Trp100이 Glu로 바뀌었는데 야생형의 단백질과 생물학적 기능은 유사하면서 보다 쉽게 결정화된다. N 말단(청색)부터 C 말단 쪽으로 무지개색 순서로 표시하였다. 많은 사람 생장 인자처럼(예를 들면 사람 생장 호르몬, 그림 13-3) 4개의 나선 다발을 형성하고 있다. 아미노산 잔기 25에서 38개까지는 X선 구조에서는 보이지 않는다. [Based on an X-ray structure by Faming Zhang, Eli Lilly & Co., Indianapolis, Indiana. PDBid 1AX8.]

거나 혈액–뇌 장벽을 통과하여 중추 신경계로 렙틴을 수송하는 수용체가 포화되었기 때문일 수도 있다.

비만인 사람들의 아주 일부는 *ob/ob* 생쥐와 유사하게 렙틴이 결핍되어 있는 경우가 있다. 예를 들면 대단히 비만인 두 어린이가 같은 혈족의 구성원으로 본인들도 사촌간이고 그들의 부모들도 사촌간이었는데, 이들의 경우 결함이 있는 *OB* 유전자에 대하여 동형 접합성인 것으로 알려졌다. 두 어린이는 각각 8세와 2세의 나이에 86 kg과 29 kg이 나갔으며 둘 다 대단한 식욕을 보였다. 그들의 *OB* 유전자는 코돈 133번에서 구아닌 뉴클레오타이드 한 개가 결손되어 있었는데, 그 결과로 그 후의 모든 코돈들이 잘못 읽히게 되었고 [**frameshift mutation**(**틀 이동 돌연변이**), 27-1A절], 당연히 돌연변이 렙틴은 생물학적 활성이 없었다. 실제로, 그들의 혈청의 렙틴 수준은 정상인의 10% 수준에 불과하였고 렙틴을 주사함으로써 증상을 완화시킬 수 있었다.

렙틴에 대한 반응이 감소하면 **뉴로펩타이드 Y**(**neuropeptide Y, NPY**)의 농도가 높아진다,

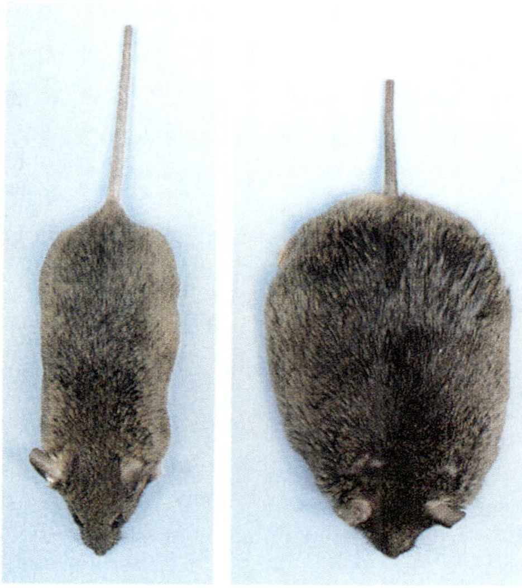
Courtesy of Richard D. Palmiter, University of Washington

그림 22-14 정상적인(*OB/OB*, 왼쪽) 생쥐와 비만인(*ob/ob*, 오른쪽) 생쥐

1 10 20 30 36
YPSKPDNPGE DAPAEDMARY YSALRHYINL ITRQRY–NH_2

뉴로펩타이드 Y
C 말단의 카복실기는 아민화되어 있다.

36개의 아미노산 잔기로 구성된 펩타이드로서 많은 생리적인 반응을 조절하는 **시상하부**(**hypothalamus**)에 의해 분비된다. 뉴로펩타이드 Y는 식욕을 자극하고, 이는 지방을 축적하는 결과를 낳는다. 뇌하수체에서 렙틴과 인슐린 모두 각각 자신의 수용체에 결합하면 뉴로펩타이드 Y의 분비를 억제한다.

그렐린과 $\text{PYY}_{3\text{-}36}$은 식욕에 대한 단기 조절자이다. 연료 대사, 몸무게, 식욕이 서로 연결되어 있다는 것은 당연한 일이다. 렙틴, 인슐린, NPY 이외에도 식욕을 조절하는 다른 호르몬들도 알려져 있다. 예를 들면 **그렐린**(**ghrelin**)은 식욕을 자극하는 호르몬인데 공복 상태의 위장에서 분비된다.

10 20 28
GSXFLSPEHQ RVQQRKESKK PPAKLQPR

사람 그렐린
X = *n*-옥테인산으로 수식된 Ser

그렐린은 NPY를 증가시키는 것으로 보인다. 그렐린의 농도가 시간 단위로 변동하며 식사 전에 증가하고 식사 직후에 감소하는 것으로 보아, 그렐린은 단기 식욕 조절 시스템의 한 부분인 것으로 여겨진다.

위장관은 **$\text{PYY}_{3\text{-}36}$**이라고 하는 식욕을 억제하는 호르몬을 분비한다.

3 10 20 30 36
IKPEAPGE DASPEELNRY YASLRHYLNL VTRQRY

사람 PYY_{3-36}

동물과 사람에게 이 펩타이드를 주사하면 NPY의 분비를 억제하여 음식 섭취를 떨어뜨린다. 요약하면, 그렐린은 식욕을 촉진시키는 반면 렙틴, 인슐린, PYY_{3-36}은 모두 뇌하수체에서 NPY가 분비되는 것을 조절함으로써 식욕을 억제한다.

C 에너지 지출은 적응적 발열 과정에 의해 조절될 수 있다

음식에 들어 있는 열량은 생물체가 일을 하거나 열을 냄으로써 사용된다. 과잉의 연

료는 다음에 사용하기 위하여 글리코젠이나 지방으로 저장된다. 균형을 잘 유지하는 사람은 과잉의 연료가 저장되는 양이 여러 해 동안 유지된다. 그러나 섭취한 연료의 양이 지속적으로 에너지 지출을 초과할 때는 비만이라는 결과에 이른다.

우리 몸은 비만으로부터 자신을 지키는 몇 가지 장치를 가지고 있다. 위에서 언급하였듯이 그러한 장치 중의 하나가 식욕 조절이다. 또 다른 장치는 **식이 유발 발열 과정(diet-induced thermogenesis)**이다. 이는 적응적 발열 과정으로 환경의 스트레스에 반응하여 열을 생성하는 것이다. 우리는 이미 추위에 대한 적응적 발열 과정을 논의한 바 있다. 이는 갈색 지방 조직에서 산화성 인산화 과정을 분리시킴으로써 이루어진다(자료 18-4). 이 발열 과정의 메커니즘은 추위에 반응하여 뇌에서 노르에피네프린이 방출되고 갈색 지방 조직에서 β 아드레날린성 수용체에 결합하여 cAMP를 증가시킨다. 이는 일련의 효소적 인산화 반응을 통하여 호르몬 민감성 지질 분해 효소를 활성화시킨다. 유리 지방산의 농도가 증가하면 이는 산화 반응의 연료로 제공되어 미토콘드리아 내막에 있는 UCP1(uncoupling protein 1, 또는 터모제닌)이라는 통로 단백질을 열게 된다. UCP1이 열리면 전자 전달계에 의하여 생성된 전기 화학적 기울기가 소멸되고(18-2절) 이는 전자 전달 과정이 산화성 인산화 과정과 연결되어 있는 것을 해제시키는 결과를 낳는다. 그 결과로 산화 과정은 계속 일어나지만 ATP는 생성되지 않고 열이 생성된다.

고에너지를 섭취하면 발열 과정이 증가하는 것은 대사 측정으로부터 분명하지만, 성인 사람에서 발열 과정이 증가하는 원인이 무엇인지는 분명하지 않으며 이에 대한 활발한 연구가 이루어지고 있다. 성인에게는 갈색 지방 조직이 거의 없지만, 자극에 반응하여 흰색 지방 조직의 미토콘드리아가 풍부한 세포들의 집단이 UCP1을 생산할 수 있다. 이들 소위 베이지색 지방세포로 불리는 세포들이 비만을 방지하는 역할을 한다는 일부 증거가 있다. 흥미 있는 것은 운동하고 있는 근육에서 112개의 아미노산으로 된 **이리신(irisin)**이라는 펩타이드 호르몬이 분비되어 베이지 지방 세포의 발달을 촉진한다는 점이다. 이 연결 고리가 운동이 어떻게 체중이 불어나는 것을 억제하는 데 도움이 되는지에 대한 설명이 될 수 있다. 운동은 근육 수축을 위하여 음식의 열량을 소비하는 한편, 과잉의 열량을 지방으로 보다는 열로 변환시키는 것을 촉진하기 때문이다. 이리신을 체중 감량 약제로 사용하는 것은 사람에서 아직 실험되지 않았다.

체크 포인트

- AMPK가 세포의 연료 계량기라고 불리는 이유는 무엇인가?
- 간, 근육, 지방 조직에서의 AMPK의 활성에 대하여 요약하시오.
- 식욕 조절에서 렙틴, 그렐린, 인슐린, PYY의 역할을 비교하시오.
- 열 발생이 비만을 방지하는 데 어떻게 도움이 되는가?

4 연료 대사의 이상

주요 개념

- 굶는 동안 우리 몸은 대사의 변화를 일으켜 혈당 수준을 유지시킨다.
- 당뇨는 인슐린이 충분히 만들어지지 않아서(1형), 또는 인슐린에 대한 반응성이 낮아서(2형) 생길 수 있다.
- 비만은 식욕이나 에너지 지출이 적절하게 조절되지 않아 생긴다.

연료 대사 과정의 복잡한 조절 메커니즘이 잘못 작동되면 다양한 급성 및 만성 질환을 일으킬 수 있다. 당뇨(diabetes)와 비만(obesity)과 같은 연료 대사 이상으로 생기는 질병의 분자 수준의 원인을 밝히기 위한 많은 노력이 있었다. 이 단원에서는 굶주림, 당뇨, 비만에서 일어나는 대사의 변화를 살펴보도록 한다.

A 굶주림은 대사의 조정을 일으킨다

인간은 음식물을 쉬지 않고 계속 섭취하지는 않기 때문에, 식사와 식사 사이의 몇 시간 동안에 식이 연료의 처분과 저장된 에너지원의 사용이 급격하게 바뀐다. 반면, 인간은 에너지원 대사 과정을 조절하면서 몇 달간의 굶주림을 견딜 수도 있다. 이와 같은 대사의 융통성은 인간이 현대와 같은 하루 세 번의 식사에 익숙해지기 이전에 진화된 것이다.

흡수된 에너지원은 즉시 배분된다. 섭취된 음식물이 소화되는 과정에서, 이들은 잘게 부수어져 대개는 단량체가 된 후 장점막에 의해 흡수된다. 이후 소화 산물은 몸의 각 부분으로 순환계를 통해 이동한다. 예를 들면 식이 단백질의 경우, 아미노산으로 분해되어 흡수된다. 소장에서 연료로 이용되는 것을 제외하고는 대부분 문맥을 통해 간으로 이동한다. 거기서 단백질의 합성 과정에 이용되거나, 과잉으로 존재하는 경우에는 에너지를 만들기 위해 산화되거나 글리코젠으로 전환되어 저장된다. 또는 조건에 따라 글루코스나 트라이아실글리세롤로 전환되어 내보내기도 한다. 아미노산을 위한 저장소는 알려진 바 없고, 간에서 대사되지 않은 아미노산들은 순환계를 통하여 말단 조직으로 보내져 분해되거나 단백질 합성에 이용된다.

식이 탄수화물은 단백질과 마찬가지로, 장에서 분해되고 흡수된 단량체 산물(예를 들면 식이 전분으로부터 생성된 글루코스)은 문맥을 통해 간으로 이동한다. 식이 글루코스의 3분의 1은 간에서 즉시 글리코젠으로 전환되고, 남은 양의 반 정도는 근육에서 글리코젠으로 전환되며, 나머지는 간, 근육을 비롯한 다른 조직에서 에너지 생성을 위해 산화된다. 과잉의 글루코스는 간에서 트라이아실글리세롤로 합성되어 지방 조직으로 보내어져 저장된다. 혈당이 높아지면 혈액 내 인슐린 농도가 증가하고 이는 글루코스의 흡수 및 글리코젠과 지방산의 생합성을 촉진한다.

식이 지방산은 유미 입자(chylomicron) 안에 트라이아실글리세롤의 형태로 축적되어(20-1절), 처음에는 림프에 다음으로는 혈류에서 순환된다. 따라서 장에서 흡수된 아미노산이나 탄수화물처럼 직접 간으로 보내지지 않는다. 그 대신 식이 지방산의 상당 부분이 지방 조직에서 흡수된다. 먼저, 지질 단백질 지질 분해 효소(lipoprotein lipase)가 트라이아실글리세롤을 가수 분해하여 지방산을 방출하면, 이들은 지방세포에서 흡수된 후 다시 에스터화된다.

혈당 농도는 거의 일정하게 유지된다. 조직들이 글루코스를 흡수하고 분해하면서 혈당은 떨어지게 되고, 췌장 α 세포는 글루카곤(glucagon)을 방출한다. 이 호르몬은 글리코젠 분해와 간으로부터의 글루코스 방출을 촉진한다. 또한 아미노산과 젖산으로부터의 글루코스 신생 합성을 촉진한다. 혈당에 반응하기도 하고 조절하기도 하는 인슐린과 글루카곤의 상호간의 작용을 통하여 간 이외의 조직에서 이용될 수 있는 글루코스의 농도는 비교적 일정하게 유지된다.

그러나 사람의 몸에 저장된 탄수화물의 양은 하루 공급량도 되지 않는다(표 22-2). 밤새 금식하고 나면, 증가된 글루카곤과 감소된 인슐린 분비량에 의해 지방 조직으로부터 지방산의 방출이 촉진된다(20-5절). 감소된 인슐린은 또한 근육에서의 글루코스 흡수를 저해한다. 따라서 근육은 에너지를 만들기 위해 글루코스 대사로부터 지방산 대사로 전환하게 된다. 이 적응 과정은 지방산을 전혀 이용하지 못하는 뇌와 같은 조직이 글루코스를 사용할 수 있도록 확보하게 된다.

기아 상태에서는 글루코스 신생 합성을 통해 글루코스가 공급된다. 오랫동안 금식을 하면,

표 22-2 70 kg의 정상적인 남자의 연료 보유량

연료	무게(kg)	Cal
조직		
지방(지방 조직 트라이아실글리세롤)	15	141,000
단백질(주로 근육)	6	24,000
글리코젠(근육)	0.150	600
글리코젠(간)	0.075	300
순환하는 연료		
글루코스(세포외 체액)	0.020	80
지방산(혈장)	0.0003	3
트라이아실글리세롤(혈장)	0.003	30
전체		**166,000**

[a] 1 Cal=1 kal=4.184 kJ

출처: Cahill, G.E., Jr., *New Engl. J. Med.* **282**, 669 (1970)

간에 저장되어 있던 글리코젠이 고갈된다(**그림 22-15**). 이러한 조건에서는 글루코스 신생 합성이 증가한다. 40시간 금식 후 간에서 생산되는 글루코스의 약 96%는 글루코스 신생 합성이 공급한다. 동물에서는 지방산으로부터 글루코스가 만들어지지 않는다. 글루코스 신생 합성에서 글루코스의 전구 물질인 피루브산과 옥살로아세트산이 지방산 분해 산물인 아세틸 CoA로부터 알짜로 합성될 수 없기 때문이다. 따라서 기아 상태에서의 글루코스는 트라이아실글리세롤의 분해 산물인 글리세롤과 주로 근육에서 얻어지는 단백질의 분해 산물인 아미노산으로부터(이 부분이 더 중요함) 합성되어야 한다. 그러나 근육의 분해가 무한정 진행될 수는 없다. 근육의 손실은 결국 굶주림을 해결하기 위해 먹이를 찾아 이동하는 것을 어렵게 하기 때문이다. 따라서 생물체는 다른 대안적인 대사 과정을 찾아야 한다.

기아 상태에서는 케톤체가 주요 에너지원이 된다. 기아 상태가 며칠간 지속되면, 간은 지방산의 β 산화 과정을 통해 얻어지는 아세틸 CoA를 케톤체를 만드는 데 사용하고(20-3절), 이 연료 물질들은 혈액으로 분비된다. 뇌에서는 점차 케톤체 대사에 필요한 효소를 합성하여, 에너지원으로 케톤체를 이용하게 된다. 3일간 절식한 후에는 뇌에서 필요한 에너지의 3분의 1 정도가 케톤체로 충당되며, 40일 동안 굶게 되면

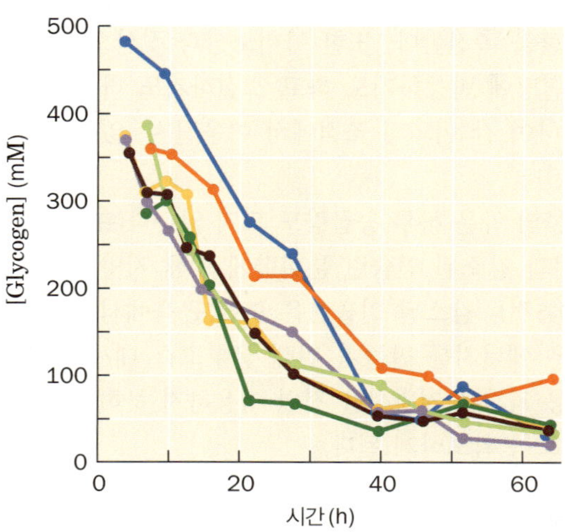

그림 22-15 금식 기간 동안 간의 글리코젠의 고갈 64시간 동안의 금식 중에 7명의 간의 글리코젠 함량을 ^{13}C NMR을 사용하여 측정하였다. [Rothman, D.L., Magnusson, I., Katz, L.D., Shulman, R.G., and *Shulman*, G.I., **254**, 575 (1991)의 결과]

70% 정도의 에너지가 충당된다. 금식 기간이 장기화되면 근육의 분해 속도는 금식 후 며칠 후 속도의 약 25% 수준까지 감소한다. 따라서 굶고 있는 개체의 생존 기간은 근육량보다는 지방 저장량에 훨씬 더 많이 의존하게 된다. 실제로, 고도로 비만인 사람들이 음식 섭취 없이도 일 년 이상 생존할 수 있었다(그리고 임상적으로 관리되는 체중 감량 프로그램에서 실제 그런 사람들이 있다).

열량을 제한하면 수명이 늘어날 수도 있다. 열량 제한은 변형된 형태의 굶기로서 에너지 섭취량을 30~40%로 줄이고 미량 영양소(바이타민과 무기물)는 그대로 유지하는 것이다. 그와 같은 식이를 유지한 설치류는 정상적인 식이로 키우는 쥐들에 비하여 50%까지 더 오래 살았다. 효모에서 유인원에 이르기까지의 다양한 생물들의 수명이 설치류에서 관찰된 것과 마찬가지로 연장되었다. 이와 같은 현상의 생화학적 기초가 무엇인지를 알기 위하여 상당한 연구 노력이 경주되고 있다.

B 당뇨병의 특징은 혈당 수치가 높은 것이다

미국에서 심장병과 암에 이어 세 번째로 높은 사망률을 보이는 **당뇨병(diabetes mellitus** 또는 **diabetes)**은 인슐린 자체가 충분한 양이 분비되지 않거나 표적세포를 효율적으로 자극할 수 없기 때문에 발생한다. 결과적으로 혈당 수치가 너무 높아져서, 글루코스가 '흘러넘쳐서' 소변으로 배출되는 현상을 보인다. 이것은 당뇨병을 빠르고 편리하게 진단할 수 있는 근거가 된다. 높은 혈당 수치에도 불구하고 세포는 인슐린 지극에 의한 글루코스 흡수가 일어나지 못하므로 계속 '굶는' 상태가 된다. 트라이아실글리세롤 가수 분해, 지방산 산화를 비롯하여 글루코스 신생 합성, 케톤체 형성은 촉진되고, 케톤체의 혈중 농도는 비정상적으로 높아져 **케톤증(ketosis)**이 유발된다. 케톤체들은 산성을 띠므로 농도가 높으면 **산증[acidosis**, 케톤증이 있을 때는 **케톤산증(ketoacidosis)**]이라고 하는 상태가 되고, 이들이 증가하면 혈액의 완충 능력과 과잉의 H^+를 소변으로 배출하여 혈액의 pH를 조절하는 콩팥에 부담을 주게 된다. H^+를 배출할 때 NH_4^+, Na^+, K^+, P_i, H_2O의 배출이 동반되므로, 당뇨 환자들은 심한 탈수 작용이 일어난다(극심한 갈증은 당뇨병의 대표적인 증상이다). 그리고 혈액 양이 감소되어 궁극적으로는 생명을 위협하는 상황에 빠지게 된다. 케톤체인 아세토아세테이트는 자발적으로 탈탄산되어 아세톤이 되는데(20-3절), 이는 더 이상 대사되지 않고 날숨으로 배출된다. 그래서 숨에서 용매 냄새가 나는데 종종 알코올로 오인되기도 한다. 그래서 당뇨를 제대로 조절하지 못하여 정신적으로 혼동 상태나 혼수 상태에 빠진 당뇨 환자가 술에 취한 것으로 잘못 진단될 수도 있는데, 이는 치명적일 수 있다.

당뇨에는 두 가지 형태가 있다.

1. **인슐린 의존성(insulin-dependent)** 또는 **소아성 당뇨(juvenile-onset diabetes)**, **1형 당뇨(type 1 diabetes mellitus)**는 대부분의 경우 어린이에게서 갑자기 발생한다.
2. **비인슐린 의존성(non-insulin-dependent)** 또는 **중노년성 당뇨(maturity-onset diabetes)**, **2형 당뇨(type 2 diabetes mellitus)**는 40세 이후에 발생하여 점차 진행되며, 최근 들어 보다 젊은 나이에 발생하는 경우가 많아지고 있다.

인슐린 의존성 당뇨는 췌장 β 세포의 부족으로 발생한다. 인슐린 의존성 당뇨는 췌장의 β 세포가 없거나 결함이 있어 인슐린이 아예 없거나 거의 없어 발생된다. 일반적으로 자가 면역 반응에 의해 β 세포가 선택적으로 파괴되는 것이 원인이다. 1921년에 밴팅(Frederick Banting)과 베스트(Charles Best)의 연구에서 인슐린 의존성 당뇨를 앓

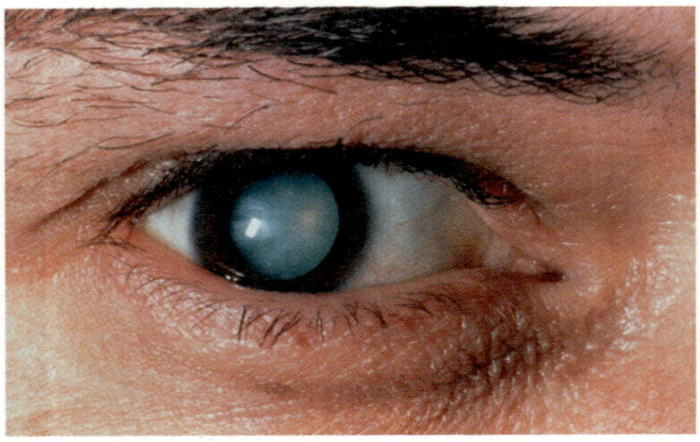

그림 22-16 당뇨성 백내장의 사진 수정체에 글루코스가 축적되면서 팽창이 일어나고, 수정체 단백질이 침전된다. 점차 시야가 흐려지고, 결국 완전히 실명하게 된다. [© Sue Ford/Photo Researchers]

고 있는 환자들이 보고되었는데(자료 22-2), 이들은 생존을 위해서 매일 인슐린 주사를 맞으며, 잘 조절된 식사와 운동을 해야 했다. 그럼에도 불구하고, 이들은 콩팥 기능 이상, 신경 손상, 주기적인 인슐린 주사로 인한 부정확한 대사 조절에 의해 생기는 심장 이상 등의 퇴행성 합병증 때문에 수명이 정상인에 비해 3분의 1 정도 짧았다. 또한 당뇨의 **고혈당증(hyperglycemia)**으로 망막이 퇴화되고 수정체 단백질이 글루코실화(glucosylation)되어 백내장이 생겨 실명하기도 한다(그림 22-16). 그러나 최근에 혈당을 지속적으로 측정하고 그에 따라 인슐린을 내보내는 장치들이 개발되어 이러한 문제들은 대부분 없어질 것이다.

대개 인슐린 의존성 당뇨 증세가 신속하게 시작되는 것으로 보아, 췌장 β 세포에 대한 자가 면역성 공격이 단기간에 이루어지는 것으로 보인다. 그러나 전형적으로는 면역계가 β 세포를 서서히 파괴함에 따라 당뇨는 여러 해를 지나면서 나타나게 된다. 세포의 80% 이상이 파괴된 다음에야 당뇨 증상이 갑자기 나타나는 것이다. 따라서 인슐린 의존성 당뇨의 가장 좋은 치료법의 하나는 β 세포를 이식하는 것으로, 최근 효과가 좋은 면역 억제제의 개발로 가능한 치료법이 되었다.

비인슐린 의존성 당뇨는 인슐린 수용체 또는 인슐린 신호 전달 과정의 결함에 의해 유발된다. 비인슐린 의존성 당뇨는 전체 당뇨 환자의 90% 이상을 차지하며, 전세계 성인의 10%에서 나타난다. 그리고 대개 당뇨에 대한 유전적 소인을 가진 비만한 사람들에게서 나타난다. 이들의 인슐린 양은 정상이거나 오히려 훨씬 높은 수준이지만, 그들의 세포들은 인슐린에 대해 반응을 보이지 않는 **인슐린 저항성(insulin resistant)**을 가진다. 결과적으로, 혈당 수치가 정상인보다 훨씬 높은데, 특히 식사 후에 더 높다(그림 22-17).

인슐린 저항성에 수반되는 고혈당은 췌장 β 세포로 하여금 인슐린을 더 많이 만들도록 한다. 그러나 인슐린 분비의 기본 농도가 높아져 있으므로, 이는 혈당이 더 증가하더라도 이에 반응하는 β 세포의 능력을 떨어뜨린다. 따라서 고혈당 증세와 이에 수반되는 합병증은 시간이 가면서 더욱 심해지기 쉽다.

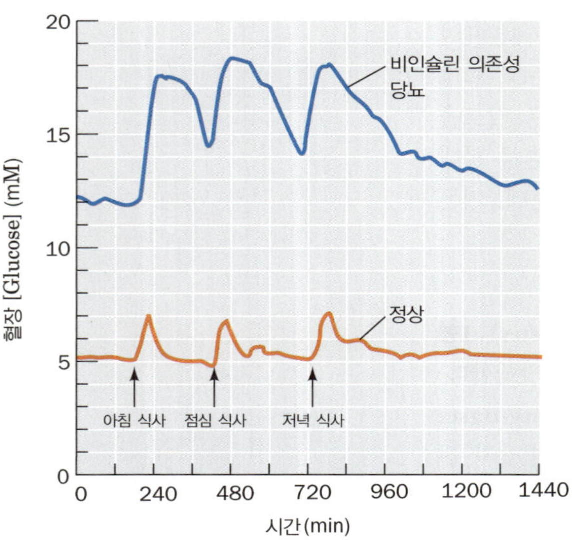

그림 22-17 정상인과 비인슐린 의존성 당뇨 환자에서 24시간 동안의 혈장 글루코스 농도 글루코스의 기본 농도와 식사 후의 정점이 당뇨 환자에서 더 높다. [After Bell, G. I., Pilkis, S. J., Weber, I. T., Polonsky, K. S., *Annu. Rev. Physiol.* **58**, 178 (1996).]

2형 당뇨 환자들의 극히 일부는 인슐린 수용체의 돌연변이 때문에 질병이 생기는데, 이는 수용체의 인슐린 결합 능력이나 타이로신 카이네이스 활성에 영향을 미치기 때문이다. 그러나 대부분의 경우 확실한 유전적 원인이 밝혀지지 않고 있는 것으로 보아, 당뇨의 발생에는 많은 요인들이 작용하는 것으로 생각된다. 예를 들면 과식에 의해 인슐린이 더 많이 생산되면 이것이 결국 인슐린 수용체의 합성을 저해할 수 있다는 것이다. 이 가설은 식이요법만으로도 당뇨 증세가 완화되는 경우가 자주 관찰되는 점을 설명할 수 있다.

슐만(Gerald Shulman)이 제시한 다른 가설에서는 비만의 결과 혈액 내 유리 지방산이 증가되고 이것이 인슐린 신호 전달을 저하시킨다는 것이다. 고농도의 지방산은 결국 PKC 동위 효소 중의 하나를 활성화시켜 인슐린 수용체 기질(insulin receptor substrate, IRS)의 세린과 트레오닌을 인산화시킨다. 이는 IRS의 활성에 필요한 타이로신기의 인산화를 억제한다. IRS가 활성화되지 않으면 인슐린에 대한 세포의 반응도 일어나지 않게 된다(그림 13-31).

비인슐린 의존성 당뇨의 다른 치료법으로 **메트포민(metformin)**과 **싸**

자료 22-2 발견의 경로 밴팅(Frederick Banting)과 베스트(Charles Best), 그리고 인슐린의 발견

밴팅(1891~1941)

베스트(1899~1978)

임상 연구에서 가장 유명한 일화 중의 하나가 1형 당뇨에서 분비되지 않는 호르몬인 인슐린의 발견과 치료제로의 이용에 대한 것이다. 19세기 말 이래 임상학자들은 당뇨병과 췌장(특히 랑게르한스 섬으로 알려진 세포 덩어리)의 분비물 사이에 관련이 있다는 사실을 알게 되었다. 이 활성 분비물을 밝히기 위해 몇몇의 실험들이 시도되었지만, 성공하지 못하였다. 1920년에 밴팅은 파괴적일 수 있는 소화 효소들을 모으는 췌장관을 먼저 묶어서 폐쇄시킨다면 활성을 가진 추출물을 정제해낼 수 있을 것이라고 생각하게 되었다.

당시 임상 경험이 많지 않은 젊은 외과의사였던 밴팅은 웨스턴 몬타리오 대학에서 실습 교수로 일하고 있었다. 그는 위와 같은 생각을 토론토 대학의 생리학과 학과장인 매클라우드(John J. R. Macleod)에게 말하였다. 매클라우드는 이에 회의적이었지만 밴팅에게 1921년 여름 동안 실험실 사용을 허락하고, 실험용 개와 조수로 베스트를 지원해 주었다. 밴팅은 임상의학 훈련과 캐나다 군의관에서의 경험은 어느 정도 있었지만, 실험에 있어서는 그리 전문가가 아니었다. 반면, 베스트는 생리학과 생화학 분야의 학위 과정을 막 수료하고 매클라우드의 조교로 일해 오고 있었다. 베스트는 밴팅으로부터 외과 수술기법을 습득하였고, 밴팅은 베스트로부터 개의 혈액과 소변에서 혈당량을 측정하는 분석 방법을 배울 수 있었다.

밴팅과 베스트의 실험에서는 췌장이 절제된 개들이 필요하였지만, 수술이 어려워 많은 개들이 감염으로 죽었다(소문에 의하면, 토론토 거리의 유기견을 모아 실험에 이용하였다고도 한다). 밴팅과 베스트는 치명적인 당뇨 증세를 보이는 췌장 절제 개들에게 '인슐린'(라틴어로 '섬'이란 뜻을 가진 insula로부터)이라고 명명한 췌장 추출물을 주사하였다. 그들은 마침내 6월 말에 인슐린 주사로 개의 혈당량이 극적으로 감소한다는 결과를 얻었다. 다른 개들에 대한 반복 실험에서도 같은 결과를 얻었다.

밴팅의 임시 일자리는 여름이 끝나면 같이 끝나기로 되어 있었지만, 연구 결과가 워낙 가능성이 좋아 연구비를 추가로 지원받을 수 있었고, 좀 더 열성을 보이는 매클라우드의 지도를 받게 되었다. 원래는 밴팅과 2개월만 일하려고 했던 베스트의 도움도 계속되었다. 결국 밴팅과 베스트는 당뇨 개의 생명을 연장시키는 데 성공하였으나 일정한 순도를 가진 다량의 인슐린을 지속적으로 생산하는 것이 엄청난 압박으로 작용하였다. 앨버타 대학에서 안식년을 보내기 위해 온 생화학자 콜립(James Collip)은 이 문제를 해결하는 데 도움을 주었다. 호르몬이 단백질이라는 사실조차도 모른 채 당시 행해진 콜립의 인슐린 정제 과정은 성공적이었고, 이로부터 얻어진 물질은 인간에게서도 효과가 있었다. 그 당시, 당뇨병 진단을 받는다는 것은 사형 선고와도 같아서 엄격한 식이요법만이 불과 수개월의 생명을 연장할 수 있는 유일한 치료법이었다(실제로 많은 환자들이 영양실조로 사망하였다).

1923년 1월, 밴팅은 거의 죽어가는 14세의 당뇨 환자인 톰슨(Leonard Thompson)에게 콜립의 정제물을 주사하였다. 톰슨의 혈당량은 급격히 감소하였고, 기력을 회복하였다. 이들은 이와 같은 놀라운 임상적 성과로 주목을 받기 시작하였다. 수개월 후 밴팅은 병원을 열어, 치료를 목마르게 갈망하던 당뇨 환자들을 치료하기 시작하였다. 그는 토론토 대학의 Connaught Antitoxin 실험실과 일라이 릴리(Eli Lilly) 제약회사에 도움을 요청하여 임상 실험에 필요한 규모의 인슐린을 생산하였다. 베스트는 단지 23세 나이의 캐나다 전역에서 필요한 인슐린 생산의 책임을 맡게 되었다. 소화 효소들이 인슐린의 정제를 방해할 것이라는 밴팅의 원래의 생각은 잘못된 것으로 드러났고, 인슐린은 췌장 기관으로부터 직접 정제될 수 있었다.

약간의 논쟁이 있었지만, 1923년의 노벨생리의학상은 밴팅과 매클라우드에게 돌아갔다. 밴팅은 베스트가 상을 받지 못하자, 자신이 받은 상금을 자기의 조수와 나눠가졌다. 처음 연구를 시작할 때는 별로 크게 지원하지 않았던 매클라우드도 자신의 상금을 콜립과 나누었다. 이후 밴팅은 다양한 행정직을 맡았고, 규폐증(silicosis)에 대한 연구를 계속하였지만, 별다른 업적을 내지는 못하였다. 그는 1941년 전쟁 중 임무를 띠고 영국으로 가던 중 비행기 추락으로 사망하였다. 베스트는 29세의 나이에 매클라우드 후임으로 생리학실험실장이 되어, 인슐린의 생물학적인 작용에 대한 연구를 계속하였다. 그는 또한 항응고제로 당아미노글리칸인 헤파린(heparin)을 정제하려는 연구와 군대에서 의료용으로 사용하기 위해 건조된 사람 혈청을 제조하는 연구를 위해서도 노력하였다.

Banting, F.G., and Best, C.H., The internal secretion of the pancreas, *J. Lab. Clin. Med.* **7**, 251–266 (1922).

이아졸리딘다이온(**thiazolidinedione, TZD**)(오른쪽 참조)과 같은 약물이 있다. 이들은 간의 글루코스 방출을 억제하거나(메트포민), 인슐린에 의해 자극된 근육의 글루코스 소비를 증진(TZD)시킴으로써 작용한다. 이 약제들은 서로 다른 메커니즘으로 AMPK 활성을 증가시킴으로써 작용한다. TZD는 근육세포의 AMP/ATP 비율을 크게 증가시키고 이는 AMPK 인산화와 활성을 증가시킨다. 그러나 메트포민은 AMP/ATP 비율을 변화시키지 않고 AMPK의 인산화와 활성을 증가시킨다. 두 경우 모두 AMPK 활성의 증가는 간에서 글루코스 신생 합성을 감소시키고 근육의 글루코스 사용을 증가시킨다(그림 22-11). 추가적으로 TZD는 주로 지방 조직에서 **퍼옥시솜 증식자 활성화 수용체**(**peroxisome proliferator-activated receptor-γ, PPAR-γ**)라는 전사

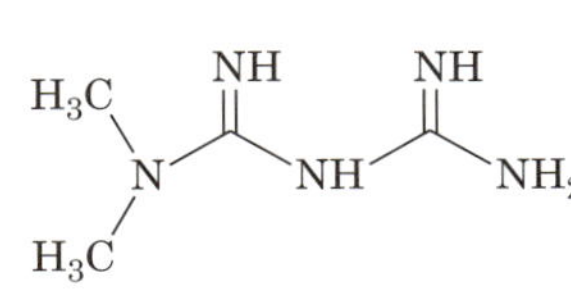

Metformin

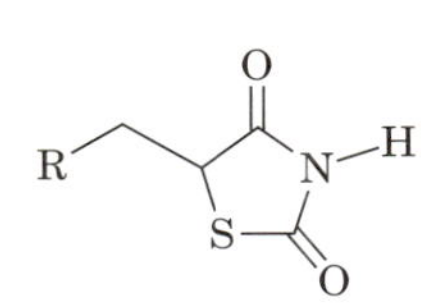

A thiazolidinedione (TZD)

인자에 결합하고 활성화시켜 인슐린 저항성을 감소시킨다. PPAR−γ의 활성화는 아디포넥틴(22-3B절)의 합성을 유도하고, 이는 AMPK의 활성 증가로 이어진다. 지방 조직에서의 AMPK의 작용은 지방 분해와 지방산 배출을 감소시켜 혈중 유리 지방산의 농도를 감소시키고 이는 인슐린 저항성을 감소시킨다(위를 참조). 그러나 TZD가 부작용이 없는 것은 아니다. 예를 들면 **로시글리타존(rosiglitazone; Avandia)**은 심장 마비와 뇌졸중의 위험을 43%나 증가시키는 것으로 보인다. 이 때문에 유럽에서는 이 약이 금지되었으며, 미국에서는 다른 약으로 효과를 볼 수 없는 환자에 대해서만 제한적으로 사용되고 있다.

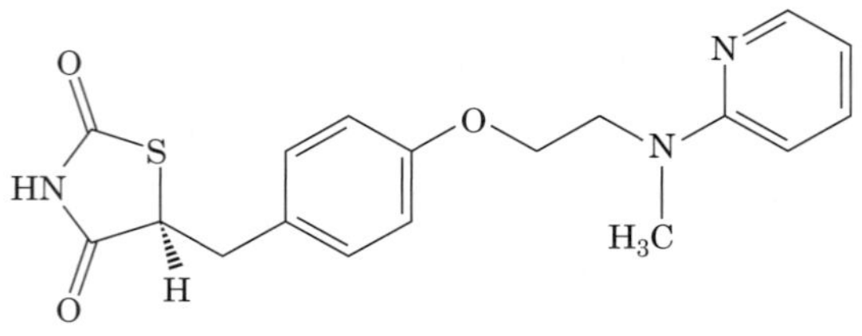

Rosiglitazone (Avandia)

지방세포와 다른 일부 세포 유형은 108개의 아미노산 잔기로 된 폴리펩타이드 호르몬인 **레지스틴(resistin)**을 분비한다. 이 호르몬은 지방세포에 인슐린이 작용하는 것을 막을 수 있는 능력 때문에 이름이 붙여졌다. 사실은 TZD에 의해 레지스틴의 생산이 감소하는데, 이런 현상이 발견으로 이어졌다. 레지스틴의 과량 생산이 비인슐린 의존성 당뇨의 발병을 일으킨다는 제안이 있었다. 그러나 레지스틴이 염증을 증진시키는 신호로 작용하고 만성 염증에 종종 인슐린 저항성이 수반되는 것으로 보아, 그 효과는 간접적인 것일 수 있다.

C 비만은 대개 음식을 너무 많이 섭취해서 생긴다

인체는 글리코젠과 단백질의 농도를 매우 좁은 범위 안에서 조절하지만, 지방 비축은 훨씬 크고 엄청나게 커질 수도 있다. 지방 조직에서 지방산이 트라이아실글리세롤로 축적되는 것은 소비되는 에너지에 비하여 지방이나 탄수화물을 과잉으로 섭취하기 때문이다. 탄수화물을 과잉 섭취하면 정상적으로는 글리코젠으로 저장된다. 그러나 글리코젠으로 저장할 수 있는 한계 이상으로 탄수화물을 섭취하면, 탄수화물로부터 지방 합성이 일어난다.

지방과 탄수화물의 섭취와 이용 사이에 만성적인 불균형이 생기면 지방 조직의 양이 증가하게 되는데, 이것은 지방세포의 수가 많아지거나 각 세포의 크기가 커진 것이다(일단 형성된 지방세포는 크기가 작아지거나 커질 수는 있지만 없어지지는 않는다). 지방 조직의 양이 증가하면 대사 에너지를 생성하기 위하여 동원할 수 있는 지방산의 총량도 많아진다. 궁극적으로는 지방의 저장과 이동이 균형을 이루어 지방 조직의 양이 더 이상 증가하지 않는 정상 상태(steady state)를 이루게 된다. 이 현상은 부분적으로 비만이 주로 부유한 계층에서 발생률이 높은 이유를 설명한다. 이들은 고지방 고탄수화물 섭취가 많은 반면, 생존을 위해서 육체적인 활동이 요구되지 않아 활동량이 적다. 상당한 증거들을 통해서 개인의 행동 양식(개인의 식습관 및 육체적인 활동)이 신체 조성에 영향을 미침을 알 수 있다. 그러나 앞에서 본 것처럼(22-3절), 비만은 에너지원의 대사 과정에 선천적인 이상이 있어 발생하는 경우도 있다.

비만과 이와 관련된 건강 문제(당뇨와 같은)를 일으키는 호르몬 메커니즘은 근대 이전의 시대에는 선택적 장점으로 작용하였을 수도 있다. 예를 들어 몸무게가 쉽게 느는 것은 기근으로부터 보호 받는다. 한 이론에 따르면, 인간이 진화할 때 먹을 것이 많이 있을 때는 많은 양을 과잉 섭취하여 여분의 에너지를 지방으로 저장하여 기근 때에 사용할 수 있도록 연료 대사의 조절이 진화하였을 것으로 제안한다. 현대가 되어 기근이 드물고 영양가가 높은 음식을 쉽게 구할 수 있게 되자 인간이 물려받은 유전적 유산 때문에 비만이라는 유행병에 기여한 것으로 보인다.

심각한 비만의 경우, 때로 위장 우회술이나 위장 밴드술(전체적으로 비만 치료 수술로 알려짐)로 실질적인 위의 크기를 현저하게 감소시켜 완화시킬 수 있다. 수술이 장기적으로 체중 감량을 보장하는 것은 아니지만, 당장의 효과로는 인슐린 민감성이 증진되고(즉 2형 당뇨의 경감) 식욕이 줄어든다는 점이다. 이러한 반응들은 위장과 장관에서 호르몬 분비가 줄어든 것을 반영할 가능성이 높다. 여기에, 소화관의 길이가 줄어들어 담즙산 재활용 패턴을 바꾸고 대장에 더 많은 산소가 도달됨으로써 장의 미생물계(자료 22-1)의 구성이 달라질 수 있으며, 이는 우리 몸이 흡수하는 영양분의 종류와 양에도 영향을 미칠 수 있다.

비만은 대사 증후군의 기여 인자이다. 대사 증후군(metabolic syndrome)이란 대사의 교란으로 인하여 인슐린 저항성, 염증, 2형 당뇨, 고혈압, 동맥 경화 등에 대한 취약성의 특징을 가지는 질병을 말한다. 이러한 질병들은 관동맥성 심장 질환의 증가를 수반한다. 비만, 육체적 비활동성, 유전 인자 등이 이들의 발생에 관련되어 있다. 미국에서는 인구의 25%가 이러한 질환을 앓고 있다. 대사 증후군은 근래의 세대에서 현대식 식이와 생활 방식을 채택한 인종 집단들에서 특히 만연하고 있다.

대사 증후군을 가진 개인은 복부 지방이 상대적으로 높은 비율을 차지하는 경향이 있다. 이런 유형의 지방은 피하 지방과는 다른 호르몬 양상을 보인다. 예를 들면 복부지방은 렙틴과 아디포넥틴을 더 적게 생산한다(이들 호르몬은 인슐린 민감성을 증가시킨다). 복부 지방은 또한 TNFα를 더 많이 생산하는데, 이는 강력한 염증 반응 유발자이고 신체 면역 보호 시스템의 정상적인 일부이다. 과잉의 복부 지방에 의한 만성 염증은 대사 증후군의 특징인 동맥 경화와 같은 일부 증상의 원인일 수 있다. 세포 내에서의 TNFα 신호 전달 경로가 IRS-1의 인산화로 이어질 수 있고 이는 인슐린 수용체 카이네이스에 의한 활성화를 막을 수 있다. 이는 대사 증후군의 인슐린 저항성을 설명하는 하나의 방법이다. 운동, 칼로리/체중 감소, 아디포넥틴, 렙틴, 메트포민, TZD 모두가 대사 증후군을 치료하는 데 성공적으로 사용되어 왔다. 이들 모두는 AMPK의 활성을 증가시키는 것으로, AMPK는 약 개발을 위한 유망한 표적이 될 수 있다.

D 암 대사

1920년대 중반에 바르부르크(Otto Warburg, 자료 15-1)는 암세포에서 해당 작용이 매우 활발하다는 것을 관찰하였다. 처음에 이 활성은 혈관이 부족한 종양 내의 산소 부족 때문인 것으로 생각되었다. 그러나 지금은 암세포가 산소가 충분한 상태에서도 많은 양의 글루코스를 소모하는 것으로 알려져 있으며, 이러한 분해 과정을 **호기적 해당 작용(aerobic glycolysis)**이라고 한다. 글루코스 분해는 약간의 ATP를 만들기도 하지만 여러 합성 경로의 중간 물질을 제공하기도 한다. 글루코스는 글루타민과 같은 아미노산들과 함께 암세포와 일부 다른 대사가 아주 활발한 세포 감염에 반응하는 B 및 T 림프 세포의 빠른 생장과 증식을 지원한다(7-3절). 암세포 대사의 몇 가지 특징

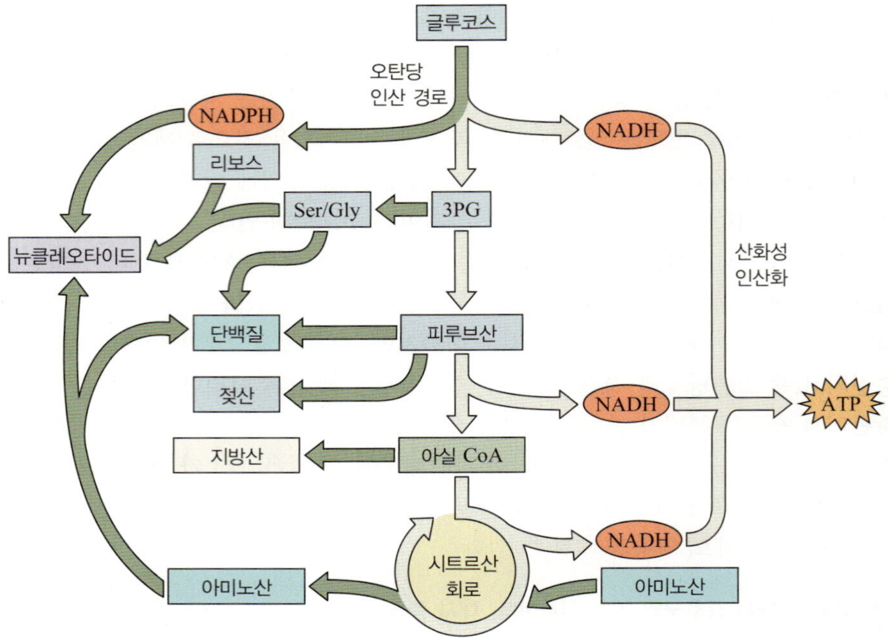

그림 22-18 암에서 대사의 변화 암에서 물질의 흐름이 증가하는 경로를 녹색으로 강조하였다.

이 **그림 22-18**에 요약되어 있다.

글루코스 분해는 중간 물질과 환원력을 제공한다. 호기적인 조건에서 정상적인 세포는 글루코스를 주로 피루브산으로 변환시킨다. 이는 아세틸기를 시트르산 회로에 공급하게 되고, 궁극적으로는 산화성 인산화에 의해서 ATP를 합성하게 된다. 암세포에서도 이 과정이 일어나지만, 추가적인 글루코스를 대사시켜 생합성 전구 물질과 산화적 대사의 부산물로 생기는 활성 산소로부터 보호할 필요에 부응한다. 어떤 암세포에서는 해당 경로의 물질 흐름이 증가하는 이유가 부분적으로는 두 가지 기능을 하는 효소인 포스포프럭토카이네이스-2/프럭토스 비스포스파테이스-2의 유전자를 과발현시키기 때문이다. 이 효소는 다른자리 조절자인 프럭토스-2,6-비스인산을 생산하는데, 이는 포스포프럭토카이네이스-1의 단계에서 해당 경로의 흐름을 증진시킨다. 글루코스의 분해 대사가 증가하면 해당 경로의 중간 물질의 농도가 증가한다. 그 결과로 생기는 3-인산화글리세르산(3-phosphoglycerate, 3PG)은 세린을 생성하는 경로로 빠져 나갈 수 있고(21-5A절), 세린은 글라이신으로 변환되어 세포의 생장과 분열을 위한 타이미딘 합성(23-3B절)을 포함하는 다른 대사 과정에 한 개의 탄소 그룹(21-4D절)을 제공할 수 있다. 글라이신 자체는 아데노신과 구아노신 뉴클레오타이드의 전구 물질이다(23-1절).

피루브산 카이네이스의 동형인 PKM2는 많은 암세포에서 발현되는데, 이는 글루코스 대사의 조절점으로 기능한다. 예를 들면 PKM2 활성은 퓨린 뉴클레오타이드 합성 경로의 중간 물질인 5-아미노이미다졸-4-(*N*-석시닐카복사마이드) 리보타이드(SAICAR)에 의해 증진된다. SAICAR가 축적되면, 이는 뉴클레오타이드 합성이 적절하게 이루어지고 있다는 것을 의미하게 되어 글루코스 분해 대사가 피루브산 쪽으로 진행된다. 뉴클레오타이드 합성으로 SAICAR가 소모되면 해당 경로의 중간 물질들은 다시 오탄당 경로(15-6절)와 세린 및 글라이신의 합성(21-5A절) 쪽으로 넘겨지게 된다. 세린은 PKM2를 다른자리 조절 방식으로 활성화하여 생합성 반응을 위한 글루코스의 탄소 사용이 세밀하게 조절되도록 한다.

해당 작용으로 생성된 피루브산은 알라닌의 전구 물질(21-5A절)인데, 알라닌은 루신 다음으로 단백질에 많은 아미노산이다(표 4-1). 피루브산은 아세틸 CoA로 변환되고, 이는 옥살아세트산과 반응하여 시트르산을 형성할 수 있다. 그러나 미토콘드리아에서 시트르산 회로를 계속 진행하는 대신 세포질로 수송되어 ATP-시트르산 분해효소의 작용을 받아 다시 아세틸CoA로 변환되어 지방산 합성에 사용될 수 있다(20-4A절). 시트르산과 지방산 아실CoA는 포스포프럭토카이네이스-1의 활성을 저해하여 상대적으로 더 많은 글루코스가 오탄당 인산화 경로에 들어가도록 한다. 이것은 뉴클레오타이드 합성에 필요한 오탄당과 NADPH를 생성한다. NADPH의 환원력은 지방 합성과 활성 산소에 의한 손상을 막아주는 환원형의 글루싸이온을 생성하는 데 사용된다(자료 15-4). 젖산은 암세포에서 해당 작용의 주된 최종 산물인데, 이것도 포스포프럭토카이네이스-1을 저해하여 오탄당 인산화 경로로 중간 대사물이 흘러 들어가도록 더욱 촉진하게 된다.

젖산은 암세포 자체 또는 주변 세포들에서 유전자 발현 패턴이 달라지게 하는 신호 전달 단계들을 촉발시켜 암세포의 생장을 간접적으로 지원할 수 있다. 예를 들면 혈관 안쪽을 싸고 있는 내피 세포는 젖산에 대한 반응으로 증식하여 새 혈관을 형성하고 이는 종양이 자라는 데 도움을 준다. 다른 암특이적인 대사산물도 DNA를 변경하는 반응에 참여하거나 방해할 수 있다. 이는 그러한 세포에서 대개 영구적으로 유전자 발현의 양상을 달라지게 한다. 방해하는 물질의 하나는 **2-하이드록시글루타르산(2-hydroxyglutarate)**인데, 일부 암에서 나타나는 돌연변이형의 아이소시트르산 탈수소 효소에 의해 아이소시트르산으로부터 생성된다.

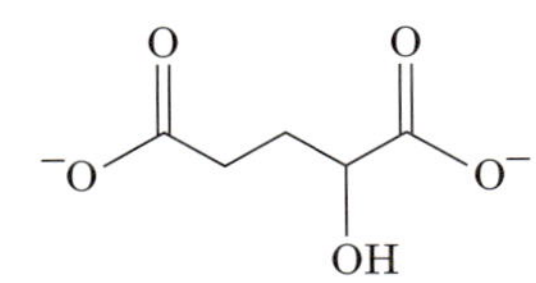
2-Hydroxyglutarate

글루타민과 글루탐산 대사는 합성 과정을 지원한다. 글루타민은 혈액에서 가장 많은 아미노산인데 암세포에게 핵심 영양소이다. 글루타민은 퓨린과 피리미딘 뉴클레오타이드 합성(23-1과 23-2절)에서 질소원이다. 더구나 글루타미네이스는 글루타민을 글루탐산으로 변환시키고, 이는 아민 전달 반응으로 α-케토글루타르산이 생성된다(21-4C절). α-케토글루타르산이 증가하면 시트르산 회로를 통하여 산화성 인산화 과정의 대사량이 증가할 수 있지만, α-케토글루타르산의 많은 부분은 합성 대사에 사용된다. 예를 들면 α-케토글루타르산으로부터 얻어진 말산은 말산 효소의 작용으로 피루브산으로 변환될 수 있다(20-2E절). 이 과정에서 NADPH가 생성되어 생합성 경로에 사용될 수 있다. α-케토글루타르산에서 생성되는 옥살아세트산은 아미노기 전이 반응으로 아스파라긴산이 될 수 있는데, 이는 퓨린 뉴클레오타이드의 전구 물질이다(23-1A절). 미토콘드리아의 옥살아세트산도 아세틸 CoA와 결합하여 시트르산을 생성할 수 있다. 이는 세포질로 수송되어 지방산 합성을 위한 아세틸 CoA를 공급한다(20-4A절).

글루탐산 탈수소 효소는 대사의 주요 조절점의 하나인데(21-5A절), 이의 활성은 ADP(활성제)와 GTP(저해제)를 포함하는 다양한 대사 물질에 의해 다른자리 조절을 받는다. 이는 아미노산 대사를 세포의 에너지 상태에 맞추는 데 도움이 된다. 류신도 글루탐산 탈수소 효소의 활성을 증진시키는데, 이것은 암세포에서 아미노산의 균형을 맞추는 데 도움이 될 수 있다. 팔미트산 CoA는 글루탐산 탈수소 효소의 활성을 낮추어, 지방산 합성이 활발하고 아실 CoA가 축적이 되면 시트르산 회로의 대사 물질 공급 기능이 감소하도록 만든다. 지방산의 산화가 활발하게 일어나면, 글루탐산 탈수소 효소에 대한 저해가 풀려서 글루탐산이 α-케토글루타르산을 보충해 주어 지방에서 생긴 아세틸 CoA가 시트르산 회로를 통하여 더 많이 처리될 수 있도록 한다.

체크 포인트

- 몸은 음식에서 나온 연료 분자들을 어떻게 배분하는가?
- 기아 상태의 초기와 후기에 일어나는 대사의 변화를 기술하시오.
- 인슐린 의존성 당뇨와 비의존성 당뇨를 구분하시오.
- 인슐린 저항성과 인슐린의 부족이 당뇨의 전형적인 증상에 어떻게 기여하는가?
- 비만과 비인슐린 의존성 당뇨는 어떻게 관련되어 있는가?
- 호기적 해당 작용은 혐기적 해당 작용과 어떻게 다른가? 혐기적 해당 작용이 실제는 혐기적이 아닌 이유는 무엇인가?
- 글루코스와 글루타민의 대사가 어떻게 뉴클레오타이드, 지질, 아미노산의 합성을 지원하는가?

글루코스와 글루타민의 소비가 증가하는 것은 대부분의 암세포에서 나타나는 특징이다. 그러나 암의 단인자적 특성 때문에 정상 세포가 암세포로 전환되는 과정에서 일어나는 모든 대사 변화를 설명하는 단일 메커니즘은 존재하지 않는다. 실제로, 암세포는 시간이 지나면서, 그리고 심지어 같은 종양 조직 내에서도 천차만별인 것으로 악명이 높다. 따라서 각 세포마다 효소 활성과 대사 물질 농도의 고유한 프로필이 있을지도 모른다. 그렇지만 암생물학을 더 잘 이해함으로써 항암제를 개발하는 데 있어 추가적인 표적을 제공받을 수 있을 것이다.

요약

1 기관별 대사의 전문화

- 주요 대사 연료(글루코스, 지방산, 아미노산)의 합성 및 분해 과정은 피루브산과 아세틸 CoA를 거쳐 진행된다. 포유동물에서 대사 경로들을 통한 흐름은 조직 특이적이다.
- 뇌는 주 대사 연료로 글루코스를 이용한다. 근육은 다양한 물질을 연료로 이용하지만 격렬한 신체 활동을 위해서는 혐기성 해당 과정에 의존한다. 지방 조직은 트라이아실글리세롤의 형태로 지방산을 전환하여 저장하고 있다가 필요에 따라 방출한다.
- 간은 혈액에 순환하는 연료 물질의 농도를 일정하게 유지한다. 글루코카이네이스의 작용에 의하여 간은 다량의 글루코스를 흡수할 수 있고, 이를 다양한 대사 과정에 이용한다. 또한 지방산을 케톤체로 전환하거나 단백질 분해나 식이로부터 얻는 아미노산의 대사도 간에서 일어난다. 글루코스 신생 합성은 간과 신장에서 일어난다.
- 코리 회로와 글루코스-알라닌 회로는 간과 근육 사이에서 대사 물질을 상호교환하면서 진행되는 다기관 대사 과정이다.

2 호르몬에 의한 연료 대사의 조절

- 인슐린, 글루카곤, 에피네프린과 같은 호르몬들은 수용체와 결합하여 표적 조직에 조절 신호를 전달한다. 수용체는 호르몬 신호를 세포 내부의 반응으로 변환한다. 인슐린은 연료의 저장을 촉진시키고 글루카곤과 에피네프린은 저장해 둔 연료를 동원한다.

3 대사 항상성

- AMP 의존성 단백질 카이네이스(AMPK)는 세포의 연료 계량기로서 ATP에 대한 세포의 필요를 감지하여 분해 대사를 활성화시키는 한편, 합성 대사는 저해한다.
- 아디포넥틴은 지방세포 호르몬으로 인슐린 민감성을 증가시키는데, AMPK를 활성화시킴으로써 작용한다.
- 식욕은 렙틴, 인슐린, 그렐린, PYY 등의 호르몬에 의해서 뇌하수체에서 조절된다.

4 연료 대사의 이상

- 금식하는 동안에는 식이를 통한 연료의 공급이 이루어지지 않으므로, 간은 처음에는 글리코겐을 분해하고 그 다음에는 아미노산 전구 물질로부터 글루코스 신생 합성을 통해 글루코스를 합성하여 방출한다. 마지막으로는 지방산 분해가 일어나 케톤체가 생성되어 몸이 필요로 하는 에너지의 대부분을 충당하게 된다.
- 당뇨는 고혈당과 다른 생리적인 부작용을 일으키는데, 인슐린을 만드는 췌장 β 세포의 파괴 또는 인슐린에 대한 저항성(인슐린 수용체가 소실되거나 인슐린에 둔감해지는 현상) 등이 그 원인이다.
- 음식 섭취와 에너지 소비 사이의 불균형에 의해 유발되는 비만은 여러 다른 조직에서 만들어지는 펩타이드 호르몬들의 비정상적인 조절 때문에 생길 수 있다.
- 대사 증후군은 비만, 신체적 무활동성, 유전적 결정 요인에 의해 생긴다.
- 암세포에서 글루코스와 글루타민의 소비가 증가하는데, 이는 해당 작용, 오탄당 인산화 경로와 같은 경로를 통한 생합성 과정과 시트르산 회로의 대사 물질 공급 기능을 지원한다.

주요 용어

고혈당증(hyperglycemia)
국소 빈혈(ischemia)
글루코스-알라닌 회로 (glucose-alanine cycle)
당뇨병(diabetes)
대사 증후군(metabolic syndrome)
대사 항상성(metabolic homeostasis)
미생물계(microbiome)
산소 부채(oxygen debt)
식이 유발 발열 과정(diet-induced thermogenesis)
인슐린 저항성(insulin resistance)
케톤증(ketosis)
코리 회로(Cori cycle)
호기성 해당 작용(aerobic glycolysis)

문제

연습 문제

1. 높은 고도에 적응하게 되면 근육 속에 GLUT1과 포스포프럭토 카이네이스가 증가한다. 왜 이것이 도움이 되는지 설명하시오.
2. 심장은 간이 하는 것처럼 젖산을 글루코스로 전환할 수 없다. 1몰의 젖산을 완전히 분해하여 얻을 수 있는 ATP의 양은 얼마인가?
3. 일부의 버섯에 있는 독소는 사람의 β 산화 과정을 막는다. 이 버섯을 먹으면 왜 심장 박동이 빨라지고 심한 저혈당에 이르게 되는지 설명하시오.
4. 세포가 성장 인자에 의해 자극되면 피루브산 카이네이스가 저해받게 된다. 그 결과로 해당 작용의 중간 대사물들이 오탄당 인산화 경로로 보내진다. 이것이 왜 세포 성장과 분열을 촉진하는 데 도움이 되는지 설명하시오.
5. GLUT1이라고 하는 수동적 글루코스 수송체(그림 10-13)는 대부분의 세포막에 존재하지만 간세포에는 없다. 그 대신 간세포는 GLUT2라는 수송체를 발현하는데, 이는 다른 수송 역학을 가진다. 간이 혈당의 완충 기능에서 하는 역할을 기반으로 해서 GLUT1과 GLUT2의 K_M 값을 비교하시오.
6. 문제 5의 결과를 사용하여 GLUT2에 결함이 있는 경우 1형 글리코젠 저장병(자료 16-2)과 유사한 증세가 나타나는 이유는 무엇인지 설명하시오.
7. 소장은 아미노산을 분해하여 상당한 양의 NH_4^+를 생산한다. NH_4^+는 대사되어 결국 무엇이 되는가?
8. (a) 콩팥이 NH_4^+를 생산하는 두 반응은 무엇인가? (b) 그렇게 해서 생기는 대사물로서 글루코스 신생 합성에 재료로 사용되는 것은 무엇인가?
9. 박테로이데스(Bacteroides)와 피르미큐테스(Firmicutes)는 사람의 대장에 가장 풍부하게 서식하는 미생물인데, 이들은 절대 혐기성 미생물로 호흡이 아니라 전적으로 발효에 의존해서 살아간다. 부상이나 감염에 대해 면역계의 세포들은 활성 산소종(18-4B절)과 활성 질소종(21-6C절)을 만들어 낸다. 이들의 분해 산물, 특히 질산염은 장내세균(Enterobacteriaceae)과 같이 수가 적은 통성 혐기성균에 의해 호흡에 대한 전자 수용체로 사용될 수 있다. 염증 반응 동안에 박테로이데스와 피르미큐테스는 줄어드는 반면, 장내세균은 번성하는 이유는 무엇인가?
10. 프로바이오틱스로 알려져 있는, 살아 있는 미생물을 포함하는 식품이 건강에 좋다고 광고된다. 이런 식품을 먹는다고 해도 대부분의 경우는 개인의 소화계의 기능에 또는 건강에 인지할 만한 효과가 없는 이유를 제시해 보시오.
11. 지방세포가 지방산으로부터 트라이아실글리세롤을 합성하기 위해서 인슐린을 필요로 하는 이유는 무엇인가?
12. 정상인에게 과량의 인슐린을 투여하였을 때 뇌 기능에 미치는 영향은 무엇인지 예측하시오.
13. 인슐린이 ATP-시트르산 분해 효소의 활성을 촉진하겠는가? 아니면 저해할 것이라고 생각하는가?
14. 일부 Gs 단백질과 연결된 수용체를 자극시키면 단백질 카이네이스 A(PKA)가 활성화된다. PKA 활성화가 다음의 PKA의 기질들에 미치는 영향을 예측하시오. (a) 아세틸 CoA 카복실화 효소, (b) 글리코젠 생성 효소, (c) 호르몬 민감성 지질 분해 효소, (d) 인산화 효소 카이네이스
15. 지방 조직이 내분비 기관이라고 할 수 있는 이유는 무엇인가?
16. 만일 *ob/ob* 쥐의 순환계를 외과적으로 정상 쥐의 순환계와 연결시킨다면, *ob/ob* 쥐의 식욕과 체중에는 어떤 변화가 있을까?
17. PYY_{3-36}의 식욕 저하 효과를 알아보기 위한 실험에서 왜 호르몬을 경구 투여하기보다는 정맥으로 주사해야 하는가?
18. 펩타이드 호르몬 PYY_{3-36}을 정맥 주사로 투여할 때 사람에서 메스꺼움이 나타날 수 있다. 이는 그 생물학적 기능과 부합하는 현상인가?
19. 아디포넥틴은 AMPK 활성을 조절할 뿐 아니라 항염 활성을 가지며, 이 때문에 염증 질환을 치료하는 잠재적인 약제로 매력적이다. 연구자들이 왜 아디포넥틴 자체를 약으로 시험하기보다는 아디포넥틴 수용체의 길항 물질을 찾고 있는지 설명하시오.
20. UCP1 단백질이 없는 생쥐를 왜 28°C에서 키울 때는 비만이 되고, 20°C에서는 그렇지 않은지 설명하시오.
21. 1형 당뇨에서는 인슐린 주사를 해야 하는데, 2형 당뇨 환자들에서는 일부만이 인슐린 주사의 효과를 볼 수 있다. 왜 그런가?
22. 당뇨병에 대한 일반적인 진단 시험에서 글루코스 용액을 경구 투여하고 2시간 후에 혈당을 측정한다. 그 이유는 무엇인가?
23. AMPK는 포스포프럭토카이네이스-2를 활성화시킨다. 이것이 어떻게 AMPK 활성을 촉진시키는 항당뇨 효과에 기여할지 설명하시오.
24. 사망 확률을 체질량 지표(BMI; 비만의 척도)의 함수로 나타내면 U자 모양의 곡선이 얻어진다. 그 이유는 무엇인가?
25. 3-포스포글리세르산은 높은 농도에서 6-포스포글루콘산 탈수소 효소를 저해한다. 이 조절 메커니즘은 암세포의 생장을 조절하는 데 어떻게 도움이 되는가?
26. 일부의 암에서 글루코스-6-인산 가수 분해 효소, 포스포에놀피루브산 카복시카이네이스, 프럭토스 비스인산 가수 분해 효소 유전자들의 발현이 정지되는데, 그 장점은 무엇인가?

도전 질문

27. 세포에서 ATP 공급이 고갈되면 ATP를 만드는 산화적 대사 과정이 멈추는 이유는 무엇인가?
28. 중간 사슬 아실 CoA 탈수소 효소(MCAD)가 결핍된 사람은 비케토성 저혈당 증상을 나타내는 경향이 있다. 이 결함이 있으면 (a) 케톤 생성, (b) 글루코스 신생 합성을 수행할 수 없게 되는 이유를 설명하시오.
29. 췌장 β 세포는 지방산에 대한 수용체를 발현한다. 지방산이 수용체에 결합하면 인슐린의 분비가 촉진된다. 이러한 현상은 대사적인 관점에서 타당한가?
30. 지방산은 글루코스가 같이 있을 때에 인슐린의 분비를 훨씬 더

촉진한다. 이 현상이 중요한 이유는 무엇인가?

31. 음식으로부터 생겨난 물질들이 혈액에 들어가면 호르몬으로 작용할 수 있다. 왜 루신이 중추신경계에 작용하여 음식 섭취를 줄이도록 하는 데 유리한가?

32. 경험이 많은 달리기 선수는 마라톤을 시작하기 직전에 많은 양의 글루코스를 섭취하는 것이 좋지 않다는 것을 안다. 이는 얼핏 보기에 모순처럼 생각되는데, 이에 대한 대사의 근거는 무엇인가?

33. 운동선수들은 마라톤 경기 직전 많은 양의 글루코스를 섭취하는 것은 좋지 않다는 것을 알고 있다. 얼핏 생각하면 모순으로 보이는 이 사실에 대한 대사적인 근거는 무엇인가?

34. 며칠 동안 굶고 나면, 간이 시트르산 회로를 거쳐 아세틸 CoA를 대사하는 능력이 저하되어 있다. 왜 그런지 설명하시오.

35. 혈액 속에 유리 지방산의 농도가 높으면 근육에서 인슐린 저항성이 나타나는 것으로 알려져 있다. 그러나 이것은 5시간이 지나서야 나타난다. 이것으로 보아 지방산의 어떤 대사 물질이 그런 현상을 일으킨다고 생각할 수 있다. 또한 그런 과정에서 단백질 카이네이스 C의 한 동위 효소가 활성화된다는 것과 유리 지방산의 농도가 높으면 트라이아실글리세롤이 근육에 축적된다는 것이 알려져 있다. 이런 정보를 기초로, PKC 활성화 메커니즘과 트라이아실글리세롤 생합성 경로를 복습한 후, PKC를 활성화시키는 대사 물질이 무엇일지 제시해 보시오.

36. 췌장의 β 세포는 인슐린과 함께 아밀린(amylin)이라는 펩타이드 호르몬을 분비한다. 아밀린은 뇌에 작용하여 위 배출을 느리게 하며, 췌장으로부터 소화 효소의 방출을 저해한다. (a) 아밀린의 효과가 인슐린과 상승 작용이 있는 이유는 무엇인지 설명하시오. (b) 저혈당인 사람에서는 아밀린이 위 배출을 느리게 하지 않는데, 이것이 왜 유익하다고 할 수 있는가?

37. 신체적 비활성이 어떻게 인슐린 저항성으로 이어질 수 있는지 AMPK 활성과 GLUT4와 연관시켜 설명하시오.

38. 급성 림프구성 백혈병에서 백혈구 암세포는 전형적으로 아스파라진 합성 효소가 결핍되어 있다. 이러한 유형의 암에 대하여 아스파라진 분해 효소를 처방하는 것이 왜 효과적인 치료법인가?

39. 간부전 상태가 대사에 미치는 영향이 무엇인지 기술하시오.

40. '먹고 싶은 대로 다 먹고 체중을 줄이세요'라는 식의 많은 다이어트가 한때 인기를 끌었는데, 이는 탄수화물은 모두 제거하고 단백질과 지방은 먹고 싶은 만큼 먹는 것이다. 그런 다이어트가 효과가 있겠는가? (힌트: 그런 다이어트를 하는 사람들이 자주 불평하는 것이 입 냄새가 나는 것이다)

참고 문헌

Ashcroft, F.M. and Rorsman, P., Diabetes mellitus and the β cell: The last ten years, *Cell* **148**, 1160 – 1171 (2012).

Coll, A.P., Farooqi, I.S., and O'Rahilly, S., The hormonal control of food intake, *Cell* **129**, 251 – 262 (2007).

Ding, T. and Schloss, P.D., Dynamics and associations of microbial community types across the human body, *Nature* **509**, 357 – 360 (2014).

Huang, H. and Czech, M.P., The GLUT4 glucose transporter, *Cell Metabolism* **5**, 237 – 252 (2007).

Kadowaki, T. and Yamauchi, T., Adiponectin and adiponectin receptors, *Endocrine Rev.* **26**, 439 – 451 (2005).

Kahn, S.E., Hull, R.L., and Utzschneider, K.M., Mechanisms linking obesity to insulin resistance and type 2 diabetes, *Nature* **444**, 840 – 856 (2006).

Nakar, V.A., et al., AMPK and PPARγ are exercise mimics, *Cell* **134**, 405 – 415 (2008).

Obesity, *Science* **299**, 845 – 860 (2003). [비만의 원인과 치료에 대한 유익한 논문 모음]

Odegaard, J.I. and Chawla, A., Pleiotropic actions of insulin resistance and inflammation in metabolic homeostasis, *Science* **339**, 172 – 177 (2013).

Pierce, V., Carobbio, S., and Vidal–Puig, A., The different shades of fat, *Nature* **510**, 76 – 83 (2014).

Shirwany, N.A. and Zou, M.H., AMPK: a cellular metabolic and redox sensor. A minireview, *Front. Biosci.* **19**, 447 – 474 (2014).

Spiegelman, B.M. and Flier, J.S., Obesity and the regulation of energy balance, *Cell* **104**, 531 – 543 (2001).

Stine, Z.E., and Dang, C.V., Stress eating and tuning out: Cancer cells re–wire metabolism to counter stress, *Crit. Rev. Biochem. Mol. Biol.*, **48**, 609 – 619 (2013).

Towler, M.C. and Hardie, D.G., AMP–Activated protein kinase in metabolic control and insulin signaling, *Circulation Res.* **100**, 328 – 341 (2007).

CHAPTER 23

뉴클레오타이드 물질대사

1 퓨린 리보뉴클레오타이드의 합성
- **A** 퓨린 합성은 이노신 일인산을 생성한다
- **B** IMP는 아데닌 및 구아닌 리보뉴클레오타이드로 전환된다
- **C** 퓨린 뉴클레오타이드 생합성은 몇 단계를 통해 조절된다
- **D** 퓨린은 회수된다

2 피리미딘 리보뉴클레오타이드의 합성
- **A** UMP는 6단계 반응 경로를 거쳐 합성된다
- **B** UMP는 UTP와 CTP를 합성한다
- **C** 피리미딘 뉴클레오타이드 생합성은 ATCase나 카바모일 인산 합성 효소 II에 의해 조절된다

3 데옥시리보뉴클레오타이드의 생성
- **A** 리보뉴클레오타이드 환원 효소는 리보뉴클레오타이드를 데옥시리보스로 전환한다
- **B** 타이민은 dUMP의 메틸화에 의해 생성된다

4 뉴클레오타이드 분해
- **A** 퓨린 분해 대사는 요산을 생성한다
- **B** 일부 동물들은 요산을 분해한다
- **C** 피리미딘은 말로닐 CoA와 메틸말로닐 CoA로 분해된다

Roger Wilmshurst/Science Source

땅에서 자라는 어떤 곰팡이 종은 '균륜'을 형성하며 자실체를 날려 보낸다. 주위의 풀들은 종종 동일한 원 패턴을 따라 빽빽히 자라기도 하는데, 이는 식물의 성장 인자로 작용하는 곰팡이 뉴클레오타이드 조각의 분비로 인한 것이다.

이미 3-1절에서 소개되었듯이 뉴클레오타이드는 오탄당(리보스 혹은 데옥시리보스)의 C1′에 퓨린 혹은 피리미딘이 결합된 형태의 인산 에스터 구조로 되어 있다. 뉴클레오사이드 삼인산(nucleoside triphosphate)은 핵산(nucleic acid)의 전구 물질로 사용되는 단일 구성 단위이다. 또한 뉴클레오타이드도 여러 다양한 생화학적 기능을 수행한다. 예를 들어 ATP와 같은 '고에너지' 화합물은 인산을 분리하여 얻어진 에너지로 다양한 반응들이 열역학적으로 적절하게 진행되도록 자유 에너지를 어떻게 공급해 주는가를 보여 주게 된다. 또한 뉴클레오타이드는 FAD, NAD^+, 보조효소 A 등을 포함한 대사 작용의 핵심적 보조 인자들의 구성 성분임을 보여 주게 된다. 세포 내 대사 작용에서 뉴클레오타이드의 중요성은 거의 모든 세포가 이들 뉴클레오타이드를 신생 합성(*de novo* 합성 *역자 주 : 여러 단계의 합성 과정을 모두 거치지 않고도, 세포 내에서 사용 가능한 전구 물질로부터 합성의 여러 단계를 생략한 채, 최종 산물을 간편하게 필요에 따라 만들어 내는 합성법)하거나 핵산의 분해 산물로부터 확보한다는 사실로 잘 나타난다. 그러나 뉴클레오타이드는 탄수화물, 아미노산, 지방산 등과 달리 대사 에너지의 결정적인 공급원으로서 작용하지는 않는다(*역자 주: 대사 에너지 전달 물질, 그 자체임).

이 장에서는 뉴클레오타이드의 생합성 경로에 대한 특성을 살펴보기로 한다. 그러기 위해서는 생합성의 조절 과정과 유전적 결함 및 화학 요법 제제의 작용으로 인한 일련의 저해 작용에 대해서 고려해 보기로 한다. 그리고 뉴클레오타이드가 어떻게 분해되는지 검토해 보기로 한다. 뉴클레오타이드 대사에 대한 일반적인 화학적 관점에서 주제별로 퓨린, 피리미딘, 데옥시리보뉴클레오타이드(타이미딜산 포함)에 대해서도 검토해 보기로 한다. 퓨린 및 피리미딘의 주요 염기에 대한 명명법 및 구조는 표 3-1에서 소개하고 있다.

1 퓨린 리보뉴클레오타이드의 합성

주요 개념

- IMP는 리보스-5-인산에 퓨린 염기가 더해져 합성된다.
- 카이네이스는 AMP와 GMP로부터 유래된 IMP를 ATP와 GTP로 전환한다.
- 퓨린 뉴클레오타이드 합성은 되먹임 억제와 앞먹임 활성화에 의해 조절된다.
- 회수 반응은 퓨린을 뉴클레오타이드 형태로 전환한다.

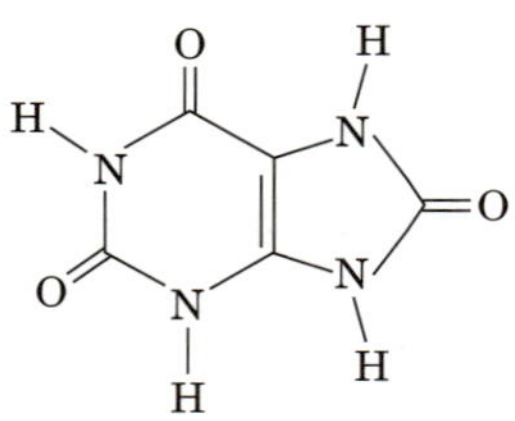

요소

뷰캐넌(John Buchanan)은 1948년에 퓨린 뉴클레오타이드의 신생 합성에 대한 단서를 얻게 되는데, 일단 방사선 동위 원소로 표지된 다양한 화합물을 비둘기에게 먹이로 준 뒤 이들 비둘기가 배설한 **요산(uric acid**, 퓨린 염기의 일종)에서 검출된 동위 원소의 위치를 화학적으로 규명함으로써 처음으로(역자 주: 뉴클레오타이드 합성 경로) 원소의 출처를 알게 되었다.

뷰캐넌의 연구 결과를 살펴보면 다음과 같다. 퓨린(고리 구조 화합물)의 N1은 아스파트산의 아미노기에서 비롯되었고, 퓨린의 C2와 C8은 폼산에서 온 것이며, N3와 N9는 글루타민의 아미노기의 질소이며, C4와 C5, N7은 글라이신(분자 전부가 퓨린 고리 구조로 옮겨진 것으로의 추정이 확실히 됨), C6은 HCO_3^-로부터 비롯되었다.

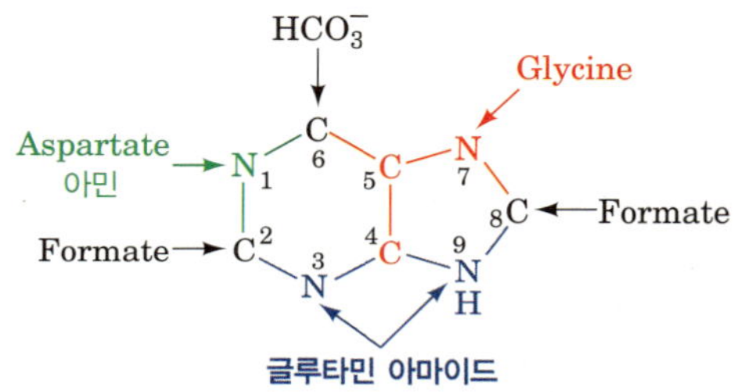

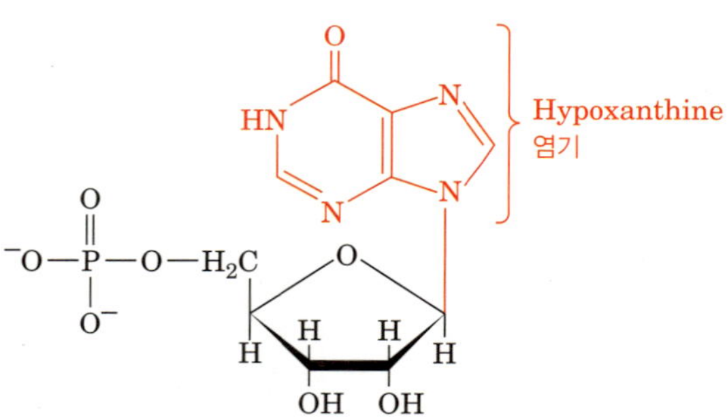

이노신 일인산(IMP)

이들 전구 물질이 어떻게 퓨린 고리 구조로 전이되었는가의 정확한 경로는 주로 뷰캐넌과 그린버그(G. Robert Greenberg)에 의해서 시도된 일련의 연구 결과로 밝혀졌다. 처음으로 합성되는 퓨린 유도체는 바로 **이노신 일인산(inosine monophosphate, IMP)**으로서, 이는 **하이포잔틴(hypoxanthine)**을 염기로 지니는 뉴클레오타이드이다. IMP는 AMP와 GMP의 전구 물질이다. 그러므로 예상과는 달리, **퓨린은 염기 그 자체로부터 만들어지는 것이 아니라 우선적으로 리보뉴클레오타이드와 연결된 상태로부터 만들어진다.** 추가적인 연구 결과들은 여러 다양한 생물체들, 즉 대장균, 효모, 비둘기, 인간 등에서는 동일한 경로의 퓨린 뉴클레오타이드 합성 과정을 갖는다는 것을 보여 줌으로써 생명 현상의 생화학적 일관성을 나타내고 있다.

A 퓨린 합성은 이노신 일인산을 생성한다

그림 23-1에서 보듯이 IMP는 11단계의 반응 경로를 거쳐서 합성된다.

1. **리보스-5-인산(ribose-5-phosphate)의 활성화** 퓨린 생합성의 시작 물질은 α-D-리보스-5-인산(α-D-ribose-5-phosphate)이며, 이는 15-6절에서 소개한 오탄당 인산 경로에서 생성된다. 퓨린 생합성의 첫 번째 단계는 **리보스 인산 파이로포스포카이네이스(ribose phosphate pyrophosphokinase)**가 ATP를 사용하여 리보스를

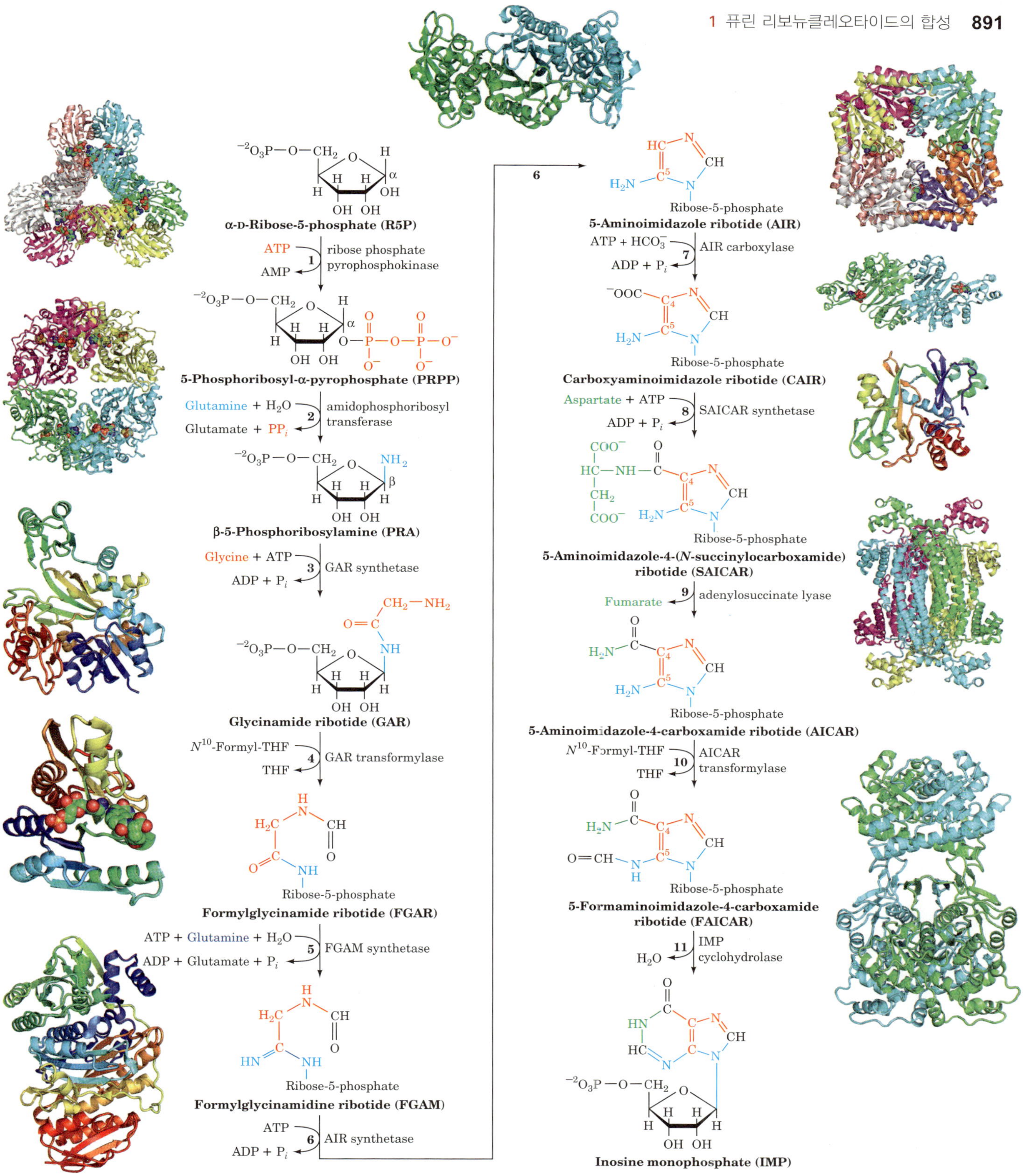

그림 23-1 IMP 신생 합성의 대사 경로 퓨린 잔기는 리보스에 11단계의 효소 촉매 작용 반응을 통해 연결되어 전체적인 구조를 갖추게 된다. 이들 관련 효소들의 X선 구조는 해당되는 반응의 화살 표시 바깥쪽(왼쪽 혹은 오른쪽)에 나타내고 있다. 단일 효소의 펩타이드 사슬들은 N 말단(청색)에서 C 말단(적색)으로 색으로 표시하였다. 여러 펩타이드 사슬을 지닌 효소들은 모두 동일한 폴리펩타이드 사슬로 구성되어 있는데, 여러 사슬들을 구별해서 관찰하기 위하여 다른 색으로 표시해 회전 각도를 달리하며 볼 수 있도록 하였다. 결합된 리간드는 C 녹색, N 청색, O 적색, P 주황색의 공간 채움 형태로 나타내었다. [PDBids: enzyme 1,1DKU; enzyme 2,1AO0; enzyme 3,1GSO; enzyme 4,1CDE; enzyme 5,1VK3; enzyme 6,1CLI; enzyme 7,1D7A (PurE) and 1B6S (PurK); enzyme 8,1A48; enzyme 9,1C3U; enzymes 10 and 11,1G8M.]

? 각 단계에서 일어나는 반응의 유형을 밝히라.

활성화시켜 **5-포스포리보실-α-파이로인산(5-phosphoribosyl-α-pyrophosphate, PRPP)**을 생성하는 것이다. 23-2A절에서 보였듯이 이들 화합물은 피리미딘 뉴클레오타이드 생합성과, 21-5B에서 보여진 것처럼 아미노산 히스티딘과 트립토판의 전구 물질이기도 하다. 여러 중요한 생합성 경로의 공통적으로 사용되는 효소에 대해 예측할 수 있듯이 리보스 인산 파이로포스포카이네이스의 효소 활성은 정교하게 조절 작용을 받는다.

2. **퓨린 N9 원자의 획득** 퓨린 생합성에 있어서 첫 번째의 독특한 반응은 **아미도포스포리보실 전달 효소(amidophosphoribosyl transferase)**의 효소 작용으로 PRPP의 파이로인산기(pyrophosphate group)를 글루타민의 아마이드 질소로 치환시킨다. 이 반응은 우선 PRPP의 C1을 α에서 β로 변형시켜 **β-5-포스포리보실아민(β-5-phosphoribosylamine)**의 형태로 만들어 추후에 형성될 뉴클레오타이드로의 변형된 형태를 갖추게 한다. 이 반응은 끊어져 나간 PP_i를 가수 분해시킴으로써 완결되며, 전체 경로의 유연한 흐름을 조절하는 단계로 자리잡게 된다.
3. **퓨린 C4, C5, N7 원자의 획득** 글라이신의 카복실기는 포스포리보실아민과 결합하여 아마이드 구조를 만들어 전체적으로 **글라이신아마이드 리보타이드(glycinamide ribotide, GAR)**를 형성한다. 이 반응은 ATP가 ADP + P_i로 가수 분해되는 (에너지 생성) 반응이 수반됨에도 불구하고 가역적이다. 또한 이 과정은 전체 퓨린 생합성 과정을 통틀어서 한 개 이상의 퓨린 고리 구조 형성 원자들이 결합하여 연결되는 유일한 단계이다.
4. **퓨린 C8 원자의 획득** 앞서 형성된 GAR 구조의 결합 가능한 상태의 α-아미노기의 포밀 반응을 통해서 **포밀글라이신아마이드 리보타이드(formylglycinamide ribotide, FGAR)**로 변한다. 이 반응에서 포밀(formyl)기 주개는 탄소 원자 한 개씩을 전달해 주는 기능을 지닌 보조 효소인 N^{10}-포밀테트라하이드로폴산(N^{10}-formyl-tetrahydrofolate, N^{10}-formyl-THF)이다(THF의 보조 인자로서의 기능은 21-4D절에서 설명하고 있다). 이 반응을 주관하는 효소인 **GAR 트랜스포밀레이스(GAR transformylase)**의 결정 구조는 GAR과 THF의 유사 구조 화합물인 **5-데아자테트라하이드로폴산(5-deazatetrahydrofolate, 5dTHF)**의 결합된 형태를 이용하여 알마시(Robert Almassy)에 의해 규명되었다(그림 23-2). 구조상으로 볼 때 GAR의 아미노기가 5dTHE의 N10과 근접하게 위치하고 있는 것을 유의해 볼 필요가 있다. 이 구조로 미루어 볼 때 GAR 트랜스포밀레이스의 작용 기작은 GAR의 아민기가 N^{10}-포밀-THF(N^{10}-formyl-THF)의 포밀의 탄소 원자와 친핵적으로 결합하려는 경향으로 인해, 사면체 구조의 중간 생성물을 만든다는 효소 기작적 고찰을 뒷받침한다.

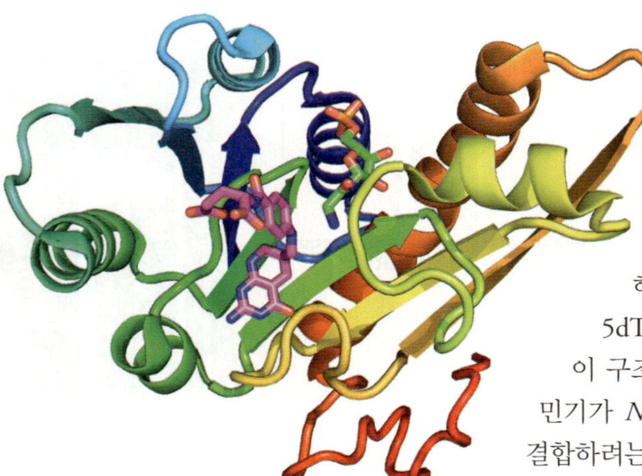

그림 23-2 GAR과 5dTHF와 결합된 형태의 대장균 GAR 트랜스포밀레이스의 X선 구조 GAR의 탄소 원자들(그림 오른쪽 상단)과 5dTHF(왼쪽 그림 하단)은 녹색과 자홍색으로 표시하였고, 그 이외의 질소는 파란색, 산소는 빨간색, 인은 주황색으로 나타내었다. GAR의 아미노기가 5dTHF의 N10에 구조적으로 근접(3.3 Å)하고 있는 것에 유의할 필요가 있다. [Based on an X-ray structure by Robert Almassy, Agouron Pharmaceuticals, San Diego, California. PDBid 1CDE.]

5. **퓨린 N3 원자의 획득** 두 번째로 글루타민을 사용하여 글루타민의 아마이드 아미노기를 제법 형태를 갖춰 가는 퓨린 고리 구조에 결합시켜 **포밀글라이신아미딘 리보타이드(formylglycinamidine ribotide, FGAR)**를 만든다. 이 반응은 ATP가 ADP + P_i로 가수 분해되는 반응과 연계되어 진행된다.
6. **퓨린 이미다졸 고리 구조의 형성** 퓨린 이미다졸 고리는 ATP를 필수적으로 사용하는 분자내 축합 과정을 통해 형성되면서 **5-아미노이미다졸 리보타이드(5-aminoimidazole ribotide, AIR)**가 만들어진다. 이미다졸 고리의 환원 고리 구조 형성은 반응물의 원래 구조인 이민(imine)에서 엔아민(enamine) 구조로

토토머화 전환이 일어나면서 수월하게 진행된다.

7. **C6의 획득** 퓨린의 C6는 NCO_3^-(CO_2)의 형태로부터 유래되며 **AIR 카복실화 효소**(**AIR carboxylase**)에 의해서 촉매된 반응의 결과로 **카복실아미노이미다졸 리보타이드**(**carboxylaminoimidazole ribotide, CAIR**)로 만들어진다. 효모, 식물, 그리고 대부분의 대장균을 포함한 원핵생물에서 AIR 카복실화 효소는 두 개의 단백질, 즉 **PurE**과 **PukK**로 이루어져 있다. PurE 자체로는 비록 카복실화 반응을 시킬 수 있으나, 이 효소의 HCO_3^-에 대한 K_M 값이 ~110 mM이므로, 이 반응이 진행되기 위해서는 생리학적으로는 다소 높은 HCO_3^- 농도(~100 mM)가 충족되어야 한다. PurK는 PurE에 비해서 탄산 농도를 1,000만큼 적게 필요로 하지만 이 반응은 ATP의 가수 분해를 수반해야 한다.
8. **N1의 획득** 퓨린의 1번 질소 원자는 아스파트산을 이용한 아마이드 형성 축합 반응에 의해서 **5-아미노이미다졸**(**aminoimidazole**)**-4-(*N*-succinylocarboxamide**) **리보타이드**(**ribotide**)(**SACAIR**)로 만들어지면서 제자리를 찾는다. 이 반응은 ATP의 가수 분해를 통해서 촉진되며 3번째 반응과 화학적으로 흡사한 것을 알 수 있다.
9. **퓨마르산을 분리시켜 떼어내기** SACAIR은 퓨마르산을 내어 놓으면서 끊어지게 되어 **5-아미노이미다졸-4-카복스아마이드 리보타이드**(**5-aminoimidazole-4-carboxamide ribotide, AICAR**)로 변하게 된다. 위의 8번 반응과 9번 반응은 요소 회로에서 시트룰린이 아민화되어 아르지닌을 생성하는 반응과 흡사하다(21-3A절 참조). 이 두 경로에서 아스파트산의 아미노기가 ATP 촉진 연계 반응을 통해 수용체에 전달되는 것으로서 아스파트산의 탄소 골격이 퓨마르산으로 제거되면서 분리된다.
10. **C2의 획득** 퓨린 고리를 구성하는 마지막 원자는 N^{10}-포밀-THF에 의해 포밀화되면서 얻어지게 되어 **5-폼아미노이미다졸-4-카복시아마이드 리보타이드**(**5-formaminoimidazole-4-carboxyamide ribotide, FAICAR**)를 생성한다. 이 반응과 4번째 반응은 **설폰아마이드**(**sulfonamide**)에 의해서 간접적으로 억제되는데, 21-4D절에서 소개하였듯이 설폰아마이드가 THF의 구성 성분인 *p*-아미노벤조산의 구조 유사물이기 때문이다.
11. **고리화로 IMP를 생성** 퓨린 생합성의 최종 단계의 반응은 물 분자를 떼어냄으로써 고리 구조를 결합시키며 닫아 IMP를 생성시킨다. 6번 반응과는 대조적으로 이미다졸(imidazole) 고리 구조로 고리화시키는 반응은 ATP의 가수 분해를 필요로 하지 않는다.

동물의 경우 10번 반응과 11번 반응은 7번 및 8번 반응처럼 이중 기능(bifunctional)의 효소에 의해서 진행된다. 또한 3번, 4번, 6번 반응도 단일 단백질이 효소 작용을 진행시킨다. 이들 **다기능(*multifunctional*) 효소에 의해 생성된 중간 생성물은 잘 배출되지 않고 전체 반응 경로상의 다음 번 효소 작용으로 연결된다.** 피루브산 탈수소 효소의 복합체(17-2절), 지방산 생성 효소(20-4C절), 세균의 글루탐산 생성 효소(21-7절), 트립토판 생성 효소(21-5B절)에 의해 촉매되는 반응들은 뉴클레오타이드 생성 경로에 전달되어 연결된다. 이들은 여러 단계의 전체적 반응 속도를 증가시키며 세포 내 다른 효소들에 의해서 중간 산물이 분해되는 것을 막는다.

B IMP는 아데닌 및 구아닌 리보뉴클레오타이드로 전환된다

IMP는 세포에 축적되지 않으면서 빠르게 AMP나 GMP로 전환된다. AMP는 단지 IMP와 6-케토기가 아미노기로 치환된 매우 유사한 구조로 단 두 단계의 반응으로 합성된다(**그림 23-3**, 왼쪽). 첫 번째 반응은 GTP가 GDP + P_i로 가수 분해되어 에너지를 공급해 주면서 아스파트산의 아미노기를 IMP에 결합시키므로 **아데닐석신산(adenylosuccinate)**을 만든다. 두 번째 반응에서는 작용 효소인 **아데닐석신산 분해 효소(adenylosuccinate lyase)**가 아데닐석신산에서 퓨마르산을 절단하여 AMP를 생성한다. 바로 이 효소가 IMP 생성 회로에서 9번째 반응을 촉매하였다(그림 23-1). 이들 두 반응 모두 퓨마르산을 떼어내면서 한 개의 질소 원자를 결합시킨다.

GMP도 두 가지 반응에 의해서 IMP로부터 생성된다(그림 23-3, 오른쪽). 첫 번째 반응은 NAD^+를 환원시키면서 IMP로부터 탈수소화시켜서 **잔토신 일인산(xanthosine monophosphate, XMP**: 잔틴 염기가 결합된 리보뉴클레오타이드)을 만든다. XMP에는 ATP를 AMP + PP_i(연속적으로 2개의 P_i로 분해)로 가수 분해시키는 반응을 통해 촉진되어 글루타민의 아마이드 질소 원자를 전달함으로써 GMP로 전환된다. B 림프구 및 T 림프구는 면역 기능에 관여하며, 이들 면역 세포가 많이 증식하기 위해서는 구아노신이 필요한데, 이 구아노신을 공급하기 위해서는 작용 효소인 IMP 탈

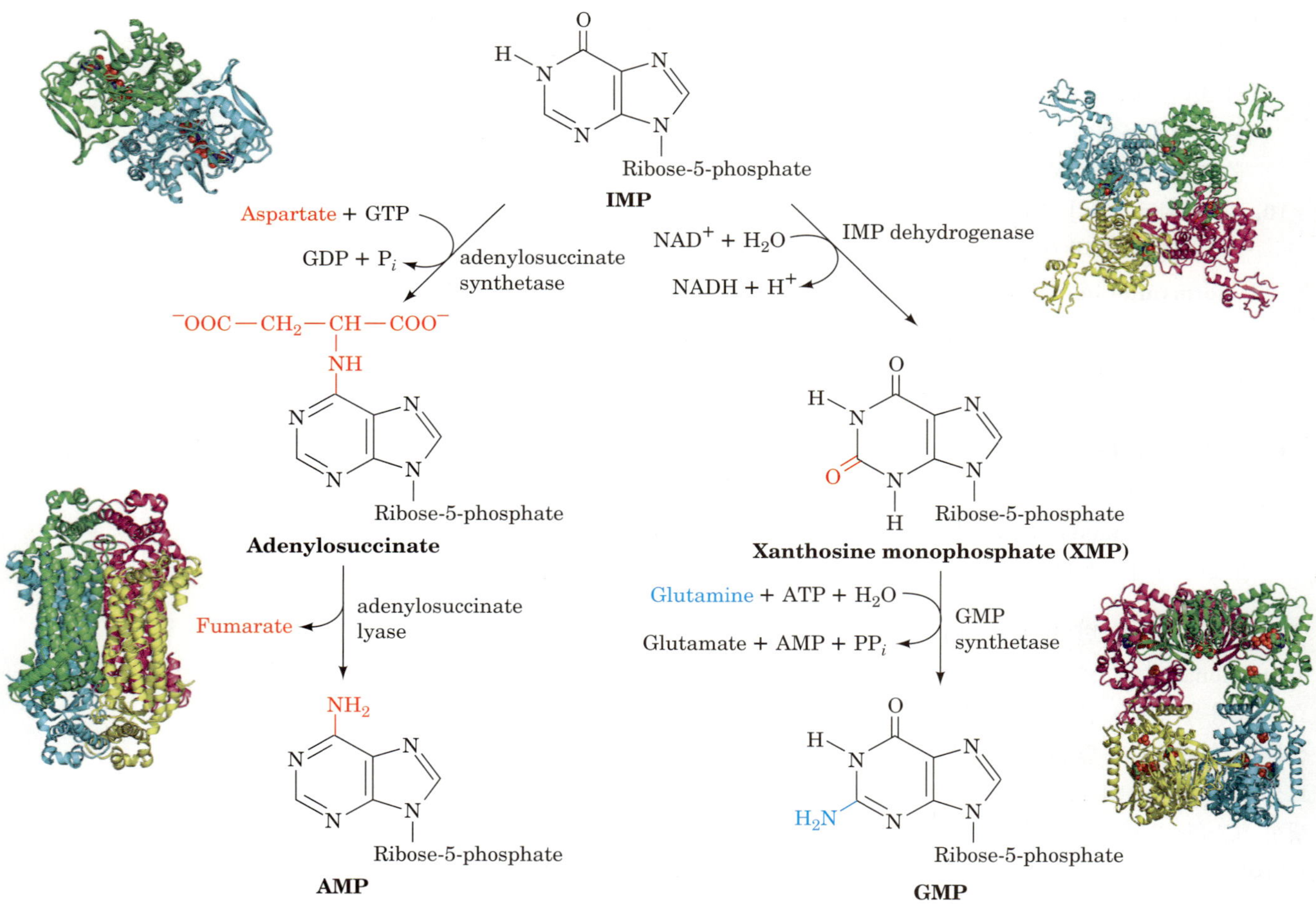

그림 23-3 **별개의 두 반응 경로에 의한 IMP의 AMP 혹은 GMP로의 전환 과정** 이들 반응을 촉매하는 동종 소중합체(homo-oligomeric) 구성의 효소에 대한 X선 구조는 그림 23-1의 그림 설명에서의 표식 방식으로 보여 주고 있다. [PDBids: adenylosuccinate synthetase, 1GIM; adenylosuccinate lyase, 1C3U; IMP dehydrogenase, 1JR1; GMP synthetase, 1GPM.]

? AMP 합성의 보조 인자로 GTP가 적합하고 GMP 합성에서 ATP가 보조 인자로 적합한 이유는 무엇인가?

수소 효소의 활성이 높아야 한다. 곰팡이에서 얻은 화합물인 **마이코페놀산**(**mycophenolic acid**)은 이 효소의 작용을 방해하여 신장 이식 수술 후 면역 억제제(이식받은 신장의 면역 작용에 대한)로 사용된다.

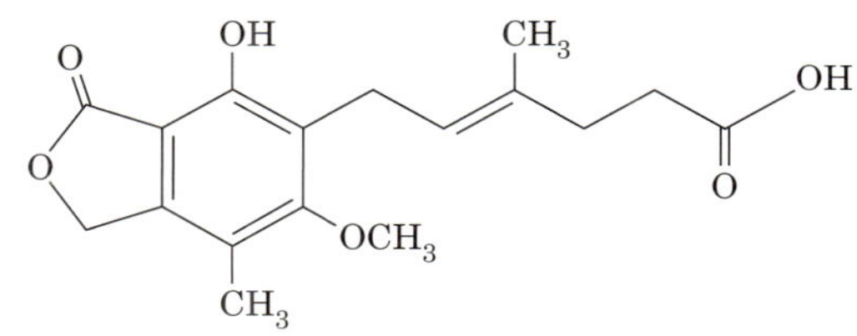

마이코페놀산

뉴클레오사이드 이인산 및 삼인산은 뉴클레오사이드 일인산을 인산화시켜서 합성한다. 핵산 합성에 사용되기 위해서 뉴클레오사이드 일인산은 반드시 뉴클레오사이드 삼인산 상태로 바뀌어야 한다. 첫째, 뉴클레오사이드 이인산은 작용 효소인 염기 특이적 **뉴클레오사이드 일인산 카이네이스**(**nucleoside monophosphate kinase**)에 의해서 동일 염기를 가진 뉴클레오사이드 일인산으로부터 합성된다. 예를 들어 아데닐산 카이네이스(adenylate kinase, 14-2C절)는 다음과 같이 AMP를 ADP로 인산화시킨다.

$$\text{AMP} + \text{ATP} \rightleftharpoons 2\ \text{ADP}$$

유사하게 GDP는 **구아닐산 카이네이스**(**guanylate kinase**)에 의해 생성된다.

$$\text{GMP} + \text{ATP} \rightleftharpoons \text{GDP} + \text{ADP}$$

이들 뉴클레오사이드 일인산 카이네이스는 기질 내의 오탄당의 종류가 리보스인지, 데옥시리보스인지 구별할 수 없다.

뉴클레오사이드 이인산은 작용 효소인 **뉴클레오사이드 이인산 카이네이스**(**nucleoside diphosphate kinase**)에 의해서 삼인산의 형태로 바뀌게 된다. 예를 들면

$$\text{GDP} + \text{ATP} \rightleftharpoons \text{GTP} + \text{ADP}$$

비록 이 반응에서 ATP가 인산기 제공자로 쓰이고 있지만, 이 효소는 기질로서 특별히 데옥시리보스보다 리보스를 더 선호한다든지, 특정 염기만을 선호한다든지 하는 경향은 보이지 않는다. 더군다나 뉴클레오사이드 이인산 카이네이스의 반응은 이 효소의 기질과 생성물이 거의 동일하다고 할 수도 있는 상태에서 미루어 짐작할 수 있듯이 보통 평형($\Delta G \approx 0$)에 가까운 상태로 진행된다. 물론 ADP도 여러 다양한 에너지 방출 반응들, 즉 해당 작용이나 산화성 인산화 과정에서의 에너지 방출 반응에 의해서 ATP로 전환된다. 이러한 일련의 반응들이야말로 궁극적으로 카이네이스에 의해 반응을 진행시키는 것이다.

C 퓨린 뉴클레오타이드 생합성은 몇 단계를 통해 조절된다

IMP, ATP, GTP 등을 합성하는 과정은 대부분의 세포에서 핵산 합성에 소요되는 퓨린 뉴클레오타이드의 전체 양 및 ATP와 GTP의 상대적인 양을 조절하기 위해서 각각의 과정이 조절받게 된다. 이런 조절 메커니즘의 경로는 **그림 23-4**에서 도식화하여 보여 주고 있다.

IMP 합성 경로는 처음 두 반응에서 조절되는데, PRPP 및 5-포스포리보실아민(5-phosphoribosylamine) 합성을 촉매 작용하는 과정이다. IMP 합성의 첫 번째 반응(그림 23-1)을 촉매하는 효소인 리보스 인산 파이로포스포카이네이스(ribose phosphate pyrophosphokinase)는 ADP와 GDP에 의해서 작용이 방해된다. IMP 합성 경로(2번째 반응)의 첫 번째 결정적인 단계를 주관하는 효소인 아미노포스포리보실 전달 효소는 (위에서 설명한 메커니즘과) 유사하게 되먹임 방해를 받는다. 이런 경우에는 효소가 한쪽 방해제 결합 위치에 ATP, ADP, AMP와 결합하게 되고, 다른 쪽에는 GTP, GDP, GMP와 결합하여 효소 작용이 방해된다. **그러므로 IMP**

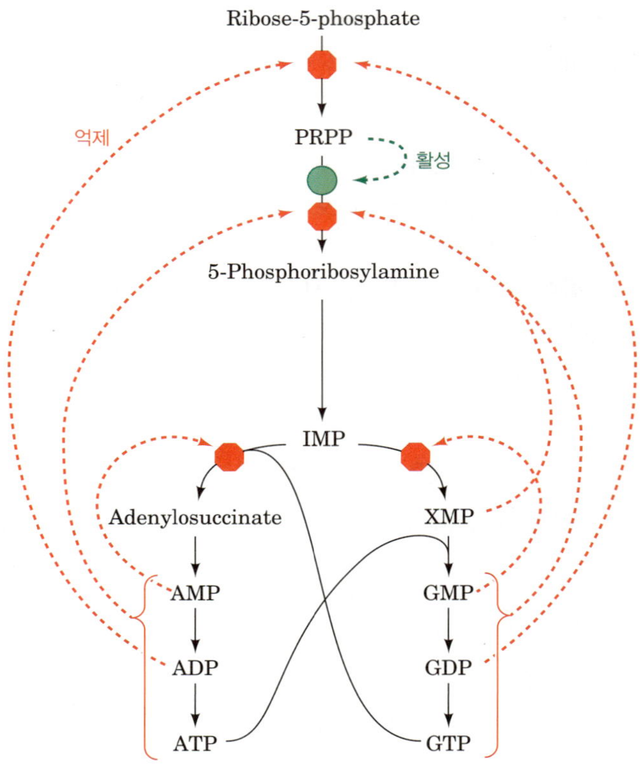

그림 23-4 퓨린 생합성 경로의 조절 빨간색 팔각형 기호와 녹색의 원은 조절 작용이 일어나는 곳을 나타낸다. 되먹임 억제는 붉은 점선 화살표로 나타내고, 앞먹임 활성화는 녹색의 점선 화살표로 나타내었다.

의 생산 속도는 아데닌 뉴클레오타이드와 구아닌 뉴클레오타이드의 세포 내 수준에 의해 독립적이나 상승 효과를 일으키도록 조절된다. 아미도포스포리보스 전달효소(amidophosphoribosyl transferase)의 효소 작용은 PRPP에 의해서 다른자리 입체성으로 반응이 촉진된다[되먹임 효과와 대조적으로 **앞먹임 활성화(feedforward activation)**된다].

조금 덜 중요하게 조절이 일어나는 두 번째 수준의 조절 작용은 IMP로부터 GMP, AMP로 진행되는 분리된 경로로 진입하는 곳에서 즉각적으로 일어난다. AMP와 GMP는 자체 합성에 있어 서 각각에 해당되는 경로에서 IMP의 경쟁적 억제제로서 작용하여 해당 생성물이 과도하게 축적되는 것을 방지한다. 또한 아데닌 및 구아닌 뉴클레오타이드 합성 속도는 조화롭게 조절된다. GTP가 IMP로부터 AMP를 합성하도록 추진력을 제공한다는 것을 상기해 볼 때, ATP는 IMP로부터 GMP를 합성하는 추진력 제공원이 된다(그림 23-3). 이런 상호 보상적인 작용은 AMP와 GMP 생성에 대한 균형을 맞추게 되며(핵산 생합성 시 거의 이 두 물질이 동일한 양만큼 필요하다는 사실로 미루어 볼 때), **GMP의 합성 속도는 [ATP] 농도에 비례해서 증가하고, AMP의 합성 속도는 [GTP]의 농도에 비례한다.**

D 퓨린은 회수된다

대부분의 세포에서는 핵산의 사용 회전율(trunover), 특히 RNA의 몇몇 형태에서는 아데닌, 구아닌, 하이포잔틴(hypoxanthine)을 배출한다(23-4A절). 이들 배출된 퓨린들은 **회수 경로(salvage pathway)**를 거쳐서 다시 각각의 해당(염기를 보유한) 뉴클레오타이드로 전환된다. 모든 세포에서 동일하게 진행되는 퓨린 뉴클레오타이드의 생합성 과정과는 대조적으로, 회수 경로는 특성과 분포가 다양하다. 포유동물의 경우, 퓨린은 대부분 다음 두 가지 효소에 의해 회수된다. 첫 번째 효소인 **아데닌 포스포리보**

실 전달 효소(**adenine phosphoribosyltransferase, APRT**)는 PRPP를 이용하여 AMP 생성을 가능하게 한다.

$$\text{Adenine} + \text{PRPP} \rightleftharpoons \text{AMP} + \text{PP}_i$$

두 번째 효소인 **하이포잔틴-구아닌 포스포리보실 전달 효소**(**hypoxanthine-guanin phosphoribosyltransferase, HGPRT**)는 하이포잔틴과 구아닌에 대한 유사한 반응을 진행시킨다.

$$\text{Hypoxanthine} + \text{PRPP} \rightleftharpoons \text{IMP} + \text{PP}_i$$
$$\text{Guanine} + \text{PRPP} \rightleftharpoons \text{GMP} + \text{PP}_i$$

HGPRT 결핍으로 인한 레쉬-니한 증후군 **레쉬-니한 증후군**(**Lesch-Nyhan syndrome**)은 HGPRT의 극심한 결핍으로 초래되며, 이 징후는 퓨린 생합성에 필요한 에너지 보존 이외에 퓨린 회수 작용 기능을 나타내는 것으로 알 수 있게 된다. 이것은 성별 차이에 연관된 선천적 장애로(주로 남자에게 영향을 끼침) 많은 양의 요산을 생성시키며 [요산은 퓨린의 분해 산물로서 23-4A절에서 설명됨], 신경계의 이상으로 경련성 마비, 정신적 지체, 자해와 같은 파괴적 공격 성향 등을 보이게 된다. 예를 들어 레쉬-니한 증후증의 아이들은 (손과 입을 가리거나 묶어두어야 하는데) 입술과 손톱을 자제하기 어렵도록 깨물고자 하는 충동에 휩싸인다. 만약 이런 (신체 구속) 보호 조치를 풀어주면 몇몇 환자들은 이런 억제 장치를 다른 것으로 바꾸어 달라고 하며 심지어 자해하기도 한다.

레쉬-니한 증후군의 환자들의 과도한 요산 생성은 쉽게 설명될 수 있다. HGPRT 활성의 부족은 정상적으로는 하이포잔틴과 구아닌 회수에 사용되었을 PRPP의 축적을 야기시킨다. 과다한 PRPP는 아미도포스포리보실 전달 효소(amidophosphoribosyl transferase, IMP 생합성의 두 번째 반응을 촉매하는)를 활성화시켜서 퓨린 뉴클레오타이드 합성을 신속하게 하여 이들 퓨린 뉴클레오타이드의 분해 산물인 요산을 만들게 된다. 그러나 연관된 신경계 이상 증상의 생리적 근거는 아직 확실히 이해되지 못하고 있다. 이렇게 한 가지 효소의 결핍은 효소 결핍으로 인한 극심한 증서와 확인된 행동 변화 이상 등의 중요한 신경생리학적 함축성을 담고 있다.

체크 포인트

- IMP 생합성에 필요한 전구 물질과 보조 인자를 나열해 보시오.
- 뉴클레오타이드 생합성에서 다기능 효소의 중요성을 기술하시오.
- IMP에서 ATP와 GTP로 변환되는 과정을 기술하시오.
- 구아닌 및 아데닌 뉴클레오타이드는 그들의 합성을 어떻게 억제 혹은 촉진하는가?
- 배출된 퓨린은 어떻게 뉴클레오타이드로 되돌아가는지 서술하시오.

2 피리미딘 리보뉴클레오타이드의 합성

주요 개념

- UMP는 피리미딘 염기로 합성이 되고 리보스-5-인산에 연결된다.
- CTP와 UTP는 UMP로부터 유도된다.
- 피리미딘 뉴클레오타이드 합성의 초기 단계는 대사 경로의 주요 조절점이다.

피리미딘의 생합성은 퓨린의 경우보다 더 간단하다. 동위 원소 추적 실험에 의해 밝혀진 바로는, 피리미딘 고리의 N1, C4, C5, C6은 모두 아스파트산에서 온 것이고, C2는 HCO_3^-에서 오고, N3은 글루타민에서 유래된 것이다.

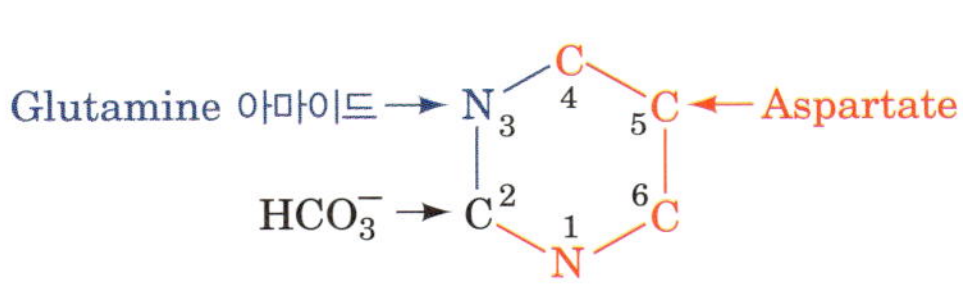

A UMP는 6단계 반응 경로를 거쳐 합성된다

UMP는 CMP의 전구 물질로도 사용되는데, 6단계의 반응 경로를 거쳐서 합성된다(**그림 23-5**). 퓨린 뉴클레오타이드 합성과는 달리, 피리미딘 고리는 피리미딘 고리 구조가 합성 및 형성된 뒤에 리보스-5-인산(ribose-5-phosphate)과 연결된다.

1. **카바모일 인산의 합성** 피리미딘 생합성의 첫 번째 반응은 **카바모일 인산(carbamoyl phosphate)**의 합성으로부터 시작되며, 이것은 세포질 내 작용 효소인 **카바모일 인산 합성 효소 II(carbamoyl phosphate synthetase II)**의 작용으로 HCO_3^-와 글루타민의 아마이드 질소기를 결합시켜 카바모일 인산을 만든다. 이 반응은 2분자의 ATP를 소비한다. 즉 한 분자는 인산기를 제공하고, 또 다른 한 개는 반응에 에너지를 제공한다. 카바모일 인산은 요소 회로에서도 만들어진다(21-3A절). 요소 회로의 반응에서는 미토콘드리아 내의 효소인 카바모일 인산 합성 효소 I이 촉매 작용을 하며 암모니아가 질소 원자의 공급원으로 사용된다.
2. **카바모일 아스파트산의 합성** 카바모일 인산과 아스파트산이 축합하여 생성되는 **카바모일 아스파트산(carbamoyl aspartate)**은 작용 효소인 **아스파트산 카바모일기 전**

그림 23-5 UMP 생합성 이들 반응의 촉매 작용을 하는 6개 효소들에 대한 X선 구조를 그림 23-1의 설명처럼 보여 주고 있다. [PDBids: enzyme 1, 1BXR; enzyme 2, 5AT1; enzyme 3, 1J79; enzyme 4, 1D3H; enzyme 5, 1OPR; enzyme 6, 1DBT.]

? 각 단계에서 일어나는 반응의 유형을 밝히라.

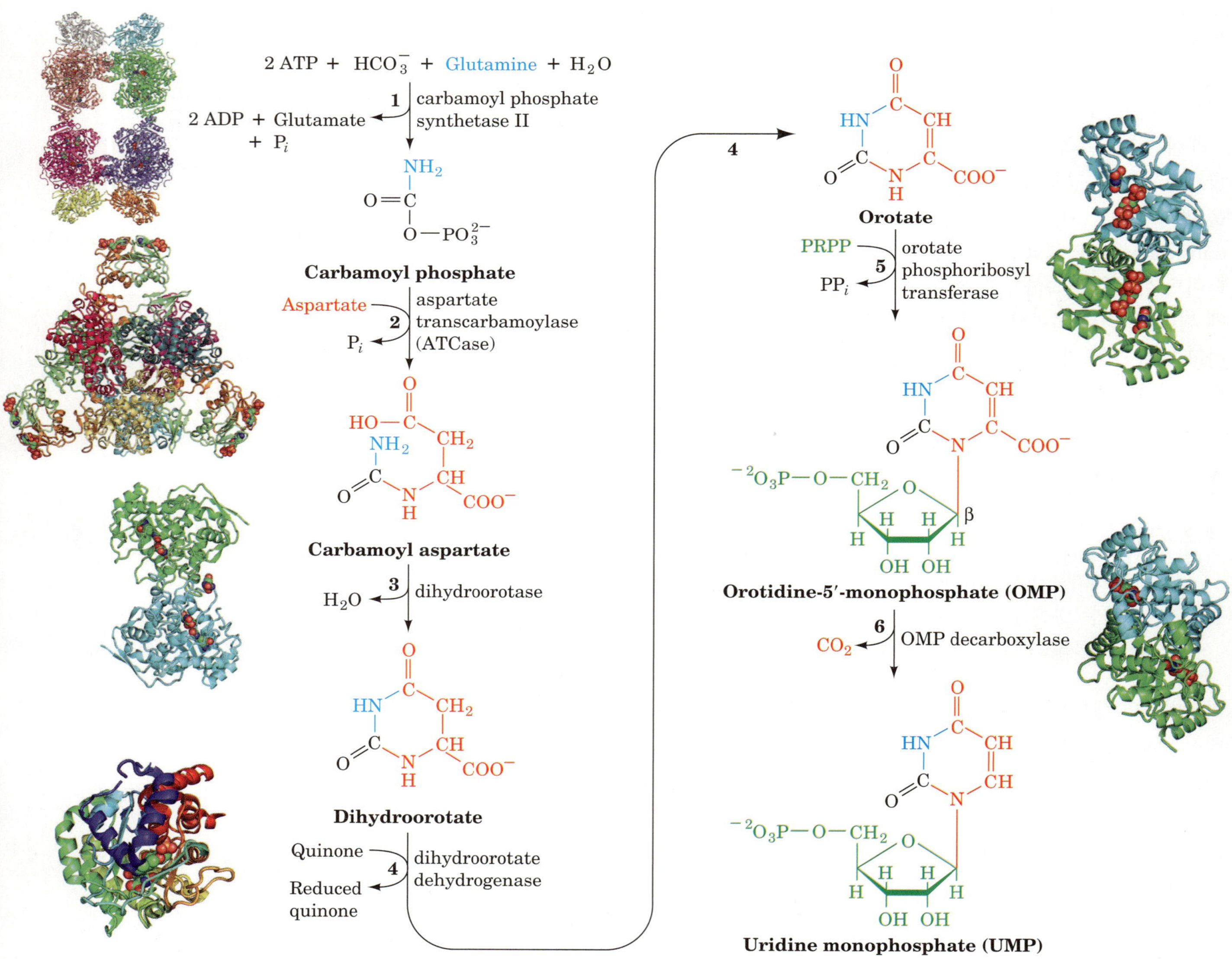

달 효소(**aspartate transcarbamoylase, ATCase**)에 의해서 촉매 작용을 받는다. 이 반응은 카바모일 인산이 이미(에너지면에서) '활성화' 되어 있는 상태여서 ATP의 가수 분해가 일어나지 않는다. 대장균의 ATCase의 구조와 조절에 관한 내용은 12-3절을 참고하라.

3. **고리 구조로 닫혀지면서 다이하이드로오로트산 형성** 이 경로의 세 번째 반응은 작용 효소인 **다이하이드로오로테이스**(**dihydroorotase**)에 의해서 **다이하이드로오로트산**(**dihydroorotate**)이 만들어지는 분자내 축합 과정이다.
4. **다이하이드로오로트산의 산화 반응** 다이하이드로오로트산은 작용 효소인 **다이하이드로오로트산 탈수소 효소**(**dihydroorotate dehydrogenase**)에 의해 비가역적으로 산화되어 **오로트산**(**orotate**)으로 된다. 진핵생물에서의 이 효소는 FMN과 비헴(nonheme) Fe을 지니고 있으며, 미토콘드리아 내막의 바깥 표면에 위치하면서 퀴논(quinone)을 자체의 산화력 공급원으로 사용한다. 피리미딘 뉴클레오타이드 합성에 관여하는 다른 5개의 효소는 동물세포에서 모두 세포질 내에 존재한다. 다이하이드로오로트산 탈수소 효소가 저해 작용을 받으면 T 림프구의 피리미딘 합성이 억제되어 자가 면역 질환인 류마티스성 관절염이 둔화된다.
5. **리보스(당) 인산 부위의 획득** 오로트산은 PRPP와 반응하여 **오로티딘-5′-일인산**(**orotidine-5′-monophosphate, OMP**)을 생성하는데, 이 반응은 **오로트산 포스포리보실 전달 효소**(**orotate phosphoribosyl transferase**)의 촉매 작용에 의하여 일어난다. 이 반응은 떨어져 나온 PP_i의 가수 분해로 진행이 촉진되면서 피리미딘 뉴클레오타이드 아노머의 구조를 β 구조로 고정시킨다. 또한 작용 효소인 오로트산 포스포리보실 전달 효소는 유라실과 사이토신과 같은 피리미딘 염기들을 회수하여 해당되는(염기를 지닌) 뉴클레오타이드로 바꾸는 반응을 진행한다.
6. **UMP 생성을 위한 탈카복실화** 이 모든 경로의 마지막 단계는 작용 효소인 **OMP 탈카복실화 효소**(**OMP decarboxylase, ODCase**)가 OMP를 탈카복실화시켜서 UMP를 생성하는 것이다. ODCase는 비촉매 반응의 경우와 비교해 볼 때, 반응 속도(k_{cat}/K_M)를 2×10^{23}배 만큼 높이므로 모든 알려진 효소 반응 중에서 가장 촉매 작용이 우수한 효소로 알려져 있다. 그럼에도 불구하고 이 반응은 어떠한 보조 인자의 도움 없이도 추정되는 탄소 음이온 중간 생성물을 안정화시킬 수 있다. 비록 ODCase 반응 메커니즘은 완전히 알려지지 않았으나, OMP에서의 인산기의 이탈은 C6의 카복실기로부터 다소 먼 위치에서 일어나는데 반응 속도를 7×10^{7} 만큼이나 감소시키고, 이런 현상은 결합 에너지가 얼마나 촉매 작용(호의적 전이 상태 결합)에 잘 적용될 수 있는지를 보여 주는 결정적인 예로서 제공될 수 있다.

세균의 경우, UMP 생합성의 6개 효소들은 각각 독립적인 별개의 단백질로서 나타난다. 그러나 동물의 경우 존스(Mary Ellen Jones)가 밝혔듯이 이 과정의 첫 세 단계에서 효소 활성은 카바모일 인산 합성 효소 II(carbamoul phosphate synthetase II), ATCase, 다이하이드로오로테이스(dihydroorotase)의 세 효소가 모두 단 한 개의 210 kD 크기의 폴리펩타이드 사슬에 의해서 발휘된다.

피리미딘 생합성 경로는 항기생균 약제의 개발용 표적이 된다. 예를 들어 대부분의 포유동물에 감염되어 **톡소프라스모스증**(**toxoplasmisis**)을 일으키는 기생균인 *Toxoplasma gondii*를 **그림 23-6**에서 보여 주고 있다. 이 질병은 합병증으로 실명, 신

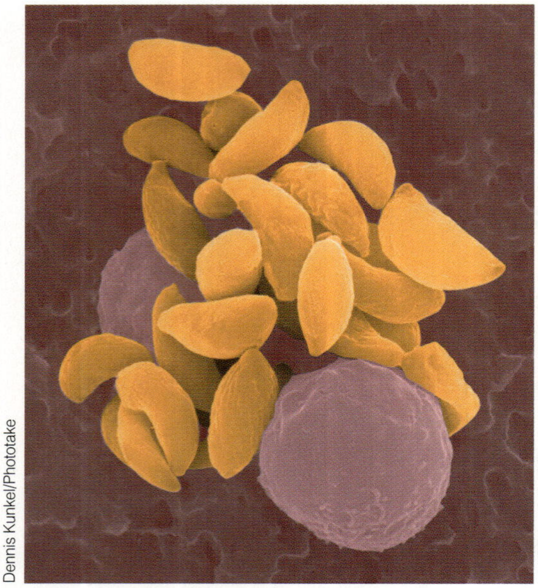

그림 23-6 *Toxoplasma gondii* 세포 내 기생균(노란색)으로서 톡소프라스모스증을 유발시킨다.

경계 이상을 일으키며 면역 기능 저하 환자(AIDS 환자 등과 같은)는 죽음에 이르게도 한다. 대부분의 기생균은 숙주를 이용하여 영양분을 취하려고 하는 쪽으로 진화되어 왔으나 *T. gondii*(숙주인 포유동물의) 뉴클레오타이드 회수 과정에서는 전적으로 이들 기생균의 필요를 충족시킬 수 없어서 스스로의 유라실 생합성 능력을 보유하고 있다. 이들 기생균의 보유 효소인 카바모일 인산 합성 효소 II(포유동물에서 유사하게 작용하는 효소의 구조 및 메커니즘과는 판이하게 구별되면서)를 표적으로 하는 약제들은 *T. gondii*의 성장을 방해하게 된다. 더욱이 *T. gondii*의 균주들을 조작하여 카바모일 인산 합성 효소 II의 양을 부족하게 만들면 감염성이 떨어져 사람이나 가축들에게 유용한 백신으로 사용될 수 있다는 것이 증명되었다.

B UMP는 UTP와 CTP를 합성한다

UMP로부터 UTP를 합성하는 것은 퓨린 뉴클레오타이드 삼인산을 합성하는 것과 유사하다(23-1B절). 이 과정은 뉴클레오사이드 일인산 카이네이스와 뉴클레오사이드 이인산 카이네이스 두 효소의 연속적인 반응으로 진행된다.

$$\text{UMP} + \text{ATP} \rightleftharpoons \text{UDP} + \text{ADP}$$
$$\text{UDP} + \text{ATP} \rightleftharpoons \text{UTP} + \text{ADP}$$

CTP는 **CTP 합성 효소(CTP synthetase)**에 의해서 UTP에 아민기를 결합시키면서 생성된다(**그림 23-7**). 아미노기는 동물의 경우, 글루타민으로부터 전해 오고 세균의 경우는 암모니아에서 바로 얻어진다.

C 피리미딘 뉴클레오타이드 생합성은 ATCase나 카바모일 인산 합성 효소 II에 의해 조절된다.

세균의 경우, 피리미딘 생합성 경로는 무엇보다도 두 번째 반응, 즉 ATCase 반응에서 조절된다(**그림 23-8*a***). 대장균의 경우, 조절 작용은 ATCase의 ATP에 의한 다른 자리 입체성 촉진과 CTP에 의한 억제를 통해서 발휘된다(12-3절). 그러나 많은 세균의 경우에서는 UTP가 ATCase의 주된 방해제이다.

동물의 경우 ATCase는 조절되는 효소가 아니다. 오히려 피리미딘 생합성은 카바모일 인산 합성 효소 II의 효소 활성도에 의해 조절되는데, 이 효소는 UDP와 UTP에 의해서 억제되고, ATP와 PRPP에 의해서 활성화된다(**그림 23-8*b***). 포유동물의(피리미딘 합성) 경로의 두 번째 수준의 조절은 OMP 탈카복실화 효소에서 일어나는

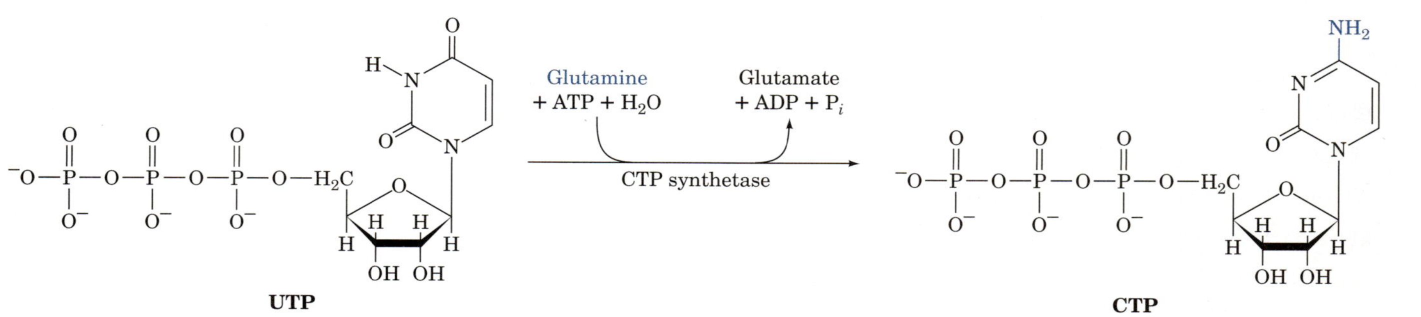

그림 23-7 UTP로부터 CTP의 합성

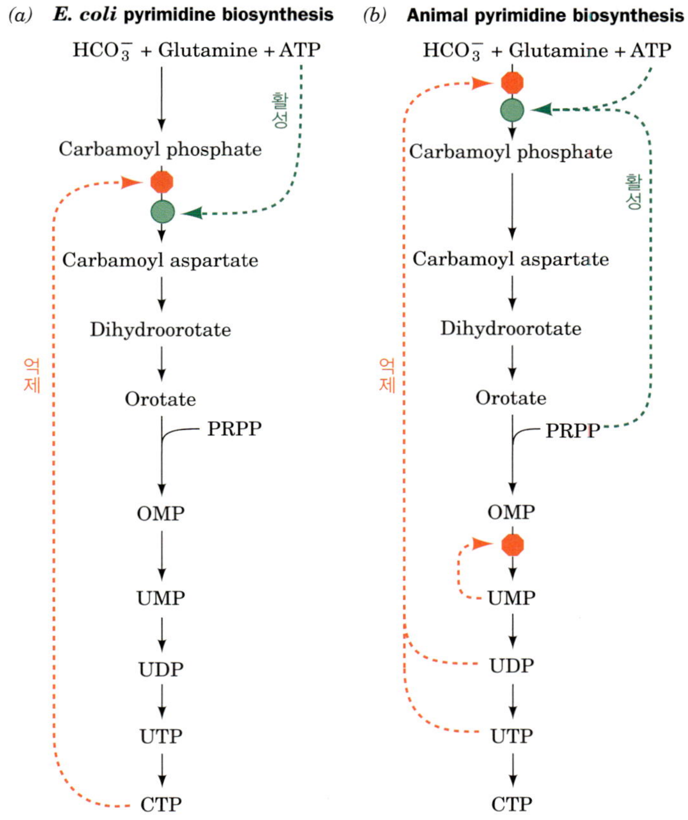

그림 23-8 피리미딘 생합성 조절 *(a)* 대장균, *(b)* 동물에 대한 조절 회로도를 보이고 있다. 빨간색 팔각형 기호와 녹색 원 기호는 조절 작용이 일어난 것을 표시한다. 되먹임 방해는 붉은 점선 화살표로 나타내고, 촉진의 조절 작용은 녹색 점선 화살표로 표시한다.

데, UMP가 경쟁적 억제제로서, 그리고 다소 약한 정도로 CMP가 경쟁적 억제제로 작용한다. 모든 생물체에서 OMP 생산 속도는 전구 물질인 PRPP의 유용성에 따라 달라진다. 상기해 보면, PRPP의 양은 리보스 인산 파이로포스포카이네이스(ribose phosphate pyrophosphokinase)의 효소 활성에 비례하였고(그림 23-1, 첫 번째 반응), ADP와 GDP에 의해서 방해되었다(23-1C절).

선천적 효소 결핍으로 인한 오로트산증 오로트산증(orotic aciduria)은 사람의 선천성 질환으로서 소변을 통해서 다량의 오로트산을 배출하여 성장 지체, 극심한 빈혈증을 일으키는 특징을 보인다. 이는 피리미딘 뉴클레오타이드 생합성의 5번째 및 6번째 반응을 촉매하는 이중 기능 효소의 결핍으로 야기된다. 이런 생화학적 고찰은 효율적인 치료법을 이끌어 내게 한다. 즉 유리딘(uridine)이나 사이티딘(cytidine)을 투여하는 것이다. 이들은 원래 합성되는 것을 대체하는 것 이외에도, 뉴클레오사이드에 인산기와 결합하여 UMP가 만들어지게 되고 이들은 오로트산 합성 속도를 감소시켜서 카바모일 인산 합성 효소 II의 활성을 억제하게 된다. 사람의 경우 피리미딘 뉴클레오타이드 생합성의 또 다른 유전적 결핍은 알려진 바 없는데, 그 이유는 이러한 장애가 아마도 치명적이기 때문이다.

체크 포인트

- 퓨린과 피리미딘 합성 경로에서 (a) 전구 물질, (b) 에너지 비용, (c) 리보스 성분의 획득, (d) 효소 반응 단계를 비교해 보시오.
- UMP로부터 어떻게 CTP와 UTP가 생성되는가?
- 세균과 동물에서 피리미딘 합성의 조절이 어떻게 다른가?

3 데옥시리보뉴클레오타이드의 생성

주요 개념

- 리보뉴클레오타이드 환원 효소는 자유 라디칼 작용 메커니즘에 의해 리보뉴클레오타이드를 데옥시리보뉴클레오타이드로 전환한다.
- 타이미딜산 생성 효소는 메틸기를 dUMP로 전달하여 타이민을 형성한다.

DNA는 다음의 두 가지 측면에서 RNA와 화학적으로 다르다. (1) 뉴클레오타이드는 리보스(당) 잔기가 아닌 2′-데옥시리보스(2′ 위치에 산소 원자가 빠진) 잔기를 지닌다. (2) 염기 중에서 유라실(uracil) 대신에 5-메틸유라실(methyluracil)인 타이민을 지닌다. 이 절에서는 이들 DNA 구성 성분의 생합성에 대해서 고찰해 보기로 한다.

A 리보뉴클레오타이드 환원 효소는 리보뉴클레오타이드를 데옥시리보스로 전환한다

데옥시리보뉴클레오타이드의 합성은 데옥시리보스를 지닌 전구 물질로부터 새로이 합성되는 것이라기보다는 연관되는(염기를 함유한) 리보뉴클레오타이드의 C2′ 위치의 작용기가 환원됨으로써 일어난다.

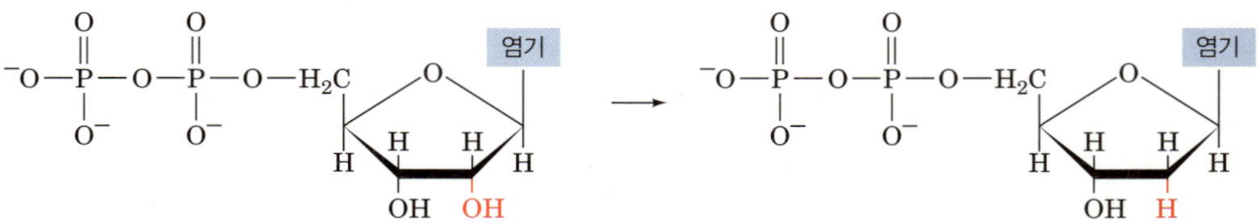

NDP **dNDP**

데옥시리보뉴클레오타이드의 형성은 해당되는 리보뉴클레오타이드를 환원시키는 효소에 의한 것으로, 이런 효소를 **리보뉴클레오타이드 환원 효소(ribonucleotide reductase, RNR)**라고 한다. RNR에는 세 가지 종류가 있는데, 이들은 보결 원자단이 모두 다르지만 자유 라디칼 작용 메커니즘에 의해 리보스의 2′-OH기가 H로 치환되어 있다. 계열 I RNR이라고 하는 효소는 Fe이나 Mn 보결 원자단을 지니며 대부분의 진핵생물과 호기성 원핵생물에서 나타나는데, 이들 작용 메커니즘에 대해서 고찰해 보기로 한다.

계열 I RNR은 리보뉴클레오사이드 이인산(NDP)을 연관되는 데옥시리보뉴클레오타이드 이인산(dNDP)으로 환원시킨다. 대장균의 리보뉴클레오타이드 환원 효소는 레이차드(Peter Reichard)에 의해서 밝혀진 대로, 주로 생체외에서는 (촉매 기능이) 불활성화된 (두 개의) 동종 이합체 α_2와 β_2로 분해될 수 있는 한 개의 이종 사합체(heterotetramer)로 존재한다(**그림 23-9**). 각각의 761개 잔기의 α 소단위체는 산화-환원에 활성을 지닌 3개의 Cys 싸이올(thiol)기를 포함한 기질 결합 자리를 지닌다. α 단위체는 또한 효소의 촉매 활성 및 기질 특이성을 조절하는 2개의 조절 인자 결합 자리를 지니고 있다(아래 내용 참조).

β_2의 X선 구조는 에클룬드(Hans Eklund)에 의해서 측정된 것으로서 단위체가 유별나게 긴 나선 구조의 뭉치들로 이루어져 있음을 나타낸다. 각각의 373개 잔기의 β 소단위체는 새로운 이핵의 Fe(III) 보결 원자단을 포함하고 있는데, 이 중에서 Fe(III) 이온들은 한 개의 연결된 O 원자를 포함한 여러 다양한 작용기와 리간드 결합되어 있다(그림 23-9). Fe(III) 복합체는 Tyr 122와 작용하여 특이한 타이로실(tyrosyl) 자유 라디칼을 생성한다. [타이로신 라디칼들은 사이토크롬 *c* 산화 효소(18-2F절)와 식

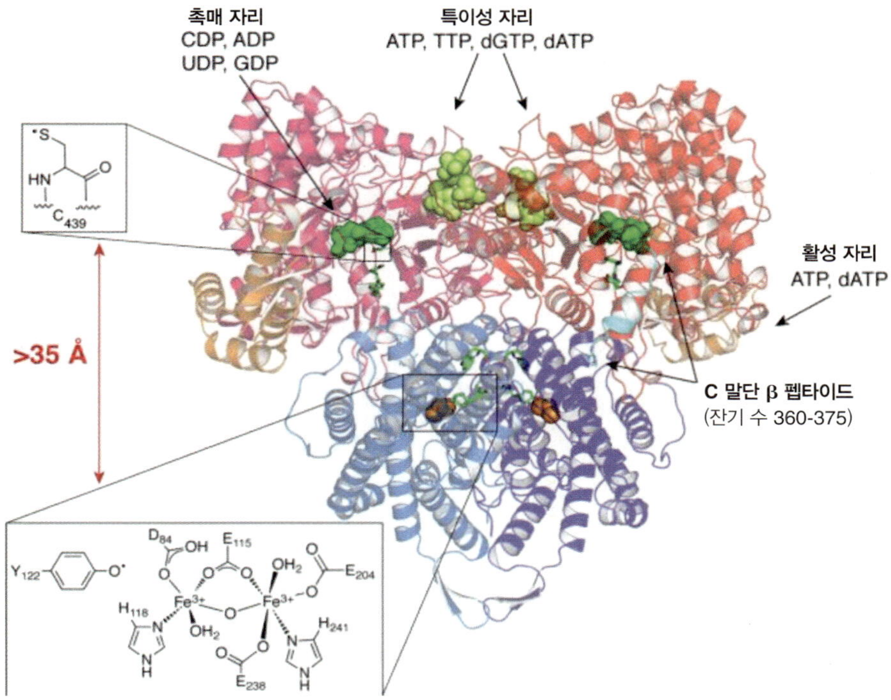

그림 23-9 **소단위체의 X선 구조에 의한 대장균의 리보뉴클레오타이드 환원 효소 모형** 이 모형은 수직의 대칭축에 의해 포개질 수 있는 구조로 나타내고 있다. 소단위체를 분홍색과 빨간색으로, β 소단위체를 하늘색과 파란색으로 보여 주고 있다. α 소단위체와 결합하는 β 소단위체의 C 말단은 청록색으로 표현하고 있으며, 활성 자리는 주황색으로 표현하고 있다. 촉매 활성 자리의 GDP는 녹색으로, TTP는 연두색으로, Fe_2O 중심은 공간 채움 형태로 표현하고 있다. 라디칼 전달 과정에서 잔기 형성 부분은 녹색 막대 형태로 표현하였다. 아래 삽입된 그림은 이철 클러스터(diferric cluster)를, 위쪽 삽입 그림은 타일 라디칼(thiyl radical)을 표현하고 있다. [Courtesy of JoAnne Stubbe, MIT. PDBids 1RIB, 3R1R, and 4R1R.]

물의 광반응계 II(19-2C절)에서 촉매 반응 역할을 한다.]

β 단위체의 C 말단 부분의 20개 잔기의 구조와 복합체를 형성하는 구조의 X선 구조 또한 에클룬드에 의해 밝혀졌지만, $\alpha_2\beta_2$ 이종 사합체의 구조는 아직까지 밝혀지지 않았다. 그러나 에클룬드는 그림 23-9와 같이 $\alpha_2\beta_2$ 이종 사합체 구조를 제안하였는데, 이는 $\alpha_2\beta_2$ 이종 사합체 구조를 이루기 위해 α_2와 β_2 동종 이합체가 대칭축을 공유하고 단위체의 C 말단 부분이 α 단위체와 결합할 때까지 하나의 동종 이합체가 다른 이합체를 축 회전한다고 가정하여 모형을 제안하고 있다. 이 모형은 내부 단위체 거리를 측정한 몇몇 분광학적 데이터와 일치한다.

슈투버(JoAnne Stubbe)는 대장균의 리보뉴클레오타이드 환원 효소의 촉매 메커니즘을 다음과 같이 제안하였다(**그림 23-10**).

1. Cys 439α의 자유 라디칼(전자)은 그림 23-9 위쪽에 삽입된 타일 라디칼(thiyl radical) 형성 메커니즘을 통하여 Tyr 122β로 전달된다. 타일 라디칼은 반응 속도 결정 단계에서 기질 NDP C3′의 수소 원자를 추출하고 라디칼을 C3′으로 전달한다.
2. 라디칼이 C2′으로 이동되는 것과 동시에 발생하는 Glu 441α O3′의 양성자의 염기 촉매 추출은 C2′ OH기가 Cys 462α로부터 양성자를 추출하도록 하여 물을 형성, 제거한다.
3. 생성된 라디칼 중간체는 효소의 산화–환원 활성 머캅토기쌍(Cys 462α와 Cys 225α)에 의해 이황화 결합이 형성되며, C3′에 라디칼을 갖는 2′-데옥시뉴클레오다이드가 형성되고 환원된다.
4. 라디칼은 타일 라디칼을 재형성하고 효소의 dNDP 생성물이 만들어지는 1단계의 역반응으로 Cys 429α로 이동된다.
5. dNDP 생성물은 배출되고 새로운 NDP 기질로 치환된다. 환원형의 싸이오레독신 단백질이 α 소단위체의 산화–환원 활성 이황화기와 함께 이황화 교환 반응

process diagram

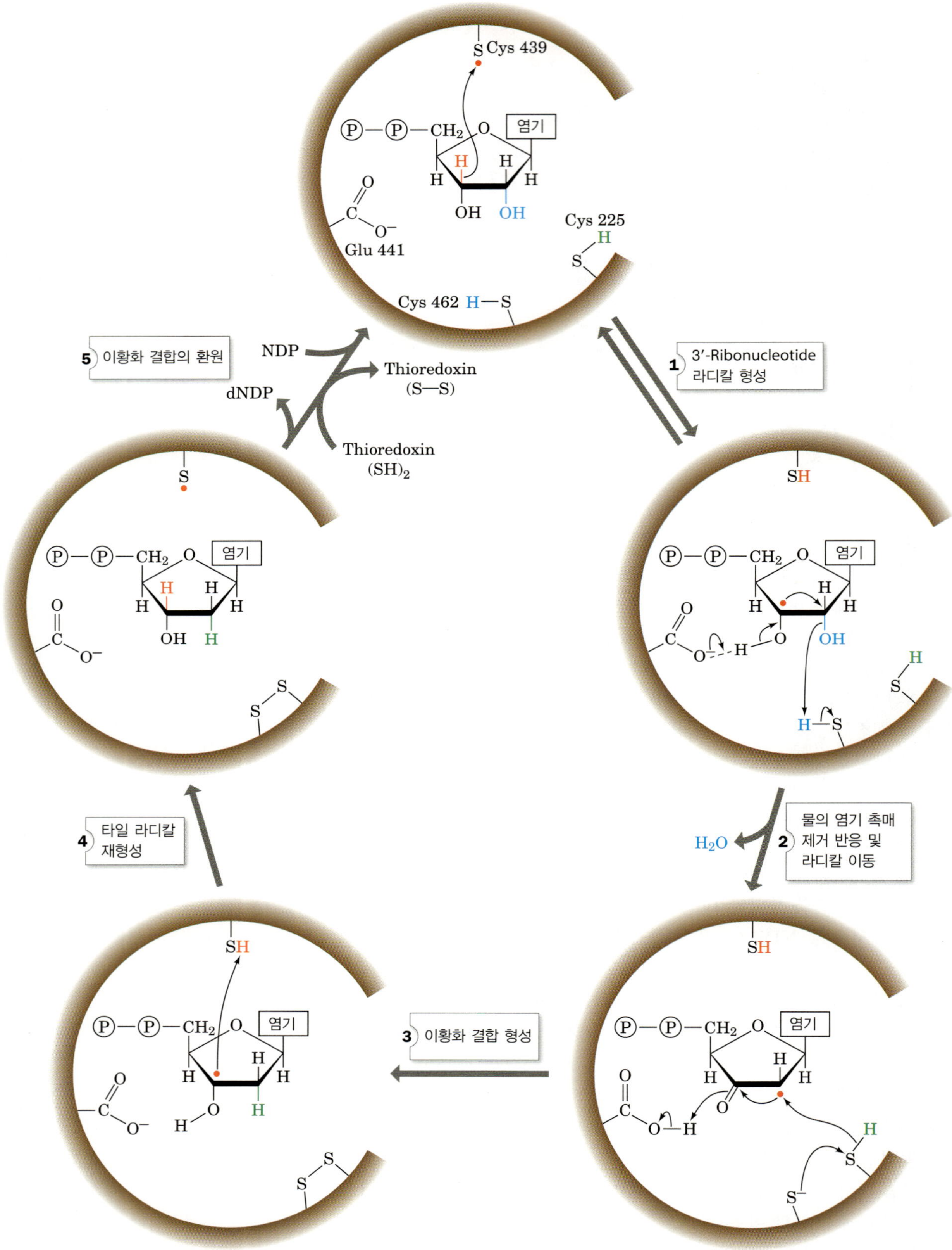

그림 23-10 소단위체에 의해 이루어지는 리보뉴클레오타이드 환원 효소의 효소 메커니즘 자세한 사항 본문 참고

을 수행하고, 산화된 싸이오레독신이 만들어지면서 효소는 초기 단계로 돌아가 촉매 회로가 완성된다.

단백질의 표면 아래 ~10 Å에 위치하는 Tyr 122β 라디칼은 매우 안정하다. 용액 중에서 반감기가 1μs인 것과 달리 반감기가 4°C에서 4일이다. Tyr 122β 라디칼은 Cys 439α로부터 35Å보다 더 떨어져 있어, 전자를 직접 전달하기에 너무 멀다.

단백질은 α와 β 소단위체를 연결하는 산화 환원 방향족 잔기(Tyr과 Trp)의 곁사슬을 통하여 전자 전달에 관여한다. 이 과정의 각 단계의 전자 전달은 양성자 이동이 동반되고, Cys 439로부터 전자와 양성자의 추출로 완결된다.

산화된 상태의 리보뉴클레오타이드 환원 효소는 기질과 결합하지 못함으로써 필수적인 보호 기능의 임무를 수행한다. 환원된 상태의 α_2(산화-환원 활성화된 Cys 225와 Cys 462의 잔기가 SH 형태로 있을 때)과 산화된 상태의 α_2(Cys 225와 Cys 462가 SH 형태로 있을 때)의 X선 결정 구조를 비교해 보면, 환원 상태 α_2 내의 Cys 462는 산화 상태의 α_2에서 해당 (아미노기) 위치에서 회전 이동하여 소수성 주머니 위치에 파묻히게 되고, Cys 225는 이전에 Cys 462가 차지하고 있던 바로 그 자리로 이동해 들어간다. 그리하여 이전에 이황화 결합의 S 원자 사이의 거리가 2.0 Å에서 5.7 Å으로 증가한다. 이런 이동 현상으로 인하여 주변에 있는 폴리펩타이드 사슬들도 조금씩 움직이게 된다. 산화 상태의 리보뉴클레오타이드 환원 효소 내의 Cys 225α는 효소 내의 S 원자와 기질인 NTP의 O2′ 원자와의 구조적인 간섭을 일으켜 효소와 기질의 결합을 방해하게 된다.

산화된 상태의 리보뉴클레오타이드 환원 효소가 기질과 결합하지 못한다는 것은 기능적으로 중요한 의미를 지닌다. 기질이 없을 때, 효소 내의 자유 라디칼은 이핵철 이온 중심과 가까운 β 소단위체의 내부에 저장된 상태이다. 기질이 일단 결합하게 되면, 라디칼들은 기질로 전달된다. 효소가 산화된 상태로 있는 경우처럼, 기질이 자유 라디칼을 받은 후에도 적절히 반응하지 못한다면 이들 자유 라디칼은 기질과 효소 모두를 파괴할 수도 있다. 그러므로 **이 효소의 중요한 역할은 라디칼의 강력한 산화력 배출을 조절하는 것이다. 효소가 산화된 상태로 있을 때 기질과의 결합을 방해함으로써 어느 정도 달성된다.**

싸이오레독신은 리보뉴클레오타이드 환원 효소를 환원시킨다. 리보뉴클레오타이드 환원 효소의 촉매적 순환 작용의 마지막 단계는 이 효소에서 새로 형성된 이황화 결합을 산화-환원 활성화 형태인 설프하이드릴기 한 쌍으로 다시 만들어 두기 위해서 환원시키는 것이다. 효소의 생리적 환원제 중 하나로 **싸이오레독신(thioredoxin)**이 있는데, 이웃하는 한 쌍의 Cys 잔기를 가진 세포에서 흔히 발견되는 한 개의 펩타이드로 된 단백질이다(캘빈 회로의 조절 작용에도 관여함, 19-3C절). 싸이오레독신은 산화된 상태의 리보뉴클레오타이드 환원 효소를 이황화 결합의 치환으로 인해 환원시킨다.

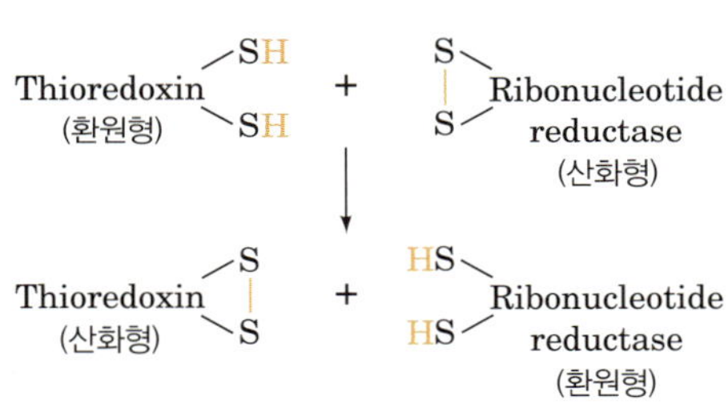

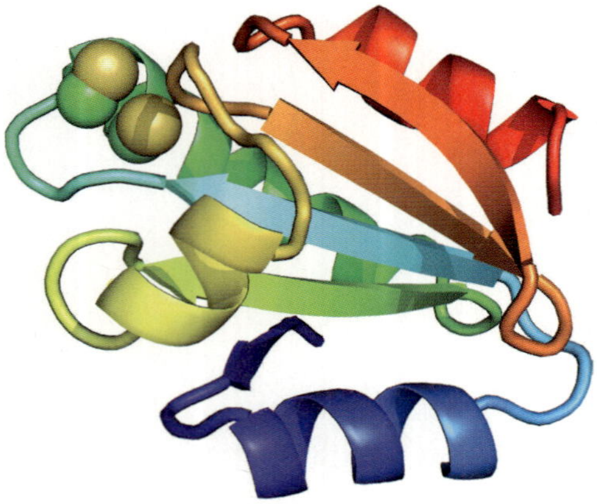

그림 23-11 사람 싸이오레독신의 환원된(설프하이드릴) 상태의 X선 구조 105개의 아미노산 잔기로 구성된 단일 펩타이드 골격을 아미노 말단은 푸른색, 카복시 말단은 붉은색으로 표시하였다. 산화-환원 활성 Cys의 곁사슬은 탄소 녹색, 황 노란색의 공간 채움 형태로 표시하였다. [Based on an X-ray structure by William Montfort, University of Arizona. PDBid 1ERT.]

싸이오레독신의 X선 구조(**그림 23-11**)는 산화-환원의 활성화 이황화기가 분자 돌출 부위에 위치하고 있어서 '남성' 효소라고 알려진 유일한 단백질이라는 것을 나타내고 있다.

산화된 싸이오레독신은 산화-환원 활성화 싸이올기와 한 개의 FAD 보조인자를 함유한 **싸이오레독신 환원 효소**(**thioredoxin reductase**)에 의해 환원된다. 이 효소는 글루타싸이온 환원 효소 및 리포아마이드 탈수소 효소(17-2B절)와 동족체로(자료 15-4) 유사한 반응, 즉 NADPH를 이용하여 기질의 이황화 결합을 환원시키는 반응을 촉매한다. 그러므로 NADPH는 리보뉴클레오타이드 환원 효소가 촉매하는 NDP에서 dNDP로 환원시키는 반응에서의 최종적인 환원제로서의 역할을 담당한다(**그림 23-12**).

리보뉴클레오타이드 환원 효소는 복잡한 되먹임 네트워크에 의해서 조절된다. DNA 합성에 요구되는 네 가지 종류의 dNTP의 적절한 합성은 되먹임 조절을 통해서 달성된다. 세포 내에서 dNTP가 종류별로 적절한 비율을 유지하는 것은 정상적 성장에 필수적이다. **실제로 dNTP가 하나라도 부족하면 치명적이게 되고, 과다하면 변이를 유발할 수 있다. 왜냐하면 다른 dNTP 농도와 비교할 때보다 높은 농도로 존재하는 dNTP가 DNA 합성 과정에서 DNA에 잘못 포함될 가능성 때문이다.**

대장균 및 포유동물의 리보뉴클레오타이드 환원 효소의 효소 활성은 세포 내의 뉴클레오타이드 양에 놀랄 만큼 민감한 반응을 보인다. ATP, TTP, dGTP, dATP가 결합하는 소단위체의 기질 특이성 자리(그림 23-9)는 다양한 dNTP의 균형을 유지하는 기능을 한다. 반면에 활성 자리는 효소를 활성화하는 ATP의 결합 또는 효소를 저해하는 dATP의 결합에 의해 NTP 환원 속도를 조절한다. 대장균 효소에서 dATP 결합에 의해 촉매 활성이 있는 $\alpha_2\beta_2$를 촉매 활성이 없는 $\alpha_4\beta_4$ 형태로 전환됨이 다양한 물리적 증거에 의해 밝혀졌다. 드레난(Catherine Drennan)에 의해 밝혀진 이 복합체의 X선 구조는 예기치 않는 고리 구조로 밝혀졌다(**그림 23-13**). $\alpha_2\beta_2$ 복합체에서 $\alpha_4\beta_4$ 복합체로의 전환은 라디칼 전달 과정을 방해하고 용제에 노출되어 효소가 불활성화되는 드라마틱한 소단위체 재배열을 수반한다. 효모와 인간의 리보뉴클레오타이드 환원 효소에서 dATP 결합은 소단위체의 육합체 형성을 유도한다.

dNTP는 dNDP의 인산화를 통해서 만들어진다. **모든 dNTP 생산의 마지막 단계는 해당되는 dNDP의 인산화 과정이다.**

$$\text{dNDP} + \text{ATP} \rightleftharpoons \text{dNTP} + \text{ADP}$$

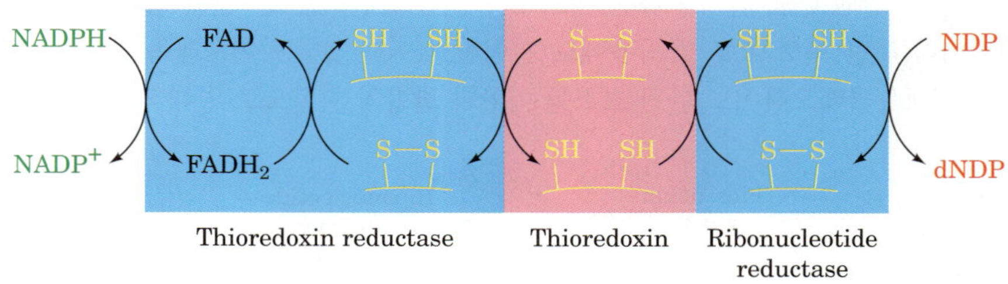

그림 23-12 뉴클레오사이드 이인산(nucleoside diphosphate, NDP) 환원 반응의 전자 전달 과정 NADPH는 싸이오레독신 환원 효소, 싸이오레독신, 리보뉴클레오타이드 환원 효소에 전달되는 환원력을 제공한다.

? 이 과정을 그림 19-30에 소개되고 있는 이황화 결합의 교환 반응과 비교해 보라.

이 반응은 뉴클레오사이드 이인산 카이네이스에 의해 촉매되며, 이 효소는 NDP를 인산화시키기도 한다(23-1B절). 앞서 보인 바와 같이, 다른 NTP나 dNTP도 이런 기능을 갖추고 있지만, 이 반응에서는 ATP가 인산기 주개로 쓰였다.

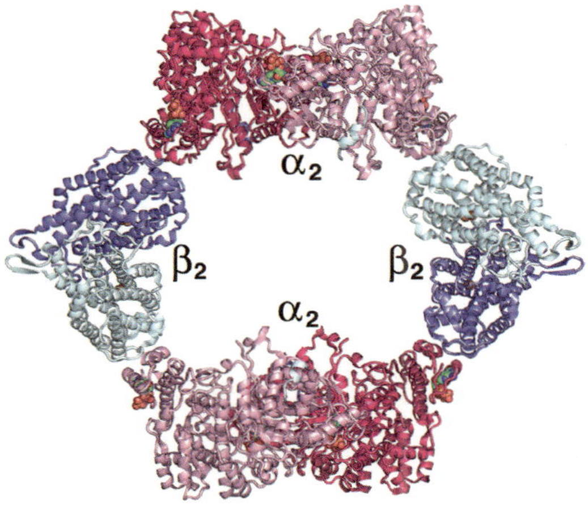

그림 23-13 **dATP와 복합체를 형성한 대장균 리보뉴클레오타이드 환원 효소 복합체의 X선 구조** 단백질은 리본 형태로 표현되었고 색은 그림 23-9에서와 동일하다. dATP 분자는 각 소단위체의 활성 자리와 기질 특이성 부분에 결합되어 있고, 철 원자는 각 소단위체에 결합되어 있으며, C는 녹색, N은 파란색, O는 빨간색, P는 주황색, Fe는 갈색의 공간 채움 형태로 표현되고 있다. 이 구조를 그림 23-9와 비교해 보라. [Based on an X-ray structure by Catherine Drennan,MIT. PDBid 3UUS.]

B 타이민은 dUMP의 메틸화에 의해 생성된다

DNA 합성의 기질인 dTTP는 dTUP로부터 생성되며, 이는 **dUTP 이인산 가수 분해 효소(dUTP diphosphohydrolase, dUTPase)**에 의해 dUMP로 가수 분해된다.

$$dUTP + H_2O \rightarrow dUMP + PP_i$$

그 후 dUMP는 메틸화에 의해 dTMP가 생성되고, dTMP는 인산화에 의해 dTTP가 생성된다. 이러한 dUTP의 탈인산화 및 dTMP의 재인산화는 에너지 측면에서 분명히 소모적으로 보일 수 있는데, 그 이유는 세포들은 반드시 dUTP의 농도를 최소화하여 DNA에 유라실이 들어가는 것을 막기 위해서이다(dNTP를 이용하며 DNA를 합성시키는 효소 체계는 dUTP와 dTTP를 효과적으로 구별하지 못한다, 25-2A절)

사람의 dUTPase는 141개의 잔기들이 연결된 동일한 소단위체 세 개로 구성된 한 개의 동종 삼합체로 되어 있다. 이 효소의 X선 구조는 테이너(John Tainer)에 의해서 밝혀졌고 dUTP와 효소의 정교한 특이성에 대한 바탕을 제공하였다. 각각의 소단위체는 보존된 타이로신 잔기의 곁사슬을 이용하여, 구조적으로 타이민의 C5 메틸기를 배제하는 꼭 끼워 맞춘 듯한 공간에 위치시키면서 dUTP와 결합한다(**그림 23-14*a***). 이 효소는 아데닌 염기와 짝을 이루어 상호작용하는 것처럼 부분적으로 흉내내는 일련의 수소 결합 방식을 이용하여 유라실과 비슷한 모양의 사이토신을 가려내

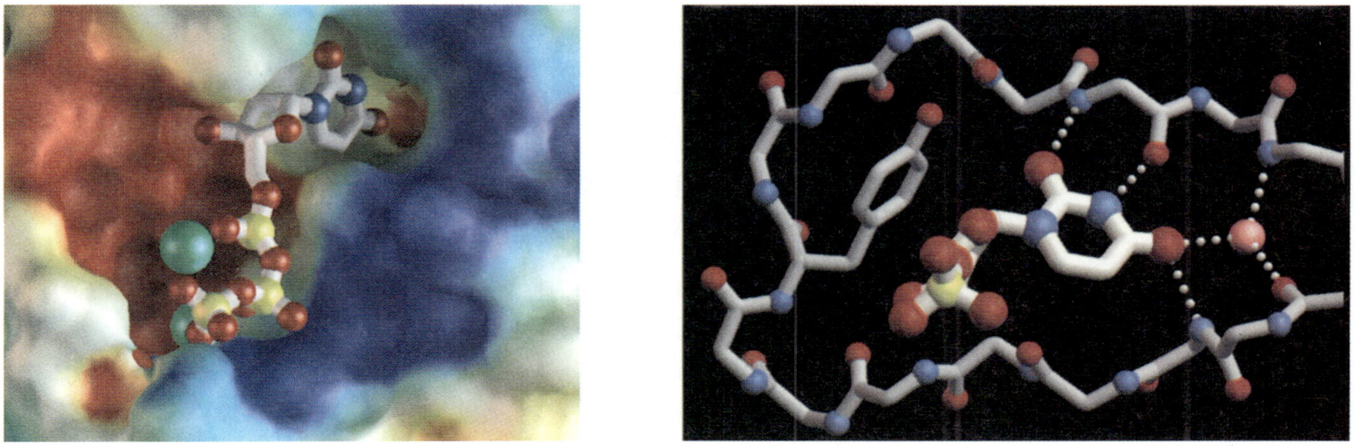

(a) (b)

그림 23-14 **사람 dUTPase의 X선 구조** (*a*) dUTP와 결합된 dUTPase의 활성 자리. 이 단백질은 작용기의 정전기력의 크기에 따라 다른 색으로 분자적 공간 표면을 표시하여 주고 있다(음극성(negative)은 붉은색, 양극성(positive)은 푸른색, 중간 극성 근처는 흰색). dUTP 구조는 공-막대 모형으로 나타내고 이들의 N은 푸른색, O는 붉은색, P는 노란색으로 표시하였으며 Mg^{2+} 이온은 녹색 구로 표현하였다. 피리미딘 고리의 C5의 메틸기와 리보스 고리의 2'-OH기를 구별하기 위한 유라실 고리와 밀접 접촉하여 결합 자리로 들어가는 상호 보완적 맞춤에 주목하라. (*b*) 유라실 고리와 효소의 기질 특이성 결합 자리의 수소 결합 시스템. dUMP와 반응하는 폴리펩타이드 골격은 앞서 (*a*)에서와 같이 공-막대 형태로 보인다. 수소 결합은 흰색 점선으로 표시되었고, 잘 보존되어 있는 한 개의 물 분자는 분홍색 구 모양으로 표시된다. 효소 내에 포함되어 있는 잘 보존된 타이로신의 곁사슬은 2′-OH기가 존재하는지를 구별하기 위해 리보스 고리를 빽빽이 둘러싸고 있다. [From Mol, C.D., and Tainer, J.A., *Structure* **4**, 1077 (1966), figures 6c and 7. Reproduced with permission of Current Biology, Ltd]

? dUTP와 dTTP의 차이점 및 dUTP와 UTP의 차이점을 확인하라.

어 유라실에만 작용한다(**그림 23-14*b***). 리보스의 2′-OH기는 비슷한 방식으로 효소의 잘 보존된 잔기인 Tyr의 곁사슬을 이용하여 구조적으로 배제시킨다.

타이미딜산 생성 효소는 메틸기를 dUMP로 전달해 준다. 타이미딜산(dTMP)은 N^5,N^{10}-메틸렌테트라하이드로폴산[N^5,N^{10}-methylenetetra–hydrofolate(N^5,N^{10}-methylene–THF)]를 메틸기 주개로 하여 **타이미딜산 생성 효소**(**thymidylate synthase**)에 의해 dUMP로부터 합성된다. 전달된 메틸렌기는(메틸렌기의 탄소 원자는 폼알데하이드의 산화된 상태로서) THF 보조 인자가 **다이하이드로폴산**(**dihydrofolate, DHF**)으로 산화되면서 메틸기(메탄올의 산화된 상태로서)로 환원된다.

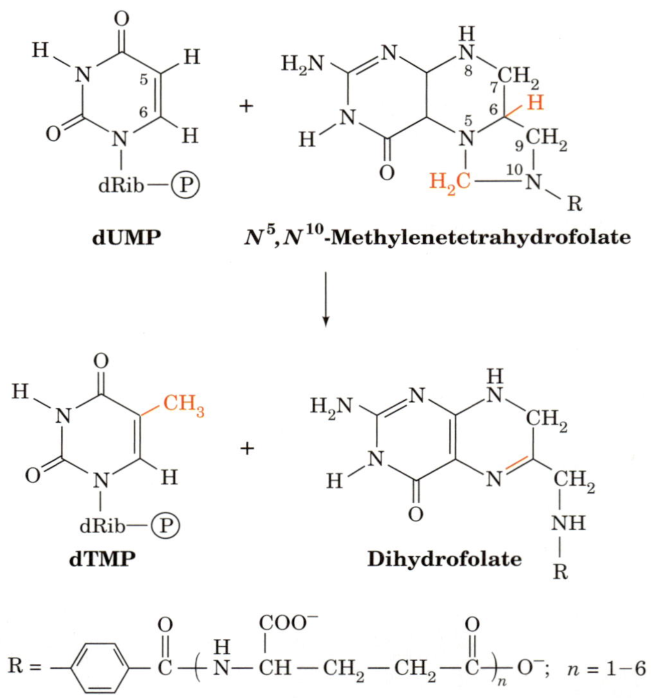

타이미딜산 생성 효소는 65 kD의 고도로 보존된(역자 주: 두 개의 폴리펩타이드가 유사한 아미노기를 다량 보유한) 이합체(dimeric) 단백질로 되어 있으며, 샌티(Daniel Santi)가 제안한 다음과 같은 작용 메커니즘을 보인다(**그림 23-15**).

1. 효소 내의 Cys 146의 싸이올레이트(thiolate)기가 친핵체로서 dUMP의 C6를 공격하여 공유 결합 첨가 생성물을 형성한다.
2. 이렇게 생성된 에놀산(enolate) 이온의 C5는 N^5,N^{10}-메틸렌–THF와 평형을 이루고 있는 이미늄(iminium) 양이온의 CH_2기를 공격하여 효소-dUMP–THF로 이루어진 삼성분(ternary) 공유 결합 복합체를 형성한다.
3. 효소의 알칼리(역자 주: 퓨린, 피리미딘의 염기와 구별하기 위해서 이 용어를 선택) 작용기가 효소와 결합된 dUMP의 C5 위치에 있는 산성의 양성자를 떼어내어, 고리밖 메틸렌기를 형성하고 THF 보조 인자와의 결합이 제거된다. 떨어져 나온 양성자는 이후 용매와 치환된다.
4. 산화–환원 상태의 변화는 THF의 C6-H 원자가 수소화 이온으로 고리 밖의 메틸렌기로 이동하면서 일어나는데, 이 메틸렌기는 메틸기로 변하면서 DHF를 생성한다. 이러한 환원 작용은 중간 물질로부터 Cys 싸이올기의 이동을 유발시

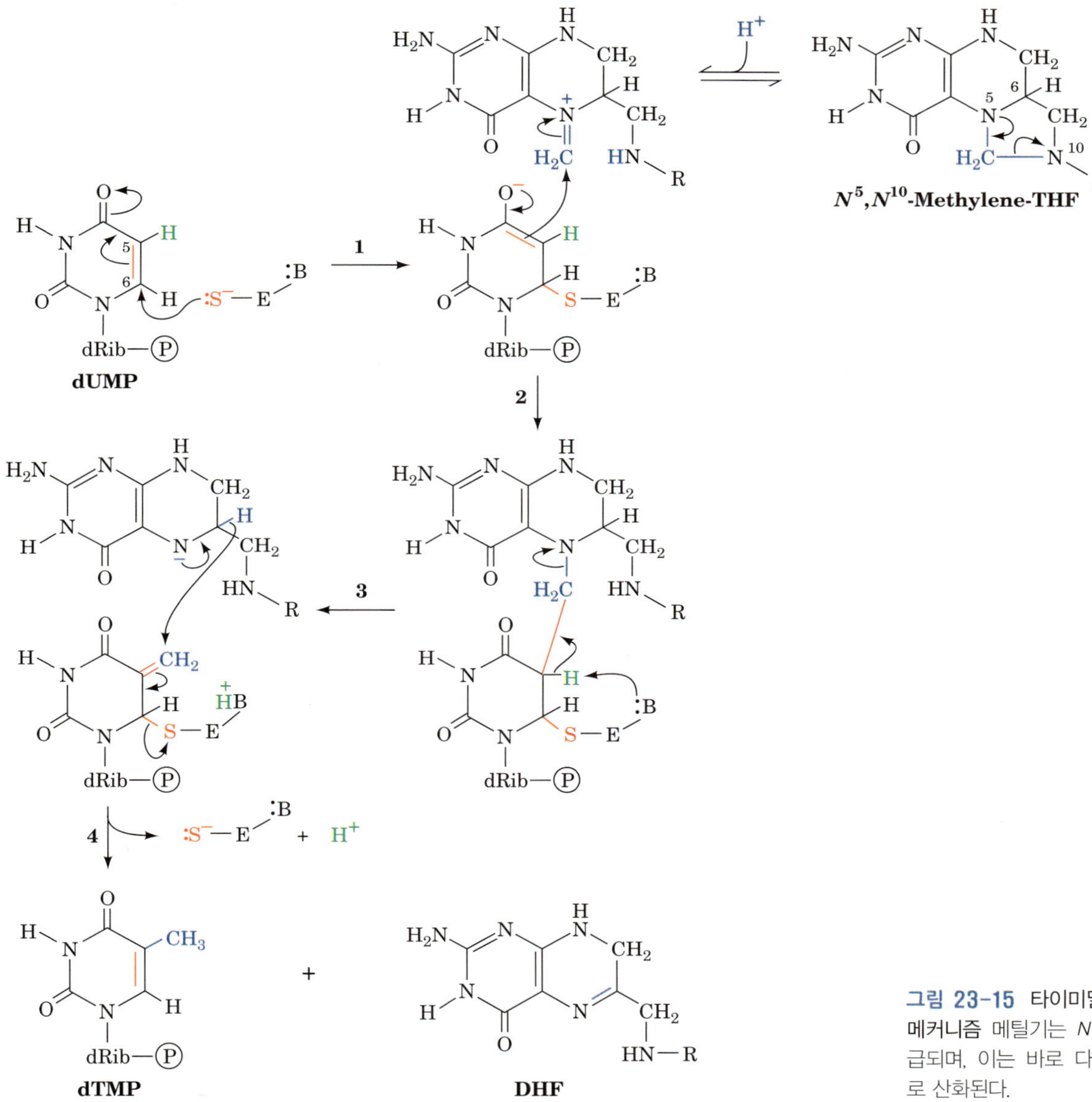

그림 23-15 타이미딜산 생성 효소의 촉매 메커니즘 메틸기는 N^5,N^{10}-메틸렌-THF로 공급되며, 이는 바로 다이하이드로폴산(DHF)으로 산화된다.

켜서, 생성물로 dTMP를 방출시키게 되고 효소는 다시 활성화된 상태로 되돌아간다.

테트라하이드로폴산은 두 반응에 의해서 재생된다. 타이미딜산 생성 효소 반응은 THF를 DHF로 산화시킨다는 점에서 생화학적으로 독특하다. THF를 보조 인자로 이용하는 다른 어떠한 효소 반응도 이 보조 효소의 순산화 상태와 같이 바꿀 수 없기에 더욱 그러하다. 타이미딜산 생성 효소 반응의 최종 산물인 DHF는 두 개의 연속적인 반응을 거치면서 다시 N^5,N^{10}-메틸렌-THF로 바뀌어 재순환된다(그림 23-16).

1. DHF는 **다이하이드로폴산 환원 효소**(**dihydrofolate reductase, DHFR**; 그림 23-17)의 촉매 작용에 의해서 NADPH를 매개로 THF로 환원된다. 대부분의 생물체에서 DHFR은 단량체, 단일 기능의 효소인데, 원생동물 및 몇몇 식물에서는 DHFR과 타이미딜산 생성 효소가 이 효소로부터 DHF를 DHFR의 활성 자리

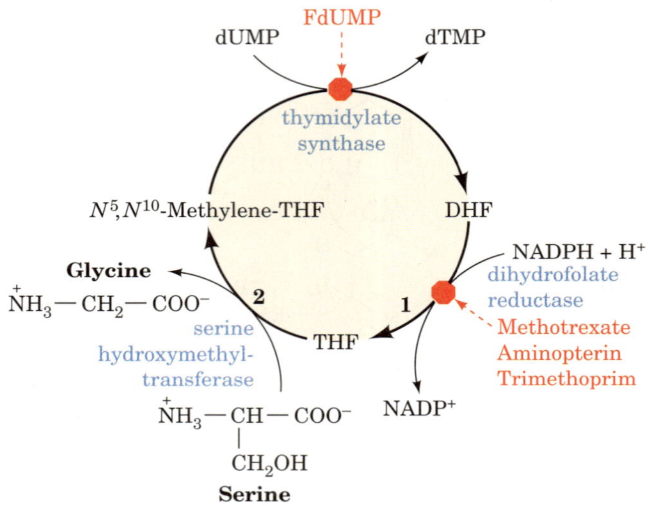

그림 23-16 N^5,N^{10}-메틸렌테트라하이드로폴산의 재생 타이미딜산 생성 효소의 반응 생성물 DHF는 다음과 같은 연속적인 두 효소 (1) 다이하이드로폴산 환원 효소와 (2) 세린 하이드록시메틸 전달 효소의 작용에 의해서 N^5,N^{10}-메틸렌-THF로 다시 바뀐다. 몇몇 억제제의 작용 부위는 붉은색 팔각형의 기호로 표시하였다. 타이미딜산 생성 효소의 작용은 FdUMP에 의해서 방해되지만, 다이하이드로폴산 환원 효소의 작용은 항엽산제인 메토트렉스산(methotrexate), 아미노프테린(aminopterin), 트라이메토프림(trimethoprim) 등에 의해서 억제된다(자료 23-1).

? dTMP 합성 단계 중 어떤 단계에서 NADPH를 또 필요로 하는가?

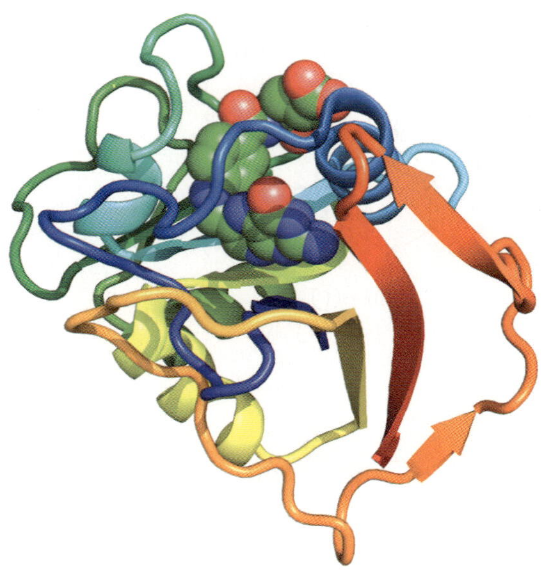

그림 23-17 사람의 다이하이드로폴산 환원 효소와 엽산(folic acid)이 결합된 복합체의 X선 구조 이 단량체 효소의 아미노 말단은 푸른색, 카복시 말단은 붉은색으로 표시하였다. 엽산은 공간 채움 구조로 표시하였고 C는 녹색, N은 푸른색, O는 빨간색으로 표시하였다. [Based on an X-ray structure by Joseph Kraut, University of California at San Diego. PDBid 1DHF.]

로 전달하는 것으로 보이는 이중 기능 효소를 형성하기 위해서 동일한 폴리펩타이드 사슬에서 발견된다.

2. 세린 하이드록시메틸 전달 효소(21-4A절)는 세린의 하이드록시메틸기를 THF로 전달하여 N^5,N^{10}-메틸렌-THF과 글라이신을 생성한다.

타이미딜산 생성 효소나 DHFR을 억제하면 dTMP 합성을 막게 되고 이것은 암화학 치료법의 근거가 된다(자료 23-1).

체크 포인트

- 관련 NDP로부터 dNTP가 생성되는 과정을 표현해 보시오.
- 데옥시리보뉴클레오타이드의 형성에 있어 싸이오레독신과 NADPH의 중요한 역할은 무엇인가?
- dTMP의 합성에서 dUTPase, 타이미딜산 합성 효소와 다이하이드로폴산 환원 효소의 역할을 표현해 보시오.
- 타이미딜산의 형성에서 NADPH의 역할은 무엇인가?

4 뉴클레오타이드 분해

주요 개념

- 퓨린은 요산으로 분해된다.
- 요산은 배설을 위해 좀 더 분해된다.
- 피리미딘은 대사 과정을 위해 CoA 파생물로 전환된다.

대부분의 먹거리는 핵산을 보유하는데, 핵산은 위장의 산성 환경에서도 견뎌낸다.

자료 23-1 건강과 질병의 생화학

암 치료법에 있어서 타이미딜산 생성 효소의 억제

암세포와 같이 빠르게 증식하는 세포에 있어서 dTMP의 합성은 결정적으로 중요한데, 이는 DNA 합성에 대해서 dTMP를 지속적으로 공급해야 하기 때문이다. 그러므로 dTMP 합성이 중단되면 이들과 같은 세포는 사멸한다. 대부분의 정상적인 포유동물 세포는 천천히 성장하면서 dTMP가 덜 필요하게 되어서 타이미딜산 생성 효소나 다이하이드로폴산 환원 효소를 저해하는 약제에 덜 민감한 편이다(혈액을 형성하는 골수 세포나 면역계에 관련된 것, 소장 내 상피세포, 모근세포 등은 예외적으로 유념해야 한다).

5-플루오로데옥시유리딜산(FdUMP)

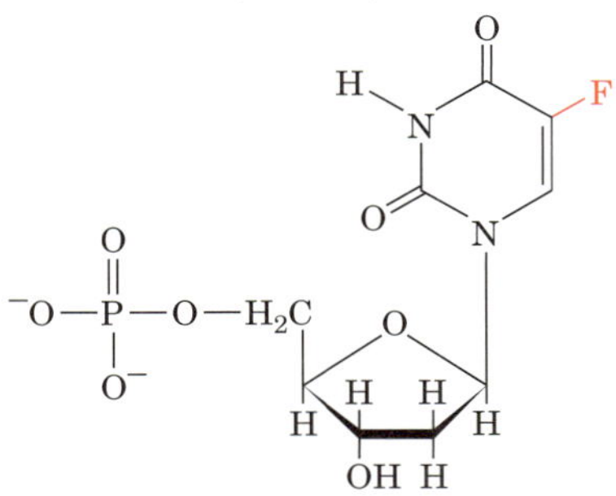

5-Fluorodeoxyuridylate (FdUMP)

5-플루오로데옥시유리딜산(5-Fluorodeoxyuridylate, FdUMP)은 타이미딜산 생성 효소의 비가역적인 억제제이다. 이 물질은 dUMP와 유사하게 효소에 결합해서(F 원자는 H 원자보다 훨씬 더 크지는 않다) 정상적으로 처음 두 효소 과정을 진행시킨다(그림 23-15). 그러나 세 번째 단계에서, 이 효소는 F 원자를 F^+의 형태로 이탈시킬 수 없어서(F는 전기 음성도가 가장 큰 원소이므로), 효소-FdUMP-THF의 삼성분 공유 결합된 복합체로 고정된 채 있게 된다.

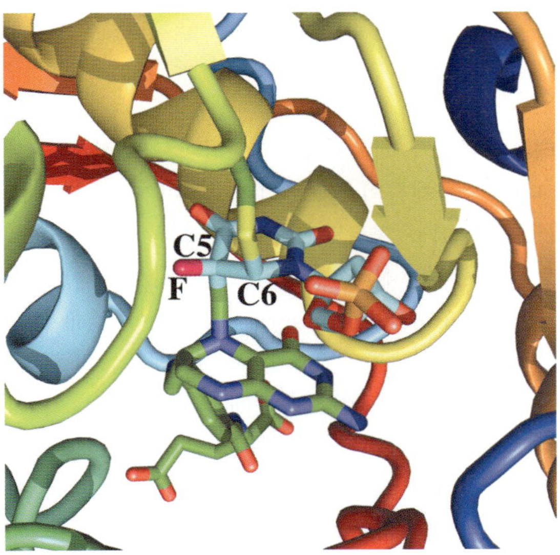

이러한 공유 결합된 타이미딜산 생성 효소–FdUMP–THF의 삼성분 복합체의 X선 구조는 밝혀져 있다. 이 효소의 활성 자리 부위 중 N 말단은 푸른색, C 말단은 붉은색으로 표시하였다. FdUMP, THF, Cys 146 곁사슬은 FdUMP의 C는 청록색, THF와 Cys의 C는 녹색, N은 푸른색, O는 빨간색, F는 자홍색, P는 주황색, S는 노란색의 막대 모형으로 표시하였다. FdUMP의 C5와 C6 원자는 THF의 N5와 Cys 146의 S 원자와 치환되는 CH_2기와 공유 결합을 형성한다.

FdUMP와 같은 효소 방해제들은 효소가 부분적으로나 전체적으로 촉매 반응을 진행시킨 후에 효소의 기능을 불활성화시키므로 효소 메커니즘 기반 방해제(mechanism-based inhibitor, 혹은 자살 기질(suicide substrate)이라고도 하는데 이는 이들 방해제가 효소의 '자살을 감행하게' 하기 때문이다)라고 한다. 이들의 극단적으로 높은 특이성 때문에, 메커니즘 기반 방해제는 가장 유용한 치료제로 쓰이기도 하다.

DHFR의 방해 작용은 dTMP의 합성과 모든 다른 THF 의존성 생물학적 반응들을 방해하는데, THF는 타이미딜산 생성 효소에 의해서 DHF로 변환되지만 다시 재생될 수 없기 때문이다. **메토트렉스산**(methotrexate), **아미노프테린**(aminopterin), **트라이메토프림**(trimethoprim)은

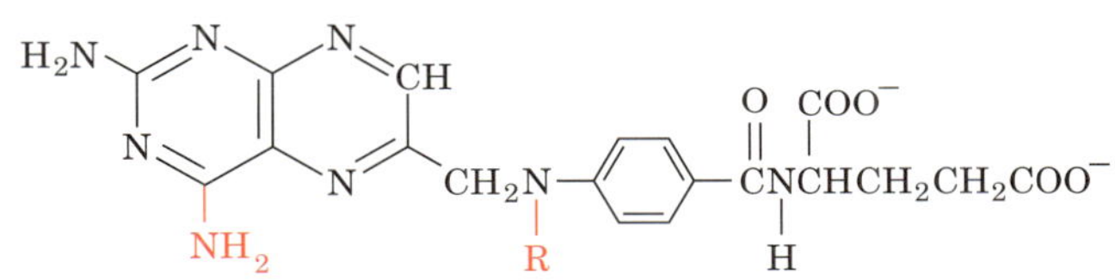

$R = H$ **Aminopterin**
$R = CH_3$ **Methotrexate (amethopterin)**

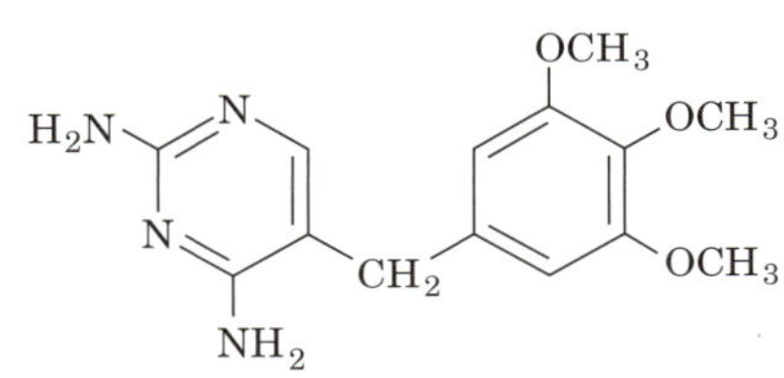

Trimethoprim

DHF의 경우보다 ~1000배 이상 강한 친화성을 지니면서 DHFR에 비가역적이지만 경쟁적으로 결합하는 DHF의 유사 물질들이다. 이들 **항엽산제**(antifolate, 엽산 보조 인자의 작용을 방해하는 물질들)는 특히 소아 백혈병에 효과적인 항암제이다. 사실상, 성공적인 화학적 치료법의 전략은 메토트렉스산을 치사량만큼 암 환자에게 투여하였다가 몇 시간 후에(바라건대, 암 부위를 선택적으로 골라 치료하고) 5-포밀-THF(5-formyl-THF)을 타이민과 같이 선택적으로 엄청난 양을 투여하여 환자를 '구출'한다는 것이다. 트라이메토프림은 포유동물의 DHFR보다는 세균의 DHFR에 훨씬 강하게 결합하므로 임상적으로 유용한 항균 제제가 된다. 원생동물 DHFR을 억제하는 다양한 화합물은 말라리아나 다른 기생충을 치료하고 억제하는 데 사용된다. [Based on an X-ray structure by William Montfort, University of Arizona. PDBid 1TSN.]

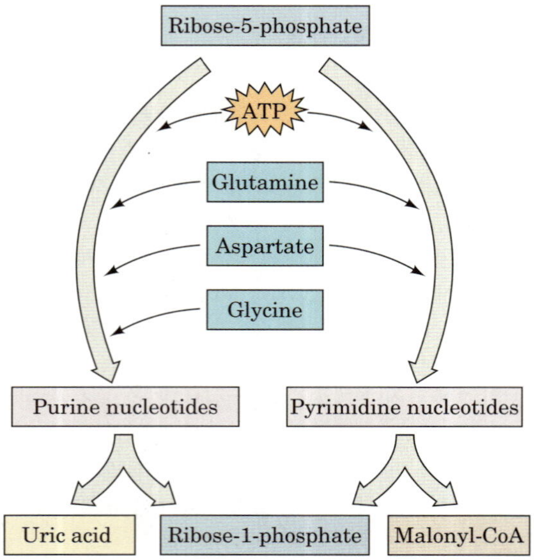

그림 23-18 뉴클레오타이드 대사 과정의 요약 뉴클레오타이드는 퓨린 합성의 경우 당으로부터, 피리미딘 합성의 경우 당에 염기가 더해져서 합성되는 대사 과정을 통하여 합성된 염기와 아미노산, 리보스-5-인산으로부터 합성된다. 뉴클레오타이드 분해 대사는 염기 분해물과 리보스-1-인산 형태의 당을 배출한다.

주로 소장 내에서 췌장의 핵산 분해 효소들과 소장 내 포스포다이에스터레이스(phosphodiesterase)에 의해서 구성 성분인 뉴클레오타이드로 분해된다. 전하를 띠고 있는 뉴클레오타이드는 세포막을 통과할 수 없는데, 다양한 종류의 작용기 특이성 뉴클레오타이드 분해 효소(group-specific nucleotidase)나 비특이적 인산 가수 분해 효소(phosphatase)에 의해서 뉴클레오사이드로 가수 분해된다. 뉴클레오사이드는 소장 상피세포를 통해서 직접 흡수되거나 좀 더 분해되어 염기 자체, 리보스 혹은 리보스-1-인산으로 **뉴클레오사이드 분해 효소(nucleosidase)**와 **뉴클레오사이드 인산화 효소(nucleoside phosphorylase)**에 의해서 분해된다.

$$\text{Nucleoside} + H_2O \xrightarrow{\text{nucleosidase}} \text{base} + \text{ribose}$$

$$\text{Nucleoside} + P_i \xrightarrow{\text{nucleoside phosphorylase}} \text{base} + \text{ribose-1-P}$$

방사성 동위 원소를 공유 결합시킨 표지 방법으로 시행하는 실험은 음식으로 섭취된 핵산 중의 아주 적은 양의 염기만이 조직 내의 핵산으로 합체된다는 것을 보여 주고 있다. 분명한 것은, **뉴클레오타이드 생합성의 신생 합성 경로는 대체적으로 생물체의 뉴클레오타이드 수요를 충족시킨다.** 따라서 섭취된 염기들은 주로 분해되어 몸 밖으로 배출된다. 세포 내의 핵산은 세포 내 다른 구성 물질들처럼 연속적 재생의 일환으로 분해가 조절된다. 이 절에서는 이러한 분해 경로들을 살펴보았고 여러 선천적인 결함으로 인산 문제점을 고찰하였다. 뉴클레오타이드 대사를 **그림 23-18**에서 요약하고 있다.

A 퓨린 분해 대사는 요산을 생성한다

그림 23-19는 동물에서 퓨린 뉴클레오타이드와 데옥시뉴클레오타이드의 분해 대사의 주요 경로들을 보여 주고 있다. 다른 생물체들의 경로는 다소 차이가 있지만, 모든 경로는 요산 생성으로 이어진다. 물론, 이들 경로의 중간 매개물은 회수 반응을 거쳐서 퓨린 뉴클레오타이드 합성으로도 이루어진다. 추가적으로, 리보스-1-인산은 **퓨린 뉴클레오사이드 인산화 효소(purine nucleoside phosphorylase, PNP)**에 의해 촉매되는 반응의 생성물로서 PRPP의 전구 물질이다.

아데노신과 데옥시아데노신은 동물의 PNP에 의해서 분해되지 않는다. 오히려 아데닌 뉴클레오사이드와 뉴클레오타이드는 **아데노신 탈아미노화 효소(adenosine deaminase, ADA)**와 **AMP 탈아미노화 효소(AMP deaminase)**에 의해서 탈아미노화되어 각기 해당되는 이노신 유도체로 된 다음 더욱 분해된다.

ADA는 모든 α/β 배럴 효소들에서 알려진 것처럼, α/β 배럴의 8개의 펩타이드 가닥으로(**그림 23-20**)되어 있고 활성 자리는 β 배럴의 카복실 말단의 작은 공간 내에 위치한다. 촉매 작용에 필수적인 아연 이온 한 개는 활성 자리 공간 내의 가장 깊숙한 곳에 결합되어 있다. ADA의 활성 자리에 영향을 끼치게 변이를 일으키면, **중증**

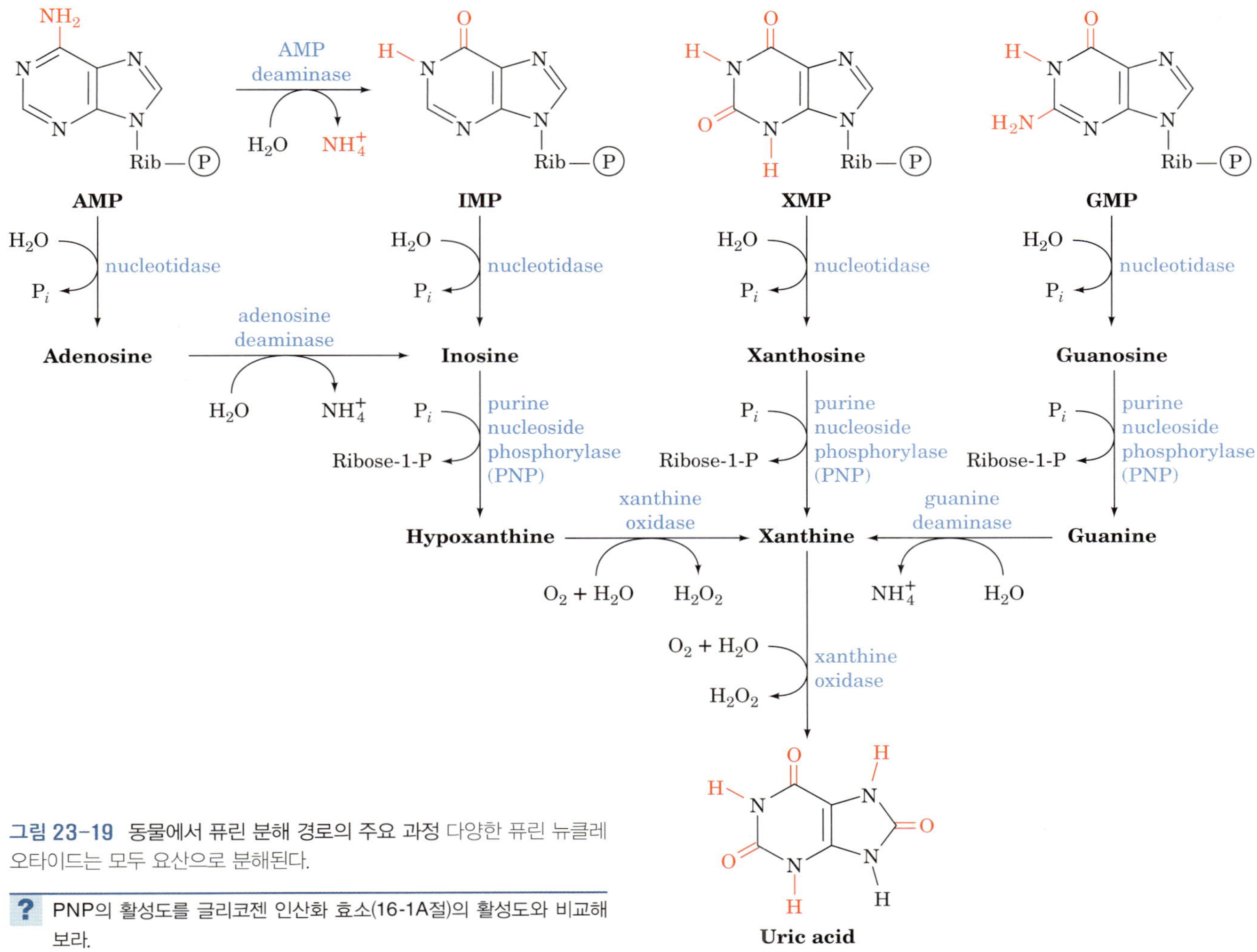

그림 23-19 **동물에서 퓨린 분해 경로의 주요 과정** 다양한 퓨린 뉴클레오타이드는 모두 요산으로 분해된다.

? PNP의 활성도를 글리코젠 인산화 효소(16-1A절)의 활성도와 비교해 보라.

복합성 면역 결핍성 질환(**severe combined immunodeficiency disease, SCID**)을 일으키도록 백혈구를 죽이게 된다. 특별히 보호 기준도 없이, 이 질병은 엄청난 감염을 초래한다. 특히 영아기에 있어서 치명적인 질병이다.

생화학적 연구 성과의 결과로 SCID의 원인을 적절히 설명할 수 있게 되었다. 즉 활성화된 ADA가 없으면, 데옥시아데노신이 인산화되어 정상치보다 약 50배 많이 dATP의 생산을 높인다. 이렇게 증가된 dATP

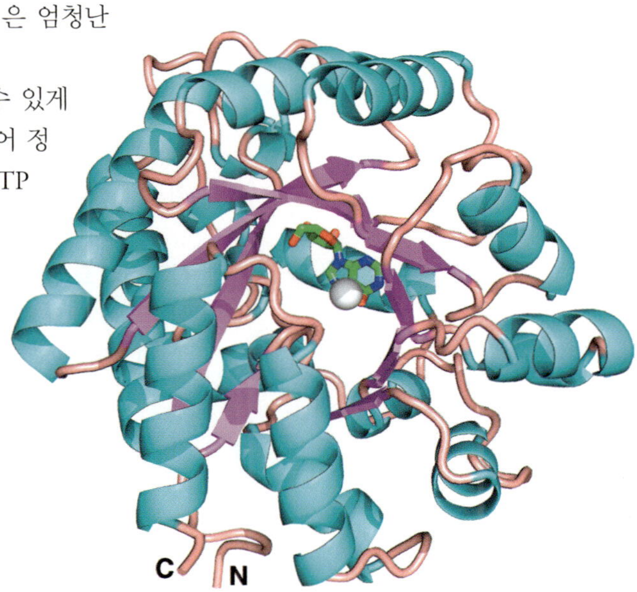

그림 23-20 **설치류의 아데노신 탈아미노화 효소의 X선 구조** 이 효소의 2차 구조(나선 구조는 청록색, β 가닥은 자홍색, 루프는 분홍색)를 기본으로 리본 형태로 표현하였다. 이 구조는 β 펩타이드 가닥의 아미노 말단으로부터 이 효소의 α/β 배럴(barrel)의 축 방향으로 대략적으로 내려다 본 형태이다. 전이 상태의 유사물로서, **6-하이드록시-1,6-다이하이드로퓨린 리보뉴클레오사이드(6-hydroxy-1,6-dihydropurine ribonucleoside, HDPR)**는 골격의 형태로 C, N, O 원자를 녹색, 푸른색, 붉은색으로 나타내고 있다. 효소와 결합된 Zn^{2+} 이온은 HDPR의 6-하이드록실기와 배위 결합하고 있는 상태로 은색 구로 표시하고 있다. [Based on an X-ray structure by Florante Quiocho,Baylor College of Medicine. PDBid 1ADA.]

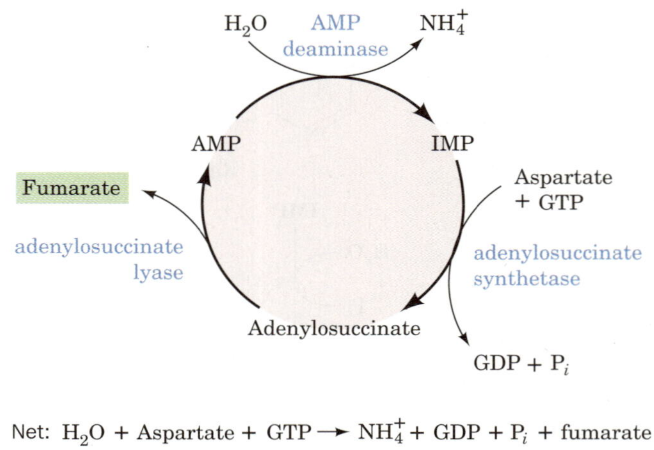

그림 23-21 퓨린 뉴클레오타이드 회로 이 경로들은 퓨마르산을 생성함으로써 근육에서 시트르산 회로를 촉발시키는 기능을 한다.

? 회로 생성물의 대사 경로를 설명하라.

의 농도는 리보뉴클레오타이드 환원 효소를 억제하여(23-3A절), 다른 종류의 dNTP의 합성을 막아서 DNA 합성을 중단시키고, 따라서 세포의 증식을 못하게 한다. 면역계에서의 ADA 결핍증의 조직 특이적 영향은, 특히 림프 조직이 데옥시아데노신의 인산화에 있어서 활성을 지닌다는 실험 결과로 설명된다. ADA의 결핍증은 유전자 치료에 의해서 성공적으로 치료된 첫 번째 유전적 질환 중 하나이다(3-5D절).

퓨린 뉴클레오타이드 회로는 퓨마르산을 생성한다. AMP의 IMP로의 탈아미노화 반응은 IMP로부터 AMP 합성과 연결될 때(그림 23-3, 왼쪽), 아스파트산의 탈아미노화 반응이 퓨마르산을 생성하는 순수 효과를 보여 주고 있다(**그림 23-21**). 로벤스타인(John Lowenstein)은 이러한 **퓨린 뉴클레오타이드 회로(purine nucleotide cycle)**가 골격근 내에서 중요한 대사적 역할을 갖는다는 것을 보여 주었다. 근육의 활성 증가는 시트르산 회로의 활성 증가를 필요로 한다. 이 과정은 추가적인 시트르산 회로 중간 물질의 생성을 통해서 주로 일어난다(17-5B절). 그러나 근육에는 다른 조직 내에서 이들 '채움(anaplerotic, filling up)'에 관련된 반응을 촉매하는 효소들 대부분이 부족하다. 그 대신, 근육은 퓨린 뉴클레오타이드 회로에서 퓨마르산을 생성시킴으로써 시트르산 회로 중간 물질들을 보충시킨다.

근육 대사에서 퓨린 뉴클레오타이드 회로의 중요성은 관련된 세 가지 효소의 활성이 다른 조직에서보다 근육에서 몇 배 더 높다는 관찰 결과로 잘 설명해 준다. 사실상, 근육의 AMP 탈아미노화 효소의 선천적 결핍증을 갖는 사람[**마이오아데닐산 탈아미노화 효소 결핍증(myoadenylate deaminase deficiency)**]은 쉽게 극심한 피로감을 느끼고 운동 후(근육) 경련에 주로 시달린다.

잔틴 산화 효소는 작은 규모의 전자 전달계이다. 잔틴 산화 효소(xanthine oxidase, XO)는 하이포잔틴(IMP의 염기 부분에 해당)을 잔틴으로 전환시키고, 이 잔틴은 다시 요산으로 변환된다(그림 23-19 아래). 이 반응의 산물은 한 개의 엔올(enol) 형태이다(이것은 pK 값은 5.4이고, 여기서부터의 이름은 요산으로 부르기로 한다). 이 엔올은 좀 더 안정한 케토(keto) 형태로 토토머 변환이 된다.

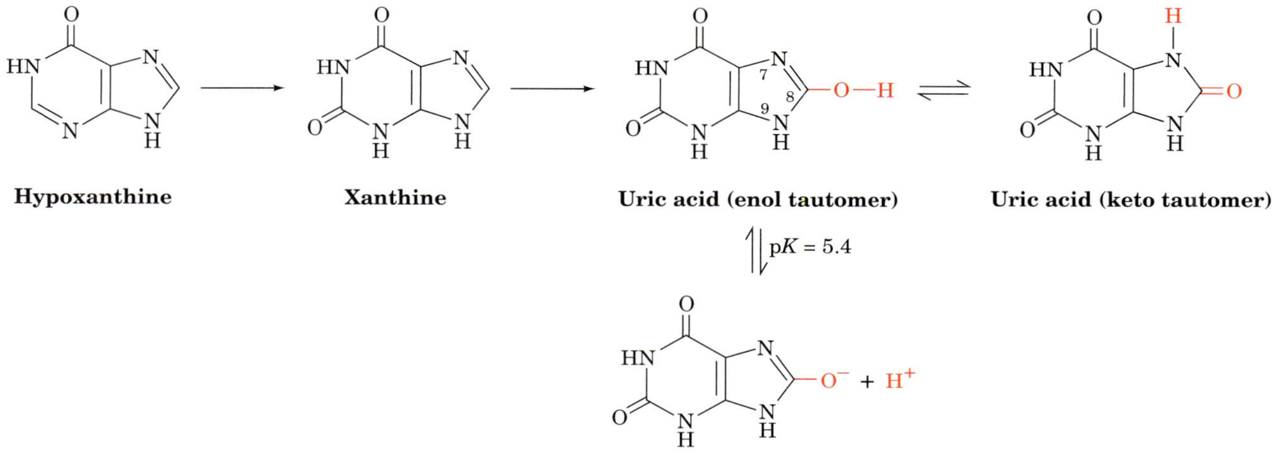

Urate

포유동물의 경우, 잔틴 산화 효소는 거의 절대적으로 간과 소장 상피 점막에서만 발현된다. 이것은 두 개의 동일한 1322개 잔기 소단위체로 된 이합체 단백질인데, 각각의 소단위체는 마치 '동물원'처럼 모든 종류의 전자 전달 물질들을 포함하고 있다(**그림 23-22**). 즉 FAD 한 개, Mo 복합체 한 개(이들은 MO(VI)과 MO(IV) 사이의 산화 상태로 변화함), 두 개의 서로 다른 [2Fe−2S] 클러스터이다. 최종 전자 수용체는 O_2이고, 이는 상당히 해로운 산화제(18-4B)절)인 H_2O_2로 변한 후, 결국은 촉매 효소에 의해 H_2O와 O_2로 변환된다.

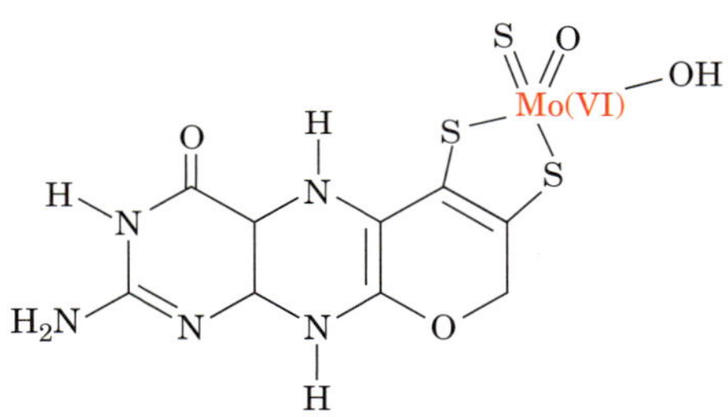

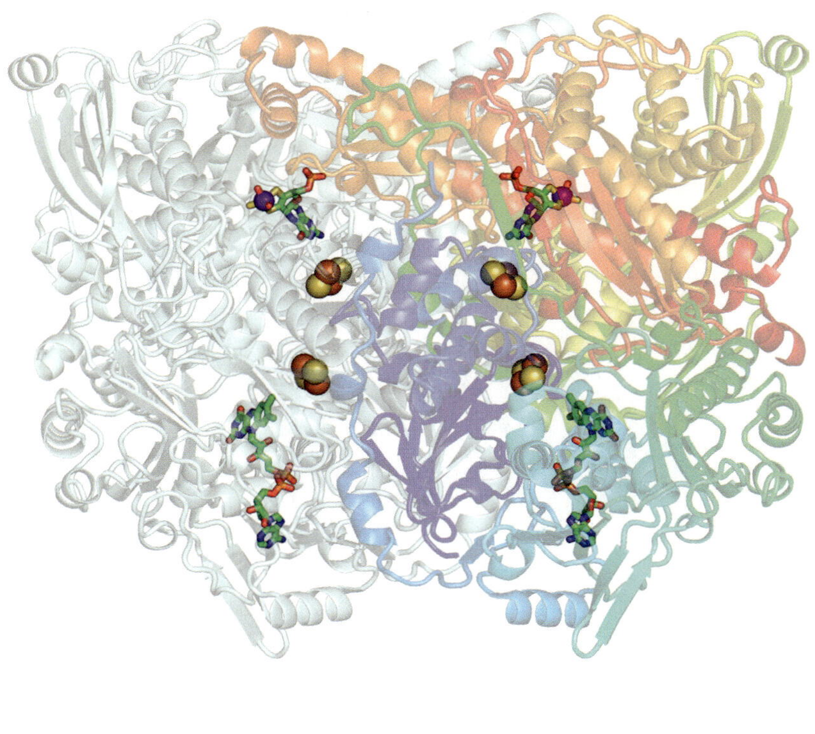

그림 23-22 우유 잔틴 산화 효소의 X선 구조 동종 이합체 단백질은 수직으로 포개질 수 있는 형태로 나타난다. 하나의 반투명 소단위체는 연청록색으로 표현되어 있고, 다른 하나는 N 말단 파란색에서부터 C 말단 빨간색에 이르기까지 무지개색으로 표현되어 있다. FAD와 Mo 복합체는 C 녹색, N 파란색, O 빨간색, P 주황색, S 노란색의 막대 형태로 표현되어 있다. [2Fe−2S] 클러스터와 Mo 원자는 공간 채움 형태로 표현되고 있다. S 노란색, Fe 붉은 갈색, Mo 보라색으로 보인다. [Based on an X-ray structure by Emil Pai, University of Toronto, Canada. PDBid 3UNC.]

B 일부 동물들은 요산을 분해한다

사람과 다른 영장류들에서 퓨린 분해의 최종 산물은 요산이고, 이는 소변으로 배설된다. 유사한 경우가 새, 육지 파충류, 많은 곤충의 경우에 나타나지만, 이들 생물은 요소로 배출하지는 않고, 잉여의 아미노산 질소분을 퓨린 생합성을 통해서 요산으로 분해 대사하기도 한다. 이런 복잡한 질소원 배출 작용은 뚜렷한 기능을 지닌다. **바로 몸 안에 물을 보존하게 해 준다는 것이다.** 요산은 아주 조금 물에 녹는데, 요산 결정의 반죽 형태로 배설하게 되면 소량의 물만 따라 나가게 된다. 이와는 대조적으로, 물에 훨씬 잘 녹는 요소로 동일한 양을 배출하면 삼투압적으로 많은 양의 물을 격리시킨 꼴이 된다.

다른 모든 생물들은 요산이 배출되기 전에 추가 과정을 거친다(**그림 23-23**). 영장류와 달리 포유동물의 경우, 요산은 산화되어 배설 형태인 **알란토인(allantoin)**으로 산화되는데, 이 반응은 구리를 포함한 효소인 **요산 산화 효소(urate oxidase)**에 의해 촉매된다. 더욱 더 산화되어 생긴 생성물인 **알란토산(allantoic acid)**은 경골어류(teleost, bony fish)에 의해 배설된다. 연골어류와 양서류는 알란토산을 더욱 분해하여 배설되기 전에 요소로 분해된다. 마지막으로, 해양 무척추생물은 요소를 NH_4^+로 분해한다.

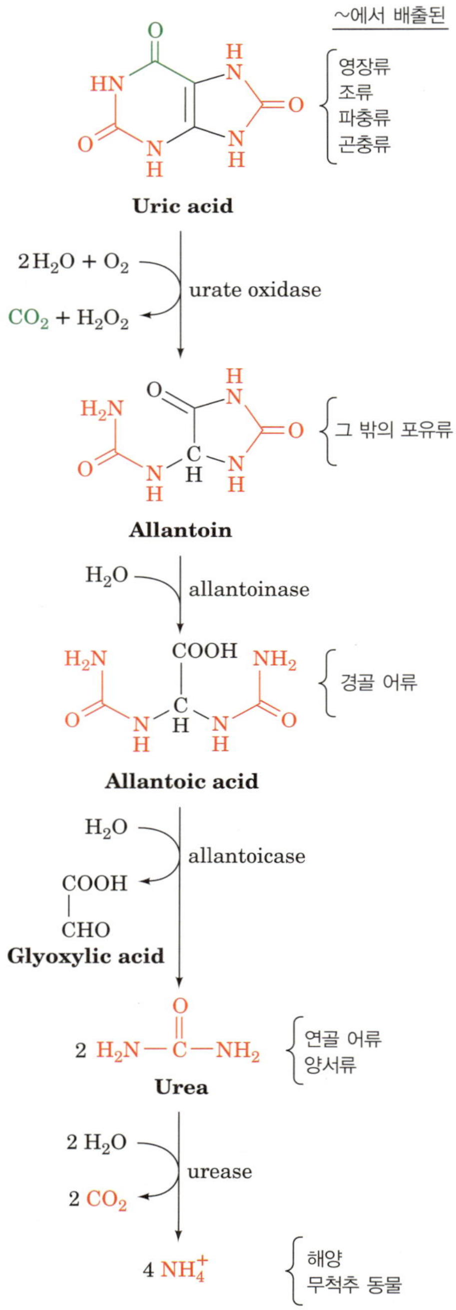

그림 23-23 요산의 암모니아로의 분해 이 과정은 그림 내에 표시된 생물 종에 따라 다른 단계별로 정지될 수 있고, 결과적으로 이에 따른 생성물이 배설된다.

통풍은 과다한 요산 때문에 나타난다. **통풍(gout)**은 체액에 요산 수치가 상승하여 나타나는 질환이다. 가장 대표적인 증상은 관절로, 일반적으로 엄지발가락에 염증으로 인한 갑작스런 견딜 수 없는 통증이 발생하는데, 요산 소듐(sodium urate)의 불용성 결정체가 쌓여서 일어난다(**그림 23-24**). 요산 소듐과 요산은 따로 혹은 동시에 콩팥이나 방광에 결석으로 침착하여 콩팥 손상과 요도관 장애를 일으킨다.

전통적으로 통풍은 1000명 중 대략 3명 정도로 나타나는데, 주로 남자들에게서 나타나며, 비록 부정확하지만 지나친 식탐과 음주와 연계시켜 설명해 왔다. 이런 연관성의 가능한 발단은 수세기 전에는 제조와 저장 과정에서 포도주가 납에 오염되는 경우가 있어서, 과도한 음주가 납 중독을 일으키고, 특히 콩팥의 요산 배출 능력을 저하시킨다고 여겨졌다.

통풍의 가장 빈번한 원인은 요산 배출능이 손상된 것이다(보통은 납 중독 이외의 여러 이유들로 인함에도 불구하고). 또한 통풍은 여러 대사 기능의 불충분 때

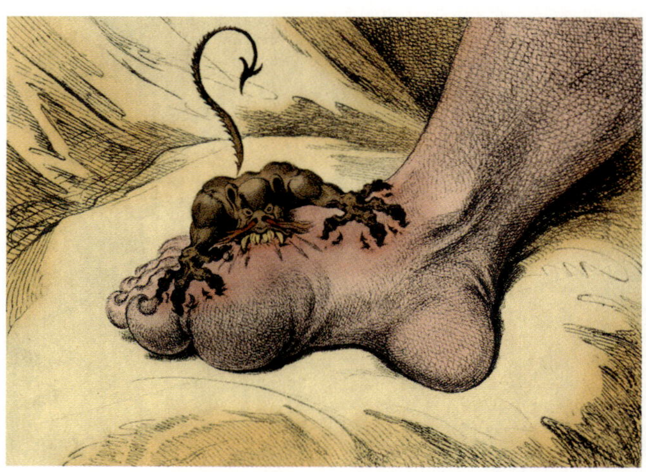

Science Source/Photo Researchers, Inc.

그림 23-24 James Gillrary (1799)가 그린 통풍에 관한 만화

문에 나타나는데, 대부분의 경우는 잘 알려져 있지 않다. 한 가지 잘 알려진 원인은 HGPRT 결핍 때문에(심한 경우 레쉬-니한 증후군처럼) PRPP 축적으로 인한 과다한 요산 생산으로 이어지는 것이다(23-1D절).

통풍은 잔틴 산화 효소의 방해제인 **알로퓨리놀(allopurinol)**의 투여로서 치료하는데, 이것은 N7과 C8 위치가 서로 바뀐 하이포잔틴의 유사체이다. 잔틴 산화 효소는 하이포잔틴을 가수 분해하듯이 알로퓨리놀을 가수 분해하여 **알로잔틴**

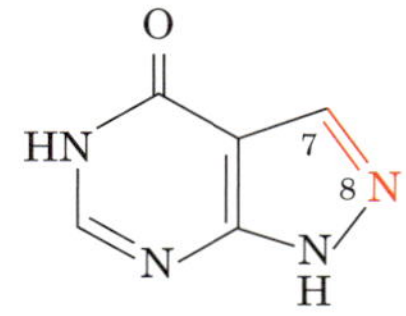

Allopurinol

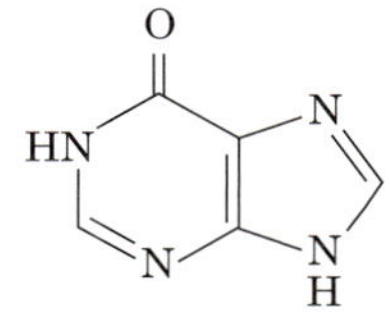

Hypoxanthine

자료 23-2 발견의 제 경로 엘리언과 퓨린 유도체

엘리언(Gertrude Elion, 1918~1999) 엘리언의 직업 선택은 그녀가 뉴욕의 고등학교를 졸업하는 15세에 결정되었다. 그녀는 할아버지가 위암으로 고통받고 사망하는 과정을 지켜보면서 암 치료제 개발에 헌신하기로 결심하였다. 그녀는 이듬해 가을에 헌터 대학교에 입학하여 화학을 공부하기 시작하였다. 그녀의 학문적 성취에도 불구하고 그녀는 대학원의 장학금을 받지 못하여 다음 2년간 선생님, 연구원으로 일하였고, 마침내 1941년 이학 석사 학위를 취득하였다.

엘리언은 산업 화학연구실에서 연구원으로 일한 후 버러우즈 웰컴(Burroughs Wellcome) 제약회사에서 히칭스(George Hitchings)와 작업하는 일자리를 얻었다. 그곳에서 그녀는 화학뿐만 아니라 약학, 면역학 및 다른 분야에 대한 지식을 넓힐 수 있었다. 비록 그녀는 많은 명예 학위를 받았지만 정식 박사 학위를 받지는 못하였다. 몇 년 동안 야간 수업을 받은 그녀는 히칭스와 함께 일하는 것과 전일제 수업 중 하나를 선택해야만 하였다. 다행스럽게도 엘리언은 과학계와 의학계에서의 직업을 유지하였고 암, 통풍, 장기 이식, 전염성 질환 치료제의 발전에 진보를 가져왔다.

히칭스는 세포에 뉴클레오타이드 공급에 지장을 주면 DNA 합성 능력을 방해할 것이라는 아이디어와 함께 엘리언에게 퓨린 대사에 대해 연구할 것을 제안하였다. 이론적으로 DNA 합성을 중단시키는 화합물은 정상 세포에는 영향을 미치지 않고 빠른 성장을 하는 암세포, 세균과 바이러스의 성장을 불가능하게 할 것이다. 엘리언과 그녀의 동료들은 관련 효소나 DNA의 구조에 대한 지식 없이, 항대사성 물질로 작용하는 다양한 퓨린 유도체 능력을 발견하기 위해 간단한 세균 성장 분석을 사용하였다.

엘리언의 첫 번째 임상적 성공은 어린이의 백혈병 치료에 사용되는 **6-머캅도퓨린(6-mercaptopurine)**이었다. 많은 환자들은 극적인 회복을 보여주었으나, 종종 일부가 재발하고 사망하였기에 엘리언의 실망은 컸다. 그러나 첫 번째 임상적 성공은 뉴클레오타이드 대사의 간섭이 건강한 치료 전략이 될 것이라는 엘리언 믿음에 확신을 주었다.

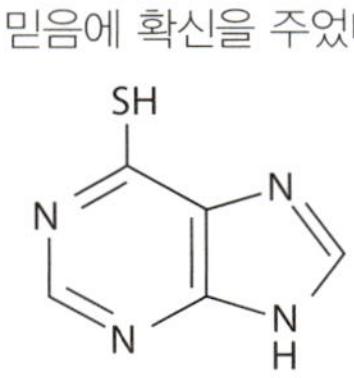

6-Mercaptopurine

관련 화합물인 **아자싸이오프린(azathioprine)**은 세포 내에서 6-머캅도퓨린으로 전환된다. 이것은 항암제보다는 면역 반응 억제제로 효과적임이 판명되었다. 이 제제는 장기이식 거부 반응의 문제 해결을 도와주며, 1961년 첫 번째 성공적인 인간 심장 이식에 사용되었다.

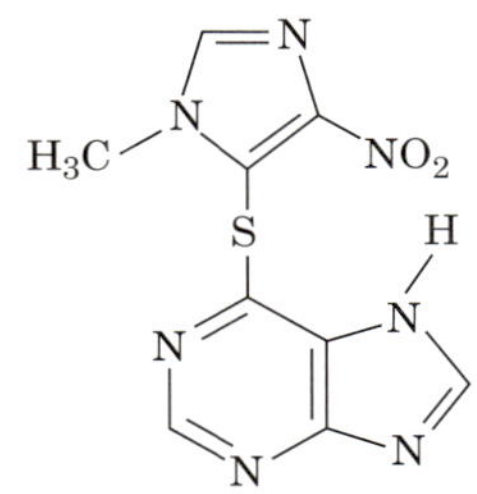

Azathioprine

엘리언은 잔틴 산화 효소에 의한 분해를 억제하여 퓨린 유도체의 효과를 증가시키기 위한 연구를 통해 알로퓨리놀(allopurinol)을 발견하였고(23-4B절), 이는 여전히 통풍과 기생충 질환 치료에 사용되고 있다. 또한 항균성 제제 트라이메토프림(trimethoprim, 자료 23-1)과 널리 사용되는 항바이러스 제제 **아시클로비르(acyclovir)**의 발견을 도왔다.

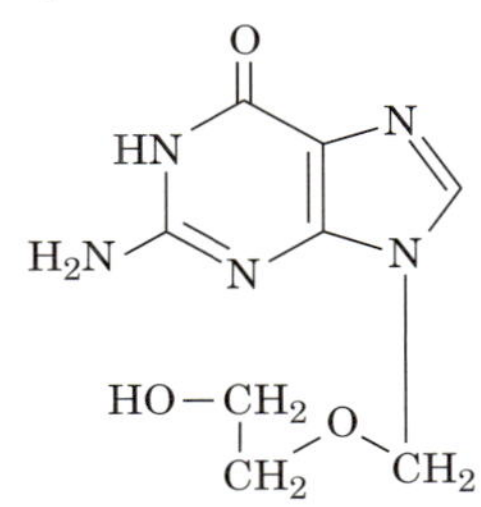

Acyclovir

1967년에 히칭스가 퇴임한 후 엘리언은 실험 치료 부서의 책임자가 되었다. 비록 그녀는 공식적으로 1983년에 은퇴하지만, 엘리언의 연구는 1991년까지 에이즈 치료에 효과를 나타내는 유일한 치료제인 뉴클레오사이드의 유사체, 아지도싸이미딘(AZT, 자료 12-3)의 개발로 결실을 이룰 때까지 계속되었다. 현재까지도 아지도싸이미딘은 계속적으로 사용되고 있다.

1988년에 엘리언은 히칭스와 블랙(James Black)[위산 분비를 억제하는 첫 번째 치료제 시메티딘(타가메트)과 고혈압 치료에 널리 사용되는 프로프라노놀(인더롤)을 발견]과 함께 제약 산업에서 과학자로서 보기 드문 업적인 노벨 생리·의학상을 수상하였다. 이는 새로운 화합물을 간단하게 합성하는 능력이라기보다 뉴클레오타이드 대사 이해에 기초한 그녀의 연구 결과이다.

Elion, G.B., Hitchings, G.H., and Vanderwerff, H., Antagonists of nucleic acid derivatives. VI. Purines, *J. Biol. Chem.* **192**, 505–518 (1951).

Elion, G.B., Kovensky, A., and Hitchings, G.H., Metabolic studies of allopurinol, an inhibitor of xanthine oxidase, *Biochem. Pharmacol.* **15**, 863–880 (1966).

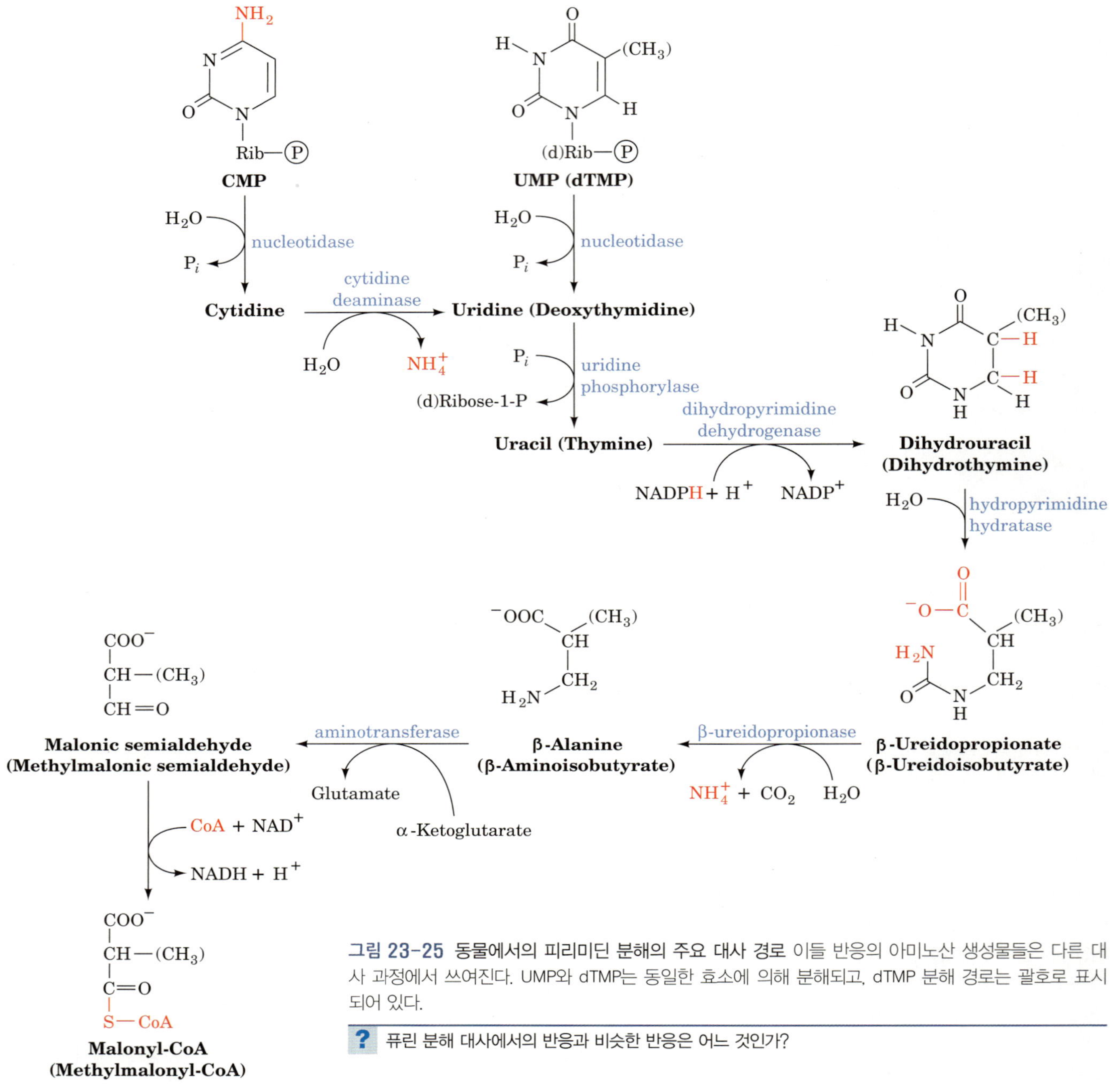

그림 23-25 동물에서의 피리미딘 분해의 주요 대사 경로 이들 반응의 아미노산 생성물들은 다른 대사 과정에서 쓰여진다. UMP와 dTMP는 동일한 효소에 의해 분해되고, dTMP 분해 경로는 괄호로 표시되어 있다.

? 퓨린 분해 대사에서의 반응과 비슷한 반응은 어느 것인가?

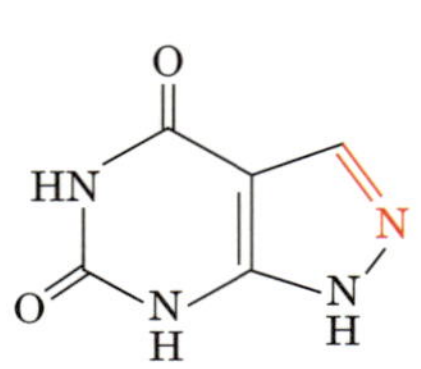

Alloxanthine

(**alloxanthine**)을 만드는데, 이들은 효소의 환원된 형태에 강하게 결합하여 이 효소를 불활성화시킨다. 결과적으로 알로퓨리놀은 요산 생산 속도를 저하시켜 통풍의 증세를 완화시키는 한편, 좀 더 수용성인 하이포잔틴과 잔틴의 양을 증가시킨다. 비록 알로퓨리놀이 레쉬–니한 증후군의 통풍성 증세를 조절하지만, 신경계의 증세는 별 효과는 없다. 주목할 만한 퓨린 유도체 중 하나인 알로퓨리놀은 화학자 엘리언(Gertrude Elion)에 의해 발전되었다(자료 23-2).

C 피리미딘은 말로닐 CoA와 메틸말로닐 CoA로 분해된다

동물 세포들은 피리미딘 뉴클레오타이드를 그들의 구성 염기로 분해시킨다(**그림 23-25, 상단**). 퓨린 뉴클레오타이드의 반응들처럼 이들 반응은 탈인산화, 탈아미노화,

글리코사이드 결합 절단 등의 반응을 통해서 일어난다. 이들 반응의 결과로 생긴 유라실과 타이민은 퓨린 분해 대사의 산화에 의한 분해라기보다는 간에서 환원되면서 분해된다(그림 23-25, 중간). 피리미딘 분해 대사의 최종 산물은 **β-알라닌(β-alanine)**과 **β-아미노아이소뷰틸산(β-aminoisobutylate)**의 아미노산으로서, 다음과 같이 대사된다. 이들은 아미노 교환 반응과 활성화 반응을 거쳐서 말로닐 CoA와 메틸말로닐 CoA로 전환된다(그림 23-25, 왼쪽 하단). 말로닐산 CoA는 지방산 합성의 전구 물질이고, 메틸말로닐 CoA는 시트르산 회로의 중간 물질인 석시닐 CoA로 변한다(그림 20-16). **그러므로 피리미딘 뉴클레오타이드의 분해 대사가 어느 정도는 세포의 에너지 대사에도 기여한다고 할 수 있다.**

체크 포인트

- 퓨린과 피리미딘의 분해에 의해 생성되는 구성 요소는 무엇인가?
- 뉴클레오사이드 인산화 효소, 아데노신 탈아민화 효소와 잔틴 산화 효소에 의해 촉매되는 반응에 대해 기술해 보시오.
- 퓨린 뉴클레오타이드 회로의 기능은 무엇인가?
- 사용한 질소가 요산, 요소, 암모니아로 배출되는 것의 생리적 중요성은 무엇인가?
- 퓨린 대사는 SCID, 근육 기능, 통풍과 어떤 관련이 있는지 기술해 보시오.

요약

1 퓨린 리보뉴클레오타이드의 합성

- 퓨린 뉴클레오타이드 IMP는 리보스-5-인산, 아스파트산, 퓨마르산, 글루타민, 글라이신, HCO_3^-로부터 11단계를 거쳐 합성된다. 퓨린 뉴클레오타이드 합성은 과정의 첫 번째와 두 번째 단계에서 조절된다.
- IMP는 AMP와 GMP의 전구 물질로서 인산화되어 해당되는 뉴클레오타이드의 이인산, 삼인산을 생성한다.

2 피리미딘 리보뉴클레오타이드의 합성

- 피리미딘 뉴클레오타이드 UMP는 5-포스포리보실 파이로인산(5-phosphoribosy pyrophosphate), 아스파트산, 글루타민, HCO_3^-로부터 6단계를 거쳐 합성된다. UMP는 인산화와 아민화 반응에 의해서 UTP와 CTP로 전환된다.
- 피리미딘 뉴클레오타이드 합성은 세균의 경우 ATCase 단계에서 조절되며, 동물의 경우는 카바모일 인산 생성 효소 II의 촉매 작용 단계에서 조절받는다.

3 데옥시리보뉴클레오타이드의 생성

- 데옥시리보뉴클레오타이드 이인산은 해당 NDP로부터 리보뉴클레오타이드 환원 효소의 작용으로 합성되는데, 이 효소는 이중핵 Fe(III)의 보결 원자단, 한 개의 타이로신 라디칼, 여러 개의 산화-환원 활성 설프하이드릴(sulfhydryl)기를 지닌다. 효소의 활성은 싸이오레독신과의 이황화 결합 교환을 통해 재생된다.
- 리보뉴클레오타이드 환원 효소는 DNA 합성에 필요한 양만큼의 데옥시뉴클레오타이드를 합성하도록 다른자리 입체성 영향 인자에 의해 조절된다.
- dTMP는 타이미딜산 생성 효소에 의해서 dUMP로부터 합성된다. 이 반응에서 생성되는 다이하드로폴산은 다이하이드로폴산 환원 효소(DHFR)에 의해 다시 테트라하이드로폴산으로 전환된다.

4 뉴클레오타이드 분해

- 퓨린 뉴클레오타이드는 뉴클레오사이드 분해 효소와 퓨린 뉴클레오사이드 카이네이스(PNP)에 의해서 분해된다. 아데닌 뉴클레오타이드는 아데노신 탈아미노화 효소와 AMP 탈아미노화 효소에 의해 탈아미노화된다. 퓨린 뉴클레오타이드 회로에서 AMP의 합성 및 분해는 근육 내에 시트르산 회로의 중간 물질인 퓨마르산을 생성한다. 잔틴 산화 효소는 하이포잔틴을 잔틴으로, 잔틴을 요산으로 산화시키는 촉매 작용을 한다.
- 영장류, 조류, 파충류, 곤충류에서 퓨린 분해의 최종 산물은 요산인데, 이는 배설된다. 다른 생물은 요산을 좀 더 분해한다.
- 피리미딘은 분해되어 지방산 대사의 중간 물질로 사용된다.

주요 용어

PRPP
메커니즘 기반 방해제 (mechanism-based inhibitor)
앞먹임 활성화(feedforward activation)
재생 경로(salvage pathway)
퓨린 뉴클레오타이드 회로 (purine nucleotide cycle)

문제

연습 문제

1. IMP → AMP 경로 반응 중 요소 회로 반응과 유사한 것은 어느 단계인가?

2. 어떤 퓨린이 카페인으로부터 유래되는가?

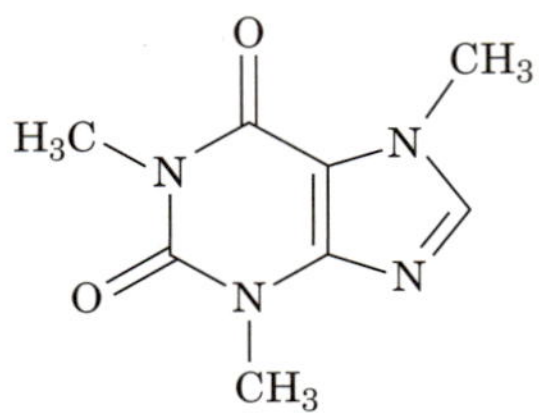

Caffeine

3. 곰팡이가 생산하는 식물 성장 자극제인 2-azahypoxanthine과 구아닌의 차이점은 무엇인가?

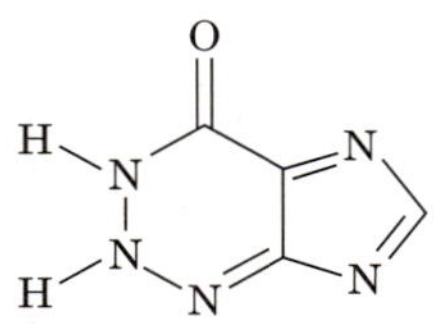

2-Axahypoxanthine

4. 세균은 굶주렸을 때 세포내 신호 전달 물질인 ppGpp(guanosine-3′, 5′-bisdiphosphate)를 생성한다. 그 구조를 그리시오.

5. 글루타민으로부터 아미노기를 전달받는 뉴클레오타이드 생합성의 모든 효소를 나열하시오.

6. 어떤 글루타민 유사체가 글루타민과 결합하여 효소를 비가역적으로 불활성화시킨다면, 이들 화합물이 있으면 축적되는 뉴클레오타이드 생합성의 중간 물질을 밝히시오.

7. 신생 합성으로 다음의 (a) IMP, (b) AMP, (c) CTP를 합성하는데 소요되는 ATP를 당량으로 계산하시오. (단, 모든 기질(예: 리보스-5-인산, 글루타민)과 보조 인자들은 모두 이용 가능하다고 가정한다.)

8. 다음 화합물을 항암제로 시험하였다. (a) CTP 생성을 억제하는 이유에 대해 설명하시오. (b) 또한 인산 지질 합성을 억제하는 이유에 대해 설명하시오.

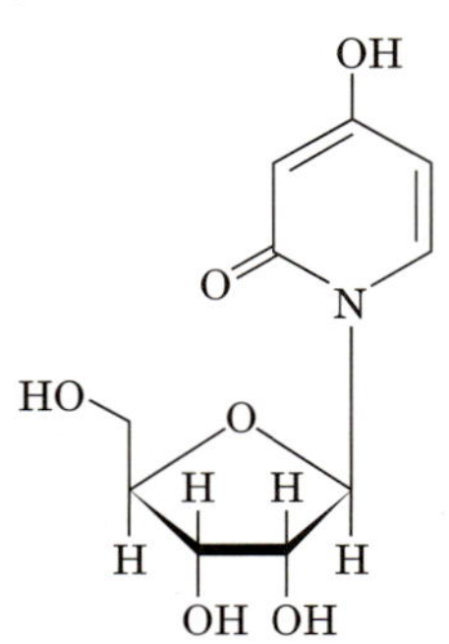

9. 수산화 요소(hydroxyurea)는 타이로실 라디칼을 파괴하는데, 왜 항암제로서 유용한가를 설명하시오.

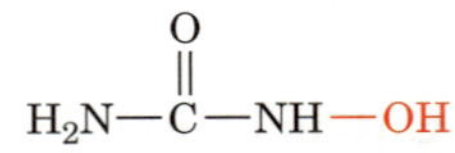

Hydroxyurea

10. dATP는 왜 포유동물에서 독성이 있는가?

11. 퓨린과 피리미딘 고리는 아미노산인 아스파트산, 글루타민, 글라이신으로부터 만들어진다. 데옥시리보뉴클레오타이드의 합성에 세린이 필요한 이유는 무엇인가?

12. FdUMP 혹은 메토트렉스산(methotrexate)의 화학 요법을 받고 있는 환자들이 일시적인 탈모 현상을 보이는 이유는 무엇인가?

13. 왜 메토트렉스산은 히스티딘과 메싸이오닌의 합성을 저해하는지 설명하시오.

14. 몇몇 미생물들은 DHFR의 활성이 부족한 반면, 이들의 타이미딜산 생성 효소는 한 개의 FAD 보조 인자를 갖고 있다. 이 FAD의 기능은 무엇인가?

15. 트라이메토프림(trimethoprim)은 박테리아 다이하이드로폴산 환원 효소의 메커니즘 기반 방해제인가?

16. *p*-아미노살리실산(*p*-Aminosalicylate)은 Mycobacterium tuberculosis 감염에 치료제로 사용된다. 어떻게 이 화합물이 티미딜산 생성을 억제하는지 설명하시오.

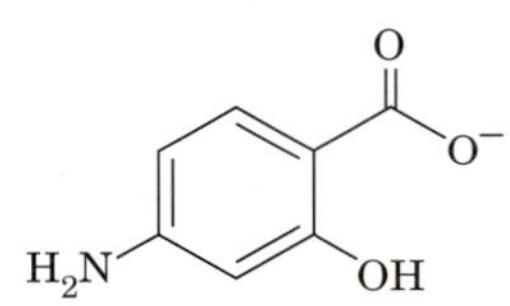

***p*-Aminosalicylate**

17. 알로퓨리놀은 잔틴 산화 효소의 메커니즘 기반 방해제인가?

18. 퓨린 뉴클레오타이드 회로에 의해 생성되는 퓨마르산이 어떻게 CO_2로 대사되는지 설명하시오.

19. 다이하이드로피리미딘 탈수소 효소가 완전히 결핍된 사람은 매우 다양한 증상을 나타낸다. 이 환자들의 유린에 높은 농도로 들어 있는 화합물은 무엇인가?

20. 다이하이드로피리미딘 탈수소 효소의 부분적 결핍이 있는 사람은 항암제인 5-플루오로유라실을 많은 양 처방할 때 독성을 나타낸다. 그 이유에 대해 설명하시오.

21. 동물의 경우, NAD^+ 합성의 한 가지 경로는 니코틴아마이드로부터 시작된다. 그림에 나타난 반응에서 생성되는 구조를 그리시오.

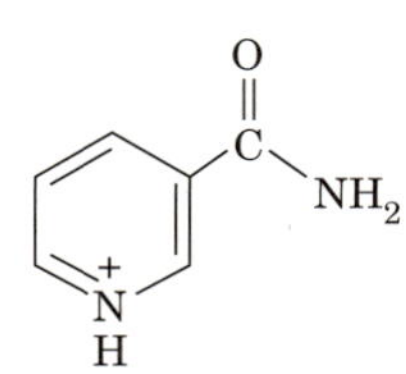

Nicotinamide

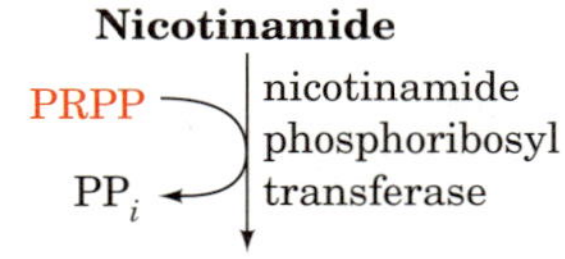

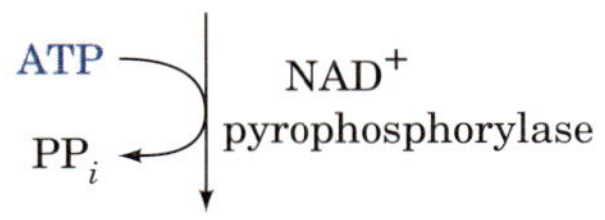

22. 세포내 신호 전달에 관여하는 핵산 유도체는 NAD^+로부터 ADP에 붙어 있는 리보스의 2′ 자리에 니코틴아마이드기를 제거하고 아세틸기를 첨가하여 합성된다. 그 구조를 그리시오.

23. FAD의 합성에서 리보플라빈은 카이네이스에 의해 FMN으로부터 인산화된 후(그림 18-10), FMN은 ATP와 반응한다. 이 과정에서 몇 개의 고에너지 결합이 사용되는가?

24. 타이민이 CO_2로 전환되면서 생성되는 ATP를 계산하시오.

도전 질문

25. ATP는 카바모일 인산 합성 효소 II를 활성화시키는 데 반해서, 왜 UTP는 어떤 대사 경로로 카바모일 인산 합성 효소 II를 억제하는가?

26. ADP와 GDP는 어떤 대사 경로로 리보스 인산 파이로포스포카이네이스를 억제하는가?

27. 쥐 배아 줄기세포는 5시간에 한 번씩 매우 빠른 속도로 분열한다. 이 세포는 영양 물질로 많은 양의 트레오닌을 필요로 한다. 트레오닌 대사 과정(그림 21-14)이 세포의 에너지 필요량과 빠른 속도의 DNA 합성을 어떻게 도와주는지 설명하시오.

28. 정상적인 세포는 타이민과 메토트렉스산을 포함한 영양 배지에는 죽고, 타이미딜산 생성 효소가 결핍된 변이 세포들은 생존하여 성장한다. 그 이유를 설명하시오.

29. 근육세포에서 글루탐산 탈수소 효소의 낮은 수준을 유지하는 것이 왜 중요한가?

30. 왜 von Gierke 글리코젠 저장 질환(자료 16-2)은 통풍 증세를 일으키는가?

31. 왜 고기 섭취량이 많을수록 통풍에 잘 걸리는가?

32. 통풍은 퓨린의 과생산에 의한 경우와 요산 분비 기능 손상에 의한 경우로 나눌 수 있다. 환자에게 ^{15}N가 표지된 글라이신을 투여하고 ^{15}N가 포함된 요산 배출 여부를 확인하는 것을 통하여 어느 경우에 해당하는지 알 수 있다. 동위 원소 분비를 이용하여 어떻게 구분할 수 있는지 설명하시오.

33. 집쥐(rat)를 대상으로 염기와 리보스의 양쪽에 ^{14}C로 동위 원소 결합된 사이티딘을 주었다. 여기서 생긴 DNA를 뽑아 핵산 분해 효소로 분해하였다. 세포 내 데옥시사이티딜산(deoxydytidylate)의 생산이 다음의 경로, 즉 (a) 온전한 CDP가 dCDP로 환원되고, (b) CDP는 환원되기 전에 분해되어 사이토신과 리보스로 된다면, 회수된 데옥시사이티딜산의 동위 원소의 부착 패턴을 설명하시오.

34. 몇 단계 반응을 거친 후 뉴클레오타이드로 변환될 수 있는 **6-머캅토퓨린(6-Mercaptopurine**, 자료 23-2)은 AMP와 GMP 생합성 경로에서 IMP의 경쟁적 억제제가 될 수 있어 임상에서 유용한 항암제로 사용되고 있다. 6-머캅토퓨린과 알로퓨리놀을 같이 처방하였을 때 항암 치료 효과는 증가된다. 이 증강 효과의 메커니즘에 대해 설명하시오.

참고 문헌

Ando, N., Brignole, B.J., Zimanyi, C.M., Funk, M.A., Yokoyama, K., Asturias, F.J., Stubbe, J., and Drennan, C.L., Structural interconversions modulate activity of *Escherichia coli* ribonucleotide reductase, *Proc. Natl. Acad. Sci.* **108**, 21046 – 21051 (2011).

Carreras, C.W. and Santi, D.V., The catalytic mechanism and structure of thymidylate synthase, *Annu. Rev. Biochem.* **64**, 721 – 762 (1995).

Cotruvo, J.A., Jr. and Stubbe, J., Class I ribonucleotide reductases: metallocofactor assembly and repair in vitro and in vivo, *Annu. Rev. Biochem.* **80**, 733 – 767 (2011).

Finer−Moore, J.S., Santi, D.V., and Stroud, R.M., Lessons and conclusions from dissecting the mechanism of a bisubstrate enzyme: thymidylate synthase mutagenesis, function, and structure, *Biochemistry* **42**, 248 – 256 (2003).

Greasley, S.E., Horton, P., Ramcharan, J., Beardsley, G.P., Benkovic, S.J., and Wilson, I.A., Crystal structure of a bifunctional transformylase and cyclohydrolase enzyme in purine biosynthesis, *Nature Struct. Biol.* **8**, 402 – 406 (2001).

Kappock, T.J., Ealick, S.E., and Stubbe, J., Modular evolution of the purine biosynthetic pathway, *Curr. Opin. Chem. Biol.* **4**, 567 – 572 (2000).

Liu, S., Neidhardt, E.A., Grossman, T.H., Ocain, T., and Clardy, J., Structures of human dihydroorotate dehydrogenase in complex with antiproliferative agents, *Structure* **8**, 25 – 33 (1999).

Minnihan, E.C., Nocera, D.G., and Stubbe, J., Reversible, long−range radical transfer in *E. coli* class Ia ribonucleotide reductase, *Acc. Chem. Res.* **46**, 2524 – 2535 (2013).

Nordlund, P. and Reichard, P., Ribonucleotide reductases, *Annu. Rev. Biochem.* **75**, 681 – 706 (2006).

Valle, D. (Ed.), *The Online Metabolic & Molecular Bases of Inherited Disease*, http://www.ommbid.com/. [Part 11 contains chapters on defects in purine and pyrimidine metabolism.]

CHAPTER 24

핵산 구조

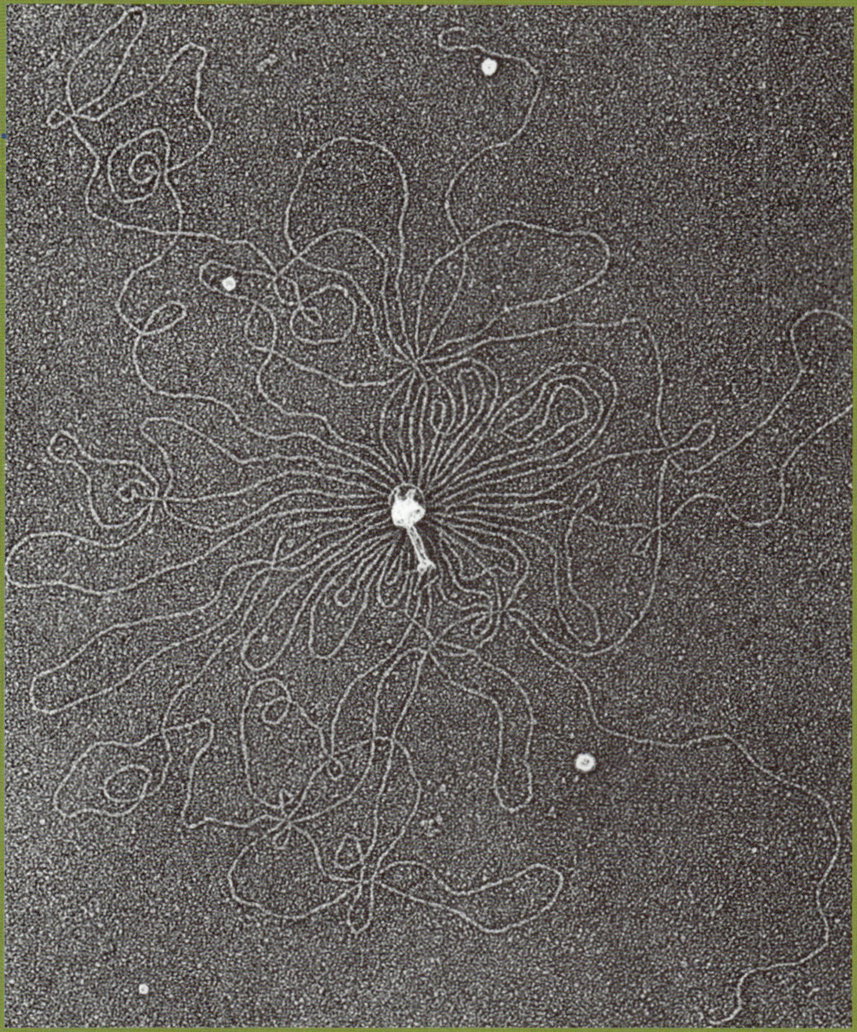

삼투압으로 인해 터진 T2 박테리오파지에서 쏟아져 나온 것에서 보듯이 DNA 분자는 매우 크다. 세포는 자신의 DNA를 효과적으로 포장하고 안전하게 저장할 수 있어야 한다. 세포는 DNA가 고도로 응축되어 있음에도 불구하고, 기록되어 있는 유전 정보의 의미를 읽고 해독할 수 있어야 한다.

모든 생물에서 생물 정보의 궁극적 제공자는 핵산이다. 각 세포의 모양과 기능은 대부분 DNA(일부 바이러스에서는 RNA)에 저장되어 있는 유전적 지시에 의해 결정된다. 분자 생물학(3-3B절)의 중심설에 따르면 DNA의 염기 서열은 단백질의 아미노산 서열을 암호화한다. 세포 단백질의 많은 것들은 대사 과정을 수행하는 효소이며, 이는 15~23장에 언급되어 있다. 다른 단백질들은 구조적 기능이나 조절 기능을 담당하거나 유전 정보를 유지하고 전달하는 데 참여한다.

두 종류의 핵산, 즉 DNA와 RNA는 정보를 저장하고 그 정보를 세포에 유용하게 한다. 이들 분자 구조는 다음과 같은 특징을 가져야 한다.

1. 유전 정보는 크기가 다루기 쉽고 오랫동안 안정한 형태로 저장되어야 한다.
2. 유전 정보가 사용되기 위해서는 (흔히 여러 번) 해독되어야 한다. **전사(transcription)**는 DNA의 뉴클레오타이드 서열이 단백질 합성을 지시할 수 있는 RNA로 복사되는 과정이며 RNA로부터 단백질이 합성되는 과정은 **번역(translation)**이라고 한다.

3. DNA 혹은 RNA에 함유된 정보는 단백질이나 다른 핵산에 접근할 수 있어야 한다. 이 중간자들은 핵산을 인식하고(대부분의 경우 서열 특이적 방식으로) 결합하여 그 기능을 변화시킨다.
4. 한 생물체의 자손은 부모와 같은 정보를 구비해야 한다. 따라서 DNA는 **복제되며(replicated)**(정확한 복사본이 만들어짐) 각각의 딸세포는 같은 정보를 받는다.

앞으로 살펴보겠지만 핵산의 기능을 수행하기 위해서는 많은 세포 성분들이 필요하다. 그러나 핵산은 거의 불활성의 '단지 읽히기만' 하는 본체이다. 특별히 RNA는 단일 가닥의 성질로 인해 역동적인 분자이며 유전 정보를 해독하는 여러 과정에서 구조적 발판이나 촉매적 기능을 가지게 된다. 이 장에서는 단백질과의 상호작용을 포함하여 핵산이 그 의무를 수행하게 하는 핵산의 구조적 성질에 초점을 맞출 것이다. 이후의 장에서는 복제(25장), 전사(26장), 번역(27장) 과정을 살펴보게 될 것이다.

1 DNA 나선

주요 개념

- DNA의 나선은 A, B, Z 형태를 가질 수 있다.
- 글리코사이드 결합, 리보스 고리, 당-인산 골격의 형태적 자유는 제한된다.
- 초코일화된 DNA는 고리의 수, 꼬임, 비틀림 수를 설명한다.
- 위상 이성질화 효소는 DNA를 추가하거나 초코일을 제거하기 위해서 하나(유형 I) 또는 양쪽(유형 II)을 자른다.

핵산이 어떻게 복제나 전사 시에 유전 정보를 안전히 보호하는가를 이해하고자 하는 측면에서 여러 가지 형태의 DNA 구조를 살펴봄으로써 핵산에 대한 검토를 시작한다.

A DNA는 다른 입체를 채택할 수 있다

DNA는 두 가닥의 포스포다이에스터 결합에 의해 연결된 데옥시뉴클레오타이드 중합체이다(그림 3-3, 3-6). 생물학적으로 가장 흔한 형태의 DNA는 **B-DNA**로서, 왓슨(James Watson)과 크릭(Francis Crick)이, 프랭클린(Rosalind Franklin)과 동료들과 함께 처음으로 제한 DNA의 구조적 특징을 가지고 있다(3-2B절, 자료 24-1).

1. 두 가닥의 역평행 폴리뉴클레오타이드 가닥이 공통 축 주위를 오른쪽 방향으로 감아 지름이 약 20 Å인 이중 나선을 형성한다.
2. 수소 결합에 의해 쌍을 이룬 뉴클레오타이드 염기의 면은 나선 축에 거의 수직이다. B-DNA에서 염기는 나선의 중심부를 차지하고, 당-인산 골격은 바깥쪽을 감고 있으며 큰 고랑과 작은 고랑을 형성한다. 염기쌍의 바깥 가장자리만이 용매에 노출된다.
3. 각 염기쌍은 거의 같은 너비를 유지하여(그림 24-1) 염기 조성에 관계없이 DNA 분자가 거의 완전한 대칭성을 가지게 한다. A·T와 G·C 염기쌍은 호환이 가능하다. **이들은 당-인산 골격의 C1′ 원자의 위치를 바꾸지 않고 이중 나선에서 서로 대체할 수 있다.** 마찬가지로 왓슨-크릭 염기쌍의 상대편이 변환될 수 있

자료 24-1 발견의 과정 프랭클린과 DNA의 구조

프랭클린(Rosalind Flanklin, 1920~1958)

왓슨(James Watson)과 크릭(Francis Crick)은 DNA 구조에 대한 정확한 모형을 처음으로 게재하였다. 그 발견의 반은 그들 자신의 통찰력과 함께, 모든 과학적 발견이 그렇듯이 다른 사람들의 연구에 그 기초를 둔다. 이 과정에서 가장 두드러진 공헌자는 프랭클린(Rosalind Flanklin)인데, 그녀는 아마도 이 발견에 대한 자신의 역할에 대해 전혀 알아차리지 못한 듯하며, 1962년에 왓슨, 크릭, 윌킨스(Maurice Wilkins)에게 수여된 생리학과 의학 부분에서의 노벨상 수상의 영예를 함께 나누지 못하였다.

프랭클린은 영국의 지성적이고 모범적인 가정에서 태어났다. 그녀는 수학에 뛰어났으며, 여성을 위해 주어지는 직업의 기회는 적었음에도 1945년에 케임브리지 대학에서 물리화학 분야에서 박사 학위를 취득하였다. 그녀는 1947년에서 1950년까지 프랑스 정부 연구소에서 일하였으며, 거기서 X선 회절 기술을 석탄과 같은 불완전한 결정화된 물질에 적용하는 권위자가 되었다. 석탄과 기타 다른 형태의 탄소 구조에 대한 많은 논문은 이들 물질을 연구하는 길을 새로이 열었다.

프랭클린은 1951년에 런던 킹스 대학 의학연구협회(MRC)의 물리학 연구 단장인 랜들(John Randall)의 초청으로 DNA 구조를 연구하기 위해 영국에 돌아왔다. 랜들은 프랭클린에게 독립된 지위가 부여될 것이라고 암시하였지만 킹스 대학에서 얼마동안 DNA에 대해 일해 왔던 윌킨스는 프랭클린이 자신의 지시하에 일할 것이라는 느낌을 가졌다. 이러한 오해와 두 사람의 매우 대조적인 성격(프랭클린은 재빠르고 공격적이며 정면돌파적인 반면, 윌킨스는 신중하고 수줍어하며 간접적으로 행동)으로 인해 둘 사이는 거의 말을 하지 않는 나쁜 관계가 되었다. 그래서 그들은 각자 독립적으로 일하였다. 프랭클린의 생애와 일에 대한 일반적인 설명은 킹스 대학에서의 환경이 여성에게는 좋지 않았음을 이야기하지만, 프랭클린의 대응과 직접적인 설명은 그 환경이 사실상 그녀의 성격에 맞았다고 한다. 그러나 그녀는 킹스 대학에서 인간 관계로 인해 불행하였으며, 결국 1953년 봄, 영국의 버크벡 대학으로 떠났다. 그곳에서 그녀는 1958년에 난소암으로 갑자기 사망할 때까지 바이러스의 구조에 대한 기저 연구를 수행하였다.

프랭클린은 킹스 대학에서 정년 보장 초기에 X선 섬유 회절 양상 분석을 통해 DNA(그녀는 이것을 윌킨스에게서 받았으며, 윌킨스는 이것을 스위스의 싱어(Rudolf Signer)에게서 받았다.)가 두 가지 구별되는 입체 구조로 존재함을 발견하였으며, 그녀는 이것을 A와 B형으로 불렀다. 이러한 발견 이전에 얻은 DNA의 X선 회절상은 A와 B형의 혼재로 인해 혼란스러웠다. 프랭클린은 세심한 습도 조절을 통해 확실한 DNA 나선의 특징을 보이는 전례 없는 명쾌한 B-DNA의 X선 섬유 회절상 사진을 얻었다(그림 3-5). 프랭클린은 이 사진을 분석하여 B-DNA는 이중 나선이며 지름이 20Å, 한 바퀴 도는 데 높이가 34Å이고 10개의 염기쌍을 가지며, 각 염기쌍은 3.4Å 떨어져 있는 구조임을 밝혔다. 이 사진을 더 자세히 분석한 결과 친수성 당-인산 사슬은 나선의 바깥쪽에 있으며, 상대적으로 소수성인 염기는 내부에 존재함을 알 수 있었다. 비록 프랭클린은 샤가프(Chargaff) 규칙(3-2A절)과 염기의 호변이성 형태(3-2B절)에 관한 도노후(Jerry Donohue)의 성과를 알았지만 그녀는 이중 가닥 DNA에 염기쌍이 존재함을 유추하지는 못하였다.

1953년 1월, 윌킨스는 왓슨이 킹스 대학을 방문하였을 때 프랭클린이 찍은 B-DNA의 X선 사진을 그에게 보여 주었다. 또한 1953년 2월 케임브리지 대학에서 크릭의 논문 지도교수였던 페루츠(Max Perutz)(자료 7-2)는 MRC의 1952년 보고서의 사본을 왓슨과 크릭에게 보여 주었는데, 이 보고서에는 프랭클린을 포함한 MRC의 주요 연구자 모두의 업적이 요약되어 있었다. 일주일 내(그리고 이 계획에 움직임이 없던 13달 후) 왓슨과 크릭은 프랭클린의 자료에 상응하는 골격 구조를 가진 DNA 모형을 제작하기 시작하였다[모형 제작 초기에 이들은 염기들이 외부에서 접근 가능해야만 유전 정보를 전할 수 있다고 생각하였기 때문에 염기를 나선의 바깥쪽에 배치하였다[폴링(Linus Pauling)에 의해 발표된 모형처럼, 자료 6-1)]. 크릭은 프랭클린의 발견이 자신의 기획에 결정적인 역할을 하였다고 수차례에 걸쳐 감사를 표한 적이 있다.

왓슨과 크릭은 1953년 4월에 그들의 B-DNA 모형을 "네이처"에 발표하였다. 이 논문은 거슬러 올라가 DNA의 구조적 연구에 관한 윌킨스의 논문과 프랭클린의 논문을 뒤따른다. 프랭클린의 원고는 왓슨과 크릭의 성과가 알려지기 전인 1953년 3월에 쓰여졌다. 그녀가 왓슨과 크릭의 모형을 알게 되었을 때 자신의 원고에서 수정한 것은 단 한 문장이며, 그녀가 추가한 바로 그 문장은 "그래서 우리의 전체적인 생각은 이전의 정보교환에서 왓슨과 크릭에 의해 제안된 모형과 일치하지 않는다."이다. 그녀는 확실히 왓슨-크릭 모형이 그 정도로 많이 자신의 결과에 근거하였음을 알아차리지 못하였다. 왓슨과 크릭은 1953년 네이처에 실은 자신들의 논문에 프랭클린에 대한 사사를 표시하지 않았으므로, 그녀의 논문은 그 서술의 주요한 근간이 되기보다는 왓슨-크릭 모형을 지지한 자료로 널리 취해졌다. 그녀가 사망한 후에 왓슨과 크릭은 프랭클린의 기여가 결정적 역할을 하였음을 나타냈다.

흥미롭게도 왓슨, 크릭, 프랭클린은 서로 가까운 친구 사이로 발전하였다. 1954년부터 이들은 서로 연락을 유지하며 서로의 성과에 조언을 하였다. 1954년 여름, 왓슨은 프랭클린과 함께 메사추세츠 주에 위치한 우즈 홀시로부터 그녀의 목적지인 칼텍까지 미국을 횡단하여 운전을 해주고 돌아간 적이 있다. 1956년 봄, 그녀는 크릭과 그의 부인 오딜(Odile)과 함께 스페인을 여행하고, 이후 그녀가 난소암을 위한 치료에서 회복하고 있을 때 케임브리지에 있는 그들의 집에서 함께 머무른 바 있다.

만약 왓슨과 크릭이 B-DNA의 모형을 제시하지 않았다면, 확실하지 않은 모형 제작을 싫어하였던 프랭클린이 결국 그렇게 했을까? 물론 우리는 알 수 없다. 그리고 그녀가 살아 있었다면 왓슨, 크릭과 함께 노벨상을 받았을까(그 상은 사후에는 수상할 수 없다)? 발견 과정에서 그녀가 없어서는 안 될 참여자임을 주장하는 사람들은 "예"라고 말할 것이다. 그러나 노벨 위원회는 전형적으로 그 연구를 시작한 사람들(즉 윌킨스)에게 상을 수여하며, 그 상은 3명 이상이 나누어 가질 수 없게 되어 있다.

Franklin, R.E. and Gosluing, R.G., Molecular configuration in sodium thymonucleate, *Nature*, **171**, 740-741(1953).

Maddox, B., *Rosalind Franklin: The Dark Lady of DNA*, HarperCollins (2002).

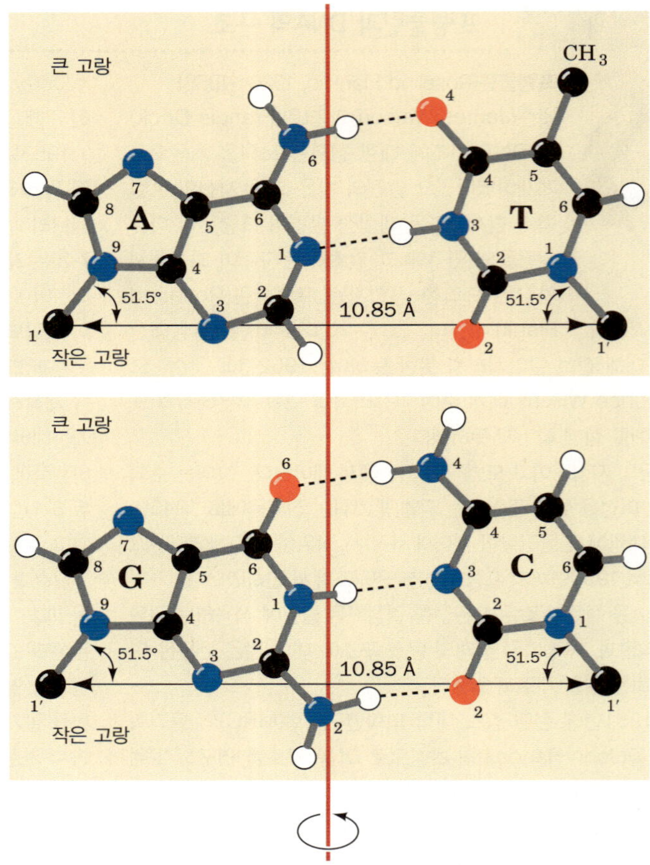

그림 24-1 왓슨-크릭 염기쌍 C1′ 원자를 잇는 선의 길이는 A·T와 G·C 염기쌍에서 동일하며, 염기에 동일한 각으로 글리코사이드 결합을 한다. 이것으로 DNA는 나선 축에 수직인 각 염기쌍의 가운데를 통과하는(붉은선) 일련의 유사 2배 대칭축을 가진다. [After Arnott, S., Dover, S.D., and Wonacott, A.J., *Acta Cryst.* B25, 2196(1969).]

? 염기쌍의 일관된 크기가 세포의 핵 속에 많은 양의 DNA를 저장하는 작업을 단순화시키는 이유를 설명하라.

다(즉 G·C는 C·G, A·T는 T·A로 바뀜으로써). 반면 어떤 다른 염기의 조합도 이중 나선을 심하게 뒤틀리게 할 수 있다.

4. 이상적인 B-DNA 나선은 1회전당 10개의 염기쌍을 가지며(나선은 염기쌍당 36° 비틀림), 방향족 염기는 3.4 Å의 반데르발스 두께를 가지고 서로 부분적으로 집적되어 나선은 1회전당 34 Å의 높이를 가진다.

이중 나선 DNA는 용매의 조성과 염기 서열에 따라 여러 가지 특징적인 구조를 가질 수 있다. DNA의 가장 주된 구조적 변이체는 **A-DNA**와 **Z-DNA**이다. 이들 분자의 기하학적 구조는 **표 24-1**과 **그림 24-2**에 요약되어 있다.

A-DNA의 염기쌍은 나선축을 향한다. 탈수 상태에서 B-DNA는 A-DNA로 가역적인 형태적 변화를 일으키는데, 이는 B-DNA보다 더 넓고 납작한 우선성 나선을 이룬다. A-DNA는 1회전당 11.6개 염기쌍을 가지며 나선의 높이는 34 Å으로, 가운데 축에 구멍이 생기게 된다(그림 24-2*c*, 왼쪽). 그러나 A-DNA의 가장 두드러진 특징은 염기쌍의 면이 나선 축에 대해 20° 기울어진다는 것이다. 축이 염기쌍을 뚫고 지나가지 않기 때문에 A-DNA는 깊은 큰 고랑과 매우 낮은 작은 고랑을 가지게 된다. 이것을

표 24-1 이상적인 A-, B-, Z-DNA의 구조적 특징

	A	B	Z
나선형 센스	우선성	우선성	좌선성
지름		~26 Å ~20 Å	~18 Å
나선의 1회전당 염기쌍 수	11.6	10	12 (6개의 이합체)
염기쌍당 나선 비틀림	31°	36°	피리미딘−퓨린 단계에서 9°, 퓨린−피리미딘 단계에서 51°
나선 피치(회전당 상승)	34 Å	34 Å	44 Å
염기쌍당 나선 상승	2.9 Å	3.4 Å	이합체당 7.4 Å
나선축에 수직인 염기 기울기	20°	6°	7°
큰 고랑	좁고 깊음	넓고 깊음	납작함
작은 고랑	넓고 얕음	좁고 깊음	좁고 깊음
당분 잔주름	C3′-엔도	C2′-엔도	피리미딘은 C2′-엔도; 퓨린은 C3′-엔도
글리코사이드 결합 형태	반대	반대	피리미딘은 반대, 퓨린은 유사

출처: Mainly Arnott, S., *in* Neidle, S. (Ed.), *Oxford Handbook of Nucleic Structure*, p. 35, Oxford University Press (1999).

지름이 6 Å인 원주 구멍 주위를 감고 있는 납작한 띠로 묘사할 수 있다.

Z-DNA는 좌선성 나선을 이룬다. 때때로 친숙한 체계가 전혀 예기치 않은 성질을 보이기도 한다. 왓슨-크릭 DNA 구조가 발견된 지 25년이 지나 왕(Andrew Wang)과 리치(Alexander Rich)에 의해 d(CGCGCG)의 결정 구조가 확인되었다. 이는 매우 놀랍게도 좌선성 이중 나선을 보였다. 이 나선을 Z-DNA라고 하였는데, 1회전당 12개의 왓슨−크릭 염기쌍을 가지고 있었고 높이는 44 Å이었으며, 깊은 작은 고랑을 가지고 있었으나 큰 고랑은 식별할 수 없었다. 따라서 Z-DNA는 좌선성인 드릴의 날 모양과 비슷하다(그림 24-2, 오른쪽).

섬유 회절(Fiber diffraction)과 NMR 연구는 d(G·C) 다량체·d(G·C) 다량체 혹은 d(AC) 다량체·d(GT) 다량체와 같은 퓨린과 피리미딘을 교대로 가지고 있는 상보적 폴리뉴클레오타이드가 높은 염 농도에서 Z 형태를 나타내는 사실을 보여 주고 있다. 염은 DNA의 맞은편 가닥에서 가장 가까이 접근하고 있는 인산기(Z-DNA에서는 8 Å, B-DNA에서는 12 Å) 사이에 정전기적 반발력을 감소시킴으로써 B-DNA에 비해 상대적으로 Z-DNA를 더 안정화한다.

Z-DNA는 어떤 생물학적 기능을 가지고 있는가? Z DNA 결합 단백질의 발견은 Z-DNA가 생체내에 존재함을 강력히 시사한다. 리치는 DNA에 복잡하게 결합하고 있는 **Zα**라 불리는 Z-DNA−결합 단백질 영역의 X선 구조를 발견했다. 하나의 Zα의 영역은 Z-DNA 각 가닥에 극성 염기성 곁사슬과 DNA 당−인산 주골격 사이의 수소 결합과 이온 결합을 통해 결합한다. DNA 염기는 이 상호작용에 전혀 관여되지 않는다(**그림 24-3**). DNA에 결합하는 단백질의 표면은 Z-DNA 모양에 상보적이며, 가까이 있는 인산기의 음전하와 상호작용하는 단백질에서 예측할 수 있는 것처럼 양전하를 띠고 있다. Z-DNA를 형성할 수 있는 염기 순서는 유전자의 시작 부분에서 발생하며, 이러한 장소들에서 발생하는 B-DNA에서 Z-DNA로 가역 전환은 전사의 통제를 하는 역할을 할 수도 있다.

RNA는 α 나선을 이룰 수 있다. 일부 바이러스의 유전 물질은 이중 나선 RNA이지만

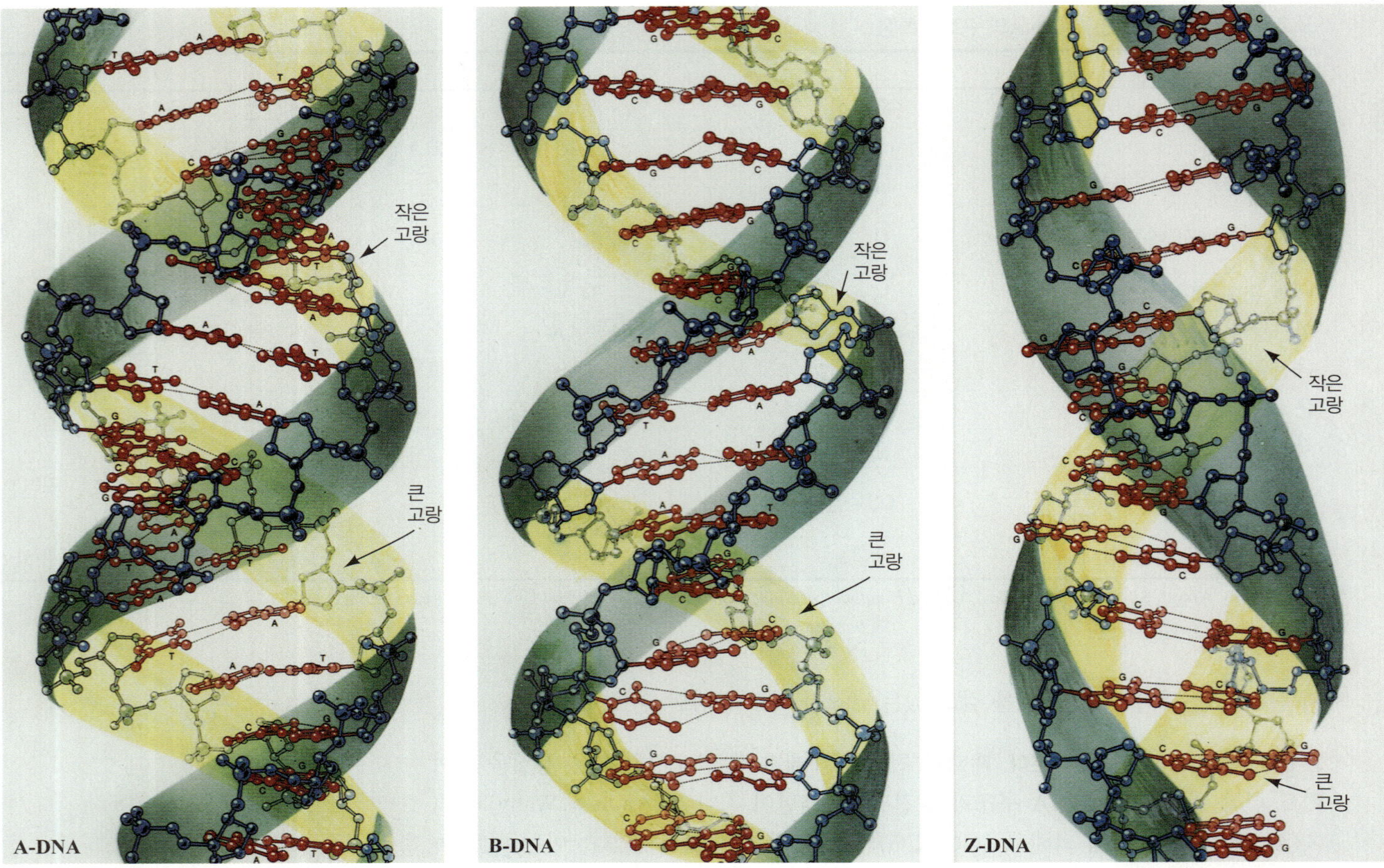

(a)

그림 24-2 A-, B-, Z-DNA와 구조 (*a*) 나선 축에 수직으로 관찰. 당-인산 골격은 녹색 띠로, 염기는 붉은색으로 나타내었다. 우선성 이중 나선 A 및 B-DNA와 좌선성 이중 나선 Z-DNA는 각각 두 개의 당-인산 사슬이 서로 반대 방향으로 형성된다. (*b*) 공간 채움 모형. C, N, O, P 원자를 각각 흰색, 파란색, 빨간색, 주황색으로 표시하였다. 명확하게 드러내기 위해 H 원자는 생략한다. (*c*) 나선축 아래로 바라본 모양. 리보스 고리의 O 원자를 빨간색으로, 가장 가까이 있는 염기는 흰색으로 나타내었다. 나선 축 B-DNA의 염기쌍을 통해 A-DNA의 큰 고랑 '보다 위'까지 통과하고 Z-DNA의 작은 고랑 가장자리를 통한다. 따라서 A-DNA는 중공 코어를 가지고 있으며, 반면에 B 및 Z-DNA는 고체 코어를 가지고 있다. 또한 A 및 B-DNA는 각 나선에서 데옥시리보스와 같은 형태를 갖고 있지만 Z-DNA는 다른 두 가지 형태를 갖고 있어서 다른 반경에서 리보스 잔기 방향을 변경한다. [Based on structures by Olga Kennard, Dov Rabinovitch, Zippora Shakked, and Mysore Viswamitra, Cambridge University, U.K., Nucleic Acid Database ID ADH010(A-DNA); Richard Dickerson and Horace Drew, PDBid 1BNA(B-DNA); and Andrew Wang and Alexander Rich, PDBid 2DCG(Z-DNA). Illustrations in Parts a and c, Irving Geis, Images from the Irving Geis Collection, Howard Hughes Medical Institute. Reprinted with permission. Model coordinates for Pert b generated by Helen Berman, Rutgers University.]

? B-DNA의 일부와 결합한 단백질은 A-DNA 및 Z-DNA와 결합할 수 있을까?

그것이 합성될 때는 단일 가닥으로만 합성된다. 그러나 단일 가닥 RNA는 자체적으로 접혀 상보적인 염기 서열은 쌍을 이루어 이중 가닥의 줄기 부분을 이루고, 단일 가닥 부분은 고리를 이루게 된다(그림 3-9). 더욱이, 짧은 단편의 이중 나선 RNA는 유전자 발현 조절에 관여하는 것으로 여겨져 왔다(28-3C절). 이중 나선 RNA는 자신의 2′-OH기의 입체적 충돌로 인해 B-DNA와 같은 형태를 취할 수 없다. 오히려 나선의 1회전당 11.0개의 염기쌍이 존재하고, 나선의 높이가 30.9 Å이며 염기쌍이 나선 축에 평균적으로 16,7° 기울어져 있는 A-DNA(그림 24-2)와 비슷한 형태를 보인다.

RNA와 DNA의 각 가닥으로 구성되어 있는 혼성화된 이중 나선은 비록 전체적인 형태는 A-DNA와 B-DNA의 중간 형태인 점에서 B-DNA의 성질을 가지고 있지

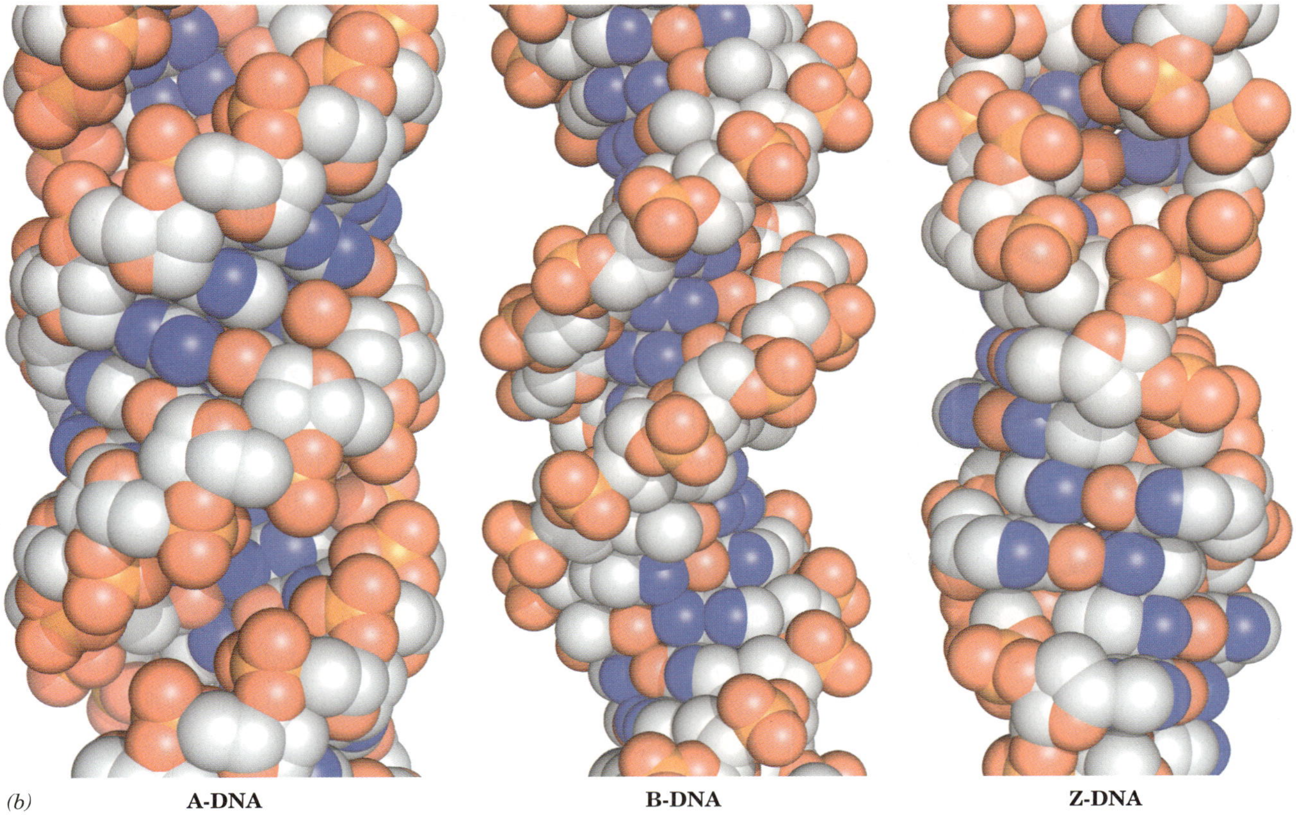

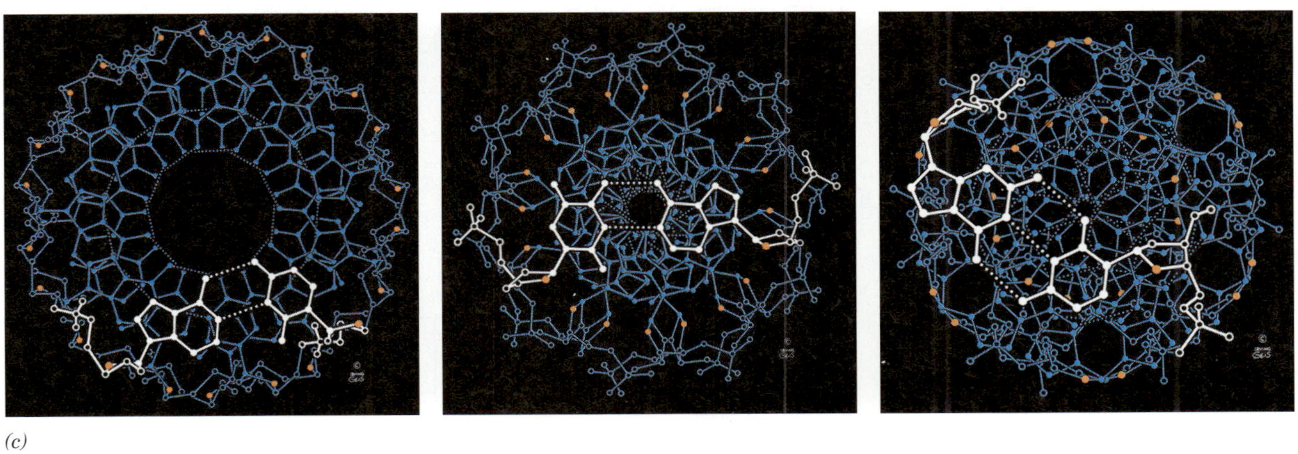

그림 24-2 계속

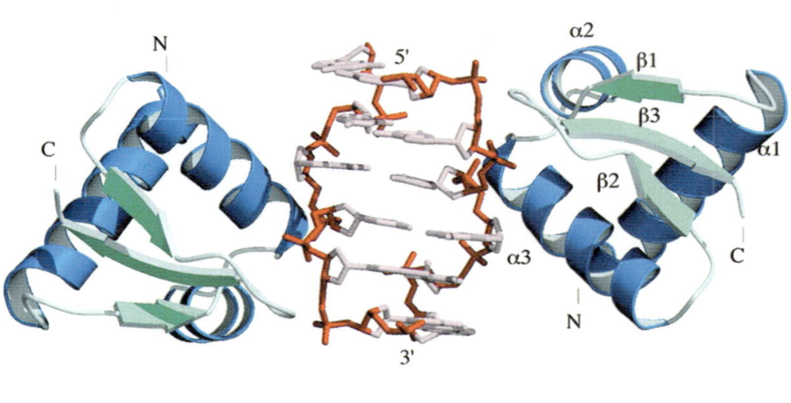

그림 24-3 Z-DNA와 결합하고 있는 Zα의 X선 구조 DNA 서열 d(CGCGCG)는 막대 구조로 골격은 빨간색, 염기쌍은 분홍색으로 나타나 있다. Zα 영역은 파란색의 α 나선과 청록색 β 병풍 구조로 그려져 있다. 각 Zα 영역은 Z-DNA의 한 가닥과만 접하고 있으며 Z-DNA 염기 중의 어떤 것도 단백질과 직접적으로 상호작용하지 않는다. [Courtesy of Alexander Rich, MIT. PDBid 1QBJ.]

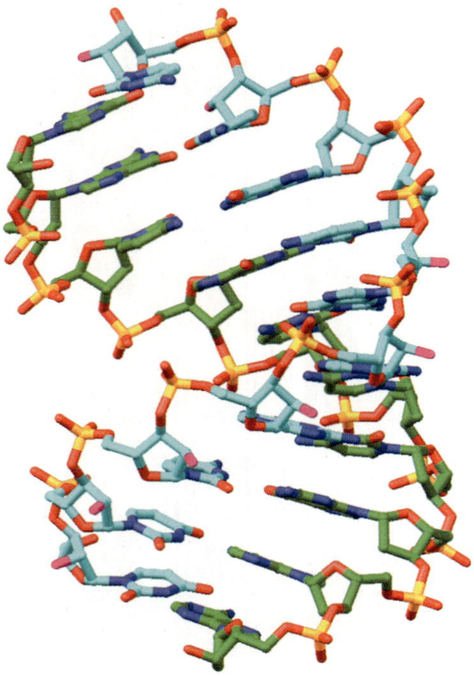

그림 24-4 10개 염기쌍으로 구성된 RNA-DNA 혼성 나선의 X선 구조 이 복합체는 RNA UUCGGGCGCC와 상보적으로 염기쌍을 이룬 DNA로 이루어져 있다. 이 구조는 막대형으로 그려졌으며 RNA C 원자는 청록색, DNA C 원자는 녹색, N은 파란색, 자홍색으로 나타낸 RNA O2′를 제외한 O는 빨간색, P는 금색으로 나타나 있다. [Based on an X-ray structure by Nancy Horton and Barry Finzel, Pharmacia & Upjohn, Inc., Kalamazoo, Michigan. PDBid 1FIX.]

만 역시 A-DNA와 같은 형태를 가진다(그림 24-4). RNA-DNA 혼성 나선은 DNA 복제 개시 과정에서 작은 RNA 단편에 의해 생기거나(25-1절), DNA 주형에서 RNA 전사가 일어나는 동안에 짧은 길이로 나타난다(26-1C절).

B DNA는 제한된 유연성을 갖는다

구조적으로 특징적인 A, B, Z-DNA 각각은 생체 내에서 자유롭게 상호 전환한다고 생각되지 않는다. 오히려 한 형태에서 다른 형태로 전환되려면 특수한 물리적 조건(예: 탈수)이나 DNA 결합 단백질의 작용이 요구된다. 게다가 실제 DNA 분자는 앞부분에서 설명한 이상적인 구조에서 벗어나 있다. B-DNA 단편들의 X선 구조를 분석해 보면 **각 잔기는 서열에 따라 기본 형태에서 상당히 벗어나는 것을 보여 준다.** 예를 들어 염기쌍 1개당 나선의 비틀림은 26°에서 43°까지 나타난다. 또한 각 염기쌍은 프로펠러의 날처럼 돌거나 꼬임으로써 원래의 형태에서 벗어날 수 있다. 이와 같은 입체 구조의 변화는 유전 정보를 처리하는 단백질에 의해 DNA의 특정 서열을 인식하는 데 중요한 것으로 보인다.

두께가 20 Å이고 길이가 몇 배나 되는 B-DNA 분자들은 단단한 막대가 아니다. 사실 B-DNA 분자들이 세포내에 잘 포장되기 위해서는 다소 유연한 것이 필수적이다. DNA 나선은 부드럽게 휘어지거나 예리하게 접히는 등 다양한 뒤틀림을 가질 수 있다. 선형에서 더 심한 뒤틀림은 일반적으로 특정 단백질이 결합함으로써 나타난다.

결합 회전은 방해된다. 뉴클레오타이드 단위의 형태는 그림 24-5에서 보여지는 것처럼, 당-인산 골격의 6가지 비틀림 각도와 글리코사이드 결합(C1′와 염기와의 결합) 주위의 염기의 회전을 나타내는 비틀림 각도로 나타낸다. 뉴클레오타이드마다 이러한 7가지의 자유도로 인해 폴리뉴클레오타이드가 고도로 유연하게 될 수 있다고 생각할 수 있을 것이다. 그러나 이들 비틀림 각도는 여러 가지 내부의 제약에 의해 자유 회전을 크게 제한받는다.

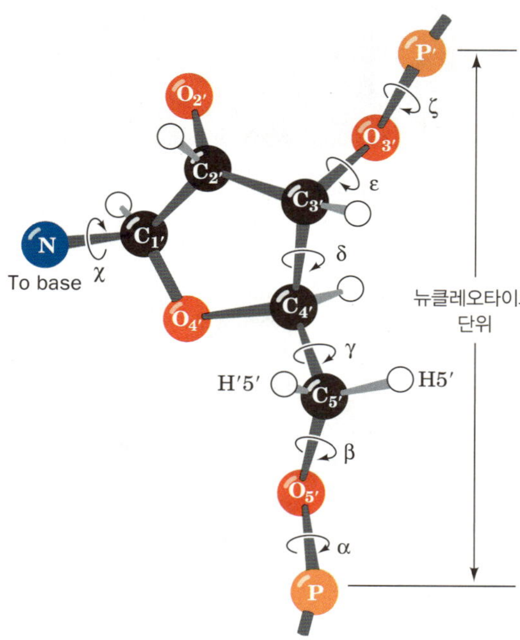

그림 24-5 7가지의 비틀림 각에 의해 뉴클레오타이드 단위의 입체 구조가 결정된다.

? 그림 24-4에서 7개의 비틀림 각도와 일치하는 구조 안의 결합을 찾아보라.

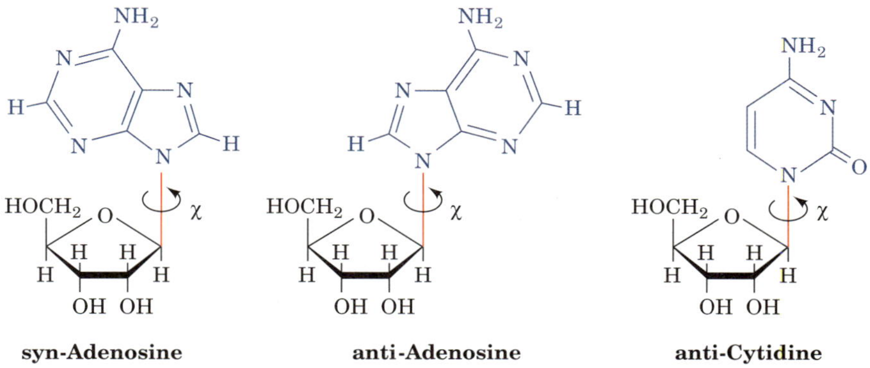

그림 24-6 결합되어 있는 리보스 단위에 대해 퓨린과 피리미딘 염기가 입체적으로 가능한 회전을 한다. B-DNA에서 뉴클레오타이드 잔기들은 모두 안티 입체 구조를 가진다.

글리코사이드 결합(각 χ) 주위의 염기의 회전은 매우 제한된다. 퓨린 잔기는 **신**(**syn**, 그리이스어로 '같은'의 뜻)과 **안티**(**anti**, 그리이스어로 '반대'의 뜻) 입체 구조로 알려진 2개의 입체적으로 가능한 회전을 한다(그림 24-6). 신 입체 구조에서 당 잔기는 입체적으로 피리미딘의 C2 치환기와 충돌되기 때문에 피리미딘에서는 오직 안티 입체 구조만 안정적이다. **대부분의 이중 나선 핵산에서 모든 염기들은 안티 입체 구조를 가진다.** 예외적인 경우가 Z-DNA인데(24-1A절), 여기서는 피리미딘과 퓨린 잔기가 교대로 각각 안티와 신 입체 구조를 가진다(이것은 Z-DNA의 반복되는 단위가 다이뉴클레오타이드라고 여겨지는 이유의 하나이다).

리보스 고리 그 자체의 유연성 또한 제한된다. 정규적인 오각형의 꼭짓점 각은 108°이다. 이 값은 정사면체의 각(109.5°)과 매우 가까워 리보퓨라노스(ribofuranose) 고리는 거의 편평한 것으로 예상된다. 그러나 이 고리에 결합하는 치환기는 고리가 편평할 때 가려지게 된다. 심지어 수소 원자들 사이에서도 일어나는 이러한 혼잡을 해소하기 위해 이 고리는 오므라들게 된다. 즉 약간 평면 상태에서 벗어나게 된다. 대부분의 뉴클레오사이드와 뉴클레오타이드 X선 구조에서 4개의 고리 원자는 백분의 몇 옹스트롬 내에서 동일 평면상에 있고, 나머지 원자들은 십분의 몇 옹스트롬 정도 평면에서 떨어져 나와 있다. 평면에서 떨어져 나와 있는 원자는 거의 항상 C2′ 혹은 C3′가 된다(그림 24-7). 리보스 당의 가장 일반적인 2개의 입체 구조

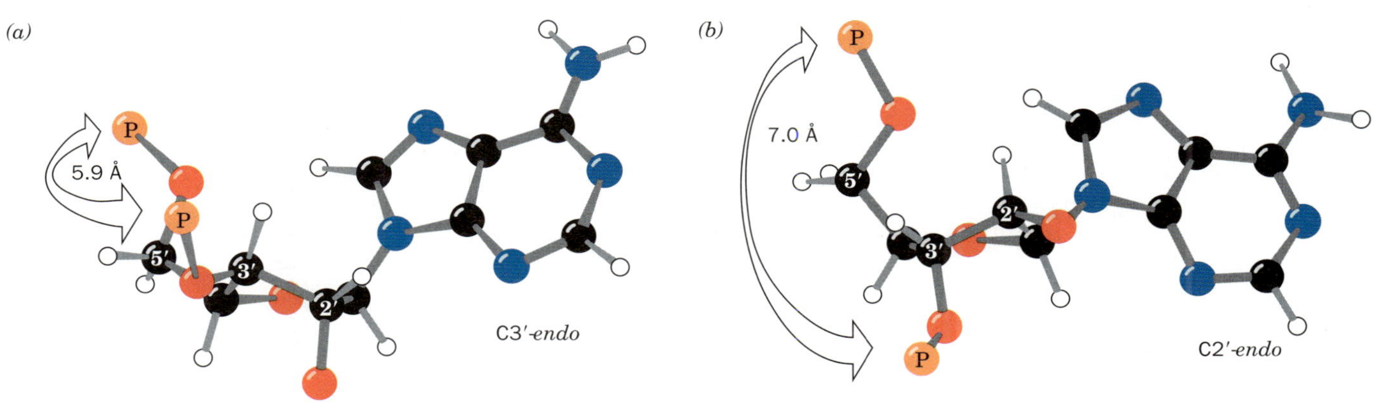

그림 24-7 뉴클레오타이드 당의 입체 구조 (*a*) C3′-엔도 입체 구조(C3′은 고리의 C5′과 같은 쪽으로 자리를 옮긴다). 이것은 A-DNA에서 나타난다. (*b*) C2′-엔도 입체 구조. 이것은 B-DNA에서 일어난다. 당-인산 골격에서 이웃한 P 원자 사이의 거리가 제시되어 있다. [After Saenger, W., Principles of *Nucleic Acid* Structure, p.237, Springer-Verlag(1983).]

는 **C3′-엔도**(**C3′-endo**)와 **C2′-엔도**(**C2′-endo**)로 알려져 있다. '**엔도**(*endo*)'[그리스어: *endon*(안쪽)]란 자리를 옮긴 원자가 고리에서와 같은 쪽에 있을 때를 가리킨다. 반면, '**엑소**(*exo*)'[그리스어: *exo*(바깥쪽)]는 자리옮김이 고리에서 C5′과 반대편을 향하여 일어나는 것을 가리킨다.

리보스 당의 주름(pucker)은 핵산의 입체 구조에서 중요하다. 왜냐하면 그것은 각각의 리보스 잔기에 결합하는 인산 치환기의 상대적인 방향을 결정하기 때문이다. 사실상 B-DNA는 C2′-엔도 입체 구조를 나타내는 반면, A-DNA는 C3′-엔도 입체 구조를 나타낸다. Z-DNA에서는 퓨린 뉴클레오타이드는 모두 C3′-엔도형이고, 피리미딘 뉴클레오타이드는 C2′-엔도형을 나타낸다.

당–인산 주골격은 입체적으로 제한되어 있다. 마지막으로 당–인산 사슬의 비틀림 각도(그림 24-5, 각 α에서 ζ까지)들의 회전이 완전히 자유로웠다면 안정된 핵산 구조를 가질 수 없었을 것이다. 그러나 이 각들은 실제적으로 매우 한정된다. 이것은 리보스 고리와 인산기 사이에 비공유성 상호작용이 있어 폴리뉴클레오타이드에서 잔기 사이에 입체적 간섭이 있기 때문이다. 결과적으로 **당–인산 입체 구조의 각들은 이론적으로 자유로울지라도 이중 나선의 당–인산 사슬은 뻣뻣하게 된다.**

C DNA는 초코일화될 수 있다

많은 종류의 바이러스와 박테리아 염색체는 DNA 이중 나선 원형 분자를 가지고 있다. 전자 현미경 사진(예: **그림 24-8**)에서 이들 분자들의 몇몇은 특별히 뒤틀린 모양을 하고 있는데, 이를 **초코일화**(**supercoiling** 또는 **superhelicity**) 구조라고 한다. 초코일화 DNA 분자는 같은 수의 뉴클레오타이드를 가지는 이완된 DNA 분자보다 훨씬 더 치밀하다. 이렇게 함으로써 세포 내에 DNA를 포장할 수 있게 되고(24-5절), DNA 복제나 RNA 전사 시 DNA가 풀리는 과정이 있게 된다.

초나선 구조의 위상학을 단순하게 표현할 수 있다. 각각의 폴리뉴클레오타이드 가닥이 공유 결합으로 닫힌 원형의 이중 나선 DNA 분자를 생각해 보자(이중 DNA의 두 가닥이 180도 방향이 다르기 때문에 각 가닥은 그 자체를 닫아야 한다). 이러한 분자의 기하학적 특징으로 꼬인 **코일의 수는 두 가닥 중 최소한 한 가닥이 먼저 절단되지 않는 한 변함이 없다는 것이다.** 이것은 벨트의 양 끝을 DNA 가닥이라고 생각한 잠근

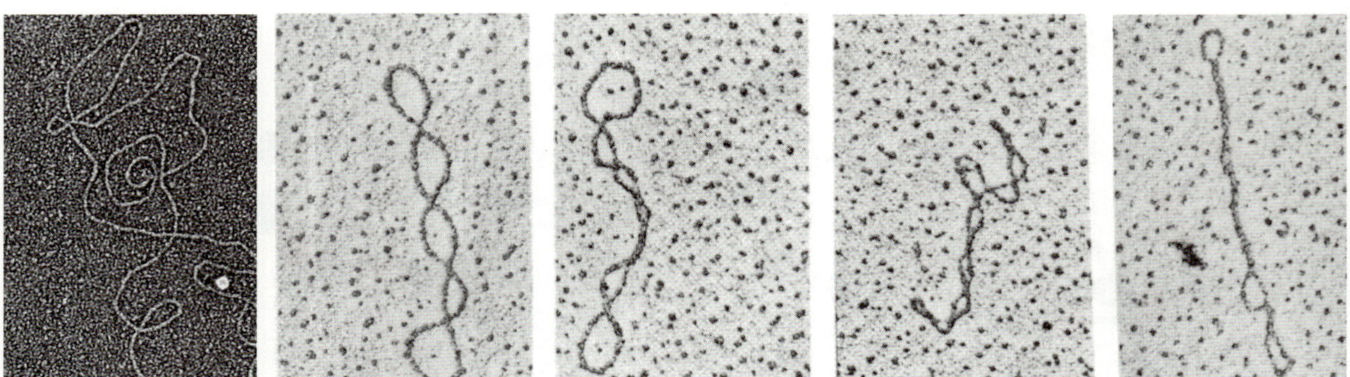

그림 24-8 원형 이중 DNA의 전자 현미경 사진 이들의 입체 구조는 초코일화되지 않은 형태(왼쪽)에서 강하게 초코일화된 형(오른쪽)으로 변한다. [Electron micrographs by Laurien Polder. From Kornberg, A. and Baker, T.A., DNA Replication, 2nd ed., p. 36, W. H. Freeman (1992). Permission provided courtesy of Roger Kornberg]

벨트를 이용해 쉽게 이해할 수 있다. 잠그기 전에 벨트가 꼬인 수는 벨트를 풀기(폴리뉴클레오타이드 가닥을 절단하기) 전에는 변하지 않는다.

이 현상은 수학적으로 다음과 같이 표현된다.

$$L = T + W \qquad [24\text{-}1]$$

여기서,

1. **상호감김 수(linking number)**를 의미하는 L은 DNA의 한 가닥이 다른 가닥을 감고 있는 수를 말한다. 이 수는 DNA 분자가 평면에 놓여 있을 때 가장 잘 셀 수 있다. 상호감김 수는 두 가닥의 폴리뉴클레오타이드 가닥이 모두 공유 결합을 그대로 유지하는 한, 가닥꼬임 혹은 비틀림에 의해 변화되지 않는다.
2. **가닥꼬임(twist)**을 의미하는 T는 하나의 폴리뉴클레오타이드 가닥이 이중 나선 축을 완전히 한 바퀴 감은 횟수를 말한다. 관례적으로 T는 우선성 이중 나선 감김에 대해 양성적(positive)이며 B-DNA인 경우 가닥꼬임은 정상적으로 염기쌍의 수를 10.5(수용액에서 B-DNA 이중 나선 1회전당 관찰되는 염기쌍의 수)로 나눈 수이다.
3. **몸체꼬임 수(writhing number)**를 의미하는 W는 이중 나선 축이 초나선 축을 회전한 수를 말한다. **이것은 DNA 초나선의 측정치가 된다.** 몸체꼬임과 가닥꼬임 사이의 차이는 그림 24-9에 예시되어 있다. 평면에 원형 DNA가 억지로 유지되고 있을 때 $W = 0$이다.

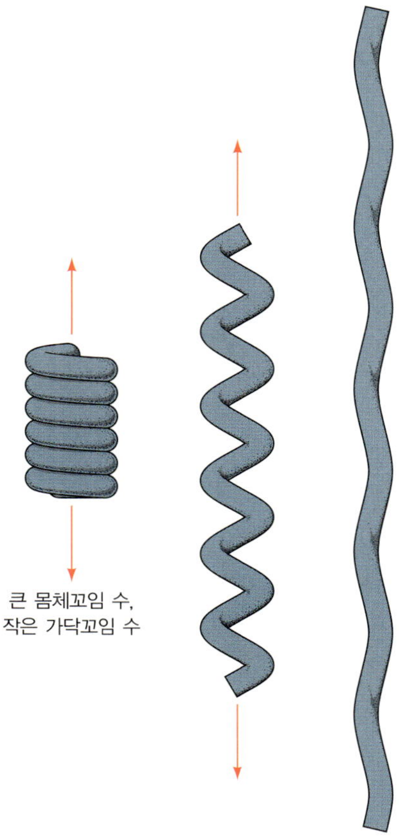

그림 24-9 감긴 전화선으로 보여 주는 몸체꼬임 수와 가닥꼬임 수 사이의 차이 이완된 상태에서(왼쪽) 전화선은 몸체꼬임 수는 커지고 가닥꼬임은 작은 나선의 형태를 가진다. 감김이 당겨져(가운데) 거의 직선에 가까워짐에 따라(오른쪽) 몸체꼬임 수는 작아지고 가닥꼬임 수는 커진다.

그림 24-10의 오른쪽에 모식화되어 있는 두 가지 형태의 DNA는 위상학적으로는 동등하다. 즉 이 둘은 동일한 상호 감김 수 L을 가지고 있으나 가닥 꼬임이나 몸체꼬임 수는 다르다(위상학은 변형에 의해서는 바뀌지 않으나 절단에 의해서는 바뀌는 물체의 기하학적 성질에 대해 연구하는 학문이다). 원형 이중 DNA의 두 가닥은 공유 결합으로 연결되지 않았지만 공유 결합을 끊지 않고 분리될 수 없다. 즉 그들은

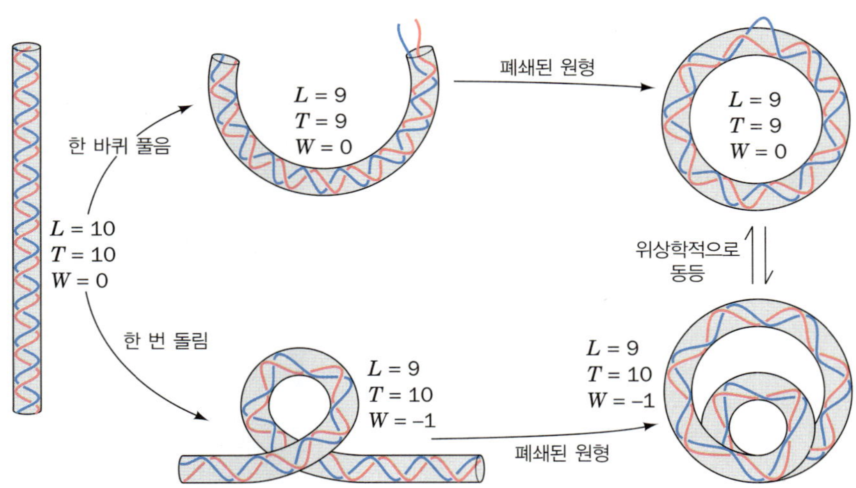

그림 24-10 10회전 이중 나선 DNA에 1회의 초코일을 이루는 두 가지 방법 두 개의 폐쇄된 원형 구조(오른쪽)는 위상학적으로 동등하다. 즉 이 둘은 어떤 공유 결합의 절단이 없이 상호 전환할 수 있다. 각 형태에 상호감김 수 L, 가닥꼬임 T, 몸체꼬임 수 W가 표시되어 있다. 엄격히 말하자면 상호감김 수는 공유 결합으로 폐쇄된 원형 구조에만 적용된다.

위상적으로 연결되어 있다.

본래의 이중 나선 DNA 원에서 L은 상수이기 때문에 새로운 이중 나선 가닥 꼬임 ΔT가 생길 때마다 같은 수의 반대의 초나선 가닥 꼬임이 생기게 된다. 즉 $\Delta W = -\Delta T$이다. 예를 들어 초코일이 없는 폐쇄된 원형 DNA(그림 24-10, 오른쪽 위)는 이중 나선이 양성적(우선성) 회전에 의해 풀리면 같은 수만큼 음성적 초코일화된 입체 구조가 생긴다(그림 24-10, 오른쪽 아래).

초코일화된 DNA는 한 가닥 절단에 의해 이완된다. 초코일화된 DNA는 이중 나선 DNA의 한 가닥만을 절단하는 **핵산 내부 분해 효소**(**endonuclease**, 폴리뉴클레오타이드 가닥의 포스포다이에스터 결합을 분해하는 효소)인 **췌장 DNase I**(**pancreatic DNase I**)의 처리에 의해 **이완된 원**(**relaxed circle**, 그림 24-8의 맨 왼쪽)으로 변환될 수 있다. **단일 가닥의 절단 하나로 초코일화된 DNA를 이완시키기에 충분하다.** 이것은 절단되지 않은 당−인산 사슬의 회전을 자유롭게 함으로써(그림 24-5) 그 분자의 상호감김 수를 변화시켜 결국 초나선이 달라지게 되기 때문이다. 초코일화는 고무 밴드에서 그러한 것처럼 DNA 원(그것은 10.5 bp당 1회전의 우선 꼬임으로부터 어떠한 편차에도 저항한다)에 탄력적인 긴장을 부가한다. 이것은 이완된 상태의 DNA가 왜 초코일화되어 꼬이지 않는지에 대한 이유이다.

자연적으로 존재하는 DNA 원은 풀린다. 자연적인 DNA 원의 상호감김 수는 이완된 원에 비해 적은 수를 나타낸다. 즉 그들은 감기게 된다. 그러나 DNA는 대체로 1회전당 10.5개의 염기쌍을 가진 가닥꼬임을 유지하는 입체 구조를 취하기 때문에 이 분자는 음성적 초코일화($W<0$, **그림 24-11*a***, 왼쪽)를 이루게 된다. 만일 이중 나선이 풀리면(T가 감소하면) W는 증가한다(L은 일정해야 한다). 처음에 이것은 풀리고 있는 DNA 원의 초나선도를 감소시킨다. 그러나 풀림이 계속되면 W 값은 0을 넘어(이

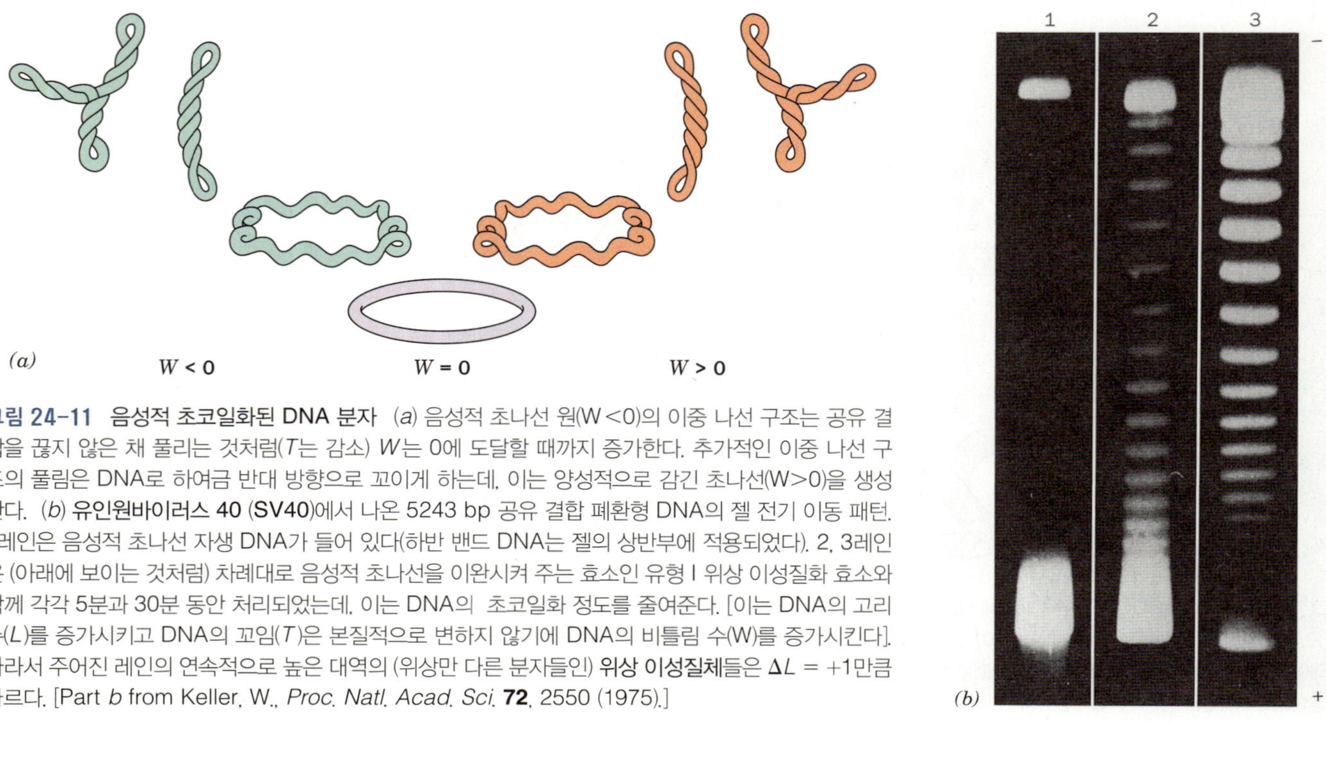

그림 24-11 음성적 초코일화된 DNA 분자 (*a*) 음성적 초나선 원($W<0$)의 이중 나선 구조는 공유 결합을 끊지 않은 채 풀리는 것처럼(T는 감소) W는 0에 도달할 때까지 증가한다. 추가적인 이중 나선 구조의 풀림은 DNA로 하여금 반대 방향으로 꼬이게 하는데, 이는 양성적으로 감긴 초나선($W>0$)을 생성한다. (*b*) **유인원바이러스 40** (**SV40**)에서 나온 5243 bp 공유 결합 폐환형 DNA의 젤 전기 이동 패턴. 1레인은 음성적 초나선 자생 DNA가 들어 있다(하반 밴드 DNA는 젤의 상반부에 적용되었다). 2, 3레인은 (아래에 보이는 것처럼) 차례대로 음성적 초나선을 이완시켜 주는 효소인 유형 I 위상 이성질화 효소와 함께 각각 5분과 30분 동안 처리되었는데, 이는 DNA의 초코일화 정도를 줄여준다. [이는 DNA의 고리 수(L)를 증가시키고 DNA의 꼬임(T)은 본질적으로 변하지 않기에 DNA의 비틀림 수(W)를 증가시킨다]. 따라서 주어진 레인의 연속적으로 높은 대역의 (위상만 다른 분자들인) **위상 이성질체**들은 $\Delta L = +1$만큼 다르다. [Part *b* from Keller, W., *Proc. Natl. Acad. Sci.* **72**, 2550 (1975).]

완된 원, 그림 24-11a, 가운데) 양의 값이 되어 양성적 초나선이 된다(그림 24-11a, 오른쪽). 그림 24-8과 24-11a에서 볼 수 있듯이, 원형 이중 DNA의 압축성은 초코일화 정도(그것의 W 절댓값)와 함께 증가하기 때문에 그것의 전기 이동 이동도 역시 그렇다(**그림 24-11*b***). 초코일화의 끝부분들이 실제로 원에 연결되어 있거나 단백질과의 연계를 통해 고정된 방향으로 잡혀 있는 이중 DNA의 선형 부분에서도 발생할 수 있다는 것을 참조하라.

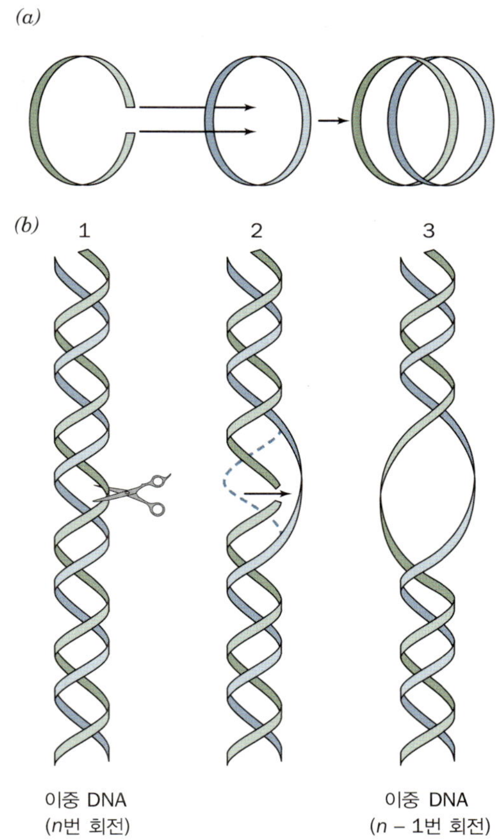

그림 24-12 유형 IA 위상 이성질화 효소 작용 유형 IA 위상 이성질화 효소는 DNA 단일 가닥의 절단, 절단된 틈으로 제2가닥 고리 통과, 절단된 틈의 재봉합에 의해 (a) 두 개의 단일 가닥 원을 연결하고, (b) 이중 나선 DNA를 한 바퀴 푼다.

? 포인트 1과 포인트 3의 DNA에서 모든 나선 회전수를 세어 보라.

D 위상 이성질화 효소는 DNA 초코일화를 조절한다.

DNA는 적절한 위상학적인 상태에 있을 때에만 정상적인 기능을 한다. 복제와 전사와 같은 기본적인 생물학적 과정에서는 상보적인 폴리뉴클레오타이드 가닥이 분리되어야 한다. 원핵생물과 진핵생물 모두 자연적으로 존재하는 DNA의 음성적 초코일화는 이중 나선을 푸는 경향이 있으므로 두 가닥의 분리가 촉진된다(W의 증가는 T의 감소와 동반된다). **만약 DNA에 적당한 초코일의 긴장이 부족하면, 위의 중요한 과정들은 일어나지 못한다.** 실제로 DNA를 복제하고 바꿀 필요성은 극복할 수 없는 문제를 보여 준다. DNA의 두 가닥의 분리는 어마어마한 숫자의 회전(평균적인 인간의 염색체에서 약 1,200만 회)을 필요로 하는 것으로 보인다. 박테리아 세포나 진핵 핵의 좁은 범위 내에서 이것이 가능할까? 원형 DNA에서 이러한 현상이 어떻게 일어날 수 있을까? 1971년 James Wang가 발견한, 지금은 **위상 이성질화 효소(topoisomerase)**로 알려진 놀라운 효소가 이러한 난제를 없앴다. 이 효소는 환상 DNA의 공유 결합에 의한 구조는 변화시키지 않고 위상학적 상태(상호감김 수)를 변화시키기 때문에 이렇게 이름 붙여졌다.

원핵생물과 진핵생물에는 두 가지 종류의 위상 이성질화 효소가 있다.

1. **유형 I 위상 이성질화 효소**는 DNA에서 일시적인 단일 가닥 절단에 의해 작용한다. 유형 I 효소는 반응 메커니즘과 서열이 다른 **유형 IA(type IA)**와 **유형 IB 위상 이성질화 효소(type IB topoisomerase)**로 다시 세분된다.
2. **유형 II 위상 이성질화 효소**는 DNA에서 일시적인 이중 가닥 절단에 의해 작용한다.

유형 IA 위상 이성질화 효소는 음성적 초코일화된 DNA를 이완시킨다. 유형 I 위상 이성질화 효소는 상호감김 수를 한 개 변화시켜 초코일화된 DNA를 이완시킨다. 유형 IA 효소는 모든 세포에 존재하며 음성적 초코일화 DNA만을 이완시킨다. 유형 IA 위상 이성질화 효소의 메커니즘에 대한 정보는 이들이 가역적으로 단일 가닥 고리를 **사슬고리(catenate)**처럼 엮어서 연결하는 것을 발견함으로써 이루어졌다(**그림 24-12*a***). 분명히 이 효소는 단일 가닥을 절단하여 그 틈으로 단일 가닥 고리를 통과시킨 다음, 다시 그 틈을 봉합함으로써 이중 나선 DNA는 한 번 회전하게 된다(그림 24-12b). 이렇게 되어 상호감김 수는 증가하고 몸체꼬임 수는 많아진다(음성적 초코일은 적어진다). 이중 나선 DNA에서 이 과정은 모든 초코일이 제거될 때($W=0$)까지 반복된다. 이러한 **가닥 통과(strand-passage)** 메커니즘은 단일 가닥의 환상 DNA를 변성된 유형 IA 위상 이성질화 효소로 처리하므로 5′-말단 인산기가 인산–Tyr 다이에스터 결합으로 효소에 연결된 직선 DNA가 생긴다는 사실을 관찰함으로써 인정되었다.

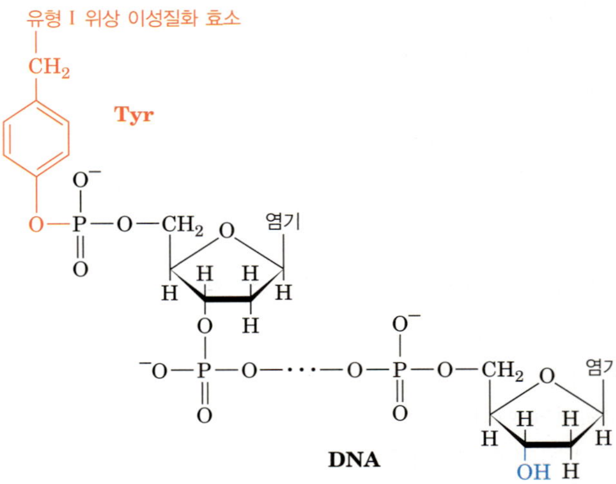

공유 결합된 효소-DNA 중간체는 나중에 절단된 DNA의 틈을 다시 봉합하기 위해 자유 에너지의 투입이 필요하지 않도록 쪼개진 포스포다이에스터 결합의 자유 에너지를 보존한다.

유형 IA 효소인 대장균 **위상 이성질화 효소 III(topoisomerase III)**는 659개의 잔기를 가진 단량체이다. 단일 가닥인 8개 뉴클레오타이드 d(CGCAACTT)와 결합하고 있는, 촉매적으로 불활성인 Y328F 돌연변이형의 X선 구조가 몬드레곤(Alfonso Mondragón)에 의해 밝혀졌다. 이 효소는 4개의 영역으로 접혀져서 이중 나선의 DNA가 들어가기에 충분하고, 많은 수의 Arg과 Lys 잔기가 가장자리에 있는 28 Å 크기의 구멍을 만들어 약 20 Å의 DNA를 둘러싸고 있다(**그림 24-13**). 8개 뉴클레오타이드는 고랑에 결합한다. 이 또한 Arg과 Lys 곁사슬이 가장자리에 존재하여 당-인산 골격이 단백질과 접하게 되어 있고 대부분의 염기들은 염기쌍을 이루기 위해 노출되어 있다. 비록 상보적 가닥은 고랑으로부터 입체적으로 배제될지라도, 이 단일 가닥 DNA는 B-DNA와 같은 입체 구조를 가진 것으로 여겨진다. DNA 가닥의 3′ 말단은 활성 부위 가까이로 방향을 갖는다. 만약 돌연변이형의 활성 부위에 위치한 Phe 328이 정상형 Tyr이라면, 곁사슬은 적절한 위치를 찾아 DNA의 C-6와 T-7

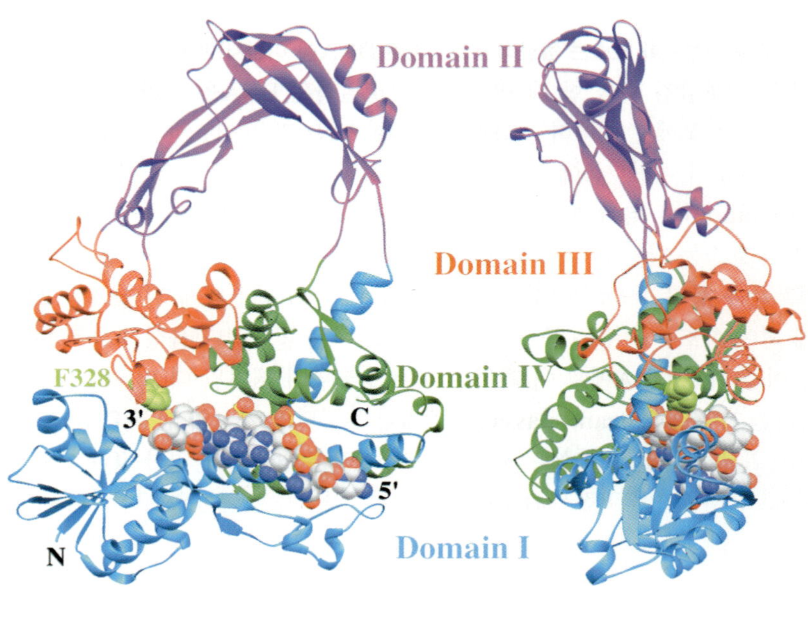

그림 24-13 단일 가닥 8개 뉴클레오타이드 d(CGCAACTT)와 결합하고 있는 대장균 위상 이성질화 효소 III의 Y328F 돌연변이형 X선 구조 단백질의 4개 영역이 서로 다른 색으로 칠해져 있으며, 수직축에 대해 90° 회전시킨 2가지 형태를 보여 준다. DNA는 C 흰색, N 파란색, O 빨간색, P 노란색의 공간 채움 형태로 그려져 있다. 유형 IA 위상 이성질화 효소의 활성 부위는 황록색의 공간 채움형으로 나타낸 Phe 328의 곁사슬로 표시되어 있다. [Based on an X-ray structure by Alfonso Mondmgon, Northwestern University. PDBid 1I7D.]

? Phe에 의한 Tyr의 치환이 효소를 비활성화하는 이유를 설명하라.

process diagram

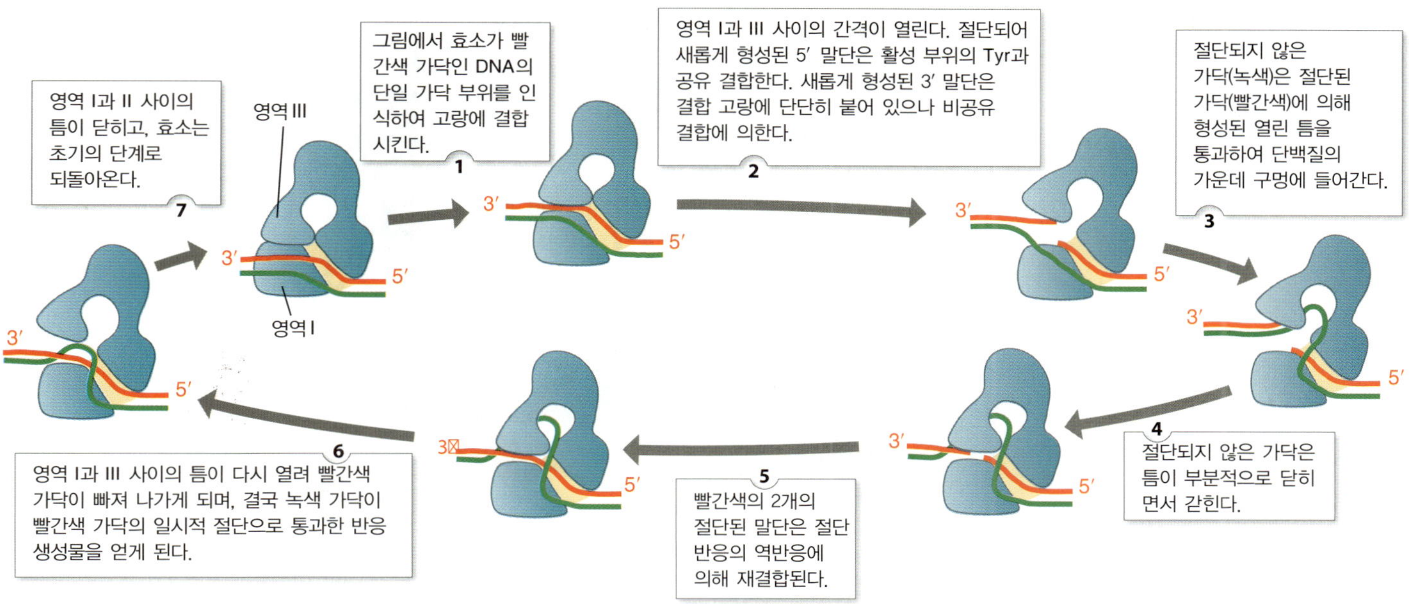

그림 24-14 **유형 IA 위상 이성질화 효소의 작용 메커니즘** 효소는 파란색으로 칠해져 있으며 노란색 부분은 단일 가닥(ss) DNA가 결합되는 고랑을 나타낸다. 빨간색과 녹색으로 표시한 DNA 두 가닥은 공유 결합된 환상의 이중 가닥 혹은 2개와 단일 가닥 원으로도 생각할 수 있다. 만약 두 가닥이 음성적 초코일화된 이중 가닥 DNA를 형성한다면, 상호감김 수 *L*은 1 만큼 상승한다. 두 가닥이 분리되어 있는 단일 가닥 원의 DNA였다면 고리로 연결되었든지 아니면 고리가 풀렸을 것이다. 음성적 초코일화된 이중 가닥 DNA에서는 모든 초감김이 제거될 때까지(*W* =0) 이 과정이 반복된다. [After a drawing by Alfonso Mondragón, Northwestern University.]

뉴클레오타이드를 연결하는 인산기를 친핵성으로 공격하여 T-7과 5′ 인산–Tyr 결합을 형성하게 되고 C-6은 유리 3′ 말단을 가지고 방출된다. 이 구조는 유형 IA 위상 이성질화 효소의 촉매 가닥 통과 메커니즘을 제시해 주며 그림 24-14에 도식되어 있다.

유형 IB 위상 이성질화 효소는 회전을 제어함으로써 초코일화된 DNA를 이완시킨다. 유형 IB 위상 이성질화 효소는 음성, 양성 초코일 모두를 이완시킬 수 있다. 이러한 과정에서 효소 활성 부위의 Tyr은 DNA의 P 원자를 친핵성으로 공격하여 이중 가닥 DNA의 한 가닥을 일시적으로 절단하게 되며 3′ 인산–Tyr 중간체와 유리 5′-OH를 가진 뉴클레오타이드 가닥을 생성한다. 이는 유형 IA 위상 이성질화 효소에 의해 생성되는 5′ 인산–Tyr 중간체와 유리 3′-OH기를 가진 가닥의 생성과는 대조된다. 유형 IB 위상 이성질화 효소인 사람의 **위상 이성질화 효소 I(topoisomerase I)**의 돌연변이형 Y723F(촉매적으로 불활성형)가 22-bp의 이중 나선 DNA와 복합체를 형성하고 있는 상태의 X선 구조가 Wim Hol에 의해 밝혀졌다. 이 2엽의 단백질 중심 영역은 DNA를 둘러싸서 껴안고 있다(그림 24-15). 만약 돌연변이형의 Phe 723이 야생형의 Tyr이라면, 이것의 OH기는 절단되는 P–O5′ 결합의 P를 친핵성으로 공격하도록 이상적으로 위치하여 절단된 가닥의 3′ 말단에 공유 결합되어 연결될 것이다. 이 단백질은 DNA의 '위쪽' 단편(절단된 가닥에서 새로 형성된 5′ 말단을 가지는 것)의 염기쌍보다는 DNA의 '아래쪽' 단편(여기에 Tyr 723이 공유 결합으로 연결됨)의 5개의 염기쌍과 훨씬 더 강하게 상호작용한다. 두 경우 모두 거의 서열에 무관하게 일어난다.

위상 이성질화 효소 I은 유형 IA 위상 이성질화 효소의 가닥 통과 메커니즘에 의한

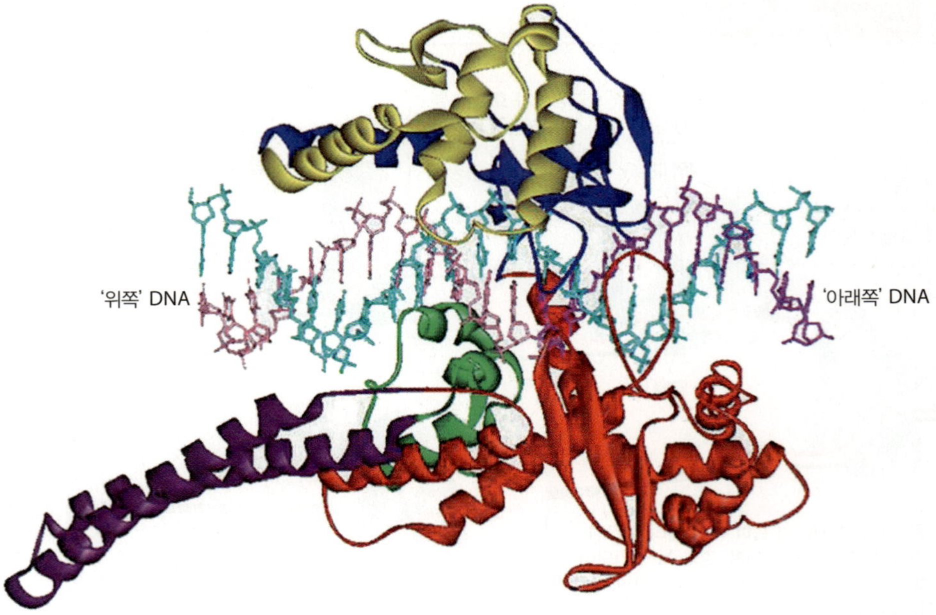

그림 24-15 **22-bp 이중 나선 DNA와 결합하고 있는 사람의 위상 이성질화 효소 I의 돌연변이형 Y723F의 X선 구조** 유형 IB 위상 이성질화 효소는 여러 영역과 소영역을 가지고 있으며 이들을 서로 다른 색으로 나타내었다. Tyr 723은 C 말단 영역에 있다(녹색). 절단되지 않은 DNA 가닥은 청녹색으로, 절단되는 가닥의 위, 아래 부분은 각각 자홍색과 분홍색으로 나타나 있다. [Courtesy of Wim Hoi, University of Washington. PDBid 1A36.]

초코일화된 DNA를 풀 수 있는 입체 구조를 가지고 있지 않다(그림 24-14). 오히려 모식화되어 있는 것처럼, 위상 이성질화 효소 I은 단단히 잡고 있는 윗부분에 비해 끊어져 느슨하게 잡고 있는 아랫부분을 회전시킴으로써 DNA 초코일을 풀어준다. 이 회전은 절단된 가닥 반대편의 절단되지 않은 가닥(그림 24-5의 α, β, γ, ε, ζ)의 당-인산 결합에서만 일어나는데, 그 이유는 절단이 이 결합을 자유롭게 회전하도록 하기 때문이다. 이 메커니즘을 지지하는 것으로, 아랫부분을 둘러싸고 있는 단백질 부위는 이중 나선 DNA에 고리를 이루는 16개의 보존적인, 양으로 하전된 잔기를 포함하고 있으며, 이는 분명 어떤 다른 특정한 방향이 아닌 고리 상태로 DNA를 잡게 된다. 그럼에도 불구하고, 아랫부분은 회전하는 동안 그것을 포함하고 있는 빈 공간이 아랫부분과 상호작용하도록 그 형태가 형성되기 때문에 자유롭게 회전하지 못하는 듯하다. 그러므로 유형 IB 위상 이성질화 효소는 초코일을 푸는 데 있어서 **조절된 회전(controlled rotation)** 메커니즘을 중재한다고 할 수 있다. 이 풀림은 DNA 초나선의 장력에 의해 유도되며, 따라서 다른 에너지의 투입이 필요 없다. 결국 DNA는 절단 반응의 역으로 재봉합되고 초코일이 덜해진 DNA는 방출된다.

유형 II 위상 이성질화 효소 기능은 ATP에 의존하는 가닥 통로 메커니즘을 통한다. 유형 II 위상 이성질화 효소는 다량체 효소로 반응 주기를 완성시키기 위해 ATP 가수 분해를 필요로 한다. 각 반응 주기에서는 DNA 두 가닥이 절단되고, 이중 나선 DNA가 절단된 틈으로 통과한 후 절단된 틈이 재봉합되는 과정을 거친다. 그러므로 유형 II 위상 이성질화 효소는 상호감김 수를 유형 I 위상 이성질화 효소에서의 한 개가 아닌 두 개로 증가시킨다(그림 24-11*b*의 DNA가 유형 II 위상 이성질화 효소와 함께 처리된다면 전기 이동의 매 두 번째 띠만 존재할 것이다). 원핵생물과 진핵생물 모두에서 유형 II 효소는 음성적 초코일과 양성적 초코일을 이완시킨다. 그러나 오직 원핵 효소[**DNA 선회 효소**(**DNA gyrase**)라고도 함]만 음성적 초코일을 유도할 수 있다. 진핵 염색체에서 음성적 초코일은 위상 이성질화 효소 작용에 의해서보다는 뉴클레오솜으로 포장될 때 생긴다(24-5B절). 선회 효소는 B 소단위체가 ATP와 결합하고 가수분해하며, A 소단위체는 이중 가닥 난할, 가닥 통로와 재결합 반응을 매개하는 A_2B_2 이종 사합체이다. 진핵 유형 II 위상 이성질화 효소들은 선회 효소와 상응하지만 A와 B 소단위체와 함께 용해되는 동종 이합체이다.

유형 II 위상 이성질화 효소는 외견상으로는 유형 I 효소를 닮았다. 그들은 촉매 부위에 한 쌍의 Tyr 잔기를 가지고 있으며, 이들은 이중 나선 DNA의 5′ 말단과 결합하여 일시적인 공유 결합성 중간체를 형성한다. 그리하여 그들은 두 DNA 가닥을 어

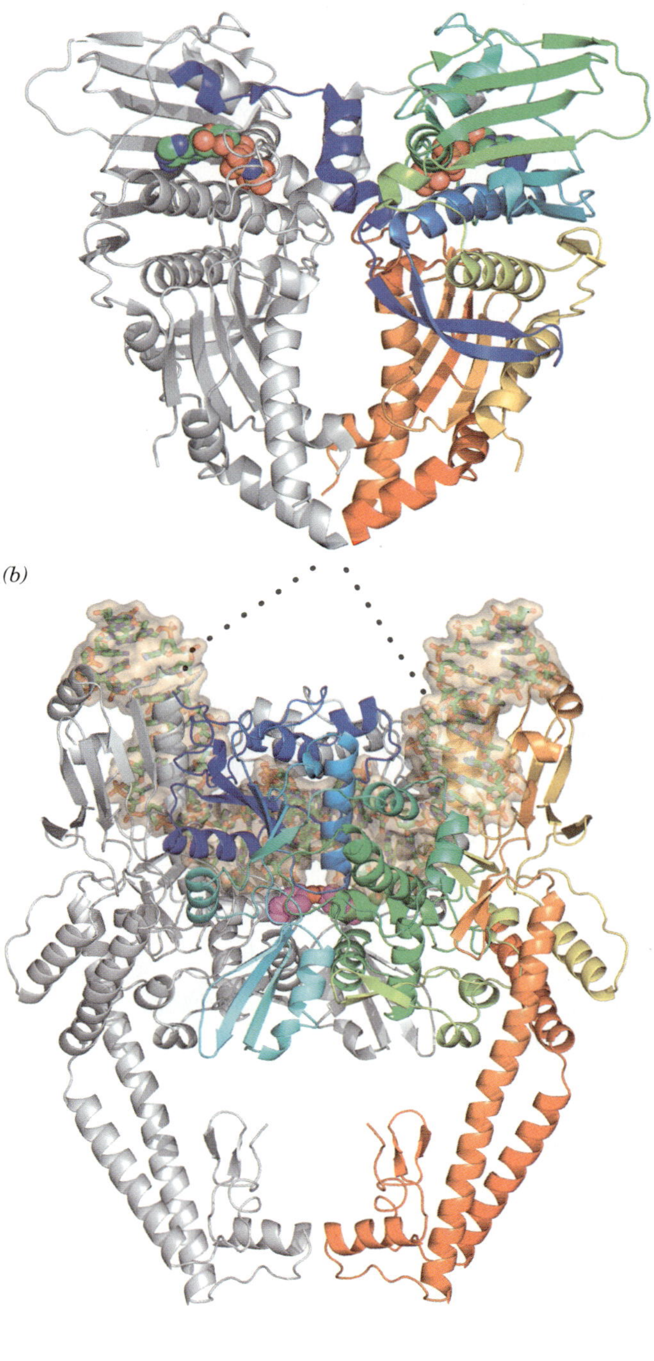

그림 24-16 효모의 위상 이성질화 효소 II의 X선 구조 (*a*) AMPPNP와 함께 복합체 내 N 말단 ATPase 도메인의 동종 이합체(1428개 잔기의 7~406 잔기)의 구조는 수직의 2중축과 함께 보여진다. 단백질은 띠 모양으로 나타나며 하나의 소단위는 회색으로, 다른 하나의 소단위는 파란색의 N 말단부터 빨간색의 C 말단까지 무지개색의 순서로 색칠되어 있다. 결합된 AMPPNP 분자들은 C 녹색, N 파란색, O 빨간색, P 주황색으로 그려진 공간 채움 모형으로 나타난다. (*b*) 34-bp DNA와 함께 두 배로 자국 난 복합체 내 DNA 절단/재결합 도메인의 동종 이합체(419~1177개 잔기)의 구조. 이 구조는 150° 포물선을 묘사하는 수직의 2중축과 함께 막대 모형으로 나타나는데, C 녹색, N 파란색, O 빨간색, P 주황색으로 나타나며, 이는 주황색의 반투명 분자 표면에 내장되어 있다. 단백질은 띠 모양으로 나타나며 하나의 소단위는 회색으로, 다른 하나의 소단위는 파란색의 N 말단부터 빨간색의 C 말단까지 무지개색 순서로 색칠되어 있다. 두 개의 활성 지역 Tyr 잔기(Y782)의 곁사슬은 공간 채움 모형으로 나타나며, C는 자홍색, O는 빨간색으로 표시되어 있다. 손상되지 않은 단백질이 12개 잔기 연결(점선으로 표시됨)에 의해 결합된 *a*와 *b*의 폴리펩타이드는 그림에 그려진 것처럼 동일한 2중축을 공유하는 것으로 짐작되지만 이 2중축에 대한 그들의 상호 성향은 알려진 바 없다. [Based on X-ray structures by James Berger, University of California at Berkeley. PDBids 1PVG and 2 RGR.]

긋나게 절단하여 4개 뉴클레오타이드로 된 '점착성 말단'을 생성하는 것을 중재한다.

베르거(James Berger)에 의해 결정된 가수 분해가 되지 않는 ATP 유사 AMPPNP의 두 개의 도메인으로 구성된 효모의 **위상 이성질화 효소 유형 II(유형 II 위상 이성질화 효소는 로마숫자로 표시함)**의 큰 동종 이합체 ATPase 단편의 X선 구조를 밝혀내었다(**그림 24-16*a***). 이합체를 통한 큰 구멍의 벽에 N 말단 도메인 결합 AMPPNP와 C 말단 도메인 형태의 대장균 선회 효소와 구조적으로 같은 X선은 폭이 20 Å으로 B-DNA 이중 나선과 폭이 같다.

베르거는 15 bp DNA와 함께 한 가닥의 5′ 끝에 자가 상보적인 4-뉴클레오타이드 돌출을 가지고 있는 복합체 내 이스트 유형 II 위상 이성질화 효소의 절단과 재결합 도메인의 구조도 밝힌 바 있다. 여기서 DNA는 4 bp만큼 떨어진 상대편의 가닥들 위에 자국과 함께 2중축의 대칭 34-bp 듀플렉스를 형성한다(**그림 24-16*b***). 정확히 여기서 효소가 새롭게 형성된 5′ 말단과 활성 지역 Tyr 잔기와 결합하면서 손상되지 않은 DNA를 절개한다. 이합체의 너비를 가로지르면서 150°의 포물선을 통해 그것을 구부리는 단백질은 양전하로 하전된 고랑에서 DNA와 결합한다(앞으로 우리는 기본적으로 A 형태로 나타나는 것처럼 분할 위치 사이에서 DNA 결합 단백질이 흔히 결합된 DNA를 변형시킨다는 것을 보게 될 것이다). 단백질이 소규모의 특이 서열을 가지고 있다는 것을 예상한 것처럼 단백질과 DNA 염기 사이에는 거의 아무런 직접적인 접촉이 없다. 단백질의 C 말단 부분은 중앙에 위치한 거대한 빈 공간을 에워싸기 위해 합쳐진다는 것을 명심하라.

X선 구조에 근거한 유형 II 위상 이성질화 효소의 제안된 메커니즘이 **그림 24-17**

체크 포인트

- 선성, 지름, 홈 존재를 포함하는 A-, B-와 Z-DNA 사이의 구조적 차이를 설명하시오.
- RNA와 DNA의 구조는 어떻게 다른가?
- 대부분의 뉴클레오타이드가 안티 형태를 취하는 이유를 설명하시오.
- 어떤 핵산 형태에서 리보스는 C2′-엔도와 함께 주름을 형성하는가? 어떤 핵산 형태에서 C3′-엔도와 함께 주름을 형성하는가?
- 상호감김 수, 가닥꼬임 수, 몸체꼬임 수 사이의 관계를 요약하시오.
- 자연적인 DNA 분자 발생에 대한 부정적인 초코일화가 왜 필요한가?
- 어떻게 유형 IA, 유형 IB, 유형 II 위상 이성질화 효소는 DNA를 변경하는가?
- 어떤 과정이 자유 에너지 투입을 필요로 하는가?

process diagram

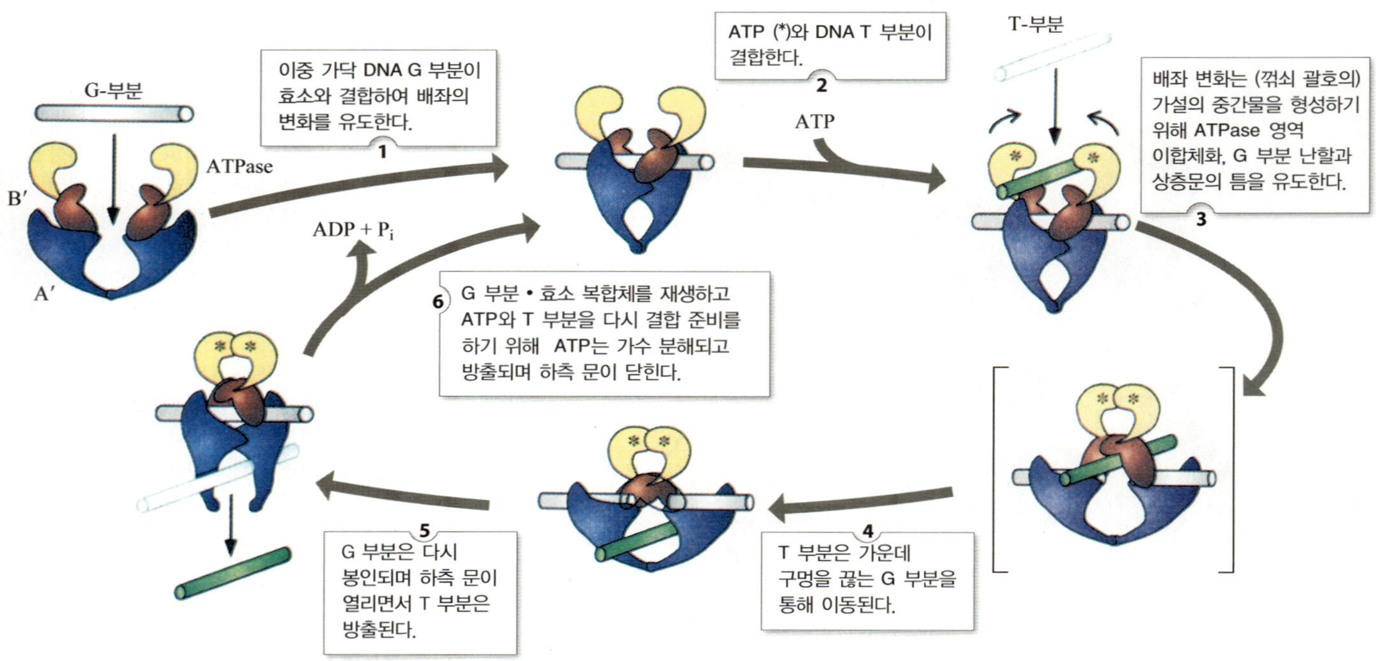

그림 24-17 유형 II 위상 이성질화 효소의 효소 메커니즘 모형 단백질의 ATPase 영역과 손상/재결합 영역의 상부와 하부는 노란색, 빨간색, 보라색으로 각각 나타나 있으며, DNA의 G와 T 부분[G는 문(*gate*), T는 이동(*transported*)]은 회색과 녹색으로 나타나 있다. [Courtesy of James Wang, Harvard University.]

자료 24-2 건강과 질병의 생화학 위상 이성질화 효소의 저해제로서의 항생제와 항암 화학 치료제

유형 II 위상 이성질화 효소는 다양한 화합물에 의해 저해를 받는다. 예를 들어 **시프로플록사신**(ciprofloxacin)과 **노보비오신**(novobiocin)은 DNA 선회 효소를 특이하게 저해하지만 진핵 위상 이성질화 효소 II는 저해하지 않으므로 항생제로 이용된다. 사실 시프로플록사신은 현재 임상에서 사용되는 가장 효과적인 경구용 항생제이다(예로, 탄저균의 처리에 선호되는 항생제이다). 이와 달리 노보비오신은 그 부작용과 빠른 세균 저항성의 획득으로 사람의 감염 치료에 사용이 중지되는 결과를 초래하였다. **독소루비신**(doxorubicin)과 **에토포사이드**(etoposide)를 포함한 많은 물질들이 진핵 유형 II 위상 이성질화 효소를 저해하므로 암 화학 치료법에 널리 사용되고 있다.

다른 유형 II 위상 이성질화 효소의 저해제는 2가지 중 하나로 작용한다. 노보비오신을 포함하는 이러한 많은 물질들은 그들의 표적 효소의 ATPase 활성을 저해한다. 따라서 위상 이성질화 효소 활성을 저해하여 세포가 더 이상 DNA의 초코일화를 제어할 수 없게 만들며, 결국 세포들은 DNA 복제와 RNA 전사가 중지되어 죽게 된다. 그러나 시프로플록사신, 독소루비신, 에토포사이드를 포함하는 기타 물질들은 그들의 표적인 유형 II 위상 이성질화 효소가 이중 가닥의 DNA를 절단하는 속도를 향상시키거나 절단된 것을 재봉합하는 속도를 감소시킨다. 결국 이러한 물질들로 처리된 세포들은 일시적인 단백질과 결합된 DNA 절단이 정상 수준보다 높아지게 된다. 이러한 단백질 결합은 복제와 전사 메커니즘이 가동될 때 쉽게 파괴되어 DNA는 절단된 채로 계속 남게 된다. 비록 모든 세포는 손상된 DNA를 수선하는 광범위한 효소 기작을 가지고 있다 하더라도 (25-5절), 충분히 높은 수준의 DNA 손상은 수선 메커니즘을 압도하여 세포의 죽음을 초래하게 된다. 결국 암세포들과 같이 빠르게 복제하고 있는 세포들은 유형 II 위상 이성질화 효소의 수준이 높기 때문에, 서서히 성장하거나 활동이 없는 세포들보다 유형 II 위상 이성질화 효소의 저해를 통한 치명적인 DNA 손상을 일으키기가 더욱 쉽다.

유형 IB 위상 이성질화 효소에 대해 유일하게 알려진 저해제인 **캄토테신**(camptothecin)과 그 유도체는 공유 결합성 효소–DNA 중간체의 유지 시간을 연장시킴으로써 저해 작용을 한다. 이 물질들은 효소–DNA 복합체의 DNA 가닥 말단 사이에 결합하여 5′-OH기를 봉합할 때 다시 붙어야 하는 인산기로부터 4.5 Å 넘게 떨어져 위치하게 한다. 절단된 DNA는 복제될 수 없기 때문에, 캄토테신은 암세포와 같은 빠르게 성장하는 세포의 증식을 막는다. 따라서 강력한 항암제가 된다.

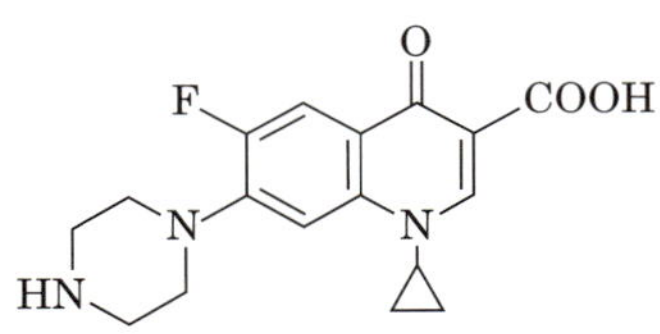

Ciprofloxacin

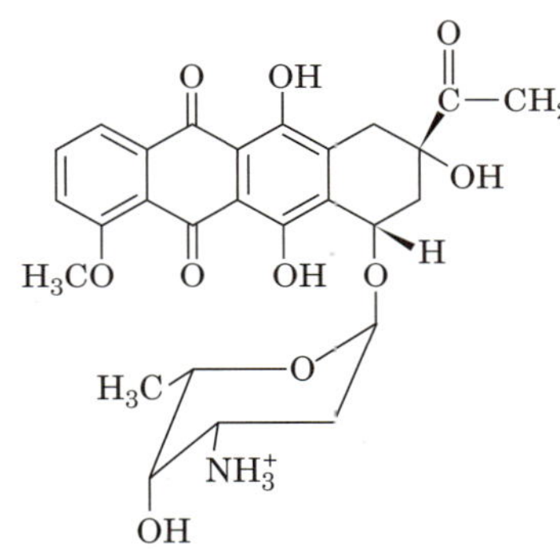

Doxorubicin

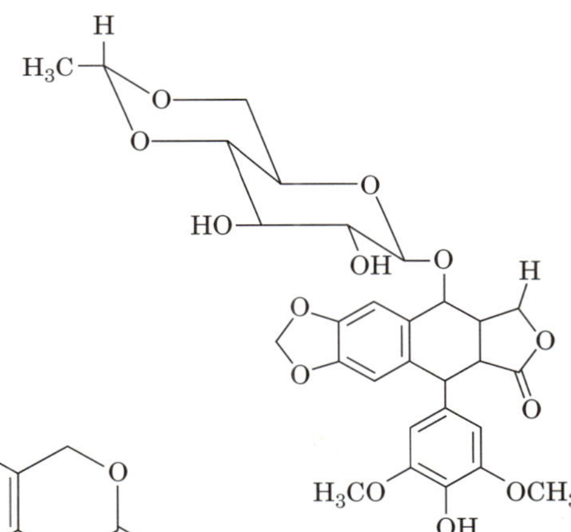

Etoposide

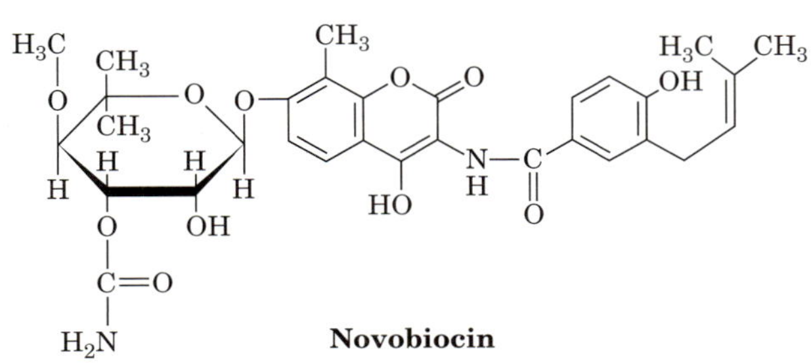

Novobiocin

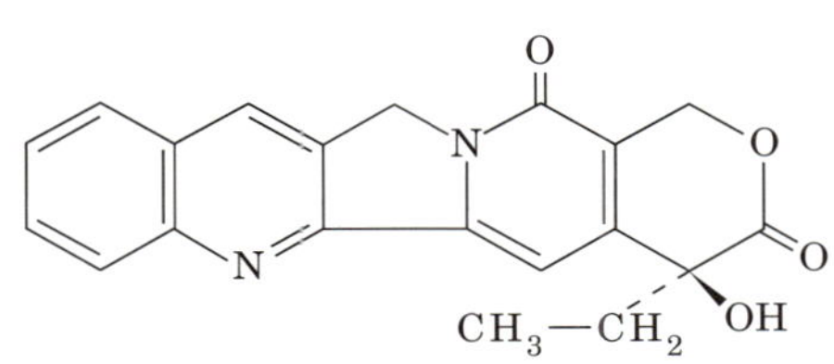

Camptothecin

에 도식되어 있다. 절단되는 DNA가 먼저 효소에 결합하여 고리형으로 둘러싸인다. ATP가 존재하면 결합된 DNA는 절단되고, 두 번째 두 가닥 DNA가 단백질의 입구를 통해 가운데 구멍으로 통과한다. 절단된 DNA는 다시 재봉합되고 통과된 DNA는 입구와 반대 지점으로 복합체를 빠져나간다. ATP가 ADP + P_i로 가수 분해됨으로써 효소가 계속적인 촉매 주기를 진행하도록 한다. DNA가 적절한 위상학적 상태를 유지하는 데 있어서 위상 이성질화 효소의 중요성은 많은 항생제와 화학 치료제들이 위상 이성질화 효소의 저해제란 사실에 의해 알 수 있다(자료 24-2).

2 핵산 구조를 안정화시키는 힘

주요 개념

- 이중 가닥 핵산 구조는 염기쌍 사이의 수소 결합, 집적 상호작용 및 이온 상호작용을 통해 안정화된다.
- DNA는 열에 의해 변성될 수 있으며 풀림을 통해 탈변성될 수 있다.
- RNA는 DNA보다 좀 더 다양한 모양을 취하며 어떤 경우에는 촉매 활성하기도 한다.

DNA는 단지 제한된 2차 구조를 가지고 있고 단백질의 3차, 혹은 4차 구조에 비유할 만한 구조가 없으므로 단백질과 같은 구조적 복잡성을 보이지 않는다. 이것은 아마도 단백질의 20개 아미노산 잔기는 DNA의 네 개 염기보다 훨씬 더 광범위한 화학적, 물리적 성질을 가지기 때문에 그렇게 예상되는 것 같다. 그러나 많은 RNA들은 매우 한정된 3차 구조를 가지고 있다. 이 절에서는 핵산의 구조에 나타나는 힘에 대해 알아본다.

A 핵산은 염기쌍, 집적, 이온 상호작용에 의해 안정화된다

염기쌍은 분명히 이중 가닥 핵산을 결속시켜 주는 '접착제'이지만 다른 분자 내부의 힘이 핵산 구조를 형성시키는 데 도움을 준다. 보통 **왓슨-크릭 염기쌍(Watson-Crick base pair)**만 DNA 구조에서 발생하지만, 특히 RNA 구조(**그림 24-18**) 내 다른 수소 결합 염기쌍들도 알려져 있다. 예를 들어 몇몇 A·T 염기쌍 내 N1(왓슨-크릭 기하학적 **구조**, 그림 24-1)보다는 아데닌 N7이 수소 결합 수용기[**후그스틴형(Hoogsteen)** 기하학적 구조, 그림 24-18*a*]이다.

DNA 구조의 관찰은 **비 왓슨-크릭 염기쌍이 이론적으로 가능할지라도 왓슨-크릭 기하학적 구조가 이중 나선 내 염기쌍의 가장 안정적인 형태**라는 것을 보여 준다. 초기에는 이중 나선의 기학학적 제한이 다른 종류의 염기쌍의 형성을 불가능하게 한다고 알려졌다. A·T, T·A, G·C, C·G 염기쌍들이 기하학적으로 비슷하다는 이유로 당-인산 사슬 구조의 변형 없이 그러한 염기쌍들이 교환될 수 있다는 것을 기억하라. 그러나 실험 측정은 이중 나선 내 다른 염기쌍이 나타나지 않은 가장 큰 이유로 **왓슨-크릭 염기쌍이 비 왓슨-크릭 염기쌍에게 없는 본질적인 안정성을 가지고 있는데, 이는 왓슨-크릭 염기쌍의 염기가 비 왓슨-크릭 염기쌍의 염기보다 높은 친화성을 가지고 있다는 것이다**. 그럼에도 불구하고 많은 RNA의 이중 나선 부분들이 그것의 3차 구조를 안정화시키는 G·U와 같은 특이한 염기쌍들을 함유하고 있다는

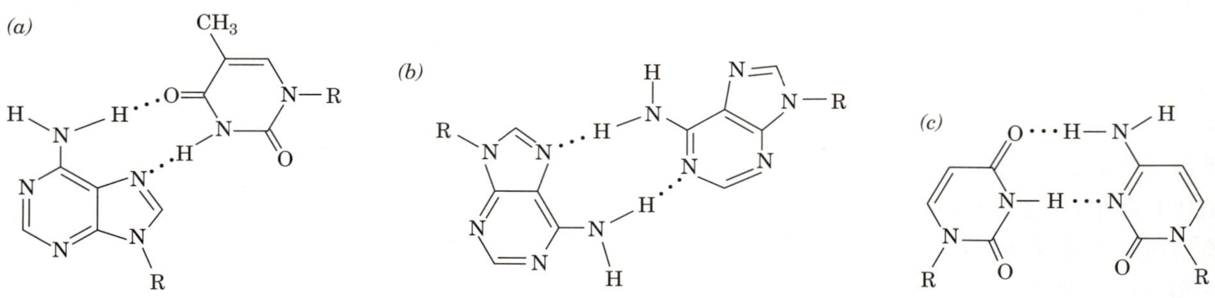

그림 24-18 비 왓슨-크릭 염기쌍의 몇 사례 (*a*) 아데닌과 타이민 잔기 사이의 후그스틴형 염기쌍. (*b*) A·A 염기쌍. (*c*) U·C 염기쌍(R은 리보스-5-인산염을 나타낸다).

? 이들 염기쌍과 그림 24-1에 나타낸 염기쌍을 비교하시오.

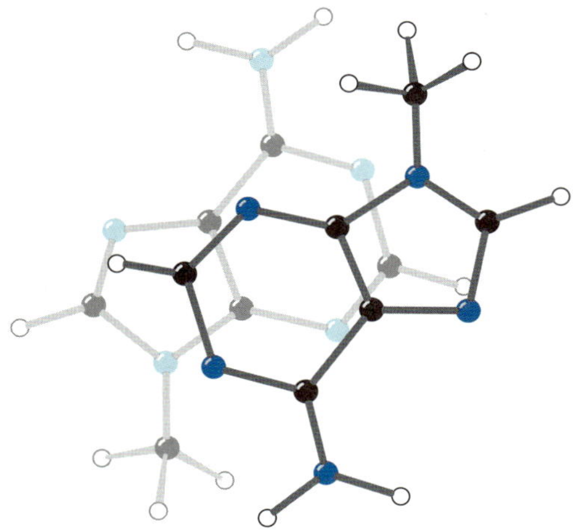

그림 24-19 **9-메틸아데닌의 X선 구조 안의 아데닌 고리의 집적** 고리의 부분적인 겹침은 결정 구조와 이중 나선 핵산 내 염기들 사이의 일반적인 결합이다. [After Stewart, R.F. and Jensen, L.H., J. *Chem. Phys.* **40**, 2071 (1964).]

것을 볼 수 있다.

수소 결합은 핵산 구조를 약간만 안정화시킨다. 수소 결합은 DNA 내 염기쌍의 특이성을 요구한다는 것이 분명하다. 하지만 단백질(6-4A절)의 경우에도 **수소 결합이 핵산 구조의 안정성에 조금은 기여하는 것** 역시 사실이기도 하다. 이는 변형 중 자생 핵산의 염기쌍 사이의 수소 결합이 에너지적으로 비슷한 염기와 물 사이의 수소 결합으로 대체되기 때문이다. 따라서 다른 종류의 힘이 핵산 구조를 안정화시키는 데 중요한 역할을 해야 한다.

집적 상호 작용은 소수성 힘의 결과로 인한 것이다. 퓨린과 피리미딘은 평면 병렬 분자의 연장된 집적의 형태를 형성하는 경향이 있다. 이러한 경우는 핵산의 구조(그림 24-2*c*)과 결정화된 핵산 염기(예를 들어 **그림 24-19**)에서 관찰되어 왔다. 이러한 **집적 상호작용(stacking interaction)**은 반데르발스 상호작용(2-1A절)의 형태이다. 집적된 G와 C 염기 사이의 상호작용은 집적된 A와 T 염기(**표 24-2**)의 상호작용보다 큰데, 이는 G + C 함유량이 많은 DNA의 높은 열안정성을 설명한다. 또한 집적 내 염기쌍의 다른 세트들은 각각 다른 집적 에너지를 가지고 있다. 따라서 **이중 나선의 집적 에너지는 서열 의존적이다.**

핵산의 소수성 상호작용은 단백질을 안정화시키는 상호작용과 질적으로 비슷할 것이라고 추측할 수도 있지만 사실은 그렇지 않다. 주름진 단백질은 주로 용매인 물 분자(소수성 영향, 6-4A절)의 엔트로피에 의해 안정화된다는 사실을 기억할 필요가 있다. 다시 말해 단백질 주름은 엔탈피적으로 저항하고 엔트로피적으로 작동된다는 것이다. 이와 반대로, 열역학 측정은 핵산 내 염기 집적이 엔탈피적으로 작동되고 엔트로피적으로 저항한다는 사실을 드러낸다. 하지만 이러한 관찰 결과의 이론적인 기초는 아직까지 밝혀진 것이 없다. 단백질과 핵산 내 소수성 효과의 차이점은 핵산 염기가 대부분의 단백질 곁사슬보다 더 극성이 큰 사실을 반영한다(예를 들어 아데닌 대 Phe 혹은 Leu의 곁사슬). 어떠한 근원을 가지고 있을지라도 소수성 효과는 핵산 구조를 규명하는 데 가장 핵심적이며, DNA의 수용액에 무극성 용매를 추가한 것의 변형 효과도 명확해진다.

양이온은 핵산의 음전하를 보호한다. 핵산 구조의 안정성에 대한 모든 이론은 인산기의 정전기 상호작용을 반드시 고려해야 한다. 예를 들어 이온들이 정전기적으로 음이온인 인산기를 서로 보호하기 때문에 DNA는 Na^+ 이온에 의해 안정화된다. Li^+와 K^+

표 24-2 B-DNA 내 10가지 가능한 이합체의 집적 에너지

집적된 이합체	집적 에너지 (kJ·mol^{-1})
C·G G·C	−61.0
C·G A·T	−44.0
C·G T·A	−41.0
G·C C·G	−40.5
G·C G·C	−34.6
G·C A·T	−28.4
T·A A·T	−27.5
G·C T·A	−27.5
A·T A·T	−22.5
A·T T·A	−16.0

출처: Ornstein, R.L., Rein, R., Breen, D.L., and MacElroy, R.D., *Biopolymers* **17**, 2356(1978).

그림 24-20 DNA 변성의 개략적 묘사

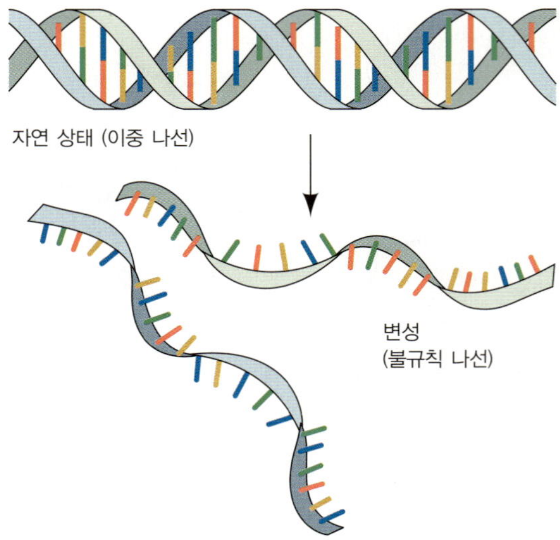

와 같은 다른 1가 양이온들은 인산기와 비슷한 비특이성 상호작용을 한다. 이와 반대로 Mg^{2+}, Mn^{2+}, Co^{2+}와 같은 2가 양이온들은 인산기와 결합하는데, **이러한 2가 양이온들은 1가 양이온들보다 핵산에게 훨씬 더 효과적인 가림제이다.** 예를 들어 한 개의 Mg^{2+} 이온이 100~1000개의 Na^+ 이온보다 DNA 이중 나선에 훨씬 더 큰 영향을 미친다. 실제로 핵산이나 뉴클레오타이드와의 반응을 매개하는 효소는 거의 언제나 Mg^{2+} 이온 보조 인자가 필요하다. Mg^{2+} 이온은 많은 RNA에 의한 복합체 구조를 안정화시키는 데 중요한 역할을 한다.

B DNA는 변성과 탈변성을 받을 수 있다

이중 나선 DNA 용액을 특정 온도 이상으로 가열하면, 원래의 구조가 붕괴되고 상보적인 두 가닥의 분리가 일어나 임의의 입체 구조를 하게 된다(그림 24-20). 이러한 변성 과정에서는 DNA의 물리적 특징에서의 질적 변화가 수반된다. 예를 들어 DNA의 딱딱하고 막대 같은 이중 나선 분자의 변형에 저항해서 나타나는 원래 DNA 용액의 특징적인 높은 점도는 DNA가 분해되어 입체 구조적으로 유연한 단일 가닥이 될 때 크게 감소한다. 또한 거의 전적으로 방향족 염기들로 인해 나타나는 DNA의 자외선 흡광도는 이웃한 염기 사이의 전자적 상호작용의 붕괴 결과로, 변성 시 약 40% 증가한다(그림 24-21). 흡광도의 증가는 **흡광 증가 효과(hyperchromic effect)**라고 알려져 있다.

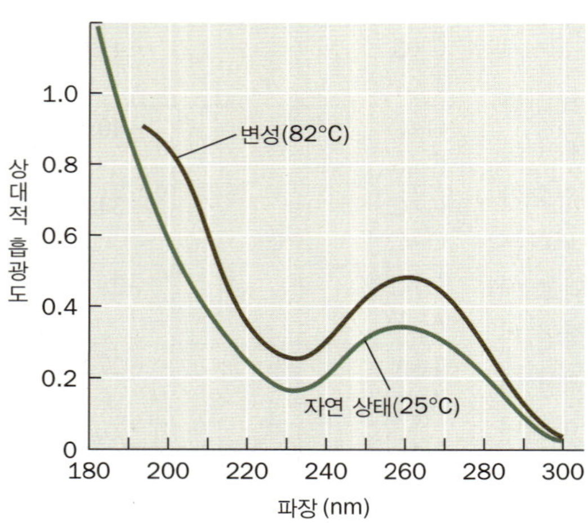

그림 24-21 본래의 DNA와 열 변성 대장균 DNA의 자외선 흡수 스펙트럼 변성은 흡광도 곡선의 전체 모양을 바꾸지는 않으며 그 정도만을 증가시켰음을 주목하라. [After Voet, D., Gratzer, W. B., Cox, R. A., and Doty, P., *Biopolymers* 1, 205(1963).]

온도가 증가함에 따른 단일 파장(보통 260 nm)에서의 흡광도의 변화를 조사해 보면, 흡광도의 증가는 좁은 온도 범위에서 일어났음을 보여 준다(그림 24-22). 이는 **DNA의 변성이 구조의 한 부분이 붕괴되면 나머지 부분이 불안정화되는 협동적 현상임**을 나타낸다. 고체의 융해에서와 같이 그림 24-22를 **융해 곡선(melting curve)**이라고 하고, 중간 지점의 온도를 **융해 온도(melting temperature, T_m)**로 정의한다.

DNA 이중 나선의 안정성, 즉 T_m은 용매의 성질, 용액에서 이온의 종류와 농도, pH 등을 포함한 여러 요인에 의존한다. 또한 r_m은 G·C 염기쌍의 양에 따라 직선적으로 증가한다. 하지만 이것은 예상되는 것처럼, 전적으로 G·C 염기쌍이 A·T 염기쌍보다 수소 결합이 한 개 더 존재하기 때문만은 아니다.

DNA는 냉각에 의해서 재생될 수 있다. 만약 변성된 DNA 용액을 T_m 아래로 빠르게 냉

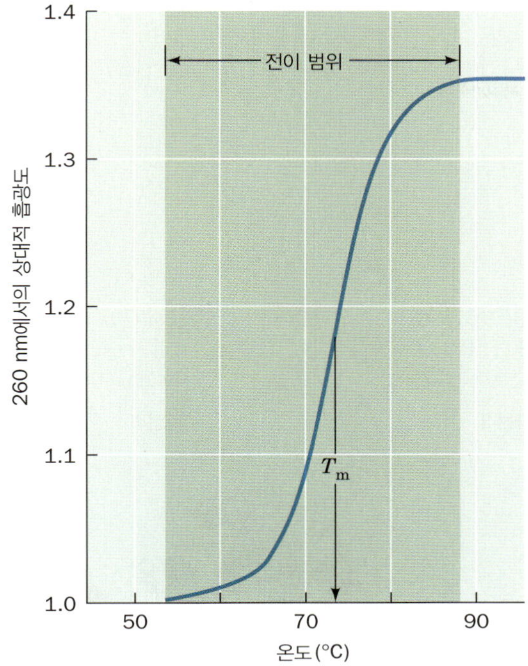

그림 24-22 DNA 융해 곡선의 예 상대적 흡광도는 25°C에서의 흡광도와 지시된 온도에서의 흡광도(통상적으로 260 nm에서 측정)의 비율이다. 융해 온도 T_m은 최대 흡광도의 절반에서의 온도이다.

? A·T가 많은 DNA와 G·C가 많은 DNA의 융해 곡선을 그려 보라.

각시키면 임의의 염기쌍을 이룬 구조가 고정되기 전 상보 가닥들이 만날 충분한 시간을 갖지 못해, 결과적으로 DNA는 부분적으로만 염기쌍을 이루게 된다(**그림 24-23**). 그러나 온도가 T_m 아래인 ~25°C로 유지되면, 짧은 염기쌍을 이룬 부분이 융해와 재생에 의해 재배열되기에 충분한 열에너지가 제공된다. 이러한 **열처리(annealing)** 조건하에서는 1960년에 마머(Julius Marmur)가 발견한 것처럼 변성된 DNA는 결국 완전히 재생된다. 마찬가지로, RNA와 DNA의 상보적인 가닥은 **혼성(hybridization)**이라고 하는 과정으로 상응하는 DNA 이중 나선보다 약간 덜 안정한 RNA–DNA 혼성 이중 나선을 이룬다(그림 24-4).

C RNA 구조는 매우 다양하다

RNA의 구조는 DNA를 안정화시키는 것과 같은 힘에 의해 안정화되며, 입체 구조의 유연성은 DNA 입체 구조를 제한하는 많은 특징들과 동일한 요소들에 의해 제한된다. 사실 RNA는 2′-OH기에 수소 결합을 하는 물 분자들이 더 많아 DNA보다 더욱 단단하다. 그렇다고 하더라도, RNA는 DNA보다 훨씬 더 다양한 형태와 크기를 가지며, 어떤 경우에는 촉매 활성도 가진다.

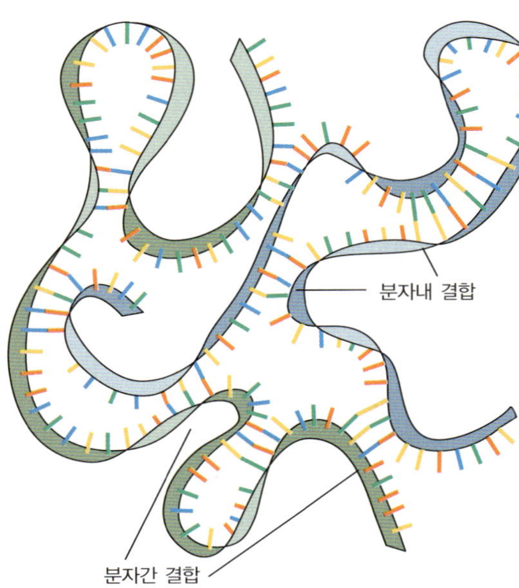

그림 24-23 부분적으로 재생된 DNA 이 모식도는 열로 변성시킨 후 빠르게 냉각시킨 DNA에서 볼 수 있는 불완전한 염기쌍 구조를 나타낸 것이다. 분자내 혹은 분자간 결합이 있을 수 있음을 주목하라.

? 이 DNA의 시료를 재가열하고 다시 식히면 같은 구조가 형성될 것인가?

(a)

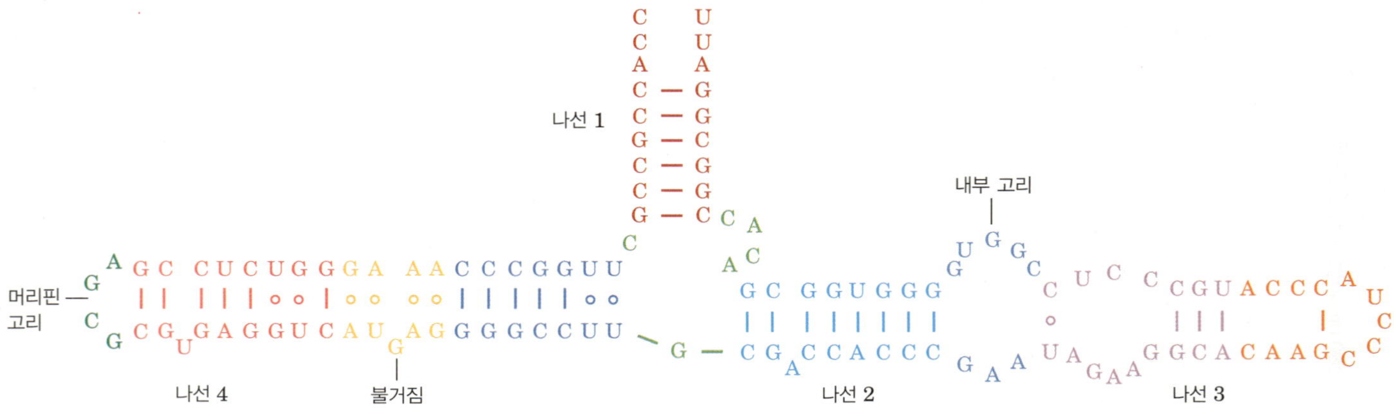

(b)

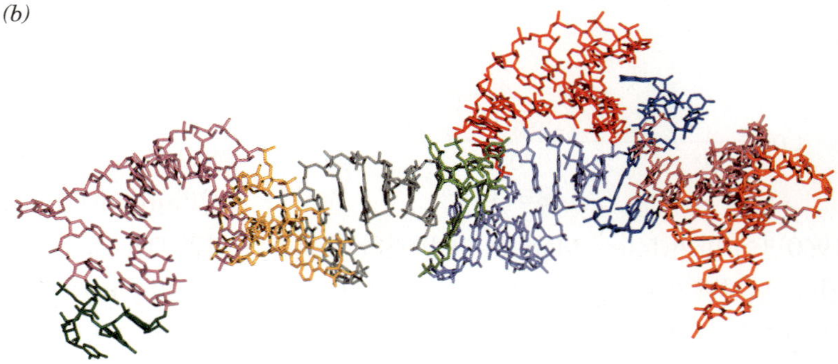

그림 24-24 호염 세균의 5S RNA의 2차, 3차 구조 (*a*) 2차 구조 모식도. 이 단일 가닥 RNA 분자는 머리핀 고리, 내부 고리, 불거진 부분과 함께 4개의 이중 가닥 염기쌍 나선을 포함한다. 선은 왓슨–크릭 염기쌍을 나타내고, 원은 다른 형의 염기쌍을 나타낸다. (*b*) 막대 모형으로 본 X선 구조. *a* 부분에서처럼 2차 구조에 따라 다르게 칠해져 있다. [Based on an X-ray structure by Peter Moore and Thomas Steitz, Yale University. PDBid 1JJ2.]

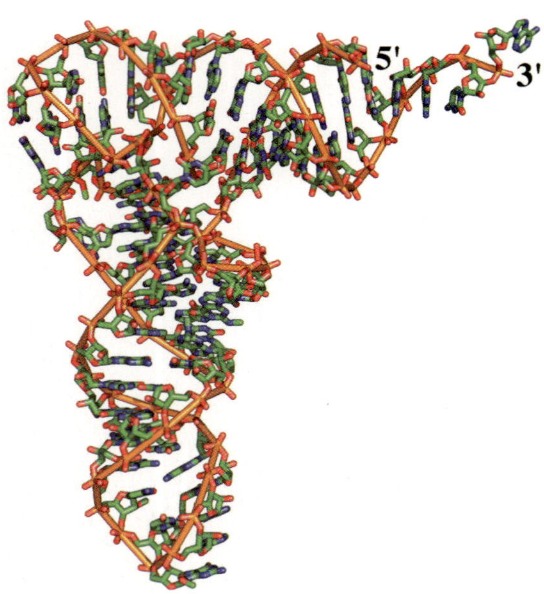

그림 24-25 효모 tRNA^{Phe}의 구조 76개 뉴클레오타이드 RNA를 막대 모형으로 나타내었다. C는 녹색, N은 파란색, O는 빨간색, P는 주황색으로 되어 있다. 거의 모든 염기가 집적되어 있어서 tRNA의 치밀한 구조를 안정화하고 있다. [Based on an X-ray structure by Alexander Rich and Sung-Hou Kim, MIT. PDBid 6TNA.]

RNA는 이중 가닥 부분을 가진다. 2/3는 RNA이고, 1/3은 단백질로 된 세균의 리보솜은 3종류의 잘 보존된 RNA 분자를 가지고 있다(27-3절). 이들 중 가장 작은 것은 120개 뉴클레오타이드의 **5S RNA**[초원심 분리에서 5Svedberg(S)의 비율로 침전되어 그렇게 이름이 불려진다. 5-2E절]이다. 5S RNA는 여러 염기쌍을 이룬 부위가 여러 종류의 고리에 의해 연결되어 있는 2차 구조를 하고 있다(**그림 24-24*a***). 이들 구조의 각 요소는 X선 구조에서 식별되는데, 여기서 염기쌍을 이룬 부분은 A형 나선을 이룬다(**그림 24-24*b***). 5S rRNA에서 염기의 약 2/3는 염기쌍을 이루고 있고, 고리나 3′과 5′ 말단에 위치하고 있는 나머지 뉴클레오타이드는 리보솜 단백질이나 다른 rRNA 분자에서 쌍을 이루지 않은 뉴클레오타이드와 상호작용함이 없이 자유롭다.

큰 RNA 분자는 여러 영역을 가진 단백질처럼 여러 단계로 접혀지는 듯하다(6-5절). RNA 접힘은 성숙된 입체 구조로 변화되기에 앞서 짧은 이중 나선이 빠르게 형성되는 거의 확실하게 협동적인 과정이다. 완전한 접힘 과정은 수분이 걸리며, 비교적 안정된 중간체를 거치게 되고 단백질의 보조가 필요하다.

RNA 분자는 집적 상호작용에 의해 안정화된다. Phe과 공유 결합성 복합체(**tRNA^{Phe}**)를 형성한 효모 운반 RNA(transfer RNA)의 3차원적 구조가 1974년에 리치(Alexander Rich)와 김성호의 공동 연구에 의해 밝혀졌으며, 클루그(Aaron Klug)에 의해서는 다른 결정형이 밝혀졌다. 이 분자는 치밀하고, L형이며, L의 각 다리의 길이는 약 60 Å이다(**그림 24-25**). 효모 tRNA^{Phe}의 구조적 복잡성은 단백질의 구조적 복잡성을

자료 24-3 생화학의 전망 RNA 세계

단백질은 아니지만 핵산은 그들 자신의 합성을 지시할 수 있다는 점, 세포들은 DNA를 다루기 위한(25장) 단백질성 효소 생산고는 가지고 있으나 RNA 가공을 위한 것은 거의 없다는 점, 생합성 과정과 에너지 획득 경로에서 많은 보조 효소들이 리보뉴클레오타이드(예: ATP, NAD$^+$, FAD, CoA)인 점에 대한 발견은 세포 이전 시대에 RNA가 최초의 생물학적 촉매제라는 가설, 소위 **RNA 세계(RNA world)**를 이끌어 냈다. 사실 RNA는 단일 가닥 혹은 이중 가닥 RNA 게놈으로 바이러스에서 유전 정보의 보유자로 남아 있다. RNA에 근거한 기능들이 생명의 세 영역 모두에서 나타난다는 사실은 현대 세포에서 RNA의 기능이 진화의 매우 초기 단계에 이루어졌다는 추가적인 증거를 제시한다.

한때 RNA 세계가 존재하였다고 가정하면 우리는 두 가지 질문을 해야 한다. 왜 단백질 촉매제가 대부분의 리보자임을 대신하였는가? 그리고 왜 DNA는 유전의 지배적인 분자가 되었는가? 첫 번째 질문은 단백질의 20개 아미노산 잔기가 RNA(RNA의 4개 뉴클레오타이드 잔기는 훨씬 단순하고 반응성이 덜함)에서는 부족한 작용기들-하이드록실기, 설프하이드릴기, 아마이드기, 카복실산 등-을 가지고 있음을 발견하면 쉽게 답할 수 있다. 따라서 단백질은 아마도 그들의 더 큰 화학적 기교에 의해 세포의 꾸준한 일꾼으로서 RNA를 대체시켰다. 그럼에도 RNA의 단백질 합성에서의 지배적인 역할은 계속된다. 리보솜은 RNA가 우세하며 현재 펩타이드 결합의 형성을 촉매하는 것으로 알려져 있다(27-4B절).

DNA의 경우, RNA는 적정한 반응 메커니즘에 의한 염기 촉매 가수 분해에 매우 민감하기 때문에 RNA보다 훨씬 안정적이다. 2′-OH기의 염기에 의한 탈양성자 반응은 이웃한 인 원자에 친핵성 공격을 용이하게 하여 결국 RNA 골격이 절단된다. 결과적으로 연결된 2′,3′-환상 인산기는 연이어 가수 분해하여 2′- 혹은 3′-뉴클레오타이드 산물을 생성한다(RNase A 촉매에 의한 RNA 가수 분해는 거의 동일한 반응 순서를 따른다. 그러나 단지 3′-뉴클레오타이드만을 생성한다, 11-3A절). DNA는 2′-OH기가 없기 때문에 그러한 분해의 여지가 없다. 이러한 큰 DNA의 화학적 안정성으로 인해 유전 정보를 장기간 저장하는 데 DNA가 RNA보다 더 적당하게 되었다.

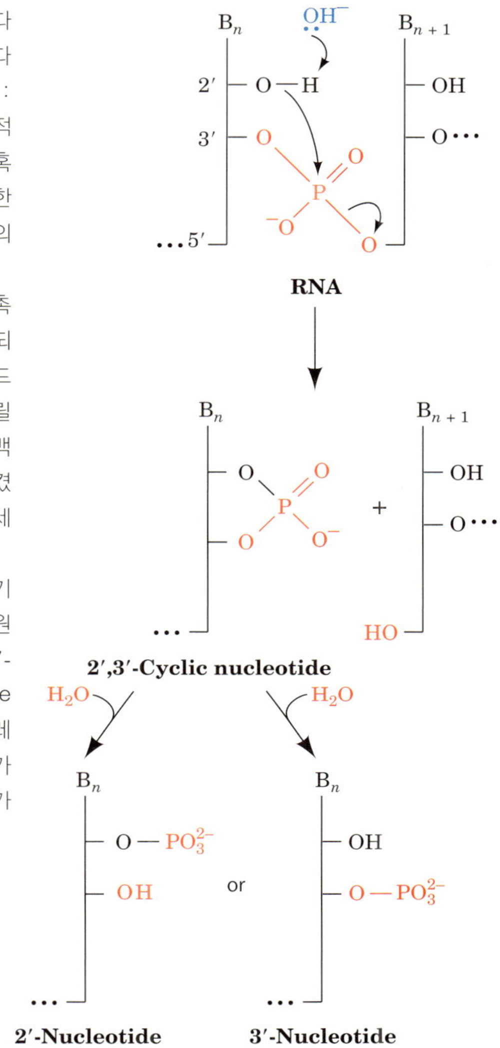

생각나게 한다. 비록 76개 염기 중 42개만이 이중 나선 줄기에 있더라도 이들 중 71개는 집적에 참여한다.

tRNA 구조는 3개 염기가 관여하는 수소 결합을 포함하여 공유적으로 변형된 염기와 특이한 염기쌍의 존재에 의해 특징된다. 이들 3차 상호작용은 tRNA의 치밀한 구조에 기여한다(tRNA 구조는 27-2A절에서 더욱 자세히 설명된다.)

일부 RNA는 촉매제이다. 1982년 촉매 기능이 있는 RNA의 발견은 비록 처음에는 회의적이었을지라도 이후의 연구를 통해 RNA의 촉매 기능이 실질적으로 무제한적임이 밝혀졌다. **최소한 촉매 기능이 있는 9종류의 천연 RNA가 밝혀졌으며, 훨씬 더 많은 리보자임(ribozyme)이 실험실에서 개발되었다.** 대부분의 천연 RNA 촉매제는 mRNA 끊어잇기(splicing, 26-3B절)와 가수 분해적인 RNA 가공(26-3C절)과 같은 RNA 대사에 참여한다. 단백질을 합성하는 동안 펩타이드 결합의 형성은 리보솜 RNA에 의해서 촉매된다(27-4절). 시험관 내에서 RNA 분자는 글리코사이드 결합이나 뉴클레오타이드 중합과 같은 그 자신의 생산에 필요한 일부 반응을 촉매할 수 있

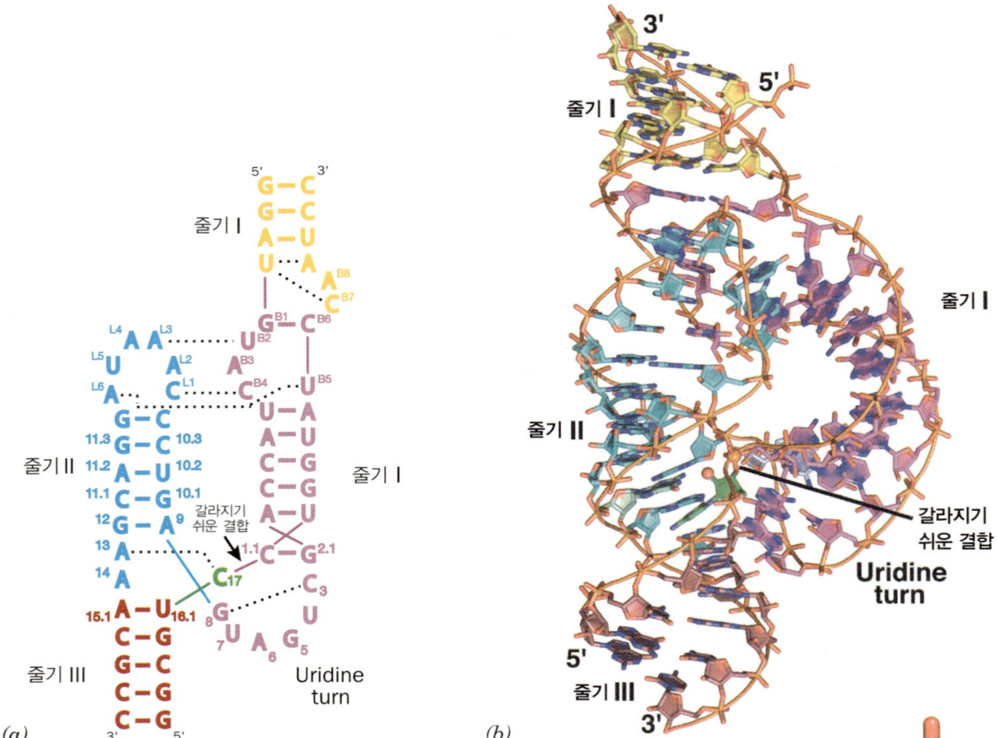

(a) (b)

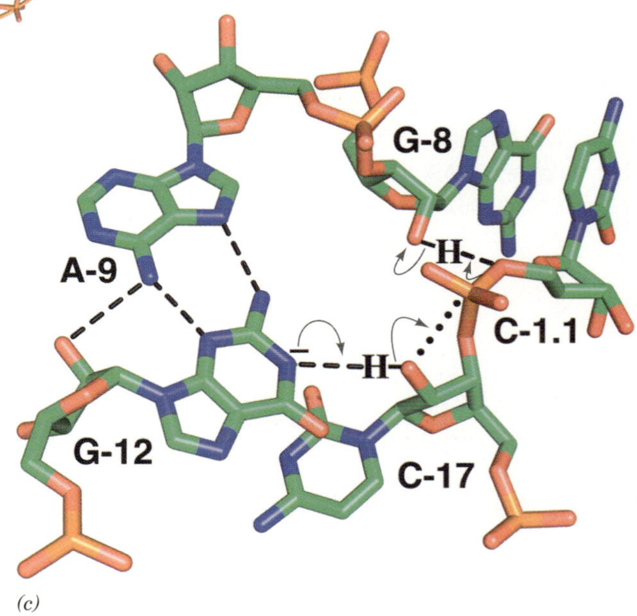

(c)

그림 24-26 망치머리 리보자임의 구조 (*a*) *b*에 그려져 있는 X선 구조와 색깔에 맞춘 리보자임의 서열과 도식화된 구조 묘사. 염기쌍들은 색깔이 있는 선으로 나타나며, 점선들은 3차 상호작용을 의미한다. 뉴클레오타이드들은 망치머리 리보자임의 만국 공통식 번수법에 따라 표시되었다. (*b*) 노 모양으로 그려진 리보자임의 X선 구조에서 C 원자는 *a*와 같은 색깔로 나타나지만 G-12는 연녹색, C-11은 옅은 파란색, N은 파란색, O는 빨간색, P는 녹색으로 나타난다. 같은 가닥 안의 인접한 P 분자들은 가는 주황색 막대들에 의해 연결되었다. 갈라지기 쉬운 인산기(C-17과 C-1.1을 이어줌)의 P 원자와 구핵 분자(C-17의 O2′)는 작은 구로 나타난다. (*c*) 리보자임의 활성 부위 잔기는 막대 모양으로 나타나는데 C는 녹색, O는 빨간색, N은 파란색, P는 주황색으로 나타난다. 수소 결합은 검은색 파선으로 묘사되어 있다. 제안된 반응 메커니즘은 갈라지기 쉬운 인산기의 P 원자를 친핵적으로 공격하는 C-17의 O2′에 의해 일직선의 궤적을 표시하는 검은색 점선과 함께 곡선의 화살표로 나타난다. [Part *a* courtesy of and Parts *b* and *c* based on an X-ray structure by William Scott. University of California at Santa Cruz. PDBid 2GOZ.]

다. 이러한 기능의 다양성으로 인해 RNA는 DNA나 단백질이 진화하기 전에 한때 초기 생명의 많은 기본적인 활동을 수행하였을 것이라는 가설을 낳게 하였다. 이러한 시나리오는 RNA 세계라고 불린다(자료 24-3 참조).

가장 잘 특징지어진 리보자임 중의 하나가 **망치머리 리보자임**(**hammerhead ribozyme**)인데, 이는 식물에 감염하는 특정 바이러스 같은 RNA의 복제에 참여하는 약 40 뉴클레오타이드의 분자이다. 망치머리 라이보자임은 자기 자신의 포스포다이에스터 결합의 하나에 대한 부위 특이적 절단을 촉매한다. 자신의 C-17과 C-1.1 뉴클레오타이드 사이를 절단하는 **만손 주혈흡충**(*Schistosoma mansoni*)으로부터 온 63 뉴클레오타이드 망치머리 리보자임의 2차 구조는 3개의 이중 나선 줄기와 보존된

2개의 비나선 단편의 핵을 가지고 있다(그림 24-26*a*). 스콧(William Scott)에 의해 밝혀진 망치머리 리보자임의 X선 구조(그림 24-26*b*)는 3개의 A형 나선을 이루고 있음을 보여 준다. 나선 줄기에서 뉴클레오타이드는 정상적인 왓슨–크릭 염기쌍을 이루고 있는 반면, 다양한 고리들과 불쑥 나온 것들(bulges)은 다양한 수소 결합과 염기 중첩 상호작용을 통해 상호작용한다.

망치머리 리보자임의 촉매 핵에서 완벽하게 보존되는 염기는 광범위한 수소 결합 네트워크(그림 24-26*c*)에 참여한다. C-17의 O2′ 분자가 P 원자에 친핵성 공격을 하도록 위치하게 함으로써 C-17의 O3' 분자와 C-1.1의 O5′ 원자가 연결되게 한다. 그렇게 해서 C-1.1에 유리 5′-OH와 함께 C-17에 환상의 2′,3′-포스포다이에스터가 형성된다. 이온이 비양자화될 때 불변 분자 G-8의 2′-OH와 불변 원자 G-12의 N1은 이 화학 반응에서 산과 염기 촉매로 작용하기 위해 적합한 자리에 위치하는 것으로 보인다. 흥미롭게도 어떠한 금속 이온도 리보자임의 활성 위치 영역에 존재하지 않는다.

망치머리 리보자임은 자신이 그 기질이고, 따라서 본래의 상태로 돌아올 수 없기 때문에 진정한 의미의 촉매는 아니다. 그러나 다른 리보자임들은 그들 자신의 변화 없이 많은 회전을 촉매한다. 리보자임은 반응 속도 증가(망치머리 리보자임에서는 10^7배), 금속 이온이나 이미다졸기와 같은 보조 인자를 사용하는 능력, 작은 다른자리 입체성 효과 인자에 의한 조절면에서 단백질 효소에 비유할 만하다. 비록 RNA 분자는 단백질 촉매제가 가진 작용기들의 종류에 대해서는 부족하지만 기질에 특이적으로 결합해 그것을 반응에 맞게 배치하고 전이 상태를 안정화시킨다. 이와 같은 성질들은 모두 효소 촉매제가 가지는 특성이다.

체크 포인트

- 핵산 구조를 안정화시키는 힘을 서술하시오. 무엇이 가장 중요한가?
- 핵산 변성과 탈변성의 분자 사건들을 설명하시오.
- 어떤 특성들이 RNA 분자들로 하여금 촉매로 기능하게 하는가?

3 핵산의 분리

주요 개념

- 핵산은 크기, 구조 및 크로마토그래피와 전기 이동의 서열에 따라 분류될 수 있다.

5-2절에서는 단백질을 분리하고 특성을 조사하는 가장 일반적인 과정을 다루었다. 이 방법들 대부분은 일부 변경시킨 것들을 포함하여 크기, 조성, 서열에 따라 핵산을 분리하는 데도 이용된다. 또한 핵산에만 적용되는 기술들도 많이 있다. 이번 절에서는 가장 유용한 핵산 분리 과정의 일부를 정리해 보고자 한다.

세포에서 핵산은 변함없이 단백질과 결합하고 있다. 일단 세포가 깨져 열리게 되면, 핵산은 대개 탈단백질화된다. 이 과정은 단백질–핵산 혼합물을 페놀 용액으로 흔들어 줌으로써 이루어지며, 이때 단백질은 침전되어 원심 분리에 의해 제거될 수 있다. 또 다른 방법으로, 단백질은 세제, 염화 구아니디늄, 고농도의 염에 의해 핵산으로부터 분리할 수 있다. 또는 단백질 분해 효소에 의해 효소적으로 분해할 수 있다. 모든 경우, RNA와 DNA의 혼합물인 핵산은 알코올로 침전시켜 분리할 수 있다. 이를 췌장의 DNase로 처리하여 DNA를 제거함으로써 침전물로부터 RNA를 회수할 수 있다. 반대로, RNase 처리에 의해 DNA를 분리해 낼 수 있다.

이러한 모든 과정과 연이은 조작에서, 핵산은 실험 재료와 심지어 사람의 손에서부터 오는 핵산 분해 효소의 분해로부터 보호되어야 한다. 핵산 분해 효소는 이들의 활성에 필요한 2가 금속 이온을 격리시키는 EDTA와 같은 킬레이트제에 의해 억제될 수 있다. 실험실 유리기구들 또한 증기압 살균을 통해 핵산 분해 효소를 열변성

GATEWAY CONCEPT 분자 행동
개별 DNA 분자의 정확한 형태는 동일한 분자들의 집단 내에서 각기 다르다. 이러한 이유로 크로마토그래피 혹은 전기 이동에 의해 DNA 표본의 용융 온도를 측정하거나 특징짓는 것은 집단 내 분자들의 평균 화학적 및 물리적 특성에 의해 결정된다.

시킬 수 있다. 그럼에도 불구하고, 핵산은 대부분 복잡한 3차 구조가 없으며, 따라서 상대적으로 극한 조건에 잘 견디기 때문에 단백질보다 일반적으로 다루기가 쉽다.

A 핵산은 크로마토그래피에 의해 정제할 수 있다

단백질을 분리하는 데 사용되는 많은 크로마토그래피 기술(5-2C절)이 핵산에도 적용된다.

친화 크로마토그래피는 특정 핵산을 분리하는 데 이용된다. 예를 들어 대부분 진핵세포의 전령 RNA(mRNAs)는 3′ 말단에 폴리(A) 서열을 가지고 있다(26-3A절). 이들은 폴리(U)가 공유 결합하고 있는 아가로스나 셀룰로스에서 분리될 수 있다. 폴리(A) 서열은 고농도의 염과 낮은 온도에서 상보적인 폴리(U)에 특이적으로 결합하며, 후에 이러한 조건들을 바꿔주면 유리된다.

B 전기 이동은 핵산을 크기에 따라 분리한다

핵산은 폴리아크릴아마이드 젤 전기 이동법(3-4B절)으로 분리할 수 있는데, 이는 젤에서 핵산의 이동이 분자량에 반비례하기 때문이다. 그러나 수천 개 이상의 염기쌍을 가진 DNA는 약하게 교차 연결된 폴리아크릴아마이드 젤에서도 통과할 수 없으며, 따라서 아가로스 젤에서 분리해야 한다. 그러나 큰 DNA 분자들은 그들의 크기와 관계없는 속도로 아가로스를 통해 전진하는 경향이 있기 때문에 전통적인 젤 전기 이동은 100,000 bp 이하의 DNA로 제한된다. 칸터(Charles Cantor)와 스미스(Cassandra Smith)는 **펄스장 젤 전기 이동(pulsed-field gel electrophoresis, PFGE)**을 개발하여 이러한 제한을 극복하였다. 이 방법으로 1,000만 bp까지의 DNA를 분리할 수 있게 되었다. 가장 단순한 형의 PFGE 장치에서 전극의 극성은 주기적으로 역전되는데, 각 충격의 기간은 분리하는 DNA의 크기에 따라 0.1에서 1,000초까지 달라진다. 극성이 변할 때마다 이동하는 DNA는 움직임을 다시 시작하기 전에 새로운 전기장에서 다시 방향을 잡는다. DNA 분자는 실제로 일부 시간 동안 거꾸로 이동한다. 작은 DNA 분자는 큰 분자보다 더 빨리 새로운 방향을 잡을 수 있기 때문에 서로 다른 크기의 DNA 분자들은 서서히 분리된다(그림 24-27)

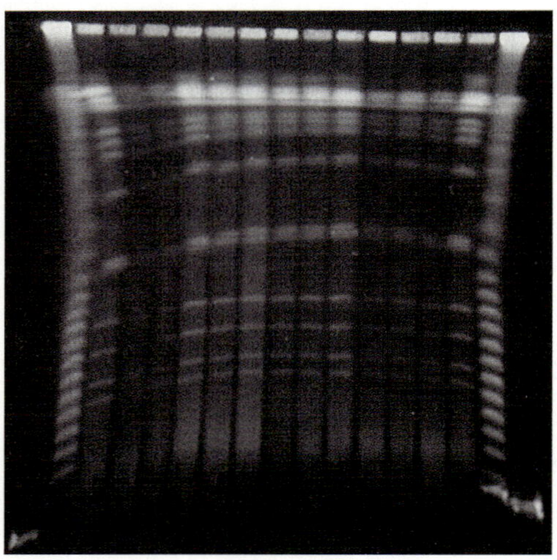

그림 24-27 이스트 염색체 조합의 펄스장 젤 전기 이동 13개의 내부에서 동일한 표본으로 움직여지는 이스트 염색체의 크기는 260, 290, 370, 460, 580/600, 700, 780, 820, 850 kb이다. 분자 질량 표본을 제공하는 두 개의 바깥 줄은 약 850 kb 정도의 관측된 한계까지 약 43.5 kb 크기의 박테리오파지 λ DNA (위에서 아래)의 20개의 좀 더 크고 연이은 다량체를 포함한다. [Electrophoretogram by Margit Burmeisster, University of Michigan in Wilson, K. and Walker, J., *Principles and Techniques of Biochemistry and Molecular Biology* (6th ed.), P. 477, Cambridge Uiversity Press (2005).]

층간 삽입제는 이중 나선 DNA를 착색한다. 젤에서 여러 DNA 밴드는 **에티듐 이온(ethidium ion)**, **아크리딘 오렌지(acridine orange)**, **프로플라빈(proflavin)**과 같은 평면 방향족 양이온으로 착색할 수 있다.

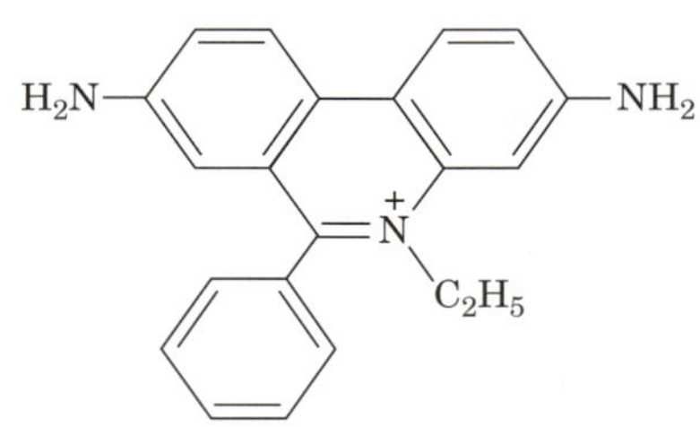

Ethidium

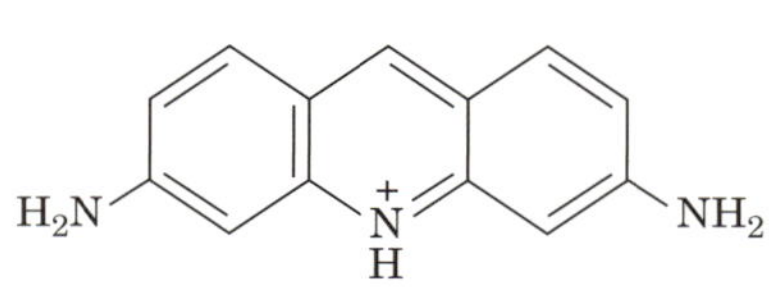

Proflavin

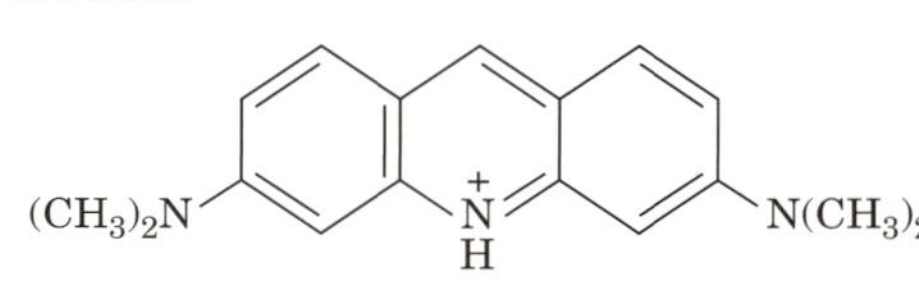

Acridine orange

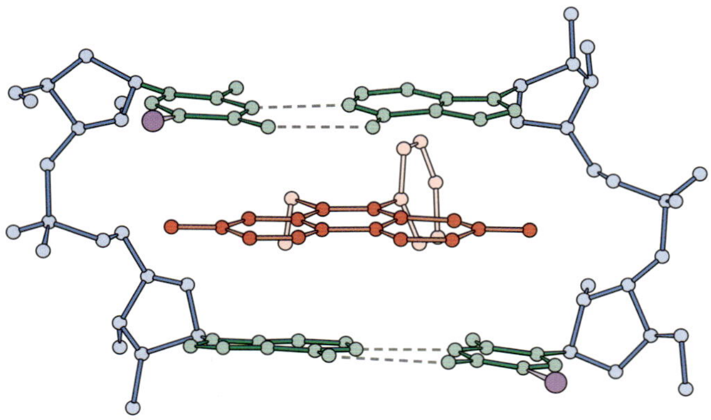

그림 24-28 **5-iodo-UpA와 에티듐 복합체의 X선 구조** 에티듐(빨간색)이 이중 나선 다이뉴클레오타이드의 염기쌍 사이에 끼어들어가 있어 에티듐이 이중 가닥 DNA에 결합하는 모형을 제시한다. [After Tsai, C.-C., Jain, S.C., and Sobell, H.M., *Proc. Natl. Acad. Sci.* **72**, 629(1975).]

이 염료들은 **층간 삽입**(**intercalation**, 집적된 염기 사이에 미끄러져 들어감, **그림 24-28**)에 의해 이중 가닥 DNA에 결합한다. 여기서 이들 염료들은 자외선하에서 자유로이 존재하는 염료보다 훨씬 더 강하게 형광을 발산한다(**그림 24-29**). 50 ng 정도의 소량의 DNA도 브로민화 에티듐(ethidium bromide)으로 착색하여 젤에서 확인할 수 있다. 단일 가닥 DNA와 RNA 또한 에티듐 형광을 자극하지만, 이중 나선 DNA보다는 못하다.

그림 24-28은 층간 삽입된 염료들이 부분적으로 DNA를 풀어주는 것을 드러내는데, 그것은 이러한 염료들이 DNA의 꼬임인 T를 감소시키는 것이다. 결과적으로 그림 28-11a에서 왼쪽부터 오른쪽으로 도표로 나와 있는 것처럼 에티듐과 같은 층간 삽입된 염료가 있는 적정 이중 원형 DNA는 DNA의 비틀림인 W를 꾸준히 증가시킨다(온전한 DNA에서 $\Delta W = -\Delta T$라는 것을 기억하라).

서던 흡입법은 특정 서열의 DNA를 확인하게 한다. 특정 염기 서열을 가진 DNA는 서던(Edwin Southern)에 의해 개발된 **서던 흡입법**(**Southern blotting**, **그림 24-30**)이란 방법을 통해 확인할 수 있다. 이 방법은 나이트로셀룰로스가 이중 나선 DNA가 아닌 단일 가닥 DNA와 단단히 결합하는 성질을 이용한다. 이중 가닥 DNA를 젤 전기 이동한 후, 이중 가닥 DNA가 단일 가닥형으로 전환되도록 이 젤을 0.5 M 수산화 소듐(NaOH)에 담근다. 그런 다음 젤 위에 나이트로셀룰로스 종이 한 장을 덮는다. 나이트로셀룰로스 위에는 흡수성이 큰 타월 더미를 쌓아 누른 후 이들로 인해 용액을 끌어올리거나 **전기 흡입**(**electroblotting**)을 이용해 젤 속의 분자들이 나이트로셀룰로스에 옮겨 흡입되게 한다. 단일 가닥 DNA는 젤에서의 위치와 같은 곳에서 나

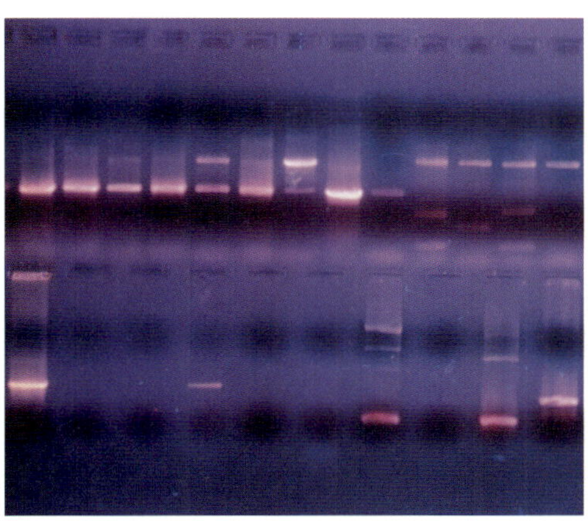

Klaus Guldbrandsen/Photo Researchers.

그림 24-29 **이중 나선 DNA의 아가로스 젤 전기 이동도** 젤은 전기 이동 후, 브로민화 에티듐 용액에 잠기고, 씻겨지며, 자외선하에서 사진이 찍힌다. 에티듐 양이온의 형광성은 DNA와 결합하면서 더욱 향상되기에 각각의 형광띠 흔적은 크기가 다른 DNA 파편이다.

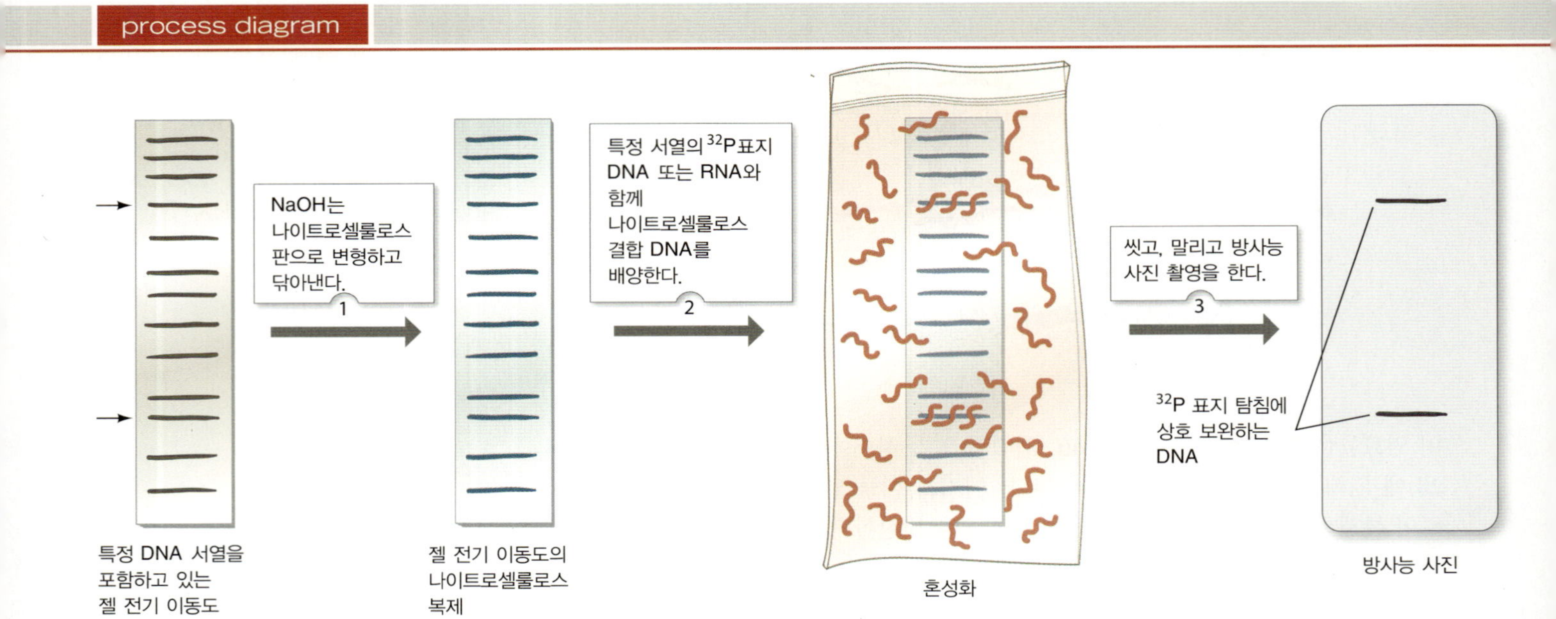

그림 24-30 서던 흡입법에 의한 특정 염기 서열을 가진 DNA의 확인

? 만약 교배 온도가 아주 낮거나 높으면 어떤 일이 발생할까?

이트로셀룰로스와 결합한다. DNA가 제자리에 영구히 고정되도록 80°C에서 건조시킨 후, 나이트로셀룰로스 종이를 ^{32}P로 표지된 단일 가닥 DNA 혹은 목표 DNA에 상보적인 서열을 가진 RNA 탐침을 포함하고 있는 용액의 최소량으로 적신다. 적신 나이트로셀룰로스는 탐침이 표적 서열과 혼성화하도록 여러 시간 동안 적당한 재생(renaturation) 온도에 둔다. 결합되지 않은 방사성 탐침을 제거하기 위해 세척하고 말린 다음, X선 필름 위에 일정 시간 동안 올려놓아 방사성 자동 사진을 촬영한다. 방사성 탐침에 상보적인 분자의 위치는 현상된 필름에서 검게 나타난다.

특정 RNA 서열들은 **노던 흡입(Northern blot)**이라고 재미있게 이름 지어진 서던 흡입의 변형 과정을 통해 확인할 수 있다. 이 과정에서는 RNA가 나이트로셀룰로스 종이에 흡입되어 고정되며 상보적인 방사성 RNA나 DNA가 탐침이 된다. 이와 유사하게, 특정 단백질은 ELISA(그림 5-3)에서 사용한 것과 비슷한 방법으로 단백질에 대한 항체를 사용하여 **면역 흡입(immunoblot)** 혹은 **웨스턴 흡입(Western blot)**으로 확인할 수 있다.

체크 포인트

- DNA는 단백질로부터 어떻게 분리되는가? RNA로부터는 어떻게 분리되는가?
- 어떤 분리 절차가 핵산의 결합 친화성에 따라 핵산을 분리하는가? 어떤 분리 절차가 핵산의 크기에 따라 핵산을 분리하는가?
- 분리 후 DNA 분자를 시각화하는 방법을 서술하시오.

4 DNA-단백질 상호작용

주요 개념

- 제한 핵산 내부 분해 효소는 회문 구조의 DNA와 기저 특이성 접촉을 한다.
- 원핵생물 억제 인자는 나선이나 β 가닥을 큰 고랑에 삽입하면서 결합한다.
- 많은 원핵생물 DNA 결합 단백질은 아연 손가락이나 루신 지퍼 구조의 모티프를 함유한다.

유전 정보에의 접근은 암호화된 정보를 DNA로(복제로) 혹은 RNA로(전사로) 복사하게끔 단백질이 DNA를 인식하고 상호작용하는 능력에 의한다. 이들 과정의 가장 기본적인 단계일지라도 상호 간 혹은 핵산과 상호작용하는 많은 단백질을 필요로 한다. 또한 생물체는 대부분의 유전자 발현을 조절하는데, 여기서도 여전히 전사의 억제 인자 혹은 활성 인자로 작용하는 다른 단백질들이 필요하다.

많은 단백질들은 뉴클레오타이드 서열과 상관없이 DNA에 비특이적으로 결합한다. 예를 들면 히스톤 단백질(DNA를 포장하는 데 관여, 24-5A절)과 특정 DNA 복제 단백질(생물 유전체의 모든 서열과 상호작용을 해야 한다)은 주로 단백질의 작용기와 DNA의 당-인산 골격 사이의 상호작용을 통하여 DNA와 결합한다. 특정 DNA 서열을 인식하는 단백질 또한 비특이적으로 DNA에 결합하지만 이때는 특이적으로 단단히 결합하게 될 목표 서열의 폴리뉴클레오타이드 사슬을 찾을 수 있게 DNA에 느슨하게 결합한다. 대부분의 DNA-단백질 복합체들은 해리 상수가 10^{-9} ~10^{-12} M 범위에 있으며, 이 값은 비특이적 결합보다 10^3~10^7배 더 강한 결합임을 나타낸다. 서열 특이적 DNA-단백질 상호작용은 선택된 위치(사람의 경우, 수십 억 개의 염기쌍에서 선택된)에서 그 효과를 발휘할 수 있도록 대단히 정확해야 한다. 그러한 단백질은 어떻게 DNA에 있는 목표 부위와 상호작용하는가?

서열 특이 DNA 결합 단백질은 일반적으로 자신이 결합하는 이중 나선 DNA의 염기쌍들을 붕괴시키지 않는다. 그러나 그들은 **DNA의 큰 고랑과 작은 고랑에 뻗어 있는 염기쌍의 작용기에 따라 4개의 염기쌍(A·T, T·A, G·C, C·G)을 구별한다.** 그림 24-2에서 본 것처럼 이들 작용기들은 B-DNA의 좁고 작은 고랑보다 큰 고랑에서 더 노출되어 있다. 게다가 큰 고랑은 작은 고랑보다 서열 특이적 작용기를 더 많이 포함하고 있다(그림 24-1). 그러나 129종의 단백질-DNA 복합체에 대한 체계적인 조사 결과에서 나타난 것처럼, 결합 단백질과 DNA 사이의 상호작용에서 약 1/3만이 직접 혹은 끼어 있는 물 분자를 통한 수소 결합을 가진다. 모든 상호작용의 약 2/3는 반데르발스 상호작용이다. 골격 인산기와의 이온성 상호작용도 존재한다. 많은 경우에서 결합 상대의 상보성은 단백질과 핵산이 보다 안정성을 갖기 위해 그들의 입체 구조를 변화시키는 '유도 적합' 현상으로 증가된다. 어떤 경우에 있어서는 이러한 변화로 결합 단백질이 다른 단백질과 상호작용하게 되거나 다른 분자에 DNA가 접근하는 것을 변화시킨다. 아래에서 특정 DNA-단백질 결합의 몇몇 사례를 알아본다. 다음 장에서는 핵산-단백질 상호작용의 훨씬 더 많은 예를 보게 될 것이다.

A 제한 핵산 내부 분해 효소는 DNA 결합을 왜곡한다

유형 II 제한 핵산 내부 분해 효소는 숙주의 변형 메틸화 효소에 의해 아직 메틸화되지 않은 특정 DNA 부위를 절단하여 세균 세포에서 외부 DNA를 제거한다(3-4A절). 제한 효소는 약 4~8개의 염기쌍으로 된 회문 구조의 DNA 서열을 인식하는데, 이 서열은 놀라운 특이성을 가지고 있어 단 하나의 염기만 바뀌어도 효소 활성이 100만 배 감소된다. 이 정도의 특이성은 DNA 서열에서 다른 부분을 잘못 절단하는 것을 방지하기 위해 필수적이다.

효소의 인식 서열을 가지고 있는 B-DNA와 결합하고 있는 EcoRI 제한 핵산 내부 분해 효소의 X선 구조가 로젠버그(John Rosenberg)에 의해 밝혀졌다. DNA는 이합체 효소의 두 개의 동일한 276개 잔기의 소단위체 사이에 있는 대칭적인 갈라진 틈에 결합되며(**그림 24-31**), 이는 DNA의 회문 구조 인식 서열을 말해 준다. 단백질의 결합으로 인식 서열의 가운데 두 염기쌍 사이에 작은 고랑 쪽으로 약 50°로 벌어진 이면각이 생기게 된다. 이로 인해 이들 염기쌍은 어긋나게 되지만 이웃한 염기쌍

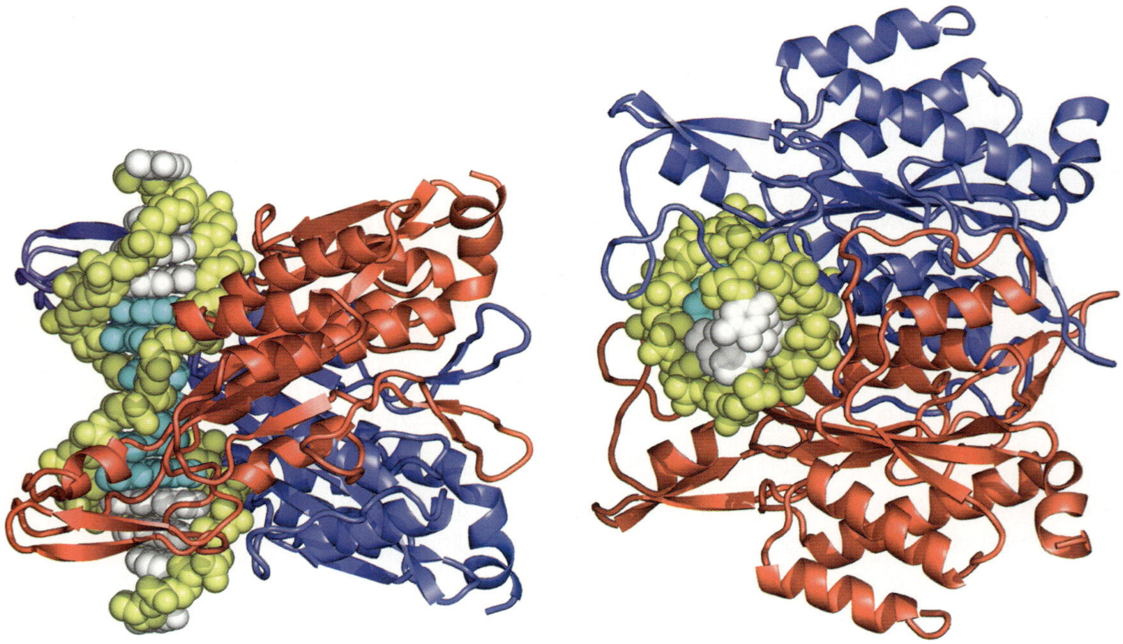

(a) (b)

그림 24-31 DNA와 결합하고 있는 EcoRI 핵산 내부 분해 효소의 X선 구조 이중 나선 DNA 단편은 자가 상보적 서열 TCGCGAATTCGCG(5′ 양 말단에 T가 있는 12bp; 효소의 표적 서열 6-bp는 밑줄이 그어져 있다)을 가지고 있으며 공간 채움 모형으로 당-인산 사슬은 노란색, 인식 서열 염기는 청록색, 기타 염기는 흰색으로 그려져 있다. 단백질은 끈 모양으로 그려져 있으며, 두 개의 동일한 소단위체는 각각 빨간색과 파란색으로 나타나 있다. 이 복합체는 (*a*) DNA 나선 축에 수직으로, (*b*) 끝 쪽에서 보인다. 이 복합체의 대칭축은 수평이며, 두 가지 상에서 DNA의 큰 고랑은 오른쪽을 향하고(단백질을 향하여) 있다. [Based on an X-ray structure by John Rosenberg, University of Pittsburgh. PDBid 1ERI.]

에서 이를 보상하는 구부러짐이 생겨 DNA는 거의 반듯하게 유지된다. 그러나 이것으로 DNA는 인식 부위에 28°로 풀리게 되고 큰 고랑은 3.5 Å 더 넓어진다. 각 단백질 소단위체의 한 쌍의 평행한 나선의 N 말단은 넓어진 큰 고랑으로 끼어 들어가 거기서 인식 서열의 염기와 수소 결합 연결망을 형성한다. 포스포다이에스터 절단점은 회문 구조 중앙으로부터 두 염기 떨어져 위치한다(표 3-2).

EcoRV(**그림 24-32**)를 포함한 다른 제한 핵산 내부 분해 효소들 또한 경우에 따라서 작은 고랑을 열고 큰 고랑을 압착하는 식으로 DNA에 꼬임을 유발한다. 그러나 **DNA 뒤틀림 자체보다 뉴클레오타이드 염기 사이에, 그리고 단백질 곁사슬과 골격 그룹 사이에서의 상보적 수소 결합이 서열 특이적 핵산 내부 분해 효소-DNA 복합체 형성에 1차적인 필요 조건이다.** 예를 들면 BamHI-DNA 복합체의 경우, 인식 서열의 큰 고랑에 있는 모든 가능한 수소 결합 공여체와 수용체는 직접 혹은 물을 매개체로 하여 단백질과 수소 결합을 한다. 어떠한 DNA 서열도 BamHI가 갖는 정교한 정도의 상보성을 가질 수는 없다.

B 원핵생물 억제 인자는 종종 DNA 결합 나선을 포함한다

원핵생물에서 많은 유전자의 발현은 최소한 부분적으로는 **억제 인자(repressor)**에 의해 지배되는데, 이것은 전사를 방해하기 위해 유전자에 혹은 유전자 가까이에 결합하는 단백질이다(28-2절). 억제 인자 단백질은 흔히 약 20개의 잔기로 구성된 폴리펩타이드 조각을 포함하고 있으며, 이는 약 120°의 각으로 교차되는 두 개의 α 나선을 포함하는 **나선-회전-나선 모티프(helix-turn-helix motif, HTH motif)**를 이루고 있다. 비록 모두가 DNA에 결합할지라도 HTH 모티프들은 분명히 진화적으로 서로 관

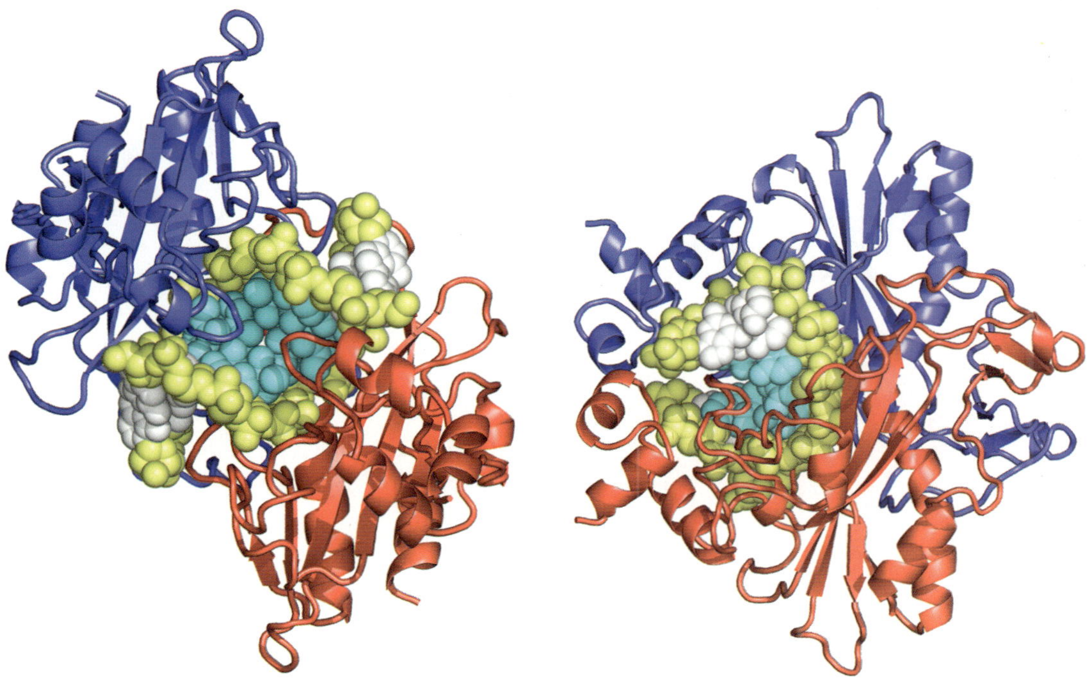

(a) *(b)*

그림 24-32 **DNA와 결합하고 있는 EcoRV 핵산 내부 분해 효소의 X선 구조** DNA의 10 bp 조각은 자가 상보적 서열 GGGATATCCC을 가지고 있다(효소의 6 bp 표적 서열은 밑줄이 그어져 있다). DNA와 단백질은 그림 24-31과 같이 칠해져 있다. *(a)* DNA의 큰 고랑을 향하고 있는 대칭축으로 본 복합체. 큰 고랑 위에 올려 있는 두 개의 대칭 관련 단백질 고리(182∼186개의 잔기로 구성)는 DNA와 염기 특이적 접촉을 하고 있는 유일한 효소의 부분이다. *(b)* a의 오른쪽에서 본 복합체(DNA의 큰 고랑은 왼쪽을 향함). 단백질이 어떻게 큰 고랑을 향해 DNA를 비틀고 있는지 주목하라. [Based on an X-ray structure by Fritz Winkler, Hoffinan-LaRoche Ltd., Basle, Switzerland. PDBid 4RVE.]

련이 있으며 영역(domain)의 구성 요소로 나타난다. 그렇지 않았다면 크게 다른 구조를 가졌을 것이다. HTH 모티프는 그것들이 더 큰 단백질의 성분일 때만 구조적으로 안정하다는 사실을 주목하라.

제한 핵산 내부 분해 효소 인식 부위처럼, 억제 인자가 결합하는 서열[**작동자(operator)**라고 불림]은 회문식의 대칭 구조이거나 그와 유사한 구조를 보인다. 전형적으로, 억제 인자는 비록 DNA와의 상호작용이 완전히 대칭적이지는 않더라도 이합체로 되어 있다. 결합은 HTH 모티프의 두 번째 나선('인식' 나선)으로부터 뻗어 나온 아미노산 곁사슬과 염기와 DNA의 당-인산 사슬 사이의 상호작용으로 이루어진다. 20-bp 인식 서열에 결합하는 **박테리오파지 434(bacteriophage 434)**의 이합체 억제 인자의 X선 구조가 해리슨(Stephen Harrison)에 의해 밝혀졌다. **434 억제 인자(434 repressor)**는 대칭적으로 DNA의 큰 고랑의 연속적으로 돌아가는 부위에 결합한 각 소단위체의 인식 나선으로 DNA와 결합한다(그림 24-33). 억제 인자는 DNA 표면에 세밀하게 순응해 수소 결합, 염다리, 반데르발스 접촉의 정교한 연결망을 통해 염기쌍과 당-인산 사슬과 상호작용한다. 억제 인자-DNA 복합체에서 DNA는 반지름이 ~65 Å인 호상으로, 단백질 주변으로 구부러져 작은 고랑을 중심부 가까이에서 약 2.5 Å 압착하며(두 개의 단백질 단량체 사이에서) 말단 쪽으로는 약 2.5 Å 정도 넓힌다.

***E. coli trp* 억제 인자는 DNA에 간접적으로 결합한다.** *E. coli trp* **억제 인자(*trp* repressor)**는 트립토판 생합성에 필요한 유전자의 전사를 조절한다(28-2C절). 시글러(Paul Sigler)는 *trp* 작동 유전자와 매우 유사한 18-bp 회문 구조(단일 가닥 서열이

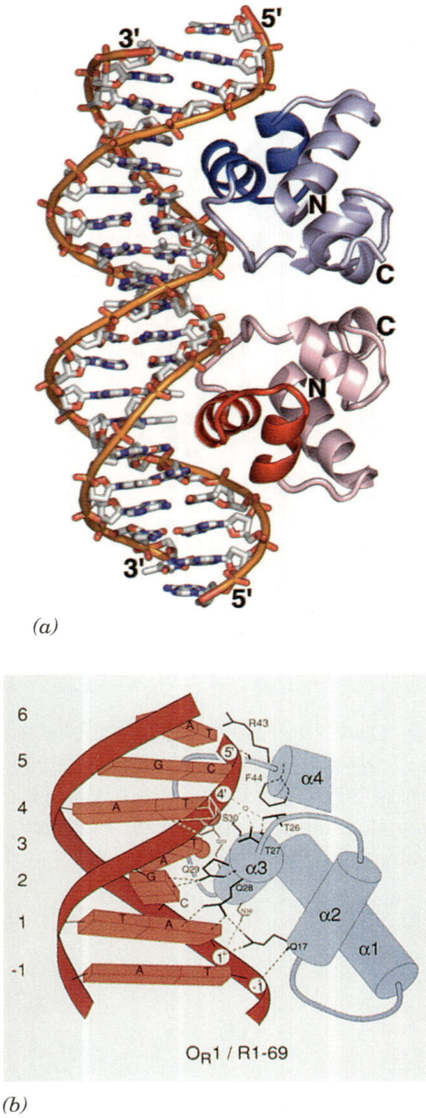

그림 24-33 표적 DNA와 결합한 434 파지 억제 인자 일부분의 X선 구조 20-bp DNA의 한 가닥(왼쪽)의 서열은 d(TATACAAGAAAGTTTGTACT)이다. (*a*) 두 동일한 단백질의 가로 이중축과 함께 보이는 집합체. 단백질은 좀 더 어두운 색의 나선-회전-나선(HTH) 모티프와 함께 하나의 소단위는 파란색, 다른 하나의 소단위는 분홍색의 띠 모양으로 그려져 있다. 이 DNA는 노 모양으로 C는 흰색, N은 파란색, O는 빨간색, 주황색 막대들에 연결되어 있는 잇따른 P 원자들과 함께 P는 주황색으로 보여진다. (*b*) 나선 α2와 α3를 감싸고 있는 나선-회전-나선 모티프가 어떻게 이와 상호작용을 하는지 보여주는 모식도. 잔기들은 단일 문자 코드로 나타내었다. 폴리펩타이드 사슬로부터 뻗어 나온 짧은 선은 펩타이드 NH기를 나타내며, 점선은 수소 결합을, 원 안의 번호는 DNA 인산을 표시하고 있다. 작은 원은 물 분자이다. (*c*) (a)에 상응하는 공간 채움 모형. 모든 단백질에서 수소 원자가 아닌 것은 노란색으로 표시되어 있다. [Part *a* based on an X-ray structure by and Part *b* courtesy of Aneel Aggarwal, John Anderson, and Stephen Harrison. Harvard University. PDBid 2OR1.]

TGTACTAGTTAACTAGTAC, trp 억제 인자의 표적 서열은 밑줄이 그어져 있다)를 가진 DNA와 결합한 이 단백질의 X선 구조를 밝혀 냈다. 동종 이합체 억제 인자 단백질 또한 HTH 모티프를 가지고 있으며, 이것의 인식 나선은 예상되는 바와 같이 각각 작동자 서열의 절반(ACTAGT, 그림 24-34)에 접하며 DNA의 연이은 큰 고랑에 결합한다. *trp* 억제 인자와 에스터 결합에 참여하지 않은 DNA의 인산 산소 사이에 많은 수소 결합에 의한 접촉이 있다. 그러나 매우 놀랍게도 작동자에 대한 억제 인자의 특이성을 설명할 수 있는 직접적인 수소 결합이나 무극성 접촉은 없다. 오히려 곁사슬-염기 간 수소 결합의 상호작용 외에는 모두 물 분자가 이어 준다. 또한 작동자는 억제 인자와 접촉하지 않는 여러 염기쌍을 가지고 있다. 그러나 이들의 돌연변이 결과는 억제 인자의 결합 친화력을 크게 감소시킨다. 이는 **작동자가 억제 인자와 잘 접촉할 수 있는 서열 특이적 입체 구조를 가진다**는 것을 의미한다. 다른 DNA 서열이 같은 입체 구조를 취할 수 있지만 억제 인자와 안정된 복합체를 이루기 위해서는 지나치게 많은 에너지를 지불해야 한다. 단백질이 DNA 골격의 입체 구조와 (혹은) 유연성을 통해 DNA 염기 서열을 감지하는 이러한 현상을 **간접 판독(indirect readout)**이라고 한다. 이 발견은 왓슨-크릭 염기쌍을 이루는 것과 유사하게 아미노

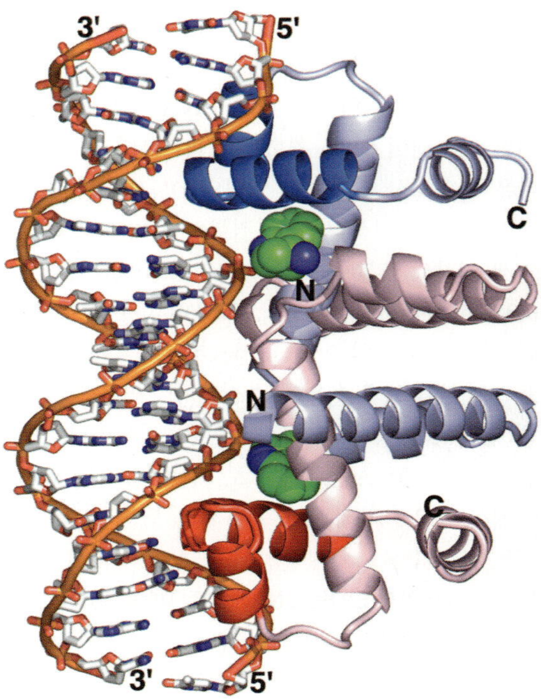

그림 24-34 ***E.coli trp*** **억제 인자-작동자 복합체의 X선 구조** 분자적 대칭축은 종이의 면에 가로지르는 선이다. 단백질의 두 개의 동일한 소단위체는 녹색과 파란색의 리본 형태로 나타나 있으며, HTH-모티프는 더욱 진한 색깔로 되어 있다. 18-bp의 자가 상보적 DNA는 노란색으로 나타나 있다. 공간 채움 형태 속 녹색으로 그려진 C와 함께 *trp* 억제 인자는 L-트립토판(빨간색)이 동시에 결합할 때만 작동자와 결합한다. 단백질의 인식 나선은 예상대로 연이은 DNA의 큰 고랑과 결합하지만 434 파지 억제 인자의 경우에서는 결합한 DNA의 큰 고랑에 거의 평행한 반면, 이는 DNA의 나선 축에 거의 수직으로 뻗어 있다(그림 24-33). [Based on an X-ray structure by Paul Sigler, Yale University. PDBid 1TRO.]

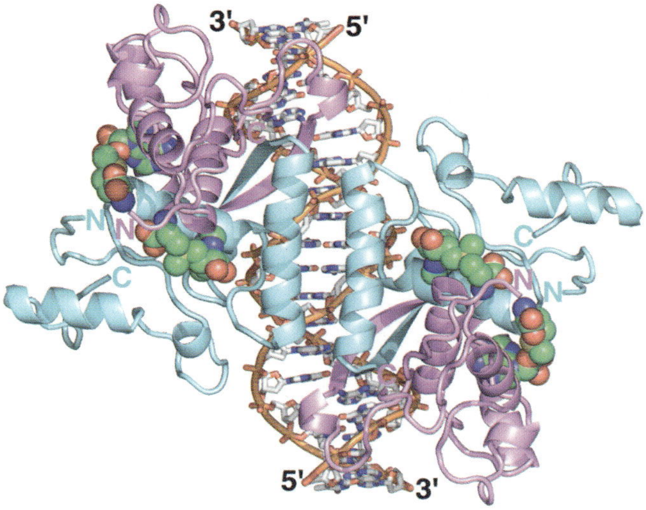

그림 24-35 *E. coli met* **억제 인자–작동자 복합체의 X선 구조** 이 복합체는 대칭의 이중축으로 보인다. 자가 보완적인 18-bp DNA는 막대 모형으로 보이며, DNA를 결합하기 위하여 억제 인자에 반드시 결합되어야 하는 *S*-아데노실 메싸이오닌(SAM)은 공간 채움 모형으로 나타내었다. DNA C 원자는 흰색, SAM C는 녹색, N은 파란색, O는 빨간색, S는 노란색이다. 참고로 DNA는 네 개의 결합 억제 인자 소단위체가 있으며 한 쌍의 소단위체(옅은 청록색과 연보라색)는 대칭되는 이합체를 형성하는데, 여기서 각각의 소단위체는 DNA의 큰 고랑(왼쪽 위와 오른쪽 아래)에 주입된 이중 가닥 β 병풍의 한 가닥을 기증한다. 이러한 두 이합체들은 그것들의 역평행 N 말단 나선들을 통해 복합체의 이중축을 가로질러서 짝을 지으며, 그것들은 DNA의 작은 고랑을 넘어 서로서로 접촉한다. [Based on an X-ray structure Simon Philips, University of Leeds, Leeds, U.K. PDBid ICMA.]

산 곁사슬과 뉴클레오타이드 염기 사이에 짝을 맺으므로 단백질이 핵산 서열을 독점적으로 인식한다는 생각을 일소시킨다.

met* 억제 인자는 두 가닥 β 병풍 구조를 통해 DNA에 결합한다.** 필립스(Simon Phillips)는 처음으로 DNA가 없는 상태의 *E. coli* ***met* 억제 인자**(met* repressor**)와 X선 구조를 결정하였다(*met* 억제 인자는 메싸이오닌 생합성에 관여하는 유전자의 전사를 조절한다). 이 동종 이합체 단백질에는 HTH 모티프가 없지만, 모형 제작 연구로부터 이 억제 인자는 튀어 나온 α 나선의 대칭적인 쌍을 통해 회문식 순서의 표적 DNA에 결합하는 것을 보여 주었다. 이는 HTH 모티프의 인식 나선이 DNA와 상호작용하는 것을 연상하게 한다. 그러나 이후 결정된 *met* 억제 인자–작동자 복합체의 X선 구조를 통해 보면, 이 단백질이 실제로 DNA의 큰 고랑으로 끼어 들어간 두 가닥의 역평행 β 병풍 구조를 이루는 한 쌍의 대칭적인 β 가닥(튀어나온 α 나선으로부터 단백질의 반대편에 위치한)을 통해 표적 DNA 서열에 결합하는 것을 보여 준다(그림 24-35). β 가닥은 수소 결합과 아마도 간접적 해독을 통해 DNA와 서열 특이적 접촉을 한다. 이러한 결과는 직접적인 모형 제작 연구로 나타난 결론일지라도 회의적으로 보아야 한다는 것을 가리킨다. *met* 억제 인자–작동자 복합체의 경우에는, 모형 제작 연구가 단백질과 DNA가 서로 결합하도록 하는 작은 입체적 보정을 고려하지 않기 때문에 잘못된 모형이 될 수 있다.

C 진핵생물 전사 인자는 아연 손가락과 루신 지퍼를 포함한다

진핵생물에서 유전자들은 서로 다른 세포형에 따라 선택적으로 표현되며, 이는 원핵생물에 비해 훨씬 복잡한 조절 기작을 요구한다. 원핵생물에서 이미 구조가 알려진 억제 인자는 HTH 모티프 혹은 *met* 억제 인자와 닮은 구조를 하고 있다. 그러나 진핵생물의 DNA 결합 단백질은 DNA에 결합하기 위해 훨씬 다양한 구조적 요소를 가진다. **전사 인자**(**transcription factor**, 26-2C절)로 알려진 많은 단백질들은 그 유전자에 혹은 그 가까이에 있는 DNA 서열에 결합해 유전자의 전사를 촉진시킨다. 이 절에서는 진핵세포 전사 인자의 다양한 DNA 결합 모티프들을 기술할 것이다.

아연 손가락 DNA–결합 모티프 첫째로 가장 두드러진 진핵생물의 DNA 결합 모티프는 **아연 손가락**(**zinc finger**)으로 클루그(Klug)에 의해 Xenopus laevis(발톱을 가진 아프리카 두꺼비)의 **전사 인자 IIIA(transcription factor IIIA, TFIIIA)**에서 발견되었다. 334개 잔기의 TFIIIA는 직렬로 반복된 9개의 유사한 ~30개 잔기의 기본 구조를 가지고 있으며, 이들 각각은 두 개의 불변 Cys 잔기와 두 개의 불변 His 잔기를 가지고 있다. 이들 단위의 각각은 Cys와 His 잔기가 사면체형으로 Zn^{2+} 이온에 배위 결합을 하고 있다(**Cys_2−His_2 아연 손가락**, 그림 6-37). 어떤 아연 손가락 요소에서는 두 개의 Zn^{2+}에 배위 결합하고 있는 His 잔기들이 2개의 추가적인 Cys 잔기로 대체되어 있으며, 또 어떤 것들은 6개의 Cys 잔기들이 2개의 Zn^{2+} 이온에 배위 결합하고 있다. 실제로 구조적 다양성은 아연 손가락 단백질의 특징이다. 그러나 모든 경우에 있어서 Zn^{2+} 이온은 작은 구형의 영역을 서로 밀착시키는 것으로 나타나며, 이로 인해 소수성 단백질 핵이 훨씬 더 커지는 것을 막을 수 있게 된다(6-4A절).

Cys_2−His_2 아연 손가락은 두 가닥의 역평행 β 병풍 구조와 한 개의 α 나선을 포함하고 있다. 이들 세 개의 모티프들이 합쳐져 생쥐 단백질 **Zif268**의 72개 잔기 단편이 되며, 표적 DNA와 복합체를 이루고 있는 X선 구조가 파보(Carl Pabo)에 의해 밝혀졌다(그림 24-36). 세 개의 아연 손가락은 C형 구조에서 각기 다른 영역으로 배열되어 있으며, 이것은 DNA의 큰 고랑에 잘 들어맞게 된다. 각각의 아연 손가락은 입체 구조적으로 동일한 양식으로 DNA의 연속적인 3-bp 단편들과 상호작용하며, 이는 우선적으로 아연 손가락의 α 나선과 DNA 한 가닥 사이에 수소 결합으로 이루어진다. 각 아연 손가락은 큰 고랑의 두 염기에 특이적으로 수소 결합한다. 흥미롭게도 이들 6개 결합 중 5개는 Arg−구아닌 쌍을 이룬다. 이들 서열 특이적 상호작용 외에도, 각 아연 손가락은 보존적인 Arg와 His 잔기를 통해 DNA의 인산기와 수소 결합한다.

Cys_2−His_2 아연 손가락은 원핵세포의 HTH 모티프와 많은 부분에서 닮아 있으며 대부분의 DNA 결합 모티프(다른 형태의 아연 손가락을 포함)들도 그러하다. 이 모든 DNA 결합 모티프들은 B-DNA의 큰 고랑에 α 나선을 끼워 넣을 수 있는 기반을 제공한다. 그러나 Cys_2−His_2 아연 손가락은 다른 DNA 결합 모티프들과는 다르게 각각 연속적인 DNA 단편과 맞닿은 기본 단위들로 나타난다(어떤 전사 인자는 60개 이상의 아연 손가락들을 포함하고 있다). **이러한 기본 단위계는 늘어진 비대칭 염기**

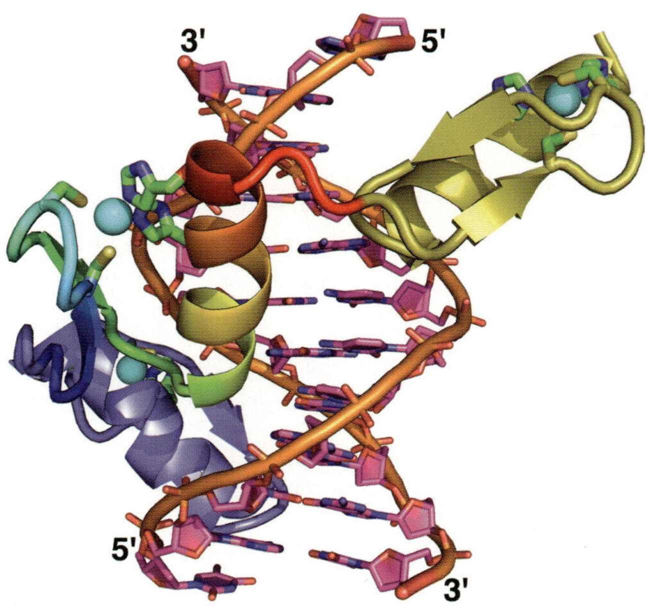

그림 24-36 **10bp DNA와 복합체를 이루고 있는 Zif268의 세 개의 아연 손가락 단편의 X선 구조 단백질과 DNA** 10 bp DNA는 각 말단에 단일 뉴클레오타이드가 돌출되어 있다. 이 DNA는 노 모양으로 C는 자홍색, N은 파란색, O는 빨간색, 주황색 막대들에 연결되어 있는 잇따른 P 원자들과 함께 P는 주황색으로 보여진다. 단백질은 밑그림으로 나타나며 손가락 1은 라벤더색, 손가락 2는 **파란색**의 N 말단부터 **빨간색**의 C 말단까지 무지개 색의 순서로, 손가락 3은 짙은 노란색으로 색칠되어 있다. Zn^{2+} 이온은 청록색 구로 보이며, 그것들의 배위 결합하고 있는 His와 Cys 곁사슬은 막대형 구조로 그려져 있으며 C는 녹색, N은 파란색, S는 노란색으로 보인다. 각각의 아연 손가락 나선의 N 말단(아래)이 어떻게 DNA의 큰 고랑의 세 염기쌍과 접하기 위해 뻗어 나와 있는지 주목하라. [Based on an X-ray structure by Carl Pabo, MIT. PDBid 1ZAA.]

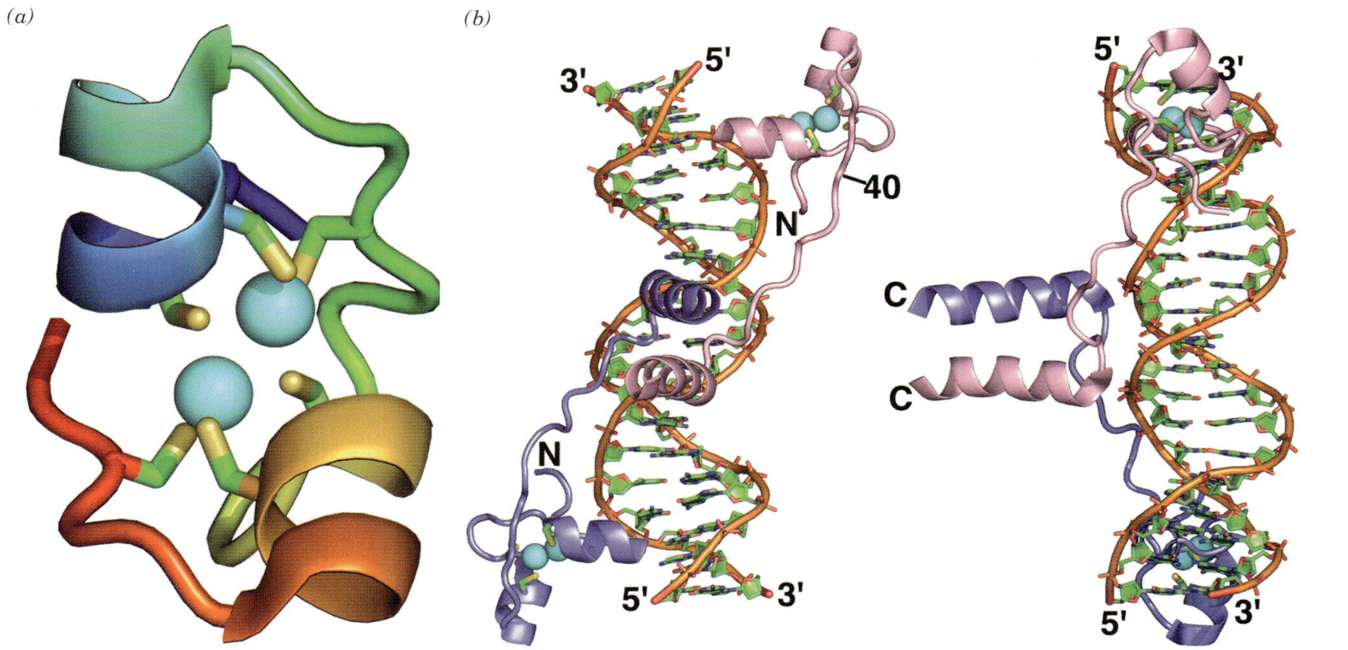

그림 24-37 DNA와 복합체를 이루고 있는 GAL4 DNA 결합 영역의 X선 구조 (*a*) 단백질 아연 손가락 영역의 띠 모형(8~40개 잔기)은 파란색의 N 말단부터 빨간색의 C 말단까지 무지개색의 순서로 색칠되어 있다. 녹색의 C와 노란색의 S와 함께 막대형의 6개 Cys 곁사슬을 나타내었으며, 두 개의 Zn^{2+} 이온은 청록색 구로 나타내었다. (*b*) 이합체의 단백질과 19bp DNA와의 복합체. 이 DNA는 노 모양으로 C는 녹색, N은 파란색, O는 빨간색, 주황색 막대로 연결되어 있는 잇따른 P 원자들과 함께 P는 주황색으로 보여진다. 이 모식도는 복합체의 대칭축을 따라(왼쪽), 그리고 대칭축에 수평으로 90° (오른쪽) 회전하여 나타내었다. 각 소단위체의 N 말단 나선의 C 말단이 어떻게 DNA의 큰 고랑으로 뻗어 있는지 주목하라. [Based on an X-ray structure by Ronen Mamorstein and Stephen Harrison, Harvard University. PDBid 1D66.]

? *a*의 구조와 그림 6-37을 비교하라.

서열을 인식할 수 있다.

이핵의 **Cys_6 아연 손가락**(**Cys_6 zinc finger**)은 갈락토스 대사 관련 효소를 암호화하는 몇몇 유전자의 전사 활성 인자인 효모 단백질 **GAL4**의 DNA 결합을 중재한다. 이 881개 잔기로 구성된 단백질의 1~65까지의 잔기는 두 개의 Zn^{2+} 이온에 집합적으로 결합하는 6개의 Cys 잔기를 가지고 있다(**그림 24-37*a***). 각 Zn^{2+} 이온에 대해 네 개의 Cys 잔기가 사면체형으로 배치하고 있으며, 이 잔기들 중 두 개가 양쪽 금속 이온에 배위 결합을 하고 있다. GAL4는 대칭적인 이합체로 nbp의 표적 DNA에 결합한다(**그림 24-37*b***). 하지만 DNA가 없을 때는 단량체로 존재한다. 각 소단위체는 DNA에 결합하는 치밀한 아연 손가락(8~40개 잔기), 펼쳐진 연결자(linker, 41~49개 잔기), GAL4가 이합체로 되는 것을 돕는 α 나선(50~64개 잔기)을 포함한다. 아연 손가락의 N 말단 나선이 DNA 큰 고랑으로 끼어들어가 각 말단 인식 서열에서 매우 보존적인 CCG 서열과 서열 특이적으로 접한다. 결합된 DNA는 B 입체 구조를 유지한다.

GAL4의 이합체 나선들(그림 24-37*b*의 가운데)은 DNA 작은 고랑 위에 위치한다. 이 나선들을 아연 손가락에 연결하는 연결자는 거의 작은 고랑을 따라간다. 따라서 두 개의 대칭적인 배치를 하게 된 DNA–결합 아연 손가락은 HTH 모티프에서처럼 DNA의 약 1회전만큼 떨어진 같은 쪽이 아닌 DNA의 서로 반대편에서 약 1.5 나선 회전만큼 떨어져 큰 고랑에 접근한다. 결과적으로 약간 열리게 된 구조가 되어 다른 단백질들이 DNA에 동시에 결합할 수 있게 한다.

몇몇 전사 인자는 루신 지퍼를 포함한다. 효모 단백질 **GCN4**와 같은 몇 개의 진핵세포 전사 인자 부분은 매 7번째 위치에 Leu를 포함하고 있다. 우리는 이미 *a*와 *d* 잔기가 소수성이고, 한쪽 측면을 따라 소수성 띠를 가짐으로써, 감기고 감기는 구조(예: α-케라틴, 6-1C절)로 이합체가 되는 7개 잔기 위 반복 서열$(a\text{-}b\text{-}c\text{-}d\text{-}e\text{-}f\text{-}g)_n$을 가진 α 나선을 본 적이 있다. 맥나이트(Steven McKnight)는 이러한 **7잔기 반복 서열(heptad repeat)**을 포함하는 DNA 결합 단백질들 또한 감기고 감기는 구조를 형성한다고 제안하였는데, 여기서 Leu 곁사슬들은 지퍼의 이빨과 같이 맞물리게 된다(그림 24-38). 사실 이러한 **루신 지퍼(leucine zipper)**들은 **어떤 DNA 결합 단백질의 이합체화를 중재하지만 그 자체가 DNA 결합 요소는 아니다.**

GCN4의 루신 지퍼에 해당하는 33개 잔기의 폴리펩타이드의 X선 구조가 피터 김(Peter Kim)과 앨버(Thomas Alber)에 의해 밝혀졌다. 약 3.6개의 7잔기 반복 서열(그림 24-38*a*)을 포함하는 처음 30개 잔기는 맥나이트가 약 1/4 회전의 나란한 왼쪽 감기(그림 24-38*b*)로 예상한 것처럼 이합체화하는 약 8회전 α 나선으로 감긴다. 이 이합체는 측면이 나선 골격으로 되어 있고 사다리의 단들이 소수성 곁사슬의 상호작용에 의해 형성된 비틀린 사다리 모양으로 보인다. 매 두 번째 사다리 단에 해당하는 7잔기 반복 서열에 있는 *a* 위치의 보존적 Leu 잔기들은 맥나이트가 처음 제시하였던 것과 같이 맞물리지는 않고 나란하게 접촉한다. 마찬가지로, 엇갈리는 단들은 7잔기 반복 서열의 *a* 잔기(대부분 Val임)에 의해 형성된다. 이러한 접촉으로 두 나선 사이에 광범위한 소수성 경계면을 형성한다.

많은 루신 지퍼를 포함하는 단백질에서 염기성 잔기가 풍부한 DNA 결합 부위는 바로 루신 지퍼의 N 말단이 되는데, 그래서 이 단백질들은 **염기성 부위 루신 지퍼 단백질(basic region leucine zipper protein, bZIP)**로 알려져 있다. 예를 들면 GCN4에서 C 말단의 56개 잔기는 펼쳐진 α 사슬을 형성한다. 이러한 두 개의 나선의 마지막 25개 잔기는 루신 지퍼로 합쳐진다. 나선의 N 말단 부분들은 DNA 반대편에서 큰 고랑에 결합하기 위해 부드럽게 갈라져 DNA를 가위와 같은 식으로 집게 된다(그림 24-39). bZIP 단백질에서 보존적인 염기성 부위 잔기들은 DNA 표적 서열의 염기들

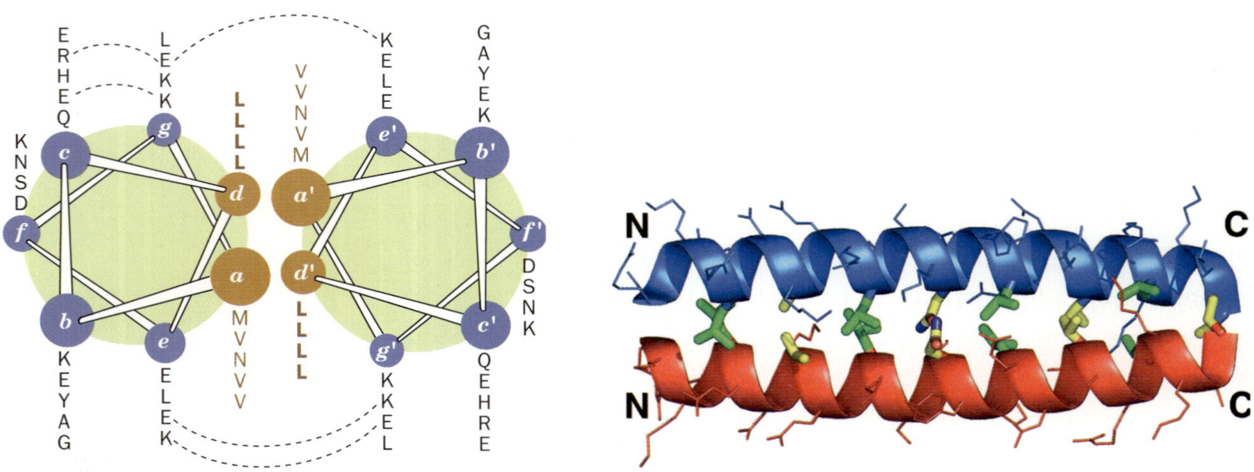

(a) *(b)*

그림 24-38 GCN4 루신 지퍼 모티프 *(a)* N 말단에서 본 두 나선 바퀴 모양. 각 위치에 존재하는 잔기의 서열은 한 개의 문자로 표시되어 인접하게 나열되어 있다. 육각형 구조에서 이온쌍을 형성하는 잔기는 점선으로 연결되어 있다. *d*와 *d′* 위치에 있는 잔기는 모두 Leu(L)이고, *a*와 *a′* 위치에 있는 잔기는 대부분 Val(V)이며, 다른 위치에 있는 잔기는 대부분 극성을 띤다. [After O'Shea, E.K., Klemm, J.D., Kim, P.S., and Alber, T., Science **254**, 540(1991).] *(b)* 측면에서 보는 X선 구조로 나선들 이 띠 모양으로 보인다. 곁사슬은 막대형으로 나타나 있으며 *d*와 *d′* 위치에는 Leu이 노란색으로, *a*와 *a′* 위치에서는 C는 녹색, N은 파란색, O는 빨간색으로 표시되어 접하고 있다. [Based on an X-ray structure by Peter Kim, MIT, and Tom Alber, University of Utah School of Medicine. PDBid 2ZTA.]

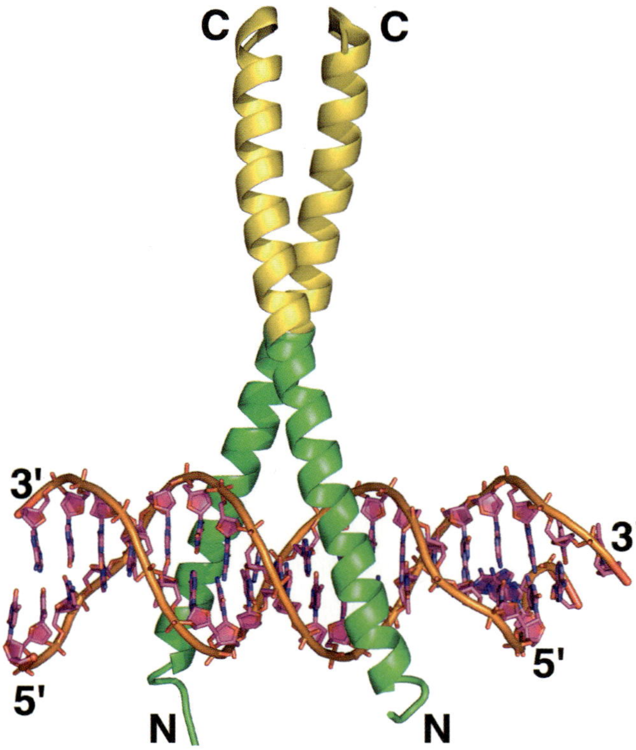

그림 24-39 표적 DNA와 복합체를 이루고 있는 GCN4 bZIP 부위의 X선 구조 막대형으로 보이는 DNA(빨간색)는 각 말단에 단일 뉴클레오타이드를 가진 19-bp로 구성되고 단백질의 표적 서열인 회문 구조(가운데 한 염기쌍을 제외한)를 가진 7-bp를 포함한다. 이 DNA는 노 모양으로 C는 자홍색, N은 파란색, O는 빨간색, 주황색 막대들에 연결되어 있는 잇따른 P 원자들과 함께 P는 주황색으로 보인다. 두 개의 동일한 GCN4 소단위체는 띠 모양으로 나타나 있는데, 각각은 연속적인 52개 잔기의 α 나선을 포함하고 있다. C 말단 후반(노란색)에서 두 소단위체는 나란하게 감긴 구조(루신 지퍼)로 합쳐지며 염기성 부분에서는(녹색) 표적 서열의 큰 고랑에서 각각 DNA를 차지하도록 부드럽게 갈라진다. N 말단의 끝은 흰색이다. [Based on an X-ray structure by Stephaen Harrison, Harvard University. PDBid 1YSA.]

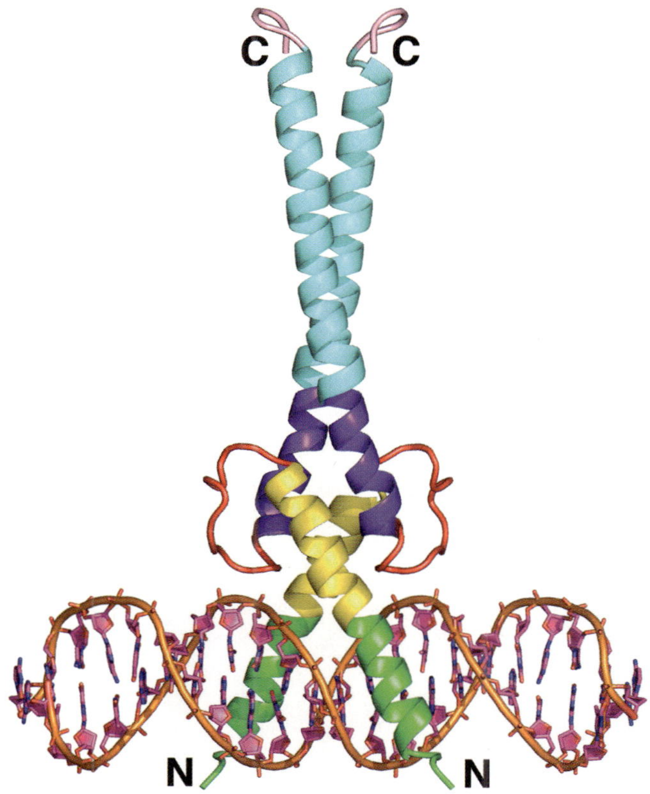

그림 24-40 두 가닥 수직축과 함께 보이는 DNA에 결합한 Max의 X선 구조 160개 잔기 전사 인자 Max의 22~113개 잔기가 회문 구조로 된 6-bp의 단백질 표적 서열을 가지고 있는 22-bp DNA와 복합체를 형성하고 있다. 이 DNA는 노 모양으로 C는 자홍색, N은 파란색, O는 빨간색, 주황색 막대들에 연결되어 있는 잇따른 P 원자들과 함께 P는 주황색으로 보인다. 동종 이합체 단백질은 띠 모양으로 나타나 있다. 단백질의 N 말단 염기성 부위(녹색)는 α 나선을 이루어 DNA의 큰 고랑에서 표적 서열을 차지하고 있으며 염기성 나선-고리-나선(bHLH) 모티프와 H1 나선(노란색)으로 부드럽게 합쳐진다. 고리(자홍색)에 이어 단백질의 bHLH 모티프의 두 H2 나선(자주색)은 두 H1 나선의 N 말단 후반부와 연결되어 짧은 나란한 4-나선 묶음을 만든다. 각 H2 나선은 이어 루신 지퍼(Z) 모티프(청록색)로 부드럽게 합쳐져 나란히 감긴 코일 구조를 이룬다. 단백질의 N 말단과 C 말단 끝은 흰색으로 나타나 있다. [Based on an X-ray structure by Edward Ziff and Stephen Burley, The Rockefeller University. PDBid 1AN2.]

을 비롯해 인산의 산소들과 입체 구조를 비틀지 않은 채 많은 부분에서 접촉한다.

많은 진핵세포 전사 인자들은 보존적인 DNA 결합 염기성 부위를 가지는데, 이는 고리에 의해 연결되는 소위 **염기성 나선-고리-나선(basic helix-loop-helix, bHLH) 모티프(motif)**라 불리는 두 개의 양쪽성 나선들과 곧바로 이어진다. 염기성 부위는 bHLH 모티프의 첫 번째 나선(H1)의 N 말단 부분에 의해 표적 DNA의 큰 고랑에 결합한다. bHLH 모티프의 C 말단 나선(H2)은 감긴 코일 구조로 단백질의 이합체화를 이룬다. 많은 단백질에서 bHLH 모티프는 아마 이합체화를 가속시키는 것으로 보이는 루신 지퍼(Z)로 이어진다. 그러므로 그림 24-40에서 보여지는 단백질 **Max**에서처럼, 이합체의 **bHLH/Z** 단백질은 집게와 같은 방식으로 DNA를 잡는다. 각 염기성 부위는 DNA의 인산기뿐만 아니라 특정 염기들과 접한다. 고리와 H2 나선의 N 말단 끝의 곁사슬 또한 DNA 인산기와 접한다.

체크 포인트

- 핵산과 단백질 사이의 상호작용의 유형을 서술하시오.
- 왜 제한 핵산 내부 분해 효소는 DNA와 기저 특이성 접촉과 불기저 특이성 접촉을 하는가?
- 전사 인자를 포함하는 아연 손가락의 DNA 결합과 원핵생물 억제 인자의 DNA 결합은 어떤 차이가 있는가?
- 이합체 단백질 혹은 다중 영역 단백질이 매우 높은 특이성과 함께 DNA와 결합할 수 있는 이유를 설명하시오.

5 진핵생물 염색체 구조

주요 개념

- 진핵생물의 DNA는 뉴클레오솜으로 형성하기 위해 히스톤 단백질의 핵 주위에 음전기로 초코일화된다.
- 뉴클레오솜은 고차 크로마틴 구조로 접어서 만들어진다.

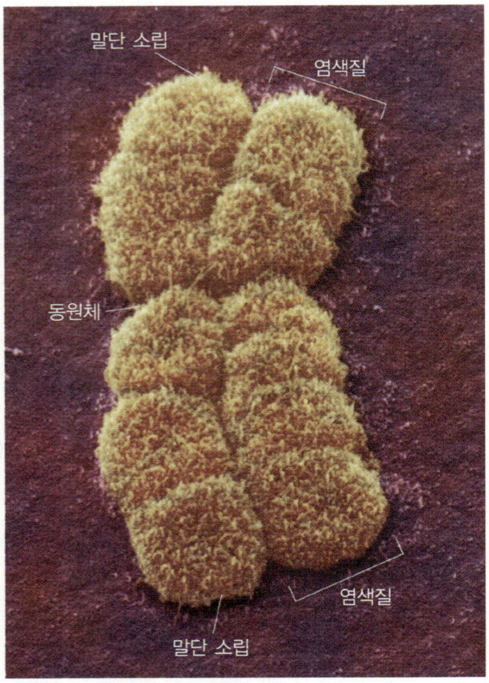

그림 24-41 **중기 염색체의 전자 현미경 사진 촬영** 중기 염색체는 동원체(유사 분열 방추에 붙어 있는 염색체의 중심에 가까운 잘록한 부분)에서 만나는 두 개의 자매(동일한) 염색 분체로 이루어져 있다. 염색체는 세포의 가장 큰 분자 본체들로 구성되어 있다. [Andrew Syred/Thoto Researchers, Inc.]

? 이 염색체에 들어 있는 DAN 분자는 몇 개인가?

B-DNA의 각 염기쌍은 **펼친 길이(contour length**, 원래 펼쳐진 분자의 끝에서 끝까지의 길이)에서 약 3.4 Å밖에 되지 않지만, DNA 분자들은 일반적으로 거대하다(장 시작 사진에서 보는 바대로). 실제로 30억 개의 염기쌍을 가진 인간 유전체의 23개 염색체 DNA의 전체 길이는 거의 1 m에 달한다. 분자 생물학의 영구적 질문 중 하나는 세포의 작은 영역을 차지하면서 어떻게 그러한 방대한 양의 유전 정보가 적당한 시간 안에 탐색되고 해독되는가 하는 것이다.

이중 나선 DNA(지름이 20 Å에 불과)의 길쭉한 형태와 상대적인 단단함으로 인해 세포의 보호적 환경에서 벗어날 때 기계적 손상을 받기 쉽다. 예를 들어 초파리(*Drosophila*) 염색체를 500,000배 확대하면, 요리되지 않은 6 km 길이의 스파게티 면과 같은 모양과 몇몇 기계적 성질을 나타낸다. 사실 DNA 용액을 휘젓거나, 흔들거나, 뽑아 올리고 내리고 함으로써 DNA를 **절단 분해(shear degradation)**시키는 것은 DNA 단편을 준비하는 일반적인 실험실 방법이다.

원핵세포의 유전체는 전형적으로 단일의 원형 DNA 분자로 구성된다. 그러나 대부분의 진핵세포들은 유전체를 여러 개의 **염색체(chromosome)**로 응축시켜 포장한다. 각 염색체는 **염색질(chromatin)**로 알려진 DNA와 단백질의 복합체이며, 이는 **세포 주기(cell cycle)**(진핵세포의 일생에서 나타나는 일반적인 일련의 사건, 28-4A절) 단계에 따라 엄청나게 모양이 변하는 역동적인 존재이다. 예를 들어 염색체는 세포 분열 중기 단계에서만 가장 응축된 형태를 나타낸다(그림 24-41). DNA가 전사되고 복제되는 나머지 세포 주기 동안에는 대부분 세포의 염색체는 매우 분산되어 구분이 되지 않는다. 그러나 이들 염색체의 DNA는 B-나선형에 비해 여전히 치밀하게 되어 있다. 사람 염색체의 펼친 길이는 1.5에서 8.4 cm 사이에 있지만 가장 응축된 상태에서는 1.3~10 μm 길이를 가진다. 이 절에서는 DNA가 이 정도로 응축하기 위해 어떻게 세포 안에서 포장되는지 알아볼 것이다.

A DNA는 뉴클레오솜을 형성하기 위해 히스톤 주위에 코일화한다

염색질은 약 절반 정도가 단백질로 이루어져 있으며 이 단백질의 대부분은 **히스톤(histone)**으로 구성되어 있다. DNA가 어떻게 포장되는지를 이해하기 위해서 우선 이 단백질을 알아볼 필요가 있다. 5종류의 주된 히스톤 단백질 **H1, H2A, H2B, H3, H4**는 모두 높은 비율의 양전하를 가진 잔기들(Arg과 Lys, 표 24-3)로 구성되어 있다. 따라서 이 단백질들은 DNA에서 음전하를 띠는 인산기에 정전기적 상호작용으로 결합한다.

표 24-3 송아지 가슴샘 히스톤

히스톤	잔기의 수	질량 (kD)	Arg (%)	Lys (%)
H1	215	23.0	0	29
H2A	219	14.0	9	11
H2B	125	13.8	6	16
H3	135	15.3	13	10
H4	102	11.3	14	11

히스톤들은 매우 보존적이다. 히스톤 H2A, H2B, H3, H4의 아미노산 서열은 매우 보존적이다. 예를 들면 12억 년 전 분지된 것으로 추정되는 소와 완두콩의 히스톤 H4는 단지 두 개의 보존적인 잔기가 바뀐 것만이 다르며, 이는 이 단백질이 알려져 있는 진화적으로 가장 보존적인 단백질 중 하나임을 말해 준다(5-4A절). **이와 같은 진화**

적인 안정성은 히스톤이 매우 중요한 기능을 가지고 있음을 의미하며 이들의 구조가 기능에 맞게 잘 조율되어 변화를 거의 용납하지 않았음을 보여 준다. 다섯 번째 히스톤인 H1은 다른 히스톤에 비해 훨씬 변화가 많다. 우리는 아래에서 이것이 약간 다른 역할을 함을 보게 될 것이다.

히스톤은 특정 Arg, His, Lys, Ser, Thr 잔기의 메틸화, 아세틸화, 인산화를 포함하는 번역 후 변형 과정이 잘 이루어진다. 히스톤의 큰 진화적 안정성에도 불구하고, 변형 과정 정도는 종(species)이나, 조직, 세포 주기의 단계에 따라 크게 다르다. 앞으로 보겠지만(28-3A절), 히스톤의 변형 과정은 특이한 생물학적 기능과 연계되어 있다. 이러한 변형 과정은 아마 히스톤 자체에, 또는 그들이 결합할 DNA에 새로운 단백질 결합 부위를 창출하는 것 같다. 게다가 많은 진핵생물들은 모든 진핵생물들이 아닐지라도, 원형의 (표준적인) 히스톤의 다양한 유전자상 뚜렷한 하류 유형을 가지고 있다. 이렇게 다양한 히스톤은 전사 개시와 종결, DNA 보수와 재결합, **말단 소립**(**telomere**, 염색체의 말단; 25-3C절)과 **동원체**[**centromere**, 쌍염색 분체가 연결(그림 24-41)되고 방추체에 붙은 염색체 영역]로 알려진 특수화된 염색체의 부분들의 형성에 관련되어 있다.

뉴클레오솜의 중심 입자에는 DNA의 히스톤 팔량체와 146 bp가 함유되어 있다. 염색질 조직화의 첫 단계는 1974년 콘버그(Roger Kornberg)가 몇몇 증거들을 들어 제시하였다.

1. 염색질은 H2A, H2B, H3, H4 히스톤들을 거의 같은 수로 포함하고 있으며 히스톤 H1의 절반을 넘지 않는다.
2. 낮은 이온 세기에서 염색질 표본의 전자 현미경 사진에서는 줄에 꿴 구슬처럼 가는 DNA 가닥에 의해 연결되어 있는 지름이 약 100 Å인 입자들이 나타난다(그림 24-42).
3. 염색질을 **단구균 핵산 분해 효소**(**micrococcal nuclease**)(이중 가닥 DNA를 가수 분해)로 짧게 처리하면 입자 사이의 DNA 부분만 절단된다. 분명 입자들은 DNA와 가까이 결합하여 핵산 분해 효소의 분해로부터 DNA를 보호한다. 젤 전기 이동에서 각 입자들은 약 200 bp의 DNA를 포함하는 것으로 나타난다.

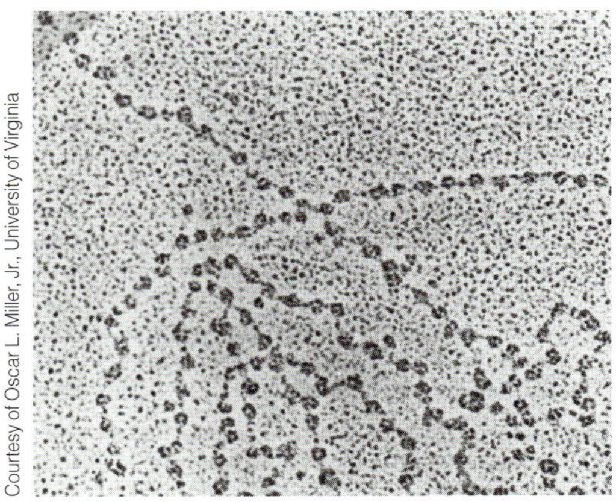

그림 24-42 촘촘하게 나열된 뉴클레오솜 가닥을 보여 주고 있는 노랑초파리(*D. melanogaster*) 염색질의 전자 현미경 사진

콘버그는 **뉴클레오솜**(**nucleosome**)이라고 하는 염색질 입자가 약 200 bp의 DNA와 결합한 히스톤 팔합체$(H2A)_2(H2B)_2(H3)_2(H4)_2$로 구성되어 있다고 제안한 바 있다. 다섯 번째 히스톤 H1은 뉴클레오솜과는 다소 다른 방법으로 결합되어 있다고 제안하였다(아래 참조).

단구균 핵산 분해 효소는 처음에 염색질을 분해하여 히스톤 H1과 결합하고 있는 단일 뉴클레오솜을 해리한다. 처리를 지속하면 DNA 절단이 계속되어 히스톤 H1이 떨어져 나온다. 이렇게 되면 146-bp DNA 가닥이 히스톤 팔합체와 결합하고 있는 소위 **뉴클레오솜 중심 입자**(**nucleosome core particle**)만이 남게 된다. 핵산 분해 효소에 의해 제거된 **연결자 DNA**(**linker DNA**) 부분은 이웃한 뉴클레오솜을 연결한다. 그것의 길이는 생물 종이나 조직에 따라 10~50 bp 사이이다.

뉴클레오솜 중심 입자의 X선 구조는 리치먼드(Timothy Richmond)와 Gerard Bunick에 의해 독자적으로 결정되었는데, 히스톤 팔합체 바깥쪽을 B-DNA가 왼쪽 감기 초나선으로 1.65바퀴 감고 있는 거의 대칭적인 복합체 구조로 나타났다(그림 24-43). 단지 미미한 서열의 유사성이 있음에도 불구하고, 4종류의 히스톤은 모두 바

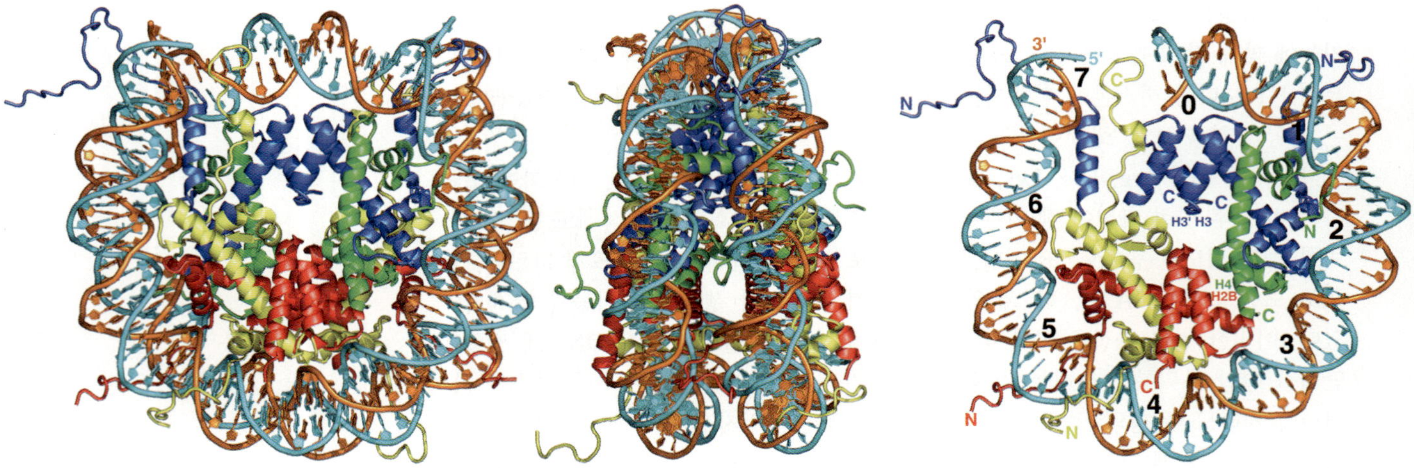

(a) (b)

그림 24-43 닭의 뉴클레오솜 중심 입자의 X선 구조 (*a*) 초나선축을 따라서 본(왼쪽), 수직축에 90° 회전시켜 본(오른쪽) 중심 입자 전체. 히스톤 팔합체의 단백질들은 띠 모양으로 그려져 있고, H3은 파란색, H4는 녹색, H2A는 노란색, H2B는 빨간색으로 나타나 있다. 146-bp DNA는 한 가닥은 파란색이고, 다른 가닥은 주황색인 사다리 형태로 그려져 있다. 양측 모두 유사 대칭축은 수직으로 위에서 DNA의 중앙을 통과한다. (*b*) *a*의 왼쪽과 같이 본 뉴클레오솜 중심 입자의 윗절반 부분. DNA 고차 나선의 안쪽에 배열된 0~7은 이중 나선 회전의 서열의 위치를 표시한다. 전체로 네 개로 그려진 히스톤들 모두 기본적으로 DNA와 결합하지만 입자의 반쪽의 H3의 단편만을 보여 주고 있다. 두 개의 4개-나선 묶음이 H3′ H3, H2B H4로 표시되어 있다. [Based on an X-ray structure by Gerard Bunick, University of Tennessee and Oak Ridge National Laboratory, Oak ridge, Tennessee. PDBid 1EOZ.]

? 히스톤은 특정 DNA 염기 서열과 상호작용하는가?

깔쪽에 고리와 더 짧은 나선을 가지고 있고 가운데는 긴 나선이 있는 약 70개 잔기의 유사한 접힘 구조를 공통적으로 가지고 있다(그림 24-44). 히스톤의 쌍들은 초승달 모양으로 이종 이합체 H2A–H2B, H3–H4를 이루며 일종의 '분자 악수(molecular handshake)' 모양으로 맞물려 있다. 이들 이합체 각각은 140° 구부러져 주위를 감고 있는 이중 나선 DNA 2.5회전 부분과 결합하고 있다. H3–H4쌍은 두 개의 H3 히스톤으로부터 나오는 4-나선 묶음을 통해 상호작용하여$(H3–H4)_2$ 사합체를 형성하며, 각 H2A–H2B쌍은 H2A와 H4 사이의 유사한 4-나선 묶음을 통해 이들과 상호작용하여 히스톤 팔합체를 형성한다(그림 24-43*b*).

히스톤은 수소 결합, 염다리, 나선의 쌍극자(양전하를 띠는 N 말단 끝)를 이용해 오로지 당–인산 골격과 DNA의 안쪽 면에서만 결합하는데, 모두 데옥시리보스 고리와 소수성 상호작용을 할 뿐만 아니라 인산의 산소와 상호작용한다. 히스톤과 염기 사이에는 접촉이 거의 없으며, 이는 뉴클레오솜의 서열 특이성이 낮은 것과 일치한다. 그러나 Arg 곁사슬은 히스톤 팔합체와 접하는 DNA의 14군데에서 작은 고랑에 끼어 들어가 있다. DNA 초나선은 반지름이 42 Å이고, 피치(1회전당 높이)가 26 Å이다. DNA는 일률적인 초나선 구조의 면을 이루는 것이 아니라 도리어 히스톤 중심 입자의 불룩 튀어 나온 부분으로 인해 여러 위치에서 상당히 예리하게 구부러진다. 더욱이 DNA 이중 나선은 길이를 따라 상당한 입체 구조의 변이를 보이는

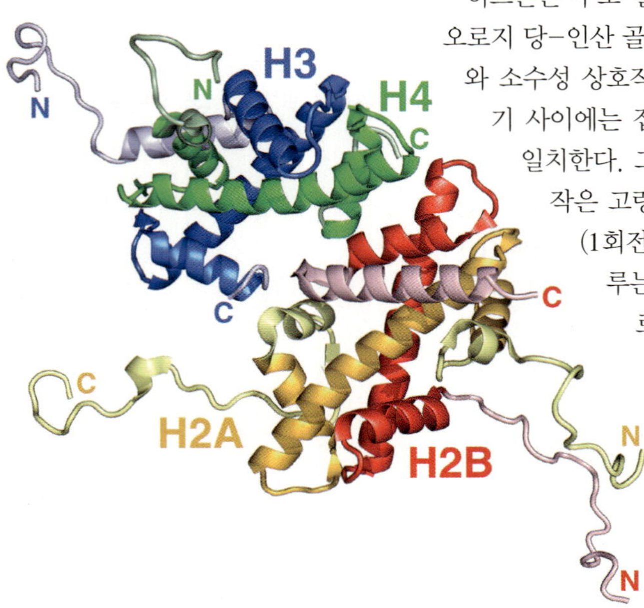

그림 24-44 뉴클레오솜 중심 입자 내의 히스톤 팔합체 반쪽의 X선 구조 히스톤 접힘을 이루는 H2A, H2B, H3, H4 부분은 각각 노란색, 빨간색, 파란색, 녹색으로 나타나 있으며 이들의 N, C 말단 꼬리는 엷은 음영으로 나타나 있다. [Based on X-ray structure by Gerard Bunick, University of Tennessee and Oak Ridge National Laboratory, Oak Ridge, Tennessee. PDBid 1EQZ.]

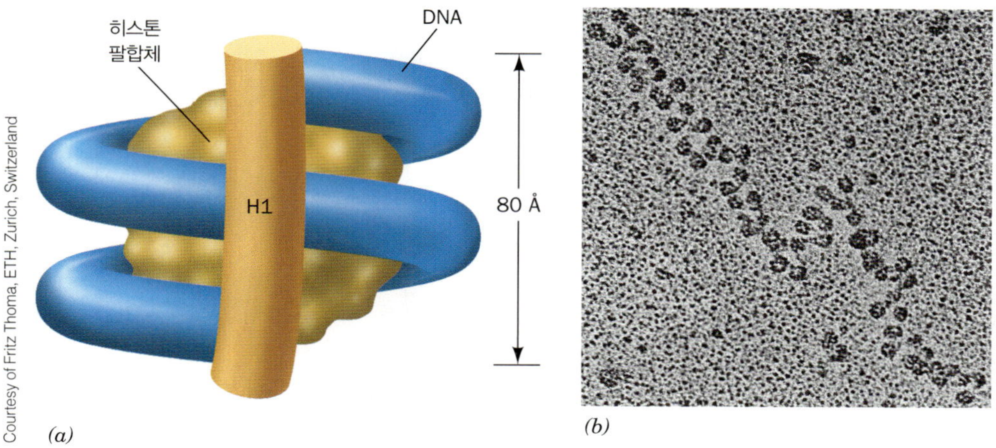

그림 24-45 히스톤 H1과 뉴클레오솜의 결합 (*a*) 166 bp 뉴클레오솜 DNA(파란색)에 결합하는 히스톤 H1(주황색 원통)의 모형. DNA의 두 번의 완전한 초나선 감김으로 인해 H1이 DNA 두 말단과 중간에 결합할 수 있게 된다. 여기서 히스톤 팔합체는 중심의 녹색 타원체로, H1 분자는 노란색의 원통으로 나타나 있다. (*b*) H1을 포함하는 염색질의 전자 현미경 사진

? *b*를 그림 24-42와 비교하라.

데, 예를 들어 꼬임은 평균 1회전당 10.4 bp(용액 상태의 DNA에 대해서는 1회전당 10.4 bp)의 값을 1회전당 7.5에서 15.2 bp의 값으로 변화시킨다. 거의 DNA 표면의 75%는 용매에 접근 가능하므로 DNA 결합 단백질과의 상호작용이 가능하다.

연결자 히스톤은 뉴클레오솜을 가까이 모은다. 염색질 섬유를 단구균 핵산 분해 효소로 처리할 때, 약 200 bp DNA는 먼저 166 bp로 분해된다. 그러고 나서 히스톤 H1이 제거되기 전에 잠시 정지되었다가 DNA는 146 bp로 더욱 짧아진다. 중심 입자의 146 bp DNA는 1.65바퀴의 초나선 감김을 하므로, 166 bp의 중간체는 거의 2바퀴의 초나선 감김을 하게 되어 두 말단이 가까이 있게 된다. 클루그는 DNA 단편이 중심 입자에 들어오고 나가는 이 지점에서 히스톤 H1이 뉴클레오솜 DNA에 결합한다고 제안하였다(**그림 24-45*a***). H1을 포함하는 염색질 섬유는 뉴클레오솜이 가까워져 있으며(그림 24-45*b*), 같은 쪽에서 뉴클레오솜에 들어가고 나오는 DNA 상황과 일치한다. H1이 제거된 염색질에서는 DNA가 들어가고 나오는 지점이 뉴클레오솜의 서로 반대편에 있게 되어 더욱 흐트러진 배열을 하게 된다(그림 24-42). 확실히 연결자 히스톤은 염색질 섬유를 응축시키고 다른 단백질들이 DNA에 접근하는 것을 조절하는 데 있어 비교적 활발한 역할을 한다.

B 염색질은 고차 구조를 형성한다

뉴클레오솜 주위를 DNA 나선이 감음으로써, 펼친 길이가 7배 줄어들게 된다(166 bp의 560 Å 길이가 약 80 Å 높이의 초코일로 압축된다). 생리학적 조건에서 염색질은 지그재그형으로 접힘으로써 더욱 응축되어 지름이 약 30 nm인 필라멘트를 형성한다.

Guohong Li는 번역 후 변형과 히스톤 팔합체에 고친화력을 가지고 있는 187 bp의 12개 직렬 반복으로 이루어진 DNA가 결여된 재조합 히스톤(히스톤 H1을 포함)으로부터 생체외 재구성된 **30 nm 염색질 섬유(30 nm chromatin fiber)**의 12 뉴클레오솜의 cryo-EM 기반의 구조(6-2A절)를 밝혀내었다(**그림 24-46*a***). 테트라뉴클레오솜 단위를 형성시키는 뉴클레오솜은 지그재그식으로 작은 길을 따라가기에 모든 짝수 개 뉴클레오솜이 그런 것처럼 홀수 개 뉴클레오솜은 더미를 형성한다(**그림 24-46*b***). 두 개의 왼손감김 이중 나선들 안에 두 개의 뉴클레오솜이 서로를 감는 지름이 약 300 Å인 이 구조는 섬유축을 따라 회전당 약 500 Å의 거리를 가로지르는 약 28개의 뉴클레오솜을 가진다. 그렇게 함으로써 길이가 약 18,000 Å인 이 조합의 DNA는

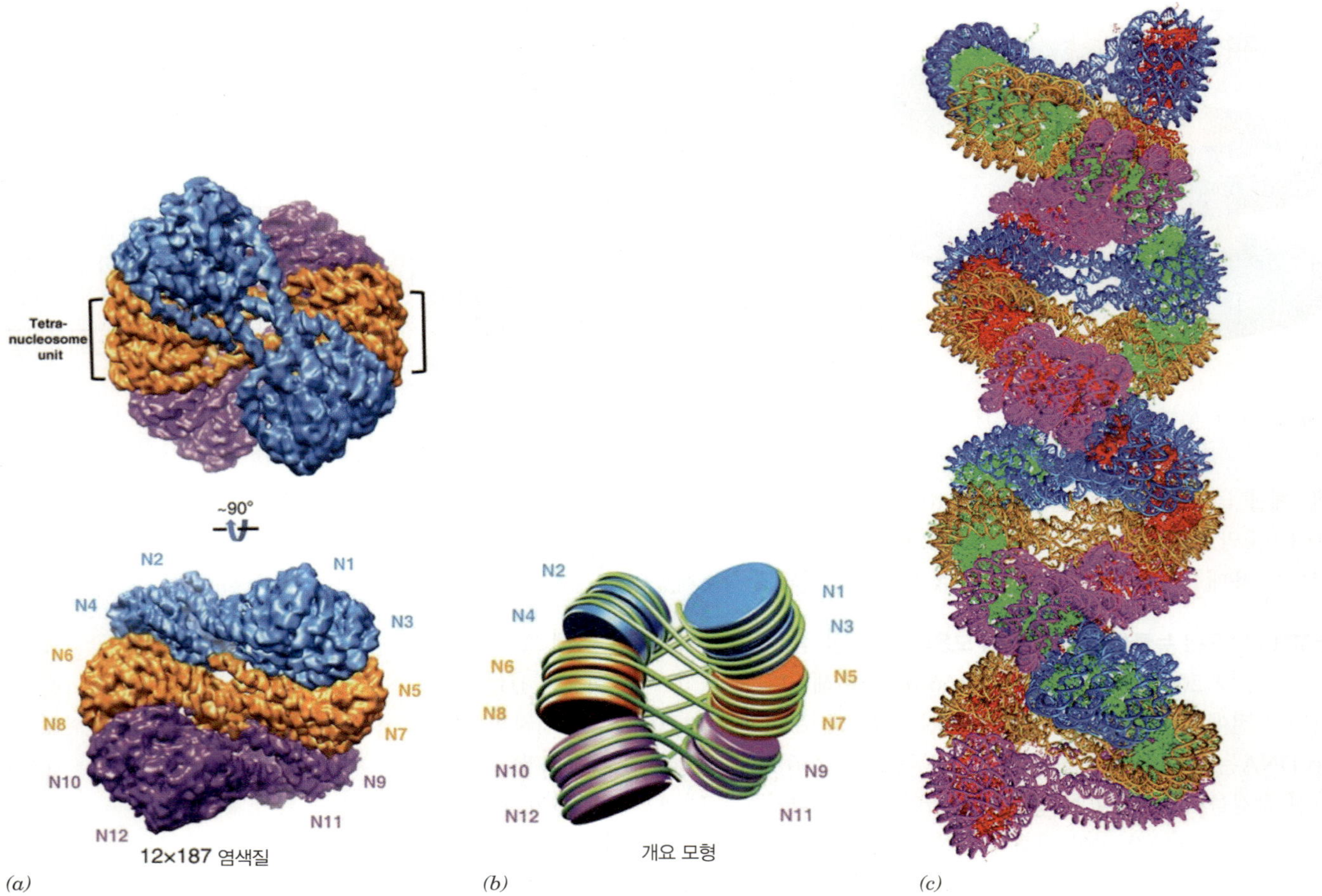

그림 24-46 **187 bp의 12개 직렬 반복으로 이루어진 DNA의 30 nm 염색사 섬유의 12 뉴클레오솜의 cryo-EM 구조** (*a*) 각각의 테트라뉴클레오솜 단위가 다르게 색칠된 11Å 해상 구조의 표면 도식. 위쪽 그림은 이 조합의 이중 나선들을 따라 진행되며, 아래 그림은 수평축에 대해 90° 회전에 의해 위쪽 그림과 관련이 있다. 아래 그림에서 DNA를 따라 연속적인 뉴클레오솜은 N1, N2 등으로 번호가 붙여져 있다. (*b*) *a*에서 색칠되고 숫자가 붙여진 히스톤 팔합체와 DNA가 녹색 필라멘트로 나타나는 cryo-EM 구조. (*c*) *a*의 12개 뉴클레오솜 단위의 쌓인 다수의 복제본에 의해 구성된 30 nm 염색질 섬유 모형. 뉴클레오솜의 DNA 부분의 색깔은 a에서처럼 색칠되며, 한 나선 내 히스톤 팔합체는 녹색, 다른 나선 내 히스톤 팔합체는 빨간색으로 색칠되었다. [Courtesy of Guohong Li, Chinese Academy of Sciences, Beijing, China.]

약 36개의 주름에 의해 결속된다.

12-뉴클레오솜 조합의 뉴클레오솜들은 DNA를 따라 같은 간격을 두고 있기에 연속된 뉴클레오솜을 연결하는 연결 DNA 부분들은 모두 41 bp로 구성되어 있다. 이러한 부분들은 cryo-EM 구조에서 곧게 보인다(그림 24-46*a*과 그림 *b*). 그러나 자연적으로 발생하는 염색질에서는 뉴클레오솜들은 DNA를 따라 불규칙한 간격을 두고 있기에 연결 DNA 부분들은 다양한 길이를 가지게 된다. 그 결과, 자연적으로 발생하는 30 nm 염색질 섬유는 그림 24-46*c*와 비교되는 불규칙한 구조를 가질 것으로 예상된다. 이런 불규칙성은 다양한 히스톤 변경과 다른 히스톤 변종으로 인해 악화된다.

30 nm 필라멘트는 H2A−H2B 이합체와 히스톤 H4를 수반하는 상호작용에 의해 안정화된다. 뉴클레오솜의 X선 구조(그림 24-43*a*)에서 보여 주듯이 H4의 양전하를 띤 N 말단 꼬리는 펼쳐진 입체 구조에서 이웃한 뉴클레오솜의 H2A−H2B 이합체의 드러난 면에 있는 음전하를 강하게 띤 부위에 결합한다. H4의 N 말단 꼬리의 아세틸화는 그것의 양전하를 감소시켜 이러한 상호작용을 약화시킨다. H2B와 H3의 강염 꼬리들 역시 뉴클레오솜 핵으로부터 확장된다(그림 24-43*a*). 히스톤 꼬리는 많은 아

(a) *(b)*

그림 24-47 히스톤이 제거된 사람 중기 염색체의 전자 현미경 사진 (*a*) 중심의 섬유상 단백질 기질(뼈대)은 둘러싸고 있는 DNA를 붙잡아 준다. (*b*) DNA가 뼈대에 고리 형태로 붙어 있는 것을 보여 주는 고배율 확대 사진

세틸화 부위를 가지고 있으므로, 고차원의 염색질 구조의 붕괴는, 특정 잔기는 아세틸화시키고 다른 잔기는 그렇게 하지 않음으로써 최소한 부분적으로는 조절되는 것 같다.

DNA 고리들은 뼈대에 부착된다. 히스톤을 제거한 중기 염색체 중심에는 넓은 범위로 펼쳐져 있는 DNA로 둘러싸인 섬유상 단백질 '뼈대(scaffold)'가 보인다(**그림 24-47*a***). DNA 가닥은 뼈대의 동일 지점에서 들락날락하며 고리를 형성한다(**그림 24-47*b***). 이들 고리의 대부분은 길이가 15~30 μm(45~90 kb에 해당)로 30 nm 필라멘트로 응축되었을 시에는 약 0.6 μm 길이가 된다. **그림 24-48**에서와 같이 중기 염색체 횡단면의 전자 현미경 사진을 보면, 중기 염색체의 염색질 섬유는 방사상으로 배열하고 있음을 강하게 나타내며, 만일 관찰된 고리들이 이 방사상 섬유들과 같은 것이면, 각각의 고리들은 염색체 지름에 0.3 μm만큼 기여하게 된다(섬유는 고리를 형성하기 위해 접혀야 함). 뼈대의 폭이 0.4 μm인 이러한 고리들은 중기 염색체의

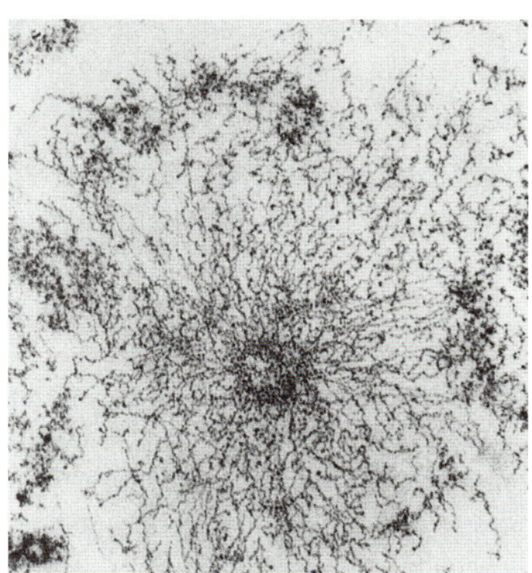

그림 24-48 사람 중기 염색체의 횡단면 중앙의 뼈대로부터 방사상으로 뻗어 있는 염색질 섬유 덩어리를 주목하라.

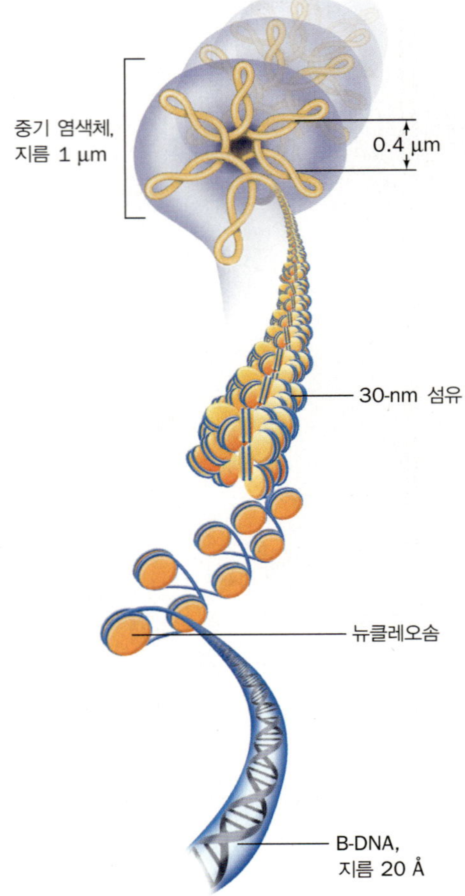

그림 24-49 중기 염색질 조직의 다양한 단을 도식화하는 모형 B-DNA는 히스톤 팔합체를 감아서 뉴클레오솜을 형성하며, 이러한 뉴클레오솜은 30 nm로 접혀져 만들어진다. 중기 염색체를 형성하기 위해 염색질의 고리들은 뼈대 단백질에 붙여진다.

지름이 1.0 μm인 것을 설명해 준다. 실제로 각각의 고리는 그것의 기반이 뼈대에 접착하고 그렇게 함으로써 음성적 초코일화를 유지함으로써 닫힌 원을 형성한다.

따라서 약 1억 4천만 개의 bp와 길이가 6 μm인 전형적인 인간의 염색체는 약 2000개의 고리를 가진다. 염색체 단백질의 약 10%를 구성하는 비히스톤 단백질은 이렇게 고차원 구조를 조직하는 데 참여하며(**그림 24-49**) 세포 주기 동안 많은 숫자의 분산된 DNA와 함께 매우 압축된 중기 염색체의 상호 변환을 처리한다.

원핵세포에서 DNA 또한 기능적으로 히스톤을 닮은 염기성을 높게 나타내는 단백질과 결합함으로써 포장된다. 뉴클레오솜 같은 입자들이 응축하여 큰 고리를 이루고 이들이 단백질 뼈대에 부착하여 비교적 치밀한 염색체를 이룬다.

간기 염색체는 분리된 핵 영역을 차지한다. 간기(**interphase**) 중, 세포 분열 사이 세포 주기의 일부에 세포핵을 집합적으로 채우는 염색체는 분산된 구조를 형성한다(그림 1-8). 어떻게 이러한 염색체들은 분포되는가? 간기 핵 속의 염색체들이 특정 염기순서를 보완하는 RNA나 DNA 검출의 혼합물과 함께 '색칠되어' 염색체 전체에 걸쳐 흩어지고 그런 혼합물이 **형광단**(**florophore**)의 염색체 특이적 조합에 의해 표시된 **형광 현장 교배**(**fluorescence in situ hybridization, FISH**)로 알려진 방법으로 이 문제는 해결되었다. 그런 후 혼합물이 교배하는 염색체 위치는 핵의 다른 단계의 일련의 이미지들을 획득하고 형광단의 다양한 조합을 스펙트럼으로 분리하는 세련된 형태의 형광 현미 기술에 의해 3차원 평면에 위치된다. 결과 이미지들은 다른 염색체들의 영역을 크게 겹치지 않고 각각의 염색체가 핵의 특정한 공간 혹은 **영역**을 차지한

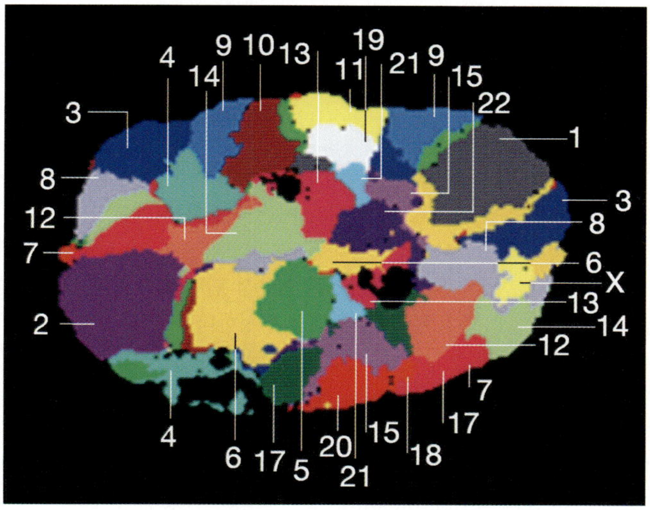

그림 24-50 FISH에 의해 규명된 인간의 간기 핵 안의 염색체 조직 각각의 염색체 종이 숫자에 의해 확인되고 다른 색깔이 부여되어 있는 핵을 관통하는 컴퓨터 생성 부분. 이러한 영상들의 더미는 3차원으로 각각의 세포의 46개 염색체의 정확한 위치를 찾아낸다. 상응하는 염색체(예를 들어 두 개의 염색체 7번 복사본)가 핵 안의 비슷한 위치에 자리 잡더라도 각각 다른 지역을 차지한다는 것을 참조하라. [Courtesy of Thomas Cremer and Andreas Bolzer, University of Munich, Germany.]

다는 사실을 드러낸다(**그림 24-50**). 특정 염색체가 차지한 영역은 세포의 수명 동안 매우 다양하지 않지만, 세포 분리 후 변화된다.

그림 24-50처럼 이미지들은 핵이 염색질과 함께 단단하게 쌓여졌다고 소박하게 암시한다. 그러나 대략적인 계산은 10 nm 섬유의 크로마틴은 핵의 부피의 약 17% 정도 차지한다고 나타난다. 게다가 간기 핵들의 전자 현미경 사진은 그것들의 크로마틴이 대부분 10 nm와 30 nm 섬유로 흩어져 있고 드러내고, FISH 실험들은 RNA 기록들이 염색체 영역에 걸쳐 분포되었음을 보여준다. 분명히 염색체 영역 내 전사 기구가 자유롭게 출입할 수 있으며 짐작건대 표적 DNA를 복제할 수 있는 충분한 공간이 있다.

체크 포인트

- 다른 종류의 동물들의 히스톤이 왜 비슷한지 설명하시오.
- DNA를 단단하게 다지는 데 있어서 히스톤의 역할은 무엇인가?
- 이전 절에서 묘사된 DNA 결합 단백질과 히스톤은 어떻게 다른가?
- B-DNA부터 중기 염색체까지 진핵세포 내 DNA 포장의 단계를 설명하시오.

요약

1 DNA 나선

- DNA의 가장 흔한 종류는 B-DNA인데, 이는 우선성 이중 나선이며 비슷한 기하 구조의 A.T와 G·C 염기쌍을 가지고 있다. A-DNA 나선은 이중 가닥 RNA에 출현하기도 하는데 B-DNA 나선보다 더 넓고 더 납작하다. 좌선성 Z-DNA 나선은 퓨린과 피리미딘이 교대로 나타나는 서열에 출현한다.
- 핵산의 뉴클레오타이드의 유연성은 글리코사이드 결합 주위의 허용된 회전각, 리보스 고리의 주름, 당-인산 골격의 비틀림각에 의해 제한된다.
- 폐쇄된 원형 구조의 상호감김 수 L은 위상학적으로 동등하다. 그 결과, 원형 이중 나선의 가닥꼬임 T의 변화는 초코일화의 정도를 나타내는 몸체꼬임 수 W에서의 동일하면서 정반대의 변화로 균형이 잡혀진다.
- 자연적으로 발생하는 DNA는 음성적으로 초코일화된다. 위상 이성질화 효소는 DNA의 한 가닥 또는 두 가닥 모두를 절단하고, DNA를 절단 틈 사이로 통과시켜서(유형 IA와 II 위상 이성질화 효소), 혹은 절단되지 않은 가닥의 회전을 조절하여(유형 IB 위상 이성질화 효소), 절단된 가닥을 재봉합시켜 초나선을 이완시킨다.

2 핵산 구조를 안정화시키는 힘

- 핵산의 구조는 왓슨-크릭 염기쌍 형성, 집적된 염기쌍 사이의 소수성 상호작용, 주변의 인산기를 가리는 2가 양이온에 의해 안정된다.
- 핵산은 온도를 T_m 이상으로 높이면 변성되고, 온도를 T_m 아래인 ~25°C르 낮추면 재생된다.
- RNA 분자는 이중 가닥 줄기와 단일 가닥 고리로 구성된 다양한 구조를 가진다. 일부 RNA는 촉매 활성을 가진다.

3 핵산의 분리

- 핵산은 용해도, 친화 크로마토그래피, 전기 이동, 초원심 분리 등, 단백질을 분리하는 데 사용하는 것과 비슷한 방법으로 분리된다.

4 DNA-단백질 상호작용

- 서열 특이적 DNA 결합 단백질은 주로 큰 고랑에 있는 염기와, 인산기와 직접, 간접적인 수소 결합, 반데르발스 상호작용, 이온성 상호작용에 의해 상호작용한다. 결합 후 단백질과 DNA 모두 입체 구조가 바뀔 수 있다.
- DNA-결합 단백질의 일반적인 구조적 모티프는 원핵생물 억제자의 나선-회전-나선(HTH) 모티프와 진핵생물 전사 인자의 아연 손가락, 루신 지퍼, 염기성 나선-고리-나선(bHLH) 모티프가 있다.

5 진핵생물의 염색체 구조

- 진핵생물 염색질의 DNA는 히스톤 팔합체를 감아 뉴클레오솜 중심 입자를 형성하고, 이는 연결자 히스톤의 존재하에 더욱 응축된다. 추가적인 응축은 염색질이 지름 30 nm 필라멘트로 접힘으로써 이루어지며, 이는 섬유상 단백질 뼈대에 고리 형태로 부착되어 응축된(중기) 염색체를 형성한다.

주요 용어

30 nm 크로마틴 필라멘트(30 nm chromatin fiber)
7 잔기 반복 서열(heptad repeat)
C2′-엔도(C2′-*endo*)
C3′-엔도(C3′-*endo*)
bHLH 모티프(bHLH motif)
HTH 모티프(HTH motif)
T_m
가닥꼬임(twist)
간접 판독(indirect readout)
뉴클레오솜(nucleosome)
뉴클레오솜 중심 입자(nucleosome core particle)
루신 지퍼(leucine zipper)
리보자임(ribozyme)
몸체꼬임 수(writhing number)
반대 입체 구조(anti conformation)
상호감김 수(linking number)
서던 흡입법(Southern blotting)
아연 손가락(zinc finger)
안티 입체 구조(canti conformation)
억제 인자(repressor)
연결자 DNA(linker DNA)
염색질(chromatin)
염색체(chromosome)
왓슨-크릭 염기쌍(Watson-Crick base pair)
위상 이성질화 효소(topoisomerase)
신 입체 구조(syn conformation)
작동자(operator)
전단 감소(shear degradation)
전사 인자(transcription factor)
집적 상호작용(stacking interaction)
초코일화(supercoiling)
층간 삽입제(intercalation agent)
펄스장 젤 전기 이동(pulsed-field gel electrophoresis)
펼친 길이(contour length)
풀림(anneal)
형광 현장 교배(fluorescence *in situ* hybridization)
혼성화(hybridization)
후그스틴 염기쌍(Hoogsteen base pair)
흡광 증가 효과(hyperchromic effect)
히스톤(histone)

문제

연습 문제

1. 특이 염기와 비 왓슨-크릭 염기쌍이 tRNA 분자에 나타나는 일이 종종 있다. 어느 염기가 하이포잔틴(23-1절)과 가장 짝을 잘 이루겠는가? 이 염기쌍을 그리시오.

2. G·U 염기쌍의 구조를 그리시오.

3. 단백질의 각 아미노산 잔기는 세 개의 인접한 염기에 의해 지정된다. 50 kD의 단백질을 암호화하는 B-DNA 단편의 펼친 길이는 얼마인가?

4. 문제 3에 나오는 유전자가 A-DNA 입체 구조를 가진다고 가정하고 같은 유전자에 대해 펼친 길이를 계산하시오.

5. 바이러스에 감염된 세포들은 GMP 2′-OH기가 AMP의 5′-인산염과 연결된 세포내 주기적인 다이뉴클레오타이드인 신호 전달 물질 cGAMP를 생산한다. 그것의 구조를 그리시오.

6. 표 11-1의 정보를 활용해서 DNA 안의 인다이에스터 결합의 반감기를 햇수로 추정하시오.

7. 진핵세포 염색체의 말단은 스스로 접혀 네 가닥 구조를 형성하는 G가 풍부한 단일 가닥 돌출부로 끝난다. 이 구조에서 4개의 구아닌 잔기가 다음과 같은 기하학적 구조로 수소 결합한 평면적인 배열을 한다고 가정한다.

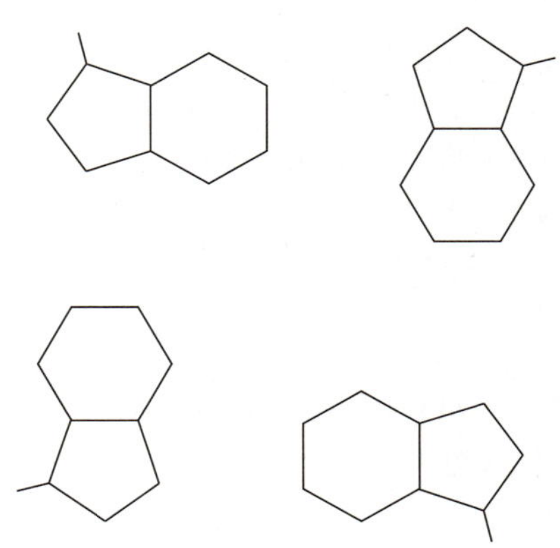

이 'G 사합체'의 완전한 구조를 퓨린 염기 사이의 수소 결합을 포함시켜 그리시오.

8. 어떻게 4번 반복되는 TTAGGG 서열의 단일 가닥이 접힘으로 TTA 고리에 의해 연결된 3개의 접힌 G 사합체 구조를 이루는지 도식적으로 보이시오.

9. 그림 24-8의 DNA 중 어떤 DNA가 아가로스 젤 전기 이동 중 가장 빨리 움직이는가?

10. 당신은 어느 특별히 유독한 박테리아에 의해 분비된, 이중 나선 DNA의 데옥시리보스 잔기의 C2′−C3′ 결합을 분해하는 효소를 발견하였다. 이 효소가 초코일화된 DNA에 미치는 영향은 무엇인가?

11. 이중 나선 DNA의 융해 곡선은 용액의 이온 세기가 감소할 때 어떻게 영향을 받는가?

12. 이중 나선 DNA의 융해 곡선은 소량의 에탄올을 첨가할 때 어떻게 영향을 받는가?

13. 같은 조건 아래, 20% A 잔기를 가진 1 kb DNA 단편과 30% A 잔기를 가진 1 kb DNA 단편의 융해 온도를 비교하시오.

14. 다음은 폴리리보뉴클레오타이드인 폴리(A)의 융해 곡선을 나타낸 것이다. (a) 온도가 오름에 따라 흡광도가 증가하는 이유를 설명하시오. (b) 곡선의 모양이 그림 24-22와 다른 이유는 무엇인가?

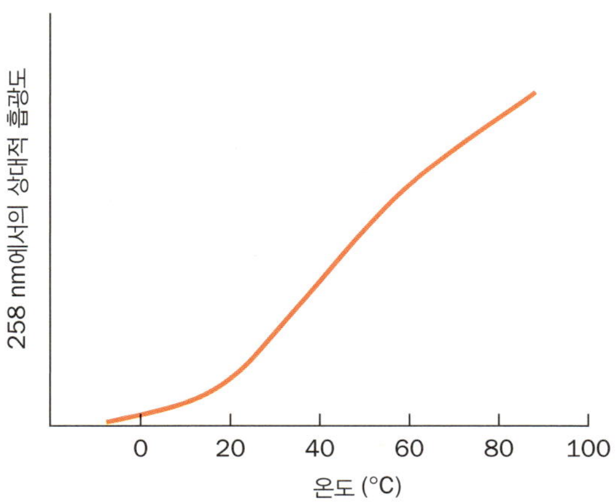

15. 다음 RNA 서열 AUUGGCAUCCGAUAA의 염기쌍을 극대화할 수 있는 2차 구조를 그리시오.

16. DAN는 표준 염기쌍 나선 구조(예를 들어 그림 24-2)뿐 아니라, 십자형이라고 불리는 X자형 머리핀 구조를 형성될 수 있다. 이러한 구조는 역위 반복 배열에서 일어나는 경향이 있다. DNA 서열 TCAAGTCCACGGTGGACTTGC에 의해 형성되는 십자형 구조를 그리시오.

17. *E. coli*의 리보솜은 침강 상태에 따라 이름지어진 5S, 18S, 28S의 세 가지 RNA 분자를 가지고 있다. 초원심 분리한 후의 세 가지 RNA 종류의 대략적인 위치를 보여 주는 전기 이동의 모식도를 그리시오.

18. 생쥐 유전체 DNA를 제한 핵산 내부 분해 효소로 처리한 후, 아가로스 젤 상에서 전기 이동하였다. 사람의 *rxr-1* 유전자로부터 만든 방사성 탐침을 서던 흡입법에 사용하였다. 이 실험은 3회 반복되었다. 반복된 실험 결과를 설명하시오.

실험 1. 방사선 자동 사진은 생쥐 DNA를 전기 이동한 이동로의 맨 윗부분과 일치하는 위치에서 넓은 띠를 보여 준다.

실험 2. 방사선 자동 사진은 생쥐 DNA를 포함하는 모든 이동로에서 띠를 보여 준다.

실험 3. 방사선 자동 사진은 서로 세기가 다른 세 띠를 보여 준다.

19. *trp* 억제 인자의 표적 DNA 서열의 회문 구조적 대칭(24-4B절)이 단지 우연일 가능성은 무엇인가?

20. *E. coli* 유전체는 거의 4639 kb를 함유하고 있다. (a) *E. coli* 염색체에 *trp* 억제 인자의 6 bp 인식 배열의 복제본은 몇 개 정도 일어날지 예측할 수 있는가? (b) *trp* 억제 인자가 두 개의 인접한 6 bp 배열을 인식하는 이합체가 되는 것이 왜 유리한지 설명하시오.

21. 프로타민은 척추동물의 정자 형성 시 히스톤을 대신하는 작은 단백질이다. 프로타민 안에 어떤 핵산이 풍부할 것 같은가?

22. 효소인 오르니틴 다이카복실화 효소는 굳게 결속된 DNA를 안정화시키는 역할을 한다고 알려진 물질을 생성한다. 오르니틴 다이카복실화 효소 반응 생성물의 구조를 그린 후, 그것이 DNA와 어떻게 상호작용을 하는지 설명하시오.

23. 인플루엔자 바이러스 감염은 숙주 세포에서 유전자의 정상적인 표출을 방해한다. 바이러스성 단백질 M1은 정전기에 의해 히스톤에 결합한다. (a) 염도를 증가하는 것이 M1-히스톤 결합을 촉진시킬까, 아니면 약화시킬까? (b) 농도를 줄이는 것이 M1-히스톤 결합을 촉진시킬까, 아니면 약화시킬까?

24. 인플루엔자 바이러스의 H3N2 유형 속의 NS1 단백질은 −KMARTARSKV(한 철자 아미노산 약자를 사용)의 C 말단 배열을 가지고 있다. 히스톤 H3의 N 말단은 ARTKQTARKS− 배열을 가진다. (a) 이 두 단백질에서 거의 동일한 네 개 잔기 부분을 찾아보시오. (b) NS1은 DNA 결합을 하는 데 히스톤 H3와 경쟁하지 않는 것처럼 보인다(H3의 N 말단들은 DNA와 직접 접촉하지 않기 때문이다). NS1과 H3와의 유사성이 숙주 유전자 표출을 어떻게 달리 방해하는가?

25. 길이 50,000 kb의 선형 B-DNA 분자의 (a) 펼친 길이와 (b) 연결자 히스톤의 존재하에 뉴클레오솜으로 포장되었을 때 DNA 길이를 계산하시오.

26. 30 nm 필라멘트 속의 50,000 bp DNA의 길이를 계산하시오.

27. 대부분의 단백질 암호화 유전자는 유전체마다 하나의 복제본이 존재한다. 진핵세포 유전체에 일반적으로 10여 개의 히스톤 염색체의 복제본을 포함하는 이유를 설명하시오.

28. 진핵세포의 DNA는 일반적으로 특정 뉴클레오타이드 염기의 메틸화 반응에 의해 공유 결합적으로 조정된다. 메틸기의 첨가는 뉴클레오솜 속의 DNA 포장에 어떤 영향을 미치는가?

도전 질문

29. 그림 24-1에서 표준 A·T 염기쌍을 볼 수 있다. 특정 조건하에서 B-DNA 속의 아데닌 잔기는 유사 입체 구조를 일시적으로 취할 수 있다. 그 결과로 나타나는 A·T 염기쌍을 그리시오. (힌트: 그 염기쌍에 두 개의 수소 결합이 있다.) 이 대체 배열의 나선 지름

은 더 클까, 아니면 작을까?

30. 그림 24-1에서 표준 G·C 염기쌍을 볼 수 있다. 특정 조건하에서 구아닌 잔기는 유사 입체 구조를 일시적으로 취할 수 있다. 그 결과 나타나는 두 개의 수소 결합이 있는 G·C 염기쌍을 그리시오.

31. 펩타이드 핵산(peptide nucleic acid, PNA)이라고 알려진 화합물은 핵산 결합 탐침으로 개발되어 왔다. PNA 분자는 곁사슬로 붙어 있는 퓨린과 피리미딘 염기와 함께 유사 폴리펩타이드 뼈대가 있다. 두 개의 *N*-(2-아미노에틸) 글라이신 분자 사이의 아마이드 결합 형성 결과로 형성된 PNA 뼈대를 그리시오.

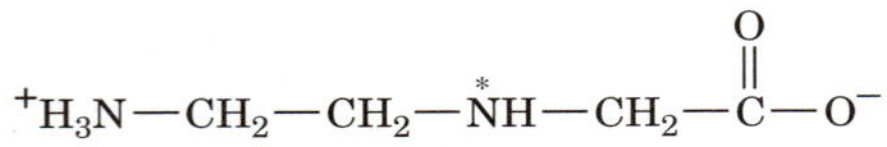

***N*-(2-Aminoethyl)glycine**

32. 문제 31에서 보여 주는 구조에서 별표 처리된 곳은 염기가 두 개의 탄소 연결자에 의해 붙어 있는 것이다. 펩타이드 핵산과 DNA 분자의 전체 중추 길이를 비교하고 왜 이 두 분자가 염기쌍 이중 나선을 형성할 수 있는지 설명하시오.

33. 왜 C2′ 원자 혹은 C3′ 원자가 다른 사고리 원자의 평면에서 이탈한 리보스 링의 형태들이 가장 일반적으로 관찰되는가? (힌트: 다른 네 개의 고리의 평면에서 이탈하는 하나의 원자의 평면 고리의 잔주름을 잡을 때, 이탈한 원자의 반대쪽 결합의 치환체가 여전히 가려진 상태이다. 이것은 공–막대 모형과 함께 가장 잘 관찰된다.)

34. Na^+의 몰농도가 5 M보다 클 때, $[Na^+]$가 증가하면서 DNA의 용융 온도(T_m)는 감소한다. 이러한 반응을 설명해 보시오. (힌트: Na^+의 용매화 요건을 고려해 보시오.)

35. 2310 bp의 닫힌 환상의 이중 나선 DNA의 나선축이 평면에 강제적으로 속박되어 있을 때 DNA는 가닥꼬임 수(T)가 207이다. DNA는 나선축이 풀릴 때, 회전당 10.5 bp의 정상 꼬임 수를 가지게 된다. 이 DNA 고리의 속박 구조 상태와 자유 구조 상태의 상호감김 수(L), 몸체꼬임 수(w), 꼬임 수를 보이시오. 속박 DNA 고리와 자유 DNA 고리의 초나선 밀도 $\sigma = W/T$는 무엇인가?

36. 어느 닫힌 환상의 이중 나선 DNA는 C와 G 잔기가 교대로 있는 100 bp 길이의 단편을 가지고 있다. 고농도의 염용액에 넣으면, 이 단편은 B 입체 구조에서 Z 입체 구조로 전환된다. 상호감김 수, 몸체꼬임 수, 가닥꼬임에서의 변화는 무엇인가?

37. 중성 pH에서 초원심 분리기(5-2E절)에서 폴리오마 바이러스 DNA는 침강 작용에 의해 침강 계수가 20, 16, 14.5S인 세 가지 성분으로 분리될 수 있으며, 이 세 성분은 각각 I, II, III 유형 DNA로 알려져 있다. 이러한 DNA들은 모두 동일한 염기 결합 서열과 분자 질량을 가지고 있다. 몰농도 0.15 M의 NaCl에서, II 유형과 III 유형 DNA는 모두 정상적인 협동성의 녹는 곡선과 88°C의 용융 온도(T_m)를 가진다. 하지만 I 유형 DNA는 매우 넓은 녹는 곡선과 107°C의 용융 온도(T_m)를 가진다. pH 13에서 I 유형과 III 유형 DNA는 침강 계수가 각각 53과 16S이며, II 유형 DNA는 침강 계수가 16과 18S인 두 성분으로 분리된다. I, II, III 유형 DNA는 각자로부터 어떻게 다른가? 그것들의 다른 물리적 성질을 설명하시오.

38. 박테리아 염색체는 단일 분자가 초코일화된 것처럼 보이는 하나의 단백질–DNA 집합으로 구성된다. 하지만 노출된 이중 DNA의 경우와 달리, 염색체 DNA의 가벼운 외가닥은 이러한 초코일화를 파기하지 않는다. 이것은 박테리아 염색체의 구조에 대해 무엇을 나타내는가? 다시 말해서, 박테리아의 단백질은 어떻게 그것의 DNA를 제한하는가?

참고 문헌

핵산의 구조

Arnott, S., DNA poloymorphism and the early history of the doulbe helix, *Trends Biol. Sci.* **31**, 349–354 (2006).

Doudna, J.A. and Cech, T.R., The chemical repertoire of natural ribozymes, *Nature* **418**, 222–228 (2002). [주요 리보자임 몇몇과 그들이 RNA 세계에 어떻게 관계되는지에 대해 설명한다.]

Rich, A., The double helix: a tale of two puckers, *Nature Struct. Biol.* **10**, 247–249 (2003). [DNA와 RNA 구조 연구의 간략한 역사]

Snustad, D.P. and Simmons, M.J., *Principles of Genetics*, Wiley(2003). [이 교재와 다른 교재들은 DNA 구조와 기능에 대해 고찰한다.]

The double helix–50 years, *Nature* **421**, 395–453(2003). DNA 이중 나선이 그 발견의 50주년에 미치는 역사적, 문화적, 과학적 영향에 관한 기사들을 모은 부록집]

위상 이성질화 효소

Deweese, J.E., Osheroff, M.A., and Osheroff, N., DNA topology and topoisomerases, Biochem. Mol. *Biol. Educ.* **37**, 2–10 (2009).

Dong, K.C. and Berger, J.M., Structure and fuction of DNA topoisomerases, in Rice, P.A. and Cornell, C.C. (Eds.), *Protein-Nucleic Acid Interactions*, RSC Publishing (2008).

Chen, S.H., Chan, N.–L., and Hsieh, T., New mechanistic and functional insights into DNA topoisomerases, *Annu. Rev. Biochem.* **82**, 139 – 170 (2013).

DNA-단백질 상호작용

Aggarwal, A.K., Structure and function of restriction endonucleases, *Curr. Opin. Struct. Biol.* **5**, 11–19(1995).

Berg, J.M. and Shi, Y., The galvanization of biology: a growing appreciation of the roles of zinc, *Science* **271**, 1081−1085 (1996).

[여러 다른 유형의 아연 손가락에 대해 요약하고, 아연이 작은 단백질 영역을 안정시키는 것에 적합한 이유를 설명한다.]

Ellenberger, T.E., Getting a grip on DNA recognition: structures of the basic region leucine zipper, and the basic region helix-loop-helix DNA-binding domains, *Curr. Opin. Struct. Biol.* **4**, 12−21(1994).

Luscombe, N.M., Austin, S.E., Berman, H.M., and Thornton, J.M., An overview of the structures of protein-DNA complexes, *Genome Biol.* 1, reviews 001.1−001.37(2000). [여기에는 많은 분자 모형이 있으며 인터넷 주소는 http://genomebiology.com/2000/l/l/reviews/001.이다.]

Marmorstein, R., Carey, M., Ptashne, M., and Harrison, S.C., DNA recognition by GAL4: structure of a protein−DNA complex. *Nature* **356**, 408−414(1992).

Sarai, A. and Kono, H., Protein−DNA recognition patterns and predictions, *Annu. Rev. Biophys. Biomol. Struct.* **34**, 379−398 (2005).

Somers, W.S. and Phillips, S.E.V., Crystal structure of the met repressor−operator complex at 2.8Å resolution reveals DNA recognition by β-strands, *Nature* **359**, 387−393(1992).

염색질

Andrews, A.J. and Luger, K., Nucleosome structure(s) and stability: variations on a theme, *Annu. Rev. Biophys.* **40**, 99−117 (2011).

Hughes, A.L. and Rando, O.J. Mechanisms underlying nucleosome positioning in vivo, *Annu. Rev. Biophys.* **43**, 41 − 63 (2014).

Kornberg, R.D. and Lorch, Y., Chromatin rules, *Nature Struct. Mol. Biol.* **14**, 986−988 (2007).

Luger, K., Mäder, A.W., Richmond, R.K., Sargent, D.F., and Richmond, T.J., Crystal structure of the nucleosome core particle at 2.8Å resolution, *Nature* **389**, 251−260(1997); *and* Harp, J.M., Hanson, B.L., Timm, D.E., and Bunick, G.J., Asymmetries in the nucleosome core particle at 2.5Å resolution, *Acta Cryst.* **D56**, 1513−1534(2000).

Schlach, T., Duda, S., Sargent, D.F., and Richmond, T.J., X−ray structure of a tetranucleosome and its implications for the chromatin fibre, *Nature* **436**, 138−141 (2005).

Schlick, T., Hayes, J., and Grigoryev, S., Toward convergence of experimental studies and theoretical modeling of the chromatin fiber, *J. Biol. Chem.* **287**, 5183 − 5191 (2012).

Song, F., Chen, P., Sun, D., Wang, M., Dong, L., Liang, D., Xu, R.−M., Zhu, P., and Li, G., Cryo−EM study of the chromatin fiber reveals a double helix twisted by tetranucleosomal units, *Science* **344**, 376 − 380 (2014).

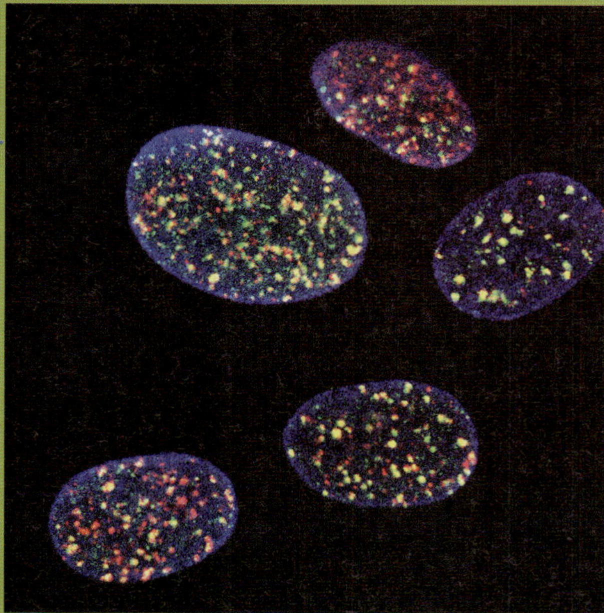

Dr. Gopal Murti/Science Source

인간 세포의 핵 내의 형광 반점들은 DNA 중합 효소를 나타내며, 거대한 염색체들을 신속하고 효율적으로 복제하는 데에는 수많은 중합 효소가 필요하다.

CHAPTER 25

DNA 복제, 수선 및 재조합

왓슨과 크릭의 DNA 이중 나선 구조를 서술하는 유명한 논문은 다음과 같은 언급으로서 끝을 맺고 있다. "우리가 불현듯 추정하였던 염기 간의 특이적 짝짓기가 유전물질로서 예상 가능한 복사 기구를 시사할 것이라는 우리의 생각을 벗어나지 않았다." 그들이 예상하였던 대로 DNA가 복제를 행할 때, 각 폴리뉴클레오타이드 가닥은 염기들의 짝짓기 반응을 통하여 상보 가닥을 만들기 위한 주형으로 작용한다. 그러므로 부모 분자인 두 가닥은 분리되어야 하며, 그것과 상보적인 딸 가닥이 각각 부모 가닥의 표면 위에서 효소를 이용하면 합성될 수 있다. 이와 같이 하여 각각은 부모 분자로부터 하나의 폴리뉴클레오타이드 가닥과 새로이 합성된 상보 가닥으로 구성된 이중 가닥 DNA 두 분자를 생성한다(그림 3-11). 이와 같은 복제 유형을 **반보존적 복제**[**보존적 복제**(**conservative replication**)는 부모의 DNA 가닥은 원래대로 있고, 딸의 이중 가닥 DNA 두 개가 새로이 합성된다]라고 한다.

DNA 복제의 반보존적 특성은 1958년에 메셀슨(Matthew Meselson)과 슈탈(Franklin Stahl)이 정교하게 입증하였다. 중량이 무거운 질소 동위 원소인 ^{15}N(자연에 풍부하게 존재하는 종류는 ^{14}N)으로 DNA를 표지시키면 DNA의 밀도가 증가되었다. 이를 위한 유일한 N 공급원으로 $^{15}NH_4Cl$을 넣은 배지에서 *E. coli* 를 생육시켰다. 이렇게 표지된 박테리아를 ^{14}N을 갖는 배지로 신속하게 옮긴 후, 그들의 DNA 밀도를 초원심 분리 방법으로 여러 세대에 걸쳐 추적하였다(5-2E절).

메셀슨과 슈탈은 한 세대(세포 집단의 2배 증식 시간) 후에 모든 DNA 밀도는 ^{15}N로 완전히 표지된 DNA와 표지되지 않은 DNA가 정확하게 반반임을 알았다. 그러므로 반보존적 복제가 이루어지고 1세대 후에는 예상한 대로 ^{14}N와 ^{15}N의 양이 동일해야 할 것이다(**그림 25-1**). 이와는 대조적으로 보존적 복제는 완전히 ^{15}N로 표지된 부모의 두 가닥이 그대로 보존되고 동시에 동일한 양의 표지되지 않은 DNA가 생성될 것이다. 2세대 후에는 DNA 분자의 반은 비표지되고, 나머지는 $^{14}N-^{15}N$ 혼성체가 되었다. 세대가 계속됨에 따라 혼성체가 결코 전적으로 사라지지는 않을지라도, 혼

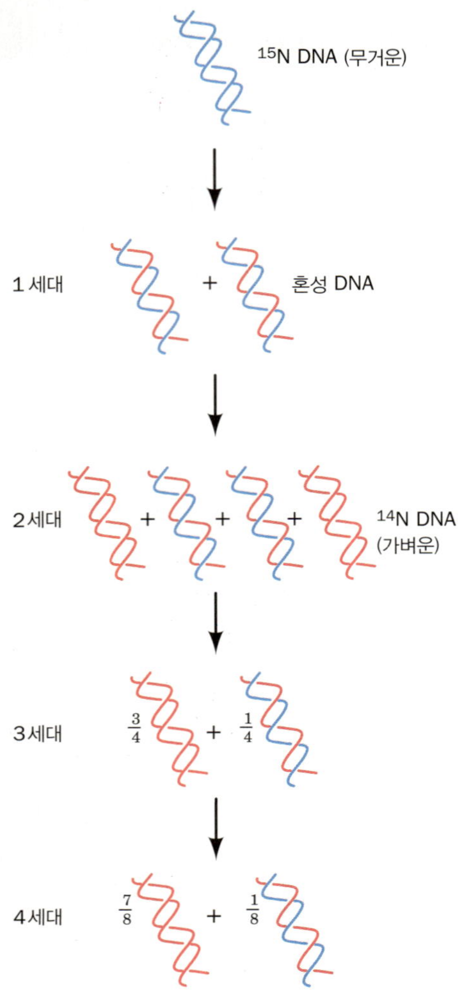

그림 25-1 메셀슨과 슈탈의 실험 부모 가닥(^{15}N으로 표지된 또는 '무거운') DNA는 반보존적 복제가 이루어지므로 제1세대에서 DNA 분자는 하나의 부모(청색) 가닥과 하나의 새로이 합성된(적색) 가닥으로 구성된다. 이어지는 세대들에서는 ^{14}N으로 표지된('가벼운') 가닥들의 비율이 증가하지만, 하나의 무거운 가닥과 하나의 가벼운 가닥을 갖는 혼성 분자는 존속된다.

? 보존적 복제로 만들어지는 DNA 분자들을 그려 보라.

성체 DNA의 양에 비해 비표지 DNA의 양이 상대적으로 증가되었다. 이와 같은 사실은 반보존적 복제와 잘 일치할 것이며, 혼성체 DNA가 결코 생성되지 않는 보존적 복제와는 맞지 않을 것이다.

부모 가닥의 풀림과 NTP로부터 상보 가닥의 조립을 포함하는 DNA 복제에 대한 세목은 1958년 이래로 점차로 분명해졌다. DNA 복제는 그 과정의 종합적인 화학작용이 암시하는 것보다 훨씬 복잡한 과정인데, 큰 이유는 복제가 세대를 넘어 유전체의 본래성을 보존하기 위해서 극도로 정확해야 한다는 점이다. 이 장에서는 진핵생물과 원핵생물의 DNA 복제를 매개하는 단백질 집합체를 조사할 것이다. 또한 복제 과정 중 충실성을 보장하고 중합 오류나 다른 형태의 DNA 손상을 교정하는 기구들에 논의하고자 한다.

GATEWAY CONCEPT 중심 원리
DNA 복제는 분자생물학 중심 원리의 부분으로서 고려될 수 있다. DNA 서열로 되어 있는 생물학적 정보는 DNA 한 분자가 복제되어 2개의 동일한 DNA 분자가 될 때 대단히 정확하게 복사된다. 세포 분열 시 개개의 딸세포는 이들 복사본 중 하나씩을 수용하게 된다.

1 DNA 복제의 개관

주요 개념

- DNA 중합 효소는 DNA를 합성하기 위해서 주형과 개시자를 필요로 한다.
- 이중 가닥 DNA는 반불연속으로 복제된다.

DNA는 **DNA 주도의 DNA 중합 효소(DNA-directed DNA polymerase)** 또는 단순히 **DNA 중합 효소(DNA polymerase)**로 알려진 효소들에 의해 복제된다. 이들 효소는 단일 가닥 DNA(single-stranded DNA, **ssDNA**)를 주형으로 하여 적당한 데옥시뉴클레오사이드 삼인산을 사용하여 상보 가닥의 합성을 촉진한다(**그림 25-2**). 반응은 자라고 있는 DNA 사슬의 3′-OH기가 합성을 위해 새로 들어오는 NTP의 α-인산기에 친핵성 공격을 가함으로써 일어난다. 이 반응만으로는 가역적이지만, 제거된 PP_i의 부수적 가수 분해 반응에 의해 합성 방향 쪽으로 진행된다. 이때 새로 들어오는

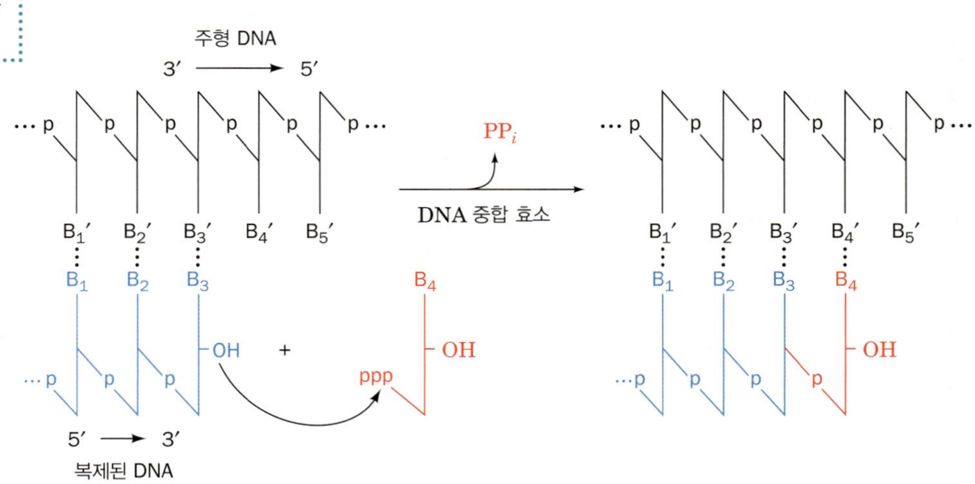

그림 25-2 DNA 중합 효소의 작용 이들 효소는 단일 가닥 DNA 주형에 새로이 들어오는 데옥시뉴클레오사이드 삼인산을 조립한다. 자라고 있는 폴리뉴클레오타이드 가닥의 3′-말단의 OH기는 친핵성이어서 주형 DNA 가닥과 염기쌍을 만들기 위해 들어오는 dNTP의 α-인산기를 공격하는데, 이렇게 되면 자라고 있는 가닥은 5′→3′ 방향으로 신장된다. 비록 새로운 인산에스터 결합의 생성은 가역적이지만, PP_i 산물의 부수적 가수 분해로 인해 전체 반응은 비가역적이다.

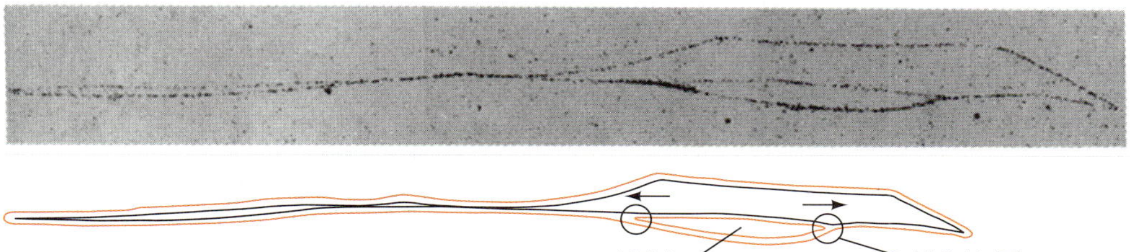

그림 25-3 복제 중인 *E. coli* 염색체의 방사선 사진과 해석용 그림 세균을 [^{3}H] 타이미딘이 포함된 배지에서 자라게 하여 후에 합성된 DNA를 동위 원소로 표지시키면 사진 감광 유제에서는 검은 알갱이로 된 선으로 나타난다(그림에서는 붉은색 선). 복제 눈의 크기는 환상의 염색체의 약 1/8이 이중 가닥임을 나타내고 있다. 화살표들은 복제 분기점들의 이동 방향을 나타내고 있다. [Courtesy of John Cairns, Cold Spring Harbor Laboratory]

? 염색체의 7/8이 복제되고 있을 때의 해석도를 그려 보라.

뉴클레오타이드들은 주형 DNA와 크릭-왓슨 염기쌍을 만들 수 있는 능력으로 선별되므로, 새로이 합성된 DNA 가닥은 주형 가닥과 이중 나선을 이루게 된다. 알려져 있는 거의 대부분의 DNA 중합 효소들은 염기쌍을 이루고 있는 폴리뉴클레오타이드의 자유로운 3′-OH기에만 뉴클레오타이드를 첨가할 수 있어서 **DNA 사슬은 5′ → 3′ 방향으로만 연장될 수 있다.**

DNA 복제는 복제 분기점에서 일어난다. 캐언스(John Cairns)는 [^{3}H]타이미딘을 포함하는 배지에서 자란 *E. coli*의 염색체들의 방사선 사진을 통하여 DNA 복제를 관찰하였다. 이들 환상의 염색체들은 **θ 구조(θ structure**, 그리스 문자 theta와의 유사성에 따라)라고 불리는 복제의 '눈' 또는 '풍선'(**그림 25-3**)을 포함하고 있으며, 2개의 부모 DNA 가닥들이 분리됨으로써 그들의 상보적 딸가닥이 합성되도록 허락한다. θ 구조를 갖는 DNA 복제는 **θ 복제(θ replication)**로 알려져 있다.

DNA 합성이 일어나는 복제의 눈에 있는 분지점을 **복제 분기점(replication fork)**이라고 한다. 방사선 사진 연구에서 θ 복제는 거의 항상 양방향으로 진행됨이 입증되었다. 다시 말해서 **DNA 합성은 복제가 개시되는 지점에서 양방향으로 진행되고, 따라서 복제 분기점은 움직여서 떨어져 나간다.**

복제는 반불연속적이다. 그림 25-3과 같은 방사선 사진으로 공급되는 저해상도의 상은 이중 가닥 DNA의 2개의 역평행 가닥들은 앞서가는 복제 분기점에서 동시에 복제됨을 암시한다. 그러나 DNA 중합 효소들이 오로지 5′→ 3′ 방향으로만 DNA 가닥을 신장할 수 있다면 복제 분기점을 지나서 5′→ 3′ 방향으로 뻗어 있는 부모 가닥은 어떻게 복사할 수 있을까? 이 질문은 1968년에 오카자키(Reiji Okazaki)가 다음과 같은 실험을 통해 답하였다. 만일 자라고 있는 대장균 배양액에서 DNA를 분리하기 전에 [^{3}H]타이미딘으로 30초 동안 **변조 전파로 표지(pulse labeled)**시키면 방사선의 많은 양이 새로 합성된 DNA에 들어가서 1,000~2,000개 길이의 뉴클레오타이드(**nt**)로 구성된 단편[진핵생물에서는 소위 **오카자키 단편(Okazaki fragment)**의 길이가 100~200개 nt이다]들이 합성됨을 알 수 있었다. 이 세포들을 [^{3}H]타이미딘으로 변조 전파로 충격을 준 후 표지되지 않은 배지로 옮기면, 표지된 단편의 크기가 시간이 지남에 따라 증가한다. 그러므로 오카자키 단편은 전자를 공유함으로써 통합이 되어 보다 큰 DNA 분자로 된다.

오카자키는 그의 실험 결과를 **반불연속적 복제(semidiscontinuous replication)** 모

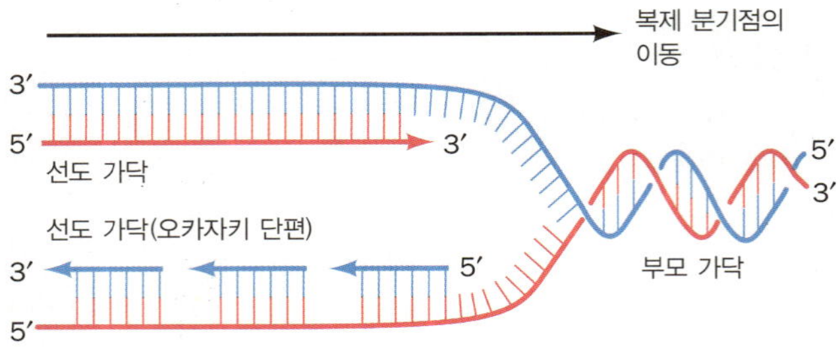

그림 25-4 반불연속적 DNA 복제 두 개의 딸가닥(선도 가닥은 붉은색, 지연 가닥은 파란색)은 5′→3′ 방향으로 합성된다. 선도 가닥은 연속적으로 합성이 되지만, 지연 가닥은 불연속적으로 합성이 된다. 지연 가닥의 조각들은 오카자키 단편으로 알려져 있다.

? 가장 최근에 만들어진 오카자키 단편과 가장 오래된 것들을 밝히라.

체크 포인트

- 메셀슨과 슈탈의 실험은 DNA 복제에 대해 무엇을 밝혔는가?
- DNA 중합 효소가 주형과 개시자를 필요로 하는 이유를 설명해 보시오.
- 왜 DNA는 반불연속적으로 복제되는가?

형(**그림 25-4**)으로 해석하였다. 2개의 부모 가닥은 서로 다른 방법으로 복제가 이루어진다. 새로이 합성되는 DNA 가닥이 복제 분기점의 이동 방향인 5′ → 3′으로 연장되면 이는 **선도 가닥(leading strand)**이라고 하며, 복제 분기점이 전진함에 따라 5′→ 3′ 방향으로 연속적으로 합성이 된다. 다른 새 가닥은 **지연 가닥(lagging strand)**이라고 하며, 이 또한 5′→ 3′ 방향으로 합성이 된다. 하지만 이 가닥은 불연속적으로 만들어지는데 이를 오카자키 단편이라고 하며, 단일 가닥 부모 DNA가 복제 분기점에서 새로이 노출된다. 나중에 오카자키 단편들은 **DNA 연결 효소(DNA ligase)**에 의해 공유 결합으로 연결된다.

DNA 합성은 RNA 개시자들을 연장한다. DNA 중합 효소들이 DNA 사슬을 연장시키는 데는 자유로운 3′-OH기가 필요한데, 어떻게 DNA 합성이 개시될까? 오카자키 단편을 조심스럽게 분석해 본 결과, 그들의 5′-말단이 주형 DNA 사슬에 상보적인 1~60개의 nt (그 길이는 종 특이적)의 RNA 단편으로 구성됨이 드러났다(**그림 25-5**). *E. coli*의 경우, 이들 **RNA 개시자(RNA primer)**들은 **개시 효소(primase)**에 의해 합성된다. 지연 가닥 합성을 위해서는 다수의 개시자들이 필요한 반면, 선도 가닥의 합성을 개시하는 데에는 1개의 개시자만 필요하다. 그러나 성숙한 DNA의 경우 RNA를 갖지 않는다. RNA 개시자들은 결국 DNA로 대체된 것이다.

2 원핵생물의 DNA 복제

주요 개념

- DNA 중합 효소들은 3′→ 5′ 핵산 말단 분해 효소 활성을 갖으며, Pol I의 경우는 5′→ 3′ 핵산 말단 분해 효소 활성을 갖고 있다.
- DNA 복제는 DNA 가닥을 분리시키고, 나선을 풀며, 단일 가닥에 결합하고 RNA 개시자를 합성하는 데 필요한 부가 단백질을 필요로 한다.
- 유동성 집게가 주형 DNA에 장착되면 DNA 중합 효소의 지속 합성 능력을 향상시킨다.
- DNA 복제를 완성하는 데는 DNA 연결 효소, 종결 인자, 위상 이성질화 효소들이 필요하다.
- 균형을 이룬 뉴클레오타이드 양, 중합 효소의 메커니즘, 교정 메커니즘, DNA 수선 효소들의 활성 등이 DNA 복제의 정확성에 기여한다.

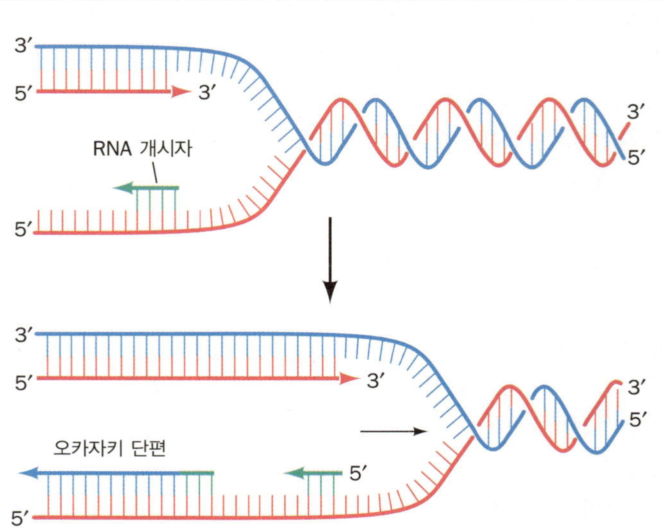

그림 25-5 짧은 RNA 조각에 의한 DNA 합성의 준비 각각의 오카자키 단편은 DNA 중합 효소에 의해 연장될 RNA 개시자(녹색)로 구성되어 있다. 나중에 이들 RNA 개시자는 제거된다.

자료 25-1 발견의 제 경로 **콘버그와 DNA 중합 효소 I**

콘버그(Kornberg, 1918~2007) 경제적 대공황 중에 수많은 동시대의 사람들처럼 콘버그도 교직이나 산업체에서의 직업난 때문에 의과대학에 입학하였다. 이어서 그는 미국 해안경비대에서 선박 의사로서 근무하게 되었지만, 이내 자신에게 더 적합한 곳은 바다보다 실험실임을 깨달았다. 그가 1942년 미국국립보건연구원(NIH)에서 연구를 시작할 즈음에는 영양이나 바이타민에 관한 고전적 연구가 새로운 과학인 효소학에 자리를 내어주고 있는 시기였다. 쥐의 심장에서 아코나타제를 정제한 후, 콘버그는 흥분하면서 효소들을 발견하였다고 말하였다. 그는 효소를 정제하는 일을 미답의 산을 등산하고, 그 정상에서 경치를 조망하는 기분과 함께 그곳에 처음으로 섰다는 만족감으로 보상받는 것처럼 좋아하였다.

콘버그는 코리 실험실에서 6개월을 보냈으며(자료 16-1), 1948년에는 뉴클레오타이드 공통 인자들의 합성과 연관된 효소에 관한 연구를 시작하였다. 그는 뉴클레오타이드 파이로인산 분해 효소가 하나의 뉴클레오타이드가 보조 효소 내로 통합되는 반응을 촉진함을 알아내었다.

$$\text{니코틴아마이드 리보뉴클레오타이드} + \text{ATP} \rightarrow \text{NAD}^+ + \text{PP}_i$$

다음으로 콘버그는 수많은 뉴클레오타이드를 조립하여 핵산 사슬을 만들어 낼 수 있는 효소를 찾기 시작하였다. 몇몇 사람들은 콘버그가 1953년 왓슨-크릭의 DNA 모형의 발표에 의해 영감을 받아서 DNA 중합 효소를 찾으려는 것으로 잘못 추정하기도 하였다. 사실 콘버그는 효소학자로서의 그의 본능을 따랐으며, 그의 호기심은 실험실 수준에서 당의 중합체인 글리코젠을 합성할 수 있는 글리코젠 인산화 효소를 포함한 여타 효소들에 대한 친밀함으로부터 비롯되었다. 또한 콘버그는 인지질 합성에 관여하는 효소들 -마치 DNA처럼 인산에스터 결합을 갖는(그는 기름기가 있는 분자를 다루는 것을 싫어하였기 때문에 이 실험은 포기하였다)- 도 실험하였다.

또 콘버그는 DNA를 합성하는 효소를 정제하기 위하여 천천히 자라는 효모 세포 대신에 신속히 성장하는 *E. coli* 세포 추출물로 실험 대상으로 하여 연구를 시작하였다. 그는 추출물에 방사능을 갖는 타이미딘(thymidine)을 첨가하여 방사능이 있는 DNA의 생산을 측정하였다. 실망스럽게도 타이미딘의 통합량이 극도로 낮았으나, 그나마 인산 타이미딘(thymidine phosphate, TMP)은 좀 나았고, 삼인산 타이미딘(thymidine triphosphate, TTP) 역시 나은 편이었다. 더불어 그는 소량의 DNA가 반응 혼합물에 포함되면 새로이 합성되는 DNA량이 증가됨을 발견하였다. 이 발견은 그가 완전히 예상하지 않았던 결과로서 마치 이전에 글리코젠 추가 합성을 위해 소량의 글리코젠이 개시자로서 역할을 하였던 것과 유사하였다. 하지만 그는 처음에 반응 혼합물에 첨가된 DNA가 세포 추출물 내에 존재하는 핵산 분해 효소들의 기질로 작용할 것이고, 그럼으로써 새로이 합성된 방사능이 있는 DNA의 분해를 보호하게 될 것이라고 믿었다. 나중에 그는 첨가된 DNA가 새 가닥의 합성을 위해 주형으로서 작용하였고 그것의 부분적 분해는 중합에 필요한 여타의 비방사능 뉴클레오타이드들로서 공급되었음을 알게 되었다. 그 당시 주형의 개념은 대부분의 효소학자들이나 다른 생화학자들에게는 낯설었으나, 생물학자들에게는 DNA 합성 시에 주형의 역할에 대해 좀 더 수용적인 것처럼 보였다. 콘버그는 이러한 DNA 중합 효소(나중에 DNA 중합 효소 I 또는 Pol I 알려진)의 발견과 특성 규명으로 1959년에 노벨 생리의학상을 받았다.

콘버그는 정제된 pol I을 손에 넣었지만, 반응 생성물이 생물학적으로 활성이 있는지를 증명할 필요에 직면하였다. 그래서 Pol I을 사용하여 바이러스 DNA 주형상에서 박테리오파지 φX174의 5386 bp DNA를 합성한 다음, DNA 연결 효소를 이용하여 합성된 DNA 분자의 양쪽 끝을 닫음으로써 감염성이 있는 환상 DNA를 만들었다. 콘버그로서는 섭섭하게도 대중지들이 이 연구를 잘못 이해하여 시험관 내에서 생명체의 탄생이라고 떠들어 대었다.

나중에 콘버그는 *E. coli*에서 분리하였던 DNA 중합 효소의 정교성에 매우 놀랐었다고 자백하였다. 즉 이 효소는 화학적인 예측을 능가하는 정확성으로 수천 개의 뉴클레오타이드 사슬을 합성할 능력이 있었던 것이다. 그러나 1970년대에 유전학 연구나 다른 증거들은 명백히 다른 종류의 단백질이 *E. coli*의 DNA 복제에 관련할 것임을 나타내었으며, 오래지 않아 DNA 중합 효소 II나 III이 발견되고 규명되었다. 그 후 20년 동안 콘버그는 DNA 복제 메커니즘을 결정하기 위해 노력하였다. 실제로 이 분야에서 많은 앞서가는 연구자들이 그의 실험실에서 훈련을 받은 사람들이다.

Kornberg, A., Active center of DNA polymerase, *Science* **163**, 1410-1418 (1969).

Kornberg, A., *For Love of Enzymes: The Odyssay of a Biochemist*, Harvard University Press (1989). [A scientific autobiography.]

DNA 복제는 위에 언급한 것 이외에도 매우 다양한 효소들이 포함된다. 요구되는 효소들의 많은 부분이 처음에 원핵생물로부터 유리되었으므로 상대되는 진핵생물의 효소들보다 잘 이해되고 있다. 따라서 먼저 원핵생물의 DNA 복제에 대해 상세한 고려로부터 시작할 것이다. 진핵생물의 복제는 25-3절에서 논의될 것이다.

A DNA 중합 효소는 정확하게 쌍을 이룰 뉴클레오타이드를 부가한다

1957년에 콘버그(Arthur Kornberg)는 $[^{14}C]$TTP의 방사능 표지를 DNA 내로 통합시키는 능력을 근거로 DNA 합성을 촉진하는 *E. coli* 효소를 발견하였다(자료 25-1). 이 효소는 현재는 **DNA 중합 효소 I**(**DNA polymerase I** 또는 **Pol I**)로 알려져 있으

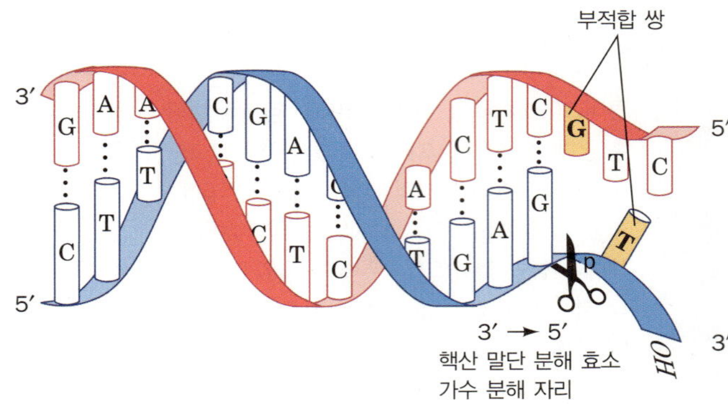

그림 25-6 DNA 중합 효소의 3′→ 5′ 핵산 말단 분해 효소 기능 이 효소의 활성은 자라나는 DNA 가닥(청색)의 3′ 말단으로부터 잘못 짝지어진 뉴클레오타이드들을 제거한다.

며, 928개 잔기로 구성된 단일 폴리펩타이드로 이루어져 있다. Pol I은 **지속 합성 효소(processive enzyme)**라고 하는데, **이것은 단일 가닥 주형으로부터 떨어지지 않은 채로 통상 20개 이상의 뉴클레오타이드를 중합하는 일련의 연속 뉴클레오타이드 중합 단계를 촉진시키기 때문이다.**

Pol I은 핵산 말단 분해 효소 활성을 갖는다. Pol I은 중합 효소 활성 외에도 2개의 독립적인 가수 분해 활성을 갖는데 각각의 독립적인 활성 부위가 존재한다. 즉 3′→ 5′ 핵산 말단 분해 효소와 5′→ 3′ 핵산 말단 분해 효소가 그것이다. **3′→ 5′ 핵산 말단 분해 효소 활성은 잘못 만들어진 중합 산물을 교정한다.** 만일 pol I이 자라나고 있는 DNA 사슬의 말단에 잘못된 염기쌍의 뉴클레오타이드를 삽입하게 되면, 이 효소의 중합 활성이 저해되면서 3′→ 5′ 핵산 말단 분해 효소가 어긋나 뉴클레오타이드를 가수 분해하여 잘라내게 된다(**그림 25-6**). 그런 다음 중합 활성이 회복되어 DNA 복제를 한다. 이러한 **교정(proofreading)** 메커니즘의 존재는 Pol I(10^6~10^8개의 뉴클레오타이드 부가 시 1개의 오류 생성)에 의한 DNA 복제의 고도의 충실성을 설명해 준다. 가수 분해의 일종인 핵산 말단 분해 효소 반응은 파이로인산 분해와 같은 중합 효소 반응의 역반응이 아니므로 dNTP가 아닌 dNMP를 생성한다.

Pol I의 5′→ 3′ 핵산 말단 분해 효소는 이중 가닥 DNA의 단일 가닥의 깨진 곳에 결합한다. 이 활성은 염기쌍 영역 내의 깨진 부위로부터 하나 또는 약 10개 잔기의 뉴클레오타이드에 이르는 깨진 DNA 가닥을 잘라내기 위하여 사용된다(**그림 25-7**).

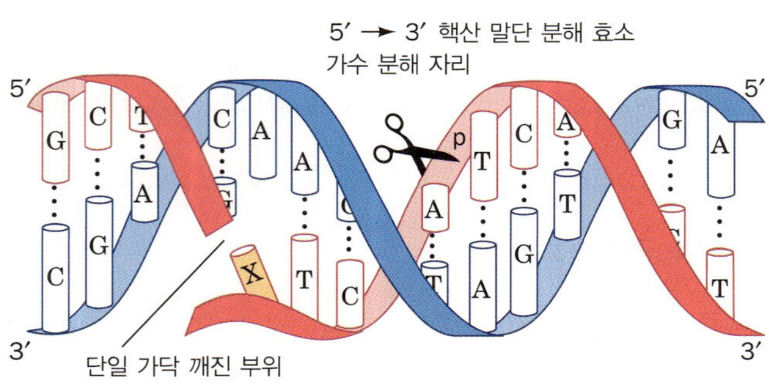

그림 25-7 DNA 중합 효소의 5′→ 3′ 핵산 말단 분해 효소 기능 이 효소의 활성은 단일 가닥 깨진 부위의 5′ 말단에서 약 10개 뉴클레오타이드를 잘라낸다. 깨진 부위 바로 지나서 있는 뉴클레오타이드(X)는 쌍을 이룰 수도 있고 그렇지 않을 수도 있다.

비록 Pol I이 *E. coli* DNA 중합 효소들 중 가장 먼저 발견되었지만, 대장균의 가장 중요한 복제 효소는 아니다. 오히려 이 효소의 가장 중요한(오로지 필수적인) 기능은 지연 가닥의 합성인데, RNA 개시자들을 제거하여 DNA로 대체하는 일이다. 이 과정은 Pol I의 5′→ 3′ 핵산 말단 분해 효소 활성과 중합 활성을 잘 통합하여 새 단편과 구(이전에 합성된) 오카자키 단편들 사이의 단일 가닥 틈의 5′ 말단에 리보뉴클레오타이드들을 잘라내고, 새 오카자키 단편의 3′ 말단에 부착될 데옥시뉴클레오타이드로 교체하는 일이다(**그림 25-8**). 이 과정을 '**틈새 메움(nick translation)**'이라고 하는데, 틈이 DNA 가닥의 3′ 말단으로 이동하면서 메워지는 과정이다. RNA가 완전히 잘려 나가면 틈은 DNA 연결 효소가 메우며(25-2C절), 이로써 신 가닥과 구 가닥의 오카자키 단편들이 연결되는 것이다.

생화학자들은 틈새 메움법을 이용하여 방사능이 표지된 DNA를 준비한다. 이중 가닥 DNA(double stranded DNA, **dsDNA**)를 소량의 췌장 유래의 **DNase I**으로 처

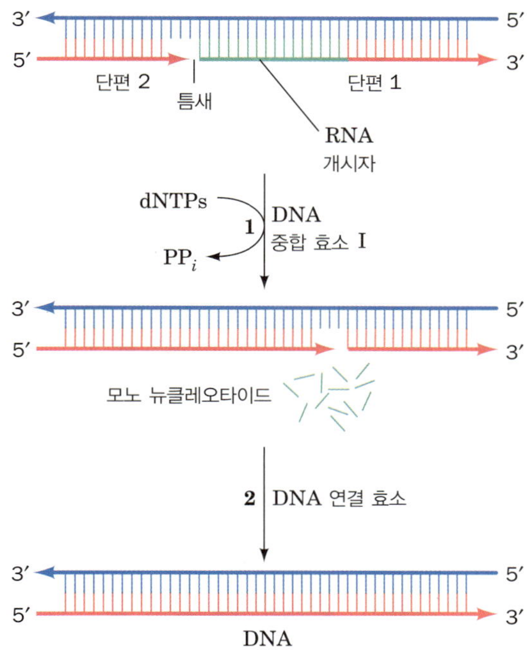

그림 25-8 **지연 가닥 합성에서 DNA에 의한 RNA 개시자의 교체** (1) 이전에 합성된 오카자키 단편(단편 1)의 5′ 말단에 있는 RNA 개시자는 Pol I의 5′ → 3′ 핵산 말단 분해 효소 작용에 의해 잘려져 나가고, 새로이 합성된 오카자키 단편(단편 2)의 3′ 말단에 dNTPs를 부가하는 중합 효소 능력으로 그 부위를 채우게 된다. 이 과정은 효과적으로 원래 RNA의 5′ 말단에 있던 틈새 부위에서 3′ 말단의 위치까지를 메우게 된다(틈새 메움). (2) (마지막으로 남은) 깨진 틈은 DNA 연결 효소의 작용으로 메워진다.

리하면 몇몇 곳에 깨진 틈이 있는 DNA를 얻을 수 있다. 이것에 방사능이 표지된 dNTP를 첨가한 후, Pol I를 처리하면 미표지의 dNTP가 표지된 dNTP로 교체되면서 틈이 메워진다.

Pol I은 손상을 입은 DNA를 수선하는 기능도 한다. 25-5절에서 논의할 것이지만, 손상된 DNA는 다양한 DNA 수선 체계에 의해 감지되며, 그중 많은 경우는 손상된 DNA의 5′ 측 부위를 핵산 내부 분해 활성으로 잘라낸다. Pol I의 5′→ 3′ 핵산 말단 분해 효소 활성을 이용하여 손상 입은 DNA를 잘라내고, 중합 활성을 이용하여 오카자키 단편의 RNA 개시자들을 대체할 때와 같은 방법으로 생성된 단일 가닥 틈을 채운다. 그러므로 Pol I은, 비록 발견 초기에 예상되었던 것처럼 DNA 합성에서 큰 부분을 담당하지는 않을지라도, *E. coli*의 DNA 복제와 수선에 있어서 없어서는 안 될 역할을 담당하고 있다.

클레노브 단편은 전형적 DNA 중합 효소이다. *E. coli* 중합 효소 I은 세 종류의 효소 활성을 3개의 독립된 활성 부위에 지니고 있는 하나의 단백질로서, 이를 분해하면 하나는 큰 또는 **'Klenow' 단편(Klenow fragment**, 324~928개 잔기)으로 중합 활성과 3′→ 5′ 핵산 말단 분해 효소 활성을 가지며, 다른 하나는 작은 단편(1~323개 잔기)으로 5′→ 3′ 핵산 말단 분해 효소 활성을 갖는다. 스타이츠(Thomas Steitz)가 클레노브(Klenow) 단편의 X선 구조 분석을 통해 2개의 영역으로 구성되었음을 알렸다(그림 25-9). 이 중 작은 영역(324~517개 잔기, 그림 25-9에서 구조의 아랫부분)은 3′→ 5′ 핵산 말단 분해 효소 부위를 갖고 있다. 큰 영역(521~928개 잔기)은 중합 효소 활성 부위로서 3′→ 5′ 핵산 말단 분해 효소 활성 부위로부터 놀랍게도 먼 거리(~25 Å)에 있는 두드러진 홈의 아랫부분에 위치하고 있다. 이 오목한 곳은 양으로 하전된 잔기들이 줄이어 있으면서 오른손이 막대를 쥐고 있는 형태(그림 25-9에 있는 엄지, 손가락들 및 손바닥 구조)로 B-DNA를 결합하기에 적당한 크기와 모양(~22 Å × ~30 Å)을 하고 있다. 구조가 알려져 있는 거의 모든 DNA 및 RNA 중합 효소의 활성 부위는 동일한 모양의 홈의 바닥에 위치하고 있다.

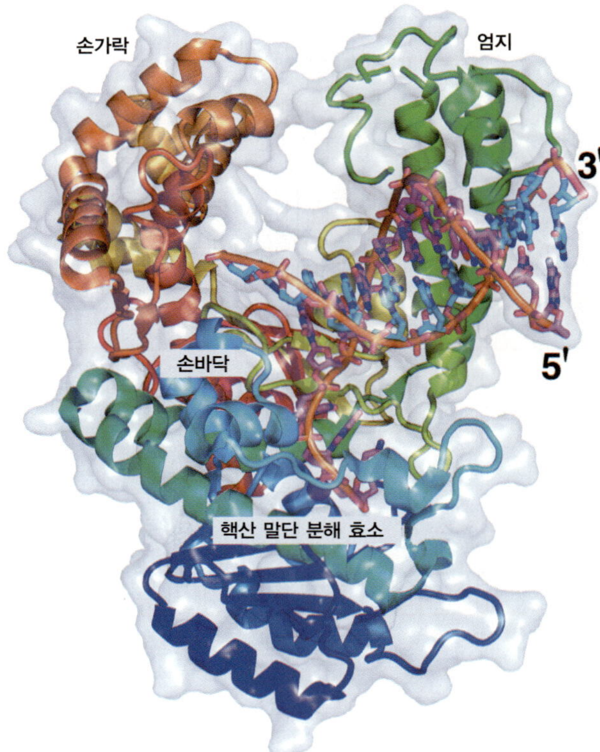

그림 25-9 이중 나선 DNA와 복합체를 이루고 있는 *E. coli* DNA 중합 효소 I의 클레노브 단편의 X선 구조 단백질은 N 말단(파란색)부터 C 말단(붉은색)까지 무지개 색 순서로 리본 모양으로 그려져 있으며, 반투명의 분자 표면에 묻혀 있다. DNA는 막대 모양으로 그려져 있으며 10-nt 주형 가닥의 C 원자는 청록색, 13 nt 개시자 가닥의 C 원자는 진홍색, N 원자는 청색, O 원자는 적색, P 원자는 주황색, 또한 각 폴리뉴클레오타이드 가닥 간의 연속된 P 원자는 주황색 막대로 연결되어 있다. Zn^{2+} 이온(보라색)은 3′→ 5′ 핵산 말단 분해 효소 활성 부위를 표시하고 있다. 개시자 가닥의 3′ 말단은 효소의 3′→ 5′ 핵산 말단 분해 효소 부위를 차지하고 있으며, 이 구조는 소위 편집 복합체로 불리고 있음을 주목하라. [Based on an X-ray structure by Thomas Steitz, Yale University. PDBid 1KLN.]

스타이츠는 짧은 DNA '주형' 가닥 및 상보적인 '개시자' 가닥과 함께 있는 클레노브 단편을 결정화하였다. 단백질은 이중 가닥 DNA의 인산기가 있는 골격에만 접촉하고 있으며, 이는 DNA와 결합함에 있어서 Pol I이 염기 서열 특이성이 없다는 결과와 일치한다. 중합 효소와 3′→ 5′ 핵산 말단 분해 효소 활성 부위의 분리를 통해 결합된 DNA는 이 두 활성 부위 사이를 왕복할 때 커다란 구조 변화를 행하는 것을 시사한다.

DNA 중합 효소는 염기 서열과 무관한 상호작용으로 왓슨-크릭 염기쌍을 감지한다. 열안정성의 *Taq*(*Thermus aquaticus*) DNA 중합 효소 I(**Klentaq1**)의 C 말단 영역은 클레노브 단편의 큰 영역(Klentaq1은 3′→ 5′ 핵산 말단 분해 효소 기능 부위가 결여되어 있다)과 염기 배열은 50%가 같으며, 구조도 매우 닮았다. 왁스먼(Gabriel Waksman)은 5′ 말단에 GGAAA가 돌출되어 있는 이중 가닥 DNA 분자(주형 가닥과 상보적 DNA 개시자를 나타내는)와 복합체를 이루고 있는 Klentaq1을 결정화하였다. 얻은 결정을 2′,3′-다이데옥시-CTP(ddCTP는 3′-OH기가 없다)와 함께 반응시켰다. 이 결정의 X선 구조(**그림 25-10*a***)는 ddC 잔기가 개시자의 3′ 말단에 공유 결합으로 연결되며, 그곳에서 돌출 부위 3′ 말단의 G 잔기와 왓슨-크릭 염기쌍을 형성함을 보여 주었다. 더욱이 떨어져 있는 ddCTP 분자(개시자의 새로운 3′ 말단의 ddC 잔기는 그것과 공유 결합을 만들 수 없어서)는 효소의 활성 부위를 차지하고, 그곳에서 주형 내의 다음 G와 왓슨-크릭 염기쌍을 형성하게 된다. 확실히 Klentaq1은 결정 내에서 촉매 활성을 보유하고 있다.

DNA 중합 효소는 정확하게 쌍을 이루는 염기와 그렇지 않은 것을 구별하는데, 새로 들어오는 dNTP와 서열과는 무관한 상호작용을 통하여 그렇게 함에 틀림없다. Klentaq1 구조를 분석해 보면, 이와 같은 일이 왓슨-크릭 염기쌍들에 상보적인

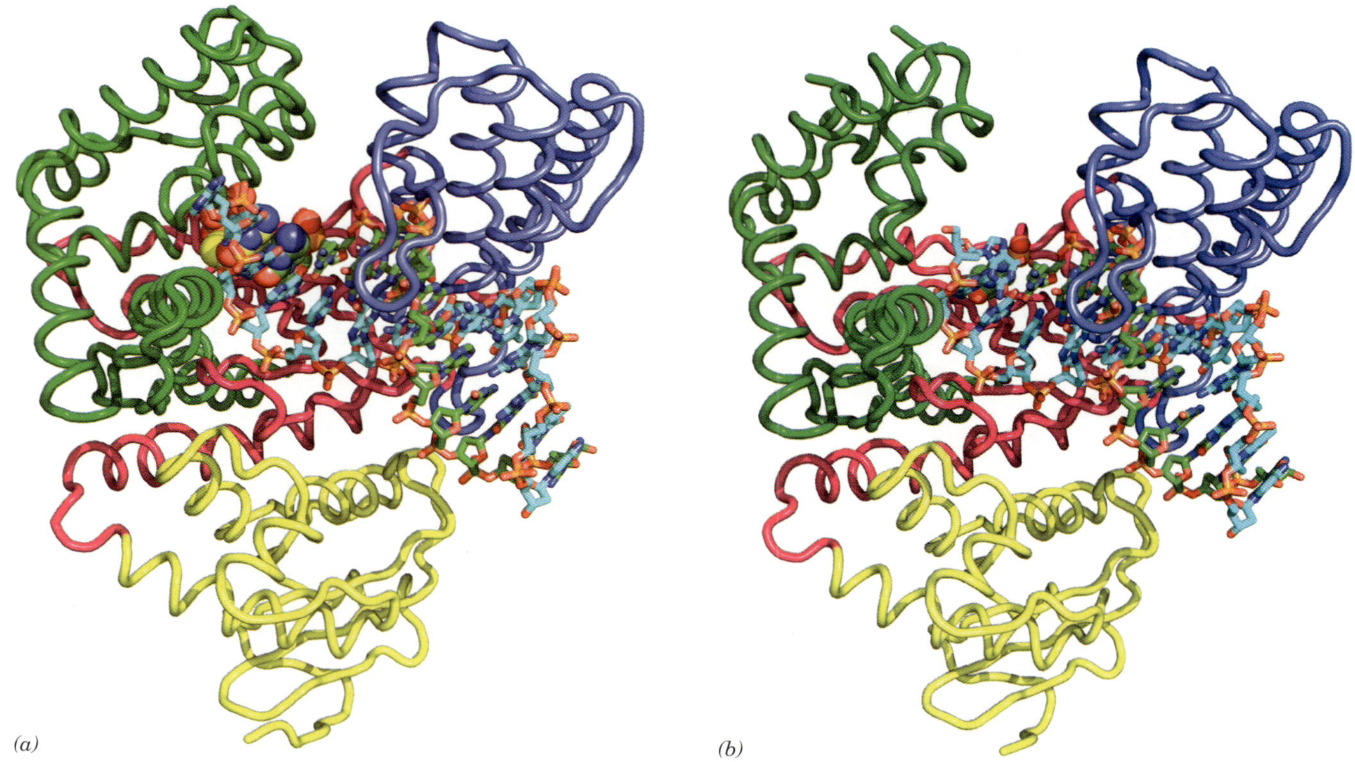

그림 25-10 **폐쇄형 또는 개방형 구조의 DNA와 복합체를 이루고 있는 Klentaq1의 X선 구조** (*a*) 폐쇄형 구조(ddCTP가 있을 때), (*b*) 개방형 구조(ddCTP가 없을 때). 그림 25-9에서 단백질은 벌레 형태로서 N 말단, 손바닥, 손가락, 엄지손가락 영역을 각각 노란색, 청록색, 녹색, 청색으로 나타내고 있다. DNA는 막대 모양으로 표시하고 있으며 개시자 가닥 3′ 말단의 ddC 잔기는 효소의 활성 부위 주머니 내에서 주형 DNA의 G 잔기와 염기쌍을 이루는 *a*의 ddCTP에서처럼 공간 채움 형태로 그려져 있다. 원자들은 유형에 따라 다른 색으로 표시하고 있는데, 주형 가닥의 C는 청록색, 개시자 가닥의 C는 녹색, ddCTP의 C는 노란색, N은 청색, O는 붉은색, P는 주황색 등이다. [Based on X-ray structures by Gabriel Waksman, Washington University School of Medicine. PBDids 3KTQ and 2KTQ.]

활성 부위 주머니 모양 내에서 일어남을 보여 준다. 또한 결합되어 있는 이중 가닥 DNA가 주로 B형일지라도 수많은 다른 DNA 중합 효소들과 DNA의 복합체의 X선 구조 분석에서도 관찰되었던 것처럼, 활성 부위에서 가장 가까운 3개의 염기쌍은 A형으로 추정된다. 결과적으로, 생성되는 넓고 얕은 작은 고랑(24-1A절)은 단백질의 곁사슬과 퓨린 염기, 그렇지 않으면 접근이 어려운 위치에 있는 N3 원자와 피리미딘 염기의 O2 원자와 함께 수소 결합을 하도록 허용한다. 이들 수소 결합 수용체들의 위치는 그림 24-1를 보면 알 수 있듯이(이와 달리 큰 고랑에서의 수소 결합 수용체들의 위치는 염기 서열에 따라 다양하다), 서열과는 무관하다. 하지만 비왓슨-크릭 염기쌍, 즉 활성 부위 내에서 잘못 쌍을 이룬 dNTP으로는 이들 수소 결합은 완전히 부서지지 않을지라도 심하게 비틀릴 것이다. 중합 효소는 또한 DNA의 당-인산 골격과 광범한 서열과 무관한 수소 결합과 반데르발스 상호작용을 할 것이다.

위에서 서술한 Klentaq1·DNA·ddCTP 결정을 ddCTP가 없는 용액에 담가 ddCTP를 없애면 효소의 손가락 모양 영역은 소위 개방형 구조(open conformation)를 나타낼 것으로 추정되며(**그림 25-10*b***), 이는 그림 25-10*a*에서 보이고 있는 폐쇄형 구조(closed conformation)와는 상당히 다르다. 명확히 개방형에서 손가락 모양의 나선 구조는 ddCTP가 결합하여 촉매 활성인 폐쇄형 복합체 내에 뉴클레오타이드가 묻음으로써 활성 부위 쪽으로 이동하게 된다. 이와 같은 관찰은 역학적 측정치와 일치하며 Pol I에 정확한 dNTP의 결합이 단단한 삼중 복합체를 만드는 데에 율속적(rate-

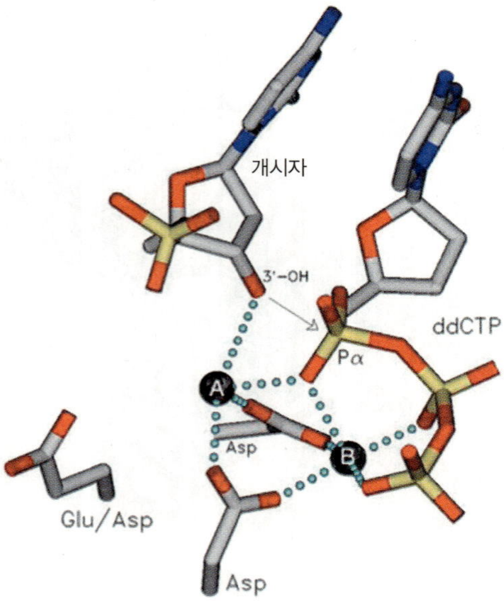

그림 25-11 뉴클레오타이드 전이에 있어서 금속 이온들의 역할 A와 B는 효소 결합 금속 이온들을 나타내는데, 통상 Mg^{2+}처럼 DNA 중합 효소의 활성 부위에 존재한다. 원자들은 종류(C 회색, N 청색, O 적색, P 황색)에 따라 각기 다른 색으로 표시하고 있으며, 금속 이온의 배위는 녹색 점선으로 나타내고 있다. 금속 이온 A는 들어오는 뉴클레오타이드(여기서는 ddCTP)의 α-인산기로의 친핵적 공격(화살표)을 위해 개시자의 3′-OH기를 활성화시킨다. 금속 이온 B는 음으로 하전된 삼인산기를 정전기적으로 안정화하도록 위치를 잡고 있다.

limiting)인 구조 변화를 유도함을 나타낸다. 그러므로 효소가 급히 개방형 구조에서 사용가능한 dNTPs를 취하겠지만 주형 염기와 정확한 왓슨-크릭 염기쌍을 만드는 dNTP와 결합할 때만 가속적으로 적합한 폐쇄형을 만들 것으로 보인다. 드문 일이지만 중합 효소가 폐쇄형으로 비왓슨-크릭 염기쌍과 결합하면 비틀림이 생겨서 중합 효소의 촉매능을 부적합하게 한다. **이것은 교정의 한 형태이며, 효소는 두 가지의 독립적인 방법으로 왓슨-크릭 염기쌍의 존재를 확인하게 함으로써 중합 효소 반응의 정확성을 크게 증가시키는 것이다.**

인산이에스터 결합이 만들어지면 두 번째 구조 변화로 인해 PP_i 생성물을 유리한다. 이어서 DNA는 다음 반응을 위한 자리에 위치하기 위해 시발체 가닥의 5′ 말단 쪽으로 1개의 뉴클레오타이드만큼 이동된다.

DNA 중합 효소 촉매 장치에는 2개의 금속 이온이 포함된다. 다양한 DNA 중합 효소들의 X선 구조로부터 뉴클레오타이드 전이를 위한 공통적 촉매 장치를 공유하고 있음이 시사되었다. 이들 모두의 활성 부위는 2개의 금속 이온을 가지고 있었으며, 통상 Mg^{2+}는 손바닥 모양 영역(**그림 25-11**)의 2개의 불변의 Asp 곁사슬과 연결되어 있었다. 금속 이온 B는 결합된 dNTP의 3개의 인산기와 연결되어 있었지만, 금속 이온 A는 dNTP의 α-인산기와 개시자의 3′-OH기를 연결시키고 있었다. 금속 이온 A는 아마도 개시자의 3′-OH기가 α-인산기에 친핵적 공격을 하도록 활성화할 것이며, 금속 이온 B는 결합된 삼인산기를 잘 위치시켜서 그것의 음전하뿐만 아니라 전이 상태에 있는 추가적 음전하를 정전기적으로 차폐시켜서 PP_i 이온을 유리하도록 기능할 것이다. 3′→ 5′ 핵산 말단 분해 효소는 유사한 2개의 금속 이온 메커니즘을 이용하는데, 그중 하나는 Mg^{2+} 이온은 물 분자를 친핵적으로 활성화시켜 3′ 뉴클레오타이드 쪽의 인산이에스터 결합을 개열하고, 다른 하나의 경우는 Mg^{2+} 이온이 떨어져 나온 dNMP 이탈기를 적절하게 위치시키고 생성되는 음전하를 안정화시킨다.

DNA 중합 효소 III은 *E. coli* DNA 복제 효소이다. Pol I 활성은 매우 약하지만(그러나 완전히 없지는 않은) 정상적으로 자라는 *E. coli* 돌연변이의 발견으로 추가적인 DNA 중합 활성을 찾는 일이 활발해졌다. 이러한 노력으로 1970년대에 2개의 효소가 더 발견되었는데, 발견된 순서에 따라 **DNA 중합 효소 II(DNA polymerase II, Pol II)**와 **DNA 중합 효소 III(DNA polymerase III, Pol III)**으로 이름 붙여졌다. 이들 효소의 특성을 Pol I과 비교하여 **표 25-1**에 나타내었다. Pol II와 Pol III은 사용했던 분석 실험에서 그들의 통합 활성이 정상적인 조건에서 Pol I의 5% 이하이기 때문에 이전에는 발견되지 않았다. Pol II는 DNA 수선에 참여한다. 즉 Pol II가 없는 변이 세포는 정상적으로 생육이 가능하다. 그러나 Pol III이 없으면 치명적인데, 이는 *E. coli*의 복제 효소임을 입증하는 셈이다. [후에 여러 연구에서 대장균은 2개의 추가적인 DNA 중합 효소인 중합 효소 IV와 V를 가지며, 또한 이들은 DNA 수선에 관여함을 밝히고 있다(25-4E절).]

Pol III의 촉매 핵심은 3개의 하부 단위체로 구성되어 있다는 것이다. α는 복합체

표 25-1 대장균 DNA 중합 효소들의 제 특성

	중합 효소 I	중합 효소 II	중합 효소 III
분자 질량 (kD)	103	90	130
분자 수/세포	400	?	10–20
전이 수	600	30	9000
구조 유전자	*polA*	*polB*	*polC*
조건 치사 변이	+	−	+
중합 반응: 5′ → 3′	+	+	+
핵산 말단 분해 효소: 3′ → 5′	+	+	+
핵산 말단 분해 효소: 5′ → 3′	+	−	−

[a]37°C에서 분당, 분자당 중합된 뉴클레오타이드 수

출처: Kornberg, A. and Baker, T.A., *DNA Replication* (2nd ed.), p.167, Freeman(1992).

? 중합 효소 I과 III의 세포 내 농도가 DNA 복제 시의 그들의 역할과 일치하는지를 설명해 보라.

의 DNA 중합 활성을 가지며(그림 25-12), ε는 3′→ 5′ 핵산 말단 분해 효소 활성을 가진다. 그리고 θ이다. 적어도 7개의 다른 하부 단위체(τ, γ, δ, δ', χ, Ψ, β)는 결합하여 **Pol III 완전 효소**(**holoenzyme**)로서 깨지기 쉬운 다중 하부 단위체 효소를 형성한다. Pol III 핵심부의 촉매 특성은 Pol I의 것과 닮았지만, 전자는 이중 가닥 DNA에 대해 5′ → 3′ 핵산 말단 분해 효소 활성이 없다. 이 때문에 **Pol III은 단일 가닥 DNA를 주형으로 상보적인 하나의 DNA 가닥을 합성할 수 있으며, 중합 반응을 편집할 수 있어서 복제의 신뢰성을 증가시킬 수 있으나 틈새 메움 반응을 촉진시킬 수는 없다.**

B 복제 개시에는 나선 분해 효소와 개시 효소가 필요하다

*E. coli*의 염색체는 초나선형의 DNA 분자로서 4.6×10^6개의 bp로 구성되어 있다. DNA 중합 효소는 단일 가닥 주형을 필요로 하므로 다른 단백질들은 복제 개시 부위를 찾고, DNA의 나선을 풀며, 단일 가닥으로 만들어진 것들이 재결합되는 것을 막는 일을 수행하면서 DNA 복제에 참가한다.

*E. coli*의 복제는 ***oriC***로서 알려져 있는 245 bp 영역에서 시작된다. 이들 서열의

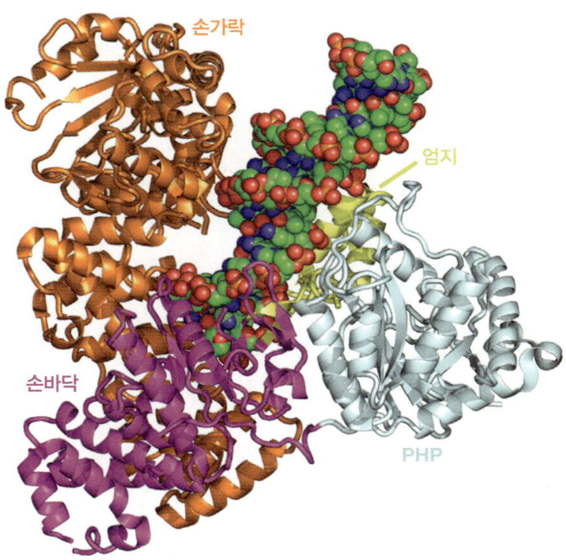

그림 25-12 개시자–주형 DNA 복합체에서 *E. coli* Pol III α 하부 단위체의 X선 구조 이 단백질은 엄지손가락 영역, PHP 영역, 손바닥 영역, 손가락 영역을 녹색, 청색, 청록색, 주황색으로 하여 리본 모양으로 그리고 있다. 손 모양을 하고 있으나 염기 서열면에서 의미 있는 서열 유사성이 거의 없는 클레노브 단편(그림 25-9)과 Klentaq1(그림 25-10)과는 완전히 다른 형태임을 주목하라. [Based on an X-ray structure by Thomas Steitz, Yale University. PDBid 3E0D.]

요소는 그램 음성 세균 간에는 매우 잘 보존되어 있다. DNA 이중 가닥은 많은 수의 467개의 아미노산 잔기로 구성된 **DnaA**(*dnaA* 유전자의 산물)라는 단백질과 결합함으로써 분리되는데, DnaA 단백질은 나선의 섬유 모양인 *oriC* DNA 중 ~45개 염기쌍의 AT가 풍부한 단편에 결합한다[DnaA는 **AAA+계**의 한 구성원이다(AAA란 세포 활성과 관련된 ATPases를 나타낸다), 기능적으로 다양한 단백질 계]. 이러한 분리를 위해 ATP의 가수 분해로 생성되는 자유 에너지가 필요하며, 아마도 이 DNA 조각이 AT가 풍부한 특성과 함께 원형 DNA 염색체가 음성(−)초코일 구조(underwinding)를 취하고 있다[나중에 원핵생물의 DNA 복제를 위해 필요한 DNA 선회 효소와 제2유형의 위상 이성질화 효소(24-1D절)에 의해 만들어진다]에 의해 촉진될 것이다.

나선 분해 효소는 DNA를 푼다. *oriC*와 결합한 DnaA는 풀려진 DNA 영역의 각 말단에 하나씩 있는 2개의 육합 복합체인 **DnaB**를 불러 모은다. DnaB는 **나선 분해 효소(helicase)**로서 DNA 가닥들의 분리를 계속한다. 이들 효소는 복제, 전사 그리고 다양한 과정 중 DNA를 푸는 여러 그룹의 효소들이다. DnaB는 *E. coli*에 의해 발현되는 12종류의 나선 분해 효소 중 하나이다. 나선 분해 효소의 기능은 이중 나선 구조의 핵산 중 한 가닥을 따라 이동하면서 그들이 지나가는 경로에 있는 나선을 기계적으로 푸는 것이며, 이 과정은 NTP의 가수 분해로 비롯되는 자유 에너지에 의해 주도된다. 몇몇 나선 해리 효소들은 5′→ 3′ 방향으로 전위하고, 또 다른 나선 효소들은 3′→ 5′ 방향으로 이동하며, 몇몇은 육합체이고, 또 다른 몇몇은 이합체로 구성되어 있다.

DnaB는 동일하게 471개의 아미노산 잔기로 된 소단위체가 육합체($DnaB_6$)를 형성하는데, 복제 과정 중에 5′→ 3′ 방향으로 지연 가닥을 따라 이동하면서 어미 DNA의 두 가닥을 분리한다. 이 과정은 특정한 염기를 선호함이 없이 NTP의 가수 분해에 의해 주도된다.

Steitz가 결정한 *Bacillus stearothermophilus*의 6개의 소단위체로 된 $DnaB_6$와 dT_{14}, 그리고 $GDP\cdot AlF_4^-$가 복합체로 되어 있는 물질의 X선 구조를 **그림 25-13**

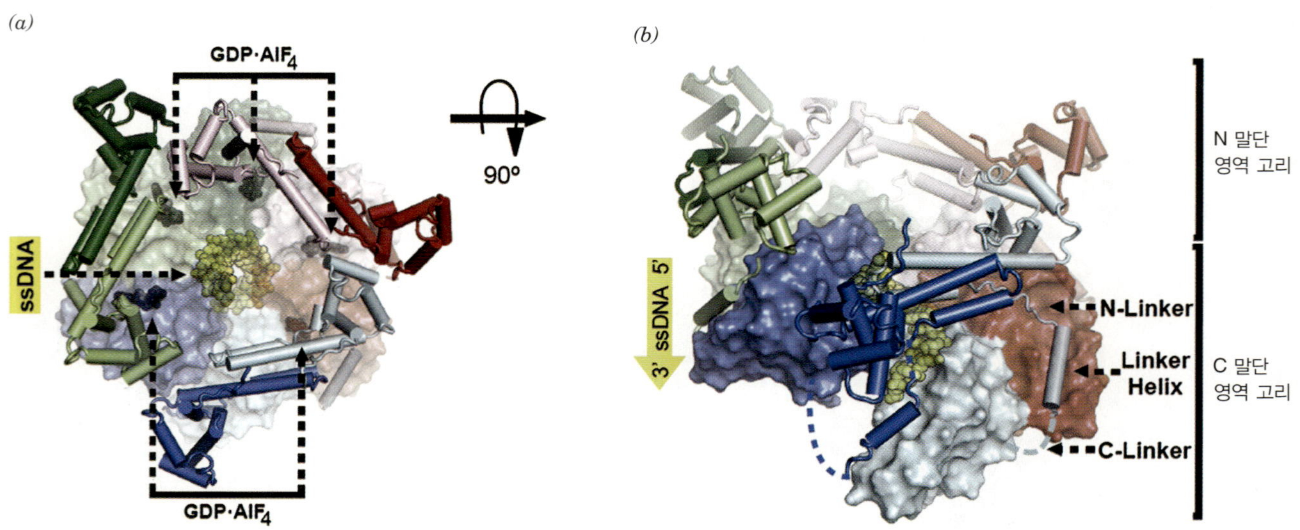

그림 25-13 B. stearothermophilus $DnaB_6\cdot dT_{14}\cdot(GDP\cdot AlF_4^-)_5$의 X선 구조 (*a*) 단백질의 가 3배축에 따른 관찰도. CTDs는 용매 접근 표면에 의해 나타나고 있으며, NTD와 그들을 CTD에 연결시키는 연결자들은 만화 형식으로 그리고 있다. DnaB 소단위체들 각각은 다른 색으로 나타내고 있다. dT14은 노란색 구, $GDP\cdot AlF_4^-$ 복합체 5개는 검은색 구 모양으로 보이고 있다. (*b*) *a*의 그림을 수평축에 대해 90° 만큼 회전시켜 본 단백질 측면도. X선 구조에서는 보이지 않는 C 연결자들을 점선으로 나타내고 있다. [Courtesy of Thomas Steitz, Yale University, PDBid 4ESV.]

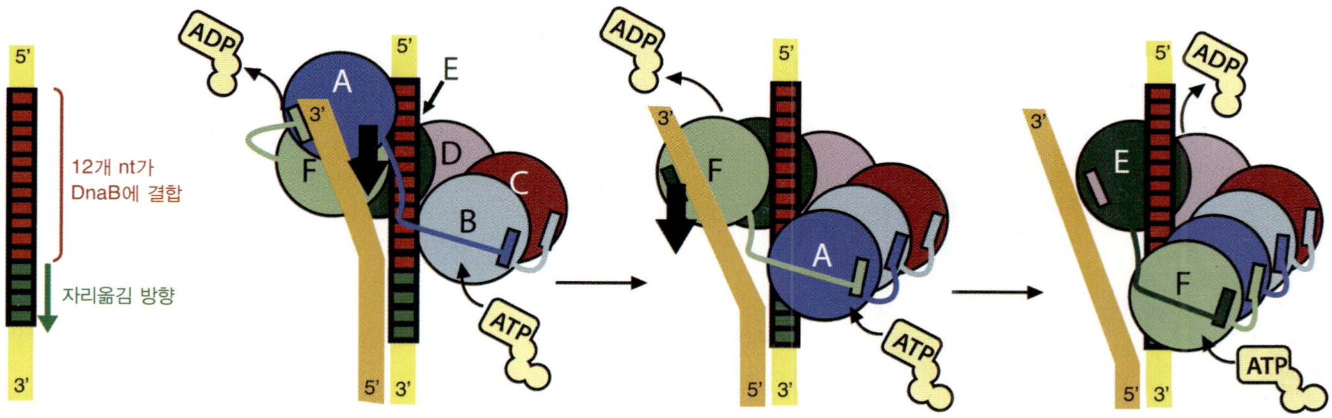

그림 25-14 복제가 진행 중인 이중 가닥 DNA의 지연 가닥에 놓인 DnaB 육합체의 5′→ 3′ 전위를 위한 '손과 손 전달' 메커니즘. 6개의 DnaB 소단위체는 A에서 F로 표지하였으며, 그림 25-13*b*에서와 같은 색을 입혀서 나타내었다. $DnaB_6$가 이동하는 그림에서 지연 가닥은 노란색, 선도 가닥은 주황색으로 나타내었다. 붉은색 뉴클레오타이드들은 처음 위치에서 $DnaB_6$와 상호작용하는 것들을 나타내고, 녹색은 ATP가 (ADP로) 전환된 후에 육합체가 결합하는 뉴클레오타이드들이다. 굵은 검은색 화살표는 지연 가닥을 따라 $DnaB_6$가 이동하는 방향을 나타낸다.

에 나타내었다(NTP 가수 분해의 전이 상태 의사 모형). 6개의 소단위체로 구성된 $DnaB_6$ 단백질은 2층으로 구성된 이합체 3쌍이 오른쪽으로 감는 난간손잡이의 한 회전(또는 나선형 구조)에 해당하는 구조를 이루고 있는데, 이는 DnaB 소단위체들의 N 말단 영역들이 3계단으로 된 층계 형태로 의사 3배축으로, 또한 C 말단 영역들은 6계단의 층계 모양으로 배열되어 있다. dT_{14}은 $DnaB_6$ 육합체의 중심 통로를 차지하고 있는데(이중 가닥 DNA를 수용하기에는 너무 협소하다), 그곳은 그림 25-13*b*에서 복합체의 상부 쪽으로 A-DNA의 단일 가닥의 5' 말단을 위치시킨 것으로 추정된다. 개개의 DnaB 소단위체는 2개의 연속하고 있는 뉴클레오타이드가 그들의 인산 분자의 산소들과 수소 결합을 통해 상호작용하는 올가미 모양으로 해서 단일 가닥 DNA를 참가시킨다. $GDP{\cdot}AlF_4^-$는 2개의 C 말단 영역 간의 각 접촉면에 결합하는데, 그 이유는 복합체 내의 가장 높은 C 말단 영역과 가장 낮은 영역이 서로 붙어 있지 않고, 오로지 5개의 $GDP{\cdot}AlF_4^-$ 복합체들만 $DnaB_6$ 육합체에 결합되기 때문이다.

$DnaB_6$ 구조는 이중 가닥 DNA 중 지연 가닥을 따라 움직임으로써 2개의 가닥을 분리해 내는 메커니즘을 시사하고 있다(**그림 25-14**). 소위 이와 같은 **손과 손 전달 메커니즘(hand-over-hand mechanism)**을 보면, NTP의 가수 분해와 유리는 인접한 소단위체와 또한 그것과 결합하고 있는 2개의 뉴클레오타이드들로부터 해리되도록 나선형층계의 최상부 소단위체를 유도한다. 그런 다음 상부 소단위체는 지연 가닥을 따라 5′→ 3′ 방향으로 12개의 뉴클레오타이드에 결합하고, 그곳에서 $DnaB_6$ 집합체의 최하부 단위체가 되어 하나의 NTP를 재결합함으로써 이중 가닥 DNA를 구성하는 선도 및 지연 가닥을 2개의 뉴클레오타이드만큼 분리하는 것이다. 이러한 순환이 반복됨으로써 지연 가닥을 따라서 DnaB 육합체를 당기면서 사람이 로프를 사용하여 등산하듯이 손과 손을 순차로 교대로 사용하는 방식으로 2개의 뉴클레오타이드 간격으로 두 가닥을 분리해 내는 것이다.

선도 가닥으로부터 지연 가닥을 분리할 때, $DnaB_6$ 나선 해리 효소는 앞쪽에 있는 이중 가닥의 비틀림을 밀어냄을 주목하라. 이렇게 생성되는 회전 스트레스는 나선 해리 효소의 진행에 저항하며, 결국은 움직임을 정지시키게 된다. 그러므로 선도 가닥과 지연 가닥을 분리하기 위해서는 이러한 회전 스트레스를 해소시키기 위한 위상 이성질화 효소들의 작용 (대장균의 경우 기본적으로 선회 효소)이 없어서는 안 된

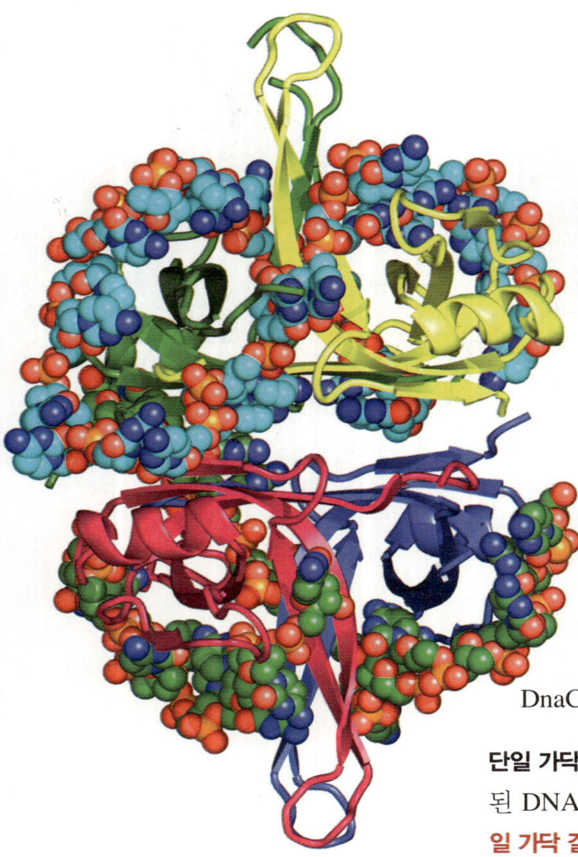

그림 25-15 dC(pC)$_{34}$와 복합체를 형성하고 있는 단일 가닥 결합 단백질의 X선 구조 D_2 대칭의 동종 사합체로서 수평과 수직 방향으로 각 2배축을 보여 주고 있다. 각 하부 단위체(177개 잔기 중합 펩타이드 중 N 말단 134개 잔기가 포함된)는 서로 다른 색으로 나타내고 있다. 결합된 2개의 단일 가닥 DNA 분자들은 원자 종류에 따라 다른 색을 사용하여 공간 채움 형태로 보여 주고 있는데, 위쪽 가닥의 C는 청록색, 아래쪽 가닥의 C는 녹색, N은 청색, O는 적색, P는 주황색이다(아래 가닥은 부분적으로 헝클어져 있어서 2개의 단편으로 구성된 것처럼 보인다). [Based on an X-ray structure by Timothy Lohman and Gabriel Waksman, Washington University School of Medicine. PDBid 1EYG.]

다(460만 개의 염기쌍으로 이루어진 대장균 염색체를 복제하는 데 약 44만 개의 비틀림이 제거되어야 한다).

그러면 DnaB 육합체가 새로이 열린 복제 눈 지점에 있는 단일 가닥 DNA에 어떻게 놓일 수 있는가? 이것은 순전히 DnaC의 소관이다. **DnaC**는 AAA+계의 단백질로서 용액 내에서는 단량체이다. 그러나 전자 현미경 연구에서 밝힌 바에 따르면, DnaC·ATP는 $DnaB_6$의 C말단 영역에 모여서 나선형 모양의 육합체를 만드는 것으로 알려지고 있다. 이 DnaC·ATP는 DnaB 육합체의 틈을 열고 DnaA의 도움을 받아서 단일 가닥 주위를 미끄러져 간다. ATP 가수 분해에 의해 이 과정이 진행되다가 $DnaB_6$로부터 DnaC가 해리되면 단일 가닥 DNA 주변에 있었던 육합체는 닫는다.

단일 가닥 결합 단백질은 DNA의 재결합을 막는다. 앞서가는 나선 분해 효소 뒤에서 분리된 DNA 가닥들은 재차 이중 가닥 DNA로 재결합되지 않는데, 그 이유는 그들이 **단일 가닥 결합 단백질(single-strand binding protein, SSB)**로 덮여지기 때문이다. SSB는 또한 SSDNA가 2차 구조(stem-loops 구조 등)를 만들지 못하게 하여 핵산 분해 효소들로부터 DNA를 보호한다. DNA 중합 효소는 복제가 진행됨에 따라 주형 가닥에서 SSB를 확실히 제거한다.

E. coli SSB는 177개 잔기의 동일한 하부 단위체가 4개로 되어 있으며 여러 상이한 방법으로 DNA와의 결합이 가능하다. 주요한 결합 방식에서(그림 25-15) 단일 가닥 DNA의 각 U형 가닥은 SSB의 4개의 소단위체 2개를 주름을 잡아 덮고 있다. 이러한 결합은 무한히 연속된 SSB 사합체들이 단일 가닥 DNA의 길이를 따라 끝과 끝이 상호작용할 수 있도록 허용한다. SSB의 DNA 결합 홈은 N 말단의 115개 잔기 내에 있으며, 양으로 하전되어 있어서 단백질은 DNA의 인산기와 정전기적으로 상호작용이 가능하다. 홈은 너무 좁아서 이중 가닥 DNA를 수용할 수 없다.

개시 복합체는 RNA 개시자들을 합성한다. 선도 가닥이든 지연 가닥이든 모든 DNA의 합성은 RNA 개시자의 사전 합성을 필요로 한다. *E. coli*에서 개시자 합성은 **개시 복합체(primosome)**라고 알려진 ~600 kD의 단백질 조합체에 의해 이루어지는데, 이는 DnaB 나선 분해 효소, **DnaG**로 불리는 RNA 합성하는 **개시자(primase)** 외에 또 다른 5종류의 소단위체를 포함하고 있다. *E. coli* DnaG는 단량체 단백질로서 촉매 영역은 구조가 알려져 있는 어떤 DNA나 RNA 중합 효소들과 닮지 않았다. 그럼에도 불구하고 ~11개 뉴클레오타이드의 RNA 조각을 생산하기 위하여 동일한 중합 반응(그림 25-2에서 dNTP보다는 오히려 NTP를 사용하지만)을 촉매한다.

개시 복합체는 DnaB-촉매로 ATP 가수 분해에 의해 부분적으로 지연 가닥용 DNA 주형(예: 복제 분기점을 향하여)을 따라 5′→ 3′ 방향으로 전진해 나간다. 이러한 움직임은 경로상에 있는 단일 가닥 결합 단백질을 제거하는데, DNA 사슬 합성 중에 주형의 읽히는 방향과는 반대이다. 결과적으로 개시 복합체는 순간적으로 움직임을 개시 효소가 RNA 개시자를 5′→3′ 방향(그림 25-5)으로 합성하도록 거꾸로 움직인다.

개시 복합체는 각 오카자키 단편의 합성을 개시하는 데 필요하다. 선도 가닥의 합성을 준비하는 한 개의 RNA 조각은 적어도 실험실 조건에서 개시 효소나 RNA 중합 효소(DNA 주형으로부터 RNA 전사체를 합성하는 효소, 26-1절)에 의해 합성될 수 있지만, 2개의 효소가 함께 있을 때 합성 속도는 크게 향상된다.

C 선도 가닥과 지연 가닥은 동시에 합성된다

*E. coli*의 Pol III 완전 효소는 선도 가닥 지연 가닥의 합성을 촉진시킨다. 이 과정은 2개의 Pol III 효소를 갖는 **복제 복합체(replisome)**라는 단일의 다중 단백질 입자 내에서 일어난다. 몇몇 다른 원핵생물이나 진핵생물에서는 2개의 서로 다른 중합 효소가 선도 가닥과 지연 가닥을 합성하지만, 그들은 Pol III처럼 다중 단백질체인 복제 복합체의 일부이다. **복제 복합체가 단일 단위로서 선도 가닥을 따라 5′→3′ 방향으로 움직이기 위해서는 지연 가닥 주형을 올가미 모양으로 감아야 한다**(그림 25-16).

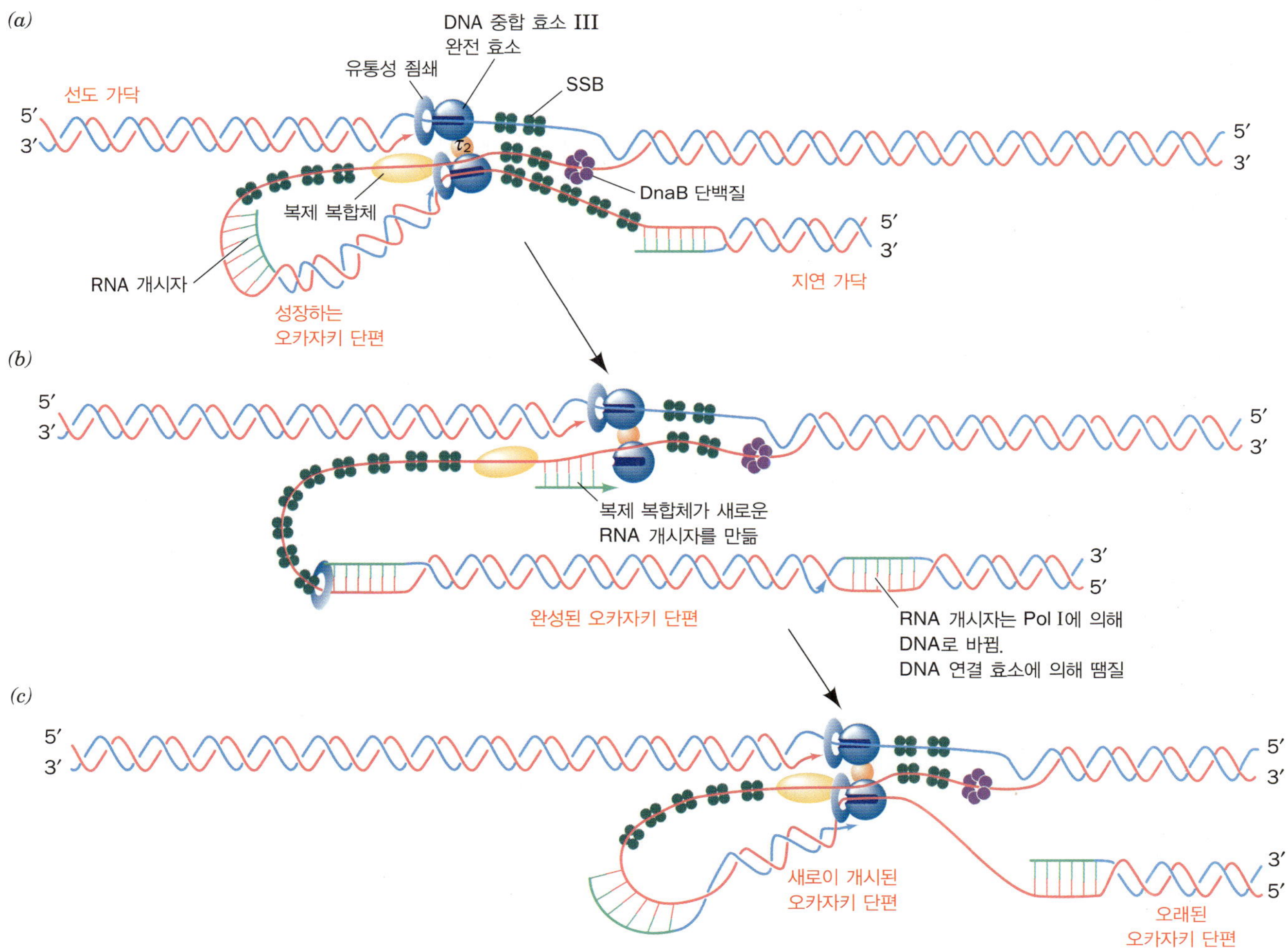

그림 25-16 DNA 복제를 위한 트롬본 모형 (*a*) 복제 복합체는 2개의 DNA 중합 효소 III 완전 효소를 갖고 있으며, 선도 가닥과 지연 가닥 모두를 합성한다. 지연 가닥 주형은 완전 효소가 개시된 지연 가닥을 신장을 허용하도록 올가미 모양으로 감겨야 한다. (*b*) 완전 효소는 먼저 합성된 오카자키 단편을 만나면 지연 가닥 주형을 유리시킨다. 이 과정은 개시 복합체로 하여금 지연 가닥 RNA 개시자의 합성을 시작하도록 하는 신호이다. (*c*) 완전 효소는 지연 가닥 주형과 재결합하고, RNA 개시자를 연장하여 새로운 오카자키 단편을 만든다. 이 모형에서는 선도 가닥 합성이 항상 지연 가닥 합성보다도 앞서고 있음을 주목하라.

? 각 중합 효소와 개시 복합체(primosome)의 움직이는 방향을 나타내는 화살표를 추가하라.

이 **토롬본 모형(trombone model)**은 Bruce Alberts가 처음 제안하였는데, 복제 복합체로부터 고리형 지연 가닥의 신장 모양이 트롬본의 U형관의 움직임을 닮아서 그렇게 부르게 되었다.

오카자키 단편의 합성을 완성한 후에 지연 가닥의 전효소는 복제 분기점 가까이에 있는 새로운 개시자로 옮겨서 합성을 재개한다. **이 과정의 결과물은 연속적인 선도 가닥의 합성과 일련의 RNA가 도화선이 되어 합성됨으로써 합성된 단일 가닥들 간에 틈이 생겨나 있는 오카자키 단편들이다.** RNA 개시자들은 Pol I 촉매의 틈새 메움 작용에 의해 DNA로 바뀌게 되며, 지연 가닥의 틈들은 DNA 연결 효소의 작용으로 땜질을 한다(아래 참조). 시발체 절단을 위한 대체 수단으로서 RNase H(리보핵산 분해 효소 H; hybrid의 H)를 이용하는 것인데, 이는 특별히 RNA–DNA 혼성 나선체 중 RNA를 분해한다. RNase H는 리보뉴클레오타이드들 간의 인산이에스터 결합만을 가수 분해할 수 있으므로 아직도 남아 있는 시발체의 3′–리보뉴클레오타이드의 제거를 위해서는 중합 효소 I이 여전히 필요하다.

유동성 죔쇄는 Pol III의 합성 능력을 촉진시킨다. Pol III 핵심 효소는 단지 ~12개 잔기 정도를 복제하고 나면 주형 DNA로부터 떨어져 나온다. 즉 합성 능력이 ~12개 잔기 정도인 셈이다. 그러나 Pol III 완전 효소는 **β 소단위체(β subunit)**가 존재하는 관계로 합성 능력이 5000개 잔기 이상이다. 깨어진 원형의 DNA에 결합된 β 소단위체는 깨진 틈까지 미끄러져 가서 떨어져 나온다. 이는 β 소단위체가 **DNA 둘러싼 환상 구조를 만들고 그것을 따라 움직일 수 있는 유동성 죔쇄[sliding clamp, 다른 말로 β 죔쇄(β clamp)]의 역할을 함으로써 Pol III 완전 효소가 DNA 가닥으로부터 떨어져 나오지 못하게 한다.** β 죔쇄는 또한 뉴클레오타이드 중합의 속도를 증가시킨다.

DNA와 복합체를 이루고 있는 β 죔쇄의 X선 구조는 John Kuriyan과 오도넬(Mike O'Donnell)에 의해 결정되었는데, 이에 따르면 지름이 ~80 Å 되는 도넛 모양의 구

(a)

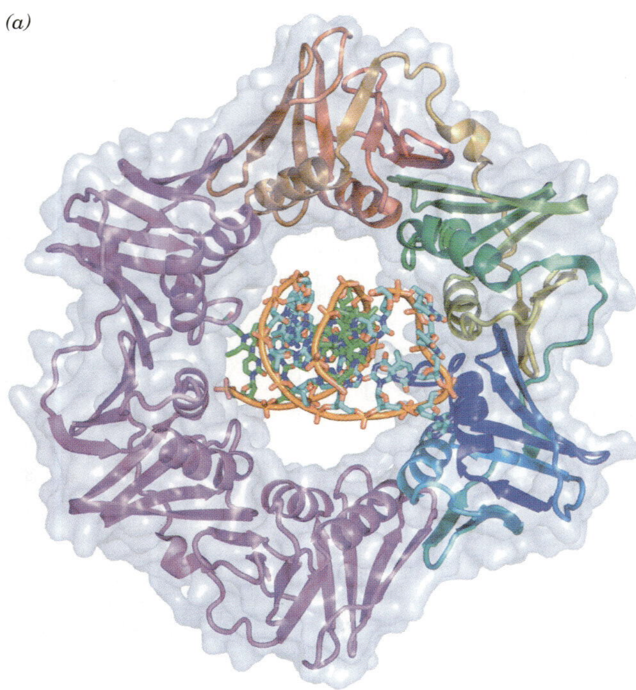

(b)

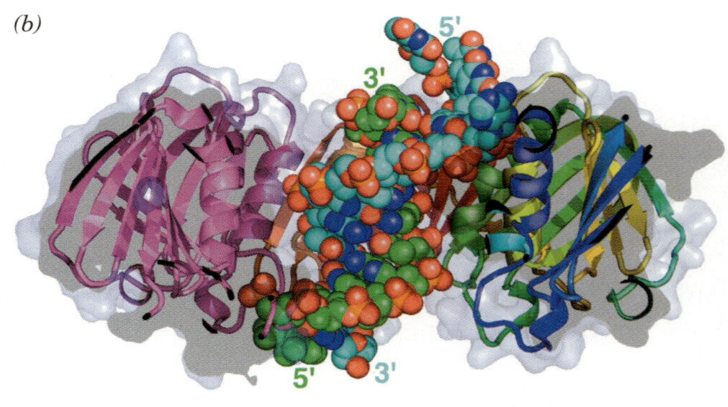

그림 25-17 DNA와 복합체를 형성하고 있는 *E. coli* 중합 효소 III 완전 효소 중 β 죔쇄의 X선 구조 *(a)* 동종 이합체 구조의 유동성 집게를 반투명 표면도식 속에 파묻힌 리본형으로 보여 주고 있으며, 2배축을 따라 하나의 소단위체는 청록색, 또 다른 소단위체는 N 말단(청색)에서 C 말단(적색)까지 무지개 색 순서로 보여 주고 있다. DNA는 가닥들 중 하나의 5′ 말단에서 4개의 뉴클레오타이드로 된 단일 가닥으로 연장하고 있는 10개 염기쌍의 이중 가닥 조각으로 이루어져 있는데, 주형 가닥의 C 원자들은 청록색, 개시자의 C 원자는 녹색, N은 청색, O는 적색, P는 주황색의 막대 모양으로 그려져 있고, 각 가닥 내에서 연속되는 P 원자들을 주황색 봉으로 연결하고 있다. *(b)* *a* 구조를 수평축에 대해 90° 회전시킨 후 내부가 보이도록 한 절단면. DNA는 공간 채움 형태로 나타내었고, 단백질의 이배축에 대해 22° 기울어져 있으며 그림에서는 수직 방향이다. [Based on an X-ray structure by John Kuriyan, University of California at Berkeley, and Mike O'Donnell, The Rockefeller University. PDBid 3BEP.]

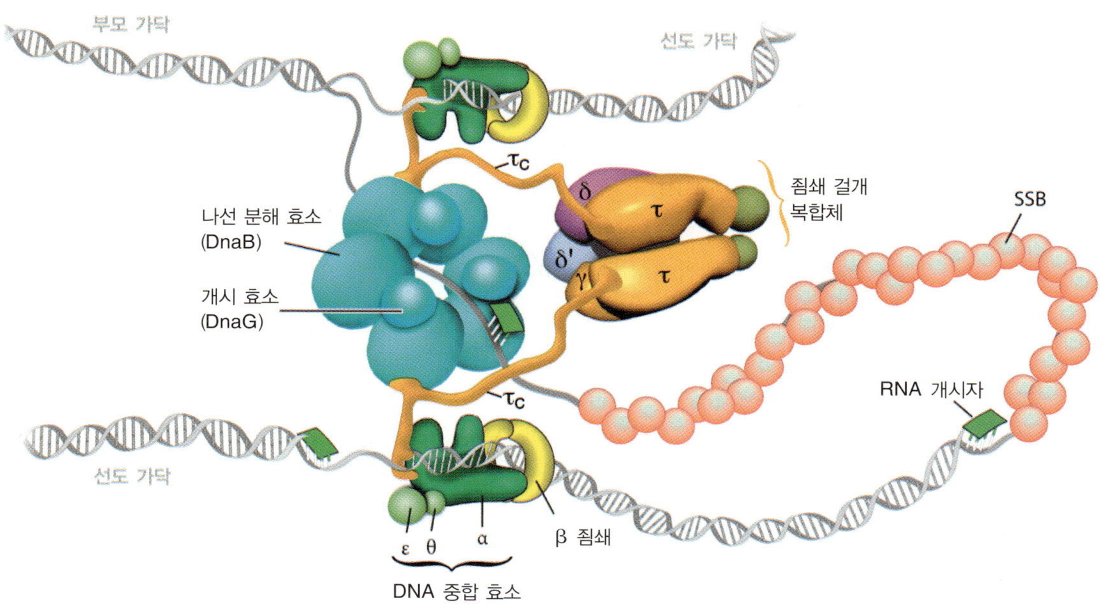

그림 25-18 *E. coli* **복제 복합체의 구성** 상세한 내용은 교재를 참조하라. 이 그림을 죔쇄 걸개 중 단지 τ_2 성분만 그려져 있는 그림 25-16과 비교해 보라. [Courtesy of Charles Richardson, Havard Medical School.]

조(그림 25-17)를 하고 있는 C 모양 단량체의 이배체로 되어 있다. 각 β 소단위체는 유사한 구조(아미노산 서열의 동일성은 20% 이하이지만)로 된 3개의 영역으로 되어 있어서 이중으로 된 고리가 대칭의 6면 별 모양을 이룬다. 고리의 내부 표면은 양으로 하전되어 있으나, 외부 표면은 음으로 하전되어 있다.

중앙의 지름이 ~35 Å에 이르는 β 죔쇄의 구멍은 B-DNA나 A-DNA(RNA 개시자들과 DNA를 갖는 혼성 나선체는 A-DNA 유사 구조이다, 24-1A절)의 지름에 해당하는 20 Å이나 26 Å보다 크다. β 죔쇄-DNA의 복합체의 X선 구조는 단백질의 α 나선체들이 그들 속으로 들어가기보다는-예를 들면 나선-회전-나선 구조물 내의 인식 나선(recognition helix, 24-4B절)가 하듯이-오히려 DNA의 주홈과 부홈에 걸쳐 있음을 보여 준다. 이는 β 소단위체가 이중 가닥 DNA와 회합을 최소한으로 하도록 설계된 것으로 보인다. 생각하건대 이는 단백질이 DNA 나선 구조를 따라 자유롭게 미끄러져 들어갈 수 있도록 한 것으로 보인다.

*E. coli*의 복제 속도는 초당 1000 nt 정도이다. 그러므로 지연 가닥 합성의 경우 DNA 중합 효소 완전 효소는 주형 가닥에 매초 정도마다(오카자케 단편의 길이는 ~1000 nt 정도) 재장전되어야 한다. 결과적으로 새로운 β 죔쇄는 Pol III의 합성 능력을 증진시키고 매초마다 1번씩 지연 가닥 주형 가닥 주위에 설치되어야 한다. Pol III 완전 효소(소단위체 조성은 $\gamma\tau_2\delta\delta'\chi\Psi$)의 **γ 복합체(γ complex)**는 **죔쇄 걸개(clamp loader)**로 알려져 있는데, 이유는 이합체로 되어 있는 β 죔쇄를 DNA 주형에 걸기 위하여 ATP를 사용하여 그것을 열기 때문이다. γ 복합체는 복제 복합체 내 2개 Pol III의 핵심 단위체(αεθ)를 2개의 τ 소단위체 중 C 말단 조각(τ_C)을 매개로 하여(그림 25-18) 연결하며, 이것은 또한 DnaB 나선 분해 효소를 결합한다. 이는 명백히 나선 분해 효소로 하여금 2개의 중합 효소 간의 움직이는 속도를 맞추도록 하는 것이다.

일단 β 죔쇄가 DNA에 장전되면 Pol III 핵심 효소는 γ 복합체보다 β 죔쇄에 더욱 견고하게 결합함으로써 걸쇄로부터 그것을 떼어내어 가속적으로 DNA 복제가 일어날 수 있도록 한다. 중합 효소가 먼저 합성된 오카자키 단편과 만나게 되면, 연속적으로 합성된 2개의 오카자키 단편들 간의 공백 부분이 감소되어 틈으로 되고, Pol III 핵심 효소는 DNA를 유리시키고, β 죔쇄에 대한 친화성을 잃게 된다. 그러나 복제 복합체 구성 요소들은 효과가 없다. γ 소단위체와 Pol III 핵심 효소는 선도 가닥 합성에 참여하는 Pol III의 연결을 통하여 지연 가닥 주형 가까이에 붙잡혀 있다(결합된 β 죔쇄에 의해 DNA에 걸린 채로 남아 있다, 그림 25-18). 결과적으로 γ 복합체는 다음 개시자 부위에서 주형 DNA 주위를 새로운 β 죔쇄로 신속하게 장전할 수 있게 되므로 Pol III은 새로운 오카자키 단편의 합성을 시작할 수 있다. 선도 가닥 Pol III은 지연 가닥 중합 효소가 다시 제 위치를 잡을 동안만 순간적으로 활동을 멈춘다.

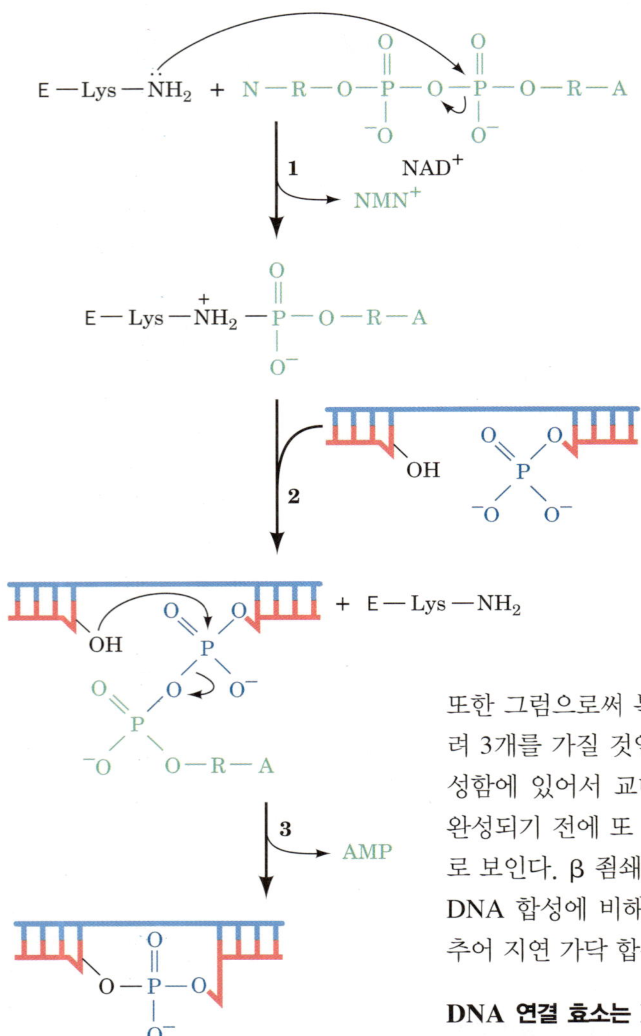

그림 25-19 *E. coli* DNA 연결 효소가 촉매하는 반응들 진핵생물과 T4의 연결 효소들은 NAD^+ 대신에 ATP를 사용하므로 첫 반응 단계에서 NMN^+보다는 PP_i가 제거된다. 여기서 A, R, N은 각각 아데닌, 리보스, 니코틴아마이드 잔기를 나타낸다.

? DNA 중합 효소와 연결 효소가 진행하는 반응들의 자유 에너지 요구에 대해서 비교해 보라.

완성된 오카자키 단편을 감은 채로 있는 유동성 죔쇄는 아마도 Pol I과 DNA 연결 효소를 불러 모아 이전에 합성해 둔 오카자키 단편상의 RNA 개시자를 DNA로 바꾸고 남아 있는 틈을 메우게 된다. 그러나 유동성 죔쇄는 최후에는 재순환됨에 틀림없다. 이것은 처음에는 죔쇄 걸개의 일로서 가상되었다. 그러나 지금은 결합된 DNA로부터 유동성 죔쇄의 분리는 결합되어 있지 않은 δ 소단위체에 의해 수행됨이 명확해졌으며(죔쇄 걸개 내의 '렌치'로서 유동성 죔쇄를 만드는 β 죔쇄를 비틀어 깬다), 세포 내의 소수의 죔쇄 걸개들을 분포시키는 데 필요한 양보다 10배 이상의 과량으로 합성된다. 그럼에도 불구하고 유리된 δ 소단위체는 DNA상에 β 죔쇄를 얹을 수 없다.

DNA 연결 효소와 죔쇄 걸개뿐만 아니라 대장균의 5가지 DNA 중합 효소들은 모두 β 죔쇄의 같은 부위에 결합한다. 결과적으로 β 죔쇄가 이들 단백질 중 어떤 것과도 회합되지 않을 때만 δ 소단위체에 의해 재사용될 수 있다.

최근의 연구에서는 죔쇄 걸개 복합체가 그림 25-16과 25-18에 그려진 것처럼 2개가 아닌 3개의 τ 소단위체를 가질 것이며, 또한 그럼으로써 복제 복합체가 2개의 Pol III의 중심과 β 죔쇄 복합체보다는 오히려 3개를 가질 것임을 시사하고 있다. 아마도 이들 복합체 중 2개는 지연 가닥을 합성함에 있어서 교대로 사용되며, 나머지 하나는 선행하는 오카자키 단편의 합성이 완성되기 전에 또 다른 하나의 오카자키 단편의 합성을 개시하는 데 사용이 될 것으로 보인다. β 죔쇄로부터 Pol III의 중심이 떨어져 나와 새로운 β 죔쇄로의 재결합은 DNA 합성에 비해서 늦어지므로 이와 같이 3개를 가짐으로써 선도 가닥 합성에 맞추어 지연 가닥 합성이 이루어질 수 있을 것이다.

DNA 연결 효소는 NAD^+나 ATP에 의해 활성화된다. DNA 연결 효소 반응에 쓰이는 자유 에너지는 종 특이적 방법으로 얻어지는데, NAD^+를 NMN^+(**nicotinamide mononucleotide**) + AMP, 또는 ATP를 PP_i + AMP 중 하나의 공역 가수 분해를 통해 얻어진다. *E. coli* DNA 연결 효소는 671개 잔기 단량체로 NAD^+를 사용하여 3단계 반응을 촉매한다(**그림 25-19**).

1. NAD^+의 아데닐기는 효소 구성 성분 중 Lys 잔기의 ε-아미노기로 이동되어 비통상적으로 인산아마이드 첨가물을 만든다.
2. 이렇게 활성화된 효소의 아데닐기는 틈 부위의 5′-인산 말단으로 이동됨으로써 아데닐화된 DNA가 만들어진다. 여기서 AMP는 통상적인 인산이에스터 결합

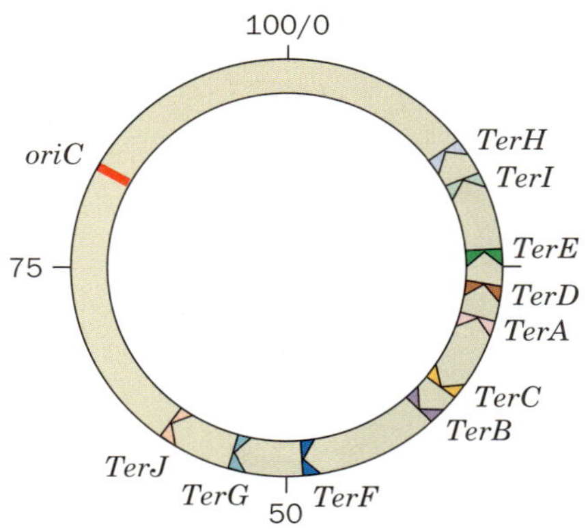

그림 25-20 *Ter* 부위들의 위치를 보여 주는 *E. coli* 염색체 지도 *TerC*, *TerB* *TerF*, *TerG* 부위는 Tus 단백질과 결합하여 시계 반대 방향으로 움직이는 개시 복합체를 통과시키지만, 시계 방향으로 움직이는 개시 복합체는 통과시키지 않는다. *TerA*, *TerD*, *TerE* 부우는 그와 반대이다. 궁극적으로 2개의 복제 분기 점은 복제 개시 부위에서 양방향으로 DNA 복제를 개시하면 반대로 마주하고 있는 *Ter* 부위들 사이에서 만나게 될 것이다.

보다는 PP_i를 거쳐서 5′-뉴클레오타이드에 연결된다.

3. DNA 연결 효소는 3′-OH의 5′-인산기로의 공격에 의해 인산이에스터 결합의 생성을 촉진함으로써 틈 영역을 메우고 AMP를 유리시킨다.

ATP를 필요로 하는 DNA 연결 효소들은 진핵생물의 경우처럼, NMN^+보다는 오히려 반응의 첫 단계에서 PP_i를 유리시킨다. 박테리오파지 T4의 DNA 연결 효소가 유명한데, 유전공학 연구에 매우 혜택이 되는 상보적인 단일 가닥 말단을 갖고 있지 않은 이중 가닥의 DNA를 연결(**평활 말단 연결**, **blunt end ligation**)할 수 있기 때문이다(3-5절).

D 복제는 특정 부위들에서 종료된다

E. coli 복제 말단은 10개의 거의 동일한 비회문 구조로 된 ~23개 염기쌍의 종결 부위들에 의해 걸려 있는 거대한 (350 kb) 영역인데, 한쪽은 ***TerH***, ***TerI***, ***TerE***, ***TerD***, ***TerA***이고, 다른 쪽은 ***TerJ***, ***TerG***, ***TerF***, ***TerB***와 ***TerC***로 되어 있다(**그림 25-20**, *oriC*는 *E. coli* 염색체 종점 부위의 정반대편에 있음을 주목하라). 복제 분기점은 그림 25-20에 그려진 것처럼, 시계 반대 방향으로 움직여서 *TerJ*, *TerG*, *TerF*, *TerB*, *TerC*를 통과하지만, *TerA*, *TerD TerE*, *TerI*나 *TerH* (*TerD TerE*, *TerI*, *TerH*는 아마도 *TerA*의 보완 부위들이다) 중 하나를 만나면 멈추게 된다. 이와 유사하게 시계 방향으로 움직이는 복제 분기점은 *TerH*, *TerI*, *TerE*, *TerD*, *TerA*를 통과하지만, *TerC*에서 멈추거나 실패하면 *TerB*, *TerF*, *TerG*, *TerJ* 중 하나에서 멈추게 된다. 그러므로 이들 종결 부위는 방향성이 있다. 즉 그들은 복제 분기점이 종결 부위를 들어오도록 하는 일방 밸브로서 역할을 하지만, 그냥 내버려두지는 않는다. **이와 같은 배열은 *oriC*에서 양방향 개시로 인해 2개의 복제 분기점 중 하나가 상대편보다 훨씬 앞서서 도착하더라도 복제 종결 지점에서 만날 수 있도록 보장하고 있다.**

Ter 부위들에서 복제 분기점 이동을 붙잡으려면, **Tus 단백질**(**Tus protein**)의 작용이 필요한데, 309개 잔기의 단량체로서 **tus** 유전자(*t*erminator *u*tilization *s*ubstance의 첫 단어 조합)의 산물이다. *Tus* 단백질은 *Ter* 부위에 특이적으로 결합하며, 그곳에서 DnaB 나선 분해 효소에 의한 가닥 해리를 막음으로써 복제 분기점의 전진을 붙잡는다.

15개 염기쌍의 *Ter* 단편과 복합체를 이루고 Tus 단백질의 X선 구조를 보면(**그림 25-21**), 이 단백질이 양으로 하전된 깊은 홈 구조를 만들어 DNA와 결합하고 있다. 복제 분기점이 통과하도록 Tus 측면 가까이에 있는 5 bp로 된 DNA 조각이 변형되

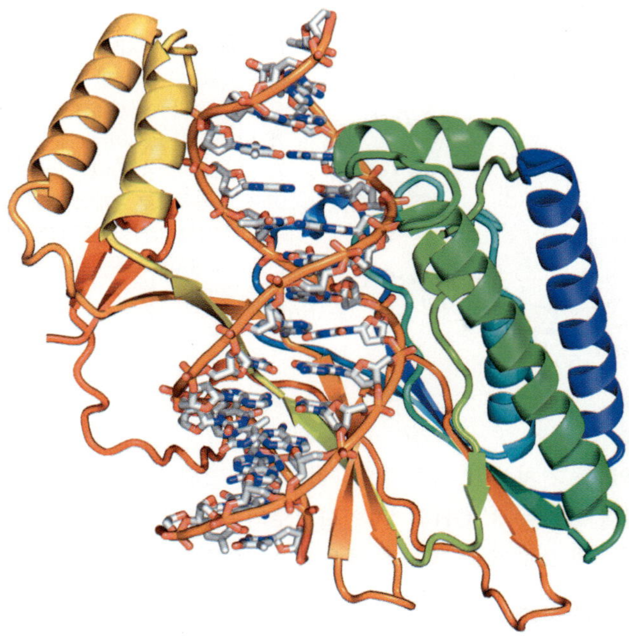

그림 25-21 15개 염기쌍의 *Ter* 함유 DNA와 복합체를 형성하고 있는 *E. coli Tus*의 X선 구조 단백질은 리본형으로, N 말단(청색)에서 C 말단(적색)까지 무지개색 순서로 색칠하였다. DNA는 막대형으로 나타내고 C는 회색, N은 청색, O는 적색, P는 주황색으로 나타냄과 함께 동일 가닥 내에서 계속되는 P 원자들은 주황색 봉으로 연결하였다. [Based on an X-ray structure by Kosuke Morikawa, Protein Engineering Research, Osaka, Japan, PDBid 1ECR.]

면서 정형(이상형)인 DNA의 회전을 푸는 것이다. 주홈은 더욱 깊어지고, 부홈은 상당히 넓어진다. 갈라진 틈의 바닥 쪽에 있는 단백질의 곁사슬들은 DNA의 넓혀진 주홈으로 파고 들어가서 서열 특이적으로 접촉을 함으로써 커다란 구조의 변화 없이는 결합되어 있는 DNA를 유리할 수 없게 한다. 그럼에도 불구하고 Tus가 *Ter* 부위의 한쪽 면으로부터의 복제 분기점 전진은 막고 다른 편은 막지 않는지에 대한 메커니즘은 명확하지 않다.

그러나 기묘하게도 Tus–*Ter* 체계가 종결에 필수적이진 않다. 복제 종결점이 없으면 반대편으로 진행하는 복제 분기점들이 명백하게 충돌함으로써 복제는 단순히 멈춘다. 그럼에도 불구하고 이러한 종결 체계는 그램 음성균 간에는 아주 잘 보존되어 있다.

이와 같은 가설에 대한 그럴 듯한 설명은 DNA의 전사와 복제 간의 관련성을 포함한다. 어떤 대장균의 유전자들은 원형의 염색체의 전체 주위에 분포되어 있으며, 이들이 생명체 순환 주기의 모든 단계에서 전사된다. 따라서 복제 분기점들과 RNA 중합 효소는 빈번하게 조우하게 된다. 만일 이들이 동일한 방향으로 움직이면 서로에게 방해가 되지 않을 것이다. 하지만 만일 상호 반대 방향으로 움직인다면, 그래서 서로의 앞부분이 서로 충돌한다면 복제 분기점은 잠깐 멈추게 될 것이고 그렇게 되면 전사 과정은 중지될 수 있을 것이다(자료 26-1 참조). 대부분의 세균 유전자들은, 복제 분기점들이 원형 염색체 상에서 반 이상 진행하지 않을 것임을 전제로 하여 전사와 복제가 동일한 방향으로 일어날 수 있도록 위치하고 있다. 그래서 아마도 Tus–*Ter*계는 DNA 복제와 전사의 속도를 증가시켜서 세균의 성장이 유리하도록 하는 것 같다.

2개의 상호 반대로 움직이는 복제 분기점이 종결 부위에서 충돌하게 되므로 새로이 합성된 가닥들은 전자쌍의 공유에 의해 연결되어 2개의 공유 결합으로 닫힌 이중가닥 염색체가 된다. 부모의 DNA 가닥은 상호 여러 차례의 회전으로 서로 감고 있어서(아마도 충돌할 복제 분기점들이 서로 매우가까이 접근하면 DNA 선회 효소가

그림 25-22 복제 종결 부위에서 연쇄 사슬형 이중 가닥 DNA들의 생성과 분리 부모 가닥은 붉은색과 검은색이고, 딸가닥은 녹색과 청색이다. 명확히 나타내기 위해서 새로 만들어진 이중 가닥 DNA의 이중 나선 특성은 나타내지 않았다.

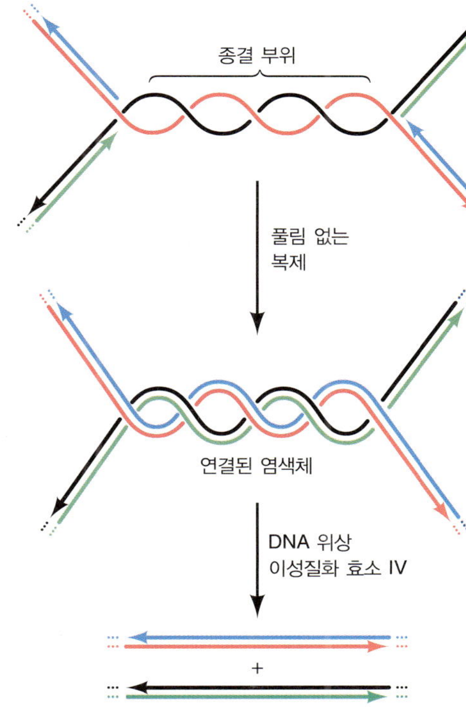

DNA에 접근할 수 없기 때문에) 최종적으로 산물인 이중 가닥 DNA는 동일한 회전수로 서로를 감고 있음에 틀림없다(**그림 25-22**). 원형 사슬로 이어진 이중 가닥의 DNA는 분리되어야 하며, 그럼으로써 각각은 상이한 딸세포로 전달될 수 있다. 이것은 **위상 이성질화 효소 IV(topoisomerase IV)**라고 이름의 제2형 위상 이성질화 효소의 일이다(24-1D절).

E DNA는 고도의 신뢰성의 바탕 위에 복제된다

Pol I 클레노브 단편만큼 작은 단일 폴리펩타이드는 혼자 힘으로 DNA를 복제할 수 있는데, 왜 *E. coli*는 염색체 복제를 위해 20여 개 이상의 복잡하게 조정된 한 벌의 단백질을 필요로 할까? 그에 대한 명확한 해답은 **유전 정보를 정확하게 전달하기 위해서 필요한 DNA 복제의 거의 완벽한 신뢰성을 확보하기 위해서이다.**

변이주 *E. coli* 또는 T4 파지들의 야생형으로 회복되는 비율은 복제된 10^8~10^{10} 염기쌍당 단지 하나의 잘못된 쌍이 만들어질 수 있음을 나타낸다. 이러한 비율은 세대당 세균 1000마리당 ~1의 오류에 상당한다. 그와 같이 복제의 높은 정확도는 다음 네 가지 근거로부터 생겨난다.

1. 세포는 23-1C절과 23-2C절에서 논의된 메커니즘을 통하여 균형된 수준의 dNTP를 유지한다. 이러한 사실은 중요한데, 이유는 하나의 dNTP가 정도에서 벗어날 정도로 과량으로 존재하면 잘못 통합되기 쉬워질 것이며, 역으로 하나가 낮은 수준으로 존재하면 높은 수준으로 있는 dNTP 중의 하나로 교체되기 쉬워질 것이기 때문이다.
2. 중합 효소 반응 그 자체로는 각별히 신뢰성을 갖는데, 그 이유는 다음 2단계 때문이다. 첫째는 효소가 열려 있고, 반응 측면에서 비활성 구조일 때 영입되는 dNTP가 주형과 염기쌍을 이룬다. 중합 반응은 효소가 새로이 형성된 염기쌍 주위를 막아서 반응할 잔기를 적절하게 위치시킨 다음에만 일어난다(유도 적합, 그림 25-10). **단백질의 구조 변화는 dNTP와 주형 간에 정확한 왓슨-크릭 염기쌍을 이루기 위한 이중 점검 중 하나이다.**
3. Pol I과 Pol III의 3′→ 5′ 핵산 말단 분해 효소는 중합 기능으로 행해진 이따금씩의 오류를 점검하고 제거하는 역할을 한다.
4. 모든 세포 내에서 대단히 많은 수의 효소계가 새로이 합성된 DNA에서 잔기 오류뿐만 아니라 합성 후에 화학적 또는 물리적 손상을 통하여 일어날 수 있는 어떠한 피해라도 수선하는 일을 한다. DNA 수선 장치는 25-5절에서 논의할 것이다.

이외에도 개시자 없이 사슬 연장을 개시 못하는 DNA 중합 효소의 특성은 DNA 복제 신뢰성을 증가시킨다. 한 사슬의 처음 몇 개의 뉴클레오타이드는 염기쌍 상호작용의 협동적 특성 때문에 가장 쌍을 잘못 이루기 쉽다(24-2절). RNA 개시자의 사용은 이러한 오류 원천을 제거시키는데, RNA는 매우 정확한 염기쌍을 허용하는 조건하에서 최후에 DNA로 대체되기 때문이다.

체크 포인트

- *E. coli* DNA 복제에서 다음 단백질들의 기능을 요약해 보시오. DNA 중합 효소 I, DNA 중합 효소 III, DnaA, 나선 분해 효소, SSB, 개시 효소, 유동성 죔쇄, 죔쇄 걸개, DNA 연결 효소, Tus 단백질, 위상 이성질화 효소류
- DNA 중합 효소 I이 3개의 활성 부위를 갖는 것이 왜 중요한가?
- 중합 효소의 활성 부위에 존재하는 금속 이온의 역할은 무엇인가?
- 선도 가닥과 지연 가닥 합성을 위해서 몇 개의 유동성 죔쇄와 죔쇄 걸기가 필요한가?
- 죔쇄의 어떠한 특성이 DNA를 따라서 유동성을 갖도록 하는가?
- Tus가 서열 특이적인 유일한 복제 단백질인 이유를 설명해 보시오.
- DNA 복제의 높은 신뢰성에 기여하는 네 가지 인자들을 서술해 보시오.

3 진핵생물의 DNA 복제

주요 개념

- 진핵생물 DNA 복제는 상이한 정도의 정확도와 합성 능력을 갖는 DNA 중합 효소를 필요로 한다.
- 전복제 복합체는 진핵생물 유전체 전반에 걸쳐 분포해 있는 다수의 복제 기점에 모인다.
- 말단 신장 효소는 RNA 주형을 사용하여 진핵생물 염색체의 3′ 말단을 연장시킨다.

진핵생물과 원핵생물의 DNA 복제 메커니즘을 비교해 보면, 진핵계가 복제될 DNA의 양이나 필요로 하는 단백질의 수(대체로 효모나 포유류에서는 27개 이상)면에서 훨씬 복잡하기는 하지만, 현저히 유사하다. 진핵세포에서는 핵 DNA나 미토콘드리아 DNA뿐만 아니라, 식물의 경우 엽록체 DNA에서 여러 가지 다른 유형의 DNA 복제가 일어난다. 이 절에서는 진핵생물 DNA 복제 관련 단백질 중 몇몇과 선형 염색체 말단 복제에의 도전을 고려해 볼 것이다.

A 진핵생물은 여러 종류의 DNA 중합 효소를 사용한다

동물세포는 적어도 13개의 독립적인 DNA 중합 효소들을 갖는데, 이들은 발견 순서에 따라 희랍어로 명명되어 있다. 새로운 분류 지침은 진핵생물뿐만 아니라 원핵생물 중합 효소들을 서열 유사성에 따라 6종류(A, B, C, D, X, Y)의 계로 나누고 있다. 이 절에서는 진핵생물의 핵 DNA를 복제하는 데 가담하는 주요 효소 세 가지를 서술해 보고자 한다. **중합 효소 α, δ, ε** 모두는 중합 효소 B계의 구성 성분이다(표 25-2).

모든 DNA 중합 효소에서처럼 DNA 중합 효소 α(**pol α**)는 단일 가닥 DNA 주형의 방향을 따라 개시자를 5′→ 3′ 방향으로 연장함으로써 복제한다. 이 효소는 핵산 말단 분해 효소 활성이 없어서 중합 산물의 교정을 행할 수는 없다. Pol α는 단지 중정도의 합성 능력(한번에 ~100개 뉴클레오타이드 중합 능력)을 가지며, 개시 효소와 단단하게 회합하므로 DNA 복제를 개시하는 데 관련될 것이다. Pol α/개시 효소 복합체는 7~10개 뉴클레오타이드의 RNA 개시자를 합성하고 추가적으로 15개 남짓의 데옥시뉴클레오타이드로 그것을 연장시킨다. 교정 능력의 결핍이 문제가 되지 않는다. 왜냐하면 새로 합성된 처음 몇 잔기들은 통상 제거되고 RNA 개시자와 함께 교체되기 때문이다.

DNA 중합 효소 δ(**pol δ**)는 개시 효소와는 회합되지 않으며 3′→ 5′ 핵산 말단 분해 효소 활성 부위를 갖고 있다. 또한 pol δ의 합성 능력은 본질적으로는 제한이 없으나(주형 DNA의 전체 길이를 복제할 수 있다), 그 경우는 오직 **확산 세포 핵 항원(proliferating cell nuclear antigen, PCNA)**이라고 불리는 유동성 죔쇄 단백질과 복합체를 이룰 때이다. PCNA의 X선 구조(그림 25-23)가 Kuriyan에 의해 결정되었

표 25-2 몇몇 진핵생물 DNA 중합 효소들의 특성

	α	β	ψ
3′ → 5′ 핵산 말단 분해 효소	없음	있음	있음
시발체 회합	있음	없음	없음
진행도(합성)	보통	높음	높음
PCNA 요구	없음	있음	없음

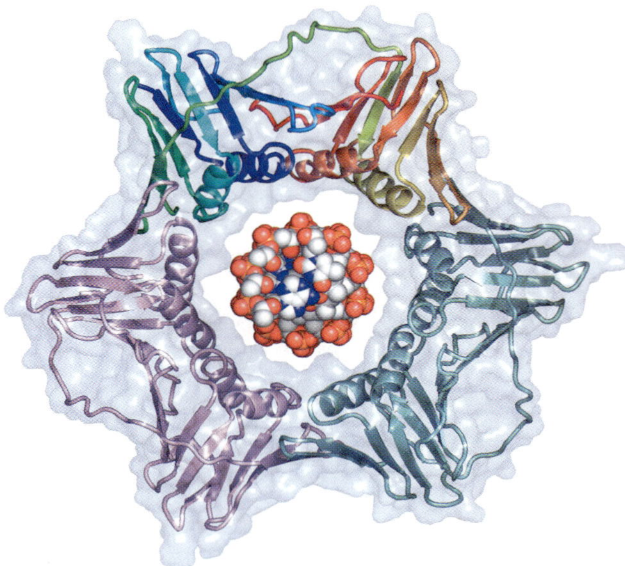

그림 25-23 **PCNA의 X선 구조** 3배체 대칭 고리를 이루는 3개의 소단위체를 반투명 표면 도해에 묻힌 리본 모양으로 나타내었다. 소단위체 중 하나는 N 말단(청색)에서 C 말단(적색), 또 다른 것은 분홍색, 세 번째는 연녹색의 무지개 색 순서로 색칠하였다. 나선 축을 따라 본 B-DNA의 공간 채움 모형을 PCNA 고리의 중앙에 그려 넣었다. [Based on an X-ray structure by John Kuriyan, University of California at Berkeley. PDBid 1AXC.]

? *E. coli* Pol III 완전 효소(그림 25-17)의 β 죔쇄의 그것과 이 구조를 비교해 보라.

는데, *E. coli*의 β_2 유동성 죔쇄(그림 25-17)처럼 거의 동일한 구조(그리고 아마도 동일한 기능)의 삼중 고리 모양을 보여 주고 있다. 흥미롭게도 PCNA와 β 죔쇄의 경우, 구조적으로 유사한 부분을 정렬해 보아도 서열상에 어떠한 의미 있는 동일성을 찾을 수 없다.

PCNA와 복합체를 이루고 있는 pol δ는 지연 가닥 DNA 합성을 위해서 필요하다. 복제 과정 중에 **RFC[replication factor C(복제 인자 C)]**, *E. coli* γ 복합체의 진핵 상대 물질인 죔쇄 집개)는 PCNA를 개시자 가까이에 있는 주형 가닥 위에 놓는다. 이로서 pol α를 떼어내는데, 이 과정을 **주형 바꾸기(template switching)**라고 한다. pol δ를 지연 가닥 주형에 결합시켜서 새로운 DNA 가닥을 점진적으로 뻗쳐나가게 하는 것이다.

Pol ε는 이종 사합체의 핵 효소인데 DNA 복제 과정에 있어서 가장 모르는 점이 많은 참가자이다. Pol ε는 PCNA가 없는 조건에서 꽤 합성 능력을 발휘하며, pol δ가 하던 것처럼 단일 가닥 DNA를 단일 뉴클레오타이드로 분해하기보다는 6 또는 7개 잔기의 과뉴클레오타이드 단위로 분해하는 3′→ 5′ 핵산 말단 분해 효소 활성을 가지고 있다. 비록 Pol ε이 효모의 생존을 위해서 필요할지라도 그것의 필수적 기능은 256 kD 촉매 소단위체 중 비촉매성 C 말단의 반만으로도 수행될 수 있으며, 이와 같은 점은 B계 DNA 중합 효소 중에서 독특하다. 이는 pol ε의 촉매 소단위 중 C 말단의 반이 복제 복합체의 조립을 위해 필요함을 시사한다. 그럼에도 불구하고 쿤켈(Thomas Kunkel)은 pol ε가 비록 지연 가닥 합성에도 기여할지는 모르지만, 아마도 선도 가닥 복제 효소일 것임을 보여 주었다. 더욱이 pol δ도 선도 가닥 합성에 참여할지도 모른다.

DNA 중합 효소 γ(pol γ)는 A계 효소이며, 배타적으로 미토콘드리아에 존재하면서 미토콘드리아 유전체를 복제할 것으로 보고 있다. 엽록체는 유사한 효소를 갖는다. 단백질들의 중합 효소 계통 중 추가 구성 성분으로서 바이러스 효소인 **역전사 효소(reverse transcriptase)**, 즉 RNA를 주형으로 DNA를 합성하는 중합 효소가 있다(자료 25-2).

추가 효소들이 진핵생물의 DNA 복제에 참가한다. 원핵생물의 DNA 복제에서처럼 나선

자료 25-2 생화학 전망 역전사 효소

역전사 효소(**reverse transcriptase**, **RT**)는 인간 면역 결핍성 바이러스(human immunodeficiency virus, HIV, 에이즈의 병원체; 자료 12-3)와 같은 RNA를 갖는 진핵생물 바이러스 계통인 **레트로바이러스**(**retroviruse**)의 필수 효소이다. RT는 1970년에 테민(Howard Temin)과 볼티모어(David Baltimore)가 각각 발견하였으며, RNA를 주형으로 5′→ 3′ 방향으로 DNA를 합성한다. 이 효소의 활성은 초기에는 분자생물학의 중심 정설에 어긋나는 것으로 생각되었으나(3-3B절), RT 반응 과정 중 열역학적인 면에서 금지될 만한 일은 없다(사실 어떤 특정 조건하에서는 중합 효소 I이 RNA 주형을 복사할 수 있다). RT는 첫 단계에서 바이러스의 단일 가닥 RNA 유전체의 이중 가닥 DNA로의 전환을 촉진한다.

바이러스가 세포 내로 들어가면, 바이러스의 RT는 바이러스의 RNA를 주형으로 상보적 DNA 가닥을 합성하고 RNA–DNA 혼성 나선체를 만든다. DNA의 합성은 숙주 세포 tRNA의 3' 말단이 풀리고 바이러스 RNA의 상보 조각과 염기쌍을 만들면서 시작된다. 다음으로 바이러스 RNA 가닥은 RNase H에 의해 뉴클레오타이드로 분해된다(RNase 활성은 RNA–DNA 혼성 나선체의 RNA를 가수 분해한다). 마지막으로 DNA 가닥이 상보적 DNA를 합성을 위한 주형으로 역할을 하여 이중 가닥 DNA를 만드는데, 이는 숙주 세포 염색체 내로 통합된다.

RT는 특히 유전공학에서 중요한 도구인데, 이는 mRNA를 전사하여 상보 가닥 DNA(**cDNA**, 도표 참고)를 합성할 수 있기 때문이다. 예를 들면 mRNA–유도의 cDNA를 사용하여 *E. coli* (3-5D절) 내에서 진핵생물의 구조 유전자를 발현시킬 수 있다. *E. coli*는 인트론을 잘라내는 기구가 없으므로(26-3B절), *E. coli* 내에서의 진핵생물의 구조 유전자를 발현시키기 위한 목적으로 게놈 DNA를 사용한다면 인트론의 사전 제거가 필요할 것인데, 이는 기술적으로 묘기이다.

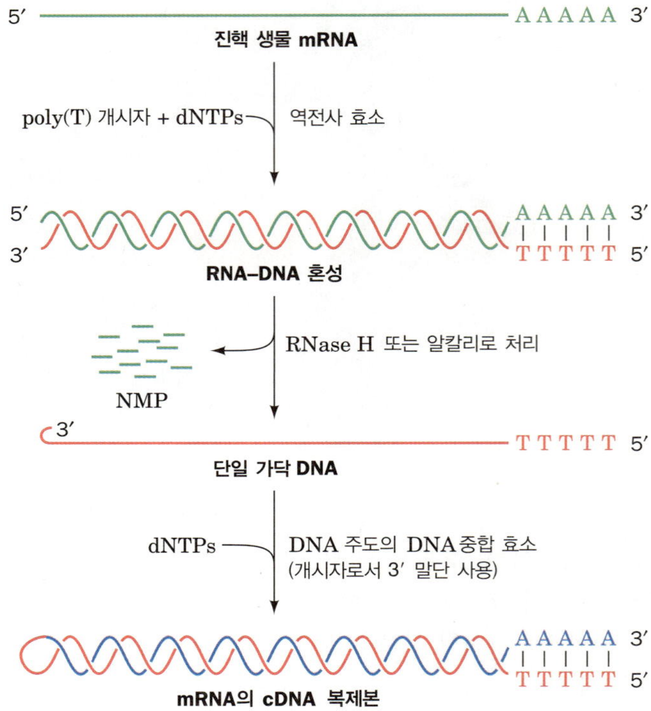

HIV-1 역전사 효소는 이합체 단백질이며 그것의 소단위체는 p66(반대쪽, 상단)으로 알려져 있는 동일한 66 kD 폴리펩타이드로 합성되며, 각각은 중합 효소 영역과 혼성체 RNA 분해 효소 영역을 갖고 있다. 하지만, 두 개의 소단위체 중 하나의 혼성체 RNA 분해 효소 영역은 단백질

분해 효소가 2개의 주형 가닥을 비틀어 떼어내는 데 필요하다. 진핵생물에서는 이러한 기능이 **MCM**으로 알려져 있는 이종 육합 복합체에 의해 수행된다. 단일 가닥 DNA는 세균의 단일 가닥 결합 단백질(SSB)의 진핵생물 상당 물질인 삼합체인 **복제 단백질 A**(**replication protein A**, **RPA**)로 덮여진다. 진핵생물의 복제 복합체(replisome)도 추가 단백질을 포함하는데, 이것에 상응하는 원핵생물 상당물은 없으며, 이들의 기능은 빈약하게 이해되어 있다.

진핵생물에는 *E. coli*의 Pol I과 같은 틈새를 메우는 중합 효소가 없다. 대신에 오카자키 단편의 RNA 개시자들은 두 종류의 효소의 작용에 의해 제거된다. 즉 **RNase H1**이 DNA에 인접해 있는 5′-리보뉴클레오타이드 한 개만을 남기고 대부분의 RNA를 제거하고 나면, 다음은 **flap 핵산 내부 분해 효소-1**(**flap endonuclease-1, FEN1**)이 그것을 제거한다. 그러나 이미 살펴보았듯이 pol α는 pol δ에 의해 교체되기 전까지 RNA 개시자를 15개 뉴클레오타이드 DNA로 확장한다. Pol α는 교정 능력이 없으므로 상기의 개시자 연장은 pol δ가 DNA를 합성할 때보다 오류를 갖기가 더욱 용이하다. 하지만 FEN1이 PCNA에 의해 소집되면 pol α의 그러한 교정 기능을 유효하게 공급한다. FEN1 또한 하나의 핵산 내부 분해 효소로서, 결합되어 있는 DNA 가닥의 5′ 말단에서 거의 15개 뉴클레오타이드 길이에 이르는 오류가 포함된 과뉴클레오타이드를 잘라낸다. 더욱이 FEN1은 더욱 멀리 떨어져 있는 염기쌍 오류를 없애기

p66

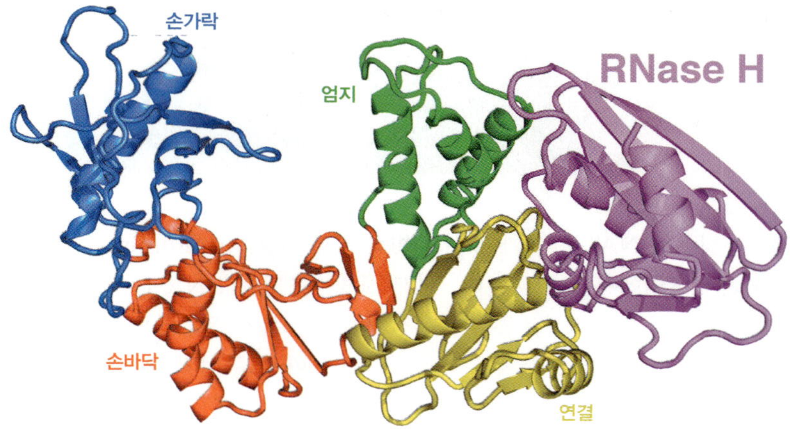

p51

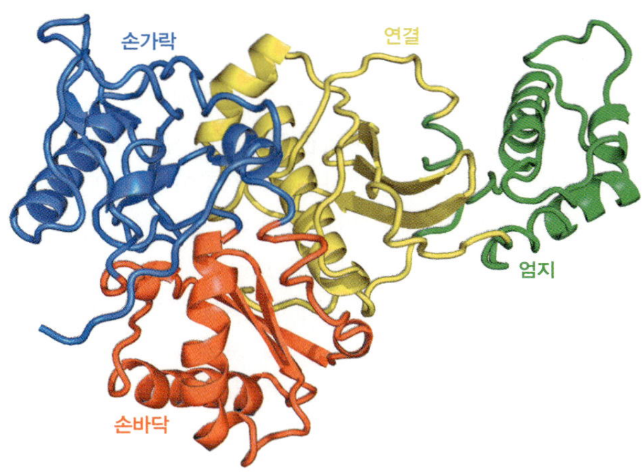

체가 잘려져서 **p51**(반대쪽, 하단)으로 이름 지어진 51 kD의 폴리펩타이드를 생성한다. 그러므로 RT는 p66과 p55의 이합체이다.

HIV-1 RT의 X선 구조는 두 개의 소단위체가 각각 손가락, 손바닥, 엄지 영역뿐만 아니라 '연결' 영역을 가지지만 구조는 서로 상이함을 보여 준다. p66 소단위체의 혼성체 RNA 분해 효소 영역은 연결 영역 다음으로 이어진다. p66 및 **p51** 소단위체들은 2배 분자 대칭(희귀하지만, 전대미문의 현상은 아닌)과는 관련이 없으나 대신 일종의 머리-꼬리 순서의 배열로 회합한다. 따라서 RT는 단지 하나의 중합 효소 활성 부위를 갖는다.

역전사 효소는 교정용 핵산 말단 분해 효소 기능이 없으므로 높은 오류 친화성을 갖는다. 실제로, 단일의 숙주 내에서 조차도 HIV는 급속히 새로 진화하는 능력이 있어서 항-HIV 백신 개발에 주요 장애가 된다. 바이러스의 이러한 높은 빈도의 돌연변이는 RT를 포함한 바이러스 내의 암호화된 효소들을 저해시키는 약제에 대한 저항성을 급속히 발전시키는 HIV의 주된 원인이기도 하다.

[Based on an X-ray structure by Edward Arnold, Rutgers University. PDBid 3JYT.]

위해 여러 차례 연속적으로 그러한 삭제를 행할 수 있다. 잘려나간 조각은 pol δ가 연속적으로 오카자키 단편이 합성함으로써 나중에 치환된다(**그림 25-24**).

B 진핵생물 DNA는 다중의 복제 원점들로부터 복제된다

진핵생물의 경우, 복제 분기점의 움직임이 원핵생물의 경우보다 10배 정도 늦다. 통상 진핵생물의 염색체가 원핵생물 경우보다 60배 이상의 DNA를 가지므로 원핵생물에서처럼 하나의 복제 원점에서 양방향 복제를 한다면 1개월이 소요될 것이다. 하지만 **그림 25-25**에서와 같은 전자 현미경 사진을 보면, **진핵생물의 염색체**는 종과 조직에 따라 매 3~300 kb마다 하나씩에 해당하는 **다중의 복제 원점들을 갖고 있어서** 복제를 완성하는 데 통상적으로 수시간 정도가 필요하다.

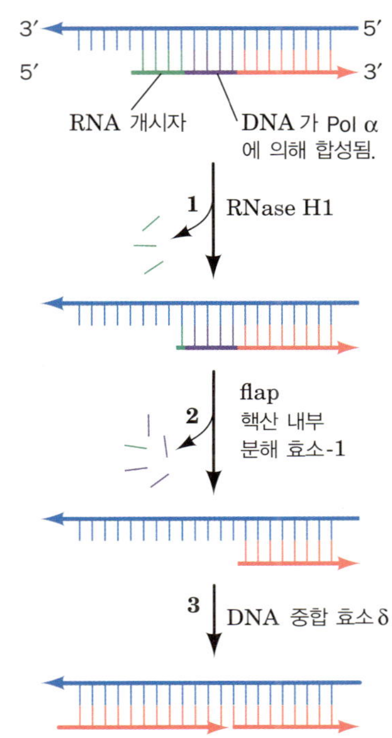

그림 25-24 진핵생물 RNA 개시자의 제거 (1) RNase H1은 RNA 개시자의 5′-리보뉴클레오타이드만을 남기고 모든 것을 자른다. (2) FEN1은 5′ → 3′ 핵산 내부 분해 효소로서 만일 인접한 DNA 조각과 맞지 않은 염기쌍이 있다면 남아 있는 리보뉴클레오타이드를 제거한다. (3) 잘려나간 뉴클레오타이드는 DNA 중합 효소 δ가 다음의 오카자키 단편의 합성을 완성함으로써 치환된다(이 도표에서 왼쪽). 틈은 결국 DNA 연결 효소에 의해 메워진다.

? 이 과정은 *E. coli*의 RNA 개시자의 제거와 어떻게 비교되는가?

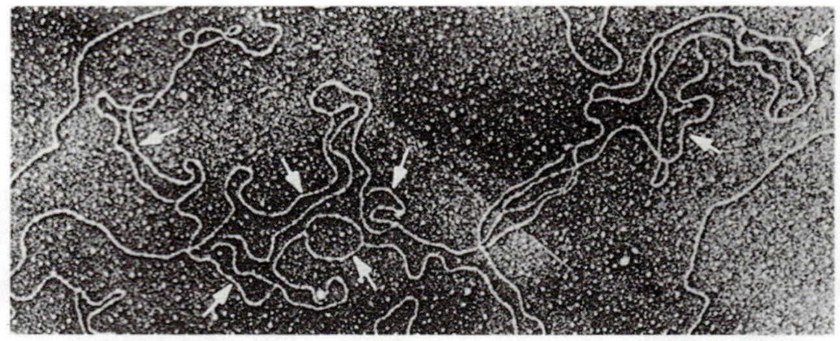

그림 25-25 복제 중인 *Drosophila* DNA 단편의 전자 현미경 사진 그림의 화살표는 다중 복제 눈을 나타낸다.

? 여러 개의 복제 눈들 중 하나에서 복제 분기점들을 동정해 보라.

효모의 경우 DNA 복제 개시는 **자발적 복제 서열(autonomously replicating sequence, ARS)**에서 일어나는데, 쉽게 풀릴 수 있는 DNA에 인접하여 보존되어 있는 11 bp 서열을 말한다. 포유류 유전체에서는 복제 원점들이 서열 보존성을 보여 주지 않지만, 이들 모든 부위는 6개의 소단위체로 구성된 **개시 인식 복합체(origin recognition complex, ORC)**의 결합을 지원한다. 추가적인 ATP 가수 분해 단백질들은 나선 분해 효소 MCM의 조립을 돕는다. 이렇게 해서 만들어진 **전복제 복합체(prereplication complex, pre-RC)**는 세포 운행 과정(28-4A절)을 통하여 그 진행을 통제하는 다른 인자들이 활성화될 때 비로소 복제를 개시한다. 추정하건대 pre-RC 조립과 활성화의 독립적 조절은 세포로 하여금 MCM이 주형 DNA의 나선을 풀고 복제를 시작하기 전에 복제 원점들을 선별하도록 할 것이다. 일단 DNA 합성이 진행 중이면 어떠한 새로운 전복제 복합체가 만들어질 수 없게 되는데, 이는 DNA가 세포 운행 과정당 오로지 한번만 복제가 일어나도록 보장한다.

개시 부위들은 세포 분열이 신속한 시기인 초기 배 생성 단계에서는 유전체 전체에 균일하게 분포되어 있다. 하지만 세포가 분화된 후, 복제 원점들의 분포는 변화가 생기는데, 이는 상이한 세포 유형에 따라 DNA 수납의 변경 및 유전자 발현의 유형을 반영하는 것으로 보인다.

세포학적인 입장에서 관찰해 보면 수많은 염색체 부위들은 모두 동시에 복제되는 것이 아님을 나타낸다. 오히려 20개에서 80개의 인접하고 있는 **리플리콘(replicon, 복제 단위**, 복제 원점으로 봉사되는 DNA 조각) 뭉치가 동시에 활성화된다. 이러한 새로운 복제 단위 묶음들은 염색체가 완전히 복제될 때까지 활성화된다. DNA 복제는 각각의 복제 분기점이 인접한 복제 단위체로부터의 분기점과 충돌이 일어날 때까지 복제 기점으로부터 각 방향으로 진행한다. 진핵생물에는 *E. coli*의 *Ter* 부위들과 유사한 종결 서열들은 없는 것 같다.

뉴클레오솜은 복제 분기점 후방에서 재조립된다. 원핵생물 DNA와는 달리 진핵생물의 경우는 뉴클레오솜에 수납되어 있다(24-5A절). 개시를 위해서는 이와 같은 구조의 얼마간의 변경이 필요할 것 같은데, 일단 복제가 진행 상태에 놓이게 되면 뉴클레오솜은 DNA 중합 효소들의 진행을 방해하는 것처럼 보이지는 않는다. 히스톤을 방사능으로 표지시켜 실험을 해보면 복제 분기점 바로 앞의 뉴클레오솜은 와해되고, 떨어져 나온 히스톤들은 개별적으로 또는 이합체나 사합체 중 하나로 되며, 생겨나는 딸 이중체 DNA와 재빨리 재회합한다. 부모의 히스톤들은 선도 및 지연 이중 가닥들과 임의로 회합한다. DNA 복제(핵에서 일어나는)는 세포질에서의 히스톤 단백질 합성과 상호 조정됨으로써 새로운 히스톤들이 필요량만큼 사용될 수 있다.

C 말단 재생 효소는 염색체의 말단을 연장시킨다

선형 염색체의 말단은 복제 기구에 문제를 제기한다. 구체적으로 말하면 DNA 중합 효소는 지연 가닥의 마지막 5′ 말단을 합성하지는 못한다(**그림 25-26**). 비록 RNA 개시자가 DNA 주형의 3′ 말단과 짝을 짓는다고 하더라도 DNA로 대체될 수 없는 것이다(DNA 중합 효소는 5′ → 3′방향으로만 작동함을 상기하라. 즉 오로지 현존하는 개시자를 연장만 시킬 수 있으며, 개시자는 그것의 상보 가닥에 결합되어야 한다). **결론적으로 지연 가닥을 완성하는 메커니즘이 없으므로 선형의 염색체는 매회 복제될 때마다 적어도 하나의 *RNA* 개시자의 길이만큼 양 말단에서 짧아지게 될 것이다.**

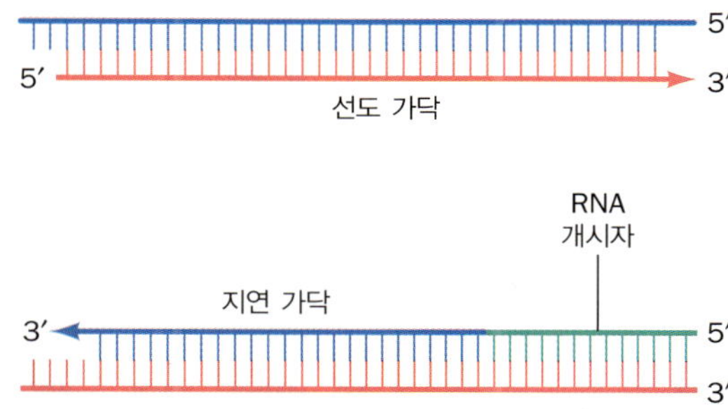

그림 25-26 선형 염색체의 복제 선도 가닥 합성은 염색체의 끝까지 진행할 수 있다(상단). 그러나 DNA 중합 효소는 지연 가닥의 5′-최고 말단까지는 합성할 수 없는데, 그 이유는 주형 가닥의 3′ 말단과 쌍을 이룬 RNA 개시자를 오직 연장할 수만 있기 때문이다(하단). 개시자의 제거와 남아 있는 단일 가닥 연장의 분해는 매회 복제될 때마다 염색체를 짧아지게 만든다.

말단 소립은 RNA 주형으로부터 만들어진다. 진핵생물의 염색체의 말단, 즉 **말단 소립**[**telomere**, 희랍어: telos(말단)]은 유별난 구조를 갖고 있다. 말단 영역의 DNA는 각 염색체 끝의 3′ 말단 가닥 위에 짤막한 G가 풍부한 서열이 1000여 개 이상 세로로 나란히 반복되어 있는 구조를 하고 있다(원생생물인 *Tetrahymena*에서는 TTGGGG, 인간의 경우는 TTAGGG).

블랙번(Elizabeth Blackburn), 그라이더(Carol Greider)와 조스택(Jack Szostak)은 DNA의 말단 부위가 **리보핵단백질**(**ribonucleoprotein**, 단백질과 RNA의 복합체) 중 하나인 **말단 재생 효소**(**telomerase**)로 이름지어진 효소에 의해서 합성되고 유지됨을 보여 주었다. RNA 구성 성분(사람의 경우, 451개 뉴클레오타이드)은 반복되는 말단 서열에 상보적인 조각을 포함하고 있으며, 뉴클레오타이드가 DNA의 3′ 말단에 첨가되는 반응(**그림 25-27**, 상단)을 위한 주형으로서 역할을 한다. 말단 재생 효소는 반복해서 DNA 가닥의 새로운 3′ 말단으로 이동하면서 DNA에 다수의 말단 서열을 첨가한다(그림 25-27, 아래). 말단의 G가 풍부한 가닥에 상보적인 DNA 가닥은 G가 풍부한 가닥 상에 100~300개 뉴클레오타이드의 단일 가닥을 남기면서, 지연 가닥 합성용 정상적 세포 기구에 의해서 명확히 합성된다.

말단 재생 효소의 기능은 역전사 효소(자료 25-2)와 유사하다. 사실 **TERT**로 불리는 고도로 보존되어 있는 촉매 하부 단위는 역전사 효소와 동형이다. 여타 중합 효

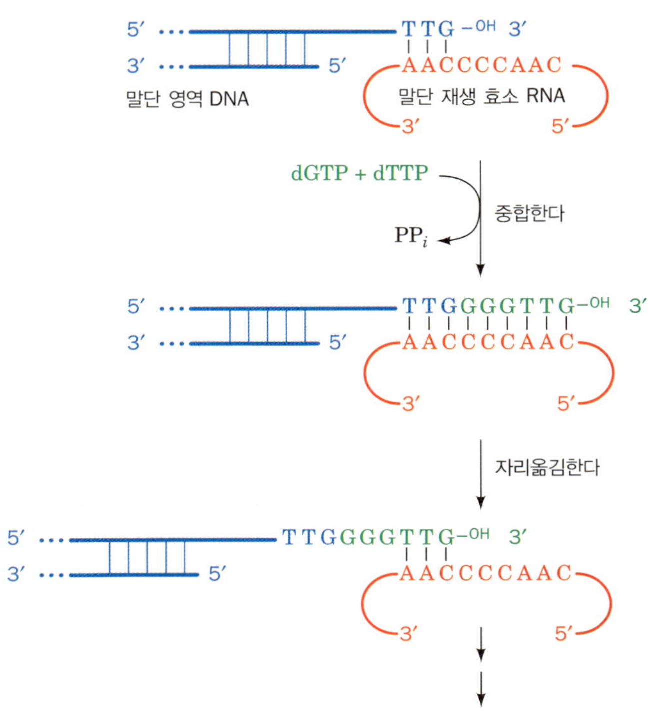

그림 25-27 *Tetrahymena* 말단 재생 효소에 의한 말단 DNA의 합성 메커니즘 말단 소립의 5′ 말단 가닥은 나중에 정상적인 지연 가닥 합성에 의해 연장된다. [After Greider, C.W. and Blackburn, E.H., *Nature* **337**, 336(1989).]

? 도표 맨 아래쪽에 있는 2개의 화살표는 무슨 과정을 나타내는가?

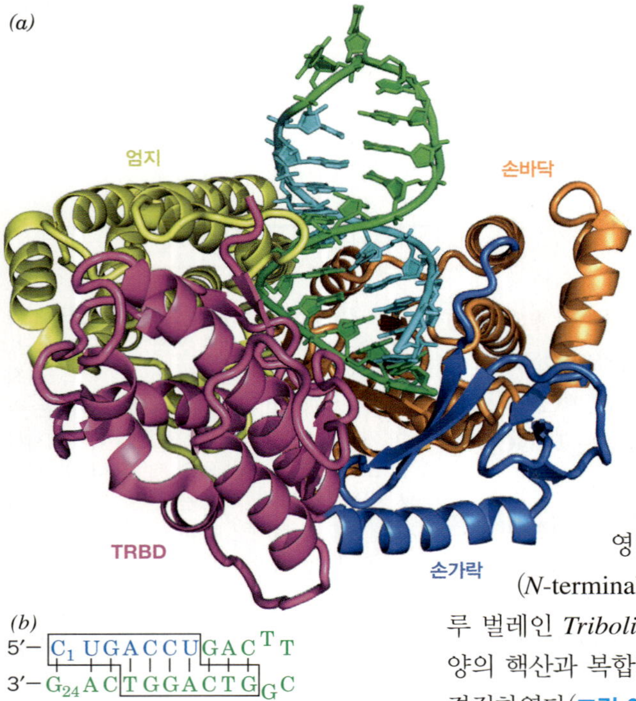

그림 25-28 RNA 주형과 말단 소립 DNA를 갖는 머리핀 모양의 핵산과 복합체를 이룬 TERT의 X선 구조 (*a*) 밀가루 벌레인 *Tribolium castaneum*으로부터 단백질을 분리해서 4개의 영역을 다른 색으로 하여 리본형으로 보이고 있다. 핵산은 주걱 모양으로 5′ 말단 10개의 리보뉴클레오타이드는 남색, 3′ 말단 14개의 데옥시뉴클레오타이드는 녹색으로 그리고 있다. [Based on an X-ray structure by Emmanuel Skordalakes, The Wistar Institute, Philadelphia, Pennsylvania. PDBid 3KYL.] (*b*) TERT와 함께 결정화된 24개 염기쌍의 RNA–DNA 머리핀 모양의 핵산 혼성체의 서열과 2차 구조를 a에서와 동일한 색으로 나타내었다. RNA 주형 조각과 말단 소립 DNA는 상자 모양으로 에워 쌓고, 왓슨–크릭 염기쌍은 수직의 검은 선으로 나타내었다. 24 중체 중 5′ 말단의 21개의 뉴클레오타이드만으로 구성된 머리핀 모양의 핵산은 TERT와 함께 결정화되었으나, 효소는 머리핀 모양 핵산의 3′ 말단에 3개의 데옥시뉴클레오타이드인 5′-CAG-3′를 붙이고 있다.

소들에서 전형적인 손가락 모양, 손바닥 모양, 엄지손가락 모양 영역 외에 TERT가 있는데 이것이 N 말단 말단 소립 반복 결합 영역(*N*-terminal *t*elomere *r*epeat *b*inding *d*omain, TRBD)을 내포하고 있다. 밀가루 벌레인 *Tribolium castaneum*의 RNA 주형과 말단 소립 DNA를 갖는 머리핀 모양의 핵산과 복합체를 이루고 있는 TERT의 X선 구조를 Emmanuel Skordalakes가 결정하였다(**그림 25-28*a***). 그 단백질을 5′ 말단에 3개의 튀어나온 리보뉴클레오타이드를 갖는 21개의 뉴클레오타이드로 된 머리핀 모양의 RNA−DNA 혼성체와 함께 결정화하였다(**그림 25-28*b***). 하지만 X선 구조는 이 효소가 3′ 말단에 3개의 데옥시뉴클레오타이드 d(CAG)를 붙이고 있으며, 이것은 5′ 말단에 튀어나온 뉴클레오타이드에 상보적이고, 그럼으로써 TERT가 촉매 활성이 있을 것임을 입증하고 있었다.

말단 재생 효소가 없으면 매회 DNA 복제 시마다 염색체가 점차로 잘려나가게 되어 세포의 정상적 노화에 기여하게 된다. 역으로 말단 재생 효소의 활성 강화는 종양 세포에서 일어나는 통제되지 않은 복제 및 세포 성장을 허용하게 될 것이다(자료 25-3).

말단 영역은 G-4중주(G 4개가 한 단위체)를 만든다. 구아닌 염기가 풍부한 다중 뉴클레오타이드는 연구하기가 어렵기로 악명이 높다. 이유는 후그스틴형 염기 짝짓기(24-2A절)를 거쳐서 **G-4중주**(**그림 25-29*a***)로 알려진 고리형의 사합체를 만들어 뭉치는 경

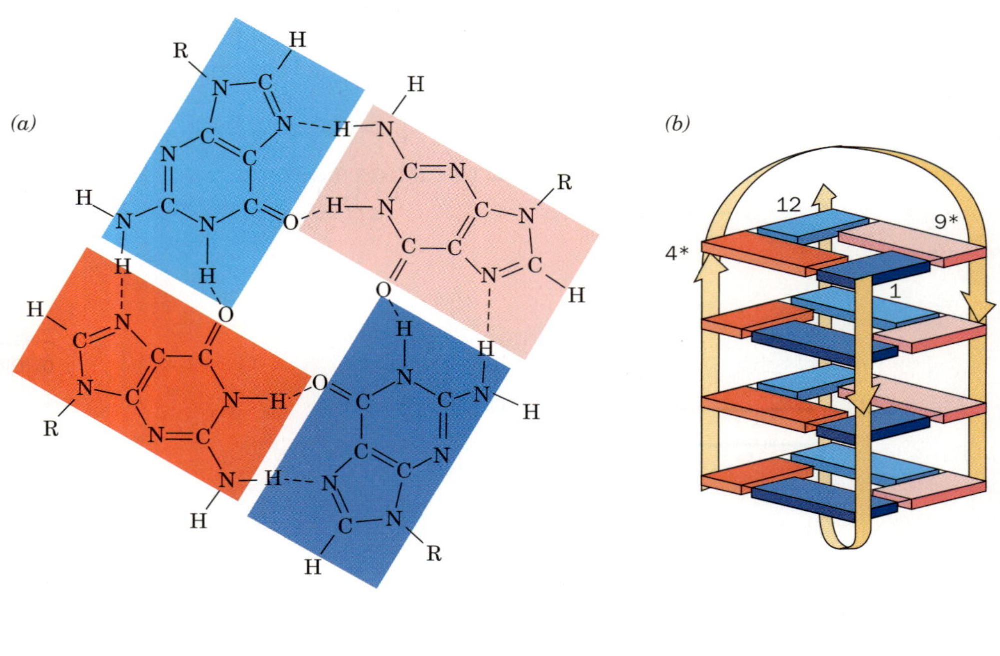

그림 25-29 말단 소립 과뉴클레오타이드인 d(GGGGTTTTGGGG)의 구조 (*a*) G–4중주 구조에서의 염기쌍 상호작용. (*b*) 가닥 방향을 화살표로 나타낸 NMR 구조의 모형도. 뉴클레오타이드에서 하나의 가닥은 1에서 12로, 대칭으로 된 가닥에서는 1*에서 12*로 매겼다. 구아닌 잔기인 G1에서 G4는 푸른색 장방형으로, G9에서 G12는 청록색, G1*에서 G4*는 붉은색, G9*에서 G12*는 분홍색으로 나타내었다. [After Schultze, P., Smith, F.W., and Feigon, J., *Structure* 2, 227 (1994). PDBid 156GD.]

자료 25-3 건강과 질병의 생화학

말단 재생 효소, 노화, 암

말단 재생 효소가 없다면, 염색체는 DNA 복제와 세포 분열이 일어나는 매회마다 적어도 RNA 개시자의 하나의 길이만큼 양쪽 끝이 짧아질 것이다. 그러므로 초기에는 만일 활성을 갖는 말단 재생 효소가 없는 경우, 염색체 말단들 가까이에 위치한 필수 유전자들을 결과적으로 잃게 될 것이고, 그럼으로써 이러한 영향을 입은 세포의 후손들은 죽게 될 것으로 추정되었다. 그러나 지금은 말단 소립에 이러한 일이 일어나기 전에 이를 보완할 수 있는 염색체의 또 다른 중요한 기능이 있다는 것이 분명해졌다. 자유로운 DNA 말단이 깨진 염색체의 말단을 정상적으로 재차 연결시키는 DNA 손상 수선 장치를 가동시키는 것이다(25-5E절). 결과적으로 노출된 말단 소립 DNA는 염색체의 말단끼리의 융합을 일으키는데, 이 과정은 염색체 불안정을 유도하여 마침내 세포 치사로 이어진다(융합된 염색체가 흔히 직접 분열 과정에서 깨진다. 그들의 2개의 중심립이 반대 방향으로 그들을 끌어당기기 때문이다). 그러나 **모자 씌우기**(**capping**)으로 알려져 있는 과정에서 말단 소립 DNA는 DNA 말단을 숨기는 단백질에 의해 특이적으로 결합된다. 모자 씌우기는 말단 소립의 길이가 감소함에 따라 그것의 uncapping의 가능성이 자연적으로 증가하는 데 대한 역동적 과정이라는 증거가 차츰 쌓여가고 있다.

다세포 생물의 체세포들은 말단 재생 효소의 활성이 없다. 이와 같은 사실은 배양 중의 세포가 **노화**(**senescence**, 분열을 끝내는 단계)에 이르기 전에 제한된 수(20~60개) 만큼만의 이배체를 생성하다가 결국은 죽게 됨을 설명해 준다. 실제로 그렇지 않은 경우, 돌연변이로 불량한 말단 생성 효소를 지닌 불후의 *Tetrahymena* 배양액은 죽어 없어지기 전에 노화된 포유류 세포의 특징적 흔적을 보여 준다. **확실히 체세포에 있어서의 말단 생성 효소 기능의 상실은 다세포 생물의 노화의 근거가 된다.**

이상과 같은 사실에서도 불구하고, 배양 세포의 증식 능력과 그것의 공여자의 노화 간에는 관련성이 약하다. 하지만 하나의 특정 세포 내에서의 말단 소립의 초기 길이와 그것의 증식 능력 간에는 강한 상관성이 있다. 애초에 비교적 짧은 말단 소립을 갖는 세포들은 상대적으로 긴 말단 소립을 갖는 것들에 비해 이배체 생성수가 상당히 적다. 더욱이 조로증(재빠르고 미성숙의 노화로 어린 시절에 사망하는 특징이 있는 희귀 질환)이 있는 환자의 섬유 아세포들은 짧은 말단 소립을 갖는데, 이는 배양물의 사용으로 이미 알려진 감소된 증식 능력과 일치한다. 이와 달리 정자(본질적으로 죽지 않는)는 공여자의 나이에 따라 길이의 다양성을 나타내지 않는 말단 소립을 갖는데, 이는 말단 생성 효소가 생식 세포 성장 중에 활성을 가짐을 나타낸다. 이와 유사하게, 매우 소수의 배양 세포(무제한의 증식능이 있는)들은 사멸하지 않는데, 이들은 활성이 있는 말단 재생 효소와 안정된 길이의 말단 소립을 가지며, 이는 단세포 진핵생물(이들 역시 사멸하지 않는다)의 세포처럼 행동한다.

다세포 생물은 체세포에서 말단 재생 효소의 활성을 제거함으로써 어떤 선택적 이익을 얻는가? 흥미로운 가능성은 세포 노화가 암으로부터 다세포 생물을 보호하는 하나의 기구라는 점이다. 실제로 사멸되지 않으며 통제받지 않고 성장하는 암세포의 경우, 활성인 말단 재생 효소를 가지고 있다. 예를 들면 이 효소는 난소암 세포에서는 활성이며, 정상 난소 조직에서는 활성이 아니다. 이러한 가설은 말단 재생 효소 저해 물질이 항암제 개발의 매력적인 목표가 되게 한다.

향이 있기 때문이다. 실제로 말단 영역의 G-풍부 돌출 가닥들은 스스로 접고 감아서 머리핀 모양을 만드는데, 그것 중 2개는 역평행으로 회합해서 층을 이룬 G-4중주(그림 25-29*b*)로 된 안정한 복합체를 만든다. 아마도 그러한 구조물들은 단백질을 덮기 위한 결합 영역으로 이용될 것이며, 말단 영역의 길이를 조절하는 일과 개열된 DNA 분자들의 말단을 인식하는 DNA 수선 메커니즘의 활성화를 방지하는 일을 도울런지 모른다.

체크 포인트

- 어떻게 pol α, pol δ, PCNA, RNase H1, FEN1, DNA 연결 효소가 진핵생물의 DNA 합성에 참여하는지 서술하시오.
- 진핵생물과 원핵생물의 복제 경로는 어떻게 다른가?
- 전복제 복합체의 기능은 무엇인가?
- 복제 중 또는 후에 뉴클레오솜들에는 무슨 일이 일어나는가?
- 말단 소립의 구조, 기능, 합성에 대해서 서술하시오.
- 말단 재생 효소는 어떤 일을 하며, 이 효소가 여타의 DNA 중합 효소들과 다른 이유는 무엇인가?

4 DNA 손상

주요 개념

- DNA는 여러 종류의 원인에 의해 손상을 입기 쉽다.
- 발암성과 관련이 있는 변이성은 생 세포 내에서 시험될 수 있다.

DNA 중합 효소들에 의해 수행되는 DNA 복제의 신뢰성과 함께 수반되는 교정 기능은 세포 분열 과정 중 유전 정보의 정확한 전이를 위해 필수적이다. 그러나 중합 과정에서 오류는 가끔씩 발생하며, 만일 수정되지 않으면 유전자의 뉴클레오타이드 서열은 변경될 것이다. DNA는 세포 내 또는 세포 외부 환경에 자연적으로 존재하는 작용제들에 의해 화학적으로 변경될 수도 있다.

많은 경우 손상을 입은 DNA는 25-5절에서 논의될 것처럼 수선될 수 있다. 하지

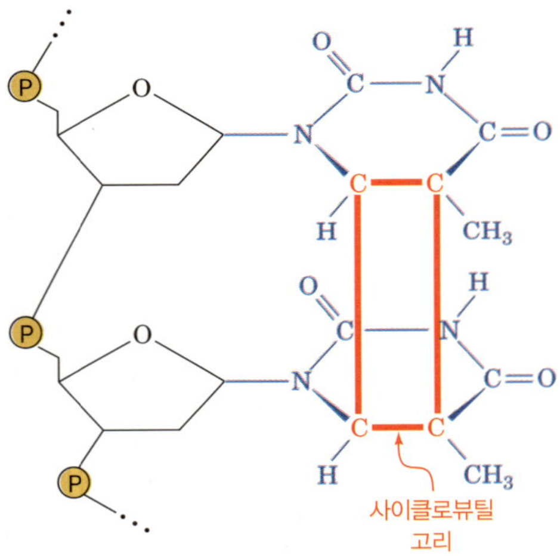

그림 25-30 사이클로뷰틸타이민 이합체DNA 가닥상의 두 개의 인접한 타이민 잔기들에 자외선을 조사하면 이합체를 형성한다. ~1.6 Å 길이의 공유 결합으로 연결된 타이민 고리들(적색)은 B-DNA 내에서 쌓여 있는 고리 모양 간의 정상적인 길이인 3.4 Å 공간보다도 매우 짧아서 DNA를 국부적으로 비튼다.

만 심각한 손상은 비가역적일 수 있으며, 유전 정보의 상실로 이어져서 종종 세포 사멸로 이어지기도 한다. 손상을 입은 DNA가 수선될 경우에도 회복이 완전하지는 못해서 유전 정보의 유전적 변경인 **돌연변이(mutation)**를 낳는 경우도 있다. 다세포 생물의 경우, 유전적 변화는 통상 그들이 배세포에서 일어나서 그 변화가 자손의 모든 세포에 전달될 때만 감지된다. 이와 반대로 체세포의 DNA 손상은 만일 그 변이가 악성 형질 전환(암)에 기여하지만 않는다면 그 세포를 지나서의 효과는 미미하다.

A 환경 작용제나 화학 작용제는 돌연변이를 일으킨다

자외선, 이온화 방사선 및 어떤 화학 작용제와 같은 환경 제제들은 물리적으로 DNA에 손상을 줄 수 있다. 예를 들면 자외선 조사(200~300 nm)는 동일한 DNA 가닥 상에서 인접한 타이민 잔기들 간에 사이클로뷰틸 고리의 형성을 촉진하여 가닥 내 **타이민 이합체(thymine dimer)**를 만든다(그림 25-30). 유사한 사이토신과 타이민-사이토신 이합체도 형성되지만 덜 빈번하다. 그러한 **피리미딘 이합체(pyrimidine dimer)**들은 국소적으로 DNA의 염기쌍 구조를 찌그러뜨려서 전사와 복제를 방해한다. 이온화 방사선 또한 직접적으로 DNA 분자에 작용하거나 간접적으로 주변의 수용성 배지 내에서 자유 라디칼, 특히 하이드록실 라디칼(HO·)의 형성을 유도함으로써 DNA에 손상을 입힌다. 이와 같은 일은 DNA 가닥 개열로 이끌 수 있다.

변이를 유도하는 물질인 **화학적 변이제(chemical mutagen)**에 의해 생성되는 DNA 손상은 두 가지로 볼 수 있다.

1. **점 돌연변이(point mutation)**는 한 염기쌍이 다른 것으로 바뀌는데 다음과 같이 세분화된다.
   (a) **전위(transition)**는 퓨린 또는 피리미딘 염기 한 개가 다른 퓨린 또는 피리미딘 염기로 바뀌는 경우이다.
   (b) **전환(transversion)**은 퓨린 염기 한 개가 피리미딘 염기로 바뀌거나 그 역의 경우이다.
2. **삽입/결실 돌연변이(insersion/deletion mutation)**는 하나 이상의 뉴클레오타이드 쌍이 DNA 내로 삽입되거나 DNA에서 제거되는 경우이다.

점 돌연변이는 변경된 염기에서 생긴다. 점 돌연변이를 일으키려면 DNA를 아질산(HNO_2)으로 처리하면 되는데, 방향성 일차 아민류를 산화하여 탈아미노화함으로써 일어난다. 이렇게 해서 사이토신은 유라실로 바뀌고, 아데닌은 구아닌과 닮은 하이포잔틴(구아닌의 3개 수소 중 2개와 사이토신이 결합, 그림 25-31)으로 전환된다. 그러므로 DNA를 아질산으로 처리하면 A·T → G·C와 G·C → A·T 전위가 일어난다. 잠정적인 돌연변이 활성에도 불구하고, 아질산염(질산의 짝염기인)은 프랑크푸르트와 같은 조제육의 보존제로 사용되고 있는데, 그 이유는 보툴리누스 중독을 일으키는 생물인 *Clostridium botulinum*의 성장을 막기 때문이다. 염기의 탈아미노화 반응은 아질산이 없어도 자연발생적으로 일어나기도 한다.

세포 대사는 그대로 산화 대사의 정상적 부산물인 활성 산소종(예를 들면 과산화 이온 $O_2^-·$, 하이드록실 라디칼, H_2O_2)의 손상 효과에 DNA를 노출시키고 있다(18-4B절). DNA에 일으키는 100개 이상의 상이한 산화적 변형이 분류 정리되었다. 예를 들면 구아닌은 산화되어 **8-옥소구아닌(8-oxoguanine, oxoG, 오른쪽)**이 될 수 있

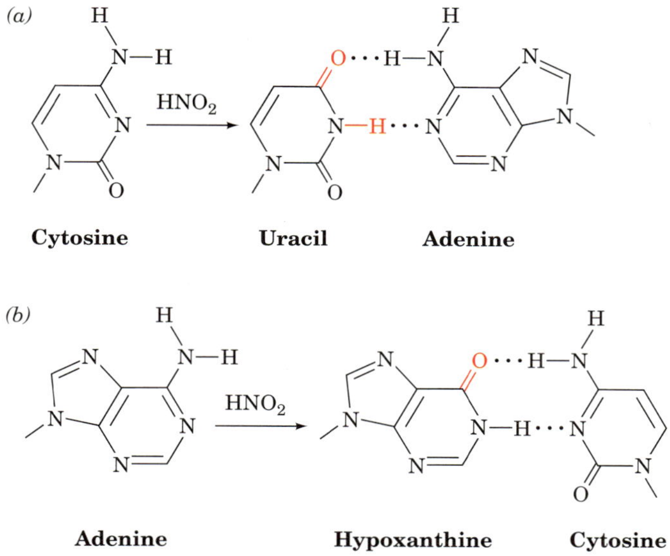

그림 25-31 **아질산에 의한 산화적 탈아미노화** (*a*) 사이토신이 유라실로 바뀌어 아데닌과 염기쌍을 이룬다. (*b*) 아데닌이 하나의 구아닌 유도체(구아닌의 2-아미노기가 없는)인 하이포잔틴으로 바뀌고 사이토신과 염기쌍을 이룬다.

? 탈아미노화된 DNA의 복제 후의 DNA의 구조를 그려 보라.

다. 변형된 DNA 가닥이 복제되면, oxoG은 C나 A 중 하나와 염기쌍을 이루게 되어 G·C → T·A 전환을 일으키게 된다.

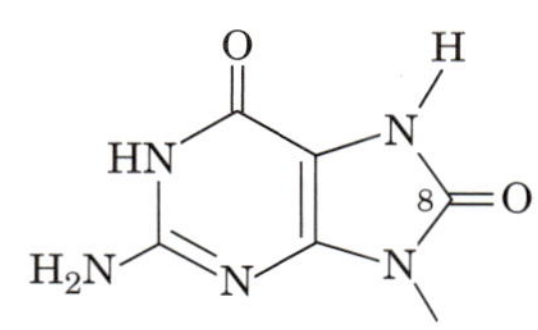

8-Oxoguanine (oxoG) residue

알킬화 제제인 황산 다이메틸(dimethyl sulfate), **나이트로겐 머스터드(nitrogen mustard)**, **에틸나이트로소유레아(ethylnitrosourea)**, ***N*-메틸-*N*′-나이트로-N-나이트로소구아니딘(*N*-methyl-*N*′-nitro-N-nitrosoguanidine, MNNG)**들 또한 전환을 생성할 수 있다.

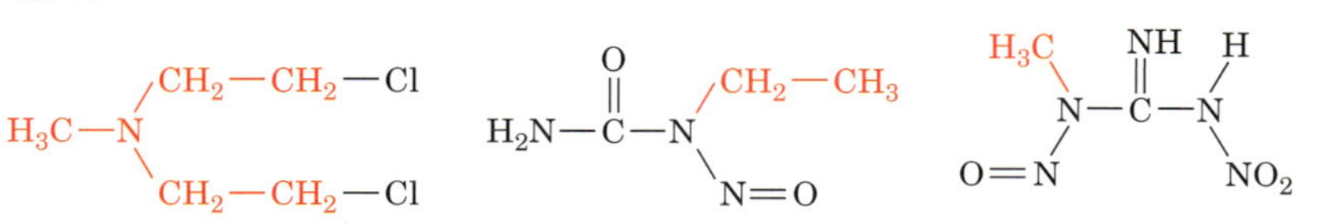

Nitrogen mustard **Ethylnitrosourea** ***N*-Methyl-*N*′-nitro-*N*-nitrosoguanidine (MNNG)**

예를 들면 DNA를 MNNG에 노출시키면 다른 생성물 중 ***O*⁶-메틸구아닌(O^6-methylguanine)** 잔기(오른쪽)을 생성하는데, 이것은 C나 T 중 하나와 염기쌍을 이룰 수 있다. 대사 과정의 메틸화제인 S-아데노실메싸이오닌(S-adenosylmethionine)(21-4D절)은 종종 비효소적으로 특정 염기를 메틸화하여 3-메틸아데닌(3-mehtyladenine)이나 7-메틸구아닌(7-methylguanine) 잔기와 같은 유도체를 만든다. 하지만 메틸화된 염기 역시 정상적인 생리 기능을 갖는다(자료 25-4).

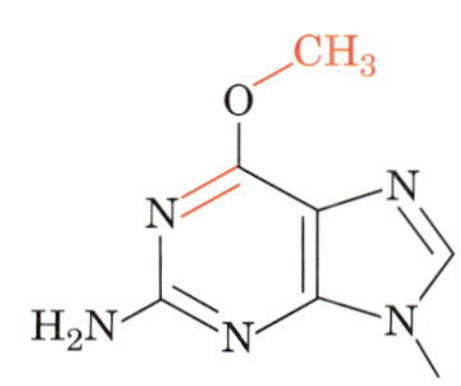

O^6-Methylguanine residue

퓨린 뉴클레오타이드 N7 위치의 알킬화는 그것의 글리코사이드 결합이 가수 분해를 받도록 하여 염기를 상실하게 된다. 이렇게 하여 생긴 염기 서열에서의 틈은 오류 친화성 효소 수선계에 의해 메워진다. 상실된 퓨린이 피리미딘 염기로 치환되면 전환이 발생한다. 알킬화 제제가 없을 때조차도 각 이배체 인간 세포 내의 60억 개의 퓨린 뉴클레오타이드 중 약 20,000개의 글리코사이드 결합이 매일 자발적으로 가수 분해된다.

자료 25-4 생화학의 전망 DNA 메틸화

DNA의 변경이 모두 해로운 것은 아니다. 예를 들면 종 특이적 방식으로 DNA의 A나 C 잔기들이 메틸화되어 **N^6-메틸아데닌(m^6A), N^4-메틸사이토신(m^4C), 5-메틸사이토신(m^5C)** 잔기로 된다.

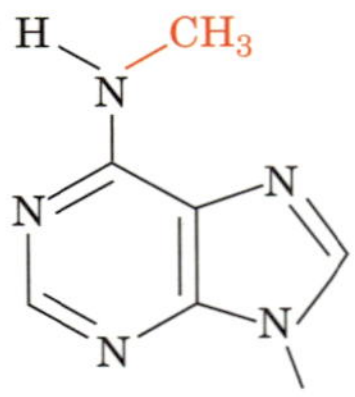

N^6-Methyladenine (m^6A) residue

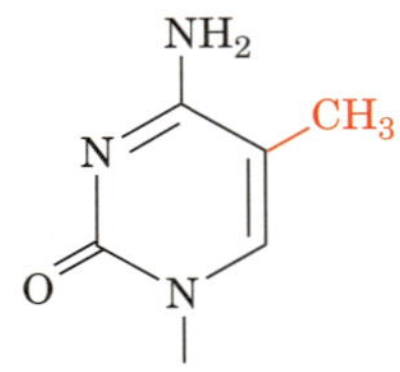

5-Methylcytosine (m^5C) residue

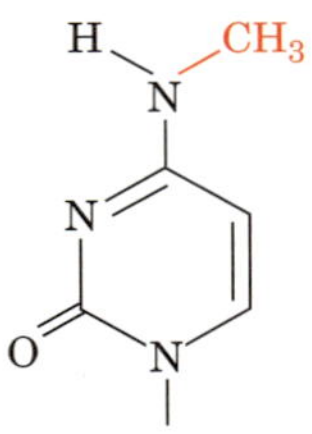

N^4-Methylcytosine (m^4C) residue

메틸기들은 B-DNA의 주홈으로 튀어나오고 그곳에서 DNA 결합 단백질들과 상호작용할 수 있다. 대부분의 세포들에서 단지 수%의 반응성 염기들이 메틸화되지만, 몇몇 식물에서는 이 수치가 C 잔기들의 30% 이상에 이르기도 한다.

세균의 DNA들은 변경용 메틸화 효소들에 의해 그들의 특정 제한 효소 부위들이 메틸화됨으로써 해당 제한 효소가 DNA를 자르지 못하도록 한다(3-4A절). 그 밖의 **메틸 전이 효소**(methyltransferase)들 또한 서열 특이적인 방법으로 DNA 염기들을 변경시키기도 한다. 예를 들면 *E. coli*의 경우 **Dam 메틸 전이 효소**는 모든 GATC 서열 내의 A 잔기를 메틸화하며, **Dcm 메틸 전이 효소**는 CC($^{A}_{T}$)GG의 두 개의 C 잔기들에서 C5 위치를 메틸화한다. 이들 서열 둘 다 회문 구조로 되어 있음을 주목하라.

제한-변경 체계에서의 역할 이외에, 원핵생물의 DNA 메틸화는 잘못 만들어진 염기쌍의 수선 과정에서 부모 DNA의 표식으로서 가장 뛰어난 기능을 한다. 중합 효소 I 과 III의 교정 기능을 교묘히 피한 어떠한 복제로 인한 부적합 염기쌍들도 잘못 이루어진 염기쌍 수선법으로 알려진 과정(25-5D절)에 의해서 수정이 된다. 하지만 만일 이 장치가 오류를 그대로 두지 않고 수정하려면 정상 형태의 염기일지라도 부정확하게 만들어진 딸가닥과 정확한 염기를 갖는 부모 가닥을 구별할 수 있어야 한다. 결함이 있는 Dam 메틸 전이 효소를 갖는 *E. coli* 세포들이 야생형 세균보다도 높은 돌연변이율을 가지는 것에 대한 관찰은 어떻게 이러한 차이가 만들어지는지를 시사해 준다. 새로이 복제된 딸가닥은 부모 가닥과 비교하였을 때 메틸화율이 낮은데, 그 이유는 DNA 메틸화가 DNA 합성보다 지체되어 일어나기 때문이다.

5-메틸사이토신은 척추동물을 포함한 대부분의 진핵생물의 DNA에 있어서 유일한 메틸화 염기이다. 이러한 변경은 다양한 회문 구조 서열 중 대부분 CG가 뉴클레오타이드에서 일어난다. CG는 척추동물의 유전체 내에 약 1/5의 무작위 예상 빈도로 존재한다. 하지만 많은 유전자의 상류 영역들은 정상적 CG 빈도를 가지며 이들은 **CpG 제도**(CpG island)로 알려져 있다.

DNA 메틸화가 진핵생물의 유전자 발현의 스위치를 끈다는, 특히 반응이 어떤 유전자의 전사된 서열의 상류인 프로모터 영역들에서 일어나는 경우에 그렇다는 명백한 증거가 있다(28-3A절). 예를 들면 글로빈 유전자들은 비적혈구 세포에 있는 경우보다 적혈구 세포들에서 덜 메틸화되어 있으며, 사실 재조합 글로빈 유전자 내의 조절 부위의 특이적 메틸화는 그것의 전사를 억제한다. 더욱이 부모 DNA 가닥의 메틸화 형태는 딸가닥의 메틸화(메틸화된 CG 서열은 메틸 전이 효소에게 지시하여 그것의 상보 CG 서열을 메틸화시킨다)를 지시하며, 그럼으로써 어떤 세포계의 메틸화 형태의 유전성은 모든 세포들에게 동일하게 분화된 표현형을 가지도록 허용한다. 메틸화의 다양성은 포유류의 **유전각**(genomic imprinting), 즉 어떤 특정의 부모 유전자들이 자손에게 상이하게 발현되는 현상에 책임이 있다(28-3A절).

삽입/결실 돌연변이는 끼어드는 제제에 의해 결정된다. 삽입이나 결실 돌연변이는 끼어드는 제제, 즉 아크리딘 오렌지(acridine orange)나 프로플라빈(proflavin)(24-3B절)을 DNA에 처리하면 일어난다. 두 개의 인접한 염기쌍 간에 거리가 대략 그들 간에 끼어드는 분자에 의해 두 배로 된다. 종종 뒤틀린 DNA의 복제는 새로이 합성된 중합 뉴클레오타이드 내에 하나 이상의 염기의 삽입이나 결실을 일으키기도 한다(큰 조각의 삽입이나 결실은 일반적으로 비정상적 교차에 의해 생성한다, 25-6A절).

모든 변이는 임의적으로 생긴다. 돌연변이에 관한 많은 부분의 과학적 데이터는 그것이 중합 효소의 실수든, DNA에 대한 자연발생적인 변경이건 혹은 화학적 손상이건 임의로 일어나는 변이들이다. 이러한 전형은 젖당을 소화할 수 없는 세균이 오로지 젖당만이 유일하게 존재하는 상황하에 놓이게 되면 그것을 우선적으로 분해할 수 있도록 돌연변이를 일으킴을 입증한 케언스(John Cairns)에 의해 도전을 받았다. 이러한 관찰은 세균이 그들에게 유리하게끔 직접적으로 돌연변이를 주도할 수 있음과, 생물 세포가 대사성 스트레스를 받게 되면 유용하건 그렇지 않건 간에 전체 변이율이 증가하도록 비특이적 적응 반응을 반영함을 시사한다. **고도의 변이 가능 상태는 정상적으로 성장하는 세포에서는 상대적으로 비활성 상태인 착오 친화성 DNA 수선 또는 재조합 체계의 활성화를 반영하고 있는 것처럼 보인다.**

B 수많은 돌연변이제는 발암 물질이다

DNA에 발생하는 모든 변경은 표현형적 결과를 수반하는 것은 아니다. 예를 들면 DNA 중 비암호화 조각에서의 변이는 종종 드러나지 않는다. 유사하게 유전 암호의 중첩(하나 이상의 트라이뉴클레오타이드가 특정의 한 아미노산을 규정하기도 한다, 27-1C절)으로 인해 점 돌연변이를 덮을 수도 있다. 심지어 한 단백질의 아미노산 서열이 바뀔 때조차도 치환이 보존적(5-4A절)이거나 또는 표면의 고리 모양 부위에서 일어나면 기능이 보존될 것이다. 그럼에도 불구하고 예를 들어 단 한 개의 점 돌연변이라도 그것이 적절하게 위치한다면, 암을 일으키게 되어 비가역적으로 세포성 대사를 변경할 수 있다. 사람에 발생하는 암의 약 80%는 DNA에 손상을 입히거나 복제나 수선 과정을 방해하는 **발암 물질(carcinogen)**이 원인으로 알려져 있다. 결과적으로 수많은 변이 제제는 발암 물질인 셈이다.

현재 80,000여 종 이상의 상업적으로 중요한 인공 화학 제제가 있으며, 매년 1,000여 종이 새로 도입되고 있다. 암 생성에 대한 표준 동물 시험–집쥐나 생쥐를 많은 양의 의심이 가는 발암 물질에 노출시키고 암을 점검하는–은 경비가 많이 들고, 완성하는 데도 3년 정도가 소요된다. 그래서 비교적 적은 수의 재료들을 이용하여 그와 같은 방법으로 시험이 이루어져 왔다. 유사하게 사람에 대한 전염병학적 연구도 비용이나 시간이 많이 들며 종종 결론을 도출하지 못하기도 한다.

아메스(Bruce Ames)는 발암성에 대해 신속하고 효과적인 세균학적 분석 방법을 고안하였는데, 그것은 발암성과 변이성 간의 고도의 상관관계에 근거하고 있다. 그는 his^-(아미노산 히스티딘(histidine)을 합성할 수 없고, 따라서 그것이 보충되지 않으면 자랄 수 없는)의 유전자형을 갖는 *Salmonella typhimurium*이라는 특별한 세균 균주를 구축하였다. 이들 균주에서의 변이는 his^+의 표현형으로의 회복으로 나타난다. **아메스 시험(Ames test)**에서는 10^9개의 시험 대상 세균을 히스티딘이 없는 배양 접시에 도포한다. 배양 배지에 놓여 있는 변이제는 몇몇의 his^- 세균을 his^+로 되도록 할 것이며, 37°C에서 2일이 지나면 볼 수 있는 콜로니들로 자랄 것이다(그림 25-32). 어떤 물질의 변이성은 그러한 콜로니들의 수에서 변이제가 없을 때도 일어나는 자연 회복 콜로니 수를 제함으로써 측정된다. 복용량–반응 곡선은 다양한 농도의 특정 화합물을 시험해서 만드는데, 이것은 거의 항상 직선형을 나타내며, 이는 **변이에 사용되는 정해진 유효 농도가 없음을** 의미한다.

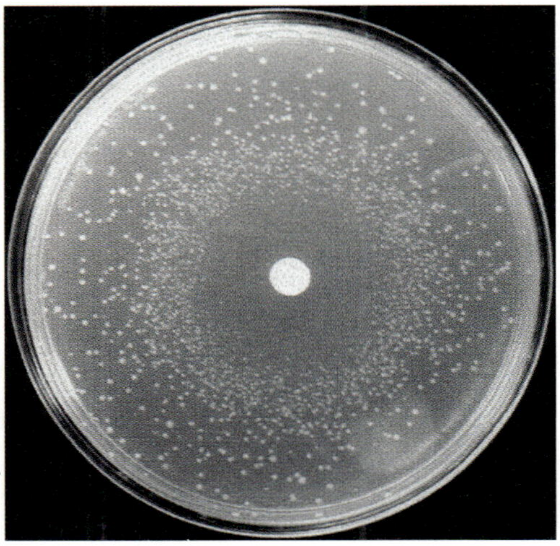
Courtesy of Bruce Ames

그림 25-32 돌연변이에 대한 아메스 시험 이 시험의 경우, 아미노산 히스티딘이 들어 있지 않은 배지 내의 *Salmoenlla typhimurium* 히스티딘 변이주가 있는 배양 접시의 중앙에 변이제로서 알킬화 제제인 에틸 메테인설포네이트(ethyl methanesulfonate, EMS)를 갖는 원판 여과지를 위치시킨다. 회복된 세균 균총의 짙은 바퀴 모양이 돌연변이제가 분산된 원판 주위에 나타나고 있다. 배양 접시 주위에 분포된 커다란 균총은 자연 회복주이다. 원판 주위의 세균은 독성 변이제의 높은 농도로 인해 사멸될 것이다.

? 변이제가 아닌 물질을 갖는 원판의 배양 접시 내에서의 모양을 서술하라.

전 동물 실험에서 발암 물질로 결정된 화합물의 약 80%는 아메스 시험에서도 변이성이 있는 것으로 나왔다. 수많은 비발암제들이 간이나 다른 조직에서 여러 종류의 해독 반응을 거침으로써 발암 물질로 전환되기 때문에(예를 들면 사이토크롬 P450에 의해 촉매되는 반응들, 12-4D절), 소량의 집쥐 간 균질물이 포유류 대사의 영향을 추정하기 위하여 아메스 시험 배지에 포함된다. 다른 방법으로, 발암성 시험은 세균보다는 포유류 세포 배양액을 사용하여 수행된다.

아메스 시험에서 변이성이 있는 것으로 알려진 많은 화합물에 사람이 광범위하게 노출되면 나중에 동물 시험에서 발암성이 있는 것으로 판명되었다. 이것에는 1970년대 중반에 어린이들의 잠옷에 내염성 제제로 사용되었던 **트리스(2,3-다이브로모프로필)인산**[**tris(2,3-dibromopropyl)phosphate**]가 포함되는데, 이 약제가 피부를 통하여 흡수될 수 있다는 것이다. 그리고 **퓨릴퓨라마이드(furylfuramide)**가 1960년대와 1970년대에 일본에서 수많은 가공식품의 항세균성 첨가제(2종류의 동물 시험을 통과하였으나 변이성을 갖는 것으로 발견됨)로 사용된 바 있는데, 이것도 포함된다.

체크 포인트

- DNA를 변경할 수 있는 환경 및 화학 작용제의 목록을 만들어 보시오.
- 상이한 종류의 돌연변이를 서술해 보시오.
- 왜 돌연변이 생성 실험으로 발암 물질을 시험하는 것이 실용적인가?
- 발암 물질은 확실히 변이제인가?

5 DNA 수선

주요 개념

- 어떤 종류의 DNA 손상은 1개의 효소만으로 수선될 수 있다.
- 손상을 입은 염기들은 염기 절제 수선 과정에 의해 제거된 후 교체될 수 있다.
- 뉴클레오타이드 절제 수선 과정을 통해 손상을 입은 DNA 가닥의 한 조각이 제거, 교체된다.
- 복제 오류는 맞지 않는 쌍 수선 과정에 의해 수정될 수 있다.
- 몇몇의 수선 메커니즘은 오류 친화적이다.

DNA 손상은 유전 정보의 보전을 위해서 수선되어야 한다. DNA 수선의 생물학적 중요성은 *E. coli*와 같은 매우 단순한 생물의 수선 메커니즘의 다양성에서도 나타난다. 이들 계는 뉴클레오타이드 염기들의 화학적 수정을 단순히 되돌리는 효소들뿐만 아니라, 손상을 입은 분자를 회복하기 위한 이중 가닥 DNA 정보의 본래의 중복성에 좌우되는 매우 복잡한 다중 효소계를 포함한다.

A 어떤 손상은 직접적으로 회복될 수 있다

여러 효소들은 특정 종류의 DNA 손상을 인식하고 회복시킬 수 있다. 예를 들면 피리미딘 이합체(그림 25-30)는 **DNA 광분해 효소(DNA photolyase)**라는 광흡수 효소에 의해 촉진되는 **광 재활성화 과정(photoreactivation)**에 의해 단량체 형태로 회복될 수 있다. 이들 55~65 kD의 단량체 효소들은 수많은 원생생물과 진핵생물에서 발견되지만, 사람에는 없다. 광분해 효소는 2개의 보결 원자단을 갖는다. 광흡수 보조 인자와 $FADH^-$가 그것이다. *E. coli* 효소에서 보조 인자인 N^5, N^{10}-메테닐테트라하이드로폴산(MTHF, 21-4D절)은 자외선-가시광선(300~500 nm)을 흡수하고, 들뜸 에너지를 $FADH^-$로 옮기며, 그런 다음 전자를 피리미딘 이합체로 이동시켜 그것을 개열한다. 생성되는 피리미딘 음이온은 $FADH^-$를 환원시켜 효소를 재생한다.

9 bp의 이중 가닥 DNA 내의 합성된 타이민 이합체가 연결하고 있는 인산기를 $-O-CH_2-O-$기(이것이 이합체를 개열시키는 효소의 능력에 영향을 주지 않는)로 치환시킨 후, 이것과 사이아노박테리아인 *Anacystis nidulans*의 474개 잔기로

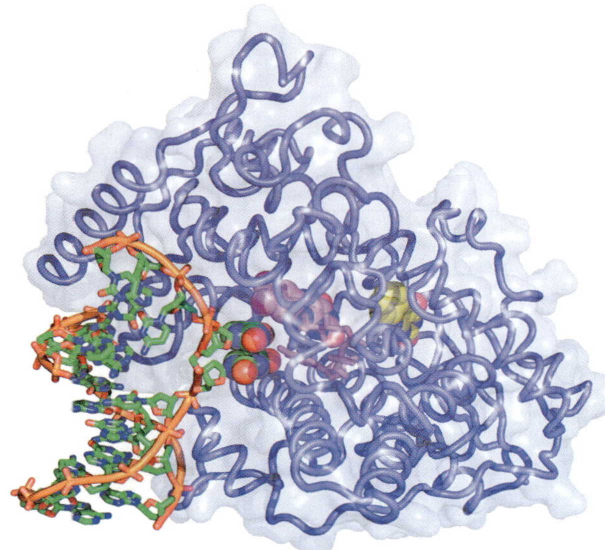

그림 25-33 **합성된 타이민 이합체를 포함하는 이중 가닥 DNA와 복합체를 이루고 있는 *A nidulans* DNA 광분해 효소의 X선 구조** 단백질은 반투명 표면 도식에 묻힌 벌레 모양으로 그려져 있다. 타이민 이합체의 뉴클레오타이드를 걸고 있는 인산기가 $-O-CH_2-O-$기로 치환되어 있는 DNA는 주로 막대 모양으로 그려져 있지만 타이민 이합체의 염기들은 공간 채움 형태로 되어 있고, 원자 종류에 따라(C는 녹색, N은 청색, O는 적색, P는 주황색) 채색되어 있으며, 각 뉴클레오타이드 중합체 연쇄 내의 연속된 P 원자들은 주황색 봉으로 연결되어 있다. FAD와 N^5,N^{10}– 메테닐테트라하이드로폴산(MTHF)의 경우 공간 채움 형태 내에 플라빈이나 플라빈 유사 고리들을 막대 모양으로, 또한 FAD의 C는 자홍색, MTHF의 C는 노란색으로 그리고 있다. [Based on an X-ray structure by Thomas Carell, Ludwig Maximilians University, Munich, Germany, and Lars-Oliver Essen, Philipps University, Marburg, Germany. PDBid 1TEZ.]

된 DNA 광분해 효소와의 복합체의 X선 구조로부터 효소가 어떻게 타이민 이합체를 개열시키는가를 알 수 있다. DNA는 이중 나선 구조에서 튀어나온 타이민 이합체와 단백질상의 고도의 양전하를 갖는 표면에 결합하여 깊은 구멍에 결합된다(**그림 25-33**). 이와 같은 튀어나옴 구조의 형성은 아마도 상대적으로 타이민 이합체의 약한 염기쌍 상호작용과 이중 나선에 부과된 뒤틀림에 의해 더욱 촉진된다. 다음 논의에서는 소위 **염기 돌출(base flipping**, 이중 나선 구조에서 온전한 뉴클레오타이드의 미끄러져 나옴에 의한 실제 뉴클레오타이드의 돌출)은 이중 가닥 DNA의 염기에 화학 작용을 수행하는 효소에게는 결코 비일상적인 과정이 아님을 알 수 있을 것이다. 타이민 이합체 외측의 DNA는 B 구조일 것으로 추정되나, 단백질로부터 50° 떨어져 구부러짐으로써 이합화된 타이민 염기들에 상보적인 아데닌 염기들을 삐어져 나오게 할 것이다. 타이민 이합체가 튀어나옴으로써 남겨진 DNA 나선상의 '구멍'은 부분적으로 변칙적인 단백질 봉우리에 의해 채워질 것이다.

X선 구조에서는 타이민 이합체의 C5−C5 및 C6−C6 결합들이 깨진다. 그러나 결정체에서 효소가 결합된 타이민 이합체는 적어도 1년간 암상태에서 안정하다. 회절 데이터를 생성하기 위해서 사용한 X선은 이들 결합을 정상적으로 깨뜨리는 빛의 효과를 확실히 모방한다. 더욱이 FAD의 아이소알록사진(isoalloxazine) 고리는 N5−N10 축(아이소알록사진 고리 원자의 숫자는 그림 14-14에 주어져 있다)에 9°의 나비 모양 구부림을 보여 주는데, 그것은 완전히 환원된 $FADH^-$형을 나타낸다. FAD^-의 아이소알록사진 고리와 아데닌 고리는 접혀진 구조를 하고 있으며 타이민 이합체의 하나 또는 다른 염기쌍과의 반데르발스 접촉을 하고 있고, 아이소알록사진 고리는 MTHF의 플라빈 모양 고리에서 10 Å 거리에 있다. 이는 광분해 효소 반응에서 관찰된 유효 에너지 전이를 허용한다(0.9의 양자 수율을 갖는다).

직접적 DNA 수선의 또 다른 형태는 **알킬 전이 효소(alkyltransferase)**에 의한 염기 메틸화 반응의 역이다. 예로서 DNA의 O^6-메틸구아닌이나 O^6-에틸구아닌 손상(25-4A절)은 ***O*^6^-알킬구아닌-DNA 알킬 전이 효소(*O*^6^-alkylguanine-DNA alkyltransferase)**에 의해 손상된 메틸기나 에틸기를 효소의 Cys 잔기에 직접 전이함으로써 수선된다. 이 반응은 단백질을 비활성화하므로 엄밀히 말하면 효소로 분류될 수는 없다. 알킬 전이 효소를 희생시키는 대가가 변경된 구아닌 염기의 높은 변이적 특성으로 정당화됨은 명확하다.

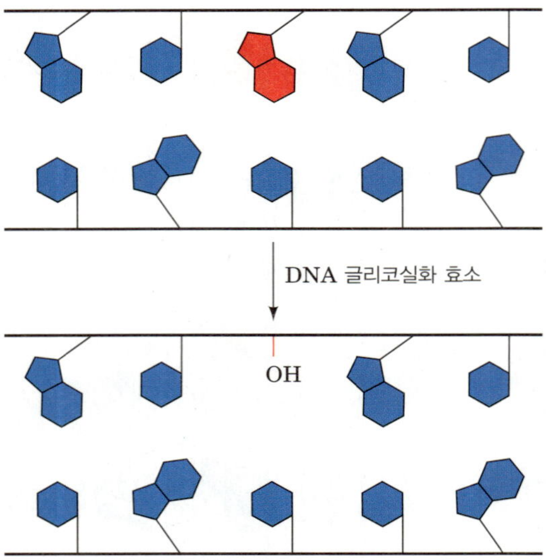

그림 25-34 **DNA 글리코실화 효소들의 작용** 이들 효소류는 상응하는 변경된 염기(적색)의 글리코사이드 결합을 가수 분해하여 AP 부위를 생성한다.

? 이 DNA를 완전히 수선하기 위해 일어나는 단계들을 열거하라.

B 염기 절제 수선에는 글리코실화 효소가 필요하다

직접 수선될 수 없는 손상된 염기들은 **염기 절제 수선(base excision repair, BER)**이라는 과정에 의해 제거되고 교체된다. 이 경로는 그 이름에서 알 수 있듯이, 손상된 염기의 제거로 시작된다. 세포는 여러 종류의 **DNA 글리코실화 효소(DNA glycosylase)**를 갖는데, 이들은 부착 염기가 없는 데옥시리보스 잔기를 남기면서 상응하는 형의 변경된 뉴클레오타이드의 글리코사이드 결합을 자른다(그림 25-34). 그러한 **퓨린이나 피리미딘 염기가 없는 부위(AP site 또는 abasic site)**는 또한 글리코사이드 결합에 종종 자연적으로 일어나는 가수 분해로부터 생기기도 한다. 데옥시리보스 잔기는 **AP 핵산 내부 분해 효소(AP endonuclease)**에 의해 한쪽 편이 잘리는데, 데옥시리보스와 여러 개의 인접한 잔기들은 세포 내의 핵산 말단 분해 효소(DNA 중합 효소와 회합되어)의 작용으로 제거되며, 그 틈은 DNA 중합 효소와 연결 효소에 의해 채워지고 메워진다.

BER 효소들은 가장 흔한 모양의 DNA 손상을 수정하는데, 8-옥소구아닌을 인식하는 글리코실화 효소와 유라실 잔기를 자르는 **유라실-DNA 글리코실화 효소(urasil DNA glycosylase, UDG)**를 포함한다. 후자는 사이토신의 탈아미노화에서뿐만 아니라 DNA 속으로 타이민 대신 유라실을 때때로 잘못 혼입함으로써 생긴다(자료 25-5).

U·G와 같은 부적합 염기쌍을 포함하는 10 bp DNA(이중적 수소 결합 염기쌍을 형성하는데, 이것의 모양은 왓슨-크릭 염기쌍과는 다르다, 24-1A절)와 복합체를 이루고 있는 사람의 UDG의 X선 구조가 테이너(John Tainer)에 의해 결정되었는데, 이것으로부터 이중 나선에서 튀어나온 U·G 염기쌍의 유리딘 뉴클레오타이드를 갖는 DNA와 효소가 결합하고 있는 것을 알 수 있었다(그림 25-35). 더욱이 효소는 유리딘의 글리코사이드 결합을 가수 분해하였고, 비록 두 개의 생성물이 효소에 결합된 채였지만, 유리의 유라실 염기와 DNA 상에 AP 부위를 생성하였다. 튀어나온 유라실로 인해 생성된 DNA의 염기 층의 공백은 작은 홈에서 DNA 안으로 끼어들어가는 Arg 272의 곁사슬로 채워지고 있다.

UDG는 어떤 방법으로 DNA의 중앙에 있는 염기쌍을 이룬 유라실을 찾아내며, 어떻게 그렇게 정확하게 유라실과 다른 염기들, 특히 아주 닮은 타이민을 구별해 내는가? X선 구조는 튀어나온 염기를 걸고 있는 인산기가 B-DNA에 있을 때보다 4 Å

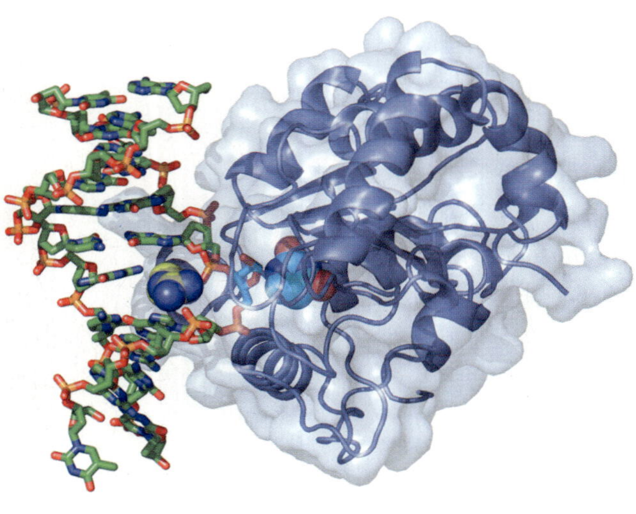

그림 25-35 **U·G 염기쌍이 포함된 10 bp DNA와 복합체를 형성하고 있는 인간의 유라실-DNA 글리코실화 효소의 X선 구조** 단백질(304개 잔기의 단량체 중 C 말단 223개 잔기)은 투명 분자 표면에 묻힌 리본 모양으로 나타내었다. DNA의 주홈 안을 들여다 보면 원자 종류에 따라 색칠한 막대형으로 그려져 있다(C는 녹색, N은 청색, O는 적색, P는 주황색). U·G 염기쌍의 유리딘 뉴클레오타이드는 이중 나선(DNA의 오른쪽)에서 튀어나와 있어서 가수 분해되면 AP 부위(청색 C로 막대 모양)와 유라실(청색 C로 공간 채움 형태)을 만들고 효소의 결합 주머니 내에 결합된 채로 있게 된다. 272번 Arg의 곁사슬(황색 C로 공간 채움 형태)는 DNA의 염기 층 안으로 비집고 들어가서 빠져나온 유라실 염기로 비워진 공간을 채우게 된다. [Based on an X-ray structure by John Tainer, The Scripps Research Institute, La Jolla, California. PDBid 4SKN.]

자료 25-5 생화학의 전망 왜 DNA는 유라실이 없는가?

DNA 내에 존재하는 3개의 데옥시뉴클레오타이드 염기(아데닌, 구아닌, 사이토신)는 RNA의 리보뉴클레오타이드 염기에도 나타난다. 4번째 데옥시뉴클레오타이드 염기인 타이민은 RNA에 존재하는 유라실로부터 상당한 대사적 노력(23-3B절)으로 합성된다. 유라실과 타이민은 동일한 염기쌍 특성을 갖는데, 왜 세포는 타이민 합성을 싫어할까?

이러한 수수께끼는 자연 발생적이건 아질산과의 반응(25-4A절)에 의하건 간에, 탈아미노화에 의해 사이토신이 유라실로의 전환 취향을 발견함으로써 풀렸다. 만일 U가 정상적인 DNA 염기라면, C의 탈아미노화는 고도로 돌연변이성일 것인데, 그 이유는 잘못 생성된 G·U 염기쌍의 경우, 애초에 G·C였는지 또는 A·U였는지 알 수 없기 때문이다. 하지만 T가 DNA의 정상적 염기이므로 DNA 내의 어떠한 U라도 거의 확실히 탈아미노화된 C이어서 유라실-DNA 글리코실화 효소로 제거될 수 있다.

유라실-DNA 글리코실화 효소는 DNA 복제 과정에서 대단히 중요한 기능을 한다. dTTP 합성 과정의 중간 산물인 dUTP는 모든 세포에 소량으로 존재한다. DNA 중합 효소들은 dUTP와 dTTP를 잘 구분하지 못해서, 이들 둘 모두 주형의 A와 염기쌍을 이루게 한다. 결과적으로 새로이 합성된 DNA는 가끔씩 U를 갖기도 한다. 이들 U는 염기 절제 수선 과정에 의해 신속히 T로 치환된다.

더 가까이 있음을 보여 주며(8 Å 대 12 Å), 그것은 그림 25-34에서 보이는 것과 평행한 방향으로 45° 만큼 DNA를 비틀리게 한다. 테이너는 UDG가 DNA 골격을 압축하고, 가볍게 구부러지도록 하는 주기적인 결합을 통해서 DNA 분자로부터 유라실을 신속하게 찾을 것으로 가정하였다. DNA는 유라실 함유 부위(U·G 염기쌍은 C·G보다 작아서 염기층에 공간을 남기게 되고, U·A 염기쌍은 T·A 염기쌍보다 약하다)에서 더욱 쉽게 구부러지며, 효소로 하여금 Arg 272를 부홈 속으로 삽입하게 함으로써 유라실을 튀어나오게 한다. UDG의 유라실 결합 장소의 정교한 특이성으로 인해 효소가 튀어나오도록 유도한 어떠한 다른 염기와의 결합이나 가수 분해는 방지된다. 그러므로 아데닌과 구아닌의 전반적인 모양으로 인해 이 장소로부터 그들은 배제될 것이며, 반면에 타이민의 5′-메틸기는 Tyr 147의 딱딱한 곁사슬로 인해 입체적으로 봉쇄될 것이다. 대체적으로 유라실과 유사한 모양을 갖는 사이토신은 왓슨-크릭 AU 염기쌍에서의 아데닌에 의해 만들어진 수소 결합을 모방한 단백질로부터 비롯된 일련의 수소 결합들을 통하여 배제된다(dUTPase는 유라실과 다른 염기들을 유사하게 구별해 낸다, 그림 23-14).

포유류 DNA에서 AP 부위는 그들이 DNA와의 공유 복합체 내에서 비가역적으로 포유류 위상 이성질화 효소 I을 붙잡기 때문에 세포에 매우 높은 독성을 나타낸다(24-1D절). 더욱이 AP 부위의 리보스는 글리코사이드 결합이 없으므로 쉽게 선형으로 전환될 수 있으며(8-1B절), 그것의 반응성이 있는 알데하이드기는 다른 세포 성분들과 상호 연결이 가능하다. 이와 같은 사실은 왜 AP 부위가 용액 속의 UDG와 단단하게 결합된 채로 있는지에 대해 합리적으로 설명해 준다. UDG 활성은 염기 절제 수선 경로에서 그 다음 효소인 AP 핵산 내부 분해 효소에 의해 높아지지만, 이들 2개의 효소는 DNA가 없으면 상호 반응하지 않는다. 이는 더욱 단단하게 결합한 AP 핵산 내부 분해 효소에 의해 대체될 때까지 AP 부위에 결합된 채로 남아 있고, 또한 그렇게 됨으로써 AP 부위의 세포 독성 효과로부터 세포가 보호되도록 UDG는 만들어져 있음을 시사한다. 여타의 손상 특이적 DNA 글리코실화 효소들도 유사하게 기능할 것으로 생각된다.

C 뉴클레오타이드 절제 수선은 DNA 가닥의 일부분을 제거한다

모든 세포는 피리미딘 이합체나 염기들이 정상 위치로부터 이탈해 있거나 부피가 큰 치환체를 갖고 있는 여타의 DNA 손상을 교정하기 위하여, 매우 정교한 경로인 **뉴클레오타이드 절제 수선(nucleotide excision repair, NER)** 경로를 갖고 있다. 이와 같은

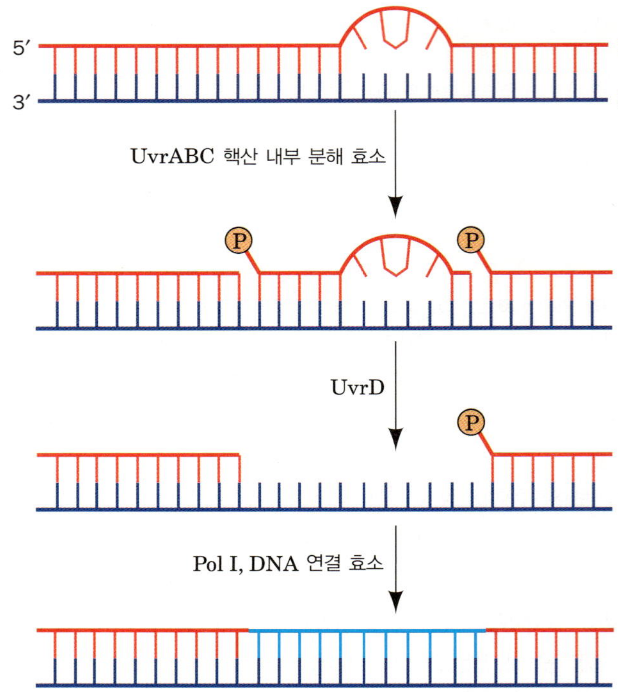

그림 25-36 피리미딘 이합체들의 뉴클레오타이드 절제 수선(NER) 메커니즘

NER계는 어떤 특정기를 인식하기보다는 오히려 나선의 뒤틀림에 반응하는 것으로 보인다. 사람의 경우, NER은 두 가지 중요한 발암 물질인 태양광과 담배 연기에 대해 주요한 방어 체계이다.

*E. coli*에서 NER은 ATP 의존 과정으로 **UvrA**, **UvrB**, **UvrC** 단백질(*uvrA*, *uvrB*, *uvrC* 유전자의 산물들)의 작용을 통하여 기능이 수행된다. 이 계는 종종 **UvrABC 핵산 내부 분해 효소**(**endonuclease**)로 불리며(비록 3개의 하부 단위 모두를 갖고 있는 복합체는 아닐지라도), 손상된 DNA 가닥의 5′측과 3′측으로부터 각각 7번째와 3번째 또는 4번째 인산이에스터 결합 부위를 자른다(**그림 25-36**). 잘려진 11개 또는 12개의 과뉴클레오타이드는 **UvrD**[**나선 효소 II**(**helicase II**)라고도 부름]가 결합하여 제거하고, 중합 효소 I과 DNA 연결 효소에 의하여 교체된다.

색소성 건피증과 코케인 증후군은 유전적으로 결함인 NER이 원인이다. 진핵생물의 NER은 적어도 16개의 단백질로 구성되고, 30개 잔기의 과뉴클레오타이드를 제거한다. 단백질들은 효모에서부터 사람에 이르기까지 보존되어 있으나 어느 것도 원핵생물의 단백질들과는 서열상의 유사성이 보이지 않는데, 이것은 2개의 NER계가 수렴형 진화에 의해서 생성되었음을 시사한다. 사람의 NER 경로에 관련되는 효소의 대다수는 2종류의 유전적 질환에서 밝혀진 변이를 통해서 동정되었다. 유전 질환인 **색소성 건피증**[**xeroderma pigmentosum**, **XP**; 그리스어: *xeros*(마르다) + *derma*(피부)]은 피부 세포가 자외선 유도 DNA 상해를 수선 못하는 특징을 갖는 것으로 주로 규명된다. 이러한 상염색체 열성의 환자들은 태양광에 극도로 민감하다. 유아기 중에 그들에게는 건조, 과도한 주근깨, 각질화(일종의 피부 종양, 이 어린이들의 피부는 수년 동안 태양에 노출한 농부들의 피부와 닮은 것으로 기록되고 있음)와 같은 현저한 피부 변화와 함께 혼탁화 및 각막 궤양과 같은 안구 손상이 발달한다. 더욱이 정상 경우보다는 2,000배 강도의 치명적 피부암으로 또한 10~20배의 증가된 비율의 내부 암으로 종종 발달된다. 신기하게도 많은 수의 XP 환자들은 진행성 신경 퇴화 및 발달 결손을 포함하는 서로 관련이 없어 보일 정도의 너무나 다양한 증상을 나타낸다.

코케인 증후군(cockayne syndrome, CS) 또한 결손 NER과 관련된 희귀 유전성 질환으로 XP에 결함이 있는 동일 유전자 중 3개와 2개의 추가 유전자의 결함으로 인해 발생한다. CS 환자들은 자외선 조사에 과도할 정도로 민감하며, 왜소한 성장, 신경 탈수초성으로 인한 신경 부전, 조숙한 용모를 보인다. 하지만 흥미롭게도 피부암은 정상 발현 빈도를 보인다. CS의 결함이 있는 단백질들은 손상을 입거나 구부러진 DNA 주형으로 인해 진행이 정지된 RNA 중합 효소를 정상적으로 인지한다. 전사를 재개하기 위해서 멈추고 있는 RNA 중합 효소를 떼어내어야 하고, 그래야 DNA 손상이 NER계에 의해 수선될 수 있다. CS의 경우 DNA는 수선될 수 없어서 **세포 사멸(apoptosis)**에 이르게 한다(계획된 세포 치사, 28-4C절). 전사적으로 활성인 세포의 죽음은 코케인 증후군의 발달 증상을 설명해 준다.

D 부적합 쌍 수선법은 복제 오류를 교정한다

DNA 중합 효소의 편집 기능을 교묘히 피해 복제로 만들어진 부적합 염기쌍은 **부적합 쌍 수선법(mismatch repair, MMR)**이라는 과정에 의해 교정될 수 있다. 이러한 NMR계는 4개 뉴클레오타이드 정도의 삽입이나 삭제를 교정할 수도 있다(DNA 중합 효소의 활성 부위에서 상대 가닥과 비교해서 한 가닥이 미끄러짐으로써 일어난다). 부적합 쌍 수선법의 중요성은 사람의 경우 이러한 수선법에 결함이 있는 경우 높은 빈도로 암이 발생하는데, 가장 잘 알려진 것으로 **유전적 비용종성 대장암 증후군(hereditary nonpolyposis colorectal cancer syndrome)**– 여러 기관에 영향을 미쳐 가장 흔한 암 발달로 이어지는–이 있다.

*E. coli*의 부적합 쌍 수선은 3개의 단백질에 의해서 수행된다(그림 25-37). **MutS**의 동종 이합체는 먼저 부적합 염기쌍이나 쌍을 이루지 않은 염기들에 결합하고, 그다음에 **MutL**의 동종 이합체에 결합한다. 그 후 ATP 의존 과정으로 생성된 $MutS_2MutL_2$ 복합체가 양방향으로 DNA를 따라 이동함으로써 이중 가닥 DNA로 하여금 $MutS_2MutL_2$ 복합체에 의해 폐쇄된 부적합 짝을 포함한 고리를 만들게 한다. 만일 NMR계가 그들을 영속화시키지 않고 복제 오류를 교정하려고 하면 정확한 염기를 갖는 부모의 DNA와, 정상 염기이긴 하지만 정확하지 않은 딸가닥을 구별해야 한다. *E. coli*에서 부적합 쌍 수선 장치는 2개의 가닥을 구별할 수 있는데, 그 이유는 새로 복제된 DNA가 메틸기 전이 효소가 충분한 시간을 갖고 딸가닥을 메틸화할 때까지 새로이 반메틸화 상태로 남아 있기 때문이다(자료 25-4). 반메틸화된 GATC 회문 구조를 $MutS_2MutL_2$ 복합체가 조우하게 되면 **MutH**를 소집하고, 핵산 내부 분해 효소를 활성화하여 메틸화되지 않은 GATC 서열의 5′ 측에 틈을 만든다. 이 부위는 부적합 쌍의 양편에 1,000 bp 이상

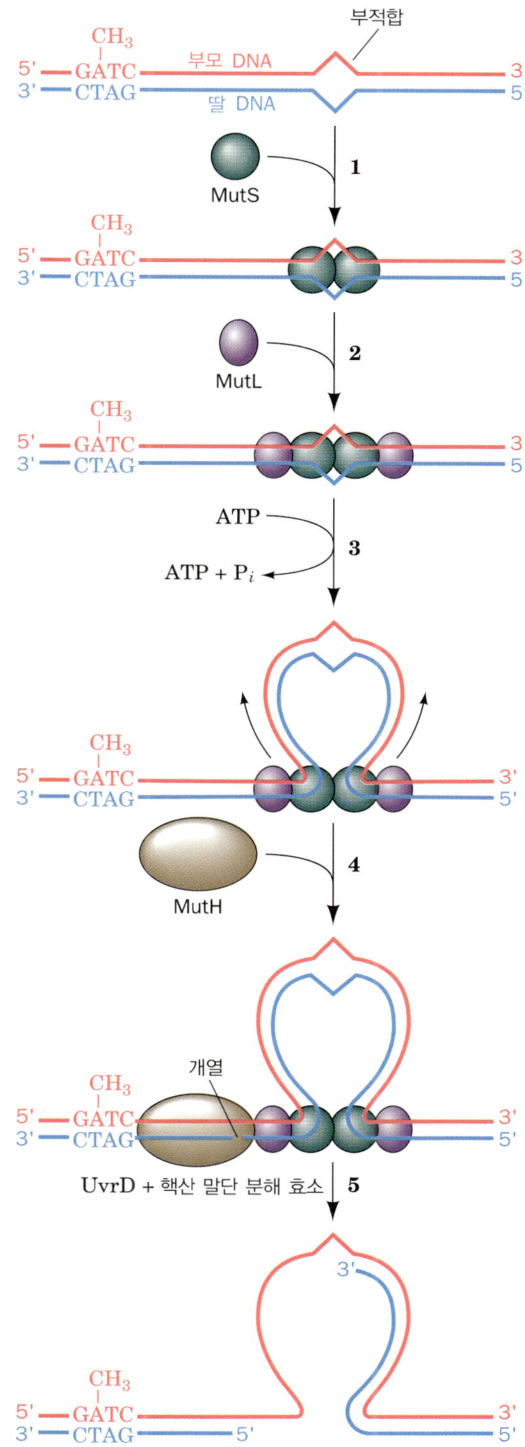

그림 25-37 *E. coli*의 부적합 쌍 수선 메커니즘 (1) MutS가 결합한다. (2) MutL이 결합한다. (3) 부적합 염기쌍을 가진 DNA가 풀려나온다. (4) MutH 핵산 내부 분해 효소가 결합한다. (5) 부적합 염기쌍을 가진 메틸화되지 않은 DNA가 잘린다.

? 수선 과정의 다음 단계를 서술하라.

떨어져서 위치할 것이다. UvrD 나선 분해 효소도 NER에 참여하는데, 부모 가닥과 딸가닥을 분리한다. 핵산 말단 분해 효소는 결함이 있는 딸가닥 영역을 완전히 제거하고, 다음에 DNA 중합 효소 III의 작용으로 교체한다.

진핵세포는 MutS와 MutH 대신에 MutL의 여러 개의 동질 유사물을 가지므로 딸가닥과 부모 가닥을 구별하기 위해서는 메틸화 상태보다는 몇몇의 다른 실마리를 이용해야 할 것이다. 하나의 가능성은 새로이 합성된 딸가닥이 오카자키 단편들 간에 아직 메워지지 않은 틈이 있는 것으로 동정하는 일이다. DNA 재합성은 아마도 pol δ에 의해 중재되는 것 같다.

E 몇몇 DNA 수선 메커니즘은 오류를 도입한다

다양한 형태의 XP 환자들은 그들의 NER 단백질들이 정상일지라도 증가된 비율의 피부암을 보여 준다. 이러한 장애에 있어서 결함은 **DNA 중합 효소 η(DNA polymerase η, pol η)**라는 효소에 있다. 이것이 정상적으로 기능하면 자외선으로 유도된 타이민 이합체와 같은 DNA 장애 부위를 새로운 가닥에 2개의 아데민 염기를 결합하고 무시하면서 지나갈 수 있다. **손상 부위 전이 중합 효소(translesion polymerase)**로서 pol η가 유용하긴 하지만, 비교적 부정확하고 교정할 수 있는 핵산 말단 분해 효소 활성이 없다. 평균 뉴클레오타이드 30개 당 한 개의 부정확한 염기를 삽입한다.

오류 친화성 중합 효소가 있음으로써 표준 복제 메커니즘에 의해 조정될 수 없는 DNA 복제 가닥의 연장을 위한 오류 방지 기구를 공급한다. 사실 전형적으로 그러한 대체 가능한 DNA 중합 효소들은 정상 복제를 전담하는 중합 효소의 수를 능가한다. 예를 들면 진핵생물은 적어도 5개를 갖는데, 이러한 우회 중합 효소들은 상이한 정확도로서 작용한다. 하지만 우회 중합 효소들에 의해 만들어진 오류는 부적합 쌍 수선 장치로 교정될 수 있을 것이다.

말단 연결은 이중 가닥의 갈라진 틈을 수선한다. 손상이 오직 DNA 한 가닥에만 영향을 줄 때 염기 절제 수선이나 뉴클레오타이드 절제 수선 경로가 작용한다. 그러나 DNA는 이온화 방사선이나 산화 대사의 자유 라디칼 부산물에 의해 또는 복제 분기점이 틈을 만날 때 생성되는 **이중 가닥 틈(double-strand break, DSB)**이 만들어지기 쉽다. 사실 배양액 내에서 분열하고 있는 세포 중 5~10%는 어떤 특정 시간을 기준으로 적어도 염색체당 1개의 틈을 보여 준다. 수선되지 않은 이중 가닥 틈은 세포에 치명적이거나 염색체 이상을 일으켜 암에 이르게 한다. 이리하여 이중 가닥 틈의 유효한 수선 과정은 세포의 생존이나 유전체 보전을 위해서 필수적이다.

세포는 이중 가닥 틈을 수선하기 위해서 2개의 일반적 메커니즘을 가진다. **재조합 수선(recombination repair)**과 **비상동성 말단 연결(nonhomologous end joining, NHEJ)**이 그것이다. 여기서는 후자에 대해 논의하기로 하자. 이 과정은 그 이름이 의미하듯이 DSB를 직접적으로 재연결하는 것이다. DSB의 재조합 수선은 25-6B절에서 논의하게 될 것이다.

NHEJ의 경우, 개열된 DNA 말단들을 나란히 줄을 맞추고 풀려진 말단을 잘라 내거나 채워 넣고 가닥을 연결한다. 진핵생물에서 말단 연결 기구의 핵심은 단백질 **Ku**(동질성의 70 kd과 83 kd 소단위체인 **Ku70**과 **Ku80**으로 된 하나의 이종 이합체)를 포함하고 있다는 점인데, 이것은 세포의 깨어진 DNA 감지 물질인 것처럼 보인다. 14 bp DNA와 복합체를 이루고 있는 Ku의 X선 구조는 골드버그(Jonathan

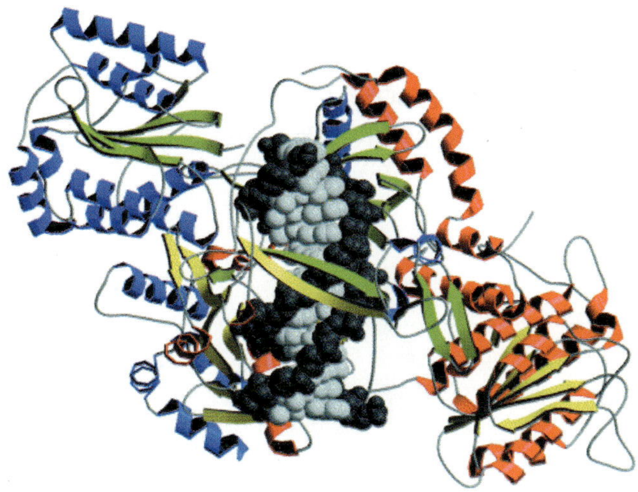

그림 25-38 **14 bp DNA와 복합체를 형성하고 있는 인간의 Ku 단백질의 X선 구조** Ku70(적색 나선과 황색 β 가닥들)와 Ku80(청색 나선과 녹색 β 가닥들)과 같은 소단위체를 가상 2배축을 따라 보여 주고 있다. DNA는 공간 채움 형태로 그렸으며, 당-인산 골격은 암갈색으로, 염기쌍은 연갈색으로 나타내었다. DNA는 단백질 고리로 둘러싸여 있음을 주목하라. [Courtesy of John Tainer, The Scripps Research Institute, La Jolla, California. Based on an X-ray structure by Jonathan Goldberg, Memorial Sloan-Kettering Cancer Center, New York, New York. PDBid 1JEY.]

Goldberg)에 의해 결정되었는데 이 단백질은 전체 길이에 걸쳐 이중 가닥 DNA 조각을 안고서 중앙의 3 bp 조각을 휘감고 있다(그림 25-38). Ku는 DNA의 염기들과 특이적 접촉을 하지 않으며 골격과도 접촉이 거의 없고 대신에 주홈이나 부홈 속에 안정되게 잘 조화되고 있다. Ku-DNA 복합체는 이중 가닥 틈의 양쪽 반을 가지런하게 배열하기 위해서 이중화하는 반면, 가닥의 말단은 핵산 분해 효소, 중합 효소, 연결 효소에 접근할 수 있도록 남겨놓고 있다. 물론 뉴클레오타이드를 다듬는 작업은 돌연변이를 생성하지만, 수선되지 않은 이중 가닥 틈은 세포에 더욱 유해할 것이다.

NHEJ로 생성되는 돌연변이가 통상 받아들일 수 없을 정도로 유해하지는 않은 이유는 단지 적은 분량의 포유류 유전체가 발현되기 때문이다(28-1A절). 그래서 체세포 2배체의 경우 돌연변이들은 유전되지 않으며, 상동 염색체 내의 손상되지 않은 정보에 의해 보충되게 된다.

E. coli **SOS 반응은 돌연변이를 유발한다.** *E. coli*에서 DNA에 손상을 주는 제제는 **SOS 반응(SOS response)**이라고 알려진 세포 변화의 복합계를 유도한다. SOS 반응을 수행하는 세포는 분열을 중단하고 손상을 입은 DNA를 수선하는 능력을 증가시킨다. 억제자인 **LexA**와 DNA 결합 단백질인 **RecA**는 이 계의 활성을 조절한다(RecA는 또한 다음 장에서 논의할 상동성 재조합에서 주요 활동자이며, 복제된 후에 손상을 입은 DNA를 수선하는데 수단을 제공한다). 정상적인 성장 과정 중에는 LexA가 SOS 유전자 발현을 억제한다. 그러나 DNA가 손상을 입으면(그래서 완전히 복제할 수 없으면) 생성되는 단일 가닥들이 RecA와 결합하여 복합체를 만들고 LexA를 잘라서 불활성화시킨다. NER 유전자인 *uvrA*와 *uvrB*(25-5C절)뿐만 아니라 *recA*와 *lexA*를 포함하는 SOS 유전자들이 발현된다. DNA의 수선이 진행됨에 따라 DNA·RecA 복합체는 해체되고, 새로 합성된 LexA는 다시 SOS 유전자의 발현을 억압한다.

SOS계를 통제하는 43개의 유전자 중에서 **DNA 중합 효소 IV**와 **V**는 DNA 복제시 정확도가 낮고 교정용 핵산 말단 분해 효소 활성이 없다. 이유는 이들 손상 전이 중합 효소들은 원래의 염기에 대한 정보가 없을 때조차도 DNA를 합성할 수 있으며, **SOS계는 오류 친화적이고 결과적으로 돌연변이를 유발하기 때문이다.** 그러므로 SOS가 유도되기 전 50분간에 만일 DNA가 다른 수단에 의해 이미 수선되지 않았다면 그 후에 개시되는 마지막 공정이다. 그러므로 SOS 수선 장치는 비록 적은 부분의

체크 포인트

- DNA 광분해 효소와 알킬기 전이 효소의 기능은 무엇인가?
- 염기 절제 수선, 뉴클레오타이드 절제 수선, 부적정 염기쌍 수선을 위해 필요한 효소 활성을 서술해 보시오.
- 뉴클레오타이드 절제 수선 및 부적합 염기쌍 수선 과정 결함의 증상은 무엇인가?
- 왜 세포에 pol η, 비상동성 말단 연결과 SOS 반응과 같은 오류 친화성 수선계가 필요한지 서술해 보시오.

세포가 이 과정으로 살아남을지라도 다윈설의 의미에서는 죽음보다는 기능을 잃더라도(그럼으로써 새로운 기능을 얻을 수 있는) 살아남는 것이 유리하다는 전제에 대한 증명이다. 따라서 환경 스트레스를 받으면 SOS계는 *E. coli*로 하여금 새로운 조건에 적응하는 비율을 증가시키도록 변이율을 증가시키는 기능을 한다.

6 재조합

주요 개념

- 상동성 재조합의 경우, DNA 가닥들은 교차를 통해 장소를 맞바꾼다.
- 재조합은 손상을 입은 복제 분기점과 이중 가닥의 틈을 수선할 수 있다.
- 전이 인자들은 스스로 움직이거나 때때로 추가적인 유전자와 함께 새로운 염색체 부위들로 이동한다.

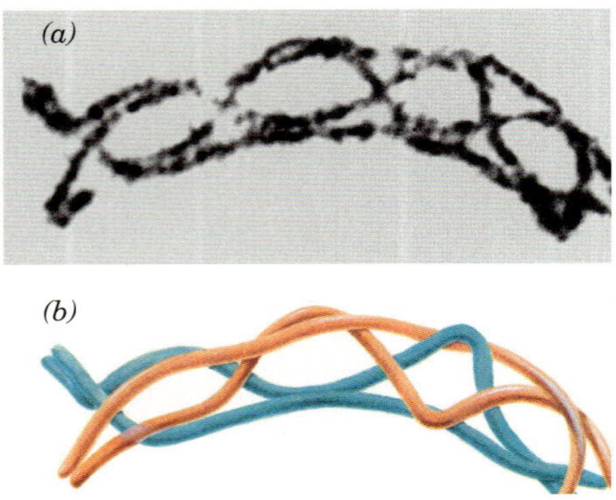

그림 25-39 (유전자) 교차 여치 *Chorthippus parallelus*의 감수 분열 중 염색분체를 구성하는 2개의 상동성 쌍의 전자 현미경 사진(*a*)과 해석도(*b*). 비자매 염색분체(상이한 색깔)는 그들이 교차하는 지점 어느 곳에서도 재조합이 일어난다.

여러 해 동안의 유전 연구를 통해서 유전자는 변하지 않는 것으로 알려졌다. 고등 생물의 경우 유전자의 쌍은 상동성 염색체들이 나란히 놓이게 되면(**그림 25-39**) 상호 교차가 일어나서 교환이 일어나는 경우가 있다. 이중 염색체를 갖고 있지 않은 세균의 경우도 유전 정보의 재조합을 위한 정교한 메커니즘을 갖고 있다. 이외에도 외래 DNA가 재조합 과정을 통하여 숙주의 염색체 내로 들어올 수도 있다. 이 절에서는 재조합의 분자적 성과를 조사하고 유동성 유전 요소인 **전이 유전자군(transposon)**의 생화학을 논의하고자 한다.

A 상동성 재조합은 여러 개의 단백질 복합체를 포함한다

상동성 재조합(homologous recombination, 소위 일반적 재조합)은 광범위에 걸쳐 유사성을 갖는 DNA 조각들 간에 일어난다. **부위 특이적 재조합(site-specific recombination)**은 짧지만 특정한 2개의 DNA 서열 간에 일어난다. 상동성 재조합 과정의 전형적 예(**그림 25-40**)는 1964년에 홀리데이(Robin Holliday)가 제안하였다. 2개의 나란히 배열된 상동성 DNA 이중 가닥의 상응하는 가닥에 갈라진 틈이 생기고 이들 가닥들이 교차하여 상동성 이중 가닥 상의 상보 가닥과 쌍을 이루게 됨으로써 **이종 DNA(heterologous DNA)** 영역을 만들게 되며, 그 후 갈라진 틈이 메워지게 된다(그림 25-40*a*~*e*). 교차 지점은 **홀리데이 접합부(Holliday junction)**로 알려져 있으며 4가닥 구조로 되어 있다. 사실 홀리데이 접합부는 자체 상보적인 d(CCGGTACCGG)를 사용하여 싱호(Shing Ho)가 X선 구조를 관찰하여 결정하였다(**그림 25-41**). 교차 지점은 양방향으로 이동이 가능하며, 종종 수천 개 뉴클레오타이드 정도로 이동하는데, 이 과정을 **분지 이동(branch migration)**이라고 한다(그림 25-40*e*, *f*).

홀리데이 접합부는 2가지의 동등하게 적합한 방법으로 2개의 이중 가닥 DNA로 '분해'할 수 있다(그림 25-40*g*~*l*).

1. 교차가 일어나지 않은 가닥들이 개열하면 원래의 이중 가닥의 말단들을 교환하게 되며, 갈라진 틈이 메워진 후에는 전통적 재조합 DNA 분자를 형성한다(그림 25-40*j*~*l* 의 오른쪽).
2. 교차된 가닥이 개열되면 한 쌍의 상동성 단일 가닥 조각들을 교환한다(그림 25-40*j*~*l*의 왼쪽).

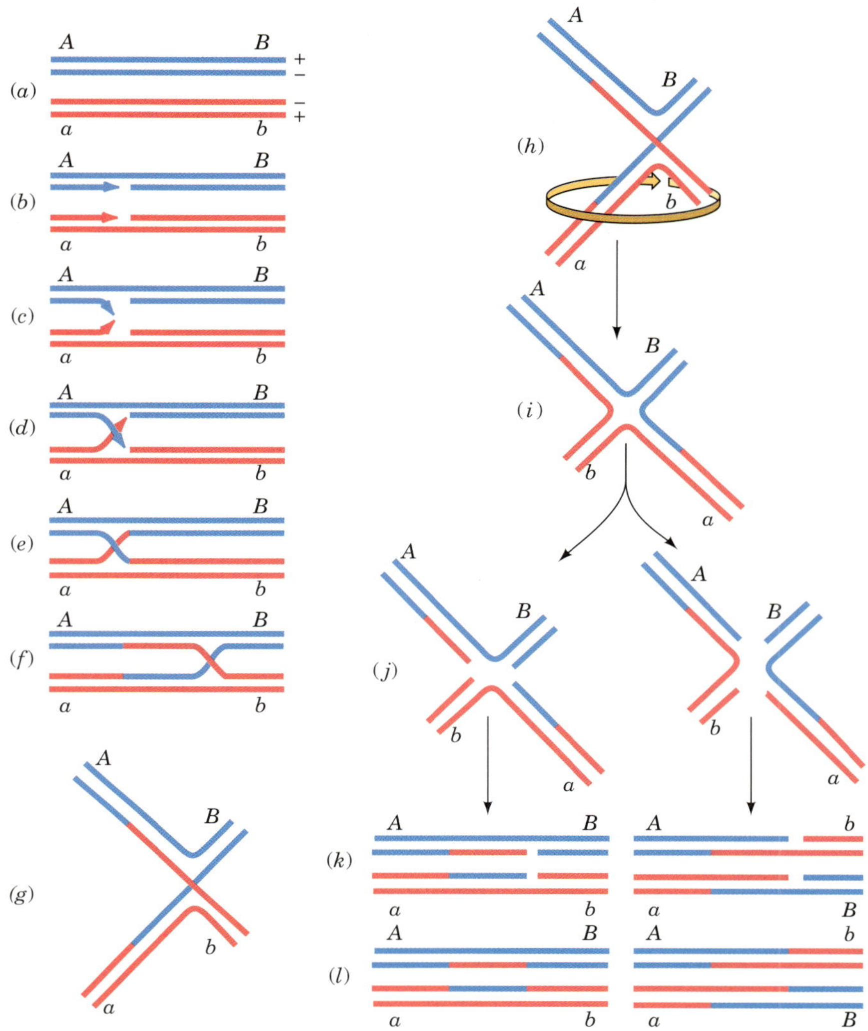

그림 25-40 상동성 DNA 이중 가닥들 간 일반적 재조합의 홀리데이 모형

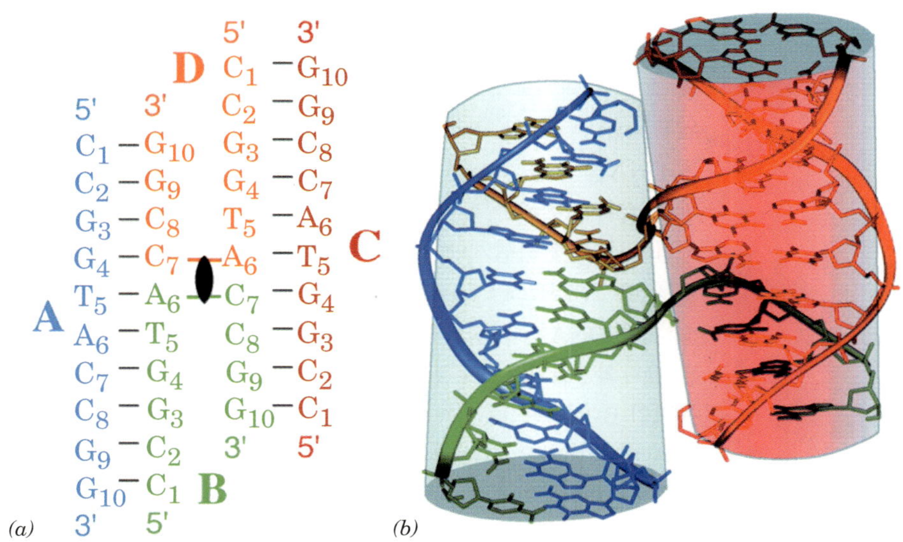

그림 25-41 홀리데이 접합부의 X선 구조 (*a*) 회문 구조 서열인 d(CCGGYTACCGG)에 의해 형성된 4가닥으로 된 홀리데이 접합부의 2차 구조에서 4가닥, 즉 A, B, C, D에 개개의 색을 입혔고, 그들의 뉴클레오타이드는 5′에서 3′ 말단으로 10까지 번호를 매겼으며, 왓슨–크릭 염기쌍의 상호작용은 검은색 대시(–) 부호로 나타내었다. 두 개의 나선과 관련된 2배축은 검은색 렌즈 부호로 표시되어 있다. (*b*) 홀리데이 접합부의 3차원 구조는 2배축을 따라 보았던 것처럼 과뉴클레오타이드가 *a*에서 나타낸 색과 리본으로 흔적을 나타낸 골격과 함께 막대 모양으로 나타내고 있다. 교차된 가닥 B와 D의 골격을 제외하고 이 구조의 두 개의 팔은 각각 교차 부위를 걸고 있는 염기쌍들의 집적과 함께 비틀리지 않은 B-DNA 나선을 형성하고 있다. 그림 25-40*g*는 이 그림을 측면에서 본 구조의 모형도이다. [Courtesy of Shin Ho, Oregon State University. PDBid 1DCW.]

RecA는 *E. coli* 내에서 재조합을 촉진시키다. *recA*$^-$ *E. coli*가 야생형보다 10^{-4}배만큼 낮은 재조합률을 보이는 것은 **RecA 단백질이 재조합에 있어서 중요한 기능을 함을** 나타낸다. 실제로 RecA는 *in vitro* 조건에서 상보 가닥들이 원상 회복하는 비율을 크게 증가시킨다. 이러한 다용도의 단백질(이 단백질이 또한 LexA의 자가 단백질 분해를 자극해서 SOS 반응을 개시하게 함을 상기해 보라, 25-5E절)은 단일 가닥 DNA나 혹은 단일 가닥에 틈을 갖는 이중 가닥 DNA상의 염기 서열과 관계 없이 협동적으로 중합 작용을 한다. 생성되는 가는 실 모양의 가닥은 수천 개의 RecA 단량체들을 가지며, 특이적으로 상동성 이중 가닥 DNA에 결합하고, ATP 의존성 반응으로 가닥 교환을 촉매한다.

에겔먼(Edward Egelman)은 전자 현미경 연구를 통해 단일 또는 이중 가닥 DNA에 결합된 RecA의 가는 섬유 가닥들이 1회전당 6.2 RecA 단량체와 95 Å의 피치(회전당 상승 거리)로 된 우선성 나선을 이루고 있음을 밝혔다. 이들 섬유 가닥 내의 DNA는 RecA 단량체당 3개 뉴클레오타이드(또는 염기쌍)로 단백질과 결합하므로 1회전당 18.5개 뉴클레오타이드(또는 염기쌍)만큼 아래로 감기는 셈이다(정규적인 B-DNA의 경우 1회전당 10개 염기쌍에 대해).

RecA−DNA 섬유사의 형성은 매우 협동적이다. 5개나 6개의 RecA 전구성체가 모여 안정한 연합체를 만든다. 그 결과로서 수년간에 걸친 RecA−DNA 섬유사를 결정화하려는 시도는 성공을 거두지 못하였다. Nikola Pavletich는 *E. coli*의 RecA 유전자 5개(353개 잔기의 단백질에서 1~335개 잔기 각각에 상응하는)를 14개 잔기로 된 연결자를 이용하여 일렬로 이어서 연결하고 기다란 섬유사를 만들지 못하도록 첫 번째와 마지막의 RecA를 변이시킴으로써 앞의 난제를 해결하였다. 이러한 융합 단백질은 DNA 의존성 ATPase 활성 및 단량체 RecA에 필적할 만한 가닥 교환 활성을 가졌으며, 단일 가닥과 이중 가닥 DNA 모두를 포함하는 결정체를 형성하였다.

$RecA_5$−$(ADP-AlF_4^-)_5$−$(dT)_{15}$−$(dA)_{12}$ 복합체의 X선 구조(**그림 25-42**, ADP−AlF_4^-는 비수용성 ATP 유사물)는 전자 현미경 연구로부터 유추되었던 것과 매우 유사한 전반적인 나선 지수를 갖는 직선상의 섬유사 축을 보여 주었다. 각각의 RecA 단위체는 대체로 나선상의 30개 잔기의 N 말단 조각과 240개 잔기의 α/β ATP 분해 효소의 핵, 64개 잔기의 C 말단 구형 영역으로 구성되어 있다. 인접한 RecA 단위체들을 연결하는 연결자는 무질서하게 되어 있다. 각 RecA 단위체는 내부에 결합된 DNA를 노출하는 깊은 나선상 홈과 섬유사를 만들기 위하여 가장 근접한 이웃들과 광범위한 접촉을 한다(그림 25-42*a*는 홈 안을 나타내고 있다).

섬유사 축에 가깝게 놓여 있는 2개의 DNA 가닥은 왓슨−크릭 염기쌍의 완전한 한 벌을 형성한다(그림 25-42*b*). 그러나 유연하게 뻗치기보다는 예상되었던 것처럼 이중 가닥 DNA는 비정규적인 구조를 나타내는 것으로 보이며, RecA 단위체에 결합된 각각의 3염기쌍으로 된 조각은 3.4 Å의 축간 거리 상승과 30°의 나선상 비틀림(정규적인 B-DNA의 3.4 Å과 36°에 대해서, 표 24-1)을 갖는 삼합체 내에서 연속 염기쌍 사이에 계단을 갖는 B-DNA를 매우 닮아 있다. 이와 반대로 연속 염기쌍 간의 계단은 삼합체의 경우 8.4 Å의 축간 거리 상승과 −4°의 나선상 비틀림을 가지며, 보존된 Ile 199의 곁사슬로 부분적으로 채워진 연속 삼중체 간에 5 Å 크기의 공백을 만든다. $(dT)_{15}$의 당−인산 골격(그림 25-42에서 독자부터 가장 멀리 있는 DNA 가닥)은 RecA와 광범위한 접촉을 한다. 이와 달리 다른 가닥[$(dA)_{12}$]은 단백질과 거의 접촉이 없다. 첫 번째 가닥과 염기쌍을 이룸으로써 거의 완전하게 제자리를 잡는다. ADP−AlF_4^-는 인접한 α/β ATP 분해 효소의 핵심부들 사이에 끼이게 되어 그곳에

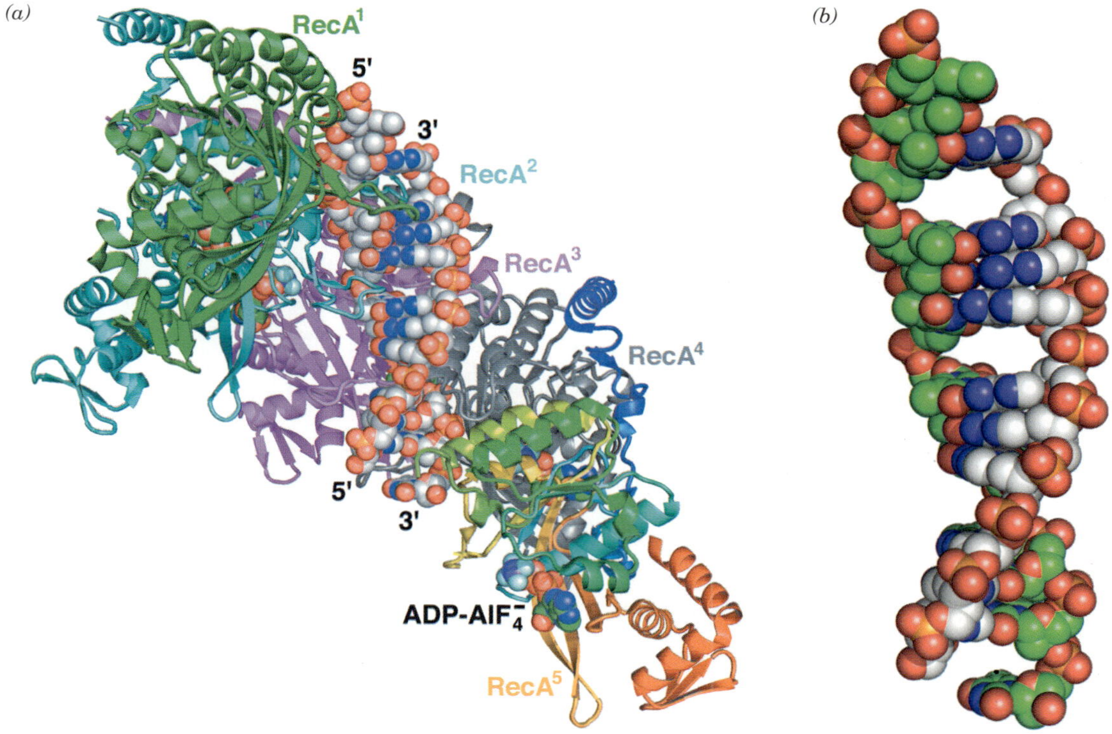

그림 25-42 $RecA_5$–$(ADP–AlF_4^-)_5$–$(dT)_{15}$-$(dA)_{12}$ **복합체의 섬유사 축에 수직으로 본 X선 구조** (*a*) RecA[1](N 말단 단위)에서 RecA[4]에 이르는 RecA 단위체들은 녹색, 사이언, 마젠타 색과 회색으로 각각 나타내었고, C 말단 단위체인 RecA5는 N 말단(청색)에서 C 말단(적색)까지 무지개 색 순서로 색칠되었다. DNA와 $ADP–AlF_4^-$는 DNA C는 회색, ADP C는 녹색, N은 청색, O는 적색, P는 주황색, F는 연청색, Al은 보라색의 공간 채움 형태로 그려져 있다. (*b*) 복합체 내의 DNA는 *a*에서처럼 보이고 색칠되어 있지만 $(dT)_{15}$의 C 원자는 녹색으로 나타내고 있다. [Based on an X-ray structure by Nikola Pavletich, Memorial Sloan Kettering Cancer Center, New York, New York. PDBid 3CMX.]

? DNA를 푸는 과정에서 RecA는 나선 분해 효소와 어떻게 다른가?

완전히 묻힌다.

단일 가닥 DNA를 갖는 $RecA_6$–$(ADP–AlF_4^-)_6$–$(dT)_{18}$ 복합체의 X선 구조는 앞에서 말한 이중 가닥 DNA를 함유한 복합체와 매우 닮은 모양을 보이지만, 그림 25-42에서 독자에 가장 가까운 쪽의 DNA 가닥은 없다. 그러므로 각 RecA 단위체는 7.8 Å의 축간 거리 상승에 의해 분리된 연속의 $(dT)_3$ 조각들과 B–DNA 유사 구조를 붙들고 있는 하나의 $(dT)_3$ 조각과 결합한다.

RecA가 어떻게 단일 가닥 DNA와 이중 가닥 DNA 간에 가닥 간 상호 교환을 매개하는가? RecA에 결합된 단일 가닥 DNA에 상보적인 이중 가닥 DNA를 만나게 되면 RecA는 부분적으로 이중 나선을 풀게 되고, 이중 가닥 DNA상의 상보 가닥과 단일 가닥 DNA를 교환하는데, 이 과정 중에 3중 가닥 DNA 중간 산물이 포함한다(**그림 25-43**). 가닥 교환을 위해서는 RecA에 ATP 결합이 필요하지만, 해리 단계에 이르러서야 ATP 가수 분해가 일어난다. 가닥 교환 과정에서 어느 정도의 부적합 염기쌍은 허용되므로 상동성의 DNA 조각들 간에 일어날 수 있다. RecA 섬유사가 자신의 축에 대해 회전함에 따라 이중 나선 DNA는 감기게 된다(**그림 25-44**). RecA가 결합한 단일 가닥 DNA의 대부분을 B 구조로 유지함으로써 RecA는 비왓슨–크릭 염기쌍의 형성을 막을 것으로 보인다. 이와 같은 두 가닥의 교환 과정은 홀리데이 접합부에서 동시에 일어난다. 진핵생물의 경우, *E. coli* RecA와 상동성이 있는 **Rad51** 단백질은 유사한 ATP 의존성 방법에 의해 DNA 재조합을 매개하는 기능을 하는 것

process diagram

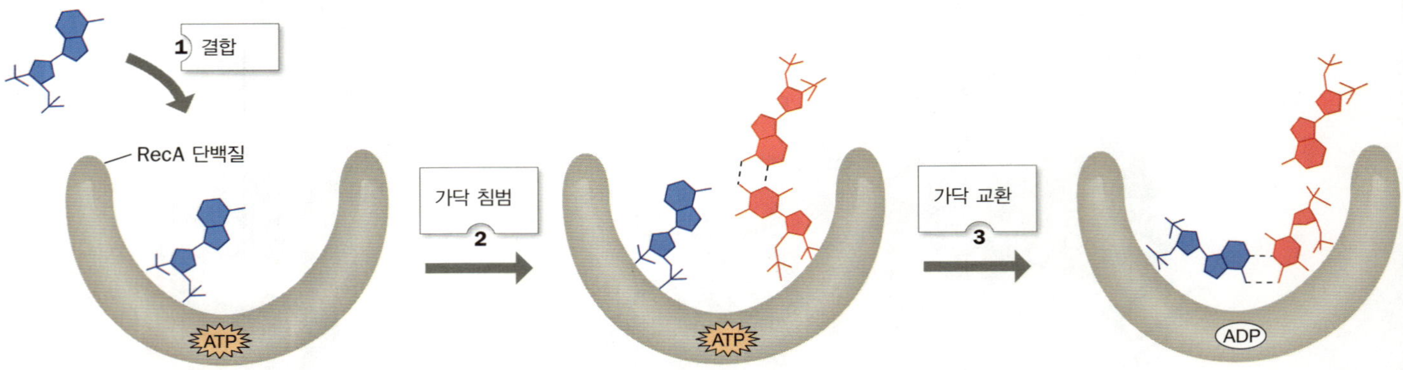

그림 25-43 RecA 매개의 염기쌍 형성 모식도 (1) 단일 가닥 DNA가 RecA에 결합하여 개시 복합체를 만든다. (2) 이중 가닥 DNA가 일시적으로 세 가닥 나선을 만들기 위하여 개시 복합체에 결합한다. (3) RecA는 배열된 상동성 가닥들의 염기를 회전시켜 ATP 주도 과정을 통하여 가닥 교환에 영향을 미친다. [After West, S.C., Ann. Rev. *Biochem.* **61**, 618 (1992).]

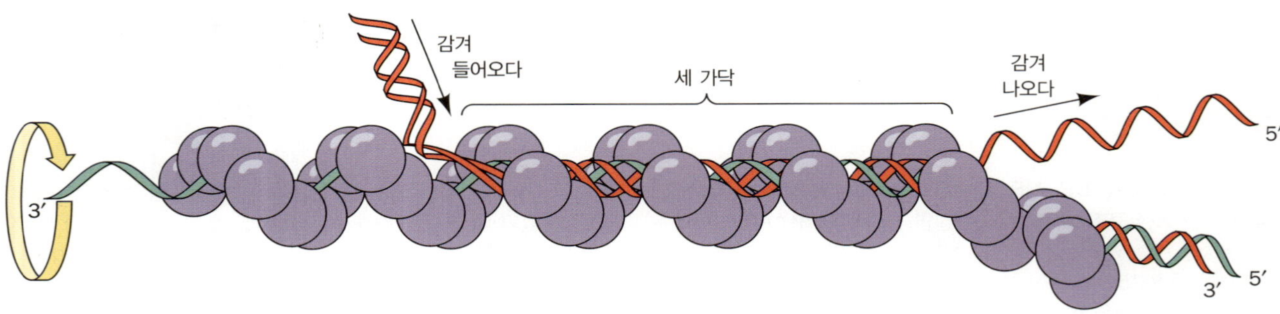

그림 25-44 RecA가 매개하는 가닥 교환 모형 상동성 DNA 분자들은 가닥 교환에 앞서서 세 가닥 나선으로 쌍이 만들어진다. ATP가 주도하는 나선 주위의 RecA 섬유사(보라색)의 회전은 이중 가닥 DNA로 하여금 섬유사에 그림에서처럼 왼쪽에서 오른쪽으로 '감기도록' 한다. [After West, S.C., Ann. Rev. *Biochem.* **61**, 617 (1992).]

이 명백하다.

RecBCD는 단일 가닥을 이용가능하게 함으로써 재조합을 개시한다. *E. coli*의 경우, RecA가 결합하는 단일 가닥 조각들이 RecBCD 단백질에 의해 만들어지는데, 이 단백질은 SOS 유전자인 *recB*, *recC*와 *recD*의 산물로서 330 kD의 이종 삼합체이며, 나선 분해 효소 및 핵산 분해 효소 활성을 가진다(**그림 25-45**). 이 과정은 먼저 이중 가닥 DNA의 말단에 RecBCD가 결합하면서 시작된 후, ATP 주도의 나선 분해 기능을 이용하여 가닥을 푼다. 이렇게 되면 뒤에서 풀려진 단일 가닥들을 핵산 분해 활성으로 분해시키는데, 3′ 말단 가닥을 좀 더 빈번하게 깨뜨림으로써 5′ 말단보다 더 작은 가닥들로 쪼개지게 된다. 그러나 3′ 말단으로부터 GCTGGTTGG의 서열[소위 **Chi 서열(Chi sequence)**이라고 하며, *E. coli* 유전체의 5 kb마다 존재한다]을 만나게 되면 3′ 말단 가닥의 개열을 멈추게 되고, 5′ 말단 가닥의 깨뜨리는 속도를 증가시키게 됨으로써, RecA가 결합할 3′ 말단을 갖는 단일 가닥 조각을 만들게 된다. 이러한 사실은 Chi 서열을 갖는 영역들의 재조합률이 상승함에 대한 관찰을 설명해 준다. RecB 또한 RecA를 불러들이고 3′ 말단 가닥에의 결합을 응집시키는 기능을 한다.

위글리(Dale Wigley)는 21 bp 이중 가닥 DNA 축과 고리형 머리핀 구조를 형성하는 51개 뉴클레오타이드와 복합체를 이루고 있는 *E. coli* RecBCD의 X선 구조를 결

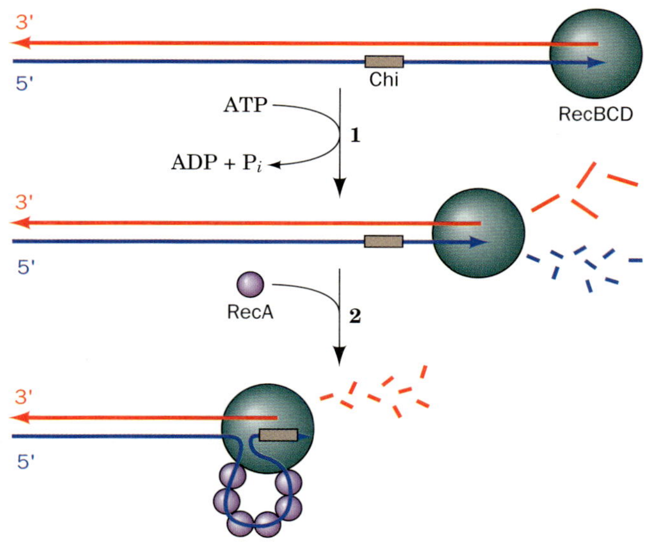

그림 25-45 RecBCD가 재조합을 일으키도록 3′ 말단 단일 가닥 DNA 조각의 생성 (1) RecBCD는 이중 가닥 DNA의 자유 말단에 결합하고, ATP 주도 과정으로 나선 축을 따라 진행하면서 DNA를 풀고 뒤따르면서 생성되는 단일 가닥들을 분해하는데, 이때 5′ 말단 가닥보다는 3′ 말단 가닥을 더 자주 자른다. (2) RecBCD가 적절하게 배향된 Chi 서열을 만나면 그것과 결합하고 3′ 말단 가닥을 자르는 일을 중지하는 데 반해, 5′ 말단 가닥을 자르는 빈도는 증가시킨다. 이렇게 함으로써 RecA가 결합하는 강력한 침입성의 3′ 말단 가닥 조각을 생성하게 된다.

정하였다(**그림 25-46**). 이 구조에서 RecB(1180개 잔기)와 RecC(1122개 잔기)는 서로 밀접하게 꼬여 있고, RecB의 C 말단 핵산 분해 효소 영역은 뻗쳐진 21개 잔기의 폴리펩타이드 밧줄에 의해 나머지 하부 구조에 걸려 있다. 이중 가닥 DNA의 15개 염기쌍 조각은 RecB와 RecC 사이의 통로를 통하여 단백질 안으로 들어간다. 그곳에서 두 개의 가닥, 즉 RecB에 결합하고 있는 DNA의 3′ 말단 단일 가닥 6개 뉴클레

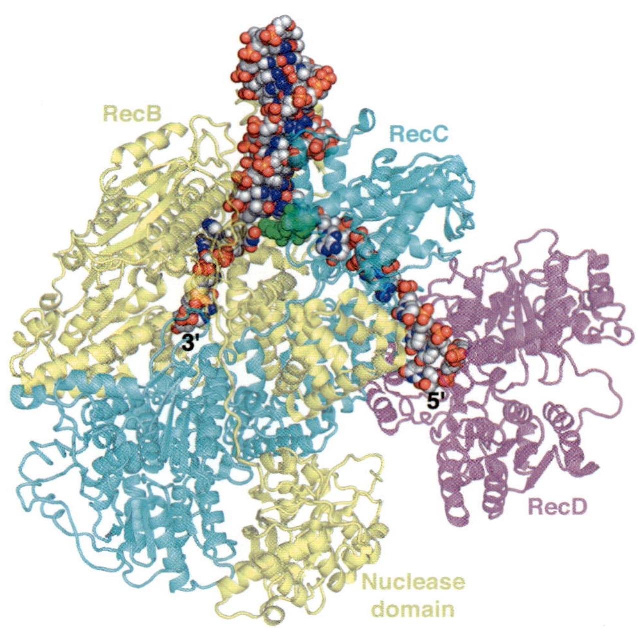

그림 25-46 21 bp로 된 머리핀 구조를 만들 수 있는 51 nt DNA와 복합체를 형성하고 있는 *E. coli* **RecBCD의 X선 구조** 단백질은 반투명 리본형으로 RecB는 황색, RecC는 청록색, RecD는 진홍색으로 그려져 있다. RecB 핵산 분해 효소 영역이 뻗쳐진 펩타이드 중합체 밧줄에 의해서 나머지 소단위체와 연결되어 있는 것을 주목하라. DNA의 경우, C는 회색, N은 청색, O는 적색, P는 주황색의 공간 채움 형태로 보여 주고 있다. 녹색의 공간 채움 형태로 그려져 있는 RecC의 고리는 들어오는 이중 가닥 DNA의 두 개의 가닥들– RecB의 3′→5′ 나선 분해 효소에 결합시키는 3′ 말단 가닥과, RecC를 경유하여 RecD의 5′→3′ 나선 분해 효소에 결합시키는 5′ 말단 가닥–을 쐐기를 박아서 분리시킬 수 있도록 위치하고 있다. [Based on an X-ray structure by Dale Wigley, The London Research Institute, Herts, U.K. PDBid 3K70.]

오타이드 및 RecD에 결합하고 있는 5′ 말단 단일 가닥 10개 뉴클레오타이드와 함께 이 두 가닥을 밀치고 나아가는 듯한 RecC의 고리와 만나게 된다(608개 잔기, 그림 25-46의 꼭대기에서 이중 가닥 DNA의 2가닥을 연결하는 5 뉴클레오타이드 고리가 무질서하게 놓여 있다).

이 구조는 2개의 DNA 가닥들의 상이한 비율의 개열을 설명해 준다. 3′ 말단 가닥은 그것을 가속적으로 자르는 위치에 있는 RecB 핵산 분해 효소 영역 가까운 곳의 RecC를 관통하는 통로로 빠져 나온다. 5′ 말단 가닥은 핵산 분해 효소 부위에 대해 3′ 말단 가닥과 경쟁하지만, 5′ 말단 가닥이 덜 좋은 곳에 위치하고 있어서 개열이 좋지 않다. 그러나 RecC가 Chi 서열과 결합한 후에는 3′ 말단 가닥은 더 이상 개열에 이용될 수 없게 되므로 핵산 분해 효소로 하여금 5′ 말단 가닥을 더욱 빈번하게 개열하도록 한다.

RecBCD는 자유로운 이중 나선 말단에서만 DNA 풀기를 시작할 수 있다. 그러한 말단들은 *E coli*처럼 환상의 유전체를 갖는 경우에는 정상적으로 존재하지 않지만, 재조합 과정 중에는 이용 가능하다.

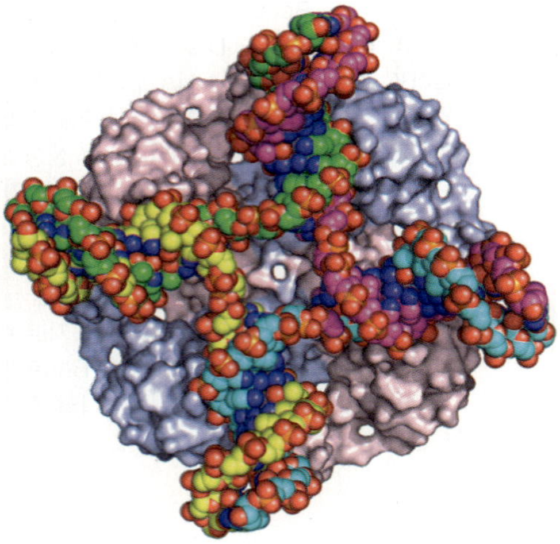

그림 25-47 RuvA-홀리데이 연결 복합체의 X선 구조 4배축을 따라 보여 주고 있는 사량체 단백질은 하부 단위의 분자 표면을 분홍색과 연청색 교대로 나타내고 있다. DNA는 공간 채움 형태로 그리고 있는데, 색깔은 서로 다른 사슬에 있는 C 원자들 및 원자형에 따라 다른 색으로 그려져 있으며, N은 청색, O는 적색, P는 주황색으로 되어 있다. [Based on an X-ray structure by Kosuke Morikawa, Biomolecular Engineering Research Institute, Osaka, Japan. PDBid 1C7Y.]

RuvABC는 가지 이동과 홀리데이 접합부의 해체를 매개한다. 가지 이동은 **RuvA**와 **RuvB** 단백질을 필요로 한다. 홀리데이 접합부와 복합체를 이루는 *Mycobacterium leprae*(나병의 원인균) RuvA 단백질의 X선 구조를 모리카와(Kosuke Morikawa)가 결정하였는데, RuvA는 4장의 꽃잎으로 된 꽃 모양의 동형 사합체를 만들고(C_4 대칭 구조), 한 면은 오목하고 다른 면은 볼록한 비교적 평평한 구조(80×80×45 Å)를 나타내고 있다(그림 25-47). 오목한 면(그림 25-47에서 독자 쪽)은 큰 양전하를 띠며, 보존된 수많은 잔기들이 산재해 있고, 홀리데이 접합부의 4개의 손과 결합하는 4개의 대칭성 홈을 갖는다. 4개의 음으로 하전된 돌출부 또는 핀은 중앙에 위치해 있다. 핀들과 홀리데이 접합부의 음이온인 인산기들과의 반발력으로 인해 단일 가닥 DNA 조각들의 분리가 촉진될 것이고, 한쪽의 이중 나선에서 다른 쪽으로 단일 가닥 DNA 조각들을 인도할 것으로 보인다. 하지만 이야기는 이것으로 완전하지 않다. 그림 25-47에서와는 다른 조건하에서 결정화한 RuvA–홀리데이 접합부 복합체의 X선 구조는 그림 25-47의 복합체와 닮아 있기는 하지만 두 번째 RuvA 사합체는 첫 번째 것과 면 대 면 접촉을 하고 있다. 여기서 홀리데이 접합부는 생성된 D_4 대칭성의 RuvA 팔합체를 통해 달리는 2개의 교차 통로 내에 포함된다.

이중 가닥 DNA가 있으면, AAA+계 ATPase인 RuvB는 과중합하여 이중 가닥 DNA가 통과할 수 있는 30 Å 지름의 구멍이 있는 가육합체 고리를 형성하는데, 이는 육합체의 나선 분해 효소와 매우 흡사하다(25-2B절). X선 구조와 전자 현미경을 바탕으로 RuvA·RuvB·홀리데이 접합부 복합체 모형을 그림 25-48에 보여 준다. 이 복합체에서 2개의 RuvB 육합체들은 RuvA 팔합체의 반대쪽에 있는 DNA를 감는다. 이러한 배열은 DNA와 접촉하고 있는 RuvB의 고리가 E1 나선 분해 효소에 대해 제안되었던 메커니즘과 유사하게 ATP 의존성 과정에 의해 수평의 이중 가닥 DNA의 홈을 따라 한쪽 방향으로 나아가는 분지점 이동 기구를 시사한다(25–2B절). 이것은 이중 가닥 DNA를 각 RuvB 육량체의 중심을 통해서 당겨내어 RuvA 팔합체 쪽으로 향하게 하는 셈이다. 그렇게 되면 홀리데이 접합부의 DNA 가닥들은 RuvA 중심부로 밀쳐지고 그곳에서 그들은 다시 만나서 수직 방향으로 이중 가닥 DNA를 이루어 복합체를 벗어나게 된다(대체 모형으로서 이중 가닥 DNA를 RuvA 팔합체에 감기 위하여 2개의 RuvB 육합체를 서로 반대로 회전시키는 일은 RuvA와 RuvB 간의 커

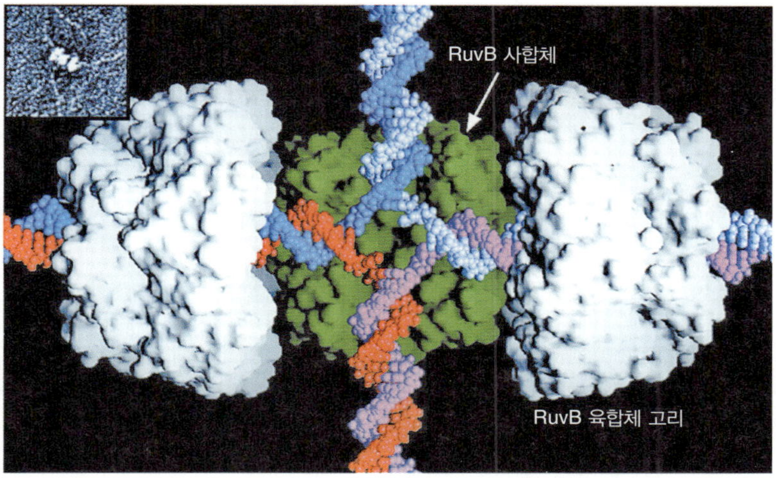

그림 25-48 **RuvAB-홀리데이 연결 복합체 모형** 이 모형은 내부에 삽입되어 있는 전자 현미경 사진과 X선 구조에 바탕을 두고 있다. 이 단백질은 RuvA 사량체는 녹색으로, 2개의 반대로 배향된 RubB 육합체는 흰색으로 한 표면 도식으로 나타내고 있다. 홀리데이 접합부의 DNA는 자신의 적색과 회색가닥들에 상보적인 상동성의 청색 및 마젠타 가닥들과 함께 공간채움 형태로 그려져 있다. 두 번째 RuvA 사합체는 보이고 있는 RuvA 사합체의 위에 놓이게 되어 DNA를 두 개의 수직 통로 안에 끼워 넣게 되는데, DNA의 지나가는 길을 보여 주기 위하여 제거되었다. 이 복합체는 RuvB 육합체의 중심으로부터 튀어나온 고리가 ATP 주도로 움직임으로써 DNA에 따른 분지점 이동을 주도하는 것으로 가상된다. 이것이 수평의 이중 가닥 DNA가 RuvB 육량체를 지나서 홀리데이 접합부의 중심으로 움직이게 하며, 그곳에서 가닥들은 분리가 일어나고 그들의 상동 가닥과 염기쌍을 이룸으로써 새로운 이중 가닥 DNA를 만들고 수직 방향으로 뽑아낸다.

다란 접촉 영역 때문에 일어날 것 같지 않다). 분지점 이동의 방향은 RuvB 육합체가 얹히게 되는 홀리데이 접합부의 반대편에 있는 한 쌍의 결합수에 좌우된다.

상동성 재조합의 최종 단계는 홀리데이 접합부를 녹여서 2개의 상동성 이중 가닥 DNA를 만드는 일이다. 이 과정은 동형 이합체 핵산 분해 효소인 **RuvC**에 의해 수행된다. RuvA 사합체 중 하나는 홀리데이 접합부를 노출하기 위해서는 팔합체 RuvA 복합체로부터 해리시켜야 한다. RuvC는 홀리데이 접합부의 반대쪽에 위치한 가닥들을 개열시키기 위하여(그림 25-40*i*,*j*) 만들어진 RuvA-홀리데이 연결 복합체의 개방된 면(그림 25-47에서 보이는 면)에 앉게 될 것이다. 다음으로 생성된 단일 가닥상의 틈은 DNA 연결 효소로 메워진다(그림 25-40*k*,*l*).

B DNA는 재조합으로 수선될 수 있다

세균과 같은 반수체 생물에서 염색체 DNA와 외부에서 공급된 DNA-예를 들면 형질 전환 과정에서 일어나는 것처럼(3-3A절)-간의 상동성 재조합은 그러한 세포의 대다수가 결코 이 과정에 참여하지 않을 정도로 매우 희귀하다. 이와 유사하게 다세포생물에서 상동성 재조합을 통한 유전자 재편성은 감수 분열 과정에서만 일어나며(그림 25-39), 그것도 단지 생식세포계에서만 발생한다. 그렇다면 왜 거의 모든 세포가 상동성 재조합을 매개하는 정교한 체계를 갖는 것일까? 그 이유는 손상을 입은 복제 분기점들이 세균 세포는 1세대당 적어도 한 개, 그리고 진핵세포는 1주기당 아마도 10배 정도는 생겨나기 때문이다. 이와 같은 DNA 손상은 **재조합 수선(recombination repair)**이라고 불리는 상동성 재조합을 거쳐서 수정될 수 있다[오류 친화성 수정(25-5E절), 이 과정은 높은 변이성을 갖는 마지막 수단이다]. 실제로 RuvA와 RuvB의 합성 비율은 SOS 반응으로 크게 높아진다. 그러므로 콕스(Michael Cox)는 "상동성 재조합의 제1차 기능은 손상을 입은 복제 분기점을 수선하는 일이다."라고 지적하였다.

*E. coli*의 재조합 수선 과정은 다음과 같이 일어난다(**그림 25-49**).

1. 복제 분기점이 수선되지 않은 단일 가닥상의 홈이나 틈을 만나면 분기점은 붕괴된다(떨어져 나온다).
2. 수선 과정은 RecBCD + RecA가 새로 합성되어 손상이 없는 3′ 말단을 갖는 가닥을 깨진 말단에서 시작하는 상동성 이중 가닥 DNA 속으로 밀어 넣음으로써 시작된다.

process diagram

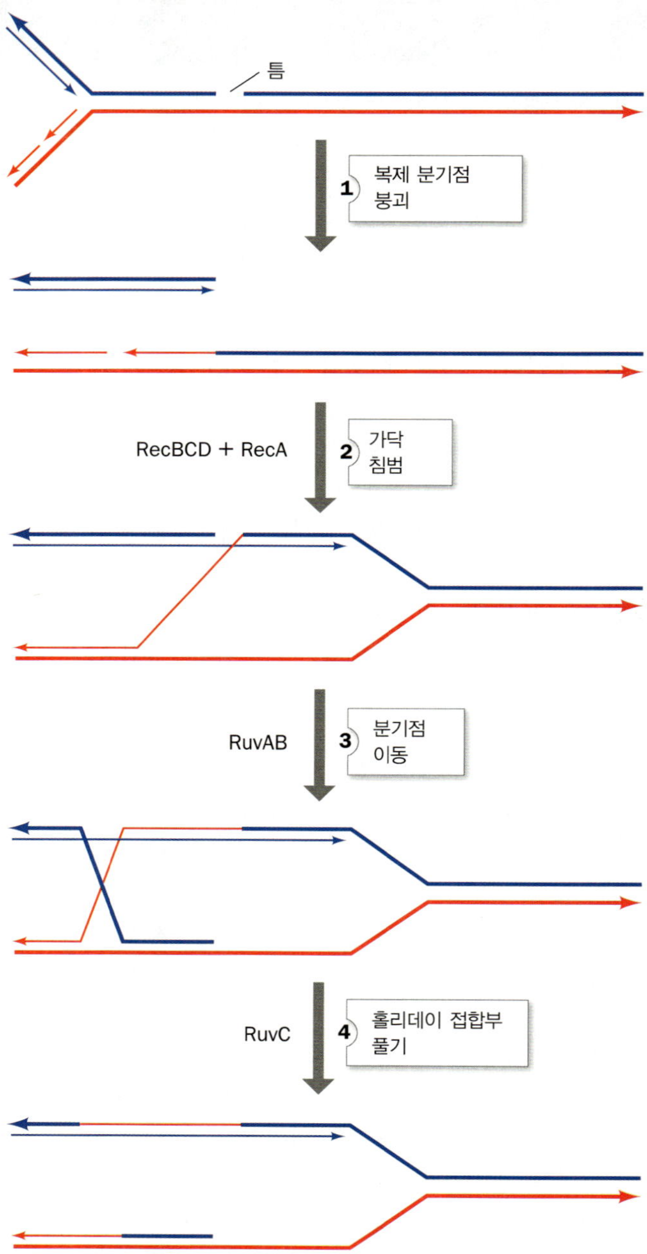

그림 25-49 단일 가닥 틈에 이른 복제 분기점의 재조합 수선 두꺼운 선들은 부모 가닥 DNA이고, 가는 선들은 새로이 합성된 DNA를 가리키며, 화살표들은 5′→3′ 방향을 가리킨다. [After Cox, M.M., *Annu Rev Genet.* 35, 53 (2001).]

3. RuvAB에 의해 매개되는 분지점 이동에 의해 홀리데이 접합부가 만들어지고 그것은 복제 분기점의 3′ 말단 가닥들을 교환한다.
4. 다음으로 RuvC는 복제 재시작을 준비하여 재구성된 복제 분기점을 만들면서 홀리데이 접합부를 푼다.

이렇게 하여 틈이 있는 5′ 말단 가닥은 효과적으로 오카자키 단편의 5′ 말단으로 된다.

재조합 수선 과정의 최종 단계는 DNA 복제의 재시작이다. 이 과정은 필요성 면에서 **oriC** (25-2B절)에서 일어나는 복제 개시와는 다르다. **개시점과 무관한 복제의 재시작(origin independent replication restart)**은 특별히 고안된 7개의 하부 단위 구조로 된 개시 복합체가 개입하는데, 이것을 일컬어 **재시 작용 개시 복합체(restart primosome)**라고 한다.

재조합 수선은 이중 가닥의 깨진 부위를 재구성한다. DNA 내의 이중 가닥의 깨진 틈(double-strand break, DSB)은 비상동성 말단 연결법(NHEJ, 25-5E절)에 의해 종종 돌연변이적으로 재차 연결될 수 있다.이들 깨진 틈들은 2개의 홀리데이 연결점들을 경유하여 일어나는 **상동성 주도의 수선[homology-directed repair(HDR)**, 또는 **상동성 말단 연결(homologous end-joining)**로 불리기도 한다]으로 알려져 있는 재조합 수선 과정을 통하여 비돌연변이적으로 수선되기도 한다(**그림 25-50**).

process diagram

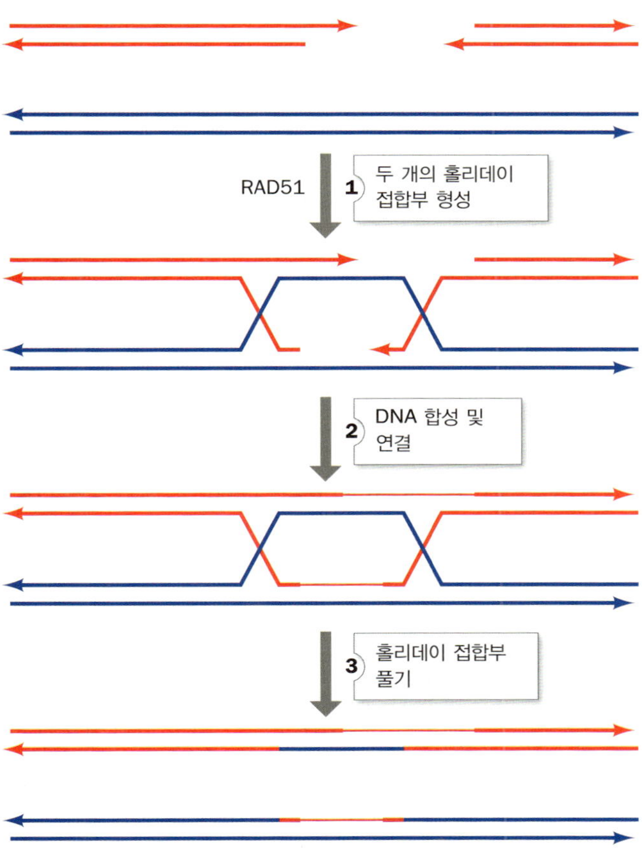

그림 25-50 상동성 말단 연결법에 의한 DNA의 이중 가닥 깨진 틈의 수선 두꺼운 선들은 부모 가닥 DNA이고, 가는 선들은 새로이 합성된 DNA를 나타내며, 화살표들은 5′→3′ 방향을 가리킨다. [After Haber, J.E., *Trends Genet.* **16**, 259 (2000).]

1. **DSB**의 이중 가닥 말단을 잘라내어 단일 가닥 말단을 만든다. 3′ 말단 가닥 중 하나는 상동성 염색체의 상응하는 서열로 파고들어가서 홀리데이 접합부를 만드는데, 이 과정은 Rad51(진핵생물의 RecA 상동체)이 담당한다. 다른 3′ 말단 가닥은 상동성 염색체상에서 분리된 가닥 조각과 쌍을 이루어 두 번째 홀리데이 접합부를 형성한다.
2. DNA 중합 효소는 틈을 메우고 연결 효소는 연결 지점을 때운다.
3. 두 개의 홀리데이 접합부는 풀려서 2개의 원래의 이중 가닥 DNA로 된다.

그러므로 이중 가닥 깨진 부위의 생성으로 잃어버린 배열은 상동성 염색체로부터 복사된다. 물론 특히 반수체 세포의 경우에 상동성 말단 연결법의 한계로 인해 상동성 염색체 조각의 이용이 가능하지 않을 수도 있다.

인간의 경우 재조합 수선의 중요성은 Rad51과 상호작용하는 단백질 **BRCA1** (1863개 잔기)과 **BRCA2** (3418개 잔기)의 결함으로 인해 유방암, 난소암, 전립선암, 췌장암의 발생이 크게 증가됨과 관련이 있다는 관찰로 입증이 된다. 실제로 변이된 *BRCA1*과 *BRCA2* 유전자를 갖는 환자의 경우, 일생 동안에 암에 걸릴 확률이 80%에 이른다.

C 유전체를 편집하고 조절하는 CRISPR-Cas9계

원핵생물은 박테리오파지로부터 끊임없이 공격을 받고 있다. 이들은 그와 같은 상존하는 위협에 대해 어떻게 자신을 방어하고 있을까? 우리가 알고 있는 한 가지 방법은 제한-수식 효소계(3-4A절)를 사용하는 것이다. 최근에 많은 진정세균계와 거의 모든 고세균계가 지니고 있는 하나의 방어계로서 **CRISPR**(*c*lustered *r*egulatory *i*nterspersed *s*hort *p*alindromic *r*epeats)가 밝혀지고 있는데, 이들은 수백 회 반복되고, 종종 부분적으로 회문 배열을 가지며, 전형적으로 20~50개 염기쌍 길이의 **protospacer**로 알려진 유사한 길이의 독특한 서열들에 의해 분산된 일련의 DNA이다(**그림 25-51*a***). 이 protospacer들은 박테리오파지 DNA의 일부분과 동일한 서열을 갖는다. 사실 protospacer는 이 원핵생물의 선조들이 조우한(그리고 살아남은) 외래 DNA들의 역사적 기록인 셈이다. 원핵생물이 조우한 최근의 바이러스 서열의 짧은 단편 하나가 protospacer로서 원핵생물 DNA의 CRISPR **좌(locus)**의 5′ 말단에 통합되어 있다.

CRISPR 좌는 전사되어 단일의 RNA를 형성한 후, 가공되어 **crRNAs**로 알려져 있는 ~30 뉴클레오타이드 길이의 전사체로 된 protospacer를 만든다(**그림 25-51*b***). 특정의 **Cas**(CRISPR–*a*ssociated) 단백질들이 crRNA와 결합하면, 이들을 침입한 이중 가닥 DNA 중 상보적 부위로 인도하여 이 영역을 가수 분해시켜 개열함으로써 침입한 DNA를 불활성화 한다(**그림 25-51*c***). 포유류의 면역계에서처럼(7–3절), **CRISPR-Cas**계도 외래 DNA와 조우함으로써 학습한다. 이 계의 효능은 현존하는 crRNA에 의해 목표가 되는 것을 피하기 위하여 박테리오파지들이 계속적으로 변이하는 사실에서 알 수 있다.

Cas 단백질은 CRISPR array의 전사체로부터 crRNAs를 잘라내어 새로운 protospacer을 습득하고, 침입한 DNA의 파괴를 촉진하는 기능을 한다. 다양한 종류의 원핵생물에 3개의 주요한 CRISPR-Cas계가 있다. 여기서는 이것들 중 단지 제2유형계가 목표 DNA를 개열시키는 방법에 대해 토론하고자 한다.

제2유형계는 단지 1개의 다기능 단백질인 **Cas9**가 crRNA 유도에 의한 목표 DNA의 인식과 개열을 위해 요구된다. Cas9는 2종류의 핵산 분해 효소 활성을 갖는데,

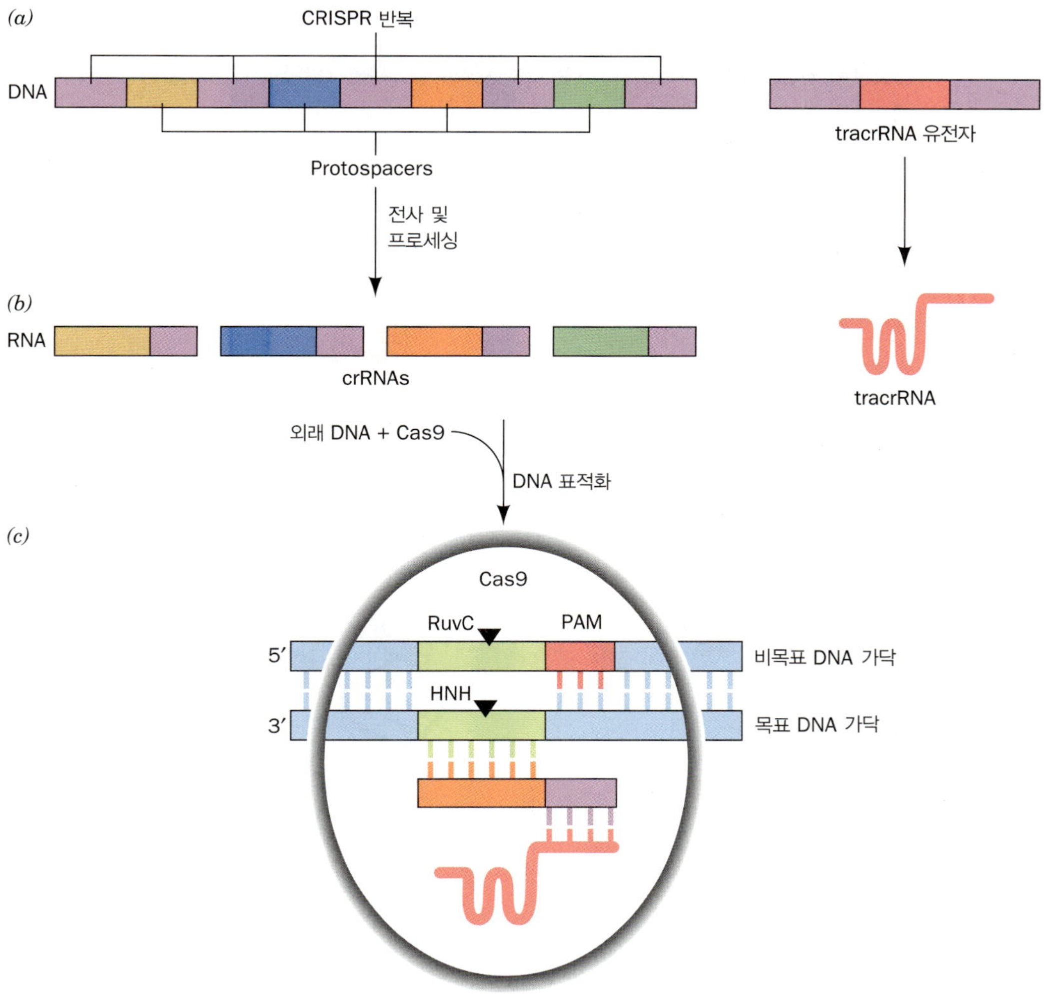

그림 25-51 CRISPR-Cas9계 검은 삼각형은 목표 DNA 상의 균열된 자리를 나타낸다. 상세한 책은 책 참조할 것.

HNH 유사 영역은 crRNA에 상보적인 목표 DNA, 소위 목표 가닥을 개열하며, RuvC 유사 영역(25-6A절)은 반대편 가닥인 비목표 가닥 상의 DNA를 개열한다. 그럼으로써 E 종류의 핵산 분해 효소 활성으로 인해 목표 DNA 내에서 평활 말단의 이중 가닥 깨짐이 생긴다(그림 25-51*c*).

CRISPR-Cas9계의 운용에는 또 다른 성분인 **tracrRNA**(for *tra*nsactivating *C*RISPR *RNA*)가 필요한데, 이것도 원핵생물의 DNA로부터 암호화된 것이다(그림 25-51b). tracrRNA가 Cas9에 결합하고 crRNA와 짧막한 염기쌍간의 상호작용을 통해 crRNA를 Cas9와 제휴하도록 한다(tracrRNA는 또한 CRISPR array의 전사체 내의 crRNA를 동정해 낸다). 이어서 crRNA-tracrRNA 복합체는 Cas9로 하여금 그것의 목표 가닥이 개열 부위 3′ 측상에 짧은 **PAM**(*p*rotospacer-*a*djacent *m*otif) 서열을 가지면 그 목표 DNA를 개열하도록 지시한다(그림 25-51c). 아마도 PAM의 필요성은 protospacer에서 전사된 crRNA가 Cas9에 의해 파괴되는 것을 막는 일일 것이다. *Streptococcus pyogenes*의 Cas9 (spCas9)에 필요한 PAM은 5′-NGG-3′ 서열 (여기서 N은 어떤 종류의 뉴클레오타이드라도 좋음)을 가지고 있으며 그것은 평균적으로 8개 염기쌍 길이의 DNA마다 존재한다 (PAM은 상응하는 Cas9를 생산하는 원핵생물에 따라 길이나 서열이 다양하다). CRISPR-Cas9계는 PAM의 5‘ 말단으로부터 3개나 4개의 뉴클레오타이드의 DNA를 개열한다.

crRNA, tracrRNA, 목표 DNA는 spCas9와 결합하면 4방향의 연결점을 형성한다. 1372개의 아미노산 잔기로 된 spCas9와 83개의 뉴클레오타이드로 된 **sgRNA** [단일 가닥의 유도 RNA로서 그것의 3′ 말단이 tracrRNA의 5′ 말단과 공유 결합으로 연결된 crRNA이다. 또한 **gRNA**(유도 RNA)로 불린다], 그리고 부분적으로 이중 가닥으로 된 목표 DNA와의 복합체 X-선 구조가 Martin Jinek에 의해 결정되었다(**그림 25-52**). DNA는 28개 염기쌍 중 20 뉴클레오타이드의 3′ 말단이 sgRNA와 염기쌍

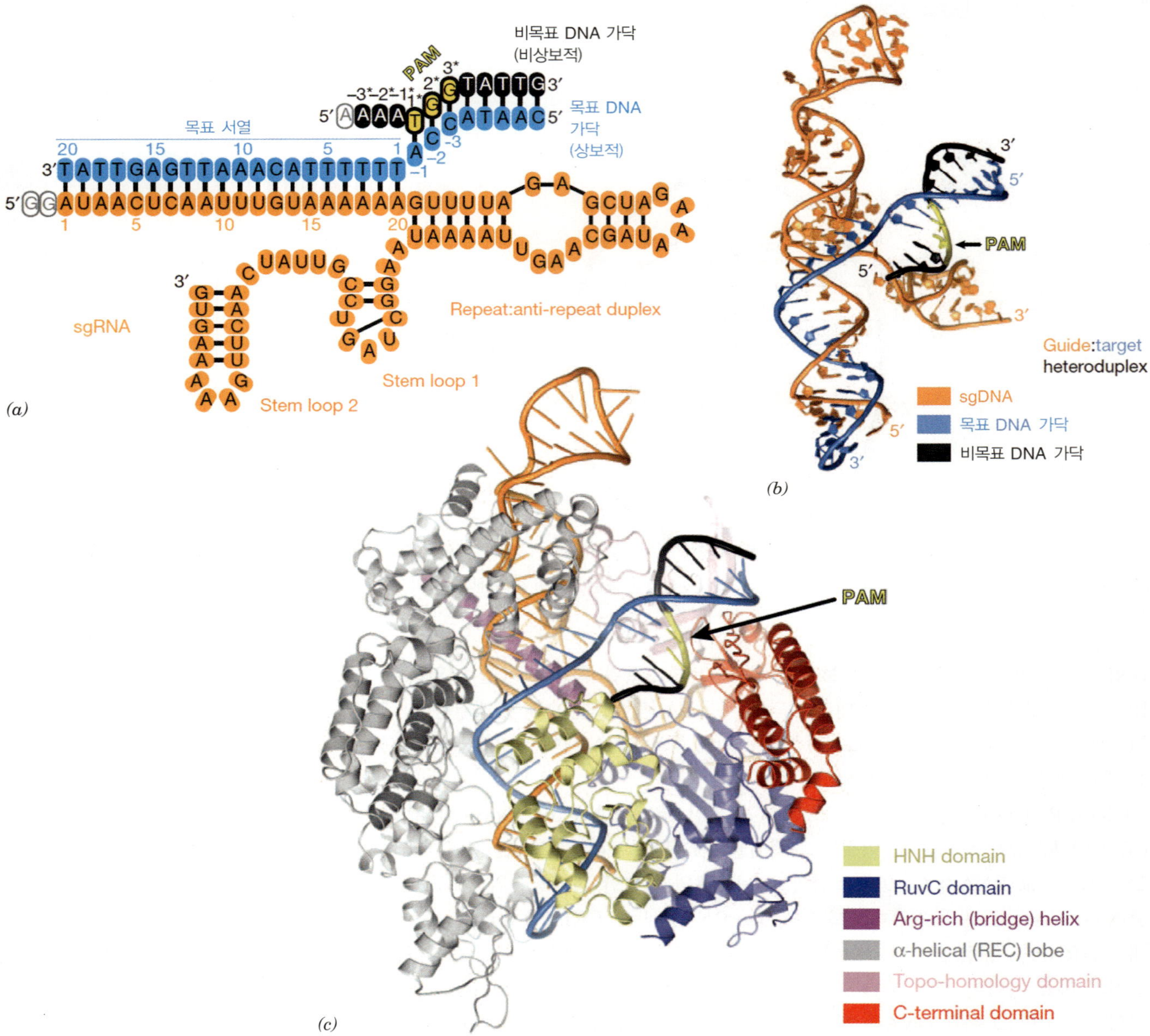

그림 25-52 sgRNA 및 그것과 부분적으로 이중 구조를 하고 있는 목표 DNA와 복합체를 이룬 spCas9의 X선 구조 (*a*) sgRNA와 목표 DNA 내 또는 상호 간의 염기쌍의 모식도. sgRNA는 주황색, 목표 DNA 가닥은 푸른색, 비목표 DNA 가닥은 노란색의 나타낸 PAM의 3개의 뉴클레오타이드를 제외하고는 검은색으로 되어 있다. 비어 있는 타원형은 X선 구조에서는 관찰되지 않은 뉴클레오타이드들이다. (*b*) sgRNA–목표 DNA의 4방향 접합부의 구조. 핵산은 a에서와 같은 색으로 주걱 모양으로 그리고 있다. (*c*) *b*에서처럼 나타낸 spCas9–sgRNA–DNA 복합체. 단백질은 리본형으로 표시하고 기호 풀이에 맞추어 채색하고 있다. 핵산은 *a*에서 사용한 색으로 만화형으로 나타내었다.[Courtesy of Martin Jinek, University of Zurich, Switzerland. PDBid 4UN3.]

을 이룬 목표 가닥과 5′-NGG-3′ PAM을 포함한 12개 염기쌍의 비목표 가닥으로 구성되어 있다. spCas9의 HNH 핵산 분해 효소 영역은 목표 가닥을 개열하지 못하도록 변이시켜 불활성화되어 있고, 반면에 비목표 가닥은 RuvC 핵산 분해 효소-개열 산물로서 붙잡혀 있다. spCas9는 2개의 Arg 측쇄를 갖는 큰 고랑 내에서의 상호 작용을 통하여 PAM의 GG로 된 이 뉴클레오타이드를 인식한다. 이것의 X선 구조와 spCas9만의 구조를 비교하면 결합된 RNA가 없는 경우 spCas9가 광범위하게 구조 변화를 일으켜 촉매 역할 면에서 불활성형으로 되어, 무차별적으로 DNA를 개열하는 것을 막는다. 이와 같은 구조 변화의 에너지는 (ATP 의존적이 아닌) crRNA와 목표 가닥이 염기쌍을 만들 수 있도록 목표 및 비목표 DNA 가닥들의 분리를 주도할 것으로 가상된다.

sgRNA-Cas9계는 유전체의 편집용으로 채택되어 왔다. 세균 유전체의 편집 작업이 단조로워져 왔지만(3-5절), 진핵생물 경우는 아직은 어렵고 시간이 걸리는 작업으로 남아 있었다. 그러나 2012년에 Jennifer Doudna와 Emmanuelle Charpentier가 목표 유전자의 서열에 sgRNA를 맞추어 넣음으로써 생체내에서 Cas9로 이들 유전자를 편집할 수 있음을 입증하였다. 어떻게 이러한 일이 이루어졌는가?

sgRNA-Cas9계는 여러 가지 방법으로 진핵생물 내에 삽입될 수 있다. (1) 배양된 진핵세포를 sgRNA와 Cas9를 암호화하고 있는 플라스미드로 형질 전환 (플라스미드를 획득하도록 유도함으로써), (2) sgRNA와 Cas9를 수정란에 주사기로 미세 주입을 하여 형질 전환 동물을 생성(3-5D절), (3) 바이러스 벡터를 사용하여 sgRNA와 Cas9를 동물이나 식물에 도입

진핵세포 내로 sgRNA-Cas9계가 들어가면, 이 계는 목표 부위의 유전자를 개열한다. 우리가 이미 알고 있듯이 세포는 아래 두 가지 방법 중 어느 하나를 사용하여 이중 가닥 틈을 수선한다.

1. 비상동성 말단 연결법(NHEJ, 25-5E절)에 의해 다양한 길이의 삽입이나 결실을 생성함으로써 흔히 판독 틀에 변화를 주거나(27-1A절) 그리고/또는 미리 종결 암호를 도입함으로써(27-1C절) 목표 유전자를 불활성화하는 것으로 보인다. 이와 같은 일의 출현 확률을 최대화하기 위해서는 이중 가닥 틈의 위치가 파괴될 유전자의 암호화 영역의 N 말단 가까이에 선택되어야 한다.
2. 상동성 주도의 수선법에 의해(HDR; 25-6B절). 만일 세포에 편집될 유전자 단편의 변이 부위-여기서 변이란 삽입, 결손, 수식(정)을 의미하는데-를 갖는 DNA 영역이 외부에서 공급되면 세포 내 염색체 속에 복사될 것이다. 이러한 수선 주형은 PAM에 따르는 sgRNA의 목표 서열을 포함해서는 안 되며, 만일 그렇지 않으면 Cas9에 의해 개열될 것임을 유념하라.

sgRNA-Cas9계를 사용하는 수많은 유전자 수식법이 개발되어 왔다. 예로서 어떤 하나의 유전자상에 서로 다른 목표부위들에 특이적인 2개의 sgRNAs가 이들 부위들 간의 DNA 단편을 결실/교체하기 위하여 Cas9과 제휴하여 사용될 수 있다(**그림 25-53*a***). 만일 Cas9의 HNH와 RuvC 활성 모두를 돌연변이 방법으로 불활성화시키고, 이렇게 하여 생성된 dCas9 (d는 dead를 나타냄)을 유전자 전사를 활성화하거나 억제하는 단백질체(모듈)에 매달아 놓고(28-3B절), 적당한 sgRNA를 사용하여 dCas9가 특정 유전자에 또는 그 가까이에 결합하도록 하면 그 유전자의 전사를 활성화하거나 저해할 것이다(**그림 25-53*b***). 사실 어떤 유전자에 sgRNA-dCas9만을 결합시켜 그 유전자의 전사를 방해할 수 있다. 녹색 형광 단백질(green fluorescent protein, GFP;

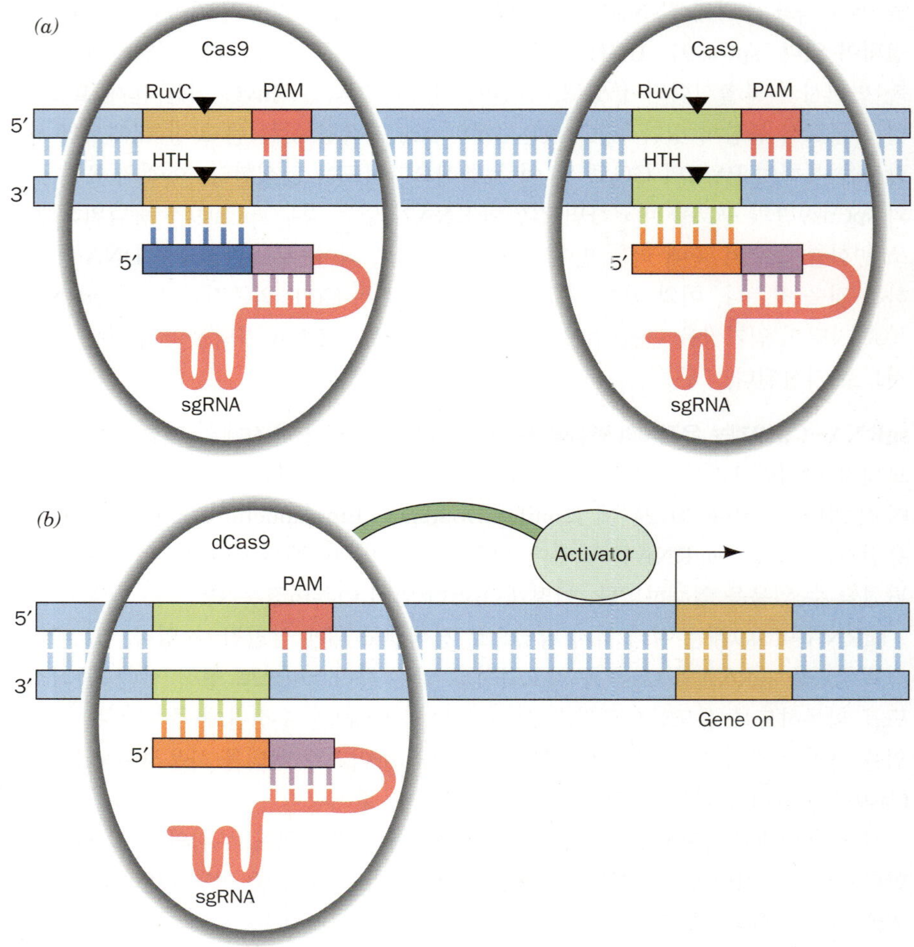

그림 25-53 CRISPR-Cas9계를 이용한 유전자 수정 기술의 예 (*a*) 염색체 내의 비교적 가까운 부위들에 특이적인 2개의 sgRNAs를 이용하여 2개의 개열 부위 사이의 DNA 단편을 자른다. (*b*) 활성화(또는 억제) 모듈에 dCas9를 공유 결합으로 연결하거나 특정 유전자 또는 가까운 부위를 목표로 하는 sgRNA를 사용하여 유전자의 전사를 활성화(또는 저해) 시킨다.

자료 4-3)과 같은 형광 표지자를 dCas9에 융합시키면 맞춤형 DNA 표지가 만들어지는데, 이것을 이용하면 생세포 염색체 내에서의 위치를 형광 현미경으로 알 수 있다.

2012년에 CRISPR-Cas9 기반 기술의 도입으로 인해 불과 2년도 지나지 않아서 유전체 공학 부문에 혁명을 가져왔다. 이전에는 수개월 걸리던 유전자 변이 관련 일이 지금은 기껏해야 고작 수일 또는 수주 만에 높은 효율로 이루어지고 있다. 이러한 기술은 효모에서 초파리 그리고 쥐는 물론 원숭이 나아가 많은 종의 식물에 이르는 매우 광범하고 다양한 범위의 진핵생물을 유전적으로 조작하는 데 사용되고 있다. 현재 진행 중인 노력으로는 점 돌연변이에 의해 발생된 낫 세포 빈혈증 (7-1E절), 그리고 낭성 섬유증(자료 3-1)과 같은 질환의 유전자 치료에 CRISPR-Cas9계의 적용을 검토하고 있다. 안전하게 sgRNA-Cas9계를 성숙된 동물에 운반하는 방법에 대해 집중적으로 연구하고 있다. 그러나 우리 인간을 대상으로 한 생식세포 유전자 변형의 위해에 대한 지식 부족으로 인해 CRISPR-Cas9 기술의 발달에 중추적 역할을 했던 일련의 분자생물학자 그룹이 인간 생식세포 유전자 변형을 위한 어떠한 노력을 -그 안전성이나 윤리적인 면과 아울러 법적인 면까지 완전히 평가될 때까지-일시 중지할 것을 제안받고 있다.

D 전위는 DNA의 조각들을 재정렬한다

1950년대 초에 매클린톡(Barbara McClintock)은 옥수수(Indian corn) 낟알의 다양

한 색형은 옥수수 유전체 내에서 이동이 가능한 유전 요소들의 작용에 의해 비롯된다고 보고한 바 있다. 이러한 제안은 그 당시에 지니고 있던 염색체는 정해진 순서에 따라 연결된 유전자들로 구성된다는 정설에 역행하였기 때문에 철저하게 거절되었다. 그로부터 20여 년이 지난 후에야 다른 생물인 *E. coli*에서 움직이는 유전 요소들이 발견되었다.

전위 요소들은 관련되지 않은 부위 간에 유전자를 이동시킨다. 지금은 **움직이는 요소(transposable element)** 또는 **전위 요소(transposon)**들이 원핵생물이나 진핵생물에 있어서 통상적으로 존재하며, 그곳에서 단기간에 걸쳐 표현형적 발현의 다양성에 영향을 주고, 장기간에 걸쳐서는 진화적 발달에 영향을 미치는 것으로 알려져 있다. 각 전위 요소는 수용체 DNA 속으로 그것을 삽입하는 효소류를 암호화한다. 이 과정은 공여체와 수용체 DNA 간에 상동성이 필요하지 않은 점에서 상동성 재조합과는 다르며, 매 10^4~10^7개 세포 분열마다 단지 한 번의 비율로 일어난다.

원핵생물의 전위 요소들은 세 가지 수준의 복잡성을 갖는 것으로 규명되었다.

1. 가장 단순한 전위 요소들은 **삽입 서열(insertion sequence)** 또는 **IS 요소(IS element)**로 일컬어진다. 이들은 세균 염색체와 플라스미드(통상 수천 개의 염기쌍으로 되어 있으며, 자발적으로 복제하는 원형 DNA 분자, 3-5A절)의 정상 구성물이다. 예를 들면 통상의 *E. coli* 균주의 경우 **IS1**은 8 copy를 갖고, **IS2**는 5 copy를 갖는다. IS 요소들은 일반적으로 <2000개 염기쌍으로 구성되며, 소위 전위 효소 유전자와 때에 따라서는 짤막한 역전(반대 방향을 갖는)된 말단 반복 서열이 걸려 있는 조절 유전자를 포함하고 있다. 하나의 삽입된 IS 요소의 각 측면상에 숙주 DNA의 직접(동일 방향을 갖는) 반복된 조각이 있다(그림 25-54). 이러한 사실은 **IS 요소가 나중에 채워질 숙주 DNA의 부착 말단에 삽입되는 것을** 시사한다(그림 25-55). 목표 서열(통상 5~9개 염기쌍)의 서열 자체보다는 길이가 IS 요소의 특징이다.
2. 더욱 복잡한 전위 요소들은 항생제 저항성 유전자들과 같이 전위 과정과 관련되지 않는 유전자를 운반한다. 예를 들면 **Tn3**는 4957개의 염기쌍을 갖는데, 양 끝에 38개 염기쌍으로 된 역전 말단 반복 서열을 갖는다. Tn3의 중앙 부위는 다음과 같은 3개의 단백질을 암호화하고 있다. (1) 1015개 잔기로 된 **TnpA**로 불리는 전위 효소, (2) 185개 잔기로 되어 있고, **TnpR**로 알려져 있으며 ***tnpA***와 ***tnpR***의 발현을 억제하고, 전위 작용에 필요한 부위 특이적 재조합 반응을 매개한다(하단 참조), (3) 항생제 앰피시클린(ampicillin)을 불활성화(자료 8-3)시키는 **β-락탐 분해 효소(β-lactamase, *amp*로 암호화된)**. 부위 특이적 재조합은 *tnpA*와 *tnpR* 사이에 존재하는 **내부 분해 부위(internal resolution site)**인 AT 풍부 영역 내에서 일어난다.

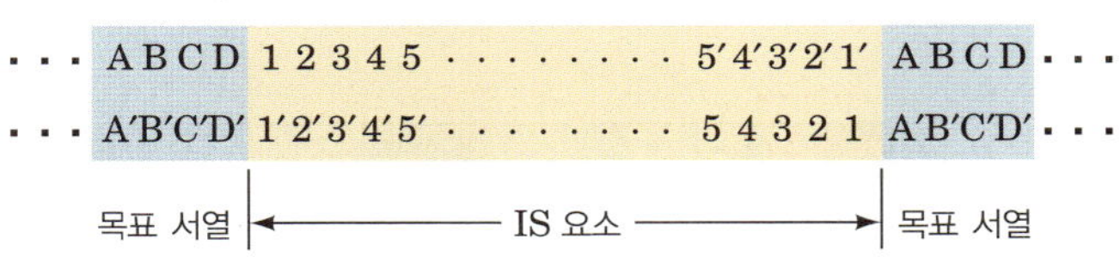

그림 25-54 **IS 요소의 구조** 많은 전위 인자들은 역전 말단 반복 단위(숫자로서 나타냄)를 가지며, 숙주 DNA 서열의 직접 반복 단위(문자로서 나타냄)에 의해 걸려 있다.

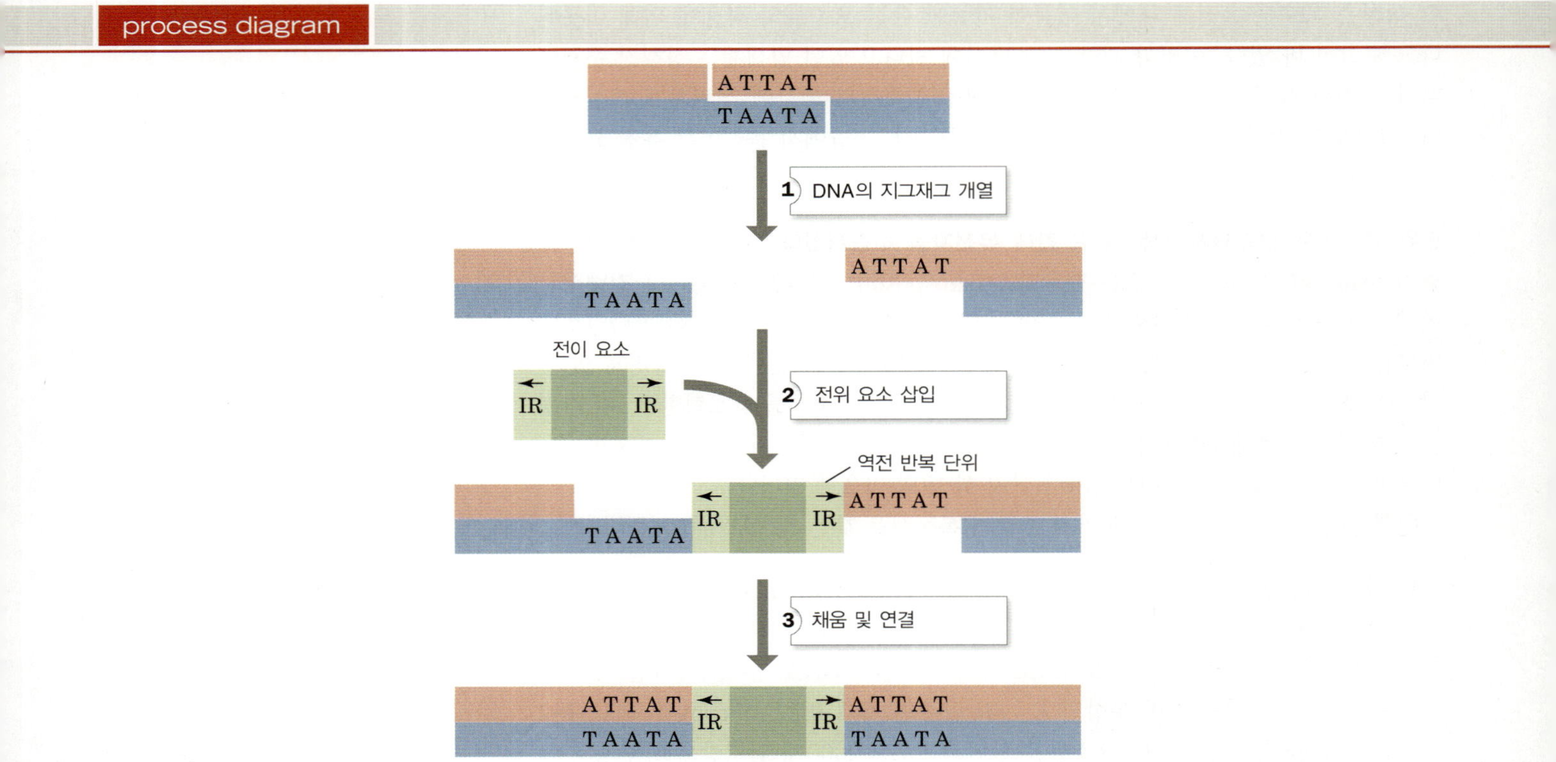

그림 25-55 전위 인자 삽입 모형 나중에 채워지는 지그재그 모양의 잘린 부위는 목표 서열의 직접 반복 단위가 된다. IR은 역위 반복을 나타낸다.

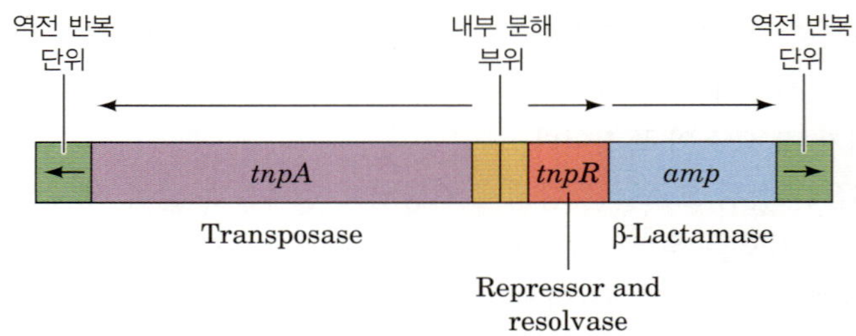

3. 소위 **혼성 전위 요소(composite transposon**, 그림 25-56)라고 하는 전위 요소는 같거나 거의 동등한 두 개의 IS 유사 단위체–이들은 동일한 방향 또는 상대적으로 역전된 방향으로 되어 있다–와 이것에 의해 걸려 있는 유전자 함유 중앙 부위로 구성된다. 혼성 전위 요소는 확실히 본래는 두 개의 독립적인 IS 요소들의 회합으로 생긴다. **혼성 전위 요소들은 그들의 중앙 부위에 있는 어떠한 서열의 DNA라도 위치를 이동시킬 수 있음**이 여러 실험에 의해 입증되고 있다.

어떤 전위 요소들의 기구는 복제를 요구한다. 복제성 전위 요소(replicative transposon)로

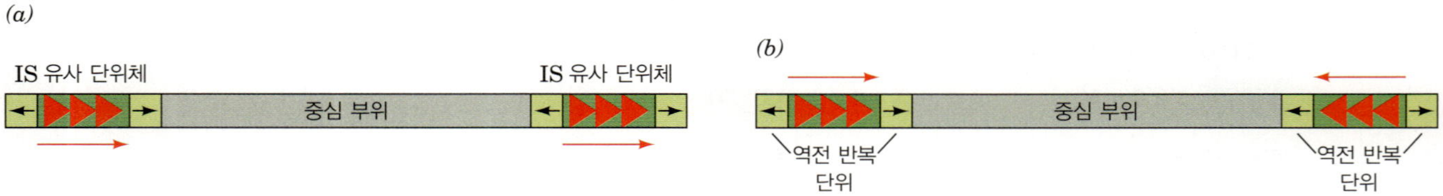

그림 25-56 복합 전위 인자 이 요소는 여러 개의 유전자를 나르는 중심 부위를 걸고 있으며, 동일한 또는 거의 동일한 두 개의 IS 유사 단위체(녹색)로 구성되어 있다. IS 유사 단위체는 상대적으로 정위 또는 역위의 배향들을 가질 수 있다.

알려져 있는 전위 요소들은 단순히 유전체 내의 한 지점에서 다른 지점으로 뛰어넘어 다니지 않는다. **대신에 전위의 메커니즘은 전위 요소의 복제를 포함한다.** 두 개의 플라스미드 간에 그러한 전위 요소의 움직임에 관한 모형은 다음의 단계들로 구성된다(**그림 25-57**).

1. 지그재그로 된 한 쌍의 단일 가닥의 틈(그림 25-55에서와 같은)이 수용체 플라스미드의 표적 염기 서열에서 만들어진다. 유사하게 단일 가닥의 틈은 전위 요소의 양편의 반대 가닥들 상에 만들어진다.
2. 전위 요소의 자유 말단들 각각은 삽입 위치에서 돌출된 단일 가닥에 연결된다. 이렇게 하여 전위 요소의 각 말단에 복제 분기점을 형성한다.
3. 전위 요소가 복제되어 **상호 통합체(cointegrate)**가 만들어진다(두 개의 플라스미드의 융합). 그러한 통합체가 분리된다.
4. 두 개의 전위 요소의 내부 분해 부위 간에 일어나는 부위 특이적 교차가 이루어짐으로써 통합체는 독립된 두 개의 플라스미드로 분해되고, 각각은 전위 요소를 갖는다. 이러한 재조합 과정은 RecA에 의해서보다는 전위 요소가 암호화하고 있는 **분해 효소(resolvase)**(Tn3 내의 TnpR)에 의해 촉진된다.

전위 요소가 수많은 유전적 재정렬과 관련이 있다. DNA 내로 자신의 삽입을 매개하는 일 이외에도 **전위 요소들은 숙주 DNA의 역전, 결실, 재정렬을 촉진시킨다.** 숙주 DNA가 반대 방향으로 두 개의 복사체 전위 요소들을 갖는다면 역전이 일어날 수 있다. 전위 요소들의 재조합은 그들 사이에 부위를 역전한다(**그림 25-58*a***). 대신에 만일 두 개의 전위 요소들이 동일한 방향을 갖는다면 재조합 과정은 그들 사이의 조각을 없앨 것이다(그림 25-58*b*). 이러한 방법으로 염색체 조각의 결실이 일어나면 잇달아 다른 재조합 작용으로 상이한 부위에서 염색체 속으로 통합이 일어나게 되고, 결과적으로 염색체 재정렬로 될 것이다.

전위 요소들은 자연계의 유전공학적 '도구'로 치부될 수 있다. 예를 들면 항생제의 통상적인 사용으로 인해 여러 개의 항생제에 저항성을 부여하는 플라스미드의 급속한 진화(발생)는 이러한 플라스미드 내의 상응하는 항생제 저항성 전위 요소들의 집적으로부터 생긴다. 전위 요소들이 매개하는 재정렬은 이전에는 독립된 2개의 유전자 조각들을 연결하여 새로운 단백질들을 만듦으로써 이루어지기도 한다. 더욱이 전위 요소들은 명백하게 상호 관련 없는 종들 간에 유전 정보의 이동을 매개할 수도 있다.

대부분의 진핵생물 전위 요소들은 레트로바이러스와 공통점이 있다. 효모, 옥수수, 초파리와 인간과 같이 상호 먼 유연 관계의 진핵생물들에서도 전위 요소는 존재한다. 사실 약 3%의 인간 유전체가 DNA 바탕의 전위 요소들인데, 대부분의 경우 그들 서열들이 변이로 인해 비활성화되어 있어서 이들 전위 요소들은 진화적 화석인 셈이다.

대부분의 진핵생물의 전위 요소들은 원핵생물의 그것과는 거의 유사성을 보이질 않는다. 종종 그들의 염기 서열이 **레트로바이러스(retrovirus)**의 염기 서열과 공통점이 있는데(자료 25-2), 이는 이들 전위 요소들이 퇴화된 레트로바이러스임을 시사한다. 소위 이들 **레트로 전위 요소(retrotransposon)**들의 전위는 레트로바이러스 DNA의 복제 과정과 유사한 경로를 거쳐서 일어난다. (1) RNA로의 전사, (2) 역전사 효소의 매개로 RNA의 cDNA로 복사, (3) **통합 효소(integrase,** 구조나 기구면에서 DNA 전위 효소류를 닮은)로 알려진 효소에 의해 숙주 생물의 유전체 안으로 DNA

체크 포인트

- 상동성 재조합 중 일어나는 가닥 침입, 분지점 이동, 분해 과정을 서술하시오.
- 재조합 중 DNA 배향은 어떻게 변화하는가?
- 손상을 입은 DNA 수선 과정 중 재조합의 역할은 무엇인가?
- 재조합이 이배체뿐만 아니라 반수체 세포에서도 일어날 수 있는가?
- 모든 전위 인자들이 왜 역전 반복 단위를 포함하는지 설명해 보시오.
- 전이 인자들이 어떻게 유전적 재정렬을 매개하는가?

process diagram

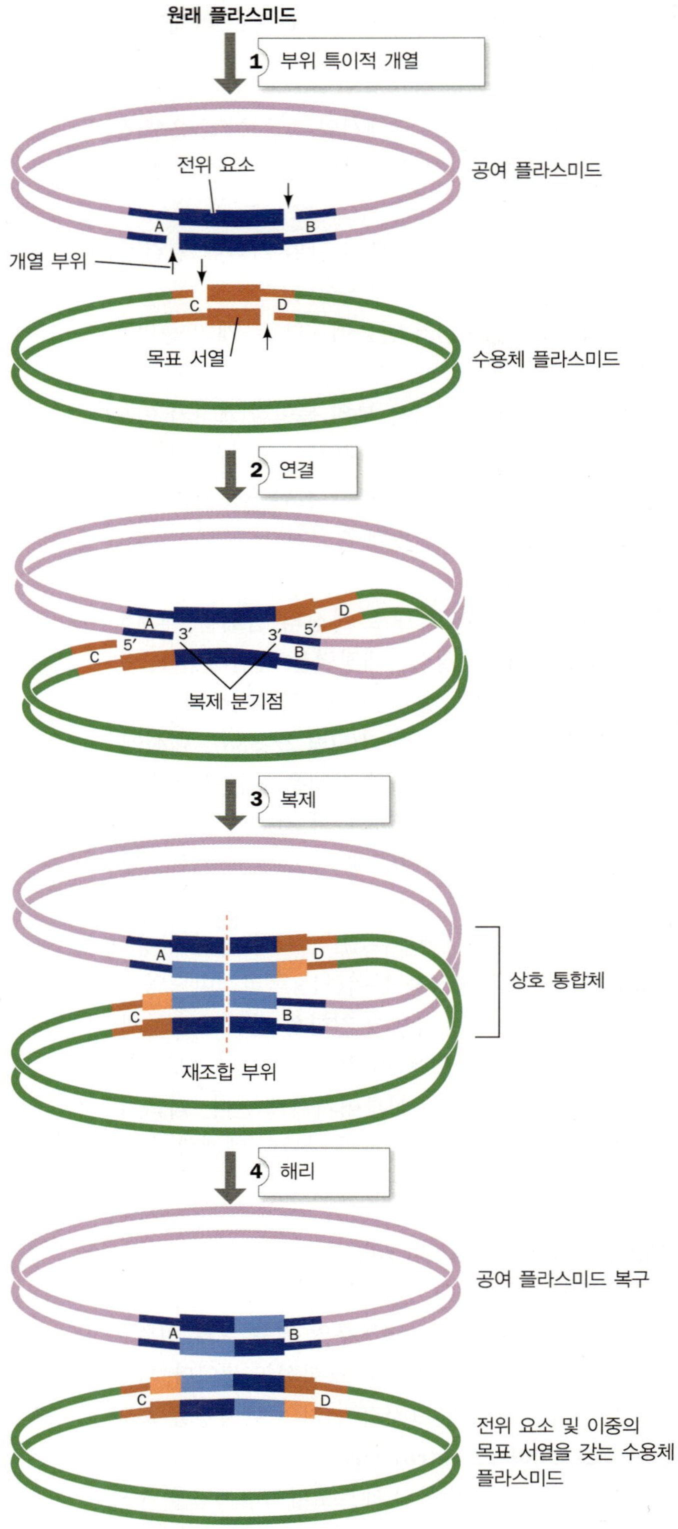

그림 25-57 공동 통합체 형성의 중간 과정을 포함하는 전위의 모식도 더욱 밝게 음영을 준 막대는 새로 합성된 DNA를 나타낸다. [After Shapiro, J.A., Proc. *Natl. Acad. Sci.* **76**, 1934 (1979).

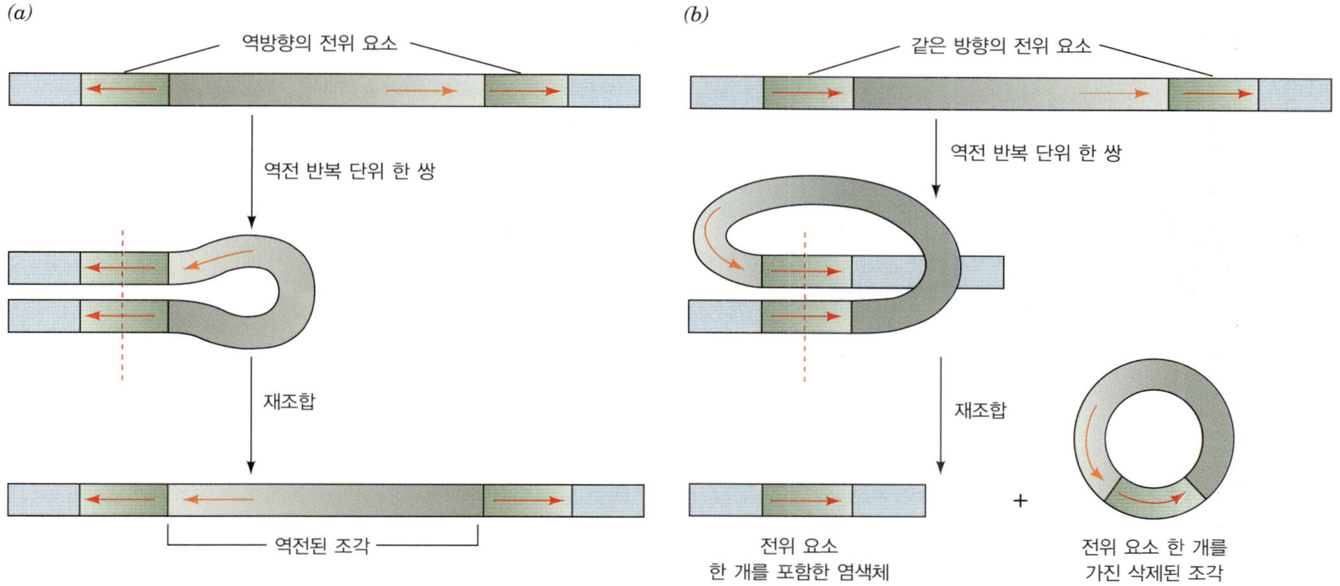

그림 25-58 재조합에 의한 염색체 재정렬 (*a*) 서로 역방향으로 놓여 있는 두 개의 동일한 전위 요소들 사이의 DNA 조각의 역전. (*b*) 서로 동일한 방향으로 놓여 있는 두개의 동일한 전위 요소들 사이의 DNA 조각의 삭제

의 막대한 무작위적 삽입. 다른 전위 요소들은 상이한 메커니즘을 거쳐서 복제한다. 전체를 통틀어 레트로 전위 요소들은 인간 유전체의 3분의 2에 상당한다.

• 인간 유전체 중 몇 %가 전위 인자와 역전위 인자인가?

요약

1 DNA 복제의 개관

• DNA는 DNA 중합 효소들이 분리된 부모 가닥을 주형으로 사용하여 상보적인 딸가닥을 합성하는 작용을 통해서 반보존적으로 복제된다.

• 복제는 반불연속적이다. 선도 가닥은 연속적으로 합성되는 반면, 지연 가닥은 RNA로 개시된 오카자키 단편들로 합성되고 나중에 연결된다.

2 원핵생물의 DNA 복제

• *E. coli* DNA 중합 효소 I(Pol I)은 5′→3′ 중합 효소 활성 이외에 3′→5′와 5′→3′ 핵산 말단 분해 효소 활성을 가지며, RNA 개시자를 제거하고 DNA로 교체한다. PolIII는 *E. coli*에서 가장 주요한 중합 효소이다.

• 복제를 개시하기 위해 부모 가닥들이 *oriC*라고 하는 특정 부위에서 먼저 해리되고, 이어서 나선 분해 효소에 의해서 풀린다. 단일 가닥 결합 단백질(SSB)은 생성된 단일 가닥들이 재결합하는 것을 방지한다. 개시 효소를 갖는 개시 복합체는 RNA 개시자를 합성한다.

• DNA 중합 효소는 5′→3′ 방향으로만 작동되므로 지연 가닥 주형은 두 개의 중합 효소를 갖는 복제 복합체에 감겨서 방향이 바뀌어야 된다. 유동성 죔쇄는 Pol III의 중합 활성을 증가시킨다. DNA 연결 효소는 오카자키 단편들 간의 틈을 메운다. 복제는 서로 반대로 향하고 있는 *Ter* 배열들 사이에서 두 개의 복제 분기점이 서로 만날 때까지 진행된다.

• DNA 복제의 높은 신뢰도(정확성)는 dNTPs 양의 조절과 중합 효소 반응의 낮은 실패율, RNA 개시 인자들의 요구도, 3′→5′ 교정 및 DNA 수선 메커니즘에 의해 성취된다.

3 진핵생물의 DNA 복제

• 진핵생물은 수많은 DNA 중합 효소들이 있다. Pol α는 개시자들을 연장시키며, 고도의 반응성을 갖는 pol δ는 지연 가닥 중합 효소이고, pol ε은 선도 가닥 중합 효소인 것으로 보인다. 진핵생물의 복제는 다수의 복제 기점에서 핵소체를 이용하여 진행한다.

• 지연 가닥의 5′ 말단을 복제하기 위하여 진핵생물의 염색체는 리보핵단백질인 말단 생성 효소에 붙어 있는 반복된 말단 서열로 끝을 맺고 있다. 각 염색체의 말단에서 3′ 연장부는 개시자 합성을 위한 주형으로서 봉사한다. 체세포는 말단 생성 효소 활성이 없는데, 그들이 암세포로 형질 전환되는 것을 방지하기 위해서이다.

4 DNA 손상

• 뉴클레오타이드 서열의 돌연변이는 복제 오류나 자외선, 방사선 및 화학적 변이제와 같은 제제에 의해 일어나는 변경 등으로부터 자연적으로 생긴다. 아메스 시험에서 돌연변이 유발성이 있는 많

은 화합물들도 발암 물질이다.

5 DNA 수선

- 어떤 형태의 DNA 손상(예를 들면 알킬화된 염기, 피리미딘 이합체)은 한 단계로 역전될 수 있을 것이다. 염기 절제 수선 과정에서 당 분해 효소는 손상된 염기를 제거한다. 뉴클레오타이드 절제 수선 과정에서는 손상을 입은 과뉴클레오타이드가 제거되고 교체된다. 오류 친화성 중합 효소나, 비상동성 말단 연결, *E coli* SOS 반응을 이용하는 수선 경로는 돌연변이 유발성이 있다.

6 재조합

- 상동성 DNA 조각을 갖는 가닥들이 교환되는 상동성 재조합 과정은 교차 구조를 포함한다(홀리데이 접합부). 재조합은 DNA를 풀고, 가닥 교환을 매개하며, 분지점 이동을 주도하고, 홀리데이 접합부를 용해시키는 단백질을 필요로 한다. 손상을 입은 DNA는 재조합을 통하여 수선될 수 있다.
- 전위 요소는 유전체 내에서 종종 복제를 포함하는 메커니즘에 의해 움직이는 유전적 요소이다. 전위 요소는 숙주 DNA의 재정렬을 매개한다.

주요 용어

AP 자리(AP site)
CRISPR–Cas9
DnaA
DnaB
DNA 글리코실화 효소(DNA glycosylase)
DNA 연결 효소(DNA ligase)
DNA 중합 효소 I [DNA polymerase I (Pol I)]
DNA 중합 효소 III [DNA polymerase III (Pol III)]
G-4중주(G-quartet)
IS 요소(IS element)
Klenow 단편(Klenow fragment)
PCNA
SOS 반응(SOS response)
Ter–Tus 계(*Ter*–Tus system)
θ 구조(θ structure)
개시 복합체(primosome)
개시자(primase)
개시제(primer)
광 재활성화 과정(photoreactivation)
교정(proofreading)
나선 효소(helicase)
뉴클레오타이드 절제 수선[nucleotide excision repair (NER)]
단일 가닥 결합 단백질[single-strand binding protein (SSB)]
돌연변이(mutation)
레트로바이러스(retrovirus)
레트로 전위 요소(retrotransposon)
리보핵단백질(ribonucleoprotein)
리플리콘(replicon)
말단 소립(telomere)
말단 재생 효소(telomerase)
반보존적 복제(semiconservative replication)
반불연속 복제(semidiscontinuous replication)
발암 물질(carcinogen)
변이제(mutagen)
변조 전파 표지(pulse labeling)
복제 복합체(replisome)
복제 분기점(replication fork)
부적합 쌍[mismatch repair (MMR)]
분지 이동(branch migration)
비상동성 말단 연결[nonhomologous end-joining (NHEJ)]
삽입/결실 돌연변이(insertion/deletion mutation)
상동성 재조합(homologous recombination)
상동성 주도의 수선[homology-directed repair (HDR)]
상호 통합체(cointegrate)
선도 가닥(leading strand)
손과 손 전달 메커니즘(hand-over-hand mechanism)
아메스 시험(Ames test)
역전사 효소(reverse transcriptase)
염기 절제 수선[base excision repair (BER)]
오카자키 단편(Okazaki fragment)
유동성 죔쇄[sliding (β) clamp]
이종 DNA(heterologous DNA)
재조합 수선(recombination repair)
전위(transition)
전위 요소(transposon)
전환(transversion)
점 돌연변이(point mutation)
좌(locus)
지연 가닥(lagging strand)
트롬본 모형(trombone model)
틈새 메움(nick translation)
피리미딘 이합체(pyrimidine dimer)
혼성 전위 요소(composite transposon)
홀리데이 접합부(Holliday junction)

문제

연습 문제

1. 대장균 염색체의 복제에는 대략 몇 개의 오카자키 단편이 합성되는가?
2. 인간 유전체의 복제에는 대략 몇 개의 오카자키 단편이 합성될까?
3. 당신이 무기성 파이로인산 분해 효소 활성을 저해하는 약제를 발

견하였다. 이 약제는 DNA 합성에 어떤 영향을 미치는가?

4. Pol I 변이체 중 $5' \rightarrow 3'$ 방향의 핵산 말단 분해 효소 활성이 완전히 없는 것은 왜 존재하지 않는가?

5. DNA 중합 효소의 활성 부위 내에 어울리는 3개의 DNA 염기쌍은 통상의 B-DNA보다는 A-DNA의 활성 부위에 적합한 배향을 가진다. DNA 중합 효소가 A형 나선에 수용되는 것이 왜 중요한가?

6. 반응 혼합물 내에 DNA 중합 효소, 4개의 dNTP, 그리고 아래에 표시한 구조의 DNA 분자 중 하나가 들어 있다. 어느 반응 혼합물이 PP_i를 생성할까?

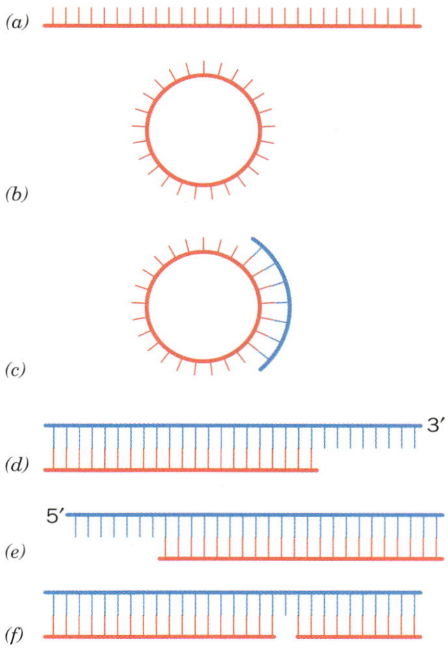

7. 대장균의 복제 개시 부위인 OriC 는 A·T 염기쌍이 풍부하다. 이것이 왜 유리한가?

8. 복제 분기점에서 나선 분해 효소가 DNA를 효과적으로 푸는 데 왜 DNA 선회 효소가 필요한가?

9. 몇몇 실험계를 보면 새로이 합성된 RNA 개시자가 직접적으로 DNA 중합 효소보다는 개시 효소로부터 죔쇄 또는 죔쇄 걸개로 이동된다. 이와 같은 일이 왜 DNA 복제 효율을 극대화하는지를 설명해 보시오.

10. 복제된 염기쌍당 Pol I과 Pol III의 오류율이 10^{-6}~10^{-7}임에도 불구하고 실제 대장균 변이율이 10^{-8}~10^{-10}으로 관찰되는데, 그 이유는 무엇인가?

11. 박테리오파지 T7의 것과 같은 선상 이합체 DNA는 왜 대장균이 암호화한 단백질들로는 완전히 복제될 수 없는가?

12. 진핵세포는 온전한 선상 염색체의 말단과 깨진 염색체의 말단을 어떻게 구별하는가?

13. 말단 재생 효소는 장착되어 있는 RNA 주형을 사용하여 DNA 가닥의 말단에 6개의 데옥시리뉴클레오타이드를 부가한다. RNA의 주형 기능 부위는 왜 1.5반복 단위에 해당하는 말단 소립 서열(9개 뉴클레오타이드)을 갖고 있는가?

14. 다음 반응들의 각각을 촉매하는 효소의 이름을 부여하시오.
(a) DNA 주형으로부터 DNA 가닥을 만든다.
(b) RNA 주형으로부터 DNA 가닥을 만든다.
(c) DNA 주형으로부터 RNA 가닥을 만든다.

15. 타이민을 입체적으로 닮고 있는 염기 유사체인 **5-브로모유라실**(**5BU**)은 타이민보다도 더욱 용이하게 케토(keto)형에서 엔올(enol)형으로의 위상 이성질화된다. 5BU는 주형 가닥상에서 아데닌과 쌍을 이루게 되면 새로이 합성된 DNA 속으로 통합될 수 있다. 그러나 5BU의 에놀형은 아데닌보다는 구아닌과 쌍을 만들 수 있다. (a) 5BU·G 염기쌍을 그려 보시오. (b) 어떤 형태의 돌연변이가 일어나는가?

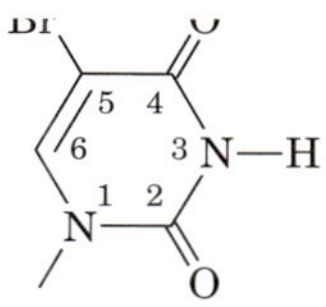

5-Bromouracil (5BU) residue

16. **하이드록실아민**(NH_2OH)은 사이토신을 아래에 보이는 화합물로 전환시킨다. 이렇게 변형된 사이토신은 어떤 염기와 쌍을 이루는가? 전위나 전환 중 어떤 돌연변이인가?

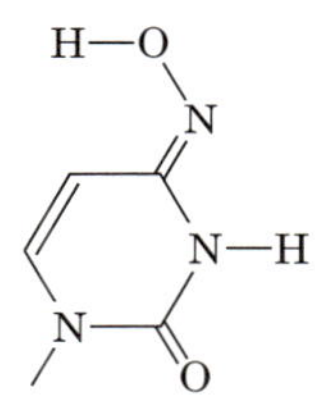

17. 아데닌을 산화적으로 탈아미노화시키면 하이포잔틴(이노신의 염기)을 만드는데, 이것은 사이토신과 염기쌍을 이룰 수 있다. (a) 만일 수선이 일어나지 않는다면, 세포 분열 후에 생성되는 두 개의 딸세포 내의 DNA 구성을 서술하시오. (b) 2회의 세포 분열 후에 만들어지는 4개의 딸세포 내의 DNA 구성을 서술해 보시오.

18. 어떤 변이형 DNA 중합 효소는 오류 친화성이어서 주형 가닥의 A 반대편에 C를 통합하는 경향이 있다. 그러한 DNA 중합 효소가 A·T 염기쌍을 DNA 조각을 복제한다면 (a) 1회, (b) 2회의 세포 분열 후에 딸세포의 DNA 조성은 어떻게 될까? (단, DNA 수선은 일어나지 않는다고 가정한다.)

19. 진핵세포에서 어떤 삼인산 분해 효소는 데옥시-8-옥시구아노신 3인산(옥소-dGTP)을 개열하여 옥소-dGMP + PP_i를 만든다. 이 반응의 장점은 무엇인가?

20. 세포 내에서 dATP는 산화되어 2-hydroxy형으로 될 수 있으며, 이렇게 되면 효소에 의해 2-OH-dATP가 2-OH-AMP + PP_i로 전환된다. 이 효소의 활성을 저해하는 화합물이 항암제로서 유효한 이유를 설명해 보시오.

21. 효모와 몇몇 다른 생물은 O^6-알킬구아닌-DNA 알킬 전이 효소와 매우 닮았지만 활성 부위에 Cys이 없는 단백질을 생성한다. (a) 이들 단백질이 구아닌에 붙어 있는 알킬기를 제거할 수 없는 이

유를 설명하시오. (b) 이들 단백질이 DNA의 알킬화 손상으로부터 세포를 보호한다. 이들 단백질은 어떤 종류의 수선 과정에 참여할 것 같은가?

22. 진핵생물의 경우 선도 가닥보다 지연 가닥에서 돌연변이가 쉽게 일어날 것 같은 이유를 설명해 보시오.

23. 대장균 염색체의 어떤 부위는 **hot spot**으로 알려져 있는데, 그 이유는 점 돌연변이가 예외적으로 높은 비율로 일어나기 때문이다. 이들 부위 중 많은 곳은 5-메틸사이토신 잔기를 갖고 있다. 이러한 hot spot의 존재에 대해서 설명하시오.

24. 포유류 DNA는 약 25%의 타이민 잔기를 갖고 있는데, 왜 포유류 세포에 타이민 DNA 글리코실화 효소가 필요할까?

25. 탈아미노 아데닌을 갖는 DNA를 수선하는 데 어떤 종류의 수선계가 가장 선호될 것 같은가?

26. 염기 절제 수선, 뉴클레오타이드 절제 수선, 부적합 염기쌍 수선 –이들 모두는 손상된 DNA를 잘라내기 위해 핵산 분해 효소를 필요로 함–은 왜 DNA 연결 효소를 필요로 하는가?

27. 새로 합성된 DNA의 경우 개시자 DNA 중합 효소가 시발체 제거를 불완전하게 하거나 염기를 잘못 집어넣음으로써 리보뉴클레오타이드들이 들어가 있는 경우가 있다. DNA 가닥 내에서 하나의 리보뉴클레오타이드를 제거하고 대체하기 위하여 어떤 종류의 효소들이 필요한가?

28. DNA 가닥 간의 교차 연결이 가닥 내의 교차 연결보다 훨씬 돌연변이가 쉬운 이유를 설명해 보시오.

29. 깨진 DNA는 DNA 연결 효소(단일 가닥 개열 경우)나 비상동성 말단 연결(이중 가닥 개열 경우)으로 수선될 수 있다. 세포 내의 일련의 수선 효소들 묶음에 왜 타이로실–DNA 인산이에스터 분해 효소가 들어 있는지 설명하시오.

30. 타이민 이합체를 갖는 DNA 주형 가닥은 DNA 중합 효소 η에 의해 복제될 수 있다. 중합 효소 η은 손상을 입은 DNA를 조정하는가?

31. 대장균 중합 효소 V는 타이민 이합체를 우회하는 능력이 있다. 그러나 중합 효소 V는 손상을 입은 T 염기들 반대편에 A보다는 오히려 G를 통합하는 경향이 있다. 중합 효소 V가 중합 효소 III보다 더 반응적, 아니면 덜 반응적이라고 보는가? 설명하시오.

32. 다음과 같은 대장균 유전자가 없으면 치명적인지, 그렇지 않은지 추정해 보시오. (a) *dnaB*(DnaB를 암호화하는), (b) *polA* (Pol I을 암호화하는), (C) *recA*, (d) *ssb*

33. 세균의 접합 과정 중 동일하거나 유사한 종의 두 세포는 가까이 접촉해서 유전 정보를 이동한다. 공여 세포에서는 핵산 내부 분해 효소가 DNA에 틈을 넣게 되면 단일 가닥이 수용 세포로 들어갈 수 있다. 이동된 DNA의 안정된 통합을 위해 수용 세포 내에서 RecBCD 활성이 요구되는데, 그 이유를 설명해 보시오.

34. 단일 유전자의 결함을 정정하는 두 가지 방법으로서 3-5D절에 서술되어 있는 유전자 치료법과 CRISPR-Cas9계가 있다. 유전자 치료법보다 CRISPR-Cas9계를 이용하는 방법이 정상적 조직 기능을 보다 완전하게 회복 가능하게 하는 이유를 설명해 보시오.

도전 질문

35. $3' \rightarrow 5'$ 방향으로 DNA를 합성할 수 있는 DNA 중합 효소가 $5' \rightarrow 3'$ 방향의 교정 활성을 갖는다면, 왜 선택적 불이익을 갖게 되는지 설명해 보시오.

36. 중합 효소 I의 $3' \rightarrow 5'$ 핵산 말단 분해 효소 활성은 DNA의 3′ 말단에 있는 쌍을 이루지 못한 뉴클레오타이드들만 제거하는 반면에, 이 효소의 파이로인산 분해 활성은 적절하게 쌍을 이루고 있는 3′ 말단 뉴클레오티드들만을 제거한다. 중합 효소 반응의 측면에서 이러한 현상의 기구적 중요성을 논하시오.

37. 대장균의 복제계를 사람의 규모로 바꿔 보라. 지름이 20 Å인 B-DNA는 확대해서 지름이 1 m라고 생각해 보자. 모두가 비례적으로 확대된다면 개개의 DNA 중합 효소 III은 중간 정도의 트럭 크기가 될 것이다. 그렇게 확대된 계에서 (a) 각 복제 복합체는 얼마의 속도로 움직일까? (b) 완전한 1회의 복제 과정 중 각 복제 복합체는 얼마의 거리를 이동할까? (c) 오카자키 단편의 길이는 어느 정도일까? (d) 복제 복합체가 평균적으로 얼마만의 거리를 이동할 때마다 오류가 일어날까? 시간당 거리(km/hr) 또는 거리(km)로 답하시오.

38. 높은 비율의 염기 치환 돌연변이는 특정 중합 효소의 맞지 않은 뉴클레오타이드를 넣는 경향 또는 정확한 뉴클레오타이드를 넣는 능력 부족으로 인해 일어난다. 다음 정보를 사용하여 오류를 일으키기 쉬운 다음 두 가지 중합 효소가 치환 돌연변이를 생성하는 능력을 비교해 보시오.

중합 효소	주형 뉴클레오타이드	주입 뉴클레오타이드	k_{cat}/K_M (μM·min^{-1} × 10^3)
중합 효소 η	T	A	420
	T	G	22
HIV 역전사 효소	T	A	800
	T	G	0.07

39. DNA 서열 결정 반응(3-4C, D절)에 본래의 대장균 Pol I보다 오히려 클레노브 단편만을 사용하는데, 그 이유는 무엇인가?

40. 대장균에서 새로이 합성되는 모든 DNA는 단편화되는 것처럼 보인다(지연 가닥뿐만 아니라 선도 가닥이 불연속적으로 합성되는 의미로 해석될 수 있는 관찰). 하지만 유라실 DNA 글리코실화 효소가 결함인 대장균 변이주의 경우, 새로이 합성된 DNA의 약 절반이 단편화된다. 설명하시오.

41. 교재에 의하면 이배체인 인간 세포 내 DNA의 60억 개의 글리코사이드 결합 중 하루당 약 20,000개가 자연적으로 가수 분해된다. 그러한 결합의 반감기는 몇 년인가? (힌트; 12-1절 참조)

42. 대장균 유전체는 1009개의 Chi 서열을 갖는다. 이들 서열은 임의로 생긴다고 보는가, 그렇지 않다면, 임의보다 얼마나 빈번하게 또는 덜 생성된다고 보는가?

43. 세계기록지인 기네스북은 *Deinococcus radiodurans*가 사람의 치사 수준 이온화 방사선량의 약 3,000배 이상의 이온화 방사선량에서 견딜 수 있다는 점에서 세계에서 가장 강한 세균으로 표명하였다(이 균은 방사선으로 멸균시킨 분쇄육 통조림에서 자라는 것이 최초로 발견되었다). 이 균은 자체의 DNA가 입은 방사

선 피해를 수선하기 위한 여러 가지 전략을 갖고 있는 것으로 보이는데(다량의 이온화 방사선을 여러 개의 작은 조각으로 단편화하는), DNA는 이를 위해서 수선에 관련되는 단백질을 암호화하는 특별히 많은 수의 유전자와 2개의 환상 염색체와 2개의 환상 플라스미드로 구성된 유전체가 세포당 4개에서 10개의 복사본을 포함하고 있다. 아직은 이런 전략만으로는 *D. radiodurans*의 막대하게 높은 방사선 저항성이 설명되지는 않는다. 하지만 추가 전략으로서 그것이 다중의 동일한 이중 가닥 고리형 DNA를 쌓아서 인접한 환 내의 동일한 유전자들을 나란히 배열시키는 방법이 생각된다. 이와 같은 후자의 전략은 과연 어떻게 *D. radiodurans*가 단편화된 DNA를 유효하게 수선하는 데 도움을 줄 수 있을까?

44. 환상의 플라스미드 내에 통합된 혼성 전위 인자는 때때로 전위 인자의 중심 영역보다는 오히려 본래의 플라스미드를 구성하는 DNA를 전위한다. 이러한 일이 어떻게 가능한지를 설명하시오.

참고 문헌

일반

Cox, M., Doudna, J.A., and O'Donnell, M., *Molecular Biology. Principles and Practice*, Chapters 11 – 14, Freeman (2012).

Watson, J.D., Baker, T.A., Bell, S.P., Gann, A., Levine, M., and Losick, R., *Molecular Biology of the Gene* (7th ed.), Chapters 9 – 12, Cold Spring Harbor Laboratory Press (2014).

DNA 복제

Autexier, C. and Lue, N.F., The structure and function of telomerase reverse transcriptase, *Annu. Rev. Biochem.* **75**, 493 – 517 (2006).

Bell, S.D., Méchali, M., and DePamphilis, M.L. (eds.), *DNA Replication*, Cold Spring Harbor Laboratory Press (2013).

Blackburn, E.H., Telomere states and cell fates, *Nature* **408**, 53 – 56 (2000).

Bowman, G.D., Goedken, E.R., Kazmirski, S.L., O'Donnell, M., and Kuriyan, J., DNA polymerase clamp loaders and DNA replication, *FEBS Lett.* **579**, 863 – 867 (2005).

Costa, A., Hood, I.V., and Berger, J.M., Mechanisms for initiating cellular DNA replication, *Annu. Rev. Biochem.* **54**, 25 – 54 (2013).

Georgescu, R.E., Kim, S.–S., Yurieva, O., Kuriyan, J., Kong, X.–P., and O'Donnell, M., Structure of a sliding clamp on DNA, *Cell* **132**, 43 – 54 (2008).

Groth, A., Rocha, W., Verreault, A., and Almouzni, G., Chromatin challenges during DNA replication and repair, *Cell* **128**, 721 – 733 (2007).

Hamdan, S.M. and Richardson, C.C., Motors, switches, and contacts in the replisome, *Annu. Rev. Biochem.* **78**, 205 – 243 (2009).

Itsathitphaisarn, O., Wing, R.A., Eliason, W.K., Wang, J., and Steitz, T.A., The hexameric helicase DnaB adopts a nonplanar conformation during translocation, *Cell* **151**, 267 – 277 (2012). [The X–ray structure of DnaB helicase and the formulation of the hand–over–hand mechanism of strand separation.]

Johansson, E. and MacNeill, S.A., The eukaryotic replicative DNA polymerase takes shape, *Trends Biochem. Sci.* **35**, 339 – 347 (2010).

McHenry, C.S., DNA replicases from a bacterial perspective, *Annu. Rev. Biochem.* **80**, 403 – 436 (2011).

Mitchell, M., Gillis, A., Futahashi, M., Fujiwara, H., Gillis, A.J., Schuller, A.P., and Skordalakes, E., Structural basis for telomerase catalytic subunit TERT binding to RNA template and telomeric DNA, *Nature Struct. Mol. Biol.* **17**, 513 – 518 (2010).

O'Donnell, M., Replisome architecture and dynamics in *E. coli*, *J. Biol. Chem.* **281**, 10653 – 10656 (2006).

O'Sullivan, R.J. and Karlseder, J., Telomeres: protecting chromosomes against genome instability, *Nature Rev. Mol. Cell Biol.* **11**, 171 – 181 (2010).

Rothwell, P.J. and Waksman, G., Structure and mechanism of DNA polymerases, *Adv. Prot. Chem.* **71**, 401 – 440 (2005).

Sandin, S. and Rhodes, D., Telomerase structure, *Curr. Opin. Struct. Biol.* **25**, 104 – 110 (2014).

Singleton, M.R., Dillingham, M.S., and Wigley, D.B., Structure and mechanism of helicases and nucleic acid translocases, *Annu. Rev. Biochem.* **76**, 23 – 50 (2007).

Wing, R.A., Bailey, S., and Steitz, T.A., Insights into the replisome from the structure of a ternary complex of the DNA polymerase III alpha–subunit, *J. Mol. Biol.* **382**, 859 – 869 (2008).

DNA 수선

Friedberg, E.C., Elledge, S.J., Lehmann, A.R., Lindahl, T., and Muzi–Falconi, M. (Eds.), *DNA Repair, Mutagenesis, and Other Responses to DNA Damage*, Cold Spring Harbor Laboratory Press (2014).

Jackson, S.P. and Bartek, J., The DNA–damage response in human biology and disease, *Nature* **461**, 1071 – 1078 (2009). [Summarizes current understanding of how signaling pathways triggered by DNA damage lead to DNA repair.]

Lieber, M.R., The mechanism of double–strand DNA break

repair by the nonhomologous DNA end–joining pathway, *Annu. Rev. Biochem.* **79**, 181–211 (2010).

Sancar, A., Lindsey–Bolz, L.A., Ünsal–Kaçmaz, K., and Linn, S., Molecular mechanisms of mammalian DNA repair and the DNA damage checkpoints, *Annu. Rev. Biochem.* **73**, 39–85 (2004).

Valle, D. (Ed.), *The Online Metabolic & Molecular Bases of Inherited Disease*, http://www.ommbid.mhmedical.com/. [Chapters 28 and 32 contain discussions of xeroderma pigmentosum, Cockayne syndrome, and hereditary nonpolyposis colorectal cancer.]

재조합과 전위

Anders, C., Niewoehner, O., Duerst, A., and Jinek, M., Structural basis of PAM–dependent target DNA recognition by the Cas9 nuclease, *Nature* **513**, 569–573 (2014).

Baltimore, D., et al., A prudent path forward for genomic engineering and germline gene modification, *Science* **348**, 36–38 (2015). [The proposal for a moratorium on using CRISPR–Cas9 technology to modify the human germline until its consequences are well understood.]

Chen, A., Yang, H., and Pavletich, N.P., Mechanism of homologous recombination from the RecA–ssDNA/dsDNA structures, *Nature* **453**, 489–494 (2008).

Cox, M.M., Motoring along with the bacterial RecA protein, *Nature Rev. Mol. Cell Biol.* **8**, 127–138 (2007); *and* Regulation of bacterial RecA protein function, *Crit. Rev. Biochem. Mol. Biol.* **42**, 41–63 (2007).

Craig, N.L., Craigie, R., Gellert, M., and Lambowitz, A.M. (Eds.), *Mobile DNA II*, ASM Press (2002). [A compendium of authoritative articles.]

Doudna, J.A. and Charpentier, E., The new frontier of genome engineering with CRISPR–Cas9, *Science* **346**, 1258096 (2014). DOI: 10.1126/science.1258096. [This is a Digital Object Identifier (DOI). Also see *Science* **346**, 1047 (2014).]

Kowalczykowski, S.C., Initiation of genetic recombination and recombination–dependent replication, *Trends Biochem. Sci.* **25**, 156–165 (2000). [Presents models for and describes the proteins involved in recombination/replication events in bacteria.]

Sander, J.D. and Joung, J.K., CRISPR–Cas systems for editing, regulating and targeting genomes, *Nature Biotech.*, **32**, 347–355 (2014).

West, S.C., Molecular views of recombination proteins and their control, *Nature Rev. Mol. Cell. Biol.* **4**, 435–445 (2003).

Yamada, K., Ariyoshi, M., and Morikawa, K., Three–dimensional structural views of branch migration and resolution in DNA homologous recombination, *Curr. Opin. Struct. Biol.* **14**, 130–137 (2004).

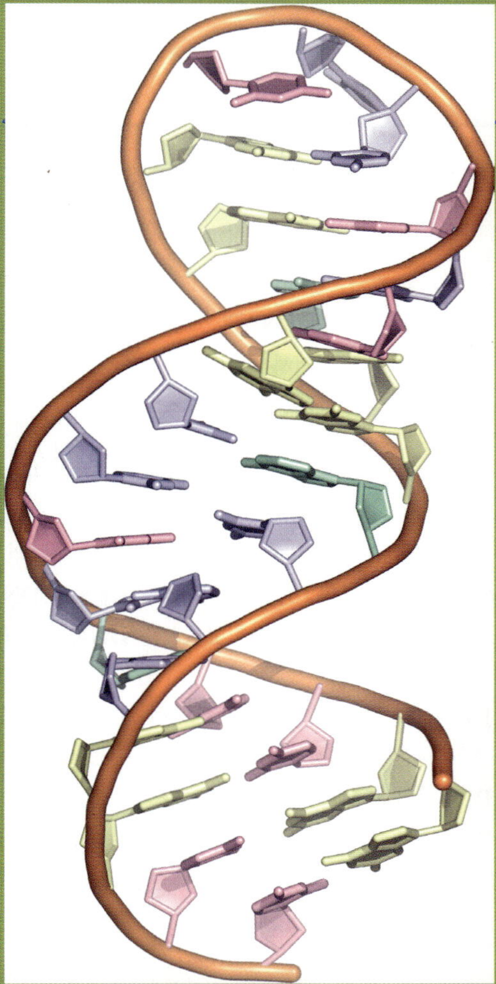

Based on an NMR structure by Frédérick Allain and Franz Narberhaus, ETH Zürich, Switzerland. PDBid 2GIO

몇몇 세균들은 온도가 오르면 염기쌍을 이룬 mRNA 절편의 구조가 바뀌는 RNA 열반응 기작을 이용해서 유전자 발현을 조절한다. RNA 용해는 리보솜 결합 부위를 노출시키고 대체로 열충격 단백질의 생산을 촉진시키는데, 높은 온도에서 세균을 살아남게 만들기 위한 기작이다.

CHAPTER 26

전사와 RNA의 대사

1930년대에 현미경의 관찰을 통해 DNA는 진핵생물 세포에서 거의 핵에 존재한다는 것을 알게 되었다. 또한 1950년대가 되어 방사성으로 표지한 아미노산이 단백질로 바뀌는 것을 관찰하면서 단백질의 합성 장소가 세포질에 있는 리보솜(ribosome)으로 불리는 RNA–단백질 복합체라는 사실이 확인되었다. 결국 이 사실들은 **진핵생물에서만큼은 DNA와 리보솜이 결코 서로 접촉할 수 없는 상태이기 때문에 단백질 합성이 DNA로부터 바로 이루어질 수 없다**는 것을 뜻한다. 크릭(Francis Crick)이 주장한 중심설(central dogma)에서처럼(3-3B절) DNA와 단백질–생합성 기구 사이의 중간 물질은 RNA이다.

RNA에는 다음의 세 종류가 있다. 첫번째는 **리보솜 RNA(ribosomal RNA, rRNA)**로, 이는 리보솜 질량의 2/3를 차지한다. 두 번째는 **운반 RNA(transfer RNA, tRNA)**로, 이는 단백질로의 조합을 위해 아미노산을 리보솜으로 운반하는 역할을 한다. 마지막으로 **전령 RNA(messenger RNA, mRNA)**는 단백질 합성을 위한 염기 서열을 가진다. 이 외에도 다수의 **비번역 RNA(noncoding RNA)** 종류들이 있

GATEWAY CONCEPT

유전 정보 발현에 대한 중심 이론

RNA 합성은 분자생물학의 중심원리의 첫 번째 단계인데 DNA가 가진 정보가 RNA의 형태로 전사되는 과정이다. 이 RNA는 이용되기 전에 다시 광범위한 변형 과정을 거치고 비교적 빠른 속도로 분해되지만 이 과정에서 DNA는 원래의 형태로 남아 있다.

표 26-1 몇 가지 비번역 RNA들

종류	크기 (nt)	기능
리보솜 RNA(rRNA)	120~4718	번역(리보솜 구조와 촉매 활성)
운반 RNA(tRNA)	54~100	번역시 리보솜에 아미노산 전달
소형 간섭 RNA(siRNA)	20~25	mRNA의 서열 특이적 비활성화
미세 RNA(miRNA)	20~25	mRNA의 서열 특이적 비활성화
거대 종간 비번역 RNA(lincRNA)	~17,200	전사 제어
소핵 RNA(snRNA)	60~300	RNA 이어맞추기
핵소체 RNA(snoRNA)	70~100	rRNA의 서열 특이적 메틸화

으며, 이들은 유전자 발현의 조절과 새로 전사된 RNA 분자들의 프로세싱에 다양한 역할을 맡는다(**표 26-1**). 모든 종류의 RNA들은 동일 개체의 DNA에 있는 상보적인 서열과 결합할 수 있다. 이는 **모든 세포 내 RNA는 DNA 주형(template)으로부터 전사된다**는 것을 의미한다.

DNA 중합 효소가 DNA 복제를 촉매하는 것처럼, DNA에서 RNA로의 전사는 다수의 소단위체로 구성된 **RNA 중합 효소(RNA polymerase, RNAP)**에 의해 이루어진다. 이 장에서는 RNAP의 촉매적 기능에 대해서 알아보고, DNA 중합 효소와는 달리, 이 단백질이 어떻게 특정 유전자에 대해 작동하는지를 논의해 보기로 한다. 또한 새로 합성된 RNA가 어떻게 프로세싱되어 완전한 기능을 갖는지에 대해서도 살펴보겠다.

1 원핵생물의 RNA 전사

주요 개념

- RNA 중합 효소는 DNA 중합 효소와 구조와 메커니즘이 비슷하다.
- 박테리아 전사는 DNA 말단 부위를 분리시키는 촉진제와 결합한 RNAP 완전 효소와 함께 시작된다.
- 중합 효소가 RNA 사슬로 늘어날 때 다른 중합 효소는 전사 개시할 수 있다.
- 원핵세포에서의 전사 말단은 고유의 종결 서열 또는 Rho 인자의 영향을 받는다.

표 26-2 E. coli RNA 중합 효소 완전 효소의 성분

소단위체	잔기의 수
α	329
β	1342
β'	1407
ω	91
σ^{70}	613

RNAP는 DNA로부터 RNA 합성을 이끄는 효소이며 1960년에 바이스(Samuel Weiss)와 허위츠(Hurwitz)가 각각 독립적으로 발견하였다. 이 효소는 파이로인산(PP_i)의 방출과 연이은 가수 분해 반응을 통해 DNA 주형에 따라 리보뉴클레오타이드 삼인산(NTP)인 ATP, CTP, GTP, UTP를 연결시키는 기능을 한다.

$$(\text{RNA})_{n\ \text{residues}} + \text{NTP} \rightleftharpoons (\text{RNA})_{n+1\ \text{residues}} + \text{PP}_i \xrightarrow{\text{H}_2\text{O}} 2\,\text{P}_i$$

RNAP는 DNA 중합 효소의 경우와는 달리 시발체(primer)가 필요하지 않고 두 개의 NTP와만 작용하게 된다.

모든 세포는 RNAP를 가진다. 박테리아에서는 DNA 복제에 사용되는 짧은 RNA

시발체(primer)를 제외한 나머지 모든 RNA를 합성한다(25-2B절). 진핵세포에는 4개 또는 5개의 RNAP가 있으며, 각각 서로 다른 종류의 RNA를 합성한다. 우선, 진핵생물의 효소보다 더 작고 단순한 박테리아의 경우를 살펴보자.

A RNA 중합 효소는 다른 중합 효소들을 닮는다

대장균(*E. coli*)의 RNAP **완전 효소(holoenzyme)**는 $\alpha_2\beta\beta'\omega\sigma$의 소단위체로 구성된 약 449 kD의 단백질이다(표 26-2). 그러나 RNA 합성의 개시 이후에는 **σ 소단위체**[**σ factor(σ 인자)**라고도 함]는 떨어져 나가고, 나머지 **핵심 효소(core enzyme)** $\alpha_2\beta\beta'\omega$가 실질적인 중합 과정을 수행한다. RNAP는 전자 현미경으로 명확히 볼 수 있을 정도로 크기가 크다(그림 26-1).

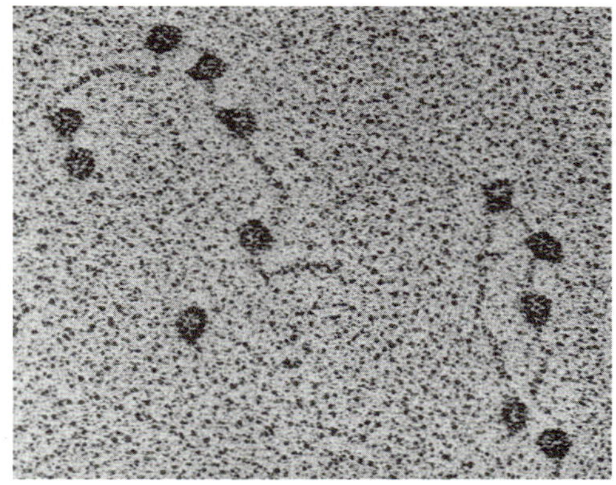

그림 26-1 대장균 RNA 중합 효소 완전 효소의 전자 현미경 사진 가장 큰 종류로 알려진 이 효소는 T7 박테리오파지 DNA의 여러 촉진제 부위에 붙어 있다.

다스트(Seth Darst)와 바실예프(Dmitry Vassylyev)는 *Thermus aquaticus* (Taq)와 *Thermus thermophilus* (Tth)로부터 나온 RNAP 핵심 효소와 관련된 X선 구조를 밝혀냈다. DNA와 RNA가 있는 Tth 핵심 효소 집합체는 게의 집게처럼 생겼으며, 그 두 집게는 β와 β′ 소단위체로 이루어져 있다(그림 26-2). 소위 **열린 집합체(open complex)**라고 불리는 이 구조의 주요 통로인 두 집게 사이의 공간의 높이는 대략 27 Å이며 이중 나선 DNA가 채워져 있다. Mg^{2+} 이온 근처 $i+1$ 부위에서 유입된 NTP와 주 통로 끝에 있는 활성 부위가 염기쌍을 이루어 주형 DNA가 연결된다. RNA의 3′ 말단은 주형 DNA의 5′ 말단과 9 염기쌍의 혼합 나선을 형성하고 β와 β′ 소단위체 사이의 통로를 통해 단백질을 빠져나가고 그 통로는 RNA 이중 나선 내의 단일 가닥과 비슷한 구조로 채택된다. 그러나 **전사 거품(transcription bubble)**이라고 하는 가닥 끝에 주형 및 비주형 DNA 가닥이 잡힌다.

촉진자(promoter, 전사개시 위치에 있는 서열로 Richard Ebright에 의해 결정됨)를 포함하는 dsDNA 복합체 안의 Tth 완전 효소의 X선 구조에서 보면 α 소단위체는 핵심 효소의 상부를 따라 신장되어져 있기 때문에 집게 사이의 통로를 약 10 Å까지 좁힐 수 있어 두 집게가 서로 근접하게 위치해 DNA가 전사 거품 형태의 주요 채널로 들어가지 않은 **닫힌 집합체(closed complex)**라고 불린다(그림 26-3). 이 구조에서 α 소단위체는 비주형 DNA 가닥

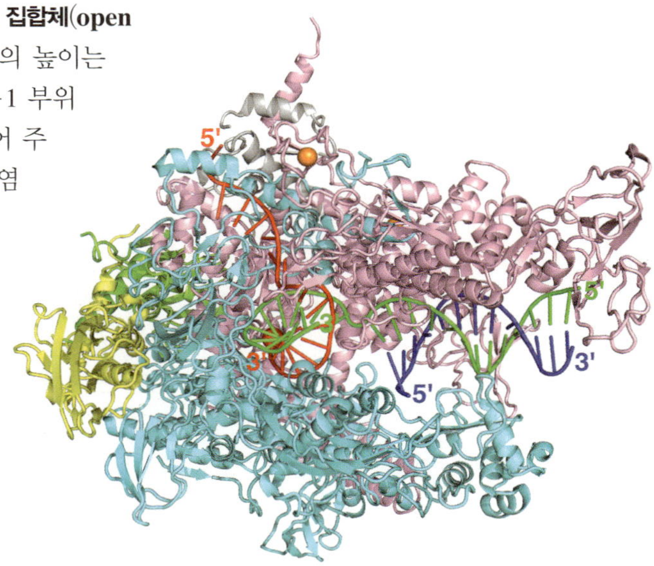

그림 26-2 23 nt 주형 DNA, 14 nt 비주형 DNA, 16 nt RNA와 Tth 핵심부위 RNAP와의 복합체의 X선 구조 단백질의 리본 모양 구조; 노랑색과 초록색의 2개의 α 단위체, 하늘색의 β 단위체, 분홍색의 β′ 단위체, 회색의 ω 단위체. 결합된 Mg^{2+}와 Zn^{2+} 이온들은 빨간색과 오렌지색 구형으로 각각 나타내었다. DNA와 RNA는 초록색의 주형 DNA, 보라색의 비주형 DNA, 빨강색의 RNA가 사다리꼴로 형성되어 있다. 양쪽 말단에서 뻗어져 나온 β′ 단위체의 208에서 390번째 아미노산은 무작위로 흩어진 모양이어서 보이지 않는다. [Based on an X-ray structure by Dmitry Vassylyev, University of Alabama at Birmingham. PDBid 5O5I.]

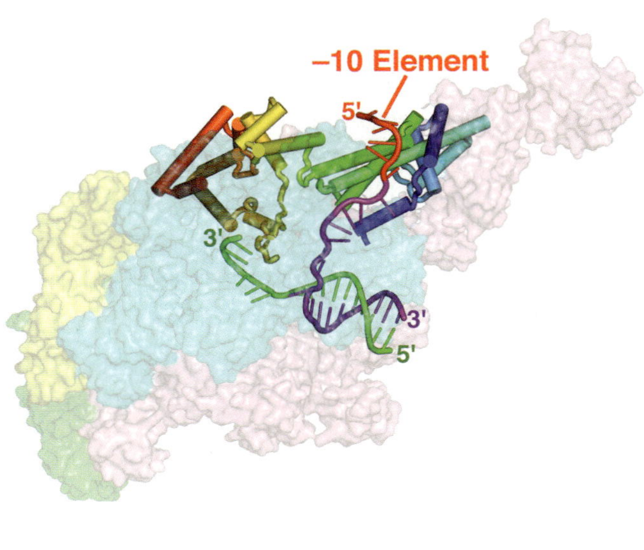

그림 26-3 5′ 말단에 −10 촉진제와 함께 19 nt 주형 DNA와 27 nt의 비주형 DNA를 갖는 복합체 안에 있는 Tth RNAP 전효소의 X선 구조 그림 26-2의 아래쪽에서 보이는 것처럼, 색이 있는 핵심 효소의 소단위체는 반투명한 표면 모식도로 나타내었다. σ 소단위체는 N 말단(파랑)부터 C 말단(빨강)까지 무지개 색처럼 펼쳐서 그려져 있는데 α 나선형은 원통형으로 표현되었다. DNA는 사다리꼴로 나타내었는데 초록색 주형 DNA 가닥과 빨간색 및 자주색의 비주형 DNA가 −10 촉진제 부위가 제외된 형태로 표현되었다(26-1B절). −10 촉진제 부위를 제외한 두 DNA 가닥은 모두 β와 β′ 소단위체 사이에 묻혀진 형태이다. [Based on an X-ray structure by Richard Ebright, Rutgers University. PDBid 4G7H]

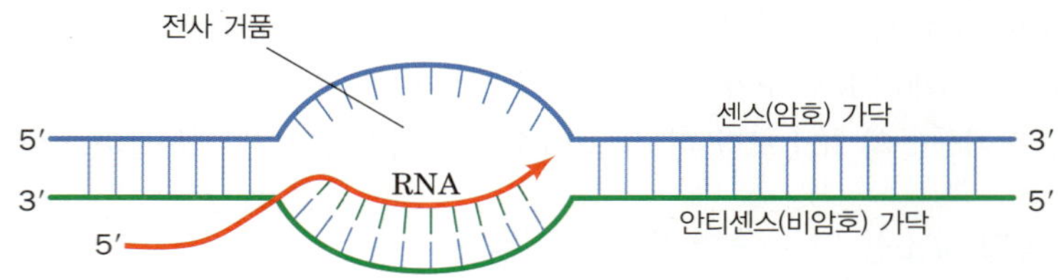

그림 26-4 센스 및 안티센스 DNA 사슬 이중 나선 DNA의 주형 가닥은 안티센스 가닥 또는 비암호 가닥이라고 한다. 이에 상보적인 센스 가닥 또는 암호 가닥은 전사되는 RNA와 같은 뉴클레오타이드 서열과 방향을 가진다.

? 전사 거품 내부의 센스 가닥의 서열이 CTGATCTAGA이면, 안티센스 가닥과 RNA의 서열은 무엇일까?

의 −10 촉진 인자에 특이적으로 결합하여 전사 거품을 연다. 완전 효소의 바깥쪽은 거의 균일하게 음전하를 띠고 있는 반면, 핵산과 작용하는 통로의 안쪽 벽면은 양전하를 띤다.

DNA 한 가닥으로부터 복제된다. RNA 합성은 DNA 주형의 특정 부위에서만 정상적으로 시작한다. 이 과정은 염색체의 두 가닥 전체가 복사되는 복제와는 달리, 유전 정보의 조절된 발현에는 유전체(게놈, genome)의 단일 가닥에 있는 부분적인 부위에서만 일어난다. 전사되는 동안 주형 역할을 하는 DNA 가닥을 **안티센스 가닥(antisense strand)** 혹은 **비암호 가닥(noncoding strand)**이라고 한다. 그 이유는 이 가닥의 서열이 RNA 서열과 상보적이기 때문이다. 이와는 반대로, 전사되는 RNA와 같은 서열을 가지는(물론 T 대신 U) DNA 가닥은 **센스 가닥(sense strand)** 혹은 **암호 가닥(coding strand)**이라고 한다(**그림 25-4**). 결국 한 개체의 염색체에 있는 DNA 두 가닥은 다른 유전자들을 포함할 수 있다.

'유전자'란 용어는 폴리펩타이드나 rRNA, tRNA, 그리고 다른 RNA 종들을 암호화하는 서열로서 좀 더 느슨한 의미로 사용된다는 것을 기억해 두자. 더욱이 유전자는 전형적으로 실제로 전사(또는 번역)되지 않아도 전사(또는 번역)의 개시와 종결에 필요한 서열은 가지고 있다. 또한 많은 유전자들의 발현에는 암호 지역에 바로 연결되지 않고 상당한 거리에 떨어져 있기도 한 조절 서열들이 필요하다.

진핵생물에서 대부분의 단백질-암호 유전자[**구조 유전자(structural gene)**]는 개별적으로 전사되지만, 원핵생물의 유전자들은 종종 단일 가닥에 횡렬로 연이어 자리 잡고 있어서 함께 전사될 수 있다. 이러한 유전적 단위를 **오페론(operon)**이라고 하며, 대체로 기능적으로 연관된 유전자들이 포함된다. 예를 들면 대장균의 경우 단일 오페론에 세 가지 다른 rRNA 유전자들이 들어 있다(26-3C절). 28-2A절에서 상세히 배울 대장균의 **락토스 오페론(*lac* operon)**에는 락토스 대사에 필요한 단백질을 암호하는 세 가지 유전자와 그들의 전사를 조절하는 서열들이 포함되어 있다(**그림 26-5**). 또한 **트립토판 오페론(*trp* operon)**과 같이 생합성 경로에 필요한 단백질의 유전자를 포함하는 경우도 있다. 여기서 만들어지는 6개의 **유전자 산물(gene product)**은 트립토판 합성을 촉매한다. 하나의 단위로 전사되는 오페론에서는 하나의 **다시스트론성 mRNA(polycistronic mRNA)**를 만들고, 포함한 폴리펩타이드들을 거의 동시에 합성한다[**시스트론(cistron)**은 유전자의 동의어로 간주해도 됨]. 그러나 진핵생물의 구조 유전자는 오페론으로 구성되어 있지 않으며 **단일 시스트론성 mRNA(monocistronic mRNA)**를 만든다.

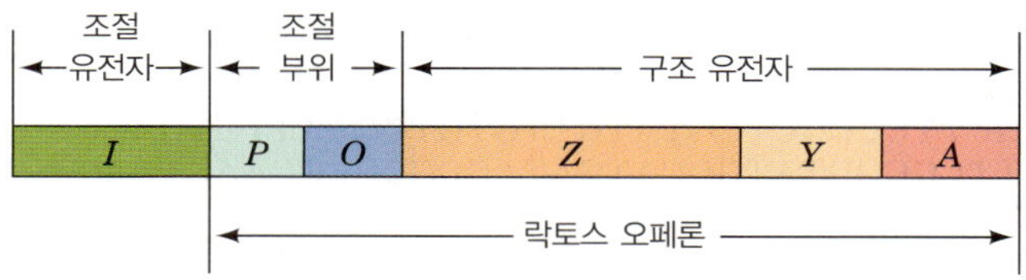

그림 26-5 대장균의 락토스 오페론 이 DNA에는 락토스 대사를 조절하는 단백질을 암호하는 유전자와 그들의 발현을 조절하는 유전적 부위가 포함되어 있다. Z, Y, A 유전자는 각각 **β-갈락토스 분해 효소**(β-galactosidase, 자료 8-1)와, **갈락토사이드 투과 효소**(galactoside permease, 10-3D절), **싸이오갈락토사이드 아세틸기 교환 효소**(thiogalactoside transacetylase)를 암호한다. 가까이에 연관되어 있는 조절 유전자인 *I*는 락토스 오페론의 부분은 아니지만 락토스의 오페론의 전사를 억제하는 억제자(repressor)를 암호하고 있다.

B 전사는 촉진제로부터 개시된다

RNAP가 어떻게 정확한 DNA 가닥에 결합하고 유전자(혹은 오페론)의 시작 부위에서 RNA 합성을 개시할까? **RNAP는 상응하는 σ 인자에 의해 인식되는 촉진제(*promoter*)라는 염기 서열을 통해 개시 부위에 결합한다.** 촉진제는 유전자의 전사율을 증가시키거나 감소시키는 돌연변이를 연구하면서 처음 밝혀졌다. 약 40 bp의 서열로 구성된 촉진제는 전사 시작 부위의 5′ 쪽에 있다. 편의상 이 DNA 서열은 전사되는 RNA와 방향성과 서열이 같은 센스(비주형) 가닥으로 나타낸다. 촉진제 지역 내의 염기쌍은 양수와 음수로 표기하여 그 위치를 나타낸다. 즉 RNA로 전사되는 첫 번째 뉴클레오타이드를 +1로 하며 RNAP가 이동하는 방향으로 상부(upstream) 쪽은 음수로, 하부(downstream) 쪽은 양수로 표기한다. 0으로 표시되는 지점은 없다. RNA는 5′ → 3′ 방향으로 합성되므로(아래 참조) 촉진제는 RNA의 개시 뉴클레오타이드의 상부 쪽에 있는 것이다.

완전 효소는 촉진제와 강한 복합체를 형성한다. 이러한 강한 결합은 완전 효소가 결합한 DNA를 DNA 가수 분해 효소 I(DNase I)로 절단하였을 때 보호되는 실험을 통해 밝혀졌다. 많은 대장균 유전자들의 보호된 지역의 염가 서열을 조사한 결과, 대장균 촉진제에는 '일치' 서열이 존재하였다(**그림 26-6**). 그중 가장 잘 보존된 서열은 −10 지점을 중심으로 한 6개의 서열이었다[프리노브(David Pribnow)가 1975년에 보고하였다고 하여 **프리노브 상자(Pribnow box)**라고도 함]. 이 서열은 TATAAT이며 그중에서도 앞의 TA와 마지막 T의 보존성이 더 높았다. 또한 −35 지점 주변의 TTGACA 서열도 보존성이 높다. 개시 뉴클레오타이드(+1)는 거의 대부분 덜 보존된 서열인 CAT나 CGT 서열의 중앙에 있는 A 또는 G이다. 촉진제 내의 다른 대부분의 서열들은 보존성에 있어 다양하다(그림 26-6). 그렇지만 이들 부분적으로 보존된 지역에 돌연변이를 일으키면 촉진제의 개시 효율이 크게 증가되거나 감소되는 결과가 만들어질 수 있다. 이는 **대장균 유전자가 전사되는 효율은 촉진제가 완전 효소와 얼마나 안정된 개시 복합체를 형성하느냐에 따라 다양해질 수 있다**는 것을 의미한다.

개시에는 전사 거품의 형성이 필요하다. RNAP 완전 효소와 접촉하는 촉진제 지역은 **발자국(footprinting)** 실험 방법을 통해 처음 확인하였다. 이 과정은 우선 DNA를 그와 결합하는 단백질과 반응시킨 다음, 다이메틸 황산(dimethyl sulfate, DMS)과 같은 알킬화 시약으로 처리하면 DNA 염기가 알킬화되면서 알킬화된 위치의 골격이 끊어지게 된다. 그러나 단백질과 결합한 DNA 지역은 알킬화가 일어나지 않기 때문에 끊

오페론	−35 지역 / −10 지역 (프리노브 상자) / 개시 부위 (+1)
lac	ACCCCAGGCTTTACACTTTATGCTTCCGGCTCGTATGTTGTGTGGAATTGTGAGCGG
lacI	CCATCGAATGGCGCAAAACCTTTCGCGGTATGGCATGATAGCGCCCGGAAGAGAGTC
galP2	ATTTATTCCATGTCACACTTTTCGCATCTTTGTTATGCTATGGTTATTTCATACCAT
araBAD	GGATCCTACCTGACGCTTTTTATCGCAACTCTCTACTGTTTCTCCATACCCGTTTTT
araC	GCCGTGATTATAGACACTTTTGTTACGCGTTTTTGTCATGGCTTTGGTCCCGCTTTG
trp	AAATGAGCTGTTGACAATTAATCATCGAACTAGTTAACTAGTACGCAAGTTCACGTA
bioA	TTCCAAAACGTGTTTTTTGTTGTTAATTCGGTGTAGACTTGTAAACCTAAATCTTTT
bioB	CATAATCGACTTGTAAACCAAATTGAAAAGATTTAGGTTTACAAGTCTACACCGAAT
*t*RNA^{Tyr}	CAACGTAACACTTTACAGCGGCGCGTCATTTGATATGATGCGCCCCGCTTCCCGATA
rrnD1	CAAAAAAATACTTGTGCAAAAAATTGGGATCCCTATAATGCGCCTCCGTTGAGACGA
rrnE1	CAATTTTTCTATTGCGGCCTGCGGAGAACTCCCTATAATGCGCCTCCATCGACACGG
rrnA1	AAAATAAATGCTTGACTCTGTAGCGGGAAGGCGTATTATGCACACCCCGCGCCGCTG

공통 서열:

−35 지역		−10 지역		개시 부위
T T G A C A	… 16–19 bp …	T A T A A T	… 5–8 bp …	A (51), C (55), T (48), G (42)
69 79 61 56 54 54		77 76 60 61 56 82		

그림 26-6 선별한 대장균 촉진제들의 센스(암호) 가닥의 서열 −10 위치의 주변 6 bp 지역(빨간색 음영)과 −35 지역 주변의 6 bp 서열(파란색 음영)은 둘 다 잘 보존되어 있다. 대부분의 촉진제 내에 전사 개시 부위(+1)는 퓨린 뉴클레오타이드이다(초록색). 아래쪽 줄은 298개의 대장균 촉진제들의 공통 서열을 나타낸 것이며, 아래의 숫자는 염기의 출현 퍼센트를 의미한다.[After Rosenberg, M. and court, D., *Annu. Rev. Genet.* 13, 321–323(1979). Consensus sequence from Lisser, D. and Margalit, H., *Nucleic Acids Res.* **21**, 1512(1993)]

? 보존 서열의 두 블록을 분리하는 데 사용되는 나선형 회전은 대략 몇 개일까?

어지지 않는다. 이렇게 보호된 지역을 확인한 실험 결과를 단백질의 발자국이라고 한다. RNAP 완전 효소의 발자국을 살펴보면 완전 효소가 촉진제의 −10과 −35 지역에 일차적으로 접촉한다는 사실을 보여 준다. 어떤 유전자에서는 상부 쪽에 있는 부가적인 서열이 RNAP가 DNA에 결합하는 것에 영향을 미치는 경우도 있다.

DMS는 이중 나선이나 단일 가닥의 DNA에서 G의 N7과 A의 N3을 메틸화시킨다. 또한 DMS는 A의 N1과 C의 N3도 메틸화시키지만 이들 위치는 염기 짝지움 형성에 관여하지 않는다. DMS의 메틸화 형태를 통해 DNA가 단일 가닥인지, 이중 가닥인지를 알 수 있다. 발자국 실험에서 완전 효소의 결합은 −9에서 +2 사이의 약 11 bp DNA를 '분리'시킨다는 것을 보여 주었다. 이러한 **전사 거품(transcription bubble,** 예: 그림 26-4)은 복제 원점의 풀려진 DNA 지역과 유사하다(25-2B절).

Tth 전효소의 X선 구조(그림 26-3)에서 α 소단위체는 전사 거품이 열리는 방식으로서 센스(비주형) 가닥 위에 촉진제의 −10 요소(TATAAT)에 염기-특이적인 접촉으로 광범위하게 이루어진다. 이는 α 소단위체에 의해 인식되는 −10 요소가 센스 가닥 위에 있고 전효소가 −10 요소를 인식하기 위해 전사 거품을 열도록 해야 한다는 것을 증명하는 것이다.

핵심 효소는 촉진제에 특이적인 것은 아니지만 이중 나선 DNA에 강하게 결합한다(복합체의 해리 상수 $K \approx 5\times10^{-12}$ M이며 반감기는 약 60분이다). **반대로 완전 효소는 비촉진제 지역의 DNA에 상대적으로 잘 결합하지 않는다**(이때의 해리 상수는 $K \approx 10^{-7}$ M이며, 반감기는 약 1초 정도이다). 궁극적으로 σ 단위체는 완전 효소가 DNA 사슬을 따라서 σ 단위체에 상응하는 촉진제를 찾도록 빠르게 움직일 수 있게 한다. 전사가 시작되고 σ 단위체가 방출되고 나면 핵심 효소와 DNA 사이의 강한 결합으로 인해 효소-DNA-RNA 복합체는 안정화된다.

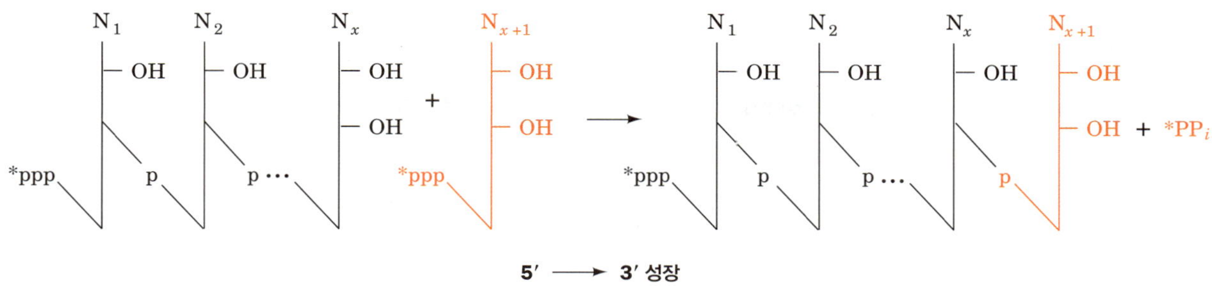

그림 26-7 **5′→3′ RNA 사슬 성장** 뉴클레오타이드는 3′-OH기가 유입되는 뉴클레오사이드 삼인산을 공격함으로써 성장하는 RNA 사슬의 3′ 끝에 첨가된다. NTP의 γ 위치(별표)의 방사성 동위 원소는 RNA의 첫 뉴클레오타이드(5′ 말단)에는 남아 있으나 이후 뉴클레오타이드의 중합 과정에서는 PP_i 형태로 제거된다.

? 이 반응을 추진하는 힘은 무엇인가?

유전자 발현은 서로 다른 σ 인자들에 의해 조절된다. 서로 다른 σ 인자들은 다른 촉진제를 인식하기 때문에 **세포에 있는 σ 인자에 따라 전사될 유전자가 결정된다.** 일련의 유전자 묶음들이 일시적이며 순서대로 발현되는 발생과 분화에서는 σ 인자들이 '차례대로' 조화롭게 작용한다. 예를 들면 *Bacillus subtilis*에 **박테리오파지(bacteriophage) SP01**이 감염될 때, 파지의 다른 유전자 묶음들이 서로 다른 시간에 발현된다. **초기 유전자(early gene)**라는 첫 묶음은 박테리아의 σ 인자에 의해 전사되는데, 이 유전자 산물(gene product) 중에는 σ^{gp28}이라는 소단위체가 있다. 이것이 숙주 세포의 σ 인자를 대체하여 RNAP가 파지의 **중간 유전자(middle gene)**의 촉진제를 인식하도록 한다. 또한 중간 유전자 산물에는 또 다른 σ 인자인 $\sigma^{gp33/34}$가 있어 파지의 **후기 유전자(late gene)**의 전사만을 이끌게 된다.

대장균과 *B. subtilis*를 포함한 몇몇 박테리아들은 여러 개의 다른 σ 인자들을 가지지만 이들이 반드시 연속적인 방법으로 사용되는 것은 아니다. 예를 들면 대장균에는 주 σ 인자(분자량이 70 kD이라서 σ^{70}라고 함)와는 다른 σ 인자들이 있는데, 이들은 촉진제가 다른 특수한 목적으로 발현되는 전사를 조절하는 역할을 한다. 예를 들면 대장균의 σ^{32}는 높은 온도에서 활성화되는 열충격 유전자의 촉진제를 인식한다.

C RNA의 사슬 성장은 5′→3′로 진행된다

RNA 합성은 DNA 중합 효소에 의해 진행되는 것처럼 두 개의 금속 물질을 통해 촉진된다(그림 25-11). RNA 합성은 DNA 합성처럼 5′→3′ 방향으로 진행하기 때문에(**그림 26-7**), 만들어지는 RNA 분자의 5′ 쪽에는 삼인산기가 있다. 완성된 RNA 분자의 한쪽이나 양쪽 끝은 화학적으로 변형되기도 한다.

RNA 합성이 일어나는 지점에서 이중 가닥 상태인 DNA 주형 한 부분이 열리게 되는데(그림 26-4), 이는 안티센스 가닥으로부터 이에 상보적인 RNA 가닥이 전사될 수 있도록 해 준다. 전사되는 RNA 사슬은 일시적으로 짧은 길이의 RNA–DNA 혼성 이중 나선을 형성하게 된다. 이러한 개방 개시 복합체에서의 DNA의 짝을 이루지 못한 '기포(bubble)' 지역은 RNAP가 DNA를 따라 이동할 때 항상 동반하게 된다(**그림 26-8**).

전사 기포가 진행됨에 따라 그 앞쪽의 DNA 나선상 회전은 더 강하게 감기게 되는 반면(더 심한 양성 초코일화), 기포 뒤쪽의 DNA는 같은 정도로 풀리게 된다(더 심한

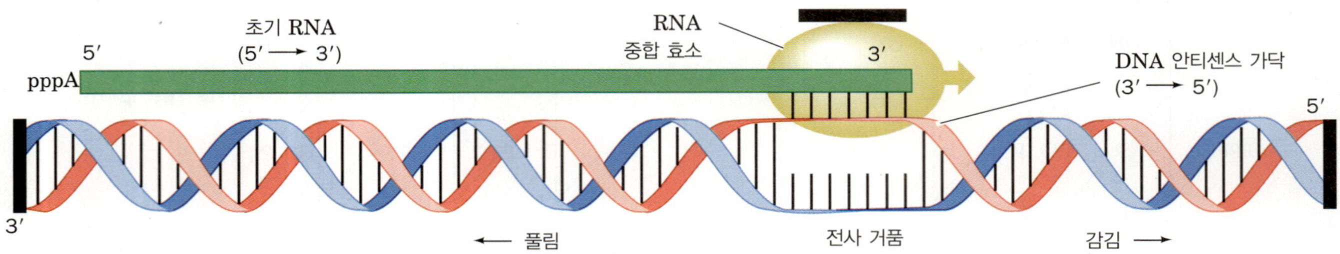

그림 26-8 전사 동안의 DNA 초코일화 전사되는 지역에서 DNA 이중 나선은 약 한 바퀴 풀려서 DNA의 안티센스 가닥이 짧은 길이의 DNA–RNA 혼성 이중 나선이 형성되도록 한다. RNA 중합 효소가 DNA 주형을 따라 나아갈 때(오른쪽 방향), DNA는 RNA의 3′ 끝 쪽에서는 풀리고 그 뒤쪽에서는 다시 감겨서 새로 합성된 RNA를 주형 가닥으로부터 떨어지게 한다. DNA의 끝부분들과 RNA 중합 효소(검은색 막대)는 세포 안에서 부착에 의한 회전이 불가능하기 때문에(검은색 막대) DNA는 진행하는 전사 거품의 앞에서는 과도하게 감기고 뒤쪽은 덜 감기게 된다(오른쪽 방향의 나선형으로 감기는 DNA 사이에 손가락을 놓는 것과 같다). [After Futcher, B., Trends Genet. 4, 272(1998)].

음성 초코일화). 이것은 대장균에 있는 플라스미드의 전사가 선회 효소(gyrase) 돌연변이체(양상 초코일화를 풀지 못함, 24-1D절)에서는 양성 초코일화를 만들게 하고 음성 초코일화를 풀지 못하는 위상 이성질화 효소(topoisomerase) I의 돌연변이체에서는 음성 초코일화를 유도하는 관찰을 통해 확인되었다. DNA가 전사될 때 발생되는 부적합한 초나선성은 전사를 멈추게 한다. 전사 기포 뒤의 음성 초나선성에 의해 생기는 DNA의 비틀림의 장력은 전사의 진행에 도움을 줄 수 있는 반면, 너무 많은 장력은 전사 기포의 개방과 유지를 방해한다.

주형 DNA 안에서 강화된 가닥은 RNAP의 진기한 특성을 가진다. 9~11개 nt의 RNA의 새로운 합성은 빈번하게 중합되었다[**미성숙 개시(abortive initiation)**라고 알려져 있다]. RNAP가 번역될 때 이것은 (DNA의 비주형 가닥에서의) 촉진제가 제자리를 지킨다. 그 결과 주형 가닥은 RNAP의 활성 부위를 잡아 형태를 지켰다. RNAP 안에서 수행되어야 하는 다음 단계에서 전사 거품의 크기가 커지기 때문에 이 과정을 **스크런칭(scrunching)**이라고 한다. 성공적인 개시를 위해 RNAP의 촉진제를 제거하면서 충분한 에너지를 제공하고 주형을 따라 계속 진행하였다. 미성숙 개시에서 RNAP은 촉진제를 제거하지 않았고 대신에 새로운 RNA 조각을 합성해 내면서 형태를 없앴기 때문에 전사 거품의 크기가 이완되었다. RNAP는 +1 위치에서부터 다시 개시된다.

RNA 중합 효소는 진행성을 가진다. 개방 복합체가 한번 형성되면 효소는 주형에서 떨어지지 않고 전사는 계속 진행한다. RNAP 자체가 DNA–RNA 복합체에 좀 느슨하지만 잘 결합하므로 활주 집게로서 기능을 하지만 진행성이 집게 모양의 구조에 의해 생기는 것은 아니다(예: 그림 25-16의 대장균 DNA 중합 효소 III의 β 집게). RNAP를 고정시키고 금속 구슬을 DNA에 부착한 실험에서, 중합 효소가 활주하기 전에 약 180번 회전(1회전당 10.5 bp라고 할 때 약 1900 bp에 해당)이 생기는 것을 볼 수 있다. 이러한 진행성은 유전자의 길이가 수천 개의 뉴클레오타이드(진핵생물에서는 수백만 개인 경우도 있음)로 구성된 경우에 매우 중요하다.

RNAP와 DNA 사이에서 다양한 지점에서의 접촉과 강한 결합은 DNA 복제 기구가 같은 DNA 사슬을 따라 진행하면서 전사를 방해하더라도 DNA 주형으로부터 완전히 떨어지지 않는지를 설명해 줄 수 있다(자료 26-1 참조).

자료 26-1 생화학의 전망

DNA 중합 효소와 RNA 중합 효소의 충돌

빠르게 증식하는 박테리아 세포에서 DNA 합성은 유전자가 전사되는 중에도 일어날 것이다. DNA 복제 기구는 원형의 염색체를 따라 전사 기구의 속도보다 몇 배 더 빨리 진행하기 때문에 DNA 중합 효소와 RNA 중합 효소 간의 충돌은 피할 수 없을 것이다. 두 효소 복합체가 충돌하게 되면 어떻게 될까? 알버츠(Bruce Alberts)는 생체 외 모형 시스템을 사용하여 두 효소가 같은 방향으로 움직일 때, 복제 분기점(replication fork)은 RNA 중합 효소를 떨어뜨리지 않고 RNA 사슬 신장을 계속할 수 있도록 두고 그냥 지나간다는 것을 관찰하였다.

그러나 복제 분기점이 전사 복합체의 앞쪽과 충돌하였을 때는 RNA 중합 효소를 지나 움직이기 전에 잠깐 동안 멈춘다. 놀랍게도 이는 RNA 중합 효소가 주형 가닥을 바꾸도록 만든다. 성장하는 RNA 사슬은 원래 주형 DNA 가닥으로부터 떨어져서 RNA의 성장이 재개되기 전에 같은 서열을 가진 새로 합성된 복제 DNA 사슬과 혼성된다.

정면 충돌은 몇 가지 이유 때문에 불리하다. (1) DNA 중합 효소가 멈추면 복제는 느려진다. (2) 한 주형 가닥에서 다른 가닥으로 옮기는 동안 RNA 중합 효소의 분리는 전사 과정을 중단하도록 만든다. 실제 많은 박테리아와 파지 유전체에서 가장 많이 전사되는 유전자들은 복제와 전사 복합체가 같은 방향으로 움직일 수 있는 방향으로 존재한다. 복제 원점이 많고 유전자의 크기가 원핵생물 유전자보다 훨씬 큰 진핵생물의 유전체에서도 유사한 배열로 되어 있는지는 더 많은 조사가 필요하다.

전사는 빠르다. 대장균에서 실제 전사율은 37°C에서 초당 20~50개 nt 정도이다(복제율에 비하면 몇 배 느림, 25-2C절). RNA 합성의 실수 빈도는 약염기 10^4개당 한 개 정도로서 DNA 합성에 비하면 10^4~10^6배 정도 높은 편이다. 그러나 이 정도의 빈도는 대부분 유전자들의 전사가 반복적으로 이루어지며, 유전 암호에는 많은 동의 정보가 있으며(27-1C절), 또한 단백질에서 아미노산 치환이 생겨도 기능에는 영향이 없는 경우가 있기 때문에 큰 문제가 되지 않는다.

RNAP 한 분자가 전사를 시작하여 촉진제로부터 이동하고 나면 또 다른 분자가 전사를 시작할 수 있다. rRNA와 같이 많은 양이 필요한 RNA 합성의 경우, 1초에 한 번씩 전사를 시작하기 때문에 전사되는 DNA 부분이 화살촉 모양으로 나타난다(그림 26-9). 단백질을 암호하는 mRNA들은 일반적으로 덜 빈번하게 합성되며, 만들어지는 폴리펩타이드의 양은 종류에 따라 매우 다양하다. 예를 들면 대장균 세포는 리보솜 단백질은 약 10,000개 정도 가지지만 조절 단백질의 경우는 몇 개밖에 안 가진다. 특히 '가사(housekeeping)' 기능을 하는 많은 효소들은 항시 합성되므로 이를 **구성 효소(constitutive enzyme)**라고 한다. 이와 달리, **유도 효소(inducible enzyme)**는 세포의 환경에 따라 합성률이 다르다. 넓은 의미에서 유전자 발현의 조절은 28-2절에서처럼 전사율을 관장하는 메커니즘에 의존한다. 전사 산물은 그들의 안정성에 있어서도 다양하다. rRNA는 mRNA에 비해 합성과 분해 속도가 훨씬 늦다(mRNA의 경우 3′ 말단이 합성되기도 전에 5′ 말단이 분해되기도 한다).

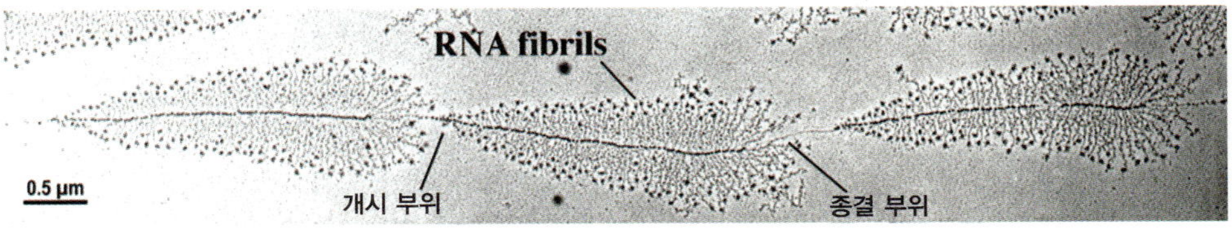

그림 26-9 전사 중인 3개의 인접한 리보솜 RNA 유전자의 전자 현미경 사진 RNA 중합 효소가 DNA의 개시 부위로부터 종결 부위 쪽으로 RNA를 합성하면서 움직일 때 만들어지고 있는 RNA 사슬의 길이가 증가하면서 '화살촉' 구조가 생긴다.

? RNA 전사의 5′ 말단과 3′ 말단을 밝히시오.

D 특정 부위에서의 전사 종결

그림 26-9의 전자 현미경 사진은 DNA에 전사가 종결되는 부위가 있다는 것을 보여준다. 대장균에 있는 많은 유전자들의 전사 종결 서열은 두 가지 공통적인 특징을 가진다(**그림 26-10**).

1. **1.** 일련의 4~10개의 연속적인 A·T 염기쌍(주형 가닥에 A가 있다)이 있으며, 이 서열에서 또는 바로 지나서 RNA 전사가 종결된다.
2. **2.** A·T 염기쌍에 바로 이어서 회문 구조가 만들어지는 G+C가 풍부한 지역이 있다.

위의 지역에서 RNA 전사체는 **고유 종결자(intrinsic terminator)**로 불리며 자체적으로 상보성을 이루면서 몇 개의 U로 끝나는 '머리핀(hairpin)' 구조를 형성한다.

이 종결자의 G+C가 풍부한 지역에서의 구조적 안정성과 주형 DNA와 폴리(U) 꼬리 사이의 약한 염기 간 결합은 사슬 종결이 적절하게 일어날 수 있도록 하는 데 중요한 역할을 한다. G+C가 풍부한 머리핀 구조의 형성은 RNAP로 하여금 종결 부위에서 몇 초 동안 머물도록 한다. 이는 아마도 RNAP의 형태 변화를 유도하게 되고, 결국 비주형 DNA 가닥이 주형 가닥으로부터 약하게 결합한 올리고(U) 꼬리를 젖힐 수 있도록 하여 전사가 끝나도록 하는 것으로 생각된다.

그렇지만 챔벌린(Michael Chamberlin)의 실험에서는 RNA 종결 머리핀과 U가 풍부한 3′ 꼬리가 그들의 상부와 하부 쪽에 연결된 지역 없이 독립적으로 작용하지 않는다고 밝혔다. 실제 U가 풍부 지역이 없는 종결자는 종결 부위의 하부 쪽에 적당한 서열과 연결해도 잘 작동될 수 있다. 또한 종결의 효율은 뉴클레오사이드 삼인산의 농도나 DNA 주형의 초코일화의 정도, 염 농도의 변화, 종결자의 서열 등에 따라 다양할 수 있다. 이 결과들은 **종결은 복잡한 다단계의 과정을 통해 이루어짐을** 의미한다.

종결에는 가끔 Rho 인자가 필요하다. 대장균의 종결 부위의 중간 지점은 고유한 종결과의 유사성이 없거나 강한 머리핀 구조를 형성하지 못한다. 이들은 **전사 종결을 위해 Rho 인자(*Rho factor*)라는 단백질을 필요로 한다.** Rho 인자는 419개 잔기로 구성된 소단위체 6개로 이루어진 육합체로, 자발적으로 종결하는 전사체의 경우는 종결 효율을 높여주며 비자발적으로 종결하는 전사체에서는 종결을 유도하는 역할을 한다.

몇 가지 중요한 관찰을 통해 Rho 의존성 종결의 모형이 만들어졌다.

1. **1.** Rho는 5′→3′ 방향으로 RNA 단일 가닥을 따라 이동하며 RNA–DNA, RNA–RNA 이중 나선을 푸는 나선 분해 효소(helicase)이다. 이 과정은 NTP를

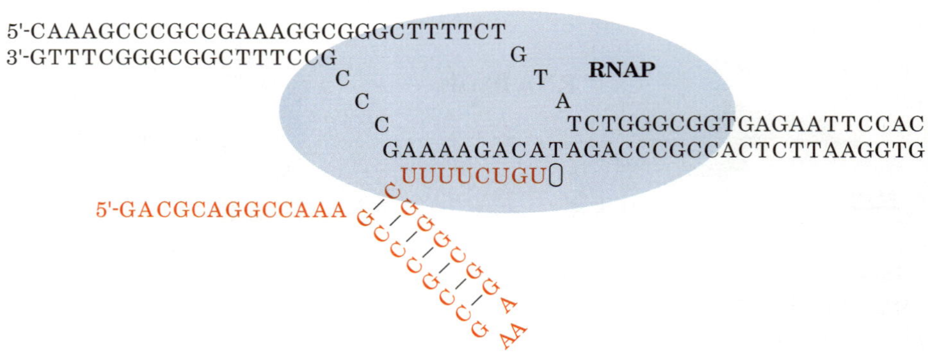

그림 26-10 대장균의 고유 종결자 이 전사는 자기 상보적인 G+C가 풍부한 한쪽과 함께 연이은 4~10개 서열의 머리핀 염기쌍 구조인 U로 주형의 A(검은색)와 염기쌍을 이룰 RNA(빨간색)를 낸다. 둥근 표시는 NTP의 결합 자리를 보여 준다[After a drawing by Joo-내데 Park and Jeffrey Roberts, Cornell University].

NDP + P_i를 염기의 정체성에 상관없이 가수 분해하여 작동된다.

2. 유전자 조작은 새롭게 전사된 RNA의 위쪽에 있는 특정 인식 서열을 필요로 하는 Rho 의존성 종결임을 보여 준다. 인식 서열은 발생기의 DNA보다 RNA에 있어야 한다. 이는 췌장의 RNase의 존재에서 Rho의 종결 전사가 불가능한 것을 보고 증명되었다. 이 종결 위치의 중요한 특징은 완전하게 설명되지 못하고 있다. 합성한 종결 위치의 구성은 안정한 이차 구조가 부족하고 C가 풍부하고 G가 부족한 많은 부분을 포함한 80~100개의 뉴클레오타이드로 구성된다는 것을 나타낸다.

이러한 관찰은 Rho 인자가 RNA에 있는 인식 서열에 결합하여 5′→ 3′ 방향으로 움직이다가 종결 부위에 멈춰 있던 RNAP와 만난다는 것을 의미한다(멈춤 없이, Rho는 RNAP를 따라잡지 못한다.). 로버츠(Jeffrey Roberts)가 보여 준 대로 그곳에서 Rho는 전사 기포에서 RNA–DNA 혼성 이중 나선을 풀고 RNAP를 밀어내므로 RNA가 방출된다. Rho에 의해 종결된 전사체는 50개 nt 정도까지 다양한 길이의 3′ 말단을 가진다. 이는 Rho가 특정 지점에서 RNA를 방출하기보다는 점차적으로 주형 DNA로부터 RNA를 방출시킨다는 것을 말해 준다.

각 Rho 소단위체는 두 개의 영역으로 구성되어 있다. N 말단 영역은 단일 가닥의 폴리뉴클레오타이드에 결합하고, F_1-ATPase(18-3B절)의 α와 β 단위체와 유사한 C 말단 영역은 NTP와 결합한다. 버거(James Berger)가 ATP 유사체와 8 nt RNA(**그림 26-11*a***)를 포함한 복합체에서의 Rho의 X선 구조를 밝혔는데, F_1-ATPase처럼 육

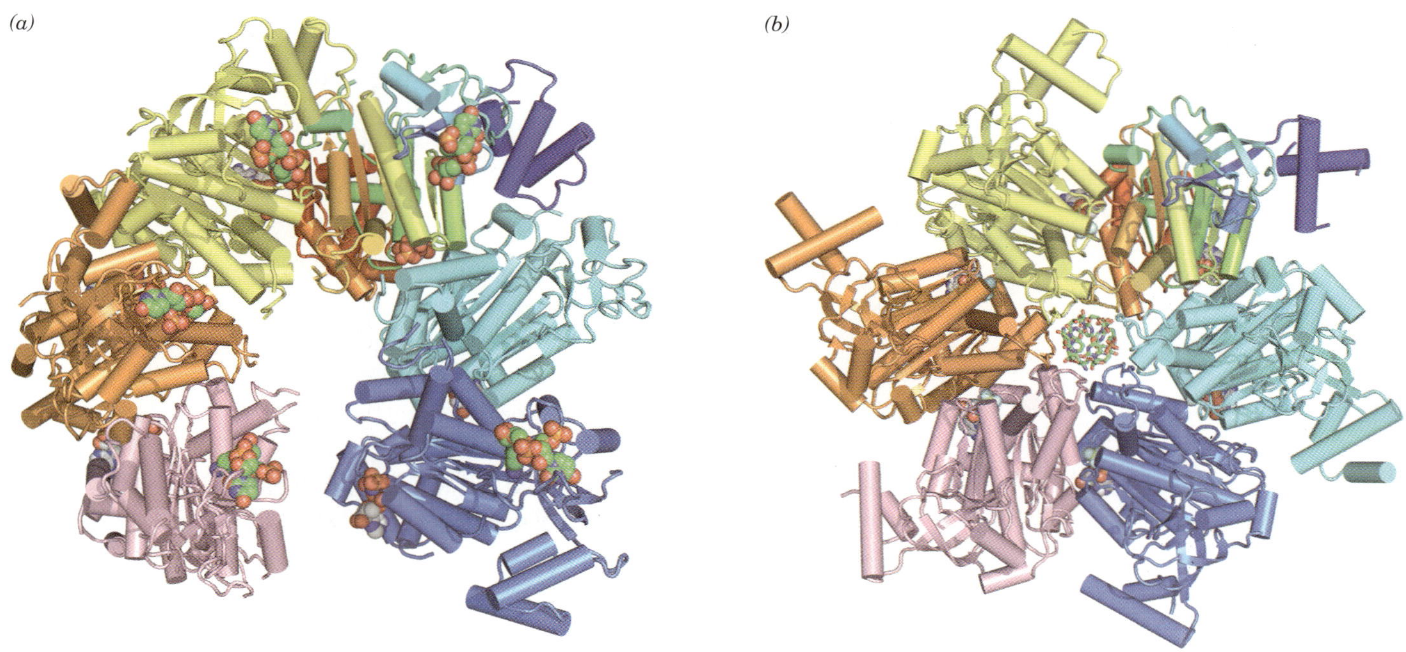

그림 26-11 **Rho 인자의 X선 구조** (*a*) r(UC)$_4$(눈에 보이는 하나의 UC)와 AMPPNP 복합체의 Rho. 6개의 소단위체 단백질은 다른 색을 가진 튜브와 화살표로 N 말단(파란색)부터 C 말단(빨간색)이 그려졌다. UC 단위체와 AMPPNP는 UC C 초록색, AMPPNP C 회색, N 파란색, O 빨간색, P 주황색으로 표시해 공간 채움 형태로 나타내고 있다. 육합체는 와셔(washer) 같은 모양으로 분홍색 소단위체보다는 잘 보이도록 45 Å의 파란색 소단위체와 함께 잠겨 있다. (*b*) rU$_{12}$(눈에 보이는 6개 nt)와 ADP–BeF$_3$. 단백질은 (*a*)에서와 같게 그려져 있다. RNA와 ADP · BeF$_3$는 각각 막대 형태와 공간 채움 형태로 나타내고 있고, RNA C 초록색, ADP C 회색, N 파란색, O 빨간색, P 주황색, Be 연두색, F 하늘색으로 그려져 있다. Rho 소단위체 각각은 다른 형태를 가졌음을 확인할 수 있다. [Based on X-ray structures by James Berger, University of California at Berkeley, PDBid 1PVO and 3ICE.]

? 그림 18–22*b*에 나타낸 F1–ATase 및 그림 25-13의 DnaB의 구조와 *b*의 구조를 비교하라.

합체의 닫힌 고리 모양을 가졌다. Rho는 약 중앙에 지름이 30 Å인 구멍을 가지며 전체적으로 지름이 120 Å인 자물쇠 세척기 모양의 나선을 형성한다. 첫 번째와 여섯 번째 단위체는 12 Å 정도 떨어져 있고 나선 축을 따라 45 Å 만큼 높게 위치한다. RNA는 나선의 안쪽을 따라 N 말단 영역에 있는 소위 일차 RNA 결합 부위와 mRNA의 이동과 풀림에 연관된 C 말단 영역에 있는 2차 RNA 결합 부위에 결합한다. X선 구조는 아마 톱니를 통해 중심의 구멍에 들어간 mRNA와 결합이 이루어진 개방 상태를 나타내는 것이다.

복합체 안 Rho의 rU_{12}와 ATP mimic ADP · BeF_3(**그림 26-11*b***) X선 구조에서 단백질의 6개 소단위체는 각각 다른 닫힌 고리 구조를 가진다. RNA와 상호작용하는 중심 채널의 벽에서 확대된 단백질 고리는 DnaB의 중심 고리가 ssDNA의 중앙에 결합하는 것처럼 RNA의 당인산 골격 구조를 따라 중심 고리가 오른손 나선 계단의 단계처럼 나선형으로 자리 잡는다(그림 25-14). Rho의 6개 소단위체의 다른 구조는 이것들이 서열상 6개의 NTP로부터 F_1-ATPase의 구조에서 관찰되는 것처럼 구조적인 변화를 통해 NTP의 가수 분해를 성공적으로 수행하게 된다는 것을 나타낸다(18-3B절). 이러한 구조적인 변화들은 그림 26-11*b*에서 보이는 것처럼 계단식 구조의 가장 높은 곳에 있는 고리에서부터 5′으로부터 3′ 방향으로 계단의 아래쪽으로 물결치는 방식(점핑; jumping)으로 6개의 단위체가 연결되어 상호작용을 통해 활성을 나타내게 된다. 이러한 각각의 고리들이 이러한 점핑을 통해 같은 뉴클레오타이드 위에 붙잡혀 있는 형태를 유지하면서부터 그림 26-11*b*에서 보이는 것처럼 모든 NTP가 가수 분해되기 위해서 RNA를 따라 하나의 뉴클레오타이드에 의해서 6개의 단위체가 서로 아래로 당기고 있는 것처럼 보인다. Rho의 이송 기작은 나선 구조의 DnaB에 의한 기작과는 다르며 전체 단위체는 각 NTP의 가수 분해를 위해 두 개의 뉴클레오타이드에 의해 결합된 ssDNA를 따라 이송되는 DNA−접촉 고리와도 다르다(25-2B절).

체크 포인트

- DNA 중합 효소(DNAP)와 RNA 중합 효소(RNAP)의 구조, 기질, 결과물, 메커니즘, 오차율, 주형 특이도 등을 비교하시오.
- 왜 '유전자'를 정확히 정의하기가 힘들까?
- 원핵생물에 있어서 RNAP 핵심 효소와 완전 효소의 서로 다른 DNA 결합 친화도 차이에 대한 중요한 점은 무엇인가?
- 전사 거품이 일정한 크기로 유지되는 것이 왜 중요한가?
- 한 개의 유전자의 대사 결과물인 RNA 또는 단백질의 수가 빠른 시간 안에 생성될 수 있는 이유를 설명하시오.
- 전사 과정이 Rho 인자의 유무에 따라 어떻게 다른지 설명하시오.

2 진핵생물에서의 전사

주요 개념

- 진핵생물은 DNA를 이용한 RNA 합성에서 세 가지 RNA 중합 효소를 사용한다.
- 세 가지 RNA 중합 효소는 다르고, 때때로 다양한 촉진제 서열을 알아낸다.
- 일반적인 전사 요인은 진핵생물 안에서의 초기 전사로부터 얻는다.

전사의 기본적 내용은 원핵생물과 진핵생물에서 서로 유사하지만 **진핵생물의 전사는 많은 RNAP들을 가지고 상대적으로 복잡한 조절 서열들을 가진다는 점에서 구별된다.** 더구나 진핵생물의 전사 기구는 원핵생물에 비해 훨씬 더 복합적이다. 여기에는 100개 이상의 폴리펩타이드가 조합되어 수백만 달톤의 분자량을 가지는 조합체를 형성하며 이들이 조절 부위를 인식하고 전사를 개시한다.

A 진핵생물은 몇몇의 RNA 중합 효소를 가진다

진핵생물의 핵에는 세 종류의 구별된 RNA 중합 효소가 있으며 이들은 각기 다른 RNA를 합성한다.

1. **RNA 중합 효소 I(RNAP I)** **핵인(nucleoli**, 그림 1-8)에 존재하며 대부분의 rRNA의 전구 물질을 합성한다.

2. **RNA 중합 효소 II(RNAP II)**는 핵질에 있으며 mRNA 전구 물질을 합성한다.
3. **RNA 중합 효소 III(RNAP III)**는 핵질에 있으며 5S rRNA, tRNA 그리고 핵과 세포질의 작은 RNA의 전구 물질을 합성한다.

이상의 핵내 효소들 외에도 진핵생물의 세포는 미토콘드리아와 엽록체(식물)의 RNAP를 포함한다. 모든 세포에 있는 RNAP의 주요 기능 때문에 이들은 항생제들과 다른 약제에 대한 매력적인 목표물이 되고 있다(자료 26-2).

진핵생물의 RNAP는 원핵생물의 것보다 훨씬 더 복잡한 단위체들로 이루어져 있어 그 크기도 600 kD에까지 이른다. 효소의 각 형태는 원핵생물의 β 소단위체와 β′ 소단위체와 유사한 두 개의 비상동적인 큰 단위체(>120 kD)들을 포함하며 그 외에도 13개 이상의 '작은'(<50 kD) 단위체들과 배열하고, 이들 중 2개는 원핵생물의 α 단위체와 유사성을 가지고 또 다른 하나는 ω 단위체와 유사성을 가진다. ω 유사체를 포함한 5개의 작은 단위체들은 3개의 진핵생물의 효소에서 동일하며, α 유사체는 RNAP I와 III에서 동일하다. 게다가 단위체의 서열은 효모부터 사람까지 종에 상관없이 보호된다(~50%). 사람 RNAP II 단위체는 세포 생존율에 대한 손실 없이 효모에서 상대를 대신한다.

콘버그(Roger Komberg)는 효모 RNAP II의 X선 구조를 밝혔다(그림 26-12). 예상대로 이 효소는 전반적인 모양이 게의 집게 형태인 점과 그들의 상동적인 단위체들의 핵심 부위의 위치와 구조 등에 있어서 Tth 및 Taq RNAP(그림 26-2, 26-3)와 닮았다. RNAP II는 5개의 잘 보존된 산성 잔기 근처에 있는 활성 부위에서 두 개의 Mg^{2+} 이온과 결합하는데, 이는 RNAP가 DNA 중합 효소처럼 두 개의 금속 이온을 이용한 메커니즘을 통해 RNA 성장을 촉매한다는 것을 보여 준다(25-2A절). 박테리아 RNAP를 보면 Taq RNAP와 같이 RNAP II의 표면은 양전하를 띠는 DNA 결합 틈 부위와 활성 부위를 제외하고는 전체적으로 음전하를 띠고 있다.

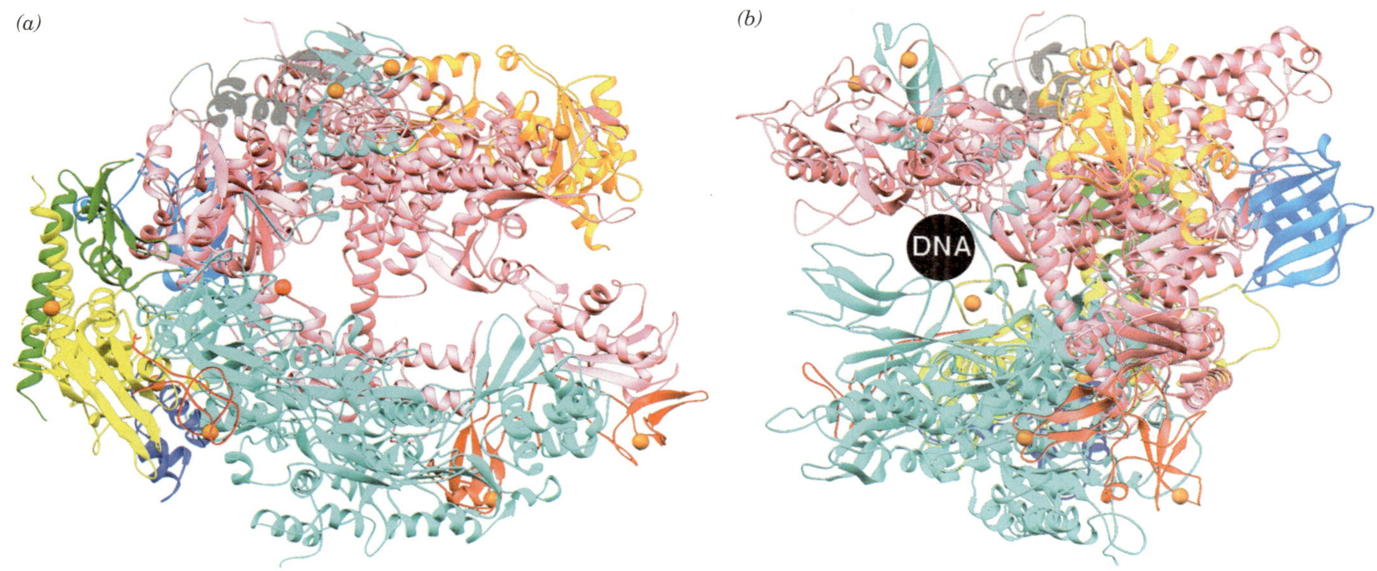

그림 26-12 효모 RNA 중합 효소 II의 X선 구조 *(a)* 효소는 그림 26-2와 Tth RNAP와 유사한 방향성을 보인다. 소단위체들은 다른 색으로 나타내었으며, Tth RNA 중합 효소의 소단위체와 동일한 것들은 그와 같은 색으로 표시하였다. 활성 부위의 Mg^{2+} 이온의 위치는 빨간색 구로, 8개의 Zn^{2+} 이온은 주황색 구로 표시하였다. 두 개의 덜 중요한 소단위체들과 β′ 유사체의 C 말단은 이 구조에서 볼 수 없다. *(b)* 효소를 *(a)* 그림의 오른쪽에서 본 구조로서 DNA 결합 틈을 볼 수 있다. 원은 B-DNA의 지름에 해당한다. [Based on an X-ray structure by Roger Kornberg, Stanford University. PDBid 1I50.]

자료 26-2 건강과 질병의 생화학

역전사 효소

광범위하게 다양한 화합물들이 원핵생물과 진핵생물의 전사를 저해한다. 그러므로 이 물질들은 민감한 생물체에게 유독하다. 즉 이들은 항생제로서 기능을 한다. 이런 화합물들은 그들의 기능이 잘 규명된 점에서 전사 과정을 저지하기 때문에 유용한 연구 도구가 된다.

두 가지 관련된 항생제가 있는데, 그중 하나는 *Streptomyces mediterranei*에서 만들어지는 **리파마이신 B**(rifamycin B)이며, 다른 하나는 리파마이신 B의 반합성적 유도체로서 원핵생물의 RNA 중합 효소에 의한, 전사만 특이적으로 저해하는 **리팜피신**(rifampicin)이다.

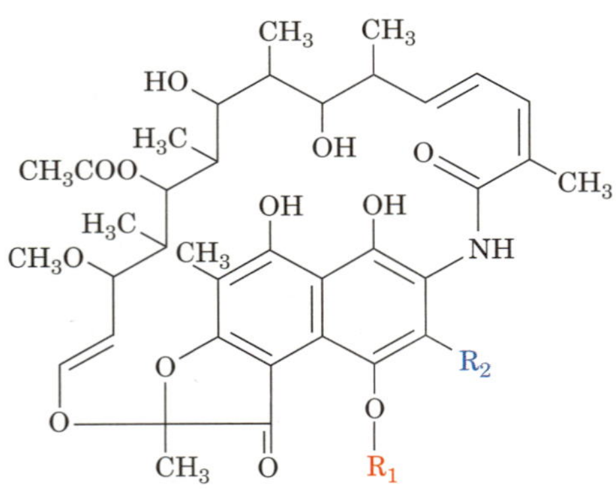

Rifamycin B $R_1 = CH_2COO^-$; $R_2 = H$

Rifampicin $R_1 = H$; $R_2 = CH{=}N{-}N\ \ N{-}CH_3$ (piperazine ring)

리팜피신은 선택성과 높은 효능(2×10^{-8} M은 박테리아 RNA 중합 효소의 절반을 저해한다)으로 인해 의학적으로 유용한 살균제로 사용된다. 리팜피신은 RNA 중합 효소가 촉진제에 결합하는 것과 첫 포스포다이에스터(phosphodiester) 결합의 형성 등을 저해하는 것이 아니라 사슬의 성장을 막는다. 불활성화된 RNA 중합 효소는 촉진제에 남아 있어 저해받지 않은 효소가 개시를 하는 것을 가로막는다. RNA 사슬 개시가 한번 일어나면 리팜피신은 다음의 성장 과정에는 영향을 주지 않는다. 그래서 리팜피신은 전사의 개시와 성장에 대해 분석하고자 하는 실험실에서 사용될 수 있다.

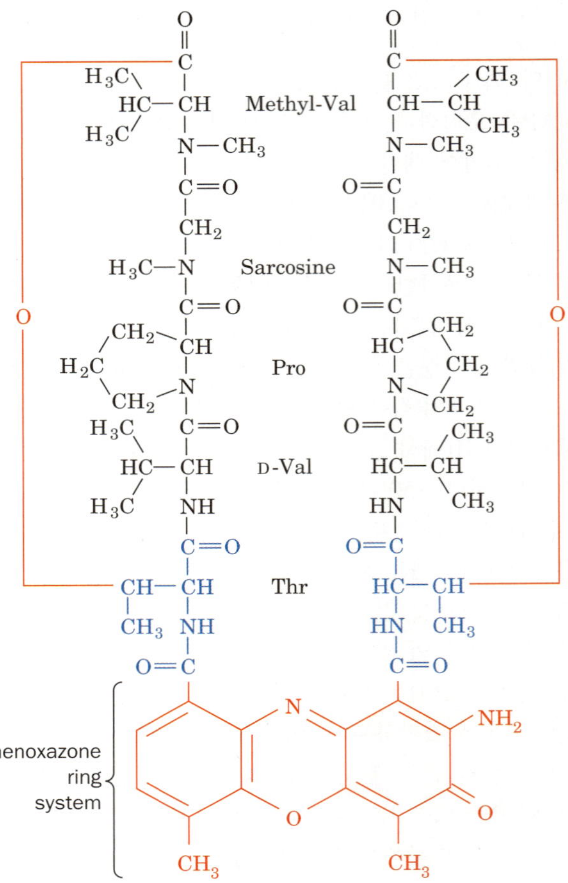

Actinomycin D

*Streptomyces antibioticus*에서 만들어지는 항암제인 **악티노마이신 D**(actinomycin D)는 이중 나선 DNA에 강하게 결합하여 RNA 중합 효소와 DNA 중합 효소가 통과하는 것을 방해함으로써 전사와 DNA 복제를 저해한다. 8 bp DNA와 복합체를 이룬 악티노마이신 D의 NMR 구조는 빈 공간을 채운 형태(C는 초록색, H는 흰색, N은 파랑색, O는 빨간색)로 나타내었고, 막대 모양의 DNA 구조(C는 하늘색, H는 흰색, N은 파랑색, P는 원자와 연결된 오렌지색)로 나타내었다. 악티노마이신의 페

RNAP II의 **Rpb1** 소단위체(그림 26-12의 분홍색 부분)는 원핵생물 RNAP의 β′ 단위체와 상동체이며, 특별한 C 말단 영역(C-terminal domain, **CTD**)을 가진다. 포유동물의 CTD는 일치 서열인 Pro-Tyr-Ser-Pro-Ser-Tyr-Ser를 포함한 52개의 잘 보존된 반복 서열을 가지고 있다(효모는 27개의 반복 서열을 가지며 다른 진핵생물들은 중간 정도로 가짐). 이 하이드록실기가 많은 단백질 부분에 있는 50개 정도의 Ser 잔기는 **CTD 카이네이스(CTD kinase)**와 **CTD 인산 가수 분해 효소(CTD phosphatase)**를 통해 가역적 인산화를 거친다. RNAP II는 CTD가 인산화되지 않았을 때만 전사를 개시하지만 성장은 CTD가 인산화된 후에만 시작한다. 가까이에 있는 인산기들 사이의 전하 간 반발은 고도로 인산화된 CTD를 중합 효소의 구형 부

녹사존 고리계는 DNA의 염기쌍 사이에 끼어들어 가서 DNA 나선을 23° 풀어서 인접한 염기쌍과 약 7.0 Å로 떨어지게 한다. 악티노마이신의 화학적으로 동일한 고리형 **뎁시펩타이드**(**depsipeptide**, 뎁시펩타이드는 펩타이드 결합과 에스터 연결을 가짐)는 DNA의 작은 고랑을 따라 삽입 부위에서 반대 방향으로 내밀어져 있다. 에티듐(ethidium)과 프로플라빈(proflavin) 같은 다른 삽입제(24-3B절)들도 비슷한 방법으로 핵산의 합성을 저해한다.

유럽에서 발생하는 치명적인 버섯 독의 대부분을 차지하는 독버섯인 애매니타 팔로이드(*Amanita phaloide*)는 일종의 두고리(bicyclic) 팔합체인 아마톡신(amatoxin)을 포함한 여러 종류의 독성 물질을 가지고 있다. 대표적인 **아마톡신**인 α-아마니

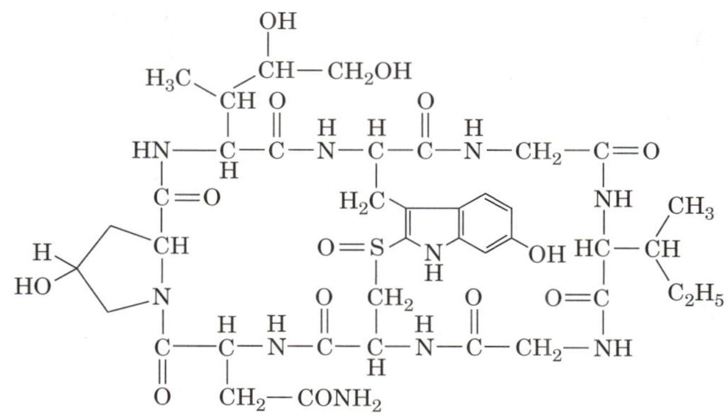

α-Amanitin

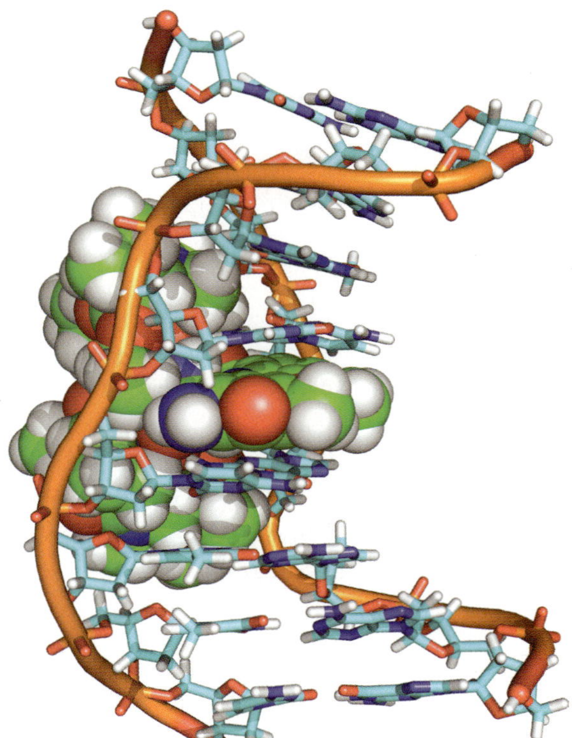

틴(α-amanitin)은 RNAP II와 강한 1:1 복합체($K=10^{-8}$M)를 형성하며 RNAP III와는 그들의 성장 단계를 차단하기 위하여 느슨한 복합체를 만든다. 아마니틴과 복합체를 형성한 RNAP II의 X선 구조를 통해 α-아마니틴은 단백질의 다리 나선(그림 26-13*b*) 아래의 깔때기에서 결합을 하고, 다리 나선의 잔기들과 Rpb1에 가까운 부분과 전적으로 상호작용을 한다는 것이 밝혀졌다. α-아마니틴 결합 부위가 효소의 활성 부위와 너무 떨어져 있어서 NTP 유입이나 RNA 합성을 직접적으로 방해할 수는 없다는 사실은 α-아마니틴이 NTP에 대한 RNAP II의 친화력에 영향을 주지 않는다는 관찰과 일치한다. 대부분의 α-아마니틴 결합은 아마도 RNAP의 이동 단계(26-2A절)를 유도하기 위하여 필요한 다리 나선의 형태 변화를 방해할 것이다. RNAP I뿐만 아니라 미토콘드리아, 엽록체, 원핵생물의 RNA 중합 효소는 α-아마니틴의 영향을 받지 않는다.

아마톡신의 높은 독성(신선한 버섯 약 40 g에 포함된 5~6 mg 정도는 성인 한 사람을 죽일 수 있는 양이다)에도 불구하고 이들의 작용 속도는 느리다. 대개 간 기능 손상으로 인한 버섯을 섭취한 지 며칠 이내에 죽는다. 이것은 진핵생물의 mRNA와 단백질들의 느린 전환율을 반영하고 있다.

[Structure of actinomycin D-DNA complex based on an X-ray structure by Fusao Takusagawa, University of Kansas. PDBid 172D.]

분으로부터 약 500 Å 멀리 떨어지게 할 것으로 여겨진다. 이처럼 인산화된 CTD는 전사에 필수적인 많은 단백질 인자들에 대한 결합 부위를 제공해 준다.

RNA 중합 효소의 구조는 그 기능을 설명한다. 콘버그는 RNAP II의 활동 중의 스냅 사진을 만들기 위해 효소를 한쪽 가닥(주형 가닥)에 3′ 단일 가닥 꼬리를 가지는 이중 가닥 DNA와 UTP를 제외한 NTP를 함께 넣어 반응시켰다. 결과적으로 중합 효소는 주형의 첫 A에서 멈추기 전에 짧은 길이(14 nt)의 RNA 가닥을 합성하였다(이 복합체의 결정을 UTP에 담갔을 때 전사가 다시 시작되는 것을 보아 복합체가 활성을 갖는다는 것을 보여 준다). 정지한 RNAP II의 X선 구조와 모형도는 **그림 26-13**에 나타내었다.

(a)

(b)

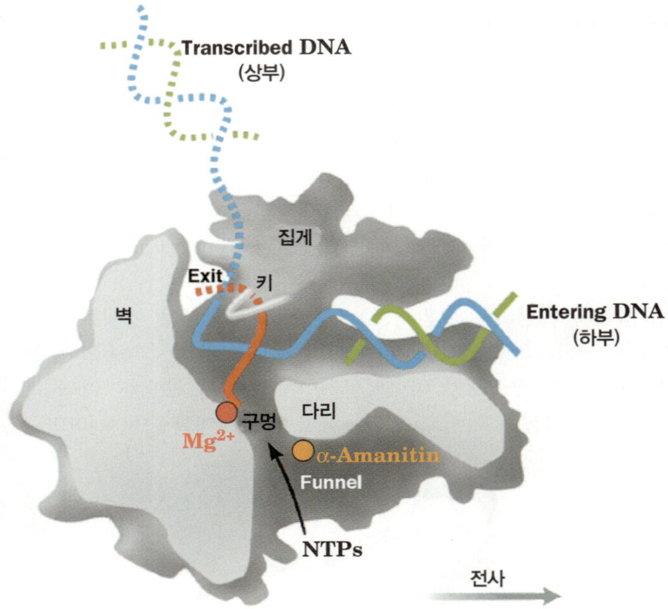

그림 26-13 RNA 중합 효소 II의 성장 복합체 (*a*) 그림 25-11*a*(틈의 가까운 면을 형성하는 Rpb2의 부분은 결합된 RNA-DNA 복합체를 나타내기 위해 제거시켰음)를 밑에서 보았을 때 복합체의 X선 구조. 단백질은 골격으로 나타내었고 DNA 이중 나선의 하부 쪽으로 닫혀 있는 집게는 노란색으로, 다리 나선은 녹색으로, 단백질의 나머지 부분은 회색으로 표시하였다. 주형 DNA 가닥(청록색)과 비주형 가닥(녹색), 새로 합성된 RNA 가닥(빨간색)을 질서정연한 부분은 사다리 모양으로 그리고, 덜한 부분은 골격 형태로 그려 나타내었다. 활성 부위의 Mg^{2+} 이온은 자홍색 구로 표시하였다. (*b*) (a) 그림의 전사 중인 복합체의 단면도이며, 단백질의 절단면은 연회색으로, 나머지 표면은 진회색. 몇 가지 기능적으로 중요한 구조 특징들을 표시하였다. DNA와 RNA, 활성 부위의 Mg^{2+} 이온은 (*a*)와 같은 색으로 나타내었고, X선 구조에서 보이지 않는 분자들은 점선으로 표시하였다. α-아마니틴(주황색 구)은 자료 26-2에서 논의할 것이다.[Modified from diagrams by Roger Komberg, Stanford University. PDBid 116H.]

RNAP-DNA-RNA 복합체에서 '집게'라고 하는 **Rpb2** 소단위체(β 동족체, 그림 26-12의 녹색 부분)의 큰 부분(~50 kD)은 DNA를 아래쪽으로 휘감아서 DNA를 틈 안에 들어 있게 하는 효소의 중요한 작용을 책임지는 부분이다.

DNA는 활성 부위(Rpb1에 있음)에 들어가기 전에 3개의 뉴클레오타이드가 풀린다. 그러나 이 지점을 지나면 Rpb2의 한 부분인 '벽(wall)'이 주형 가닥을 틈 밖으로 90° 정도 돌아서 나오게 한다. 그 결과 활성 부위의 주형 염기는 중합 효소에 의해 읽힐 수 있도록 활성 부위의 바닥 쪽으로 $(i+1)$ 만큼 들려져 있게 된다. 이 염기는 RNA의 3′ 말단의 리보뉴클레오타이드와 쌍을 이루게 되며, 이는 NTP가 유입되는 단백질의 '깔때기' 끝에 있는 지름 12 Å의 '구멍' 위(두 번째 채널이라고도 불림)가 된다.

혼성 나선 모양은 A-와 B-DNA 모양의 중간 형태이며 RNA-DNA 혼성 나선의 X선 구조와 비교하면 덜 감긴 편이다(그림 24-4). RNA와 DNA를 수반하는 단백질들은 거의 모두 당-인산 골격과 접촉하고 염기의 모서리와 접촉하지 않는다. 효소가 유입되는 리보스 당과 RNA-DNA 혼성 나선 모두를 인식하기 때문에 효소는 데옥시리보 뉴클레오타이드보다는 리보뉴클레오타이드에 더 특이성을 보인다. 혼성 나선이 한 번 회전한 후에 '키(rudder)'라는 집게에서 돌출된 고리가 RNA와 주형 DNA 가닥을 분리시켜서 DNA가 효소로부터 빠져나갈 때 다시 이중 나선을 형성하도록 해 준다(하지만 쌍을 이루지 못한 비주형 가닥의 5′ 꼬리와 주형 가닥의 3′ 꼬리가 X선 구조에서 엉망이 된다).

RNAP는 각 촉매 주기의 마지막에 결합된 DNA-RNA 조합체를 어떻게 전위시킬까? '다리(bridge, 이것이 두 집게발 모양의 효소들의 틈을 연결하기 때문)'라는 Rpb1의 잘 보존된 나선형 부분이 $i+1$ 위치에서 주형 DNA 염기와 비특이적으로 접촉한다. 다리는 RNAP II의 X선 구조에서는 곧은 모양(그림 26-12*a*와 26-13*a*)이지만 박테리아 RNAP의 X선 구조에서는 꺾여 있다(그림 26-2). 만약 다리 나선이 두 형태로의 전환이 가능하려면 3~4 Å 정도를 움직여야 한다. 그래서 콘버그는 뉴클레오타이드 쌍을 $i+1$ 위치에서 $i-1$ 위치로 밀기 위한 다리 나선의 꺾임에 의해 전위가 일어난다고 추측하였다. 다리 나선이 곧은 형태로 복구되면 $i+1$ 위치는 다음 NTP가 유입될 수 있게 비게 되어 효소가 새로운 뉴클레오타이드를 첨가할 수 있게 된다. 이 과정의 반대는 아마 다음 NTP의 결합에 의해 막혔을 것이다. 그리고 이런 이유로 이 메커니즘을 **브라운 래칫(Brownian ratchet)**이라고 한다[무작위적으로 열적 불안정성(브라운)을 반대 동작으로 저해하여 일관적인 진행 동작으로 전환되기도 한다].

RNAP II는 두 가지 과정을 통해 그들의 기질 리보뉴클레오타이드를 선택하였다. NTP가 염기 선택성 없이 처음 결합한 것을 E(*entry*) 자리라고 부른다(**그림 26-14**). NTP가 중심으로 들어가는 A(*addition*) 자리는 $i+1$ 위치에서 주형 염기와 왓슨-크릭 염기쌍의 형태로 NTP만 받아들인다. 이 과정을 통해 A 자리 안의 NTP 염기쌍은 NTP와 RNAP의 서로 다른 부분을 모두 포함하는 아주 넓은 망처럼 생긴 수소 결합의 '유발 고리(trigger loop)'라고 불리는 RNAP에 영향을 주었다.(dNTP와는 확실히 구별된다.)

RNAP는 그들의 오류를 수정할 수 있다. RNAP는 손상된 주형 가닥을 따라 읽어 나갈 수 없고 결과적으로 손상된 장소에서 멈춘다. 더욱이 데옥시리보핵산 또는 잘못 짝지어진 리보 핵산은 그릇되게 RNA에 포함되고 DNA-RNA 혼합 나선은 왜곡된다. 이것은 또한 RNAP를 멈추게 한다. 그럼 어떻게 손상되거나 잘못 짝지어진 장소에

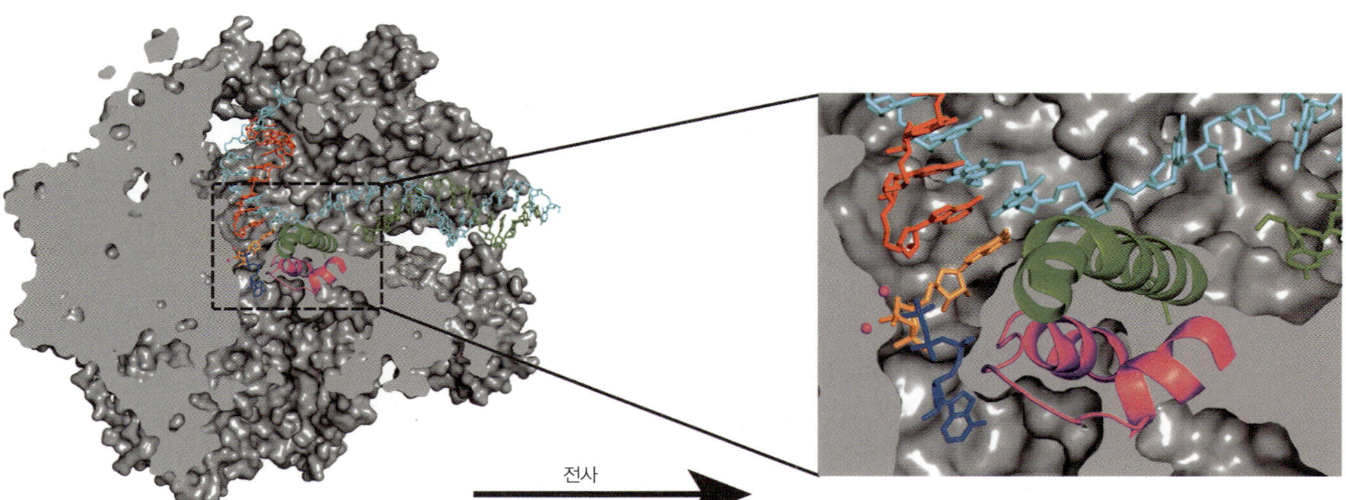

그림 26-14 **RNA 중합 효소 II의 A와 E 자리와 유발 고리** 그림 26-13에서와 같은 전사된 복합체의 투명도. 주형 DNA는 청록색, 비주형 DNA는 초록색, 새로이 전사된 RNA는 빨간색, A 자리에서 GTP는 주황색, E자리에서 ATP는 파란색이다. trigger loop는 자주색, 나선 다리는 초록색, 활성 자리의 두 Mg^{2+} 이온은 자주색 구로 표현되었다. RNAP II의 표면은 회색이다. [Courtesy of Dong Wang and Roger Kornberg, Stanford University. PDBid 2E2H.]

서 RNAP가 쌓이는 것을 피할 수 있을까? 이것이 중요한 유전자에서 일어난다면 치명적일까?

RNAP는 주형 DNA를 따라 단순하게 앞으로 나아가지 않는다. 대신에 RNA의 $i-1$ 위치에 있는 끝에서 두 번째 뉴클레오타이드로 종종 다시 돌아가고 $i+1$과 3′-뉴클레오타이드 위치로 돌아간다. 이제 $i+2$ 위치에 있게 되는데 소위 P 교정(*P*roofreading)에 대한 위치에 결합하는 2차 통로로 들어간다. 만약 RNA의 전진하는 움직임이 주형에 피해를 주거나 잘못 짝지어지는 것에 의해 지연되면 더 뒤로 돌아가 몇몇 더 많은 리보핵산들이 이차 통로로 들어오게 된다. 한 개나 몇 개의 리보핵산의 역추적은 가역적이다. 마찬가지로 RNA는 가수 분해적으로 활성 자리에서 절단되기 때문에 전사가 저지된다. *E. coli*에서는 동일한 단백질인 **GreA**, **GreB**의 도움이 필요하다. 반면에 RNAP II는 **TFIIS** 단백질과 연관 없이 이런 작용을 수행한다. 이 단백질들은 RNAP 활성 장소를 유도하여 리보핵산 $i+1$과 $i-1$ 위치 사이에 이인산에스터 결합을 가수 분해한다(반응은 중합 효소 반응의 반대가 아니다. 왜냐하면 이것은 가파이로인산 분해이기 때문이다). 이러한 방법으로 RNAP는 오류를 수정하고 RNA 합성을 다시 시작할 수 있게 된다. RNAP I과 RNAP III도 효과적으로 오류를 수정한다.

B 각각의 중합 효소는 다른 촉진제를 인식한다

진핵생물에서 RNAP는 분리 가능한 σ 인자를 가지지 않는다. 대신 많은 부수적인 단백질들이 촉진제를 인식하고 RNAP가 전사 개시 부위로 모이도록 한다(26-2C절에 자세히 설명되어 있다). 예상한 대로 진핵생물의 촉진제들은 원핵생물의 촉진제에 비해 훨씬 더 복잡하고 다양하다. 또한 진핵생물의 세 가지 RNAP는 서로 다른 형태의 촉진제를 인식한다.

포유동물의 RNA 중합 효소 I은 두 부분으로 된 촉진제를 가진다. 원핵생물과 진핵생물의 유전체는 rRNA가 많이 필요한 관계로 이 유전자를 많은 수로 가진다(대장균에서 rRNA의 양은 전체 RNA의 80%를 차지함). 한 진핵생물 세포에 있는 많은 rRNA 유전자들은 거의 같은 서열을 가지기 때문에 RNAP I은 그중 한 촉진제만 인식한다. RNAP I 촉진제는 RNAP II와 RNAP III 촉진제와 달리, 종 특이성을 가진다. 즉 RNAP I는 단지 그 자신의 촉진제와 매우 가까운 종들의 촉진제만을 인식한다.

RNAP I 촉진제는 전사 개시 부위와 그 상부나 하부 사이의 거리를 다르게 한 실험에서 rRNA 유전자의 전사율이 어떻게 달라지는지를 살펴봄으로써 확인되었다. 이 연구를 통해 포유동물의 RNAP I는 소위 **핵심 촉진제 요소**(**core promoter element**)가 필요하다는 것을 보여 주며, 이는 −31∼+6 위치에 있기 때문에 전사되는 지역과 중첩된다. 그러나 효율적인 전사에는 **상부 촉진제 요소**(**upstream promoter element**)가 필요하며, 이는 −187∼−107 사이에 위치한다. 이 요소들은 G+C가 풍부하고 약 85%가 동일하며, 특정 전사 인자들이 결합함으로써 RNAP I를 전사 개시 부위로 모이게 한다.

RNA 중합 효소 II 촉진제는 복잡하고 다양하다. RNAP II가 인식하는 촉진제들은 원핵생물 유전자의 것보다 훨씬 길고 더 다양하다. 모든 조직에서 발현되는 구조 유전자들은(기존에 존재하는 유전자) 그들의 전사 개시 부위로부터 상부 쪽에 GC가 많은 서열을 가진다. **이 CpG 섬(자료 25-4) 원핵생물의 촉진제들과 비슷한 기능을 가진다.** 이와 달리, 특정 세포형에서만 선택적으로 발현되는 구조 유전자는 GC 풍부 서열을 가지지 않는다. 대신 이들은 **전사 개시 부위를 가진 40~50 nt의 핵심 촉진제가 들어 있다.** 특정 유전자의 핵심 촉진제 내에서 하나 이상의 전사 개시가 지시되는 요소들이 보존된다.

소위 **TATA 상자(TATA box)**는 전사 개시 부위로부터 상부 쪽으로 25~31 bp 떨어진 위치에 AT 풍부 서열을 가지고 있다. TATA 상자(공통 서열 TATA$^{A}_{T}$A$^{A}_{T}$)는 비록 전사 개시 부위로부터의 위치는 다르지만(−27 대 −10) 원핵생물 촉진제의 −10지역(TATAAT)과 닮았다. 두세 가지 정도의 단백질로 암호화된 유전자는 TATA 상자가 없다. 그러나 거의 절반은 개시(+1) 뉴클레오타이드를 포함하는 7 nt의 **Inr**(개시자: **initiator**) **요소**를 보호한다. 공통 서열과 몇몇 핵심 촉진제 요소의 상대적 위치는 그림 26-15에서 볼 수 있다. 요소 대부분은 다른 진핵생물 종의 많은 유전자 안에서 보호로 발견되었다. RNAP II의 직접적인 전사에서 그들의 참여로 서열이나 위치가 변형되고 본래의 핵심 촉진제 요소가 지워진 유전자 안으로 도입되어 실험적으로 확인되었다. 핵심 촉진제 요소 중 아무것도 일반적인 패턴을 나타내지 않는다. 예를 들어 TATA 상자가 없는 핵심 촉진제는 **MTE**나 **DPE**와 그 역을 사용한다. 단일 또는 다핵심 촉진제 요소는 일치하는 개시 자리에서 RNAP II를 구성하는 단백질 요소와 상호작용한다(26-2C절).

−50과 −110 사이에 있는 유전자 지역도 촉진제 요소를 가진다. 예를 들면 많은 진핵생물의 구조 유전자들은 −70과 −90 사이의 위치에 CCAAT라는 잘 보존된 서열(**CCAAT 상자**)을 가지는데, 이 서열을 바꾸면 유전자의 전사율이 크게 감소한다. **명백히 TATA 상자의 상부 쪽의 촉진제 서열들은 전사 개시에 참여하는 RNAP II와 단백질들에 대한 결합 부위를 포함하고 있다.**

증강인자는 위치와 방향을 바꿀 수 있는 전사 활성자이다. 진핵생물의 전사 조절 요소들의 가장 놀라운 점은 그들 중 약간은 그들에 상응하는 전사되는 서열과 비교해서 고정된 위치와 방향을 가질 필요가 없다는 것이다. 예를 들면 이러한 요소가 처음 발견된 **원숭이 바이러스 40(simian virus 40, SV40)**의 유전체는 초기 유전자 발현에 필요하며 촉진제의 상부 쪽에 위치한 두 개의 72 bp 반복 서열을 가지고 있다. 만약 이 두 개 중 하나가 결손되면 전사에는 영향이 없지만, 둘 다 없으면 전사는 일어나지 않는다. 이들 반복 서열 중 하나만 가지는 SV40 돌연변이체들을 분석한 결과, 그에 상응하는 촉진제로부터의 전사를 촉진할 수 있는 능력은 그것의 위치와 방향과는 무관하다는 것을 보여 주었다. 실제로 이들 요소가 전사 개시 부위로부터 상부나 하부 쪽으로 수천 염기쌍만큼 떨어져 있어도 효과가 떨어지지 않았다. 이런 성질을 가진 유전자 요소를 **증강인자(enhancer)**라고 하며 촉진제와는 다르고, 부위 특이적이며 사슬 특이적인 전사 개시를 유발하기 위하여 촉진제와 연계하여 작동한다.

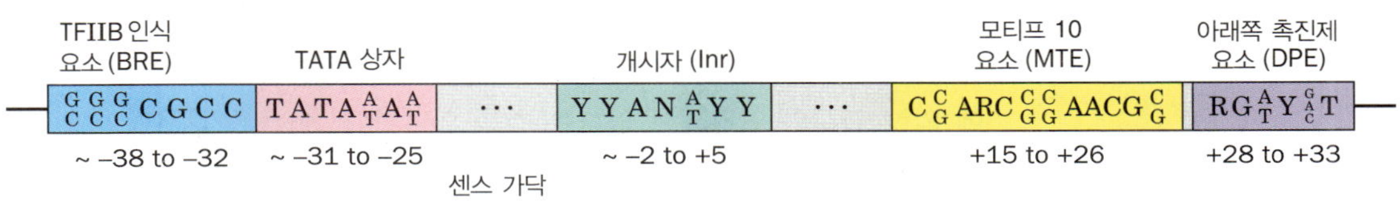

그림 26-15 RNA 중합 효소 II 핵심 촉진제 서열 일치된 각각의 서열이 있다(몇몇 위치는 두 개 이상의 뉴클레오타이드를 수용할 수 있다. N이 다른 뉴클레오타이드를 대신한다). 다양한 모티프의 비슷한 위치에 전사 개시(+1) 자리가 주어진다. 특정 핵심 촉진제는 그들의 모티프 전부, 몇몇의, 또는 전혀 포함하지 않을 수 있다. BRE(TFIIB 인식 요소)는 TATA 상자 위쪽으로 확산된다. DPE(아래쪽 핵심 촉진제 요소)와 MTE(모티프 10 요소)는 Inr과 동반된다.

? 이 서열과 그림 26-6의 대장균 촉진제를 비교하라.

증강인자는 세포의 유전자뿐만 아니라 진핵생물 바이러스에도 존재하며 연계된 촉진제의 완전한 활성을 위해 필요하다. 본래 **증강인자는 RNAP II가 DNA로 진입하는 지점으로서 역할을 하는 것보다는 증강인자가 RNAP II가 그에 상응하는 멀리 떨어진 촉진제에 결합하는 것을 촉진하는 특정 전사 인자들에 의해 인식된다**는 것이 명확하다. 이를 위해서는 증강인자와 촉진제 사이의 DNA가 고리 모양을 이루게 되어 전사 인자가 촉진제에서 증강인자와 RNAP II 둘 다 동시에 접촉할 수 있게 된다. 대부분의 증강인자들은 특정 조직에서 선택적으로 발현되는 유전자와 관련되어 있다. 28-3B절에서는 **증강인자가 진핵생물에서 선택적 유전자 발현을 중재하는 것**을 살펴볼 것이다.

RNA 중합 효소 III의 촉진제는 전사 개시 부위의 하부 쪽에 위치할 수 있다. RNAP III에 의해 전사되는 몇몇 유전자들의 촉진제는 유전자 내부에 위치해 있다. *Xenopus borealis*의 5S RNA 유전자에서 전사되는 부분의 바깥쪽 어느 한쪽 끝으로부터 염기서열을 결손시켜 보면 +40과 +80 위치 사이의 서열이 결손되었을 때만 전사가 일어나지 않았다. 유전자에서 이 부분은 RNAP III의 상부 쪽 결합을 유도하는 전사 인자에 대한 결합 부위를 포함하기 때문에 촉진제로서의 역할을 할 수 있는 것으로 여겨진다. 그러나 다른 RNAP III에 의해 전사되는 유전자의 촉진제는 그들의 개시 부위의 상부 쪽에 위치하는 것으로 알려졌다. 이들 상부 쪽 부위 또한 RNAP III을 모집하게 하는 전사 인자들과 결합한다.

C 전사 인자는 전사를 시작하기 위해 필요하다

분화된 진핵생물 세포들은 특정 유전자를 선택적으로 발현시킬 수 있는 특별한 능력을 가지고 있다. 같은 개체의 서로 다른 두 세포에서 특별한 단백질의 합성률은 10^9 정도까지도 다를 수 있다. 예를 들면 망상적혈구(reticulocyte)는 헤모글로빈을 많이 합성하고 인슐린은 거의 합성하지 않는 반면, 췌장의 β 세포는 인슐린은 많이 합성하고 헤모글로빈은 합성하지 않는다. 이와 반대로 원핵생물에서는 일반적으로 세포에 따라 전사율이 수천 배 범위의 차이를 보이지 않는다. 그럼에도 불구하고, **진핵생물과 원핵생물에서 구조 유전자의 전사를 개시하는 기본 메커니즘은 같다. 단백질 인자들이 DNA의 촉진제 지역에 선택적으로 결합한다.** (RNAP II에 의해 번역된) II 촉진제들과 함께 진핵생물에서 적어도 6개의 **일반 전사 인자(general transcription factor, GTF**; **표 26-3**)로 구성된 복합체가 원핵생물의 σ 인자와 같은 역할을 한다. 몇 가지 진핵생물의 전사 인자들의 구조를 24-4C절에 나타내었다.

6개의 GTF는 효모에서 인간에 이르기까지 매우 잘 보존되어 있으며 강한 촉진제를 가진 mRNA를 포함하여 모든 mRNA의 합성에 필요하다. GTF는 다른 유전자 특이 인자들에 의해서 증가되는 전사에서 낮은(기본) 수준의 전사가 일어나도록 해준다. 이들 다른 단백질들의 역할은 28-3절에서 살펴볼 것이다. GTF란 이름은 TF(전사 인자, transcription factor)에서 유래하였고 뒤에 붙는 로마자 II는 RNAP II에 의한 전사와 연관되어 있다는 것을 의미한다. 이들은 질서정연한 과정을 통해 효소와 촉진제 DNA에 결합하여 **개시 전 복합체(preinitiation complex, PIC)**를 형성한다.

PIC는 TATA 결합 단백질이 TATA 상자에 결합하면서 형성된다. 26-2B절에 나타내었듯이 진핵생물 구조 유전자의 촉진제들은 가끔 −27 위치에 TATA 상자를 가진다. GTF들은 이곳 또는 그에 가까운 서열을 목표로 한다. 그래서 진핵생물 촉진제의 전체 지역은 약 100 bp가 넘는다. 촉진제에 맨 처음 결합하는 전사 인자는 **TATA 결합**

표 26-3 진핵생물의 일반 전사 인자의 특성과 기능

		(kD)		(kD)	기능
TFIIA	2	46	3	69	TBP−TAF 결합의 안정화
TFIIB	1	38	1	35	TBP 결합의 안정화; RNAP II 채용; 개시 위치 선정
TFIID					
TBP	1	27	1	38	TATA 상자 인식; TFIIA와 TFIIB의 채용; 기능 제어
TAFs	14	824	14	1084	
TFIIE	2	184	2	165	$\alpha_2\beta_2$ heterotetramer; TFIIH 채용 및 활성 촉진; 촉진제 용해 증대
TFIIF	3	156	2	87	촉진제 표적작용 촉진; 연장 작용 촉진
TFIIH	11	525	10	490	촉진제의 용해와 분해 기능을 갖는 ATP-의존성 나선 분해 효소인 Ssl2를 포함, CTD kinase

단백질(TATA-binding protein, TBP)로서 이름에서처럼 TATA 상자에 결합을 하고 전사 개시 부위를 찾는 데 도움을 준다. TBP는 이후에 촉진제에서 부수적인 소단위체들과 만나 약 1122 kD의 17개 소단위체 복합체인 **TFIID**를 형성한다.

TBP에서 잘 보존된 C 말단 영역은 높은 염기성 조각에 의해서 분리된 66개의 잔기를 가지며 둘 사이에 약 40%의 동질성을 갖는 똑바른 반복 서열을 가진다. 이들의 X선 구조는 콘버그와 벌리(Stephen Burley) 각각에 의해 밝혀졌는데, 이들은 이중의 대칭 구조로 배열된 구조적으로 유사한 두 개의 영역으로 구성되어 있다(**그림 26-16*a***). TBP의 전체적인 구조는 정상적인 B-DNA 나선에 편하게 걸쳐지게끔 되어 있

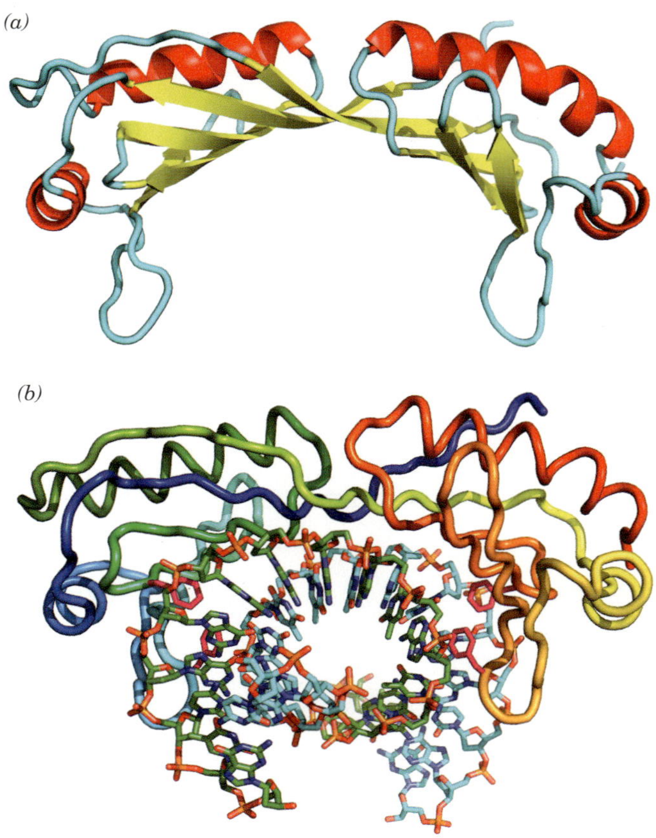

그림 26-16 TATA 결합 단백질(TBP)의 X선 구조 (*a*) DNA가 없는 상태의 단백질와 리본 모형도. α 나선은 빨간색, β 가닥은 노란색, 폴리펩타이드 골격의 나머지는 청록색으로 나타내었다. 단백질의 대칭의 의사 이중축은 수직이다[Based on an X-ray structure by Roger Kornberg, Stanford University, PDBid 1TBP]. (*b*) DNA의 16 bp TATA 상자를 포함한 부분을 가진 복합체에서의 TBP 구조. DNA는 크게 B형이며 막대 형태로 나타내었고, 센스 가닥과 안티센스 가닥을 각각 녹색과 빨간색으로 나타내었다. DNA는 오른쪽에 있는 센스 가닥의 5′ 끝을 가진 결합 부위로 들어가서, 이 책에 거의 수직인 나선의 축을 가진 왼쪽으로 나온다. 단백질은 N 말단(파랑)부터 C 말단(빨강)까지 무지개 색처럼 펼쳐진 벌레 모양으로 그려져 있는데, DNA의 잘 꼬인 모양을 유도하는 193, 210, 284, 301번째 Phe 아미노산 잔기는 막대기 모양(다홍색)으로 표현했다. TATA 상자의 각 끝 부분에 있는 꼬임 모양 사이에 있는 DNA는 부분적으로 풀려 있어서 단백질의 10개 가닥의 β-판 중앙의 8개 가닥이 DNA의 넓어진 작은 고랑 안으로 삽입될 수 있다. TBP는 DNA의 큰 고랑에 접촉하지 않는다. [Based on an X-ray structure by Stephen Burley, Structural GenomiX Inc., San Diego, California, PDBid 1CDW]

다. 그러나 벌리와 시글러(Paul Sigler)에 의해 독자적으로 밝혀진 TBP–DNA 복합체의 X선 구조는 상당히 다른 상호 작용을 보여 주었다. DNA는 TBP의 오목한 표면에 결합하고 있으나 안장 모양의 원통 축에 평행이기보다는 오히려 거의 수직에 가까운 이중축을 가진다(**그림 26-16*b***). 결합된 DNA는 7 bp의 TATA 요소 중 첫 두 염기쌍과 마지막 두 염기쌍 사이에서 약 45° 비틀어져 있어 크랭크 같은 모양을 갖는다. TBP는 수소 결합과 반데르발스 상호작용으로 DNA와 결합하며 결합에서 형태의 변화는 거의 없다. 살짝 풀린 형태로 구부러진 DNA는 두 염기쌍 측면을 살짝 풀어 안장(saddle) 구조의 각각 측면에 있는 두 Phe 사슬을 안정시킨다. DNA의 굽은 형태는 PIC를 형성하기 위해 다른 단백질들이 조합되도록 하는 단계를 만든다.

process diagram

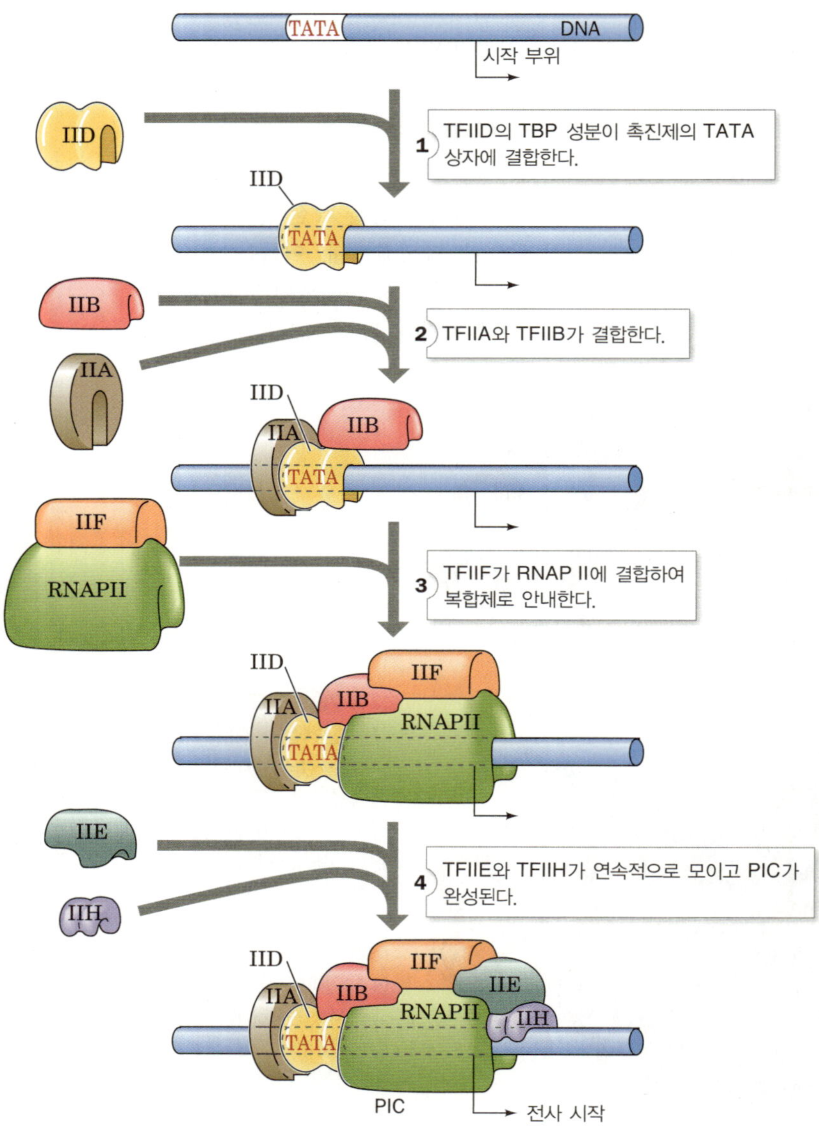

그림 26-17 TATA 상자를 포함한 촉진제에 개시전 복합체(PIC)의 조합 [After Zawel, L. and Reingerg, D. *Curr. Opin. Cell Biol.* **4**, 490(1992)].

TFIID의 남은 성분은 **TBP-관련 요소(TBP-associated factor; TAF)**로 알려져 있다. 효모에서 인간까지 보존되어 있는 14개의 TAF에서 9개는 비연결자 히스톤(nonlinker histone)과 매우 유사하다(24-5A절). 사실상 X선과 또 다른 구조 연구들은 4개의 TAF가 뉴클레오솜-유사 heterooctamer를 형성하기 위해 관련되어 있다고 제안하고 있다. 그럼에도 TAF 주변을 둘러싸고 있는 DNA는 뉴클레오솜 안에 존재하는 것 같지 않다(24-5A절). 왜냐하면 뉴클레오솜 안에 있는 DNA와 필수적인 접촉을 하고 있는 많은 히스톤 잔기들이 히스톤-유사 TAF에 보존되어 있지 않기 때문이다.

TFIIA, TFIIB, TAF는 TBP, RNAP II와 상호작용한다. 그림 26-17에 기본적인 전사 조합체의 형성에 필요한 다른 GTF들을 보여 준다. PIC에는 기본적으로 TBP, **TFIIB**, **TFIIE**, **TFIIH**가 포함된다. TFIIB는 두 개의 영역으로 구성되며, 그 중 N 말단 영역(**TFIIB$_N$**)은 RNAP II와 작용하고, C 말단 영역(**TFIIB$_C$**)은 DNA와 결합하고 TBP와 상호작용한다. TFIIA-TBP-DNA와 TFIIB$_C$-TBP-DNA 복합체의 X선 구조를 통해 TFIIA-TFIIB$_C$-TBP-DNA 복합체에 대한 가능성 있는 모형(그림 26-18*a*)을 만들 수 있다. 3개의 단백질이 전사 개시 부위 바로 앞에 있는 DNA에 결합하면서 추가적으로 결합할 단백질들과 RNAP II에 대한 충분한 공간을 만든다. 대칭에 가까운 TBP가 TATA 상자의 한쪽 방향으로 결합하기 때문에 TFIIB와 촉진제 사이의 염기 특이적 상호작용은 TBP가 촉진제에 적절히 놓일 수 있도록 TFIIB를 위치시킨다.

PIC 형성의 마지막 단계(그림 26-17)에서 TFIIF는 σ 인자가 박테리아의 RNAP와 작용하는 것과 유사하게 RNAP II를 촉진제로 모이게 한다. TFIIF의 3거의 소단위체들 중 두 번째로 큰 것은 박테리아의 σ_{70}과 동질성을 가지며, 더구나 촉진제 인식에 작용할 수는 없지만 박테리아의 RNAP와도 특이적으로 상호작용을 할 수 있다.

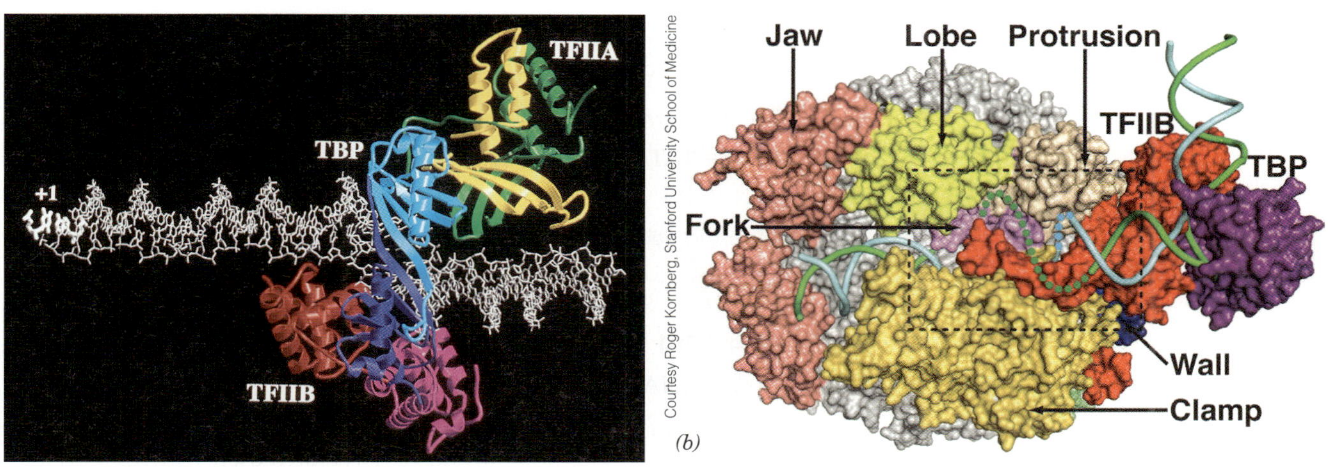

그림 26-18 TFIIB의 상호작용에 대한 구조 모형 (*a*) TFIIA-TBP-촉진제 복합체와 TFIIB$_C$-TBP-촉진제 복합체들 각각의 X선 결정 구조를 근거로 만든 TFIIA-TBP-TFIIB$_C$-촉진제 복합체의 모형. DNA(흰색 막대)는 TATA 상자를 넘어 양방향으로 걸쳐 있다. 위에서 보이는 의사 대칭적인 TBP(청록색과 보라색)는 DNA에서 두 개의 예리한 꺾임을 만들어 크랭크 같은 모양이 되게 한다. TFIIA(노란색과 녹색)와 TFIIB$_C$(자홍색과 빨간색)는 TBP와 상호작용을 하지만, 각각은 DNA의 별개의 부위에서 상호작용한다. 전사 개시 부위(+1)는 왼쪽에 있다. (*b*) TFIIB$_N$-RNAPII와 TFII$_C$-TBP-촉진제 복합체들의 X선 구조에 근거한 TFIIB-TBP-RNAP II-촉진제 복합체의 모형. RNAP II는 그림 25-13 윗부분의 구조를 90° 회전시킨 후 아래쪽에서 보는 모양인데 TFIIB(빨강), TBP(보라)와 RNAP II의 여러 다른 부위들과 용매 사용이 가능한 표면으로 나타난다. DNA는 하늘색으로 나타낸 주형 가닥과 초록색으로 나타낸 비주형 가닥으로 표현되었으며 점선으로 표시된 부분은 전사 거품을 나타낸다. 오른쪽 윗부분이 DNA의 상류 부분이다. TFIIB의 왼쪽 끝부분이 어떻게 DNA에 접촉하기 위해 RNAP의 활성 위로 확장되는지에 주목해야 한다. Based on PDBids 3K7A, 1R5u, and 1VOL.

마지막으로 TFIIE와 TFIIH가 합쳐진 복합체가 조합되면 TFIIH의 ATP 의존성 나선 분해 효소의 **단위체(Ssl2)**는 RNA 합성이 시작할 수 있는 개방 복합체의 형성을 유도한다. 14개의 단위체로 된 RNAP II에 포함되지 않는 인간의 PIC는 33개의 소단위체로 구성되어 있는데(표 26-3), PIC가 리보솜보다 크기를 더 크게 만드는 역할을 한다(28-3A절). PIC에 있는 많은 단백질들은 전사 조절 인자들과 작용한다.

Kornberg에 의해 밝혀진 $TFIIB_N$−RNAP II 복합체의 X선 구조는 RNA 종료점(exit) 채널 근처에 있는 $TFIIB_N$가 RNAP II의 '도크(dock)' 도메인과 접촉한다는 것과 $TFIIB_N$가 RNAP II의 활성 중심 부위로 '핑거(finger)' 도메인을 삽입한다는 것을 나타낸다. 이러한 X선 구조에 근거한 TFIIB−TBP−RNAP II−DNA 복합체 모델은 $TFIIB_C$−TBP−DNA 복합체와 함께 **그림 26-18*b***에서 살펴볼 수 있다.

Kornberg에 의해 또다시 밝혀진 닫힌 상태로 있는 효모 PIC의 극냉동 전자 현미경 구조(**그림 26-19**)에서는 PIC가 두 개의 잘 분리된 돌출부로 구성되어 있는데 하나는 GTF이고, 다른 하나는 RNAP II이다. 기대와는 달리, 촉진제 DNA는 GTF와만 결합하고 RNAP II와는 결합하지 않는다. DNA는 TFIIB, TBP 소단위체인 TFIID, 그리고 TATA 상자를 포함하는 부위인 클레프트(cleft)의 위쪽 말단에 있는 TFIIE와의 상호작용에 의해 RNAP II 안에 있는 클레프트 위에 붙어 있게 된다. Ssl2 나선 분해 효소는 꼬인 구조를 풀어서 DNA를 개입시켜서 전사 거품을 여는 역할을 함으로써 반대로 DNA가 RNAP II 클레프트에 확실히 들어가도록 해 준다.

TATA 상자가 없는 촉진제도 TBP에 결합한다. TATA로 결합된 단백질은 일반적인 RNAP II 전사 요소인 TFID의 구성인데, 어떻게 TATA 없는 촉진제로서의 개시 복합체 형태가 될까? 이에 대한 실험은 적합한 시발점으로서 RNAP II는 Inr 요소의 존재를 보여 주기에 충분하다. 여기에는 TATA 상자를 가진 촉진제에서 전사를 개시시키는 것과 같은 GTF들이 많이 필요하며, TBP도 있어야 한다. 이는 TATA가 없는 촉진제에서 Inr은 TFIID가 올 수 있게 하여 그 성분인 TBP가 서열에 비특이적인 방법으로 −30 지역에 결합하게 한다. 실제 TATA 상자도 가지며 Inr을 포함한 촉진제에서는 두 요소가 공동으로 전사 개시를 증진시킨다. 그럼에도 불구하고 TATA 상자 결합에 결함을 가진 TBP 돌연변이체는 TATA가 없는 촉진제에서 효과적으로 전사를 한다. 이는 TATA가 없는 촉진제에서는 TBP와 안정되게 상호작용할 필요가 없다는 것을 의미한다. 결론적으로 그림 26-17에서처럼 진핵생물의 전사는 촉진제의 종류와 부수적인 단백질 인자들에 따라 정확한 단백질을 필요로 하는 상당히 유연한 체계라는 것을 알 수 있다.

TBP는 보편적인 전사 인자이다. RNAP I과 III은 자신들의 촉진제에서 전사를 개시하기 위해 서로와 RNAP II로부터 나온 다른 조합의 GTF가 필요하다. 이것은 이 세 종류의 촉진제가 매우 다른 구성을 하고 있기 때문에 예상하지 못한 부분이다(26-2B절). 실제 RNAP 1(1군 촉진제)가 인식하는 촉진제와 RNAP III(III군 촉진제)이 인식하는 거의 모든 촉진제들은 TATA 상자를 가지지 않는다. 그렇기 때문에 **RNAP I 과 III 에 의한 전사 개시에 TBP가 필요하다**는 것은 놀라운 일이다. TBP는 TAF의 여러 세트와 조합하여 GTF **SLI**과 **TFIIIB**를 형성한다. TATA가 없는 II군 촉진제처럼 TATA 상자에 결함을 있는 TBP 돌연변이체가 RNAP I와 RNAP III 둘 다에 의해 여전히 전사를 개시시킬 수 있다. 그러므로 TBP는 보편적인 전사 인자로 알려져 있으며 다재다능한 단백질이다.

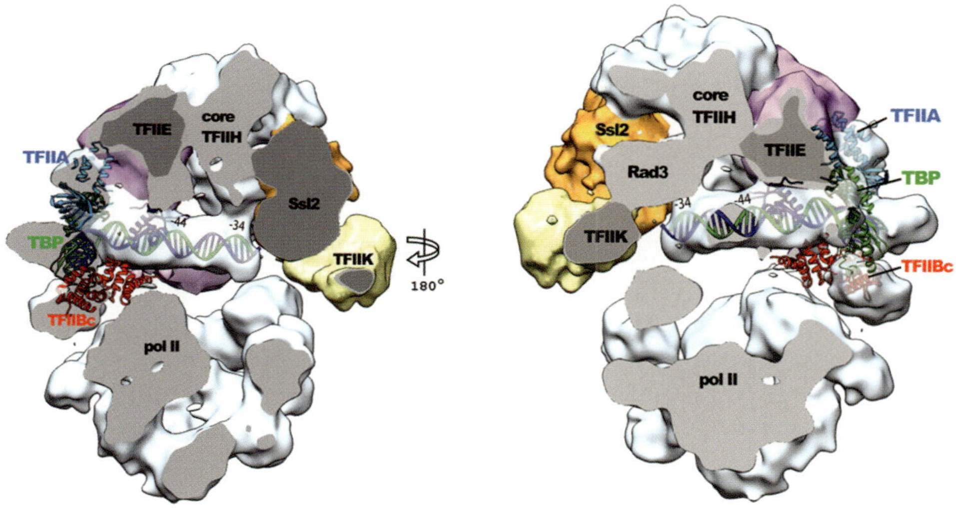

그림 26-19 효모 PIC의 극냉동 전자 현미경 단면 사진. (*a*) 표면은 자주색과 초록색의 가닥을 갖는 사다리 구조의 DNA를 표현하기 위해서 단면(회색)을 나타냈다. TFIIK는 TFIIH의 3개의 소단위로 이루어져 있다. TBP(초록색)의 X선 구조(리본 모양)는 극냉동 전자 현미경의 전자 밀도에 의해 회색으로 표현되어 있는데 TATA 상자 DNA, TFIIBc(빨강)와 TFIIA(하늘색)와 복합체를 형성하고 있다. (*b*) a의 구조를 180° 회전시켜서 나타낸 그림. TFIIF는 보이지 않는다.[Courtesy of Roger Kornberg, Stanford University]

연장(elongation)에는 여러 전사 인자들이 필요하다. RNAP II가 RNA 합성을 개시하고 짧은 전사체를 만들고 나면 전사 기구는 연장의 단계로 전환한다. 전환 과정은 RNAP II의 Rpb1 단위체의 인산화의 C 말단 영역(C-terminal domain, CTD)이 필요한 만큼 활성 부위에서의 RNA 사슬의 성장이 이루어지는 TFIIB 집게 영역의 이동이 포함되어 있다. 인산화된 RNAP II는 전사 개시 인자 중 몇 개를 방출하고 촉진제 지역을 넘어 진행한다. 사실 RNAP II가 촉진제로부터 떠날 때 TFIID와 몇 개의 GTF를 남겨두고 이동한다. 이 단백질들은 다른 RNAP II가 촉진제로 왔을 때 전사가 새로 시작될 수 있게 한다. 그들의 단백질은 촉진제로서 다른 RNAP II를 구성해 전사를 다시 초기화시킬 수 있다. 따라서 **처음 번역된 유전자의 RNAP는 전사의 추가적인 길을 만드는 '개척자' 중합 효소의 역할을 한다.**

연장이 되는 동안 **연장자(elongator)**라고 하는 6개 단백질로 된 복합체가 Rpb1의 인산화된 CTD에 결합하여 방출된 전사 인자들을 대신한다. 연장자가 RNAP II에 의한 전사에서 중요하지는 않지만 그것이 있기 때문에 전사가 가속된다. 흥미롭게도 TFIIF와 TFIIH는 연장이 되는 동안 중합 효소에 남아 있다. 12종류의 다른 단백질들이 연장되는 RNAP II에 속했다고 잘 알려져 있다. 다른 단백질들은 DNA 주형의 일부로 치는 발생 초기의 RNA 과정과 전사의 종단에 포함된다.

진핵생물에는 정확한 전사 종결 부위가 없다. 진핵생물에서는 전사 종결을 알리는 서열은 발견되지 않았다. 그 이유는 구조 유전자의 1차 전사체들은 이질적인 3′ 서열을 가지는 것처럼 종결 과정이 부정확하기 때문이다. 그러나 **전사체가 특정 부위에서 내부 핵산 분해로 절단되는 과정이 있기 때문에 정확한 종결 부위는 필요가 없다.** 핵산 내부 분해 효소는 중합 효소가 전사를 하는 중에 작용한다. 그렇기 때문에 RNA 절단 자체가 중합 효소의 중지를 알리는 신호가 되는 것이다.

체크 포인트

- 진핵생물의 RNA 중합 효소(RNAP)의 세 가지 기능은 무엇인가?
- RNAP II의 CTD, 집게(clamp), 벽(wall), 터널(tunnel), 키(rudder), 다리(bridge), 유발자(trigger)의 기능에 대해 설명하시오.
- 여러 종류의 촉진제와 증강인자가 갖는 장점은 무엇인가?
- 진핵생물의 전사 개시에서 TBP가 갖는 기능을 요약하시오.
- DNA의 염기 서열과 구조 모두가 RNAP의 반응에 어떻게 도움을 주는지 설명하시오.
- RNAP II의 개시 전 복합체의 집합 과정을 묘사하시오.
- 왜 TBP가 전형적인 전사 인자로 알려졌는가?

3 전사 후 과정

주요 개념

- 진핵생물의 mRNA는 5′ 머리에서 3′ poly(A) 꼬리로 변경된다.
- 진핵생물의 유전자는 이어맞추기 복합체(spliceosome) 안의 snRNP 역할에 의해 이어 맞춰지는 인트론을 포함된다.
- 단일 유전자는 복식 mRNA 이어맞추기를 통해 몇몇 단백질을 합성할 수 있다.
- 원핵생물과 진핵생물의 rRNA와 tRNA 전구 물질은 핵산 내부 분열, 공유 변이, 이어맞추기, 뉴클레오티드 첨가의 다양한 과정에 작용한다.

전사 직후의 산물, 즉 **1차 전사체(primary transcript)**들이 모두 기능적인 것은 아니다. 생물학적 활성을 가지기 위해서는 (1) 폴리뉴클레오타이드 단편의 외부 및 내부 핵산 분해 작용에 의한 제거 (2) 3′ 말단과 5′ 말단에 뉴클레오타이드 서열 추가, (3) 특별한 뉴클레오타이드 잔기의 변형과 같은 특별한 개조가 이루어져야 한다. 주요한 세 가지 RNA인 mRNA, rRNA, tRNA는 진핵생물과 원핵생물에서 다른 방법으로 변형된다. 이번 단원에서는 이 같은 **전사 후 변형(posttranscriptional modification)** 과정의 윤곽을 살펴본다.

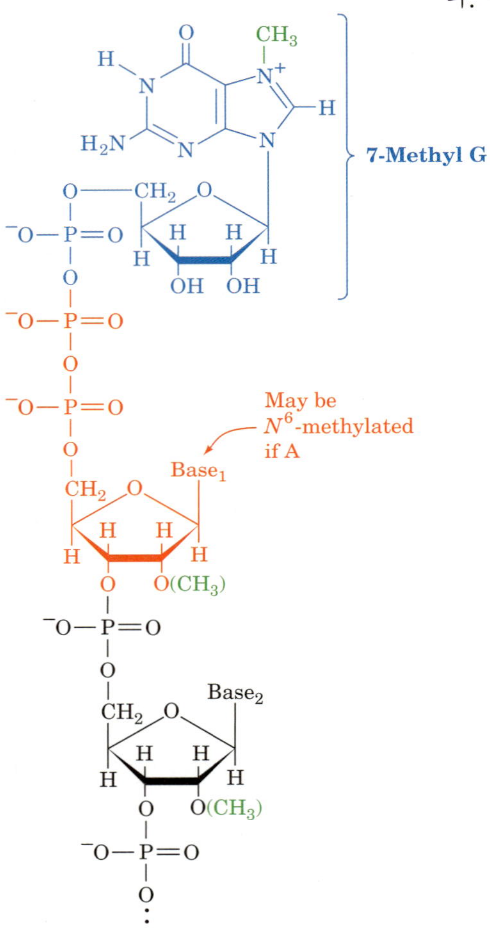

그림 26-20 진핵성 mRNA의 5′ 캡 구조 캡은 전사체의 선도 뉴클레오타이드(많은 다세포 생물에서의 가장 많은 캡)나 전사체의 첫 두 개의 뉴클레오타이드에서 $O^{2'}$-메틸화된다. 그러나 이들 위치에서 일어나지 않는 경우(단세포 진핵생물)도 있다. 만약 첫 뉴클레오사이드가 아데노신이면(대개 퓨린) N^6-메틸화가 생길 것이다.

? 각 변형 과정을 만들기 위해 요구되는 효소의 작용을 묘사하라.

A 전령 RNA 프로세싱은 5′ 모자(capping)와 3′ 꼬리(tail) 형성 과정을 거친다

원핵생물에서 대부분의 1차 mRNA는 더 이상의 변형 없이 번역된다. 일반적으로 단백질 합성은 전사가 완성되기 전에 시작된다(27-4절). 그러나 진핵생물의 mRNA는 핵에서 합성되지만, 번역은 세포질에서 일어난다. 그러므로 진핵성 mRNA는 핵 안에 있는 동안 광범위한 전사 후 프로세싱을 거친다.

진핵성 mRNA는 5′ 모자(cap)를 갖는다. 진핵성 mRNA는 5′-5′삼인산 다리를 통해 전사체의 첫 5′-뉴클레오타이드에 7-메틸구아노신(7-methylguanosin, m^7G)이 연결된 캡 구조(cap structure)를 가지고 있다(그림 26-20). 전사체가 약 30 nt의 길이가 되었을 때 형성되는 캡은 진핵생물의 번역 개시 부위를 알 수 있게 한다(27-4A절). 캡이 만들어지는 과정에는 다음과 같은 몇 가지 효소 반응이 동반된다. (1) **RNA 삼인산 분해 효소(RNA triphosphatase)**에 의한 mRNA의 5′ 말단에 있는 3개의 인산기 중 첫 번째 인산기의 제거, (2) GTP가 필요하고 반응 결과로 5′-5′ 삼인산 다리와 PP_i가 만들어지게 하는 **씌움 효소(capping enzyme)**에 의한 mRNA의 구아닐화(guanylation), (3) *S*-아데노실메싸이오닌(S-adenosylmethionine, SAM)으로부터의 메틸기를 첨가하는 **구아닌-7-메틸 전달 효소(guanine-7-methyltransferase)**에 의한 구아닌의 메틸화. 추가적으로 캡은 SAM을 사용하는 **2′-*O*-메틸 전달 효소(2′-*O*-methyltransferase)**에 의해 전사체의 처음과 두 번째 뉴클레오타이드가 $O^{2'}$-메틸화될 수 있다. 씌움 효소는 RNAP II의 인산화된 CTD(26-2절)에 결합하는데, 이는 씌움 효소가 RNAP II가 전사의 개시에서 연장 단계로 전환을 마쳤다는 것을 표시하는 것으로 볼 수 있다. 캡을 가진 mRNA는 5′-외부 핵산 분해에 대해 저항성을 보인다.

진핵성 mRNA는 폴리(A) 꼬리를 가진다. 진핵생물의 RNA 전사체는 전사 종결이 부정확하기 때문에 서로 이질적인 3′ 서열을 갖는다. 그러나 **성숙한 진핵성 mRNA는 3′ 말단에 약 250 nt(효모는 약 80 nt) 길이의 폴리(A) 꼬리(poly(A) tail)를 가진다.** 폴리(A) 꼬리는 두 반응에 의해 1차 전사체에 첨가된다.

1. 전사체는 잘 보존된 AAUAAA 서열로부터 10~20개 nt를 지난 지역, 그리고 비교적 덜 보존된 U 또는 G+U가 풍부한 서열의 50개 nt 앞에서 절단된다. 이 정확한 절단 반응 때문에 정확한 위치에서의 전사 종결은 필요하지 않은 것이다. RNA를 갈라놓는 핵산 내부 분해 효소의 연관성은 확실하지 않지만 **절단 인자 I**와 **II**(**CFI**, **CFII**)는 이 과정에서 필요하다.
2. 폴리(A) 꼬리는 자유 3′-OH 를 가진 mRNA 시발체를 신장시키고 주형에 무관한 RNA 중합 효소인 **폴리(A) 중합 효소**(**poly(A) polymerase, PAP**)의 단계적 작용을 통해 ATP로부터 만들어진다. PAP는 AAUAAA 서열을 인식한 **절단 및 폴리아데닐화 특이 인자**(**cleavage and polyadenylation specificity factor, CPSF**)에 의해 활성화된다. 폴리(A) 꼬리가 약 10개 정도로 자라면 AAUAAA 서열은 이후의 신장에서 더 이상 필요 없다. 원핵성 mRNA의 성장 동안 전사 개시 부위에서 방출되는 σ 인자와 같은 방식으로 CPSF는 인식 부위로부터 방출되는 것으로 여겨진다.

CPSF는 인산화된 RNAP II CTD에 결합한다. CTD를 없애 보면 폴리아데닐화가 일어나지 않는다. 따라서 CTD가 폴리아데닐화와 전사를 연결시키는 역할을 하는 것이 분명하다.

PAP는 mRNA 절단에 필요한 단백질들을 포함하는 500~1000 kD 복합체의 일부분이다. 따라서 절단된 전사체는 이들이 분리되고 세포 내 핵산 분해 효소에 의해 분해되기 전에 폴리아데닐화된다. 폴리(A) 꼬리의 최대 길이는 **폴리(A) 결합 단백질 II**[**poly(A) binding protein II, PAB II**]이 화학량적으로 얼마나 많이 결합하느냐에 따라 결정된다.

생체 외 연구에서 폴리(A) 꼬리는 mRNA의 번역에는 필요하지 않고 그보다는 mRNA를 보호하는 역할을 하는 것으로 밝혀졌다. 사실 히스톤(세포 주기 중 짧은 시기인 DNA 복제 시에 잠깐 다량으로 필요함)과 같이 poly(A) 꼬리가 없는 성숙한 mRNA의 수명은 한 시간 또는 며칠의 수명을 가진 대부분의 다른 mRNA에 비해 30분 이하일 정도로 짧다. 폴리(A) 꼬리는 **폴리(A) 결합 단백질**[**poly(A)-binding protein, PABP**; PAB II와는 관련 없음]에 의해 세포질에서 특별한 복합체를 이룬다. 이 단백질은 폴리(A)를 가진 mRNA를 리보뉴클레오단백질 입자로 조직화한다. mRNA와 핵산 분해 효소를 포함한 반응물에 PABP를 첨가하면 mRNA의 분해와 폴리(A) 꼬리가 짧아지는 정도가 크게 감소함을 관찰할 수 있는데, 이것을 통해(28-3C절) poly(A) 꼬리의 길이뿐만 아니라 많은 신호를 조절하는 mRNA의 분해를 막아준다는 것을 알 수 있다.

AAUAAA 서열을 지나기 전에 그것 스스로 전사의 분열이 종결된다. 그러나 RNAP II의 인산화된 CTD와 결합한 **Rtt103** 단백질은 효모에서 AAUAAA 서열을 알아보고 5′→ 3′ **Rat1**(사람에서는 **Xrn2**)로 알려진 핵산 말단 분해 효소를 모은다. RNAP를 막고 종결 RNA를 합성하도록 유도하기 때문에 향상된 Rat1/Xrn2는 초기 RNA의 5′ 말단에서 새롭게 풀리며 급하게 분해하는데, 이를 **토르페도 모형**(**torpedo model**)이라고 한다. 이는 Rho 요소가 박테리아의 전사를 종결시키는 것과 같은 방식으로 발생된다고 보고 있다(26-1D절). 이것은 새로운 전사의 개시를 위해 RNAP가 이용된다.

B 진핵세포의 유전자는 이어맞추기에 의해 인트론을 제거한다

진핵생물과 원핵생물의 유전자 구조에 있어 가장 큰 차이점은 **대부분 진핵생물 유전자의 암호 서열은 발현되지 않는 지역에 의해 분산되어 있다**는 것이다. **전구 mRNA(pre-mRNA)** 또는 **불균일 핵 RNA(heterogeneous nuclear RNA, hnRNA)**라고 하는 1차 전사체는 단백질로부터 추산할 수 있는 길이보다 훨씬(약 2,000~20,000 nt) 길다. 빠른 라벨(labeling) 실험을 통해 약간의 hnRNA가 세포질로 운반된다는 것을 알았다. 그러나 hnRNA의 5′ 캡과 3′의 꼬리는 세포질의 mRNA에는 포함되어 있다. 이 실험 결과는 전구 mRNA가 내부 서열을 절단함으로서 변형되는 것으로 설명할 수 있다. 이상하게 여겨졌던 이 사실은 1977년에 샤프(Phillip Sharp)와 로버츠(Richard Roberts)가 실제로 일어나는 현상임을 밝혀졌다(자료 26-3). 그러므로 **전구 mRNA는 발현되지 않는 개재 서열(*intervening sequence, intron* 인트론)을 잘라내고 옆에 있는 발현 서열(*expressed sequence, exon* 엑손)을 서로 연결함으로써 개조되는 것이다.**

전구 mRNA는 평균적으로 8개의 인트론을 가지고 있으며 길이는 엑손보다 4~10배 길다. 이것은 닭의 **난알부민(ovalbumin)** mRNA와 난알부민 유전자(흰자의 주된 단백질 구성 요소)의 안티센스(주형) 가닥을 혼합시킨 것을 전자 현미경으로 찍은 **그림 26-21**에 잘 나타나 있다. 사람의 경우, 한 유전자 내의 인트론 수는 0~364개까지[가장 잘 알려진 유전자와 단일 사슬 단백질인 2400 kb 유전자 안에 34,350개의 잔기로 구성된 근육 단백질인 **타이틴(titin)**의 유전자의 경우, 7-2A절] 다양하며, 인트론의 길이는 약 65~800,000 nt[근육 단백질 **디스트로핀(dystrophin)** 유전자, 7-2A절] 정도로 평균 약 1800 nt(반면, 엑손의 평균 길이는 약 123 nt이고, 타이틴 유전자의 엑손에는 17,106 nt 이상도 있다)이다. 두 척추동물에서 서로 상응한 유전자의 인트론은 수나 위치에서는 큰 차이가 없으나, 길이나 서열에서는 둘 사이의 유사성이 거의 없을 정도로 다르다.

처음에는 인트론을 포함한 전체 유전자의 전사를 하며, 그 후에 번역이 가능한 진핵성 mRNA가 만들어진다(**그림 26-22**). 개시 후 바로 씌움이 일어나고, 전사의 성장 동안 이어맞추기가 시작된다. 성숙한 mRNA는 이어맞추기가 완성된 후에 생기며,

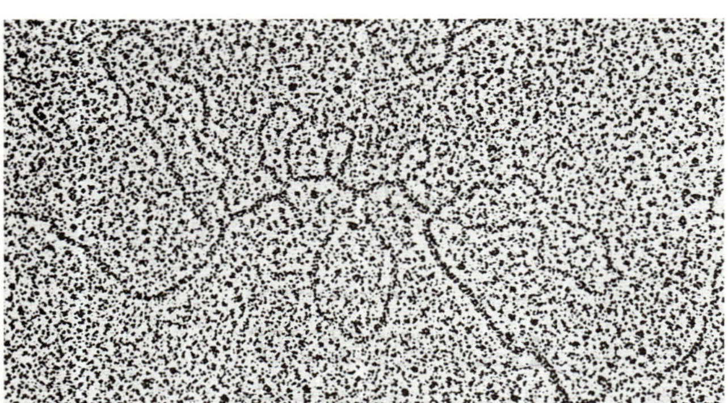

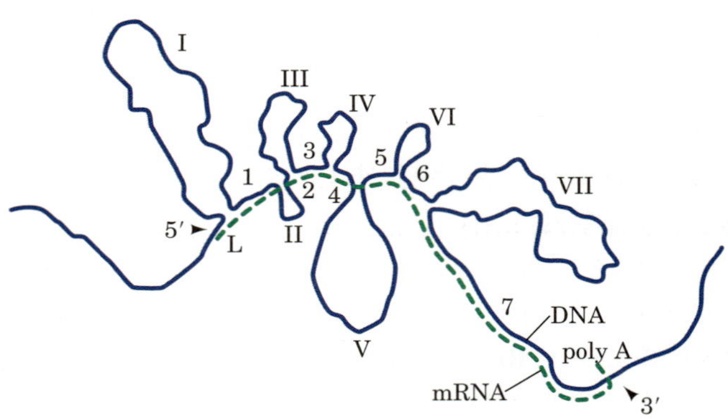

그림 26-21 닭의 난알부민 유전자와 mRNA 닭의 난알부민 유전자의 안티센스(주형) 가닥과 그에 상응하는 mRNA의 혼성화의 전자 현미경 사진과 그것을 그린 그림이다. DNA(보라색 선)와 mRNA(빨간색 선)의 상보적인 부분은 결합하며 이는 엑손의 위치(L, 1~7)를 밝혀 준다. mRNA와 상보적인 서열이 없는 고리화된 부분(I~VII)들은 인트론이다. [From Chambon, P., *Sci. Am.* **244**(5), 61(1981)]

자료 26-3 발견의 과정 로버츠와 샤프, 인트론의 발견

로버츠(Richard J. Roberts 1943~)
샤프(Phillip A. sharp, 1944~)

모든 생물체의 유전 물질은 DNA라는 사실이 발견된 후 몇 십 년간, 유전자는 핵산의 연속적인 서열로 이루어졌다고 믿어 왔다. mRNA 분자는 DNA 서열과 정확하게 정렬되는 유전자의 정확한 복사물일 것이라고 생각되었다. 사실, 이것은 초기 분자 생물학 연구에 널리 사용된 박테리아나 박테리오파지와 같은 단순한 유전적 시스템에서는 틀린 것이 아니다. 그러나 로버츠와 샤프는 1977년에 유전자가 불연속적일 수도 있다는 것을 보여 주었다. 현재 우리는 이들 '분리된 유전자(split gene)'에 상응하는 mRNA 부분은 유전자의 적절한 발현을 위해 이어맞추기(splicing)된다는 것을 알고 있다.

로버츠는 유기 화학자였다. 논문을 쓰는 동안 그는 켄드루(John Kendrew, 마이오글로빈의 X선 구조를 밝혔음; 7-1A절)의 책을 읽고, 분자생물학의 새로운 분야에 도전하게 되었다. 핵산 분야에서 그의 첫 번째 과제는 tRNA의 뉴클레오타이드 서열을 밝히는 것이었다. 그는 생어(Frederick Sanger, 이후 다이데옥시 서열 결정(dideoxy sequencing) 방법을 개발함; 3-4C절)에 의해 고안된 새 염기 서열 결정 방법을 사용할 수 있었다. 로버츠는 다음으로 제한 핵산 내부 분해 효소에 관심을 가졌다. 그는 이 효소가 자신이 분석하고자 한 아데노바이러스-2 유전체를 포함하여 큰 크기의 DNA를 작은 크기로 자를 수 있는 귀중한 도구임을 알게 되었다.

샤프는 비슷한 시기에 DNA 중합체에 대해 설명하기 위해 통계적이고 물리적인 이론을 사용한 논문을 완성하였다. 그의 고백에 의하면 그는 기술이 좋은 실험자가 아니었다. 그가 그 이후에 진핵생물 유전자의 발현에 대한 연구로 전환하였을 때, 사용할 수 있는 유일한 실험 시스템은 아데노바이러스-2와 같은 DNA 유전체를 가지는 동물 바이러스였다. 감기를 일으키는 이 바이러스가 포유동물 세포에 감염되기 때문에 이 바이러스의 유전자는 숙주의 것과 닮았을 것이라고 여겼다.

1970년대 중반에 로버트와 샤프는 아데노바이러스의 유전체의 지도를 작성하였다. 그들은 발현된 mRNA를 얻어 바이러스 DNA 부분들과 혼성화시켜 봄으로써 바이러스 유전자를 찾았다. 샤프는 바이러스에 감염된 세포의 핵에 세포질로 운송되지 않은 바이러스의 mRNA가 축적되어 있는 것을 관찰하였고, 핵의 mRNA는 세포질의 mRNA가 되기 위해 프로세싱된다는 것을 알았다. 그러는 동안, 로버츠는 '후기'(성숙한) mRNA가 mRNA의 주요 부분 밖에서 DNA에 의해 암호되지 않은 올리고 뉴클레오타이드로 시작되는 것을 관찰하였다.

두 과학자는 DNA와 혼성화되는 mRNA 시료를 준비하고 그 혼성체를 전자 현미경으로 관찰하였다. 그 결과는 그들이 기대하지 않았던 흥미로운 것이었다. 하나의 mRNA가 DNA 분자에서 여러 부분으로 떨어져 있는 부분들과 혼성화를 이루는 것이었다. 혼성이 되지 않은 DNA 서열은 혼성이 일어난 지역 사이에서 고리 형태를 형성하였다(그림 26-21). 유전자에 관해 일반적으로 가졌던 관점과는 모순된 생각이지만 바이러스의 유전 정보는 불연속적으로 구성되어 있다는 결론을 얻었다. 그럼에도 불구하고, 다른 연구자들은 다른 바이러스와 동물세포에서도 분리된 유전자가 있는지를 보고 싶어 하였다. 1년 이내에 다른 유전자에서도 비슷한 결과들을 확인하였다. 이러한 일련의 연구들은 대부분의 동물 유전자는 불연속적이라는 것을 보여 주었다. 궁극적으로 발현되는 서열을 엑손(발현 구역)이라고 하고, 엑손 사이에 있으면서 성숙한 mRNA에 없는 부분은 인트론이라고 명명하였다. 리차드와 샤프는 분리된 유전자의 발견으로 1933년에 노벨 생리의학상을 받았다.

분리된 유전자의 존재는 몇 가지 생화학적 문제점들을 해결해 주었지만, 아울러 새롭게 해결해야 할 점도 제시하였다. 어떻게 인트론이 잘려 나가고, 남은 엑손들이 연결되는가, 모든 세포에서 동일한 엑손들이 이어맞추기되는가, 또 엑손의 섞임을 통해 진화가 더 빨리 일어날 수 있는가 등이다. 이 질문들에 대한 해답은 여전히 연구 중에 있다.

Chow, L.T., gelinas, R.E., Broker, T.R., and Roberts, R.J., An amazing sequence arrangement at the 59 ends of adenovirus 2 messenger RNA, *Cell* 12, 1–8(1977).

Berget, S.M., Moore, C., and Sharp, P.A., Spliced segments at the 5′ terminus of adenovirus 2 late mRNA, *Proc. Natl. Acad. Sci.* 74, 3171–3175(1977).

이후 폴리아데닐화된다. 그 다음 mRNA는 리보솜이 있는 세포질로 운송되어 단백질로 번역된다.

엑손은 두 단계의 반응으로 이어맞추기된다. 다양한 진핵생물들의 엑손–인트론 접합부의 서열을 비교해 보면 대부분 인트론의 5′쪽 경계 지점에는 GU가 있고, 3′쪽에는 AG가 있는 것처럼 매우 동일하다(**그림 26-23**). 이러한 높은 보존 서열들의 이어맞추기 접합 지점에 대한 정의가 필요하겠지만 믿기에는 충분하지 않은 정보를 제공하고 있다. 지금부터 수많은 다른 신호들이 이어맞추기 접합부를 확인하는 데 관여하고 있다는 것을 살펴보자.

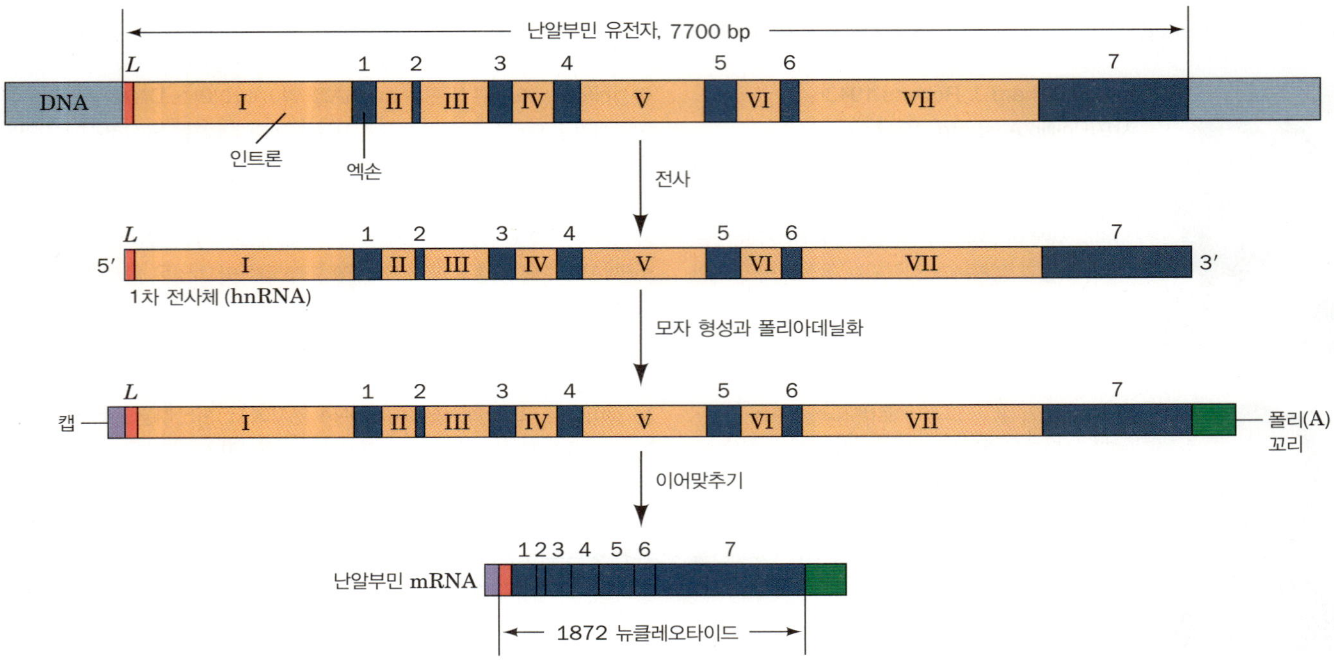

그림 26-22 성숙한 진핵성 mRNA의 생성 단계별 서열 닭의 난알부민 유전자의 예를 나타낸다. 전사 후 1차 전사체가 씌워지고, 폴리아데닐화된다. 인트론이 잘려 나감과 동시에 성숙한 mRNA의 형성을 위해 엑손은 이어맞추기가 된다. 모자 형성 과정과 이어맞추기 과정은 아마 전사 과정에서 동시에 일어나는 것으로 보이며 5′ 모자에 더 가까이 있는 인트론은 3′ 말단의 전사가 끝나기 이전에 잘려 나가는 것으로 보인다.

이어맞추기 반응은 두 가지 에스터 교환 반응을 통해 일어난다(**그림 26-24**).

1. 인트론의 아데노신 잔기와 인트론의 5′ 말단의 인산기 사이에서 2′,5′-포스포다이에스터 결합이 형성된다. 그 결과 5′ 엑손은 방출되고 인트론은 **올가미 구조(lariat structure)**를 이룬다(모양 때문에 붙여진 이름). 올가미 가지점에 있는 아데노신은 3′ 이어맞추기 부위로부터 20~50개 염기 위쪽에 있다. 이 가지점 A에 돌연변이를 일으키면 이어맞추기가 되지 않는다.
2. 5′ 엑손의 자유 3′-OH기는 인트론의 3′ 말단 쪽으로 가서 3′ 엑손의 5′ 말단 인산기와 포스포다이에스터 결합을 형성하여 이어맞추기된 산물을 만든다. 그 결과 인트론은 자유 3′-OH기를 가진 올가미 형태로 제거된다. 3′ 이어맞추기 접합부에 있는 AG에 돌연변이를 일으키면 두 번째 단계가 이루어지지 못한다. 올가미는 선형화되고 결국 빠르게 분해된다.

이어맞추기 과정은 자유 에너지의 유입 없이도 진행된다. 에스터 교환 반응은 포스포다이에스터 결합을 절단하여 생긴 자유 에너지를 새로운 결합을 형성하는 데 사용

그림 26-23 진핵성 mRNA의 엑손-인트론 접합부의 공통적인 서열 전구 mRNA의 각 염기 아래에 기입한 숫자는 특정 염기가 나타나는 퍼센트를 표시한다. 3′ 이어맞추기 부위 앞에 11개 피리미딘 뉴클레오타이드 서열이 있음을 주목하라. [Based on data from Padgett, R.A., Grabowski, P.J., Konarska, M.M., seiler, S.S., and Sharp, P.A., *Amu. Rev. Biochem.* 55, 1123(1986)]

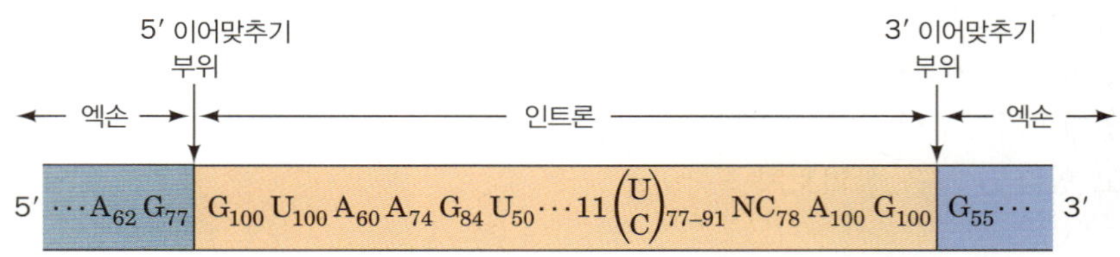

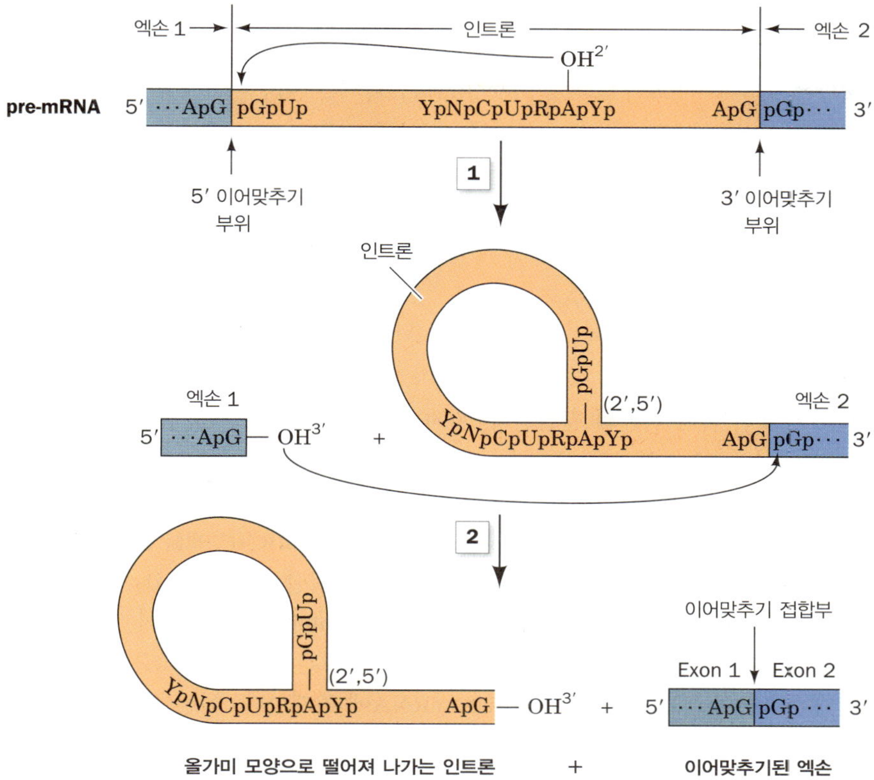

그림 26-24 **이어맞추기 반응** 두 개의 에스터 교환 반응이 진핵성 전구 mRNA의 엑손들을 함께 이어맞추기한다. 엑손과 인트론을 각각 파란색과 주황색으로 나타내었고, R과 Y는 퓨린과 피리미딘 잔기를 표시한다. (1) 특정 인트론 A 잔기의 2′-OH기는 5′ 엑손의 3′ 끝 쪽에 있는 5′ 인트론의 경계에 있는 5′-인산을 공격하여 2′,5′-포스포다이에스터 결합을 만들고 올가미 구조를 형성한다. (2) 자유 3′-OH기는 3′ 엑손의 5′-말단기를 공격하여 3′,5′-포스포다이에스터 결합을 형성함으로서, 인트론은 올가미 모양으로 떨어져 나가고 두 개의 엑손은 이어맞추기된다.

? 이어맞추기 동안 몇 개의 결합이 끊어지고 형성되는가?

함으로써 그대로 유지한다. 이어맞추기에 필요한 서열은 3′과 5′의 이어맞추기 부위와 가지 부위에 짧은 보존 서열이 있다. 그럼에도 불구하고 이 서열은 보존력이 약해서 최근의 첨단 컴퓨터 프로그램을 사용하더라도 좋은 후보군을 찾기 위한 최대 예측 성공률이 50% 정도밖에 도출되지 않는다.

그림 26-24는 어떠한 5′ 이어맞추기 부위도 뒤에 있는 어떤 3′ 이어맞추기 부위와도 연결될 수 있다는 것을 보여 준다. 이 경우 그들과 연결되어 있는 사이의 모든 엑손과 인트론들은 다 제거된다. 그러나 이런 **엑손 생략**(**exon skipping**)은 일반적으로 일어나지 않는다. 오히려 모든 전구 mRNA의 인트론들은 5′→3′ 방향으로 진행되는 정해진 순서로 개별적으로 제거된다. 이 부분에서는 이어맞추기가 공동으로 전사되기 때문에 이런 과정이 발생한다. RNAP II가 새로 합성한 엑손을 내놓게 되면 이 엑손 부위는 RNAP II의 고인산화된 CTD에 결합된 이어맞추기 인자들과 결합한다. 이것이 엑손과 이어맞추기 기구를 CTD에 붙잡아두고 다음 엑손이 RNAP II로부터 나왔을 때 이어맞추기가 일어나게 해 준다.

이어맞추기는 이어맞추기 복합체에서 snRNP에 의해 중재된다. 이어맞추기 과정에서 어떻게 이어맞추기 접합부가 인식되고 2개의 엑손이 연결될까? 이 질문에 대한 답의 일부는 한 핵산은 또 다른 핵산에 의해 가장 잘 인식된다는 스타이츠(Joan Steitz)의 가설을 통해 얻어졌다. 진핵생물의 핵에는 **소핵질 리보뉴클레오단백질**(**small nuclear ribonucleoprotein, snRNP**)이라는 복합체를 구성하는 **소핵질 RNA**(**small nuclear RNA, snRNA**)라는 잘 보존된 60~300 nt 길이의 RNA가 들어 있다. 스타이츠는 snRNA들 중 하나인 **U1–snRNA**(유리딘 함량이 높음)의 5′ 끝이 5′ 이어맞추기 접합부의 공통 서열과 부분적으로 상보적임을 관찰하였다. **U1–snRNP가 5′ 이어맞추기 접합부를 인식하는 것**은 명확하다. 이어맞추기에 관여하는 다른 snRNP들로서

U2-snRNP, **U4-U6-snRNP**(**U4-**와 **U6-snRNA**는 염기쌍을 형성함), **U5-snRNP**가 있다.

이어맞추기는 **이어맞추기 복합체**(**spliceosome**)라는 약 60S 입자에서 일어난다. 이어맞추기 복합체는 전구 mRNA, snRNP, 다양한 전구 mRNA 결합 단백질들과 함께 작동한다. 사람에서 5개의 RNA와 약 300개의 폴리펩타이드로 구성된 이어맞추기 복합체는 크기와 복잡성에서 리보솜과 대비가 된다(27-3절). 이어맞추기 과정 중에 특이 단계에서 결합과 분리에 대한 다양한 요소를 가진 독립체이다. 조합 전의 이어맞추기 복합체는 전구 mRNA와 만나고, 그 이후 2개의 에스터 교환 반응이 일어날 때 snRNA에 있는 염기쌍이 형성된 줄기가 재배열되는 구조 변화가 생긴다. U6 snRNA는 반응성인 OH기의 핵친화성을 높여 주고 방출되는 기를 안정화시키는 촉매적으로 중요한 금속 이온과 결합한다. 자가 이어맞추기 인트론의 존재와 단백질이 없는 상태에서 snRNA의 실험 결과는 이어맞추기 복합체의 RNA 성분이 이어맞추기를 촉매한다는 것을 의미한다.

mRNA 이어맞추기에 필요한 4개의 모든 snRNP는 **snRNP 핵심 단백질**(**snRNP core protein**)이라는 동일한 단백질을 가지며, 이 단백질은 **B**, **D_1**, **D_2**, **D_3**, **E**, **F**, **G 단백질**(**protein**)로 불리는 7개의 **Sm 단백질**(**Sm protein**)로 구성되어 있다. 이 단백질들은 **Sm RNA 모티프**(**Sm RNA motif**)라는 잘 보존된 AAUUUGUGG 서열에 결합한다. 이 서열은 U1-, U2-, U4-, U5-snRNA에 존재한다. 이종 이합체인 D3-B와 D_1-D_2의 X선 구조는 이 네 단백질들이 공통적인 접힘을 가진다는 것을 보여 준다. 공통적인 구조를 살펴보면, N 말단 나선 뒤에 5개의 가닥으로 이루어진 역평행 β 병풍 구조가 나오며, 이는 소수성 내부를 형성하는 것으로 보인다(**그림 26-25**). 생화학적 실험과 돌연변이의 증거와 함께 X선 구조를 기초로 하여 만든 모형을 보면, 7개 Sm 단백질들이 칠합체 고리를 만드는데, 이 고리 안에는 한 Sm 단백질의 4번째 β 가닥이 인접한 Sm 단백질의 5번째 β 가닥과 주요 사슬 간 수소 결합을 통해 상호작용한다는 것을 알 수 있다. Sm 고리의 중앙에 깔때기 모양의 구멍은 양전하를 띠며, 단일 가닥의 snRNA를 수용할 수 있을 만큼 크다. 이 모형은 이형 칠량체 모형과 구조적으로 비슷한 동종 칠합체 고리를 형성하는 호열성 원시 *Pyrobaculum aerophilum*의 Sm 유사 단백질의 X선 구조에 의해 증명되었다. 7개의 진핵성 Sm 단백질은 원시 Sm 유사 단백질 유전자가 일련의 중복에 의해서 만들어졌음이 명백하다.

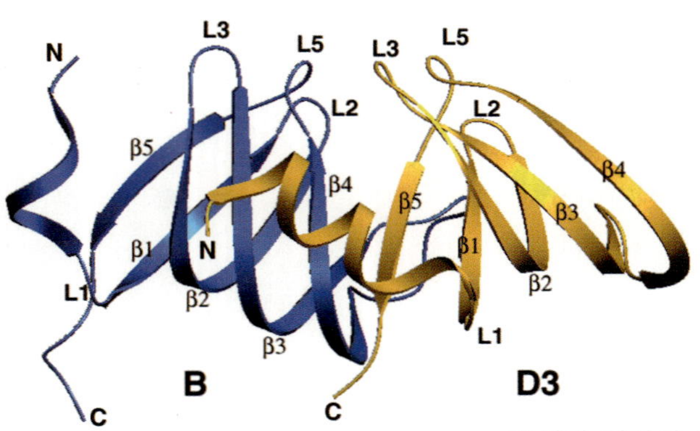

그림 26-25 Sm 이합체의 X선 구조 D3 단백질은 금색이고, B 단백질은 파란색이다. D3의 β5 가닥은 B의 β4에 겹쳐진 채로 속해 있다. 일치하는 고리는 비슷한 방향으로 연장한다. [Courtesy of Kiyoshi Nagai, MRC Laboratory of Molecular Biology, Cambridge, U.K. PDBid 1D3B.]

포유류의 U1-snRNP는 U1-snRNA와 10개의 단백질로 구성되어 있다. 10개의 단백질은 보통 모두 U-snRNP에 공통적인 7개의 Sm 단백질과 U1-snRNP에 특이적인 3개의 단백질, 즉 **U1-70K**, **U1-A**, **U1-C**이다. 165 nt의 U1-snRNA로부터 예상한 2차 구조(**그림 26-26*a***)는 5개의 이중 나선 줄기를 가지며, 그중 4개는 네 방향의 접점에서 만난다. U1-70K와 U1-A는 각각 RNA의 줄기-고리(stem-loop, SL) I과 II에 직접적으로 결합하지만, U1-C는 다른 단백질과 결합한다.

나가이(Kiyoshi Nagai)는 5.5 Å 해상도에서 인간의 U1-snRNP X선 구조를 알아냈다(**그림 26-26*b*,*c***). 이 저해상도에서 두 가닥의 RNA 줄기의 크고 작은 홈을 볼 수 있었다. 게다가 알려진 단백질 접힘의 위치에 포함된 단백질의 나선과 시트상은 분명하였다. U1-snRNA의 SL2는 U1-A와의 결합 부위가 제거된 촉진제의 결정성으로 변하고 짧아진다. 그러나 U1-A가 대폭 감소된 U1 snRNA는 이어맞추기에 활성

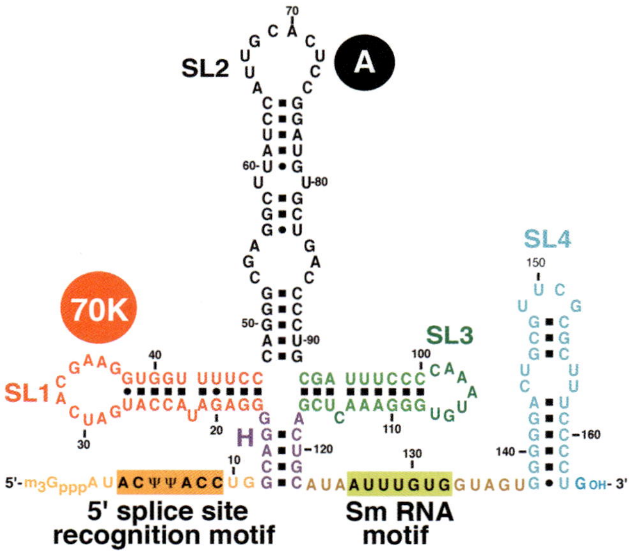

(a)

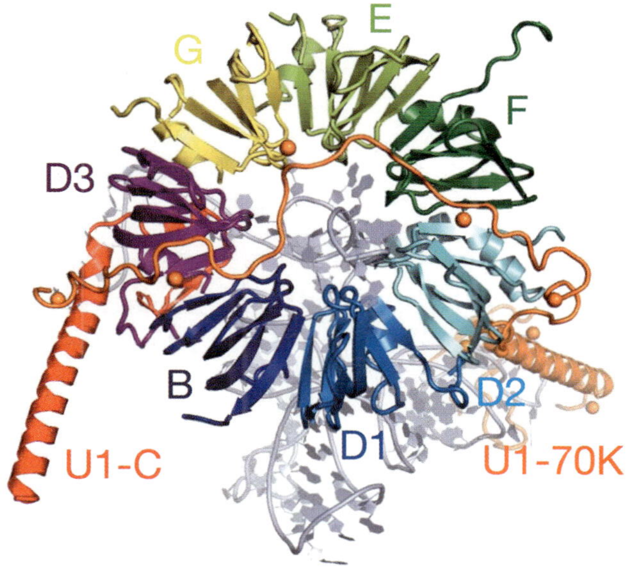

(b)

그림 26-26 사람 U1-snRNP의 X선 구조 (*a*) U1-70K와 U1-A 단백질에서 나온 RNA 일정 부분의 U1-snRNA의 예측된 2차 구조. Ψ는 유사 유리딘(pseudouridine)을 표현한 것이다(26-3C절). (*b*) 7개의 Sm 단백질이 각각 리본 형태, 다른 색으로 고리를 형성하고 있다. U1-C와 U1-70K는 주황색으로 표시된다(U1-A는 여기서 보이지 않는다). RNA는 회색의 주걱 모양이다. 노란색 구는 돌연변이 발생률을 높이게 구조가 풀리는 데 도움이 되는 단백질에 들어가는 셀레노메싸이오닌 안에서 셀레늄 원소를 표현한다. (*c*) (*b*)의 위쪽에서 보이는 구조. U1-C의 아연 손가락 모티프가 붙은 Zn^{2+}은 초록색 구로 표현한다. 결정에서 U1-snRNA의 5′ 말단 부분은 이중 나선의 끝에서 U1-snRNA(purple)을 이웃한다. 생체 내 전구 mRNA의 5′ 이어맞추기 자리는 여기에 결합한다. [Courtesy of Kiyoshi Nagai, MRC Laboratory of Molecular Biology, Cambridge, U.K. PDBid 3CW1.]

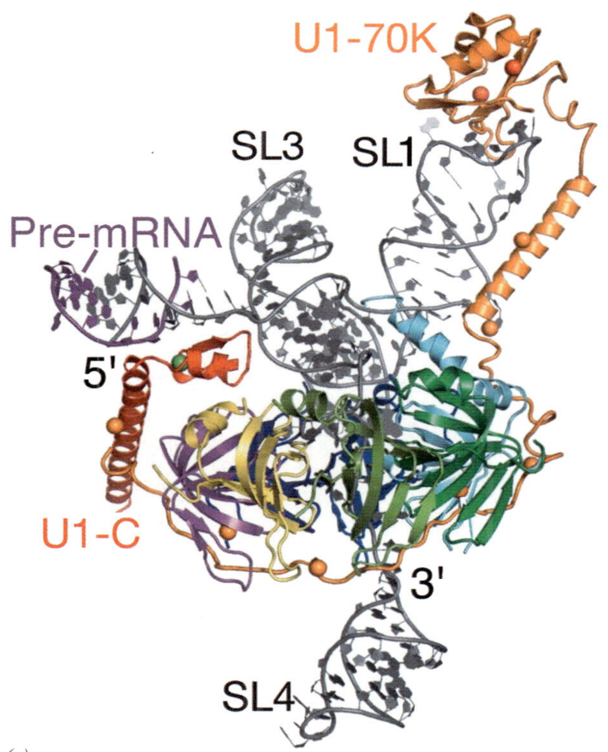

(c)

화된다. 이종 칠합체 고리로 예측되는 Sm 단백질은 지름이 70 Å이다. Sm RNA 모티프와 SL4는 Sm 단백질과 상호작용하는 Sm RNA 모티프 가닥처럼 고리의 깔때기 모양 중심 구멍을 통해 가닥지어진다. U1-C는 아연 손가락 영역과 D3 소단위체 사이의 상호작용을 통해 Sm 고리와 이어진다.

U1-snRNA의 5′ 말단이 이어맞추기 복합체 안의 전구 mRNA의 5′ 이어맞춤 부위와 염기쌍이 되는지를 보여 주는 모형으로서, 결정 속 이웃하는 U1-snRNA의 두 5′ 말단은 우연히 이중 나선 모양을 가진다. U1-C의 아연 손가락 영역은 이중 나선

과 상호작용하며 짐작컨대 안정화될 것이다. 이것은 이어맞추기 복합체 형성을 개시하는 부분에서 U1-C의 돌연변이 관찰과 일치한다.

유전자 이어맞추기는 진화적인 측면에서 중요하다. 알려진 DNA 서열의 많은 부분을 분석한 결과, 인트론은 원핵생물의 구조 유전자에는 거의 없고, 효모와 같이 하등 진핵생물에는 약간 포함되어 있으며(약 6600개 유전자 내에 총 239개의 인트론이 있었으며, 폴리펩타이드당 한 개의 인트론이 있는 두 가지 예외가 있었음) 고등 진핵생물[척추동물의 구조 유전자 중 오직 히스톤과 항바이러스 단백질인 **인터페론**(**interferon**) 유전자에는 인트론이 없음]은 인트론이 많이 포함되어 있었다. 전구 mRNA의 인트론은 상당히 길고 많은 수가 유전자에 포함되어 있다. 그 결과 전형적인 척추동물의 구조 유전자 구조에는 발현되지 않는 서열이 약 80% 이상 차지하며, 몇몇은 99%가 넘는 것도 있다.

복잡한 이어맞추기 기구가 분리된 유전자를 제거하기보다 선택적인 이점을 가지도록 진화하였는지 설명하기가 어렵기 때문에, 인트론이 **쓸모없는 DNA**(**junk DNA**)라고 말하기는 힘들다. 그렇다면 유전자 이어맞추기의 기능은 무엇일까? 이것의 발견 이후 유전자 이어맞추기의 중요성에 대해 많은 논쟁이 있어 왔지만, 두 가지 중요한 역할이 있다는 것을 알게 되었다.

1. 유전자 이어맞추기는 단백질의 진화를 빠르게 하는 역할을 한다. 많은 진핵성 단백질들은 다른 단백질들처럼 모듈(module)로 이루어져 있다(5-4B절). 예를 들어 SH2와 SH3 영역은 신호 전달(signal transduction)과 관련된 많은 단백질들에 존재한다(13-2B절). **이들 모듈을 가진 단백질들의 유전자는 인접한 인트론들 사이에서 재조합이 생겨 조합된 엑손들의 단계적인 모임을 통해 생긴다.**
2. 유전자 이어맞추기는 또한 **복식 이어맞추기**(**alternative splicing**)를 사용하여 하나의 유전자에서 가능이 다른 몇 가지 단백질을 만들 수 있다.

복식 mRNA 이어맞추기를 통해 단일 유전자로부터 많은 단백질이 만들어진다. 많은 세포 유전자의 발현은 복식 이어맞추기 부위의 선택에 의해 조절된다. 그래서 많은 엑손을 가진 유전자들은 상호 배제적인 엑손을 가진 전사체를 만들 수 있다. 효율적인 면에서 보았을 때 한 종류의 세포에서 특정 엑손이 다른 세포에서는 인트론이 될 수도 있는 것이다. 예를 들면 생쥐 유전자 하나가 복식 이어맞추기 부위를 선택하는 것에 따라 근육 단백질 **α-트로포마이오신**(**α-tropomyosin**, 7-2A절)의 7가지 조직 특이적 변이체들을 암호화할 수 있다(그림 26-27).

복식 이어맞추기는 모든 다세포 생물에서 일어나며, 특히 척추동물에서 일반적으로 일어난다. 사람의 구조 유전자 중 약 95%가 복식 이어맞추기를 한다. 이는 사람의 유전체 안에 구조 유전자가 예전에는 100,000개 정도일 것이라고 예상하였지만, 지금은 약 21,000개로 알고 있다. 복식 이어맞추기는 이와 같은 불일치를 이론적으로 설명하는 데 도움을 줄 수 있다. 이어맞추기된 mRNA 서열에서의 다양성은 몇 가지 생길 수 있다. 즉 엑손들이 유지되거나 넘어가는 경우, 인트론이 잘려나가거나 유지되는 경우, 5′과 3′ 이어맞추기 부위의 위치가 전환되어 엑손이 더 길어지거나 짧아지는 경우들이 생길 수 있다. 여기에 전사 개시 부위와 폴리아데닐화 부위의 변경은 하나의 유전자에서 전사되는 mRNA의 다양성을 더 높일 수 있다.

신경 발생 역할을 하는 초파리의 **DSCAM**(*D*own *s*yndrome *c*ell-*a*dheston *m*olecule) 단백질을 보면 특히 더 놀랍다. 이 단백질은 24개의 엑손에서 만들어지는

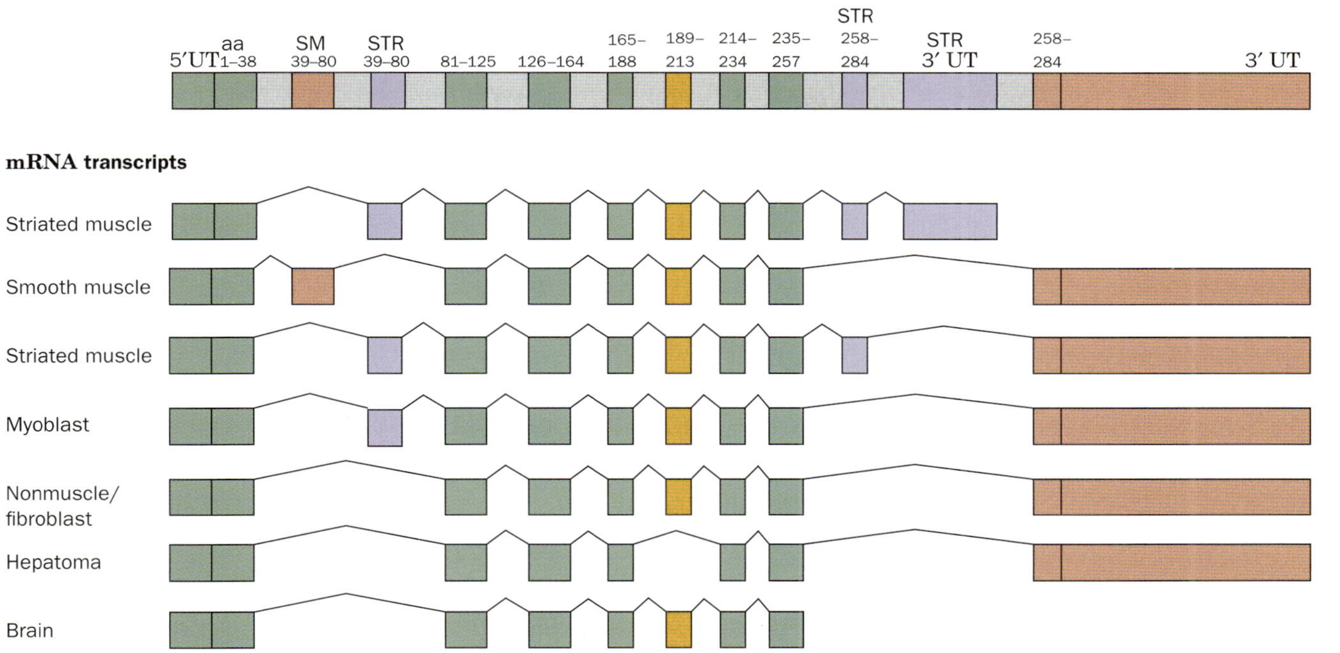

그림 26-27 생쥐의 α-트로포마이오신 유전자의 복식 이어맞추기 7가지 복식 이어맞추기 경로는 세포 특이적 α-트로포마이오신 변이체들을 만든다. 가늘고 꺾인 선은 성숙한 mRNA의 형성을 위해 떨어져 나간 인트론이 있던 지점이다. 조직 특이적 엑손들은 그들이 암호화하는 아미노산 잔기들로 표시하였다. '구성성' 엑손(모든 조직에서 발현되는)은 녹색, 민무늬근(Smooth muscle, SM)에서만 발현되는 것은 진한 갈색, 가로무늬근(Striated muscle, STM)에서만 발현되는 것은 보라색, 다양하게 발현되는 엑손은 노란색으로 나타내었다. 아미노산 잔기 39~80개를 암호하는 민무늬근과 가로무늬근의 엑손은 상호 배제적이며 3′ 비번역(UT) 엑손도 복식이다. [After Breitbart, R.E., Andreadis, A., and Nadal-Ginard, B., *Amu. Rev. Biochem.* **56**, 481(1987).]

데, 이 중에서 엑손 4에서는 12개의 상호 배제적인 변이체가 만들어지고, 엑손 6에서는 48개, 엑손 9에서는 33개, 엑손 17에서는 2개[**카세트 엑손(cassette exon)**이라고 잘 알려진]가 만들어져서 총 38,016개의 단백질 변이체가 생길 수 있는 가능성을 가진다(초파리 유전체에서 발견된 약 14,000개 유전자와 비교해). 이 모든 DSCAM 변이체들이 만들어지는지는 모르지만, *Dscam* 유전자가 그중 수천 개를 발현한다는 것이 실험을 통해 밝혀졌다. [*Dscam*은 면역 글로블린의 상위에 분류되는 세포 표면 막단백질이다. 주어진 뉴런 내에서 발현되는 특정한 동위 단백질은 다른 동위 단백질과는 드물지만 자체들끼리 결합한다. 이는 뉴런이 다른 뉴런의 프로세스로부터 자신의 프로세스(축색돌기와 수상돌기)와 구분되게 해 주어서 신경 패턴에 중요한 역할을 한다. 그러나 주어진 동위 단백질의 정확한 기능은 중요하지 않은 것으로 보인다.] **한 생물체의 유전체 안에 있는 많은 유전자들 자체만으로 단백질의 다양성을 제공하지 않는 것이 명백하다.** 평균적으로 산출해 보면 유전자 한 개에서 3개의 다른 단백질을 만든다.

복식 이어맞추기로 발현된 단백질들에게 부여한 여러 종류의 변화는 단백질들의 성질과 기능의 전체 범위에 걸쳐 나타난다. 기능적인 영역 전체 또는 단일 아미노산 잔기가 단백질에 삽입되거나 결손될 수 있으며, **종결 코돈(stop codon)**의 삽입은 발현되는 폴리펩타이드를 잘려지게 할 수도 있다[코돈은 폴리펩타이드 속 아미노산 종류의 3 nt 서열이다. 종결 코돈은 폴리펩타이드 합성의 말단에 리보솜을 지시하는 3 nt 서열이다(27-1C절)]. 예를 들어 이어맞추기의 다양성은 단백질이 용해성이든, 막에 결합된 상태이든, 특정 인산화효소에 의해 인산화가 되든 안 되든, 세포 내 위치가 어떻든, 효소가 특정한 위치에 결합하든, 리셉터가 리간드와 결합하는 정도가 어떻든 간에 기타 많은 부분을 제어할 수 있다.

mRNA에서 특히 비암호 지역에서의 변화는 전사율이 분해에 대한 감수성에 영향을 줄 수 있다. 복식 이어맞추기 부위의 선택은 조직과 발생 단계에 특이적이기 때문에 이어맞추기 부위의 선택은 시공에 따라 조절되는 것이 마땅하다.

복식 이어맞추기 부위는 어떻게 선택될까? 이 과정을 가장 잘 이해할 수 있는 예는 아래와 같이 초파리의 성 결정 경로의 **전환자**(*transformer*, *tra*) 유전자에서 잘 나타난다. 전환자 전구 mRNA의 엑손 2는 두 개의 복식 3′ 이어맞추기 부위를 가진다. 수컷에서는 엑손 1에 가까운 부위가 사용되고, 암컷에서는 먼 부위가 사용된다(**그림 26-28**). 이 두 부위 사이의 지역에는 종결 코돈인 UAG가 들어 있다. 수컷에서 이어맞추기 인자 **U2-snRNP 보조 인자**(**U2AF**)가 가까운 3′ 이어맞추기 부위에 결합하여 종결 코돈을 가지는 mRNA를 만든다. 그 결과 잘려지고 기능이 없는 **TRA** 단백질이 합성된다. 그러나 암컷에서는 가까운 3′ 이어맞추기 부위는 **성 치사**(*sex-lethal*, *sxl*) 유전자 산물(암컷에서만 발현됨)인 암컷 특이적인 **SXL** 단백질에 결합되어 **U2AF**의 결합이 차단된다. 결합이 막힌 U2AF는 먼 3′ 이어맞추기 부위에 결합하여 기능적인 TRA 단백질의 발현을 유도한다. 암컷의 경우, TRA 단백질은 수컷 특이적 유전자에 대한 억제제의 생성을 유도하여 다른 성 결정 유전자로부터 mRNA의 이어맞추기에 영향을 주게 된다.

이와 유사한 복식 이어맞추기 부위를 선택하는 메커니즘이 척추동물에서 확인되었다. 이어맞추기 부위의 구성 요소와 대안 선택에 작용하는 몇몇 단백질들은 **SR 단백질**과 **이형 핵 리보뉴클레오단백질**(**heterogeneous nuclear ribonucleoprotein**, **hnRNP**)의 요소를 포함한다. SR 단백질은 N 말단과 많은 Ser-Arg(SR)이 들어 있는 독특한 C 말단 RS 도메인 근처의 RNA 서열과 결합한 하나 이상의 **RNA 인식 모티프**(**RNA recognition motif**, **RRM**) 각각은 반복하고, 단백질 간의 상호작용에 참가한다(U2AF와 TRA 둘다 SR 영역을 포함하지만 RPM을 가지기 때문에 SR 단백질은 아니다). RS 영역에서 적당하게 인산화되었을 때 SR 단백질은 RRM을 통해 작은(5~10개 nt) **엑손 이어맞추기 증강제**(**exonic splicing enhancer**, **ESE**)와 결합하고 이를 통해 5′와 3′ 이어맞추기 부위 측면에 모집된 이어맞추기 조직과 재반응한다. 매우 미성숙한 RNA와 결합한 단백질인 hnRNP는 RS 영역이 없고 이런 이유로 이어맞추기 조직을 모을 수 없다. 대신에 hnRNP는 이어맞추기 조직의 결합을 막기 위해 **엑손 이어맞추기 소강제**(**exonic splicing silencer**, **ESS**)와 **인트론 이어맞추기 소강제**(**intronic splicing silencer**, **ISS**)에 해당하는 이어맞추기 부위 측면과 결합한다. 이어맞추기 조직을 돕는 상호작용은 많은 서열로부터 이어맞추기 부위의 서열과 일치

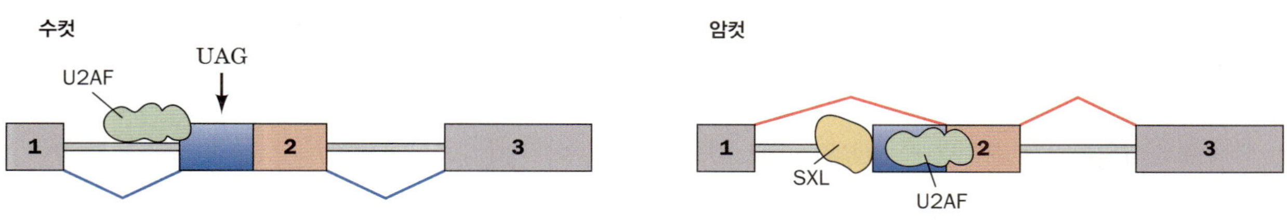

그림 26-28 **초파리 유전자에서 이어맞추기 부위 선택의 대안** 전구 mRNA의 엑손은 직사각형으로 표현되어 있고, 인트론은 잘려진 구부린 선의 측면의 회색 끈으로 보인다. UAG는 종결 코돈이다. 암컷에서 단백질 SXL은 가능한 이어맞추기 부위 중 두 번째인 종길이 TRA 단백질의 일반적인 mRNA로 이어맞추기 복합체로 향해간다. [After a drawing by Manuatis, T. and Tasic, B., *Nature* 418, 236 (2002).]

되는 진짜 엑손(비교적 짧은)과 인트론(비교적 긴)을 구별한다. 사실 이어맞추기 부위의 대안이 되는 많은 서열에 대한 광범위한 분석은 인트론과 엑손 모두에 있고 앞서 말한 조절 장치를 알아보는 200개 이상의 RNA 특징 혼합인 '이어맞추기 코드(splicing code)'의 존재를 확인시켰다. hnRNP와 SR 단백질의 조직 특이 발현은 후자의 양쪽 인산화와 함께 확실한 mRNA 이어맞추기의 복합체 규정의 원인이 된다.

인간의 유전적 질환의 약 15%는 mRNA 이어맞추기의 사전오류의 결과로서 주로 점 돌연변이(point mutation)에 의해 발생한다. 어떤 돌연변이들은 기능적인 이어맞추기 위치의 삭제를 야기하여 **애매한 이어맞추기 부위(cryptic splice site)**를 만들기도 한다. 다른 돌연변이들은 새로운 이어맞추기 부위를 만들어서 정상적인 이어맞추기를 대신하기도 한다. 덧붙여서 암 발생이 이러한 복식 이어맞추기 부위를 만드는 과정에서 단백질의 변이와 관계가 있다. 단백질을 코딩하는 서열이 변하지 않는 돌연변이[유전자 코드는 여러 아미노산으로 번역(표 27-1)될 수 있고 이런 아미노산 변환은 기능적으로는 영향이 없다.])라고 할지라도 ESE나 ESS를 변화시킬 수도 있고 매우 해로운 영향을 줄 수도 있다. 그러므로 단백질을 코딩하는 서열들은 기존의 단백질이 기능을 진화시키는 힘과 서열 이어맞추기를 조절하는 요소가 동시에 작용하는 것이다.

mRNA는 편집된다. 진핵생물 mRNA의 추가적인 전사 후 변형에는 특정 A의 메틸화가 있다. 몇몇 경우에서 mRNA는 염기의 변화, 결손 또는 삽입 등을 포함한 **RNA 편집(RNA editing)**을 거친다. 이 현상의 가장 극단적인 예는 트리파노솜(trypanosome)과 관련 원생동물에서 나타나는데, 수백 개의 U가 번역 가능한 mRNA를 만들기 위해 첨가되고 제거된다. mRNA 편집 기구에는 미성숙한 mRNA와 염기쌍을 이루어서 이를 변형시키는 **안내 RNA(guide RNA, gRNA)**가 들어 있다.

소수의 mRNA에서는 특정 염기가 화학적으로 변하는데, 예를 들면 **치환형 편집(substitutional editing)**이라는 과정을 통해 C가 효소 작용에 의해 탈아미노화되어 U가 된다든지, 또는 A가 탈아미노화되어 이노신(inosin, 리보솜에 의해 G로 읽힘)이 만들어진다. 사람의 경우 두 종류의 **아포지방단백질 B(apolipoprotein B, apoB)**가 발현되는데, 소장에서만 만들어지는 **apoB-48**은 장에서 간과 주변 조직으로 트라이아실글리세롤을 수송하기 위해 유미 입자(chylomicron)에서 작동한다. 간에서만 만들어지는 **apoB-100**은 간에서 주변 조직으로 콜레스테롤을 운반하기 위해 VLDL, IDL, LDL과 함께 작용한다(표 20-1). ApoB-100은 4536개 잔기로 된 큰 단백질인 반면, apoB-48은 apoB-100의 N 말단에 있는 2152개의 잔기로 되어 있다. 그러므로 LDL 수용체 결합을 조절하는 apoB-100의 C 말단 영역은 없다. 비록 apoB-48과 apoB-100이 같은 유전자에서 발현되었지만, 이들 두 단백질을 암호하는 mRNA는 C → U로 치환된 차이를 가진다. apo-100 mRNA에서 2153번째 Gln에 대한 코돈으로 CAA를 가지나 apoB-48의 mRNA에서는 UAA로 바뀌어 종결 코돈이 되었다. 편집 활성을 나타내는 효소는 부위 특이성을 갖는 **사이티딘 탈아미노화 효소(cytidine deaminase)**이다.

치환형 편집은 단백질의 다양성에 기여한다. 예를 들면 초파리의 *cacophony*에서 전압 개폐 통로인 Ca^{2+} 통로 단위체에 대한 전구 mRNA는 10개의 서로 다른 치환 편집 부위가 있어 그 결과 복식 이어맞추기 없이도 2^{10} = 1024개의 서로 다른 동위체들이 만들어질 수 있다. 예를 들어 **ADAR2**(ADAR; *a*denosine *d*eaminase *a*cting on *R*NA) 효소는 그 자신의 전구 mRNA를 인트론에 있는 AA를 AI로 바꾸어 편집한다(그림 26-24). 결과적으로 새로 생긴 이어맞추기 부위는 ADAR2 mRNA의 5′ 말단 근처에 47개의 염기를 첨가하게 되고 새로운 번역의 개시 부위가 만들어진다. 이렇게 만들어진 ADAR2 동위체는 촉매 활성은 가지지만, 편집되지 않은 전사체에서 만들어진 것보다 더 적게 만들어진다. 이는 아마도 번역 개시 부위가 효율성이 떨어지기 때문인 듯하다. 그래서 ADAR2는 자신의 발현율을 조절하는 것으로 보인다.

성숙한 진핵세포의 mRNA는 핵에서 세포질까지 활발하게 이동한다. 원핵세포의 mRNA의 번역은 합성이 끝나기 전에 개시되기도 한다. 원핵세포 mRNA의 전사와 전사 후 과정이 핵에서 일어나기 때문에 원핵세포에서는 이런 일이 일어날 수 없다. 그러나 번역은 세포 기질에서 일어난다. 그 결과 성숙한 mRNA는 핵에서 세포질까지 이동되어야 한다. 이 과정은 성숙한 mRNA는 핵 내에 존재하는 RNA의 작은 부분을 구성하기 때문에 매우 선택적인 과정이며, 나머지는 전구 mRNA, 잘려진 인트론(잘려져도 일반적으로 엑손보다 큼), rRNA, tRNA, snRNA, rRNA와 tRNA의 합성 과정에서 참여하는 다양한 RNA가 있다(26-3C절). 사실 합성된 RNA의 5%만이 핵을 떠난다.

어떻게 성숙한 mRNA가 인식되고 이동될까? 우리가 mRNA가 핵에 존재하는 것을 알 때, 전구 mRNA는 계속 m^7G 캡과 poly(A) 꼬리, 인트론을 이어맞추기 합성에 참가하는 많은 단백질과 함께 한다. 추가적으로 서열로 간주되지 않은 이어맞춤 접합(splice junction) 자리인 20~24 nt 위쪽에서 이어맞추기 과정 동안에는 mRNA에 4개의 핵심 단백질과 일시적으로 연결된 몇몇의 단백질로 구성된 **엑손 연결 지점 복합체(exon junction complex, EJC)**가 있다. mRNA에 결합된 단백질의 구성은 mRNA가 처리될 때 변하지만, SR 단백질, hn RNP, EJC를 포함한 몇몇의 단백질은 성숙한 mRNA와 연결되어 핵에 남는다. 하지만 핵에서 배출되는 mRNA를 식별하기 위해 각각의 단백질보다는 결합된 단백질의 형태로 나타난다.

진핵생물의 핵(그림 1-8)은 3000개 이상의 구멍에 의해 뚫리는 세포 소기관들이 있는 두 겹의 막이다. 8겹으로 된 핵심적인 30개의 다른 단백질의 조합의 엄청나게 큰(~120,000 kD) **핵공 복합체(nuclear pore complex, NPC)**는 **뉴클레오포린(nucleoporin)**으로 알려져 있다. 내부 지름이 90 Å(260 Å 만큼 확대할 수 있지만)인 NPS는 40 kD의 물질 보급이 가능하다. 그러나 단백질이 있는 복합체의 mRNA를 포함해 대부분의 거대 분자는 NPC를 통과할 활성 수송 과정이 필요하다. 성숙한 mRNA와 연결된 몇몇 단백질은 효모에서 **Dbp5**라는 ATP 의존성 RNA 나선 분해효소에 의해 인식되는 핵외 배출 신호를 받아들이지 않기도 한다. Dbp5는 많은 단백질 결합을 벗겨내는 동시에 세포 기질 안으로 mRNA가 빠져나올 수 있도록 하는 NPC와도 결합한다. 단백질은 후에 mRNA가 NPC를 통해 핵으로 돌아가는 데 다시 이용된다.

결국, mRNA는 다시 기본 뉴클레오타이드 성분으로 분해된다. 이것은 고차원의 제어 과정으로서 선택적으로 비율에 맞게 mRNA를 분해하는데 고유의 정보, 세포 종류, 발달 단계에 따라 다양하다. 결과적으로, 특정한 mRNA의 분해 비율을 합성의 비율과 정도를 조절하는 데에 있어 중요하다. mRNA의 분해 기작은 28−3C절에서 다시 논의하도록 하자.

C 리보솜의 RNA 전구 물질은 갈라지고 변형되고 맞춰진다

대장균에는 **5S**, **16S**, **23S rRNA**의 세 종류가 있다. 이들은 7개의 오페론에서 만들어지는데, 이들 각 오페론은 세 종류의 rRNA 유전자들 중 하나를 한 개씩 가지고 있다. 이들 오페론의 다시스트론성 1차 전사체는 길이가 5500 nt 이상이며, rRNA 외에도 4가지 이상의 tRNA의 전사체도 포함하고 있다(**그림 26-29**). 1차 전사체가 성숙한 rRNA로 프로세싱되는 단계들은 여러 프로세싱 효소에 대한 돌연변이체를 통해 밝혀졌다.

초기 프로세싱은 **전구 rRNA**(**pre-rRNA**)라는 산물을 만드는데, 이 과정은 1차 전사체가 합성되고 있는 중에 일어난다. 이 과정에는 그림 26-29에 표시한 부위에서 **RNase III**, **RNase P**, **RNase E**, **RNase F**에 의해 내부 핵산 분해가 일어난다. 절단 부위는 그들의 2차 구조에 의해 인식될 것이다.

RNase D, **M16**, **M23**, **M5**에 의한 두 번째 프로세싱 단계에서 전구 rRNA의 5′과 3′ 말단이 잘려나가고 성숙한 rRNA가 만들어지게 된다. 마지막 절단은 전구 rRNA가 리보솜 단백질과 결합한 이후에 일어난다. 리보솜의 조합 시 특정 rRNA 잔기가 메틸화되는데, 이는 핵산 분해 효소로부터 자신을 보호하는 작용을 한다.

snoRNA는 진핵생물 rRNA의 메틸화에 직접 관여한다. 진핵생물의 유전체에는 전형적으로 수백 개의 반복적인 rRNA 유전자들이 포함되어 있다. 이 유전자들은 그림 1-8에서 보이는 것처럼 막으로 둘러싸여 있지 않으며 핵 안에서 작고 까맣게 염색되어 보여지는 **핵소체**(**nucleolus**)에서 전사되고 프로세싱된다. 진핵성 rRNA의 1차 전사체는 분리 서열에 의해 떨어져 있는 **18S**, **5.8S**, **28S rRNA**를 포함하는 약 7,500 nt의 **45S RNA**이다.

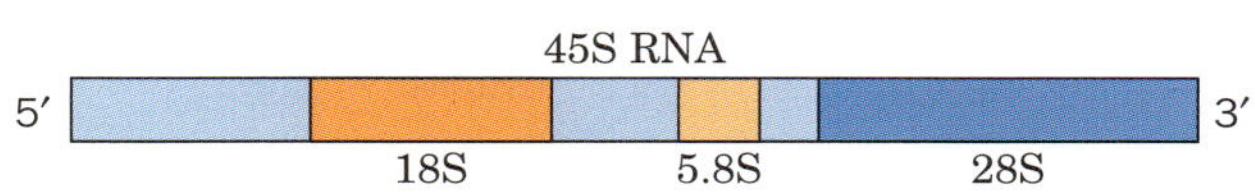

첫 번째 프로세싱 단계에서 45S RNA는 rRNA 서열 중 많은 지점(사람의 경

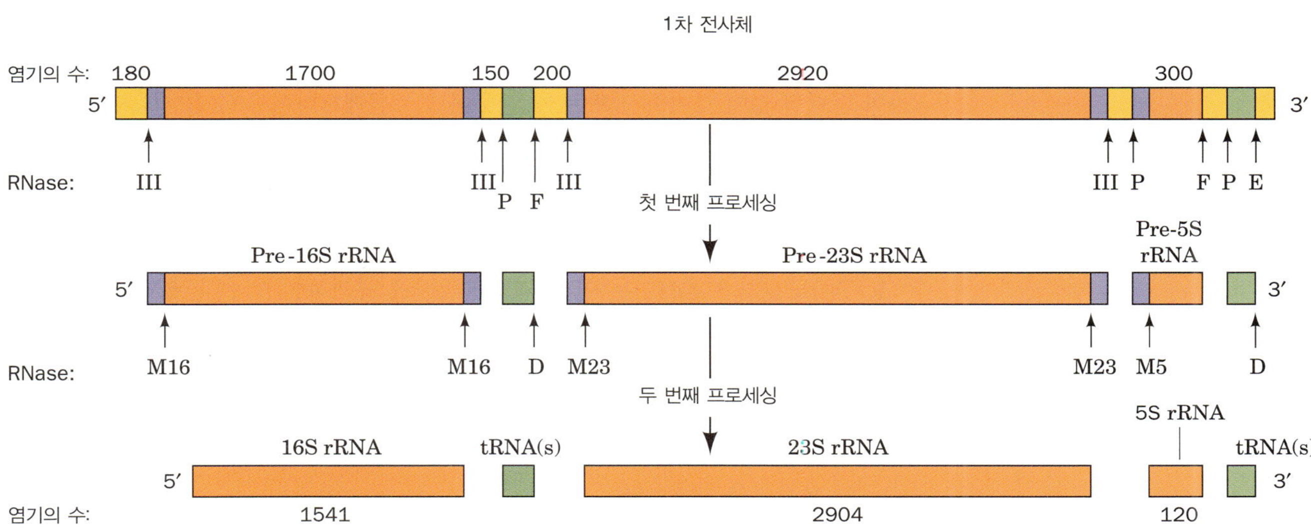

그림 26-29 대장균 rRNA의 전사 후 프로세싱 전사 지도는 대략적인 비율로 나타내었다. 화살표는 핵산 분해 효소와 이들에 의해 절단되는 위치를 보여 준다. [After Apiron, d., Ghora, B.K. Plantz, G., Misra, T.K., and Gegenheimer, P., in Söli, D., abelson, J.N., and Schimmel, P.R. (Eds.), *Transfer RNA: Biological Aspects*, p. 148, Cold Spring Harbor Laboratory(1980).]

우 106개)에서 특이적인 메틸화가 일어난다. 이 변형의 약 80%는 ***O*^2′^-메틸리보스**(O_2′-methylribose) 잔기이고, 나머지는 주로 ***N*^6,^*N*^6^-다이메틸아데닌**(N^6,N^6-dimethyladenine)과 **2-메틸구아닌**(2-methylguanine)이다. 이후의 45S RNA 절단은 원핵생물의 rRNA 경우와 비슷하다. 사실 RNase III와 RNase P 같은 활성을 보이는 효소들이 진핵생물에도 존재한다. 진핵생물의 리보솜은 네 종류의 rRNA를 포함한다(27-3절). 그중 5S rRNA는 tRNA와 유사한 방식으로 프로세싱된다(26-3D절).

효모와 척추동물에서 rRNA의 메틸화 부위는 일정한 서열에 위치한다. 그렇다고 하나의 메틸 전달 효소에 의해 인식되는 부위이지만 공통적인 서열을 갖는 것은 아니다. 어떻게 메틸화 부위가 정해져 있을까? 전구 rRNA는 **작은 인 RNA**(**small nucleolar RNA, snoRNA**) 계보에 속하는 성분들과 상호작용한다. 포유동물에는 약 200개의 snoRNA가 있고 대부분 구조 유전자들의 인트론에 의해 암호된다(즉 잘려진 인트론 모두가 버려지는 것이 아니다). snoRNA는 70~100개 nt 정도의 다양한 길이를 가지며, $O^{2\prime}$-메틸화 부위를 포함한 성숙한 rRNA의 부분과 정확히 상보적인 10~21개 nt 길이의 부분을 가진다. snoRNA는 메틸 전달 효소를 포함한 단백질 복합체를 메틸화 부위로 이동시켜 준다. 아마 snoRNA가 없다면, 세포는 각 메틸화 서열을 인식할 수 있는 각기 다른 메틸 전달 효소를 합성해야만 할 것이다. 작은 RNA들과 단백질들의 복합체는 특정 rRNA의 유리딘 잔기를 유사 유리딘(pseudouridine, Ψ)으로 전환시킨다.

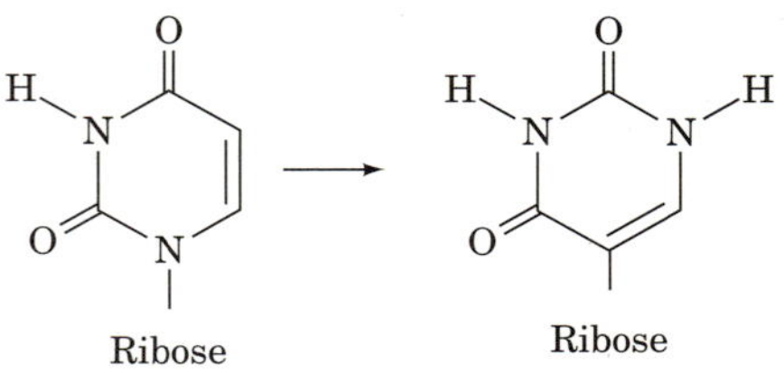

Uridine **Pseudouridine (ψ)**

일부 진핵성 rRNA는 자가 이어맞추기를 한다. 소수의 진핵성 rRNA 유전자에는 인트론이 있다. 1982년에 체크(Thomas Cech)는 이 인트론들이 어떻게 이어맞추기가 되는지에 대한 연구를 하였는데, **RNA가 효소**(리보자임, 24-2C절)**로서 역할을 한다는** 놀라운 사실을 밝혔다. 섬모충인 *Tetrahymena thermophila*의 전구 rRNA를 추출하여 단백질 없이 구아노신 또는 자유 구아닌 뉴클레오타이드(GMP, GDP, GTP)와 함께 반응시켰을 때, 413개 nt의 단일 인트론이 잘려나가고 인접한 엑손들이 연결되었다. 즉 **전구 rRNA는 자가 이어맞추기를 한다**는 것이다. 이 과정에 포함된 세 단계의 반응(**그림 26-30**)은 mRNA의 이어맞추기의 경우와 닮았다.

1. 구아노신의 3′-OH기는 인트론의 5′ 말단을 공격하여 5′ 엑손에 3′-OH기가 생기게 하여 인트론의 5′ 말단과 새로운 포스포다이에스터 결합을 형성하게 한다.
2. 새로 만들어진 5′ 엑손의 3′ 말단 OH기는 3′ 엑손의 5′-인산을 공격하여 새로운 포스포다이에스터 결합을 형성한다. 이로 인해 2개의 엑손이 이어맞추기가 되고 인트론을 방출한다.
3. 인트론의 3′ 말단 OH기는 인트론의 말단에서 15번째 뉴클레오타이드에 있는 인산을 공격하여 5′ 끝을 포함한 조각과 원형 구조를 갖는 3′ 말단 조각이 만들어진다.

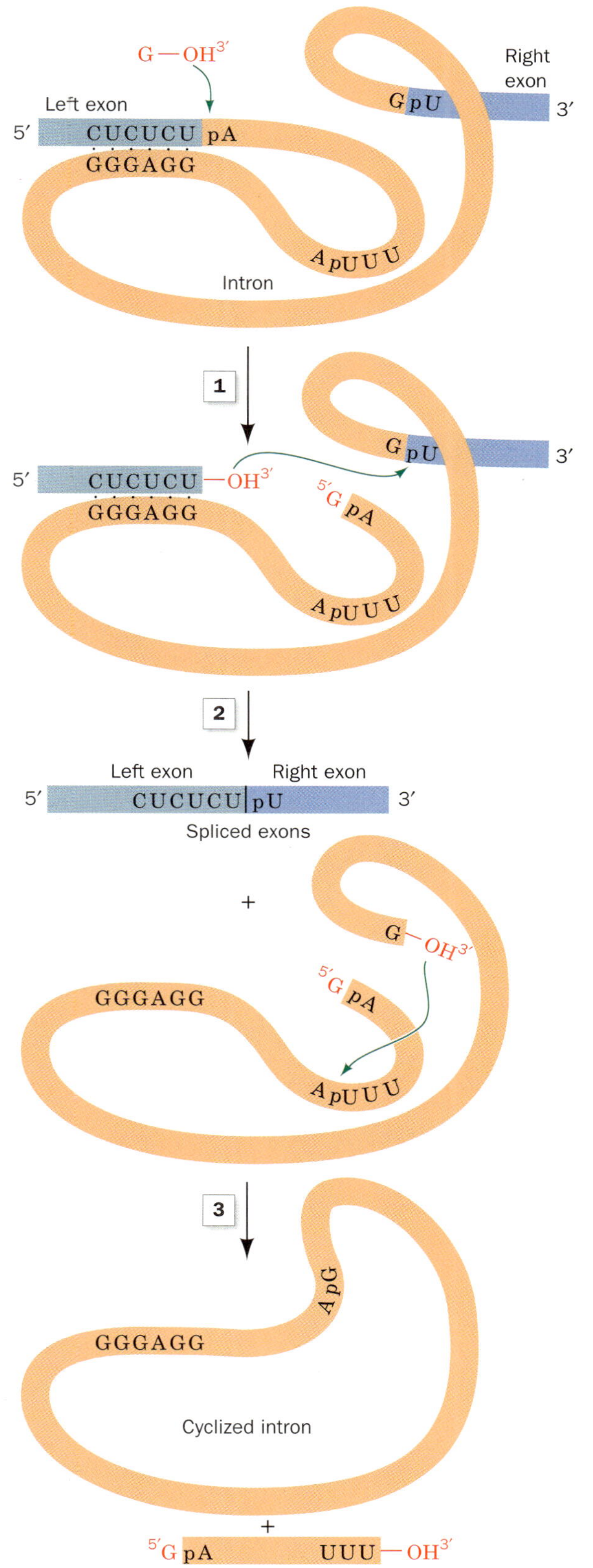

그림 26-30 테트라하이메나(*Tetrahymena*) 전구 rRNA의 자가 이어맞추기 반응에 관여된 서열 (1) 구아닌 뉴클레오타이드의 3′-OH기는 포스포다이에스터 결합을 형성하기 위해 인트론의 5′ 말단 인산을 공격하여 5′ 엑손을 드러나게 한다. (2) 새로 만들어진 5′ 엑손의 3′-OH기는 3′ 엑손의 5′ 말단 인산을 공격하여 두 개의 엑손이 이어맞추기되고 인트론은 떨어져 나간다. (3) 인트론의 3′-OH기가 5′ 말단으로부터 15번째 잔기의 인산을 공격함으로써 인트론은 원형이 되고 5′ 말단 조각은 떨어져 나간다. 이 과정을 통하여 RNA는 인트론의 정확한 절단을 수용할 수 있는, 접히고 내부적으로 수소 결합을 이룬 형태를 유지한다.

? 얼마나 많은 포스포다이에스터 결합이 이 과정에서 생기고 없어지는가?

자가 이어맞추기 과정은 일련의 에스터 교환(transesterification)에 의해 이루어지므로 자유 에너지의 유입은 필요 없다.

그림 26-30과 같이 반응을 하는 자가 이어맞추기 RNA를 **I군 인트론(group I intron)**이라고 하며, 다양한 진핵생물(척추동물은 아님)의 핵, 미토콘드리아, 엽록체, 약간의 박테리아에서 일어난다. 곰팡이와 식물의 미토콘드리아와 엽록체에서 만들어지는 **II군 인트론(group II intron)**은 외부의 G 대신에 올가미 모양의 중간체를 형성하는 내부의 A 잔기를 통해 반응이 일어난다. 전구 mRNA와 II군 인트론 이어맞추기의 화학적 유사성은 이어맞추기 복합체(*spliceosome*)**가 리보자임 계라는 것을 의미한다. 리보자임의 RNA 성분은 최초의 자가 이어맞추기 RNA로부터 진화되었고 단백질 성분은 주로 리보자임의 구조화와 기능에 기여한다.** 또한 이는 RNA가 전기 세포 시대(RNA 세계, 자료 24-3)에서 본래 생물학적 촉매제였다는 가설과도 일치한다.

테트라하이메나의 I군 리보자임은 3차 구조의 복합체를 가진다. I군 인트론은 대부분 2000 이상의 풍부한 자가 이어맞추기를 한다. **테트라하이메나**(*tetrahymena*)의 I군 인트론의 서열에는 P1에서 P9(**그림 26-31*a***, 염기쌍 한쪽의 P)까지 9개의 이중 가닥의 부분들이 포함되어 있다. 그런 분석은 내부의 고리와 함께 배치된 공통 축을 가지고 뻗은 나선형의 세트로 구성된 보호된 I군 인트론의 촉매의 핵심을 더 나타낸다. 이는 P4-P5-P6 영역(P4–P6 영역이라고 함)과 P3-P7-P8-P9(P3-P9 영역이라고 함) 영역에서 배치된다.

체크(Cech)는 내부에서 구아노신 친핵체로서의 기능을 하는 3′G(ωG)의 추가와 함께 테트라하이메나 I군 인트론의 P4-P6 영역과 P3-P9 영역을 둘 다 포함하는 247개 nt RNA(그림 26-31*a*)를 설계하였다. 이 RNA는 촉매적으로 활성을 가졌다. 이것은 P1-P2 영역과 3차 상호작용을 통해 결합한다. 그리고 인트론을 보호하는 것과 비슷한 방식으로 P1을 쪼개 ωG를 돕는다.

RNA의 X선 구조(**그림 26-31*b,c***)는 리보자임의 활성 부위 형태로 구성된 큰 영역 간 상호작용을 통해 P4-P6의 한쪽을 감싸고 있는 곡선 나선형을 구성하는 얇은 띠 형태와 P3-P9로 연결된 두 유사 연속 평행 나선형 및 직선 평행 나선형으로 감싸진 P4-P6와 함께 A-RNA 모양의 나선형으로 세 방향의 축에 쌓여진 형태로 나타난다. A-rich bulge라고 하는 U자

(a)

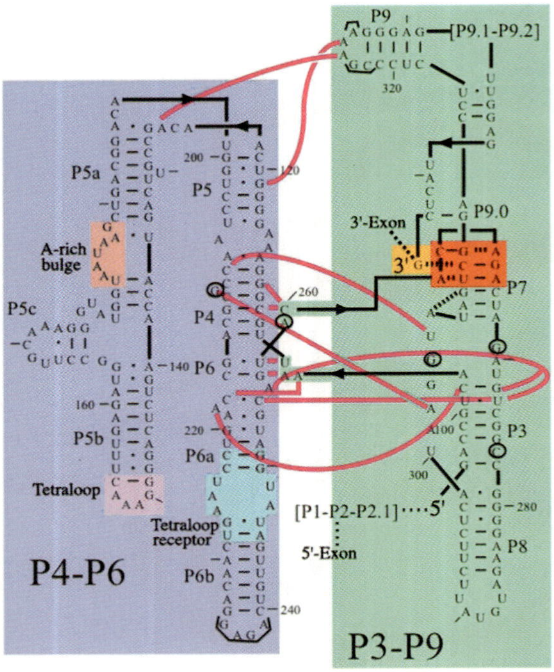

그림 26-31 *Tetrahymena thermophila* **I군 인트론** (*a*) 414개 nt 리보자임의 2차 구조. P4-P6과 P3-P9는 각각 파란색과 초록색으로 표시된다. 촉매 반응으로 활성 3′ ωG 잔여물은 노란색, P7의 3 염기는 빨간색, P4-P6의 A-가득한, 4개의 고리, 4개의 고리 수용체는 각각 주황색, 분홍색, 녹색으로 표시되어 있다. 영역 간의 상호작용은 자주색 선으로 표현한 반면, 왓슨-크릭과 비왓슨-크릭의 염기쌍 상호작용은 짧은 가로선과 작은 원으로 표현되었다. 10번째 잔기마다 표시하였다. 리보자임 구조로 안정화된 다섯 잔기의 위치는 순환되고, 결정화된 7개의 돌연변이의 구조는 괄호로 묶어져 있다(이 돌연변이 형태는 촉매 활성을 유지한다). (*b*) 카툰 형태로 (*a*)와 같이 색을 지정한 주걱 모양의 리보자임의 X선 구조. 주황색 구는 Mg^{2+} 이온의 자리를 뜻한다. (*c*) (*b*)를 수직으로 140° 돌리면 A가 풍부하고 4개의 고리, 4개의 고리 수용체 사이의 상호작용을 보여 준다. [Part *a* modified from a drawing by and Parts *b* and *c* based on an X-ray structure by Thomas Cech, University of Colorado. PDBid 1X8W].

(b)

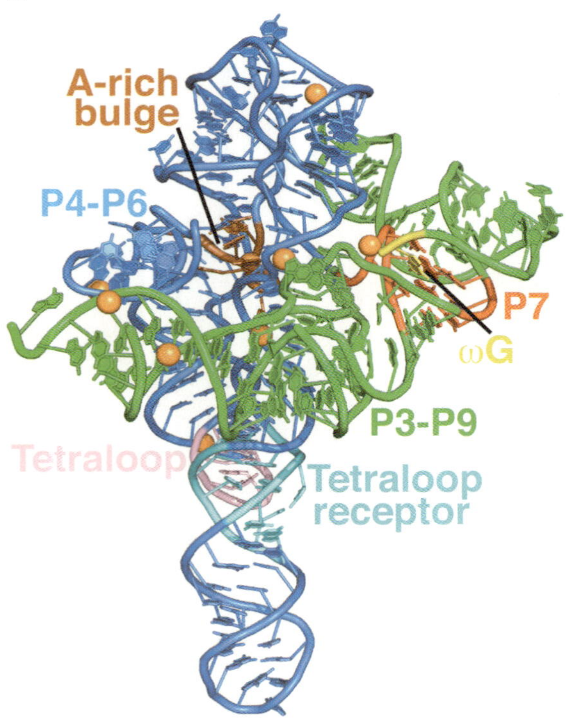

(c)

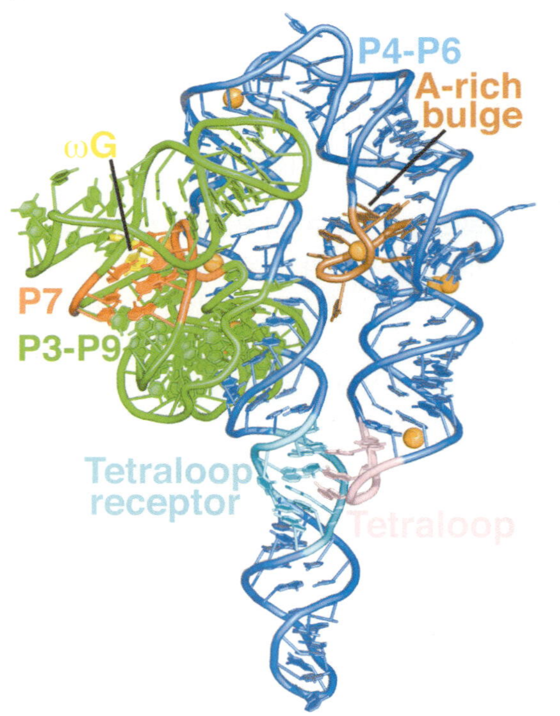

모양의 P4-P6의 짧은 가지에 따라 불완정한 7개 nt 서열과 U의 짧은 가지 끝에 중심의 GAAA라는 특징적인 형태를 가진 6개 nt 서열은 **4개의 고리(tetraloop)**로 알려져 있다. 하부 구조 둘에서 염기는 리보스 잔여물과 관련되어 잘 뻗기 위해서 수소 결합 상호작용을 통해 서로의 반대쪽(외부)으로 벌려지고 U자 모양의 긴 가지의 특정 부분 작은 홈으로 연상된다. 많은 상호작용들 중에서 인산기의 닫힌 묶음(close packing)은 수화된 Mg^{2+} 이온을 기반으로 이루어진다. 이 구조를 통해 2′-OH기의

RNA 특징적 정의는 인산, 염기, 그리고 다른 2′-OH기에서 수소 결합의 공여체와 수용체이다. 흥미롭게도 보존되어 있지 않는 몇몇의 결정적인 활성 부위 잔기를 제외한 나머지 전체적인 배열은 I군 인트론 사이에서 보존되어 있다.

Mg^{2+}와 같은 2가의 금속 이온은 구조적 안정성과 리보자임의 촉매적 활성화를 가진다. 특히 Mg^{2+} 이온은 ωG의 2′-OH기에 작용할 뿐만 아니라, 주변 세 개의 뉴클레오타이드의 인산기에 의해 리간드로 작용한다. 둘 다 ωG의 리보스기 방향으로 존재하여 친핵적인 3′-OH기를 활성화시킨다. RNA 기질의 인산기에 동반되는 두 번째 Mg^{2+} 이온은 촉매 반응에 참가한다. 두 Mg^{2+} 이온이 DNA 중합 효소와 같이 단백질 효소에 의해 촉매화되는 인산기 교환 반응에서 비슷하게 참가하는 것을 알아보자(25-2절).

D 전이 RNA는 뉴클레오타이드의 제거, 첨가, 변형을 거친다

24-2C절에서 보았듯이, 대부분의 화학적 변형이 일어난 tRNA 분자는 약 76개의 뉴클레오타이드를 가지며 4개의 염기쌍을 이룬 줄기를 가진 클로버 잎 모양의 2차 구조를 보여 준다(**그림 26-32**). 대장균의 염색체에는 약 60개의 tRNA 유전자가 있다. 그중 몇몇은 rRNA 오페론에 포함되어 있고 나머지는 염색체 전체에 퍼져 있다. 5개 이상의 똑같은 tRNA를 포함하고 있는 tRNA 1차 전사체를 살펴보면 각 tRNA 지역의 3′와 5′ 말단에 여분의 뉴클레오타이드를 갖는다. 이들 tRNA 서열을 절단하고 제거하는 작업은 대장균의 rRNA 프로세싱과 유사하다(그림 26-29).

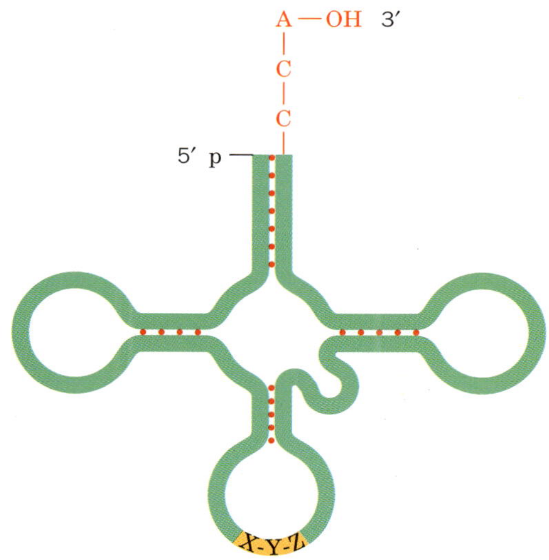

그림 26-32 tRNA 클로버 모양의 2차 구조 모식도 각각의 빨간색 점은 수소 결합한 줄기의 염기쌍을 나타낸다. 역코돈의 위치(번역 동안 mRNA에 결합하는 3개 nt 서열)와 3′ 말단 –CCA를 표시하였다.

rRNA를 프로세싱하고 tRNA의 5′ 말단을 생성하는 대장균의 **RNase P**는 흥미로운 효소인데, 이는 촉매로서 필수적인 RNA, 단백질 소단위체로 구성된 리보자임(ribozyme)이기 때문이다. 처음에는 RNA가 염기쌍 형성을 통해 기질을 인식하고 이 결과 핵산 분해 효소인 단백질 소단위체를 절단 부위로 안내하는 것으로 생각하였다. 그러나 올트먼(Sidney Altman)이 **자유 RNase P RNA가 높은 염 농도에서 RNA 기질의 절단을 촉매한다는 사실을 보여 RNase P의 RNA 성분은 효소의 촉매 역할을 하는 소단위체임이** 밝혀졌다. RNase P 단백질은 염기성이어서 전구 tRNA의 이끄는 5′ '리더(leader)' 서열과 결합된 P RNA 구조가 두세 배 안정해져서 반응을 더 잘 한다. 진핵생물에도 9개 또는 10개의 단백질 소단위체로 구성된 효소로서 RNase P의 활성이 나타난다. 실제로 RNase P는 모든 세포의 주기에서 나타나는 리보자임의 두 가지 활성 중 하나를 중재하며 나머지 하나는 리보솜과 연관되어 있다(27-4B절).

많은 줄기 모양의 염기쌍에 포함되어 있는 2차 구조의 *Thermermotoga maritima*의 RNase P 완전 효소에는 117개의 잔기를 가진 단백질과 338개 잔기(110 kD)의 RNA가 들어 있다. 리보자임 집합체인 $tRNA^{Phe}$[**그림 26-33**, **$tRNA^{Phe}$**는 Phe를 리보솜에 전달한다(27-4절)]를 가진 복합체의 RNase P의 X선 구조는 몬드래곤(Alfonso Mondragon)에 의해 밝혀졌다. RNase P는 상보적 모양, 염기 쌓임, 염기쌍, RNA–RNA 특이성을 통해 단백질 효소와 $tRNA^{Phe}$ 결합의 전체적으로 조밀한 구조를 가졌다. 효소의 활성 부위는 다양하게 U 잔기와 Mg^{2+}처럼 부분적으로 촉매성을 띠는 두 금속 이온을 보관한다. RNA의 일부는 알려진 RNase P이며 최소한의 공통 구조로 존재한다. 이 구조는 아마 원시생물의 RNase P에도 존재할 것이다.

많은 진핵성 전구 tRNA는 인트론을 가진다. 진핵생물의 유전체에는 수백에서 수천의

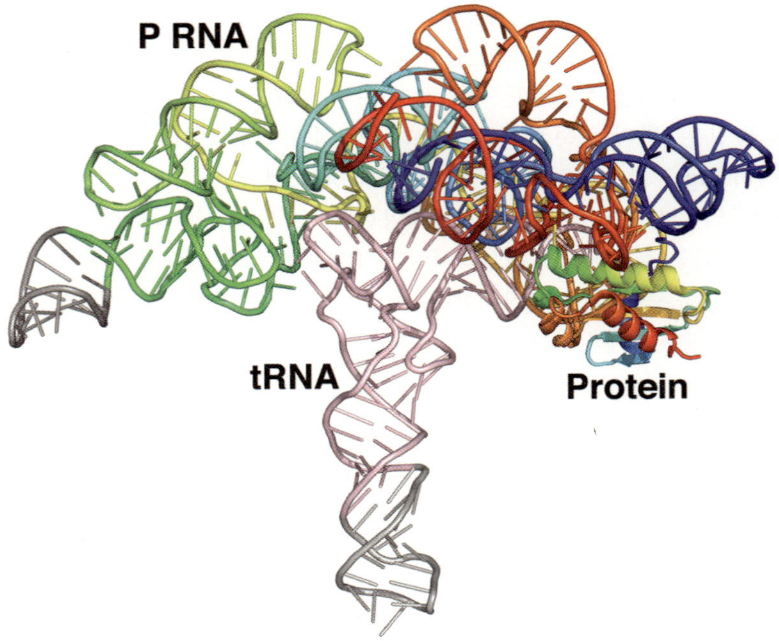

그림 26-33 tRNA^{Phe}와 복합체에서 *T. maritima* RNase P의 X선 구조 분홍색 tRNA^{Phe}와 5′ 말단(파란색)부터 3′ 말단(빨간색)까지 무지개색의 P RNA를 포함한 RNA는 사다리 형태로 그려졌다. 전구 tRNA의 5′ 지점에 결합된 RNase P의 단백질 복합체는 N 말단(파란색)부터 C 말단(빨간색)까지 무지개색의 리본 형태로 그려졌다. tRNA^{Phe}는 전구 tRNA가 있는 5′ 자리가 부족하고, 그래서 이는 리보자임을 생산한다. RNA의 회색 부분은 복합체를 결정화하는 데 필요한 추가적인 서열을 나타낸다.[Based on an X-ray structure by Alfonso Mondragon, Northwestern University. PDBid 3Q1R.]

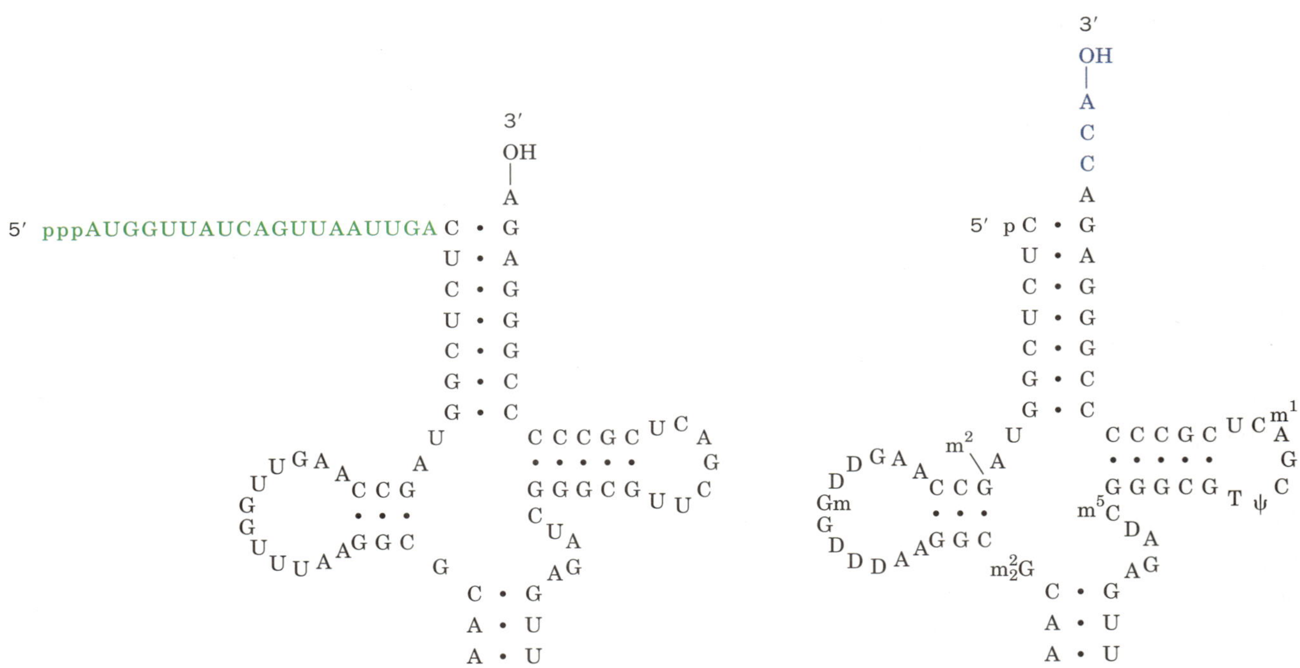

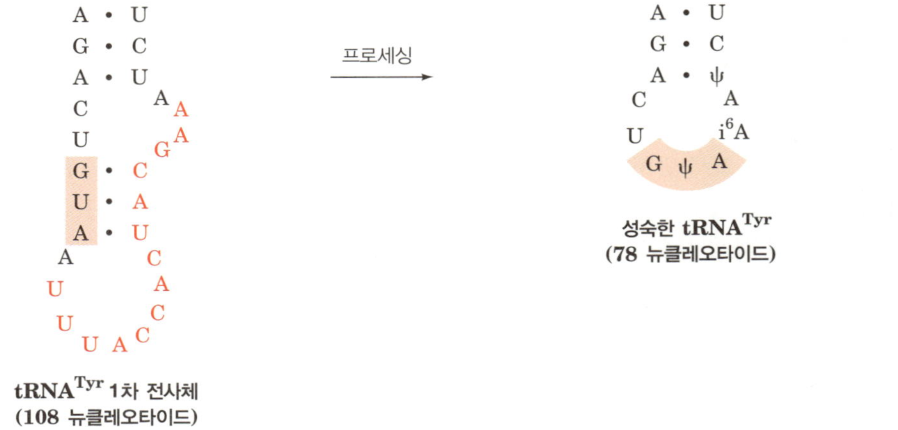

그림 26-34 효모 tRNA^{Tyr}의 전사 후 프로세싱 끼어 있는 14개 nt의 서열(빨간색)과 19 nt의 5′-말단 서열(초록색)은 1차 전사체에서 잘려나간다. CCA(파란색)가 전사체의 3′ 끝에 첨가되고, 몇몇 염기는 성숙한 tRNA의 형성을 위해 변형된다(m^{2}G: N^2-메틸구아노신, D: 다이하이드로유리딘, Gm: 2′-메틸구아노신, m$_2^2$G: N^2,N^2-다이메틸구아노신, ψ: 유사유리딘, i^{6}A: N^6-아이소펜테닐아데노신, m^{5}C: 5-메틸사이토신, m1A: 1-메틸아데노신, 그림 27-4 참조). 역코돈은 음영으로 나타낸다. [After DeRobertis, E.M. and Olsen, M.V., Nature 278, 142 (1989).]

tRNA 유전자가 들어 있다. 많은 진핵성 tRNA 1차 전사체는 효모의 **$tRNA^{Tyr}$**처럼 5′와 3′ 말단에 작은 인트론과 여분의 뉴클레오타이드를 가지고 있다(**그림 26-34**). tRNA 프로세싱은 이런 여분의 뉴클레오타이드를 제거하는 것이다. 모든 tRNA의 3′ 말단에 있는 CCA는 미성숙한 tRNA 전사체에는 없다(27-2B절). 이 3개의 뉴클레오타이드는 **CCA 추가 중합 효소(CCA-adding polymerase)**가 CTP와 ATP 같은 기질을 사용하여 tRNA에 2개 C와 1개의 A를 차례로 첨가함으로써 붙게 된다(원핵성 tRNA의 1차 전사체에는 CCA 서열이 포함되어 있다). 이 효소는 원핵생물에서도 일어난다.

체크 포인트

- 진핵생물의 mRNA의 전사 후 변형 과정을 요약하시오.
- 왜 이어맞추기를 에스터 교환 과정이라고 하는가?
- 전사 과정이 종료되기 이전에 RNA 프로세싱이 시작되는 현상에 대한 장점이 무엇인가?
- 단백질의 구조와 진화적인 관점에서 복식 mRNA 이어맞추기의 장점이 무엇인가?
- RNA 자가 이어맞추기 현상의 존재가 이어맞추기 복합체의 진화와 어떤 관련이 있는가?
- 왜 자가 이어맞추기 인트론이 진짜 효소가 아닌지 설명하시오.
- 원핵생물과 진핵생물의 rRNA와 tRNA과 RNA 프로세싱에서 변형되는 과정을 묘사하시오.

요약

1 원핵생물의 RNA 전사

- RNA 중합 효소는 리보핵산 삼인산을 주형으로서 DNA의 한 가닥을 이용해 폴리뉴클레오타이드를 합성한다.
- *E. coli* RNA 중합 효소 완전 효소의 σ 인자는 전사를 개시하기 위해 효소를 배치하는 촉진제 서열을 인식하고 결합한다.
- RNA 합성은 열린 복합체 형성이 필요하다. RNA 중합 효소의 전진적인 활성에 의해 RNA 사슬이 신장되며 전사 거품은 DNA를 이동한다.
- *E. coli*에서 RNA 합성은 기록에 있는 특정한 2차 구조 요소에 반응하여 종결되고 Rho 인자의 작용을 필요로 한다.

2 진핵생물에서의 전사

- 진핵생물은 다른 종류의 RNA를 합성하는 세 개의 핵 RNA 중합 효소를 포함한다.
- 진핵생물의 촉진제는 다양하다. 즉 전사 시작 장소에 따라 상대적으로 위치가 다양하고 다양한 서열로 구성된다. 중강인자는 전사 활성자로서 기능을 하는 조절 단백질을 위해 결합 장소를 형성한다.
- 진핵 유전자의 기본 전사는 촉진제에서 RNA 중합 효소와 함께 개시 전 복합체를 형성하는 TBP를 포함해 6개의 일반적인 전사 요소를 필요로 한다. 이 단백질 중 몇 개는 C 말단 영역(C-terminal domain, CTD)이 인산화되고 신장으로 옮겨질 때 중합 효소와 함께 남아 있다.

3 전사 후 프로세싱

- 대부분 진핵생물 구조 유전자의 1차 전사는 5′캡과 3′ poly(A) 꼬리를 붙이는 전사 후 수식 과정을 가진다. 전구 mRNA는 인트론이 전환되는 과정에 포함하는데, snRNA를 포함하는 이어맞추기 복합체에 의해 매개되는 두 개의 에스터 교환 반응을 통해 인트론은 제거되고 양 측면에 있던 엑손은 합쳐진다.
- 전구 rRNA의 과정은 핵산 분해 쪼갬과 snoRNA의 도움으로 메틸화되는 과정을 포함한다. 몇몇 진핵생물 rRNA 전사는 스스로 인트론을 자르는 것을 촉진시킨다.
- tRNA 전사는 뉴클레오타이드의 첨가, 제거, 변형 과정을 거친다.

주요 용어

1차 전사체(primary transcript)	σ 인자(σ factor)	RNA P	snRNA
I군 인트론(group I intron)	CCAAT 상자(CCAAT box)	RNA 편집(RNA editing)	snRNP
II군 인트론(group II intron)	mRNA	rRNA	TAF
	Rho 인자(Rho factor)	snoRNA	TATA 상자(TATA Box)

TBP
tRNA
개시 전 복합체(preinitiation complex)
고유 종결자(intrinsic terminator)
구성 효소(constitutive enzyme)
구조 유전자(structural gene)
다시스트론성 RNA(polycistronic mRNA)
단일 시스트론성 mRNA(monocistronic mRNA)
발자국(footprinting)
복식 이어맞추기(alternative splicing)
불균일 핵 RNA(hnRNA)
브라운 래칫(brownian ratchet)
비번역 RNA(noncoding RNA)
비암호 가닥(noncoding strand)
센스 가닥(sense strand)
시스트론(cistron)
안내 RNA(gRNA)
안티센스 가닥(antisense strand)
암호 가닥(coding strand)
엑손(exon)
열린 집합체(open complex)
오페론(operon)
완전 효소(holoenzyme)
유도 효소(inducible enzyme)
이어맞추기(splicing)
이어맞추기 복합체(spliceosome)
인트론(intron)
일반 전사 인자(general transcription factor)
전사 후 변형(posttranscriptional modification)
증강인자(enhancer)
촉진제(promoter)
캡(cap)
폴리(A) 꼬리[poly(A) tail]
프리노브 상자(Pribnow box)
핵인(nucleolus)

문제

1. 항생제 **코디세핀(cordycepin)**은 박테리아의 RNA 합성을 저해한다.

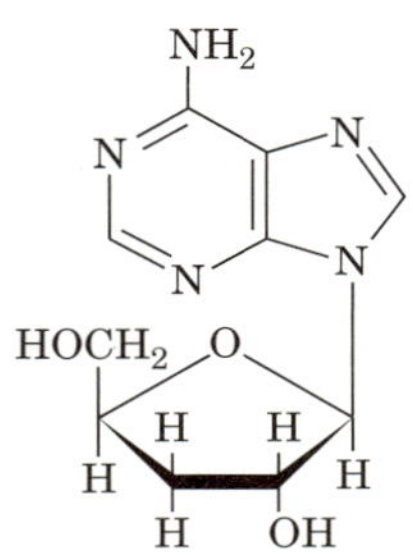

Cordycepin

(a) 코디세핀은 뉴클레오사이드들 중 어떤 것의 유도체인가?
(b) 코디세핀의 작용 메커니즘을 설명하시오.

2. 세균성 효소인 다중 뉴클레오타이드 인산화효소(PNPase)는 mRNA를 분해하는 3′→5′ 핵산 말단 분해 효소(exonuclease)이다.
(a) 이 효소는 글리코젠 인산화효소(16-1절)처럼 가수 분해보다는 가인산화분해(phosphorolysis) 반응을 촉진한다. mRNA 가인산화 반응의 반응식을 작성하시오.
(b) In vitro 실험에서 PNPase는 가인산화 반응의 역반응을 촉진한다. 무엇이 이 반응을 완수하게 하는지와 어떻게 RNA 중합 효소에 의한 반응과 다른지를 설명하시오.
(c) PNPase는 효소의 반응을 촉진시킬 수 있는 긴 리보뉴클레오타이드에 대한 결합 부위를 갖는다. 생체내(in vivo)에서 PNPase의 첫 번째 활성의 장점은 무엇인가?

3. 가장 많은 수의 대장균 유전자 촉진제들과 혼성화될 수 있는 6개 잔기의 핵산 탐색자(probe)를 고안해 보시오.

4. 원핵생물 유전자의 −10 지역에 G·C 염기쌍이 많으면 촉진제의 효율성이 왜 감소하는가?

5. 많은 세균들의 유전자들은 하나의 촉진제의 제어로 여러 개의 유전자의 세트가 배열된 오페론(operon)이 함께 전사되면서 기능을 나타낸다. (a) 이러한 유전자 배열의 장점은 무엇인가? (b) 진핵생물 세포가 오페론 없이 어떻게 서로 다른 유전자들의 동시다발적인 전사를 진행하는가?

6. 진핵생물의 리보솜은 4개의 다른 rRNA와 약 82개의 다른 단백질을 포함한다. 하나의 세포에 리보솜 단백질 유전자보다 rRNA 유전자가 더 많이 포함되어 있는 이유는?

7. 많은 RNA 바이러스들은 RNA 중합 효소에 의존한다. 항생제 리바비린은 중합 효소에 억제하지만 오류율이 증가함으로써 이를 대신한다. 이를 설명하시오.

8. 박테리아 안에서 가닥 합성을 관찰하는 데 원인이 되는 같은 주형 가닥으로 사용되는 DNA 중합 효소와 더딘 RNA 중합 효소 사이에 충돌은 체내에서 불연속적이다. 도표를 그려 시발체로서의 RNA 전사를 사용해 재개 가능한 DNA 중합 효소-RNA 중합 효소 충돌 후에 멈추어진 DNA 합성이 어떻게 일어나는지를 보이시오.

9. 대장균에서 유전자를 발현할 때 Rho를 억제하는 바이사이클로마이신 항생제의 영향을 예측해 보시오.

10. 대장균 박테리오파지는 RNAP와 짧게 결합하는 Q 단백질을 전사 개시 후와 σ^{70}이 나오기 전에 암호화한다. Q는 전사율을 증가시키고 Rho에 의존한 종결로 RNAP 저항을 만든다. (a) 어떻게 Q가 박테리오파지 유전자의 발현을 증가시키는가? (b) 왜 Q의 영향은 RNAP가 아닌 특정 DNA와 상호작용에 의존하는가?

11. 진핵생물의 세포 추출물로부터 성숙한 mRNA를 정제하기 위한 올리고뉴클레오타이드에 근거한 친화 크로마토그래피 시스템을 고안해 보시오.

12. 전사와 RNA 프로세싱을 수행 중인 진핵세포를 ^{32}P로 표지한 ATP와 반응시켰다. 만약 ATP가 인산의 (a) α 위치, (b) β 위치, (c) γ 위치에 표지된다면, 성숙한 mRNA에서는 어느 위치에서 방사성 동위 원소가 나타나겠는가?

13. DNA 중합 효소, RNA 중합 효소, 폴리(A) 중합 효소, CCA가 추가된 중합 효소를 개시제, 주형, 기질을 이용해 비교하시오.

14. 폴리(A) 중합 효소의 활성 부위가 DNA와 RNA 중합 효소의 활성 부위보다 더 좁은 이유를 설명하시오.

15. 리보스 잔기의 $O^{2\prime}$−메틸화가 왜 rRNA를 RNase로부터 보호하는지를 설명하시오.

16. 몇몇 세균성 조절 RNA의 5′ 말단은 NAD^+의 아데노신 잔기의 3′-OH기에 연결되어 있다. 변형(modification)의 생물학적 기능을 제안하고 변형된 RNA가 세포 전체의 대사 활성에 어떻게 영향을 미치는지를 설명하시오.

17. 체외, 체내에서 정제를 되돌리는 이어맞추기 복합체에 촉매화된 인트론 제거를 설명할 수 있는가?

18. 진핵생물의 단백질 암호 유전자의 인트론은 꽤 크며 65 bp보다 작은 것은 없다. 이처럼 인트론이 최소한의 크기를 가져야 하는 것은 무엇 때문인가?26. 원핵생물과 진핵생물의 RNA 중합 효소에서 나온 박테리오파지 T7의 RNA 중합 효소는 구조적으로 다르고 촉진제가 선택적이다. 왜 그 성질은 재조합 DNA 실험에서 T7 RNAP를 사용하게 만들까?

19. 히스톤 유전자의 전사체는 다른 척추동물의 단백질−코딩 유전자의 전사체와 어떻게 다른가?

20. 아데노신 잔기의 N^6 메틸화는 가장 일반적인 mRNA의 변형 과정이다. (a) 변형된 염기의 구조를 그리시오. (b) 줄기(stem)-고리(loop) 구조를 형성하는 RNA의 기능을 바꾸는 변형이 가능하다고 생각하는가?

21. 특정 바이러스에 감염되면 진핵세포에서 snRNA의 프로세싱이 저해된다. 왜 감염이 숙주 세포에서 바이러스 유전자를 더 잘 발현시키게 하는지를 설명하시오.

22. 엑손(발현 구역)과 인트론의 포함해 막에 묶이고 단백질에 용해성이 있는 유전자에 대한 도표를 그리시오. 어떻게 한 유전자가 두 형태의 단백질에 대해 암호화되는가?

23. 아래에 있는 대장균 $tRNA^{Try}$ 촉진제에서 −10 지역과 −35 지역, 주형 가닥의 개시 뉴클레오타이드를 지적하시오.

5′-CAACGTAACACTTTACAGCGGCGCGTCATTTGATATGATGCGCCCCGCTTCCCGATA-3′
3′-GTTGCATTGTGAAATGTCGCCGCGCAGTAAACTATACTACGCGGGGCGAAGGGCTAT-5′

24. 아래의 서열을 가지고 있는 RNA의 2차 구조를 예측하시오.

5′-UGCUGCCAUCUCUUUUCCUCUCUAUGCGAGGAUUUGGACUGGCAGCG-3′

25. 진핵생물 유전자의 −50 위치에 5 bp DNA를 삽입한 것이 같은 부위에 10 bp를 넣은 것보다 전사 개시를 더 많이 감소시키는 이유에 대해 설명하시오.

26. 박테리오파지 T7로부터의 RNA 중합 효소(RNAP)는 구조적으로 원핵/진핵생물의 RNAP와 다르고 촉진제(promoter)에 매우 특이적으로 작용한다. 이러한 현상이 T7 RNAP를 이용한 재조합 DNA 실험에 매우 유용하게 사용되는 이유를 설명하시오.

27. TFIIB는 유전자의 3′ 말단 서열과 결합한 단백질과 상호작용하는 것으로 보인다. 어떻게 이 상호작용이 유전자 전사를 높이는지 설명하시오.

28. 사람의 세포는 RNA 삼인산화기의 5′에 붙는 단백질을 포함한다. 이 단백질이 왜 바이러스의 감염에 반하여 보호의 부분이 되는지 설명하시오.

29. 증강제(enhancer)가 하나의 플라스미드(plasmid)에 있고 촉진제(promoter)가 다른 플라스미드에 있어서 서로 연결되어 있다면 전사개시는 같은 플라스미드에 증강제와 촉진제가 있는 경우보다 더 효과적이다. 하지만 두 플라스미드가 서로 연결되어 있지 않다면 전사개시가 일어나지 않는데 이에 대해 설명하시오.

30. 야생형 대장균에서 왜 1차 rRNA 전사가 일어나는가?

참고 문헌

RNA 중합 효소

Cheung, A.C.M. and Cramer, P., A movie of RNA polymerase transcription, *Cell* **149**, 1431 – 1437 (2012).

Cramer, P. and Arnold, A., Protein: how RNA polymerases work, *Curr. Opin. Struct. Biol.* **19**, 680−682 (2009). [The editorial overview of a series of authoritative reviews on numerous aspects of RNA polymerases. See, in particular, the reviews beginning on pages 691, 701, 708, and 732.]

Grünberg, S. and Hahn, S., Structural insights into transcription initiation by RNA polymerase II, *Trends Biochem. Sci.* **38**, 603 – 611 (2013).

Murakami, K., et al., Architecture of an RNA polymerase II transcription pre−initiation complex, *Science* **342**, 1238724 (2013). DOI: 10.1126/science.1238724. [This is digital object identifier (DOI). Also see *Science* **342**, 709 (2013).]

Nudler, E., RNA polymerase active center: the molecular engine of transcription, *Annu. Rev. Biochem.* **78**, 335−361 (2009).

Skordalakes, E. and Berger, J.M., Structural insights into RNA−dependent ring closure and ATPase activation by the Rho termination factor, *Cell* **127**, 553−564 (2006).

Roy, A.L. and Singer, D.S., Core promoters in transcription: old problem, new insights, *Trends Biochem. Sci.* **40**, 165 – 171

(2015).

Wang, D., Bushnell, D.A., Westover, K.D., Kaplan, C.D., and Kornberg, R.D., Structural basis of transcription: Role of the trigger loop in substrate specificity and catalysis, *Cell* **127**, 941–954 (2006)

RNA 프로세싱

Chen, W. and Moore, M.J., The spliceosome: disorder and dynamics defined, *Curr. Opin. Struct. Biol.* **24**, 141–149 (2014), *and* Hoskins, A.A. and Moore, M.J., The spliceosome: a flexible, reversible macromolecular machine, *Trends Biochem. Sci.*, **37**, 179–188 (2012).

Darnell, J., *RNA. Life's Indispensable Molecule*, Cold Spring Hardor Laboratory Press (2011)

Galej, W.P., Nguyen, T.H.D., Newman, A.J., and Nagai, K., Structural studies of the spliceosome: zooming into the heart of the machine, *Curr. Opin. Struct. Biol.* **25**, 57–66 (2014).

Kornblihtt, A.R., Schor, I.E., Alló, M., Dujardin, G., Petrillo, E., and Muñoz, M.J., Alternative splicing: a pivitol step between eukaryotic transcription and translation, *Nature Rev. Mol. Cell. Biol.* **14**, 153–165 (2013).

Krummel, D.A.P., Oubridge, C., Leung, A.K.W., Li, J., and Nagai, K., Crystal structure of human spliceosomal U1 snRNP at 5.5Å resolution, *Nature* **458**, 475–480 (2009).

Maniatis, T. and Reed, R., An extensive network of coupling among gene expression machines, *Nature* **416**, 499–506(2002). [효율적인 유전자 발현을 위해 전사와 RNA 프로세싱이 서로 연계되어 있는 이유를 설명하고 있다.]

Mondragón, A., Structural studies of RNase P, *Annu. Rev. Biophys.* **42**, 537–557 (2013).

Nilsen, T.W. and Graveley, B.R., Expansion of the eukaryotic proteome by alternative splicing, *Nature* **463**, 457–463 (2010). [이어맞추기 대안의 다른 종류와 그것의 제한을 받는 메커니즘에 대한 검토]

Nishikura, K., Functions and regulation of RNA editing by ADAR deaminases, *Annu. Rev, Biochem.* **79**, 321–349 (2010).

Vincens, Q. and Cech, T.R., Atomic level architecture of group I introns revealed, *Trends Biochem. Sci.* **31**, 41–51 (2005)

Warf, M.B. and Berglund, J.A., Role of RNA structure in regulating pre-mRNA splicing, *Trends Biochem. Sci.* **35**, 169–178 (2010)

상산(常山, *Dichroa febrifuga*)은 아시아에서 약재로 오랫동안 사용되어 오고 있다 이 식물에서 얻은 의약품은 프롤린을 $tRNA^{pro}$에 붙여 주는 효소, 즉 아미노아실-tRNA 합성 효소를 억제함으로써 말라리아 기생충인 열대열말라리아원충(*Plasmodium falciparum*)에 대항한다. 그 결과 아미노산이 결합되어 있지 않은 tRNA의 축적은 기생 세포의 성장을 느리게 한다.

CHAPTER 27

단백질 합성

DNA에 암호화된 유전 정보는 어떻게 해독되는가? 우리는 앞 장에서 DNA의 염기 서열이 어떻게 RNA로 전사되는지에 대해 알아보았다. 이 장에서는 어떻게 하여 RNA의 염기 서열이 단백질을 구성하는 아미노산으로 번역되는지를 공부함으로써 해독 과정의 나머지 부분을 살펴보기로 한다. 분자생물학의 중심 원리(DNA → RNA → 단백질)에서의 두 번째 단계인 이 부분은 앞 단계의 DNA 복제와 전사 과정에서의 여러 가지 특징들, 즉 핵산 대사계에서 일어나는 주요 사건들의 여러 가지 특징들을 모두 공유하고 있다. 먼저, 이들 세 가지 과정인 복제, 전사, 번역은 모두 매우 크고 복잡한 단백질 복합체, 즉 거대 분자 기구에 의하여 수행되는데, 이 기구는 특이적이거나 비특이적인 단백질-핵산의 상호작용에 의하여 수행된다. 번역의 개시, 연장 및 종결에는 여러 가지 보조 인자들이 관여하고 있다. 더구나 번역 과정은 복제 과정이나 전사 과정과 마찬가지로 매우 정교하게 조절되어야만 한다. 번역에서도 상보적 뉴클레오타이드 사이에서의 염기 짝지움이 필요하기는 하지만 여기에서는 궁극적으로 중합체로 형성될 물질이 뉴클레오타이드가 아니라 아미노산이라는 점이다. 이 과정은 복제나 전사와 마찬가지로 일종의 자유 에너지 증가 반응에 속하며, 이 때문에 '고에너지' 인산 무수물 결합의 파괴를 필요로 한다.

번역 과정의 이해는 폴리펩타이드 합성에 참여하는 거대 분자에 대한 지식을 필요로 할 뿐만 아니라, mRNA에 의하여 지정된 아미노산 연결의 정확한 순서를 결정하는 메커니즘에 대한 이해도 필요로 한다. 따라서 이 장에서는 핵산 서열에 상응하는 아미노산 서열의 **유전 암호(genetic code)**를 먼저 살펴보게 될 것이다. 그 다음, tRNA와 리보솜의 구조 및 특징을 살펴본 후 완전한 번역 기구의 전체적인 작동 과정을 살펴보기로 하자. 마지막으로, 단백질 합성의 번역 후 단계를 간단히 살펴보기로 하자.

GATEWAY CONCEPT 중심 원리
분자 생물학의 중심 원리의 최종 단계에서, 리보솜은 폴리펩타이드 사슬을 합성하기 위해 mRNA 분자에 코드되어 있는 정보를 이용한다. 이렇게 하면, 뉴클레오타이드 서열(첫 번째 언어)은 아미노산 서열(두 번째 언어)로 번역된다.

1 유전 암호

주요 개념

- 유전 암호는 세 개의 뉴클레오타이드 코돈을 한 세트로 하여 순차적으로 읽는다.
- 각각의 코돈은 하나의 아미노산 또는 정지 신호를 나타낸다.
- 유전 암호는 축퇴되어 있고, 무작위하지 않으며, 모든 생물에서 대부분 보편적이다.

분자 생물학에 있어서 가장 흥미 있는 문제 중 하나는 어떻게 하여 4가지 형태의 잔기로 구성된 뉴클레오타이드의 서열이 폴리펩타이드 사슬에 존재하는 20가지 형태의 아미노산 서열을 지정할 수 있는가이다. 한 개의 뉴클레오타이드가 한 개의 아미노산을 지정하는 것은 확실히 불가능하다. **몇 개의 염기로 구성된 코돈(codon)이라고 하는 한 개의 그룹이 한 개의 아미노산을 지정하는 데 필요하다.** 삼중체 암호, 다시 말해 3개의 염기가 하나의 코돈이 되는 삼중체 암호는 모든 아미노산을 지정하기에 충분한데, 이는 $4^3 = 64$개의 다른 삼중체 염기를 형성할 수 있다. 이에 반해 두 개의 염기가 한 개의 코돈이 되는 이중체 암호는 $4^2 = 16$개의 이중체가 되므로 적절하지 못하다. 삼중체 암호는 많은 아미노산들로 하여금 하나 이상의 코돈을 갖게 해 주는데, 이와 같은 암호를 수학에서 빌려온 단어인 **축퇴(degenerate)**되어 있다고 한다.

폴리펩타이드의 합성 기구는 어떻게 하여 DNA의 연속적인 배열을 각각의 코돈으로 인식해 낼 수 있을까? 다시 말해, 서열 중에서 암호는 중복하여 사용되지는 않는 것일까? 예를 들면

ABCDEFGHIJ···

에서 ABC가 한 개의 아미노산을 암호화할 수 있고 BCD는 두 번째, CDE는 세 번째 암호가 될 수 있을 것이다. 이와 다르게 ABC가 한 개의 아미노산을 지정하고 DEF가 두 번째, GHI가 세 번째 아미노산을 지정할 수도 있을 것이다. **사실 유전 암호는 중복되지 않고, 축퇴가 있으며, 삼중체인 암호이다.** 유전 암호를 연구한 훌륭한 연구 결과들을 아래에 요약하였다.

A 코돈은 연속되는 삼중체 뉴클레오타이드 단위로 읽혀진다

T4 박테리오파지를 이용한 유전학적인 실험에서 크릭(Francis Crick)과 브레너(Sydney Brenner)는 단지 한 개의 뉴클레오타이드라도 결실된 돌연변이 유전자는 그 기능을 상실하게 된다는 사실을 발견하였다. 그러나 그 결실된 뉴클레오타이드의 가까이에 위치하는 또 다른 부위에 한 개의 뉴클레오타이드가 삽입되는 제2의 돌연변이가 일어나게 될 경우에는 그 유전자는 기능을 회복하게 된다는 사실도 알게 되었다. 이들 두 돌연변이에 있어서 하나의 돌연변이는 다른 돌연변이에 대하여 **억제 인자(suppressor)**라고 한다. 즉 억제 인자 돌연변이는 다른 상대 돌연변이체의 특징을 없앤다. 이 실험 결과로부터 크릭과 브레너는 다음과 같은 결론을 내리게 되었다. 즉 **어떤 유전자에 있어서의 유전 암호는 한 개의 고정점으로부터 출발하여 연속적인 방법으로 읽혀진다.** 한 개의 뉴클레오타이드가 삽입되거나 결실되면 코돈으로서 읽혀지게 될 연속적인 뉴클레오타이드에서의 **해독 틀(reading frame)**이 변하게 된다. 그런 연유로 뉴클레오타이드의 삽입이나 결실이 나타나면 이를 **틀 이동 돌연변이(frameshift mutation)**라고 한다.

크릭과 브레너는 이어지는 실험에서 인접한 두 개의 뉴클레오타이드가 동시에 결

실되거나 삽입될 경우에는 서로를 억제하지 못하였으나(유전자 기능을 회복하지 못하였으나) 인접한 세 개의 뉴클레오타이드가 동시에 결실되거나 삽입될 경우에는 유전자 기능을 회복한다는 사실을 알아내었다. 이러한 관찰로 **유전 암호는 삼중체 암호**라는 것이 명확히 증명되었다.

앞에서 언급한 원리들은 다음과 같은 비유로서 설명될 수 있다. 세 가지 문자(염기)로 구성된 각 단어(코돈)들이 하나의 문장(유전자)이라고 가정해 보자.

THE BIG RED FOX ATE

여기서 단어들 사이에 있는 공간은 아무런 물리적 의미를 가지지 않는다. 이들 단어들은 단지 해독 틀을 나타낸다. 네 번째 문자가 결실되면 해독 틀이 아래와 같이 변하게 된다.

THE IGR EDF OXA TET

결국 결실된 문자의 뒤로부터는 알 수 없는 문자(잘못된 아미노산을 지정함)가 된다. 그러나 X라고 하는 어떤 문자를 9번째 위치에 삽입하게 되면,

THE IGR EDX FOX ATE THE EGG

가 되어 원래의 해독 틀로 복구된다. 결과적으로 두 번의 변화(돌연변이) 사이에 위치하는 문자만이 변화된 것이다. 이 예에서 보듯이 이 문장은 궁극적으로 읽을 수 있는 문장(유전자는 기능을 가진 단백질)으로 된다. 특히 이와 같은 변화(돌연변이)가 서로 가까이에서 위치할 경우에는 더욱 더 잘 읽을 수 있다. 두 개의 결실이 일어나거나 삽입이 일어날 경우에는 이들 두 곳이 얼마나 가까운지를 떠나서 각각의 돌연변이를 억제시키지 못한다. 이때에는 결국 해독 틀이 변하게 된다. 그러나 세 개의 삽입, 즉 X, Y, Z라고 하는 문자가 5번째, 8번째, 12번째에 삽입될 경우에는 그 문장은 아래와 같이 변하게 될 것이다.

THE BXI GYR EDZ FOX ATE THE EGG

이 문장은 마지막 3번째의 문자가 삽입되고 난 후에 원래의 해독 틀을 복구한 것이 된다. 이와 같은 현상은 세 개의 문자가 결실된 경우에도 마찬가지이다. 물론 세 개의 변화가 연속해서 한꺼번에 일어나더라도 그 문장은 의미를 가지게 된다. 이와 같은 문자를 사용한 비유에서와 같이 **유전 암호는 해독 틀을 나타내기 위한 어떠한 틀 내부의 구두점이 없으며, 단지 뉴클레오타이드 서열은 연속하는 세 개 단위의 삼중체로서 읽혀진다.**

어떠한 뉴클레오타이드 서열들도 모두 다 세 개의 해독 틀을 가질 수 있기 때문에 원칙적으로는 뉴클레오타이드 서열이 최소한 두 개 혹은 세 개의 폴리펩타이드를 암호화하는 것이 가능해 보인다. 실제로 단일 가닥 DNA로 구성된 박테리오파지의 뉴클레오타이드는 중복된 유전자를 가지고 있다(이것은 작은 분량의 DNA를 최대한 이용할 수 있게 해준다). 이와 유사한 암호화에 있어서의 경제학은 세균에서도 존재하는데, 세균에서는 다시스트론성(polycistronic) mRNA를 가지는 한 유전자의 리보솜 개시 서열이 앞 유전자의 종결 부위와 중복된다.

B 유전 암호는 체계적으로 암호가 풀린다

유전 암호 사전이 어떻게 해석되는지를 이해하려면 우리는 먼저 단백질이 어떻게 합성되는지를 알아야 한다. **tRNA는 각각 그에 상응하는 아미노산을 운반하는데, 이**

그림 27-1 '클로버 잎' 모양을 하고 있는 tRNA 위쪽이 공유 결합으로 연결된 아미노산이고 아래쪽은 역코돈(X–Y–Z, 번역 중에는 이것의 세 개의 뉴클레오타이드 분절이 mRNA의 코돈과 상보적인 염기쌍을 형성한다) 부위이다.

? 역코돈 염기 서열이 5′ → 3′이 아닌 3′ → 5′로 쓰이는 이유를 설명하라.

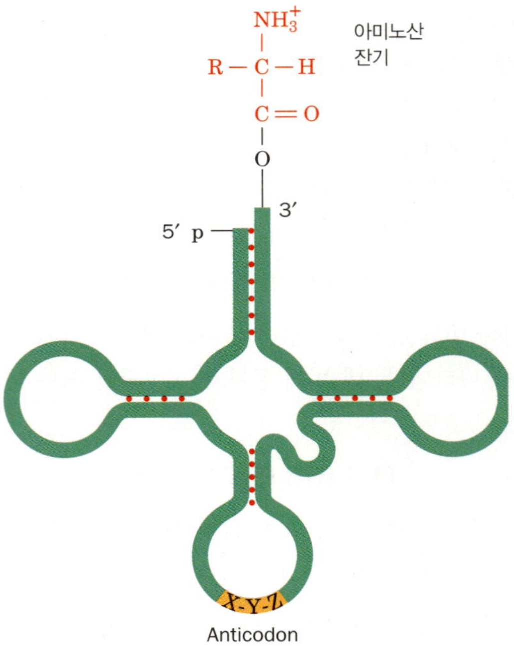

때 tRNA 분자들은 이들 아미노산과 특이적으로 결합한다는 것을 알아야 한다(**그림 27-1**). 모든 tRNA들은 세 개의 뉴클레오타이드 서열로 구성된 **역코돈(anticodon)**을 가지는데, 이것은 tRNA에 맞는 아미노산을 지정해 주는 mRNA의 코돈과 상보적으로 결합한다. tRNA에 의해 운반된 아미노산들은 서로 결합하게 되며, 이때의 결합 순서는 mRNA의 코돈에 tRNA의 역코돈이 결합하는 순서에 따르게 되는데, 이것이 곧 리보솜에서 일어나는 번역 과정이다(그림 3-13).

원칙적으로 유전 암호는 폴리펩타이드의 아미노산 서열을 지정하는 mRNA의 염기 서열을 단순히 비교해 봄으로써 결정이 가능하다. 그러나 1960년대에는 mRNA를 분리하고 또 이의 서열을 결정하는 것 자체가 기술적으로 불가능하였다. 더구나 RNA 합성 기술은 완전히 초보적인 수준이었다. 당시에는 **폴리뉴클레오타이드 인산화 효소(polynucleotide phosphorylase)**를 사용하였는데, 이 효소는 *Azotobacter vinelandii*에서 분리된 것으로 뉴클레오타이드 중합 시에 주형이 필요 없다.

$$(\text{RNA})_n + \text{NDP} \rightleftharpoons (\text{RNA})_{n+1} + \text{P}_i$$

여기서 부가되는 NDP들은 무작위적으로 연결되며, 따라서 생성된 RNA의 염기 조성은 초기 반응물인 NDP의 염기 조성에 달려 있다. (Severo Ochoa가 1951년에 발견한 polynucleotide phosphorylase(폴리뉴클레오타이드 가인산 분해 효소)는 DNA를 RNA로 전사시키는 효소, 즉 RNA 중합 효소로 추정되었기 때문에 큰 관심을 받았다.) 그러므로 유전 암호의 해석은 매우 어려운 일인 것으로 판명되었으며, 이것은 무세포계를 이용한 번역 체계가 도입된 이후에도 마찬가지로 어려운 것이었다.

대장균(*E. coli*) 세포는 약하게 깨어질 수 있으며, 이를 원심 분리하면 세포벽과 세포막이 제거됨으로써 단백질 합성에 필요한 DNA, mRNA, 리보솜, 효소 및 다른 세포 구성물들을 얻을 수 있다. 이를 이용하여 ATP, GTP 및 아미노산들을 넣어주면 이 합성계는 어느 정도 단백질을 합성해 낼 수 있다. 무세포 단백질 합성계는 물론 원래 세포가 가지고 있는 DNA에 의해 지정된 단백질을 합성한다. 여기에 DNA 분해 효소를 첨가하면 수분 후에 곧 단백질 합성이 정지되는데, 이는 이 계가 더 이상의 mRNA를 합성할 수 없기 때문이다. 처음에 만들어진 mRNA는 매우 빠르게 분해되어 없어진다. 여기에다 정제된 mRNA나 합성된 mRNA를 다시 넣어 주면 이에 맞는 폴리펩타이드가 계속하여 합성된다.

1961년에 니렌버그(Marshall Nirenberg)와 마테이(Heinrich Matthaei)는 합성한 폴리리보뉴클레오타이드인 폴리(U)를 방사성 동위 원소로 표시된 아미노산이 있는 무세포 합성계에 첨가함으로써 방사성 동위 원소로 표시된 폴리(Phe)로 이루어진 폴리펩타이드를 합성할 수 있었다. 이들은 **UUU가 Phe를 지정하는 암호임이 확실하다**고 결론지었다. 계속해서 이들은 폴리(A)와 폴리(C)가 각각 폴리(Lys)와 폴리(Pro)를 합성하는 것을 보고는 AAA는 Lys를, CCC는 Pro를 지정하는 코돈임을 알아내었다.

또 다른 일련의 실험에서는 세 개가 서로 다른 뉴클레오타이드를 가지는 코돈이 tRNA가 리보솜에 결합할 때에 이를 촉진하는 효과에 대하여 조사하였다. tRNA가 결합된 리보솜은 나이트로셀룰로스 필터에 의해 걸러지지만 독립적으로 존재하는 tRNA는 이 필터를 빠져나간다. 리보솜에 결합된 tRNA는 필터에 부착한 후 방사성 동위 원소로 표시된 아미노산과 결합함으로써 확인되었다. 이와 같이 단순한 필터 결합법에 의하여 UUU는 Phe-tRNA가 리보솜에 잘 결합하도록 촉진을 해 준다는 사실을 밝혔다. 마찬가지로, UUG, UGU, GUU는 각각 Leu-, Cys-, Val-tRNA의 결합을 촉진한다는 것을 알았다. 따라서 UUG, UGU, GUU는 각각 Leu, Cys, Val을 지정하는 코돈이 되는 것이다. 이와 같은 방법으로 약 50개의 코돈에 의해 지정되는 아미노산이 동정되었다. 나머지 코돈들은 이 실험에서 반응이 없거나(tRNA가 결합하지 않거나) 혹은 결과가 불확실하게 나타났다.

고빈드 코라나(H. Gobind Khorana)의 특이적인 반복 서열을 이용한 폴리뉴클레오타이드의 화학적 합성에 의하여 유전 암호 사전이 완성되었다(그 당시에는 매우 방대한 분량의 일이었다). 그가 한 일은 예를 들자면, 무세포 번역 체계에서 UCUCUCUC…는

UCU CUC UCU CUC UCU CUC …

로 읽힌다. 그래서 이 서열은 두 개의 아미노산이 번갈아가며 지정되는 폴리펩타이드이다. 이와 같은 mRNA는

Ser − Leu − Ser − Leu − Ser − Leu − …

의 생산을 촉진하는데, 이는 UCU는 Ser을, CUC는 Leu를 암호화하기 때문이다.

이와 비슷하게 폴리(UAC)와 같은 세 개의 뉴클레오타이드가 반복되는 서열은 세 개의 서로 다른 폴리펩타이드들을 지정할 수 있는데, 이는 리보솜이 합성된 뉴클레오타이드 서열의 세 부위 중 어느 부위에서 합성을 시작하느냐에 따라 서로 다른 세 개의 해독 틀이 만들어질 수 있기 때문이다(그림 27-2). 이와 같이 두 개 혹은 세 개의 뉴클레오타이드들이 계속하여 반복하여 나타나도록 만들어진 폴리뉴클레오타이드 서열의 분석을 통하여 많은 코돈의 정체를 밝힐 수 있었으며, 이전까지 밝혀지지 않고 남아 있던 여러 가지 유전 암호 부위도 채워 넣을 수 있게 되었다.

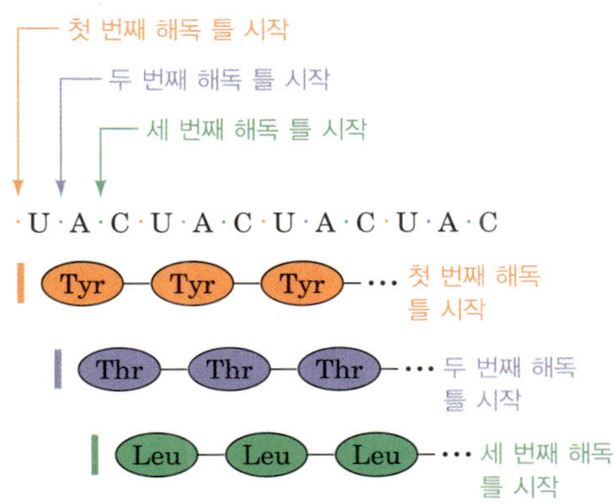

그림 27-2 한 분자의 mRNA에서의 가능한 세 가지 해독 틀 각 해독 틀은 서로 다른 단백질을 합성할 것이다.

27-4A절에서 보게 되겠지만, 생체 내에서 폴리펩타이드 합성의 개시는 특정한 mRNA 서열을 필요로 하는 복잡한 과정이다. 앞에서 말한 실험들은 우연히 사용했

던 무세포 번역 시스템(cell-free translation system)은 Mg^{2+}가 비생리학적으로 높은 농도를 가지고 있을 때만 작동하였다.

C 유전 암호는 축퇴되어 있으며 무작위적이지 않다

표 27-1에 나와 있는 유전 암호는 아래와 같은 몇 가지 특징을 가지고 있다.

1. **암호는 높은 축퇴성을 가지고 있다.** Arg, Leu, Ser와 같은 세 개의 아미노산은 각각 여섯 개의 다른 코돈들에 의해 지정될 수 있으며, 이들 이외에 대부분의 아미노산들도 네 개, 세 개 혹은 두 개의 코돈에 의해 지정된다. 단지 Met와 Trp은 단백질 중에서도 가장 적게 사용되는 아미노산인데(표 4-1), 이들은 한 개의 코돈에 의해 지정된다. 한 개의 같은 아미노산을 지정하는 코돈들을 **동의코돈(synonym codon)**이라고 한다.
2. **암호표에서의 정렬 순서는 무작위가 아니다.** 대부분의 동의코돈들은 표 27-1에서 같은 박스 속에 들어 있다. 다시 말해서 동의코돈들은 단지 세 번째의 뉴클레오타이드만 다르다. XYU와 XYC는 늘 같은 아미노산을 지정한다. 또한 XYA와 XYG도 마찬가지이지만, 여기서는 단지 두 가지 경우에만 다르다. 더구나 코돈의 가장 처음 위치에 오는 염기가 변화되었을 경우도 아주 비슷한(같은 아미노산은 아니지만) 아미노산을 지정하게 된다. 반면에 코돈의 두 번째에 위치하는 피리미딘 뉴클레오타이드는 대개 소수성 아미노산을 지정하는 경향이 있다(표 27-1에서 황갈색). 이러한 두 번째 위치의 뉴클레오타이드가 퓨린일 경우에는 대개 극성 아미노산을 지정한다(표 27-1에서 청색, 적색 및 자주색). 이러한 관찰은 유전 암호의 기원이 단지 무작위적으로 되어 있지만은 않다는 것을 시사하고 있으며, 아울러 이들 암호가 돌연변이에 의한 나쁜 효과를 최소화하기 위하여 진화해 온 것으로 보인다(자료 27-1).
3. **UAG, UAA 및 UGA는 종결 코돈(stop codon)이다.** 이들 세 가지 코돈[**넌센스 코돈(nonsense codon)**으로도 알려져 있음]들은 아미노산을 지정하지 않고 단지 리보솜에게 폴리펩타이드 사슬의 연장을 종결하라는 신호를 보낸다.
4. **AUG와 GUG는 개시 코돈(start codon)이다.** AUG라는 코돈과 그다지 많이 사용되지는 않지만 GUG라는 코돈은 폴리펩타이드 사슬의 합성을 시작하는 출발점이 된다. 그러나 이들은 각각 폴리펩타이드 사슬 안에서는 Met와 Val을 지정하는 코돈이 된다. 27-4A절에서 리보솜이 어떻게 하여 이들을 구분해 내는지에 대해 좀 더 공부할 것이다.

'표준(standard)' 유전 암호표는 모든 생물체에 다 적용되는 것이 아니다. 오랫동안 '표준' 유전 암호표(표 27-1)가 모든 생물체에 다 적용될 것이라고 생각하였다. 이 가정은 대장균과 같은 한 종류의 개체가 완전히 다른 개체의 유전자(가령 사람의 유전자)를 아주 정확하게 번역해 낼 수 있다는 사실에 근거한 것이었다. 사실 이 현상은 유전공학의 기본이 된다. 그럼에도 불구하고 1981년의 DNA 연구에서 어떤 미토콘드리아의 유전 암호는 '표준' 유전 암호의 변형이라는 사실이 밝혀졌다. 예를 들어 포유류의 미토콘드리아에서는 AUA가 표준 유전 암호인 AUG와 마찬가지로 Met/개시 코돈이 되고, UGA는 '종결'보다는 오히려 Trp을 지정한다. 더구나 AGA와 AGG가 Arg을 지정하기보다는 오히려 '종결' 코돈으로 사용된다. 미토콘드리아는 그들 자신의 고유한 유전자와 단백질 합성계를 갖고 있는데, 이들은 확실히 핵에 존재하는 유전체와는 다른 진화 체계를 가지고 있다. 또 다른 형태의 유전 암호는 섬모를 가진 원생동

표 27-1 '표준' 유전 암호표[a]

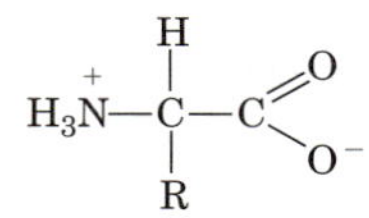

첫 번째 위치 (5′ 말단)	두 번째 위치 U	두 번째 위치 C	두 번째 위치 A	두 번째 위치 G	세 번째 위치 (3′ 말단)
U	UUU Phe	UCU Ser	UAU Tyr	UGU Cys	U
U	UUC Phe	UCC Ser	UAC Tyr	UGC Cys	C
U	UUA Leu	UCA Ser	UAA 종결	UGA 종결	A
U	UUG Leu	UCG Ser	UAG 종결	UGG Trp	G
C	CUU Leu	CCU Pro	CAU His	CGU Arg	U
C	CUC Leu	CCC Pro	CAC His	CGC Arg	C
C	CUA Leu	CCA Pro	CAA Gln	CGA Arg	A
C	CUG Leu	CCG Pro	CAG Gln	CGG Arg	G
A	AUU Ile	ACU Thr	AAU Asn	AGU Ser	U
A	AUC Ile	ACC Thr	AAC Asn	AGC Ser	C
A	AUA Ile	ACA Thr	AAA Lys	AGA Arg	A
A	AUG Met[b]	ACG Thr	AAG Lys	AGG Arg	G
G	GUU Val	GCU Ala	GAU Asp	GGU Gly	U
G	GUC Val	GCC Ala	GAC Asp	GGC Gly	C
G	GUA Val	GCA Ala	GAA Glu	GGA Gly	A
G	GUG Val	GCG Ala	GAG Glu	GGG Gly	G

[a]무극성 아미노산은 황갈색, 염기성 아미노산은 청색, 산성 아미노산은 적색, 극성 아미노산은 자주색이다.
[b]AUG는 개시 신호를 나타내기도 하고 내부의 Met 잔기를 암호화하기도 한다.

? 아미노산의 각 채색된 그룹에 대한 코돈의 공통 뉴클레오타이드는 무엇인가?

자료 27-1 생화학의 전망 유전 암호의 진화

유전 암호의 축퇴 현상 때문에 한 코돈의 세 번째에 위치하는 뉴클레오타이드가 단일위치 돌연변이가 일어나더라도 이것이 지정하는 아미노산은 거의 변경되지 않는다. 가령 GUU → GUA로 염기 전환이 된 경우에도 여전히 Val을 암호화하기 때문에 표현형으로는 침묵 돌연변이(silent mutation)로 나타난다. 첫 번째나 두 번째 위치를 포함하는 다른 부위에 단일위치 돌연변이가 일어나면, 예를 들면 AUU(Ile) 혹은 GCU(Ala)로 되는데, 이 아미노산은 원래의 아미노산과 화학적으로 매우 유사한 아미노산으로 치환됨으로써 그 암호화된 단백질의 전체적인 구조나 기능에 큰 변화를 주지 않게 된다. 이와 같이 돌연변이로부터 보호하는 유전 암호 체계는 우연한 것이 아닐 것이다.

1960년대에는 유전 암호의 감각적 보편성은 크릭(Francis Crick)이 '동결 사고(frozen accident)'를 주장하게 하는 바탕이 되었는데, 이 주장은 여러 가지 코돈들이 그에 맞는 여러 가지 아미노산을 지정할 수 있게끔 할당된 것은 단지 우연이라는 것이다. 코돈이 일단 할당된 후에는 코돈의 의미는 변할 수가 없게 되는데, 그 이유는 그렇지 않을 경우에는 암호화된 단백질의 구조가 파괴될 가능성이 매우 높기 때문이다. 따라서 일단 정립된 유전 암호는 더 이상의 진화를 멈출 수밖에 없었을 것으로 여겨진다.

그러나 표 27-1에 나타난 코돈의 분포에서 볼 수 있듯이 유전 암호는 또 다른 진화적 역사를 가지고 있음을 알 수 있다. 즉 소수의 아미노산을 지정하는 몇 개의 단순한 코돈들은 점점 더 복잡하게 되었다는 사실이다. 하나의 가설은 A와 U 염기로만 된 RNA 세계에서 시작할 수 있다. 유라실(U)이 최초의 염기인 것은 거의 확실한데, 그 이유는 피리미딘 생합성 경로에서 유라실은 사이토신이나 타이민에 앞서 먼저 생성되기 때문이다(23-2절). 아데닌(A)은 유라실의 상보 염기로서 필요하게 되었을 것이다.

처음에 삼중체 염기가 유전 암호로 정립되었다고 가정한다면(사실, 이외의 다른 어떤 조합이 현재의 3련 암호로 발전되었다는 것을 상상하기는 힘들다), 이들 두 개의 염기(U 및 A)는 $2^3=8$개의 아미노산을 암호화할 수 있을 것이다. 현재의 유전 암호 체계에서는 이들 두 염기가 들어가는 모든 코돈에서 보면 이들에게 6개의 아미노산과 한 개의 종결 신호가 할당된다.

UUU = Phe AAA = Lys
UUA = Leu AAU = Asn
UAU = Tyr AUA = Ile
AUU = Ile UAA = Stop

AUA 코돈은 원래 개시 Met(현재는 AUG에 의해 지정되지만)을 지정한 것으로 잘 알려져 있으므로 이것을 포함하면 이들은 모두 7개의 아미노산을 가져올 수 있다.

진화 중인 생명체에서 G와 C가 나타나서 이들이 RNA에 삽입되었다. 세 개 혹은 네 개의 형태로 코돈을 형성하게 되면 보다 많은 아미노산을 지정할 수 있다. 그러나 단백질 파괴를 유도하는 돌연변이에 대한 선택압(selective pressure)이 작용하여 코돈의 중복성 수준이 증가하게 되었다. 표 27-1에서 보면, G와 C로만 구성된 코돈은 단지 4개의 아미노산만을 지정하고 있다. 이 수치는 이론적인 최대 수치인 8개의 절반에 지나지 않는다.

GGG, GGC = Gly
GCG, GCC = Ala
CGG, CGC = Arg
CCC, CCG = Pro

이와 같이 아미노산에 대한 코돈의 할당이 무작위적이지 않은 것은 유전 암호가 완전히 무작위적으로 기원하였다는 것과 배치된다. 두 개의 새로운 염기(G 및 C)가 U와 A로만 구성되었던 원시 유전 암호 체계에 서서히 삽입되어 감에 따라 정보 수용력이 엄청나게 증가하게 되었고(20개 아미노산을 암호화할 수 있게 되었고), 생명체에 유해한 염기로의 치환율은 점차 줄어들게 되었다.

체크 포인트

- 틀 이동 돌연변이는 왜 세 개의 뉴클레오타이드가 아니라 한 개나 두 개의 삽입 또는 결손으로 인해 발생하는가?
- 각 코돈의 '의미'가 어떻게 결정되었는지 설명하시오.
- 왜 폴리펩타이드 서열은 지정된 시작 코돈으로 시작하는가?
- 왜 코돈은 적어도 세 개의 뉴클레오타이드로 구성되어 있는지 설명하시오.
- 어떤 코돈이 정지 신호의 역할을 하는가?

물에서 볼 수 있는데, 이들은 진핵생물 진화의 초기 단계에서 떨어져 나간 바 있다. 그러므로 '표준' 유전 암호표가 비록 가장 널리 사용되고 있기는 하지만 모든 생물체의 유전 암호표로 적용될 수는 없다.

2 운반 RNA와 이의 아미노아실화

주요 개념

- tRNA 분자는 특징적인 구조를 가지고 있다.
- 아미노아실-tRNA 합성 효소는 각각의 tRNA에 해당하는 적합한 아미노산을 연결하는 역할을 한다.
- 동요 가설은 하나의 tRNA가 어떻게 여러 개의 코돈을 인식하는지를 설명한다.

세포는 RNA의 염기 서열의 언어를 폴리펩타이드의 언어로 번역해야만 한다. 1955년에 크릭은 번역 과정은 '연결자' 분자의 매개를 받아서 이루어질 것이라고 가정하였는데, 이 어댑터는 현재 우리가 알고 있는 tRNA로서 특정의 아미노산을 운반하고

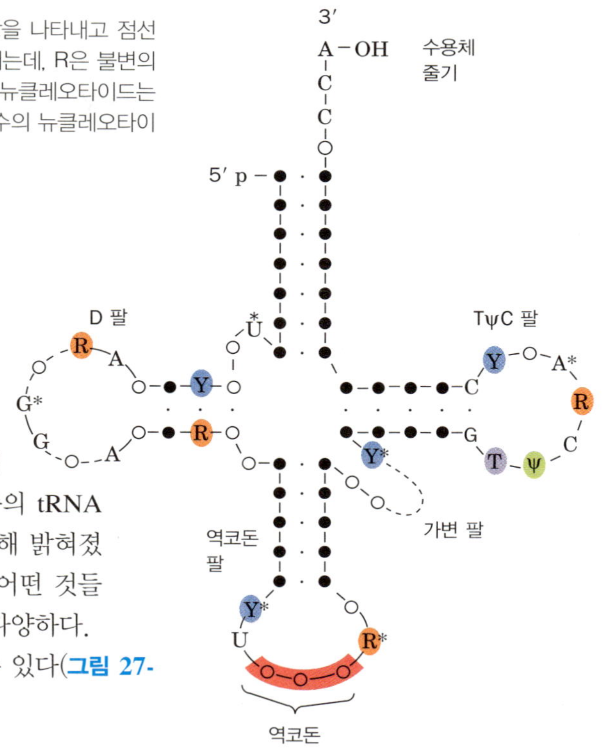

그림 27-3 tRNA의 클로버 잎 2차 구조 실선으로 연결된 점은 왓슨-크릭 염기쌍을 나타내고 점선으로 연결된 고리들은 왓슨-크릭 염기쌍이 아니다. 불변의 염기들은 R과 Y로 나타내는데, R은 불변의 퓨린이고 Y는 피리미딘을 나타낸다. ψ는 유사유라실(pseudouracil)이다. 별표가 된 뉴클레오타이드는 흔히 변형되기 쉬운 염기이다. D 팔과 가변 팔은 여러 가지 tRNA들에서 서로 다른 수의 뉴클레오타이드 수를 가진다.

또한 이에 맞는 mRNA 코돈을 인식해 낸다.

A 모든 tRNA는 유사한 구조를 갖는다

1965년에 홀리(Robert Holly)는 7년간의 연구를 통하여 생물학적으로 의미 있는 핵산의 염기 서열을 처음으로 밝혀냈는데, 76개의 잔기로 구성된 효모의 **알라닌 tRNA(alanine tRNA, tRNA^Ala^)**이 그것이다. 현재는 알려진 800여 종 이상의 개체와 소기관으로부터 수천 종의 tRNA에서의 염기 서열이 밝혀져 있다(대부분이 tRNA의 DNA 서열을 통해 밝혀졌다). tRNA는 대부분이 약 76개의 뉴클레오타이드를 가지고 있지만 어떤 것들은 54~100개의 뉴클레오타이드(18~28 kD)를 가지는 등 그 길이는 다양하다.

알려진 모든 tRNA는 소위 클로버 잎 모양의 2차 구조로 그려질 수 있다(그림 27-3). 5′ 말단에서 시작하여 다음과 같은 일반적인 특징을 가지고 있다.

1. 5′ 말단에는 인산기가 있다.
2. 7개 염기쌍으로 구성된 줄기는 5′ 말단의 뉴클레오타이드를 포함하며, 이들 염기쌍은 G·U쌍과 같은 것으로서 왓슨-크릭 염기쌍 형태가 아니다. 이 조립 부분을 **수용체(acceptor)** 혹은 **아미노산 줄기(amino acid stem)**라고 하는데, 그 이유는 tRNA에 의해 운반되는 아미노산 잔기가 이 부위의 3′ 말단에 공유 결합으로 연결되기 때문이다.
3. 5개 혹은 7개 뉴클레오타이드로 구성된 고리의 끝으로 연결되는 3개 혹은 4개 염기쌍 줄기는 흔히 변형된 염기인 **다이하이드로유리딘(dihydrouridine, D)**을 가지고 있다. 그래서 이 줄기와 고리를 **D 팔(D arm)**이라고 한다.
4. 5개 염기쌍으로 된 줄기에 연결된 고리는 역코돈을 가진다. 그래서 이 부분을 **역코돈 팔(anticodon arm)**이라고 한다.
5. 5개의 염기쌍으로 된 줄기에 연결된 고리는 TψC 서열을 가진다(여기서 ψ는 **유사유리딘(pseudouridine)**을 나타내는 기호이다, 26-3C절 참조). 이 조립 부분을 **TψC** 혹은 **T 팔(T arm)**이라고 한다.
6. 3′ 말단의 CCA 서열의 말단은 3′-OH기로 노출된다. 이 −CCA는 tRNA가 유전적으로 지정되거나 미성숙한 tRNA가 효소 작용으로 부가되는 부위인데, 이는 종에 따라 다르다(26-3D절).

tRNA는 15군데의 정상부(불변부; 모두 항상 같은 염기를 가지고 있는 부위)와 8군데와 **준정상부(semi-invariant**, 단지 한 개의 퓨린이나 피리미딘만을 가지고 있는 부위)를 가지고 있는데, 이들 대부분은 고리 부위에 위치해 있다. 역코돈의 3'에 위치하는 퓨린은 일정하게 변한 염기이다. 알려진 tRNA들 중에서 가장 많은 다양성이 있는 부위를 **가변 팔(variable arm)**이라고 한다. 이 부위는 3~21개의 뉴클레오타이드로 구성되는데, 약 7개의 염기쌍으로 구성된 줄기를 형성한다.

tRNA는 수많은 변형 염기들을 갖는다. tRNA의 가장 큰 특징들 중의 하나는 약 25%에

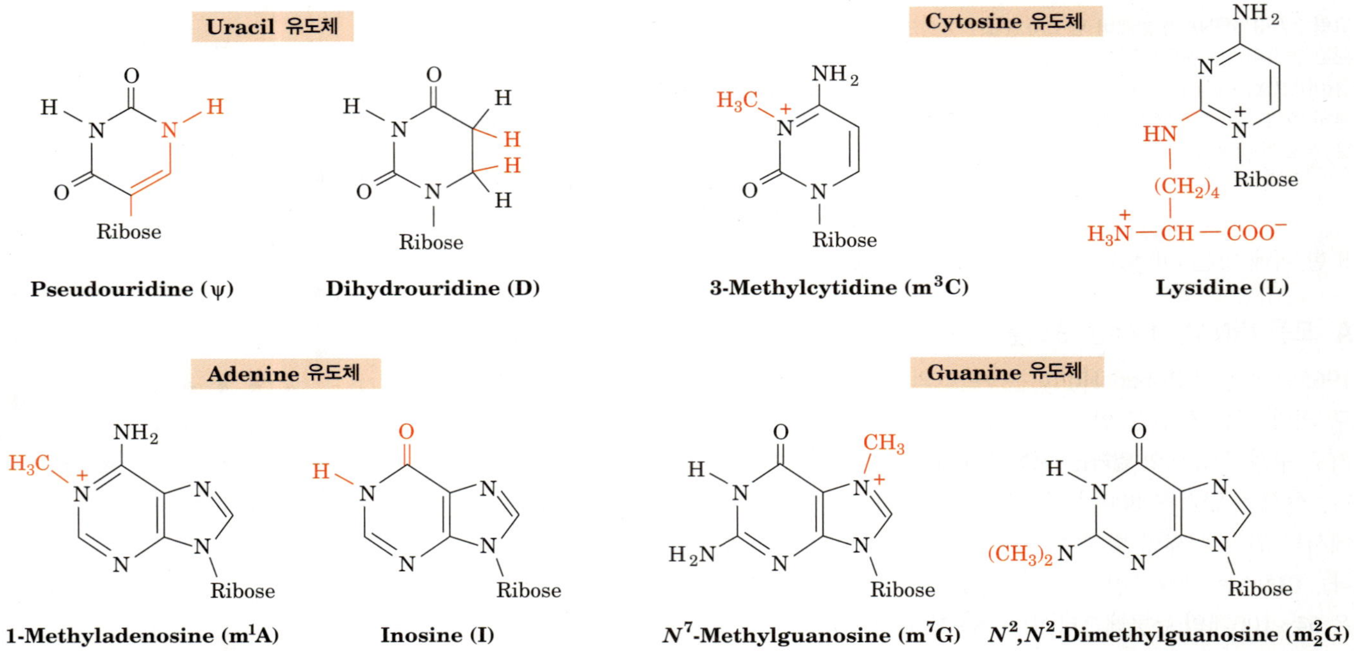

그림 27-4 **tRNA에서 나타나는 몇 종의 변형된 뉴클레오사이드** 이노신은 화학적으로 구아노신과 닮았지만, 아데노신이 탈아미노화해서 유도된 것임을 주의하라. 뉴클레오사이드는 또한 리보스의 2번 탄소 위치가 메틸화되는데 이곳을 표시하였다. 예를 들면 Cm, Gm, Um 등이 있다. (붉은 마크 표시)

? 이러한 변형된 것 중 표준 염기쌍을 형성하는 염기 기능에 영향을 미치는 것은 어떤 것인가?

해당하는 일정 비율 이상이 전사 후에 변형된 염기들을 가진다는 점이다. 여러 가지 tRNA의 약 60여 군데에서 80개 정도의 이러한 변형 염기가 밝혀져 있다. 이들 중의 일부를 표준 약어를 사용하여 **그림 27-4**에 나타내었다. 이들 변형 염기들은 tRNA의 구조적 완전함이나 혹은 리보솜과의 결합을 위해서 반드시 필요한 것은 아니다. 그러나 염기의 변형은 코돈–역코돈의 상호작용에서나 혹은 수용체 줄기에 아미노산이 잘 결합할 수 있도록 도와주는 역할을 할 수 있을 것이다.

tRNA는 복잡한 3차 구조를 갖는다. 24-2C절에서 설명한 바 있듯이, tRNA 분자는 L자 모양을 하고 있는데, 여기서 수용체 줄기와 T 줄기가 한 개의 다리를 형성하고, D 줄기와 역코돈 줄기가 또 다른 다리를 형성한다(**그림 27-5**). L자의 각 다리는 약 60Å의 길이를 가지며 역코돈과 아미노산 수용체는 분자의 반대 방향에 위치해 있고, 약 76 Å 정도 떨어져 있다. tRNA의 20~25 Å 되는 좁은 넓이는 생물학적인 기능을 나타내는 데 필수적이다. 단백질 합성 기간 동안에는 세 개의 tRNA 분자가 mRNA상에서 인접한 코돈들에 동시에 결합하게 된다(27-4B절).

tRNA의 복잡한 3차 구조는 나선형의 줄기들끼리 혹은 줄기들 내에서 일어나는 폭넓은 중첩 상호작용과 염기쌍 형성에 의해서 유지된다. 3차 구조에 있는 많은 염기쌍 형성들은 왓슨–크릭의 결합이 아니다. 더구나 이러한 상호작용에 관여하고 있는 대부분의 염기들은 정상 염기나 준정상 염기로서 **모든 tRNA는 비슷한 구조를 가지고 있다**는 사실과 일치한다. tRNA의 치밀한 구조는 이것이 가지는 염기들이 유기용매에서 서로 접근할 수 없게 해준다. 예외적인 것은 역코돈 염기와 아미노산을 가지는 CCA 말단이다. 역코돈 염기와 CCA 말단은 생물학적인 기능을 수행하기 위해서 서로 접근할 수 있어야 한다.

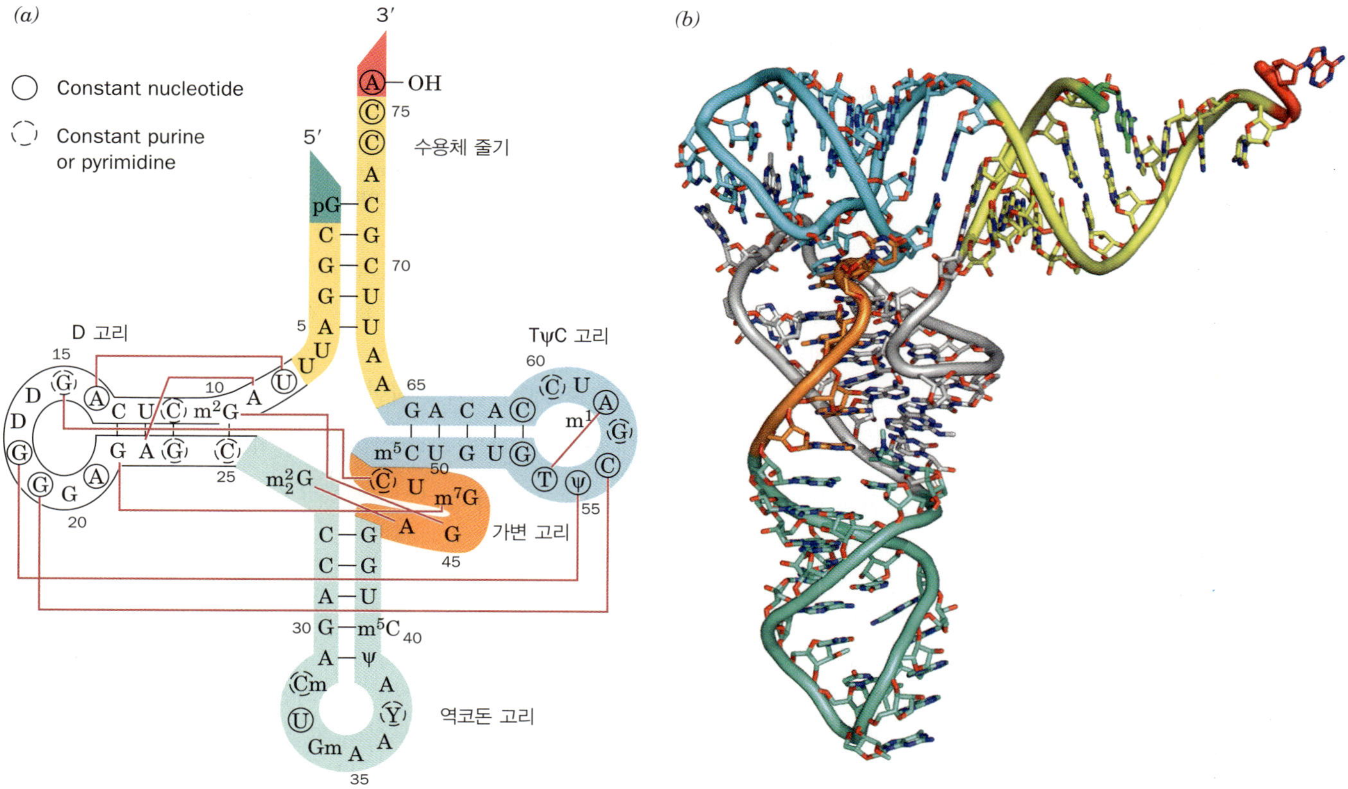

그림 27-5 효모의 tRNA^{Phe}의 구조 (*a*) 클로버 잎 형태에서의 염기 서열. 3차원적인 염기쌍 형성은 붉은색의 가는 실선으로 표시하였다. 모든 tRNA에서 보존적이거나 반보존적인 염기들은 각각 실선과 점선의 원으로 표시하였다. 5′ 말단은 녹색으로, 수용체 줄기는 황색으로, D 팔은 흰색으로, 역코돈 팔은 연한 녹색으로, 가변 팔은 주황색으로, TψC 팔은 청색으로, 마지막으로 3′ 말단은 적색으로 표시하였다. (*b*) X선 구조에서는 염기쌍을 형성한 각각의 줄기들이 어떻게 배열되어 L자를 형성하는지를 보여 준다. 당-인산 골격은 리본으로 표시하였는데, 여기서의 색깔은 (*a*)에서의 각 줄기의 색깔과 일치한다. [Based on an X-ray structure by Sung-Hou Kim, PDBid 6TRNA.]

? 왜 역코돈 염기들이 분자 내부의 염기쌍을 형성하지 않는 것이 중요한가?

B 아미노아실-tRNA 합성 효소는 tRNA에 아미노산을 부착한다

앞으로 보겠지만, 리보솜은 정확한 아미노산 그룹을 tRNA에 연결했는지 아니면 부정확한 아미노산 그룹을 tRNA에 연결했는지 구별할 수 없다. 따라서 정확한 번역을 위해서는 두 가지의 중요한 인식 단계를 필요로 한다.

1. tRNA에 공유 결합할 수 있는 정확한 아미노산이 **아미노아실-tRNA 합성 효소(aminoacyl-tRNA synthetase)**에 의해 선택되어야 한다(뒤에서 설명).
2. 정확한 **아미노아실-tRNA(aminoacyl-tRNA, aa-tRNA)**가 리보솜에 있는 mRNA의 코돈과 짝을 지어야 한다(27-4B절에서 설명).

아미노산 특이적 아미노아실-tRNA 합성 효소(**aaRS**)는 tRNA의 3′ 말단에 있는 리보스 잔기에 아미노산을 결합시킴으로서 **aa-tRNA**를 형성한다(**그림 27-6**). 아미노아실화는 한 개의 효소에 의해서 두 단계의 연속적인 반응으로 이루어진다.

1. 먼저 아미노산이 ATP와 작용하여 '활성화'되면서 아미노아실-아데닐산(**aminoacyl-adenylate**)을 형성한다.

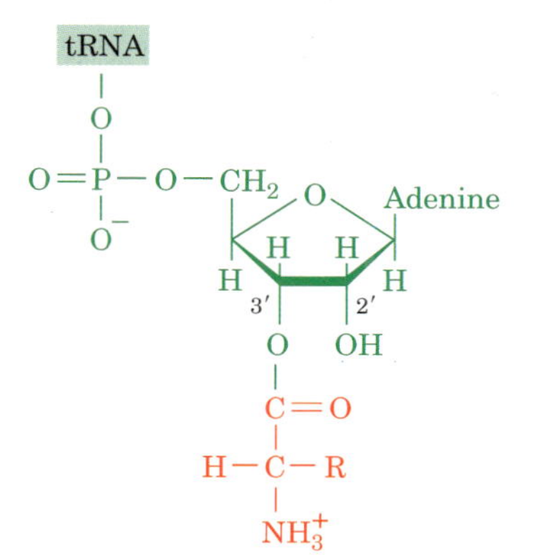

Aminoacyl-tRNA

그림 27-6 아미노아실-tRNA 아미노산 잔기는 tRNA의 3′-OH나 2′-OH기에 에스터 결합을 형성한다. 여기서는 3′-OH에 결합한 것을 보여 준다.

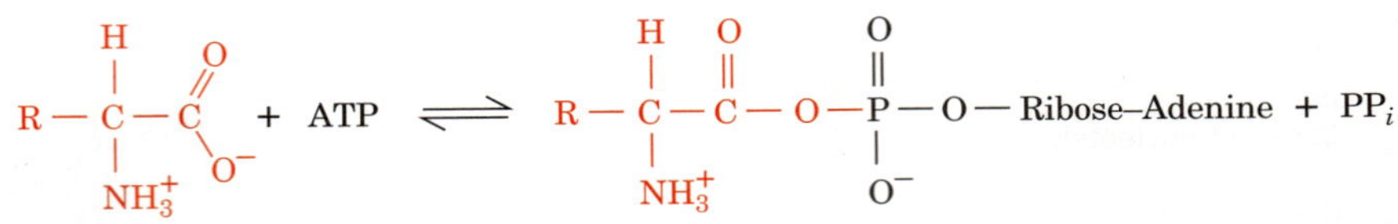

Amino acid — Aminoacyl-adenylate (aminoacyl-AMP)

아미노아실-아데닐산은 세 개의 aaRS를 제외하고는 모두 다 tRNA가 없는 상태에서 일어난다. 이러한 중간 대사 산물은 효소에 강하게 결합한 상태로 존재하지만 분리될 수도 있다.

2. 이렇게 생성된 복합 무수물은 tRNA와 결합하여 aa-tRNA를 형성한다.

$$\text{아미노아실-AMP} + \text{tRNA} \rightleftharpoons \text{아미노아실-tRNA} + \text{AMP}$$

전체적인 아미노아실화 반응은 아래와 같다.

$$\text{아미노산} + \text{tRNA} + \text{ATP} \rightarrow \text{아미노아실-tRNA} + \text{AMP} + \text{PP}_i$$

이 반응은 첫 단계에서 생성된 PP_i의 가수 분해에 의한 힘으로 완성된다. aa-tRNA 산물은 '고에너지' 복합체(14-2A절)이다. 이 때문에 이 아미노산을 '활성화'되었다고 하며, tRNA는 '충전'되었다고 한다. 아미노산의 활성화는 지방산의 활성화(20-2A절)와 유사하다. 주요 차이점은 tRNA가 아미노산의 활성화에서 아실기 수용체인데 반해 지방산의 활성화에서는 CoA가 그 역할을 담당한다.

아미노아실-tRNA 합성 효소에는 두 가지 종류가 있다. 세포는 20개의 아미노산에 대하여 최소한 한 개의 aaRS를 가지고 있다. tRNA에 있어서 이러한 효소들에 의해 촉매되는 반응의 유사성과 이들 효소의 구조적 유사성은 모든 aaRS들이 공동 조상에서 진화하였다는 것을 암시하며, 이 때문에 이들은 구조적으로 관련성이 있다. 위와는 다른 이야기이지만, 사실 **aaRS는 서로 다른 크기 및 3차 구조 그리고 아미노산 배열의 낮은 상동성을 가지고 있어서 매우 다양한 그룹을 형성한다.** 그럼에도 불구하고 이들 효소들은 두 가지 그룹으로 나누어지는데, 각 그룹은 10개의 효소군을 가지고 있으며, 이는 거의 모든 생물체에서 비슷하다(표 27-2). **클래스 I(Class I)**과 **클래스 II(Class II) 아미노아실-tRNA 합성 효소(aminoacyl-tRNA synthetase)**는 몇 가지 다른 점을 가지고 있다.

표 27-2 대장균의 아미노아실-tRNA 합성 효소의 분류

클래스 I 아미노산	클래스 II 아미노산
Arg	Ala
Cys	Asn
Gln	Asp
Glu	Gly
Ile	His
Leu	Lys
Met	Phe
Trp	Pro
Tyr	Ser
Val	Thr

1. **구조적 모티프** 클래스 I 효소는 두 개의 상동 폴리펩타이드 분절을 공유하는데, 이들은 다이뉴클레오타이드(dinucleotide)-결합 포개짐[로스만 포개짐(Rossman fold)으로서 많은 NAD^+ 및 ATP 결합 단백질에서 나타난다. 6-2C절]의 구성 요소이다. 클래스 II 합성 효소는 이러한 상동 폴리펩타이드 분절이 없는 대신에 세 개의 다른 일반적인 배열을 가지고 있다.
2. **역코돈(anticodon) 인식** 많은 클래스 I aaRS들은 그들의 짝이 되는 tRNA를 아미노아실화하기 위하여 역코돈을 인식할 수 있어야만 한다. 이에 비하여 몇몇 클래스 II 효소들은 그들의 짝이 되는 tRNA의 역코돈과 상호작용하지 않는다.
3. **아미노아실화 부위** 모든 클래스 I 효소들은 그들과 결합한 tRNA의 3′ 말단에 있는 2′-OH기를 아미노아실화하지만 클래스 II 효소들은 3′-OH기를 충전시킨다. 그럼에도 불구하고 2′-OH에 결합한 아미노아실기는 재빨리 2′와 3′ 위치 사이에서 평형 상태를 이룬다(단백질 합성에 참여하려면 반드시 3′ 위치에 있어야만

한다).

4. **아미노산 특이성** 클래스 I 합성 효소에 대한 아미노산들은 클래스 II 효소에 대한 아미노산들보다 특이적이면서 또한 크고 소수성을 띠는 경향이 있다.

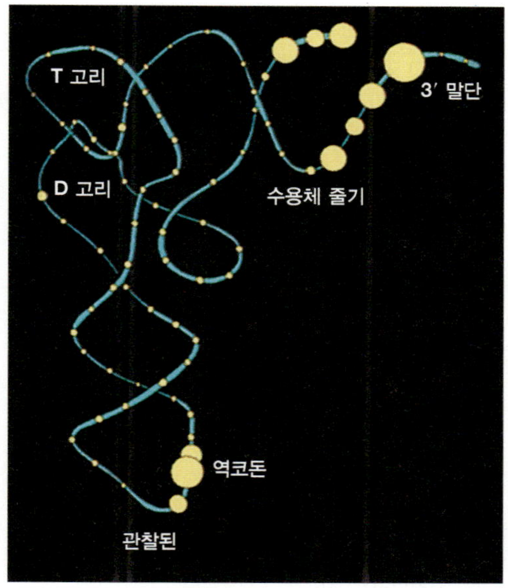

그림 27-7 **실험적으로 관찰된 tRNA의 동등 원소** tRNA 뼈대는 푸른색이고 각 뉴클레오타이드는 노란 점으로 표시하였는데, 이 노란 점들의 지름은 다양한 형태의 tRNA에서 결정된 동등 원소의 분획에 비례한다.

아미노아실-tRNA 합성 효소는 tRNA의 독특한 구조적 특징을 인식한다. 어떻게 aaRS가 tRNA를 인식하여 tRNA에 적절한 아미노산을 충전시킬 수 있는가? 먼저, 모든 tRNA는 유사한 구조를 가지고 있다. 따라서 이들 tRNA들을 구분해 낼 수 있는 특징으로서 그 배열이나 국부적 구조에 큰 차이점이 없다. 반면에, 유전 암호는 축퇴성을 가지고 있기 때문에 한 개의 아미노산을 하나 이상의 tRNA가 전달해 낼 수 있다. 이와 같이 한 개의 아미노산을 전달해 낼 수 있는 여러 개의 tRNA 세트를 **등수용 tRNA(isoaccepting tRNA)**라고 한다. 이들 한 세트의 등수용 tRNA는 이에 알맞은 각각의 aaRS에 의해 정확히 인식된다. 따라서 tRNA는 그 자신의 역코돈에 맞는 아미노산만으로 충전되며, 이외의 나머지 19개 아미노산과는 어떻게 하더라도 결합할 수 없게 되어 있다.

아미노아실-tRNA 합성 효소와 tRNA의 상호작용에 있어서의 특이성에 대한 실마리는 tRNA 조각, 돌연변이가 일어난 tRNA, 화학적 교차 결합제, 컴퓨터에 의한 염기 배열 비교 및 X선 결정학 등을 통한 연구에서 얻어졌다. 다양한 tRNA를 위한 실험적으로 결정된 합성 효소 접촉 부위 또는 **항등원(identity element)**을 tRNA 분자의 3차 구조 모형에 나타냈을 때, 그들은 수용체 줄기, 역코돈 고리, L형 구조의 내부 면(오목)에 있는 다른 접촉 부위들이 모여 있다(그림 27-7). 예를 들어 대장균 $tRNA^{Ala}$를 위한 항등원은 수용체 줄기에 위치하고 있는 비왓슨-크릭 염기쌍인 G3 • U70이다. 그러나 합성 효소가 자신의 동족 tRNA(대부분의 tRNA의 항등원은 두 개 염기 이상을 가진다)를 인식하는 방법에는 규칙성이 거의 없으며, 많은 효소-tRNA 상호 작용에는 전혀 역코돈을 포함하지 않는다. 그럼에도 불구하고, tRNA가 대응하는 aaRS에 정확하게 결합하는 것이 리보솜이 aa-tRNA를 올바르게 선정하는 것만큼 번역을 정확하게 하는 데 있어 중요하기 때문에, tRNA 항등원은 두 번째 유전자 코드라고 일괄하여 불리운다.

역코돈과 수용체 줄기 모두와 상호 작용하는 합성 효소는 L자형의 tRNA의 양끝 다리에 동시에 결합하기 위하여 정확한 크기와 구조를 가지고 있어야 한다. 이것은 $tRNA^{Gln}$와 ATP와 같이 결정화된 대장균 **글루타민-tRNA 합성 효소(glutaminyl-tRNA synthetase, GlnRS)** 복합체에 대한 증거이다 (그림 27-8). 이것은 토마스 Steitz에 의해 결정된 복합체에 대한 첫 번째 구조이다. GlnRS는 553개의 아미노산 잔기로 구성된 단량체 단백질로서 클래스 I 효소이다. 이 효소는 길쭉한 모양을 하고 있으며, 한쪽 면은 역코돈과, 다른

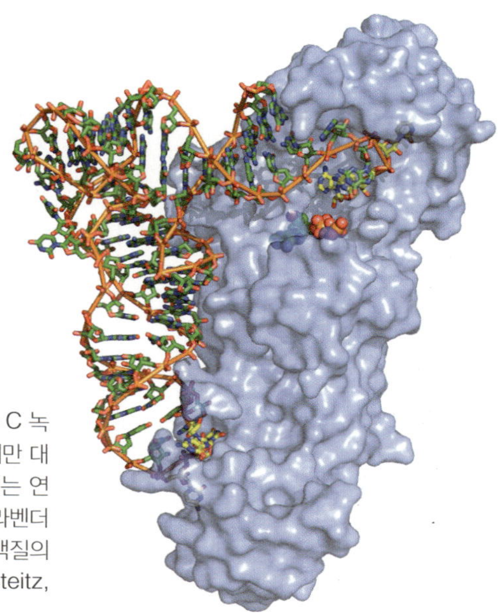

그림 27-8 **대장균의 GlnRS · $tRNA^{Gln}$ · ATP의 X선 구조** 단백질의 활성 부위에 결합된 ATP는 C 녹색, N 파란색, O 빨간색, P 주황색으로 공간 채움 형태로 그려진 것이다. tRNA는 ATP로 채색되지만 대응 코돈(UCG)의 C 원자와 그 3′-CCA 끝 노란색과 함께 막대 형태로 그려져 있다. 주황색 막대는 연속적으로 P 원자를 연결한다. 단백질은 내부에 결합되어 있는 tRNA 및 ATP를 드러내는 반투명 라벤더 표면도(surface diagram)로 나타내었다. tRNA의 3′ 말단(오른쪽 위)과 역코돈 염기(아래)는 단백질의 깊은 주머니에 삽입되어 있다는 것을 주목하라. [Based on an X-ray structure by Thomas Steitz, Yale University. PDBid 1GTR.]

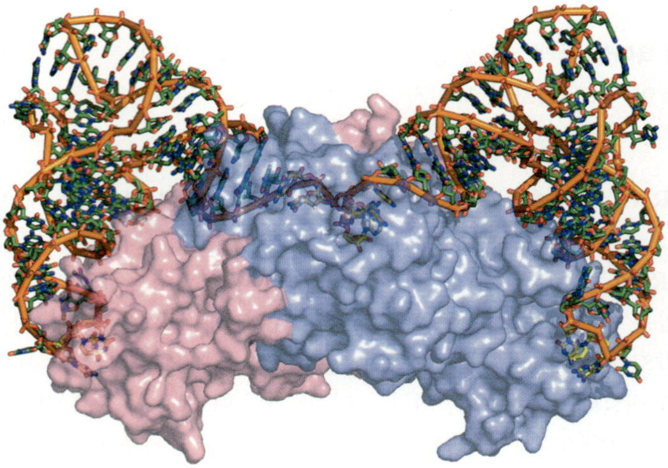

그림 27-9 효모의 AspRS · $tRNA^{Asp}$ · ATP의 X선 구조 두 개가 대칭적으로 결합한 tRNA를 가진 동종 이합체 효소는 거의 수직인 두 가지 축으로 보인다. tRNA은 역코돈(GUC)의 C 원자와 3′-CCA 끝의 탄소 원자는 노란색 나머지 탄소 원자는 녹색, 질소원자는 파란색, 산소 원자는 빨간색, 인 원자는 주황색으로 원자 종류에 따라 착색된 골격 형태(skeletal form)로 나타낸다. 주황색 막대는 연속적인 인 원자들을 연결한다. 두 개의 단백질 소단위체는 tRNA의 가려진 부분을 드러내는 반투명 핑크와 라벤더 표면도(surface diagram)로 표시한다.[Based on an X-ray structure by Dino Moras, CNRS/INSERM/ULP, Illkirch Cédex, France. PDBid 1ASY.]

? 각각의 tRNA의 3′ 말단과 역코돈의 위치를 찾으라.

한쪽 면은 수용체 줄기와 서로 접촉하고 있다. 유전학적이고 생화학적인 결과들은 $tRNA^{Gln}$의 경우에는 역코돈에 위치하는 7개의 모든 염기가 합성 효소에 의해 인식되는 동등 원소에 속함을 알게 해 주었다. 역코돈 염기 자체는 중첩되지 않게 존재하고 있기 때문에 밖으로 노출되어 GlnRS와 독립적으로 인식할 수 있는 단위로 작용한다. $tRNA^{Gln}$의 3′ 말단은 효소 단백질의 주머니 속으로 깊숙이 박혀 있어서 효소의 ATP 및 글루타민 기질과 결합할 수 있게 된다.

효모의 **AspRS**는 클래스 II에 속하는데, 557개의 아미노산 잔기로 이루어진 폴리펩타이드가 두 개의 소단위체로 구성된 동종 이합체이다. 이 효소가 $\mathbf{tRNA^{Asp}}$와 결합한 상태의 X선 구조는 모라스(Dino Moras)에 의해 밝혀졌는데, 이 효소는 두 분자의 tRNA와 대칭적으로 결합하고 있었고 그 양상은 한쪽은 수용체 줄기, 다른 쪽은 역코돈 줄기와 결합하고 있었다(그림 27-9). 효소와 결합한 $tRNA^{Asp}$의 역코돈 팔은 효소와 결합하지 않고 단독으로 존재하는 $tRNA^{Asp}$의 모양에 비해서 L자의 안쪽으로 약 20 Å 휘어 있다. 이와 같이 꺾이는 점은 역코돈 줄기의 G30 · U40 염기쌍 부분이다(대부분의 다른 tRNA들은 이 부분에서 정상적인 왓슨–크릭 염기쌍을 형성하고 있다). $tRNA^{Gln}$의 역코돈의 염기들도 $tRNA^{Asp}$와 마찬가지로 GlnRS와 접하는 부위가 중첩되지 않게 존재하고 있으나 $tRNA^{Asp}$와는 뼈대의 입체 구조가 서로 다르다. 확실한 것은 합성 효소와 결합한 tRNA의 입체 구조는 tRNA 자체의 염기 배열에 의하기보다는 결합한 효소에 의해(유도 적응) 지배되는 것 같다. 이것은 아마 각 **세트의 등수용 tRNA가 왜 한 세포 안에서 각각의 다른 고유의 aaRS에 의해서 인식되는지를 설명해 준다.**

GlnRS와 AspRS가 tRNA에 서로 다른 형태로 결합하는 모양이 그림 27-8과 27-9에 나타나 있다. 비록 두 tRNA가 모두 자기의 합성 효소에 L자의 안쪽 부위부터 접근해 가지만 $tRNA^{Gln}$는 수용체 줄기의 작은 고랑 방향으로부터 접근해 가고 있으며, $tRNA^{Asp}$은 수용체 줄기의 큰 고랑 방향으로부터 접근해 가고 있다. $tRNA^{Asp}$은 5′-말단은 나선 꼬리 부위가 AspRS의 촉매 부위 안쪽으로 길게 삽입해 들어가고 있으나, $tRNA^{Gln}$의 3′ 말단은 합성 효소의 활성 부위 쪽으로 들어갈 때 뒤로 굽어서 들어가게 되어 머리핀 모양으로 회전하게 된다. 이러한 구조적 차이점이 클래스 I과 클래스 II에 속하는 효소들이 tRNA의 리보스의 3′ 말단에서 서로 다른 위치의 OH기를 아미노아실화해 주게 된다는 점을 설명해 준다.

교정 작업은 tRNA에 결합하는 아미노산의 충실도를 높여 준다. tRNA에 알맞은 아미노산이 충전되는 것은 매우 정교한 작업이다. 실험적 측정에 의해서, 같은 농도의 아이소루신과 발린이 존재할 때에 **IleRS**는 약 40,000개의 아이소루신 분자를 $tRNA^{Ile}$에 전달할 수 있으나 발린은 한 분자만을 전달할 수 있다. 이러한 고도의 정교함은 매우 놀랄 만한 일인데, 그 이유는 아이소루신과 발린은 단지 그 구조에서 메틸렌기 한 개의 차이밖에 없기 때문이다. 결국 이 메틸렌기가 아이소루신을 손쉽게 IleRs에 전달할 수 있도록 해 준다. 메틸렌기의 결합 자유 에너지는 12 $kJ \cdot mol^{-1}$로 측정된다. 식 27-1은 하나의 주어진 결합 부위에 결합하는 두 개의 물질의 평형 상수 K_1과 K_2의 비율 f를 나타낸다.

$$f = \frac{K_1}{K_2} = \frac{e^{-\Delta G_1^{\circ\prime}/RT}}{e^{-\Delta G_2^{\circ\prime}/RT}} = e^{-\Delta\Delta G^{\circ\prime}/RT} \qquad [27\text{-}1]$$

여기에서 $\Delta\Delta G^{\circ\prime} = \Delta G_1^{\circ\prime} - \Delta G_2^{\circ\prime}$는 두 물질의 결합에 있어서의 자유 에너지의 차이를 나타낸다. 여기서 아이소루신-tRNA 합성 효소는 아이소루신과 발린이 존재할 때에 약 100배 혹은 그 이하의 변별력을 가지고 결합한다.

버그(Paul Berg)는 이러한 모순을 다음과 같이 풀어낸 바 있다. $tRNA^{Ile}$가 존재할 때에는 IleRS가 아미노아실화 반응의 중간 산물인 발린-아데닐산의 정량적인 가수분해를 촉매함으로써 형성하기보다는 오히려 발린 + AMP를 생성해 내기 때문이라고 하였다. 그래서 **아이소루신-tRNA 합성 효소는 아미노아실-아데닐산을 교정 혹은 수리 단계로 사용하고 있다**는 것인데 이와 같은 교정은 DNA 중합 효소 I에 의해 수행되는 과정에서도 볼 수 있다(25-2A절).

IleRS는 두 군데의 활성 부위를 가지고 있는데, 이곳은 이중 분자체의 역할을 한다. 첫 번째 부위는 아이소루신 및 화학적으로 이와 유사하게 생긴 발린을 활성화시킨다. 두 번째 활성 부위는 아미노아실화된 $tRNA^{Ile}$를 가수 분해하는데, 이것은 오직 아이소루신보다 작은 아미노아실기를 가진 tRNA(즉 $Val-tRNA^{Ile}$)만을 가수 분해한다. 클래스 I에 속하는 세균의 IleRS의 X선 구조는 스타이츠(Steitz)에 의해 밝혀졌는데, 이 효소는 다이뉴클레오타이드(dinucleotide) 결합 접힘 부위에 함몰되어 있는 또 다른 교정 영역을 가지고 있었다(**그림 27-10**). $tRNA^{Ile}$의 3′ 말단은 입체 구조 변화에 의하여 아미노아실화 부위와 교정 부위를 오가는 것으로 나타났다. **아미노아실화와 교정 단계의 통합적 선택성이 곧 ATP의 가수 분해로 일어나는 현상인 번역의 충실도에 대한 책임을 지고 있는 셈이다.**

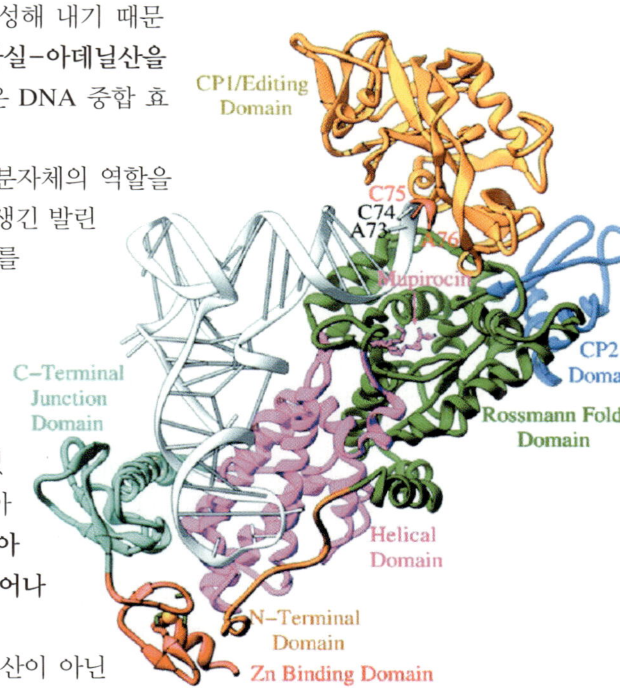

그림 27-10 포도상구균(*staphylococcus aureus*)의 아이소루신-tRNA 합성 효소가 $tRNA^{Ile}$와 형성한 복합체의 X선 구조 tRNA는 흰색이고 단백질은 각 영역에 따라 다른 색깔로 표시하였다. IleRS에 결합하는 항생제인 뮤피로신(mupirocin)은 분홍색의 막대 모양을 하고 있다. tRNA의 마지막 네 가지 뉴클레오타이드 잔기도 표시하였다. tRNA의 3′ 말단은 교정 활성 부위 근처에 위치하고 있다. [Courtesy of Thomas Steitz, Yale University. PDBid 1QU2.]

다른 아미노아실-tRNA 합성 효소들도 자기의 고유한 아미노산이 아닌 아미노산들이 비공유 결합으로 연결될 경우 이들을 변별해 낼 수 있다. **ValRS** 는 279번째 아미노산인 Asp의 곁사슬이 교정 활성 부위 쪽으로 돌출되어 있어서 트레오닌 잔기의 하이드록실기와 수소 결합을 형성한다. 등배전자(isosteric) 발린(모양은 발린과 같다)은 이러한 하이드록실기가 없기 때문에 교정 포켓에서 빠져나와 있다. **ThrRS**는 반대의 문제를 가지고 있다. 즉 이 효소는 $Thr-tRNA^{Thr}$을 합성하지만 $Val-tRNA^{Thr}$은 합성하지 못한다. 그 특이성은 바로 아미노아실화 부위에서 나오는데, 이 부위는 Zn^{2+} 이온을 가지고 있어서 이것이 트레오닌의 하이드록실기와 협동작용을 하게 된다. 발린은 Zn^{2+}와 상호작용을 하지 못함으로써 **ThrRS**에 의해 아미노아실화되지 못하는 것이다. 독립된 교정 부위가 존재하여 이것이 잘못 아실화된

Ser−tRNA^{Thr}를 교정하기도 한다. **TyrRS**는 타이로신과 페닐알라닌을 구분해 낼 수 있는데, 이것은 이 효소가 타이로신의 하이드록실기와 수소 결합을 할 수 있기 때문이다. 타이로신과 유사한 아미노산은 페닐알라닌밖에 없기 때문에 이 효소는 별다른 교정 기능이 없이도 정확한 아미노아실화를 수행할 수 있다.

어떤 생물체는 일부 aaRSs가 없는 경우도 있다. 다수의 세균들에는 20개의 아미노아실−tRNA 합성 효소 중 일부가 없는 것들도 있다. 가령 일부 그램 양성 세균, 고세균 및 사이아노박테리아, 미토콘드리아 및 엽록체 등에는 GlnRS가 없다. 대신에 이들은 Glu−tRNA^{Glu}를 합성하는 효소인 GluRS에 의해서 tRNA^{Gln}을 연결한다. 그 결과 합성된 Glu−tRNA^{Gln}은 **Glu−tRNA^{Gln} 아미도기 전달 효소(amidotransferase)**에 의하여 Glu−tRNA^{Gln}으로 전환되는데, 이때의 반응은 ATP를 필요로 하고 글루타민이 아마이드기의 공여체가 된다. 일부 미생물들은 **AsnRS**가 결실되어 있는데, 이것 또한 Asp−tRNA^{Asn}으로부터 Asn−tRNA^{Asn}으로 아마이드기 전달 반응에 의하여 전환된다.

어떤 고세균들은 **CysRS** 유전자가 결실되어 있다. 이러한 세포들은 Cys−tRNA^{Cys}가 ProRS(이때에는 **ProCysRS**라고 부름)에 의하여 합성된다. 이와 같은 비정상적인 이중 특이성이 있음에도 불구하고 ProCysRS는 Cys−tRNA^{Pro}나 Pro−tRNA^{Cys}를 합성해 낼 수 없다. 그 이유는 프롤린의 아데닐화 시에는 tRNA^{Pro}를 필요로 하지 않고 단지 시스테인의 활성화를 위해서 tRNA^{Cys}를 필요로 하기 때문이다. 결국 Pro−AMP 혹은 tRNA^{Cys}의 결합에는 상호 배타적인 방법으로 입체 구조의 변화를 통해서 일어날 수가 있다.

C tRNA는 한 개 이상의 코돈을 인식한다

단백질 합성에 있어서 그에 알맞은 tRNA의 선택은 코돈−역코돈 상호작용을 통해서만 이루어질 수 있다. 이 과정에는 아미노아실기가 관여하지 않는다(이것은 바로 단백질 합성에 있어서 왜 정교한 아미노아실화가 중요한지를 설명하는 말이기도 하다). mRNA 코돈의 세 개의 뉴클레오타이드는 역코돈의 세 개의 상보적인 뉴클레오타이드와 역평행으로 짝을 이룬다. 사람들은 각각의 61개 코돈이 이들 각각에 해당하는 아미노산을 지정할 때에는 이들 모두가 서로 다른 tRNA에 의해서 읽혀진다고 잘못 알고 있는 경우가 있다. 대부분의 세포에서는 다양한 그룹의 등수용(isoaccepting) tRNA가 존재하고 있음에도 불구하고 많은 mRNA들은 그에 상응하는 아미노산을 지정할 때에 두 개 혹은 세 개의 코돈들과 결합한다. 예를 들어 효모의 tRNA^{phe}는 역코돈으로서 GmAA를 가지는데(여기서 Gm은 2번 탄소에 메틸(metyl)기가 결합한 G를 말한다), 이것은 UUC 혹은 UUU 코돈을 인식한다.

3′ 5′ 3′ 5′
역코돈: —A—A—Gm— —A—A—Gm—
5′ 3′ 5′ 3′
코돈: —U—U—C— —U—U—U—

또한 효모의 tRNA^{Ala}는 역코돈으로서 IGC를 가지는데(여기서 I는 이노신), 이것은 GCU, GCC, GCA 등의 세 개의 코돈을 인식할 수 있다.

3′ 5′ 3′ 5′ 3′ 5′
역코돈: —C—G—I— —C—G—I— —C—G—I—
5′ 3′ 5′ 3′ 5′ 3′
코돈: —G—C—U— —G—C—C— —G—C—A—

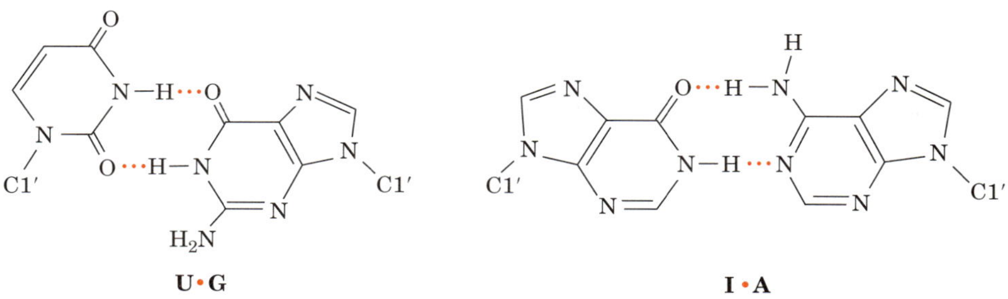

그림 27-11 동요 염기 짝지움에서의 U·G와 I·A 이들 둘은 모두 X선 구조에서 관찰되었다.

표 27-3 코돈의 세 번째 뉴클레오타이드 및 이에 결합하는 역코돈의 동요 염기 짝지움 조합

5′-역코돈 염기	3′-코돈 염기
C	G
A	U
U	A 또는 G
G	U 또는 C
I	U, C, 또는 A

따라서 코돈–역코돈의 상호작용에서 세 번째의 염기 짝지움에서는 왓슨–크릭 염기 짝지움이 아닌 비정상적인 염기 짝지움을 형성하고 있음을 알 수 있는데(역코돈의 첫 번째 위치가 바로 3′ 뉴클레오타이드이다), 이 부위가 곧 코돈의 축퇴를 나타낸다(표 27-1). 역코돈의 세 번째 위치(5′)는 흔히 Gm이나 I와 같은 변형 염기가 존재하고 있음을 주의하라.

동요 가설은 축퇴 현상을 설명한다. 크릭은 논리적 추론에 의한 통합구조 해석을 통하여 한 개의 tRNA가 여러 개의 축퇴 코돈을 인식할 수 있음을 설명하기 위하여 **동요 가설(wobble hypothesis)**을 제시하였다. 그는 **코돈–역코돈 염기 짝지움에서 처음의 두 개 뉴클레오타이드는 정상적인 왓슨–크릭 기하학을 가지고 있으나, 세 번째의 역코돈 위치에는 약간의 노는 현상, 즉 '동요'가 있어서 염기 짝지움을 제한하기는 하지만 이들의 입체 구조가 잘 맞게 조절해 줄 수 있을 것이라고 가정하였다.** 이러한 그의 가설은 몇몇의 비정상적인 왓슨–크릭 염기 짝지움, 즉 U·G 및 I·A의 염기 짝지움을 가능하게 해 준다(**그림 27-11**). 코돈–역코돈의 염기 짝지움에 있어서 세 번째에 해당하는 짝을 **표 27-3**에 나타내었다. 역코돈의 세 번째 염기에 해당하는 C 혹은 A는 확실히 이에 해당하는 코돈의 염기와 정상적인 왓슨–크릭 염기 짝지움을 형성한다(사실은 tRNA의 역코돈에서 세 번째 염기가 A인 경우는 아직까지 그 예가 제시된 것이 없다). 만약에 U나 G가 역코돈의 세 번째에 위치한다면, 두 개의 코돈이 확실히 인식될 수 있다. I가 세 번째 위치에 있다면 U, C, A와 짝을 이룰 수 있다.

다양한 동요 염기 짝지움에 대한 조사 결과, 최소한 31개의 tRNA가 61개의 삼중체 암호를 번역하는 데 필요하다는 것이다(번역의 개시에는 별도의 tRNA가 필요함으로 사실은 32개의 tRNA가 필요할 것이다, 27-4A절). 대부분의 세포들은 32개 이상의 tRNA를 가지고 있으나 이중 일부는 같은 역코돈을 가질 수도 있다. 사실, 포유류 세포는 150개 이상의 tRNA를 가지고 있다. 어떤 생물체는 일반 아미노산이 아닌 특수한 아미노산을 충전하는 독특한 tRNA를 가지고 있기도 하다(자료 27-2).

자료 27-2 생화학 전망 유전 암호의 확장

일반적으로 단백질은 20개의 '표준' 아미노산으로 합성된다고 알려져 있으나 번역 과정 중에는 이와 다른 두 종류의 아미노산이 삽입되는 것으로도 알려져 있다(단백질에 존재하는 또 다른 형태의 아미노산은 번역 시에 삽입되는 것이 아니고 번역 후 수식에 의해 생긴 것이다). 두 경우 모두 종결 코돈을 인식하는 독특한 tRNA에 결합한다.

진핵생물과 원핵생물에 존재하는 효소들 중에는 비표준 아미노산인 **셀레노시스테인**(selenocysteine, Sec)을 가지고 있다.

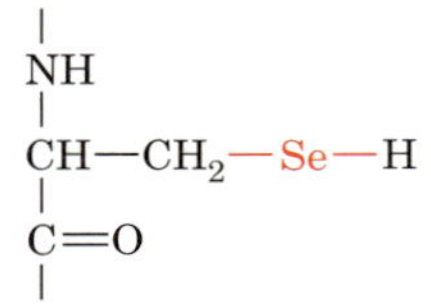

The selenocysteine (Sec) residue

셀레노단백질(selenoprotein)의 Sec 잔기는 포유류와 글루타싸이온 퍼옥시데이스(자료 15-4) 및 싸이오레독신 환원 효소(23-3A절)와 같은 효소들에 의해 촉매되는 산화-환원 반응에 참여한다고 생각된다. 이와 같은 이유로 셀레니움(selenium)은 필수 미량 원소이다. 사람의 유전체에는 약 25종의 셀레노단백질이 존재하는 것으로 밝혀졌다.

셀레노시스테인은 "21번째 아미노산"으로 불리기도 하는데, 종결 코돈인 UGA를 Sec 코돈으로 인식하는 tRNA에 의하여 단백질로 삽입된다. tRNA^{Sec}는 처음에는 세린으로 충전되는데, 이 반응은 tRNA^{Ser}를 충전하는 SerRS에 의해 촉매된다. SerRS에 의해 충전된 세린-tRNA^{Sec}는 효소에 의해 셀레닌화되어 셀레노시스테인-tRNA^{Sec}로 된다(즉 tRNA에 결합한 세린이 효소에 의해 셀레노시스테인으로 전환된다). SerRS에 의해 촉매되기 위해서 tRNA^{Sec}가 tRNASer와 그 구조가 매우 닮아 있긴 하지만 tRNA^{Sec}의 수용체 줄기는 8개 염기쌍(7개 아님), D 팔은 6개 염기쌍과 4개 염기로 된 고리(4개 염기쌍과 7~8개로 된 고리가 아님), TψC 줄기는 5개가 아닌 4개의 염기쌍을 가지고 있으며, 이것의 역코돈은 UCA를 가지고 있어서 세린 코돈이 아닌 종결 코돈인 UGA를 인식한다. 더구나 tRNA의 불변 잔기(정상 잔기)가 tRNA^{Sec}에서는 변화되어 있다. 이러한 tRNA에서의 변화가 EF-Tu·GTP로 하여금 tRNA^{Sec}를 인식하지 못하게끔 해준다[EF-Tu·GTP는 보통의 aa-tRNA를 리보솜으로 이동시켜 주는 역할을 한다(27-4B절)]. 그 대신에 GTP와 복합체를 이루고 있는 **SELB**라는 단백질이 연장 인자 전용 단백질로서 Sec-tRNA^{Sec}를 리보솜으로 운반해 주는 역할을 한다. SELB·GTP·Sec-tRNA^{Sec} 복합체는 UGA 코돈을 종결 코돈으로 인식하지 않고 Sec 코돈으로 인식함으로써 리보솜에 결합한 mRNA의 UGA 코돈의 3' 위치에 머리핀 모양을 형성하게 된다.

원시 단백질인 **메틸아민 메틸 전달 효소**(methylamine methyl-transferase)는 **피롤라이신**(pyrrolysine; Pyl)이라는 아미노산을 포함하고 있는데, 이 아미노산은 라이신 잔기의 질소가 피롤린기(pyrroline group)와 아마이드 결합으로 연결되어 있다.

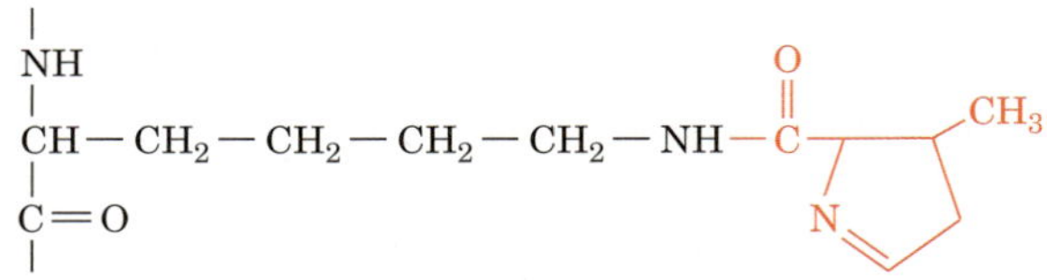

The pyrrolysine (Pyl) residue

Pyl은 tRNA^{Py1}에 의해서 리보솜으로 옮겨진다. 이것은 CUA의 역코돈을 포함하고, 8개 염기보다 5개 염기로 구성된 D 루프를 가지며, 5개의 염기가 아닌 6개의 염기로 이루어진 안티코돈 줄기와 TψC가 결여된 TψC 루프를 가지고 있는 전형적인 tRNA와는 다르다. LysRSs라고 알려진 것과 다른 특정한 aminoacyl-tRNA 중합 효소인 **PylRS**는 ATP 의존적 반응에서 피롤라이신(pyrrolysine)을 tRNA^{Pyl}에 전달하는데, 이것은 tRNA에 '비표준' 아미노산을 아미노 아실화 반응에 의해 직접 전달하는 자연에서 처음으로 알려진 예이다. Ser-tRNA^{Sec}의 경우와는 달리, Pyl-tRNAPyl는 EF-Tu에 의해 리보솜에 전달된다. 이는 mRNA에 UAG가 중지 코돈으로 읽히기보다는 Pyl 코돈으로 판독되게 하는 신호를 가지고 있다는 것을 암시한다. Pyl를 특정짓는 UAG 코돈의 3′ 측에 위치한 보존된 가지 루프(stem-loop) 구조에 이 신호를 포함 할 수 있다.

체크 포인트

- tRNA의 주요 구조적 특징을 설명하시오.
- 왜 모든 tRNA가 유사한 구조를 가지고 있다는 점이 중요한가?
- tRNA가 충전될 때 ATP가 어떻게 사용되는가?
- aaRS에 의한 인식과 아미노아실화에 관여하는 tRNA의 구조의 특징은 무엇인가?
- 왜 아미노아실화 과정에서 교정(proofreading)이 중요한가?
- IleRS의 이중체 메커니즘이 어떻게 정확한 tRNA 아미노아실화를 촉진하는지에 대해 설명하시오.
- 왜 세포는 각각의 코돈에 하나의 tRNA를 필요로 하지 않는가?
- 어떤 염기쌍이 세 번째 코돈-역코돈 위치에서 일어나는 동요 현상을 설명하는가?

자주 사용되는 코돈에 상보적인 tRNA들은 세포 내에서 가장 풍부하다. *Saccharomyces cerevisiae*와 같은 제빵 효모에서 아주 높게 발현되는 몇몇의 구조 유전자의 염기 서열분석 결과, 이들의 코돈 사용에 있어서 놀랄만한 경향성이 발견되었다. 즉 61개의 삼중체 암호 중 25개만이 매우 자주 사용되고 있다는 점이었다. **이들이 선호하는 코돈은 왓슨-크릭의 개념에 있어서 각각의 등수용 tRNA 세트 중에서 가장 많이 존재하는 tRNA의 역코돈과 상보적인 코돈들이었다.** 22개의 선호되는 코돈의 몇 가지가 효모에서 선호되는 코돈과는 다를지라도, 유사한 현상이 대장균에서 발생한다. 결과적으로, 발현 유전자의 양은 선호되는 코돈이 유전자에 어느 정도 있는가와 크게 연관되어 있다. 이것은 재조합 단백질의 합성을 위해서는 중요한 결정을 해야 한다. 즉 재조합 단백질의 효율적인 발현을 위해서 그에 대응하는 코돈을 부위 특이적 변이법으로 변이시킬 때는 단백질이 발현되어야 하는 유기체에 많이 존재하는 코돈으로 변이되어야 한다. 다른 방법으로는, 정상적으로는 드문 코돈을 위한 tRNA를 과량 발현하도록 유기체(미생물)를 조작할 수 있다.

3 리보솜

주요 개념

- 리보솜은 대단위체와 소단위체로 이루어져 있으며, 단위체들은 RNA와 여러 개의 작은 단백질로 구성되어 있다.
- 리보솜의 복잡한 구조는 mRNA와 세 개의 tRNA 분자들이 결합하여 단백질 합성을 수행할 수 있도록 한다.

리보솜은 매우 작은 소기관으로서 한때는 세포 파쇄 시에 나타날 수 있는 인위적인 구조체라고도 알려졌다. 그러나 1955년에 자메니크(Paul Zamecnik)에 의해 리보솜이 단백질의 합성 장소라는 것이 밝혀졌는데, 그는 이때 ^{14}C로 표지된 아미노산이 단백질로 나타나기 이전에 리보솜과 먼저 결합한다는 것을 통하여 밝혀내게 되었다. 리보솜은 매우 크기도 하지만(세균에서는 $\sim 2.5 \times 10^6$ D이고 진핵 세포에서는 $3.9 \sim 4.5 \times 10^6$ D) 또한 매우 복잡한 분자이다(리보솜은 몇몇의 큰 RNA 분자를 포함하고 있으며, 매우 다양한 종류의 단백질을 포함한다). 이러한 복잡성이 리보솜으로 하여금 아래와 같은 살아 있는 기능을 수행할 수 있게 해 준다.

1. 리보솜은 mRNA와 결합하여 mRNA의 코돈을 매우 충실하게 읽어낼 수 있게 해 준다.
2. 리보솜은 tRNA 분자와 결합하는 특이적인 결합 부위를 가지고 있다.
3. 리보솜은 폴리펩타이드 사슬의 개시, 연장 및 종결에 관여하는 비 리보솜성 단백질들과 상호작용을 한다.
4. 리보솜은 펩타이드 결합의 형성을 촉매한다.
5. 리보솜은 이동을 통하여 연속적인 코돈을 번역한다.

이 절에서는 원핵생물의 작고 단순한 리보솜의 구조에서 시작하여 진핵생물의 복잡한 리보솜의 구조에 대해 알아보고자 한다.

A 원핵생물의 리보솜은 두 개의 단위체로 구성되어 있다

리보솜의 구성 요소는 전통적으로 초원심 분리 시에 나타나는 침강률로서 표시하는데, 이것은 대개 리보솜의 크기와 일정한 관계가 있다(5-2E절). 대장균의 완전한 리보솜은 침강 계수가 70S이다. 왓슨은 리보솜이 두 개의 서로 크기가 다른 단위로 나누어진다는 것을 발견하였다(**표 27-4**). 작은 소단위체(**30S**)는 한 분자의 **16S rRNA**

표 27-4 대장균 리보솜의 구성 요소

	리보솜	작은 소단위체	큰 소단위체
침강 계수	70S	30S	50S
질량 (kD)	2520	930	1590
RNA			
Major		16S, 1542개 뉴클레오타이드	23S, 2904개 뉴클레오타이드
Minor			5S, 120개 뉴클레오타이드
RNA 질량 (kD)	1664	560	1104
질량비	66%	60%	70%
단백질		21개 폴리펩타이드	31개 폴리펩타이드
단백질 질량 (kD)	857	370	487
질량비	34%	40%	30%

와 21종의 단백질로 이루어지는 데 비해서, 큰 소단위체(**50S**)는 한 분자의 **5S**와 한 분자의 **23S rRNA** 및 31종의 단백질들로 이루어진다. 전통적으로 큰 소단위체와 작은 소단위체에 존재하는 리보솜 단백질들은 각각 그 앞에 L과 S로 표시하고 뒤에 가장 큰 것에서 가장 작은 것으로 숫자를 증가시키면서 나타낸다. 이러한 단백질은 46개 아미노산에서 557개의 아미노산까지 그 크기가 다양하며, 리보솜당 단지 한 분자의 단백질만 존재한다. 그러나 L12의 경우에는 예외적으로 4분자가 존재한다. 대부분의 리보솜 단백질들은 서로 그 아미노산 배열에서 상동성이 없으며, 염기성 아미노산인 Lys이나 Arg이 풍부하고 일부 방향족 아미노산을 가지기도 한다. 염기성 아미노산이 많은 것은 음전하를 많이 띠는 RNA 분자와의 결합을 위해서일 것이라고 추측된다. 대장균에 존재하는 20,000개 정도의 리보솜은 약 80%가 RNA이고, 나머지 20% 정도가 단백질로 구성되어 있다.

리보솜 RNA는 복잡한 2차 구조를 가진다. 대장균의 16S rRNA는 놀러(Harry Noller)에 의해 배열이 결정되었는데, 1542개의 뉴클레오타이드로 구성되어 있다. 이 배열의 컴퓨터 연구 결과 안정한 이중 나선 분절이 존재하고 있었는데, 이 부위는 아주 확실하게 상호배타적인 2차 구조의 형성을 보여 준다. 여러 종류의 원핵생물의 16S rRNA들의 배열을 비교해 보면, 이들의 구조가 진화적으로 잘 보존된 구조라는 가정 아래서, 16S rRNA는 **그림 27-12*a***에서 나타난 바와 같이 꽃 모양을 형성하고 있다.

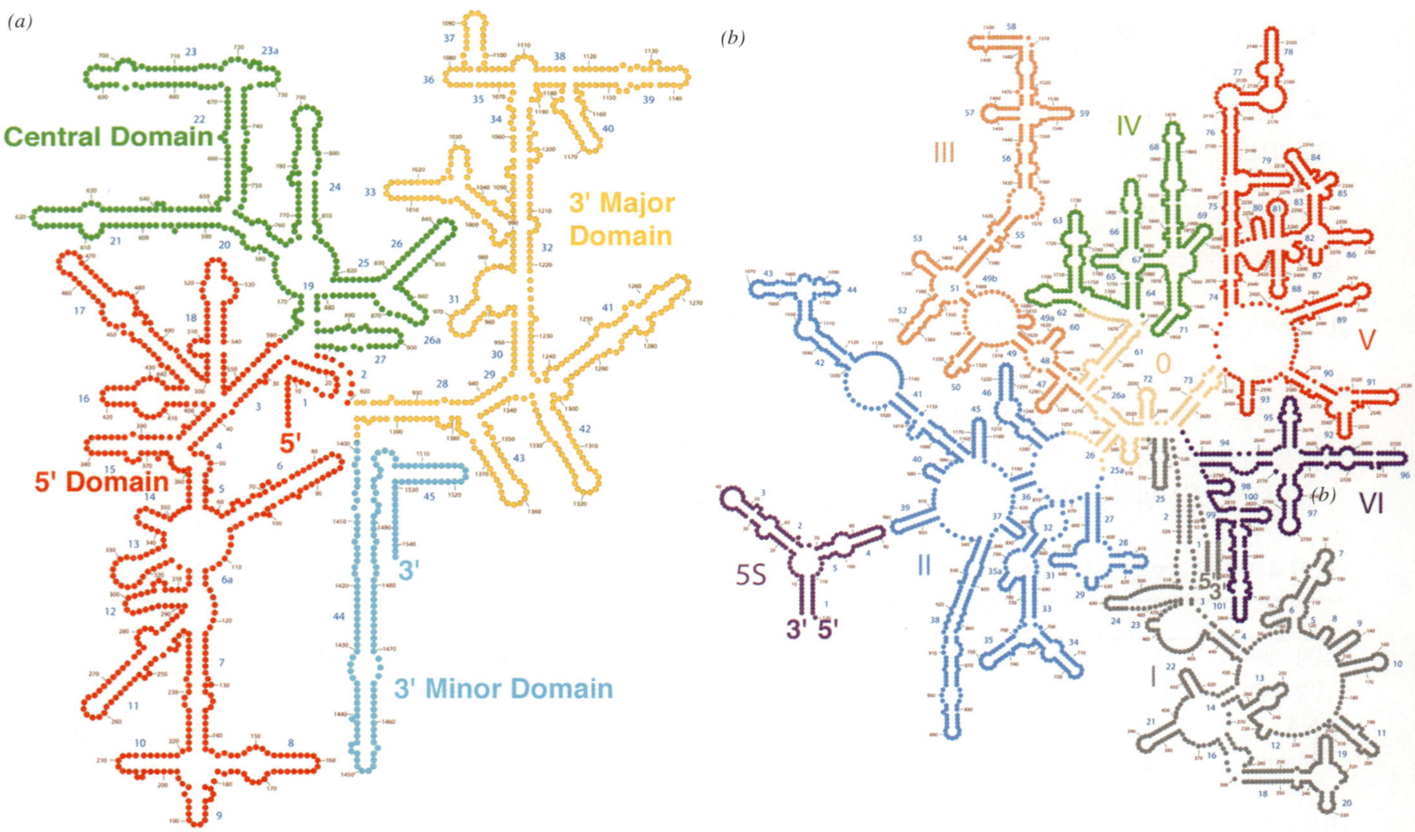

그림 27-12 대장균 리보솜 RNA의 2차 구조 (*a*) 16S rRNA 및 (*b*) 23S와 5S rRNA. rRNA의 구조에서 왓슨-크릭 염기쌍을 형성하고 있는 줄기 부분은 짧은 선으로 된 막대 모양으로 각 영역을 다른 색깔로서 표시하였다. 작은 점들은 G·U 염기쌍을 나타내고 좀 더 큰 점들은 왓슨-크릭 염기쌍이 아닌 비정상적인 염기쌍을 나타낸다. 각 영역을 형성하는 고리와 줄기들은 꽃 모양과 같은 모습을 하고 있다. 큰 숫자는 나선에 대한 식별 번호이며 작은 숫자는 염기 서열 번호이다. [Modified from drawings by Loren Williams, Georgia Institute of Technology.]

여기에 나타나는 네 가지 영역의 구조는 약 54%가 염기쌍을 형성하고 있는데, 이들은 이중 나선 줄기가 짧게(8개 염기쌍) 나타나고 있으며, 또한 이들 대부분의 염기쌍이 완전하지 못하다. 큰 소단위체의 5S와 23S rRNA는 각각 120개 및 2904개의 뉴클레오타이드로 구성되는데, 이들 또한 배열이 결정되었다. 이들은 16S rRNA와 같이 아주 폭넓은 2차 구조를 가지고 있다(**그림 27-12*b***).

리보솜은 매우 복잡한 3차원적인 구조를 가지고 있다. 리보솜의 구조는 전자 현미경(**그림 27-13*a***)을 통하여 밝혀지기 시작하였다. 이후 저온 전자 현미경 기술(cryoelectron microscopy; cryo-EM)을 통하여 그 구조가 밝혀지기도 하였다(**그림 27-13*b***). 저온 전자 현미경 연구는 대부분이 프랭크(Joachim Frank)에 의해 수행되었는데, 그는 리보솜의 모양이 불규칙적이고 지름이 250 Å이며, 수많은 면, 홈, 채널 및 터널 등이 존재하고 있음을 밝혀내었다.

리보솜의 미세 구조는 X선 결정학에 의해 밝혀졌는데, 이 업적은 리보솜 입자가 복잡하다는 사실을 밝히게 된 기념비적인 일이었다. 리보솜 단위는 1980년에 요나스(Ada Yonath)에 의해 처음으로 결정화되었다. 하지만 거대한 리보솜 단위체의 X선 구조 결정을 위해 결정의 질 향상과 결정학에서의 기술 증진에 20년이 더 소요되었다. 2000년에 무어(Peter Moore)와 스타이츠(Steitz)는 내염성 세균인 *Haloarcular marismortui*라는 세균의 50S 소단위체의 100,000개 원자의 X선 구조를 2.4 Å의 원자 해상도로 발표하였다. 바로 직후 라마크리쉬난(V. Ramakrishnan)과 요나스(Yonath)는 *T. thermophilus*의 30S 소단위체에서 약 3 Å 해상력을 보여 주었다. 그 이후로 *T. thermophilus*와 대장균 70S 리보솜의 고해상도 구조가 밝혀지게 되었다.

30S와 50S의 리보솜 소단위체의 구조에 기초하여 원핵생물의 리보솜의 구조를 아래와 같이 일반화할 수 있다.

1. 16S와 23S rRNA 모두 다 고리 형태로 연결된 나선 구조의 조립체인데, 이들 고리의 대부분은 불규칙적인 나선의 크기로 뻗어 있다(**그림 27-14**). 이 구조는 이전에서 언급한 2차 구조의 예측과 매우 잘 일치하는데, 이들은 작은 고랑과

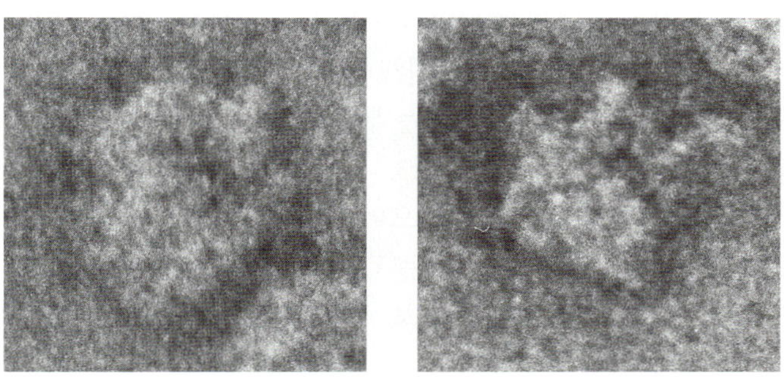

Courtesy of James Lake, UCLA

(a)

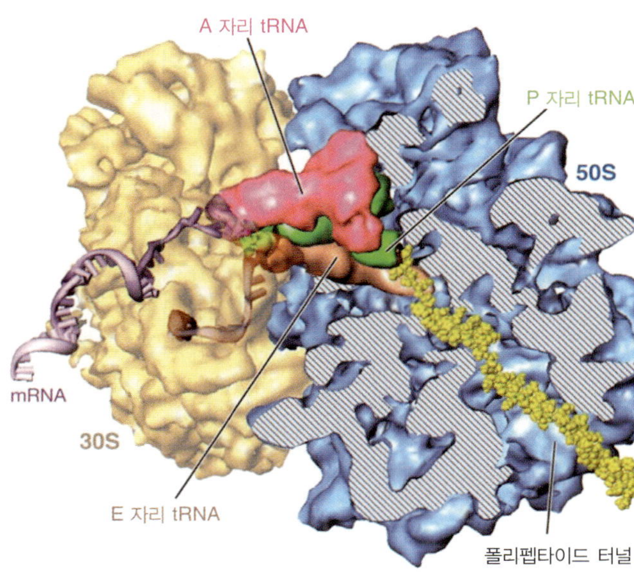

Courtesy of Joachim Frank, State University of New York at Albany

(b)

그림 27-13 대장균 리보솜의 구조 (*a*) 저해상도 전자 현미경 사진 (*b*) 대장균 리보솜의 저온 전자 현미경 사진. 노란색 30S 소단위체는 왼쪽에 있고 파란색 50S 소단위체는 오른쪽에 있다. 각각 A, P, E 자리(아래에 설명)를 차지한 tRNA는 자주색, 녹색, 갈색이다. 50S 소단위체의 일부분은 만들어진 폴리펩타이드가 배출되는 터널을 보여 주기 위해 단면을 절단하였다. mRNA의 일부분(갈색 5′ 말단과 연보라색 3′ 말단)과 노란색의 초기에 만들어지는 폴리펩타이드 사슬은 구조 안에 모델링되었다.

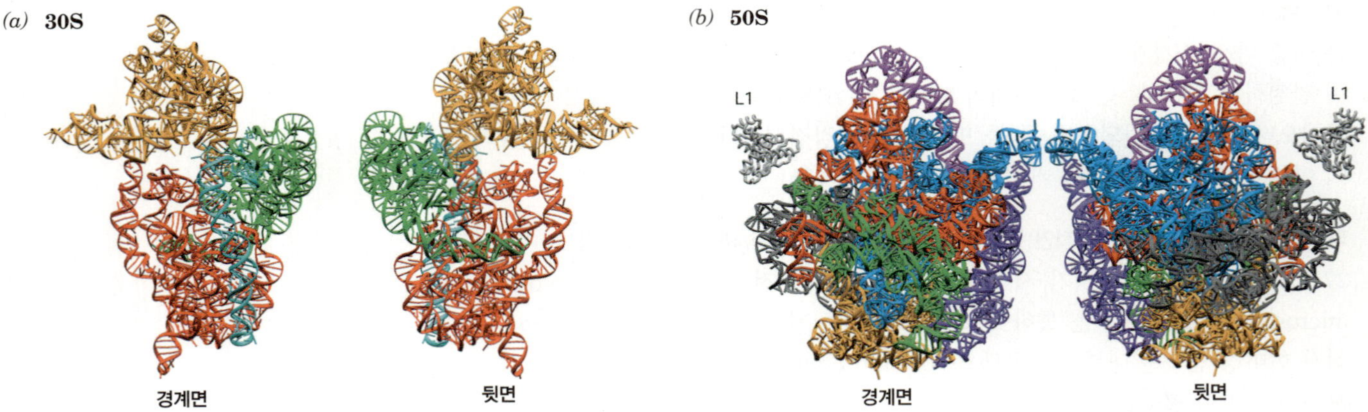

그림 27-14 리보솜 RNA의 3차 구조 (a) *T. thermophilus*의 16S rRNA. (b) *H. marismortui*의 23S rRNA. rRNA는 각 영역에 따라 그림 27-12에서와 같은 색깔을 나타낸다. 왼쪽에 있는 경계면 시야는 경계면와 표면이 다른 소단위체와 결합하여 완전한 리보솜을 형성하는 쪽이고, 오른쪽의 후면 시야는 그 반대편을 나타낸다(유기 용매에 노출되었을 때). 16S rRNA의 2차 구조 영역은 따로 떨어져서 독립적인 3차원을 형성하도록 접히나 23S rRNA의 2차 구조 영역은 다른 영역들과 같이 뒤엉켜 있다는 것을 알 수 있다. 대단위체의 일부인 L1 단백질은 개시의 목적을 위해 보이고 있다. [Courtesy of V. Ramakrishnan, MRC Lavoratory of Molecular Biology, Cambridge, U.K., and Peter Moore, Yale University. PDBids 1J5E and 1JJ2.]

작은 고랑이 포개진 형태(A형 RNA는 매우 얕은 작은 고랑을 가지고 있다는 점을 상기하라)의 나선 구조들 간의 상호작용에 의하여 안정화되어 있다. 즉 인산기 이랑은 작은 고랑 속으로 삽입되어 있으며, 아데닌은 배열에서 멀리 떨어져 있으나 작은 고랑 속으로 삽입된 아데닌은 잘 보존되어 있다(26-3C절).

2. 16S rRNA의 네 개 각 영역은 중앙 연결점에서 뻗어나오고(그림 27-12*a*) 있는데, 이들은 30S 소단위체에서 뚜렷한 형태적인 부분을 형성하게 해 준다(그림 27-14*a*). 이에 비해서 23S rRNA의 6개 영역(그림 27-12*b*)은 50S 소단위체와 복잡하게 되감겨 있다(그림 27-14*b*). 리보솜 단백질들은 RNA에 박혀 있기 때문에(아래에서 계속) 30S 소단위체의 각 영역들은 단백질 합성 기간 동안에 상대적으로 서로 이동이 가능하다는 것을 시사하는 반면에 50S 소단위체는 거의 고정된 것으로 보인다.
3. 두 개의 리보솜 소단위체에 존재하는 단백질의 분포는 일정하지 않다(**그림 27-15**). 대부분의 단백질들은 이들 소단위체의 옆이나 뒷면에 위치하고 있다. 이에 비해 이들 각 소단위체의 앞면은 두 개의 소단위체 사이에서의 경계면을 형성한다. 이 부분은 특히 tRNA 및 mRNA와 결합하는 부위(아래에서 계속)이기 때문에 단백질이 거의 없다.
4. 대부분의 리보솜 단백질은 둥근 모양을 하고 있으며, 이들 대부분이 소단위체의 표면에 위치(그림 27-15)하거나 2차 구조가 없는 긴 분절 형태로 존재한다. 2차 구조가 별로 없고 염기성 잔기들이 비특이적으로 풍부한 그 꼬리 부분은 RNA 나선구조들 사이인 소단위체 내부에 침투하고 있다(**그림 27-16**). 일부 어떤 리보솜 단백질들은 둥근 모양이 아예 없는 것도 있다. 이러한 단백질 꼬리는 다른 RNA 결합 단백질들보다 염기 특이적 상호작용이 훨씬 약하게 일어나게 된다. 이들은 RNA와 결합할 때에 자신이 띠는 양전하와 RNA의 인산 산소 원자가 띠는 음전하를 통해 염다리를 형성함으로써 상호작용하게 된다. 이렇게 함으로써 RNA들 사이에서 일어날 수 있는 음전하들 간의 반발력을 중화시켜 준다. 더구나 이들 단백질 꼬리의 아미노산 배열은 둥근 모양의 단백질보다 훨씬 잘 보존된 형태로 존재한다. 이것은 곧 원시 리보솜은 단순히 RNA로만 구성되

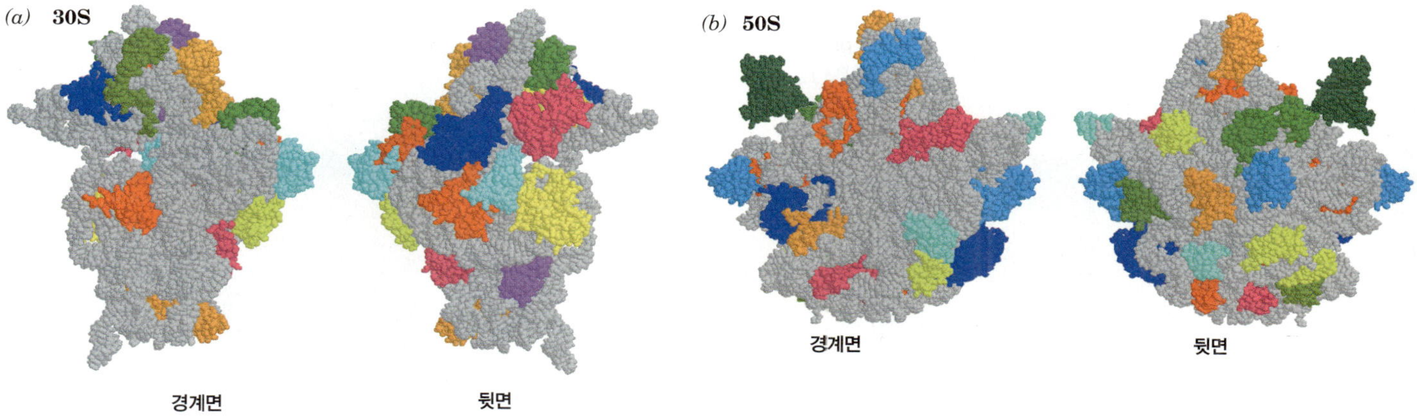

그림 27-15 리보솜 소단위체에 있어서의 단백질과 RNA의 분포 (*a*) *T. thermophilus*의 30S 소단위체. (*b*) *H. mariismortui*의 50S 소단위체. 각 소단위체는 공간 채움 모형으로 나타내었고 RNA는 회색으로, 각 단백질들은 여러 가지 색깔로 나타내었다. 각 소단위체의 경계면 쪽에는 단백질이 거의 없다는 것을 알 수 있다. 등근 부분이 다른 소단위체에 노출되는 부위이며(그림 27-16), 길게 뻗은 분절에는 대개 RNA가 박혀 있다. [Part *a* based on an X-ray structure by V. Ramakrishnan, MRC Laboratory cf MOlecular Biology, Cambridge, U.K. Part *b* based on an X-ray structure by Peter Moore and Thomas Steitz, Yale University. PDBids 1J5E and 1JJ2.]

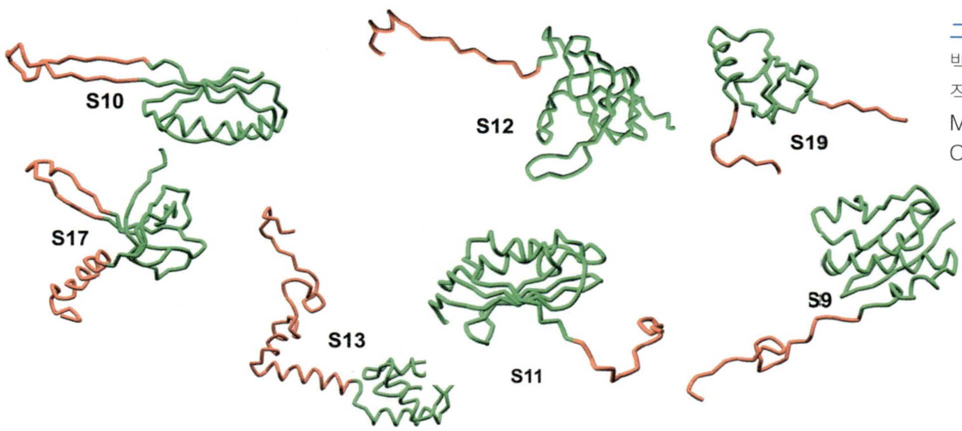

그림 27-16 리보솜 단백질의 뼈대 구조 단백질의 등근 부분은 녹색이고 길게 뻗은 분절은 적색이다. [Courtesy of V. Ramakrishnan, MRC Laboratory of MOlecular Biology, Cambridge, U.K. PDBid 1J5E.]

어 있었으나(RNA 세계), 시간이 지나면서 단백질이 결합하여 RNA의 안정화가 이루어졌고 나아가 그 기능을 잘 나타나게 되었다는 가설과 일치한다. 실제로, 그림 27-14와 27-15의 비교를 통해 크고 작은 리보솜 대단위체와 소단위체의 구조가 단백질이 아닌 tRNA 구성 요소에 의해 상당 부분 결정된다는 것을 알 수 있었다.

완전한 리보솜에서 대단위체와 소단위체는 독립적인 단위체의 모양을 유지하고 있으며 RNA–RNA, 단백질–단백질, RNA–단백질 상호 간의 결합(**그림 27-17**)에 의해 12개 위치에서 서로 연결되어 있다. Mg^{2+} 이온은 이러한 많은 상호작용에 영향을 준다. 비록 이러한 결합들이 두 개의 리보솜 단위체의 안정적인 연결을 위해 필수적이지만, 어떤 연결은 리보솜이 번역 과정에서 다양한 역할을 수행하기 위해 반드시 끊어져 재구성되어야 한다.

27-4절에서는 대단위체가 폴리펩타이드 연장 반응의 촉매 작용과 같은 생화학적 일들에 주로 관여하고 있는 반면(비록 대단위체도 tRNA의 연결에 관여하긴 할지라도), 소단위체는 mRNA–tRNA의 결합과 같은 리보솜 인식 과정에서 중요한 역할을 하고 있다는 사실을 알 수 있을 것이다. 또한 rRNA가 리보솜 과정에서 중요한 기능

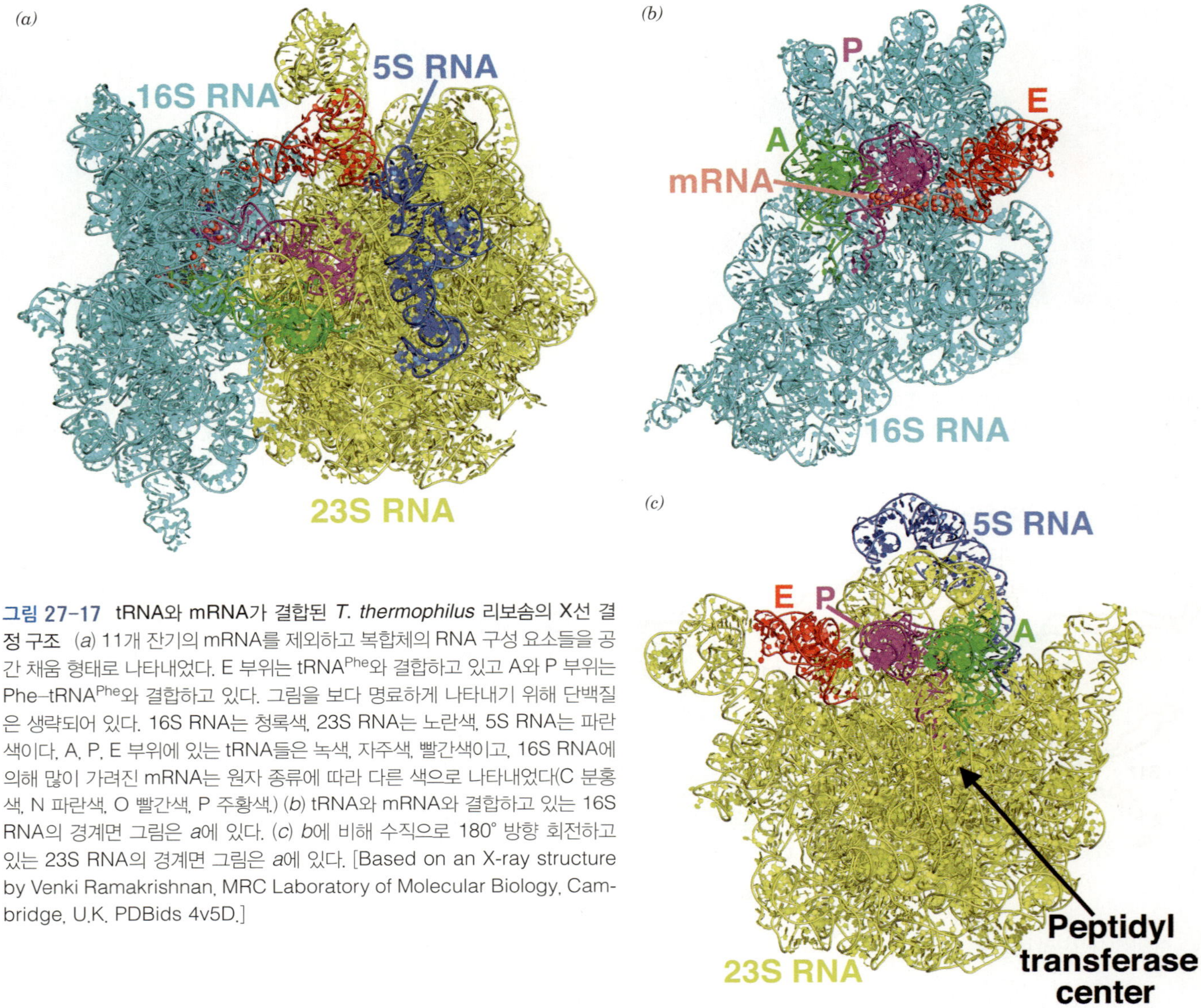

그림 27-17 tRNA와 mRNA가 결합된 *T. thermophilus* 리보솜의 X선 결정 구조 (*a*) 11개 잔기의 mRNA를 제외하고 복합체의 RNA 구성 요소들을 공간 채움 형태로 나타내었다. E 부위는 $tRNA^{Phe}$와 결합하고 있고 A와 P 부위는 Phe-$tRNA^{Phe}$와 결합하고 있다. 그림을 보다 명료하게 나타내기 위해 단백질은 생략되어 있다. 16S RNA는 청록색, 23S RNA는 노란색, 5S RNA는 파란색이다. A, P, E 부위에 있는 tRNA들은 녹색, 자주색, 빨간색이고, 16S RNA에 의해 많이 가려진 mRNA는 원자 종류에 따라 다른 색으로 나타내었다(C 분홍색, N 파란색, O 빨간색, P 주황색.) (*b*) tRNA와 mRNA와 결합하고 있는 16S RNA의 경계면 그림은 *a*에 있다. (*c*) *b*에 비해 수직으로 180° 방향 회전하고 있는 23S RNA의 경계면 그림은 *a*에 있다. [Based on an X-ray structure by Venki Ramakrishnan, MRC Laboratory of Molecular Biology, Cambridge, U.K. PDBids 4v5D.]

적 역할을 한다는 내용도 보게 될 것이다. (RNA가 촉매 성질을 갖는다는 것을 상기하라; 24-2C와 26-3B절 참조)

리보솜은 세 군데의 다른 tRNA 결합 부위를 가지고 있다. **A**, 즉 **아미노아실 부위(aminoacyl site)**는 들어오는 tRNA를 받아들이는 곳이며, **P**, 즉 **펩타이드 부위(peptidyl site)**는 성장하는 펩타이드 사슬에 결합하는 tRNA인 **펩타이드-tRNA(peptidyl-tRNA)**를 받아들이는 부위이다. 또한 **E**, 즉 **출구 부위(exit site)**는 밖으로 나가려는 탈아실화된 tRNA가 결합해 있는 부위이다. 리보솜은 세 개의 tRNA 모두와 거의 같은 방법으로 결합해 있는데, 이들의 역코돈 팔이 30S와 결합해 있고 나머지 부위는 50S 소단위체와 결합해 있다(그림 27-17). 이 상호작용은 거의 RNA-RNA 상호작용이며, 모든 tRNA에 잘 보존된 분절을 통하여 결합해 있음으로서 서로 다른 tRNA에 대해서도 같은 방법으로 결합할 수 있다는 것을 보여준다. 그럼에도 불구하고 세 개의 tRNA는 사실은 약간씩 다른 형태로 결합해 있는데, 가령, A 부위에 결합한 tRNA

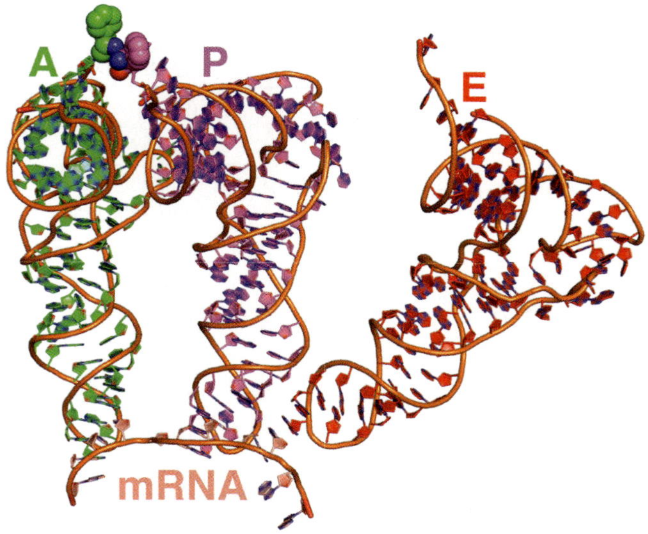

그림 27-18 tRNA와 mRNA의 상호작용 이 RNA 구조들은 그림 27-17에 나타나 있는 리보솜 복합체의 일부분이다. 이 RNA들의 A 부위의 탄소는 녹색으로, P 부위의 탄소는 자주색으로, E 부위의 탄소는 적색으로 나타나 있다. mRNA의 탄소는 분홍색, 질소는 파란색, 산소는 적색이며 인 원자들은 주황색 점으로 연결되어 있다. tRNA의 A, P 부위에 덧붙여진 페닐알라닌 잔기들은 공간 채움 형태로 나타나 있다. 그들의 거리가 가까움에 주목하라. [Based on an X-ray structure by Venki Ramakrishnan, MRC Laboratory of Molecular Biology, Cambridge, U.K. PDBid 4V5D.]

? mRNA와 가깝게 접촉하고 있는 tRNA를 확인해 보라.

는 $tRNA^{Phe}$의 X선 구조와 유사한 형태로 존재하고(그림 27-5*b*) 있으나 E 부위에 결합한 tRNA는 많이 뒤틀려 있다.

오직 A 부위, P 부위 tRNA만이 염기쌍을 형성함으로써 mRNA와 매우 밀접하게 상호작용한다(**그림 27-18**). 리보솜 복합체에서 두 tRNA의 수용체 말단은 가깝게 붙어 있는데 이는 거기서 일어나는 펩티딜 전달 효소의 반응에 필수적이다.

성장하는 폴리펩타이드는 50S 소단위체에 있는 터널로 들어가는데, 이 터널은 P 부위에서 외부의 표면으로 연결되어 있다(터널은 그림 27-13*b*에서 볼 수 있다). 그 길이가 약 100 Å인 터널은 대부분이 친수성 잔기들로 구성되어 있으며, 그 평균 직경은 약 15 Å이다. 이 크기는 α 나선 구조가 통과할 수 있는 규모이므로 폴리펩타이드가 리보솜을 완전히 빠져나갈 때까지는 단백질의 포개짐이 일어나게 될 수 없다는 것을 알 수 있다.

B 진핵생물의 리보솜은 더 크고 복잡하다

비록 진핵생물과 원핵생물의 리보솜이 그 구조나 기능에서 매우 유사하기는 하지만, 상세하게 따져 보면 매우 다르다. 진핵생물의 리보솜은 그 입자 질량이 $3.9 \sim 4.5 \times 10^6$ D에 달하고 80S라는 침강 계수로 표시한다. 진핵생물의 리보솜은 두 개의 다른 소단위체로 나누어지는데, 이들은 원핵생물의 소단위체와는 다르다(**표 27-5**를 표 27-4와 비교해 보라). 쥐의 간세포의 세포질에 존재하는 작은 소단위체(**40S**)는 가장 많이 연구된 리보솜 소단위체로서 33개의 고유한 폴리펩타이드들과 한 분자의 **18S rRNA**로 이루어져 있다. 큰 소단위체(**60S**)는 49개의 폴리펩타이드와 세 분자의 rRNA, 즉 28S, 5.8S, 5S로 이루어져 있다. 원핵생물에 비교하여 좀 더 복잡한 구조를 가진 진핵생물의 특징으로서는 부가적인 기능을 더 가지고 있다는 점이다. 번역의 개시에서 그 메커니즘이 더욱 복잡하고(27-4A), 이들은 핵에서 형성되어 세포질로 이동하여 단백질 번역을 시작한다. 마지막으로, 단백질 합성의 배출 경로에 참여하는 기구가 매우 복잡하다는 점이다(9-4D절).

다양한 종들로부터 분리한 rRNA의 배열을 비교한 결과, 그 진화가 염기 서열보다는 2차 구조에 잘 보존되어 있다는 점이다(그림 27-12). 가령, 대장균의 16S rRNA의 G·C 줄기는 효모의 18S rRNA에서 A·U로 변화되어 있다. **5.8S rRNA**는 진핵생물의 큰 소단위체에 존재하는 rRNA인데, 이것은 **28S rRNA**(원핵생물의 23S

표 27-5 쥐의 간세포의 세포질에 있는 리보솜 구성 요소

	리보솜	작은 소단위체	큰 소단위체
침강 계수	80S	40S	60S
질량 (kD)	4220	1400	2820
RNA			
Major		18S, 1874개 뉴클레오타이드	28S, 4718개 뉴클레오타이드
Minor			5.8S, 160개 뉴클레오타이드 5S, 120개 뉴클레오타이드
RNA 질량 (kD)	2520	700	1820
질량비	60%	50%	65%
단백질		33개 폴리펩타이드	49개 폴리펩타이드
단백질 질량 (kD)	1700	700	1000
질량비	40%	50%	35%

rRNA와 상동)와 염기쌍을 형성하여 상호작용하고 있다. 따라서 5.8S RNA는 전사 후 프로세싱(processing)을 거치는 동안 돌연변이 되어 네 번째의 rRNA로 만들어진 것으로 보인다.

거의 원자 수준의 해상도에서 효모의 80S 리보솜의 X선 구조는 Adam Ben-Shem과 Marat Yusupov에 의해 결정되었다. 효모 리보솜의 모양은 원핵생물과 진핵생물의 리보솜의 구조적 보존의 높은 정도를 나타낸다(**그림 27-19**와 그림 27-17*a*를 비교). 진핵생물에서 리보솜의 큰 규모와 구조적 복잡성은 원핵생물에는 상응하는 부분이 없는 25개의 단백질들과 보존되는 단백질에 삽입되어 있는 추가적인 폴리펩타이드들 및 **확장 부분**(**expansion segment**)이라 불리는 rRNA 서열의 추가 때문이다. 이 확장 부분들은 형태가 변하지 않으면서 보존된 중심 rRNA들의 나선 구조에 삽입되고 원핵생물의 리보솜에 상응하는 부분이 없는 단백질들은 주로 확장된 부분들과

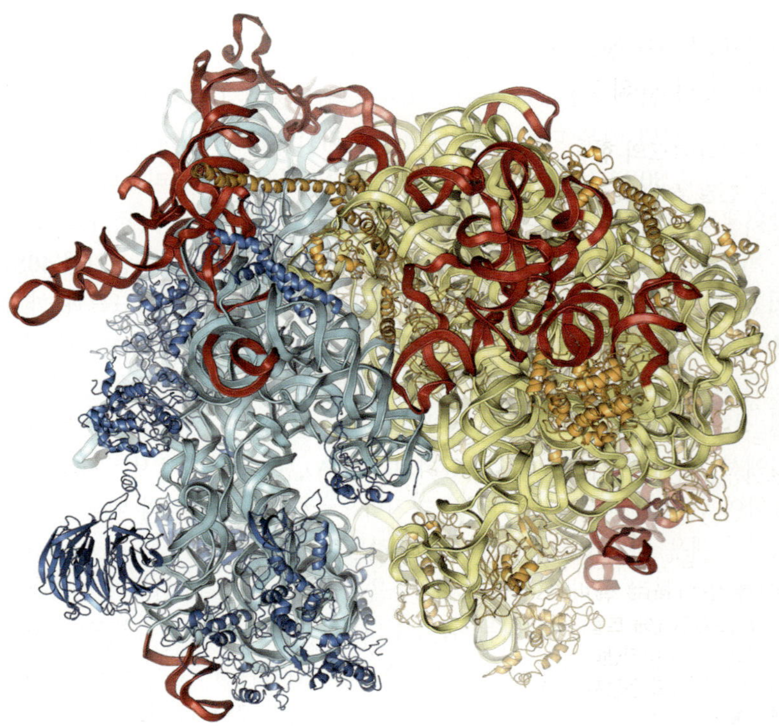

Courtesy of Marat Yusupov, Institut de Genetique et de Biologie Moleculaire et Cellulaire, Strasbourg, France

그림 27-19 효모의 80S 리보솜의 X선 결정 구조 단백질과 rRNA는 리본 형태로 나타내었다(60S 단백질; 주황색, 60S RNA; 노란색, 40S 단백질; 파란색, 40S RNA; 청록색). 대장균 리보솜에서는 발견되지 않는 RNA 서열을 가지고 있는 확장 단편은 빨간색으로 나타내었다.

결합되어 있다. 다른 종들로부터 진핵생물에서 다양한 리보솜의 크기들은 대체로 확장된 부분의 네 가지 다른 크기 때문이다.

확장 부분들과 추가적인 단백질 무리는 대부분 소단위체들 사이의 접점보다는 진핵생물 리보솜의 용매 노출 표면에 분포되어 있다. 본질적으로, **진핵생물 리보솜의 중심 부분은 폴리펩타이드 합성의 기본적인 과정을 실행하는 원핵생물의 리보솜이다**(27-4절에 설명). 게다가 Loren Williams의 계통 발생 분석은 원핵생물 rRNA의 20%는 거의 모든 종에서 보존되고 80%는 종에 따라 다르게 보존되어 있다고 나타냈다. 그러므로 모든 세포들은 리보솜을 포함하고 있기 때문에, 모든 생물학에서 리보솜의 중심 부분은 가장 폭넓게 보존된 구조이다. 실제로 그것은 고세균류이 세균과 진핵생물의 도메인과는 다른 도메인을 형성하는 것을 발견하기 위해 Carl Woese가 했던 다양한 유기체로부터 16S RNAs의 서열 비교 결과였다(1-2B절).

효모 리보솜은 16개의 내부 소단위체 연결 다리들이 있는데, 이 중 12개의 연결 다리는 *T. thermophilus* 리보솜의 X선 구조에서 관찰된 12개 연결 다리와 일치하고 있어 놀랄 만큼 진화적인 보존을 나타내어 이 다리들의 중요성을 보여 준다. 더 복잡한 사람과 초파리 80S 리보솜들의 극저온 전자 현미경(cryo-EM)으로 풀어낸 구조들은 Roland Beckmann에 의해 중간 정도의 분해능으로 결정되어져 왔다.

체크 포인트

- rRNA과 전체 리보솜 구조 사이의 관계를 요약하시오.
- 리보솜 단위체에서의 단백질 분포를 기술하시오.
- 리보솜에 있는 세 개의 tRNA 결합 부위의 위치와 기능에 대해서 기술하시오.
- 원핵생물과 진핵생물 리보솜의 차이점과 유사점에 대해 기술하시오.

4 번역

주요 개념

- 개시 인자는 리보솜 단위체들의 조립을 돕고, 개시제 tRNA를 가져오며, 진핵생물에서는 시작 코돈의 위치를 찾아내는 역할을 한다.
- 리보솜은 단백질 합성의 연장 시기 동안에 정확한 아미노아실-tRNA를 찾아내고, 펩타이드의 이동 반응을 촉매한 후에 mRNA를 따라 이동한다.
- 방출 인자와 리보솜 재활용 인자는 폴리펩타이드 합성의 종결에 관여한다.

리보솜이 mRNA의 정보로부터 폴리펩타이드로의 번역을 통괄한다는 점을 잘 이해하기 위해서는 다음의 점들을 잘 공부하는 것이 도움이 된다.

1. **폴리펩타이드의 합성은 N 말단에서부터 C 말단으로 진행한다.** 다시 말해, **펩타이드 전달 효소(peptidyl transferase)** 활성은 새로이 들어오는 아미노산을 성장 중인 폴리펩타이드의 C 말단에 덧붙여 주는 것이다. 이 현상은 1961년 딘치스(Howard Dintzis)에 의해 밝혀졌다. 그는 헤모글로빈을, 합성 중인 미성숙 적혈구의 일종인 망상 적혈구를 3H로 표시된 루신에 노출시켰더니 짧은 시간 안에 이것이 폴리펩타이드로 합성된다는 사실을 밝혀내었다. 수용성 헤모글로빈 분자의 트립신 처리에 의한 펩타이드 분석에서 표시된 펩타이드가 N 말단에서 C 말단으로 점차 증가하여 나타났다(**그림 27-20**). 이 사실은 곧 새로 들어오는 아미노

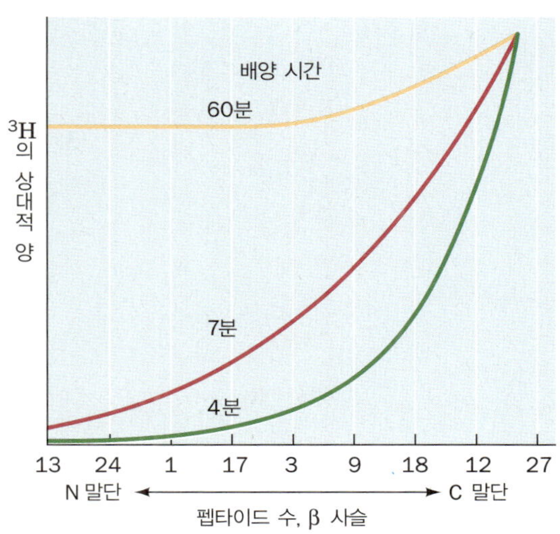

그림 27-20 폴리펩타이드의 합성은 N 말단에서 C 말단으로 진행됨을 증명 토끼의 망상 적혈구를 [^{3}H] Leu과 섞어 표시된 시간대까지 방치하였다. 곡선은 토끼의 수용성 헤모글로빈의 β 소단위체에 트립신을 처리하여 나타난 펩타이드들 중에서 [^{3}H] Leu을 가지고 있는 펩타이드를 나타낸다. 수평 축에 나타나 있는 수치는 N 말단에서 C 말단으로 정렬되어 있는 펩타이드 동정자를 나타낸다. [After Dintzis, H.M., *Proc. Natl. Acad. Sci.* **47**, 255(1961).]

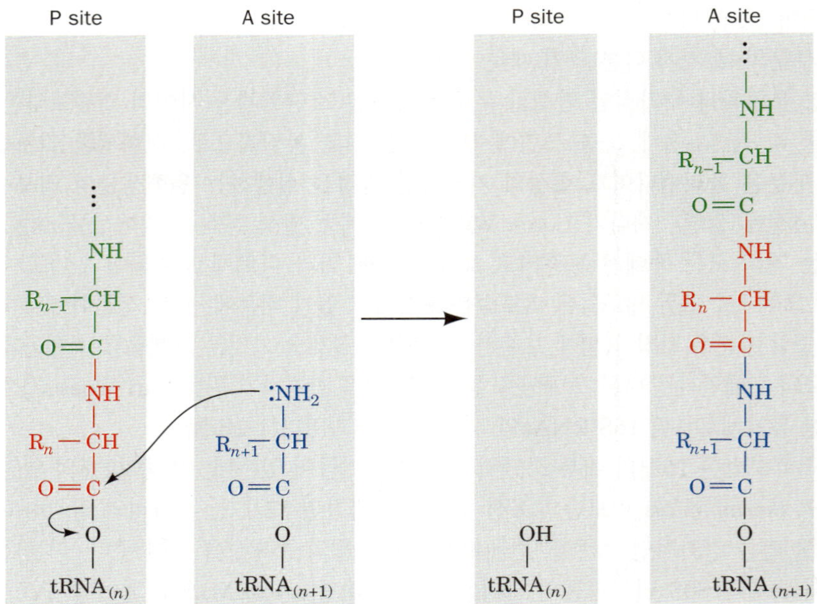

그림 27-21 **펩타이드 결합을 형성하는 리보솜의 펩타이드 전달 효소** 반응 A 부위에 있는 아미노아실-tRNA의 아미노기가 P 부위에 있는 펩타이드-tRNA로 친핵성 이동을 함으로써 새로운 펩타이드 결합을 형성한다. 이렇게 하여 생성된 폴리펩타이드는 A 부위의 tRNA로 전달된다.

? 이동 반응에 필요한 대략적인 자유 에너지 변화는 얼마인가?

산은 성장 중인 폴리펩타이드의 C 말단 쪽으로 부가된다는 것을 의미한다.

2. **사슬의 연장은 성장 중인 폴리펩타이드가 새로 들어오는 tRNA에 결합된 아미노산에 연결됨으로써 일어난다.** 성장 중인 폴리펩타이드를 고농도의 염용액을 처리하여 리보솜에서 유리시키면 이 폴리펩타이드의 C 말단 잔기는 tRNA 분자에 에스터 결합하게 되어 펩타이드-tRNA(아래 그림 참조)를 형성한다. 원래의 (성장 중인) 폴리펩타이드는 P 부위에 있는 펩타이드-tRNA에서부터 A 부위에 있는 새로 들어오는 aa-tRNA로 이동해서 결합함으로써 새로운 아미노산 잔기가 하나 더 결합한 펩타이드-tRNA의 형태로 성장한다(**그림 27-21**). 펩타이드 결합이 형성되고 난 이후 새로운 펩타이드-tRNA는 A 부위에 존재하는 상태에서 P 부위로 옮겨진다. 그런 후 새로운 또 다른 aa-tRNA가 A 부위로 들어올 수 있다. P 부위에서 아미노산이 떨어져 나간 tRNA는 리보솜에서 떨어져 나가기 전에 E 부위로 이동한다(사슬 연장에 관해서는 27-4B절에서 상세히 설명될 것이다).

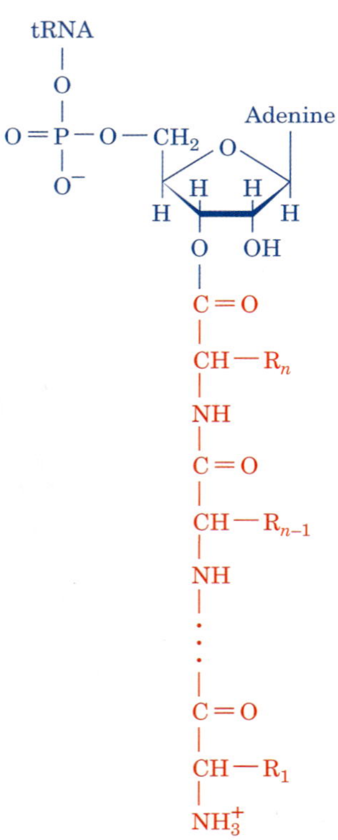

Peptidyl-tRNA

3. **리보솜은 5′ → 3′ 방향으로 mRNA를 읽어나간다.** 이것은 실험관 단백질 합성계에서 3′ 말단이 C로 끝나는 폴리 A로 된 mRNA를 번역하는 과정에서 알 수 있다.

$$5'\ \mathrm{A-A-A-\cdots-A-A-A-C}\ \ 3'$$

폴리(Lys)가 합성되었고 C 말단 쪽의 마지막은 Asn이 합성되었다. 즉

$$\mathrm{H_3N^+—Lys—Lys—Lys—\cdots—Lys—Lys—Asn—COO^-}$$

AAA와 AAC는 각각 Lys와 Asn을 암호화한다는 사실(표 27-1)과 펩타이드 합성에서의 극성을 고려한다면, mRNA는 5′ → 3′ 방향으로 읽혀진다는 것을 알

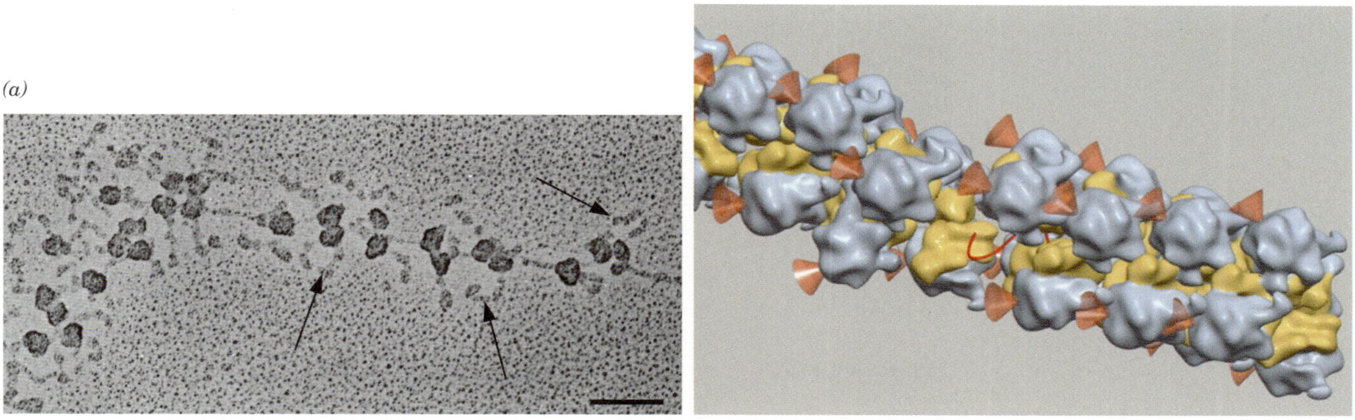

그림 27-22 **폴리솜** (*a*) 누에 *Bombyx mori*의 실샘 세포 내 폴리솜의 전자 현미경 사진. mRNA의 3′ 말단은 그림의 왼쪽에 있다. 화살표는 실크 피브로인 폴리펩타이드를 가리키고 있고, (사진 하단부의) 가느다란 줄은 0.1 μm를 나타낸다. [Courtesy of Oscar Miller, Jr., and Steven McKnight, University of Virginia] (*b*) 대장균 폴리솜의 Cryo-EM 사진. 대부분 가려진 mRNA는 빨간색 선으로 나타내져 있고, 리보솜 소단위체는 노란색, 대단위체는 청록색, 빨간색 뿔은 각각 대단위체의 폴리펩타이드 출구 터널을 가리킨다. 이들이 모인 집합에서는 리보솜들이 유사 나선형의 배열을 하고 있다. 리보솜 중심에서 바로 옆 리보솜 중심 사이의 평균 거리는 ~230Å이다. 비록 리보솜들이 일정한 간격으로 빽빽이 배열되어 있지만 다소 배열이 다른 폴리솜 역시 관찰되고 있다.[Courtesy of Ulrich Hartl and Wolfgang Baumeister, Max Planck Institute of Biochemistry, Martinsreid, Germany]

? (a)에 있는 폴리솜의 개략도를 그리고, 또한 그 부분들의 이름을 붙여라.

수 있다. mRNA의 합성도 5′ → 3′로 일어나기 때문에 원핵생물의 리보솜은 RNA 중합 효소에 의해 RNA가 합성되어 나오는 즉시 단백질 합성을 지휘할 수 있게 된다. 그러나 진핵생물에서는 이와는 다른데, 그 이유는 mRNA가 합성되는 장소(핵)와 단백질이 합성되는 장소(세포질)가 서로 다르기 때문이다.

4. **폴리솜에서는 매우 활발히 번역된다.** 원핵생물과 진핵생물 둘 다 한 개의 mRNA에 다수의 리보솜이 결합할 수 있는데, 이것은 **폴리리보솜** [**polyribosome**, **폴리솜**(**polysome**), **그림 27-22**]이라고 불리는 실에 꿰인 구슬과 같은 모양이다. 폴리솜에서 보면 리보솜 한 개는 50~150 Å의 간격으로 나타나는데, 이는 mRNA의 80개 뉴클레오타이드당 한 개의 리보솜이 결합하는 밀도이다. 폴리솜은 활성을 가진 리보솜(단백질 합성 중인 리보솜)이 mRNA의 개시 부위에서 사라지면 제2의 리보솜이 그 부위에 바로 붙기 때문에 나타나는 모양이다.

A 사슬 개시는 개시 tRNA와 개시 인자를 필요로 한다

리보솜이 어떻게 단백질 합성을 개시하는지에 대한 첫 증거는 대장균에서 합성되는 전체 단백질의 거의 절반 정도가 자주 쓰이지 않는 아미노산인 Met로 단백질 합성을 시작한다는 사실을 관찰한 것이다. 사실, 번역을 개시하는 tRNA는 아주 특별한 형태의 Met–$tRNA^{Met}$인데, 여기서 메싸이오닌은 아래와 같은 *N*-포밀메싸이오닌이다. ***N*-포밀메싸이오닌**(***N*-formylmethionine**) (**fMet**)**잔기**는 이미 한 개의 아마이드 결합을 가지고 있기 때문에 이 잔기는 단지 폴리펩타이드의 N 말단에만 올 수 있다. 대장균의 단백질들은 번역 후 변형 과정을 통하여 fMet를 탈포밀화한다. 또한 많은 단백질에 있어서 탈포밀화된 메싸이오닌마저도 제거하게 된다. 이 과정은 완전한 폴리펩타이드가 형성된 이후에 일어나는데, 이것은 대장균의 성숙 단백질들은 모두가 포밀메싸이오닌 잔기를 가지고 있지 않다는 사실에서 알 수 있다.

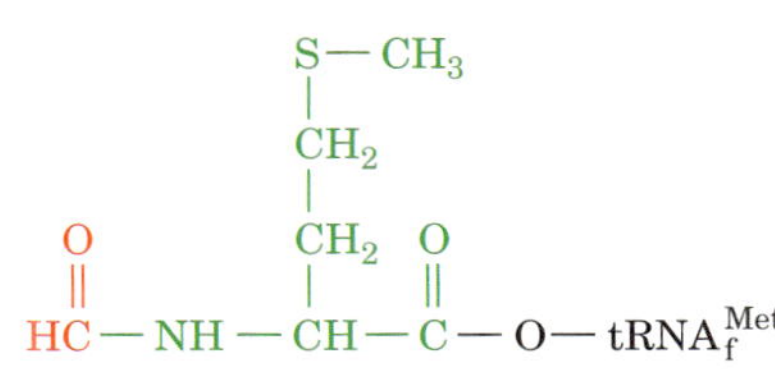

***N*-Formylmethionine–$tRNA_f^{Met}$**
(fMet–$tRNA_f^{Met}$)

개시 코돈을 인식하는 tRNA, 즉 $tRNA_f^{Met}$는 비록 둘 다 AUG를 인식한다는 점

	Initiation codon
araB	– U U U G G A U G G A G U G A A A C G A U G G C G A U U –
galE	– A G C C U A A U G G A G C G A A U U A U G A G A G U U –
lacI	– C A A U U C A G G G U G G U G A A U U G U G A A A C C A –
lacZ	– U U C A C A C A G G A A A C A G C U A U G A C C A U G –
Qβ phage replicase	– U A A C U A A G G A U G A A A U G C A U G U C U A A G –
ϕX174 phage A protein	– A A U C U U G G A G G C U U U U U U A U G G U U C G U –
R17 phage coat protein	– U C A A C C G G G G U U U G A A G C A U G G C U U C U –
Ribosomal S12	– A A A A C C A G G A G C U A U U U A A U G G C A A C A –
Ribosomal L10	– C U A C C A G G A G C A A A G C U A A U G G C U U U A –
trpE	– C A A A A U U A G A G A A U A A C A A U G C A A A C A –
trp leader	– G U A A A A A G G G U A U C G A C A A U G A A A G C A –
16S rRNA의 3′ 말단	3′ $_{HO}$A U U C C U C C A C U A G – 5′

그림 27-23 대장균의 리보솜에 의해 인식되는 번역 개시 서열들 여기서 RNA 배열은 푸른 상자 안의 개시 코돈을 기준으로 정렬하였다. 붉은색 상자 안의 샤인–달가르노 서열은 G·U 쌍을 포함하여 16S rRNA의 3′ 말단(아래 녹색 상자)의 일부와 상보적이다. [Afer Steite, J. A., *in* Chambliss, G., Craven, G.R., Davies, K., Kahan, L., and Nomura, M(Eds.), *Ribosomes. Structure, Function and Genetics*, pp. 481–482, University Park Press(1979).]

에서는 같지만, 폴리펩타이드 내부에 존재하는 Met 잔기를 운반하는 tRNA인 $\text{tRNA}_\text{m}^\text{Met}$와는 다르다. 그래서 아마 이들 tRNA의 입체 구조는 사슬의 개시와 연장 반응을 구분할 수 있을 만큼 충분히 다르다.

대장균에서 충전되기 전의 $\text{tRNA}_\text{f}^\text{Met}$는 $\text{tRNA}_\text{m}^\text{Met}$를 충전시켜 주는 효소인 MetRS에 의하여 같은 방법으로 아미노아실화된다. 이렇게 충전된 Met–$\text{tRNAA}_\text{f}^\text{Met}$는 트랜스포밀레이스에 의해서 *N*-포밀화가 이루어져서 fMet–$\text{tRNAA}_\text{m}^\text{Met}$으로 형성된다. 여기서 트랜스포밀레이스는 포밀기 공여체인 N^{10}-포밀테트라하이드로폴레이트(AP–formyltetrahydrofolate, 21-4D절)에서 포밀기를 받아서 메싸이오닌으로 전달하는데, Met–$\text{tRNAA}_\text{m}^\text{Met}$는 이 효소를 인식하지 못한다.

mRNA와 16S rRNA의 염기 짝지움이 번역 개시 부위를 선택하는 데 도움을 준다. AUG는 폴리펩타이드의 개시 Met와 내부의 Met를 모두 암호화하는 암호이다. 더구나 많은 해독 틀의 내부에는 다수의 AUG(또한 GUG)를 가지고 있다. **이것은 곧 여러 곳의 가능한 개시 부위 중에서 단지 한 곳이 개시 부위로 지정되어야 함을 의미한다.**

대장균에서는 16S rRNA의 3′ 말단에 피리미딘이 풍부한 서열을 가지고 있다. 1974년에 샤인(John Shine)과 달가르노(Lynn Dalgarno)는 이 rRNA에 상보적으로 결합할 수 있는 mRNA의 3~10개 정도의 퓨린 뉴클레오타이드 부위를 찾아냈는데, 이 부위를 **샤인–달가르노 서열(Shine-Dalgarno sequence)**이라고 한다. 이 서열은 거의 모든 원핵생물의 mRNA 개시 코돈에서 약 10개 뉴클레오타이드 정도 상류에 위치하고 있다(**그림 27-23**). **mRNA의 샤인–달가르노 서열과 16S rRNA의 염기 짝지움은 리보솜으로 하여금 적절한 개시 코돈을 선정하게 해 준다.**

70S 리보솜의 X선 구조는 그림 27-13*b*에서와 같이 mRNA의 약 30개 뉴클레오타이드 분절이 고랑으로 싸여 있는 구조로서 이것이 30S 소단위체의 목을 감고 있다(**그림 27-24**). A 부위와 P 부위에 있는 mRNA 코돈은 30S 소단위체의 경계면으로 노출되어 있는데, 여기에서는 mRNA의 5′와 3′ 말단이 RNA와 단백질로 구성된 리보솜의 터널에 결합해 있는 형태이다. mRNA의 5′ 쪽에 위치하는 샤인–달가르노 서열은 예상대로 16S rRNA의 안티샤인–달가르노 서열과 염기쌍을 형성하고 있

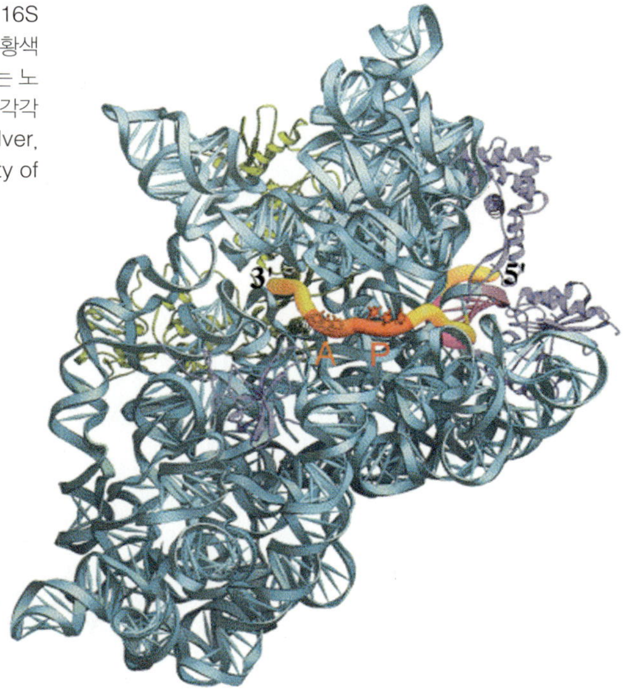

그림 27-24 *T. thermophilus* 30S 소단위체의 경계면 시야에서의 mRNA 통로 16S rRNA는 푸른색, mRNA는 벌레 모양을 하고 있으며, A 부위와 P 부위에서의 코돈은 주황색과 적색, 샤인-달가르노 나선(16S rRNA의 분절을 포함한다)은 짙은 분홍색, 그 나머지는 노란색으로 표시하였다. mRNA의 입구와 출구 터널 역할을 하고 있는 리보솜 단백질은 각각 녹색과 자주색이다. 나머지 리보솜 단백질들은 생략하였다. [Courtesy of Gloria Culver, Iowa State University. Based on an X-ray structure by Harry Noller, University of California at Santa Cruz. PDBid 1JG0.]

으며, 리보솜의 E 부위 쪽으로 치우쳐 있다. mRNA가 리보솜으로 들어가는 터널을 형성하는 단백질은(그림 27-24에서 녹색) 아마 나선 분해 효소로 작용하여 mRNA의 2차 구조를 없애 주는 것으로 보인다. mRNA에 2차 구조가 존재하면 tRNA의 결합이 방해를 받게 된다.

개시는 여러 가지 수용성 단백질 인자를 필요로 한다. 대장균에서의 번역 개시는 매우 복잡한 과정이다. 먼저, 두 개의 리보솜 소단위체와 fMet-$tRNA_f^{Met}$이 적절하게 배열된 mRNA와 조립하여 복합체를 이룬다. 이 과정에는 **개시 인자(initiation factor)**라고 하는 단백질들이 관여하는데, 대장균에서는 **IF-1**, **IF-2**, **IF-3** 등이 있고, 이들은 리보솜에 영구적으로 결합해 있는 단백질이 아니다(**표 27-6**).

대장균의 번역 개시는 세 단계에 걸쳐 일어난다(**그림 27-25**).

1. 일단 폴리펩타이드 합성이 1회 끝나면, 30S와 50S 단위체들이 분리된다(27-4C절). IF-3는 30S 소단위체에 붙어서 50S 복합체의 재결합을 방지하는 역할

표 27-6 대장균의 단백질 합성에 관여하는 단백질 인자들

인자	잔기 수[a]	기능
개시 인자		
IF-1	71	IF-3 결합을 도움
IF-2	890	개시 tRNA와 GTP를 결합
IF-3	180	재생된 30S 소단위체로부터 mRNA와 tRNA를 분리하고 새로운 mRNA 결합을 도움
연장 인자		
EF-Tu	393	아미노아실-tRNA와 GTP를 결합
EF-Ts	282	EF-Tu로부터 GDP를 분리
EF-G	703	GTP 결합과 가수 분해를 통해 자리옮김을 촉진
방출 인자		
RF-1	360	UAA와 UAG 정지 코돈을 인식
RF-2	365	UAA와 UGA 정지 코돈을 인식
RF-3	528	GTP 가수 분해를 통해 RF-1/RF-2의 분리를 자극
RRF	185	EF-G와 함께 작고 리보솜을 큰 소단위체와 작은 소단위체로 분리 유도

[a]대장균의 모든 번역 인자들은 단량체 단백질이다.

을 한다. IF-3의 C 말단과 복합체를 이루고 있는 30S 소단위체의 X선 구조는 Yonath와 Francois Franceschi에 의해 밝혀졌는데, 이는 IF-3가 30S의 용매에 노출된 부위(뒤쪽)에 결합하고 있음을 보여 준다. 명백하게 IF-3은 50S 소단위체의 결합을 물리적으로 막는 기능을 하지는 않는다.

process diagram

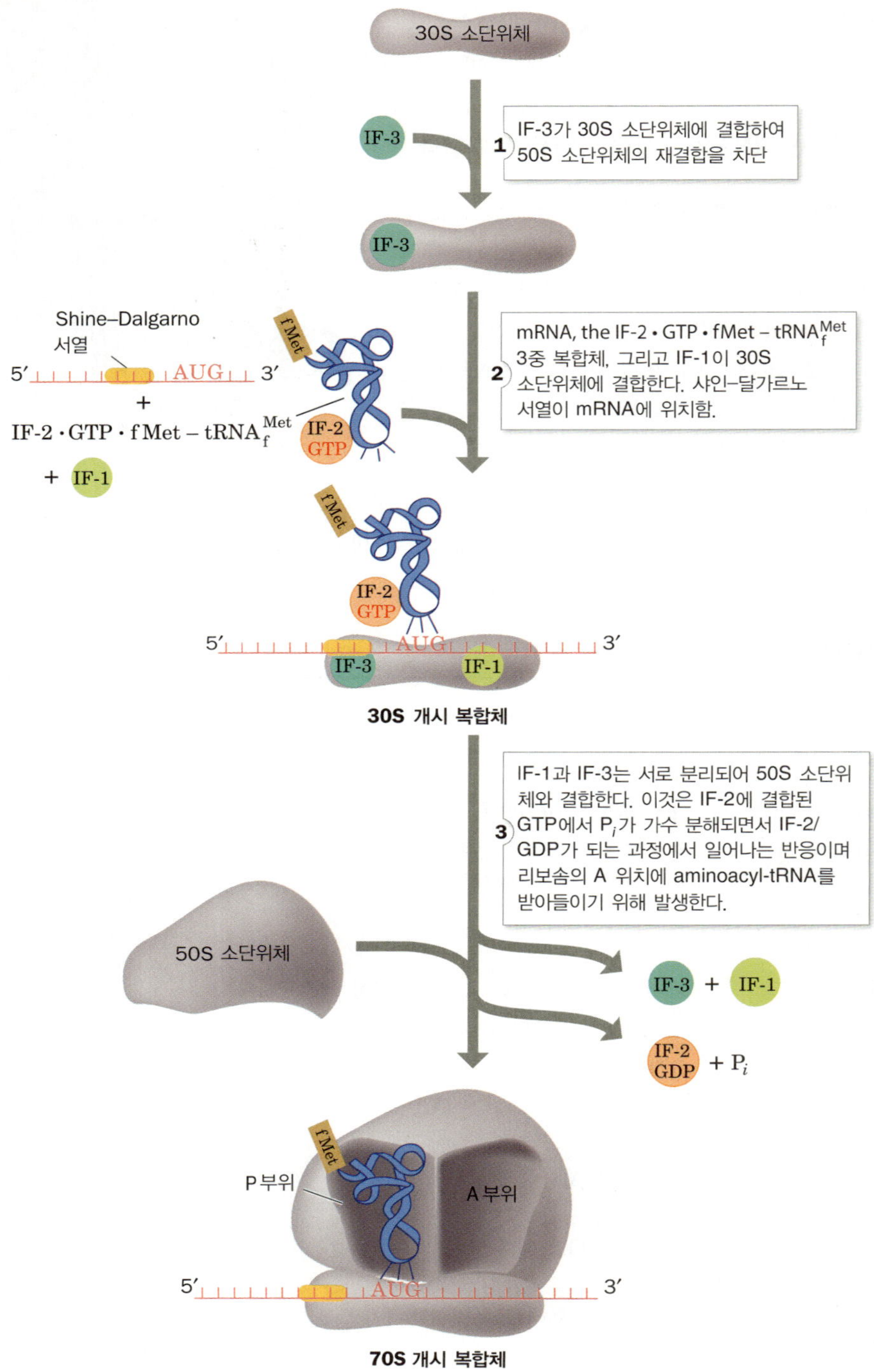

그림 27-25 대장균의 번역 개시 경로 이 과정에서 사용되지 않는 E 부위는 삭제하였다.

? 텍스트를 찾아보지 말고, 번역 개시의 상황을 요약하라.

2. mRNA와 IF-2, GTP 및 fMet−tRNA$_f^{Met}$이 IF-1과 함께 형성한 삼성분 복합체는 30S 소단위체에 결합한다. fMet−tRNA$_f^{Met}$를 포함하는 삼성분 복합체(IF-2, GTP 및 fMet−tRNA$_f^{Met}$)는 mRNA보다 먼저 리보솜에 결합하기 때문에 fMet−tRNA$_f^{Met}$의 결합은 코돈−역코돈 상호작용에 의한 결합이 아니고 단지 tRNA−리보솜 간의 결합이며, 이후 mRNA−리보솜 간의 결합을 도와준다. IF-1이 A 부위에 결합하여 잘못된 tRNA의 결합을 막아준다. IF-3 또한 tRNA$_f^{Met}$이 아닌 다른 tRNA가 결합하는 것을 막아줌으로써 번역 개시 단계에서 그 기능을 한다.
3. 마지막으로, IF-1과 IF-3의 방출 직전에 50S 소단위체가 30S 소단위체 복합체에 결합하는 과정으로서, 이때에는 IF-2가 결합된 GTP를 GDP + P_i로 가수 분해한다. 이와 같은 비가역적인 반응은 30S 소단위체의 입체 구조를 변화시킴으로써 IF-2를 방출시키게 되고 방출된 IF-2는 다른 개시 반응에 참여하게 된다.

개시에는 fMet−tRNA$_f^{Met}$·mRNA·리보솜의 복합체를 형성하게 되는데, 이때 fMet−tRNA$_f^{Met}$는 리보솜의 P 부위를 차지하는 반면에, A 부위에는 새로 들어오는 aa−tRNA를 받아들일 수 있도록 비워 둔다(이 상태는 1회의 연장 반응이 끝난 후의 상태에 견줄 수 있다. 27-4B절). tRNA$_f^{Met}$는 리보솜의 P 부위로 바로 들어가는 유일한 tRNA임을 기억하자. 이외의 다른 모든 tRNA들은 사슬의 연장 기간에 A 부위로 만들어가게 된다.

진핵생물의 개시는 원핵생물의 개시보다 훨씬 더 복잡하다. 진핵생물의 리보솜에서 일어나는 개시는 최소한 11개의 개시 인자(eIF*n*으로 표시하는데, 여기서 'e'는 진핵생물을 의미한다)를 필요로 하는데, 이들은 26개의 폴리펩타이드 사슬로 이루어져 있다. 원핵생물의 1단계와 3단계(그림 27-25)는 피상적으로는 진핵생물 과정과 같다. 그러나 진핵생물에서는 mRNA의 개시 코돈을 찾아내는 방법이 근본적으로 원핵생물에서와는 다른 것으로 밝혀졌다.

리보솜의 P 부위에서 개시 tRNA와 개시 AUG 코돈의 염기 짝지움은 GTP와 복합체를 이룬 이형 삼합체인 **eIF2**에 의해 시작된다. eIF2는 개시 tRNA를 40S 소단위체에 인도하여 다른 개시 인자들과 함께 **43S 개시 전 복합체(43S preinitiation complex)**를 형성한다(이 과정은 원핵생물의 2단계 개시 과정을 닮았으나 mRNA는 없는 상태이다). 개시 tRNA는 **tRNA$_\mathbf{i}$**(i는 개시자를 의미함)이다. 이것의 Met 잔기는 원핵생물과는 다르게 메틸화되지 않는다. 그럼에도 불구하고 진핵생물과 원핵생물의 개시 tRNA는 시험관 내에서 합성 시에는 양쪽 다 사용이 가능하다.

진핵생물의 mRNA는 원핵생물의 샤인−달가르노 서열에 해당하는 서열이 없어서 18S rRNA와는 원핵생물과 같은 방법으로 결합하지는 않는다. 진핵생물에서는 mRNA의 개시 AUG 코돈을 인식하는 데 있어서 원핵생물과는 완전히 다른 기구를 사용한다. **진핵생물의 mRNA는 모두 7-메틸구아노신**(methylguanosine, m^{7}G) **캡과 폴리(A) 꼬리를 가지고 있는데**(26-3A절), **이들은 모두 단일 시스트론성이며, mRNA의 가장 앞에 존재하는 AUG에서 단백질 합성을 개시한다.** 개시 AUG는 50~70개 nt 정도에 해당하는 5′-비번역 부위의 말단에 존재하는데, 그 보존 서열은 대개 GCCRCCAUGG이다. AUG의 3개 nt 앞에 존재하는 퓨린 염기(R)가 다른 염기로 바뀌면, 단백질의 번역 효율은 약 10배까지 감소한다. 개시 부위의 인식은 mRNA의 m^{7}G 캡 부위에 eIF4F가 결합함으로써 시작된다. eIF4F는 eIF4E, eIF4G 및 eIF4A의 각 단량체가 합쳐진 이형 삼합체이며, **캡 결합 단백질(cap-binding protein)**로도 알려져 있는 이 단백질은 mRNA의 m^{7}G 캡을 인식한다. **eIF4G**는

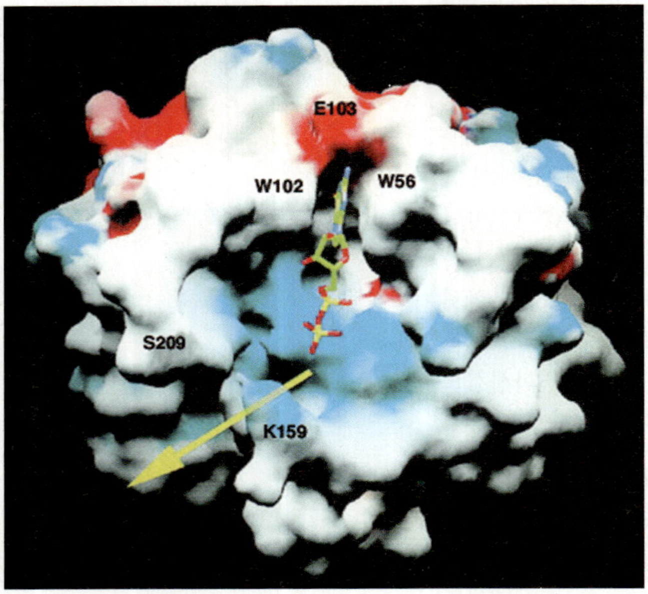

그림 27-26 쥐의 eIF4E가 m^7G 캡 유사 물질인 m^7GDP와 복합체를 이룬 상태의 X선 구조 단백질은 유기 용매에 대한 용해도에 따라 색깔별로 나타내었는데 적색은 정전기적으로 음성을, 청색은 양성을, 흰색은 중성을 나타낸다. m^7GDP는 막대형으로 나타내었으며, C는 녹색, N은 청색, O는 적색, P는 황색이다. m^7G에 결합하는 두 개의 Trp 잔기를 표시하였으며, Lys 잔기와 Ser 잔기가 mRNA가 결합하는 홈(화살표로 표시)에 인접해 있다. [Courtesy of Nahum Sonenberg, McGill University, Montreal, Quebec, Canada. PDBid 1EJ1.]

eIF4E와 eIF4A가 결합할 수 있는 주춧돌 단백질이다.

m^7GDP와 복합체를 이룬 eIF4E의 구조에 대한 연구 결과, 이 단백질은 mRNA 결합 부위를 형성할 것으로 추측되는 양전하로 하전된 틈새 지역 근처의 잘 보존된 두 개의 Trp 잔기 사이에 m^7G를 끼고 있는 것으로 나타났다(**그림 27-26**). m^7G 염기는 단백질의 곁사슬과의 수소 결합에 의해 인식이 되는데, 이 수소 결합은 G·C 염기 짝지움과 유사한 형태이다. eIF4G 또한 폴리(A) 결합 단백질[poly(A)-binding protein, PABP; 26-3A절]과 결합하는데, 이 단백질은 mRNA의 폴리(A) 꼬리를 감싸서 mRNA를 둥글게 되도록 해 준다. mRNA의 꼬리가 둥글게 되는 것은 m7G 캡과 폴리(A) 꼬리가 단백질의 번역 개시를 협동적으로 높여 주기는 하지만, 둥근 모양의 mRNA가 구체적으로 어떤 기능을 하는지는 확실하지 않다. 그러나 그럴듯한 가설 중의 하나로 mRNA의 번역을 마친 리보솜이 해리되고 난 후 다시 재결합하는 과정을 거치지 않고 곧바로 또다시 단백질 합성에 참여하게 해 주기 위해서라는 것이다. 또 다른 가설은 조각이 난 mRNA 등 불완전한 mRNA의 번역을 막기 위해서라는 것이다.

eIF4F–mRNA 복합체는 이어서 여러 가지 다른 개시 인자들과 결합하게 된다. 이후 이 복합체는 43S 개시전 복합체와 결합한 후 ATP 동력의 지원하에 AUG 개시 코돈을 만날 때까지 mRNA를 스캔하게 된다. AUG 코돈을 만나게 되면 **48S 개시 복합체**(**48S initiation complex**)가 형성된다. AUG 코돈의 인식은 주로 결합된 Met–$tRNA_i^{Met}$의 역코돈인 CUA와의 염기 짝지움에 의해 이루어진다. 이 사실은 역코돈을 돌연변이 시켰을 때에는 AUG 이외의 다른 이에 알맞은 코돈을 인식하게 된다는 사실을 확인한 결과에서 밝혀졌다.

원핵생물 번역 개시의 3단계(그림 27-25)에 해당하는 진핵생물의 단계는 eIF2가 GTP를 가수 분해함으로써 48S 개시 복합체로부터 모든 개시 인자들을 방출하는 것이다. 이 결과 남은 40S 소단위체–Met–$tRNA_i^{Met}$ 복합체는 곧 60S 소단위체와 GTP 의존적으로 결합하게 되는데 이때에는 eIF5B(단량체이며, 원핵생물의 IF-2에 해당한다)가 관여한다. 그 결과 80S 개시 복합체 리보솜이 형성된다.

B 리보솜은 mRNA 암호를 해독하고, 펩타이드 형성을 촉매하며, 다음 코돈으로 이동한다

리보솜에서의 폴리펩타이드 연장은 모든 생물체의 도메인들에서 잘 보존되어 있는 세 단계의 반응 회로를 거친다(**그림 27-27**).

1. **해독**(**decoding**)은 리보솜이 아미노아실–tRNA를 선택하고 결합하는 것인데, 이때 아미노아실–tRNA의 역코돈은 A 부위에 존재하는 mRNA의 코돈과 상보적이다.

process diagram

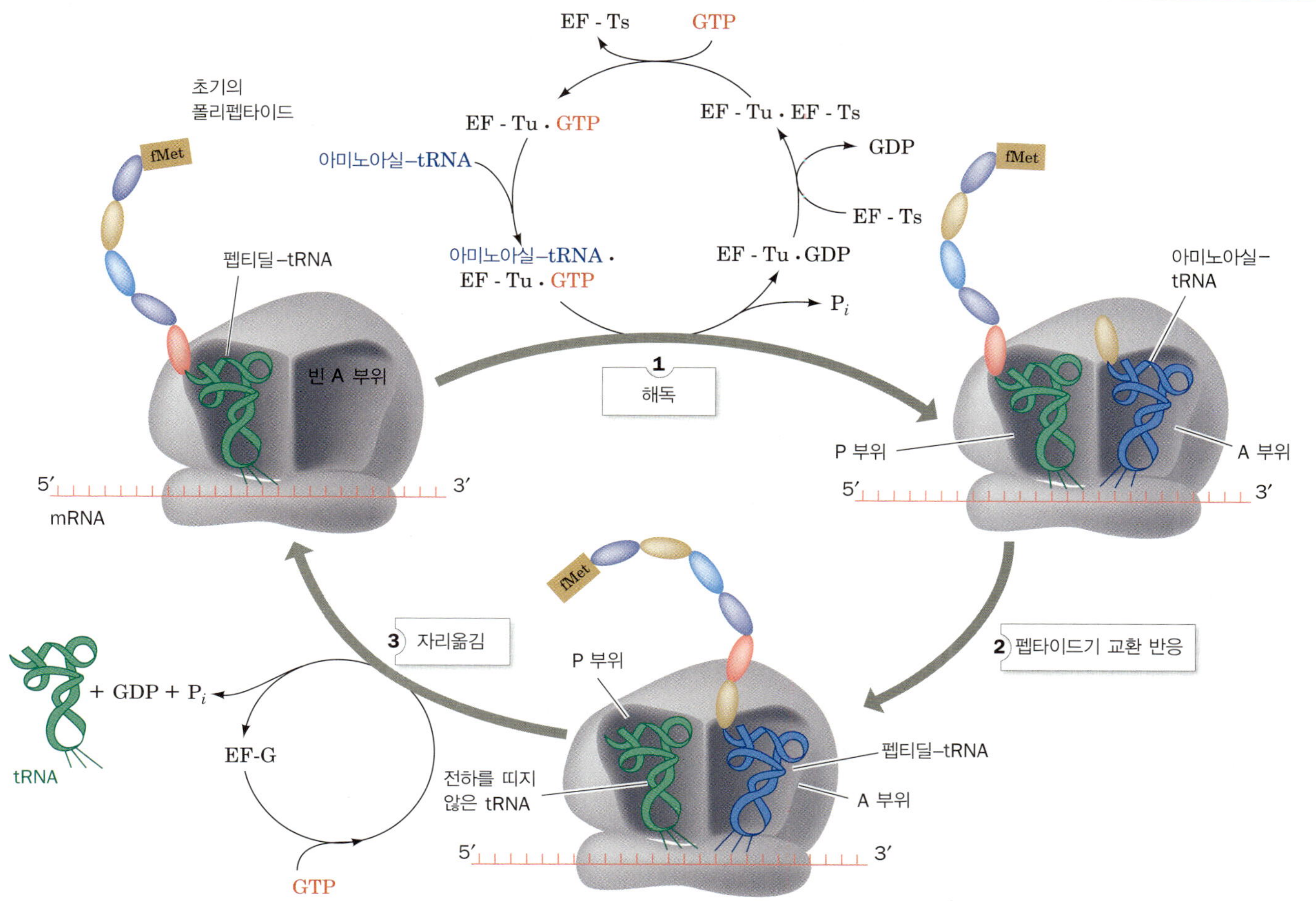

그림 27-27 대장균 리보솜의 연장 회로 E 부위는 나타내지 않았다. 진핵생물의 연장 회로도 이와 유사하다. 그러나 진핵생물에서는 EF-Tu와 EF-Ts가 다량체 단백질인 eEF I로 대체되고 EF-G는 eEF2로 대체된다.

? 텍스트를 찾아보지 말고, 번역 연장의 상황을 요약하라.

2. **펩타이드기 교환 반응(transpeptidation)** 혹은 펩타이드 결합 형성은 P 부위에 존재하는 tRNA의 펩타이드기가 A 부위의 아미노아실기 쪽으로 전이하는 것이다.
3. **자리옮김(translocation)**은 A 부위와 P 부위에 존재하던 tRNA가 각각 mRNA에 결합된 채로 P 부위와 E 부위로 이동하는 것이다. 다시 말해 mRNA가 tRNA와 염기쌍을 형성한 채로 한 코돈만큼 톱니바퀴와 같이 리보솜을 통과하는 것이다.

이 과정은 1초당 10~20개 아미노산의 비율로 진행되는데, 여기에는 **연장 인자(elongation factor)**라고 하는 비리보솜성 단백질을 필요로 한다(표 27-6).

해독: 한 분자의 아미노아실–tRNA가 리보솜의 A 부위에 결합한다. 대장균의 연장 회로에서의 첫 단계는 GTP 및 aa–tRNA와 이미 결합한 상태인 **연장 인자(EF-Tu)**의 이성분 복합체의 형성이다. 이 삼성분 복합체(GTP-EF-Tu-aa–tRNA)가 리보솜과 결합하게 된다. 리보솜의 A 부위에서 tRNA의 코돈–역코돈 복합체의 형성은 GTP가 GDP로

가수 분해되면서 일어나서 결국 EF-Tu·GDP와 P_i가 방출된다. 방출된 EF-Tu·GDP 복합체는 재사용될 수 있는데, 이때는 **EF-Ts**가 EF-Tu·GDP를 EF-Tu-GTP로 교환해 주기 때문이다.

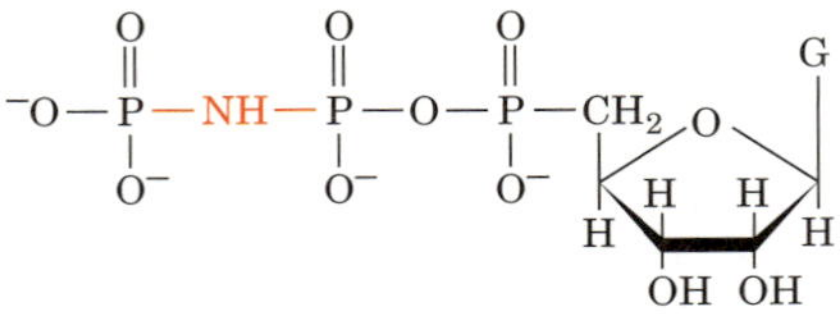

Guanosine-5′-(β,γ-imido)triphosphate (GMPPNP)

아미노아실-tRNA는 EF-Tu 없이도 리보솜의 A 부위에 결합할 수 있는데, 이때에는 그 반응이 세포의 성장을 충분히 지지해 줄 수 없을 만큼 너무 느리게 일어난다. EF-Tu의 중요성은 대장균 세포 속에서 이 단백질이 가장 풍부한 단백질이라는 사실만 봐도 알 수 있는데, 이 단백질은 세포당 약 100,000개의 분자를 포함하고 있다(세포의 전체 단백질의 약 5%를 차지한다). 이 숫자는 세포 안에서 전체 tRNA의 숫자만큼이나 많다. 결국 **세포 내의 전체 aa-tRNA들은 근본적으로 EF-Tu에 의해서 모두 한꺼번에 포획될 수 있다는 것이다.**

Phe-tRNA^{Phe} 및 가수 분해가 되지 않는 GTP 유사 물질인 **구아노신-5′-(β,γ-이미도)삼인산[guanosine-5′-β,γ-imido triphosphate; GMPPNP 혹은 GDPNP]**와 결합한 EF-Tu의 X선 구조가 클락(Brian Clark) 및 니보그(Jens Nyborg)에 의해 밝혀졌다(**그림 27-28**). 이 복합체는 코르크 마개뽑이 모양을 하고 있는데 EF-Tu와 tRNA의 수용체 줄기는 손잡이 모양을 하고 있고 tRNA의 역코돈은 코르크를 뚫고 들어가는 나사못의 형태를 이룬다. 거대 분자들은 세 곳의 주요 부위를 통하여 가늘게 결합하는 것으로 보인다. 즉 (1) Phe-tRNA^{Phe}의 3′-CCA-Phe 분절은 EF-Tu·GMPPNP의 1 영역과 2 영역 사이의 틈새에 결합한다(그림 27-28의 적색과 녹색 부위). (2) tRNA의 5′-인산기는 EF-Tu의 세 개의 영역의 교차점에 눌려서 결합한다. 마지막으로, (3) tRNA의 TψC 줄기의 한쪽 면이 EF-Tu의 도메인 3(그림 27-28에 있는 주황색 β 원통을 포함하는 도메인)의 노출되어 있는 주사슬과 곁사슬과 결합한다.

EF-Tu는 모든 아미노아실-tRNA와 결합할 수 있으나 충전되지 않은 tRNA나 혹은 개시 tRNA와는 결합할 수 없다. 확실히 EF-Tu와 아미노아실기 사이의 밀착 결합이 번역의 연장에서의 tRNA의 친화성을 증가시켜 준다. tRNAfMet는 EF-Tu와 결합하지 않는데, 그 이유는 연장 tRNA는 3′ 말단에 4개의 뉴클레오타이드를 가지는 반면에, 개시 tRNA는 5개의 뉴클레오타이드를 달고 있기 때문이다. fMet 잔기에 결합한 포밀기와 함께 3′ 말단에 하나 더 많은 뉴클레오타이드는 fMet-$\text{tRNA}_{\text{f}}^{\text{Met}}$가 EF-Tu에 결합하지 못하도록 해 준다. 이것은 바로 개시 tRNA는 mRNA의 내부 AUG 코돈은 번역해 내지 못하는 것을 설명해 준다.

EF-Tu는 G 단백질로서 GTP의 가수 분해를 통하여 입체 구조의 큰 변화를 겪는다. 이 단백질의 N 말단 도메인 1(그림 27-28의 파란색, 청록색, 녹색)의 구조는 결합한 뉴클레오타이드가 어느 것이냐(GDP 혹은 GTP)에 따라서 그 신호를 스위치 I과 스위치 II로 바꾸어 주는 다른 G 단백질들(13-2B와 13-3B절)과 닮았다. GTP 가수 분해는 또한 도메인 1을 91° 회전시켜서 도메인 2와 3 쪽으로 방향을 바꿀 수 있게 한다(**그림 27-29**). 이렇게 회전하게 되면 입체 구조의 변화로 말미암아 tRNA 결합 부위가 사라진다. EF-Tu는 G 단백질이기 때문에 리보솜은 GTP 가수 분해 효

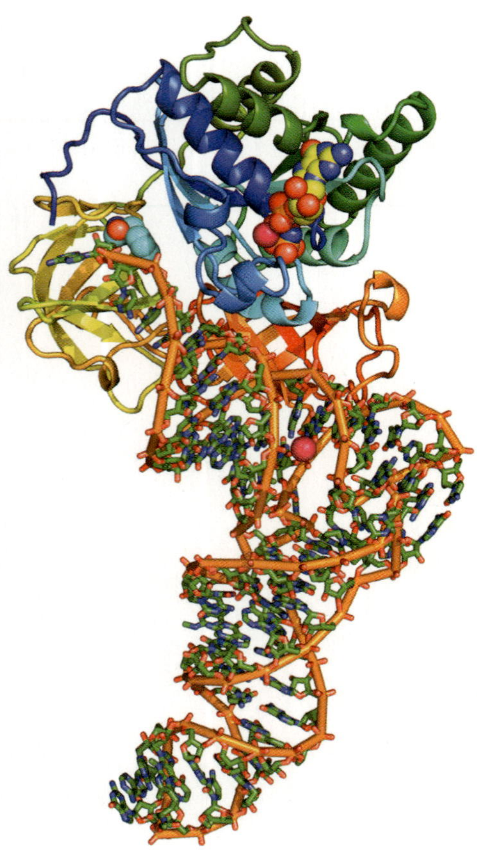

그림 27-28 효모의 Phe-tRNA^{Phe}, *Thermus aquaticus* EF-Tu 및 GMPPNP 삼복합체의 X선 구조 EF-Tu는 N 말단(파란색)에서 C 말단(빨간색)의 무지개색 순서로 채색된 리본 모형으로 나타낸다. tRNA는 C는 초록, N은 파랑, O는 빨강, P는 주황색으로 연속적인 P 원자의 결합은 주황색 막대로 원자에 따라 채색된 막대 모형으로 나타낸다. tRNA에 부착된 아미노아실-페닐알라닌 잔기와 EF-Tu에 결합된 GMPPNP는 C 원자는 각각 청록색과 노란색으로 공간 채움 모형으로 나타낸다. 두 개의 결합된 마그네슘 이온들은 자홍색으로 표현한다.

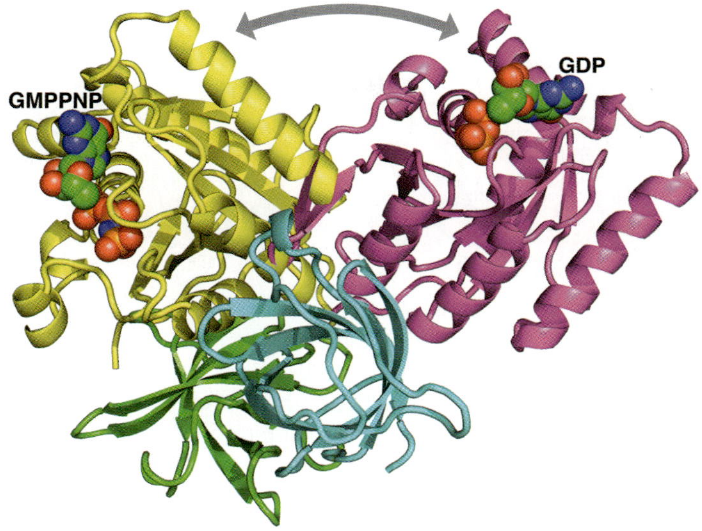

그림 27-29 GDP 및 GMPPNP와 결합한 리보솜의 연장 인자 EF-Tu의 X선 구조 비교 단백질 부분은 리본 형태로 그려졌으며, 도메인 1, GTP 결합 도메인, 자주색으로 나타낸 GDP 복합체 및 노란색으로 나타낸 GMPPNP 복합체로 나타내었다. 도메인 2와 3은 두 복합체에서 같은 방향을 가지고 있는데, 이들은 각각 녹색과 청색으로 나타내었다. 결합한 GDP와 GMPPNP는 공간 채움 형태로 나타내었으며, 그 구성은 C는 녹색, N은 청색, O는 적색, P는 주황색으로 나타내었다. [Based on X-ray structures by Jens Nyborg, Aarfius University, Arhus, Denmark. PDBid 1EFT and 1TUI.]

? 이 구조는 신호 전달에 관련된 G 단백질의 구조(그림 13-19 참조)와 닮았는가?

소 활성화 단백질(GTPase-activating protein, GAP)로 분류될 수 있으며, 따라서 EF-Ts는 구아닌 뉴클레오타이드 교환 인자(guanine nucleotide exchange factor, GEF)로 기능을 하게 된다.

EF-Tu·GDP와 tRNA의 복합체를 이룬 *T. thermophilus* 리보솜의 X선 구조는 그림 27-30에 있다. 복합체는 항생제인 키로마이신(kirromycin)에 의해 안정화되며, 키로마이신은 EF-Tu가 구조 변화를 겪지 않고 GTP 가수 분해 후에 리보솜에서 떨어지는 것을 방지한다. 들어오는 아미노아실-tRNA는 그에 해당하는 코돈과 연결하려고 하지만 그것이 EF-Tu와 연결되어 있기 때문에 A 부위에 완전히 결합된 이후에는 형태가 왜곡된다(그림 27-17).

리보솜은 코돈-역코돈의 염기 짝지움이 정확하게 형성되었는지를 감시한다. EF-Tu·GTP가 aa-tRNA를 리보솜으로 옮겨 줄 때 tRNA의 역코돈 말단 부분을 리보솜 속으로 먼저 밀어 넣어 준다. tRNA의 아미노아실 말단은 리보솜의 A 부위로 완전히 이동해 들어가게 되는 경우는 GTP가 가수 분해되고 난 이후이며, 이어 EF-Tu가 해리되어 나온다. **여러 단계를 거치는 이와 같은 과정은 리보솜으로 하여금 aa-tRNA가 mRNA 코돈과 올바른 염기쌍이 형성되었는지를 검증하게 해준다.** 리보솜이 어떻게 하여 이와 같은 코돈-역코돈 염기 짝지움을 감시할 수 있을까?

*T. thermophilus*의 30S 리보솜 소단위체와 6개의 뉴클레오타이드로 구성된 U_6 'mRNA' 및 17개의 RNA 뉴클레오타이드로 구성된 $tRNA^{Phe}$의 역코돈이 형성한 복합체에 대한 X선 구조 분석(그림 27-5 참조, 그러나 여기서의 역코돈은 그림 27-5와 달

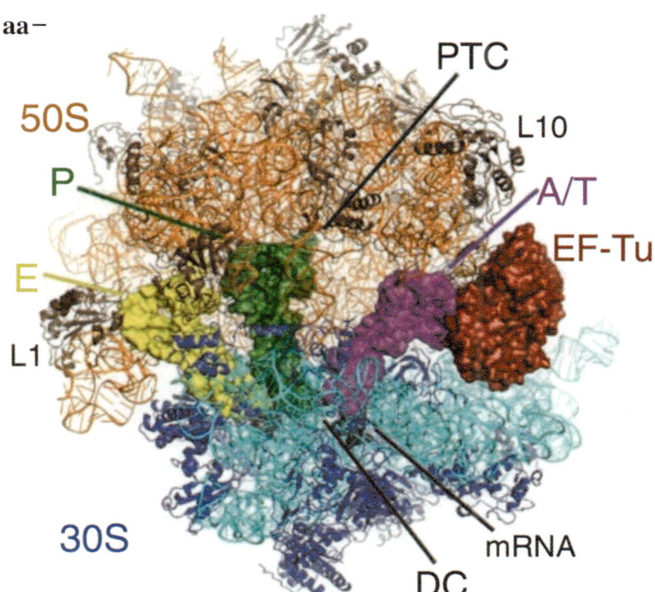

그림 27-30 EF-Tu가 결합된 리보솜 모형 *T. thermopilus*의 리보솜은 주황색의 23S RNA, 갈색의 50S 단백질 단위체, 청록색의 16S RNA, 파란색의 30S RNA로 표시하여 리본 모형으로 그렸다. 다른 RNA들은 검은색의 mRNA, 노란색의 E 부위 내 $tRNA^{Phe}$, 초록색의 P 부위 내 $tRNA^{Phe}$, 빨간색의 EF-Tu와 결합하고 있는 Thr-$tRNA^{Thr}$는 자주색으로 나타내었다. DC는 리보솜의 해독 중심을 나타내며, PTC는 펩티딜 전달 효소의 중심이다. [Courtesy of Martin Schmering and Venki Ramakrishnan, MRC Laboratory of Molecular Biology, Cambridge, UK. PDBid 4V5G.]

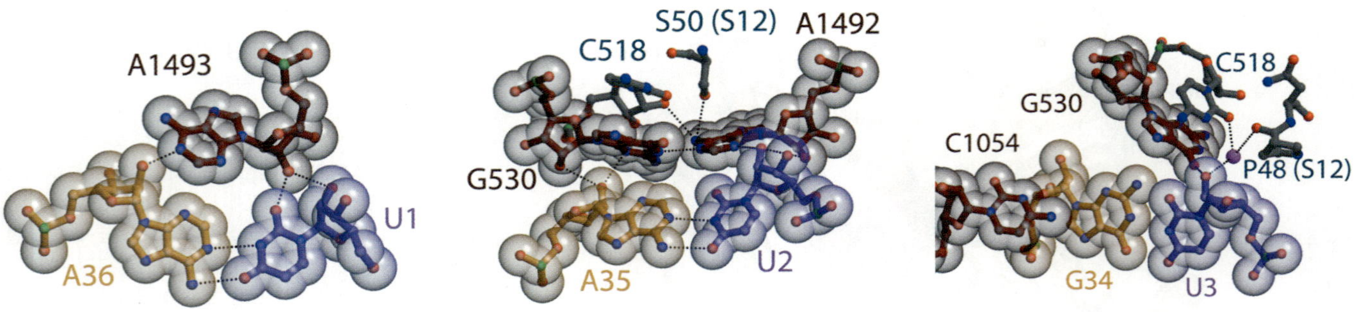

그림 27-31 리보솜에서의 코돈-역코돈 상호작용 코돈 내에서 첫 번째(*a*), 두 번째(*b*), 세 번째(*c*) 위치와 뉴클레오타이드 염기쌍 형성에 있어서의 X선 구조를 나타낸다. 이 구조는 *T. thermophilus*의 30S 소단위체가 U_6(모델용 mRNA)와 17개 뉴클레오타이드로 된 $tRNA^{Phe}$의 역코돈(GAA)과 결합에서 나온 것이다. 이 구조는 반투명하게 나타낸 반데르발스 표면에 따라서 막대-공 모형으로 나타내었다. 코돈은 자주색이고 역코돈은 황색이며, rRNA는 갈색 혹은 회색으로 나타내었다. 단백질 분절은 회색이며, Mg^{2+}는 짙은 분홍색의 공 모양이다. [Courtesy of V. Ramakrishna, MRC Laboratory of Molecular Biology, Cambridge, U.K. PDBid 11BM.]

리 변형되지 않은 염기를 가진다)은 라마크리쉬난(Ramakrishnan)에 의해 밝혀졌다. 그 결과 mRNA와 지정된 tRNA가 처음에 어떻게 결합하는지를 보여 주었다. 코돈-역코돈 결합은 세 개의 일반적으로 잘 보존된 리보솜 염기인 A1492, A1493, G530와의 상호작용함으로써 인해 안정화된다(**그림 27-31**).

1. mRNA U1과 tRNA A36 사이의 코돈-역코돈 염기쌍 형성에 있어서 첫 번째 염기쌍은 이들의 작은 고랑에서 rRNA의 A1493 염기와 상호작용함으로써 안정화된다(그림 27-31*a*).
2. 두 번째 염기쌍은 U2와 A35 사이에서의 결합인데, 이들 결합은 rRNA의 A1492와 G530에 의해서 역시 작은 고랑에서 밑받침 형태로 결합한다(그림 27-31*b*).
3. 세 번째 염기쌍(동요 염기, 27-2C절)은 U3과 G34 사이의 결합인데, 작은 고랑에 rRNA의 G530 염기가 결합함으로써 이들 결합이 더 강화된다(그림 27-31*c*). 세 번째 염기 짝지움은 앞의 두 쌍의 염기 짝지움보다 그 결합이 엄격하지 않는데, 이것은 세 번째의 염기 짝지움은 왓슨-크릭 염기쌍이 아닌 비정상적인 염기 짝지움이 필요하다는 앞서 공부한 내용과 일치한다(27-2C절).

위의 30S 리보솜 소단위체 복합체의 구조를 그냥 단순한 30S 소단위체의 구조와 비교해 보면 앞에서의 복합체 30S의 rRNA 뉴클레오타이드는 코돈-역코돈 복합체와의 결합으로 인해 입체 구조의 변화를 초래한다(**그림 27-32**). tRNA가 없는 경우에는 A1492와 A1493가 RNA 고리의 내부에 뭉쳐지게 되나 tRNA가 존재하는 경우에는 코돈-역코돈 복합체가 형성됨으로써 이들 두 개의 염기가 고리의 바깥쪽으로 튀어 나오게 되고 G530 염기는 '동형(syn)'에서 '역형(anti)'의 형태로 입체 구조가 변한다(23-1B절). 이러한 상호작용은 리보솜으로

(*a*)

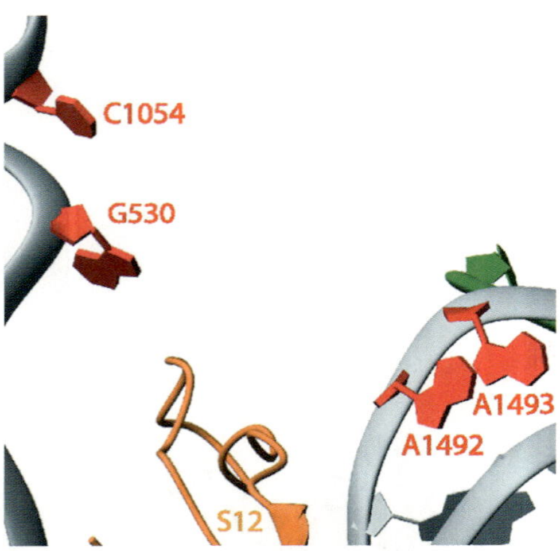

(*b*)

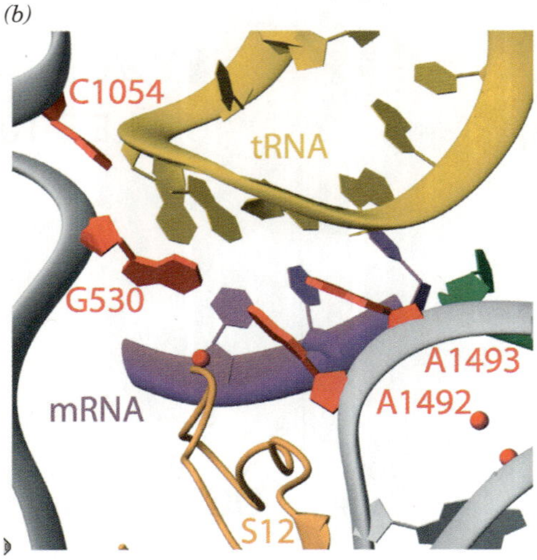

그림 27-32 리보솜의 해독 부위 *T. thermophilus*의 30S 소단위체 단독 (*a*)와 이것이 U_6 및 $tRNA^{Phe}$와 코돈-역코돈을 형성한 상태의 X선 구조. RNA는 리본으로 나타내었는데, tRNA는 황금색, A 부위의 mRNA는 자주색, P 부위의 mRNA는 녹색, rRNA는 회색, 입체 구조의 변화가 생긴 뉴클레오타이드는 적색으로 나타내었다. S12 단백질은 황갈색, Mg^{2+}는 적색의 공 모양이다. [Courtesy of V. Ramakrishnan, MRC Laboratory of Molecular Biology, Cambridge, U.K. PDBids(*a*) 1FJF and(*b*) 11BM.]

하여금 새로 들어오는 tRNA가 A 부위에 알맞은 것인지, 아닌지를 감시하게 해 주는데, 만약 맞지 않는 tRNA(왓슨–크릭 염기쌍이 아닌 tRNA)가 들어오게 되면 이러한 리보솜 염기들과 상호작용할 수 없게 된다. 사실, A1492나 A1493에 어떤 돌연변이가 일어나면 치명적이 되는데, 왜냐하면 만약 이들 염기가 피리미딘으로 되면 피리미딘은 코돈–역코돈 부위나 G530 근처에까지 닿지를 못하게 되기 때문이다. 또한 만약 A1492 혹은 A1493이 G 염기로 치환된다면, 필요한 수소 결합을 형성할 수 없게 되며, 이들의 N2는 곧 분자의 입체 충돌이 일어나게 될 것이다. 부정확한 코돈–역코돈 상호작용은 tRNA가 리보솜에 결합하는 데 있어서 불충분한 자유 에너지를 제공하게 되므로 tRNA는 비록 EF-Tu 및 GTP와 3차 구조를 형성하고 있더라도 리보솜에서 유리되게 된다.

EF–Tu에 의한 GTP 가수 분해는 리보솜 교정 작업의 열역학적인 필수 조건이다. 리보솜에 의한 aa–tRNA의 선택이 tRNA가 가지고 있는 역코돈에만 의존할 경우 이 과정에서 착오가 일어날 확률은 잔기당 $\sim 10^{-4}$ 정도로 측정된다. 그럼에도 불구하고 코돈–역코돈 상호작용에서 한 개의 염기가 잘못 결합할 때에 소실되는 자유 에너지는 식 27-1에 의하면 약 12 kJ·mol^{-1}로 계산되는데, 이것은 코돈 한 개당 약 $\sim 10^{-2}$개 이하의 에러를 보이는 리보솜 해독의 정교함을 설명하지 못한다. 따라서 리보솜은 전체적인 해독의 정교함을 높여주는 어떤 교정 메커니즘을 가지고 있을 것이다.

교정 단계는 초기의 선택 단계와는 별개의 단계로 작용하고 있다. 이렇게 되어야만 전체적인 착오의 확률이 개개의 선택 단계에서의 착오 확률과 같아질 수 있다. 우리는 이미 DNA 중합 효소나 아미노아실–tRNA 합성 효소가 독립적인 활성 부위를 따로 가지고 있어서 이들의 각 선택 단계가 독립적으로 이루어진다는 사실을 공부한 바 있다(25-2A 및 27-2B절). 그럼에도 불구하고 리보솜은 새로 들어오는 aa–tRNA를 인식할 때에는 A 부위에 존재하는 코돈에 상보적인 tRNA 역코돈에 의존한다. 결국 리보솜은 이러한 코돈–역코돈의 상호작용을 서로 다른 별개의 방법으로 검사할 수 있어야만 할 것이다. 어떻게 이것이 가능할까?

프랭크(Frank)에 의한 리보솜·aa–tRNA·EF-Tu·GTP 복합체에 대한 저온 전자현미경 연구에서 aa–tRNA는 역코돈 팔이 tRNA의 L자의 안쪽으로 굽은 모양을 하고 있는데, 이 구조는 이곳이 아니면 에너지학적으로 바람직하지 않는 입체 구조이다. 정확한 코돈–역코돈 복합체의 형성은 EF-Tu로 하여금 GTP를 가수 분해하게 하고 나아가 이를 aa–tRNA로부터 유리시켜 주는데, 이때의 tRNA의 모양은 코돈–역코돈의 상호작용을 하고 있는 상태에서 에너지학적으로 바람직한 입체 구조를 가진다. 이와 같은 움직임이 수용체 줄기와 이에 결합한 아미노아실기를 50S 소단위체의 중앙에 위치하고 있는 펩타이드 전달 효소로 이동시켜 주게 된다(아래를 보라). 잘못 짝지어진 aa–tRNA는 코돈–역코돈 상호작용에서 충분한 동력을 가지지 못하게 되어 위와 같은 입체 구조의 변화에도 불구하고 그 자리에 그대로 남아 있다가 결국은 리보솜에서 유리된다. EF-Tu의 비가역적인 GTPase 반응이 반드시 먼저 일어난 후 교정 단계가 일어나는데, 그 이유는 그렇지 않을 경우 잘못 짝지어진 aa–tRNA의 해리(코돈으로부터 역코돈이 유리되는 것을 말함)가 단지 초기 결합 단계의 역단계로 되돌아가는 것이 되기 때문이다. 다시 말해, 교정이라기보다는 오히려 초기 선택 단계의 일부가 될 수 있는 것이다. **따라서 GTP의 가수 분해는 교정 단계를 위한 이차적인 의미를 가지고 있는 것이 되며, 이것은 곧 정확한 tRNA 선택에 대해 지불하는 엔트로피 대가라고 할 수 있다.**

펩타이드기 교환 반응: 리보솜은 리보자임(ribozyme)이다. 연장 회로(그림 27-27)의 이차 단계(펩타이드 전이)에서 펩타이드 결합은 P 부위에 있는 tRNA의 친핵치환(nucleophilic displacement)을 통하여 일어나는데, 이것은 A 부위에 있는 aa-tRNA의 3'에 결합한 아미노기가 P 부위로 친핵 치환함으로써 일어난다(그림 27-21). 따라서 원래 존재하던 폴리펩타이드 사슬의 C 말단에 한 개의 잔기만큼 길어지게 된다. 이어서 이 폴리펩타이드 사슬은 A 부위의 tRNA로 전달된다. 이 반응은 ATP와 같은 활성화 인자를 필요로 하지 않는데, 그 이유는 P 부위의 tRNA와 원래의 폴리펩타이드 사슬 사이의 에스터 결합 자체가 바로 '고에너지' 결합이기 때문이다.

펩타이드 결합을 촉매하는 펩타이드 전달 효소(peptidyl transferase) 중심은 대단위체에 위치하고 있으며, rRNA로 주로 구성되어 있다. 수많은 실험 결과로부터 리보솜은 단백질 효소라기보다는 실제로 리보자임이라고 시사되어 왔다. 예를 들면 리보솜 대단위체로부터 95% 이상의 단백질 부분을 제거해도 리보솜의 펩타이드 전달 효소 활성은 잃지 않았으며, rRNA는 진화 과정에서 리보솜 단백질보다 더 잘 보존되어 있으며, 단백질 합성을 저해하는 항생제에 대한 내성이 있는 대부분의 돌연변이들은 rRNA를 암호화하고 있는 유전자에서 보다 많이 일어난다. 한편 리보솜 대단위체의 X선 구조를 통해서도 rRNA가 단백질 합성을 촉매하는 것을 알 수 있었다. 이 사실은 진화 과정에서 명백하게 보이고 있다. 즉 리보솜과 관련된 단백질을 포함한 모든 단백질이 리보솜에서 합성되었기 때문에 원시적인 리보솜은 원시적인 단백질보다 먼저 생겼을 것이다.

리보솜의 활성 부위는 23S rRNA의 도메인 V(그림 27-12*b*, 27-17, 27-30)에 잘 보존되어 있다. 또한 더욱 중요한 것은 가장 가까운 단백질 곁사슬은 새로이 합성된 펩타이드 결합으로부터 약 18 Å이나 떨어져 있으며 가장 가까이 있는 Mg^{2+} 이온도 약 8.5 Å 떨어져 있는데, 이 두 가지가 촉매 활성에 관여하기는 너무 멀리 떨어져 있다. **분명히 리보솜에서의 펩타이드 전달 반응은 RNA 단독으로 촉매된다.**

리보솜에서의 펩타이드 전달 반응은 그 반응이 효소 없이 일어날 때보다 약 2×10^7배 더 높다. 리보솜이 어떻게 하여 이런 반응을 촉매할 수 있을까? 리보솜이 매개하는 펩타이드 결합은 아미노기가 에스터의 카보닐기를 친핵공격함으로써 일어나는데, 이것은 결국 사면체의 중간 생성물을 형성시킴으로서 아마이드기와 알코올기를 파괴시킨다(그림 27-21). 그러나 생리적 pH 범위 내에서는 공격하는 아미노기가 암모늄 형태(RNH_3^+)로 존재함으로써 친핵 공격을 수행하는 데 필요한 짝이 없는 상태이다. 이 말은 결국 펩타이드 전달 반응의 일부분은 일반 염기(general base), 즉 이 반응에 필요한 아미노기(RNH_2)를 생성하기 위해 암모늄기에서 한 개의 양성자가 빠진 일반 염기에 의해서 수행된다.

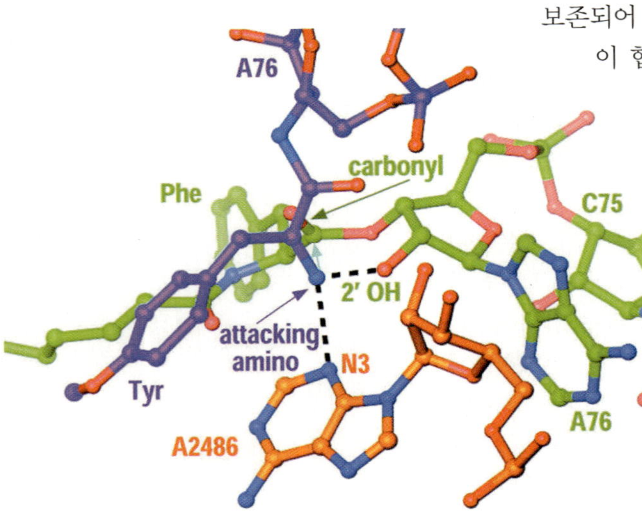

그림 27-33 50S 리보솜 소단위체가 기질과 결합한 상태의 복합체 원자들은 그 형태에 따라 다른 색깔로 나타내었는데, A 부위 기질인 C는(Tyr-tRNA[Tyr]) 자주색, P 부위의 기질 C는 녹색, 23S rRNA인 C는 주황색, N은 청색, O는 적색이다. A 부위의 아미노아실 잔기의 아미노기가 친핵 공격을 위해 위치해 있고(푸른 화살표) 이것이 A2486-N3과 P 부위의 A76의 2′-O에 수소 결합(점선으로 표시)을 형성하고 있는 P 부위의 아미노아실 에스터의 카보닐기의 C를 공격하게 된다. [Courtesy of Peter Moore and Thomas Steitz, Yale University.]

펩타이드 전달 효소 활성 부위에 관한 연구에서 공격하는 아미노기에서 5 Å 이내에 위치하는 염기는 유일하게 rRNA의 A2486 염기에 있는 N3 원자이다(대장균에서는 A2451이다). 그 거리는 사실 3 Å이므로 공격하는 아미노기에 수소 결합을 형성하고 있다(그림 27-33). 이 사실은 양성자를 교환한 A2486-N3은 사면체의 반응 중간 산물의 음이온을 안정화시켜 주고 나아가 P 부위에 있는 떠나가는 tRNA에 양성자를 전해 줌으로써 3′-OH기를 만들어 준다(일반 산 촉매). 그러나 A2486-N3이 암모늄기로부터 양성자를 빼내는 일반 염기로 작용하기 위해서는 최소한 p*K* 7을 가져야 한다(수소 결합을 한 어떤 기들 사이에서의 양성자 전이는 생리학적으로 매우 큰 의미를 나타나는데, 이것은 단지 양성자를 내놓는 쪽의 pK가 받는 쪽의 pK보다, pH 단위가 2~3 높을 때에만 일어난다는 것을 기억하자, 11-5C절 참조). 그럼에도 불구하고 AMP의 N3의 pK는 3.5 정도이다. 더구나 그림 27-33에 나타나 있는 모형은 사면체 중간 생성물의 산소 음이온은 떨어지게 될 것이므로 A2486-N3에 의해서 안정화될 수 없게 된다.

리보솜은 엔트로피 덫이다. 이 수수께끼의 해답은 로드니나(Marina Rodnina)와 울펜덴(Richard Wolfenden)에 의하여 제시되었는데, 이들은 에스터와 아민의 비촉매 반응으로 인해 수용액 상태에서 손쉽게 아마이드가 형성될 수 있음을 보여 주었다. 이들은 모형 화합물에 의한 비촉매 펩타이드 결합의 형성 및 여러 가지 온도에서의 리보솜의 펩타이드기 전이의 비율을 측정하였다. 이 실험을 통하여 $\Delta\Delta H^{\ddagger}_{cat}$와 $\Delta\Delta S^{\ddagger}_{cat}$의 값을 도출하였는데, 이것은 비촉매 반응에 대하여 상대적으로 일어나는 리보솜 촉매 반응에 의하여 활성화되는 반응의 엔탈피와 엔트로피의 변화를 나타낸다. $\Delta\Delta H^{\ddagger}_{cat}-\Delta\Delta S^{\ddagger}_{cat}=\Delta\Delta G^{\ddagger}_{cat}=\Delta G^{\ddagger}_{uncat}-\Delta G^{\ddagger}_{cat}$이다. 여기서 $\Delta G^{\ddagger}_{cat}$은 비촉매 반응에 대한 상대적인 리보솜 촉매 반응에 의하여 활성화되는 자유 에너지의 변화이고, $\Delta G^{\ddagger}_{uncat}$과 $\Delta G^{\ddagger}_{cat}$는 비촉매 반응과 리보솜에 의한 촉매 반응에 의해서 활성화되는 자유 에너지를 나타낸다(1-4D절 및 11-2절). 측정된 $\Delta\Delta H^{\ddagger}_{cat}$ 값은 $-19\ \text{kJ}\cdot\text{mol}^{-1}$이었는데, 이 값은 리보솜 반응이 산-염기 촉매를 하거나 혹은 새로운 수소 결합을 형성하게 되면 음의 값이 아닌 양의 값으로 나타나게 될 것이다. 이에 비해서 $\Delta\Delta S^{\ddagger}_{cat}$는 $+52\ \text{kJ}\cdot\text{mol}^{-1}$로 나타났는데, 이것은 리보솜 반응에 있어서 마이켈리스(Michaelis) 복합체(E·S, 12-1B절)를 나타내는 것으로서, 이것은 비촉매 반응에서보다는 그 전이 상태가 잘 정렬된 것이다. 여기서 보여 주는 $T\Delta\Delta S^{\ddagger}_{cat}$ 값은 대개 비촉매 반응보다 리보솜 반응이 10^7배 높은 비율을 보여 준다(리보솜에 의한 촉매 반응 증가는 $e^{\Delta\Delta G^{\ddagger}_{cat}/RT}$로 나타낸다, 11-2절). **리보솜은 확실히 펩타이드 결합의 형성을 증가시켜 주는데, 이것은 화학 반응에서보다는 그 기질의 위치와 방향을 정확히 잡아주고 활성 부위에서 물을 제거해 주기 때문이다.**

아미노아실 tRNA, 펩티딜-tRNA와 복합체를 이루고 있는 리보솜 대단위체의 X선 결정 구조는 리보솜이 유도된 메커니즘(헥소카이네이스와 같은 효소에 의해 생기는, 15-2A절)을 사용한다는 것을 보여 준다. 아미노아실 tRNA와 A 부위의 적절한 결합에 의해 시작되는 23S rRNA에서의 구조 변화는 펩티딜-tRNA의 에스터기의 위치가 친핵 공격을 편하게 하기 위해 일어난다. P 부위 A76의 2′-OH기와 친핵 공격을 하는 아미노기 사이의 수소 결합(그림 24-33)은 2′-OH기를 H나 F로 바꾸어서 반응 속도를 최소 10^6배까지 줄이는 데 필수적이다. 이는 펩타이드 전달 효소 반응이 **그림 27-34**에 나타나있는 기질 보조적 양이온 이동 메커니즘을 경유하여 일어난다는 것을 보여주고 있다.

A 부위에 tRNA가 없으면, 펩티딜-tRNA는 물의 가수 분해에 의한 친핵 공격을 막는 역할을 한다. 그렇지 않으면 리보솜으로부터 펩티딜기가 방출된다.

자리옮김: 리보솜은 다음 코돈으로 이동한다. 펩타이드 펩타이드기 교환 반응 이후에 아미노산이 떨어져 나간 P 부위의 tRNA는 E 부위로 이동한다(그림 27-27에서는 나타내지 않았다). A 부위의 새로운 펩타이드-tRNA는 mRNA와 결합한 채로 P 부위로 이동한다. A 부위를 비워두게 하는 이 반응은 리보솜으로 하여금 다음 연장 회로를 준비하게 한다. 자리옮김하는 동안에 코돈과 결합한 펩타이드-tRNA는 그 위치

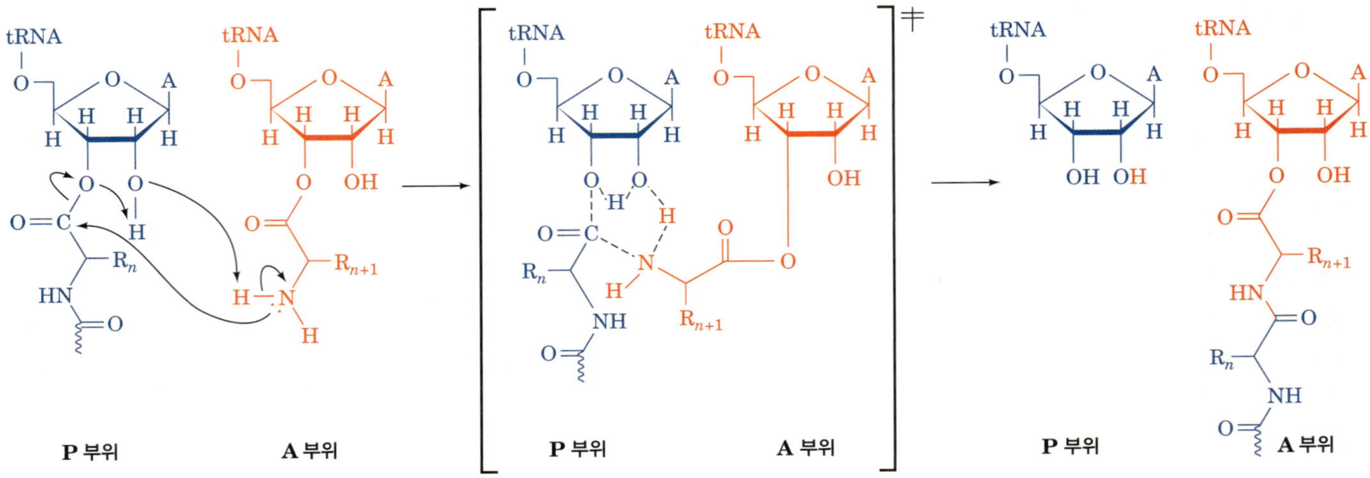

그림 27-34 리보솜이 촉매하는 펩타이드 전달 반응의 메커니즘 펩티딜-tRNA(파란색)의 카보닐기 C에서의 아미노아실-tRNA(빨간색)의 α-아미노기의 친핵 공격은 아미노아실-tRNA의 α-아미노기와 함께 P 부위 A76의 O3′와 2′-OH를 포함하는 양이온 이동과 함께 일어난다. 이 반응은 부분적으로 원자와 결합하고 있는 육각형 고리 구조를 포함하는 전이 상태(가운데 [ ]로 표시한 부분)를 통하여 일어난다. 이 상태는 오른쪽에 나와 있는 반응 산물로 끝난다.

를 지켜 주는 작용을 하게 됨으로써 리보솜이 mRNA를 따라서 정확하게 세 개의 뉴클레오타이드만큼 이동하게 해 준다. 어떤 돌연변이 tRNA는 리보솜이 네 개의 뉴클레오타이드를 자리옮김하게 하여 틀 이동(frameshift)을 유발하기도 한다. 이 사실은 mRNA 이동이 tRNA 이동과 직접적으로 연관되어 있음을 의미한다.

대장균의 자리옮김 과정은 연장 인자인 **EF-G**를 필요로 하는데, 이것은 GTP와 함께 리보솜에 결합해 있다가 GTP가 GDP + P_i로 가수 분해될 때에만 방출된다(그림 27-27). EF-G가 방출되어야만 연장 회로의 다음 단계가 시작되는데, 그 이유는 리보솜에 있는 EF-Tu의 결합 부위는 EF-G가 결합하는 부위와 부분적으로 혹은 완전히 겹쳐지기 때문이다. 따라서 리보솜에서 이들 연장 인자들의 결합은 상호 배타적이라고 할 수 있다. GTP의 가수 분해는 자리옮김에 앞서 일어남으로써 tRNA의 이동을 위한 자유 에너지를 공급한다.

EF-G는 구조적으로 EF-Tu · tRNA 복합체를 닮았다. EF-G의 X선 구조(**그림 27-35**)는 스타이츠(Steitz)와 무어(Moore)에 의해 밝혀졌는데, 이 단백질은 날카롭고 길쭉한 5개의 영역으로 구성되어 있다. 처음 두 영역(그림 27-35에서 파란색에서 녹색)은 EF-Tu · GMPPNP 복합체(그림 27-35)의 처음 두 영역과 닮았다. 흥미로운 사실은 EF-G의 나머지 세 개의 영역(그림 27-35에 있는 노란색, 주황색, 빨간색)은 EF-Tu에 결합한 tRNA의 모양을 연상케 하는 입체 구조를 가지고 있다. 이와 같은 분자적 모방은 EF-G가 자리옮김을 일으킬 때 단순히 리보솜의 입체 구조의 변화를 유발하기도 하지만, A 부위에 있

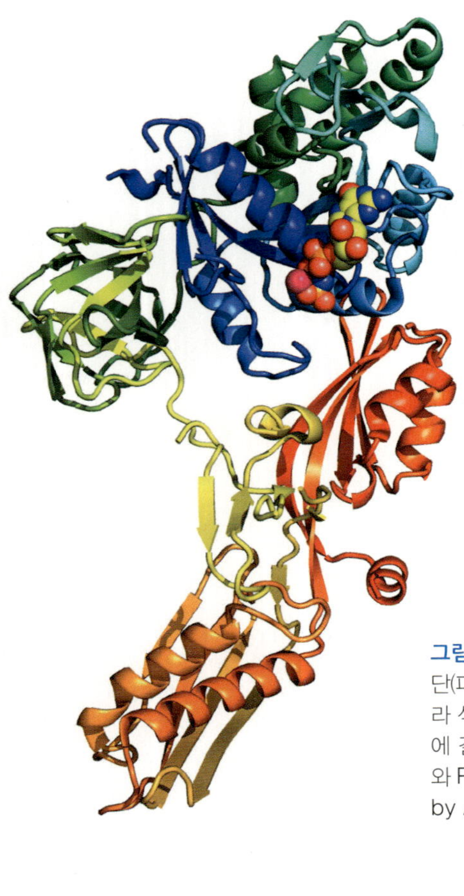

그림 27-35 GMPPNP와 복합체를 이루고 있는 *T. thermophilus* EF-G의 X선 구조 단백질은 N 말단(파란색)에서 C 말단(빨간색)까지 색칠되어 있는 리본 형태로 나타내었다. GMPPNP는 원자 종류에 따라 색칠되어 있는 공간 채움 형태로 그려져 있다. (C 노란색, N 파란색, O 빨간색, P 주황색). GMPPNP에 결합하고 있는 Mg^{2+} 이온은 자주색의 구형으로 표시되어 있다. 구조의 일부분은 안 보인다. 이 구조와 Phe-$tRNA^{Phe}$와 EF-Tu · GMPPNP가 유사하다는 점을 기억하라. [Based on an X-ray structure by Anders Lijas and Derek Logan, Lund University, Lund, Sweden. PDBid 2BV3.]

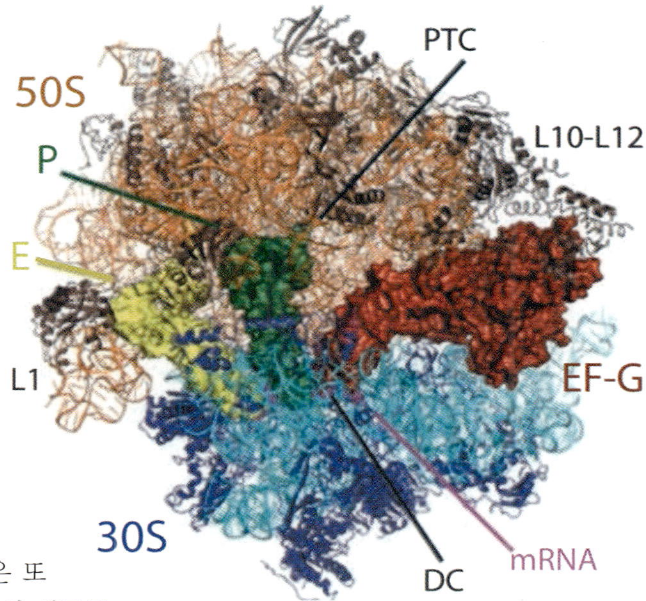

그림 27-36 EF-G가 결합된 *T. thermophilus* 리보솜의 X선 구조 이 구조는 그림 27-30과 같이 빨간색 EF-G와 결합된 표면 모형으로 나타내었다. [Courtesy of Martin Schmeing and Venki Ramakrishnan, MRC Laboratory of Molecular Biology, Cambridge, U.K. PDBids 4V5F]

? 이 구조와 그림 27-30에 있는 리보솜· EF-Tu 복합체의 구조를 비교하라.

는 펩타이드-tRNA를 적극적으로 이동시켜 주는 역할도 할 것이라는 것이다. 리보솜과 결합한 tRNA와 EF-G의 X선 구조는 이와 같은 가설을 지지하는 증거이다(**그림 27-36**). 이러한 복합체에서 EF-G는 GTP가 가수 분해되고, 전이가 일어나지만 EF-G는 항생제인 **퓨시딘산(fusidic acid)**의 존재 때문에 리보솜으로부터 떨어질 수 없다. EF-G는 리보솜에 결합하는 EF-Tu·tRNA 복합체의 자리와 유사한 자리를 차지하고 있다 (그림 27-30). EF-G의 도메인 3,4,5와 tRNA 사이의 구조적 유사성은 또한 최초의 세포들은 RNA가 그 기능을 담당하였는데, 이들 최초의 세포들의 단백질은 RNA가 하고 있던 모양을 모방하는 쪽으로 진화하였을 거라는 사실을 시사한다.

자리옮김은 중간 단계를 거쳐서 일어난다. X선 분석과 저온 전자 현미경 기술에 의해 밝혀진 연장 회로(elongation cycle) 기간 내에 일어나는 화학적 흔적들의 다양성은 tRNA의 자리옮김은 리보솜 내에서 분명한 몇 개의 단계를 거쳐 일어난다는 점이다(**그림 27-37**).

1. **자리옮김 후 상태(posttranslocational state)**에서는 탈아실화된 tRNA가 30S 소단위체와 50S 소단위체의 E 부위를 차지하고 있고(E/E 상태), 펩타이드-tRNA는 두 소단위체의 P 부위를 차지하고 있으며(P/P 상태) 마지막으로 A 부위는 비어 있는 상태이다. EF-Tu·GTP와 복합체를 이룬 aa-tRNA는 리보솜과 결합한다. 이 복합체에서는 새로 들어오는 aa-tRNA는 30S 소단위체의 A 부위에서 코돈-역코돈 상호작용을 이루게 되나(mRNA는 30S 소단위체와 결합한다는 것을 기억하라) EF-Tu·GTP는 tRNA의 아미노아실 말단이 50S 소단위체의 A 부위로 들어오는 것을 막아 준다. 이 상태를 A/T 상태(T는 EF-*Tu*의 T를 나타낸다). 이 구조도 27-30에 나와 있다.
2. 위에서 공부하였듯이, EF-Tu는 자신과 결합한 GTP를 GDP + P_i로 가수 분해하여 리보솜으로부터 방출된다. 이어서 aa-tRNA가 A 부위에 완전히 결합할 수 있게 된다(A/A 상태).
3. 펩타이드기 교환 반응이 일어나면 **자리옮김 전 상태(pretranslocational state)**가 된다.
4. 새로운 펩타이드-tRNA의 수용체 말단이 50S 소단위체의 P 부위로 이동하면 tRNA의 역코돈은 30S 소단위체의 A 부위에 남아 있게 된다(A/P 상태를 만들어 낸다). 새로 탈아미노아실화된 tRNA의 수용체 말단은 동시에 50S 소단위체의 E 부위로 이동하게 되고 이 tRNA의 역코돈 말단은 30S의 P 부위에 그대로 결합해 있게 된다(P/E 상태). P/E 상태는 펩타이드 전달이 일어난 이후에만 형성할 수 있다는 것을 확신을 주면서 펩타이드-tRNA의 펩타이드 그룹은 50S

그림 27-37 연장 회로에 있어서 리보솜 결합 상태 이 그림이 그림 27-27에 있는 고전적인 연장 회로와 어떤 관계가 있는지에 주목하라. 이 그림은 17 Å의 해상력으로 나타낸 저온 전자 현미경 영상이다. 대장균의 70S 리보솜 결합 상태를 보여 주는데, 30S는 연노란색이고 50S는 연한 청색이며, tRNA와 연장 인자는 다른 색깔로 나타내었다.

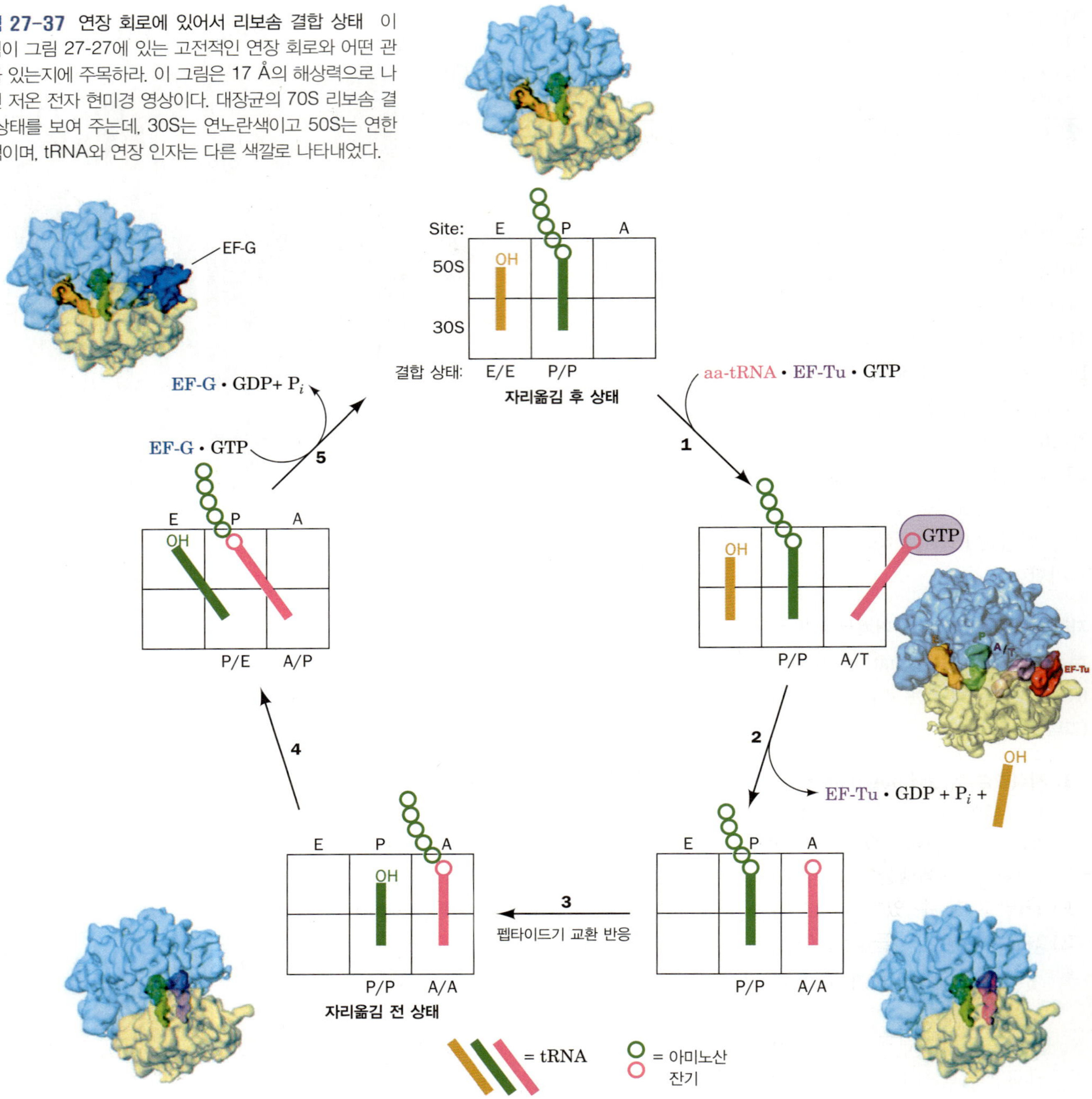

소단위체의 E 부위로부터 입체적으로 제거된다.

5. EF−G·GTP는 리보솜과 결합하고 그 결과 GTP 가수 분해는 리보솜에 결합한 상태에서 GTP가 가수 분해되면 두 개의 tRNA의 역코돈 말단과 이에 결합한 mRNA는 리보솜의 30S 소단위체로 움직이게 하는 원동력이 된다. 즉 펩타이드−tRNA는 P/P 상태로 되고 탈아미노아실화된 tRNA는 E/E 상태(자리옮김 후 상태)로 됨으로써 연장 회로를 마치게 된다.

리보솜의 A 부위와 E 부위에 결합한 tRNA는 니에르하우스(Knud Nierhause)가 제시한 바와 같이 음(negative)의 다른자리 입체성 협동 작용을 나타낸다. 자리옮김

전 상태에서는 E 부위가 탈아실화된 tRNA와 높은 친화성을 나타내지만, 빈 A 부위는 aa–tRNA와는 낮은 친화성을 나타낸다. 새로운 aa–tRNA · EF–Tu · GTP 복합체는 리보솜으로 하여금 입체 구조의 변화를 나타내게 하여 A 부위를 높은 친화성을 나타내도록 해 주고 E 부위를 낮은 친화성을 나타내도록 하여 탈아실화된 tRNA를 방출시킨다. 따라서 E 부위는 사용된 tRNA를 단순히 붙잡아 주는 부위가 아니고 번역 과정에서 매우 필수적인 역할을 수행하는 곳이다.

GTP를 가수 분해하는 단백질인 EF-Tu와 ERG나 그 활성은 번역에서의 리보솜 회로가 펩타이드기 교환 반응과 자리옮김으로 이어지는 과정을 일방적으로 진행하기 위해서 반드시 필요한 것이다. 자리옮김은 GTP 없이도 일어나는데, 이 경우는 펩타이드기 교환 반응의 자유 에너지가 번역의 전 과정을 충족시킬 수 있을 때 가능하다. 그러나 EF-Tu와 EF-G에 의해 촉매되는 GTP 가수 분해는 전체적인 가수 분해 효율을 높여 준다. **GTP 가수 분해는 비가역적이므로 이 반응으로 인해 일어나는 리보솜의 입체 구조 변화 또한 비가역적이며, 따라서 번역은 일방적으로 진행되는 것이다.**

결합 상태가 변하게 되면 tRNA에 커다란 움직임을 가져오는데, 어떤 경우에는 50 Å을 초과한다. 게다가 극저온 전자 현미경(cryo-EM) 연구는 EF-G·**GMPPCP** 결합(GMPPNP와 유사하지만 NH기가 아닌 CH_2기를 가지고 이 그룹의 베타와 감마 인산염을 서로 연결시켜 준다)을 나타내며, 30S 소단위체는 30S 소단위체의 용매 측면에서 바라봤을 때 50S 단위체에 대해 시계 방향으로 6° 회전한다. 이것은 리보솜 주변부에서 19 Å까지의 최대 이동을 가져온다. **라체팅(ratcheting)**이라고 불리는 이 회전은 두 단위체에서 많은 작은 구조적 변화를 수반하며, 특히 mRNA 통로의 입구와 출구에서 많은 구조적 변화가 있다. 분명히, 우리는 리보솜이 어떻게 분자 수준에서 작동하는지 완전히 이해하기 어렵다. 리보솜의 기능을 방해하는 많은 항생제 중 몇몇은 자료 27-3에서 설명한다.

진핵생물의 연장 회로는 원핵생물을 닮았다. 진핵생물의 연장은 원핵생물의 연장과 매우 유사하다. 진핵생물에서는 EF-Tu와 EF-Ts에 해당하는 연장 인자가 **eEF1A** 및 **eEF1B**라고 할 수 있다. 마찬가지로, 원핵생물의 EF-G는 진핵생물의 연장 인자 **eEF2**이다. 그러나 이들 연장 인자는 두 생물계에서 서로 교환하여 사용하지는 못한다.

C 방출 인자는 번역을 종결한다.

폴리펩타이드 합성은 합성되는 mRNA의 방향에 달려 있다. 즉 폴리(U)는 리보솜에서 한 종류의 펩타이드–tRNA로 된 '떡(stuck)'을 만든다. 그러나 자연적인 mRNA의 번역은 종결 코돈으로서 UAA, UGA, UAG를 가지고 있어서 자유롭게 폴리펩타이드를 만들 수 있다. 대장균에서는 종결 코돈에 해당하는 tRNA가 없어서 **방출 인자(release factor)**라는 단백질에 의해서 종결 코돈이 인식된다(표 27-6). **RF-1**은 UAA와 UAG를 인식하고, **RF-2**는 UAA, UGA를 인식한다. 진핵생물에서는 한 개의 방출 인자를 가지고 있는데 **eRF1**이라고 하며, 이것은 세 종류의 모든 종결 코돈을 인식한다.

종결 과정 또한 개시나 연장과 같이 몇 단계를 거친다. 대장균에서의 일련의 종결 과정은 **그림 27-38**에 도식화하였다.

자료 27-3 건강과 질병의 생화학 — 단백질 합성에 미치는 항생제의 영향

의학적으로 유용하게 사용되는 많은 항생제를 포함하는 알려진 대다수의 항생제들은 단백질의 번역을 저해한다. 이 사실은 번역의 기구가 방대하고 복잡해서 다양한 방법으로 그 기구가 파괴될 수도 있다는 것을 말한다. 항생제는 또한 리보솜 메커니즘을 분석하는 데에도 효과적인데, 그 이유는 특수한 기능을 차단함으로써 흔히 그 구성 요소의 단계별로 생화학적인 구분화가 가능하기 때문이다. 가령, 리보솜의 연장 회로는 원래 **퓨로마이신(puromycin)**이라는 항생제를 통하여 연구되었는데, 이 항생제는 Tyr–tRNA의 3′ 말단과 유사한 구조를 가지고 있다.

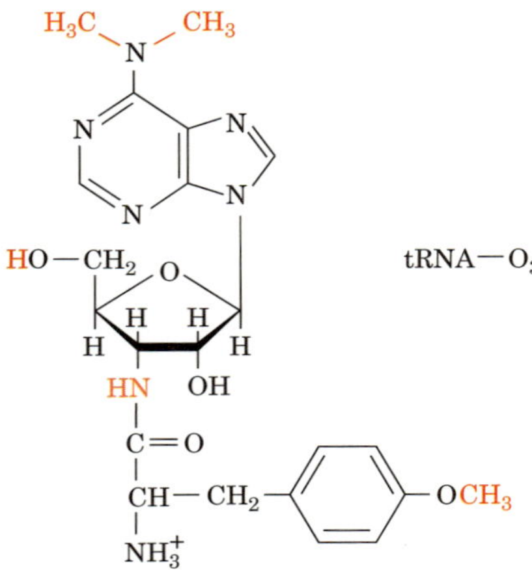

Puromycin

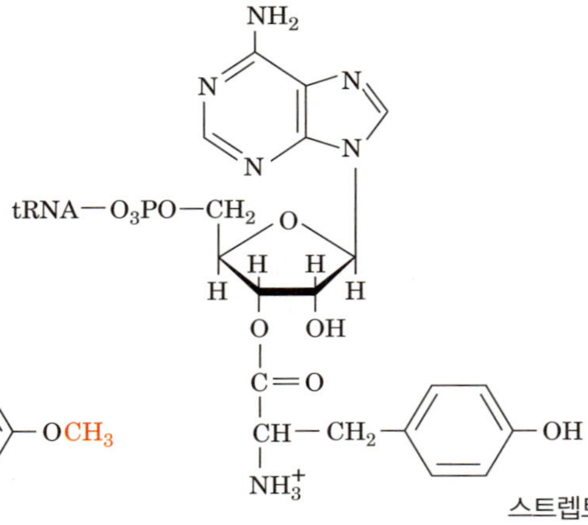

Tyrosyl–tRNA

퓨로마이신은 연장 인자의 도움 없이 리보솜의 A 부위에 결합한다. 펩타이드기 교환 반응으로 인해 펩타이드–퓨로마이신 복합체가 형성되는데, 여기서 퓨로마이신은 '아미노산 잔기'로서 에스터 결합이 아닌 아마이드 결합을 통하여 'tRNA'와 연결된다. 따라서 리보솜은 그 다음의 펩타이드기 교환 반응을 수행할 수 없게 되어 폴리펩타이드의 생합성은 좌절된다.

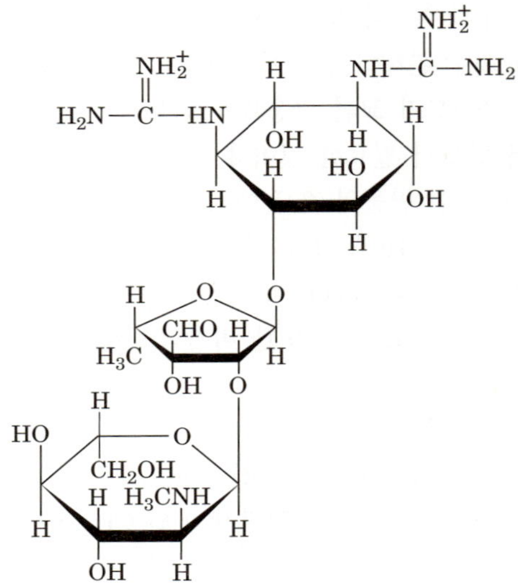

Streptomycin

스트렙토마이신(streptomycin)은 의학적으로 매우 중요한 **아미노글리코사이드(aminoglycoside)**류의 항생제인데, 이것은 다양한 방법으로 원핵생물의 리보솜을 저해한다.

저농도에서는 리보솜이 mRNA를 읽을 때 착오를 유발시킨다. 코돈의 첫 번째와 두 번째 위치의 피리미딘을 잘못 읽히게 하고, 또한 이들 피리

1. RF-1 혹은 RF-2는 리보솜의 A 부위에서 이들이 담당하는 종결 코돈을 인식한다.
2. 방출 인자는 펩타이드–tRNA로부터 펩타이드기를 다른 aa–tRNA가 아닌 물로 전달해 주도록 유도함으로써 P 부위에서 탈아미노아실화된 tRNA를 생성시킨다. 따라서 리보솜으로부터 폴리펩타이드가 유리된다.
3. 세 번째 인자인 **RF-3**(진핵생물에서는 **eRF**)는 G-단백질로 GDP와 복합체를 이루어 리보솜에 결합한다. RF-3은 리보솜에서 EF-Tu, EF-G와 같은 자리에 결합한다. 사실 RF-3 GDP의 X선 결정 구조는 EF-Tu · GMPPNP의 구조와 유사하다(그림 27-28). 아무것도 결합하고 있지 않은 RF-3는 GTP보다 GDP에 더 강한 친화성을 가지고 있다. 그러나 GDP가 결합되어 있는 RF-3은 리보솜-RF-1/2 복합체에 결합하여 결합되어 있는 GDP를 GTP로 교환한다. 저온 전자 현미경 연구에서 나타난 RF-3의 형태적인 변화를 통해 리보솜과 더 강하게 결합하여 RF-1/2를 쫓아낸다. RF-3의 최대 성장 속도를 위해서는 필요하지만 세포의 생존에 반드시 필요하지 않는다. RF-3의 역할은 단지 리보솜으로부터 RF-1/2의 분리를 5배나 가속시키는 것뿐이다.
4. RF-3 · GTP와 리보솜의 상호작용은 EF-Tu · GTP와 EF-G · GTP에서 일어나는

미딘을 첫 번째 위치의 아데닌으로 잘못 읽게 하기도 한다. 이러한 효과는 항생제 감수성 세포의 성장을 저해하지만 죽이지는 못한다. 그러나 고농도에서는 사슬의 개시를 방해함으로써 세포의 치사를 유발한다.

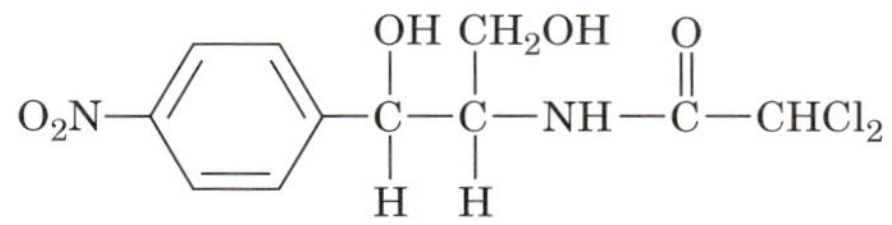

Chloramphenicol

클로람페니콜(Chloramphenicol)은 '광범위 스펙트럼'을 가진 첫 항생제인데, 원핵생물의 리보솜에서 펩타이드 전달 효소 활성을 저해한다. 그러나 이 항생제의 임상적 사용은 심각한 감염에만 사용하도록 제한되어 있다. 그 이유는 이 항생제가 미토콘드리아에 있는 리보솜에 작용할 수 있기 때문에 그 독성 효과를 방지하기 위해서이다. 클로람페니콜은 리보솜의 큰 소단위체의 A 부위 근처에 결합한다. 따라서 이 항생제는 퓨로마이신이나 aa-tRNA의 3′ 말단과 경쟁적으로 결합한다. 그러나 P 부위의 펩타이드-tRNA와는 경쟁하지 않는다.

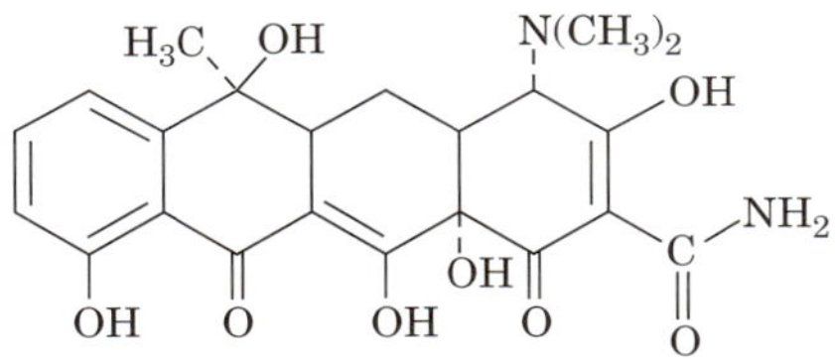

Tetracycline

테트라사이클린(tetracycline)과 그 유도체들은 광범위 스펙트럼 항생제로서 원핵생물 리보솜의 작은 소단위체에 결합한다. 테트라사이클린이 결합하면 아미노아실-tRNA가 A 부위로 들어오지 못하게 되지만 EF-Tu에 의한 GTP의 가수 분해는 허용한다. 그 결과, 단백질 합성은 계속할 수 없게 되나 GTP의 가수 분해는 일어나게 되어 세포에서의 엄청난 에너지 소비를 초래하게 된다.

테트라사이클린 저항성 세균들이 일반화되어 있어서 임상적으로 아주 큰 문제를 야기하고 있다. 가장 흔한 저항성은 리보솜의 구성 요소에 있어서의 변화가 아니라 단백질의 합성 저해를 극복하여 오히려 테트라사이클린에 대한 세균의 세포벽의 투과성에 있어서의 감소를 초래한다는 점이다.

라이신(ricin)이라는 효소는 작은 분자라기보다는 오히려 하나의 단백질로 된 항생제이다. 라이신은 피마자 씨앗에서 분리된 *N*-글리코사이드 분해 효소(N-glycosidase)이다. 이 효소는 진핵생물 리보솜의 큰 소단위체의 28S rRNA에서 잘 보존되어 있는 아데닌 염기를 가수 분해하여 제거함으로써 큰 소단위체를 불활성화시킨다. 이렇게 변형된 리보솜은 연장 인자와 결합할 수 없게 되어 번역이 중지된다. 이 효소는 세포조직 생리학적으로 작용하기보다는 촉매제로서 작용하기 때문에 단일 분자의 라이신이 수만 개의 리보솜을 불활성화시킬 수 있다. 극미량으로 치명적인 효과를 나타낼 수 있기 때문에 생물테러 분자들에게는 매력적이겠지만, 암과 같은 특수한 세포를 선택적으로 표적할 수 있는 방법이 있다면 치료제로서의 가능성이 열려 있다.

것처럼 결합한 GTP의 가수 분해를 촉진한다. 그 결과 생성된 RF-3·GDP는 리보솜에서 분리된다. 그 후 **리보솜 재사용 인자**(**ribosome recycling factor**, **RRF** 표 27-6)는 EF-G·GTP의 뒤를 이어 리보솜의 A 부위에 결합한다. 카지(Akira Kaji)에 의해 밝혀진 리보솜 재사용 인자는 세포 생존에 필수적인 물질이다.

5. EF-G가 결합되어 있는 GTP를 가수 분해하면 리보솜 재사용 인자가 P 부위로 이동하고 P 부위와 E 부위를 차지하고 있던 tRNA가 방출된다(후자는 그림 27-38에 나타내지 않았다). 마지막으로, IF-3(27-4A절)의 결합에 의해 촉진되는 과정인 리보솜의 소단위체와 대단위체가 분리되고, 리보솜 재사용 인자, EFG·GDP 및 mRNA가 유리된다. 그 후에 리보솜 단위체들은 재개시를 준비한다(그림 27-25).

리보솜 재사용 인자(RRF)는 리보솜의 A 부위에 결합한다. 나카무라(Yoshikazu Nakamura)에 의해 밝혀진 *T. thermophilus* RRF의 X선 구조는 전체적인 모양이 tRNA와 유사하게 두 개의 도메인 구조로 이루어져 있다(**그림 27-39**). 이 구조와 다른 많은 박테리아 RRF의 구조 연구를 비교해 보면 RRF 도메인을 연결하고 있는 두 개의 연결 부위는 도메인 II가 도메인 I을 구성하고 있는 세 개의 나선 축에 대해 회전할 수 있을 정도로 유연하다는 것을 알 수 있었다.

process diagram

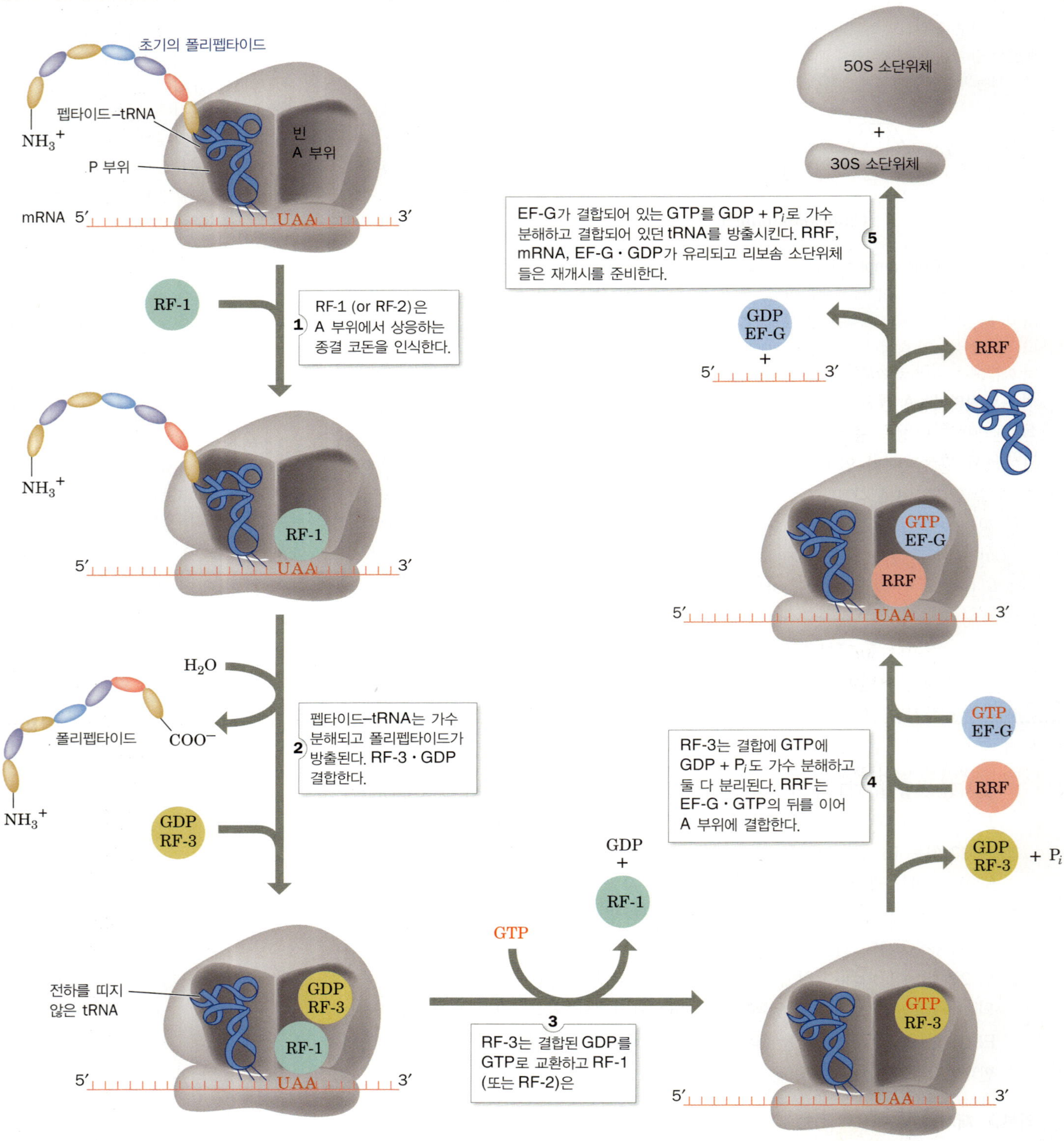

그림 27-38 대장균 리보솜에서의 번역 종결 경로 RF-1이 종결 코돈인 UAA와 UAG를 인식하고, RF-2(이 그림에서 나타내지는 않았지만)는 UAA와 UGA를 인식한다. 진핵생물의 종결도 이와 유사하지만 단지 한 개의 방출 인자인 eRF1을 필요로 한다. 즉 eRF1은 세 개의 종결 코돈 모두를 인식한다.

? 본문을 보지 말고, 번역 종결 사건을 요약하시오.

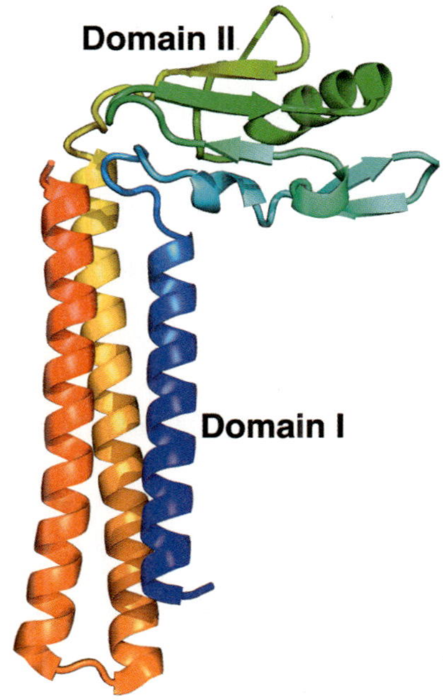

그림 27-39 *T. thermophilus* **리보솜 재사용 인자의 X선 구조** 이 단위체 단백질은 파란색의 N 말단부터 빨간색 C 말단까지 무지개 색으로 칠해져 있는 리본 형태이다. [Based on an X-ray structure by Yoshikazu Nakamura, The University of Tokyo, Japan. PDBid 1EH1.]

A 부위에서는 RRF와 P 부위에서는 $tRNA^{Phe}$의 ASL(anticodon stem-loop)와 E 부위에서는 $tRNA_f^{Met}$, A 부위에서는 UAG 정지 코돈을 가지는 mRNA와의 복합체에 대한 *T. thermophilus* 리보솜의 X선 결정 구조는 Ramakrishman에 의해 결정되었다(그림 27-40). RRF의 도메인 I은 50S 리보솜의 A와 P 부위에 걸쳐져 있는데, 도메인 1의 끝은 tRNA의 P 부위와 충돌하고 있다. 이는 RRF의 결합이 P 부위에 있는 tRNA를 P/E 혼성 결합 상태로 만든다는 것을 제시한다(27-4B절). 진핵생물의 리보솜 재사용 인자의 결핍은 진핵 생물의 종결 부위에 다른 메커니즘이 있음을 나타낸다.

넌센스 억제 인자는 종결을 저해한다. 아미노아실-암호화 코돈('sense codon')이 종결 코돈으로 변하는 돌연변이를 **넌센스 돌연변이(nonsense mutation)**이라고 한다. 이 변이는 번역에서 미성숙 종결을 유도한다. 이와 같은 돌연변이를 가진 생물체는 A 유전자에 2차 돌연변이가 일어나서 이 tRNA가 종결 코돈(넌센스)을 인식하게 되면 '구제'될 수 있다. 이와 같은 **넌센스 억제 인자 tRNA(nonsense suppressor tRNA)**는 야생형 원본이 가졌던 것과 같은 아미노산을 전달할 수 있으며, 따라서 넌센스 종결 코돈에 아미노산을 부가할 수 있게 되어 사슬의 종결을 막아 준다. 가령 대장균의 억제 인자는 *su*3로 알려져 있는데, 이것은 $tRNA^{Tyr}$로서 역코돈은 야생형의 GUA(Tyr 코돈인 UAU와 UAC를 읽는다)가 돌연변이되어서 CUA(종결 코돈인 UAG를 인식한다)로 변한 것이다. $su3^+$를 나타내는 대장균 세포는 필수적인 단백질을 암호화하는 유전자에 치사 돌연변이가 일어날 경우로, 치사하게 되어 있는데도 불구하고 이렇게 치환된 Tyr 잔기가 그 단백질 전체를 불활성화시키지만 않는다면 살아남을 수 있다.

세포에서 정상적인 한 종류의 tRNA가 제거되고, 폴리펩타이드 합성을 증결시키는 돌연변이가 일어나면 세포는 살아남을 수 있을까? 이들 세포들은 돌연변이가 일

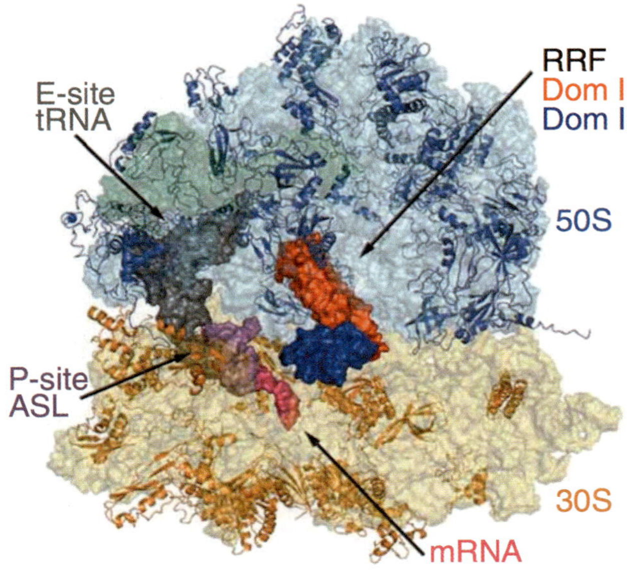

그림 27-40 *T. thermophilus* **리보솜과 리보솜 재사용 인자 복합체의 X선 구조** RRF와 UAG 종결 코돈을 가진 mRNA는 A 부위, $tRNA^{Phe}$의 역코돈 줄기 루프(ASL)는 P 부위에, $tRNA_f^{Met}$는 E 부위에 있다. 리보솜 RNA는 청록색의 23S RNA, 청록색의 5S RNA, 노란색의 16S RNA와 함께 반투명한 표면으로 나타나 있다. 리보솜 단백질은 리본 형태를 이루고 있으며, 50S 단위체는 청색으로, 30S 단위체는 주황색으로 나타나 있다. RRF의 도메인 I, II는 각각 적색, 청색으로, mRNA는 자주색으로 P 부위의 ASL은 보라색으로, E 부위의 $tRNA_f^{Met}$는 회색으로 그려져 있다. [Courtesy of V. Ramakrishnan, MRC Laboratory of Molecular Biology, Cambridge, U.K. PDBids 4V5A.]

체크 포인트

- 펩타이드가 N 말단에서 C 말단으로 합성된다는 것을 어떻게 결정하였는가?
- 폴리솜의 장점은 무엇인가?
- 개시 tRNA와 시작 코돈이 어떻게 이동하여 정확히 리보솜에 위치하는가에 대한 원핵생물과 진핵생물의 번역 개시를 비교 설명하시오.
- 개시, 연장, 번역에서의 방출 인자의 역할을 요약하시오.
- 어떻게 리보솜은 펩타이드 결합 형성을 촉매하는가?
- 번역 개시, 해독, 위치의 변화, 사슬 종결에 있어서 GTP 가수 분해의 역할을 요약하시오.
- 어떤 번역 단백질이 RNA 구조와 닮았는가? 그 이유는?
- 어떻게 리보솜이 정확한 tRNA-mRNA를 구별해 내는가?
- 어떤 메커니즘에 의해 리보솜이 정확히 세 개의 뉴클레오타이드씩 위치 변화를 하는 것이 보장되는가?

어난 tRNA가 한 세트의 등수용 tRNA의 일부이기 때문에 넌센스 억제 인자 tRNA는 종결 코돈에 결합하는 방출 인자와 경쟁하기 때문에 살아남을 수 있다. 결국 많은 억제 인자들은 야생형보다는 성장 속도가 느리지만 천천히 성장하는 돌연변이체 형태로서 구제할 수 있다.

5 번역 후 과정

주요 개념

- 샤페론은 리보솜으로부터 폴리펩타이드 사슬이 나왔을 때 폴리펩타이드 사슬에 결합한다.
- 폴리펩타이드 사슬은 공유 결합적으로 변형되고 분비 경로를 통해 이동한다.

펩타이드 전달 효소의 활성 부위로부터 세균의 리보솜 바깥으로 뻗어 나오는 터널(그림 27-13*b*)은 약 100 Å의 길이를 가진다. 이 길이는 약 30개의 잔기를 가진 폴리펩타이드가 걸칠 수 있는 길이이다. 일단 리보솜으로부터 빠져나오기 시작하면, 이 폴리펩타이드는 두 가지 상황에 직면한다. 즉 어떻게 적절히 포개질 것인가와 어떻게 목적지까지 도달할 것인가이다. 이 두 가지 과정 모두 다른 단백질의 도움을 받아야만 한다. 또한 초기의 폴리펩타이드는 성숙된 형태로 되기 이전에 공유 변형을 거쳐야 한다. 이 절에서는 **번역 후 단백질 프로세싱(posttranslational protein processing)**에 대하여 살펴보기로 하자.

A 리보솜-보조 샤페론은 단백질 접힘을 돕는다

리보솜에서 펩타이드가 빠져나가는 출구 터널은 약 15 Å인데, 이 너비는 나선 구조 정도 이외의 다른 2차 구조가 빠져나가기에는 너무 좁다. 따라서 처음 합성된 폴리펩타이드는 리보솜에서 빠져나오기 이전에는 포개짐 과정을 거칠 수 없다. 그러나 번역이 끝나기 전에 포개짐이 시작될 수는 있다. 합성된 폴리펩타이드의 N 말단에 결합하는 분자 샤페론(6-5B절)은 폴리펩타이드의 응집을 막아주고 포개짐을 도와주며 다른 단백질들과의 결합을 촉진시켜 주기도 한다.

리보솜 단백질이 샤페론을 끌어 와서 합성된 단백질의 포개짐을 도와준다는 많은 증거들이 있다. 가령 대장균에서는 **유발 인자(trigger factor, TF)**라고 불리는 단백질이 리보솜 단백질인 **L23**과 결합한다. L23은 펩타이드 출구 터널의 바깥에 자리하고 있다. TF는 상대적으로 짧은 소수성 단백질 분절을 인식하는데, 이 분자는 가장 처음 나타나는 샤페론이다. **DnaK**는 열충격 단백질(Hsp70) 군에 속하는 샤페론 단백질로서 Hsp40 보조 샤페로닌(6-5B절)인 **DnaJ**와 함께 보다 길게 뻗은 폴리펩타이드와 결합하여 이들을 보호해 준다(DnaK와 DnaJ는 박테리오파지의 성장을 지원하지 않는 돌연변이체를 분리하는 과정에서 발견된 단백질로서 처음에는 DNA 복제에 참여한다고 알려졌다). TF와 DnaK/J의 활성은 다소 불필요할 수 있다. 왜냐하면 대장균은 둘 중 하나의 삭제를 용인하기 때문이다. 그러나 둘 다 손실할 경우는 30°C 이상에서 매우 치명적이고, 새롭게 합성되는 단백질의 거대한 응집이 동시에 일어난다. 결국 샤페로닌 GroEL과 GroES는 번역 종결 후의 단백질 접힘을 용이하게 한다(6-5B절).

Charalampos Kalodimos에 의해 결정된 접히지 않은 상태의 대장균 단백질 PhoA의 471개 잔기와 대장균 유발 인자 432개 잔기의 복합체에 대한 NMR 구조(**그림 27-**

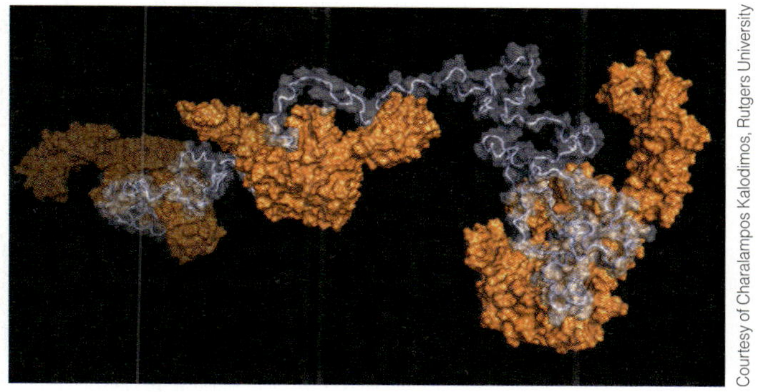

(a)

그림 27-41 유발 인자(TF)의 구조 *(a)* 접히지 않고 넓게 펼쳐진 형태로 PhoA에 결합한 세 개의 유발 인자의 NMR 구조. 유발 인자 분자들은 이들의 표면 형태를 모형화(주황색)로 보여준다. 그리고 PhoA의 골격은 투명한 표면(회청색) 안에 박힌 애벌레 모양을 가진 형태로 그려졌다. PDBid 2XXA. *(b)* 50S 리보솜 단위체와 함께 유발 인자의 결합된 모형. 50S 소단위체는 펩타이드 전달 효소 중심(PT)로부터 뻗어 나와 있는 α 나선(자주색)으로 모형화되어 온 펩타이드 출구 터널을 노출시킨 단면을 나타내고 있다. rRNA는 분홍색이고, 초록색으로 표기된 L23을 제외한 리보솜 단백질은 회색이다. 벌레 모양의 형태로 그려진 유발 인자는 N 말단에서 C 말단으로 네 개(빨간색, 노란색, 녹색, 파란색)의 도메인으로 나뉘어 색칠되어 있다.

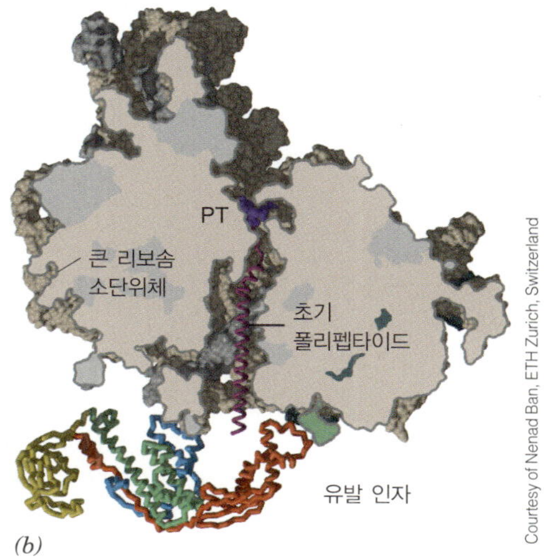

(b)

41*a*)는 대장균 유발 인자 세 개의 분자들이 PhoA 단백질과 넓은 범위에서 결합한다는 것을 보여준다. 네 개의 도메인으로 구성되어 있는 각각의 유발 인자는 PhoA와 상호작용을 통해 그 길이의 대부분을 소수성의 갈라진 틈으로 뻗어 있다. 유발 인자는 PhoA의 다양한 부분들과 결합함에 있어서 높은 유연함을 가지기 때문에 얼마나 유발 인자가 기질 단백질의 여러 다양한 부분들과 결합할 수 있는지 보여준다.

H. marismortui 50S 단위체와의 복합체 상태인 TF의 144개 잔기 리보솜 결합 N 말단 도메인의 X선 구조는 이 도메인이 리보솜 펩타이드 터널의 출구 근처에 결합하고 있는 것을 밝혀냈다. N 말단 도메인의 구조와 전체 432개 잔기의 TF의 X선 구조의 중첩은 50S 단위체와 TF의 상호작용 모형을 만들어 낸다 (**그림 27-41*b***). 이 모형에서 TF는 새롭게 합성된 폴리펩타이드 조각이 터널로부터 나타날 때 상호작용이 가능한 위치인 TF의 소수성 잔기로 구성된 오목한 면으로 리보솜의 펩타이드 터널의 출구 쪽으로 구부리고 있다. 게다가 형광 에너지 이동 실험으로부터 리보솜에 결합하자마자 TF는 소수성 표면을 노출하는 형태적인 확장을 한다는 것을 알 수 있었다.

다른 많은 샤페론(예: DnaK/J와 GroEL/ES)과 달리, TF의 활성화에는 ATP가 필요하지 않다. 활성화된 TF는 10초 뒤에 리보솜으로부터 분리되지만 연장되고 있는 폴리펩타이드와는 여전히 30초 이상 더 남아 있을 수 있다. 그 시간 동안에는 TF의 또 다른 분자가 리보솜에 붙어서 폴리펩타이드의 더 멀리 있는 소수성 서열을 보호한다. 명백하게, **TF는 새로 합성된 소수성 부분을 보호하여, 아직 접히지 않은 폴리펩타이드의 잘못된 접힘과 응집을 막는 기능을 한다.** 따라서 부분적으로 접힌 단백질들은 접힘 과정을 끝내기 위하여 GroEL/ES 같은 다른 샤페론에게 넘겨진다. 진핵세포에는 TF의 상동체가 없지만 비슷한 기능을 하는 다른 작은 샤페론들을 가지고 있다.

B 새로 합성되는 단백질들은 공유 결합적으로 변형된다

번역 후 변형에 대하여 알려진 것들은 매우 긴 내용이며, 여기에는 특수한 잔기의 제거 및 유도체화 등이 포함된다. 예를 들어 폴리펩타이드의 N 말단에 존재하는 Met 혹은 fMet 잔기는 대개 제거된다. 이외의 다른 일반적인 번역 후 변형 과정에는 콜라겐에서의 Pro와 Lys의 하이드록실화(6-1C절), 글리코실화(8-3C절 및 16-5절), 막 단백질의 프레닐화 및 아실화(9-3B절) 등이 있다. 인산화(12-3B절) 및 팔미토일화(9-3B절)를 포함하는 많은 다른 공유 변형들은 가역적이다. 지금까지 150가지 이상의 곁사슬 변형이 알려져 있는데, 여기에는 Ala, Ile, Leu, Val을 제외한 모든 아미노산들이 해당된다. 이와 같은 변형이 일어나서 할 수 있는 역할은 다양하며, 어떤 경우에는 그 이유를 전혀 모르는 경우도 많다.

수많은 단백질에서 유비퀴틴화(ubiquitination)가 일어난다고 알려져 있다. 21-1B절에서 우리는 76개 잔기로 이루어진 유비퀴틴이 단백질에 결합하면 그 단백질은 프로테오솜에 의한 분해의 표시가 된다는 것을 공부하였다. 이와 유사한 단백질인 **소형 유비퀴틴형 변형자(small ubiquitin-related modifier, SUMO)**는 유비퀴틴과 마찬가지로 단백질의 Lys 잔기에 결합함으로써 그 단백질의 기능을 조절한다. 그러나 유비퀴틴화는 흔히 단백질의 분해와 관련이 있는 반면에 소형 유비퀴틴 변형자가 결합하면 세포 안에서 단백질의 위치를 결정하는 것으로 보인다.

불활성인 전구 물질의 형태로 합성된 단백질들은 **프로단백질(proprotein)** 혹은 전구효소(proenzyme)라고 불리는데, 이들은 제한적인 단백질 분해에 의해서 활성화된다. 세린 단백질 분해 효소(serine protease)의 효소원은 이와 같은 제한적인 분해로 인해 활성화된다(11-5D절). 세포로부터 다른 곳으로 이동하기 위해 소포체로 들어간 단백질들은 전형적인 작은 신호 펩타이드를 가지는데, 이들은 후에 제거된다(9-4D절). 신호 펩타이드를 가지는 단백질들은 **프레단백질(preprotein)**이라고 한다. 만약 이 프레단백질이 부가적인 분해 과정을 겪는다면 **프레프로단백질(preproprotein)**이라고 한다. 가령 인슐린 호르몬은(22-2절) 프레프로단백질로서 합성되어 프로단백질인 84개의 아미노산 잔기를 가지는 **전구 인슐린(proinsulin)**으로 전환된다. 이후 두 군데의 분해를 거쳐 성숙 단백질로 되는데, 그 생성물인 A와 B 사슬이 이황화 결합(**그림 27-42**)으로 연결된 채 남게 된다. 33개 잔기로 된 C 사슬은 폐기된다.

신호 인지 입자는 리보뉴클레오단백질이다. 많은 막관통 단백질들과 분비 단백질들은 분비 경로(9-4D절)라고 알려진 일련의 경로를 통하여 완벽하게 세포막[진핵생물의 소포체(endoplasmic reticulum, ER)와 원핵생물의 원형질을 포함한다]으로 이동하게 된다. 폴리펩타이드의 N 말단의 신호 펩타이드가 리보솜에서 빠져나오면 이 신호 펩타이드는 신호 인지 입자(signal recognition particle, SRP)와 결합하게 된다. SRP가 리보솜에 결합하면 펩타이드 사슬의 연장은 멈춰지나, 이후 SRP가 소포체 막에 존재하는 SRP 수용체와 결합하게 되면 연장은 재개된다. 이후 SRP는 리보솜에서 유리되어 폴리펩타이드가 트랜스로콘(translocon)이라고 하는 단백질 구멍을 통하여 막을 통과하도록 해준다.

리보솜이나 이어맞추기 복합체(splicesome, 26-3B절), RNase P(26-3D절)와 마찬가지로 SRP는 리보뉴클레오단백질이다. 포유동물의 SRP는 **SRP9**, **SRP14**, **SRP19**, **SRP54**, **SRP68**, **SRP72** (SRP의 숫자는 분자량을 kD으로 표시한 것)라고

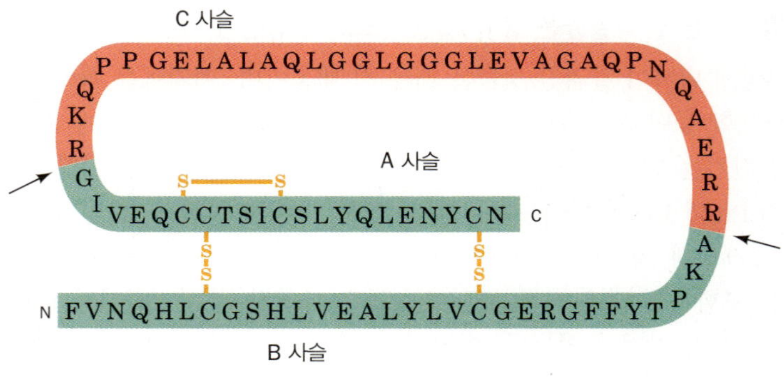

그림 27-42 전구 인슐린(proinsulin)에서 인슐린으로의 전환 세 개의 이황화 결합을 가지고 있는 전구 호르몬이 두 군데(화살표)에서 단백질 절단이 일어나서 C 사슬이 제거된다. 성숙한 호르몬인 인슐린은 A 사슬과 B 사슬이 이황화 결합으로 연결된 것이다.

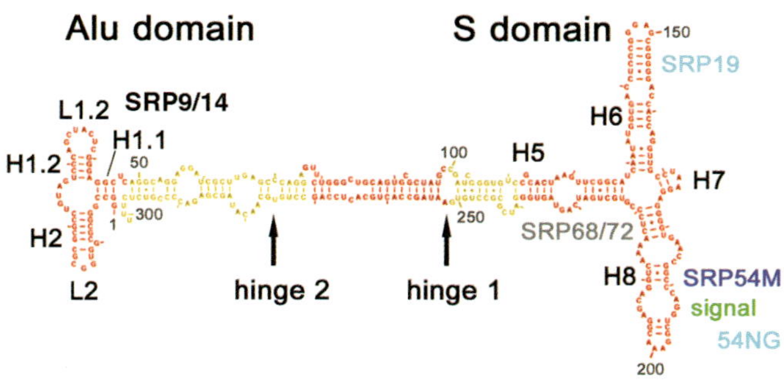

Courtesy Roland Beckmann, Humboldt University of Berlin, Germany

그림 27-43 개의 7S RNA의 서열과 2차 구조 개의 7S RNA의 다양한 이중 나선 부분(H1부터 H8로 표시)과 루프(L1.2와 L2로 표시)는 빨간색과 노란색으로 그려져 있다. 왓슨–크릭 염기쌍들은 연결된 선으로, 왓슨–크릭 염기쌍이 아닌 것들은 점으로 표시되어 있다. 다양한 SRP 단백질과 7S RNA의 결합하는 위치는 청록색, 보라색, 회색으로 나타나 있다.

알려진 6개의 폴리펩타이드와 7S RNA(~300nt, **그림 27-43**)로 구성되어 있다. 많은 원핵동물의 SRP는 더욱 단순하다. 대장균은 SRP54와 상동성이 높은 **Fft**[54(*F*ifty-*f*our) 유사체라는 의미로 Ffh]라고 하는 하나의 폴리펩타이드와 SRP54가 결합하는 부분이 7S RNA의 일부분과 유사한 2차 구조로 예측된 4.5S RNA(114 nt)로 구성되어 있다. 실제로 SRP54를 Fft 혹은, 반대로 대체하면 적어도 시험관 내에서는 기능적인 SRP가 된다. 이러한 결과는 최소한 생체 내에서 Ffh–4.5S RNA 복합체는 구조적으로 진핵 SRP의 축소 버전으로 작용한다는 사실을 암시한다.

베크만(Roland Beckmann)과 프랭크(Frank)는 효모 리보솜과 다양한 SRP 조각의 X선 구조(그림 27-19)를 12 Å 해상도의 저온 전자 현미경(cryo-EM) 기반 영상(**그림 27-44*a***)에 적용하여 리보솜–SRP 복합체 모형을 만들었다. 이 모형은 길이가 270 Å인 SRP RNA의 S(신호 서열 결합) 도메인이 새롭게 합성되어진 폴리펩타이드가 통과하는 터널의 출구 옆에 있는 리보솜 대단위체의 염기와 결합하고 있음을 보여 준다. 반면 Alu 도메인(Alu 유사 서열을 포함하기 때문에 Alu라고 불린다, 28-1C절)은 리보솜 대단위체와 소단위체 사이의 표면에서 리보솜과 접촉하기 위해 대단위체를 감싸고 있다. 이 모형은 7S RNA는 주로 두 부분, 즉 hinge 1과 2에서 구부러진 긴 이중 나선 막대로 구성하고 있음을 보여 준다(**그림 27-44*b***).

SRP54는 세 개의 도메인으로 구성되어 있다. 즉 N 말단에 있는 N 도메인, 중앙에 있으면서 SRP의 GTPase 기

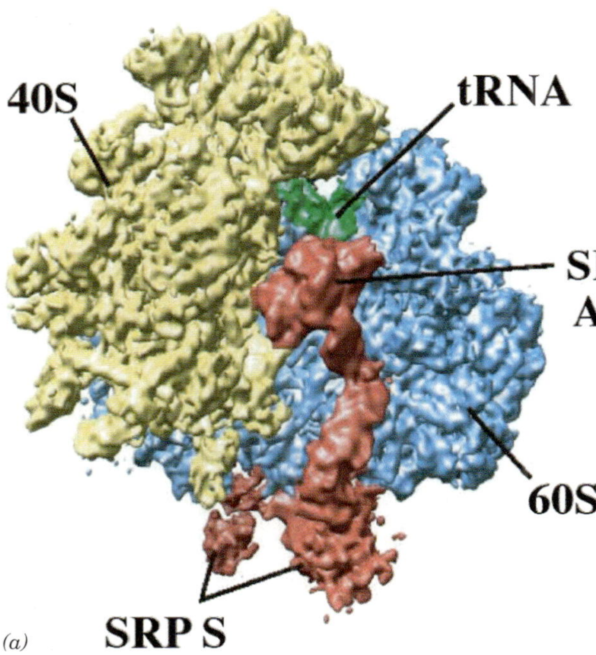

(*a*)

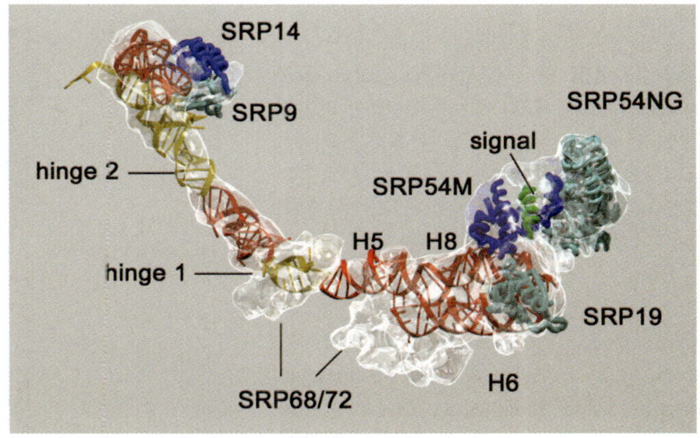

(*b*)

그림 27-44 소맥 배아 리보솜과 개의 SRP 복합체에 대한 12 Å 해상도의 저온 전자 현미경 영상 (*a*) 리보솜 소단위체는 노란색, 대단위체는 파란색, SRP는 빨간색, 리보솜의 P 부위를 점유하고 있는 tRNA는 초록색으로 나타낸 표면 그림. SRP의 S 도메인은 리보솜 출구 채널로부터 나온 폴리펩타이드와 상호작용을 하고 있으며, Alu 도메인은 연장 인자 결합 부위에서 리보솜과 결합하고 있다. (*b*) SRP의 분자 모형. 저온 전자 현미경 기반 전자 밀도는 투명한 흰색으로 SRP 단백질의 X선 구조는 리본 모형으로 나타내었다. 그리고 SRP 단백질에 도킹되어 있는 RNA 조각은 그림 27-43에 색칠되어 나타나 있다. α 나선 구조의 신호 서열은 녹색이다. SRP68/72 이종 이합체의 원자 수준의 분해능 구조는 이용할 수 있는 것이 없다는 것을 명심하라. [Courtesy of Roland Beckmann, Humboldt University of Berlin]

능을 가지고 있는 G 도메인, C 말단에 있는 M 도메인(사람의 M 도메인에는 209개 잔기 중에 25개의 Met 잔기가 있을 정도로 메싸이오닌 잔기가 많아서 M도메인으로 불린다)으로 구성되어 있다. 네 개의 역평행 α 나선 구조로 이루어진 N 도메인은 SRP와 SRP 수용체의 상호작용을 매개하는 SRP54NG라는 집합체를 형성하기 위하여 Ras-like G 도메인과 가까이 연결되어 있다. 펩타이드 출구 터널의 입구 근처에 있는 리보솜과 상호작용하고 있는 M 도메인(SRP54M)은 나선형 신호 서열에 결합하는 깊은 고랑을 가지고 있다. 이 고랑은 거의 대부분이 SRP54의 Met 잔기(Met 곁사슬은 *n*-뷰틸기의 물리적 특성과 비슷하다, 4-1C절)를 많이 포함하는 소수성 잔기들로 이루어져 있다. 유연하면서 곁가지가 없는 Met 곁사슬은 소수성이고 α 나선 구조이기만 하면, 다양한 다른 신호 서열에 붙을 수 있는 유연성을 가진 홈을 만든다.

구조와 생화학적 연구로부터 진핵 SRP가 SRP54 단백질을 통해 가장 먼저 리보솜에 결합한다는 사실을 알 수 있었다. 이러한 작용은 L23과 같은 다양한 리보솜 단백질을 포함하고 있는데, 유발 인자 역시 여기에 결합한다(27-5A절). 생성된 신호 펩타이드가 SRP54M에 결합할 때, SRP는 연장 인자 eEF2(대장균의 경우는 EF-G)도 결합하는 리보솜의 단위체들 사이의 경계면에 Alu 도메인이 붙을 수 있도록 형태가 바뀐다. 이것은 리보솜의 연장 주기(그림 27-27)를 방해하고 왜 SRP가 번역을 막는지 설명해 준다. 이 가설은 Alu 도메인이 없는 박테리아 SRP는 리보솜에 결합하자마자 번역을 막지 않는다는 관찰을 통해 입증되었다.

단백질 합성은 SRP가 막관통 수용체에 결합하고, 그 자리가 트랜스로콘에 의해 받아들여진 후 다시 시작된다. 트랜스로콘의 리보솜 결합 부위는 SRP의 리보솜 결합 부위와 많이 중첩된다. 트랜스로콘의 중심 요소는 진핵생물에서는 **Sec61**[분비(*s*ecretion)를 위한 Sec], 원핵생물에서는 **SecY** 복합체라고 하며, 이종 삼합체 단백질이다. 트랜스로콘의 β 단위체를 제외한 α, γ 단위체는 통로 기능에 필수적이며 모든 생명체에 있어서 보존되어 있다(이 단위체들은 진핵생물에서는 각각 Sec61α,

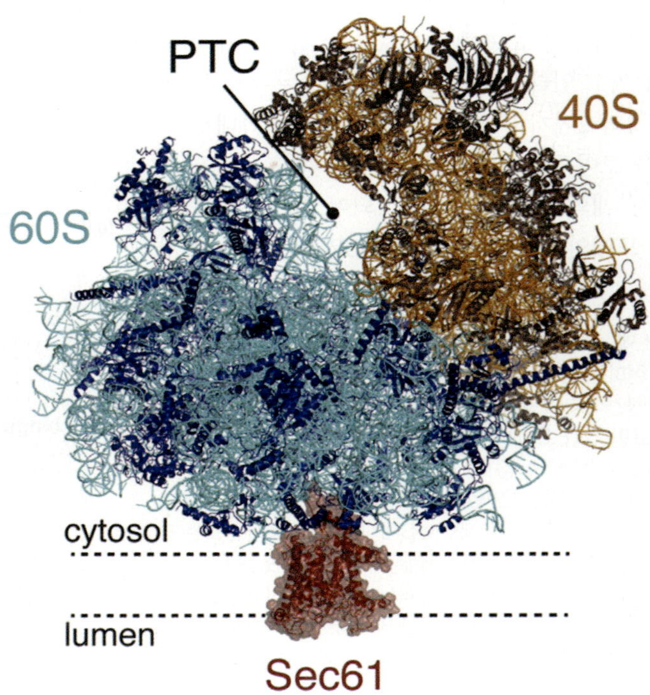

그림 27-45 저온 전자 현미경(cryo-EM)에 의해 해석된 돼지 리보솜-Sec61 복합체의 3.4Å 해상도 구조 구조는 40S rRNA는 주황색으로, 40S 리보솜 단백질은 갈색으로, 60S rRNA는 청록색으로, 60S 리보솜 단백질은 파란색으로, 반투명한 표면 안에 박혀있는 Sec61은 빨간색으로 채색한 리본 형태로 나타내었다. 펩타이드 전달 효소 중심(PTC) 영역과 소포체 막도 표시하였다. [Courtesy of Rebecca Voohees and Ramanujan Hegde, MRC Laboratory of Molecular Biology, Cambridge, U.K. PDBid 3J7O.]

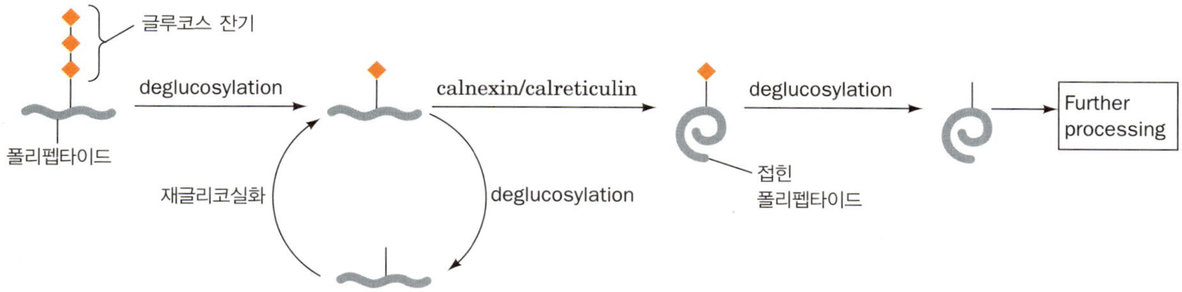

그림 27-46 올리고당 프로세싱 중의 품질 관리 하나의 말단 글루코스 잔기를 가지고 있는 부분적으로 프로세싱이 진행된 당단백질은 샤페론인 칼넥신이나 칼레티쿨린에 결합할 수 있다. 결합된 당단백질은 당을 잃고 더욱 프로세싱을 진행한다. 당을 잃어버린 부적합하게 접힌 당단백질은 접히지 않은 당단백질에 특이적으로 반응하는 효소에 의해 다시 당이 결합된다. 이 메커니즘은 적합한 접힘과 새로 합성된 당단백질의 올리고당 프로세싱을 촉진한다.

Sec61β, Sec61γ로, 원핵생물에서는 SecY, SecE, SecG로 명명되고 있다. SecY의 X선 구조는 그림 9-38에 있다). 활발하게 번역하고 있는 효모 리보솜-Sec61 복합체의 저온 전자 현미경 기반 구조(**그림 27-45**)는 만돈(Elisabet Mandon)과 베크만에 의해 9 Å 해상도로 밝혀졌고, 예상한 대로 하나의 Sec61 통로는 리보솜의 폴리펩타이드 출구 터널과 Sec61의 단백질 수행 통로에 위치하고 있는 초기의 폴리펩타이드와 함께 리보솜의 폴리펩타이드 출구 터널 위에 위치하고 있다.

글리코실화 반응은 품질 관리 메커니즘으로 작용한다. 진핵생물에서 분비 경로를 통해 소포체로 이동한 폴리펩타이드는 글리코실화 반응을 거친다. 번역과 동시에 14개 잔기 올리고당을 Asn 잔기에 부착하는 것은 N 연결된 당단백질 생성의 첫 단계이다(8-3C절). 올리고당 부착은 단백질이 성공적으로 세포질에서 소포체의 내막으로 이동하였음을 입증한다. 두 개의 말단 글루코스 잔기의 제거는 단백질이 불완전하게 프로세싱된 올리고당을 인식하는 샤페론과 작용하게 한다. 세포막에 결합하고 있는 572개 잔기로 구성되어 있는 샤페론인 **칼넥신(calnexin)** 또는 칼넥신의 수용성 400개 잔기의 유사체인 샤페론은 **칼레티쿨린(calreticulin)**이라고 하는데, 이들은 접히지 않은(미성숙한) 당단백질의 올바른 접힘을 도와주거나 분해로부터 보호하며 미성숙된 당단백질이 골지체(올리고당 프로세싱의 마지막 단계가 일어나는 장소, 9-4E절)로 잘못 이동되는 것을 막는다.

제대로 접힌 당단백질이 칼넥신/칼레티쿨린으로부터 방출되면 남은 올리고당-프로세싱 경로를 따라 진행한다. 성숙한 형태를 취하기도 전에 방출된 당단백질은 또 다른 당 잔기가 제거되는 프로세싱의 다음 단계를 여전히 겪을 수 있다. 그러나 이런 일이 생기면 오직 접히지 않은 당단백질만 인식하는 당전이 효소(glycosyltransferase)에 의해 당 잔기가 미성숙된 올리고당에 다시 붙게 된다. 결과적으로 당단백질은 제대로 접힐 또 하나의 기회를 위해 다시 칼넥신/칼레티쿨린에 결합할 수 있다(**그림 27-46**). 대부분의 당단백질들은 적어도 한 번 이상의 재글리코실화를 거친다.

체크 포인트

- 유발 인자(TF)의 기능은 무엇인가? 왜 TF 분자가 적어도 리보솜의 수보다 많아야 하는가?
- 단백질의 번역 후 변형 과정을 나열하시오.
- 폴리펩타이드 출구 터널 근처의 리보솜과 상호작용하는 복합체의 기능을 서술하시오.
- SRP의 RNA 요소의 기능은 무엇인가?

요약

1 유전 암호

- 핵산 서열을 아미노산 서열로 번역되게 하는 유전 암호는 세 개의 뉴클레오타이드로 된 코돈으로서 단백질 합성 기구에 의하여 겹쳐지지 않고 연속적으로 읽혀진다.
- 64개로 된 표준 유전 암호는 다수의 동의 코돈, 세 개의 종결 코돈 및 한 개의 개시 코돈을 갖는다.

2 운반 RNA와 이의 아미노아실화 반응

- 모든 tRNA는 다수의 화학적 변형 염기들을 가지고 있고, 클로버 잎 모양의 2차 구조이다. 이 구조에는 수용체 줄기, D 팔, TψC 팔, 역코돈 팔, 가변 팔이 있다. 모든 tRNA의 3차원적인 구조는 비슷하며, 이 구조는 중첩 상호 작용 및 왓슨-크릭 염기쌍 형성과는 다른 형태의 수소 결합에 의해 서로 연결된다.
- 아미노아실-tRNA 합성 효소(aaRS)는 tRNA에 적절한 아미노산을 ATP 의존적으로 연결시킴으로써 아미노아실-tRNA(aa-tRNA)가 형성되는 반응을 촉매한다.
- mRNA 코돈과 tRNA의 역코돈의 세 번째 위치 사이에서의 동요 염기 짝지움(wobble pairing)은 유전 암호에 있어서의 축퇴를 설명한다. 한 개체의 각 세트에 속하는 등수용 tRNA들 중에서 가장 선호되는 코돈은 그 세트 속에서 가장 풍부하게 존재하는 tRNA에 상응하는 코돈이다.

3 리보솜

- RNA와 단백질의 복합체인 리보솜은 이들이 가지는 RNA 성분에 의하여 그 구조가 결정된다. 작은 소단위체와 큰 소단위체가 결합하여 완전한 리보솜을 형성하며, 이들은 A 부위에 aa-tRNA를, P 부위에 펩타이드-tRNA를, E 부위에 탈아실화된 tRNA를 수용한다.

4 번역

- 단백질 개시 기간 동안에는 fMet(원핵생물에서) 혹은 Met(진핵생물에서)로 충전된 개시 tRNA, AUG 개시 코돈인 mRNA 및 리보솜 소단위체들이 연결된다. 개시는 GTP를 가수 분해하는 개시 인자를 필요로 한다. 개시 코돈인 AUG는 원핵생물에서는 샤인-달가르노 배열을 통해서 인식된다. 진핵생물에서는 개시 복합체가 mRNA의 5′ 캡에 가장 가까이 있는 AUG 코돈을 개시 코돈으로 인식한다.
- 폴리펩타이드 사슬은 N 말단에서 C 말단 쪽으로 연장된다. GTP를 가수 분해하는 연장 인자와 복합체를 이룬 aa-tRNA가 A 부위에 결합하는데, 여기에서 리보솜은 코돈-역코돈 염기 짝지움이 정확한지를 감시하게 되는데, 이 교정 기능에 의하여 번역의 정교함이 증가한다. 큰 소단위체의 RNA가 지니는 펩타이드 전달 효소 활성은 A 부위에 결합한 aa-tRNA의 아미노기가 P 부위에 있는 펩타이드-tRNA를 공격할 수 있도록 해 준다. 펩타이드 교환 반응 이후에 두 번째의 GTP 가수 분해 연장 인자가 새로운 펩타이드-tRNA를 P 부위로 자리옮김을 촉진시킨다.
- 번역의 종결은 종결 코돈을 인식하는 방출 인자를 필요로 한다.

5 번역 후 프로세싱

- 폴리펩타이드가 리보솜에서 빠져나오면 샤페론의 도움을 받아 접힘 과정을 시작한다. 단백질들은 합성된 이후에 단백질 가수 분해, 공유 변형, 막으로의 이동, 글리코실화 반응을 포함하는 번역 후 프로세싱을 겪는다.

주요 용어

A 부위(A site)
D 팔(D arm)
E 부위(E site)
P 부위(P site)
TψC 팔(TψC arm)
가변 팔(variable arm)
개시 인자(initiation factor)
넌센스 억제 인자(nonsense suppressor)
동요 가설(wobble hypothesis)
동의 코돈(synonym)
등수용 tRNA(isoaccepting tRNA)
방출 인자(release factor)
번역 후 프로세싱 (posttranslational processing)
억제 인자(suppressor)
샤인-달가르노 서열(Shine-Dalgarno sequence)
수용체 줄기(acceptor stem)
아미노아실-tRNA 합성 효소 aaRS
아미노아실-tRNA(aa-tRNA)
역코돈(anticodon)
역코돈 팔(anticodon arm)
연장 인자(elongation factor)
유전 암호(genetic code)
자리옮김(translocation)
저온 전자 현미경 기술 (cryo-EM)
종결 코돈(Stop codon)
축퇴(degeneracy)
코돈(codon)
틀 이동 돌연변이(frameshift mutation)
펩타이드 전달 효소(peptidyl transferase)
펩타이드기 교환 반응 (transpeptidation)
펩티딜-tRNA(peptidyl-tRNA)
폴리리보솜(polyribosome)
프레단백질(preprotein)
프레프로단백질 (preproprotein)
프로단백질(proprotein)
해독 틀(reading frame)

문제

연습 문제

1. 4개의 뉴클레오타이드가 삽입되어 깨어진 어떤 단백질을 암호화하는 유전자에서 다시 한 개의 뉴클레오타이드가 결실될 경우 그 유전자는 기능을 회복할 수 있는가? 설명하시오.
2. 데옥시뉴클레오타이드의 서열을 번역 프로그램(ExPASy와 같은 번역 프로그램, http://www.expasy.org/toos/dna.html)에 넣으면 6개의 가능한 폴리펩타이드 서열이 결과로 나올 것이다. 설명하시오.
5. 많은 종류의 미토콘드리아에서 사용되는 유전 암호 중에 UGA는 종결 코돈보다는 트립토판을 지정한다. 미토콘드리아에서의 번역은 어떻게 종결이 일어나는가?
3. 어떤 리보뉴클레오타이드 중합체가 단지 U와 G만으로 무작위적으로 배열될 때 나타날 수 있는 가능한 모든 코돈들을 나열해 보시오. 이 RNA에서는 어떤 아미노산이 암호화될 수 있는가?
4. 한 군데의 점 돌연변이에 의해 UAG 종결 코돈으로 변화될 수 있는 코돈들에 의해 만들어지는 아미노산에는 어떤 것이 있는가?
6. 어떤 미토콘드리아는 AUG와 함께 Met를 지정하는 두 번째 코돈을 사용한다. 어떤 코돈이 쓰일 것 같은가?
7. 단백질 Xpot는 tRNA가 세포질에서 아미노아실화될 수 있도록 핵 밖으로 tRNA를 운반한다. (a) Xpot가 인식하기 좋은 tRNA의 구조적 특징은 무엇인가? (b) Xpot는 어떻게 성숙된 tRNA와 미성숙된 tRNA(pre-tRNA)를 구별하는가?
8. 효소 싸이오유리딜레이스는 어떤 tRNA 유리딘(uridine) 잔기들을 2-싸이오유리딘으로 바꾼다. 이렇게 수식된 뉴클레오타이드의 구조를 그리시오.
9. IleRS는 정확하게 Ile−tRNA^{Ile}를 생성하고 반대로 Val−tRNA^{Ile}의 생성되는 것을 막기 위해서 이중 분자체 메커니즘을 사용한다. 이와 같이 한 개의 탄소만이 차이가 나는 구조를 가지고 있는 아미노산 짝에는 어떤 것들이 있는가? 이들 또한 IleRS와 유사한 이중 분자체 교정 메커니즘을 가진 aaRS에 의해 정확하게 아미노아실화를 수행할 수 있을 것이다.
10. 어떤 돌연변이에서는 아미노산의 서열을 변화시키지 않지만 단백질 생산을 감소시킬 수 있다. 돌연변이가 어떻게 번역 과정에 영향을 미치는가?
11. I·C 동요 쌍과 I·U 동요 쌍의 구조를 그리시오.
12. 진핵생물에서의 rRNA의 1차 전사체는 45S rRNA인데 이것은 후에 18S, 5.8S, 28S rRNA로 분리된다. 이와 같이 rRNA의 유전자가 오페론 모양으로 동시에 전사되면 어떤 유리한 점이 있을까?
13. fMet−Leu−Phe와 같은 펩타이드는 포유류의 백혈구에서 식세포 작용(입자를 삼키는 작용)을 활성화시켜 주는데, 이와 같은 발견의 중요성을 설명하시오.
14. 진핵생물의 리보솜은 일반적으로 필요한 보조 인자가 존재하여도 원형의 mRNA를 번역하지는 않는 반면, 원핵생물의 리보솜은 둥근 환상의 mRNA를 번역할 수 있는데, 그 이유를 설명하시오.
15. mRNA는 안티센스 RNA(antisense RNA)라고 하는 자신에게 상보적인 배열을 가진 분절 RNA에 의하여 그 번역이 저해되는데, 저해 이유를 설명하시오.
16. 진핵생물의 개시인자 eIF2B는 구아닌 뉴클레오타이드 교환 인자이다. 왜 eIF2B가 eIF2의 활성을 높이는지 설명하시오.
17. 리보솜은 P 위치의 tRNA에 있는 펩타이드 그룹을 A 위치의 RNA에 있는 아미노 아실기에 운반할 수 있으나, 그 속도는 그룹들에 따라 다양하다. 왜 리보솜이 poly-Pro 서열을 합성하는 것이 다른 펩타이드 서열 합성에 비해 매우 느린지 설명하시오.
18. 미토콘드리아 리보솜은 산화성 인산화 과정에 관여하는 13개의 단백질들을 합성한다. 왜 미토콘드리아 리보솜의 펩타이드 출구 터널이 세포질의 리보솜처럼 친수성이 아닌 소수성 기로 이루어져 있는지 설명하시오.
19. 세포는 리보솜에 의해 mRNA에서 번역된 것뿐만 아니라 효소를 통해서도 올리고펩타이드를 만들 수 있다. L-글루탐산: L:시스테인 감마−연결 효소(L-glutamate:1-cysteine gamma-ligase, 감마−글루타밀시스테인 합성 효소)에 의해 촉매되는 반응의 생성물을 그려 보시오.
20. 리보솜의 펩타이드 전달 효소의 활성은 여분의 자유 에너지를 요구하지 않는다. 문제 19에 나온 γ-글루타밀시스테인 합성 효소(γ-glutamylcysteine synthetase)도 자유 에너지 없이 반응을 촉매할 수 있는가?

도전 질문

21. 퇴행성 질환인 근위축성 측삭경화증(ALS)의 원인 중 하나는 유전자의 비암호 지역에서의 헥사뉴클레오타이드 서열인 GGGGCC의 반복적인 확장이다. 아직 밝혀지지 않은 메커니즘에 의해 이 반복 서열은 신경 독을 발생시키는 펩타이드로 번역된다. 가능한 두 개의 아미노산으로 이루어진 반복적인 펩타이드 서열을 예측하시오.
22. 독감 바이러스는 13.5kb인 제한적인 게놈의 이용을 번역 개시 자리를 바꾸거나, 해독 틀과 겹쳐서 사용하거나, 리보솜의 틀 이동을 사용함으로서 최대로 한다. 예를 들어 바이러스의 PA 유전자 부분은 거의 사용되지 않은 CGU 코돈을 포함한다. 리보솜이 이 코돈의 번역하기 위해 멈추었을 때, 하나의 뉴클레오타이드만큼 앞으로 나아갈 수 있어 다른 C 말단 서열을 가지는 폴리펩타이드를 만들어 낸다. 아래의 부분적인 mRNA 서열로 정상적인 폴리펩타이드 서열과 틀 이동으로 인해 만들어지는 서열을 결정하시오.

    −GAUUCCUUUCGUCAGUCCGAGA−

23. 바이러스의 두 가닥 DNA 중에서 한 가닥이 아래와 같은데, 이것은 *vir*-1과 *vir*-2의 두 가지의 펩타이드를 암호화한다. 이 두 가닥 DNA를 시험관에서 전사시키고 또 번역을 시킬 경우 *vir*-1은 10개의 잔기를, *vir*-2는 5개의 잔기를 생성한다.

    AGATCGGATGCTCAACTATATGTGATTAACAGAGCATG
    CGGCATAAACT

(a) 각 펩타이드를 암호화하는 DNA 배열을 찾아내시오.

(b) 각 펩타이드의 아미노산 배열을 결정하시오.

(c) 어떤 돌연변이형 바이러스에서 23번 위치의 T가 G로 치환되었다. 이 돌연변이 바이러스에서 암호화되는 두 가지 펩타이드의 아미노산 배열은?

24. 다음 염기 배열은 포유류 유전자의 센스 가닥이다. 성숙한 RNA 배열과 암호화된 단백질의 배열을 각각 결정하시오. TATAATA 배열의 25개 bP 하류 지점에서 전사가 개시되고, 이 RNA의 5′ 쪽의 이어맞추기 부위의 배열은 AG/GUAAGU를 가지고 3′ 쪽의 이어맞추기 부위의 배열은 AGG/G의 배열을 가지고 있다고 가정하라(여기서 N은 네 개 중 어떤 염기도 가능하다는 것이며, /는 이어맞추기 부위를 나타낸다).

TATAATACGCGCAATACAATCTACAGCTTCGCGTAAATC-
GTAGGTAAGTTGTAATAAATATAAGTGAGTATGATACAG-
GCTTTGGACCGATAGATGCGACCCTGGAGGTAAGTATAGAT-
TAATTAAGCACAGGCATGCAGGGATATCCTCCAAAAAGGTA-
AGTAACCTTACGGTCAATTAATTCAGGCAGTAGATGAATA-
AACGATATCGATCGGTTAGGTAAGTCTGAT

25. EF-TU는 모든 아미노아실-tRNA에 대해 비슷한 수준의 친화성을 갖고 있어서 이들 tRNA를 리보솜에 공급할 때에 그 효율은 비슷하다. 올바르게 충전된 tRNA와 잘못 충전된 tRNA에 결합하는 EF-Tu의 결합력을 실험적으로 측정한 결과 다음 표와 같은 결합 상수를 얻었다. tRNA-EF-Tu 결합이 어떻게 하여 잘못된 아미노산이 삽입되는 것을 막아주는가?

아미노아실-tRNA	해리 상수 (nM)
Ala-$tRNA^{Ala}$	6.2
Gln-$tRNA^{Ala}$	0.05
Gln-$tRNA^{Gln}$	4.4
Ala-$tRNA^{Gln}$	260

출처: [LaRiviere, F.J., Wolfson, A.D., and Uhlenbeck, O.C., *Science* **294**, 167(2001).]

26. 항생제인 **파로모마이신(paromomycin)**은 리보솜에 결합하는데, 이것은 16S rRNA 잔기인 A1492 및 A1493이 결합하여 리보솜의 입체 구조 변화를 초래함으로써 코돈-역코돈 결합을 유도하는 것과 똑같은 작용을 한다(그림 27-32). 파로모마이신의 항생제 효과에 대하여 설명하시오.

27. 펩타이드 전달 효소의 반응 속도는 pH가 6에서 8로 변화하면 증가한다. 이 효소의 반응 메커니즘과 관련하여 그 이유를 설명하시오.

28. A2486 잔기가 양성자를 받으면 펩타이드 결합의 사면체 반응 중간 생성물이 안정화된다고 한다. 이렇게 제안된 메커니즘은 관찰된 pH 효과(문제 27)와 일치하는가?

29. 왜 '표준' 유전자 암호를 번역하기 위해 최소한 32개의 tRNA가 필요한지 설명하시오.

30. 영양분이 부족한 조건에서 박테리아는 16S rRNA의 3′ 말단에 결합하는 단백질을 생산한다. 이러한 작용의 결과는 무엇이고, 왜 이것이 세포에 이로운지 설명하여라.

31. 모든 세포는 펩타이드-tRNA **가수 분해 효소(peptidyl-tRNA hydrolase)**를 가지고 있는데, 이 효소가 결실되면 매우 천천히 성장한다. 이 효소는 어떤 역할을 할 것으로 보이는가? 이 효소가 필요한 이유는 무엇인가?

32. 폴리(Lys)과 같은 긴 염기성 잔기를 코드하고 있는 유전공학적으로 설계된 mRNA는 번역 종결을 유발하고 초기 생성된 폴리펩타이드를 파괴한다. 어떻게 이러한 반응이 돌연변이된 종결 코돈을 지닌 mRNA를 만드는 잘못된 전사의 효과로부터 세포를 보호하는지 설명하시오.

33. 대장균에서 자유 아미노산을 가지고 150개의 펩타이드 잔기를 합성하는 데 필요한 에너지를 ATP 수준으로 계산하시오(단, *N*-말단의 메싸이오닌이 이미 폴리펩타이드에 결합해 있는 상황이고, 리보솜에 의한 교정 과정은 일어나지 않는다고 가정하시오).

34. Lys-Pro-Ala-Gly-Thr-Glu-Asn-Ser의 8개 펩타이드를 암호화하는 데 필요한 mRNA를 원핵생물에서 필요한 조절 부위를 고려하여 디자인해 보시오.

35. 몇 가지의 다른 거대 분자가 대장균의 세포가 없는 단백질 합성 시스템에 최소한으로 포함해야 하는가? 다른 거대분자로서의 리보솜 구성요소 각각의 유형을 세어보시오.

36. 잘 익은 과일에서 생긴 곰팡이로부터 분리한 픽스마이신이라고 불리는 항생제는 여러 유형의 성병 치료에 효과적이다. 픽스마이신의 작용 양식을 알아보면, 픽스마이신이 대장균 리보솜의 큰 소단위체에 전적으로 결합하는 박테리아의 번역 저해제라는 사실을 발견할 것이다. 단백질 합성의 개시 과정에서 픽스마이신이 존재할 때는 리보솜과 결합된 다이펩타이드의 생성을 초래한다. 픽스마이신의 작용 메커니즘을 제시하시오.

참고 문헌

유전 암호

Judson, H.F., *The Eighth Day of Creation*, Expanded edition, Part I I, Cold Spring Harbor Laboratory Press (1996). [유전자 암호를 밝힌 재미있는 역사 이야기]

Knight, R.D., Freeland, S.J., and Landweber, L.F., Selection, history and chemistry: the three faces of the genetic code, *Trends Biochem. Sci.* **24**, 241 – 247 (1999).

Yanofsky, C., Establishing the triplet nature of the genetic code, *Cell* **128**, 815 – 818 (2007).

운반 RNA와 이의 아미노아실화

Ibba, M., Becker, H.D., Stathopoulos, C., Tumbula, D.L., and

Söll, D., The adaptor hypothesis revisited, *Trends Biochem. Sci.* **25**, 311 – 316 (1999). [20개의 아미노아실 합성효소 규칙의 예외를 기술한다]

Nureki, O., Vassylyev, D.G., Tateno, M., Shimada, A., Nakama, T., Fukai, S., Konno, M., Hendrickson, T.L., Schimmel, P., and Yokoyama, S., Enzyme structure with two catalytic sites for double–sieve selection of substrate, *Science* **280**, 578 – 582 (1998). [이소루신과 발린과 IleRS의 복합체에 대한 X-선 결정 구조]

리보솜과 번역

Anger, A.M., Armache, A.–P., Berninghuasen, O., Habeck, M., Subklewe, M., Wilson, D.N., and Beckmann, R., Structures of the human and *Drosophila* 80S ribosome, *Nature* **497**, 80 – 85 (2013).

Dintzis, H.M., The wandering pathway to determining N to C synthesis of proteins, *Biochem. Mol. Biol. Educ.* **34**, 241 – 246 (2006). [A personal history of how the direction of polypeptide synthesis was determined.]

Green, R. and Lorsch, J.R., The path to perdition is paved with protons, *Cell* **110**, 665 – 668 (2002). [리보솜 펩타이드 전달효소의 촉매 메커니즘을 설명하는 데 있어서의 어려움을 토의한다]

Hinnebusch, A.G., The scanning mechanism of eukaryotic translation initiation, *Annu. Rev. Biochem.* **83**, 779 – 812 (2014).

Jackson, R.J., Hellen, C.U.T., and Pestova, T.V., The mechanism of eukaryotic translation and principles of its regulation, *Nature Rev. Mol. Cell Biol.* **10**, 113 – 127 (2010).

Moore, P.B., How should we think about the ribosome? *Annu. Rev. Biophys.* **41**, 1 – 19 (2012). [리보솜이 어떻게 작용하는 가에 대한 통찰력 있는 토의]

Kiel, M.C., Kaji, H., and Kaji, A., Ribosome recycling, *Biochem. Mol. Biol. Educ.* **35**, 40 – 44 (2007).

Leung, E.K.Y., Suslov, N., Tuttle, N., Sengupta, R., and Piccirilli, J.A., The mechanism of peptidyl transfer catalysis by the ribosome, *Annu. Rev. Biochem.* **80**, 527 – 555 (2011).

Moore, P.B. and Steitz, T.A., RNA, the first macromolecular catalyst: the ribosome is a ribozyme, *Trends Biochem. Sci.* **28**, 411 – 418 (2003); *and* The structural basis of large ribosomal subunit function, *Annu. Rev. Biochem.* **72**, 813 – 850 (2003).

Nissen, P., Kjeldgaard, M., and Nyborg, J., Macromolecular mimicry, *EMBO J.* **19**, 489 – 495 (2000). [번역 인자들과 다른 단백질들이 핵산과 같이 같은 구조를 취하면서 같은 결합 부위들과 상호작용 하는 지를 설명한다.]

Petrov, A.S., et al., Evolution of the ribosome at atomic resolution, *Proc. Natl. Acad. Sci.* **111**, 10251 – 10256 (2014).

Rodnina, M.V., Beringer, M., and Wintermeyer, W., How ribosomes make peptide bonds, *Trends Biochem. Sci.* **32**, 20 – 26 (2007); *and* Rodnina, M.V. and Wintermeyer, W., The ribosome goes Nobel, *Trends Biochem. Sci.* **35**, 1 – 5 (2010).

Schmeing, T.M., Voorhees, R.M., Kelley, A.C., Gao, Y.–G., Murphy, F.V., IV, Weir, J.R., and Ramakrishnan, V., The crystal structure of the ribosome bound to EF–Tu and aminoacyl – tRNA; *and* Gao, Y.–G., Selmer, M., Dunham, M., Weixlbaumer, A., Kelley, A.C., and Ramakrishnan, V., The structure of the ribosome with elongation factor G trapped in the posttranslocational state, *Science* **326**, 688 – 693 and 694 – 699 (2009).

Selmer, M., Dunham, C.M., Murphy, F.V., IV, Weixlbaumer, A., Petry, S., Kelley, A.C., Weir, J.R., and Ramakrishnan, V., Structure of the 70S ribosome complexed with mRNA and tRNA, *Science* **313**, 1935 – 1942 (2006); *and* Korostelev, A., Trakhanov, S., Laurberg, M., and Noller, H.F., Crystal structure of a 70S ribosome – tRNA complex reveals functional interactions and rearrangements, *Cell* **126**, 1065 – 1077 (2006). [*T. thermophilus* 리보솜의 고분해능 (3.7과 2.8 Å) X-선 결정 구조를 나타낸다.]

Sievers, A., Beringer, M., Rodnina, M.V., and Wolfenden, R., The ribosome as an entropy trap, *Proc. Natl. Acad. Sci.* **101**, 7897 – 7901 (2004).

Voorhees, R.M. and Ramakrishnan, V., Structural basis of the translational elongation cycle, *Anuu. Rev. Biochem.* **82**, 203 – 236 (2013).

Yusupova, G. and Yusupov, M., High–resolution structure of the eukaryotic 80S ribosome, *Annu. Rev. Biochem.* **83**, 467 – 486 (2014).

번역 후 프로세싱

Fedyukina, D.V. and Cavagnero, S., Protein folding at the exit tunnel, *Annu. Rev. Biophys.* **40**, 337 – 359 (2011).

Halic, M., Becker, T., Pool, M.R., Spahn, C.M.T., Grassucci, R.A., Frank, J., and Beckmann, R., Structure of the signal recognition particle interacting with the elongation–arrested ribosome, *Nature* **427**, 808 – 814 (2004).

Hartl, F.U. and Hayer–Hartl, M., Molecular chaperones in the cytosol: from nascent chain to folded protein, *Science* **295**, 1852 – 1858 (2002). [진핵생물, 진정세균, 원시세균에 있어 다양한 샤페론의 구조, 기능과 상호작용을 나타낸다.]

Saio, T., Guan, X., Rossi, P., Economou, A., and Kalodimos, C.G., Structural basis for protein antiaggregation activity of the trigger factor chaperone, *Science* **344**, 1250494 (2014). DOI: 10.1126/science.1250494. This is a digital object identifier (DOI). Also see *Science* **344**, 597 – 598 (2014). [유발인자와 접히지 않은 PhoA 복합체의 NMR 구조]

Voorhees, R.M., Fernández, I.S., Scheres, S.H.W., and Hegde, R.S., Structure of the mammalian ribosome–Sec61 complex to 3.4 Å resolution, *Cell* **157**, 1632 – 1643 (2014).

Williams, D.B., Beyond lectins: the calnexin/calreticulin chaperone system of the endoplasmic reticulum, *J. Cell Sci.* **119**, 615 – 623 (2006).

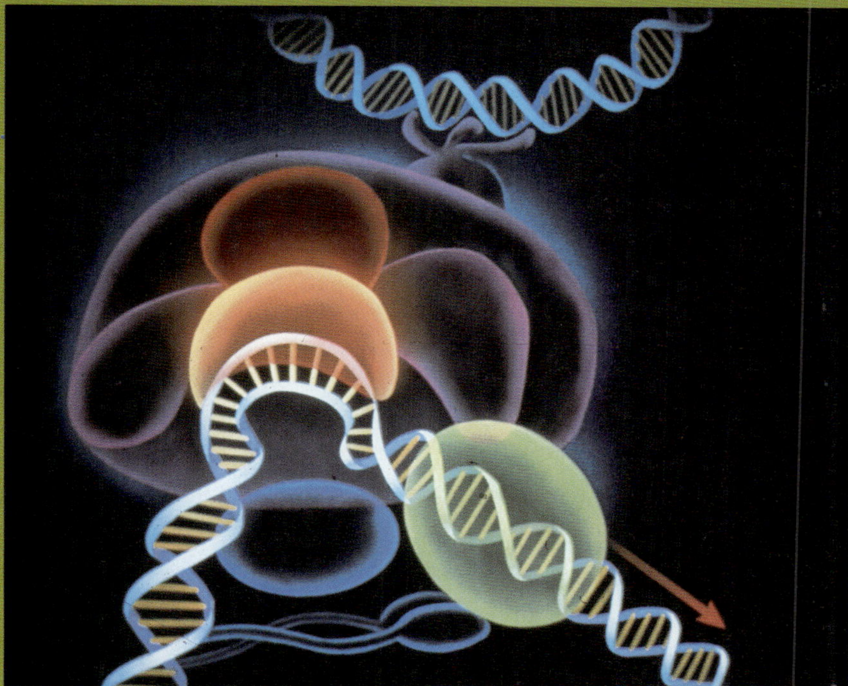

유전 정보 발현의 조절은 DNA와 특이적 혹은 비특이적인 상호작용을 하는 다수의 인자들이 있어야 한다. 이 그림은 진핵생물에서 DNA로부터 mRNA가 되는 전사 과정이 시작되기 전에 형성되는 개시 전 복합체(preinitiation complex)를 구성하는 전사 인자들을 표현하고 있다. [Illustration, Irving Geis. Image from the Irving Geis Colletion/Howard Hughes Medical Institute. Rights owned by HHMI. Reproduction by permissinon only]

CHAPTER 28

유전자 발현 조절

하나의 세포로부터 유래되어 분열된 모든 세포들은 실질적으로 동일한 유전체 한 세트를 갖게 되는데, 이는 정확한 DNA 복제를 통해 이루어진다. 그러나 각각의 세포들은 그들의 유전 암호를 어떻게 번역하는가에 따라 원래의 조상 세포와 다르게 나타날 수 있으며, 때로는 그 차이가 극적으로 다르게 나타나기도 한다. 어떤 세포나 개체에서 유전 정보의 **발현(expression)**, 즉 DNA 염기 서열에 의해 지정된 RNA와 단백질의 합성은 아무렇게나 일어나지도 않으며, 완전하게 정해진 계획에 따라 일어나는 것도 아니다. **오히려 한 생명체의 유전체에 포함된 유전 정보는 발생 과정 동안 순차적으로 그 발현이 조절되어야 하고, 동시에 내부와 외부 환경 변화에 따라 개체가 적절하게 반응할 수 있도록 사용되어야 한다.**

유전자 발현의 조절과 관련된 많은 신비로운 점들을 밝히기 위해서는 유전 정보가 어떻게 구성되어 있는지, 그리고 어떻게 위치하는지를 적절한 시간의 척도에 따라 접근해야 한다. 유전자의 전사와 번역 과정에 관련된 메커니즘의 복잡성은 유전자 발현을 강화하거나 억제를 위한 발현 조절의 체계가 훨씬 더 복잡하다는 것을 암시하고 있다. 실제로 우리는 이미 보조 단백질들이 전사와 번역의 특이성과 속도에 대하여 어떻게 영향을 주는지 많은 예를 보여 주었다. 이 장에서는 원핵세포와 진핵세포에서 유전 정보가 세포의 구조와 대사적인 기능을 부여할 수 있도록 유전자 발현을 조절하는 다양한 전략을 조사하여 유전자 발현의 새로운 양상에 대하여 알아보고자 한다.

1 유전체 구성

주요 개념

- 생명체의 복잡성은 유전자의 수를 증가시키지만 유전체의 크기는 그렇지 않다.
- rRNA와 tRNA 유전자는 집단화되어 있다.
- 진핵세포의 유전체는 반복 DNA 단편을 포함하고 있다.

생물의 유전체를 연구하는 **유전체학(genomics)**은 살아 있는 생명체의 염색체들을 구성하는 DNA의 광범위한 영역을 빠르게 서열 분석할 수 있는 기술이 가능해지면서 생긴 학문이다. 유전자 확인을 위하여 올리고뉴클레오타이드 탐침(probe)을 이용하는 혼성화 분석 방법 대신 현재는 데이터베이스에 등록된 유전자 염기 서열과 비교함으로써 유전체를 분석할 수 있게 되었다(5-3E절). 실제로 전산화된 데이터베이스는 전체 유전체의 염기 서열이 포함되어 있는 방대한 양의 정보를 저장하고 실용적으로 사용할 수 있는 실용적인 형식이다. 비록 비교적 간단한 세균인 *Helicobacter pylori*(위궤양의 주원인균)의 유전체를 간단히 표시한 도식을 보더라도 쉽게 이해할 수 없을 정도로 복잡한 배열을 보여 주고 있다(**그림 28-1**). 그럼에도 불구하고 유전자의 서열을 밝히고 한 개체의 전체 유전체 지도를 작성할 수 있게 됨으로써 한 개체가 얼마나 많은 유전자를 갖고 있는지, 그 유전자들이 어떻게 구성되어 있는지, 그 유전자들의 기능이 무엇인지와 같은 어려운 문제에 대하여 결론을 내릴 수 있게 되었다.

A 유전자 수는 생명체 간에 다양하게 나타난다

한 생명체의 고유한 유전 물질의 양(**유전체량**, **C-value**)과 그 생명체의 형태 및 물질대사(표 3-3)의 복잡성은 대체로 비례하지만 예외도 많이 있으며, 이러한 예외의 존재를 **유전체량 모순(C-value paradox)**이라고 한다. 예를 들면, 폐어(lungfish)의 유전체는 포유류보다 10~15배 더 크게 나타난다(**그림 28-2**). 어떤 종류의 조류(algae)의 유전체도 역시 10배 정도 더 크다. 이러한 '여분' DNA는 대부분이 발현되지 않는 것으로 알려져 있지만 그 기능에 대해서는 명확히 알려져 있지 않고 대부분 추측이 난무할 뿐이다. 수많은 종류의 원핵생물과 진핵생물의 유전체 서열을 비교해 보면,

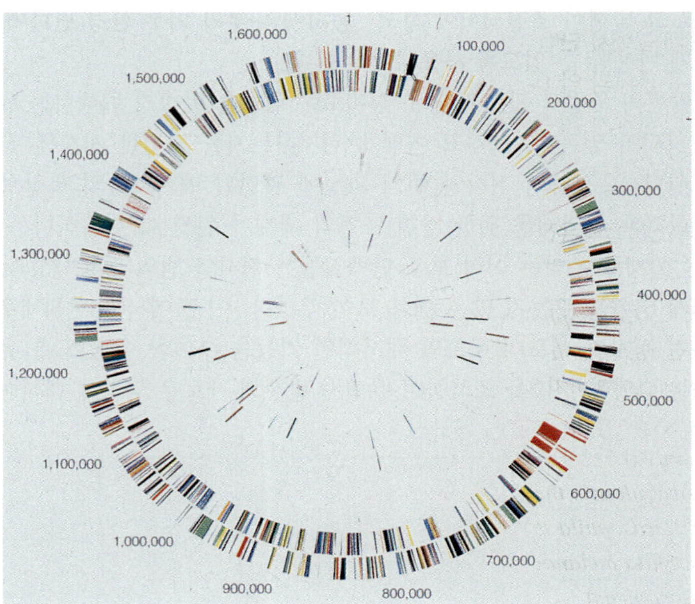

그림 28-1 1670-kb인 *Helicobacter pylori*의 원형 염색체 지도 1590개의 단백질 암호 염기 서열들(유전체의 91%)은 두 개의 DNA 가닥을 나타내는 가장 바깥쪽의 두 개의 원에 서로 다른 색깔로 나타내었다. 세 번째와 네 번째 원은 비발현 요소들과 다른 반복 서열(유전체의 2.3%)이다. 다섯 번째와 여섯 번째 원은 tRNA, rRNA, 그리고 다른 작은 RNA들에 대한 유전자들이다(유전체의 0.7%). 유전자와 유전자 사이 공간의 서열은 유전체의 6%를 차지한다. [Courtesy of J. Craig Venter, The Institute for Genomic Research, Rockville, Maryland.]

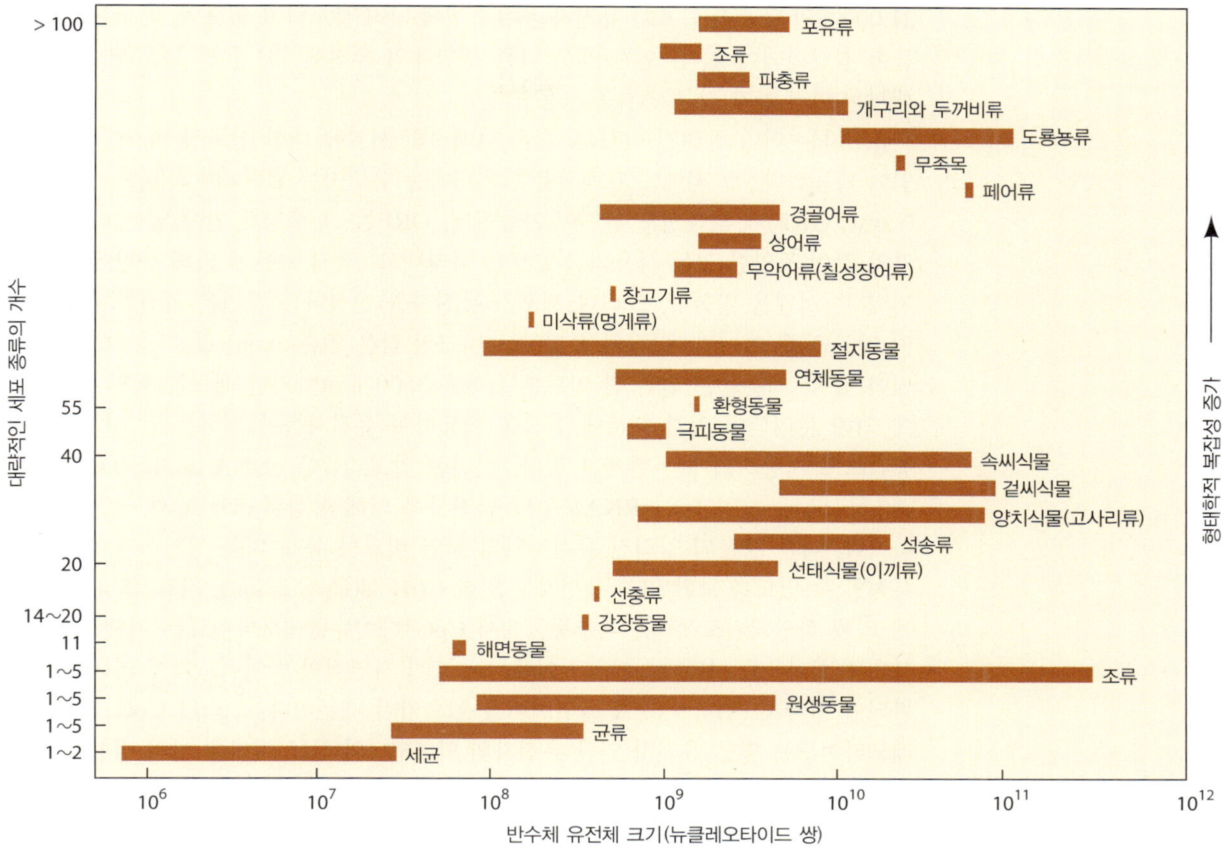

그림 28-2 다양한 종류의 생물들에서 반수체 유전체 DNA 양의 범위 생물이 가지고 있는 세포의 다른 종류의 수에 의해 생물의 형태학적 복잡성을 비교해 보면, 그림의 밑에서 위로 갈수록 복잡성이 증가한다. 반수체 유전체 크기는 대체로 복잡성과 상관관계를 나타낸다. 예외는 유전체량 모순에 의해 설명된다. [After Raff, R.A. and Kaufman, T.C., Embryos, Genes, and Evolution, p. 314, Macmillan(1993).]

? 가장 큰 유전체와 가장 작은 유전체를 갖는 척추동물을 확인하라.

DNA의 양과 마찬가지로, 유전자 수도 그 개체의 복잡성과 대체로 비례함을 알 수 있다(**표 28-1**). 즉 약 21,000여 개의 유전자를 갖고 있는 인간과 약 4300여 개의 유전자를 갖고 있는 대장균을 비교해 보면 알 수 있다.

인간의 유전체 중에서 단백질을 암호화하는 부분은 작은 부분에 불과하다 3,038,000 kb인 인간 전체 유전체의 약 0.3%를 제외한 모든 염기 서열이 완전히 밝혀졌다(나머지 염기 서열이 밝혀지지 않은 DNA는 동원체와 말단 소체 부근에 위치한 유전자가 포함되어 있지 않은 부분에 해당한다). **유전체의 약 1.2%만이 단백질을 암호화하고,** 약

표 28-1 일부 생물들의 유전체 크기와 유전자 수

생물체	유전체 크기 (kb)	유전자의 수
인플루엔자 균(*Haemophilus influenza*, 박테리아)	1,830	1,740
대장균(*Escherichia coli*, 박테리아)	4,639	4,289
사카로마이세스세레비지에(*Saccharomyces cerevisiae*, 효모)	12,070	6,034
예쁜꼬마선충(*Caenorhabditiselegans*, 선충류)	97,000	19,099
벼(*Oryza sativa*)	389,000	~35,000
애기장대(*Arabidopsis thaliana*, 겨자식물)	119,200	~26,000
노랑초파리(*Drosophila melanogaster*, 초파리)	180,000	13,061
생쥐(*Drosophila melanogaster*)	2,500,000	~22,000
인간(*Homo sapiens*)	3,038,000	~21,000

21,000개의 단백질 암호화 유전자는 유전체에 널리 분포하고 있으며, 때로는 유전자들이 집단화되어 있다. 인간 혹은 다른 생명체의 유전체에서 유전자를 확인하기 위해서는 여러 가지 접근 방법을 사용한다.

유전자는 이미 알려진 mRNA 혹은 단백질의 서열에 대한 상동성 비교에 의해 확인이 가능하다. 그 외에도 단백질을 암호화하는 유전자는 **열린 해독 틀(open reading frame, ORF)**에 의해서도 확인이 가능한데, ORF는 그 생명체 안에 있는 다른 유전자와 같이 동일한 코돈 사용의 선호도를 나타내고, 정지 코돈에 의해 중간에 끊어지지 않는 서열을 말한다. 그러나 세포가 유전자를 인식하는 방법은 완전하게 밝혀지지 않았을 뿐 아니라, 인간의 유전자는 비교적 작은 엑손(exon)(평균 123개 nt)으로 되어 있고, 엑손들은 훨씬 긴 인트론들(평균 3500개 nt이지만 때로는 훨씬 더 길다)에 의해 분리되어 있기 때문에 전산을 이용하여 유전자를 동정하는 알고리즘을 성공적으로 사용하기에는 한계가 있다. 이러한 알고리즘은 cDNA 표지들(**expressed sequence tags, ESTs**: mRNA로부터 역전사에 의해 합성된 cDNA)과 서열을 비교하거나, 다른 생물의 알려진 유전자와의 서열 비교를 통해 더욱 정확하게 유전자를 분석할 수 있도록 보완된다. 유전자는 또한 **CpG 섬(CpG island**, 자료 25-4)의 존재에 의해 확인되기도 한다. 척추동물에서 CpG 다이뉴클레오타이드는 기댓값보다 5분의 1의 비율로 나타나는데, 그 이유는 m^5C가 자연적인 탈아미노화에 의해 T로 전환되어 결국 C·G → T·A 돌연변이를 일으키기 때문이다. 그러나 CpG 다이뉴클레오타이드는 많은 유전자(인간 유전자의 약 56%)의 상류 지역에 거의 정상적인 비율로 집단 혹은 섬을 이루는 형태로 나타나고 있다.

인간 유전자의 수는 과거에 예측한 것보다 훨씬 더 적은 것으로 나타난다. 인간의 유전자 수에 대한 연구가 시작되던 초기에는 140,000개의 단백질 암호 유전자가 있을 것이라고 예측하였지만 현재는 21,000개 이하 유전자로 예측하고 있어 많은 차이점을 보여 주고 있다. 이는 유전자가 선택적인 접합(26-3절)을 통해 만들어지고, 이러한 접합 방식의 분포가 매우 높게 나타나기 때문으로 생각된다. 또한 번역 후 처리 과정(27-5B절)에서의 변화를 통해 정해진 DNA 서열로부터 여러 가지 기능적으로 독특한 단백질을 만들어 낼 수 있다.

인간의 많은 유전자들의 기능들은 유전체에 존재하는 단백질 족(protein family)과 단백질 영역 수준에서 염기 서열의 비교 분석을 통해 밝혀졌다(**그림 28-3**). 이들 유

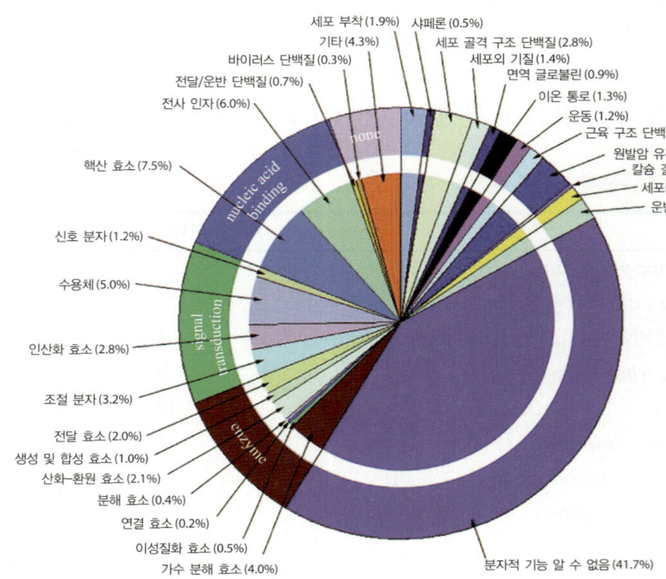

그림 28-3 인간 유전체에서 잠정적인 구조 유전자들의 분자적 기능 분포 파이(pie) 차트의 각각의 쐐기는 표시된 분자적 기능의 범주에 들어가는 유전자의 수와 백분율을 괄호 속에 나타내고 있다. 바깥쪽 원은 일반적인 기능 범주를 표시하는 반면, 안쪽 원은 그 범주를 다시 세분하여 보여 주고 있다. [Courtesy of J. Craig Venter, Celera Genomics, Rockville, Maryland.]

? 단세포 진핵생물에서 유전자 수가 적게 포함되어 있는 범주는 무엇인가?

전자의 42% 가까이가 기능이 알려져 있지 않음을 알 수 있으며, 이러한 점은 원핵생물을 포함해서 서열이 알려진 다른 대부분의 유전체에서도 마찬가지이다. 그 기능이 알려지지 않은 유전자를 **고아 유전자(orphan gene)**라고 한다. 이러한 유전자들의 일부는 지금까지 발견된 적이 없는 새로운 유전자일 수도 있으며, 이미 알려진 유전자와 동일한 것일 수도 있지만 그렇다고 보기에는 서열에서 너무 많은 차이를 보인다.

이미 알려진 모든 인간 유전자의 약 4분의 3은 다른 종에도 같은 유전자가 있는 것으로 밝혀졌다. 약 4분의 1은 다른 척추동물에만 있고, 4분의 1은 원핵생물뿐 아니라 진핵생물에도 있다. 예상한 대로 인간의 유전체는 다른 진핵생물과 비교적 같은 수의 '항존(housekeeping)' 유전자(가장 기본적인 세포 활성에 필요한 유전자)를 갖고 있다. 그러나 면역계와 신경 전달 및 호르몬의 신호 전달 경로 등과 같은 척추동물에만 특이적으로 활성에 관여하는 유전자들이 더 포함되어 있다.

인간의 유전체에서 중요한 한 부분은 DNA에서 RNA의 전사이다. 인간의 유전체에서 엑손 DNA 부분은 비록 상대적으로 작은 부분(약 1.4%)이라고 할지라도 유전체의 80%는 전사되는 것으로 알려져 있다. 이러한 RNA에는 이미 밝혀져 있는 tRNA, rRNA와 같은 4000여 종의 생성물과, 기능이 알려지지 않은 수만여 종의 **비암호화 RNA(noncoding RNA, ncRNA)**와 같은 작은 RNA들이 포함되어 있다. 일부 ncRNA는 mRNA와 같이 폴리아데닐화(polyadenylated) 형태로 나타나기도 하지만(26-3A절), 이미 알려진 그 어떠한 유전자와도 일치하지 않는다. 이러한 일부 ncRNA들이 유전체의 전체에 걸쳐서 산재되어 있는 촉진제 유사 발현 요소(promoter−like element)에서 전사적 잡음(transcriptional noise)을 유발시킬 수 있는 가능성이 있다. 그러나 어떤 ncRNA들은 종 간에 잘 보존되어 있으며, 이들은 조절 기능을 수행하는 RNA로 조직 특이성 재접합 변이체(tissue−specific splice variants)를 만들어 낸다.

많은 질병 유전자들이 밝혀져 있다. 인간 유전체 서열에 관한 정보의 사용이 가능해지면서 특정 질병과 관련된 유전자를 쉽게 확인할 수 있게 되었다. 현재, 낭포성 섬유증(자료 3-1), 글리코젠 저장 질병(자료 16-2)과 몇 종의 유전성 암 등과 관련된 유전자들을 포함하여 약 15,000개 이상의 변이체들이 분류되어 있다[**Online Medelian Inheritatnce in Man(OMIM)** 데이터베이스에 분류되어 있음(http://www.ncbi.nlm.nih.gov/omim/)]. 그러나 불행히도 단일 유전자 이상인 유전 질환은 흔하지 않으며, 대부분의 질환이 몇 가지 유전자들과 환경적 요소들의 상호작용으로 생겨난다는 것이다. 유전체학의 다른 한 가지 목적은 질병 혹은 감염에 대한 감수성과 관련된 유전적 특징을 알아내는 것이다. 그러한 목적을 위하여 인간 개체 사이의 DNA 서열의 차이에 대한 목록이 **단일 뉴클레오타이드 다형 현상(single nucleotide polymorphism, SNP)**의 데이터베이스로서 수집되고 있다. 하나의 SNP, 혹은 개체 간 단일 염기 차이는 평균적으로 약 1250 bp마다 일어난다. 지금까지 약 1억1천1백만 개의 SNP가 알려져 있다. 그중 단백질 변이를 초래하는 것은 약 1%도 안 되고, 그러한 단백질 변이가 기능적 차이로 귀결되는 경우는 더 적지만 SNP가 여러 가지 많은 질병뿐 아니라 약물에 대한 부작용에 대한 감수성의 주요 원인이 되는 것이 명백해지고 있다. 또한 SNP는 그 인접 부위에 있는 질병 관련 유전자를 찾기 위한 유전적 표지로서 유용하게 사용할 수 있다.

유전체 질병 연관성 연구(genome-wide association studies, GWAS)는 명확한 유전적인 구성 요소를 가지고 있지 않는 특정 질병에 대한 공통적인 유전적 변이를 연관시켜 접근을 시도하는 연구 분야이다. 이 연구 분야에서는 비교적 드물게 나타나는 염기 서열 변이체를 도표화한 데이터세트를 통해 개인의 수천 개 이상의 DNA 변이를 검사하게 된다. 예를 들면 39 좌위는 제2형 당뇨병과 관련되어 있고(22-4B절), 71 좌위는 자가 면역 질환인 **크론병(Crohn's disease)**과 관련되어 있다. 비록 특정한 대립 유전자(allele)에 의해 유발되는 질병에 대한 고위험도가 낮다고 할지라도, 변이체의 완전한 세트를 가지고 있는 경우 질병의 상속 가능성은 50% 이상이라고 해석할 수 있다. 또한 질병 유발의 조건에 관련된 새로운 유전자의 발견은 질병 치료를 위한 약을 개발하기 위한 추가적인 표적을 제공할 수 있다.

B 일부 유전자는 집단화되어 있다

유전자는 생물의 유전체 상에 반드시 무작위적으로 분포되어 있지 않는다. 예를 들면 인간 유전체에서 평균 유전자 빈도는 100 kb당 약 1개이지만 실제로는 100 kb당 0에서부터 많게는 64개의 유전자가 존재한다. 더욱이 어떤 단백질을 암호화하는 유전자들과 염색체의 다른 조절 부위들은 어느 정도 체계적인 구조를 형성하고 있다. 예를 들면 원핵생물의 유전체에는 많은 수의 오페론이 있는데, 우리가 이미 본 바와 같이(26-1B절), 기능적으로 관련된 유전자들(예: 특정 대사 과정에 관련된 단백질 유전자들)은 가까이 모여 있으며, 때로는 대사 반응의 순서와 동일한 순서로 그 유전자들이 배열되어 있고, 유전자들이 하나의 다시스트론성(polycistronic) mRNA로 전사된다.

유전자 집단(gene cluster)은 또한 원핵세포와 진핵세포 모두에서 존재한다. 비록 대부분의 유전자들은 반수체 유전체에서 한 번만 존재하지만, 비교적 많은 양이 필요한 rRNA와 tRNA와 같은 유전자들은 다수의 사본수로 존재한다. 26-3C절에서 본 바와 같이, 커다란 rRNA 전사체들이 절단되어 성숙한 rRNA 분자들을 만든다. 게다가, 18S, 5.8S, 28S의 진핵 rRNA 유전자들로 구성된 전사 단위들은 비전사 지역에 의해 분리된 연속 반복으로 배열되어 있다(**그림 28-4**). 몇몇 다른 염색체에 분포하고 있는 rRNA 유전자들은 존재하는 반수체 수도 생물종에 따라 50개 이하에서부터 많게는 10,000개 이상으로 다양하게 나타난다. 예를 들면 인간의 경우는 5개의 염색체에 걸쳐서 50 내지 200개의 rRNA 유전자 구획이 분포되어 있다. tRNA 유전자의 경우도 비슷하게 반복되어 있고 집단화되어 있다.

단백질 암호화 유전자는 거의 대부분 많은 사본수로 존재하지 않는다. 그 이유는 아마도 대부분의 단백질이 소수의 mRNA 전사체가 반복적으로 번역함으로써 충분히 만들어지기 때문이다. 하나의 예외로 히스톤 단백질을 들 수 있는데, 히스톤 단백질은 진핵 DNA 합성의 짧은 시간 동안에 많은 양이 필요하다. 히스톤 유전자는 반복되어 있을 뿐 아니라(초파리의 경우 100번까지), 비전사 부위에 의해 분리된 5가지 서로 다른 각각의 히스톤 유전자로 구성된 세트로 되어 있기도 하다(**그림 28-5**). 5개 유전자로 구성된 히스톤 유전자 세트의 유전자 순서와 전사 방

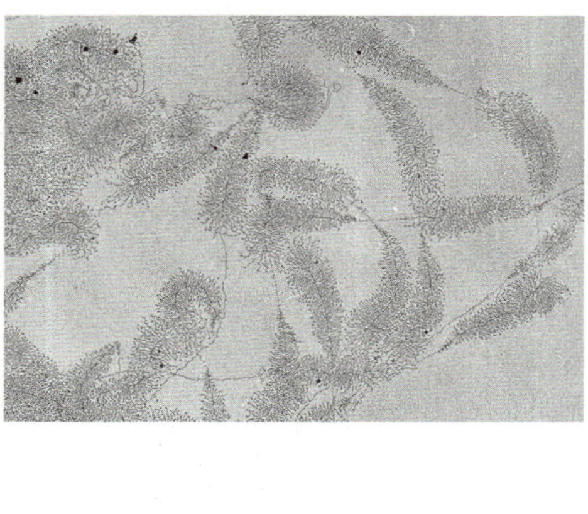

그림 28-4 물속에 서식하는 양서류인 영원(*Notophthalmus viridescens*)에서 활발히 전사 중인 18S, 5.8S, 28S rRNA 유전자들의 연속적 배열을 찍은 전자 현미경 사진 축이 되는 섬유는 DNA이다. '크리스마스 트리' 모양의 섬유상 기질들은 새로 합성된 RNA 가닥들과 단백질이 복합체를 이루고 있으며, 각 전사 단위를 나타낸다. 가장 긴 리보핵산단백질 가지는 해당 DNA 길이의 단지 10%에 불과하다. 외관상으로 RNA 가닥들은 2차 구조 상호작용 혹은 단백질 결합을 통하여 밀집되어 있다. 기질이 없는 DNA 부분들은 비전사 사이 공간이다. [Courtesy of Oscar L. Miller and Barbara R. Beatty, University of Virginia]

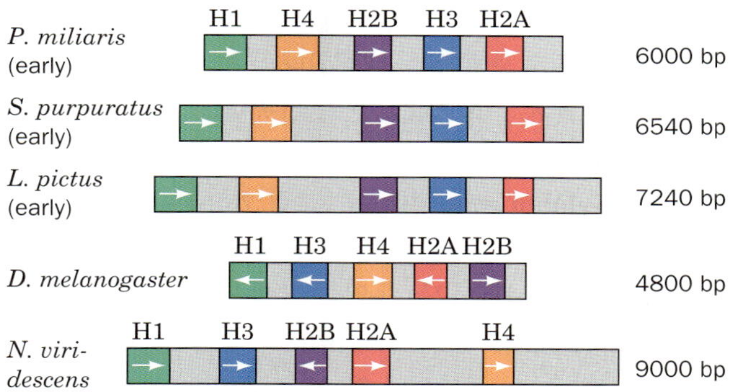

그림 28-5 다양한 생물에서 나타나는 히스톤 유전자 집단의 구성과 길이 암호화 부위들은 색깔로 나타내었고, 간격 부위(spacer)는 회색으로 나타내었다. 화살표는 전사 방향을 나타낸다(위쪽 세 가지 생물은 관계가 먼 성게들임).

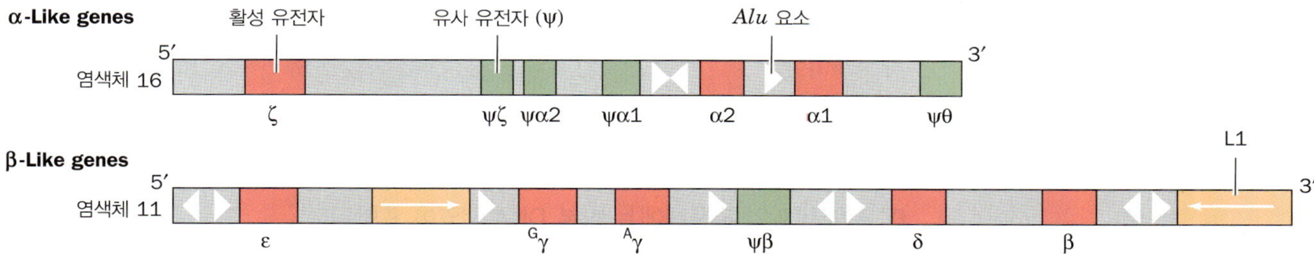

그림 28-6 인간의 글로빈 유전자의 구조 빨간 박스는 활성 유전자, 초록색 박스는 유사 유전자, 노란색 박스는 반복 서열을 나타낸다. 화살표는 유전자들의 상대적인 방향을 나타내고, 삼각형은 유전자의 이기적 유전자(Alu element)를 표시한 것이다. [After Karlsson, S. and Nienhuis, A.W., Annu. Rev. Biochem. 54, 1074 (1985).]

향은 진화 거리의 차이가 큰 생물체 사이에서도 잘 보존되어 있다. 그러나 간격 서열(spacer sequence)은 생물종에 따라, 또는 같은 유전체에서 존재하는 반복되는 유전자 세트 사이에서 매우 다양하게 나타난다. 새와 포유류에서 5가지 히스톤 유전자는 10~20개의 사본이 있는데, 이 유전자들은 집단으로 되어 있으나, 특정한 순서는 없다.

유사하지만 동일하지는 않은 서열로 된 유전자들을 갖고 있는 유전자 집단들도 있다. 예를 들면 인간의 글로빈 유전자들은 서로 다른 염색체에 두 개의 집단을 형성하고 있다(**그림 28-6**). 이 다양한 유전자들은 발생 단계에 따라 전사된다. 성인의 헤모글로빈은 $\alpha_2\beta_2$로 된 사합체이지만, 인간 배아에서 처음 만들어지는 헤모글로빈은 $\zeta_2\varepsilon_2$로 된 사합체로서, ζ와 ε은 각각 α 및 β 유사 소단위체이다(**그림 28-7**). 임신 후

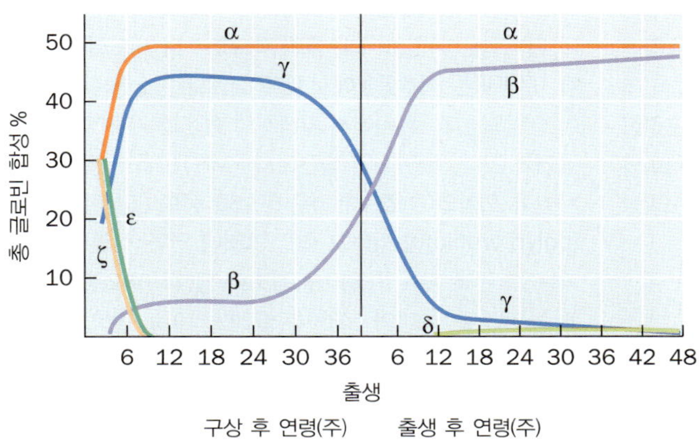

그림 28-7 태아 발생에 따른 인간 글로빈 사슬의 합성의 진행 과정 적혈구는 α, β 유사 소단위체들 중에서 각각 한 가지 형태씩만 포함하고 있다. [After Weatherall, and Clegg, J.B., The Thalassaemia Syndromes(3rd ed.), p. 64, Blackwell Scientific Publications(1981).]

? 생후 20주 전과 생후 20주 후에 나타나는 헤모글로빈의 주요한 형태를 확인하라.

약 8주에 α와 γ 소단위체를 포함하는 태아형 헤모글로빈이 나타난다. 태어나기 수주 전부터 γ 소단위체는 β 소단위체에 의해 대체된다. 성인 혈액은 정상적으로 97%의 $\alpha_2\beta_2$ 헤모글로빈과 2%의 $\alpha_2\delta_2$(여기서 δ는 β의 변종임), 1%의 $\alpha_2\gamma_2$를 포함하고 있다.

α-글로빈 유전자 집단(α-globin gene cluster, 그림 28-6, 위)은 28 kb에 걸쳐 있으며, 3개의 기능적 유전자를 갖고 있다. 배아형 ζ 유전자와 약간 서로 다른 두 개의 유전자 α1과 α2를 갖고 있으며, α1과 α2는 동일한 단백질을 암호화한다. α 집단에는 4가지 **유사 유전자(pseudogene**, 원시 유전자의 중복으로 생겨난 잔존물로서 전사되지 않음)인 ψζ, ψα2, ψα1, ψθ 등이 포함되어 있다. **β-글로빈 유전자 집단(β-globin gene cluster**, 그림 28-6 아래쪽)은 60 kb 이상에 걸쳐 있으며, 배아형 ε 유전자, 태아형 유전자인 $^{G}\gamma$와 $^{A}\gamma$(이 두 유전자는 중복된 유전자로서 136번 아미노산이 각각 Gly과 Ala이다), 성인형 유전자인 δ와 β 등 기능이 있는 유전자를 포함하고 있다. β-글로빈 집단은 유사 유전자인 ψβ도 포함하고 있다. α와 β 유전자 집단은 모두 **반복 DNA 서열(repetitive DNA sequence)**을 포함하고 있다(아래 참조).

C 진핵세포의 유전체에는 반복 DNA 서열이 포함된다

대장균 유전체의 약 11%는 비전사 부위로 되어 있으며, 여기에는 각 유전자들 사이

자료 28-1 건강과 질병의 생화학 트라이뉴클레오타이드 반복 질환

적어도 14가지의 인간 질병은 특정 유전자에 있는 반복된 트라이뉴클레오타이드와 관련이 있다. 이러한 **트라이뉴클레오타이드 반복(trinucleotide repeats)**은 비정상적으로 유전적인 불안정성을 띠고 있다. 약 35~50의 사본수(100~150개 염기쌍)의 경계를 넘어서면, 반복 서열의 반복 횟수가 세대를 거듭함에 따라 증폭된다. 반복 서열의 길이와 해당 질병의 발병 연령이 관련이 있기 때문에 트라이뉴클레오타이드 암호 반복에 의한 질병을 갖고 있는 인간의 후손은 더 젊은 나이에 발병하고 증상도 더 심한 경향이 있다. 따라서 이러한 질병은 **유전적 예견(genetic anticipation)**이 가능한 질병이라고 말할 수 있다.

어떤 종류의 트라이뉴클레오타이드 반복 질병은 어떤 유전자의 비암호 부위, 예를 들면 전사 개시 부위의 상류 지역인 5′ 혹은 39 비암호 지역(untranslated region, UTR), 인트론(표 참조) 등에 있는 트라이뉴클레오타이드가 대량(보통 수백 개의 사본)으로 팽창됨으로써 발생한다. 이러한 팽창은 일반적으로 유전자 발현에 영향을 미친다. 예를 들면 **근긴장성 이영양증**(mytonic dystrophy) 증상의 정도, 진행성인 근육 약화와 소모성 등은 그 유전자의 5′ UTR에 CTG 반복의 수(가끔 >2000)와 상관이 있다.

트라이뉴클레오타이드 반복과 관련된 몇 가지 질환

질병	반복	반복 부위
연약 X 염색체 증후군	CGG	5′ UTR
근육긴장성 근육퇴행위축	CTG	상류영역, 3′ UTR
프리드라이히 운동실조증	GAA	인트론
척수구근 근위축증	CAG	엑손
헌팅턴병	CAG	엑손

연약 X 염색체 증후군(Fragile X syndrome)은 다운 증후군 다음으로 가장 흔한 정신 지체의 원인으로서, X 염색체의 긴 팔의 끝부분이 쉽게 끊어질 수 있는 가느다란 실처럼 생긴 부분에 의해 연결되어 있어 붙여진 이름이다. 많은 트라이뉴클레오타이드 반복 질병처럼 연약 X 염색체 증후군의 유전적 특징도 특이하다. 환자의 외조부는 증상이 없을 수 있으며, 그들의 딸(환자의 엄마, 이모)도 역시 무증상일 수 있으나, 이러한 딸들의 아이들은 성별에 관계없이 그 증후군을 가질 수 있다. 분명한 것은 연약 X 염색체 증후군은 여성을 통하여 활성화된다는 것이다.

연약 X 염색체 증후군에서 문제가 되는 유전자인 *FMR1*(fragile *X* mental retardation *1*에서 나온 유전자 이름임)은 632개의 잔기로 된 RNA 부착 단백질인 FMRP(*FMR* protein을 의미함)을 암호화하는데, 이 단백질은 어떤 mRNA들이 핵으로부터 세포질로 이동하는 데 관여한다. FMRP는 척추동물에서 매우 잘 보존된 단백질로서 뇌의 뉴런에서 많이 발현되는데, 뉴런에서 시냅스의 형성과 기능에 관여한다는 여러 가지 증거가 있다. 일반적인 집단에서 FMR1의 5′ 비번역 부위에는 $(CGG)_n$ 서열이 포함되어 있으며 n은 6~60 정도이다[이러한 유전자를 **다형성**(polymorphic)이 있다고 함). 그러나 연약 X 염색체 증후군이 있는 환자는 그 반복 횟수가 놀라울 정도로 팽창하여 200 이상에서부터 수천까지 늘어난다. 게다가 트라이뉴클레오타이드 반복 서열의 크기가 형제간에도 다르고, 가끔은 한 개인 안에서도 크기가 다른 것이 섞여 있는 이형성을 보이는데, 이것은 반복 횟수의 증가가 체세포에서 일어남을 의미하는 것이다.

트라이뉴클레오타이드 반복 질환 중 어떤 것은 어떤 유전자의 암호 부위에 CAG 반복(Gln을 암호화)이 어느 정도 팽창함으로써 발생한다. 예를 들면 정상인 개체에서 **헌팅틴(huntingtin)**은 기능이 알려져 있지 않은

에 존재하는 조절 부위와 복제의 기점과 종점을 나타내는 부위 등이 포함된다. 게다가 세균의 유전체에는 일반적으로 삽입 서열(25-6C절)과 박테리오파지의 유전체가 삽입된 흔적이 포함되어 있다.

원핵생물 유전체의 크기가 작은 것은 아마도 쓸모없는 DNA의 축적에 대한 선택적 압박을 가하였기 때문이다. 그러나 진핵생물의 유전체는 원핵생물의 유전체보다 훨씬 크기 때문에 그러한 선택적 힘이 작용하지 않는 것으로 보인다. 효모 유전체의 약 30%는 발현되지 않는 서열로 되어 있고, 더 고등한 진핵생물로 가면 그 비율은 더욱 커진다. 이러한 비발현 DNA 부위의 대부분은 일부 식물과 양서류에서 나타나는 비교적 큰 유전체에서 특이하게 분포하고 있는 반복 서열로 구성되어 있다. 일부 반복 DNA는 유사 분열 시 방추사가 부착하는 진핵세포 염색체의 **동원체(centromere)**를 구성하는 구조적인 역할을 한다. 이러한 반복 서열들은 상동 염색체의 짝짓기와 재조합을 도와주기 위한 것일 수도 있다. 말단 소체 역시 반복 DNA 서열로 되어 있다(25-3C절). 신경학적 질환이 다양하게 나타나는 것은 삼뉴클레오타이드 서열이 과다하게 반복됨으로써 발생한 결과이다(자료 28-1 참조).

고반복 서열은 동열한 서열이 연달아 수없이 많이 반복되어 있다. 고반복 서열은 10 bp 정도의 길이를 가진 서열이 거의 동일하게 반수체 유전체당 약 10^6 이상의 사본수가 포

3150개 잔기를 가진 다형성 단백질로, N 말단으로 17번째 잔기에서부터 시작되어 11~34번 정도 연속된 Gln 잔기의 배열이 포함되어 있다. 그러나 **헌팅턴병(huntington's disease, HD)**에서는 poly(Gln)이 37 내지 86번 반복되어 있다. 합성 poly(Gln)은 주사슬과 곁사슬의 아마이드기가 관여한 수소 결합에 의해 β 병풍 구조 형태로 뭉쳐지게 된다.

상염색체성 우성 유전인 HD 환자는 15~20년 동안 춤추는 듯한 움직임과 인지 능력의 쇠퇴, 정서 불안 등을 겪으며 결국 죽음에 이르게 된다. 이 지독한 병은 주로 40대 전후에 발병하며, 트라이뉴클레오타이드 반복의 반복 횟수가 많은 인간에게 더 일찍 발병한다. HD의 가장 뚜렷한 특징은 알츠하이머와 같은 퇴행성 신경 질환과 마찬가지로 불용성 단백질 응집물이 신경 세포의 세포질에 침착되는 것이다(6-5C절). 이러한 세포질 내 응집물(HD의 경우 헌팅틴 혹은 그 단백질 분해 산물일 것임)이 나타나는 것이 신경 증상의 발병과 일치한다는 것은 바로 단백질 응집물이 신경 사멸을 초래하고 그에 따른 증상을 일으킨다는 것을 의미한다. HD의 증상이 보이기 이전에 오랜 기간의 잠복기가 있는 이유는 응집물 형성에 필요한 응집핵 형성에 소요되는 시간이 길기 때문인 것으로 여겨지고 있으며, 이것은 우리가 이미 본 바와 같이 마치 아밀로이드 섬유소 형성에서 일어나는 것과 유사하다(6-5C절).

트라이뉴클레오타이드 반복 서열의 증폭 발생 메커니즘은 잘 알려져 있지 않다. DNA 복제 시에 DNA 중합 효소의 미끄러짐 현상에 의해 발생한다는 이론이 있지만, 이 이론은 분열하지 않는 신경세포와 같은 세포에서도 시간이 지남에 따라 트라이뉴클레오타이드 반복 서열이 점차 증가하는 현상을 설명하지는 못한다. DNA 복제와는 무관하게 진행되는 DNA 수선 과정 동안에 뉴클레오타이드가 추가적으로 첨가되어 발생할 가능성도 있다. 즉 트라이뉴클레오타이드 반복 서열 내에서 머리핀 모양이 형성되고 이러한 가닥 내 염기쌍 구조 형성에 의해 DNA 가닥의 정렬에 오류가 발생하고 궁극적으로 뉴클레오타이드가 첨가되는 결과를 초래하게 될 수도 있다.

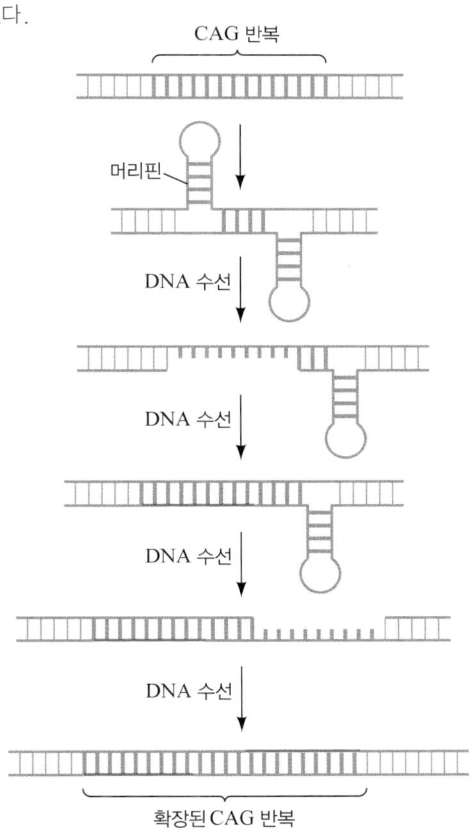

표 28-2 인간 유전체에서 중반복 서열

반복 유형	길이 (bp)	사본 수 (×1000)	유전체(%)
LINE	6000~8000	868	20.4
SINE	100~300	1558	13.1
LTR 레트로트랜스포존	1500~11,000	443	8.3
DNA 트랜스포존	80~3000	294	2.8
계			44.8

출처: International Human Genome Sequencing Consortium, Nature 409, 860 (2001).

함되어 있다. 인간의 유전체의 약 3%는 **고반복 DNA 서열[highly repetitive DNA sequence, 짧은 직렬 반복(short tandom repeat, STR)**으로도 알려짐]이며, 그중에서 다이뉴클레오타이드 반복이 가장 많으며(0.5%), 주로 CA와 TA가 가장 많다. STRs은 DNA 복제 시에 주형의 미끄러짐에 의해 발생하는 것으로 보이며, 이러한 현상은 반복 단위가 짧을수록 더 자주 발생하며, 그로 인하여 인간 집단에서 더 많은 빈도로 길이 다형성(length polymorphism)이 발생하게 된다. 주어진 STR 좌위에서 반복된 수가 개인별로 다양하게 나타나기 때문에, STR은 DNA 지문 분석에 사용된다(자료 3-2). **부분 복제(segmental duplication)**는 유전체 내에서 적어도 2부분 이상 존재하는 1~200 kb 길이의 DNA이다.

중반복 서열은 트랜스포존으로부터 발생한다. 중반복 DNA(반수체 유전체당 10^6 사본 이하)는 100 내지 수천 염기쌍으로 되어 있으며, 유일한 서열로 된 DNA 사이에 흩어져 있다. 반복 서열의 대부분은 레트로트랜스포존(retrotransposon; RNA의 합성 중간에 전파되는 트랜스포존, 25-6C절)의 잔유물들이다. 인간 유전체의 약 42%가 3가지 형태의 RNA 유래 트랜스포존으로 되어 있다(표 28-2, 그림 28-8).

1. **긴 고반복 염기 서열(long interspersed nuclear element, LINE)**은 6~8 kb의 길이로 되어 있다. 이러한 반복 서열의 대부분은 전사 불활성화가 되어 있는 축적된 돌연변이들이지만, 일부는 아직도 더 이동 능력을 갖고 있는 것도 나타난다. 몇몇의 유전병들은 유전자에 이러한 LINE의 삽입으로 인해 발생하고 있다.
2. **짧은 고반복 염기 서열(short interspersed nuclear element, SINE)**은 100~400개 염기쌍으로 되어 있다. 인간 유전체에서 가장 일반적인 SINEs은 ***Alu*족(*Alu* family)**의 구성원들로서, 300개 염기쌍으로 되어 있는 서열에 제한 효소 AluI의 인식 부위(AGCT, 표 3-2)가 있기 때문에 붙여진 이름이다. 글로빈 유전자에

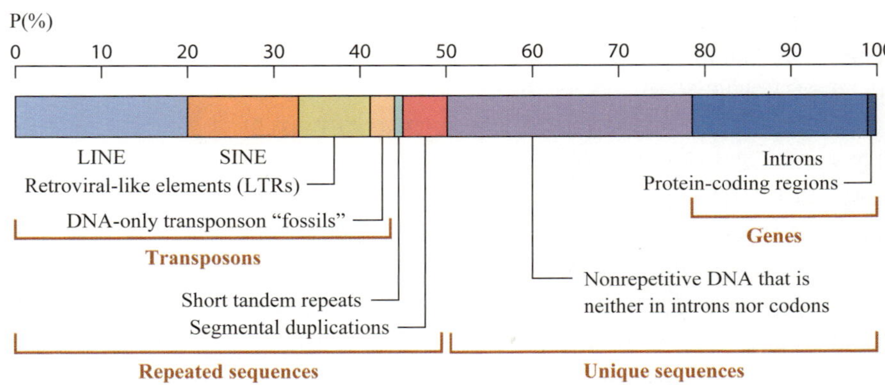

그림 28-8 인간 유전체의 뉴클레오타이드 서열 분포량 [After Alberts, B., Johnson,A., Lewis, J., Morgan, D., Raff, M., Roberts,K. and Walter, P., *Molecular Biology of the Cell*(6th ed.), p. 218, Garland Science (2015).]

는 몇 개의 Alu 요소가 포함되어 있다(그림 28-6).

3. 긴 말단 반복 서열(long terminal repeat)을 갖고 있는 RNA 유래 트랜스포존

여기에 추가적으로 인간 유전체는 세균의 트랜스포존과 유사한 DNA 트랜스포존을 포함하고 있다. 전체적으로 인간 유전체의 45%가 널리 분포되어 있고 대부분 불활성화된 트랜스포존으로 되어 있다.

중반복 DNA(moderately repetitive DNA)는 명확한 기능이 없는 것으로 알려져 있어 **이기적(selfish)** 혹은 **쓰레기(junk)** DNA라고 하기도 한다. 이러한 DNA는 수많은 세대 동안 전이에 의해 자기 자신을 증식해 왔으므로 분자적 기생자로 여겨진다. 자연 도태 이론에 따르면 이기적 DNA는 그 자체로는 무해하지만, 복제에 필요한 대사과정이 추가적인 부담이 됨으로써 결국 이 DNA는 제거될 것으로 추정된다. 그러나 천천히 성장하는 진핵세포의 경우, 10억 개 이상의 염기쌍으로 된 유전체에서 추가되는 이기적 DNA의 100개의 염기쌍으로 인한 불이익은 매우 작게 나타나는데, 이는 이기적 DNA의 제거 속도와 복제 속도가 거의 비슷하게 균형을 이루기 때문이다. **비발현 서열은 선택적 압박에 거의 영향을 받지 않기 때문에 발현 서열보다 더 많은 돌연변이가 축적하게 된다.**

DNA 다형성(polymorphism)은 혈통을 확립할 수 있다. 선택적 압박이 적은 비발현 서열은 발현 서열보다 더 빠르게 진화하는데, 비발현 서열은 한 종 안에 포함되어 있

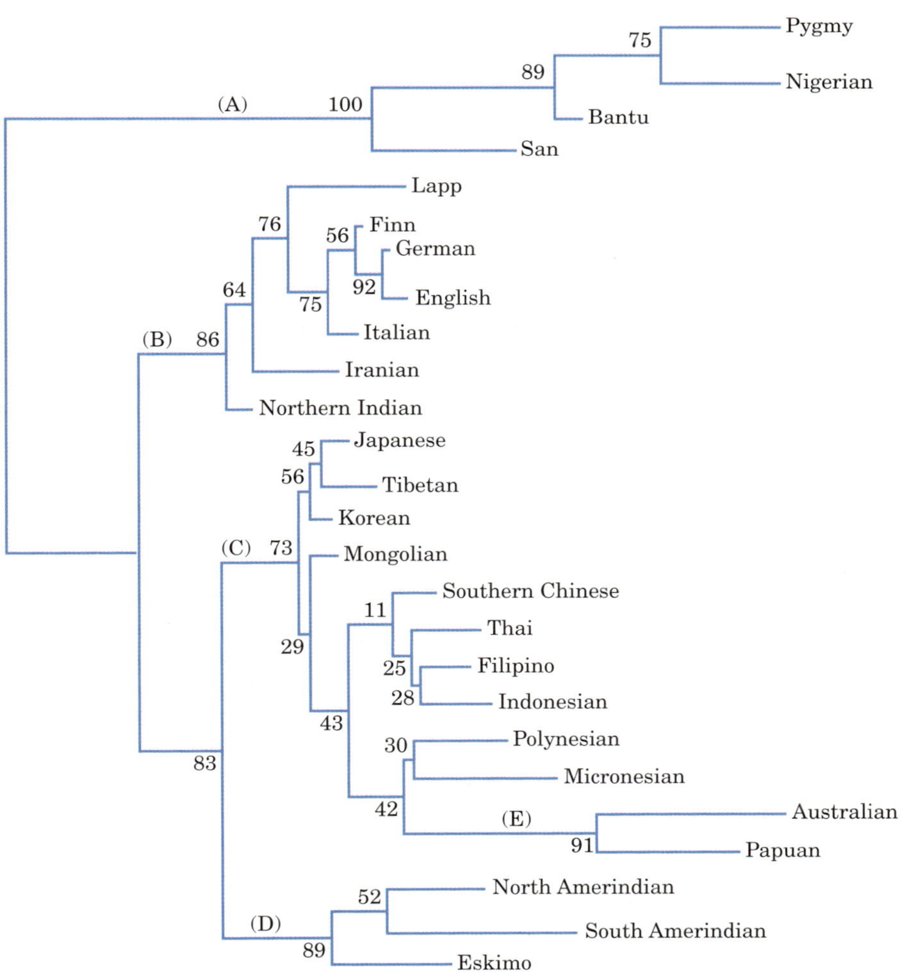

그림 28-9 **계통수는 26개 전형적인 인간 개체군 간의 혈통 연결을 표시하고 있다.** 계통수는 29개의 좌위에 위치한 염기 서열을 기초로 하였다. 인간의 개체군은 (A) 아프리카(African) 집단, (B) 카우카시안(Caucasian) 집단, (C) 대아시안(Greater Asian) 집단, (D) 아메리인디안(Amerindian) 집단, (E) 오스트랄로파푸안(Austraalopapuan) 집단으로 나뉜다. 각 가지 옆에 표시한 숫자는 연결된 각 개체군 간의 상관 길이를 의미하고, 개체군의 상호 간 유전적인 거리를 위미하기도 하고 상호 개체군이 나뉜 시간을 의미하기도 한다.[Based on a drawing by Masatoshi Nei, Pennsylvania State University.]

? A와 B 혹은 C와 D 중 좀 더 유사한 집단은 무엇인가?

체크 포인트

- 서로 다른 생명체들에서 유전체 크기와 유전자 수의 관계는 무엇인가?
- 인간이 무척추동물보다 단지 조금 더 많은 유전자를 갖게 해주는 요인은 무엇인가?
- 유전체 질병 연관성 연구를 수행하는 목적과 SNP를 분류하는 목적은 무엇인가?
- 유전자 집단의 기원과 기능은 무엇인가?
- 인간의 유전체에서 유전체의 크기, 반복적 DNA, 전사된 DNA, 단백질 암호화 엑손 사이의 관계를 요약하시오.
- 인간 유전체에서 반복 DNA의 출처는 무엇인가?

는 다형성(변이) 서열의 수를 확실하게 축적한다. 결과적으로 한 종 안에서 개체 간의 진화적 혈통 관계는 그들 간에서 분포되어 있는 다형의 DNA 서열 계통을 어떻게 결정하는 것에 따라 정립할 수 있게 된다. 예를 들면 마사토시 네이(Masatoshi Nei)는 29개의 다형성 좌위에 있는 유전자 서열의 변이를 토대로 전 세계에 분포하고 있는 26개의 전형적인 인간의 혈통을 추론하였다. 이러한 결과로 그려진 계통수(**그림 28-9**)는 아프리카 집단이 아닌(즉 유라시아인) 개체들은 아프리카 집단보다 서로 가깝다는 것으로 해석할 수 있다. 화석에 따르면 현대인이 적어도 20만 년 전에 아프리카에서 생겨나 아프리카 대륙 전역에 퍼진 것으로 보인다. 그러므로 이 계통수는 모든 유라시아 집단들이 적어도 10만 년 전에 아프리카를 떠난 창시자 집단(아마도 수백 명)으로부터 유래되었음을 의미한다. β-글로빈 유전자(7-1E절)의 낫 적혈구(sickle cell) 변이는 지리학적으로 아프리카와는 별개의 지역에서 적어도 세 지역으로 분리된 것으로 봐서 앞서 언급한 것과 유사한 분석을 보여 주고 있다.

2 원핵세포의 유전자 발현 조절

주요 개념

- *lac* 억제 인자는 *lac* 오페론의 전사를 방해하거나 허용한다.
- cAMP은 이화 생성물 억제 오페론의 전사를 자극한다.
- 전사 약화(attenuation)는 오페론 발현의 아미노산 이용과 관련되어 있다.
- 리보 스위치는 유전자 발현을 조절하기 위하여 구조를 변화시킨다.

완전한 유전체 서열은 한 생명체의 대사 능력을 보여 주지만, **유전자의 염기 서열만으로는 그 유전자 발현 산물이 언제 혹은 어디에서 합성되는지 반드시 보여 주지는 않는다.** 유전자 서열로부터 완전한 기능을 갖는 유전자 산물을 만들어 내는 과정에는 많은 조절 단계가 있으나, **원핵세포에서는 유전자 발현이 주로 전사 수준에서 조절된다.** 이것은 아마도 원핵 mRNA의 수명이 몇 분에 불과하여 번역 과정의 조절이 불필요하기 때문일 것이다. 이 절에서는 원핵세포에서 잘 연구된 유전자 조절의 예를 공부하고자 한다. 다음 절에서는 어떻게 진핵 세포에서 유전자 발현이 조절되는지를 공부할 것이다.

A *lac* 오페론은 억제 인자에 의해 발현이 조절된다

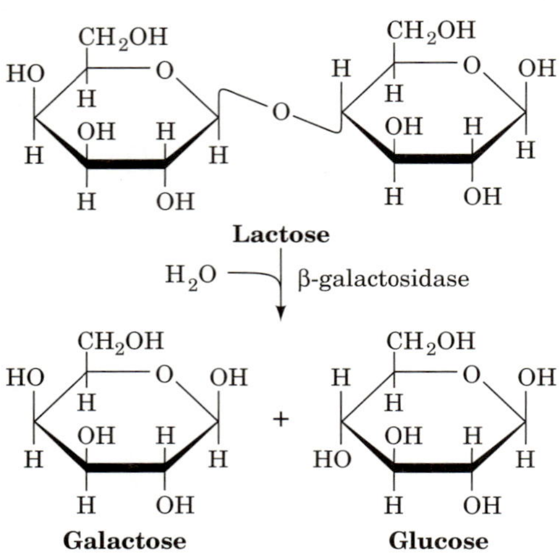

세균은 주어진 주위 환경에 있는 어떤 영양물질을 대사할 수 있는 효소를 생산함으로써 환경에 적응한다. 예를 들면 젖당이 없는 상태에서 자란 대장균 세포는 이당류를 대사할 수 없다. 젖당을 대사하기 위해서는 두 가지 단백질이 필요하다. 젖당을 분해하여 그 구성 성분인 단당류로 분해하는 **β-갈락토스 가수 분해 효소(β-galactosidase)**와, 젖당을 세포 내로 수송하는 **갈락토사이드 투과 효소(galactoside permease)**[**젖당 투과 효소(lactose permease)**라고도 알려져 있음]이다. 젖당이 없는 상태에서 자란 세포에는 이 두 가지 단백질 분자가 몇 개만 있다. 그러나 배지 속에 젖당을 첨가한 후 몇 분이 지나면 세포가 이 두 가지 단백질을 합성하는 속도가 1,000배까지 증가하게 되며, 그 상태는 젖당이 완전히 고갈될 때까지 유지된다. **세균은 대사하고자 하는 물질이 존재할 때만 그 대사에 필요한 단백질을 합성할 수 있고, 불필요한 효소를 만들지 않음으로써 환경에 잘 적응할 수 있다.**

젖당 혹은 대사산물 중 하나가 위에서 언급한 단백질들을 합성하도록 자극하는 **유도 물질(inducer)**로 작용해야 한다. 젖당 시스템의 생리적인 유도 물질은 젖당의 이성질체인 **1,6-알로락토스(l,6-allolactose)**인데,

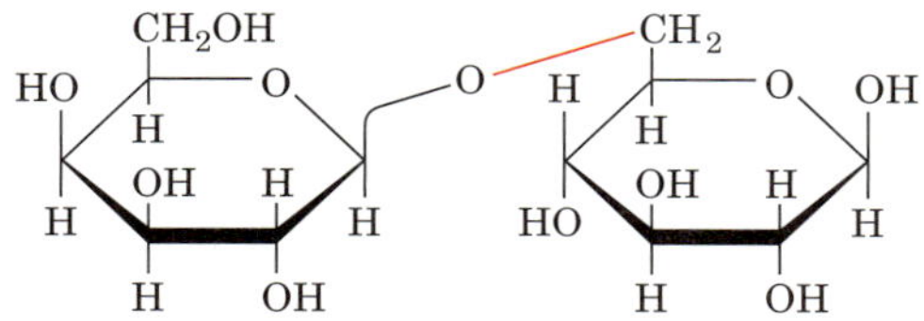

1,6-Allolactose

이것은 β-갈락토스 가수 분해 효소에 의해 젖당의 갈락토스와 글루코스의 당화 결합이 변경되어 때때로 생성된다. 젖당 대사의 생체 외 연구의 대부분은 **아이소프로필싸이오갈락토사이드(isopropylthiogalactoside, IPTG)**를 사용하는데, IPTG는 알로락토스와 구조적으로 유사하지만 갈락토스 가수 분해 효소에 의해 분해되지 않는 유도물질이다. 자연적 유도 물질이건, 인공적 유도 물질이건 간에 모두 **싸이오갈락토사이드 아세틸기 교환 효소(thiogalactoside transacetylase)**의 합성도 촉진하지만 이 단백질의 생리적인 기능은 아직 알려져 있지 않다.

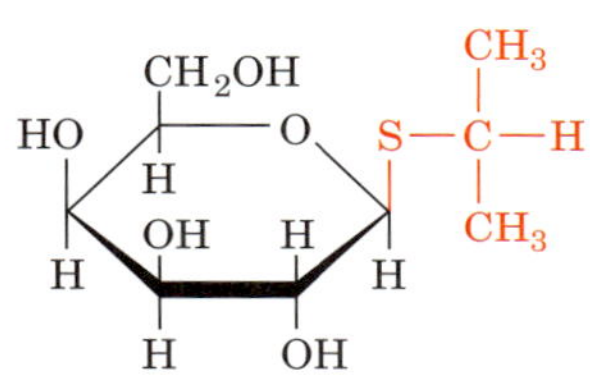

Isopropylthiogalactoside (IPTG)

β-갈락토스 가수 분해 효소, 갈락토사이드 투과 효소, 싸이오갈락토사이드 아세틸기 교환 효소의 유전자들은 각각 *Z*, *Y*, *A*로 표기하며 *lac* 오페론에서 연속적으로 배열되어 있다(그림 26-5). 이들 세 가지 구조 유전자 모두가 하나의 mRNA로 합성되고 번역된다. 그 주위에 있는 유전자 *I*는 세 가지 *lac* 구조 단백질 유전자의 발현을 억제하는 **lac 억제 인자(lac repressor)**를 만드는 유전자이다.

***lac* 억제 인자는 작동 부위 서열을 인식한다.** *lac* 억제 인자의 표적은 *lac* 오페론에 있는 **작동 부위(operator)**라고 알려진 지역으로 β-갈락토스 가수 분해 효소 유전자의 시작 부분 가까이에 위치하고 있다. **유도 물질이 없는 상태에서는 *lac* 억제 인자는 작동 부위에 부착하여 mRNA 전사를 방해한다(그림 28-10*a*). 유도 물질이 *lac* 억제 인자에 부착하면 *lac* 억제 인자는 작동 부위에서 떨어지게 되고 그로 인하여 전사가 시작되어 번역을 통해 효소들의 합성이 가능해진다(그림 28-10*b*).**

lac 오페론에는 *lac* 억제 인자가 높은 친화력으로 결합하는 작동 부위 서열이 실제적으로 포함되어 있으며, 이들은 O_1, O_2, O_3로 알려져 있다. 이 중에서 O_1이 주요 억제 인자의 결합 부위이며, 이 부위에 *lac* 억제 인자가 결합함으로써 핵산 가수 분해 효소의 절단으로부터 보호되는 것으로 확인되었다. 이러한 보호된 26개 염기쌍 서열은 35개 염기쌍으로 된 대칭 구조의 서열 내부에 위치하고 있다(**그림 28-11**). O_1은 *lacZ* 유전자의 전사 개시 부위와 겹쳐 있다. O_2는 전사 개시 부위로부터 하류 쪽(downstream)으로 401개 염기쌍 위치에 있으며, *lacZ* 유전자의 내부에 포함된다. O_3는 O_1으로부터 상류 쪽(upstream)으로 93개의 염기쌍에 위치하고 있으며, 이 부분은 *lacI* 유전자의 끝부분에 해당한다. 유전 공학적으로 연구한 결과에 의하면 생체

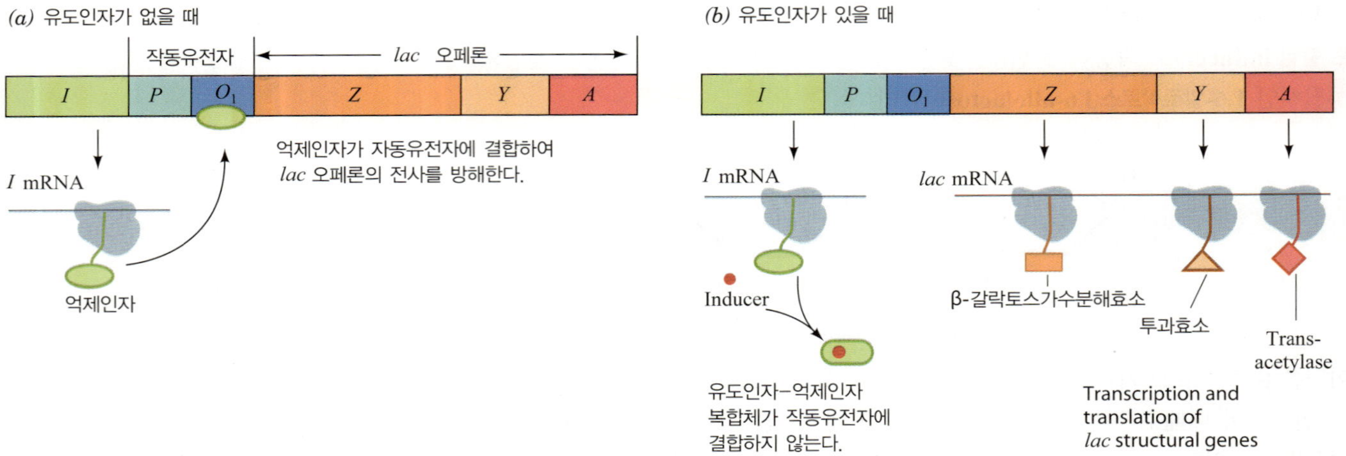

그림 28-10 *lac* **오페론의 발현** (*a*) 유도 물질이 없을 때, 억제 인자(*I* 유전자의 산물)는 작동 부위(O_1)에 결합하여 촉진제(*P*)로부터 *lac* 오페론의 전사를 방해한다. (*b*) 유도 물질의 결합으로 억제 인자가 작동 유전자로부터 분리되어 *lac* 구조 유전자들(각각 β-갈락토스 가수 분해효소, 젖당 투과 효소, 싸이오갈락토사이드 아세틸기 교환 효소를 암호화하는 *Z*, *Y*, *A*)의 전사와 그에 연이은 번역이 일어나게 한다.

? *I*, *P*, *O*, *Z* 혹은 *Y*에서 일어나는 돌연변이의 효과를 예측하라.

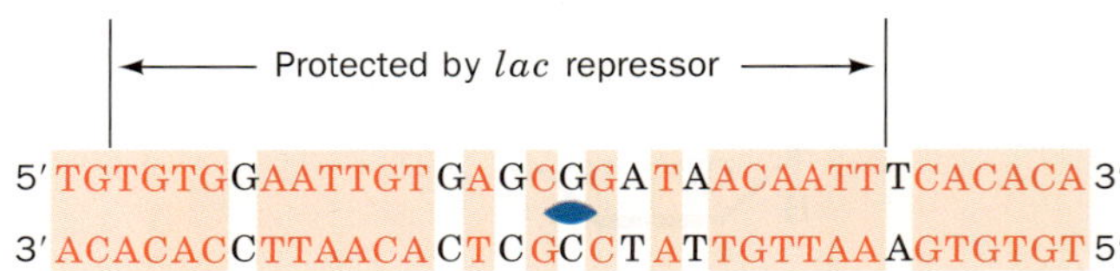

그림 28-11 *lac* **작동 부위** O_1**의 염기 서열** 염기 서열은 35개의 염기쌍 중 적색으로 표시한 대칭을 이루고 있는 지역의 28개 염기쌍이다.

내에서 최대한의 억제 효과를 발휘하기 위해서는 이 세 가지 작동부위 모두가 필요한 것으로 나타났다.

lac 억제 인자가 *lac* 작동 부위에 부착하는 속도 상수는 $k \approx 10^{10}\ M^{-1} \cdot s^{-1}$로 관찰된다. 이 속도는 용액 속에서 확산 조절에 의해 부착할 경우에 계산된 값보다 훨씬 빠르다. *lac* 억제 인자의 크기에 해당하는 분자들의 경우는 $k \approx 10^7\ M^{-1} \cdot s^{-1}$이다. 반응 속도는 확산 조절에 의한 속도보다 더 빠를 수 없기 때문에 *lac* 억제 인자는 용액 속에서 무작위적이고 3차원적 탐색으로 작동 부위에 부착하는 것이 아니다. 오히려 **lac 억제 인자가 DNA에 비특이적으로 결합한 다음 DNA를 따라 더 효과적이고 1차원적인 탐색으로 미끄러지면서 작동 부위를 발견하는 것으로 보인다.**

lac **억제 인자는 동시에 두 DNA 부위와 결합한다.** 1966년에 밀러-힐(Beno Müller-Hill)과 길버트(Walter Gilbert)에 의해 *lac* 억제 인자가 분리되었는데, 이 과정은 야생형 대장균에서 억제 인자가 전체 단백질의 0.002%에 불과하였기 때문에 매우 어려운 일이었다. 그 후에 유전자 클로닝 기술(3-5절)의 개발로 대량의 *lac* 억제 인자 생산이 가능해졌다. 그럼에도 불구하고 1996년이 되어서야 루(Ponzy Lu)와 루이스(Mitchell Lewis)가 이 단백질의 3차 구조를 밝혀냈다. *lac* 억제 인자는 각각 기능적 단위로 나누어진 360개의 아미노산 잔기로 구성된 소단위체 4개가 동종 사합체(homotetramer)로 구성되어 있다(**그림 28-12*a***).

1. N 말단 '머리 부분'은 다른 원핵생물의 DNA 결합 단백질들에도 있는 것과 유

그림 28-12 대장균 *lac* 억제 인자의 X선 입체 구조 (*a*) *lac* 억제 인자 단량체의 띠 형식 도식. 나선-회전-나선 모티프가 포함된 DNA 결합 부위는 붉은색, 경첩 나선은 노란색, 유도 물질-결합 중심부는 청색과 진청색, 사합체화 나선은 보라색으로 되어 있다. (*b*) *lac* 억제인자 사합체는 DNA의 두 개의 21 염기쌍 조각에 의해 연결된다. 단백질 소단위체는 노란색, 청록색, 초록색과 주황색의 띠 형식으로 나타냈고, 공간-채움 형식으로 나타낸 DNA 조각은 탄소는 흰색, 질소는 청색, 산소는 붉은색, 인은 주황색으로 되어 있다.

(*a*)

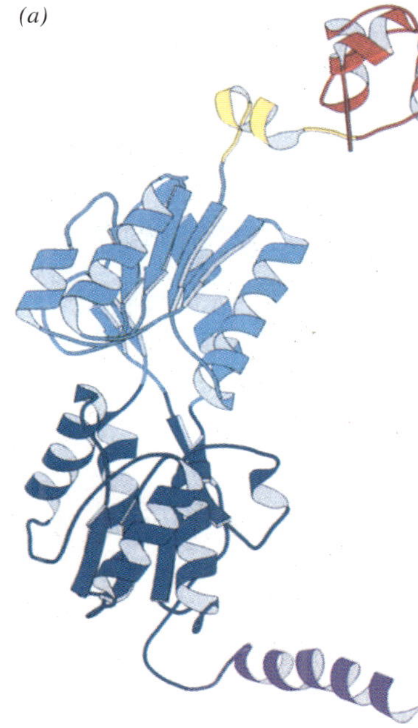

사한 나선-회전-나선[helix-turn-helix(HTH)] 모티프를 포함하고 있으며(24-4B절), 작동 부위의 DNA 서열에 특이적으로 결합한다.

2. 연결 부위는 경첩 부분으로 DNA에 결합하는 짧은 α 나선이 포함되어 있다. DNA가 없는 상태에서는 *lac* 억제 인자 사합체의 경첩 나선은 무질서하며, '머리 부분'이 자유롭게 움직이게 된다.
3. 두 개의 지역으로 된 핵심 부위가 있으며, IPTG와 같은 유도 물질이 결합한다.
4. *lac* 억제 인자의 4차 구조 형성에 필요한 C 말단의 α 나선 부위가 있다. 사합체에서 4개의 C 말단 나선 모두가 서로 결합되어 있다. 놀랍게도, 이러한 동종 사합체의 억제 인자는 이미 구조가 알려져 있는 동종 사합체 단백질들의 거의 대부분이 갖고 있는 D_2 대칭(3개의 서로 직각을 이루는 2겹 대칭축을 갖고 있음, 6-3절)을 갖고 있지 않고 대신 V형(2겹 대칭을 갖고 있다)을 하고 있으며, 따라서 두 개의 이합체로 된 구조를 하고 있다(**그림 28-12*b***).

(*b*)

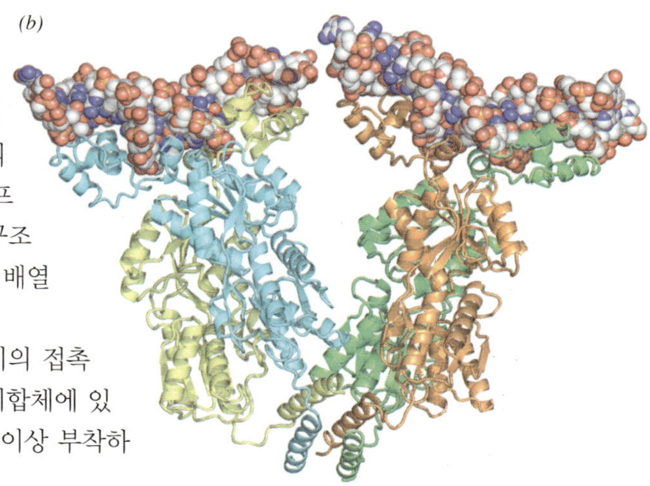

lac 억제 인자와 이 억제 인자에 높은 친화력으로 결합하는 서열을 포함하는 21개의 염기쌍으로 된 합성 DNA가 결합된 복합체의 입체 구조를 X선으로 분석한 결과, 각 사합체 억제 인자는 DNA의 두 지역에 결합하게 된다(그림 28-12*b*). 억제 인자의 HTH 모티프는 반경이 60 Å로 된 굽은 DNA의 큰 홈에 비교적 잘 들어맞는 구조이다. 이렇게 결합하는 두 개의 DNA 부분은 25 Å 떨어져 나란히 배열하게 된다.

IPTG는 그림 28-12*a*에서 연청색과 진청색으로 된 두 영역 사이의 접촉면에 있는 억제 인자의 핵심 부위에 결합한다. 이러한 결합은 각 이합체에 있는 두 개의 DNA 결합 영역이 3.5 Å 떨어지도록 하여 DNA에 더 이상 부착하지 못하게 함으로써 DNA로부터 억제 인자가 분리되도록 한다.

lac 억제 인자는 알로스테릭성(allosteric) 단백질이다. 하나의 소단위체에 IPTG가 결합하게 되면 인접한 짝을 이루고 있는 이합체의 소단위체(억제 인자 사합체에서 다른 이합체가 아님)의 DNA 결합 능력에 영향을 주게 된다. 이러한 알로스테릭성 전이는 이합체 내에서 일어남에도 불구하고, 억제 인자가 완전한 억제 기능을 발휘하는데, 왜 사합체가 필요한가? 이러한 수수께끼는 모형 구축에 의해 그럴 듯한 해답을 구할 수 있다. ***lac* 억제 인자 사합체는 동시에 두 개의 작동 부위에 부착하여 이 두 개의 작동 부위를 가까이 오게 함으로써 억제 인자가 O_1과 O_3 혹은 O_1과 O_2에 결합하느냐에 따라 93개 혹은 401개 염기쌍 길이의 고리 구조를 형성한다.** 이러한 고리 구조가 안정화되기 위해서는 다른 단백질들이 추가적으로 필요한데, **CAP**(아랫부분 참고)이 후보 단백질 중의 하나이며, 이 단백질은 O_1과 O_3 사이에 결합한다(**그림 28-13**). 그림 28-13의 모형에서 *lac* 촉진제는 고리 DNA의 일부에 해당한다.

오랫동안 과학자들은 *lac* 억제 인자가 RNA 중합 효소(RNAP)가 *lac* 촉진제에 부착하는 것을 물리적으로 단순히 방해한다고 추정해 왔다. 그러나 실험적 증거에 의하면 억제 인자가 결합한 상태에서도 RNAP가 촉진제에 결합할 수 있다. 하지만 전사 개시를 적절하게 수행하지는 못하는 것으로 나타났다. 유도 물질에 의해 억제 인자가 분리되면 전사가 방해받지 않고 재개될 것이다. RNAP가 이미 *lac* 촉진제에 결합되어 있다면 전사는 즉시 시작될 수 있을 것이다. 그럼에도 불구하고, 그림 28-13의 모형에서는 RNAP가 부착하는 표면은 DNA 고리의 내부여서 RNAP의 결합을 배제할 것으로 보인다. 이러한 상반된 모순점을 해결하기 위해서는 더 많은 연구가 필요할 것이다.

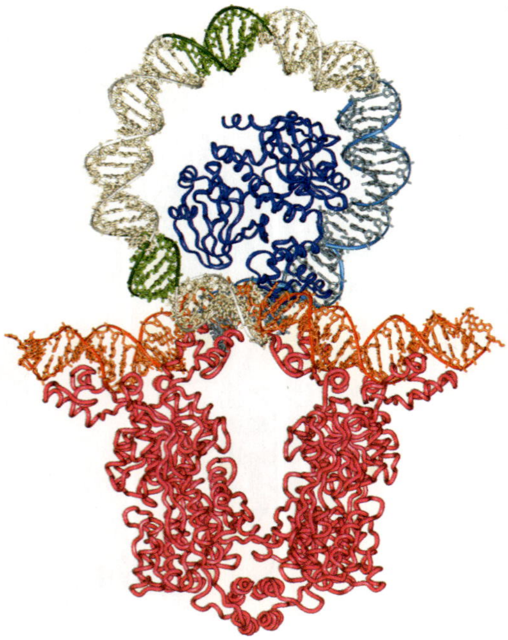

그림 28-13 *lac* **억제 인자 사합체가** O_1**과** O_3**에 결합하였을 때 형성되는 93개 염기쌍 고리의 모형** 단백질은 C_α 골격에 의해 표시되었고, DNA는 당-인산 골격을 나선형 띠 모형으로 그린 골격 구조로 나타내었다. 이 모델은 두 개의 21염기쌍 DNA 조각(주황색)과 복합체를 형성한 *lac* 억제 인자(붉은색)와 30개 염기쌍의 표적 DNA(청록색)와 복합체를 형성한 CAP(보라색)의 X선 구조를 토대로 하여 만들어졌다. DNA 고리의 나머지는 초록색으로 강조한 lac 촉진제의 −10과 −35 지역을 갖고 있는 B-DNA(흰색)에 완만한 곡선을 적용하여 만들었다. [Courtesy of Ponzy Lu and Mitchell Lewis with coordinates generated by Benjamin Wieder, University of Pennsylvania]

? RNA 중합 효소는 어디에 결합하는가?

B 이화 생성물 억제 오페론은 활성화될 수 있다

글루코스는 대장균이 선호하는 대사 연료이다. 적당한 양의 글루코스가 있을 경우에는 젖당, 아라비노스(arabinose), 갈락토스 등과 같은 다른 분해 대사물이 높은 농도로 있을지라도 이들의 발효에 필요한 단백질들의 유전자 발현은 억제된다. **이화 생성물 억제(catabolite repression)**라고 알려져 있는 이러한 현상은 에너지를 생산하는 효소계의 중복 생산으로 인한 낭비를 피하기 위한 것이다. 이화 생성물 억제는 글루코스가 없을 때는 cAMP 의존적 메커니즘에 의해 해제된다. cAMP 수준은 글루코스가 있을 때는 낮지만, 글루코스가 떨어지면 올라간다.

CAP-cAMP 복합체는 이화 생성물 억제 오페론의 전사를 촉진한다. 글루코스가 없는 상태에서도 이화 생성물 억제가 해제되지 않는 대장균 돌연변이체들 중 어떤 것들은 **이화 생성물 유전자 활성 인자 단백질(catabolite gene activator protein, CAP)** 혹은 **cAMP 수용체 단백질(cAMP receptor protein, CRP)**이라고 하는 cAMP 결합 단백질이 결손되어 있다. CAP는 210개의 잔기로 되어 있는 동일한 두 개의 단백질로 구성된 이합체로서 cAMP가 결합하면 커다란 구조적 변화를 거치게 된다. CAP 단독으로서가 아니라, CAP−cAMP 복합체는 *lac* 오페론(다른 오페론에서도 적용될 수 있음)의 촉진제 부위에 결합하여 억제 인자가 없는 상태에서 전사를 촉진한다. 그러므로 CAP는 **양성 조절자(positive regulator)**이지만(전사를 일으킴), *lac* 억제 인자는 **음성 조절자(negative regidator)**이다(전사를 억제함).

CAP 결합 부위와 유사한 서열을 갖고 있는 30개 염기쌍의 DNA 조각과 결합된 CAP−cAMP 복합체의 X선 구조에 의하면, CAP 이합체가 두 개의 HTH 모티프를 이용하여 DNA의 큰 홈에 인접한 선회부에 결합하여 단백질 주위로 DNA가 90° 구부러지는 것으로 나타난다(**그림 28-14*a***). 이러한 구부러짐은 복합체의 2중 대칭축의 양쪽 방향으로 5번째 염기와 6번째 염기 사이가 두 번의 45° 구부러짐으로써 발생되었으며, DNA에서 각각의 구부러진 부위에서 큰 홈이 닫히게 되고, 작은 홈은 대단히 넓어지는 결과를 초래한다.

표적 오페론에서 전사를 촉진하기 위해서 CAP−cAMP 복합체가 필요한 이유는 무엇인가? 또한 어떻게 이런 일들을 할까? *lac* 오페론은 약한(효율이 낮은) 촉진제, 즉 −10과 −35 서열(TATGTT와 TTTACA; 그림 26-6)을 갖고 있는데, 이는 유사한 공통 염기 서열인 강한(효율이 높은) 촉진제(TATAAT와 TTGACA, 그림 26-6)와 구별된다. 약한 촉진제에서 전사가 시작되기 위해서는 효과적인 도움이 꼭 필요하다.

에브라이트(Richard Ebright)는 CAP가 85개 잔기의 α 소단위체(αCTD)의 C 말단을 통해 RNAP와 직접 상호작용을 하여 RNAP가 촉진제 근방에서 전사를 시작할 수 있도록 촉진하는 것을 밝혀냈다. α 소단위체의 잔기와 유연하게 연결되어 있는 αCTD는 dsDNA와 비특이적으로 결합하지만 A + T가 풍부한 지점에서 높은 친

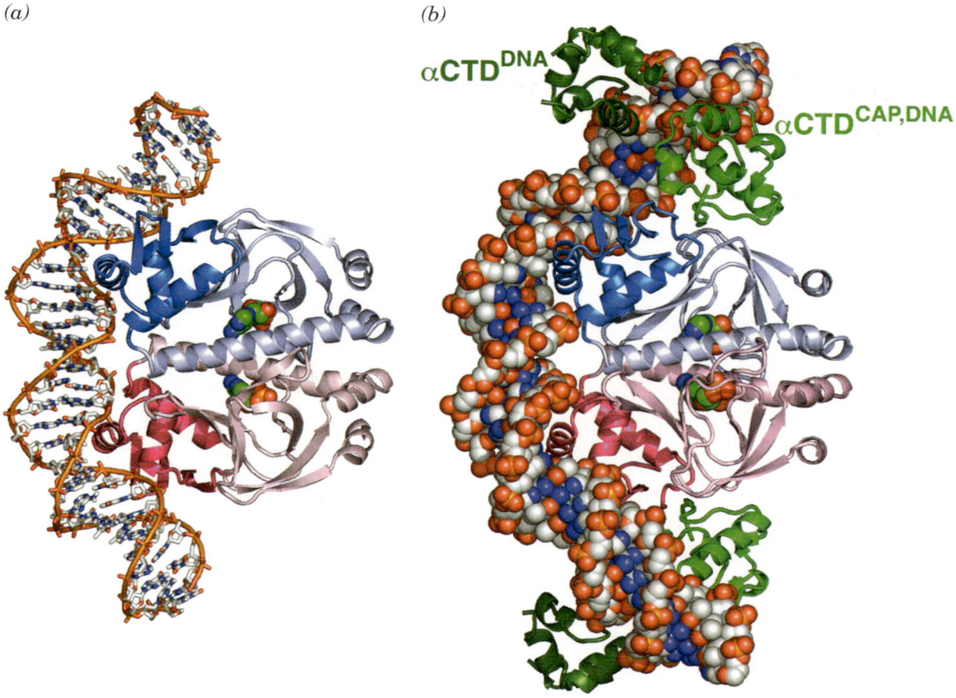

그림 28-14 CAP-cAMP-dsDNA 복합체의 X선 구조 그림에서 보는 이중 대칭성 복합체에서 dsDNA와 cAMP는 원자의 종류에 따라 색상을 다르게 표시하였으며, DNA의 C는 흰색, cAMP의 C는 초록색, N은 파란색, O는 빨간색, P는 주황색으로 표시하였다. (*a*) 복합체에서 CAP–cAMP는 2중 대칭 수평축을 갖고 있는 것으로 보여지는 회문 구조의 30개 염기쌍으로 된 자가 상보적 DNA와 결합되어 있다. 단백질은 리본 형태로 그려져 있으며, 동일한 소단위체는 분홍색으로 표시하였고, C 말단 부위는 어둡게 그늘지게 표시하였다. DNA는 주황색 막대 모양으로 연결된 동일한 가닥에서 연속되는 P 원자들로 된 막대 형태로 보여 주고 있으며, cAMP는 공간 채움 형태로 그려져 있다. (*b*) 복합체에서 CAP–cAMP는 44개 염기쌍의 회문 구조 DNA와 4개의 αCTD 소단위체가 함께 결합되어 있다. DNA, CAP, cAMP는 앞서 (*a*) 부분에서 보여 준 것처럼 공간 채움 형태로 DNA를 보여 주고 있다. αCTD 소단위체는 초록색의 $\alpha CTD^{CAP,\ DNA}$와 진한 초록색의 αCTD^{DNA}으로 리본 모양으로 그려져 있다. [Part a based on an X-ray structure by Thomas Steitz, Yale University, PDBid 1CGP, Part b based on an X-ray structure by Helen Berman and Richard Ebright, Rutgers University, PDBid 1LB2]

화력을 가지고 있다. 복합체에서 대장균의 αCTD와 44개 염기쌍의 회문 구조 DNA가 있는 CAP–cAMP 복합체의 X선 구조를 보면, 22개 염기쌍의 CAP–cAMP 결합 부위와 각각의 끝부분이 5′–AAAAA–3′이 포함되어 있음을 알 수 있다. 복합체 내에서 이러한 여러 구성 요소들이 상호작용하는 것은 벌맨드(Helen Bermand)와 에브라이트에 의해 밝혀졌다(**그림 28-14*b***). 이중 대칭형 CAP–cAMP–aCTD의 복합체에는 두 곳으로 다르게 위치한 αCTD 결합짝이 포함되어 있다. $\alpha CTD^{CAP,\ DNA}$는 αCTD가 CAP와 DNA 함께 짝이 되어 결합되는 것을 의미하며, αCTD는 DNA의 결합 부위 중심부에 위치하는 19개 염기쌍에 위치한 6개 염기쌍으로 된 DNA 절편(5′–AAAAAG–3′)의 작은 홈과 결합한다(αCTD의 다른 결합 짝의 일원인 αCTD^{DNA}는 다른 단백질 분자와 결합하지 않고, DNA와 짝이 되어 상호작용을 한다). 그림 28-14*a*,*b*에서 두 개의 CAP 복합체에서 공통으로 나타나는 현상은 꼭 맞게 완전히 포개어진 구조를 이룬다는 것이다. CAP의 구조와 CAP와 DNA의 상호작용은 αCTD와의 결합에 의해서 확연히 변하지는 않는 것으로 보인다. 분명한 것은 CAP–cAMP는 RNAP와 촉진제 DNA의 결합을 안정하게 하고 쉽게 하는 '점착성이 있는' 메커니즘을 통해 RNAP를 활성화시켜 전사를 유도한다.

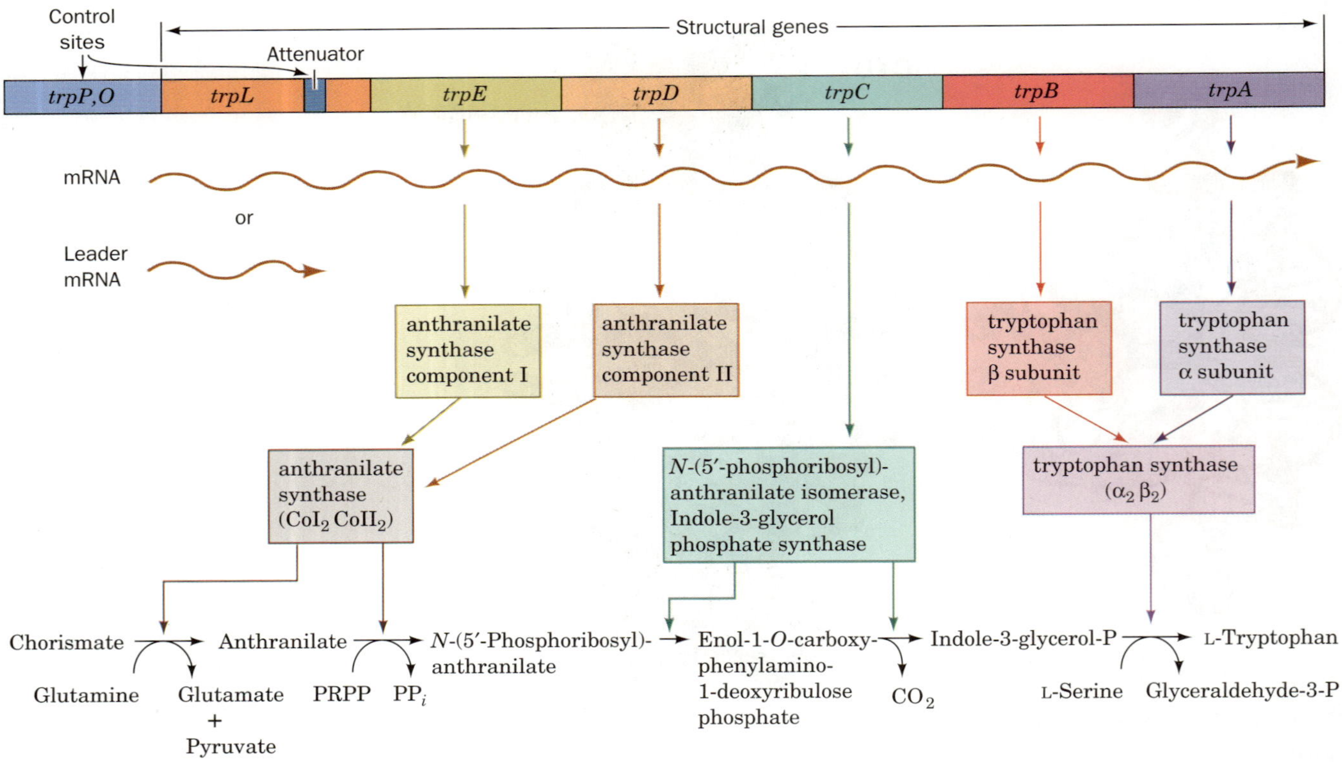

그림 28-15 암호화하는 효소들과 그 효소들이 촉매하는 반응들을 나타내는 대장균 *trp* 오페론의 유전자 지도 *trpC*의 유전자 산물은 트립토판 합성에 있어서 두 개의 연속된 반응을 촉매한다(21-5B절). [After Yanofsky, C., J. Am. Med. Assoc. **218**, 1027(1971).]

lac 억제 인자의 결합 모형(그림 28-13)에는 모순적으로 활성 인자인 CAP가 포함되어 있다. 이와 같이 두 가지의 조절 단백질 결합 방식은 글루코스와 젖당이 모두 다 없는 상태에서 세포 에너지를 보존하기 위한 메커니즘일 수도 있다. 만약 젖당이 사용 가능해지면 *lac* 억제 인자가 분리되고, CAP−cAMP가 *lac* 오페론의 전사를 촉진하도록 균형을 잡을 것이다.

C 전사 약화(attenuation)는 전사의 종결을 조절한다

대장균의 ***trp* 오페론(*trp* operon)**은 5종의 폴리펩타이드(3종의 효소가 형성됨)를 암호화하며, 코리스미산(chorismate)으로부터 트립토판의 합성을 매개한다(21-5B절). 이 5종의 *trp* 오페론 유전자(*A*~*E*, **그림 28-15**)는 *trp* 억제 인자의 조절하에서 조화롭게 발현되는데, *trp* 억제 인자는 L-트립토판과 결합하여 복합체를 형성하고, 복합체는 *trp* 작동 부위에 특이적으로 결합하여 *trp* 오페론의 발현을 70배 감소시킨다(24-4B절). 이러한 시스템에서는 트립토판이 **보조 억제 인자(corepressor)**로서 작용한다. 트립토판이 있으면 필요 이상의 트립토판 생합성이 억제된다.

처음에는 *trp* 억제 인자−작동 유전자 시스템이 대장균에서 트립토판 생합성의 조절을 설명하는 데 충분하다고 생각하였다. 그러나 작동 유전자(*trpO*)의 하류 쪽 부분이 결손된 돌연변이체의 경우에 *trp* 오페론의 발현이 6배 증가한다는 것이 발견되어 전사 조절 부위가 하나 더 존재하는 것을 알게 되었다. 이러한 조절 부위는 구조 유전자 *trpE*의 상류 쪽으로 30~60개 뉴클레오타이드 위치에 있으며, 162개 뉴클레오타이드로 되어 있는 **선도 서열(leader sequence)**(*trpL* 그림 28-15)에 포함되어 있다.

트립토판이 결핍되면 *trpL*을 포함해서 전체 6720개 뉴클레오타이드의 폴리시스트

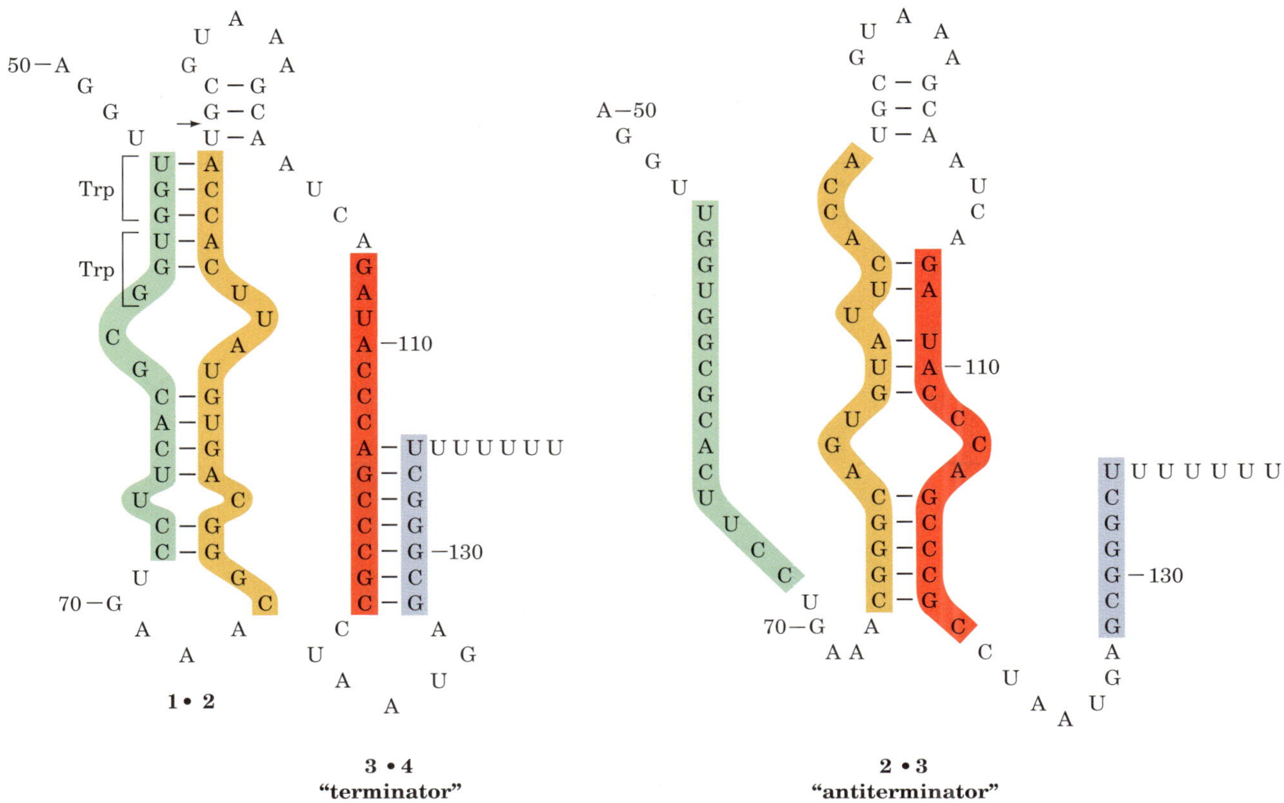

그림 28-16 *trpL* **mRNA의 선택적 2차 구조** 염기쌍 2·3(항종결자) 머리핀(**오른쪽**)의 형성은 염기쌍 1·2와 3·4(전사 종결자) 머리핀(**왼쪽**)의 형성을 방해하고 반대로 일어나기도 한다. 염기쌍 3·4 머리핀이 존재할 때 뉴클레오타이드 140개 바로 뒤에서 전사가 조기에 종결하게 되는데, 이를 전사 약화라고 한다. 화살표는 활성 리보솜이 접근할 때까지 RNA 중합 효소가 멈추는 mRNA의 장소 바로 앞자리를 표시하고 있다. [After Fisher, R.F. and Yanofsky, C., *J. Biol. Chem.* **258**, 8147(1983).]

론성 *trp* mRNA가 합성된다. 암호화된 효소들이 트립토판을 합성하기 시작함에 따라 합성된 트립토판이 *trp* 억제 인자에 결합하게 되어 *trp* 오페론의 전사 속도가 감소된다. 그러나 전사된 *trp* mRNA 중에서 *trpL*의 5′ 말단에 해당하는 140개 뉴클레오타이드만으로 구성된 부분만 증가하게 된다. **트립토판이 사용 가능해지면 *trp* 오페론의 전사가 조기에 종결되는 것이다. 이러한 효과를 담당하는 부위를 전사 약화 인자(attenuator)라고 한다.**

트립토판이 결핍되면 전사 약화 인자의 전사 종결 부위는 가려진다. 전사 약화 인자의 전사체에는 서로 상보적인 네 가지 구획이 포함되어 있으며, 이 부분에는 상호 배타적인 염기쌍에 의해 만들어진 두 가지 형태의 머리핀(hairpin) 구조 중 어느 한 가지 형태를 형성한다(그림 28-16). *trpL* mRNA에서 구획 3과 4는 그 뒷부분의 염기와 함께 전사 종결자를 형성한다(26-1D절). G+C가 풍부한 서열에서 머리핀 구조가 형성되고 그 뒤로 몇 개의 U가 연속된다(그림 26-10과 비교하라). 트립토판이 부족하지 않는 한 전사가 이 종결 부위를 지나서 진행하는 일은 거의 없다.

트립토판이 고갈되면 어떻게 전사가 이 종결자를 지나서 진행되는가? 선도 서열 중에서 전사 약화 인자의 1번 구역을 포함하는 한 부분은 번역되어서 두 개의 연속적인 Trp 잔기를 포함하는 14개의 잔기로 된 폴리펩타이드를 만든다(그림 28-16, 왼편). 이 흔하지 않은 다이펩타이드(대장균 단백질을 구성하는 잔기의 1% 정도가 Trp 이다)가 야노프스키(Charles Yanofsky)에 의해 제안된 전사 약화의 메커니즘을 밝히

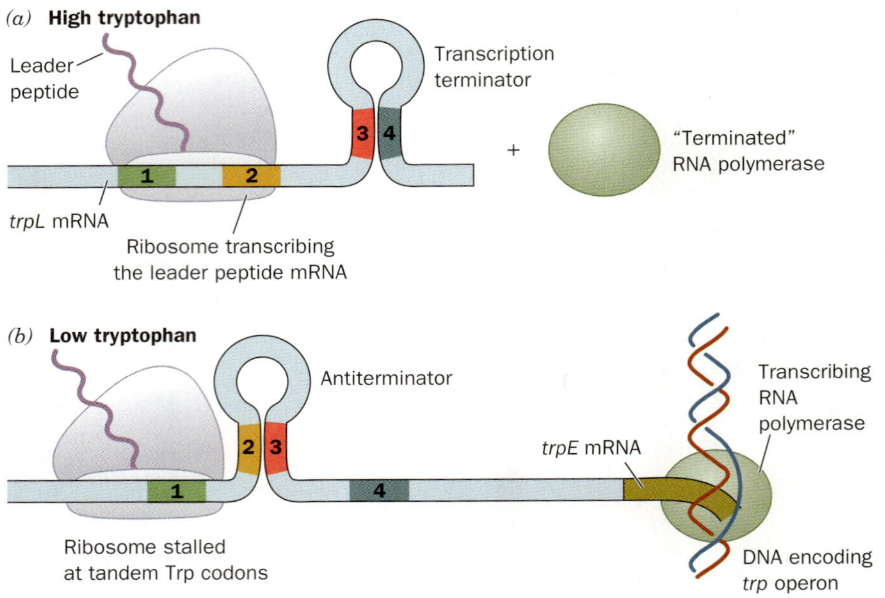

그림 28-17 *trp* **오페론에서 전사 약화** (*a*) Trp-tRNA^{Trp}가 풍부할 때, 리보솜은 *trpL* mRNA를 번역한다. 2번 구획에 리보솜이 존재하면, 염기쌍 2·3 머리핀의 형성이 방해된다. 그러면 전사 종결 인자의 기본 요소인 3·4 머리핀이 형성되고 전사는 중지될 수 있다 (*b*) Trp-tRNA^{Trp}가 결핍되면 리보솜이 1 구획에 있는 연속적인 Trp 코돈 위에 멈춘다. 이러한 상황에서는 2·3 머리핀이 형성되고, 3·4 머리핀의 형성을 불가능하게 된다. 따라서 종결 인자의 형성이 안 되기 때문에 RNA 중합 효소가 *trp* 오페론의 전사를 계속하게 된다.

? 만약 mRNA 1번 구획 혹은 4번 구획이 소실되면 전사 약화가 가능할까?

는 데 중요한 실마리가 되었다(**그림 28-17**). 전사 억제에서 벗어난 RNA 중합 효소는 *trp* 오페론의 전사를 시작한다. *trpL* 서열의 리보솜 개시 부위가 전사된 직후에 리보솜이 그곳에 결합하여 선도 펩타이드의 번역을 시작한다. 트립토판이 풍부할 때는 (즉 Trp-tRNA^{Trp}의 공급이 충분할 때는) 리보솜이 전사 중인 RNA 중합 효소 바로 뒤를 따르게 된다. 실제로 RNA 중합 효소는 전사체의 92번째 위치를 지나서 멈추게 되지만 리보솜이 접근하여 전사와 번역이 밀접하게 동시에 이루어지면 다시 계속된다. 리보솜의 진행은 2·3 머리핀의 형성을 방해하고 전사를 종결시키는 3·4 머리핀이 형성되도록 한다(그림 28-17*a*). 그러나 트립토판이 결핍되면 Trp-tRNA^{Trp}가 부족하기 때문에 리보솜이 연속되는 UGG 코돈(트립토판을 지정하는)에서 멈추게 된다. 전사가 계속되면 새로 합성된 2 및 3 구획에 머리핀을 형성하게 되는데, 그 이유는 멈추고 있는 리보솜이 경쟁관계에 있는 1·2 머리핀의 형성을 방해하기 때문이다(그림 28-17*b*). 따라서 3·4 머리핀이 형성되지 않게 되어 전사가 이 지역을 지나서 계속 진행되고, *trp* 오페론의 나머지 부분이 전부 전사된다. 이와 같이 전사 약화는 트립토판의 공급에 따라 *trp* 오페론의 전사를 조절한다.

전사 약화를 통해 전사 조절이 된다고 알려진 5종의 다른 아미노산 합성 오페론들의 선도 펩타이드들은 모두 해당되는 아미노산 잔기가 풍부하다. 예를 들면 히스티딘을 합성하는 효소들을 지정하는 대장균 ***his* 오페론(*his* operon)**은 16개의 잔기로 구성된 선도 펩타이드에 7개의 His 잔기를 갖고 있으며, 아이소루신, 루신, 발린의 생합성에 참여하는 효소들을 지정하는 ***ilv* 오페론(*ilv* operon)**은 32개의 잔기로 구성된 선도 펩타이드에 5개의 Ile, 3개의 Leu, 6개의 Val 잔기를 갖고 있다. 이러한 오페론들의 선도 전사체에는 *trp* 오페론의 선도 전사체에서와 마찬가지로 두 가지 서로 다른 형태의 2차 구조를 형성하고, 그중 한 가지 형태에서 전사 종결자가 형성된다는 점이 유사하다.

D 리보스위치는 대사산물 감지 RNA이다

우리는 지금까지 커지고 있는 RNA 전사체에서 2차 구조의 형성이 어떻게 전사 약화에 의해 유전자 발현을 조절할 수 있는지를 알아보았다. mRNA의 구조적 유연성이 *lac* 억제 인자, CAP, *trp* 억제 인자와 같은 감지 단백질 없이도 세포 내 어떤 대사 물질과 직접적으로 상호작용함으로써 유전자를 조절할 수 있다.

대장균에서 티아민 파이로인산[thiamine pyrophosphate(TPP), 15-3B절]의 생합성은 TPP에 대한 세포의 필요량에 따라 발현 수준이 바뀌는 몇 가지 단백질의 작용이 필요하다. 그 단백질들과 관련된 유전자들 중 적어도 두 가지는 mRNA의 5′ 말단 부위의 비번역 지역에 ***thi* 상자**(***thi* box**)라고 하는 보존된 서열이 있다. *thi* 상자의 화학적 혹은 효소적 절단에 대한 감수성은 브레이커(Ronald Breaker)가 보여 준 바와 같이 TPP의 존재 유무에 따라 달라지는데, 이것은 TPP가 결합하면 RNA의 2차 구조가 변한다는 것을 암시한다[RNA에 대사산물이 결합하는 것은 전례가 없는 것이 아니다. **앱타머(aptamer)**로 알려진 합성 올리고뉴클레오타이드는 높은 특이성과 친화력으로 특정 분자들과 결합한다]. TPP를 감지하는 mRNA 부위는 **리보스위치(riboswitch)**라고 한다.

TPP-민감성 리보스위치의 예상되는 2차 구조와 제안되는 발현 조절 메커니즘을 그림 28-18*a*에서 보여 주고 있다. TTP가 없으며 mRNA는 번역을 시작하기 위해 리보솜이 결합할 수 있도록 구조가 형성된다. 하지만 TTP가 존재하게 되면, mRNA 2

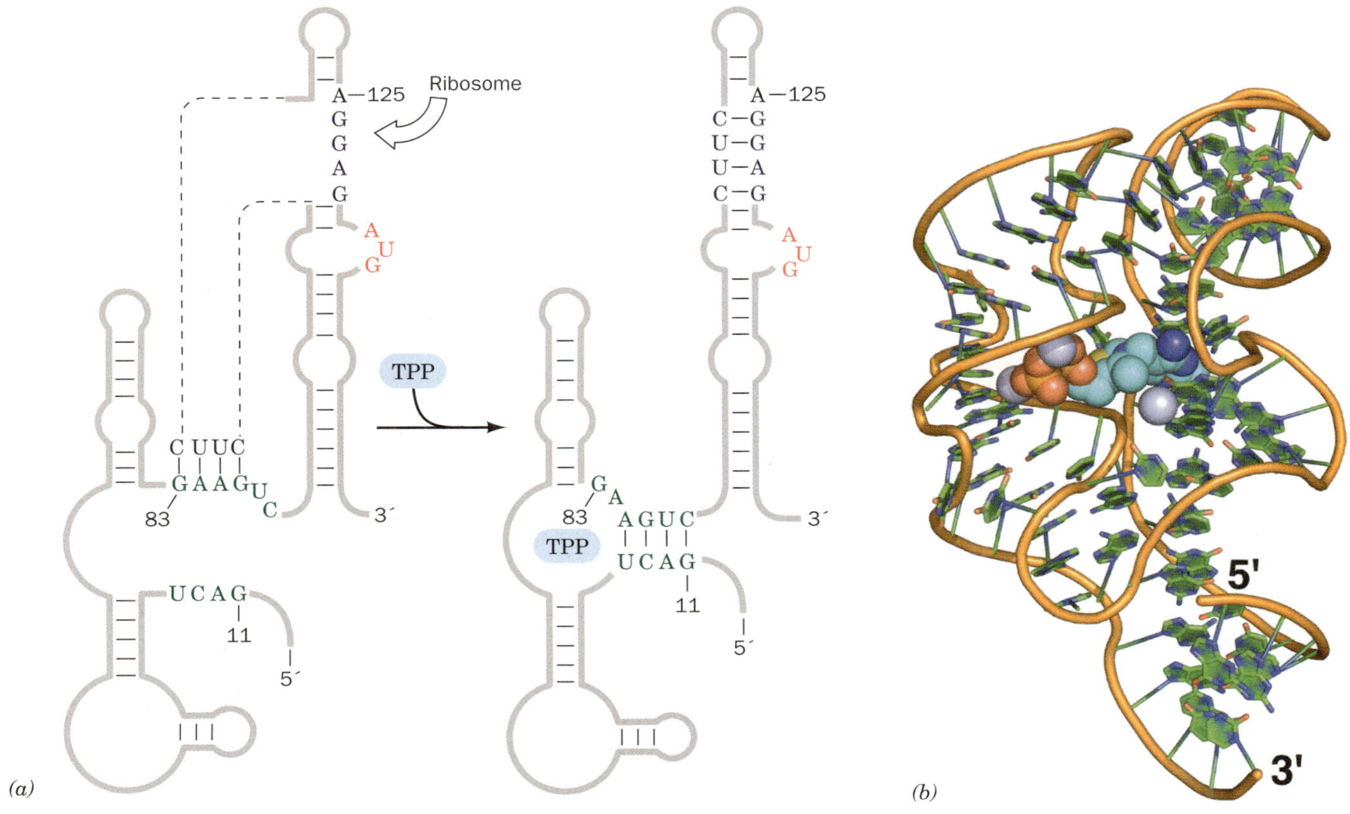

그림 28-18 대장균에서 유래된 TPP 민감성 리보스위치의 구조 (*a*) TPP가 없을 때(**왼쪽**)와 TTT가 있을 때(**오른쪽**), *thiM* 유전자의 5′ 말단으로부터 165개 잔기의 구획까지 예상되는 2차 구조의 변화를 보여 주고 있다. TPP가 결합하게 되면 2차 구조가 바뀌게 되어 번역을 시작하기 위한 리보솜이 결합하는 샤인–달가노 서열(보라색)이 숨겨지게 되어 번역이 일어나지 않게 된다. 샤인–달가노 서열 바로 뒤에 번역에 필요한 개시 코돈인 AUG(빨간색)가 위치해 있다. [After Winkler, W., Nahvi, A., and Breaker, R.R., *Nature* 419, 955(2002).] (*b*) 리보스위치에서 TPP 민감성 영역의 X선 구조. RNA의 당–인산 사슬은 주황색의 가늘고 긴 막대 모양으로 표시하였고, 염기는 C 초록색, N 파란색, O 빨간색인 주걱 모양으로 표현하였다. TPP는 C 청록색, N 파란색, O 빨간색, S 노란색인 공간 채움 형태로 표현하였다. Mg^{2+} 이온은 연보라색 구로 나타내었다. [Based on an X-ray structure by Ronald Breaker, Yale University, and Dinshaw Patel, Memorial Sloan–Kettering Cancer Center, New York, New York. PDBid 2GDI.]

차 구조는 샤인-달가노 서열(27-4A절)이 숨겨지게 변함으로써 리보솜이 mRNA의 번역을 시작하지 못하게 된다. **따라서 대사산물의 농도는 그들의 합성에 필요한 유전자 발현을 조절할 수 있게 된다.** 대장균의 TPP-민감성 리보스위치에 포함된 80개 염기의 TPP-결합 부위에 대한 X선 구조는 브레이커와 페텔(Dinshaw Patel)에 의해 밝혀졌으며, 이 구조 분석 결과를 통해 RNA의 펼쳐진 구조에 TPP가 결합되면 RNA는 복잡하게 중첩된 구조로 되는 것을 알게 되었다(**그림 28-18*b***)

보조 효소 B_{12}(그림 20-17), 리보플라빈(그림 14-13), *S*-아데노실메싸이오닌(*S*-adenosylmethionine, SAM; 그림 21-18)의 합성에 관여하는 효소들의 발현에 관여하는 리보스위치를 포함하여 20종 이상의 세균 리보스위치가 확인되었다. 어떤 세균들에서는 유전자의 2% 이상이 이러한 리보스위치들에 의해 발현이 조절된다. 몇몇 경우는 대사산물이 mRNA에 결합하여 내부의 전사 종결 부위의 형성을 조절함으로써 대사산물이 없는 상태에서만 이 부위를 지나서 전사가 진행된다. 또 다른 경우는 mRNA의 일부에 해당하는 리보자임이 대사산물이 결합함으로써 활성화되어 자기 자신을 절단하게 되고 mRNA를 불활성화시킨다. 식물과 곰팡이도 리보스위치들을 갖고 있는 것으로 보인다. 이러한 작동 물질(대사산물)이 다른 단백질의 관여 없이 리보스위치들과 상호작용한다는 사실은 리보스위치가 RNA 세계(자료 24-3)의 유물이며, 따라서 가장 오래된 조절계임을 의미한다.

어떤 리보스위치들은 항생제의 표적으로 작용한다. 예를 들면 항생제인 **피리티아민(pyrithiamine)**은 박테리아 세포에 의해 TPP(thiamine pyrophosphate)의 유사체인 **피리티아민 피로인산(pyrithiamine pyrophosphate)**으로 전환되는데, 이 물질은 TPP 합성을 저해하는 TPP-검출 리보스위치에 결합한다. 이후 pyrithiamine pyrophosphate은 조효소와 같은 작용을 할 수 없게 되고(15-3B절), 이렇게 세포를 죽이게 된다.

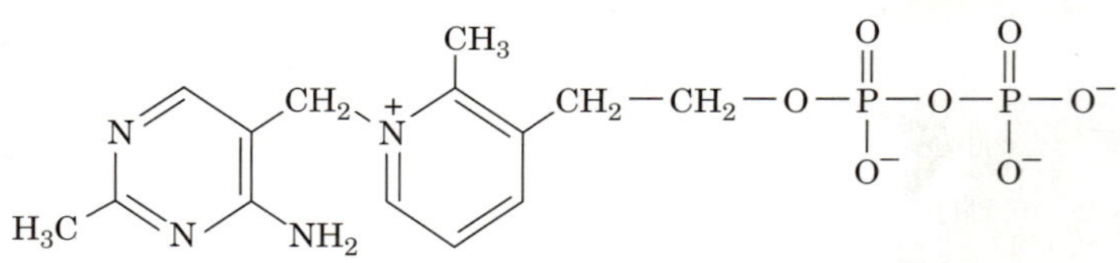

Pyrithiamine pyrophosphate

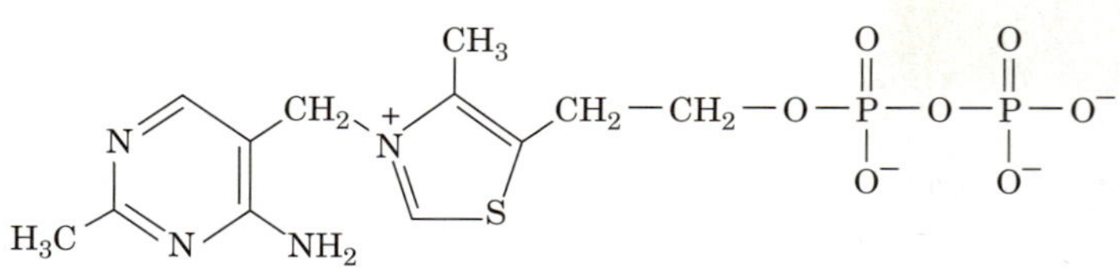

Thiamine pyrophosphate (TTP)

체크 포인트

- 오페론에서 배열된 유전자의 조절적 장점은 무엇인가?
- *lac* 억제 인자와 CAP에 의한 *lac* 오페론의 조절에 대하여 기술하시오.
- 왜 *lac* 오페론에는 작동 부위 서열이 하나 이상이 포함되어 있는가?
- *lac* 억제 인자와 *trp* 억제 인자에 의한 조절을 비교하시오.
- 어떻게 mRNA의 구조가 변화되면서 전사 약화에 의해 유전자 발현이 조절되는가?
- 리보스위치가 유전자의 발현의 시작과 정지를 어떻게 바꾸는지 설명하시오.

3 진핵세포의 유전자 발현 조절

주요 개념

- 염색질-리모델링 복합체, 히스톤 단백질 변형, DNA 메틸화에 의해 영향을 받는 염색질 구조는 유전자 발현을 조절한다.

자료 28-2 생화학의 전망 X 염색체의 불활성화

암컷 포유동물 세포들은 두 개의 X 염색체를 포함하지만, 수컷 세포들은 각각 하나의 X 염색체와 Y 염색체를 갖고 있다. 그러나 암컷 체세포는 하나의 X 염색체만이 전사 활성 상태로 유지된다. 결과적으로, 수컷과 암컷 양쪽 모두 같은 양의 X 염색체에 의해 암호화된 유전자 산물들을 만들게 되는데, 이 현상을 **유전자량 보정**(dosage compensation)이라고 한다.

불활성화된 X 염색체는 매우 응축되고 검게 염색되는 바 소체(Barr body)로서 세포 핵 가장자리에 보인다.

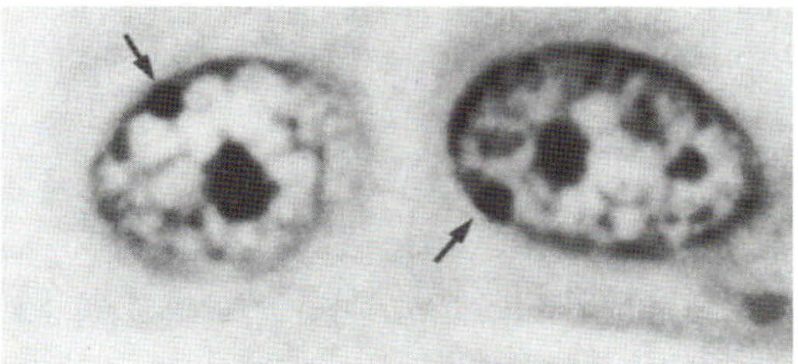

[From Moore, K.L. and Barr, M.L., Lancet **2**, 57(1955)]

유대류(캥거루와 같이 주머니가 달린 포유류)에서는 부계 X 염색체가 바 소체로 되지만, 태생 포유류에서는 몇 개의 세포로 된 초기 발생 단계의 배아의 각 체세포에서 무작위로 선택된 부계 혹은 모계 X 염색체가 불활성화된다. 각 세포에서 유래된 자손 세포들은 같은 염색체의 불활성화가 유지된다. 따라서 암컷 태생 포유류는 활성 X 염색체가 부계 혹은 모계로부터 자손 세포에 전달된 동일 세포 집단들로 구성된 모자이크이다. 예를 들면 검은 색깔과 노란 색깔의 얼룩 모피로 된 칼리코 고양이는 항상 암컷인데, 그것은 두 X 염색체가 서로 다른 모피 색깔을 지정하기 때문이다.

[Hank Delespinasse/Age Fotostock America, Inc.]

X 염색체에는 **Xist** 유전자와 함께 다중 조절 부위를 가진 X 불활성화 센터(**X-inactivation center**, **XIC**)가 포함되어 있다. *Xist* 유전자는 무태반 포유류에서만 존재하고 불활성화 X 염색체(Xi)에서만 전사가 일어난다. 25 kb인 *Xist* RNA는 XIC이거나 혹은 이 근처에 결합한다. XIC는 Xi 부위의 이질 염색질화를 유도하는 장소이고, 이에 대한 과정은 아래에 기술하겠다. 이질 염색질이 이웃하고 있는 염색질에 추가적으로 *Xist* RNA을 보충한 결과로 이질 염색질화가 일어나게 된다. 이러한 과정은 XIC에서부터 시작하여 *Xist* RNA에 의해 Xi 전체가 불활성화되는 경향으로 넓게 퍼지게 되고, 전체 염색체가 이질 염색질로 바뀌게 되며, 이로 인해 모든 부위에서 전사가 일어나지 않게 되는 불활성화 상태가 된다. XIC는 X 불활성화를 시작할 수 있을 만큼 필수적이고 충분해야 하는데, 실험을 통해 관찰한 결과 상염색체에 XIC를 삽입한 결과 불활성화가 일어났으며, XIC가 부족한 X 염색체에서는 불활성화가 일어나지 않는다는 것을 확인하였다.

Xist RNA 자신들이 불활성화 X 염색체를 만드는 것은 아니다. 그러나 *Xist* RNA은 불활성화되는 유전자의 히스톤 단백질은 변형에 관련된 효소계를 늘리게 한다. *Xist* RNA는 히스톤 단백질 H2A와는 다른 **macroH2A1**을 더하는데, macroH2A1은 H2A에는 없는 C 말단에 비교적 큰 구형의 부위를 가지고 있다. 일부 혹은 전체에 생기는 이러한 히스톤 단백질의 변화는 X 염색체를 불활성화시키는 데 필요하고, 더욱이 다음 세대의 세포에서 Xi의 이질 염색질을 지속할 수 있게 한다. 사실상 하나의 X 염색체는 한번 불활성화되고, *Xist* RNA는 이러한 불활성화 상태를 지속시키는 데 작은 역할을 하게 된다.

하나의 X염색체는 불활성화되지만, 다른 하나는 불활성화가 일어나지 않는 메커니즘은 무엇일까? XIC는 ***Tsix***(*Xist* 철자의 반대)라는 이름의 유전자가 포함되어 있으며, 이 유전자는 Xist와 중첩되어 있고 반대쪽 DNA 가닥이 전사된다. *Tsix* RNA는 *Xist* 유전자에 결합하여 RNA–DNA 이중 나선 구조를 형성하여 *Xist* 유전자의 전사를 방해하고 반대로 작용하기도 한다. 그래서 Xi에서 *Xist*가 발현되면 *Tsix*가 발현되지 않고, 반대로 *Tsix*가 발현되면 *Xist*가 발현되지 않는다. 만약 *Tsix*가 하나의 염색체에서 불활성화되면 염색체는 불활성화가 된다. X염색체에서 *Xist*와 *Tsix* 중 하나를 선택하는 전사의 균형을 통해 불활성화가 일어나는 것이 분명하다.

- 진핵생물들은 수많은 단백질과 DNA 요소들이 상호작용을 하면서 전사의 시작을 조절한다.
- mRNA의 분해는 유전자 발현을 제한한다.
- 항체 유전자의 조각들의 체세포성 재배열과 과돌연변이는 항체의 다양성을 높이는 데 기여한다.

원핵세포 유전자들의 발현을 조절하는 기본 원칙은 진핵세포에도 적용된다. **특정 유전자들의 발현이 DNA 혹은 RNA에 결합하는 단백질에 의하여 억제되거나 촉진된**

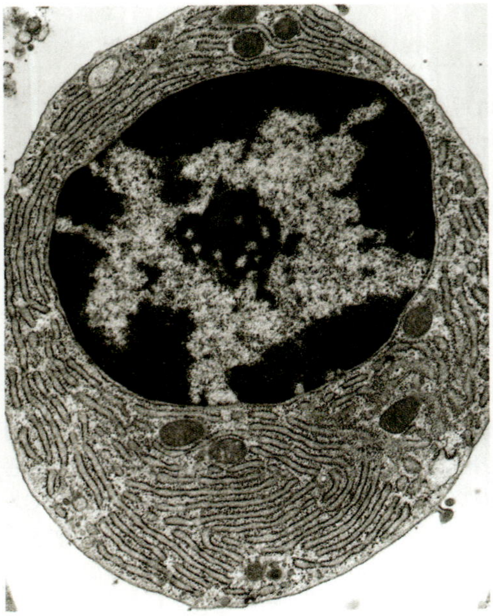

그림 28-19 B 림프구의 전자 현미경 사진 세포 중심부에서 있는 큰 조직체가 핵이며, 핵막 안쪽에 붙어 있는 부분의 이질 염색질(검은색)과 좀 더 핵 중심부에 위치하고 전사적으로 활성화된 진정 염색질(회색)로 구성되어 있다. 핵의 중심에 있는 작은 검은색 부분은 인(nucleolus)이다. 항체-생산 세포의 세포질에는 거친면 소포체가 광활하게 채워져 있다(7-3절). 이 그림을 그림 1-8과 비교하라.

? 왜 항체-생산 세포는 대부분의 다른 종류의 세포에 비해 ER과 골지체의분포량이 더 높게 포함되어 있는가?

다. 원핵세포에서와 같이 대부분의 조절 메커니즘은 유전자 전사 단계에서 작용하지만, 원핵세포의 조절계와는 다르게 진핵세포의 메커니즘은 접근 불가능한 것처럼 포장된 매우 많은 양의 DNA를 상대해야 한다. 이 절에서는 진핵세포들이 유전 정보를 처리하는 몇 가지 전략을 설명하고자 한다.

A 염색질 구조 변화는 유전자 발현에 영향을 준다

다세포 생물 DNA의 대부분은 발현되지 않는다. 이러한 부분은 단백질이나 RNA를 암호화하지 않는 유전체의 많은 부분과 특정 세포에서 발현될 필요가 없어서 발현되지 않는 유전자를 포함한다. 비록 생물의 거의 모든 세포에는 동일한 DNA 세트가 있지만 유전자는 고도로 조직 특이적으로 발현된다. 예를 들면 대부분의 췌장 세포들은 소화 효소를 합성하고 분비하지만, 췌장 섬(pancreatic islet, 랑게르한스 섬) 세포들은 인슐린을 생산하거나 글루카곤을 합성한다(22-2절).

비발현 DNA는 **이질 염색질(heterochromatin)**이라고 알려진 형태로, 일반적으로 매우 응축되어 있다(**그림 28-19**). 가장 극심한 예가 바로 암컷 포유동물에 있어서 두 X 염색체 중 하나의 불활성화이다(자료 28-2). 이것은 **진정 염색질(euchromatin)**로 알려진 전사 활성 DNA에 비해 덜 응축되어 있는데, 이로 인하여 아마도 전사 기구가 쉽게 접근할 수 있게 된다는 것이다. 실제로 바인트라우베(Harold Weintraub)는 전사 활성이 있는 염색질이 전사 불활성 염색질보다 췌장 DNA 분해 효소 I(pancreatic DNase I)에 의한 소화에 더 민감함을 증명하였다. 그러나 핵산 분해 효소(nuclease)에 대한 민감성은 전사 그 자체보다는 유전자의 전사 가능성을 반영하는 것으로 보인다.

유전 정보가 발현되기 위해서는 전사 기구가 뉴클레오솜의 형태로 포장되어 있는 DNA에 접근해야 한다(24-5A절). 뉴클레오솜이 고정된 구조가 아니라 리모델링 과정을 거친다는 것은 놀랄 일이 아니다. 더구나 히스톤은 공유 결합적으로 변화할 수 있는데, 이러한 변화는 세포 내 다른 구성 성분과 상호작용을 통해 일어난다. 그리고 정규(표준) 히스톤은 특화된 기능을 갖는 히스톤에 의해 교체될 수 있다.

염색질-리모델링 복합체는 뉴클레오솜을 재편성한다. 서열 특이적인 DNA 결합 단백질들은 표적 DNA에 결합하기 전에 이들에게 근접해야 한다. 그러나 진핵생물의 경우 거의 대부분의 DNA는 뉴클레오솜이거나 아니면 고도의 응축된 염색질 구조에 의해 격리되어 있다. 그렇다면 어떻게 단백질들이 표적 DNA에 접근할 수 있는가? 그 답은 1990년대 중반 이후에 밝혀지게 되었는데, **염색질은 뉴클레오솜을 리모델링할 수 있는 ATP 추진 복합체를 갖고 있어서**, 뉴클레오솜에서 DNA와 히스톤 사이의 상호작용을 파괴하여 단백질이 접근 가능하게 만든다는 것이다. 이로 인하여 히스톤 팔합체가 DNA 가닥을 따라 미끄러져서 새로운 장소나, 아니면 다른 가닥으로 위치를 바꿀 수 있을 것이다. 이렇게 하여 **염색질 리모델링 복합체(chromatin-remodeling complex)는 염색질에 '유동성'을 부여함으로써 DNA의 전반적인 포장 상태를 유지하면서도 일시적으로 각 상호 작용하는 인자들이 각각의 서열에 접근이 가능하도록 한다.** 염색질 리모델링 복합체는 역시 뉴클레오솜으로부터 DNA를 부분적으로 혹은 전체적으로 풀어주게 해주고, 뉴클레오솜에서 히스톤의 아류형(subtype)을 교환시킨다.

염색질-리모델링 복합체는 여러 개의 소단위체로 구성되어 있다. 그중에서도 처

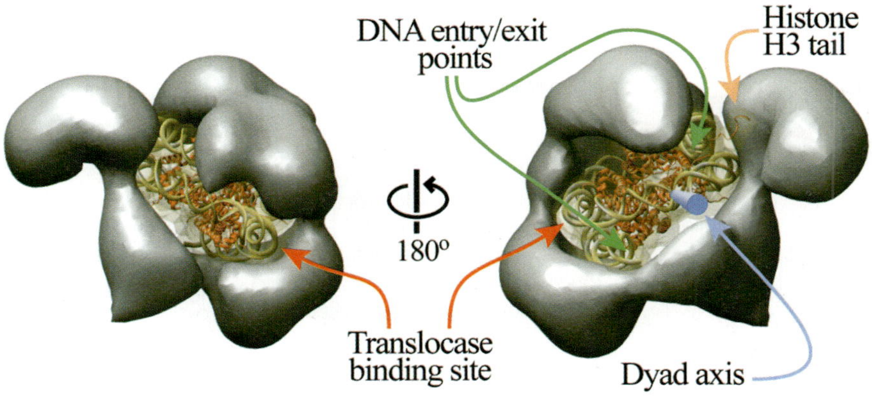

그림 28-20 **뉴클레오솜이 결합된 RSC 모형** 뉴클레오솜의 X선 구조(단백질은 주황색 띠, DNA가닥은 엷은 초록색으로 표시함)를 전자 현미경 영상의 RSC(회색)와 끼워 맞추었다. 이 두 그림은 RSC와 뉴클레오솜의 복합체의 앞쪽과 뒤쪽이다. DNA의 이가(2배) 축(dyad axis)은 파란색 막대로 표시하였고, ATP 가수 분해 전이 효소(ATP-hydrolyzing translocase)의 결합하는 두 장소를 표시하였다. [Courtesy of Evan Nogales and Andres Leschziner, University of California,Berkeley]

음 연구된 것이 효모 **SWI/SNF** 복합체로서 교배형 전환(SWI는 *swi*tching defective를 나타냄)과 설탕에서의 성장(SNF는 *s*ucrose *n*on*f*ermenter를 나타냄)에 필요하기 때문에 붙여진 이름이다. SWI/SNF는 11개의 서로 다른 소단위체로 되어 있으며 분자량 115 kD의 복합체로서 효모 유전자의 3%만이 발현에 필수적이므로, 세포의 생존에 필수적인 것은 아니다. 그러나 그와 관련된 복합체인 **RSC**(*r*emodels the *s*tructure of *c*hromatin)는 효모에서 100배 정도 더 풍부하며, 세포의 생존에 필수적이다. RSC는 SWI/SNF와 두 가지 소단위체를 공유하고 있으며, 나머지 소단위체들은 ATP 가수 분해 효소(ATPase) 소단위체 등을 포함하여 동족체(homolog)로 되어 있다. 모든 진핵세포들은 다수의 염색질-리모델링 복합체를 갖고 있다.

생화학적인 연구에 의하면 RSC는 뉴클레오솜에 1:1로 단단히 결합하는 것이 밝혀졌다. 효모 RSC의 전자 현미경 영상에 따르면 RSC는 가운데 큰 구멍이 있는 불규칙한 형태를 가지고 있는데, 이러한 구멍의 모양과 크기는 하나의 뉴클레오솜 핵심 부위와 거의 동일하기 때문에 뉴클레오솜이 쉽게 결합할 수 있다(**그림 28-20**)

DNA와 히스톤 팔합체의 결합을 유지시켜 주는 상호작용들을 동시에 해체하는 것은 많은 양의 자유 에너지가 필요하기 때문에 쉽게 일어나지 않을 것처럼 보인다. 그렇다면 어떻게 염색질-리모델링 복합체가 그 기능을 발휘할 수 있는가? 그들이 갖고 있는 ATP 가수 분해 전이 효소의 소단위체들은 나선 분해 효소(helicase, 25-2B절)와 유사한 부위를 갖고 있으나 나선 분해 효소의 활성은 없다. 그럼에도 불구하고 염색체-리모델링 복합체는 나선 분해 효소와 유사하게 ATP 분해에 의해 DNA 가닥을 따라 이동할 수 있을 것으로 보인다. 만약 이러한 복합체가 히스톤 단백질에 부착하게 되면 그로 인하여 뉴클레오솜의 DNA에 비틀림을 초래하여 부분적으로 DNA의 꼬임을 감소시킬 것이다[DNA 초나선꼬임(supercoiling)은 24-1C절에서 토의하였음]. 꼬임이 풀린 지역은 뉴클레오솜을 둘러싸고 있는 DNA를 따라 확산되고, 따라서 DNA 부위에 결합된 히스톤 팔합체의 결합이 느슨해지게 될 수 있을 것이다. 비틀림은 부분적으로는 뉴클레오솜의 표면으로부터 DNA 부분을 떨어뜨리는 것으로 해소될 수도 있을 것이다. 어떤 경우든, 결과는 DNA의 뒤틀림이며, 이러한 뒤틀림은 뉴클레오솜의 표면으로 파도처럼 확산되어 지나가면서 지역적으로, 그리고 일시적으로 히스톤 팔합체로부터 DNA가 떨어지게 된다(**그림 28-21**). ATP 가수 분해 반응이 여러 번 일어나게 되면 DNA가 유리되는 파장도 여러 번 뉴클레오솜 주위에 발생하여 DNA를 따라 뉴클레오솜이 미끄러져 이동하게 되고, 따라서 DNA가 자신에게 맞는 DNA-결합 인자와 결합할 수 있게 될 것이다.

process diagram

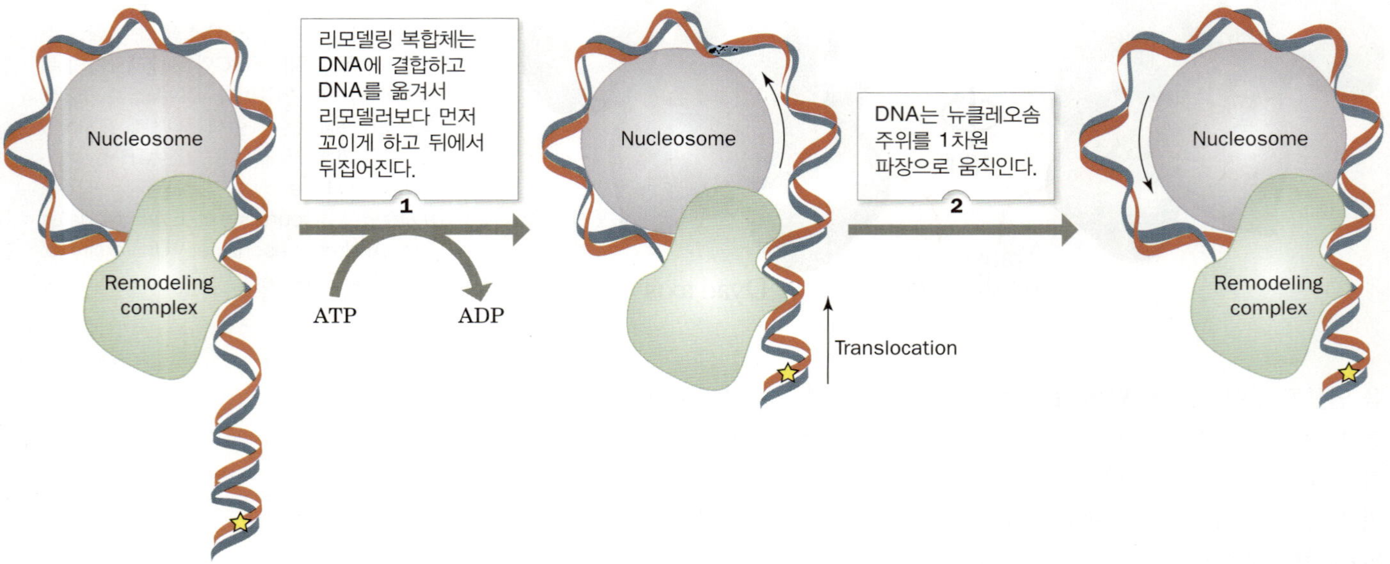

그림 28-21 **염색질–리모델링 복합체에 의한 뉴클레오솜의 리모델링 모형** 염색질–리모델링 복합체(초록색)는 ATP 가수 분해 자유 에너지는 위치 이동과 그에 동반되는 뉴클레오솜(파란색, 명료하게 보이기 위하여 반만 보여줌)에 있는 DNA의 꼬임에 사용되며 그것을 DNA 상의 고정점(노란색 별)의 이동으로 알 수 있다. [After a drawing by Saha, A., Wittmeyer, J., and Cairns, B.R., Genes Dev. 16, 2120(2002).]

HMG 단백질들은 유전자 발현을 조절하도록 하는 구조 형성 단백질이다. 세포의 종류에 따라 유전자의 전사 활성이 변하는 것은 염색체 단백질들이 유전자 활성화 과정에 참여하고 있다는 것을 말한다. 그러나 히스톤은 염색체에 풍부하고 그 다양성이 부족하기 때문에 유전자 발현 조절에 필요한 특이성을 갖고 있지 않는 것처럼 보인다. 염색질을 구성하는 가장 흔한 비히스톤 단백질에는 **고이동성 단백질군(high mobility group, HMG)**이 있다. 고이동성 단백질 군은 폴리아크릴아마이드 젤 전기 이동에서 매우 높은 이동성을 갖고 있기 때문에 명명되었다. 잘 보존되어 있으며 분자량이 30 kD 이하로 비교적 낮은 이러한 단백질들은 25%의 염기성 곁가지와 30%의 산성 곁가지로 구성된 흔하지 않은 아미노산 구성으로 되어 있는데, 10~15개 뉴클레오솜당 1 HMG 정도로 비교적 풍부하게 존재하고 있다.

NHP6A로 알려진 효모의 HMG 단백질은 **HMG 상자(HMG box)**로 불리는 ~80개의 잔기로 된 구조적 모티프를 포함하고 있다. 이 단백질이 DNA와 복합체를 이루었을 때의 NMR 구조가 Juli Feigon에 의해 결정되었는데, 그에 따르면 이 단백질이 DNA가 큰 홈 쪽으로 70° 정도까지 구부러지게 한다(그림 28-22). 이러한 단백질들은 다른 조절 단백질들이 DNA에 부착하도록 도와주는 것으로 보이므로 **구조 형성 단백질(architectural protein)**이라고 한다. 다른 종류의 HMG 단백질들은 구조에서 차이가 있지만 역시 구부리기, 펴기, 풀기, 고리 형성 등에 의해 DNA의 구조를 바꿀 수 있다. 몇몇의 HMG 단백질들은 히스톤과 경쟁하여 DNA에 결합함으로써 뉴클레오솜 구조를 변화시킨다.

히스톤은 공유 결합으로 변화된다. 번역 후 가공(posttranslational modification)을 거친 핵심 히스톤은 특정 Lys 잔기의 곁가지의 아세틸화, 특정 Lys와 Arg 곁가지의 메틸

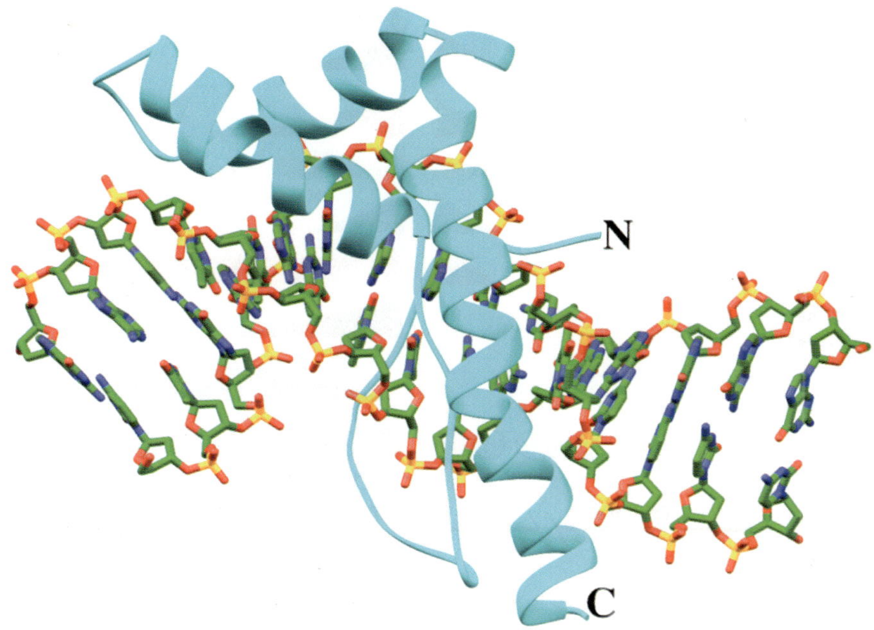

그림 28-22 15 bp DNA와 복합체를 형성하고 있는 효모 NHP6A 단백질의 NMR 구조 단백질은 띠 형태(청록색)로 그려졌고 DNA는 막대 모양으로 그려졌으며, 원자에 따라 색칠하였다(C 초록색, N 파란색, O 붉은색, P 노란색). HMG 상자의 세 개의 나선은 L 모양을 형성하고 있으며, L의 내측이 DNA의 작은 홈 속으로 삽입되어 DNA를 70° 정도로 큰 홈 쪽으로 구부러지게 한다. [Based on an NMR structure by Juli Feigon, University of California at Los Angeles, PDBid 1J5N.]

화, 특정 Ser과 Thr 곁가지의 인산화, 특정 Lys 곁가지의 유비퀴틴화 등이 있다(**그림 28-23**). 또한 Lys 곁가지는 단일, 이중, 혹은 삼중 메틸화될 수 있고, Arg 곁가지는 단일 메틸화되거나 대칭 또는 비대칭 이중 메틸화된다. 이러한 모든 가공은 특이적인 효소의 작용에 의해 원래 상태로 되돌아갈 수 있다. Glu의 ADP-리보실화(ADP-ribosylation), Lys에 프로피오닐기(propionyl group)의 첨가, Arg 잔기의 시트룰린 잔기(citrullyl residue)로의 전환 등은 낮은 빈도로 일어나는 가공이다.

우리가 본 바와 같이(24-5A절), 핵심 히스톤의 N 말단 꼬리는 핵심 뉴클레오솜과 고차원의 염색질 구조를 안정화시키는 것으로 생각된다. 메틸화를 제외한 모든 수식은(더 음전하를 띠게 만들어) 그들이 붙어 있는 곁가지의 정전기적 양전하를 감소시키고 히스톤-DNA 상호작용을 약화시켜 염색체의 탈응축을 촉진시키는 것으로 보

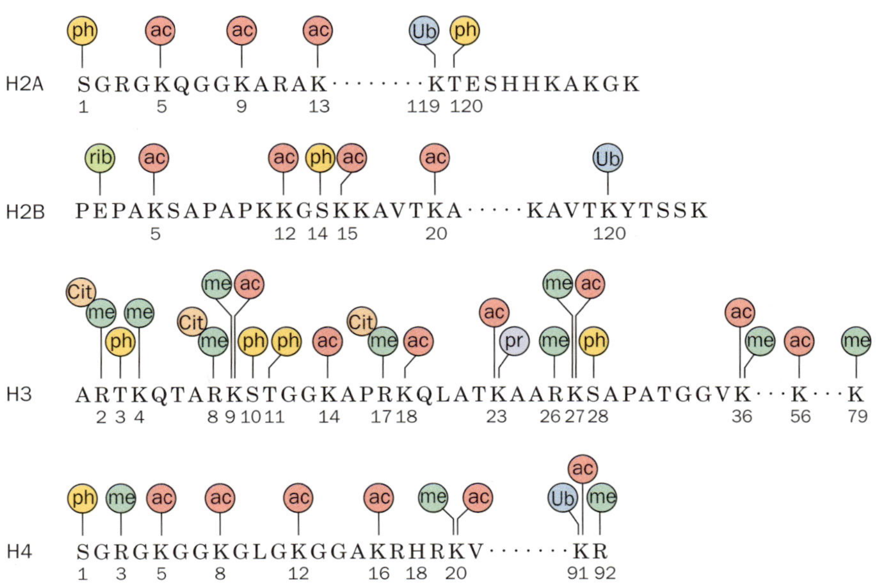

그림 28-23 뉴클레오솜 중심입자에서 히스톤의 가공 처리 4개의 핵심 히스톤에서 번역 후 가공은 색깔이 있는 기호로 표시하였다. 첨가된 작용기들은 아세틸기는 ac, 메틸기는 me, 인산기는 ph, 프로피오닐기는 pr, ADP-리보스는 rib, 유비퀴틴은 ub로 표시하였다. 시트룰린(아르기닌으로 결정된)은 Cit로 표시하였다. 어떤 잔기들은 여러 가지 방법으로 가공될 수 있으며, 그 부위를 표시하였다. 이 그림은 여러 가지 결과로부터 종합적으로 보여 주고 있으며, 모든 가공이 모든 생물에서 일어나지는 않는다. [After a diagram by Ali Shilatifard, St. Louis University School of Medicine]

? 히스톤 곁가지의 전하 또는 크기 중 어느 부분이 변경될까?

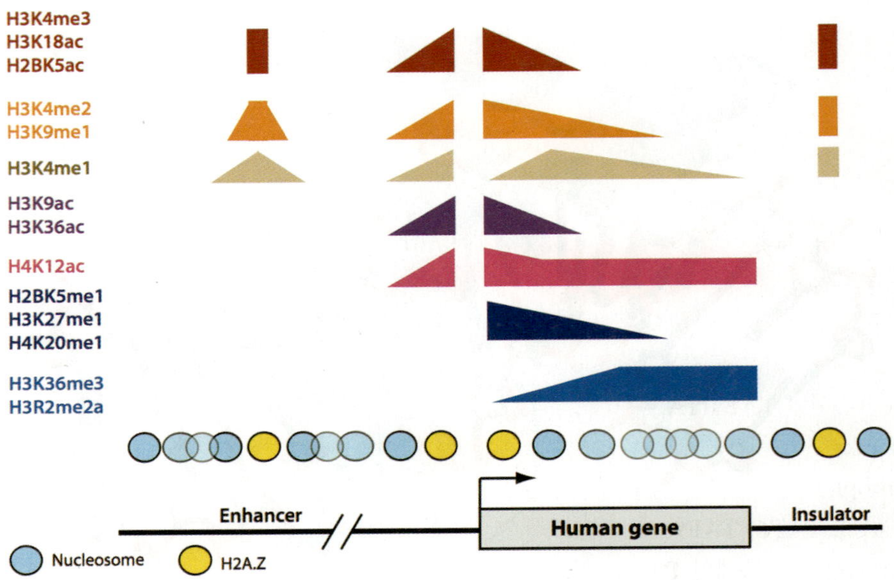

그림 28-24 **전사적으로 활성화된 인간의 전형적인 유전자의 염색질 지도** 주어진 위치에서 각기 다른 색상으로 표시한 길고 가느다란 도형의 높이는 주어진 위치의 뉴클레오솜 안에 있는 히스톤의 가공에 대한 보급률을 나타낸다. 예를 들면 H3K4me3(H3의 4번 Lys에 삼메틸화)와 H2BK5ac(H2B의 5번 Lys에 아세틸화)는 증강인자(inhancer)와 격리자(insulator)의 부분(28-3B절)뿐만 아니라 전사 시작 지점(**직각 화살표**) 근처의 뉴클레오솜과 관련되어 있는 것에 반해, H3R2me2a(H3의 2번 arg에 비대칭적으로 2개의 메틸화)는 유전자의 단백질 암호화 부분의 하류 지역에 위치한 뉴클레오솜과 관련이 있는 것으로 나타난다. H2A의 변이체인 H2A.Z(**노란색**)가 포함된 뉴클레오솜의 위치 역시 표시하였다. [Modified from a drawing by Liver Rando, University of Massachusetts Medical School, and Howard Chang, Stanford University.]

이지만, 항상 그런 것은 아니다. 이와는 대조적으로 메틸기들은 그들이 연결된 곁가지의 염기성과 소수성을 증가시켜 염색질 구조를 안정화시키는 경향이 있다. 변화된 히스톤 꼬리는 또한 염색질과 결합된 특정한 비히스톤 단백질과 상호작용하여 관련 유전자들의 전사 접근성을 변화시킨다. 뉴클레오솜간의 사이와 히스톤–히스톤의 상호작용 역시 그들의 꼬리가 아닌 히스톤 단백질의 구형 핵심부위의 공유결합성 변화에 의해 영향을 받는다.

David Allis는 히스톤 꼬리의 다양한 가공 처리의 특징을 다음과 같이 가정하였다. **특정한 가공 처리로 인하여 염색질에 기초한 어떤 기능을 자아내는 히스톤 암호(histone code)가 있고, 이러한 가공 처리가 순차적으로 혹은 조합에 의해 독특한 생물학적 결과를 초래한다.** 예를 들면 그림 28-24에서는 전사적으로 활성화된 인간의 전형적인 유전자와 이에 결합하는 뉴클레오솜에서 여러 가지로 가공된 히스톤 단백질의 분포를 보여 주고 있다. 그림 28-23과 28-24에서 보듯이 비록 유전자와 히스톤 단백질의 상호작용에 대해서는 많은 부분이 알려져 있지 않지만, 가공된 히스톤 단백질에서 가능한 조합의 수는 방대하게 나타난다.

히스톤 아세틸 전이 효소는 다중 소단위체로 된 전사 보조 활성 인자의 성분이다. 히스톤의 Lys의 곁가지들은 **히스톤 아세틸 전이 효소(histone acetyltransferase, HAT)**라고 하는 효소에 의해 서열 특이적으로 아세틸화되는데, HAT는 모두 아세틸기 공여체로서 아세틸 CoA를 사용한다.

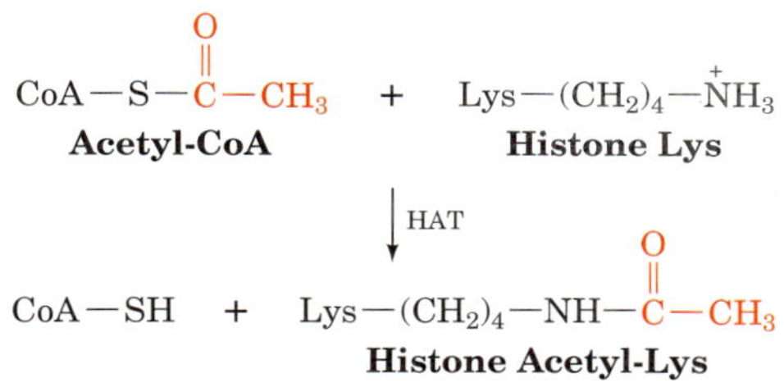

전부는 아닐지라도 대부분의 HATs는 가끔 커다란(10~20소단위체) 다중 소단위체 복합체로서 생체 내에서 기능을 하며, 그들 중 많은 수가 전사 조절 인자와 마찬가지로 초기에 그 특징을 나타낸다. 예를 들면 일반 전사 조절 인자 TFIID의 가장 큰 소단위체인 **TAF1**(TAF는 *T*BP-*a*ssociated *f*actor를 뜻하며, 여기서 TBP는 *T*ATA-*b*inding *p*rotein이다. 26-2C절)는 일종의 HAT이다. 더구나 많은 **HAT 복합체**(**HAT complex**)가 소단위체들을 서로 공유한다. 따라서 **SAGA**라고 하는 HAT 복합체는 **TAF5**, **TAF6**, **TAF9**, **TAF10**, **TAF12**를 포함하고 있으며, TAF5와 TAF6가 그들의 가까운 동족체인 **PAF65β**와 **PAF65α**로 대체된 것을 제외하고는 **PCAF 복합체**(**PCAF complex**)와 같다. TAF6, TAF9, TAF12의 일부분은 각각 히스톤 H3, H4, H2B와 구조적 동족체이다(24-5절). 결과적으로 이러한 TAF들은 연합하여 아마도 TFIID, SAGA, PCAF 복합체에 공통적인 일종의 구조 형성 요소(architectural element)를 형성함으로써 비슷한 방법으로 TBP와 상호작용할 것으로 보인다. 다양한 HAT 복합체들은 활성 유전자들의 촉진제에 HAT 성분들이 작용하도록 하는 것으로 생각된다.

하나의 이중 기질 저해제(bisubstrate inhibitor)와 복합체를 이루는 *Tetrahymena thermophila*의 **GCN5**에 있는 HAT 지역(418개 잔기 단백질 중 잔기 48~210개)의 X선 구조가 마모세테인(Ronen Marmorstein)에 의해 결정되었다. 이중 기질 저해제(**그림 28-25*a***)는 CoA가 자신의 S 원자에 결합된(아세틸기와 유사한) 아이소프로피오닐기(isopropionyl group)를 통하여 히스톤 H3의 N 말단 20개 잔기의 Lys 14(아세틸기 수용체)와 공유 결합으로 연결되어 있다. 이 효소(**그림 28-25*b***)는 깊게 틈새가 패여 있으며, 모든 HAT에서 알려진(그림 28-25*b*에서 자홍색) 공통적인 핵심 부위를 포함하고 있다. 이 핵심 부위는 세 가닥으로 된 역평행 β 병풍 구조로 구성되어 있는데, β 병풍 구조는 α 나선 구조에 의하여 네 번째 β 가닥에 연결되고, 네 번째 β 가닥이 β 병풍 구조와 평행되게 상호작용하도록 되어 있다. 히스톤 꼬리의 Gly 12에서 Arg 17까지의 6개 잔기만이 X선 구조에서 나타난다. CoA 부분은 효소의 틈새를 통하여 핵심 부위에 접촉하도록 결합된다. 다른 종류의 GCN5를 포함하는 구조들과 비교해 보면, 그 틈새가 CoA 부분을 포획하고 있음을 알 수 있다.

브로모도메인은 히스톤 꼬리에서 아세틸화된 Lys 잔기에 보조 활성 인자를 제공한다. 히스톤의 서로 다른 기능(히스톤 암호)을 위하여 서로 다른 아세틸화의 형태가 요구된다는 것은 히스톤의 아세틸화가 양전하를 띠는 히스톤의 N 말단 꼬리와 음전하를 띠는 DNA 사이의 전하-전하 상호작용을 단순히 약화시키는 것보다 더 복잡한 기능을 갖고 있음을 의미한다. 사실상 특정 인산화 서열이 단백질 인산화 연쇄 반응에 의한 신호 전달을 매개하는 SH2 지역 등과 같은 단백질 구조에 의해 인식되는 것과 같이(13-2B절), 히스톤의 특정한 아세틸화 형태들이 전사 조절 **보조 활성 인자**(**coactivator**)의 단백질 구조에 의해 인식된다. 따라서 HAT-연합 전사 보조 활성 인

(a)

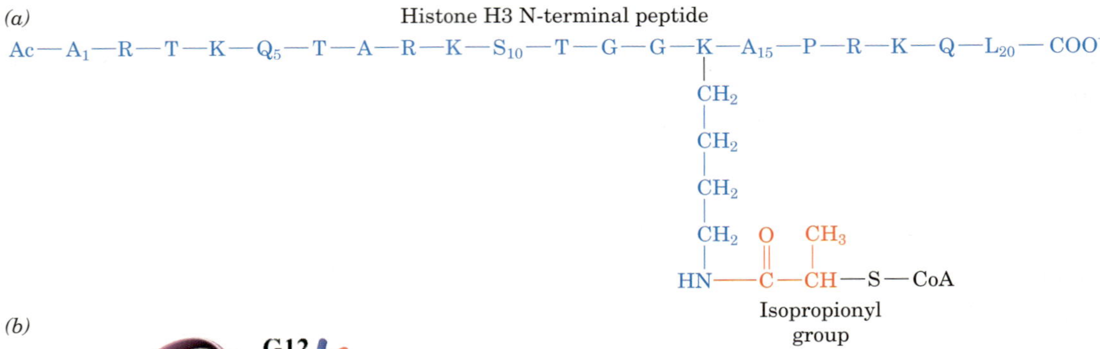

(b)

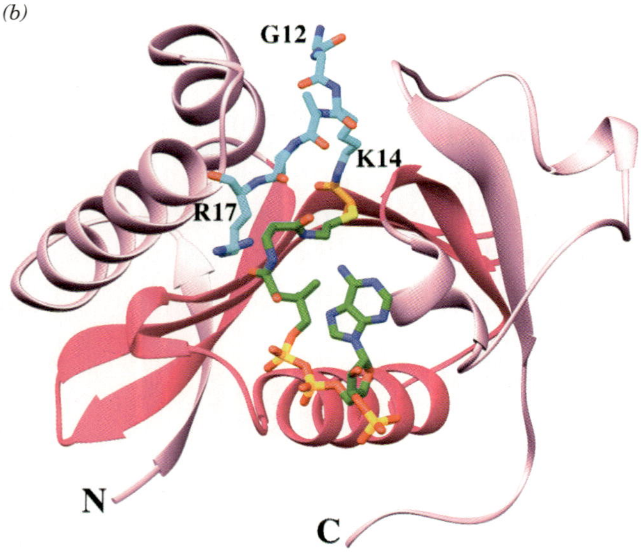

그림 28-25 저해제와 복합체를 형성하고 있는 *Tetrahymena* GCN5의 X선 구조 (*a*) 이중 기질 저해제인 펩타이드–CoA 접합체는 CoA가 그 S 원자가 아이소프로필기를 통하여 H3의 20개 잔기로 된 N 말단 부위의 Lys 14 곁가지에 연결된 것으로 되어 있다. (*b*) 단백질은 분홍색의 띠 모양으로 그렸으며, 중심 지역은 자홍색으로 그렸다. 펩타이드 CoA 접합체는 막대형으로 그렸고 원소에 따라 색칠하였다(히스톤 C는 파란색, 아이소프로파이오닐기 C는 주황색, CoA C는 초록색, N은 파란색, O는 붉은색, S는 노란색, P는 황금색). [Part b based on an X-ray structure by Ronen Marmorstein, The Wistar Institute, Philadelphia, Pennsylvania, PDBid 1MID.]

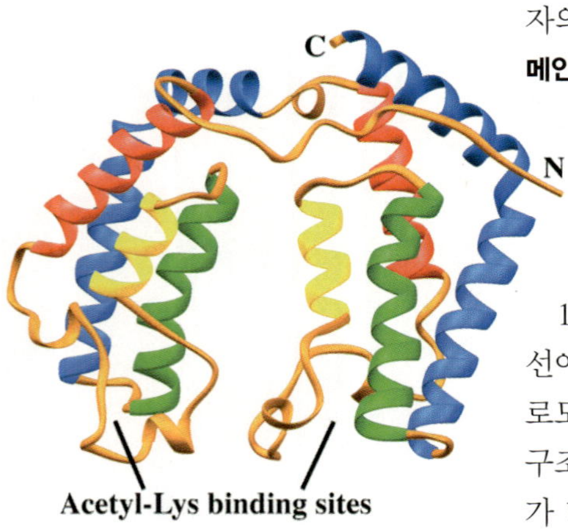

그림 28-26 인간 TAF1 이중 브로모도메인의 X선 구조 각 브로모도메인은 역평행 4나선 다발로 되어 있고 나선들은 N 말단으로부터 C 말단으로 붉은색, 노란색, 초록색, 파란색으로 되어 있고 나머지 단백질 부분은 주황색으로 되어 있다. 아세틸–Lys 결합 자리들은 N과 C 말단 반대편에 있는 각 4개 나선 다발의 말단부에 깊은 소수성 주머니 속에 자리 잡고 있다. [Based on an X–ray structure by Robert Tjian, University of California at Berkeley, PDBid 1EQF.]

자의 대부분은 히스톤의 아세틸화된 Lys 잔기에 특이하게 결합할 수 있는 **브로모도메인(bromodomain)**이라고 하는 110개 잔기의 구조를 갖고 있다. 예를 들면 GCN5는 기본적으로 하나의 HAT 영역에 이어서 하나의 브로모도메인을 갖고 있고, TAF1은 하나의 N 말단 인산화 효소(N-terminal kinase) 영역에 이어서 하나의 HAT 영역과 두 개의 연이은 브로모도메인을 갖고 있다.

인간의 TAF1에 있는 이중 브로모도메인(1872개 잔기로 된 단백질 중 잔기 1359~1638개)의 X선 구조가 첸(Robert Tjian)에 의해 결정되었는데, 네 개의 나선이 역평행으로 배열된 두 개와 다발로 되어 있음이 밝혀졌다(**그림 28-26**). 단일 브로모도메인이 그 표적인 아세틸–Lys를 포함하는 펩타이드와 형성한 복합체의 NMR 구조 등과 같은 다양한 증거들에 의하면 각 브로모도메인의 아세틸–Lys 결합 자리가 네 개의 나선으로 된 다발의 N 말단과 C 말단의 반대쪽에 위치한 소수성 주머니에 있다는 것을 알 수 있다. 이중 브로모도메인에 있는 두 개의 주머니는 서로 25 Å 떨어져 있어서 7 혹은 8개 잔기 떨어져 있는 두 개의 아세틸–Lys이 부착할 수 있도록 이상적으로 배치되어 있다. 실제로 히스톤 H4의 N 말단 꼬리에는 5, 8, 12, 16 위치에 Lys 잔기가 있으며(그림 28-23), 이들의 아세틸화가 전사 활성 증가와 관련이 있다. 게다가 히스톤 H4의 N 말단 36개 잔기는 완전히 아세틸화되면 단일 브로모도메인보다 TAF1의 이중 브로모도메인에 70배 더 강하게 결합하지만 아세틸화되지 않으면 결합하지 못한다.

앞서 보여 준 구조는 TAF1의 브로모도메인이 TFIID를 뉴클레오솜 가까이 혹은 그 내부에 있는 촉진제에 부착하도록 도와준다는 것을 의미한다[이것은 일반적으로

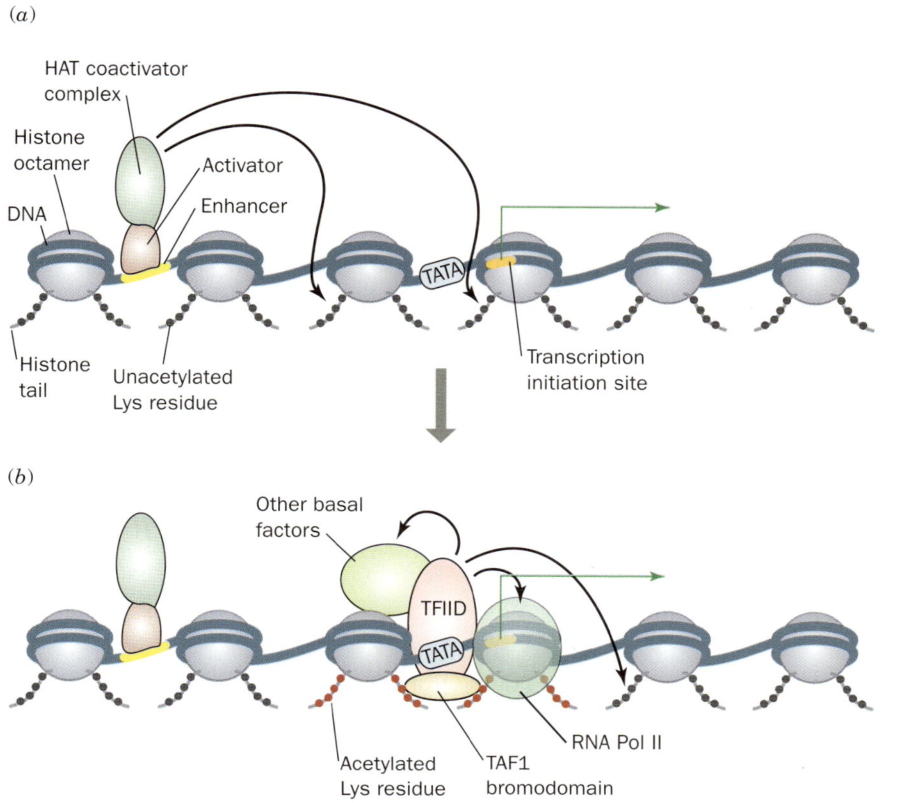

그림 28-27 염색질이 결합된 주형에서 전사 개시 복합체의 조립의 단순 모형 여기서 DNA는 파란색 벌레처럼 나타내었고, 뉴클레오솜을 형성하기 위해 DNA가 둘러싸는 히스톤 팔합체는 회색 공으로 나타내었으며, N 말단 히스톤 꼬리들은 짧은 점으로 된 사슬로 표현하였고 검은색과 빨간색 점은 각각 아세틸화되지 않은 Lys과 아세틸화된 Lys을 나타낸다. 전사 개시 부위는 DNA를 감고 있는 주황색으로 표시하였고, 초록색의 직각으로 꺾어진 화살표는 하류를 나타낸다. (*a*) 이 과정은 상류에 위치한 증강인자(노란색)에 결합한 DNA 결합 활성화 인자 단백질(분홍색)과의 상호 작용을 통하여 HAT-포함 전사 보조 활성 인자 복합체(초록색)를 제공함으로써 시작된다. 따라서 HAT 보조 활성 인자 복합체는 가까이 있는 뉴클레오솜의 N 말단 꼬리를 아세틸화하게 된다(곡선 화살표). (*b*) 아세틸화된 TAF1의 브로모도메인이 아세틸화된 히스톤 꼬리에 결합하면 TFIID(분홍색)가 TATA 상자(회색 부분)에 제공되도록 도와줄 수 있다. TAF1의 HAT 영역에 의해 주위 히스톤 꼬리들이 더 아세틸화되면 다른 기본 인자들(연두색)과 RNAP II(초록색)가 촉진제에 제공되도록 도와줄 수 있을 것이며, PIC 형성을 촉진시킬 것이다.

알고 있는 개념인 TFIID가 PIC(preinitiation complex)를 뉴클레오솜이 없는 지역에 부착시킨다는 것과는 상반된다]. 따라서 첸은 전사 개시 과정은 HAT를 포함하는 보조 활성 인자 복합체가 어떤 상류 지역 DNA-결합 단백질에 의해 보충됨으로써 시작된다고 가정하였다(그림 28-27). 그 다음 HAT가 가까이 있는 뉴클레오솜의 히스톤 N 말단 꼬리를 아세틸화시킬 수 있으며 이로 인하여 TFIID의 TAF1 브로모도메인이 아세틸-Lys 잔기에 부착함으로써 TFIID가 적당한 위치의 촉진제에 부착하게 된다. 더구나 TAF1 HAT 활성은 주위의 다른 뉴클레오솜들도 아세틸화시켜 아세틸화 연쇄 반응을 개시하여 DNA 주형이 전사를 시작할 수 있도록 만들어 주게 된다.

히스톤 아세틸화는 가역 반응이다. 히스톤으로부터 아세틸기를 제거하는 효소는 **히스톤 탈아세틸화 효소(histone deacetylase, HDAC)**로서 전사 억제와 유전자 침묵을 도모한다. 효모로부터 인간에 이르기까지 진핵세포들은 전형적으로 다양한 HDAC를 갖고 있는데 효모에서 10개, 인간에서는 17개의 HDAC가 동정되었다.

히스톤 메틸화는 유전자의 활성시키거나 침묵시킬 수 있다. 비록 메틸화의 여러 가지 형태가 활성화된 유전자와 결합되어 있지만(그림 28-24), 히스톤 H3와 H4의 N 말단 꼬리의 Lys과 Arg의 잔기에서 일어나는 히스톤 메틸화는(그림 28-23) 이질 염색질의 형성을 유도함으로써 그에 연결된 유전자를 침묵시키는 경향이 있다. 히스톤 메틸화를 매개하는 효소인 **히스톤 메틸기 전이 효소(histone methyltransferas, HMT)**는 모두 다 *S*-아데노실메싸이오닌(*S*-adenosylmethionine, SAM)을 메틸기 공여체로 사용한다. 따라서 라이신 HMT는 제일 많이 연구된 HMT로서 다음 반응을 촉매한다.

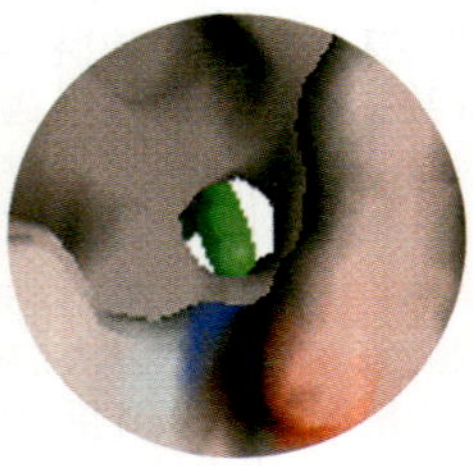

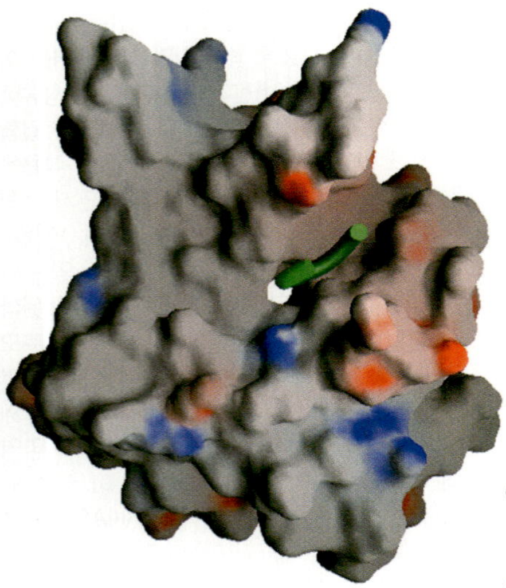

그림 28-28 SAM과 인간 히스톤 메틸기 전달 효소 SET7/9, Lys 4가 단일 메틸화된 히스톤 H3 N 말단 데카펩타이드(decapeptide) 복합체의 X선 구조 단백질은 전하에 따라 색칠한 표면 도식으로 나타내었으며(파란색은 가장 양전하, 붉은색은 가장 음전하, 회색은 중성), H3 데카펩타이드는 초록색 띠로 나타내었다. 메틸-Lys 곁가지가 삽입된 단백질의 좁은 통로를 주목하라. 왼쪽에 있는 삽화는 메틸-Lys 곁가지(**초록색**)를 포함하고 있는 Lys 접근 통로를 단백질의 SAM 결합 부위의 반대쪽에서 본 확대도이다. [Courtesy of Steven Gamblin, National Institute for Medical Research, London, U.K. PDBid 1O9S.]

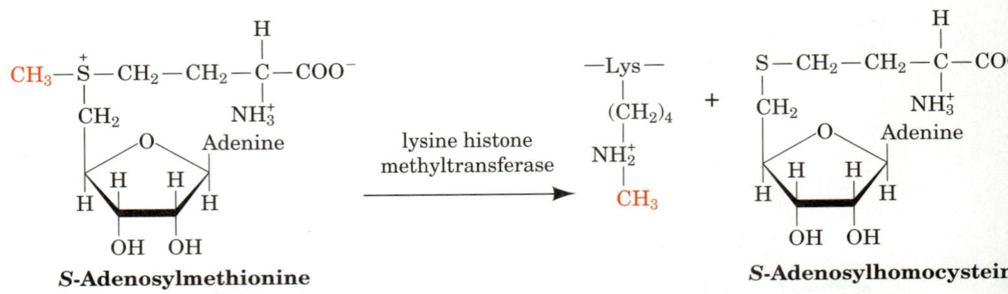

이 효소들은 모두 다 촉매 부위를 포함하는 소위 **SET 영역(SET domain)**을 갖고 있다.

SET7/9이라고 하는 인간 라이신 HMT는 히스톤 H3의 4번 Lys에 단일 메틸화시킨다. 4번 Lys에 단일 메틸화된 히스톤 H3의 N 말단 10개 펩타이드와 SAM이 결합된 복합체에서 SET7/9의 SET 영역(366개 잔기 단백질 중에서 잔기 108~366개)에 대한 X선 구조가 갬블린(Steven Gamblin)에 의해 결정되었다. 흥미롭게도 SAM과 펩타이드 기질은 단백질의 반대쪽 양 측면에 결합한다(그림 28-28). 그러나 그 단백질에는 좁은 통로가 뚫려 있어서 4번 Lys의 곁가지가 삽입되며 그 곁가지의 아미노기가 적절히 자리를 잡아 SAM에 의해 메틸화될 수 있다. Lys 아미노기에 대한 수소 결합 수용체들의 배열 형태가 $C_\varepsilon-N_\zeta$ 결합을 중심으로 한 메틸-Lys 곁가지의 방향을 안정화시켜서, 공간적으로 메틸-Lys기가 SAM에 의해 더 메틸화될 수 있는 구조가 되는 것을 방해한다.

메틸화된 히스톤은 모노-, 다이-, 트라이-메틸 형태를 선호하는 특이적인 Lys 잔기를 인식하는 여러 가지의 단백질 영역에 의해 결합한다. **PHD 손가락**(*p*lant *h*omeo*d*omain **finger**)으로 알려진 모티프인 이른바 **크로모도메인(chromodomain)**은 방향족 상자(aromatic cage)로 특징을 묘사할 수 있는 메틸화된 Lys 잔기에 결합하는 부위가 모두 포함된다(그림 28-29). 흥미롭게도 메틸-Lys-결합 단백질은 때때로 브로모도메인과 같은 추가적인 히스톤 암호 해독 모티프(histone code-reading motif)이거나 탈아세틸화 효소와 같은 히스톤 변형 효소이다.

다이메틸화된 H3의 9번 Lys에 결합하는 크로모도메인을 포함하는 **이질 염색질 단백질 1(heterochromatin protein 1, HP1)**은 유전자의 침묵에 관여한다. HP1의 결합은 뉴클레오솜에 인접한 H3의 9번 Lys 잔기에 메틸화시키는 HMT인 **Suv39h**를 보충하게 되고, 이것이 주위의 추가적으로 HP1을 보충하게 된다. 이러한 메커니즘이 왜 이질 염색질이 이웃하고 있는 유전자의 침묵을 광범위하게 걸쳐 퍼뜨리는 경향을 가지고 있는지에 대하여 설명할 수 있게 된다. 전사적으로 침묵하는 염색질에서는 DNA 자체가 메틸화되어 있다.

메틸기 전이 효소는 DNA 이중 나선으로부터 표적 염기들을 젖힌다. DNA의 메틸화는 우

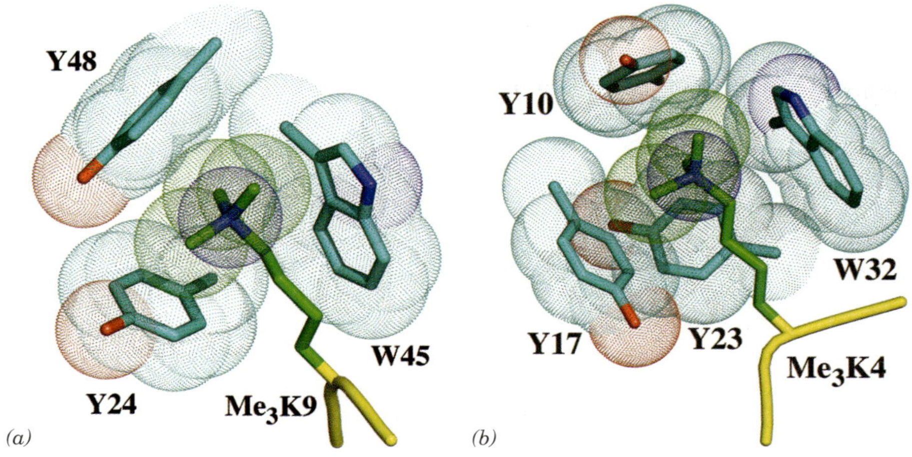

그림 28-29 히스톤 트라이메틸-Lys 잔기의 결합 부위 (*a*) H3 트라이메틸-Lys 9는 *Drosophila*의 이질 염색질 단백질 1(heterochromatin protein 1, HP1)은 크로모도메인과 결합하고, (*b*) H3 트라이메틸-Lys 4는 인간의 PHD 손가락과 결합한다. H3 트라이메틸-Lys 9 잔기에서 C는 초록색으로, N은 파란색으로, 펩타이드 중추는 노란색으로 표시하였다. 방향족 상자의 트라이메틸암모늄기인 HP1과 PHD 손가락의 방향족의 곁사슬에서 C는 청록색, N은 파란색, 산소는 빨간색으로 나타내었다. 트라이메틸암모늄기와 방향족 곁사슬의 반데르발스 영역을 점을 이용하여 윤곽을 표현하였다. [Part *a* based on an X-ray structure by Sepideh Khorasanizadeh, University of Virginia, PDBid 1KNE. Part b based on an X-ray structure by David Allis, Rockefeller University, and Dinshaw Patel, Memorial Sloan-Kettering Cancer Center, New York, New York, PDBid 2F6J]

리가 본 바와 같이(자료 25-4), 진핵 유전자의 발현을 중지시킨다. 진핵 DNA는 사이토신에만 메틸화되어 5-메틸사이토신(m^5C) 잔기를 형성하며 주로 유전자의 촉진제 지역 상류에 나타나는 회문 구조의 CpG 섬에 일어나는 변형이다(26-2B절). 진핵 DNA는 사이토신에만 메틸화되어 5-메틸사이토신(m^5C) 잔기를 형성하며 주로 유전자의 촉진제 지역상류에 나타나는 회문 구조의 CpG 섬에 일어나는 변형이고(26-2B절) 대체적으로 300에서 3000 bp의 길이를 갖는다. 사실상인간 유전체의 약 3천만개의 CpG의 60~80%가 메틸화되어 있다. 이 반응을 매개하는 효소인 **DNA 메틸기 전이 효소**(**DNA methyltransferas, DNA MTase**)는 모두 메틸 공여체로서 SAM을 사용한다. 세포들은 또한 **탈메틸화 효소**(**demethylase**)를 갖고 있어서 다음과 같은 반응을 촉매한다.

$$\text{5-메틸사이토신} + H_2O \rightarrow \text{사이토신} + HO{-}CH_3$$

DNA MTase 반응에서 SAM은 효소가 표적으로 삼은 사이토신 염기와 반응하며, 사이토신의 C5가 그 본래의 수소 원자와 공여된 메틸기에 의해 치환되어 정사면체형의 중간 구조를 형성한다. 이것은 공격하는 메틸기가 사이토신 고리의 위 혹은 아래로부터 C5에 접근해야 가능하다. 그러나 핵산 염기들의 평면은 DNA 이중 나선 내에 있을 때는 접근이 불가능하다. 결과적으로 DNA MTase는 표적 사이토신이 SAM에 의해 메틸화될 수 있도록 이중 나선 밖으로 젖혀져 나오도록 유도해야 한다. 로버츠(Richard Roberts)와 정(Xiaodong Cheng)에 의해 결정된 바와 같이, 표적 사이토신이 5-플루오로사이토신으로 치환된 DNA를 이용한 실험에서 *Haemophilus haemolyticus*의 DNA MTase(**M.HhaI**)의 X선 구조에서 그러한 젖혀진 중간 구조가 관찰된다(**그림 28-30**). 앞에 나온 정사면체 중간 구조로부터 정상적으로 존재하는 C5—H 원자가 H^+로 제거되어 메틸화 반응의 m^5C 산물을 만들어 낼 수 있지만, 플

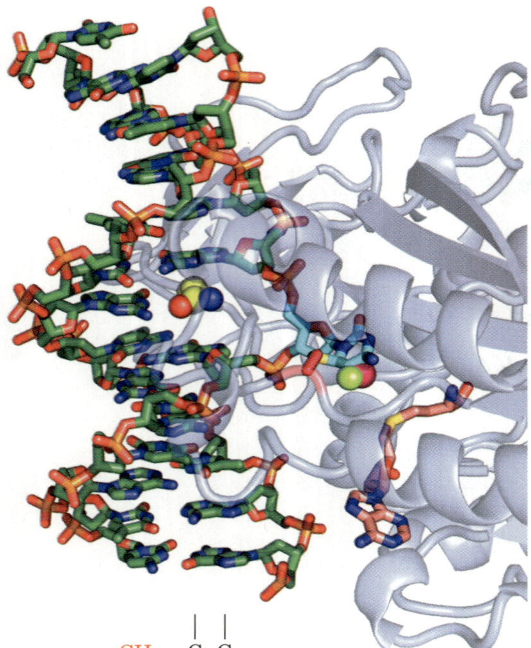

그림 28-30 M.HhaI DNA 메틸 전이 효소의 X선 연구 단백질은 반투명의 리본으로 표현하였고 효소의 표적 위치는 메틸화된 5-플루오로사이토신을 포함하고 있는 dsDNA와 *S*-아데노실호모시스테인이 함께 복합체를 형성하고 있다. DNA는 원자 종류(C는 초록색, N은 파란색, O는 빨간색, P는 주황색)에 따라 색상을 달리한 막대 모양을 표현하였다. 메틸화된 5-플루오로사이토신 잔기(C 원자는 청록색)는 DNA 이중 나선으로부터 이탈하여 효소의 활성 부위 주머니 속으로 들어가 있고, 그것의 C6은 효소의 Cys 잔기(C는 자홍색, 황은 노란색)의 S 원자와 공유 결합을 형성한다. 메틸기(메틸화 반응이 완전히 진행되는 것을 막는)와 C5의 플루오린 원자는 자홍색과 연두색의 구로 나타내었다. DNA 이중 나선에서 사이토신 염기가 빠져나온 자리는 Gln 잔기(C는 노란색을 가진 공간 채움 형태로 표시함)의 곁가지가 차지하고, 혼자 남은 구아닌 염기와 수소 결합을 한다. *S*-메틸아데노실호모시스테인은 메틸기가 포함되어 있지 않은 SAM으로 C 원자를 분홍색 막대 모양으로 표현하였다. [Based on X-ray structure by Richard Roberts, New England Biolabs, Beverly, Massachusetts, and Xiaodong Cheng, Cold Spring Harbor Laboratory, Cold Spring Harbor, New York, PDBid 1MHT.]

루오린의 높은 전기 음성도는 C5—F 원자가 F^+로서 제거되는 것을 방해하며, 따라서 정사면체의 중간 구조가 효소에 포획된다. 각각의 염기에 작용하는 어떤 DNA 수선 효소들은 그들의 표적 염기를 DNA 이중 나선 바깥쪽으로 젖혀서 수선 작업을 한다(25-5A절).

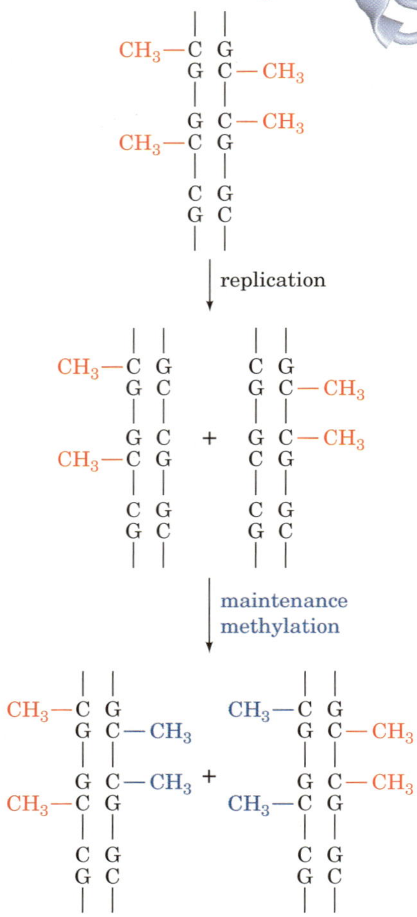

그림 28-31 메틸화 유지 부모 DNA 가닥의 메틸화 양상이 상보적 가닥에 대응되는 메틸화 양상을 유도한다. 이러한 방법으로 한 세포주에서 안정된 메틸화 양상이 유지될 수 있다.

? 회문 구조 염기 서열에서 발생되는 DNA 메틸화는 왜 필수적인가?

진핵생물의 DNA 메틸화는 자가-지속된다. 진핵생물에서 DNA 메틸화 장소가 회문 구조이므로 부모 가닥의 메틸화 형식이 딸가닥에서도 동일한 형식을 만들어 내도록 유도된다(그림 28-31). 이러한 **메틸화 유지(maintenance methylation)**는 세포주에서 메틸화 형식을 안정되게 '유전'하는 결과를 초래할 것이며, 따라서 그 세포들이 모두 동일하게 분화된 표현형을 갖도록 할 것이다. 이러한 유전체상의 변화들을 **후생유전적(epigenetic**, 그리스어: *epi*, on or beside)이라고 표현하는데, 그 이유는 그러한 변화가 추가적인 정보 층을 제공하여 고정된 유전체의 어떤 부분이 언제 어디서 발현되도록 결정하기 때문이다[이미 본 바 있는 후생유전적 변화로서 생식세포에서 말단 소체의 길이 증가(25-3C절)와 포유류 암컷에서 특정 X 염색체의 불활성화(자료 28-2)를 들 수 있다]. 후생유전학적 특징은 앞으로 보게 되겠지만, 멘델 법칙을 따르지 않는다.

인공적으로 메틸화된 바이러스 DNA가 진핵세포에 들어가면 적어도 30 세포 주기 동안 메틸화 형식이 유지된다는 연구 결과를 비롯하여 메틸화 유지를 지지하는 상당한 실험적 증거가 있다. 포유류에서 메틸화 유지는 반메틸화된 DNA의 메틸화를 강하게 선호하는 **DNMT1** 단백질에 의해 주로 매개되는 것처럼 나타난다. 반면에 M.HhaI과 같은 원핵 DNA MTase들은 반메틸화된 DNA와 완전메틸화된 DNA 기질을 구분하지 못한다. *DNMT1* 유전자가 결손된 동형 접합형 생쥐가 배아 발생의 조기에 죽는다는 것은 메틸화 유지가 중요하다는 것을 증명한다.

포유류에서 DNA 메틸화의 형식은 초기 배아 발생에 있어서 다양하다. DNA 메틸화 수준은 성숙한 배우자(정자 및 난자)에서는 높지만 수정란이 배반포(**blastocyst**; 속이 빈 세포 덩어리, 자궁벽에 배아가 착상하는 단계)로 되는 시기쯤에는 거의 제거된다. 그러나 이 단계가 지나면 배아의 메틸화 수준은 전반적으로 높아지며 **낭배(gastrula)**로 알려진 발생 단계까지 진행되고 성인의 수준까지 높아져서 평생 동안 유지된다. 이러한 새로운 메틸화는 DNMT1과는 다른 **DNMT3a**와 **DNMT3b**라고 하는 두 종류의 DNA MTase에 의해 매개되는 것으로 보인다. 생식 계통 세포(정자 혹은 난자를 만들어내는 세포)의 CpG 섬들은 메틸화되지 않은 채로 남아 있다는 점은 이러한 재메틸화 과정의 중요한 예외이다. 이것은 m^{5}C의 탈아미노화(이로 인하여 T가 생기며, 가끔 염기쌍의 짝짓기 오류에 대한 수선이 일어나지 않는 돌연변이. 자료 25-5)에 대항하여 CpG 섬을 다음 세대에 충실하게 전해 주기 위한 것이다. 포유류 암컷에서 세포 세대 간 동일한 X 염색체의 불활성화는 적어도 부분적으로는 메틸화 유지에 의해 보존된다(자료 28-2).

배아 발생 단계 동안의 DNA 메틸화 수준의 변화(후생유전학적 재편성)는 유전적 발현 양상이 배아 세포와 체세포에서 다르다는 것을 말한다. 이것은 성체 세포의 핵을 탈핵된 난자(미성숙 난자)에 넣어서 포유류(양, 생쥐, 소 등)를 클로닝하는 데 있어 실패율이 높은 이유에 대한 설명이다. 이 동물들이 살아서 태어나는 경우가 적으며, 그 후 곧바로 죽으며, 살아남는 1%의 대부분도 다양한 이상 증세를 보이는데, 특히 유별나게 몸이 큰 경우가 많다. 그러나 몇몇의 배아는 살아남는다는 것은 난자가 체세포 염색체를 후생 유전학적으로 재편성하는 능력이 탁월하다는 것(비록 성공적으로 완전히 재편성하지는 못할지라도)을 의미한다. 또한 포유류의 배아가 후생 유전학적 이상에 대하여 비교적 내성이 있다는 것을 의미한다. 가정하건대 성인의 핵으로부터 인간을 클로닝한다는 것은 비슷한 이상 증세를 초래할 것이며, 이러한 이유로(사회적, 윤리적인 금지에 추가하여) 시도되어서는 안 될 것이다.

유전체 각인은 차별적 DNA 메틸화에 기인한다. 수천 년 동안 모계와 부계 유전이 서로 다를 수 있다는 것으로 알아왔다. 예를 들면 노새(암말과 수나귀의 자손)와 버새(수말과 암나귀의 자손)는 분명히 체형적 특징이 다르며, 버새는 노새보다 짧은 귀, 두터운 깃털과 꼬리, 강한 다리를 갖고 있다. 이것은 포유류에서만 모계, 그리고 부계로부터 전달된 유전자들이 차별적으로 발현된다는 **유전체 각인(genomic imprinting)**이라고 하는 현상 때문이다. 유전체 각인에 종속되는 유전자들은 재니쉬(Rudolph Jaenisch)가 보여준 바와 같이, 생식세포 형성 과정에서 두 부모에서 서로 다르게 메틸화되고, 이러한 차별적 메틸화 양상은 배반포 형성 동안의 탈메틸화와 그 이후의 새 메틸화에 의하여 영향을 받지 않는다.

유전체 각인의 중요성은 두 개의 수컷 혹은 두 개의 암컷 전핵을 난자 속으로 이식하여 만든 배아가 발생되지 않는다는 것으로 증명된다(전핵은 정자 혹은 난자의 핵이 수정 과정에서 융합되기 이전의 핵을 말한다). 부적절한 각인은 또한 어떤 질병과도 연관이 있다. 예를 들면 **프래더-윌리 증후군(Prader-Willi syndrome)**은 유아기 발육 부전, 작은 손과 발, 심한 비만, 다양한 지적 장애 등이 특징인데, 부계에서 물려받은 15번 염색체의 특정 지역이 >5000 kb 정도가 결손되어 발생한다. 반면에 **엔젤만 증후군(Angelman syndrome, AS)**은 심한 지적 장애, 꼭두각시형 운동 실조성 보행, 부적절한 웃음 등이 특징이며, 모계로부터 물려받은 15번 염색체의 동일한 부분이 결손되어 발생된다. 드물게 15번 염색체 두 개 모두를 모계로부터 물려받은 개체가 PWS 두 개 모두를 아빠로부터 물려받은 개체는 AS가 나타난다. 명백히 결손된 지역의 유전자는 PWS를 피하기 위해서는 부계로부터, AS를 피하기 위해서는 모계로부터 전해져야 한다. 몇몇의 다른 인간 유전 질환들도 모계 혹은 부계 유전과 관련이 있다. 비정상적인 후생유전학적 편성은 또한 종양의 성장에 어떤 역할을 하며, 암세포는 때때로 비정상적인 DNA 메틸화 양상을 나타낸다.

B 진핵세포는 다양한 전사 활성 인자들을 포함한다

26-2C절에서 설명한 6가지 일반 전사 인자 외에 진핵세포에는 DNA 혹은 다른 전사

인자들과 상호작용하여 클래스 II 유전자들(RNAP II에 의해 전사되는 유전자)의 전사를 촉진 혹은 억제하는 많은 단백질들이 포함되어 있다. 이들 단백질 중 몇몇은 표적 서열을 갖고 있는 DNA에도 결합할 수 있지만, 때때로 신호 전달 경로의 한 부분으로서 활성화 또는 불활성화되어야 하는 것들도 있다(13-2B절). 이러한 조절 단백질들은 활성 인자, 억제 인자라고 알려져 있는데, 그들의 표적 장소는 각각 **증강인자(enhancer)**, 침묵인자(silencer)로 알려져 있다. 증강인자들이 발현을 조절하는 유전자와 같은 곳에 위치하게 되는 경우에는 **시스-작용 조절 요소(cis-acting regulatory elements**; *cis*는 라틴어로 같은 같은 쪽이라는 뜻)라고 한다. 반면, 전사요소를 암호화하는 유전자가 조절하는 유전자와 다른 염색체에 위치하면서 유전자 발현에 영향을 주는 확산성 물질을 **트랜스-작용 조절 요소(trans-acting regulation elements**; *trans*는 라틴어로 교차라는 뜻)라고 부른다. **인간의 유전체에는 100만 개 이상의 증강인자들이 있는 것으로 추정되고(비록 증강인자의 작은 한 세트가 어떤 세포의 종류에서 작용을 할지라도), 클래스 II 유전자의 발현을 조절하는 1000개 이상의 전사 인자가 암호화되어 있다**(그림 28-3).

증강인자는 전형적으로 전사에 필수적인 것은 아니지만 전사 속도를 매우 증가시킨다. 전사 개시 부위 바로 앞에 위치해야 되는 촉진제와는 다르게, **증강인자는 위치나 방향이 고정될 필요가 없다**(26-2B절). 예를 들면 루터(William Rutter)는 인슐린 혹은 카이모트립신 유전자의 상류 지역(5′ 인접) 서열을 쉽게 측정할 수 있고, 진핵세포에는 존재하지 않는 **클로람페니콜 아세틸기 전이 효소(chloramphenicol acetyltransferase, CAT)**를 암호화하는 서열과 연결하였다. 인슐린 유전자 서열을 포함하고 있는 플라스미드는 인슐린을 분비하는 배양 세포에 도입되었을 때만 CAT 발현을 유도하였다. 마찬가지로, 카이모트립신 재조합체도 카이모트립신 생산 세포에서만 활성이 있었다. 인슐린 유전자의 조절 서열을 분석해 본 결과 증강인자가 2103과 2333 사이에 위치하며, 인슐린을 분비하는 세포에서만 촉진제에 대한 거리, 방향 등에 거의 구애 받지 않고 CAT 유전자의 전사를 촉진하였다.

전사 인자들은 서로 간에, 그리고 PIC와 협동적으로 작용한다. 어떻게 전사 인자들이 전사를 촉진(혹은 억제)하는가? **분명히 이 단백질들이 PIC의 주위에(어떤 경우는 수천 개 염기쌍 떨어져서) 있는 표적 DNA 자리에 결합하여 어쨌든 그들이 PIC의 성분인 RNAP II를 활성화(혹은 억제)시켜 전사를 개시하도록 한다.** 전사 인자들은 서로 간에 혹은 PIC와 협동적으로 결합하여 상승적으로 전사 개시를 촉진(혹은 억제)할 수도 있다. 실제로 분자적 클로닝 실험의 결과에 따르면 많은 증강인자는 구획(기본 단위)으로 되어 있어 그들 구획들이 개별적으로 제거되면 증강인자의 활성이 감소하지만 없어지지는 않는 것으로 나타났다. **아마도 이와 같은 복잡한 배열이 전사 조절계가 다양한 자극에 대하여 점진적인 방식으로 반응할 수 있도록 가능하게 해주는 것으로 추측된다.** 그러나 어떤 경우에는 몇몇 전사 인자들이 **구조 형성 단백질(architectural protein)**과 함께 100개 bp의 증강인자 위에 협동적으로 조립되어 **증강인자솜(enhanceosome)**이라고 하는 다중 소단위체 복합체를 형성하는데, 증강인자솜에서는 단 하나의 소단위체가 결손되어도 그에 연관된 촉진제에서의 전사 개시를 촉진하는 능력이 거의 제거된다. 따라서 증강인자솜은 점진적인 반응보다 켜짐/꺼짐 스위치처럼 기능한다. 증강인자솜은 또한 DNA에는 결합하지는 않지만 다른 DNA 결합 단백질들과 상호 작용하여 전사를 활성화 혹은 억제하는 보조 활성 인자 혹은 보조 억제 인자 단백질을 포함할 수 있다.

많은 전사 인자들의 기능적 성질은 놀랍게도 간단하다. 그들은 적어도 두 영역으로 되어 있다.

1. 표적 DNA 서열에 특이적으로 결합하는 하나의 DNA 결합 영역(그러한 영역 몇 가지가 24-4C절에 설명되어 있다).
2. 전사 인자의 전사 활성 기능을 갖는 하나의 영역. 서열 분석에 의하면 이들 **활성화 영역(activation domain)**의 많은 것들이 뚜렷하게 산성 표면을 갖는 지역들을 갖고 있으며, 이 지역들의 음전하를 돌연변이에 의해 증가시키거나 감소시키면 그에 따라 전사 활성이 증가하거나 감소하는 것을 알 수 있다. 이러한 사실은 이들 전사 인자들과 PIC 사이의 결합이 구조적으로 더 까다로운 수소 결합보다는 비교적 비특이적인 정전기적 상호작용에 의해 매개됨을 암시한다. Gln이 풍부한 지역과 Pro가 풍부한 지역을 갖고 있는 것들을 포함하여 다른 형태의 활성화 영역들에 대해서도 알려져 있다.

진핵세포에서 전사 인자들의 DNA 결합과 활성화 기능은 물리적으로 분리될 수 있다(이 때문에 이 기능들이 서로 다른 영역에 있을 것으로 생각된다). 실제로 한 전사 인자의 DNA 결합 영역과 다른 전사 인자의 활성화 영역을 포함하도록 유전 공학적으로 만들어진 혼성 단백질은 전자의 전사 인자(DNA 결합 영역을 제공한 전사 인자)가 활성화하는 유전자와 동일한 유전자를 활성화한다. 더구나 활성화 영역을 DNA 결합 영역의 N 말단에 두거나, C 말단에 두거나 하는 것은 큰 차이가 없다. 활성화 영역과 그 표적 단백질 사이의 결합에 있어서 이러한 기하학적 허용은 전사 인자들이 전사 개시 부위에 대한 증강인자의 위치나 방향에 크게 구애받지 않는다는 점에서도 나타난다. 물론 **증강인자에 결합한 전사 인자가 촉진제에 결합한 PIC와 상호작용하기 위해서는 증강인자와 그로부터 멀리 떨어진 전사 개시 부위 사이의 DNA가 고리를 형성해야 한다**(26-2C절).

전사 개시에 있어서 여러 전사 인자들의 상승(협동) 작용은 간단한 보충 모형로 이해될 수 있다. 증강인자에 결합한 전사 인자는 PIC가 촉진제에 결합하는 친화력을 증가시켜서 PIC가 전사 속도를 10배 증가시킨다고 가정해 보자. 그 다음 다른 증강인자에 결합하는 다른 전사 인자가 전사 속도를 20배 증가시키면 두 전사 인자는 전사 속도를 200배 증가시킬 것이다. **이와 같이 제한된 수의 전사 인자들은 수많은 전사 형태들을 지원할 수 있다.** 이 모형에 의하면, 전사 활성은 근본적으로 양적 활동 효과이다. 한 전사 인자가 한 증강인자에 결합하면 그와 관련된 촉진제에 전사 인자의 효과적인 농도를 증가시키며(DNA가 촉진제 주변에 전사 인자를 잡아 둔다), 결과적으로 PIC가 촉진제에 결합하는 속도를 증가시킨다. 이러한 것은 DNA에 부착하지 않은(혹은 DNA 결합 영역이 없는) 전사 인자가 전사 개시를 억제하는 이유이기도 하다. 그와 같이 결합하지 않은 전사 인자들은 DNA 결합 전사 인자들과 표적 장소에 대해 경쟁하여 PIC가 촉진제에 보충되는 속도를 감소시킨다. 이 현상을 **진압(squelching)**이라고 하며, 이 현상 때문에 핵 속의 전사 인자가 전사 개시에 활발하게 관여하지 않고 있을 때는 거의 항상 저해제에 의해 결합되어 있는 것으로 보인다.

중개 인자는 전사 활성 인자들과 RNAP II 사이를 연결해 준다. 진핵세포의 유전체는 클래스 II 유전자를 위한 수천 개의 전사 조절 인자를 암호화하고 있다(예: 그림 28-3). 그러나 활성 인자들은 시험관 내에서 재구성된 PIC에 의한 전사의 촉진은 하지 못한다. 전사 개시를 촉진하기 위해서는 분명히 다른 추가적인 인자들이 필요하다. 실제

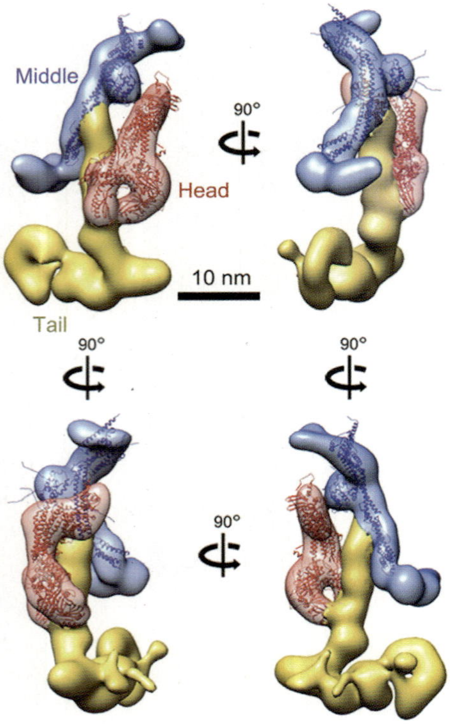

그림 28-32 18A 해상력에서 극저온-전자 현미경을 근거로 한 효모 중개인자의 구조 머리, 중간, 꼬리 부분은 각각 다른 색깔로 구분하였고, 다양한 소단위체의 X선 구조는 리본 모식도로 나타냈다. 4개의 그림은 수직 중심축으로 90도씩 시계 방향으로 연속적으로 보여 준다.

로 콘버그는 **효모의 유전학적 연구에서 모든 클래스 유전자의 촉진제들에 의한 전사에 필요한 중개 인자(Mediator)라고 하는 21개 소단위체로 된 1200 kD 복합체를 발견하였다.** 보조 활성 인자로 생각되는 중개 인자는 RNAP II의 β′ 소단위체의 C 말단 영역(C-terminal domain, CTD)에 결합한다(26-2A절). 더 많은 연구 결과에 의하면 다세포 생물들이 효모의 중개 인자와 유사한 기능을 수행하는 다수 소단위체 복합체(그 수가 다양하지만 사람은 30개)를 갖고 있으며, 많은 소단위체들을 공유하고 있음이 밝혀졌다. 게다가 소단위체들 중 많은 수가 효모의 것들과 좀 멀긴 해도 서로 관련성이 있다. **중개 인자들은 DNA 결합 전사 조절 인자들과 RNAP II 사이를 연결하는 어댑터로서 기능하여 관련된 촉진제에 안정된 PIC의 형성에 영향(유도 혹은 억제)을 주는 것으로 보인다. 그리하여 그들은 전사 조절 인자들이 그 표적 DNA에 결합함으로써 나타내는 신호들을 종합하는 기능을 수행한다. 생각하건대 다세포 생물에서 서로 다른 중개 인자들은 서로 다른 전사 조절 인자 군으로부터 나온 신호들을 중계하는 것으로 보인다.**

Francisco Asturias에 의해 결정된 효모의 RNAP II-중개 인자 복합체의 EM에 기초한 영상(**그림 28-32**)은 중개 인자가 머리, 중간 부분, 팔, 꼬리의 네 가지 영역으로 되어 있다는 것을 나타낸다. 그 이후 연구들에서는 DNA 결합전사 조절인자들과 RNAP II에서 나타날 수 있는 다양한 구조학적인 모듈 간의 연결방식을 제시하고 있다. 여러 연구 결과에서, 중개 인자 소단위의 개별적 삭제는 다른 중개 인자 소단위와 상호작용을 하는 다른 전사인자가 조절하는 작은 한 세트의 유전자 발현에 영향을 미치게 된다. 분명히 다양한 전사인자는 중개인자와 동시에 일제히 결합할 수 있다. 더욱이 이러한 사실은 다른 전사인자들과 상호작용을 하는 중개인자에 하나의 전사인자가 결합한다는 것으로 보여 주고 있다.

중개 인자를 포함하는 클래스 II 유전자를 위한 전사 기구는 약 370만 달톤(D)의 분자량에 달하는 75개의 폴리펩타이드로 구성되어 있다. 그럼에도 불구하고, 앞에서 언급하였지만(28-3A절), 이러한 리보솜 크기의 집합체(진핵세포의 리보솜은 약 420만 달톤(D), 표 27-5)는 염색질의 DNA에 접근을 하기 위해서는 다른 커다란 입자들로부터 상당히 많은 도움을 받아야 한다.

격리 인자들은 증강인자의 효과를 제한하며 이질 염색질의 전파를 중지시킨다. 증강인자는 촉진제에 대한 상대적 거리에 상관없이 작용한다. 그렇다면 무엇이 염색체에 있는 모든 유전자들의 전사에 영향을 미치는 증강인자를 방해하는가? 반대로 말하면, 우리가 본 바와 같이(28-3A절) 이질 염색질은 자기 스스로 응집되는 것처럼 보인다. 그렇다면 무엇이 주위에 있는 진정 염색질로 전파되어 유전자 발현을 억제하는 이질 염색질을 방해하는가? *Drosophila* 유전자 주위의 DNA 서열을 재배열하여 수행한 실험에서 **격리 인자(insulator)**라고 하는 짧은(2 kb) 부위의 DNA가 전사의 기능적 단위의 경계를 정하는 것으로 나타났다. 하나의 격리 인자를 한 유전자와 그 상류 증강인자 사이에 삽입하면 전사에 미치는 증강인자의 영향을 방해한다. 격리 인자는 또한 이질 염색질이 전파되는 것을 방해할 수 있다. 예를 들면 닭의 β-글로빈 유전자 집단에 있는 **HS4** 격리 인자는 주위에 있는 뉴클레오솜(전사 활성에 관여하고 있는, 그림 28-24)의 H3 Lys 9를 아세틸화시키는 HATs를 끌어들여(이질 염색질의 형성을 유도하는) H3 Lys9의 메틸화를 방해한다. 격리 인자의 작용 메커니즘은 수수께끼와 같다. 아마도, 격리 인자 그 자체가 활성이 있는 것이 아니라 그곳에 결합하는 단백질들이 활성이 있는 격리 인자를 형성할 것이다. 실제로, HS4가 HATs를 보충시키는 활성은 그것의 증강인자-방해 기능과는 다르며, 이러한 방해 기능은 HATs가 결합하는 장소와는 다른 HS4의 보조 장소에 결합하는 11개의 아연 손가락을 갖는 **CTCF**라고 하는 단백질에 의하여 매개된다.

많은 신호 전달 경로들이 전사 인자들을 활성화시킨다. 다양한 신호 전달 경로들이 전사 인자들을 활성화시킨다. 스테로이드 호르몬, 이형 삼합체 G 단백질(heterotrimeric G-protein), 수용체 타이로신 카이네이스(receptor tyrosine kinases, RTKs), 포스포이노시타이드(phophoinositide) 다단계 반응(13장) 등을 포함하여 다양한 신호 전달 경로들이 전사 인자의 활성(혹은 불활성)을 초래한다. 이러한 방법으로, 호르몬과 같은 세포 외적 요소들이 세포 내의 유전자 발현에 영향을 끼칠 수 있다. 우리는 이미 Ras 신호 전달 다단계 반응(그림 13-7)이 Fos, Jun, Myc을 포함하여 몇몇 전사 인자들의 인산화를 초래하여, 그들의 활성을 조절함을 알았다. 스테롤 조절 요소(sterol regulatory element, SRE; 19-7B절)에 결합하여 콜레스테롤 생합성에 관여하는 유전자들의 발현을 조절하는 스테롤 조절 요소 결합 단백질(sterol regulatory element binding protein, SREBP)은 유도성 전사 인자이다. 다음 문단에서 우리는 전사 인자를 활성화시키는 신호 전달 경로의 두 가지 예를 토의할 것이다.

JAK-STAT 경로는 사이토카인-기반의 신호들을 중계한다. 많은 형태의 세포, 특히 혈구 세포들의 분화, 증식, 활성 등을 조절하는 단백질 성장 인자들은 **사이토카인(cytokine)**이라고 알려져 있다. 사이토카인이 세포외의 해당 수용체에 결합하여 생성된 신호는 다넬(James Darnell)에 의해 밝혀졌듯이 **JAK-STAT 경로(JAK-STAT pathway)**에 의해 세포 내로 전달된다. **사이토카인 수용체(cytokine receptor)**는 **비수용체 타이로신 인산화 효소(nonreceptor tyrosine kinase, NRTK)**의 **야누스 카이네이스(Janus kinase, JAK)** 가족 단백질들과 복합체를 형성하는데, JAK는 그것이 가지고 있는 네 개의 1150개 잔기로 된 구성 성분 각각이 두 개의 카이네이스 영역을 갖고 있기 때문에 붙여진 이름이다. 그러나 C 말단 영역만이 기능을 발휘한다(야누스는 두 얼굴을 가진 로마의 수호신이다). 신호 전달 전사 활성 인자(*s*ignal *t*ransducers and *a*ctivators of *t*ranscription, **STAT**를 뜻함)는 그 활성이 Tyr 인산화에 의해 조절된다고 알려진 유일한 전사 인자들이며, SH2 영역을 갖고 있는 800개 잔기 단백질들로 된 7개의 전사 인자 가족들로 되어 있다.

JAK-STAT 경로는 **그림 28-33**에 도식화한 바와 같이 기능을 수행한다.

1. 리간드 결합은 사이토카인 수용체가 이합체화되도록 유도한다(혹은 어떤 경우는 삼합체화 혹은 심지어 사합체화를 유도한다).
2. 사이토카인 수용체에 결합된 두 개의 JAKS는 병렬로 배열되어 상호 인산화시키고 그 다음 결합된 수용체들을 인산화시키는데, 이 과정은 이합체화한 RTKs의 자가 인산화(13-2A절)와 유사하다.
3. STAT는 SH2 영역을 통하여 그들의 활성화된 수용체의 인산화-Tyr 잔기에 결합한 다음 결합된 JAK에 의해 보존된 Tyr 잔기가 인산화된다.
4. 수용체로부터 분리된 후 인산화된 STATs는 상대방 소단위체에 있는 SH2 영역과 인산화-Tyr 잔기 사이의 결합에 의해 동형 혹은 이형 이합체화된다.
5. 그 다음 STAT 이 합체들은 핵 속으로 이동하여, 전사 인자로서 공통 서열 TTCCGGGAA를 갖고 있는 9개 bp DNA 부분에 결합하고 관련된 유전자들의 전사를 유도한다.

process diagram

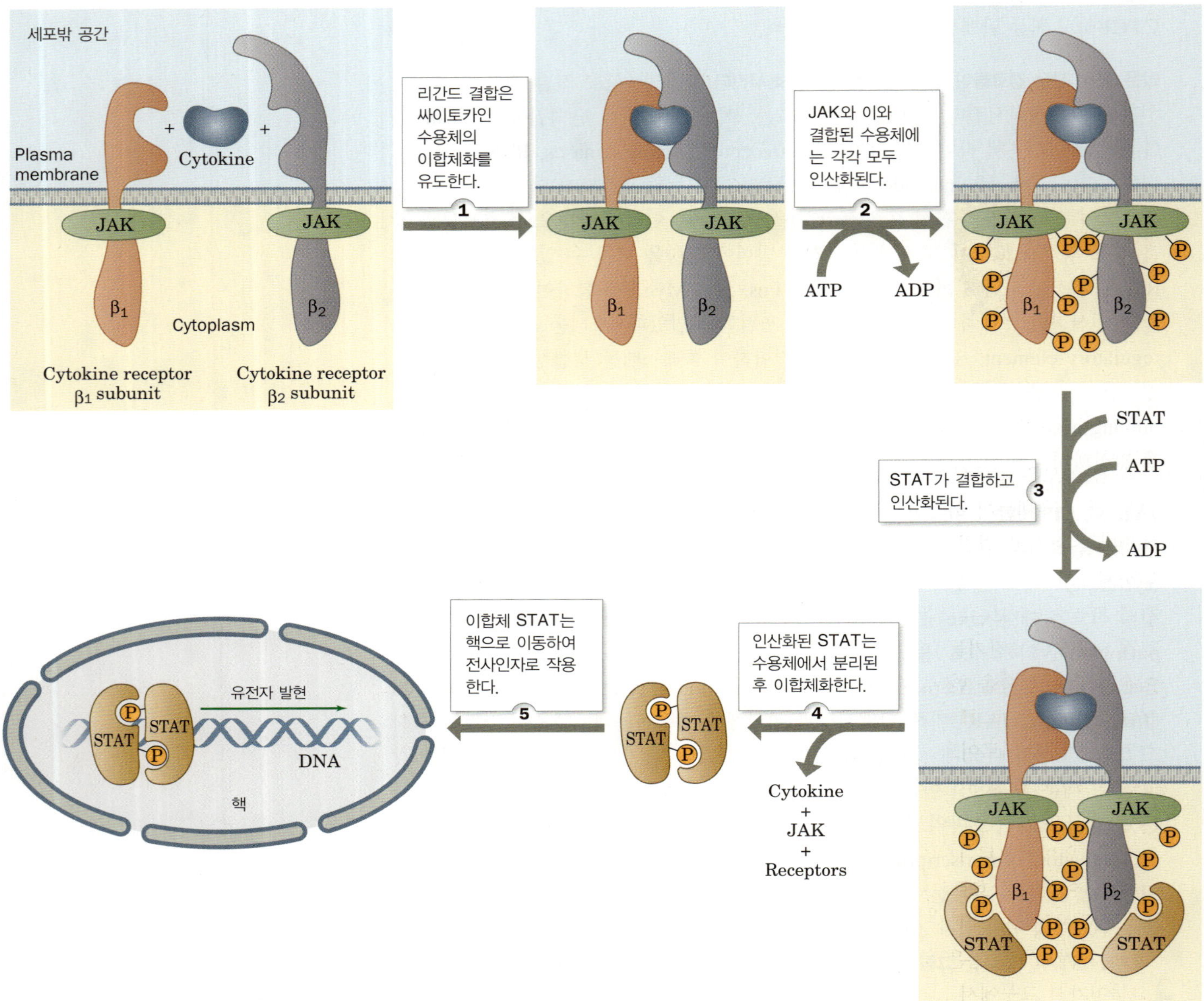

그림 28-33 사이토카인 신호의 세포 내 전달을 위한 JAK-STAT 경로 [After Caipenter, L.R., Yancopoulos, G.D., and Stahl, N., *Adv. Prot. Chem.* 52, 109(1999).]

신호 전달 경로들의 많은 다른 성분들과 마찬가지로, STAT 신호는 인산 가수 분해 효소의 활동에 의해 불활성화되어 STAT는 전형적으로 수분 동안만 활성인 채로 남아 있다. **Stat3β**라는 STAT의 X선 구조가 뮬러(Christoph Müller)에 의해 결정되었으며, 그림 28-34에 나타내었다.

핵 수용체들은 호르몬에 의해 활성화된다. 핵 수용체 상과(nuclear receptor superfamily)는 벌레에서부터 인간에 이르기까지의 동물들에게 있으며 스테로이드(글루코코르티코이드, 미네랄로코르티코이드, 에스트로젠, 안드로젠; 9-1E절과 13-1C절), 대사를 촉진하는 타이록신(그림 4-15)과 같은 **갑상샘 호르몬(thyroid hormone)**, 바이타민 D

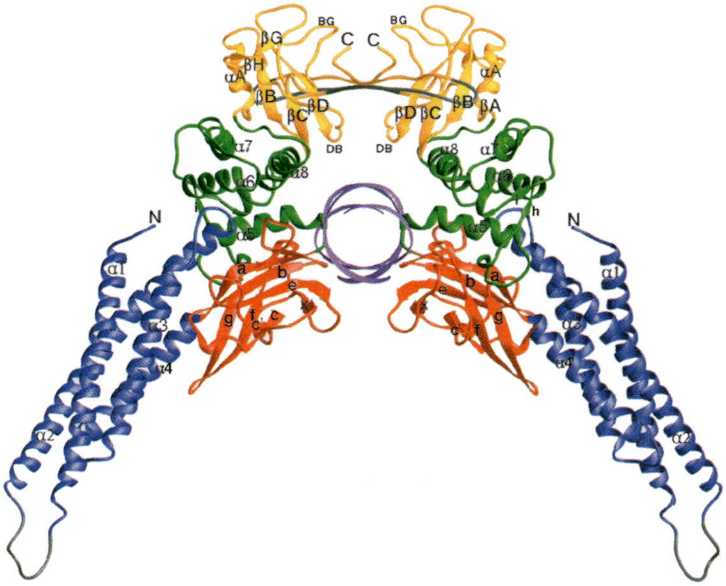

그림 28-34 9개 bp 표적 서열을 포함하는 17개 bp DNA에 결합한 Stat3β의 X선 구조 이 복합체는 보라색 띠로 나타낸 DNA의 나선 축을 중심으로 나타내었다. 단백질의 여러 가지 다양한 영역들은 서로 다른 색깔로 표시하였다. 인산화될 수 있는 Tyr 잔기들은 단백질과 이합체를 중개하는 SH2 영역들(**노란색**)에 위치하고 있다. 어떻게 STAT 이합체가 가위를 쥐듯이 DNA에 결합하는지를 주목하라. [Courtesy of Christoph Muller, European Molecular Biology Laboratory, Grenoble, France, PDBid IBGI.]

등과 같이 모두 무극성인 다양한 호르몬들과 결합하는 150가지 단백질로 되어 있다. 많은 핵 수용체들이 특정한 유전자들을 활성화하지만 수용체들에 의해 활성화되는 유전자들은 서로 겹칠 수 있다. 핵 수용체는 N 말단에서부터 C 말단에 이르기까지 약하게 보존된 활성 영역, 고도로 보존된 DNA 결합 영역, 연결 이음매 지역, 리간드 결합 영역 등의 보존된 구조적 구성 단위를 공통으로 갖고 있다. DNA 결합 영역은 각각 8개의 Cys 잔기들을 갖고 있으며, 네 개의 그룹으로서 정사면체 모양으로 Zn^{2+} 이온과 배위 결합을 한다. 핵 수용체 상과의 많은 종류가 **호르몬 반응 요소(hormone response element, HRE)**라고 하는 특이한 DNA 부위를 인식하는데, HRE의 공통 서열의 반은 스테로이드 수용체의 경우는 5′-AGAACA-3′이고 다른 핵 수용체의 경우는 5′-AGGTCA-3′이다. 이 서열들은 정반복(→*n*→), 내향성 역반복(→*n*←), 외향성 역반복(←*n*→)으로 배열되어 있으며, 여기서 *n*은 특정 수용체가 표적으로 삼는 0~8 bp(일반적으로 1~5 bp)의 사이 공간이다. **스테로이드 수용체(steroid receptor)**는 동종 이합체로 호르몬 반응 요소들에 결합하지만, 다른 핵 수용체들은 동종 이합체, 이종 이합체, 어떤 경우에는 단위체로 결합한다.

스테로이드 호르몬은 무극성으로서 세포막을 쉽게 통과하여 세포질 혹은 핵 속으로 들어가서 그곳에서 그들의 수용체와 결합한다(비록 어떤 경우에는 표면 수용체와 상호 작용할 수 있을 수도 있지만). 해당 스테로이드가 없으면 이 수용체들은 커다란 다수 단백질 복합체의 일부로서 존재한다. 스테로이드가 결합하면 이 수용체들이 방출되고 이합체화되며, 세포질에 있다면 핵 속으로 들어가서 표적 HRE에 결합하여 관련 유전자의 전사를 유도하거나 어떤 경우에는 억제하기도 한다.

두 개의 이상적인 6개 bp **글루코코르티코이드 반응 요소(glucocorticoid response element, GRE)** 반쪽이 내향성 역반복으로 배열된 DNA와 복합체를 형성하고 있는 쥐의 **글루코코르티코이드 수용체(glucocorticoid receptor, GR**; 탄수화물, 단백질, 지질 대사를 조절하는)의 86개 잔기 DNA 결합 영역의 X선 구조가 시글러(Paul Sigler)와 야마모토(Keith Yamamoto)(**그림 28-35**)에 의해 결정되었다. 이 단백질은 DNA가 없는 상태에서는 이합체화되는 경향이 없음에도 불구하고 단백질–단백질 접촉에 의한 대칭적 이합체를 형성한다(NMR 측정에 따르면 접촉 지역은 용액 중에서 유연성이 있다는 것을 보여 준다). 각각의 단백질 소단위체는 구조적으로 뚜렷한

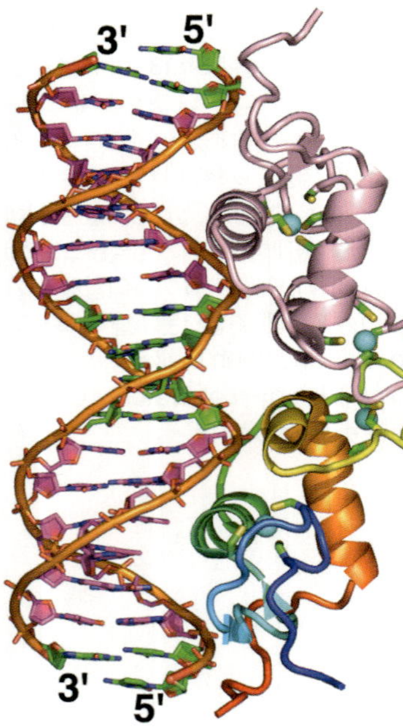

그림 28-35 DNA와 복합체를 형성한 글루코코르티코이드 수용체 DNA 결합 영역 이합체의 X선 구조 복합체는 대략 이중의 수평인 분자축을 가지는 것으로 보인다. 18개 bp DNA는 주걱 형태로 나타냈으며, 두 개의 6개 bp GRE 반절의 C는 자홍색, 나머지 뉴클레오타이드의 C는 초록색, N는 파란색, O는 빨간색, P는 주황색으로 표시하였고 연속되는 P 원자는 주황색 막대로 연결하였다. 단백질은 위쪽의 소단위체는 분홍색, 아래쪽 소단위체는 N 말단(**파란색**)에서부터 C 말단(**빨간색**)까지는 무지개 색으로 표시한 리본 형태로 나타냈다. 두 개의 Zn^{2+} 이온(**청록색 구**)으로 된 아연 손가락(24-2C절)이 포함되어 있는 각각의 소단위체에는 Cys(초록색의 C와 노란색의 S를 막대 형태로 나타냄)의 곁사슬에 의해 정사면체적으로 배위 결합되어 있다. 어떻게 글루코코르티코이드 수용체의 두 개의 N 말단 나선들이 인접한 두 개의 연속적인 큰 홈에 삽입되는지를 주목하라. 그러나 아래쪽 소단위체는 오직 서열 특이적인 형태로 결합한다. 위쪽 소단위체는 회문 구조의 DNA에서 하나의 염기쌍에 결합하기 때문에 DAN와 접촉할 때 서열 특이성이 나타나지 않는다. [Based on an X-ray structure by Paul Sigler, Yale University, PDBid 1GLU.]

두 개의 단위로 되어 있으며, 단위 각각은 하나의 Zn^{2+} 배위 결합 중심핵을 갖고 있고, 서로 결합하여 치밀한 구형의 포개짐 구조를 형성한다. C 말단 구조는 전체적인 경계면을 제공하여 DNA 골격의 인산기들과 몇 개의 접촉점을 만든다. N 말단 구조 역시 인산 골격과 결합하는데, GRE의 큰 홈에 삽입되는 인식 나선인 N 말단의 α 나선에서 뻗어 나온 세 가지 곁가지를 통하여 GR의 서열 특이적 상호작용을 가능하게 한다.

발췌문. 지금까지 본 바와 같이 진핵생물의 전사 개시는 커다란 DNA의 여러 부위뿐 아니라 때로는 느슨하게 혹은 연속적으로 서로 상호작용하는 수백 개의 폴리펩타이드(즉 히스톤, PIC, 중개 인자, 전사 인자, 구조 형성 단백질, 보조 활성 인자, 보조 억제 인자, 염색질-리모델링 복합체와 히스톤-가공 효소)으로 구성된 수없이 많은 다수의 소단위체 복합체가 상승적으로 참여하는 대단히 복잡한 과정이다. 이러한 많은 인자들에 대하여 광범위하게 그들의 특성이 밝혀졌음에도 불구하고 아직 어떻게 이 다양한 성분들이 생체 내에서 상호작용하여 세포가 처한 특정 상황에서 적절한 시간에 적당한 양으로 해당 유전자들만을 전사하는지에 대해서는 기본적인 이해 수준을 벗어나지 못하고 있다. 더구나 전사 조절의 복잡성의 증가(유전자 수의 증가가 아니라)가 비슷한 수의 유전자를 갖고 있는 선충류, 초파리, 사람 간에 있어서의 형태와 행동의 커다란 차이점에 대한 부분적인 원인이 되는 것 같다(표 28-1).

C 전사 후 조절 메커니즘

비록 진핵세포에서 대부분의 유전자 발현의 조절이 전사 수준에서 일어나지만, RNA 전사체가 합성된 후에 추가적인 조절 메커니즘이 작용한다. 이 절에서는 mRNA 분해, RNA 방해, 번역 개시의 조절 등과 같은 몇 가지 메커니즘에 대해 알아보고자 한다. 우리는 이미 서로 다른 발현 구역들의 선택을 통하여 유전자 발현을 조절하는 전사 후 조절 메커니즘으로서 선택적 mRNA 이어맞추기(alternative mRNA splicing)에 관하여 토의하였다(26-3B절).

mRNA는 서로 다른 속도로 분해된다. 진핵세포에서 mRNA의 안정성의 정도는 반감기로 측정하며, 몇 분에서 몇 시간, 수일까지 다양하다. mRNA 분자 자체에 분해 속도를 결정하는 요소가 있는 것으로 보인다. 이 요소들에는 poly(A) 꼬리와 5′ 모자, 암호 부위 내부에 위치한 서열 등이 있다.

mRNA 분해의 주된 방법은 전체 세포질에 존재하는 것으로 보이는 **탈아데닐화 효소(deadenylase)**에 의해 촉매되는 과정인 poly(A) 꼬리의 점진적 제거 과정으로 시작된다. 남아 있는 poly(A) 꼬리가 10 nt보다 작아져서 더 이상 poly(A) 결합 단백

자료 28-3 생화학의 전망 넌센스-매개 감시

DNA 복제, 전사 혹은 mRNA 이어맞추기를 하는 동안 발생하는 오류는 하나의 뉴클레오타이드가 다른 것으로 치환되거나 틀 이동을 통해 정지 코돈이 발생할 수 있다. 인간의 유전적 질환의 1/3 정도가 암호 서열의 중간에 비정상적으로 정지되는 '조숙한(premature)' 정지 코돈에 의해 발생되는 것으로 알려져 있다. 흥미롭게도 조숙한 정지 코돈을 가지고 있는 진핵세포의 mRNA는 드물지만 유사하게 끝이 잘린 폴리펩타이드가 만들어지게 되는데, mRNA는 폴리펩타이드가 합성된 직후 **넌센스-매개 감시(nonsense-mediated decay, NMD)**를 통해 분해된다.

세포가 어떻게 암호화 서열의 끝부분에 위치한 정상적인 정지 코돈으로부터 비정상적인 조숙한 정지 코돈을 구별해 낼까? 연구 결과, RNA 이어맞추기에 의존하는 NMD를 위한 신호가 제안되었다. 인트론 제거 후, 비록 mRNA가 번역을 위해 세포질로 빠져나가겠지만 이어맞추기 인자와 다른 여러 성분들이 포함된 **엑손-접합 단백질 복합체(exon-junction protein complex, EJC)**가 각 엑손과 엑손이 접합된 곳과 결합되어 남아 있게 된다. 정지 코돈 다음에 있는 EJC는 분해될 전사체를 정확하게 표시하게 된다.

NMD를 위한 교정 모델에서 양적 조절은 mRNA가 핵을 떠나기 전에 일어난다. 비록 번역의 대부분이 세포질에서 일어나지만, **포유류 세포에서 전체 번역의 대략 10~15%는 핵 안쪽에서 일어난다.** 핵에서의 번역이 일어나는 동안, 정지 코돈이 있는 곳에서 일시 정지된 리보솜은 '감시(surveillance)' 복합체로 전환된다. 감시 복합체는 mRNA에 남아 있는 EJC를 자세하게 조사하게 된다. 만약 EJC가 탐지되면, mRNA는 핵산 말단 분해 효소의 작용에 의해 5′ 모자와 3′ 꼬리 부분이 제거되어 결국 분해된다.

두 개의 다른 양적 조절 메커니즘은 역시 번역에 의존된다. 정지 코돈이 없는 mRNA는 비정지 감쇠에 지배를 받게 된다. 리보솜이 결합이 있는 mRNA의 3′ 말단에 도달하게 되면, **Ski7p**라고 하는 단백질(방출 인자 eRF3와 구조적으로 유사함)이 A 지점에 결합하고 mRNA를 분해하기 위한 엑소좀이 보충된다. 효모에서는 **no-go 감쇠**라고 알려진 메커니즘으로 mRNA의 번역을 정지시키는데, 번역을 정지시키는 안정된 줄기-고리(stem-loop) 구조와 같은 방해물이 포함된 mRNA에 해당된다. 이 경우에는 오도 가도 못하고 있는 리보솜에 핵산 내부 분해 효소가 결합되어 mRNA를 분해하게 된다.

질(26-3A절)이 결합할 수 없을 때, mRNA는 mRNA의 m^7GDP 모자를 가수 분해시키는 **탈모자 효소(decapping enzyme)**의 기질이 된다. 이런 일이 가능한 이유는 우리가 보았듯이(27-4A절), 번역 개시 인자 eIF4G는 poly(A) 결합 단백질과 모자 결합 단백질이 상호작용하여 mRNA를 원형으로 만들어 3′ 말단에서 일어나는 일이 5′ 말단에서 일어나는 일로 연결될 수 있도록 한다. 탈모자화 및 탈아데닐화된 mRNA는 핵산 말단 분해 효소에 의해 분해되는데, 주로 1706개 잔기 5′ → 3′ 핵산 말단 분해 효소 **Xrn1**과 **엑소좀(exosome)**이라고 부르는 3′ → 5′ 핵산 말단 분해 효소 복합체가 있다. 탈모자 효소인 5′ → 3′ 핵산 말단 분해 효소와 **P 본체(P body**; P는 processing을 의미함)라 불리는 복합체의 부속물 단백질은 mRNA를 분해하는 기능을 하거나 불활성 형태로 저장하는 기능을 수행할 수도 있다.

mRNA의 3′ 말단의 번역이 일어나지 않는 지역에 있는 **AU-rich 요소(ARE)**에 결합하는 단백질은 mRNA 분해 속도를 증가시키거나 감소시키는 것으로 나타났다. 하지만 이들에 대한 명확한 작용은 밝혀지지 않았다. 세포 내 신호 전달 과정에 의해 민감하게 구조가 변화하는 RNA 2차 구조와 RNA 결합 단백질은 mRNA의 안정성을 조절하는 역할을 한다. 비정상적으로 정지 코돈이 출현하여 번역이 일어나지 않는 mRNA는 분해에 특이적으로 표적이 된다(자료 28-3).

진핵세포의 핵심 엑소좀은 9개의 다른 소단위체의 한 사본으로 구성되어 있다. 리마(Christopher Lima)에 의해 밝혀진 X선 구조를 보면(**그림 28-36**), 엑소좀은 **Rpr41**(Rpr은 *r*RNA *pr*ocessing에서 유래되었음; 엑소좀은 rRNA의 3' 말단에서 작용하는 활성이 발견되었음), **Rpr42**, **Mtr3**, **Rpr43**, **Rpr46**, **Rpr45**의 6개 소단위체가 환형의 구조이고, **Rpr4**, **Csl4**, **Rpr40**의 나머지 소단위체는 원의 바깥으로 결합되어 있다. 핵심 엑소좀의 중앙부는 약 9 Å 길이의 홈이 생성된 소단위체의 배열은 RNA 단일 가닥이 들어갈 수 있게 구성되어 있다.

고세균의 엑소좀은 진핵세포의 핵심 엑소좀의 단순한 형태로 나타난다. 6개의 소

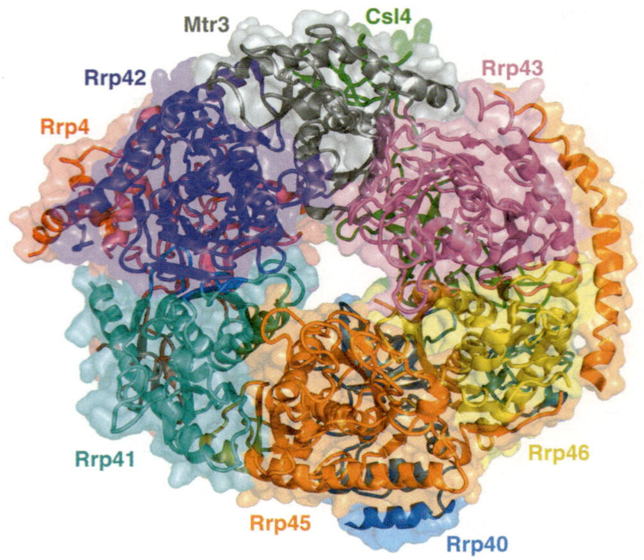

그림 28-36 인간 핵심 엑소좀의 X선 구조 단백질 복합체는 9개의 다른 소단위를 각각 다른 색으로 표시하였고, 분자의 표면은 반투명으로 표시하였고 분자 안쪽은 리본형으로 나타냈다. 3종의 다른 소단위체가 결합되어 서로 마주보면서 6종의 소단위체로 구성된 환형구조를 보여 주고 있다. [Based on an X-ray structure by ChristopherLima, Sloan-Kettering Institute, New York, New York. PDBid 2NN6.]

단위체로 구성된 환형 구조체는 Rpr41과 Rpr42 두 종류로만 구성되어 있으며, Rpr4 3개의 사본이 원 바깥쪽에 결합되어 있다. Rpr41에만 활성 부위를 가지고 있지만 활성을 나타내기 위해서 Rpr42가 필요하다. 진핵세포의 Rpr4, Mtr4, Rpr46은 고세균의 Rpr41과 상동체이고, 진핵세포의 Rpr42, Rpr43, Rpr45는 고세균의 Rpr42와 상동체이고, 진핵세포의 Rpr4, Cls4와 Rpr40은 고세균의 Rpr4와 상동체이다. 핵심 소단위체들의 각각은 세포의 생존에 기본적인 요소임에도 불구하고 효모에서부터 인간까지 핵심 엑소좀은 촉매적으로 불활성화된다. 핵심 엑소좀은 Rpr6와 Rpr44의 두 개의 3′ 핵산 말단 분해 효소가 결합되어 있는데, **Rpr6**와 **Rpr44**는 촉매적으로 불활성 돌연변이로 효모에서 각각은 생존하지만 결합되면 치명적이다. 더욱이 핵심 엑소좀은 핵과 세포질 모두에서 여러 가지 종류의 RNA 가공에 대한 활성을 가진 수많은 보조 인자들과 상호작용을 한다. 그러므로 진핵세포의 핵심 엑소좀은 많은 RNA 가공에 관여하는 효소와 결합할 수 있는 구조적 기반(platform)이 나타나게 된다.

RNA 방해는 전사 후 유전자 침묵의 한 형태이다. 1990년대 이후, 비암호 RNA가 유전자 발현 조절에 중요한 역할을 한다는 것이 점점 명백해지고 있다. 이러한 현상이 있다는 것을 나타내는 중 하나가 바로 Richard Jorgensen의 유전공학적인 시도에서 비롯되었다. 이러한 시도는 유전자 조작을 통해 페투니아에 보라색 색소와 합성을 담당하는 유전자를 더 넣어 줌으로써 더욱 생생한 보라색을 가진 페투니아를 만들고자 했지만, 기대와는 달리 만들어진 형질 전환 식물체는 얼룩이거나 완전히 흰색 꽃이었다. 표면적으로는 보라색을 만드는 유전자들이 서로 간의 발현을 억제하는 것처럼 보였다. 이러한 결과는 처음에는 리보솜이 이중 가닥 RNA를 번역할 수 없기 때문에 **안티센스 RNA**(**antisense RNA**, mRNA의 일부분에 상보적인 RNA)가 그 mRNA의 번역을 방해하는 잘 알려진 현상에 그 원인이 있다고 할 수 있다. 그러나 선충류인 *C. elegans*와 같은 실험 생물 속으로 **센스 RNA**(**sense RNA**, mRNA와 동일한 서열의 RNA)를 주입해도 단백질 생성이 방해되었다. 첨가된 RNA가 몇몇의 이유로 유전자 발현을 방해하므로 이 현상을 **RNA 간섭**(**RNA interference, RNAi**)이라고 한다. RNAi는 아마 효모를 제외한 모든 진핵세포에서 일어나는 것으로 알려져 있다.

파이어(Andrew Fire)와 멜로(Craig Mello)에 의해 수행된 더 많은 실험에서 이중 가닥 RNA가 그 성분인 단일 가닥 RNA를 단독으로 사용하는 것보다 유전자 발현의 방해에 있어서 더 효과적이었다. 실제로 RNAi는 이중 가닥 RNA 몇 분자만으로도 유도되며, 이것은 RNAi가 화학량적인 현상이라기보다는 촉매성 현상임을 말한다.

RNA 방해는 유전자 조작으로 생긴 단순한 인공물이 아니다. 자연적으로 생성된 그 근원에 따라 **짧은 간섭 RNA(short interfering RNA, siRNA)**, 혹은 **미세 RNA(micro RNA, miRNA)**라고 불리는 저분자 RNA 분자들이 상보적인 mRNA에 결합함으로써 유전자 발현이 하향 조절(down-regulation)된다. 비록 mRNA 표적은 밝혀지고 있는 단계이지만, 길이 18~25개 뉴클레오타이드 범위의 수백 개의 miRNA들이 포유동물에서 확인되었다.

RNAi에는 몇 가지 핵산 분해 효소들이 참여한다. *C. elegans*와 *Drosophila*에서 외부의 이중 가닥 RNA을 이용한 연구를 통해 RNAi에 관하여 다음과 같은 경로를 밝히게 되었다(**그림 28-37**).

process diagram

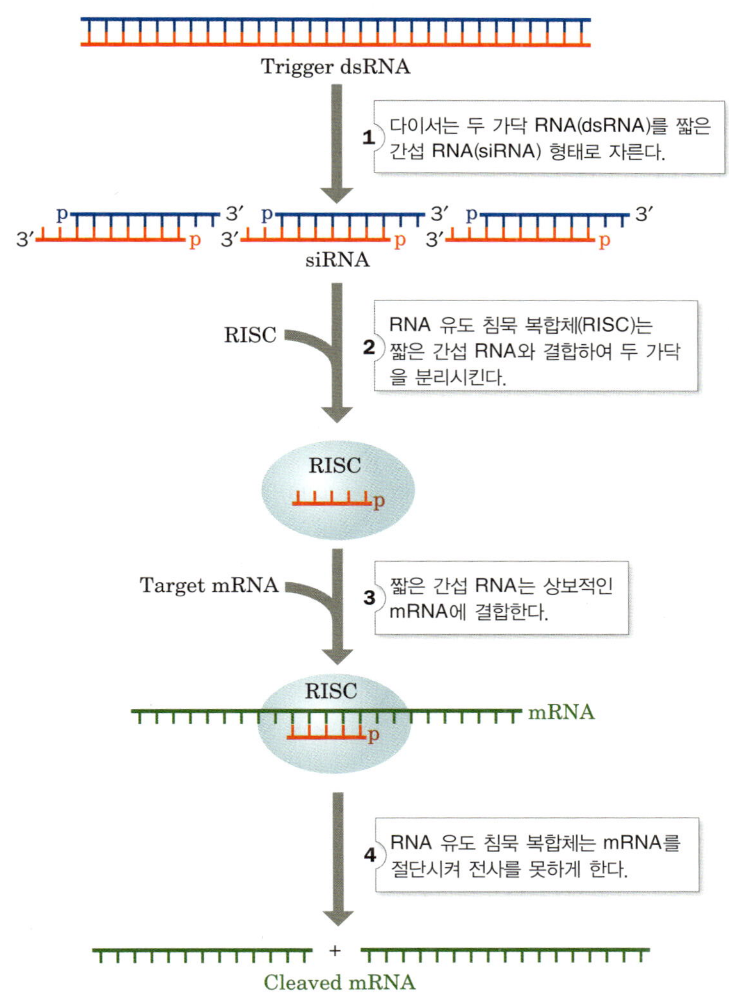

그림 28-37 RNA 방해 메커니즘 ATP는 Dicer 촉매에 의한 RNA의 절단과 RISC에 있는 나선 분해 효소에 의한 이중 가닥 RNA의 풀기에 필요하다. 종에 따라 mRNA가 완전히 분해되지 않을 수도 있다.

? 왜 RNAi가 '침묵' 유전자의 메커니즘을 가지는지 설명하라.

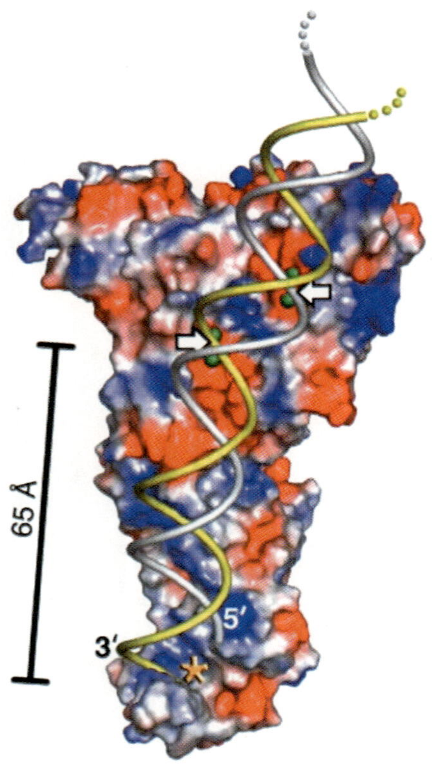

그림 28-38 *G. intestinalis*로부터 다이서의 X선 구조 단백질은 표면의 전하를 구분하기 위하여 음전하는 빨간색, 양전하는 파란색, 중성은 흰색으로 표시하였다. Mg^{2+} 이온(초록색 구로 표시함)의 결합은 단백질의 두 개의 RNase 소단위체의 각각 활성 부위를 표지한다. 이중 가닥 RNA은 PAZ 소단위체의 결합 주머니(별 표시)에 3′ 말단의 돌출 부위가 들어가는 구조를 가진 형태를 갖는다. 흰색 화살표는 이중 가닥 RNA에서 끊어지기 쉬운 인산기를 표시하고 있다. [Courtesy of Jennifer Doudna, University of California at Berkeley. PDBid 2FF.L]

? 왜 단백질 표면이 대부분 양전하를 띠고 있는지 설명하라.

1. 잼모어(Phillip Zamore)가 발견한 방아쇠(trigger) 이중 가닥 RNA는 21~23 nt 조각들로 잘라지고, 각 조각들의 가닥들은 3′ 말단에는 2 nt의 돌출 부위, 5′ 말단에는 인산을 갖고 있다. 이 절단 반응은 **다이서(Dicer)**라는 ATP 의존성 RNA 가수 분해 효소(ATP−dependent RNase)에 의해 촉매된다. 동물에서 다이서는 1900개 잔기를 가진 소단위체가 동종 이합체로 구성되어 있으며, 이중 가닥 특이성 RNA 핵산 내부 가수 분해 효소의 **RNase III**과(family)의 한 종이다.
2. siRNA는 **RNA 유도 침묵 복합체(RNA-induced silencing complex, RISC)**라고 하는 250~500 kD의 효소 복합체로 이동하게 된다. RISC는 적어도 네 개의 단백질 성분을 갖고 있는데, 그 중 하나는 ATP 의존성 RNA 나선 분해 효소(ATP−dependent RNA helicase)로 siRNA의 두 가닥을 분리한다. 결합의 자유 에너지가 낮은 5′ 말단을 갖는 가닥인 **안내자 RNA(guide RNA)**는 RISC에 결합하는데 반해, 이에 상보적인 서열인 **승객 RNA(passenger RNA)**는 잘리고 분해된다. 어떤 생물종에서는 인간의 경우는 그렇지 않은 것으로 보이지만, 고유한 siRNA 신호는 **RNA 의존성 RNA 중합 효소(RNA-dependent RNA polymerase)**의 작용에 의해 증폭된다.
3. **안내자 RNA**는 상보적인 서열을 갖고 있는 mRNA로 RISC를 인도한다.
4. **Argonaute(AGO; Slicer**라고도 불림)로 알려진 RISC의 RNase III 구성 요소는 안내자 RNA가 결합된 반대쪽의 mRNA를 절단한다. 절단된 mRNA는 세포의 핵산 분해 효소에 의해 더 분해되고 그로 인하여 번역이 방해된다.

비록 RNAi에 관여된 분자적 기구는 효모로부터 사람에 이르기까지 매우 잘 보존되어 있지만 변이가 풍부하며, 심지어 한 생물 내에서도 다를 수 있다. 예를 들면 서로 다른 다이서(Dicer) 효소들은 유전자 침묵 활성이 다를 수 있는 다른 길이의 siRNA를 만들 수 있다. 다이서에 의해 정확한 길이를 가진 siRNA가 만들어지는지 혹은 만들어진 siRNA의 서열이 mRNA와 정확하게 상보적으로 되는 정도가 그 해당 mRNA를 완전하게 분해할 것인지 혹은 단순히 번역 불가능으로 하는 것인지를 결정할 수도 있다.

다우드나(Jennifer Doudna)에 의해 결정된 기생원충인 *Giardia interstinalis*의 다이서의 X선 구조를 보면, 다이서는 자귀−형태(hatchet-shape)의 효소로 두 개의 Mg^{2+} 이온이 4개의 보존된 산성 아미노산의 잔기에 결합되어 있는 RNase 활성 부위 2개가 포함되어 있다. 활성 부위들은 이중 가닥 RNA의 큰 홈의 폭 길이인 17.5 Å 정도 떨어져 있다. 따라서 이중 가닥 RNA의 두 가닥이 끊어지는 위치가 나타나게 된다(**그림 28-38**). PAZ 소단위체(그림 28-38의 아랫부분)는 3′ 말단의 두 개의 뉴클레오타이드 이중 가닥 RNA의 돌출 부위가 이중 가닥 RNA에 특이적으로 결합한다. 이러한 결합 부위와 RNase 활성 부위 사이의 거리는 25 bp 이중 가닥 RNA의 길이인 65 Å이다.

가이드 RNA의 8개 뉴클레오타이드 부분과 복합체를 이루는 859개 아미노산 잔기로 구성된 인간 Argonaute2(Ago2)의 X선 구조는 Ian MacRae에 의해 밝혀졌으며, 깊게 갈리진 틈 안쪽에 가이드 RNA가 결합하는 이엽 단백질(bilobal protein) 구조로 나타났다(**그림 28-39**). RNA는 결정화를 위하여 10~20개의 뉴클레오타이드 세포성 RNA로부터 만들었고 2개에서 6개의 염기들이 mRNA의 상보적인 단편들이 염기쌍을 이루면서 양쪽으로 벌어지는 A자 형태를 취하는 poly(A)로 모형화하였다.

외부 RNA에 의해서 RNAi를 쉽게 유도할 수 있다는 것은 경로가 바이러스에 대

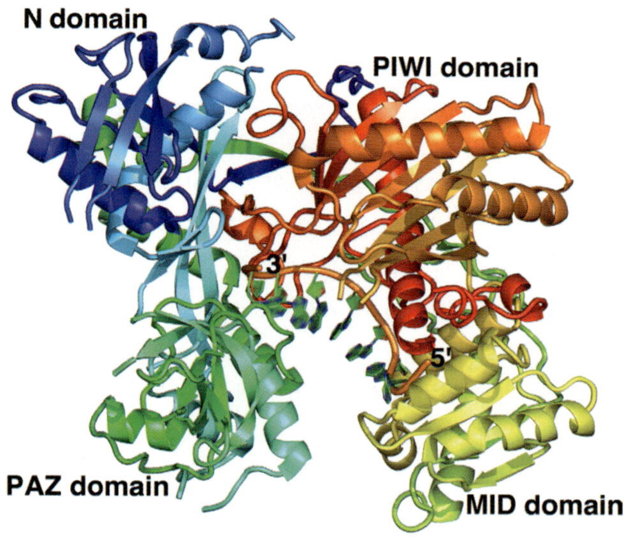

그림 28-39 **안내자 RNA의 8개 뉴클레오타이드 부분과 복합체를 이루는 인간 Ago2의 X선 구조** 단백질은 N-말단(청색)에서부터 C-말단(적색)으로 무지개 색상을 변하는 띠 형태로 표시하였다. RNA는 탄소는 초록색, 질소는 파란색, 산소는 빨간색으로 구성된 라켓 모양으로 표시하였고, 연속되는 인 원자는 주황색 막대로 표시하였다. [Based on an X-ray structure by Ian MacRae, TheScripps Research Institute, La Jolla, California. PDBid 4OLA.]

한 방어 수단으로 생겨났음을 암시한다. 많은 진핵생물에서 이중 가닥 RNA의 주된 출처가 바이러스이며, 바이러스들의 많은 것들이 그들의 단선 유전체를 이중 가닥으로 전환시킬 수 있는 자기 자신의 RNA 의존성 RNA 중합 효소를 암호화하고 있다. 실제로 많은 식물 바이러스들은 RNAi의 여러 단계를 억제할 수 있는 유전자들을 갖고 있으며, 따라서 그들은 병원성을 나타내기 위하여 긴요하다.

마이크로 RNA는 유전자 발현을 조절한다. 식물, 선충, 파리, 물고기, 포유동물이 포함된 넓고 다양한 진핵세포는 RNAi을 이용하여 유전자 발현을 조절한다. 이러한 생명체에서 발현되는 어떤 mRNA들에는 **드로샤(Drosha)**로 명명된 1373개 잔기의 RNase III에 의해 잘려서 만들어진 약 70 nt 크기의 불완전한 염기쌍과 줄기–고리(stem-loop) 구조를 갖고 있다(그림 28-40). 줄기–고리 구조의 RNA는 핵에서 세포질로 방출되고, 다이서에 의해 잘리게 되면 **마이크로 RNA(micro RNA, miRNA**; 외인성 siRNA와 이러한 내인성 miRNA를 구별하기 위해 명명함)로 알려진 22 bp 이중 가닥 RNA가 완성된다. miRNA가 유래되는 전사체를 **pri-miRNA**(pri는 *pri*mary임)라고 하고, 전사체로부터 떨어져 나온 줄기–고리를 **pre-miRNA**(pre는 *pre*cursor임)라고 한다. Pre-miRNA는 인트론들 사이 안쪽에 위치하고 있으며, 일반적으로 적지만 pri-miRNA의 엑손 부분에도 위치한다. **miRNA는 RISC와 결합하는데, 이들은 miRNA에 부분적으로 상보으로 결합된 절편이 포함된 mRNA의 종류가 10~100여 종 정도가 기능적으로 밝혀졌다.**

RISC 결합 miRNA는 항상 mRNA의 3′ 말단 비번역 부위(3′ untranslated region, UTR)에 결합한다. 완전한 상보성의 결핍은 분해되는 mRNA로부터 Argonaute(RNA 관련 유전자 침묵을 유도하는 단백질군)의 작용이 방해되고(Argonaute는 5′ 말단의 2-8 뉴클레오타이드로 구성된 seed sequence라고 불리는 곳에 정확하게 상보성으로 miRNA와 결합하게 되면 유전자 침묵을 촉해시킨다.), 사실성 Argonaute의 어떤 종은 기능을 수행하는 촉매적인 잔기가 결핍되어 있기도 한다. 대신, miRNA 매개 침묵은 표적 mRNA의 폴리(A) 꼬리 혹은 m^7G 모자의 제거를 통해 mRNA가 분해되어 일어난

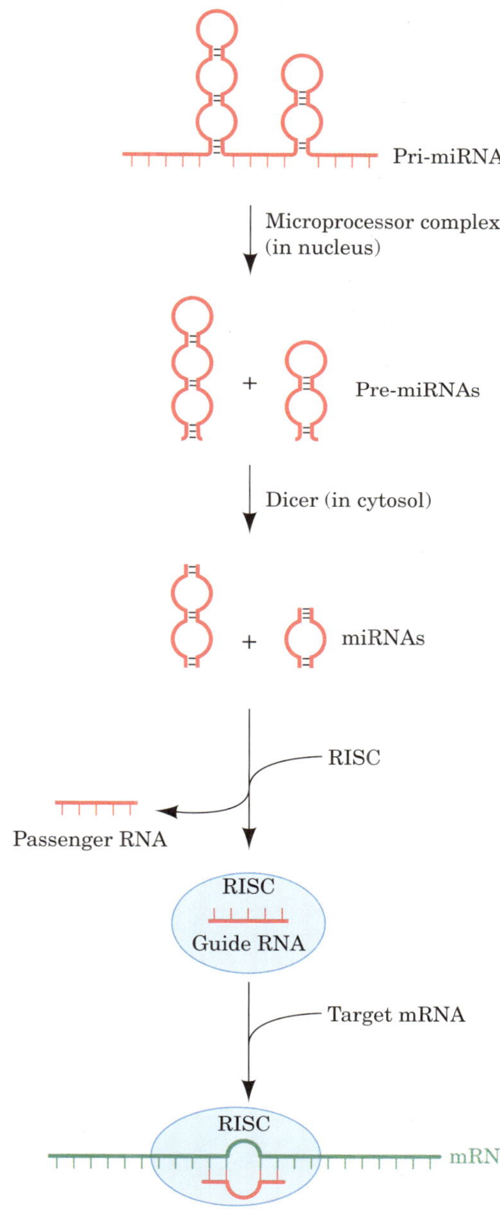

그림 28-40 **Pri-miRNA로부터 miRNA의 생성과 표적 mRNA와의 RISC-매개 결합** 자세한 것은 책 내용을 보시오.

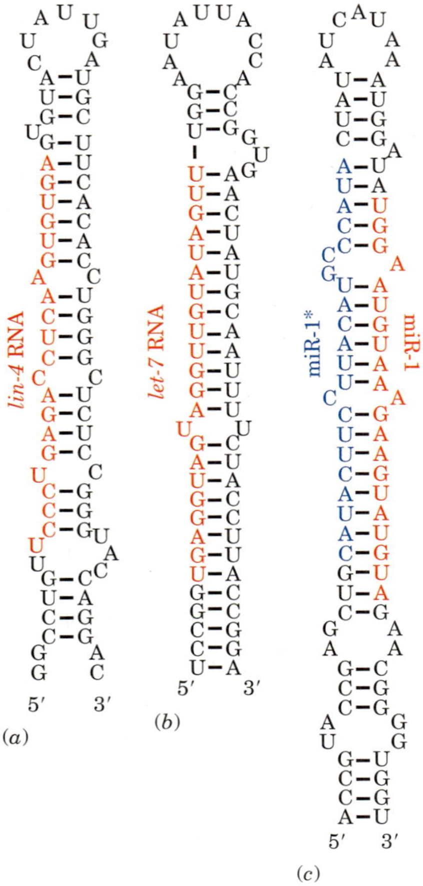

그림 28-41 **일부 pre-miRNA들의 예상되는 줄기-고리 구조** miRNA에는 이러한 pre-mRNA들이 있으며, *C. elegans*에서 나타나는 것은 빨간색으로 표시하였다. (*a*) lin-7, (*b*) let-7, (*c*) miR-1과 miR-1*(파란색).

다고 생각하고 있는데, RISC 매개 억제가 리보솜의 시작의 방해 작용(27-4A절)과 P 본체에서 mRNA 분해를 통해 표적 mRNA의 번역을 억제하게 된다.

1993년에 앰브로스(Victor Ambros)는 *C. elegans*의 *lin*-4 유전자에 의해 암호화되는 miRNA를 처음으로 발견하였다(**그림 28-41*a***). 비록 그 당시에는 *lin*-4 유전자의 발현을 억제하는 기능을 가진 암호화된 단백질이 있을 것이라고 생각하였지만, *lin*-4 유전자는 유충 발달의 시기를 조절하는 것으로 알려져 있다. 사실상 *lin*-4 miRNA는 *lin*-14 유전자의 3′ UTR에 있는 7개 부위와 상보적이며, *lin*-4 유전자의 생성물에 의해 *lin*-14의 억제가 매개된다. 당시에 *lin*-14 mRNA 수준의 변화 없이도 LIN-14 단백질의 생성량이 급격하게 감소되는 당혹스러운 결과가 나오게 되었다. 이러한 발견들이 다음 연구로 이어지게 되어 이러한 현상은 miRNA로 알려진 *C. eleganc*의 *let*-7 유전자에 의해 이루어지고, 유충이 성체로 성장하기 위해 단계별로 나타나는 모양 변화를 조절하는 것이 밝혀졌다(**그림 28-41*b***). 그 뒤로 계속해서 *let*-7 상동체가 초파리와 인간에서 확인되었고, *let*-7 RNA는 다수의 다른 동물뿐만 아니라 여러 생명체에서 발견되었다.

Lin-4와 *let*-7 miRNA는 유전적 분석을 통해 밝혀졌다. 그러나 **그림 28-41*c***에 보여 준 것을 포함하여, 지금까지 알려진 식물과 동물에서 발견된 10,000여 종의 miRNA 대부분은 생물정보학적 접근을 통해 밝혀졌다(6-2E절). 거의 모든 miRNA는 유연 관계가 가까운 동물(즉 사람과 생쥐) 사이에서 보존되어 있고, 동물 계통(174 *C. elegans* miRNA의 1/3 이상이 사람과 동일함)에 전체적으로 좀 더 널리 보존되어 있다. **miRNA의 중요성은 인간에서 720개 이상의 miRNA가 발현되는데, miRNA들이 적어도 30%의 단백질 암호 유전자의 발현을 조절하는 데 있다.**

RNAi는 많이 응용될 수 있다. RNAi는 식물과 무척추동물에서 유전자를 '타격(knock-out)'하기 위해 선택된 방법이다. 예를 들면 *C. elegans*에서 RNAi는 각각의 유전자의 기능을 알아내고자 하는 시도에서 19,000개의 유전자 중에서 무려 16,000개 이상의 유전자를 체계적으로 불활성화시키기 위해 사용되었다. *C. elegans*는 대장균 세포를 먹고 이 세균은 벌레의 음식의 일부가 되는 이중 가닥 RNA를 발현하도록 유전적으로 조작하기가 용이하기 때문에 특별히 RNAi 방법의 적용이 쉽다. RNAi 방법의 한 가지 제한점(유전자 활성이 아니라)은 유전자 불활성화만 유도한다는 점이다.

포유동물에서 RNAi 경로를 조작한다는 것은 세포 내로 이중 가닥 RNA를 전달시키기가 어렵고, 또한 일시적인 유전자 침묵 그 이상을 유도한다는 것이 어렵기 때문에 더 힘들다. 더 문제가 복잡해지는 것은 포유동물의 세포는 외부 RNA를 처리하는 추가적인 경로들을 갖고 있다는 점이며, 이로 인하여 RNA의 비특이적 분해와 모든 번역의 종료를 초래한다는 점이다(아마도 이 반응들 역시 RNA 바이러스의 감염을 방해하도록 도울 것이다). 그럼에도 불구하고, RNAi를 이용하여 적어도 생쥐에 있어서 간염 바이러스에 대한 염증 반응을 막을 수 있으며, 사람 배양세포에서 HIV의 복제를 막을 수 있음이 실험으로 증명되었다. 장래에 있어서 한 가지 도전은 바이러스 감염을 막을 수 있거나 질병 유발 돌연변이 유전자의 효과를 막을 수 있도록 유전자 침묵을 오랫동안 지속시킬 수 있는 방법을 개발하는 것이다.

lncRNA는 기본적인 조절 기능을 가지고 있다. 긴 비번역 RNA(lncRNA; **긴 중개 비번역 RNA**인 **lincRNA**라고 불린다)는 200 뉴클레오타이드 미만(mi RNA와 같은 짧은 조절 RNA와는 다른)의 RNA로 mRNA처럼 RNAP II에 의해 전사되고, 5′ 말단의 캡형서, 폴리아데닐화, RNA 이어맞추기(splicing)가 일어나지만, 단백질을 암호화하지 않는다. 오랫동안 lncRNA는 기능이 없고 가짜 전사(전사 '잡음')를 통해 나타나는 것으로 가정하였다. 그러나 많은 lncRNA가 유전자 발현을 조절하는 데 있어 매우 중요한 작용을 한다는 증거들이 나오고 있다. 실제 우리는 이미 X 염색체의 불활성화에 관여하는 lncRNA인 *Xist*와 *Tsix* RNA에 대하여 이미 접해 보았다(자료 28-2).

차세대 염기 서열 결정기법(next-generation sequencing technique)에 의한 cDNA라이브러리의 대용량 염기 서열을 분석한 결과, 뜻밖에 포유류에서 수만 개의 lncRNA가 전사되는 것으로 나타났다. 이 중 특징이 밝혀진 lncRNA들의 수는 아주 적지만 기능을 하는 것들이 대부분이다. 예를 들면 John Rinn이 밝혀낸 HOTAIR[*Hox* 전사체 안티센스 RNA; *Hox* 유전자는 좌우대칭 생물의 체제(body plan)를 구성한다(28-4D절)]는 히스톤 H3의 27번 라이신에 다이메틸화와 트라이메틸화를 시키는 기능을 갖는 **PRC2(polycomb repressive complex 2)**와 결합한다. PRC2는 *HoxD* 유전자 집단과 결합하게 되는데, HOTAIR와 *HoxD* DNA의 단편 사이에서 염기쌍 결합을 통해 일어나게 된다. 이러한 HoxD 유전자의 전사 침묵으로 뼈와 다른 조직과 같은 신체 부위와는 다르게 피부의 후생적 분화가 조절된다. *Xist* RNA는 유사하게 PRC2와 결합하여 히스톤 H3의 27번 라이신의 메틸화를 통해 X-염색체를 불활성화시킨다. 사실상 PRC2는 수백 종류의 lncRNA와 결합하는데, 아마도 PRC2가 특정 유전자의 전사에 폭넓게 영향을 주고 있을 것이라고 예상된다.

여러 다른 lncRNA들은 RNAP II, 중개자 또는 일반적인 전사인자와의 결합을 통해 전사를 조절한다. 이러한 결합 표적 RNA에 직접 결합을 통해 pre−RNA의 가공과 수송, 번역과 분해에 영향을 준다. 분명히 **lncRNA들은 진핵세포의 유전자 발현 조절에 있어 결정적이고 폭넓은 역할을 하고 있다.**

mRNA 번역은 조절된다. 몇몇의 세포에서는 mRNA의 생산과 분해의 속도 변화는 꼭 필요한 조절 수준의 방법이 아니다. 예를 들면 성게, 곤충, 개구리의 초기 배아 발생은 난자에 축적되어 있던 mRNA의 빠른 번역에 의존한다. mRNA는 단백질들과 결합하여 불활성화 상태로 보존되지만, 수정이 되면서 번역을 위해 사용된다. 이로 인하여 부모로부터 물려받은 유전자로부터 mRNA가 합성되도록 기다릴 필요 없이 배아 발생이 곧바로 시작될 수 있도록 한다.

망상 적혈구(미성숙 적혈구)에서 글로빈의 합성 또한 빠르게 진행되는데, 헴(heme)이 있을 때만 그렇다. 글로빈 합성의 억제는 번역 개시 수준에서 일어난다. 헴이 없는 상태에서는 망상 적혈구가 **헴 조절 저해제(heme-regulated inhibitor, HRI)**를 축적한다. HRI는 eIF2(리보솜에 GTP와 Met−$tRNA_i^{Met}$를 전달시키는 개시인자, 27-4A절)의 α 소단위체의 특정 Ser 잔기, 즉 Ser 51을 인산화시키는 인산화효소(kinase)이다.

인산화된 eIF2는 인산화되지 않은 eIF2와 동일하게 번역 개시에 참여하지만, 정상적으로 재생되지 않는다. 개시 과정이 끝나면, 인산화되지 않은 eIF2는 또 다른 개시인자인 **eIF2B**에 의해 매개되는 반응에 의해서 결합된 GDP가 GTP로 교환한다.

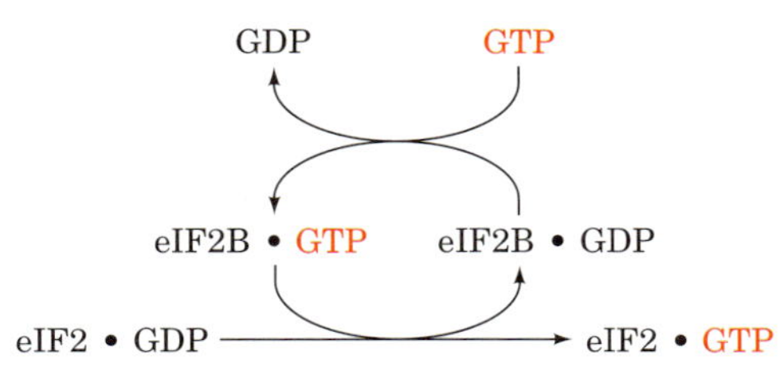

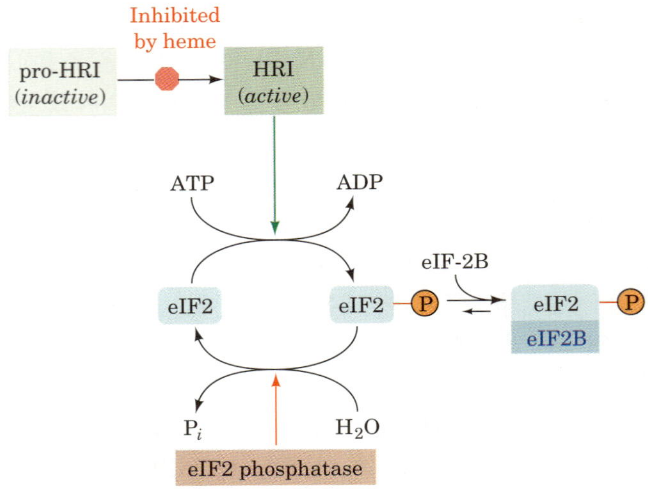

그림 28-42 망상 적혈구에서 헴 조절에 의한 단백질 합성의 모형

인산화된 eIF2는 인산화되지 않은 eIF보다 eIF2B와 훨씬 더 단단히 결합한다. 이로써 eIF2B가 격리되어(**그림 28-42**), eIF2보다 더 적은 양으로 존재함으로써 번역에 필요한 eIF2·GTP의 재생을 막게 된다.

헴이 존재하면, HRI에 있는 헴 결합 부위들이 헴에 의해 점령되어 인산화 효소가 불활성화된다. 이미 인산화된 eIF2 분자는 헴에 의해 영향을 받지 않는 **eIF2 인산 가수 분해 효소(eIF2 phosphatase)**의 작용에 의해 재활성화된다. 따라서 망상 적혈구는 글로빈과 헴의 합성을 조절한다.

D 항체의 다양성은 유전자 재조합과 과돌연변이의 결과이다

7-3B절에서 기술한 바와 같이, 개체는 한정된 면역 글로불린 유전자 절편으로부터 서로 종류가 다른 항체 분자의 많은 종류를 만들어 낸다. 이러한 뛰어난 기술은 면역계의 분화되는 세포에서 일어나는 **체세포 재조합(somatic recombinaion)**과 색다른 돌연변이 과정을 통해 완성된다. 다세포 생물에서 생식의 기본적인 특징인 상동체 재조합(homologus recombination, 25-6A절)은 오직 생식세포에서만 일어난다. 분화되는 B 림프구에서는 발현을 위해 중쇄(heavy chain)와 경쇄(light chain)의 유전자 절편을 '선택함'으로써 다양성이 만들어지고 자세한 내용은 아래에 기술하였다. 이와 비슷하게 T 림프구에서도 독특한 T 세포 수용체(T cell receptor)의 많은 종류가 생성된다.

면역 글로불린(immunoglobulin) 사슬 유전자들은 여러 종류의 유전자 절편들이 조립된다. 면역 글로불린 경쇄의 두 가지 종류 중 하나는 **κ 사슬(κ chain)**로 4개의 엑손으로 암호화된다(**그림 28-43**).

1. **선두(leader)** 혹은 **L_κ 절편(L_κ segment)**은 17에서 20개의 잔기로 된 소수성 신호 펩타이드로 번역된다. 이러한 폴리펩타이드는 새로 합성되는 κ 사슬을 소포체로 향하게 하고 그 다음에 잘려진다.
2. **V_κ 절편(V_κ segment)**은 κ 사슬 108개 잔기의 가변 지역(variable region)의 처음 95개 잔기로 번역된다.
3. **연결(joining)** 혹은 **J_κ 절편(J_κ segment)**은 가변 지역의 나머지 13개 잔기로 번역된다.
4. **C_κ 절편(C_κ segment)**은 κ 사슬의 불변 지역(constant region)으로 번역된다.

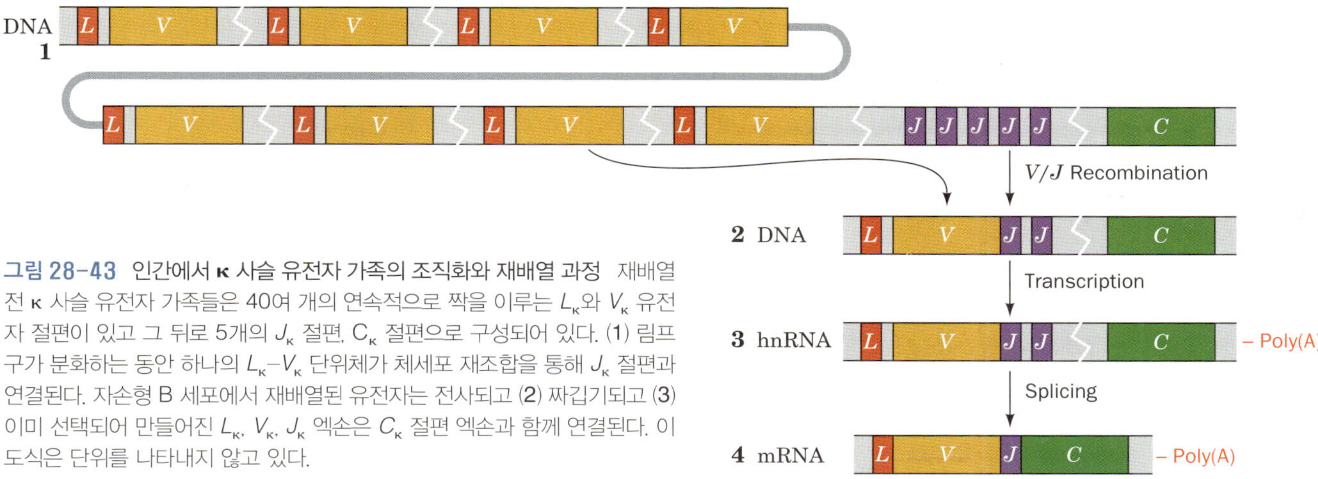

그림 28-43 인간에서 κ 사슬 유전자 가족의 조직화와 재배열 과정 재배열 전 κ 사슬 유전자 가족들은 40여 개의 연속적으로 짝을 이루는 $L_κ$와 $V_κ$ 유전자 절편이 있고 그 뒤로 5개의 $J_κ$ 절편, $C_κ$ 절편으로 구성되어 있다. (1) 림프구가 분화하는 동안 하나의 $L_κ$–$V_κ$ 단위체가 체세포 재조합을 통해 $J_κ$ 절편과 연결된다. 자손형 B 세포에서 재배열된 유전자는 전사되고 (2) 짜깁기되고 (3) 이미 선택되어 만들어진 $L_κ$, $V_κ$, $J_κ$ 엑손은 $C_κ$ 절편 엑손과 함께 연결된다. 이 도식은 단위를 나타내지 않고 있다.

태아의 조직(항체가 만들어지지 않는)에서 엑손은 집단화되어 있다. 인간의 κ 사슬 유전자 가족에는 40여 개의 기능성 $L_κ$ 및 $V_κ$ 절편이 있으며, 이 절편들은 인트론으로 분리되어 있고, $L_κ$–$V_κ$ 단위체들은 약 7 kb 길이의 간격으로 나누어져 있다. 엑손 쌍 서열 다음으로 하류 쪽으로 5개의 $J_κ$ 절편이 약 300 bp 간격으로 위치하고 그 뒤로 2.4 kb 길이의 간격과 하나의 $C_κ$ 절편이 있다.

κ 사슬 mRNA의 조립은 몇 번의 세포 세대를 지나서 체세포 재조합과 선택적 mRNA 짜깁기가 모두 일어나면서 진행된다. 이 과정의 첫 번째 단계는 B 세포 전구세포(B cell progenitor)에서 일어나는데, $L_κ$–$V_κ$ 단위체와 $J_κ$ 절편 사이에 있는 끼워져 있는 DNA 서열을 제거한 후 연결되는 염색체 내 재조합이 일어난다(그림 28-43). 다음으로 그 후 세포 세대에서 완전하게 변형된 유전자는 전사되고 그 결과로 전사체는 선택적으로 짜깁기가 끝난 $L_κ$–$V_κ$–$J_κ$ 단위체가 $C_κ$ 절편과 연결된다. $L_κ$와 $V_κ$ 절편들은 이번 단계에서 함께 짜깁기가 일어나고, κ 사슬 유전의 4가지의 구성 요소 중 하나가 암호화된 mRNA를 만들게 된다.

40개의 기능적인 $V_κ$ 절편 중 1개와 $J_κ$ 5개 절편 중 1개가 연결되기 때문에 적어도 40×5=200종류의 다른 κ 사슬을 만들 수 있는데, 관찰되는 수보다 더 적었다. 그러나 이와 같은 동일한 $V_κ$와 $J_κ$ 절편이 포함된 연결 과정에 대한 많은 연구들에 의해 ***V*/*J* 재조합 자리는 명확하게 정해져 있지 않고, 두 개의 유전 절편들은** 서로 연결할 때 항상 같은 지점이 아닌 조금씩 **다른 지점에서 연결될 수 있다**(**그림 28-44**). 따라서 세 번째 과변이(hypevariable) 고리에 해당하는 *V*/*J* 연결 지점 부근에서 연결 시 코돈의 변화에 의해 아미노산이 특이적으로 나타나게 된다(그림 7-40). 이러한 과변이 고리는 연결 시 공급되는 배선(germline) $V_κ$ 절편과 $J_κ$ 절편에 의해 결정된다. 이러한 연결 부위의 유연성은 κ 사슬의 다양성을 10배 정도 증가시킬 수 있으므로, κ 사슬의 변이 가능성에 대한 기대치를 계산하면 대략 40×5×10=2000이 된다.

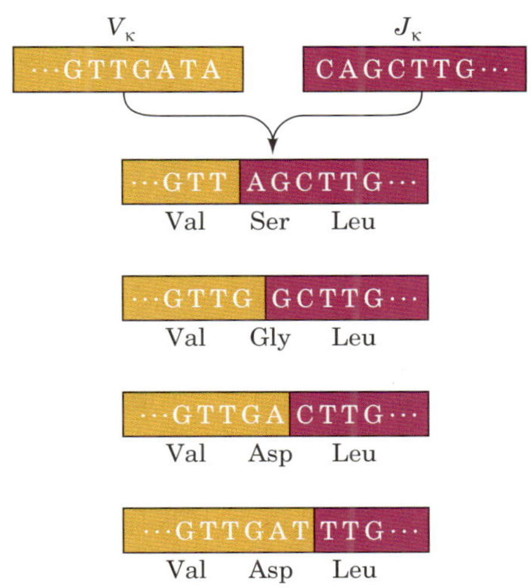

그림 28-44 $V_κ$와 $J_κ$ 연결 부위의 변이 $V_κ$와 $J_κ$ 서열의 연결 지점은 몇 종의 뉴클레오타이드에 의해 체세포적인 변화를 다양하게 하여, 이로 인해 다른 뉴클레오타이드 서열이 나타나는 활성화된 κ 유전자가 만들어진다. 예시를 보면 연결 부위의 유연성을 나타내는 것으로, 두 번째 아미노산이 Ser, Gly, Asp 등으로 다양하게 나타나는 것을 보여 주고 있다.

면역 글로불린의 다른 경쇄의 종류인 **λ 사슬(λ chain)**은 $L_λ$, $V_λ$, $J_λ$, $C_λ$ 절편이 포함된 유전자 가족으로 암호화되어 있고, 재조합 역시 앞서 언급한 k 사슬과 마찬가지로 일어나게 된다.

면역 글로불린의 중쇄 유전자는 경쇄와 많은 부분이 비슷한 방식으로 유전자 짜깁기가 일어나지만, V_H와 J_H 절편 사이에 13 bp의 **다양성(diversity)** 혹은 ***D* 절편(*D***

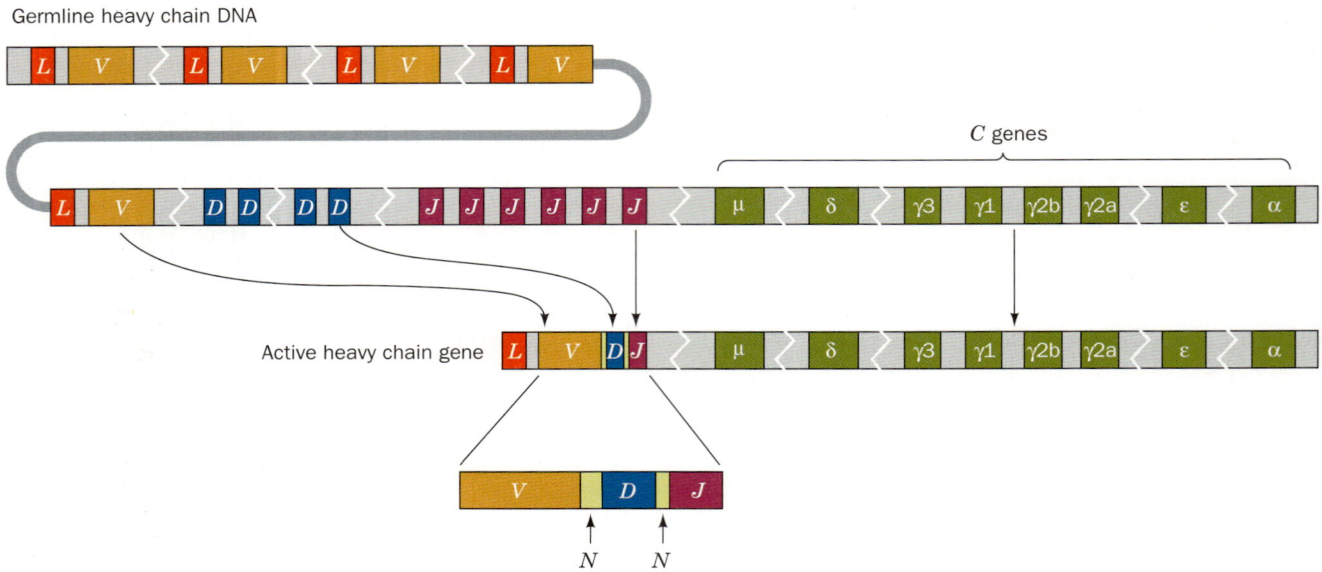

그림 28-45 **인간의 중쇄 유전자 가족의 체계와 배열** 중쇄 유전자 가족은 65개의 연속적인 V_H와 J_H 유전자 절편의 쌍 다음에는 27개의 D 절편, 6개의 J_H 절편과 9개의 C_H 절편[중쇄의 각 강(class)이나 아강(subclass)을 지정하는 각각의 절편, 표 7-2]으로 구성되어 있다. 림프구가 분화하는 동안 L_H-V_H 단위체가 D 절편과 J_H 절편에 연결된다. D 절편은 무작위 서열에서 일어나는 작은 확장에 의해 접근이 일어나게 되는데, 이러한 곳을 N 영역(N region)이라고 한다. B 세포와 전구 세포에서 전사와 짜깁기를 통해 연결된 $L_H-V_H-N-D-N-J_H$ 단위체는 9개의 C_H 유전자 절편 중 하나와 연결된다. 이 그림은 유전자의 크기는 표현하지 않았다.

segment)이 추가적으로 삽입되어 있다. 인간의 중쇄 유전자 가족은 65종류의 기능적 L_H-V_H 단위체, 27종류의 D 절편, 6종류의 J_H 절편, 9종류의 C_H 절편의 집단으로 구성되어 있다(**그림 28-45**). 배선 D와 J_H 절편은 특정한 순서에 따라 연결되고(D는 J_H와 먼저 연결되고, V_H는 DJ_H와 연결된다), 연결 부위는 경쇄의 V/J 지점과 마찬가지로 비슷한 연결 부위의 유연성을 갖게 된다. 그래서 변이가 가능한 중쇄의 수를 계산하면 대략 $65 \times 27 \times 6 \times 9 \times 10^2 = 9.5 \times 10^6$ 정도가 된다.

체세포 재배열은 특이적 서열이 있는 곳에서 일어난다. V, D, J 유전자의 측면에 위치한 고도로 보존된 염기 서열에는 **재배열 신호 서열**(**recombination signal sequence, RSS**; **그림 28-46*a***)이 있다. 각각의 RSS는 회문 구조의 7개 뉴클레오타이드와 AT가 풍부

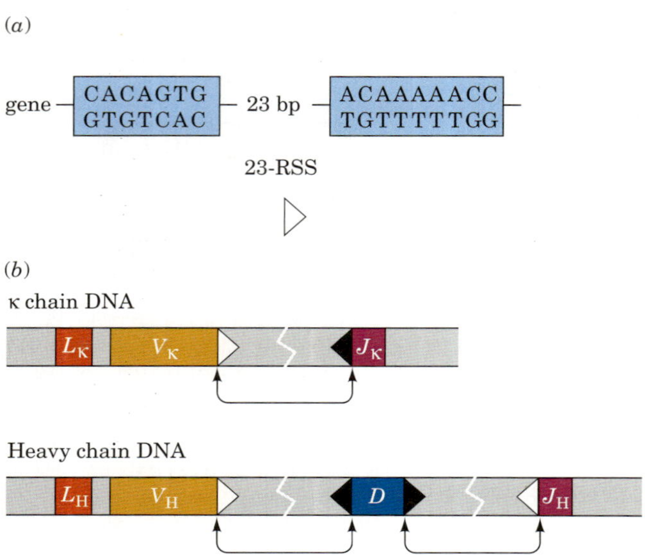

그림 28-46 **재배열 신호 서열** (*a*) RSS 요소는 23 bp와 12 bp 간격(흰색과 검은색 화살촉)으로 분리된 7 bp와 9 bp의 보존된 염기 서열로 구성되어 있다. (*b*) 12 RSS(검정)와 23 RSS(흰색) 요소의 위치는 경쇄와 중쇄 유전자 절편에서 모두 일치하게 나타난다. 재배열은 이중 화살촉 사이에서 일어나는데 항상 유전자 절편의 12 RSS와 다른 유전자 절편 23 RSS가 연결된다. 그래서 V_κ/J_κ와 $V_H/D/J_H$의 유전자 서열이 순서대로 올바르게 조립하게 된다.

한 9개의 뉴클레오타이드로 구성되어 있으며, 두 뉴클레오타이드 사이가 각각 12 bp(DNA 나선의 1회전 정도) 혹은 23 bp(나선 2회전 정도에 상응하는)의 두 종류가 있다. 12 RSS와 23 RSS라고 불리는 요소들이 절편들을 연결하는 재배열 기구로 작용한다. 각각의 V_κ 유전자 절편은 12 RSS를 가지고 있고 각각의 J_κ 절편은 23 RSS를 가지고 있기 때문에, 체세포 재배열에서는 2개의 V_κ 절편, 혹은 2개의 J_κ 절편이 연결될 수 없다. 비슷하게 12 RSS와 23 RES 요소는 중쇄 유전자의 절편에도 분포하고 있어 V_H는 반드시 D와 연결되고, D는 J_H와 연결하게 되며, V_H/J_H의 연결은 불가능하게 된다(**그림 28-46*b***).

재배열을 하기 위해서는 발생하는 림프구에서만 합성되는 효소뿐만 아니라 DNA 수선 단백질이 필요하다. 모든 ***V*(*D*)*J* 연결(Joining)** 반응은 진화학적으로 잘 보존된 ***V*(*D*)*J* 연결 효소(recombianse)** 체계에 의해 촉매된다. 볼티모어(David Baltimore)에 의해 밝혀진 **RAG1**과 **RAG2**(RAG는 *r*ecombinant *a*ctivation gene에서 유래됨)의 두 단백질은 두 개의 다른 유전자 절편의 RSS 요소를 인식하고, 정렬시키고, DNA를 분열시키는 일을 한다. 이 과정에서는 DNA를 구부릴 때 나타나는 **HMG1**과 **HMG2** 단백질이 보조하게 된다. 실험실 조건에서 RAG1과 RAG2는 DNA 절편을 다른 DNA 분자로 위치를 바꾸는 전위(transposition)를 촉매할 수 있으며, RAG 단백질이 약 4억 5천만 년 전 출현한 척추동물에서 나타나는 트랜스포존(transposon)과 같이 시작되었다는 제안과도 일치한다.

재배열이 일어나는 동안, 두 개의 RSS 요소들은 거의 제거되지만, RSS에 인접한 부근의 암호화 서열은 불규칙한 연결과 핵산 가수 분해 효소에 의한 잘림에 의해 연결 부위 유연성이 증가하게 된다(그림 28-44). DNA의 잘림과 연결은 림프구에서는 특이적이지 않지만 모든 세포에서 작용하는 다양한 종류의 DNA 수선 효소를 사용하여 이루어지게 된다(25-5절).

더욱이 몇 개의 뉴클레오타이드가 재배열 접합 부위에 첨가되는데 마치 DNA 수선 과정과 비슷하고, 중쇄 유전자의 조립에서 **말단 데옥시뉴클레오티딜 전이 효소(terminal deoxynucleotidyl transferase)**라는 림프구 특이성 효소 작용에 의해 일어나게 된다. 이러한 DNA 중합 효소는 주형이 필요 없으며, 보통의 DNA 효소와는 색다른 효소이다. V_H/D_H와 D_H/J_H 접합 부위에서 15개 뉴클레오타이드가 첨가되는데, 이로 인해 면역 글로불린 사슬의 암호화된 가변 지역에서 나타나는 서열의 다양성에 대한 잠재력은 훨씬 더 증가하게 된다.

과돌연변이는 항체 다양성의 원천을 증가시킨다. 재배열을 통해 엄청난 다양성을 나타내는데도 불구하고, 면역 글로불린은 B 세포가 분열하는 동안 변이가 더욱 더 많이 발생하면서 다양성이 증가하게 된다. 면역 글로불린의 중쇄와 경쇄에 포함된 가변 지역의 아미노산 서열은 원래의 배선(germline) 뉴클레오타이드로부터 예상되는 서열 다양성보다 더욱 다양하게 나타난다. 그뿐만 아니라 이들의 지역은 세포 세대당, 뉴클레오타이드당 1000개 염기쌍 중 한 개 정도의 비율로 돌연변이가 발생하는데, 이러한 돌연변이 발생은 다른 유전자에서 자연적으로 일어나는 돌연변이 발생 비율보다 100만 배 정도 높게 나타나는 것이다. 면역 글로불린 유전자 절편의 **체세포 과돌연변이(somatic hypermutation)**는 증식하는 B 세포에서 **활성 유도 탈아미노 효소(activation-induced deaminase)**로 명명된 사이티딘 탈아미노 효소(cytidine deaminase)의 발현에 의해 시작된다. 이 결과로 정상적인 DNA 복제 시에 유라실(uracil)이 들어가게 되어, C · G 염기쌍이 A · T로 염기 전이가 발생하게 된다(25-

체크 포인트

- 효과적인 유전자 발현을 위하여 염색질 리모델링이 왜 필요한가?
- 히스톤 단백질이 공유 결합적으로 변형될 수 있는 방법에 대하여 작성하시오
- 히스톤 재배열이 뉴클레오솜의 구조와 전사 인자의 기능에 어떻게 영향을 주는지 서술하시오.
- 후생학적 유전성과 각인에 있어 DNA 메틸화의 역할에 대하여 요약하시오.
- 왜 진핵세포의 유전자 발현에서 6개의 일반적인 전사 인자가 더해진 단백질들이 필요한지 설명하시오.
- 왜 증강인자와 촉진제 사이가 다양하게 떨어져 있는가?
- 전사에서 중개자의 역할은 무엇인가?
- 호르몬 신호 전달과 유전자의 발현이 어떻게 연결되어 있는가?
- RNA 방해의 진행 단계에 대하여 서술하시오.
- siRNA와 miRNA에 의한 유전자 침묵을 비교하시오.
- 항체의 다양성은 어떻게 생성되는지 서술하시오.
- 항체의 다양성이 만들어지는 과정을 서술하시오.
- 림프구에서만 특이적으로 나타나는 효소활성 반응을 작성하시오.

4A절). 그러나 때때로 돌연변이를 유발하는 유라실은 유라실–DNA 글리코실화 효소(Uracil–DNA glycosylase)의 의해 제거되고(25-5B절), 염기 제거 수선(base excision repair, BER)에 의해 교체되는데(25-5B절), 이러한 과정은 DNA 손상 지역을 복구하는 DNA 중합 효소들이 작용한다(25-5E절). 이러한 돌연변이는 V/J와 *V*/*D*/*J* 지역 모두에서 일어나지만 각 사슬마다 세 부분의 과변이 고리(hypervariable loop)에 일치하는 서열에 집중되어 일어난다. 다른 유전자의 DNA 서열에는 영향을 주지 않는 것으로 보인다.

체세포 과돌연변이는 항원 자극 후 많은 세포가 발생하는 동안 작용하게 된다. 항원과 결합력이 낮은 항체를 생성하는 B 세포보다는 항원에 대하여 친화력이 높은 항체를 생산하는 B 세포가 더 빠르게 증식하기 때문에, 항체 분자의 집단은 특이적 항원에 대하여 정교하게 들어맞게 된다. 접합 부위 유연성에 의한 체세포 재배열과 과돌연변이로부터 발생하는 다양성은 개인의 면역계가 병원생 미생물의 돌연변이 발생 속도에 대하여 대항[다윈의 경쟁(Darwinian struggle)의 한 종류]할 수 있도록 해준다.

4 세포 주기, 암, 세포 소멸과 발생

주요 개념

- 사이클린(cyclin)과 사이클린 의존성 인산화 효소(cyclin–dependent kinase)는 세포 주기 동안 진행을 조절한다.
- p53과 같은 암 억제 인자는 세포 주기를 억제하기 위하여 유전자 발현을 변화시킨다.
- 세포 소멸은 내부 혹은 외부 신호에 반응하여 세포의 자살을 유도한다.
- 발생 프로그램은 연속적으로 이루어지는 형식에 의해 유전적으로 조절된다.

수천 개의 유전자 중에 발현되는 어떤 유전자가 선택되는 것은 유전체에서 일어나게 되는 것으로 세포는 유전자가 발현할 때를 결정해야 한다. 따라서 세포는 특별한 성장 계획과 환경 변화에 대한 효과적인 반응을 할 수 있게 된다. 진핵세포 세포 주기의 결과로 정상과 비정상 세포의 분열뿐만 아니라 죽음이 결정된다. 어떻게 특정 유전자 생성물들이 시간의 변화에 따라 세포의 활성을 조절하는지를 알아보도록 하자.

A 세포 주기 진행은 정교하게 조절된다

진핵세포의 생존 기간 동안 일어나는 일들의 일반적인 순서, 즉 **세포 주기(cell cycle)**는 네 가지 뚜렷한 단계로 나누어진다(**그림 28-47**).

1. 유사 분열과 세포 분열은 비교적 간단한 **M기(M phase**, *m*itosis를 뜻함) 동안에 일어난다.
2. 이것은 **G_1기(G_1 phase**, *g*ap을 뜻함)로 진행되며, G_1기는 세포 주기 중 가장 긴 부분에 해당한다.

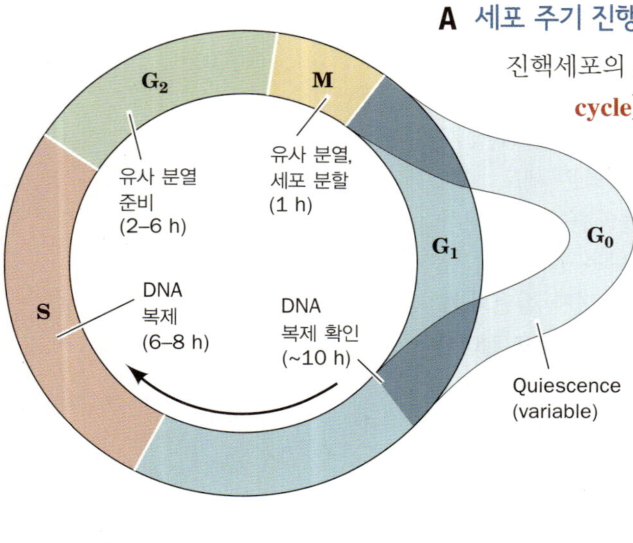

그림 28-47 진핵 세포 주기 세포는 주기를 계속하기보다 휴면기(G_0)로 들어갈 수도 있다.

? 각 세포 주기가 일어나는 동안 나타나는 활동들의 종류를 서술하라.

3. 이은 **S기(S phase**, *s*ynthesis를 뜻함)로 진행되는데, S 단계는 원핵세포에서 일어나는 일과는 대조적으로 세포 주기 중에서 DNA가 합성되는 유일한 기간이다.
4. 비교적 짧은 **G_2기(G_2 phase**) 동안에는 4배체인 세포가 유사 분열을 준비한다. 그 후 M기로 다시 들어가서 새로운 세포 주기를 시작한다.

배양 중인 세포의 세포 주기는 전형적으로 16~24 h의 기간이 걸린다. 대조적으로 다세포 생물의 서로 다른 형태의 세포들의 세포 주기 시간은 적게는 8h 내지 100일로 다양하다. 이러한 변이의 대부분은 G1기에서 발생한다. 더구나 신경원 혹은 근육 세포와 같이 최종 분화한 많은 세포들은 결코 분열하지 않는다. 그들은 **G_0기(G_0 phase**)로 알려진 휴면기를 취한다.

세포 주기로의 진행은 내부 신호뿐만 아니라 외부 신호에 의해서도 유발된다. 그 외에도 세포 주기에는 그 진행과 세포의 건강 상태를 감시하는 일련의 **확인점(checkpoint)**을 갖고 있고, 만약 어떤 조건이 충족되지 않으면 세포 주기가 억제된다. 예를 들면 G_2는 모든 세포의 DNA가 복제될 때까지 M기의 시작을 막는 확인점을 갖고 있어서, 두 딸세포가 전량의 DNA를 받도록 한다. 마찬가지로, M기의 확인점은 모든 염색체에 방추사가 적절히 부착할 때까지 유사 분열을 막는다(만약 이런 경우가 아니고, 비록 한 염색체라고 할지라도, 딸세포 중 하나는 그 염색체가 부족하게 되고 다른 딸세포는 두 개의 염색체를 갖게 되며, 이 두 가지 경우 모두 치사되는 환경은 아니지만 해롭게 작용한다). G_1기와 S기의 확인점들은 또한 손상된 DNA에 반응하여 세포 주기를 멈추게 하여 세포로 하여금 손상을 수선할 수 있는 시간을 벌어 준다(25-5절). 다세포 생물에 있어서, 만약 확인점의 조건이 충족되지 않고 일정 시간이 지나면 세포는 **세포 소멸(apoptosis**, 아래 참조)이라고 하는 과정을 통하여 사멸을 하도록 유도되는데, 이로서 수선이 불가능할 정도로 손상되어 위험한(즉 암으로 발생하는) 세포의 증식을 막는다.

세포 주기는 사이클린과 사이클린-의존성 단백질 인산화 효소에 의해 제어된다. 세포가 세포 주기로 진입하는 것은 **사이클린(cyclin)**과 **사이클린 의존성 단백질 인산화 효소(cyclin-dependent protein kinase, Cdk)**로 알려진 단백질에 의해 조절된다. 사이클린은 세포 주기 중의 한 단계에서 합성되기 때문에 이름이 붙여졌으며, 다음 단계에서는 완전히 분해된다(단백질 분해는 21-1절에서 토의함). 어떤 특정 사이클린은 그에 맞는 Ser/Thr 단백질 인산화 효소인 Cdk(s)를 특이적으로 활성화시켜 그들의 표적 핵 단백질들을 인산화시킨다. 표적 단백질들은 히스톤 H1, 몇몇 발암 유전자 단백질들(아래 참조), 핵 해체와 세포 골격 재구성에 관련된 단백질들을 포함하며, 활성화되어 해당 세포 주기를 구성하는 과정들을 수행하게 된다.

Cdk2라고 하는 사람의 Cdk는 **사이클린 A(cyclin A)**의 결합과 **Cdk-활성화 인산화 효소**[**Cdk-activating kinase, CAK**, 인산화 효소는 그 자체가 **사이클린 H(cyclin H)**와 **Cdk7**의 복합체임]에 의한 Thr 160의 인산화에 의해 활성화된다. Cdk2 잔기 Thr 14와 Tyr 15의 인산화는 Cdk2 활성을 음성적으로 조절한다. 사이클린 A가 없이 ATP와 인산화되지 않은, Cdk2로 된 복합체의 X선 구조(**그림 28-48*a***)는 단백질 인산화 효소 A(PKA, 그림 13-21)의 촉매 소단위체의 구조와 매우 유사하다. 그러나 Cdk2는 부분적으로 인산화 효소로서는 불활성인데, 그 이유는 결합된 ATP의 γ-인산(γ-phosphate)에 단백질 기질이 접근하는 것이 **T 고리(T loop**, Thr 160을 포함하는)라고 하는 19개의 잔기로 된 단백질 고리에 의해 막혀 있기 때문이다. Thr 160의

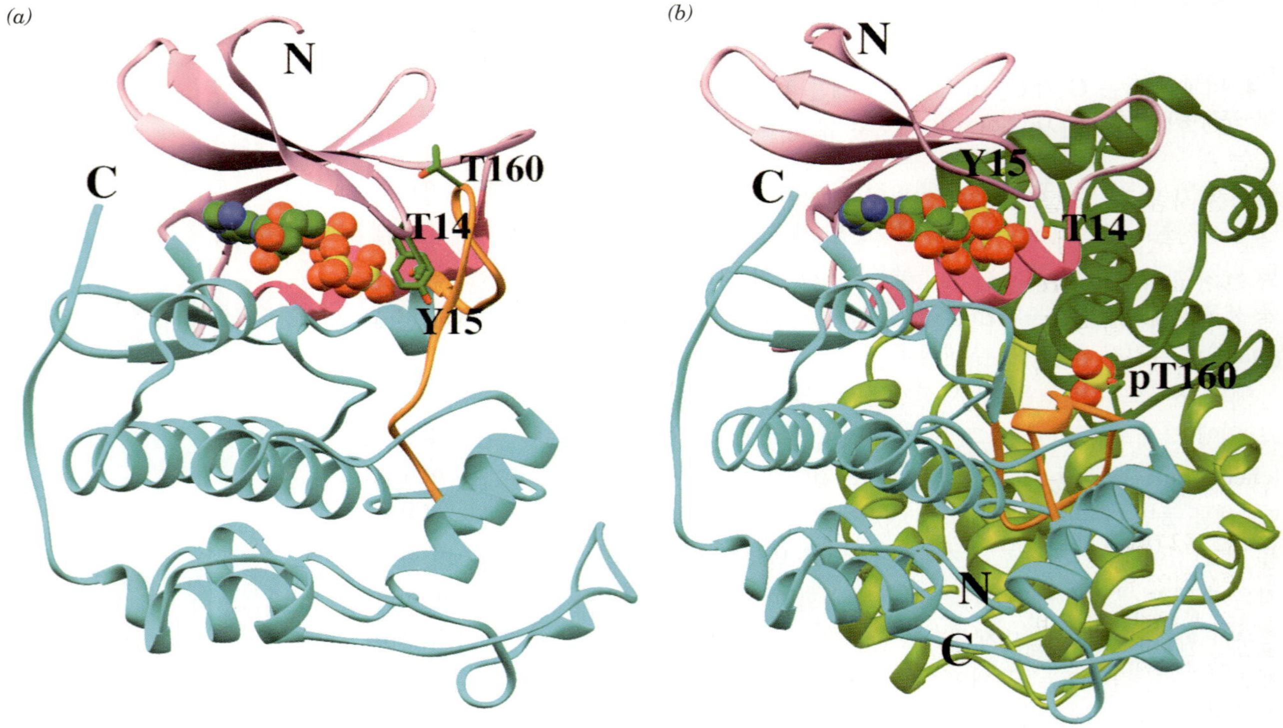

그림 28-48 인간 사이클린 의존성 인산화 효소(Cdk2)의 X선 구조 (*a*) ATP와 복합체를 형성한 Cdk2. 단백질은 '표준' 단백질 방향으로 보여 주며, N 말단 엽은 분홍색, C 말단 엽은 청록색, PSTAIRE 나선(잔기 45~56개)은 자홍색, T 고리(잔기 152–170)는 주황색으로 나타내었다. ATP는 공간 채움 형태로 나타내었고, Thr 14, Tyr 15, Thr 160의 인산화 가능 곁가지는 막대 형식으로 보여 주며, 원자에 따라 색칠하였다(C는 초록색, N은 파랑색, O는 붉은색, P는 노란색). 이 구조를 단백질 인산화 효소 A(PKA, 그림 15~14)와 비교해 보라. [Based on an X-ray structure by Sung-Hou Kim, University of California at Berkeley. PDBid 1HCK.]. (*b*) 사이클린 A, ATP와 Thr 160에서 인산화 Cdk2의 복합체. Cdk2와 ATP는 *a* 부분에서와 같이 나타내었고 그와 비슷하게 나타내었다. 사이클린 A는 연초록색과 진초록색으로 색칠하였다. Cdk2의 Thr 160의 인산기는 공간 채움 형태로 그렸다. 어떻게 Thr 160의 인산화와 사이클린 A의 결합이 T 고리와 PSTAIRE 나선을 포함하는 Cdk2 N 말단엽의 구조적 재구성을 일으키는 지를 주목하라. 또한 두 가지 구조에서 ATP의 삼인산기의 배열 구조가 다른 점도 주목하라. [Based on an X-ray structure by Nikola Pavletich, Memorial Sloan-Kettering Cancer Center, New York, New York. PDBid 1JST.]

? 단백질 효소(PKA; 그림 13-21)와 Cdk2의 구조를 비교하라.

인산화와 사이클린 A의 결합은 Cdlk2의 구조를 변화시킨다(**그림 28-48*b***). 특히 Cdk 가족의 특징인 PSTAIRE 서열 구조를 포함하는 Cdk2의 N 말단 나선이 그 축을 중심으로 90° 회전하고, 몇 옹스트롬 이동하여 몇 개의 잔기를 촉매 활성 배열 상태로 자리 잡게 한다. 또한 Cdk2의 T 고리는 21 Å까지 위치를 이동하여 단백질 기질이 활성 부위에 접근할 수 있도록 하는 극적인 재구성을 거치게 된다. Thr 160에 있는 인산기는 어느 정도 사이클린 A의 결합에 의해 형성되는 세 개의 Arg 잔기로 된 양전하를 띤 주머니 속으로 안착하게 된다.

인산화/탈인산화 그리고 적절한 사이클린의 결합에 의한 조절 외에 **Cdk 활성은 세포 간의 접촉, DNA 손상, 종말 분화, 노화(세포 주기 정지가 영구적인) 등과 같은 항증식 신호들에 의해 세포 주기를 멈추게 하는 사이클린 의존성 인산화 효소 억제 인자(cyclin-dependent kinase inhibitor, CKI)에 의해 조절된다.** CKI의 중요성은 CKI가 세포 분열이 명백하게 조절되지 않는 암세포에서 빈번하게 변화가 일어난다는 것이다. 센서 단백질이 세포의 상태를 감시하고 Cdk를 활성화 혹은 불활성화시키는 경로들은 아직 명확하게 밝혀져 있지 않다. 그러나 세포 주기의 조절을 잃게 하는 돌연변이를 갖는 p53과 pRb(아래 참조)를 포함한 단백질의 연구를 통해 상당한 정보들을 얻게 되었다.

B 종양 억제 인자들은 암을 억제한다

리-프라우메니 증후군(Li-Fraumeni syndrome)으로 알려진 희귀 유전 질환을 갖고 있는 사람은 다양한 악성 종양, 특히 30세 이전에 발생하는 유방암에 걸리기 쉽다. 이러한 사람들은 그들의 **p53** 유전자에 배선(germline) 돌연변이를 갖고 있으며, 이것은 이 유전자의 정상 단백질 산물인 **p53**(분자량 53kD의 폴리펩타이드)이 **종양 억제 인자(tumor suppressor)**이다. 즉 **p53이 암의 특징인 억제되지 않는 세포 증식을 억제하는 기능을 갖고 있음을 의미한다.** 실제로 p53 유전자는 인간의 암 중에서 가장 흔하게 변이되는 유전자이다. 인간 암의 50%가 p53에 돌연변이가 있고, p53과 직접 혹은 간접적으로 상호작용하는 단백질을 암호화하는 유전자들에서도 발암성(암을 일으키는) 돌연변이들이 일어난다. 명백히 p53은 유전체의 무결점을 감시하는 '분자적 감시자'로서 기능을 수행한다.

p53은 G2기에서 세포 주기의 진행을 억제한다. 종양 형성을 억제하는 데 있어서 P53이 중심적인 역할을 함에도 불구하고, 억제하는 방법은 이제 서서히 밝혀지고 있다. p53을 특이적으로 유비퀴틴화하여 프로테오솜에 의한 단백질 분해성 분해가 이루어지도록 표지하는 유비퀴틴-단백질 연결 효소(ubiquitin-protein ligase E3)인 **Mdm2** 단백질이 p53과 특이적으로 결합한다(21-1절). 결과적으로(돌연변이된 p53을 갖고 있지 않는), 인간의 **육종(sarcoma)**(근육, 근, 뼈 등과 같은 결합 조직의 악성 종양)의 35%에서 일어나는 **mdm2** 유전자의 증폭(몇 개의 복사본 생성)은 p53의 분해 속도를 증가시켜, 세포를 악성으로 변형하도록 한다. **발암 유전자(암을 일으키는 유전자, 자료 13-3)가 암을 일으키는 추가적인 방법은 정상적인 종양 억제 인자들을 불활성화시키는 것이다.**

p53은 효과적인 전사 활성 인자이다. 실제, 암 발생과 관련된 p53의 모든 점 돌연변이는 그들의 서열 특이적 DNA 결합 특성을 잃어버렸다. 그렇다면 어떻게 p53이 종양 억제 인자로 기능을 하는가? 이 수수께끼에 대한 실마리는 세포를 DNA를 손상시키는 전리 방사선(ionizing radiation)으로 처리하면 정상적인 p53의 축적을 초래한다는 관찰에서 나왔다. 이것은 활성화된 단백질 인산화 효소들인 ATM과 Chk2 둘 다 p53을 인산화시킨다는 발견으로 이어졌다[ATM은 *a*taxia *t*elangiectasia *m*utated를 의미. **모세혈관 확장성 조화 운동 불능(ataxia telangiectasia)**은 운동 조절의 점진적인 손실, 성장 지연, 조로, 암 발생 위험 등의 특징을 갖는 희귀 유전 질환, Chk는 *c*heckpoint *k*inase를 의미]. **ATM**과 **Chk2**는 손상된 DNA나 복제되지 않은 DNA를 탐지하여 G2 확인점에서 세포 주기 정지를 유도하는 인산화 연쇄 증폭(phosphorylation cascade) 반응에 의해 활성화되고 거기에 참여하는 것으로 이미 알려져 있었다. p53의 인산화는 Mdm2에 의한 결합을 방해하여 핵 속에서 p53의 농도가 낮지는 않고 증가하게 된다. **비록 p53이 G_2에서 세포 주기 정지를 시작하도록 하지는 않지만, 그 과정을 오랫동안 유지하는 데 필요하다. 그것은 Cdk-cydin 복합체에 결합하여 G_1/S와 G_2/M 전이를 억제하는 $p21^{Cip1}$이라고 하는 사이클린 의존성 인산화 효소 저해 인자(cyclin-dependent kinase inhibitor, CKI)를 암호화하는 유전자의 전사를 P53이 활성화시키기 때문이다.**

회복될 수 없도록 손상을 입은 세포들은 과량의 p53을 합성하는데, 그것은 그 세

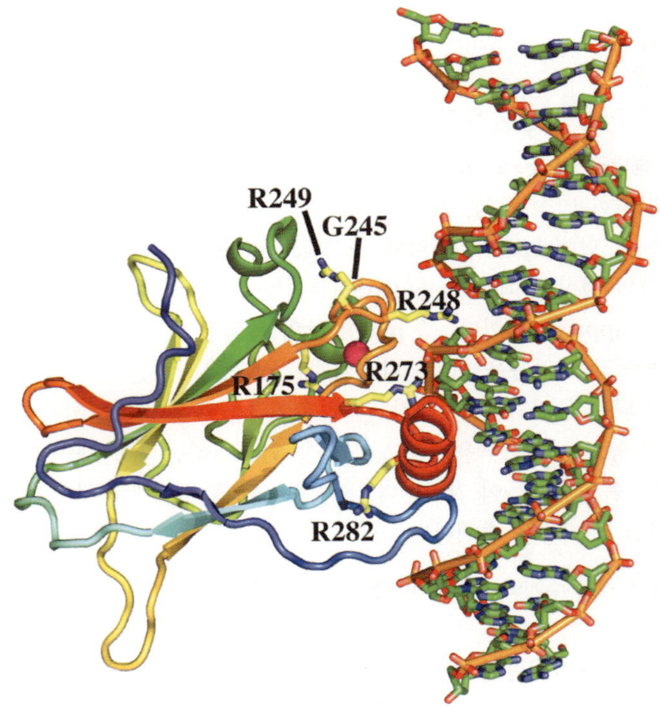

그림 28-49 표적 DNA와 복합체를 형성한 인간 p53의 DNA 결합 영역의 X선 구조 DNA는 주황색 막대에 의해 연결되는 연속된 P 원소와 원자 종류에 따라 다른 색상(C는 초록색, N은 파란색, O는 빨간색, P는 주황색)으로 표시한 막대 모양으로 그렸다. 단백질은 N 말단(파란색)에서부터 C 말단(빨간색)까지 무지개색으로 변화를 준 띠 형식으로 나타내었다. 사면체적으로 리간드 결합을 한 Zn^{2+} 이온은 자홍색 구로 나타내었고, 인간 종양에서 가장 빈번하게 돌연변이가 일어나는 6개의 잔기의 곁사슬들은 C 노란색을 갖는 막대 형태로 보여 주고, 단일 문자 암호로 표시하였다. [Courtesy of Nikola Pavletich, Memorial Sloan-Kettering Cancer Center, New York, New York. PDBid 1TSR.]

포들이 세포 소멸에 참여하는 몇몇 단백질들의 발현을 활성화함으로써 소멸을 감행하도록 유도한다(아랫부분 참조). p53의 활성화가 없는 상태에서는 세포가 p53이 **mdm2** 유전자의 전사를 촉진하는 되먹임 고리(feedback loop)를 통하여 p53의 수준을 조절한다.

앞서 언급한 것을 더해서 p53은 다수의 유전자 발현을 억제한다. 하나의 억제 메커니즘은 다양한 전증식 단백질(pro-proliferative protein)의 발현을 억제하도록 바꾸어 주는 마이크로 RNA(miRNA)의 전사를 직접 혹은 간접적인 촉진으로 일어나게 된다. 이러한 miRNA들의 가장 특징적인 것이 세포 소멸을 촉진하고 노화를 유도하는 데 영향을 주는 **miR-34a**이다.

두 번째 억제 메커니즘은 **lincRNA-p21**(비록 이것에 특징에 대해는 잘 알려져 있지 않지만, p21 유전자에 이웃하고 있어 명명되어짐)로 알려진 lncRNA이다. 린(John Rinn)에 의해 발견된 lincRNA-p21의 전사는 p53에 의해 촉진된다. LincRNA-p21은 **이종 접합성 핵 리보핵산 단백질 K(heterogeneous nuclear ribonucleoprotein K, hnRNP-K**; hnRNP는 hnRNA와 결합하는 단백질이다)와 복합체를 형성하는데, 이러한 복합체가 어떤 일을 수행하는지 명확하게 밝혀져 있지는 않지만, 수백 종의 유전자의 전사와 전증식에 관련된 많은 종류의 반응을 억제하게 된다.

p53의 X선 구조는 발암성 돌연변이를 설명한다. p53은 서열 특이적 DNA 결합 핵심부를 포함하고 있는 393개 잔기의 소단위체로 구성된 동종 사합체이다. 21 bp 표적 DNA 염기 서열과 복합체를 형성한 DNA 결합 영역(잔기 102~313개)의 X선 구조는 파브레티치(Nokola Pavletich)에 의해 결정되었으며, 그림 28-49에 나타내었다. p53의 DNA 결합 모티프는 이전에 밝혀진 어떤 다른 것들과도 닮지 않았다(24-4B절과 24-4C절). 이 영역은 DNA의 큰 홈에 있는 염기들과 서열 특이적으로 접촉한다(그림 28-48의 오른쪽 하단). 또한 Arg 248의 곁가지가 DNA의 작은 홈 속으로 들어간

다(그림 28-48의 오른쪽 상단). 이 단백질은 이 지역의 큰 홈과 작은 홈 사이의 DNA 골격과 역시 접촉한다(특히 Arg 273이 접촉함).

이 구조의 가장 큰 특징은 **DNA 결합 모티프가 인간 종양에서 발견된 1000개의 p53 변이체에서 가장 자주 돌연변이가 일어나는 잔기를 포함하는 보존된 지역들로 구성되어 있다는 것이다.** 그들 중에는 하나의 Gly와 5개의 Arg 잔기(그림 28-49에서 노란색으로 강조됨)가 있으며, 총괄적으로 이들의 돌연변이는 종양에서 p53 변이의 40% 이상을 차지하고 있다. 가장 흔하게 돌연변이가 일어나는 잔기인 Arg 248과 Arg 273은 우리가 보았듯이 DNA와 직접 접촉한다. 그 외 다른 네 개의 '돌연변이 hotspot' 잔기는 p53의 DNA 결합 표면을 구조적으로 안정화시키는 역할을 하는 것으로 보인다. 이 표면을 형성하는 폴리펩타이드 절편의 비교적 엉성한 2차 구조(나선과 1개와 고리 3개)는 이러한 돌연변이에 대한 민감성을 설명하고 있다. 그것의 구조적 온전성(integrity)은 대부분 특정 곁가지–곁가지, 그리고 곁가지–골격 상호작용에 의존된다.

P53은 몇몇 경로들로부터 정보를 통합하는 센서이다. p53은 몇몇 다른 경로에 의해 활성화될 수도 있다. 예를 들면 Ras와 같은 Ras 신호 연쇄 반응(Ras signaling cascade)의 구성 요소들의 발암성 변이들에 의해 발생되는 잘못된 성장 신호들은 다양한 전사 인자의 부적절한 활성화의 원인이 된다. 그들 중 하나인 **Myc**은 **pl4^{ARF}**를 암호화하는 유전자의 전사를 활성화시키며, P14^{ARF}는 Mdm2에 결합하여 그 활성을 억제한다. 이것은 p53의 분해를 방해하므로 p53 의존성 전사 프로그램을 유발하게 되어 세포 소멸뿐만 아니라 세포 주기의 억제를 이르게 한다. 명백히 pl4^{ARF}는 과다 증식(hyperproliferative) 신호에 대항하기 위한 p53-의존성 실패–안전장치(p53-dependent fail-safe system)의 일부분처럼 작용한다.

p53에 대한 세 번째 활성화 경로는 DNA를 손상시키는 다양한 화학 치료제, 단백질 인산화 효소 저해제, 자외선에 의해 유도된다. 이들은 **ATR**라고 하는 단백질 인산화 효소의 활성화를 통하여 p53을 인산화시켜 ATM과 Chk2와 동일한 방법으로 Mdm2에 대한 친화성을 감소시킨다. p53에는 표적 유전자의 발현에 현저한 영향을 미칠 수 있는 Lys 잔기의 아세틸화, 글리코실화(glycosylation), 수모화(sumoylation) 등과 같은 다양한 가역적 번역 후 수식이 일어난다(27-5B절). 또한 다수의 Ser/Thr 자리에 대한 인산화와 유비퀴틴화가 더해지기도 한다.

우리가 어렴풋이 알아본 바와 같이, P53은 세포 내의 수많은 신호들의 수용자(recipient)이며, 동시에 수많은 하류 조절 인자들의 활성을 조절한다. 이렇게 복잡하고 상호 연결된 네트워크가 어떻게 작용하는지는 인터넷과 비유하여 이해할 수 있다. 인터넷(세포)에서 소수의 고도로 연결된 서버들, 혹은 허브들('마스터' 단백질들)이 소수의 다른 교점(단백질들)와 직접 상호작용하는 수많은 컴퓨터들 혹은 교점(다른 단백질들)으로부터 정보를 주고받는다. 그러한 그물망에서는 교점(다른 단백질들) 중 하나를 불활성화시킨다고 하더라도 전체적인 기능 수행이 크게 흐트러지지 않는다. 그러나 하나의 허브('마스터' 단백질)의 불활성화는 그 시스템의 기능 수행에 심각한 문제를 일으킬 것이다. p53은 '마스터' 단백질로서 허브에 비유된다. P53의 기능 수행에 영향을 미치는 많은 단백질들 중 하나의 불활성화 혹은 p53의 영향을 받는 많은 단백질들 중 하나의 불활성화는 세포가 가지고 있는 중복되고 고도로 상호 연결된 성분들로 인하여 세포에서 일어나는 일들에 거의 영향을 미치지 못한다. 그러나 p53나 그와 가장 가까이 관련된 단백질들(예를 들면 Mdm2)의 불활성화는 DNA 손상, 종양 유발 스트레스 등에 대한 세포의 반응들을 교란시켜, 이것들에

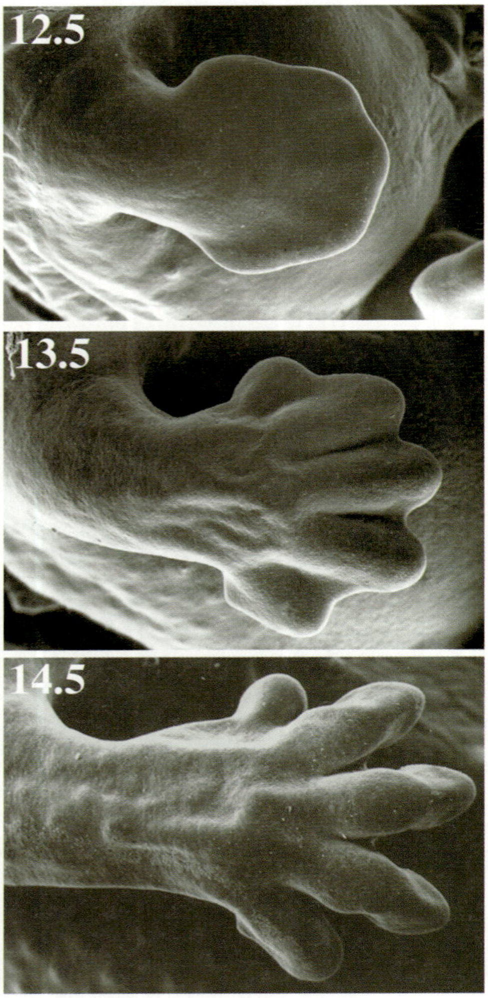

그림 28-50 생쥐 배아의 손에서 예정 세포사 발생 12.5일에 손가락들이 물갈퀴막에 의해 완전히 연결되어 있다. 13.5일에는 물갈퀴가 죽기 시작한다. 14.5일까지 세포 소멸 과정이 끝난다. [Reproduced by permission from Wook, W., Turmaine, M., Weber, R., Camp, V., Maki, R.A., McKercher, S.R., and Martin, P., Development 127, 5245(2000), Copyright The Company of Biologist.]

의해서 종양 형성을 유도한다.

pRb 단백질의 결손은 암을 일으킨다. 망막아세포종(retinoblastoma)은 유아와 어린아이들에게 발병되는 망막(retina)에서 발생하는 암으로서, 종양 억제 인자 **pRb**를 암호화하는 *Rb* 유전자의 결손과 관련되어 있다. 이러한 928개 잔기의 DNA 결합 단백질은 **E2F** 가족의 전사 인자들과 상호작용하는데, E2F는 포유류에서 6가지 종류가 있다. E2F 단백질들은 S기로 진입하는데 필요한 단백질을 암호화하는 유전자의 전사를 유도한다. pRb는 다양한 Cdk-사이클린 복합체에 의해 Ser/Thr 잔기의 16개까지 인산화될 수 있다(다양한 복합체는 PRb의 서로 다른 일련의 자리들을 인산화한다). 증식하지 않는 세포에서는(초기 G_1에 있는 세포), pRb가 낮은 수준으로 인산화되어 있다. 이 상태에서 pRb는 E2F와 결합하여 E2F가 결합한 촉진제에서 전사를 활성화하는 것을 방해한다. 세포 분열 촉진 신호(유사 분열을 유도하는 신호)에 대한 반응에서 D형 사이클린의 수준은 올라가서, **Cdk4/6-사이클린 D(Cdk4/6-cyclin D)** 복합체에 의해 pRb의 인산화를 유도한다. 과인산화된 pRb는 E2F를 방출하고, E2F는 추가적인 사이클린과 Cdks를 포함하여 세포 주기 진행을 증진하는 유전자들의 발현을 유도한다. pRb의 E2F 결합 부위는 종양에서 *Rb* 유전자가 가장 많아 변이를 일으키는 부위이다.

C 세포 소멸은 바른 순서로 진행된다

예정 세포사(programmed cell death) 혹은 **세포 소멸(apoptosis**; 그리스어로 낙엽이 지듯이 떨어진다는 의미)은 1960년대 후반에 커(John Kerr)에 의해 처음 설명된 바 있는데, 성체 동물의 유지와 방어뿐 아니라 발생의 정상 과정이다. 예를 들면 많은 척추동물에서 발생 중인 손가락과 발가락은 초기에는 물갈퀴 막에 의해 연결되어 있지만 물갈퀴 막은 예정 세포사에 의해 제거된다(**그림 28-50**). 거의 10^{14}개의 세포로 되어 있는 성인의 몸에서도 매일 약 10^{11}개의 세포들이 계획된 세포의 죽음에 의해 제거된다(이 수는 유사 분열에 의해 새로 생성되는 세포 수와 거의 같다). 게다가 이러한 방식으로 우리가 1년 동안 잃는 세포의 질량은 완전하게 우리 몸의 질량과 근접한다. 면역계는 부분적으로는 세포 소멸을 겪도록 유도함으로써 바이러스에 감염된 세포를 제거하여, 바이러스 복제를 방해한다. 수선이 불가능하게 손상된 DNA를 갖고 있어서 악성 형질 전환의 위험이 있는 세포들은 세포 소멸을 겪게 되어 암으로부터 전체 생물을 보호한다. 사실, 라프(Martin Raff)가 지적하였듯이 **세포 소멸은 동물세포의 경우 기본적으로 주어진 선택 사항이다. 소멸을 못하도록 하는 외부 호르몬 신호 혹은 신경 신호를 연속적으로 받지 않는 한 세포는 소멸을 할 것이다.** 따라서 성체의 기관은 세포 증식과 세포 소멸의 균형에 의해 그 크기가 유지된다. 그러므로 부적절한 세포 소멸이 뇌졸중과 심장마비에 의한 대부분의 손상뿐 아니라 알츠하

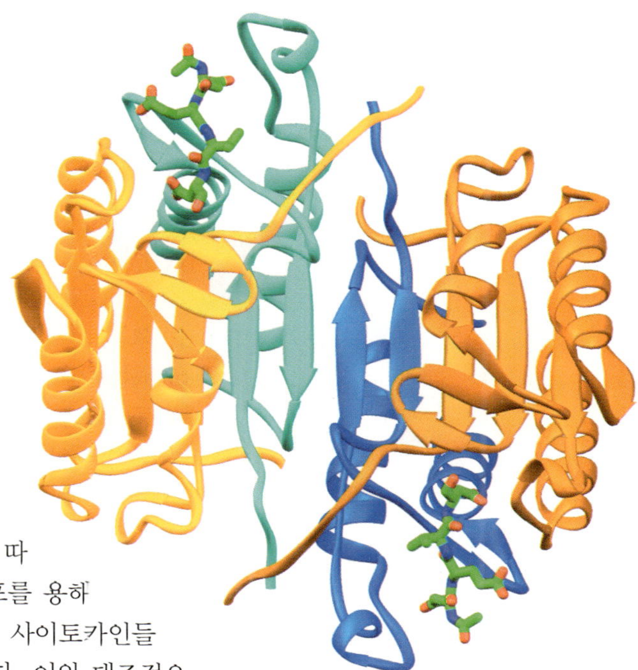

그림 28-51 **테트라펩타이드 알데하이드 저해제와 복합체를 형성한 케스페이스-7의 X선 구조** $\alpha_2\beta_2$ 이종 사합체 효소는 2배 축을 따라 보이고 있고, 큰 (α) 소단위체들은 주황색과 황금색, 작은 (β) 소단위체들은 청록색과 연청색으로 나타내었다. 아세틸-Asp-Glu-Val-Asp-CHO 저해제는 막대 형태로 그렸고, C는 초록색, N은 파란색, O는 붉은색으로 나타내었다. [Based on an X-ray structure by Keith Wilson and Paul Charifson, Vertex Pharmaceuticals, Cambridge, Massachusetts. PDBid 1F1J.]

이머병(6-5C절), 파킨슨병(21-6B절), 헌팅턴병(자료 28-1)을 포함하는 몇몇 퇴행성 신경 질환과도 관련이 있는 것으로 여겨져 온 것도 놀라운 일이 아니다.

세포 소멸은 상처(예를 들면 산소 부족, 극한 온도, 기계적 상해)에 의해 야기된 세포의 죽음인 **괴사(necrosis)**와는 질적으로 다르다. 괴사를 겪고 있는 세포들은 기본적으로 파멸된다. 그들과 그들의 막성 소기관들은 손상된 막을 통하여 물이 들어옴에 따라 팽창하고, 세포 성분을 소화하는 분해 효소들을 방출하며 세포를 용해하고 그 성분들을 주변에 방출한다(자료 18-5). 세포가 방출하는 사이토카인들은 때때로 염증 반응(주위 세포들에 손상을 줄 수 있는)을 야기한다. 이와 대조적으로, 세포 소멸은 겉으로 보기에 건강한 세포간의 접촉 소실로 시작하여 세포의 수축, 핵 주변에서 염색질의 응축, 세포 골격 파괴, 핵막 소실, DNA의 절편화, 원형질막의 격렬한 수포 형성 등으로 진행한다. 결과적으로, 세포가 수많은 막성 **세포 소멸체(apoptotic bodies)**로 분해되고, 세포 소멸체는 주변 세포뿐 아니라 배회하는 대식세포(macrophage)에 의해 포식되어짐으로써, 세포 내용물을 흩뜨리지 않으며 따라서 염증 반응도 야기하지 않는다. 식세포 작용을 하는 세포는 '나를 먹으세요(eat me)' 신호를 통해 세포 소멸체를 인식하게 된다. 포유류에서 이러한 신호는 인지질 인산화세린(phospholipid phosphatidylserine)이며, 건강한 세포의 원형질막에서는 이러한 신호 분자가 세포막 안쪽에 작은 잎 모양으로 존재하지만(그림 28-51), 포유류에서 이러한 신호는 인지질 인산화세린(phospholipid phosphatidylserine)이며, 건강한 세포의 원형질막에서는 이러한 신호 분자가 세포막 안쪽에 작은 잎 모양으로 나타나지만(그림 9-32), 세포 소멸 세포에서는 신호 분자가 원형질막 밖으로 전위된다.

케스페이스는 세포 자멸사에 참여한다. 세포 소멸은 **케스페이스(caspase**, cysteinyl *asp*artate-specific-prote*ase*를 의미함)라고 알려진 단백질 분해 효소 가족이 관여하며, 케스페이스는 **시스테인 단백질 분해 효소(cysteine protease)**로 활성 부위의 Ser이 Cys로 대체된 것을 제외하고는 세린 단백질 분해 효소(serine protease)와 작용 메커니즘이 비슷하다. 케스페이스는 표적 폴리펩타이드의 Asp 잔기 뒤를 절단한다.

케스페이스는 두 개의 큰 α 소단위체(300개 잔기)와 두 개의 작은 β 소단위체(100개 잔기)로 구성된 $\alpha_2\beta_2$의 이종 사합체이다. 그들은 단일 사슬로 된 효소원[**프로케스페이스(procaspase)**]으로 발현되고 N 말단 프로도메인(prodomain)의 단백질 분해성 절제와 단백질 분해에 의한 α와 β 소단위체의 분리에 의해 활성화된다. 활성화 절단 부위들은 모두 Asp 잔기 뒤이며, 실제로 케스페이스의 표적이며, 이러한 사실은 케스페이스 활성화가 자가 촉매에 의한 것이거나 또 다른 케스페이스에 의한 것일 수 있다는 것을 암시한다.

인간 **케스페이스-7(caspase-7**, 그림 28-51)의 X선 구조는 윌슨(Keith Wilson)과

Paul Charifson에 의해 결정되었는데, 각 αβ 이종 이합체는 6개의 가닥으로 된 β 병풍 구조, 그리고 병풍 구조와 거의 평행한 5개의 α 나선을 포함하고 있음을 나타낸다. 병풍 구조는 효소의 2겹 대칭축에 걸쳐 있어서 하나의 꼬여진 12가닥으로 된 병풍 구조를 형성한다. 각 αβ 이종 이합체의 활성 부위는 평행한 β가닥의 C 말단에 위치한다. 다른 케스페이스들의 구조는 활성 부위를 형성하는 4개의 고리의 배열에 있어서 주된 차이점이 있다. 불활성인 **프로케스페이스-7(procaspase-7)**에서는 이 고리들이 활성 부위가 형성되지 않도록 배열되어 있다.

60여 종 이상의 세포 단백질들이 케스페이스의 기질인 것으로 알려졌다. 그들에는 세포 골격 단백질, 세포 주기 조절에 관여된 단백질(사이클린 A, $p21^{Cip1}$, ATM, pRb를 포함), DNA 복제에 참여하는 단백질, 전사 인자, 신호 전달에 참여하는 단백질 등이 포함되어 있다. 그럼에도 불구하고, 어떻게 이들 수많은 단백질의 분해가 세포 소멸 동안에 세포가 거치는 형태적 변화를 일으키는지는 불분명하다. 세포 소멸의 유도는 **케스페이스-활성 DNA 가수 분해 효소(caspase-activated DNase)**의 작용으로 신속한 DNA 분해를 야기한다. 아마도 DNA 분해는 바이러스 DNA 혹은 손상된 염색체 DNA가 포함된 세포 소멸체를 잡아먹는 다른 세포들의 유전적 변형을 막을 수도 있다.

세포 소멸은 세포 외적 혹은 세포 내적으로 유발된다. 어떤 주어진 세포에서의 세포 소멸은 소위 외부적 경로(extrinsic pathway)로서 외부로부터 제공되는 신호에 의해 유발될 수 있거나(명령에 의한 죽음), 소위 내재적 경로(intrinsic pathway)로서 세포 자멸사를 억제하는 외부 신호의 결핍에 의해서도 유발될 수 있다(태만에 의한 죽음). 외부적 경로는 세포 소멸을 겪도록 되어 있는 세포와 세포 소멸을 초래하는 세포 사이의 협동에 의해 시작된다. 가장 잘 알려진 경로에서 보면(**그림 28-52**), **Fas 리간드(Fas ligand, FasL)**라고 하는 막관통 단백질은 **죽음 리간드(death ligand)**라고 하고 세포 소멸을 유발하는 세포의 원형질막에 돌출되어 있으며, 세포 소멸을 하는 세포의 원형질막에 돌출되어 있는 소위 **죽음 수용체(death receptor)**인 **Fas**라고 하는 막관통 단백질에 부착한다. Fas 리간드는 동종 삼합체 단백질로서 세 개의 Fas 분자와 결합하면 Fas의 세포질 영역을 삼합체화되게 한다. 삼합체화된 Fas는 **FADD**(*F*as-*a*ssociating *d*eath *d*omain을 포함한 단백질을 말함)라고 하는 208개 잔기로 된 세 개의 어댑터 단백질을 모이게 하고, 이 어댑터 단백질은 다시 **프로케스페이스-8(procaspase-8)**과 **프로케스페이스-10(procaspase-10)**을 모이게 한다. 결과적으로 형성된 프로케스페이스-8과 프로케스페이스-10의 집단은 이들 효소원들의 단백질 분해성 자가 활성화를 초래하여 **기폭 케스페이스(initiator caspase)**라고 하는 **케스페이스(caspase)-8**과 **-10**을 생성시킨다. 이 이름은 이 효소들이 **케스페이스-3(caspase-3)**을 활성화시키기 때문에 붙여진 이름이다. 케스페이스-3은 세포가 세포 소멸을 겪도록 하는 작용이 있으므로 **효과기 케스페이스[effector(executioner) caspase]**라고 알려져 있다.

세포 소멸을 개시하는 내재적 경로는 케스페이스-3과는 약간 다른 경로를 통해 일어나게 된다. 대부분의 동물 세포들은 주변 세포들로부터 만들어진 세포의 성장, 분화, 활성 및 생존을 조절하는 다양한 물질들이 포함되어 있는 세포외액(extracellular soup)에 지속적으로 둘러싸여 있다. 생존을 위해 제공되는 이러한 화학 물질들이 빠져나가거나 직접 세포-세포 상호작용을 통해 소실되면 내재적 경로를 통해 세포 소멸이 일어나게 된다. 이러한 경로의 개시 단계는 하나 이상의 **Bcl-2** 족[B 세포 림프

process diagram

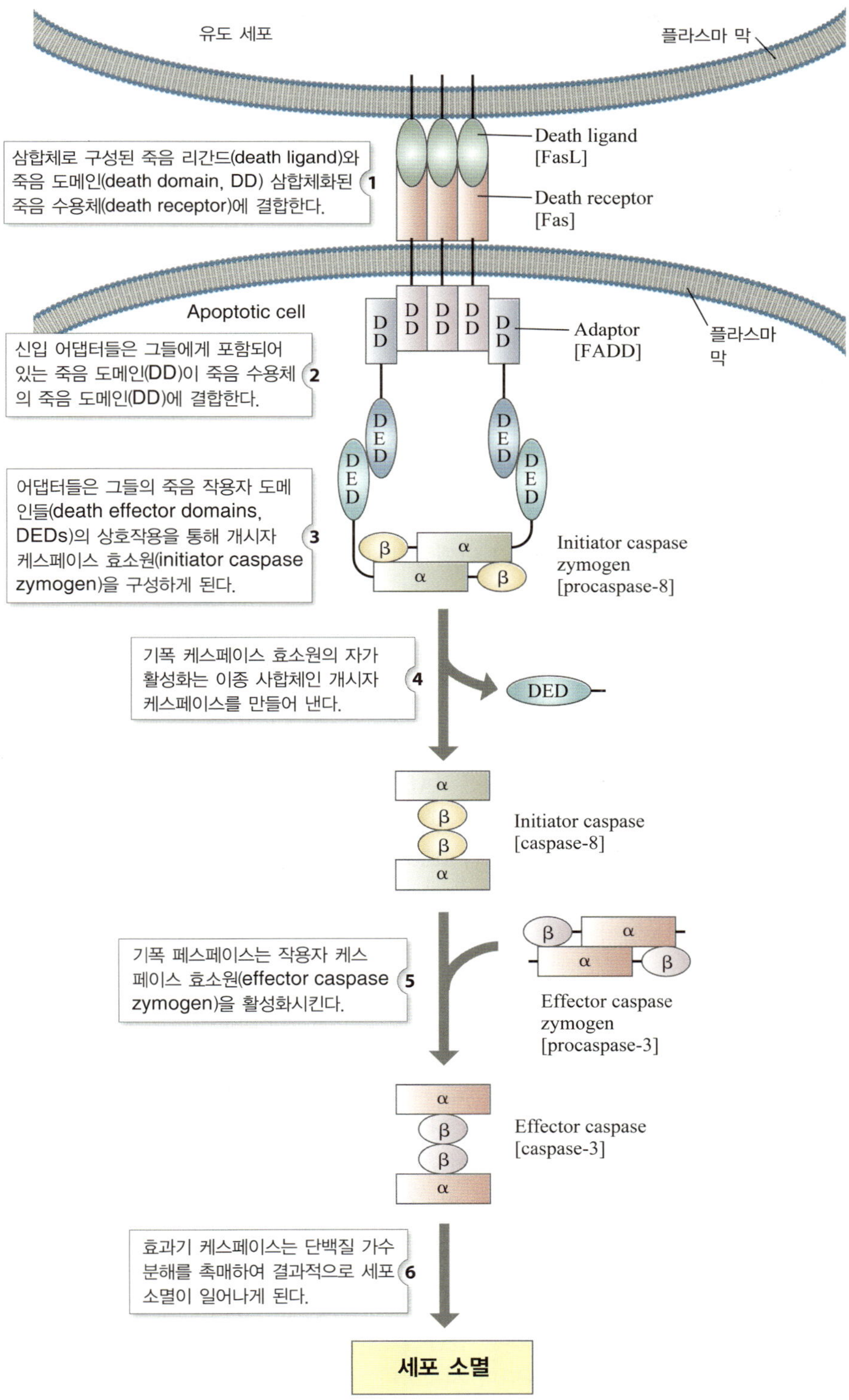

그림 28-52 세포 소멸의 외적 경로 사각 괄호에는 지정된 단백질의 종류를 특이적으로 예시를 포함한다.

? 이 경로에서 돌발적인 세포 소멸 과정의 촉발을 막는 데 도움이 되는 경로의 특성은 무엇인가?

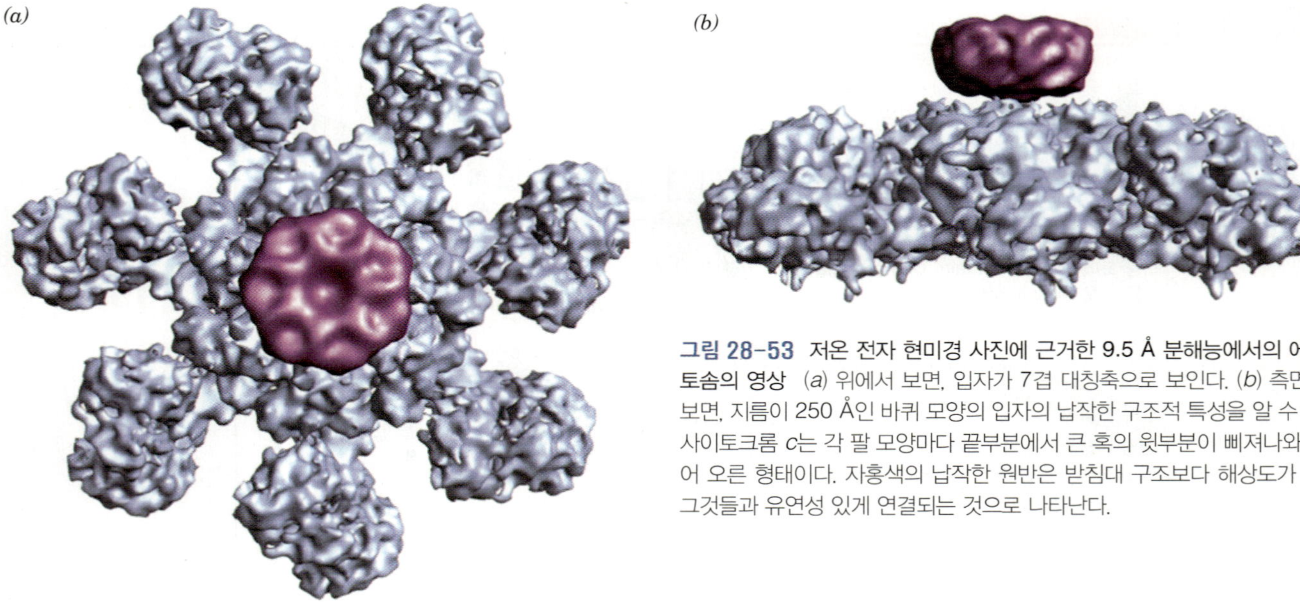

그림 28-53 **저온 전자 현미경 사진에 근거한 9.5 Å 분해능에서의 에이팝토솜의 영상** (*a*) 위에서 보면, 입자가 7겹 대칭축으로 보인다. (*b*) 측면에서 보면, 지름이 250 Å인 바퀴 모양의 입자의 납작한 구조적 특성을 알 수 있다. 사이토크롬 *c*는 각 팔 모양마다 끝부분에서 큰 혹의 윗부분이 삐져나와 부풀어 오른 형태이다. 자홍색의 납작한 원반은 받침대 구조보다 해상도가 낮고, 그것들과 유연성 있게 연결되는 것으로 나타난다.

종(*B*cell lymphoma)이 포함된 세포 족(family)에서 유래되어 명명됨]의 활성화로 시작된다. 어떤 Bcl-2 단백질이 미토콘드리아와 결합하게 되면 미토콘드리아 막간 공간에서 세포질로 사이토크롬c가 방출하게 된다(18-2E 절). 아직까지 사이토크롬 *c*가 미토콘드리아에서 어떻게 방출되는지 명확하게 밝혀져 있지 않다. 아마도 미토콘드리아 외막에 새로운 구멍이 만들어지거나 기존에 존재하고 있는 구멍을 통해 12 kD의 사이토크롬이 방출되거나 Bcl-2 활성화의 결과로 외막이 파괴되어 방출된다.

사이토크롬 *c*는 **Apaf-1**(*a*poptosis *p*rotease-*a*ctivating *f*actor-*1*)이라는 1248개 잔기 단백질, ATP, 혹은 dADP와 결합하여 **에이팝토솜**(**apoptosome**)이라는 1100 kD의 바퀴 모양 복합체를 형성한다(**그림 28-53**). 에이팝토솜은 자가 활성화를 유발하는 방법으로 몇몇 분자의 **프로케스페이스-9**(**procaspase-9**)와 결합한다. 그로 인해 생성되는 **케스페이스-9**(**caspase-9**)는 아직 에이팝토솜에 결합된 채로 케스페이스-3을 활성화하여 세포 소멸을 부추긴다.

D 발생은 분자적 기초를 갖고 있다

생물학에서 가장 경외로운 사건은 아마도 수정란이 생장과 발생을 통하여 고도로 분화된 다세포 생물을 형성하는 일이다. 아무런 외부 지시가 요구되지 않으며 **수정란은 인간과 같은 복잡한 다세포 생물을 형성하는 데 필요한 모든 정보를 포함하고 있다.** 세포 분화에 관하여 우리가 알고 있는 것들의 대부분은 과일 파리인 *Drosophila melanogaster*에 관한 연구에 기초를 두고 있다. 그러므로 이 장에서는 *Drosophila*의 배아 발생의 개요부터 시작한다.

초파리 배아는 체절 안에서 분할된다. 초파리는 알(**그림 28-54*a***)을 놓고 난 거의 직후(놓기 이전의 수정보다, 알을 놓는 것 자체가 발생을 유도한다), 빠르고 동시적인 핵분열을 매 6~10분마다 시작한다. 이때 핵분열 과정은 새로운 세포막의 형성 없이 진행된다. 핵은 공통의 세포질을 계속 공유하여 소위 **다핵체**(**syncytium**, **그림 28-54*b***)를 형성한다. 8번의 핵분열 후에 이 시점까지 올라오게 되면, 모든 핵들은 **분화전능성**(**totipotent**)이 된다. 즉 그들은 성숙세포의 어떤 형태든 가능하게 된다(생식세포의 선조 세포들과 극세포들은 9번째 분열 후에 한 쪽에 모이게 된다). 그러나 그 뒤로

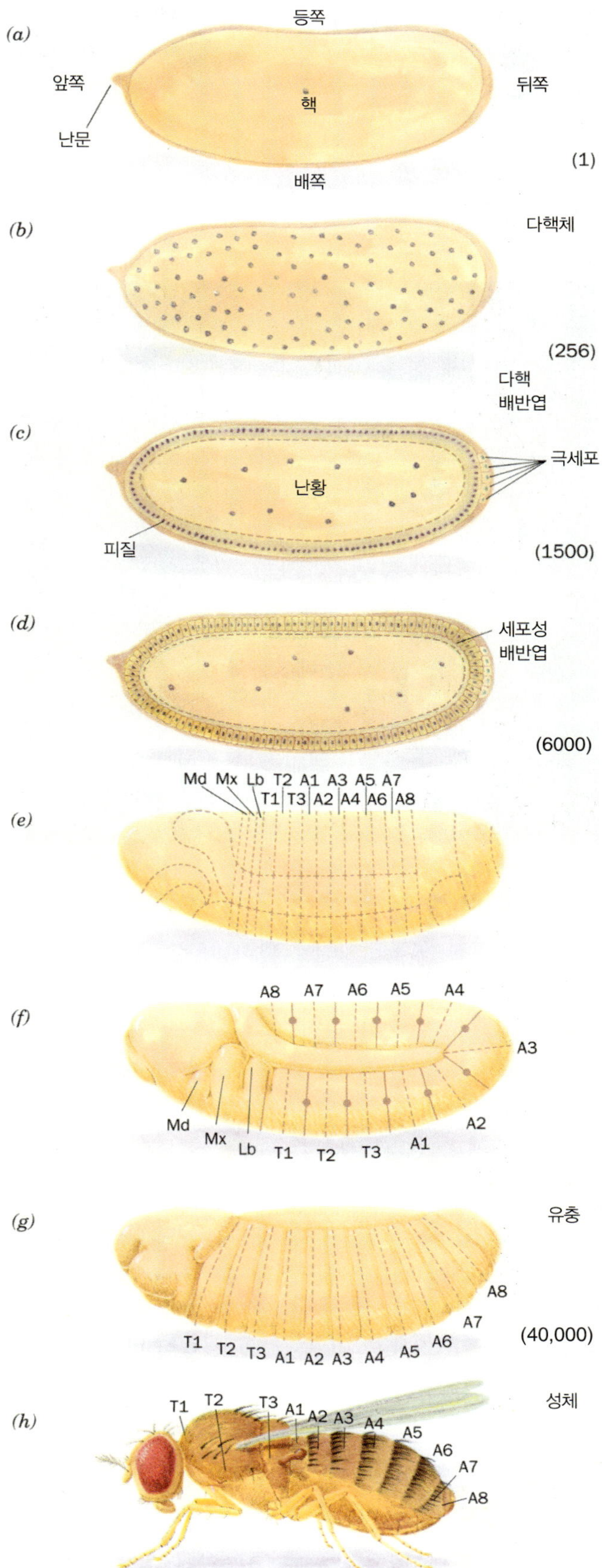

그림 28-54 초파리에서의 발생 다양한 단계들은 본문에서 설명하였다. 배아와 새로 부화한 유충은 0.5 mm로 항상 같은 크기임에 주목하라. 성체는 물론 더 크다. 발생 초기 단계들에서의 대략적인 세포 수는 괄호 안에 표기하였다.

각기 핵들의 위치가 발생운명(developmentalfate)을 결정하게 된다(그림 28-54*c*). 이 단계에서 유사 분열 주기의 시간이 길어지기 시작하고, 반면에 그때까지 DNA 복제에 충실히 관여한 핵 유전자들이 전사적으로 활성을 띤다(갓 낳은 알은 발생하고 있는 난모세포를 둘러싸고 있는 '간호(nurse)' 세포들이 만들어 제공한 많은 양의 저장 mRNA를 갖고 있다). 60분간 지속되는 14번째 핵분열에서는 알의 원형질막이 6000개의 핵 주위로 함입되어 **배반엽(blastoderm)**이라는 세포 단층을 형성한다(그림 28-54*d*). 이 시점에서 2.5시간 후가 전사 활성이 최고로 되며 유사 분열의 동시성도 사라진다.

그 다음 수 시간 동안, 배아는 **낭배 형성(gastrulation**, 세포가 이동하여 3층 구조를 형성)을 거치며 기관 형성 과정을 거친다. 이 주목할 만한 과정 중 한 가지 인상적인 것은 초파리뿐 아니라 고등동물에서도 배아가 성체의 구조와 일치하는 일련의 체절들로 나누어진다는 것이다(그림 28-54*e*). 초파리 배아는 결국 합쳐져서 머리를 형성하게 되는 적어도 세 개의 체절(Md, Mx, Lb은 하악, 상악, 하순), 세 개의 흉부 체절(T1~T3), 8개의 복부 체절(A1~A8)을 갖게 된다. 발생이 계속됨에 따라 배아는 길어지며 복부 체절 중 몇몇은 흉부 체절 위로 접히게 된다(그림 28-54*f*). 이 단계에서 체절들은 앞쪽과 뒤쪽 구획으로 세분화된다. 그 다음 배아가 짧아지며 주름이 펴져 발생이 시작된 후 하루 만에 부화하여 유충을 형성한다(그림 28-54*g*). 그 다음 5일간에 걸쳐, 유충은 먹고 자라고 두 번을 탈피하고, 번데기가 되어 성체가 되기 위한 변태를 시작한다(그림 28-54*h*). 이 후기 과정에서 유충의 표피는 거의 전부(세포 소멸을 통하여) 배반엽 단계에서 일찍이 그 발생적 운명이 정해져 있는 **성충반(imaginal disk)**이라고 하는 유충의 미분화된 상피 구획의 생성에 의해 대체된다. 유충의 체절 경계를 유지하는 이 구조들은 성체의 다리, 날개, 안테나, 눈 등을 형성한다. 발생을 시작한 지 약 10일 후에는 성체가 나타나며, 수 시간 내에 새로운 생식 회로를 시작한다.

발생 양식은 유전적으로 매개된다. 배아 형태 형성의 메커니즘은 무엇인가? 이 과정에 관해서 우리가 알고 있는 많은 것들이 발생 중인 배아에서 정상적으로는 세포 분화 지역을 점진적으로 더 정교하게 만드는 초파리의 세 가지 부류 유전자들에서 발생한 일련의 유별난 돌연변이들의 분석에서 나왔다.

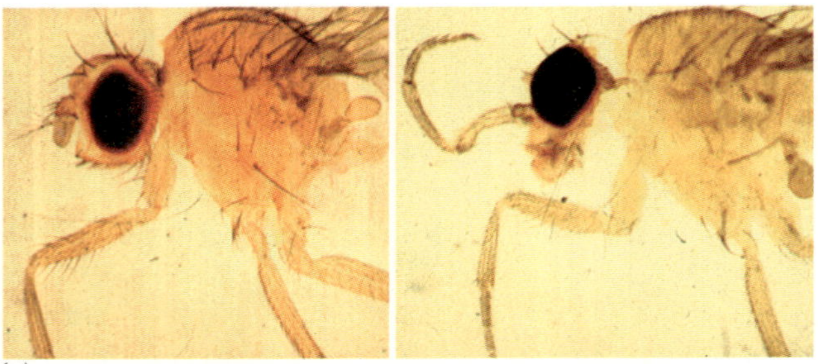

(a)

(b)

그림 28-55 초파리에서의 발생적 돌연변이들 (a) 야생형 성체 파리(왼쪽), 체절 결정 촉각 다리(antp) 유전자의 돌연변이형에 대하여 동형 접합인 파리(오른쪽)의 머리와 가슴. 돌연변이 유전자는 정상적으로는 촉수를 형성하는 (야생형 antp 유전자가 발현이 안 되는) 성충반에서 부적절하게 발현되어 성충반은 정상적으로 체절 T2에서 발생되도록 되어 있는 다리로 발생된다. (b) 이중 흉부 복합체에 세 개의 돌연변이로 인해 생긴 네 개의 날개를 갖는 초파리(정상적으로 두 개를 갖고 있음)이다. 이 돌연변이들은 평형곤을 갖는 체절 T3를 날개를 갖는 체절 T2처럼 발생하게 한다.

1. **모계 영향 유전자(maternal-effect gene)는 배아의 극성을 결정한다.** 즉 전후방(머리에서 꼬리), 등배(등에서 배) 축을 결정한다. 이 유전자들의 돌연변이는 전반적으로 배아의 몸 형태를 변화시키는데, 예를 들면 서로 반대 방향으로 향하고 있는 두 개의 전방부 끝 부분, 혹은 두 개의 후방부 쪽 끝부분을 갖고 있는 생존 불능의 배아를 만든다.

2. **체절 형성 유전자(segmentation gene)는 배아 체절의 올바른 수와 극성을 결정하는 유전자들이다.** 뉘슬라인-폴하르트(Christiane Nüsslein-Volhard)와 에릭 위샤우스(Eric Wieschaus)에 의한 연구로 이들 유전자들을 다음과 같이 세분화할 수 있었다.

   (a) **간극 유전자(gap gene)**는 발생 중인 배아에서 가장 먼저 전사되는 유전자로서, 이들이 돌연변이되면 배아의 체절 형성 양상에 간극이 생기기 때문에 붙여진 이름이다. 예를 들면 결손된 **헌치백(hunchback, hb)** 유전자들을 갖고 있는 배아는 입 부위와 가슴 구조가 결손되어 있다.

   (b) **쌍 지배 유전자(pair-rule gene)**는 배아의 넓은 간극 영역들을 체절로 나누도록 하는 유전자이다. 이 유전자들의 이름은 그들의 돌연변이들이 보통 매 두 번째 체절 부위를 결손시키기 때문에 붙여졌다.

   (c) **체절 극성 유전자(segment polarity gene)**는 발생 중인 체절의 극성을 결정하는 유전자이다. 따라서 동형 접합형인 엔그레일드(engrailed, en) 돌연변이는 각 체절의 후방 쪽 구획이 결손되어 있다.

3. **체절 선택자 유전자(homeotic selector gene)는 체절의 정체를 결정한다.** 체절 결정 유전자들의 돌연변이는 몸의 한 부분을 다른 부분으로 바꾼다. **촉각다리(antennapedia, antp**, antenna-foot) 돌연변이체들은 안테나 자리에 다리를 갖고 있지만(그림 28-55*a*), **이중 흉부(bithorax, bx)**, **전방 이중 흉부(anteriorbithorax, ahx)**, **후방 이중 흉부(postbithoraxy pbx)** 돌연변이체들 각각들은 정상적으로는 체절 T3에만 나타나는 평형곤(평행기로 기능하는 흔적 날개) 부위를 바꾸고, 정상적으로는 체절 T2에서만 나타나는 위와 일치하는 날개 부위를 바꾼다(그림 28-55*b*).

모계 영향 유전자 돌연변이체들의 특성들을 보면 모계 영향 유전자들이 형태 형성 물질(morphogen)을 만든다는 것을 암시하며, 알의 세포질에서 형태 형성 물질들의 분포가 앞으로 발생되는 배아의 공간적 좌표계를 결정한다. 실제 뉘슬라인-폴하르트의 면역 형광을 이용한 연구는 **비코이드(bicoid, bcd)** 유전자의 산물이 정상 배아의 후방 끝 쪽으로 갈수록 농도가 증가하는 농도 기울기로 분포되어 있으나(그림 28-56*a*), *bcd* 결손 어미의 배아들은 이 기울기가 없음을 보여 주었다. 이러한 농도 기울기는 난자 발생 과정 동안 난소의 간호 세포들에 의해 *bcd* mRNA가 난자의 전단부 속으로 분비됨으로써 생성된다. **나노스(nanos)** 유전자 mRNA도 비슷한 방법으로 알의 후극부(posterior pole) 가까이 축적된다. *bcd*와 *nanos* 유전자 산물은 특정한 간극 유전자들의 발현을 조절한다. 몇몇 다른 모계 영향 유전자는 지역적으로 분포한

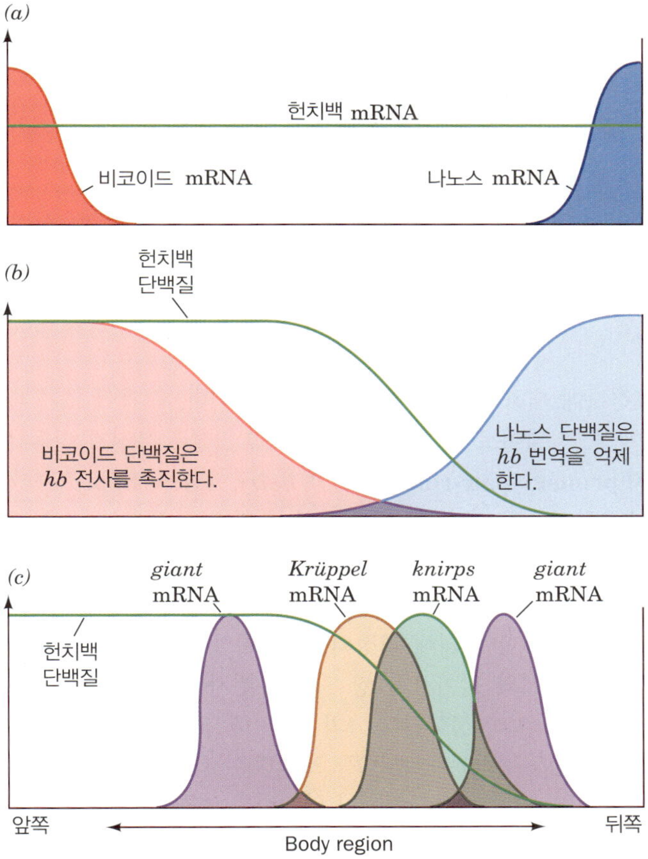

그림 28-56 초파리 배아에서 헌치백 단백질 농도 기울기의 형성과 효과 (*a*) 수정되기 전의 알은 어미로부터 공급받은 **비코이드**(*bicoid*)와 **나노스**(*nanos*) mRNA를 전방극과 후방극에 포함하고 있고, 헌치백 mRNA는 골고루 포함하고 있다. (*b*) 수정이 되면, 세 가지 mRNA는 번역이 된다. 비코이드와 나노스 단백질들은 그들의 mRNA의 위치에 고정되지 않아서 농도 기울기가 mRNA 기울기보다 넓다. 비코이드 단백질은 헌치백 mRNA의 번역을 촉진하지만 나노스 단백질은 헌치백 mRNA의 번역을 억제하여, 헌치백 단백질이 전방에서 후방으로 비선형적으로 감소되게 한다. (*c*) 헌치백 단백질의 특이적 농도들은 *giant*, *Krüppel*, *knirps* 유전자의 전사를 유도한다. 따라서 헌치백 단백질의 농도 기울기는 나중에 합성되는 mRNA의 발현 위치를 정하게 된다. (*d*) 초파리 배아의 사진(전방극 왼쪽)이며, 헌치백 단백질(초록색)과 Krüppel 단백질(붉은색)을 면역 형광법으로 염색하였다. 이 두 단백질이 겹치는 지역은 노란색이다. [Part *a*, *b*, and *c* after Gilbert, S.F., Developmental Biology(5th ed)., pp. 550 and 565, Sinauer Associates(1997); Part dcourtesy of Jim Langeland, Stephen Paddock, and Sean Carroll, Howard Hughes Medical Institute, University of Wisconsin–Madison.]

(*d*)

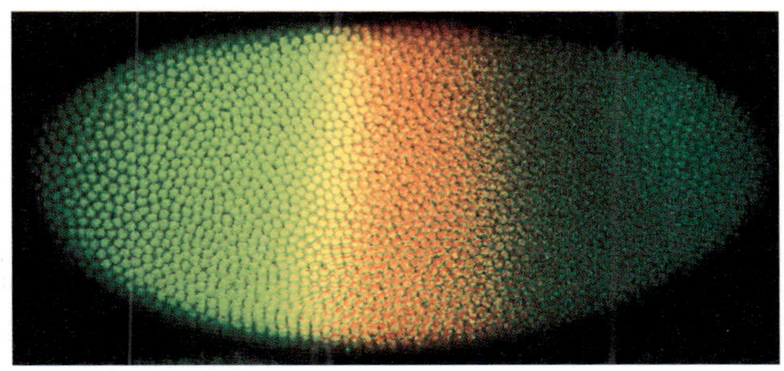

mRNA를 해당 침착 부위에 포획하는 단백질을 만든다. 이 때문에 모계 영향 돌연변이가 동형 접합인 암컷들이 생산한 초기 배아에 야생형 초기 배아의 세포질 혹은 mRNA를 주입함으로써 '구조될' 수 있다.

간극 유전자인 **헌치백**(*hb*)의 mRNA는 비수정란에서는 균일하게 축적된다(**그림 28-56*a***). 그러나 **비코이드 단백질(Bicoid protein)**은 배아의 *hb* 유전자의 전사를 활성화하는 반면에, **나노스 단백질(Nanos protein)**은 *hb* mRNA의 번역을 억제한다. 결과적으로, **헌치백 단백질(Hunchback protein)**이 전방에서 후방으로 감소하는 농도 기울기로 분포하게 된다(**그림 28-56*b***). 발자국 연구를 통해 비코이드 단백질이 *hb* 유전자의 상류 촉진제 지역에 있는 5개의 상동성 부위(공통 서열 TCTAATCCC)에 결합하는 것이 증명되었다.

헌치백 단백질은 몇몇 다른 간극 유전자의 발현을 제어한다(**그림 28-56*c*,*d***). 높은 수준의 헌치백 단백질은 **giant** 발현을 유도한다. ***Krüppel***[독일어: 불구자(cripple)]은 헌치백 단백질이 줄어들기 시작하는 곳에서 발현된다. ***knirps***[독일어: 난장이(pigmy)]는 헌치백 단백질이 더 낮은 수준일 때 발현된다. 그리고 *giant*는 헌치백 단백질이 탐지되지 않는 지역에서 다시 발현된다. 이러한 양상의 유전자 발현은 더 추가적인 상호작용에 의해서 안정화되고 유지된다. 예를 들면 **Krüppel 단백질**은 *hb* 유전자의 촉진제에 결합하여 유전자 발현을 활성화시키며, knirps 유전자의 촉진제에는 결합하여 유전자 발현을 억제한다. 반대로 **Knirps 단백질**은 Krüppel 유전자의 발현을 억제한다. 이러한 상호 억제는 다양한 간극 영역들 사이의 경계를 분명하게 할 수 있을 것으로 생각된다.

그림 28-57 쌍 지배 유전자에 대하여 염색한 초파리 배아 Fushi tarazu(**Ftz**) 단백질은 갈색, **Eve** 단백질은 회색이다. 이러한 단백질들은 7개 띠로 발현된다. [Reproduced with permission from Peter A. Lawrence, Department of Zoology, University of Cambridge, UK]

쌍 지배 유전자는 한 유전자에 대하여 7개의 띠로 되어 발현되며, 각각이 초기 배아의 전후 축을 따라 몇 개의 핵 넓이로 발현된다(**그림 28-57**). 간극 유전자 산물은 세 개의 **1차 쌍 지배 유전자(primary pair-rule gene)**인 ***hairy***, ***even-skipped(eve)***, ***runt***를 직접 제어한다. 대부분의 1차 쌍 지배 유전자의 촉진제는 일련의 기본 단위로 되어 있으며, 각 단위에는 다양한 간극 유전자 단백질가 부착할 수 있는 활성 및 억제적 결합 부위가 특별하게 배열되어 있다. 결과적으로 하나의 쌍 지배 유전자의 발현은 간극 유전자 산물의 조합에 의해 결정되며, '얼룩말 무늬'의 발현 양상을 나타내게 된다. 간극 유전자에서와 같이 1차 쌍 지배 유전자의 발현 양상도 그들 자신들 사이의 상호작용을 통하여 안정화된다. 1차 쌍 지배 유전자의 산물은 또한 **fushi tarazu**(*ftv*, 불충분 체절을 뜻하는 일본어)를 포함하는 5개의 **2차 쌍 지배 유전자(secondaty pair-rule gene)**의 발현을 유도하거나 억제한다. 따라서 게링(Walter Gehring)이 보여 주었듯이, *ftz* 전사체들은 배아의 10번째 핵분열 과정 동안 피층 세포질에 배열되어 있는 핵들에서 처음 발현된다. 세포적 배반엽이 형성되는 14번째 분열 주기까지 *ftz*는 각각 3 혹은 4 세포의 폭으로 된 7개의 띠 형태로 배반엽 주위에 발현된다(그림 28-57).

8개의 알려진 체절 극성 유전자들의 발현은 쌍 지배 유전자 산물에 의해서 개시된다. 예를 들면 콘버그(Thomas Kornberg)가 보여 주었듯이, 13번째 핵분열 때까지 *engrailed*(*en*) 전사체들은 탐지 가능하지만 배아 피층 전반에 걸쳐서 다소 균일하게 발현된다. 그러나 *en*이 높은 농도의 Eve 혹은 Ftz 단백질을 갖고 있는 세포에서 우선적으로 발현되기 때문에 14번째 분열 때까지 배반엽 주위에 뚜렷한 14개의 띠 형태를 형성하게 된다(*ftz* 발현 공간의 반에 해당하는 띠). 따라서 *en* 유전자 산물은 각 체절의 후방측 반이 전방측 반과는 다르게 발생되도록 유도한다.

항상성 유전자(homeotic gene)는 각 신체 부분들의 발생을 지시한다. 발생적으로 유사한 신체 부위들, 즉 초파리 안테나, 다리의 구조적 성분들은 거의 동일하며 단지 구성 성분만 다르다(**그림 28-58**). 결과적으로, **발생 유전자들은 단순히 구조 유전자들을 발현시키거나 억제하기보다는 발현 양상을 제어해야 한다는 것이다.**

초파리 항상성 선택자 유전자들은 두 개의 커다란 유전자 가족에 속해 있다. 흉부 및 복부 체절의 분화를 제어하는 **이중 흉부 복합체(bithorax complex, BX-C)**와 머리와, 흉부 체절에 우선적으로 영향을 미치는 **촉각다리 복합체(antennapedia complex, ANT-C)**이다. *BX-C*의 동형 접합 돌연변이체는 하나 이상의 체절이 더 앞쪽에 있는 체절처럼 발생하도록 한다(예를 들면 체절 T3는 체절 T2인 것처럼 발생을 한다. 그림 28-54*b*). *BX-C* 전체를 결손시키면 T2 뒤쪽의 모든 체절들은 T2를 닮는다. 외견상으로 T2는 더 먼 쪽 체절들의 발생적 '기초 상태(ground state)'이다. 항상성 유

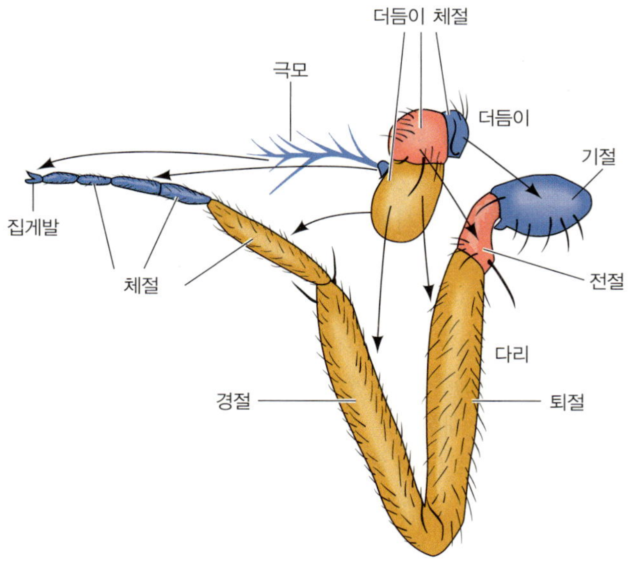

그림 28-58 초파리 촉수와 다리의 대응 [After Postlethwait, J.H. and Schneiderman, H.A., Dev. Biol. 25, 622(1971).]

전자 가족의 진화는 아마도 절지동물(곤충을 포함하는 문)은 모든 체절이 거의 같은 모양을 하고 있는 더 원시적인 환형동물(체절 지렁이)로부터 진행되었을 것이다.

루이스(Edward B. Lewis)는 *BX-C*의 더 상세한 유전적 분석을 통하여 체절 분화의 모형을 만들었다(**그림 28-59**). *BX-C*는 루이스가 제안하였듯이, T3에서부터 A8(그림 28-59에서 0에서 8까지 번호를 붙임)까지 각 체절에 대하여 적어도 하나의 유전자를 갖고 있다. 체절 T3로부터 시작하여 점진적으로 더 후위의 체절들은 연속적으로 더 많은 수의 *BX-C* 유전자들을 발현하고, A8에서 모든 *BX-C* 유전자들이 발현된다. 이러한 유전자 발현 양상은 전위에서 후위의 말단으로 감에 따라 *BX-C* 억제인자의 농도가 감소하기 때문에 일어날 수 있을 것이다. 그러므로 한 체절의 발생적

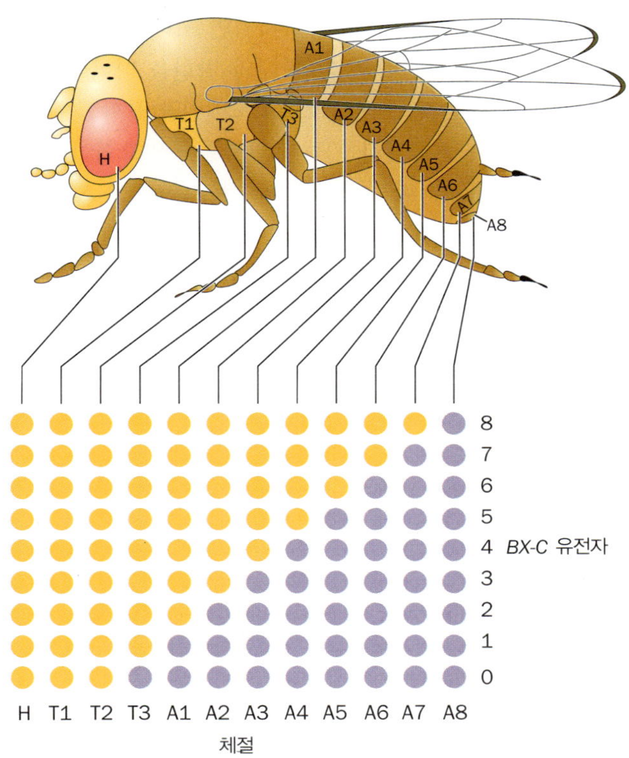

그림 28-59 초파리에서 배아 체절 분화의 모형 체절 T2, T3, A1~8은 그림 아래쪽에서 나타내었듯이 각각 활성(보라색 원)과 불활성(노란색 원) *BX-C* '유전자들'의 독특한 조합을 갖고 있다. 여기서는 이 '유전자들'(실제로는 증강인자 요소들임)을 0에서 8까지 번호를 매겼으며, 전방에서 후방으로 연속적으로 활성화되어 발생학적으로 가장 원시적 체절인 체절 T2에는 *BX-C* 유전자들의 활성이 없고, 체절 A8에서는 모두 다 활성되었다. [After Ingham, P., *Trends Genet.* 1, 113(1985).]

운명은 배아에서 체절의 위치에 의해 결정된다. 그 후에 수행된 유전자 서열 분석 결과, 루이스 모형에서 9개의 '유전자'들은 실제로는 세 개의 *BX-C* 유전자에 있는 증강인자 요소인 것으로 나타났다.

촉각 다리(*antp*) 유전자의 연구에서 게링(Gehring)과 스코트(Matthew Scott)는 각각 *antp* cDNA가 *antp*와 *ftz* 두 유전자 모두에 혼성화된다는 것을 발견하였는데, 이것은 **이 유전자들이 공통 염기 서열을 공유하고 있다**는 것을 말한다. 그 후의 실험에서 **호메오도메인(homeodomain)** 혹은 **호메오박스(homeo-box)**라고 하는 유사한 서열이 많은 초파리 항상성 유전자들에 있다는 것이 밝혀졌다. 이 서열들은 서로 70~90% 동일하며, 심지어 더 유사한 60개 잔기의 폴리펩타이드 구획을 암호화한다.

호메오도메인 탐색자(probe)를 이용한 더 많은 혼성화 연구에서 **호메오도메인이 많은 동물들의 유전체에도 존재한다**는 놀라운 사실이 밝혀졌다. 호메오도메인을 포함하는 유전자들은 총체적으로 **Hox 유전자(Hox gene)**로 알려져 왔다. 척추동물에서는 그들은 9~11개의 유전자로 구성된 네 개의 집단으로 구성되어 있으며, 각각 서로 다른 염색체에 위치하며, 100 kb 이상을 차지한다. 반면에 초파리는 우리가 보았듯이, 두 개의 *Hox* 집단을 갖고 있으며, 곤충보다 진화적으로 원시적인 선충류는 단지 하나의 *Hox* 집단을 갖고 있다. 다양한 *Hox* 집단들과 그 구성 유전자들은 명백하게 일련의 유전자 중복을 통해 발생했다.

Hox 유전자는 전사 인자를 암호화한다. 어떤 *Hox* 유전자들은 놀라울 정도로 유사하다. 예를 들면 초파리 *antp* 유전자와 개구리 **MM3 유전자(MM3 gene)**의 호메오도메인은 60개 아미노산 중에서 59개가 같은 폴리펩타이드를 암호화한다. 척추동물과 무척추동물이 6억 년 전에 분기하였으므로, 이것은 호메오도메인의 산물이 필수적인 기능을 갖고 있음을 강하게 암시한다.

초파리 *engrailed* 유전자의 호메오도메인에 의해 암호화되는 폴리펩타이드는 *en*과 *ftz* 유전자의 전사 개시 부위 바로 상류에 있는 DNA 서열에 결합한다. 더구나 *ftz* 유전자의 상류 서열을 다른 유전자에 융합시키면 초파리 배아에서 다른 유전자들의 발현이 *ftz*와 같은 띠 형태의 발현을 나타내게 한다(그림 28-57). 이러한 관찰 결과는 호메오도메인을 포함한 유전자가 다른 유전자의 발현을 조절하는 전사 인자들을 암호화한다는 것을 암시한다.

콘버그와 파보(Carl Pabo)는 21 bp DNA와 복합체를 형성한 초파리 Engrailed 단백질의 61개 잔기 호메오도메인의 X선 구조를 결정하였다(**그림 28-60**). 이 호메오도메인은 주로 세 개의 α 나선으로 되어 있으며, 그중 마지막 두 개는 원핵세포의 억제 인자들의 HTH 구조와 거의 동일 구조인 HTH 구조를 형성한다(24-4B절).

척추동물 *Hox* 유전자들도 초파리의 것들과 같이 배아 발생 동

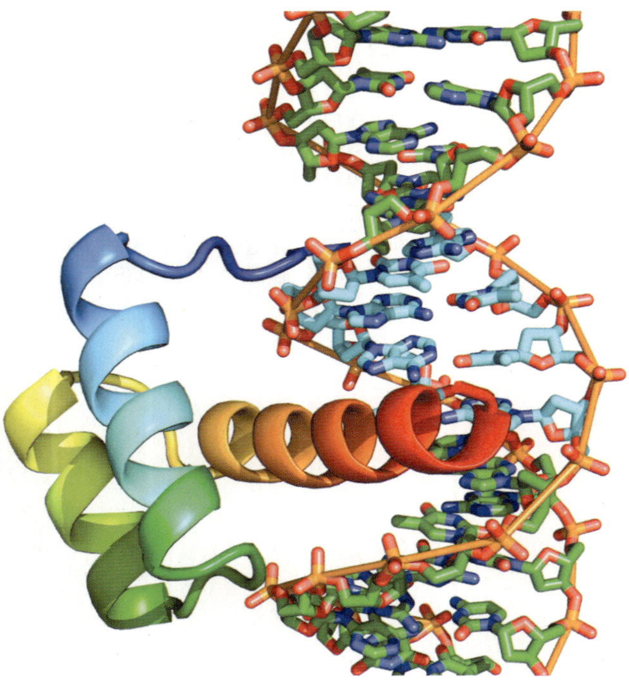

그림 28-60 표적 DNA와 복합체를 형성한 Engrailed 단백질 호메오도메인의 X선 구조 단백질은 N 말단(**파란색**)에서부터 C 말단(**빨간색**)까지 무지개 순서로 색을 띤 띠로 보여 주고 있다. DNA는 각각의 원자(C는 초록색, N은 파란색, O는 빨간색, P는 주황색) 다른 색을 표시한 막대 모양으로 보여 주고 있다. TAAT 염기쌍 부위의 C 원자는 청록색으로 강조하였다. 같은 사슬 내에서 연속되는 P 원자는 주황색 막대 모양으로 연결시켰다. 단백질의 인식 나선, 즉 C 말단 나선(**빨간색**과 **주황색**)은 DNA의 큰 홈과 결합되어 있고, 단백질의 N 말단 단편(**파란색**)은 DNA의 작은 홈 안으로 삽입되어 있는 것에 주목하라. [Based on an X-ray structure by Carl Pabo, MIT, PDBid 1HDD]

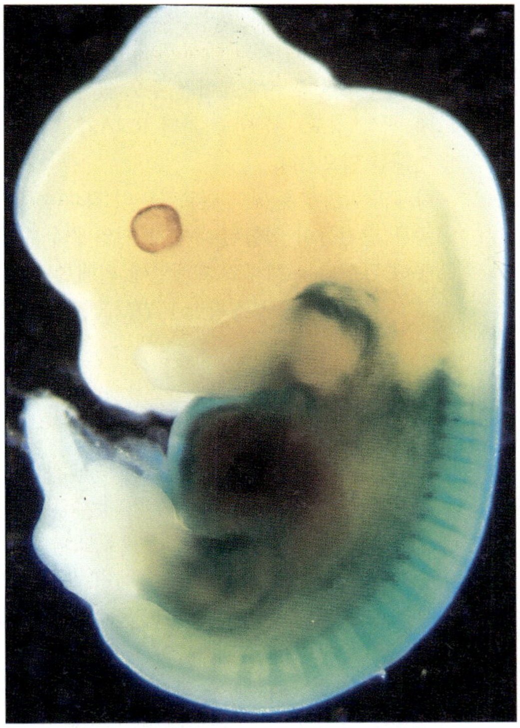

그림 28-61 **12.5일 된 생쥐 배아에서 *Hox*-3.1 유전자의 발현 양상** *Hox*-3.1 유전자의 단백질 암호화 지역을 *lacZ* 유전자로 치환하였다. 형질 전환 배아의 *Hox*-3.1 유전자 발현 지역은 *lacZ* 유전자 산물인 β-갈락토스 가수 분해 효소에 의해 가수 분해되면 파란색으로 바뀌는 기질(X-gal, 3-5A절)을 포함하는 완충 용액에 배아를 담가 나타내었다.

안 특정한 단계에서 특이적인 형태로 발현된다. *Hox* 유전자들이 배아 세포의 특성과 운명을 결정한다는 것은 다음과 같은 실험에서 알 수 있다. 목 이하 부위에서만 *Hox*-1.1 유전자를 정상적으로 발현하지만, 몸 전체에서 균일하게 발현되는 촉진제에 의해 *Hox*-1.1 유전자의 발현이 조절되도록 만든 형질 전환 생쥐의 배아를 만들었다. 이들 배아에서 생성된 생쥐는 구개순 파열, 여분의 척추, 두개골 기저에 하나의 추간원판 등의 심각한 두안 기형을 가지고 있다. 또한 어떤 생쥐들은 목 부위에 여분의 갈비뼈 쌍을 갖고 있다. 따라서 *Hox*-1.1 유전자의 잘못된 발현이 항상성 돌연변이(homeotic mutation), 즉 초파리에서 관찰된 것과 유사한 발생 형태의 변화를 유도한 것이다(그림 28-55).

Hox-3.1 암호화 부위가 *lacZ*의 암호 부위로 대체된 동형 접합 생쥐는 살아서 태어나지만 수일 이내에 죽는다. 그들은 몸체 지역에 몇몇 골격 부분이 더 전방 골격 부분과 같은 모습으로 변형되어 있는 골격 기형들을 나타낸다. 가수 분해되면 푸른색을 나타내는 유사 기질의 이용으로 비색 분석 방법으로 측정한 β-갈락토스 가수 분해 효소 활성의 양상(**그림 28-61**)은 *Hox*-3.1 결손이 정상적으로 *Hox*-3.1을 발현하는 배아 세포들의 위치를 바꾸는 것이 아니라, 그 성질들을 바꾼다는 것을 나타낸다.

체크 포인트

- 세포 주기의 단계에 대하여 서술하시오. 사이클린의 역할은 무엇인가?
- p53과 pRb가 암을 어떻게 억제하는지 설명하시오.
- 세포 소멸의 경과에 대하여 요약하시오.
- 세포 소멸이 왜 세포 괴사보다 나은 것인가?
- 초파리의 배발생에서 발생 경과를 순서대로 요약하고, 이러한 단계의 진행을 조절하는 요소들의 기능에 대하여 설명하시오.

요약

1 유전체 구성

- 유전체 DNA 서열은 전체 유전자 수와 그들의 예상되는 기능과 질병과의 가능한 관계 등을 나타낸다.
- 어떤 유전자들은 집단으로 발견된다. 예를 들면 세균의 오페론 유전자, rRNA와 tRNA 유전자, 진핵 히스톤 유전자를 들 수 있다. 인간의 글로빈 유전자 집단은 서로 다른 발생 단계에 따라 발현되는 유전자를 포함하고 있다.
- 원핵세포의 유전체들은 적은 양의 비전사 DNA를 포함하고 있으며, 여기에는 복제 및 전사 조절 지역이 포함된다. 고등 진핵생물의 유전체는 더 많은 양의 비전사 부위를 포함하고 있으며, 대부분

이 반복 서열 형태로 되어 있고 반복 서열의 다수가 트랜스포존의 잔유물이다.

2 원핵세포의 유전자 발현 조절

- 원핵세포의 유전자의 발현은 우선적으로 전사 수준에서 제어된다. *lac* 오페론의 조절은 *lac* 억제 인자가 작동 유전자 서열에 결합함으로써 매개된다. 오페론의 발현을 방해하는 이 결합은 *lac* 오페론에 의해 암호화된 효소들의 기질인 락토스의 이용 가능성을 나타내는 유도 인자가 *lac* 억제 인자에 결합함으로써 해제된다.
- 이화 생성물 억제에서는 글루코스의 부족을 알리는 CAP와 cAMP 복합체가 표적 DNA에 결합하여 다른 당들의 대사에 참여하는 단백질들을 암호화하는 유전자의 전사를 촉진한다.
- 전사 약화는 오페론의 선도 서열에 있는 mRNA의 2차 구조가 번역에 의존하여 다르게 형성되어, 전사를 계속할 것인지, 아니면 종결할 것인지를 결정하는 메커니즘이다. 리보스위치에서는 대사물이 mRNA에 결합하여 유전자 발현을 조절한다.

3 진핵세포의 유전자 발현 조절

- 진핵세포의 유전 정보의 발현에는 뉴클레오솜의 재배치, 조절 단백질에 의해 인식되는 히스톤 암호로서 히스톤의 공유 결합적 수식 과정이 관여한다. DNA 메틸화는 후생 유전학적 유전을 가능하게 한다.
- 진핵생물에서는 DNA 증강인자와 침묵 인자에 결합하는 활성 인자와 억제 인자가 전사 개시의 속도를 협동적으로 조절한다. 이들 전사 인자 중 어떤 것들은 호르몬 신호에 의해 활성화된다.
- 진핵세포의 유전자의 발현은 mRNA의 다양한 분해 속도와 번역 개시의 조절에 의해 제어될 수도 있다. RNA 방해는 전사 후 유전자 침묵 경로로서 이중 가닥 RNA가 상보적인 mRNA의 선택적 분해를 일으킨다.
- 항체의 다양성은 면역 글로불린의 경쇄와 중쇄를 암호화하는 여러 종류 단편들이 집합된 유전자 서열에서 개별적인 단편의 선택을 통해 완성되는 체세포 재배열에 의해 이루어진다. 다양성은 체세포 과돌연변이와 부정확한 *V*/*D*/*J* 연결에 의해 증가하게 된다.

4 세포 주기, 암, 세포 소멸과 발생

- 핵 세포 주기는 사이클린 의존성 인산화 효소들에 의해 지배를 받으며, 이 효소들의 표적에는 종양 억제 인자 p53과 pRb가 있다. p53은 DNA 손상과 같은 다양한 병적 상태를 탐지하는 전사 활성 인자로서 작용하여, 세포 주기의 정지 상태를 유지하도록 돕거나, 만약 손상이 치유되지 않으면, 세포 소멸을 일으키도록 도와준다.
- 세포 외 혹은 세포 내 신호들은 여러 가지 케스페이스를 필요로 하는 세포 소멸 경로, 즉 세포 소멸을 유발할 수 있다.
- 초파리 배아의 발생은 배아의 극성, 간극, 쌍 지배를 결정하는 모계 영향 유전자와, 배아 체절의 수와 극성을 결정하는 체절 극성 유전자, 유전자의 발현을 조절하고 그에 따라 분화를 지배하는 전사 인자들을 암호화하는 체절 결정 유전자(*Hox* 유전자들)에 의해 제어된다. *Hox* 유전자들은 척추동물의 발생도 비슷하게 조절한다.

주요 용어

CpG 섬(CpG island)
EST
HAT
HMG 단백질(HMG protein)
Hox 유전자(Hox gene)
JAK–STAT
P 본체(P body)
RNA 간섭(RNAi)
간극 유전자(gap gene)
개체 형성증(totipotency)
격리인자(insulator)
고반복 DNA(highly repetitive DNA)
고아 유전자(orphan gene)
괴사(necrosis)
낭배 형성(gastrulation)
넌센스 매개 감쇠(nonsense-mediated decay)
다핵체(syncytium)
다형성(polymorphism)
단일 뉴클레오타이드 다형 현상(SNP)
동원체(centromere)
리보스위치(riboswitch)
모계 영향 유전자(maternal-effect gene)
미세 RNA(miRNA)
바 소체(Barr body)
배반엽(blastoderm)
보조 억제 인자(corepressor)
부분 중복(segmental duplication)
브로모도메인(bromodomain)
비암호화 RNA(ncRNA)
사이클린(cyclin)
선도 서열(leader sequence)
성충반(imaginal disk)
세포 소멸(apoptosis)
세포 주기(cell cycle)
쌍 지배 유전자(pair–rule gene)
안티센스 RNA(antisense RNA)
앱타머(aptamer)
억제 인자(repressor)
엑소솜(exosome)
열린 해독 틀(ORF)
염색체 리모델링 복합체(chromatin-remodeling complex)
유도 물질(inducer)
유사 유전자(pseudogene)
유전자 발현(gene expression)
유전자 집단(gene cluster)
유전적 예견(genetic anticipation)
유전체 각인(genomic imprinting)
유전체 질병 연구관 연구(GWAS)
유전체량(C value)
유전체량 모순(C–value paradox)
유전체학(genomics)
이기적 DNA(selfish DNA)
이질 염색질(heterochromatin)
이화 생성물 억제(catabolite repression)
작동 부위(operator)
전사 약화(attenuation)
종양 억제 인자(tumor suppressor)

중반복 DNA(moderately repetitive DNA)
증강인자(enhancer)
증강인자솜(enhanceosome)
진압(squelching)
진정 염색질(euchromatin)
짧은 간섭 RNA(siRNA)
짧은직렬 반복(STR)
체세포 과돌연변이(somatic hypermutation)
체세포 재조합(somatic recombination)
체절 극성 유전자(segment polarity gene)
체절 형성 유전자(segmentation gene)
케스페이스(caspase)
크로모도메인(chromodomain)
항상성 유전자(homeotic selector gene)
형태 형성 물질(morphogen)
호르몬 반응 요소(hormone response element)
호메오도메인(homeodomain)
후생유전학(epigenetics)
히스톤 암호(histone code)

문제

1. 생명체로부터 분리된 DNA는 일정한 크기의 절편(~1000염기쌍)으로 공유할 수 있는데, 열을 가해 가닥을 분리할 수 있으며, 다시 식히게 되면 상보적인 가닥들이 재결합한다. DNA 복원 과정은 시간이 지나게 되면 가능해진다. 왜 *E. coli* DNA의 복원 과정은 단상성이지만, 인간 DNA의 복원 과정은 이상성(시작은 빠른 단계로 일어나고 시간이 지나면서 느린 단계로 일어난다)으로 일어나는지 설명하시오.

2. 세균 유전체에서 오페론에서의 유전자 조직이 이전에 확인되지 않은 ORF에 기능 할당을 촉진하는 이유를 설명하시오.

3. 작은 담수 갑각류인 Daphnia pulex의 유전체 약 200,000 kb의 DNA에는 약 3만 개의 유전자가 있다. 이러한 유전체는 **초파리**(*Drosophila melanogaster*), 다른 절지 동물 및 사람의 유전체와 어떻게 비교되는가?

4. 해양 조류 *Ostreococcus tauri*는 약 13,000 kb 유전체에서 약 8000개의 유전자를 가지는 비정상적으로 높은 유전자 밀도를 가지고 있다. 유전자 사이의 거리가 무시할 만하다고 가정하면, *O. tauri* 유전자의 평균 크기는 얼마인가? 이것은 원핵생물인 대장균(*E. coli*)의 평균 유전자 크기와 어떻게 비교되는가?

5. 트라이뉴클레오타이드 반복 질병의 병리학적으로 가능한 메커니즘은 세 개의 모든 판독 프레임이 사용되는 비정상적인 번역이다. (a) CAG 및 (b) CTG의 반복 DNA 서열로부터 만들어진 전사체의 번역으로부터 유래되는 반복 아미노산 잔기는 무엇인가?

6. SNP 이외에, 인간은 유전체의 특정 세그먼트의 비교적 큰 삭제 또는 삽입으로 인한 사본-수 다형성(copy-number polymorphisms, CNPs)을 나타낸다. 한 연구에 따르면 개인은 11개의 CNP와 평균 465 kb의 CNP가 달랐다. 사본-수 변이체에 의해 나타내는 인간 유전체의 단편을 계산하시오.

7. *lac* 작동 부위의 O_1 서열의 비활성화가 왜 *lac* 오페론의 억제를 거의 완전하게 없애는지 설명하시오.

8. (a) *lac* 오페론의 O_2 또는 O_3 서열의 불활성화는 억제에 있어 단지 2배의 손실만을 일으키고, (b) O_2와 O_3 모두 불활성화는 억제를 70배 정도 감소시키는 데, 그 이유를 설명하시오.

9. 왜 *lacZ* 유전자가 결핍된 대장균은 글루코스가 없을 때 락토스를 첨가한 후에 갈락토사이드 투과효소의 활성을 나타내지 못하는가?

10. 다른 대사의 오페론이 포도당 결핍에 지속적으로 민감한 경우 포도당이 없을 때 *lac* 오페론의 감수성을 파괴할 수 있는 유전적 결함을 설명하시오.

11. 진핵세포의 전사에서 전사약화에 의해 조절될 수 없는 이유는 무엇일까?

12. *trp* 오페론의 조절에 대한 리더 펩타이드 서열의 결실 효과에 대하여 예견하시오.

13. 아세틸리신(acetyllysine)의 공유 결합적으로 변형된 히스톤 잔기의 분자식을 그려라. 이러한 변형은 어떻게 잔기의 화학적 성질을 변화시키는가?

14. 메틸리신(methyllysine)과 메틸아르지닌(methylarginine)의 공유 결합으로 변형된 히스톤 잔기의 분자식을 그려라. 이러한 변형은 어떻게 잔기의 화학적 성질을 변화시키는가?

15. 히스톤 Arg 잔기의 모노메틸화는 Arg의 이미노기(imino group)와 함께 메틸기를 제거하기 위해 물을 필요로 하는 펩티딜아르지닌 탈이미노화효소(peptidylarginine deiminase)의 작용에 의해 역전될 수 있다. 생성된 아미노산 잔기의 구조를 그리고, 이러한 비표준 아미노산을 확인하시오.

16. 유전자의 단백질-코딩 서열 내에 전사 증강 인자가 위치할 수 있는가? 설명하시오

17. 왜 자연 선택은 RNA의 불안정성을 선호하는지 설명하시오.

18. 인간에서 체세포 재조합에 의해 이론적으로 얼마나 많은 중쇄의 가변 영역이 생성될 수 있는가(접합 융통성을 무시함)? 이러한 중쇄가 약 2000종의 κ 경쇄와 결합할 수 있다면, 얼마나 많은 종류의 다른 면역 글로불린이 생산될까?

19. *V*/*D*/*J* 재조합은 종종 mRNA가 면역 글로불린 사슬을 성공적으로 번역될 수 없는 유전자를 생성하기도 한다. 체세포 재조합의 어떤 측면이 비생산적인 유전자 재조합을 일으킬 것인가?

20. 활성화 유도성 cytidine deaminase(AID)가 B 세포 이외의 세포에서 활성화된 경우 발생할 수 있는 현상에 대하여 설명하시오.

21. 효모와 같은 단세포 진핵생물이 세포 사멸을 하는 것이 왜 불리할까?

22. 세포 사멸 과정에서 포스파티딜세린(9-1C절)은 횡단운동을 한다(flip-flop). 이것이 황체 형성 및 폐기를 위해 식세포로의 세포 사멸을 확인하는 데 도움이 될 수 있는 이유를 설명하시오.

23. 초파리에서 *esc*⁻ 동형접합자(homozygote)는 그 모체가 *esc*⁻ 동형접합자가 아니라면 정상적으로 발달한다. 이러한 현상을 설명하시오.
24. *knirps* 유전자의 단백질-코딩 서열을 *lacZ*로 대체한 후 X-gal 용액에서 배양한 초파리 배아에서 나타나는 현상에 대하여 서술하시오

도전 질문

25. 적색-녹색 색맹은 X 연관 열성 유전 결함에 의해 유발된다. 따라서 여성은 적색-녹색 색맹 표현형을 나타내는 경우는 거의 없지만 결함 유전자의 보인자(carrier)일 수 있다. 빨간색 또는 녹색 빛의 좁은 광선이 여성 보인자 망막의 일부 영역에 투사될 때, 그녀는 두 색을 쉽게 구별할 수 있지만 다른 영역에서는 어려움이 있다. 이러한 현상을 설명하시오.
26. 왜 전사활성 염색질이 DNase I에 의한 절단에 대해 감수성이 없는 염색질보다 약 10배 정도 더 민감한가?
27. 바이타민 엽산 결핍이 왜 히스톤과 DNA의 메틸화를 저해할 수 있는지 설명하시오.
28. 면역 반응 동안 T 및 B 림프구의 증식 및 분화는 IκB라고 하는 단백질의 인산화를 유도하는 신호에 의해 매개된다. 인산화되지 않은 IκB는 전사인자 NF-κB에 결합하고 이를 억제한다. 인산화된 IκB는 NF-κB를 방출하고 프로테아좀(proteasome)에 의해 유비퀴틴화되고 분해된다. (a) NF-κB 활성화를 위한 이 메커니즘이 유전자 발현의 급격한 변화를 허용하는 이유를 설명하시오. (b) 왜 NF-κB를 직접 인산화시키는 것이 유전자 발현을 변화시키는 효과적인 메커니즘이 아닌지 설명하시오. (c) *Yersinia pestis*(페스트를 일으키는 박테리아)가 생산하는 단백질은 IκB로부터 유비퀴틴 분자를 제거한다. 이러한 것은 *Yersinia* 감염에 대한 면역 반응에 어떤 영향을 미치는가?
29. 만약 다이서(Dicer)가 매 22 bp가 아닌 11 bp마다 2가닥 RNA를 가수 분해한다면 왜 RNAi가 특정 유전자의 발현을 조절하는 데 있어 덜 효율적인 기전인지 설명하시오.
30. B 세포는 생산적인 재조합이 발생한 후 중쇄 및 경쇄 유전자의 추가 체세포 재조합을 억제함으로써 대립 유전자 배제로 알려진 과정을 통해 하나의 중쇄 대립 유전자 및 하나의 경쇄 대립 유전자의 발현을 억제한다. 대립 유전자 배제가 결핍된 B 세포에 의해 생성된 면역 글로불린의 비정상적인 특성을 설명하시오.
31. 암세포와 정상 세포의 융합은 종종 종양 형성 표현형의 발현을 억제한다. 이러한 현상을 설명하시오.

참고 문헌

유전체 구성

Cummings, C.J. and Zoghbi, H.Y., Trinucleotide repeats: mechanisms and pathophysiology, *Annu. Rev. Genomics Hum. Genet.* **1**, 281 – 328 (2002).

Jurka, J., Repeats in genomic DNA: mining and meaning, *Curr. Opin. Struct. Biol.* **8**, 333 – 337 (1998). [Reviews the evolutionary history and function of repetitive DNA sequences.]

Lander, E., Initial impact of the sequencing of the human genome, *Nature* **470**, 187 – 197 (2011). [A review of genome structure and insights into its variations and links to human disease.]

The International HapMap Consortium, The International HapMap Project, *Nature* **426**, 789 – 796 (2003). [Describes how patterns of single-nucleotide polymorphisms can be mapped and used as markers for genetic diseases.]

원핵세포의 유전자 발현 조절

Bell, C.E. and Lewis, M., The lac repressor: a second generation of structural and functional studies, *Curr. Opin Struct. Biol.* **11**, 19 – 25 (2001).

Kolb, A., Busby, S., Buc, H., Garges, S., and Adhya, S., Transcriptional regulation by cAMP and its receptor protein, *Annu. Rev. Biochem.* **62**, 749 – 795 (1993).

Roth, A. and Breaker, R.R., The structural and functional diversity of metabolite-binding riboswitches, *Annu. Rev. Biochem.* **78**, 305 – 334 (2009).

Tucker, B.J. and Breaker, R.R., Riboswitches as versatile control elements, *Curr. Opin. Struct. Biol.* **15**, 342 – 348 (2005).

Yanofsky, C., Transcription attenuation, *J. Biol. Chem.* **263**, 609 – 612 (1988). [A general discussion of attenuation.]

진핵세포의 유전자 발현 조절

Agrawal, A., Eastman, Q.M., and Schatz, D.G., Transposition mediated by RAG1 and RAG2 and its implications for the evolution of the immune system, *Nature* **394**, 744 – 751 (1998).

Armstrong, L., *Epigenetics*, Garland Science (2014).

Allen, B.L. and Taatjes, D.J., The mediator complex: a central integrator of transcription, *Nature Rev. Mol. Cell. Biol.* **16**, 155 – 166 (2015).

Barth, T.K and Imhof, A., Fast signals and slow marks: the dynamics of histone modifications, *Trends Biochem. Sci.* **35**, 618 – 626 (2010).

Bartholomew, B., Regulating the chromatin landscape: structural and mechanistic perspectives, *Annu. Rev. Biochem.* **83**, 671 – 696 (2014).

Campos, E.I. and Reinberg, D., Histones: annotating chromatin, *Annu. Rev. Genet.* **43**, 359 – 399 (2009).

Cech, T.R. and Steitz, J.A., The noncoding RNA revolution—trashing old rules to forge new ones, *Cell* **157**, 77 – 94 (2013). [Discusses how conceptions of RNA functions have evolved.]

Clapier, C.R. and Cairns, B.R., The biology of chromatin remodeling complexes, *Annu. Rev. Biochem.* **78**, 273 – 304 (2009).

Di Noia, J.M. and Neuberger, M.S., Molecular mechanisms of antibody somatic hypermutation, *Annu. Rev. Biochem.* **76**, 1 – 22 (2007).

Gilbert, S.F., *Developmental Biology* (10th ed.), Sinauer Associates (2013).

Hickman, E.S., Moroni, M.C., and Helin, K., The role of p53 and pRB in apoptosis and cancer, *Curr. Opin. Genet. Dev.* **12**, 60 – 66 (2002).

Huang, H., Sabari, B.R., Garcia, B.A., Allis, C.D., and Zhoa, Y., Snapshot: Histone modifications, *Cell* **159**, 458 (2014). [A detailed map of histone modifications.]

Hughes, A.L. and Rando, O.J., Mechanisms underlying nucleosome positions in vivo, *Annu. Rev. Biophys.* **43**, 41 – 63 (2014).

Jiang, X. and Wang, X., Cytochrome *c*–mediated apoptosis, *Annu. Rev. Biochem.* **73**, 87 – 106 (2004).

Kawamata, T. and Tomari, Y., Making RISC, *Trends Biochem. Sci.* **35**, 368 – 376 (2010).

Kornberg, R.D., Mediator and the mechanism of transcriptional activation, *Trends Biochem. Sci.* **30**, 235 – 239 (2005).

Latchman, D.S., *Gene Control* (2nd ed.), Garland Science (2015).

Levine, M., Cattoglio, C., and Tjian, R., Looping back to leap forward: transcription enters a new era, *Cell* **157**, 13 – 25 (2014). [A review of the mechanisms controlling eukaryotic transcription.]

Levine, M. and Tjian, R., Transcription regulation and animal diversity, *Nature* **424**, 147 – 151 (2003). [Discusses how multiple regulatory DNA sequences and transcription factors could account for differences in the complexity of organisms with similar numbers of genes.]

Loyola, A. and Almouzni, G., Marking histone H3 variants: How, when and why? *Trends Biochem. Sci.* **32**, 425 – 433 (2007).

Marmorstein, R. and Trievel, R.C., Histone modifying enzymes: structures, mechanisms, and specificities, *Biochim. Biophys. Acta* **1789**, 58 – 68 (2009).

Murphy, K., *Janeway's Immunobiology*, 8th ed., Garland Science (2014).

Patel, D.J. and Wang, Z., Readout of epigenetic modifications, *Annu. Rev. Biochem.* **82**, 81 – 118 (2013).

Pratt, A.J. and MacRae, I.J., The RNA–induced silencing complex: a versatile gene–silencing machine, *J. Biol. Chem.* **284**, 17897 – 17901 (2009).

Rinn, J.L., lncRNAs: linking RNA to chromatin, *Cold Spring Harb. Perspect. Biol.* **6**, 1 – 3 (2014).

Schneider, C. and Tollervey, D., Threading the barrel of the RNA exosome, *Trends Biochem. Sci.* **38**, 485 – 493 (2013).

Shabbazian, M. and Grunstein, M., Functions of site–specific histone acetylation and deacetylation. *Annu. Rev. Biochem.* **76**, 75 – 100 (2007).

Shilatifard, A., Chromatin modifications by methylation and ubiquitination: Implication in the regulation of gene expression. *Annu. Rev. Biochem.* **75**, 243 – 269 (2006).

Sumner, A.T., *Chromosomes, Organization and Function*, Blackwell Science (2003).

Teves, S.S., Weber, C.M., and Henikoff, S., Transcribing through the nucleosome, *Trends Biochem. Sci.* **39**, 577 – 586 (2014).

Tsai, K.–L., Tonomori–Sato, C., Sato, S., Conaway, R.C., Conaway, J.W., and Asturias, F.J., Subunit architecture and functional modular rearrangements of the transcriptional Mediator complex, *Cell* **157**, 1430 – 1444 (2014).

Ulitsky, I. and Bartel, D.P., lincRNAs: Genomics, evolution, and mechanisms, *Cell* **154**, 26 – 46 (2013).

Venkatesh, S. and Workman, J.L., Histone exchange, chromatin structure and the regulation of transcription, *Nature Rev. Mol. Cell. Biol.* **16**, 178 – 189 (2015).

Wilson, R.C. and Doudna, J.A., Molecular mechanisms of RNA interference, *Annu. Rev. Biophys.* **42**, 217 – 239 (2013).

찾아보기

ㄱ

ㄴ

ㅂ

ㅅ

ㅇ

ㅈ

ㅊ

ㅋ

ㅌ

생화학교재연구회

강종백 · 고문주 · 공광훈 · 김강화 · 김동규 · 김민갑 · 김용주 · 박선주 · 박세연 · 박장수 · 박정동 · 박정희
박태정 · 소병율 · 송재경 · 오남순 · 이균오 · 이상열 · 이송미 · 이승재 · 이영덕 · 이인아 · 이종호 · 이창원
정상전 · 하배진 · 함승욱

편수자: 박태정

생화학의 기초: 분자 수준에서의 삶 제5판

|저 자 Donald Voet · Judith G. Voet · Charlotte W. Pratt
|역 자 생화학교재연구회
|발 행 인 주 정 희
|발 행 처 자유아카데미
|주 소 경기도 파주시 회동길 37-42
파주출판도시
|전 화 031-955-1321
|팩 스 031-955-1322
|전자우편 main@freeaca.com(대표)
editor@freeaca.com(편집)
crm@freeaca.com(영업)
|홈페이지 www.freeaca.com
|등 록 제406-2003-017호, 1980. 7. 12
|제5판1쇄 2017년 2월 25일 발행
|정 가 55,000원

역자와의
협의하에
인지생략

Printed in Korea
ISBN 979-11-5808-125-6 93430

Some Common Biochemical Abbreviations

A	adenine
aaRS	aminoacyl–tRNA synthetase
ACAT	acyl-CoA:cholesterol acyltransferase
ACP	acyl-carrier protein
ADA	adenosine deaminase
ADP	adenosine diphosphate
AIDS	acquired immunodeficiency syndrome
ALA	δ-aminolevulinic acid
AMP	adenosine monophosphate
ATCase	aspartate transcarbamoylase
ATP	adenosine triphosphate
BChl	bacteriochlorophyll
bp	base pair
BPG	D-2,3-bisphosphoglycerate
BPheo	bacteriopheophytin
BPTI	bovine pancreatic trypsin inhibitor
C	cytosine
CaM	calmodulin
CAM	crassulacean acid metabolism
cAMP	3',5'-cyclic AMP
CAP	catabolite gene activator protein
CDK	cyclin-dependent protein kinase
cDNA	complementary DNA
CDP	cytidine diphosphate
CE	capillary electrophoresis
Chl	chlorophyll
CM	carboxymethyl
CMP	cytidine monophosphate
CoA or CoASH	coenzyme A
CoQ	coenzyme Q (ubiquinone)
COX	cyclooxygenase
CPS	carbamoyl phosphate synthetase
CTP	cytidine triphosphate
D	dalton
d	deoxy
DAG	1,2-diacylglycerol
DCCD	dicyclohexylcarbodiimide
dd	dideoxy
ddNTP	2′,3′-dideoxynucleoside triphosphate
DEAE	diethylaminoethyl
DHAP	dihydroxyacetone phosphate
DHF	dihydrofolate
DHFR	dihydrofolate reductase
DNA	deoxyribonucleic acid
DNP	2,4-dinitrophenol
dNTP	2′-deoxynucleoside triphosphate
E4P	erythrose-4-phosphate
EF	elongation factor
ELISA	enzyme-linked immunosorbent assay
EM	electron microscopy
emf	electromotive force
ER	endoplasmic reticulum
ESI	electrospray ionization
ETF	electron-transfer flavoprotein
F1P	fructose-1-phosphate

F2,6P	fructose-2,6-bisphosphate
F6P	fructose-6-phosphate
FAD	flavin adenine dinucleotide, oxidized form
FADH·	flavin adenine dinucleotide, radical form
$FADH_2$	flavin adenine dinucleotide, reduced form
FBP	fructose-1,6-bisphosphate
FBPase	fructose-1,6-bisphosphatase
Fd	ferredoxin
FH	familial hypercholesterolemia
fMet	*N*-formylmethionine
FMN	flavin mononucleotide
G	guanine
G1P	glucose-1-phosphate
G6P	glucose-6-phosphate
G6PD	glucose-6-phosphate dehydrogenase
GABA	γ-aminobutyric acid
Gal	galactose
GalNAc	N-acetylgalactosamine
GAP	glyceraldehyde-3-phosphate
GAPDH	glyceraldehyde-3-phosphate dehydrogenase
GDH	glutamate dehydrogenase
GDP	guanosine diphosphate
Glc	glucose
GlcNAc	*N*-acetylglucosamine
GMP	guanosine monophosphate
GPI	glycosylphosphatidylinositol
GSH	glutathione
GSSH	glutathione disulfide
GTF	general transcription factor
GTP	guanosine triphosphate
Hb	hemoglobin
HDL	high density lipoprotein
HIV	human immunodeficiency virus
HMG-CoA	β-hydroxy-β-methylglutaryl-CoA
hnRNA	heterogeneous nuclear RNA
HPLC	high performance liquid chromatography
Hsp	heat shock protein
HTH	helix–turn–helix
Hyl	5-hydroxylysine
Hyp	4-hydroxyproline
IDL	intermediate density lipoprotein
IF	initiation factor
IgG	immunoglobulin G
IMP	inosine monophosphate
IP_3	inositol-1,4,5-trisphosphate
IPTG	isopropylthiogalactoside
IR	infrared
IS	insertion sequence
ISP	iron–sulfur protein
kb	kilobase pair
kD	kilodalton
K_M	Michaelis constant
LDH	lactate dehydrogenase
LDL	low density lipoprotein
LHC	light-harvesting complex
Man	mannose

(table continued on following page)

Mb	myoglobin
mRNA	messenger RNA
MS	mass spectrometry
MurNAc	N-acetylmuramic acid
NAD^+	nicotinamide adenine dinucleotide, oxidized form
NADH	nicotinamide adenine dinucleotide, reduced form
$NADP^+$	nicotinamide adenine dinucleotide phosphate, oxidized form
NADPH	nicotinamide adenine dinucleotide phosphate, reduced form
NAG	*N*-acetylglucosamine
NAM	*N*-acetylmuramic acid
NANA	*N*-acetylneuraminic (sialic) acid
NDP	nucleoside diphosphate
NER	nucleotide excision repair
NeuNAc	*N*-acetylneuraminic acid
NMN	nicotanamide mononucleotide
NMR	nuclear magnetic resonance
nt	nucleotide
NTP	nucleoside triphosphate
OEC	oxygen-evolving center
OMP	orotidine monophosphate
ORF	open reading frame
P or p	phosphate
PAGE	polyacrylamide gel electrophoresis
PBG	porphobilinogen
PC	plastocyanin
PCNA	proliferating cell nuclear antigen
PCR	polymerase chain reaction
PDB	protein data bank
PDBid	PDB identification code
PDI	protein disulfide isomerase
PE	phosphatidylethanolamine
PEP	phosphoenolpyruvate
PEPCK	PEP carboxykinase
PFGE	pulsed-field gel electrophoresis
PFK	phosphofructokinase
2PG	2-phosphoglycerate
3PG	3-phosphoglycerate
PGI	phosphoglucose isomerase
PGK	phosphoglycerate kinase
PGM	phosphoglycerate mutase
Pheo	pheophytin
P_i	orthophosphate
PIC	preinitiation complex
PIP_2	phosphatidylinositol-4,5-bisphosphate
PK	pyruvate kinase
PKA	protein kinase A
PKB	protein kinase B
PKU	phenylketonuria
PLP	pyridoxal-5′-phosphate
pmf	protonmotive force
PMP	pyridoxamine-5′-phosphate
PNP	purine nucleotide phosphorylase
Pol	DNA polymerase
PP_i	pyrophosphate
PRPP	5-phosphoribosyl-α-pyrophosphate
PS	photosystem
PTK	protein tyrosine kinase
PTP	protein tyrosine phosphatase
Q	ubiquinone (CoQ) or plastoquinone
QH_2	ubiquinol or plastoquinol
r	ribo
R5P	ribose-5-phosphate
RER	rough endoplasmic reticulum
RF	release factor
RFLP	restriction fragment length polymorphism
RIA	radioimmunoassay
RNA	ribonucleic acid
RNAi	RNA interference
rRNA	ribosomal RNA
RS	aminoacyl–tRNA synthetase
RT	reverse transcriptase
RTK	receptor tyrosine kinase
Ru5P	ribulose-5-phosphate
RuBP	ribulose-1,5-bisphosphate
S	Svedberg unit
S7P	sedoheptulose-7-phosphate
SAM	S-adenosylmethionine
SCID	severe combined immunodeficiency disease
SDS	sodium dodecyl sulfate
siRNA	small interfering RNA
SNAP	soluble NSF attachment protein
SNARE	SNAP receptor
snRNA	small nuclear RNA
snRNP	small nuclear ribonucleoprotein
SOD	superoxide dismutase
SRP	signal recognition particle
SSB	single-strand binding protein
STAT	signal transducer and activator of transcription
T	thymine
TAF	TBP-associated factor
TBP	TATA box–binding protein
TCA	tricarboxylic acid
THF	tetrahydrofolate
TIM	triose phosphate isomerase
TNBS	trinitrobenzenesulfonic acid
TPP	thiamine pyrophosphate
tRNA	transfer RNA
TTP	thymidine triphosphate
U	uracil
UDP	uridine diphosphate
UDPG	uridine diphosphate glucose
UMP	uridine monophosphate
UTP	uridine triphosphate
UV	ultraviolet
VLDL	very low density lipoprotein
V_{max}	maximal velocity
XMP	xanthosine monophosphate
Xu5P	xylulose-5-phosphate
YAC	yeast artificial chromosome
YADH	yeast alcohol dehydrogenase